HANDBOOK OF CHEMICAL PRODUCTS

化工产品手册 第六版

树脂与塑料

童忠良 主编
陈海涛 欧玉春 副主编

化学工业出版社
·北京·

本书系《化工产品手册》第六版分册之一，本书共收集醇酸树脂和烯丙基树脂、聚乙烯醇缩醛和聚合物、纤维素衍生物树脂与塑料、高吸水性树脂和水溶性高聚合物、不饱和聚酯树脂、聚氨酯、有机硅树脂与塑料、有机氟树脂及塑料、酚醛树脂和塑料、聚酰胺树脂及塑料、氨基树脂与塑料、热塑性聚酯及塑料、芳杂环聚合物、环氧树脂、离子交换树脂、离子交换膜、聚醚类树脂及塑料、聚砜树脂与塑料、热致液晶聚合物、导电塑料和磁性塑料及国内五大合成树脂，共计750多个产品的合成原理及工艺。每个品种包括中、英文名称，简介，结构式，物化性质，产品用途，配方及工艺路线，操作步骤与产品规格等。主要介绍了树脂与塑料国内现行工业化生产的各种产品、经鉴定的国内中试或试制的产品、具有国产化前景的国外产品以及具有市场前景且有可能恢复中试和产业化的产品。

本书作者多年从事高分子材料的教学和研究开发。所选品种大部分工艺简单，原料易得，操作切实可行，适于中小型生产及应用企业需求，也可供从事高分子材料生产、教学、科研、开发及应用人员参考使用。

本书文字精练简明，内容覆盖面大，品种齐全，同时本书还为读者提供丰富、翔实的技术信息和市场信息。本书切合现状，反映当代前沿发展。书末附有产品名称中英文索引。

图书在版编目（CIP）数据

化工产品手册．树脂与塑料/童忠良主编．—6版．—北京：化学工业出版社，2015.11（2020.8重印）
ISBN 978-7-122-25263-0

Ⅰ.①化…　Ⅱ.①童…　Ⅲ.①化工产品-手册②合成树脂-手册③塑料-手册　Ⅳ.①TQ07-62

中国版本图书馆CIP数据核字（2015）第229359号

责任编辑：夏叶清　　装帧设计：尹琳琳
责任校对：吴　静

出版发行：化学工业出版社（北京市东城区青年湖南街13号　邮政编码100011）
印　　装：北京七彩京通数码快印有限公司
880mm×1230mm　1/32　印张32½　字数1547千字　2020年8月北京第6版第4次印刷

购书咨询：010-64518888　　售后服务：010-6451889
网　　址：http://www.cip.com.cn
凡购买本书，如有缺损质量问题，本社销售中心负责调换。

定　价：128.00元　

编写人员名单

主　编　童忠良

副主编　陈海涛　欧玉春

编　委　王　雷　王　辰　王书乐　方国治
李斐隆　冯亚生　刘殿凯　吕仙贵
杨经涛　高　洋　高　巍　高占义
张　萱　俞　俊　贾高顺　谢义林
童忠良　陈海涛　欧玉春

前言

《化工产品手册——树脂与塑料》以新的版面与读者又见面了。而更主要的是证明了社会对科学技术的巨大需求。正如我曾在第五版“前言”中所指出的那样：“随着科学技术的进步，树脂与塑料工业也突飞猛进的发展，计算机技术用在树脂与塑料工业上使塑料工业如虎添翼，纳米材料技术在塑料上的应用，将使功能高分子材料向智能化方向发展、使得高分子合成材料进入质的飞跃、高速发展时期”。

因此，我深感有义务将本书修订得更好一些，以满足读者与社会对于有关树脂与塑料知识的需求。六年多来，我国的化学工业又有了很大的发展，相应地在树脂与塑料技术、标准等方面都有很大的提高和发展。为此，六年多来在树脂与塑料生产技术与产品中新的应用情况加以补充、改写为第六版再次发行。

本版对第五版除了个别字句修饰和文字修改以达到结构更为严谨外，主要作了如下重大修改和补充：新增章节如“树脂产品、复合材料树脂基体、常用塑料及塑料制品性能的检测方法”和“树脂国家标准”、“塑料、合成树脂国际标准”，更完善树脂与塑料产品的内容；改正了第五版中存在的不妥之处，删除了不必要的树脂与塑料产品内容；凡有国家标准、行业标准和部颁标准的涂料产品的质量指标，按 2008 年 8 月前已正式出版者为准；无上述标准的树脂与塑料产品的质量指标，以企业目前执行的企业标准为准。另一方面结合近六年多来的实践，对树脂和塑料共分二十五大类（醇酸树脂和烯丙基树脂、聚乙烯醇缩醛和聚合物、纤维素衍生物树脂与塑料、高吸水性树脂和水溶性高聚合物、不饱和聚酯树脂、聚氨酯、有机硅树脂与塑料、有机氟树脂及塑料、酚醛树脂和塑料、聚酰胺树脂及塑料、氨基树脂与塑料、热塑性聚酯及塑料、芳杂环聚合物、环氧树脂、离子交换树脂、离子交换膜、聚醚类树脂及塑料、聚砜树脂与塑料、热致液晶聚合物、导电塑料和磁性塑料及国内五大合成树脂）等方面的内容，新增加了部分类型的树脂和塑料，并对重点章节的内容进行了更新与补充。在每章节的开始介绍中补充新的内容，使之树脂和塑料中主题更为贴切，也更为实用。

这些努力使全书的篇幅与第五版相比略为缩减。我衷心希望修订后的本书将能够更好地满足读者对于了解树脂与塑料生产技术及其制备工

艺的需要，能更好地服务于社会。

全书的编写体例，基本上保持了第五版的风格。仍按国内现行树脂和塑料工业化生产的产品与用途方法编排。为方便读者查阅，上述增加的树脂与塑料产品都单独列为一类。

在本手册编写过程中，承蒙各树脂与塑料生产厂，如北京燕山石油化工有限公司，大庆石油化工总厂，上海石油化工股份有限公司，茂名石油化工公司，兰州化学工业公司，齐鲁石油化工公司，抚顺石油化工公司，中原石油化工有限责任公司以及中蓝晨光化工研究院、中昊晨光化工研究院、锦西化工研究院、四川大学高分子学院、北京化工大学、中国科学院研究生院、浙江工业大学；傅旭、张在利、黄锐、濮阳楠、王旭等以及许多树脂与塑料界前辈和同仁热情支持和帮助，并提供有关资料，对手册的内容提出宝贵意见。黄雪艳、杨经伟、高新、周雯、耿鑫、陈羽、董桂霞、杜高翔、丰云、蒋洁、王素丽、王瑜、王月春、荣谦、范立红、韩文彬、周国栋、陈小磊、方芳、安凤英、来金梅、王秀凤、吴玉莲、周木生、沈永淦、崔春玲、杨飞华、赵国求、吴宝兴、刘正耀、李力、付扬、梁仕宝、冯路、刘晖等同志为本书的资料收集和编写付出了大量精力，在此一并致谢！

由于编者的水平有限，书中难免存在疏漏或差错。为此，恳请读者能够给予批评与指正。

编　者

2015.12

目录

A 概论

Bd 聚苯乙烯类

Bg 醇酸树脂和烯丙基树脂

Bh 聚乙烯醇缩醛和聚合物

Bi 纤维素衍生物树脂与塑料

■ Bj 高吸水性树脂和水溶性高聚合物

Bk 不饱和聚酯树脂与塑料

Bl 聚氨酯树脂与塑料

■ Bm 有机硅树脂与塑料

Bn 有机氟树脂及塑料

Bo 酚醛树脂和塑料

■ Bp 聚酰胺树脂及塑料

Bt 环氧树脂与塑料

Bu 离子交换树脂、离子交换膜

Bv 聚醚类树脂及塑料

产品中文名称索引

产品英文名称索引

A 概论

1 合成树脂和塑料的定义

1.1 树脂的定义

树脂通常是指受热后有软化或熔融范围，软化时在外力作用下有流动倾向，常温下是固态、半固态，有时也可以是液态的有机聚合物。广义地讲，可以作为塑料制品加工原料的任何聚合物都称为树脂。

树脂有天然树脂和合成树脂之分。天然树脂是指由自然界中动植物分泌物所得的无定形有机物质，如松香、琥珀、虫胶等。合成树脂是指由简单有机物经化学合成或某些天然产物经化学反应而得到的树脂产物。

1.2 塑料的定义

塑料是指以树脂（或在加工过程中用单体直接聚合）为主要成分，以增塑剂、填充剂、润滑剂、着色剂等添加剂为辅助成分，在加工过程中能流动成型的材料。

塑料主要有以下特性：①大多数塑料质轻，化学稳定性好，不会锈蚀；②耐冲击性好；③具有较好的透明性和耐磨性；④绝缘性好，导热性低；⑤一般成型性、着色性好，加工成本低；⑥大部分塑料耐热性差，热膨胀率大，易燃烧；⑦尺寸稳定性差，轻易变形；⑧多数塑料耐低温性差，低温下变脆；⑨轻易老化；⑩某些塑料易溶于溶剂。

2 合成树脂和塑料的分类

2.1 树脂的分类

树脂的分类方法很多，除按树脂来源可将其分为天然树脂和合成树脂外，还可按合成反应和主链组成来进行分类。

(1) 按树脂合成反应分类　按此方法可将树脂分为加聚物和缩聚物。加聚物是指由加成聚合反应制得的聚合物，其链节结构的化学式与单体的分子式相同，如聚乙烯、聚苯乙烯、聚四氟乙烯等。缩聚物是指由缩合聚合反应制得的聚合物，其结构单元的化学式与单体的分子式不同，如酚醛树脂、聚酯树脂、聚酰胺树脂等。

(2) 按树脂分子主链组成分类　按此方法可将树脂分为碳链聚合物、杂链聚合物和元素有机聚合物。

碳链聚合物是指主链全由碳原子构成的聚合物，如聚乙烯、聚苯乙烯等。

杂链聚合物是指主链由碳和氧、氮、硫等两种以上元素的原子所构成的聚合物，如聚甲醛、聚酰胺、聚砜、聚醚等。

元素有机聚合物是指主链上不一定含有碳原子，主要由硅、氧、铝、钛、硼、硫、磷等元素的原子构成，如有机硅。

2.2　塑料的分类

塑料的分类体系比较复杂，各种分类方法也有所交叉，按常规分类主要有以下三种：一是按使用特性分类；二是按理化特性分类；三是按加工方法分类。

(1) 按使用特性分类　根据各种塑料不同的使用特性，塑料分为通用塑料、工程塑料和特种塑料三种类型。

① 通用塑料。一般是指产量大、用途广、成型性好、价格便宜的塑料，如聚乙烯、聚丙烯、酚醛等。

② 工程塑料。一般指能承受一定外力作用，具有良好的力学性能和耐高、低温性能，尺寸稳定性较好，可以用作工程结构的塑料，如聚酰胺、聚砜等。

在工程塑料中又将其分为通用工程塑料和特种工程塑料两大类。

通用工程塑料包括：聚酰胺、聚甲醛、聚碳酸酯、改性聚苯醚、热塑性聚酯、超高分子量聚乙烯、甲基戊烯聚合物、乙烯醇共聚物等。

特种工程塑料又有交联型和非交联型之分。交联型的有：聚氨基双马来酰胺、聚三嗪、交联聚酰亚胺、耐热环氧树脂等。非交联型的有：聚砜、聚醚砜、聚苯硫醚、聚酰亚胺、聚醚醚酮（PEEK）等。

③ 特种塑料。一般是指具有特种功能，可用于航空、航天等非凡应用领域的塑料。如氟塑料和有机硅具有突出的耐高温、自润滑等非凡功用，

增强塑料和泡沫塑料具有高强度、高缓冲性等非凡性能，这些塑料都属于特种塑料的范畴。

a. 增强塑料。增强塑料原料在外形上可分为粒状（如钙塑增强塑料）、纤维状（如玻璃纤维或玻璃布增强塑料）、片状（如云母增强塑料）三种。按材质可分为布基增强塑料（如碎布增强或石棉增强塑料）、无机矿物填充塑料（如石英或云母填充塑料）、纤维增强塑料（如碳纤维增强塑料）三种。

b. 泡沫塑料。泡沫塑料可以分为硬质、半硬质和软质泡沫塑料三种。硬质泡沫塑料没有柔韧性，压缩硬度很大，只有达到一定应力值才产生变形，应力解除后不能恢复原状；软质泡沫塑料富有柔韧性，压缩硬度很小，很轻易变形，应力解除后能恢复原状，残余变形较小；半硬质泡沫塑料的柔韧性和其他性能介于硬质和软质泡沫塑料之间。

(2) 按理化特性分类　根据各种塑料不同的理化特性，把塑料分为热固性塑料和热塑性塑料两种类型。

① 热固性塑料。热固性塑料是指在受热或其他条件下能固化或具有不溶（熔）特性的塑料，如酚醛塑料、环氧塑料等。热固性塑料又分甲醛交联型和其他交联型两种类型。

甲醛交联型塑料包括酚醛塑料、氨基塑料（如脲醛塑料、三聚氰胺甲醛塑料等）。

其他交联型塑料包括不饱和聚酯、环氧树脂、邻苯二甲二烯丙酯树脂等。

② 热塑性塑料。热塑性塑料是指在特定温度范围内能反复加热软化和冷却硬化的塑料，如聚乙烯、聚四氟乙烯等。热塑性塑料又分烃类、含极性基团的乙烯基类、工程类、纤维素类等多种类型。

a. 烃类塑料。属非极性塑料，有结晶性和非结晶性之分，结晶性烃类塑料包括聚乙烯、聚丙烯等，非结晶性烃类塑料包括聚苯乙烯等。

b. 含极性基团的乙烯基类塑料。除氟塑料外，大多数是非结晶性的透明体，包括聚氯乙烯、聚四氟乙烯、聚醋酸乙烯酯等。乙烯基类单体大多数可以采用自由基型催化剂进行聚合。

c. 热塑性工程塑料。主要包括聚甲醛、聚酰胺、聚碳酸酯、ABS、聚苯醚、聚对苯二甲酸乙二酯、聚砜、聚醚砜、聚酰亚胺、聚苯硫醚等。聚四氟乙烯、改性聚丙烯等也包括在这个范围内。

d. 热塑性纤维素类塑料。主要包括醋酸纤维素、醋酸丁酸纤维素、赛璐珞、玻璃纸等。

(3) 按加工方法分类　根据各种塑料不同的成型方法，可以分为模压、层压、注射、挤出、吹塑、浇铸塑料和反应注射塑料等多种类型。

模压塑料多为物性和加工性能与一般热固性塑料相类似的塑料；层压塑料是指浸有树脂的纤维织物，经叠合、热压而结合成为整体的材料；注射、挤出和吹塑多为物性和加工性能与一般热塑性塑料相类似的塑料；浇铸塑料是指能在无压或稍加压力的情况下，倾注于模具中能硬化成一定外形制品的液态树脂混合料，如MC尼龙等；反应注射塑料是用液态原材料，加压注入模腔内，使其反应固化成一定外形制品的塑料，如聚氨酯等。

3　合成树脂常用的聚合方法

合成树脂为高分子化合物，是由低分子原料——单体（如乙烯、丙烯、氯乙烯等）通过聚合反应结合成大分子而生产的。工业上常用的聚合方法有本体聚合、悬浮聚合、乳液聚合和溶液聚合4种。

3.1　本体聚合法

本体聚合是单体在引发剂或热、光、辐射的作用下，不加其他介质进行的聚合过程。特点是产品纯洁，不需复杂的分离、提纯，操作较简单，生产设备利用率高。可以直接生产管材、板材等制品，故又称块状聚合。缺点是物料黏度随着聚合反应的进行而不断增加，混合和传热困难，反应器温度不易控制。本体聚合法常用于聚甲基丙烯酸甲酯（俗称有机玻璃）、聚苯乙烯、低密度聚乙烯、聚丙烯、聚酯和聚酰胺等树脂的生产。

3.2　悬浮聚合法

悬浮聚合是指单体在机械搅拌或振荡和分散剂的作用下，单体分散成液滴，通常悬浮于水中进行的聚合过程，故又称珠状聚合。特点是：反应器内有大量水，物料黏度低，容易传热和控制；聚合后只需经过简单的分离、洗涤、干燥等工序，即得树脂产品，可直接用于成型加工；产品较纯净、均匀。缺点是反应器生产能力和产品纯度不及本体聚合法，而且不能采用连续法进行生产。悬浮聚合在工业上应用很广。75%的聚氯乙烯树脂采用悬浮聚合法，聚苯乙烯也主要采用悬浮聚合法生产。反应器也逐渐大型化。

3.3 乳液聚合法

乳液聚合是指借助乳化剂的作用，在机械搅拌或振荡下，单体在水中形成乳液而进行的聚合。乳液聚合反应产物为胶乳，可直接应用，也可以把胶乳破坏，经洗涤、干燥等后处理工序，得粉状或针状聚合物。乳液聚合可以在较高的反应速率下，获得较高分子量的聚合物，物料的黏度低，易于传热和混合，生产容易控制，残留单体容易除去。乳液聚合的缺点是聚合过程中加入的乳化剂等影响制品性能。为得到固体聚合物，还要经过凝聚、分离、洗涤等工艺过程。反应器的生产能力比本体聚合法低。

3.4 溶液聚合法

溶液聚合是单体溶于适当溶剂中进行的聚合反应。形成的聚合物有时溶于溶剂，属于典型的溶液聚合，产品可做涂料或胶黏剂。如果聚合物不溶于溶剂，称为沉淀聚合或淤浆聚合，如生产固体聚合物需经沉淀、过滤、洗涤、干燥才成为成品。在溶液聚合中，生产操作和反应温度都易于控制，但都需要回收溶剂。工业溶液聚合可采用连续法和间歇法，大规模生产常采用连续法，如聚丙烯等。

4 树脂产品、复合材料树脂基体、常用塑料及塑料制品性能的检测方法

(1) 树脂产品性能的检测方法（略，参照塑料手册附录）

(2) 复合材料树脂基体性能检测方法　复合材料树脂基体的质量控制是先进复合材料质量控制的重要组成部分，最近中国兵器 53 所针对此要求，研究了一项新的技术方法。

该方法采用红外光谱（IR）、高效液相色谱（HPLC）、差示扫描量热(DSC)、核磁共振波谱（NMR）等现代分析技术，通过对环氧树脂、酚醛树脂等树脂基体的化学组成和结构的表征，对树脂基体固化过程的表征，以及对预浸料在储存过程中活性基团浓度的变化与储存时间的相关性及其与宏观力学性能相关性的表征，建立了一套先进复合材料树脂基体的质量控制试验方法标准（主要有环氧树脂和酚醛树脂基体的 IR、HPLC、DSC 等试验方法和热塑性树脂基体的流变性能试验方法），为纤维增强环氧体系、酚醛体系复合材料结构件用原材料的质量控制提供试验方法、性能表征数据及规律等。

53 所为此专门建立了一套树脂基复合材料原材料和预浸料质量控制的

试验方法标准，为复合材料原材料和预浸料的质量控制奠定了基础。共包括8项企业标准，其中有环氧树脂及其预浸料环氧指数试验方法——红外光谱法，环氧树脂的高效液相色谱分析——反相法，环氧树脂固化反应温度和反应热的测定——差示扫描量热法，环氧树脂的分子量和分子量分布的测定——凝胶渗透色谱法。目前，该方法已应用于坦克车辆复合装甲、箭弹结构件等先进复合材料树脂基体的质量控制（参照中国兵器53所标准）。

(3) 常用塑料及塑料制品性能检测方法标准

GB/T 1033.1—2008	塑料密度和相对密度试验方法
GB/T 1034—1998	塑料 吸水性试验方法
GB/T 1036—2008	塑料线膨胀系数测定方法
GB/T 1037—1988	塑料薄膜和片材透水蒸气性试验方法 杯式法
GB/T 1038—2000	塑料薄膜和薄片气体透过性试验方法 压差法
GB/T 1040.1—2006	塑料力学性能试验方法总则
GB/T 1040—2006	塑料拉伸性能试验方法
GB/T 1041—2008	塑料压缩性能试验方法
GB/T 1043.1—2008	硬质塑料简支梁冲击试验方法
GB/T 1408.1—2006	固体绝缘材料电气强度试验方法 工频下的试验
GB/T 1409—1988	固体绝缘材料在工频、音频、高频（包括米波长在内）下相对介电常数和介质损耗因数的试验方法
GB/T 1410—1989	固体绝缘材料体积电阻率和表面电阻率试验方法
GB/T 1411—2002	干固体绝缘材料 耐高电压、小电流电弧放电的试验
GB/T 1446—2005	纤维增强塑料性能试验方法总则
GB/T 1447—2005	纤维增强塑料拉伸性能试验方法
GB/T 1448—2005	纤维增强塑料压缩性能试验方法
GB/T 1449—2005	纤维增强塑料弯曲性能试验方法
GB/T 1450.1—2005	纤维增强塑料层间剪切强度试验方法
GB/T 1450.2—2005	纤维增强塑料冲压式剪切强度试验方法

GB/T 1451—2005 纤维增强塑料简支梁式冲击韧性 试验方法
GB/T 1458—1988 纤维缠绕增强塑料环形试样拉伸试验方法
GB/T 1461—1988 纤维缠绕增强塑料环形试样剪切试验方法
GB/T 1462—2005 纤维增强塑料吸水性试验方法
GB/T 1463—2005 纤维增强塑料密度和相对密度试验方法
GB/T 1633—2000 热塑性塑料维卡软化温度（VST）的测定
GB/T 1634.1—2004 塑料 负荷变形温度的测定 第1部分：通用试验方法
GB/T 1634.2—2004 塑料 负荷变形温度的测定 第2部分：塑料、硬橡胶和长纤维增强复合材料
GB/T 1634.3—2004 塑料 负荷变形温度的测定 第3部分：高强度热固性层压材料
GB/T 1636—1979 塑料表观密度试验方法
GB/T 1843—1996 料悬臂梁冲击试验方法
GB/T 1844.1—1995 塑料及树脂缩写代号 第一部分：基础聚合物及其特征性能
GB/T 1844.2—1995 塑料及树脂缩写代号 第二部分：填充及增强材料
GB/T 1844.3—1995 塑料及树脂缩写代号 第三部分：增塑剂
GB/T 2035—1996 术语及其定义
GB/T 2406—1993 料燃烧性能试验方法 氧指数法
GB/T 2407—1980 燃烧性能试验方法 炽热棒法
GB/T 2408—1996 燃烧性能试验方法 水平法和垂直法
GB/T 2409—1980 黄色指数试验方法
GB/T 2410—1980 塑料透光率和雾度试验方法
GB/T 2411—1980 氏硬度试验方法
GB/T 2546.2—2003 塑料聚丙烯（PP）模塑和挤出材料 第2部分：试样制备和性能测定
GB/T 2547—1981 塑料树脂取样方法
GB/T 2572—2005 纤维增强塑料平均线膨胀系数试验方法
GB/T 2573—1989 玻璃纤维增强塑料大气暴露试验方法
GB/T 2574—1989 玻璃纤维增强塑料湿热试验方法

GB/T 2575—1989　玻璃纤维增强塑料耐水性试验方法
GB/T 2576—2005　纤维增强塑料树脂不可溶分含量试验方法
GB/T 2577—2005　玻璃纤维增强塑料树脂含量试验方法
GB/T 2578—1989　纤维缠绕增强塑料环形试样制作方法
GB/T 2913—1982　塑料白度试验方法
GB/T 2914—1999　塑料　氯乙烯均聚和共聚树脂　挥发物（包括水）的测定
GB/T 2916—1997　塑料　氯乙烯均聚和共聚树脂　用空气喷射筛装置的筛分析
GB/T 2918—1998　塑料试样状态调节和试验的标准环境
GB/T 3139—2005　纤维增强塑料导热系数试验方法
GB/T 3140—2005　纤维增强塑料平均比热容试验方法
GB/T 3354—1999　定向纤维增强塑料拉伸性能试验方法
GB/T 3355—2005　纤维增强塑料纵横剪切试验方法
GB/T 3356—1999　单向纤维增强塑料弯曲性能试验方法
GB/T 3365—1982　碳纤维增强塑料孔隙含量检验方法（显微镜法）
GB/T 3366—1996　碳纤维增强塑料纤维体积含量试验方法
GB/T 3398—1982　塑料球压痕硬度试验方法
GB/T 3399—1982　塑料导热系数试验方法　护热平板法
GB/T 3400—2002　塑料　通用型氯乙烯均聚和共聚树脂　室温下增塑剂吸收量的测定
GB/T 3402.1—2005　塑料　氯乙烯均聚和共聚树脂　第 1 部分：命名体系和规范基础
GB/T 3403—1982　氨基模塑料命名
GB/T 3681—2000　塑料大气暴露试验方法
GB/T 3682—2000　热塑性塑料熔体质量流动速率和熔体体积流动速率的测定
GB/T 3807—1994　聚氯乙烯微孔塑料拖鞋
GB/T 3854—2005　增强塑料巴柯尔硬度试验方法
GB/T 3855—2005　碳纤维增强塑料树脂含量试验方法
GB/T 3856—2005　单向纤维增强塑料平板压缩性能试验方法

GB/T 3857—2005 玻璃纤维增强热固性塑料耐化学介质性能试验方法
GB/T 3960—1983 塑料滑动摩擦磨损试验方法
GB/T 3961—1993 纤维增强塑料术语
GB/T 4170—1984 塑料注射模具零件技术条件
GB/T 4217—2001 流体输送用热塑性塑料管材 公称外径和公称压力
GB/T 4550—2005 试验用单向纤维增强塑料平板的制备
GB/T 4610—1984 塑料燃烧性能试验方 法点着温度的测定
GB/T 4616—1984 酚醛模塑料丙酮可溶物（未模塑态材料的表观树脂含量）的测定
GB/T 4944—2005 玻璃纤维增强塑料层合板层间拉伸强度 试验方法
GB/T 5258—1995 纤维增强塑料薄层板压缩性能试验方法
GB/T 5349—2005 纤维增强热固性塑料管轴向拉伸 性能试验方法
GB/T 5350—2005 纤维增强热固性塑料管轴向压缩性能 试验方法
GB/T 5351—2005 纤维增强热固性塑料管短时水压 失效压力试验方法
GB/T 5352—2005 纤维增强热固性塑料管平行板 外载性能试验方法
GB/T 5470—1985 塑料冲击脆化温度试验方法
GB/T 5471—1985 热固性模塑料压塑试样制备方法
GB/T 5472—1985 热固性模塑料矩道流动固化性试验方法
GB/T 5478—1985 塑料滚动磨损试验方法
GB/T 5563—1994 橡胶、塑料软管及软管组合件 液压试验方法
GB/T 5564—1994 橡胶、塑料软管低温曲挠试验
GB/T 5565—1994 橡胶或塑料软管及纯胶管 弯曲试验
GB/T 5566—2003 橡胶或塑料软管 耐压扁试验方法
GB/T 5567—1994 橡胶、塑料软管及软管组合件 真空性能的测定

GB/T 5568—1994	橡胶、塑料软管及软管组合件　无屈挠液压脉冲试验
GB/T 6011—2005	纤维增强塑料燃烧性能试验方法　炽热棒法
GB/T 6111—2003	流体输送用热塑性塑料管材耐内压试验方法
GB/T 6342—1996	泡沫塑料与橡　胶线性尺寸的测定
GB/T 6343—1995	泡沫塑料和橡胶 表观（体积）密度的测定
GB/T 6594.2—2003	塑料　聚苯乙烯（PS）模塑和挤出材料　第2部分：试样制备和性能测定
GB/T 6670—1997	软质聚氨酯泡沫塑料回弹性能的测定
GB/T 6671—2001	热塑性塑料管材　纵向回缩率的测定
GB/T 6672—2001	塑料薄膜和薄片厚度测定　机械测量法
GB/T 6673—2001	塑料薄膜和薄片长度和宽度的测定
GB/T 7129—2001	橡胶或塑料软管　容积膨胀的测定
GB/T 7139—2002	塑料　氯乙烯均聚物和共聚物　氯含量的测定
GB/T 7141—1992	塑料热空气暴露试验方法
GB/T 7142—2002	塑料长期热暴露后时间-温度极限的测定
GB/T 7190.1—1997	玻璃纤维增强塑料冷却塔　第1部分：中小型玻璃纤维增强塑料冷却塔
GB/T 7190.2—1997	玻璃纤维增强塑料冷却塔　第2部分：大型玻璃纤维增强塑料冷却塔
GB/T 7559—2005	纤维增强塑料层合板　螺栓连接挤压强度试验方法
GB/T 7948—1987	塑料轴承极限 PV 试验方法
GB/T 8323—1987	塑料燃烧性能试验方法　烟密度法
GB/T 8324—1987	模塑料体积系数试验方法
GB/T 8332—1987	泡沫塑料燃烧性能试验方法　水平燃烧法
GB/T 8333—1987	硬泡沫塑料燃烧性能试验方法　垂直燃烧法
GB/T 8802—2001	热塑性塑料管材、管件　维卡软化温度的测定
GB/T 8804.1—2003	热塑性塑料管材 拉伸性能测定　第1部分：试验方法总则
GB/T 8804.2—2003	热塑性塑料管材 拉伸性能测定　第2部分：

	硬聚氯乙烯（PVC-U）、氯化聚氯乙烯（PVC-C）和高抗冲聚氯乙烯（PVC-HI）管材
GB/T 8804.3—2003	热塑性塑料管材　拉伸性能测定　第 3 部分：聚烯烃管材
GB/T 8805—1988	硬质塑料管材弯曲度测量方法
GB/T 8806—1988	塑料管材尺寸测量方法
GB/T 8807—1988	塑料镜面光泽试验方法
GB/T 8808—1988	软质复合塑料材料剥离试验方法
GB/T 8809—1988	塑料薄膜抗摆锤冲击试验方法
GB/T 8810—1988	硬质泡沫塑料吸水率试验方法
GB/T 8810—2005	硬质泡沫塑料吸水率的测定
GB/T 8811—1988	硬质泡沫塑料尺寸稳定性试验方法
GB/T 8812—1988	硬质泡沫塑料弯曲试验方法
GB/T 8813—1988	硬质泡沫塑料压缩试验方法
GB/T 8815—2002	电线电缆用软聚氯乙烯塑料
GB/T 8846—1988	塑料成型模具术语
GB/T 8846—2005	塑料成型模术语
GB/T 8924—2005	纤维增强塑料燃烧性能试验方法　氧指数法
GB/T 9341—2000	塑料弯曲性能试验方法
GB/T 9342—1988	塑料洛氏硬度试验方法
GB/T 9343—1988	塑料燃烧性能试验方法　闪点和自燃点的测定
GB/T 9345—1988	塑料灰分通用测定方法
GB/T 9350—2003	塑料　氯乙烯均聚和共聚树脂水萃取液 pH 值的测定
GB/T 9352—1988	热塑性塑料压缩试样的制备
GB/T 9572—2001	橡胶和塑料软管及软管组合件　电阻的测定
GB/T 9573—2003	橡胶、塑料软管及软管组合件尺寸测量方法
GB/T 9575—2003	工业通用橡胶和塑料软管内径尺寸及公差和长度公差
GB/T 9639—1988	塑料薄膜和薄片抗冲击性能试验方法　自由落镖法
GB/T 9641—1988	硬质泡沫塑料拉伸性能试验方法

GB/T 9647—2003　热塑性塑料管材环刚度的测定
GB/T 9979—2005　纤维增强塑料高低温力学性能　试验准则
GB/T 10006—1988　塑料薄膜和薄片摩擦系数测定方法
GB/T 10007—1988　硬质泡沫塑料剪切强度试验方法
GB/T 10009—1988　丙烯腈-丁二烯-苯乙烯（ABS）塑料挤出板材
GB/T 10703—1989　玻璃纤维增强塑料耐水性加速试验方法
GB/T 10798—2001　热塑性塑料管材通用壁厚表
GB/T 10799—1989　硬质泡沫塑料开孔与闭孔体积百分率试验方法
GB/T 10802—1989　软质聚氨酯泡沫塑料
GB/T 10808—1989　软质泡沫塑料撕裂性能试验方法
GB/T 11546—1989　塑料拉伸蠕变测定方法
GB/T 11547—1989　塑料耐液体化学药品（包括水）性能测定方法
GB/T 11548—1989　硬质塑料板材耐冲击性能试验方法（落锤法）
GB/T 11793.2—1989　PVC 塑料窗力学性能、耐候性技术条件
GB/T 11793.3—1989　PVC 塑料窗力学性能、耐候性试验方法
GB/T 11997—1989　塑料多用途试样的制备和使用
GB/T 11998—1989　塑料玻璃化温度测定方法 热机械分析法
GB/T 11999—1989　塑料薄膜和薄片耐撕裂性试验方法 埃莱门多夫法
GB/T 12000—2003　塑料暴露于湿热、水喷雾和盐雾中影响的测定
GB/T 12001.3—1989　未增塑聚氯乙烯窗用模塑料　第 3 部分：性能试验方法
GB/T 12003—1989　塑料窗基本尺寸公差
GB/T 12027—2004　塑料　薄膜和薄片　加热尺寸变化率试验方法
GB/T 12584—2001　橡胶或塑料涂覆织物　低温冲击试验
GB/T 12586—2003　橡胶或塑料涂覆织物　耐屈挠破坏性的测定
GB/T 12587—2003　橡胶或塑料涂覆织物　抗压裂性的测定
GB/T 12588—2003　塑料涂覆织物　聚氯乙烯涂覆层　融合程度快速检验法

GB/T 12600—2005	金属覆盖层塑料上镍+铬电镀层
GB/T 12722—1991	橡胶和塑料软管组合件 屈挠液压脉冲试验(半Ω试验)
GB/T 12811—1991	硬质泡沫塑料平均泡孔尺寸试验方法
GB/T 12812—1991	硬质泡沫塑料滚动磨损试验方法
GB/T 12833—1991	橡胶和塑料撕裂强度及黏合强度多峰曲线的分析方法
GB/T 12949—1991	滑动轴承 覆有减摩塑料层的双金属轴套
GB/T 13022—1991	塑料 薄膜拉伸性能试验方法
GB/T 13096.1—1991	拉挤玻璃纤维增强塑料杆拉伸性能试验方法
GB/T 13096.2—1991	拉挤玻璃纤维增强塑料杆弯曲性能试验方法
GB/T 13096.3—1991	拉挤玻璃纤维增强塑料杆面内剪切强度试验方法
GB/T 13096.4—1991	拉挤玻璃纤维增强塑料杆表观水平剪切强度短梁剪切试验方法
GB/T 13376—1992	塑料闪烁体
GB/T 13455—1992	氨基模塑料挥发物测定方法
GB/T 13525—1992	塑料拉伸冲击性能试验方法
GB/T 13541—1992	电气用塑料薄膜试验方法
GB/T 14152—2001	热塑性塑料管材耐外冲击性能试验方法 时针旋转法
GB/T 14153—1993	硬质塑料落锤冲击试验方法 通则
GB/T 14154—1993	塑料门 垂直荷载试验方法
GB/T 14155—1993	塑料门 软重物体撞击试验方法
GB/T 14205—1993	玻璃纤维增强塑料养殖船
GB/T 14216—1993	塑料 膜和片润湿张力试验方法
GB/T 14234—1993	塑料件表面粗糙度
GB/T 14447—1993	塑料薄膜静电性测试方法 半衰期法
GB/T 14484—1993	塑料承载强度试验方法
GB/T 14519—1993	塑料在玻璃板过滤后的日光下间接曝露试验方法
GB/T 14520—1993	气相色谱分析法测定不饱和聚酯树脂增强塑

料中的残留苯乙烯单体含量

GB/T 14522—1993 机械工业产品用塑料、涂料、橡胶材料人工气候加速试验方法

GB/T 14694—1993 塑料压缩弹性模量的测定

GB/T 14904—1994 钢丝增强的橡胶、塑料软管和软管组合件屈挠液压脉冲试验

GB/T 14905—1994 橡胶和塑料软管各层间黏合强度测定

GB/T 15047—1994 塑料扭转刚性试验方法

GB/T 15048—1994 硬质泡沫塑料压缩蠕变试验方法

GB/T 15560—1995 流体输送用塑料管材液压瞬时爆破和耐压试验方法

GB/T 15596—1995 塑料暴露于玻璃下日光或自然气候或人工光后颜色和性能变化的测定

GB/T 15598—1995 塑料剪切强度试验方法　穿孔法

GB/T 15662—1995 导电、防静电塑料体积电阻率测试方法

GB/T 15738—1995 导电和抗静电纤维增强塑料电阻率试验方法

GB/T 15907—1995 橡胶、塑料软管燃烧试验方法

GB/T 15908—1995 织物增强液压型热塑性塑料软管和软管组合件

GB/T 15928—1995 不饱和聚酯树脂增强塑料中残留苯乙烯单体含量测定方法

GB/T 16276—1996 塑料薄膜粘连性试验方法

GB/T 16419—1996 塑料弯曲性能小试样试验方法

GB/T 16420—1996 塑料冲击性能小试样试验方法

GB/T 16421—1996 塑料拉伸性能小试样试验方法

GB/T 16422.1—1996 塑料实验室光源暴露试验方法　第 1 部分：通则

GB/T 16422.2—1999 塑料实验室光源暴露试验方法　第 2 部分：氙弧灯

GB/T 16422.3—1997 塑料实验室光源暴露试验方法　第 3 部分：荧光紫外灯

GB/T 16422.4—1996 塑料实验室光源暴露试验方法　第 4 部分：

开放式碳弧灯

GB/T 16578—1996　塑料薄膜和薄片耐撕裂性能试验方法　裤形撕裂法

GB/T 16778—1997　纤维增强塑料结构件失效分析一般程序

GB/T 16779—1997　纤维增强塑料层合板拉-拉疲劳性能试验方法

GB/T 17037.1—1997　热塑性塑料材料注塑试样的制备　第1部分：一般原理及多用途试样和长条试样的制备

GB/T 17037.3—2003　塑料　热塑性塑料材料注塑试样的制备　第3部分：小方试片

GB/T 17037.4—2003　塑料　热塑性塑料材料注塑试样的制备　第4部分：模塑收缩率的测定

GB/T 17200—1997　橡胶塑料拉力、压力、弯曲试验机技术要求

GB/T 17603—1998　光解性塑料户外暴露试验方法

GB/T 18022—2000　声学 1～10MHz 频率范围内橡胶和塑料纵波声速与衰减系数的测量方法

GB/T 18042—2000　热塑性塑料管材蠕变比率的试验方法

GB/T 18252—2000　塑料管道系统 用外推法对热塑性塑料管材长期静液压强度的测定

GB/T 18422—2001　橡胶和塑料软管及软管组合件　透气性的测定

GB/T 18423—2001　橡胶和塑料软管及非增强软管　液体壁透性测定

GB/T 18424—2001　橡胶和塑料软管　氙弧灯曝晒　颜色和外观变化的测定

GB/T 18426—2001　橡胶或塑料涂覆织物　低温弯曲试验

GB/T 18743—2002　流体输送用热塑性塑料管材简支梁冲击试验方法

GB/T 18943—2003　多孔橡胶与塑料　动态缓冲性能测定

GB/T 18949—2003　橡胶和塑料软管　动态条件下耐臭氧性能的评定

GB/T 18950—2003　橡胶和塑料软管　静态下耐紫外线性能测定

GB/T 18964.2—2003　塑料　抗冲击聚苯乙烯（PS-I）模塑和挤出

材料　第 2 部分：试样制备和性能测定

GB/T 19089—2003　橡胶或塑料涂覆织物　耐磨性的测定　马丁代尔法

GB/T 19280—2003　流体输送用热塑性塑料管材　耐快速裂纹扩展(RCP)的测定小尺寸稳态试验（S4 试验)

GB/T 19314.1—2003　小艇　艇体结构和构件尺寸　第 1 部分：材料：热固性树脂、玻璃纤维增强塑料、基准层合板

GB/T 19466.1—2004　塑料　差示扫描量热法（DSC）第 1 部分：通则

GB/T 19466.2—2004　塑料　差示扫描量热法（DSC）第 2 部分：玻璃化转变温度的测定

GB/T 19466.3—2004　塑料　差示扫描量热法（DSC）第 3 部分：熔融和结晶温度及热焓的测定

GB/T 19467.1—2004　塑料　可比单点数据的获得和表示　第 1 部分：模塑材料

GB/T 19467.2—2004　塑料　可比单点数据的获得和表示　第 2 部分：长纤维增强材料

GB/T 19471.1—2004　塑料管道系统　硬聚氯乙烯（PVC-U）管材弹性密封圈式承口接头　偏角密封试验方法

GB/T 19471.2—2004　塑料管道系统　硬聚氯乙烯（PVC-U）管材弹性密封圈式承口接头　负压密封试验方法

GB/T 19532—2004　包装材料　气相防锈塑料薄膜

GB/T 19603—2004　塑料无滴薄膜无滴性能试验方法

GB/T 19687—2005　闭孔塑料长期热阻变化的测定　实验室加速测试方法

GB/T 19712—2005　塑料管材和管件　聚乙烯（PE）鞍形旁通抗冲击试验方法

GB/T 19789—2005　包装材料　塑料薄膜和薄片氧气透过性试验库仑计检测法

GB/T 19806—2005　塑料管材和管件　聚乙烯电熔组件的挤压剥离试验

GB/T 19808—2005	塑料管材和管件　公称外径大于或等于 90mm 的聚乙烯电熔组件的拉伸剥离试验
GB/T 19811—2005	在定义堆肥化中试条件下　塑料材料崩解程度的测定
GB/T 19993—2005	冷热水用热塑性塑料管道系统　管材管件组合系统热循环试验方法
GB/T 20022—2005	塑料　氯乙烯均聚和共聚树脂表观密度的测定
GB/T 20024—2005	内燃机用橡胶和塑料燃油软管　可燃性试验方法
GB/T 20026—2005	橡胶和塑料软管　内衬层耐磨性测定
GB/T 20027—2005	橡胶或塑料涂覆织物　破裂强度的测定

5　树脂国家标准

GB/T 4803—1994	食品容器、包装材料用聚氯乙烯树脂卫生标准
GB/T 5761—1993	悬浮法通用型聚氯乙烯树脂
GB 11115—1989	低密度聚乙烯树脂
GB 11116—1989	高密度聚乙烯树脂
GB 12670—1990	聚丙烯树脂
GB 12671—1990	聚苯乙烯树脂
GB 12672—1990	丙烯腈-丁二烯-苯乙烯（ABS）树脂
GB 14944—1994	食品包装用聚氯乙烯瓶盖垫片及粒料卫生标准
GB/T 15182—1994	线型低密度聚乙烯树脂
GB 15592—1995	糊用聚氯乙烯树脂
GB 15593—1995	输血（液）器具用软聚氯乙烯塑料
QB 2388—1998	食品包装容器用聚氯乙烯粒料

6　塑料、合成树脂国际标准

ISO 59	塑料酚醛模塑制品丙酮可溶物的测定

ISO 60	塑料能从规定漏斗流出的材料表观密度的测定
ISO 61	塑料不能从规定漏斗流出的模塑料表观密度的测定
ISO 62	塑料吸水性测定
ISO 75/1	塑料负荷变形温度的测定第一部分：一般试验方法
ISO 75/2	塑料负荷变形温度的测定第二部分：塑料和硬质橡胶
ISO 75/3	塑料负荷变形温度的测定第三部分：高强度热固性层压和长纤维增强塑料
ISO 119	塑料酚醛模塑制品游离酚的测定碘量滴定法
ISO 120	塑料酚醛模塑制品游离氨和铵化合物的测定比色法
ISO 171	塑料模塑材料体积系数的测定
ISO 172	塑料酚醛模塑制品游离氨的检定 12
ISO 174	塑料聚氯乙烯树脂稀溶液粘数的测定
ISO 175	塑料液体化学物质（包括水）影响的测定
ISO 176	塑料增塑剂损失量的测定活性炭法
ISO 177	塑料-增塑剂渗移的测定
ISO 178	塑料弯曲性能的测定
ISO 179	塑料简支梁冲击强度的测定
ISO 180	塑料悬臂梁冲击强度的测定
ISO 181	塑料硬质塑料小试样和炽热棒接触时燃烧特性的测定
ISO 182/1	塑料以氯乙烯均聚物和共聚物为基料的混料和制品高温时放出氯化氢及其他酸性物质倾向的测定第一部分：刚果红法
ISO 182/2	塑料以氯乙烯均聚物和共聚物为基料的混料和制品高温时放出氯化氢及其他酸性物质倾向的测定第二部分：pH 法
ISO 182/3	塑料以氯乙烯均聚物和共聚物为基料的混料

	和制品高温时放出氯化氢及其他酸性物质倾向的测定第三部分：电导测定法
ISO 182/4	塑料以氯乙烯均聚物和共聚物为基料的混料和制品高温时放出氯化氢及其他酸性物质倾向的测定第四部分：电位测定法
ISO 183	塑料着色剂扩散的定性评价
ISO 291	塑料状态调节和试验的标准环境
ISO 293	塑料压缩模塑热塑性塑料试样
ISO 294	塑料注塑模塑热塑性塑料试样
ISO 295	塑料压塑模塑热固性塑料试样
ISO 305	塑料测定聚氯乙烯、有关含氯均聚物和共聚物及其混合料的热稳定性-变色法
ISO 306	塑料热塑性塑料-维卡软化温度的测定（VST）
ISO 307	塑料聚酰胺-粘数的测定
ISO 308	塑料酚醛模塑料：丙酮可溶物（未模塑材料表观树脂含量）的测定
ISO 458/1	塑料软质材料扭转刚度的测定第一部分：通用方法
ISO 458/2	塑料软质材料扭转刚度的测定第二部分：适用于氯乙烯均聚物和共聚物增塑混合料
ISO 472	塑料词汇（双语种版本）
ISO 472/Add. 1	塑料词汇-补充 1
ISO 472/Add. 2	塑料词汇-补充 2
ISO 472/Add. 3	塑料词汇-补充 3
ISO 472/DAM1	塑料词汇修订件 1
ISO 472/DAM2	塑料词汇修订件 2：黏度术语
ISO 472/DAM3	塑料词汇修订件 3
ISO 472/DAM4	塑料词汇修订件 4
ISO 472/DAM5	塑料词汇修订件 5：碳纤维术语
ISO 483	塑料使用水溶液保持相对湿度恒定值用于状态调节和试验的小密封室法
ISO 489	塑料透明塑料折光指数的测定

ISO 527/1　　塑料拉伸性能的测定第一部分：总则

ISO 527/2　　塑料拉伸性能的测定第二部分：模塑和挤塑塑料的试验条件

ISO 527/3　　塑料拉伸性能的测定第三部分：薄膜和片材的试验条件

ISO 537　　塑料扭摆试验

ISO 584　　塑料不饱和聚酯<℃时反应活性的测定（习用法）

7　树脂安全、毒性与三废

树脂（液体）属《危规》3.3类高闪点或3.2类中闪点易燃液体；常用液体树脂是易燃和具有一定毒性原料的缩聚或共聚物在溶剂中的溶液（例如氨基、醇酸、环氧、聚酯树脂等）。大部分树脂都具有共同的危险特性：遇明火、高温易燃，与氧化剂接触有引起燃烧危险，对眼和皮肤有刺激性，吸入蒸气能产生眩晕、头痛、恶心、神志不清等症状；必须加强安全管理和安全技术措施，确实保证接触危险化学品人员的人身健康和安全。

应急措施　消防方法：用泡沫、二氧化碳、干粉、砂土灭火，用雾状水使火场中容器冷却。急救：应使吸入蒸气的患者脱离污染区。安置休息并保暖，眼睛受刺激用水冲洗，对溅入眼内的严重患送医院诊治。皮肤接触用溶剂擦洗，再用肥皂彻底洗涤。误服立即漱口，送医院救治。

在通风设备的车间树脂生产过程中，禁止使用明火，禁止在生产车间内使用酯、醇、酮、苯类等有机溶剂。生产车间必须符合《工业企业设计卫生标准》中规定有害物质最高容许标准。树脂生产过程中无溶剂挥发，自动化管理程度高，一般没有其他废水、废气排出。颗粒的树脂基本无毒、无味，一般对车间生产人员的安全不会造成危害，产品符合环保要求。

8　国内主要树脂生产单位

北京燕山石油化工有限公司，大庆石油化工总厂，上海石油化工股份有限公司，茂名石油化工公司，兰州化学工业公司，齐鲁石油化工公司，抚顺石油化工公司，中原石油化工有限责任公司等单位。

Ba 聚乙烯类

1 聚乙烯定义

聚乙烯（英文名称：polyethylene，简称 PE），是乙烯经聚合制得的一种热塑性树脂。在工业上，也包括乙烯与少量α-烯烃的共聚物。聚乙烯无臭，无毒，手感似蜡，具有优良的耐低温性能（最低使用温度可达－70～－100℃），化学稳定性好，能耐大多数酸碱的侵蚀（不耐具有氧化性质的酸），常温下不溶于一般溶剂，吸水性小，电绝缘性能优良。

聚乙烯（PE）是世界产量最大的聚合物。它的高韧性、可塑性，优异的耐化学品性、低水汽透过性、非常低的吸水性及其易加工性，使各种不同密度级别的聚乙烯对制取多种制品提供了极有吸引力的选择。但 PE 的应用也受到其模量较低、屈服应力和熔点低的限制；PE 可用来制作容器、瓶子、薄膜、管子和其他制品。聚乙烯几乎是一个万能的聚合物，由于其共聚潜力，几乎能制出无数种类的聚合物，即宽密度范围，分子量可以从非常低（M_w 只有几百的蜡）到非常高（6×10^6），且分子量分布可变。

聚乙烯的重复结构单元是$\leftarrow CH_2-CH_2 \rightarrow_x$，依据不同的乙烯聚合机理，宁可把聚乙烯写成$\leftarrow CH_2-CH_2 \rightarrow_x$ 而不写成聚亚甲基$\leftarrow CH_2 \rightarrow_x$。聚乙烯并不那么简单，聚乙烯均聚物完全由碳和氢原子构成，它恰好与金刚石和石墨（它们也是完全由碳和氢原子构成的物质）性质一样有多种变化，市场上出售的不同级别的聚乙烯具有不同的热和力学性能。聚乙烯通常是白色的半透明聚合物，可买到的聚乙烯的密度范围是 0.91～0.97g/cm^3，聚乙烯特殊级别的密度受主链的形态所支配，带很少支链的线型长链聚乙烯可设想是三维紧密堆积的规整结晶结构。商业上可买到的晶级是：极低密度聚乙烯（VLDPE）、低密度聚乙烯（LDPE）、线型低密度聚乙烯（LLDPE）、高密度聚乙烯（HDPE）和超高分子量聚乙烯（UHMWPE）。它们在分子链构型上形象性的差别决定了它们的结晶度和分子量，从而决定了聚合物的最终热力学性能。

目前已建立的生产方法有四种：一是气相法，通常叫 Unipol 法，而实际上是由 Union Carbide（联合碳化物公司）开发的；二是溶液法，Dow 和 DuPont（杜邦）公司采用；其他是由 Philips 公司采用的淤浆乳液法和高压法。一般说来材料的屈服强度、熔融温度随密度的增大而提高，而伸长率却随密度的增大而降低。

一般生产方法分为高压法（由高压工艺从乙烯合成，其合成压力 100～300MPa，温度为 150～275℃，0.05%～0.10%的氧或过氧化物作为催化剂；合成或在搅拌罐中间歇发生，或在管式反应器中连续发生）、低压法、中压法三种。高压法用来生产低密度聚乙烯，这种方法开发得早，用此法生产的聚乙烯至今约占聚乙烯总产量的2/3，但随着生产技术和催化剂的发展，其增长速度已大大落后于低压法。低压法就其实施方法来说，有淤浆法、溶液法和气相法。淤浆法主要用于生产高密度聚乙烯，而溶液法和气相法不仅可以生产高密度聚乙烯，还可通过加共聚单体，生产中、低密度聚乙烯，也称为线型低密度聚乙烯。近年来，各种低压法工艺发展很快。中压法仅菲利浦公司至今仍在采用，生产的主要是高密度聚乙烯。

2 聚乙烯分类

聚乙烯按制造工艺可分为高压聚乙烯和低压聚乙烯。按密度可分为低密度聚乙烯（LDPE）、高密度聚乙烯（HDPE）、中密度聚乙烯（MDPE）等。按其他可分为线型低密度聚乙烯（LLDPE）、交联聚乙烯（CLPE）、低分子量聚乙烯（LMWPE）和超高分子量聚乙烯（UHMWPE）等。

聚乙烯为白色蜡状物，比水轻，燃烧时有石蜡的气味，软化后呈球状，火焰上部呈黄色，中间呈蓝色，不能自熄，人们可依此辨别。

3 聚乙烯的结构、特点与成型加工

3.1 聚乙烯的结构

聚乙烯的分子是长链线型结构或支链结构，为典型的结晶聚合物。在固体状态下，结晶部分与无定形部分共存。结晶度视加工条件和原处理条件而异，一般情况下，密度越高结晶度就越大。LDPE结晶度通常为55%～65%，HDPE结晶度为80%～90%。图Ba-1示出PE结构。

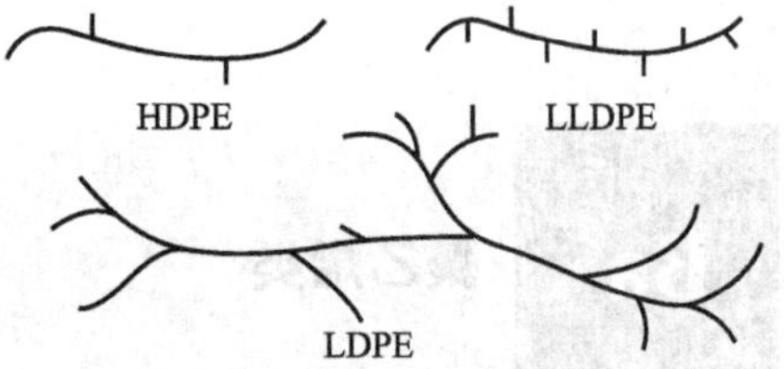

图 Ba-1 聚乙烯的结构

从图Ba-1中可见，PE分子均有一定的支化度。而LDPE支化度较高。在每1000个碳原子中含有15～25个甲基侧链以及少量的乙基和丁基侧链，由于侧链或支链降低了分子的规整度，所以，会造成含大量支链的PE结晶度、密度和刚性均低。HDPE的支化度较低，每1000个碳原子的主链上只有5～7个乙基侧链，故而结晶度高，密度、刚性和硬度等性能均较好。由于PE的力学性能很大程度上依赖于聚合物的分子量、支化度和结晶度，如断裂伸长率主要取决于PE密度高和结晶度大，其力学性能就好，但延展性就差，所以，了解聚合物结构会对其结构改性和其他改性有很大帮助。一般来说HDPE拉伸强度为20～25MPa，而LDPE拉伸强度仅为10～20MPa。这一数值距离工程材料的拉伸强度（100～200MPa）还相差很大的距离。

3.2 聚乙烯的特点

聚乙烯为典型的热塑性塑料，是无臭、无味、无毒的可燃性白色粉末。成型加工的PE树脂均是经挤出造粒的蜡状颗粒料，外观呈乳白色。其分子量在1万～100万范围内。分子量超过100万的则为超高分子量聚乙烯（UHMWPE）。分子量越高，其物理力学性能越好，越接近工程材料的要求水平。但分子量越高，其加工的难度也随之增大。聚乙烯熔点为105～135℃，其耐低温性能优良。在−60℃下仍可保持良好的力学性能，但使用温度在80～110℃。聚乙烯的性能见表Ba-1。

表 Ba-1 聚乙烯的性能

性能	测试方法(ASTM)	低密度	中密度	高密度 熔体流动速率>1g/10min	高密度 熔体流动速率=0
密度/(g/cm³)	D792—2000	0.910～0.925	0.926～0.940	0.941～0.965	0.945
平均分子量		～3×10⁵	～2×10⁵	～1.25×10⁵	(1.5～2.5)×10⁵
折射率/%		1.51	1.52	1.54	
透气速度(相对值)		1	1⅓	1/3	
断裂伸长率/%	D638—2002	90～800	50～600	15～100	
邵氏硬度(D)	A785	41～50	50～60	60～70	55(洛氏 R)
(缺口)冲击强度/(J/m)	D256—2002	>853.4	>853.4	80～1067	>1067
拉伸强度/MPa	D638—2002	6.9～15.9	8.3～24.1	21.4～37.9	37.2
拉伸弹性模量/MPa	D638—2002	117.2～241.3	172.3～379.2	413.7～1034	689.5
连续耐热温度/℃		82～100	104～121	121	
热变形温度(0.46MPa)/℃	D648—2001	38～49	49～74	60～82	73
比热容/[J/(kg·K)]		2302.7		2302.7	
结晶熔点/℃		108～126	126～135	126～136	135
脆化温度/℃	D746	−80～−55		<−140～−100	<−137
熔体流动速率/(g/10min)	D1238—2001	0.2～30	0.1～4.0	0.1～4.0	0.00
线胀系数/×10⁻⁵K⁻¹		16～18	14～16	11～13	7.2
热导率/[W/(m·K)]		0.35		0.46～0.52	
耐电弧性/s	D495—1999	135～160	200～235		
相对介电常数	D150—1998				
60～100Hz		2.25～2.35	2.25～2.35	2.30～2.35	2.34
1MHz		2.25～2.35	2.25～2.35	2.30～2.35	2.30
介电损耗角正切	D150—1998				
60～100Hz		<5×10⁻⁴	<5×10⁻⁴	<5×10⁻⁴	<3×10⁻⁴
1MHz		<5×10⁻⁴	<5×10⁻⁴	<5×10⁻⁴	<2×10⁻⁴
体积电阻率(RH50%,23℃)/Ω·cm	D257—1998	>10¹⁶	>10¹⁶	>10¹⁶	>10¹⁶

续表

性　　能	测试方法（ASTM）	低密度	中密度	高密度	
				熔体流动速率>1g/10min	熔体流动速率=0
介电强度/(kV/mm)	D149—1997				
短时		18.4～28.0	20～28	18～20	28.4
步级		16.8～28.0	20～28	17.6～24	27.2

聚乙烯化学稳定性较好，室温下可耐稀硝酸、稀硫酸和任何浓度的盐酸、氢氟酸、磷酸、甲酸、醋酸、氨水、胺类、过氧化氢、氢氧化钠、氢氧化钾等溶液。但不耐强氧化性酸的腐蚀，如发烟硫酸、浓硝酸、铬酸与硫酸的混合液。在室温下上述溶剂会对聚乙烯产生缓慢的侵蚀作用，而在90～100℃下，浓硫酸和浓硝酸会快速地侵蚀聚乙烯，使其破坏或分解。

聚乙烯在大气、阳光和氧的作用下，会发生老化、变色、龟裂、变脆或粉化，丧失其力学性能。在成型加工温度下，也会因氧化作用，使其熔体黏度下降，发生变色、出现条纹，故而在成型加工和使用过程或选材时应予以注意。对PE的改性方法是加入抗氧剂、紫外线吸收剂或炭黑等，可明显提高其耐老化性能。

由于聚乙烯属非极性材料，所以其电绝缘性能优异，其介电常数与介电损耗基本上与温度和频率无关，高频性能亦佳，是制造电线、电缆绝缘料的优选原材料。

聚乙烯及其制品受应力或制品内残余应力作用时，在与醇、醛、酮、酯表面活性剂等极性溶剂或蒸气接触会产生龟裂，这称为应力开裂，分子量越低，开裂越严重。选材加工时应掺混聚异丁烯一类的聚合物，可减少或消除应力开裂。

3.3　聚乙烯成型加工

上面叙述了聚乙烯（PE）是以乙烯单体聚合而成的聚合物，工业上把乙烯均聚物和乙烯与其他单体的共聚物均归入聚乙烯之类。在聚乙烯树脂中添加相应的助剂或添加剂制成的材料则称为聚乙烯塑料。

聚乙烯的成型加工方法很多，注塑、挤塑、吹塑等一般热塑性塑料成型方法均可采用，还可以用来进行喷涂、焊接、机加工等。

（1）聚乙烯性能与熔体流动速率的关系　注塑聚乙烯树脂由于密度不同，各有其适当的熔体流动速率范围，通常选用树脂熔体流动速率为10～20g/10min。熔体流动速率高的树脂，分子量小，黏度低，加工温度也低，但成品的力学性能较差；熔体流动速率低的树脂，分子量大，黏度高，成品的力学性能也好（见表Ba-2），但加工温度高。分子量分布宽的树脂（可以用加入低分子量聚乙烯的方法达到），成型时的流动性好，但是制品的力学性能和耐热性降低。

表Ba-2　聚乙烯的性能与熔体流动速率的关系

性能＼熔体流动速率	低	高
拉伸强度	←增加	
伸长率	←增加	
耐冲击性	←增加	
耐应力破裂性	←提高	
耐磨性	←提高	
低温脆性	←改善	
耐药品性	←提高	
成型时的流动性	提高→	
表面光泽	提高→	

(2) 聚乙烯的性能与密度的关系 聚乙烯树脂密度不同，其制品性能和结晶速度也不同，所以成型条件有所不同。表Ba-3中列出了密度与性能的关系。在注塑过程中聚乙烯分子有取向现象，经冷却定型所得的制品在一定程度上仍保留取向现象，使制品沿注塑方向的收缩率增大，薄壁制品表现尤为突出。由于取向现象还会使注塑制品的浇口周围部位的脆性增加，提高注塑温度或改用熔体流动速率较高的聚乙烯，可避免这种不良现象，但用熔体流动速率高的树脂所得的制品冲击韧性较低。

表 Ba-3 聚乙烯的性能与密度的关系

项目 \ 密度/(g/cm³)	低密度 ≤0.925	中密度 0.926～0.940		高密度 >0.940
结晶度/%	65	75	85	95
硬度	1	2	3	4
软化温度/℃	105	118	124	127
拉伸强度/MPa	144	175	245	335
伸长率/%	500	300	100	25
冲击强度(悬臂梁式,缺口)/(kJ/m²)	42	21	17	13

(3) 聚乙烯的成型加工 PE管挤出温度 聚乙烯是非极性结构，因此吸湿性很小，但由于它是非导体，所得的颗粒在贮存运输过程中，特别是在干燥的大气中，易产生静电，吸附空气中的水分，因而造成水分含量过大。如果含水量超过0.05%而不经干燥直接用来成型，则制品内部可能产生气泡。因此，在成型前应进行干燥处理，通常是在80℃烘2～3h。

聚乙烯注塑时，可采用一般的注塑机进行注塑，注射温度提高，制品的拉伸强度和伸长率也都下降。注射工艺大体如下：柱塞式注塑机；料筒温度后段140～160℃，前段170～200℃；压力60～100MPa，注射时间15～60s，高压时间0～3s，冷却时间15～60s，总周期40～130s，收缩率1.5%～4%。

各种聚乙烯的挤出成型对螺杆的要求并不需要特殊的设计，常用螺杆 L/D = 10～15，压缩比2～3都可使用，制管时挤出温度参考条件如表Ba-4所示。

表 Ba-4 PE管挤出温度 单位：℃

项目	LDPE	HDPE	MDPE
加料下部	125～150	140～170	140～180
料筒中间	140～170	150～200	150～220
料筒头部	150～180	160～230	160～240
机头	150～160	170～200	170～220
机头前端	170～200	180～220	180～220

聚乙烯适用于制造薄膜、管材、电线电缆料、单丝、日常用品、中空制品、泡沫塑料、涂料和胶黏剂等，但未改性PE不能作工程材料。工程结构材料所要求的材料刚性通常在800～1000MPa，强度在100MPa以上，耐热性在130～150℃。由此可见，若将聚乙烯用作结构材料，就必须对其进行改性，提高其强度、刚性和耐热性，使其三项性能至少达到通用工程塑料的水平，特别是增强塑料的性能水平，方可用作工程结构材料。实现PE工程化的方法只有改性技术。目前发达国家市售PE树脂80%以上为改性PE树脂，采用改性技术在发展高性能低成本工程材料中具有十分重要的地位与作用。

4 国内聚乙烯生产单位

北京燕山石油化工有限公司，大庆石油化工总厂，上海石油化工股份有限公司，茂名石油化工公司，兰州化学工业公司，齐鲁石油化工公司，抚顺石油化工公司，中原石油化工有限责任公司等单位。

Ba001 低密度聚乙烯

【英文名】 low density polyethylene；LDPE

【别名】 高压聚乙烯

【结构式】

$$\text{-}\!\!\left[CH_2-CH_2 \right]\!\!\text{-}_x$$

【性质】 低密度聚乙烯为乳白色、无味、无臭、无毒、表面无光泽的蜡状颗粒，密度范围为 0.910～0.925g/cm³，是聚乙烯树脂中除超低密度聚乙烯之外最轻的品种。其分子结构为主链上带有长、短不同支链的支链型分子，在主链上每 1000 个碳原子中带有 20～30 个乙基、丁基或更长的支链。与高密度聚乙烯和中密度聚乙烯相比，结晶度（55%～65%）和软化点（90～100℃）较低，熔体流动速率较宽（MFR＝0.2～80g/min）。

低密度聚乙烯具有良好的化学稳定性，可耐酸、碱和盐类水溶液，能耐 60℃以下的一般有机溶剂。耐寒性也比较好，具有电导率低、介电常数小、介电损耗角正切低和介电强度高等特性。但耐热性、耐氧化性和光老化性能较差。常需在应用配方中加入抗氧剂和紫外线吸收剂等以提高其耐老化性能。

低密度聚乙烯具有良好的柔软性、延伸性、透明性、加工性和一定程度的透气性，但力学强度低于高密度聚乙烯，透湿性也较差。黏附性、黏合性、印刷性差，需经化学腐蚀和电晕处理后方可改善。其物理力学性能还因用途不同而有所差异。

几种不同用途低密度聚乙烯（LDPE）产品的性能

低密度聚乙烯	熔体流动速率/(g/10min)	密度/(g/cm³)	拉伸强度/MPa	伸长率/%
薄膜	0.30 1.5 7.0	0.923 0.924 0.923	21.56 16.66 13.72	650 600 500
涂层	7.0	0.900	12.74	550 500
模塑品	7.0	0.923 0.920	13.72 9.8	500 450
电缆	2.0	0.924	20.58	650
低密度聚乙烯	脆化温度/℃	浊度/%	透光率/%	冲击强度/(kJ/m²)
薄膜	－73 －73 －50	6.5 6.0 7.5	85 95 75	41.2 31.4 25.5
涂层	－50	—	—	—
模塑品	－50 －50	— —	— —	— —
电缆	－73	—	—	—

低密度聚乙烯是可燃性物质，其粉尘在空气中能燃烧和爆炸。燃烧温度为625～650℃，在空气中的燃烧浓度为85～370g/m³，因此在运输和贮存过程中必须严禁火种和高温。

【质量标准】 GB 11115—89 低密度聚乙烯树脂。

【制法】 工业上大规模生产低密度聚乙烯的方法为高压本体聚合法，即将高纯度乙烯在微量氧（或空气）、有机或无机过氧化物等的引发下，于9.8～34.3MPa和150～330℃条件下进行自由基聚合反应而得到产品。在生产方法上按所用聚合反应器的不同，又常分为釜式法和管式法两大类。釜式法所用聚合反应器为带搅拌器的高压反应釜，引发剂多为过氧化物，反应压力常较管式法低，为9.8～24.5MPa，反应温度为150～300℃，单程转化率为20%～25%。管式法所用聚合反应器为中空长管形，管长可达1400m，引发剂为氧（或空气），压力为19.6～34.3MPa，温度为250～330℃，单程转化率为20%～34%。

1. 釜式法

将高纯度新鲜乙烯与未反应的乙烯循环气体混合后，经二次加压至11.27～21.56MPa后，送入釜式聚合反应器，并向反应器内注入微量有机过氧化物引发剂。乙烯在引发剂存在下，于10.78～19.6MPa和160～285℃下进行聚合即得低密度聚乙烯。制得的低密度聚乙烯与未反应的乙烯冷却至一定的温度后，通过高压分离器和低压分离器，分出未反应的乙烯进入循环系统，与新鲜乙烯混合使用。从低压分离器分出的熔融聚合物，加入适量添加剂混合后，再经挤出造粒，即得粒状产品。其工艺流程示意下图。

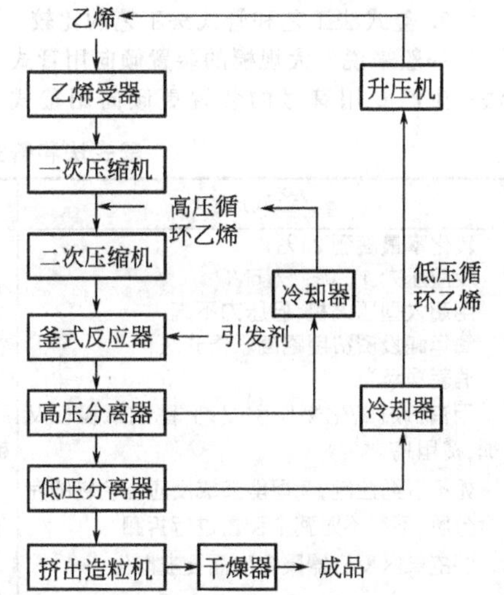

釜式法工艺流程

2. 管式法

将新鲜的高纯度乙烯与低压分离器出来的循环乙烯气混合送入一次压缩机，升压至24.5～29.4MPa，同时加入引发剂氧（或空气）和分子量调节剂。物料经一次压缩后与来自高压分离器的循环乙烯混合，再经二次压缩机压缩到24.5MPa以上的压力送入管式聚合反应器，在引发剂的作用下进行聚合。聚合温度250～330℃。反应产物通过高压分离器和低压分离器分出未反应的乙烯，分别送入二次压缩机和一次压缩机循环使用。所得聚合物经切粒、干燥即得产品，其简单流程如下。

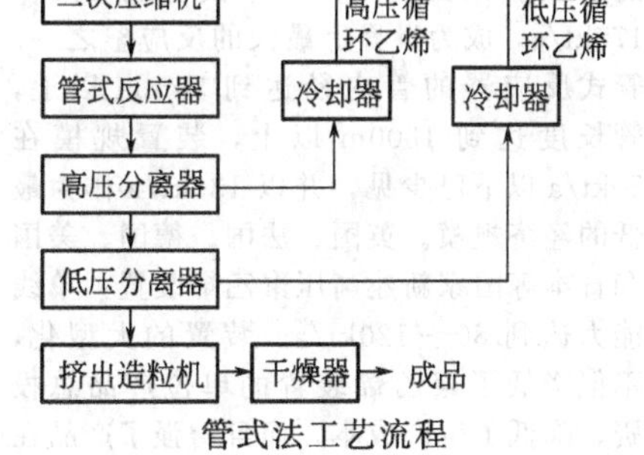

管式法工艺流程

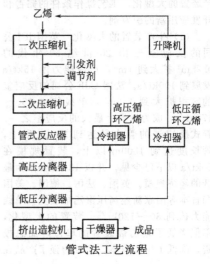

3. 釜式法工艺和管式法工艺的比较

一般来说，大规模的装置倾向用管式法；生产专用牌号的装置更倾向用釜式法。下表粗略地比较了釜式法和管式法的特点。

釜式法和管式法的特点比较

釜式法	管式法
转化率最高到21%	转化率可达到36%
反应压力11.0～17.5MPa	反应压力20.0～35.0MPa
用超大型压缩机，但压力不高	用高负载超大型压缩机，维修费用较高
每年吨投资费用略高于管式法	单体消耗很低
消耗净蒸汽	无净蒸汽消耗，有时产净蒸汽
用有机过氧化物作引发剂，比用氧操作麻烦，费用高	大部分用氧作引发剂，但有机过氧化物用得也越来越多
如不仔细控制，有可能造成反应混合物的完全分解，不得不对整个装置进行拆卸	很少会发生完全分解，但部分会分解为碳，一般停车时间为12h
旧的单区反应器聚合物需要被均化	适合于生产均匀的薄膜级产品，可抽出物比釜式法少
现代的多区反应器可以精密地控制分子量和支化度分布，熔体流动速率可以被独立控制	由于压力沿反应器降低，用较长的管式反应器制得的产品有较宽的分子量分布和较少的长支链
可以两相操作，以控制聚合物的支化度	采用多注入点操作方式，可进一步提高反应转化率
可生产乙酸乙烯含量高达40%的EVA	大部分管式反应器用脉冲阀改变压力。以保持反应器壁清洁。某些公司采用高流速操作方式。还有些公司，如BASF公司两种方法均采用

4. 发展趋势及动向

低密度聚乙烯制法发展趋势主要是生产装置的大型化、工艺操作条件的完善和开发应用新的引发剂。

(1) 生产装置的大型化　英国ICI公司的反应釜已由20世纪50年代的0.25m^3扩大到1m^3，单线能力由15kt/a发展到100kt/a。法国CdF公司的反应釜的容积扩大到1.5m^3，单线能力150～175kt/a，成为世界上最大的反应釜之一。管式反应器的管内径达到50mm以上，管长度达到1300m以上，装置规模在50kt/a以下已少见，并以136kt/a作为最低的经济规模。英国、法国、德国、美国和日本等国家新建高压聚乙烯装置，单线能力达到80～120kt/a。装置的大型化，不但降低了聚乙烯装置的单位产品总投资，降低了生产成本，而且增强了产品在市场上的竞争能力。单线能力的提高，高压反应釜的容积扩大，标志着制造水平的提高。

(2) 工艺操作条件不断完善　在釜式法乙烯聚合反应中，大部分已由单区聚合演变为多区聚合，在反应釜的不同部位注入不同类型的引发剂并控制不同的反应压力和温度，这样使反应压力不需要再超过15.19MPa，乙烯单程转化率已由过去的17%增加到21%左右。法国CdF公司将一个反应釜划分成五个反应区进行聚合，从六路引入乙烯气，并从六个点注入不同催化剂，单程转化率得到提高。日本住友化学在引进的ICI公司技术的基础上，发展了双釜串联的新工艺，1984年又对双釜串联工艺做了进一步改进，原双釜是相同容积的反应釜，现在提出了前反应釜容积可以是后反应釜容积的1～6倍，前釜分两个反应区，前釜的进料点及引发剂注入点各为两个，这样既能提高引发剂效率，又可降低引发剂消耗（比原来降低15%～20%），转化率比原来可提高2%～4%。

(3) 开发和应用新的引发剂　随着工艺条件的不断完善，对引发剂提出了新的要求。世界各国大公司的研究部门都对各种催化剂及聚乙烯的引发剂进行了研究，新的引发剂被许多装置应用，应用同时也改变了聚合工艺条件，增加了原有装置的生产能力，改善了产品的质量。英国ICI公司由于采用新的低温引发剂，降低了反应温度和压力（低于15.19MPa），有利于安全生产及节约能源。法国CdF公司采用四种以上的不同类型引发剂分六点注入，这样既提高了产品产量，又提高了产品质量。德国巴斯夫公司、伊姆豪森公司、法国阿托公司、美国联碳等公司的管式反应器也采用了新引发剂以提高产量及质量。它们将有机过氧化物和纯氧混合使用，在反应器的四个不同位置上注入引发剂，在相应区内反应温度各控制在170.2℃、180.2℃、190.2℃和200.2℃或250.2℃。使用这样的工艺条件及新引发剂，使得这些装置乙烯单程转化率最高可以达到35%。国外公司普遍寻找低温性引发剂，如过氧化叔丁基叔戊酸酯、过氧化叔丁基癸酸酯、过氧化壬酰、过氧化碳酸二环己酯等。HP-LDPE改用齐格勒催化剂，通过乙烯与高碳α-烯烃共聚生产LLDPE、VLDPE，这种改良的LDPE工艺有法国的CdF公司、阿托公司，美国阿科公司、道化学公司，意大利的蒙特爱迪生公司，实现了装置的多功能化。

乙烯聚合茂金属催化剂的开发应用也是LDPE的发展方向之一，常用于乙烯聚合的茂金属催化剂包括非桥联的、桥联的、取代的和单茂类等。非手性和手性茂金属催化剂用于乙烯均聚，茂金属催化乙烯和α-烯烃共聚生成LLDPE是相当重要的研究与应用领域（在本手册中将专门叙述）。

(4) DCS的广泛应用和管理水平的提高　由于DCS在聚乙烯装置自动化控制、数据处理、最优生产模型的建立和生产数据收集等各个领域中得到广泛应用，使装置生产水平及管理水平得到了进一步提高。DCS的应用使得聚乙烯数学模型的研究更快地实现。研究者们利用聚合反应动力学、物料平衡和热量衡算，建立计算模型，用计算机来模拟反应釜多区聚合反应过程，以开发新的聚合工艺和最优生产方法。为了使物料在反应区空间内达到最佳的流体力学状态，提出了改善混合方式的观点，并新设计了管式或釜式反应器结构，以达到增加生产能力、改进产品质量、降低生产成本的目的。

研究者已成功地采用反应器微分相反应方式模型，探索了聚乙烯物理性能与反应釜大小、反应釜结构的关系，还探索了聚乙烯物理性能与反应条件之间的关系，由此而设计反应器搅拌轴，根据需要的聚乙烯性能确定反应条件，通过计算可以预知乙烯单程转化率和引发剂单耗。这样大大提高了聚乙烯生产的经济性。

计算机不但在建立数学模型上得到广泛应用，而且使得生产控制实现自动化、最优化，安全性及稳定性得到了进一步提高。同时还使聚乙烯装置的产品管理、质量管理、经营管理、环境管理、设备管理、备品备件管理的水平得到了进一步提高。

【成型加工】 LDPE主要采用熔融加工方法，它可以用挤出、注塑、吹塑、滚塑、流延等方法进行加工。

1. LDPE的加工特点

① LDPE吸水性极低，小于1/10000，加工前可省去干燥程序。

② LDPE在空气中会被氧化，特别

是处在熔融温度下更危险，加工时要尽量减少与空气接触，或加入抗氧剂。

③ LDPE结晶度高，成型收缩率大，为1.5%～2.0%。

④ 为提高LDPE产品的可印刷性，通常需要表面处理，以提高表面的润湿张力，最常用的方法是火焰或电晕处理。

⑤ 加工中产生的LDPE废片和边角料可回收使用。

加工条件影响LDPE的分子取向和密度，转而影响最终制品的力学性能和光学性能。LDPE的取向通常是由制备过程中的冻结应力形成的，提高温度、降低加工速度或加大流道均可降低这种应力。

通常在取向方向撕裂强度低、拉伸强度提高。重要的加工参数是骤冷速度，即熔融的聚合物冷却为固体的速度。骤冷速度太快，会使密度降低，影响制品的机械强度。

2. 挤出

挤出是LDPE最重要的加工方法，薄膜、管材、片材、型材、涂层、电线、电缆都是挤出加工的重要产品。树脂在挤出机内熔融，然后通过模头送出。模头使熔体具有与最终产品相关的形状。熔体可在一个气隙中被拉成较薄的横截面，然后被冷却，其形状被保持。固体塑料进入一个引出机，引出机将熔体从模头引出，并通过一个冷却系统，最后用设备将塑料切成捆或卷的宽度及长度。挤出是连续操作的工艺，用于生产具有同样横截面、具有一定长度的产品。

LDPE挤塑工艺和机械参数

工艺与机械参数	制品名称						
	管、棒	吹塑薄膜	片材	电线包覆层	扁平薄膜	单丝	涂层
物料温度/℃	149	163	177	218	246	260	316
螺杆直径 D/cm	11.4	8.9	15.2	8.9	15.2	6.4	15.2
螺杆长径比(L/D)	16	20	20	20	24	24	28
压缩比	3	4	4	4	4	4	4
螺杆计量段长度	2D	4D	4D	4D	6D	6D	14D
螺杆转速/(r/min)	60	75	75	100	75	100	75
计量段槽深/mm	3.8	3.2	3.2	2.3	—	1.9	—

3. 注塑

注塑是熔融的热塑性聚合物被注入到钢模具中的过程。塑料固化后模具打开，得到具有模腔形状的制品。注塑机有两个重要的部分组成，即注射装置和合模装置。注射装置将塑料熔化并将其注入到模具。合模装置开启、关闭，使模具承受熔体压力。注塑机的规格常用合模装置的能力来表示，通常为50～1000t。注射装置的主要部分是专门设计用于注塑设备的挤出机。注射装置的规格用它的注射能力来表示，即在一个注射周期中可以被注射熔体的最大量。这个数量是由螺杆直径和往返的距离决定的。

注塑机是靠液压动力驱动的，机器备有电动机和液压泵。液压油的最大压力为14MPa。一个液压油缸用于使模具开启和关闭，而另一个推动螺杆向前，将熔体注入到模具，液压发动机使螺杆旋转。液压系统和电系统结合起来控制这些动作。

由于模具决定了最终制品的形状，对于不同的制品需要定制不同的模具。目前在模具设计制造中已越来越多地使用计算机辅助设计（CAD）和计算机辅助制造（CAM）过程。

4. 吹塑

吹塑是生产薄膜、中空容器的一种重要的加工方法。挤塑吹塑薄膜是作为管形膜挤出的塑料薄膜。它主要用于食品包装和垃圾袋。薄膜的挤塑吹塑是树脂颗粒经熔融挤出成熔体，熔体向上通过环形模头，管状的熔融树脂被空气填充，空气将树脂管吹胀到所需的尺寸，薄膜被管外的空气流冷却，然后被平折，并被一对辊在模头上方牵伸几米。在模头和夹辊之间，树脂管是在隔离的空气泡上被挤出的，空气泡被模头下面的阀和上面的夹辊密封。空气量决定了管的半径和平折后管膜的宽度。

吹塑也是生产瓶等中空容器最常用的加工方法。通常以较大规模生产品种单一的产品。这种方法是树脂颗粒经熔融挤出成型坯时，熔体可自由膨胀和垂缩。该过程要求树脂的熔体有非常一致的熔胀性和垂缩性，为防止垂缩过大，要求熔体的黏度较高。如果要制造较大容器，吹塑机通常配有料缸和活塞，作为熔体的贮料缸。贮料缸被来自挤出机的熔体充满，然后以非常快的速度放空，形成一个大的塑坯，从而使熔体管的垂缩减至最小。

对于简单的塑坯，瓶的直径较大处壁薄，直径较小处壁厚。对模头进行某些改进，可制得纵向厚度分布不同的塑坯，制得瓶子的厚度分布得以改进，强度得以提高。

5. 流延

流延法加工的薄膜有很好的外观和光泽，在流延膜的加工设备上模头的开口是一个长直的狭缝，缝的宽度大约为0.4mm，可以调节。模头相对于流延辊的定位必须十分仔细，熔融的树脂料片由模头拉到流延辊，进行有控制的冷却。流延辊高度抛光并被电镀，以使薄膜有平滑无瑕的表面。流延辊被快速循环的水冷却，温度的控制是重要的。模头有时需要比表面的宽度长，因为熔融的料片从模头引出后会变窄，即缩幅。表面的边缘比较厚，收卷前需要修边，边角料可以重新被加工。

在流延膜的加工中，熔体必须与激冷辊保持良好的接触，即在表面和辊之间不能有空气通过，否则空气也会使一部分塑料隔绝，使其冷却的速度与其他部分不同，从而破坏产品的外观。熔体不能放出挥发分，否则挥发分也会在流延辊上凝结，降低导热速度，破坏表面外观。流延膜加工中，熔体的温度高于垂缩薄膜，一般来说，熔体温度越高，薄膜的光学性能越好。

6. 不同加工方法对树脂性能的要求

不同分子量（MFR 为 0.1～50g/10min）、不同密度（0.916～0.930g/cm^3）和不同长链支化度（该性能对分子量分布影响很大）的 LDPE 树脂适用于不同的加工方法。

薄膜是 LDPE 树脂用量最大的产品，一般说随熔体流动速率的降低和长链支化度的增加，薄膜的韧性增加，但透明度和垂伸降低。高透明度薄膜的密度通常为0.921～0.925g/cm^3，用作通用包装膜的树脂 MFR 为 2.0g/10min，极薄的薄膜（如用作垃圾袋 MFR 为 6.0g/10min）。对于要求高冲击强度的应用，MFR 可降低到 0.3g/10min。改变合成条件可使长链支化度减少最小。α-烯烃（通常是丙烯）有时用作共聚单体和链转移剂，用来提高薄膜透明度和冲击强度。有时也加入异丁烯或 1-丁烯。

透明性要求不高的薄膜用树脂有更多的长支链，这种薄膜表面较粗，雾度较高。树脂的密度通常为 0.917～0.921g/cm^3。衬里和通用薄膜树脂的 MFR 通常为 2.0g/10min，高抗冲牌号 MFR 为 1.0～0.3g/10min。薄膜牌号大部分用管式反应器生产，其产品具有较好的长短支化度的平衡。

挤出涂层 LDPE 树脂的 MFR 为 4～8g/10min，密度为 0.923～0.930g/cm^3，主要用于纸和纸板的涂覆，以提高阻湿性。这种树脂是在釜式反应器中生产的，因为釜式反应器产品的分子量分布宽，在高温和高速的操作条件下，具有良好的涂覆性能。

用于动力电缆的交联牌号树脂 MFR=1.5～3.0g/10min，$d \geqslant 0.918$g/cm^3，用于热塑性绝缘材料的树脂MFR=0.2～0.4g/10min，有很高的抗应力开裂性和良好的低温性。

注塑牌号用于要求韧、柔软和透明性的部件，如用于家用品、玩具、盖和罩等，树脂的 MFR 为 2.0～50g/10min，密度为 0.917～0.924g/cm^3。用于吹塑的 LDPE 树脂的 MFR 为 0.25～1.5g/10min，密度为 0.918g/cm^3。LDPE 吹塑制品（如可挤压的瓶）一般要求有较好的柔性。

7. 添加剂

大部分聚乙烯制品都含有添加剂，以防止树脂降解，并可改进性能。常用的抗氧剂有 2,6-二叔丁基对甲酚（BHT）、十八烷基-3,5-二叔丁基-4-羟基氢化肉桂酸酯和四双（3,5-二叔丁基-4-羟基肉桂酸酯）甲烷。抗氧剂一般在生产过程中加入，以防止在加工时树脂发生热降解。暴露于阳光下的室外用品常加入抗紫外线的光稳剂，防止光降解。常用的光稳定剂是二苯甲酮类，如 2-羟基 4-正辛基二苯甲酮。加入 3%炭黑也可以达到很好的保护作用。

LDPE 薄膜，特别是吹塑薄膜容易粘在一起，加入少量的润滑剂，如芥酸酰胺，可降低表面的摩擦系数，减少粘连。抗粘连剂一般用粒径为 5～15μm 的硅藻土。细硅胶也作抗粘连剂，但会使表面粗化，降低透明度。

其他常用的添加剂有：抗静电剂，常加到成型制品中，以减少制品吸灰；颜料，常以色母粒的形式加入；阻燃剂，降低制品的易燃性；交联剂，如有机过氧化物，常用于电线电缆；发泡剂，如可以放出气体的有机化合物，用于生产发泡片材；降解添加剂，用于促进可降解缺口的光降解和生物降解；粘连控制剂，如聚丁烯，可用于拉伸缠绕包装。

为使薄膜的表面易于印刷，常用电晕放电处理来诱导它的氧化。对于成型制品，则常用火焰处理方法。

【用途】 LDPE主要作薄膜产品，如农业用薄膜、地面覆盖薄膜、蔬菜大棚膜等，包装用膜如糖果、蔬菜、冷冻食品等包装，液体包装用吹塑薄膜（牛奶、酱油、果汁、豆腐、豆奶），收缩包装薄膜，弹性薄膜，内衬薄膜，建筑用薄膜，一般工业包装薄膜和食品袋等。

LDPE还用于注塑制品，如小型容器、盖子、日用制品、塑料花、注塑-拉伸-吹塑容器、医疗器具、药品和食品包装材料。挤塑的管材、板材、电线电缆包覆、异型材、热成型等制品；吹塑中空成型制品，如食品容器有奶制品和果酱类，药物、化妆品、化工产品容器以及泡沫塑料等。旋转成型滚塑制品主要用于大型容器和贮槽。

【安全性】 树脂的生产原料，对人体的皮肤和黏膜有不同程度的刺激，可引起皮肤过敏反应和炎症；同时还要注意树脂粉尘对人体的危害，长期吸入高浓度的树脂粉尘，会引起肺部的病变。大部分树脂都具有共同的危险特性：遇明火、高温易燃，与氧化剂接触有引起燃烧危险，因此，操作人员要改善操作环境，将操作区域与非操作区域有意识地划开，尽可能自动化、密闭化，安装通风设施等。

产品装于聚乙烯重包装膜袋内，根据

用户需要可套加聚丙烯编织袋为外包装，每袋净重（25.00±0.25)kg。产品应在清洁干燥的仓库内贮存，可用火车、汽车、船舶等运输。贮运过程中应注意防火、防水、防晒、防尘和防污染等。运输工具应保持清洁、干燥，不得有铁钉等尖锐物，并需有篷布。

【生产单位】 北京燕山石油化工有限公司，大庆石油化工总厂，上海石油化工股份有限公司，茂名石油化工公司，兰州化学工业公司，齐鲁石油化工公司，抚顺石油化工公司，中原石油化工有限责任公司等单位。

Ba002 高密度聚乙烯

【英文名】 high density polyethylene; HDPE

【别名】 低压聚乙烯

【结构式】 $\text{+CH}_2\text{—CH}_2\text{+}_n$

【性质】 高密度聚乙烯为无味、无臭、无毒的白色粉末或颗粒状产品。熔点约为131℃，密度 0.946～0.976g/cm^3。分子结构以线型结构为主，支链极少，平均每1000个碳原子仅含几个支链。结晶度达80%～90%。它具有良好的耐热性和耐寒性，软化点 125～135℃，脆化温度−70℃，使用温度可达100℃。硬度、拉伸强度、蠕变性等皆优于低密度聚乙烯。耐磨性能也较好。随着熔体流动速率的下降，冲击强度和拉伸强度均有所提高。电绝缘性能、韧性、耐寒性都很好，但略差于低密度聚乙烯。化学稳定性好，在室温下几乎不溶于任何有机溶剂，耐多种酸、碱及各种盐类溶液的腐蚀。吸水性和水蒸气渗透性很低。耐老化性能较差，特别是热氧化作用常使其性能变坏，故常需加入抗氧剂和紫外线吸收剂等。另外，在受力情况下，热变形温度很低，在使用中应予以注意。

HDPE 的力学性能与密度有关。HDPE 的拉伸强度、拉伸模量、弯曲强度、弯曲模量、压缩强度、剪切强度、硬度等力学性能较 LDPE 优越，耐磨性和冲击强度很好，特别是在冲击强度方面比很多塑料（包括很多工程塑料在内）优越。HDPE 的力学性能如下。

聚乙烯的密度对性能的影响

项　目	HDPE(低压法)
密度/(g/cm³)	0.94～0.965
拉伸强度/MPa	22～45
断裂伸长率/%	200～900
拉伸模量/MPa	420～1060
压缩强度/MPa	12.5
弯曲强度/MPa	250～400
弯曲模量/MPa	1.1～1.4
剪切强度/MPa	20～36
冲击强度(缺口)	不断
冲击强度(无缺口)/(kJ/m²)	10～40
拉伸冲击强度/(kJ/m²)	28.6
疲劳强度(10⁷Hz)/MPa	11
硬度(邵氏 D)	62～72
布氏/MPa	0.45～0.58
	0.623～0.625
摩擦系数(对 45 钢、干摩擦)	0.15～0.18
磨耗(对 45 钢、干摩擦)	0.91～0.92

乙烯与少量 1-丁烯或丙烯共聚制得的高密度聚乙烯，除具有上述特性外，还具有优良的耐环境应力开裂性能，表面硬度高，尺寸稳定性好。

聚乙烯性能主要影响因素为密度、熔体流动速率（MFR）和分子量分布。

高密度聚乙烯的物理性能还因用途不同而有所差异。

【质量标准】 GB 11116—89 低密度聚乙烯树脂。

指标名称	注射级	吹塑级	挤出级
MFR/(g/10min)	14	0.35	1.2
密度/(g/cm³)	0.965	0.964	0.954
分子量分布	窄	中等	窄
灰分(质量分数)/%	0.03	0.03	0.02
屈服强度/MPa	28.42	27.44	23.52
拉伸强度/MPa	19.6	34.3	29.4

断裂伸长率/%	200	500	500
弯曲模量/GPa	0.98	1.08	0.88
冲击强度(缺口)/(J/m)	29.4	343	1.47
耐应力开裂(F_{50})/h	3	40	30

【制法】 工业上生产高密度聚乙烯的方法是由聚合级乙烯与少量共聚单体，在金属有机络合物或金属有机氧化物为主要成分的载体型或非载体型催化剂作用下，于常压至几兆帕下，以淤浆法、溶剂法或气相流化床法聚合制得密度为 0.941～0.965g/cm^3 的聚乙烯。

由于采用了高活性催化剂，聚合所得产品中的催化剂残渣含量很低，所以，目前各生产工艺中均无老工艺中脱催化剂残渣的工序。

高密度聚乙烯的生产方法及其工艺流程如下。

1. 淤浆法

我国各生产单位多用此法。具体方法是将高纯度乙烯，在催化剂 $TiCl_4$-$Al(C_2H_5)_3$ 存在下，通入分子量调节剂（氢气），于 0.49～1.47MPa 和 80～90℃ 的溶剂（己烷）中聚合 1～2h，即得高密度聚乙烯浆状物，浆料经脱气塔脱除氢气和未反应完的乙烯，再经分层器分出水分，然后通过串联的溶剂汽提塔回收料，再加入有关添加剂后挤出造粒，便可得到粒状产品。其工艺流程如下所示。

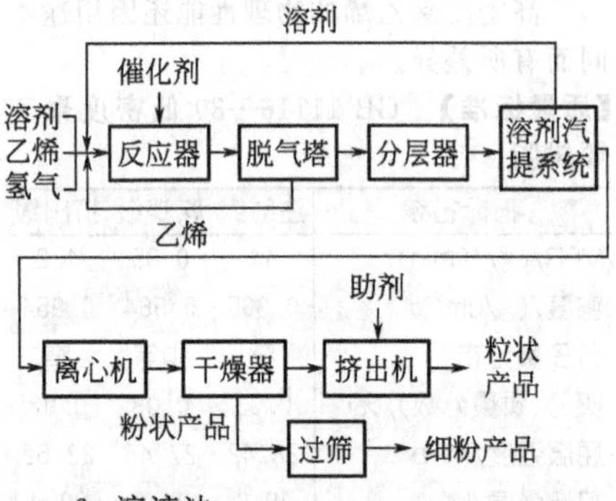

2. 溶液法

将乙烯压缩至 3.43MPa，使乙烯溶于环己烷溶剂，同时加入分子量调节剂（氢气），然后将含有乙烯的溶剂用泵压至 4.9～5.88MPa 后，加入聚合釜，在 180℃和 4.9～5.88MPa 压力下进行聚合。聚合后所得物料进入闪蒸槽，压力降至 0.588～0.686MPa，温度为 160℃，闪蒸出未反应的乙烯及溶剂回收再用。经闪蒸后的熔融树脂进入挤出机，同时加入有关添加剂后挤出造粒，即得产品。其工艺流程如下所示。

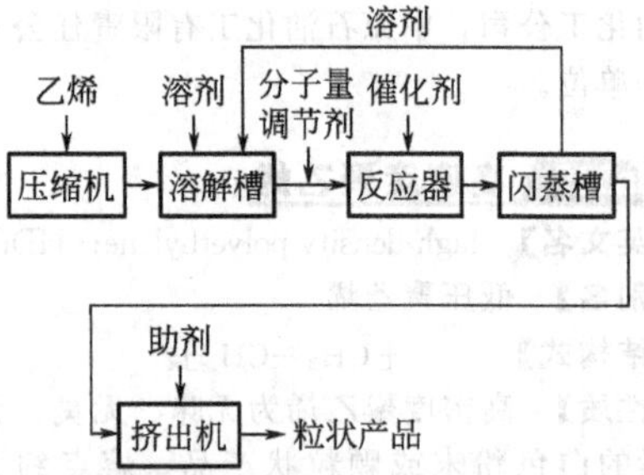

3. 气相流化床法

将高纯度乙烯和共聚单体丙烯或 1-丁烯及分子量调节剂（氢气）与催化剂连续地加入流化床反应器中，控制反应温度 95～105℃，压力 2.06MPa 左右，通过大量未反应的乙烯在系统内循环而移去反应热。乙烯既为原料，又作为流态化所需的气流。反应后所得高密度聚乙烯粉末通过反应器内床层高度自动控制出料，然后加入有关添加剂，经挤出造粒，即得产品。其工艺流程如下所示。

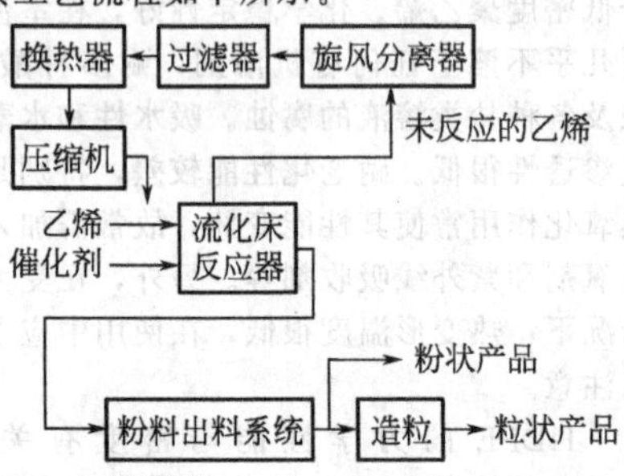

4. 高压法

此法与高压聚乙烯的生产方法有些相似，只不过以齐格勒催化剂取代了自由基引发剂。其具体方法是乙烯及共聚单体经一次压缩机和二次压缩机压缩，压力升至14.7MPa左右，然后进入高压聚合反应器，在齐格勒催化剂作用下聚合。聚合后所得物料经高压分离器和低压分离器，回收未反应的乙烯，循环使用。由低压分离器底部出来的熔融聚合物经加入有关添加剂后挤出造粒，即得产品。其密度为0.935～0.965g/cm³。工艺流程如下所示。

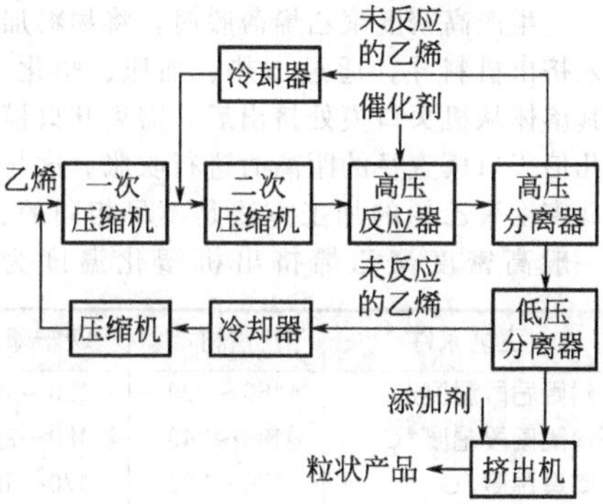

5. 工艺技术经济性比较

HDPE 催化剂体系

产品	生产工艺	催化体系	活性/万倍	产品中金属残留量/×10⁻⁶	是否去除残留催化剂
第一代	齐格勒	$TiCl_4 + AlR_nCl_{2-n}$	0.26～1.6	300～700	要
	菲利浦(溶液)	$Cr_2O_3 + SiO_2 + Al_2O_3$	0.5～5		要
第二代	索尔维	$TiCl_4 + AlR_3 + MgCl_2$	30～60	2～15	不要
	蒙埃(Montedison)	$TiCl_4 + AlR_3 + MgCl_2$	14～60	2～15	不要
	赫斯特	$TiCl_4 + Ti(OR)_4 + AlR_3 + Mg(OR)_2$	2～68	2～15	不要
	DSM	$TiCl_4 + AlR_3$ + 有机镁	5～12.5	10	不要
	三井油化	$TiCl_4 + AlR_3 + MgCO_3 + ROH$	5～60	1	不要
	三井化成	Cr_2O_3 + 有机硅氧烷铝 + Al_2O_3	10～50	3～5	不要
	菲利浦(淤浆)	$Cr_2O_3 + Al_2O_3$(高比表面积)	50	5～10	不要
	联碳	有机 Cr + $SiO_2 + AlR_3$	60	2	不要
	日产(Nissan)	载体催化剂	4～120	—	不要
第三代	三井油化、蒙埃	氧化镁为载体的载体催化剂	100	—	不要
第四代	蒙埃	氧化镁为载体的钛系催化剂	几百	—	不要

【消耗定额】 高密度聚乙烯生产中的消耗定额，常因生产单位和生产方法不同而异。

原料名称	上海高桥石化公司	日本三井油化公司
乙烯/(kg/t)	1111	1025～1090
溶剂/(kg/t)	97	20
三乙基铝/(kg/t)	2～3	0.15～0.22
水/(t/t)	670	
电/(kW·h/t)	207	590～720
蒸汽/(kg/t)	3250	1500
工艺路线	淤浆法	溶液法

【成型加工】 高密度聚乙烯可用注塑、挤塑、吹塑和旋转成型等方法生产各种大小容器、日用杂品、工业零部件、高强度超细薄膜、拉伸条带、捆扎带、单丝、管材和低发泡制品等。高密度聚乙烯的主要加工方法是注射成型，注塑制品约占各种制品总产量的20%～30%。注射成型温度略高于低密度聚乙烯，一般为200～250℃，模具温度50～70℃，注射压力7.84～9.8MPa。

生产高密度聚乙烯薄膜时，将物料加入挤出机料斗，通过加热、加压、塑化，其熔体从机头口模处挤出后，需离开口模几倍于口模直径的距离时进行吹胀。这与低密度聚乙烯的加工方法是不尽相同的。一般高密度聚乙烯挤出机塑化温度为170～240℃，薄膜的吹胀比为3～5，熔体要离开机头6～8倍于口模直径后再吹胀。挤塑机螺杆长径比可选用（18∶1）～（20∶1）。机头以采用螺旋式为好。高密度聚乙烯（HDPE）挤塑成型制品的成型工艺条件如下。

工艺条件	管材	吹塑薄膜	片材	单丝	中空成型
料筒后段温度/℃	160～200	130～160	160～200	160～200	130～180
料筒前段温度/℃	180～240	180～200	200～240	220～270	180～220
模具温度/℃	170～220	170～190	200～230	220～270	170～210
冷却方式	水冷	空气冷却	辊筒冷却	水冷	模内冷却
			70～110℃	40～80℃	
牵引速度/(m/min)	0.5～5	2～30	30～100	70～200	自重流下

【用途】 高密度聚乙烯注塑料主要用于生产日用品和工业用品；挤塑料则用于生产各种管材，包装用延伸带和捆扎带，纤维和单丝等；吹塑料可用于制造各种瓶、罐及工业用槽、桶等容器。

不同熔体流动速率的高密度聚乙烯，其应用范围如下。

熔体流动速率/(g/10min)	应用范围
0.2～1.0	电线、电缆绝缘层
0.01～0.5	管材
0.2～2.0	板、片、延伸带
0.5～1.0	单丝
0.2～1.5	吹塑中空制品
0.3～6.0	薄膜
0.5～8.0	注射成型制品
3.0～8.0	旋转成型制品
4.0～7.0	涂层

1. 高密度聚乙烯专用牌号介绍

齐鲁石化公司生产的HDPE薄膜料DGD6098、管材料DGD2480、大型中空容器料DMD1158三个牌号已成为该公司HDPE的主要产品。扬子石化公司1997年生产的7000F，也抢占了薄膜市场。北京燕山石化公司也开发7000F，大庆石化总厂1996年开发了HDPE电缆护套料5300E、7000F。辽化公司开发了氯化聚乙烯专用料被德国赫斯特公司指定为潍坊合资公司的专用原料。

（1）大庆石化总厂高密度聚乙烯PE-FA-57D000牌号　该树脂加工性能良好，可以吹制0.04～0.30mm薄膜，薄膜外观平整光洁，印刷效果良好，是各种购物袋的良好材料。

（2）齐鲁石化高密度聚乙烯PE-DGDA-6098牌号　它可用于生产农膜、包装用膜、购物袋膜和蒸煮袋（菌种袋）膜。

（3）微膜专用料7000F牌号　HI-Zex7000F是用齐格勒（低压）工艺制造的HDPE树脂。它的平均分子量与一般牌号比较是较高的。

（4）吹塑用高密度聚乙烯牌号　YZ-6500B不仅适用于吹塑制品，也可用于挤塑加工，尤其适用于对耐环境应力开裂性能有较高要求的工业化学品、助剂、医药品等包装容器以及管材、电缆护套料、钢索护套料和波纹管等制品。

YZ-6500B不仅适用于吹塑加工，也适用于挤塑加工，生产聚乙烯管材、电缆护套、钢索护套等产品。YZ-6500B的熔体流动速率为0.2～0.3g/10min，经加工应用试验表明，由于它的分子量并不是很高，因而只适用于制造 20～100L 的包装桶。YZ-6500B 树脂生产中空容器时，由于它的伸张性能不够理想，因而中空容器弯曲部分的厚度不均匀，这些问题有待进一步解决。

（5）高速挤出绝缘电缆料 PE-JA-50D012（5300E） 塑料电缆加工行业目前使用的 HDPE 高速挤出绝缘树脂牌号主要有美国联碳公司的 DGDJ-3364、日本三井油化公司的 5305E，另外，目前电缆料的技术标准主要有美国的 REAPE-200 标准和国标 GB/T 13849—93《聚烯烃护套市内通信电缆》。

2. 塑料管材料的开发和应用

HDPE 管表面光滑、质轻、韧性好、耐磨、耐腐蚀等优点，加之价格低廉，施工安装方便，无需维修，深受用户欢迎，在油气田、矿山、城市、建筑、排灌、电信等领域得到了广泛应用，成为 HDPE 树脂主要消费品种之一。

高密度聚乙烯管材的开发应用如下。

① 燃气管。采用 1-丁烯共聚的 HDPE 作煤气管较为理想，这种材质的优点是：成本低，投资少，与钢管相比，综合造价降低 30%；质量轻，密度为钢管的 1/8，运输和安装方便；易于连接，焊接技术比钢管要求低；使用性能好，寿命长，耐腐蚀性比钢管强，性能比非乙烯管（如 ABS、PVC）好；气密性好，煤气漏失量仅为 0.0002%；接头少，维修费用低。

② 矿用管用 HDPE 管材具有耐磨、耐腐蚀、流体压力损失小等优点。钻探、工程用水管，滤水管正在由金属管向塑料管转化。

③ 给水管 HDPE 管低温性能好，在 −60℃的条件下仍能保持良好的挠曲性，可以卷绕，施工方便，对水锤击有较好的适应性，无毒，因而被用作给水管。但 HDPE 管刚性差，提高 HDPE 的耐环境应力开裂和耐蠕变性，目前已取得显著的进展。

④ 排水管 HDPE 管主要用于工厂、矿山、城市的污水排放，目前在这一领域的应用朝着大口径、耐高压方向发展。

⑤ 热水管目前，地板辐射采暖工程多数采用交联 HDPE 管，这种管的耐老化、耐环境应力开裂性能优良，但要解决受热蠕变和维修等问题。

⑥ 油田用管 HDPE 管可用于油田的集气、输油和注水，所用塑料管主要是 HDPE 管和玻纤增强聚乙烯管。HDPE 管在油田领域的应用正朝着大口径、耐高压方向发展，以满足第二次注水和第三次集油的应用。

【安全性】 参见 Ba001。产品采用内衬聚乙烯薄膜袋的还必须用编织袋包装，每袋净重 25kg。贮存时应注意隔热，仓库内应保持干燥、整洁，产品中严禁混入任何杂质，严禁日晒、雨淋。运输时应将产品贮存在清洁干燥有顶棚的车厢或船舱内，不得有铁钉等尖锐物。严禁与易燃的芳香烃、卤代烃等有机溶剂混运。

【生产单位】 北京燕山石油化工有限公司，扬子石油化工股份有限公司，大庆石油化工总厂，上海高桥石油化工公司，兰州化学工业公司，齐鲁石油化工公司，抚顺石油化工公司，中原石油化工有限责任公司，北京化工三厂，盘锦天然气化工厂等单位。

Ba003 线型低密度聚乙烯

【英文名】 linear low density polyethylene; LLDPE

【别名】 低压法线型低密度聚乙烯

【结构式】

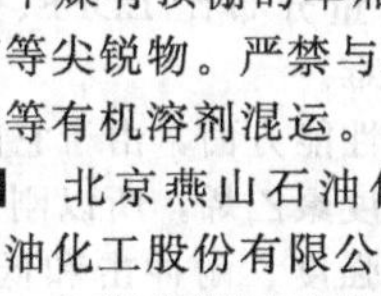

式中，R 为—C_2H_5、—C_4H_9、—C_6H_{13}等。

【性质】 线型低密度聚乙烯的外观相似于普通低密度聚乙烯，分子结构接近于高密度聚乙烯，主链为线型结构，并有短的支链，支链长度和数量均大于高密度聚乙烯。结晶度高于普通低密度聚乙烯，而低于高密度聚乙烯。线型低密度聚乙烯是乙烯与α-烯烃的共聚物，由于聚合物中引入α-烯烃共聚单体，形成大分子主链上带有支链的线型结构。线型低密度聚乙烯的结晶度和某些性能还可以通过共聚单体α-烯烃的数量和种类进行调整。

由于 LLDPE 的支链长度一般大于 HDPE 的支链长度，但比 LDPE 的支链长度短，因而 LLDPE 的密度、结晶度、熔点均比 HDPE 低。LLDPE 的结晶度为 50%～55%，略高于 LDPE（40%～50%）而比 HDPE（80%～95%）低得多。线型结构的 LLDPE 中的短支链形成较大的晶体，使 LLDPE 的熔点比 LDPE 高 10～15℃，且熔点范围窄。此外，LLDPE 的分子量分布比 LDPE、HDPE 窄，导致加工较难。

在力学性能方面，由于它的主链骨架类似于高密度聚乙烯，所以刚性大。撕裂强度、拉伸强度、耐冲击和低温冲击性、耐穿刺性、耐环境应力开裂性和耐蠕变性能均优于普通低密度聚乙烯。

用单活性中心催化剂（茂金属催化剂）生产的 LLDPE 的分子结构与传统催化剂制得的又不一样，传统的 LLDPE 的分子量分布宽、组成分布宽，每个分子链上含有共聚单体的量不同，共聚单体不易导入分子链长的分子中，分子链短的分子含的共聚单体多，这部分成为低密度低分子量的聚合物，导致制品发黏。而分子链长的分子含的共聚单体少，这部分成为高密度高分子量的聚合物。在 LLDPE 聚合物熔融冷却结晶过程中，这部分首先结晶成晶核，且晶核的厚度较厚，因为 LLDPE 中混有 HDPE，便损害了其透明性和低温热封性。

而用茂金属催化剂生产的 mLLDPE 具有窄分子量分布和窄组成分布，分子链的长度一样，且分子中共聚单体含量几乎相同，适中的透明性，低温密封性几乎与 LDPE 相当。且由于支链分布均匀，结晶核均匀地生长，生成速度几乎相同，这种聚合物中不含高分子量高密度线型链的大块晶体，且晶层厚度较薄，连结晶层的分子数量多，大约是传统 LLDPE 的 3 倍，因而 mLLDPE 的强度（冲击强度和耐环境应力开裂）高，可萃取物少。聚合物的最终性能，包括粒子大小、形状、密度、产品的线型度、分子量、分子量分布与聚合过程中的许多变量，与催化剂的性质、组成、比例、乙烯浓度（压力）、温度、共聚单体的类型、用量有关，不同工艺技术生产的产品均有差别。

【质量标准】 见 GB/T 15182《线型低密度聚乙烯》。

【制法】 线型低密度聚乙烯系由乙烯与α-烯烃（1-丁烯、1-辛烯、4-甲基-1-戊烯等）共聚而成。当今世界上已实现工业生产的方法主要有低压气相法、溶液法、淤浆法和高压法等，各有其不同的特点。低压气相法工艺简单，技术成熟，经济效益高，产品质量好，适用于大规模工业生产；溶液法生产历史长，技术也比较成熟，但工艺过程较复杂，不宜生产熔体流动速率低和分子量高的产品，但产品性能好，竞争力强；淤浆法催化剂效率高，不需脱灰，乙烯转化率高；高压法则有利于高压聚乙烯装置的改造。我国主要工业生产方法为低压气相流化床法，其次为溶液法。

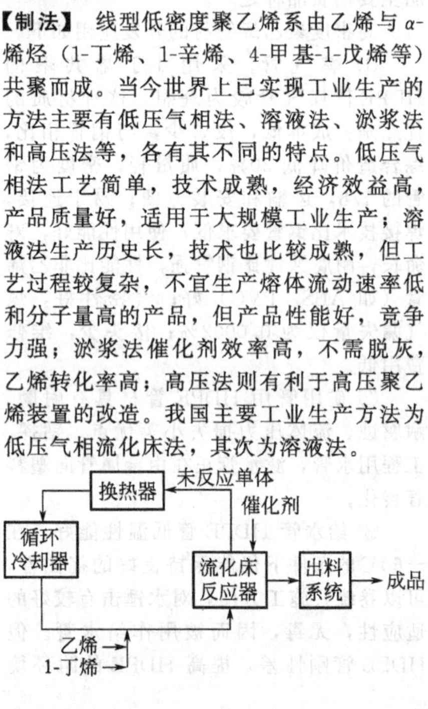

1. 低压气相流化床法

将高纯度乙烯与共聚单体和分子量调节剂连续加入气相流化反应床中，在铬系催化剂存在下，于 2.058MPa 和 80～105℃进行共聚即得线型低密度聚乙烯。此工艺不用溶剂，无需溶剂分离、回收和精制，生成的粉状树脂可直接出厂。工艺简单，投资省，经济效益显著。

2. 溶液法

此法可在同一个反应器中生成线型低密度聚乙烯和高密度聚乙烯，且设备生产能力大，操作费用低。乙烯由溶剂吸收后，在进入反应器前，加入共聚单体α-烯烃。物料经加热器进入反应器，在齐格勒催化剂存在下，于 150～310℃进行聚合反应，以氢气调节分子量。当乙烯转化率达到 95%时即可出料。从反应器出来的物料，经脱催化剂和溶剂回收系统后，再分出溶剂和未反应的乙烯循环使用。聚合物加入助剂掺混造粒。其工艺流程如下所示。

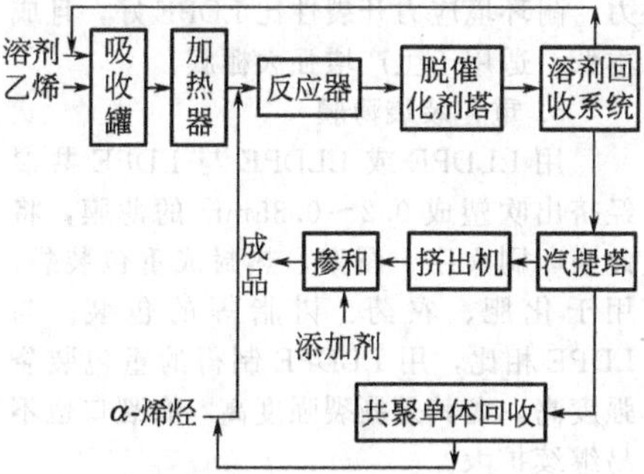

3. 淤浆法

此法与淤浆法高密度聚乙烯相似，但反应形式有管式和釜式两种。以釜式法为例，将原料乙烯、共聚单体1-丁烯、稀释剂丁烷和分子量调节剂（氢气）连续送入反应器，在高效催化剂存在下，于 55～75℃和 1.38～2.76MPa 压力下进行反应。反应后的聚合物经闪蒸回收稀释剂和未反应的单体。聚合物经流化床干燥后，加入助剂挤出造粒即可包装出厂。

4. 高压法

此法是利用生产高压法低密度聚乙烯装置，经改造后生产线型低密度聚乙烯的方法，生产方法与高压聚乙烯基本相似，但聚合压力较低有利于节能。此法以 1-丁烯为共聚单体，采用齐格勒高效催化剂，在 200℃高温和 13.72MPa 压力下进行聚合。聚合物熔体经高压分离器和低压分离器以后，再经挤出造粒即得所需产品。其工艺流程如下所示。

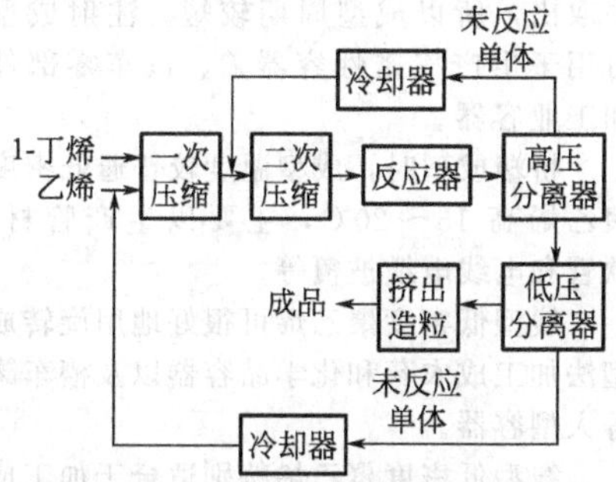

【消耗定额】 线型低密度聚乙烯的消耗定额通常是：乙烯（高纯度）0.935t/t；共聚单体 0.08t/t；电 600kW·h/t；氮气 $5m^3/t$；蒸汽 $0.1m^3/t$；冷却水 $150m^3/t$。

【成型加工】 线型低密度聚乙烯分子量分布窄，适用于注射成型；而对挤塑成型，特别是吹塑成型的适应性较差。为此开发成功了许多改性产品。LLDPE 同 LDPE 一样，可采用吹塑、注塑、滚塑、挤塑等方式进行成型加工，但与高压法 LDPE 相比，LLDPE 具有不同的加工特性。

由于 LLDPE 的特点及不同的加工性能，使之在成型加工中挤塑管材、注塑及滚塑时，均可使用原有 LDPE 的加工设备。但在吹塑薄膜成型中很困难，膜泡的成型性差，需要采用以下方法解决：如使用 LLDPE 的专用吹塑机组；对原有的 LDPE 加工设备进行改造；采用加工助剂；或采用与 LDPE、HDPE、PP 等共混加工。

线型低密度聚乙烯可用挤塑、注塑、吹塑和旋转成型等加工方法制得薄膜、管材、电线电缆包覆材料和中空制品、大型容器等。

注射成型时，因线型低密度聚乙烯熔体黏度高，与普通低密度聚乙烯相比，在相同条件下，其充模量较少，因此，可以提高成型温度和注射压力。由于线型低密度聚乙烯熔点高，刚性大，应力松弛快，成型品可在较高温度下从模具中取出，所以成型周期较短。注射成型可用于生产气密性容器盖、汽车零部件和工业容器。

挤塑成型时，成型温度较普通低密度聚乙烯高 15～20℃，主要以生产管材、软管和电线电缆被覆等。

线型低密度聚乙烯可很好地用旋转成型法加工成农药和化学品容器以及槽车罐等大型容器。

线型低密度聚乙烯特别适合于加工成强度大而厚度薄的薄膜。加工时，所用的挤出机螺杆长径比要小，螺槽要深；要加大模口缝隙，提高芯模工作温度；改造风环，降低空气流速，改变空气流向，增加冷却面积，以增加膜泡稳定性和薄膜透明度。

【用途】 70%以上的线型低密度聚乙烯用于生产吹塑薄膜、T形机头挤出薄膜、共挤出薄膜、复合薄膜和收缩薄膜等。用作重包装袋、食品和轻纺工业包装袋、杂品包装袋、大容积垃圾袋和农用薄膜等。由于线型低密度聚乙烯薄膜的力学强度优于普通低密度聚乙烯，所以相同强度的薄膜厚度可以减少 20%～25%。若用 LDPE/LLDPE 混合料制得的薄膜，则厚度可以减少 30%～40%，显示出良好的经济性，且强度较好。

1. 吹塑薄膜

主要用于包装。

2. 超薄薄膜

LLDPE 膜的厚度可低到 0.005mm，此种膜应用极广，除用于各种日用包装、冷冻包装、重包装外，还可用作地膜、大棚膜或制作垃圾袋和一次性使用性手套等。

产品标准与性能在无国家标准和部标准的情况下，参考数据如下。

项目	纵向	横向
拉伸强度/GPa	40	25
伸长率/%	500	700
直角撕裂强度/(N/cm)	800	1000
耐穿刺性/(N/cm)	280	

3. 农用地膜

目前已基本上取代 LDPE，厚度可减薄 20%～25%。

4. 农用大棚膜

大棚膜主要用于蔬菜栽培、园艺育苗、牲畜饲养等，要求棚膜的透光性、耐候性、保温性好，且无滴、耐老化、成本低，由于 LLDPE 的拉伸强度、耐穿刺力、耐环境应力开裂性比 LDPE 好，且成本低，适用于生产增强大棚膜。

5. 重包装袋薄膜

用 LLDPE 或 LLDPE 与 LDPE 共混经挤出吹塑成 0.2～0.35mm 的薄膜，将此膜印刷文字、图案、热封成重包装袋，用于化肥、农药、树脂等的包装。与 LDPE 相比，用 LLDPE 制得的重包装袋强度高，尤其是撕裂强度高，有裂口也不易继续扩大。

6. 流延膜

采用流延平膜法生产的 LLDPE 流延膜，多用于复合、印刷、建筑用的薄膜。

7. 拉伸缠绕膜

拉伸缠绕膜使用自动缠绕机，实现集装整体化包装运输或打包，LLDPE 优异的拉伸性能、突出的耐撕裂性和耐穿刺性是拉伸缠绕薄膜的良好基料，与 LDPE 相比，在相同强度下还可减薄 20%，在取代 PVC、EVA、LDPE 中显示出极强的竞争性。

8. 滚塑

滚塑又称旋转成型，LLDPE 旋转成型制品包括各种大、中、小型容器，如各种化学品容器、农药容器、贮槽、工业贮罐、垃圾箱、邮箱、邮筒、深海浮子、海水养殖用塑料船及玩具等。日本船桥滚塑生产 0.5～3.0m^3 不同规格的密封式圆形容器系列产品。欧洲共同体 FLEXTANK 公司的滚塑制品多达 600 多种。

国外滚塑用 LLDPE 树脂

公司	商品名称	牌号	MFR/(g/10min)	密度/(g/cm^3)
Dow 化学	Dowlex	2440	4.0	0.935
		2476	2.5	0.935
		2401	6.0	0.935
Exxon 化学	Escorene	LPX12	12	0.925
		LPX5	20	0.924
		LL8301(09)	4～6	0.9335～0.9375
Du Pont	Sclair	8305	5	0.930
三井油化	Ultzex	3550R	4.5	0.935
三菱化成	Novalec LL	MS20p	4	0.922
		MS80p	4	0.936
三菱油化	Yukalon-LL	6100T	20	0.926
		9150M	5	0.936
住友化学	Sumikathene L	GA401	3.0	0.935

LLDPE 滚塑用树脂牌号

项目	DFDA-7146 DGL-2612	DNDB-7148 DGM-3440	DNDC-7148 DGM-3450H
熔体流动速率/(g/10min)	12	4	5
密度/(g/cm^3)	0.926	0.934	0.935
共聚单体	1-丁烯	1-丁烯	1-己烯
熔流比	30	30	30
己烷抽出率/%	5.3	5.3	5.3
金属含量/(mg/kg)	7	7	7
拉伸强度/MPa	12	12	12
正割模量/MPa	270	340	340
冲击强度/(kJ/m^2)	7	10	15
脆化温度/℃	−60	−60	−60
ESCR/h	10	200	500

9. 注塑

与 LDPE 相比，LLDPE 注塑制品具有刚性、韧性好、耐环境应力开裂好、拉伸强度和冲击强度优异、纵横向收缩均匀不易产生翘曲、软化点和熔点高、耐热性好（容器可蒸煮杀菌）、着色性及表面光泽性好且成型收缩率低。由于强度高，可用高流动性树脂提高生产效率，实现制品薄壁化，更具有经济性，因而广泛用于生产气密性容器盖、罩、瓶塞、各种桶、家用器皿、工业容器、汽车零件、玩具等，是 LLDPE 中应用仅次于薄膜应用的第二大市场。

注塑级 LLDPE 的性能指标

项目	DNDA-1077 DGC-3100	DNDA-7144 DGL-2420	DFDA-7146 DGL-2612	DFDA-7147 DGL-2650	DFDA-1081 DGL-3130H
熔体流动速率/(g/10min)	100	20	12	50	130
密度/(g/cm^3)	0.931	0.924	0.926	0.926	0.931
熔流比	30	30	30	30	30
屈服强度/MPa	9	10	11	10	9
拉伸强度/MPa	9	8	12	9	9
正割模量/MPa	300	260	270	270	300
冲击强度/(kJ/m^2)	30	5	7	5	3
脆化温度/℃	−20	−60	−60	−60	−60
耐环境应力开裂(F_{50})/h	0.5	12	10	2	0.5

10. 中空成型

与 LDPE 相比，LLDPE 的挤出吹塑成型和注射吹塑成型制品均具有优异的韧性、耐环境应力开裂和冲击强度，尤其是优异的耐环境应力开裂性和低的气体渗透性，更适合于油类、洗涤剂类物品包装容器。因而常用于生产一些小型瓶、容器、桶、罐内衬等一般制品。

中空成型适用的 LLDPE 树脂牌号如下，国外树脂牌号还有 Exxon 公司的 CPX56（MFR 为 0.8g/10min，密度为 0.920g/cm^3），Novacol 公司的 GX-3510P（MFR 为 0.5g/10min，密度为 0.918g/cm^3），GX-4010P（MFR 为 0.2g/10min，密度为 0.918g/cm^3），GBX-820A（MFR 为 0.8g/10min，密度为 0.920g/cm^3）。在没有上述牌号原料时，还可用通用 LLDPE 树脂如 DFDA-7042（LLDPE）与 HDPE（如 6084）共混，并添加以小分子 LDPE 为载体的填充母料。

11. 管材

以 LLDPE 树脂为原料，经挤出加工成型的 LLDPE 管具有较好的经济性。用作上水管可克服 LDPE 管长期使用时内管剥离问题，并广泛用于农业管，尤其用于滴灌管大有前景，可使灌溉水的有效利用率达 95%以上。

12. 扁丝与编织袋

用 LLDPE 可生产强度高又柔韧的扁丝，特别适用于编织大孔的网眼编织袋。盛装土豆、核桃、水果和蔬菜等产品的包装袋。LLDPE 树脂的抗紫外线老化能力比聚丙烯树脂好，更适合生产户外长期使用的编织苫布等。扁丝用 LLDPE 树脂牌号如下。

牌号	MFR/(g/10min)	密度/(g/cm^3)	成膜方式
Dowlex 2045	1.0	0.920	风冷吹塑法风
Dowlex 2042	1.0	0.930	冷吹塑法
Dowlex 2047	2.3	0.917	水冷平膜法水
Dowlex 2037A	2.5	0.935	冷平膜法

13. LLDPE 电线电缆专用料

LLDPE 很适合用作通信电缆绝缘料和护套料，在动力电缆方面 LLDPE 适于高中压防水、苛刻环境的电缆护套，交联的LLDPE用于电力电缆绝缘比 LDPE 有更优异的“耐水性能”。1995 年我国原邮电部已决定推荐采用 LLDPE。LLDPE 电缆用树脂牌号如下。

项　目	DFD-7540 DFH-2076	20030 BA 20030	DEND-1218 DTH-1880	DXND-1494 DTH-1880	DXND-1495 DTH-1880	DFH-2076
熔体流动速率/(g/10min)	0.8	0.35	0.65～0.95	0.65～0.95	0.65～0.75	0.8
密度/(g/cm³)	0.918	0.920	0.916～0.920	0.916～0.920	0.916～0.920	0.920
熔流比	65～90	85	55～80	55～80	55～80	
己烷抽出率/%	5.3		5.3	5.3	5.3	
金属含量(max)/(mg/kg)	7		9	9	9	
伸长率/%	500					
ESCR(F_{50})/h	200	1200	200			
脆化温度/℃	60					
介电常数/MHz			2.35	2.35	2.35	
生产厂	大庆石化总厂，中原石化公司	兰化公司，盘锦石化	齐鲁石化			

LLDPE 的牌号还有 UCC 公司的 DFDA-6059、DFDB-6095、HFDA-4203、DGDK-3471、DGDJ-3479、DGDJ-3364。Dow 化学公司的 XD60631（MFR 为 0.5g/10min，密度为 0.933g/cm³）和 Dowlex-880（MFR 为 0.45g/10min，密度为 0.932g/cm³）。其中 UCC 的 DFDB-6095 在我国大量销售。

美国 UCC 公司已用 DFDG-6059BK LLDPE 护套料代替 DFDD0588BK LDPE 护套料。CQS963 LLDPE 专用料与 UCC 的 DFDG-6059BK 水平相当。

UCC 公司开发的交联 LLDPE HFDA-4203 在不加添加剂时，其阻止导致漏电的水树形成能力优于 LDPE4202。

14. LLDPE 加工专用母粒

(1) 有机氟加工助剂母粒 LF　有机氟加工助剂母粒是用于 LLDPE 进行挤出或吹膜加工的有效助剂母粒，如 BP 公司的 PZ-905。

(2) 有机硅加工助剂母粒　采用如 UCC 公司的 UcarsilPA1 有机硅化合物和载体树脂，如 UCC 公司的 GRSN-7047（MFR 为 1g/10min，密度为 0.918g/cm³）或 7042（MFR 为 2g/10min，密度为 0.918g/cm³），或大庆产品 7068 粒料（MFR 为 1g/10min，密度为 0.918g/cm³）或兰化产品 LL101AA1。

【安全性】 产品装于聚乙烯重包装薄膜袋内，外包装为聚丙烯编织袋，每袋净重 25kg，贮存时应远离火源、隔热，贮存仓库内应保持干燥、整洁、阴凉和通风良好。产品中严禁混入任何杂质，严禁日晒、雨淋。可用火车、汽车、船舶等运输。运输时应将产品贮存在清洁干燥有顶棚的车厢或船舱内，不得有铁钉等尖锐物。严禁与易燃的芳香烃、卤代烃等有机溶剂混运。装卸时不得使用铁钩。

【生产单位】 大庆石油化工总厂，兰州化学工业公司，吉林化学工业集团公司，天津联合化学有限公司，抚顺石油化工公司，盘锦乙烯化工厂，新疆独山子炼油厂，中原石油化工有限公司，茂名石油化工公司，齐鲁石油化工公司等。

Ba004 聚乙烯蒽

【英文名】 polyvinyl anthracene

【性质】 光导体是空导电为主，但聚9-乙烯蒽的光导体远不如聚9,10-二甲基蒽或乙基烯蒽，相差约3个数量级，其光敏性为501×5，若用2-甲基蒽醌增感，光敏性可提高到71×5。

【制法】 由单体9-乙烯蒽聚合而成，在低温－70～10℃下聚合，用自由基引发阳离子聚合而得到；但在5～10℃下聚合，得到的是聚-9,10-二亚甲基蒽或聚-9-亚乙烯基蒽。

【用途】 用于光导电体。

【安全性】 树脂属《危规》3.3类高闪点或3.2类中闪点易燃液体；常用液体树脂是易燃和具有一定毒性原料的缩聚或共聚物在溶剂中的溶液（例如：氨基、醇酸、环氧、聚酯树脂等）。大部分树脂都具有共同的危险特性：遇明火、高温易燃，与氧化剂接触有引起燃烧危险，对眼和皮肤有刺激性，吸入蒸气能产生眩晕、头痛、恶心、神志不清等症状；必须加强安全管理和安全技术措施，确实保证接触危险化学品人员的人身健康和安全。可包装于重包装塑料袋再外套编织袋或内衬塑料膜的多层牛皮纸袋或塑料容器内，贮放于阴凉通风干燥处，远离火源，避免日晒雨淋和锐利物刺破包装袋。可按非危险品运输。

Ba005 高分子量高密度聚乙烯

【英文名】 high molecular weight polyethylene；HMWHDPE

【结构式】

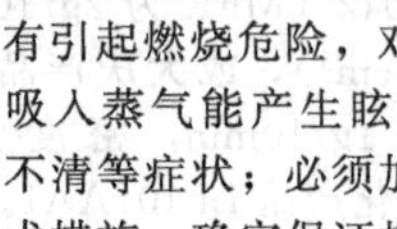

式中，R为—C_4H_9、—C_6H_{13}、—C_8H_{17}。

【性质】 高分子量高密度聚乙烯是平均分子量为20万～50万的线型共聚物或均聚物。高负荷下的熔体流动速率为10～15g/10min，密度为0.941～0.965g/cm^3，且大部分为0.944～0.954g/cm^{3}的共聚物。耐应力开裂性、冲击强度、拉伸强度、刚性、耐磨性和化学稳定性等均优于HDPE，可长期在恶劣环境中使用。

【制法】 可采用淤浆法或气相法生产。乙烯与丁烯、已烯或辛烯等α-烯烃于反应器中，在齐格勒型或菲利浦型高效催化剂（以二氧化硅/氧化铝为载体）存在下，在0.48～3.1MPa和80～110℃下进行聚合即得高分子量高密度聚乙烯，再经后处理即得所需产品。

【成型加工】 可用挤塑、注塑和吹塑法成型加工，也可用模压、推压法成型和涂覆施工。

【用途】 高分子量高密度聚乙烯的主要用途之一是薄膜制品，主要用作食品包装、杂品包装、货运包装、罐头内衬、超薄农用薄膜。其挤出管材可用作输油、供水和输送腐蚀性介质及电气配管等。管材的另一个重要用途是作光纤电话装置的光纤内管。此外，还可用作大型容器、贮槽、贮罐衬里、电缆护套、电子电器零部件等。

【安全性】 产品装于聚乙烯重包装膜袋内，根据用户需要可套加聚丙烯编织袋为外包装，每袋净重（25.00±0.25）kg。产品应在清洁干燥的仓库内贮存，可用火车、汽车、船舶等运输。贮运过程中应注意防火、防水、防晒、防尘和防污染等。运输工具应保持清洁、干燥，不得有铁钉等尖锐物，并需有篷布。

【生产单位】 美国DSM公司，美国Enichem公司，日本三井油化公司，安徽化工研究所，上海高桥化工厂。

Ba006 茂金属线型低密度聚乙烯

【英文名】 metallocene linear low density polyethylene，mLLDPE

【结构式】

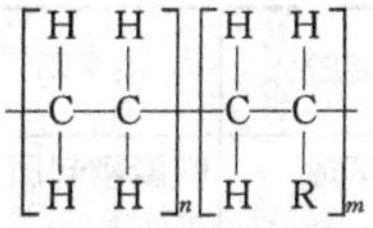

式中，R为$—C_2H_5$、$—C_4H_9$、$—C_6H_{13}$等。

【性质】 茂金属线型低密度聚乙烯分子主链上的短支链和共聚单体含量几乎相同，分子量均匀，分子量分布窄，分子量可根据需要进行调整，与线型低密度聚乙烯相比较，茂金属线型低密度聚乙烯具有以下优良的物理性能。①拉伸强度、撕裂强度、冲击强度高；②高透明性；③具有优异的低温热密封性；④溶剂可溶成分少，卫生性好。

【质量标准】见下表。

美国埃克森化学公司茂金属线型低密度聚乙烯（mLLDPE）

性能	牌号					
	4021	4022	4023	4024	4027	4028
密度/(g/cm³)	0.855	0.890	0.882	0.885	0.895	0.880
熔体流动速率/(g/10min)	2.2	6	35	3.8	4	10
硬度(邵氏A)	84	84	80	83	89	78
断裂拉伸强度/MPa	22.48	11.72	4.27	19.58	15.17	15.17

【制法】 使用茂金属催化剂生产茂金属线型低密度聚乙烯技术上领先的是美国埃克森（Exxon）化学公司、道（Dow）化学公司、日本三井石油化学工业公司、三菱化学公司、英国石油化学品（BP）公司和美国联合碳化物（UCC）公司等。

【成型加工】 mLLDPE在标准LLDPE挤出吹塑设备上加工时需要很高的电机功率，并且加工温度和口模压力高，这样导致膜泡的稳定性差和产量过低。因此，加工mLLDPE时须对标准LLDPE挤出吹塑设备进行适当的改进。

① 与普通线型低密度聚乙烯混合使用。与普通线型低密度聚乙烯混合使用可以克服茂金属线型低密度聚乙烯分子量分布窄、加工困难的缺陷。这种办法简单，行之有效。

② 改进加工设备。在改进加工设备方面，美国埃克森化学公司推出的低剪切屏障型螺杆、美国道化学公司推荐的高长径比（$L:D=30:1$）渐变型单螺纹螺杆和中国华南理工大学采用的机电磁一体化螺杆均取得一定的应用效果。

【用途】 用于挤塑血管、波纹状呼吸管、管连接器、内静脉管、面罩和接管。美国埃克森公司生产的Exalt系列产品主要用于医用材料、共挤塑包装薄膜、电线电缆和汽车专用料；美国道化学公司生产的Affinity系列产品牌号PL1840、PL1880主要用于吹膜密封层，牌号FW1650主要用于共挤新鲜食品包装膜，牌号HF1030主要用于个人保健和医疗领域，而牌号PL1845则是平挤薄膜的热封树脂，可用作挤塑膜密封层。

茂金属线型低密度聚乙烯的用途

供应商及商品名	牌号	熔体流速率/(g/10min)	共聚单体	用途
美国道化学公司 Dow Affinity	FW1550	1.0	辛烯	共挤新鲜食品包装膜
美国道化学化司 Dow Affinity	HF1030	—	辛烯	个人保健和医疗用品
美国道化学公司 Dow Affinity	PL1840	1.0	辛烯	吹膜密封层

续表

供应商及商品名	牌　号	熔体流速率/(g/10min)	共聚单体	用　途
美国道化学公司 Dow Affinity	PL1880	1.0	辛烯	吹膜密封层
美国道化学公司 Dow Affinity	PL1845	1.0	辛烯	平挤薄膜热封树脂
美国埃克森公司 Exxon APT	SLP-9042	2.0	三元共聚物	
美国埃克森公司 Exact	3052	1.2	丁烯	
美国埃克森公司 Exact	3028	1.2	丁烯	医用材料、共挤包装膜、电线电缆、汽车专用料
美国埃克森公司 Exact	3033	1.2	三元共聚物	
美国埃克森公司 Exact	4015	1.5	丁烯	

【安全性】 产品装于聚乙烯重包装膜袋内，根据用户需要可套加聚丙烯编织袋为外包装，每袋净重（25.00±0.25）kg。产品应在清洁干燥的仓库内贮存，可用火车、汽车、船舶等运输。贮运过程中应注意防火、防水、防晒、防尘和防污染等。运输工具应保持清洁、干燥，不得有铁钉等尖锐物，并需有篷布。

【生产单位】 美国埃克森公司，美国道化学公司等。

Ba007 低分子量聚乙烯

【英文名】 low molecular weight polyethylene，LMPE

【别名】 聚乙烯蜡；合成蜡

【结构式】 $\text{+}CH_2—CH_2\text{+}_n$

【性质】 低分子量聚乙烯是一种无毒、无味、无腐蚀的白色或淡黄色的蜡状物，通常可分为无极性基团的非乳化型产品和有极性基团的乳化型产品两大类。由于它化学稳定性好、电性能优异、熔点低、黏度小、在室温下具有抗湿性等，因而作为一种良好的加工用助剂广泛应用于橡胶、塑料、纤维、涂料、油墨、制药、食品加工的添加剂以及精密铸造等方面。

低分子量聚乙烯的分子量为500～5000，密度为0.920～0.936g/cm³，软化点为60～120℃，在140℃时的黏度为0.1～1.5Pa·s。它在常温下不溶于大多数溶剂，加热时溶于苯、甲苯和二甲苯之类的烃类溶剂和三氯乙烯之类的氯代烃溶剂，和聚乙烯以外的高分子不相容，但与其他中等分子量的聚合物，如石油树脂、聚丁烯、石蜡、微晶石蜡、蜂蜡、无水羊毛酯及亚麻仁油、矿物油等相容。它和蜡一样，其电气性能优良。

非乳化型产品硬度和熔点比乳化型产品高。乳化型产品一般含羧基、酯基和酮基，酸值一般为4～25，在乳化剂存在时可乳化，可分散在各种阴、阳离子的乳液体系中。不同方法所制得的产品性能如下。

制　法	密度/(g/cm³)	平均分子量	黏度(140℃)/Pa·s	针入度(25℃,100g/15s)	介电常数(1kV,50Hz)
聚合法(高密度产品)	0.960～0.980	2000		12	—
聚合法(低密度产品)	0.910～0.920	2000	0.6	12	2.2～2.3
裂解法	0.930	2000	0.229	4	2.27
副产物分离精制法	—	1500～2000	—	—	—

【质量标准】 (1) 美国AC公司产品牌号及性能

牌号	平均分子量	密度/(g/cm³)	熔点/℃	硬度	140℃时的黏度/Pa·s
AC-6A	2000	0.92	97～102	0.3～0.5	
AC-7	2000	0.92	102～106	0.2～0.3	
AC-615	5000	0.92	102～104	0.3～0.4	4
AC-617	1500	0.92	88～90	2.0～2.5	

（2）上海石化股份有限公司产品性能

牌号	平均分子量	熔点/℃	色泽	外形	酸值
WE-1	1000 以下	常温,液态	微黄	浆状	无
WE-2	2000～3000 以下	100～105	微黄	片状或粉状	无
WE-3	3000～5000 左右	103～106	微黄～白	片状或粉状	无
WE-n	5000～10000 左右	105～110	白	片状或粉状	无
PE-粉	5000 左右	110～112	白	粉状	无
WEE-1	1000 以下	常温,液态	微黄	浆状	8～16
WEE-2	2000～3000 以下	96～102	微黄	片状或粉状	16

【制法】 低分子量聚乙烯的生产方法有乙烯聚合法、高分子量聚乙烯（一般为低密度聚乙烯树脂）裂解法和中、低压法聚乙烯副产低聚物分离精制法等。

1. 聚合法

有高压自由基聚合法和中、低压阴离子配位聚合法之分。高压游离基聚合法所采用的生产工艺类似于高压法低密度聚乙烯，即将乙烯在惰性溶剂、引发剂和适当链转移剂存在下，于 2.026～10.13MPa 和 60～300℃的条件下进行聚合，便可制得非乳化型产品。

低分子量聚乙烯反应条件

反应条件	1	2	3	4
原料气组成(体积)/%				
C_2H_4	81	72	90	78
H_2	15	22	5	12
C_2H_6	4	2.5		10
C_3H_8		3.5	5	
引发剂/$\times 10^{-8}$				
O_2	50			20
过氧化二月桂酰		13		13
二叔丁酯过氧化物		8	10	8
石蜡油		528	550	525
过氧化苯甲酸叔丁酯			12	
进料温度/℃	100	120	120	100
反应压力/MPa	15.2	20.26	12.16	17.73
反应温度/℃	260	270	280	275
分离器压力/MPa	2.53	2.53	2.53	2.53
转化率/%	9.8	14	14.8	16.8

由巴斯夫公司管式反应器生产工艺得到的低分子量聚乙烯具有良好的油黏性，软化点为 103℃。

在管式反应器中，用氯化石蜡和 CH_3NH_2 作为调节剂，得到的低分子量聚乙烯，产品可用作塑料、橡胶的后加工添加剂，这种低分子量聚乙烯具有润滑作用和高抗臭氧侵蚀性。

中、低压阴离子配位聚合法是采用齐格勒催化剂或 $MoO_3Al_2O_3$ 催化剂，将乙烯进行阴离子配位聚合制得产品。常用的聚合工艺为淤浆法或溶液法，所得低分子量聚乙烯为非乳化型产品。

此外，采用乙烯调聚法生产 α-烯烃时，副产物的聚合度较高的 α-烯烃也是一种低分子量聚乙烯。

2. 裂解法

在不与空气接触的条件下，将高压法低密度聚乙烯于（380±30)℃进行常压或加压热裂解，再将裂解产物进行冷却造粒，即得非乳化型产品。

【用途】 国外低分子量聚乙烯已经广泛应用于许多行业，在我国也已经用于塑料加工、橡胶加工、油墨、精密铸造、蜡制品、热黏胶等领域。低分子量聚乙烯在下述几个行业中应用有其明显的优势。

1. 翻砂、铸造行业

① 在精密铸造中代替硬脂酸作石蜡熔模的模料，具有价廉、模料不龟裂、收缩率小、焊接性好、表面光滑、强度高、韧性好等特点。

② 铸钢、铸铁中用作砂芯胶黏剂，增加砂芯强度、易清砂，适用于制造复杂形状的砂芯。

③ 在翻砂造型时起脱模剂作用，代替石墨粉及石蜡，减少粉尘，改善劳动条件。

④ 在铝的铸造中代替氯化铵，避免了氯化铵高温分解而产生的有害气体。

2. 涂料及油墨行业

① 涂料中加入低分子聚乙烯，可起到消光作用，也可制成铺路面用热熔涂料，受热时漂浮在上层表面保护路面。

② 生产新型低分子量回弹性涂料型油墨，用于聚乙烯塑料薄膜的印刷，可以得到比聚酰胺型塑料油墨还要好的印刷牢度，工艺简单、制造方便、价格便宜。

3. 日用化学品工业

① 用于做地板蜡、皮鞋油、汽车蜡等光亮性好的高级蜡。

② 做蜡笔可以提高熔点，还可以做蜡烛。电池密封料中掺入一部分，可提高电池防潮性能。

③ 生产化妆油彩，该种化妆油彩透气性能好，可保护使用者皮肤。

4. 药品、食品行业

① 在糖果包装纸涂蜡工艺中，加入低分子量聚乙烯可增加柔性和强度，减少包装时扭碎现象。

② 彩蛋外壳保护层，可提高彩蛋外观质量。

③ 代替蜂蜡制作中草药丸用外壳。

5. 纺织行业

业低分子量聚乙烯制成氧化低分子量聚乙烯后，可作为织物柔软剂、抛光剂，效果好、操作方便且价格低。

6. 橡胶工业

可作为合成橡胶原料的抗黏着剂、填充剂和颜料分散剂，可以改善橡胶加工时的脱模性能，改善加工条件，提高产品质量，提高橡胶防臭氧侵蚀的性能。

7. 塑料加工行业

聚烯烃塑料模塑的脱模剂、聚烯烃着色剂（颜料分散剂），聚乙烯电缆料中加入一定量低分子量聚乙烯后可制成高速成型电缆料。

8. 石油行业

① 液态低分子量聚乙烯可做润滑油的添加剂。

② 在输油管道的管壁内涂覆低分子量聚乙烯，防止原油管道运输蜡粘壁。

9. 低分子量聚乙烯的再加工

① 低分子量聚乙烯在高温条件下，用骤冷的方法使之微晶化，形成含有微晶的蜡状材料，提高了溶解性和韧性，但仍有较高的冲击强度等物理力学性能，可以在较大范围内取代微晶蜡，微晶化后的低分子量聚乙烯，在油墨、地板蜡以及脱模剂等的应用上，具有更好的性能。

② 化学处理法。温度在 200℃左右，低分子量聚乙烯和马来酸酐反应，即得到改性聚乙烯（低分子量）。如在低分子量聚乙烯中再引入双键，同时接上第ⅡA族元素如钙、镁等，这种含有金属元素的低分子量聚乙烯具有软化点高、硬度大的物

理力学性能，作为制品的添加剂，能使表面更加平滑、光亮、坚硬。

【安全性】 树脂属《危规》3.3类高闪点或3.2类中闪点易燃液体；常用液体树脂是易燃和具有一定毒性原料的缩聚或共聚物在溶剂中的溶液（例如氨基、醇酸、环氧、聚酯树脂等）。大部分树脂都具有共同的危险特性：遇明火、高温易燃，与氧化剂接触有引起燃烧危险，对眼睛和皮肤有刺激性，吸入蒸气能产生眩晕、头痛、恶心、神志不清等症状；必须加强安全管理和安全技术措施，确实保证接触危险化学品人员的人身健康和安全。产品装于聚乙烯重包装膜袋内，根据用户需要可套加聚丙烯编织袋为外包装，每袋净重（25.00±0.25）kg。产品应在清洁干燥的仓库内贮存，可用火车、汽车、船舶等运输。贮运过程中应注意防火、防水、防晒、防尘和防污染等。运输工具应保持清洁、干燥，不得有铁钉等尖锐物，并需有篷布。

【生产单位】 美国AC公司，日本三井公司，上海石化股份有限公司，北京助剂二厂等。

Ba008 超高分子量聚乙烯

【英文名】 ultra high molecular weight polyethylene; UHMWPE

【结构式】

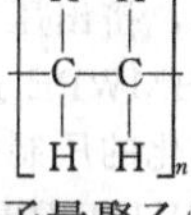

【性质】 超高分子量聚乙烯是一种线型结构的热塑性工程塑料，其分子结构和普通高密度聚乙烯基本相同，主要区别在于后者的分子量较低，而前者的分子量较高，普通高密度聚乙烯的分子量在（5～30）×10^4的范围内，而UHMWPE则均有10^6以上那样极大的分子量。UHMWPE极大的分子量赋予其具有普通HDPE、其他工程塑料及无机材料所没有的独特性能，而且属于价格适中、性能优良的热塑性工程塑料。超高分子量聚乙烯的熔点达190～210℃，热变形温度85℃（0.46MPa下），密度0.936～0.964g/cm^3，熔体流动速率接近于零。

超高分子量聚乙烯属热塑性工程塑料范畴，其分子链特长，物理力学性能和化学性能独特。它几乎集中了各种塑料的优点，具有普通聚乙烯和其他工程塑料无可比拟的耐磨性、自润滑性、噪声衰减性；能吸收冲击能，耐冲击、耐低温、耐低温冲击，悬臂梁冲击强度高达196J/m；卫生无毒、不易黏附、不易吸水、密度较小、无表面吸附力、耐高温蠕变、热稳定性好；耐寒性良好，脆化温度低于140℃；耐腐蚀性和耐环境应力开裂性能优良，在100℃和100%洗涤液中耐环境应力开裂性能大于2000h；拉伸强度高达39.2MPa。事实上，目前还没有一种单纯的高分子材料兼有如此多的优异性能。

超高分子量聚乙烯本身是生理惰性材料，可用于药物、食品、肉、家禽及纯水接触的场合。

【制法】 超高分子量聚乙烯可采用低压聚合法、淤浆法和气相法等方法合成。它的生产工艺与低压淤浆法HDPE的生产工艺基本相似。分子量的控制主要靠改变催化剂成分比例、添加改性剂和工艺参数的设定。现有的HDPE生产工艺几乎均可用于UHMWPE的生产。不同之处是UHMWPE在生产过程中不需用氢气调节分子量、无造粒工段，产品为粉末。其典型生产工艺如下。

1. Ziegler低压淤浆法

此法是一种常用方法，它是以$\beta TiCl_3Al(C_2H_5)_2Cl$或$TiCl_4Al(C_2H_5)Cl$为催化剂，60～120℃馏分的饱和烃为溶剂，在常压或接近常压下，于75～85℃使乙烯聚合即得分子量为100万～

550 万的产品。其工艺流程如下所示。

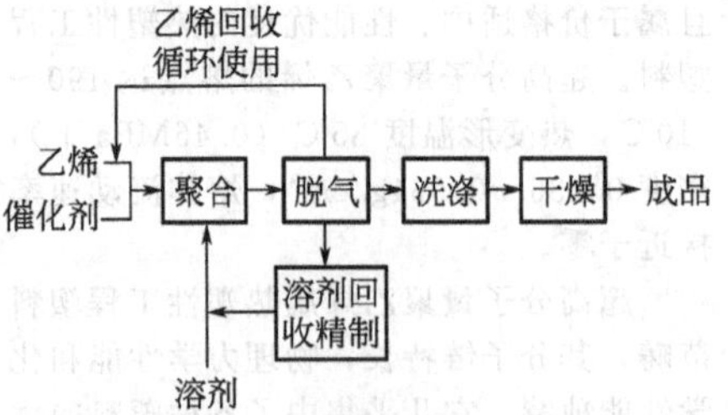

2. 菲利浦斯新淤浆法

以乙烯和少量丙烯为原料，以 CrO_3 硅胶为催化剂（高效催化剂），在 1.96～2.94MPa 和125～175℃条件下进行聚合，得到分子量为 100 万～500 万的产品。

3. 菲利浦斯溶液法

以乙烯和少量己烯为原料，以 CrO_3/AlSi 为催化剂，在 1.96～2.94MPa、125～175℃的条件下进行聚合，得到分子量为 50 万～100 万的产品。

【成型加工】 超高分子量聚乙烯熔体流动速率极低，黏度极大，流动性极差，在高剪切速率下极易降解，所以它不能用一般热塑性塑料成型加工的方法加工，而需要冷压烧结或热压法成型加工。随着成型技术的发展和对 UHMWPE 加工过程的深入认识，在成型加工方面近年来已有很大的发展。在继续使用压制烧结和柱塞挤出成型的同时，美国、日本、德国等国家已研究出适于其加工特性的挤出和注射设备来加工 UHMWPE，或对压制成型改进以提高生产效率。现在已能用挤出设备生产 UHMWPE 板材、棒材、中空制品、薄膜等制品，用注射装置生产各种 UHMWPE 制件。

1. 压制烧结成型

UHMWPE 的压制烧结成型与 PTFE 粉末烧结成型基本相似，即先在室温下进行加压，制成有适当密度和强度的压缩物，然后在规定的温度下进行烧结而成。首先将粒料粉碎至平均粒径为 300μm 以下，再将粉末置于模具中，加压至 42MPa，保压 3min，得到未烧结的坯料。然后在空气中以 80℃/h 的升温速率升温，加热到 163℃，保温 4h，再以同样的速率降温冷却。为了进一步提高材料的耐负荷蠕变性、润滑性、耐磨性、导热性及硬度等性能，可在配方中添加石棉粉、玻璃粉、金属粉及石墨粉等填料。填料添加量按体积计算最高可达 40%，但一般不超过30%。填料的粒径要求与 UHMWPE 粉料相同，通常可在一起进行粉碎。1982 年，德国一家公司公布了一种新型加工 UHMWPE 的方法，即采用高速混合机作为熔融装置，然后送入压机或柱塞成型机械。这种混合机主要是由于叶片的高速旋转使粉料在混合室中充分碰撞，通过碰撞产生的热能使 UHMWPE 熔化。这种混合机的熔融效率非常高，在几秒钟之内可使物料达到 179～234℃，并配有先进的温度检测系统，只要熔融温度达到就可自动进料。混合时由于无剪切作用，所以也无剪切破碎。

2. 挤出成型

由于 UHMWPE 具有独特的熔融特性，挤出成型必须具备一定的条件。其一就是对 UHMWPE 进行改性，达到不降低分子量而改善熔融性的目的，使其有利于成型；其二就是要有专用的挤出机。20 世纪 60 年代大都采用柱塞式挤出机，其优点是结构简单，挤出压力大，采用柱塞式挤出机对 UHMWPE 进行挤出成型，可以看作是连续化的压制烧结。采用柱塞式挤出机制造 UHMWPE 制品的生产效率较低，且不易成型较大的制品，在实际应用中受到一定限制。20 世纪 70 年代后，欧美、日本采用螺杆挤出机生产 UHMWPE 制品，这种挤出机特点是螺杆的压缩比小，两螺杆同方向旋转，螺槽深度大，螺缸供料处要开槽，强迫供料，使物料顺利输送，挤出温度一般在 180～

200℃，螺杆转速一般为 10～15r/min。近年来 UHMWPE 的挤出成型已有所突破，并已达到工业化阶段。

3. 注塑

UHMWPE 基本上采用的是普通的单螺杆注射机，但在螺杆和模具设计上需经过特殊改进，在成型工艺条件上也需要采取特殊措施。因高压下喷射流动有利于充模，制品尺寸稳定性也好，所以保证足够的注射压力是注塑获得成功的重要条件。一般注射压力控制在 12.0MPa 以上，螺杆转速以 40～60r/min 为宜。转速过高，物料温度上升，容易发生热降解，使分子量下降，影响制品性能。国外早在 20 世纪 70 年代后期到 20 世纪 80 年代初期就出现了 UHMWPE 的注射成型技术。北京塑料研究所从 1982 年开始研究 UHMWPE 的注射成型，已经在改进的国产 125g 往复式注射机上制造啤酒生产线用的托轮、水泵的轴套等产品。

4. 吹塑

由于 UHMWPE 型坯下垂现象较小，这就为中空吹塑，尤其为大型容器的吹塑创造了有利条件。UHMWPE 的吹塑不宜采用普通聚乙烯的吹塑成型机。经过改进的中空容器吹塑成型机采用低压缩比的螺杆、开槽料筒、铸铝加热器和水冷却套。机头多采用环形柱塞式贮料缸，更换原料容易，热效率高，但易产生熔接痕和型坯波动。需多加注意。

【用途】 由于 UHMWPE 的突出特性，因而能满足许多产业部门对材料的特殊要求，UHMWPE 应用领域：纺织、造纸、包装、运输、机械、化工、采矿、石油、农业、建筑、电气、食品、医疗、体育等，并开始进入常规兵器、船舶、汽车、宇航和原子能等领域。

【安全性】 参见 Ba007。产品装于聚乙烯重包装膜袋内，根据用户需要可套加聚丙烯编织袋为外包装，每袋净重（25.00±0.25)kg。产品应在清洁干燥的仓库内贮存，可用火车、汽车、船舶等运输。贮运过程中应注意防火、防水、防晒、防尘和防污染等。运输工具应保持清洁、干燥，不得有铁钉等尖锐物，并需有篷布。

【生产单位】 北京助剂二厂，安徽化工研究所，上海高桥化工厂，广州塑料厂，美国 Allied Chemical 公司，美国 USI 公司，美国 Hulimot 公司（Herculles 与 Montedison 的联合公司），美国 Hoechst Celanese 公司，美国 Phillips 公司，德国 Hoechst 公司，日本昭和油化公司，日本三井石化公司。

Ba009 中密度聚乙烯

【英文名】 medium density polyethylene; MDPE

【别名】 中压聚乙烯

【结构式】

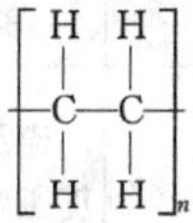

【性质】 密度为 0.926～0.940g/cm^3，分子结构为支链数介于高密度聚乙烯与低密度聚乙烯之间的线型高分子。结晶度为 70%～75%，软化温度为 110～115℃，除兼有高密度聚乙烯、低密度聚乙烯的性能外，还具有优良的耐应力开裂性、刚性及耐热性。

【质量标准】 (1) 中国石化中原石油化工公司质量指标

指标名称		DNDD-7152	DGDA-2401
密度/(g/cm^3)		0.939±0.003	0.940±0.002
熔体流动速率/(g/10min)		3.5±0.5	0.20±0.02
拉伸屈服强度/MPa	≥	13	12
伸长率/%	≥	300	500
脆化温度/℃	≤	-60	-100

（2）天津联合化学公司中密度聚乙烯 ｜ 质量指标

指　标		DFDA-7027	DFDA-7020	DFDA-7094	DNDA-7148	DNDC-7148	DNDC-7150	DNDB-7149
密度/(g/cm³)		0.934	0.934	0.930	0.934	0.934	0.939	0.934
熔体流动速率/(g/10min)		5.8	3.0	0.9	4.0	5.0	3.5	4.0
拉伸屈服强度/MPa	≥	14.5	14	8	14	14	15	14
拉伸断裂强度/MPa	≥	12	16		12	12	13	12
正割模量/MPa	≥	340	360	20	340	340	390	340
脆化温度/℃	≤				−60	−60	−60	−60
用途		挤塑膜、尿布膜		垃圾袋、重负荷袋	桶、罐、容器			

（3）日本三井石油化学公司 MDPE- ｜ Neo-Zex

指标名称	注射成型用			旋转成型用		
	45300	45150	4060J	4060R	45150	5060R
熔体流动速率/(g/10min)	35	15	8	7	4	6
密度/(kg/m³)	944	944	944	944	925	953
特性	流动性与加工性好	加工性及强度均衡性好	强度高，冲击性能好	加工性、刚性、冲击强度好	冲击强度和耐应力开裂性好	刚性好
用途	可注射成型制作篓、杯、脸盆	一般用品	大型容器	适用于5000L以下的容器等一般旋转成型制品	高冲击大型制品，适用于5000L以上的化学容器	刚性高的制品

【制法】 中密度聚乙烯生产方法有以下几种。

1. 掺混法

将高密度聚乙烯和低密度聚乙烯按一定比例掺混，使产品密度控制在中密度范围。例如将50%密度为0.960g/cm³的高密度聚乙烯与50%密度为0.916g/cm³的低密度聚乙烯进行掺混，即可制得密度为0.938g/cm³的中密度聚乙烯。其工艺流程是将不同密度的聚乙烯通过混合或用挤出机挤出造粒，即可得MDPE。

2. 淤浆法和溶液法

将乙烯与丙烯，1-丁烯之类的第二共聚单体共聚合。通过调节第二单体的加入量，或采用含有可调节产品密度的催化剂，使共聚产品的密度控制在中密度范围。工艺流程和相应的LLDPE类似。

3. 催化剂法

改造高压聚乙烯生产装置，在齐格勒催化剂作用下，使乙烯与第二单体1-丁烯共聚合也可制得中密度聚乙烯。工艺流程和相应的 LLDPE 类似。

4. 气相法

采用高密度聚乙烯生产工艺。通过调节共聚单体 1-丁烯的加入量，使聚合产品的密度处在中密度范围。工艺流程和相应的 HDPE 类似。

【成型加工】 可采用吹塑、注射、旋转和挤出成型等加工方法制造各种瓶类、薄膜、中空容器及电线电缆包覆层。成型加工设备和工艺与 LDPE 类似。注射成型温度为 149～371℃，压力为 5.52～20.7MPa；压缩成型温度为 149～190℃，压力为 0.686～5.488 MPa。

【用途】 最适宜于高速吹塑成型制造瓶类，高速自动包装用薄膜以及各种注射成型和旋转成型制品，如桶、罐等。还可以用于电线电缆包覆层。

【安全性】 产品装于聚乙烯重包装膜袋内，根据用户需要可套加聚丙烯编织袋为外包装，每袋净重（25.00±0.25）kg。产品应在清洁干燥的仓库内贮存，可用火车、汽车、船舶等运输。贮运过程中应注意防火、防水、防晒、防尘和防污染等。运输工具应保持清洁、干燥，不得有铁钉等尖锐物，并需有篷布。

【生产单位】 中原石油化工公司，天津联合化学公司，吉化炼油厂乙烯分厂，中国石化广州分公司，中国石化茂名石化公司，抚顺石油化工公司化工厂，盘锦天然气化工厂等。

Ba010 极低密度聚乙烯

【英文名】 ultra low density polyethylene; ULDPE

【别名】 超低密度聚乙烯

【结构式】

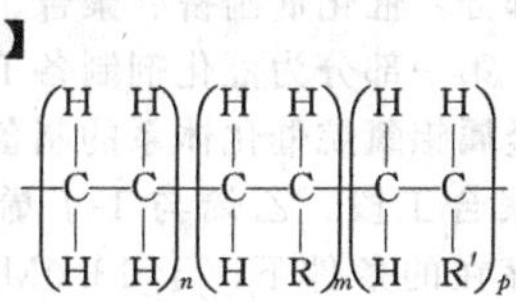

式中，R 为—C_2H_5；R′为—C_8H_{17}。

【性质】 极低密度聚乙烯是乙烯基线型共聚物，其共聚单体含量较多（20%以上）。它是一种结晶度小、柔韧性好的聚合物，它是由乙烯和其他 α-烯烃共聚而成的。密度很低，只有 0.880～0.910g/cm^3（低于 LDPE 的下限），成型收缩率仅为 LDPE 的一半。

ULDPE 分子结构与 LLDPE 相似，其分子结构中均不含有高压法 LDPE 所具有的长支链结构，只有短支链数量有所增加，而增加的短支链可产生回弹性、柔韧性和持久的屈挠寿命，这些性能比 HDPE 好，近似或好于乙烯-乙酸乙烯酯（EVA）共聚物或增塑 PVC。同时 ULDPE 的线性主链保持了 LLDPE 的韧性和刚性，并优于包括 EVA 在内的其他柔性塑料。ULDPE 的拉伸强度保持了 LLDPE 的优良特性，在相同的熔体流动速率（MFR）下，其拉伸强度高于 LDPE 和 EVA，而与 LLDPE 接近。ULDPE 的弯曲模量和拉伸强度与 EVA、EMA 接近，其弯曲模量可以低到 28MPa，为线性聚乙烯提供了新的模量范围，使它有可能代替 EVA 或 EMA。

ULDPE 由于狭窄的分子量分布，在低温和高温下显示出优良的力学性能、耐冲击性、填充性、光学性，并且无毒、吸水性很低，综合性能很好；特别是耐针刺性和耐撕裂性能突出，耐低温性、耐环境应力开裂性和拉伸强度等均优于 LLDPE；热变形温度高，热稳定性好；与聚丙烯和聚乙烯的粘接力极佳，透明性也很好。并具有极好的耐挠曲寿命和耐挠曲龟裂性以及冷冲击性能。因此 ULDPE 是一种极有发展前途的聚乙烯新品种。

【质量标准】 （1）Exxon 公司产品性能

性能	牌号 Exact					
	4027	4022	4023	4028	4021	4024
密度/(g/cm^3)	0.895	0.890	0.882	0.880	0.885	0.885
熔体流动速率/(g/10min)	4	6	3.5	10	2.2	3.8
邵氏硬度(A)	89	84	80	78	84	83
拉伸断裂强度/MPa ≥	15.2	11.7	4.3	15.3	22.5	19.6
拉伸断裂伸长率/% ≥	800	800	800	800	800	800
Izod 冲击强度/(J/m) ≥	715	275	500	305	735	630
弯曲模量/MPa ≥	49.8	34.0	31.4	38.4	27.4	28.8
维卡软化点/℃	83	76	59	59	70	70

(2) 三菱油化公司产品性能

性能	牌号 Yukalonsell				
	X138	X139	X140	X141	X142
密度/(g/cm^3)	0.9	0.9	0.9	0.9	0.9
熔体流动速率/(g/10min)	0.5	2	18	8	1
邵氏硬度(A)	45	41	36	40	43
拉伸断裂强度/MPa ≥	38	30	12	20	36
拉伸断裂伸长率/% ≥	720	870	940	950	800
弯曲模量/MPa ≥	64	60	50	60	61
维卡软化点/℃	76	68	56	60	73

【制法】 美国道化学公司采用溶液聚合工艺进行了乙烯和1-辛烯共聚，开发出密度小于0.915g/cm³的产品。UCC公司采用气相Unipol工艺，用乙烯与丁烯、己烯共聚单体通过传统的齐格勒纳塔催化剂生产ULDPE。Exxon公司则采用新发展起来的Exxpol催化剂技术，开发了第一批工业化的ULDPE产品。Enichem的高压釜式法是基于20世纪50年代CdF从ICI买来的釜式法技术而进一步发展的。DSM也于20世纪70年代早期开发成功了使用液相中的高效催化剂的溶液聚合工艺，并开发出一种以高级α-烯烃（辛烯）为共聚单体的ULDPE生产技术。日本三井油化公司采用茂金属的气相工艺生产ULDPE，其产品透明性比通常的气相法好。该公司还创出“超聚乙烯技术”，即在同一这种装置上生产HDPE、LDPE、LLDPE和ULDPE。

1. 催化剂技术

目前用于生产ULDPE的催化剂主要有Exxpol催化剂、传统催化剂、传统齐格勒-纳塔催化剂和其他高效催化剂等。其中Exxpol催化剂是由Exxon公司新发展起来的催化剂技术，它使Exxon公司在茂金属催化剂的开发和应用上走在世界前列。

2. Exxon公司的Exxpol高压技术

1991年Exxon公司引进了一套15万吨/年的高压装置，该装置使用了Exxpol催化剂技术。该装置的管式高压聚合技术分为四部分：催化剂制备、聚合、分离和后处理。第一部分为催化剂制备工段，单中心茂金属铝氧烷催化体系的制备；第二部分为聚合工段，乙烯与1-丁烯在上述催化剂存在的条件下，于13.0MPa压力下在管式反应器中聚合；第三部分为分离工段，对未反应的单体进行分离，并循环使用；第四部分为后处理工段，在熔融产品中加入添加剂，然后干燥、挤出、造粒、包装。

Exxon公司的高压釜式和管式工艺有很多相似之处。两者存在的主要差别是每个循环的转化率，这也是工艺中的主要变量。管式反应工艺转化率高（25%～30%每个循环）釜式工艺转化率低（15%～20%每个循环）。

3. Enichem的高压釜式技术

（1）聚合　包括制备齐格勒-纳塔催化剂，在8.0MPa下，有齐格勒-纳塔催化剂的存在，在搅拌釜式反应器中乙烯和1-丁烯共聚。

（2）分离　在一系列的相分离器中将未反应的单体分离出来并循环回去。

（3）成型　熔融的聚合物中添加添加剂，挤出、造粒、干燥、输送至仓库，并共混、包装。

4. DSM的绝热低压溶液技术

DSM的低压绝热溶液工艺分为三部分：聚合、分离和后处理。这种工艺的共聚单体转化率较高，因在低温下进行，催化剂活性低，停留时间较长，但催化剂使用寿命增长。该工艺的主要优势是具有更广的操作温度范围（40～100℃），因此提供了一个无需更换催化剂就可在很宽范围内控制聚合物分子量的有效方法。但随着聚合物分子量的增加黏度猛增，其聚合物的生产受到限制。

【成型加工】 极低密度聚乙烯因共聚单体含量高而提供了许多加工优势，故加工性能很好，可用注塑、挤塑、吹塑等一般的加工方法成型加工，也可涂覆。在注射成型中，成型收缩率为1.5%；在吹塑薄膜时，温度以205～245℃为佳。

【用途】 ULDPE在应用方面相对是新产品，但它在世界许多地区的不同应用领域都具有很大的市场渗透潜力。它在薄膜、医用软管、发泡材料、电线电缆、注塑、吹塑和层压等领域迅速得到应用，同时也被用作各种共混物、母料的基材。

生产厂商	牌　号	应　用
Exxon	Exact	医用软管、瓦楞管、挤塑、注塑、连接柱、绝缘材料、电缆线等
UCC	Flexomer	管线、电线、电缆、流延薄膜等
Enichem	Norsoflex	注塑件、吹塑、流延薄膜等
DSM	Stamylex、Teamex	实用包装、医用品包装、吹膜、流延薄膜等
三井油化	Tafmer	地膜、农用膜、管线改性薄膜等
三菱油化	Yukalonsell	挤出(薄膜、板材)、注塑、层压、电线电缆、半导电层基材、软管等

【安全性】 参见Ba007。产品装于聚乙烯重包装膜袋内，根据用户需要可套加聚丙烯编织袋为外包装，每袋净重（25.00±0.25)kg。产品应在清洁干燥的仓库内贮存，可用火车、汽车、船舶等运输。贮运过程中应注意防火、防水、防晒、防尘和防污染等。运输工具应保持清洁、干燥，不得有铁钉等尖锐物，并需有篷布。

【生产单位】 美国Dow化学公司，美国Exxon公司，美国UCC公司，美国DSM公司，美国Enichem公司，日本三井油化公司。

Ba011 交联聚乙烯

【英文名】 cross linked polyethylene; PEX

【结构式】

$$\sim CH_2-CH-CH_2-CH_2\sim$$
$$|$$
$$\sim CH_2-CH-CH_2-CH_2\sim$$

【性质】 交联聚乙烯是一种具有网状结构的热固性塑料，它具有突出的耐磨性、耐溶剂性、尺寸稳定性、耐应力开裂性、防老化性和耐候性，无毒、无味、不吸水；低温柔软性好，耐热性能优良，软化点可达200℃，可在140℃下长期使用；冲击强度、拉伸强度、耐蠕变性和刚性均优于HDPE，弹性模量较HDPE高5倍；有卓越的电绝缘性、耐低温性、化学稳定性和耐辐照性能。其薄膜具有适度透明性和足够的水蒸气透过性。交联聚乙烯经加热、吹胀（拉伸）、冷却定形后，当重新加热到结晶温度以上时，能自然恢复到原来的形状和尺寸（即有形状记忆性）。工业上常用的交联聚乙烯有辐射交联聚乙烯、过氧化物交联聚乙烯和硅烷交联聚乙烯。

辐射交联聚乙烯薄膜性能

性能	交联聚乙烯	低密度聚乙烯	高密度聚乙烯
拉伸强度/MPa	50～100	10～20	20～70
断裂伸长率/%	60～90	50～600	5～400
横向撕裂强度/N·cm	39～59	590～1380	60～1180
热封合温度范围/℃	150～250	125～175	140～175
收缩温度范围/℃	75～125	—	—
95℃的收缩率/%	35～50	—	—

有机过氧化物交联聚乙烯结构上与热塑性塑料、热固性树脂和硫化橡胶都不同，它有体型结构却不是完全交联，交联区域很小，不像硫化橡胶那样有很大的交联网，因此在性能上它兼有三者的特点，即同时具有热可塑性、硬度、良好的耐溶剂性、高弹性和优良的耐低温性。无论是高密度聚乙烯还是低密度聚乙烯，通过交联后，其拉伸强度、耐热性、防老化性和耐候性、尺寸稳定性、耐应力开裂性、耐磨性和耐溶剂性均有提高，且耐蠕变性能优良。交联聚乙烯的软化点可达200℃，耐热性可达140℃。此外，还具有卓越的电绝缘性、耐低温性和耐辐射性能。

过氧化物交联聚乙烯的性能

性能	交联高密度聚乙烯（无填充剂）	交联低密度聚乙烯（炭黑含量37.5%）	交联低密度聚乙烯（炭黑含量70%）
密度/(g/cm³)	0.956	1.13	1.42
拉伸强度/MPa	22.8	21.4	22.4
断裂伸长率/%	460	290	70
100℃时拉伸强度/MPa	—	56	77
邵氏硬度(D)	59	58	67
脆折温度/℃	<−65	<−70	−15
缺口冲击强度/(J/cm)	12.16	6.72	2.67
环境应力开裂时间/h	—	超过1000	超过1000

【质量标准】

指标名称	数值
密度/(g/cm³)	1.270
拉伸强度/MPa	
室温	32～33
100℃	14
断裂伸长率/%	46
邵氏硬度(D)	78
冲击强度(缺口)/(kJ/m²)	29.4
耐应力开裂(F_{50})/h	>1000

吉林辐射化学所技术指标

指标名称	热收缩套管	热收缩薄膜
密度/(g/cm^3)	0.920～0.940	0.910～0.920
凝胶率/% ≥	50	50
拉伸强度/MPa ≥	15	15
断裂伸长率/% ≥	300	300
维卡软化点/℃ ≥	90	90
体积电阻率/Ω·cm ≥	10^{13}	10^{13}
表面电阻率/Ω ≥	10^{12}	10^{12}
介电常数/MHz	2.6±0.2	2.3±0.2
介电损耗角正切 ≤	10^{-3}	10^{-3}
介电强度/(kV/mm)	>20	≥40
吸水率(100℃,7h)/%	0.1	0.1

【制法】 聚乙烯的交联工艺基本上可分为两类：物理方法和化学方法。

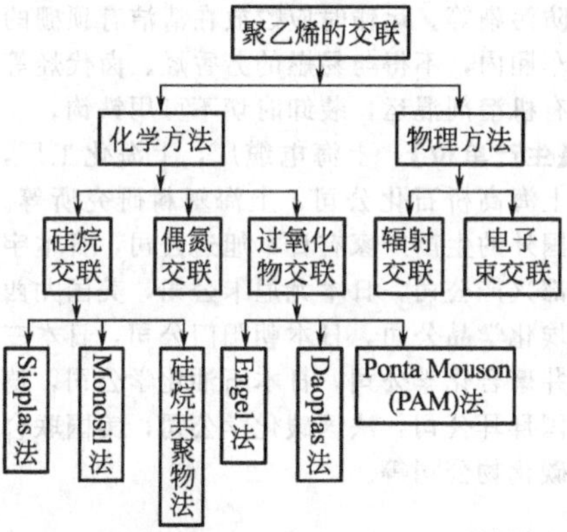

1. 物理交联

交联聚乙烯最早始于1955年的美国，采用的是辐射交联方法。物理方法的特征是利用外辐射源，典型的是电磁辐射。

(1) α辐射 源于放射性同位素或高能电子束。

(2) β辐射 源于加速器，利用加速了的电子或电磁波。

(3) γ辐射 源于Co同位素。

γ辐射常用于实验室研究，实际生产中一般仅用于薄膜和薄的瓶子。通常生产用的是由大的加速器产生的电磁束（β射线），穿透1～3mm厚的聚乙烯分别需要$(0.88～1.6)\times10^{-13}$ J的能量。辐射交联的主要优点是属于一种后交联技术，易于实现生产的自动化和高速挤出。其缺点有交联深度受到限制，对于圆形物体，必须旋转或同时使用几个辐射源；设备投资大。实际生产中辐射交联通常用于电线包覆、薄膜及发泡材料，很少用于管材生产。

辐射交联聚乙烯的配方

原辅料名称	1	2	3
LDPE	100	100	100
防老剂	1	1	1
二碱式亚磷酸盐		3	3
氯化石蜡		15	10
三氧化二锑		15	18
高耐磨炭黑		15	

2. 化学交联

在化学交联中有偶氮化合物交联、过氧化物交联和硅烷交联三种。

(1) 偶氮化合物交联 该方法是将偶氮化合物混入聚乙烯中，并在低于偶氮化合物分解温度下挤出，挤出物通过高温盐浴，偶氮化合物分解形成自由基，引发聚乙烯交联。

(2) 过氧化物交联 混入聚乙烯中的过氧化物在挤出过程中分解为自由基，引发聚乙烯高分子链形成活性自由基而发生交联。该技术需要高压挤出设备，使交联反应在机筒内进行，或者是在较低的温度下成型制品，然后使用远红外加热或其他快速加热方式对制品加热，从而产生交联制品。过氧化物法生产HDPE交联管的方法主要有三种：Engel法、Pont a Mouson法和The Daoplas法。

Engel法可用于生产较高分子量聚乙烯（密度约0.950g/cm^3），分子量500000左右，与过氧化物混合，喂入柱塞式挤出机中。在20～50MPa的高压下，聚乙烯粉末结成为块，结块通过加热口模，交联反应在熔点之上发生，因而结构相当均一。这种方法已经用来生产 315mm 的管材。

Pont a Mouson 法使用分子量稍低一点（200000～500000）的聚乙烯，与过氧化物混合，挤出成管子。在温度超过 200℃的盐浴中进行交联反应。

The Daoplas 法中过氧化物并不直接混入聚乙烯中，而是将挤出的 HDPE 管材通过含有过氧化物的介质中，过氧化物渗入到管材中。

有机过氧化物交联聚乙烯是聚乙烯以有机过氧化物作为交联剂，在热的作用下分解而生成高度活泼的自由基。这些自由基使聚合物碳链上生成活性点，并产生碳-碳交联，形成交联聚乙烯。所用的有机过氧化物有过氧化二异丙苯、过氧化二叔丁基和 2,5-二叔丁基-2,5-二甲基过氧化己烷等。根据被交联的聚乙烯品种和交联工艺设备的不同而选用不同的过氧化物。通常交联低密度聚乙烯时，采用在 132℃时能起反应的过氧化二异丙苯；交联高度填充的低密度聚乙烯和高密度聚乙烯时，可采用能在 144℃下加工的 2,5-二叔丁基-2,5-二甲基过氧化己烷作交联剂。将聚乙烯与合适的有机过氧化物、炭黑及其他无机填料等添加剂混合在一起，经混炼造粒后，用适宜的成型工艺将它加工成制品。然后再将制品经过一段时间的加热处理，使之发生交联，即可制得交联聚乙烯制品。此外，当采用压缩成型时，交联和成型可一步完成。

【成型加工】 有机过氧化物交联聚乙烯可以在通常的塑料和橡胶加工设备中进行成型加工。由于混炼和成型的温度必须高于树脂的熔融温度，又要低于过氧化物的分解温度，因此，必须配有精确控制温度的仪表装置，混炼温度应保持在 110～149℃的范围内。当使用低密度聚乙烯时，通常在 116～121℃成型。

在电线电缆生产中，由于导线本身可作为支承物，使包覆在其表面的交联聚乙烯可通过连续流化器用直接蒸汽进行交联。

【用途】 主要用作电线电缆的包覆层。也用制造电机、变压器等耐高电压、高频率的耐热绝缘材料，电线、电缆包覆及绝缘护套，食品包装膜与收缩膜和套管。近年来，广泛用于各种管材（如热水管）、化工生产装置的耐腐蚀部件、容器以及泡沫塑料和阻燃材料等。

【安全性】 参见 Ba007。产品包装外层为聚丙烯编织袋或纸箱，每袋净重（25.00±0.25)kg。产品应在清洁干燥的仓库内贮存，可用火车、汽车、船舶等运输。贮运过程中应注意防火、防水、防晒、防尘和防污染等。运输时应贮放在清洁有顶棚的车厢内，不得与易燃的芳香烃、卤代烃等有机溶剂混运，装卸时切不可用铁钩。

【生产单位】 上海电缆厂，上海化工厂，上海高桥石化公司，上海塑料研究所等。国外的生产厂家有日本旭道公司，日本宇部兴产公司，日本尤尼卡公司，美国尤西埃化学品公司，日本朝阳门公司，日本三井聚合化学公司，日本石油化学公司，德国拜耳公司，法国碳化学公司，美国联合碳化物公司等。

Ba012 硅烷交联聚乙烯

【英文名】 silicone crosslinked polyethylene

【结构式】

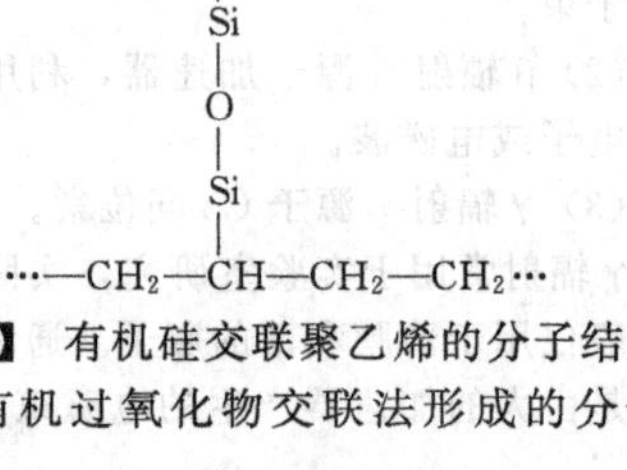

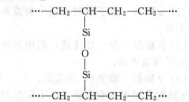

【性质】 有机硅交联聚乙烯的分子结构与通常有机过氧化物交联法形成的分子间

碳-碳交联键的结构不同。其主链可以与2个或2个以上的等价键起反应，形成网状交联（立体网状交联）。因此，它的热力学性能一般要比具有碳-碳键平面结构的有机过氧化物交联法聚乙烯好。即使有机硅交联聚乙烯的凝胶率比过氧化物交联聚乙烯低15%～20%，两者热变形仍相当。

将普通聚乙烯在有机过氧化物存在下，经过一定的温度和机械力作用，使含有不饱和乙烯基和易于水解的烷氧基多官能团的硅烷接枝到聚乙烯的主链上。然后将此接枝物在水及硅醇缩合催化剂作用下，发生水解，并缩合形成～Si—O—Si～交联键，即得硅烷交联聚乙烯。

国产有机硅交联聚乙烯与国外同类产品性能如下。

有机硅交联聚乙烯性能

性　　能	国　产　品	日本住友 S-121	英国 Sioplas-231
相对密度	0.929	0.922	0.923
凝胶率/%	68	55～70	70～75
拉伸强度/MPa	14.21	13.72～20.68	10.78～15.68
断裂伸长率/%	700	500～600	255～350
体积电阻率/Ω·cm	10^{18}	10^{16}～10^{18}	—
介电损耗角正切值(MHz)	0.004	0.0004	0.0005
介电常数(MHz)	2.33	2.3～2.4	2.32
击穿电压强度/(kV/mm)	>30	—	—
脆化温度/℃	<-70	<-70	—
维卡软化点/℃	98	93	94.5
耐环境应力开裂(F_{50})/h	>1000	>5000	—
200℃氧化诱导期/min	>60	—	—

硅烷交联聚乙烯的性能

项目	普通制品用	吹塑用
密度/(g/cm³)	0.93	0.95
凝胶含量/%	80	80
拉伸强度/MPa	16	25
断裂伸长率/%	300	330
弯曲弹性模量/MPa	260	1000
维卡软化点/℃	95	—
介电常数/1MHz	2.3	—
体积电阻率/Ω·cm	8×10^{16}	—
熔体流动速率/(g/10min)	1.3	0.2

【质量标准】 上海塑料研究所

指 标 名 称		数　　值
密度/(g/cm³)		0.929
凝胶率/%		68
拉伸强度/MPa		14.21
断裂伸长率/%		700
体积电阻率/Ω·cm		10^{18}
介电损耗角正切(10^5Hz)		0.004
介电常数		2.33
介电强度/(kV/mm)	>	30
脆化温度/℃	<	-70
维卡软化点/℃		98
耐应力开裂(F_{50})/h	>	1000
200℃氧化诱导期/min	>	60

国外硅烷交联聚乙烯技术指标

指标名称	日本住友 S-121	英国 Sioplas-231
密度/(g/cm³)	0.922	0.932
凝胶率/%	55～70	70～75
拉伸强度/MPa	13.72～20.68	10.78～15.68
断裂伸长率/%	500～600	255～350
体积电阻率/Ω·cm	10^{16}～10^{18}	—
介电损耗角正切(10^6Hz)	0.0004	0.0005

介电常数		2.3～2.4	2.32
脆化温度/℃	<	-70	—
维卡软化点/℃		93	94.5
耐应力开裂(F_{50})/h	>	500	—

【制法】 1973年英国道康宁公司（Dow Corning）开发出了硅烷交联技术，它是利用含有双键的乙烯基硅烷在引发剂（通常为过氧化物）作用下，与熔融的聚合物反应，形成硅烷接枝聚合物，该聚合物在硅烷醇缩合催化剂的存在下，遇水发生水解，从而形成网状的硅氧烷键交联结构。

（1）硅烷交联工艺 目前实际使用的硅烷交联主要有两种方法，一种为英国Dow Corning公司发明的两步法，称为Sioplas法；另一种为BICC（英国绝缘电缆公司）和Maillefer发明的一步法，称为Monosil法。近年来，由于石化树脂生产企业对聚乙烯制品的重视，出现了硅烷共聚物法。两种方法的工艺过程如下。

① Sioplas法工艺过程

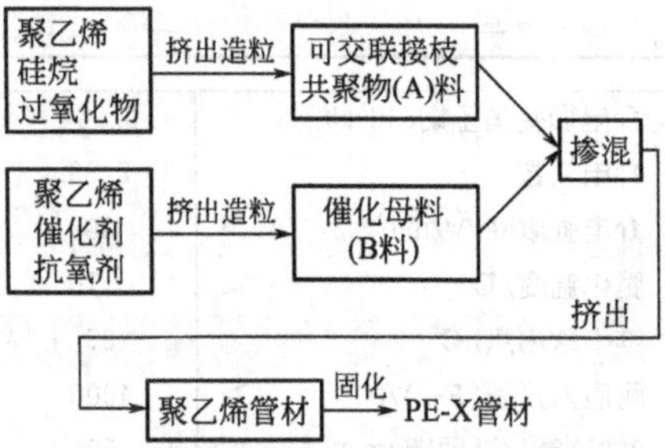

② Monosil法工艺过程

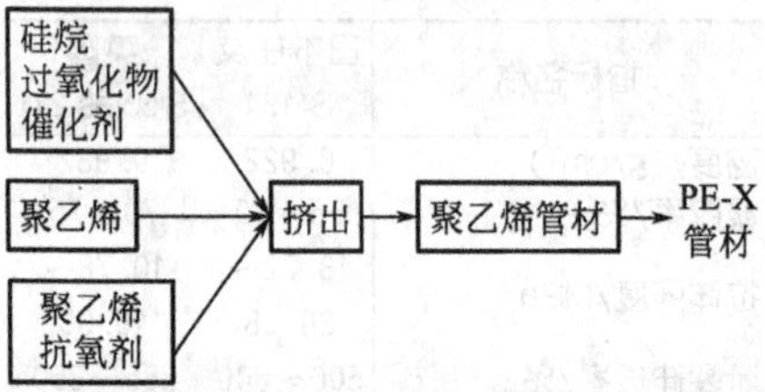

硅烷共聚法实际上是Sioplas法的一种变型。区别在于聚乙烯接枝料不是通过反应挤出制备，而是在乙烯聚合时，通过加进第二组分（硅烷）共聚来获得共聚型乙烯-硅烷共聚物（A料），交联催化剂等辅助助剂再由混合设备制得催化母料（B料），然后按A、B双组分产品出厂。

可见，Sioplas法为两步法，即先用两台挤出机预先生产出聚乙烯硅烷接枝料和催化母料，然后将两种料按一定比例混合，在第三台挤出机上生产交联聚乙烯管材。硅烷交联用的过氧化物是作为引发剂，其用量相当于过氧化物交联法中用量的约1/20（0.1%）。硅烷接枝料一般与5%的催化母料干混，挤出成型制品；制品随后通过高温水槽（60～95℃）进行交联。该法中硅烷接枝料的存放期较短，因为交联反应在催化剂不存在的情况下也可缓慢进行。

Monosil法为一步法，其特点是硅烷、过氧化物、催化剂均直接加入到同一台挤出机中。一步法生产的制品交联度可较两步法有所提高。

（2）硅烷交联所用原材料

① 聚乙烯。可以是高密度聚乙烯（HDPE）、低密度聚乙烯（LDPE）、线型低密度聚乙烯（LLDPE）、中密度聚乙烯（MDPE）以及不同密度PE的共混物。PE分子链中含叔碳原子数目越多越易接枝，分子链越易伸展，越有利于交联的进行。

② 硅烷。理论上，含有一个可接枝的乙烯基及可水解的烷氧基、酰氧基、氨基或氯官能团的硅烷均可。考虑到实际速率的要求，常用乙烯基三甲氧基硅烷（VTMS）、乙烯基三乙氧基硅烷（VTES）、乙烯基三（2-甲氧基乙氧基）硅烷（VTMES）以及3-甲基丙烯酰氧基丙基三甲氧基硅烷（VMMS），其中VTMS水解速度大于后三者。硅烷过多，制品表面起霜，强度下降；过少则接枝不均匀，需增加DCP用量或提高反应温度，

即增加物料在料筒中的交联度。一般硅烷用量1～3份。

【成型加工】 硅烷接枝交联聚乙烯成型加工工艺比较简单，可采用一般塑料和橡胶成型加工设备进行加工。加工方法为挤塑、注塑、模压和压延等。成型制品置于100℃以下的热水中即可交联成所需的产品。与其他交联聚乙烯一样，一经交联无法再成型，只可机械加工。

为了克服硅烷交联产品需在水中长时间浸泡的缺点，采用树脂内混入高级脂肪酸及金属氧化物，在树脂加工温度下生成水。有一种改进技术在挤出机的某一特定位置设一加料口，利用计量泵加入催化剂与熔融的硅烷接枝聚合物混合，挤出制品，然后在水中交联。硅烷交联聚乙烯配方如下。

组分	硅烷-HDPE/份	硅烷-LDPE/份
聚乙烯(MFR＝2.2～10.5g/10min)	100	100
乙烯基三乙氧基硅烷	2.5	2.5
过氧化二异丙苯(含水50％)(引发剂)	0.01～0.12	约0.03
二丁基二月桂酸锡(催化剂)	0.125	0.125

【用途】 硅烷交联聚乙烯主要用作电线电缆包覆层、耐热管材、软管及薄膜等。也可用于制造电机、变压器等耐高电压、高频率的耐热绝材料，热收缩膜和套管，化工生产装置的耐腐蚀部件、容器及泡沫塑料等，亦可用于火箭、导弹等高新技术领域。近年来，广泛用于各种管材（如热水管）、化工生产装置的耐腐蚀部件、容器以及泡沫塑料和阻燃材料等。

【安全性】 树脂的生产原料，对人体的皮肤和黏膜有不同程度的刺激，可引起皮肤过敏反应和炎症；同时还要注意树脂粉尘对人体的危害，长期吸入高浓度的树脂粉尘，会引起肺部的病变。大部分树脂都具有共同的危险特性：遇明火、高温易燃，与氧化剂接触有引起燃烧危险，因此，操作人员要改善操作环境，将操作区域与非操作区域有意识地划开，尽可能自动化、密闭化，安装通风设施等。

产品包装外层为聚丙烯编织袋或纸箱，每袋净重（25.00±0.25）kg。产品应在清洁干燥的仓库内贮存，可用火车、汽车、船舶等运输。贮运过程中应注意防火、防水、防晒、防尘和防污染等。运输时应贮放在清洁有顶棚的车厢内，不得与易燃的芳香烃、卤代烃等有机溶剂混运，装卸时切不可用铁钩。

【生产单位】 上海电缆厂，上海化工厂，上海高桥石化公司，上海塑料研究所等。国外的生产厂家有日本旭道公司，日本宇部兴产公司，日本尤尼卡公司，美国尤西埃化学品公司，日本朝阳门公司，日本三井聚合化学公司，日本石油化学公司，德国拜耳公司，法国碳化学公司，美国联合碳化物公司等。

Ba013　β-不饱和羧酸共聚物

【英文名】 ionomers；unsaturate carboxylic copolymer

【别名】 离子化乙烯-α；离子交联聚合物；离子键聚合物

【结构式】

$$+CH_2—CH_2\!+\!CH_2—CR\!+\!CH_2—CR\!+$$
$$\begin{array}{cc} | & | \\ COO^{\ominus} & COOH \end{array}$$
$$\begin{array}{c} | \\ M^{\ominus} \\ | \end{array}$$
$$\begin{array}{cc} COOH & COO^{\ominus} \\ | & | \end{array}$$
$$+CH_2—CR\!+\!CH_2—CR\!+\!CH_2—CH_2\!+$$

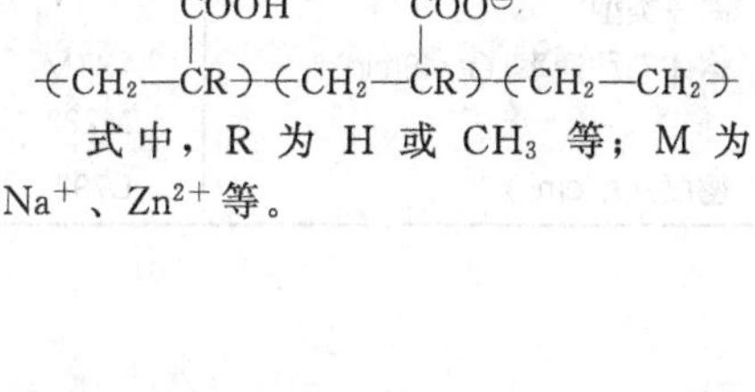

式中，R 为 H 或 CH$_3$ 等；M 为 Na$^+$、Zn^{2+} 等。

【性质】 离子聚合物是把离子键引入半结晶聚合物内，以降低其结晶度而提高力学强度和透明度的聚合物。以金属离子键作分子间交联的离子聚合物，它不同于热固性树脂的交联，在受热时金属离子的交联键断裂分解成乙烯和丙烯酸的共聚物，从而能熔融流动；但冷却至室温时金属离子又能在分子间形成交联键。这种离子键的解离和结合的过程是完全可逆的，因此它是热塑性塑料。此外金属离子的存在使离子聚合物对其他材料有很好的黏合力，而离子键对结晶的形态也有很大影响，多数情况下它消除了所有可见球晶的痕迹，因此有良好的透明性。离子聚合物密度 0.94～0.96g/cm^3，与聚乙烯不同，其密度和结晶度无关，也不能由密度来预测它的物性。离子聚合物的平衡吸水率为 0.1%～1.4%，氧气透过率为 3.66m^3/(d·m^2·cm)。透光率可达 80%～92%，在 0.15cm 的制品内部，雾度为 5%～25%，折射率为 1.51。它不加增塑剂就是一种软质塑料，韧性高、弹性好，介于结晶聚烯烃和弹性体之间。低温力学性能优于聚烯烃和聚氯乙烯。拉伸强度为聚烯烃中最高者，达 32.8MPa，是 LDPE 的 2 倍多，耐应力开裂也比聚乙烯好得多。离子聚合物具有优异的耐磨性，摩擦系数为 0.2～0.9，耐磨耗性远比 LDPE、PVC、PP 及 PC 为好，而与 HDPE、尼龙和聚甲醛相仿。

离子聚合物具有优异的低温柔软性和耐冲击韧性。某些牌号的脆化温度低至 -110℃。在 -40～37℃范围内弹性模量变化很小。无复合涂层的离子聚合物上限使用温度为 50～80℃，但当有复合涂层或其他填料存在时，使用温度略高。离子聚合物的热封起封温度比 PE 低 15～25℃，热封强度高，热封温度范围宽，因此非常适合于高速包装线的包装。离子聚合物受紫外线作用，力学性能和光学性能变差，可加 3%～5%炭黑或适量的紫外线吸收剂加以改善。大多数离子聚合物室温下不溶于一般的有机溶剂，耐油性、耐渗透性和化学稳定性好，电性能优良，但耐热性稍差。

【制法】 离子聚合物是乙烯-(甲基)丙烯酸共聚物（EMAA 或 EAA）中引入钠、锌、钾等金属离子，通过离子键交联的聚合物。其制法有共聚法、混炼法和浸渍法等。

① 将（甲基）丙烯酸及其钠盐或锂盐与乙烯在 2.027～32.424MPa 和 100～300℃条件下，以α，α′偶氮二异丁腈为引发剂，在带有搅拌的高压釜中进行共聚，即可制得离子键聚合物。也可将乙烯与α，β不饱和羧酸盐在大于 50.66MPa 和 150～300℃条件下，用过氧化辛酰为引发剂进行共聚制得。②先将乙烯和（甲基）丙烯酸在一定条件下制得（甲基）丙烯酸含量为 1%～10%（质量分数）的二元共聚物，再将其直接与甲醇钠热混炼制得。③乙烯与（甲基）丙烯酸在 18.6MPa 和 250℃条件下，以过氧化物为引发剂进行共聚制得二元共聚物，再用 NaOH、KOH、LiOH、$ZnCl_2$ 或 Na_2CO_3 等溶液加热浸渍，最后经水洗、干燥、磨碎、造粒的工序，而制得含有一定量（甲基）丙烯酸盐的乙烯-(甲基)丙烯酸盐的共聚物。

【质量标准】 美国杜邦公司 Surlyn 离子交联聚合物产品技术指标如下。

性能	测试方法	1601	1652	1702	1855
离子类型		Na	Zn	Zn	Zn
熔体流动速率/(g/10min)	ASTM D1238	1.3	5.0	14.0	1.0
密度/(g/cm^3)	D792	0.94	0.94	0.94	0.94

续表

性能	测试方法	1601	1652	1702	1855
表面积(250μm)厚/(m^2/kg)		4.1	4.1	4.1	4.1
冲击强度(23℃)/(×10^2kJ/m^2)	D1822	11.6	9.3	7.6	12.8
冲击强度(-40℃)/(×10^2kJ/m^2)		9.4	5.6	6.4	11.8
脆化温度/℃	D746	-95	-50	—	-112
拉伸强度/MPa	D638	29	21	25	25
ROSS弯曲疲劳(23℃)/破损周期	D1052	3000	3000	3000	3000
MIT弯曲(0.65mm)/周期	Du Pont	2170	3400	3200	36000
屈服拉伸强度/MPa	D538	11	9	11	25
伸长率/%	D638	412	471	437	520
弯曲模量/MPa	DA	258	158	152	90
邵氏硬度(D)	D2240	62	57	62	56
耐磨性(NBS指数)	D1630	600	170	120	225
浊度/%	D1005-61	1～3	4～6	1～3	3～5
热变形温度(0.46MPa)/℃	D648	44	41	40	40
维卡软化点/℃	D1525-70	71	80	61	59
熔点/℃	DTA	92	95	88	80
凝固点/℃	DTA	74	84	69	66
热膨胀系数/$℃^{-1}$	D696		(11～13)×10^{-5}	(11～13)×10^{-5}	
可燃性/(mm/min)	D635	23	20	23	25
MIT耐弯曲性(75%的异丙醇)/次		50	200	76	814

【成型加工】 离子交联聚合物可用注塑、挤塑、模塑、吹塑等方法成型加工。离子聚合物对水的吸收较为敏感，含水量达0.1%的离子聚合物在加工温度下会产生酸性气体。离子交联聚合物的离子交联在通常加工温度（175～290℃）范围内是热可逆的，离子聚合物的流动性和HDPE相似，均有较好的流动性；其注塑的加工特点类似于LDPE或乙烯共聚物，因此可用标准的注塑设备加工，但加工用的模具等应使用耐腐蚀合金钢或镀镍、铬加以保护。其注塑工艺条件为压力9.8MPa，料温150℃，模具温度40℃。挤塑工艺条件为机筒加料段温度193～232℃，压缩段温度193～282℃，熔融段温度193～327℃，机头温度315℃，螺杆转速30r/min，螺杆长径比（L/D）为24，压缩比3∶4。模塑成型工艺条件为温度140～175℃，压力1.4～14MPa。离子聚合物的成型收缩率为0.2%～2%，一般横向的收缩率达2%且不受成型条件的影响，纵向的收缩率比横向小，为0.2%～1.8%且随成型温度、模具温度、注射压力的增大而减小。

【用途】 离子聚合物主要用于包装、运动物品、汽车、鞋和其他用途。

① 包装食品包装是离子聚合物的主要用途。大多数与食品接触的离子聚合物符合FDA标准。作为一种热封层，它广泛地用于许多通过共挤出涂层、挤出涂层、层压或这些技术的结合而生产出来的柔性包装复合材料中。例如肉类、乳酪的真空包装，速冻食品、药品和化妆品的包装。它的重包装膜用于贵重的计算机硬件

和电子产品的外包装。

② 运动物品是利用离子聚合物的高耐冲韧性。高尔夫球制造商使用耐磨的离子聚合物作外壳。用离子聚合物包层的木制保龄球柱比未涂层的柱有长得多的寿命。

③ 汽车玻纤增强的离子聚合物可用于空气减震器和其他外部装饰件上。注塑泡沫离子聚合物已取代用橡胶和金属制作的保险杠和保险杠架等保护器材上。离子聚合物优异的抗紫外线（加入UV吸收剂后）、透光性、可漆性、低温韧性和对其他材料的粘接性等特点，具有令人满意的成本/性能优势，因而广泛用于汽车的外部装饰件中。

④ 鞋类由于离子聚合物的回弹性和柔韧性，因此广泛用于运动鞋包括滑雪靴和溜冰鞋的外壳，以及鞋前部、鞋后跟和鞋底等。

⑤ 泡沫泡沫片材主要用于摔跤垫、船的缓冲垫、滑雪的坐垫以及热水槽和管道保温层。模塑泡沫用途也很广，主要用于救生圈、汽车保险杠和曲棍球守门员的保护垫。

⑥ 其他用途由于离子聚合物的耐化学性、韧性和透明性，离子聚合物可用作防弹玻璃的中间层。由于它的耐溶剂性、光学性，能常被用来制作香水瓶塞子。

【安全性】 参见Ba007。可包装于重包装塑料袋再外套编织袋或内衬塑料膜的多层牛皮纸袋或塑料容器内，贮放于阴凉通风干燥处，远离火源，避免日晒雨淋和锐利物刺破包装袋。可按非危险品运输。

【生产单位】 美国杜邦公司，日本三井杜邦聚合物公司，美国埃克森公司等。

Ba014 乙烯-乙酸乙烯酯共聚物

【英文名】 ethylene-vinyl acetate copolymer

【别名】 乙烯-醋酸乙烯共聚物；EVA树脂

【结构式】

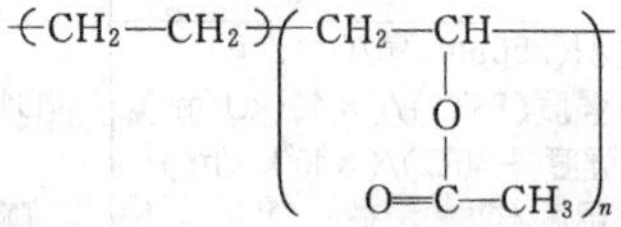

【性质】 EVA是乙烯和醋酸乙烯的无规共聚物。由于在乙烯链中引入了具有极性的醋酸基团所形成的短支链，改变了原来的结晶状态，使得EVA较聚乙烯更富有柔韧性和弹性。EVA树脂的性能与醋酸乙烯的含量和熔体流动速率有很大的关系。当MFR一定时，随着醋酸乙烯含量的增高，其弹性、柔韧性、相容性和透明性等均有所提高，结晶度下降；随着醋酸乙烯含量的降低，则性能接近于聚乙烯，刚性增大、耐磨性和电绝缘性能提高。若醋酸乙烯含量一定，当MFR增加时，则软化点下降，加工性和表面光泽得到改善，但力学强度有所下降；反之，随着MFR的降低，则分子量增大，冲击性能和耐应力开裂性能有所提高。

EVA常作为改性剂与其他聚合物共混，这是由于EVA具有良好的挠曲性、韧性、耐应力开裂性和粘接性能。聚乙烯与乙烯-乙酸乙烯共聚物（EVA）的共混物具有优良的柔韧性、加工性，较好的透气性和印刷性，因而受到广泛的应用。

聚乙烯与EVA共混物随EVA的掺混量、EVA中VAc的含量、EVA的分子量、共混物制备及加工成型条件等很多因素的变化而呈现不同的性能。

EVA中VAc含量的影响极为显著。当EVA中VAc含量较低（6.6%）时，EVA掺入量对结晶度基本无影响；EVA掺入量对密度的影响较为明显，即共混物密度随EVA掺入量增加而上升，尤其在EVA含量达25%以后，上升更快。含VAc量多的EVA对PE的改性效果较大，不论是结晶度还是密度均出现急剧的变化，提高 EVA 中 VAc 含量同样导致 PE/EVA 共混物伸长率的迅速上升。PE/EVA 中 EVA 比例增加所产生的改性效果大体上与增加 EVA 中 VAc 含量的效果近似。

EVA 可以改性 HDPE 的冲击性能和耐环境应力开裂性能。这是由于 EVA 分子的较长支链不能进入紧密堆积的晶格中，强化了片晶间的无定形区域，所以韧性、耐环境应力开裂性得到提高。EVA 也常用来提高 HDPE 与其他聚合物的相容性，例如 HDPE/LDPE 或 HDPE/PP 共混物中加入 EVA 后，由于改进了二者间的相容性，从而使 HDPE 的冲击韧性增大。HDPE 中 EVA 掺入可成为柔性材料，用于制造泡沫塑料。

【质量标准】

Enichem 公司 EVA 技术指标

产品品级	膜级		注塑级	热熔体级	聚合物接枝
VAc 含量/%	5	14	18	28	28
MFR/(g/10min)	2	0.3	3	12	100
落镖试验/g	200	700			
断裂伸长率/%	250～500	360～750	750	750	900
膜厚度/μm	70	70			
光泽(45℃)/%	51	86			
邵氏硬度(A)			90	80	
雾度/%	8	1.5			
1%正切模量/MPa	51.9～55.9	49.9～55.0			
拉伸强度/MPa	19.3～25.9	27.0	29.9	29.9	3.5
维卡软化点/℃			65	50	

上海石化公司塑料厂 EVA 树脂技术指标

企业牌号 / 国标牌号[①] / 项目	EVA4.5/5.5	EVA11/3.5	EVA14/15	EVA15/2	EVA12/0.5
	E/VAc03-F-D006	E/VAc13-F-D045	E/VAc13-E-D200	E/VAc13-G-022	E/VAc13-G-D05
熔体流动速率/(g/10min)	0.5	3.5	15	2.0	0.5
乙酸乙烯含量/%	4.5	11	14	15	12
拉伸强度(纵/横)/MPa	18.17/17.7				
冲击强度/N	3.7				
拉伸强度(片)/MPa		11.8	8.3	8	8
弯曲强度/MPa		58.8			
断裂伸长率/%				600	600
色相				－16	－16

企业牌号 / 国标牌号[①] / 项目	EVA7.5/1.5	EVA7.5/3.5	EVA7.5/5.5	EVA12.5/3.5	EVA12.5/5.0
	E/VAc08-G-D012	E/VAc08-G-D022	E/VAc08-G-D045	E/VAc13-G-D022	E/VAc13-G-D045
熔体流动速率/(g/10min)	1.5	2.2	4.5	2.2	4.5
乙酸乙烯含量/%	7.5	7.5	7.5	12.5	12.5
拉伸强度(片)/MPa	≥8	≥8	≥8	8	8
弯曲强度/MPa					
断裂伸长率/%	600	600	600	600	60
色相	－16	－16	－16	－20	－20

① 国标牌号命名按 GB 1845—88。

四川维纶厂 EVA 乳液技术指标

性能	CW40-702	CW40-705	CW40-706	CW40-707	CW97-808
固含量/% ≥	54.5	54.5	54.5	54.5	55
黏度 LV 型	1600～2500	1500～2200	2300～3300	500～1000	550
60RPM、CPS 最低成膜温度/℃	4	−3	−3	1	−7
玻璃化温度/℃	10	0	0	−4	10
pH 值	4.0～5.5	0.2～2	0.2～2	0.2～2	0.2～2
密度/(g/cm³)	1.010	1.010	1.010	1.010	1.010
残留 VAc/% ≤	1.0	1.0	1.0	1.0	1.0

性能	CW97-809	CW97-719	CW97-505	CW97-832
固含量/%	≥55	50～52	≥54.5	50～52
黏度 LV 型	550	750	1500～2200	750
60RPM、CPS 最低成膜温度/℃	0	−24	−3	
玻璃化温度/℃	−3	−27	0	
pH 值	0.2～2	0.2～2	0.2～2	
密度/(g/cm²)	1.010	1.010	1.010	1.010
残留 VAc/% ≤	1.0	1.0	1.0	1.0

【制法】 乙烯-乙酸乙烯共聚物是由乙烯与乙酸乙烯经共聚反应制得，反应式为

$$mC_2H_4 + nC_2H_3COOCH_3 \longrightarrow (C_2H_4)_m(C_2H_3COOCH_3)_n$$

由不同比例的单体共聚得到的 EVA，其 VAc 含量不同，用途也不同。乙烯-乙酸乙烯共聚物的生产方法主要有高压法、溶液法和乳液法。目前应用最多的是高压法。

1. 高压法

高压法本体共聚工艺类似于 LDPE 的生产。共聚工艺可采用高压釜反应器或管式反应器。一般来说，釜式法更适合于 EVA 的生产，此法的制法类似于高压法低密度聚乙烯，所用引发剂也相同。其主要差别是需要增设醋酸乙烯单体的供给系统和分离回收系统。具体制法是乙烯、醋酸乙烯、引发剂和分子量调节剂，按一定的配比加入高压反应器中，于 200～220℃和 14.70～15.68MPa 的压力下进行聚合反应，即制得醋酸乙烯含量为10%～50%（按需要控制）和分子量为 5 万～50 万的不同牌号的共聚物。经分离、精制后，挤出造粒和干燥便得到粒状产品。其工艺流程如下所示。

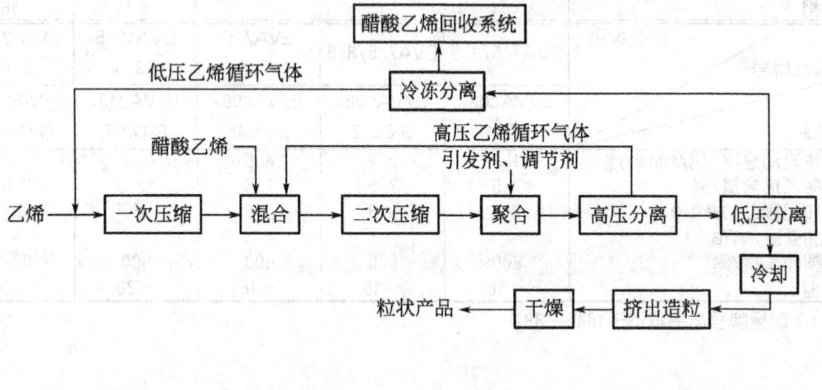

2. 溶液法

中等含量的乙烯-醋酸乙烯共聚物可以用高压法来生产，但大多数是在中等压力下用溶液聚合法制造。溶液法是将乙烯和VAc在不产生链转移的叔丁醇、脂肪族烃类和苯作溶剂，以过氧化物、偶氮化合物为引发剂，在5～7MPa、30～150℃下进行溶液聚合，所得共聚物的VAc含量可在相当大的范围内变动，一般在35%以上。

3. 乳液法

乳液聚合和本体聚合相反，是制取高VAc含量的EVA产品的方法，其VAc含量为70%～90%。乳液法是在高压反应釜中，将VAc及引发剂$K_2S_2O_8$或$(NH4)_2S_2O_8$加入到已配制好的乳化液反应介质（水介质中加入了稳定剂、乳化剂等）中，通入乙烯，在低于95℃、1～10MPa条件下聚合，可制得VAc含量为70%～90%共聚物乳液。

【成型加工】

1. 注塑

采用一般PE或PP使用的注射设备即可。由于EVA具有弹性，因此可用制成类似橡胶的制品而无需经过硫化工序，且着色容易，制品色彩鲜艳。其成型温度下限以保持一定的流动性为标准，上限温度则以防止EVA热分解为度。其热分解温度为229～230℃，一般情况下，料温控制在170～200℃为宜。

2. 真空成型

EVA的真空成型制品光洁透明，但由于其导热性差、熔点低，因此腔模温度应较低，成型周期长。一般可采用低温冷却模具的方法来成型。

3. 吹塑成型薄膜

采用一般的吹塑设备即可。由于EVA熔点低，物料的冷却必须予以特别考虑。牵引力要小一些，否则会造成薄膜制品的开口性较差，此外还应考虑加入爽滑剂。

4. 发泡成型

发泡成型时要注意调节发泡剂的用量。其发泡制品具有弹性、质轻、强韧和收缩率低等特点。

【用途】EVA树脂有广泛的应用，其中EVA的制法对产品的性能和用途有影响，EVA树脂中VAc的含量和MFR的不同用途也不同。VAc含量低的EVA与LDPE相似，柔软而耐冲击强度好，宜制造重负荷包装和复合材料。VAc含量为10%～20%的EVA则有良好的透明性，宜制作农膜和收缩包装薄膜。VAc含量更多的EVA可作胶黏剂、涂层、涂料之用，也可制成EVA泡沫塑料、电器、电缆绝缘层和日用品等。还可用于聚合物改性，用于改进塑料的挠曲性及刚性。低聚合度的EVA加入燃料油中则可改善其冷流特性。在其他应用中，共聚物制成成品时，不用或含很少量的添加剂或改性剂。

① 薄膜薄膜是EVA最主要用途之一。薄膜级EVA树脂的VAc含量一般在1%～15%，最高不超过20%。因为VAc含量过高，树脂黏性大，不宜吹膜。VAc含量1%～5%的EVA树脂具有适中的韧度和较高的透明性，适合制作薄膜和重包装材料。可用作单层透明薄膜。VAc改善了膜的热封性能，提高了膜的光泽度，降低了雾度。VAc含量5%～7.5%的EVA树脂用于冰袋膜，VAc可防止膜的低温脆化，使冰袋在压制的冷热环境中保持柔韧。

VAc含量为10%～20%的EVA可制作各种不同用途的薄膜，薄膜具有透明度高、耐冲击韧性好、热稳定性好、透气性低、低温下收缩率低、印刷性好、生理无害性等优点。包装用薄膜是EVA的最大市场。VAc含量10%～12%的EVA树脂与LLDPE树脂共挤出生产拉伸膜(EVA/LLDPE/EVA)，可代替收缩膜，用于集装箱包装和一次性捆扎，EVA层具有优良的粘贴性能。VAc含量9%～15%的EVA树脂和隔性树脂PVDC（聚偏氯乙烯）共挤膜用于鲜肉和经加工的牛肉、禽肉的包装。EVA层的作用是保障鲜肉袋的热封强度和热收缩性。与LDPE相比，EVA的熔点较低；与LLDPE相比，其收缩性更为均匀。因此EVA共聚物是该用途的最佳选择材料。

VAc含量为15%～18%时，EVA薄膜还可以用作共挤薄膜中的热熔接层和用于与均聚物共混。属于保障薄膜范畴的EVA用途还包括在作奶酪包装纸的聚酯、赛璐酚和PP薄膜上挤压贴胶；EVA与镀金聚酯膜共挤或层压用于箱内袋包替代马口铁罐头；医疗用薄膜及其他有严格要求的用途。

② 胶黏剂及涂层热熔胶是EVA最主要的应用之一，其特点是有很好的力学性能和机械稳定性，有较高的黏度，粒度可以控制，耐蠕变性及热封性之间有很好的平衡关系，有很好的湿黏性及很快的固化速度，对难以黏结的薄膜基质等有特殊的黏结性。

③ 模塑和挤塑制品 EVA模塑和挤塑制品通常使用VAc含量为9%～18%的共聚物，其优点是具有柔软性和韧性。EVA可挤出制成用于输血、压送血液、输送饮料和建筑用灰浆的高透明软管和硬管以及用于吸尘和供水系统的软管。

④ 泡沫塑料 VAc含量12%～16%的EVA制造高倍率、独立气泡型的泡沫塑料。这种泡沫塑料具有隔热、保温、防震、压缩变形小、弹性好、耐候性好和具有二次加工性，可应用于工业、建筑业、水产业方面，作为保温、防震、包装用材料。目前已用于船救生浮具、机车车厢等，也开始在建筑保温中使用。在制鞋业中，VAc含量10%～20%的EVA既可以单独作为主体材料，也可以与LDPE、NR、BR、EPDM、CPE（氯化聚乙烯）并用于制作微孔鞋底。

⑤ 混合、复合材料 EVA共聚物能承受高剂量填充剂，可以与不同的有机或无机化合物很好地进行共混，配制成各种用途的复合材料或作母料的载体，使之具有更广泛的使用范围。EVA复合材料的主要用途是作电线电缆。在EVA中加入大量的超导体和静电分散作用的炭黑、抑制绝缘体燃烧的阻燃剂以及其他填充剂和助剂。并经过蒸汽和化学硫化工艺或辐射处理，可制成绝缘防护的发泡体或护套等。EVA作色母料载体时，染料和助剂（紫外线稳定剂）的添加量可高达50%～80%。EVA对添加剂量的承受能力与树脂中VAc含量成正比。VAc含量增加，添加剂吸收能力相应提高，并由此可制得高剂量添加剂的色母料。EVA也还是一种极好的改性剂，它可以和PE、PP和PVC共混而制得一系列应用范围广泛的塑料改性产品。EVA的加入使塑料基料的挠曲性、韧性、耐应力开裂性和黏结性能得到改善。

⑥ 石油原油及油品添加剂 VAc含量高的EVA用作石油产品的添加剂时，可大大降低燃料的凝固点。EVA可作为原油防蜡剂和流动性改良剂等油品添加剂，它可以降低原油凝固点，从而提高其低温流动性。

⑦ 其他方面 EVA的最新用途之一是用于铸造生产和粉末冶金方面。将EVA用作铸造模内表面的镶面材料时，沙子不用外加胶黏剂即可完全固化，浇铸表面光滑而且易于加工。在粉末冶金制造中，将合金粉末与EVA胶黏剂在真空或减压下混合，可以提高合金的界面亲和力，提高自由成型度，从而获得无针孔的粉末冶金制品。EVA作为基料的用途有阻火低烟树脂板材等。在高新技术应用材料中，EVA还可以作为导电材料的基材树脂，

用于发热体、导电薄膜、弹性电极和电子计算机连接件。

【安全性】 参见 Ba007。产品内包装为聚乙烯薄膜袋，外包装为聚丙烯编织袋，每袋产品净重 25kg。贮存和运输时，仓库或车厢内应保持干燥、整洁、通风良好装卸时严禁使用铁钩。

【生产单位】 上海石油化工股份有限公司，北京有机化工厂，四川维纶厂，上海化工研究院，日本住友化学公司，Enichem 公司和 Imhansen 公司等。

Ba015 聚环戊二烯

【英文名】 polycyclopentadiene

【别名】 环戊二烯树脂

【结构式】

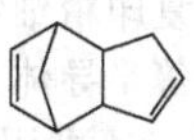

【性质】 环戊二烯树脂为低分子量的热塑性聚合物。它耐酸、耐碱，有广泛的相容性和溶解性，能溶于脂肪烃、芳香烃、氯代烃、醚类和酯类，不溶于醇和水。相对密度 1.1 左右，折射率 n_D^{20} 1.58。

【制法】 单体环戊二烯来自煤焦油和石油裂解馏分。一般环戊二烯馏分中还含有部分双环戊二烯和其他烯烃类。因环戊二烯含有两个共轭双键，易进行加成反应，在常温下即能自聚成二聚体，生成双环戊二烯。

环戊二烯可在二氯甲烷溶剂中通过辐照引发聚合；在 190～200℃下进行热聚合；也可在弗瑞德-克来福特催化剂作用下进行催化聚合。例如，将环戊二烯缓慢地加到含有少量三氯化铝的甲苯溶剂中，在 30℃下进行聚合反应，而后用碱中和，去除溶剂，便可得到软化点为 152℃的环戊二烯树脂。反应式如下。

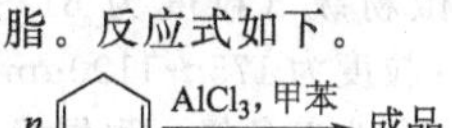

工艺流程如下。

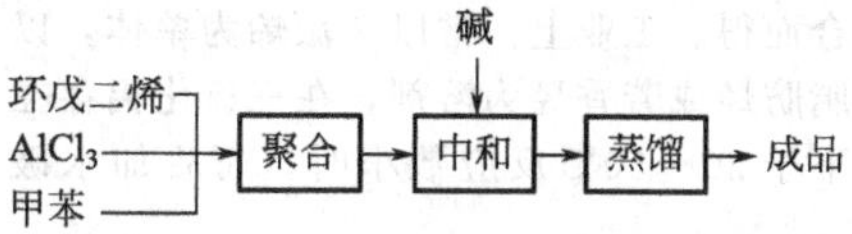

【用途】 主要用于涂料、胶黏剂和增稠剂，颜料分散剂，混凝土保养剂及地毯浸渍剂等，也用于食品包装。

【安全性】 参见 Ba007。可包装于重包装塑料袋再外套编织袋或内衬塑料膜的多层牛皮纸袋或塑料容器内，贮放于阴凉通风干燥处，远离火源，避免日晒雨淋和锐利物刺破包装袋。可按非危险品运输。

【生产单位】 美国 Hercules 公司用反应注射法制得了聚环戊二烯，其商品名为 Metton。另外，该公司还以 Piccodine 和 Piccovar 等商品名出售。

Ba016 聚萜烯

【英文名】 polyterpene

【别名】 萜烯树脂

【结构式】

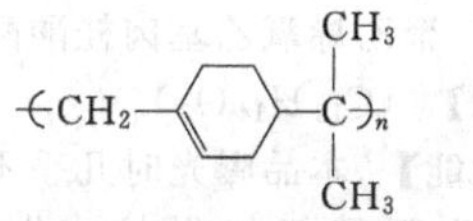

【性质】 萜烯树脂为低分子量的热塑性树脂由黏稠液体直至脆性固体，呈淡黄色，遇光和热不变色，耐稀酸、稀碱，不溶于水、甲醇、乙醇、丙酮和乙酸乙酯等。易溶于植物油、矿物油、苯、甲苯、松节油、氯代烃、醚类等。萜烯单体很活泼，可以相互之间或与苯乙烯等其他烯烃共聚，制得萜烯共聚物。萜烯与苯酚反应可制得萜烯-酚树脂。以 β-蒎烯树脂为例，其典型性能为：密度 0.96～0.98g/cm³，软化点 115～135℃，折射率 1.53，燃点 260℃，介电常数 2.96（5×10^4 Hz）。

【制法】 萜烯是自然界存在的不饱和烃类。许多木质油，特别是松节油中富含萜烯类单体。萜烯树脂通常由萜烯单体如 α-蒎烯或 β-蒎烯、双戊二烯、萜二烯等聚合而得。工业上，常以β-蒎烯为单体，以脂肪烃或芳香烃为溶剂，在三氯化铝存在下于20～50℃反应数小时，而后加水破坏催化剂，分出水层。油层用水洗涤至近中性，蒸出溶剂和低聚物即得固体树脂，工艺流程如下。

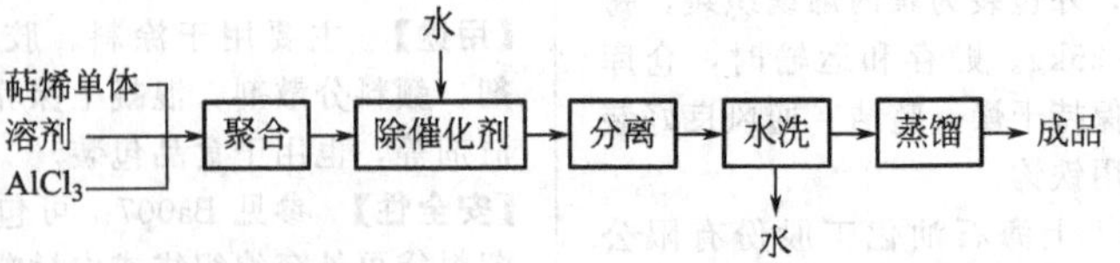

【用途】 主要用于热熔和压敏胶黏剂，印刷油墨，涂料，食品包装和口香糖业。萜烯树脂乳液常用作织物的上浆剂。

【安全性】 参见Ba007。可包装于重包装塑料袋再外套编织袋或内衬塑料膜的多层牛皮纸袋或塑料容器内，贮放于阴凉通风干燥处，远离火源，避免日晒雨淋和锐利物刺破包装袋。可按非危险品运输。

【生产单位】 天津有机化工一厂分厂等。

Ba017 锡化3号胶

【英文名】 poly (vinyl ethoxy cinnamate)

【别名】 聚乙烯氧乙基肉桂酸酯

【分子式】 $(C_{13}H_{14}O_3)_n$

【物化性能】 本品曝光时几乎不受氧的影响，因此不需氮气保护，分辨率可达1μm左右，灵敏度比聚乙烯醇肉桂酸酯光刻胶高一倍，黏附性好、抗蚀能力强、耐热性好，显影后可在190℃坚膜30min不变质，感光范围在250～475μm，特别对g线（436μm）敏感。

【质量标准】

企业标准（无锡化工研究设计院）

指标名称	指标
外观	淡黄色透明液体
固体含量/%	10～15
黏度/mPa·s	30～45
水分/%	<0.2
灰分/10^{-6}	<3
杂质(Na、K、Ca、Cu、Fe)/10^{-6}	均<1

【制法】 用2-氯乙基乙烯基醚与肉桂酸钠在季铵盐催化作用下合成乙烯基肉桂酸酯，然后以三氟化硼-乙醚作催化剂、采用低温阳离子聚合法进行溶液聚合而得。再加入增感剂、溶剂配制成液体胶。此法是日本加藤政雄于1971年研制，日本东京应化公司制成，1972年以商品名称OSR供应市场的。

【用途】 可用于复印精细线条超高频晶体管、微波三极管等半导体元件及中、大规模集成电路制造。还可用于等离子腐蚀、等离子去胶等半导体工业的新工艺、新技术中。它也是进行大面积，细线条光刻工艺中较理想的光致抗蚀剂。

【安全性】 参见Ba007。本品用棕色玻璃瓶包装，外用塑料盒，每瓶100mL。按危险品运输，在避光、阴凉处存放。

【生产单位】 无锡化工研究设计院。

Ba018 粉末聚乙烯

【英文名】 polyethylene powder

【结构式】

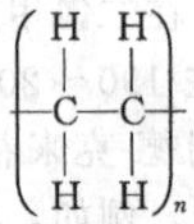

【性质】 粉末聚乙烯的基本性质与相应的聚乙烯树脂相同。按产品的粒度分布范围大致可分为超微粉级（粒度为15～104μm）、微粉级（粒度为61～833μm）和粗粉级（粒度为175～1190μm）等；按其用途又可分为着色级、耐候级，或胶黏剂用、喷涂用、浸涂用等多种。由化学粉碎法制得的产品为圆粒状；由机械法制得的产品为无定形状。它具有较高的表观密度，其相对密度为0.912～0.933。

【制法】 粉末聚乙烯是以一定规格的低密度聚乙烯或高密度聚乙烯、中密度聚乙烯为原料，经化学粉碎或机械粉碎制得相应的产品，也可采用乙烯聚合法制得。其具体方法如下。

1. 化学粉碎法

将聚乙烯粒料加于氯化烃溶剂中，在激烈地搅拌下加热溶解，然后加入沉淀剂使其沉淀，再经过滤分离、干燥，即得所需之产品。

2. 机械粉碎法

将聚乙烯粒料置于冷冻环境中使之脆化粉碎、干燥、过筛，即得产品。

3. 聚合法

在一般高密度聚乙烯生产装置上，采用新型高效催化剂和分子量调节剂，在常温或低温下进行聚合，即可制得一定粒度的粉末聚乙烯产品。

聚合法的简单工艺流程如下所示。

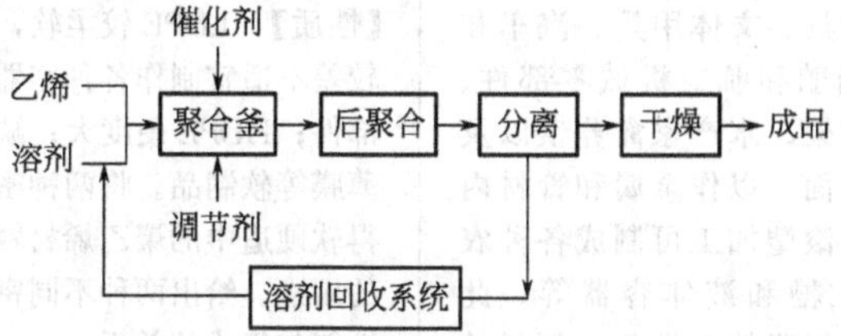

【质量标准】

辽阳石油化学纤维工业公司

项　　目	GF-7740F	GF-7750M	GF-7750J	GF-7755	GM-7745P
密度/(g/cm³)	0.943	0.947	0.954	0.948	0.946
熔体流动速率/(g/10min)	1.7	1.6	2.1	1.6	5
拉伸屈服强度/MPa	24	29	27	30	25
断裂伸长率/%	1000	1000	1000	1000	1000
缺口冲击强度/(kJ/m²)	10	10		8	30
球压痕硬度(30s)/(kJ/m²)	80	430		460	420
脆化温度/℃	−65	−65		−65	−65
介电常数/MHz	2.5	2.5		2.5	2.5
耐环境应力开裂(F_{50})/h				40	1000
灰分/%	0.02	0.02	0.02	0.02	0.02

日本制铁化学公司

指标名称	G101	G807	13101	13109
熔体流动速率/(g/10min)	0.3	70	7	4
密度/(kg/m³)	924	919	944	925
拉伸断裂强度/MPa	24	8.5	13	16
断裂伸长率/%	700	250	500	750
邵氏硬度(D)	50	42	60	52
脆化温度/℃	<−75	−15	<−75	<−75
弯曲弹性模量/MPa　≥	210	160	610	300
熔点/℃	112～118	103～110	124	120
软化点/℃	100	75	110	96

【成型加工】 粉末聚乙烯可采用流化床浸涂、静电喷涂或火焰喷涂进行涂覆施工，也可用滚塑法成型大型制件。用冷压烧结法制成多孔制件，如用水溶性无机盐微粒与粉末聚乙烯混合均匀后，经模压、烧结，再用水浸泡溶出无机盐，即得多孔（或微孔）制件。还可用挤塑、推压法加工含有大量填料或可溶性无机盐微粒的粉末聚乙烯混合物，制得连续的棒、管、片和异型材。

【用途】 粉末聚乙烯可经喷涂涂覆于金属构件、仪表屏罩、管件阀门、医疗器械、炊事机械、钢制家具、文体用具、汽车和自行车零部件、船舶和航空机械零部件、冷库和电冰箱、货架、水产家禽养殖以及道路隔离设施的表面，以作金属和管材内壁的防蚀与装饰；滚塑加工可制成各种农用贮槽、化学品贮槽和液体容器等。此外，还可用作其他树脂的改性剂、颜料的配合剂和化妆品、药物、纤维等的添加剂以及织物衬里和衣领内衬等。

【安全性】 参见 Ba007。产品装于聚乙烯重包装膜袋内，根据用户需要可套加聚丙烯编织袋为外包装，每袋净重（25.00±0.25)kg。产品应在清洁干燥的仓库内贮存，可用火车、汽车、船舶等运输。贮运过程中应注意防火、防水、防晒、防尘和防污染等。运输时应贮放在清洁有顶棚的车厢内，不得与易燃的芳香烃、卤代烃等有机溶剂混运，装卸时切不可用铁钩。

【生产单位】 大庆石油化工总厂，上海高桥石油化工公司，北京助剂二厂，北京燕山石化公司，扬子石化公司，齐鲁石化公司，辽阳石油化学纤维工业公司等。

Ba019 高密度聚乙烯与低密度聚乙烯的共混改性

【英文名】 the mixture modification of high density polyethylene with low density polyethylene

【性质】 LDPE 较柔软，但因强度及气密性较差不适宜制作各种容器和齿轮、轴承等零部件；HDPE 硬度大；缺乏柔韧性不宜制取薄膜等软制品。将两种密度聚乙烯共混可制得软硬适中的聚乙烯材料，从而适应更广泛的用途。给出两种不同密度聚乙烯共混后的性能与组成的关系。

由下表可知，两种密度不同的聚乙烯按各种比例共混后可得到一系列有中间性能的共混物。这些聚乙烯共混物的性能，如密度、结晶度、硬度、软化点等的变化很有规律，符合根据原料共混比所计算之线性加和值。然而，断裂伸长率及拉伸强度的变化稍显特殊，当在 HDPE 中掺入 LDPE 的比例少于 60/40 时，断裂伸长率基本不变，即使比例为 50/50 时，亦增加不多，但此时拉伸强度却出现一极大值。

HDPE/LDPE 共混物的物理性能

HDPE /LDPE	密度 /(g/cm³)	结晶度 /%	邵氏硬度 D	MFR /(g/10min)	软化点 /℃	拉伸强度 /MPa	断裂伸长率/%	热变形温度/℃
0/100	0.920	48	49～51	1.86	106.5	0.13	750	43.9
10/90	0.923	50	53～55	3.24	109.2	0.12	400	51.6
20/80	0.926	52	52～55	5.94	109.4	0.13	275	51.6
30/70	0.929	54	53～56	10.58	110	0.14	100	52.7
40/60	0.931	55	56～57	17.06	115	0.15	75	57.7
50/50	0.933	57	55～57	33.00	115.6	0.17	25	56.1
60/40	0.937	59	58～59	60.0	115.6	0.17	10	57.7
70/30	0.934	64	59～61	76	118.3	0.16	10	60
80/20	0.947	63	61～62	144	118.8	0.15	10	61.1
90/10	0.950	69	62～64	255	119.4	0.14	10	65.5
100/0	0.952	70	63～65	467	121.1	0.14	10	65

LDPE 中掺入 HDPE 增加了密度，降低了药品渗透性，也降低了透气性和透汽性。此外，上述共混聚乙烯刚性较好，刚性对于生产包装薄膜、容器是必须具备的性质。由于刚性和强度的提高，包装薄膜的厚度可减少一半，因而使成本下降。

HDPE/LDPE 共混物的药品渗透性①

HDPE/LDPE	渗透系数/[g·mm/(24h·cm)]×10^5	
	80%乙醇	蒸馏水
100/0	12.5	2.75
90/10	9.39	2.28
70/30	6.49	1.83
50/50	5.80	1.95
30/70	4.45	1.68
10/90	2.60	1.13
0/100	3.10	1.13

① 药品渗透性的测定是在规格为 25mL，壁厚为 0.7～1.2mm，表面积为 51.2cm^2 的试瓶中进行的，测定条件为 40℃，相对湿度为 50%。

高、低密度聚乙烯共混薄膜的透光性除与共混比例有关外，还与原料组分的分子量分布有关。据资料报道，含 HDPE 的共混聚乙烯薄膜以及原料组分分子量分布越窄的共混聚乙烯薄膜，其透光性越好。但是，共混聚乙烯薄膜中含 HDPE 比例不能过大，否则会对薄膜的撕裂强度和热封性能造成不利的影响。

不同密度的聚乙烯共混可使熔化区加宽，而当熔融物料冷却时，又可延缓结晶，这种特性可使发泡过程更易进行，对于聚乙烯泡沫塑料的制取很有价值。控制不同密度聚乙烯的共混比例，就能够获得多种性能的泡沫塑料。当低密度聚乙烯加入量越多。泡沫塑料就越柔软。

【质量标准】

高、低密度聚乙烯共混物泡沫塑料的性能

HDPE/LDPE	100/0	90/10	75/25	50/50	25/75	10/90	0/100
偶氮二甲酰胺/%	3	3	3	3	3	3	3
2,5-二甲基-2,5-二叔丁基过氧化己烷/%	0.25	0.4	0.4	0.4	0.4	0.4	0.4
凝胶率/%	51	51	68.6	67	69.4	72.4	74
密度/(g/cm^3)	0.13	0.158	0.154	0.127	0.119	0.123	0.134
弯曲模量/MPa	60	57	43	21	12	9.7	5.2
压缩载荷/MPa							
压缩 5%	7.1	9.3	7	4.4	2.7	2.1	1.7
压缩 10%	7.8	10.2	8.4	5.5	3.6	2.9	2.6
压缩 25%	7.9	10.9	8.7	5.9	3.9	3.2	3
拉伸模量/MPa	60	69	56	28	17	12	4.8
拉伸强度/MPa	2.5	3.2	2.7	1.9	1.5	1.3	1.4
断裂伸长率/MPa	305	333	277	232	196	183	162

【制法】 HDPE/LDPE 共混物成型加工方法很多，注塑、挤塑、吹塑等一般热塑性塑料成型方法均可采用，还可以用来进行喷涂、焊接、机加工等。

HDPE/LDPE 共混物树脂由于密度不同，各有其适当的熔体流动速率范围，通常选用树脂熔体流动速率为 10～20g/10min。熔体流动速率高的树脂，分子量小，黏度低，加工温度也低，但成品的力学性能较差；熔体流动速率低的树脂，分子量大，黏度高，成品的力学性能也好，但加工温度高。分子量分布宽的树脂（可以用加入低分子量聚乙烯的方法达到），成型时的流动性好，但是制品的力学性能和耐热性降低。聚乙烯树脂密度不同，其制品性能和结晶速度也不同，所以成型条件有所不同。

【用途】 适合热塑性成型加工的各种成型工艺，成型加工性好，如注塑、挤塑、吹塑、旋转成型、涂覆、发泡、热成型、热风焊、热焊接等。

【安全性】 参见 Ba001。产品包装为聚乙烯薄膜袋，每袋净重 25kg。贮存和运输时，仓库内或车厢内应保持干燥、整洁、通风良好。装卸时不得使用铁钩。

【生产单位】 江苏东台化工厂，新疆奎屯化工厂，安徽芜湖化工厂，湖南益阳农药厂，江苏太仓助剂厂，湖南湘华化工厂，襄樊第二化工厂，张家口市树脂厂，福建闽侯侯官塑料厂，齐鲁乙烯鲁华化工厂，江苏江都市化工厂，山东合成材料化工厂。

Ba020 氯化聚乙烯

【英文名】 chlorinated polyethylene；CPE；PEC

【结构式】

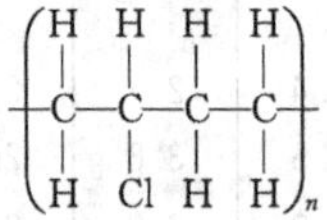

【性质】 高密度聚乙烯是结晶性高聚物，随着分子链上的氢原子被氯所取代，其结晶性下降、变软、玻璃化温度降低。但在氯化聚乙烯中氯含量超过一定值时，玻璃化温度随之增高。因此，氯化聚乙烯的玻璃化温度和熔点可比原来的聚乙烯高或低。氯化聚乙烯的分子结构中含有乙烯-氯乙烯-1,2-二氯乙烯的共聚合体，普通氯化聚乙烯的含氯量为 25%～45%（质量分数），随树脂的分子量、含氯量、分子结构及氯化工艺的不同，可呈现硬性塑料到弹性体的不同性能。氯化聚乙烯具有优良的耐候性、耐寒性、耐冲击性、耐化学药品性、耐油性和电气性能等，同时具有塑料和橡胶的双重性能。并与其他塑料和填料有良好的相容性。因此，它可以填充大量的填料，例如 100 份树脂中可填充 400 份钛白粉或 300 份皂土（或炭黑）。含氯量超过 25% 的氯化聚乙烯还具有自熄性。它还可以用有机过氧化物等进行交联制得硫化型聚合物。

1. 耐热老化性

CPE 是饱和结构的聚合物，同时氯呈无规分布，在受热作用时不致引起连锁脱氯反应，这是 CPE 比 PVC 热稳定性优越的原因。一般氯含量少的 CPE 比氯含量多的 CPE 耐热性要好些。作为特种合成橡胶使用时，用有机过氧化物的硫化体系比其他硫化体系性能优良；环氧树脂作为热稳定剂是很有益的，而胺类和酚类防老剂无多大效果。

2. 耐臭氧及耐候老化性

CPE 硫化胶具有良好的耐臭氧和耐候老化性，可经受得起 400×10^{-6} 的臭氧浓度的苛刻条件试验。经臭氧老化后几乎不产生龟裂。

3. 耐油及耐溶剂性

CPE 的溶解度参数在 9.2～9.3 之间。其对脂肪族碳氢化合物、乙醇和酮类有很好的抗耐性，而在芳香族及氯化烃中严重膨胀，这类溶剂是 CPE 的良溶剂，可选择其中适当的品种来制造胶浆。CPE 有一定的耐油性，在各种典型油料中，如燃油、液压油、发动机油于不同温度下浸泡，其性能改变很少。

4. 电性能

CPE 具有极性，只能作为低压绝缘材料使用，然而由于它具有良好的耐臭氧、耐热老化、耐磨耗及阻燃等性能，故常用作电缆护套材料。随含氯量的增加，介电常数增加，达到峰值后下降；频率越高，峰值时的氯含量越小。

5. 阻燃性

CPE不延燃，在火焰的作用下会被一层能阻止火焰扩散的灰烬所覆盖，当氯含量由35%提高到63%时，这种炭化余烬的量会猛增。与其他含氯阻燃剂比较，CPE很容易与许多橡胶和塑料混合，而且耐久性良好，因此被认为是一种经济的工业用阻燃聚合物。随氯含量的增加，CPE的氧指数相应增大。

【质量标准】

吉林化学工业公司技术指标

指标名称	数值	指标名称	数值
外观	无色、半透明、无臭	邵氏硬度(D)	65～70
密度/(g/cm^3)	1.140～1.180	耐热性	120℃,72h
门尼黏度 $ML^{100℃}$(大转子)	40～70	脆化温度/℃	-60～-50
拉伸强度/MPa	16(硫化后)	电导率/(S/m)	3×10^{-3}
定伸模量(200%)/MPa	3.8	耐磨性	好
伸长率/%	1.5	耐环境性能	好

【制法】 氯化聚乙烯（CPE）是聚乙烯氯化后的产物，用光或自由基引发剂作催化剂，使氯化反应连续进行，达到氯化要求后，停止通氯，终止反应。

氯化反应可以用碘、氯化铝、氯化铁、有机过氧化物作催化剂，在暗处反应缓慢，微量的氧起催化作用而大量的氧呈抑制作用。

目前CPE工业化生产通常使用的方法有溶液法、气相法及水相悬浮法。

1. 溶液法

将聚乙烯和氯化烃加入带搅拌器的玻璃衬里反应釜中，充氮除去空气，加热制成5%～10%的溶液。在一定温度及回流下通氯反应后，倾入沉淀剂中，回收溶剂，分离出氯化聚乙烯，经洗涤、干燥后即得成品。

溶液法常用的引发剂有紫外线、过氧化苯甲醚、偶氮二异丁腈、三氯化铁、三氯化铝、碘等。溶剂除四氯化碳和三氯甲烷外，也有用三氯乙烷、四氯乙烷和氯苯等氯化烃的。原料一般采用高压聚乙烯，但也可以用低压聚乙烯。可以一次氯化，也可以分段氯化。这种方法在氯化聚乙烯生产中历史最久，对原料聚乙烯的粒度要求不高，工艺控制条件较简单，制得的产品中氯的分布均匀，容易得到无定形的橡胶弹性体，但是物料分离和溶剂回收需要装置较多，干燥设备也较复杂，成本较高，溶剂对人体的危害不易防护，而且成品中残留的溶剂难以完全除净，混炼时有气味，颜色发黄，不易制得白色制品。

2. 气相法

有固定床法和流化床法，目前主要用流化床法。一般是用紫外线或γ射线辐照呈悬浮状的细粉状聚乙烯（粒径为5～20μm），用偶氮二异丁腈等作引发剂进行氯化反应。为了加快反应进程，可将温度提高，为防止结块和焦化以维持聚乙烯粉末在氯化时呈自由流动状态，在聚乙烯中填充不会被氯化的水溶性无机粉末，或能被酸洗去的无机粉末，待反应结束后洗去添加物，经干燥后即得产品。

用流化床进行氯化，对工艺和安全技术的要求比较严格。由于流化床法能连续氯化，故生产能力较大，但在聚乙烯熔点附近氯化易引起物料黏结和焦化，未反应的氯气和氯化氢的回收较为困难，现在还在不断研究改进中。采用此法生产的公司较少。

3. 水相悬浮法

在高密度聚乙烯出现之后，该方法成为当前氯化聚乙烯的主要生产方法。悬浮液中聚乙烯的含量为 5%～20%，它可悬浮于水、氯化氢水溶液等中，反应液中还加有表面活性剂以及防止静电荷积累的季铵盐等，使用的引发剂与用溶液法制造时基本相同。水相悬浮法的缺点是要求设备具有良好的耐腐蚀性，原料需要进行粉碎，制品的氯化均匀度不及使用溶液法制得的氯化聚乙烯。

【成型加工】 由于氯化聚乙烯中含有大量的氯原子，所以必须和热稳定剂、颜料、填充剂和润滑剂等添加剂合成以保护其组成和产生所要求的性能。例如在热塑性 CPE 组成物中必须添加热稳定剂以避免受热形成 HCl。这些热稳定剂须是酸性接受体，如环氧大豆油、环脂肪环氧化合物、氧化镁和碳酸盐等。当使用热熔融工艺加工时，要添加抗氧剂以改进性能，用受阻酚来保证树脂高温下的颜色的稳定性。用受阻胺作光稳定剂，来保护树脂的光稳定性。氯化聚乙烯可用一般的注塑、挤塑法进行成型加工。与 PVC 掺混后，可用一般聚氯乙烯加工设备挤塑成管、板、电线包覆、异型材、薄膜、收缩薄膜；也可涂覆、压缩模塑、层合、复合、机械加工、焊接和黏合等。

1. 用作塑料

CPE 可用一般的加工设备挤出或注塑。加工时，CPE 一般所需的增塑剂要少于 PVC，如果增塑剂的含量太高则可能引起表面发黏。CPE 还可以和低极性的增塑剂配伍，比如和氯化石蜡长链碳酸酯、聚合物类增塑剂等相配伍。CPE 所用颜料一般为炭黑和二氧化钛，CPE 和这些原料也有配伍性；含少量锌和铁的颜料会降低 CPE 产品的热稳定性。

交联的 CPE 作热固性树脂用。一般在工业上用过氧化物作固化剂，但所选用的过氧化物固化剂和抗氧剂必须匹配。如用二巯基二氮硫杂茂作固化剂，它对抗氧剂有较小的敏感性，但它不允许使用氯化石蜡和环氧化合物作添加剂。

CPE 一般为精细的、软的颗粒，很容易吸潮，所以一般都加抗黏结剂。也有一些 CPE 是大颗粒状或块状，尤其是硬化的、热固性弹性 CPE，需要被切成条状或颗粒状进行混炼，然后注塑成型或模压成型。

2. 用作橡胶

CPE 的门尼黏度比一般通用橡胶大，然而混炼、压出、压延等工艺都可使用橡胶工业常用的设备及工艺方法进行。

(1) 炼胶　由于氯化聚乙烯在分子链上没有双键，所以在机械剪切力作用下具有稳定性，因而在开炼机炼胶过程中不会引起分子断链，是没有塑炼效果的胶种。

氯化聚乙烯虽然没有塑炼效果，但在混炼前先经 3～5min 混合有助于填充剂、增塑剂等配合剂的混合。

CPE 在密炼机中混炼也相当方便，常使用逆混炼法混炼，即先往密炼机内加入干性配合剂，接着加入液状助剂，最后加入生胶，温度达 88～100℃时加入有机过氧化物，按焦烧时间及硫化速度的不同，可在 105～121℃排胶。

(2) 压出　CPE 可用通用的橡胶挤出机压出，能够得到光滑致密的制品并有良好的压出速度。CPE 可先经热炼后再用挤出机压出，也可用冷喂料挤出机直接压出，由于 CPE 具有良好的抗透气性，容易因带入空气而产生气泡，因此在使用没有抽真空装置的挤出机时，应保持低一些的温度，以免胶料过软而排不出里面的空气。

压出热塑性 CPE 时可采用较高的压出温度，但应该注意的是温度若超过 90℃时，CPE 将会加速脱氯化氢，因此压出物的温度必须控制在这一温度之下。

(3) 压延及擦胶　CPE 的压延加工性能很好，只是在配方中含有软质陶土之类的填充剂时，或许会出现粘辊现象。使用低黏度品种的 CPE，或者并用部分低黏度 CPE 所制得的胶料适合于织物漆胶。

(4) 胶浆制造及涂胶　使用特定的 CPE 胶料，选用各种良溶剂可制成供涂胶使用的胶浆，常用的溶剂有二氯甲烷、甲苯等。在制造胶浆之前，CPE 胶料最好用开炼机预热，然后剪碎，再放入胶浆搅拌机中搅拌，这样更容易得到理想的胶浆。制得的胶浆可按橡胶工业中常用的胶布涂胶工艺涂胶。

(5) 模压硫化　在模压硫化时，需使用脱模剂以保持模具的清洁和易于起模，也可使用中性皂液作为脱模剂。在胶料配方中使用酯类增塑剂或少量烷烃类石油系增塑剂也有助于脱模。模压硫化氯化聚乙烯胶料时与其他卤素橡胶一样，常会因残留的氯化氢使模具受到腐蚀，因此，生产使用的模具最好要镀硬铬。

【用途】 氯化聚乙烯加入少量的 PVC、HDPE、MBS 改性，可挤塑制得各种耐油管、耐酸管、防水卷材、异型材、薄膜和收缩薄膜等。也可制作各种模塑制品、地板、建筑用密封剂、遮盖板、电线电缆包覆和各种填充材料制品。氯化聚乙烯用作 PVC、PE 和橡胶改性剂，可大大改善这些产品的性能。氯化聚乙烯改性硬质 PVC，可以制得品种范围宽广的软性、半软性和刚性塑料。作为 PVC 的增韧改性剂，可提高其弹性、韧性及低温性能，脆化温度可降至－40℃，而耐候性、耐热性和化学稳定性远优于其他橡胶改性剂，因而可广泛用作建筑材料。作为聚乙烯的改性剂，可改善其印刷性、阻燃性和柔韧性。在 HDPE 中加入 5%CPE 后，与油墨的黏结力可提高 3 倍；在矿用 PE 软管配方中加入少量 CPE、Sb_2O_3 和白油后阻燃性可提高，且燃烧时无熔流物；用 CPE 改性的 PE 泡沫塑料密度增大，CPE 还可作为增溶剂用于与 ABS、PS、PP、PVC 和橡胶等共混改性。氯化聚乙烯如同热塑性塑料一样，可用煤气火焰喷涂法将它涂覆在金属制品、纺织品、纸张、玻璃和木材的表面。

1. 电缆护套

橡胶护套开始使用氯丁橡胶，在 20 世纪 50 年代使用了氯磺化聚乙烯，至 20 世纪 60 年代末才引入 CPE。这些橡胶材料能满足电缆的设计和使用性能要求而被应用。

2. 耐热输送带

CPE 用以制造能耐极性有膨润性的材料，如焦油、沥青之类的耐热输送带。

3. 工业用胶管

由于 CPE 的耐臭氧、耐候老化及耐燃性能等是聚合物固有的特性，比通常使用会被抽出的配合剂来改善这些特性的胶料要优越得多，同时它还有良好的压出性能，因此适合于胶管的内外胶。

4. 其他

CPE 也可用作胶辊的外胶层，用于钢铁或纺织工业用的压辊或复印机的输送胶辊。用作模型橡胶制品；与丁苯橡胶、三元乙丙橡胶等并用，有良好的压出性能和耐候老化等性能，成本低廉，可作为汽车及建筑工业窗嵌条之类的压出制品。与其他橡胶并用可制得表面光滑、耐老化性能良好的闭孔海绵橡胶。CPE加入大量的填充剂仍具有足够的物理力学性能，不经硫化即可应用，典型的产品如崖面防水卷材、磁性橡胶等。几种不同品级的氯化聚乙烯的性能如下所示。

几种氯化聚乙烯的性能

品种	安徽省化工研究所产品	日本昭和电工401AE	大阪曹达B135
含氯量/%	36～45	40	35
拉伸强度/MPa	17.64～20.58	6.86～7.84	8.82～11.76
断裂伸长率/%	390～420	600	750～800
脆化温度/℃	—	－20～－25	－70以下
邵氏硬度	D70～80	—	D70
用途	塑料改性剂	硫化橡胶、电缆及异型材料	抗冲击改性剂

5. 氯化聚乙烯作主体材料的应用

以氯化聚乙烯为主体，采用PVC、HDPE、MBS改性，可用挤塑成型法制造耐油管、耐酸管、防水卷材、异型材、薄膜和收缩薄膜等，也可涂覆、注塑、模压、层合、焊接、黏合和机加工。

CPE/PVC共混阻燃材料

配方				性能	
PVC	100份	硅酸盐表面活性剂	2份	拉伸强度	10.5MPa
CPE(含氯23%)	100份	三碱式硫酸铅	5份	断裂伸长率	139%
Sb_2O_3	10份	硬脂酸钡	2份	弯曲温度	－23℃
Dixie黏土	100份	硬脂酸铅	0.8份	可燃性	自熄不滴

CPE弹性体在防水卷材和薄膜等软质PVC制品方面，在绝缘电线电缆护套料方面都取得较好的应用效果。

以CPE为主体改性的配方和性能

配方①与性能	Ⅰ	Ⅱ	Ⅲ	Ⅳ
CPE	100	100	100	100
PVC				50
HDPE		10～20		
MBS			10～20	
拉伸强度/MPa	15.5～17.7	11.8～14.7	11.3～12.8	13.2～15.7
断裂伸长率/%	300～400	250～300	250～300	300～400
永久变形/%	30～50	40～60	20～35	30～70
邵氏硬度(A)	70～75	70～78	70～80	70～85

① 其余组分：白炭黑30、DOP20、Mg010、DCP15、TAIC6。

中国氯化聚乙烯主要用作硬质PVC的增韧改性剂，它可以提高硬质PVC的弹性、韧性和低温性能，CPE改性的PVC脆化温度可降至－40℃，而耐热性、耐候性和化学稳定性远优于其他橡胶改性剂，因而广泛应用于建筑材料等领域。以下CPE改性PVC的配方与性能。

6. 氯化聚乙烯改性PE的应用

聚乙烯中加入CPE可改善其印刷性、阻燃性和柔韧性。在HDPE中加入5%的CPE的共混物与油墨的粘接力可提高3倍，在矿用PE软管配方中加入CPE、Sb20a和白油后的阻燃性提高，且燃烧时无熔流物，用CPE改性的PE泡沫塑料发泡体的密度增大。

CPE改性PVC的性能

配方①与性能	Ⅰ	Ⅱ	Ⅲ	Ⅳ	Ⅴ
配方 CPE	0	5	7	10	15
性能					
拉伸强度/MPa	61.02	58.22	57.67	53.06	44.20
断裂伸长率/%	9.09	10.12	13.64	24.62	26.35
冲击强度/(kN/m)	6.18	7.36	10.82	15.89	26.78
低温冲击强度/(kN/m)	2.45	5.23	4.97	4.98	5.78

① 其余组分：PVC100、三碱式硫酸铅5、硬脂酸钡2、硬脂酸铅0.8。

7. 氯化聚乙烯作增容剂的应用

CPE是二元共混体系的增容剂，用于与ABS、PS、PP、PE、PVC、橡胶等进行共混改性，例如在PVC/PE共混体系中可显著提高韧性、冲击强度和促进塑化。共混物的注塑制品可用作机械零部件，它们的1/3产品用于薄片的复合和涂层等方面。

国外氯化聚乙烯的商品名和生产厂如下所示。

国外氯化聚乙烯的商品名和生产厂

商品名	生产厂
ACS®	Showa Denko K.K.(日)
Alkorflex®	Solvay&Cie S.A.(比)
Bayer CM	Bayer AG(德)
Daisolac®	Osaka Soda Co.Lid.(日)
Delifol®	DLWAG(德)
Elaslen®	Showa Denko K.K.(日)
Fortifhex®	Soltex Polymer Corp.(美)
Haloflex®	ICI PLC,Welwyn Garden City(英)

续表

商品名	生产厂
Hostaphen®	Hoechst AG(德)
Hypalon®	E.I.Du Pont de Nemours & Co.Inc.(美)
Kelrinal®	DSM(荷)
Lutrigen®	BASF Aktiengesellschaft(德)
Soladex	Liquid Plastics Ltd.(英)
Solarflex	Pantasote Inc.(美)
Tyrin®	DOw Chemical Corp.(美)

【安全性】 参见Ba001。产品包装外层为聚丙烯编织袋，内衬聚乙烯薄膜袋，每袋净重25kg。贮存和运输时，仓库内或车厢内应保持干燥、整洁、通风良好。装卸时不得使用铁钩。

【生产单位】 中蓝星火化工厂，江苏东台化工厂，安徽芜湖化工厂，山东合成材料化工厂，湖南益阳农药厂，江苏太仓助剂厂，湖南湘华化工厂，襄樊第二化工厂，张家口市树脂厂，齐鲁乙烯鲁华化工厂，新疆奎屯化工厂。

Ba021 氯磺酰化聚乙烯

【英文名】 chlorosulfonated polyethylene

【结构式】

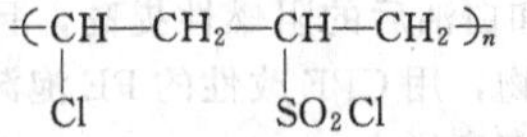

【性质】 这是一种类橡胶弹性体，未硫化的氯磺酰化聚乙烯的性能与原料聚乙烯的结构、反应条件和氯化的程度有关。未硫化的氯磺酰化聚乙烯的性能基本上与相应的氯化聚合物一样。

未硫化的氯磺酰化聚乙烯的性能

性能	氯磺酰化线型高密度聚乙烯			氯磺酰化支化低密度聚乙烯	
氯(质量分数)/%	21.5	27.7	28.8	27.0	27.0
硫(质量分数)/%	1.7	0.51	1.2	1.5	1.5
拉伸强度/MPa	13.40	10.85	14.37	0.86	0.48
伸长率/%	815	880	935	2100	650
残余伸长/%	420	310	200	200	25

含氯 30%～35%（质量分数）和磺酰基硫 0.8%～5%（质量分数）的聚合物具有最好的类橡胶性能。这种聚合物硫化后的性能变化很大，并与氯化的方法和使聚合物交联所用的硫化系统有关。

硫化后的氯磺酰聚乙烯不受臭氧的影响，对氧和其他氧化剂的降解作用有很大的抵抗力，与其他弹性体相比，它具有很好的拉伸强度、高模量和高硬度，而且伸长率低。撕裂强度与其他合成橡胶不相上下，但比用炭黑补强的天然橡胶要差，这种弹性体非常耐磨、耐挠曲且能抵抗龟裂增长。

氯磺酰聚乙烯具有很好的室外耐久性，样品在室外暴露 30 个月只是轻微地改变了拉伸强度、伸长率和低温脆性，但紫外辐射会使制品表面产生裂纹，除非原料中加有高遮光能力的颜料。

氯磺酰聚乙烯的化学稳定性很好，特别是能耐氧化，能耐硫酸、硝酸、铬酸、二氧化氯和次氯酸钠。

【制法】 聚乙烯的氯磺化是遵循将烃类进行氯磺酸化的所谓瑞得法（Reed Process）原理。反应在无水溶剂（一般为 CCl_4）中进行，反应剂是氯和二氧化硫。

1. 光化学法

在四氯化碳介质中，以氯气（120%）和二氧化硫（350%）的混合物来进行的。在不断搅拌下往聚乙烯和四氯化碳悬浮液中通入氯和二氧化硫的混合气体（两者比例为 1∶2），反应温度为 70℃，时间为 24h，反应区始终用紫外光源照射。反应结束后将四氯化碳馏出，并用 NaOH 水溶液将磺酰氯水解。本法缺点是在紫外光源上沉积部分产品。

2. 化学引发剂法

用化学引发剂制取氯磺化聚乙烯的方法已得到推广。尽管氯和二氧化硫的耗量较大，但是其设备的制造和保养比较简单。为了提高原料气体的转化率和实现反应的连续化，可以采用乙酰环己基磺酰过氧化物作为引发剂。

3. 连续氯磺化法

连续氯磺化法是一种非常有前途的方法。氯磺化过程在一个板式逆流塔中进行，液相（聚乙烯溶液、二氯硫酰和偶氮二异丁腈）自上而下的流动，塔中含有氯的气相则自下而上地流动。此法反应物的接触时间延长，因而产品的产率得到提高。

【用途】 氯磺酰化聚乙烯配合料的耐久性使其具有多种用途。这种聚合物可以用来提供耐臭氧的海绵状耐气候板条和汽车窗槽和通风机板。

由于该聚合物耐电晕、耐热老化性能及耐油性能都好，因此可以作汽车制品，如分配器保护罩、火星塞盖和打火线包皮，已做成高压蒸汽软管、工业水软管套和颜色好看的软管。因为化学抵抗力强，所以用于制作操作腐蚀性化学品的工业软管或化学贮槽里。氯磺酰化聚乙烯已用于工厂运输带的表层，特别是用于输送热的物料的传送带。氯磺酰化聚乙烯配合料的介电性能介于天然橡胶与氯丁橡胶之间，因此这类聚合物在 1000V 以下可作绝缘物用。

这种聚合物最重要的一种用途是配成挠曲性好的可作装饰用的防护涂料，这种涂料颜色好看又很稳定，可涂刷于织物、金属、橡胶、建筑物墙壁等表面装饰。氯磺酰化聚乙烯还可以用作制鞋跟鞋底的材料。

【安全性】 参见 Ba007。产品包装外层为聚丙烯编织袋，内衬聚乙烯薄膜袋，每袋净重 25kg。贮存和运输时，仓库内或车厢内应保持干燥、整洁、通风良好。装卸时不得使用铁钩。

【生产单位】 山东潍坊化工厂，中蓝星火化工厂，江苏东台化工厂，安徽芜湖化工厂，山东合成材料化工厂，湖南益阳农药厂，江苏太仓助剂厂，湖南湘华化工厂，襄樊第二化工厂，张家口市树脂厂，福建闽侯侯官塑料厂，齐鲁乙烯鲁华化工厂，新疆奎屯化工厂，江苏江都市化工厂。

Ba022 聚乙烯咔唑泡沫塑料

【英文名】 polyvinyl carbazole foam

【结构式】

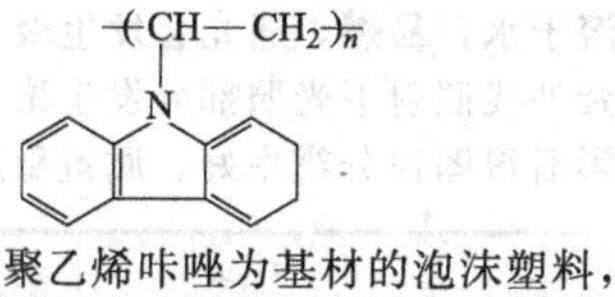

【性质】 以聚乙烯咔唑为基材的泡沫塑料，制品具有高密度的外表层，中心为低密度芯料，米黄色，密度范围 0.05～0.199g/cm^3，介电常数 1.01～1.198，介电损耗角正切值 9×10^{-4}～11×10^{-4}。热稳定性和尺寸稳定性良好，密度为 0.05～0.066g/cm^3 的泡沫塑料在 220～230℃下 21h 失重 0.5%，有轻微变形，压缩强度（压缩 2.5%）0.18MPa，拉伸强度 0.18MPa，热导率（83℃）0.034W/(m·K)。

【制法】 将聚乙烯咔唑粒料或珠料在偶氮二异丁腈的二氧杂环已烷丙酮溶液中浸渍，于 200～250℃下模塑、发泡而制得。

【用途】 可作为绝缘结构件用于电子电气工业中，用作 200℃左右的耐高温制件。

【安全性】 参见 Ba007。可包装于重包装塑料袋再外套编织袋或内衬塑料膜的多层牛皮纸袋或塑料容器内，贮放于阴凉通风干燥处，远离火源，避免日晒雨淋和锐利物刺破包装袋。可按非危险品运输。

【生产单位】 美国通用苯胺和薄膜公司，德国巴登苯胺烧碱厂。

Ba023 聚乙烯醇肉桂酸酯

【英文名】 polyvinyl cinnamate

【组成】 高聚物（聚乙烯醇肉桂酸酯）、增感剂（5-硝基苊）、稀释剂，（环己酮）、添加剂（根据需要）。

【结构式】

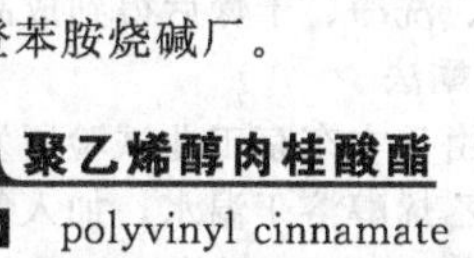

【性质】 为负型光刻胶，浅黄清亮黏性液体。能与醇、醚和其他有机溶剂相溶，微

溶于水，易燃，遇光会发生聚合反应，在紫外线照射下光照部分发生聚合，曝光显影后得图像分辨率好、质量稳定，对二氧化硅及金属都有较好的黏附性。耐氢氟酸、磷酸腐蚀。

【质量标准】（企业标准）

指标名称	苏州1号	上试1号	北化103B	锡化1号	黄岩	
					FRH-1	FRH-2
品种	五个规格	三个规格	二个规格	二个规格		
固体含量/%	6～11.5	9～13	9～10	8～9.5	9.0±0.4	9.0±0.3
水分/%	≤0.03		<0.1	<0.2	0.15	0.1
黏度/mPa·s	25～100		55～65	75～90	60±5	60±5
游离酸/%			≤0.35			
金属杂质(K、Na、Ca、Pb、Mg、Sn、Fe、Cr、Zn、Cu、Mn等)/10^{-6}	<1		≤1	<1	<1	<1
过滤/μm	0.45		0.45		0.20	0.20
分辨率/μm					6～8	4～6
留膜率/%					>85	>85

【制法】 有两种制备方法。

1. 吡啶法

此法由美国柯达公司发明。先将聚乙烯醇精制处理，使其分子量分布狭窄，再将精制的聚乙烯醇加入95～100℃的吡啶溶剂中膨润，在50℃时滴加肉桂酰氯与其反应，反应数小时后，用丙酮稀释，在水中沉淀、洗净、干燥后得到成品。

2. 丁酮法

此法由日本东京工业试验所发明。将精制的聚乙烯醇溶于温水，加入氢氧化钠溶液，冷却至0℃，再将溶解于丁酮中的肉桂酰氯，在0℃条件剧烈搅拌下加入上述溶液进行酯化反应，经后处理制得成品。

【用途】 用于制备中、小规格集成电路、电子元件，在光刻工艺中作抗蚀涂层，并能用于印刷线路板、金属标牌、精密器件、光学仪器生产中的微细图形加工。

【安全性】 参见Ba007。产品包装用棕色玻璃瓶、外用塑料盒包装。一般规格为每瓶100mL。避光、避热、暗藏保存。

【生产单位】 苏州电子材料厂、黄岩有机厂、北京化工厂、无锡市化工研究设计院、重庆东方试剂厂、上海化学试剂一厂。

Ba024 聚乙烯咔唑·氯醌电荷转移络合物

【英文名】 polyvinyl carbazole chbroquinone charge transfer complex

【性质】 电子给予体为乙烯基咔唑，电子接受体为三氯对醌乙烯基醚，共聚物为黑色，能溶解在四氢呋喃中，并转变成棕色溶液。

【制法】 通常对氯醌是作为聚乙烯咔唑的掺杂剂，先把乙烯基咔唑-乙烯醇共聚物用NaH处理，然后再用氯醌处理，这样就把对氯醌引进到聚乙烯基咔唑的主链上。该共聚物在$1680cm^{-1}$处有一个表征对氯醌的强吸收率。把四氢呋喃溶液加到甲醇中进行再沉淀、干燥后，共聚物为黑色，能溶解在四氢呋喃中，颜色由黑色转变为棕色溶液。

【用途】 用于电子摄影。

【安全性】 参见 Ba007。可包装于重包装塑料袋再外套编织袋或内衬塑料膜的多层牛皮纸袋或塑料容器内，贮放于阴凉通风干燥处，远离火源，避免日晒雨淋和锐利物刺破包装袋。可按非危险品运输。

Ba025 乙烯-氯乙烯共聚物

【英文名】 ethylene-vinyl chloride copolymer；EVC

【性质】 乙烯-氯乙烯共聚物具有硬质聚氯乙烯相似的性能，加工温度约低 10℃左右，不加增塑剂即可成型加工。它具有较好的透明性、耐冲击性和热稳定性。耐候性也较好，而且阻燃。乙烯-氯乙烯共聚物的代表物性如下。

性能	E-650①	E-800①
聚合度	680	800
拉伸强度/MPa	45.5	46.8
伸长率/%	171	173
冲击强度/(kJ/m²)	0.04	0.058
硬度	114	114
软化温度/℃	64	64
脆化温度/℃	−11	−16

① E-650、E-800 系 NISSAN 化学工业公司的产品。

【制法】 该生产用高压法生产，乙烯和氯乙烯在反应温度 90℃、反应压力 9.81MPa 下高压共聚；也可以采用一般的悬浮聚合或乳液聚合法生产，引发剂可采用油溶性的过氧化十二酰、过氧化二碳酸二异丙酯或水溶性的过硫酸铵、过硫酸钾、氧化还原体系等，反应温度 10～60℃，压力 0.49～14.7MPa。

【成型加工】 乙烯-氯乙烯共聚树脂的加工性很好，在挤出加工时，成型温度为 140～200℃，注塑加工时，注塑温度为 207～212℃。

【用途】 由于乙烯-氯乙烯共聚树脂的加工性很好，因此适合于吹塑、挤出、注塑等的硬制品的成型，还可与 PVC 掺和低温成型。能够使用钙-锌系无毒的添加剂，因而可用来制成食品包装用的轻质包装薄膜或结构复杂制品等。

【安全性】 可包装于重包装塑料袋再外套编织袋或内衬塑料膜的多层牛皮纸袋或塑料容器内，贮放于阴凉通风干燥处，远离火源，避免日晒雨淋和锐利物刺破包装袋。可按非危险品运输。

【生产单位】 美国联合碳公司，日本日产化学工业公司，美国 NISSAN 公司等。

Ba026 耐热磁性氯化聚乙烯

【英文名】 heat-resisting chlorinated polyethylene

【组成】 氯化聚乙烯树脂粉 100 份＋铁氧体磁粉 400～1000 份＋环氧化合物 0.5～10 份＋酚类化合物 0.2～3 份＋硬脂酸钡或硬脂酸铅 0.3～5 份等。

【性质】 除有较好的磁性能外，还具有耐热（160℃，60min）、耐候性优良等特性。其部分物理性能测试值如下表所示。

指 标 名 称	指 标
耐热性(160℃)/min	60
生锈情况(160℃,60min)	无
弯曲裂纹(160℃,60min,铅笔,180°)	无
老化后伸长率(160℃,72h)/%	80

【制法】 将组成原料按比例加入通用混炼装置中于 80～100℃下混炼均匀（约 20min）；若将除铁氧体磁粉以外的各组

分预先混炼后，再加入磁粉混炼均匀，那么操作将方便得多。然后拉片、切粒，最后经通用的轧光辊、注射机、挤出机等成型为所需产品。

【用途】 本品可广泛用于电磁波屏蔽、辐射线屏蔽、橡胶磁体、门封条、电机磁体、玩具、保健器具等。

【安全性】 树脂属《危规》3.3类高闪点或3.2类中闪点易燃液体；常用液体树脂是易燃和具有一定毒性原料的缩聚或共聚物在溶剂中的溶液（例如，氨基、醇酸、环氧、聚酯树脂等）。大部分树脂都具有共同的危险特性：遇明火、高温易燃，与氧化剂接触有引起燃烧危险，对眼和皮肤有刺激性，吸入蒸气能产生眩晕、头痛、恶心、神志不清等症状；必须加强安全管理和安全技术措施，确实保证接触危险化学品人员的人身健康和安全。与通用塑料相似，但应防止日晒、受热、受潮等。

【生产单位】 大庆石油化工总厂，上海高桥石油化工公司，北京助剂二厂，北京燕山石化公司，扬子石化公司，齐鲁石化公司，辽阳石油化学纤维工业公司等。

Ba027 磁性低密度聚乙烯

【英文名】 magnetic low density polyethylene

【组成】 主要成分为低密度聚乙烯树脂、磁粉、钛酸酯偶联剂和助剂。

【性质】 本品具有较好的力学强度和耐候性。当磁粉含量为80%～89%时，表面磁感应强度为（2.8～4.7）×10^{-2}T。

【制法】 将干燥后的磁粉（SrO·$6Fe_2O_3$，粒径0.8～2.0μm）用适量钛酸酯偶联剂捏合处理后，与低密度聚乙烯（1I2A，熔点≥135℃）一起加入高速搅拌器中，再加入适当助剂，以1500r/min转速搅拌混合6～10min；然后在160mm×320mm的双辊塑炼机中于150～160℃塑炼15min，拉片；冷却后切粒或粉碎，或在造粒机中造粒。

【成型加工】 将物料在适当工艺条件下压制成所需形状和尺寸的制件，再放入9.947×10.5A/m磁场中充磁0.02～2.0s即得产品。

【用途】 可广泛用于微型电机、汽车和磁卡，也可用来代替飞机、汽车和电工仪表等中的金属磁体和磁性线圈等方面。

【安全性】 参见Ba007。可包装于内衬塑料膜的编织袋或塑料容器内，贮放于阴凉通风干燥处，按非危险品运输。

【生产单位】 北京化工大学。

Ba028 磁性乙烯-醋酸乙烯共聚物

【英文名】 magnetic ethylene vinyl acetate copolymer

【组成】 主要成分为乙烯-醋酸乙烯共聚物树脂、磁粉、偶联剂。

【性质】 本品具有良好的耐候性、防老化性和耐臭氧性，较好的磁性能；表面磁感应强度为（0.27～0.42）×10^{-1}T。

【制法】 将干燥磁粉（SrO·$6Fe_2O_3$，粒径0.8～2.0μm）用有机硅偶联剂处理后，与比例量的乙烯-醋酸乙烯共聚物（MFR＝68g/10min，T_m＝60℃）在高速搅拌机中以转速1500r/min搅拌混合6～10min；然后在双辊塑炼机（160mm×320mm的双辊塑炼机）中于70～80℃下混炼15min，拉片；冷却后切粒或粉碎。

【成型加工】 将上述粒料或粉料模压成制件，放于9.947×10.5A/m外加磁场中充磁0.02～2.0s而得磁性乙烯-醋酸乙烯共聚物产品。

【用途】 可广泛用于微型电机、电磁开关、薄型磁体、异型磁体、旋转中空制品及磁疗保健器具等。

【安全性】 可包装于内衬塑料膜的牛皮纸袋或编织塑料袋或塑料容器，贮放于阴凉通风干燥处，避免火源，按非危险品运输。

【生产单位】 北京化工大学。

Ba029 乙烯-丙烯酸甲酯-丙烯酸三元共聚物

【英文名】 ethylene-methyl acryate-acrylic acid copolymer

【性质】 乙烯-丙烯酸甲酯-丙烯酸三元共聚物集合了EAA和EMA的优点，是一种柔韧性好和具有独特的黏合性能的树脂，对极性材料和非极性材料均有较好的黏合性。与EAA比较，它更软且有更低的硬度（邵氏）/弯曲模量（相等的丙烯酸含量），对非极性材料有很好的黏合性；与EMA相比，柔软性接近，但有更高的强度。由于以上特性，它常用于黏合改性剂，增加聚合物的黏合性（如PP、HDPE、LLDPE、EVA、塑性体、三元乙丙橡胶和丁基橡胶），亦可用作耐冲击改性剂，增加工程塑料的耐冲击性和柔韧性（如尼龙6、尼龙66、离子聚合物）。

【质量标准】 Exxon公司Escor三元共聚物的牌号及性能如下。

Escor 型号	AT-310	AT-320	AT-325
熔体流动速率/(g/10min)	6.0	5.0	20.0
密度/(g/cm³)	0.941	0.950	0.950
熔点/℃	89	69	67
结晶温度/℃	71	51	50
弯曲模量/MPa	66	25	12
维卡软化点/℃	86	66	60
拉伸断裂强度/MPa	14	12	7.8
断裂伸长率/%	>800	>800	>800
硬度邵氏(A)	90	83	80

【制法】 乙烯-丙烯酸甲酯-丙烯酸三元共聚物的生产工艺为高压釜式法。它是近几年美国Exxon公司推出的新产品。

【用途】 乙烯-丙烯酸甲酯-丙烯酸三元共聚物主要用于包装、汽车等行业。

（1）软包装　作共挤出中间结合树脂，如铝/三元共聚物ESCOR AT/双向拉伸PP复合膜。

（2）胶黏剂/密封剂　作热熔胶/胶条，玻璃窗用的丁基橡胶类密封剂。

（3）工业包装　如PA/三元共聚物ESCOR AT/HDPE共挤瓶、罐。

（4）汽车上应用　可用作保强管及可着色热塑性弹性体保险杠的组分。

【安全性】 参见Ba007。可包装于重包装塑料袋再外套编织袋或内衬塑料膜的多层牛皮纸袋或塑料容器内，贮放于阴凉通风干燥处，远离火源，避免日晒雨淋和锐利物刺破包装袋。可按非危险品运输。

【生产单位】 美国Exxon公司等。

Ba030 丁基橡胶接枝的聚乙烯共聚物

【英文名】 butyl rubber grafter polyethylene copolymer

【别名】 ET聚合物

【性质】 此共聚物具有热塑性塑料和弹性体两者的特性。既具有聚乙烯的韧性、耐溶剂性、优良的电性能和易加工的特点，又具有橡胶的柔韧性、耐冲击性及卓越的耐应力开裂性和电绝缘性等。其卓越物理力学性能与两者的配比有很大关系。

【制法】 先将80份乙烯1-丁烯共聚物与20份丁基橡胶（或异丁橡胶）于150℃混合后，轧成薄片或切成小块，然后用沸腾的二甲苯溶解，再经冷却和沉淀，反复此过程两次，即可制得含丁基橡胶（或异丁橡胶）10.6%的接枝共聚物。

【质量标准】

美国联合化学公司的产品牌号及技术指标

指标名称	Ⅰ HD(HDPE75,异丁橡胶 25)	Ⅰ LD(LDPE75,异丁橡胶 25)	Ⅱ HD(HDPE50,异丁橡胶 50)	Ⅱ LD(LDPE50,异丁橡胶 50)
密度/(g/cm^3)	0.944	0.920	0.929	0.923
维卡软化点/℃	115	72		
邵氏硬度(D)	55	40	38	30
拉伸断裂强度/MPa	24	17	17	14
拉伸屈服强度/MPa	13	6	5	3
断裂伸长率/%	500	440	420	500
拉伸模量/MPa	407	90	45	31
定伸模量/MPa				
100%	62	15	28	6
200%	125	72	56	31
冲击强度/(kJ/m^2)	924	840	1050	966
耐应力开裂/h				
开始破坏时间/h		400	400	400
50%破坏时间/h	900			

【成型加工】 可用挤塑、注塑、吹塑、模塑和发泡等成型方法加工。也可以进行热焊。

【用途】 主要用于制作工业用袋内衬，工业用管道、下水管、水下管材、半导体材料、电线电缆包覆、医疗用品及防静电制品等。

【安全性】 参见 Ba007。可包装于重包装塑料袋再外套编织袋或内衬塑料膜的多层牛皮纸袋或塑料容器内，贮放于阴凉通风干燥处，远离火源，避免日晒雨淋和锐利物刺破包装袋。可按非危险品运输。

【生产单位】 美国联合化学公司等。

Ba031 玻璃纤维增强聚乙烯

【英文名】 glass fiber reinforced polyethylene；GFRPE

【性质】 玻璃纤维增强聚乙烯与未增强的聚乙烯相比，机械强度显著提高，并有高的热变形温度和低的吸水率。玻璃纤维含量对其性能有很大影响，但一般不超过 30%。

【质量标准】 目前国内能生产的厂家较多，但尚未制订国家标准或行业标准，现将收集到的山东道恩化学有限公司的企业标准列于下表。

测试项目	测试方法	GRPE-120	GRPE-540
玻纤含量(质量分数)/%		20±2	40±2
拉伸强度/ MPa	GB/T 1040	≥40	≥62
弯曲强度/MPa	GB/T 9341	≥40	≥75
弯曲弹性模量/GPa	GB/T 9341	≥2.0	≥3.6
简支梁缺口冲击强度/(kJ/m^2)	GB/T 1043	≥15	≥18
热变形温度(1.82MPa)/℃	GB/T 1634		≥120
体积电阻率/Ω·cm	GB/T 1410	$\geq 10^{15}$	$\geq 10^{15}$
模塑收缩率/%	GB/T 15585	0.7～1.1	0.5～0.9

注:本表列举的是山东道恩化学有限公司的代表产品,GRPE-100 是通用系列产品,GRPE-500 是改进型系列产品,性能同 GRPE-100 系列,但它的外观颜色更稳定。玻纤含量可以根据用户的要求调节。

【制法】 将熔体流动速率为 14～20g/10min 的粉状或粒状 HDPE 树脂与经增强型浸润剂处理过的、直径为 9～13μm 的 E 玻璃纤维（低含碱量玻璃纤维）在挤出机中熔融挤出造粒即得 GFRPE。在混炼挤出的过程中，应加入适量的抗氧剂或其他助剂。如加入的是短玻纤，最好采用定量加料器，按所需的一定配比在挤出机的加料口分别定量加入 HDPE（包括抗氧剂等助剂）和玻璃纤维；如果采用长玻纤，则应在双螺杆挤出机中进行挤出造粒，双螺杆的螺杆组合应为剪切分散型的，并要根据螺杆转速、HDPE 的加入速度，调节玻纤加入的根数，以确保制得所需要玻纤含量的产品。其简单流程如下。

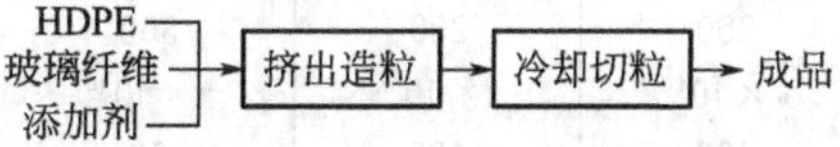

【成型加工】 可用模压、注塑、挤塑等成型方法加工成各种制品。生产形状较复杂、精密度要求较高的制件时，以注射成型较为经济。成型工艺条件基本上与 HDPE 相类似，只是流动性较差，注塑温度可适当提高。

【用途】 玻璃纤维增强聚乙烯具有类似于热塑性工程塑料的特性，可以代替金属和 ABS、尼龙等工程塑料，用作管材、管件、支柱、电器制品、汽车部件、机械零件、纺织及印染工业用管、高周波回路部件、耐热及复杂制件、大型制件、化工装备零件等。另外 GFRPE 在军事工业上已在两用弹塑料手柄。

【安全性】 参见 Ba007。可包装于重包装塑料袋再外套编织袋或内衬塑料膜的多层牛皮纸袋或塑料容器内，贮放于阴凉通风干燥处，远离火源，避免日晒雨淋和锐利物刺破包装袋。可按非危险品运输。

【生产单位】 山东道恩化学有限公司，中石化北京化工研究院，中蓝晨光化工研究院等。

Ba032 抗静电交联聚乙烯泡沫

【英文名】 antistatic foam of crosslinked polyethylene

【组成】 聚乙烯树脂、过氧化二异丙苯、偶氮二甲酰胺、炭黑等为主要成分。

【性质】 本泡沫质轻、耐热性优良、抗静电性较好；表面电阻率约 $10^8\Omega$。

【制法】 将（密度 0.920g/cm³、熔点 109℃）聚乙烯 50 份、（密度 0.953g/cm³、熔点 134℃）聚乙烯 50 份、过氧化二异丙苯 1.0 份、偶氮二甲酰胺 14 份、炭黑（表面积 1000m²/g）13 份、活性锌粉 0.15 份、轻质碳酸钙 10 份混合后，加入 120℃ 的密炼机中混炼均匀；然后加入到已预热至 130℃ 的压机中的模具内，加压 30min 左右，得到交联发泡预产品；再将其在 165℃ 的盐浴中加热 30min，使其中发泡剂分解约 30%；最后，放入非密闭模具中，于 180℃盐浴内加热 40min 使发泡剂完全分解，便得到抗静电性交联聚乙烯泡沫。

【成型加工】 本泡沫可进行切割、钻孔等二次加工，还可进行焊接、粘接等加工。

【用途】 主要用作电子电气产品等的抗静电、耐热老化的罩壳和部件等。

【安全性】 参见 Ba007。用塑料膜或牛皮纸包封后外套编织袋，堆放于阴凉通风干燥处，防止日晒雨淋，远离火源。按非危险品运输。

【生产单位】 日本三和化工公司等。

Ba033 辐射交联聚乙烯膜

【英文名】 radiation crosslinked polyethylene film

【结构式】

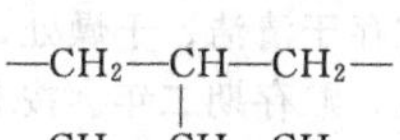

【性质】 辐射交联聚乙烯膜，其分子链呈

网状结构。除保持聚乙烯固有的电绝缘和耐酸、碱、盐的性能外，尚有热变形小、热断裂温度和热机械强度高、在熔点温度以上呈弹性。在室温下，具有硬度增加及抗冲击性和耐应力开裂性提高的特点。交联膜经热拉伸处理具有热收缩性。

【质量标准】 企业标准

产品代号	用　途	厚度/mm	宽度/mm	卷径/mm
RCF-1	包电缆接头	0.08～0.20	25,50,250,300	60,80,100,150
RCF-2	电缆包芯绝缘	0.05～0.20	15,20,25,900	大卷径
RCF-3	变压器绝缘	0.08～0.12	10,20,104,180,230	大卷径
RCF-4	胶黏带	0.25～1.00	50,100,150～900	大卷径

产品技术性能：

指　标　名　称	RCF-1	RCF-2	RCF-3	RCF-4
凝胶率/%	60～75	65～75	65～75	65～75
纵向热收缩率/%	25～40	25～40	25～40	25～40
热后剥离能力	200℃,7min 从导体剥离无粘连物			
拉伸强度(纵/横)/MPa	15	15	20	16/14
断裂伸长率(纵横)/%	150	250	200	300
体积电阻率/Ω·cm	1×10^{14}	1×10^{14}	1×10^{14}	1×10^{14}
介电强度/(kV/mm)	100	100	100	30
介质损耗角正切(1MHz)	1×10^{-3}	1×10^{-3}	1×10^{-3}	5×10^{-3}
吸水率/%	0.1	0.1	0.2	0.2

【制法】 以聚乙烯为主要原料，经配料、制膜、辐射交联、拉伸、分切成所需规格的产品。

【用途】 辐射交联聚乙烯膜 RCF-1 用于 35kV 以下各种电缆的施工，包缠电缆接头，用模具加热收缩，密封不漏，安全可靠。RCF-2 用于电缆生产，取代聚酯膜包芯绝缘，适应外包橡胶层高温硫化，交联膜不熔又不脆。RCF-4 用作耐高温防腐胶带，热收缩胶带的基材，与热熔胶配用，作通信电缆施工和电缆护套损坏处修复等用。交联膜用于深水射频电缆已成功。

【安全性】 参见 Ba007。可用塑料袋、硬纸箱包装或内层用塑料外层为编织袋的双层包装。贮存于清洁、干燥处，远离火源和高温环境，贮存期二年。按非危险品运输。应防止机械损伤及雨淋。

【生产单位】 苏州吴县辐射制品厂。

Ba034 JFY-105 辐射交联电线电缆用聚乙烯塑料

【英文名】 polyethylene compounds JFY-105 for radiation cross-linkable wire and cable

【性质】 JFY-105 辐照交联电线电缆用聚乙烯塑料为乳白色、半透明状粒料或黑色粒料（也可按用户要求而定）。经辐照交联后，本产品具有很好的机械特性、耐热性、高频特性及优良的电气性能。即使与 320～380℃的烙铁接触也不熔化。本产品还有很好的抗开裂性能以及耐高温软化和变形，耐磨，密度小等特点。

【质量标准】 企业标准 Q/XGY026—92（成都有机硅研究中心）

指标名称	指　标
辐照后聚合物凝胶含量(130kGy)/%　≥	50
拉伸强度/MPa　≥	16

老化后拉伸强度(136℃,168h)/MPa	≥	13
拉伸强度最大变化率/%		±20
断裂伸长率/%	≥	300
老化后断裂伸长率(136℃,168h)/%	≥	250
断裂伸长率最大变化率/%		±20
体积电阻率(20℃)/Ω·m	≥	1.0×10^{13}
体积电阻率(105℃)/Ω·m	≥	1.0×10^{11}
介电损耗系数(1MHz)	≤	0.003
介电常数(1MHz)	≤	2.35
介电强度/(MV/m)	≥	27

【制法】 本产品以低密度聚乙烯树脂为主要原料，加入强化交联剂、稳定剂等助剂，经混合、塑化、造粒而制得，通常以密炼、开炼、造粒为主。最近也有采用高速搅拌、双螺杆挤出、造粒的工艺。

【用途】 本产品特别适合于小截面、薄壁绝缘、高温（105℃）、低压电线及布线。例如，彩电高压线、立体声录音机、消防系统耐热电缆、计算机控制电缆、汽车电线、低电压动力电缆、商业机器用电线、设备安装线、飞机和宇航电线以及电视接收机、摄像机、微波炉、计算机等电线绝缘。

【安全性】 本产品用编织袋加塑料袋双层包装，或经用户和生产厂双方同意的其他包装形式，每袋净重（25.0±0.2）kg，每一包装件应附有合格证。本产品在运输过程中不应受日晒、雨淋，应存于干燥、阴凉、通风、卫生的库房内，贮存期为一年。按非危险品运输。

【生产单位】 成都有机硅研究中心、上海电缆研究所。

Ba035 10kV级辐射交联聚乙烯架空电缆绝缘料

【英文名】 radiation cross-linkable PE insulating compounds for 10kV rated aerial cable

【性质】 10kV级辐射交联聚乙烯架空电缆绝缘料为黑色颗粒状。产品经电子辐射处理后，具有很好的机械特性和耐热稳定性、耐磨性，耐气候老化性优良，并且具有良好的环境应力开裂性、电气性能和很强的抗电流过载能力。

【质量标准】 《额定电压10kV、35kV架空绝缘电缆》国家标准（报批稿）

指标名称		指标
密度/(g/cm³)		0.922±0.003
拉伸强度/MPa	≥	14.5
断裂伸长率/%	≥	400
热老化(135℃,168h)		
拉伸强度最大变化率/%		±20
断裂伸长率最大变化率/%		±20
冲击脆化温度/℃	≤	−76
耐环境应力开裂/h	≥	1000
介电常数	≤	2.35
介质损耗角正切(20℃)	≤	10×10^{-4}
介电强度/(MV/m)	≥	35
热延伸(200℃,15min)		
负荷下伸长率/%	≤	80
冷却后永久变形/%	≤	5
光老化性能(42d)		
拉伸强度最大变化率/%		±30
断裂伸长率最大变化率/%		±30

【制法】 以聚乙烯树脂为基料，加入一定量的炭黑、抗氧剂及其他加工助剂，经双螺杆挤出机共混造粒而成。

【用途】 10kV级辐射交联聚乙烯架空电缆绝缘料主要用于线芯工作温度90℃、额定电压为10kV的架空电缆绝缘。用本产品制得的架空电缆经电子辐射处理后，绝缘层呈交联网状结构，能适应各种恶劣环境，是目前城网改造中理想产品。本产品也能用于制作电力电缆用热收缩制品和有关附件产品。

【安全性】 参见Ba007。采用内衬塑料薄膜袋的聚丙烯编织物/聚乙烯/牛皮纸复合袋包装。贮存在清洁、阴凉、干燥、通风的库房内。贮存期为半年。按非危险品运输。

【生产单位】 上海电缆研究所。

Ba036 抗静电聚乙烯薄膜

【英文名】 antistatic polyethylene film

【组成】 主要成分为线型低密度聚乙烯树脂、抗静电剂 HZ-1 和复合改性分散剂。

【性质】 本品具有良好的柔韧性、延伸性和较好的机械强度。加工性能好，加热到一定温度后能均匀塑化，便于注射和挤出，吹塑成型也容易进行。薄膜产品呈半透明状，外观和光泽度较好，柔韧性、抗静电性良好，还有较好的可印刷性和阻隔性，其主要性能指标如下：表面电阻率 $(1.7\sim3.4)\times10^9\Omega$、拉伸强度 18～24MPa（纵向）和 15.2～19.4MPa（横向）、伸长率 400%～900%（纵向）和 460%～900%（横向）、直角撕裂强度 48.8～76.4kN/m（纵向）和 41.5～81.4kN/m（横向）、透湿量 1.128～0.768g/m^2。

【制法】 ①母料：将 80%线型低密度聚乙烯树脂、10%抗静电剂 HZ-1、10%复合改性分散剂置于高速搅拌机中混合均匀；在双螺杆造粒机中造粒，从而得到抗静电母料。②树脂粒料：将 80%线型低密度聚乙烯树脂、5%母料、15%无机填料（如碳酸钙、二氧化硅等）投入高速搅拌机中搅拌均匀；再由转速大约 30r/min 的挤出机于 155～170℃下挤出造粒。

【成型加工】 将树脂粒料用吹膜机在适当条件下按吹胀比 2.7～3.1 进行吹塑，便可得到所需的抗静电薄膜。

【用途】 可广泛用于各种需要防静电的电子元件及产品的包装；也可以用于防尘食品包装，以改进外观并提高保质期等。

【安全性】 本品可包装于厚质塑料袋或塑料膜衬里的塑料编织袋或塑料桶内，置放于阴凉通风处，避免日晒雨淋，远离火源。可按非危险品运输。

【生产单位】 大庆石油化工总厂研究院，吉林建筑工程学院。

Ba037 导电性聚乙烯

【英文名】 conductive polyethylene

【组成】 聚乙烯树脂和导电性填料。

【性质】 本品有较好的耐热性能和力学性能，其车削、剪切、钻刨、粘接、印刷和热处理等二次加工容易；通过填料、助剂的改变，可制造出不同软硬程度和不同性能特点的制品；随导电填料种类和数量的不同，其导电性有较大差别，表面电阻一般为 10Ω 左右。

【制法】 一般按（80～90）:（10～20）（质量）比例将聚乙烯树脂和导电填料加入捏合机中捏合、混炼，再经双螺杆挤出机挤出造粒。

【成型加工】 在一定温度和压力下，通过注射、挤出、模压、层压等方法制造成各种制品。

【用途】 可广泛用于各种电磁屏蔽外壳以及计算机信息库、计算机房等的防静电地板、防静电器件盒、插件周转箱，化工采矿行业制造防静电输油管道、矿井用通风道、供排水管道等。

【安全性】 参见 Ba007。可包装于重包装塑料袋再外套编织袋或内衬塑料膜的多层牛皮纸袋或塑料容器内，贮放于阴凉通风干燥处，远离火源，避免日晒雨淋和锐利物刺破包装袋。可按非危险品运输。

【生产单位】 上海塑料制品研究所，四川联合大学（西区）。

Ba038 可黏结聚乙烯薄膜

【英文名】 adhesive polyethylene film

【别名】 可黏结聚乙烯膜

【性质】 可黏结聚乙烯薄膜主要用于制作复合介质可变电容器及箔式混合集成电路、食品包装、医疗卫生等方面。由于它无需黏结剂就可和金属薄板（箔）紧紧粘住，因此具有无毒、经济等优点而获得广泛的应用。

【质量标准】 暂定标准（中科院上海原子核研究所辐照基地）

指标名称		指　标
抗张强度/MPa	≥	15
介质损耗	≤	4.5×10^{-4}
介电常数/MHz		2.0±0.2
抗静电效应/(g·Ω/cm²)	≤	10^{12}
耐热性/℃	≥	120
剥离强度(Cu,Al)	≥	300g/20mm
薄膜厚度公称误差/%	≤	±10

【制法】 以聚乙烯为主要原料，采用特种吹塑工艺制成厚度均匀的薄膜，再经高能射线辐射交联，通过后处理，即成为可与金属黏结的聚乙烯薄膜。

【用途】 主要制作与铜、铝箔复合的材料，广泛用于电子、包装以及食品工业等部门，具有广阔的应用前景。

【安全性】 本产品经绕成卷后用高密度聚乙烯包装，应贮存在干燥、通风、阴凉的库房内，贮存期为六个月。按非危险品运输。

【生产单位】 中科院上海原子核研究所辐照基地。

Ba039 聚苯胺/聚乙烯复合导电膜

【英文名】 electrically conductive polyaniline/polyethylene composite membrane

【组成】 主要成分为聚苯胺和聚乙烯树脂。

【性质】 本复合膜具有较好的透光性（透光率可达到原始膜的75%以上），耐磨性和拉伸强度好，本征态表面电阻为$9.7\times10^{12}\Omega$；它易于掺杂与去掺杂，掺杂态表面电阻可达到$4.3\times10^{5}\Omega$。

【制法】 将聚乙烯薄膜用由4g $K_2Cr_2O_7$、50g H_2O和184g H_2SO_4组成的氧化液于45℃下处理15min，洗净，干燥后经两次减压蒸馏（真空度1215.9Pa，馏出温度80～90℃），提纯过的膜在苯胺中浸泡24h；然后将其置于一定数量的0.5mol/L苯胺盐酸溶液（所用盐酸溶液为4mol/L），并迅速将等量的0.5mol/L $(NH_4)_2S_2O_8$盐酸溶液加入其中，适当搅拌后静置24h；再用4mol/L盐酸溶液洗涤，真空干燥48h；最后，用pH值为12的$NH_3\cdot H_2O$溶液处理，即得到本征态聚苯胺/聚乙烯复合膜。用盐酸溶液（如4mol/L的盐酸溶液）处理本征态复合膜1min，即得到掺杂态聚苯胺/聚乙烯复合薄膜。

【成型加工】 本复合膜大多数都被直接使用；此外，还可以进行剪切、层压、粘接等加工。

【用途】 可广泛用于不同程度抗静电要求的领域；此外，还可用于变色开关、电气器件。

【安全性】 参见Ba007。可将本复合薄膜包装于重包装塑料袋或多层牛皮纸袋中，也可以包装于特制的塑料容器内，贮放于阴凉通风干燥处，按非危险品运输。

【生产单位】 上海塑料制品研究所，四川联合大学（西区）。

Ba040 聚乙烯与聚酰胺的共混物

【英文名】 the mixture of polyethylene with polyamide

【组成】 由聚酰胺（PA）、聚乙烯、二甲基等组成。

【性质】 将聚酰胺（PA）掺入聚乙烯中，可提高聚乙烯对氧及烃类溶剂的阻隔性，因此它是一种功能性聚合物共混物。

【成型加工】 HDPE/PA共混体系若要具有良好的阻隔性，其PA必须以层状分散于HDPE基体中，随着PA含量的增加及PA分散相的层化，HDPE/PA共混物的阻隔性随之提高。

美国杜邦公司用于与HDPE共混生产阻隔性聚合物共混物的PA实际上是一

类加有增容剂的特殊 PA，其商品名称为 SELAR-RB。根据 HDPE 中添加 SELAR-RB 数量的不同，可以很方便地调节此共混体系的阻隔性。以下为 SELAR-RB 的品种和适用范围，HDPE/PA 制的容器与其他塑料制品的容器对溶剂的阻隔性数据。HDPE/ESLAR-RB 共混物对氧气的阻隔性也很卓越。

SELAR-RB 的品种和适用范围

品　种	主要应用领域	阻隔特点	容器尺寸	备　注
RB215	工业药品	烃类	5L 以下	阻氧性为 HDPE 的 5 倍，获 FDA 认可
RB223	工业药品	烃类	5L 以下	
RB300	食品	烃类	20L 以下	
RB337	工业药品	氧	20L 以下	阻氧性为 HDPE 的 10 倍
RB421	工业药品、食品	氧、烃类	20L 以下	
RB901	汽油	烃类	—	普通汽油用
RBM	汽油	烃类	—	含酒精汽油用

各种塑料容器对溶剂的阻隔性（以渗透的损失质量分数表示）

溶剂种类	HDPE/PA(88/12)	PVC	多层 EVOH	PAN	HDPE
甲苯	0.05	F	0.07	0.07	28.0
二甲苯	0.03	F	0.02	0.06	15.0
己烷	0.06	6.06	0.08	0.93	60.0
邻二氯苯	0.34	F	0.05	F	20.0
三氯甲烷	0.10	F	0.04	1.74	3.0
乙酸乙烯	0.13	O	0.02	5.85(C)(O)	4.0
乙酸异丁烯	0.00	F	0.03	0.13	2.6
乙酸丁烯	0.02	F	0.01	0.19	3.7
乙酸异丙酯	0.01	F	0.03	0.19	2.4
水杨酸甲酯	0.02	F	0.01	0.11	5.2
甲乙酮	0.23	F	0.02	F	2.8
甲基异丁基酮	0.01	F	0.12	0.09	1.8
四氢呋喃	0.11	F	0.01	0.01(C)	24.1
环己烷	0.00	F	0.01	F	0.6

注：试验条件为 50℃，28d，500mL 瓶；C 表示微裂；O 表示发白；F 表示龟裂；试验不能进行。

SELAR-RB 掺混 HDPE 的透氧性

组成	透氧系数 /[mL·mm/(m²·24h·MPa)]	对 HDPE 阻氧性提高的倍数
HDPE	470	—
含 15%RB300	90	5
含 7.5%RB421	10	47
含 15%RB421	6	80

注：环境条件 23℃，RH50%。

Ba041 聚乙烯接枝、光降解改性组合产品

【英文名】 high melting strengthen polypropylene

【性质】

1. 聚乙烯活性硅油接枝

聚乙烯因其具有优异的介电性能而广泛用作电线电缆的绝缘材料和护套材料。但聚乙烯特别是低密度聚乙烯，存在着耐

环境应力开裂性能低等弱点。最近，有研究表明，采用高分子量的活性硅油在引发剂过氧化二异丙苯（DCP）的作用下接枝聚乙烯，可以大大提高聚乙烯的耐环境应力开裂性能。

以下为在LDPE中添加不同比例的活性硅油发生接枝反应后，对LDPE性能的影响。

硅油量/%	F_{50}/h	示性电压/kV	击穿场强/(kV/mm)
0	5	5.75	69.7
0.5	6		96.6
1.0	8	6.00	97.2
2.0	34	6.25	97.5
3.0	19	7.35	85.3
5.0	14	9.45	83.2

这是由于经接枝改性的LDPE因引入的长支链不能进入晶格而增加了晶体间的连接分子数和非晶区中分子的有效缠结；减少了晶区与非晶区间的密度差而提高了材料整体均匀性，所以使LDPE耐环境应力开裂能力等得到提高。

2. 马来酸酐接枝聚乙烯

聚乙烯是非极性材料，与其他材料亲和性不好。采用马来酸酐接枝聚乙烯的方法，在聚乙烯的分子链上引入极性基团，可以大大增强与其他材料的亲和性。如采用马来酸酐接枝改性的聚乙烯与聚碳酸酯、尼龙等材料共混，可以改善其共混体系的相容性，提高共混材料的各项性能。另外，采用马来酸酐接枝的方法，也可以大大提高聚乙烯与铝箔的粘接牢度。

以BPO作为引发剂，聚乙烯与马来酸酐混合后用挤出法可以制得具有一定接枝率的接枝共聚产物。下表为PE-g-MAH接枝的条件与接枝率的关系。

温度/℃	140	150	160	170	180
停留时间/s	接枝率/%(质量)				
40	0.52	0.57	0.58	0.60	0.61
60	0.62	0.91	1.14	0.95	0.92
90	0.70	0.99	1.09	0.97	0.90
120	0.71	1.00	1.00	0.99	0.91
150	0.71	0.98	1.00	0.92	0.90

尼龙作为工程塑料，在汽车、仪器仪表、机械等行业得到了广泛的应用，但是尼龙材料具有干态及低温性能差、吸湿性高等缺陷，因此影响其制品的力学性能及尺寸稳定性。将马来酸酐接枝聚乙烯与尼龙进行共混则可以克服这些缺点，并且能提高共混材料制成薄膜的阻隔性能。

用马来酸酐接枝聚乙烯也可以对聚对苯二甲酸乙二醇酯（PET）树脂进行改性，克服PET抗冲击性能差、吸水率大、在通常的模塑加工温度下结晶速率慢的缺陷。

马来酸酐接枝聚乙烯与铝箔的复合膜是有待开发的、具有广泛应用价值的包装材料。另外，其在铝材运输保护的可剥离保护膜、光导线缆外塑层等方面也有着重要的应用价值。

3. 聚乙烯的生物及光降解改性

聚乙烯薄膜作为包装材料、农用地膜以及购物方便袋等，在工业生产及生活中被广泛使用。由于这些薄膜一般都是一次性使用，并且不易分解，对环境造成的污染越来越严重。特别是农用地膜，在土壤中分解很慢，长期使用会影响农作物的产量。世界发达国家对在农业、包装和其他领域内使用的可降解塑料进行了广泛的研究，有些产品已投入工业化生产。目前，聚乙烯的降解主要采用光降解及生物降解的方法进行。

光降解聚乙烯的制备一般是将对光反应敏感的发色团或弱键引入到高分子键中。通常以一氧化碳或乙烯基酮为光敏单体与乙烯单体共聚，合成含羰基结构的光降解聚乙烯。并以此作为光降解母料，与聚乙烯共混，制备光降解薄膜制品。还可以通过改变共混比例来控制光降解时间。例如，20世纪70年代初美国化学家Guillet用PE与乙烯基酮共聚，制得Guillet共聚物，商品名为Ecolyte。此方法无需昂贵的共聚工艺，仅在聚乙烯中添加少量的光敏剂、光降解剂和其他助剂等，便可制得较理想的可控光降解聚乙烯产品。例如，20世纪80年代中期英国Aston大学Scott教授和以色列塑料技术大学Gilead博士共同发明了一种二烷基二硫代氨基甲酸铁和镍双组分体系的商用技术，可实现光降解过程的光敏控制，其商品名为Plastigone。

生物降解聚乙烯的研究主要集中在淀粉-聚乙烯体系，即采用在聚乙烯中添加淀粉的方法来实现。由于淀粉和聚乙烯之间性质差别很大，相容性差，相间结合力很弱，为提高淀粉和聚乙烯共混物的性能，必须改善组分的性质，以提高相容性。在淀粉-聚乙烯体系中，加入具有与聚乙烯相似结构或溶解度参数接近的烯基单体与淀粉的接枝物（如淀粉接枝丙烯酸丁酯、淀粉接枝丙烯酸乙酯、淀粉接枝甲基丙烯酸甲酯、淀粉接枝丙烯酸等），或其他聚乙烯同系物和界面活性物质（如乙烯-丙烯酸共聚物，EAA），可降低淀粉与聚乙烯之间的界面张力，提高两相界面的粘接力，从而得到稳定、均匀的多相分散体系，使复合材料的力学性能明显提高。此外，进一步将淀粉变性，改善淀粉表面的性质，降低淀粉链间的缠绕性质，提高淀粉在聚乙烯中的分散性，缩小共混体系中各组分之间的性质差异，又进一步提高了共混材料的力学性能。

世界降解性塑料制造技术专利

技术	发明者	日期	专利号
光降解性			
乙烯-CO共聚物	Bayer	41/8/27	Ger. 863. 711
乙烯-CO共聚物	Du pont	50/1/24	US. 2,495,286
乙烯酮共聚物	J. Guillet	73/5/21	US. 3.753,952
乙烯酮共聚物涂层	J. Guillet	74/5/21	US. 3,811,931
乙烯酮共聚物	J. Guillet	74/12/10	US. 3,853,814
光降解母料	J. Guillet	75/1/14	US. 3,860,538
芳香酮添加剂	Bio-Degradable Plastics Inc.	75/6/10	US. 3,888,804
金属络合物致敏性(Fe)	G. Scott	78/10/17	US. 4,121,025
Ti/Zr络合物+取代二苯甲酮	Princeton Polymer Laboratories Inc.	85/1/22	US. 4,495,311
生物降解性			
金属络合物致敏剂(Ni-Fe)生物降解性	Scott-Gilead	85/5/28	US. 4,519,161
聚乙烯，淀粉，不饱和脂肪酸或酯	Coloroll Ltd.	77/4/5	US. 4,016,117
聚乙烯，醚化/酯化淀粉	Coloroll Ltd.	77/5/3	US. 4,021,388
乙烯/丙烯酸共聚物淀粉	US Dept of Agr.	79/1/9	US. 4,133,784
乙烯/丙烯酸共聚物胶状淀粉	US Dept of Agr.	82/6/29	US. 4,337,181

Ba042 聚吡咯/聚乙烯导电复合物

【英文名】 polypyrrole polyethylene conducting composites

【组成】 由聚吡咯和聚乙烯树脂复合而成。

【性质】 本复合物基本保持了聚吡咯的主

要特性，具有较好的力学强度和导电性能，温敏效应显著。

【制法】 通常采用两种方法来制造。

1. 溶液法

在氮气保护下，将低密度聚乙烯粒料和聚吡咯粉料同时加入到甲苯溶剂中，升温到100℃左右；当树脂溶解后，在搅拌下缓慢冷却到室温；过滤，在室温下真空干燥24h，即可得复合物粒料。

2. 熔融法

将低密度聚乙烯粒料投入微型混炼机中，于150℃下加热2min，使树脂完全熔化；加入聚吡咯粉料，混炼5min左右，熔化挤出造粒。

【成型加工】 将复合物粒料于120℃下模压成制件。

【用途】 主要用于二次电池、导电保护膜、变色开关、电磁屏蔽材料等。

【安全性】 参见Ba007。可包装于内衬塑料膜的编织袋或塑料容器内，贮放于阴凉通风干燥处，可按非危险品运输。

【生产单位】 北京航空材料研究所。

Ba043 含聚乙二醇单甲醚侧基的马来酸酐-醋酸乙烯酯共聚物锂盐络合物

【英文名】 maleic anhydride vinyl acetate copolymers with polyethylene glycol monomethyl ether side groups /lithium salts complexs

【结构式】

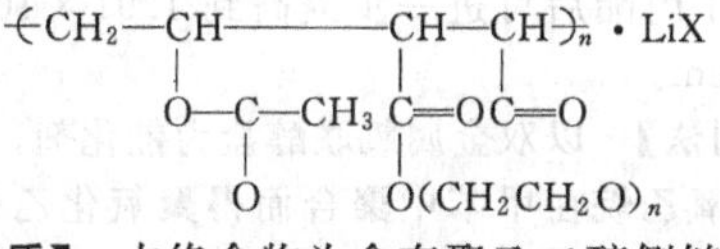

【性质】 本络合物为含有聚乙二醇侧链的羧酸型梳状聚合物，主要为非晶态，数均分子量5446，玻璃化温度60.5℃，热稳定性较好；它是单阳离子导体，增塑后的室温电导率可达10^{-6}S/cm。

【制法】 首先按常规方法将马来酸酐与醋酸乙烯酯在90℃下经过氧化苯甲酰引发进行共聚反应，用石油醚及二铝乙烷洗净；然后在装有搅拌器、温度计的三口烧瓶中，加入5g上述共聚物和100mL二氧六环，搅拌升温；待共聚物完全溶解后，加入10g聚乙二醇单甲醚及0.1mL 60%的氯化锌水溶液；通氯保护，逐渐升温至100℃下反应16h；反应结束后，用乙醚沉淀，用二氯乙烷纯化，干燥后得到白色固态产物。将其溶于无水甲醇，搅拌下滴加标定过的氢氧化锂溶液，让其反应一段时间；再用稀盐酸中和过量的氢氧化锂，干燥后得到白色锂盐络合物。

【成型加工】 将本品溶于甲醇，加入适量增塑剂如碳酸烯丙酯或碳酸乙酯或聚氧化乙烯低聚物，搅拌12h以上，在聚四氟乙烯模具中用溶剂挥发法制膜，再在60℃下真空干燥24h以上即可。

【用途】 主要用于全固态二次电池、全固态电气器件、传感器、滤液器、调光玻璃等。

【安全性】 参见Ba007。可包装于内衬塑料膜的编织袋或塑料容器内。贮放于阴凉通风干燥处，按非危险品运输。

【生产单位】 中国科技大学材料系。

Ba044 聚吡咯/聚乙烯醇导电复合泡沫

【英文名】 conducting composite foam from polypyrrole/poly (vinyl alcohol)

【组成】 主要成分为聚吡咯和聚乙烯醇树脂。

【性质】 本泡沫质轻、柔韧、耐热性较好，其性能随原料种类及配比、操作条件等的不同而有较大差异。总的来说，它的导电性良好，电导率可达10^{-1}S/cm，三天后约降低30%，其后趋向稳定；随着水分的吸收，电导率也会下降。

【制法】 将聚乙烯醇泡沫在75%的氧化剂三氯化铁水溶液中浸泡相当时间后，取出并自然干燥一夜，再真空干燥一定时间，放入密闭容器内，通入吡咯蒸气于0～20℃范围内使其聚合；反应结束后用去离子水充分洗净，再真空干燥，即得到复合薄膜。

【成型加工】 在制造基体聚乙烯醇泡沫时，可通过发泡剂的用量和温度等条件来控制发泡率和孔洞形态；通过发泡容器来控制泡沫的形状和尺寸。将制得的泡沫坯件，通过切、车、钻等进行二次机械加工，还可以用多种粘接剂进行粘接。

【用途】 本泡沫特别适合作电子产品的抗静电性运输包装缓冲材料和消除静电用海绵辊等，还可以利用它吸收水分后电导率下降的现象来作湿敏传感器等。

【安全性】 可用牛皮纸或塑料膜包封后外套编织袋，贮放于阴凉通风干燥处，避免日晒雨淋，远离火源，可按非危险品运输。

【生产单位】 上海市合成树脂研究所。

Ba045 氧亚甲基连接的聚氧化乙烯固体电解质

【英文名】 oxymethylene linked polyoxyethylene solid electrolytes

【性质】 本品为粉末，可溶于乙腈、苯、甲苯等溶剂，室温下呈高弹态，结晶度约26%，玻璃化温度（T_g）−65～−60℃，熔点（T_m）约11℃，室温电导率（4～6）$\times 10^{-5}$ S/cm。

【制法】 在氮气保护下，开动搅拌，将研细的氢氧化钠（或氢氧化钾）粉末与新蒸二氯甲烷一起于三口烧瓶中混合分散均匀；然后，将事先配制好的聚氧化乙烯的二氯甲烷溶液快速滴入。这时反应液便自动升温，并伴有明显回馏现象。反应18h后，黏度很大，停止搅拌，用二氯甲烷稀释并出料，静止过夜；滤去沉淀（NaOH和NaCl或KOH和KCl），滤液在50～60℃水浴中用旋转蒸发器蒸去大部分溶剂，再于60～80℃下真空干燥24h，得到近乎无色的高弹态氧亚甲基连接的聚氧化乙烯树脂。在有氩气保护和五氧化二磷（或KOH）干燥的手套箱中，将氧亚甲基连接的聚氧化乙烯树脂投入磨口锥形瓶中，按比例加入三氟磺酸锂（或高氯酸锂）和乙腈溶剂，配成10%左右的溶液；然后在氩气流中自然挥发掉大部分溶剂，当达到一定黏度时，在手套箱中将溶液浇注在铜片上，真空干燥24h，得到电解质薄膜。

【成型加工】 可先将本品配制成一定黏度的溶液，再流延或浇注成所需厚度的薄膜。

【用途】 主要用于二次塑料电池中作固体电解质，也可以用于电色显示器、化学传感器、滤液器、自动调光玻璃等。

【安全性】 可包装于重包装塑料袋或特制的塑料容器内，贮放于阴凉通风干燥处，按非危险塑料制品运输。

【生产单位】 深圳大学，福州大学。

Ba046 聚氧化乙烯-碱金属硫氰酸盐络合物

【英文名】 polyoxyethylene alkali thiocyanate complex

【组成】 主要成分为聚氧化乙烯树脂和碱金属硫氰酸盐等。

【性质】 本品分子量约60万，室温电导率可高达2×10^{-5} S/cm；当加入增塑剂γ-丁内酯后可进一步提高到1.91×10^{-4} S/cm。

【制法】 以双金属氧联醇盐为催化剂，使环氧乙烷在甲苯中聚合而得聚氧化乙烯；让其溶于甲醇，再加入计算量的硫氰酸盐甲醇溶液，搅拌反应15min；然后除去溶剂并真空干燥，得到络合物产品。

【成型加工】 先制成甲醇溶液，浇铸或流延成膜；也可在干燥箱内，将干燥产品装入金属模具中，置于80℃平板压机上加压 5min，即得到所需制件。

【用途】 主要用作二次塑料电池中的固体电解质；也可用作电色显示器、化学传感器、滤波器、自动调光玻璃等。

【安全性】 参见 Ba007。可包装于重包装塑料袋再外套编织袋或内衬塑料膜的多层牛皮纸袋或塑料容器内，贮放于阴凉通风干燥处，远离火源，避免日晒雨淋和锐利物刺破包装袋。可按非危险品运输。

【生产单位】 华中理工大学，武汉粮食工业学院。

Ba047 含高氯酸锂的 γ 辐射交联聚氧化乙烯

【英文名】 γ-ray crosslinked polyethylene oxide containing $LiClO_4$

【组成】 主要成分为 γ 辐射交联聚氧化乙烯和高氯酸锂。

【性质】 本薄膜的机械强度较好，室温电导率可高达 6.8×10^{-4} S/cm。

【制法】 在氩气保护下，用 $^{60}Co\gamma$ 射线辐照聚氧化乙烯使其交联；然后与一定量的高氯酸锂、碳酸烯丙酯（PC）在乙腈溶剂中混合均匀，并经 50℃减压干燥，即得本品。

【成型加工】 将本品于 120℃下压制，即可得到所需的薄膜或制品。

【用途】 主要用作全固态二次塑料电池的固体电解质；其次，也可用于电色显示器、化学传感器、滤波器等。

【安全性】 可包装于内衬塑料膜的编织袋或塑料容器内。贮放于阴凉通风干燥处。可按非危险品运输。

【生产单位】 中国科学院长春应用化学研究所。

Ba048 古马隆树脂

【英文名】 coumarone-indene resin

【别名】 煤焦油树脂；古马隆-茚树脂

【结构式】

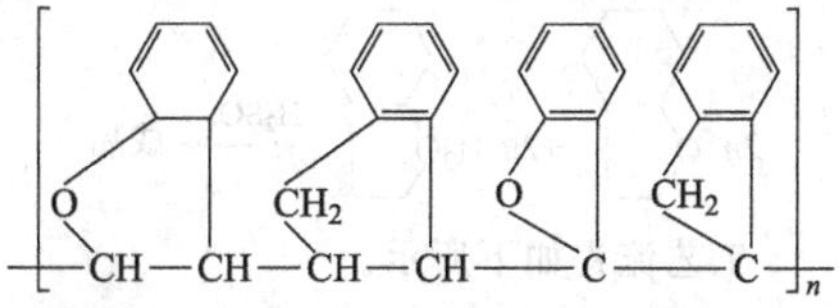

【性质】 古马隆树脂为透明的黄色黏稠液体或暗褐色无定形固体树脂。密度1.08～1.15g/cm³，软化点 100℃的树脂的折射率为 $n_D^{20}=1.628\sim1.640$。分子量为 300～600 的液体树脂，其黏度和分子量之间的关系为 $\eta=6.7\times10^{-5}M$（苯 25℃）。

古马隆树脂是完全中性的，对多数化学药品是稳定的，耐酸、耐碱，不溶于一元醇和多元醇，但可溶于多数有机溶剂及结构复杂的芳香族的醇、酯、醚、酮、烃类以及其他溶剂，如二硫化碳、二氧六环、苯胺、硝基苯等。它与多数增塑剂、蜡类、橡胶、天然树脂、改性酚醛树脂、有机玻璃及聚苯乙烯树脂等都可混合。电绝缘性良好，体积电阻率为 $10^{12}\sim10^{18}\,\Omega\cdot cm$，介电损耗角正切为 0.008，介电强度为 0.13MV/m。古马隆树脂的缺点是耐光性差，尤其是受阳光和紫外线照射时，最透明的树脂也变黄，其主要原因是茚光氧化生成亚甲基茂所致。通过加压氢化或漂白处理等方法可改善透明度和耐光性能。

【制法】 古马隆树脂是以 160～190℃煤焦油馏分（除古马隆和茚组分外，还含有一定量甲基氧茚、二甲基氧茚、双环戊二烯、苯乙烯等）为原料在催化剂存在下经溶液聚合而得。低分子量聚合物制备，常将煤焦油轻馏分在过氧化苯甲酰或偶氮二异丁腈等引发剂存在下聚合或采用热聚合法，即在 200～260℃下聚合；高分子量聚合物制备采用阳离子催化剂，如在硫酸或三氯化铝等存在下聚合。反应结束后蒸出挥发物，再用水蒸气蒸馏法除去二聚或三聚体即得产品。反应式如下。

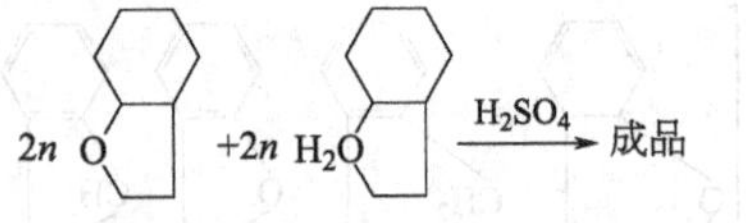

工艺流程如下所示。

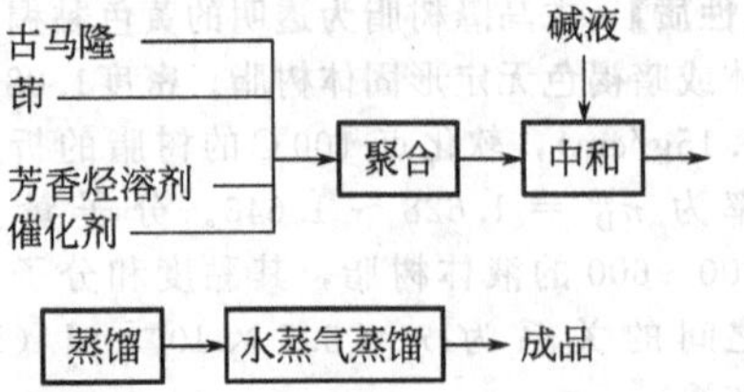

【用途】 古马隆树脂早期用作松香的代用品，近年来用作原料制油墨、地板漆、电绝缘料等。用它作涂料具有耐水、耐碱、耐热性，常用于混凝土涂层、纤维和纸张的耐水涂层。

古马隆树脂能改进橡胶的加工性，以提高耐酸、碱和海水的能力，提高橡胶层间的黏合性和制品的柔软性。在橡胶工业上，如轮胎、传送带及其他制品的生产上常作为增塑剂。

【安全性】 产品内包装为绝缘性薄膜袋，外包装为聚丙烯编织袋，每袋净重25kg，净重误差±0.2%。可长期贮存于清洁干燥的仓库内，要远离火源、热源，严禁日晒雨淋。可按非危险物品运输，运输工具应保持清洁干燥，不得有铁钉等尖锐物，要备有箱棚或篷布。严禁用铁钩装卸。

【生产单位】 上海焦化厂，上海宝钢焦化厂，鞍钢化工总厂，武汉炼油厂，石家庄庄桥西焦化厂等。

Ba049 聚（*N*-乙烯基咔唑）

【英文名】 poly（*N*-vinyl carbazole）；PNVC

【别名】 聚乙烯基咔唑；乙烯基咔唑树脂

【结构式】

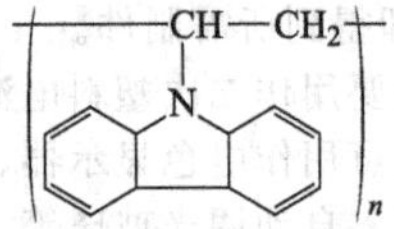

【性质】 聚（*N*-乙烯基咔唑）是无色透明或棕色透明的无定形热塑性树脂。咔唑基团赋予树脂高的热稳定性、耐水性和化学稳定性。缺点是性脆。它不溶于脂肪烃、矿物油、变压器油、蓖麻油、四氯化碳、乙醇、乙醚、氢氟酸等。而易溶于浓硫酸、浓硝酸、四氢呋喃和氯代烃类。

聚合物溶液的特性黏度与分子量的关系为 $\eta=3.35\times10^{-2}M$-0.85。其电性能随温度和频率的变化很小，在紫外线区内有一定的光导效应。一般可在300℃下注射成型。聚（*N*-乙烯基咔唑）的性能如下。

密度/(g/cm³)	1.19～1.20
折射率(n_D^{20})	1.683
吸水率/%	0.1
拉伸强度/MPa	28.03～41.94
弯曲强度/MPa	
非取向	29.99～59.78
取向	99.96～140.14
马丁耐热/℃	150～170
热膨胀系数/℃$^{-1}$	10^{-5}～4.5
介电常数(10^4Hz)	3.0
体积电阻率/Ω·cm	10^{15}～10^{17}
击穿电压强度/(MV/m)	25～50
介电损耗角正切(10^4Hz)	0.0006～0.001

【制法】 聚（*N*-乙烯基咔唑）是将蒽油中的咔唑在氢氧化钠或氟化硼、三氯化铝等催化剂存在下，与乙炔反应制得*N*-乙烯基咔唑。它经本体、溶液、乳液或悬浮聚合而得。工业上常采用乳液或悬浮聚合法。乳液聚合是将*N*-乙烯基咔唑加入碱水溶液中，并在乳化剂和重铬酸钠存在下，缓慢加热至120～180℃使之聚合

即得 PNVC。悬浮聚合是采用分散剂（聚乙烯醇）和引发剂（偶氮二异丁腈）在70～100℃下进行聚合反应的。反应式如下。

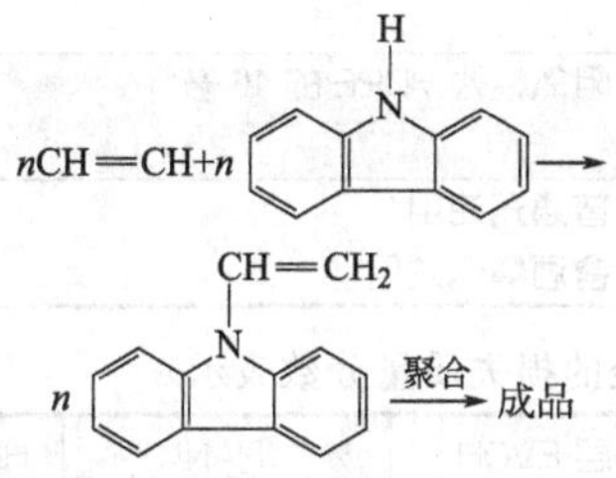

工艺流程如下。

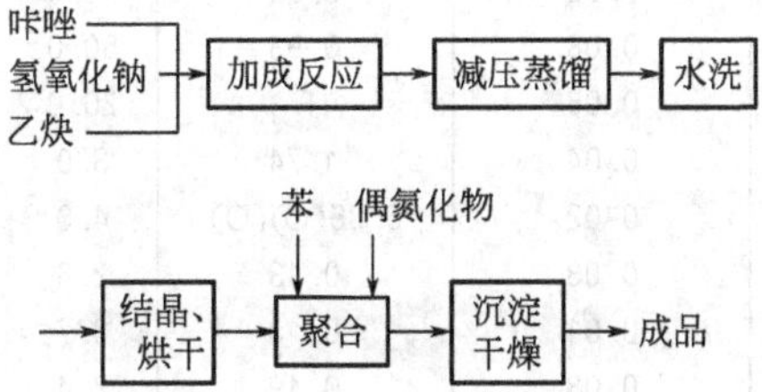

【用途】 在绝缘材料方面，聚（*N*-乙烯基咔唑）主要用作高频绝缘材料，如电容器介质、开关、电缆接和同轴电缆的绝缘材料，也可浸渍纸、棉、玻璃纤维制造低损耗高温高频电绝缘板、管和电器零部件。其泡沫塑料具有高绝缘性，多用于广播器材。在防腐方面，它可作云母板和石棉板的代用品，在120℃温度下使用的耐酸（包括氢氟酸）、碱和各种氟化物的化工防腐设备部件。*N*-乙烯基咔唑与苯乙烯或丙烯腈的共聚物耐沸水，也可用于制作印刷字体板。

可用于电子照相。性状：比电阻率 $10^{19}\Omega\cdot cm$，绝缘性很好，但小于 400m 的光照射时，能发生与波长有关的不同大小的光电流，PVK 的空穴迁移率在 $10^{-5}\sim10^{-6}cm\ (V\cdot s)^{-1}$之间。

此外，聚（*N*-乙烯基咔唑）可用作光导材料。德国、美国、英国和日本都有小批量生产。国内也在研制用2,4,7-三硝基芴酮类增感剂与聚乙烯咔唑树脂按一定比例配合，获得光敏感的并有较高灵敏度的电荷转移复合物，它作为光导材料应用于光塑录像中效果较好。此复合物制作的静电复印板耐柔曲，使用寿命和灵敏度都高于一般增感的氧化锌体系。

【安全性】 可包装于重包装塑料袋再外套编织袋或内衬塑料膜的多层牛皮纸袋或塑料容器内，贮放于阴凉通风干燥处，远离火源，避免日晒雨淋和锐利物刺破包装袋。可按非危险品运输。

【生产单位】 浙江三门县化工厂等。

Ba050 聚乙烯与聚酰胺的共混

【英文名】 The mixture of polyethylene with polyamide

【组成】 由聚酰胺（PA）、聚乙烯、二甲苯等组成。

【性质】 将聚酰胺（PA）掺入聚乙烯中可提高聚乙烯对氧及烃类溶剂的阻隔性，因此它是一种功能性聚合物共混物。

【成型加工】 HDPE/PA 共混体系若要具有良好的阻隔性，其 PA 必须以层状分散于 HDPE 基体中，随着 PA 含量的增加及 PA 分散相的层化，HDPE/PA 共混物的阻隔性随之提高。

美国杜邦公司用于与 HDPE 共混生产阻隔性聚合物共混物的 PA 实际上是一类加有增容剂的特殊 PA，其商品名称为 SELAR-RB。根据 HDPE 中添加 SELAR-RB 数量的不同，可以很方便地调节此共混体系的阻隔性，以其中的 SELAR-RB215 为例，一般在 HDPE 中加入5%～20%（质量分数）即有良好的二甲苯阻隔性。SELAR-RB 的品种和适用范围，HDPE/PA 制的容器与其他塑料制品的容器对溶剂的阻隔性数据。HDPE/ESLAR-RB 共混物对氧气的阻隔性也很卓越。

SELAR-RB 的品种和适用范围

品种	主要应用领域	阻隔特点	容器尺寸	备注
RB215 RB223 RB300	工业药品 工业药品 食品	烃类 烃类 烃类	5L 以下 5L 以下 20L 以下	阻氧性为 HDPE 的 5 倍,获 FDA 认可
RB337 RB421	工业药品 工业药品、食品	氧 氧、烃类	20L 以下 20L 以下	阻氧性为 HDPE 的 10 倍
RB901 RBM	汽油 汽油	烃类 烃类	— —	普通汽油用 含酒精汽油用

各种塑料容器对溶剂的阻隔性（以渗透的损失质量分数表示）

溶剂种类	HDPE/PA(88/12)	PVC	多层 EVOH	PAN	HDPE
甲苯	0.05	F	0.07	0.07	28.0
二甲苯	0.03	F	0.02	0.06	15.0
己烷	0.06	6.06	0.08	0.93	50.0
邻二氯苯	0.34	F	0.05	F	20.0
三氯甲烷	0.10	F	0.04	1.74	3.0
乙酸乙烯	0.13	O	0.02	5.85(C)(O)	4.0
乙酸异丁烯	0.00	F	0.03	0.13	2.6
乙酸丁烯	0.02	F	0.01	0.19	3.7
乙酸异丙酯	0.01	F	0.03	0.19	2.4
水杨酸甲酯	0.02	F	0.01	0.11	5.1
甲乙酮	0.23	F	0.02	F	2.8
甲基异丁基酮	0.01	F	0.12	0.09	1.8
四氢呋喃	0.11	F	0.01	0.01(C)	24.1
环己烷	0.00	F	0.01	F	0.6

注：试验条件为 50℃，28d，500mL 瓶；C 表示微裂；O 表示发白；F 表示龟裂，试验不能进行。

SELAR-RB 掺混 HDPE 的透氧性

组成	透氧系数/[mL · mm/(m² · 24h · MPa)]	对 HDPE 阻氧性提高的倍数
HDPE	470	
含 15%RB300	90	5
含7.5%RB421	10	47
含 15%RB421	6	80

注：环境条件 23℃，RH50%。

Ba051 茂金属聚烯烃弹性体

【英文名】 metallocene polyolefin elastomer; POE

【别名】 POE

【结构式】

$$\left(CH_2-CH_2\right)_n\left(CH_2-\underset{\underset{\displaystyle CH_3}{|}}{\underset{(CH_2)_5}{\underset{|}{CH}}}\right)_m$$

【性质】 茂金属聚烯烃弹性体（POE）是Dow化学公司于1994年采用限定几何构型催化技术（CGCT，也称为Insite技术）推出的乙烯-辛烯共聚物。作为弹性体，POE中辛烯单体的质量分数通常大于20%。与传统聚合方法制备的聚合物相比，POE有很窄的分子量分布和短支链分布，因而有优异的物理力学性能（高弹性、高强度、高伸长率）和良好的低温性能，又由于其分子链是饱和的，所含叔碳原子相对较少，因而具有优异的耐热老化和抗紫外线性能。窄的分子量分布使材料在注塑和挤出加工过程中不易产生挠曲。另一方面CGCT技术还有控制地在聚合物线型短支链支化结构中引入长支链，从而改善了聚合物的加工流变性能，还可以使材料的透明度提高。通过对聚合物分子结构的精确设计与控制，可合成出一系列密度、门尼黏度、MFR、拉伸强度和硬度不同的POE材料。

随POE的密度增大，材料的结晶熔点升高，拉伸强度增大，硬度呈上升趋势，100%定伸强度及弯曲模量亦随之升高，即呈现撕裂的特性。而当聚合物分子量一定时，POE的密度取决于共聚物中辛烯单体的含量，辛烯单体含量增加，密度减小，随之硬度降低，熔融温度下降，材料呈现橡胶特征（拉伸强度及模量变小，伸长率变大）。当POE的密度一定时（即有相近辛烯含量及一定的分子序列结构），材料的物理力学性能主要取决于共聚物的平均分子量，而分子量的大小对材料硬度的影响不大。

【质量标准】

茂金属聚烯烃弹性体

商品牌号	密度/(g/cm³)	辛烯质量分数/%	门尼黏度(120℃)	熔体流动速率/(g/10min)	DSC熔点/℃	邵氏硬度(A)	拉伸强度/MPa	伸长率/%
8180	0.836	28	35	0.5	49	66	10.0	>800
8150	0.858	25	35	0.5	55	75	15.4	750
8001	0.868	25	35	0.5	—	75	15.0	700
8100	0.870	24	23	1.0	60	75	16.3	750
8200	0.870	24	8	5.0	60	75	9.3	>1000
8300	0.870	24		5.0	—	—	—	—
8400	0.870	24	1.5	30	60	72	4.1	>1000
8500	0.870	24	—	5.0	—	—	—	—
8452	0.875	22	11	3.0	67	79	17.5	>1000
8852	0.875	22	—	—	—	—	—	—
8411*	0.880	20	3	18	78	76	10.6	1000
8003	0.885	18	22	1.0	86	86	30.3	700
8585	0.885	18	12	2.5	76	86	25.5	800
8401*	0.885	19	1.5	30	76	85	10.8	>1000
8440	0.897	14.5	16	1.6	95	92	32.6	710
8441	0.897	14.5	—	1.6	—	—	—	—
8480	0.902	12	18	1.0	100	95	35.3	750
8490	0.902	12	—	7.5	—	—	—	—
8450	0.902	12	10	3.0	98	94	30.7	750

续表

商品牌号	密度/(g/cm³)	辛烯质量分数/%	门尼黏度(120℃)	熔体流动速率/(g/10min)	DSC熔点/℃	邵氏硬度(A)	拉伸强度/MPa	伸长率/%
8550	0.902	—	7	4.3	98	94	30.4	800
8402*	0.902	13.5	1.5	30	100	94	14.1	940
8540	0.908	9.5	18	1.0	97	94	33.8	700
8445	0.910	9.5	8	3.5	93	94	27.9	750
8499	0.911	9.5	—	6.0	—	—	—	—
8745	0.911	9.5	—	3.1	—	—	—	—
8403*	0.913	9.5	1.5	30	88	96	13.7	700

注：* 含润滑剂，主要用于模制品。

【制法】 POE是采用溶液法聚合工艺生产的，聚合温度为80～150℃，聚合压力为1.0～4.9MPa（10～50kgf/cm²）。

【用途】 POE可以用作PP的耐冲击改性剂，也可以作为热塑性弹性体使用，另外还可以用作电线电缆护套材料和散热软管材料。

1. 聚丙烯的耐冲击改性剂

POE用作聚丙烯（PP）的耐冲击改性剂，比传统使用的三元乙丙橡胶（EPDM）有明显的优势。首先，粒状的POE易于与粒状的PP混合，省去了块状乙丙橡胶繁杂的造粒或预混工序；其次，POE与PP有更好的混合分散效果，与EPDM相比共聚物的相态更为细微化，因而使耐冲击性得以提高；另外，采用一般橡胶作为PP的耐冲击改性剂，在提高冲击强度的同时使产品屈服强度降低，而使用POE弹性体在增韧的同时仍然保持较高的屈服强度及良好的加工流动性。它的主要应用领域是耐用品和汽车部件，如保险杠、仪表板、门内衬等。低密度的Engage POE达到了类似于EPDM和高分子量EPR的增韧效果，甚至在分子量和密度相同的情况下，Engage POE比EPDM和EPR有更好的低温耐冲击性。

2. 热塑性弹性体材料

由于POE有较高的强度和伸长率，而且有很好的耐老化性能，对于某些耐热等级、永久变形要求不严的产品直接用POE即可加工成制品，可大大地提高生产效率，材料还可以重复使用。为了降低原材料成本，提高材料某些性能（如撕裂强度、硬度等），也可以在POE树脂中添加一定量的增强剂及加工助剂等。

3. 电线电缆护套

未经交联的POE材料耐温等级较低（不高于80℃），而且永久变形大，难以满足受力状态下工程上的应用要求。POE可通过过氧化物、辐射或硅烷来交联。与EPDM相比，交联时没有二烯烃存在，使聚合物的热稳定性、热老化性、耐候性和柔软性提高。复合加入一定量的填充增强剂及加工助剂，以利于综合性能的改善。

4. 散热软管

POE做散热软管的常用配方

配方/质量份	配方A	配方B
POE8180(ML23)	100.0	—
EPDM(充油20%,ML55,亚乙基降冰片烯)	—	70.0
EPDM(ML60,亚乙基降冰片烯)	—	50.0

续表

配方/质量份	配方 A	配方 B
N550(FEF)	85.0	85.0
石蜡油	35.0	35.0
氧化锌	5.0	5.0
氧化镁	10.0	10.0
硬脂酸锌	0.5	0.5
防老剂	4.0	4.0
硫化剂	1.0	1.0
40%DCP(过氧化二异丙苯)	10.0	10.0

【安全性】 参见 Ba001。产品包装为聚乙烯薄膜袋，每袋净重 25kg。贮存和运输时，仓库内或车厢内应保持干燥、整洁、通风良好。装卸时不得使用铁钩。

【生产单位】 目前国内尚无生产厂家，国外主要是 Du Pont Dow Elastomers 公司。

Ba052 乙烯基咔唑共聚物

【英文名】 vinyl carbazole copolymer

【性质】 乙烯基咔唑共聚物的性能见下表。

共聚物中单体	乙烯基咔唑含量/%	I/T	RC/s	时间/s	T_g/℃
无	100	18	10	0.2～0.3	225
丙烯酸丁酯	39	≥18	0.63	2.8	67
丙烯酸甲酯	72	—	—	0.09	—
丙烯丙酮	48	—	0.28	—	—
顺酐	65	≥18	0.83	24	113
乙酸乙烯酯	68	18	2.5	0.8	11

【制法】

1. *N*-乙烯基咔唑-乙烯醇共聚物

配方

N-乙烯基咔唑-醋酸乙烯共聚物	适量
四氢呋喃	100mL
氢氧化钠(1mol/L)	25mL
甲醇	600mL

把 *N*-乙烯基咔唑-醋酸乙烯共聚物溶于 100mL 四氢呋喃中，加入 25mL 1mol/L NaOH 的甲醇溶液中。上述溶液在 60℃下搅拌 3h，然后注入 600mL 甲醇中使之沉淀，然后聚合物再用四氢呋喃溶液注入甲醇中的方法进行两次重沉淀。得到的纯净聚合物产率为 90%，含 46.6%（摩尔分数）的 *N*-乙烯基咔唑。

2. *N*-乙烯基咔唑-乙酸乙烯酯

配方：

苯	100mL
N-乙烯咔唑	19.3g(0.1mmol)
乙酸乙烯酯	43.0g(0.50mmol)
甲醇	600mL
偶氮二异丁腈	150mg

把无水苯100mL置于250mL配有氮气入口装置和回流冷凝器的四口瓶中，该四口瓶缠以铝箔以避光，同时将氮气通入苯中达1h，然后加入19.3g乙烯基咔唑和43.0g乙酸乙烯酯并将混合物进行搅拌使乙烯基咔唑溶解。加入150mg偶氮二异丁腈，将这溶液在60～70℃下搅拌20h，把得到的黏稠溶液注入到600mL甲醇中去进行沉淀。分离得到的聚合物再用氯仿溶液注入甲醇中的方法进行两次重沉淀。最后得到的聚合物产率23%含有47.9%的*N*-乙烯基咔唑。

3. *N*-乙烯咔唑-3,5-二硝基苯甲酸乙烯酯共聚物配方：

乙烯基咔唑-乙烯醇	2.0g
无水吡啶	50mL
3,5-二硝基苯甲酰氯	3.88g
无水苯	15mL
甲醇	400mL

把*N*-乙烯基咔唑-乙烯醇2.0g溶于50mL无水吡啶中，将3,5-二硝基苯甲酰氯3.88g，在15mL无水苯中的溶液，边搅拌边加到吡啶溶液中去。得到的橙色溶液在室温下搅拌4h，反应混合物中留存的少量固体进行过滤除去。把滤液注入400mL甲醇中，分离得到的聚合物用四氢呋喃溶液注入甲醇中的方法进行两次重沉淀，用以提纯，得到3.2g黄色粉末。

4. *N*-乙烯基咔唑-丙烯酸丁酯共聚物配方：

N-乙烯基咔唑	8.49g(44mmol)
丙烯酸丁酯	2.81g(22mmol)
偶氮二异丁腈	50mg
甲醇	300mL

将无水的过氧化物的四氢呋喃25mL置于50mL三口瓶中，该瓶配有氮气入口装置和干燥管。瓶缠以铝箔用以避光，氮气通入溶剂中1h，然后加入碱洗过的*N*-乙烯基咔唑8.49g和2.81g丙烯酸丁酯。将反应混合物进行搅拌直至所有的乙烯基咔唑全部溶解为止。加入50mg偶氮二异丁腈，并将反应混合物在室温和充氮的情况下，搅拌7h，然后将四氢呋喃溶液注入300mL甲醇中，反应停止，将得到的白色沉淀生成物收集在滤纸上。这种生成物再以氯仿溶液注入甲醇中，进行两次沉淀来精制得到的纯净聚合物，产率为5%，其中含有4.055%的氮，相当于含45.6%的*N*-乙烯基咔唑。

5. 乙烯基咔唑-顺丁烯二酸二丁酯共聚物配方：

无水苯	50mL
乙烯基咔唑	6.37g(33mmol)
顺丁烯二酸二丁酯	3.76g(16.5mmol)
偶氮二异丁腈	36mg
甲醇	500mL

将无水苯50mL置于三口瓶中，该瓶包有铝箔保护，并通氮气通过苯1h。把6.37g*N*-乙烯基咔唑和3.76g顺丁烯二酸二丁酯加入苯中，并将混合物进行搅拌混合直至所有的乙烯基咔唑全部溶解为止。加入36mg偶氮二异丁腈，并将混合物在60～70℃加热3h。把所得的黏性溶液注到500mL甲醇中，使共聚物沉淀出来。把白色粉末状生成物，用氯仿溶液加到甲醇中去的方法，进行两次重沉淀加以精制，得到纯的聚合物，其产率为29%(3.0g)，其中含有3.85%氮，相当于57.2mol%的乙烯基咔唑的含量。

6. *N*-乙烯基咔唑-2-乙基己酸乙烯酯共聚物

配方：

偶氮二异丁腈	40mg
乙烯基咔唑	7.72g(40mmol)
乙基己酸乙烯酯	17.0g(100mmol)
苯	50mL

按照配方，可制备乙烯基咔唑-顺丁烯二酸二丁酯的方法；该共聚物用40mg偶氮二异丁腈作为引发剂，使乙烯基咔唑7.72g和乙基己酸乙烯酯17.0g，在

50mL 苯中进行共聚，得到纯的聚合物，其产率为 22%，其中含有 5.12%氮，相当于 68.2%乙烯基咔唑。

7. *N*-乙烯基咔唑-丙烯酸-2,4-二硝基苯酯共聚物

配方：

四氢呋喃	20mL
乙烯基咔唑	1.62g(8.4mmol)
丙烯酸-2,4-二硝基苯酯	1.0g(4.2mmol)
偶氮二异丁腈	8mg(0～4mol)

把无过氧化物的四氢呋喃 20mL 置于三口瓶中，该瓶缠有铝箔以避光，将氮气通过四氢呋喃 1h 左右，然后，加入乙烯基咔唑 1.62g，1.0g 丙烯酸-2,4-二硝苯酯和 8mg 偶氮二异丁腈，搅拌使其溶解，将瓶置于油浴中，溶液在回流下搅拌 21h，将淡黄色的溶液注入甲醇中进行沉淀。得到的聚合物用氯仿溶液加入甲醇中的方法进行两次重沉淀，以精制，得到聚合物。

8. 乙烯基咔唑-丙烯酸-2,4-二硝基苯酯共聚物

配方：

乙烯基咔唑	1.0g(5.2mmol)
丙烯酰氯	0.5g(5.2mmol)
偶氮二异丁腈	2mg(0.1mol)
2,4-二硝基苯酚	0.9g(5.2mmol)

将乙烯基咔唑 1.0g 新蒸馏的丙烯酰氯 0.5g、偶氮二异丁腈 2mg 和 10mL 氮气冲洗过的苯，在氮气流下，置于经火干燥过并包以铝箔的烧瓶内，该烧瓶配有冰-水冷却的冷凝器。反应溶液在 60℃搅拌 5h，然后在室温下搅拌 4h。这时溶剂也已挥发，所以要将 10mL 无水苯和 5mL 无水吡啶加到红色固体中去，溶解后，分批加入重结晶的 2,4-二硝基苯酚 0.9g。将得到的黏性溶液，剧烈搅拌 4h，把反应液加到甲醇中，沉淀得到的固体用四氢呋喃溶液注入甲醇中重新沉淀，可得到共聚物。

【用途】 用于光电导体。

【安全性】 可包装于重包装塑料袋再外套编织袋或内衬塑料膜的多层牛皮纸袋或塑料容器内，贮放于阴凉通风干燥处，远离火源，避免日晒雨淋和锐利物刺破包装袋。可按非危险品运输。

Ba053 乙烯-(甲基)丙烯酸共聚物

【英文名】 ethylene (methyl) acryate copolymer

【结构式】

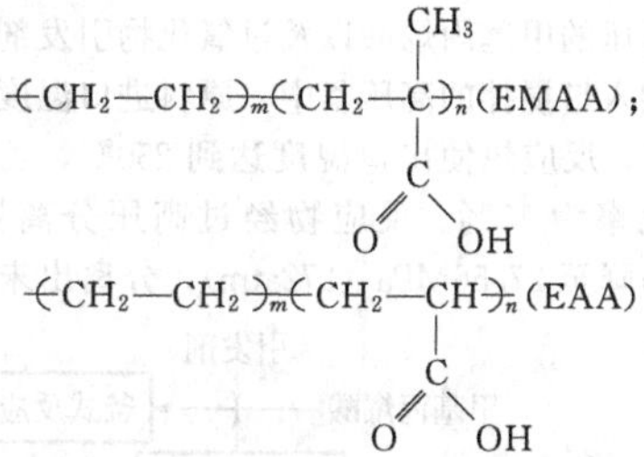

【性质】 EAA 和 EMAA 的分子结构是沿主链无规则地排列着羧酸基团的支链聚合物，其性能取决于酸的含量、分子量与长支链和短支链的支化度，由于酸基团的存在破坏了主链的线型，所以与聚乙烯相比，共聚物的熔点和刚性较低；由于氢键的作用，有利于改进其对金属箔、纸、玻璃、铝及其他金属和非金属材料的粘接性。羧酸基对性能的影响可归纳为以下几点。①热黏合性能。降低热封温度和增加热黏强度，与金属、玻璃和纤维有优异的黏合性，在表面污染情况下热封仍保持强度。②物理性能。提高拉伸强度、耐冲击强度和耐环境应力开裂。③增加柔曲性。④提高抗油脂性。⑤比 EVA 热稳定性好。

挤出涂层级乙烯共聚物树脂性能

性能	LDPE	EVA	EAA	EMAA
熔体指数/(g/10min)	4.0	10.0	9.0	10.0
共聚单体含量(质量分数)/%		9.0	6.5	9.0

续表

性能	LDPE	EVA	EAA	EMAA
密度/(g/cm³)	0.923	0.926	0.932	0.932
断裂拉伸强度/MPa	12.25	10.39	17.84	16.56
屈服拉伸强度/MPa	8.92	5.68	8.43	8.43
断裂伸长率/%	650	715	615	620
维卡软化点/℃	98	79	83	83

【制法】 乙烯-酸共聚物是乙烯和丙烯酸（或甲基丙烯酸）在自由基引发剂存在下，通过高压聚合而制得。现以乙烯-甲基丙烯酸共聚物为例，说明其制法。

将新鲜的和循环的乙烯经过一级和二级压缩机压至 18613MPa（1837atm），与经过升压的甲基丙烯酸以及过氧化物引发剂一起加入带搅拌的高压釜中，原料进口温度为48℃，反应热使出口温度达到 250℃，乙烯转化率为 15%。反应物经过高压分离器，压力降至 27.56MPa（272atm），分离出未反应的乙烯。该气体经过脱低分子蜡以后，进入二次压缩机入口前的缓冲器，循环使用。从高压分离器底部出来的熔融共聚物进入低压分离器，压力降至 0.172MPa（1.7atm），在此进一步分离出未反应的气体。该气体经过冷却器和分离器，分离出乙烯和甲基丙烯酸。乙烯经辅助压缩机升压后，和新鲜乙烯一起进入一级压缩机，循环使用。甲基丙烯酸经过处理循环使用。从低压分离器底部出来的共聚物熔体经挤出造粒即得产品，工艺流程如下。

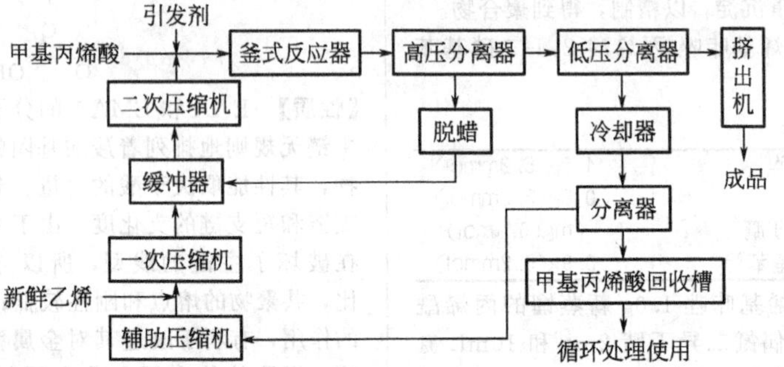

【质量标准】

Exxon 公司 EscorEAA 的牌号及性能

Escor 型号	熔体流动速率 (D1238) /(g/10min)	密度 /(g/cm³)	丙烯酸含量 /%	DSC 熔体温度 (D3417)/℃	DSC 结晶点 /℃	维卡软化点 /℃
5000	8.0	0.931	6.0	99	82	84
5001	2.0	0.931	6.0	99	84	84
5020	8.0	0.934	7.5	97	79	81
5050	8.0	0.936	9	96	76	78
5070	27.5	0.936	9	95	71	77
5100	8.0	0.940	11	94	72	74
5110	12.5	0.940	11	94	71	74
5120	8.0	0.948	13	93	68	65
5200	36.0	0.948	15	88	62	67

杜邦公司 Nucrel EAA 及 EMAA 牌号及性能

品种	牌号	酸含量/%	MFR/(g/10min)	用途
EMAA	0407	4	8	挤出涂布
	0411HS	4	11	高速挤出涂布
	0609HS	6	9	挤出涂布
	0902HC	8.7	1.5	吹塑、高透明膜
	0903	8.7	2.5	吹塑薄膜
	0910	8.7	10	挤出涂布、通用型
	0910HS	8.7	10	高速挤出涂布
	1202HC	12	1.5	与尼龙共挤出，高透明
	1207	12	7	挤出涂布
EAA	ARX48	7	7	挤出涂布
	3990	9	10.5	挤出涂布，通用型
	31001	9.5	0.9	吹塑薄膜

道化学公司 Primacor 树脂的性能和用途

Primacor黏合树脂	牌号	MFR/(g/10min)	密度/(g/cm³)	丙烯酸含量/%	膜厚/μm	冲击强度/N	撕裂强度/N ND	撕裂强度/N CD	光泽度(45°)	雾度/%	特性/用途
	Primacor 1320	2.6	0.932	6.5	50	6.37	205	300	55	6.0	烟肉包装
吹膜/流延	Primacor 1410	1.5	0.938	9.7	50	5.63	350	375	60	6.5	高热封强度，食用油包装，肉类包装(与尼龙共挤)，贴体包装
挤出涂覆	Primacor3340			9.0					0.932	6.5	69.9
	Primacor3440			10.0					0.940	9.0	66.0
	Primacor3460			20.0					0.938	9.0	71.1
	Primacor4608			7.7					0.934	6.5	83.8
	Primacor3002			9.3					0.936	8.0	35.0
	Primacor3003			7.4					0.935	6.5	45.0
水溶涂覆	Primacor5980			300					0.960	20.0	
挤出涂覆	Primacor3340		10.0			15.3			93		一般软包装热封或黏结层
	Primacor3440		9.8			17.0			93		腐蚀性产品包装的热封层，牙膏软管，黏结层
	Primacor3460		9.8			17.0			<90		低温热封性，真空镀铝，薄膜涂布
	Primacor4608		8.6			14.6			90		高热稳定性，黏结层
	Primacor3002		6.0			15.4			85		加工性佳，软包装热封或黏结层电缆屏蔽带
	Primacor3003		8.0			14.6			90		加工性佳，软包装热封或黏结层电缆屏蔽带

续表

Primacor黏合树脂	牌号	MFR /(g/10min)	密度 /(g/cm³)	丙烯酸含量/%	膜厚 /μm	冲击强度 /N	撕裂强度/N		光泽度(45°)	雾度 /%	特性/用途
							ND	CD			
水溶涂覆	Primacor5980										铝或纸的超薄(2～3μm)涂层,非织造布的黏结层

【成型加工】 EAA和EMAA的成型加工与LLDPE类似，可以采用挤出、涂塑、吹塑和注塑等方法。但是，由于EAA和EMAA的分子链中含有羧酸基团，对金属（尤其是软钢）有腐蚀作用，所以成型加工用的模具最好采用耐腐蚀金属制造，或者在模具内表面镀铬或镍。EMAA的热稳定性虽然比EAA好，但两者升温时均因分子链中羧酸基团相互反应生成醋酐而交联，形成凝胶。因此熔体温度应尽量低一些以制得优质产品。由于EAA和EMAA是黏性物质，所以要采用类似于高熔体流的动速率的LDPE加工条件。注塑的条件是熔体温度为176～232℃，注塑压力为3.43～6.89MPa，模具温度为21～32℃。为了防止在高温时产生凝胶，加工温度应尽量低些，电动机负荷要大一些。启动和关机期间，挤出机应该用LDPE树脂清洗。EAA和EMAA树脂仍在机中时不应关机。

【用途】 由于EAA和EMAA具有优良的耐磨性、低温耐冲击性、良好的透明度和着色性，广泛用于薄膜包装和涂层；由于EAA和EMAA具有突出的粘接性，很适于制作胶黏剂，用于黏结金属、玻璃和塑料。例如用于塑料薄膜和铝箔之间的黏结，可以制得复合薄膜、牙膏管等。在电缆护套中，用EAA或EMAA作胶黏剂以代替铅作屏蔽层，可大大减轻电缆质量。用EMAA粘接铝箔与橡胶、塑料等，可制作防化兵穿的防护服和大型天线等。将EMAA或EAA涂于普通玻璃上，可制成防爆玻璃。用EMAA或EAA与玻璃纤维制成的复合增强材料可用于汽车和建筑上。它们与聚氨酯层合可用作地毯的底衬。近年来在软包装复合挤出中有较多的应用。

① 液体包装高压PE/纸板/高压PE/铝箔/EAA/高压PE。

② 乳酪和肉类包装尼龙/表面处理剂/高压PE/EAA。

③ 电缆护层EAA/铝箔/EAA。

④ 咖啡包装上金聚酯/EAA/高压PE。

⑤ 香料包玻璃纸/EAA。

⑥ 干汤包线型PE/纸/高压PE/铝箔/EAA/高压PE。

⑦ 牙膏管/调味包高压PE/EAA/铝箔/EAA/高压PE。

与食品直接接触的包装，根据FDA规定：所用乙烯共聚丙烯酸含量不能超过25%，甲基丙烯酸含量不能超过20%；当丙烯酸含量为25%时，熔体流动速率为350g/10min是允许的。

【安全性】 可包装于重包装塑料袋再外套编织袋或内衬塑料膜的多层牛皮纸袋或塑料容器内，贮放于阴凉通风干燥处，远离火源，避免日晒雨淋和锐利物刺破包装袋。可按非危险品运输。

【生产单位】 美国杜邦公司，美国道化学公司，美国旭道公司，美国埃克森公司。

Ba054 乙烯-顺丁烯二酸酐共聚物

【英文名】 ethylene maleic anhydride copolymer

【结构式】 有三种结构式，分别如下。

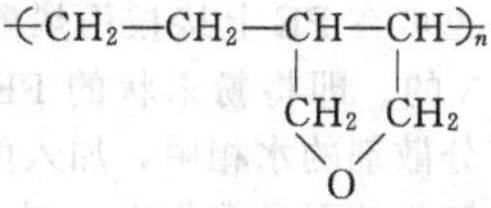

酸酐型

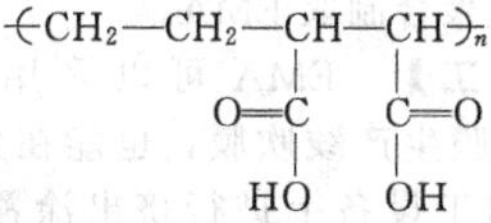

酸型

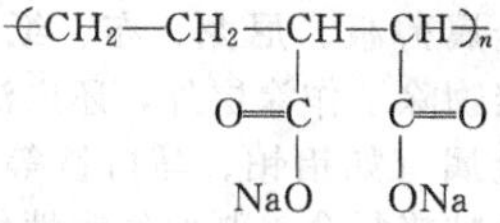

钠盐型

【性质】 乙烯-顺丁烯二酸酐共聚物有三种商品形式，即酸酐型、酸型和钠盐型，均为白色粉末，但性能有所不同。酸酐型共聚物因能水解成游离酸而溶于水中，还能溶于丙酮、吡咯烷酮和二甲基甲酰胺等有机溶剂，但不溶于大多数常用溶剂；钠盐型共聚物则只能溶于水中。三种共聚物的性能如下。

性能	酸酐型	酸型	钠盐型
外观	白色粉末	白色粉末	白色粉末
表观密度/(g/cm^3)	0.32	0.59	0.4
pH 值(1%水溶解)	2.35	2.35	6
软化点/℃	170	155	—
熔点/℃	235	217	—
分解温度/℃	247	250	—

在化学性质方面，酸酐型共聚物能水解成酸型，氨化成酰胺-胺盐，与醇类反应生成单酯或双酯。

如按其合成方法来分，乙烯-顺丁烯二酸酐共聚物又可分为一般共聚物和接枝共聚物。一般共聚物（两种共聚单体参与形成主链）溶于水，也溶于有机溶剂。由共聚物溶液流延制得的薄膜具有良好的透明性和力学强度。接枝共聚物在常温下不溶于水和有机溶剂，其物理力学性能、耐候性能、耐药品性、热合性等与聚乙烯相当。由于极性支链接枝到非极性的聚乙烯主链上的结构特点，接枝共聚物表现了对极性材料和非极性材料的优异粘接性。

【制法】 乙烯-顺丁烯二酸酐共聚物可有多种合成方法。

① 乙烯和顺丁烯二酸酐于高压釜中，在过氧化苯甲酰的作用下，于 85～100℃和 8.714～9.069MPa 的条件下共聚合而制得。

② 将 LDPE 薄膜置于含 50%顺丁烯二酸酐的溶液中，以过氧化苯甲酰为引发剂，于 110℃进行接枝共聚，再用溶剂萃取反应物中未反应的顺丁烯二酸酐，然后经干燥，即得接枝共聚物薄膜。

③ LDPE 与顺丁烯二酸酐充分混合，用^{60}Co辐射接枝共聚，得接枝共聚物。

④ 以 PE 和顺丁烯二酸酐为原料，过氧化苯甲酰为引发剂，在氮气存在下，进行熔融接枝或溶液接枝或悬浮接枝，均可制得接枝共聚物。

成型加工可采用 LDPE 的加工设备进行挤塑成型、共挤塑复合、多层共挤塑吹塑复合、挤塑涂覆等加工成型。其加工温度略低于 LDPE 的加工温度。

【用途】 一般共聚物的酸型结构物主要粘接经表面处理过的聚乙烯或纸等。还可用作洗涤剂增黏剂、纤维上浆剂、锅炉去垢剂及作金属薄板、尼龙、布、纸的涂层。接枝共聚物除了作涂层外，还广泛用于聚乙烯与金属（如铝铂、马口铁等）、尼龙等材料的粘接复合，制取气密性优良的复合薄膜、多层复合中空瓶、多层管、多层薄板等；可在钢管、钢板上作防锈剂，也可以制造通讯电缆的绝缘材料。此外，EMA 及其衍生物还可用作分散剂、护发喷雾剂、防皱霜等化妆品的基料、纸张填充料及上光剂、悬浮剂、皮革上光剂、增塑剂及润滑剂等。

【安全性】 产品包装为聚乙烯薄膜袋，每袋净重 25kg。贮存和运输时，仓库内或车厢内应保持干燥、整洁、通风良好。装卸时不得使用铁钩。

【生产单位】 国外主要是 Du Pont Dow Elastomers 公司。

Ba055 乙烯-丙烯酸甲酯共聚物

【英文名】 ethylene acryate copolymer；EMA

【结构式】

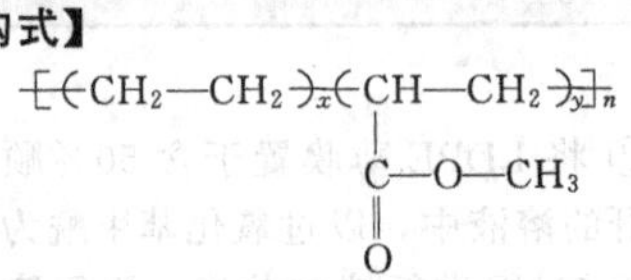

【性质】 一般的 EMA 的 MFR 为 2～6g/10min，MA 含量为 20%，也有高至 40% 的。EMA 的结晶度低于 EVA，因此比 EVA 更柔软而富有弹性。随着 MA 含量的增加，其柔软性和弹性也增加。EMA 的弯曲模量随着丙烯酸甲酯共聚单体含量的增加而减少。EMA 还具有良好的低温韧性和优异的耐环境应力开裂性。但是，EMA 与 LDPE 相比，维卡温度从 90℃ 降低到 57℃，因此 EMA 容易热封合，起封温度比 EVA 低，热封温度范围较宽，热封强度较好。EMA 的热稳定性优于 EVA，挤出温度可高达 300℃，不容易发生交联和降解。即使经多次挤出，其 MFR 变化也不大。因此，EMA 与 PE（LDPE、HDPE、LLDPE）以及高熔点聚合物如尼龙、聚酯及聚碳酸酯等共挤出和挤出，有理想的复合性能。

【制法】 一般采用高压反应釜式法生产，其生产设备和工艺流程与高压聚乙烯生产相类似。也可在 PE 上接枝丙烯酸甲酯来制取 EMA 的。即将粉末状的 PE 树脂悬浮在含有分散剂的水相中，加入丙烯酸甲酯，以过氧化苯甲酰等作引发剂，进行自由基接枝聚合制取 EMA。

【成型加工】 EMA 可以采用标准的 LDPE 薄膜生产线吹膜，也能在为 LDPE 设计的加工设备上进行挤出涂覆和共挤出，其加工性能随 MFR 值和 MA 含量而变化。建议采用与 EVA 相近的加工条件。

【用途】 EMA 主要应用于薄膜、共挤出、吹塑和共混等方面。如美国埃克森公司的 OPTEMA 系列的 EMA 塑料能用于生产医疗手套、汽车用垫圈及非织物纤维。

1. 薄膜

EMA 膜也称丝膜，非常柔软，且无噪声，不易皱褶，具有极高的落锤冲击强度，薄膜雾度大于 EVA 膜，阻隔性与 EVA 膜相近。可用于生产医用手套、医疗包装、小孩尿布腰胶带。EMA 符合美国 FDA 和 USDA 标准，适用于食品包装。

2. 复合挤出涂层/共挤出

EMA 与其他聚合物具有良好的相容性和粘接强度，可用于复合膜的热合层、多层共挤的中间黏合层、无纺布的涂层、地毯粘层，还可以和聚碳酸酯共挤出。Chevron Chemical 生产的与聚烯烃复合/黏结用的 EMA 牌号，性能可与离子聚合物相比，但成本则比离子聚合物要低。

3. 相容剂

EMA 可作为其他聚合物的改性、各类浓缩母料的基料和聚合物共混时的相容剂，以改善冲击性能、热封性、韧性、柔软性及增加表面摩擦系数。

4. 其他

EMA 可用于热收缩管、注塑喷嘴、汽车垫圈、真空管及泡沫制品。

【安全性】 可包装于重包装塑料袋再外套编织袋或内衬塑料膜的多层牛皮纸袋或塑料容器内，贮放于阴凉通风干燥处，远离火源，避免日晒雨淋和锐利物刺破包装袋。可按非危险品运输。

【生产单位】 美国 Chevron Chemical 公司，美国 Exxon Chem 公司（美国埃克森公司）等。

Ba056 乙烯-丙烯酸乙酯共聚物

【英文名】 ethylene-ethyl acryate copolymer；EEA

【结构式】

$$\left[\left(CH_2CH_2\right)_x\left(CH_2\underset{\substack{|\\COOCH_2CH_3}}{CH}\right)_y\right]_n$$

【性质】 EEA 是聚烯烃树脂中韧性和柔软性最好的一种。产品范围，包括从类橡胶适合于作热熔胶黏剂的低熔点产品到类聚乙烯的具有非同寻常的韧性和柔软性的产品。由于丙烯酸乙酯（EA）的存在，降低了产品的结晶度，赋予共聚物柔软性和极性。通常 EA 的含量为 5%～20%，随着 EA 含量的增加，其密度和柔软性也增加。EEA 是一种结晶度低于聚乙烯的热塑性树脂，它具有与 EVA 基本相似的性质，但 EEA 的热稳定性优于 EVA，可在较高温度下进行加工。其低温柔软性好，能在更广泛的温度范围内及低温下保持柔软性。它具有较大的填料填充性，优良的耐弯曲开裂和耐环境应力开裂性，弹性较好，与烃类树脂的黏结性好于 EVA。应当指出的是 EEA 与有机过氧化物进行交联后，其耐热性、耐蠕变性和耐溶剂性能均有所提高。EEA 的耐化学性比 EVA 好，可用于制造输送化学品的软管。但在耐石蜡烃和芳香烃等有机溶剂方面，EEA 比 PE 差。

EEA 的填料容量大，通常加入 30% 左右的填料。添加各种填料后，其 MFR 值和伸长率下降，脆化温度和刚性上升，仍保持 EEA 的使用性能。

交联 EEA 的性能

配方		拉伸强度/MPa		伸长率/%		弹性模量/MPa		凝胶含量/%	交联密度/(mol/cm³)
EEA	DCP	23℃	160℃	23℃	160℃	23℃	160℃		
100	0	13.17	流动	980	流动	35.51	流动		
98.5	1.5	20.55		870		32.05		63.2	0.023
97.0	3.0	20.55	0.34	670	36	25.51	1.62	93.3	
95.5	4.5	14.96		620		24.82		96.7	

EEA 加入各种填料后的性能

项目	EEA	EEA70%，石棉 30%	EEA70%，偏硅酸钙 30%	EEA70%，碳酸钙 30%
MFR/(g/10min)	5	3	4	3
弯曲弹性模量/MPa				
70℃	2.5	7	7	7
40℃	10	30	26	23
23℃	32	61	56	49

续表

项目	EEA	EEA70%，石棉 30%	EEA70%，偏硅酸钙 30%	EEA70%，碳酸钙 30%
0℃	58	100	77	67
−25℃	160	300	220	200
邵氏硬度(A)	86	94	94	94
脆化温度(完好率 80%)/℃	−100	−45	−45	−50

【制法】 EEA 的制法有高压本体聚合法和接枝聚合法等。

1. 高压本体聚合法

此法与高压聚乙烯的制法相似，但需要增加丙烯酸乙酯的加料与回收系统。聚合是在 9.8～20.58MPa 压力和 100～350℃ 温度下，以自由基（氧或有机过氧化物）引发聚合。乙烯和丙烯酸乙酯的竞聚率与乙烯和乙酸乙烯不同，丙烯酸乙酯的竞聚率要高 30 倍以上。所以即使在转化率低的情况下，EEA 共聚物中丙烯酸乙酯的含量也要较单体混合物中的比例高得多。

乙烯和丙烯酸乙酯高压共聚时，所用反应器也有管式和釜式两种，但管式反应难以维持一定的温度、压力和单体浓度，使产品质量欠佳，故以釜式法为好。其工艺流程和 EVA 相似。

2. 接枝聚合法

将粉状聚乙烯树脂悬浮于含有分散剂的水相中，加入丙烯酸乙酯，加热使其在聚乙烯熔点以下温度、在氮气存在下以过氧化苯甲酰为引发剂，进行自由基接枝聚合制得 EEA 接枝共聚物；亦可以用乙酸丁酯作悬浮液，臭氧作引发剂，在 100℃ 下进行聚合制得 EEA 接枝共聚物。

【质量标准】

日本丸红株式会社尤尼卡公司 EEA 产品技术指标

指标名称	测试方法 ASTM	DPDJ-6182	DPDJ-6169	DPDJ-6169BK	DPDJ-9169	DPDJ-8026
熔体流动速率/(g/10min)	D1238	1.5	5	6	20	13
丙烯酸乙酯含量/%	(NUC 法)	15	18	18	18	8
密度/(g/cm³)	D1505	930	930	940	930	940
拉伸断裂强度/MPa	D638	15	11	11	7	12
拉伸弹性模量/MPa	D638	50	39	39	30	28
断裂伸长率/%	D638	700	700	700	750	150
邵氏硬度(A)	D2240	92	89	89	89	
邵氏硬度(D)	D2240	33	31	31	30	48
脆化温度/℃ <	D746	−75	−75	−75	−75	−75
耐应力开裂(F_{50})/h	D1693	>504	>504	>504	48	12
维卡软化点/℃	维卡特法	61	56	56	50	74

美国联合碳化物公司 EEA 产品技术指标

加工类型	挤出薄膜	
品种牌号	EA 含量(质量分数)2%	DFDA6169NTd EA 含量(质量分数)8%
熔体流动速率/(g/10min)	0.2	6.2
密度/(g/cm³)	0.921	0.93

续表

加工类型	挤出薄膜	
品种牌号	EA含量(质量分数)2%	DFDA6169NTd EA含量(质量分数)8%
熔融温度/℃	232.2	204.4
拉伸屈服强度/MPa	22.1	9.3
断裂伸长率/%	350	600
弯曲弹性模量/MPa	165.48	34.48

【成型加工】 EEA可采用注塑、挤塑、吹塑等方法成型，它具有LDPE那样的加工性能，可采用LDPE设计的标准的注塑、挤塑、吹塑等设备，其加工条件随MFR和EA含量而变。成型收缩率为1%～3%。无论采用哪种成型加工方法，通常均无需使用助剂。

1. 注塑

应尽可能地冷却模具或加入硬脂酸锌类的润滑剂就能解决脱模问题。推荐的注塑条件是：料筒温度205～285℃，料温205～285℃，模具温度不超过60℃。

2. 挤出

EEA和LDPE、情况相似。由于黏度和温度关系不同，挤出机螺杆的长径比*L*/*D*应大于20，压缩比大于4∶1以上。挤出的推荐条件如下。

挤出工艺	EEA管材	EEA片材
树脂温度/℃	120	50
机头温度/℃	115	130
口模温度/℃	115	130
机筒温度/℃		
前部	115	130
中部	110	125
后部	105	120
机头压力/MPa	17.5	14.0
过滤网目数及层数	20/40/60	20/60
拉伸辊温度/℃		
上		35
中		4
下		30
螺杆转速/(r/min)		40～50

3. 吹塑

推荐条件：料温135～191℃，模具温度不高于50℃，空气压力0.196～0.588MPa。

【用途】 EEA系列产品工业化生产已经多年，但市场上使用最多的是分子量较高、较柔软的产品，主要用于模塑和挤出。典型的用途包括：聚合物改性、热熔性胶黏剂和密封剂、挠性软管和普通管子、层压片材、复合薄膜、注塑零部件和挤压中空容器、管材及电线和电缆混合料。

(1) 日用品　由于EEA挤压柔软性及皮革状的手感，适宜进行薄壁快速成型，可制玩具手枪的套盒、低温用密封圈、家庭用品（如容器）及各种家用器具零部件、纺织品的代用品（如帷幕）等。

(2) 管材　由于EEA具有易弯、耐折和弹性好的特点，且长期与水接触没有PVC那种增塑剂析出的缺点，因此适合于生产农用、医用软管，真空吸尘器软管和搬运机械化的连接部件等。

(3) 包装材料　在薄膜应用领域，EEA被用于复合薄膜的黏合层，并与其他聚合物掺混以改进材料的低温韧性和耐应力开裂性能。EEA对填料有很高的容纳性，以EEA和炭黑为原料的半导体薄膜及管材被制成微型芯片的包装材料、甘油炸药袋以及多种防静电的医疗用品如手术袋、一次性手套等。

(4) 胶黏剂　EEA 热熔胶胶黏剂具有独特的综合性能，包括很高的剪切破坏温度和低温韧性以及对非极性基材有优良的黏合力，因此可用于烯烃聚合物的黏结，可做领衬、金属表面防护层和地毯背衬等。

(5) 共混　EEA 与烯烃类聚合物或工程塑料掺混在一起，可制得具有两种树脂优点的产品，或者作为其他塑料的掺合成分提高其低温柔软性、耐环境应力开裂性和耐冲击性。

EEA 与其他聚烯烃（如 VLDPE、LDPE、LLDPE、HDPE 和 PP 等）配混在一起、一般用来生产一种模量能达到专门要求又保留所想要的 EEA 特性的产品。高模量聚合物如聚酰胺和聚酯添加了 EEA 后，耐冲击性能显著提高。EEA 还可以掺入炭黑制半导体材料或导电性塑料。如在动力电缆的半导体层中加入 EEA 作为填充改性剂后，可在 LDPE 基料中加入大量的炭黑。

【安全性】 可包装于重包装塑料袋再外套编织袋或内衬塑料膜的多层牛皮纸袋或塑料容器内，贮放于阴凉通风干燥处，远离火源，避免日晒雨淋和锐利物刺破包装袋。可按非危险品运输。

【生产单位】 美国联合碳化物公司，日本丸红株式会社尤尼卡公司等。

Bb 聚丙烯

1 聚丙烯定义

聚丙烯（PP）属于热塑性树脂，是五大通用树脂之一。外观为白色粒料，无味、无毒，由于晶体结构规整，具备易加工、抗冲击强度、抗挠曲性以及电绝缘性好等优点，在汽车工业、家用电器、电子、包装及建材家具等方面具有广泛的应用。

PP的结构特点决定了其五大特性：(a) 它的分子结构与聚乙烯相似，但是碳链上相间的碳原子带有一个甲基（$—CH_3$）；(b) 通常为半透明无色固体，无臭无毒；(c) 由于结构规整而高度结晶化，故熔点高达167℃，耐热且制品可用蒸汽消毒是其突出优点；(d) 密度$0.90g/cm^3$，是最轻的通用塑料；(e) 耐腐蚀，拉伸强度30MPa，强度、刚性和透明性都比聚乙烯好。

但是，PP的缺点是耐低温冲击性差，较易老化，可分别通过改性和添加抗氧剂予以克服。

近十年，我国聚丙烯消费量以年均10%的速度增长，大大超过了世界平均增长水平，是我国第二大消费合成树脂，仅次于聚乙烯。旺盛的市场需求也催生了聚丙烯产能和产量的快速增长，在五大通用塑料中，产量仅次于聚乙烯和聚氯乙烯，位列第三位。

2 聚丙烯分类

聚丙烯可以有多种分类，按聚丙烯分子中甲基的空间位置不同分为等规、间规和无规三类，等规聚丙烯（全同立构聚丙烯），英文缩写为iPP。

按聚合工艺，等规聚丙烯的聚合可以分为泥浆法、本体法、溶液法和气相法等几种方法。按用途可以分为扁丝（窄带）、纤维、薄膜、挤塑、吹塑、注塑等级别；按单体种类分为均聚聚丙烯和共聚聚丙烯。

从立体化学来看，iPP分子中每个含甲基的碳原子都有相同的构型，即如果把主链拉伸（实际呈线团状），使主链的碳原子排列在主平面内，则所有的甲基都排列在主平面的同一侧。

我国各石化企业生产的均聚聚丙烯都属于等规聚丙烯，基本性能如前所述，典型产品如北京燕山石化的PP2401、扬子石化的F401、齐鲁石化的T30S等。

3 聚丙烯应用

(1) 编织制品 编织制品（塑编袋、篷布和绳索等）所消耗的PP树脂在我国一直占很高的比例，是我国聚丙烯消费的最大市场，主要用于粮食、化肥及水泥等的包装。

(2) 注塑成型制品 注塑制品主要应

用在小家电、日用品、玩具、洗衣机、汽车和周转箱上。

（3）薄膜制品　聚丙烯薄膜主要包括BOPP、CPP、普通包装薄膜和微孔膜等，BOPP具有质轻、机械强度高、无毒、透明、防潮等众多优良特性，广泛应用于包装、电工、电子电器、胶带、标签膜、胶卷、复合等众多领域，其中以包装工业使用量最大。

（4）纤维制品　聚丙烯纤维（即丙纶）是指以聚丙烯为原料通过熔融纺丝制成的一种纤维制品。由于聚丙烯纤维有着许多优良性能，因而在装饰、产业、服装三大领域中的应用日益广泛，已成为合成纤维第二大品种。

（5）管材　聚丙烯管材具有耐高温、管道连接方便（热熔接、电熔接、管件连接）、可回收使用等特点，主要应用于建筑物给水系统、采暖系统、农田输水系统及化工管道系统等。

4　聚丙烯结构、特点与成型加工

4.1　聚丙烯结构

由于丙烯聚合时使用的催化剂不同，制得聚丙烯的分子结构也不同。按甲基在空间的排列方式不同，形成了三种不同立体结构的丙烯：等规、间规和无规聚丙烯。

甲基都排列在由主链构成的平面一侧的称为等规聚丙烯，其结构可简单表示如下。

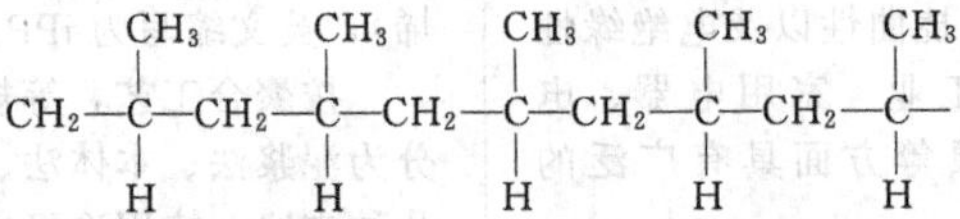

甲基交替排列在由主链构成的平面两侧的称为间规聚丙烯，简单结构如下。

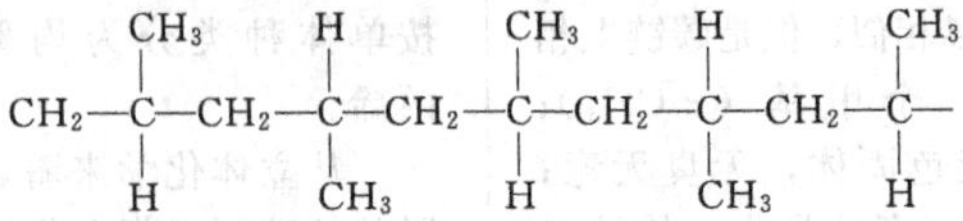

甲基沿着主链构成的平面两侧无规则排列的称为无规聚丙烯，如下所示。

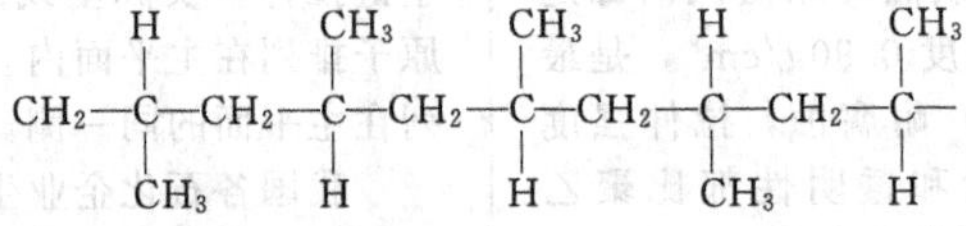

只有采用特殊的催化剂才能制得等规或间规聚丙烯，这种聚合方法称为定向聚合。由于等规和间规聚丙烯分子排列很规整，很容易结晶。等规聚丙烯具有高结晶度（60%左右）、高韧性和高熔点（168～171℃）等特点。无规聚丙烯分子排列缺乏规整性，不能结晶，在玻璃化温度（T_g）以下是一种无定形类似橡胶的聚合物。工业用的等规聚丙烯一般等规度为90%～95%，分子量在8万以上。

4.2　聚丙烯特点

（1）物理性能　聚丙烯为无毒、无臭、无味的乳白色高结晶的聚合物，密度只有0.90～0.91g/cm^3，是目前所有塑料中最轻的品种之一。它对水特别稳定，在水中24h的吸水率仅为0.01%，分子量8万～15万。成型性好，但因收缩率大（1%～2.5%），厚壁制品易凹陷，对一些尺寸精度较高零件，还难于达到要求。制品表面光泽好，易于着色。

（2）力学性能　聚丙烯的结晶性高，结构规整，因而具有优良的力学性能，其屈服、拉伸、压缩强度和硬度、弹性等都比HDPE高，但在室温及低温下，由于本身的分子结构规整度高，所以冲击强度较差，分子量增大时，冲击强度也随之增大，但成型加工性能变差。聚丙烯有突出的抗弯曲疲劳强度，如用PP注射一体活动铰链，能承受7×10^7（即7000万次）次开闭的折叠弯曲而无损坏痕迹，它的耐摩擦性能也较好，其摩擦系数与尼龙相似，但在油润滑时，其摩擦性能显然不如尼龙，PP只能用来制作PV值较低的以及不受冲击载荷的齿轮和轴承。在表面效应方面，如在其制品表面压花、雕刻等，则比任何其他热塑性塑料都容易。聚丙烯制品对缺口特别敏感，因此在设计模具时必须注意避免尖角存在，否则会容易产生应力集中，影响产品的使用寿命。

(3) 热性能　聚丙烯具有良好的耐热性，它熔点为164～170℃，制品能在100℃以上的温度进行消毒灭菌。在不受外力作用时，150℃也不变形，在90℃的抗应力松弛性能良好，它的脆化温度为－35℃，在低于－35℃的温度下会发生脆裂，耐寒性不如聚乙烯，若用石棉纤维和玻璃纤维增强后，有较高的热变形温度、较好的尺寸稳定性和低温冲击性能。

(4) 化学稳定性　聚丙烯的化学稳定性很好，除能被浓硫酸及硝酸侵蚀外，对其他各种化学试剂都比较稳定，但是低分子量的脂肪烃、芳香烃和氯化烃等能使聚丙烯软化和溶胀，同时它的化学稳定性随结晶度的增加还有所提高。所以，它适合于作各种化工管道和配件，防腐效果良好。

(5) 电性能　聚丙烯的高频绝缘性能优良，由于它几乎不吸水，故绝缘性能不受湿度的影响。它有较高的介电系数，且随温度上升，可以用来制作受热的电气绝缘制品，它的击穿电压也很高，适合用作电器配件等。抗电压、耐电弧性好，但静电度高，与铜接触易老化。

(6) 耐候性　聚丙烯对紫外线很敏感，加入氧化锌、硫代丙酸二月桂酯、炭黑或类似的乳白填料等则可改善其耐老化性能。等规聚丙烯性能见下表。

项目		数值
密度/(g/cm^3)		0.90～0.91
吸水率/%		0.03～0.04
成型收缩率/%		1.0～2.0
拉伸强度/MPa		30.0～39.0
伸长率/%		>200
弯曲强度/MPa		42.0～56.0
冲击强度(缺口)/(kJ/m^2)		2.2～2.5
压缩强度/MPa		39.0～56.0
硬度(R)		95～105
热变形温度/℃	1.86MPa	55～67
	0.45MPa	100～116
脆性温度/℃		－35
相对介电常数(10^5Hz)		2.0～2.6
击穿强度/(kV/mm)		30
介电损耗角正切		0.001
耐电弧性/s		125～185

4.3　聚丙烯成型加工

聚丙烯具有良好的加工性能，和一般热塑性树脂一样可用注塑、挤塑、吹塑和纺丝等方法进行成型加工，也可熔接、热成型、电镀和发泡，需要时还可进行二次加工。可以制得容器、管材、板材、薄膜、扁丝、纤维、瓶类和各种注塑件等。聚丙烯流动性好，软化点高，热焓低，所以成型周期较大多数热塑性塑料短，而且加工前不需干燥。成型方法与不同制品及所选用树脂的熔体流动速率（MFR）有一定的关系。

(1) 纺丝　聚丙烯纺丝有湿法和干法两种。熔融纺丝过程为：熔融挤出牵引冷却热拉伸退火。牵引速度和挤出速度之比为（60～200）：1，纺丝速度为150～

300m/min。用于纺织纤维的PP对分子量分布和熔体流动速率有一定要求，决定可纺性的关键指标是分子量分布，分子量分布越窄，可纺性越好；生产PP扁丝通常采用挤出扁丝级PP为原料，MFR在1.5～6.0g/10min范围内。MFR稍大一些也可，但不宜过小，否则造成加工困难。对原料树脂的主要要求是分子量分布尽量窄些，树脂中没有高分子量的凝胶组分或晶点，对户外使用的扁丝织物应选用抗紫外线级的PP。为改善PP的柔韧性、手感和防滑性，可在PP树脂中加入少量的LLDPE（MFR为0.5g/10min，用量约为15%）或HDPE（用量在6%左右）。

（2）吹塑　PP树脂是结晶性高聚物，在挤出机中熔融后，晶态结构全部消失，由于冷却的情况不同，薄膜的透明度和物理力学性能不同。冷却慢，结晶度高，薄膜的透明性差；冷却快，结晶度低，薄膜的透明度高，物理力学性能好，薄膜手感好。因此PP吹膜，常采用下吹式水冷法制法。从机头口模挤出的管坯吹胀后，立即受到冷却水套的冷却与定型，而后通过夹板、牵引辊，最后卷取。由于PP的MFR不同，吹塑时采用的挤出温度也不同。一般来说，MFR小的挤出温度高，反之挤出温度低。挤塑吹塑管膜时，加工温度一般为220～250℃。

（3）挤出　挤塑成型法可加工制得管材、板材、片材、薄膜、单丝、型材和电线、电缆包覆等。挤塑成型可采用单螺杆或双螺杆挤出机，长径比（L/D）为20～24，压缩比3.5～4.0，螺杆前设有100目的过滤板，挤塑温度一般为260～280℃。T形膜成型挤塑平膜多用均聚物，料筒进口末端温度230℃，口模温度260～280℃；以PP塑料打包带为例，它的制法并不复杂，将PP投入挤出机，物料受热熔融，经机头，挤出成带，再经拉伸压花等工序，即制成塑料打包带。根据需要可以在原料中加入适当的色母料来生产不同颜色的打包带。

（4）注塑　注塑是PP制品的最重要成型方法之一，聚丙烯的注塑成型可选用任何标准的柱塞式或螺杆式注塑机，而螺杆式较柱塞式塑化均匀，压力损失小，加工温度较低，制品质量好。一般来说注塑成型宜选用熔体流动速率2～5g/10min的树脂为宜，但选用螺杆式注塑机时，可选用熔体流动速率低于0.3～0.8g/10min的树脂。用注塑成型加工大而薄的制品时，可选用熔体流动速率高达18g/10min的树脂。加工条件与选用的成型机械、制品大小、形状、模具构造和树脂牌号有很大关系。注塑压力一般为6.86～13.7MPa，模具温度为40～60℃，注塑温度为200～300℃。对易于产生气泡的制品，模具温度应更低些。有些特殊制品，注塑温度可高至315℃，但不得超过315℃。否则树脂将严重降解。

注塑具有成型周期短，能一次成型外形复杂、尺寸精确的制品，生产效率高，对成型各种塑料的适应性强等一系列优点，因此注塑是一种比较经济而先进的塑料成型技术，近年来得到了迅速发展。聚丙烯的注塑成型工艺条件如下。

熔体流体速率/(g/10min)	树脂温度/℃		注塑压力/MPa		模具温度/℃	
	活塞式	螺杆式	活塞式	螺杆式	活塞式	螺杆式
3.0	220～260	200～250	10～20	40～70	40～60	40～60
1.0	240～280	220～250	10～20	40～70	40～50	40～60
0.3	260～300	240～280	10～20	40～70	40～60	40～60

(5) 其他 聚丙烯制品还可以进行涂饰、黏合、印刷、焊接、电镀、剪切、切削、挖刻等二次加工。

5 聚丙烯的改性

聚丙烯主要缺点是具有低温脆性、成型收缩率大、不易染色、耐光性差，同时，其耐热性与耐磨性比一般工程塑料差。为了克服聚丙烯的弱点，扩大其应用领域，常通过化学共聚、机械共混或带有化学反应的共混等多种方式进行改性。

为选择适合的聚合物来改性聚丙烯的抗冲击性能，应选择两相界面浸润良好、表面能接近的体系。聚丙烯的表面张力与PE、EPR、BR、SBS的相近，可用它们对聚丙烯进行改性。

5.1 聚丙烯与聚乙烯 (PP/PE) 共混

聚乙烯玻璃化温度低，PP/PE共混能改善聚丙烯的低温脆性，在PP/PE体系中，随着PE含量提高，拉伸强度与刚性均呈下降趋势。成都科技大学崔香福等对PP/PE共混体系研究结果，在HDPE含量接近20%时，拉伸强度呈极大值，拉伸强度为34.5MPa (纯PP为33MPa)，缺口冲击强度为5.6kJ/m^2 (纯PP为3.4kJ/m^2)。据研究，拉伸强度的提高是由于HDPE插入和分割PP球晶，减小了球晶尺寸，并增强了PP和HDPE相界面中作用力，因而提高了PP/HDPE共混物的拉伸强度。浙江大学张中平等对PP/HDPE共混体系的研究，当HDPE大于20%以后，拉伸强度与缺口冲击强度均呈下降趋势，拉伸强度无一极大值，缺口冲击强度在HDPE15%～20%时产生极大值。由上述结果一致表明HDPE含量不宜超过20%含量，上述两结果存在差异之处，可能是因使用的共混设备与加工过程等有差别。

聚丙烯/超高分子量聚乙烯 (PP/UHMPE) 共混：UHMPE具有突出的冲击强度、耐磨性、热稳定性和耐疲劳性，但流动性极差。北京化工大学励杭泉等用单螺杆、双螺杆及四螺杆挤出机研究了PP/UHMPE的共混，结果表明，用单螺杆共混出现了“负增韧”现象，强度低于纯PP，双螺杆及四螺杆能使PP/UHMPE均匀混合，能提高PP的力学性能。PP/UHMPE共混合金的力学性能如下表所示。

质量配比 PP/UHMPE	缺口冲击强度/(kJ/m^2)		拉伸强度/MPa	
	双螺杆	四螺杆	双螺杆	四螺杆
100/0	7.8		19.5	
100/5	11.8	12.0	22.0	22.4
100/10	14.7	14.1	23.0	23.1
100/15	14.2	16.8	22.1	22.4
100/20	12.4	15.3	21.5	21.4

由表中数据可知，用双螺杆加工，组成100/10为最佳值；用四螺杆加工的最佳共混组成为100/15。在PP/UHMPE体系中加入EPDM，用四螺杆挤出造粒，其力学性能如下表所示。

质量配比 PP/UHMPE/EPDM	缺口冲击强度/(kJ/m^2)	拉伸强度/MPa
100/5/2.5	18.8	19.0
100/10/5	22.7	21.6
100/15/7.5	26.7	23.1
100/20/10	23.8	20.1

通过表中数据表明EPDM对PP/UHMPE体系具有增容效果。

5.2 聚丙烯与弹性体共混

弹性体增韧PP虽然在工业上已取得成功，但其韧性的提高，总是以牺牲刚性、强度和热变形温度等性能为代价。弹性体增韧聚烯烃的增韧效果与弹性体粒子的尺寸、分散情况、界面状况、树脂基材的韧性有关。由于EPDM和EPR这两种弹性体与PP相容性好，因此增韧效果较佳，优于其他弹性体。制备PP合金时，选用PP/HDPE复合基材，韧性优于PP基材。PP与PE相容性有一定限度，为提高PP与PE之间的相容性，可加弹性体EPDM，EPDM不仅能起相容剂的作用，而且对PP合金具有优良的增韧作用。目前已采用交联型弹性体增韧PP，有利于保持增韧体系的强度和模量。南京化工大学李乔钧等对动态交联热塑性弹性体增韧PP及PP/HDPE/SBS合金的研究成果如下。

(1) 动态交联热塑性弹性体增韧PP

① 动态交联聚烯烃热塑性弹性体(TPO)的制备

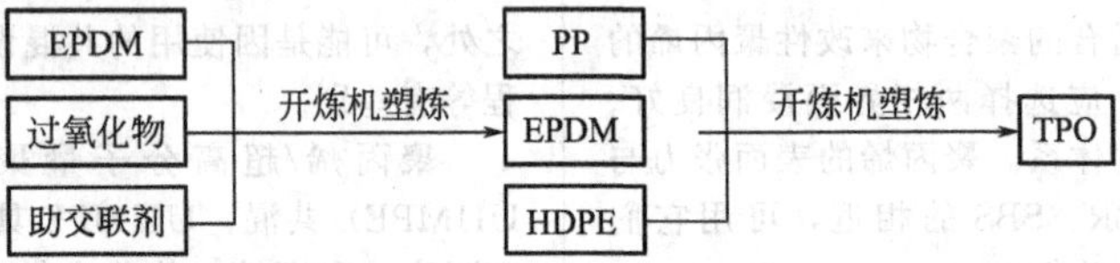

② TPO增韧PP合金的制备

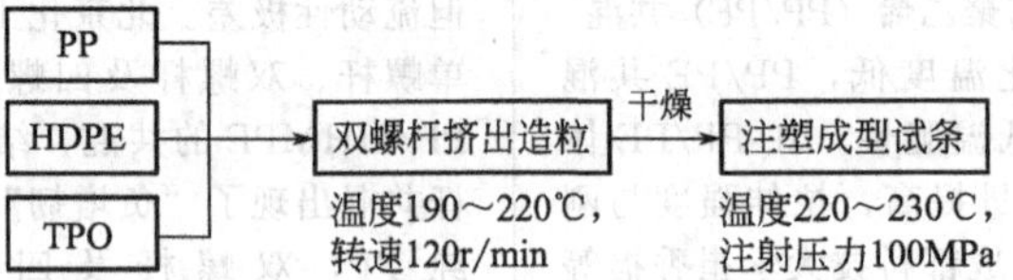

研究结果表明由PP/HDPE/TPO(2∶2∶1)所制备的聚丙烯合金，低温(−25℃)缺口冲击强度高达13.4kJ/m^2，是纯PP的4.3倍，其综合力学性能也较均衡。当PP/HDPE/EPDM＝1∶1∶3，加适量的交联剂DCP与助交联剂s，所制备的TPO增韧PP共混体系的效果最佳。通过对此合金的结晶行为研究表明在PP/EPDM/HDPE三元共混体系中，PP与HDPE是分别结晶，而PP/TPO/HDPE三元共混物的PP与HDPE产生了共结晶现象，说明TPO对于PP/HDPE的增容作用优于EPDM。同时，由微观结构表明，当TPO中交联剂DCP用量为0.75%时，EPDM微区尺寸为0.5～1.2μm，此时宏观力学性能最佳。

(2) PP/HDPE/SBS合金的制备与性能　PP/SBS共混物性能表明SBS的加入提高了PP的韧性，但也降低了弯曲模量和硬度等性能。为使PP既达到增韧的目的，又保持较高的弯曲模量和硬度，一般在共混体系中加入第三组分，例如在PP/SBS体系中加进HDPE。据研究，通过扫描电镜观察，在PP/SBS为9∶1的二元共混体系中，SBS粒子分散不够均匀，且粒径较大，其粒径为1～2.7μm；在PP/HDPE/SBS为4.5∶4.5∶1的三元共混体系中，SBS粒子分散均匀，且粒径较小，其粒径降低至0.3～0.5μm，说明HDPE提高了SBS与基材的相容性，使SBS颗粒细微化。故PP/HDPE/SBS合金的缺口冲击强度可达到54kJ/m^2，比纯PP提高了8倍。共混方式以二阶共混，HDPE/SBS＝1∶1先制成母料后，再将母料与PP/HDPE共混挤出造粒，二阶共混的韧性优于一阶共混的。双螺杆的主螺杆和加料螺杆的转速均对PP/HDPE/SBS三元共混物力学性能有一定影响。对纯PP与PP/HDPE/SBS三元共混物分别进行动态力学性能测定，说明PP/HDPE/SBS的低温韧性明显优于PP，损耗因子tanδ的温度图表明PP/HDPE/SBS三元共混物中的PP损耗峰比纯组分PP的损耗峰低9℃，已向低温方向移动。同时，在三元共混物中，于－81.7℃及－118℃出现了SBS与HDPE的损耗峰，这两个玻璃化温度（T_g）已略向高温移动。由此可知，在三元共混物中不仅降低了PP的T_g，而且还增加了两个低温的T_g，有利于材料的低温韧性的提高。

PP/HDPE/SBS三元共混物具有良好的综合力学性能，已实用于中空制品、车用材料及蓄电池等方面。

5.3　聚丙烯的化学接枝改性

聚丙烯具有优良的物理、化学、力学及成型加工性能，由于它是非极性树脂，在进行共混、复合、印染、粘接等方面存在困难，使其应用范围受到限制。目前国内外聚烯烃接枝改性研究和生产很活跃，通过将功能性基团接枝到PP主链上，可改善上述存在困难，满足诸方面应用要求。

如聚丙烯熔融接枝马来酸酐。

(1) 接枝反应的原理　以过氧化二异丙苯（DCP）为引发剂，产生的自由基R·首先夺取PP上的叔碳氢原子，生成聚合物大分子自由基P·，P·与马来酸酐（MAH）的双键加成而产生新的自由基：生成接枝共聚物MPP。

(2) 物料组成与工艺过程　将MAH（1%）、DCP（0.1%～0.3%）用一定的溶剂充分溶解后，倒入PP（100%）树脂中，并加入适量稳定剂后，全部加进高速混合器中，混好的物料待溶剂挥发后，通过双螺杆挤出机进行熔融接枝，挤出机反应区温度为185～195℃，螺杆转速一般控制在80～120r/min，一般接枝率在0.3%左右，经接枝改性的PP（MPP）残留未反应的MAH需通过热风处理（140～145℃、时间3h左右，需要注意排风良好），以免残留的MAH影响到MPP的性能。

(3) MPP的应用

① 作为界面增容剂。PP与聚酰胺（PA）共混时，由于极性的差异，一般都难以有良好的共混效果。SubramanianN等对PP与PA6共混物的力学性能作了测试，发现加有MPP的体系比未加MPP的力学性能有不同程度的提高。由MPP中的MAH基团与PA6中的氨基发生化学反应，因此，界面的粘接力大为增强。

② 在胶黏剂领域的应用。接枝共聚物是一种多相体系的聚合物，是由化学结构不同的聚合物成分所组成。因此，能适应极性不同的被黏合物。MPP在铝材、钢材等金属表面粘接时，可获得高的剥离强度，MPP表现了与金属基材有很强的粘接性，粘接强度取决于PP接枝反应的接枝率。MPP主链上酸酐的水解程度对提高粘接强度有显著影响。因羧基（—COOH）与金属氧化物生成键更为有效。

③ 在复合材料等诸方面的应用。接枝共聚物MPP可用作玻璃纤维增强PP时的偶联剂，只要用0.1%的不饱和羧酸和产生微量的接枝，玻纤增强PP的力学性能和热变形温度就明显提高。

接枝共聚物MPP还可用于改善PP纤维的染色性、吸湿性及抗静电性等。

5.4　玻璃纤维增强改性

玻纤增强PP的制造方法有包覆法和双螺杆混炼法等。包覆法类似于塑料电线生产方法，即在单螺杆挤出机上安装一包覆头，玻纤连续地进入包覆头，PP从料斗进入螺杆，经加热与剪切作用后，PP粒料熔融，通过包覆头包裹着玻纤，进入水槽冷却凝固至切粒机切粒，然后再次挤出造粒，得到玻纤增强 PP 粒料。目前，多采用双螺杆混炼法，即将玻纤与 PP 同时连续定量地进入双螺杆，进行混炼造粒。由于玻纤在双螺杆内受到高剪切作用，变成超短纤维，并能均匀地分散于 PP 基材之中，且生产效率高，因而双螺杆混炼法为主要的制造方法。

增强改性所用玻璃纤维的长度，一般为 3～6mm，玻纤在增强 PP 中的用量，通常为 30%～40%，超过 40%则会丧失补强作用。

为充分发挥玻纤的增强效应，需采用偶联剂对玻纤进行表面处理，用于玻纤增强 PP 的偶联剂主要有硅烷偶联剂，通式为 $R—SiX_3$，R 为有机基，X 为乙氧基、环氧基、氨基、羟基等。偶联剂与玻纤表面及 PP 之间形成化学键，例如偶联剂 A-151，其结构式为：

$CH_2═CH—Si≡OC_2H_5)_3$

其中的乙氧基在水的存在下，与玻纤表面的硅醇基缩合，形成 —Si—O—Si— 共价键。此偶联剂中的乙烯基在热和微氧作用下，打开双键，接到 PP 分子的叔碳原子上，完成了偶联作用。生成的化学键降低了玻纤与 PP 之间的界面张力，增强了界面的黏合力。当 PP 基材受到负荷作用时，通过偶联剂这一桥梁作用，将负荷从基材转移到玻纤上，而玻纤将外加负荷沿其轴向传递，使应力能迅速传递和分散。因此，玻纤增强 PP 具有高强度、高模量等优良性能。据研究，当玻纤含量为 30%时，PP 复合材料的弯曲弹性模量比 PP 高 3 倍，拉伸强度为 102MPa（PP 为 35MPa），缺口冲击强度为 $27kJ/m^2$（PP 为 $6.5kJ/m^2$），热变形温度 155℃（PP 为 70℃）。

5.5 聚丙烯的交联改性

PP 经交联后，使线型大分子变成网状结构，可提高拉伸强度、刚性，一般可提高冲击强度 1.5～5 倍，提高热变形温度 30～50℃，并改善耐低温性、耐磨性、耐油性及减少收缩率等。

PP 交联改性主要用于交联发泡，调节 PP 熔融黏弹性和改善 PP 的性能。PP 交联工艺有活性硅烷干混交联、有机过氧化物交联、辐射交联、叠氮化合物交联及热交联等。

6 聚丙烯生产单位

国内聚丙烯的生产厂家主要有北京燕山石油化工公司，扬子石油化工公司，辽阳石油化纤公司，盘锦乙烯工业公司，洛阳石油化工总厂，广州石油化工总厂，广州乙烯股份有限公司，大连石油化工公司，甘肃兰港石化有限公司，上海石油化工股份有限公司，齐鲁石油化工公司，抚顺有限化工有限公司，独山子石油化工总厂，天津联合化学有限公司，中原石油化工有限责任公司，茂名石化乙烯工业公司等。

Bb001 无规聚丙烯

【英文名】 atactic polypropylene；*a*PP

【结构式】

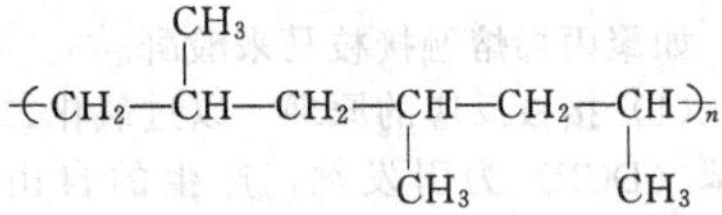

【性质】 无规聚丙烯在室温下是一种非结晶的、微带黏性的白色蜡状物，相对密度 0.86，分子量为 3000～10000，有时可高达几万。能溶于烷烃、芳烃、高碳醇和酯类等有机溶剂，不溶于水和低分子量的醇与酮。软化点 90～150℃，脆化温度 −15～−6℃，闪点 220～230℃，着火点 300～330℃，玻璃化温度＞−25℃，拉伸强度＜0.784MPa，加热到 200℃开始降解。体积电阻率 10.15～10.17Ω·cm，介电常数 3.00。无规聚丙烯许多性能虽与等规聚丙烯相似，但因分子量太小，结构不规整，缺乏内聚力，所以力学性能和热性能较差，但可以用改性剂进行改性，以扩大其应用范围。

【制法】 一般的无规聚丙烯是生产等规聚丙烯的副产物，由等规聚丙烯的产品中分离而得。以溶液法生产聚丙烯时副产25%～30%的无规聚丙烯。目前世界各国多数以溶剂法生产聚丙烯，副产物无规聚丙烯为聚丙烯总量的5%～7%。在溶剂法生产聚丙烯的过程中，生成的无规聚丙烯与低分子聚合物溶解在溶剂中，当等规聚丙烯与含有无规聚丙烯的溶剂分离后，将含有无规聚丙烯的溶剂经水蒸气汽提或用薄膜蒸发器脱除溶剂后即得无规聚丙烯。在液相本体法中，生成的无规聚丙烯需用已烷或丁烷等溶剂萃取分离。若用沸腾的正庚烷萃取，不溶部分为纯等规聚丙烯，溶解部分为无规聚丙烯，脱除溶剂后即得产品。

【用途】 无规聚丙烯的电性能和化学稳定性虽与等规聚丙烯基本相同，但因分子量小，结构不规整，缺乏内聚力，故力学性能和热性能较差，不宜作塑料。然而因其良好的黏附性、优良的疏水性、耐化学药品性、电绝缘性、粘接性和它对通用橡胶、塑料及无机填料的良好相容性，已在化工、轻工、建筑、医药、交通运输、塑料、农业、美术、出版、电子工业等领域达到广泛的应用。其主要用途如下。

1. 热熔胶黏剂

无规聚丙烯与等规聚丙烯、聚乙烯、乙烯-醋酸乙烯共聚物等聚合物或（和）其他树脂配合制成具有多种不同性能的热熔性胶黏剂，也可制成压敏性胶黏剂，代替乳胶胶黏剂用于固定纤维毛绒、黏合底布等；与聚烯烃或萜烯树脂可配制成耐水性好的胶黏剂；与高密度聚乙烯、石油树脂可制成自黏性薄膜。

2. 填堵和密封材料

无规聚丙烯对填充剂具有较高的亲和性，它的黏性好，作为填堵剂的原料比异丁烯橡胶好得多，可作为地板缝、冷藏室的缝隙及常用的填堵材料。

3. 油墨和润滑油的增稠剂

无规聚丙烯与矿物油在较宽的油墨固体范围内有相当好的可混性，在低浓度下它有提高油墨黏度的作用，静止时不会凝固成冻，因此可用作油墨的增稠剂和润滑油的添加剂。

4. 乳化剂

低分子量的无规聚丙烯易乳化成乳液。如分子量为6000～9000的无规聚丙烯与液体石蜡磷酸盐表面活性剂，可制成乳化剂，用于纸张上胶和农药的乳化剂。

5. 涂料

无规聚丙烯在涂料工业中已获得广泛应用。它和沥青熬炼再加入填料，可制成耐水涂料，用于保护船锚、地下管道等。无规聚丙烯链上无活性官能团，对光洁的表面粘接不牢，在外力作用下很容易剥离，因此可用作脱模和剥离性的真空润滑脂或作高黏度的真空润滑脂。

6. 纸张复合材料加工

无规聚丙烯胶黏剂可用于纸与纸、塑料薄膜、泡沫塑料及金属的黏合，制成多种不同特性的复合材料，甚至可用金属丝等加强来制取工业上使用的重包装纸。无规聚丙烯可代替沥青制白色的防潮纸，既美观又便于印刷装订。

7. 制造发泡体

将无规聚丙烯与结晶聚乙烯或结晶聚丙烯加入到它的苯溶液中或以网状纤维结构，可冻结发泡制取强度高的发泡体；与低密度聚乙烯、等规聚丙烯发泡后，可制取表面美观的泡沫人造革面。

8. 铺路及防水材料

无规聚丙烯、树脂、矿物油和增塑剂

组成的胶黏剂，再加入砂、石棉、软木等可用于铺设运动场的跑道，这种跑道性能极好。沥青中掺入无规聚丙烯后，能提高沥青的耐寒性、耐热性和耐冲击性能，可改善防水油毡的性能。

9. 其他用途

无规聚丙烯还可用作电缆的填充剂，可防止线材受潮；和水杨酸甲酯、薄荷油、樟脑等可配制药用软膏；与硅油、炭黑、烷基酚等调配，可用于制备水泥模具；还可用作颜料的分散剂等。

【安全性】 树脂的生产原料，对人体的皮肤和黏膜有不同程度的刺激，可引起皮肤过敏反应和炎症；同时还要注意树脂粉尘对人体的危害，长期吸入高浓度的树脂粉尘，会引起肺部的病变。大部分树脂都具有共同的危险特性：遇明火、高温易燃，与氧化剂接触有引起燃烧危险，因此，操作人员要改善操作环境，将操作区域与非操作区域有意识地划开，尽可能自动化、密闭化，安装通风设施等。

用内衬塑料薄膜袋的布袋或聚丙烯编织袋包装，每袋25kg。贮放于阴凉、干燥、通风的库房，不可在露天堆放，不可受日光照射。在潮湿和炎热季节要每月倒垛一次，便于散潮通风。运输时必须使用清洁有篷盖的运输工具，防止受潮。贮运期限以1年为宜。消防可用水、砂土、灭火剂。

【生产单位】 国内的生产厂家主要有北京燕山石油化工公司，扬子石油化工公司，辽阳石油化纤公司，盘锦乙烯工业公司，洛阳石油化工总厂，广州石油化工总厂，广州乙烯股份有限公司，大连石油化工公司，甘肃兰港石化有限公司，上海石油化工股份有限公司，齐鲁石油化工公司，抚顺有限化工有限公司，独山子石油化工总厂，天津联合化学有限公司，中原石油化工有限责任公司，茂名石化乙烯工业公司等。

Bb002 无规共聚丙烯

【英文名】 propylene ethylene random copolymer

【别名】 丙烯-乙烯无规共聚物

【结构式】

$$\left(CH_2CH_2\underset{|}{\overset{CH_3}{C}}HCH_2\right)_x\left(CH_2CH_2\right)_y\left(\overset{CH_3}{\underset{|}{C}}HCH_2\right)_n$$

【性质】 聚丙烯按立体结构可分为等规聚丙烯（iPP）、间规聚丙烯（sPP）和无规聚丙烯（aPP）。影响聚丙烯性质的基本因素是分子量（由相应的熔体流动速率检测）和控制结晶度的立体规整度（等规度），分子量分布也影响PP的性质，但影响的程度较小。通过控制分子量和等规度可用获得不同用途的树脂。由于乙烯分子的引入，分子链中无规则地分布丙烯和乙烯链段，产品的立体规整度（等规度）遭到了破坏，可以得到不同结晶度的共聚物。丙烯-乙烯无规共聚物中乙烯含量一般为1%～4%（质量分数），也可根据需要控制在5%～10%之间。乙烯的引入降低了聚丙烯的结晶性，并随乙烯含量的增加而进一步降低，当乙烯含量达到30%时，几乎成为无定形聚合物。与等规聚丙烯相比，丙烯-乙烯无规共聚物具有韧性、耐寒性、冲击强度较高、透明性较好的特点，而熔点、脆化点、刚性和结晶度降低。丙烯-乙烯无规共聚物的性能如下。

熔体流动速率/(g/10min)	4.5
密度/(g/cm³)	0.901
拉伸弹性模量/MPa	1012.3
断裂伸长率/%	320
弯曲弹性模量/MPa	850.6
洛氏硬度(R)	78
悬臂梁缺口冲击强度/(J/m)	
室温	74.7
−16.5℃	23.5
热变形温度/℃	44.4
脆化温度/℃	−16
维卡软化点/℃	131
吸水性/%	0.002

近年来，由于催化技术的不断发展，可以将丙烯和少量的α-烯烃共聚，开发出无规共聚丙烯，在这种聚丙烯中，α-烯烃一般为乙烯，也有丁烯、戊烯和辛烯，α-烯烃的含量一般为1%～4%。与丙烯均聚物比较，丙烯-乙烯共聚物的主要特点是光学性能和耐冲击性能好，由于茂金属催化剂的应用使丙烯的无规共聚变得可能，更为容易。

【制法】 丙烯-乙烯无规共聚物的生产方法、工艺过程与等规聚丙烯基本相同，只是在聚合釜中同时加入丙烯和乙烯两种单体，使其进行共聚合，制得主链中无规则地分布着丙烯和乙烯链段的共聚物。因共聚物的溶解度与聚丙烯不同，所以操作条件和后处理工艺不完全相同。溶剂法、液相本体法和气相本体法均可生产丙烯-乙烯无规共聚物。具体制法可参见等规聚丙烯的制法。

【质量标准】 目前国内很多厂家都能生产丙烯-乙烯无规共聚物，它们的产品一般称为无规共聚丙烯，在我国国家标准GB 2546—88“聚丙烯和丙烯共聚物的命名”中规定，均聚聚丙烯为“PPH”，嵌段共聚丙烯为“PPB”，无规共聚丙烯为“PPR”。

国内各厂家已经有无规共聚丙烯生产，但是国内生产的大都为薄膜共聚丙烯，如齐鲁石油化工公司PPR-F-075，公司牌号为SA-861主要用作流延膜（爽滑性及热封性好）。抚顺乙烯化工有限公司PPR-F-075，公司牌号为EP1X35F主要用作铸膜、管膜。它涂覆、爽滑性佳，抗黏结。上海石油化工股份有限公司PPR-I-022，公司牌号为I180E（EP2S34F）主要用作热收缩薄膜，同其他PP薄膜形成复合优质包装膜。独山子石油化工总厂PPR-F-075，公司牌号为EP1X35F，主要用作铸膜、管膜，它具有高滑爽性并且防粘。茂名石化乙烯工业公司PPR-F-075，公司牌号为EP1X35F主要用作流延膜、包装薄膜；PPR-I-022公司牌号为EP2S34F主要用作BOPP，热收缩膜可用于食品包装。值得提出的是国内目前尚没有用于PPR管材的无规共聚丙烯生产，这在一定程度上制约了国内PPR管作为建筑用管材的发展。

【成型加工】 丙烯-乙烯无规共聚物是一种热塑性塑料，可采用热塑性塑料的成型方法进行加工，如注塑、挤塑、吹塑、热成型、固相成型、粉末成型及二次加工等。国内以生产薄膜和制作建筑用冷、热水管为主。

【用途】 近年来发展起来的丙烯和乙烯无规共聚丙烯（PP-R）已经广泛用于建筑内的冷、热水管，聚丙烯管有如下特点：易成型加工、热熔承插连接、一体化接头性能可靠、原料可回收性好、耐热性较好。PP-R管突出的优点在于既改善了PP-H的低温脆性，又在较高温度下（如60℃）具有很好的长期耐水压能力。茂金属无规聚丙烯的透明性很好，BASF公司推出的PP无规共聚物注塑制品的透明度达到90%，几乎相当于PS的透明度。丙烯-乙烯无规共聚物特别适于用作冲击性和韧性好的透明包装薄膜、复合薄膜、复合瓶、食品盒以及低温用薄膜和管材。

【安全性】 参见Bb001。用内衬塑料薄膜袋的布袋或聚丙烯编织袋包装，每袋25kg。贮放于阴凉、干燥、通风的库房，不可在露天堆放，不可受日光照射。在潮湿和炎热季节要每月倒垛一次，便于散潮通风。运输时必须使用清洁有篷盖的运输工具，防止受潮。贮运期限以1年为宜。消防可用水、砂土、灭火剂。

【生产单位】 齐鲁石油化工公司，抚顺乙烯化工有限公司，上海石油化工股份有限公司，独山子石油化工总厂，茂名石化乙烯工业公司，中原石油化工联合总公司等。

Bb003　全同立构聚丙烯

【英文名】 isotactic polypropylene

【别名】 等规聚丙烯；聚丙烯

【结构式】

$$\begin{array}{c} \hspace{-2em}\text{—}\!\!\!\!\begin{array}{cc} \text{CH}\!-\!\text{CH}_2\!-\!\text{CH}\!-\!\text{CH}_2 \end{array}\!\!\!\!\text{—}_n \\ \ \ \ | \ \ \ \ \ \ \ \ \ \ \ \ | \\ \ \ \ \text{CH}_3 \ \ \ \ \ \ \ \ \text{CH}_3 \end{array}$$

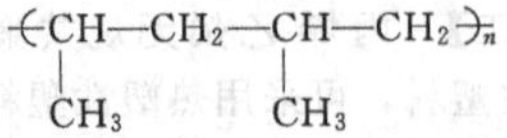

【性质】 等规聚丙烯是一种构型规整的高结晶性（结晶度高达95%）热塑性树脂。产品为本色粒料，无毒、无味、无臭和质轻的聚合物，密度 0.90～0.91g/cm³，是通用塑料中最轻的一种。刚性、耐磨性好，硬度较高，高温冲击性好（但—5℃以下则急剧下降）。耐反复折叠性强。耐热性能较好，热变形温度114℃，维卡软化点＞140℃，熔点 164～167℃，连续使用温度可达 110～120℃，在无负荷情况下，使用温度可达150℃，是通用塑料中惟一能在水中煮沸，并能在 130℃消毒的产品。化学稳定性能较好，除了强氧化介质外，与大多数化学药品不发生作用。对水的稳定性尤为突出，不仅不溶于水，而且几乎不吸水，在水中24h的吸水率仅为0.01%。电绝缘性能优良，耐电压和耐电弧性好。其主要缺点是耐光性差，易老化；耐寒性能较差，低温冲击强度差，韧性不好，静电度高，染色性、印刷性和黏合性差，但可用添加助剂、共混合共聚的方法加以改进。等规聚丙烯主要物理力学性能如下。

熔体流动速率/(g/10min)	0.2～20
密度/(g/cm³)	0.902～0.910
拉伸强度/MPa	29.64～35
拉伸弹性模量/GPa	1.10～1.55
断裂伸长率/%	200～700
压缩强度/MPa	41.36～55.17

悬臂梁缺口冲击强度(缺口、23℃)/(kJ/m)	3.58～11.86
洛氏硬度(R)	80～110
弯曲弹性模量/GPa	1.18～1.72
压缩模量/GPa	1.03～2.07
热变形温度(1.82MPa)/℃	52～60
热变形温度(0.46MPa)/℃	93～121
介电强度(短时)/(MV/m)	20～26
介电常数(10³Hz)	2.2～2.6
体积电阻率/Ω·cm ＞	10¹⁶

1997 年德国 BASF 公司和 Hoechst 公司专门就聚丙烯业务成立的合资公司——Targor 公司，并推出两个商业化的茂金属 iPP 牌号——Metocene X 50081 和 Metocene X 50109。Metocene X 50081 是欧洲第一个商业化茂金属 iPP，它含有抗静电成分，Metocene X 50109 注塑牌号不含抗静电添加剂。茂金属等规聚丙烯最突出的特点是它的高透明性，与 HIPS 相比其断裂拉伸强度得到改进，密度低 15%，透明性相同，热变形温度比透明 PS 高。在许多用途上，它可以取代苯乙烯-丙烯腈共聚物（SAN）、丙烯酸树脂（AC）和聚碳酸酯（PC）。

【制法】 聚丙烯的工业生产方法有溶剂法（又称淤浆法）、溶液法、气相本体法和液相本体法等。我国以溶剂法为主。

1. 溶剂法（又称淤浆法）

将纯度为 99.5% 以上的高纯度丙烯（有时还可以根据需要加入一定量的共聚单体），在烷烃类溶剂（己烷、庚烷或汽油等）中，以氢气为分子量调节剂，用三氯化钛、烷基铝等三组分高效催化剂，于 50～80℃（多为 60～70℃）和 0.78～0.98MPa 的条件下，在多釜串联的聚合反应器中连续聚合制得聚丙烯浆液。然后将聚丙烯浆状悬浮液连续送入闪蒸装置，分出未反应的丙烯和部分溶剂后，再经离心分离、干燥、加入稳定剂造粒，即得乳白色半透明的粒状产品。溶解于溶剂中的无规聚丙烯，在溶剂回收过程中同时回收。其简单工艺流程如下。

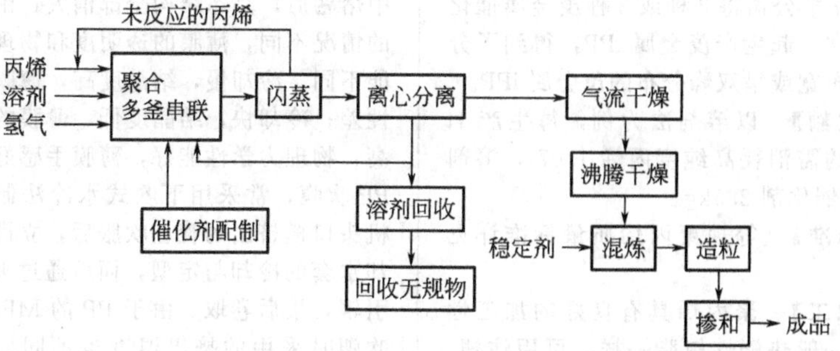

2. 溶液法

丙烯在金属锂、氢化锂铝和四氯化钛催化剂的存在下，于惰性溶剂中进行聚合。聚合温度 160～175℃，聚合压力 2.74～8.11MPa。含有聚合物的溶液经闪蒸、浓缩，除去溶解的丙烯和部分溶剂，然后过滤，同时加热除去催化剂的残渣。滤液经冷却析出等规聚合物，经离心分离，得到固体聚合物，再经萃取、离心分离、洗涤和干燥，得到聚合物产品。

3. 气相本体法

原料丙烯以气态在搅拌床或流化床反应器中，于 70～75℃ 和 2.45～2.94MPa 的条件下，用高效铝-钛催化剂进行聚合制得产品。聚合物以固态粒子存在，不需溶剂，也不需脱催化剂残渣和无规物。其简单工艺流程如下。

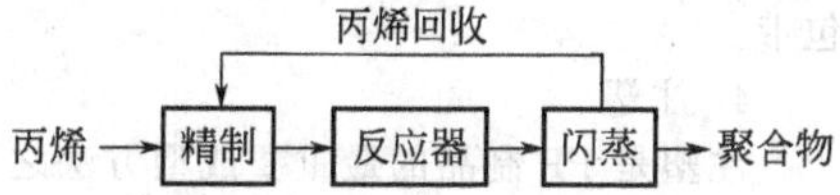

4. 液相本体法

在催化剂（和溶剂法相同）存在下，丙烯在液态下进行聚合。使用高效催化剂时只要经闪蒸除去未反应单体，便得到聚丙烯产品。如使用常规催化剂，则聚合物需经溶剂萃取和醇洗、水洗、干燥等处理工序，以除去无规物和催化剂残渣。

5. 茂金属等规聚丙烯的合成

茂金属等规聚丙烯是指用茂金属催化剂生产的等规聚丙烯，茂金属催化剂通常指由茂金属化合物作为主催化剂和一个路易斯酸作为助催化剂所组成的催化体系。

茂金属催化剂与传统的 Ziegler-Natta 催化剂比较有如下特点。

① 茂金属催化剂，特别是茂锆催化剂，具有极高的催化剂活性，含 1g 锆的均相茂金属催化剂能够催化 100t 乙烯的聚合。由于有如此高的活性，催化剂可以允许保留在聚烯烃产品中。这种催化剂使烯烃插入时间极快，链增长过程中每个烯烃分子插入的时间约为 10^{-5} s，这与生物酶催化反应相当。

② 茂金属催化剂属于具单一活性中心的催化剂，聚合产品具有很好的均一性，主要表现在分子量分布相对较窄，共聚单体在聚合物主链中分布均匀。

③ 茂金属催化剂具有优异的催化共聚合能力，几乎能使大多数共聚单体与乙烯聚合，可以获得许多新型聚烯烃材料。

在等规聚丙烯中，Eisen 等用具有 C_3 对称性的手性二胺化合物分别与 $ZrCl_4$ 和 $TiCl_4$ 作用生成了手性配合物，在催化聚合过程中该配合物在 MAO 助催化作用下生成具有等规结构的聚丙烯，其中由锆类催化剂所得聚丙烯等规度高达98.9%，熔点达140～154℃。

为了改进茂金属iPP的加工性能，Exxon化学公司将2种或3种茂金属催化剂混合在一起生产茂金属iPP，得到了分子量分布宽或呈双峰分布的茂金属iPP。

【消耗定额】 以溶剂法为例，每生产1t聚丙烯约需消耗高纯度丙烯1.07t，溶剂0.24t，催化剂2.5kg。

【质量标准】 等规聚丙烯质量标准详见概述。

【成型加工】 聚丙烯具有良好的加工性能，和一般热塑性树脂一样，可用注塑、挤塑、吹塑和纺丝等方法进行成型加工，也可熔接、热成型、电镀和发泡，需要时还可进行二次加工。可以制得容器、管材、板材、薄膜、扁丝、纤维、瓶类和各种注塑件等。聚丙烯流动性好，软化点高，热焓低，所以成型周期较大多数热塑性塑料短，而且加工前不需干燥。成型方法与不同制品及所选用树脂的熔体流动速率（MFR）有一定的关系。

1. 纺丝

聚丙烯纺丝有湿法和干法两种。熔融纺丝过程为：熔融挤出牵引冷却热拉伸退火。牵引速度和挤出速度之比为（60～200）∶1，纺丝速度为150～300m/min。用于纺织纤维的PP对分子量分布和熔体流动速率有一定要求，决定可纺性的关键指标是分子量分布，分子量分布越窄，可纺性越好；生产PP扁丝通常采用挤出扁丝级PP为原料，MFR在1.5～6.0g/10min范围内。MFR稍大一些也可，但不宜过小，否则造成加工困难。对原料树脂的主要要求是分子量分布尽量窄些，树脂中没有高分子量的凝胶组分或晶点，对户外使用的扁丝织物应选用抗紫外线级的PP。为改善PP的柔韧性、手感和防滑性，可在PP树脂中加入少量的LLDPE（MFR为0.5g/10min，用量约为15%）或HDPE（用量在6%左右）。

2. 吹塑

PP树脂是结晶性高聚物，在挤出机中熔融后，晶态结构全部消失，由于冷却的情况不同，薄膜的透明度和物理力学性能不同。冷却慢，结晶度高，薄膜的透明性差；冷却快，结晶度低，薄膜的透明度高，物理力学性能好，薄膜手感好。因此PP吹膜，常采用下吹式水冷法制法。从机头口模挤出的管坯吹胀后，立即受到冷却水套的冷却与定型，而后通过夹板、牵引辊，最后卷取。由于PP的MFR不同，吹塑时采用的挤出温度也不同。一般来说，MFR小的挤出温度高，反之挤出温度低。挤塑吹塑管膜时，加工温度一般为220～250℃。

3. 挤出

挤塑成型法可加工制得管材、板材、片材、薄膜、单丝、型材和电线、电缆包覆等。挤塑成型可采用单螺杆或双螺杆挤出机，长径比（L/D）为20～24，压缩比3.5～4.0，螺杆前设有100目的过滤板，挤塑温度一般为260～280℃。T形膜成型挤塑平膜多用均聚物，料筒进口末端温度230℃，口模温度260～280℃；以PP塑料打包带为例，它的制法并不复杂，将PP投入挤出机，物料受热熔融，经机头，挤出成带，再经拉伸压花等工序，即制成塑料打包带。根据需要可以在原料中加入适当的色母料来生产不同颜色的打包带。

4. 注塑

注塑是PP制品的最重要成型方法之一，聚丙烯的注塑成型可选用任何标准的柱塞式或螺杆式注塑机，而螺杆式较柱塞式塑化均匀，压力损失小，加工温度较低，制品质量好。一般来说注塑成型宜选用熔体流动速率2～5g/10min的树脂为宜，但选用螺杆式注塑机时，可选用熔体流动速率低于0.3～0.8g/10min的树脂。

用注塑成型加工大而薄的制品时，可选用熔体流动速率高达18g/10min的树脂。加工条件与选用的成型机械、制品大小、形状、模具构造和树脂牌号有很大关系。注塑压力一般为6.86～13.7MPa，模具温度为40～60℃，注塑温度为200～300℃。对易于产生气泡的制品，模具温度应更低些。有些特殊制品，注塑温度可高至315℃，但不得超过315℃。否则树脂将严重降解。

注塑具有成型周期短，能一次成型外形复杂、尺寸精确的制品，生产效率高，对成型各种塑料的适应性强等一系列优点，因此注塑是一种比较经济而先进的塑料成型技术，近年来得到了迅速发展。聚丙烯的注塑成型工艺条件如下。

熔体流体速率/(g/10min)	树脂温度/℃		注塑压力/MPa		模具温度/℃	
	活塞式	螺杆式	活塞式	螺杆式	活塞式	螺杆式
3.0	220～260	200～250	10～20	40～70	40～60	40～60
1.0	240～280	220～250	10～20	40～70	40～60	40～60
0.3	260～300	240～280	10～20	40～70	40～50	40～60

5. 其他

聚丙烯制品还可以进行涂饰、黏合、印刷、焊接、电镀、剪切、切削、挖刻等二次加工。

【用途】 聚丙烯综合性能优良，应用范围广泛。

【安全性】 树脂的生产原料，对人体的皮肤和黏膜有不同程度的刺激，可引起皮肤过敏反应和炎症；同时还要注意树脂粉尘对人体的危害，长期吸入高浓度的树脂粉尘，会引起肺部的病变。大部分树脂都具有共同的危险特性：遇明火、高温易燃，与氧化剂接触有引起燃烧危险，因此，操作人员要改善操作环境，将操作区域与非操作区域有意识地划开，尽可能自动化、密闭化，安装通风设施等。

用内衬塑料薄膜袋的布袋或聚丙烯编织袋包装，每袋25kg。贮放于阴凉、干燥、通风的库房，不可在露天堆放，不可受日光照射。在潮湿和炎热季节要每月倒垛一次，便于散潮通风。运输时必须使用清洁有篷盖的运输工具，防止受潮。贮运期限以1年为宜。消防可用水、砂土、灭火剂。

【生产单位】 国内聚丙烯的生产厂家主要有北京燕山石油化工公司，扬子石油化工公司，辽阳石油化纤公司，盘锦乙烯工业公司，洛阳石油化工总厂，广州石油化工总厂，广州乙烯股份有限公司，大连石油化工公司，甘肃兰港石化有限公司，上海石油化工股份有限公司，齐鲁石油化工公司，抚顺有限化工有限公司，独山子石油化工总厂，天津联合化学有限公司，中原石油化工有限责任公司，茂名石化乙烯工业公司等。

Bb004 间同立构聚丙烯

【英文名】 syndiotactic polypropylene

【别名】 间规聚丙烯；间规立构聚丙烯

【结构式】

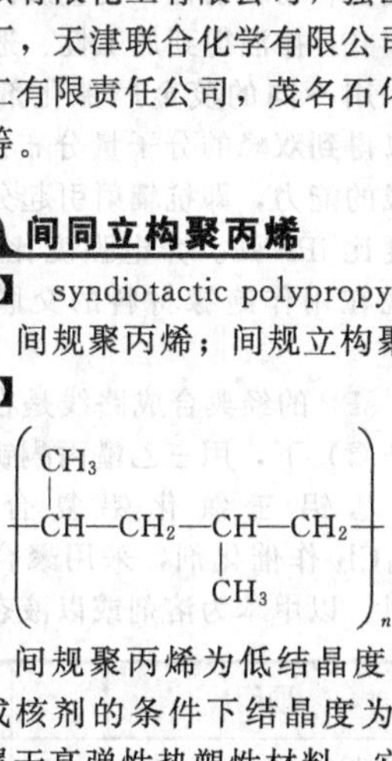

【性质】 间规聚丙烯为低结晶度聚合物，在含有成核剂的条件下结晶度为30%～40%，属于高弹性热塑性材料。它具有柔性、韧性和透明性。间规聚丙烯的密度为0.88g/cm³，比等规聚丙烯低。其熔点对立体规整性的依赖性较大，核磁共振五元组间规度为 0.9 时 sPP 的熔点为 150℃，而间规度为 0.8 时其熔点为 130℃。用 Ziegler Natta 催化剂生产的等规聚丙烯 (iPP) 的熔点为 160℃。间规聚丙烯刚度和硬度只有等规聚丙烯的一半，但冲击强度却高出一倍以上。间规聚丙烯可以像乙丙橡胶那样进行硫化，得到力学性能超过普通橡胶的弹性体。

茂金属催化剂的研究促进了 sPP 的发展。与经典催化体系相比，茂金属 sPP 的性能因所采用的催化体系不同而有很大差别，较好的 sPP 间规度高、结晶度高、雾度低、耐冲击强度高、透明度高、耐化学品、耐溶剂性好、耐辐射、耐介电击穿强度高，熔点不仅高于普通 PP，而且高于普通 iPP，可以达到 270℃。茂金属 sPP 综合性能可能比不上 iPP，但是某一方面性能或许特别好，可以满足特殊方面的用途。

间规选择性茂金属催化剂生产的间规聚丙烯具有窄的分子量分布和较好的透明性、透气性和耐辐射性。茂金属间规聚丙烯可以和 iPP 掺混得到加工性、透明性好的材料。用不同的茂金属催化剂混合使用，可以得到双峰的分子量分布。sPP 的抗 γ 射线的能力，即抗辐射引起分子量下降的程度比 iPP 强。介电强度比 iPP 高。而且比现在用作绝缘材料的交联聚乙烯优异。

【制法】 sPP 的经典合成路线是在液氮温度（−78℃）下，用三乙酰丙酮钒络合物和三乙基铝/三氯化铝复合物 $Al_2(C_2H_5)_3Cl_3$ 作催化剂，采用聚合级的丙烯为原料、以甲苯为溶剂或以液态丙烯为稀释剂制备出来的，钒铝物质的量的比大约为 5。也可以采用 VCl_4 + An + $Al(C_2H_5)_2Cl$ 催化体系，其中的 An 为苯甲醚。少量的 sPP 可以从工业 iPP 中分离出来。

20 世纪 80 年代末，Fina 石油化学公司开发出一种茂金属催化剂，用其催化丙烯聚合，首次获得高纯度的间规聚丙烯（间规度＞80%）。

单独的茂金属配合物不能作为聚烯烃催化剂，需要加入适当的酸性化合物才有活性，至今发现的最有效的助催化剂是由烷基铝 R_3Al 聚合生成的聚烷基铝氧烷 RO—AlRR，又简称铝氧烷，英文名 allkyl aluminoxane（MAO）。近年来研究最多的间规聚丙烯茂金属催化剂都是以（环戊二烯-9-芴）二氯化锆为基本的结构模型，再通过改变中心金属原子、不同环戊二烯衍生物、桥联基团的结构、芴环上的取代基来合成不同结构的茂金属催化剂，和 MAO 组成催化体系。茂金属催化剂活性中心均一，生产的聚烯烃分子量分布很窄，虽然可以大幅度提高材料的力学性能，但也带来加工上的困难。茂催化剂负载化后，能够在保持原有高规整度选择性的基础上，将聚合物分子量分布拉宽。非桥型茂金属配合物负载后的平均活性降低很大，而桥式茂配合物降低幅度较小。

【成型加工】 sPP 可以注塑片材、流延薄膜、中空吹塑成型和挤塑片材。注塑片材成型温度一段 230℃，二段 250℃，喷嘴 250℃，模温 50℃，冷却时间 90s。

【质量标准】 三井东压化学公司 sPP 注塑片材性能指标如下。

项目		sPP(均聚物)	sPP/IPP	iPP(均聚物)	iPP(无规共聚物)
树脂构成/%	sPP	100	80	—	—
	iPP	—	20	100	100
粒料熔体流动速率/(g/10min)		4.9	6.1	4.0	1.5

续表

项目	sPP(均聚物)	sPP/iPP	iPP(均聚物)	iPP(无规共聚物)
拉伸强度/MPa	16.5	16.8	37	25.5
屈服伸长率/%	394	554	620	500
弯曲强度/MPa	23	22	50	28
弯曲弹性模量/MPa	550	600	1650	750
洛氏温度(R)	76	80	109	85
维卡软化点/℃	113	112	153	124
热变形温度/℃	76	72	112	81
光泽/%	>100	>100	88	89
透过率/%	>90	>90	82	84
雾度/%	25	25	88	57
视觉透明/%				
LSI	2	5	—	—
NAS	23	8	—	—

【用途】 sPP 首先得到广泛应用的应该是薄膜市场，其次是医用管材、医用胶黏剂等。医用膜需要经常进行辐射消毒，iPP 薄膜在辐射后会严重脆化，断裂拉伸强度急剧下降，sPP 克服了这个缺点，断裂拉伸强度略微降低，撕裂强度甚至会升高。sPP 高介电强度的优点使其可能在高压绝缘材料上找到市场。

sPP 加工性能好，成型产品稳定性好，是优质的工程塑料；它容易和其他树脂掺混，层合使用时边界面的黏合性良好。sPP 可以和 iPP 掺混，以加宽分子量分布，大大缩短加工周期。因此可以广泛用于医疗、汽车、电子及家用电器等领域。

【安全性】 参见 Bb001。用内衬塑料薄膜袋的布袋或聚丙烯编织袋包装，每袋 25kg。贮放于阴凉、干燥、通风的库房，不可在露天堆放，不可受日光照射。在潮湿和炎热季节要每月倒垛一次，便于散潮通风。运输时必须使用清洁有篷盖的运输工具，防止受潮。贮运期限以 1 年为宜。消防可用水、砂土、灭火剂。

【生产单位】 Fina 石油化学公司，三井东压公司。

Bb005 高熔体强度聚丙烯 PP

【英文名】 high melting strengthen polypropylene

【结构式】

$$\left[CH_2 - \underset{\displaystyle CH_3}{\underset{|}{CH}} \right]_n$$

【性质】 EPP（Expanded polyproplene）即聚丙烯发泡珠粒是一种新型聚合物/气体复合材料。EPP 具有十分优异的抗震吸能性能、形变后回复率高、很好的耐热性、耐化学品、耐油性和隔热性，力学性能优异，综合性能优于 EPE 和 EPS。

【成型加工】 采用独特的非交联改性工艺生产的高熔体强度聚丙烯（HMSPP）交联度为零，熔体强度高，延展性能和加工流动性能好，具有较强的应力硬化行为，可用于 PP 挤出发泡，注射发泡，也可添加于普通 PP 提高其熔体强度。

【用途】 IT 产品、电子通信设备、液晶显示器、等离子彩电、精密电子元器件、精密仪器仪表等都开始大量采用 EPP 作包装材料。另外一个特别重要的应用领域是在汽车工业中的大量应用：汽车保险杠、汽车侧面防震芯、汽车车门防震芯、高级安全汽车座椅、工具箱、后备箱、扶手、底垫板、遮阳板、仪表盘等。

主要用于挤出发泡、注射发泡、热成型制品、挤出涂覆制品。

【制法】

1. 高熔体强度 PP（GCH0002）

高熔体强度 PP（GCH0002）熔体强度高，流动性能好，延展性能优异，适合挤出发泡，热成型等领域，可单独使用，也可以添加于普通 PP 以提高其熔体强度。

测试项目	性能
密度/(g/cm^3)	0.90
熔体流动速率/(g/10min)	1.8
拉伸屈服强度/MPa	39
弯曲模量/MPa	1950
热变形温度/℃	112
熔点/℃	163

2. 高熔体强度 PP（GCH0004）

高熔体强度 PP（GCH0004）熔体强度高，流动性能好，延展性能优异，优适合注塑发泡，热成型、涂覆等领域，可单独使用，也可以添加于普通 PP 以提高其熔体强度。

测试项目	性能
密度/(g/cm^3)	0.90
熔体流动速率/(g/10min)	4.0
拉伸屈服强度/MPa	40
弯曲模量/MPa	1800
热变形温度/℃	112
熔点/℃	163

3. PP 发泡专用料（GC1003C）

采用独特的非交联改性工艺生产的挤出级 PP 发泡专用料，熔体强度高，加工流动性能好，工艺控制范围宽，加工能力大（产能 300kg/h；幅宽 1600mm；厚度 0.4～5mm），发泡片泡孔均匀致密，综合性能优良。

用于汽车用内饰材料、办公文具、箱包内衬、包装等

适宜生产 0.5～5mm PP 发泡片板材，采用化学法发泡，发泡片泡孔致密均匀，密度低，柔软性好，耐温高。

测试项目	性能	检测标准
密度/(g/cm^3)	≥0.30	GB1033—86
拉伸强度/MPa	≥8.0	GB1040—92
断裂伸长率/%	≥100	GB1040—92
弯曲强度/MPa	≥11.0	GB9341—88
弯曲模量/MPa	≥300	GB1843—80

4. PP 发泡专用料（GC1004C）

适宜 0.5～5mm 发泡片板材，采用化学发泡，泡孔致密均匀，平均泡孔直径小于 100μm，强度高，柔韧性好，耐温高，发泡片综合性能优良。

测试项目	性能	检测标准
密度/(g/cm^3)	≥0.40	GB1033—86
拉伸强度/MPa	≥10.5	GB1040—92
断裂伸长率/%	≥150	GB1040—92
弯曲强度/MPa	≥14.0	GB9341—88
弯曲模量/MPa	≥400	GB1843—80

5. PP 发泡专用料（GC1005C）

适宜 0.5～5mm 发泡片板材，采用化学发泡，泡孔致密均匀，平均泡孔直径小于 100μm，泡孔密度大于个 $10^6/cm^3$，强度高，刚性好，耐温高，手感良好，发泡片综合性能优良。

测试项目	性能	检测标准
密度/(g/cm^3)	≥0.5	GB1033—86
拉伸强度/MPa	≥12.0	GB1040—92
断裂伸长率/%	≥200	GB1040—92
弯曲强度/MPa	≥20.0	GB9341—88
弯曲模量/MPa	≥600	GB1843—80

6. PP 发泡专用料（GC1006C）

适宜 0.5～5mm 发泡片板材，采用化学发泡，泡孔致密均匀，平均泡孔直径小于 100μm，泡孔密度大于 10^6 个/cm^3，强度高，刚性好，耐温高。

测试项目	性能	检测标准
密度/(g/cm^3)	≥0.6	GB1033—86
拉伸强度/MPa	≥13.0	GB1040—92
断裂伸长率/%	≥280	GB1040—92
弯曲强度/MPa	≥24.0	GB9341—88
弯曲模量/MPa	≥680	GB1843—80

【安全性】 树脂的生产原料，对人体的皮肤和黏膜有不同程度的刺激，可引起皮肤过敏反应和炎症；同时还要注意树脂粉尘对人体的危害，长期吸入高浓度的树脂粉尘，会引起肺部的病变。大部分树脂都具有共同的危险特性：遇明火、高温易燃，与氧化剂接触有引起燃烧危险，因此，操作人员要改善操作环境，将操作区域与非操作区域有意识地划开，尽可能自动化、密闭化，安装通风设施等。用内衬塑料薄膜袋的布袋或聚丙烯编织袋包装，每袋25kg。贮放于阴凉、干燥、通风的库房，不可在露天堆放，不可受日光照射。在潮湿和炎热季节要每月倒垛一次，便于散潮通风。运输时必须使用清洁有篷盖的运输工具，防止受潮。贮运期限以1年为宜。消防可用水、砂土、灭火剂。

【生产单位】 淄博格晨塑料科技有限公司。

Bb006 预氧化碳纤维

【英文名】 preoxidized fiber

【别名】 氧化聚丙烯腈纤维

【性质】 经过氧化的聚丙烯腈纤维是一种柔软有光泽的黑色连续长纤维，纤维特点是抗燃，在高达900℃火焰中可耐5min，在空气中不燃、不熔、不塑化，高温下不收缩，导热性低、润滑性好，耐酸、耐碱性好。

【质量标准】

企业标准（吉林化学工业公司试剂厂）

指标名称	指标			备注
	JHO-01	JHO-02	JHO-03	
外观	黑色	黑色	黑色	
密度/(g/cm^3)	1.37～1.39	1.36～1.4	<1.36	可由用户选定
线密度/(g/m)				可由用户选定
6K,12K	0.6～1.35	1.0～1.4		
320K	43～50			进口原丝
连续长度/m				
6K,12K	700	200		
320K	1500	600		进口原丝
伸长率/%				
6K,12K	10	10		
320K	14～26	≥13		进口原丝
单丝强度/MPa				
6K,12K	300	200		
320K	170	140		进口原丝
含油/%	0.1～0.6	0.1～0.8		
含水/%	2～9	2～9		

【用途】 为适应不同使用要求，此种纤维有 6K（一束纤维中 6000 根）、12K 及 320K 三种规格（也可根据用户需要，特制 1K、3K 的规格产品）。产品有 JH0-01、JHO-01、JHO-03 等型号。纤维主要用于制钢铁工人防护服、消防服，石棉代用品的刹车面、过滤材料、管套，车辆的热屏蔽材料，电缆绝缘材料，以及制成针刺毡或无纺布。

【制法】 将聚丙烯腈原丝加捻后，经导丝装置连续送入氧化炉，炉中通入空气；温度为分段或恒温于 200～300℃，纤维在有张力下进行氧化反应，反应中排除生成的水、氰化氢和氨等分解物，纤维的颜色由白变黄，经过铜褐色最后变成黑色，再经导丝装置将黑色氧化丝由氧化炉中引出，送至收丝装置上缠绕于纸筒上即成产品。氧化聚丙烯腈纤维卷绕在 $\phi_{内}$ 76mm/$_{外}$ 86mm × 290mm 的硬纸筒上，外包聚氯乙烯收缩薄膜，将若干筒产品装于一个纸箱中。非卷装产品，经连续有规则叠放在内衬聚氯乙烯薄膜的纸箱内。产品应贮存在干燥通风的库房内。运输和装卸过程保证包装完整、不变形，本产品无毒、不燃，按非危险品运输。

【生产单位】 吉林化学工业公司试剂厂，辽源石油化工厂。

Bb007 聚丙烯腈基碳纤维

【英文名】 PAN based carbon fibre

【性质】 聚丙烯腈基碳纤维是一种黑色有光泽的无机增强纤维。它具有高强度、高模量、低密度的特性，并且耐高温、抗燃、耐烧蚀，热膨胀系数极小，能抗射线、耐油，与酸、碱不起作用，其化学性能与块状碳相似。碳纤维性脆，不宜于擦伤和锐角弯曲，结节强度低。碳纤维的物化性能和力学性能随着使用不同的原丝、不同的预氧化和碳化工艺参数而有一定差异。

【质量标准】 （参考标准）

指标名称	指标			
	中强型	高强Ⅰ型	高强Ⅱ型	高模型
外观	无毛丝、劈丝、浆块			
密度/(g/cm³)	1.73～1.78	1.74	1.75	1.75
抗拉强度/GPa	2.0～2.2	2.5～2.8	2.8～3.0	2.5～2.7
弹性模量/GPa	180～220	220～230	220～230	380～400
断裂伸长率/%	≥1.2	1.2～1.4	1.4～1.6	0.6
碳含量/%	≥92	≥93	≥93	≥97
单丝直径/μm	7	7	7	7
线密度/(g/m)				
1K	0.066			
3K	0.1988			
6K	0.40			
12K	0.80			

【用途及用法】 根据不同的使用要求，此种纤维有 1K、3K、6K、12K 等规格。有中强型、高强Ⅰ型、高强Ⅱ型、高模型等四种型号。碳纤维的力学性能优异，但不单独使用，主要用于制作碳纤维无纺布与树脂复合制成碳纤维复合

材料，碳纤维也可与其他增强纤维（芳纶、玻璃纤维）混编，制成复合材料，以代替常用的金属。它广泛用于宇航材料，作为人造卫星的结构件、飞机、直升机的机翼、尾翼。还用作纺织机械、医疗器械以及体育用品，如高尔夫球拍、羽毛球拍、网球拍、钓鱼竿等。碳纤维还可进一步炭化制成石墨纤维，用于宇航方面的火箭喷管等。碳纤维经过活化，还可制成活性碳纤维，制作具有比表面积大的吸附材料。

【制法】 聚丙烯腈原丝经加捻机加捻后，由导丝装置按一定运丝速度连续送入预氧化炉中，纤维在一定的张力下进行空气预氧化反应，氧化反应温度在200～300℃，纤维颜色由白变黑，再由导丝装置将纤维送入有惰性气体存在的炭化炉中，在1200～1400℃进行炭化，炭化后的纤维可根据使用要求进行表面处理，再经上油剂送至收丝机卷绕在硬质筒上即为产品。

【安全性】 聚丙烯腈碳纤维卷绕在硬质筒上，外包聚氯乙烯收缩薄膜，若干筒产品装于一硬质箱中。产品应贮存在干燥、通风的库房内。运输和装卸过程中要保证包装完整不变形。本产品无毒、不燃，按非危险品运输。

【生产单位】 吉林化学工业公司试剂厂，辽源石油化工厂，上海碳素厂，吉林碳素厂。

【主要研制单位】 北京化工大学，安徽大学，上海合成纤维研究所。

Bb008 聚丙烯腈原丝（碳纤维用）

【英文名】 polyacrylonitrile fibre (for carbon fibre)

【结构式】

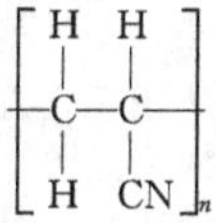

【性质】 碳纤维用聚丙烯腈原丝是一种柔软有光泽的白色连续长纤维。耐热性好，在125℃热空气下持续30余天，强度不变化；黏着温度为240℃；耐化学药品；不溶于一般溶剂；耐光、耐候性好；不发霉、不怕虫蛀；与织物用腈纶相比不易染色；吸湿性差；手感性差。

【用途】 为适应不同的使用要求，此种原丝除有1K（指1束纤维中1000根，下同）、3K、6K、12K四种规格外，还有用于生产高强型碳纤维的JHP-01型；用于生产中强碳纤维的JHP-02型；用于生产预氧化碳纤维的JHP-03型；用于生产其他产品的JHP-04型。主要用途是烧制碳纤维，也可烧制成不燃、不熔、耐酸、耐碱的预氧化碳纤维，用于制作消防服、炉前工作服、防酸工作服等。

【质量标准】

企业标准（吉林化学工业公司试剂厂）

指标名称	JHP-01型	JHP-02型	JHP-03型	JHP-04型
外观	无凸边，无失透，无拼丝	无拼丝，轻微失透	无拼丝	
纤度/dtex	1.22±0.028	1.22±0.028	1.22±0.122	0.9～1.5
模量/(cN/dtex)	54	—	—	—
单丝平均强度/(cN/dtex)	4.1～4.3	3.6	3.6	3.2

续表

指标名称	JHP-01 型	JHP-02 型	JHP-03 型	JHP-04 型
单丝最低强度/(cN/dtex)	3.8～4.0	—	—	—
伸长率/%	17±2.0	17±2.5	15	—
强力不匀率/%	<12	15	—	—
含油率/%	0.15～0.35	0.1～0.5	0.1～0.5	0.1～0.7
含水率/%	<1.3	<1.3	<1.3	—
断头率/%	<3	—	—	—
直径不均率/%	<12	<15	—	—
连续长度/m	>6100	>4100	3000～6100	>2000
钠离子含量/10^{-6}	<300	<300	<300	<300

【制法】 聚丙烯腈生产方法分纯聚与共聚。纺丝有以硝酸为溶剂的湿法纺丝、二甲基亚砜为溶剂的湿法纺丝和硫氰酸钠为溶剂的湿法纺丝三种。硝酸一步法生产过程是将丙烯腈、亚甲基丁二酸（或再加入甲基丙烯酸甲酯）及引发剂，按一定比例在硝酸中混合，连续地经过第一聚合釜、第二聚合釜，进行聚合反应，当转化率达到规定的要求，将聚合物通过真空过滤器、脱汽釜，再由计量泵压送至喷丝头进行湿法纺丝。纺丝液在纺丝凝固浴中成纤，经过水洗、牵伸、上油、干燥、收丝成产品。

【安全性】 树脂的生产原料，对人体的皮肤和黏膜有不同程度的刺激，可引起皮肤过敏反应和炎症；同时还要注意树脂粉尘对人体的危害，长期吸入高浓度的树脂粉尘，会引起肺部的病变。大部分树脂都具有共同的危险特性：遇明火、高温易燃，与氧化剂接触有引起燃烧危险，因此，操作人员要改善操作环境，将操作区域与非操作区域有意识地划开，尽可能自动化、密闭化，安装通风设施等。

聚丙烯腈原丝卷绕在纸筒管上，外包聚氯乙烯收缩薄膜，若干筒产品装在一个纸箱中，每箱总重不超过 50kg。产品应贮存于干燥的室内仓库，防止受潮，注意防火。产品无毒，不易燃，按非危险品运输。

【生产单位】 吉林化学工业公司试剂厂，兰州化学工业公司化纤厂（硫氰酸钠法），上海合成纤维研究所（亚砜法），山西榆次化学纤维厂。

Bb009 氯化聚丙烯

【英文名】 chlorinated polypropylene；CPP

【结构式】

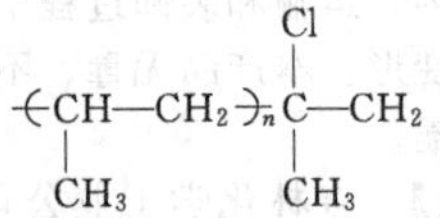

【性质】 白色粉末或粒状产品，无毒，水分和挥发分<0.5%，密度 1.63g/cm^3，熔点 100～120℃，软化点小于 150℃，150℃以下稳定，热分解温度 180～190℃。氯化聚丙烯的氯含量随制备方法不同而异，可高达 65%。它不溶于醇和脂肪烃，而溶于芳烃、酯类、酮类等溶剂。化学稳定性较好，涂膜后无色，在 10%NaOH 和 10%HNO_3 水溶液中浸泡 144h 后仍不溶胀。氯化聚丙烯的硬度、耐磨性、耐酸性、耐盐水性都很好。耐热、耐光和耐老化性也较好。含氯量高的

产品有难燃性，含氯量为20%～40%的氯化聚丙烯具有良好的粘接性能。同时氯化聚丙烯与大多数树脂的相容性好，特别是古马龙树脂、石油树脂、松脂、酚醛树脂、醇酸树脂、马来酸树脂、煤焦油树脂等的相容性更好。

【质量标准】 (1) 太原塑料研究所CPP基本技术指标 如下所示。

外观①	氯含量/%	水分/%	溶解度/%	黏度②(25℃)/Pa·s	热分解温度/℃
白色细粒	20～40	≤1	≥20	0.1～1.0	>90

① 原料以丙烯为主体的丙烯-乙烯共聚物。

② 黏度为20%CPP甲苯溶液（25℃）的测定值。

(2) 日本东洋合成公司CPP-Hardlen 基本技术指标 如下所示。

牌号	氯含量/%	树脂含量/%	黏度(25℃)/Pa·s	用 途
11-L	21	15	3～7	内涂层
13-LB	26	31	30～60	涂料
14-HB	28	30	60～100	胶黏剂
14-LLB	27	30	1～5	PP的油漆胶黏剂
15-L	30	30	15～40	涂料、胶黏剂
15-LLB	30	30	2～5	PP的油墨胶黏剂
17-L	35	50	13～30	胶黏剂、层合基
17-LLB	35	30	2～5	PP的油漆胶黏剂
35-A	35	50	14～20	胶黏剂
100	33	20	0.5～1.5	PP的油墨胶黏剂
101	35	43	100～140	胶黏剂
14-ML	25	30	1～5	PP的油墨胶黏剂
163-LR	15	45	40～60	PP用油漆

【制法】 氯化聚丙烯的制法有溶液法和悬浮法等。

1. 溶液法

将聚丙烯树脂（等规或无规聚丙烯）或以丙烯为主体的丙烯-乙烯共聚物与溶剂四氯化碳或苯胺1∶(11～16) 配比加入反应器，当聚丙烯在>100℃的温度下溶解后，加入偶氮二异丁腈引发剂，在常压、恒温（最高100～130℃）下通入氯气进行氯化，待产物氯化度达到要求后，排除残留的氯气和氯化氢，经脱溶剂和干燥后即得氯化聚丙烯产品。产品有低含氯量和高含氯量之分，其含氯量的大小与反应条件和反应时间有关，高的可达65%。溶液法增加了溶剂回收工序，但产品氯化度均匀，性能好。其简单工艺流程如下。

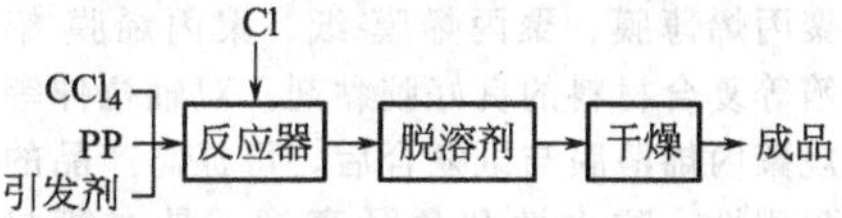

2. 悬浮法

将聚丙烯粉末与CCl_4按一定比例（1.5∶10）加入反应器，再加一定量的水后，搅拌升温使溶液呈乳化悬浮状态。在常压和45～75℃的温度下通入氯气，并在光照下（紫外线或日光）进行氯化反应，待产物氯化度达到要求后，排除游离氯和氯化氢，再将其用>96℃的热水水析（或用甲醇、乙醇、丙酮沉淀，使氯化聚丙烯与溶液分离），然后进行洗涤、干燥，即得产品。氯化聚丙烯的含氯量与通氯速度、原料液配比浓度、引入方式、反应温度和反应时间都有关系，其含氯量最高可达 65%。悬浮法工艺简单、操作方便，但要求设备有良好的耐蚀性。此法所得产品氯化度不够均匀，性能欠佳（粘接强度较低）。其简单工艺流程如下。

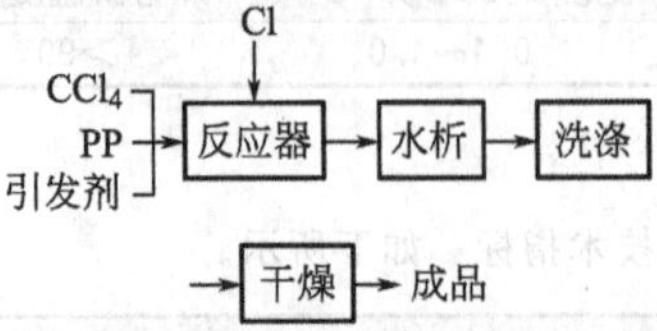

【用途】 氯化聚丙烯大都溶解于溶剂后使用或掺混使用。氯含量高达 65%的氯化聚丙烯，可作氯化橡胶的代用品，油墨和油漆的胶黏剂，阻燃物的添加剂。氯含量为 24%～40%的氯化聚丙烯，主要用作胶黏剂、聚丙烯薄膜热封的预涂层、聚丙烯用印刷油墨和油漆的载色剂等。用作聚丙烯薄膜的涂层，使其具有良好的防潮性和尺寸稳定性，可代替玻璃纸用于包装香烟、磁带、糖果盒等。用作聚丙烯注塑制品的涂料，可装饰汽车部件和其他制品等。用作胶黏剂可用粘接聚乙烯、聚丙烯、聚氯乙烯、聚酰胺、聚醚、聚氨酯、铝箔、铜、金、银等材料。它也是制双层聚丙烯薄膜、聚丙烯膜-纸、聚丙烯膜-铝箔等复合材料的良好胶黏剂。双轴拉伸等规聚丙烯薄膜与纸复合后，可提高产品的耐用性、防水性和色泽亮度，是书籍封面、广告装潢和高级包装等的好材料。此外，还可用作聚丙烯薄膜压敏胶带的打底层、聚丙烯包装物的防滑剂、聚丙烯纤维的柔软改性剂等。

【安全性】 参见 Bb001。用内衬塑料薄膜袋的布袋或聚丙烯编织袋包装，每袋 25kg。贮放于阴凉、干燥、通风的库房，不可在露天堆放，不可受日光照射。在潮湿和炎热季节要每月倒垛一次，便于散潮通风。运输时必须使用清洁有篷布的运输工具，防止受潮。贮运期限以 1 年为宜。消防可用水、砂土、灭火剂。

【生产单位】 北京化工四厂，太原塑料研究所等。

Bb010 石油树脂

【英文名】 petroleum resin

【组成】 正确的结构式还不清楚（聚合物链节由苯乙烯、甲基苯乙烯、茚等组成）。

【性质】 石油树脂为淡黄色的热塑性树脂，其性质与原料中烯烃的组成有关。一般的石油树脂物化性质是：色相小于 13，软化点 40～140℃，酸值小于 0.1，碱值小于 4，溴值为 7～50，碘值为 30～140，灰分小于 0.9%，相对密度 0.97～1.07，分子量 440～3000，折射率 1.512，着火点 260℃。在酮、酯、卤代烃和石油系溶剂中溶解。与其他树脂如醇酸树脂、酚醛树脂、聚苯乙烯和古马隆树脂等相容性好。介电常数为 2.33（10^8 Hz），介电损耗角正切为 0.0008（10^8 Hz）。

【制法】 由石油裂解制造烯烃时所得的裂解油，经分离取 130～160℃馏分（含有苯乙烯、甲基苯乙烯、二乙烯苯和茚等），在酸性催化剂和弗瑞德-克来福特、三氟化硼、硫酸等存在下聚合；或将其馏分与醛类、芳烃、萜烯类化合物进行共聚合而得的热塑性树脂，统称为石油树脂。一般在聚合反应完成后，需经脱催化剂、洗涤、分离等工序得最终产品。

【用途】 石油树脂主要用于涂料工业，如石油树脂乳液用作增强合成乳胶涂料；浅色石油树脂用于制造油性清漆，以改进光泽和附着力。软化点低的树脂用于橡胶的增塑剂；软化点高的用以提高合成橡胶的硬度。它也用于纸张的热熔涂层，以制造耐水瓦楞纸等。它和氯化石蜡及表面活性剂等可组成建筑涂料。也广泛用于印刷油墨和胶黏剂。

【安全性】 参见 Bb001。产品内包装为绝缘性薄膜袋，外包装为聚丙烯编织袋，每袋净重 25kg，净重误差±0.2%。可长期贮存于清洁干燥的仓库内，要远离火源、热源，严禁日晒雨淋。可按非危险物品运输，运输工具应保持清洁干燥，不得有铁钉等尖锐物，要备有篷布。严禁用铁钩装卸。

【生产单位】 南京钟山化工厂，天津石油化工厂，天津汉沽石油化工厂，南京造漆厂，杭州化工实验厂等。

Bb011 PP/PA66 合金

【英文名】 PP/PA66 blend

【组成】 PA66＋相容剂＋PP

【性质】 PP 与 PA 的相容性很差。性能良好的 PA/PP 共混物实际上也是采用改性的 PP 与 PA 共混的产物。

用 PPg-MAH（马来酸酐接枝聚丙烯）与 PA6 共混得到了性能优良的共混物，与 PA6 相比，该共混物的吸水率明显降低，冲击强度（干态及湿态）优于 PA6。日本生产的 PA66/PP 合金具有吸湿性低，尺寸稳定性好，刚性高等特性。此合金与 PA66 相比，吸湿性下降 2/3，干态冲击强度有较大提高，但拉伸强度和弯曲强度有所下降。据称，使用某种改性 PP 也是生产此种合金的技术关键，否则得不到均匀分散的理想形态结构，自然也不可能有好的改性效果。

【质量标准】 PA66/PP 共混物的性能指标

性能	PA66		PA66/PP	
	干态	湿态	干态	湿态
拉伸强度/MPa	76	37	46	35
伸长率/%	50	＞200	40	100
弯曲强度/MPa	106	44	73	47
弯曲模量/MPa	2773	755	1813	1078
悬臂梁冲击强度(带缺口)/(J/m)	59	216	98	196
热变形温度(1.82MPa)/℃	80		63	
吸水率/%		3.6		1.2
吸水后尺寸变化率/%		0.27		0.18

【制法】 ① 首先制备含有游离酸酐的聚烯烃接枝共聚物，将 100 份聚丙烯与 4 份顺丁烯二酸酐和 1 份过氧化异丙苯于螺旋挤出式反应器中，保持 270℃下进行接枝聚合反应 1.5min 左右，即得到一种混合物，它由聚丙烯-顺丁烯二酸酐接枝共聚物与游离顺丁烯二酸酐组成。

②制备聚丙烯/聚丙烯接枝共聚物/酸酐共混物。在螺旋挤出机中于 200℃下，将聚丙烯粒料与前述之含游离酸酐的聚丙烯接枝共聚物进行熔融共混，后者用量通常为聚丙烯质量的 5%。

③制备尼龙 66/聚丙烯/聚丙烯接枝共聚物/酸酐共混物，将尼龙 66 与聚丙烯/聚丙烯接枝共聚物/酸酐共混物按所要求的比例在挤出机中熔混，操作温度为 285℃，在挤出机中停留时间约为 3min。

【用途】 用于生产大型电器部件及各种连接器，接线盘等制品。

【安全性】 参见 Bb001。产品内包装为绝缘性薄膜袋，外包装为聚丙烯编织袋，每袋净重 25kg，净重误差±0.2%。可长期贮存于清洁干燥的仓库内，要远离火源、热源，严禁日晒雨淋。可按非危险物品运输，运输工具应保持清洁干燥，不得有铁钉等尖锐物，要备有篷布。严禁用铁钩装卸。

【生产单位】 中山市纳普工程塑料有限公司，天台县德邦工程塑料厂，宁波能之光新材料科技有限公司。

Bb012 接枝聚丙烯

【英文名】 graft polypropylene

【别名】 接枝改性聚丙烯

【结构式】

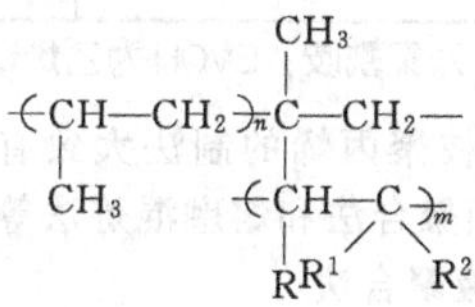

式中，R为H时，R^1，R^2 为H或 C_6H_5、CH_3、COOR、CH_3CO、COOH、$CONH_2$、CH_2COOH；R^1 为H时，R，R^2 为COOH或—C(O)O(O)C—等。

【性质】 接枝聚丙烯因在聚丙烯主链上接枝与主链不同化学结构的聚合物链段，使其显示出优良的特性。而且它的性能随所用聚丙烯的种类、接枝链段的种类、长短和数量以及接枝聚丙烯的分子量和分子量分布的不同而异。一般说来在聚丙烯上接枝弹性链段，可改善其冲击强度和低温性能；而接枝适当的极性基团则可提高其粘接性能。以聚丙烯为基材的极性支链接枝共聚物，不仅在力学强度、耐药品性和耐候性等方面基本保持了聚丙烯的特性，而且熔融后能牢固地与聚酰胺（PA）、金属、玻璃、木材、纸张等黏接。此外，在耐老化、水浸泡和水煮等方面也显示出优良的特性。聚丙烯与顺丁烯二酸酐接枝共聚物的粘接性能如下。

粘接材料	剥离强度/(kN/m)	粘接条件
钢板(SS41)	5.88	
铝板	9.31	温度：140℃
铜板	7.35	压力：0.392MPa
石板	2.7	时间：3min
胶合板(竖)	7.84	
胶合板(横)	5.39	
尼龙板	2.45	温度：230℃(尼龙) 180℃(EVA)
皂化EVA板	2.94	压力：0.392MPa 时间：3min

【质量标准】 (1) 山东道恩化学有限公司接枝聚丙烯

指标名称	测试方法	产品指标
接枝率		0.59
熔体流动速率/(g/10min)	GB/T 3582	6.5
拉伸强度/MPa	GB/T 1040	25.4
断裂伸长率/%	GB/T 1040	25
弯曲强度/MPa	GB/T 9341	31.4
弯曲弹性模量/GPa	GB/T 9341	1.2
悬臂梁缺口冲击强度/(J/m)	GB/T 1843	44.4
洛氏硬度(R)	GB/T 9342	102

(2) 日本三井石油化学公司产品

指标名称	测试方法 ASTM	QF305	QF600	QF551
熔体流动速率/(g/10min)	D1238	1.5	3.0	5.7
密度/(g/cm³)	D1505	0.910	0.910	0.890
拉伸断裂强度/MPa	D638	45	38	19
断裂伸长率/% >	D638	500	500	500
冲击强度/(J/m)	D256	40	80	500
邵氏硬度(D)	D2240	69	66	58
熔点/℃	D2117	160	165	135
用途		PA/PP复合膜(管)用连接性树脂	EVOH/PP复合膜(板用粘接树脂)	

注：PA为聚酰胺；EVOH为乙烯-乙烯醇共聚物。

【制法】 接枝聚丙烯的制法大致有溶液聚合法、气相聚合法和熔融混炼法等。

1. 溶液聚合法

此法是比较常用的方法，具体过程是将等规或无规聚丙烯悬浮或溶解在溶剂中，以过氧化物为引发剂，与甲基丙烯酸

（酯）或丙烯酸（酯）、苯乙烯、乙酸乙烯酯、富马酸、衣康酸、顺丁烯二酸（酐）等进行接枝共聚即得接枝聚丙烯。

2. 气相聚合法

将聚丙烯先用 H_2O_2 等过氧化物处理后，再与丁二烯、异戊二烯、氯乙烯等在气相条件下进行接枝共聚制得接枝共聚物。其接枝单体含量随聚合压力、温度等条件不同而异。此法使用较少。

3. 熔融混炼法

将聚丙烯与 α-、β-乙烯基不饱和羧酸及自由基引发剂按一定比例混合后，于熔融状态下在挤出机或混炼机中进行接枝共聚制得接枝共聚物。此法工艺简单，但产物难以纯化。由于制作简单，成本低，因此现在已广泛应用于塑料加工行业作制作相容剂的生产方法。

此外接枝聚丙烯还可以用辐射接枝法制得。

【成型加工】 可用挤塑、挤塑涂覆、共挤塑复合、吹塑和真空成型等方法得不同用途的产品。也可以制成粉末用于粉末涂塑。还可以与其他烯烃聚合物进行共混。

【用途】 可用作聚烯烃胶黏剂、涂料和防水涂层等。也可代替交联聚乙烯制取管、板和其他结构材料。作为粘接性树脂，可用于聚烯烃与尼龙、铝箔、纸、布、塑料薄膜等粘接复合制得气密性优良并耐蒸煮的食品软包装用复合薄膜以及性能优良的多层板、多层管、多层中空制品等。接枝聚丙烯作为改性剂应用的领域还很广。不仅可作为改性剂用于改善聚烯烃与尼龙的掺和性，改进尼龙的韧性；也可作为非极性树脂和玻璃纤维等的改性剂，用接枝聚丙烯作为改性剂改善玻纤增强聚丙烯的性能，已经取得和用马来酰亚胺同样的效果。此外，接枝聚丙烯还可以用于钢管、钢板、铝板的防护涂装，电线电缆包覆，食用罐内外涂层等。

【安全性】 参见Bb001。用内衬塑料薄膜袋的布袋或聚丙烯编织袋包装，每袋25kg。贮放于阴凉、干燥、通风的库房，不可在露天堆放，不可受日光照射。在潮湿和炎热季节要每月倒垛一次，便于散潮通风。运输时必须使用清洁有篷布的运输工具，防止受潮。贮运期限以1年为宜。消防可用水、砂土、灭火剂。

【生产单位】 山东道恩化学有限公司。

Bb013 汽车用耐低温增强聚丙烯

【英文名】 low-temperature resistant reinformed polypmpylene for auto industry

【别名】 增强聚丙烯

【结构式】

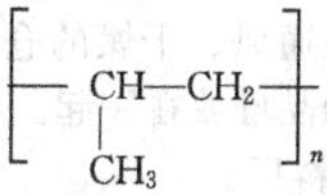

+无机填料、增容剂等添加剂

【性质】 汽车用耐低温增强聚丙烯（MPP-220），为汽车专用材料，用于空气滤清器外壳，这种材料与德国VM4405-PP6相当，用它制成的空气滤清器外壳，要求在－40℃保持24h不脆裂，150℃保持700h不塌陷。

【质量标准】

指标名称		指　标
密度/(g/cm³)		1.05±0.02
熔点/℃	＞	150
熔体流动速率/(g/10min)		20
燃烧残余/%	≤	22±2
球压痕硬度(961N/30s)/MPa	≥	80
拉伸强度/MPa	≥	30
弯曲强度/MPa	≥	40
缺口冲击强度/(kJ/m²)	≥	2.5
无缺口冲击强度/(kJ/m²)	≥	20
耐热性(110℃,120h)		不变色、不脆、功能不变，无裂缝
耐寒性(－40℃,24h)		不脆裂
抗老化性(150℃,700h)		无局部粉化、龟裂变形，制品不塌陷

【制法】 将聚丙烯与无机填料、添加剂在预混合器中混合均匀后，经双螺杆挤出、牵引切粒，即得汽车用耐低温增强聚丙烯粒料。

【用途】 本产品是为上海桑塔纳轿车空气滤清器研制的专用材料，具有抗高温老化和抗低温等特点。不仅在汽车工业上可广泛应用，而且在机械、电子仪表、交通运输、轻工等方面都有广阔的应用前景，如制造录音机发光灯罩等。

【安全性】 产品包装在内衬聚乙烯薄膜袋的聚丙烯编织袋中，每袋净重25kg。运输时要避免受潮、受污染和直接光照。本品属于非危险品，但产品应贮存在通风、干燥的仓库内，不要与易燃品和腐蚀品堆放在一起。

【生产单位】 南通合成材料厂。

Bb014 玻纤增强聚丙烯

【英文名】 glass-fiber reinforced polypropylene；GFRPP

【结构式】

$$\left[\begin{array}{c} CH_3 \\ | \\ CH-CH_2 \end{array} \right]_n + \text{玻璃纤维}$$

【性质】 玻璃纤维聚丙烯除具有聚丙烯树脂原有的优良性能和相对密度增加之外，力学强度、刚性和硬度均有很大程度的提高。拉伸强度和弯曲强度提高1～2倍，冲击强度提高1～3倍，热变形温度在高负荷1.82MPa下提高70～90℃，低负荷0.45MPa下提高30～40℃。同时，增强聚丙烯具有良好的尺寸稳定性、低温冲击性和耐电弧性能，收缩率小。一般来说，聚丙烯均聚物增强后拉伸强度和弯曲强度较高，而共聚物增强后则冲击强度较高。另外，增强聚丙烯的性能与制法和玻璃纤维的含量都有较大关系。

项目名称	增强方式					
	单螺杆挤出机	连续混合器	双螺杆挤出机(1)	双螺杆挤出机(2)	双螺杆挤出机(3)	双螺杆挤出机(4)
玻璃纤维含量/%	25(3mm短切纤维)	25(3mm短切纤维)	25[纤维束(粗纱)]	25[纤维束(粗纱)]	25[纤维束(粗纱)]	25(3mm短切纤维)
拉伸强度/MPa	42.7	32.9	40.6	34.3	56	56
弯曲弹性模量/GPa	4.8	3.2	4.2	3.85	3.85	3.85
悬臂梁缺口冲击强度/(J/m^2)	31	15	19.2	23.5	25.65	27.8
热变形温度/℃	128	60	95	84	131	130
供给方式		玻璃纤维于挤出机输送段前供料	强力螺杆供给玻璃纤维	中等程度螺杆供给玻璃纤维	缓和螺杆供给玻璃纤维	

【质量标准】 (1) 中石油北京化工研究院增强PP技术指标

指标名称		GB-220	GB-230	GB-120	GB-230	GO-110	GO-210S
玻璃纤维含量/%		20±2	30±2	20±2	30±2	10±1	10±1
色泽		棕黄	棕黄	棕黄	棕黄	白色	白色
拉伸强度/MPa	>	60	65	65	80	35	35
弯曲强度/MPa	>	80	90	90	110	55	56
弯曲弹性模量/GPa	>	2.7	3.0	4.0	4.4		

续表

指标名称		GB-220	GB-230	GB-120	GB-230	GO-110	GO-210S
冲击强度(缺口)/(kJ/m²)							
室温	>	15	17	10	12	5	5
20℃	>	10	12	6	8	3	3
维卡软化点/℃		160～166	160～166	160～166	161～167	>120	>120
说明		共聚PP改性	共聚PP改性	均聚PP改性	均聚PP改性	均聚PP为主，含少量乙烯-丙烯共聚物	低泡型鲍尔环专用料

(2) 日本三井石油化学公司玻纤增强PP技术指标

技术指标	K1700	V7100高流动性	E7000
玻璃纤维含量/%	10	20	30
拉伸强度/MPa	52.92	76.44	88.2
伸长率/%	4	3	2
弯曲强度/MPa	73.5	98	117.6
弯曲弹性模量/GPa			
23℃	2.55	3.92	5.39
100℃	1.18	1.96	4.90
简支梁缺口冲击强度(23℃)/(kJ/m²)	3.9	6.9	8.8
洛氏硬度(R)	105	107	110
热变形温度/℃			
0.45MPa	155	160	162
1.82MPa	135	150	153
线膨胀系数/×10⁻⁵℃⁻¹	6.5	4.8	3.7
成型收缩率(3mm厚板)/mm	0.006	0.001	0.003
吸水性(23℃,24h)/%	0.02	0.02	0.02
吸水性(100℃,24h)/%	0.08	0.13	0.20

(3) 上海日之升新技术发展有限公司玻纤增强PP技术指标

项目	ASTM	德国标准DIN	国家标准GB	性能			
				PHH00-G6	PPH11G6	PPR11G4	PPR11MG6
密度/(g/cm³)	D792	53479	1033	1.15	1.15	1.05	1.15
拉伸强度/MPa	D638	53455	1040	45	85	70	60
弯曲强度/MPa	D790	53452	9341	60	110	90	80
弯曲弹性模量/MPa	D790	53452	9341	4000	5000	3500	4500
简支梁无缺口冲击强度/(kJ/m²)	—	53453	1043	15	20	30	25
简支梁缺口冲击强度/(kJ/m²)	—	53453	1043	3	10	20	10

续表

项　　目	ASTM	德国标准DIN	国家标准GB	性　　能			
				PHH00-G6	PPH11G6	PPR11G4	PPR11MG6
热变形温度/℃	D648	53461	1634	158	162	155	160
成型收缩率/%	D955	—	15585	0.3～0.5	0.3～0.5	0.4～0.7	0.3～0.5
备注				30%普通玻纤增强	30%玻纤增强高强度高耐热	20%玻纤增强，耐冲击	30%玻纤矿物复合增强

【制法】 将聚丙烯与玻璃纤维混合均匀后挤出造粒即得增强聚丙烯。

丙烯的均聚物或共聚物均可用于增强。所用玻璃纤维多为无碱纤维或中性纤维，纤维的直径一般为 8～15μm，可切成 3～12mm 的短纤维，也可用多股无捻粗纱。

为了提高玻璃纤维的分散性和与聚丙烯的附着力，一般需将玻璃纤维进行预处理，或将聚丙烯进行改性（如加入马来酰亚胺等改性剂）。

目前工业上生产的玻璃纤维增强聚丙烯，一般含 10%～40%长或短玻璃纤维，最终物料中玻璃纤维长度 0.3～0.5mm。其生产方法有混合法和包覆法两种。

1. 混合法

又有间隙法和连续法之分。

① 间隙法系将剪切成一定长度的玻璃纤维按一定比例与聚丙烯树脂等在捏合机中强烈混合，加热混炼，再经挤出造粒。

② 连续法系将聚丙烯树脂与短切玻璃纤维按比例加入单螺杆或双螺杆挤出机中，连续挤出、冷却、切粒。若使用双螺杆挤出机，除上述操作方式外，还可使用多股无捻长玻璃纤维，在挤出机中段加入，与预塑化树脂相遇，在螺杆的高剪切作用下，边混合边切断。

2. 包覆法

此法操作过程类似于电线电缆包覆，即将连续无捻玻璃纤维与熔融聚丙烯树脂在包覆机头（或 T 形机头）相遇，温度控制在 200～230℃，使树脂连续包覆于玻璃纤维表面，经冷却、切粒，便得到长纤维型的增强聚丙烯（LFRPP）粒料。根据使用需要，还可用再次挤出造粒。即得树脂与玻璃纤维充分混合均匀的短纤维型增强聚丙烯（SFRPP）粒料。其简单工艺流程如下。

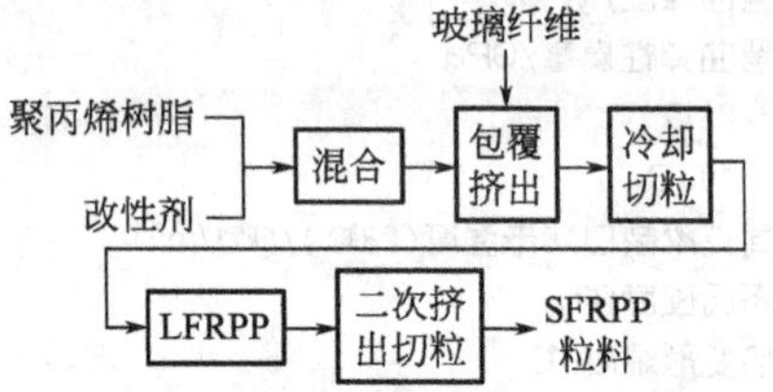

国内现在大部分用双螺杆挤出机，采用经处理的玻璃纤维束，加入一定量的改性剂挤出造粒而制备。其性能可得到大幅度的提高，这是通用塑料工程化的一个典型例子。

【成型加工】 可用注塑、挤塑、模塑等成型方法制得各种制品。用挤塑法成型时，为了减轻螺杆磨损，可将前端温度调低些，后端温度调高些。螺杆材料需选用硬质合金钢。短纤维型增强聚丙烯可采用注塑法加工，且一般不需预干燥，若受潮严重时，则可在 80℃鼓风烘箱中干燥 4h。成型加工过程中模温需控制在 30～50℃，如模温过高，则制品收缩率和变形增加。普通型 20%玻纤增强 PP 的料筒温度为 180～200℃，普通型 30%玻纤增强 PP 的料筒温度为 200～220℃，改进型 20%玻纤增强 PP 的料筒温度为 200～220℃，改进型 30% 玻纤增强 PP 的料筒温度为 210～230℃。注塑压力均为 9.8～12.7MPa。与一般玻璃纤维增强塑料一样，加工中模具设计要求壁厚均匀，避免死角，主流道与分流道以及浇口要短而粗。为便于脱模，主流道锥度要求大于 5°，制品脱模斜度大于 1°。

【用途】 增强聚丙烯的某些物理力学性能可与尼龙、聚碳酸酯和聚甲醛等工程塑料相媲美，而价格又较之低廉，故其应用范围不断扩大，可作为工程塑料使用。主要用于汽车、电气和化工等行业。它可用作汽车（特别是小轿车）的前护板、后车罩、空气过滤器罩、风扇罩、尾灯罩、加热器罩、电池箱及内装饰板等；各种仪表仪器壳体、盖、座、架、电冰箱部件、泵叶轮、绕线架等；化工用管道、管件、阀门、泵壳、真空过滤器壳体、过滤板、计量泵和隔膜泵体、电镀吊板、塔用填料；农业用喷雾器室、喷灌喷嘴；手扶拖拉机柴油箱、水箱漏斗、柴油机吸尘器盖等。此外，在动力机械、无线电专用设备零件、水暖器材和教学仪器方面亦有广泛的用途。

【安全性】 参见 Bb001。用内衬塑料薄膜袋的布袋或聚丙烯编织袋包装，每袋 25kg。贮放于阴凉、干燥、通风的库房，不可在露天堆放，不可受日光照射。在潮湿和炎热季节要每月倒垛一次，便于散潮通风。运输时必须使用清洁有篷布的运输工具，防止受潮。贮运期限以 1 年为宜。消防可用水、砂土、灭火剂。

【生产单位】 山东道恩化学有限公司，中石油北京化工研究院，上海日之升新技术发展有限公司，上海杰事杰发展有限公司，中蓝南通合成材料厂，中石油北京燕山石化公司，中蓝晨光化工研究院等。

Bb015 丙烯-乙烯嵌段共聚物

【英文名】 propylene-ethylene block copolymer；PPB

【结构式】

$$\left[CH_2CH_2CH_2\underset{}{\overset{CH_3}{\overset{|}{CH}}} \right]_m \left[CH_2\overset{CH_3}{\overset{|}{CH}} \right]_n$$

【性质】 丙烯-乙烯嵌段聚合物为末端嵌段共聚物或聚乙烯、聚丙烯和末端嵌段共聚物的混合物。这种共聚物的结晶度较高，具有与等规聚丙烯和高密度聚乙烯相似的特点。其具体性能与乙烯含量、共聚物嵌段的结构、分子量及分布有关。嵌段共聚物中乙烯的含量一般为 5%～20%（质量分数）。此嵌段共聚物既具有较高的刚性，又具有较好的低温韧性。与丙烯-乙烯无规共聚物相比，冲击强度大有提高，脆化温度大有降低。如乙烯含量为 2%～3% 的丙烯-乙烯嵌段共聚物，其脆化温度可降至 −35～−22℃。与等规聚丙烯和各种热塑性树脂的共混物相比，刚性降低不大，脆性有所改善；与高密度聚乙烯相比，耐热性高、耐应力开裂性好、表面硬度高、模塑收缩率低、耐蠕变性好。丙烯-乙烯嵌段共聚物主要物理力学性能如下。

熔体流动速率/(g/10min)	脆化温度/℃	简支梁冲击强度①/(kJ/m²)	弯曲强度②/GPa	浊度/%	软化点/℃
0.3	−40～−10	9.8～58.9	0.45～0.51	50～90	140～142
0.5	−40～−10	9.8～58.9	0.47～0.52	50～90	140～142
1.0	−30～−10	9.8～58.9	0.47～0.54	50～90	140～142
4.0	15～0	4.9～14.7	0.54～0.62	60～95	140～142
8.0	−10～5	4.9～9.8	0.55～0.64	70～95	140～142

① 3mm V 形缺口。② 弯曲角度 30°。

【制法】 丙烯-乙烯嵌段共聚物的制法有溶剂法（淤浆法）、液相本体法和气相本体法等。淤浆法聚合工艺又有间隙法和连续法之分。

1. 溶剂法（淤浆法）

(1) 间隙法 先将高纯度丙烯通入聚合釜，用齐格勒型催化剂在 50～90℃，0～10MPa 压力下于惰性溶剂（己烷或庚烷）中，在氢气存在下进行淤浆聚合，制得丙烯均聚物-预聚物。然后在同一聚合釜中通入氮气驱除丙烯，再通入乙烯继续进行聚合，即得丙烯-乙烯嵌段共聚物。

(2) 连续法 此法为两釜串联工艺。在催化剂存在下，使丙烯在第一个聚合釜中聚合制得丙烯均聚物。然后再将其送入第二个聚合釜，用闪蒸法排除未反应的丙烯（并回收再用），同时通入乙烯进行气固相反应，即生成所需的嵌段共聚物。再经分离、干燥、挤出造粒，而得产品。其简单工艺流程如下。

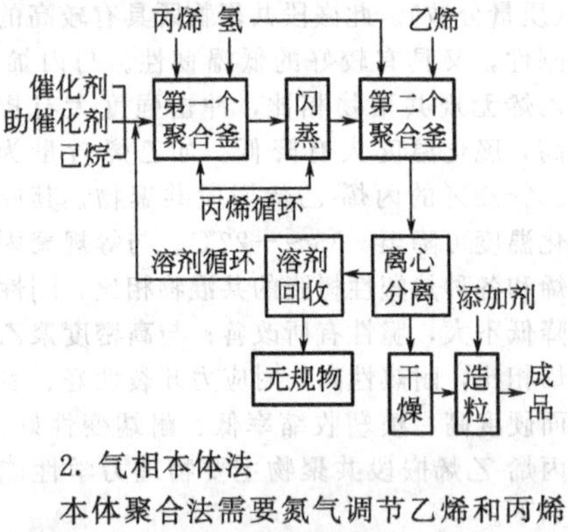

2. 气相本体法

本体聚合法需要氮气调节乙烯和丙烯单体的分压，通过控制单体加入量及其比例，以生成不同品级的产品。气相本体法的具体过程是在催化剂和氢气存在下，使丙烯在第一个反应釜中聚合制得丙烯的均聚物淤浆，然后将其送入第二个反应釜中，用闪蒸法驱除未反应丙烯进入循环系统，再通入乙烯或乙烯、丙烯混合气体继续进行聚合，即得丙烯-乙烯共聚物，再将此共聚物送入下一个反应釜，继而通入乙烯进行嵌段共聚，即得嵌段共聚物，最后经过滤、干燥和挤出造粒获得成品。其简单工艺流程如下。

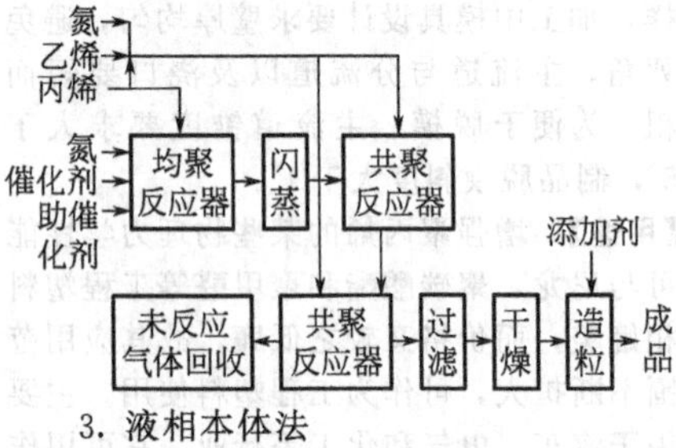

3. 液相本体法

此法采用两釜串联。先使丙烯在催化剂存在下于第一个聚合釜中制得丙烯均聚物，然后送入第二个聚合釜通入液相进行嵌段共聚，再经后处理即得所需之产品。其简单工艺流程如下。

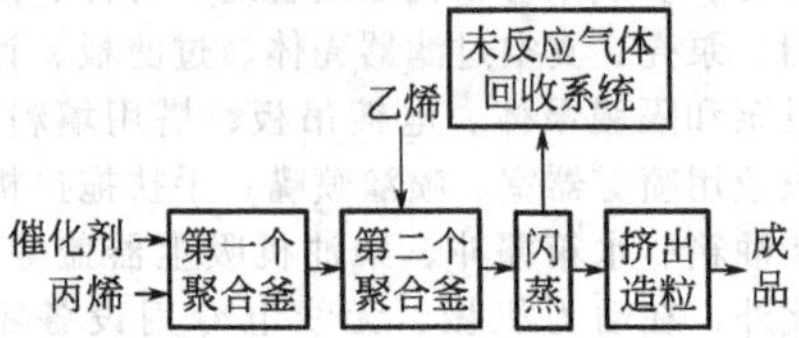

【成型加工】 乙烯-丙烯嵌段共聚物成型工艺与等规聚丙烯基本相同，可采用热塑性塑料的加工方法成型。

【用途】 基本上和等规聚丙烯相同，但是由于丙烯-乙烯嵌段共聚物的韧性、低温性能比均聚聚丙烯好，因此在要求韧性和耐寒性高于等规聚丙烯的场合，可以考虑采用嵌段共聚物。它适用于制造冲击强度要求高的制品，主要用于注塑机械零部件、大型容器、运输箱、电池箱、筐篓、薄壁制品、吹塑瓶子、中空容器、挤塑电缆、电线包覆、管、板等。也可用于制作薄膜、复合薄膜及粗纤维等。

【安全性】 参见 Bb001。用内衬塑料薄膜袋的布袋或聚丙烯编织袋包装，每袋 25kg。贮放于阴凉、干燥、通风的库房，不可在露天堆放，不可受日光照射。在潮湿和炎热季节要每月倒垛一次，便于散潮通风。运输时必须使用清洁有篷布的运输工具，防止受潮。贮运期限以 1 年为宜。消防可用水、砂土、灭火剂。

【生产单位】 北京燕山石油化工公司，扬子石油化工公司，辽阳石油化纤公司，盘锦乙烯工业公司，洛阳石油化工总厂，广州石油化工总厂，广州乙烯股份有限公司，大连石油化工公司，甘肃兰港石化有限公司，上海石油化工股份有限公司，齐鲁石油化工公司，独山子石油化工总厂，天津联合化学有限公司，中原石油化工有限责任公司，茂名石化乙烯工业公司等。

Bb016 改性增强聚丙烯

【英文名】 modified reinforced polypropylene；MRPP

【结构式】

$$\left[\begin{array}{c}CH_3\\ |\\ CH-CH_2\end{array}\right]_n + \text{玻璃纤维} + \text{添加剂}$$

【性质】 改性增强聚丙烯包括化学改性增强聚丙烯、自熄性增强聚丙烯和阻燃增强聚丙烯等。它们的组成除了主要成分聚丙烯树脂和玻璃纤维外，并加有少量改性剂、阻燃剂等添加剂。改性增强聚丙烯与普通增强聚丙烯相比加有更优异的力学强度，模量高，可在较大负荷下工作；耐热性好，冲击韧性优异，可在 −40～150℃ 温度范围内使用；化学稳定性好，价格性能比优异。有些还赋予了特殊性能。

自熄性增强聚丙烯具有优良的自熄性和力学强度，且价格较低，可作为工程塑料使用；产品系采用高分子类阻燃剂，使用过程中阻燃剂无渗出现象，对制品的金属嵌件或导线无腐蚀，阻燃性能稳定性好；对环氧、有机硅等灌封料粘接力强。

阻燃增强聚丙烯是自熄性增强聚丙烯的改性品种，力学强度和耐热性能不仅优于一般阻燃塑料，而且较自熄性增强聚丙烯还有所提高，其性能相当于一般工程塑料；热稳定性能优良，在 300℃ 以下条件加工时不分解；阻燃性符合 UL-94V-0 级的要求；加工流动性好，可制成大、中、小型薄壁制品。

【质量标准】 (1) 山东道恩化学有限公司阻燃增强聚丙烯企业标准

指 标 名 称	测试方法	GRPP-220	GRPP-230
外观	—	3mm×3mm 粒料	3mm×3mm 粒料
玻纤含量/%	—	20±2	30±2
拉伸强度/MPa	GB/T 1040	60	65
弯曲强度/MPa	GB/T 9341	75	95
弯曲弹性模量/MPa	GB/T 9341	3	4
冲击强度(缺口)/(kJ/m^2)	GB/T 1043	9	10
热变形温度/℃	GB/T 1634	130	140
体积电阻率/Ω·cm	GB/T 1410	1.0×10^{14}	1.0×10^{16}
成型收缩率/%	ASTMD 955	0.7～1.1	0.5～0.9
阻燃性	UL-94 法	V-0	V-0

(2) 中蓝晨光化工研究院企业标准

指 标 名 称	改性增强 PP	自熄性增强 PP	阻燃增强 PP
外观		乳白色粒料	3×(4～5)mm 粒料
相对密度		1.3	
拉伸强度/MPa	≥100	35～65	≥55

续表

指标名称	改性增强PP	自熄性增强PP	阻燃增强PP
弯曲强度/MPa	110～120	60～75	75
冲击强度(缺口)/(kJ/m²)	≥14	10～15	≥6
冲击强度(无缺口)/(kJ/m²) ≥	55		12
弯曲弹性模量/MPa	>4100		4000
洛氏硬度(M)	75		54
热变形温度/℃	155	145	145
燃烧性(UL-94法)		V-0	V-0
表面电阻率/Ω·cm	1.1×10^{14}		7.9×10^{12}
体积电阻率/Ω·cm	8.9×10^{-15}	$(1.5\sim2.4)\times10^{14}$	2.7×10^{16}
介电常数	2.57	3.8～4.0	2.63
介电损耗角正切	2.3×10^{-3}	$(1.8\sim2.4)\times10^{-2}$	4.9×10^{-3}
介电强度/(MV/m)	33	7.5～18.5	32
成型收缩率(ASTMD 955)/%		0.23～0.3	

【制法】 改性增强聚丙烯的制法与玻璃纤维增强聚丙烯的制法相同，只是在生产过程中要加入适量的改性剂、阻燃剂等添加剂。其工艺流程也基本相同。

【成型加工】 可用注塑、挤塑和模塑等成型方法进行加工。改性增强聚丙烯在进行加工前可不经干燥直接使用。若要求制品质量更佳时，则可在80℃下干燥3～4h。注塑成型的工艺条件为温度200～270℃，压力8.0～12MPa，模温60～80℃，成型周期则视制品厚度而定。自熄性增强聚丙烯成型加工前可不予以干燥。但若遭雨淋或水浸则必须经干燥以除去表面的水分。注塑成型温度175～190℃，模温25～50℃，注塑压力5.88～9.81MPa。注塑成型以使用螺杆式注塑机为好，模具主流道设计锥度大于5°，制品脱模度大于1°。

阻燃增强聚丙烯使用前宜在电热鼓风烘箱中于80℃干燥3～4h，以除去表面水分。注塑成型时，注塑温度200～280℃，注塑速度中等，注塑压力8.0～10.0MPa，成型周期可根据制品厚度确定。

【用途】 改性增强聚丙烯可用作汽车灯具罩壳、汽车保险杠、空气导入管、风扇和洗衣机部件、泵壳、油泵叶轮、阀门、管件、电话机齿轮、货物周转箱和化工容器等。自熄性增强聚丙烯和阻燃增强聚丙烯可广泛应用于运输、建筑、纺织和电子等行业对阻燃性有要求的制品。主要用作电视机行输出中的高、低压线包，保险罩壳，线圈骨架，灯具罩壳，阻燃导管，各种电气插座、开关等元器件，办公设备的壳体等。

【安全性】 树脂的生产原料，对人体的皮肤和黏膜有不同程度的刺激，可引起皮肤过敏反应和炎症；同时还要注意树脂粉尘对人体的危害，长期吸入高浓度的树脂粉尘，会引起肺部的病变。大部分树脂都具有共同的危险特性：遇明火、高温易燃，与氧化剂接触有引起燃烧危险，因此，操作人员要改善操作环境，将操作区域与非操作区域有意识地划开，尽可能自动化、密闭化，安装通风设施等。

用内衬塑料薄膜袋的布袋或聚丙烯编织袋包装，每袋25kg。贮放于阴凉、干燥、通风的库房，不可在露天堆放，不可受日光照射。贮运期限以1年为宜。消防可用水、砂土、灭火剂。

【生产单位】 山东道恩化学有限公司，中蓝晨光化工研究院，中石化北京化工研究院，上海日之升新科技发展有限公司，上海杰事杰科技发展有限公司，中蓝南通合成材料厂等。

Bb017 填充聚丙烯

【英文名】 filled polypropylene；filled PP

【结构式】

$$\left(-\underset{}{\overset{CH_3}{\overset{|}{C}}}H-CH_2-\right)_n$$ ＋滑石粉（碳酸钙或石棉等）

【性质】 填充聚丙烯的性能与填料的性能、含量、种类、颗粒形状和大小、表面状态以及填料粒子在树脂中的分散状态等都有很大的关系。同时，各组分能否充分混合均匀也是重要因素之一。一般来说填充聚丙烯耐温性能好，成型收缩率小，尺寸稳定性好，硬度较高。在某些情况下需要使用具有一定阻燃性的填充聚丙烯时，除了添加无机填料外，还要加入一定量的有机高分子系阻燃剂，它除了具有一般填充聚丙烯的物理力学性能外，还有较好的阻燃性。在使用中阻燃剂无渗出现象，对制件的金属嵌件或导线无腐蚀，并具有良好的阻燃稳定性（阻燃聚丙烯将在 Bb018 中介绍）。

【制法】 将聚丙烯树脂与一定配料量的木粉、石棉、滑石粉、碳酸钙和云母等有机物和无机物填料以及必要的添加剂进行高效混合、挤出造粒，即得不同牌号的填充聚丙烯。其简单工艺流程如下。

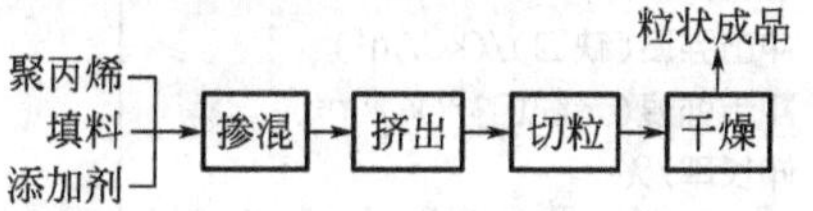

为了防止填充聚丙烯冲击强度下降，可采用如下几种方法使树脂和填料之间产生亲和性。

① 用有机或无机物质包覆填料微粒，改变填料表面的酸碱性。如用硅酸铝涂覆填料表面，使之形成与树脂有亲和性的酸性表面；用脂肪酸或其盐类涂覆碳酸钙，使其表面活化，增加分散性。

② 用硅烷偶联剂处理填料，改变界面状态，以增加树脂和填料之间的粘接性。

③ 用单体浸渍填料，使之与聚合物产生化学结合。

【质量标准】

（1）北京燕山石油化工公司技术指标

指标名称	滑石粉填充聚丙烯		碳酸钙填充聚丙烯	
	PP-60/TC/20	PP-60/TC/40	PP-TCH-CC20	PP-TCH-CC40
密度/(g/cm³)	1.07～1.10	1.25～1.30	1.02～1.09	1.20～1.30
滑石粉含量(质量分数)/%	20～24	40～44		
碳酸钙含量(质量分数)/%			20～24	40～44
冲击强度(6.35mm 缺口)/(J/m)	25	20		
拉伸屈服强度/MPa	28	24	24.5	19.6
弯曲弹性模量(6.35mm)/MPa	2076	2415		
弯曲弹性模量(3.18mm)/MPa			2238	2410
洛氏硬度(R)		90	94	94
热变形温度(0.46MPa)/℃	127	132	121	121
热变形温度(1.82MPa)/℃	51	62	71	74
维卡软化点/℃			150	150
用途	医用纯氧联结器，仪表手柄	蓄电池器件，风扇罩	复印机零部件	玩具、汽车护板

（2）中蓝晨光化工研究院填充聚丙烯技术指标

指标名称	自熄性填充聚丙烯	滑石粉填充聚丙烯
外观	乳白色	—
滑石粉含量(质量分数)/%	—	40
拉伸强度/MPa	27	35～38
弯曲强度/MPa	50	60～70
冲击强度(缺口)/(kJ/m²) ≥	5	—
冲击强度(无缺口)/(kJ/m²)	23	33～52
伸长率/%	30	—
球压痕硬度/(N/mm²)	—	80～102
热变形温度/℃	210	—
耐寒性(-40℃,24h)		无裂纹
耐热老化(150℃粉化时间)/h ≥		840
燃烧性(UL-94法)	V-0级	
表面电阻率/Ω·cm ≥	1×10^{12}	—
体积电阻率/Ω·cm ≥	2×10^{16}	—
介电强度/(MV/m)	26	—
介电损耗角正切(60Hz)	$(2\times10^{-2})\sim(3\times10^{-2})$	—
介电常数	3～4	—

（3）山东道恩化学有限公司填充聚丙烯技术指标

指标名称	滑石粉填充聚丙烯	碳酸钙填充聚丙烯	硫酸钡填充聚丙烯
填料含量/%	35	35	—
熔体流动速率/(g/10min) ≥	6	2	12～16
拉伸强度/MPa ≥	28	25	30
断裂伸长率/% ≥	40	90	150
弯曲强度/MPa ≥	45	40	28
弯曲弹性模量/GPa ≥	2.2	2.4	1.2
简支梁缺口冲击强度/(kJ/m²) ≥	4.5	6	6.5
热变形温度/℃ ≥	130	100	125
模塑收缩率/%	1.0～1.2	1.1～1.3	1.1～1.3
用途	用于汽车内饰件等	用于板框压滤机风机外罩等	用于家用电器外壳如电饭煲豆浆机等

（4）日本タテニ公司填充、增强聚丙烯技术指标

指标名称	云母增强聚丙烯		滑石粉增强聚丙烯	玻纤增强聚丙烯
	200-HK	325-S		
填料含量/%	40	40	40	20
密度/(g/cm³)	1.25	1.25	1.22	1.02
拉伸强度/MPa ≥	50	46	34	78

续表

指标名称		云母增强聚丙烯		滑石粉增强聚丙烯	玻纤增强聚丙烯
		200-HK	325-S		
断裂伸长率/%	≥	2	3	4	3
弯曲强度/MPa	≥	80	73	55	95
弯曲弹性模量/GPa	≥	7.6	6.2	4.3	4.3
悬臂梁缺口冲击强度/(kJ/m^3)	≥	0.02	0.02	0.02	0.07
落球冲击强度/J		0.98	1.96	0.98	0.98
洛氏硬度(R)		105	105	95	105
热变形温度(1.82MPa)/℃		135	130	92	150
热变形温度(0.46MPa)/℃		160	160	140	160
线胀系数/$\times 10^{-5}K^{-1}$		3	4	5	5
介电强度/(kV/mm)		45	45	35	30
体积电阻率/Ω·cm		5×10^{15}	6×10^{15}	1×10^{16}	1×10^{17}
介电常数/MHz		2.4	2.4	2.5	2.2
介电损耗角正切/MHz		3×10^{-3}	3×10^{-3}	3×10^{-3}	4×10^{-4}

注：200-HK、325-S为美国MRI公司“Suzorite”云母的两个品种。

【制法】 将聚丙烯树脂与一定配料量的木粉、石棉、滑石粉、碳酸钙和云母等有机物和无机物填料以及必要的添加剂进行高效混合、挤出造粒，即得不同牌号的填充聚丙烯。其简单工艺流程如下。

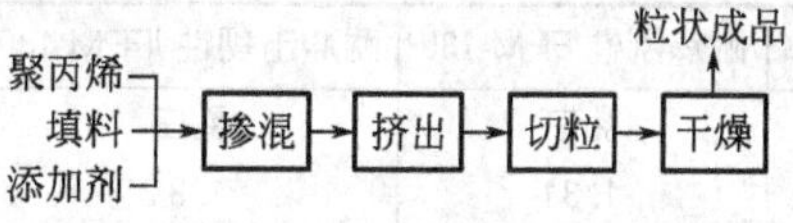

为了防止填充聚丙烯冲击强度下降，可采用如下几种方法使树脂和填料之间产生亲和性。

① 用有机或无机物质包覆填料微粒，改变填料表面的酸碱性。如用硅酸铝涂覆填料表面，使之形成与树脂有亲和性的酸性表面；用脂肪酸或其盐类涂覆碳酸钙，使其表面活化，增加分散性。

② 用硅烷偶联剂处理填料，改变界面状态，以增加树脂和填料之间的粘接性。

③ 用单体浸渍填料，使之与聚合物产生化学结合。

【成型加工】 可用注塑、吹塑、发泡等成型方法加工。自熄性填充聚丙烯使用前不必予以干燥，但若遭雨淋或水浸时，则必须干燥以除去表面水分。其注射成型温度185～195℃，模温25～50℃，注射压力5.88～9.8MPa。注射成型温度切不可大于210℃，以免阻燃剂分解。每次成型完毕后要用聚丙烯、聚乙烯或聚苯乙烯树脂清洗料筒。

【用途】 碳酸钙填充聚丙烯可用作量油杆、复印机部件、微波炉零部件、玩具、汽车护板及外部装潢、电气设备零部件等。滑石粉填充聚丙烯可用作医用纯氧联结器、仪器手柄、汽车用蓄电池器、电加热器导管、风扇罩、轴承盖、支架座、仪表后盖、泵体泵盖、洗衣机壳体和电器零件等。云母填充的聚丙烯主要用作汽车零件、空调器和风扇叶片等。用40%石棉填充的聚丙烯，在140℃仍具有较好的刚性和尺寸稳定性，在120℃空气中耐老化为9000h，主要作汽车结构部件，洗衣机零件和引擎上的叶片。近年来广泛采用硫酸钡填充聚丙烯制作家用电器外壳，取得了很好的效果。

【安全性】 参见Bb001。用内衬塑料薄膜袋的布袋或聚丙烯编织袋包装，每袋25kg。贮放于阴凉、干燥、通风的库房，不可在露天堆放，不可受日光照射。在潮湿和炎热季节要每月倒垛一次，便于散潮通风。运输时必须使用清洁有篷布的运输工具，防止受潮。贮运期限以1年为宜。消防可用水、砂土、灭火剂。

【生产单位】 北京燕山石油化工总公司，山东道恩化学有限公司，中蓝晨光化工研究院，上海日之升科技发展有限公司，上海杰事杰发展有限公司等。

Bb018 阻燃聚丙烯

【英文名】 flame resistant polypropylene

【别名】 耐燃性聚丙烯

【结构式】

$$\left[\begin{array}{c}CH_3\\|\\CH-CH_2\end{array}\right]_n + \text{阻燃剂}$$

【性质】 阻燃聚丙烯耐燃性好，可达到UL-94 V-0级；热老化性好，150℃使用寿命700h以上；力学强度与纯聚丙烯相似，可在适合聚丙烯的任意加工温度下成型加工；加工流动性好，可成型大型薄壁制件。阻燃聚丙烯的性能与阻燃剂种类、用量和配方有较大的关系。

【质量标准】 (1) 中蓝晨光化工研究院阻燃聚丙烯技术指标

指标名称	指标
外观	白色或黑色粒料
拉伸强度/MPa	25
相对伸长率/%	70
弯曲强度/MPa	40
缺口冲击强度/(kJ/m)	6
无缺口冲击强度/(kJ/m)	25
热变形温度/℃	105
耐老化性(150℃)/b	>700
燃烧性(UL-94)	V-0
表面电阻率/Ω·cm	1.7×10^{13}
体积电阻率/Ω·cm	3.2×10^{16}
介电常数	2.69
介电损耗角正切	1.8×10^{-3}
介电强度/(MV/m)	2.62

(2) 中石化北京化工研究院阻燃聚丙烯技术指标

指标名称	测试方法	耐热刚性FPM-130	耐冲击韧性IFPM 130
色泽	目测	乳白	乳白
密度/(g/cm³)	本院法	1.31	1.31
熔体流动速率/(g/10min)	GB/T 3682	3.5~6.5	2~3
拉伸屈服强度/MPa	GB/T 1040	30	24
拉伸断裂强度/MPa	GB/T 1040	27	20
断裂伸长率/%	GB/T 1040	60	40
弯曲强度/MPa	GB/T 9341	50	36
弯曲弹性模量/GPa	本院法	2.7	2.08
简支梁冲击强度/(kJ/m²)			
缺口	GB/T 1043	6.0	6.5
无缺口	GB/T 1043	20	35
维卡软化点/℃	GB/T 1633	155	155
燃烧性($\delta=10$mm)	UL-94	V-0级	V-0级
氧指数	ASTMD2863	27	25
介电强度(MV/m)	ASTMD257	30	30

注：表内数据为室温下的测定值。

（3）山东道恩化学有限公司阻燃聚丙烯技术指标

指标名称		测试方法	阻燃聚丙烯	阻燃磁白聚丙烯
熔体流动速率/(g/10min)		GB/T 3682	3.5～6.5	13～20
拉伸强度/MPa	≥	GB/T 1040	27	24
断裂伸长率/%	≥	GB/T 1040	20	150
弯曲强度/MPa	≥	GB/T 9341	35	30
弯曲弹性模量/GPa	≥	GB/T 9341	2.7	1.3
简支梁缺口冲击强度/(kJ/m²)	≥	GB/T 1043	3.0	7
热变形温度(0.46MPa)/℃	≥	GB/T 1634	130	85
阻燃性		UL-94	V-0	V-0
模塑收缩率/%		GB/T 17037.4	0.8～0.9	1.1～1.2

【制法】 阻燃聚丙烯系由聚丙烯粉末与一定量的防老剂、处理剂、阻燃剂和助阻燃剂等，经高速均匀混合后挤出造粒，即得所需的产品。所用阻燃剂主要是有机卤化物、有机酸和磷酸卤烃基酯等；助阻燃剂为三氧化二锑。且以十溴联苯醚配以三氧化二锑的阻燃剂体系应用居多。其简单工艺流程如下。

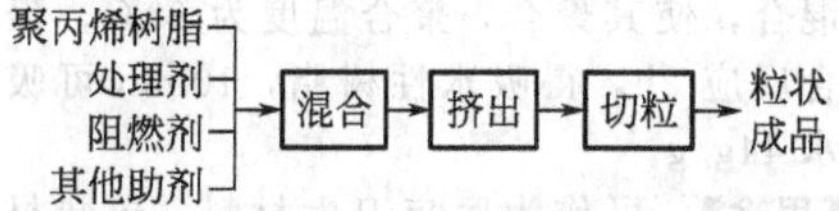

【成型加工】 可采用注塑、挤塑、中空成型方法进行加工，但必须防止因阻燃剂分解而产生的有害物质对加工机具的腐蚀。为了获得质量优良的制品，原料最好在鼓风烘箱中于80℃条件下干燥3～4h。中石化北京化工研究院生产的阻燃聚丙烯FPM-130、IFPM-130的成型加工条件为：成型温度180～230℃，模具温度50℃，注射压力8～10MPa。山东道恩化学有限公司的阻燃聚丙烯产品的成型加工条件为：注塑温度195～200℃，注射压力6.5～7.5MPa，模具温度50℃。

【用途】 阻燃聚丙烯具有良好的高频绝缘性，受温度、湿度影响小的电气性能及V-0级阻燃性能，故适用于电视机行输出高压包、线圈骨架、电动机保护开关外壳、接线端子护盖等各种电气元器件以及运输、建筑、纺织等部门对阻燃性要求较高的场合。还可用作需要阻燃的铁路车辆用材、汽车部件、建筑材料、电气器材、船舶、军用车辆、军用设施等。在电视机工业中多用作显像管插座罩、偏转线圈骨架、底座、保险罩、行输出变压器、接插件、配线器、元器件等电视机部件。耐冲击阻燃聚丙烯可用作电视机壳体。此外，阻燃聚丙烯还可用作煤矿和油田用管道、地毯、家具等。

【安全性】 参见Bb001。产品内包装为绝缘性薄膜袋，外包装为聚丙烯编织袋，每袋净重25kg，净重误差±0.2%。可长期贮存于清洁干燥的仓库内，要远离火源、热源，严禁日晒雨淋。可按非危险物品运输，运输工具应保持清洁干燥，不得有铁钉等尖锐物，要备有篷布。严禁用铁钩装卸。

【生产单位】 中石化北京化工研究院，山东道恩化学有限公司，中蓝晨光化工研究院，中蓝南通合成材料厂，上海日之升科技发展有限公司等。

Bb019 无卤低烟阻燃PP

【英文名】 flame retardant light smoke polypropylene

【别名】 无卤低烟阻燃聚丙烯

【结构式】

$$(CH_2—\underset{\displaystyle CH_3}{\underset{|}{CH}})_n—Mg(OH)_2$$

【性质】 无卤低烟阻燃聚丙烯为本色粒子，有较好的力学性能，阻燃性可以达到FV-0。

【质量标准】 广东盛恒昌化学工业有限公司 ZRPP-01I 技术指标

相对密度	1.5
拉伸强度/MPa	30
弯曲强度/MPa	50
弯曲模量/MPa	4700
简支梁缺口冲击强度/(kJ/m^2)	4.0
简支梁无缺口冲击强度/(kJ/m^2)	18
燃烧性(UL-94)	V-0
烟密度(SDR)	8.5
热变形温度/℃	128

【制法】 将聚丙烯树脂与已用处理剂处理的氢氧化镁、润滑剂、抗氧剂、各种助剂混合，在双螺杆上熔融共混，挤出造粒可得到无卤低烟阻燃聚丙烯材料。可根据情况调节材料的力学性能。

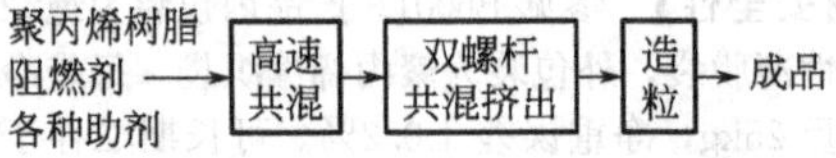

【用途】 主要用于电线电缆，电子电器制造各种内部零部件，电子元件焊接中的保护装备，装饰夹板等。

【安全性】 参见 Bb001。用牛皮纸包装袋包装，每袋 25kg。材料保存在干燥，通风，干净的仓库中。

【生产单位】 广东盛恒昌化学工业有限公司。

Bb020 聚丙烯酸类高吸水性树脂

【英文名】 high water absorbent resin polyacrylic acid

【结构式】

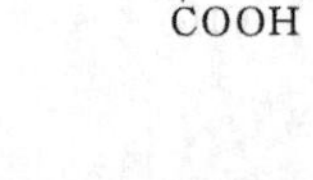

【性质】 小球状，粒径 100～160nm，10min 吸水倍数 44g/g。

【制法】 聚合物小球是由乙烯基不饱和单体溶液、以蔗糖脂肪酸酯作为分散剂，经反相悬浮聚合得到的产品。

(1) 配方

丙烯酸钠	84.6
N,*N*′-亚甲基双丙烯酰胺	0.016
水	197
羟乙基纤维素	0.58
过硫酸钾	0.15
环己烷	49
蔗糖脂肪酸酯	2

(2) 生产工艺 按上述配方，将丙烯酸钠、*N*,*N*′-亚甲基双丙烯酰胺、水、羟乙基纤维素、过硫酸钾投入反应器中，搅拌混合均匀，成为混合液，另取一反应瓶加入环己烷、蔗糖脂肪酸酯，使其溶解，混合均匀，然后把上面的混合液倒入其中混合，使其聚合，聚合温度为 60℃，聚合反应 2h，得吸水性树脂，10min 可吸水 44g/g。

【用途】 可作为医疗卫生材料、包装材料、密封材料等。

【安全性】 参见 Bb001。产品内包装为绝缘性薄膜袋，外包装为聚丙烯编织袋，每袋净重 25kg，净重误差±0.2%。可长期贮存于清洁干燥的仓库内，要远离火源、热源，严禁日晒雨淋。可按非危险物品运输，运输工具应保持清洁干燥，不得有铁钉等尖锐物，要备有篷布。严禁用铁钩装卸。

【生产单位】 天津晨光化工有限公司、山东道恩化学有限公司，中蓝晨光化工研究院，上海日之升科技发展有限公司。

Bb021 双轴拉伸聚丙烯薄膜

【英文名】 biaxial oriented polypropylene film; BOPP film

【性质】 双轴拉伸聚丙烯薄膜，由于分

子链或特定的结晶面在拉伸方向上定向，所以它的结晶度、拉伸强度、拉伸弹性模量、冲击强度、撕裂强度、曲折寿命等均较未拉伸聚丙烯薄膜（CPP）有显著提高。其耐热性、耐寒性、透明性、气密性、防湿性、光泽和电绝缘性也有所改善，撕裂传播性减小。双轴拉伸聚丙烯薄膜的一个通性是加热时分子链的解取向松弛，薄膜发生收缩。如若要充分利用这一特性，可省去或减少薄膜拉伸后的热定型工艺，从而制得热收缩薄膜。

【制法】 聚丙烯薄膜的拉伸有平面拉伸和管状拉伸两种。平面拉伸又分为单轴拉伸和双轴拉伸。而双轴拉伸又有逐次双轴拉伸和同时双轴拉伸之分。常用的双轴拉伸为管式拉伸、逐次双轴拉伸和同时双轴拉伸三种。其制法是将聚丙烯膜预热到熔点以下、玻璃转变温度以上，即130～170℃，沿管状膜的纵横向（或平膜的两个轴向）拉伸3～10倍，从性能和成品率方面考虑，以纵向拉伸5～8倍，横向拉伸6～8倍为好。拉伸后在保持拉紧的条件下，于120～160℃进行热处理，使横向收缩10%～30%，纵向收缩15%以下，使其消除拉伸所产生的形变应力，冷却后即制得热稳定性较好的双轴拉伸聚丙烯薄膜。若不进行热处理，使拉伸的薄膜直接冷却，将拉伸所产生的形变应力冻结，便可制成双轴拉伸收缩薄膜，当再次加热时就会产生收缩作用。

【成型加工】 可用热合、脉冲热合、熔体黏合和超声波热合等一般热塑性塑料薄膜的加工方法加工成所需制品。若在单面或双面涂以透明热熔胶黏剂，可使其在较低温度下热合。

【用途】 双轴拉伸聚丙烯薄膜除具有非拉伸聚丙烯薄膜的用途外，还可广泛用作收缩薄膜、复合薄膜基材、电容器薄膜、黏胶带基材、透明胶纸基材等。其薄膜和复合薄膜主要用作食品软包装、重包装、收缩包装、建材被覆、钢板印刷转印膜和电线电缆包装及服装、纺织物和杂品包装等。

【生产单位】 广州塑料公司，无锡彩印厂，北京化工六厂，浙江嘉兴市包装公司，四川绵阳市塑料公司，上海塑料二厂。

Bb022 导电性聚丙烯

【英文名】 conductive polypropylene

【性质】 本品为黑色粒料，具有较好的加工性能和力学性能，以及良好的导电性和电磁屏蔽效应，电导率可达1S/cm，屏蔽效应高于30dB。此外，还具有正温度系数效应、非线性伏安特性。

【制法】 将55%～85%聚丙烯树脂粉、10%～40%导电炭黑（V-Z型）及适量的CF抗氧剂、润滑剂、增塑剂等混匀后，用双辊塑炼机于155～160℃下塑炼8～10min，再用挤出机挤出造粒。

【成型加工】 在195～210℃、8～12MPa压力下模压成制品，还可在适当温度、压力下注射或挤出成制件。

【用途】 主要作轻小导体、电磁屏蔽壳体和墙板；还可用作高压电缆半导体层、抗静电材料，温度、电压、自控材料，面状发热体、压敏元件、连接器等。

【安全性】 参见Bb001。本粒料可包装于内衬塑料膜的编织袋或塑料容器内，贮放于阴凉通风干燥处，避免日晒雨淋，远离火源。可按非危险物品运输。

【生产单位】 北京化工大学。

Bb023 电磁屏蔽聚丙烯

【英文名】 polypropylene for electromagnetic shielding

【组成】 主要成分为聚丙烯树脂、填料和铜网。

【性质】 本产品洁白、平整、有光泽，密度1.51g/cm^3，吸水率0.6%，力学强度好；布氏硬度 294MPa、拉伸强度 52.2MPa、弯曲强度 77.9MPa、冲击强度 62kJ/m²，耐热性较好（马丁耐热 148℃），导电性良好（平行层向电阻为 $6\times10^{-2}\,\Omega$），电磁屏蔽效果可达 68dB（10MHz）。

【制法】 在聚丙烯树脂与填料混合物间夹入铜网，经过加热加压，制成一种上下为树脂绝缘层、中间为导电铜网层的三层结构产品。

【成型加工】 本产品可进行切割、车削、刨钻等二次加工，还可以进行粘接处理等。

【用途】 可用作需要进行电磁屏蔽的大型电子设备的壳体、大型电磁屏蔽室贴墙面板；特别适合用作既要求屏蔽功能又要求表面绝缘的电子设备的外壳。现已应用于广州某研究所的定型产品——高级神经外科手术设备治疗仪上。

【安全性】 树脂的生产原料，对人体的皮肤和黏膜有不同程度的刺激，可引起皮肤过敏反应和炎症；同时还要注意树脂粉尘对人体的危害，长期吸入高浓度的树脂粉尘，会引起肺部的病变。大部分树脂都具有共同的危险特性：遇明火、高温易燃，与氧化剂接触有引起燃烧危险，因此，操作人员要改善操作环境，将操作区域与非操作区域有意识地划开，尽可能自动化、密闭化，安装通风设施等。本产品可用牛皮纸或塑料膜包封后或外套编织袋或装于箱体内；贮放于阴凉通风干燥处，防止日晒雨淋，远离火源；按非危险物品运输。

【生产单位】 广州电器科学研究所。

Bb024 磁性聚丙烯

【英文名】 magnetic polypropylene

【组成】 主要成分为聚丙烯树脂、铁氧体磁粉、钛酸酯偶联剂和助剂。

【性质】 本品通常为粉料或粒料，密度 3.6g/cm³，具有较好的力学强度和磁性能。其定向磁性聚丙烯的布氏硬度为 1.2×10.2MPa、冲击强度为 1.5kJ/m²。

【制法】 将干燥过的锶铁氧体（$SrO\cdot 6Fe_2O_3$，粒径 1～2μm）用钛酸酯偶联剂捏合处理后加入到比例量的聚丙烯树脂中，再加适当助剂，在高速混炼机内混炼均匀（约需 4～6min），拉片，冷却后切粒或粉碎。其工艺流程如下。

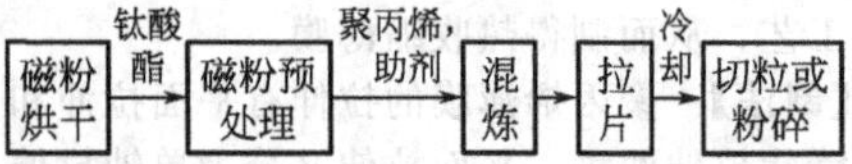

【成型加工】 在控制一定外加磁场强度（如 1.25～1.3T）下，借助普通塑料成型设备模压、注射或挤出成型为所需制品。其注射成型工艺条件为：料筒温度 160～165℃（尾段）和 180～185℃（前段）；喷嘴温度 200～205℃；模具温度 210～220℃；螺杆转速 30r/min；注射时间 5s，外加磁场强度 1.2～1.4T，定向方式为垂直定向，开模温度 60℃以下。

【用途】 可广泛用于微型电机、电磁开关、旋转控制器、家用电器及薄型磁体、异形磁铁、辐射状多极磁体及磁疗保健品等。

【安全性】 参见 Bb001。可包装于内衬塑料膜的编织袋或塑料容器内，贮放于阴凉通风干燥处，按非危险物品运输。

【生产单位】 重庆塑料科技研究所，北京化工大学。

Bb025 聚甲基丙烯酸吸水性聚合物

【英文名】 polymethacrylate water absorbent polymer

【结构式】

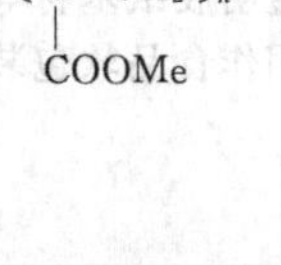

【性质】 粒径 358μm，吸水能力为 926g/g，吸收 0.9%氯化钠水溶液 69g/g。

【制法】 高吸水性聚合物是由甲基丙烯酸单体的铵盐或金属盐在交联剂脂肪羧酸山梨糖醇酯的存在下，形成水包油反相悬浮聚合。

（1）配方/g

甲基丙烯酸	52.7
N,*N*′-亚甲基双丙烯酰胺	0.0119
羟乙基纤维素	0.678
过硫酸钾	0.18
环己烷	137
山梨糖醇硬脂肪酸酯	0.509

（2）生产工艺　按上述配方，把丙烯酸投入反应器中，加入 25%氢氧化钠中和部分丙烯酸，然后，加入交联剂 *N*,*N*′-亚甲基双丙烯酰胺、羟乙基纤维素、引发剂过硫酸钾、搅拌混合均匀。另取一四口瓶加入环己烷、山梨糖醇脂肪酸酯，充分混合，慢慢地再加入丙烯酸混合液，升温至 65～70℃，反应 1h，出现聚合物粒子，回流 4h，除去水，得聚合物粒子。

【用途】 用于农业园林、土壤改良、沙漠改造、植树造林、抗旱保水等。

【安全性】 参见 Bb001。产品内包装为绝缘性薄膜袋，外包装为聚丙烯编织袋，每袋净重 25kg，净重误差±0.2%。可长期贮存于清洁干燥的仓库内，要远离火源、热源，严禁日晒雨淋。可按非危险物品运输，运输工具应保持清洁干燥，不得有铁钉等尖锐物，要备有篷布。严禁用铁钩装卸。

【生产单位】 天津晨光化工有限公司、山东道恩化学有限公司。

Bb026 仿天然多功能色母料

【英文名】 nature-imitated multi-functional color master batch

【结构式】 同所采用母粒载体树脂结构。

【性质】 仿天然多功能色母料为着色剂，功能助剂添加到载体树脂中得到色母料，适用于作为色母料分别添加到聚烯烃、聚苯乙烯、ABS、PVC、PC/ABS 合金等树脂中，通过注塑或挤塑可一次性制得具有仿天然木纹、大理石纹等表面装饰效果的制品。

性能项目		检测办法	普通级	耐候级	抗静电级
熔体流动速率/(g/10min)	≤	GB 3682	13	13	13
表面电阻率/Ω·cm		GB 1410	—	—	$10^{8\sim12}$
含水量/%	≤	GB 1034	0.3	0.3	0.4
耐迁移性/级	≥	GB 251	3	4	3
耐热性/级	≥	GB 250	3	4	3
颜色(非限制性)		各色(双方确认样板颜色比较目测)			

【制法】 先将助剂与载体树脂在高混机中混合，再加入着色剂及添加剂在高混机中二次混合，然后加入双螺杆挤出机或密炼机熔融混炼，经粒化即得本产品。工艺流程如下所示。

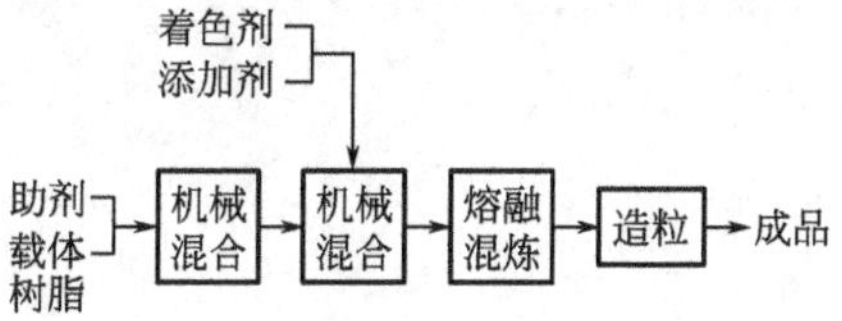

【质量标准】 广东盛恒昌化学工业有限公司生产的仿天然多功能色母料质量标准如下，符合广东省企业标准Q/HC002—2003。

【用途】 主要用于建筑、汽车、装饰行业日用品、化妆品包装等领域需要制备有仿大理石和木纹等表面装饰效果制品的场合，作为添加的色母料和功能母料。

【安全性】 参见Bb001。产品内包装为绝缘性薄膜袋，外包装为聚丙烯编织袋，每袋净重25kg，净重误差±0.2%。可长期贮存于清洁干燥的仓库内，要远离火源、热源，严禁日晒雨淋。可按非危险物品运输，运输工具应保持清洁干燥，不得有铁钉等尖锐物，要备有箱棚或篷布。严禁用铁钩装卸。

【生产单位】 广东盛恒昌化学工业有限公司。

Bc 聚氯乙烯类

1 聚氯乙烯定义

聚氯乙烯，简称 PVC，是由氯乙烯在引发剂作用下聚合而成的热塑性树脂，是氯乙烯的均聚物。氯乙烯均聚物和氯乙烯共聚物统称为氯乙烯树脂。

按聚合工艺可分为本体、悬浮、乳液、溶液等聚合产品，其中 80%以上是悬浮聚合产品，乳液聚合树脂约占 10%，主要用于糊状料。

用于压延和挤出模塑的 PVC 大部分是由悬浮聚合方法生产的。乳液聚合的 PVC 多用于塑溶胶和有机溶胶。只有少量商业 PVC 是用溶液聚合方法生产的。

以过氧化物、偶氮异腈类引发，加分散剂后可得到疏松树脂颗粒，加工性能好。聚合温度高，链转移速率高，产物分子量小，一般应稳定在±0.5℃以内。溶液聚合产物直接用作涂料胶黏剂，乳液聚合产物也可直接应用，或喷雾干燥为固体。

常用挤出注射方法成型。高分子量树脂力学性能好，加增塑剂后制成软质制品，主要用于薄膜、包装材料、容器、电线；低分子量树脂容易加工，适合于硬质制品，用于管、板、下水道和建筑材料。氯乙烯-醋酸乙烯酯共聚物流动性好，加工温度低，用于唱片、地板、涂料。氯乙烯-丙烯腈共聚物的软化温度、强度较高，并改善溶解性，宜作纤维；氯乙烯-丙烯酸酯类共聚物的耐候性、冲击性有所提高。氯乙烯-丙烯共聚物的流动性和热稳定性较好，可作瓶料。聚氯乙烯是一种使用一个氯原子取代聚乙烯中的一个氢原子的高分子材料。

2 聚氯乙烯分类

PVC 基本上分为两类：硬 PVC 和增塑的 PVC（即软 PVC)。硬 PVC，顾名思义它是一种未改性的聚合物，它是高刚性的。未改性 PVC 的强度和硬度都比 PE 和 PP 大。塑化的 PVC 是加入低分子量物种（即增塑剂）使聚合物柔软化来改性 L386i，增塑的 PVC 可制成类橡胶性的产品。

聚氯乙烯制品形式十分丰富，可分为硬聚氯乙烯、软聚氯乙烯、聚氯乙烯糊三大类。硬聚氯乙烯主要用于管材、门窗型材、片材等挤出产品，以及管接头、电气零件等注塑件和挤出吹型的瓶类产品，它们约占聚氯乙烯 65%以上的消耗。软聚氯乙烯主要用于压延片、汽车内饰品、手袋、薄膜、标签、电线电缆、医用制品等。聚氯乙烯糊约占聚氯乙烯制品的 10%，主要用产品有搪塑制品等。

3 聚氯乙烯的结构、特点与成型加工

3.1 聚氯乙烯的结构

氯乙烯单体是由乙烯与氯反应形成

1,2-二氯乙烷，1,2-二氯乙烷再裂解得到氯乙烯，聚合反应如下所示。

$$nCH_2{=}CHCl \longrightarrow {-\!\!\!(}CH_2{-}CHCl{)\!\!\!-}_n$$

聚氯乙烯是无定形的线型、非结晶的聚合物，基本无支链，链节排列规整。聚合度（n）的数目一般为500～20000。

聚氯乙烯的微观结构大都是无规的，但是分子链中也有一定量的间同结构使之结晶百分率很低（约5%）；聚合物本质上是线型，但也存在少量短支链支化。单体单元沿分子主链的排列主要是头-尾键接。由于存在极性氯原子，所以PVC的极性比聚乙烯大。商品聚合物的分子量是：$M_w = 100000 \sim 200000$，$M_n = 45000 \sim 64000$，因此分子量分布指数$M_w/M_n = 2$。由于氯乙烯单体不溶于聚合物，所以氯乙烯的本体聚合是非均相过程。悬浮法PVC是由悬浮聚合方法合成，它是将氯乙烯单体悬浮在水中形成直径接近10～100nm的液滴。悬浮聚合通过改变分散剂和搅拌速度来控制聚合物的颗粒尺寸、形状和粒径分布。乳液聚合的粒子尺寸比悬浮法PVC更小，但是乳液聚合中所用皂类乳化剂可影响聚合物的电和光学性能。

3.2　聚氯乙烯的特点

PVC为无定形结构的白色粉末，支化度较小，相对密度约1.4。聚氯乙烯塑料有较高的机械强度，良好的化学稳定性。

工业生产的PVC分子量一般在5万～12万范围内，具有较大的多分散性，分子量随聚合温度的降低而增加；无固定熔点，80～85℃开始软化，130℃变为黏弹态，160～180℃开始转变为黏流态；有较好的力学性能，拉伸强度60MPa左右，冲击强度5～10kJ/m^2；有优异的介电性能。但对光和热的稳定性差，在100℃以上或经长时间阳光曝晒，就会分解而产生氯化氢，并进一步自动催化分解，引起变色，物理机械性能也迅速下降，在实际应用中必须加入稳定剂以提高对热和光的稳定性。

PVC很坚硬，溶解性也很差，只能溶于环己酮、二氯乙烷和四氢呋喃等少数溶剂中，对有机和无机酸、碱、盐均稳定，化学稳定性随使用温度的升高而降低。PVC溶解在丙酮-二硫化碳或丙酮-苯混合溶剂中，用于干法纺丝或湿法纺丝而成纤维，称氯纶，具有难燃、耐酸碱、抗微生物、耐磨并具有较好的保暖性和弹性。

聚氯乙烯分子中含有大量的氯，使其具有较大的极性，同时具有很好的耐燃性。

聚氯乙烯对光、热的稳定性较差。在不加热稳定剂的情况下，聚氯乙烯100℃时开始分解，130℃以上分解更快。受热分解出氯化氢气体，使其变色，由白色→浅黄色→红色→褐色→黑色。阳光中的紫外线和氧会使聚氯乙烯发生光氧化分解，因而使聚氯乙烯的柔性下降，最后发脆。

聚氯乙烯的抗冲击性能差，耐寒性不理想，硬质聚氯乙烯塑料的使用温度下限为－15℃，软质聚氯乙烯塑料为－30℃。

聚氯乙烯的透水汽率很低。硬聚氯乙烯长期浸入水中的吸水率小于0.5%，浸水24h为0.05%，选用适当增塑剂的软聚氯乙烯吸水率不大于0.5%。

聚氯乙烯室温下的耐磨性超过普通橡胶。

聚氯乙烯的电性能取决于聚合物中残留物的数量和各种添加剂。聚氯乙烯的电性能还与受热情况有关，当聚氯乙烯受热分解时，由于氯离子的存在而降低其电绝缘性。

PVC的主要特点是具有难燃、抗化

学腐蚀、耐磨、优良的电绝缘性能和较高的力学强度等。缺点是热稳定性较差，受热易引起不同程度的降解；软制品还有增塑剂外迁之弊，对应变敏感，变形后不能完全复原，且在低温下变硬。

聚氯乙烯的性质见下表。

指标名称		硬制品	软制品	
			非填充	填充
加工性能	压塑成型温度/℃	140～205	140～176	140～176
	压塑成型压力/MPa	5.19～13.72	3.43～13.72	3.43～13.72
	注射成型温度/℃	149～213	160～196	160～196
	注射成型压力/MPa	68.6～275.67	55.17～173.26	55.17～173.26
	压缩比	2.0～2.3	2.0～2.3	2.0～2.3
	相对密度	1.35～1.45	1.16～1.35	1.3～1.7
力学性能	拉伸强度/MPa	34.79～62.23	10.29～24.11	6.86～24.11
	伸长率/%	2.0～40	200～450	200～400
	压缩强度/MPa	55.37～90.16	6.17～11.76	6.86～12.45
	弯曲强度/MPa	68.89～123.97		
	邵氏硬度	65～85D	50～100A	50～100A
	冲击强度/(J/m)	21.56～107.8	随增塑剂种类和含量而变化	随增塑剂种类和含量而变化
热·电·光学性能	热导率/[W/(m·K)]	0.15～0.21	0.13～0.17	0.13～0.17
	热膨胀系数/℃$^{-1}$	5.0×10^{-5}～10.0×10^{-5}	7.0×10^{-5}～25.0×10^{-5}	—
	热变形温度(1.82MPa)/℃	54～80	—	—
	体积电阻率(湿度50%,23℃)/Ω·cm	$>10^{15}$	10^{11}～10^{15}	10^{11}～10^{14}
	折射率	1.52～1.55	—	—
化学性能	吸水性(3mm厚,24h)/%	0.04～0.40	0.15～0.75	0.50～1.0
	燃烧性	自熄性	—	—
	介质影响	不受弱酸、强碱影响，强酸影响极微。在醇类、脂肪烃和油脂中不溶解，在酮类、酯类中可膨润或溶解		

3.3 聚氯乙烯成型加工

聚氯乙烯可用压延、层压、挤出、注射、吹塑、真空成型等多种方法进行成型加工。加工 PVC 时，首先将 PVC 树脂和增塑剂、稳定剂、着色剂等助剂按一定的配方比例均匀地混合，然后将混合料进行塑化。捏合时间为 0.5～1.5h，温度为 125～150℃。塑化后的塑料可直接供成型加工用（如压延），也可将塑化料拉片切粒作为半成品，而以粒料形式给挤出机、注射机和吹塑机等供料。干混技术是将干的 PVC 树脂在剧烈的搅拌及较低的温度下吸收增塑剂等，得到干燥的、完全分散的粉状混合物，其优点是在较低温度下捏合，树脂不易分解。

（1）压延　将 PVC 塑化料喂给压延

机，通过三辊、四辊或多辊压延机进一步加热塑化，在两辊缝隙间拉出制成厚度均匀的薄膜。压延温度通常为145～170℃，加工的薄膜厚度0.05～1.00mm。大规模生产软质薄膜的技术改进是在压延后，再在拉伸设备上，使薄膜在纵横两个方向同时冷拉伸数倍，可提高薄膜的透明度和强度，制得宽幅薄膜。

(2) 层压　将压延所得的厚0.5mm左右的薄片，叠配进行层压，可制PVC层压厚板。工艺条件为：热板温度140～180℃，压力2～10MPa，时间0.5～1h，随板材厚度不同而变化。

(3) 挤出　挤出成型选用疏松型树脂为好。硬制品的挤出是将捏合后的混合料加热到120～180℃，在压力下挤出造粒，然后加热挤成一定形状的制品；软制品的挤出温度随着增塑剂含量的增多，应适当降低。加热段温度从130℃开始，到口模处170～180℃，螺杆转速为10～70r/min，螺杆长径比为(15～24)∶1，压缩比为(2～3)∶1。软制品可用单螺杆挤出机，硬制品多用双螺杆（或多螺杆）挤出机，以提高混炼效果。

(4) 注射　注射硬质PVC制品较困难，因而常选用疏松型树脂，稳定剂的稳定效果要好，润滑剂的含量应提高2%～3%。预处理温度(110±10)℃，时间1～1.5h。注射成型温度：硬制品为149～213℃；软制品为160～196℃。注射成型压力：硬制品为69～276MPa；软制品为55～172MPa。

(5) 吹塑　可制造PVC吹塑薄膜和中空制品。吹塑薄膜工艺，系用挤出法先将PVC塑料挤成管，然后借助向管内吹入的空气使其连续膨胀到一定尺寸的管式膜，冷却后折叠卷绕成双层平膜。中空吹塑成型工艺主要包括：①从挤出机挤出管状型坯；②将热管状型坯置放于模具中，然后闭模；③立即通入压缩空气吹胀；④在保持空气压力下冷却定型；⑤放气、启模取出制品；⑥修整、检验、包装。中空吹塑成型方法，除挤出中空吹塑外，还有注射中空吹塑和拉伸中空吹塑等方法。

(6) 真空成型　将PVC片材或板材重新加热软化（不能熔化），置于带有许多小孔的模具上，采取抽真空方法，使片材吸在模具上成型，冷却后取出制品，如PVC地图、模型、装饰天花板、硬壳外包装等。真空成型的设备叫真空成型机，速度快、效率高、设备成本低、模具简单、操作容易掌握。

Bc001 悬浮法聚氯乙烯

【英文名】 suspension polyvinyl chloride; SPVC; suspension PVC

【别名】 聚氯乙烯

【结构式】

$$\left[CH_2-\underset{\substack{|\\ Cl}}{CH} \right]_n \quad n=500\sim1500$$

【性质】 外观为白色无定形粉末，粒径60～250μm，表观密度400～600kg/m³，折射率n_D^{20}为1.544。不溶于水、酒精、汽油，在醚、酮、氯化脂肪烃和芳香烃中能膨胀和溶解。在常温下可耐任何浓度的盐酸、90%以下的硫酸、50%～60%的硝酸及20%以下的烧碱溶液，对盐类相当稳定。没有明显的熔点，在80～85℃开始软化，130℃左右变为黏弹态，160～180℃开始转变为黏流态。对光和热的稳定性差，在100℃以上或经长时间阳光曝晒，就会分解而产生氯化氢，并进一步自动催化分解，引起变色和物理力学性能的迅速下降；因此在实际应用中必须加入稳定剂以提高对热和光的稳定性。属于热塑性树脂，与其他通用热塑性塑料相比，具有较高的力学强度，室温下的耐磨性超过硫化橡胶，硬度和刚性亦优于聚乙烯。难燃，具有自熄性。介电性能优良，它对直流、交流电的绝缘能力，可与硬质橡胶媲美，为介电损耗较小的绝缘材料之一。主要缺点是热稳定性较差，加工配方和加工工艺稍微复杂。软制品还有增塑剂外迁之弊。

【制法】 1. 乙炔法

乙炔与氯化氢混合，以氯化汞为催化剂，在温度为 170～190℃下进行反应，反应气体经水洗、碱洗、加压精制得纯度为 99.9%以上的氯乙烯单体。

聚合工艺采用悬浮聚合法。在聚合釜中加入氯乙烯单体 100 份、水 130～200 份、悬浮剂（聚乙烯醇、羟丙基甲基纤维素、明胶等）0.05～0.5 份、油溶性引发剂（过氧化二碳酸二乙基已酯、偶氮二异庚腈等）0.01～0.5 份以及少量其他助剂（缓冲剂、链转移剂等），在搅拌和一定温度（45～65℃）下使氯乙烯聚合。待转化率达 80%～90%时停止聚合反应，回收未聚合的氯乙烯。聚合物浆料经汽提脱除残留氯乙烯，再经离心脱水、干燥即得产品。

反应式如下。

$$C_2H_2 + HCl \xrightarrow{HgCl_2} CH_2{=}CHCl$$

$$nCH_2{=}CHCl \xrightarrow[\text{引发剂}]{\text{助剂}} {+}CH_2{-}CHCl{+}_n$$

2. 乙烯氧氯化法

乙烯与氯气以三氯化铁为催化剂，在液相中反应生成二氯乙烷；乙烯与氯化氢、空气在氧氯化反应器中有催化剂存在下反应生成二氯乙烷；这两部分的二氯乙烷经精制后，在 500℃，(21～26)×10^5 Pa 压力下，在管式炉内裂解生成氯乙烯和氯化氢，氯化氢返回氧氯化反应器与乙烯进行氧氯化反应，氯乙烯经精制后得精品，作聚氯乙烯的原料。此法聚合工艺与乙炔法相同。

反应式如下。

$$C_2H_4 + Cl_2 \xrightarrow[35\sim37℃]{FeCl_3} C_2H_4Cl_2$$

$$C_2H_4 + HCl + \frac{1}{2}O_2 \xrightarrow[3.2\times10^5 Pa]{226℃} C_2H_4Cl_2 + H_2O$$

$$C_2H_4Cl_2 \xrightarrow[(21\sim26)\times10^5 Pa]{500℃} C_2H_3Cl + HCl$$

3. 烯炔联合法

由石油烃裂解同时制取乙烯和乙炔。将乙烯与氯气反应生成二氯乙烷，然后裂解得到氯乙烯及氯化氢；将这部分氯化氢与原料乙炔反应生成氯乙烯。

反应式如下。

$$C_2H_4 + Cl_2 \longrightarrow C_2H_4Cl_2 \longrightarrow C_2H_3Cl + HCl$$

$$C_2H_2 + HCl \longrightarrow C_2H_3Cl$$

【消耗定额】 1985 年我国主要 PVC 厂原材料消耗如下。

类别	名称	单耗/(t/t)	来源
主要原料	氯气	0.63	氯碱厂
	电石	1.45	自产或外购、进口
	乙烯	0.50	乙烯厂
引发剂	AIBN	0.0013	淄博正华助剂有限公司
	AIVN	0.0006	淄博正华助剂有限公司等
	EHP	0.00015	太原化工厂、天津高分子化工助剂有限公司、天津阿克苏诺贝尔化工有限公司等
	DCPD	0.0002	天津有机化工二厂
	BPP	0.0002	福州第二化工厂
悬浮剂	PVA-KH20	0.001	日本
	PVA-2080	0.001	四平联化厂、北京油脂化工厂
	PVA-LL-02	0.001	日本
	MC	0.0011	湘潭第二化工厂、晋县化工厂
	HPMC	0.0009	山东威山县化工厂等

续表

类别	名称	单耗/(t/t)	来源
防粘釜剂	JC-11,JC12 SPJFT,SPJFA FN-97	少量 少量 少量	葫芦岛市鑫益化工有限责任公司 常州市武进佳华化工有限公司 北京市南郊长城黏合剂厂
阻聚剂	双酚 A	少量	进口、天津有机化工二厂
链转移剂	巯基乙醇	少量	进口、上海试剂四厂
pH 调节剂	Na_2HPO_4	少量	试剂厂
表面活性剂	石油磺酸钠	少量	杭州石油化工厂等

国产悬浮法疏松型 PVC 树脂技术指标和主要用途如下。

国产悬浮法疏松型 PVC 树脂的技术指标和主要用途（GB 5751—86）

型号 / 级别 / 指标	$PVC\text{-}SG_1$	$PVC\text{-}SG_2$			$PVC\text{-}SG_3$			$PVC\text{-}SG_4$		
	一级	一级		二级	一级		二级	一级		二级
	A	A	B		A	B		A	B	
黏数/(mL/g)	154～144	143～136			135～127			125～118		
表现密度/(g/mL) ≥	0.42	0.42	0.42	0.40	0.42	0.42	0.40	0.42	0.42	0.40
100g 树脂的增塑剂吸收量/g ≥	25	25	25	16	25	25	16	22	22	15
挥发物(包括水)含量/% ≤	0.40	0.40	0.40	0.50	0.40	0.40	0.50	0.40	0.40	0.50
过筛率/% 0.25mm 筛孔 ≥	98.0	98.0	98.0	92.0	98.0	98.0	92.0	98.0	98.0	92.0
过筛率/% 0.063mm 筛孔 ≤	10.0	10.0	10.0	20.0	10.0	10.0	20.0	10.0	10.0	20.0
100g 树脂中的黑黄点总数与黑点数/颗 总数 ≤	30	30	30	130	30	30	130	30	30	130
100g 树脂中的黑黄点总数与黑点数/颗 黑点数 ≥	10	10	10	30	10	10	30	10	10	30
白度/% ≥	90	90	90	85	90	90	85	90	90	85
鱼眼/(个/1000cm²) ≤	10	10			10			10		
10%树脂水萃取液电导率/(S/m) ≤	5×10^{-3}	5×10^{-3}			5×10^{-3}					
残留氯乙烯单体含量/($\times10^{-6}$) ≤	10	10	10		10	10		10	10	
树脂热稳定性	协商									

续表

级别 / 型号 / 指标	PVC-SG_1	PVC-SG_2			PVC-SG_3			PVC-SG_4		
	一级	一级		二级	一级		二级	一级		二级
	A	A	B		A	B		A	B	
主要用途	高级电绝缘材料	电绝缘材料、薄膜	一般软制品		电绝缘材料、农用薄膜人造革表面膜	全塑凉鞋		工业和民用薄膜	软管、人造革、高强度管材	

级别 / 型号 / 指标		PVC-SG_5			PVC-SG_6			PVC-SG_7		
		一级		二级	一级		二级	一级		二级
		A	B		A	B		A	B	
黏数/(mL/g)		117～107			106～96			95～85		
表观密度/(g/mL) ≥		0.45	0.45	0.40	0.45	0.45	0.40	0.45	0.45	0.40
100g树脂的增塑剂吸收量/g ≥		19	19	13	16	16	13	14	14	13
挥发物(包括水)含量/% ≤		0.40	0.40	0.50	0.40	0.40	0.50	0.40	0.40	0.50
过筛率/%	0.25mm筛孔 ≥	98.0	98.0	92.0	98.0	98.0	92.0	98.0	98.0	92.0
	0.053mm筛孔 ≤	10.0	10.0	20.0	10.0	10.0	20.0	10.0	10.0	20.0
100g树脂中的黑黄点总数与黑点数/颗	总数 ≤	30	30	130	30	30	130	30	30	130
	黑点数 ≥	10	10	30	10	10	30	10	10	30
白度/% ≥		90	90	85	90	90	85	90	90	85
鱼眼/(个/1000cm²) ≤		10			10			10		
10%树脂水萃取液电导率/(S/m) ≤										
残留氯乙烯单体含量($\times10^{-6}$) ≤		10	10		10	10		10	10	
树脂热稳定性		协商								
主要用途		透明制品	硬管、硬片、单丝套管、型材		唱片、透明片	硬板、焊条、纤维		瓶子、透明片	硬质注射管件、过氯乙烯树脂	

PVC 的配方技术如下。

① 硬质制品的主要组成包括 PVC 树脂、稳定剂和润滑剂，一般不加增塑剂。为降低成本和提高硬度可加入 5～15 份填充剂。为提高冲击强度，特别是在加入 25～35 份填充剂的钙塑配方中，应加入约 10 份改性剂。硬质注射制品加工中要加入少量增塑剂。根据制品性能要求和加工工艺，有的还要加入一定量的着色剂、加工改进剂和发泡剂等。

② 硬质制品所用树脂以高型号（3 型以上）的树脂为好。

③ 硬质制品加工温度较高，与 PVC 分解温度接近，必须采用高效稳定配方。以强力稳定剂，如三盐基硫酸铅或硫醇有机锡为主，再加入金属皂类稳定剂。

④ 透明制品、无毒制品，应采用合乎这些性能要求的相应助剂。

硬质 PVC 制品加工配方实例：

组分	品种						
	硬片硬板（压延）	普通透明薄膜（压延）	硬管（挤出）	透明异型材（挤出）	焊条（挤出）	薄膜（吹塑）	硬制品（注射）
PVC 树脂	100	100	100	100	100	100	100
平均聚合度		800	1000～3000	800			
MBS	0～5	5					3
邻苯二甲酸二辛酯					7～	3～10	3
环氧大豆油		4					
马来酸有机锡	2～3			2		1	
月桂酸有机锡	0.2～0.5			0.5		0.5	2.5
液体 Ba-Zn 系		2.0					
粉末 Ba-Zn 系		0.8					
硬脂酸钙							0.5
硬脂酸镉			0.4～0.6				
硬脂酸钡			0～0.3		2		
三盐基硫酸铅			2.5～3.0		5		
三盐基硬脂酸铅			0.4～0.6				
有机磷						1.5	
硬脂酸丁酯				1		0.5	
硬脂酸				1			
润滑剂	0.5					0.5	
石蜡				0.3(液体)	0.5		0.6
颜料			<0.2	0.01			

软质 PVC 制品加工配方实例：

组分	品种						
	透明薄膜	电线被覆	透明无毒制品	透明软管（挤出）	不透明软管（挤出）	矿山用带材	凉鞋鞋底（注射）
PVC 树脂	100	100	100	100	100	100	100
平均聚合度					1000～1100		
邻苯二甲酸二辛酯	20～50	35～40	40	50～70	40	20	85

续表

组分	品种						
	透明薄膜	电线被覆	透明无毒制品	透明软管（挤出）	不透明软管（挤出）	矿山用带材	凉鞋鞋底（注射）
邻苯二甲酸二丁酯	0～30						
己二酸二辛酯					10	5	
磷酸三二甲苯酯	20	20				35	
磷酸三壬苯酯	0～1						
水杨酸苯酯	0～1						
环氧大豆油	0～5		5	2～3			5
硬脂酸钡、镉	2～3					10	2
硬脂酸钙、锌			2.5	0.8～1.0			
硬脂酸钙		1	0～2			1	
硬脂酸铅					1		
二盐基亚磷酸铅					3		
三盐基硫酸铅		5～7					
亚磷酸酯螯合剂				0.6			
硬脂酸	0.5～1	0.3～0.5					
润滑剂							0.5～1
瓷土		15					
氧化锑						5	
碳酸钙					10	10	
炭黑						5	
颜料		1～2			适量		

【用途】 本品是制 PVC 塑料的主要原料，通过添加不同量的增塑剂和加工助剂可以做成硬质、半硬质或软质制品；还可与其他聚合物共混加工进行改性，故能做成种类繁多、性能异样的制品，在工农业生产、交通运输和人民生活各方面获得广泛的应用。

（1）薄膜　本品作为软质薄膜应用比例很大。工业用薄膜主要用作防潮、防水、包装等材料；农用地膜广泛用于农业生产的育秧及农作物的保土防寒；民用薄膜可作窗帘、台布、玩具、雨衣等日用品。

（2）电线电缆的绝缘保护层　绝缘级 PVC 一般用于通信、控制、信号及低压电缆和具有较高电性能要求的绝缘电线，普通绝缘级适用于室内固定敷设电线、护套软线，500V 农用电缆以及仪表安装线等，普通护层级适用于橡皮和塑料绝缘的电缆护套等及其他外护层用。耐寒护层级适用于户外及耐寒电线电缆的塑料护层。柔软护层级适用于耐寒柔软电线电缆的保护层。

（3）硬制品　本品制作的硬质制品主要是硬管，广泛用作输水管和化学工业上的各种管道，如工艺和排污管道、管件。硬板广泛用作化学工业上各种贮槽的衬里、防腐制品、容器，建筑物的瓦楞板、地板、门、窗、墙壁装饰物、异型材等。还用于成型各种机械零件，工业型材，蓄电池隔板、外壳，轨枕垫片，家具，唱片片基等。硬 PVC 焊条可在制造硬制品时作为焊接材料。

(4) 其他 PVC 单丝可用于制作各种绳索、编织窗纱等。软质 PVC 还可制作各种软管、软带、瓶子、中空容器、型材、片材、家具、凉鞋、鞋底及其他用品。

此外，悬浮树脂作乳液法树脂的掺用料制 PVC 糊，或以悬浮树脂制糊时，宜用黏度低（如 3 型）、粒度细且均一的树脂。生产人造革时，悬浮法树脂制的糊只能用于打底层，因其无光泽，面层应用乳液法糊树脂。

【安全性】 树脂的生产原料对人体的皮肤和黏膜有不同程度的刺激，可引起皮肤过敏反应和炎症；同时还要注意树脂粉尘对人体的危害，长期吸入高浓度的树脂粉尘，会引起肺部的病变。大部分树脂都具有共同的危险特性：遇明火、高温易燃，与氧化剂接触有引起燃烧危险，因此，操作人员要改善操作环境，将操作区域与非操作区域有意识地划开，尽可能自动化、密闭化，安装通风设施等。

用内衬塑料薄膜袋的布袋或聚丙烯编织袋包装，每袋 25kg。贮放于阴凉、干燥、通风的库房，不可在露天堆放，不可受日光照射。在潮湿和炎热季节要每月倒垛一次，便于散潮通风。运输时必须使用清洁有篷盖的运输工具，防止受潮。贮运期限以 1 年为宜。消防可用水、砂土、灭火剂。

【生产单位】 上海氯碱化工股份有限公司，北京化二股份有限公司，天津大沽化工有限责任公司，锦化化工（集团）有限责任公司，天津化工厂，天津乐金大沽化学有限公司，黑龙江齐化化工有限公司，齐鲁石油化工股份有限公司氯碱厂，青岛海晶化工集团有限公司，无锡化工集团有限公司，江苏江东化工集团有限公司，四川省金路树脂有限公司，宜宾天原集团有限公司，新疆天业股份有限公司，石河子化工厂，新疆中泰化学股份有限公司等。

Bc002 分散型聚氯乙烯

【英文名】 dispersion type polyvinyl chloride

【别名】 聚氯乙烯；聚氯乙烯糊用树脂；乳液法聚氯乙烯

【结构式】

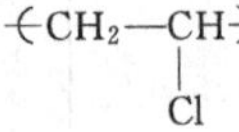

【性质】 粒径为 0.1～1μm 的白色粉状糊用树脂，较疏松。无臭，无毒。常温下对酸、碱和盐类稳定。塑化性能较好，可与增塑剂及其他助剂配混成糊料，在室温下搁置 24h 增稠黏度不超过 20%，无沉析现象。糊料的流变性能主要取决于胶乳粒子大小和粒径分布。通常采用种子乳液法制得的产品，胶乳粒径呈多峰分布。由其配制的糊料在高切变速率下糊黏度较低，涂装性能较好，适用于高速涂布。

【制法】 乳液聚合法。将氯乙烯 100 份、水 130～200 份，乳化剂（十二烷基硫酸钠、烷基苯磺酸钠等）0.5～3 份、水溶性引发剂（过硫酸铵、过硫酸钾等）0.1～0.5 份以及少量种子胶乳、pH 值调节剂等加入聚合釜中，在搅拌和加热（40～60℃）下使氯乙烯进行聚合。为有利于种子胶乳粒径的增长，氯乙烯单体和乳化剂溶液应分批或连续加入。达到预定转化率（85%～95%）时停止聚合反应，回收未聚合单体。所得聚合物胶乳经喷雾干燥即得产品。工艺流程如下。

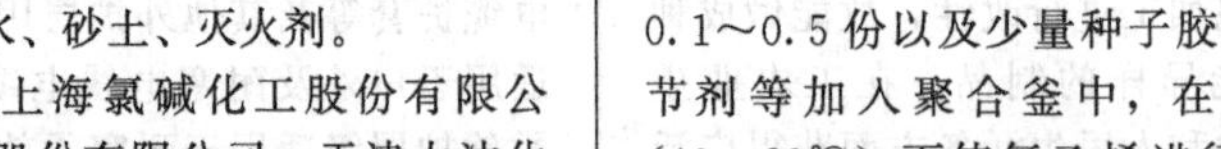

【消耗定额】 我国糊用聚氯乙烯树脂标准（GB 15592—1995）如下。

氯乙烯	1250kg 每吨 PVC
乳化剂	1.3～9kg 每吨 PVC

质量标准　我国糊用聚氯乙烯树脂标准(GB 15592—1995)如下

序号	项目	PVC-□·P·a·A(或B)·b				
		优等品		一等品		合格品
1	黏度/(mL/g)*K* 值平均聚合度	a				
		155 165～145 79.0～75.0 1950～1570	140 150～130 76.0～71.5 1650～1300	125 135～115 72.5～67.5 1350～1100	110 120～100 69.0～63.5 1150～900	095 105～85 65.0～59.0 950～720
2	标准糊黏度(B 式)/Pa·s	b				
		1 <4.0	2 3.0～7.0	3 6.0～10.0	4 9.0～13.0	5 >13.0
3	杂质粒数/个 <	12		20		40
4	挥发物含量/% <	0.40		0.50		0.50
5	筛余物/% 0.25mm 筛孔 <	0		0.1		0.2
	筛余物/% 0.063mm 筛孔 <	0.1		2.0		3.0
6	残留氯乙烯含量/(mg/kg) <	10		10		—
7	糊增稠率(24h)/% <	50		—		—
8	白度(160℃,10min)/% >	80.0		—		—
9	水萃取液 pH 值 <	8.0		—		—
10	乙醇萃取物含量/% <	3.0		—		—

乳液聚合法 PVC 树脂分子量为 12500～125000，是颗粒较细（一般为 0.1～1μm）的白色粉末，较疏松，无臭、无毒，常温下对酸、碱和盐类稳定，塑化性能较好，可与增塑剂及其他助剂配混成糊料，在室温下搁置 24h 增稠黏度不超过 20%，无沉析现象。缺点是电绝缘性能较差，透明度差，且产品成本高等。乳液法 PVC 国标如下。

乳液法聚氯乙烯（PVC）国标（GB15592—1995）

指标名称	技术指标		
	Ⅰ号	Ⅱ号	Ⅲ号
黏度(聚氯乙烯：邻苯二甲酸二辛酯 1：1,25℃搁置 24h 后的糊)/Pa·s	3	3～7	7～10

续表

指标名称	技术指标					
	Ⅰ号		Ⅱ号		Ⅲ号	
	一级品	二级品	一级品	二级品	一级品	二级品
过筛率(160 目/2.54cm,孔径 0.088mm)/%	99.0	97.0	99.0	97.0	99.0	97.0
水分/% ≤	0.40	0.50	0.40	0.50	0.40	0.50
1%树脂的 1,2-二氯乙烷溶液 20℃时的绝对黏度/(10^{-3} Pa·s)	Ⅰ型 2.01～2.40 Ⅱ型 1.81～2.00 Ⅲ型 1.60～1.80					
外观	白色粉末					

注：中牌号Ⅰ号、Ⅱ号、Ⅲ号的特点和用途为糊用树脂，可与增塑剂及其他助剂混合制成糊料。采用涂刮、浸渍或搪塑等加工方法，适用于人造革、涂塑窗纱、玩具及电气用品等。

上海氯碱总厂的糊状聚氯乙烯的性能

指标	本厂牌号				
	WP55GP	WP62GP	WP68GP	WP74GP	WP85GP
	引进牌号				
	H55GP	H62GP	H58GP	H74GP	H85GP
相对黏度	1.80	2.05	2.30	2.65	3.15
K 值	55	62	68	74	85
密度/(g/cm³)	1.4	1.4	1.4	1.4	1.4
平均聚合度	600	840	1120	1570	2400
挥发物/%	0.4	0.4	0.4	0.4	0.4
粒度(<0.053mm)/%	99.8	99.8	99.8	99.8	99.8
B 型黏度/(mPa·s)	6000	6000	6000	6000	6000
诺斯细度	2	2	2	2	2
残留 VCM/($\times 10^{-6}$)	5	5	5	5	5

指标	本厂牌号				
	WP68GP	WP80HC	WP74HC	WP62SF	WP67SF
	引进牌号				
	H68HC	H80HC	H74HC	H62SF	H67SF
相对黏度	2.30	2.85	2.65	2.05	2.25
K 值	68	80	74	62	67
密度/(g/cm³)	1.4	1.4	1.4	1.4	1.4
平均聚合度	1120	1750	1570	840	1070
挥发物/%	0.4	0.4	0.4	0.4	0.4
粒度(<0.053mm)/%	99.8	99.8	99.8	99.8	99.8
B 型黏度/(mPa·s)	5000	5000	5000	5000	5000
诺斯细度	2	2	2	2	2
残留 VCM/($\times 10^{-6}$)	5	5	5	5	5

【成型加工】 将乳液法 PVC 树脂与增塑剂及其他助剂在常温下调配成黏流状的增塑糊，其中增塑剂占 30%～50%。亦可加入一些挥发性有机液体（如直链烷烃、醇等）以降低其黏度便于施工。糊的配制可采用各种混合设备。要根据最终产品性能要求和施工方法来选定配方，混合好的糊在使用前应脱除夹杂空气。PVC 糊成型包括涂刮、蘸涂、搪塑、滚塑、浇铸等。涂刮法用于生产人造革、壁纸等，其工艺过程为配制糊后直接用刮刀或辊涂涂布机将 PVC 糊直接涂刮在经予处理的布基上，经熔融、压花、冷却、卷取即得制品。主要设备为配糊的混合机，必须保证搅拌均匀、控制温度和脱气；刮刀涂料机主要控制料量、厚度和均匀度；烘道控制加热温度和停留时间，最高为 300℃，生产速率 7～20m/min；亦有用无端钢带载体法、离型纸载体法生产人造革和壁纸的。蘸涂法是利用阳模，浸入加热到一定温度的增塑糊中，一定时间后提起，多余糊滴落后再加热，使附在阳模上糊层凝胶并塑化，最后从阳模上剥离下来，制得一端开口的制品。蘸涂有间歇法和连续法两种，间歇法要有存放糊及供制件浸泡的容器以及 200℃以下的热源；连续法则为连续蘸涂和加热，用于纸张、织物、细丝，管子的加工，烘箱保持 (175±5)℃，物料线速度为 8.5～10m/min，在烘箱内的塑化时间为 50～60s，涂层厚度为 0.16～0.24mm，主要用于制造工业用手套、柔性管子、电缆头、工具手柄等。搪塑法是将糊料浇入模子内，倾倒模子并熔融塑化模内壁所留薄层糊，冷却后开模即得制品。现多采用高效回转搪塑进行糊成型。若在糊料中掺入发泡剂，则可在受热塑化过程中发泡形成泡沫层或泡沫制品。

本品也可直接用树脂添加其他材料加工成硬泡沫塑料、烧结板等。或直接采用其乳液用于抽丝、纸上光，制作涂料和胶黏剂等。

【用途】 本品主要作为加工糊树脂应用。如用于制作透气泡沫人造革、普通人造革、刮面革、地板革、载体泡沫人造革、泡沫塑料、涂塑窗纱、搪塑制品、玩具、手套外膜、金属防酸外膜、工业用布、导线覆盖物、绝缘涂料、喷涂乳胶、浸渍玻璃纤维、干法抽丝、包装用材料、酒瓶、饮料瓶及罐头瓶盖垫圈。也可制作片材和挤出制品等。乳液法 PVC 各种型号树脂用途如下。

型号	主要用途
RH-1Ⅰ	造糊加工:人造革、泡沫塑料、手套
RH-2Ⅱ	直接加工:硬泡沫塑料、烧结板
RH-3Ⅲ	直接用乳液:抽丝、纸上光、涂料

【安全性】 树脂的生产原料，对人体的皮肤和黏膜有不同程度的刺激，可引起皮肤过敏反应和炎症；同时还要注意树脂粉尘对人体的危害，长期吸入高浓度的树脂粉尘，会引起肺部的病变。大部分树脂都具有共同的危险特性：遇明火、高温易燃，与氧化剂接触有引起燃烧危险，因此，操作人员要改善操作环境，将操作区域与非操作区域有意识地划开，尽可能自动化、密闭化，安装通风设施等。两层包装。内层为聚氯乙烯薄膜袋，外层为聚丙烯编织袋。每袋 20kg（或 25kg）。存放在干燥和通风良好的地方，防止受潮。本品为非危险品。

【生产单位】 上海天原化工有限公司，天津化工厂，武汉葛化集团有限公司，西安化工厂。

Bc003 氯丙（共聚）树脂

【英文名】 vinyl chloride-propylene copolymer

【别名】 氯乙烯-丙烯共聚物

【结构式】

$$\left[CH_2-\underset{\substack{|\\ Cl}}{CH} \right]_m \left[CH_2-\underset{\substack{|\\ CH_3}}{CH} \right]_n$$

【性质】 它是内增塑聚氯乙烯。具有良好的热稳定性和加工性，熔体流动性好，在高温下延伸率高，有利于真空成型制得形状复杂的制品。其加工流动性相当于氯乙烯均聚物加 15～25 份增塑剂。此外，还具有良好的透明性和耐化学药品性。无毒。但较聚氯乙烯冲击强度低。

【制法】 多采用悬浮共聚合，共聚物中丙烯含量 10%以下。如以氯乙烯 92～95 份、丙烯 5～8 份、水 170 份、过氧化特戊酸叔丁酯 0.2～0.3 份、甲基纤维素 0.07～0.08 份、琥珀酸二辛酯磺酸钠 0.005 份、碳酸氢钠 0.02 份，在 53℃下聚合 8～11h，即得丙烯含量 3.5%～5.7%的氯丙共聚树脂。

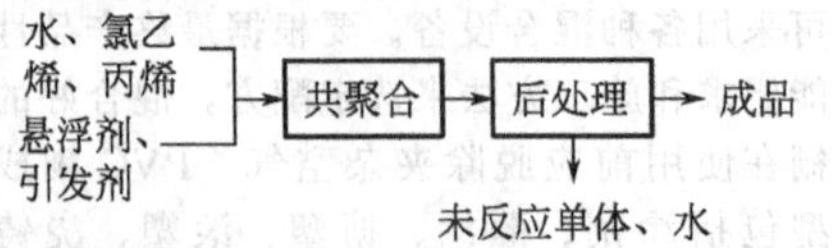

【质量标准】

日本サン・アロー化学公司氯丙树脂技术指标

指标名称	指标	指标名称	指标
聚合度	630	拉伸屈服应力(23℃)/MPa	61.05
表观密度/(g/cm³)	0.56～0.57	伸长率/%	11
流动温度/℃	161.3	缺口冲击强度/(kJ/m²)	1.62
洛氏硬度(23℃,M)	105～106		

美国埃尔坷公司氯丙树脂标准

指标名称	通用型				冲击型	
	Airco 401	Airco 405	Airco 420	Airco 470	Airco 401	Airco 470
丙烯含量/%	3	5	6	7	3	7
相对密度	1.40	1.40	1.39	1.38	1.35	1.34
拉伸强度/MPa	60	58	56.5	55.2	42.7	40
拉伸弹性模量/GPa	3.38	3.10	3.03	2.86	2.41	2.41
伸长率/%	80	100	90	125	110	120
弯曲屈服强度/MPa	106	101	98.6	95.2	65.5	63.4
压缩屈服强度/MPa	79.3	78.6	76.5	73.8	55.2	53.8
弯曲弹性模量/GPa	3.48	3.31	3.10	3.14	2.83	2.69
热变形温度/℃	70.6	70.0	70.0	68.3	71.1	70.0
悬臂梁冲击强度(缺口)/(J/m)	37.3	34.7	34.7	29.3		320

【成型加工】 可用挤出、注塑、吹塑及真空成型等方法加工。其加工成型温度可比一般的聚氯乙烯加工温度低 5～15℃，并可用钙、锌、镁系无毒稳定剂。

【用途】 常用于制造包装快餐食品、药品、洗涤剂、化妆品、干粉等的无毒包装薄膜、片材和瓶子。还可用于制造各种设备构件和零部件，如压滤机板框、真空吹尘器叶轮、阀门、蓄电池槽和盖板、电动工具配件、化工和医疗设备构件、管件、异形制品以及唱片等。粉状树脂可用于粉末涂层。也可作为聚氯乙烯的加工助剂。

【安全性】 树脂的生产原料，对人体的皮肤和黏膜有不同程度的刺激，可引起皮肤过敏反应和炎症；同时还要注意树脂粉尘对人体的危害，长期吸入高浓度的树脂粉尘，会引起肺部的病变。大部分树脂都具有共同的危险特性：遇明火、高温易燃，与氧化剂接触有引起燃烧危险，因此，操作人员要改善操作环境，将操作区域与非操作区域有意识地划开，尽可能自动化、密闭化，安装通风设施等。

用内衬塑料薄膜袋的布袋或聚丙烯编织袋包装，每袋 25kg。贮放于阴凉、干燥、通风的库房，不可在露天堆放，不可受日光照射。在潮湿和炎热季节要每月倒垛一次，便于散潮通风。运输时必须使用清洁有篷盖的运输工具，防止受潮。贮运期限以 1 年为宜。消防可用水、砂土、灭火剂。

【生产单位】 上海天原（集团）天原化工有限公司，浙江省化工研究所。

Bc004 EVA 改性聚氯乙烯

【英文名】 modification of polyvinyl chloride

【别名】 聚氯乙烯与乙烯-醋酸乙烯共聚物的共混物

【结构式】

$$\left[CH_2-\underset{\displaystyle Cl}{\underset{|}{CH}} \right]_n + EVA$$

【性质】 它是聚氯乙烯和乙烯-醋酸乙烯共聚物经适当共混制得的高分子材料。PVC 和 EVA 相容性取决于 EVA 中 VA 含量，当 VA 含量为 65%～70%时，与 PVC 完全相容，当 VA 含量 45%混入后形成网状多相结构可提高 PVC 耐冲击性，改善加工性和热稳定性。此材料特点是具有良好的低温冲击性、耐寒性、加工性、耐化学性和手感，增塑效果稳定。其耐候性与改性的 ACR（聚丙烯酸酯）相近。

【制法】 按配料比将 PVC、EVA 以及其他助剂一起捏合、混炼，造粒即得共混料。其中所用 EVA 以醋酸乙烯含量 40%～60%，分子量 10 万的为好，且必须是粉料，不宜用粒状料。EVA 添加量不应超过 15%。在共混过程中，还必须很好掌握混炼温度和时间，否则会降低耐冲击改性效果。

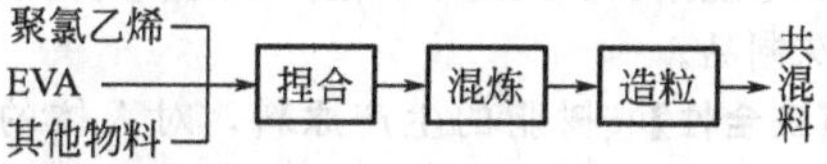

【质量标准】

硬质型 PVC/EVA 共混物的性能指标

指标名称	指标	备注	指标名称	指标	备注
相对黏度	1.34		软化温度/℃	65～70	
拉伸强度/MPa	50	与 PVC 基本相同	熔融温度/℃	140	比 PVC 低 40℃
伸长率/%			缺口冲击强度/(kJ/m²)		
常温	160	PVC 仅为 130	20℃ >	75	加有机锡稳定剂
120℃	210	PVC 在 150%时拉断	0℃	12	
硬度	98		20℃	4.5	

软质型 PVC/EVA 共混物的性能指标

指标名称	软质 PVC/EVA	50 份 DOP 增塑的 PVC
PVC/EVA	100	
PVC		100
DOP(邻苯二甲酸二辛酯)		50
稳定剂	约 3	约 3
硬脂酸	0.5	0.5
拉伸强度/MPa	21.6	20

续表

指标名称	软质 PVC/EVA	50 份 DOP 增塑的 PVC
伸长率/%	360	300
硬度(邵氏)	42	42
软化温度/℃	-23	-18
脆化温度/℃	<-75	-33
热失重(105℃,120h)/%	0.96	8.23
耐油性(70℃,4h 质量变化)/%	4.6	-0.23
伸长率保持率/%	94.4	86.7
耐候性(大气试验 800h)		
拉伸强度保持率/%	67	72
伸长率保持率/%	82	66

【成型加工】 可用挤出、注塑和压延等方法进行加工。

【用途】 硬质型 PVC/EVA 主要用于制造耐冲击管材、管件、板材、片材以及门窗异型材、工业零部件等。软质型 PVC/EVA 制品主要有耐寒薄膜、软片、电线和电缆绝缘、人造革、泡沫鞋底和其他泡沫制品。

【安全性】 树脂的生产原料，对人体的皮肤和黏膜有不同程度的刺激，可引起皮肤过敏反应和炎症；同时还要注意树脂粉尘对人体的危害，长期吸入高浓度的树脂粉尘，会引起肺部的病变。大部分树脂都具有共同的危险特性：遇明火、高温易燃，与氧化剂接触有引起燃烧危险，因此，操作人员要改善操作环境，将操作区域与非操作区域有意识地划开，尽可能自动化、密闭化，安装通风设施等。

用内衬塑料薄膜袋的布袋或聚丙烯编织袋包装，每袋 25kg。贮放于阴凉、干燥、通风的库房，不可在露天堆放，不可受日光照射。在潮湿和炎热季节要每月倒垛一次，便于散潮通风。运输时必须使用清洁有篷盖的运输工具，防止受潮。贮运期限以 1 年为宜。消防可用水、砂土、灭火剂。

【生产单位】 上海化工厂，天津近代化工厂，北京有机化工厂，上海金山石化总厂，上海化工研究院。

Bc005 聚氯乙烯-活性炭热解聚合物

【英文名】 pyrolytic compounds of PVC-active carbon

【组成】 聚氯乙烯＋活性炭＋甲醛的共同热解产物

【质量标准】 国标 GB/T 13803.5—1999，国标 GB/T 12496—1999。

【性质】 黑色粉末状物质，磁化强度约 0.58emu/g（为迄今已知同类产品最高者的 5 倍），磁力比传统同类产品高 3～5 倍，性能稳定，曝露在空气中半年以上仍不丧失磁性。

【用途和用法】 本品尚在试制中，可望首先在电子复印机增色剂上得到应用。

【制法】 按 9∶1 的比例将 PVC 与活性炭搅混于四氢呋喃中，待 PVC 溶解后，倾注入甲醛中；将所得黑色固体物质分离、洗净、干燥；然后置于氩气中并于 1000t 下灼烧 24h 即得到产品，产率 20%。

【安全性】 树脂的生产原料，对人体的皮肤和黏膜有不同程度的刺激，可引起皮肤过敏反应和炎症；同时还要注意树脂粉尘对人体的危害，长期吸入高浓度的树脂粉尘，会引起肺部的病变。大部分树脂都具有共同的危险特性：遇明火、高温易燃，与氧化剂接触有引起燃烧危险，因此，操作人员要改善操作环境，将操作区域与非操作区域有意识地划开，尽可能自动化、密闭化，安装通风设施等。产品内包装为绝缘性薄膜袋，外包装为聚丙烯编织袋，每袋净重25kg，净重误差±0.2%。可长期贮存于清洁干燥的仓库内，要远离火源、热源，严禁日晒雨淋。可按非危险物品运输，运输工具应保持清洁干燥，不得有铁钉等尖锐物，要备有箱棚或篷布。严禁用铁钩装卸。

【生产单位】 句容市盛达环保净化材料有限公司。

Bc006 糊状聚氯乙烯专用树脂

【英文名】 PVC paste resin

【别名】 聚氯乙烯掺混树脂

【结构式】

$$-\!\!\left[CH_2-CHCl \right]\!\!-_n$$

【性质】 本品为白色粉末，无毒，无味，树脂颗粒紧密、规整，呈球状，且表面光滑，吸油率低。

【制法】 将无离子水、分散剂、引发剂及其他助剂投入带搅拌的聚合釜中，加入氯乙烯单体，在一定温度下进行聚合，然后经离心脱水、干燥即得。

【消耗定额】 锦西化工研究院产品消耗定额如下。

指标名称	电石	氯气	氢气	催化剂	各种助剂	水	蒸汽	电
消耗定额/(t/t)	1.384	0.659	0.228	0.90	0.014	170	1.39	33.8kW·h

【质量标准】 杭州电化集团企业标准 (Q/DHJO 448—1995)

指标名称		DHJ1	DHJ2
K 值[黏度/(mL/g)]		70～66[126～107]	65～60[106～87]
表观密度/(g/mL)	≥	0.52	
挥发物(水)含量/%	≤	0.4	
筛余物(0.10mm筛孔)/%	≤	1.0	
100g树脂增塑剂吸收量/g	≤	13	
白度(160℃,10min后)/%	≥	74	
残留氯乙烯含量/10^{-6}	≤	8	
颗粒形态		规整或比较规整	

【用途】 用本品替代部分糊状聚氯乙烯树脂进行糊加工，可明显降低糊黏度（降低幅度为30%～50%），提高糊稳定性及增强制品强度，拓宽聚氯乙烯高黏度糊树脂加工应用范围及加工手段，降低糊加工温度，同时还可降低糊加工成本。另外，将本品与糊树脂按一定比例混合在一起，可作为专用料进行加工应用。

【安全性】 树脂的生产原料，对人体的皮肤和黏膜有不同程度的刺激，可引起皮肤过敏反应和炎症；同时还要注意树脂粉尘对人体的危害，长期吸入高浓度的树脂粉尘，会引起肺部的病变。大部分树脂都具有共同的危险特性：遇明火、高温易燃，与氧化剂接触有引起燃烧危险，因此，操作人员要改善操作环境，将操作区域与非操作区域有意识地划开，尽可能自动化、密闭化，安装通风设施等。

本品用内衬大于0.1mm厚塑料薄膜袋的聚丙烯编织袋包装，每袋净重25kg。产品应存放在干燥通风的仓库内，运输时需用洁净有篷的运输工具，防止雨淋。本产品为非危险品。

【生产单位】 杭州电化集团有限公司，上海天原（集团）天原化工有限公司。

Bc007 ZJFL-105 辐射交联电线电缆用聚氯乙烯塑料

【英文名】 polyvinyl chloride compounds for ZJFL-105 radiation cross-linkable wire and cable

【性质】 ZJFL-105 辐射交联电线电缆用聚氯乙烯塑料是以聚氯乙烯树脂为主要原料，加入强化交联剂、增塑剂、稳定剂等助剂，经混合、塑化、造粒而制成。可呈白色、暗红色等（也可按用户要求而定）。此种电缆料具有耐 105℃、绝缘、力学性能优良等特点。

【质量标准】 企业标准 Q/XGY025—92（成都有机硅研究中心）

指标名称		指标
辐照后聚合物凝胶含量(50kGy)/%	≥	40
拉伸强度/MPa	≥	20
老化后拉伸强度(136℃,168h)/MPa	≥	16
拉伸强度最大变化率/%		±20
断裂伸长率/%	≥	150
老化后断裂伸长率(136℃,168h)/%	≥	150
断裂伸长率最大变化率/%		±20
体积电阻率(20℃)/Ω·m	≥	1.0×10^{12}
体积电阻率(105℃)/Ω·m	≥	1.0×10^{8}
介电强度/(MV/m)	≥	18
介电损耗因数(1MHz)	≤	0.1
介电常数(1MHz)	≤	5.0
阻燃性能		FV-1

【用途】 经辐射交联的聚氯乙烯电线电缆，其绝缘或护层材料的耐热性、耐磨性、机械性能等均优于普通未交联的聚氯乙烯电缆料，而且避免环境污染、生产效率高、成本低、无起始废料。辐射交联聚氯乙烯的综合性能较化学法优良，而且在配方设计中比较自由，不必担心所选用的各种添加剂会因高温、高压、潮气或化学因素引起反应而失败，工艺范围比较宽。所以本产品尤其适用于小截面薄壁绝缘、高温（105℃）、低压电线及布线。例如：干燥器、面包烤炉、卷发器、电子瓶、电饭煲等内部连接线，变压器引出线，电机引出线，照明设备布线，空调器内部连线等。还可用作彩电高压引出线，微型收录机、摄像机和照相机等小型器材的内部布线。由于本产品具有很好的耐磨性和耐化学溶剂性能，适宜作汽车、航天飞船、飞机、兵器等内部连线。因本产品加工方便，制品柔软及阻燃特点，可用于制作辐射交联聚氯乙烯热缩制品作为电线电缆接续或封头。

【制法】 本产品以聚氯乙烯树脂为主要原料，加入各种助剂，经混合、塑化、造粒而成。通常以密炼、开炼、造粒为主。亦有采用高速搅拌、双螺杆挤出、造粒的工艺。

【安全性】 树脂的生产原料，对人体的皮肤和黏膜有不同程度的刺激，可引起皮肤过敏反应和炎症；同时还要注意树脂粉尘对人体的危害，长期吸入高浓度的树脂粉尘，会引起肺部的病变。大部分树脂都具有共同的危险特性：遇明火、高温易燃，与氧化剂接触有引起燃烧危险，因此，操作人员要改善操作环境，将操作区域与非操作区域有意识地划开，尽可能自动化、密闭化，安装通风设施等。

用编织袋加塑料袋双层包装，或经用户和生产厂双方同意的其他包装形式，每袋净重（25±0.25）kg，每一包装件应附有合格证。在运输过程中不应受日晒、雨淋，应存于干燥、阴凉、通风、卫生的库房内，贮存期为一年。按非危险品运输。

【生产单位】 成都有机硅研究中心，上海电缆研究所。

Bc008 聚氯乙烯球形树脂

【英文名】 spherical PVC resin

【别名】 聚氯乙烯

【结构式】

$$\left[CH_2-CHCl \right]_n$$

【性质】 外观为白色圆球形颗粒，表面光滑，内部孔隙率高且均匀，表观密度大，干流性好，易塑化。

【制法】 锦西化工研究院工艺：首先将蒸馏水（180 份）、分散剂（0.1～0.06 份）及其他助剂（适量）加入聚合釜中，用氮气净化后，再加入氯乙烯单体（100 份）。搅拌 15min，升温至 55℃，连续搅拌，至聚合压力下降 0.15MPa 时停止反应，经后处理得成品。

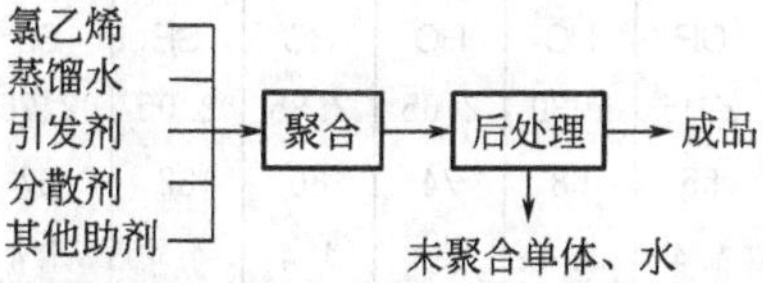

【质量标准】 锦西化工研究院 PVC 球形树脂质量标准如下。

项目	小试产品	工业化试验产品
外观	白色圆球形颗粒	白色圆球形颗粒
黏度/(mL/g)	113	115
K 值	67.4	68
孔隙率/(mL/g)	0.25	0.2
表观密度/(g/mL)	0.58	0.56
筛分(目)/%		
40(筛余物)	0	0
60(筛余物)	0.1	0.1
140(筛余物)	1.2	16.9

【成型加工】 同通用型 PVC 树脂，但具有较好的加工性能，其挤出速率可提高 15%～25%。

【用途】 PVC 球形树脂是 PVC 专用树脂的升级换代新品种，适用于制作硬质管材，尤其是大口径管材。

【安全性】 树脂的生产原料，对人体的皮肤和黏膜有不同程度的刺激，可引起皮肤过敏反应和炎症；同时还要注意树脂粉尘对人体的危害，长期吸入高浓度的树脂粉尘，会引起肺部的病变。大部分树脂都具有共同的危险特性：遇明火、高温易燃，与氧化剂接触有引起燃烧危险，因此，操作人员要改善操作环境，将操作区域与非操作区域有意识地划开，尽可能自动化、密闭化，安装通风设施等。

产品内包装为绝缘性薄膜袋，外包装为聚丙烯编织袋，每袋净重 25kg，净重误差±0.2%。可长期贮存于清洁干燥的仓库内，要远离火源、热源，严禁日晒雨淋。可按非危险物品运输，运输工具应保持清洁干燥，不得有铁钉等尖锐物，要备有箱棚或篷布。严禁用铁钩装卸。

【生产单位】 河北盛华化工有限公司，天津化工厂，江苏北方氯碱集团有限公司。

Bc009 微悬浮法聚氯乙烯

【英文名】 micro-suspension polyvinyl chloride；MSPVC

【别名】 聚氯乙烯

【结构式】

$$\left[CH_2-\underset{\displaystyle Cl}{\underset{|}{CH}} \right]_n$$

【性质】 白色粉末状糊用树脂，胶乳粒径介于悬浮和乳液聚合树脂之间，呈单峰连续分布，由其配制的糊料在高切变速率下黏度增高，涂装性能较差。树脂中含乳化剂量较少，糊料的热稳定性、脱气性、吸水性以及对金属的粘接性能较好，制品透明。

无锡电化厂微悬浮 PVC 糊用 PVC 规格及用途

技术指标	PVC-SP-Ⅰ		PVC-SP-Ⅱ		PVC-SP-Ⅲ	
糊黏度/$\times 10^{-3}$Pa·s	≤3500		>3500		>6000	
(PVC：DOP-100：70,24h)			≤6000			
稀溶液黏度($\times 10^{-3}$)/Pa·s	2.01~2.40		1.81~2.0		1.60~1.80	
表观密度/(g/mL)	0.3~0.4					
糊黏度变化率(24~48h)/%	优级 ±10	一级 ±20	优级 ±10	一级 ±20	优级 ±10	一级 ±20
白度/%	95	90	95	90	95	90
热分解温度/℃ >	160	130	160	130	150	130
160 目过筛率/%	99.0	97.0	99.0	97.0	99.0	97.0
挥发分/%	0.5	0.6	0.5	0.6	0.5	0.6
VCM 残留量/$\times 10^{-6}$	5	10	5	10	5	10
用途	壁纸、人造革、难燃输送带浸渍涂覆					

【质量标准】 (1) 上海氯碱化工股份有限公司糊用 PVC 树脂

本厂牌号	WP 55GP	WP 62GP	WP 68GP	WP 74GP	WP 85GP	WP 68HC	WP 74HC	WP 80HC	WP 62SF	WP 67SF
相应美方牌号	H55 GP	H62 GP	H68 GP	H74 GP	H85 GP	H68 HC	H74 HC	H80 HC	H62 SF	H67 SF
相对黏度(±0.1)	1.80	2.05	2.30	2.65	3.15	2.30	2.65	2.85	2.05	2.25
K 值(±2.5)	55	62	68	74	85	68	74	80	62	67
相对密度(±0.1)	1.4	1.4	1.4	1.4	1.4	1.4	1.4	1.4	1.4	1.4
挥发物(最大)/%	0.4	0.4	0.4	0.4	0.4	0.4	0.4	0.4	0.4	0.4
过筛率(通过 0.053mm)/%	99.8	99.8	99.8	99.8	99.8	99.8	99.8	99.8	99.8	99.8
B 氏黏度(最大)/mPa·s	6000	6000	6000	6000	6000	5000	5000	5000	5000	5000
挤出流速(最小)	350	350	350	350	350	300	300	300	180	180
诺斯细度(最大)	2.0	2.0	2.0	2.0	2.0	2.0	2.0	2.0	2.0	2.0
VCM 残留量/$\times 10^{-6}$<	5	5	5	5	5	5	5	5	5	5
平均聚合度	600	840	1120	1570	2410	1120	1570	1750	840	1070

(2) 合肥化工厂种子微悬浮糊用 PVC 树脂

牌号	PB1152	PB1202	PB1302	PB1702	PB1311	PB1384
黏数	110±5	110±5	125±5	163±5	125±5	125±5
K 值	68	63	70	79	70	70
表观密度/(g/cm³)	0.4	0.4	0.4	0.4	0.38	0.36

【制法】 微悬浮聚合法。首先将氯乙烯单体、无离子水、乳化剂（十二烷基硫酸钠、失水山梨糖醇酯等）、油溶性引发剂（过氧化二碳酸二环己酯、过氧化十二酰等）以及其他助剂按比例预混合均化，使含引发剂的氯乙烯均化成小液珠。再将均化料通入反应釜，升温至聚合温度。待达到预定的转化率时停止反应，回收未聚合单体，聚合所得胶乳经喷雾干燥即得产品。工艺流程如下。

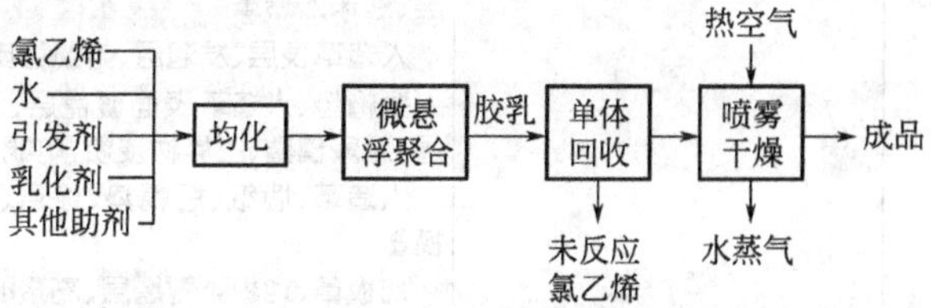

【成型加工】 在糊料加工中宜与乳液法聚氯乙烯配合使用。单独使用时较适于搪塑、浸涂、低速涂布等工艺；与乳液法树脂并用时，亦可用于喷涂、高速涂布等工艺中。

【用途】 可做各种聚氯乙烯糊料加工制品，如人造革、壁纸、泡沫地板、电线电缆绝缘包皮、彩色钢板、玩具等，亦可做涂料、胶黏剂和密封材料。我国微悬浮法PVC主要牌号及其用途如下表。

牌 号	生 产 厂 家	主 要 用 途
JMS-1～5	葛化集团建汉分厂	发泡、涂刮、浸渍、搪塑
PVC-SP-1～3	无锡格林艾普化工有限公司	壁纸、人造革、难燃输送带浸渍涂层、彩色地板
PSH-10	沈阳化工股份有限公司	通用型，非发泡人造革底层、人造革及地板革表面层、帆布、浸渍成型（手套、靴鞋）、旋转成型（娃娃玩具）、瓶盖垫
PSH-20		适用于增塑剂含量高的增塑糊、人造革发泡层、瓶盖垫、橡皮擦
PSH-31		钢板涂层、发泡壁纸、地板发泡层、帆布、软管、旋转成型（玩具）
PSM-30		软管、带、帆布、花编式台布人造革发泡层
PSM-31		发泡墙纸、旋转成型玩具、瓶盖垫
PSM-70		高增塑剂含量的发泡体，泡沫人造革
PSL-10		通用型，可采用低温熔融加工，用途与PSH-10相同
PSL-31		低温熔融发泡体，发泡壁纸、地板发泡层、旋转成型
PB1152	安徽氯碱化工集团有限责任公司	化学和机械发泡，作地板人造革壁装材料等
PB1202		表面涂层、高填料烧结涂层、化学和机械发泡、回转成型、浸渍模塑、涂凝模塑、制地板、壁纸、玩具
PB1302		通用型树脂，适用各种加工方法制地板、壁装材、高透明人造革家具、汽车内装材料、金属涂层
PB1702		浸渍模塑、旋转成型、地板材和壁装材及玩具等涂层
PA1384		通用型共聚物
PE1311	牡丹江鑫利化工有限责任公司	专用型树脂，增塑剂含量高，糊黏度高
A-21		贴墙材料、滴塑瓶盖、电线电缆绝缘材料、食品包装等

续表

牌号	生产厂家	主要用途
WP55GP	上海氯碱化工股份有限公司（采用混合法 Hybrid 技术生产）	人造革、墙纸、胶黏剂、烧结搪瓷、旋转搪瓷、低发泡制品
WP62GP		地板革、地毯胶黏剂、汽车用密封材料、地毯基层、泡沫人造革
WP68GP		人造革表层、发泡层、电缆包皮、发泡织物
WP74GP		瓶帽垫、人造革表面覆盖层、泡沫人造革覆盖层、涂凝模塑、工具柄浸渍、电缆包皮
WP85GP		人造革、墙纸、瓶帽垫、涂层、浸渍涂覆、旋转模塑
WP68HC/80HC		地板革、地板革耐磨层、高透明度有机溶胶、织物涂层、线圈涂层、透明模塑
WP74HC		地板革耐磨层、透明涂层
WP62SF		地板革发泡层、垫料、地毯胶黏剂
WP67SF		地板革发泡层、泡沫人造革、发泡垫料、地毯胶黏剂和基层、低温熔胶

【安全性】 参见 Bc001。产品内包装为绝缘性薄膜袋，外包装为聚丙烯编织袋，每袋净重 25kg，净重误差±0.2%。可长期贮存于清洁干燥的仓库内，要远离火源、热源，严禁日晒雨淋。可按非危险物品运输，运输工具应保持清洁干燥，不得有铁钉等尖锐物，要备有篷布。严禁用铁钩装卸。

【生产单位】 上海氯碱化工股份有限公司，葛化集团建汉分厂，无锡化工集团，沈阳化工股份有限公司，安徽氯碱化工股份有限公司等。

Bc010 聚氯乙烯/ABS 合金

【英文名】 polyvinyl chloride/ABS alloy

【别名】 聚氯乙烯/ABS 共混物；PVC/ABS 阻燃合金

【性质】 PVC/ABS 合金为聚氯乙烯和 ABS 树脂通过共混技术制备的聚合物共混物。密度 1.1～1.3g/cm³，平衡吸水率＜0.8%，成型收缩率＜0.5%，洛氏硬度（R）95～116，连续耐热温度 60～80℃，介电常数 2.2～2.8，体积电阻率 ＞10^{15} Ω · cm，电击穿强度 15～22MV/m，阻燃性能达到 UL-94 标准的 V-0 级。对酸、碱及碳氢化合物具有良好的抗腐蚀性能。它具有 ABS 树脂耐热、耐冲击及易加工等优良性能，同时也兼有聚氯乙烯独特的耐燃性、耐药品性、耐老化性、耐撕裂性及常温下优异的机械性能。

【质量标准】 企业标准（成都科技大学高分子材料厂）

指标名称	指标
外观	为瓷白色、浅黄色、象牙色、黑色或其他颜色，不含机械杂质，表面均匀的颗粒
密度/(g/cm³)	1.13～1.30
热变形温度/℃	56～72
熔体流动速率/(g/10min)	1.0～3.4
燃烧性能	V-0 级
拉伸强度/MPa	38～46
洛氏硬度(R)	95～110
弯曲强度/MPa	56～78
Izod 冲击强度/(J/m²)	176.4～411.6
体积电阻率/Ω · cm	＞10^{15}

【制法】 按不同用途，将适量的 PVC 树脂、ABS 树脂、各种稳定剂、改性剂、加工助剂混合均匀，然后把预混料加入密

炼机或双螺杆挤出机中混炼造粒即得适于挤出、注射、压延等不同型号的 PVC/ABS 合金。

【用途】 PVC/ABS 合金不仅具有难燃特性，而且具有良好的坚韧性、光泽性、抗老化性、抗裂纹性、染色性和外观装饰性，加工性能优于聚氯乙烯，不同类型的共混物可分别采用注射、挤出、压延和压制等方法制成各种形状、不同用途的制品。在家用电器、仪器仪表、办公器械、通信器材、电子电器和汽车零部件制造方面，以及建筑工业等部门均有广泛用途。例如，通过挤出、压延和热成型技术可制作板材、片材、冰箱内衬、大型容器衬套、行李箱、排水管、各种废液管、矿山管道、电线电缆导管、通风设施及各种建筑异型材。通过注射成型可制造各种形状的壳体、结构件、接插件和连接件。在灯具、室内装饰品和其他工业用品制造中也有广泛用途。由于 PVC/ABS 合金中含有聚氯乙烯成分，故加工温度应低于通用级 ABS 树脂，以避免 PVC 受热分解，释放出 HCl 腐蚀加工设备和模具。注射成型以螺杆式注塑机为宜，螺杆均化段物料温度应控制在 165～185℃之间，料筒前端可为 170～180℃，喷嘴温度 175～190℃，注射压力约 50MPa。挤出成型时可参考通用级 ABS 树脂的加工条件。不论采用哪种加工方法，一旦加工完毕，设备停车前，须用 ABS 树脂、HIPS 或 HDPE 顶净料筒中剩余的 PVC/ABS 物料，以免长时间受热分解。

【安全性】 采用内衬聚乙烯薄膜袋、外套聚丙烯编织袋包装，每袋净重 25kg±0.2kg。贮运过程中应保持清洁、干燥，避免曝晒等，严禁与易污染品堆放在一起，并应防止受潮。

【生产单位】 成都科技大学高分子材料厂，成都有机硅研究中心，上海高桥石化公司化工二厂，兰州化学工业公司合成橡胶厂。

Bc011 交联聚氯乙烯

【英文名】 crosslinked polyvinyl chloride; CLPVC

【别名】 聚氯乙烯；热固性聚氯乙烯

【结构式】

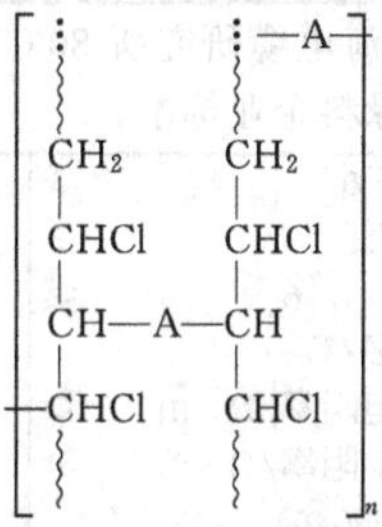

式中，A 为交联剂或多功能单体。

【性质】 它是一种具有交联结构的热固性塑料。与普通聚氯乙烯相比，具有力学强度高、尺寸稳定性好，耐热变形、耐磨、耐油、耐化学药品等性能优良的特点。以辐射交联聚氯乙烯电线电缆料为例，可在 80～110℃下连续使用，具有耐焊接热收缩性，即使与 320～380℃的烙铁接触，也不会造成绝缘层熔化。由于其力学强度和耐磨性提高，故可生产包皮较薄的电线。化学交联低发泡热固性聚氯乙烯制品，不仅具有普通 PVC 泡沫塑料的特性，而且热膨胀系数和热导率都小，甚至优于聚氨酯泡沫塑料。

【质量标准】 (1) 中蓝晨光化工研究院 ZJFL-105 辐射交联电线电缆用 PVC 塑料企业标准 Q/XGY025—92

辐照后聚合物凝胶含量(50kGy)/% ≥	40
拉伸强度/MPa ≥	20
老化后拉伸强度(136℃,168h)/MPa ≥	16
拉伸强度最大变化率/%	±20
断裂伸长率/% ≥	150
老化后断裂伸长率(136℃,168h)/% ≥	150

断裂伸长率最大变化率/%		±20
20℃体积电阻率/Ω·m	≥	1.0×10^{12}
105℃体积电阻率/Ω·m	≥	1.0×10^{12}
介电强度/(MV/m)	≥	18
介电损耗角正切(1MHz)	≤	0.1
介电常数(1MHz)	≤	5.0
阻燃性能		FV-1

(2) 上海电缆研究所80℃等级辐射交联PVC绝缘料企业标准。

拉伸强度/MPa	≥	16.0
断裂伸长率/%	≥	150
热变形(120℃)/%	≤	30
冲击脆化温度/℃		−15
20℃时体积电阻率/Ω·m	≥	3.0×10^{12}
80℃时体积电阻率/Ω·m	≥	5.0×10^{9}
介电强度/(MV/m)	≥	20
200℃时热稳定时间/min	≥	80
耐热老化后拉伸强度(120℃，168h)/MPa	≥	16
拉伸强度最大变化率/%		±20
老化后断裂伸长率/%	≥	150
断裂伸长率最大变化率/%		±20
热老化质量损失/(g/cm³)	≤	20
极限氧指数	≥	28
凝胶率/%	≥	60

【制法】 可用辐射交联法和化学交联法制得。

(1) 辐射交联法　在聚氯乙烯加工配方中加入多功能单体（如三甲基丙烯酸甘油酯、三丙烯酸甘油酯等），但不加引发剂。加工出制品（电线、管子、型材等）后，在真空或氮气保护下，用电子射线、γ射线等辐照，使之形成交联结构。

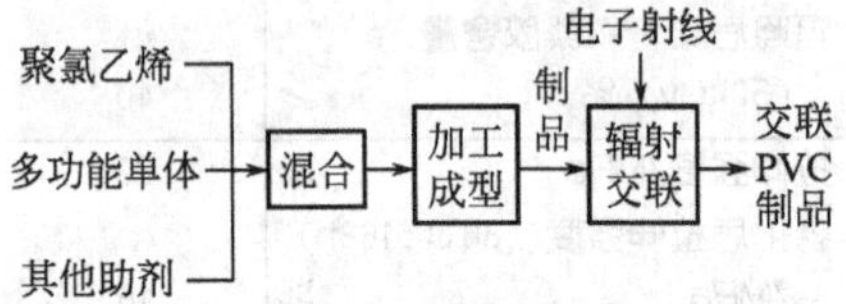

(2) 化学交联法　在聚氯乙烯的粉料或糊料加工配方中，加入交联剂（如过氧化二异丙苯、二异氰酸酯、赖氨酸等）或多功能单体（如三甲基丙烯酸甘油酯等）和引发剂（如过氧化特戊酸叔丁酯），在加热、加压条件下发生交联反应，制得具有交联结构的制品。以制造热固性低发泡PVC为例，分三个过程：首先将固体PVC树脂与反应性单体（如顺丁烯二酸酐）、交联剂（如二异氰酸酯）、引发剂等混合并加入各种填料；然后在铸模内加热、加压成型，因顺丁烯二酸酐的加成反应而发生凝胶化；最后将该凝胶浸入热水中或在蒸汽作用下进行交联，因产生CO_2而发泡，从而制得低发泡的热固性PVC制品。

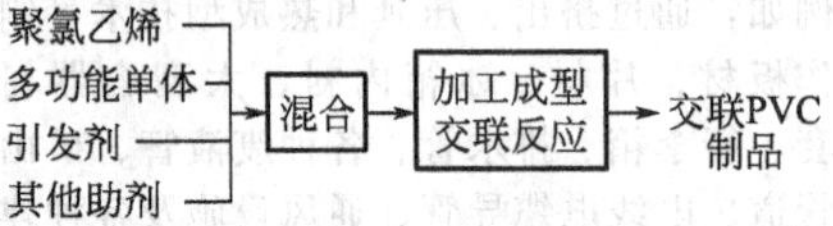

【成型加工】 可用普通聚氯乙烯的加工方法。例如，用挤出成型生产辐射交联PVC电线电缆，用热压成型生产化学交联PVC板材或模压制品。

【用途】 主要用于制作高强度、耐热、耐磨耗的电线电缆。如干燥器、面包烤炉、卷发器、电子瓶、电饭煲等内部连接电线、变压器引出线、电机引出线、照明设备布线、空调器内部连线、彩电高压引出线、微型收录机、摄像机和照相机等小型精巧电器的内部布线等。由于这种交联PVC电线具有很好的力学性能、耐磨性和耐化学溶剂性，它在汽车、航空、宇航、兵器、船舶等领域中也得到广泛的应用。其中ZJFL-105产品更适用于小截面薄壁绝缘，高温（105℃）、低压电线及布线；80℃等级辐射交联PVC是用于线芯工作温度为80℃的电线绝缘的专用料，此外，还可用于生产交联的收缩薄膜、大口径管材、板材、棒材、模压制品和发泡制品等。

【安全性】 产品内包装为绝缘性薄膜袋，外包装为聚丙烯编织袋，每袋净重25kg，净重误差±0.2%。可长期贮存于清洁干燥的仓库内，要远离火源、热源，严禁日晒雨淋。可按非危险物品运输，运输工具应保持清洁干燥，不得有铁钉等尖锐物，要备有篷布。严禁用铁钩装卸。

【生产单位】 中蓝晨光化工研究所，机电部上海电缆研究所，江苏镇江塑料工业公司。

Bc012 本体法聚氯乙烯

【英文名】 mass polyvinyl chloride; MPVC

【别名】 聚氯乙烯

【性质】 外观为白色、准球形非结晶多孔粉末。与悬浮法聚氯乙烯比较，树脂中含杂质少，单体含量小于 1×10^{-6}，粒度分布集中，构型规整，孔隙率高且均匀，吸附增塑剂的量多、速度快，增塑以后的树脂混合物和干的粉料一样，易于贮存和运输。若不加增塑剂也较易加工。制品的透明性、热稳定性和电绝缘性能好，拉伸强度 50MPa，断裂伸长率 70%，(邵氏) 硬度 D83。下表为上海氯碱总厂悬浮法聚氯乙烯的性能。

指标	测试方法	本厂牌号 WS-700 / 国际型号 SG-7 / 引进牌号 TK-700	WS-800 / SG-6 / TK-800	WS-900 / SG-5 / TK-900	WS-1000 / SG-4 / TK-1000	WS-1200 / SG-3 / TK-1200	WS-1300 / SG-2 / TK-1300
比黏度	JISK 6721	0.262～0.293	0.291～0.319	0.318～0.345	0.355～0.380	0.389～0.412	0.411～0.433
平均聚合度	JISK 6721	655～750	750～850	850～950	1000～1100	1150～1250	1250～1350
表观密度/(g/mL)	JISK 6721	0.52～0.62	0.51～0.61	0.50～0.60	0.47～0.57	0.44～0.54	0.42～0.52
粒度(>350μm)/%		0.1	0.1	0.1	0.1	0.1	0.1
粒度(<149μm)/%		25～93	25～95	25～95	30～70	30～70	30～70
挥发物/%	JISK 6721	0.4	0.4	0.3	0.3	0.3	0.3
增塑剂吸收/%	SEP 51009	14	14	19	22	25	27
残留 VCM/$\times10^{-4}$	SEP 51015	10	10	10	7	5	5
鱼眼/(粒/100cm³)		约 50	约 50	约 100	约 100	约 50	约 50
体积电阻率/Ω·cm					1×10^{14}	1×10^{14}	1×10^{14}
杂质/(粒/100g)	约 50	约 50	约 50	约 50	约 50	约 50	约 50

【质量标准】 宜宾天原集团本体法聚氯乙烯树脂企业标准

指标＼型号	本体4型 特级品	优级品	一级品	合格品	本体5型 特级品	优级品	一级品	合格品	本体6型 特级品	优级品	一级品	合格品	本体7型 特级品	优级品	一级品	合格品	本体8型 特级品	优级品	一级品	合格品
黏度①/(mL/g)	126～119				118～107				106～96				95～87				86～73			
K 值	70～69				68～66				65～68				62～60				59～55			
平均聚合度	1250～1150				1100～1000				950～850				850～750				750～550			
增塑剂吸收量/(g/100g) ≥	24	24	22	—	21	21	19	—	19	19	16	—	16	16	14	—	13	13	12	—
平均粒径/μm	100～150				100～150				100～150				100～150				100～150			

续表

型号 指标	本体4型				本体5型				本体6型				本体7型				本体8型			
	特级品	优级品	一级品	合格品	特级品	优级品	一级品	合格品	特级品	优级品	一级品	合格品	特级品	优级品	一级品	合格品	特级品	优级品	一级品	合格品
大于250μm粒子/% ≤	2	2	2	8	2	2	2	8	2	2	2	8	2	2	2	8	2	2	2	8
流动性 ≤	14	14	17	30	14	14	17	30	14	14	17	30	14	14	17	30	14	14	17	30
色差 ΔE ≤	5.8	6.5	8	10	5.8	6.5	8	10	5.8	6.5	8	10	6.8	6.5	8	10	5.8	6.5	8	10
杂质粒子数/(个/kg) ≤	30	60	100	150	30	60	100	150	30	60	100	150	30	60	100	150	30	60	100	150
残留氯乙烯含量②/(μg/g) ≤	5	5	10	—	5	5	10	—	5	5	10	—	5	5	10	—	5	5	10	—
挥发物含量/% ≤	0.20	0.20	0.20	0.50	0.20	0.20	0.20	0.50	0.20	0.20	0.20	0.50	0.20	0.20	0.20	0.50	0.20	0.20	0.20	0.50
表观密度/(g/mL) ≥	0.50	0.50	0.50	—	0.53	0.53	0.53	—	0.52	0.52	0.52	—	0.55	0.55	0.55	—	0.52	0.52	0.52	—
"鱼眼"数/(个/400cm²) ≤	10	30	60	—	10	30	50	—	10	30	50	—	10	30	50	—	10	30	50	—
粒子(平均粒径±15%范围内质量分数)/% ≥	80	—	—	—	80	—	—	—	80	—	—	—	80	—	—	—	80	—	—	—

① 黏度、K 值和平均聚合度指标可任选其一。

② 残留氯乙烯含量可根据用户要求可达到 1×10^{-3}以下。

【制法】 两段本体聚合法。第一段亦称预聚合，在预聚合釜中加入氯乙烯和约为单体质量0.004%（以活性氧计）的油溶性高效引发剂过氧化乙酰基环己烷磺酰，于62～75℃温度下，强烈搅拌使氯乙烯聚合至转化率约为8%，形成微珠相。第二段为聚合微珠的增长，亦称第二段聚合或后聚合。将预聚物和补加的氯乙烯及引发剂（活性较低的引发剂如过氧化十二酰）输送到另一聚合釜中，在约60℃温度下，慢速搅拌，继续聚合至转化率达80%左右停止反应。回收未聚合单体，进行脱气，除去残留的氯乙烯，再经过筛即得产品。工艺流程如下。

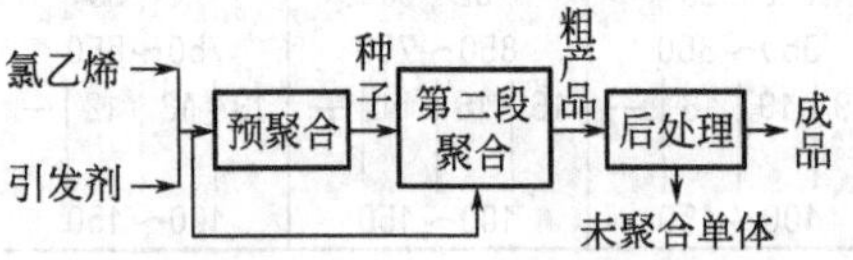

【消耗定额】 氯乙烯1007kg/t；引发剂及其他化学品1kg/t；冷却水（包括循环水和冷冻水）143t/t；电260kW·h/t；蒸汽400kg/t。

【成型加工】 与悬浮法PVC一样，可用挤出、注射、压塑、压延和吹塑等方法进行加工。但比S-PVC树脂更适于注射成型。由于其塑化性能和熔体流动性能好，与K值相同的S-PVC相比，其加工时间要短，加工温度也略低，故可在稍微增加润滑剂用量的条件下适当提高加工速度。

【用途】 特别适用于做电气绝缘材料和透明制品，如电线电缆、饮料瓶、包装用透明片材等。也可用于制造耐压管、排水管、地板、单丝、人造革、薄膜、包覆涂层以及各种注射、吹塑和模压制品等。M-PVC树脂各种牌号用途如下。

牌　号	KW57	KW60	KW63	KW65	KW70
主要用途	瓶子 唱片 硬质品压延 硬质品注塑 软质品注塑 流化床涂料	硬质品压延 瓶子 硬板挤出 硬质品注塑	硬质品注塑 地板涂料 硬质品压延 软质品压延	硬管 型材 压延板 软质品挤出	软质品注塑 软质品挤出 电缆线 电影胶片 软质品压延 软管

【安全性】 参见 Bc001。两层包装。内层为聚氯乙烯薄膜袋，外为聚丙烯编织袋。每袋 25kg。存放在干燥和通风良好的地方，防止受潮。

【生产单位】 宜宾天原集团有限公司。

Bc013 80℃等级的辐射交联 PVC 绝缘料

【英文名】 80℃ rated radiation cross-linkable PVC insulating compounds

【性质】 80℃等级的辐射交联 PVC 绝缘料为 4mm×4mm×3mm 方形粒状或具有相当大小的圆柱形粒料。具有很好的辐射交联特性。产品经电子辐射后，具有很好的机械特性及良好的耐磨性、耐化学溶剂性和耐焊接收缩性。具有稳定的耐热性，甚至与 320～380℃ 的烙铁接触，也不会使其熔化，并具有良好的阻燃特性。

【质量标准】 暂定企业标准(机械工业部上海电缆研究所)

指标名称		指　标
拉伸强度/MPa	≥	16.0
断裂伸长率/%	≥	150
热变形(120℃)/%	≤	30
冲击脆化温度/℃		−15
体积电阻率(20℃)/Ω·m	≥	3.0×10^{12}
体积电阻率(80℃)/Ω·m	≥	5.0×10^{9}
介电强度/(MV/m)	≥	20
热稳定时间(200℃)/min	≥	80
耐热老化(120℃,168h)		
老化后拉伸强度/MPa	≥	16.0
拉伸强度最大变化率/%		±20
老化后断裂伸长率/%	≥	150
断裂伸长率最大变化率/%		±20
热老化质量损失/(g/m²)	≤	20
极限氧指数	≥	28
凝胶率/%	≥	60

【制法】 以聚氯乙烯树脂为主要原料，加入增塑剂、稳定剂等助剂，经混合、塑化、造粒而成。

【用途】 80℃等级辐射交联聚氯乙烯绝缘料适用于线芯工作温度为 80℃ 的辐射交联电线电缆绝缘。用本产品制作的电线由于其绝缘层具有交联网状结构，当电线钎焊时与高温烙铁接触也不会造成绝缘层收缩或熔融。电线适用于有高空间要求且有可靠安全保证的场合，例如，继电器、电子电气设备的内部布线。由于此电线绝缘具有很好的耐磨性、耐化学溶剂性，在汽车工业、航天航空工业、兵器、船舶等领域得到广泛采用。

【安全性】 参见 Bc001。采用内衬塑料薄膜袋的聚丙烯编织物/聚乙烯/牛皮纸复合袋包装。贮存在清洁、阴凉、干燥、通风的库房内。贮存期为 1 年。按非危险品运输。

【生产单位】 上海电缆研究所，成都有机硅研究中心。

Bc014 高分子量聚氯乙烯

【英文名】 high molecular mass polyvinyl chloride; HPVC

【别名】 聚氯乙烯

【结构式】

$$\leftarrow CH_2-CHCl \rightarrow_n \quad n=2000\sim3000$$

【性质】 外观为白色粉末，聚合度 1700 以上（一般为 2000～3000）。与平均聚合度为 500～1500 的通用型聚氯乙烯相比，制品具有更高的拉伸、弯曲、冲击等力学性能，耐疲劳、耐磨耗、耐寒、耐热等性能优异。使用温度范围广。树脂吸收增塑剂性能好。与大量增塑剂配合所得制品具有橡胶弹性。

【质量标准】 北京化二股份有限公司 P-2500 型高聚合度聚氯乙烯树脂

指标名称	P-2500-1	P-2500-2
黏度/(mL/g)	196～205	186～195
表观密度/(g/cm³) ≥	0.42	0.42
DOP 吸收量/(g/100g) ≥	30	30
挥发分/% ≤	0.40	0.40
鱼眼/(个/1000cm²) ≤	8	8
白度/% ≥	90	90
电导率①/(S/m) ≤	3×10^{-3}	3×10^{-3}
黑点/黑黄点总数(在100g 中)/个 ≤	8/28	8/28
过筛		
0.25mm/% ≥	98.0	98.0
0.063mm/% ≤	10.0	10.0
VCM 残留量/(mg/kg) ≤	10	10

① 10%树脂水萃取液电导率

【制法】 采用悬浮或乳液聚合法，在较低温度（25～35℃）下，以高活性引发剂或氧化还原引发体系使氯乙烯聚合，并按常规工艺对所得聚合物浆料或胶乳进行后处理，除去未反应单体和水分即得产品。也有在常温（50～60℃）下聚合，但在反应物中加入含两个或两个以上不饱和键的交联剂。工艺流程如下。

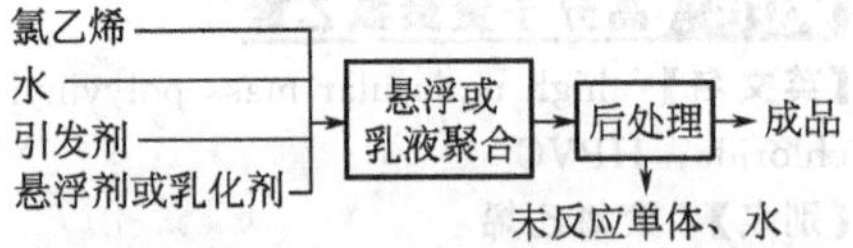

【消耗定额】 与一般通用型 PVC 树脂类同。

【成型加工】 一般只用于增塑加工，可用常规挤出、注射、压延加工和吹塑加工，但加工温度较高，要选用耐热增塑剂，如邻苯二甲酸二辛酯。

【用途】 主要用于制作耐热、耐磨、耐疲劳的特殊软制品，如耐热（105℃）电线电缆、全塑阻燃运输带、水龙带、软管、密封垫圈、电器护罩、防滑地板砖、门窗及电器密封条、耐辐射密封材料、隔热手套、高强度薄膜、高级鞋底、球类保护敷层、汽车内饰材料以及人造革等。

【安全性】 参见 Bc001。用内衬聚乙烯薄膜的尼龙编织袋包装，每袋 50kg 或 25kg。本品为非危险品。

【生产单位】 北京化二股份有限公司，上海天原（集团）天原化工有限公司，锦西化工（集团）有限责任公司，天津化工厂等。

Bc015 立体规整的结晶性聚氯乙烯

【英文名】 stereoregular crystalline polyvinyl chloride

【别名】 聚氯乙烯；立体规整的聚氯乙烯，低温法聚氯乙烯

【结构式】

$$\text{+}CH_2CHClCH_2CHClCH_2CHCl\text{+}_n$$

【性质】 具有 75%左右反式结构，结晶度可达 70%，与普通聚氯乙烯（反式结构约 54%、结晶度 10%～15%）相比，其特点是耐热性和耐溶剂性好，制品使用温度高，可经受 130℃高温，于 150℃只收缩 10%左右，因而可熨。由其制得的纤维可在沸腾浴中染色，有利于染料的渗透。分子量较高，制品的某些物理力学性能也较好，但冲击强度稍低。

【制法】 低温聚合法。使氯乙烯在－80～0℃（最好在－20～－15℃）下，在特殊引发体系中进行本体聚合，或在特殊介质中进行氧化还原体系引发的乳液聚合。如在氧、卤素、过氧化物等存在下，以硼、铝、锌的烷基化合物为引发剂进行本体聚合，或在乙二醇为防冻剂的水介质中，以过硫酸铵-硫酸亚铁氧化还原体系为引发剂，C_{14}～C_{18}烷基磺酸钠为乳化剂，充氮进行乳液聚合，皆可制得立体规整的结晶

性聚氯乙烯。工艺流程如下。

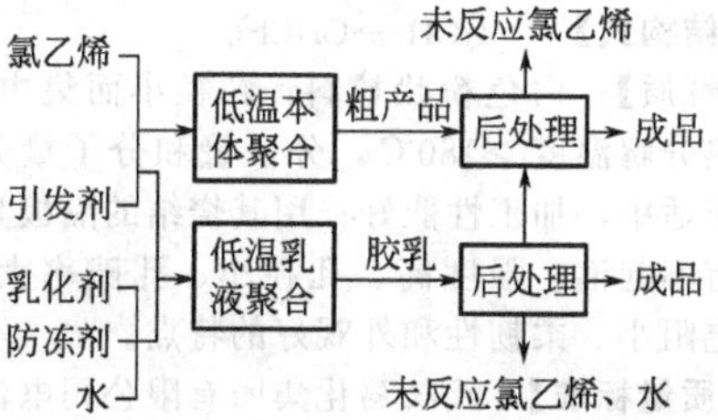

【成型加工】 可用挤出、注射等方法加工，但比普通聚氯乙烯加工困难。

【用途】 主要用于制作耐热聚氯乙烯制品，如耐热水管，耐蒸煮消毒的医疗器具，汽车、飞机内装饰织物用的耐热纤维等。

【安全性】 参见 Bc001。产品内包装为绝缘性薄膜袋，外包装为聚丙烯编织袋，每袋净重 25kg，净重误差±0.2%。可长期贮存于清洁干燥的仓库内，要远离火源、热源，严禁日晒雨淋。可按非危险物品运输，运输工具应保持清洁干燥，不得有铁钉等尖锐物，要备有篷布。严禁用铁钩装卸。

【生产单位】 吉林化工研究院。

Bc016 医用聚氯乙烯粒料

【英文名】 polyvinyl chloride pellet for medical use

【结构式】 $\mathrm{+CH_2-CHCl+_n}$

【性质】 外观为无色透明粒状物，易加工塑化成型。制品塑化均匀，无未经塑化的树脂和外来杂质，无毒并符合医用卫生要求。

【质量标准】 上海市医用 PVC 粒料企业标准（沪 Q/SQ 10105—88）

指标名称		血袋	输液(血)管	滴管
拉伸强度/MPa	≥	13.7	12.7	17.6
断裂伸长率/%	≥	230	220	180
吸水率/%	≤	0.3	0.3	0.3
溶出物试验		试验液不得发生浑浊		
性状		用肉眼平视观察应澄清无色		
pH 值		与对照液比较两者之差不大于 1.0		
重金属		与对照液比较显色不得更深		
紫外吸收值	<	<0.15		
锌/(μg/mL)	<	<0.4		
急性毒性试验		符合中国药典 1977 年版附录之规定		
溶血试验		符合中国药典 1977 年版附录之规定		
血液保存试验		符合中国药典 1977 年版附录之规定		

【制法】 将医用级聚氯乙烯树脂与无毒稳定剂、增塑剂等置于高速搅拌机（或捏合机）中进行混炼，经挤出造粒即得产品。

血袋、输液（血）器导管的参考配方为：医用级 PVC 树脂 100 份、DOP 50～60 份、ZnSt0.3～0.5 份、CaSt0.1～0.3 份、AlSt0.1～0.3 份、ESBO 3～5 份。输液（血）器滴管的参考配方为：医用级 PVC 树脂 100 份、DOP 20～30 份、京锡 8831 1～2 份、HSt0.1～0.3 份。工艺流程如下。

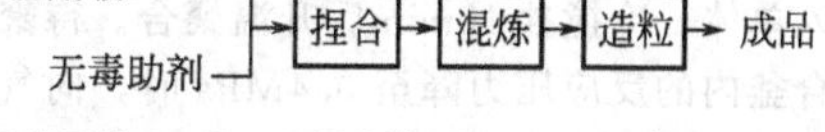

【成型加工】 可用普通 PVC 的加工方法和设备进行成型加工，但应注意避免污染和医用卫生要求。

【用途】 目前主要用于制作一次性使用输液（血）器及一次性使用采血器、血袋等。

【安全性】 以内衬聚乙烯薄膜的牛皮纸袋

包装，每袋净重25kg。在运输中应避免雨淋与暴晒。贮存时应放在通风、远离污染源的地方。

【生产单位】 上海化工厂，齐鲁石化公司树脂加工应用研究所，山东威海医用高分子制品总厂，山东潍坊第二医用器材厂，河北遵化医用高分子材料厂。

Bc017 电池隔板专用聚氯乙烯树脂

【英文名】 polyvinyl chloride resin for battery partition

【结构式】 $\text{+CH}_2\text{—CHCl+}_n$

【性质】 白色粉状粒料，粒径小而集中，热分解温度＞180℃，分子量和分子量分布适中，加工性能好；用其烧结的隔板具有不起泡、强度高、孔径小、孔隙率大、电阻小、柔韧性和外观好的特点。

【质量标准】 武汉葛化集团有限公司电池隔板专用PVC树脂

指标名称		牌号		
		1#	2#	3#
粒径/μm		0.03～0.08	0.03～0.08	0.03～0.08
重均分子量$\overline{M}_x$		7.65×10⁴		6.37×10⁴
数均分子量$\overline{M}_e$		4.55×10⁴		3.71×10⁴
$\overline{M}_x/\overline{M}_e$		1.66		2.72
热分解温度/℃	＞	190	190	190
热稳定性(180℃)/min	＞	20	20	20
拉伸强度/MPa		11.15	7.59	6.89
最大孔径/μm		16	18.6	18
平均孔径/μm		12	14	14
孔率/%		42	43.78	44.09
氯含量/%	＜	0.04	0.04	0.04
铁含量/%	＜	0.003	0.003	0.003
水分/%	≤	1	1	1
电阻/(MΩ/L²)		1.5	1.0	1.0
起泡试验		合格	合格	合格

【制法】 采用特殊的阴离子型乳化剂及水溶性引发剂进行乳液聚合制取。具体操作如下：将软水、溶好的引发剂及配制好的乳化剂投入聚合釜中，经试压合格后，加入单体，冷搅拌15min后升温聚合。待聚合釜内的反应压力降至0.4MPa时，向气柜回收未反应完的单体，并用水环真空泵将釜内抽至负压，维持一定时间后，打开釜盖，取样分析胶乳稳定性。合格后压入胶乳中间槽，经过滤后进入喷雾干燥塔干燥，干燥后的树脂粉料用脉冲布袋除尘器收集，包装即得成品。

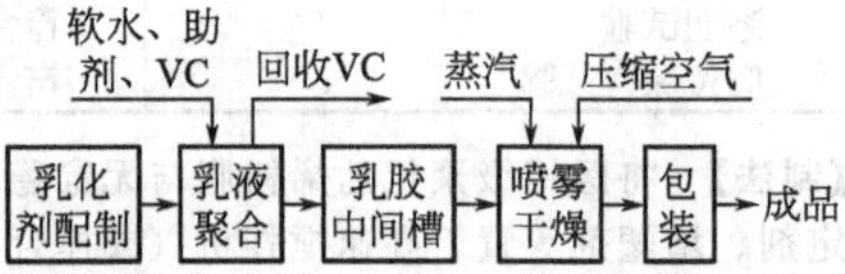

【成型加工】 由于PVC树脂的二次粒子粒径分布过宽，同时由于静电对颗粒堆集密度的限制，直接烧结时会因收缩率较高而导致隔板上产生裂纹和所谓的“盲筋”及“盲孔”。因此，需通过一个预烧结（或称热混）工序对树脂进行处理，使其在粒径和表观密度方面符合烧结加工的要求。预烧结是在一高速搅拌槽中进行。利用树脂颗粒剧烈摩擦产生的热量，使槽内树脂温度升高，在较高的温度下，使树脂的颗粒结构得到改善。预烧结温度一般控制在95～115℃之间，时间8～20min。经过预烧结的树脂转入冷混槽中，加入适量的水以减少树脂的静电作用，并根据树脂的性能加入适量的润滑剂等。将配制好的树脂通过成型辊在钢带上压制成型，随钢带一起进入烧结炉进行烧结。烧结炉的进风口温度一般控制在300℃左右，烧结时间2min左右。烧结后的隔板，用风冷却到室温。隔板与钢带分离后送入切割系统，按蓄电池的要求切割成一定规格的隔板。经检验后进行包装。生产过程中产生的边角料经粉碎过筛后，可掺到PVC树脂中重复使用。

【用途】 用于制作蓄电池隔板，具有以下的优点：①较橡胶隔板价格低廉，能降低生产成本；②耐化学腐蚀性好，能有效地防止极板氧化脱落；③有极好的微孔结构，可提高蓄电池的低温启动性能；④强度好，适于机械和手工装配。这种PVC隔板经二汽集团的湖北汽车蓄电池厂、山东青岛蓄电池厂使用及中国蓄电池检测中心检测，一致认为性能优异，达到了国外同类产品的水平，并符合原机械工业部企业标准JB/DQ 7279—87。

【安全性】 产品内包装为绝缘性薄膜袋，外包装为聚丙烯编织袋，每袋净重25kg，净重误差±0.2%。可长期贮存于清洁干燥的仓库内，要远离火源、热源，严禁日晒雨淋。可按非危险物品运输，运输工具应保持清洁干燥，不得有铁钉等尖锐物，要备有篷布。严禁用铁钩装卸。

【生产单位】 武汉葛化集团有限公司。

Bc018 氯乙烯-丙烯腈共聚物

【英文名】 vinyl chloride acrylonitrile copolymer；VC-AN

【结构式】

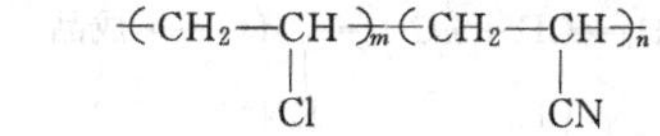

【性质】 氯乙烯-丙烯腈共聚物软化温度比PVC高，为140～150℃。组成中随丙烯腈含量提高，软化点提高，溶解性变差。可溶于丙酮等常用溶剂中，颜色比丙烯腈稍黄，丙烯腈含量达60%时，基本表现聚丙烯腈的特性。用该共聚物制得的纤维手感好，与羊毛相似，保温性好，难燃，耐酸、碱，不怕虫蛀，不发霉，但染色性较差。

【质量标准】 美国UCC公司VC-AN产品（纤维、商品名Dynel）技术指标

丙烯腈含量/%	40
分子结构	略呈晶态
玻璃化温度/℃	83
纤维横截面	无规则
干拉伸强度/MPa	274.6～392
断裂强度/(N/m)	$(2.74～3.83)\times10^{-4}$
伸长度/%	42～80
起始强度/(N/m)	3.26×10^{-5}
回强性(延伸2%时)/%	94
相对密度	1.30
吸湿性/% <	0.4
收缩率/%	
在沸水中	2.0
在149℃空气中	45
抗虫蛀和防霉性	不受侵蚀
耐化学药品性	耐酸、碱性良好，耐酮类溶剂较差
溶剂	溶于酮类、环酮类

【制法】 常用乳液聚合法，共聚物中丙烯腈含量40%～60%。由于丙烯腈竞聚率大，反应过程中应将其分批或连续加入，以保持丙烯腈单体浓度不变，使共聚组分恒定。这种共聚物主要作纤维，为改进染色性，多有在组成中引入少量含吡啶基或含磺酸基的单体，如2-乙烯基吡啶等。

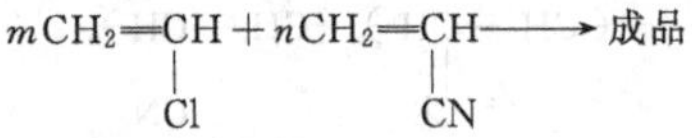

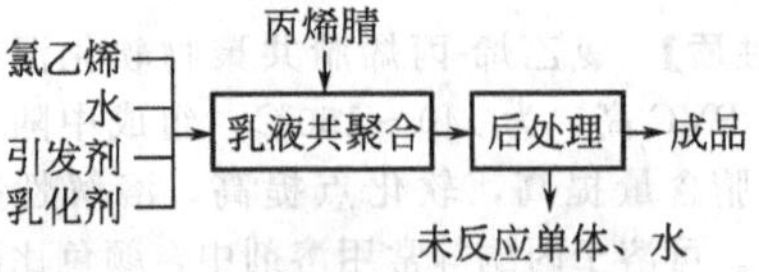

【成型加工】 通常以25%的丙酮溶液湿纺成纤维。因其熔体流动性差，不宜熔融纺丝。

【用途】 主要做合成纤维。可单独或混纺作针织品、呢料、膨体纱、耐寒衣料等。工业上可做电解槽隔膜、滤布、离子交换树脂、X射线底片、薄膜及涂料等，亦可制作人造革及防腐蚀材料。

【安全性】 参见Bc003。

【生产单位】 上海天原（集团，天原化工有限公司），吉林化工研究院，天津合成材料研究所。

Bc019 氯乙烯-马来酸酯共聚物

【英文名】 vinyl chloride-maleate copolymer

【别名】 氯乙烯-顺丁烯二酸酯共聚物；氯马共聚树脂

【结构式】

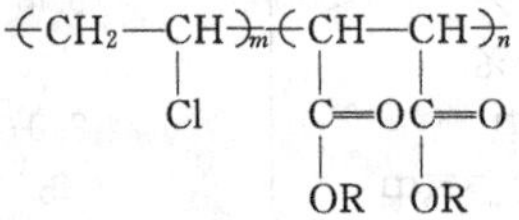

【性质】 它是内增塑的聚氯乙烯，易于加工。制品耐寒性能优良，透明性较好，并有较好的柔软性和伸长率。

【质量标准】 无锡格林艾普化工有限公司

（1）氯乙烯-马来酸二辛酯共聚物

指标名称	数值
外观	白色粉末
热分解温度/℃ ≥	170
黏度/Pa·s	(1.90～2.10)×10^{-3}
水分(1%树脂四氯乙烷溶液20℃测定)/% <	0.5
鱼眼/(个/1000cm^2) ≤	20
过筛率(40目)/% ≥	99.8
100g树脂中黄黑点总数/个	黑点＜15，黄点≤30

（2）氯乙烯-马来酸二辛酯共聚物薄膜

指标名称	数值
耐寒性/℃	−43～−33
低温伸长率/%	
纵	44.16
横	40.5
断裂伸长率/%	360
拉伸强度/MPa	
纵	19.4
横	16.5
体积电阻率/Ω·cm	5.8×10^{12}

【制法】 可采用悬浮共聚法或乳液共聚法制得。主要品种为氯乙烯-马来酸二辛酯共聚物。马来酸酯含量12%以下。

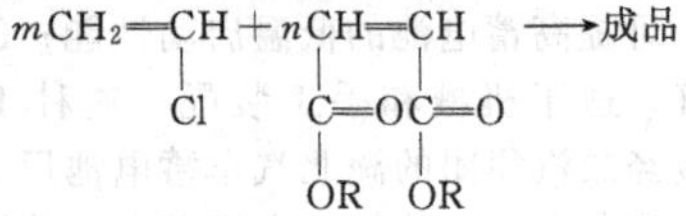

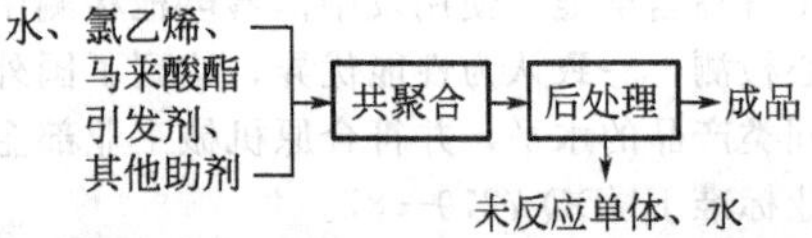

【成型加工】 可用挤出、注射、压延和吹塑等方法加工。在软质制品加工中，与氯乙烯均聚物的加工相比可少加1/3的增塑剂。塑化温度可低10～30℃；成型温度也较低；捏合、混炼和成型时间均较短。

【用途】 主要用于生产薄膜，制作雨衣、输血袋、农用薄膜以及泡沫人造革、泡沫凉鞋和户外电线、电缆护套及其他软制品。乳液法制得的氯马共聚树脂粘接性能好，可作增塑糊、涂料和胶黏剂。

【安全性】 用内衬塑料薄膜袋的布袋或聚丙烯编织袋包装，每袋25kg。贮放于阴凉、干燥、通风的库房，不可在露天堆放，不可受日光照射。在潮湿和炎热季节要每月倒垛一次，便于散潮通风。运输时必须使用清洁有篷布的运输工具，防止受潮。贮运期限以 1 年为宜。消防可用水、砂土、灭火剂。

【生产单位】 上海天原化工（集团）有限公司，天津化工厂，无锡格林艾普化工有限公司。

Bc020 氯乙烯-丁二烯共聚物

【英文名】 vinyl chloride-butadiene copolymer; VCB

【别名】 聚氯丁烯与聚丁二烯接枝共聚物

【结构式】

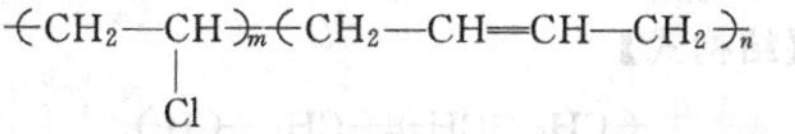

【性质】 具有内增塑性，不加增塑剂即可加工。主要特点是耐冲击性能显著提高，如丁二烯含量 10% 的共聚物，20℃和 −20℃下的冲击强度分别为 104.86kJ/m² 和 82.32kJ/m²；而与之对应的未接枝的纯聚氯乙烯则分别为 1.96kJ/m² 和 0.294kJ/m²，即分别提高 53.5 倍和 280 倍。

【质量标准】 日本容器工业公司产品 (Polyfood MRF) 质量指标

指标名称	指标
丁二烯含量/%	10
冲击强度/(kJ/m²)	
20℃	104.86
−20℃	82.32
维卡软化点/℃	77
熔体流动性(210℃)/(mL/min)	1.7×10^{-3}
拉伸屈服强度/MPa	42.14

【制法】 采用乳液法或辐射聚合法进行接枝共聚合。接枝丁二烯含量 5%～15%。乳液法接枝时，先以通常的乳液法制备 PVC 胶乳，接着加入丁二烯进行接枝共聚合。辐射接枝时，把混有微量润滑剂的聚氯乙烯树脂与气态丁二烯在置于辐照室中的反应器内逆向接触，用 ^{60}Co 的 γ 射线辐照，引发接枝聚合。由反应温度、物料停留时间和辐照剂量控制接枝度。接枝共聚物除去吸附的丁二烯，再掺和微量稳定剂即得产品。

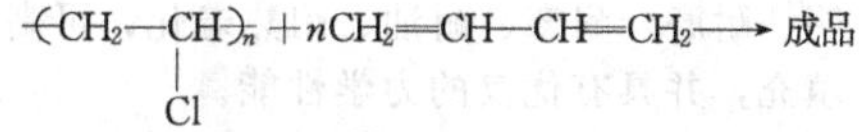

1. 乳液接枝法

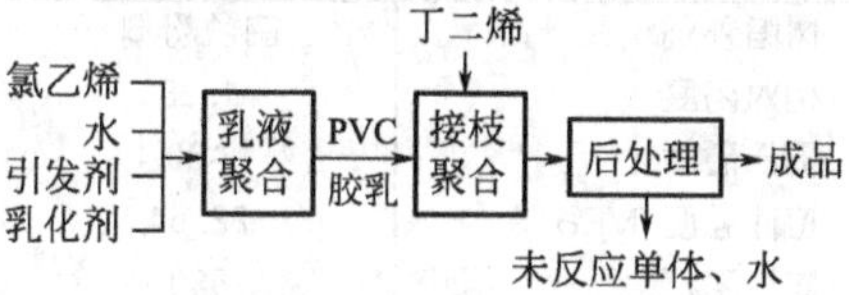

2. 辐射接枝法

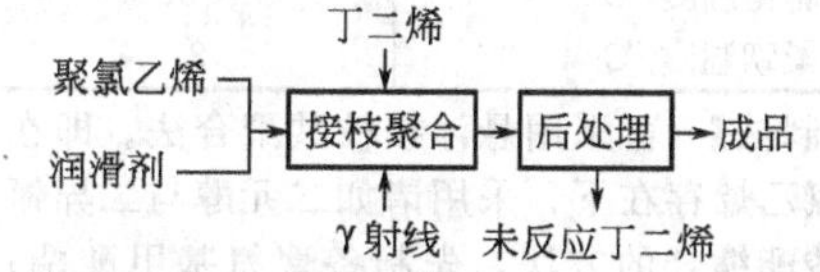

【成型加工】 可用 PVC 通常的加工方法成型。

【用途】 可作耐冲击和高耐冲击的制品，如重包装容器等。

【安全性】 用内衬塑料薄膜袋的布袋或聚丙烯编织袋包装，每袋 25kg。贮放于阴凉、干燥、通风的库房，不可在露天堆放，不可受日光照射。在潮湿和炎热季节要每月倒垛一次，便于散潮通风。运输时必须使用清洁有篷布的运输工具，防止受潮。贮运期限以 1 年为宜。消防可用水、砂土、灭火剂。

【生产单位】 国内尚处研制阶段，国外生产公司有日本容器工业公司。

Bc021 氯乙烯-氨基甲酸酯共聚物

【英文名】 vinyl chloride-urethane copolymer; VCU

【别名】 聚氨基甲酸酯与聚氯乙烯接枝共聚物

【结构式】

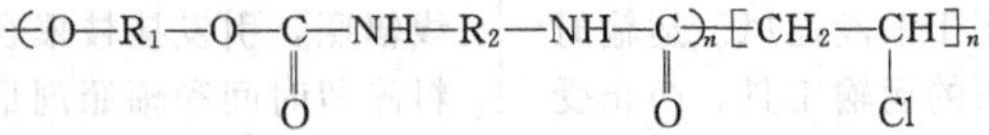

【性质】 具有内增塑性，其柔软性相当于100份PVC加40～85份增塑剂。制品透明、耐磨、耐寒、耐油、耐热老化，可高填充，并具有优良的力学性能。

【质量标准】 日本电气化学公司产品（商品名为GC4140）质量指标

树脂外观	白色粉料
相对密度	1.28
邵氏硬度	A80
拉伸强度/MPa	22.54
伸长率/%	580
撕裂强度/(kN/m)	83.3
脆化温度/℃	−59
柔软温度/℃	8

【制法】 可采用悬浮接枝共聚合法。即在氯乙烯存在下，采用诸如二元醇与二异氰酸酯缩合的方法，先制备聚氨基甲酸酯；然后再加入水、引发剂和悬浮剂等进行悬浮接枝共聚合而制得。反应式如下。

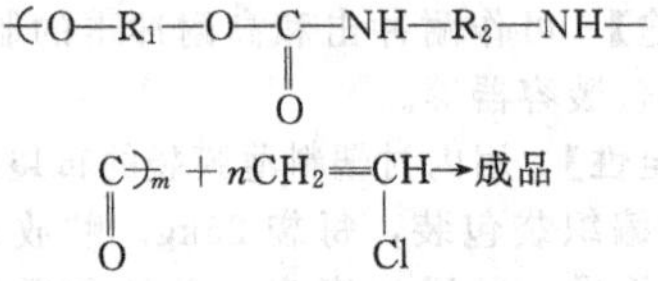

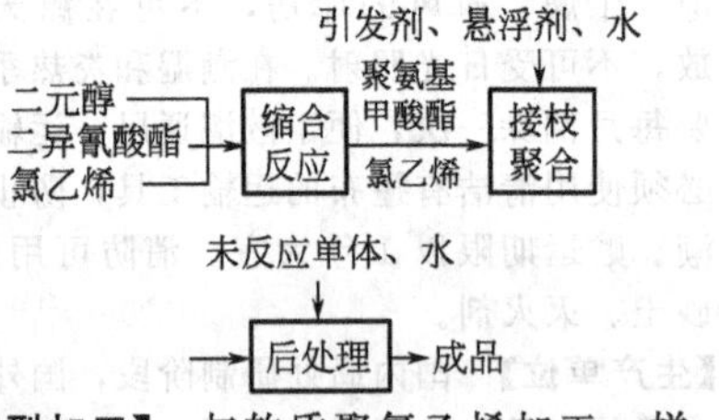

【成型加工】 与软质聚氯乙烯加工一样，可用挤出、压延、注射等方法。加工热稳定剂选择性强。宜用钡-锌系稳定剂，若用铅系或锡系稳定剂，制品力学强度降低。尤其是使用锡系稳定剂，粘辊严重，难于加工。加工温度也不宜太高，混炼温度为70～100℃。

【用途】 主要做软质制品，如合成皮革、帆布、护套材料；薄膜、薄片、软管、各种异型制品、医用材料和各种工业制品。

【安全性】 参见Bc003。

【生产单位】 国内尚处研制中，国外有日本电气化学公司，日本东亚合成化学公司。

Bc022 氯乙烯-烷基乙烯醚共聚物

【英文名】 vinyl chloride-alkyl vinyl ether copolymer

【结构式】

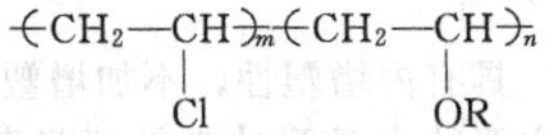

【性质】 它是内增塑聚氯乙烯，加工性和热稳定性好，制品透明。用作涂料具有良好的粘接性。以日本吴羽化学公司硬质级的HC-825-M制品为例，拉伸强度53.9MPa、伸长率120%、脆化温度−15℃。与之对照的氯乙烯均聚物制品分别为67.6MPa、40%、0℃。

【制法】 以乙炔和脂肪醇为原料、氢氧化钾为催化剂合成烷基乙烯醚，然后采用悬浮法或乳液法与氯乙烯共聚合。乙烯醚含量5%～20%。产品有粉状树脂和水胶乳两种形式。烷基乙烯醚主要用异丁醚、异辛醚、月桂醚和十六烷基醚。

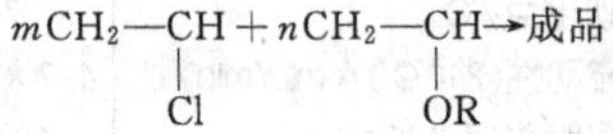

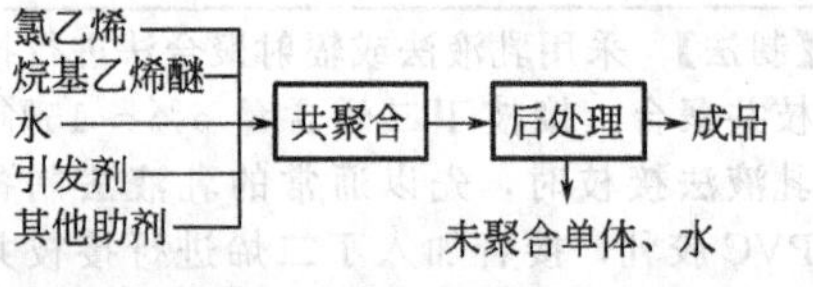

【质量标准】 日本吴羽化学公司（商品名Kureha HC）技术指标

表观密度/(g/cm³)	0.5
平均聚合度	650～800
K 值	56～60

【成型加工】 可用注射、挤出、吹塑等方法加工。其烷基乙烯醚含量低者（约5%）可单独加工，含量高者（10%～20%）可与聚氯乙烯共混，使共混物中含烷基乙烯醚2%～5%。

【用途】 宜做硬质或半硬质制品，如要求无毒、无臭的食品、医药包装薄膜、片材和容器等。其水胶乳产品可做金属设备表面和混凝土墙面涂料。

【安全性】 参见Bc003。

【生产单位】 日本吴羽化学公司。

Bc023 氯乙烯-乙丙橡胶接枝共聚物

【英文名】 vinyl chloride-ethylene propylene rubber graft copolymer; VCg EPR

【别名】 氯乙烯-乙烯-丙烯接枝共聚物；氯乙丙树脂

【结构式】

$$+CH_2-\underset{\displaystyle Cl}{\underset{|}{CH}}+_m+CH_2-CH_2+_n+CH_3-\underset{\displaystyle CH_3}{\underset{|}{CH}}+_n$$

【性质】 它是耐冲击改性的聚氯乙烯。注射成型性能好，制品耐冲击强度高，耐气候老化、耐化学腐蚀性与聚氯乙烯相当，而优于ABS。热变形温度和弯曲弹性模量略低，而与高耐冲聚苯乙烯相当。经6kW氙灯暴晒400h后，所能承受的冲击强度仍为未经暴晒的普通PVC和HIPS的两倍多。

【质量标准】 江苏北方氯碱集团有限公司

(1) 氯乙烯-乙丙橡胶接枝共聚物技术指标

树脂中乙丙橡胶含量/%		8～10
40目筛余物/%	≤	0.2
水分及挥发分/%	≤	0.5
100g树脂中黑黄点/颗	≤	40(其中黑点≤15)
热分解温度/℃	≥	135
表观密度/(g/mL)	≥	0.55

(2) 氯乙烯-乙丙橡胶接枝共聚物硬质制品

冲击强度(缺口)/(kJ/m²)	24～51
弯曲强度/MPa	47.2～70.0
弯曲弹性模量/MPa	1500～1610
拉伸强度/MPa	28.8～42.5
布氏硬度/MPa	1.60±0.05
热变形温度/℃	69～82

【制法】 采用悬浮接枝共聚合法。按配比将无离子水、乙丙橡胶、明胶等加入反应釜后，再加入氯乙烯进行悬浮聚合。反应产物再作回收氯乙烯、浆料碱处理、水洗、离心脱水、干燥等后处理步骤即得产品。一般做硬质制品用，乙丙橡胶含量10%以下。

$$mCH_2=\underset{\displaystyle Cl}{\underset{|}{CH}}+\left(CH_2-CH_2\right)_m\left(CH_2-\underset{\displaystyle CH_3}{\underset{|}{CH}}\right)_n \longrightarrow \text{本品}$$

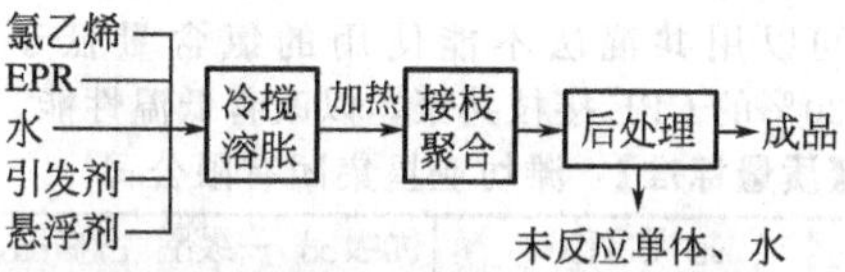

【成型加工】 适于注射成型。

【用途】 用于制造电器元件外壳，显像管框架，收音机外壳，家具，窗框，汽车底板，耐腐蚀管道、容器、球阀等；软质制品可用于电缆、电线绝缘包皮等；亦可作为PVC的改性剂。

【安全性】 参见Bc001。用内衬塑料薄膜袋的布袋或聚丙烯编织袋包装，每袋25kg。贮放于阴凉、干燥、通风的库房，不可在露天堆放，不可受日光照射。在潮湿和炎热季节要每月倒垛一次，便于散潮通风。运输时必须使用清洁有篷布的运输工具，防止受潮。贮运期限以1年为宜。消防可用水、砂土、灭火剂。

【生产单位】 江苏北方氯碱集团有限公司。

Bc024 氯乙烯-氯化聚乙烯共聚物

【英文名】 vinyl chloride-chlorinated polyethene copolymer

【别名】 氯乙烯-氯化聚乙烯共聚树脂；氯化聚乙烯与氯乙烯接枝共聚树脂

【结构式】

$$\leftarrow CH_2—CH_2 \rightarrow_m \leftarrow \underset{\displaystyle Cl}{\underset{|}{CH}}—\underset{\displaystyle Cl}{\underset{|}{CH}}—CH_2—CH_2 \rightarrow_n$$

【性质】 它是内增塑聚氯乙烯新产品，外观为白色多孔细粉。其特点是：对增塑剂和稳定剂吸收性和加工性好，有良好的耐热、耐溶剂和阻燃性。耐冲击改性效果显著，并随共聚物中 CPE 含量的增加而提高，但当 CPE 含量超过 15%时，冲击值上升缓慢，直至不上升，故作为硬制品使用、共聚物中 CPE 含量一般为 11%±1%。它与 CPE 含量相同的 PVC/CPE 共混物相比，冲击强度提高 2～5 倍，拉抻强度增加 15%～20%，拉伸模量、透明度和耐紫外线等性能都有明显的提高，还可以用共混法不能使用的氯含量低于 30%的 CPE 接枝共聚，以改善低温性能。

【质量标准】 潍坊亚星集团有限公司

指标名称	优级品	一级品	合格品
表观密度/(g/cm³) ≥	0.45	0.42	
过筛率 ≥	98	90	
挥发物/% <	0.3	0.4	
白度/% >	90	85	
热分解温度/℃ ≥	170	170	

【制法】 可采用水相悬浮接枝共聚法。其操作工艺为：将软化水、引发剂、分散剂及 CPE 等按一定比例加入聚合釜中，抽真空后加单体 VC，在搅拌下升温聚合。当聚合釜压力下降到一定程度后，回收残留的单体，接枝共聚产物经离心、洗涤、干燥处理后即得成品。

$$mCH_2=\underset{\displaystyle Cl}{\underset{|}{CH}} + \leftarrow CH—\underset{\displaystyle Cl}{\underset{|}{CH}}—CH_2—CH_2 \rightarrow_n \longrightarrow 成品$$

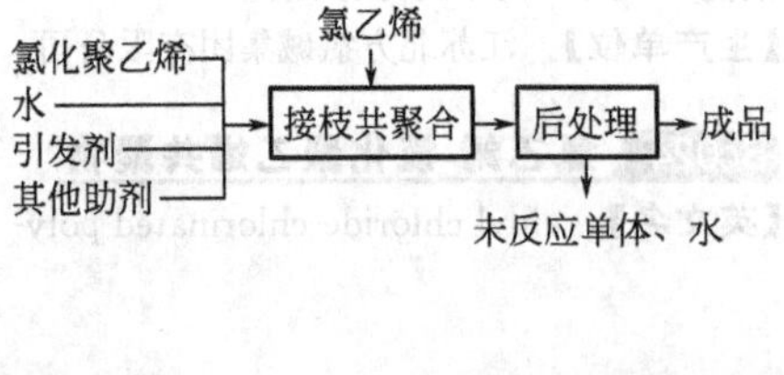

【成型加工】 可用聚氯乙烯通常的加工方法成型。

【用途】 在硬制品应用方面，可做高耐冲硬管，包括高层楼房的上水管、埋地管、波纹管和中空卵型管等耐高冲击的管道；高冲击异型材，如门窗等，特别是使用于寒冷地带的耐寒窗框；还可替代阻燃 ABS 料，用于机电产品的零件和外壳等。在软制品应用方面，可做耐寒、耐紫外线老化的防水卷材（经测试表明，该制品经 400h 紫外线连续照射后，拉伸强度和撕裂强度不降低，伸长保留率仍达 87.2%，在−50℃低温下对折不断）；高级发泡型鞋料；耐大气老化、耐污染和高强度的汽车、门窗异型和薄壁型密封条；阻燃、耐油、耐低温的电缆料和运输带等。

【安全性】 参见 Bc001。用内衬塑料薄膜袋的布袋或聚丙烯编织袋包装，每袋 25kg。贮放于阴凉、干燥、通风的库房，不可在露天堆放，不可受日光照射。在潮湿和炎热季节要每月倒垛一次，便于散潮通风。运输时必须使用清洁有篷布的运输工具，防止受潮。贮运期限以 1 年为宜。消防可用水、砂土、灭火剂。

【生产单位】 潍坊亚星集团有限公司。

Bc025 聚氯乙烯/丁腈橡胶共混物

【英文名】 polyvinyl chloride/NCR blend; PVC/NCR

【别名】 聚氯乙烯与丁腈橡胶共混物；丁腈橡胶改性聚氯乙烯

【结构式】

$$\leftarrow CH_2—\underset{\displaystyle Cl}{\underset{|}{CH}} \rightarrow_n + NBR$$

【性质】 在共混物 PVC/NCR 中，NCR 起内增塑作用。它比用低分子量增塑剂性能优越，不挥发，不迁移，能长期保存在共混物中，大大延长了制品的使用寿命。亦可改进其真空成型性能，避免制品的拐弯和边缘处产生过薄的缺陷。其冲击强度与 PVC 相比大大提高。如当共混物中 NCR 含量为 10% 时，其冲击强度为 34.6kJ/m^2，而 PVC 只有 8.6kJ/m^2。此外，也改善了 PVC 的低温脆性等。

【质量标准】 聚氯乙烯/丁腈橡胶共混物

指标名称	指标
NBR 含量/%	10
冲击强度/(kJ/m^2)	34.6
拉伸强度/MPa	5.51
伸长率/%	100

【制法】 可采用机械共混法。

(1) 先行共混法　在 150～180℃下，首先将 PVC 与 NCR 在开放式或密闭式混炼机上进行混炼，然后再以相应的工艺条件与必要的配合剂混炼。

(2) 溶胀法　首先将 PVC 在增塑剂中溶胀，然后再在 80～90℃下与 NCR 共混。PVC 溶胀后也可在 60～80℃的密炼机或于 150℃的开放式混炼机上进行共混。

(3) 普通混炼法　在低于 PVC 熔点的温度下，将 PVC 与 NCR 及其他配合剂同时添加，进行共混。

采用溶胀法及普通混炼法所制备的共混物，其刚度和硬度较高，相对伸长率较低。而采用先行共混法所制备的共混物，强度和弹性较高。

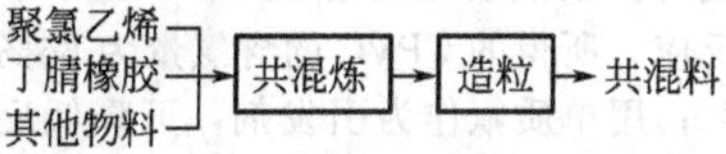

【成型加工】 可用挤出、注塑、压延等方法成型。

【用途】 可制作耐热电线套管、耐油软管、包装薄膜、工业围裙、泡沫人造革、鞋底以及代替橡胶的制品。

【安全性】 用内衬塑料薄膜袋的布袋或聚丙烯编织袋包装，每袋 25kg。贮放于阴凉、干燥、通风的库房，不可在露天堆放，不可受日光照射。在潮湿和炎热季节要每月倒垛一次，便于散潮通风。运输时必须使用清洁有篷布的运输工具，防止受潮。贮运期限以 1 年为宜。消防可用水、砂土、灭火剂。

【生产单位】 华南理工大学，太原塑料研究所，上海橡胶制品研究所，上海橡胶制品二厂，上海塑料一厂，重庆中南橡胶厂。

Bc026 氯化聚氯乙烯

【英文名】 chlorinated polyvinyl chloride; CPVC

【别名】 过氯乙烯树脂

【结构式】

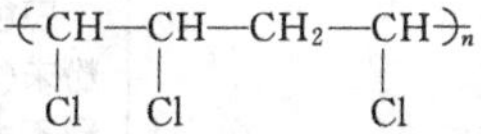

【性质】 白色粉末状物，相对密度 1.48～1.58，含氯量一般为 61%～68%。易溶于酯类、酮类、芳香烃等多种有机溶剂。具有良好的黏结性、难燃性、耐化学腐蚀性、耐老化性、电绝缘性。制品在沸水中不变形，最高使用温度 100～105℃，熔融温度 110℃，收缩率 (3～7)×10^{-3} cm/cm，拉伸断裂强度 52～62MPa，断裂伸长率 4%～65%，压缩强度 62～152MPa，弯曲强度 100～117MPa，拉伸模量 2482～3280MPa，悬臂梁冲击强度 53～298J/m^2，洛氏硬度 R117～122，线胀系数 (68～76)×10^{-6}℃$^{-1}$。随着含氯量增加，制品拉伸强度、弯曲强度提高，但脆性增大。

【质量标准】 锦化化工（集团）氯化聚氯乙烯企业标准

指标名称		涂料用(HG 2-344-66)		纤维用
		一级	二级	
溶解时间/min	≤	60	120	28% 树脂丙酮溶液 24h 全溶

续表

指标名称		涂料用(HG 2-344-66)		纤维用
		一级	二级	
黏度/s		14.0～20.0 20.1～28.0	14.0～20.0 20.1～28.0 28.1～40.0	落球黏度 50～130s，0.2%树脂环己酮溶液的比黏度为 0.195～0.33
透明度/cm	≥	15	9	8
灰分/%	≤	0.10	0.30	0.15
含铁量/%	≤	0.01	0.03	0.02
水分/%	≤	0.5	0.5	0.5
颜色度号	≤	150	300	
热分解温度/℃	≥	90	80	
低分子物含量/%	≤			15
有机挥发分/%	≤			0.8
含氯量/%		61.0～65.0	61.0～65.0	61.0～65.0
外观		白色或微带浅色之疏松细粒或粉末(可有少许疏松块状物，其直径不大于 50mm)，无可见杂质		白色或微黄色，是直径 <8mm 之疏松颗粒，无可见杂质

【制法】 由聚氯乙烯氯化而制得。可在溶液、悬浮液或固相中进行，常用溶液氯化法或悬浮氯化法。

1. 溶液氯化法

在氯苯或多氯代烷烃（如四氯乙烷）中溶解 7%～13% PVC，并制成均匀溶液，在光或 0.1%～1.0%（以 PVC 计）自由基型引发剂（如过氧化苯甲酰、偶氮二异丁腈或偶氮二异庚腈）存在下，常压通氯气进行氯化反应。含氯量一般控制在 63%～65%。反应完毕后，以甲醇为沉淀剂，沉淀、过滤、水洗、干燥即得产品。此法工艺和设备比较简单，但氯化时间长（约 48h）。

2. 悬浮氯化法

将疏松状 PVC 树脂悬浮于 20%左右的稀盐酸溶液中，加 10%膨润剂（如氯甲烷、氯苯、二氯乙烷等），用紫外线照射，或加树脂量的 0.3%～5%的过氧化物或偶氮化合物等引发剂，在常压和 60～65℃下，通氯气进行氯化反应 3～5h，然后过滤，将滤饼进行水蒸气蒸馏除去残余溶剂，再经中和、水洗、过滤，将滤饼干燥，即制得含氯量 66%～70%的氯化聚氯乙烯树脂产品。

3. 固态氯化法

该法在流化床中进行。以紫外线辐照引发时，聚氯乙烯与氯在 40～100℃下进行反应，所得的 CPVC 的含氯量为 65%～66%；用单质氟作为引发剂，可降低反应温度，引发作用优于紫外线辐照。

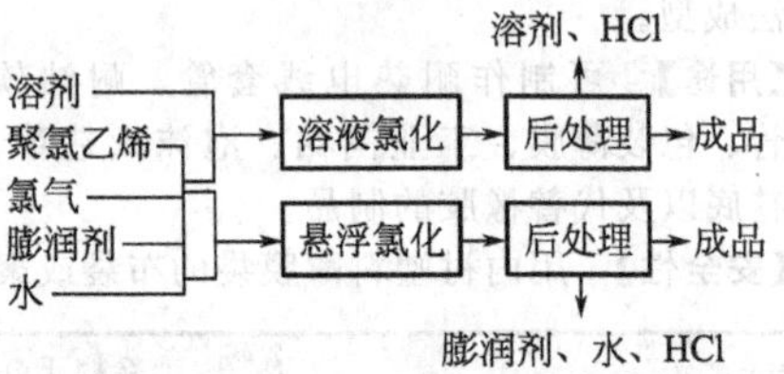

【成型加工】 可用普通聚氯乙烯的成型方法进行加工。但因其加工温度较高，混料时树脂发热严重，热分解放出氯化氢的倾向大，熔体黏度大，熔料易粘壁，因此，

加工工艺较复杂，加工时需加大热稳定剂的强度，接触物料的设备表面要求光洁，并要镀铬。此外，加工前物料需干燥，粒料可在80～90℃下干燥2～3h；粉料可在80℃下干燥2h。

1. 挤出

挤出机必须装有冷却设备以防过热。例如一种管材的加工条件为：粒料采用同向转动双螺杆挤出机，模头部料温200℃，螺杆转速17r/min；粉料采用反向转动双螺杆挤出机，模头部料温196℃，螺杆转速19r/min。如使用单螺杆挤出机宜用粒料，采用螺距不变而螺纹深度逐渐减小的全程螺杆，$L/D=22\sim25$。

2. 注射模塑

应使用低螺杆转速及低注射速度，以减少电剪切所引起的过热，模具温度为90～100℃。

3. 粘接

通常用氯化聚氯乙烯树脂溶解于二氯乙烷或丙酮溶液中制得。一般配成10%的胶液。也可用它溶于四氢呋喃制成20%的溶液，用于粘接氯化聚氯乙烯板。

4. 纺丝

一般以丙酮为溶剂进行溶液纺丝，纺丝原液浓度为26%～28%。短纤维以湿法纺丝为主，凝固浴为8%～10%丙酮水溶液。长丝既可用干法纺丝，也可用湿法纺丝，凝固浴中丙酮含量为3%～5%。

【用途】 悬浮法氯化聚氯乙烯主要用于制作耐热、耐酸、耐碱管材和板材；电气工业阻燃性和耐热性的片材、薄膜、电缆的绝缘；各种注射制品，如供水管的接头、过滤材料、脱水机、电线槽、导体的防护壳、电开关等。也可制作纤维。

溶液法氯化聚氯乙烯，主要用于配制涂料、清漆和胶黏剂。也可用于湿法或干法纺丝生产合成纤维，商品名过氯纶（强度为1.15～1.59cN/dtex，伸长率为40%～45%，密度为1.47g/cm^3。回潮率为0.1%～0.15%，开始收缩温度为65～75℃），用于制作耐酸、耐碱、耐汽油的滤布、输送带、绳索、毛刷和化工工作服等。亦可用于制作管材、泵材和电器材料。此外，氯化聚氯乙烯还可用作聚氯乙烯的共混改性剂。

【安全性】 参见Bc001。用内衬塑料薄膜袋的布袋或聚丙烯编织袋包装，每袋25kg。贮放于阴凉、干燥、通风的库房，不可在露天堆放，不可受日光照射。在潮湿和炎热季节要每月倒垛一次，便于散潮通风。运输时必须使用清洁有篷布的运输工具，防止受潮。贮运期限以1年为宜。消防可用水、砂土、灭火剂。运输同普通聚氯乙烯。本品为非危险品。

【生产单位】 北京化二股份有限公司，上海电化厂，宜宾天原化工厂。

Bc027 氯乙烯-醋酸乙烯共聚物

【英文名】 vinyl chloride-vinyl acetate copolymer；VC-VAC

【别名】 氯醋树脂；氯乙烯-乙酸乙烯酯共聚物

【结构式】

$$-\!\!\left[CH_2-\underset{\displaystyle Cl}{\underset{|}{CH}}\right]_m\!\!-\!\!\left[CH_2-\underset{\displaystyle O-C(O)CH_3}{\underset{|}{CH}}\right]_n\!\!-$$

【性质】 它是内增塑聚氯乙烯。工业产品中醋酸乙烯含量一般为2%～20%，分子量以比浓对数黏度表示为0.45～0.80，也有个别厂家生产醋酸乙烯含量20%～40%的“高醋”产品。在聚氯乙烯分子链中引入醋酸乙烯，侧链所带酯基，起着内增塑作用，因而降低了软化温度使加工容易，适用于生产硬质制品和高填料含量制品。还改进对溶剂的可溶解性，适于配制涂料，可提高对金属的粘接性。产品的性能取决于醋酸乙烯含量，以15%含量为例，拉伸强度60MPa，热变形温度

(0.46MPa负荷) 57℃，洛氏硬度 50，悬臂梁缺口冲击强度 10J/m²。

【质量标准】上海天原（集团）天原化工有限公司指标

项目		油墨专用料 LG 13/53		油墨专用料 LC 13/50		皮革处理剂专用料 LC 13/78		磁卡专用料 LC 11/78	
		一等品	合格品	一等品	合格品	一等品	合格品	一等品	合格品
黏度/(mL/g)		50～56	48～58	57～63	55～65	75～81	73～83	75～81	73～83
挥发物(包括水)含量/%	≤	1.0	1.2	1.0	1.2	1.0	1.2	1.0	1.2
杂质粒子数/个		40	90	40	90	40	90	30	90
过筛物(0.45mm筛孔)/%	≥	89	95	89	95	99	95	99	95
醋酸乙烯含量/%		13±2	13±2	13±2	13±2	13±2	13±2	11.0±1.5	11±2
白度/%	≥	83	80	83	80	85	80	85	80

【制法】可采用悬浮法、溶液法、乳液法、微悬浮法和本体聚合法制备。悬浮法和溶液法使用较多。

1. 悬浮法

一般为间歇式生产，氯乙烯和醋酸乙烯在悬浮剂（明胶或聚乙烯醇、甲基纤维素、聚丙烯酸钠等水溶性聚合物）及引发剂、缓冲剂、表面活性剂、分子量调节剂等存在下进行聚合。聚合温度为 40～70℃，时间 6～16h，聚合反应完毕后，蒸出过量单体，将所得共聚物经洗涤、脱水、干燥即得产品。

2. 溶液法

例如将氯乙烯、醋酸乙烯酯单体混合并溶于环己烷或正丁烷中配成 20%的溶液，加 0.5%的引发剂，在 40℃下聚合可制得含醋酸乙烯（VAC）10%～25%的共聚物。在二氧六环溶剂中，于 85～90℃下聚合 48h，可制得含氯乙烯（VC）86%、醋酸乙烯 13%、顺丁烯二酸酐 1%的三元共聚物。溶液聚合法可制备分子量分布窄的共聚物，适用于制作涂料和胶黏剂。工艺流程如下。

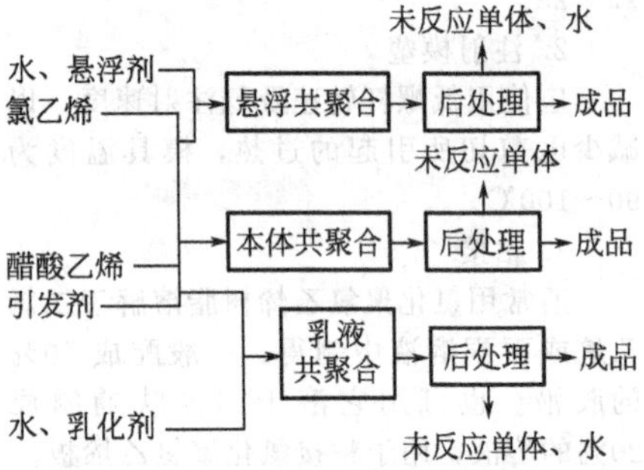

【成型加工】可用常规挤出、注射、压延和吹塑等方法加工。与加工分子量相同的氯乙烯均聚物相比，加工温度较低、速度快、周期短，软质制品加工中可少加增塑剂，亦可用诸如氯化石蜡之类的增塑效率较低的副增塑剂。以密纹唱片的加工为例，按配方将材料混合均匀后，在 120℃的辊筒上辊炼成片状，并按一定的规格切片制成粗坯。将规定尺寸的粗坯送热压机压制成片，切边而成为制品。

氯乙烯-醋酸乙烯塑料制品配方　　单位：份

材料	石棉板	地板	硬质密纹唱片
氯乙烯-醋酸乙烯共聚物	16	25	100
(其中 VC/VAC)	(87/13)	(95/5)	[(85～87)/(13～15)]
邻苯二甲酸二辛酯	5	10	

续表

材　　料	石棉板	地板	硬质密纹唱片
环氧增塑剂	0.5	1	
古马隆-茚树脂	5		
石棉短纤维	31		
研磨的石灰石	39	31	
滑石粉		30	
颜料(TiO_2)	3	2.5	
稳定剂	0.5	0.5	
二盐基硬脂酸铅			0.75～1.5
二盐基邻苯二甲酸铅			0～0.75
炭黑			1.5～2

【安全性】 参见Bc001。聚氯乙烯薄膜袋，外套牛皮纸袋包装，每袋净重25kg。贮存于清洁干燥处，防止受潮、破包。

【生产单位】 上海天原（集团）天原化工有限公司，北京化二股份有限公司，天津化工厂，杭州电化集团有限公司，江苏北方氯碱集团有限公司，南通江山农药化工股份有限公司等。

Bc028 氯乙烯-偏氯乙烯共聚物

【英文名】 vinyl chloride-vinylidene chloride copolymer；VC-VDC

【别名】 氯偏树脂；纱纶树脂

【结构式】

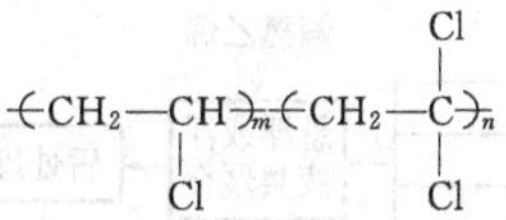

【性质】 产品有经干燥的树脂粉料和原始状态水胶乳两种形式。该共聚树脂密度大，制品透明，印刷性好，薄膜制品的液体、气体透过率低，热收缩率大，但经紫外线照射后发暗橙到淡紫色荧光。制品的坚韧性和冲击强度较PVC高。在热、紫外线、离子辐射（X射线、γ射线）、碱性试剂、某些金属或盐类作用下容易分解出氯化氢等气体。有难燃，不受细菌、昆虫侵蚀的优点，能耐多种溶剂和化学试剂，耐油，但在含氧和氯代溶剂中易溶胀，在浓硫酸、硝酸中易分解。

【质量标准】 (1) 氯乙烯-偏氯乙烯共聚物

指标名称	指标
相对密度	1.68～1.75
吸水性/%　<	0.1
拉伸强度/MPa	34.5～69
定向拉伸强度/MPa	207～414
伸长率/%	10～20
定向伸长率/%	15～40
热导率/[W/(m·K)]	0.105～0.147
线胀系数/K^{-1}	1.75×10^{-4}
脆化温度/℃	−40
平均使用温度/℃	75
软化温度/℃	100～130
熔体温度/℃	140
冲击强度/(kJ/m^2)	100～150
压缩强度/MPa	60
弯曲强度/MPa	100～120
洛氏硬度(M)	50～65
动摩擦系数(对棉布)	0.24
比热容/[kJ/(kg·K)]	1.26
热分解温度/℃	170～200
体积电阻率/Ω·cm	10^{14}～10^{16}
介电强度/(kV/mm)	16～20
介电常数	3～5
功率因素	0.03～0.1

(2) 氯乙烯-偏氯乙烯共聚物薄膜

指标名称	指标
相对密度	1.62～1.69
拉伸强度/MPa	78.4～117.6
伸长率/%	50～150
收缩率(100℃)/%	25～50
透气度(30℃)/[m^3/(cm^2·s·kPa)]	(1.35～1.05)×10^{-12}
透湿度(38℃,24h)/(g/m^2)	3.0～10.0

(3) 纤维用氯偏树脂性能

指标名称	指标
含氯量/%	72
表观密度/(g/cm^3)	0.5～0.6
比黏度(100mL,环己酮,0.8g树脂的稀溶液,30℃)	0.35～0.50
挥发物(105℃,1h)/%＜	0.4
所制纤维的断裂强度/(N/m)	(1.76～2.16)×10^{-6}
断裂伸长率/%	25～40
结节强度/(N/m)	(1.08～1.67)×10^{-4}
热收缩率(100℃)/%	10～20

(4) 上海天原集团天原化工有限公司氯偏树脂系列涂料技术指标

指标名称	LP	RT-170		RT-171		RT-175		RT176	RT177
		Ⅰ	Ⅱ	Ⅰ	Ⅱ	Ⅰ	Ⅱ		
固含量/% ≥	45	45	40～45	45	40～45	36	34	34	40
黏度/s	12～40	≥12	12～10	12～30	12～10				
细度/μm	30～50	≤50	50～70	≤60	60～70				
遮盖力/(g/m^2)	≤230	≤200	200～240	≤250	250～300				
干燥时间/min		≤30	30～45	≤30	30～50				
耐磨性/(g/cm^2)		0.001	0.002						
耐水性(96h)		合格	合格						
含氯量/% ≥						62	60	60	60
表面强力/(J/m^2) ≤						4×10^{-2}	4×10^{-2}	4×10^{-2}	
pH值								7～8	7～8

【制法】 与氯乙烯均聚物的生产方法相同。做薄膜、纤维用的共聚物，偏氯乙烯含量为80%～95%，多采用悬浮法生产；做涂料、胶黏剂用的共聚物，偏氯乙烯含量为70%以下，多采用乳液法生产。

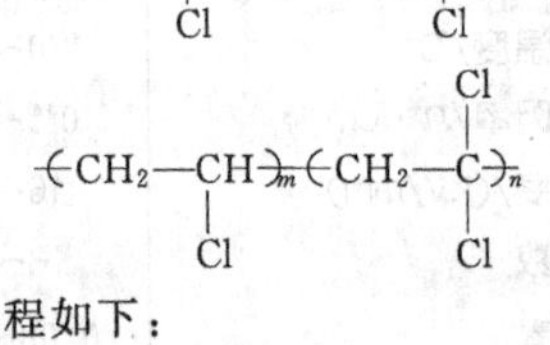

工艺流程如下：

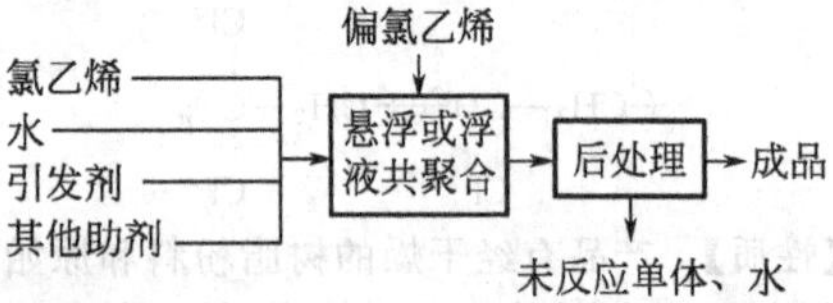

【成型加工】 可用挤出法抽丝，用压延或吹塑法生产薄膜。由于其结晶倾向大，故抽丝或吹膜工艺中要有迅速水冷过程。氯偏树脂在高温下易分解放出氯化氢，加工时热稳定剂用量稍大，挤出机的螺杆最好要镀铬。

【用途】 主要用作包装薄膜，如制成热收缩薄膜包装食品、药品及武器弹药等。也可制作机械零件、板材、管材及密纹唱片等。其纤维可做渔网、海带养殖绳、窗帘、坐垫和化工滤布。乳液法氯偏树脂及水胶乳可用于纸张、布基涂布、船舶和机械设备表面的防护涂料，船舱、地下建筑、洞库、地下电缆的防潮涂料以及地板和墙壁的涂料，还可用作胶黏剂以及混凝土养护剂等。

【安全性】 参见 Bc003。

【生产单位】 南通江山农药化工股份有限公司，浙江巨化股份有限公司。

Bc029 氯乙烯-丙烯酸酯共聚物

【英文名】 vinyl chloride acrylate copolymer

【结构式】

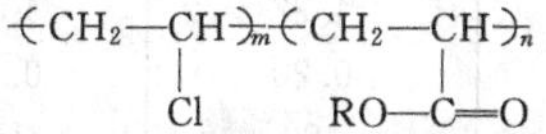

【性质】 它是内增塑聚氯乙烯。随着共聚物中丙烯酸酯含量增高，熔体黏度和软化温度降低，柔软性提高。其制品透明，比聚氯乙烯冲击强度高，耐寒性好。共聚物做涂料用时黏结性能优异。

【质量标准】

指标名称	非均一共聚物	均一共聚物
拉伸强度/MPa	33.1	36.4
断裂伸长率/%	202	152
冲击强度(缺口,0℃)/(J/cm)	4.16	0.533
维卡软化点/℃	48.9	55.6

日本东亚合成化学公司产品性能

指标名称	TA-500A（硬质用）	TA-500B（软质用）
加工温度/℃	140	120
透光率/%	86	14
拉伸强度/MPa	59.58	22.74
伸长率/%	18	863

【制法】 可用悬浮法和乳液法。所用的丙烯酸酯类为丙烯酸丁酯、丙烯酸辛酯、甲基丙烯酸甲酯、丙烯酸甲酯、丙烯酸-2-乙基己酯、丙烯酸的高碳烷基酯等。

悬浮共聚合示例：将氯乙烯 85（质量份，下同）、丙烯酸丁酯 15、软水 200、聚乙烯醇 0.15、偶氮二异庚腈 0.25、二月桂酸二丁基锡 0.15 等加入反应釜中，在搅拌下，维持反应温度 (40.0±0.5)℃进行共聚合反应，反应结束后，冷却出料，离心脱水，气流干燥，得共聚产品。

乳液法是将氯乙烯单体与丙烯酸酯类加入含 1.25% 烷基磺酸钠的乳化剂和 0.1%过氧二硫酸钾引发剂的水中，在 35～45℃下进行共聚，时间为24～36h。

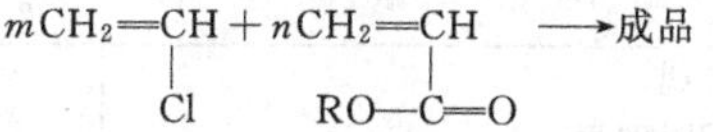

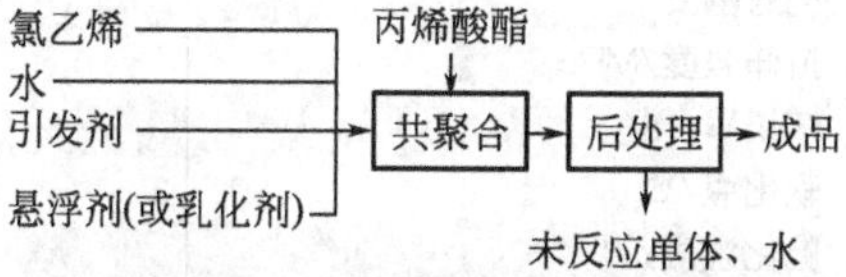

【成型加工】 主要用挤塑成型法加工板材、片材和异型材等。

【用途】 主要用于制作硬质透明片材、板材、门窗异型材以及飞机窗玻璃和仪表盘面板等。亦可作为 PVC 的加工改性剂。乳液状产品还广泛用作胶黏剂和防护涂料等。

【安全性】 参见 Bc003。

【生产单位】 上海天原（集团）天原化工有限公司。

Bc030 氯乙烯-乙烯-醋酸乙烯共聚物

【英文名】 vinyl chloride ethylene vinyl acetate copolymer; vinyl chloride grafted ethylene vinyl acetate; ethylene vinyl acetate vinyl chloride graft copolymer; VC-EVA; VC-*g*-EVA; EVA-*g*-PVC

【别名】 氯乙烯-乙烯-乙酸乙烯酯共聚物；氯乙烯-接枝乙烯-醋酸乙烯酯；乙烯-醋酸乙烯-氯乙烯接枝共聚物

【结构式】

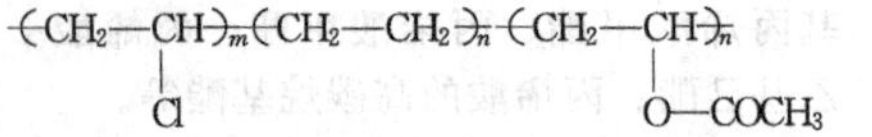

【性质】 它是内增塑聚氯乙烯新品种。工业产品分两大类，一类为硬质耐冲击型PVC，含有EVA树脂6%～10%(质量分数)；另一类为软质增塑型PVC，含有EVA 30%～60%（质量分数）。共聚物的力学性能、耐候性、加工性和热稳定性等受EVA含量、性质，PVC组分的聚合度及接枝率的影响。共聚物冲击强度高，耐候性好，加工性能优良，加工温度宽。随着EVA含量不同，不加增塑剂就可加工成硬质、半硬质或软质制品，亦可以任意比例与PVC共混。以EVA含量50%的共聚物为例，氯含量约28%，分子量约100000，相对密度1.16，灰分（%）<0.1，水分（%）<0.1，拉伸强度13.3MPa，伸长率325%，脆化温度−50℃。

【质量标准】 日本吉昂公司生产的乙烯-醋酸乙烯共聚物性能指标

指标名称	Graftmer E	Graftmer R-3	Graftmer R-5
外观	白色粉末	白色粉末	白色粉末
相对密度	1.33	1.22	1.14
拉伸强度/MPa	0.45	0.20	0.15
伸长率/%	120	190	330
软化点/℃	65～70		
脆化温度/℃		−52	−68
悬臂梁冲击强度(缺口)/(kJ/m²)			
20℃	25(未断)		
0℃	12～18		
−20℃	4.5～8		
特性和用途	有优异的流动性，适用于注射和高速挤出，具有耐冲击和耐气候老化性	加工流动性好	加工流动性好

【制法】 可用悬浮法、乳液法和本体法生产，工业上多数采用悬浮共聚合法。

悬浮法通常按一定配方将氯乙烯、EVA、水、引发剂和悬浮剂等加入反应釜中，先冷搅拌一段时间，使EVA溶胀或以特殊方式使EVA溶解，然后再升温，在55～70℃下进行接枝聚合。为增加接枝PVC的数量，可采用连续补加氯乙烯单体，保持在比氯乙烯饱和蒸气压略低的压力下进行接枝聚合，或采取在聚合过程中逐步升温（最高约80%）等方法。产品中EVA含量6%～60%。一般生产EVA含量6%～10%的硬质耐冲型和EVA含量30%～60%的软质增塑型两个级别的产品。

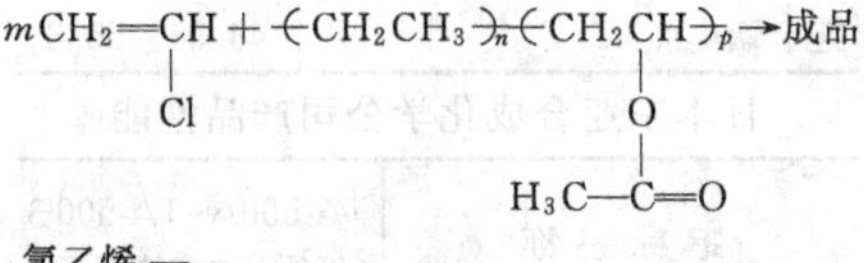

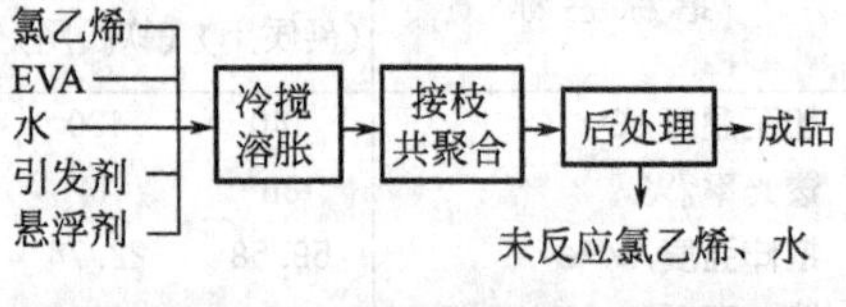

【成型加工】 可用加工聚氯乙烯的通常方法和设备。加工性好，生产效率高。加工温度不宜太高，混炼时间不宜过长，否则

耐冲击强度反而降低。一般以170～180℃，混炼4～6min为宜。

【用途】 有优异的流动性，适用于注射和高速挤出，具有耐冲击和耐气候老化性，加工流动性好。用于制造要求耐冲击强度高、耐候性好的硬质制品和半硬质、软质制品。硬质和半硬质制品主要有建筑工业用的管材、薄板材、窗框、门板、密封垫片以及家具和室外用品等。工业用各种电机、电器外壳及机器零件等；软质制品主要做包装薄膜及医药、食品用容器、瓶子等，还用于电线、电缆包覆材料。此外，还可作聚氯乙烯耐冲击改性剂。

【安全性】 树脂的生产原料，对人体的皮肤和黏膜有不同程度的刺激，可引起皮肤过敏反应和炎症；同时还要注意树脂粉尘对人体的危害，长期吸入高浓度的树脂粉尘，会引起肺部的病变。大部分树脂都具有共同的危险特性：遇明火、高温易燃，与氧化剂接触有引起燃烧危险，因此，操作人员要改善操作环境，将操作区域与非操作区域有意识地划开，尽可能自动化、密闭化，安装通风设施等。

用内衬塑料薄膜袋的布袋或聚丙烯编织袋包装，每袋25kg。贮放于阴凉、干燥、通风的库房，不可在露天堆放，不可受日光照射。在潮湿和炎热季节要每月倒垛一次，便于散潮通风。运输时必须使用清洁有篷盖的运输工具，防止受潮。贮运期限以1年为宜。消防可用水、砂土、灭火剂。

【生产单位】 江苏北方氯碱集团有限公司，宜宾天原集团有限公司，萧山联发电化有限公司，浙江省化工研究所。

Bc031 聚氯乙烯绝缘胶黏带

【英文名】 PVC insldating adhesive tape

【组成】 聚氯乙烯薄膜涂胶黏剂。

【质量标准】 企业标准 重Q/CJX·G39.10—90

指标名称		指标
外观颜色		蓝、黑、白
击穿电压/V	≥	3000
黏着性能/(s/10cm)	≥	100
耐燃性		离火不燃
耐寒性(-40℃,30min)		不开裂

【制法】 将胶料和辅料、配料打浆，滤浆，聚氯乙烯薄膜涂胶，烘干，收卷，分切包装，检验即得成品。

【用途】 主要用于电线、电缆接头包扎，汽车、摩托车线束缠绕包扎，在3000V以下缠4～5层使用，适用温度范围-40～50℃。

【安全性】 见Bc001。每盘胶带用塑料夹包装固定，50盘装一衬盒，每两衬盒装一箱，附有合格证。胶带在运输及贮存过程中，应保持清洁，严禁日光照射与淋雨受潮，不得与油类、酸、碱等有害物质接触，距离热源1m以外。产品保存期为2年。

【生产单位】 重庆长江橡胶厂胶黏剂分厂。

Bc032 赤泥塑料

【英文名】 red mud filled polyvinyl chloride plastics

【别名】 赤泥填充聚氯乙烯塑料

【结构式】

$$\left[CH_2—\underset{\substack{|\\ Cl}}{CH} \right]_n + \text{赤泥}$$

【性质】 它是PVC与赤泥构成的新型复合材料。除具有PVC塑料的一般通性外，还具有耐热性好、力学强度高和耐老化性能优良等特点。制品毒性小，有利于劳动保护，生产成本低。其缺点是赤泥相对密度大（2.7～2.9），颜色深（土红色），不宜做质轻和色浅的制品。

【制法】 以赤泥（炼铝厂的残渣）为填料与 PVC 混合加工制得。

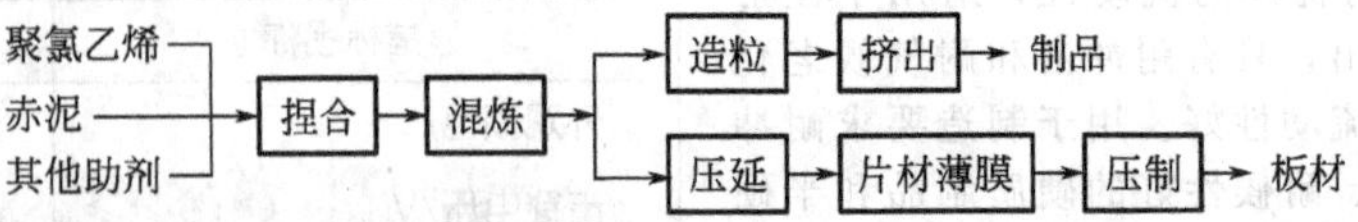

【质量标准】 赤泥填充 PVC 硬管技术标准（SG 78—75）如下。

相对密度		1.40～1.60
扁平(压至外径的 1/2)		无裂缝、破裂现象
液压(50±2)℃允许应力 13MPa 或(20±2)℃允许应力 35MPa		保持 1h 不破裂,不渗漏
尺寸变化率/%	沿长度方向	不超过±4.0
	沿直径方向	不超过±2.5
腐蚀度/(g/m²)	HCl(33%)	不超过±2.0
	HNO_3(40%)	不超过±2.0
	H_2SO_4(30%)	不超过±1.5
	NaOH(40%)	不超过±1.5
相对密度		1.35～1.60
拉伸强度/MPa	≥	50
弯曲强度/MPa	≥	90
尺寸变化率(140℃)/%		±4
腐蚀度	NaOH(40%)	±1.0
[(60±2)℃]/(g/m²)	HNO_3(40%)	±1.0
	H_2SO_4(30%)	±1.0
	HCl(35%)	±2.0

【成型加工】 可用挤出、压延、压制等成型方法进行加工。硬板的热压加工温度比普通 PVC 板低 10℃左右，热压总压力降低 1/3 左右。

【用途】 可用于制作管材、工业和日用板材、建筑材料和地板砖等硬制品；也可用于制作鞋料、人造革和沼气发酵贮料袋、太阳能热水器贮水袋以及其他重包装用的薄膜等软制品。

【安全性】 见 Bc001。用内衬塑料薄膜袋的布袋或聚丙烯编织袋包装，每袋 25kg。贮放于阴凉、干燥、通风的库房，不可在露天堆放，不可受日光照射。在潮湿和炎热季节要每月倒垛一次，便于散潮通风。运输时必须使用清洁有篷盖的运输工具，防止受潮。贮运期限以 1 年为宜。消防可用水、砂土、灭火剂。

【生产单位】 威海塑料一厂，威海塑料二厂，营口市塑料厂，郑州塑料三厂，河南安阳塑料厂，郑州塑料研究所，河南化学研究所，石家庄市电化厂，成都塑料六厂，贵阳塑料二厂。

Bc033 PVC/SMA 塑料合金

【英文名】 polyvinyl chloride/styrenemaleic anhydride copolymer; clend PVC/SMA

【别名】 聚氯乙烯与苯乙烯顺酐共聚物；SMA 改性聚氯乙烯；聚氯乙烯/苯乙烯马来酸酐共聚物共混物

【结构式】

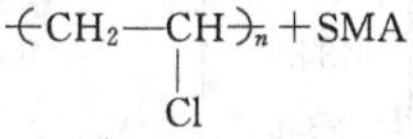

【性质】 它是 PVC 和 SMA 经适当共混方法制得的新型高分子材料。PVC 价廉、阻燃、耐化学品、电性能优良，加入 SMA 提高了耐热性，改进了流动性，表面光泽好。其具有流动性好、韧性高、阻燃、表面光泽好、耐紫外线，且有可喷涂性、价廉等特点。

制法用机械熔融共混法制取。

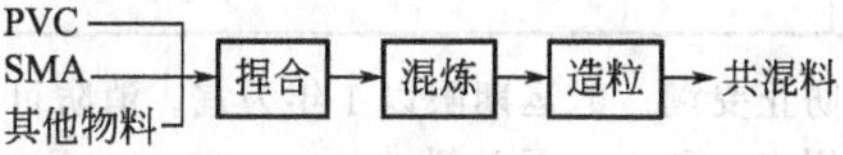

【质量标准】 以 PVC/SMA＝60/40 的产品 Arvyl 为例，密度 1.21g/cm³，拉伸强度 44.8MPa，断裂伸长率 75%，弯曲模量 2586MPa，悬臂梁缺口冲击强度 587J/m，热变形温度（1.82MPa 负荷下）75℃，阻燃性（UL-94）V-0。

【成型加工】 以注塑方法加工成型为各种制品。

【安全性】 见 Bc001。用内衬塑料薄膜袋的布袋或聚丙烯编织袋包装，每袋 25kg。贮放于阴凉、干燥、通风的库房，不可在露天堆放，不可受日光照射。在潮湿和炎热季节要每月倒垛一次，便于散潮通风。运输时必须使用清洁有篷盖的运输工具，防止受潮。贮运期限以 1 年为宜。消防可用水、砂土、灭火剂。

【用途】 主要用于制造电视机壳、办公器械、器具、深色壁板和窗框、电线导管、电子电器组件等。

Bc034 增强聚氯乙烯塑料

【英文名】 glassfiber reinforced polyvinyl chloride; FRPVC

【别名】 玻璃纤维增强聚氯乙烯

【结构式】

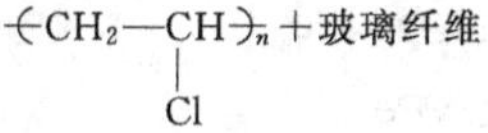

【性质】 具有力学强度高、尺寸稳定性好的特点。它与未增强的硬质聚氯乙烯比，其拉伸和弯曲强度高约 1 倍，常温下冲击强度高 14～20 倍，热线膨胀系数低约 1/3，热变形温度达 96～120℃，压缩强度、硬度、耐疲劳和耐蠕变等性能均有大幅度的提高。可以像金属一样进行车、铣、钻等机械加工，亦可与普通硬质聚氯乙烯一样进行裁、截、打孔、焊接和模压加工。

【制法】 通常采用混合热压法。将一定长度的玻璃纤维经表面处理（如采用硅烷偶联剂为处理剂）后，按一定比例与 PVC 混合，通过专用设备，加热压合成型；或将涂覆有胶黏剂的玻璃纤维或玻璃纤维无纺布与 PVC 片基热压成型；或在玻璃纤维与 PVC 薄膜中间夹入黏性薄膜，交替层压成型以及在 PVC 糊料中混入玻璃纤维，热压或模压成型等。

工艺流程如下。

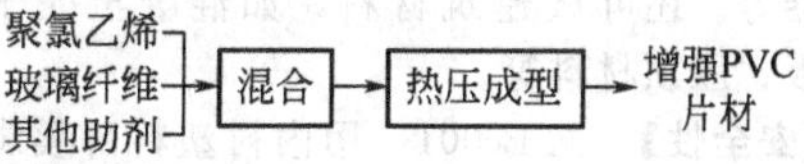

【质量标准】

指标名称	日本 FRV(牌号)板材			上海化工厂产品
	P	N	R	
玻璃纤维含量/%	25	5~8	18~23	20
相对密度	1.52	1.43	1.50	
拉伸强度/MPa	95.6	64.7	74.9	85.7
拉伸弹性模量/MPa	5264	3479	4431	
弯曲强度/MPa	163.8	109.2	134.4	100.2
弯曲弹性模量/MPa	5964	3381	4718	
压缩强度/MPa	109.2	83.3	104.3	
剪切强度/MPa	79.8	64.4	71.4	
悬臂梁冲击强度(缺口)/(J/m)	48	158	41	
简支梁冲击强度(缺口)/(kJ/m²)				47.6
洛氏硬度	M94	M70	M90	
热膨胀系数/($\times 10^{-3}$/K)	2.3	4.1	2.9	
维卡软化点/℃	101			118

【成型加工】 通常采用热压法成型为片材后，再进行切割、钻孔、弯曲、压缩、焊接等二次加工制成各种制品。在弯曲加工时，需将弯曲部分加热至 180～190℃，立即置于常温的阴模中，施加约 1.96MPa 以上的压力，待弯曲部分温度降至约 60℃时取出。压缩成型时，先将增强板材预热至 190℃左右，立即置于常温模具中，在 11.76～14.7MPa 压力下压缩成型。

【用途】 主要用于制造化工设备，如耐腐蚀的容器、贮罐、通道、风机、旋风分离器等。还可做建筑材料，如混凝土壳子板、屋顶材料等。

【安全性】 见 Bc001。用内衬塑料薄膜袋的布袋或聚丙烯编织袋包装，每袋 25kg。贮放于阴凉、干燥、通风的库房，不可在露天堆放，不可受日光照射。在潮湿和炎热季节要每月倒垛一次，便于散潮通风。运输时必须使用清洁有篷盖的运输工具，防止受潮。贮运期限以 1 年为宜。消防可用水、砂土、灭火剂。

【生产单位】 上海化工厂。

Bc035 PVC/ACS 塑料合金

【英文名】 polyvinyl chloride/acrylonitrile cutadienestyrene terpolymer clend; PVC/ASC

【别名】 聚氯乙烯与丙烯腈-丁二烯-苯乙烯三元共聚物的共混物；ACS 改性聚氯乙烯

【结构式】

$$\left(CH_2-\underset{\displaystyle Cl}{\underset{|}{CH}} \right)_n + ABS$$

【性质】 它是 PVC 和 ACS 树脂通过共混技术制得的塑料合金。不但具有 PVC 独特的难燃自熄性、耐化学药品性和常温下优异的力学性能，而且还兼有 ACS 树脂优良的耐热、耐冲击及易于加工的性能。其制品的光泽性、染色性和外观的装饰性都优于原来的 PVC 制品，但耐候性有所降低，故一般不宜做户外用途的制品。

【制法】 机械共混法。按不同用途，将适量的 PVC 树脂、ACS 树脂、各种稳定剂、改性剂、加工助剂混合均匀，然后把预混料加入密炼机或双螺杆挤出机中混炼造粒即得适于挤出、注射、压延等不同型号的 PVC/ACS 共混料。共混物中 ACS 含量为 5%～15%。

工艺流程：

【质量标准】 成都科技大学高分子材料厂产品质量指标如下，外观：可为瓷白色、浅黄色、象牙色、黑色或其他颜色，不含机械杂质、表面均匀的颗粒。

指标名称	指标	测试方法
密度/(g/cm³)	1.13～1.30	GB 1636—79
热变形温度/℃	56～72	GB 1634—79
MFR/(g/10min)	1.0～3.4	GB 3682—2000
燃烧性能(UL 94)	V-0 级	GB 4609—84
拉伸强度/MPa	38～46	GB 1040—92
洛氏硬度(R)	95～110	GB 3854—83
弯曲强度/MPa	56～78	GB 1042—79
Izod 冲击强度/(J/m²)	176.4～411.6	GB 1043—93
体积电阻率/Ω·cm	$>10^{15}$	GB 1410—89

中蓝晨光化工研究院研制的 PCV/ACS 塑料合金技术指标如下。

PCV/ACS 塑料合金技术指标

密度/(g/cm³)	1.27
拉伸强度/MPa	50.24
伸长率/%	16.25
缺口冲击强度/(kJ/m²)	0.376
无缺口冲击强度/(kJ/m²)	2.978

【成型加工】 由于 PVC/ACS 共混合釜中含有 PVC 成分，故加工温度应低于通用级 ACS 树脂，以避免 PVC 受热分解，释放出 HCl 腐蚀加工设备和模具。注射成型以螺杆式注塑机为宜，螺杆均化段物料温度应控制在 165～185℃之间，料筒前端可为 170～180℃，喷嘴温度 175～190℃，注射压力约 50MPa。挤出成型时可参考通用级 ACS 树脂的加工条件，料筒前部 170～180℃、后部 160～170℃，机头 170～185℃，口模温度 165～195℃，螺杆长径比 18～20，压缩比 2.5～3。但不论采用哪种加工方法，一旦加工完毕，设备停车前，需用 ACS 树脂、HIPS 或 HDPE 顶净料筒中剩余的 PVC/ACS 物料，以免长时间受热分解。

【用途】 主要用于制造要求阻燃并有较好耐冲击性能的制件，在家用电器、仪器仪表、办公器械、通信器材、电子电器、汽车零部件以及建筑工业等部门得到了广泛的应用。例如，通过注射成型可制造各种形状的电视机、电子计算机、电话机、仪器仪表的壳体，汽车结构件、接插件、连接件，纺织机械的经、纬管等；通过挤出、压延和热成型技术可制作板材、片材、冰箱内衬、大型容器衬套、行李箱、排水管、排污管、矿山管道、电线电缆导管、通风设施以及各种建筑异型材等。

【安全性】 见 Bc001。用内衬塑料薄膜袋的布袋或聚丙烯编织袋包装，每袋 25kg。贮放于阴凉、干燥、通风的库房，不可在露天堆放，不可受日光照射。在潮湿和炎热季节要每月倒垛一次，便于散潮通风。运输时必须使用清洁有篷盖的运输工具，防止受潮。贮运期限以1年为宜。消防可用水、砂土、灭火剂。

【生产单位】 成都科技大学高分子材料厂，中蓝晨光化工研究院，兰州化学工业公司合成橡胶厂，上海高桥化工厂，上海胜德塑料厂。

Bc036 聚氯乙烯/聚丙烯酸酯共混物

【英文名】 polyvinyl chloride/polyacrylate clend；PVC/ACR

【别名】 聚氯乙烯与丙烯酸酯类橡胶的共混物；ACR橡胶改性聚氯乙烯

【结构式】

$$\left[\mathrm{CH_2}-\underset{\mathrm{Cl}}{\underset{|}{\mathrm{CH}}}\right]_n + \mathrm{ACR}$$

【性质】 它是PVC和ACR经适当共混制得的新型高分子材料。PVC和ACR相容性好，加入ACR可提高PVC耐冲击性，改善加工性、耐候性、透明度、耐光性、耐寒性、着色性、此外还提高凝胶化速度、熔体强度、拉伸伸长率。

【制法】 采用捏合、挤出等机械共混法制造。共混物中ACR用量一般为5%～10%。

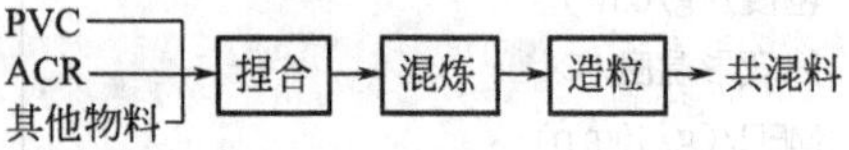

【质量标准】 日本三菱レイヨン公司的PVC/ACR共混物产品メタプレンW-300的技术指标如下。

PVC/ACR共混物产品メタプレンW-300的技术指标

指标名称	PVC	メタプレンW-300				
ACR含量/%	0	5	10	15	20	25
悬臂梁冲击强度/(kJ/m²)	3	6	11	130	160	170
落球冲击强度/cm	<20	75	100	130	>150	>150
全光线透过率/%	83	82	79	78	76	68
雾度/%	8.0	9.0	10.5	13.5	16.2	23.0
拉伸强度/MPa	59	53	51	47	44	41
断裂伸长率/%	52	56	66	78	79	80
热变形温度/℃	65	65	65	64	62	60
软化温度/℃	68	68	68	68	65	63
脆化温度/℃	−15	−18	−20	−25	−30	−35
硬度(RC)	117	116	112	110	107	103
相对密度	1.40	1.38	1.35	1.35	1.33	1.32

美国M & J公司PVC/ACR共混物(D-200)技术指标如下。

PVC/ACR共混物（D-200）技术指标

PVC与ACR质量比	100：4
弯曲强度/MPa	79.38
弯曲模量/GPa	2.89
悬臂梁缺口冲击强度(3mm厚)/(J/m)	198.45
拉伸强度/MPa	50.27

【成型加工】 可用注塑、挤塑和发泡等方法加工成各种制品。由于加工过程中熔体弹性改变不大，因而有较高的熔体强度，有利于保持挤出异型材的尺寸精度和发泡制品的泡孔微细与均匀性（其中ACR有发泡成核剂的作用）。因此，本品可制得外观光洁，表面波纹、银纹、鱼眼少的制品和较高质量的发泡制品。

【用途】 可制作各种对耐冲击要求较高的管材、板材、异型材、薄片、电线电缆以及中空和发泡制品等，用于机械、电器、运输和建材工业中，也用于家具和食品包装等。

【安全性】 见Bc001。用内衬塑料薄膜袋的布袋或聚丙烯编织袋包装，每袋25kg。贮放于阴凉、干燥、通风的库房，不可在露天堆放，不可受日光照射。在潮湿和炎热季节要每月倒垛一次，便于散潮通风。运输时必须使用清洁有篷盖的运输工具，防止受潮。贮运期限以1年为宜。消防可用水、砂土、灭火剂。

【生产单位】 美国M & J公司，日本三菱レイヨン公司。

Bc037 聚氨酯改性聚氯乙烯

【英文名】 polyvinyl chloride/polyurethane clend；PVC/PU

【别名】 聚氯乙烯与聚氨酯的共混物；聚氯乙烯/聚氨酯共混物

【结构式】

$$\left(\!\!\begin{array}{c}\text{CH}_2-\text{CH}\\ \qquad |\\ \qquad \text{Cl}\end{array}\!\!\right)_n + \text{PU}$$

【性质】 它是PVC和PU经适当共混制得的一种新型高分子材料。PVC和PU相容性好，加入PU可提高硬质PVC的冲击强度，改善动态热稳定性和加工性；PU和软PVC相混可明显提高耐磨性、耐油性、柔软性、回弹性、耐挠曲龟裂性、外观和手感等性能。

【制法】 通常用机械熔融共混法制取。

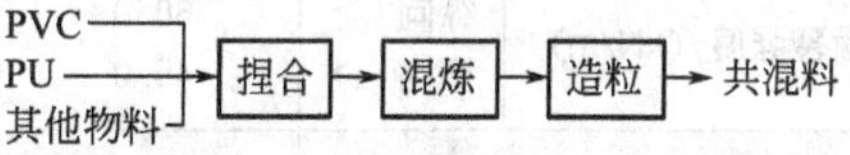

【质量标准】 各公司的产品性能不同，以Vythene为例，密度1.19～1.28g/cm³，拉伸屈服强度10.43～41.65MPa。

成型加工可用注塑、挤塑方法加工成各种制件。

【用途】 可作有特色的PVC管材、电线、电缆、高档人造革、泡沫鞋底及各种密封条等。

【安全性】 见Bc001。用内衬塑料薄膜袋的布袋或聚丙烯编织袋包装，每袋25kg。贮放于阴凉、干燥、通风的库房，不可在露天堆放，不可受日光照射。在潮湿和炎热季节要每月倒垛一次，便于散潮通风。运输时必须使用清洁有篷盖的运输工具，防止受潮。贮运期限以1年为宜。消防可用水、砂土、灭火剂。

【生产单位】 本品常由各加工厂根据用户要求进行配制，很少作为专用料出售。

Bc038 聚氯乙烯热收缩膜

【英文名】 heat shrinkaCle film of polyvinyl chloride

【结构式】

$$\left(\!\!\begin{array}{c}\text{CH}_2-\text{CH}\\ \qquad |\\ \qquad \text{Cl}\end{array}\!\!\right)_n$$

【性质】 具有受热收缩的特性，该薄膜一经加热便会收缩，从而紧紧地覆贴在被包装物品的表面上。同时还具有强度高，透明性好，防水、防潮、防污染能力强，电绝缘性能优异等特点。

【制法】 可采用挤出平吹法生产。以干电池包覆用PVC热收缩膜为例，其典型配方为：PVC-SG4或PVC-SG5型树脂100份；MCS 4份；DOP 4份；DCP 3份；有机锡稳定剂2份；环氧酯2份；螯合剂0.5份；硬脂酸0.2份；碳酸钙0.2份。将上述物料，经捏合、塑化挤出、拉伸与冷却定型，即得成品。

【质量标准】 执行行业标准 ZCG 33009—89。根据产品应用范围分为三大类，即 D 型——用于电器、电子元件绝缘包装；Y 型——用于一般物品包装；S 型——用于接触食品包装。当折径≥150mm 时，称作热收缩薄膜（简称热收缩膜）；折径＜150mm 时，称作热收缩套管（简称热收缩管）。

型号	折径/mm	收缩率/%			
		纵向	偏差	横向	偏差
D型	4～6	10～20	±3	40～50	±8
	＞6～131		±4		±5
	＞131		±5		±5
Y型 S型		12～30	±4	20～50	±5

PVC 热收缩薄膜收缩率及偏差规定

指标名称				技术指标
拉伸强度(纵向)/MPa			≥	50.0
断裂伸长率(纵向)/%			≥	100
定轴收缩				不开裂
耐乙二醇溶剂性	拉伸强度/MPa		≥	45.0
	介电强度/(MV/m)		≥	35.0
介电强度/(MV/m)			≥	40.0
体积电阻率/Ω·m			≥	10^{12}
吸水率/%			≤	0.5
直线度/mm			≤	5.0
耐高低温性	85℃级	+85℃,1000h/−55℃,6h		不开裂
	125℃级	+125℃,1000h/−55℃,6h		不开裂
铜腐蚀性(135℃,168h)				无腐蚀

指标名称		技术指标	指标名称		技术指标
拉伸强度/MPa	纵向 ≥	42.0	撕裂强度/(kN/m)	纵向 ≥	60.0
	横向 ≥	50.0		横向 ≥	45.0
断裂伸长率/%	纵向 ≥	70	透光率/%	≥	90
	横向 ≥	50	定轴收缩		不开裂
			低温柔软性(−10℃,1h)		不开裂

注：1. 折径＜130mm 时，无横向拉伸强度、断裂伸长率及纵向撕裂强度指标。

2. 定轴收缩及低温柔软性两项指标仅用于电池及瓶子等包装的热缩管。

3. 透光率指标适用于无色透明产品。

S型卫生性能指标（ZCG 33009—89）

指标名称			指标
氯乙烯单体残留量/$\times 10^{6}$			<1
溶出试验	重金属(4%醋酸)以Pb计/$\times 10^{-6}$		<1
溶出试验	蒸发残渣	正己烷/$\times 10^{-6}$	<30
溶出试验	蒸发残渣	20%乙醇/$\times 10^{-5}$	<30
溶出试验	蒸发残渣	4%醋酸/$\times 10^{-5}$	<30
溶出试验	蒸发残渣	蒸馏水/$\times 10^{-4}$	<30
溶出试验	高锰酸钾消耗量/$\times 10^{-6}$		<10
褪色试验	65%乙醇 浸泡液(水,20%乙醇,4%醋酸,正己烷) 冷餐油或无色油脂		阴性

【成型加工】 挤出平吹法。所用挤出机为普通等距不等深渐变型单螺杆挤出机，螺杆直径 ϕ30mm，长径比 25∶1，压缩比 3∶1，机头为十字架式平吹头。主要工艺条件为：挤出机后段温度 170～175℃、中段和前段温度 180～185℃、机头温度 180℃左右；加热拉伸的冲淋热水温度为 85～95℃；冷却定型的冷却水温为自然温度。

【用途】 可用于电器、电子元件的绝缘包装（如干电池的外包装）；一般物品的包装和接触食品的包装等。用其作包装材料，不仅可以简化包装工艺，缩小包装体积，而且由于收缩后的透明薄膜紧裹被包装物品，能清楚地显示出物品的色泽与造型，故广泛应用于商品包装上。

【安全性】 见 Bc001。用内衬塑料薄膜袋的布袋或聚丙烯编织袋包装，每袋 25kg。贮放于阴凉、干燥、通风的库房，不可在露天堆放，不可受日光照射。在潮湿和炎热季节要每月倒垛一次，便于散潮通风。运输时必须使用清洁有篷盖的运输工具，防止受潮。贮运期限以 1 年为宜。消防可用水、砂土、灭火剂。

【生产单位】 秦皇岛市塑料厂，大同市塑料一厂，本溪市塑料厂，锦州市塑料制品厂，吉林市塑料厂，哈尔滨塑料一厂，北京塑料十八厂，上海解放塑料制品厂，南京塑料六厂，苏州塑料三厂，绍兴新兴塑料厂，淄博塑料厂，福州第一塑料厂，广州人造革厂，信阳市塑料厂，成都塑料厂，天津塑料二厂。

Bc039 磁性氯化聚乙烯

【英文名】 magnetic chlorinated polyethylene

【组成】 主要成分为氯化聚乙烯树脂、铁氧体磁粉和处理剂等。

【性质】 本品为粉料和粒料，其制品有较好的力学强度和磁性能，表面磁感应强度为 (2.5～4.3)×10^{-2}T。

【生产工艺】 将干燥过的锶铁氧体磁粉 ($SrO \cdot 6Fe_2O_3$，粒径 0.8～2.0μm) 用处理剂捏合处理后，与比例量的氯化聚乙烯（含氯量 34%，熔点 $T_m \geqslant 130$℃）一起加入到高速搅拌器中，在转速 1500r/min 下搅混 6～10min；进而在双辊塑炼机（160mm×320mm）中于 90℃下混炼 15min，拉片。冷却后，切粒或粉碎，得到含磁粉的氯化聚乙烯树脂粒料或粉末。

成型加工首先将含磁粉粒料或粉料在

适当工艺条件下模压成型为所需形状和尺寸的制件，然后在大约 9.947×10^5 A/m 磁场强度的外加磁场中进行后充磁0.02～2s，即得到磁性氯化聚乙烯产品。

【用途】 可广泛用于微型电机、电磁开关、磁卡、家用电器及磁疗保健品等。

【安全性】 见 Bc001。可包装于内衬塑料膜的编织袋或塑料容器内，贮放在阴凉通风干燥处，按非危险品运输。

【生产单位】 北京化工大学。

Bc040 热塑性聚氨酯改性的聚氯乙烯

【英文名】 polyvinyl chloride/thermoplastic polyurethane clend；PVC/TPU

【别名】 聚氯乙烯/热塑性聚氨酯共混物

【结构式】

$$\mathrm{\{CH_2-\underset{\displaystyle Cl}{\underset{|}{CH}}\}_n + TPU}$$

【性质】 聚氯乙烯与热塑性聚氨酯通过共混制成的新型高分子材料。PVC 有较好的力学性能及透明性，但加工性差，亲水性不好，不耐溶剂，透氯性高，黏着性差。用热塑性聚氨酯对聚氯乙烯改性，可改善其加工性，提高其耐油、耐溶剂、耐磨性，降低其透氯率等，还可改善耐冲击性能。在 PVC/TPU 共混体系中，TPU 可作为 PVC 的大分子增塑剂。此外，共混体系配方中还应添加 PVC 稳定剂等助剂。PVC/TPU 共混体系为两相体系。适当选择 TPU 品种，以及调整 TPU 大分子中软段与硬段的比例，可以改善 TPU 与 PVC 的相容性。按 TPU 的类型，本体系可分为聚酯型 TPU 改性的 PVC 与聚醚型 TPU 改性的 PVC 两大类。

【制法】 采用机械共混法制取。

【成型加工】 可用挤出、注塑、压延和吹塑等方法加工成型各种制件。

【用途】 分为医疗用途和一般用途两大类。聚氨酯具有优异的物理化学性能和极好的生物相容性。用 TPU 取代 PVC 的液体增塑剂，制成软质 PVC 医用材料，可避免液体增塑剂向人体中的迁移。PVC/TPU 共混材料的断裂伸长率可达 400%以上。共混材料的硬度可通过调整 TPU 用量来调节。PVC/TPU 共混物可用于制造医用输液袋等。用于医疗器材时，选用的PVC、TPU 及其他助剂的理化性能都应符合卫生标准。用于一般用途的 PVC/TPU 共混物，可作有特色的 PVC 包装材料、电线材料和复合人造革等。

【安全性】 见 Bc001。用内衬塑料薄膜袋的布袋或聚丙烯编织袋包装，每袋 25kg。贮放于阴凉、干燥、通风的库房，不可在露天堆放，不可受日光照射。在潮湿和炎热季节要每月倒垛一次，便于散潮通风。运输时必须使用清洁有篷盖的运输工具，防止受潮。贮运期限以 1 年为宜。消防可用水、砂土、灭火剂。

【生产单位】 可根据用户要求由加工厂定点生产，一般不作为专用料出售。

Bc041 MCS 改性聚氯乙烯

【英文名】 polyvinyl chloride/methyl methacrylate cutadiene styrene terpolymer clend；PVC/MCS

【别名】 聚氯乙烯与甲基丙烯酸甲酯-丁二烯-苯乙烯三元共聚物的共混物；PVC/MCS 塑料合金

【结构式】

$$\mathrm{\{CH_2-\underset{\displaystyle Cl}{\underset{|}{CH}}\}_n + MBS}$$

【性质】 它是 PVC 和 MCS 共混制得的高分子材料。MCS 与 PVC 有较好的相容性，共混物中 MCS 以微粒状分散于 PVC 中。加入 MCS 后可得到高透明 PVC 制品，也改善了其冲击强度和加工性能。制品耐折性好，耐折次数比 PVC 可高约 9 倍。但耐候性较差，不适于制造户外用品。

【制法】 一般采用两段法操作的物理共混法。即首先将 PVC 与其他助剂在捏合机中混炼 5min，然后于 70～80℃ 下加入 MCS。继续混炼 2min 后，边混炼、边升温，当达到 110～120℃ 时，停止操作，放料。最后挤出造粒。在共混过程中，一定要掌握好混炼时间，若过长，则会破坏 MCS 的橡胶粒子结构、降低耐冲击改性的效果。

【质量标准】

指标名称	透明型					非透明型			
MBS 的含量/%	0	5	10	15	20	0	5	10	15
拉伸强度/MPa	54.6	49.2	46.1	43.5	43.0	49.3	46.6	45.6	43.3
伸长率/%	143	146	152	154	160	155	159	164	165
冲击强度/(kJ/m^2)									
25℃	3.8	4.4	10.3	>30	>30	3.7	10.2	>30	>30
0℃	3.2	4.0	5.7	14.6	>30	3.6	4.7	8.2	13.4
－20℃	3.1	3.9	4.7	5.8	11.9	3.4	3.7	4.6	6.4
耐折曲强度/次	110	170	328	580	>1000				
洛氏硬度(R)	117	114	112	110	107	114	112	111	109
软化温度/℃	68.5	68.2	68.1	68.0		78.6	78.3	77.5	75.7
流动性(流出量)/(cm/s)	2.16×10^{-2}	2.45×10^{-2}	3.13×10^{-2}	3.43×10^{-2}					

【成型加工】 可用挤出、注射、吹塑、压延等通常加工 PVC 的方法和设备进行加工成型。

【用途】 主要用于制造耐冲击的透明制品，如包装用的透明薄膜和薄片，盛装饮料、矿泉水、调料、化妆品等的吹塑瓶，各种设备和仪表的壳体、安全帽等。还可用于制造各种管子、异型材、薄板以及工业用其他材料和制品。

【安全性】 用内衬塑料薄膜袋的布袋或聚丙烯编织袋包装，每袋 25kg。贮放于阴凉、干燥、通风的库房，不可在露天堆放，不可受日光照射。在潮湿和炎热季节要每月倒垛一次，便于散潮通风。运输时必须使用清洁有篷盖的运输工具，防止受潮。贮运期限以 1 年为宜。消防可用水、砂土、灭火剂。

【生产单位】 中蓝晨光化工研究院，上海胜德塑料厂，成都科技大学高分子材料厂，兰州化学工业公司合成橡胶厂。

Bc042 导电性聚氯乙烯

【英文名】 conductive polyvinyl chloride

【组成】 主要成分为聚氯乙烯树脂、导电性填料。

【性质】 本品具有较好的耐化学药品性、阻燃性和力学强度；其车削、剪切、粘接、印刷和热处理等二次加工容易；通过填料、增塑剂、助剂的改变，还可制造出不同软硬程度和不同性能特点的制品；随导电填料的种类和数量的不同，其电导率在 10^{-9}～10^{-1}S/cm 范围内波动。

【生产工艺】 主要方法是在聚氯乙烯树脂中加入 10%～20%（质量分数）炭黑或金属、合金、金属氧化物等导电粉末或导电纤维，经捏合、混炼、造粒等而制成具有导电性的复合材料。此外，还可采用在聚氯乙烯塑料制品表面贴合导电薄膜（如铝箔等），涂覆导电涂料，真空镀金属等方法制造导电聚氯乙烯制品。

【成型加工】 对于导电性聚氯乙烯复合材料，可以通过模压、注射、挤出、层压等工艺来成型为所需形状和尺寸的制品，还可以进行车、削、刨、钻、粘接等二次加工。当然，在成型前，根据需要，还可加入适当的助剂（如稳定剂、改性剂等），以提高产品性能、改进加工性能。

【用途】 目前，导电性聚氯乙烯主要用于抗静电、电磁屏蔽和导电等领域。如在抗静电方面应用最广的是集成电路及其部件的包装材料，处理或组装集成电路的工作台和地板，炸药厂、医院手术室、制药厂及其他无菌室的导电地板砖，防尘墙壁材料，防静电传送带，导电聚氯乙烯管子和管件等。此外，还可广泛用于抗静电工作服、鞋、薄膜、开关等。

【安全性】 本复合导电材料可包装于重包装塑料袋内再外套编织袋或塑料容器内、贮放于阴凉通风干燥处，按一般合成树脂运输。

【生产单位】 上海塑料制品研究所、四川联合大学（西区）、青岛化工学院。

Bc043 填充聚氯乙烯

【英文名】 pulverized oil shale filled polyvinyl chloride plastics

【别名】 油页岩灰填充聚氯乙烯塑料

【结构式】

$$\left[CH_2-\underset{\underset{\displaystyle Cl}{|}}{CH} \right]_n + \text{油页岩灰}$$

【性质】 它是 PVC 与油页岩灰构成的复合材料。具有填充量大，加工性能优异和生产成本低的特点。油页岩灰来源丰富，与 PVC 树脂有较好的相容性，易分散，并可起到一定的增塑、润滑和稳定剂的作用。50%油页岩灰填充 PVC 硬板，其性能均超过一般 PVC 硬板规定的技术指标。填充量达 80%时，仍能顺利地加工成型板材，且制品的光亮度好。

【制法】 油页岩灰填充 PVC 硬板的生产方法如下。将 PVC-SG4 型或 PVC-SG5 型树脂（100 份）、油页岩灰（50～80 份）与其他助剂进行配料，经捏合、混炼和层压即得制品。捏合：加热蒸汽压力 0.2～0.3MPa，时间 6min。炼塑：初炼加热蒸汽压力 0.8～0.9MPa，精炼出片加热蒸汽压力 0.5～0.7MPa。层压：加热温度 170～180℃，加热时间 30～35min，模板粗糙度≤0.8μm。

【质量标准】 广东省茂名市新坡区农机厂企业标准如下。

指标名称	50%油页岩灰填充 PVC 硬板	未填充的 PVC 硬板
相对密度	1.53	1.35～1.60
冲击强度(缺口)/(kJ/m²)	4.36	≥3
弯曲强度/MPa	99.2	≥90
拉伸强度/MPa	52.7	≥50
马丁耐热性/℃	85	≥65
外观	板面光滑、平整、无裂纹、无气泡、无明显杂质和未分散的辅料	

【成型加工】 可用挤出、压延、压制等方法加工。

【用途】 可用于制作硬质板材、泡沫塑料鞋、塑料地板等制品。

【安全性】 用内衬塑料薄膜袋的布袋或聚丙烯编织袋包装，每袋 25kg。贮放于阴凉、干燥、通风的库房，不可在露天堆放，不可受日光照射。在潮湿和炎热季节要每月倒垛一次，便于散潮通风。运输时必须使用清洁有篷盖的运输工具，防止受潮。贮运期限以 1 年为宜。消防可用水、砂土、灭火剂。

【生产单位】 广东省茂名市新坡区农机厂。

Bc044 聚氯乙烯热塑性弹性体

【英文名】 thermoplastic elastomer of polyvinyl chloride；T-PVC

【结构式】

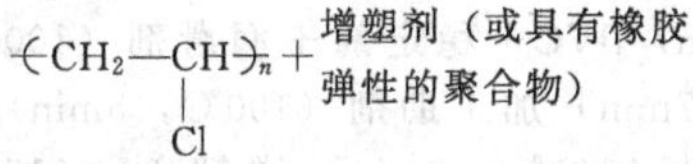

【性质】 本品在常温下显示橡胶弹性，并可在高温下塑化成型。由于硬质相由高分子量的 PVC 组成，因此其制品又具有较好的耐大气老化性、耐油性、耐寒性、耐热变形性和耐臭氧性。它与其他热塑性弹性体相比，还具有压缩永久变形小、回弹性大、弯曲疲劳强度和耐磨性能优异、硬度随温度变化小、着色情况可调以及相对价格便宜等许多特点。

【制法】 以分子量极高（平均聚合度 2500 以上）的聚氯乙烯与大量（多于树脂）增塑剂混合加工或以分子量较高（平均聚合度 1300～2000）的聚氯乙烯与具有橡胶弹性的聚合物（作非迁移性增塑剂）共混加工，均可制得聚氯乙烯热塑性弹性体。

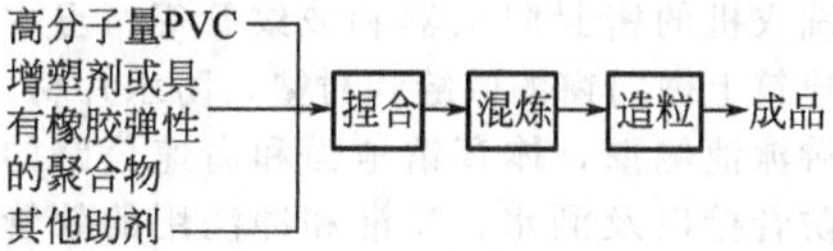

【成型加工】 可用常规的挤出、注射、压延和吹塑等普通 PVC 成型加工方法加工。但加工温度较高，施加的剪切力要大，并应注意避免由于增塑剂用量高所引起的塑化不均的问题。挤出机宜用缓慢压缩型、浅槽、压缩比 3.5、长径比 24 的螺杆。注射机则以注射压力富裕、温度易控制、注射速度可调范围宽的同轴螺杆式为好。

【质量标准】 湛江市第一塑料厂 T-PVC 产品质量标准如下。

指标名称	指标	指标名称	指标
拉伸强度/MPa ≥	10	耐寒性(对折无裂纹)/℃ ≤	−40
断裂伸长率/% ≥	250	耐热老化性(无变形)/℃ ≥	100
撕裂强度/(N/mm) ≥	35	耐冷热交变性	无变形、无翘曲
耐机油性	表面无溶胀、膨润现象		

中蓝晨光化工研究院 T-PVC 软管质量标准如下。

牌号	外观	拉伸强度/MPa	断裂伸长率/%	主要用途
TSG-110	不透明、柔软	≥8	≥250	工业、卫生用输排液(气)管
TSG-120	透明、特柔软	≥8	≥350	真空、卫生、仪器设备用液、气和油管

注：用于四氢呋喃、环己酮等有机溶剂时将失去弹性和柔软性。

【用途】 主要用于制造要求耐寒、耐油、耐海水、耐磨、耐大气老化的，替代橡胶的制品。如汽车、摩托车和拖拉机上的手柄、换挡操纵杆、安全枕和扶手包皮，挡泥板、制动器和离合器的踏板，各种部件的护罩、防火罩、密封环、软垫片以及车辆玻璃与钢框之间镶嵌的密封挡风条等；电子和电气设备上的电线护套和电线导管，电气用具的衬垫、按钮罩，真空、卫生、仪器设备用液、气和油管、医疗诊断听诊器用的透明软管，洗衣机的密封阻尼器和波纹管等；土木建筑上做门窗的嵌缝和衬垫，防水片材，游泳池侧壁，体育馆地面和高速公路的防音壁以及洒水、喷淋和冲洗用的软管等。此外，还可制作集装箱门的密封条、工业和卫生用输排液、气管，工作雨具以及鞋底等。

【安全性】 用内衬塑料薄膜袋的布袋或聚丙烯编织袋包装，每袋25kg。贮放于阴凉、干燥、通风的库房，不可在露天堆放，不可受日光照射。在潮湿和炎热季节要每月倒垛一次，便于散潮通风。运输时必须使用清洁有篷盖的运输工具，防止受潮。贮运期限以1年为宜。消防可用水、砂土、灭火剂。

【生产单位】 湛江市第一塑料厂，中蓝晨光化工研究院，杭州大学。

Bc045 电镀级聚氯乙烯

【英文名】 polyvinyl chloride of electro-deposition purpose

【别名】 填充聚氯乙烯

【结构式】

$$\left[CH_2—\underset{\underset{Cl}{|}}{CH} \right]_n + \text{无机填料}$$

【性质】 具有较好的韧性和综合性能，镀件的镀层剥离强度为20～30N/25mm，镀层粗糙度与ACS镀层相仿，但成本还不到ACS的一半。

【生产工艺】 填充、共混法。将PVC-SG5型树脂加入可侵蚀组分的增韧高聚物（如ACS、CPE和MCS）、无机填料（如TiO_2、$CaCO_3$、$ZnSO_4$和ZnO）及其他助剂，在GH-10型高速混合器中进行加热混炼，经造粒、干燥即制得具有韧性的电镀级PVC塑料粒料。电镀级PVC塑料粒料配方如下。

材料	注射级	挤出级
PVC树脂(PVC-SG5)	100	100
增塑剂	5～6	
稳定剂	7～8	7～8
润滑剂	1	1
增韧剂	15	15
无机填料	10～15	15～20
加工助剂(ACR-201)	5～8	5～8

共混加料顺序为：填料（90℃，混合5min）PVC＋稳定剂＋润滑剂（100℃，5～7min）加工助剂（100℃，5min）增塑剂（100℃，5min）增韧剂（115℃，10min）冷却出料送入造粒机中进行造粒。粒料在80℃下干燥1～1.5h，供成型加工用。

成型加工注射成型可在XS-ZY-125A型注射机上进行，料筒温度：后段130～135℃，中段150～170℃，前段140～150℃，喷嘴外170～180℃，喷嘴料温度200～210℃，注射压力6.5～7.0MPa。挤出成型使用通用硬管挤出机，料筒温度：后段120～130℃，中段160～170℃，前段170～180℃。

电镀：工艺过程为去油粗化碱洗敏化活化化学沉铜光亮镀铜光亮镀镍镀铬。除粗化与碱洗外，其余与ACS电镀工艺基本相同。合适的粗化液配比是：Cr_2O_3 20%～35%，H_2SO_4 30%～40%，H_2O 25%～50%。注塑件粗化温度60～65℃，挤出件粗化温度70～75℃，注塑件粗化时间在30～40min为宜。碱洗采用中等浓度的碱液，并添加一种增强表面润滑和界面萃取作用的有机溶剂清洗。碱洗温度40～45℃，碱洗时间30～40min为宜。

【用途】 用于制作各种电镀PVC塑料制品。

【安全性】 用内衬塑料薄膜袋的布袋或聚丙烯编织袋包装，每袋25kg。贮放于阴凉、干燥、通风的库房，不可在露天堆放，不可受日光照射。在潮湿和炎热季节要每月倒垛一次，便于散潮通风。运输时必须使用清洁有篷盖的运输工具，防止受潮。贮运期限以1年为宜。消防可用水、砂土、灭火剂。

【生产单位】 合肥工业大学等。

Bc046 高吸水性树脂与聚氯乙烯共混物

【英文名】 blend of super warer absorbent resin with PVC

【性状】 共混吸水率为6.13%，吸水率为21.1（g/g），断裂伸长为63%，拉伸强度为1.89MPa，H（MA-Vac）吸去离子水为1100（g/g），吸自来水为400（g/g），吸合成血为82（g/g），吸合成尿为84（g/g），吸0.9%氯化钠水溶液为50（g/g）。

【生产工艺】 配方（质量份）：

醋酸乙烯酯-丙烯酸甲酯	20～80
聚氯乙烯	100
碳酸钙	25～50
邻苯二甲酸二丁酯	38

按以上配方，把吸水性树脂、聚氯乙烯、增塑剂邻苯二甲酸二丁酯、稳定剂、润滑剂等组分置于混合器中进行混均匀，于60℃在双辊炼机上混炼一定时间后拉伸。

将拉伸片切成片并叠成一定厚度，置于模框中放到SL-45型平板压机上，预热15min，再加压并保压一定时间，冷却至50℃取出，得到所需要的高吸水性树脂与聚氯乙烯共混物软片。

【用途】 用于国民经济的各部门，作脱水剂、保水剂、干燥剂、保鲜剂、增稠剂、土壤改良剂等。

【安全性】 用内衬塑料薄膜袋的布袋或聚丙烯编织袋包装，每袋25kg。贮放于阴凉、干燥、通风的库房，不可在露天堆放，不可受日光照射。在潮湿和炎热季节要每月倒垛一次，便于散潮通风。运输时必须使用清洁有篷盖的运输工具，防止受潮。贮运期限以1年为宜。消防可用水、砂土、灭火剂。

【生产单位】 重庆合成化工厂，成都塑料厂，锦州塑料厂，上海塑料制品一厂。

Bc047 软质聚氯乙烯泡沫塑料

【英文名】 flexiCle polyvinyl chloride foams

【结构式】

$$\left[CH_2-\underset{\underset{Cl}{|}}{CH} \right]_n$$

【性质】 软质聚氯乙烯泡沫塑料的耐化学性能、耐磨性和老化性能与组成相同不加发泡剂的软质聚氯乙烯相同，而其密度、硬度和力学性能随着加工方法、配方（尤其是增塑剂体系）的不同而变化。

【生产工艺】

1. 机械发泡法

先将EPVC树脂、增塑剂、稳定剂、表面活性剂和其他添加剂（如填料和颜料）等置于螺旋叶片式搅拌机或霍巴特（HoCart）混合器中混合，制成PVC塑料溶胶，然后采用丹尼斯（Dennis）工艺、艾拉斯特牟（Elastomer）工艺或范德比尔特（VanderCilt）工艺进行机械发泡而制得。

2. 化学发泡法

可采用模压后发泡法、一步大气发泡法、两步大气发泡法、挤出后发泡法、直接挤出发泡法以及压延或载体法制作泡沫人造革的制备工艺等多种方法。

【质量标准】 国产软质聚氯乙烯泡沫塑料的性能（重庆合成化工厂）

指标名称		指标	指标名称		指标
密度/(g/cm^3)		0.1	吸水性/(g/L^2)	≤	1.0
拉伸强度/MPa	≥	0.1	热导率/[mW/(m·K)]		52
体积收缩率/%	≤	15			

国产聚氯乙烯泡沫人造革的性能（SG 83—75）

指标名称	染色市布发泡人造革		市布发泡人造革	
	一级品	二级品	一级品	二级品
拉伸强度/(kg/5cm)	经向＞40 纬向＞33	经向＞35 纬向＞28	经向＞50 纬向＞40	经向＞45 纬向＞35
剥离强度/(kg/2cm)	1.0	0.8	1.0	0.8
耐寒试验	一级品 -20℃不裂			
耐老化试验	一级品 -10℃不裂			

【用途】 软质聚氯乙烯泡沫塑料可做精密仪器的包装衬垫；火车、汽车、飞机和影剧院的坐垫；密封材料；导线绝缘材料以及日用品，如衣服、手套、帽子、鞋和室内装潢用品等。

【安全性】 用内衬塑料薄膜袋的布袋或聚丙烯编织袋包装，每袋 25kg。贮放于阴凉、干燥、通风的库房，不可在露天堆放，不可受日光照射。在潮湿和炎热季节要每月倒垛一次，便于散潮通风。运输时必须使用清洁有篷盖的运输工具，防止受潮。贮运期限以 1 年为宜。消防可用水、砂土、灭火剂。

【生产单位】 重庆合成化工厂，成都塑料厂，锦州塑料厂，上海塑料制品厂，湖北沙市塑料二厂，北京市塑料三厂，广州市塑料工业公司，沈阳市塑料工业总公司，福州第一塑料厂。

Bc048 耐热磁性氯化聚乙烯

【英文名】 heat resisting magnetic chlorinated polyethylene

【组成】 主要成分为氯化聚乙烯树脂、铁氧体磁粉、环氧化合物、酚类化合物、硬脂酸钡

【性质】 本树脂产品具有优良的耐候性、较好的耐热性和磁性能。它在 160℃下经过 60min 后无失重、无生锈、无弯曲裂纹，在 100℃下经历 72h 后伸长率仍为 80%；其表面磁感应强度为 $(2.5\sim4.3)\times10^{-2}$T。

【制法】 将上述组成原料按指定比例量投入通用混炼装置中于 80～100℃下混炼 20min（如果将除铁氧体磁粉以外的各组分预先混炼后，再加入磁粉混炼均匀，那么操作会简便得多），然后拉片，冷却，切粒或粉碎。

【成型加工】 将磁性氯化聚乙烯粒料或粉料在外加磁场中经通用的轧光辊或注射机、挤出机、模压机等成型为所需产品。

【用途】 可广泛用于冷冻装置的磁性门封条、电机磁体、橡胶磁体、防音片、电磁屏蔽、辐射屏蔽、磁疗保健品和磁性玩具等。

【安全性】 用内衬塑料薄膜袋的布袋或聚丙烯编织袋包装，每袋25kg。贮放于阴凉、干燥、通风的库房，不可在露天堆放，不可受日光照射。在潮湿和炎热季节要每月倒垛一次，便于散潮通风。运输时必须使用清洁有篷盖的运输工具，防止受潮。贮运期限以1年为宜。消防可用水、砂土、灭火剂。

【生产单位】 北京化工大学。

Bc049 硬质聚氯乙烯泡沫塑料

【英文名】 rigid polyvinyl chloride foams

【结构式】

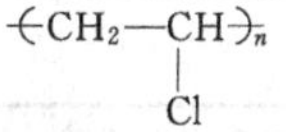

交联硬质聚氯乙烯泡沫塑料的结构式如下。

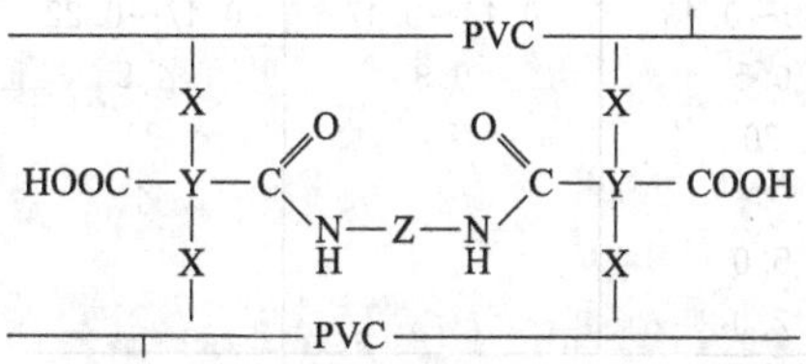

其中，X为亚乙烯基单体；Y为水解后的烯酸酐；Z为二异氰酸酯或多异氰酸酯。

【性质】 硬质聚氯乙烯泡沫塑料（尤其是交联型）强度高，电性能以及耐酸、碱和溶剂性能优良，水蒸气透过率低，具有自熄性，使用温度也较高。其中，交联硬质聚氯乙烯泡沫塑料，是目前各种泡沫塑料当中水蒸气透过率最低者，其强度和阻燃性能优于硬质聚氨酯泡沫塑料和硬质聚苯乙烯泡沫塑料；隔热性能、使用温度和耐化学性能与聚氨酯泡沫塑料相当，而优于聚苯乙烯泡沫塑料。

【生产工艺】 以克莱伯-科伦伯兹（KleCer-ColomCes）交联硬质聚氯乙烯泡沫塑料制备工艺为例，将聚氯乙烯树脂、甲苯二异氰酸酯、顺丁烯二酸酐及其他物料按比例配料，在混合器中混合，将混合好的物料置于模具中于180～200℃下加压模塑。模具的起始温度为100～110℃，单体和酸酐聚合时放出的热量可使模具温度上升80℃。冷却模具后，卸模，取出部分发泡的固化聚氯乙烯，最后在95～100℃的热水中发泡得产品。

【质量标准】

① 克莱伯-科伦伯兹交联硬质聚氯乙烯泡沫塑料的力学性能。

指标名称	指标		
密度/(g/cm³)	0.032	0.064	0.096
压缩强度/MPa			
21℃	0.38	0.96	1.58～2.21
79℃	0.31	0.77	1.31～1.58
100℃	0.27	0.64	0.96～1.31
弯曲强度(21℃)/MPa	0.34	1.93	2.45～3.45
尺寸稳定性/%			
79℃,100h后的体积保持	97	99	99
100℃,100h后的体积保持	94	97～98	98
70℃,100%RH,28d后的体积保持吸水性(体积分数)/%	96	99	99
3m水下,24h	1	1	1
水蒸气透过率/[g/(h·m²)]	0.068	0.00068	0.00068

② 用模塑发泡生产的闭孔硬质聚氯乙烯泡沫的性能（SG 212—80）。

指标名称		指标
密度/(g/cm³)	≤	0.045
尺寸稳定性/%	≤	3
自熄性		离开火源立即熄灭,不阴燃,不蔓延
拉伸强度/MPa	≥	0.4
压缩强度/MPa		
压缩 10%	≥	0.1
压缩 50%	≥	0.18
吸水性(24h)/(kg/m²)	≤	0.1
耐热性		80℃,2h 不发黏
耐寒性		−30℃,30min,弯曲后不龟裂
耐柴油性		浸泡 24h 后表面无变化
热导率/[mW/(m·K)]	≤	44

③ 用压延法生产的硬质聚氯乙烯泡沫塑料的性能。

指标名称		重庆合成化工厂		
		PLY-10	PLY-15	PLY-20
密度/(g/cm³)		0.09～0.13	0.13～0.17	0.17～0.22
压缩强度/MPa	≥	0.5	0.8	1.5
吸水性(24h)/(mg/cm²)	≤	20	20	20
线收缩率(60℃,24h)/%	≤	1	1	1
换算为 Na_2CO_3 的碱度/%	≤	5.0		
氯离子含量/%	≤	2.0		
可燃性		离开火源立即熄灭		

【用途】 用于建筑、车辆、船舶和冷冻、冷藏设备的隔热材料，防震包装材料，救生漂浮材料等。

【安全性】 用内衬塑料薄膜袋的布袋或聚丙烯编织袋包装，每袋 25kg。贮放于阴凉、干燥、通风的库房，不可在露天堆放，不可受日光照射。在潮湿和炎热季节要每月倒垛一次，便于散潮通风。运输时必须使用清洁有篷盖的运输工具，防止受潮。贮运期限以 1 年为宜。消防可用水、砂土、灭火剂。

【生产单位】 重庆合成化工厂，上海塑料制品十八厂。

Bd 聚苯乙烯类

1 聚苯乙烯定义

聚苯乙烯为一种无色透明的热塑性塑料，是由苯乙烯单体经自由基缩聚反应合成的聚合物，因其具有高于100℃的玻璃化温度，所以经常被用来制造各种需要承受开水温度的一次性容器或一次性泡沫饭盒等。聚苯乙烯（PS）包括普通聚苯乙烯，发泡聚苯乙烯（EPS），高抗冲聚苯乙烯（HIPS）及间规聚苯乙烯（SPS）。可发性聚苯乙烯是一种理想的包装材料，通过成型工艺，可根据需要加工成各种形状、不同厚度的包装产品。在负荷较高的情况下，材料通过变形、吸能、分解能量等达到缓冲、减震的作用，同时具有保温、隔热的功能。

2 聚苯乙烯性质和树脂品种

2.1 性质

聚苯乙烯是一种无色透明的热塑性塑料。也是一种比较古老的树脂品种，由于它具有良好的性能，已经成为世界上应用最广的热塑性树脂，是通用塑料的五大品种之一。聚苯乙烯的化学稳定性比较差，可以被多种有机溶剂溶解，会被强酸强碱腐蚀，不抗油脂，在受到紫外线照射后易变色。

聚苯乙烯质地硬而脆，无色透明，可以和多种染料混合产生不同的颜色。聚苯乙烯易燃，离开火源后继续燃烧，火焰呈橙黄色并有浓烟。燃烧时起泡，软化，并发出特殊的苯乙烯单体味道。聚苯乙烯的相对密度为1.04～1.09之间。尺寸稳定性好，收缩率在0.4%. 吸湿性低，约为0.02%。光学性能相当好，透明度达到88%～92%，折射率为1.59～1.60。具有良好的光泽。对其施加压力就产生双折射类应力。聚苯乙烯无色、无臭、无毒，能自由着色，可以和任何颜料混合。热变形温度为70～98℃。热导率不随温度发生改变，可以作为良好的冷冻绝缘体。在高真空或者330～380℃内剧烈降解。介电性能良好，耐水性能也极高，是一种优良的绝缘材料。聚苯乙烯在高频下也有很低的功率因数，耐紫外线性差。

2.2 树脂品种

目前世界上苯乙烯系树脂品种已有30～40种，牌号超过100种，品级400余种，产量3000万吨以上，聚苯乙烯占68%左右。聚苯乙烯的最大市场仍然是包装行业，其他苯乙烯系树脂主要用于机械、汽车、家用电器、电子电气、纺织机械、轻工和日用工业等。苯乙烯树脂改性的主要方向一直是改善透明性、光泽度、冲击性、耐应力开裂性、耐候性、耐热和阻燃性、控制分子量和流动性，合金与导电材料的开发也相当活跃。

3 聚苯乙烯分类

聚苯乙烯是由苯乙烯单体聚合而成

的，苯乙烯则由苯和乙烯合成。按聚合方法分为本体聚合、悬浮聚合、乳液聚合和溶液聚合产品，现在工业主要采用本体聚合法和悬浮聚合法。常见的悬浮法聚合的树脂为白色小颗粒粉状。聚苯乙烯的缩写代号是 PS。为改变此树脂成型制品脆、冲击强度差的不足，出现了一系列以苯乙烯单体为主的共聚合树脂和聚苯乙烯与其他树脂共混改性树脂。目前，共聚型聚苯乙烯树脂有：高抗冲击聚苯乙烯(HIPS)、丙烯腈-苯乙烯共聚物、苯乙烯-丁二烯嵌段共聚物（SBS）及丙烯腈-丁二烯-苯乙烯共聚物等，另外，还有专项用于发泡材料的聚苯乙烯树脂（EPS）。聚苯乙烯由于原料来源丰富，聚合工艺简单，聚合物性能优异，如质轻、价廉、吸水少，着色性、尺寸稳定性、电性能好，制品透明，加工容易，因而得到了广泛的应用。苯乙烯的均聚物。苯乙烯还能与众多的单体生成共聚物。共聚物通常以其单体名称间加“-”相连命名，例如丙烯腈-苯乙烯树脂（AS）。苯乙烯的均聚物和共聚物通称苯乙烯树脂，都是热塑性树脂。性能不如聚甲基丙烯酸甲酯类产品，但是价格相对便宜。

3.1　耐冲击性聚苯乙烯（HIPS）

耐冲击性聚苯乙烯是通过在聚苯乙烯中添加聚丁基橡胶颗粒的办法生产的一种抗冲击的聚苯乙烯产品。这种聚苯乙烯产品会添加微米级橡胶颗粒并通过枝接的办法把聚苯乙烯和橡胶颗粒连接在一起。当受到冲击时，裂纹扩展的尖端应力会被相对柔软的橡胶颗粒释放掉。因此裂纹扩展受到阻碍，抗冲击性得到了提高。

3.2　苯乙烯丙烯腈（SAN）

SAN 是 Styrene Acrylonitrile 的缩写。苯乙烯丙烯腈是苯乙烯丙烯腈的共聚物，是一种无色透明，具有较高的机械强度的工程塑料。SAN 的化学稳定性要比聚苯乙烯好。SAN 类产品的透明度和抗紫外线好。

3.3　丙烯腈-丁二烯-苯乙烯（ABS）

ABS 是 Acrylonitrile butadiene styrene 的缩写。这种塑料是丙烯腈、丁二烯和苯乙烯的共聚物。具有高强度，低质量的特点，是常用的一种工程塑料之一。

3.4　SBS 橡胶

SBS 橡胶是一种聚（苯乙烯-丁二烯-苯乙烯）结构的三段嵌段共聚物。这种材料同时具有聚苯乙烯和聚丁二烯的特点，是一种耐用的热塑性橡胶。SBS 橡胶经常被用来制造轮胎。苯乙烯均聚物解释为：主要品种有通用聚苯乙烯（即 PS）和可发性聚苯乙烯（即 EPS）。后者主要由苯乙烯中加入发泡剂（如戊烷）进行加压悬浮聚合制得。PS 通常为无定形结构，密度 1.04～1.065g/cm^3，无色透明、高光泽、刚性、无毒无臭，具有优异的电绝缘性、高频介电性和耐电弧性，是电气性能特别优异的几种高分子材料之一。但性脆，易发生应力开裂，耐热性低，耐光性差，不耐烃、酮、酯等化学品。PS 是流动性很好的热塑性树脂，常用注射成型生产制品，也可适应挤出和吹塑成型，常用于工业装饰、照明指示和电子器件，也是制造一次性餐具、玩具等的廉价材料。EPS 主要用于制作防震包装和绝热用的硬质泡沫塑料。

苯乙烯共聚物解释为：为了提高聚苯乙烯的抗冲击强度，降低脆性，开发了许多共聚品种。由橡胶微粒分散在聚苯乙烯连续相中，形成橡胶改性聚苯乙烯。其抗冲性能与橡胶含量（5%～30%）和掺入橡胶的方法有关，可分为中抗冲、高抗冲和超高抗冲型。

1942 年，由德国法本公司首先投产。IPS 的生产方法有接枝共聚法和机械混炼法。工业上主要采用连续本体和本体-悬浮两种接枝共聚工艺。IPS 具有 PS 的大多数优点，如刚性、易染色、易成型，且抗冲强度和耐应力开裂性显著提高，但拉伸强度和透明性有所下降，适于制作包装材料、容器和家具等。

丙烯腈和苯乙烯的共聚物（又称SAN或PSAN）。一般丙烯腈的含量为20%～35%，该组成范围内的共聚产物透明，耐溶剂性优良，弯曲、冲击、拉伸强度和耐应力开裂性均明显提高。AS树脂可由本体、悬浮或乳液法生产，适于注射、挤出或吹塑成型法制成各种电器产品外壳、设备手柄、透明罩和家具等，但主要是作生产ABS树脂的掺混料。

4 聚苯乙烯的结构、特点与成型加工

4.1 聚苯乙烯的结构

通用级聚苯乙烯（GPPS）是苯乙烯的均聚物，是一种线型无定形热塑性树脂，是苯乙烯类树脂的主要品种。其结构式为

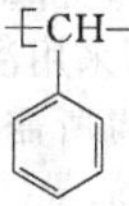

，聚合度在5000以上，平均分子量20万～30万。

GPPS由苯乙烯单体通过自由基聚合或离子型聚合而制得，主要制法有本体法和悬浮法，产品为透明颗粒或珠体。

可发性聚苯乙烯（EPS）是苯乙烯类树脂的一个大品种，是含有发泡剂及某些添加剂的苯乙烯均聚物和共聚物的通称。其主要产品为苯乙烯均聚物，结构式为

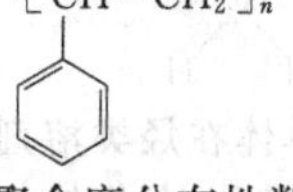

平均分子量13万～19万，聚合度分布性数值为2.2。

抗冲击聚苯乙烯（HIPS）又称橡胶改性聚苯乙烯，是苯乙烯系树脂的重要品种之一。早期，HIPS是由通用级聚苯乙烯树脂（GPPS）与天然或合成橡胶通过机械混炼而得到的一种共混体。目前，市场出售的HIPS，大多是由苯乙烯单体与聚丁二烯橡胶或丁苯橡胶，通过本体聚合或本体-悬浮聚合而制得的一种接枝共聚体。其结构式为：

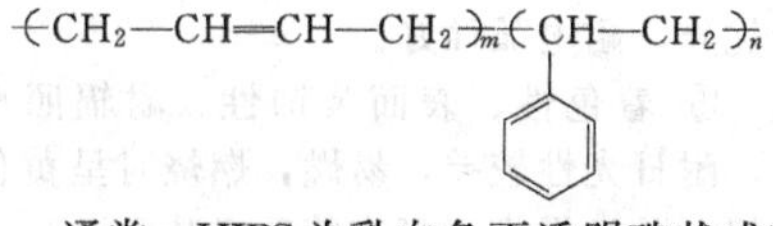

通常，HIPS为乳白色不透明珠状或粒状热塑性树脂；含有质量分数为3%～10%聚丁二烯橡胶或丁苯橡胶；其拉伸强度、硬度、耐光性和热稳定性不及GPPS，韧性和冲击性优于GPPS，着色性、成型加工性、耐化学性和电性能接近于GPPS。

聚苯乙烯为非晶态。最近由双-(β-酮苯胺）镍（Ⅱ）/MAO新型催化体系催化聚合制得苯乙烯聚合物，及WAXD等技术对聚合物进行了结构和性能的表征。通过NMR等分析，证实该体系催化聚合得到无规聚苯乙烯（aPS）；DSC结果表明，聚合物的玻璃化温度为$T_g=66.6$℃；催化聚合合成的聚苯乙烯的结构分析与WAXD结果分析表明，所得聚苯乙烯为非晶态，但在较短范围内表现出有序的特征。所有聚合物均可溶于氯仿、2-丁酮、丙酮、甲苯、四氢呋喃、氯苯、邻-二氯苯等有机溶剂中。

4.2 聚苯乙烯的特点

（1）通用聚苯乙烯　以苯乙烯为原料，用本体聚合法或悬浮聚合法制得通用级聚苯乙烯（GPPS）。通用级聚苯乙烯（GPPS）为无色透明的珠状或粒状非结晶型热塑性树脂，其特性如下。

① 无色、无毒、无臭的非结晶性透明热塑性塑料，分子量（M_w）20万～30万，密度为1.04～1.06g/cm³，透光率为87%～92%。

② 由于苯环增大了大分子的空间障碍，束缚分子运动，所以表面硬度和刚度大，尺寸稳定性好；但性脆，冲击强度

小，耐磨性、耐刻划性差。

③ 软化点低（80～90℃），热变形温度（18.2MPa）为 87～92℃，因而只能在 60～75℃和低负荷下使用。

④ 电性能优异，特别是高频绝缘性能优异，耐电弧性好。

⑤ 着色性、表面装饰性、耐辐照性好，耐日光性较差，易燃，燃烧时呈黄色火焰，并发黑烟，且有特殊臭味。

⑥ 吸水性极低，耐冷水而不耐热水，耐酸、碱等介质，但耐油性差，且溶于芳香烃、氯代烃、酮类和脂类，耐环境应力开裂性差。

（2）抗冲击聚苯乙烯　以苯乙烯与橡胶（顺丁橡胶或丁苯橡胶等）用本体-悬浮法接枝共聚制得高抗冲聚苯乙烯（HIPS）。先将橡胶溶解在苯乙烯中进行本体预聚，当单体转化率达 33%左右时，投入含有分散剂、引发剂的水中，分散成珠粒悬浮于水中，直至聚合完成。主要是控制橡胶颗粒大小，使已经本体聚合了的共聚体黏性溶液稳定地进行悬浮聚合，把本体与悬浮结合起来。用橡胶改性抗冲击级聚苯乙烯（HIPS），由于它含有橡胶成分，其冲击强度比 GPPS 高 5～10 倍，使聚苯乙烯的应用范围扩大了，目前已部分替代了价贵的 ABS 材料。

高抗冲击级聚苯乙烯（HIPS），为乳白色不透明珠粒，具有较高的冲击强度和韧性，可任意着色，成型加工性、抗化学腐蚀性、电性能也好，经橡胶改性了的聚苯乙烯，虽然冲击强度和韧性有很大的提高，但拉伸强度、弯曲强度、硬度、耐光和热稳定性比均聚物有所下降。HIPS 可注射或挤出成各种制品。注射温度为160～180℃，压力为 70MPa。适合家电产品外壳、电器用品、仪器仪表配件、冰箱内衬、板材、电视机、收录机、电话机壳体、文教用品、玩具、包装容器、日用品、家具、餐具、托盘、结构泡沫制品等。

4.3　聚苯乙烯成型加工

聚苯乙烯可用注射、挤出、吹塑、热成型、发泡、模压等方法加工成各种塑料制品。主要用于仪器、仪表、电气、电视、玩具、日用、家电、文具、包装和泡沫缓冲材料等。

聚苯乙烯流动性好，加工性能好，易着色，尺寸稳定性好。可用注塑、挤塑、吹塑、发泡、热成型、粘接、涂覆、焊接、机加工、印刷等方法加工成各种制件，特别适用于注塑成型。

注塑成型时物料一般可不经干燥而直接使用。但为了提高制品质量，可以55～70℃鼓风烘箱内预干燥 1～2h。具体加工条件大致为：料筒温度 200℃左右，模具温度 60～80℃，注塑温度 170～220℃，60～150MPa，压缩比为 1.6～4.0。成型后的制品为了消除内应力，可在红外线灯或鼓风烘箱内于 70℃恒温处理 2～4h。

挤塑成型时，一般采用的螺杆长径比 L/D 为 17～24，以空气冷却，挤塑温度 150～200℃。吹塑成型时，可采用注塑和挤塑制得的型坯进行吹塑制得所需制品。吹塑压力一般为 0.1～0.3MPa。

Bd001 等规聚苯乙烯

【英文名】 Isotactic polystyrene；IPS

【结构式】

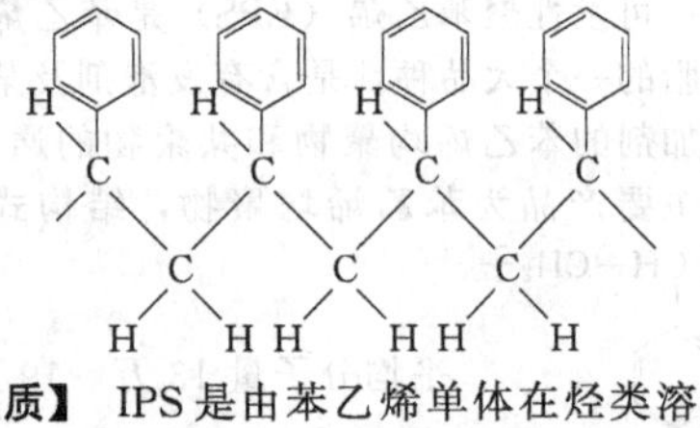

【性质】 IPS 是由苯乙烯单体在烃类溶剂中，在立体定向催化剂烷基铝-卤化钛络合物的存在下进行聚合，而制得的一种具有三重螺旋型结构、每一圈内有 3 个苯乙烯分子的结晶均聚物，结晶度约 50%（理论上可达到 100%）。IPS 的重均分子

量约100万，熔点240℃，软化点120℃，不溶于一般能溶解无规聚苯乙烯的溶剂中。IPS在熔融后，在稍低于其熔融结晶温度时再急冷，可得到与无规聚苯乙烯树脂有相同性质的非晶态物质。与聚乙烯和聚丙烯等可结晶聚合物相比，IPS的结晶速率相对较慢。

【成型加工】 IPS溶点高，不易加工，注射时全部模具要预热到180℃以上方能维持结晶性不变。

【用途】 由于IPS性脆，限制了它的用途。IPS与聚烯烃或合成橡胶混炼后，可提高其抗冲强度，达到无规聚苯乙烯的2倍。

【安全性】 树脂的生产原料对人体的皮肤和黏膜有不同程度的刺激，可引起皮肤过敏反应和炎症；同时还要注意树脂粉尘对人体的危害，长期吸入高浓度的树脂粉尘，会引起肺部的病变。大部分树脂都具有共同的危险特性：遇明火、高温易燃，与氧化剂接触有引起燃烧危险，因此，操作人员要改善操作环境，将操作区域与非操作区域有意识地划开，尽可能自动化、密闭化，安装通风设施等。纸塑复合袋包装，25kg/袋，贮放于阴凉、通风干燥处，防止日晒雨淋，远离火源，可按非危险品运输。

【生产单位】 北京燕山石油化工一厂，巴陵石油化工公司涤纶厂，大连氯酸钾厂，河南开封油脂化工厂。

Bd002 间规聚苯乙烯

【英文名】 syndotactic polystyrene; SPS

【结构式】 间规聚苯乙烯系苯乙烯的立体结晶聚合物，是一种新型的聚苯乙烯树脂，具有高度规整的立体结构。具有熔点高、宽度低、耐溶剂、易加工等优异性能。其结构式为：

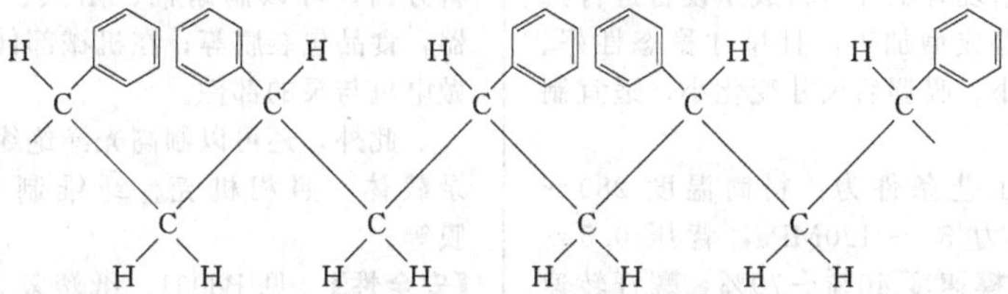

【性质】 SPS是以苯乙烯单体为原料，以茂金属催化体系为催化剂，进行本体连续聚合而制得。严格控制单体中的含水量和杂质苯乙炔，以确保获得高度规整的聚合物。SPS的分子量在12万～50万之间。由于SPS分子中，苯环是有规律地相互交叉地排列在分子主链两侧。这种结构赋予SPS具有不同于一般聚苯乙烯的优良性能。它的熔点高于GPPS 3倍，达270℃，接近尼龙66的熔点，是已知均聚物中溶点最高的结晶聚合物；有良好的耐热性、耐化学品性、耐水性、耐蒸汽性；电气特性优良，介电常数仅次于氟树脂；有优良的冲击强度和刚性；密度小，在已知的工程塑料中是最轻的品种之一。SPS的耐化学品性明显优于一般的聚苯乙烯，在室温下，不溶于苯乙烯单体、甲苯、二氯甲烷、甲乙酮、四氢呋喃、*N*,*N*,-二甲基甲酰胺等溶剂。同时，对电子领域的熔焊有耐焊性。SPS树脂的典型性能如下。

SPS树脂的主要性能

项目	纯SPS	增强SPS	阻燃SPS
相对密度	1.01	1.26	1.45
吸水率/%	0.04	0.05	0.07
成型收缩率(MD)/%	0.75	0.35	0.30

续表

项目	纯 SPS	增强 SPS	阻燃 SPS
断裂拉伸强度/MPa	35.3	118	108
断裂伸长率/%	20	2.5	1.9
弯曲强度/MPa	63.7	185	162
弹性模量/MPa	2550	9020	9810
缺口冲击强度/(kJ/m^2)	10.0	10.8	7.4
洛氏硬度	L60	M70	M75
热变形温度(1.82MPa)/℃	95	251	237
线胀系数(MD)/K^{-1}	—	2.5×10^{-5}	2.5×10^{-5}
燃烧性(UL94)	HR	HB	V0
体积电阻率/Ω·cm	$>10^{16}$	$>10^{16}$	$>10^{15}$
介电常数(1MHz)	2.6	2.9	2.8
介质损耗角正切(1MHz)	<0.001	<0.001	<0.001
介电强度/(kV/mm)	—	48	36

【成型加工】

SPS树脂流动性优良，成型加工性好，可利用现有工程塑料成型设备进行挤出、注模等成型加工，且尺寸稳态性好、线胀系数小、吸湿后尺寸变化小，适宜制薄壁制品。

注塑工艺条件为：料筒温度280～310℃，压力50～120MPa，背压0.5～1MPa，注模速度40%～70%，螺杆转速50～100r/min，模温120～140℃。

SPS通过挤出成型可获得无色透明、高光泽、吸湿后尺寸稳定、耐热的各种工业膜、包装用膜，以及耐热、耐化学药品、耐蒸汽等各种框罩箱的外壳板材。

SPS树脂可以电镀。甚至对薄壁制品的电镀，仍可获得足够的强度，并且在电镀面上还可直接焊接。

SPS树脂可用玻璃纤维进行改性，可与其他共聚物和弹性体进行掺混制得改性产品。含有30%的玻璃纤维填充的产品的相对密度仅1.25，有利于制品轻量化。

【用途】 SPS树脂主要用于工程塑料应用领域。在电器、电子方面可用于高频装置、卫星天线、电话、集成电路、印刷线路板、端子、开关、办公室机器部件、微波炉部件等；在汽车部件方面，可以做保险杠、油箱、耐高温马达部件等；包装材料方面，可以制耐油、耐热、耐蒸汽容器，食品包装膜等；在机械部件方面，可做电机与泵的部件。

此外，还可以制高光泽绝缘膜、磁记录载体、照相机壳、纤维制品及工业膜等。

【安全性】 见Bd001。纸塑复合袋包装，25kg/袋，贮放于阴凉、通风干燥处，防止日晒雨淋，远离火源，可按非危险品运输。

【生产单位】 日本出光石油化学公司，美国道化学公司。

Bd003 可发性聚苯乙烯

【英文名】 expandable polystyrene

【别名】 粗粒聚苯乙烯；发泡级聚苯乙烯

【结构式】

(平均分子量为29.5万)

【性质】 可发性聚苯乙烯为具有一定粒度的白色或无色透明珠体，相对密度1.05～1.06。

可任意着色，化学性能良好。含有低沸点烃类发泡剂的可发性聚苯乙烯，在受热至90～110℃时，体积可增大5～50倍，成为具有隔热、隔声、防震、耐水、耐酸、耐碱等特性的泡沫塑料。聚苯乙烯泡沫塑料的性能，与微孔结构关系很大，且与改性剂和助剂有关。如加入阻燃剂六溴环十二烷则制得的泡沫塑料具有阻燃性能。

【制法】 可发性聚苯乙烯的制法主要是在悬浮法制得的珠状树脂中，充入一定量的发泡剂（低沸点烃类）。其制法大致有3种。

1. 一步浸渍法

将苯乙烯单体注入以水为介质的聚合釜中，加入过氧化苯甲酰（引发剂）和羟乙基纤维素（分散剂），在搅拌下于85～90℃进行聚合反应。当聚合度达到85%以上时加入发泡剂，再继续聚合至终结，经洗涤、干燥后即得可发性聚苯乙烯产品。

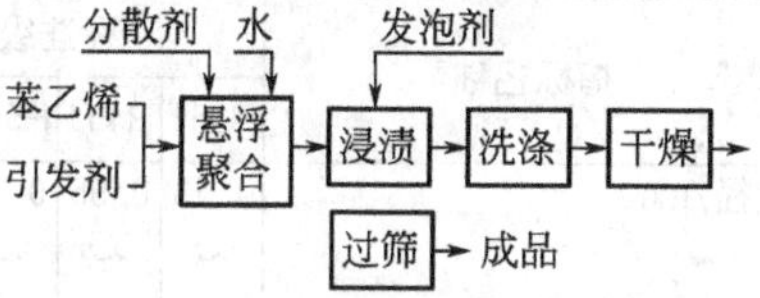

其反应式与通用级聚苯乙烯相同，但应充入发泡剂。

2. 二步浸渍法

先将苯乙烯进行悬浮聚合制得一定粒度的珠体之后，分级过筛。再将颗粒均匀的珠粒树脂重新按悬浮聚合的方法加入水、分散剂、乳化剂和发泡剂后，于反应釜中进行加热浸渍，即得所需产品。此法的能耗略大于一步法，但不致产生粉状物。其简单流程示意如下。

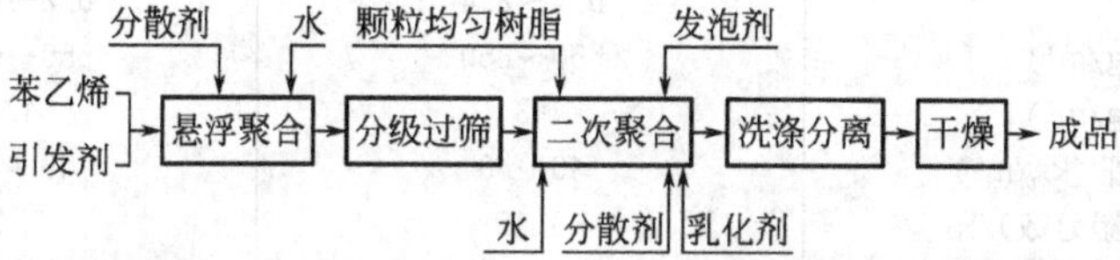

反应式与通用级聚苯乙烯相同，但需充入发泡剂。

3. 种子聚合法

采用一定粒度的聚苯乙烯、聚乙烯、聚氯乙烯或聚苯醚等树脂粉料或微珠粒料作种子悬浮于聚合介质中，再将含有引发剂的苯乙烯滴加入反应釜进行聚合。当聚合反应进入后期时加入发泡剂，即可制得颗粒大小均匀的产品。用不同种子可生成性能各不相同的可发性聚苯乙烯产品。若用聚乙烯作种子，所得产品具有较好的冲击性和耐油性；以聚氯乙烯为种子时，制得的可发性聚苯乙烯具有阻燃性。其简单流程示意如下。

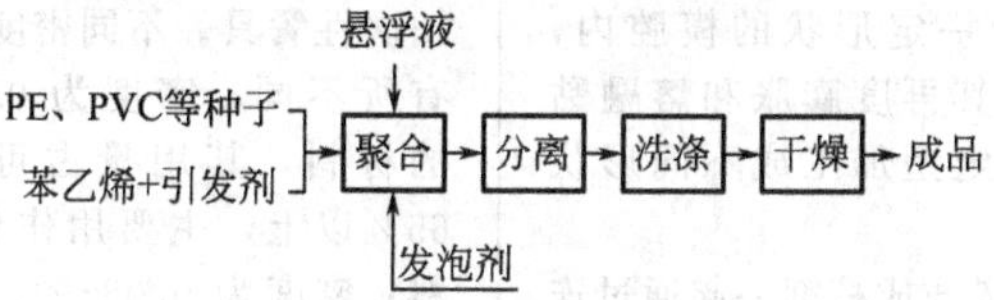

【质量标准】

行业标准 HG2-1015—77

指标名称	指标	指标名称	指标
清洁度/颗[①] ≤	4	相对黏度	1.9～2.3
水分/% ≤	2.5	粒度(6～26目)/% ≥	75
挥发分/% ≤	1.5		

①指每10g树脂中的杂质黑点数。

上海高桥石化公司化工厂企业标准

指标名称	标准级				阻燃级				高分子量级			
	R251	R451	R551	R751	F251	F451	F551	F751	M251	M451	M551	M751
粒径/mm	1.18～2.36	0.95～1.18	0.71～0.95	0.40～0.71	1.18～2.36	0.95～1.18	0.71～0.95	0.40～0.71	1.18～2.36	0.95～1.18	0.71～0.95	0.40～0.71
单体含量/$\times10^{-6}$	2000	2000	2000	2000	2000	2000	2000	2000	2000	2000	2000	2000
发泡剂含量/%	5.5	5.5	5.5	5.5	5.5	5.5	5.5	5.5	5.5	5.5	5.5	5.5
黏度/mPa·s	1.56～1.75	1.56～1.75	1.56～1.75	1.56～1.75	1.82～2.10	1.82～2.10	1.82～2.10	1.82～2.10	1.85～1.95	1.85～1.95	1.85～1.95	1.85～1.95
含水量(质量分数)/%	0.5	0.5	0.5	0.5	0.5	0.5	0.5	0.5	0.5	0.5	0.5	
氧指数/%					30	30	30	30				

金陵石油化工公司塑料厂企业标准

指标名称	R251、R351、R451、R551、R751、F251、F351、F451、F551、F751	M251、M451、M551、M951
粒径/mm	0.4～2.4	0.2～0.7
表观密度/(kg/m³)	550～650	550～650
发泡密度/(kg/m³)	13	17
成型密度范围/(kg/m³)	10～40	15～40
单体含量(质量分数)/%	0.15	0.1
戊烷含量(质量分数)/%	5.5～6.5	5.5～6.5
水含量(质量分数)/%	0.5	0.5

成型加工可发性聚苯乙烯的成型加工方法以模压法为主。成型时，先将可发性聚苯乙烯珠粒于90～105℃下进行预发泡，然后放置熟化一定的时间，其放置时间随发泡倍数的增加而增大。熟化后的颗粒再充于一定形状的模腔内，即可压紧加热，使其再度膨胀和熔融黏结成一体，经冷却定型加工成不同形状的泡沫制品。

可发性聚苯乙烯与成核剂一起通过连续挤出发泡，可制成柔而质轻且具有光泽的泡沫片材。

【用途】 可发性聚苯乙烯主要是通过不同发泡工艺，制成不同相对密度和不同形状的制品的。其预发泡体可用作生活用水过滤介质和轻质混凝土的辅料。其模塑发泡制品可用作防震包装材料、绝缘材料、漂浮材料、隔热材料、隔声材料等，仅电视机包装用发泡聚苯乙烯就在1.5万吨/年以上。

其泡沫片材可用作包装容器，特别是一次性餐具。不同密度的制品，其用途也有所不同，密度为0.016～0.032g/cm³的材料，其用量占可发性聚苯乙烯的65%以上，主要用作包装材料和保温材料；密度为0.08～0.32g/cm³的材料为泡沫片材，多用作食品容器；密度为0.4～0.8g/cm³的材料，则用以制作家具、用具和汽车用制品等。不同型号的可发性聚苯乙烯其性能和用途也各不相同。以上海高桥石化公司化工厂所生产的产品为例说明如下。

型号	粒径/mm	性能和用途
R-251	1.18～2.36	标准通用级,用作保温、隔热、包装、防震、漂浮等制品
R-451	0.95～1.18	标准通用级,用作保温、隔热、包装、防震、漂浮等制品
R-551	0.71～0.95	标准通用级,用作高密度的保温、隔热、防震、包装、漂浮等制品
R-751	0.40～0.71	标准通用级,用于高密度和高强度的小件包装,特别适用于压铸成型
F-251	1.18～2.36	阻燃级,用于保温、隔热、包装、建筑用天花板和嵌填隔离板
F-451	0.95～1.18	阻燃级,用于保温、隔热、包装、建筑用天花板和嵌填隔离板
F-551	0.71～0.95	阻燃级,用于保温、隔热、包装、建筑用天花板、防火制品、包装制品
F-751	0.40～0.71	阻燃级,用于保温、隔热、包装、建筑用天花板、防火制品、包装制品
M-251	1.18～2.36	高分子量,用于保温、隔热、包装、建筑、漂浮制品和日用品
M-451	0.95～1.18	高分子量,用于保温、隔热、包装、建筑、漂浮制品和日用品
M-551	0.71～0.95	高分子量,用于保温、隔热、包装、建筑、漂浮制品和日用品
M751	0.40～0.71	高分子量,用于保温、隔热、包装、建筑、漂浮制品和日用品

【安全性】 见Bd001。产品采用内衬聚乙烯薄膜袋的还必须用编织袋包装，每袋净重25kg。贮存时应注意隔热，仓库内应保持干燥、整洁，产品中严禁混入任何杂质，严禁日晒、雨淋。运输时应将产品贮存在清洁干燥有顶棚的车厢或船舱内，不得有铁钉等尖锐物。严禁与易燃的芳香烃、卤代烃等有机溶剂混运。

【生产单位】 扬子巴斯夫苯乙烯系列有限公司，金陵石化公司塑料厂，巴陵公司岳化涤纶厂，无锡新安中兴塑料厂，山东蓬莱化工总厂，广东三水金台化工公司，无锡兴达泡沫塑料厂，汕头海洋集团公司，江都新新塑料化工公司，宁波新桥化工有限公司，苏州东瓶泡沫塑料厂（20kt/a），江阴新和桥化工有限公司，高桥石化公司化工厂。

Bd004 透苯（聚苯乙烯）

【英文名】 crystal polystyrene

【别名】 通用级聚苯乙烯

【结构式】

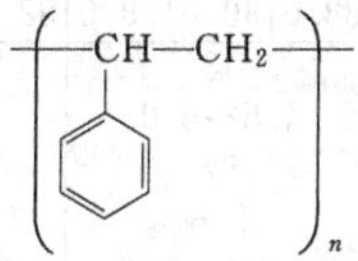

【性质】 GPPS塑料即为通用级聚苯乙烯（GPPS）聚苯乙烯（PS）是由苯乙烯单体（SM）聚合而成的，可由多种合成方法聚合而成，目前工业上主要采用本体聚合法和悬浮聚合法。

聚苯乙烯的英文名称为Polystyrene，简称PS（以下或简称PS）。PS是一种热塑性非结晶性的树脂，主要分为通用级聚苯乙烯（GPPS、俗称透苯）、抗冲击级聚苯乙烯（HIPS、俗称改苯）和发泡级聚苯乙烯（EPS）。

一般通用级聚苯乙烯是一种热塑性树脂，为无色、无臭、无味而有光泽的、透明的珠状或粒状的固体。相对密度1.04～1.09，透明度88%～92%，折射率1.59～1.60。在应力作用下，产生双折射，即所谓应力-光学效应。

产品的熔融温度150～180℃，热分解温度300℃，热变形温度70～100℃，长期使用温度为60～80℃。在较热变形温度低5～6℃下，经退火处理后，可消除应力，使热变形温度有所提高。若在生产过程中加入少许α-甲基苯乙烯，可提高通用聚苯乙烯的耐热等级。它可溶于芳香烃、氯代烃、脂肪族酮和酯等，但在丙酮中只能溶胀。可耐某些矿物油、有机酸、碱、盐、低级醇及其水溶液的作用。吸水率低，在潮湿环境中仍能保持其力学性能和尺寸稳定性。光学性能仅次于丙烯酸类树脂。电性能优异，体积电阻率和表面电阻率都很高，且不受温度、湿度变化的影响，也不受电晕放电的影响。耐辐照性能也很好。其主要缺点是质脆易裂、冲击强度较低，耐热性较差，不能耐沸水，只能在较低温度和较低负荷下使用。耐日光性较差，易燃。燃烧时发黑烟，且有特殊臭味。

【制法】 通用级聚苯乙烯，是以苯乙烯为单体经过自由基聚合或离子型聚合制得的。生产方法有本体聚合法、溶液聚合法、悬浮聚合法和乳液聚合法等。目前工业化生产所采用的主要是悬浮聚合法和本体聚合法。

1. 本体聚合法

将苯乙烯单体送入预聚釜中，再加入少量添加剂和引发剂，于 95～115℃下加热搅拌进行预聚合，待转化率达到 20%～35%之后，再送入带有搅拌器的塔式反应器内进行连续聚合反应。聚合温度逐段提高到 170℃左右，以达到完全转化。少量未反应的苯乙烯从塔顶放出，并可回收再用。聚合物连续从塔底出料，经挤出造粒即得成品，包装后出厂。其流程如下。

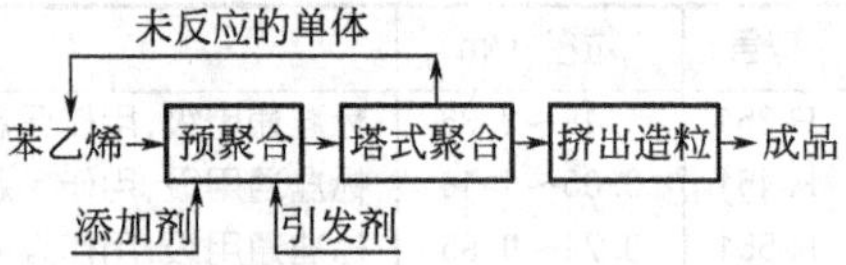

2. 悬浮聚合法

以苯乙烯为单体，水为介质，以明胶或淀粉、聚乙烯醇、羟乙基纤维素等保护胶或碳酸镁、硅酸镁、磷酸钙等不溶性无机盐等为分散剂，顺丁烯二酸酐-苯乙烯共聚物钠盐为助分散剂，以过氧化苯甲酰为引发剂，在 85℃左右进行引发聚合。也可不用引发剂，在高压聚合釜中于 100℃以上的高温下进行高温聚合。聚合物经洗涤、分离、干燥即得无色透明的细珠状树脂。

工艺流程如下。

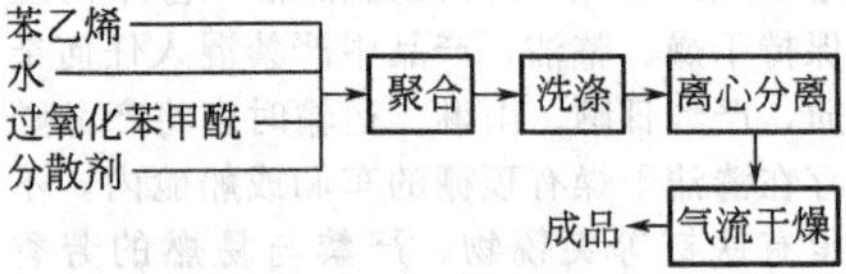

其反应式与本体聚合法相同。

以上两种方法各有其优缺点，但就当前而言，以本体法生产优势较大。

【消耗定额】

原料名称及规格	本体聚合法	悬浮聚合法
苯乙烯(99.8%)/(t/t)	1.022	1.047

【质量标准】

指标名称		PS-GN 095-03			PS-GN 095-06			PS-GN 085-03			PS-GN 085-06		
		优级	一级	合格	优级	一级	合格	优级	一级	合格	优级	一级	合格
清洁度	杂质/(颗/100g) ≤	1	3	6	1	3	6	1	3	6	1	3	6
	色粒/(颗/100g) ≤	1	3	6	1	3	6	1	3	6	1	3	6
软化点(维卡)(1kg)/℃ ≥		97.0	94.0	91.0	96.0	93.0	90.0	88.0	85.0	82.0	85.0	82.0	79.0
弯曲强度/MPa ≥		88.0	86.0	84.0	86.0	84.0	82.0	83.0	80.0	78.0	82.0	80.0	78.0
悬臂梁冲击强度/(J/m) ≥		10			10			13			13		
熔体流动速率/(g/10min)		1.5～40			4.0～7.0			1.5～4.0			4.0～7.0		
透光率/% ≥		85			85			87			87		
介电常数(10^6Hz) ≤		2.6			2.6			2.6			2.6		
介电损耗角正切(10^6Hz) ≤		4.5×10^{-4}			5.0×10^{-4}			4.0×10^{-4}			4.5×10^{-4}		

聚苯乙烯树脂卫生标准 GB n89—80

指标名称		指标	指标名称		指标
干燥失重(100℃,3h)/%	≤	0.2	乙苯/%	≤	0.3
挥发分/%	≤	1.0	正己烷提取物/%	≤	1.5
苯乙烯/%	≤	0.5			

聚苯乙烯制品卫生标准 GB n86—80

指标名称			指标	指标名称		指标
蒸发残渣	4%乙酸	≤	30	脱色试验	冷餐油或用无色油脂	阴性
	65%乙醇	≤	30		乙醇	阴性
高锰酸钾消耗量(水)		≤	10		浸泡液	阴性
重金属(4%乙酸)		≤	1			

【成型加工】 聚苯乙烯流动性好，加工性能好，易着色，尺寸稳定性好。可用注塑、挤塑、吹塑、发泡、热成型、粘接、涂覆、焊接、机加工、印刷等方法加工成各种制件，特别适用于注塑成型。

注塑成型时物料一般可不经干燥而直接使用。但为了提高制品质量，可以55～70℃鼓风烘箱内预干燥1～2h。具体加工条件大致为：料筒温度200℃左右，模具温度60～80℃，注塑温度170～220℃，60～150MPa，压缩比为1.6～4.0。成型后的制品为了消除内应力，可在红外线灯或鼓风烘箱内于70℃恒温处理2～4h。

挤塑成型时，一般采用的螺杆长径比L/D为17～24，以空气冷却，挤塑温度150～200℃。

吹塑成型时，可采用注塑和挤塑制得的型坯进行吹塑制得所需制品。吹塑压力一般为0.1～0.3MPa。

【用途】 因聚苯乙烯透明且具有优良的刚性、电气性能和印刷性能，特别是良好的卫生性、价廉，使其在食品包装方面具有广阔的应用前景。在机电工业、仪器仪表、通信器材业等方面已广泛用作各种仪表外壳、灯罩、光学零件、仪器零件、透明窗镜、透明模型、化工贮酸槽、酸输送槽、电信零件、高频电容器、高频绝缘衬垫、支架、嵌件及冷冻绝缘材料等。还大量应用于各种生活日用品，如瓶盖、容器、装饰品、纽扣、梳子、牙刷、肥皂盒、香烟盒及玩具等。

【安全性】 聚苯乙烯树脂的包装一般为纸塑复合袋或其他包装袋，每袋净重25kg，也可采用其他质量的大包装。贮存时应存放在通风、干燥的仓库内，应远离火种并防止阳光直接照射，不得露天堆放。

聚苯乙烯树脂为非危险品。在装卸过程中严禁使用铁钩等锐利工具，切忌抛掷以免损坏包装袋。运输时，不得在阳光下曝晒或雨淋，不可与有毒及腐蚀性和易燃易爆品混装。

【生产单位】 广州石化总厂镇江奇美化工有限公司，扬子巴斯夫苯乙烯有限公司，汕头海洋集团公司，雪佛龙-菲利浦斯化工公司，湛江中美化学工业有限公司，张家港塑料厂，广东高明高聚化学工业有限公司。

Bd005 透明高冲击聚苯乙烯

【英文名】 transparent high impact polystyrene；THIPS

【别名】 透明高耐冲聚苯乙烯

【结构式】

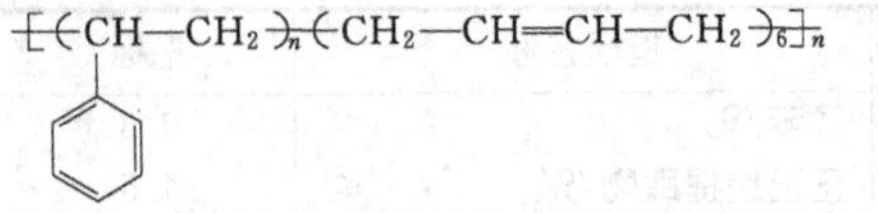

【性质】 透明高冲击聚苯乙烯为透明或半透明的珠状或粒状热塑性树脂，它保留了通用聚苯乙烯透明的特点，改善了PS树脂的脆性，提高了耐冲击强度和延伸率。与不透明的高冲击聚苯乙烯相比，由于THIPS使用的是和通用HIPS不同的小粒径橡胶，所以它的Izod冲击强度比通用HIPS低，但其拉伸强度、弯曲强度及弹性模量比较好，所以吸收冲击能量性能较好，比如在实用的落球冲击特性方面与通用HIPS相当。其他物性与不透明HIPS相类似，是为改善HIPS的透明性而开发的新品种，无毒，易被有机溶剂、油类侵蚀。

【制法】 透明高冲击聚苯乙烯的制备原理是通过匹配聚苯乙烯类树脂基体与分散在其中的橡胶粒子的折射率或减少橡胶粒子的尺寸，从而减少橡胶相对树脂透明度的影响。主要有共混法和共聚法两种制备方法。

1. 共混法

通常将聚苯乙烯类树脂与橡胶（一般采用苯乙烯与共轭二烯烃的嵌段共聚物）进行共混来制备。共混法工艺简单，成本低廉，但由于各组分的折射率基本上是不同的，产品的性能受限制，而且材料的性能依赖于共混时的工艺条件，质量容易出现波动。

2. 共聚法

由美国Philips石油公司开发成功的透明HIPS是苯乙烯和丁二烯在有机锂催化剂作用下负离子聚合所得的等规或嵌段共聚物，其注册商标为K-Resin，通常称作BS树脂或BDS。早期透明HIPS的共聚法工艺以乳液法和本体-悬浮法为主，它们均有体系黏度低、聚合速率快、控制方便等特点，但由于它们在操作中都必须加入一定量的分散介质和其他助剂，从而在产品中引入杂质而导致透明性降低，目前，连续本体法以其制品的高透明度和组成的高均一性成为THIPS树脂的主流制法。

THIPS树脂的连续本体法制法与原有的连续本体法HIPS制法基本相同，采用过氧化物类引发剂在80～140℃下进行聚合，产品性能的影响因素很多，但最主要的因素是基体树脂和橡胶相的组成与结构。

质量标准有关生产单位及国外产品技术指标如下。

美国Phillips透明HIPS（K-树脂）的性能指标

项目	测试	牌号	
		KR01(高透明)	KR03(透明)
相对密度	D792	1.01	2.04
熔体流动速率/(g/10min)	D1238	8	6
拉伸屈服强度/MPa	D638	28	28
弯曲屈服强度/MPa	D790	46.9	
弯曲弹性模量/MPa	D790	1650	
Izod缺口冲击强度/(J/m)	D256	21.3	21.3
邵氏硬度(D)	D785	75	70
热变形温度(1.82MPa)/℃	D648	75	71
维卡软化点/℃		93	93

续表

项目	测试	牌号	
		KR01(高透明)	KR03(透明)
最高使用温度/℃		60	
线胀系数/(×10⁻⁴/K)	D696	1.4	
介电强度短时间/(V/mm)	D149	300	
介电常数(60Hz)	D150	2.5	
吸水率/%	D570	0.08	
折射率		1.5743	1.5743
透光率/%		90～95	90～95

上海锦湖日丽透明 HIPS 性能指标

试验项目	试验方法	牌号	
		HI-420T 高透明	HI-410T 半透明
拉伸强度/MPa	D638	38	35
伸长率/%	D638	35	25
弯曲强度/MPa	D790	40	55
弯曲模量/MPa	D790	1900	2300
Izod 冲击强度/(J/m)	D256	25	25
洛氏硬度(R)	D785	67	75
热变形温度(1.82MPa)/℃	D648	77	78
熔体流动速率/(g/10min)	D1238	8.0	6.0
成型收缩率/%	D755	0.3～0.6	0.3～0.6
密度/(g/cm³)	D790	1.03	1.03
透光率/%		80～84	65～70

【成型加工】 THIPS 的流动性较好，易于成型，但为了保持良好的透明性，模具需要低的粗糙度，同时设定合适的成型工艺条件，具体如下。

成型温度：190～230℃。模温：40～60℃。注塑压力：50～120MPa。背压：0.5～1.5MPa。

【用途】 广泛应用于有透明性要求的电器，电子产品的内/外件，外壳、文具、玩具等，如 CD 盒、鼠标、键盘、音响外壳、视频机外壳、衣服架等。

【安全性】 产品采用内衬聚乙烯薄膜袋的还必须用编织袋包装，每袋净重 25kg。贮存时应注意隔热，仓库内应保持干燥、整洁，产品中严禁混入任何杂质，严禁日晒、雨淋。运输时应将产品贮存在清洁干燥有顶棚的车厢或船舱内，不得有铁钉等尖锐物。严禁与易燃的芳香烃、卤代烃等有机溶剂混运。

【生产单位】 上海锦湖日丽塑料有限公司，美国 Phillips，Dow 化学公司（香港），日本电气化学株式会社，旭化成工业株式会社，BASF 公司。

Bd006 橡胶接枝共聚型聚苯乙烯

【英文名】 high impact polystyrene

【别名】 高抗冲聚苯乙烯

【结构式】

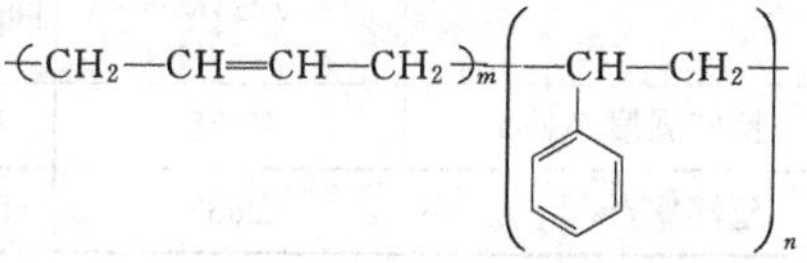

【性质】 高冲击聚苯乙烯为白色不透明珠状或粒状热塑性树脂，具有较高的韧性和冲击性，其冲击强度为通用级聚苯乙烯7倍以上。它保持了一般聚苯乙烯优良的着色性、成型加工性、化学性能和电性能，但拉伸强度、硬度、透光、耐光及热稳定性等较通用级聚苯乙烯有所下降。HIPS具有不同品级，通过控制树脂的分子量和添加剂的用量，可以调节其熔体流动速率，制得流动性很好的产品；若在单体中加入少许 α-甲基苯乙烯，则可提高产品的热变形温度；通过控制橡胶的粒径和形状，可以制得高光泽HIPS，冰箱内衬和含油食品包装是HIPS一大应用领域，但卤代烃与不饱和油脂能使HIPS迅速开裂，失去强度，因此耐环境应力开裂（ESCR）是HIPS的重要使用性能之一，工业上主要通过调控包藏橡胶颗粒的大小、弹性体含量、橡胶相体积、增韧剂类型和母体树脂的分子量，来改变HIPS的裂纹形态，以得到耐环境应力开裂HIPS。

【制法】 高冲击聚苯乙烯的生产方法，主要有本体悬浮聚合法和本体聚合法两种。

1. 本体悬浮聚合法

此法实为二步法。先将聚丁二烯橡胶或丁苯橡胶粉碎后，在常温下溶于苯乙烯单体（橡胶用量一般为5%～10%）后，再将此橡胶溶液送入聚合釜，于100～120℃下进行本体聚合。聚合所用引发剂为0.5%过氧化二异丙苯，α-甲基苯乙烯二聚体为链转移剂。当聚合转化率为25%～35%时，转入悬浮聚合。悬浮聚合系以水为介质，羟乙烯纤维素或聚乙烯醇为分散剂，聚合温度85～100℃。直至聚合反应结束后，即得粒度分布均匀的粒状聚合物。再经洗涤、干燥即得产品。此法工序较多，但易于变换产品品种。

工艺流程如下。

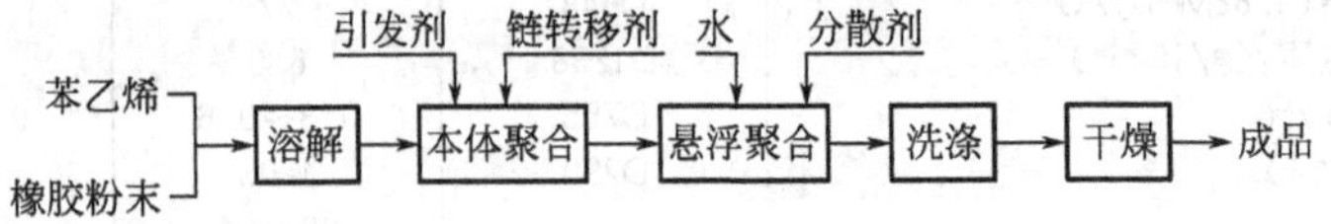

2. 本体聚合法

聚合方法与通用级聚苯乙烯本体、悬浮聚合法基本相似，其具体过程为先将粉碎后的橡胶溶于苯乙烯中，然后在搅拌釜内加热预聚至聚合转化率达到25%～40%时，再送入一组串联聚合反应器中进行连续本体聚合，一般聚合不用引发剂。起始聚合温度为90～100℃，然后逐段升温至200～240℃，最后在280～300℃下脱挥后挤出、造粒即得产品。此法工艺较简单，且为连续化法，但技术要求较高。工艺流程如下。

【质量标准】

上海锦湖日丽HIPS产品技术指标

指标名称	测试方法 ASTM	注塑			挤出		高光泽	
		HI425	HI425 TV	HI425 TVG	HI425E	HI425 EP	HI4250 PG	HI450S
拉伸强度/MPa	D638	26	30	26	30	22	35	37
延伸率/%	D638	50	45	50	45	60	30	25

续表

指标名称	测试方法 ASTM		注塑			挤出		高光泽	
			HI425	HI425 TV	HI425 TVG	HI425E	HI425 EP	HI4250 PG	HI450S
弯曲弹性率/MPa	D790		1700	1750	1650	1750	1650	2300	2300
弯曲强度/MPa	D790		30	35	29	35	26	43	44
洛氏硬度(L)	D785		60	64	60	64	40	75	75
Izod 冲击强度(缺口)/(J/m)	D256	3.2mm(1/8″)	90	100	100	100	130	90	85
		6.4mm(1/4″)	—	—	—	—	—	—	—
维卡软化点/℃	D1525(1kg)		93	99	97	97	93	97	98
热变形温度/℃	D648		74	80	77	80	74	81	82
相对密度	D792		1.04	1.04	1.04	1.04	1.04	1.04	1.04
熔体流动速率/(g/10min)	D1238 (200℃×5kg)		9.0	4.5	11	4.5	5.5	6.5	7.0
	Iso 113 (220℃×10kg)		85	40	100	40	50	55	60
产品特性			通用级	高冲击,高耐热	高流动,气辅成型	耐寒,挤出用	耐化学品,ESCR 用	高光泽	超高光泽,耐磨、耐刮擦

兰州化学工业公司合成橡胶厂企业标准

指标名称	熔体流动速率/(g/10min)	拉伸强度/MPa	热变形温度/℃	伸长率/%	悬臂梁冲击强度/(J/m)	残留单体/(μg/g)	用途
试验方法	ASTM D-1238	ASTM D-638	ASTM D-648	ASTM D-638	ASTM D-256		
标准型	9～17	20	65	45	50	<500	日用杂货,各种容器等
板材型	1.5～4	24	71	45	60	<500	各种板材、异型材、冰激凌箱托盘、冰箱部件等
耐热型Ⅰ	3.6～6.0	26.5	75	35	55	<500	电器罩、壳等
耐热型Ⅱ	1.5～4.0	28	75	35	70	<500	电视机、洗衣机、吸尘器等壳体部件、光泽面部件等

北京燕山石油化工公司化工一厂企业标准

指标名称	测试方法 ASTM	412B	420D	479	486	492J
熔体流动速率/(g/10min)	D1238	16	2.7	7.5	2.5	2.4
维卡软化点/℃	D1525	91	102	94.5	102	103
拉伸屈服强度/MPa	D638	15.9	25.2	18.6	17.9	24.2
拉伸断裂强度/MPa	D638	13.1	20.4	13.8	18.6	20.7
伸长率/%	D638	25	20	30	35	25
悬臂梁冲击强度/(J/m)	D256	56.1	80.1	88.1	74.8	93.5

吉林化学工业公司有机合成厂企业标准

指标名称	测试方法 ASTM	SB141 (1)1 标准级	SB213 (1)2 板材级	SB214 (1)2 高冲板材级	SB322 (1)3 耐热级	SB314 (1)4 耐热高冲级
熔体流动速率/(g/10min)	D1238	13	2.8	2.8	4.5	2.8
拉伸强度/MPa	D638	20	24	24	26.5	28
伸长率/%	D638	45	45	35	35	35
热变形温度(1.82MPa)/℃	D648	65	71	71	75	75
冲击强度/(J/m)	D256	50	60	70	55	70
单体含量/$\times 10^{-6}$ <		500	500	500	500	500

镇江奇美有限公司 HIPS 产品技术指标

指标名称	测试方法 ASTM		注塑级			挤出级		高光泽级
			PH88	PH88HT	PH888H	PH88S	PH88SF	PH88G
拉伸强度/MPa	D638		27	31	30	20	17	33
延伸率/%	D638		40	60	70	70	75	40
弯曲弹性率/MPa	D790		2000	2100	2000	1700	1400	2200
弯曲强度/MPa	D790		45	41	45	35	28	48
洛氏硬度(L)	D785		77	80	85	75	60	85
Izod 冲击强度(缺口)/(J/m)	D256	3.2mm	100	120	100	105	150	125
		6.4mm	85	85	75	80	90	90
维卡软化点/℃	D1525(1kg)		100	102	102	100	95	103
热变形温度/℃	D648		80	85	85	83	78	85
相对密度	D792		1.05	1.04	1.05	1.05	1.05	1.05
熔体流动速率/(g/10min)	D1238 200℃,5kg		6.5	4.5	3.6	4.5	6.5	4.0
	Iso-113 220℃,10kg		52	40	32	40	50	35
产品特性			高冲击注塑	高落下冲击耐热	高冲击耐热	挤出用	冰箱板材专用	高冲击高光泽

【成型加工】 高冲击聚苯乙烯树脂加工性能良好，可用注塑法、挤塑法加工制得各种制品，也可用机械进行二次加工。其具体加工条件为：注塑成型时，料筒温度为180～250℃，注塑压力为68.6～127.4MPa，模具温度为50～80℃；挤塑成型时，料筒中央温度为200℃，两端温度为220℃。

【用途】 高冲击聚苯乙烯可用于制作电视机、收录机的外壳和部件；冰箱内衬材料、空调设备、洗衣机、电话机、吸尘器、照明装置和办公用机械的零部件；电器、仪表、汽车零件和医疗设备零部件；玩具、家具及日用生活制品和包装材料等。

【安全性】 树脂的生产原料，对人体的皮肤和黏膜有不同程度的刺激，可引起皮肤过敏反应和炎症；同时还要注意树脂粉尘对人体的危害，长期吸入高浓度的树脂粉尘，会引起肺部的病变。大部分树脂都具有共同的危险特性：遇明火、高温易燃，与氧化剂接触有引起燃烧危险，因此，操作人员要 改善操作环境，将操作区域与非操作区域有意识地划开，尽可能自动化、密闭化，安装通风设施等。产品采用内衬聚乙烯薄膜袋的还必须用编织袋包装，每袋净重25kg。贮存时应注意隔热，仓库内应保持干燥、整洁，产品中严禁混入任何杂质，严禁日晒、雨淋。运输时应将产品贮存在清洁干燥有顶棚的车厢或船舱内，不得有铁钉等尖锐物。严禁与易燃的芳香烃、卤代烃等有机溶剂混运。

【生产单位】 上海锦湖日丽塑料有限公司，镇江奇美化工有限公司，燕山石化公司化工一厂，扬子巴斯夫苯乙烯有限公司，汕头海洋集团公司，雪佛龙-菲利浦斯化工公司，湛江中美化工公司。

Bd007 高分子量聚苯乙烯

【英文名】 high molecular mass polystyrene; HMPS, high molecular weight polystyrene; HMWPS

【结构式】

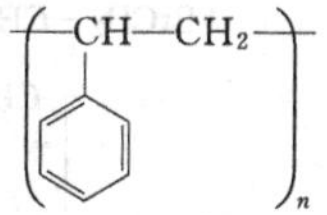

【性质】 高分子量聚苯乙烯是苯乙烯系树脂的新品种，它既有普通聚苯乙烯的优点，又提高了它的冲击强度，改善质脆的缺点。因此，高分子量聚苯乙烯具有刚性大、脆性小、强度高、加工性好的特点。

【制法】 高分子量聚苯乙烯的生产方法主要是乳液聚合法。主要过程为将苯乙烯加入含有水和乳化剂的聚合釜中，并加入引发剂，于70℃反应数小时，聚合结束后加入凝聚剂进行凝聚，再经分离、水洗、干燥即得产品。

工艺流程如下。

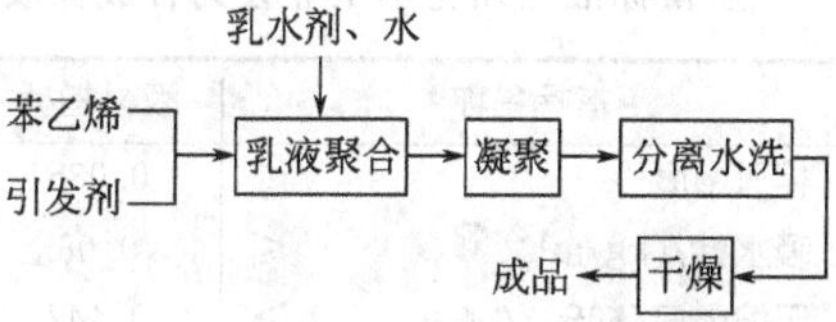

【质量标准】 上海高桥石油化工公司化工厂企业标准（Q/SH 003.02.026—88）如下。

清洁度/颗①	≤	2	冲击强度/(kJ/m²)	≥	28
水分/%	≤	0.2	静弯曲强度/MPa	≥	90
挥发分/%	≤	0.5	介电常数/(10^6Hz)	≤	2.7
相对黏度		2.3～2.6	介电损耗角正切/(10^6Hz)	≤	5.0×10^{-4}
透光率/%	≥	85	体积电阻率/Ω·cm	≥	1.0×10^{-4}
维卡耐热/℃	≥	95			

① 每10g树脂中的杂质黑点含量。

【成型加工】 产品加工性能好，可注塑成型和挤塑成型。

【用途】 用于定向拉伸薄膜和挤压发泡制品。

【安全性】 产品采用内衬聚乙烯薄膜袋的还必须用编织袋包装，每袋净重25kg。贮存时应注意隔热，仓库内应保持干燥、整洁，产品中严禁混入任何杂质，严禁日晒、雨淋。运输时应将产品贮存在清洁干燥有顶棚的车厢或船舱内，不得有铁钉等尖锐物。严禁与易燃的芳香烃、卤代烃等有机溶剂混运。

【生产单位】 广州乙烯股份有限公司，旭化成工业株式会社。

Bd008 可发性聚苯乙烯（阻燃）

【英文名】 fire resistant expandable polystyrene

【别名】 阻燃发泡级聚苯乙烯

【结构式】

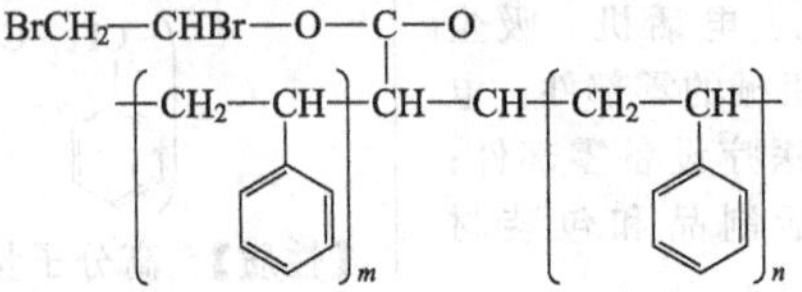

【性质】 阻燃发泡级聚苯乙烯为白色半透明珠粒料，具有良好的阻燃性、隔热性和减震性。其阻燃性为UL-94 V-2级。

【制法】 阻燃发泡级聚苯乙烯的制法与纯发泡级聚苯乙烯基本相同，但要加入反应性阻燃剂，且以悬浮聚合法为主。具体制法为先将阻燃剂双（2,3-二溴丙基）反丁烯二酸酯溶于苯乙烯中，再送入悬浮聚合釜进行悬浮聚合，制得一定粒度的珠粒料，再经戊烷浸渍即得产品。

工艺流程如下。

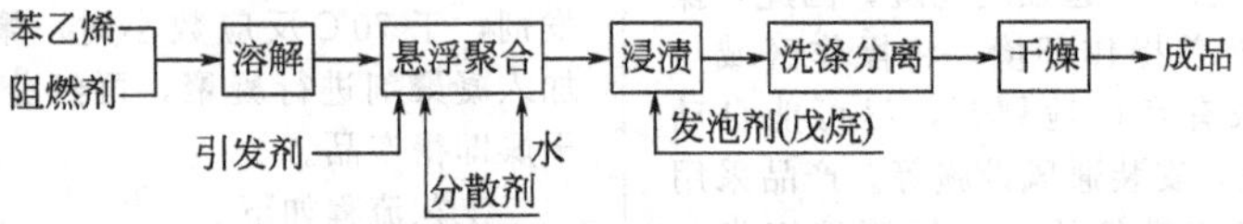

质量标准兰州化学工业公司合成橡胶厂企业标准如下。

指标名称		板材指标	包装材料指标	测试方法
相对密度	≤	0.035	0.04	SG 232—81,SG 233—81
吸水性/(kg/m³)	≤	0.08	4	SG 232—81,SG 233—81
压缩强度(50%)/MPa	≥	0.147	0.147	SG 232—81,SG 233—81
弯曲强度/MPa	≥	0.177		SG 232—81,SG 233—81
自熄性/s	≤	2	2	SG 232—81,SG 233—81
氧指数/%	>	26	26	ASTM D 2853—76

【成型加工】 阻燃泡沫级聚苯乙烯的成型方法与泡沫级聚苯乙烯的成型加工方法基本相同，主要是模压法。成型加工时先将其在一定条件进行预发泡，然后放置熟化一定时间，最后在一定形状的模腔内进行模压成型，即得一定形状的制品。

【用途】 主要用防止燃烧的保温或包装材料。保温范围为−70～70℃。

【安全性】 阻燃发泡级苯乙烯包装方式有两种。

① 采用聚丙烯编织袋，内衬聚乙烯薄膜袋，每袋净重 25kg，贮存期 1 个月。

② 以铁桶为包装桶，内衬聚乙烯薄膜袋，每桶 50kg，贮存期 6 个月。贮运中应保持清洁、干燥阴凉、通风性好，严禁太阳曝晒，远离火源和高温场所。

【生产单位】 兰州化学工业公司合成橡胶厂。

Bd009 阻燃高冲击聚苯乙烯

【英文名】 fire resistant high impact polystyrene；flame retardentHIPS

【别名】 阻燃高耐冲聚苯乙烯

【结构式】

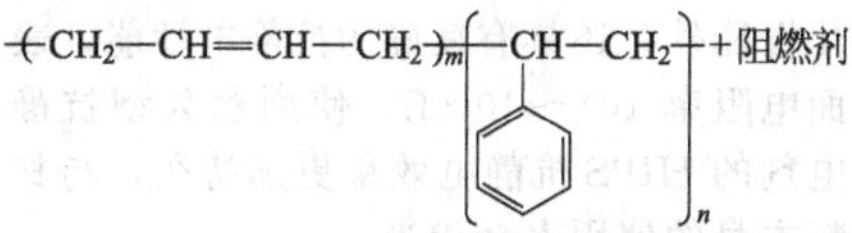

【性质】 以高冲击聚苯乙烯为基材制得的阻燃高冲击聚苯乙烯，具有良好的冲击韧性、尺寸稳定性、阻燃性和流动性。其阻燃效果可以达到离火即灭，符合 UL-94 V-0 级标准，氧指数在 26 以上。

【制法】 阻燃高冲击聚苯乙烯是以纯高冲击聚苯乙烯为基材，加入高热稳定性阻燃剂、辅助阻燃剂、耐冲改性剂、稳定剂、色料等，经混合、塑炼、挤出造粒而得产品。阻燃剂通常分为含联苯醚结构的 Deca type（如十溴联苯醚）、无联苯醚结构的 Non-Deca type（如 TBBA、溴化环氧）以及无卤素的 Non-halogen type（如磷系阻燃剂），根据环保要求，Non-Deca type 类型由于燃烧时产生 Poly Brominated Dioxins（PBDO）和 Poly Brominated Difurans（PBDF）等有毒气体，在欧洲和日本已被逐步禁用。

工艺流程如下。

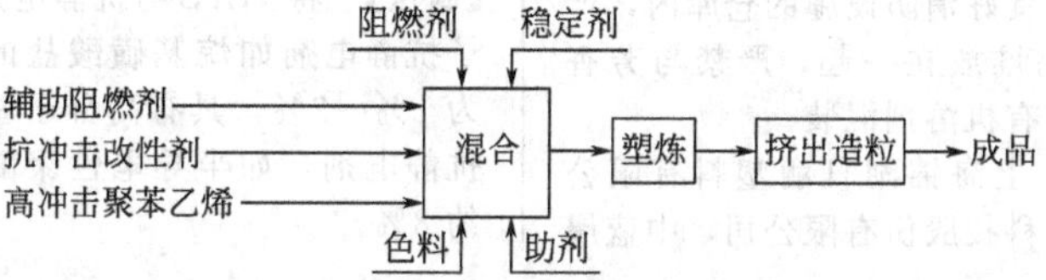

实际全过程可在一台双螺杆挤出机中完成。

【质量标准】 ATOFINA 阻燃 HIPS

项　目		牌号				
		863	4431	818	814	811
拉伸强度/MPa		21	23	22	22	27
伸长率/%		50	50	45	45	40
弯曲强度/MPa		—	—	—	—	—
弯曲模量/MPa		1900	2000	1950	2000	2000
Izod 冲击强度(3.2mm)/(J/m)		88	98	88	88	88
热变形温度(未退火,1.82MPa,6.4mm)/℃		79	79	79	88	89
维卡软化点(1kg,120℃/h)/℃		90	95	95	97	97
熔体流动速率(200℃,5kg)/(g/10min)		16	8	11	10	9
成型收缩率/%		0.4～0.7	0.4～0.7	0.4～0.7	0.4～0.7	0.4～0.7
相对密度		1.15	1.15	1.15	1.15	1.07
阻燃性(UL-94)	1.5mm	V-0 (2.1mm)	V-0	V-0 (2.1mm)	V-0	V-2
	3.0mm	V-0	V-0	V-0	5VA	V-2
特性		DBDPO 阻燃高流动 Deca type	DBDPO 阻燃标准级 Deca type	Non-Deca type 标准级	Non-Deca type 耐光	Non-Deca type

【成型加工】 可用注塑、挤塑法成型。视阻燃剂耐热分解温度的不同，加工温度一般为190～230℃，加工前最好在电热鼓风箱中70～80℃干燥2～4h。为防止阻燃剂长时间在机筒中停留，造成分解，腐蚀模具设备，加工停顿或加工完毕后，应将料筒排空，并用通用GPPS或HIPS清洗干净。

【用途】 主要用作车辆、船舶、电器零部件及建筑材料；电视机壳阻燃后盖、开关盒盖及薄壁壳体、面板、电子元件以及其他有阻燃要求电子、电气、家电、办公用品壳体。

【安全性】 见Bd001。一般为纸塑复合袋，每袋净重25kg。

阻燃高冲击聚苯乙烯为非危险品，可长期存放于清洁、干燥、通风良好、避免直接曝晒并有良好消防设施的仓库内，严禁与易污染物堆放在一起，严禁与芳香烃、脂肪烃等有机溶剂混装。

【生产单位】 上海锦湖日丽塑料有限公司，广州金发科技股份有限公司，中蓝晨光化工研究院。

Bd010 抗静电聚苯乙烯树脂

【英文名】 antistatic high impact polystyrene; antistatic HIPS

【组成】 主要成分为高冲击聚苯乙烯和抗静电剂。使用的抗静电剂一般为低分子表面活性剂，如烷基磺酸盐，由于低分子表面活性剂向塑料表面迁移而流失，使用一段时间后，其抗静电能力下降甚至消失，为了克服这个缺点，近来开发了具有高分子基团的永久型抗静电剂。

【性质】 除基本保持了原HIPS树脂的物化性能外，还具有良好的抗静电性能，表面电阻率10^8～10^{13}Ω，使用永久型抗静电剂的HIPS抗静电效果更加持久，与材料本身的使用寿命相当。

【制法】 将HIPS与抗静电剂混合，低分子抗静电剂如烷基磺酸盐的添加量一般为1%～2%，具有高分子基团的永久型抗静电剂，如半导电性聚醚酰胺添加量约8%。

上海锦湖日丽塑料有限公司抗静电HIPS技术规格

试验项目	试验方法	牌号	
		HI425V	HI425PA
拉伸强度/MPa	D638	24	22
伸长率/%	D638	50	45
弯曲强度/MPa	D790	30	30
弯曲模量/MPa	D790	1700	1700
Izod冲击强度/(J/m)	D256	85	80
洛氏硬度(L)	D785	50	60
热变形温度(1.82MPa)/℃	D648	75	75
熔体流动速率/(g/10min)	D1238	9.0	9.0
成型收缩率/%	D955	0.3～0.6	0.3～0.6
密度/(g/cm^3)	D792	1.04	1.04
表面电阻率/Ω	D257	10^{11}	10^8
产品特性		抗静电,通用型	永久型抗静电

【成型加工】 抗静电剂容易吸湿，使用时70～80℃，干燥2～4h，可按一般HIPS的成型工艺加工。

【用途】 主要用于有防静电吸尘要求及矿

井、油田、电子元器件和芯片加工厂等有防止静电火花和电荷积聚等要求的塑料壳体，周转箱、盒、板、桌面。

纸塑复合袋包装，25kg/袋，贮放于阴凉、通风干燥处，防止日晒雨淋，远离火源，可按非危险品运输。

【安全性】 产品采用内衬聚乙烯薄膜袋的还必须用编织袋包装，每袋净重 25kg。贮存时应注意隔热，仓库内应保持干燥、整洁，产品中严禁混入任何杂质，严禁日晒、雨淋。运输时应将产品贮存在清洁干燥有顶棚的车厢或船舱内，不得有铁钉等尖锐物。严禁与易燃的芳香烃、卤代烃等有机溶剂混运。

【生产单位】 上海锦湖日丽塑料有限公司，成都高分子材料国家重点实验室。

Bd011 间规聚苯乙烯

【英文名】 syndiotactic polystyrene；sPS

【结构式】

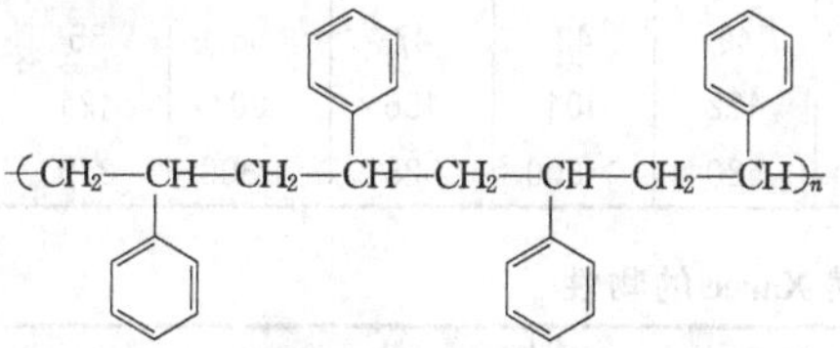

【性质】 苯乙烯单体理论上可聚合形成三种不同结构的聚苯乙烯，无规聚苯乙烯（aPS），聚合物分子链上的苯环无规分布，无定形、无固定熔点，通常的 GPPS 即属于该结构；间规聚苯乙烯（sPS）苯环全部在聚合物分子链的两侧交叉分布，结晶速度快，熔点达 270℃；等规聚苯乙烯，苯环全部在聚合物分子链的一侧，结晶速度很慢，熔点为 240℃。

sPS 是聚苯乙烯家族的新成员，由于 sPS 的间规结构，使得它具有较强的结晶能力，也正是因为其高结晶的特点，使得 sPS 比 aPS（GPPS）有更加优越的性能，如更高的耐热性、更好的耐化学品性、尺寸稳定性、优良的电气性能，同时保留了 GPPS 具有的低密度、耐水分解性、容易成型的优点，是具有很大发展前途的新型工程塑料。

【制法】 合成 sPS 的催化剂大多数为均相可溶茂金属催化剂，工业化生产主要有三种工艺：即连续流化床工艺，连续自洁净反应釜工艺和连续搅拌槽反应釜工艺，这三种工艺在原料预处理和产品精制上基本相同，只是在反应釜上各有特点。

工艺流程如下。

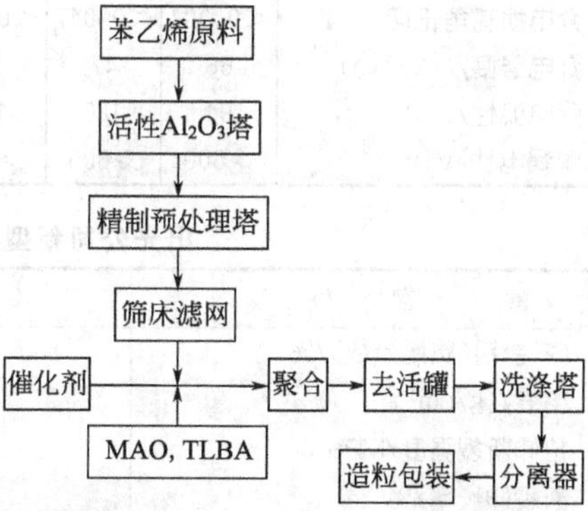

【质量标准】

日本出光公司 Xarec 的性能

物性	非增强		玻纤增强(标准级)		玻纤增强(合金级)		玻纤增强(阻燃级)	
	S100	A10	C122 15%GF	C131 30%GF	A120 15%GF	A130 30%GF	C832 30%GF	A930 30%GF
密度/(g/cm³)	1.01	1.09	1.11	1.25	1.20	1.32	1.45	1.52
吸水率/%	0.04	0.48	0.05	0.35	0.31	0.07	0.50	
成型收缩率/%	1.7	1.7	0.50	0.35	0.50	0.40	0.30	0.35
断裂拉伸强度/MPa	35	57	70	105	123	173	108	160

续表

物性	非增强		玻纤增强(标准级)		玻纤增强(合金级)		玻纤增强(阻燃级)	
	S100	A10	C122 15%GF	C131 30%GF	A120 15%GF	A130 30%GF	C832 30%GF	A930 30%GF
断裂伸长率/%	20	22	3.0	2.5	3.6	3.3	1.9	2.5
弯曲强度/MPa	55	87	115	165	185	259	162	220
弯曲弹性模量/MPa	2500	2200	4600	8100	4700	7700	9800	9000
Izod 冲击强度/(kJ/m²)	10	8	10	11	8	11	7	9
带缺口								
无缺口	NB	NB	37	40	69	94	22	43
洛氏硬度	60	64	45	70	80	88	75	92
热变形温度/℃								
1.80MPa	95	87	190	245	235	245	237	237
0.45MPa	110	157	266	269	256	258	266	257
线胀系数/($\times10^{-5}$/K)	9.2	8.3	3.9	2.5	5.5	3.3	2.5	3.2
耐燃性(UL-94)	相当 HB	相当 HB	相当 HB	HB	相当 HB	相当 HB	V-0	相当 V-0
体积电阻率/Ω·cm >	10^{16}	10^{15}	10^{16}	10^{16}	10^{15}	10^{15}	10^{15}	10^{16}
介电常数	2.6	3.0	2.8	2.9	3.5	3.7	2.8	3.7
介电损耗角正切	<0.001	<0.017	<0.001	<0.001	0.020	0.019	<0.001	0.018
介电强度/(kV/mm)	66	47	47	48	48	47	36	35
耐电弧性/s	91	120	106	122	101	106	90	121
耐漏电性/V	>500	>600	>600	580	>600	525	>600	375

出光公司新型组燃 Xarec 的物性

物　　性	S93X	S931
GF 含量(质量分数)/%	30	30
密度/(g/cm³)	1.40	1.45
拉伸断裂强度/MPa	114	100
断裂伸长率/%	2.1	1.8
弯曲强度/MPa	163	145
弯曲弹性模量/MPa	8000	8400
缺口冲击强度/(kJ/m²)	8.3	7.2
无缺口冲击强度/(kJ/m²)	36.2	22.0
负载挠曲温度/℃	245	238
线胀系数/($\times10^{-5}$/K)	2.5	2.5
耐燃性(UL-94)	相当 0.8mmV-0	相当 0.8mmV-0
备注	强度、流动性、改良型	现有型

注：成型温度 290℃，模具表面温度 150℃。

Dow公司 Questra的典型性能

性 能	纯树脂	30%GF	40%GF
拉伸强度/MPa	41.4	121.4	132.4
拉伸模量/GPa	3.44	10	11.2
拉伸伸长率/%	1.0	1.5	1.5
Izod 冲击强度/(J/m)	10.7	96	112
热变形温度/℃			
0.45MPa	104	260	260
1.82MPa	99	249	249
弯曲强度/MPa	71	29	185
弯曲模量/GPa	3.9	9.6	10.4
相对密度	1.05	1.25	1.32

【成型加工】 sPS加工工艺与许多工程塑料相似，注塑成型的温度范围为270～310℃，注塑压力40～70MPa，螺杆转速50～100r/min，模温120～140℃。

【用途】 sPS具有广泛的应用市场，几乎所有PBT、PET、PA、PPS等工程塑料的应用场合都可以使用sPS，主要应用领域如下。

①包装及薄膜sPS的优良耐热性和耐蒸汽性，适用于微波炉器皿、支架、相纸用薄膜和电子行业的磁性薄膜及电绝缘膜；②电子/电器元件sPS具有耐温、吸湿低、电性能优良的特点，适用于集成电路、插件板、模块磁性记录载体等；③汽车部件sPS在汽车刮水器、空调元件、点火器元件、通风罩和保险杠等方面有一定的潜在市场。

【安全性】 产品采用内衬聚乙烯薄膜袋的还必须用编织袋包装，每袋净重25kg。贮存时应注意隔热，仓库内应保持干燥、整洁，产品中严禁混入任何杂质，严禁日晒、雨淋。运输时应将产品贮存在清洁干燥有顶棚的车厢或船舱内，不得有铁钉等尖锐物。严禁与易燃的芳香烃、卤代烃等有机溶剂混运。

【生产单位】 日本出光化学株式会社，Dow化学公司（香港），上海石化研究院。

Bd012 高分子量聚苯乙烯树脂

【英文名】 high molecular polystyrene; HMPS

【结构式】 高分子量聚苯乙烯树脂系苯乙烯均聚物，是一种具有高强度、高韧性、透明的热塑性树脂。又称高强度GPPS。其结构式为：

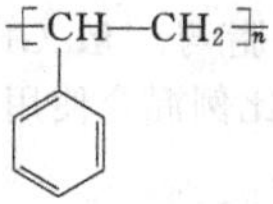

【性质】 HMPS树脂的重均分子量（3～5）×10^5；相对密度约1.05，与一般GPPS相同；落锤冲击强度是一般GPPS的1.5～2倍，弯曲蠕变挠性率与耐热性SAN树脂接近，透明性、耐候性、流动性与一般GPPS树脂相同，耐热性、耐化学品性好于一般GPPS树脂。

HMPS树脂是以苯乙烯为单体，用双官能或多官能性聚过氧化物作引发剂，经悬浮或本体法聚合，制得分子量高于一般GPPS树脂的线型苯乙烯树脂。采用了高分子分子设计技术，可制得耐热、耐候、高流动，薄膜级等不同特性的产品。产品一般性能如下。

HMPSUX系列和XC系列产品的一般特性

项　目	测试方法	UX-560	UX-562	XC-520	XC-510
		超高强、耐热、耐候	超高强、高流动	高强度耐热	高强度、高流动
熔体流动速率/(g/10min)	JIS-K-6870	0.5	1.0	1.5	1.8
拉伸强度/(kg/cm²)	JIS-K-6871	520	420	450	410
伸长率/%	JIS-K-6871	2.3	2.3	2.0	1.8
弯曲强度/(kg/cm²)	ASTM-D 790	860	570	630	590
Izod冲击强度/(kJ/m²)	JIS-K6871	2.0	2.1	2.0	1.8
洛氏硬度(R)	ASTM-D 785	80	76	78	78
维卡软化点/℃	JIS-K-6871	98	82	96	90
相对密度	JIS-K-6871	1.05	1.05	1.05	1.05

【成型加工】 HMPS树脂具有较好的成型加工性，可用与一般GPPS相同的加工工艺，进行注塑、挤出，还可进行吹塑薄膜、真空成型和压缩成型加工。在相同的温度和压力下，其螺旋流动长度大于高流动SAN和耐热SAN树脂。为了制得优良外观的成型品，料筒温度230～270℃，模具温度稍高于一般GPPS。产品尺寸稳定性好。可染各种颜色、原料在加工前不需干燥。

HMPS树脂与一般GPPS的相容性好，可按任意比例混合使用，并不影响产品的透明性。

用双轴延伸法可制得薄膜产品，其强度高于GPPS薄膜1.5倍，耐折强度提高4倍，透明性好。HMPS树脂还可用玻璃纤维增强，或与SBS嵌段物掺混，所得复合物的冲击强度约为用一般GPPS与SBS嵌段物掺混物的3倍。

【用途】 HMPS树脂的注塑成型制品主要用于电冰箱、电视机、半导体收音机、音响设备、风扇、排风机、洗衣机等家用电器的部件，化妆品、文具盒，玩具，食品容器，医疗用品等；挤塑成型制品有食品容器、电冰箱内用盒的厚板，毛巾等的包装材料、HMPS树脂广泛地用于办公机器的大型透明制件，以取代原先使用的SAN树脂。

HMPS的主要产品有日本旭化成工业公司的G8509，日本大日本油墨公司的UX和XC系列产品，日本住友化学公司的スシブヲィトUT系列。

【安全性】 纸塑复合袋包装，25kg/袋，贮放于阴凉、通风干燥处，防止日晒雨淋，远离火源，可按非危险品运输。

【生产单位】 日本住友化学公司，日本旭化成工业公司，日本大日本油墨公司。

Bd013 K-树脂

【英文名】 enginering plastics K resin

【结构式】 K-树脂系苯乙烯与丁二烯的星形嵌段共聚物，热塑性透明树脂。其结构式为：

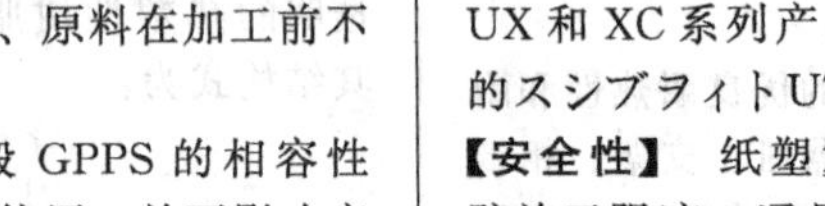

【性质】 K-树脂是由苯乙烯（S）和丁二烯（BD）单体，在阴离子型催化剂丁基锂和偶合剂四氯化硅的存在下，于50～60℃，进行间歇式溶液聚合制得的，具有

四臂分支的星状嵌段热塑性透明共聚物。共聚物中 PS 为连续相，PB 为分散相，苯乙烯含量为 75%。由于两相以嵌段共聚的化学键结合，使母体 PS 与橡胶颗粒有很高的界面结合力，形成了一种新型的增韧树脂。该树脂具有优良的透明性和耐冲击性，透明度高达 80%～90%，耐冲击性稍逊于 HIPS 和 ABS 树脂；热变形温度略低于其他苯乙烯系树脂；挠曲性能好，柔软而有弹性；可自由着色，色调和光泽漂亮；成型收缩率低，几乎不吸收水分；与苯乙烯系树脂的互容性好，能显著改善树脂的冲击性能。K-树脂的耐化学性能好，无毒，可耐一般的化学品，长期接触碳氢化合物、醇类、酮类、醚类及酯类会发生溶解和软化；用于食品包装时符合食品卫生标准，但牛乳类食品不能长期冷藏贮存。K-树脂的物理特性。

K-树脂的物理机械性能表

性　　能	ASTM 测试方法	注射级 KR01	挤出级 KR03	薄膜级 KR10
密度/(g/cm³)	D 792	1.01	1.01	1.01
熔体流动速率(条件 D)/(g/10min)	D 1238	8.0	8.0	8.0
拉伸强度/MPa	D 638	30	28	纵向 29
伸长率/%	D 638	20	190	纵向 145
弯曲模量/GPa	D 790	1.48	1.31	
拉伸模量/GPa	D 790	1.24	1.38	
热变形温度(1.8MPa)/℃	D 648	77	69	
落锤冲击强度/(10^{-4}g)	D 1709	100	375	300
邵氏硬度(D)	D 2240	75	63	
维卡软化点/℃	D 1525	93	87	
透光率/%		90～95	90～91	90
吸水率(24h)/%	D 570	0.08	0.09	
线胀系数/K^{-1}		1.4×10^{-4}		
−50～45℃			1.2×10^{-4}	
−85～40℃				

【成型加工】 K-树脂加工性能好，吸水性极小，成型前通常不需干燥，可用注塑、挤塑、吹塑和热成型法加工有关制品，也可进行焊接、印刷及装饰等二次加工，还可与 PP、PS、HIPS、PC、SAN 等树脂掺混制得合金。

(1) 注塑　柱塞式和螺杆式注塑机都可用于 K-树脂的注塑，以螺杆式为好。成型工艺条件。

K-树脂注塑成型工艺条件

项　目	工艺条件	
注塑机类型	柱塞式	螺杆式
制品厚度/mm	<3	<3
料筒温度/℃		
前部	210～250	200～240
中部	210～250	200～240
后部	220～260	200～240
喷嘴温度/℃	205～240	195～230
模具温度/℃	10～60	10～60
注塑压力/MPa	11～16	10～15
成型周期/s	5～10	5～10
螺杆转速/(r/min)		50～120

料筒温度是加工中的重要参数，一般使树脂的熔体温度控制在191～232℃，当熔体温度超过237℃时，产品的光泽将消失，出现浑浊不清；当温度高于260℃时，可能发生降解，使制品强度下降。当模温由10℃增至66℃时，产品的透明度会略为增加。较低的模温可缩短注塑周期，但需防止产生波浪痕。注射压力应保证物料填充模腔，增加背压可消除气泡和使熔体充分混合。此外，在制件设计时要避免尖角，半径应大于0.76mm；壁厚的变化要平缓，防止引起应力集中和翘曲；要严格控制模具的温度分布，防止物件因不同的收缩率而引起翘曲；在模具上开设排气孔或冷却水道，可防止翘曲，排气孔直径0.025～0.076mm，模具锥度1°～3°。

(2) 挤塑　可用与挤塑HDPE、PS塑料相同的加工设备进行挤塑成型。单螺杆或双螺杆挤塑机均可使用，一般情况下的长径比为30∶1，压缩比为3.25∶1。用双螺杆挤塑机时，不需用特殊的混料段或捏合段。模头采用标准模或活模唇。

(3) 吹塑　可用常规的吹塑设备加工，包括挤出吹塑和注塑吹塑。机头设计要求流线型。典型的工艺条件为：熔体温度187～196℃，模具温度24℃，吹气压力0.94～1.42MPa，吹胀比小于3/1，型坯膨胀率12%～15%，回头料用量小于50%。为使制品具有最佳的透明度，模头必须干净并经过抛光，料管排气状况应良好。

(4) 印刷与装饰　视产品规格不同，可先经（或不经）表面处理后，采用常规的干平版印刷、胶板印刷、标签移印、热烫法等进行印刷装饰。可采用常规的真空电镀设备进行电镀，但制件必须先用异丙醇清洗表面，再进行电镀。

(5) 粘接与焊接　可采用溶剂、摩擦法、黏合剂以及超声波等方面，与相同或相近的材料连接。常用的溶剂有甲苯、甲基乙基酮、乙酸乙酯、二氯甲烷等，尤以甲苯为好。用二甲基甲酰胺为溶剂，与ABS树脂黏合。超声波焊接最理想的是双剪切接口，典型的压力为0.28MPa，保持时间为0.2s。

【用途】 大量用作包装材料。由于K-树脂能经受/射线辐照消毒处理，制品的物理性能不受影响，因此适宜高级食品和药物的包装。如装蛋盒，水果和高级蔬菜、食品的包装盒。它能替代传统的罐头包装，不仅耐贮藏，还能显示内容物的形状实态。对乳类食品只能作短时间的冷藏贮存，也不能用于醇类、酮类、酯类以及醚类碳氢化合物的包装。

K-树脂还大量用于透明罩、合页式盒子、玩具、装饰品、医疗器具和办公室用品。

K-树脂还用于与GPPS、HIPS、SAN、PP等塑料和弹性体进行掺混，改进这些树脂的物理和机械性能，制得具有一定特性的塑料合金。

K-树脂的典型产品有美国Phillips公司的K-RESIN，德国BASF公司的Styrolux，日本旭化成公司的Asaflex等。

K-树脂基合金的主要品种有加拿大Polysar公司的K-树脂/PS合金BS/PS，可作一次性热成型杯；意大利Montedison公司的K-树脂/PO合金P475E和P4774，可热成型制造容器；德国BASF公司的K-树脂/PP合金KR2770和KR2771；法国Atochem公司的K-树脂/PP合金Lacqrene9100、9113等。

【安全性】 纸塑复合袋包装，25kg/袋，贮放于阴凉、通风干燥处，防止日晒雨淋，远离火源，可按非危险品运输。

【生产单位】 意大利Montedison公司，加拿大Polysar公司，法国Atochem公司，德国BASF公司、美国Phillips公司等。

Bd014 SMA树脂

【英文名】 styrene-maleicAnkydrideCopolymar；SMA

【性质】 SMA树脂有不含橡胶的透明型和含橡胶的不透明型，后一种是橡胶上接枝苯乙烯-顺丁烯二酸酐的无规共聚物，又称RSMA树脂。按分子量划分，有低分子量共聚物（分子量1600～2500）和高分子量共聚物（分子量10000～50000）两种。低分子量产生性脆，不能与其他树脂掺混，酸值500，熔点150～170℃，溶于碱类、酮类、醇类和酯类，不溶于水、己烷和甲苯，与醇反应生成酯，与氨或胺类反应生成酰胺，与三元醇或二元胺类一起加热生成热固性树脂。

高分子量产品透明、耐冲击，其性能与SAN相似，但不耐强碱。

SMA树脂的显著特点是耐热性好，热变形温度为110～115℃，优于GPPS和HIPS。由于结构中引入了顺丁烯二酸酐，能与多种聚合物体系有较好的相容性。

SMA树脂由苯乙烯、顺丁烯二酸酐及丁苯橡胶为原料，采用本体法或溶液法进行自由基聚合制得。改变苯乙烯和顺丁酸二酸酐的配比，严格控制单体的加入速度和反应条件，可制得不同等级的产品。

【成型加工】 SMA树脂有良好的成型性能，制品的成型收缩低（0.4%～0.6%），可用注塑和挤出工艺进行加工。此外，还可采用标准的ABS电镀配方进行电镀、刻蚀，电镀时间短，镀层不易出现气泡、外观好。

SMA树脂与无机物的亲和性好，特别是与玻璃纤维混合良好，产品强度高、耐热、成本低，尺寸稳定性好。

【用途】 低分子量产品可作乳胶涂料的增黏剂，颜料分散剂，地板抛光剂和乳化剂的添加剂。高分子量产品可制咖啡具，蒸汽卷发器，磁带盒元件、办公机械和家用电器外壳，仪表面板和元件，装潢用镶条和托架，轮罩，镜框，灯罩等。玻璃纤维增强产品可制汽车零部件。此外，SMA与ABS、PC、PVC掺混制得的合金，价格适宜，性能良好，可用于建材、家电。

【安全性】 纸塑复合袋包装，25kg/袋，贮放于阴凉、通风干燥处，防止日晒雨淋，远离火源，可按非危险品运输。

【生产单位】 美国ARCO公司，日本积水化成公司。

Bd015 SBS树脂

【英文名】 SBS resin

【结构式】 SBS树脂是苯乙烯与丁二烯的嵌段共聚物（styrene-butadiene block copolymer）。在丁二烯两端存在苯乙烯、丁二烯无规成分。其结构式为：

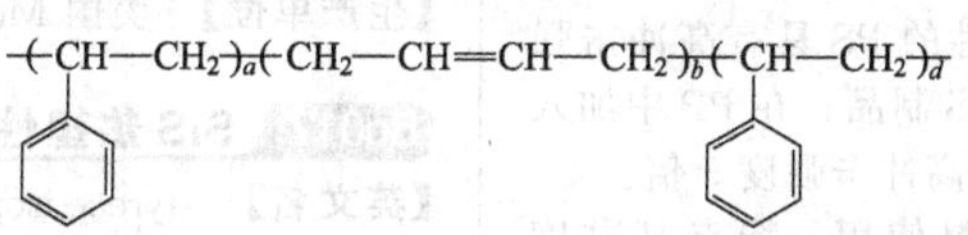

其中，苯乙烯的含量为30%～40%。两端苯乙烯的数均分子量1万～1.5万，中间聚丁二烯的数均分子量5万～10万。

【性质】 SBS树脂具有两相结构，分散相为苯乙烯树脂，连续相为聚丁二烯弹性体。在常温下具有塑料性能的苯乙烯分散相成为物理交联点，使SBS树脂具有一般硫化橡胶的性能，但无共价键交联结构，可溶于某些溶剂。在高温下，物理交联点熔融而不再存在，从而可以进行注射和挤出成型。成型品冷却后，分散相又恢复物理交联作用。其一般性能如下。

SBS 树脂的一般性能

项　目	数　值
熔体流动速率/(g/10min)	5～10
玻璃化温度/℃	9～100
脆性温度/℃	＜－60
维卡软化点/℃	60～75
拉伸强度/MPa	31.8
断裂伸长率/%	880
300%定伸强度/MPa	2.8
永久形变/%	10～30
热导率/[W/(m·K)]	0.15
比热容/[J/(g·℃)]	1.9～2.1
热膨胀系数/K^{-1}	(13～13.7)×10^{-5}
密度/(g/cm^3)	0.94

【成型加工】 SBS 树脂可采用注塑、挤出、吹塑、真空成型等方法成型加工。采用注塑成型时，进料段温度 200～225℃，中间段温度 215～230℃，喷嘴温度 230～260℃，模温 50～63℃，注射压力 69～103Mh，螺杆背压 0.7～3.4Mh，注塑周期 0.5～1min。

【用途】 SBS 挤出或模塑料适宜制造兼有弹性、硬度、耐磨性好的制品，如小型车辆及自行车的内胎与外轮，管子，各种鞋底，鞋面材料，运动用具，电线包皮和泡沫塑料制品。SBS 制品不含硫化剂，可用于医疗器具，食品用具等方面。SBS 可与沥青、PS、聚烯烃掺混改性，提高其冲击强度。如 SBS 改性的 PS 具有高冲击强度，可代替某些 ABS 制品；在 PP 中加入 17%SBS 可使 PP 提高冲击强度 5 倍。

SBS 可作为涂料使用，特点是黏度低，易涂布，能得到较厚涂层。SBS 加入适当的助剂，可制成热熔胶和压敏胶。

主要产品有英国壳牌公司的 Kraton1107，3204，5119，G7720；美国 Naugatuch 公司生产的 Naugapol KA；日本旭化成工业公司生产的タフプレソ；日本弹性体公司生产的ソルプレソ等。

【安全性】 纸塑复合袋包装，25kg/袋，贮放于阴凉、通风干燥处，防止日晒雨淋，远离火源，可按非危险品运输。

【生产单位】 日本旭化成工业公司，美国 Naugatuch 公司，日本弹性体公司。

Bd016 聚对甲基苯乙烯

【英文名】 Polyparamethylslyrene；PPMS

【结构式】 聚对甲基苯乙烯（PPMS）是对甲基苯乙烯的聚合物、硬质、透明，具有热塑性。其结构式为：

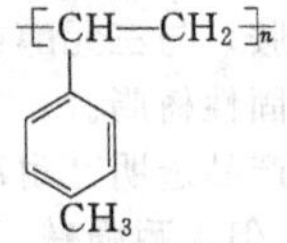

【性质】 PPMS 树脂是以 97% 的对位甲基苯乙烯和 3% 的间位甲基苯乙烯的混合物为原料，采用本体、溶液、悬浮或乳液法聚合而制得。该树脂密度比 GPPS 轻 4%，且具有较高的耐热性，玻璃化温度比 GPPS 高 11℃，维卡耐热高 7℃，热变形温度高 6℃。其主要性能如下。

【用途】 PPMS 价格低廉，性能优良，不仅能部分代替 GPPS，用于包装和家用电器方面，还可代替丙烯酸酯，用于灯具、照明器材方面的灯罩。

【安全性】 纸塑复合袋包装，25kg/袋，贮放于阴凉、通风干燥处，防止日晒雨淋，远离火源，可按非危险品运输。

【生产单位】 美国 Mobil 公司。

Bd017 SIS 热塑性嵌段共聚物

【英文名】 styrene-isoprene block copolymer

【结构式】 SIS 热塑性嵌段共聚物是苯乙烯与异戊二烯的三嵌段线型共聚物，它含有玻璃状聚合物（聚苯乙烯）和橡胶状聚合物（聚异戊二烯）的分子设计产物，具有高弹性和热塑性，外观为乳白色大颗粒。其结构式为：

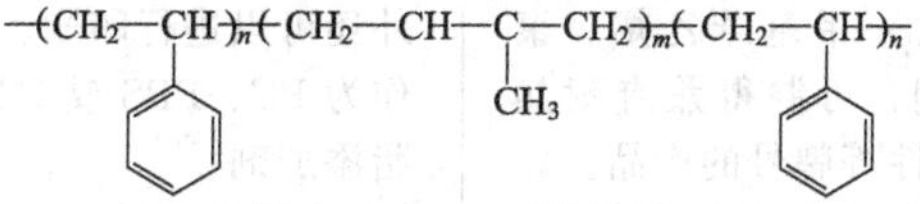

n 为 1 万～2 万，*m* 为 6 万～10 万，总分子量为 10 万～20 万。

【性质】 SIS 的热性能与 SBS 相近，软段中同样存在不饱和双键，致使耐热和耐候性较差。其力学性能与硫化胶属于同一数量级，具有高拉伸强度、伸长率和表面摩擦的高弹性体；与塑料相比，拉伸后的永久变形小，曲挠性好。其应力值基本取决于聚苯乙烯含量及其分子量，若聚苯乙烯分子量较低时，拉伸强度对聚苯乙烯分子量十分敏感，产物拉伸强度下降 50%；当聚苯乙烯分子量为 5000～6000 时与聚异戊二烯已相溶，聚苯乙烯微区已不复存在。SIS 中苯乙烯含量为 10%～30%时，有最佳的橡胶性能和薄膜透明性；为 15%～25%时，有优异的热熔压敏粘接性。SIS 的流动性好于 SBS，具有更佳的内增韧性。

SIS 可采用单官能团引发剂三步加料法、双官能引发剂两步加料法、偶联法、单官能团引发剂两步加料法和双官能团引发剂一步加料法等方法合成。

SIS 的一般性能如下。

SIS 热塑性嵌段共聚物的一般性能

项　目	数　值
苯乙烯质量分数/%	15～3.0
熔体流动速率/(g/10min)	5
玻璃化温度/℃	－155，＋100
脆化温度/℃	＜－60
使用温度/℃	－51～120
拉伸强度/MPa	21.4
伸长率/%	1300
300%定伸强度/MPa	0.7
永久性变形/%	5～10
热导率/[W/(m·K)]	0.15
比热容/[J/(g·℃)]	1.9～2.1
热膨胀系数/K^{-1}	$(13～13.7)\times10^{-5}$
密度/(g/cm^3)	0.92

【成型加工】 SIS 的熔体粘度较低，流动性好，易加工，易共混，能与众多的增黏剂和增塑剂缔合，成为较好的瞬粘剂。

【用途】 主要用作黏合剂、涂料、塑料改性剂等方面。作为热熔压敏胶的主体材料，可制包装袋，耐油标签，书籍装订料，卫生材料，汽车内装件，蔬菜捆束带等。也可用作树脂改性及沥青改性剂，嵌缝料及腻子等。

主要产品有美国壳牌公司的 KratonD1107、Kraton 1111、Cariflex TR1107；美国菲利浦公司的 Solprene-418；日本旭化成公司的 Tutprene-A；日本端翁公司的 Quintac，埃克森-道化学公司的 Vector，ENI 公司的 Europrene 等。

【安全性】 见 Bd001。纸塑复合袋包装，25kg/袋，贮放于阴凉、通风干燥处，防止日晒雨淋，远离火源，可按非危险品运输。

【生产单位】 常州化工厂，哈尔滨化工四厂，吉安化工厂，长春市化工三厂，青浦县红旗五金塑料厂等。

Bd018 硅橡胶改性 SAN 共聚物

【英文名】 The modified copolymer of styrene-acrylnitrie

【性质】 硅橡胶改性 SAN 共聚物是侧链带有聚合性官能团的聚有机硅氧烷接枝在苯乙烯-丙烯腈上的热塑性树脂，是具有优良成型加工性和尺寸稳定性的苯乙烯系滑动性材料。其一般性能与 ABS 树脂相似，但具有 ABS 树脂的不具有的滑动性，由于存在低动摩擦系数的硅橡胶粒子（直径 ϕ3mm×10m）相，使其与其他塑料或金属摩擦时表现出良好的耐磨性。与聚甲醛和聚酰胺树脂相比，又有较好的成型加工性和尺寸稳定性。

若在制造中加入 o-甲基苯乙烯、聚醚类聚酸酯或阻燃剂，可制得兼有耐热性、抗静电性或阻燃性等牌号的产品。

日本合成橡胶公司开发了该新品种，其商品名为 JSR-SX 树脂。产品牌号有 SXA105、SXB105、SXE105；SXA407、SXE407；SXH105、SXH107；SXN476、SXNH476。

【用途】 可用作打字机轴承、滑轮部件，打印机压磨板，送纸架部件，音响设备的音频键、滑杆、开关等部件，电话机按钮，移动电话电源接头，除尘器部件。此外还可以进行印刷、涂饰等二次加工，可作为 PC、PPS 或 PTFE 等工程塑料的树脂添加剂。

【安全性】 纸塑复合袋包装，25kg/袋，贮放于阴凉、通风干燥处，防止日晒雨淋，远离火源，可按非危险品运输。

【生产单位】 北京燕山石油化工公司化工一厂，巴陵石油化工公司，大连氯酸钾厂，河南开封化工厂，常州化工厂，哈尔滨化工四厂，吉安化工厂，长春市化工三厂等。

Be ABS系树脂类

1 ABS树脂定义

ABS树脂是由丙烯腈（A）、丁二烯（B）和苯乙烯（S）组成的三元共聚物，是苯乙烯系列树脂中发展与变化最大的品种。苯乙烯赋予树脂刚性、电性能、易加工性及表面光泽性；丁二烯赋予树脂韧性及低温抗冲性；丙烯腈则赋予树脂耐化学性、耐候性、耐热性及拉伸强度。在电子电气、仪器仪表、汽车、建材工业和日用制品等领域获得广泛的应用。近年来，随着我国国民经济的高速增长，ABS树脂的生产和消费也呈现飞速发展的态势，但目前我国ABS树脂的生产能力和产量还不能满足国内实际生产的需求，每年都得大量进口，开发利用前景广阔。

2 ABS树脂化学和物理特性

ABS是由丙烯腈、丁二烯和苯乙烯三种化学单体合成的。每种单体都具有不同特性：丙烯腈有高强度、热稳定性及化学稳定性；丁二烯具有坚韧性、抗冲击特性；苯乙烯具有易加工、高光洁度及高强度。从形态上看，ABS是非结晶材料。三中单体的聚合产生了具有两相的三元共聚物，一个是苯乙烯-丙烯腈的连续相，另一个是聚丁二烯橡胶分散相。ABS的特性主要取决于三种单体的比率以及两相中的分子结构。这就可以在产品设计上具有很大的灵活性，并且由此产生了市场上百种不同品质的ABS材料。这些不同品质的材料提供了不同的特性，例如从中等到高等的抗冲击性，从低到高的光洁度和高温扭曲特性等。

ABS材料具有超强的易加工性，外观特性，低蠕变性和优异的尺寸稳定性以及很高的冲击强度。

3 ABS树脂的结构、特点与成型加工

3.1 ABS树脂的结构

丙烯腈-丁二烯-苯乙烯树脂（ABS树脂）是丙烯腈（A）、丁二烯（B）和苯乙烯（S）的三元共聚物，具有坚韧、质硬、刚性好等均衡综合性能，是一种大宗量的通用型工程热塑性塑料，也是苯乙烯系树脂的重要品种之一。其结构式为

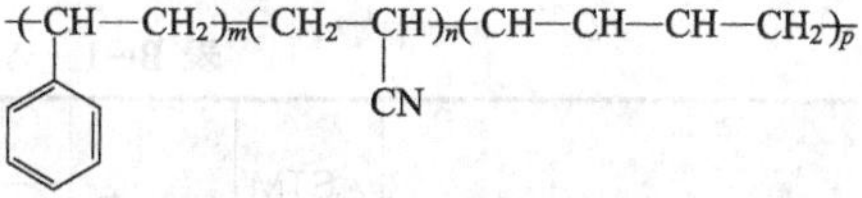

其中，$m=0.4\sim0.7$，$n=0.2\sim0.3$，$p=0.05\sim0.4$。

ABS树脂是由苯乙烯、丙烯腈和丁二烯三种单体，通过乳液接枝法、乳液接枝掺混法或本体法等聚合工艺，制得的一种非晶态、不透明的三元共聚物，通常含有各种添加剂组分，一般为浅象牙色或经过预染色或掺有浓缩色母粒料的粒状或珠状树脂。

ABS是一种三组分组合的聚合物，

具有以弹性体为主链的接枝共聚物和以树脂为主链的接枝共聚物的两相不均匀系结构。这使其兼有丙烯腈的高度化学稳定性、耐油性和表面硬度，丁二烯的韧性和耐寒性，苯乙烯的良好介电性、光泽和加工性等综合性能。橡胶粒径和分布对ABS树脂的物理性能起着重要的作用。小粒径橡胶可改善制品光泽；大粒径橡胶可提高树脂的韧性，但使光泽变差。分子量也是决定树脂的物理性能的主要因素。分子量增加，材料的强度提高，但加工性能下降。

3.2　ABS树脂的特点

ABS树脂为无定形聚合物，无明显溶点，熔融温度为221～245℃，热分解温度为270℃，无毒，无臭，耐热，耐冲击，极好的低温抗冲击性能、尺寸稳定性、电性能、耐磨性、成型加工性和机械加工性；耐候性较差；可燃，燃烧时火焰呈黄色黑烟，有特殊臭味，但不滴落；热变形温度较低；热膨胀系数小，成型收缩率小；易着色，与极性树脂有良好相容性。

ABS树脂热稳定性较好，但成型温度大于250℃以上时，树脂中的橡胶相会有破坏倾向，性能出现下降。ABS树脂的熔体黏度适中，其流动性低于GPPS和尼龙等塑料，但高于PVC、PC，并且熔体的冷却固化速率较快。提高料筒温度和成型压力，可改善其熔体流动性。

ABS树脂通过改变三种单体的比例和采用不同的聚合方法，可制得各种规格的产品，其结构有以弹性体为主链的接枝共聚物和以树脂为主链的接枝共聚物。一般三种单体的比例范围大致为丙烯腈25%～30%、丁二烯25%～30%、苯乙烯40%～50%。ABS树脂为浅黄色粒状或珠状树脂，熔融温度为217～237℃，热分解温度为250℃以上，无毒、无味、吸水率低，具有优良的综合物理-力学性能、优异的低温抗冲击性能、尺寸稳定性、电性能、耐磨性、抗化学药品性、染色性，成型加工和机械加工较好。ABS树脂耐水、无机盐、碱和酸类，不溶于大部分醇类和烃类溶剂，而容易溶于醛、酮、酯和某些氯代烃中。ABS树脂热变形温度较低，不透明，可燃，耐候性较差。ABS树脂可与多种树脂配混成共混物，如PC/ABS、ABS/PVC、PA/ABS、PBT/ABS等，产生新性能和新的应用领域，如：将ABS树脂和PMMA混合，可制造出透明ABS树脂。其基本性能见表Be-1。

表 Be-1　ABS 的基本性能

性能		ASTM测试法	挤出级	阻燃级,模塑与挤出			ABS/PC注射与挤出	注射级	
				ABS	ABS/PVC	ABS/PC		耐热	中等冲击强度
力学性能	悬臂梁冲击强度(3.18mm厚有缺口的试样)/(J/m)	D256A	96.3～642	160.0～640.0	348.0～562.0	219.0～562.0	342.0～562.0	107.0～348.0	160.0～321.0
	洛氏硬度(R)	D785	R73～115	R100～120	R100～106	R117～119	R111～120	R100～115	R107～115
	收缩率/(cm/cm)	D955		0.004～0.008	0.003～0.005	0.005～0.007	0.005～0.008	0.004～0.009	0.004～0.009

续表

性能		ASTM测试法	挤出级	阻燃级,模塑与挤出			ABS/PC注射与挤出	注射级	
				ABS	ABS/PVC	ABS/PC		耐热	中等冲击强度
力学性能	拉伸断裂强度/MPa	D638	17.5～56	35～56	43	47～65	50～52	35～52	39～52
	断裂伸长率/%	D638	20～100	5～25		50	50～65	3～30	5～25
	拉伸屈服强度/MPa	D638	30～45	28～52	40	59～63	25～60	36～49	35～46
	压缩强度(断裂或屈服)/MPa	D695	36～70	46～53		78～80		51～70	13～87.5
	弯曲强度(断裂或屈服)/MPa	D790	28～98	63～98	64～67	84～95	84～95	67～95	50～95
	拉伸弹性模量/GPa	D638	0.91～2.8	2.2～2.8	2.28～2.3	2.6～3.2	2.5～2.7	2.1～2.5	2.1～2.8
	压缩弹性模量/GPa	D695	1.05～2.7	0.91～2.2		1.61		1.3～3.08	1.4～3.15

ABS的主要缺点是：不透明，不耐天候老化和阻燃性能差，阻燃性可以通过加入阻燃剂或与PVC共混来改善，但此时却降低了易加工性。ABS广泛用来制作设备外壳（例如电话机、电视机和计算机），并默认了这些缺点。下图示出了ABS的重复结构。

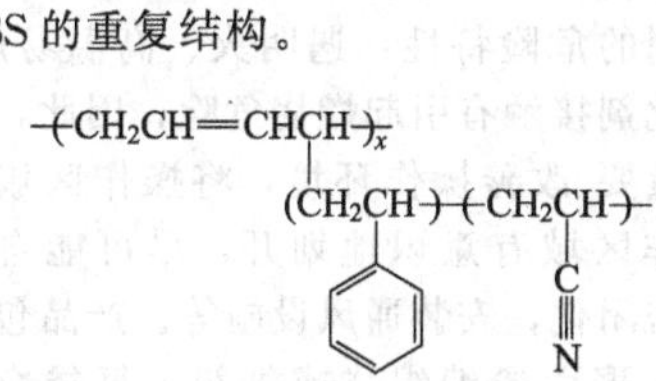

3.3　ABS树脂成型加工

ABS材料具有超强的易加工性，外观特性，低蠕变性和优异的尺寸稳定性以及很高的冲击强度。

ABS对多种加工方法（注射成型、挤出、热成型、加压模塑和吹塑）的适应性连同它的力学性能，致使ABS获得广泛地应用。ABS的应用包括汽车的各种防护罩和外壳、电冰箱衬里、无线电外壳、计算机外壳、电话机、商用机器和电视机外壳。

注塑模工艺条件　干燥处理：ABS材料具有吸湿性，要求在加工之前进行干燥处理。建议干燥条件为80～90℃下最少干燥2h。材料温度应保证小于0.1%。

熔化温度：210～280℃；建议温度：245℃。模具温度：25～70℃。（模具温度将影响塑件光洁度，温度较低则导致光洁度较低）。

注射压力：500～1000bar（1bar＝10^5Pa）。

注射速度：中高速度。典型用途汽车（仪表板、工具舱门、车轮盖、反光镜盒等），电冰箱，大强度工具（吹风机、搅拌器、食品加工机、割草机等），电话机壳体，打字机键盘，娱乐用车辆如高尔夫球手推车以及喷气式雪橇车等。

Be001 透明 ABS 树脂

【别名】 甲基丙烯酸甲酯、丙烯腈、丁二烯和苯乙烯的共聚物

【英文名】 glassy ABS resin

【结构式】

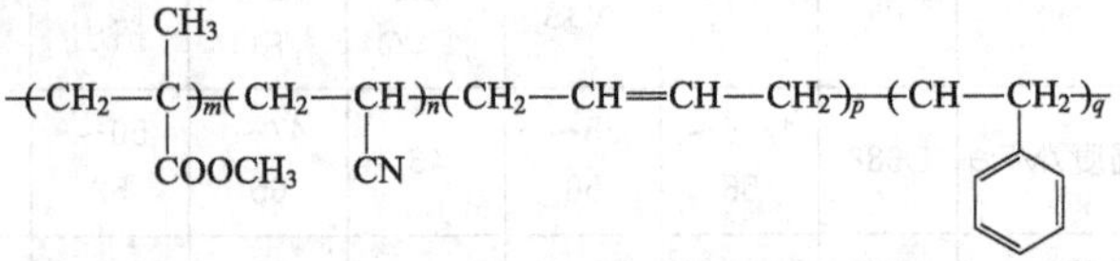

【性质】 ABS 树脂具有优良的透光性，透光率可达 85%，力学性能优于 MBS，低温冲击性好，抗弯强度和表面硬度均较高，缺口冲击强度高，所得制品有较大的扭转刚性。

【制法】 XABS 树脂通常由两种共聚物共混制成。第一种共聚物是由甲基丙烯酸甲酯、苯乙烯和丙烯腈的乳液共聚物，第二种共聚物是由聚丁二烯、甲基丙烯酸甲酯、苯乙烯和丙烯腈的乳液共聚物，按一定比例将两者混合，再加入一定的添加剂，在排气式挤出机中混炼，制得成品中的丁二烯含量 5%～30%。其典型性能如下。

注塑级 XABS 的典型性能

项　目	测试方法 ASTM	数　值
熔融温度/℃		120
加工温度范围/℃		235～260
线性模塑收缩/(cm/cm)		0.009～0.067
断裂抗张强度/MPa	D 638	34
断裂伸长率/%	D 638	20
拉伸屈服强度/MPa	D 638	48
弯曲强度/MPa	D790	69
弯曲模量(23℃)/GPa	D 790	2.0
缺口冲击强度/(J/m)	D 256	82～109
洛氏硬度(R)	D 785	94
线胀系数/K^{-1}	D 696	$(3.3\sim7.2)\times10^{-5}$
热变形温度(1.82MPa)/℃	D 648	90
相对密度	D 792	1.08
吸水性 24h/%	D 570	0.35

【成型加工】 XABS 树脂可参照 MBS 树脂的加工方法进行注射、挤出、模压成型。

【用途】 XABS 树脂主要用于制造汽车部件、家庭日用品、装饰品、透明制品、容器、冰箱用食品盘、电视机配件。照明灯具壳、透明电动工具、玩具等。电镀、热镀和真空金属喷镀等两次加工后的制品，可代替某些金属制件。典型产品有日本合成橡胶公司的 JSR-ABS53，德国巴斯夫公司的 XABS Ku5004R，德国拜耳公司的 XABS，美国 Borg-Warner 公司的 Cycolac CTB 等。

【安全性】 树脂的生产原料对人体的皮肤和黏膜有不同程度的刺激，可引起皮肤过敏反应和炎症；同时还要注意树脂粉尘对人体的危害，长期吸入高浓度的树脂粉尘，会引起肺部的病变。大部分树脂都具有共同的危险特性：遇明火、高温易燃，与氧化剂接触有引起燃烧危险，因此，操作人员要改善操作环境，将操作区域与非操作区域有意识地划开，尽可能自动化、密闭化，安装通风设施等。产品包装外层为聚丙烯编织袋或纸箱，每袋净重 25.00kg±0.25kg。产品应在清洁干燥的仓库内贮存，可用火车、汽车、船舶等运输。贮运过程中应注意防火、防水、防晒、防尘和防污染等。运输时应贮放在清洁有顶棚的车厢内，不得与易燃的芳香烃、卤代烃等有机溶剂混运，装卸时切不可用铁钩。

【生产单位】 大庆石化总厂，兰州石化公

司合成橡胶厂，吉化集团，上海锦湖日丽塑料有限公司，镇江奇美化工有限公司，镇江国亨化学工业有限公司，宁波甬兴化工有限公司。

Be002 ABS 树脂

【别名】 通用聚苯乙烯

【英文名】 ABS resin

【结构式】

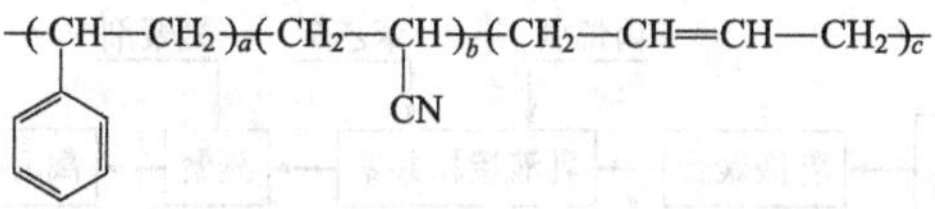

式中，$a=0.4\sim0.7$；$b=0.2\sim0.3$；$c=0.05\sim0.4$。

【性质】 ABS 树脂为非晶态、不透明的三元共聚物，一般为浅黄色粒料或珠状料，它具有三种组分带来的优点，是一种具有坚韧、质硬、刚性好的材料。丙烯腈赋予 ABS 树脂的化学稳定性、耐油性、一定的刚性和硬度；丁二烯使其韧性、冲击性和耐寒性有所提高；苯乙烯使其具有良好的介电性能和光泽，并呈现良好的加工特性。

ABS 树脂的熔融温度为 190～240℃，热分解温度＞250℃。产品具有良好的尺寸稳定性，模塑收缩率小。具有优良的综合物理力学性能，无毒、无臭，耐热、耐冲击，特别是低温冲击性好；电性能、耐磨性、化学稳定性好；耐水、无机盐、碱和酸类；不溶于大部分醇类和烃类溶剂，而易溶于醛、酮、酯和某些氯代烃中；耐候性较差，可燃，热变形温度较低。

ABS 树脂的一般物理力学性能如下。

相对密度	1.03～1.07		
拉伸强度/MPa	34.3～49		
伸长率/%	20～40		
弯曲强度/MPa	58.8～78.4		
弯曲弹性模量/GPa	1.76～2.94		
Izod 冲击强度/(J/m)	超高冲击型	高冲击型	中冲击型
23℃	362.6～460.6	284.2～33.2	186.2～215.6
0℃	254.8～352.8	88～265	59～167
－20℃	147～235.2	117.6～147	58.6～78.4
－40℃	117.6～156.8	98～117.6	39.2～58.8
洛氏硬度(R)	62～118		
热变形温度(1.82MPa)/℃	87		
燃烧性(UL-94)	HB		
成型收缩率/%	0.5～0.7		
熔体流动速率/(g/10min)	1～5		
体积电阻率/Ω·cm	$(1.05\sim3.60)\times10^{16}$		
介电常数(10^3Hz)	2.75～2.96		
耐电弧性/s	66～82		

【制法】 ABS 树脂在工业上的生产方法很多。目前世界上应用最广的仍然是乳液法，而乳液法又可分为乳液接枝和乳液接枝掺混法两大类。其本体-悬浮法仍有一定的实用价值。现简述如下。

1. 浮液接枝法

将丁二烯（或加苯乙烯）在聚合釜中，以合成脂肪酸钾皂为乳化剂，有机过氧化物引发剂，在5～20℃下进行乳液聚合，制得聚丁二烯或丁苯胶乳。再将一定量的乳胶按所需比例加入苯乙烯、丙烯腈、乳化剂、引发剂（过硫酸钾）和调节剂（叔硫醇）于接枝聚合釜中，在60～90℃进行乳液接枝共聚6h便得接枝聚合物胶乳，在此胶乳中加入抗氧剂，在凝聚槽中用食盐水或硫酸凝聚，经分离、洗涤、干燥、造粒而得ABS树脂产品。其简单工艺流程示意如下。

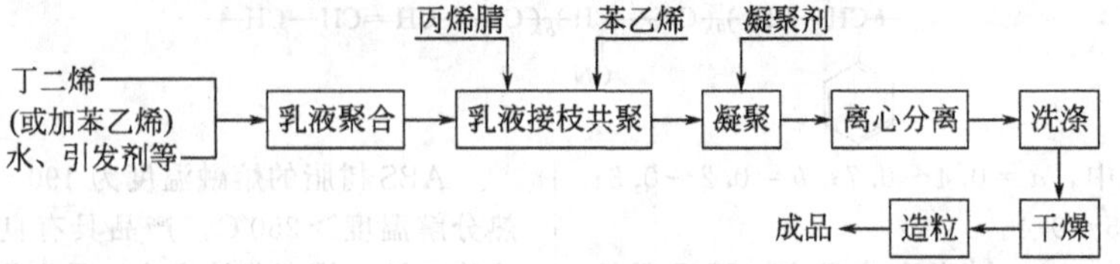

2. 乳液接枝掺混法

将乳液接枝法制得的PB胶乳，与苯乙烯和丙烯腈制得AS胶乳进行掺混后，经凝聚水洗、离心分离、干燥、造粒即得ABS树脂产品。用聚丁二烯胶乳乳液接枝共聚制得的ABS粉料，与用悬浮聚合法制得AS粒料和各种添加剂掺混制得的ABS树脂产品，是国外工业生产上常采用的方法。其简单工艺流程如下所示。

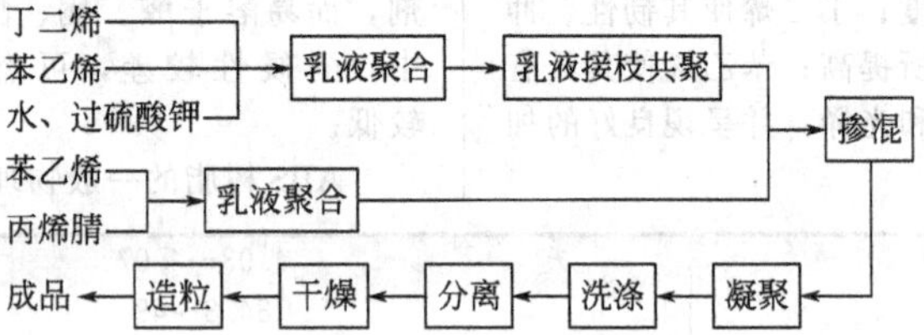

3. 本体-悬浮法

先将聚丁二烯（或丁苯）橡胶，溶于苯乙烯和丙烯腈单体中，进行本体预聚合。当聚合转化率达到20%～40%且出现相转变后，将其转入含有水悬浮聚合釜中进行悬浮聚合，聚合反应结束后，经离心脱水、洗涤、干燥即得产品。其简单工艺流程如下所示。

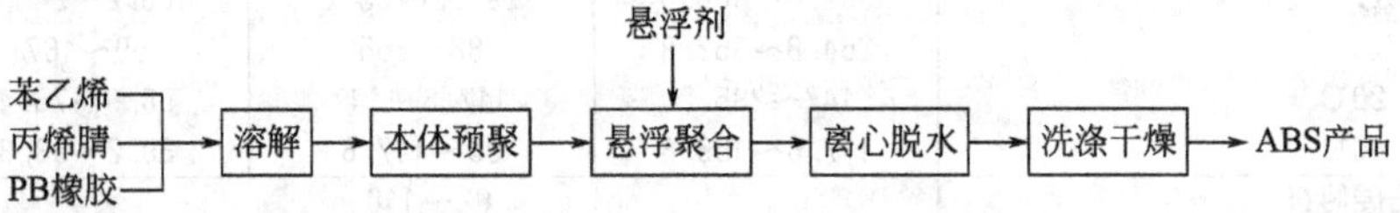

根据ABS中三个单体的特性，通过调节各单体构成比例、分子量、添加助剂的方法，可生产满足不同客户要求的各种ABS牌号。理论上，ABS的组成可以作出无限变化，但通常在A/B/S=(20～30)/(5～40)/(40～70)的范围内，可作出实用性的性质。

如通过控制ABS中橡胶相的含量（较低）、粒径（较小）、AN含量、分子量（较低），可以制得高光泽ABS；提高橡胶含量、分子量，可以制得耐寒、高冲击ABS；提高熔体强度（分子量），可以制得吹塑级ABS。

【消耗定额】

名称	乳液接枝法/(kg/t)	乳液接枝掺混法/(kg/t)	本体-悬浮法/(kg/t)
苯乙烯	741	730	870
丙烯腈	260	250	158
丁二烯	360	170	—
顺丁橡胶	—	—	80

【质量标准】 GB 12672—90。

【成型加工】 ABS树脂为无定形聚合物，具有很好加工性能。不仅可用注塑、挤塑、压延、吹塑、真空和发泡等一般成型加工方法加工，还可用冷成型加工法加工。但不可用压缩成型和传递模塑法成型加工，也不宜用热熔法或铸制法。因ABS树脂吸湿性小，在一般情况下不需进行干燥即可用于成型加工，若干燥后加工则制品表面光泽更好。

注塑成型时，物料温度控制在200～240℃，注塑压力50～100MPa，模具温度40～80℃。成型后制品可在红外灯或鼓风烘箱内于70℃处理2～4h，退火以清除内应力。挤塑成型时料筒前部温度170～180℃，中部180～220℃，机头温度180～220℃，口模温度180～210℃，螺杆长径比18～20，压缩比2.5～3.0。

ABS塑料可用火焰和ABS焊条焊接，或用10%的ABS-甲乙酮溶液进行粘接，也可进行钻、锯、切、车、铣等机械二次加工。其制件表面极易进行电镀和印刷。

上海锦湖日丽ABS成型加工参考条件如下。

① 注塑成型如下。

指标名称		中冲击良流动	高刚性	电镀级	超高冲击	耐热型
预干燥	温度/℃ 时间/h	80～85 2～4	80～85 2～4	80～85 2～4	80～85 2～4	85～90 2～4
料筒温度/℃ 注塑压力/MPa 模具温度/℃ 注塑速度		190～250 70～110 40～80	180～250 60～110 40～80	220～250 70～110 40～80 慢速	200～250 70～110 40～80	220～260 70～110 40～80

② 挤塑成型如下。

条件	温度
料斗侧筒体温度/℃	160～180
中间筒体温度/℃	180～220
模头温度/℃	180～220

③ 真空成型对已加工好的板材，成型温度以120～170℃为好。

【用途】 可用于日用品、电气、仪表外壳、玩具、灯具、家用电器、文具、化妆品容器、室内外装饰品、果盘、光学零件（如三棱镜、透镜）透镜窗镜和模塑、车灯、电信配件，电频电容器薄膜，高频绝缘材料、电视机等集装箱、波导管，化工容器等。悬浮聚合树脂可制成不同密度的泡沫塑料，用作绝热、隔声、防震、漂浮、包装材料，软木代用品，预发泡体可作水过滤介质及制备轻质混凝土，低发泡塑料可制成合成木材做家具等。

【安全性】 纸塑复合袋包装，25kg/袋，贮放于阴凉、通风干燥处，防止日晒雨淋，远离火源，可按非危险品运输。

【生产单位】 上海锦湖日丽塑料有限公司，兰州石化公司合成橡胶厂，宁波甬兴化工有限公司，镇江奇美化工有限公司，镇江国亨化学工业有限公司，吉化集团，大庆石化总厂。

Be003 AES树脂

【别名】 EPSAN树脂；乙烯-丙烯-苯乙烯-丙烯腈共聚物

【英文名】 AES resin

【结构式】

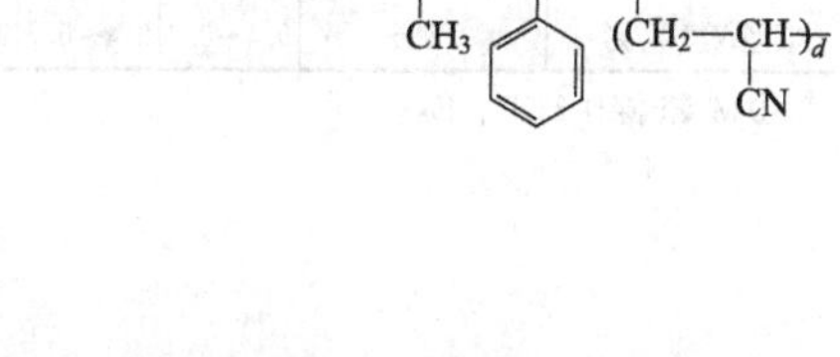

【性质】 AES主要为改善ABS耐候性而开发，与ABS相比，AES树脂中的橡胶主链不是聚丁二烯，而换成了EP（二元乙丙橡胶）或EPDM（三元乙丙橡胶），由于使用了不含双键（或很少）的稳定性橡胶，从根本上解决了ABS耐候性差的缺点，其耐老化性，耐候性大约是ABS的4～8倍。AES不仅耐候性极佳，由于EPDM橡胶相T_g低，因此，其耐低温性也非常好，优于ASA树脂。在AES的组分中，丙烯腈贡献了良好的耐化学品性、光泽、硬度；苯乙烯贡献了刚性，加工性。AES综合性能如下。

项　　目	挤出级	注塑级	项　　目	挤出级	注塑级
密度/(g/cm³)	1.034	1.042	弯曲强度/MPa	69	79
MFR/(g/10min)	0.2	1.8	洛氏硬度(R)	100	105
吸水性/%	0.20	0.19	体积电阻率/Ω·cm	10^{15}	10^{16}
燃烧性/(mm/min)	25.4		介电常数		
热变形温度/℃	89	86	1kHz	2.79	
冲击强度/(kJ/m²)			1MHz	2.70	
23℃	50	34	介电损耗角正切		
−40℃	8.6	8.6	1kHz	0.006	
拉伸强度/MPa	40	44	1MHz	0.008	

上海锦湖日丽AES技术指标

项目	试验项目 ASTM		AES					AES/PC合金		
			HW600G 通用级	HW501HI 高冲击	HW502HF 高流动	HW610HT 高耐热	HW603E 挤出级	HEC 0245 注塑高流动	HEC 0255B 挤出真空成型	HEC 0275 注塑高耐热
拉伸强度/MPa	D538		55	50	52	55	50	53	47	52
伸长率/%	D638		22	25	22	25	45	>50	85	100
弯曲强度/MPa	D790		66	62	65	70	60	70	64	82
弯曲模量/MPa	D790		2300	2200	2300	2400	2200	2000	1900	2400
洛氏硬度(R)	D785		105	103	104	106	102	115	108	120
Izod冲击强度(缺口)/(J/m)	D256	3.2mm	130	220	110	110	300	450	650	700
		6.4mm	150	100	100	100	250	300	550	550
热变形温度(1.82MPa)/℃	D648		90	87	89	97	87	100	103	115
MFR/(g/10min)	D1238	200℃,5kg	2.2	1.6	4.0	1.5	0.8	16①	10①	13①
		220℃,10kg	20.0	15.0	38.0	12.0	12.0			
密度/(g/cm³)	D792		1.04	1.04	1.04	1.04	1.04	1.12	1.13	1.15
成型收缩率/%	D955		0.4～0.7	0.4～0.7	0.4～0.7	0.4～0.7	0.4～0.7	0.4～0.7	0.4～0.7	0.4～0.7

① MI测试条件230℃，10kg。

日本大科能（Tehlo PolynlerAES）技术指标

物性项目	试验方法	TECHNO AES W200 良流动	TECHNO AES W210 中冲击	TECHNO AES W220 高冲击	TECHNO AES W240 耐热	TECHNO AES W245 高耐热	TECHNO AES W250 超耐热	AES/PC合金 EXCELLOY CW10	AES/PC合金 EXCELLOY CW50
拉伸强度/MPa	ASTM D638	53.9	51.0	39.2	49.0	49.0	52.0	53.9	58.8
弯曲强度/MPa	ASTM D790	90.2	82.4	53.7	82.4	73.5	86.3	83.4	93.2
弯曲模量/MPa	ASTM D790	2750	2550	1960	2450	2450	2600	2300	2500
Izod冲击强度/(J/m)	ASTM D256 JIS K7110	78	118	373	206	196	118	343	490
洛氏硬度(R)	ASTM D785 JIS K7202	R111	R106	R93	R105	R100	R107	R108	R115
MFR/(g/10min)	JIS K7210 220℃测试	43.0	18.0	18.0	15.0	6.3	20.0 (240℃)	50.0 (240℃)	30.0 (240℃)
热变形温度/℃	ASTM D648	92	89	92	95	98	105	105	116
相对密度	JIS K7112 (ASTM D792)	1.05	1.04	1.04	1.04	1.05	1.06	1.11	1.15
成型收缩率%	ASTM D956	0.4～0.6	0.4～0.6	0.4～0.6	0.4～0.6	0.4～0.7	0.4～0.7	0.4～0.6	0.4～0.7

AES在日光照射下非常稳定，即使在室外暴露很长时间，其颜色及物性也变化极小。

制法 AES是二元乙丙橡胶或三元乙丙橡胶与苯乙烯-丙烯腈的接枝共聚物，可采用溶液法聚合，将5.5g EPDM（或EP）橡胶溶于49.5g己烷和28.6g氯苯组成的混合溶剂中，加入苯乙烯和丙烯腈，再加入过氧化氢二异丙苯，加热到115℃，保持22h左右，聚合转化率达92%～95%，总固含量35%，用乙醇使之沉淀，水洗后，加入稳定剂，过滤、干燥即成AES产品。

【成型加工】 AES可按相应品级ABS成型加工工艺加工，热稳定性好，加工过程不易黄变，可用注塑、挤出、压延、吸塑等方法加工成型，成型前通常预干燥，干燥温度80～85℃，时间3～4h。典型的注塑加工工艺：成型温度，后部180～200℃，中部200～230℃，前部200～230℃，喷嘴200～220℃，模具40～80℃；注塑压力50～80MPa。耐热级AES注塑温度相应提高10～20℃左右。

【用途】 主要用于户外用品和无需涂装的高档消费电子产品、办公设备、汽车零部件、典型应用见下表。

用　途	产　品
汽车、摩托车零部件	后视镜外壳、支架、车门饰件、扰流罩、雨水槽、汽车尾翼
电器、电子消费品	空调室外部件
建筑材料	道路标牌、PVC复合板
运动器材及其他	公园桌、摩托车、自行车零件、摩托艇、帆船零件、滑雪板、电瓶车、广告标牌

【安全性】 纸塑复合袋包装，25kg/袋，贮放于阴凉、通风干燥处，防止日晒雨淋，远离火源，可按非危险品运输。

【生产单位】 上海锦湖日丽塑料有限公司，日本出光石油化学公司，日本大科能树脂有限公司。

Be004 ACS树脂

【英文名】 acrylonitrile chlorinated polyethylene-styrene copolymer；ACS

【别名】 丙烯腈-氯化聚乙烯-苯乙烯共聚物

【性质】 丙烯腈-氯化聚乙烯-苯乙烯共聚

物（ACS）是由丙烯腈（A）、氯化聚乙烯（C）和苯乙烯（S）三种组分组成的热塑性树脂。大约每2个乙烯分子中，有1个H为Cl所取代。通常是将苯乙烯和丙烯腈接枝到氯化聚乙烯主链上的三元共聚物。大约丙烯腈占20%，氯化聚乙烯占30%，苯乙烯占50%。

ACS的耐候性优于ABS乃至ASA，与聚碳酸酯相似。由于分子链中含有氯化聚乙烯组分，故易达到难燃性的要求。成型收缩率小，加工性能好。对酸、碱等的耐腐蚀性略优于ABS，但溶解于甲苯、二氯乙烯、乙酸乙酯和丁酮等。ACS还有一定的抗静电性质。

ACS树脂的物理力学性能与三组分的比例、接枝率、分子量大小和分布有关。冲击强度随氯化聚乙烯含量及丙烯腈-苯乙烯共聚物分子量增加而提高；拉伸强度随丙烯腈-苯乙烯共聚物分子量增大而增加，随氯化聚乙烯含量增加而降低；流动性随各组分分子量的增加，特别是随丙烯腈含量的增加而变差。其耐化学药品性和热变形温度则随丙烯腈含量增加而提高。

【制法】

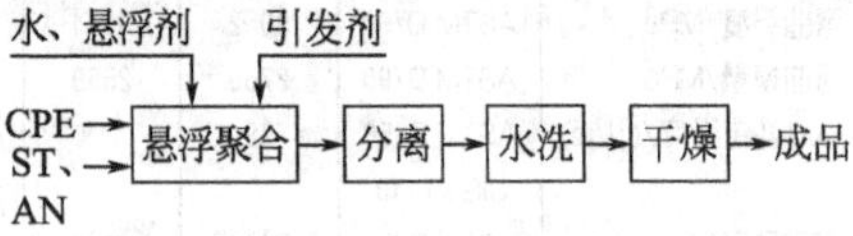

反应式

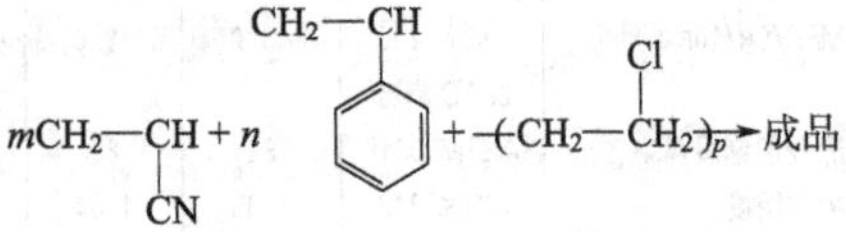

上述三种方法中，由于混炼法性能较差，已不采用。目前各生产厂家多采用悬浮聚合法。

【质量标准】 美国比德尔索耶（Biddle Sawyer）公司产品技术指标

指标名称	测试方法	NF-920(高刚性)	NF-960(高流动)
拉伸强度/MPa	ASTM D638	44	39
拉伸弹性模量/MPa	ASTM D638	2.151	2.068
弯曲强度/MPa	ASTM D790	56.5	49
弯曲弹性模量/GPa	ASTM D790	2.448	2.151
伸长率/%	ASTM D638	50	50
悬臂梁冲击强度(缺口)/(J/m)	ASTM D256	64	128
摆锤冲击强度/J	ASTM D1709	39.3	78.4
洛氏硬度(R)	ASTM D785	106	104
热变形温度(1.82MPa)/℃	ASTM D548	80	77.8

日本昭和电工公司ACS树脂性能

指标名称	GW(通用级)			NF(阻燃级)			
	180	160	120	980	960	920	860
相对密度	1.07	1.07	1.07	1.16	1.16	1.16	1.16
拉伸强度/MPa	32	36	40	35	40	45	34
断裂伸长率/%	40	40	40	50	50	50	50
悬臂梁冲击强度(缺口)/(J/m)	500	120	60	400	120	60	80
热变形温度(1.82MPa)/℃	86	87	88	77	78	80	89
成型收缩率/%	0.4	0.4	0.4	0.4	0.4	0.4	0.4
介电常数(10^3Hz)	3.2	3.1	2.8	3.2	3.1	2.9	3.1
体积电阻率/Ω·cm	2×10^{15}	7×10^{15}	3×10^{15}	3×10^{15}	7×10^{15}	6×10^{15}	4×10^{15}
介电强度/(kV/m)	26	26	26	25	25	25	25
耐电弧性/s	120	120	120	80	80	80	80
阻燃性(UL-94)	HB	HB	HB	V-0	V-0	V-0	V-0

【成型加工】 ACS 的成型加工方法与 ABS 相似，可注塑、挤塑、压延、涂覆、热成型、焊接和印刷等。

由于 ACS 树脂在高温下易分解出 HCl，所以加工温度应低于 ABS 树脂。通常注塑成型时，注塑温度以 190～210℃为宜，不得超过 220℃。日本昭和电工公司不同类型 ACS 树脂加工工艺条件如下。

加工工艺条件	树脂类型					
	HF 高流动	HI 高冲击	HH 耐热	NF 阻燃	TP 透明	HT 高刚性
加工性能	优秀	良好	良好	尚可	良好	良好
压塑温度/℃	180～210	180～210	180～210	180～210	180～210	180～210
注塑温度/℃	170～210	170～210	170～210	170～200	170～200	170～210
注塑压力/MPa	100～155	100～155	100～155	100～155	100～155	100～155
挤塑温度/℃	160～210	160～210	160～210	160～200	160～200	160～210
辊温/℃	145～165	145～165	145～165	145～165	135～155	145～165
成型收缩率/%	0.2～0.3	0.3～0.4	0.2～0.3	0.2～0.3	0.3～0.4	0.3～0.5

【用途】 通用级 ACS 树脂可作冷器设备、洗涤机械和电话机配件，可耐日光直射电器制品材料，车辆配件，建筑材料，农机部件，家具和化妆品盒等。

难燃级 ACS 树脂可作收录机、仪表部件，电器用品、洗涤机、清扫机、家电设备和车辆配件，各种建材，照明器具，广告牌和玩具等。

【安全性】 见 Be001。纸塑复合袋包装，25kg/袋，贮放于阴凉、通风干燥处，防止日晒雨淋，远离火源，可按非危险品运输。

【生产单位】 广州电器科学研究院，常州绝缘材料厂，上海锦湖日丽塑料有限公司，日本昭和电工株式会社。

Be005 MBS 树脂

【英文名】 MBS resin

【别名】 甲基丙烯酸甲酯-丁二烯-苯乙烯共聚物

【结构式】

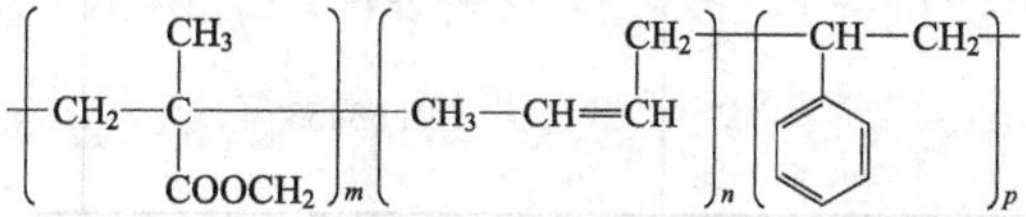

【性质】 MBS 树脂为浅黄色透明粒料，也可通过着色制得半透明和不透明产品。它是聚苯乙烯和 ABS 树脂的改性产品。与聚苯乙烯相比，冲击强度和耐热性有所改善，且有良好的耐寒性，在−40℃下仍有优良的韧性。热变形温度 75～80℃，在 85～90℃仍能保持其足够的刚性。与 ABS 树脂相比，因丙烯腈组分为甲基丙烯酸甲酯所取代，故可制得透明聚合物。透光率达 85%～90%，雾度 6%。常誉称为透明 ABS。且耐紫外线优于 ABS 树脂。耐无机酸、碱、去污液和油脂等化学药品性能良好，但不耐酮类、芳烃、脂肪烃和氯代烃等。其一般物理力学性能如下。

相对密度	1.07～1.11
透光率(3.175mm 厚)/%	90
雾度(3.2mm 厚)/%	6～12
折射率	1.538
拉伸强度/MPa	38.42
悬臂梁冲击强度(缺口)/(J/m)	
普通型	100～150
刚性品	50～70
洛氏硬度(R)	100

续表

线胀系数/(×10⁻⁵/K)	6～8
热导率/[W/(m·K)]	1674.7～2093.4
燃烧速率/(mm/min)	30
热变形温度(1.82MPa)/℃	84
体积电阻率/Ω·cm	2.07×10^{11}
介电强度/(MV/m)	20.2
介电常数	3.21
介电损耗角正切	2.9×10^{-4}

【制法】 MBS树脂的生产方法有乳液接枝和本体-悬浮法等，但以接枝共聚为主。其制法是先将丁苯橡胶的粒径增大到一定程度后，进行接枝共聚，聚合物经凝聚洗涤、脱水干燥即得MBS产品。

工艺流程如下。

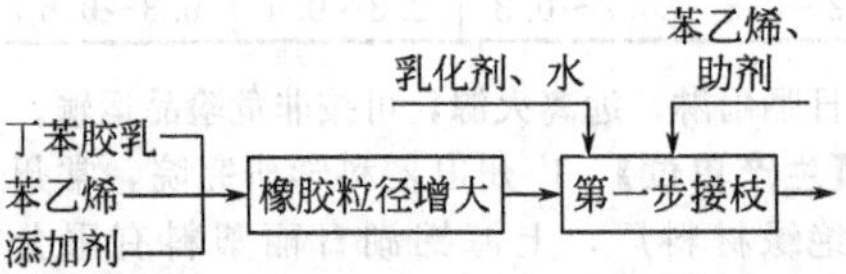

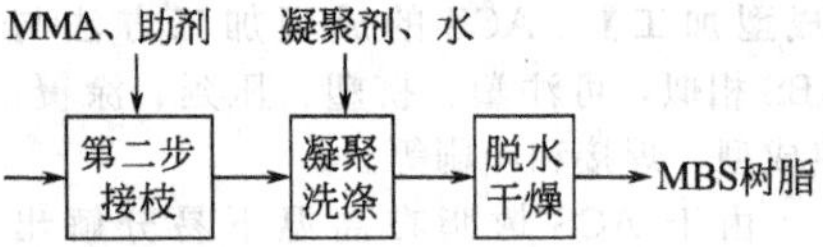

反应式

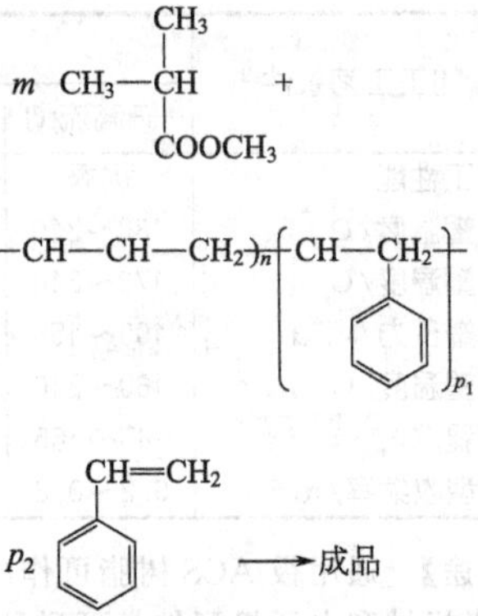

【质量标准】 上海制笔化工厂企业标准

指标名称		测试方法	指　标
密度/(g/cm³)			1.10～1.14
熔体流动速率/(g/min)			1
拉伸强度/MPa	≥	GB 1040—70	40
弯曲强度/MPa	≥	GB 1042—70	60
悬臂梁冲击强度/(kJ/m²)			
缺口	≥	GB 1043—70	16
无缺口	≥		60
布氏硬度	≥	DIN 53456	98
马丁耐热/℃	≥		60

日本电气化学（Den KA）MBS技术指标

项　目	条件	实验法	TH聚合物		NT
			TH-11标准	TH-21 中冲击性	NT-1762 难燃V2
维卡软化点/℃	5kg	JIS K7026	85	85	80
热变形温度/℃	6.4mm，1.82MPa	D548	75	75	70
Izod冲击强度/(J/m)	6.4mm，带缺口	D256	45	65	54
拉伸强度/MPa		D638	47	45	44
弯曲强度/MPa		D790	87	80	77
弯曲模量/MPa		D790	2550	2370	2300

续表

项　目	条件	实验法	TH聚合物		NT
			TH-11 标准	TH-21 中冲击性	NT-1762 难燃 V2
MFR/(g/10min)	200℃,5kg	JIS K6874	6.8	3.0	8.0
相对密度		D792	1.10	1.10	1.15
洛氏硬度	M尺度	D785	56	52	—
全光线透过率/%	2mm	D1003	91.0	91.0	90.0
雾度/%	2mm	D1003	2.0	2.5	3.0
成型收缩率/%	2mm		0.3～0.5	0.3～0.5	0.3～0.5
燃烧性	垂直燃烧性	UL-94	HB	HB	V-2
			(1.5mm)	(1.5mm)	(1.5mm)

【成型加工】 MBS树脂可用注塑、挤塑、吹塑、压塑等法成型，制成管材、板材、膜和片材及各种型材。其片材可方便地进行热成型。注塑成型时注塑温度210～240℃，为了制得表面光泽性最好和透明性良好的制品，模具温度一定要控制在80℃以下，且应将模具表面尽量抛光；挤塑时，料筒温度140～180℃，机头温度为200～220℃。挤塑出的片材可用热板加压处理提高其透明度。

【用途】 ① 透明制品 MBS具有优良的透光率，可应用于透明包装材料，仪表零件、家具、文具、玩具、装饰品、蓄电池、矿灯罩。

② PVC改性剂 MBS树脂与PVC相容性好，可以改善PVC的冲击强度，使冲击性能提高6～15倍，并改善了耐老化性、加工性，因而大量用作硬质PVC的改性剂，几乎所有透明PVC制品都用MBS作改性剂。

③ 食品包装材料 MBS符合FDA标准，因而可用作食品，医药用包装材料。

【安全性】 见Be001。纸塑复合袋包装，25kg/袋，贮放于阴凉、通风干燥处，防止日晒雨淋，远离火源，可按非危险品运输。

【生产单位】 上海制笔化工厂，上海珊瑚有机玻璃制作中心，新加坡吴羽化学私人有限公司，日本电气化学（DenKA）株式会社。

Be006 SAN树脂

【英文名】 SAN resin

【别名】 AS树脂；苯乙烯-丙烯腈共聚物

【结构式】

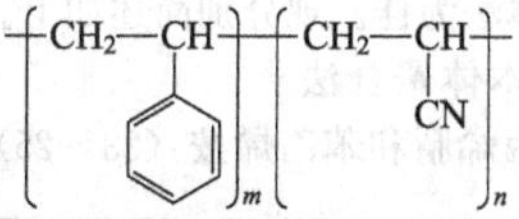

【性质】 SAN树脂为非晶态无色或微黄色透明的颗粒状热塑性树脂。重均分子量17万～21万，相对密度1.07，收缩率0.2%～0.5%，无毒。它是坚固而有刚性的材料，具有良好的尺寸稳定性、耐候性、耐热性、耐油性、抗震动性和化学稳定性。与聚苯乙烯相比，因引入丙烯腈使共聚物冲击性能大为改善，能耐汽油、煤油和芳香烃等非极性物质的侵蚀，耐水、酸、碱、洗涤剂和卤代烃类溶剂等，但能为有机溶剂所溶胀，且溶于酮类。其力学强度优于通用级聚苯乙烯。长期耐光性和热稳定性良好。此外，对应力开裂性能也优于通用级聚苯乙烯。由于SAN含丙烯腈，呈淡黄色，而且成型时由于热作用黄度有增加趋势，所以，许多制造商已推出解决这一问题的蓝色调产品，使外观更美观，SAN 一般物理力学性能如下。

拉伸强度/MPa	61.94～82.71
相对断裂伸长率/%	1.5～3.7
拉伸模量/GPa	2.74～3.82
弯曲强度/MPa	96.43～130.93
Izod 冲击强度/(J/m)	
无缺口	96.0～145.0
缺口	10～20
热变形温度/℃	87～104
体积电阻率/Ω·cm	10^{16}
介电损耗角正切(10^3Hz)	0.007～0.012
折射率	1.56～1.57
吸水率/%	0.2
成型收缩率/%	0.2～0.7
相对密度	1.07
洛氏硬度(M)	90

【制法】 工业上生产 SAN 树脂的方法有本体法、悬浮法和乳液法等。我国所采用的制法为连续本体聚合工艺和悬浮法共聚工艺，且以本体法为佳。现分别简述如下。

1. 本体聚合法

将丙烯腈和苯乙烯按（23～25）:（75～77）的比例加入聚合釜中，以热引发方式进行自由基聚合。一般控制聚合转化率为 50%～60%。聚合结束后进行脱挥、挤出造粒即得产品。其简单工艺流程如下。

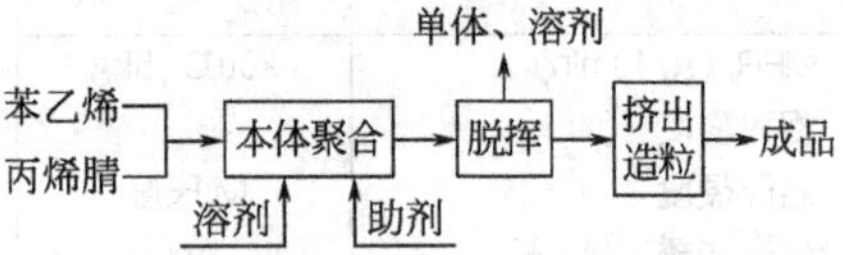

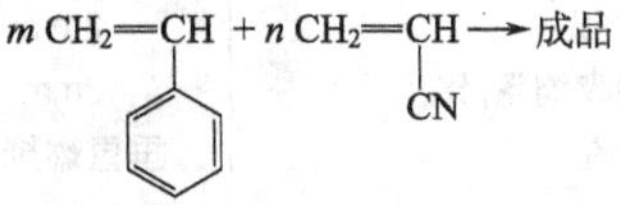

2. 悬浮聚合法

将苯乙烯和丙烯腈置于悬浮聚合釜中，以碳酸镁或磷酸钙为悬浮稳定剂，过氧化苯甲酰为引发剂，于 85～90℃进行悬浮聚合，聚合物经洗涤、干燥、挤出造粒即得产品。其简单工艺流程如下。

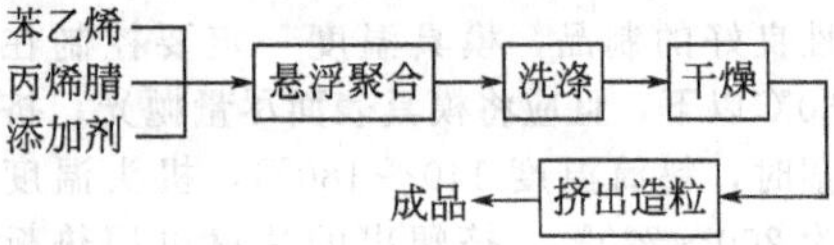

【质量标准】 上海高桥石油化工公司化工厂企业标准

指标名称	类型				测试方法 ASTM
	高流动级(HF)	一般流动级(NF)	高耐热级(HH)	高流动、高耐热高耐化学品级(HC)	
相对密度	1.07	1.07	1.07	1.07	
熔体流动速率/(g/10min)	2.2	1.4	1.4	3.3	D-1238
拉伸强度/MPa	70.6	72.6	76.5	76.5	D-638
拉伸弹性模量/GPa	2.6	2.6	2.7	2.7	D638
悬臂梁冲击强度/(J/m)	21	23	25	25	D256
洛氏硬度(M)	76	76	77	80	D785
热变形温度/℃	83	83	84	84	D-648
伸长率/%	3.2	3.2	3.4	3.4	D638
介电常数(10^6Hz)	2.8	2.8	2.9	2.9	
体积电阻率/Ω·cm	10^{16}	10^{16}	10^{16}	10^{16}	
丙烯腈含量(质量分数)/%	23.5～25.5	23.5～25.5	27.0～29.0	29.0～32.5	D-1013
残留丙烯腈量/10^{-6}	145	165	170	180	D1013
总残留单体量/10^{-6}	1500	1600	1600	1500	D1013
颜色/色级	6	7	5	4	MTC 法
透明度/%	89～90	89～90	89～90	89～90	D-1003

兰州化学工业公司合成橡胶厂企业标准

指标名称	类型				
	测试方法ASTM	正常流动级(NF)	高流动级(HF)	高耐热级(HH)	高流动、高耐化学药品,高耐热级(HC)
熔体流动速率/(g/10min)	D1238	1.4	2.2	1.4	3.3
拉伸强度/MPa	D638	74	72	78	78
伸长率/%	D638	3.2	3.2	3.4	3.4
拉伸弹性模量/GPa	D638	2.6	2.6	2.7	2.7
悬臂梁冲击强度/(J/m)	D256	24	24	25	26
洛氏硬度(M)	D785	76	76	77	80
热变形温度(1.82MPa)/℃	D648	93	93	95	95
总含腈(质量分数)/%	D1013	24.5	24.5	28	31
透明度/%	D1003	90	90	90	90

【成型加工】 SAN树脂具有良好的加工性能，可采用注塑、挤塑、吹塑、挤膜等法加工，也可进行片材小延伸的热成型，还可进行机械二次加工、着色和刷涂等。SAN树脂在成型加工前需在70～80℃干燥一定时间（2h左右）。注塑成型时，注塑成型温度180～270℃，模具温度65～75℃，压力88.2～97.9MPa，挤塑成型时的温度为180～230℃。

【用途】 大约70%以上SAN树脂是作为中间产物，用于掺混生产ABS、ASA、AES树脂等。作为塑料使用，SAN树脂主要应用于仪表和汽车工业，生产机械零部件、油箱、车灯罩、仪表罩、仪表透镜、各种开关按钮等；蓄电池外壳；电视机、收录机旋钮和标尺；电池盒（箱）、磁带盒、接线盒、电话和其他家用电器零部件；空调机、照相机零件、电扇叶片等；笔杆、文教用品、渔具、玩具等；盘、杯、餐具、化妆品和其他物品的包装材料；卫生用品、洗涤用品、一次性打火机等其他日用品等。不同类型的树脂用途各不相同。

【安全性】 产品包装外层为聚丙烯编织袋或纸箱，每袋净重25.00kg±0.25kg。产品应在清洁干燥的仓库内贮存，可用火车、汽车、船舶等运输。贮运过程中应注意防火、防水、防晒、防尘和防污染等。运输时应贮放在清洁有顶棚的车厢内，不得与易燃的芳香烃、卤代烃等有机溶剂混运，装卸时切不可用铁钩。

【生产单位】 兰州化学工业公司合成橡胶厂，上海高桥石油化工公司化工厂，吉化集团公司合成树脂厂，宁波LG甬兴化工厂，大庆石化总厂，镇江奇美化工有限公司，韩国锦湖石油化学。

Be007 ASA树脂

【英文名】 ASA resin

【别名】 丙烯腈-苯乙烯-丙烯酸酯共聚物；ASA树脂

【结构式】

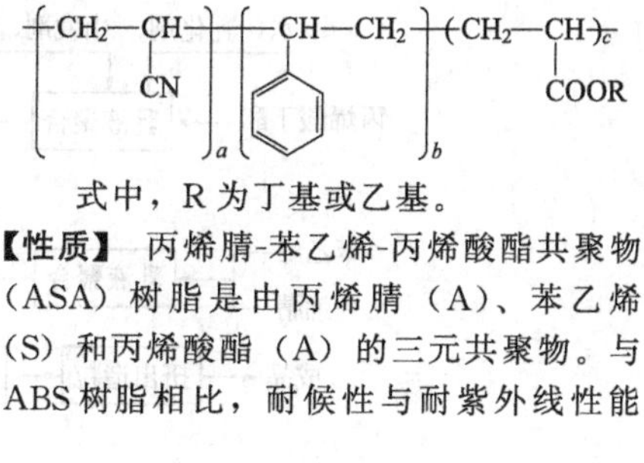

式中，R为丁基或乙基。

【性质】 丙烯腈-苯乙烯-丙烯酸酯共聚物（ASA）树脂是由丙烯腈（A）、苯乙烯（S）和丙烯酸酯（A）的三元共聚物。与ABS树脂相比，耐候性与耐紫外线性能提高约 10 倍，而冲击强度却下降不多。ASA 树脂在室外露置 9～15 个月后冲击强度和伸长率几乎没有下降，颜色也几乎没有变化。其长期使用温度－20～70℃。耐化学药品性和其他性能与 ABS 树脂相近。ASA 树脂抗静电性能很好，故其表面不易聚积灰尘。ASA 树脂着色性良好，可以染成各种鲜艳颜色而不易褪色。

ASA 树脂中不同组分所赋予的性能各不相同，丙烯酸酯橡胶含量 30% 时，使其冲击性好；丙烯腈、苯乙烯赋予良好硬度、耐热性及其他性能；丙烯腈含量越高，则化学稳定性越好。除耐候性外，力学性能与 ABS 基本相似。

指标名称	类型		
	挤塑用 ASA	注塑用 ASA	ABS
相对密度	1.07	1.08～1.09	1.07
MFR(21.17MPa,200℃)/(g/10min)	8～12	10～15	—
成型收缩率/%	—	0.3～0.6	0.5
拉伸强度/MPa	34.3	34.3～40.96	40.2
伸长率/%	25～35	35～45	5～25
弯曲强度/MPa	49.0	63.7	78.4
缺口冲击强度/(kJ/m²)	9.8～19.6	9.8～24.5	29.4
洛氏硬度(R)	90～95	90～95	102
热变形温度/℃	80～85	80～83	85～89
维卡软化点/℃	92～96	92～96	—
介电强度/(MV/m)	20	18	—
介电常数			
60Hz	3.5	4.2	3～5
10^6Hz	3.4	3.8	—
体积电阻率/Ω·cm	2×10^{14}	2.5×10^{14}	2.5×10^{16}
介电损耗角正切(60Hz)	0.005	0.005	—
耐电弧性/s	92	98	—

【制法】 ASA 其制法是以聚丙烯酸酯类为骨干，与苯乙烯和丙烯腈接枝而成。其方法有本体法、悬浮法和乳液法。工业上多为乳液聚合法，即先制成聚丙烯酸丁酯（或乙酯）乳液，再与丙烯腈和苯乙烯接枝聚合。工艺流程如下。

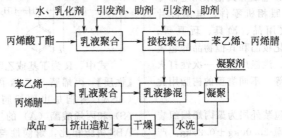

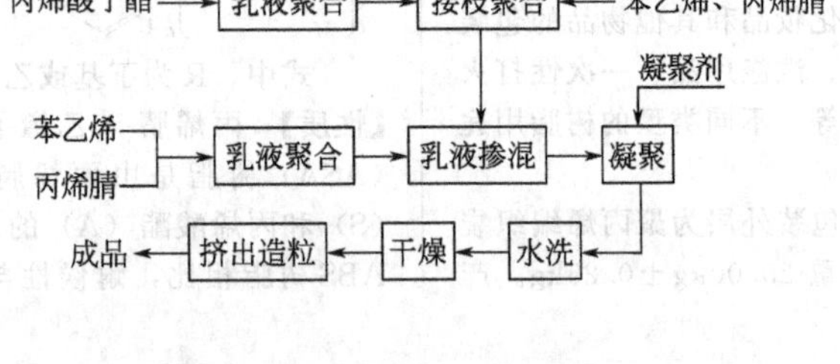

【质量标准】 上海锦湖日丽ASA产品技术参数

指标名称	测试方法 ASTM		ASA				ASA/PC合金	
			XC-180	XC-220	XC-801	XC-811	XC-7045	XC-7079
弯曲模量/MPa	D790		—	2200	2100	2200	2100	2400
洛氏硬度(R)	D785		105	103	103	108	—	110
Izod冲击强度(缺口)/(J/m)	D256	3.2mm	120	120	220	110	550	600
		6.4mm	100	110	200	90	350	400
热变形温度/℃	D648		86	84	84	95	100	100
相对密度	D792		1.08	1.08	1.08	1.08	1.12	1.15
成型收缩率/%	D955		0.4～0.7	0.4～0.7	0.4～0.7	0.4～0.7	0.4～0.7	0.4～0.7
阻燃性	UL-94		HB	HB	HB	HB	HB	HB
MFR/(g/10min)	220℃,10kg		10	17	15	6	—	—
	230℃,10kg		—	—	—	—	13	10
产品特性			高刚性	一般用	高冲击	耐热	通用高流动	高耐热

【成型加工】 ASA树脂成型加工性能好，且加工过程中不变黄。可用注塑、挤塑、压延、吹塑等法成型。其成型制品还可进行二次加工，片材可进行快速真空成型，且无应力变形。可化学电镀、真空蒸镀、焊接、粘接等。

【用途】 由于ASA树脂具有良好的耐候性和抗氧化性，除宜作室外结构材料外，也可作室内强光灯照射下的器件和部件。可用作汽车、摩托车零件、农机部件、仪器仪表外壳外罩、电表、计算机壳体、道路标志、家用电器部件。此外，在纺织、轻工、运动器材、休闲用品、劳动保护、建材、橡胶与塑料改性方面亦日益广泛。

【安全性】 纸塑复合袋包装，25kg/袋，贮放于阴凉、通风干燥处，防止日晒雨淋，远离火源，可按非危险品运输。

【生产单位】 上海锦湖日丽塑料公司，巴斯夫（BASF）公司，美国通用电器（GE）公司。

Be008 高耐热ABS树脂

【英文名】 resin of acrylnitrine-butadiene-styrene with high heat resistance

【性质】 高耐热ABS树脂是*N*-苯基马来酰亚胺共聚物与ABS树脂的掺混物合金，或直接用*N*-苯基酰亚胺（PMI）与ABS树脂组分共聚合制得的一种具有高耐热性的ABS树脂系列新品种。

【制法】 采用掺混法制造时，使用*N*-苯基马来酰亚胺与苯乙烯的共聚物为原料，与等量的ABS树脂进行共混，所得产品的热变形温度达120℃，高于用*o*-甲基苯乙烯取代部分苯乙烯单体所制得的耐热级ABS树脂的热变形温度。采用共聚合法制备时，*N*-苯基马来酰亚胺的配比为1%～10%，加入量增加1%，最终成品的热变形温度提高2℃，最高的热变形温度达135℃，与改性PPE树脂相当。产品的热稳定性能好，将其加热到320℃时仍不发生分解，而*o*-甲基苯乙烯改性的ABS树脂加热到280℃时就开始分解。控制接枝橡胶工艺，使其达最佳化，所得产品的冲击强度与*α*-甲基苯乙烯改性的ABS树脂相同。此外，还有较好的耐化学品性和耐日照性。

【质量标准】 日本触媒化学公司用掺混法制得的高耐热ABS树脂的一般性能见表。日本旭化成公司用共聚法制得的*N*-苯基马来酸亚胺系耐热 ABS 树脂 AX-IP 系列的一般性能见表。

PMI/ABS 共混物合金（50∶50）的性能

项目	测试方法 ASTM	数值
拉伸强度/MPa	D638	48
弯曲强度/MPa	D790	93
弯曲弹性模量/MPa	D 790	2600
Izod 冲击强度/(kJ/m)	D 256	6.5
热变形温度/℃	D 648	123
维卡软化点/℃	D 1525	157
熔体流动速率/(g/10min)	D 1238	6

AX-IP 系列高耐热 ABS 树脂主要性能

项目	测试方法 ASTM	187	186	185F	185HF
弯曲强度/(kgf/cm²)	D790	710	750	730	750
弯曲弹性率/(kgf/cm²)	D790	23600	25500	24200	26000
Izod 冲击强度/(kgf/cm²)	D256	9.6	9.4	10.6	8.8
负载变形温度/℃	D648	118	114	107	107
维卡软化点/℃	D1525	151	144	133	132
熔体指数/(g/10min)	HSK 7210	0.5	1.5	2.7	4.7
相对密度		1.08	1.08	1.07	1.07
螺旋流速(GT260℃)/cm		27	34	40	46
(CT280℃)/cm		39	47	52	61
拉伸强度/(kgf/cm²)	D638	420	440	410	430
伸长/%	D638	15	10	15	20

注：1kgf/cm² = 98.0665kPa。

【成型加工】 *N*-苯基马来酰亚胺系耐热 ABS 树脂流动性好，加工性能好。可注塑成型和吹塑成型，还可用玻璃长纤维增强。

【用途】 该树脂较多地用于制作大型制品，高耐热要求的汽车内装件，办公机器发热部位的配件，汽车空气阻流器等。日本触媒化学公司产品的牌号为ィミレックス-P。日本旭化成公司产品的牌号为 AX-IP。

【安全性】 纸塑复合袋包装，25kg/袋，贮放于阴凉、通风干燥处，防止日晒雨淋，远离火源，可按非危险品运输。

【生产单位】 日本触媒化学公司，日本旭化成公司产品

Be009 阻燃级丙烯腈-丁二烯-苯乙烯树脂

【英文名】 flame retardant acrylonitrile-butadiene-styrene resin

【别名】 阻燃 ABS

【组成】 主要成分为 ABS 树脂、阻燃剂、辅助阻燃剂或 ABS 与具有阻燃性树脂的共混物。

【性质】 阻燃级 ABS 提高了 ABS 的难燃性，降低了因材料燃烧而发生火灾的危险，基本保持了原 ABS 树脂的物理力学性能。根据添加阻燃剂的不同，阻燃 ABS 可分为 Deca type（含联苯醚结构），Non-Deca type（无联苯醚结构），non-Halogen（无卤素），non-Bromine（无溴化物）。含联苯醚结构的阻燃剂，如十溴联苯醚（DBDPO）由于阻燃效率高，价格便宜，对物性影响少，而得到了广泛应用，但由于燃烧或热分解时，会产生 PBDO 和 PBOF 等致癌物质，不符合环保要求，在欧洲及日本已逐步被禁止使用，今后的发展方向是使用 Non-Deca、Non-Bromine 和 Non-Halogen 类型，阻燃 ABS 一般不透明，也有透明等级。阻燃 ABS 的一般性能如下。

相对密度	1.21
拉伸强度/MPa	50
伸长率/%	50
弯曲弹性模量/GPa	
悬臂梁冲击强度(缺口)/(J/m)	50
洛氏硬度(R)	112
热变形温度(1.82MPa)/℃	68
介电常数(60Hz)	
吸水性/%	0.2
透光率/%	85
阻燃性(UL-94)	V-1

【制法】 阻燃 ABS 是以纯 ABS 树脂为基材，加入高热稳定性阻燃剂等，经混合、熔融塑炼、挤出造粒而制得。制法全过程在同一台挤出机内完成。由于阻燃剂为异物质，与 ABS 树脂相容性不好，添加阻燃剂会导致物性下降，为弥补这种缺点，需添加冲击改性剂、活性剂、分散剂等。其工艺流程示意如下。

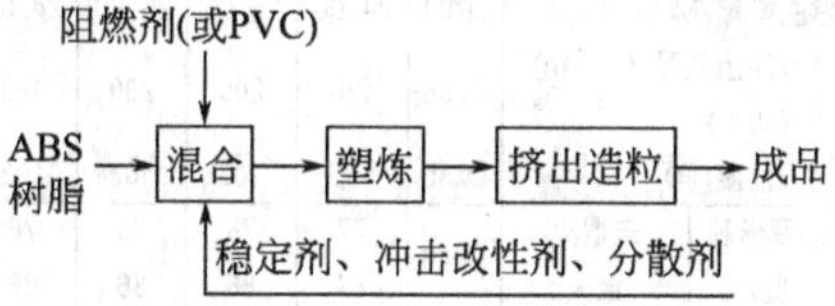

【成型加工】 阻燃 ABS 成型加工方法与纯 ABS 相似。但卤素阻燃剂通常在 200～260℃ 分解，引起制品变色，产生含卤素的碳化物，腐蚀加工机械和模具。所以，加工温度应控制在较阻燃剂热分解温度低 10～20℃，一般为 180～210℃，加工完毕，应及时将料筒中的阻燃 ABS 排空，并用通用 ABS、GPPS 清洗机筒。

为了保证制品外观和内在质量，原料在使用前应在电热鼓风烘箱中于 70～80℃ 烘干 3～4h。其加工工艺参数为：注塑成型的注塑温度 180～220℃，压力 50～120MPa，模温 40～60℃；模压成型温度 180～230℃，压力 50～120MPa。

【用途】 阻燃 ABS 主要用于音响、DVD、电视机等家用电器壳罩、蓄电池壳、电子计算机终端设备元器件、办公机器设备。也可用于雷达罩、磁带盒、空调器配电盘、洗涤机翼叶片、吹风罩、复印机外壳等要求阻燃并具有良好力学强度的制品。

【质量标准】 上海锦湖日丽阻燃 ABS 技术指标

试验项目/单位		试验规格	一般用,Non-Deca type						耐热、耐气候性,Non-Deca type			特殊级		
			HFA-700一般用	HFA-703耐冲击性	HFA-707高刚性	HFA-450良流动性	HFA-451高耐火性	HFA-452低耐火性	HFA-705耐气候性	HFA-454耐气候性	HFA-460U超耐气候性	HFA-700HT超耐热性	HFA-453Non-Bromine	HFA-456Non-Halogen
拉伸强度/MPa		D638	44	43	45	44	44	46	46	45	45	48	38	48
伸长率/%		D638	35	30	40	35	35	45	30	30	30	30	25	35
弯曲强度/MPa		D790	60	68	60	60	50	70	65	62	65	70	55	70
弯曲模量/MPa		D790	24.00	25.00	23.00	24.00	23.00	26.00	24.00	25.00	24.00	27.00	23.00	27.00
Izod冲击强度(6.4mm)/(J/m)		D256	180	200	200	180	180	220	150	140	120	140	120	300
洛氏硬度(R)		D785	102	102	102	102	102	102	102	102	102	103	100	100
热变形温度/℃	未退火	D648	77	76	76	76	76	80	82	80	80	92	83	76
	退火		87	86	86	86	86	91	93	91	91	103	93	86
维卡软化点/℃		D1525	92	91	91	91	91	96	96	93	93	106	98	91
MFR/(g/10min)	200℃,5kg	D1238	6.5	6.0	6.0	6.5	6.0	5.5	5.0	5.0	5.5	2.0	4.0	6.5
	220℃,10kg		65	60	60	65	60	55	50	50	55	15	40	65
	200℃,21.6kg		130	120	120	130	120	110	100	100	110	30	80	110
成型收缩率/%		D955	0.4～0.7	0.4～0.7	0.4～0.7	0.4～0.7	0.4～0.7	0.4～0.7	0.4～0.7	0.4～0.7	0.4～0.7	0.4～0.7	0.4～0.7	0.4～0.7
相对密度		D792	1.19	1.19	1.19	1.20	1.12	1.13	1.19	1.20	1.20	1.19	1.18	1.06
介电常数		D150	2.8	2.8	2.8	2.8	2.8	2.8	2.8	2.8	2.8	2.8	2.8	2.8
介电强度/(kV/mm)		D149	21.3	21.3	21.3	21.3	21.3	21.3	21.3	21.3	21.3	21.3	21.3	21.3
体积电阻率/Ω·cm		D257	10^{16}	10^{16}	10^{16}	10^{16}	10^{16}	10^{16}	10^{16}	10^{16}	10^{16}	10^{16}	10^{16}	10^{16}
吸水率/%		D570	0.3	0.3	0.3	0.3	0.3	0.3	0.3	0.3	0.3	0.3	0.3	0.3
阻燃性	1.6mm	UL-94	V-0	V-0	V-0	V-1	V-0	V-2		V-0	V-0	V-0	V-0	V-2
	2.1mm				V-0.5VB	V-0.5VB	V-0.5VB		V-0	V-0.5VB				
	3.2mm		V-0	V-0		V-0.5VB	V-0.5VB		V-0		V-0.5VB		V-0	V-2

奇美阻燃级AB物性

项目	品级					
	PA-766	PA-765	PA-765A	PA-765B	PA-764	PA-764B
熔体流动速率(200℃,5kg)/(g/10min)	2.2	5.2	4.8	4.2	3.3	2.8
软化点/℃	100	90	92	92	97	101
Izod缺口冲击强度/(J/m)	210	180	200	220	120	140
拉伸强度/MPa	39	39	40	40	37	41
延伸率/%	30	15	15	25	15	20
相对密度	1.20	1.19	1.17	1.16	1.19	1.16

续表

项目	品级					
	PA-766	PA-765	PA-765A	PA-765B	PA-764	PA-764B
阻燃性(UL-94)	1.6mm V-0 2.5mm 5VA	1.6mm V-0 2.5mm 5VA	2.1mm V-0 2.5mm 5VA	2.5mmV-0 2.5mmV-2 3.2mm 5VA	1.6mm V-0 2.5mm 5VA	1.6mm V-0 3.2mm 5VA
物性特点	阻燃级，耐热佳，高冲击	阻燃级	阻燃级	阻燃级，高冲击	阻燃级，耐光佳，耐热佳	阻燃级，耐光佳，耐热佳

【安全性】 产品包装外层为聚丙烯编织袋或纸箱，每袋净重25.00kg±0.25kg。产品应在清洁干燥的仓库内贮存，可用火车、汽车、船舶等运输。贮运过程中应注意防火、防水、防晒、防尘和防污染等。运输时应贮放在清洁有顶棚的车厢内，不得与易燃的芳香烃、卤代烃等有机溶剂混运，装卸时切不可用铁钩。

【生产单位】 广州金发科技股份有限公司，上海锦湖日丽塑料有限公司，原化工部晨光化工研究院，吉化集团合成树脂厂，奇美实业股份有限公司。

Be010 抗141bABS

【英文名】 environment stress cracking resistant ABS resin

【别名】 耐化学品开裂ABS；耐环境应力开裂ABS

【组成】 主要成分为ABS，耐环境应力开裂改善剂。

【性质】 耐环境应力开裂ABS主要改善了ABS树脂与化学品、油脂接触的耐开裂性，尤其在冰箱制造业，已使用HFC2141b代替CFC作为发泡剂的聚氨酯泡沫，以减少对臭氧层的不良影响，ESCR ABS对聚氨酯泡沫渗出的HFC2141b具有强的忍耐性，除耐化学品外，ESCR ABS的性质与普通ABS基本一致。

【质量标准】 上海锦湖日丽ESCR ABS的主要技术指标

测定项目	测试方法 ASTM	测试条件	ER-872	ER-875
拉伸强度/MPa	D638	23℃	44	47
弯曲强度/MPa	D790	23℃	65	72
弯曲弹性模量/MPa	D790	23℃	2200	2300
洛氏硬度(R)	D785	R SCALE	102	100
拉伸断裂伸长率/%	D638	23℃	45	35
Izod 缺口冲击强度/(J/m)	D256	3.2mm,23℃ 6.4mm,23℃	550 350	350 250
MFR/(g/10min)	D1238	200℃,5kg 220℃,10kg 200℃,21.6kg	0.8 7.0 10.5	1.5 15.0 25.0

续表

测定项目	测试方法 ASTM	测试条件	ER-872	ER-875
热变形温度/℃	D648	6.4mm,1.82MPa	87	85
Vicat 软化点/℃	D1525	—	98	96
密度/(g/cm³)	D792	23℃	1.04	1.04
成型收缩率/%	D955	—	0.4～0.7	0.4～0.7
燃烧性	UL-94		HB	HB
特性			高冲击，挤出级	高冲击，注塑级

【制法】 ESCR-ABS的制备方法主要有两种，一种是调整橡胶粒径的大小，改变裂纹形态，并调整ABS组分中AN含量，以提高耐化学品性；另一种方法是将ABS与其他耐化学品的弹性体或树脂共混。

【成型加工】 ESCR-ABS可按相应品级的普通ABS成型工艺加工。

【用途】 主要用于冰箱内饰、厨房用品、吸油烟机零部件以及其他与化学品、油脂接触的环境场合。

【安全性】 参见Be001。纸塑复合袋包装，25kg/袋，贮放于阴凉、通风干燥处，防止日晒雨淋，远离火源，可按非危险品运输。

【生产单位】 上海锦湖日丽塑料有限公司，三星第一毛织化学株式会社。

Be011 抗静电 ABS

【英文名】 antistatic ABS resin

【组成】 主要成分为ABS树脂，抗静电剂。

【性质】 除基本保持了原ABS树脂的性质外，还具有疏散电荷，防止静电积累的作用。根据添加抗静电剂种类的不同，抗静电的效果对环境湿度和抗静电剂迁移到表面速度的依赖性不同，添加低分子量的表面活性剂（抗静电），对环境湿度的依赖程度高；添加高分子量的抗静电剂（称永久抗静电剂），由于导电机理不同，导电作用依赖连续的抗静电树脂薄层，因此对湿度无依赖，用乙醇擦拭制品表面不会损害抗静电性能。

【制法】 在ABS树脂中加入抗静电剂，经充分混合后挤出造粒。低分子抗静电剂的添加量一般为0.5%～2%，对ABS力学性能基本无影响；永久抗静电剂的添加量较大，6%～15%，由于与ABS树脂的相容性不太好，添加适量分散剂、相容剂有助于提高材料力学性能。

【质量标准】 上海锦湖日丽抗静电ABS技术指标

项　目	测试标准(ASTM)	测试条件		ABS720V	ABS750V	ABS750PA
拉伸强度/MPa	D638	23℃		50	48	46
拉伸断裂伸长率/%	D638	23℃		30	30	30
弯曲强度/MPa	D790	23℃		70	67	65
弯曲弹性模量/MPa	D790	23℃		2400	2300	2200
Izod 缺口冲击强度/(J/m)	D256	23℃	3.2mm	180	260	240
			6.4mm	140	230	200

续表

项　　目	测试标准(ASTM)	测试条件	ABS720V	ABS750V	ABS750PA
洛氏硬度(R)	D785	23℃	112	108	104
热变形温度/℃	D648	6.4mm,1.82MPa	87	85	85
维卡软化点/℃	D1525	1kg	98	95	96
MFR/(g/10min)	D1238	200℃,5kg 220℃,10kg	4.9 50.0	3.7 26.0	2.5 28
密度/(g/cm³)	D792	23℃	1.04	1.04	1.03
成型收缩率/%	D955	23℃	0.4～0.7	0.4～0.7	0.4～0.7
阻燃性	UL-94		HB	HB	HB
体积电阻率/Ω·cm	D257		10^{11}	10^{11}	10^{8}
特性			高刚性、防静电	一般用、防静电	永久抗静电

【成型加工】 抗静电 ABS 可按相应品级普通 ABS 成型工艺加工，由于低分子抗静电剂容易吸湿，加工前必须充分干燥，干燥温度 80℃，时间 3～5h，否则容易出现银纹现象，较高的模具温度，有利于抗静电剂迁移到表面，建议模温 50～70℃。对于永久型抗静电 ABS 的成型，较高模温还可以减少制品分层剥离现象。模具设计应充分考虑排气，以免发生气体压缩灼烧现象。

【用途】 抗静电 ABS 广泛用于塑料制品防止吸附灰尘，煤矿、石油、化工等行业静电积累可能引发的安全问题，以及办公设备、通信设备、计算机芯片由于电荷积累发生击穿的静电危害，如软盘、传真机、录像带外壳、输油管、油田煤矿防爆用品、周转箱等，由于部分低分子抗静电属低毒物质，它不断地从制品内部向表面迁移，因此在制造与食品、医药品接触的包装制品时，要选择永久抗静电或无毒品种。

【安全性】 产品包装外层为聚丙烯编织袋或纸箱，每袋净重 25.00kg±0.25kg。产品应在清洁干燥的仓库内贮存，可用火车、汽车、船舶等运输。贮运过程中应注意防火、防水、防晒、防尘和防污染等。运输时应贮放在清洁有顶棚的车厢内，不得与易燃的芳香烃、卤代烃等有机溶剂混运，装卸时切不可用铁钩。

【生产单位】 上海锦湖日丽塑料有限公司，晨光化工研究院，三星第一毛织化学株式会社。

Be012 增强 ABS

【英文名】 reinforced ABS

【别名】 增强（填充）ABS

【结构式】

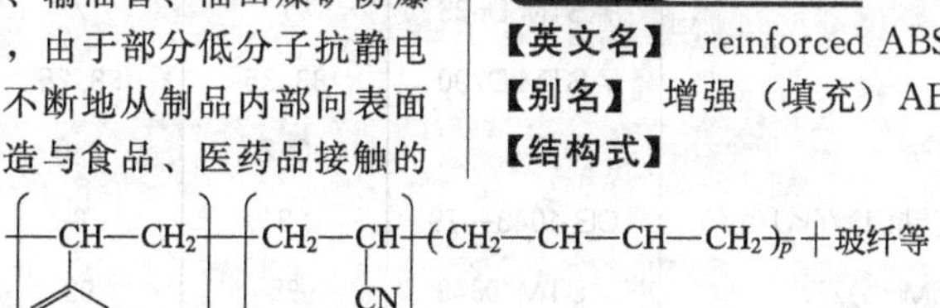

【性质】 ABS树脂可采用玻璃纤维或无机填料制得增强ABS或填充ABS。但使用面广的是玻璃纤维增强ABS，故此文中仅介绍GFR-ABS。增强ABS不仅像纯ABS树脂一样具有优良的力学性能、电性能、耐热性和加工性能，而且与ABS相比，拉伸强度、弯曲强度、模量、耐疲劳强度有较大提高；热变形温度显著提高；线胀系数明显降低，成型收缩率下降，产品尺寸稳定性、制品精度提高较大；耐老化性能优于纯ABS。它的最大特点是力学强度高，弹性模量大。一般来说当玻璃纤维含量在40%以下时，其力学强度随玻纤含量增加而提高。当玻纤含量超过40%时，性能开始下降。

【制法】 增强ABS主要是由纯ABS与适量（一般20%～40%）玻璃纤维共混、挤出造粒而得。为提高玻纤与树脂界面的黏合，可添加硅烷偶联剂或其他高分子偶联剂，以提高性能。其生产方法有单螺杆挤出法和双螺杆挤出法，目前以双螺杆挤出法为主。单螺杆挤出法有包覆法、排气式挤出机回挤法和单螺杆直接排气挤出法等。双螺杆挤出法为在双螺杆挤出机中定量加入ABS，经塑化，与其他添加剂及玻纤混合、增强、排气、挤出、切粒，即得产品。其特点是造粒，混炼效率高，产品质量好。

工艺流程如下。

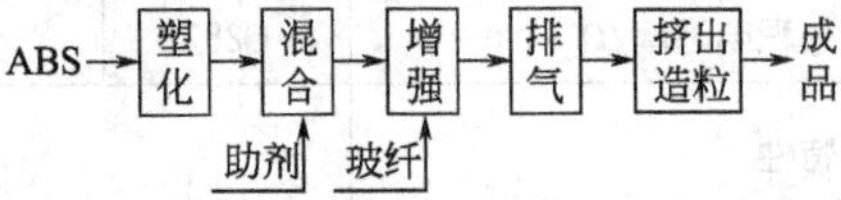

【质量标准】 晨光化工研究院企业标准

指标名称	指标	指标名称	指标
拉伸强度/MPa	78.45	体积电阻率/Ω·cm	6×10^{18}
弯曲强度/MPa	88.25	介电损耗角正切(60Hz)	1.4×10^{2}
悬臂梁冲击	—	介电常数(60Hz)	3.35
冲击强度(缺口)/(kJ/m²)	7	介电强度/(MV/m)	26.5
(无缺口)/(kJ/m²)	14	热变形温度/℃	100

北京化工研究院企业标准

指标名称	测试方法	GA-10	GA-15	GA-20
玻纤含量(质量分数)/%		9～11	13.5～16.5	18～22
相对密度	ASTM D1505	1.10	1.14	1.16
拉伸强度/MPa	ASTM D638	58.84	68.64	78.45
断裂伸长率/%	ASTM D638	7	7	5
弯曲强度/MPa	ASTM D790	83.35	88.25	93.16
弯曲弹性模量/GPa		3.2	3.5	3.8
简支梁冲击强度(缺口)/(kJ/m²)	GB 1043—79	8	6	6
热变形温度(0.46MPa)/℃	ASTM D648	85	92	95
成型收缩率/%		0.3	0.25	0.2

美国有关公司增强 ABS 产品技术指标

指标名称	测试方法ASTM	菲伯菲尔公司			塞摩菲尔公司		
		AbsafilG-1200/20	AbsafilG-1200/40	AbsafilJ-1200/20	D-10FG-0100	D-20FG-0100	D-30FG-0100
玻纤含量(质量分数)/%		20 (长纤维)	40 (长纤维)	20 (短纤维)	10	20	30
相对密度	D792	1.23	1.36	1.23	1.10	1.22	1.28
拉伸屈服强度/MPa	D538	90	110	83	66	76	90
屈服伸长率/%	D638	2.0	1.5	2.0	2～3	1～2	1.4
拉伸弹性模量/GPa	D638	6.206	6.895	6.205	4.62	6.205	6.274
弯曲屈服强度/MPa	D790	138	172	117	102	107	116
弯曲弹性模量/GPa	D790	5.516	7.585	5.861	4.482	4.895	6.412
压缩强度/MPa	D695	97	117	97	83	97	103
悬臂梁冲击强度(缺口)/(J/m)	D256	106.7	133.5	80	64	64	53.3
热变形温度/℃							
0.46MPa	D648	107	110	107	102	105	107
1.82MPa		99	102	99	98	99	100
介电常数(10^5Hz)	D156	3.2					
介电损耗角正切(10^6Hz)		0.007					
体积电阻率/Ω·cm	D257	10^{15}	10^{15}	10^{15}	10^{15}	10^{15}	10^{16}
吸水性/%	D570	0.7	0.6	0.7	0.3	0.3	0.2
成型收缩率/%	D955	0.1～0.3	0.1～0.2	0.1～0.3	0.3	0.2	0.2

成型增强 ABS 成型工艺条件

注塑机类型	预干燥		料筒温度/℃	模具温度/℃	注塑压力/MPa	注塑速度	成型周期/s
	温度/℃	时间/h					
注塞式 螺杆式	80	3	200～250 180～240	70～80 70～80	80～140 80～110	一般采用中等注塑速度，对薄壁制品用较高速度	＜80
备注	使含水量降至0.1%以下		不宜超过250℃以免分解	在该温度范围内有较低粗糙度	随制品结构和壁厚不同而异		

【用途】 主要用作汽车内部部件、电气零件、线圈骨架、录音机机芯底板、矿用蓄电池外壳，仪表外壳、照相机壳、贯流风叶、离心风叶、轴流风叶、缝纫机部件、电动工具、运动器材、打字机和复印机等办公用具部件等。

【安全性】 纸塑复合袋包装，25kg/袋，贮放于阴凉、通风干燥处，防止日晒雨淋，远离火源，可按非危险品运输。

【生产单位】 上海锦湖日丽塑料有限公司，北京化工研究院，晨光化工研究院，三星第一毛织株式会社。

Be013 抗菌级 ABS

【英文名】 antimicrobial ABS

【组成】 主要成分为 ABS 树脂、抗菌剂。

【性质】 除基本保持了原ABS树脂的性质外，还具有抗菌作用，抑制细菌在制品表面繁殖，与常规的化学和物理消毒方法相比，使用抗菌ABS具有时效长、经济、方便等特点。

【制法】 在ABS树脂中加入抗菌剂，添加量一般为0.5%～2%，经充分混合，挤出造粒而成，使用的抗菌剂分有机和无机两种，有机抗菌剂添加量少，杀菌力强，但有不耐加工温度，存在毒性、安全性差的缺点；无机抗菌剂使用更加安全、长效，一般为含金属银、铜、锌等离子的混合物。

【质量标准】 海尔科化抗菌ABS技术指标：抗菌ABS母粒添加8%（质量分数，1级防霉），抗菌率≥98%。

上海锦湖日丽抗菌ABS技术指标

项　目	测试标准(ASTM)	测定条件	ABS750KB	ABS770KB	ABS795KB
拉伸强度/MPa	D638	23℃	48	50	43
拉伸断裂伸长率/%	D638	23℃	30	30	100
弯曲强度/MPa	D790	23℃	65	70	62
弯曲弹性模量/MPa	D790	23℃	2400	2400	2100
Izod冲击强度/(J/m)	D256	3.2mm(1/8″) 6.4mm(1/4″)	240 200	320 240	420 380
洛氏硬度(R)	D785	23℃	108	108	104
热变形温度/℃	D648	5.4mm,1.82MPa	85	85	85
维卡软化点/℃	D1525		95	97	92
MFR/(g/10min)	D1238	200℃,5kg 200℃,21.6kg	4.0 42	1.2 19	0.6 10
密度/(g)/cm³	D792	23℃	1.04	1.04	1.04
成型收缩率/%	D955	23℃	0.4～0.7	0.4～0.7	0.4～0.7
抑菌品种	中华人民共和国轻工行业标准 QB/T 2591—2003		大肠杆菌、枯草芽孢杆菌、金黄色葡萄球菌、藤黄八叠球菌、紫红红球菌等、抗菌率>98%		
特性			注塑级、中冲击、高流动、抗菌	挤出冰箱薄板级、抗菌、防霉	挤出板材级、超高冲击、抗菌、防霉

【成型加工】 可按普通ABS的工艺成型加工，加工温度一般为180～250℃。

【用途】 主要用于家用电器、厨房、卫生洁具、玩具、医务用品、化学建材等领域。

【安全性】 产品包装外层为聚丙烯编织袋或纸箱，每袋净重25.00kg±0.25kg。产品应在清洁干燥的仓库内贮存，可用火车、汽车、船舶等运输。贮运过程中应注意防火、防水、防晒、防尘和防污染等。运输时应贮放在清洁有顶棚的车厢内，不得与易燃的芳香烃、卤代烃等有机溶剂混运，装卸时切不可用铁钩。

【生产单位】 海尔科化，上海锦湖日丽塑料有限公司，三星第一毛织化学株式会社。

Be014 透明 ABS

【英文名】 methyl. methacrylate-butadiene-Styrene copolymer

【别名】 透明丙烯腈-丁二烯-苯乙烯树脂；甲基丙烯酸甲酯-丙烯腈-丁二烯-苯乙烯共聚物

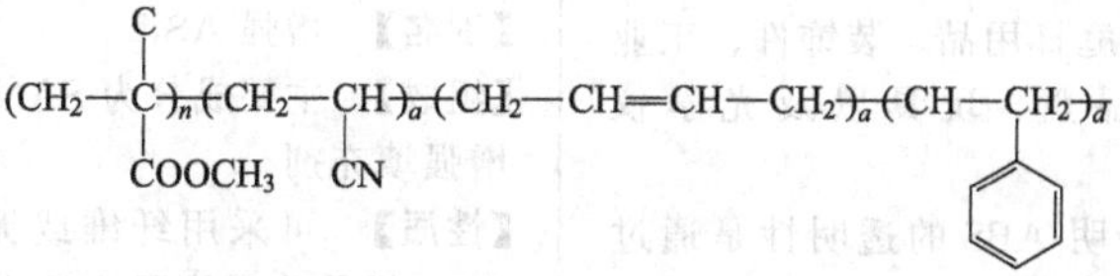

【性质】 透明ABS树脂为非晶态、透明的多元共聚物，一般为颗粒状或珠状，具有良好的尺寸稳定性，耐冲击，较高的刚性和优良透明性。除透明外，其他性能与通用ABS基本相似，它的透明性是通过匹配橡胶相和树脂相的折射率实现的。

透明ABS性能如下。

相对密度	1.05
吸水率/%	0.2～0.3
透光率/%	80～90
雾度/%	3
热变形温度/℃	80
拉伸强度/MPa	40
弯曲强度/MPa	60
弯曲模量/MPa	2000
Izod 缺口冲击强度(3.2mm)/(J/m)	130
硬度(R)	101

【制法】 它是由MMA、ST、AN在PB或SBR上接枝和共聚，或先合成甲、乙两组分共聚物，然后将它们共混即得透明ABS。

① 甲组分制备甲基丙烯酸甲酯、苯乙烯、丙烯腈进行乳液共聚合制得三元共聚物。

② 乙组分的制备在聚丁二烯中加60～80份甲基丙烯酸甲酯，17～21份苯乙烯和1～13份丙烯腈进行乳液共聚合制得聚丁二烯接枝橡胶。

③ 将甲、乙两组分按比例混合，加入抗氧剂及其他加工助剂，在挤出机中挤出造粒，即得透明ABS。另一种更简单的方法，是将PMMA与特定折射率的ABS共混。

如果没有AN单体，即MBS也可以制得透明树脂，所以有时也将MBS称为透明ABS，MBS的制造工艺与ABS基本类同，一般将ST、MMA与丁苯胶乳进行乳液接枝，制得透明组成物。

【质量标准】

奇美透明 ABS 技术指标

特　　性	测试方法	PA-758	PA-758H
拉伸强度/MPa	ASTM D638	41	39
弯曲强度/MPa	ASTM D790	65	56
弯曲弹性模量/MPa	ASTM D790	2200	2000
Izod 缺口冲击强度(6.4mm)/(J/m)	ASTM D256	160	150
熔体流动速率/(g/10min)	ASTM D1238	3.3	7.5
相对密度	ASTM D792	1.08	1.08
软化点/℃	ASTM D1525	104	93
热变形温度(1.82MPa)/℃	ASTM D648	88	73
浊度/%	ASTM D1003	4.0	4.0
光线透过率/%	ASTM D1003	90	90
燃烧性	UL-94	HB(1.6mm)	HB(1.6mm)

【用途】 透明 ABS 比 GPPS、SAN、PMMA 有更高的冲击强度，比 PC 价格便宜，因而用途越来越广泛，主要用于有透明外观要求的办公用品、办公设备壳体、汽车零部件、家庭日用品、装饰件、工业包装、冰箱食品盘、玩具以及光学仪器等。

【成型加工】 透明 ABS 的透明性是通过匹配橡胶相和树脂相的折射率来实现。由于不同材料折射率不一样，折射率发生变动时，材料不再透明。所以，某一牌号透明 ABS 不能与其他树脂或者其他牌号的透明 ABS 混合，以免影响透明度。

由于连续相和分散相的折射率对温度依赖性不同，在某一温度下透明，可能在另一温度下就不透明，因此，应注意材料的使用环境的温度，因为基本上透明 ABS 折射率匹配的设计是以常温下为使用条件。这也是刚注射出的制件不太透明，温度稳定至室温后，制品就变得透明的原因。

透明 ABS 可按通用 ABS 加工工艺加工，模具良好的粗糙度和较高模温，有利提高透明度。纸塑复合袋包装，25kg/袋，贮放于阴凉、通风干燥处，防止日晒雨淋，远离火源，可按非危险品运输。

【安全性】 产品包装外层为聚丙烯编织袋或纸箱，每袋净重 25.00kg±0.25kg。产品应在清洁干燥的仓库内贮存，可用火车、汽车、船舶等运输。贮运过程中应注意防火、防水、防晒、防尘和防污染等。运输时应贮放在清洁有顶棚的车厢内，不得与易燃的芳香烃、卤代烃等有机溶剂混运，装卸时切不可用铁钩。

【生产单位】 奇美实业是世界上最大的 ABS 树脂生产商，其在台南及镇江的工厂每年大约生产 130 万吨 ABS 树脂。其他主要的 ABS 树脂生产厂商包括：拜耳化工、LG 化学、GE 塑料、巴斯夫及陶氏化工等。

Be015 增强（填充）SAN

【英文名】 resinforced SAN

【别名】 增强 AS

【组成】 主要成分为 SAN 树脂，偶联剂，增强填充剂。

【性质】 可采用纤维或无机填充剂增强 AS，目前普遍使用的是玻璃纤维增强 AS（GFRAS），故此处主要介绍 GFRAS 的性能。AS 经玻纤增强后，可以改善缺口敏感性，尤其是在常温和低温下，其缺口冲击强度基本不变，同时，弯曲模量、弯曲强度、拉伸强度可以大幅度提高，热变形温度也有显著提高。成型收缩率、线膨胀系数下降，产品尺寸稳定性得以改善，一般来说，当玻纤含量在 30%以下时，其力学性能随玻纤含量增加而提高，30%以上趋于平缓，超过 40%时，力学性能开始下降。

增强 AS（含玻纤 20%～40%）性能如下。

密度/(g/cm^3)	1.22～1.40
拉伸强度/MPa	100～130
拉伸弹性模量/GPa	7.4～11.6
断裂伸长率/%	2～3
压缩强度/MPa	140～160
弯曲强度/MPa	140～160
弯曲弹性模量/GPa	7.7～13
悬臂梁冲击强度(缺口)/(J/m)	30～60
冲击强度(−40℃)/(kJ/m^2)	21.4
剪切强度/MPa	87.5
洛氏硬度(M)	92～97
热导率/[W/(m·K)]	0.26～0.31
比热容/[J/(kg·K)]	879～1172
线胀系数/($\times 10^{-5}$/K)	27～38
热变形温度(1.82MPa)/℃	95～105
介电常数	3.2
介电强度/(kV/mm)	
吸水性/%	0.1
模塑收缩率/%	0.2

【制法】 目前的主要制造方法为AS树脂与适量玻纤共混挤出。玻纤应从侧喂料口加入，因为树脂经初步塑化后，再与玻纤混炼，可以减少玻纤过度磨碎，避免增强效果变差。经树脂预浸过的短切玻纤，可以从主喂料口与树脂一起加入。添加硅烷偶联剂或其他高分子偶联剂，可以改善玻纤与树脂界面的结合，提高产品性能。

工艺流程如下。

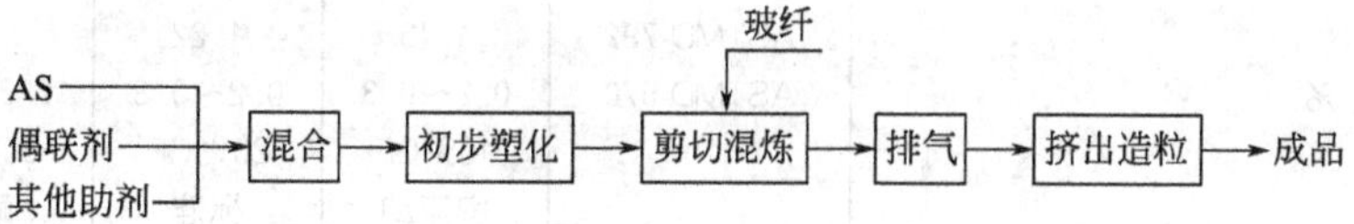

【质量标准】

上海锦湖日丽增强AS产品技术指标

项目	实验标准ASTM	HSG5110 10%GF增强	HSG5120 20%GF增强	HSG5130 30%GF增强	HSG5130H 30%GF增强高模量	HSG5114 10%GF高冲击	HSG5124 20%GF高冲击	HSG5120FR 20%GF阻燃耐候
拉伸强度/MPa	D638	90	100	120	125	90	100	90
弯曲强度/MPa	D790	110	120	140	165	115	125	100
弯曲模量/MPa	D790	5000	7000	8800	9200	4500	5000	6300
洛氏硬度(R)	D785	115	120	125	125	114	119	120
拉伸断裂伸长率/%	D638	3	3	3	3	3	3	2
Izod缺口冲击强度/(J/m)	D256 3.2mm	45	45	50	50	55	70	30
	D256 6.4mm	35	40	40	40	50	65	30
MFR(220℃×10kg)/(g/10min)	D1238	15	10	9	7	14	9	6
热变形温度/℃	D648	97	105	107	109	96	101	95
维卡软化点/℃	D1525	107	115	117	119	106	114	110
密度/(g/cm^3)	D792	1.14	1.22	1.30	1.30	1.14	1.22	1.30
成型收缩率/%	D955	0.2～0.4	0.1～0.3	0.1～0.3	0.1～0.3	0.2～0.4	0.1～0.3	0.1～0.3
阻燃性	UL-94	HB	HB	HB	HB	HB	HB	V-0 (1.6mm)

三星第一毛织玻纤增强AS

项目	测试方法	GR5010	GR5020	GR5030
拉伸强度/MPa	ASTMD-638	95	115	125
伸长率/%	ASTMD-638	3	3	3
弯曲强度/MPa	ASTMD-790	125	135	140
弯曲模量/MPa	ASTMD-790	5300	7000	9200
Izod冲击强度(3.2mm)/(J/m)	ASTMD-256	45	55	55

续表

项 目	测试方法	GR5010	GR5020	GR5030
洛氏硬度(M)	ASTMD-785	84	90	91
尺寸收缩率/%	ASTMD-955	0.2～0.4	0.1～0.3	0.1～0.2
热变形温度(6.4mm,1.82MPa)/℃	ASTMD-648	103	105	
相对密度	ASTMD-792	1.15	1.22	
吸水率/%	ASTMD-570	0.2～0.3	0.2～0.3	0.2～0.3
特性		10%GF 良流动	20%GF 标准	30%GF 耐热

【成型加工】 GFRAS按一般增强热塑性工程塑料的加工工艺加工，加工温度比普通AS要高10～30℃，一般为200～240℃，使用前应干燥，干燥温度80～90℃，2～4h，模具温度70～80℃，注射压力70～110MPa。

【用途】 主要用于制作有高模量耐温要求的制品，如汽车灯壳、电器零件、线圈骨架、录音机机芯、底板、风叶、照相器材。

【安全性】 产品包装外层为聚丙烯编织袋或纸箱，每袋净重25.00kg±0.25kg。产品应在清洁干燥的仓库内贮存，可用火车、汽车、船舶等运输。贮运过程中应注意防火、防水、防晒、防尘和防污染等。运输时应贮放在清洁有顶棚的车厢内，不得与易燃的芳香烃、卤代烃等有机溶剂混运，装卸时切不可用铁钩。

【生产单位】 上海锦湖日丽塑料有限公司，三星第一毛织株式会社，原化工部晨光化工研究院，上海杰事杰新材料股份有限公司。

Be016 ABS-聚碳酸酯合金

【英文名】 ABS-polycarbonates alloy; ABS/PC alloy

【别名】 ABS-聚碳酸酯掺混物

【结构式】

+

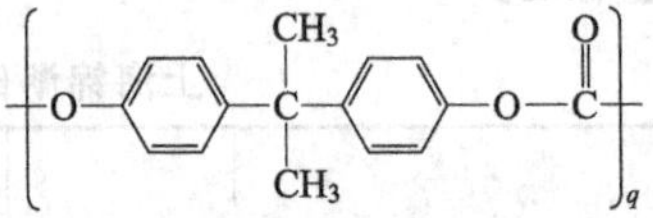

【性质】 ABS/PC合金为浅象牙白色不透明颗粒，相对密度1.1～1.2，能溶于芳烃及卤代烃类溶剂。其物理力学性能综合平衡了两种母体树脂的优良性能，相互改善了各自的不足。

ABS/PC合金由ABS树脂与PC树脂按一定配料比配合，再加上少量助剂，或添加一定的填充剂及增容剂，通过密炼机、混炼机或双螺杆挤塑机的混炼而制得。改变配比及助剂或填充剂的种类和用量，可制得耐热、耐冲击、增强、阻燃等系列产品。

就ABS树脂而言，因聚碳酸酯的掺入，使冲击强度、热变形温度、拉伸强度、挠曲强度和硬度均有所提高。就聚碳酸酯而言，混入ABS后不仅降低了单位成本，而且改善了聚碳酸酯的低温冲击性能和对缺口冲击强度的敏感性，加工性能也大有改善。由于ABS/PC合金具有良好的低温冲击性、刚性、较高的热变形温度和良好的稳定性，综合力学性能优良，因而是发展最快、产量最大、最重要的ABS类合金品种之一。

目前，国外大多数生产PC和ABS树脂的公司都开发了商品化ABS/PC合金牌号，根据ABS、PC组分比例、分子量、添加剂的不同，各牌号ABS/PC合金性能差别较大，分别适用于各个不同领域。一般说来，随 PC 含量的提高，冲击强度、热变形温度升高，而流动性变差。

ABS/PC 合金，兼有 PC 的优良力学性能、耐热性好、尺寸稳定性好的优点和 ABS 树脂易加工和成本低的优点。由于 PC 的存在，提高了 ABS 树脂的抗冲击强度和耐热性，热变形温度可达 10000℃。由于 ABS 的存在，改善了 PC 树脂的低温冲击性能和相对缺口冲击强度的敏感性，使得材料的性能达到良好的均衡性。

ABS/PC 合金是一种非常坚硬的材料，其制品硬度比 PC 高 14%，故可制成更好的薄壁制品。ABS/PC 中含有极性基团酯基，易吸附水分。即使干燥过的材料，在空气中放置 15min 就会返潮，必须重新干燥后使用。ABS/PC 合金可注塑或挤塑加工。加工机械可选用压缩比较大的螺杆挤塑机或注塑机。成型温度 220～250℃，注射压力 60～80MPa，模具温度 50～80℃。成型加工前物料应在鼓风烘箱中，连续干燥 12h 左右，使水分含量小于 0.02%。为了取得具有较好外观的制件，及防止制件因加工操作不妥而降低了强度，在 ABS/PC 树脂加工时，物料必须干燥。

【制法】 将 ABS 和聚碳酸酯，再加上相应的助剂，在密炼机、混炼机或双螺杆挤塑机内充分混炼均匀，挤出造粒即得产品。其中 ABS 与聚碳酸酯的配比可在较大范围内变动，合金性能随各组分用量不同可大幅度变化。PC 加工过程容易水解，应保证各组分充分干燥。

工艺流程如下。

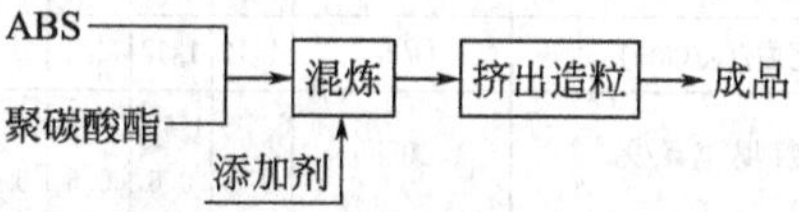

以双螺杆挤出机为混炼设备时，全过程可在同一设备中完成。

【质量标准】 广东盛恒昌化学工业有限公司产品的有关技术指标

项　　目		HCD300HI
拉伸强度/MPa	≥	48
弯曲强度/MPa	≥	60
弯曲模量/MPa	≥	2000
热变形温度/℃	≥	108
简支梁缺口冲击强度/(kJ/m²)	≥	60
熔体流动速率/(g/10min)	≥	2

上海锦湖日丽 ABS/PC 合金技术参数

项目	测试标准(ASTM)		通用级								涂装电镀级				耐候级	吹塑级
			HAC 8230	HAC 8240	HAC 8245	HAC 8250	HAC 8260	HAC 8264 8265	HAC 8265P	HAC 8270 HF	HAC 8244	HAC 8245G	HAC 8265G	HAC 8255 HR	HAC 8250W	HAC 8240B
拉伸强度/MPa	D638		47	52	50	58	50	58	60	60	44	50	50	55	55	45
拉伸断裂伸长率/%	D528		30	80	130	180	180	200	80	100	200	70	100	120	100	90
弯曲强度/MPa	D790		57	63	72	78	82	78	80	86	60	68	73	77	75	61
弯曲弹性模量/MPa	D790		1600	1690	2000	2200	2500	2300	2300	2400	1700	2000	1850	2200	2000	1750
Izod 冲击强度(缺口)/(J/m)	D256	3.2mm	450	700	500	600	650	700	700	600	600	550	600	700	600	680
		5.4mm	250	500	350	450	480	550	250	450	500	350	550	570	350	550
洛氏硬度(23℃)R	D785		105	111	114	116	118	116	119	116	100	108	114	114	116	105
热变形温度(未退火)/℃	D648	(6.4mm,1.82MPa)	90	100	98	106	112	110	107	114	100	96	105	110	104	102

续表

项目	测试标准（ASTM）		通用级								涂装电镀级				耐候级	吹塑级
			HAC 8230	HAC 8240	HAC 8245	HAC 8250	HAC 8260	HAC 8264 8265	HAC 8265P	HAC 8270 HF	HAC 8244	HAC 8245G	HAC 8265G	HAC 8255 HR	HAC 8250W	HAC 8240B
维卡软化点/℃	D1525				112	116	125	125		128	116					116
MFR/(g/10min)	D1238	230℃，10kg			28	16	14	12		15	18					10
		230℃，21.6kg	120	50	100	56	40	38	50	65	40	110	35	38	45	25
密度/(g/cm³)	D792		1.11	1.12	1.12	1.13	1.14	1.14	1.13	1.13	1.12	1.12	1.13	1.13	1.13	1.12
成型收缩率/%	D955		0.4～0.6	0.4～0.6	0.4～0.6	0.5～0.7	0.5～0.7	0.5～0.7	0.4～0.6	0.5～0.7	0.4～0.6	0.4～0.6	0.4～0.6	0.4～0.6	0.5～0.7	0.4～0.6
阻燃性	UL-94		HB	HB	HB	HB	HB	HB	HB	HB	HB	HB	HB	HB	HB	HB
特性			高流动,可涂装,电镀	高冲击	优良流动	高冲击,耐热	高耐热	高耐热,耐低温	高流动,高冲击	高耐热,高流动	高冲击,镀金用	高流动,良喷涂	高耐热,良喷涂	高耐热,优良喷涂	高冲击,耐候	中空吹塑成型

【用途】 ABS/PC应用广泛，主要用于以下方面。

① 汽车、摩托车零件，如仪表板、车灯壳体、散热格栅、出风格栅、保险杠、汽车尾翼等。

② 消费电子产品，如计算机外壳、手机壳体、打印机、复印机外壳、开关盒、面板以及其他要求力学强度高的零件壳体。

③ 机械领域，如仪表壳体、泵的组件、头盔、电动工具壳体。

④ 体育用品、通信器材等。

【安全性】 纸塑复合袋包装，25kg/袋，贮放于阴凉、通风干燥处，防止日晒雨淋，远离火源，可按非危险品运输。

【生产单位】 上海锦湖日丽塑料有限公司，原化工部晨光化工研究院，三星第一毛织株式会社，美国通用电气公司中国塑料部。

Be017 ABS/PVC合金

【英文名】 ABS/PVC alloy

【性质】 ABS/PVC合金是最早实用化的ABS树脂合金，系由一定配比的ABS树脂和PVC树脂，或加入第三种树脂组分，并加入少量助剂，通过双螺杆挤塑机掺混而制得的一系列树脂掺混物。加入的助剂主要为有机或无机阻燃剂、润滑剂、抗氧剂等。该合金使ABS树脂的阻燃性得到改善。

ABS/PVC合金，既具有ABS树脂的耐冲击、耐低温、热稳定、耐化学品、易加工成型等优良性能；又有PVC树脂的阻燃性、刚性好、耐腐蚀等优点。作为ABS树脂的改进品种，它增加了ABS树脂的阻燃性、耐撕裂性、耐腐蚀性和拉伸强度。

为了获得具有优良的综合性能的合金材料，要选择最佳的配比。ABS树脂比例增加，使橡胶粒子增多，有利于“裂纹”的引发并与树脂相产生大量的剪切带，可吸收较高的冲击能，使材料具有较高的冲击强度。在ABS/PVC为（70～60)/(30～40）时，合金的冲击强度达到最高，继续增加ABS树脂配比，冲击强度下降。PVC比例的增加，使合金材料的阻燃性、静弯曲强度和拉伸强度增加，同时，可以降低材料的成本。但热变形温度下降。PVC树脂的比例达到40%以上时，材料的阻燃性可达V-1级。

不同配比的ABS/PVC合金的性能、ABS/PVC合金的典型性能。

不同树脂配比的ABS/PVC合金性能

配比/份		性能		
ABS	PVC	UL值	热变形温度/℃	缺口冲击强度/(J/m)
100	—		82	104.86
80	20	94HB	78.3	48.02
70	30	94HB	76	156.80
60	40	94V-1	72.8	145.04
50	50	94V-0	70.2	100.94
40	60	94V-0	66.2	72.52
30	70	94V-0	65.0	53.90

ABS/PVC合金典型性能

项目	ASTM测试方法	数值
熔体流动速率/(g/10min)	D1238	1.9
加工温度范围/℃		185～210
压缩比		2.2～2.5
线性模塑收缩率/(cm/cm)	D955	0.003～0.006
断裂拉伸强度/MPa	D638	39～45
拉伸屈服强度/MPa	D638	30～45
弯曲强度/MPa	D790	54～69
拉伸模量/GPa	D638	2.2～2.6
弯曲模量(23℃)/GPa	D790	2.2～2.8
缺口冲击强度/(J/m)	D256	108～118
洛氏硬度	D785	100～106
线胀系数/K^{-1}	D696	$(83～151)\times10^{-6}$
热变形温度(1.82MPa)/℃	D648	76～93
相对密度	D792	1.13～1.25
介电强度/(V/m)	D149	1.97×10^{7}

【成型加工】 ABS/PVC合金的表观粘度小于ABS树脂，易于加工成型、可以采用与ABS树脂加工的设备进行注塑和挤塑。但是由于合金中的PVC组分为热敏性材料，加工时易受热降解，释放出HCl。与纯PVC树脂相比，ABS树脂的存在会加快PVC的降解速率。因此，在ABS/PVC合金的加工时，要视合金材料的组成，严格控制加工时的温度上限（210℃），防止因降解释放出来的HCl腐蚀加工设备

和模具。加热不均或剪切过热也会导致降解和挂料，因此加工条件应严格控制在较窄的范围内。在保证注射压力的前提下，尽可能降低注射速率；增大浇口孔径、浇口的数目；模具上开设排气孔等措施均能减少降解和烧焦现象。此外，严格控制树脂的含水量，降低加料段的温度，以有利于水分和挥发分从料斗口排出，可以防止制品产生银纹，确保制品外观。

ABS/PVC 合金在注塑时，均化段的温度应控制在 170～190℃，料筒前端温度可控制在 170～180℃，喷嘴温度为 175℃，注射压力为 4.9MPa 左右。挤出可参照通用级 ABS 树脂的加工条件。

【用途】 ABS/PVC 合金主要用于电视机外壳，汽车仪表板，计算机和电话机外壳，箱包等。

鉴于 ABS/PVC 合金的耐热性不高和成型时碰到一些困难，可采用在掺混配方中加入第三种树脂组分的方法来调整材料的性能。如在配比中加入少量的 2-甲基苯乙烯-苯乙烯-丙烯腈三元共聚物，可提高 ABS/PVC 合金的耐热性，加入少量的甲基丙烯酸甲酯-丁二烯—苯乙烯共聚物，可以均衡并改善材料的加工性，其配比及性能如下所示。

ABS/PVC/MBS 掺混物性能

项目		数值					
配比/份	ABS 树脂	50	50	45	70	75	80
	PVC 树脂($\overline{P}=720$)	50		55	30	25	20
	EVA 树脂($\overline{P}=650$)		50				
	MBS 树脂	0.7	1	2	3.5	5	3
	低分子量阻燃剂				6	8	8.5
	Sb_2O_3				3	5	6
性能	冲击强度(缺口)/(kJ/m)	0.30	0.35	0.40	0.25	0.30	0.20
	流动性(210℃,2.94MPa)	0.10	0.10	0.10	0.15	0.16	0.17
	加热变形温度/℃	78	77	77	80	80	83
	阻燃性(UV)	V-1	V-1	V-0	V-0	V-0	V-0

【质量标准】 ABS/PVC 合金的典型产品牌号质量标准有美国 Borg-Warner 公司的 Cycovin K-20，Monsanto 公司的 Lustran 800，A. Shulman 公司的 Polyman，Shuman 公司的 Shuman。

【安全性】 纸塑复合袋包装，25kg/袋，贮放于阴凉、通风干燥处，防止日晒雨淋，远离火源，可按非危险品运输。

【生产单位】 美国 Borg-Warner 公司，日本三菱孟山都化成公司，上海锦湖日丽塑料有限公司。

Be018 SMA 树脂

【英文名】 SMA resin

【别名】 苯乙烯-马来酸酐共聚物

【结构式】

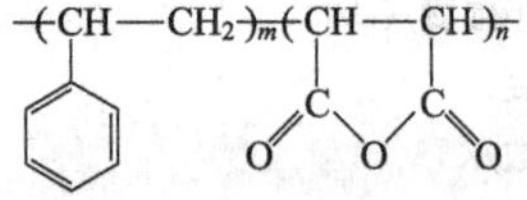

【性质】 苯乙烯-马来酸酐共聚物 (SMA) 树脂是苯乙烯与马来酸酐的无规共聚物，先由美国 ARCO 公司开发成功，它有不含橡胶的透明共聚物和含橡胶的不透明共聚物两种类型。分子量低的 SMA 性脆，不能与其他高分子树脂掺混；分子量较高的 SMA 由于具有酸酐的反应活性与许多高分子树脂有较好的相容性、

可制成 SMA/PC、SAM/ABS、SMA/PVC、SMA/PBT 等合金。SMA 树脂能溶于碱类、酮类、醇类与酯类溶剂，不溶于水、己烷和甲苯。它能与二元醇或二元胺共热交联成热固性树脂。SMA 树脂另一最突出的性能是有很好的耐热性，随马来酸酐含量、橡胶含量的不同，共聚物的热变形温度有明显差异。马来酸酐含量（质量分数）30%的 SMA 比聚苯乙烯的热变形温度可能高 50～60℃。然而，SMA 中马来酸酐含量也不宜过高，否则不仅成型困难，还易引起热分解，影响制品质量。

透明级 SMA 具有较好的透明度和光泽。在许多应用中，为提高 SMA 的某些性能，可通过熔融共混的方法来制备塑料合金或进行玻璃纤维增强。其玻璃纤维在 SMA 中的含量（质量分数）可在 5%～40%之间，经增强的 SMA 塑料强度、模量、韧性等在较恶劣的环境条件下也能保持稳定。SMA 塑料合金更具有耐热、韧性好，电性能好和尺寸稳定的特点。此外，SMA 还有较好的耐磨性和装饰性，但不耐水解。SMA 树脂的性能如下。

密度/(g/cm³)	1.08～1.10
拉伸强度/MPa	49.98～50.96
断裂伸长率/%	1.7～1.8
弯曲强度/MPa	86.24～87.22
弯曲弹性模量/GPa	3.04～3.33
悬臂梁冲击强度/(J/m)	21.56
热变形温度/℃	113～121
维卡软化点/℃	118～131
成型收缩率/%	0.5
外观	透明

【制法】 SMA 可用自由基引发，采用本体、溶液、悬浮或乳液法进行聚合，马来酸酐容易水解，不宜在水介质的悬浮体系进行聚合。国内上海石化研究院与浙江大学共同开发了本体聚合工艺，整个流程包括 MAH 溶解、聚合、脱挥、造粒等。

反应式：

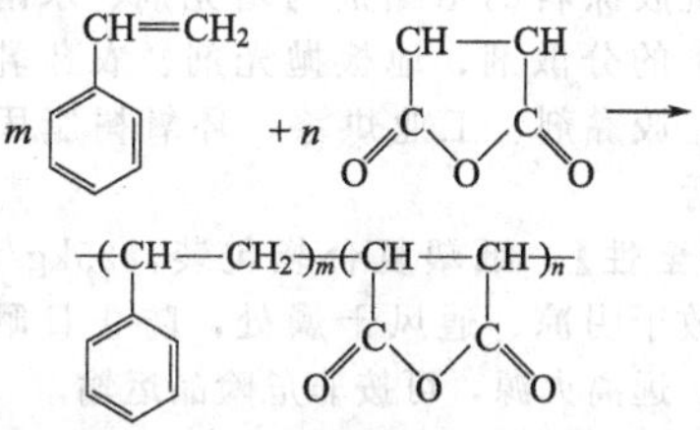

【质量标准】 上海石化研究院生产的系列 SMA 的力学与热性能如下。

项目	牌号	伸长率/%	拉伸强度/MPa	弯曲强度/MPa	弯曲弹性模量/MPa	缺口冲击强度/(J/m)	热变形温度(1.82MPa)/℃
透明级	212	2～3	30～40			11	110～115
	218					11	115～120
抗冲级	850M	92.9	23.4	40.4	1256	332	96
	870M	15.8	35.3	65.2	2074	104	107
	875M	18.1	39.1	71.4	2205	79	107
	880M	11.2	43.2	78.9	2482	51	111
	890M	8.2	48.5	68.2	3005	29	115
玻纤增强级	G2416	<10	84		5034	91	125
测试标准			GB1040		GB9341-88	GB1843	GB1643

由于不含橡胶的 SMA 纯树脂较脆，所以将 SMA 与其他树脂共混的商品化开发工作较为活跃。

【成型加工】 SMA 与苯乙烯系列树脂的加工性能相似，可以注射、挤出、中空成型、SMA 还可以发泡，制成耐热的发泡制品，SMA在高温时容易水解，所以加工前应充分干燥，加工温度不宜太高。

【用途】

① 汽车、摩托车零部件，主要利用SMA的耐热性，如玻纤增强SMA制作仪表板骨架是SMA的一个典型应用，其他还包括空调出风口，后视镜以及电镀零件，发泡汽车顶棚等。

② 家电、办公设备及其他消费电子产品，如微波炉托盘、电吹风。

③ 其他树脂的改性剂，如SMA与PVC共混可以提高PVC的耐热性，塑料共混相容剂。

④ 相对低分子量的SMA可以用来作乳胶涂料的增黏剂与增充剂、水溶性颜料的分散剂、地板抛光剂、农药乳化剂、胶黏剂、工业烘漆、环氧树脂固化剂等。

【安全性】 纸塑复合袋包装，25kg/袋，贮放于阴凉、通风干燥处，防止日晒雨淋，远离火源，可按非危险品运输。

【生产单位】 上海石化研究院，上海锦湖日丽塑料有限公司，拜耳（Bayer）公司，美国ARCO。

Be019 聚吡咯/聚苯乙烯导电共混物

【英文名】 polypyrrole/polystyrene conducting blends

【组成】 主要成分为聚吡咯和聚苯乙烯树脂。

【性质】 本共聚物具有较好的力学性能和耐热性能、稳定性及导电性。

【制法】 通常采用下列两种方法来进行制备。

1. 溶液法

在氮气保护下，将聚苯乙烯和聚吡咯同时加入到二氯甲烷溶剂中，开启搅拌，待树脂（尤其是聚苯乙烯）溶解后，过滤；将沉淀真空干燥24h，即得到粒料。

2. 熔融法

将聚苯乙烯粒料投入PAPRA微型混炼机中，在160～170℃下加热2min左右；待聚苯乙烯全溶后，加入聚吡咯粉料，混炼约5min，然后挤出造粒。

【成型加工】 将共混料在150℃下模压成各种所需的制件。

【用途】 主要用于二次塑料电池、电磁屏蔽材料、导电保护膜、变色开关等。

【安全性】 纸塑复合袋包装，25kg/袋，贮放于阴凉、通风干燥处，防止日晒雨淋，远离火源，可按非危险品运输。

【生产单位】 北京航空材料研究院，中科院化学研究所。

Be020 消光ABS

【英文名】 low gloss ABS resin

【别名】 低光泽ABS；哑光级ABS

【组成】 主要成分为ABS树脂，光泽改性剂。

【性质】 低光泽ABS主要为满足汽车行业及办公用设备的需求而开发，它通过ABS制品表面光散射作用加强，减少镜面反射，以满足视觉舒适感和安全要求。除表面光泽较低外，其他性质与ABS基本相同。

【制法】 低光泽ABS的制备一般有以下三种或在三种方法之间进行复合。

① 通过控制ABS聚合时橡胶相的粒径，利用表面橡胶相的微收缩作用，粒径较大时，光泽较低，该方法对ABS物性影响小，但光泽降低的程度有限。

② 添加与ABS有一定相容性的橡胶类弹性体或其他树脂，以降低ABS光泽。

③ 添加无机填料或具有消光作用的颜料。

【质量标准】

上海锦湖日丽消光 ABS 技术指标

指标项目/单位	试验标准 ASTM		ABS770Z	ABS730Z	H-2938Z	HU-621Z	HU-650Z
			一般挤出用	高流动准耐热	高耐热	超耐热	超耐热
拉伸强度/MPa	D638	50	48	46	38	44	
伸长率/%	D638	50	25	25	35	30	
弯曲强度/MPa	D790	60	67	65	55	62	
弯曲模量/MPa	D790	2000	2300	2100	1700	2100	
洛氏硬度(R)	D785	100	110	106	98	106	
Izod 缺口冲击强度/(J/m)	D256	3.2mm	200	250	200	230	210
		6.4mm	220	230	160	200	150
热变形温度(1.82MPa,未退火)/℃	D648		87	93	98	92	102
维卡软化点/℃	D1525		95	—	—	104	114
MFR/(g/10min)	D1238	200℃,5kg	1.2	1.5	0.5	1.0	0.9
		220℃,10kg	10.0	12.0	6.0	3.0	1.5
		200℃,21.6kg	21.0	24.0	11.0	9.8	11.0
成型收缩率/%	D955		0.4～0.7	0.4～0.7	0.4～0.7	0.4～0.7	0.4～0.7
相对密度	D792		1.04	1.04	1.04	1.04	1.04
光泽度 <			55	55	55	55	55

Bayer 消光 ABS 技术指标

试验项目	拉伸强度/MPa	伸长率/%	弯曲强度/MPa	弯曲模量/MPa	Izod 冲击强度/(kJ/m²)	球压硬度/MPa	热变形温度(1.82MPa)/℃	MFR/(g/10min)	成型收缩率/%	密度/(kg/m³)
试验方法 ISO	527-1	527-1	178	178	180-1A	2039-1	75-1	1133	294-4	1183
低光泽挤出级 E112LG	26	>15	43	1500	8	65	95	6	0.5～0.8	1040

【用途】 主要用于汽车零部件如仪表板、后视镜，办公设备壳体、板材、装饰材料等。

【成型加工】 可按相应等级 ABS 树脂成型方法加工，加工温度 180～260℃。

【安全性】 纸塑复合袋包装，25kg/袋，贮放于阴凉、通风干燥处，防止日晒雨淋，远离火源，可按非危险品运输。

【生产单位】 上海锦湖日丽塑料有限公司，拜耳中国有限公司，LG 化学株式会社。

Be021 ABS/PA 合金

【英文名】 PA/ABS blend；PA/ABS alloy

【别名】 丙烯腈-丁二烯-苯乙烯/尼龙合金；ABS/PA 共混物

【组成】 ABS 树脂，尼龙树脂及其他添加剂，加工助剂。

【性质】 丙烯腈-丁二烯-苯乙烯/尼龙合

金（ABS/PA）是一类结晶/非结晶共混体系，两组分相容性不佳，通过添加合适的相容剂，可以制得具有实用性质的ABS/PA合金。它最主要的特点是：冲击强度极高，热稳定性佳，抗化学腐蚀性优，有比尼龙更优越的尺寸稳定性，特殊的表面和亚光效果，结晶材料与无定形材料共混所带来的减震和吸声性能，同时，具有比ABS更高的维卡软化点。

影响ABS/PA合金形态结构的因素很多，主要有两组分的比例，ABS各组分的含量、黏度比，共混时的工艺条件（温度、剪切速率等）。拜耳公司ABS/PA合金性能如下。

试验项目	试验方法		Triax1120 注塑良流动	Triax 1220S 挤出级
拉伸强度/MPa	ISO 527		40	39
伸长率/% ≥	ISO 527		50	50
弯曲强度/MPa	ISO 178		60	56
弯曲模量/MPa	ISO 178		1800	1600
Izod 冲击强度/(kJ/m²)	ISO 180	23℃	70	70
		−30℃	20	23
热变形温度(1.82MPa)/℃			58	64
维卡(5kg,50℃/h)/℃	ISO 306		102	97
MFR/(g/10min)	ISO 1133		6.0	2.8
成型收缩率/%	ISO 2577		0.8～0.9	1.1～1.25
密度/(g/cm³)	ISO 1183		1.06	1.06
吸水率/%	ISO 62		1.7	1.7

【制法】 一般采用机械共混法，将原材料预干燥，然后按比例在混料机中混合，经双螺杆挤出机挤出造粒，即制得ABS/PA合金。

【质量标准】

上海锦湖日丽塑料有限公司的ABS/PA合金技术指标

测定项目		测试方法 ASTM	非增强型		增强型		
			HNB 0225	HNB 0270	HNB 0225G2	HNB 0225G4	HNB 0270G4
拉伸强度/MPa		D638	45	43	70	100	110
拉伸断裂伸长率/%		D638	70	100	15	10	15
弯曲强度/MPa		D790	68	60	100	130	140
Izod 缺口冲击强度/(kJ/m)		D256	0.55	0.70	0.15	0.09	0.135
			NB	NB	—	—	—
弯曲模量/MPa		D790	2100	2000	3400	5500	5500
热变形温度(6.4mm,1.82MPa)/℃		D648	80	78	109	115	185
维卡软化点/℃	B法	D1525	100	175	110	115	185
	A法		150	185	165	175	195
密度/(g/cm²)		D792	1.07	1.10	1.13	1.23	1.26
成型收缩率/%		D955	0.5～0.8	0.8～1.1	0.2～0.3	0.15～0.3	0.2～0.4
特性			尺寸稳定,亚光,维卡耐热高	尺寸稳定,高冲击,高耐热,耐候	10%玻纤增强,高冲击	20%玻纤增强,高刚性	20%玻纤增强,高耐热

【成型加工】 ABS/PA 合金成型加工工艺如下：干燥温度 80～90℃；时间 4～8h；注塑熔体温度 230～270℃；注塑压力 50～110MPa；模温 60～80℃。

【用途】 ABS/PA 维卡软化点高，可以满足汽车烘漆的要求，是制造汽车车身壳板等零部件的理想材料，还可用于汽车内饰件、换气管、仪表骨架、仪表盘、旋钮、开关、方向盘外壳、空调出风格栅。

ABS/PA 良好的触摸感和减震、吸声效果，使它在电动工具、园艺工具设备、减震器等机械和日用品方面也得到广泛应用。

【安全性】 纸塑复合袋包装，25kg/袋，贮放于阴凉、通风干燥处，防止日晒雨淋，远离火源，可按非危险品运输。

【生产单位】 上海锦湖日丽塑料有限公司，拜耳中国有限公司工程塑料部。

Be022 ABS/PBT 合金

【英文名】 ABS/PBT blend；ABS/PBT alloy

【别名】 丙烯腈-丁二烯-苯乙烯/聚对苯二甲酸丁二醇酯合金；ABS/PBT 共混物

【组成】 主要化学成分为 ABS 树脂、PBT 树脂及其他添加剂、加工助剂。

【性质】 丙烯腈-丁二烯-苯乙烯/聚对苯二甲酸丁二醇酯合金（ABS/PBT）为浅象牙白色不透明颗粒，不加填充物的 ABS/PBT 合金，相对密度介于 ABS 和 PBT 之间，为 1.13～1.18，ABS/PBT 一方面具有 PBT 树脂加工流动性好，耐化学品，耐磨的特点，同时改善了 PBT 的缺口敏感性和尺寸稳定性，耐低温冲击好，是一类性能优良的工程塑料合金。

由于 ABS 是多组分共聚物，并且与 PBT 相容性不太好，因此 ABS 中橡胶含量、ABS 与 PBT 的配比及两种树脂界面的相容状况都对 PBT/ABS 合金的性能有明显影响。LG 化学各牌号的 ABS/PBT 合金性能如下。

性能项目	测试方法	MHF-5008	HF-5600F	GP-5106F1	GP-5200B
熔体流动速率(250℃,2.16kg)/(g/10min)	ISO 1133	3.7	4.6	3.2	10.2
拉伸模量/MPa	ISO 527	1900	2000	3500	6700
屈服强度/MPa	ISO 527	38	40		
屈服伸长率/%	ISO 527	2.8	2.8		
断裂强度/MPa	ISO 527			58	99
断裂伸长率/%	ISO 527	26	16	3	2.2
简支梁冲击强度/(kJ/m^2)	ISO 179				
23℃		NB	NB	30	35.2
−30℃		46.3	44.3	38.4	21.6
简支梁缺口冲击强度/(kJ/m^2)	ISO 179				
23℃		32.3	25.4	6.2	6.9
−30℃		4.3	4.6	4.5	6.6
熔融温度/℃	ISO 11357	220	222	224	224
玻璃化温度/℃	ISO 11357	107	107	110	107
热变形温度/℃	ISO 75				
1.80MPa		71	75	119	160
0.45MPa				191	208
维卡软化点(50℃/h,50N)/℃	ISO 306	90.6	92.5	119	132

续表

性能项目	测试方法	MHF-5008	HF-5600F	GP-5106F1	GP-5200B
阻燃性(UL)/1.5mm	ISO 1210		V-0	V-0	HB
介电常数(1MHz)	IEC 60250	2.4	2.5	2.8	3.2
体积电阻率/Ω·cm >	IEC 60093	10^{13}	10^{13}	10^{13}	10^{13}
表面电阻率/Ω >	IEC 60093	10^{15}	10^{15}	10^{15}	10^{15}
吸水率/%	ISO 62	0.13	0.12	0.07	0.07
密度/(kg/m³)	ISO 1183	1090	1130	1340	1320
产品说明		注塑级,通用品牌	注塑阻燃级	注塑阻燃级,10%玻纤增强	注塑级,20%玻纤增强

【制法】 一般采用机械共混法，将原材料预干燥（也可在挤出机中直接真空脱挥干燥），然后在混料机中混合，经双螺杆挤出机挤出造粒，即制得 ABS/PBT 合金，ABS 与 PBT 相容性不太好，因此，添加合适的相容剂是制备高性能 ABS/PBT 合金的关键。

项目	测试标准 ASTM	非增强型					增强型						
		阻燃级		通用级			通用级				阻燃级		
		HAB 8710 FR	HAB 8720 FR	HAB 8750	HAB 8740	HAB 8740B	HBG 5710	HBG 5720	HBG 5723	HGB 5724	HBG 5710 FR	HBG 5730FR	HBG 5723 FR
拉伸强度/MPa	D638	47	35	52	47	40	80	100	125	105	60	120	80
拉伸断裂伸长率/%	D638	40	30	120	150	140	10	9	8	10	4	3.5	10
弯曲强度/MPa	D790	62	55	74	65	64	90	140	150	100	90	190	95
弯曲弹性模量/MPa	D790	1900	1600	1900	1700	1850	4000	5000	6500	4500	3300	9500	4700
Izod 冲击强度(缺口)/(J/m)	D256 3.2mm	200	180	550	700	650	6.50	80	110	150	65	80	75
	D256 6.4mm	150	140	530	600	550	65	75	100	120	60	75	70
洛氏硬度(R)	D785	104	102	115	105	105	115	120	115	120	108	114	107
热变形温度/℃	D648	85	88	95	90	90	110	130	150	115	110	160	140
		50	50				100	80	55	13			
MFR(230℃,21.6kg)/(g/10min)	D1238	(200℃,21.5kg)	(200℃,21.5kg)	60	80	30	(250℃,5kg)	(250℃,5kg)	(250℃,5kg)	(250℃,5kg)	70	50	60
密度/(g/cm³)	D792	1.18	1.18	1.18	1.13	1.15	1.15	1.24	1.30	1.30	1.40	1.50	1.32
成型收缩率/%	D955	0.5～0.8	0.5～0.8	0.5～0.8	0.5～0.8	0.5～0.8	0.3～0.5	0.2～0.4	0.2～0.4	0.2～0.4	0.5～0.8	0.2～0.4	0.2～0.3
介电强度/(kV/mm)	D149	23	25	20	20	20	20	21	21	22	24	25	24
体积电阻率/Ω·cm	D257	10^{16}	10^{16}	10^{16}	10^{16}	10^{16}	10^{16}	10^{16}	10^{16}	10^{16}	10^{16}	10^{16}	10^{16}
阻燃性(1.6mm)	UL-94	V-2	V-0	HB	HB	HB	—	—	—	—	V-0	V-0	V-0
特性		高流动,阻燃	高流动,耐磨,高阻燃	高流动,易成型,耐热	超高冲击,耐寒,性优	中空吹塑级	10%GF	20%GF,高耐热	20%GF,高耐热,高冲击	20%GF,高冲击	标准耐热,高阻燃,10%GF	高耐热,高阻燃,30%GF	超高耐热,高阻燃,25%GF

【制法】 一般采用机械共混法。将原材料预干燥（也可在挤出机中直接真空脱挥干燥），然后在混料机中混合，经双螺杆挤出造粒，即制得ABS/PBT合金，ABS与PBT相容性不太好，因此，添加合适的相容剂是制备高性能ABS/PBT合金的关键。

【成型加工】 ABS/PBT合金可以注塑、挤出、中空成型，上海锦湖日丽推荐的各品级ABS/PBT合金注塑参考工艺。

【用途】 ABS/PBT合金集合了PBT耐化学品、耐磨、流动性好以及ABS尺寸稳定性好、容易着色、耐冲击强度高的优点，可广泛用于汽车、摩托车零部件、消费电子产品、办用设备，以锦湖日丽产品为例，各牌号ABS/PBT合金典型应用。

【安全性】 纸塑复合袋包装，25kg/袋，贮放于阴凉、通风干燥处，防止日晒雨淋，远离火源，可按非危险品运输。

【生产单位】 上海锦湖日丽塑料有限公司，LG化学株式会社。

Be023 丙烯腈-丁二烯-苯乙烯共聚物

【英文名】 acrylonitrile-butadiene-styrene copolymer

【别名】 玻璃纤维增强ABS树脂

【性质】 系以ABS树脂为主体，在配混挤出机中加入适量的经过处理的玻璃纤维而制得的一种新型热塑性增强材料，不仅保存了原有的ABS树脂的力学性能、电学性能、热学性能及加工行为等主要特性，而且提高了拉伸强度、抗弯强度和弹性模量，刚度也有很大提高，热变形温度显著提高，线胀系数显著减少，因而模塑收缩率显著降低，提高了制品的尺寸稳定性。产品外观为本色或淡黄色圆柱状颗粒，玻璃纤维含量可根据用户要求而加以改变。

【质量标准】 企业标准（北京化工研究院）

指标名称		GFABS-8	GFABS-10	GFABS-12	GFABS-20
玻璃纤维含量/%		8±1	10±1	12±1	20±1
拉伸强度/MPa	≥	55	60	70	80
弯曲强度/MPa	≥	80	85	90	95
弯曲弹性模量/$\times10^3$MPa	≥	2.7	3.2	3.5	4.0
缺口冲击强度/(kJ/m^2)	≥	7	7	7	8
热变形温度(0.46MPa)/℃	≥	80	90	95	100
模塑收缩率/(mm/mm)		0.003	0.003	0.0027	0.002

【用途】 本树脂主要用于电子、电器及仪表行业。可用作录音机机芯底板、仪表外壳、塑料照相机外壳、缝纫机部件、电动工具、办公用具及对材料的刚度和尺寸精确度有较高要求的制品。此树脂一般是通过注射获得制品。在注射前，应将其干燥至含水量在0.1%以下。注射的工艺条件是：料筒温度：柱塞式注射机180～230℃；螺杆式注射机160～220℃。模具温度70～80℃。注射压力：柱塞式注射机100～140MPa；螺杆式注射机70～100MPa。注射速度为中等速度。

【制法】 ABS树脂和经过处理的一定量玻璃纤维连续输入到双螺杆挤出机料筒中，在其中把长纤维剪切成短纤维并均匀加入树脂中，两者相互牢固黏结，受热熔融，被旋转的螺杆推向机头，经口模挤出，尔后冷却定型，借牵引装置拉出，经切粒后包装，制得增强ABS树脂产品。

【安全性】 纸塑复合袋包装，25kg/袋，贮放于阴凉、通风干燥处，防止日晒雨淋，远离火源，可按非危险品运输。

【生产单位】 北京化工研究院，北京市北京化工研究院化工新技术公司，成都有机硅研究中心等。

Be024 马来酰亚胺-苯乙烯共聚物

【英文名】 maleimide-styrene copolymer

【结构式】

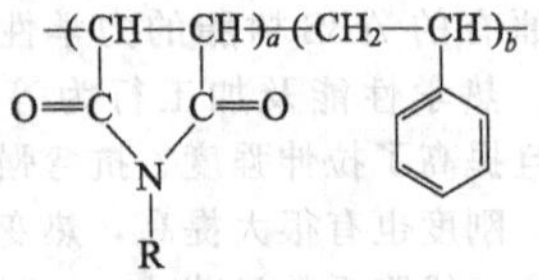

其中，R 可为 H 或含 1～20 碳原子的烷烃基、烯基和芳基。

【性质】 SMI 树脂系苯乙烯与马来酰亚胺的共聚物，首先由日本三菱孟山都化学公司于 1983 年开发成功，商品牌号为 Superex，为淡黄色粉状或固体颗粒状。

由于 SMI 分子主链中含有马来酰亚胺环五元环结构，限制了酰亚胺基绕大分子主链的旋转运动，从而大大提高了共聚物的玻璃化温度，使其具有较大的刚性和较高的耐热性，而共聚物中的苯乙烯成分又使 SMI 具有良好的加工性能。SMI 共聚物中的马来酰亚胺基上所形成的 C—N—C 共振结构使共聚物具有较高的热稳定性，从而使 SMI 比 SMA 有更高的耐热性。SMI 的热变形温度可达 142℃，并与共聚物中马来酰亚胺基的多少密切相关。当 SMI 中的马来酰亚胺含量每增加 1%（摩尔分数），玻璃化温度上升 3℃；若用-*N*-甲基马来酰亚胺（PMI）作共聚组分时，则其含量每增加 1%（摩尔分数），玻璃化温度上升约 2℃。可见，马来酰亚胺结构上氮原子所联结的取代基不同，对聚合物性能影响很大，特别是热性能。

【制法】 SMI 树脂的合成有两种途径，即一步法和两步法，一步法即用马来酰亚胺单体与 SM 单体直接共聚。所用马来酰亚胺的 C—N—C 结构中的 R 可为 H 或含 1～20 个碳原子的烷烃基、烯基和芳基等。聚合反应可用本体聚合、熔液聚合、悬浮聚合和乳液聚合。用橡胶改性的 SMI 通常采用悬浮聚合和乳液聚合。引发剂为过氧化物类和偶氮化合物类。溶液聚合时，先将马来酰亚胺溶于溶剂（酮类、芳烃、醚类等）中，再滴加含有引发剂的苯乙烯溶液，得透明黏稠液，用甲醇沉淀除去未反应单体，得 SMI 树脂。而两步法合成，即先用马来酸酐与苯乙烯聚合，制得 SMA，然后再用氨或胺进行酰胺化反应。反应时用含叔胺类的催化剂，于 130℃下反应数小时，然后用甲醇分离即得 SMI。

【质量标准】

日本催化剂 SMI 技术指标

物性	测试方法	代表值
重均分子量	ASTM D3536	10 万～20 万
玻璃化温度/℃	ASTM D3418	200℃
MFR(265℃,10kg)/(g/10min)	ASTM D1238	1.5
热变形温度(1.82MPa)/℃	ASTM D648	170℃
相对密度	JIS K7112(B 法)	1.18
吸水率/%	JIS K7209(23℃,24h 浸泡)	0.60
线胀系数/($\times 10^{-5}$/K)		5.5～6.5
折射率	JIS K7105	1.596
外观		淡黄色粉末

日本三菱孟山都化成公司 Superex 树脂性能

性能	试验方法 JIS	Superex M			Superex
		10	20	25	V-16
拉伸强度/MPa	K-7113	360	380	430	380
弯曲强度/MPa	K-7203	580	660	780	610
弯曲模量/GPa	K-7203	2.2	2.4	2.6	2.3
冲击强度(3.2mm)/(kJ/m)	K-7110	0.25	0.15	0.13	0.1
热变形温度/℃					
退火		110	120	125	
未退火	K-7207	100	110	115	90
维卡软化点/℃	K-7112	110	120	125	102
密度/(g/cm³)	K-7210	1.07	1.08	1.08	
熔体流动速率(240℃,10kg)/(g/10min)	ASTM D955	8	8	8	8
成型收缩率/(10⁻³cm/cm)	三菱孟山都法	5	6	6	
螺旋流动性(240℃)/cm		20	20	20	

【成型加工】 SMI一般不直接作为纯树脂应用，主要用于与其他树脂共混，尤其是与ABS共混，提高ABS热变形温度，共混温度240～265℃，加工时应预干燥或挤出时直接真空脱挥，预干燥温度100～110℃，时间3～4h。

【用途】 SMI的最大缺点是耐冲击性能不高。为此，常将其与其他聚合物共混改性，以制得综合性能优良的合金材料。如SMI与聚丁二烯（PBD）共混，可大大改善耐冲性能；SMI与ABS共混，可使耐冲击性能和耐热性得到很好平衡，且流动性也得到提高；SMI与聚碳酸酯（PC）共混，可以提高PC的耐热性和刚性。此外，SMI与聚苯醚（PPO）共混，可以改善SMI的脆性；SMI与PMMA共混，可以提高SMI和PMMA的抗弯强度，并使PMMA的软化温度提高；SMI与PET共混，可提高PET的耐热性；SMI与聚苯硫醚共混，可以降低聚苯硫醚的熔体黏度，并使弯曲强度得到提高；而SMI与聚氯乙烯（PVC）共混，可改进PVC的热稳定性和加工流动性。上海锦湖日丽已形成万吨级SMI/ABS共混物的规模。作为纯树脂，SMI主要用于耐热的模压片材，发泡材料。

【安全性】 纸塑复合袋包装，25kg/袋，贮放于阴凉、通风干燥处，防止日晒雨淋，远离火源，可按非危险品运输。

【生产单位】 日本三菱孟山都化成公司，上海锦湖日丽塑料有限公司。

Be025 苯乙烯-甲基丙烯酸甲酯共聚物

【英文名】 styrenemethyl methacrylate copolymer; MS

【结构式】

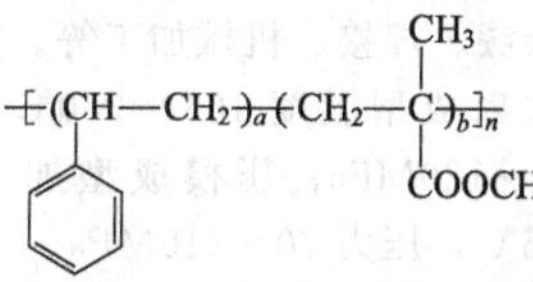

【性质】 苯乙烯-甲基丙烯酸甲酯共聚物（MS）树脂除具有聚苯乙烯良好的加工流动性和低吸湿性外，还兼具甲基丙烯酸甲酯的耐候性和优良的光学性能。它的折射率为1.56，透明度与聚苯乙烯相近，是一种透明、无毒的热塑性塑料。MS树脂的冲击强度比聚苯乙烯高，热变形温度与甲基丙烯酸甲酯相近，MS树脂与其他高分子树脂的相容性好，是一种很好的改性剂。

【制法】 将苯乙烯与甲基丙烯酸甲酯进行自由基共聚合可得MS树脂（美国也称NAS树脂）。有本体法、悬浮法和乳液法。以悬浮法为例：在70℃水中加入引发剂和分散剂不断搅拌，然后加入70份苯乙烯和30份甲基丙烯酸甲酯（含1份过氧化苯甲酰），聚合5h，即得共聚物，收率为98%。

反应式

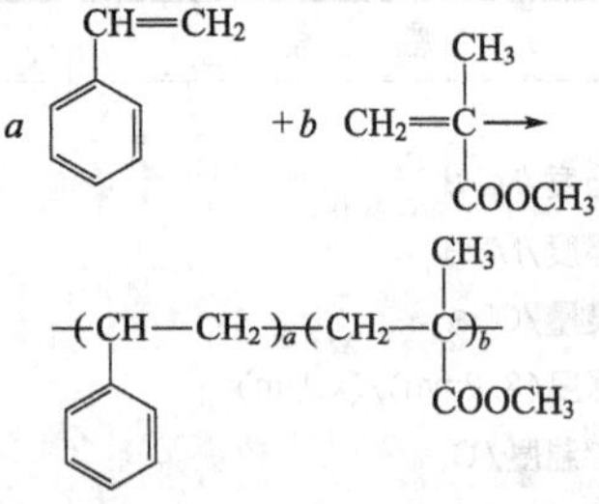

【质量标准】 日本电气化学MS技术指标如下。

项目	条件	实验法	TX聚合物	
			TX-100-300L 标准	TX-200-300L 高流动性
维卡软化点/℃	5kg	JIS K7206	101	90
热变形温度/℃	6.4mm,1.82MPa	D648	89	78
Izod冲击强度/(J/m)	6.4mm带缺口	D256	16	15.7
拉伸强度/MPa		D638	69	61
弯曲强度/MPa		D790	108	98
弯曲模量/MPa		D790	3430	3140
MFR/(g/10min)	200℃,5kg	JIS K6874	2	4
相对密度		D792	1.12	1.12
洛氏强度	M尺度	D785	98	95
全光线透过率/%	2mm	D1003	92	92
雾度/%	2mm	D1003	0.3	0.3
成型收缩率/%	2mm	—	0.2～0.6	0.2～0.6
燃烧性	垂直燃烧性	UL-94	HB(1.5mm)	HB(1.5mm)

【成型加工】 MS加工性优良。可注射、挤出、压缩成型，也可进行二次加工，如粘接、涂漆、焊接、机械加工等。其工艺条件：注射成型温度165～260℃，注射压力70～120MPa；压模成型加工温度150～205℃，压力70～210MPa。

【用途】 MS树脂的主要用途是作食品包装容器、罐头内衬、医疗器具、文具用品、玩具、鞋底、胶黏剂和用来与聚苯乙烯、聚烯烃、聚氯乙烯等塑料进行共混改性。也可用作透明罩壳、车用灯罩、电气零件、办公机器的打印部件、家用电器的铭牌、开关配件以及其他各种日用品等。

【安全性】 纸塑复合袋包装，25kg/袋，贮放于阴凉、通风干燥处，防止日晒雨淋，远离火源，可按非危险品运输。

【生产单位】 上海高桥化工厂，吉化集团苏州安利化工厂，日本电气化学工业株式会社，上海制笔化工厂。

Be026 耐热级丙烯腈-丁二烯-苯乙烯共聚物

【英文名】 heat resistant acrylonitrile-butadiene-styrene resin; heat resistant ABS

【组成】 ABS树脂与耐热性树脂的共混物或合金或ABS树脂与无机填料的共混物。

【性质】 耐热级ABS的外观与普通ABS相似，为非晶态、不透明的多元共聚或共混物，一般为淡黄色粒料，与普通级ABS相比底色稍黄。它不仅具备ABS本身所具有的尺寸稳定、刚性、韧性相平衡的特点，而且维卡软化点比普通ABS高20～30℃，热变形温度最高可达120℃，大大拓宽了ABS的应用领域。

耐热ABS的耐化学品性与普通ABS基本相同，耐候性较差，一般需涂装或电镀后才能用于户外场合。

【制法】 耐热ABS的制备方法主要有三种：共聚掺混法、合金法和填充改性法。

1. 共聚掺混法

利用共聚的方法，引入空间位阻大，具有极性、刚性的单体制备耐热组分，然后与ABS掺混制备耐热ABS树脂。

已工业化的方法包括：①引入*α*-甲基苯乙烯为耐热单体；②以马来酰亚胺共聚物为耐热组分；③以*N*-PMI（*N*-苯基马来酰亚胺）共聚物为耐热组分；④以马来酸酐共聚物（SMA）为耐热组分。

2. 合金法

主要是与耐热性更高的工程塑料如PC共混，制备塑料合金，提高热变形温度，如ABS/PC、ABS/PA、ABS/PSU合金。

3. 填充改性法

在ABS中加入填充剂，可以改善ABS的耐热性，常用的填充剂有云母、滑石粉、玻纤、玻璃微珠及有机纤维，填充改性的ABS在提高热变形温度的同时，存在冲击强度下降，表面变粗糙的缺点，因此还有待进一步研究和完善。

【用途】 耐热ABS改善了原普通ABS耐热性差的缺点，拓宽了其应用领域，主要用于汽车零部件、办公设备、家用电器、通信器材，如汽车仪表、CD托盘、汽车后视镜、内饰件、咖啡壳、电热器外壳、音响喇叭壳体、手机外壳、吹风机外壳、照明器具。

【成型加工】 耐热ABS可以注塑、挤出、真空成型，耐热ABS较普通ABS耐热温度高10～30℃，因此干燥条件必须微作调整。干燥温度85～100℃，时间2～4h。成型条件注塑成型温度较一般ABS高10～30℃，一般为220～255℃，如果以一般ABS成型工艺加工，温度过低，模温过低，常产生成型收缩率大，残留应力严重，热变形温度下降，涂装开裂等缺陷。

【安全性】 纸塑复合袋包装，25kg/袋，贮放于阴凉、通风干燥处，防止日晒雨淋，远离火源，可按非危险品运输。

【生产单位】 上海锦湖日丽塑料有限公司，兰州化学工业公司合成橡胶厂，奇美实业股份有限公司，LG化学株式会社，三星第一毛织株式会社，日本电气化学工业株式会社。

Be027 电磁屏蔽AAS树脂

【英文名】 AAS resins for electromagnetic shielding

【组成】 主要成分为丙烯腈-丙烯酸酯-苯乙烯三元共聚物树脂和金属纤维。凡是能抑制电磁波干扰的塑料为电磁屏蔽塑料。当塑料的体积电阻率小于$10^2\Omega\cdot cm$时，可防止电磁干扰，一般屏蔽效果可达30dB以上，通过掺混黄铜纤维、不锈钢纤维、铁纤维等达到电磁屏蔽的目的，电磁屏蔽效果可以任意调节。

【性质】 本产品密度2.2g/cm^3，耐候性好，热变形温度90℃，机械强度较好。拉伸强度40MPa、伸长率7%，弯曲强度60MPa，（悬梁）冲击强度80J/m，洛氏硬度（R）103，电导率高达20S/cm。电磁屏蔽效果良好：在100MHz下为67dB、

500MHz下为48dB、1000MHz下为32dB。

【制法】 将上述三元共聚物粒料与金属纤维短丝加入搅拌机中混匀，然后挤出造粒。其中，金属纤维最好经过表面处理剂处理，以提高它与树脂的亲和性。

【成型加工】 在一定温度和压力下，可将本粒料注射、模压成所需的制品。

【用途】 已广泛用于各种电子电气设备的电磁屏蔽外壳等。

【安全性】 纸塑复合袋包装，25kg/袋，贮放于阴凉、通风干燥处，防止日晒雨淋，远离火源，可按非危险品运输。

【生产单位】 上海锦湖日丽塑料有限公司，日本阿隆化成公司。

Be028 ABS/TPU合金

【英文名】 ABS/TPU blend；ABS/TPU alloy

【别名】 丙烯腈-丁二烯-苯乙烯共聚物/热塑性聚氨酯合金；ABS/TPU共混物

【组成】 主要化学成分为ABS树脂、TPU、添加剂及其他加工助剂。

【性质】 ABS和TPU相容性非常好，该共混物具有良好的综合性能，既有聚氨酯的良好耐冲击性、耐磨耗性，又提高了TPU的耐应力开裂性，具有ABS的刚性，且成本降低，其性能随两组分比例的变化而变化，随着TPU的增加，耐磨耗性、耐冲击性增加，成型加工性改善，但刚性、拉伸强度和热变形温度降低。

【制法】 ABS/TPU合金可采用机械共混法生产，ABS与TPU具有良好的相容性，将物料预干燥，按配比混合，然后加入双螺杆挤出机挤出、造粒，即可制得ABS/TPU合金。

【质量标准】 参考日本宇部兴产公司的ABS/TPU合金

项目	Cycoloy 710	Cycoloy 730
悬臂梁冲击强度(缺口)/(J/m)		
23℃	370	480
-40℃	130	90
拉伸强度/MPa	33	23
伸长率/%	40	100
弯曲强度/MPa	47	35
弯曲弹性模量/GPa	1.72	1.13
洛氏硬度(R)	82	70
热变形温度/℃	83	78
相对密度	1.04	1.07
吸水性/%	0.35	0.41
压缩强度/MPa	33	25
压缩弹性模量/MPa	1000	700
模塑收缩率/%	0.8	0.66
线胀系数/(10^{-5}/K)	11.6	12.1
转盘磨耗/(mg/100r)	34.5	30.3

【成型加工】 ABS/TPU合金可采用注射、挤出等成型方法加工成制品。

【用途】 主要用于制造汽车零部件、带轮、低载荷的齿轮、垫圈、耐寒制品、雪橇、传动带及座椅轨道等。

【安全性】 纸塑复合袋包装，25kg/袋，贮放于阴凉、通风干燥处，防止日晒雨淋，远离火源，可按非危险品运输。

【生产单位】 日本宇部兴产公司，Dow化学公司，上海锦湖日丽塑料有限公司。

Be029 阻燃丙烯腈-丁二烯-苯乙烯共聚物

【英文名】 flame retardant ABS blend

【别名】 阻燃 ABS 树脂及母料

【性质】 ABS 是一种性能较好的工程塑料，外观呈微黄色，无毒、无臭、不透明。阻燃 ABS 树脂是以 ABS 树脂为主体，经添加高效耐热阻燃剂、分散剂及其他助剂之后，在配料挤出机中经高效互混和均化而制成的一种新型阻燃塑料，以满足其在电子产品和家用电器中制造零部件的阻燃化要求。它不仅保存了原来ABS树脂的力学性能、电学性能、热性能及加工性能等综合特性，而且具有较高的阻燃性，可达到美国 UL94 V-O 级最高标准；刚度较好，具有较高的拉伸强度、抗弯强度和弹性模量；耐热性有所提高；模塑收缩率显著减小，提高了制品的尺寸稳定性。阻燃 ABS 母料，不仅阻燃剂含量高，而且分散性和成型加工性好，比单独使用阻燃 ABS 树脂具有合理的性能价格比，可减少材料的运输费用、节省原料成本费。在正常成型加工过程中，无有害物质析出，对加工机具无腐蚀。用户调整阻燃浓缩母料与 ABS 树脂间的配比，能制得不同阻燃等级的产品。

【质量标准】

阻燃 ABS 树脂企业标准（北京化工研究院）

指标名称		指标
拉伸强度/MPa	≥	40
弯曲强度/MPa	≥	60
弯曲弹性模量/×10³MPa	≥	2.0
缺口冲击强度/(kJ/m²)	≥	8.0
阻燃性		V-0

阻燃 ABS 母料企业标准（北京化工研究院）

指标名称		指标
燃烧性		难燃
氧指数/%	≥	33.5

阻燃 ABS 母料与耐热 ABS 两种配比（质量）下的性能

项目		FRABSM：ABS 1：1	FRABSM：ABS 1：5
拉伸强度/MPa	≥	45	50
弯曲强度/MPa	≥	60	65
弯曲弹性模量/×10³MPa	≥	2.0	2.0
缺口冲击强度/(kJ/m²)	≥	5	8
热变形温度/℃	≥	100	95
阻燃性		V-0	HB
氧指数/%	≥	28	21

【用途】 主要用于电子、电器、仪表等行业及办公用具的阻燃塑料部件，程控交换机接插件等。

【制法】 ABS树脂经添加高效耐热阻燃剂和多种辅助剂，通过双螺杆配混造粒工艺而制得的复合材料产品。

【安全性】 包装使用内衬聚乙烯薄膜的聚丙烯编织袋，每袋净重25kg±0.2kg。包装袋能防尘、防潮。产品应在室温下在仓库内贮存，不得在露天堆放。运输时不得在阳光下曝晒或雨淋，用汽车运输时必须使用篷布。本产品属于非危险品。

【生产单位】 北京化工研究院，北京市北京化工研究院化工新技术公司，成都有机硅研究中心等。

Be030 甲基丙烯酸甲酯-苯乙烯共聚物磁性塑料

【英文名】 magnetic plastics from methyl methacrylatestyrene copolymer

【组成】 主要成分为甲基丙烯酸甲酯-苯乙烯共聚物树脂、铁氧体磁粉、有机胺液。

【性质】 本品为双组分室温固化成型磁性塑料，密度2.07g/cm^3，硬度184MPa，拉伸强度11.5MPa，35℃以下不变形，35～72℃间膨胀系数为1.16×10^{-4}/℃。用本材料可制得各种形状复杂的制件，其表面粗糙度低、尺寸稳定性好、机械强度良好、绝缘性优异、耐酸碱腐蚀、保磁性强，还可进行各种切削加工。其部分样品的磁性能数据如下。

样品	充磁时间/min	剩磁/10^{-4}T	矫顽力/(10^2A/m)	$(BH)_{max}$/[10^2T·(A/m)]
31# 北京黑球粒	20	730	525.21	8.75
9# 北京粉粒	60	1090	557.04	17.50
3# 吉林8272粉	30	1860	875.35	36.61

【制法】 按大约4∶1的配比将铁氧体磁粉（SrO·6Fe_2O_3，粒径0.8～24μm）与甲基丙烯酸甲酯-苯乙烯共聚物树脂粉于高速搅拌机中搅混均匀，便得到本品A组分；在使用前混入B组分——有机胺液即可。

【成型加工】 将磁粉-树脂混合料于14℃下加入有机胺液中，调混均匀，放置0.5h左右；然后投入模具，加压成型并放于充磁机内充磁20min；取出脱模，即得到所需的各种制品。本工艺具有操作简单、成型方便等特点。

【用途】 本材料可广泛用于微型电机、家用电机、办公机械及各种磁性元件等。目前主要用作磁疗康复保健器材如磁性塑料健身球、健身锤、磁疗按摩器等。

【安全性】 本材料为双组分：（A）磁粉-树脂混合物料，可包装于内衬塑料膜的编织袋或塑料容器内，贮放于阴凉通风干燥处，按非危险物品运输；（B）有机胺液体，应密封包装于塑料或金属容器内，贮放于阴凉通风干燥处，远离火源，避免高温和猛烈振动，按易燃微毒液体物品运输。

【生产单位】 中科院长春应用化学研究所。

Be031 永久防静电ABS树脂

【英文名】 antistatic ABS resin

【性质】 永久防静电ABS树脂系ABS树脂与亲水性聚合物的掺混物，不含炭黑和抗静电添加剂，具有长期的防静电性能。由于该掺混物加入具有高静电消散性的表卤乙醇共聚物和聚亚烃基内酯，使其具有优良的静电消除性，静电衰减率小于2s（ABS树脂大于99s），表面电阻1×10^{11} Ω/cm^2（ABS树脂为1×10^{15} Ω/cm^2），不易吸附灰尘、污物、纸和薄膜，不受环境潮气的影响，可避免脱皮和起霜现象，用水和酒精擦抹时，抗静电性能不会损害。其冲击强度、耐热性、耐化学品性、塑流性、成型加工性与ABS树脂相同。并易染色。

【制法】 用24份ABS树脂，58份SAN树脂（其中AN含28%），13份环氧乙烯-偏氯乙醇共聚物和5份聚己内酰胺为原料，经机械混炼，即制得永久防静电ABS树脂。

【质量标准】

JSR公司永久防静电ABSマクスロイ的一般物性①

项　目	测试方法ASTM	HK101	HK141	HN901
拉伸强度/MPa	D638	47.0	43.1	38.2
弯曲强度/MPa	D790	79.4	74.5	62.8
弯曲模量/MPa	D790	2450	2350	1960
洛氏硬度(R)	D785	103	103	92
Izod冲击强度(23℃)/(J/m)	D256	216	127	98
热变形温度(1.82MPa)/℃	D648	94	102	83
相对密度(23℃/23℃)	D792	1.07	1.07	1.22
熔体流动速率/(g/10min)	D1238	2810	15.0	5.0
燃烧性	UL94	HB	HB	VO
表面抗阻率/(Ω/cm²)	D257	3×10^{11}	3×10^{11}	3×10^{12}
带电性/V	JIS L1094	170	200	250
带电压减衰半衰期/s	JIS L1094	1.5	1.5	2.0

① 主要产品有日本合成橡胶公司的マクスロィH系列产品，旭化成公司的ADION-A系列产品，东レ公司的パレル产品等。

【成型加工】 永久防静电ABS树脂流动性好，可采用与ABS树脂相同的加工方法进行成型加工，尺寸稳定性与ABS树脂相似。

【用途】 该树脂主要用于家电、电子机器、办公室机器等方面。如复印机、打印机、传真机的部件，电子指示器的外壳，磁带盒，自动售货机部件，医疗机器部件，除尘器部件等。

【安全性】 纸塑复合袋包装，25kg/袋，贮放于阴凉、通风干燥处，防止日晒雨淋，远离火源，可按非危险品运输。

【生产单位】 上海锦湖日丽塑料有限公司，拜耳中国有限公司工程塑料部，日本阿隆化成公司。

Bf 丙烯酸树脂及塑料

1 丙烯酸树脂定义

所谓丙烯酸树脂是指由丙烯酸酯类和甲基丙烯酸酯类及其他烯类单体共聚制成的一类树脂产品，这类用丙烯酸酯和甲基丙烯酸酯单体共聚合成的丙烯酸树脂产品对光的主吸收峰处于太阳光谱范围之外，所以制得的丙烯酸树脂漆具有优异的耐光性及抗户外老化性能，是现代工业行业中广泛应用的一类化合物。

丙烯酸系聚合物是丙烯酸、甲基丙烯酸及其酯的均聚物、共聚物和以丙烯酸系树脂为主的共混物的总称，其结构通式为：

$$\left[CH_2-\underset{\displaystyle COOR^2}{\overset{\displaystyle R^1}{\underset{|}{\overset{|}{C}}}} \right]_n$$

式中，R^1 = H 或 CH_3，R^2 = H 或 $(CH_2)_mH$，n 和 m 为大于 0 的整数。R^1 和 R^2 还可以为其他基团。

丙烯酸系树脂的发展已有 100 多年的历史。1873 年首先制得了丙烯酸甲酯、乙酯和烯丙酯，不久又发现它们能聚合。1880 年有人提出了丙烯酸甲酯的聚合方法，并指出甲基丙烯酸及其衍生物能容易地聚合。1901 年，Otto Rohm 提出了很多丙烯酸系聚合物的研究报告，成为后来研究丙烯酸系聚合物的理论基础。1927 年，Rohm & Haas 公司在德国少量地生产了聚丙烯酸甲酯，当时的商品名为 Acryloid 及 Plexigum，这种产品呈软胶状，不能成为硬质塑料。直到 1930 年左右，R. Hill 才制得了聚甲基丙烯酸甲酯，这是一种硬的透明塑料，能用作飞机的玻璃窗。最初的甲基丙烯酸甲酯（methylmethacrylate，MMA）是通过羟基异丁酸酯的脱水制取的，价格昂贵。1932 年，J. W. C. Crawqord 发现了廉价的单体合成路线：以丙酮、氢氰酸、甲醇和硫酸作原料合成 MMA，并于 1937 年在英国的 ICI 公司实现了工业化，这就是目前大量进行工业生产的丙酮氰醇法。这一方法的成功，使丙烯酸系树脂工业得到迅速发展。到 20 世纪 60 年代，丙烯酸系树脂的单体已开始取自石油，而且比重越来越大，丙烯酸系树脂的产品品种越来越多，其应用领域越来越扩大。

以丙烯酸系树脂为基材的塑料的特点是制品透明性高、耐候性好、综合性能优良。

随通式中 R^2 的不同，丙烯酸系单体种类繁多，性能各异。其聚合物从硬的固体、柔软的弹性体，直至黏稠的液体。丙烯酸系单体含有容易聚合的双键，可以采用本体、溶液、悬浮和乳液等方法进行聚合反应，从而制得各种形态的聚合物。丙烯酸系单体可以自聚和共聚。共聚时，可以全是丙烯酸系单体，也可以是丙烯酸系单体和其他含双键的易聚合单体（如苯乙烯、乙酸乙烯、丙烯腈等）。因此，均聚物和共聚物品种极多，只要选择适当的单体及聚合方法，可以制得能满足各种应用要求的聚合物。

丙烯酸系树脂的塑料、弹性体橡胶、涂料和黏结剂等材料，在工农业生产及日常生活中用途十分广泛。

2 丙烯酸树脂分类

在丙烯酸系树脂中，作为塑料用的主要是聚甲基丙烯酸酯类。丙烯酸树脂的种类比较丰富，一般根据其在制作过程中所采用的生产技术与方法的不同进行分类主要有如下几大类型：

①乳液聚合是通过单体、引发剂及其反应溶剂一起反应聚合而成，一般所成树脂为固体含量为50%的树脂溶液，是含有50%左右的溶剂的树脂。②悬浮聚合是一种较为复杂的生产工艺，是作为生产固体树脂而采用的一种方法。固体丙烯酸树脂，采用了带甲基的丙烯酸酯下去反应聚合。③本体聚合是一种效率较高的生产工艺。过程是将原料放到一种特殊塑料薄膜中，然后反应成结块状，拿出粉碎，再过滤而成，该种方法生产的固体丙烯酸树脂其纯度是所有生产法中最高的。④溶剂法反应，反应时经溶剂一起下去作中介物质，经反应釜好后再脱溶剂。

Bf001 压克力板

【英文名】 acryl

【别名】 浇铸型有机玻璃板；浇铸板；铸型聚甲基丙烯酸甲酯（有机玻璃）

【结构式】

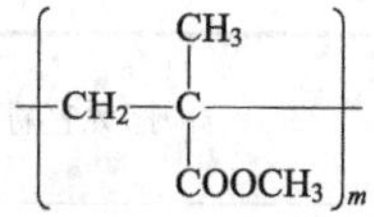

【性质】 有机玻璃是具有无定形结构的高透明热塑性材料。其透光率达90%～92%，比硅玻璃好，折射率1.49；相对密度是硅玻璃的1/2，为1.18；热分解温度>200℃；力学强度和韧性比硅玻璃大10倍以上；具有优良的耐气候性和电绝缘性，并可加热至玻璃化温度以上进行热拉伸，使分子取向，能极大地改善冲击韧性。使用温度一般不超过80℃。有机玻璃耐稀酸、碱、油脂等化学药品、不溶于水、甲醇、甘油、但溶于芳烃、氯代烃等有机溶剂，如四氯化碳、苯、甲苯、二氯乙烷、三氯甲烷和丙酮等。

【制法】 在备有锚式搅拌器和带夹套的不锈钢预聚釜内，按板材的不同厚度配料，加入甲基丙烯酸甲酯、偶氮二异丁腈、邻苯二甲酸二丁酯、硬脂酸和甲基丙烯酸。搅拌升温到85℃，停止加热。用冷却水控制釜温，使其保持在93℃以下。待物料黏度达2000mPa·s左右，冷却、过滤并计量、灌入硅玻璃模型内（两块光滑平整的硅玻璃洗净烘干后中间垫上PVC胶条，然后四周用特制夹子上紧组成硅玻璃模型。胶条厚度即为有机玻璃板厚），排气、封合。吊入水箱（或烘房），控制25～52℃，保持10～160h到料液硬化为止。再用蒸汽直接加热水箱至沸腾，保持2h，通冷水冷到40℃，从模型中取出成品。

工艺流程如下。

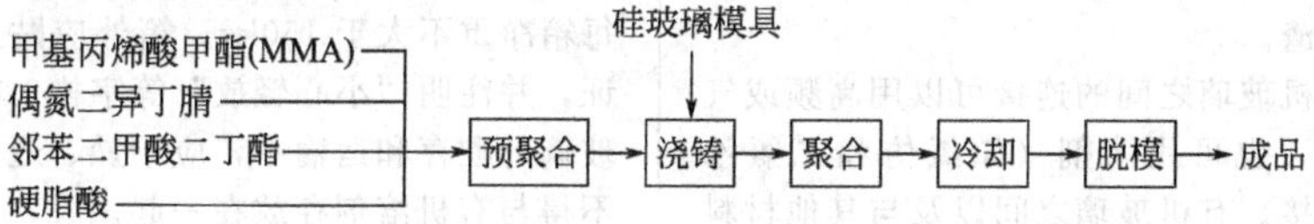

【质量指标】

序号	指标名称			无色		有色	
				一级品	二级品	一级品	二级品
1	布氏硬度/MPa		≥	186	176	137	137
2	冲击强度/(kJ/m²)		≥	17	16	14	14
3	拉伸强度/MPa		≥	63	61	54	54
4	热变形温度/℃	厚度 3～4mm	≥	76	75	—	—
		厚度 5～10mm	≥	80	78	—	—
		厚度大于 10mm	≥	84	78	—	—
5	抗溶剂银纹性			浸泡 4h 无银纹出现	浸泡 4h 无银纹出现	—	—
6	透光率/%	厚度不大于 15mm	≥	91	91	—	—
		厚度大于 15mm	≥	90	90	—	—

【成型加工】 有机玻璃为热塑性塑料。可采用模压、吹塑和真空成型，也可机械加工和黏合。成型前通常将有机玻璃型材置于不同的固定架上预热，其温度控制在(130±5)℃，预热时间根据厚度而定。板材经预热后，应在 25～35℃下放置 2～5min，再放入模具成型。模具材料可用金属、硬木、熟石膏和水泥等。金属模具应精加工和抛光。用其他材料制成的模具最好敷上鹿皮或细绒布。模压时，要求模温在 60℃，压力根据板厚和制品的形状而定。吹塑法适用于制造凹型和半球形制件。只要将板材夹在一块中间有孔的金属板和金属环之间，在金属板孔中吹入表压大于 0.098MPa 的预热压缩空气即可。

真空成型可制造形状复杂制件。真空度要求 0.08～0.0866MPa。

机械加工有机玻璃的方法有：车、刨、铣、削、钻、锯、研磨、抛光等。由于它导热性差，应选择适当的刀具，注意走刀均一。加工时要采取冷却措施并随时除去屑渣。

有机玻璃之间的连接可以用高频或气流熔接，也可用溶剂（如氯仿和二氯乙烷）熔接。有机玻璃之间以及与其他材料之间连接也可用胶黏剂黏合。一般用丙烯酸酯或改性丙烯酸酯胶黏剂较为合适。

【用途】 适用于要求透明和有一定强度的防爆、防震和易于观察等方面的部件。如飞机舱盖，汽车、船舰的窗玻璃，光学镜片、窥镜，挡风屏、天窗、天棚，设备标牌、广告铭牌、标本、透明模型、透明管道、汽车尾灯罩及仪器、仪表盘和外壳，电气绝缘零件、各种文具和生活用品。

【安全性】 树脂的生产原料对人体的皮肤和黏膜有不同程度的刺激，可引起皮肤过敏反应和炎症；同时还要注意树脂粉尘对人体的危害，长期吸入高浓度的树脂粉尘，会引起肺部的病变。大部分树脂都具有共同的危险特性：遇明火、高温易燃，与氧化剂接触有引起燃烧危险，因此，操作人员要 改善操作环境，将操作区域与非操作区域有意识地划开，尽可能自动化、密闭化，安装通风设施等。

有机玻璃板的两面均糊上保护纸并用板条或层板箱包装，四周以衬垫物塞紧。每箱净重不大于 150kg。箱外应贴上合格证，并注明“小心轻放”等字样。在有机玻璃的贮存和运输中，应干燥、通风，并不得与有机溶剂存放在一起。

【生产单位】 吉化公司苏州安利化工厂，南京永丰化工厂，北京有机玻璃制品厂，安庆市曙光化工厂，沈阳市有机玻璃厂，哈尔滨市有机玻璃厂，佛山市合成材料厂，无锡市有机玻璃总厂；国外厂家有美国 Rohm & Haas（Plexiglass），英国 ICI（Perspex），前联邦德国 R-hm（Plexiglass），法国 Altulor，S. A.（Altuglas），日本 MRC 三菱人造丝（Acrylite），日本协和气体化学公司（Kyowalite），美国 Polycast Co.（Polycast），美国 Cast optics Co.（Everclear）。

Bf002 珠光有机玻璃板

【英文名】 pearl-glazing acrylic plastic (sheet)

【别名】 浇铸型珠光有机玻璃

【结构式】

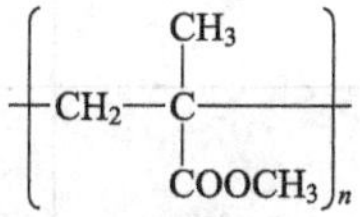

【性质】 珠光有机玻璃基本上保持了有机玻璃的性能，并从内部发出均匀、致密、晶莹的闪光与五彩缤纷、鲜艳夺目的色彩。它质轻坚韧、耐裂性和韧性良好，物理力学性能优良，燃烧速率慢。但易溶于丙酮及氯仿等有机溶剂。

【制法】 采用天然和合成两类珠光剂生产珠光有机玻璃。前者由带鱼等鱼鳞制得35%浆状物；后者有碱式碳酸铅、铋、酸式砷酸铅、氯氧化铋和二氧化钛或氧化铁水合物沉淀于云母片上，常用者是碱式碳酸铅。其工艺主要采用振动聚合法。在甲基丙烯酸甲酯预聚体浆液中加入鱼鳞粉、染料、补加一定数量的引发剂偶氮二异丁腈（根据无色透明板材预聚体配方确定补加量），搅拌均匀后灌入硅玻璃模内封合，吊入水箱中，于54～56℃保持30～60min使之增黏。然后按240次/min频率，8～10mm振幅，使模具垂直上下振动1.5～2h，观察至反应物不流动，停振，冷却至50℃，保温3h，再升温到100℃，保持1h后，用水冷却到40℃出片，称重、包装。

工艺流程如下。

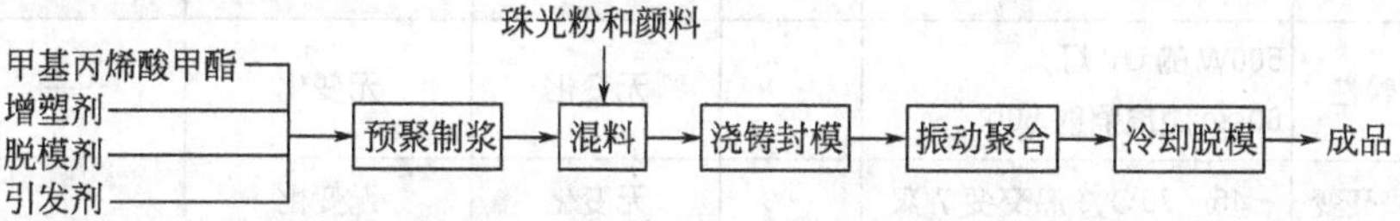

运用此法可制得丰富多彩的工艺美术品。

质量标准物理力学性能指标如下。

指标名称		一级品	二级品
布氏硬度/MPa	≥	137	137
拉伸强度/MPa	≥	52	52

【成型加工】 彩色珠光有机玻璃型材可采用车、刨、铣、削、钻、锯、磨等方法加工成制品，也可热塑加工或溶剂黏合。利用珠光有机玻璃中珠光颜料平行排列的特点，还可以制取有珠光暗花制品。如将加热后的板材放置在冷却的平面上，用一块刻有花纹的模具放在上面加压，释压冷却之后，用机械方法磨去表面凹凸之处并抛光。印上的花纹仍然会清晰地保留下来。

【用途】 由于珠光有机玻璃既具有较高的强度，又有珍珠般的光泽、鲜艳夺目的色彩，广泛地用作特殊装潢及轻工业品装饰配套材料，工艺美术品的雕塑配饰，车站、码头及车、船内外部的装饰用品，还可作广告、橱窗、展览会的装潢布置材料、轻工市场的纽扣、发夹和伞柄等。

【安全性】 见 Bf001。

【生产单位】 苏州安利化工厂，南京永丰化工厂，广东佛山市合成材料厂等。

Bf003 耐磨有机玻璃

【英文名】 organic glass with wear resistance

【结构式】

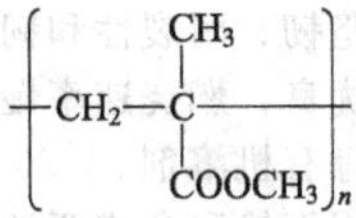

【性质】 ①国内情况。原化工部晨光化工研究院研制的耐磨有机玻璃是以多官能丙烯酸酯交联聚合物为耐磨涂层，经紫外光固化制得的产品，最大尺寸为（300×300×3）mm。除涂层本身的性能外，要求涂层平整均匀、厚度一致是该技术的关键。该产品的性能，并和日本三菱レィョソ的アクリラィトAR及通用级有机玻璃作了比较。

国产耐磨有机玻璃的性能及性能比较

指标名称		单位	国产耐磨玻璃	アクリライトAR	通用有机玻璃
光学性能	透光率	%	92.0	93.0	92.7
	雾度	%	0.8	1.0	0.5
耐磨性	铅笔硬度	H	6	6	1～2
	落砂磨耗	%	1.9	—	6.4
	Taber 磨耗	%	1.9	1～2	3.5
耐久性	40℃水 10 天 80℃水 2h －15℃放置 10 天		无变化	无变化	无变化
耐药品性	丙酮		无变化	无变化	溶蚀
	甲醇				溶胀
	二氯甲烷				溶蚀
	30%硫酸				无变化
耐候性	500W 的 UV 灯，60cm 距离照射 50h		无变化	无变化	—
冷热交变	－15～70℃冷热交变 7 次		无变化	无变化	

② 国外情况。下表列出了美国、日本和德国的耐磨有机玻璃。

国外耐磨有机玻璃

生产厂家		商品牌号	方法
日本	三菱レィョン	アクリラィトMR	交联共聚
		アクリラィトAR	多功能丙烯酸酯涂层
	Toray Ind. Inc.	Sumipex	聚硅氧烷涂层
美国	Du Pont	Lucite AR	聚氟硅氧烷涂层
		Lucite SAR	聚硅氧烷涂层
	Swedlow Inc.	Acrivnc A	聚硅氧烷涂层
德国	Resart-Ibm	Resarix SF	聚硅氧烷涂层
	Röbm GmbH	Plexiglashard-230	聚硅氧烷涂层

为使有机玻璃表面耐磨，一般采用两种方法：a. 使聚合物自身形成交联结构；b. 表面涂布耐磨涂料。目前以后者为主。从世界各国研究的和商品化的品种来看，采用的涂层基本分为两大类：一类是有机硅系聚合物；另一类是多官能团丙烯酸系聚合物。

【用途】 适用于飞机舱盖，汽车、船舰的窗玻璃，光学镜片、窥镜，挡风屏、天窗、天棚，设备标牌、广告铭牌、标本、透明模型、透明管道、汽车尾灯罩及仪器、仪表盘和外壳，电气绝缘零件、各种文具和用品。

【安全性】 应用纸、板箱或其他材料进行包装，包装箱内四周以衬垫物塞紧，并附有装箱单，箱外应贴上合格证，注明“小心轻放”等字样。在运输和贮存中不得与有机溶剂存放在一起。

【生产单位】 中蓝晨光化工研究院。

Bf004 压克力挤出板

【英文名】 extruded acryl

【别名】 （有机玻璃）挤出板；挤出型有机玻璃板

【结构式】

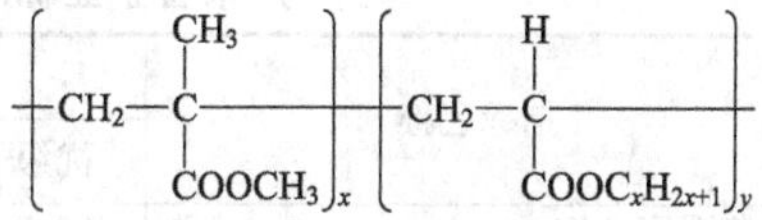

【性质】 主要性能与普通浇铸型有机玻璃相近，但个别性能略有不同，例如加热后尺寸收缩率大于浇铸型有机玻璃，维卡软化点略高。

【制法】 由挤塑级有机玻璃模塑料的熔融体经减压排气的机筒进入 220～230℃ 的单螺杆挤塑机和 235～240℃ 的扁机模头，然后进入加工精度为 0.02μm 的三联抛光辊进行压延、冷却和抛光处理，连续牵伸、切割制成有机玻璃板。如中间换成抛光辊，即可生产压花挤塑板；更换中空、波纹和多层模头，又可分别生产中空挤出板，波纹挤出板和复合挤出板。

工艺流程如下。

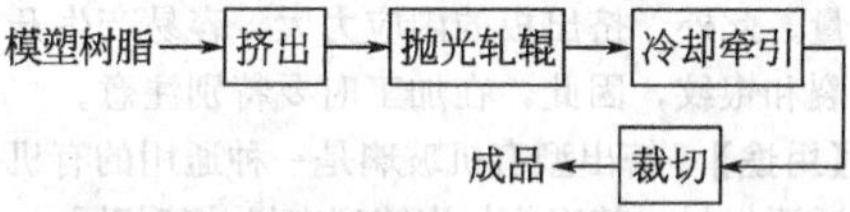

【质量指标】 ISO/DIS 7823.2—1986

性能	试验方法	Ⅰ型	Ⅱ型	Ⅲ型	Ⅳ型
拉伸强度/MPa ＞	ISO 527,2 型速度 B	62	55	62	55
拉伸弹性模量/MPa ＞	ISO 527,2 型速度 B	3000	3000	3000	3000
破坏时伸长/% ＞	ISO 527,2 型速度 B	3	2.5	2.5	2
Charpy 冲击强度(无缺口)/(kJ/m²) ＞	ISO 179	9	9	9	9
维卡软化温度/℃	ISO 306 方法 B 5kg	104～112	88～96	112～114	88～96
升温后尺寸变化(收缩)＜3mm 厚/% ＜		10	10	10	10
3～6mm 厚/% ＜		6	6	6	6
＞6mm 厚/% ＜		3	3	3	3
透光率(380～780μm,3mm 厚)/% ＞	ISO 3557	90	90	90	90
透光率(420mm,3mm 厚)					
氙灯照射前/% ＞	ISO 3557	90	90	90	90
氙灯照射 1000h 后/% ＞	ISO 3557 和 ISO 4892	88	88	88	88

广东省企业标准（粤 Q/SG 260—89）

指标名称	无色板			有色板		
	优级	一级	合格	优级	一级	合格
拉伸强度/MPa ≥	62.0	61.0	60.0	50.0	48.0	46.0
冲击强度(无缺口)/(kJ/m²) ≥	11.0	10.0	9.0	9.0	8.0	7.0
弯曲强度/MPa ≥	75.0	72.0	70.0	65.0	63.0	60.0
球压痕硬度/(N/mm²) ≥	160	150	140	150	140	130
热变形温度/℃ ≥	75.0	72.0	70.0	70.0	68.0	65.0
透光率/% ≥	92	90	90	—	—	—
雾度/% ≤	8.0	10.0	10.0	—	—	—
抗溶剂银纹性	不产生银纹					

【成型加工】 成型加工方法基本上与浇铸型有机玻璃板相同，可裁切、磨削、抛光、钻孔，可热塑加工，也可用胶黏剂粘接。

由于挤出型有机玻璃的生产是一个受热挤压的过程，在板材纵向和横向分别产生约4%和2%的拉伸度，因此，板材在升温加热进行二次成型加工时，尺寸将发生明显收缩，为此，在加工时取材要注意留有余量。此外，挤出板的内应力大，容易产生开裂和银纹，因此，在加工时要特别注意。

【用途】 挤出型有机玻璃是一种通用的有机透明板材，其用途与浇铸型有机玻璃相同。

【安全性】 见 Bf001。

【生产单位】 吉化公司苏州安利化工厂，沈阳市有机玻璃厂，哈尔滨市有机玻璃厂，佛山市合成材料厂，顺德市汇丰有机玻璃厂。

Bf005 珠光有机玻璃装饰材料

【英文名】 cast pearlized acrylic sheet; pearlized PMMA sheet

【别名】 珠光有机玻璃

【结构式】

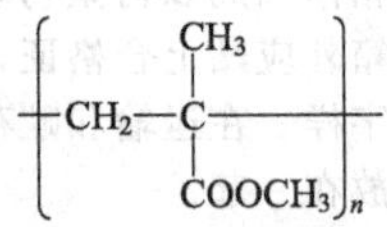

【性质】 珠光有机玻璃材料基本保持了普通有机玻璃的性能，并从内部发出均匀、致密、晶莹的珍珠状闪光，具有五彩缤纷、鲜艳夺目的色彩。

HG/T 2713—1995 中浇铸型珠光有机玻璃板材的物理力学性能。

① 湖南益阳红旗化工厂和浙江湖州红雷化工厂生产的珠光有机玻璃材料的性能（企标）。

② 上海珊瑚化工厂珠光有机玻璃材料的色种及规格。

珠光有机玻璃的性能

指 标 名 称	益阳红旗化工厂(企标)	湖州红雷化工厂(企标)
密度/(g/cm³)	—	1.18
折射率	1.49	1.49
拉伸强度/MPa	55	55～57
拉伸弹性模量/GPa	—	2.5
压缩强度/MPa	—	130
压缩弹性模量/GPa	—	3.0
弯曲强度/MPa	—	110
冲击强度/(kJ/m²)	18	19.4
布氏硬度/MPa	180	190

上海珊瑚化工厂珠光有机玻璃的色种和规格

色号	色名	色号	色名	色号	色名
2001	银白	2404	湖绿	2901	淡中灰
2101	淡黄	2407	深湖绿	62103	中黄
2108	秋香	2415	果绿	62106	火黄
2112	淡橘红	2420	翠绿	62108	橘红
2115	橘黄	2422	蓝绿	62117	桃红
2203	粉红	2426	墨绿	62121	玉色
2119	橙黄	2430	灰绿	62127	雪青
2220	大红	2435	新绿	62128	青莲
2225	血红	2502	淡米	62130	草绿
2230	紫酱	2506	米色	62132	淡草绿
2233	莲灰	2511	深驼	62134	中草绿
2242	淡玫瑰	2514	红米	62139	蓝草绿
2245	玫瑰	2518	驼色	62143	中绿
2304	淡天蓝	2521	米色	62162	米灰
2306	天蓝	2524	铁锈	62166	红驼
2312	艳蓝	2531	深咖啡	62140	深蛤青
2313	品蓝	2601	淡灰	1110	血牙
2317	深蓝	2603	蓝灰	1604	酒灰
2330	上青	2605	中灰	62138	蓝蛤青
2401	淡湖绿	2622	黑		
规格					
厚度/mm	2.2,2.7,5.5,10(只有大红、天蓝、银白等色)				
面积/mm^2	最小面积:100×100		一般产品:650×900		

【制法】 加入1%～2%鱼鳞粉或合成珠光粉[碱式碳酸铅，$PbCO_3 \cdot Pb(OH)_2$等]的甲基丙烯酸甲酯预聚浆液，注入模子后，在特殊的设备中振动下加热聚合，便可得到珠光有机玻璃。其色泽随加入的色种而异。

【成型加工】 珠光有机玻璃材料，在通常的温度下，尺寸和形状稳定性好，加工性能和普通有机玻璃基本相同，可进行模压、机械加工和表面抛光。当采用具有花纹的模具热压时，可形成各种暗花和闪光。珠光暗花制取的方法如下：将加热后的板材放在冷的平面上，用刻有花纹的模具放在上面并加0.2～0.5MPa的压力，冷却释压以后，用机械方法磨去表面凹凸并抛光，印上的花纹清晰地保留了下来。

【用途】 珠光有机玻璃材料绚丽多彩的颜色，珍珠闪光及可加工暗花，使其成为高级的装饰材料，被广泛地用于机械、仪表、建筑、轻工等领域的装潢；可作文教、宣传领域的装饰材料；也是各种各样的工艺美术品及日常用品的常用材料。例如，广告、橱窗、车站、码头、车船、家庭等的装饰，展览会的装潢布置，仪器仪表及设备的面板，雕塑、模型等工艺美术品，纽扣、发夹、伞柄等日用品等。

【质量标准】 行业标准 HG/T 2713—1995

指标名称		单位	一等品	合格品
洛氏硬度	≥	M标尺	78	78
拉伸强度	≥	MPa	52	52

【安全性】 一般将有机玻璃材料（板）的两面均糊上保护纸并用板条或层板箱包装，在四周以衬垫物塞紧。每箱净重不大于 150kg。箱外应贴上合格证，并注明“小心轻放”等字样。在有机玻璃的贮存和运输中，应干燥、通风，并不得与有机溶剂存放在一起。

【生产单位】 上海珊瑚化工厂，苏州安利化工厂，常州有机化工厂，南京永丰化工厂，沙市有机玻璃厂，沈阳有机玻璃厂，广东佛山合成材料厂，福州有机化工厂，山东淄博有机化工厂，锦西化工厂，湖南益阳红旗化工厂，西安有机玻璃厂，宝鸡有机玻璃厂，浙江湖州红雷有机化工厂等十几家厂家生产珠光有机玻璃等。

Bf006 聚甲基丙烯酸甲酯感光树脂

【英文名】 polymethyl methacrylate photosensitive resin

【制法】 配方（%）

二甲基丙烯三乙二醇酯	125g
聚甲基丙烯酸甲酯	107g
2-σ-氯苯-4,5-双(m-甲氧基苯)咪唑基二聚体	6g
2-巯基苯重氮盐	6g
7-二乙氨基-4-甲基香豆素	3R
三氯乙烷	1770g

将上述组分充分混合涂布在聚酯片上，干燥，将聚乙烯薄膜作为覆盖膜，作成夹层结构。使用方法是揭去盖片以后，把感光层转印到纸上层合，用分色加网阳图曝光，当揭去聚酯片时，感光层的曝光部分发生固化，而未曝光部分，因有黏附性，在施于调色剂时，这个部分便黏附色料而得到彩色图像。这样反复操作四次，就能以干法过程得到四色加网彩色图像。

【用途】 制造印刷版、光固化涂料、胶黏剂、油墨。

【安全性】 参见 Bf001。产品采用桶装或瓶装，存放在 20℃以下阴凉处，隔绝火源，为了防止聚合，加有阻聚剂对苯二酚 0.01%～0.05%于产品中，保存期 3 个月。

Bf007 YB-2 航空有机玻璃

【英文名】 aircraft acrylic sheet YB-2; aircraft organic glass YB-2

【别名】 2 号航空有机玻璃

【结构式】 含增塑剂和耐光剂的浇铸型聚甲基丙烯酸甲酯，其结构式如下。

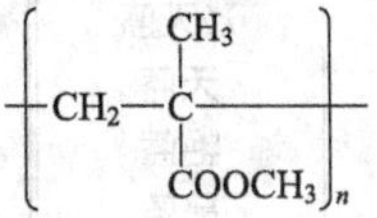

【性质】 航空有机玻璃与通用有机玻璃的基本区别是有较高的光学、强度、使用温度和耐老化性能，特别是光学性能优良，光学畸变和角位移很小，大气暴晒 10 年以上性能变化很小。增塑的 2 号航空有机玻璃耐热温度在 95℃以下，透光率 92%、雾度<0.6%。

【质量标准】 ZJB G401—8《YB-2 航空有机玻璃》

性能		指标
拉伸强度(23℃)/MPa	≥	63.7
拉伸弹性模量/GPa	≥	2.65
断裂伸长率/%	≥	2.5
冲击强度(跨距 70mm)/(kJ/m²)		
厚度 3～6mm	≥	15.7
厚度 8～18mm	≥	17.2
布氏硬度/MPa	≥	166.7
抗溶剂银纹性(40℃邻苯二甲酸二丁酯)/h	>	6
透光率/%	≥	91
光学畸变/(°)		
亮道消失角	≤	44

黑线消失角	≤	50
球形消失角	≤	60
明暗区消失角	≤	35
波纹消失角	≤	48
热变形温度/℃		
厚度 4～9mm	≥	82
厚度 10mm	≥	85
厚度 12～18mm	≥	90

【制法】 生产方法与浇铸型有机玻璃板相同，但工艺操作控制严格，制模环境的空气需经过滤，保证模具清洁无尘，预聚浆液需经严格过滤。其工艺流程示意如下。

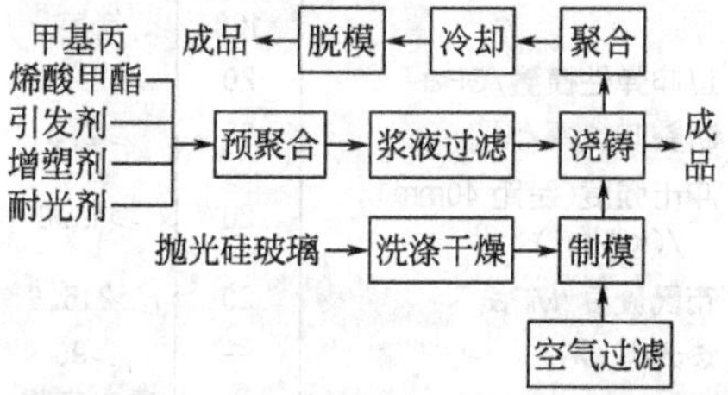

【成型加工】 可机械加工，如锯、铣、钻和铰孔等。可用阳模、阴模、闭合模、吹塑和真空等方法成型，也可用溶剂型胶黏剂粘接。成型温度为 125～140℃，毛坯加热时间 3～5min/mm，零部件退火温度 70～80℃，加热时间为 6h。

【用途】 适用于制造－60～60℃使用的飞机透明件。专用级用于制造飞机座舱盖和风挡；通用级用于制造一般航空透明件。

【安全性】 参见 Bf001。板材两面应覆有保护膜，紧密地包装在干燥而紧固的木箱内，垂直放在没有溶剂或溶剂蒸气的室内专用架上，相对湿度不超过 70%，避免阳光直射。包装好的板材应由篷车运输。

【生产单位】 锦西化工总厂。

Bf008 YB-3 航空有机玻璃

【英文名】 aircraft acrylic sheet YB-3; aircraft organic glass YB-3

【别名】 3 号航空有机玻璃

【结构式】 含少量增塑剂和耐光剂的浇铸型聚甲基丙烯酸甲酯，其结构式与 YB-2 航空有机玻璃相同。

【性质】 YB-3 航空有机玻璃无色透明，强度比 YB-2 有机玻璃略高，成型加工性能良好，耐热性高于 YB-2 航空有机玻璃。密度 1.19g/cm^3，折射率（n_D^{25}）1.49，黄色指数 0.90，透光率 92%（厚度 3～30mm），雾度 0.2%，热变形温度 102℃，软化温度 118℃，线膨胀系数 8.08×10^{-5}/℃（30～105℃），耐应力银纹 47.8MPa，厚度 5mm 的拉伸强度 84.0MPa，断裂伸长率 5.2%，冲击强度 13.7kJ/m^2（跨距 40mm），布氏硬度 229.32MPa。可溶于丙酮、甲乙酮、二氯乙烷、三氯甲烷、乙酸乙酯、乙酸丁酯、苯；在甲醇、乙醇、异丙酮和四氯化碳中会溶胀；不溶于脂肪烃，己烷、辛烷、石油醚、汽油、甘油；中性肥皂水，松节油和 8 号航空润滑油对 YB-3 有机玻璃不起作用。

【质量标准】 沪 Q/HG 13280—79《3 号航空有机玻璃暂行技术指标》如下。

性能	试验温度/℃	指标
拉伸强度/MPa	20	≥76.5
拉伸弹性模量/GPa	20	≥2.84
断裂伸长率/%	20	≥3.0
冲击强度(跨距 40mm)/(kJ/m^2)	20	≥11.8,最小值>9.8
布氏硬度/MPa	20	≥205.8
抗溶剂银纹性(40℃邻苯二甲酸二丁酯)/h	—	>24
透光率/%	—	≥91
耐光性(GSZ-375 石英汞灯照 50h)	—	透光率降低不大于 2.5%且不得出现银纹、气泡
光学畸变	—	符合 YB-2 质量标准
耐加热性		
厚度 5mm(145℃,3min)	—	符合标准样板
厚度 10mm(145℃,60min)		

【制法】 生产方法和工艺流程与 YB-2 航空有机玻璃相似。

【成型加工】 YB-3 有机玻璃可以机械加工，如锯、铣、钻和铰孔等，还可以用阳模、阴模、闭合模、吹塑和真空等方法成型。板材在 150℃ 恒温 1h 的收缩率为 1.69%。此外，还可用溶剂型胶黏剂粘接。成型温度 135～150℃，加热时间 5～6min/mm，零件的退火温度 90～100℃，时间为 6h。

【用途】 用于马赫数 2 以下飞机气密座舱的透明件和其他透明件。专用级，表面和光学质量较高，用于制造飞机座舱盖和风挡；通用级，表面和光学质量稍低，用于制造一般航空透明件。

【安全性】 参见 Bf001。与 YB-2 航空有机玻璃相同。

【生产单位】 锦西化工研究院。

Bf009 YB-4 航空有机玻璃

【英文名】 aircraft acrylic sheet YB-4; aircraft organic glass YB-4

【别名】 4 号航空有机玻璃

【结构式】 以甲基丙烯酸甲酯（MMA）为主要原料并含少量增塑剂和耐光剂的浇铸型共聚物，其结构式如下。

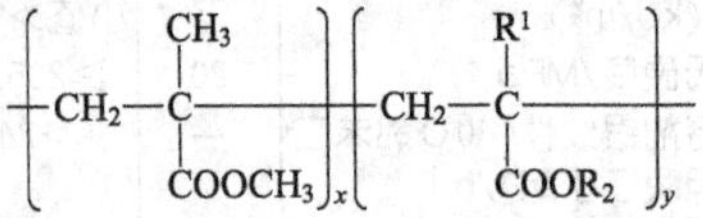

【性质】 该有机玻璃无色透明，密度 1.20g/cm^3，折射率（n_D^{25}）1.50，黄色指数 1.97，透光率 92%，雾度 0.2%，热变形温度 119℃，软化温度 132℃，热导率 85℃时 0.155W/(m·K)，线膨胀系数 30～105℃时为 7.40×10^{-5}/℃。强度比 YB-3 有机玻璃略高，耐热性高于 YB-3 有机玻璃，成型后加工性能尚好，耐老化性能不如 YB-3 有机玻璃，吸湿后热变形温度和高温耐伸强度明显下降。抗应力银纹性 64.2MPa，弯曲强度 120MPa，冲击强度 15kJ/m^2（20℃，跨度 40mm），布氏硬度 262.64MPa。可溶解于二甲基甲酰胺、二甲基亚砜、丙酮、冰醋酸和二氯乙烷中；不耐碱、乙醇、异丙酮，在乙醇作用下很快产生银纹；不溶于汽油、煤油、苯和二甲苯等非极性溶剂中；中性肥皂水、松节油和 8 号航空润滑油对它不起作用。

【质量标准】 4 号航空有机玻璃暂行技术条件如下。

性能	试验温度/℃	指标
拉伸强度/MPa	20	≥83.4
	100	待定
拉伸弹性模量/GPa	20	≥2.94
断裂伸长率/%	20	≥2.5
冲击强度(跨距 40mm)/(kJ/m^2)	20	≥11.8
布氏硬度/MPa	20	≥215.6
透光率/%	—	≥90
耐光性(GSZ 375 石英汞灯照 50h)	—	透光率降低不大于 2.5%，且不得出现银纹、气泡
光学畸变	—	符合 YB-2 质量标准
软化温度/℃	—	≥130
耐加热性(在成型条件下加热)	—	符合 YB-2 质量标准

【制法】 生产方法和工艺流程与 YB-2 航空有机玻璃相似，仅在预聚合（制浆）时加入共聚单体。

【成型加工】 YB-4 航空有机玻璃可以机械加工，如锯、铣、钻和铰孔等，也可用阳模、阴模、闭合模、吹塑和真空等方法成型，还可用丙烯酸酯胶黏剂或 SYT-2 胶黏剂与纤维增强丙烯酸酯塑料、涤纶带粘接。YB-4 有机玻璃的成型温度 145～160℃，模具表面温度 60℃，加热时间 6min/mm，零件的退火温度 95～105℃，时间为 6h。板材在 160℃恒温 1h，收缩率 1.50%。

【用途】 适用于制造马赫数 2.2 的飞机透明体。

【安全性】 参见 Bf001。板材两面应覆有保护膜，紧密地包装在干燥而紧固的木箱内，垂直存放在没有溶剂或溶剂蒸气的室内专用架上，相对湿度不超过 70%，避免阳光直接照射。

【生产单位】 锦西化工研究院。

Bf010 DYB-3 航空有机玻璃

【英文名】 aircraft acrylic sheet YB-3, stretched and oriented; aircraft organic glass YB-3, stretched and oriented

【别名】 拉伸定向 3 号航空有机玻璃

【结构式】

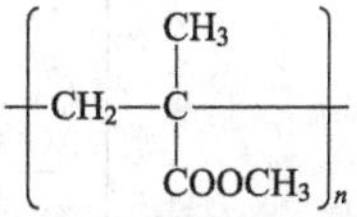

【性质】 由 YB-3 航空有机玻璃热拉伸而成的定向板材。该有机玻璃无色透明，强度比 YB-3 有机玻璃略高、耐银纹性和韧性好，对缺口不敏感，因此耐裂纹扩展，子弹击穿后不破碎，四周不出现裂纹。拉伸度增加，冲击强度及表面耐裂性提高，拉伸强度、弹性模量与弯曲强度均有所提高，当拉伸度为 50%～70% 时具有最佳综合性能，但拉伸定向后表面耐磨性稍差，层间强度较低，耐热性比 YB-3 有机玻璃略低。透光率 92%，黄色指数 0.56，雾度 1.2%，剪切强度 34～2MPa，溶解性能与 YB-3 有机玻璃相同。

【质量标准】 《3 号定向有机玻璃试制技术要求》；603CS3-70《DYB-3 定向有机玻璃暂行技术条件》；SF-11《定向有机玻璃》主要性能指标如下。

性　　能	试验温度/℃	3 号定向有机玻璃试制技术要求	603CS3-70	SF-11
拉伸强度/MPa	20	＞60.8	＞80.4	＞80.4
拉伸弹性模量/GPa	20	＞2.84	＞2.84	≥2.84
断裂伸长率/%	20	＞19	＞18	≥20
冲击强度(跨距 40mm)/(kJ/m^2)	20	＞24.5	＞23.5	≥29.4
布氏硬度/MPa	20	＞205.8	21～24	—
			205.8～235.2	
抗应力-溶剂银纹性/MPa(溶剂，95%乙醇)		待定	待定	待定
透光率/% ＞	—	91	90	91
光学畸变		符合 YB-2 标准		
耐加热性(在成型条件下加热)		不发黄、不降低透光率，不产生气泡、银纹和其他缺陷		

【制法】 将 YB-3 航空有机玻璃平面置于互相垂直的专用框架拉伸设备上，用螺旋夹子固定，通过鼓风加热到该玻璃软化温度以上 10～15℃，使材料处于高弹态时，均匀地双轴向外拉伸至预定拉伸度，在保持拉力情况下冷却制得拉伸定向 3 号航空

有机玻璃。

【成型加工】 DYB-3 有机玻璃可以机械加工，如锯、铣、钻和铰孔等，可在低于软化温度下用接触法成型，也可以夹紧周边，在高于软化温度下吹塑成型。接触成型或预成型温度 100～105℃，吹塑温度 135～145℃，毛坯预成型加热时间不少于 5min/mm，吹塑成型零件的退火温度 85～90℃，加热时间 6h。

【用途】 用作马赫数 2 以下飞机气密座舱的透明件及其他透明件。还可用作汽车、轮船、军舰的安全玻璃，建筑、实验室、高压设备的安全防爆玻璃。

【安全性】 参见 Bf001。同 YB-3 航空有机玻璃。

【生产单位】 锦西化工研究院。

Bf011 DYB-4 航空有机玻璃

【英文名】 aircraft acrylic sheet YB-4 stretched and oriented; aircraft organic glass YB-4 stretched and oriented

【别名】 拉伸定向 4 号航空有机玻璃

【结构式】 同 YB-4 航空有机玻璃。

【性质】 由 YB-4 航空有机玻璃热拉伸而成的定向板材。该有机玻璃无色透明，强度比 YB 有机玻璃略高、耐银纹性和韧性好，对缺口不敏感，因此，耐裂纹扩展，子弹击穿后不破碎，四周不出现裂纹。拉伸度增加，冲击强度及表面耐裂性提高，拉伸强度、弹性模量与弯曲强度均有所提高，当拉伸度 50%～70%时具有最佳综合性能，但拉伸定向后表面耐磨性稍差，层间强度较低，耐热性比 YB-4 有机玻璃略低。材料吸湿后热性能明显降低。透光率 92%，雾度 1.3%，黄色指数 2.08，耐应力银纹性 > 72.8MPa，弯曲强度 210MPa，剪切强度 33.3MPa，布氏硬度 251.86MPa，溶解性能同 YB-4 航空有机玻璃。

【质量标准】 4 号定向有机玻璃技术要求

性能	试验温度/℃	指标
拉伸强度/MPa	20	≥88.3
	100	待定
	135	≥34.3
拉伸弹性模量/GPa		≥2.94
断裂伸长率/%		≥20
冲击强度(跨距 40mm)/(kJ/m²)	20	≥23.5
布氏硬度/MPa		≥215.6
抗应力-溶剂银纹性(溶剂，95%乙醇)/MPa		待定
透光性(GSZ-375 石英汞灯照 50h)	—	透光率降低 ≤2.5%，且无银纹、气泡
透光率/%		≥90
角位移/(′)	—	<6
光学畸变/(′)		<3
耐加热性(在成型条件下加热)	—	不发黄，不降低透光率，不产生气泡、裂纹和其他缺陷

【制法】 同 DYB-3 航空有机玻璃，不同的拉伸温度应高于 YB-3 航空有机玻璃软化温度 10～15℃。

【成型加工】 DYB-4 有机玻璃可以机械加工，如锯、铣、钻和铰孔等，可在低于消向温度下用接触法成型，也可以夹紧周边在高于软化温度下吹塑成型。板材接触成型或预成型温度 112～118℃，吹塑温度 145～155℃，毛坯预成型加热时间不少于 5min/mm，吹塑成型加热时间 3min/10mm，吹塑成型零件的退火温度 95～100℃，加热时间 6h。

【用途】 用作马赫数 2.2 飞机气密座舱的透明件及其他透明件。还可用于汽车、轮船、军舰的安全玻璃，建筑、高压设备、实验室的安全防爆玻璃。

【安全性】 参见 Bf001。同 YB-4 航空有机玻璃。

【生产单位】 锦西化工研究院。

Bf012 丙烯酸酯感光聚合物

【英文名】 photosensitive acrylate polymer

【性质】 光刻干片抗蚀剂，厚度为 1.2mm 以下。

【制法】 (1) 配方

三甘醇二丙烯酸酯	50g
对甲氧基苯酚	0.005g
醋酸纤维素琥珀酸酯	90g
蒽醌	0.005g
水	85g

(2) 生产工艺 将上述组分在 105℃ 以下，充分搅拌混合 5min，再加入分子量为 200 万左右的聚氧化乙烯 10g 使其混合均匀组成感光液。把此感光液涂在铁板或铝板上，于 145℃ 制成感光层，然后，加压，黏附制成感光板。

【用途】 用于制感光板。

【安全性】 参见 Bf001。与浇铸型有机玻璃相同。

【生产单位】 苏州安利化工厂。

Bf013 甲基丙烯酸甲酯-苯乙烯共聚物模塑料

【英文名】 methyl methacrylatestyrene copolymer moulding materials; acrylic moulding material 372

【别名】 372 有机玻璃模塑料；372 模塑料

【结构式】

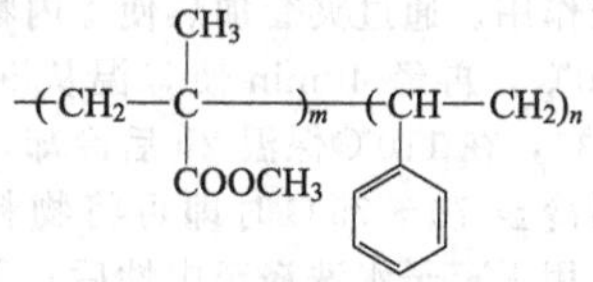

【性质】 本品为无色透明珠粒料，具有优良的透明度、光泽度，透光率 >90%。其物理力学性能为：相对密度 1.18，吸水性 <0.2%，拉伸强度 >49MPa，弯曲强度 >98MPa，冲击强度 >11.8kJ/m^2，马丁耐热 >60℃，维卡耐热 >110℃，介电强度 20kV/mm，表面电阻 $4.5\times10^{15}\Omega$。

【质量标准】 (GB/T 15597—1995) 372 PMMA 模塑料技术要求

指标名称		GN(C)-100-015			GN(C)-100-030		
		优等品	一等品	合格品	优等品	一等品	合格品
粒度(对径 1.5～3.0mm,长度 3.0～6.0mm)/%	≥	95			95		
含杂质颗粒数/(粒/10g)	直径小于 0.25mm ≤	2	4	7	2	4	7
拉伸强度/MPa	≥	68	65	60	68	65	60
冲击强度	简支梁/(kJ/m^2) ≥	30	22	18	30	22	18
	悬臂梁/(J/m) ≥	30	22	18	30	22	18
硬度	球压痕/(N/mm^2) ≥	140	130	120	140	120	110
	洛氏硬度(M) ≥	140	130	120	140	120	110
透光率/%	≥	92	90	88	92	90	88
折射率(25℃)		1.50～1.51			1.50～1.51		
相对密度(23℃)		1.16～1.17			1.16～1.17		
吸水性/%	≤	0.45			0.45		
维卡软化温度/℃		96～104			96～104		
熔体流动速率/(g/10min)		1～2			2～4		
体积电阻率/Ω·m	≥	1.0×10^{11}			1.0×10^{11}		
介电常数(工频)	≤	4.0			4.0		

注：对着色材料，必须用着色前的材料试验。

【制法】 采用悬浮共聚合法，聚合反应是在备有搅拌器和通氮管的受压反应釜内进行。在反应釜内先投入无离子水、碳酸镁，搅拌一定时间后再投入共聚单体甲基丙烯酸甲酯和苯乙烯（85∶15），以及用少量甲基丙烯酸甲酯溶解的过氧化苯甲酰。将反应釜密封并抽真空达0.08MPa的真空度，然后通入氮气至表压0.01MPa，再抽真空至0.08MPa，除去反应釜内的空气，防止氧气对聚合反应起阻聚作用。通过夹套加热使釜内物料升温至90℃，再经40min使釜温从90℃升至110℃，在110℃保温2h后冷却，在釜内物料冷至70～75℃时即可将物料放出洗涤。用无离子水洗涤至中性后，干燥至含水量小于0.5%。筛选出珠状颗粒料即为372树脂，后经造粒制得372塑料。

【成型加工】 可注射成型，注射温度(180±5)℃，压力14.7MPa以上，也可进行机械车削加工。

【用途】 可制作有一定透明度和强度要求的零件，如油杯、光学镜片、窥镜、设备标牌、透明管道、汽车车灯及仪器仪表零件等。

【安全性】 参见Bf001。本产品用内层塑料薄膜袋、外层至少用三合一牛皮纸袋封口包装，每袋净重25kg，每一包装件应附有合格证、标明批号、生产日期。本品应存放在通风、干燥的库房内，并不能与60℃以上热源及有机溶剂接触。贮存期为一年。本产品为非危险品，运输时注意干燥、保持清洁，避免日晒雨淋，搬运时小心轻放，避免包装袋破裂。

【生产单位】 上海制笔化工厂，重庆东方红化工厂，苏州安利化工厂。

Bf014 甲基丙烯酸甲酯-丙烯酸甲酯共聚模塑料

【英文名】 MMA-MA copolymer moulding materials (extrusion grade); EN acrylic moulding materials

【别名】 EN有机玻璃模塑料

【结构式】

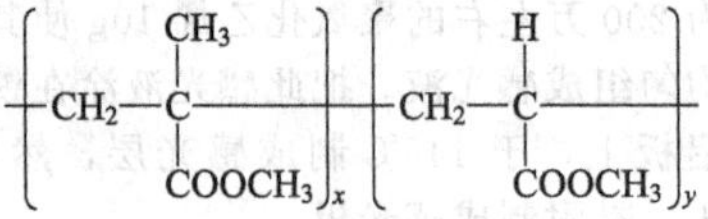

【性质】 与613模塑料相近，但其软化温度高于613模塑料达108℃。

【质量标准】 (GB/T 15597—1995) 挤塑级EN有机玻璃模塑料技术指标如下。

指标名称			EN-108-015			EN-108-030		
			优等品	一等品	合格品	优等品	一等品	合格品
粒度(对径1.5～3.0mm,长度3.0～6.0mm)/%		≥	95			95		
含杂质颗粒数/(粒/10g)	直径大于0.25mm		允许					
	直径小于0.25mm	≤	2	4	7	2	4	7
拉伸强度/MPa		≥	70	68	65	70	68	65
冲击强度	简支梁/(kJ/m²)	≥	26	23	20	26	23	20
	悬臂梁/(J/m)	≥	26	23	20	26	23	20
硬度	球压痕/(N/mm²)	≥	95	89	86	95	89	86
	洛氏硬度(M)	≥	95	89	86	95	89	86
透光率/%		≥	92	90	88	92	90	88
折射率(25℃)			1.49～1.50			1.49～1.50		
相对密度(23℃)			1.18～1.19			1.18～1.19		
吸水性/%		≤	0.45			0.45		
维卡软化温度/℃			104～112			104～112		
熔体流动速率/(g/10min)			1～2			2～3		
体积电阻率/Ω·m		≥	1.0×10^{11}			1.0×10^{11}		
介电常数(工频)		≤	4.0			4.0		

【制法】 采用溶液本体连续聚合工艺，即用少量甲苯作溶剂，将 MMA 和共聚单体在两个串联反应釜中聚合，后经脱挥器蒸发分离，溶剂经蒸馏回收重复使用，脱除溶剂后的熔融聚合物加入添加剂，通过静态混合器混合后经孔板喷出料条，经水冷成型切粒制得模塑料。

【成型加工】 可在 220～240℃ 温度下挤塑加工。

【用途】 主要用于生产挤出型有机玻璃板。

【安全性】 参见 Bf001。与 372 和 304 等有机玻璃模塑料相同。

【生产单位】 黑龙江省安达龙新化工有限公司。

Bf015 甲基丙烯酸甲酯-丙烯酸甲酯共聚物模塑料

【英文名】 methyl methacrylate methyl acrylate copolymer moulding material (injection molding grade); acrylic moulding material 613

【别名】 613 有机玻璃模塑料；613 模塑料

【结构式】

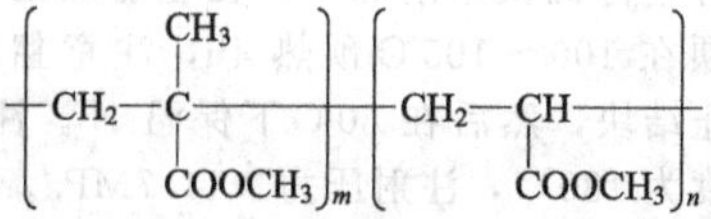

【性质】 由于与丙烯酸甲酯共聚，本品的韧性比普通的有机玻璃好，并改进了表面耐擦伤性。透明度和光泽度优良，透光率 >92%。其物理力学性能为：相对密度 1.18，吸水性 <0.2%，收缩率 <0.5%，拉伸强度 78.5MPa，弯曲强度 117.7MPa，冲击强度 13.7kJ/m^2，马丁耐热 60℃，表面电阻率 $5\times10^{14}\,\Omega$。

【质量标准】 (GB/T 15597—1995) 613 PMMA 模塑材料技术指标

指标名称			WN-100-015			WN-100-015			WN-100-030		
			优等品	一等品	合格品	优等品	一等品	合格品	优等品	一等品	合格品
粒度(对径 1.5～3.0mm,长度 3.0～6.0mm)/%		≥	95			95			95		
含杂质颗粒数/(粒/10g)	直径大于 0.25mm		不允许								
	直径小于 0.25mm	≤	2	4	7	2	4	7	2	4	7
拉伸强度/MPa		≥	68	65	60	68	65	60	68	65	60
冲击强度	简支梁/(kJ/m^2)	≥	30	22	18	30	22	18	30	22	18
	悬臂梁/(J/m)	≥	30	22	18	30	22	18	30	22	18
硬度	球压痕/(N/mm^2)	≥	140	130	120	140	130	120	140	130	120
	洛氏硬度(M)	≥	140	130	120	140	130	120	140	130	120
透光率/%		≥	92	90	88	92	90	88	92	90	88
折射率(25℃)			1.49～1.50			1.49～1.50			1.49～1.50		
相对密度(23℃)			1.18～1.19			1.18～1.19			1.18～1.19		
吸水性/%		≤	0.45			0.45			0.45		
维卡软化温度/℃			96～104			96～104			96～104		
熔体流动速率/(g/10min)			1～2			1～2			2～4		
体积电阻率/Ω·m		≥	1.0×10^{11}			1.0×10^{11}			1.0×10^{11}		
介电常数(工频)		≤	4.0			4.0			4.0		

注：对着色材料，必须用着色前的材料试验。

【制法】 采用悬浮聚合法，其生产工艺与372模塑料基本相同，但其中苯乙烯改用一定配比的丙烯酸甲酯。

【成型加工】 可注射成各种形状的制品，也可进行机械车削加工。在注射加工时，必须在100～105℃预热4h，注意翻料，防止结块，然后在80℃下保温1h。注射温度为180℃，注射压力>14.7MPa。

【用途】 可制成要求透明和有一定强度的零件，如各类笔杆、钟表面壳、光学镜片、窥镜、设备标牌、透明管道、汽车车灯及各种仪器、仪表零件和电气绝缘零件等。

【安全性】 同372模塑料。

【生产单位】 上海制笔化工厂。

Bf016 甲基丙烯酸甲酯

【英文名】 methyl methacrylate；MMA

【结构式】

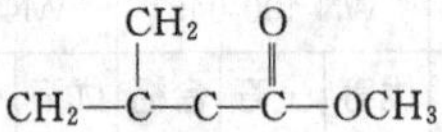

【性质】 具有甲酯基和双键，是一种不饱和有机化合物。它可进行水解，与许多物质可进行加聚、加成和酯交换反应。具有特殊酯类气味，微溶于水，稍溶于乙醇和乙醚，易溶于芳香族的烃类、酯类、酮类及氯化烃有机溶剂，易挥发、易聚合和易燃。

【质量标准】

名　　称		典型分析数值	实际生产分析数值
MMA纯度/%		99.9	≥99.8
色度(APHA)	≤	10	10
酸度(以MMA计)/%		0.003	≤0.001
含水量/%		0.03	≤0.01
低沸物/%	≤		0.05
高沸物/%	≤		0.05

【制法】

1. 丙酮氰醇法

首先将98%的H_2SO_4和含20%的SO_3的发烟硫酸，按一定比例分别打入混酸罐，混为100%的硫酸，将其打入混合器，并加入>98%的丙酮氰醇，两者进行混合后加入酰胺反应器，用高压蒸汽加热，进行酰胺化反应，转位后生成甲基丙烯酰胺硫酸盐，再打入多级酯化釜，并加入甲醇，从相分离器送来的水相也同时加入，在多级酯化反应釜内进行水解和酯化反应，生成物经冷凝、冷却和相分离获得粗甲基丙烯酸甲酯，经精馏塔，对甲基丙烯酸甲酯进行提纯，气相经冷凝，冷却得≥99.5%的甲基丙烯酸甲酯产品。

2. 异丁烯直接氧化法

将含量99%的液态异丁烯通过热交换器气化，与空气混合加热至405℃，同时与一定量的蒸汽进入装有Mo-Bi-Fe-Ni-Co催化剂的固定床列管反应器，进行第一段催化氧化反应，生成甲基丙烯醛。从第一氧化反应器流出的甲基丙烯醛反应物与从吸收塔送来的汽提馏出物甲基丙烯醛按每千克与202kg新鲜空气混合，加热至536℃和一定量的惰性气体进入二段氧化反应器，此反应器装有P-Mo碱金属杂多酸的固定床列管反应器，进行甲基丙烯醛氧化反应，生成甲基丙烯酸甲酯。

3. 乙烯羰基化法

将乙烯、一氧化碳和氢气按一定比例进入羰基合成反应器，在110℃温度和207MPa绝对压力下，于含铑络合物催化剂的催化下，进行液相羰基合成反应，生成比乙烯多一个碳原子的脂肪醛——丙醛。该反应又称“醛化反应”。甲醇与纯氧进入甲醛氧化塔，在287.8～343.3℃和0.38MPa的压力下，通过装有钼酸铁催化剂的管式反应塔进行氧化反应，生成甲醛。而后丙醛与甲醛进入缩合器，在仲胺的存在下，进行液相的缩合反应，生成甲基丙烯醛。

甲基丙烯醛按每千克与 202kg 新鲜空气混合，加热至 536℃和一定量的惰性气体进入二段氧化反应器，此反应器装有 P-Mo 碱金属杂多酸的固定床列管反应器，进行甲基丙烯醛氧化反应，生成甲基丙烯酸甲酯。

【消耗定额】 单耗（t/t 甲基丙烯酸甲酯）：氢氰酸 0.32；丙酮 0.69；甲醇 0.35；硫酸 16。

【用途】 MMA 主要用作聚合单体，还用于涂料、乳液树脂、胶黏剂、聚氯乙烯树脂改性剂、聚合物混凝土、纺织浆料、腈纶的第二单体、人造大理石和医药功能高分子材料等。

【安全性】 参见 Bf001。甲基丙烯酸甲酯包装于 200kg 塑料桶中，甲基丙烯酸甲酯是一种挥发性很强的液体，其引火点低，极易引起燃烧，故在贮存及运输时要做到电器防火防爆，严禁明火。为了防止甲基丙烯酸甲酯在贮存和运输途中过早聚合，必须保持较低温度并加入适量的阻聚剂。

【生产单位】 龙新化工有限公司，抚顺有机玻璃公司，苏州安利化工厂，上海制笔化工厂。

Bf017 **甲基丙烯酸乙酯**

【英文名】 ethyl methacrylate

【结构式】

$$CH_2=\overset{\overset{CH_3}{|}}{C}-\overset{\overset{O}{||}}{C}-O-C_2H_5$$

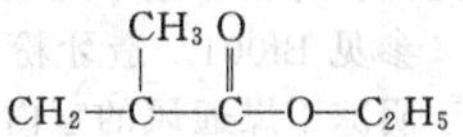

【性质】 甲基丙烯酸乙酯为无色透明液体；分子量 114.14；不溶于水，溶于乙醇和乙醚；易聚合；易燃。

【质量标准】 纯度≥98％；酸度（以甲基丙烯酸计）＜0.5。LD$_{50}$ 14800mg/kg（体积）。

【制法】 由甲基丙烯酸或甲基丙烯酸甲酯与乙醇进行酯化或酯交换反应而制得。

【消耗定额】 98％甲基丙烯酸，950kg/t；

C_2H_5OH（95％），900kg/t。

【用途】 用于塑料、树脂和涂料等。

【安全性】 参见 Bf001。长期贮存和运输应加入对苯二酚阻聚剂 0.06％～0.1％，并在 10℃以下存放。桶装（180kg）、石油罐装（15kg）。

【生产单位】 苏州安利化工厂等。

Bf018 **聚甲基丙烯酸丁酯**

【英文名】 polybutyl methacrylate

【结构式】

$$\begin{bmatrix} CH_3 \\ | \\ -CH_2-C- \\ | \\ COOC_4H_9 \end{bmatrix}_n$$

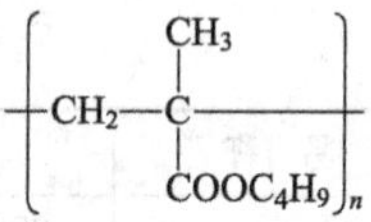

【性质】 相对密度 1.05，拉伸强度 6.86MPa，冲击强度 11.27kJ/m^2，软化点 30℃。它有较高的粘接性和良好的弹性。

【质量标准】 防弹玻璃用《甲基丙烯酸丁酯胶片技术条件》，聚合物含量≥87％；膨胀率 60％～70％；拉伸强度≥1.76MPa；延伸率≥300％。

【制法】 用甲基丙烯酸甲酯与丁醇进行酯交换或甲基丙烯酸与丁醇直接酯化得甲基丙烯酸丁酯单体，再与引发剂等加热搅拌制浆，冷却后灌入硅玻璃中送入烘房聚合，冷却脱模即得透明的聚甲基丙烯酸丁酯胶块。工艺流程如下。

甲基丙烯酸丁酯引发剂 → 预聚制浆 → 浇铸封模 → 加热聚合 → 冷却脱模 → 成品

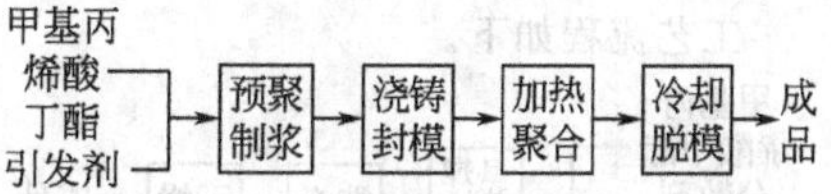

【成型加工】 将胶块固定在专用机床上，视需要创成不同厚度和尺寸的胶片，然后将胶片分别浸在两种不同清漆中，待软硬适宜后与玻璃和有机玻璃在温度 24～32℃、静压 12～24h 下叠片，再经（60±2）℃的加热箱中保持 24～48h 即可制得防弹玻璃或安全玻璃。

【用途】 主要用作纤维、纸张和皮革的处理剂、胶黏剂、建筑用乳胶漆、复合安全玻璃的透明夹层等，但强度不高。

【安全性】 参见Bf001。胶片用涤纶薄膜包覆后装箱，净重不得超过50kg，胶片在运输过程中不得日晒雨淋，贮存在温度不超过30℃、通风良好的库房中，避免日光直射。

【生产单位】 原化工部锦西化工研究院。

Bf019 聚甲基丙烯酸甲酯模塑粉

【英文名】 polymethyl methacrylate molding powder

【结构式】

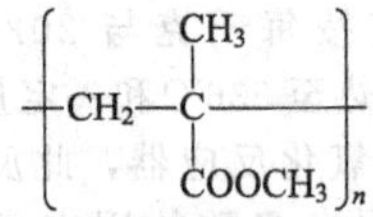

【性质】 聚甲基丙烯酸甲酯模塑粉比浇铸型的聚甲基丙烯酸甲酯有机玻璃分子量低，相对密度1.19，无色透明体，透光率91%，折射率1.49，吸水率0.4%，流动性好，耐化学性能与普通有机玻璃相同，耐酸、耐碱、化学性能稳定。

【质量标准】 沪（Q/HG 1392—86）上海市化工局造牙粉、牙托粉企业标准

指标名称	造牙粉	牙托粉
细度	95%通过120目，其余≤60目	95%通过40目
外来杂质	杂质的直径小于0.5mm，在面积为9cm² 样品上不得超过2粒	杂质的直径小于0.5mm，在面积为9cm² 的样品上不得超过2粒
色泽	符合标准样板色泽的范围之内	符合标准样板色泽的范围之内
含水量/% ≤	1.0	1.0
布氏硬度/MPa ≥	166	166
冲击强度/(kJ/m²) ≥	8.0	8.0
分子量/×10⁴	35～55	35～55

【制法】 在聚合釜中先加入无离子水、分散剂，搅拌均匀后再加入溶有过氧化苯甲酰的甲基丙烯酸甲酯，于半小时左右升温至90～95℃聚合2h，待冷却到50～60℃放料，经水洗、干燥即得模塑粉。

工艺流程如下。

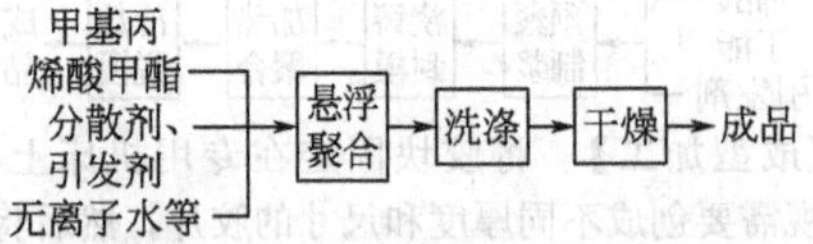

【成型加工】 镶造牙托、假牙，需用牙托水调和牙托粉、造牙粉，压入模型内，在沸水中热处理约半小时，使之固化完全，最后修整、抛光，再镶造在口腔内。

【用途】 本品主要用作齿科材料，可制假牙托、假牙、修补龋齿。由于本品易于成型，对人体无毒害，因此也可制成肺球、人造骨骼等人工脏器，也可用作假肢原料。在工业上还可用来制造模塑产品。包装牙托粉和造牙粉均用塑料袋密封包装，贮存于木桶或铁桶内；牙托水装入深色玻璃瓶中，严封后再装入木箱内，空隙处用防震材料充塞。每箱净重不超过30kg。

【安全性】 参见Bf001。造牙粉和牙托粉必须放置于阴凉干燥通风的室内，严防潮湿并与火源隔离。牙托水为易燃品，必须放置于阴凉的、避光的室内，不得与火种接近。贮藏期两年，两年期满后经检验，如符合上述指标仍可使用。

【生产单位】 上海珊瑚化工厂，江苏昆山卫生材料厂。

Bf020 甲基丙烯酸正丁酯

【英文名】 *n*-butyl methacrylate

【结构式】

$$CH_3\ O$$
$$CH_2=\!\!\overset{|}{C}-\!\!\overset{\|}{C}-O(CH_2)_3CH_3$$

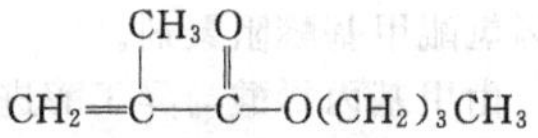

【性质】 甲基丙烯酸正丁酯为无色液体，带有刺激性的芳香味；不溶于水，而溶于乙醇和乙醚；易聚合；可燃；有中度起火危险，在空气中最高容许浓度 $30mg/m^3$。

【质量标准】 无色或微黄色透明液体；纯度（皂化法）$\geqslant 98.5\%$，（溴化法）$\geqslant 95\%$；游离酸（以 MAA 计）$<1.2\%$；活性 110～210min。大鼠经口 $LD_{50}>20000mg/kg$（体重），属中度毒性。

【制法】

（1）直接酯化法 将甲基丙烯酰胺硫酸盐与水、丁醇进行水解和酯化反应而制得。

（2）酯交换法 用甲基丙烯酸甲酯与丁醇在硫酸催化下进行酯交换反应，可制得丙烯酸正丁酯。

【用途】 可用作改性有机玻璃的共聚单体，其单聚物具有较高的粘接性与良好的弹性，可用于制作复合安全玻璃的透明夹层材料；甲基丙烯酸丁酯的聚合物或共聚物用作绝缘灌注胶、照相底片的防光晕层及防水涂料、轿车漆、合成胶黏剂、油类添加剂、纸张、皮革和纺织品的整理剂等。

【安全性】 参见 Bf001。产品采用桶装或瓶装，存放在 20℃ 以下阴凉处，隔绝火源，为了防止聚合，加有阻聚剂对苯二酚 0.01%～0.05% 于产品中，保存期 3 个月。

【生产单位】 苏州安利化工厂等。

Bf021 甲基丙烯酸叔丁酯

【英文名】 tertiary butyl methacrylate

【结构式】

$$CH_3\ O\qquad\ \ CH_3$$
$$CH_2=\!\!\overset{|}{C}-\!\!\overset{\|}{C}-O-\!\!\overset{|}{C}-CH_3$$
$$CH_3$$

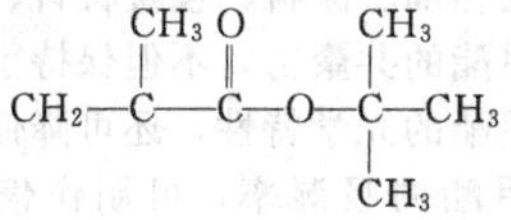

【性质】 甲基丙烯酸叔丁酯为无色液体；密度（20℃ 时）为 $0.876g/cm^3$；沸点（9.3kPa）67℃；闪点 38℃；玻璃化温度 107℃；折射率 1.4166；溶解度参数 $17.0J/cm^3$。

【质量标准】 纯度 95.4%；水分 0.03%；游离酸（以甲基丙烯酸计）0.01%；色度 <10APHA。

【制法】 由甲基丙烯酸与叔丁醇进行酯化反应，再经盐析、脱水和精馏制得最终产品甲基丙烯酸叔丁酯。

【消耗定额】 甲基丙烯酸，640kg/t；叔丁醇，550kg/t。

【用途】 甲基丙烯酸叔丁酯可用于涂料、分散剂、纤维处理剂和包覆材料等。

【安全性】 参见 Bf001。可用塑料桶或石油罐装。

【生产单位】 中蓝晨光化工研究院，龙新化工有限公司，抚顺有机玻璃公司、广东佛山市合成材料厂等。

Bf022 甲基丙烯酸-2-乙基己酯

【英文名】 2-ethylhexyl methacrylate

【结构式】

$$CH_3\ O\qquad\qquad\ \ CH_2CH_3$$
$$CH_2=\!\!\overset{|}{C}-\!\!\overset{\|}{C}-O-CH_2-\!\!\overset{|}{C}H(CH_2)_3CH_3$$

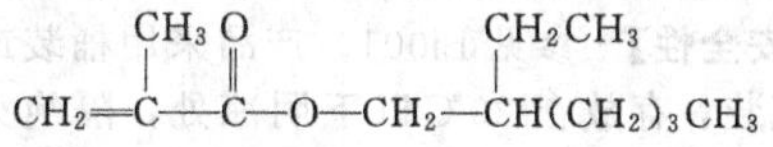

【性质】 为无色液体；其相对密度（20℃）0.884；沸点（0.1MPa）229℃；闪点（密闭）102℃；玻璃化温度 -10℃；折射率 1.4383。

【质量标准】 纯度 99.5%；水分 0.02%；游离酸（以甲基丙烯酸计）0.002%；色度 <10APHA。

【制法】 由甲基丙烯酸与 2-乙基己醇进行酯化反应，再经盐析、脱水和精制而制得。

【消耗定额】 甲基丙烯酸，460kg/t；2-乙基己醇，690kg/t。

【用途】 用于胶黏剂、涂料、被覆材料、润滑油添加剂、纤维处理剂、齿科材料、分散剂及内增塑剂等。

【安全性】 参见 Bf001。日本桶装 (180kg)，石油罐装 (15kg)。

【生产单位】 广东佛山市合成材料厂，南京永丰化工厂，上海珊瑚化工厂，中蓝晨光化工研究院，龙新化工有限公司，抚顺有机玻璃公司等。

Bf023 甲基丙烯酸辛酯

【英文名】 octyl methacrylate

【结构式】

$$CH_2=C(CH_3)-C(=O)-OCH_2(CH_2)_6CH_3$$

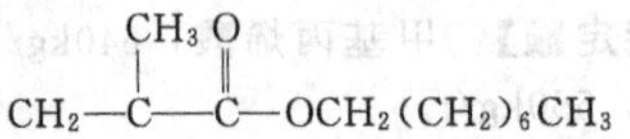

【性质】 甲基丙烯酸辛酯为无色液体；相对密度 (20℃) 0.8804；沸点 (1.87kPa) 114℃；玻璃化温度 T_g-20℃；溶解度参数 17.2J/cm³；该产品不溶于水且易聚合。

【制法】 由甲基丙烯酸与正辛醇进行酯化反应而制得；或由甲基丙烯酸甲酯与正辛醇在适当的催化剂下进行酯交换而制得。

【用途】 作为丙烯酸类树脂的一种聚合单体，用作塑料、合成树脂、涂料、胶黏剂以及分散剂和内增塑剂的原料等。

【安全性】 参见 Bf001。产品采用桶装或瓶装，存放在 20℃ 以下阴凉处，隔绝火源，为了防止聚合，加有阻聚剂对苯二酚 0.01%～0.05% 于产品中，保存期 3 个月。

【生产单位】 抚顺有机玻璃公司，上海珊瑚化工厂，中蓝晨光化工研究院，龙新化工有限公司，广东佛山市合成材料厂等。

Bf024 甲基丙烯酸异丁酯

【英文名】 isobutyl methacrylate

【结构式】

$$CH_2=C(CH_3)-C(=O)-OCH_2-CH(CH_3)-CH_3$$

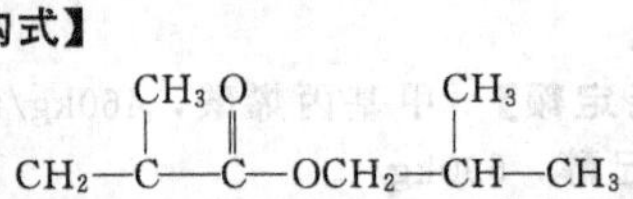

【质量标准】 纯度 99.4%；水分 0.02%；游离酸 (以 MAA 计) 0.001%；色度＜

10APHA；酸度 ≤0.5%；产品中加入 0.0025% 氢醌甲基醚阻聚剂。

【制法】 由甲基丙烯酸与异丁醇进行酯化反应制得甲基丙烯酸特种酯异丁酯粗品，经过过滤和精制而得成品。

【消耗定额】 MAA (98%)，840kg/t；异丁醇 (≥98%，工业品)，590kg/t。

【用途】 作为有机合成单体，用于合成树脂、塑料、涂料、印刷油墨、胶黏剂、润滑油添加剂、牙科材料、纤维处理剂和纸张涂饰剂等。

【安全性】 参见 Bf001。长期贮存和运输需加入 0.06%～0.1% HQ 阻聚剂，并要求在 10℃ 以下存放。

【生产单位】 龙新化工有限公司，抚顺有机玻璃公司、广东佛山市合成材料厂等。

Bf025 甲基丙烯酸环己酯

【英文名】 cyclohexyl methacrylate

【结构式】 $C_{10}H_{16}O_2$

【性质】 甲基丙烯酸环己酯为无色透明液体；具有令人愉快的气味；相对密度 (20℃) 0.9626；黏度 (25℃) 0.005Pa·s；沸点 (0.1MPa) 210℃；闪点 (开放式) 90℃；玻璃化温度 T_g104℃；不溶于水且可燃。

【质量标准】 纯度 98.5%；水分 0.1%；酸度 (以甲基丙烯酸计) 0.005%；色度＜20APHA。

【制法】 由甲基丙烯酸与环己醇在硫酸催化剂存在下进行酯化反应或由甲基丙烯酸甲酯与环己醇进行酯交换反应而制得。

【消耗定额】 甲基丙烯酸，540kg/t；环己醇 630kg/t。

【用途】 甲基丙烯酸环己酯用于透镜、三棱镜等光学材料、齿科用树脂、电器包封材料、胶黏剂、涂料、包覆材料、与甲基丙烯酸甲酯的共聚物，不但保持了聚甲基丙烯酸甲酯的光学特性，还可降低聚甲基丙烯酸甲酯的吸湿率，可制作信息记录磁盘。

【安全性】　参见 Bf001。桶装（180kg）；石油罐装（15kg）。

【生产单位】　南京永丰化工厂，中蓝晨光化工研究院，龙新化工有限公司，抚顺有机玻璃公司，广东佛山市合成材料厂等。

Bf026　甲基丙烯酸己酯

【英文名】　hexyl methacrylate

【结构式】

$$CH_2=\underset{CH_3}{\overset{}{C}}-\underset{O}{\overset{}{C}}-O-CH_2(CH_2)_4CH_3$$

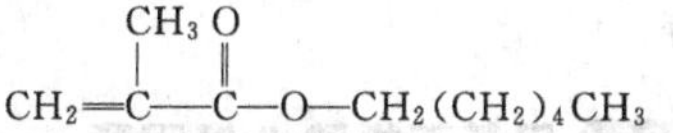

【性质】　甲基丙烯酸己酯为无色液体，是一种可燃物；其相对密度 0.8937；沸点 204～210℃；玻璃化温度-5℃；折射率 1.4310；溶解度参数 17.6J/cm。

【制法】　由甲基丙烯酸与己醇，在硫酸催化下进行酯化反应而制得甲基丙烯酸己酯。

【用途】　甲基丙烯酸己酯主要用于共聚单体，树脂改性。还可用于塑料、塑粉、胶黏剂和油品添加剂等。

【安全性】　参见 Bf001。产品采用桶装或瓶装，存放在 20℃ 以下阴凉处，隔绝火源，为了防止聚合，加有阻聚剂对苯二酚 0.01%～0.05% 于产品中，保存期 3 个月。

【生产单位】　抚顺有机玻璃公司，苏州安利化工厂，南京永丰化工厂，上海珊瑚化工厂，中蓝晨光化工研究院，广东佛山市合成材料厂等。

Bf027　甲基丙烯酸苯甲酯

【英文名】　phenmethyl methacrylate

【结构式】

$$\left[\begin{array}{c}\underset{COOCH_3}{\overset{CH_3}{\overset{|}{C}}}\\-CH_2-C-CH_2-\underset{COOH}{\overset{CH_3}{\overset{|}{C}}}\end{array}\right]_n$$

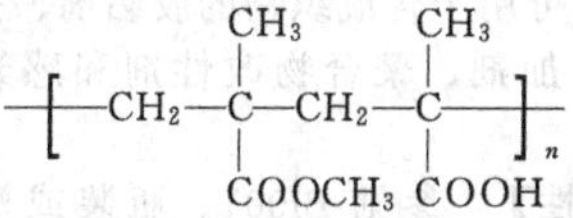

【性质】　其聚合物密度 1.179g/cm³；玻璃化温度 T_g 54℃；溶解度参数 20.3J/cm³。

【制法】　用甲基丙烯酸与苯甲醇进行酯化反应而制得。

【用途】　可用作共聚单体，并用于合成树脂、涂料改性剂和纤维处理剂等。

【安全性】　参见 Bf001。产品采用桶装或瓶装，存放在 20℃ 以下阴凉处，隔绝火源，为了防止聚合，加有阻聚剂对苯二酚 0.01%～0.05% 于产品中，保存期 3 个月。

【生产单位】　广东佛山市合成材料厂，南京永丰化工厂，上海珊瑚化工厂，中蓝晨光化工研究院，龙新化工有限公司等。

Bf028　甲基丙烯酸癸酯

【英文名】　n-decyl methacrylate

【结构式】

$$CH_2=\underset{CH_3}{\overset{}{C}}-\underset{O}{\overset{}{C}}-OCH_2(CH_2)_8CH_3$$

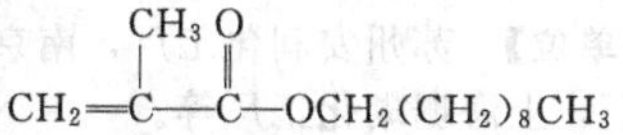

【性质】　密度（25℃）0.870g/cm³；闪点（塔氏开口杯）110℃；玻璃化温度 T_g 为-60℃；折射率 1.437。

【制法】　由甲基丙烯酸与正癸醇进行酯化反应而制得。

【用途】　用于胶黏剂、油品添加剂、纺织品、皮革和纸张处理乳胶以及丙烯酸酯塑料的单体等。

【安全性】　参见 Bf001。产品采用桶装或瓶装，存放在 20℃ 以下阴凉处，隔绝火源，为了防止聚合，加有阻聚剂对苯二酚 0.01%～0.05% 于产品中，保存期 3 个月。

【生产单位】　苏州安利化工厂，南京永丰化工厂，上海珊瑚化工厂，中蓝晨光化工研究院，龙新化工有限公司，抚顺有机玻璃公司，广东佛山市合成材料厂等。

Bf029　甲基丙烯酸月桂酯

【英文名】　lauryl methacrylate

【结构式】

$$CH_2=\underset{CH_3}{\overset{}{C}}-\underset{O}{\overset{}{C}}-OCH_2(CH_2)_{10}CH_3$$

【性质】 甲基丙烯酸月桂酯为无色液体；其相对密度 0.872；沸点（0.93kPa）160℃；闪点（开放式）150℃；熔点 22℃；折射率 1.4550；溶解度参数 16.8J/cm³。

【质量标准】 纯度 99.9%；水分 0.04%；酸度（以甲基丙烯酸计）0.002%；色度 <10APHA。

【制法】 用甲基丙烯酸与月桂醇为主的高级醇的混合物进行酯化反应或由甲基丙烯酸甲酯与月桂醇进行酯交换反应而制得。

【用途】 用作生产丙烯酸树脂的单体、除臭剂（单体本身）、润滑油添加剂、皮革和纤维的整理剂、纸张涂饰剂、胶黏剂和内增塑剂等。

【安全性】 参见 Bf001。可用塑料桶装，亦可用石油罐装。

【生产单位】 苏州安利化工厂，南京永丰化工厂，上海珊瑚化工厂等。

Bf030 甲基丙烯酸异冰片酯

【英文名】 isobornyl methacrylate

【结构式】 $C_{14}H_{22}O_2$

【性质】 甲基丙烯酸异冰片酯为无色或淡黄色液体；分子量 222.32；相对密度（25℃）0.980；沸点（0.93kPa）117℃；黏度（25℃）0.0062Pa·s；玻璃化温度 T_g170～180℃；折射率 1.4753；溶解度参数 16.6J/cm³；皂化值 252.2；不溶于水，溶于乙醇和乙醚等大多数有机溶剂。由于具有庞大的异冰片基而具有特色，为低毒的高沸点低黏度液体，与天然油脂、合成树脂及其改性物和高黏度的甲基丙烯酸环氧酯和尿烷丙烯酸酯等相容性良好。

【制法】 由甲基丙烯酸与莰烯，在含锆催化剂下进行烯烃的亲电加成反应。

【用途】 用于耐热性塑料光导纤维、胶黏剂、石印墨载色剂、改性粉末涂料、清洁涂料以及特种塑料等领域，还可用作活性稀释剂、作为赋予柔韧性的共聚单体，并能提高共聚物的颜料分散剂。

【安全性】 参见 Bf001。产品采用桶装或瓶装，存放在 20℃以下阴凉处，隔绝火源，为了防止聚合，加有阻聚剂对苯二酚 0.01%～0.05%于产品中，保存期 3 个月。

【生产单位】 苏州安利化工厂，南京永丰化工厂，上海珊瑚化工厂，中蓝晨光化工研究院，龙新化工有限公司，抚顺有机玻璃公司，广东佛山市合成材料厂等。

Bf031 甲基丙烯酸-β-羟丙酯

【英文名】 β-hydroxypropyl methacrylate

【结构式】

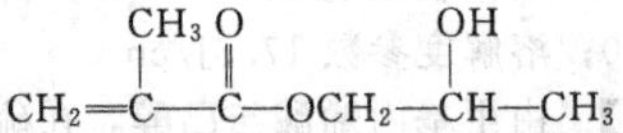

【性质】 甲基丙烯酸-β-羟丙酯为无色透明液体；沸点（1.3kPa）96℃；闪点（开放式）104℃；熔点<−70℃；在水中有一定的溶解性；溶于有机溶剂；易燃。

【质量标准】 纯度 98%；水分 0.12%；酸度（以甲基丙烯酸计）0.8%；色度<30APHA；属低毒产品。

【制法】 由甲基丙烯酸与环氧丙烷进行加成反应或由甲基丙烯酸与环氧氯丙烷在氢氧化钠或吡啶等催化剂作用下进行反应而制得。

【用途】 甲基丙烯酸-β-羟丙酯与其他丙烯酸酯单体共聚，可制取含有活性羟基的丙烯酸树脂。甲基丙烯酸-β-羟丙酯与三氯氰胺甲醛树脂、二异氰酸酯、环氧树脂等作为固化反应的反应物，制取双组分涂料；还可用于合成织物的胶黏剂、去污润滑油添加剂、聚合物改性剂和感光性树脂等。

【安全性】 参见 Bf001。瓶装或塑料桶装，贮运时需加阻聚剂。

【生产单位】 苏州安利化工厂，南京永丰

化工厂，上海珊瑚化工厂，中蓝晨光化工研究院，龙新化工有限公司，抚顺有机玻璃公司，广东佛山市合成材料厂等。

Bf032 甲基丙烯酸-β-羟乙酯

【英文名】 β-hydroxyethyl methacrylate

【结构式】

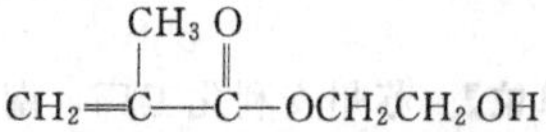

【性质】 甲基丙烯酸-β-羟乙酯为无色透明液体，溶于水及一般有机溶剂；化学反应活泼；易发生均聚，生成具有优良光泽性、耐候性及透明性的树脂。

【质量标准】 纯度>96%；酸度<1.5%；属于低毒产品。

【制法】 由甲基丙烯酸与环氧乙烷进行加成反应而制得。

【消耗定额】 甲基丙烯酸，700kg/t（国内 1200kg/t）；环氧乙烷，360kg/t（国内 800kg/t）。

【用途】 用于树脂及涂料的改性，若与其他丙烯酸类单体共聚，可制得有活性的羟基丙烯酸树脂。作为医用高分子单体，它是隐形眼镜的主要材料，还可用作感光树脂的原料，在厌氧性胶黏剂中用作稳定剂；合成纤维的胶黏剂等。

【安全性】 参见 Bf001。长期贮存应加人 0.01%甲氧基苯酚阻聚剂，并在 10℃以下存放；桶装 208L。

【生产单位】 苏州安利化工厂，南京永丰化工厂，上海珊瑚化工厂，中蓝晨光化工研究院，龙新化工有限公司，抚顺有机玻璃公司，广东佛山市合成材料厂等。

Bf033 甲基丙烯酸-β-哌啶乙酯

【英文名】 β-piperidinoethyl methacrylate

【结构式】 $C_{11}H_{19}O_2$

【性质】甲基丙烯酸-β-哌啶乙酯为无色液体；分子量 197.28；相对密度（20℃）0.9806；沸点（0.8kPa）116℃；折射率 0.4692；难溶于水；在空气中易被氧化，可发生聚合和共聚作用。

【制法】 由甲基丙烯酸与 β-哌啶乙醇进行酯化反应而制得。

【用途】 用于生产弹性体的单体，还用于生产洗涤剂、软化剂和化妆品等。

【安全性】参见 Bf001。产品采用桶装或瓶装，存放在 20℃以下阴凉处，隔绝火源，为了防止聚合，加有阻聚剂对苯二酚 0.01%～0.05%于产品中，保存期 3 个月。

【生产单位】 沈阳市有机玻璃厂，南京永丰化工厂，上海珊瑚化工厂，中蓝晨光化工研究院，抚顺有机玻璃公司，龙新化工有限公司等。

Bf034 甲基丙烯酸苯酯

【英文名】 phenyl methacrylate

【结构式】 $C_{10}H_{10}O_2$

【性质】 甲基丙烯酸苯酯其聚合物密度（20℃）1.210g/cm³；玻璃化温度 T_g 110℃。

【制法】 由甲基丙烯酸与苯酚进行酯化反应而制得甲基丙烯酸苯酯。

【用途】 甲基丙烯酸苯酯主要用于合成树脂、涂料改性剂、纤维处理剂及防臭剂等。

【安全性】 参见 Bf001。瓶装或塑料桶装，贮运时需加阻聚剂。

【生产单位】 苏州安利化工厂，南京永丰化工厂，上海珊瑚化工厂，中蓝晨光化工研究院，龙新化工有限公司，抚顺有机玻璃公司，广东佛山市合成材料厂等。

Bf035 甲基丙烯酸十八烷基酯

【英文名】 stearyl methacrylate

【结构式】

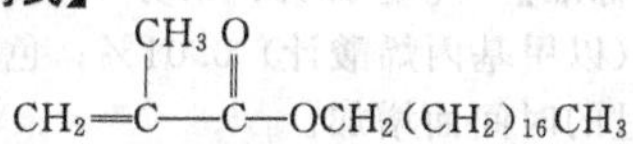

【性质】甲基丙烯酸十八烷基酯为无色或微黄色液体；其相对密度 0.860；沸点

(6.7kPa) 270℃；闪点（开放式）192℃；玻璃化温度 T_g −100℃；溶解度参数 16J/cm³。

【质量标准】 纯度 99.6%；水分 0.06%；酸度（以甲基丙烯酸计）0.002%；色度<20APHA。

【制法】 由硬脂酸加氢所得硬脂醇（十八烷醇）再与甲基丙烯酸进行酯化反应而制得。

【消耗定额】 甲基丙烯酸，270kg/t；硬脂酸，885kg/t；氢气，150m³/t。

【用途】 主要用于涂料、胶黏剂、润滑油添加剂、纤维处理剂及纺织品、皮革和纸加工乳化剂等。

【安全性】 树脂的生产原料，对人体的皮肤和黏膜有不同程度的刺激，可引起皮肤过敏反应和炎症；同时还要注意树脂粉尘对人体的危害，长期吸入高浓度的树脂粉尘，会引起肺部的病变。大部分树脂都具有共同的危险特性：遇明火、高温易燃，与氧化剂接触有引起燃烧危险，因此，操作人员要 改善操作环境，将操作区域与非操作区域有意识地划开，尽可能自动化、密闭化，安装通风设施等。

【生产单位】 苏州安利化工厂，南京永丰化工厂，上海珊瑚化工厂，中蓝晨光化工研究院，龙新化工有限公司，抚顺有机玻璃公司，广东佛山市合成材料厂等。

Bf036 甲基丙烯酸氢糠酯

【英文名】 tetrahydrofurfuryl methacrylate

【结构式】 $C_9H_{14}O_3$

【性质】 无色透明液体；相对密度（25℃）1.044；沸点（0.53kPa）81～85℃；闪点（开放式）104℃。

【质量标准】 纯度 99%；水分 0.1%；游离酸（以甲基丙烯酸计）0.01%；色度随所经过的时间而增加。

【制法】 以甲基丙烯酸与四氢糠醇（四氢呋喃甲醇）进行酯化反应或以甲基丙烯酸甲酯与四氢糠醇进行酯交换反应而制得。

【用途】 主要用于橡胶、塑料助交联剂；橡胶改性剂以及涂料等。

【安全性】 参见 Bf001。产品采用桶装或瓶装，存放在 20℃以下阴凉处，隔绝火源，为了防止聚合，加有阻聚剂对苯二酚 0.01%～0.05%于产品中，保存期 3 个月。

【生产单位】 苏州安利化工厂，南京永丰化工厂，上海珊瑚化工厂，中蓝晨光化工研究院，龙新化工有限公司，抚顺有机玻璃公司，广东佛山市合成材料厂等。

Bf037 聚苯胺/聚（甲基丙烯酸甲酯-丙烯酸丁酯-丙烯酸钠）导电复合物

【英文名】 polyaniline/poly (methyl methacrylate butylacrylatesodium acrylate) conducting composites

【组成】 主要成分为聚苯胺和甲基丙烯酸甲酯-丙烯酸丁酯-丙烯酸钠离聚物。

【性质】 本复合物中存在离子微区，力学性能良好，容易成型加工；导电性能优良，其电导率随聚苯胺的含量变化而变化：起初，随聚苯胺含量增加而迅速增大；当聚苯胺含量增至 20%以后，电导率变化不大，大多在 1～10S/cm 范围内，最大值可达 12S/cm。

【制法】 ①聚（甲基丙烯酸甲酯-丙烯酸丁酯-丙烯酸钠）离聚物制备方法如下。将精制的甲基丙烯酸甲酯、丙烯酸丁酯、丙烯酸钠按适当比例加入三口烧瓶中，以过硫酸钾为引发剂、十二烷基硫酸钠为乳化剂，升温，搅拌聚合，得到乳白色或浅蓝色离聚体乳液，固含量约 31%。②在装有搅拌器、滴液漏斗的三口烧瓶中，加入计算量的苯胺盐酸溶液、曲拉通 X100、上述离聚体乳液，于冰浴上搅拌混匀，再慢慢滴加计算量的过硫酸铵盐酸盐溶液（约在 0.5h 内滴完），继续反应 4h；加入适量丙酮使复合物沉淀，用蒸馏水洗涤至中性，烘干即可。

【成型加工】 本复合物成型加工容易。如在70～90℃、5～10MPa下，使本复合物在平板硫化机上热压成型，然后冷却到室温即可得到所需制件。

【用途】 主要用于高能二次电池、变色开关、电色器件、传感器、电套屏蔽材料等。

【安全性】 参见Bf001。产品采用桶装或瓶装，存放在20℃以下阴凉处，隔绝火源，为了防止聚合，加有阻聚剂对苯二酚0.01%～0.05%于产品中，保存期3个月。

【生产单位】 苏州安利化工厂，南京永丰化工厂，上海珊瑚化工厂，中蓝晨光化工研究院，龙新化工有限公司，抚顺有机玻璃公司，广东佛山市合成材料厂等。

Bf038 甲基丙烯酸乙氧基乙酯

【英文名】 ethoxyethyl methacrylate

【结构式】

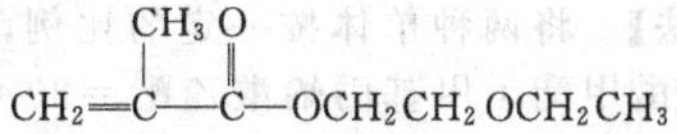

【性质】 甲基丙烯酸乙氧基乙酯是合成聚甲基丙烯酸乙氧基乙酯的单体，该聚合物为无色透明固体；玻璃化温度 T_g 在0℃以下；拉伸强度3.86MPa；断裂伸长率185.4%；撕裂强度37.2kN/m；它是以雾状喷出的成膜高分子材料，对空气有一定透气性。

【制法】 由甲基丙烯酸与三氯化磷以四氯化锡为催化剂进行酰氯化反应生成甲基丙烯酰氯，而后由甲基丙烯酰氯与乙氧基乙醇进行反应制得甲基丙烯酸乙氧基乙酯。

【用途】 用于医疗上的生物成膜基材。配合各种药物，应用于隔离、止痛、止血、消炎等不同场合。用甲基丙烯酸乙氧基乙酯作为喷雾型烧伤敷料的成膜材料，覆盖于烧烫伤创面，既可防止细菌感染，又可控制体液流失；并且具有炎症轻、修复好等特点，对创面起到了一定保护作用。

【安全性】 参见Bf001。产品采用桶装或瓶装，存放在20℃以下阴凉处，隔绝火源，为了防止聚合，加有阻聚剂对苯二酚0.01%～0.05%于产品中，保存期3个月。

【生产单位】 顺德市汇丰有机玻璃厂，上海珊瑚化工厂，中蓝晨光化工研究院，龙新化工有限公司，抚顺有机玻璃公司，广东佛山市合成材料厂等。

Bf039 甲基丙烯酸缩水甘油酯

【英文名】 glycidyl methacrylate

【结构式】

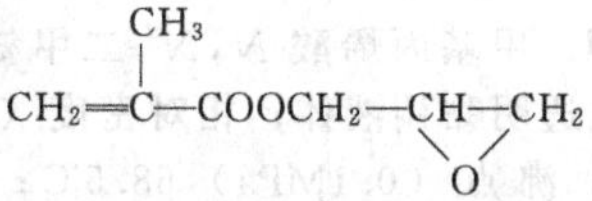

【性质】 甲基丙烯酸缩水甘油酯为无色透明液体；相对密度（25℃）1.078；沸点（0.1MPa）189℃；熔点−50℃以下；闪点（开放式）84℃；环氧基氧含量11.2%；溴值112；皂化值395；不溶于水；可溶于有机溶剂。

【质量标准】 纯度>96%；水分<0.5%；色度<30APHA。

【制法】 甲基丙烯酸缩水甘油酯单体为双官能团单体，它同时具有双键和环氧基团，可以参加自由基和离子型聚合反应，通过环氧基又可进行交联反应。首先将甲基丙烯酸与无水 Na_2CO_3 或NaOH反应，生成甲基丙烯酸钠盐；而后与环氧丙烷在季铵盐催化剂和少量阻聚剂下进行反应制得甲基丙烯酸缩水甘油酯。

【消耗定额】 甲基丙烯酸，900kg/t；Na_2CO_3 412kg/t。

【用途】 甲基丙烯酸缩水甘油酯已广泛用于医药、感光材料和高分子合成等众多领域。在高分子合成中，它作为交联型单体和活性稀释剂，还广泛用于胶黏剂、阻燃材料、绝缘材料、吸水材料、高分子胶囊、溶剂型涂料、丙烯酸和聚酯粉末涂料、橡胶改性剂和树脂改性剂等。

【安全性】 参见Bf001。塑料桶包装。

【生产单位】 苏州安利化工厂，南京永丰化工厂，上海珊瑚化工厂，中蓝晨光化工研究院，龙新化工有限公司，抚顺有机玻璃公司，广东佛山市合成材料厂等。

Bf040 甲基丙烯酸-*N*,*N'*-二甲氨乙酯

【英文名】 dimethylaminoethyl methacrylate

【结构式】

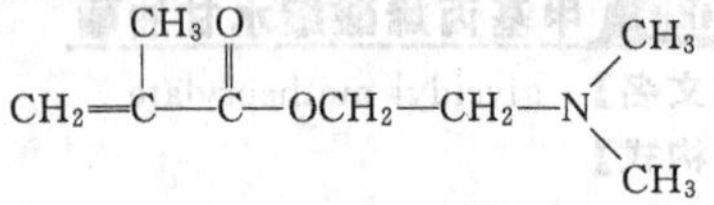

【性质】 甲基丙烯酸-*N*,*N'*-二甲氨乙酯为无色透明黏稠液体；相对密度（25℃）0.933；沸点（0.1MPa）68.5℃；闪点（开放式）64℃；溶于水、醇、酯、醚、酮、烃及卤代烃等溶剂，其水溶液呈碱性；具有烯烃、胺和酯类化合物的特性；在一定条件下可发生聚合、加成和水解等化学反应；可燃。

【质量标准】 产品纯度99.2%；水分0.06%；色度<10APHA；对皮肤、眼睛及黏膜有刺激，是强催泪剂。

【制法】 由甲基丙烯酸与二甲氨基乙醇进行酯化反应或由甲基丙烯酸与二甲氨基乙醇进行酯交换反应制得甲基丙烯酸-*N*,*N'*-二甲氨乙酯。

【用途】 用甲基丙烯酸-*N*,*N'*-二甲氨乙酯与甲基丙烯酸高碳醇酯共聚，其共聚物既能提高润滑油的黏度指数又具有净化分散性；甲基丙烯酸*N*,*N'*-二甲氨乙酯与丙烯酰胺共聚，得水溶性共聚物，用于三次采油；还用于高分子絮凝剂、非水溶液系的分散剂、抗静电剂、氯化聚合物安定剂、纤维处理剂、橡胶改性剂、涂料、离子交换树脂，纸张加工和催泪剂等。

【安全性】 参见Bf001。产品采用桶装或瓶装，存放在20℃以下阴凉处，隔绝火源，为了防止聚合，加有阻聚剂对苯二酚0.01%～0.05%于产品中，保存期3个月。

【生产单位】 苏州安利化工厂，北京有机玻璃制品厂，上海珊瑚化工厂，中蓝晨光化工研究院、广东佛山市合成材料厂等。

Bf041 丙烯酸甲酯-甲基丙烯酸乙酯共聚物

【英文名】 methyl acrylate ethyl methacrylate copolymer

【结构式】

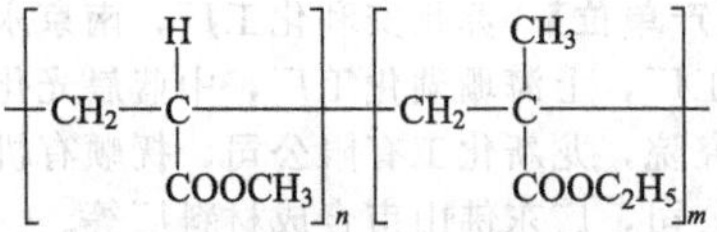

【性质】 物理力学性能低于聚甲基丙烯酸甲酯，化学稳定性也稍差，热分解温度较低，但柔韧性好，流动性较高，可制薄膜。

【制法】 将两种单体按一定的比例，如丙烯酸甲酯：甲基丙烯酸乙酯＝30：70（质量）混合，再加入少量引发剂，如过氧化苯甲酰，在90℃下进行悬浮共聚而得。

工艺流程如下。

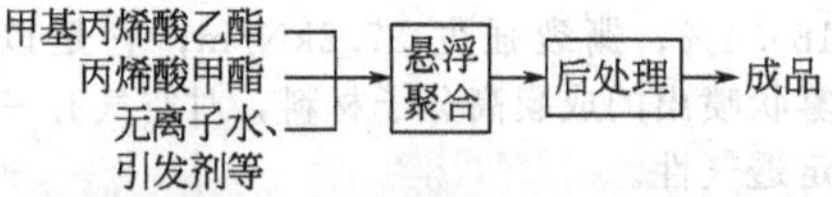

【成型加工】 可流延成膜。

【用途】 可与聚甲基丙烯酸异丁酯一起用作电视机等工业上黑白电子束管的有机膜材，以代替硝化纤维成膜材料。

【安全性】 参见Bf001。产品采用桶装或瓶装，存放在20℃以下阴凉处，隔绝火源，为了防止聚合，加有阻聚剂对苯二酚0.01%～0.05%于产品中，保存期3个月。

【生产单位】 南京永丰化工厂，上海珊瑚化工厂，中蓝晨光化工研究院等。

Bf042 抗冲有机玻璃板

【英文名】 impact organic glass

【结构式】

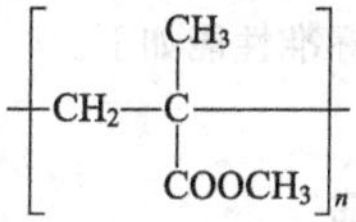

【性质】 高抗冲有机玻璃产品的冲击强度比通用级有机玻璃高 5～10 倍。例如法国 Altulor 公司开发的牌号为“Altuglas choc”浇铸板，10mm 厚板材无缺口冲击强度接近聚碳酸酯板，达 $100kJ/m^2$，可防 10m 处的 6mm 口径子弹；美国 Richardson Daleman 公司的“Glodex”板材，冲击强度高于通用级有机玻璃板材 8 倍，质量为玻璃的 1/2，适用于建筑窗；美国 Aristech 化学公司生产一种牌号为“Acrysteel”高抗冲连续浇铸板，冲击强度为通用级的 5～7 倍等。

【质量标准】

国外抗冲有机玻璃的质量标准

生产厂家		商品牌号	形态、橡胶相
美国	Rohm & Haas	Plexiglas OR	模塑料 聚丙烯酸丁酯
	Du Pont	Lucite T-1000	聚丙烯酸丁酯
	CY/RD	Cyrolite G-20	聚丁二烯
日本	三菱レイヨン	アクリペット-IR	板、模塑料 聚丙烯酸丁酯
	协和ガス化学	パラペット-GR	板、模塑料 聚丙烯酸丁酯
		パラペット-FR	板 玻璃纤维增强
	住友化学	スミペックスB-HT	模塑料 聚丁二烯
		スミペックスHT	板 聚丁二烯
	旭化成	デルペット-SR	板、模塑料 聚丙烯酸丁酯
德国	Resart-Ihm	Resarit-50 系列	模塑料 聚丙烯酸丁酯
英国	ICI	Diakon MKO 963	聚丙烯酸丁酯

【用途】 抗冲有机玻璃主要用于广告牌、照明灯罩、建筑窗玻璃、弱电工业零件及汽车外装零件等。

【安全性】 有机玻璃板的两面均糊上保护纸并用板条或层板箱包装，四周以衬垫物塞紧。每箱净重不大于 150kg。箱外应贴上合格证，并注明“小心轻放”等字样。在有机玻璃的贮存和运输中，应干燥、通风，并不得与有机溶剂存放在一起。

Bf043 阻燃有机玻璃

【英文名】 fire-retardant acylic sheet

【别名】 含卤和磷阻燃化合物的浇铸型有

机玻璃

【结构式】

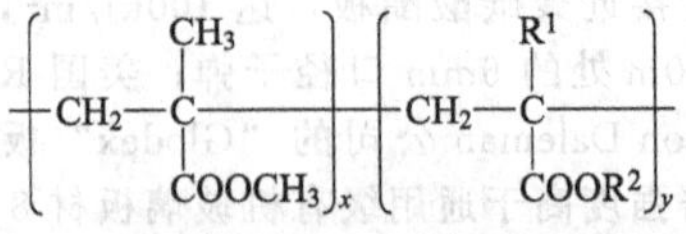

【性质】 有机玻璃的阻燃性，是通过加入磷或卤素的阻燃剂而实现的，由于阻燃剂的可塑性，使有机玻璃的热变形温度有所下降。

(1) 国内情况　苏州安利化工厂研制成功 A-ZR 阻燃有机玻璃，其阻燃指标氧指数为 26，而普通有机玻璃是 17.5，由于加入阻燃剂而使吸水率高于普通有机玻璃。其质量标准性能如下。

国产阻燃有机玻璃 A-ZR 的性能

指标名称 / 单位 / 商品牌号	拉伸强度	热变形温度	透光率	吸水率	极限氧指数	水平燃烧
	MPa	℃	%	%		级
A-ZR	68.5	84.5	≥90	<1	26	1

(2) 国外情况　美国、英国、德国、日本、法国等国家，均有阻燃有机玻璃的商品。

意大利 Ignilux 阻燃有机玻璃的性能：拉伸强度 61.8MPa、Buka 软化点 78℃、透光率≥78%、吸水率 1%。日本三菱レィョソ的アクリラィトFR 耐燃有机玻璃的极限氧指数为 25.5。

【成型加工】 与浇铸型有机玻璃相同，可以加热成型和机械加工（锯、钻等）以及粘接。

【制法】 将反应型阻燃剂或添加型阻燃剂加入单体 MMA 和乙烯基类共聚单体中，采用与浇铸型有机玻璃相似工艺生产。

【用途】 用于防火阻燃要求的建筑窗玻璃、车、船、飞机和室内的装潢、照明灯具和安全玻璃等。

【安全性】 见 Bf001。

【生产单位】 苏州安利化工厂。

Bf044 齿科用 PMMA 模塑料

【英文名】 molding plastic based on polymethacrylate for dentistry

【性质】 MB 自凝牙托粉和普通牙托粉性能比较如下。

性能 / 产品	抗弯断挠度		分子量/×10^4
	断裂时负载/N	断裂时挠度/mm	
MB 自凝牙托粉	92.1	6.0	41
普通牙托粉	83.3	4.7	44

实际使用中 MB 自凝牙托粉制成的牙托有稳定性好、表面光洁、韧性好、不易折断等优点。缺点是自凝牙托水中的 2,6-二叔丁基对甲苯酚作为阻聚剂使自凝牙托水在一定时间内不发生聚合，但有效期不够；长期使用有变色作用。

【质量标准】 上海珊瑚化工厂、重庆东方红化工厂生产的 PMMA 均聚模塑料，主要用作齿科材料的造牙粉和牙托粉。造牙粉和牙托粉的性能标准如下。

造牙粉和牙托粉性能标准

指标名称	造　牙　粉	牙　托　粉
细度	95%通过 120 目,其余不大于 60 目	95%通过 40 目
外来杂质	杂质的直径小于 0.5mm,在面积为 $9cm^2$ 样品上不得超过 2 粒	杂质的直径小于 0.5mm,在面积为 $9cm^2$ 的样品上不得超过 2 粒
色泽	符合标准样板色泽的范围之内	符合标准样板色泽的范围之内
含水量/%	≤1	≤1
布氏硬度/MPa	≥166	≥166
冲击强度/(kJ/m)	≥8.0	≥8.0
分子量×10^4	35～55	35～55

【成型加工】 一般牙托粉在制牙托过程中需要加热凝固，工序较繁，操作时间也长。上海珊瑚化工厂生产的 MB 自凝牙托粉是常温下能快速固化的牙托粉改性品种。它是由 MMA 和丙烯酸丁酯经悬浮聚合生产的产品。上表中细度为 120 目的 MB 自凝牙托粉和普通牙托粉在同样条件下的性能比较。

【用途】 主要用 PMMA 均聚模塑料，用作齿科材料的造牙粉和牙托粉。

【安全性】 见 Bf001。

【生产单位】 上海珊瑚化工厂，重庆东方红化工厂。

Bf045 光散射镜面有机玻璃

【英文名】 organic Glass used for Light Scattering mirror surface

【结构式】

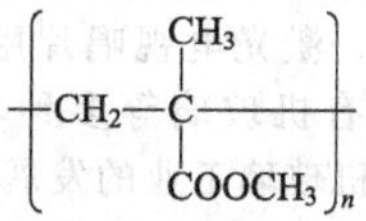

【性质】

(1) 光散射有机玻璃　光散射有机玻璃是一种散射角大于普通有机玻璃的功能有机玻璃，分反射型和透过型两种。前者是在普通有机玻璃表面喷涂一层特种涂层而成；后者以甲基丙烯酸甲酯和无机材料为基体材料，和膜层原料一起，用浇铸法制成。北京有机玻璃制品厂和北京电影机械研究所共同研制成功透过型光散射有机玻璃 1 号和 2 号。下表列出了它们和美国 Bell & Howell 公司产品的性能比较。

光散射有机玻璃的性能

指标名称	Bell & Howell 产品	国内产品	
		1号	2号
解象力/(线对/mm)	6.3	7.1	6.3
散射角 β/(°)	35.5	36.5	37.5
透光不均匀度/%	3.7	1.25	2.7
透光率/%	57	57	51.5

光散射有机玻璃主要用作缩微阅读器屏幕，有解象力高、散射角大、光线柔和、透光均匀性好等优点。

(2) 镜面有机玻璃　镜面有机玻璃是以普通有机玻璃经真空镀铝、底面涂布真空涂料而制成的。我国广西、南京、常州、抚顺、苏州、上海、长沙等地的有机玻璃制品厂，均有产品投放市场。上海珊瑚化工厂生产的镜面有机玻璃和荷兰、日本的产品的性能比较。

镜面有机玻璃的性能

指标名称	上海珊瑚厂产品	荷兰产品	日本产品
外观	光洁、色调浓艳	光洁	光洁、色调淡雅
蒸馏水浸泡(25℃,350h)	镀膜无变化	镀膜起翘	镀膜无变化
锯崩裂	无	有	无
加热弯曲(60℃)	镀膜无变化	镀膜出现裂痕	镀膜无变化
加热试验(85℃)	光泽无变化	失去光泽	光泽略有损失

【用途】 镜面有机玻璃可代替普通镜子使用，也可用作装潢装饰材料。

此外，尚有低吸湿性有机玻璃，吸热性有机玻璃、激光电视唱片用有机玻璃、光导纤维用有机玻璃等多种功能有机玻璃。随着有机玻璃工业的发展和应用需求的增加、功能有机玻璃的品种必将越来越多，其应用范围也会越来越广。

【安全性】 应用纸、板箱或其他材料进行包装，包装箱内四周以衬垫物塞紧，并附有装箱单，箱外应贴上合格证，注明"小心轻放"等字样。在运输和贮存中不得与有机溶剂存放在一起。

【生产单位】 广西、南京、常州、抚顺、苏州、上海、长沙有机玻璃制品厂等。

Bf046 甲基丙烯酸甲酯共聚物

【英文名】 methyl methacrylate copolymer

【结构式】

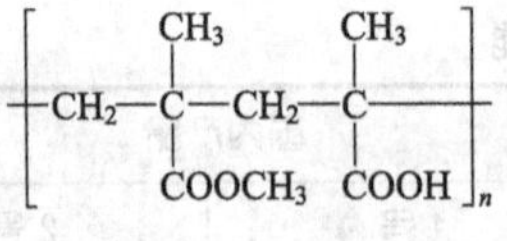

【性质】

配方（%）

甲基丙烯酸甲酯-甲基丙烯酸共聚体（摩尔比 90：10）	53.8
含对甲氧基苯酚 0.4%的三丙烯酸季戊四醇酯	44.1
叔丁基蒽醌　2.0　乙基紫	0.1

【制法】 将上述组分用丁酮-异丙醇（3：1）的混合液配成 20%水溶液，涂覆在用硅酸钠处理过的铝板上做成感光层；然后，此面上涂敷在 PAV 中含 2%聚氧化乙烯类表面活性剂的水溶液，形成不透过氧的水溶性保护层，显影是用含 0.1%氢氧化钠的 10%异丙醇水溶液。

【用途】 制造印刷版、光固化涂料、胶黏剂、油墨。

【安全性】 参见 Bf001。

【生产单位】 南京永丰化工厂，上海珊瑚化工厂，中蓝晨光化工研究院，龙新化工有限公司，广东佛山市合成材料厂等。

Bf047 防射线有机玻璃

【英文名】 radiationshielding acrylate sheets

【性质】 防射线有机玻璃除了对射线有一定的防护作用外，仍保持有机玻璃一般的物理性能，而且比无机铅玻璃耐冲击性要高。但不耐碱和酒精。

以 8mm 厚的含铅有机玻璃为例，能耐 X 射线管电压电流分别为 50kV，25mA，拉伸强度 55.86MPa，冲击强度 5.98kJ/m^2，布氏硬度 177.4MPa，透光率 85%。

【制法】 在一定配比的甲基丙烯酸甲酯、甲基丙烯酸、甲基丙烯酸羟乙酯、辛酸等组分配成的单体中，加入一定比例的甲基丙烯酸铅、辛酸铅，在 0.02%～1%的过氧化十二碳酰存在下，沸腾预聚制浆，然后将浆液浇入两块硅玻璃并以聚氯乙烯为填条的预先制成的模具中，在氮气保护下进行聚合。聚合温度为40～130℃，先于80℃左右聚合5h，随即升温至120℃，保温1h，聚合即告完成，缓慢冷却，拆开模子，即可获得所要求的含铅有机玻璃。

工艺流程如下。

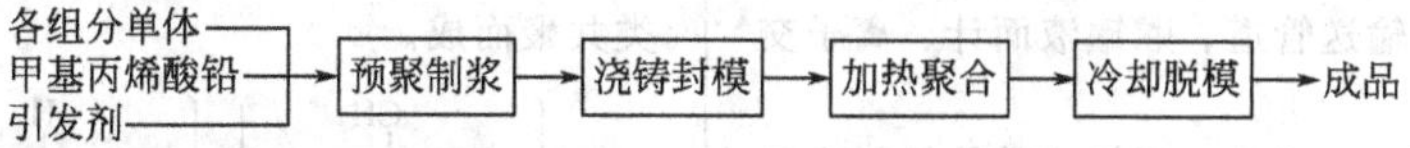

【成型加工】 由于防放射线有机玻璃含有较高量的铅，故在机械加工时应选择快刀、细齿锯，慢速加工，以防玻璃破裂。

【用途】 主要用作视野广、透明度要求高的射线防护装置，放射性物质的封装、仪器设备的放射线屏蔽材料以及辐射线的防护罩等。

【安全性】 树脂的生产原料，对人体的皮肤和黏膜有不同程度的刺激，可引起皮肤过敏反应和炎症；同时还要注意树脂粉尘对人体的危害，长期吸入高浓度的树脂粉尘，会引起肺部的病变。大部分树脂都具有共同的危险特性：遇明火、高温易燃，与氧化剂接触有引起燃烧危险，因此，操作人员要改善操作环境，将操作区域与非操作区域有意识地划开，尽可能自动化、密闭化，安装通风设施等。

【生产单位】 苏州安利化工厂等。

Bf048 浇铸型有机玻璃棒材和管材

【英文名】 polymethyl methacrylate cast rods and tubes

【别名】 有机玻璃棒；有机玻璃管

【结构式】

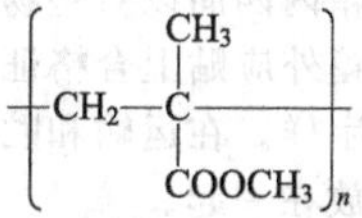

【性质】 同浇铸型有机玻璃板材。

【制法】

1. 棒材的制造 直径小于100mm的棒材，可取加工余量5～10mm的板材置于车床上加工、抛光而得。直径大于100mm棒材是把含偶氮二异丁腈及适量增塑剂、脱模剂的预聚体浇铸到内圆抛光的耐压圆筒形模具内，密封后，充以1.5～1.8MPa压力的氮气，在25～28℃保持7～14d，待硬化后，卸压，升温到120℃保持1h，冷却后取料。

2. 管材的制造 将含有偶氮二异丁腈、适量增塑剂及脱模剂并经预聚后的浆液和适量过氧化二碳酸二异丙酯，加入转速为300～350r/min的圆管聚合模内。外面用热空气或热水浴加热，于55℃下保持1h，50℃保持4～6h。再取出置于热空气烘箱中，120℃保温1h，而后自然冷却至40℃。

【质量标准】

指标名称		一级品	二级品
拉伸强度/MPa(kgf/cm^2)	≥	53(550)	53(550)
抗溶剂银纹性	直径不大于200mm	浸泡4h无银纹	浸泡3h无银纹
	直径大于200mm	浸泡3h无银纹	浸泡2h无银纹
透光率(凸面入射)/%	直径不大于200mm	90	89
	直径大于200mm	89	88

【成型加工】 同浇铸型有机玻璃板材。

【用途】 除与有机玻璃板材用途相同外，棒材可加工成异形零部件，如气体和液体流量计转子、光学导光元器件等，管材可用于液体输送管道、贮罐液面计、离子交换柱等。

【安全性】 应用纸、板箱或其他材料进行包装，包装箱内四周以衬垫物塞紧，并附有装箱单，箱外应贴上合格证，注明“小心轻放”等字样。在运输和贮存中不得与有机溶剂存放在一起。

【生产单位】 苏州安利化工厂，南京永丰化工厂，浙江湖州红雷有机化工厂，湖南益阳市红旗化工厂等。

Bf049 304有机玻璃模塑料

【英文名】 polymethyl methacrylate molding compound 304

【别名】 悬浮法-聚甲基丙烯酸甲酯耐热模塑料；304模塑料

【结构式】 由甲基丙烯酸甲酯与丙烯酸酯类共聚而成。

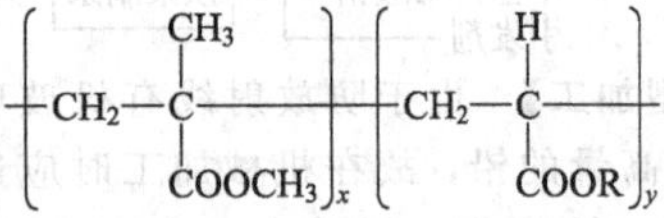

【性质】 具有较高透明度和光高度，耐热性好，并有坚韧、质硬、刚性特点，热变形温度80℃，弯曲强度110MPa。

【制法】 采用悬浮聚合法，其制法与372模塑料和613模塑料相似。

【质量标准】 （GB/T 15597—1995）304 PMMA模塑料技术指标如下。

指标名称			GN(C)-108-015		
			优等品	一等品	合格品
粒度(对径1.5～3.0mm,长度3.0～6.0mm)/%		≥	95		
含杂质颗粒数/(粒/10g)	直径大于0.25mm				
	直径小于0.25mm	≤	2	4	7
拉伸强度/MPa		≥	68	65	60
冲击强度	简支梁/(kJ/m²)	≥	30	22	18
	悬臂梁/(J/m)	≥	30	22	18
硬度	球压痕/(N/mm²)	≥	140	130	120
	洛氏硬度(M)	≥	140	130	120
透光率/%		≥	92	90	88
折射率(25℃)			1.49～1.50		
相对密度(23℃)			1.18～1.19		
吸水性/%		≤	0.45		
维卡软化温度/℃			104～112		
熔体流动速率/(g/10min)			1～2		
体积电阻率/Ω·m		≥	1.0×10^{11}		
介电常数(工频)		≤	4.0		

注：对着色材料，必须用着色前的材料试验。

【成型加工】 可配制各种颜色，按需要能注塑各种形状的成品，在注塑时产生的浇口料、边角料及不合格品均可重新染色挤塑使用。注塑加工技术要求：95～100℃干燥预热 6h，注意翻料，在干燥装置上方必须有透气孔，注塑温度 190～220℃，使用一般注塑机均可加工。

【用途】 汽车、摩托车、自行车等多种车辆灯具、仪表仪器、电信器材以及各种日用品和装饰品等。

【安全性】 本产品用内层塑料薄膜袋、外层至少用三合一牛皮纸袋封口包装，每袋净重 25kg，每一包装件应附有合格证、标明批号、生产日期。本品应存放在通风、干燥的库房内，并不能与 60℃以上热源及有机溶剂接触。贮存期为一年。本产品为非危险品，运输时注意干燥、保持清洁，避免日晒雨淋，搬运时小心轻放，避免包装袋破裂。

【生产单位】 上海制笔化工厂。

Bf050 甲基丙烯酸甲酯共聚物正型光刻胶

【英文名】 methyl methacrylate copolymer positive photoetchng adhesive

【结构式】

$$-CH_2-\underset{\underset{COOCH_3}{|}}{\overset{\overset{CH_3}{|}}{C}}-CH_2-\underset{\underset{COOC_4H_9}{|}}{CH}-$$

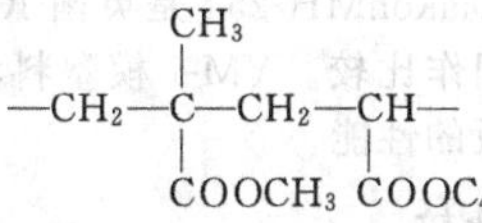

【产品性状】 正型光刻胶光刻速度快，具有良好的物理机械性能，且只需用碱水溶液显影。用（1mJ/cm²）的光强即产生清晰形象。

（1）配方（%）

原料名称	I	II
甲基丙烯酸甲酯	80	45～40
甲基烯酸十一碳烯酯	20	
甲基丙烯酸丁酯	45	40
甲基丙烯酸丙酯		20
甲基丙烯酸烯丙基氧乙基酯		10
过氧化苯甲酰	少量	少量

按配方，把各组分和少量过氧化苯甲酰一起加入到反应釜中，升温至 80℃左右反应 1h，再升温 90℃左右，反应 1h，冷却、出料、静置、分离、洗涤、离心过滤脱水、烘干即产品。

（2）光刻胶的制备配方（g）

甲基丙烯酸甲酯共聚物	100
联苯甲酰二甲基缩酮（引发剂）	0.2
二氯甲烷∶丙酮	1∶1
巯基十一酸	0.2
二辛基己酸酯（增塑剂）	0.1

【制法】 将配方中，各组分混合均匀，然后用二氯乙烷和丙酮混合溶剂制成一定黏度的感光液。将光刻胶黏稠原液均匀涂在聚酯片上，于 75℃干燥 0.5h 形成 1μm 厚的干膜。临用前将胶片于 125℃下层压到用浮石磨过的 Cu/环氧树脂层压板上。层压板在 Nuarc 制版机中用中压汞灯曝光，用含 0.8% 碳酸钠，10% 丁基卡必醇的水溶液于 30～40℃喷雾显影。经测定最好的光刻及可分 2μm 的线对。

【用途】 是集成电路或印刷线路板用的和要光敏材料。

【安全性】 见 Bf001。

【生产单位】 中蓝晨光化工研究院，广东佛山市合成材料厂，龙新化工有限公司，抚顺有机玻璃公司等。

Bf051 甲基丙烯酸甲酯-丙烯腈-丙烯酰化丙烯酸缩水甘油酯共聚物

【英文名】 methyl methacrylate-acrylonitrle-acrylicgycidc ester copolymer

【结构式】

$$\left[-CH_2-\underset{\underset{COOCH_3}{|}}{\overset{\overset{CH_3}{|}}{C}}-CH_2-\underset{\underset{COOR}{|}}{\overset{\overset{CH_3}{|}}{C}}-\right]_n$$

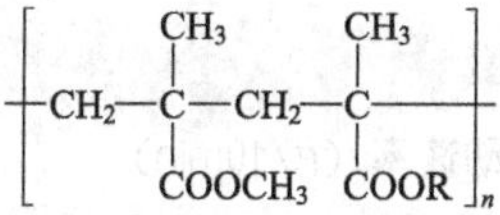

【配方】

甲基丙烯酸甲酯-丙烯腈-丙烯酰化丙烯酸缩水甘油酯共聚物（摩尔比 65∶10∶25）	1196g
甲基丙烯酸甲酯-丙烯酸-β-羟乙酯共聚物（摩尔比 90∶10）	557g
二乙酸三乙二醇酯	262g
叔丁基蒽醌	142g
2,2-亚甲基双（4-乙烯基-6-叔丁基苯酚）	34.5g
乙基紫染料	2.5g
甲乙酮加至总质量为	11000g

【制法】 将上述组成物在 0.03mm 厚的聚酯透明膜上连续均一涂布，在 71℃以下进行干燥；然后，用橡胶辊把厚度为 0.025mm 的聚乙烯保护膜在 16℃下覆盖上去；最后，将这“三明治”似的夹心材料卷起来保存。取一块环氧玻璃纤维增强的敷铜板，用研磨去垢剂研磨、擦拭、水清洗，之后浸于稀盐酸中 20s，再次水洗并用吹风机干燥。

把光固化干膜夹心材料的保护膜揭去，将新露出抗蚀剂膜与处理好的敷铜板铜表面接触覆盖，这样就得到用干膜覆盖的感光性敷铜板，上层还有聚酯膜保护着。接着是进行曝光，这时电路板想作电路图线部分要对着掩模的透明部分。曝光之后，剥去聚酯膜，露出敷在铜表面的抗蚀剂以黏合状态下，然后，将这个板置于三氯乙烯蒸气喷洒显影器中进行 30s 显影，未曝光部分溶解洗去，正对掩模的透明部分曝光固化后，用乙基紫着色留在铜箔上，不透明部分对着的铜箔上没有抗蚀剂。接着再用三氯化铁蚀刻液进行蚀刻，于是在环氧玻璃纤维增强板上形成由抗蚀剂覆盖的铜导电印制电路图线。最后用毛刷或浸有二氯甲烷的布擦拭；把抗蚀剂层从铜上除去，得到高质量的印制电路板。

【用途】 用于印刷电路板干膜。

【安全性】 见 Bf001。

【生产单位】 上海珊瑚化工厂，中蓝晨光化工研究院，龙新化工有限公司，抚顺有机玻璃公司，广东佛山市合成材料厂等。

Bf052 挤塑级 PMMA 模塑料

【英文名】 PMMA molding composite of plastic extrusion grade

【性质】 挤塑级 PMMA 模塑料化工部成都有机硅研究中心和苏州安利化工厂合作开发的 YM-1PMMA 模塑料，是专用作挤出板的挤塑级模塑料。YM-1 的性能数据，表中 DiakonMH-254 是英国 ICI 公司的产品，用作比较。YM-1 模塑料注塑样条和挤出板的性能。

YM-1 和 DiakonMH-254 性能比较

指标名称	YM-1	MH-254
机械杂质（φ0.3mm）/（粒/10g）	≤6	—
粒度/%	≥90（20～120 目）	≥90（20～80 目）
吸水率/%	≤0.3	≤0.3
特性黏度	0.55～0.75	（240℃熔体黏度）
熔体流动速率/（g/10min）	0.7±0.1	0.9
收缩率/%	—	0.4～0.7

YM-1 注塑样条和挤出板性能

指标名称		单位	指标
拉伸强度	>	MPa	63.8
冲击强度	>	kJ/m²	13.7
布氏硬度	>	MPa	117.7
热变形温度	>	℃	78
透光率	≥	%	90
雾度①	≤	%	1.3

① Diakon MH-254 雾度 0.4%；美国 PTI015M3 雾度≤1.5%。

黑龙江安达龙新化工有限公司引进法国利特温公司装置，生产多种供挤塑和注塑用的 PMMA 模塑料，1991 年试车成功，正常生产后产量为 1 万吨/年左右。其中牌号为龙新 LX-015 和龙新 LX-025 为挤塑级模塑料。列出了龙新 LX-015 (EN-108-015) PMMA 模塑料的性能。

龙新 LX-015 (EN-108-015) PMMA 模塑料性能

指标名称	设计值	实际值	ISO 标准
熔体流动速率/(g/10min)	1.5±2%	1.51	0.5～0.3
热失重/%	≤2.0	0.58	—
透光率/%	≥92	92	90～91
维卡软化温度/℃	≥106	116	88～112
雾度/%	≤2.5	2.2	0.5～2.0
负载下热变形温度(1.82MPa)/℃	≥90	90	80～101
悬臂梁冲击强度/(J/m)	≥20.6	30.7	(8～10)kJ/m²(简支梁)
洛氏硬度(M)	≥86	94	90～95

【安全性】 瓶装或塑料桶装，贮运时需加阻聚剂。

【生产单位】 苏州安利化工厂，南京永丰化工厂，上海珊瑚化工厂，中蓝晨光化工研究院，龙新化工有限公司，抚顺有机玻璃公司，广东佛山市合成材料厂等。

Bf053 MN 有机玻璃模塑料

【英文名】 polymethyl methacrylate molding compound

【别名】 溶液-本体法聚甲基丙烯酸甲酯耐热模塑料

【结构式】 由甲基丙烯酸甲酯与丙烯酸酯类共聚而成，其结构式如下。

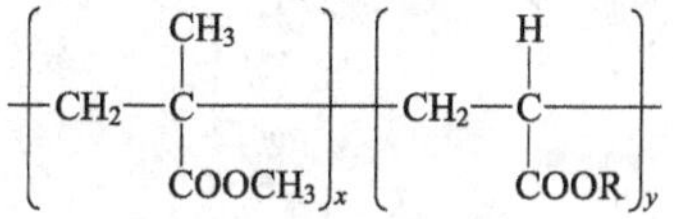

【性质】 与 304 模塑料相近。

【制法】 与挤塑级 EN 有机玻璃模塑料相同。

【质量标准】 (GB/T 15597—1995) MN 有机玻璃模塑料技术指标如下。

指标名称		MN-108-030			MN-108-060		
		优等品	一等品	合格品	优等品	一等品	合格品
粒度(对径 1.5～3.0mm,长度 3.0～6.0mm)/%	≥	95			95		
含杂质颗粒数/(粒/10g)	直径大于 0.25mm						
	直径小于 0.25mm ≤	2	4	7	2	4	7
拉伸强度/MPa	≥	70	68	65	68	65	60
冲击强度	简支梁/(kJ/m^2) ≥	20	18	15	20	18	15
	悬臂梁/(J/m) ≥	20	18	15	20	18	15
硬度	球压痕/(N/mm^2) ≥	95	89	86	95	89	86
	洛氏硬度(M) ≥	95	89	86	95	89	86
透光率/%	≥	92	90	88	92	90	88
折射率(25℃)		1.49～1.50			1.49～1.50		
相对密度(23℃)		1.18～1.19			1.18～1.19		
吸水性/%	≤	0.45			0.45		
维卡软化温度/℃		104～112			104～112		
熔体流动速率/(g/10min)		3～4			4～8		
体积电阻率/Ω·m	≥	1.0×10^{11}			1.0×10^{11}		
介电常数(工频)	≤	4.0			4.0		

注：对着色材料，必须用着色前的材料试验。

【成型加工】 与 304 模塑料相近。

【用途】 同 304 模塑料。

【安全性】 运本产品用内层塑料薄膜袋、外层至少用三合一牛皮纸袋封口包装，每袋净重 25kg，每一包装件应附有合格证、标明批号、生产日期。本品应存放在通风、干燥的库房内，并不能与 60℃以上热源及有机溶剂接触。贮存期为 1 年。本产品为非危险品，运输时注意干燥、保持清洁，避免日晒雨淋，搬运时小心轻放，避免包装袋破裂。

【生产单位】 上海制笔化工厂，黑龙江省安达龙新化工公司。

Bg 醇酸树脂和烯丙基树脂

1 醇酸树脂和烯丙基树脂定义

1.1 醇酸树脂的定义

醇酸树脂（alkyd resin，AK）是一种合成的聚合物，实际是聚酯的一种，由多元醇、邻苯二甲酸酐和脂肪酸或油（甘油三脂肪酸酯）缩合聚合而成的油改性聚酯树脂。按脂肪酸（或油）分子中双键的数目及结构；一般醇酸树脂作为涂料使用超过了其他合成树脂。

1.2 烯丙基树脂的定义

烯丙基树脂（allyl resin）是在树脂分子结构中主链由烯丙基（CH_2CHCH_2）的双键聚合而形成的一类树脂。1946 年美国壳牌化学公司首先有产品出售。我国于20 世纪60 年代中期开始研制和生产。烯丙基树脂具有优良的电绝缘性能、水解稳定性和尺寸稳定性。主要用于微型电子电器元件和火箭及地面遥控和导航方面的零部件。

2 醇酸树脂分类

按加入油的种类不同，醇酸树脂可分为干性油（亚麻油或脱水蓖麻油）、半干性和非干性油（蓖麻油、棉籽油或椰子油等）三类树脂。干性醇酸树脂可在空气中固化；干性油醇酸树脂直接涂刷成薄层，在室温与氧作用下转化成连续的固体薄膜，可制成自干型与烘干型的清漆及磁漆。非干性醇酸树脂则要与氨基树脂混合，经加热才能固化。非干性油醇酸树脂则不能直接用作涂料，而是与其他种类树脂混合作用。醇酸树脂固化成膜后，有光泽和韧性，附着力强，并具有良好的耐磨性、耐候性和绝缘性等。另外也可按所用脂肪酸（或油）或邻苯二甲酸酐的含量，分为短、中、长和极长四种油度的醇酸树脂（表 Bg-1）。

表 Bg-1 醇酸树脂品种

品　种	油的含量/%	苯酐含量/%
短油度醇酸树脂	35～45	>35
中油度醇酸树脂	46～55	30～35
长油度醇酸树脂	56～70	20～30
极长油度醇酸树脂	>70	<20

Bg001 YZ-139 醇酸树脂

【英文名】 Yz-139 alkyd resin

【别名】 亚麻油改性的间苯二甲酸长油度醇酸树脂

【性质】 以醇酸树脂为主要成膜物质的醇酸树脂是由多元醇、邻苯二甲酸酐和脂肪酸或油（甘油三脂肪酸酯）缩合聚合而成的油改性聚酯树脂。醇酸树脂按脂肪酸（或油）分子中双键的数目及结构，可分为干性、半干性和非干性三类。其固化成膜后，有光泽和韧性，附着力强，并具有良好的耐磨性、耐候性和绝缘性等。

【质量标准】

外观	浅黄色透明液体
黏度(mPa·s/25℃)	46000～59000
酸值(mgKOH/g)	≤18
色泽(加氏比色法)	≤12

【用途】 主要用于胶版、凸版油墨，施工方便，但涂膜较软，耐水、耐碱性欠佳。醇酸树脂也可与其他树脂配成多种不同性能的自干或烘干磁漆、底漆、面漆和清漆，广泛用于桥梁等建筑物以及机械、车辆、船舶、飞机、仪表等涂装。

【安全性】 树脂的生产原料，对人体的皮肤和黏膜有不同程度的刺激，可引起皮肤过敏反应和炎症；同时还要注意树脂粉尘对人体的危害，长期吸入高浓度的树脂粉尘，会引起肺部的病变。大部分树脂都具有共同的危险特性：遇明火、高温易燃，与氧化剂接触有引起燃烧危险，因此，操作人员要 改善操作环境，将操作区域与非操作区域有意识地划开，尽可能自动化、密闭化，安装通风设施等。铁桶包装，每桶净含量 180kg。运输过程不能倒置，小心轻放；贮存于阴凉、通风、干燥处。保质期 1 年。

【生产单位】 江苏吴江市合力树脂有限公司，陕西宝塔山油漆股份有限公司，西安惠邦化学工业有限公司，佛山化工厂，福州化学漆厂等。

Bg002 醇酸树脂胶

【英文名】 alkyd resin adhesive

【性质】 若采用干性油（碘值高）改性的称为干性油醇酸树脂，采用不干性油（碘值低）改性的称为不干性油醇酸树脂；醇酸树脂中按含油量的多少又可分为短油度、中油度、长油度、超长油度醇酸树脂。

涂料用醇酸树脂是以植物油（如蓖麻油、豆油、亚麻油等）或脂肪酸（如植物油脂肪酸和合成脂肪酸等）改性的，由多元醇（如甘油、季戊四醇、三羟等）和多元酸（如苯酐、间苯、顺酐等）酯化而成的合成树脂。

【制法】 醇酸树脂制法成熟、原料来源容易，制得的涂膜综合性能良好，具有干性、光泽、柔韧性、附着力好等优点。醇酸树脂可以单独制漆，也可与其他类别树脂混溶（通过引入其他树脂来改进和提高涂膜的某些性能，其中以与氨基树脂配合的氨基烤漆最为重要）后制漆，可以制成清漆，亦可制成色漆，这些产品可以用喷涂、刷涂、浸涂、辊涂等方法施工。因此醇酸树脂及醇酸树脂漆在目前涂料行业中的地位举足轻重，无可替代。

【质量标准】

外　观	浅色透明液体
黏度（mPa·s/25℃）	36000～48000
酸值(mgKOH/g)	≤13～18
色泽(加氏比色法)	≤12

【用途】 产品包括植物油醇酸树脂、脂肪酸醇酸树脂以及改性醇酸树脂等，产品应用领域涵盖了涂料、油墨、胶黏剂等行业。

【安全性】 见 Bg001。

【生产单位】 西安惠邦化学工业有限公司，佛山化工厂，福州化学漆厂等。

Bg003 蓖麻油改性醇酸树脂

【英文名】 castor oil modified alkyd resin

【别名】 蓖麻油醇酸树脂

【组成】 醇酸树脂指由多元醇、多元酸与油或其脂肪酸反应而生成的产物。它不同于单纯由多元醇、多元酸制成的聚酯树脂。其中油或脂肪酸如全部被其他成分取代，则称为无油醇酸树脂。很早以前已发现由多元醇与多元酸通过缩聚反应可以获得一种树脂状的聚合物。

一般蓖麻油的脂肪酸组成主为顺蓖麻酸约 89%，其他有棕榈酸、硬脂酸、亚油酸、亚麻酸、二羟基硬脂酸。灰分中含多量 Ca、Fe、Si，其次为 Al、Cu、Mg 以及少量 Mn、Ti、Ni、Zn。甘油酯的组成为三蓖麻酸酯 68.2%、二蓖麻酸酯

28.0%，一蓖麻酸酯 2.9%及非蓖麻酸酯 0.9%。

【质量标准】 用蓖麻油制备的醇酸树脂的性能指标及测试方法如下所示。

树脂性能测试及指标

项　目	指　标	测定方法
外观	浅黄色透明黏稠液体	GB/T 1721—1979
色泽/号	≤6	GB/T 1722—1992
羟基含量/%	2.0～4.2	见参考文献[4]
酸值/(mgKOH/g)	≤4	GB/T 6743—1986
固体含量/%	60±2	GB/T 1725—1979(88)
黏度/s	100～500	GB/T 1723—1993

【用途】 蓖麻油醇酸树脂的主要用途：①607是中油度醇酸树脂，通用性好、适用于一般木器漆与要求力学性能均衡的工业涂料，如机械用的磁漆；②622 为超短油度醇酸树脂，适用于喷涂施工的快干型木器漆；③605 为超长油度醇酸树脂，高柔韧性，适用于软质 PVC 制品的涂料；④639 为高量松香改性短油度醇酸树脂，成本低，可溶性好，适用于普及型聚氨酯木器漆。

【制法】 在装有搅拌器，回流冷凝管和温度计的四口烧瓶中依次投入蓖麻油、甘油、苯酐、己二酸、苯甲酸等，开通冷凝水，启动搅拌器，通 N_2 10min 后开始油浴加热升温，约 1h 后瓶内温度达 190℃时，恒温反应 3h 之后再继续升温，约 15min 后，瓶内温度达 220℃时，恒温反应 2～3h，反应中注意调节氮气流速和搅拌速度，并适时放出反应中生成的水，撤去油浴，停止加热，当瓶内温度降至 140℃左右时按配方加入稀释二甲苯，过滤包装待用。

1. 预聚物制备

把预聚用醇酸树脂预先制成 50%的二甲苯系树脂液。

把预聚用醇酸树脂液、预聚物、溶剂助剂及甲苯二异氰酸酯按一定次序加入反应器中搅拌、加热升温、保持一段时间后，升温至 110℃保持适当时间，取样分析，测黏度在 15～20s，并检测—NCO 的含量，降温，过滤，包装。

2. 醇酸树脂制备

把蓖麻油、醇、酸物料依次投入反应中，通惰性气体保护加热，搅拌升温至 230～240℃，保持 1h 后取样至物料透明，适当冷却，加二甲苯回流酯化脱水，在 190～230℃之间逐渐升温回流 5h，测酸值＜4mgKOH/g（酸值小于 4mgKOH/g 时，游离酸的含量较低，蓖麻油反应较彻底），降温兑稀，过滤包装成品。

【安全性】 铁桶包装，每桶净含量 180kg。运输过程不能倒置，小心轻放；贮存于阴凉、通风、干燥处。保质期 1 年。

【生产单位】 江苏三木集团公司，惠阳大昌工业有限公司，太仓市弇西树脂化工厂，上海涂料有限公司上海新华树脂厂宁波市飞轿造漆有限公司。

Bg004 醇酸树脂

【英文名】 alkyd resin；AK

【结构式】

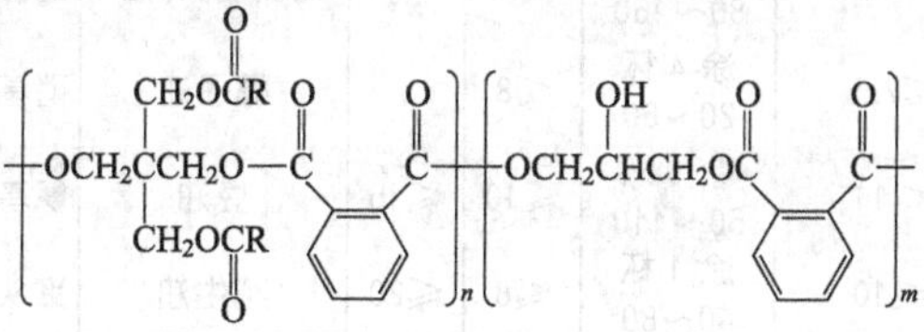

【性质】 它是一类由多元酸和多元醇经缩聚反应而得到的聚酯类树脂。可以按照使用的多元酸和多元醇的结构及用量不同，得到各种不同性能和用途的醇酸树脂。成膜性好，膜层有优良的耐气候性、耐盐水性、可弯性和光泽，耐脂肪族溶剂性、耐热性、耐冲击性也很好，但不耐碱、酯、酮。改性的醇酸树脂能在低压下模塑、快速固化，固化时无挥发物放出；与无机填料充填性好，也可用玻璃纤维混合增强；成型收缩率小，制品尺寸稳定，电性能优良，其强度因有无纤维增强有显著差异。

【制法】 可用熔融缩聚法或溶液缩聚法制造。熔融缩聚法是将甘油、邻苯二甲酸酐、脂肪酸或油在惰性气体保护下搅拌，加热到200℃以上进行酯化，直到酸值达到要求，再加入溶剂稀释。溶液缩聚法是在有机溶剂（如二甲苯）中反应。二甲苯既是溶剂，又可作为与水共沸液体，可提高酯化反应速率。溶液法反应温度较低，所得醇酸树脂色浅。

【质量标准】

上海新华树脂厂醇酸树脂质量指标

产品牌号	固体含量/%	酸价/(mgKOH/g)	黏度(25℃)/s	色泽	细度/μm	油类	主要用途
343-3	48～52	≤12	涂-1杯 55～80	≤13	≤25	亚麻仁油，桐油	底漆，锤纹漆，其他工业漆
343-4	48～52	≤12	涂-1杯 65～110	≤13	≤25	豆油，桐油	底漆，锤纹漆，其他工业漆
354-3	48～52	≤20	涂-4杯 70～140			亚麻仁油，桐油	底漆，氨基烘漆，工业用漆
355-5	48～52	≤10	涂-4杯 15～35	≤11		亚麻仁油	硝基和过氯乙烯清漆
364-2	48～52	≤20	涂-4杯 100～200			亚麻仁油，桐油	底漆和快干氨基烘漆
389-5	53～57	≤13	涂-4杯 100～200	≤10	≤30	豆油	装饰性磁漆和船舶漆
389-8	53～57	≤13	涂-1杯 50～110	≤10	≤40	豆油	装饰性磁漆
3136-2	58～62	≤15	涂-4杯 100～200	≤10		蓖麻油	硝基漆的增塑剂
3136-3	58～62	≤15	涂-4杯 50～150	≤10		蓖麻油	研磨介质
3150	58～62	≤12.5	涂-1杯 80～160	≤10		蓖麻油	氨基烘漆
3150-1	53～57	≤12.5	涂-1杯 80～160	≤10		蓖麻油	氨基烘漆
3247	48～52	≤12	涂-4杯 80～160	≤10		脱水蓖麻油	硝基漆增塑剂和氨基烘漆
3402	48～52	≤7.5	涂-4杯 20～60	≤8		椰子油	硝基漆增塑剂和氨基烘漆
344-2	53～57	≤11	涂-1杯 50～110	≤10	≤15	豆油	氨基烘漆
348-5	48～52	≤10	涂-1杯 40～80	≤8	≤20	花生油	罐头外壁浅色漆，罩光漆

续表

产品牌号	固体含量/%	酸价/(mgKOH/g)	黏度(25℃)/s	色泽	细度/μm	油类	主要用途
349		≤10		≤8		蓖麻油	研磨介质
350-1	48～52	≤6	涂-1 杯 65～110	≤8	≤25	脱水蓖麻油	罐头外壁浅色漆，罩光漆
3139	48～52	≤11.5	涂-4 杯 23～33	≤10		蓖麻油	硝基和过氯乙烯清漆
3231	48～52	≤12.5	涂-4 杯 100～200	≤10		脱水蓖麻油	快干氨基烘漆
389-9	53～57	≤11	涂-1 杯 50～110	≤10	≤20	豆油，亚麻仁油	室内用的装饰性磁漆
389-37	58～62	≤7	涂-1 杯 55～85	≤12	≤30	豆油	船舶用漆和防腐蚀漆
3810	48～52	≤11	涂-1 杯 50～110	≤10	≤20	豆油，亚麻仁油	磁漆，机床漆，汽车装饰漆
3241-1	53～57	7～13	涂-1 杯 50～110	≤6	≤15	蓖麻油	低温快干氨基烘漆
300	58～62	≤15	涂-4 杯 70～300	≤7		无油	高级氨基烘漆
310	58～62	≤15	涂-4 杯 100～200	≤7		无油	高级氨基烘漆，耐深冲涂料

美国邻苯二甲酸丙三醇酯改性邻苯二甲酸季戊四醇酯制品性能指标

指标名称	测试方法 ASTM	美国德雷兹公司			美国塑料工程公司			美国塑料工程公司	
		压塑	压塑和压铸	挤塑/注射	压铸			注射	
商品牌号		24060	24150	23410	Plenco 342	Plenco 1505	Plenco 1510	Plenco 1500	Plenco 1505
收缩率/%	D-955	0.4	0.6	0.6～0.9	0.8	0.8	0.5	0.9	1
相对密度	D-792	2.13	2.2	1.92	3.37	1.87	2.00	1.86	1.87
吸水性(方法A,24h)/%	D-570	0.15	0.10	0.50	0.093	0.42	0.15	0.32	0.43
弯曲强度/MPa	D-790	103	103	69	64	71	90	71	75
弯曲弹性模量/GPa	D-790				13	10	14	6	9
压缩强度/MPa	D-695	207	241	152	179	147	140	153	145
悬臂梁冲击强度(缺口)/(J/m)	D-256	26	17	17	26	15	16	16.5	14
热变形温度(1.82MPa)/℃	D-648	260	232	190	221	189	271	171	185
介电强度/(kV/mm)									
短时	D-149	0.375	0.35	0.35	0.17	0.34	0.38	0.30	0.34
逐步		0.30	0.30	0.30					
体积电阻率/Ω·cm	D-257	1×10^{15}	1×10^{15}	1×10^{15}				6.0×10^{15}	

日本东芝公司醇酸树脂注射料的性能

指标名称	TPX_{100}	TPX_{300}	MPX_{100}	MPX_{300}	$AP_{301}BG$
相对密度	2.00～2.05	1.90～2.00	1.90～2.00	1.80～1.90	1.90～2.00
收缩率/%	0.5～0.6	0.5～0.6	0.6～0.7	0.6～0.7	0.4～0.5
吸水性/% <	0.05	0.05	0.07	0.07	0.05
弯曲强度/MPa	100～120	80～100	80～100	70～100	70～80
拉伸强度/MPa	40～60	40～50	30～40	30～40	30～40
压缩强度/MPa	180～200	170～200	140～160	140～160	110～130
冲击强度/(kJ/m^2)	60～80	40～50	40～50	30～50	20～40
耐热性(2h)/℃ >	200	200	190	190	200
燃烧性(UL-94)	V-0	V-0	V-0	V-0	V-0
	(6.0mm)	(0.72mm)	(0.6mm)	(0.72mm)	(0.72mm)
热变形温度(ASTM D648)/℃ >	250	230	200	200	200
介电强度/(kV/mm) >	11	11	11	11	11
绝缘电阻/Ω >	10^{14}	10^{14}	10^{14}	10^{13}	10^{14}
表面电阻率/Ω >	10^{14}	10^{14}	10^{14}	10^{13}	10^{14}
介电常数(1Hz)	5～6	6～7	5～6	6～7	6～7
介电损耗角正切(1Hz)	4×10^{-3}～5×10^{-3}	5×10^{-3}～6×10^{-3}	4×10^{-3}～5×10^{-3}	6×10^{-3}～7×10^{-3}	6×10^{-3}～7×10^{-3}
耐电弧性/s >	185	185	185	185	185
抗漏电性(IEC法)/V >	600	600	600	600	600

注：TPX与MPX标准成型条件为，料筒三段温度分别为，水冷、40～60℃，70～100℃，背压0～1MPa，螺杆转速25～45r/min，注射压力6～13MPa，模具温度150～185℃，固化时间25～65s，保压压力1～1.5MPa。

【用途】 目前使用最多的醇酸树脂有以下三种。①邻苯二甲酸丙三醇酯。由于它性脆、固化慢、生产周期长、要在高温高压下才能固化且易粘模，因而一般只用在粘接云母片上。在涂料工业中用它的改性树脂。②改性邻苯二甲酸丙三醇酯。工业生产上，多用各种植物油、松香、油与松香的混合物来改性。可提高树脂的溶解性、与油的混溶性或耐热性等。由改性树脂制成的溶液可用作清漆、磁漆、浸渍布而制造结构材料和能在高温下（150℃）工作的电机绝缘体。③改性邻苯二甲酸季戊四醇酯。通过加入植物油（脂肪酸）来改性。与改性邻苯二甲酸丙三醇酯相比，在相同油度时清漆变干要快25%～30%，力学强度高、使用寿命长、光泽与耐水性更好，因此用作清漆。

醇酸树脂作为涂料应用约占95%，它是所有涂料树脂中使用最广的一种。其余5%则是作胶黏剂、增韧剂、油墨及模塑料。醇酸树脂模塑制品适用于制作电子和电工硬件，如开关装置、绝缘子和发动机控制器零部件以及汽车的点火系统等。

【安全性】 纸塑复合袋包装，25kg/袋，贮放于阴凉、通风干燥处，防止日晒雨淋，远离火源，可按非危险品运输。

【生产单位】 天津油漆厂，上海新华树脂厂，上海造漆厂，上海爱力金涂料有限公司，江苏三木集团公司，江苏龙霸漆业有限公司，江苏吴江市合力树脂有限公司，陕西宝塔山油漆股份有限公司，西安惠邦化学工业有限公司，佛山化工厂，福州化学漆厂等。

Bg005 低毒醇酸树脂

【英文名】 benzene-free and low toxic alkyd resin

【特性特点】 逐步限制或禁止有毒有害物质的使用。目前，家具、木地板、护墙板、吊顶等木制品的表面装饰仍采用双组分溶剂型聚酯涂料。溶剂型双组分聚氨酯涂料中的有机溶剂以二甲苯、甲苯为主，这些有机溶剂严重破坏人类赖以生存的自然环境和影响人们的身体健康。为了营造一个良好的生存环境，在水性涂料、无溶剂涂料、粉末涂料、紫外光固化涂料等环保型涂料还无法一下子替代溶剂型聚氨酯涂料的情况下，开发了无苯低毒双组分溶剂型涂料，以适应我国目前的涂料市场。

(1) 原材料的选择及配方设计　以二甲苯作稀释剂合成双组分聚氨酯涂料用醇酸树脂，各企业都有一套相当完善的配方设计方案，且能根据市场原材料的变动随时调整配方、工艺，以达到预期目的。综合考虑醇酸树脂在生产、贮存、施工等过程中出现的问题。

(2) 所用原料的配比

原　料	质量份
合成脂肪酸	28～34
多元醇 a	18～24
多元醇 b	5～8
多元醇 c	2～4
苯酐	28～35

【制法】 按配方量依次将各原料投入反应釜，通 N_2，加热升温到 (180±2)℃，保温回流 2h，以后每隔 1h 升 10℃，最高酯化温度不可超过 210℃。待各项指标合格后，兑稀、过滤、包装、备用。

【质量标准】 技术指标

外　观	清澈透明,无机械杂质
色泽(Fe-Co 比色)	≤2 号
细度/μm	≤10
固体分/%	55±2
黏度(格氏管,25℃)/s	5～10
酸值/(mgKOH/g)	≤10

溶剂对涂膜的光泽、流平性、附着力、干性、刷涂性影响很大。目前，能用于双组分溶剂型聚氨酯涂料的溶剂是苯类、酯类、酮类溶剂。它们对人体的影响见下表。

常用溶剂对人体的影响

溶剂名称	暴露时间/min	在暴露时间内对人体产生病毒时的浓度		短时间暴露下出现病态时的浓度		出现不愉快感觉时的浓度		初露点/℃	终露点/℃
		/ppm	/(mg/m³)	ppm	/(mg/m³)	ppm	/(mg/m³)		
二甲苯	60	1000	4410	300	1323	100	441	137	143
醋酸乙酯	60	2000	7326	800	2928	400	1464	74	78
醋酸丁酯	60	2000	9650	500	2412	200	965	125	126
环己酮	60	1000	4080	200	816	75	306	152	157
甲苯	60	1000	3300	300	1149	100	383	110	111
苯	60	1500	4800	300	1600	50	160	79.6	80.5
丙酮	60	4000	9650	800	1930	400	965	56.1	58.1

由表可见，苯类、酮类溶剂的毒性最大；酯类溶剂的毒性最小。酮类溶剂本身气味极大，且价格高，沸点高，目前在聚氨酯涂料中用得很少。

【用途】 采用非苯类溶剂作为稀释剂，在规定的时间、温度范围内，合理控制酸值下降、黏度上升的趋势，平稳地完成整个合成过程，实现醇酸树脂无苯化。

【安全性】 铁桶包装，每桶净含量180kg。运输过程不能倒置，小心轻放；贮存于阴凉、通风、干燥处。保质期1年。

【生产单位】 浙江环球制漆集团股份有限公司。

Bg006 聚间苯二甲酸二烯丙酯

【英文名】 polydiallyl isophthalate；DAIP

【结构式】

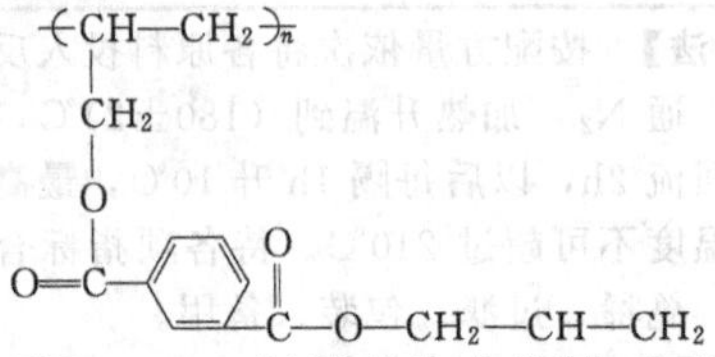

【性质】 DAIP树脂首先由美国Shell公司和Food机械公司开发，有液体和粉状树脂出售。

DAIP树脂具有优良的耐热性、耐候性、耐水性和绝缘性能（在高温和高湿下介电性能稳定，这是酚醛树脂、环氧树脂、蜜胺树脂等所不能相比的）以及良好的加工性能，多被用作高性能复合材料的基体树脂。它比DAP的耐热性要高，可连续在180℃以上使用，比通用聚酯高90多摄氏度，力学强度、介电性能、尺寸稳定性也更加优良，这种材料在宇航领域有突出应用。为满足航空航天业进一步的使用要求，需要进一步提高DAIP树脂的耐热性以及介电性能等。上海华东理工大学有研究报道采用三聚氰酸三烯丙基酯（TAC）使该树脂的耐热性、机械性能有较大提高；还研究报道了DAIP树脂室温固化体系要比原体系有所改善，如拉伸强度和冲击强度分别比原体系提高了82%和30%，表明该树脂的脆性有较大改善。室温固化树脂热变形温度下降了32℃，但绝对值还为206℃，耐热性仍较好。具体性能如下。

固化后DAP、DAIP树脂浇铸体基本性能

性能	DAP浇铸体	DAIP浇铸体
密度/(kg/m^3)	1.270	1.264
吸水率/%	0.09	0.10
弯曲强度/MPa	48～62	51～57
弯曲模量/GPa		3.5
压缩强度/MPa	152～159	146～155
热变形温度(18.5MPa下)/℃	155	238
介电常数(10^6Hz)	8.4	3.3
介电损耗正切(10^6Hz)	1×10^{-3}	8×10^{-3}

DAIP等几种树脂玻璃钢层压板在180℃下的热性能

热性能	时间/h						
	0	32		128		512	
	A	A	B	A	B	A	B
DAP	393	366	0.19	404	0.44	363	1.93
DAIP	427	396	0.16	371	0.28	356	0.47
蜜胺	320	110	0.18	81	10.38	72	12.19
环氧	350	344	0.61	356	1.08	375	1.35
酚醛	391	351	1.13	362	2.07	372	2.42
有机硅	143	126	0.46	122	1.22	122	1.62

注：表中A为弯曲强度（MPa）；B为失重（%）。

DAIP 树脂浇铸体的力学性能和耐热性对比

树脂	拉伸强度/MPa	拉伸模量/GPa	伸长率/%	压缩强度/MPa	压缩模量/GPa	弯曲强度/MPa	弯曲模量/MPa	冲击强度/(kJ/m²)	HDT/℃
DAIP	28①	—	—	178	3.1	56	—	4	238
室温固化	51	3.2	1.8	171	3.2	64	3.2	5.2	206

短纤维填充的 DAIP 增强塑料的性能

指标名称	指标	指标名称	指标
相对密度	1.68	耐电弧性/s	180
吸水率/%	0.10	介电损耗角正切(1MHz)	1.0×10^{-2}
拉伸强度/MPa	60	表面电阻率(湿态)/Ω	5×10^{10}
弯曲强度/MPa	105	体积电阻率/Ω·m	4×10^{7}
冲击强度/(kJ/m²)	6.5	介电强度(湿态,间断)/(MV/m)	15.8
热变形温度/℃	232		

【制法】 间苯二甲酸二烯丙酯单体先聚合制成预聚物，使用时加入催化剂，或在光、热作用下交联固化成不溶不熔固体树脂（参见 DAP 制法）。

【成型加工】 可采用湿法、干法或熔融法将预聚体和单体配制使用，加工成型复合材料。也可用 DAIP 预聚体与引发剂混合后直接浸渍纤维等增强材料，既可手糊成型也可压注成型。DAIP 预聚体可用模压、传递模塑、注塑成型和层压等方法进行加工成型。模塑压力为 70～300MPa，模塑温度 150～160℃，模塑时间 1～2min/mm 厚。

【用途】 DAIP 模塑料广泛用于飞机、船舶、电气及电子制品的接线板、开关、转换器，汽车、铁路等电气装备零件、电子器件等。玻纤增强 DAIP 塑料用于雷达天线罩、绝缘板、装饰板以及计算机中要求公差变化特别小的精密电子元件等。还用于汽车、船舶部件、化工容器、室外装置等大型物件。

【安全性】 铁桶包装，每桶净含量 180kg。运输过程不能倒置，小心轻放；贮存于阴凉、通风、干燥处。保质期 1 年。

【生产单位】 上海天山塑料厂，上海曙光化工厂，上海宇梅实业有限公司等。

Bg007 聚三聚异氰酸三烯丙酯

【英文名】 polytriallyl isocyanurate；PTAIC

【结构式】 TAIC 单体的结构式为

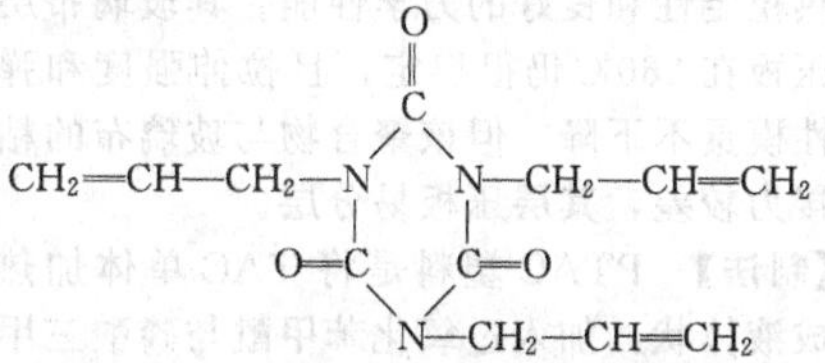

【性质】 PTAIC 纯塑料和填充 50%短纤维的模塑料制品的性能如下。

指标名称	纯塑料	模塑料(填充 50%玻璃短纤维)
收缩率/%	0.91	0.08
拉伸强度/MPa	90	350
弯曲强度/MPa	50	208
冲击强度/(kJ/m²)	0.7	29.0
压缩强度/MPa	260	300
热变形温度/℃	186	>200

续表

指标名称	纯塑料	模塑料(填充 50%玻璃短纤维)
耐电弧性/s	138	182
介电损耗正切(1MHz)	$(1.0\sim1.2)\times10^{-2}$	$(3.2\sim3.9)\times10^{-9}$
表面电阻率/Ω	$(1.7\sim10)\times10^{16}$	$(1.8\sim3.0)\times10^{14}$
体积电阻率/Ω·cm	$(0.7\sim7)\times10^{14}$	$(4.5\sim8.0)\times10^{15}$
相对介电常数(1MHz)	2.7～3.1	4.1～4.2

【制法及用途】 与 TAC 塑料相似。

【安全性】 铁桶包装，每桶净含量 180kg。运输过程不能倒置，小心轻放；贮存于阴凉、通风、干燥处。保质期 1 年。

【生产单位】 上海华东师范大学，机械工业部材料研究所等。

Bg008 聚三聚氰酸三烯丙酯

【英文名】 polytriallyl cyanurate；PTAC

【结构式】 其单体结构式为

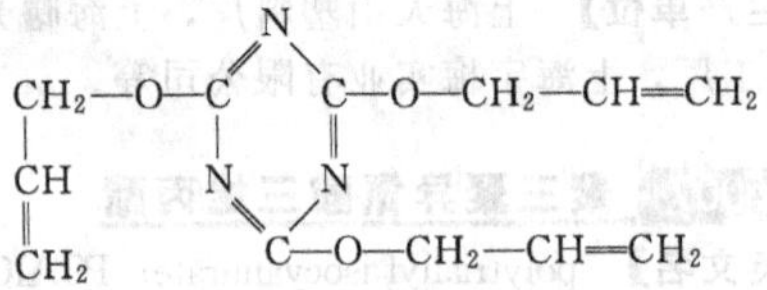

【性质】 聚三聚氰酸三烯丙酯具有较高的热稳定性和良好的力学性能。其玻璃布层压板在 260℃仍很稳定，且拉伸强度和弹性模量不下降。但该聚合物与玻璃布的粘接力较差，其层压板易分层。

【制法】 PTAC 塑料是将 TAC 单体加热成液体状，加入过氧化苯甲酰与磷酸三甲酚酯的糊状物（用量为 4%）作为引发剂，搅拌均匀，根据需要加入稀释剂丙酮配成胶液，或者再加入填料、颜料等，采用层压或模压方式制得。将得到的胶液浸渍玻璃布，在压机上 1h 内逐渐升温到 150℃，压力 0.1～1.0MPa，完全固化后即得压制品。

【用途】 PTAC 树脂可制成模塑粉、玻璃纤维增强塑料和包覆材料、胶黏剂等。模塑料广泛用于电气装备零件、电子器件、精密电子元件等；玻纤增强层压制品用于绝缘板、装饰板等。适于在高温和强电压的场合下应用。此外，还可作为醇酸树脂和聚酯树脂的改性剂和交联剂。

【安全性】 铁桶包装，每桶净含量 180kg。运输过程不能倒置，小心轻放；贮存于阴凉、通风、干燥处。保质期 1 年。

【生产单位】 上海华东师范大学，机械工业部材料研究所等。

Bg009 单组分聚氨酯木器清漆专用醇酸树脂

【英文名】 alkyd resin for one-component polyurethane varnish for wood

【制法】 (1) 配方（%）

亚麻油	58.42
苯酐	6.49
甘油	11.9
松香	23.15
氢氧化锂	0.015
酯化催化剂	0.015～0.03
磷酸	0.015

配方说明：①回流二甲苯量为总投料量 10%；②稀释溶剂，200# 汽油：二甲苯＝3：1

(2) 生产工艺

① 醇解。将亚麻油、甘油投入反应釜，通二氧化碳，开启搅拌，升温至 120℃加氢氧化钾，继续升温到 230℃。在 (230±5)℃下保温半小时。开始取样，当样品：95%乙醇＝1：3（体积比）呈现透明，且两次测定值不变时为醇解终点。加大通二氧化碳气量

迅速降温。同时加入磷酸，搅拌 10min 左右，将醇解物抽入酯化釜。

② 酯化。将醇解物投入酯化釜，加入松香、苯酐、酯化催化剂、回流二甲苯、开启搅拌，通冷凝水。升温至 180℃。回流正常后，按每小时 10℃升温至 220～230℃保温 2h 后，开始测酸值。当酸值小于等于 1.5mgKOH/g 为酯化终点。降温，当温度降到 140℃时加入混合溶剂兑烯，搅拌 30min 后，取样测固体分及羟值，继续降温备用。

【用途】 可用于制造模塑料、玻璃纤维增强塑料、胶黏剂和涂料。

【安全性】 铁桶包装，每桶净含量 180kg。运输过程不能倒置，小心轻放；贮存于阴凉、通风、干燥处。保质期 1 年。

【生产单位】 江苏三木集团公司，惠阳大昌工业有限公司，浙江环球制漆集团股份有限公司

Bg010 聚邻苯二甲酸二烯丙酯

【英文名】 polydiallyl orthophthalate；DAP

【结构式】 其预聚物的结构式为

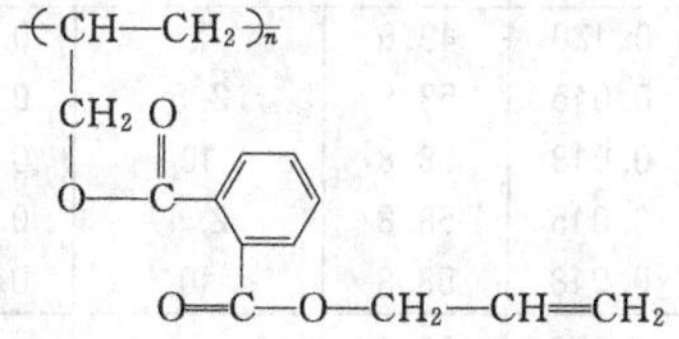

【性质】 以 DAP 树脂为主要原料，加入增强材料、填充剂、润滑剂、着色剂以及固化剂等配合制成的 DAP 模塑料是一种性能优异的热固性塑料。这种模塑料极易流动，故成型所需压力较酚醛树脂低，压缩成型，传递成型都极易进行；成型收缩率极小，且无后收缩现象，吸水率也极低，因此具有优异的尺寸稳定性，即使在高温、高湿下也是如此。在电气绝缘性方面，在塑料中尤为突出：介电强度高，具有耐电弧性，耐漏电痕迹性，绝缘电阻良好，具有低介电损耗角正切等特点，且在高温高湿下，这些性能保持稳定，因而优于酚醛、环氧、氨基等热固性塑料。通常能承受 180℃高温，超耐热等级可至 230℃，耐电灼铁焊接性极佳。具有优异的耐水、耐湿性。不受酸、碱以及有机溶剂的任何影响，对于绝缘油及其他溶剂具有很强耐受力。此外亦不会腐蚀模具或嵌件，着色性极好。

【制法】 分模塑料和层压塑料两种。

1. 模塑料的制备

先将邻苯二甲酸二烯丙酯单体，以过氧化物为催化剂，乙醇或异丙醇为溶剂进行溶液聚合，然后将制得的固体预聚物再与过氧化物、增强材料、填料、颜料等混合均匀即制得 DAP 模塑料。

2. 层压塑料的制备

先将邻苯二甲酸二烯丙酯单体在引发剂（过氧化苯甲酰、过氧化苯甲酸叔丁酯等）作用下进行本体聚合，然后将制得的 DAP 预聚液加入过氧化物和其他添加剂，并进行玻璃布（或其他片状材料）浸渍，即制得层压塑料。

【质量标准】

上海曙光化工厂 DAP 模塑料产品指标

指标名称		D-200（短纤维）	D-201C（短纤维）	D-1500T（短纤维）	D-5（长玻纤＋涤纤）	D-6（长玻纤）
相对密度	≤	1.7	1.7	1.7	1.7	1.7
收缩率/%		0.4～0.8	0.4～0.8	0.4～0.8	0.4～0.8	0.4～0.8
冲击强度/(kJ/m²)	≥	3	3	3	35	35
弯曲强度/MPa	≥	50	50	50	80	80
布氏硬度/MPa	≥					
体积电阻率/Ω·cm	≥	10^{14}	10^{14}	10^{14}	10^{14}	10^{14}

续表

指标名称		D-200（短纤维）	D-201C（短纤维）	D-1500T（短纤维）	D-5（长玻纤＋涤纤）	D-6（长玻纤）
表面电阻率/Ω	≥	10^{14}	10^{14}	10^{14}	10^{14}	10^{14}
介电常数(1MHz,常态)		3.5～5	3.5～5	3.5～5	3.5～5	3.5～5
介电损耗角正切(1MHz,常态)	≤	9×10^{-2}	9×10^{-3}	9×10^{-3}	9×10^{-3}	9×10^{-3}
马丁耐热/℃		180	180	230	180	180
介电强度/(MV/m)	≥	12	12	12	12	12
吸水率/%	≤	0.1	0.1	0.1	0.1	0.1

日本 JISK 6910—1977 规定的 DAP 成型材料的主要特性

类型(代号)		介电强度/(MV/m) ＞	绝缘电阻/MΩ ＞	介电常数(1MHz) ＜	介电损耗角正切(1MHz) ＜	弯曲强度/MPa ＞	缺口冲击强度/(kJ/m²) ＞	收缩率/% ≤
电器电子用	DM-ME	10.8	10^3	6.0	0.060	49.0	2	0.2
	DM-GE	11.8	10^7	4.6	0.015	58.8	2.5	0.2
	DM-1GE	11.8	10^6	4.6	0.018	58.9	10	0.1
机械用	DM-GM	10.0	10^4		0.020	88.2	2	
	DM-1GM	10.0	10^7		0.020	68.6	12	
耐热用	DM-MH	10.8	10^5	6.0	0.120	49.0	2	0.2
	DM-GH	11.8	10^6	4.6	0.015	58.8	2.5	0.2
	DM-1GH	11.8	10^6	4.6	0.018	58.8	10	0.1
耐燃用	DM-MF	10.8	10^3	6.0	0.120	49.0	2	0.2
	DM-GF	11.8	10^6	4.6	0.015	58.8	2.5	0.2
	DM-1GF	11.8	10^6	4.6	0.018	58.8	10	0.1
	DM-GHF	11.8	10^6	4.6	0.015	58.8	2.5	0.2
	DM-1GHF	11.8	10^6	4.6	0.018	58.8	10	0.1
一般用	DM-PG	9.0	10^2	5.5	0.070	58.8	2	
	DM-MG	9.0	10^2	6.0	0.120	49.0	1.8	

【成型加工】 可选用模压、传递模工艺加工，将称取好的 DAP 模塑料直接放入已预热好的钢模腔或加料室内，合模，加压，待保压时间结束，脱模，取出制品。其一般成型条件如下。

指标名称	压缩成型	传递成型
模具温度/℃	140～160	150～170
成型压力/MPa	10～20	20～30
成型时间/(min/mm)	1～2	1～1.5

小型及薄壁零件无需预热，大型制件或传递成型应用红外线或高频加热器预热，以提高成型效率、成品质量及物理性能，预热温度宜在 80～100℃之间。大型制品应降低模压温度（140℃）而延长保压时间；小型制品宜稍增模压温度（160℃）而缩短保压时间。此外可采用后烤工艺处理，一般温度 120～150℃，时间 5～20h，以缩短成型周期，提高制品性能。

【用途】 DAP树脂可用于制造模塑料、玻璃纤维增强塑料、胶黏剂和涂料。DAP模塑料已成为要求小型化、高性能化、精密化和电子电气零件的高可靠材料，由于它的特殊性能可以满足端子间距离减少或内部发热增大等情况，从而可代替酚醛、三聚氰胺等材料。DAP模塑料在电子计算机、飞机、船舶、仪表通信等现代高科技、国防军工等部门广泛采用，可用于制造连接器、开关、转换器、整流子等器件，以及汽车、铁路等电气装备零件、电子器件等。玻纤增强DAP塑料用于雷达天线罩、绝缘板、装饰板等。

【安全性】 D-6型DAP模塑料包装在内衬PE塑料袋的纸箱内，每箱净重10kg；D-200型、D-1500型DAP模塑料包装在内衬PE塑料袋的PP编织袋内，每袋净重25kg。在运输过程中应有遮盖物，避免受潮、受热、受污和包装破损。贮存时应置于室内干燥处，温度不超过35℃，不得靠近火源、暖气和阳光直射。35℃下的贮存期1年。

【生产单位】 上海曙光化工厂，上海天山塑料厂，上海宇梅实业有限公司，上海曙鹏化工实业有限公司，吴江桃源合成材料厂。

Bg011 无苯酐醇酸树脂

【英文名】 alkyd resin free of benzoic anhydride

【性质】 顺酐与松香的三官能度加成物的生成，使聚合物分子引入松香酸等较大的基团，位阻效应增加，使内旋转位垒增加，T_g增高，刚性增大，可提高树脂涂层硬度；在主链上引入双键，使邻接的单键内旋转更为容易，使分子链较柔顺，同时也使分子链较规整，易产生结晶，使T_g升高，这些因素又使涂层硬度增加。

由于顺酐和松香加成后的三元结构可增加分子交联程度，使分子链不易相对滑移，因而强度也增加，耐水性能更好。

酯化反应用的多元醇比较甘油与季戊四醇的价格，决定选用季戊四醇。其不但综合成本较甘油低，而且因其官能度大，提高了树脂的支化程度和分子量，从而提高醇酸树脂干燥速度和硬度。

【制法】 (1) 树脂合成方法的选择　醇酸树脂的合成方法主要有醇解法、酸解法和脂肪酸法。酸解法由于反应过程难控制，产品质量差，实际生产中很少使用。长期以来，国内大部分企业采用了工艺较为成熟的醇解法，已有部分企业为改进醇酸树脂的质量和增加树脂品种，开始将脂肪酸法用于大规模生产。

(2) 脂肪酸法与醇解法比较　脂肪酸法合成的醇酸树脂具有明显的优点：

① 配方设计的灵活性更大，可选择使用的多元醇、多元酸品种更多，并可根据特定需要设计醇酸树脂的组成和结构。例如，可以制备结构中完全不含甘油的醇酸树脂；可以设计生产极短油度的或含特殊官能团的醇酸树脂等。

② 生产时脂肪酸可一步加入，或分步加入。有效地通过工艺投料顺序的控制，确定醇酸树脂产物的主体结构。脂肪酸法制备的醇酸树脂分子量分布较窄、而且均匀。

③ 省去了醇解工序。脂肪酸可精制成几乎单一结构的各种规格，根据需要选择使用，提高了醇酸树脂的质量。

(3) 醇酸树脂色号的控制　脂肪酸的各生产企业采用的制法和反应设备的材质，是影响脂肪酸高温保色的主要原因。有的脂肪酸虽初始色泽较浅，但由于含有较多的铁离子等杂质和易氧化加深颜色的亚麻酸，在高温合成醇酸树脂时，颜色加深明显。因此，必须经试验确定质量稳定的脂肪酸供货渠道，建立完善的原材料检验制度和完备的检验手段。

在相同的试验条件下，长油度的醇酸

树脂比短油度的醇酸树脂颜色深。这是由于油度长，醇酸树脂中脂肪酸比例增加，脂肪酸氧化加深的概率增加。反应过程中通入CO_2，可有效地减少醇酸与氧气接触反应的程度。兑稀过程虽然时间较短，但由于树脂出料时温度高，如不通CO_2保护，树脂将直接与空气中氧气接触，产生氧化作用，加深树脂颜色。实践证明反应过程和兑稀过程通CO_2均可有效降低树脂颜色。合适的抗氧助剂可有效地抑制氧气对醇酸树脂颜色的影响。但如果抗氧剂选择不当，不仅不能有效降低颜色，可能还会产生一些副作用，如树脂挥发、出现颗粒物，格氏管测黏度气泡拖有尾巴及影响漆膜干燥等。

【质量标准】 参照Bg002。采用豆油脂肪酸、顺酐、松香和季戊四醇为原料，制得不同的醇酸树脂，由此所得涂料质量可与传统植物油生产的醇酸树脂相媲美。并且由于采用顺酐与松香的加成物，其官能度高，所得树脂分子支化度和分子量大，提高了漆膜干燥后的网络结构，从而使醇酸树脂漆具有更好的干燥速度和硬度。

顺酐价格虽说也比苯酐高，但其当量较小，在相同当量时，用量要比苯酐少得多，所以在整个配方综合时，成本较低。

为综合利用浸油厂废弃原料，实现高附加值提供了切实可行的途径，而且以此法生产醇酸树脂与传统植物油生产醇酸树脂相比，不仅降低了生产成本，而且可以使油漆生产厂省去植物油精制工序，同时亦省略树脂生产时的醇解工艺。

该漆性能技术指标达到甚至超过目前我国同类产品标准，尤其是干性（表干和实干）和硬度更好，并且贮存稳定性和耐候性高，具有一定的经济和实用价值。

【用途】 可用于制造模塑料、玻璃纤维增强塑料、胶黏剂和涂料。

【安全性】 铁桶包装，每桶净含量180kg。运输过程不能倒置，小心轻放；贮存于阴凉、通风、干燥处。保质期1年。

【生产单位】 江苏吴江市合力树脂有限公司，上海华东师范大学，机械工业部材料研究所，陕西宝塔山油漆股份有限公司等。

Bh 聚乙烯醇缩醛和聚合物

1 聚乙烯醇定义与结构

聚乙烯醇是一种水溶性环保型高分子聚合物，无毒无污染，具有很好的成膜性能、乳化性能、黏结性能和纺丝性能。它形成的膜具有优异的黏着力、耐溶剂性、耐摩擦性、伸张强度与氧气阻绝性。因为聚乙烯醇同时拥有亲水基及疏水基两种官能基，因此具有界面活性的物质，所以聚乙烯醇可以作为高分子乳化、悬浮聚合反应时的保护胶体。

聚乙烯醇缩醛（polyvinyl acetal）是聚乙烯醇和醛类化合物经缩聚而成的聚合物总称。迄今所有研究过的醛类，即饱和的及不饱和的脂肪族醛、芳香族醛、氢化芳香族醛及环烷基醛，以及胺代、氧代、烷氧代、羧代、硝代、卤代等取代醛都能和聚乙烯醇发生缩合反应。在缩合过程中，醛类化合物的羰基与聚乙烯醇和两个羟基反应，生成带有六元环缩醛结构的树脂，并生成水。

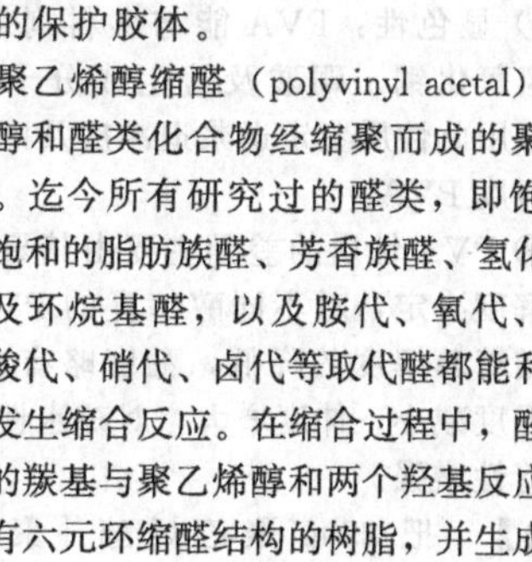

其中，R为氢、乙基、丙基、呋喃等。

① 聚乙烯醇缩醛树脂。此类树脂是聚乙烯醇和醛类化合物的缩合产物。目前，可作为胶黏剂基料的商品化聚乙烯醇缩醛树脂主要有聚乙烯醇缩甲醛、聚乙烯醇缩乙醛及少量的聚乙烯醇缩甲乙醛等。

② 聚乙烯醇缩乙醛。此类树脂是第一个工业化的聚乙烯醇缩醛树脂，具有极佳的透明性和良好的耐油性，是生产耐焊热性好、剥离强度高的印刷电路层压板类黏合剂的基料。聚乙烯醇缩甲乙醛难兼容缩乙醛的特性，主要用作深体铜线绝缘涂层黏合剂的基料。

2 聚乙烯醇缩醛分类

聚乙烯醇缩醛的种类繁多，但工业上通常使用的主要有4种：聚乙烯醇缩甲醛、缩乙醛、缩甲乙醛、缩丁醛。其力学强度、硬度、软化点由所用的醛类化合物而定。如聚乙烯醇缩丁醛带有较长的侧链，比聚乙烯醇缩甲醛柔软。此类树脂一般用作涂料、薄膜、软片和胶黏剂等。

聚乙烯醇（简写为PVA），外观为白色粉末，是一种用途相当广泛的水溶性高分子聚合物，性能介于塑料和橡胶之间，它的用途可分为纤维和非纤维两大用途。

Bh001 水性聚乙烯醇缩甲醛

【英文名】 polyvinyl formal

【结构式】

$$\text{-}[CH_2-\underset{\displaystyle OH}{\underset{|}{CH}}]_n\text{-}$$

【性质】 ① 聚乙烯醇的相对密度（25℃/4℃）1.27～1.31（固体），1.02（10%溶液）；熔点230℃，玻璃化温度75～85℃，在空气中加热至100℃以上慢慢变色，脆化；加热至160～170℃脱水醚化，失去溶解性，加热到200℃开始分解；超过250℃变成含有共轭双键的聚合物；折射率1.49～1.52，热导率0.2W/(m·K)，比热容1～5J/(kg·K)，电阻率（3.1～3.8）×10^7Ω·cm；溶于水，为了完全溶解一般需加热到65～75℃；不溶于汽油、煤油、植物油、苯、甲苯、二氯乙烷、四氯化碳、丙酮、醋酸乙酯、甲醇、乙二醇等，微溶于二甲基亚砜；120～150℃可溶于甘油，但冷至室温时成为胶冻。溶解聚乙烯醇应先将物料在搅拌下加入室温水中，分散均匀后再升温加速溶解，这样可以防止结块（影响溶解速度）。聚乙烯醇水溶液（5%）对硼砂，硼酸很敏感，易引起凝胶化，当硼砂达到溶液质量的1%时，就会产生不可逆的凝胺化，铬酸盐、重铬酸盐、高锰酸盐也能使聚乙烯醇凝胶。聚乙烯醇成膜性好，对除水蒸气和氨以外的许多气体有高不适气性，耐光性好，不受光照影响。遇明火时可燃烧，有特殊气味；无毒，对人体皮肤无刺激性。水溶液在贮存时，有时会出现霉变。

② 充填密度：0.4～0.5g/mL

③ 溶解性：易溶于水，水溶液透明。其溶解性主要由聚合度和醇解度所决定。随着醇解度的降低，水溶性增强，溶解温度相应降低，醇解度为88%时水溶性最好。PVA能溶于含有羟基的极性溶液（甘油、乙二醇、醋酸、乙醛等），但易凝胶，不溶于一般非极性有机溶剂及无机酸（H_2SO_4、HCl等）。

成膜性：PVA水溶液易成膜，形成的皮膜无色透明，具有良好的机械强度，表面光洁而不发黏。皮膜可透过水蒸气，但氢、氧、二氧化碳等气体的透过率很低，外界温度变化对皮膜影响较小。

④ 黏合力：PVA水溶液能与纤维、木材、纸等多孔物质黏合，黏合力好。

⑤ 混溶性：PVA粉末能与淀粉、树胶、合成树脂、纤维素的衍生物及各类表面活性剂均能相互混溶且具有较好的稳定性。

⑥ 耐化学性：在常温下，PVA粉末水溶液的pH值一般在5～7左右，黏度稳定，几乎不受弱酸、弱碱或有机溶剂（酯、酮、高级醇、烃类）的影响，耐油性极高，但能被过氧化物如H_2O_2等解聚分解（可作退浆剂）。

耐热性：PVA受热软化，加热至130～140℃，其性质几乎不发生变化，色泽未变黄。在160℃下长期加热，颜色变深。200℃时分子间脱水，水溶性降低。在200℃以上时，分子内脱水。接近300℃时，完全分解为水、醋酸、乙醛和巴豆醛（在上浆烘干过程中无不良影响）。

⑦ 显色性：PVA能与燃料刚果红、碘、氢氧化铜、硼酸及盐生成分子加成物，可用此性质鉴定退浆退净度及区别不同醇解度PVA。

⑧ PVA性质的差异主要由其聚合度和醇解度决定，对不同醇解度的PVA粉末，随着醇解度的降低，黏度略有减低，皮膜强度减小，伸度增大，对疏水性纤维的黏着性增强。

【制法】 把220g聚乙烯醇［聚合度2400，皂化度98.8%（摩尔分数）］溶于2970g水中，在20℃同650g35%盐酸混合，再在6℃和109g35%甲醛水溶液及115g乙醛混合，放置6h，再升温至50℃加热4h，得到的细粉状聚乙烯醇缩醛具有缩醛度74%，平均粒径50μm，玻璃化温度为124℃。这种树脂可作黏合剂组分，如上述的聚乙烯醇缩醛75g、PL2205（酚醛树脂）62g和Epikote（环氧树脂）8284g一起溶于2：2：1丙酮-丁酮-甲苯混合液中即得黏合剂。

【用途】 水性聚乙烯醇缩甲醛。由聚乙烯醇水溶液与甲醛溶液在酸性催化剂存在下缩醛化而制得，具有很高的机械强度、高软化温度（140～150℃）、高耐磨性及良好的粘接性、卓越的电性能，其生产工艺简单，价格低廉，性能较好，得到了迅速发展。作为胶黏剂基料，其用量很大，仅次于脲醛树脂。

水性聚乙烯醇缩甲醛含有游离甲醛，对环境有污染，对人体有危害，必须采取有效措施来降低游离甲醛的含量，使之达到环保标准的要求，才能使这种廉价的水性基料得到好的应用。

聚乙烯醇缩甲醛的性质和用途，随着聚乙烯醇原料、制造方法和缩醛化程度的不同而有很大差别。工业上最主要的用途是制作维纶纤维。维纶纤维是由完全醇解的聚乙烯醇合成的，它的平均聚合度为1700～1800。聚乙烯醇缩甲醛除用于维纶纤维外，还可用作发泡剂、研磨材料、胶黏剂、电气绝缘材料等。聚乙烯醇缩甲醛最大的用途是作绝缘漆包线涂层，一般要加入20%以下的可溶性热固性酚醛树脂混合使用。它是一种耐热、耐水、耐变压器油和耐磨的绝缘漆。也可作纸张、人造革等表面涂层和贮罐的内涂层。此外，亦可作胶黏剂与酚醛树脂混合，用于各种金属、木材、橡胶、玻璃层压塑料之间的粘接以及在航空工业上飞机零件的粘接。与苯酚混合，可以塑化挤出成型，用于电缆绝缘被覆和制作泡沫塑料。聚乙烯醇缩甲醛的发泡制品在干燥时很坚硬，一旦黏附水后即变得膨润，而且保持其具有柔软的触感的弹性体状态，因此常用于化妆品的粉擦，汽车、沐浴用、照相底片和食品容器的洗刷用品。还可以用于印刷版、医疗及过滤材料等。它还可作高冲击强度和压缩弹性模量大的泡沫塑料，这种塑料用于层压塑料的中间层，在航空工业上用途很广。

【安全性】 树脂的生产原料对人体的皮肤和黏膜有不同程度的刺激，可引起皮肤过敏反应和炎症；同时还要注意树脂粉尘对人体的危害，长期吸入高浓度的树脂粉尘，会引起肺部的病变。大部分树脂都具有共同的危险特性：遇明火、高温易燃，与氧化剂接触有引起燃烧危险，因此，操作人员要 改善操作环境，将操作区域与非操作区域有意识地划开，尽可能自动化、密闭化，安装通风设施等。

纸塑复合袋包装，25kg/袋，贮放于阴凉、通风干燥处，防止日晒雨淋，远离火源，可按非危险品运输。

【生产单位】 上海影佳实业发展有限公司，上海市建筑科学研究所，苏州市建筑科学研究所。

Bh002 聚乙烯醇缩甲醛

【英文名】 polyvinyl formal

【结构式】

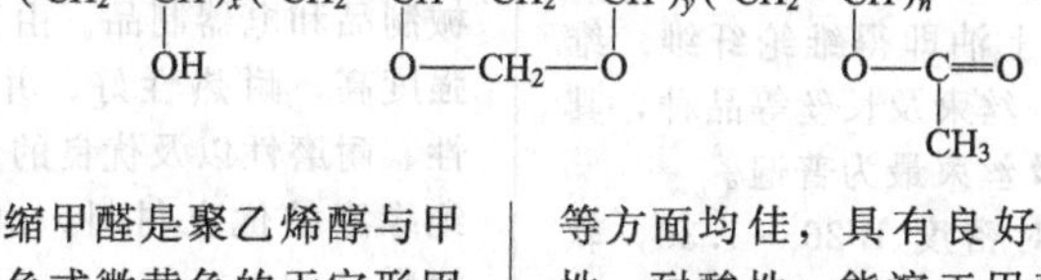

【性质】 聚乙烯醇缩甲醛是聚乙烯醇与甲醛的缩合物，为白色或微黄色的无定形固体。其软化点较同系缩醛物高（140～150℃），强度、刚性和硬度都较大，并有良好的黏结性能；在耐油性、电气绝缘性等方面均佳，具有良好的耐水性、耐碱性、耐酸性；能溶于甲酸、乙酸、糠醛、酚类、氮杂苯等溶剂中。

一般把聚乙烯醇溶解于水中，经纺丝、甲醛处理制成的合成纤维。聚乙烯醇缩甲醛纤维的中国商品名，又称维尼纶。维纶性质与棉花相似，强度和耐磨性优于棉花。它有良好的耐用性、吸湿性、保暖性、耐磨蚀和耐日光性；主要缺点是耐热水性差，弹性不佳，染色性较差，高温下的力学性能低。维纶大量用以与棉、黏胶纤维或其他纤维混纺，也可纯纺，用于制作外衣、汗衫、棉毛衫裤和运动衫，以及工作服；也可制作帆布、缆绳、渔网、包装材料和过滤材料。具体性能如下。

性　　能	数　值
密度/(g/cm^3)	1.24
折射率	1.5
玻璃化温度/℃	85～95
维卡软化点/℃	115～120
马丁耐热/℃	90～95
吸水率/%	0.5～3.0
拉伸强度/MPa	61～71
伸长率/%	5～11
弯曲强度/MPa	98～127
弯曲模量/MPa	4.01
冲击强度/(kJ/m^2)	15～30
介电常数(10^6Hz)	3.3
介电损耗角正切(10^6Hz)	0.02
介电强度/(MV/m)	20～26

【制法】 工业上维纶纤维的制造是将聚乙烯醇溶于水中，制得15%左右水溶液，通过0.07mm左右孔径的喷丝头，在饱和的硫酸钠水溶液凝固浴中制得纤维，再经拉伸及热处理，提高强度及耐热水性；然后在催化剂硫酸存在下，与甲醛进行缩醛化反应，温度约70℃，时间20～30min，经水洗，上油即得维纶纤维。维纶纤维有短纤维、丝束及长丝等品种，其中以棉型短纤维及丝束最为普遍。

维纶纤维相对密度1.26～1.30，软化点220～230℃，水中软化点110℃；棉型短纤维的纤度1.4den（定长9000m质量1g为1den，$1\text{den}=\frac{1}{9}\text{tex}$）；干湿强度分别为5.4gf/den、4.3gf/den（$1\text{gf}=9.80665\times10^{-3}\text{ N}$），干湿伸度分别为16.5%、17.5%，杨氏模量550kgf/mm^2（1kgf/mm^2=9.80665MPa），弹性恢复率(3%) 70%。维纶纤维的特点是强度高、韧性好、耐磨、耐酸碱、湿强度高、不怕霉蛀等；缺点是弹性、染色性和尺寸稳定性较差。维纶纤维主要用来制作衣服，也可用于制造各种缆绳、帆布、农用防风、防寒纱布等。

将聚乙烯醇溶于水，加入甲醛使之反应，即得聚乙烯醇缩甲醛。或者，把聚乙酸乙烯酯溶于乙酸或醇中，在硫酸或盐酸的催化作用下，与甲醛进行水解和缩醛化反应，一步生成聚乙烯醇缩甲醛。例如，将100份聚乙酸乙烯酯、200份乙酸、70份水加热到70℃，经搅拌完全溶解，而后加入60份甲醛（40%）和4份硫酸，在70℃下反应24h，再用乙酸铵中和，加水，即析出聚乙烯醇缩甲醛，经水洗、干燥后即得产品。

工艺流程如下。

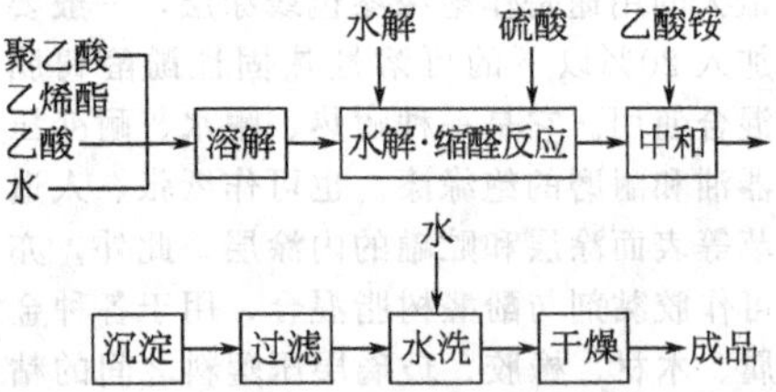

【成型加工】 聚乙烯醇缩甲醛可在热滚压机上加工。它与橡胶按一定比例相混，可注射和挤出高冲击强度、高弹性模量的机械制品和电器制品。由于聚乙烯醇缩甲醛强度高，耐热性好，并有较好的耐溶剂性、耐磨性以及优良的介电性能，所以是绝缘漆的优良材料，也常用作胶黏剂和涂料。

【用途】 聚乙烯醇缩甲醛的性质和用途，随着聚乙烯醇原料、制造方法和缩醛化程度的不同而有很大差别。工业上最主要的用途是制作维纶纤维。维纶纤维是由完全醇解的聚乙烯醇合成的，它的平均聚合度为1700～1800。聚乙烯醇缩甲醛除用于维纶纤维外，还可用作发泡剂、研磨材料、胶黏剂、电气绝缘材料等。聚乙烯醇缩甲醛最大的用途是作绝缘漆包线涂层，一般要加入20%以下的可溶性热固性酚醛树脂混合使用。它是一种耐热、耐水、耐变压器油和耐磨的绝缘漆。也可作纸张、人造革等表面涂层和贮罐的内涂层。此外，亦可作胶黏剂与酚醛树脂混合，用于各种金属、木材、橡胶、玻璃层压塑料之间的粘接以及在航空工业上飞机零件的粘接。与苯酚混合，可以塑化挤出成型，用于电缆绝缘被覆和制作泡沫塑料。聚乙烯醇缩甲醛的发泡制品在干燥时很坚硬，一旦黏附水后即变得膨润，而且保持其具有柔软的触感的弹性体状态，因此常用于化妆品的粉擦，汽车、沐浴用、照相底片和食品容器的洗刷用品。还可以用于印刷版、医疗及过滤材料等。它还可作高冲击强度和压缩弹性模量大的泡沫塑料，这种塑料用于层压塑料的中间层，在航空工业上用途很广。

【安全性】 纸塑复合袋包装，25kg/袋，贮放于阴凉、通风干燥处，防止日晒雨淋，远离火源，可按非危险品运输。

【生产单位】 天津大新漆包线厂，杭州市化工建筑安装公司建筑涂料厂，上海市建筑科学研究所，苏州市建筑科学研究所。

Bh003 聚乙烯醇缩乙醛

【英文名】 polyvinyl acetal

【结构式】

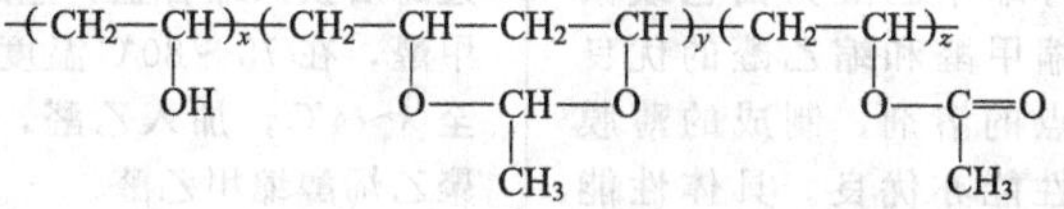

【性质】 聚乙烯醇缩乙醛为无臭、无味、带黄色的粒状物。与聚乙烯醇缩甲醛比较，相对密度小，拉伸强度和耐热温度较低，但具有较大的弹性和较高的伸长率。它易溶于多种溶剂，如醇、酮、酯、芳香烃和氯代烃等，并能与许多天然树脂、硝酸纤维素、醇酸树脂及酚醛树脂等混溶。具体性能如下。

性能	数值	性能	数值
密度/(g/cm³)	1.35	体积电阻率/Ω·cm	8×10^{15}
马丁耐热/℃	100	表面电阻率/Ω	1×10^{14}
拉伸强度/MPa	61～71	介电常数	
拉伸伸长率/%	5～10	10^3Hz	3.1
弯曲强度/MPa	130	10^6Hz	2.6
弯曲模量/GPa	4.1	介电损耗角正切	
冲击强度/(kJ/m²)	15～30	10^3Hz	0.006
布氏硬度/MPa	170	10^6Hz	0.016
吸水性(20℃,1h)/%	1.2	介电强度/(MV/m)	27～35

【制法】 乙酸乙烯酯在甲醇或乙醇中，在有过氧化苯甲酰存在下，进行水解。最后加乙醛进行缩醛化反应，再以碱中和，生成物用甲醇或乙醇稀释，即制得聚乙烯醇缩乙醛浸渍剂，可直接作涂料。

工艺流程如下。

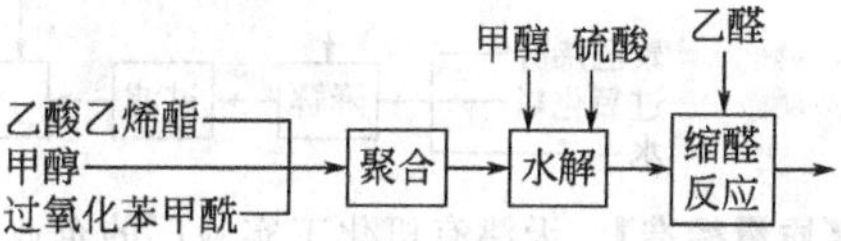

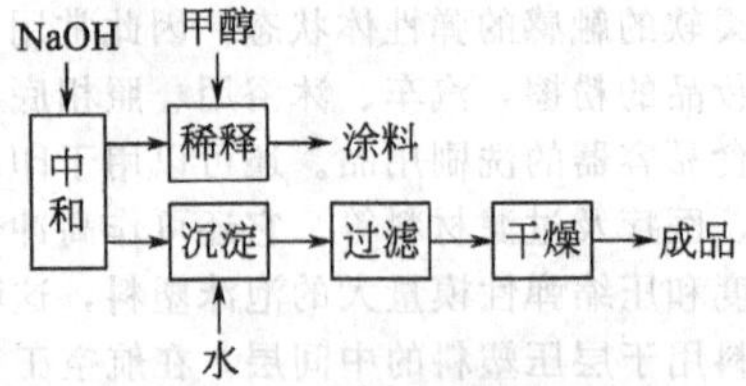

【成型加工】 可压铸成型。经过增塑处理，可以注射、挤出、吹塑成型。

【用途】 聚乙烯醇缩乙醛可制清漆，其力学强度、介电强度和弹性均优。此漆用于漆包线，在相当大的张力下不破裂，所以大量用于电动机线圈漆包线上。此外，聚乙烯醇缩乙醛与硝酸纤维素混合使用，具有坚韧耐磨性，可制成鞋跟、唱片、地板、瓦片、砂轮、印刷版等。聚乙烯醇缩乙醛也可做成透明而光亮的薄膜。此膜对金属、木材及皮革等有极强的粘接力。

【安全性】 纸塑复合袋包装，25kg/袋，贮放于阴凉、通风干燥处，防止日晒雨淋，远离火源，可按非危险品运输。

【生产单位】 天津有机化工实验厂，贵州有机化工总厂。

Bh004 聚乙烯醇缩甲乙醛

【英文名】 polyvinyl formal acetal

【结构式】

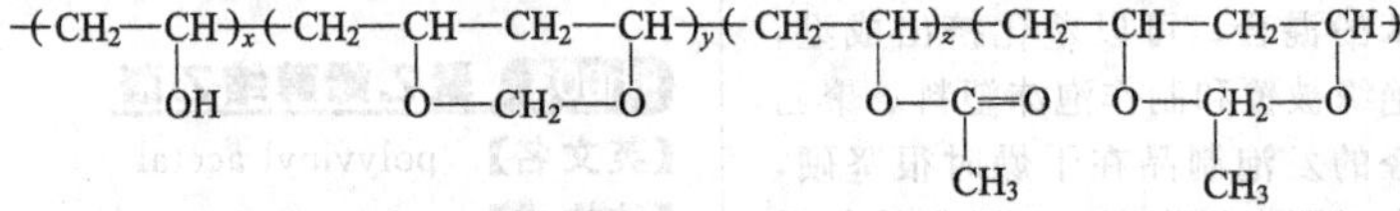

【性质】 聚乙烯醇缩甲乙醛为白色或微黄色粉末，兼具缩甲醛和缩乙醛的优良性能。溶于高沸点的溶剂，制成的薄膜力学强度高，电性能亦优良。具体性能如下。

性　　能	数　值
密度/(g/cm³)	1.20
马丁耐热/℃	95
维卡软化点/℃	122
拉伸强度/MPa	61～71
相对伸长率/%	3～11
弯曲强度/MPa	120
弯曲模量/GPa	3.2
冲击强度/(kJ/m²)	14.7～29.4

【制法】 聚乙烯醇按一定配比加入水中溶解，然后加入双氧水和氢氧化钠降解。经过滤后投入缩合釜，盐酸作催化剂再加入甲醛，在75～80℃温度下反应3h。降温至3～4℃，加入乙醛，再反应3h，即得聚乙烯醇缩甲乙醛。

【消耗定额】 聚乙烯醇，835kg/t；丁醛444kg/t。

性　　能	数　值
布氏硬度/MPa	160～170
吸水性(24h,20℃)/%	1.2
体积电阻/Ω·cm	5×10^{16}
表面电阻/Ω	1×10^{16}
介电强度/(MV/m)	28
介电常数	
10^3Hz	3.4
10^6Hz	3.1
介电损耗角正切	
10^3Hz	0.01
10^6Hz	0.022

工艺流程如下。

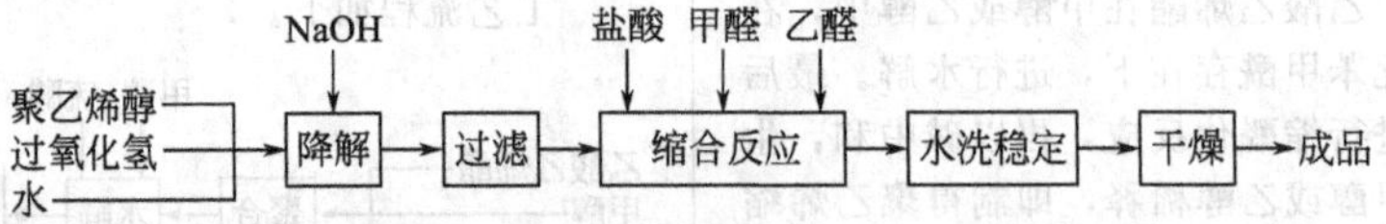

【质量标准】 天津有机化工实验厂的企业标准如下。

指标名称	指标	指标名称	指标
总缩醛度/%	70～83 或 5～15	水分含量/% <	3
甲醛基含量/%	8～14 或 5～15	黏度/s	6～20
乙醛基含量/%	60～74 或 55～70	甲苯乙醇中不溶物含量/% <	0.3
羟基含量/% <	3	外观	白色或微黄色小颗粒
密度/(g/cm^3)	1.1	冲击强度/(kJ/m^2)	60～130
折射率(n_D^{20})	1.485	相对伸长率/%	15～25
玻璃化温度/℃	57	体积电阻/Ω·cm >	10^{14}
维卡软化点/℃	60～75	介电强度/(MV/m)	16
马丁耐热/℃	48～54	介电常数	
比热容/[J/(kg·K)]	1670	10^3Hz	3.4
线胀系数/(1/℃)	9.5×10^{-5}	10^6Hz	3.3
吸水性/(20℃,1h)/%	0.4～0.3	介电损耗角正切	
拉伸强度/MPa	28～60	10^3Hz	0.007
压缩强度/MPa	81～142	10^6Hz	0.024
弯曲模量/GPa	1.9～2.1	布氏硬度/MPa	130

【用途】 聚乙烯醇缩甲乙醛与酚醛水中配合，可制成坚韧、耐磨、耐热又柔软的漆包线漆，也可作金刚砂轮的高强度胶黏剂、高强度砂布胶黏剂和耐高温结构胶。

【安全性】 纸塑复合袋包装，25kg/袋，贮放于阴凉、通风干燥处，防止日晒雨淋，远离火源，可按非危险品运输。

【生产单位】 天津有机化工实验厂，贵州有机化工总厂，国营中原电测仪器厂，上海振华造漆厂。

Bh005 聚乙烯醇缩丁醛树脂

【别名】 聚乙烯醇缩丁醛

【英文名】 polyvinyl butyral resin; PVB

【性质】 聚乙烯醇缩丁醛是热熔性高分子化合物，白色或淡黄色粉粒状。具有高透明度，挠曲性、低温冲击强度高，耐日光暴晒、耐氧和臭氧，耐磨、耐无机酸和脂肪烃等性能，并能和硝酸纤维、酚醛、脲醛、环氧树脂等相混，改善它们的性能。能溶于醇类、乙酸乙酯、甲乙酮、环己酮、二氯甲烷和氯仿等。它具有良好的耐寒性和黏合性，对金属、木材、陶瓷、皮革和纤维等有良好的粘接力。可用于安全玻璃的中间层和涂料。具体性能如下。制法工业上一般以聚乙烯醇和丁醛为原料，以水为介质，盐酸作催化剂，逐步升温到55℃进行缩合反应，待粉粒物析出后，用水洗去催化剂，用碱中和残留的酸，经干燥后得产品。此外，也有用丁醛与溶于有机溶剂中的聚乙酸乙烯酯，在无机酸催化剂存在下，聚乙酸乙烯酯进行水解，继之与丁醛缩合同时进行，得 PVB，加水后析出。美国 Shawinigan Kesin 公司和 Mosanto Chem 公司制备 PVB 的方法是先由单体乙酸乙烯酯引发聚合得聚乙酸乙烯酯，然后在无机酸存在下加热，进行水解、过滤，得聚乙烯醇，再与丁醛进行缩醛化反应，最后加水，析出 PVB。

反应式如下。

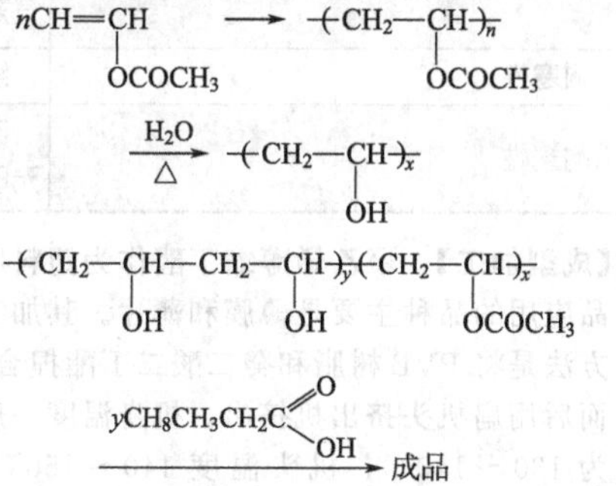

【制法】 工艺流程如下。

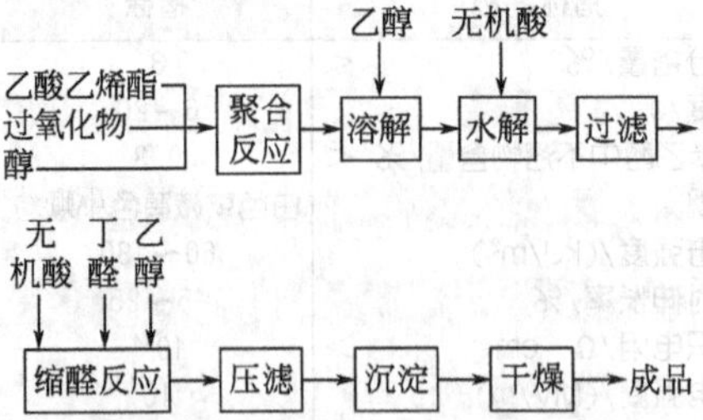

【消耗定额】 聚乙烯醇 835kg/t PVB，丁醛 444kg/t PVB。

【质量标准】 (1) 上海振华造漆厂 PVB 标准

指标名称		指标	
外观		白色粉末	白色微黄色粉末
乙酸根/%	≤	3	3
酸值/(mgKOH/g)	≤	0.15	1.0
乙酰基/%			43～48
水分/%	≤	3	3
灰分/%	≤	0.1	0.25
黏度/s			
涂-1 杯		120～200	30～60
涂-4 杯			30～60
在乙醇溶液中溶解度		无可见机械杂质	透明或微浑浊

(2) PVB 中间膜产品的理化性能

指标名称			C813	E-813	
				E-813-01	E-813-02
挥发分含量/%	烘前	≤	2.0	2.0	
	烘后	≤	0.50	0.50	0.30
拉伸强度/MPa		≥	32.0	35.0	
断裂伸长率/%		≥	130	110	
粘接强度/MPa	常温	≥	8.0	8.0	
	高温	≥	—	0.70	
热收缩率/%		≤		20	
透光率/%		≥		80.0	
雾度/%		≤		0.45	
色度/%		≥		75.0	
耐湿热性			在 140℃ ± 2℃ 烘箱中，放一盆水，保持 6h 外观无明显变化，但允许距边 5mm 范围内出现直径不大于 2mm 的气泡	在 150℃ ± 2℃ 烘箱中，放一盆水，保持 6h 外观无明显变化，但允许距边 5mm 范围内出现直径不大于 2mm 的气泡	
耐寒性			经 −60℃ ± 2℃，8h，外观无明显变化，不脱胶，不拉碎玻璃		
耐光性			距 375W 的高压水银灯 380mm 处，连续照射 100h，外观无明显变化，透光率下降不大于 2%		

【成型加工】 聚乙烯醇缩丁醛作为塑料制品应用的品种主要是薄膜和薄片。其加工方法是将 PVB 树脂和癸二酸二丁酯捏合，而后用扁机头挤出机挤出，机身温度一般为 130～140℃，机头温度 140～150℃。挤出机最好使用双螺杆挤出机，先预塑化，把预塑化的物料再喂给单螺杆挤出机进一步塑化，成型薄片通过可调节缝隙的温度为 140℃ 的热辊筒压延，就成为厚度均匀的 PVB 薄膜，再经 60℃ 的热定型处

理，让其收缩后卷曲。

【用途】 主要用于安全玻璃夹层、胶黏剂、涂料等。

（1）安全玻璃 PVB经癸二酸丁二酯增塑后，挤出或流延成透明薄片，再用玻璃进行压制，可得2层或5层安全透明玻璃。用它作汽车和飞机的风挡玻璃，耐水、耐老化，－60℃下亦可使用。

（2）胶黏剂 PVB中含有羟基、乙酰基和醛基，具有很高的粘接性能。在PVB的乙醇溶液中加入A阶酚醛树脂，制成胶黏剂，可粘接金属、木材、皮革、玻璃、纤维、陶瓷。又可制造玻璃钢，代替钢材、铝、铜等有色金属。

（3）涂料 PVB不仅粘接性能好，还有很好的成膜性、耐磨性，广泛用于涂料。PVB与酚醛树脂和填料配制的清漆和磁漆，在汽车工业上用作金属防腐底层涂料。PVB在醇和乙酸乙酯的混合溶剂中配制成涂液，可用作铸造模型的抗焦涂层，以及海洋船舶、潜水艇船体，水上飞机的浮筒和浸于水中的钻探机井架等的涂层等。

（4）纤维处理剂 含增塑剂的PVB水分散液，用作棉织物处理剂、防缩剂、耐磨剂、硬挺剂。合成纤维和棉纤维用它上浆，制成雨衣、防雨斗篷等，质地柔软、不皱、耐日晒。

（5）瓷用薄膜花纸 用它代替陶瓷花纸，既省工序，又提高了产品质量，烧出的陶瓷花纹色泽鲜艳，质地光洁。

（6）制件 PVB与合成橡胶如丁二烯橡胶、氯丁橡胶或异戊二烯橡胶相混，可模塑成具有高冲击韧性和高弹性模量的机电部件及软管、硬管、棒材等。

【安全性】 纸塑复合袋包装，25kg/袋，贮放于阴凉、通风干燥处，防止日晒雨淋，远离火源，可按非危险品运输。

【生产单位】 天津有机化工实验厂，上海振华造漆厂，上海塑料研究所，连云港市有机化工厂，贵州有机化工厂，锦化化工（集团）有限责任公司，湖南湘淮有限公司，焦作化电集团有限公司等。

Bh006 聚乙烯醇缩丁醛改性酚醛玻璃纤维增强模塑料

【英文名】 polyvinyl butyral modified glass fiber reinforced phenolic moulding material

【结构式】

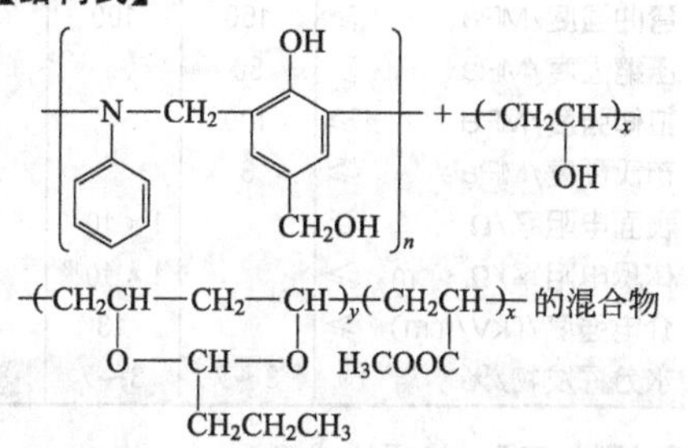

【性质】 具有高的力学强度、耐热性能、介电性能和耐腐蚀性能。红棕色，可配色。

【制法】 聚乙烯醇缩丁醛改性酚醛是苯胺改性酚醛树脂和聚乙烯醇缩丁醛树脂的共混物。苯酚、苯胺、甲醛在氧化镁催化剂的催化作用下回流缩聚，经真空脱水后制得苯胺改性酚醛树脂。该树脂再和聚乙烯醇缩丁醛的酒精溶液混合，用混合液浸渍玻璃纤维，经热压后得到玻璃纤维增强模塑料。FX-501是以无碱短切玻璃纤维增强的絮状模塑料；FX-502是以无碱连续玻璃纤维增强的带状模塑料；FX-503是以中碱短切玻璃纤维增强的絮状模塑料。

工艺流程如下。

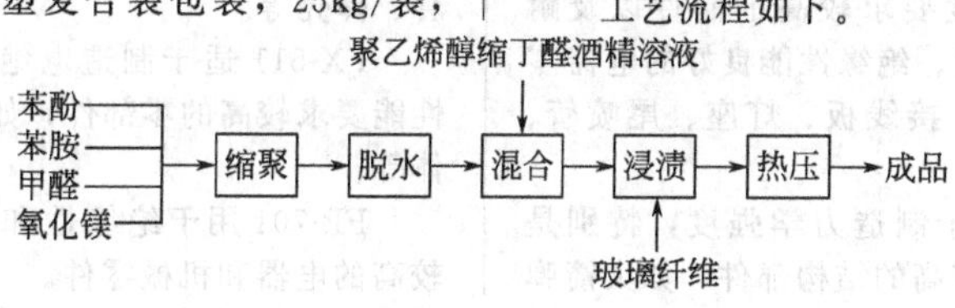

【质量标准】 BXS-651 符合重庆合成化工厂企业标准；FB-701、FB-711 符合长春化工二厂企业标准；4330-1 符合哈尔滨绝缘材料厂企业标准。山东化工厂生产的 FX-501、FX-502 和 FX-503 符合原五机部标准 WJ 581-78、WJ 582-78、WJ 583-78。外观均不得夹有杂质及未浸渍之白色纤维。

部分牌号聚乙烯醇缩丁醛改性酚醛玻璃纤维性能

指标名称	BXS-651	FB-701	FB-711	4330-1	FX-501	FX-502	FX-503
相对密度	1.9	1.7～1.8	1.7～1.8	1.75～1.85	1.65～1.85	1.70～1.85	1.65～1.80
收缩率/% ≤		0.15	0.15		0.15	0.15	0.15
吸水性/(mg/cm^2) ≤		0.10	0.10		20	20	40
马丁耐热性/℃ ≥	200	200	200	200	280	280	200
流动性(拉西格)/mm		80～200	80～200				
冲击强度/(kJ/m^2) ≥	80	25	20	35	45	150	30
弯曲强度/MPa ≥	150	100	80	120	130	500	90
压缩强度/MPa ≥	80			100			
拉伸强度/MPa ≥	100				80	300	60
布氏硬度/MPa ≥	3						
表面电阻率/Ω ≥		1×10^{12}		1×10^{12}	1×10^{12}	1×10^{12}	
体积电阻率/Ω·cm ≥		1×10^{12}		1×10^{12}	1×10^{10}	1×10^{10}	
介电强度/(kV/mm) ≥		13		13	14	14	
水分挥发物/%	3～7	3～7	3～7		3.0～7.5	3.0～6.5	3.0～7.5

【成型加工】 热压法成型

牌号	预热温度/℃	预热时间/min	模具温度/℃	压力/MPa	保压时间/(min/mm 厚)
FB-701	130～150	3～8	150～160	40	1.5～2.0
FB-711	130～150	3～8	150～160	30	1.5～2.0
FX-501	80～120	3～8	160±5	45±5	1～2
FX-502	80～120	3～8	160±5	45±5	1～2
FX-503	80～120	3～8	160±5	45±5	1～2

【用途】 FX-501 适用于制造力学强度和电绝缘性能要求高的产品和制件。如手柄、退弹器、破甲弹垫板、火箭弹中的喷管、引信体、挡药板等。FX-502 适于制造定向力学强度要求较高的制件以及耐热、防湿、防腐、绝缘性能良好的电器零件。如接插件、接线板、灯座、尾喷管、引信击针杆等。

FX-505 适于制造力学强度，特别是冲击强度要求较高的结构部件，如火箭弹高压引信件绝缘件、引信体等部件。

FX-530 适于制造较大型的薄壁零部件、结构复杂及带有金属嵌件的制品，如反坦克导弹、战斗部风帽、壳体、绝缘内套、弹壳等。

FX-511 适于制造电绝缘性能和力学性能要求较高的零部件，如压电引信绝缘体等。

FB-701 用于绝缘性和力学强度要求较高的电器和机械零件。

FB-711 用于一般机械零件。

4330-1 用于高强度绝缘结构件。

BXS-651 可代替木材、钢材及其他金属材料，用于轻工、农机产品。

【安全性】 用聚乙烯薄膜包好，装入塑料袋中，再放入瓦楞纸箱中，用打包机打包，每箱净重 15kg。

【生产单位】 山东化工厂，重庆合成化工厂，长春化工二厂，哈尔滨绝缘材料厂，常州 253 厂，扬州化工厂，株洲玻璃钢厂等。

Bh007 聚乙烯醇肉桂酸酯

【英文名】 polyvinyl cinnamate

【组成】 高聚物（聚乙烯醇肉桂酸酯）、增感剂（5-硝基苊）、稀释剂（环己酮）、添加剂（根据需要）。

【结构式】

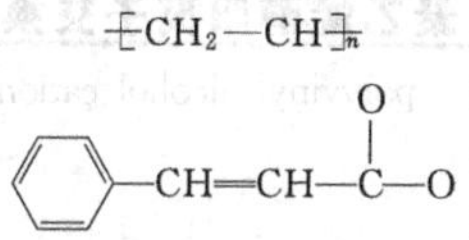

【分子量】 174.2

【物化性能】 为负型光刻胶，浅黄清亮黏性液体。能与醇、醚和其他有机溶剂相溶，微溶于水，易燃，遇光会发生聚合反应，在紫外线照射下光照部分发生聚合，曝光显影后得图像分辨率好、质量稳定，对二氧化硅及金属都有较好的黏附性。耐氢氟酸、磷酸腐蚀。

【质量标准】 企业标准

指标名称	指标					
	苏州 1 号	上试 1 号	北化 103B	锡化 1 号	黄岩	
					FRH-1	FRH-2
品种	五个规格	三个规格	二个规格	二个规格		
固体含量/%	6～11.5	9～13	9～10	8～9.5	9.0±0.4	9.0±0.3
水分/%	＜0.03		＜0.1	＜0.2	0.15	0.1
黏度/mPa·s	25～110		55～65	75～90	60±5	60±5
游离酸/%			≤0.35			
金属杂质(K、Na、Ca、Pb、Mg、Sn、Fe、Cr、Zn、Cu、Mn 等)/10^{-6}	＜1		≤1	＜1	＜1	＜1
过滤/μm	0.45		0.45		0.20	0.20
分辨率/μm					6～8	4～6
留膜率/%					＞85	＞85

【用途】 用于制备中、小规格集成电路、电子元件，在光刻工艺中作抗蚀涂层，并能用于印刷线路板、金属标牌、精密器件、光学仪指生产中的微细图形加工。

【制法】 有两种制备方法。

1. 吡啶法

此法由美国柯达公司发明。先将聚乙烯醇精制处理，使其分子量分布狭窄，再将精制的聚乙烯醇加入 95～100℃ 的吡啶溶剂中膨润，在 50℃ 时滴加肉桂酰氯与其反应，反应数小时后，用丙酮稀释，在水中沉淀、洗净，干燥后得到成品。

2. 丁酮法

此法由日本东京工业试验所发明。将精制的聚乙烯醇溶于温水，加入氢氧化钠溶液，冷却至 0℃，再将溶解于丁酮中的肉桂酰氯在 0℃ 条件剧烈搅拌下加入上述溶液进行酯化反应，经后处现制得成品。

【生产单位】 苏州电厂材料厂，黄岩有机厂，北京化工厂，无锡市化工研究设计院，重庆东方试剂厂，上海化学试剂厂。

Bh008　聚乙烯醇阳离子交换膜

【英文名】　polyvinyl alcohol cation exchange membrane

【结构式】

$$
\begin{array}{c}
-CH_2 \qquad\qquad CH_2-\\
|\qquad\qquad\qquad |\\
CH-O-CH_2-CH-R-C-CH_2-O\\
|\qquad\qquad OH\qquad OH\qquad |\\
-CH_2\qquad\qquad\qquad CH\\
\qquad\qquad\qquad\qquad |\\
\qquad\qquad\qquad\qquad CH_2
\end{array}
$$

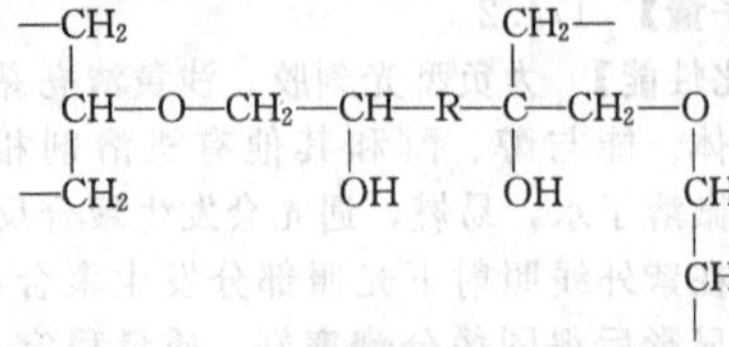

【性质】

交换容量/(mg 当量/g 干膜)	0.5～1
面电阻率/$\Omega \cdot cm^2$	10
透过性/%	≥90

【制法】　配方（质量份）

聚乙烯醇	40
水	400
二缩水甘油醚	4
氟硼酸	1
氯醋酸	6
冰醋酸	115
发烟硫酸	5

按上述配方，将聚乙烯醇与水混合，升温至70～80℃，加热溶解，放冷到20～30℃，加二缩水甘油醚、40%氟硼酸，充分混合均匀，室温脱泡，倾于玻璃板上，用刮刀刮成薄层，风干，从玻璃上剥取，把此固定在框架上，加热170℃，固化15～20min，把此固化膜浸入氯磺酸和冰醋酸20份组成的溶液中，于50℃，反应5h，洗去离子酸得阳膜或者用发烟硫酸（含$SO_3$20%～30%）5份、冰醋酸95份组成的溶液中，于50℃反应2h，用水洗几次。

【用途】　用于燃烧电池中，它能贴附在电极上减少电阻，用于咸水脱盐方面。

【安全性】　纸塑复合袋包装，25kg/袋，贮放于阴凉、通风干燥处，防止日晒雨淋，远离火源，可按非危险品运输。

【生产单位】　天津有机化工实验厂，上海塑料研究所，连云港市有机化工厂，贵州有机化工厂，锦化化工（集团）有限责任公司，湖南湘淮有限公司等。

Bh009　聚乙烯醇肉桂酸酯负型光刻胶

【英文名】　polyvinyl alcohol cinnamate negative photoresist

【结构式】

$$
\begin{array}{c}
-[CH_2-CH]_n-\\
\qquad |\\
\quad O-CO-CH=CH-C_6H_5
\end{array}
$$

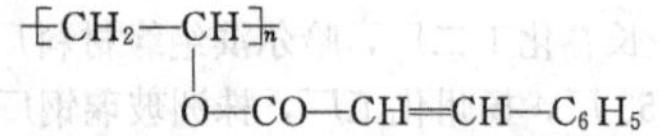

【性质及标准】　外观为浅黄色透明液体，在光照下可发生交联反应，使线状结构的分子变成网状结构；能与酮、酯类有机溶剂混溶，遇水或醇类时析出固体胶；易燃，感光性好，分辨率高；抗蚀性强，与金属粘接力强。

【制法】　聚乙烯醇肉桂酸酯的合成：苯基丙烯酸以氯化亚砜进行酰氯化，再与聚乙烯醇酯化得聚乙烯醇肉桂酸酯。将此酯溶于有机溶剂，再加增感剂等配制而成。

1. 吡啶法

配方：

聚乙烯醇	11g
吡啶	200mL
肉桂酰氯	50g

将聚乙烯醇放到吡啶中使其悬浊，在水浴上加热一昼夜使其溶解，然后加入100mL吡啶，将液温降至50℃以下后，加入熔融的肉桂酰氯50g，在50℃下继续搅拌反应4h左右，把所生成的黏稠块状物溶于4倍丙酮中，过滤后注入水中即得聚乙烯醇肉桂酸酯，将其过滤、水洗、在暗处晾干。

2. 碱水溶液法

配方：

聚乙烯醇(1mol/L)	100mL
氢氧化钾(4mol/L)	100mL
丁酮	100mL
甲苯	24mL
肉桂酰氯(1.2mol)	116mL

将聚乙烯醇溶为1mol/L的浓度

(按 OH 基计)，另将氢氧化钾配成 4mol/L 的浓度，各取 100mL 相混合后，加入 100mL 丁酮，在搅拌下加入 24mL 甲苯和 116mL 溶有 1.2mol（对羟基）肉桂酰氯的丁酮溶液使其在 0～5℃反应。所生成的聚乙烯醇肉桂酸酯会溶到有机溶剂层中，反应结束后，静置则分为两层，将有机溶剂滴入甲醇中，即可析出聚合物。

3. 感光液的配制

配方：

聚乙烯醇肉桂酸酯	2.5g
氯苯	25.0g
甲苯	75.0g
5-硝基苊	0.25g

柯达公司提出的典型光刻胶配方：

聚乙烯醇肉桂酸酯	8.42%
线型酚醛树脂	0.65%
噻唑啉系光刻剂	0.08%
对苯二酚	0.04%
一氯苯	71.65%
环己酮	19.16%

在上述配方中，加入线型酚醛树脂在于增加光刻胶对基材的黏合力和抑制在显影过程中溶胀。以三氯乙烯作为显影剂时，线型酚醛的效果尤为显著。线型酚醛的分子量在 350～600 的范围内，加量是聚乙烯醇肉桂酸酯质量的 2%～15%，一般取 8%。

【用途】 在商标牌、感光研磨、印刷电路、刻度盘、比例尺、腐蚀凸版中的应用、规模及大规模集成电路、大功率管、可控硅精密器件的光刻加工。

【安全性】 用棕色玻璃瓶、外用塑料盒包装。避光、避热、暗藏保存。

【生产单位】 上海化学试剂厂，黄岩有机厂，北京化工厂，无锡市化工研究设计院，重庆东方试剂厂，苏州电厂材料厂。

Bh010 聚乙烯醇改性交联聚丙烯酸盐共聚物高吸水性树脂

【英文名】 polyvinyl alcohol modifying crosslinking polylate copolymer high water absorbent resin

【结构式】

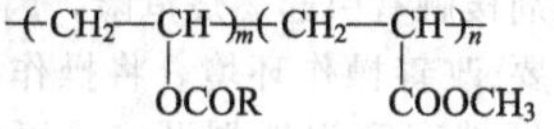

【产品性状及标准】

白色粉末，吸水率为 195 (g/g)。

【制法】 配方（g）：

双官能团单体(0.01g/mL)	0.5
过硫酸铵(0.01g/mL)	0.5
聚乙烯醇/顺丁烯二酸酐	0.18
聚乙烯醇	12.5
碱	2.0
有机溶剂(正己烷)	50mL

【制法】

1. 聚乙烯醇改性

取 10mL 有机溶剂加入三口瓶中，然后加入顺丁烯二酸酐，使其完全溶解，加入聚乙烯醇，升温，并搅拌使其反应温度升高后，加入碱，反应 4～6h，取出样品呈浅黄色。然后，再用丙酮洗涤，抽滤，放在红外灯下烘干 4h，可得干燥白色颗粒吸水剂。

2. 交联聚丙烯盐

称取 0.5g 双官能团单体和引发剂分别装入两个瓶中，加入 50mL 蒸馏水，配成 0.01 g/mL 溶液，在反应瓶中加入丙烯酸单体和蒸馏水，使其混合均匀，用碱部分中和丙烯酸，同时加入交联剂、引发剂，在搅拌下升温 60～70℃，反应 30～60min，开始聚合，待搅拌不动时为止，放一段时间，待完全聚合，取出呈透明橡胶状聚合物、真空干燥、粉碎、得白色粉末吸水剂。

【用途】 用于隐形眼镜、医疗卫生、尿布等。

【安全性】 树脂的生产原料，对人体的皮肤和黏膜有不同程度的刺激，可引起皮肤过敏反应和炎症；同时还要注意树脂粉尘对人体的危害，长期吸入高浓度的树脂粉尘，会引起肺部的病变。大部分树脂都具有共同的危险特性：遇明火、高温易燃，与氧化剂接触有引起燃烧危险，因此，操作人员要 改善操作环境，将操作区域与非操作区域有意识地划开，尽可能自动化、密闭化，安装通风设施等。

纸塑复合袋包装，25kg/袋，贮放于阴凉、通风干燥处，防止日晒雨淋，远离火源，可按非危险品运输。

【生产单位】 天津有机化工实验厂，贵州有机化工总厂。

Bh011 聚乙烯醇缩醛纤维

【英文名】 vinylon

【性质、用途】 ① 一种耐磨性聚乙烯醇缩醛纤维，其特点是将聚合度 1500～3000，醇解度 92%～99%（摩尔分数，下同）的聚乙烯醇 100 质量份，水 400～900 质量份，加入到溶解釜中于温度 90～120℃，压力 0.02～0.17MPa，溶解 6～10h，经过滤、脱泡制成纺丝原液，利用湿法纺丝，拉伸热处理，用酸浓度 20～300g/L、温度 50～90℃缩醛化处理，制得耐磨性聚乙烯醇缩醛纤维的线密度为 1.0～10dtex，断裂强度 7～11cN/dtex，断裂伸长率 10%～30%，水中软化温度 110～120℃，卷曲数 3.0～5.0 个/25mm。该短纤维纯纺或与其他纤维混纺制成不同支数的纱线；织物用作篷盖布、背包或作训练服等。

② 一种金属含量少、透明性、耐湿性和电绝缘性等优异的、比表面积大的聚乙烯醇缩醛树脂粉粒体及其制造方法。该聚乙烯醇缩醛树脂粉粒体是通过聚乙烯醇和醛在酸催化剂的存在下反应而成的，缩醛化度在 60%以上、比表面积为 1.50～3.50m^2/g、堆积密度为 0.12～0.19g/cm^3、平均粒径为 0.5～2.5μm，金属含量在 0.008%以下。它是通过将含有聚乙烯醇、醛和酸催化剂的反应液提供给第 1 反应器，进行缩醛反应，当缩醛化度达到 10%～60%后，排出反应液并供给第 2 反应器，再进行反应，直至聚乙烯醇缩醛的缩醛化度在 65%以上等而制得。

③ 一种聚乙烯醇甲醛缩合物减水剂，它由聚乙烯醇、苯酚、氢氧化钠、甲醛、水制成。这种减水剂的制备方法使其几乎对所有的水泥都适应，坍落度损失特别小。该制备方法简单，反应时间短，反应过程可以做到零排放，不产任何废气、废水、废渣，生产得率达 100%。

【生产单位】 电气化学工业株式会社。

Bh012 聚乙烯醇缩醛胶

【别名】 聚乙烯醇缩甲醛

【英文名】 polyvinyl formal adhesive

【性质】 聚乙烯醇缩醛胶常用于玻璃金属纸张纤维和塑料的黏合，还用于与热固性树脂配合作结构胶黏剂（如酚醛-缩醛胶黏剂）。它是聚乙烯醇与各种醛类的缩合产物的统称，主要品种为聚乙烯醇缩甲醛和缩丁醛两种。1930 年首先在加拿大沙维尼根化学公司制成。常用的生产工艺有均相一步法和非均相两步法。一步法通常用醇类作溶剂，在强酸（如盐酸）催化作用下，使原料聚醋酸乙烯酯的水解及与醛类的缩合同时进行，反应温度 65～75℃，工艺虽短，但要消耗溶剂。两步法则是使聚醋酸乙烯酯先水解为聚乙烯醇，然后再与相应的醛进行缩合反应，该法产品纯度较高。

【制法】 聚乙烯醇缩醛由聚乙烯醇与醛在酸催化剂存在下反应制得。缩醛的性质决定于原料聚乙烯醇的结构、水解程度、醛类的化学结构和缩醛化程度等。一般地讲，所用醛类的碳链越长，树脂的玻璃化温度降低，耐热性就低，但韧性和弹性提高，在有机溶剂中的溶解度也相应增加。溶解性能也决定于结构中羟基的含量，缩醛度为 60%时可溶于水配制成水溶液；胶黏剂缩醛度很高时，不溶于水而溶于有机溶剂中。聚乙烯醇缩甲醛能溶于乙醇和甲苯的混合溶剂中，缩丁醛能溶于乙醇中。

【成型加工】（聚乙烯醇缩醛复合仿白胶）

① 在反应釜内按淀粉：水＝1：5 配成淀粉液（总量 600 份）。边搅拌升温边滴加 30% H_2O_2 和少量碱液，待升温到规定温度滴加完 H_2O_2 后，调整 pH 值为 10，保温 1h，使其充分氧化，然后加 10%硼砂溶液，调整黏度出料，得氧化淀粉。

② 将 600 份水加入反应釜中，升温至 70℃时加入聚乙烯醇，升温至 90℃，保温至全部溶解，降温至 80℃，加入盐酸搅拌 10min 后加入 40kg 甲醛（40%），保持 78～80℃，约 1h 再加入配制好的 10%NaOH 溶液中和，继续加入 0.4 份硬脂酸搅拌使其溶化，快速搅拌下缓慢滴加 10%的 KOH 溶液得乳白色黏液，降至室温后，依次加入氧化淀粉基料 58～70 份、轻质碳酸钙尿素等，搅拌均匀后出料包装。

【用途】 主要用于玻璃、金属、纸张、纤维和塑料的黏合，还用于与热固性树脂配合作结构胶黏剂（如酚醛-缩醛胶黏剂）。由于所用聚合物分子量、醛羟基和醋酸酯等含量，以及缩醛化程度不同，聚乙烯醇缩醛胶黏剂性能也各不同。低缩醛度的聚乙烯醇缩甲醛在水中的溶解度很高，掺入水泥砂浆中能增进黏附力，并已成为建筑装修工程中主要的胶黏剂。聚乙烯醇缩丁醛有较好的韧性，耐光、耐湿性优良，主要用于无机玻璃粘接。以制造工业上常用的多层安全玻璃使用的聚乙烯醇缩丁醛是高分子量、缩醛度为 70%～80%，加入邻苯二甲酸酯及癸二酸酯增塑剂后，可制成无色透明的胶膜、胶黏剂、涂料等。

【安全性】 纸塑复合袋包装，25kg/袋，贮放于阴凉、通风干燥处，防止日晒雨淋，远离火源，可按非危险品运输。

【生产单位】 山东戈麦斯化工有限公司，临沂盛洋化工有限责任公司，台湾大连化学工业股份有限公司。

Bh013 聚乙烯醇 1788

【英文名】 polyvinyl alcohol 1788

【性质】 聚乙烯醇 1788 是一种白色、粉状、稳定、无毒的水溶性高分子聚合物，水是聚乙烯醇良好的溶剂，也是唯一的溶剂。聚乙烯醇具有良好的成膜性，形成的膜具有优异的黏着力、耐溶剂性、耐摩擦性、伸张强度与氧气阻绝性。聚乙烯醇同时拥有亲水基及疏水基两种官能基，因此是具有界面活性的物质，所以聚乙烯醇可以作为高分子乳化、悬浮聚合反应时的保护胶体。

【制法】 聚乙烯醇是采用先进的技术和工艺，以天然气法生产的醋酸乙烯为原料，甲醇为溶剂，偶氮二异丁腈为引发剂，经聚合、醇解等工序制成。聚乙烯醇 1788 是细小的颗粒聚合物，经过滤后投入缩合釜，按一定配比加入水中溶解。易在冷水中分散，在水中能迅速的弥散，其水溶液的黏度安定性良好，这样可提高水泥砂浆的诸多特性，1788 同时还有毛细管的功能，具有吸附作用。

聚合度对其特性的影响：①聚合度增加，分子量增加，黏度也增高；②聚合度增加，溶解度下降，渗透性减少；③保护胶体特性随聚合冷溶型聚乙烯醇。

【用途】 墙面腻子粉，界面剂，墙体保温砂浆，薄层黏结剂，瓷砖黏结剂，柔性黏结剂，胶水。

1788 聚合物特别适合用作建筑砂浆添加剂，与甲基纤维素醚类的保水剂配合使用，可以改善水泥砂浆的柔韧性、保水性、提高砂浆黏结性。另外，还能减少砂浆的摩擦，从而增强了工作效能以及质量。(防止抹灰层的开裂、脱落，增加附着强度和平滑性)。

【质量标准】

平均聚合度(DP)	1650～18500
黏度(cPs)	20.0～26.0
挥发分(质量分数)	小于 5%
pH 值	5～7
分子量(M_n)	72600～81400
碱化度(摩尔分数)	86%～89%
灰分(质量分数)	小于 0.5%
细度(目数)	大于 120 目

【安全性】 净重 25kg/包或议定包装。存放于通风良好并远离火源的地方，干燥阴凉储存至少 5 年。

Bi 纤维素衍生物树脂与塑料

1 纤维素塑料定义

纤维素塑料是指由天然纤维素与无机或有机酸酯化或醚化反应而得的纤维素衍生物。天然纤维素主链中有许多羟基，它们形成众多的氢键，使其失去可塑性。经酯化或醚化后，因羧基减少和分子间距离加大而呈热可塑性。

2 纤维素分类

纤维素分类方法尚无统一规定，纤维素主要分为纤维素酯和纤维素醚两大类。纤维素酯中以醋酸纤维素、硝酸纤维素和黏胶纤维素的应用最为广泛。酯化纤维素衍生物有：硝酸纤维素（CN）、醋酸纤维素（CA）、再生纤维素、醋酸-丙酸和醋酸-丁酸纤维素等。醚化纤维素衍生物有：甲基纤维素、乙基纤维素（EC）、苄基纤维素、羧甲基纤维素、氰乙基纤维素（CEC）等。

3 纤维素塑料的特点与用途

纤维素塑料的主要原料是α-纤维素，由于供量有限、价格高而缺乏与合成塑料的竞争力。纤维素衍生物必须加入增塑剂才易成型，为了不同的用途还需加入稳定剂、润滑剂、填充剂、着色剂等。

为防止成型加工和使用中热降解、变色等，应添加弱有机酸热稳定剂、紫外线吸收剂和取代酚类抗氧剂。为便于成型和脱模，适当添加石蜡、矿物油、硬脂酸、硬脂酸锌、有机硅等润滑剂。着色剂要求无毒、耐热、耐光、无扩散性的，染料用量在1%以内，颜料则可多达5%～10%。纤维素塑料也可加各种填充料来改性，改善表面硬度、成型性、吸湿性而加5%～10%酚醛树脂或醇酸树脂；为赋予特殊色彩而添加铝、铜、锌、青铜等金屑粉末，还可添加15%～25%的有机或无机填料以降低成本。

仅介绍硝酸纤维素（CN）（俗称赛璐珞）、醋酸纤维素（CA）、醋酸-丙酸纤维素（CAP）、醋酸丁酸纤维素（CAB）和乙基纤维素（EC）等五种较常见的纤维素塑料，其特点与用途列于表Bi-1、表Bi-2。

表 Bi-1 硝酸纤维素和醋酸纤维素塑料的特点与用途

项目	CN	CA
制法	天然纤维素经硝化、脱水、增塑(常用樟脑)塑炼而成	天然纤维素经乙酸活化、乙酐乙酰化、稀乙酸水解成二醋酸纤维素,再增塑塑炼而成

续表

项目	CN	CA
特点	①含氮量 10.5%～12.3% ②无色或浅黄色透明体，无毒，着色性，光泽、手感均很好 ③强度高，吸水性低于其他纤维素塑料，尺寸稳定性好，耐冲击 ④耐候性、耐热性（80℃以上即变形）差，易燃，160℃以上即自燃 ⑤耐水、耐油，在日光下易变色，不耐酸、碱，溶于醇、酮、醚	①乙酸含量 49%～63%者用于塑料，56%～53%者用于制片基和薄膜 ②无色透明，无毒，光泽好 ③强度高、韧性好，但冲击强度、电性能和尺寸稳定性低于其他纤维素塑料 ④耐水、难燃，对光稳定，热稳定性好，但软化点低，工作温度小于 70℃ ⑤耐稀酸和油类，但溶于丙酮、乙酸甲酯等溶剂 ⑥熔体流动性好，易成型加工
成型	可挤压、模压、热成型、机加工、粘接、压花、印刷、真空镀膜、烫印	成型前应预干燥，可注塑、挤出、模压、热成型、机加工、焊接、粘接、真空镀膜、烫印、印刷
用途	用于汽车方向盘及车厢、室内装饰，通讯器械部件、日用品、化妆品容器、盒具、箱包、伞柄、纽扣、眼镜框架、计算尺、乒乓球、文具用品、广告板、商标	用作照相材料，电影胶片（一般用三乙酸纤维素）、包装材料、电绝缘材料、纺织器材、玩具、钢笔杆、眼镜框架、汽车方向盘、打字机等办公设备的部件与外壳

表 Bi-2　其他纤维素塑料的特征与用途

项目	CAP	CAB	EC
制法	纤维素经乙酸、乙酐和丙酸、丙酸酐酯化，使部分羟基丙酰化（39%～47%）和乙酰化（2%～9%）	纤维素的部分羟基被乙酸和丁酸酯化，乙酰基含量 14%和丁酰基含量 36%	纤维素在碱液中与氯乙烷等乙基化剂反应，使部分羟基为乙基醚化，乙基化含量 44.5%～48%
特点	①一般为透明到不透明粒料 ②韧性、耐震、耐应力开裂 ③易燃，火焰呈暗黄色，有熔滴 ④耐脂肪类和油类，不耐无机酸、碱和醇、酮类	①有光泽，冲击强度好，强韧性优，耐动态疲劳性，摩擦系数小 ②耐候性、吸水性、尺寸稳定性、与增塑剂相容性优 ③可在 70～80℃以下使用	①密度是纤维素中最低的，着色性好 ②强度高而硬，耐冲击，尺寸稳定性优 ③一般性能与 CAB 相仿，耐碱
成型	与增塑剂及其他添加剂混炼、造粒后可挤出、注塑、模压、机加工、焊接、粘接、印刷	与增塑剂及其他添加剂混炼、造粒后可用一般热塑性塑料成型，成型加工性能好	EC 和增塑剂、稳定剂、其他添加剂混炼、辊压、切粒成模塑料，可注塑、挤出、机加工、粘接
用途	用作眼镜框架、闪光灯、箱包、笔杆、工具柄等	用途与 CAP 相同	用于电器设备外壳、箱盒、工具柄、耐硝化甘油制品

Bi001 羧甲基纤维素

【英文名】 sodium carboxymethyl cellulose; CMC

【别名】 羧甲基纤维素钠

【结构式】

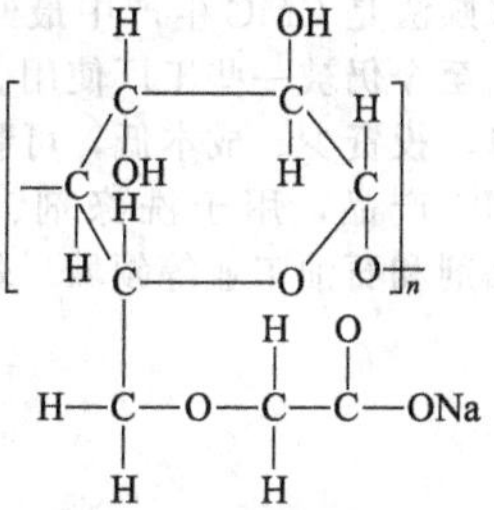

【性质】 羧甲基纤维素是最具有代表性的离子型纤维素醚，通常使用的是它的钠盐，故亦称羧甲基纤维素钠。此外还可以有它的铵盐、铝盐等。纯净的CMC是白色或微黄色的纤维状粉末或颗粒状固体，无臭无味。CMC极易分散在水中形成一定黏度的胶体溶液。CMC的平衡水分，随着空气湿度的升高而增加，随温度的上升而减小。在室温和平均湿度80%～85%时，平衡水分在26%以上，而产品中水分约10%，比平衡水分低。CMC的溶液黏度与浓度、温度、pH值、放置时间及盐类等因素有关。CMC中的羧甲基能与多价金属离子发生架桥反应；能与碘酸、二氧化氮、次亚氯酸盐、过氧化氢以及其他氯化剂及紫外线等，在碱的存在下，氧化反应引起主链断裂，引起聚合度下降，即黏度下降；在酸催化剂的存在下，容易水解，从而主链断裂，聚合度下降；CMC可与碱金属、胺类可形成盐，一价盐类是可溶的，最普通的如钠盐，二价以上的盐类如锌、钡、铝、铜则成为不溶性的。CMC溶液虽然比天然橡胶难以腐败，可是在一定条件下，特别是纤维素酶、高峰淀粉酶的作用会引起它的腐败，导致黏度下降。人体中的消化酶对CMC不起分解作用，这就是CMC可以用于食品工业的理由。

【质量标准】 食品级羧甲基纤维素钠质量标准（GB 1904—89）

指标名称		FH₅ 特高型	FH₅ 型	FM₅ 型
2%溶液黏度/mPa·s	≥	1200	800～1200	300～800
钠含量(Na)/%		6.5～8.5	6.5～8.5	6.5～8.5
pH值		6.0～8.5	6.0～8.5	6.0～8.5
干燥减量/%	≤	10.0	10.0	10.0
氯化物(以Cl计)/%	≤	1.8	1.8	1.8
重金属(以Pb计)/%	≤	0.002	0.002	0.002
铁(Fe)/%	≤	0.03	0.03	0.03
砷(As)/%	≤	0.0002	0.0002	0.0002

洗涤剂用羧甲基纤维素钠质量标准（GB 12028—89）

指标名称		指　标
羧甲基纤维素钠(以干基计)/%	≥	55
酰化度		0.50～0.70
水分/%	≤	10
pH值(1%水溶液)		8.0～11.5
黏度(1%水溶液)/mPa·s		5～40

牙膏用羧甲基纤维素钠行业优级品标准

指标名称		指　标
2%水溶液黏度(25℃)/mPa·s		900～1200
替代度	≥	0.94
氯化物(NaCl)/%	≤	1.0
pH值		6.5～8.0
水分/%	≤	10.0

油田钻井泥浆用羧甲基纤维素钠行业标准

指标名称		指　标
黏度(25℃)/mPa·s	≥	800
替代度	≥	0.85
pH值		6.0～8.5
氯化物(以Cl^-计)/%	≤	8
水分/%	≤	10

【制法】 在制造CMC的过程中，主要化学反应为：①纤维素与碱水溶液发生碱化反应生成碱纤维素；②碱纤维素与一氯醋酸钠（或一氯醋酸）发生醚化反应。CMC的制造方法可以分为以水为反应介质的水媒法和以有机溶剂为介质的溶媒法两种。水媒法是CMC生产中最经典的一种方法，至今仍被一些工厂使用。特点是设备简单、投资少、成本低，可制造中低档的CMC产品，用于洗涤剂、纺织上浆、胶黏剂和石油工业等领域。基本生产过程为

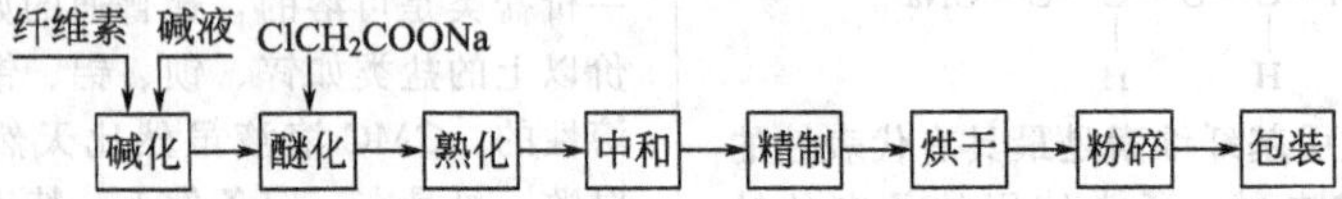

溶媒法的特点是生产周期短、产品质量高、应用范围广，但物耗高、设备投资高、成本高。基本生产过程（不包括溶剂回收）为

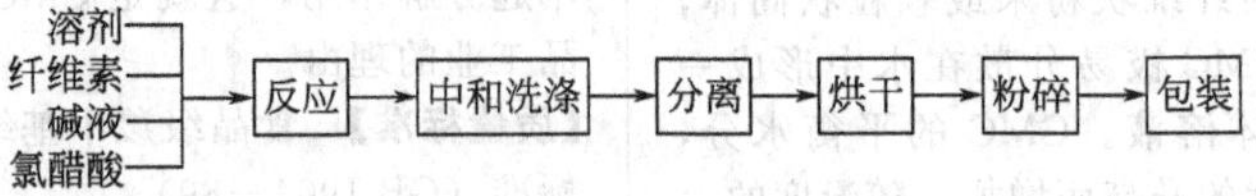

【消耗定额】 溶媒法，以每吨产品计。

精制棉绒/t	0.625
碱(44.8%)/t	0.811
甲苯/t	3.102
乙醇/t	3.172
一氯醋酸/t	0.354

【成型加工】 大部分利用其水溶特性，加工成胶状的增稠剂、乳化剂、分散剂、石油钻井泥浆和织物上浆剂、处理剂以及陶瓷胶黏剂等。

【用途】 ①应用于合成洗涤剂及制皂工业。CMC具有乳化及保护胶体的作用，是合成洗涤剂最好的活性助剂。一般洗涤剂中加入CMC的量是0.5%～2.0%，经测定，加入2%CMC的洗涤剂，可使白色织物在洗涤后白度保持在90%以上。

②应用于石油和天然气的钻探、掘井等工程。在泥浆中加入CMC，能使井壁形成薄而坚、渗透性低的滤饼，使失水量降低，从而减少因泥浆无水，渗入地层引起的缩径、崩塌、掉块等现象。

③应用于纺织、印染工业。作为棉、毛、丝、化纤等织物的纺纱上浆，不仅可以节约大量粮食和食用油脂，而且有良好的稳定性、纱质强度高、光滑、耐磨等效果；作为印花色浆还可提高印花艳度，染后织物手感柔软，更具不蛀不霉的功效。

④应用于造纸工业。在造纸工业中作为平滑剂、施酸剂。在纸浆中加入0.1%～0.3% CMC后能使纸的张力提高40%～50%，同时纸质均匀，便于印刷油墨的渗入。

⑤应用于硅酸盐工业。可作为毛坯的胶黏剂、可塑剂，釉药的悬浮剂、固色

剂等，在混凝土施工时加入 CMC 可减少失水，起到缓凝作用，提高建筑物强度和使用寿命。

⑥ 应用于食品工业。CMC 无臭、无味、无毒，易于溶解，能长期保存不腐败，黏度高、保形力强，故在食品工业中广泛应用，如作为果酱的增稠剂、冰淇淋的稳定剂、果冻的成型剂、蔬菜水果的表面涂膜保鲜剂等。

⑦ 应用于医药工业。各种针剂的乳化稳定剂，软膏的基料，片剂的胶黏剂等。

⑧ 应用于日常工业用品。如牙膏的成型剂，护肤膏的稳定剂，蚊香的胶黏剂等。另外，还用于皮革的上光剂、着色剂，泡沫灭火剂的稳定剂，农药的分散剂，涂料工业的上胶剂，甲醛生产与贮存时的阻聚剂，电影胶片及照相底片的表面处理剂等。

【安全性】 毒性及防护本产品无毒性，为非危险品。

羧甲基纤维素钠必须采用牛皮纸三合一复合袋包装，内衬聚乙烯薄膜袋。每袋净质量 25kg，或根据用户要求包装。因 CMC 极易吸水，运输时应防止日晒雨淋。贮存时应放在清洁、干燥、通风的库房内，防止日光直射，远离热源，不得与有毒物质混装、混运。

【生产单位】 上海赛璐珞厂，上海青东化工厂，苏州依利法化工有限公司，苏州威怡化工有限公司，张家港三惠化工有限公司，四川泸州北方侨丰化工有限公司，陕西西安惠安化工厂十七分厂，广东江门量子高科生化工程有限公司，广州金珠江化学有限公司，宁波建新化工厂。

Bi002 羟乙基纤维素

【英文名】 hydroxyethvl cellulose；HEC

【结构式】

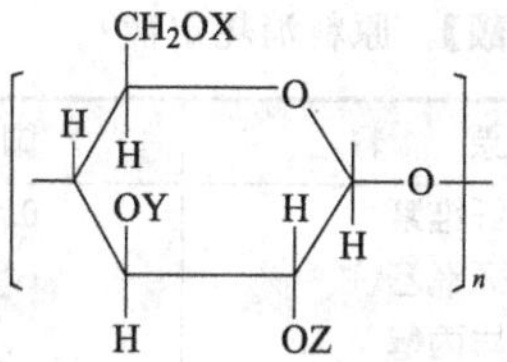

其中，n 为聚合度；X 为 $(CH_2CH_2O)_xH$；Y 为 $(CH_2CH_2O)_yH$；Z 为 $(CH_2CH_2O)_zH$。

【性质】 本品为无味、无臭的白色粉末，相对密度 0.55～0.75，由于分子内含有亲水性的羟乙基基团，故易溶于冷水和热水，水溶液 pH 值为 6.5～8.5，是非离子型水溶性胶体。根据取代度不同，有不同的溶解度，取代度＝0.05～0.5 时溶于碱水溶液，取代度≥1 时为水溶性，可制得透明薄膜。它有增稠、悬浮、黏合、乳化、分散、保水及保护胶体等性质。

【制法】 以环氧乙烷为醚化剂，氢氧化钠为催化剂，经化学反应制得。

【反应式】

$$C_6H_7O_2(OH)_3 + \underset{\text{O}}{CH_2—CH_2} \longrightarrow C_6H_7O_2(OH)_2(OCH_2CH_2OH)$$

$$C_6H_7O_2(OH)_3 + 2\,\underset{\text{O}}{CH_2—CH_2} \longrightarrow C_6H_7O_2(OH)(OCH_2CH_2OH)_2$$

$$C_6H_7O_2(OH)_3 + 2\,\underset{\text{O}}{CH_2—CH_2} \longrightarrow C_6H_7O_2(OH)_2(OCH_3CH_2OCH_3CH_2OH)$$

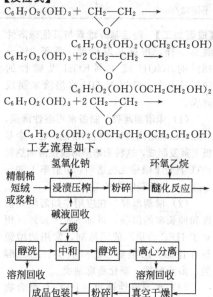

工艺流程如下。

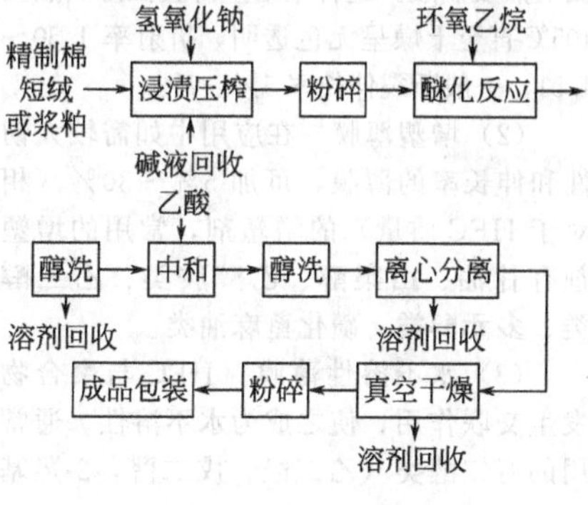

【消耗定额】 原料消耗定额①

原料	国内液相法	美国 UCC 液相法	国内气相法
纤维素	0.67(粉状)	0.66(粉状)	0.80(浆粕)
环氧乙烷	0.73	0.80	0.925
异丙醇	0.56	0.28	
氢氧化钠	0.31	0.33	0.60
醋酸	0.46	0.40	0.30
乙二醛	0.03	0.04	—
乙醇	—	—	3.75

① 反应中氢氧化钠对纤维素的质量比为（0.5～1.0）：1，水对纤维素的质量比为（1.2～2.0）：1。

【质量标准】 本产品要求透光率（2%水溶液）＞80%，不溶物＜1%，灰分＜10%，盐分＜10%，国内外 HEC 质量指标对比如下。

质量指标	国内液相法	国内气相法	日本大赛路公司	日本富士公司	美国 UCC
M·S(光分子取代度)	1.8～2.0	1.2～1.7	1.8～2.2	1.3～1.4	2.0
透光率/%	81～94	68～79	94	86	87.94
灰分/%	6.76～8.52	7.73～8.88	2.78	11.24	4.28
盐分/%	6.03～8.57	11.14～11.60	5.0	11.02	9.9
铁分/$\times 10^{-6}$	54～100	110	64	48	160
不溶物/%	＜1.0	＜1.0	0.65	1.45	0.56～1.1

【成型加工】 羟乙基纤维素与其他碱溶性醚类一样，根据其取代度，溶于 2%～18%的 NaOH 或 10% KOH 及碱性的 50%尿素中。常用 NaOH 水溶液来制成薄膜。

（1）未增塑薄膜　制备水可溶性薄膜，一般是以含适当数量的树脂溶液，在一个基极上蒸发制成，这种未增塑薄膜拉薄加热到 105℃直至干燥呈无色透明，折射率 1.50～1.51，一般断裂伸长率 5%～7%。

（2）增塑薄膜　在应用中如需较大韧性和伸长率的薄膜，可加 5%～30%（相对于 HEC 质量）的增塑剂，常用的增塑剂有甘油、山梨醇、乙醇胺类、乙二醇类、多元醇类、磺化蓖麻油类。

（3）水不溶性薄膜　HEC 与聚合物发生交联作用，使之成为水不溶性。通常用的有二醛类（乙二醛、戊二醛，2-羟基己二醛）、二羟甲基脲、水溶性脲、蜜胺甲醛树脂等。根据加入物的不同，可以制成任何程度的水不溶性薄膜。

【用途】 主要用作表面活性剂，胶体保护剂，乳胶的增稠剂、分散剂、稳定剂等。广泛应用于涂料、纤维、造纸、染色、医药、化妆品等工业生产中，此外也用于石油钻探及选矿中。在日本 60%用于涂料工业。

【安全性】 成品以牛皮纸三合一复合袋包装，内衬聚乙烯薄膜袋，每袋 25kg，或根据用户要求包装。贮存应放在干燥、透风、清洁的库房中，远离热源，避免阳光直射，运输应防止日晒雨淋。

【生产单位】 湖北钟祥市祥泰纤维素有限公司，山东瑞泰化工有限公司，湖北钟祥市祥瑞化工股份有限公司，江苏宜兴南漕三友公司，四川泸州化工厂。

Bi003 醋酸丙酸纤维素

【英文名】 cellulose acetate propionate; CAP

【性质】 模压级和挤压级的CAP含丙酰基39%～47%，乙酰基2.5%～9%，模塑性好，CAP塑料质坚韧，尺寸稳定性好，耐候性好。

CAP有较好的抗湿、耐寒、柔软、透明、电绝缘性能，并能与高沸点的增塑剂有较好的混溶性，其与增塑剂的混溶性优于醋酸纤维CA，而次于醋酸丁酸纤维素CAB。CAP不耐无机酸、碱、醇、酮、烃、氯化烃，而耐脂和油。

【制法】 将纤维素用丙酸处理后，再用丙酸、丙酸酐和醋酸和醋酐混合液，在硫酸存在下进行酯化，然后经过水解、沉析、洗涤、干燥等工序，即可得到某一取代度的醋酸丙酸纤维素。加入增塑剂和其他添加剂捏合、塑化即制得模塑材料。

【消耗定额】

主要原料	精制棉短绒	醋酐	丙酮	醋酸	丙酸	硫酸
单耗/(t/t)	0.60	0.37	2.16	2.15	0.07	0.005

【质量标准】 美国伊斯曼部分产品质量指标

产品	黏度①/(mPa·s)	乙酰基②/%	丙酰基/%	羟基/%	熔点/℃
CAP-504-0.2	0.20	0.6	42.5	5.0	188～210
CAP-482-0.5	0.40	2.5	45.0	2.6	188～210
CAP-482-20	20.00	2.5	46.0	1.8	188～210
产品	**T_g/℃**	**图康硬度努普氏③**	**密度/(kg/L)**	**平均分子量**	**注解**
CAP-504-0.2	159	20	1.25	15000	溶解于酒精/水的混合物中，具交联性。用于电线、皮革、塑料和衣物的涂料
CAP-482-0.5	142	23	1.22	25000	无气味、有优良的抗油性，用于印刷油墨，纸和衣物的涂料
CAP-482-20	147	23	1.22	75000	

① 美国测试材料标准D817（公式A）及D1343。
② 美国测试材料标准D817。
③ 美国测试材料标准D1474。

【用途】 因为CAB塑料制品质地坚韧、尺寸稳定性好、模塑性好、表面光滑、光泽好，适合用作汽车零件、方向盘、收音机部件、电视机部件、无线电晶体管、工具柄、笔杆、眼镜框架、玩具及各种板材、管材等。

【成型加工】 CAP一般以透明、半透明、不透明的粒料供应。通常用5%～20%的增塑剂增塑，也可用玻璃纤维增强，可以挤出和注射成型。注射成型温度190～225℃，注射压力78.4MPa，模温40～70℃。

【安全性】 成品用牛皮纸三合一复合袋包装，内衬聚乙烯薄膜袋，每袋25kg，或根据用户要求包装。贮存应放在干燥、通风、清洁的库房中，远离热源，避免阳光直射，运输应防止日晒雨淋。

【生产单位】 美国塞拉尼斯公司（年产4000t），无锡化工研究设计院（0510 2707715，试制）。

Bi004 纤维素醋酸酯

【别名】 醋酸纤维素；乙酸纤维素

【英文名】 cellulose acetate；CA

【性质】 醋酸纤维素是白色、无臭、无味、无毒的粒状、粉状或纤维状固体。熔融体流动性好，易成型加工，模制品具有坚韧、透明、光泽好的优点。模制品性能为：拉伸强度13～61MPa；冲击强度（悬臂梁法）21.4～287J/m^2；热变形温度（在453kPa应力下）43～98℃；体积电阻率10^{13} Ω·cm；介电常数（MHz）7～32；介电损耗角正切（MHz）0.01～0.10。加阻燃剂可制得自熄性塑料。三醋酸纤维比二醋酸纤维强韧，拉伸强度几乎大一倍，压缩强度也大，耐热性能也高，故适宜制造电影胶片等感光基片。二醋酸纤维能溶于浓盐酸和丙酮，而三醋酸纤维则不溶，仅溶于二氯甲烷和氯仿，但二醋酸纤维素却不溶于二氯甲烷和氯仿。

【制法】 醋酸纤维素是一个总的名称，它包括酯化度在1～3之间的一切品种，当纤维素用醋酐处理时，便生成纤维素醋酸酯，即醋酸纤维素。

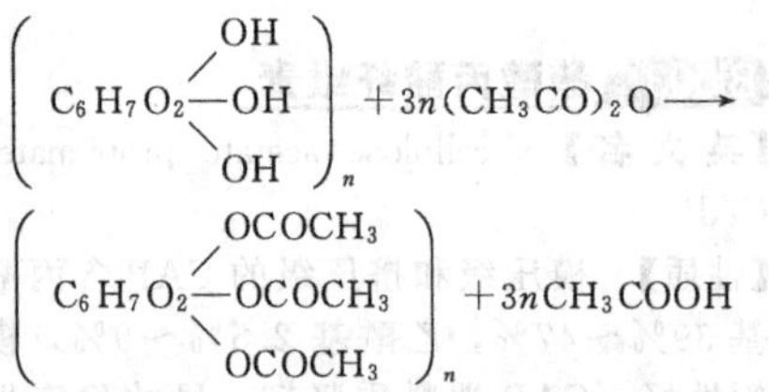

以上反应生成的是三醋酸纤维素，就是一个葡萄糖核上有三个羟基被酯化，或称酯化度为3.0。由于三醋酸纤维素在许多溶剂中不溶解，又缺乏可塑性，为拓展用途，必须经过水解使之成为2～3之间酯化度的醋酸纤维素这样的产品，可以溶解在丙酮中。

水解的化学反应式如下。

$$[C_6H_7O_2(OCOCH_3)_3]_n+(3-x)_nH_2O \longrightarrow [C_6H_7O_2(OCOCH_3)_x(OH)_{3-x}]_n+(3-x)_nCH_3COOH$$

其中，x为酯化度。水解后可产生各种不同酯化度的醋酸纤维素。酯化度一般用乙酰基（$CH_3-\overset{O}{\overset{\|}{C}}-$）或乙酸（$CH_3COOH$）的含量来表示。

【消耗定额】 以每吨成品计。

精制棉短绒/t	0.67
二氯甲烷/t	0.10
结晶醋酸钠/kg	51.22
草酸/kg	10.23
醋酸/t	0.80
硫酸/kg	18.6
高锰酸钾/kg	7.44

【质量标准】

指标名称		沪Q/QBD 97—82 一醋酸纤维素	沪Q/QBD 98—82 二醋酸纤维素	沪Q/QBD 66—80 三醋酸纤维素
结合醋酸值/%		45～48	53～56	60～61
黏度/mPa·s		300～700	300～500	—
黏度(涂4杯)/s		—	—	25～50
透光率(1mm厚)/%	≥	8	10	30
炭化点/℃		230	240	—
含湿量/%		5	5	2.2
游离酸/%	≤	—	0.01	0.01
过滤系数	≤	—	—	3.8×10^{-2}
溶解情况(14%溶液)		—	—	无明显冻状物

醋酸纤维素塑料标准（上海醋酸纤维素厂企标）

指标名称	指　标	指标名称	指　标
外观	色泽鲜艳	介电常数	
	颗粒均匀	60Hz	3.5～7.5
密度/(g/cm^3)	1.29～1.34	1kHz	3.5～7.0
冲击强度/(kJ/m^2)　≥	45	1MHz	3.2～7.0
布氏强度/MPa　≥	60	介电损耗角正切	
弯曲强度/MPa　≥	70	60Hz	0.01～0.06
体积电阻率/Ω·cm	10^{10}～10^{14}	1kHz	0.01～0.06
介电强度(3.2mm厚)/(kV/mm)	9.8～14.4	1MHz	0.01～0.06

【成型加工】 用醋酸纤维素加工制造薄膜、片材、涂料和纤维时，先将醋酸纤维素树脂溶于溶剂，配成10%～25%的溶液，经过滤后进行涂布、浇铸、纺丝等手段加工成各种制品。除抽丝加工纤维外，还需加入一定量的增塑剂（如邻苯二甲酸二甲酯、二乙酯等）。将醋酸纤维素和增塑剂在一定温度下混炼后造粒成型，再进行挤出或注射成型加工，便可得到热塑性的管、板、棒及其他成品。注射成型温度177～255℃，成型压力58.8～196MPa。制造薄膜和软片通常选用醋酸含量60%～62.5%的三醋酸纤维素。

【用途】 醋酸纤维是目前纤维素塑料中应用最广泛的一种。根据不同的使用要求，可选择不同的醋酸纤维素和助剂配方。在汽车、飞机、建筑、机械、工具、办公和制图用品、电器部件、包装材料、家庭日常用品、化妆品、器具、照相、印刷、电影胶片等领域都有广泛应用。

三醋酸纤维素适宜用作电影胶片片基、X射线片基、绝缘薄膜、隔离膜等。二醋酸纤维素可用作录音胶带、海水淡化膜、净水过滤膜，经化纤抽丝工艺可用作香烟过滤嘴以及纺织材料。二醋酸纤维素塑料还可用作工具手柄、自行车把、笔杆、眼镜框架以及油类、苯等的容器，保温绝缘材料、板、管、棒等型材的包装薄膜。

【安全性】 成品以牛皮纸三合一复合袋包装，内衬聚乙烯薄膜，每袋25kg，或根据用户需要包装。贮存应放在干燥、通风、清洁的库房中，远离热源，避免阳光直射。运输应避免日晒雨淋。

【生产单位】 上海电影胶片厂，无锡化工研究设计院。

Bi005 醋酸丁酸纤维素

【英文名】 cellulose acetate butyrate; CAB

【性质】 CAB分子中除羟基和乙酰基外，还含有丁酰基，其物化特性与三种基团的含量有关。熔点和拉伸强度随乙酰基含量的增加而提高，与增塑剂的相容性及薄膜的柔性在一定范围内随乙酰基含量的增加而降低。在极性溶剂中的溶解度随羟基含量的增加而提高。CAB有良好的抗湿、耐紫外线、耐寒、柔韧、透明、电绝缘等特性，与树脂和高沸点增塑剂有较好的相容性。塑料表面光泽好，加工性优良。由于丁酰基含量的不同可制成不同性能的塑料片基，薄膜和涂料。

【制法】 生产CAB的技术路线有均相法和非均相法两种。均相法又分以有机溶剂（如二氯甲烷）为溶剂和以有机酸为溶剂的两种，几种方法各有利弊。目前国内外多用的是以有机酸为溶剂，以硫酸为催化剂的均相法生产 CAB。

【消耗定额】 以每生产 1t 醋酸丁酸纤维素计（单位：kg）。

精制棉	572.24
丁酸	789.27
结晶醋酸镁	95.17
液氨	6.02
醋酸丁酯	11.24
冰醋酸	554.98
硫酸	51.16
磷酸三乙酯	2.18
高锰酸钾	1.01

【反应式】

$$C_6H_7O_2(OH)_3+3H_2SO_4 \longrightarrow C_6H_7O_2(O\cdot SO_3H)_3+3H_2O$$

$$C_6H_7O_2(O\cdot SO_3H)_3+3RCOOH \longrightarrow C_6H_7O_2(O\cdot COR)_3+3H_2SO_4$$

$$C_6H_7O_2(O\cdot SO_3H)_3+3(R\cdot CO)_2O+3H_2O \longrightarrow C_6H_7O_2(O\cdot COR)_3+3RCOOH+3H_2SO_4$$

工艺流程如下。

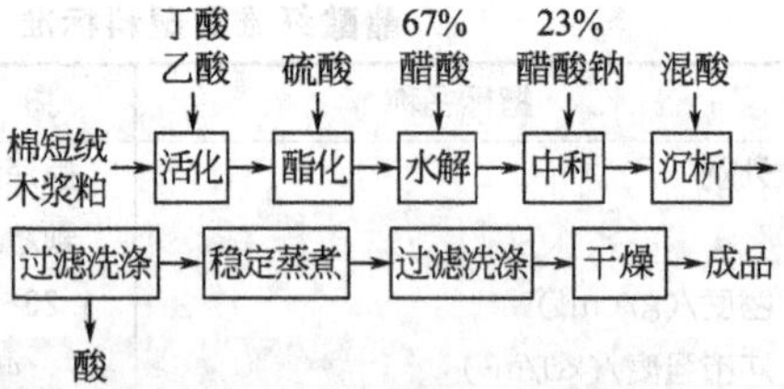

【质量标准】 低黏度醋酸丁酸纤维素（CAB351）产品规格如下。

外观	白色粉粒状
游离酸含量/%	≤0.03
结合硫/%	≤0.03
乙酰基含量/%	14～16
平均聚合度	105±10
熔点/℃	≥160
灰分/%	≤0.3
丁酰基含量/%	34～37
酯化度	2.8±0.1

国内生产的部分 CAB 产品质量指标如下。

国内生产的部分 CAB 产品质量指标

规格	丁酰基/%	乙酰基/%	黏度 η	游离酸/%	透明度/cm	水分/%
CAB-15-1	13～18	29～34	0.9～1.3	≤0.06	≥15	≤3
CAB-15-2	13～18	29～34	1.3～1.7	≤0.06	≥20	≤3
CAB-35-1	34～38	13～18	0.4～0.8	≤0.06	≥20	≤3
CAB-35-2	34～38	14～17	1.4～1.7	≤0.06	≥20	≤3
CAB-45-$\frac{1}{2}$	44～47	7～10	≥1.2	≤0.06	≥15	≤3
CAB-55-1	50～55	2～5	≤0.5	≤0.06	≥20	≤3

【成型加工】 可用挤压、压注、旋转、吹塑和真空成型，也能沸腾喷涂。

【用途】

1. 在塑料工业中的应用

根据丁酰基含量的不同，可以制成各种不同用途的塑料制品，例如作为模塑制品的有电话机座、汽车方向盘、工具手柄、玩具、笔杆等，也可用作水站、油田、天然气和工厂的水、气输送管道，薄型制品有电影片基、空中摄影片基等，薄膜制品有食品保护膜、耐油制品保护膜、皮肤创伤保护膜等。

2. 在涂料工业中的应用

在涂料工业中主要是作为保护性涂料和装饰性涂料。主要用于以下几个方面。

①透明金属清漆用它可以保护建筑物上的铝、铜、银等金属表面不受氧化丧失光泽，不遭腐蚀。②塑料类制品用的清漆用它涂布在醋酸酯、丙烯酸类酯、乙烯类树脂、硝酸纤维素和其他塑料制品的表面，可使它们具有美丽光泽且不易老化。③木材用的清漆用作家具、地板、竹帘、墙板的表面涂布，提高使用寿命，并使表面光泽美丽。④纸张的涂布和浸渍用于包

装纸袋的表面涂布，起到防水和增强作用。也用于墙纸、广告纸、标签纸、卡片纸、化妆品用纸、包装纸盒等的外表涂布。⑤织物的涂布和浸渍如飞机蒙布、汽车和摩托车的外罩布、遮阳布、淋浴帘、防水和防阳布的表层涂布，另外可用于电气用带、船用绳索、消防皮带等的浸渍。⑥热封胶黏剂用它可以黏结纸、布、塑料和铝制品等。⑦玻璃用涂料用它可以涂布闪光灯泡、招牌玻璃、标志牌、镜子等。

【安全性】 成品用牛皮纸三合一复合袋包装，内衬聚乙烯薄膜袋，每袋 25kg，或根据用户包装，贮存应放在干燥、通风、清洁的库房中，远离热源，避免阳光直射。运输应防止日晒雨淋。

【生产单位】 无锡化工研究设计院（0510 2707715，年产 60t）。

Bi006 赛璐珞塑料

【别名】 硝酸纤维素塑料

【英文名】 cellulose nitrate plastics；CN

【分子式】 $[C_6H_7O_2(NO_2)_x(OH)_{3-x}]_n$ $(x=2.0\sim2.2)$

【性质】 硝酸纤维素是白色、无臭、无味固体。赛璐珞塑料是含 20% 樟脑增塑的热塑性材料。80℃明显软化，110～125℃可成型加工，高于 165℃能自燃。透明，柔软，有较高的力学强度，吸水性小。在沸水中 2min 不变形，无白点。对水和一般稀酸溶液稳定，能被稀碱液侵蚀，在苯、二氯乙烯中能部分溶解，能溶于乙醇、丙酮和醋酸乙酯等溶剂。

物理性能如下。

密度/(g/cm³)	1.35～1.70
伸长率/%	20～40
硬度(洛氏 R)	90～110
软化点/℃	90
拉伸强度/MPa	38.6～68.8
吸水率(24h)/%	1～3
介电强度(kV/mm)	9.8～13.8

【制法】 硝酸纤维素是将纤维素用硝酸与硫酸的混合液硝化后，经除酸、预洗、煮沸、洗净、脱水，然后用醇除水，得到含醇湿的硝酸纤维素。

【消耗定额】 以生产 1t 硝酸纤维素塑料计。

硝化棉/kg	900
酒精/kg	520
丙酮/kg	90
合成樟脑/kg	270
苯二甲酸二丁酯/kg	30
钛白粉/kg	10

【反应式】

一取代度 $C_6H_7O_2(OH_2)+HONO_2$

$\rightleftharpoons C_6H_7O_2(OH)_2(ONO_2)+H_2O$

二取代度 $C_6H_7O_2(OH)_2+2HONO_2$

$\rightleftharpoons C_6H_7O_2(OH)(ONO_2)_2+2H_2O$

三取代度 $C_6H_7O_2(OH)_3+3HONO_2$

$\rightleftharpoons C_6H_7O_2(ONO_2)_3+3H_2O$

工艺流程如下。

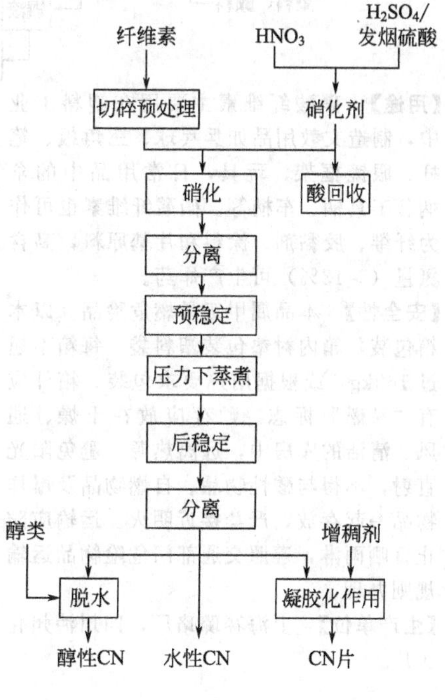

制品消耗定额　单位：t/t

原料名称	红双喜乒乓球白料	一般乒乓球白料
硝化棉	0.94	0.85
樟脑	0.32	0.29
酒精	0.91	0.62
丙酮	0.13	0.08

【质量标准】

赛璐珞明料、光料、色料

（沪 Q/HG 13—231—79；沪 Q/HG 13—232—79）

指标名称		一级品	二级品
长度/mm	≥	1300	1050
宽度/mm	≥	600	560
厚度/mm		0.27~7	0.27~7
挥发失重/%		3~4.5	3~4.5
张面利用率/%	≥	90	90
一张片上缺陷/%	≤	5	10

日本产品（一级品和二级品）质量指标

指标名称		一级品	二级品	备注
着火点/℃	≥	170	165	JIS K6701
拉伸强度/MPa		0.45	0.4	JIS K6701
伸长率/%	≥	12	10	JIS K6701

【成型加工】 将 CN 加增塑剂（如樟脑）、溶剂（酒精或丙酮）、染料（或颜料），在捏合机中 36℃ 下进行充分捏合，然后在压滤机中于 60℃ 下压滤，压滤后的物料在两辊筒压延机上压延，压延后得到的薄片经压块刨片、干燥、压平或上光得到片状 CN 塑料。也可将压延后的薄片放入挤压机制成管状物。

【制法】 工艺流程如下。

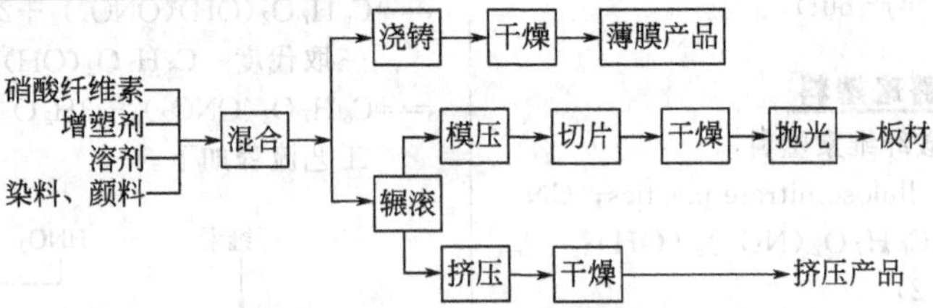

【用途】 硝酸纤维素主要用在塑料工业中，制造文教用品如乒乓球、三角板、笔杆、眼镜框架、玩具，日常用品中的伞柄、工具柄、车柄等。硝酸纤维素也可作为纤维、胶黏剂、涂料和片基原料，高含氮量（>13%）可生产炸药。

【安全性】 本品属甲级易燃危险品。以木箱包装，箱内衬垫包装塑料袋。每箱不超过 160kg，或根据用户要求包装。箱外应有“易燃”标志。贮存应放在干燥、通风、清洁的库房中，远离热源、避免阳光直射，不得与酸性物品、自燃物品及爆炸物品一起存放，严禁接近明火。运输应防止日晒雨淋，遵照交通部门危险物品运输规则办理。

【生产单位】 上海赛璐珞厂，四川泸州化工厂。

Bi007 Quat-188 醚化剂

【英文名】 cationic cellulose ether

【别名】 阳离子纤维素醚；Quat-151

【分子式】 阳离子化反应需要用阳离子醚化剂，阳离子醚化剂有叔胺型及季胺型两种，常用的有 3-氯-2-羟丙基三甲基氯化铵，它的分子式如下：

$$[Cl{-}CH_2{-}\underset{\displaystyle OH}{\overset{|}{CH}}{-}CH_2N(CH_3)_3]^+ Cl^-$$

（Quat-188）

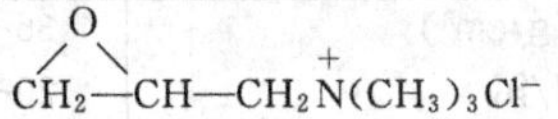

（Quat-151）

商品名为 Quat-188，主要用三甲胺、盐酸、环氧氯丙烷或氯丙烯反应制得，它的性质前面阳离子淀粉章节已有叙述。Quat-188 用氢氧化钠中和得到环氧小阳离子 Glytac，商品名为 Quat-151。

【性质】 将纤维素及纤维素醚与阳离子化合物发生醚化反应，就得到阳离子纤维素醚。

从前面的介绍中知道，纤维素中每个葡萄糖单元有 3 个羟基，其他纤维素醚如羟乙基纤维素（HEC）、羟丙基纤维素（HPC）、羧甲基羟乙基纤维素（CMHEC）及羟丙基甲基纤维素（HPMC）等，在分子链中的葡萄糖单元仍具有可反应的羟基，因此可与阳离子醚化剂发生反应，生成阳离子纤维素醚。阳离子纤维素醚在分子链上接枝了阳离子基团，使得纤维素带上了正电荷，改变了原有纤维素的特性。用纤维素及纤维素醚阳离子化制得的产品性质上有很大的差别，由于纤维素本身是不溶于水的，当它阳离子化时，由于取代度不高，水溶性很差，纤维素本身的宏观结构没有多大的变化，因而应用受到一定的限制。

【用途】 主要用于离子交换及纤维纺织品染色增深的前处理；而用纤维素醚如 HEC 作原料，它具有水溶性，阳离子化后制得的产品水溶性很好，能用于水溶液体系里，可在日用化学品、造纸及水处理工业中应用。

【制法】 纤维素与季铵盐反应一般是以水作溶剂，纤维素先与碱反应生成碱纤维素，然后再与 Q-151 阳离子醚化反应，反应式为：

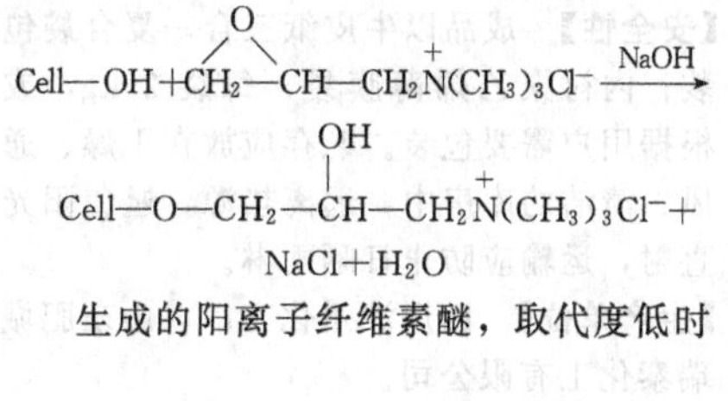

生成的阳离子纤维素醚，取代度低时是不溶解的，但纤维表面已带上大量的正电荷，可以对阴离子染料如酸性染料、活性染料等进行化学吸附，作为吸附材料，用于印染废水处理、阳离子化棉染色技术的开发等领域。

【成型加工】 作为精细化学品的阳离子纤维素醚产品，更多的是采用水溶性的羟烷基纤维素作为原料，因为它们能溶于水，制成的产品水溶性良好，具有增稠作用，同时由于纤维素醚分子上带有正电荷，可以中和头发及皮肤上的负电荷，起到调理的作用。例如羟乙基纤维素与阳离子醚化剂 Quat-188 或 Quat-151 反应生成的产物羟乙基纤维素醚-2-羟丙基三甲基氯化铵，CTFA 名为：Polyquatenitim-10，就是有名的护发调理剂，美国联合碳化公司的商品名为 JR-400，国民淀粉化学有限公司的商品名为 CELQUAT 系列产品都是属于此类产品。发用产品如香波、护发素、发胶、烫发液、染发剂、摩丝、发油等发类洗涤、保护、整饰用品，加入此类调理剂可以改变头发的湿梳理和干梳理特性，而且已证实可改善发梢的开裂，使头发易成型、保湿、有光泽、柔软，且使用者感到舒适。使用放射性同位素的研究表明，通过香波反复洗涤，该类阳离子聚合物可直接沉积在头发上并且易除去，其沉积量取决于香波所含的表面活性剂量。

JR-400 外观为白色或淡黄色颗粒，含氮量为 1.6％左右，它是以羟乙基纤维素（HEC）为原料，用 3-氯-2-羟丙基三甲基氯化铵（CHPAC）作醚化剂，以氢氧化钠作催化剂，丙酮或异丙醇等作溶剂反应制得的。它的化学结构式为：

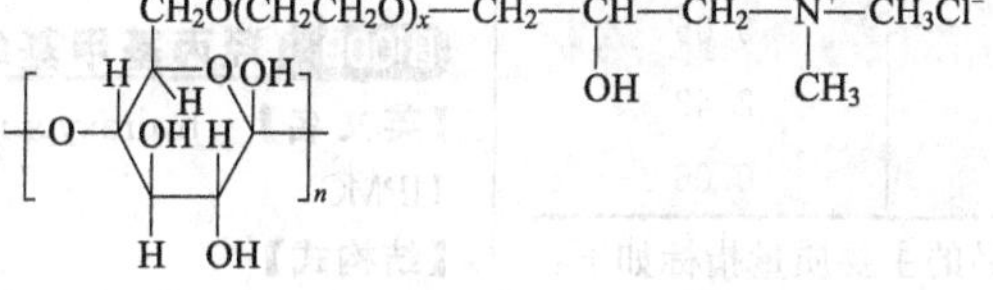

研究表明，阳离子化反应可以在 $C_2(OH)$、$C_3(OH)$ 及羟乙基取代基上的伯醇羟基上，其中以羟乙基上的伯醇羟基为主。成品以牛皮纸三合一复合袋包装；内衬聚乙烯薄膜袋，每袋 25kg，或根据用户需要包装。贮存应放在干燥、通风、清洁的库房中，远离热源，避免阳光直射，运输应防止日晒雨淋。

【生产单位】 美国联合碳化公司，国民淀粉化学有限公司。

Bi008 甲基纤维素

【英文名】 methyl cellulose；MC

【性质】 甲基纤维素（MC）一般为白色粉末或纤维状。细度 80～100 目，表观密度 0.35～0.55g/cm³。随着取代度的增加，MC 可依次溶解于碱水溶液、水、醇，最后溶于芳香烃溶剂中。

【制法】 将纤维素与碱水溶液反应生成碱纤维素，再由碱纤维素在一定压力下与醚化剂氯甲烷或硫酸二甲酯反应得到粗品 MC，经分离、洗涤、干燥、粉碎、包装即可得到 MC 成品。MC 的制法有气相法、液相法和均相法三种。气相法中碱纤维素是与循环的氯甲烷气体反应，反应压力低（4.9×10^5Pa 左右），由于是气固相反应，反应不均匀，产品取代度和醚效低，目前不多用。液相法是将碱纤维素悬浮于液态氯甲烷中，反应压力高（70℃时反应压力为 1.7×10^6Pa），是液固相反应，反应较均匀，取代度和醚效都较高，是目前较受欢迎的一种方法。

【消耗定额】 按每吨成品计。

精制棉浆粕/t	0.93
工业固碱/t	1.10
草酸/t	0.05
氯甲烷/t	2.42
冰醋酸/t	0.06

【质量标准】 本产品的主要质量指标如下：

外观	白色粉末或白色纤维状
甲氧基含量/%	28～30
黏度(20℃,2%Emilalf)/(Pa·s)	0.3～0.5
溶解性能	透明
细度/目	80～100
取代度/%	1.68～1.80
含水量/%	<5

【成型加工】 将 MC 溶液涂布于玻璃平台上，干燥后即成为无色透明的、坚韧的薄膜。加入吸湿剂、增塑剂如甘油、山梨醇、三乙醇胺，可提高薄膜的伸长率和柔韧性。

【用途】 甲基纤维素用在涂料工业上，作为成膜剂、增稠剂、乳化剂和稳定剂等，使涂料具有良好的耐磨性、流动性、均涂性和贮存稳定性。

用在建筑材料、陶瓷材料方面，作为胶黏剂、悬浮剂，降低絮凝作用，改善黏度和收缩率，水泥浆中加入它有保水作用。

纺织印染工业中用它作为上浆剂和浆料增稠剂、表面处理剂、药品和食品工业中用它作为增稠剂、分散剂、乳化剂和悬浮剂，药品和食品的赋型剂等。

在合成树脂和塑料工业中可作为悬浮剂和分散剂，在农业方面可作为肥料的胶黏剂。

【安全性】 成品以牛皮纸三合一复合袋包装；内衬聚乙烯薄膜袋，每袋 25kg，或根据用户需要包装。贮存应放在干燥、通风、清洁的库房中，远离热源，避免阳光直射，运输应防止日晒雨淋。

【生产单位】 四川泸州化工厂，山东肥城瑞泰化工有限公司。

Bi009 羟丙基甲基纤维素

【英文名】 hydroxypropyl methyl cellulose；HPMC

【结构式】

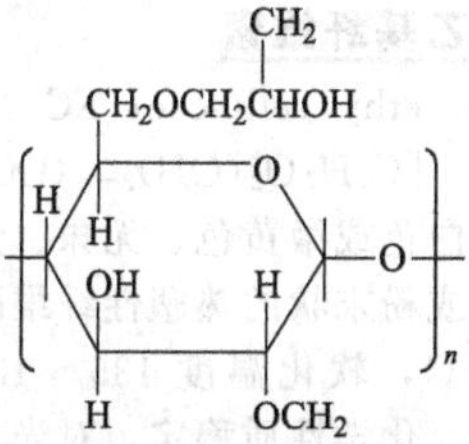

【性质】 它是非离子型纤维素混合醚中的一个重要品种。无臭、无味、无毒，其成品呈白色粉末状或疏松纤维状，粒度通过80目筛。它与重金属不起反应。成品中甲氧基含量和羟丙基含量的比例不同，黏度不同，就成为性能各异的品种。

HPMC实际上是一种经环氧甲烷（甲基氧丙环）改性的甲基纤维素，因此它具有甲基纤维素类似的冷水中能溶、热水中不溶的特性，在有机溶剂中的溶解性优于水溶性，它能溶于无水甲醇和乙醇，也能溶于氯化烃类如二氯甲烷、三氯乙烷以及丙酮、异丙醇、双丙酮醇等有机溶剂中。

【制法】 工业上制备HPMC有间歇式和连续式两种。间歇式是将纤维素碱化处理后，经压榨、粉碎、熟成后，在高压釜中与醚化剂进行醚化反应制成粗制品。连续式不必进行压榨、粉碎和熟成、碱化后便于高压管道反应器中进行醚化反应，连续进出料。

HPMC的制备大都采用液相法，因为用此法制得的成品均匀性好。

工艺流程如下。

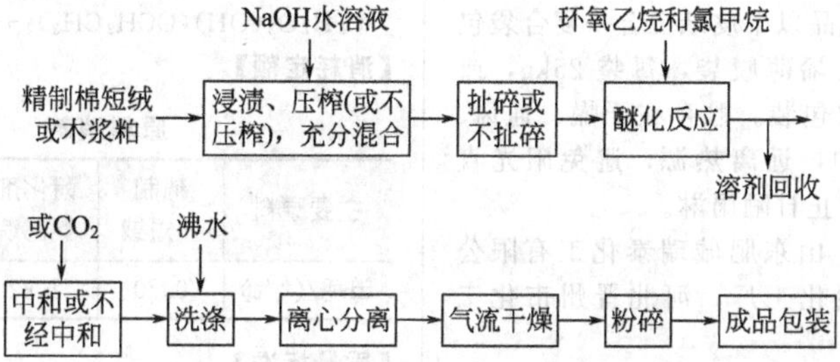

【消耗定额】

主要原料消耗　　单位：t/t

名称	规格	单耗	名称	规格	单耗
精制棉	含水≤6%	0.93	氯甲烷/% ≥	99	0.75
氢氧化钠/% ≥	50	1.15	环氧甲烷/% ≥	99	0.25

制备碱纤维素用的一般是35%～50%的碱液，纤维素与碱液的质量比为1∶(0.5～2.6)。

【质量指标】 HPMC-MS

项目名称	指标	项目名称	指标
外观	白色疏松纤维状或粉末	羟丙基/%	4～7.5
		黏度(2%,20℃)/mPa·s	30～40
甲氧基取代度	1.7～1.86	凝胶温度(0.2%)/℃	66～69
甲氧基/%	27～29	透光率(2%)/%	75～87
羟丙基物质的量的取代度	0.1～0.2		

【成型加工】 将其溶液均匀涂布于平台上，经干燥后便可制得薄膜制品，该制品透明、柔韧。

【用途】 在合成树脂的聚合反应中，HPMC可作为氯乙烯及其共聚物聚合反应的分散剂、悬浮剂；二氯乙烯-醋酸乙烯共聚的乳化剂；醋酸乙烯和氯乙烯共聚的悬浮稳定剂；丁二烯、丙烯腈、苯乙烯接枝共聚时的稳定剂等。在药品和食品工业中作为添加剂，有增稠、固形、成膜、分散、稳定等功效，同时还有防湿、防霉、保持水分等作用。在涂料工业中可作为乳化剂、增稠剂、成膜剂和稳定剂，在光敏印刷制板方面，主要利用它的成膜性和光降解性，它可用水快速显影。作为洗涤剂可以提高织物抗污能力。

【安全性】 成品以牛皮纸三合一复合袋包装，内衬聚乙烯薄膜袋，每袋25kg，或根据用户要求包装。贮存在干燥、通风、清洁的库房中，远离热源，避免阳光直射。运输应防止日晒雨淋。

【生产单位】 山东肥城瑞泰化工有限公司，四川泸州化工厂，河北晋州市化工一厂。

Bi010 乙基纤维素

【英文名】 ethyl cellulose；EC

【分子式】 $[C_6H_7O_2(OH)_{3-n}(OC_2H_6)_n]_x$

【性质】 白色或微黄色、无味、无臭、无毒的颗粒或粉末状的热塑性纤维醚。熔点165～185℃，软化温度135～155℃，介电强度高。化学性质稳定，对光、对热稳定。能溶于常用的有机溶剂，不溶于水和甘油，与许多树脂及增塑剂都可配伍。制成的膜或塑料在较高或较低的温度下都具有优越的力学强度和韧性。

【制法】 工业上用精制棉为原料，用氯乙烷为醚化剂对碱纤维进行醚化反应制得乙基纤维素EC。

【反应式】

$$C_6H_7O_2(OH)_3+2NaOH+2CH_3CH_2Cl \longrightarrow$$
$$C_6H_7O_2(OH)(OCH_2CH_3)_2+2NaCl+2H_2O$$

【消耗定额】

原料消耗

主要原料	精制棉短绒	醚化剂氯乙烷	氢氧化钠
单耗/(t/t)	0.70	2.82	3.04

【质量标准】

指标名称		电子工业用	包覆层用	涂料用
乙氧基含量/%		45.3～48.5	45.3～46.8	45.3～48.5
黏度/mPa·s		40～100	100～120	＜40
溶解度/%	≥	99.0	99.0	99.0
灰分/%	≤	0.3	0.3	0.3
水分/%	≤	3.0	3.0	3.0
介电强度/(kV/mm)	≥	130	—	—
体积电阻率/Ω·cm	≥	5×10^{13}	—	—

【成型加工】 乙基纤维素塑料可用压铸、压制、挤压和热拉伸等方法进行成型加工。

【用途】 ① 乙基纤维素韧性好，耐寒性好，在0℃以下仍有优良的冲击强度，能在－60～80℃和相对湿度100%条件下工作，所以它是制造汽车、飞机零件的优良材料。

② 化学稳定性好，能耐强碱、弱碱和稀酸，能制成化学工业用的管道及化工

设备的零部件。

③ 耐水性和电绝缘性好，可制造电器、电缆绝缘材料和无线电零件。

④ 成膜性好，制成的膜片柔软有弹性并且透明。

⑤ 可用于涂料工业。

【安全性】 成品用牛皮纸三合一复合袋包装，内衬聚乙烯薄膜袋，每袋净重25kg，或根据用户要求包装。贮存应放在清洁、干燥、通风的库房内，防止日光照射，远离热源。运输应防止日晒雨淋。

【生产单位】 四川泸州化工厂（0830-3790266，年产600t）。

Bi011 氰乙基纤维素

【英文名】 cyanoethyl cellulose；CEC

【分子式】 $[C_6H_7O_2(OCH_2CH_2CN)_x(OH)_{3-x}]_n$

【性质】 取代度为0.2～0.3的CEC有碱溶性和良好的耐热降解性，可制作变压器的绝缘纸；取代度为0.7～1.0的CEC具有水溶性，比纯纤维素（棉花）有更高的耐微生物、耐热和耐酸的降解性，还有更好的着色性和耐磨性；取代度达到2.6～2.8的CEC具有特殊的电性能，既不溶于水，也不溶于碱，而溶于有机溶剂，如丙酮、乙腈、丙烯腈、二甲基甲酰胺、吡啶等。2.6～2.8的高取代度CEC具有高介电常数（12～15）和较低的介电损耗角正切（0.015），有良好的电性能。它是白色纤维状固体，含氮量在12.5%～12.8%，可在125℃左右长期使用，拉伸强度为27.44～34.30MPa，介电强度63～119.5MV/m，表面电阻率$(3\sim6)\times10^{12}\Omega$。

【制法】 制取氰乙基纤维有均相法和多相法两种，制备高取代度的CEC采用以氢氧化钠为催化剂，以丙烯腈为醚化剂的二步法均相反应技术。

【消耗定额】 以每吨成品计。

精制棉浆粕/t	0.79
氢氧化钠/t	1.85
丙酮/t	2.42
丙烯腈/t	5.45
醋酸/t	0.67
盐酸/t	0.061

【质量标准】 国内CEC产品的质量指标

指标名称	质量指标
外观	白色纤维状固体
取代度	2.8±0.1
含氮量/%	12.2～12.8
—COOH基含量/%	0.07～0.09
平均聚合度	250～350
密度/(g/cm³)	1.1～1.2

【成型加工】 利用苯乙烯和地蜡等作为浸渍剂制作CEC涂层。用于电子工业及激光贮能电容器。

【用途】 高介电常数氰乙基纤维素（CEC）是原化工部的重大军工项目之一。由于它的高介电性和其他特殊性能，可以用作电发光材料代替磷光体，用作制造小型雷达及光武器中各种形式电容器的材料，侦察雷达中的高介电塑料套管等。高取代度的CEC具有高介电常数，高温、高频下介电损耗较小，因此引起无线电工业的极大重视，高介电常数薄膜材料的出现，促进了无线电电子设备元件体积的小型化。高介电漆也应用于无线电领域中。

【安全性】 成品以牛皮纸三合一复合袋包装，内衬聚乙烯薄膜袋，每袋净重25kg，或根据用户需要包装。贮存应放在清洁、干燥、透风的库房中，防止日光照射，远离热源。运输应防止日晒雨淋。

【生产单位】 无锡化工研究设计院（0510-2707715，试制）。

Bj 高吸水性树脂和水溶性高聚合物

1 高吸水树脂定义

高吸水性树脂（super absorbent polymer，SAP）是一种新型的高分子材料，它不溶于水，也不溶于有机溶剂，并具有独特的性能，它能够吸收自身重量几百倍至千倍的水分，无毒、无害、无污染；吸水能力特强，保水能力特高，通过丙烯酸聚合得到的高分子量聚合物的保水量高，高负荷下吸收量的平衡，所吸水分不能被简单的物理方法挤出，并且可反复释水、吸水。

2 高吸水树脂分类

高吸水树脂是一种含有羧基、羟基等强亲水性基因，并具有一定交联度网络结构的高分子聚合物，种类很多，但目前应用比较多的是交联聚丙烯酸盐、丙烯酸共聚物、聚丙烯酰胺、聚丙烯酰胺共聚物及丙烯酸接枝聚合物。

SAP一般按原料分为淀粉系、纤维素系和合成树脂系三大类。交联的丙烯酸盐聚合物是合成树脂系吸水材料的重要方面，而且被认为最有希望的吸水树脂。目前用于医药卫生用品的大部分SAP是丙烯酸类高吸水聚合物。与其他类型高吸水剂比较，该类聚合物除了具备高吸水性能外，其还具有生产成本低，工艺简单，产品质量稳定，长时间贮存不会变质等特点，因此成为SAP产品的主流。

3 SAP的生产方法

聚丙烯酸盐系SAP的生产方法主要有水溶液聚合法和反相悬浮聚合法。

3.1 水溶液聚合法

水溶液聚合法是以水为溶剂，将经碱部分中和后的丙烯酸，在交联剂存在下进行交联聚合、干燥粉碎而制得的SAP的方法。

该法以水为溶剂，生产过程不产生污染，对设备要求低，投资省，操作简单，生产效率高；缺点是反应速度快，温度不易控制，后处理需增加干燥、粉碎、筛分工序，产品性能较差。主要表现：吸水率（吸蒸馏水和生理盐水）低，吸水速度慢、产品强度小、易吸潮、产品粒度不均等。很难达到卫生用品的要求。采用该法的厂家有日本触媒、住友精化、三洋化成等公司。国内的SAP生产也基本采用该法。

3.2 反相悬浮聚合法

反相悬浮聚合法是以溶剂为分散介质，经碱中和的水溶液单体丙烯酸钠，在悬浮分散剂和搅拌作用下分散成水相液滴，引发剂和交联剂溶解在水相液滴中进行的聚合方法。

该法解决了水溶液聚合法的传热、搅拌困难等问题，且反应条件温和，可直接获得珠状产品，生产的SAP粒径大小可根据用途和吸水要求调节。且吸水率高，吸水速度快，产品强度大，不易吸潮等。符合医疗卫生用品质量要求，但此法生产的吸水树脂的特性是其他方法无法比拟的，是一种合成SAP的独特方法。该方法的缺点是主设备材质要求高，设备投资大，采用有机溶剂。需要溶剂回收装置，容易产生污染。只能进行间歇性生产，设备利用率低，生产效率低。采用该法生产的有日本住友精化和触媒等公司。我国目前未见采用该法工业生产的报道。

4 高吸水性树脂应用范围

SAP作为一种很有前途的新型功能性高分子材料，完全不同于传统的吸水材料如海绵、纸、棉等。其应用涉及众多行业，除卫生用品领域外，在农林园艺和水土保持、医疗、化妆品、建材领域、电缆、电子工业方面也有广泛的应用。

高吸水性树脂具有两个显著的特点，高吸水性和高保水性，得到了广泛的应用，渗透到人们日常生活的各个方面。

(1) 农林保水剂方面　吸水性树脂可作为保水抗旱，育种保苗，土壤改良，沙漠治理与绿化等。用高吸水性树脂改造沙漠已在中东一些国家开始实施。而我国北方大部分地区属于干旱地区，将吸水性树脂用作植树造林，改造生态环境其前景大有可为。以我们研制的吸水性树脂作一计算；每株树苗添加4g吸水性树脂，价值0.1元，可吸水保水1000mL左右，在栽培绿色蔬菜时事先在土壤中混入少量的高吸水性树脂时，农作物就长势旺盛，亩产量提高10%～15%，而且效果明显，由此可见这个市场的潜力。

(2) 医疗医药生理卫生方面　吸水性树脂的高吸水能力和保水能力使得生理卫生产品如：卫生巾、纸尿片、餐巾纸、医疗衬垫、床垫、纸毛巾等，大大轻便化、小型化，有的可以一次使用，十分方便和卫生。在国外，生产的吸水性树脂有一半用于卫生巾、纸尿裤、餐巾纸；在我国这方面大大落后于国外，随着我国人民生活质量的提高，这方面的需求将逐步增加。日本有份报告指出：日本有12g、8g、6g三种大小不同的卫生巾，使用者感觉不便。加入吸水性树脂后，可使重量减至5g以下，甚至出现3g的超薄型卫生巾。添加吸水性树脂后卫生巾具有不泄、吸收速度快、不发黏、轻薄柔软。

(3) 建材方面　随着建筑工业的发展，吸水性树脂在建材工业中的用途日益广泛。主要用于止水堵漏、防结露、调湿除湿、建材涂料、提高建筑工效等。

(4) 采油工业方面　目前我国大部分老油井已进入三级采油期，原油中含水量很高，在油井中加入超强吸水剂使油水分离可大大提高油的采收率，使用1t本产品可增采原油100～300t。

5 高吸水溶性高聚合物应用范围

水溶性高聚合物是一种亲水性的功能性高分子材料，在水中能形成溶液或分散液。其在水介质中有多种功能，可作为絮凝剂、分散剂、悬浮剂、稳定剂、增稠剂、湿润剂等，现已被广泛用于环境保护、石油开采、造纸、纺织、建筑、采矿、日化及食品等领域，特别是在环境保护、石油开采等方面，它起的作用是独一无二的。水溶性聚合物可分为天然型、半合成型和合成型三类。合成水溶性聚合物不管在国内还是国外都是发展最快的品种。合成水溶性聚合物主要有聚丙烯酰胺、聚乙烯醇、丙烯酸和甲基丙烯酸的聚合物，聚乙二醇、聚马来酸、聚乙烯吡咯烷酮等大类产品。为了更好地满足水溶性聚合物在油田、造纸以及废水处理等工业生产中的使用，水溶性聚合物有向高分子量、多种功能性发展的趋势。

本书仅就国内已有产品供应或已进行过试验研究并有较好的发展前景的淀粉

系、纤维素系和合成树脂系三大类产品及水溶性高聚合物，共46个品种，介绍于后，供读者参考。

Bj001 高吸水性树脂（聚丙烯酸类-1）

【英文名】 super absorbent resin (polyacrylate-1)

【别名】 新型聚丙烯酸类高吸水性树脂

【结构式】

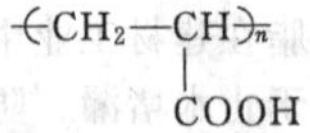

【产品性状及标准】 粉状产品，吸水率为470（g/g）。

【制法】 配方：

丙烯酸	1mL
聚-γ-巯丙基硅氧烷	0.015g
氢氧化钠(8.58mol)	1mL
四氯化碳	0.075mL
二乙烯基苯	0.42%
正己烷	4mL
吐温80	0.075g

把丙烯酸1mL、聚γ-巯丙基硅氧烷0.015g、氢氧化钠水溶液1mL、四氯化碳0.075mL、交联剂二乙烯基苯0.42%、正己烷4mL、0.075g吐温80投入反应器中，通氮气保护赶走氧气，升温60℃，反应6h，得到聚合物减压蒸馏除掉溶剂，然后粉碎成粉末。

【用途】 用于医疗卫生、农林园艺、工业脱水、油田钻井增稠、日用化妆品、污水处理、污泥固化、土建工程的止水、隔水、密封、防结露材料等。

【安全性】 本品无毒性。本法生产过程中除少量废水外，无废气和废渣排放，其废水经过回收等处理后可达到国家规定的标准。

产品可使用玻璃试剂瓶、铝箔塑料复合包装袋包装。玻璃试剂瓶应按防潮等要求封装，铝箔塑料复合袋填装后必须封合牢固。每瓶净重500g或1kg；每袋净重2kg或5kg。产品可采用木箱及纸箱作外包装，但运输时必须有遮盖物，避免日晒、雨淋、受热，搬运时应轻装轻放；产品应保存在干燥通风的仓库中，应离地面10cm以上，避免受潮。

【生产单位】 青海新型高分子材料有限公司，天津化工研究设计院，天津大学化工实验厂，陕西华光实业有限公司等。

Bj002 高吸水性树脂（聚丙烯酸类-2）

【英文名】 super absorbent resin (polyacrylate-2)

【别名】 新型聚丙烯酸类高吸水性树脂

【结构式】

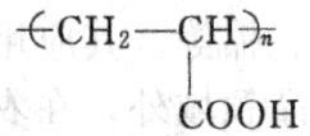

【产品性状及标准】 小球状，粒径100～160nm，10min吸水倍数44（g/g）。

【制法】 聚合物小球是由乙烯基不饱和单体溶液、以蔗糖脂肪酸酯作为分散剂，经反相悬浮聚合得到的产品。

配方：

丙烯酸钠	84.6
水	197
羟乙基纤维素	0.58
过硫酸钾	0.15
N,*N*′-亚甲基双丙烯酰胺	0.016
环己烷	49
蔗糖脂肪酸酯	2

【制法】 按上述配方，将丙烯酸钠、*N*,*N*′-亚甲基双丙烯酰胺、水、羟乙基纤维素、过硫酸钾投入反应器中，搅拌混合均匀，成为混合液，另取一反应瓶加入环己烷、蔗糖脂肪酸酯，使其溶解，混合均匀，然后把上面的混合液倒入其中相混合，使其聚合，聚合温度为60℃，聚合反应2h，得吸水性树脂10min可吸水44（g/g）。

【安全性】 本品无毒性。本法生产过程中除少量废水外，无废气和废渣排放，其废水经过回收等处理后可达到国家规定的标准。产品可使用玻璃试剂瓶、铝箔塑料复合包装袋包装。玻璃试剂瓶应按防潮等要求封装，铝箔塑料复合袋填装后必须封合牢固。每瓶净重 500g 或 1kg；每袋净重 2kg 或 5kg。产品可采用木箱及纸箱作外包装，但运输时必须有遮盖物，避免日晒、雨淋、受热，搬运时应轻装轻放；产品应保存在干燥通风的仓库中，应离地面 10cm 以上，避免受潮。

【生产单位】 江苏国达高分子材料有限公司，上海高桥浦江塑料厂，保定科翰科技发展有限公司，天津化工研究设计院等。

Bj003 高吸水性树脂（聚丙烯酸钠类-3）

【英文名】 super absorbent resin (polyacrylate-3)

【别名】 新型聚丙烯酸（钠）类高吸水性树脂

【性质】 AC 高吸水树脂系聚丙烯酸（钠）类聚合物，呈白色粉末，吸水后呈透明凝胶。它具有优良的吸水、保水和缓释性能。无毒，无刺激性。

【制法】 本产品以丙烯酸为主要原料，丙烯酸在配制釜中先用氢氧化钠溶液中和。配制好的溶液加入聚合模，再加入交联剂及其他助剂，通氮气，加入引发剂，搅拌均匀后，静置聚合。聚合得到的凝胶聚合体切割、烘干、粉碎过筛，得到粉末状高吸水剂树脂。

也可用 ^{60}Co 辐射聚合与交联，经切片、干燥及粉碎而制成。

【质量标准】 中蓝晨光化工研究院企业标准（Q/E-01-43—90）如下。

指标名称		指　标
外观		白色粉末
过筛率(孔径 850μm)/%	≥	95
pH 值		7.0～8.0
含湿率/%		7
吸蒸馏水倍数/(g/g)	≥	400
吸合成尿倍数/(g/g)	≥	40
吸盐水倍数(0.9%NaCl)/(g/g)	≥	50

【用途】 AC 高吸水树脂可应用于工业、农林、建筑、医药卫生等领域。

用于水下换能器探测鱼群；用作香料缓释剂，室内空气洁净剂，去臭剂或某些药剂的基材或载体材料；用作医用保冷和蓄热材料，将高吸水树脂加入保冷或蓄热材料中，由于它的高吸水性使上述材料中自由水量减少，阻碍了液体的流动，使材料中热对流受到阻滞，因而成为良好的蓄热保冷材料，如制成冰袋、冰枕、冰帽和各种热敷袋、保暖手套等；用作医用敷料和药用制剂的基材；用作医用吸血、吸液性材料，如外科手术垫，医用垫褥；用于生理卫生用品，利用本产品的高吸水性，保水性好，在变压情况下挤不出水等特点，制作妇女卫生巾，儿童或老人、病人使用的一次性尿布，方便尿袋等；利用本产品制作吸收脚汗的鞋垫，防护帽内吸收汗液的内衬，制成哺乳期妇女的胸垫，一次性卫生餐巾，纸手帕以及旅行中擦手用的湿手帕等；用作土壤水分保持剂，减少灌溉；用于种子包衣，提高发芽率；苗木移栽用保水剂，提高成活率，适用于远距离输送树苗和干旱地区植树造林；还可与橡胶、塑料等掺混，开发吸水材料，如建筑用吸水，密封等材料，水中膨胀玩具等。

本产品可与其他材料掺混使用，也可单独使用。但不宜用于吸浓酸、浓碱及浓盐中的水。

【安全性】 本品无毒性。本法生产过程中除少量废水外，无废气和废渣排放，其废水经过回收等处理后可达到国家规定的标准。

本产品可用塑料桶或内层为塑料袋、外层为编织袋的双层包装。贮存于阴凉干燥处，贮存期为 1.5 年。按非危险品运输。

【生产单位】 中蓝晨光化工研究院（028-85589815）等。

Bj004 高吸水性树脂（聚丙烯酸钠类聚合物-4）

【英文名】 super absorbent resin (polyacrylate-4)

【别名】 新型聚丙烯酸钠类聚合物

【性质】 AC 高吸水树脂系聚丙烯酸（钠）聚合物，呈白色粉末，吸水后呈透明凝胶。具有优良的吸水、保水和缓释性能。无毒，无刺激性。

【产品质量标准】 企业标准 Q/E-01-43—90（成都有机硅研究中心）

指标名称		指标
外观		白色粉末
过筛率(孔径 850μm)/%	≥	95
pH值		7.0～8.0
含湿率/%	≤	7
吸蒸馏水倍数/(g/g)	≥	400
吸合成尿倍数/(g/g)	≥	40
吸盐水倍数(0.9%NaCl)/(g/g)	≥	50

【用途】 AC 高吸水树脂可应用于工业、农林、建筑、医药卫生等领域。用于水下换能器探测鱼群；用作香料缓释剂、室内空气洁净剂、去臭剂或某些药剂的基材或载体材料；用作医用保冷和蓄热材料，将高吸水树脂加入保冷或蓄热材料中，由于它的高吸水性使上述材料中自由水量减少，阻碍了液体的流动，使材料中热对流受到阻滞，因而成为良好的蓄热保冷材料，如制成冰袋、冰枕、冰帽和各种热敷袋、保暖手套等；用作医用敷料和药用制剂的基材；用作医用吸血、吸液性材料，如外科手术垫、医用垫褥；用于生理卫生用品，利用本产品的高吸水性和保水性，在变压情况下挤不出水来等特点用作妇女卫生巾、儿童（或老人、病人）使用的一次性尿布、方便尿袋等；利用本产品制作吸收脚汗的鞋垫、防护帽内吸收汗液的内衬、哺乳期妇女的胸垫、一次性卫生餐巾、纸手帕以及旅行中擦手用的湿手帕等；用作土壤水分保持剂，减少灌溉；用于种子包衣，提高发芽率；用作苗木移栽用保水剂，提高苗木成活率，适用于远距离输送树苗和干旱地区植树造林；还可与橡胶、塑料等掺混，开发吸水材料，如建筑用吸水和密封等材料、水中膨胀玩具等。

本产品可与其他材料掺混使用，也可单独使用。但不宜用于吸浓酸、浓碱及浓盐中的水。

【制法】 本产品以丙烯酸为主要原料，应用钴 60 辐射聚合与交联，经切片、干燥及粉碎而制成。本品无毒性。本法生产过程中除少量废水外，无废气和废渣排放，其废水经过回收等处理后可达到国家规定的标准。本产品可用塑料桶或内衬塑料袋的编织袋双层包装。贮存于阴凉干燥处，贮存期为一年半。按非危险品运输。

【生产单位】 成都有机硅研究中心。

Bj005 新颖实用无毒型超高吸水性树脂

【英文名】 new super absorbent polymer

【别名】 实用无毒超高吸水性树脂

【性质】 产品外观呈白色粉末状。它具有很强的吸水能力而不溶于水和有机溶剂，吸收蒸馏水率为 680mL/g。

【制法】 采用玉米淀粉、丙烯酸、丙烯酰胺经紫外线引发接枝聚合而制得。

工艺流程如下。

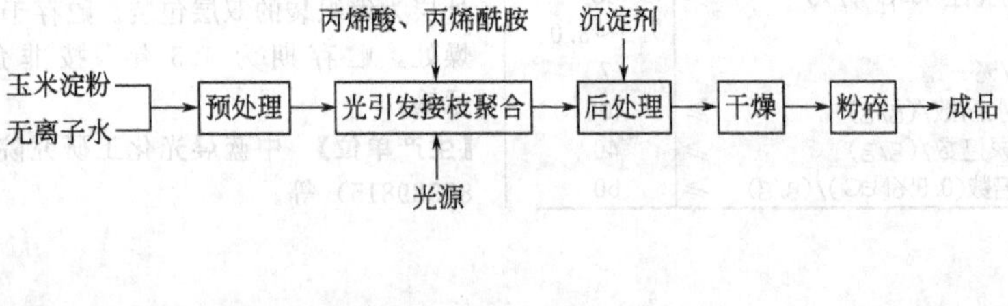

质量标准企业标准 Q/WHB 001—95 如下。

指标名称	指　标
外观	白色粉末状
粒度(100 目标准筛)	95%以上通过
吸水量/%　$<$	0.3
吸蒸馏水率/(mL/g)	680
吸 NaCl 水溶液率/(mL/g)	70

【用途】 本品目前主要用于生理卫生用品，如婴儿一次性尿不湿及高档妇女卫生巾，具有吸湿不湿的效果，制品吸收数百毫升液体后，即使用力挤压液体也不流出。本品用作农用保水剂，可提高农作物产量；用作农膜防雾剂，可提高透光率；用作种子涂覆剂，可提高出芽率。本品吸收农药、化肥后，具有控制释放作用，能提高药效、肥效。在工业上，本品可用作脱水剂、油水分离剂、干燥剂、增调剂、助燃剂、抗静电剂等。在电子工业中，它还可用于湿度传感器、水分测量传感器的生产。

本品无毒性。本法生产过程中除少量废水外，无废气和废渣排放，其废水经过回收等处理后可达到国家规定的标准。

产品可使用玻璃试剂瓶、铝箔塑料复合包装袋包装。玻璃试剂瓶应按防潮等要求封装，铝箔塑料复合袋填装后必须封合牢固。每瓶净重 500g 或 1kg；每袋净重 2kg 或 5kg。产品可采用木箱及纸箱作外包装，但运输时必须有遮盖物，避免日晒、雨淋、受热，搬运时应轻装轻放；产品应保存在干燥通风的仓库中，应离地面 10cm 以上，避免受潮。

【生产单位】 武汉化工学院等。

Bj006 丙烯酸-丙烯腈共聚物吸水剂

【英文名】 Acrylic-acrylonitrilen copolymer absorbent agent

【结构式】

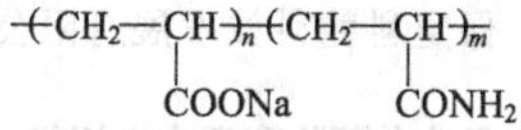

【产品性状及标准】 白色粉末，吸水倍数 173 (g/g)。

【制法】 配方：

丙烯酸	10g
水	30g
氢氧化钠(7mol/L)水溶液	21.8mL
聚乙二醇二丙烯酸酯	0.05g
过硫酸铵(1%)水溶液	0.3mL
三乙二胺(6%)水溶液	0.3mL

按上述配方，把丙烯酸、水、7mol/L 氢氧化钠水溶液加入反应器中，调整 pH 值为 10.2，然后加入丙烯腈、聚乙烯醇二丙烯酸酯，常温下，真空脱氧 5～10min，通氮气 1h，然后加入 1% 的过硫酸铵水溶液、6% 三乙醇胺水溶液，在搅拌下加热 40℃，聚合反应 4h，反应停止后，用水和甲醇混合液洗涤，于 50℃下干燥 24h，经粉碎为白色粉末。吸水率为 173 (g/g)。

【用途】 用于医疗卫生、农林园艺、土建工程、化工产品、食品等。

【安全性】 本品无毒性。本法生产过程中除少量废水外，无废气和废渣排放，其废水经过回收等处理后可达到国家规定的标准。

产品可使用玻璃试剂瓶、铝箔塑料复合包装袋包装。玻璃试剂瓶应按防潮等要求封装，铝箔塑料复合袋填装后必须封合牢固。每瓶净重 500g 或 1kg；每袋净重 2kg 或 5kg。产品可采用木箱及纸箱作外包装，但运输时必须有遮盖物，避免日晒、雨淋、受热，搬运时应轻装轻放；产品应保存在干燥通风的仓库中，应离地面 10cm 以上，避免受潮。

【生产单位】 大庆油田化学助剂厂，河北万全油田化学有限公司，北京市恒聚油田化学剂有限公司，无锡市新宇化工有限公司，中蓝晨光化工研究院，上海高桥浦江塑料厂，保定科翰科技发展有限公司。

Bj007　复合共聚物高吸水性树脂（A）型

【英文名】 high absorbent resin acrylic ac-rylamide copolymer（Ⅰ）

【别名】 丙烯酸-丙烯酰胺吸水性树脂

【结构式】

$$+CH_2-CH \frac{}{}_m CH_2+CH-CH\frac{}{}_n$$
$$\quad\quad COOH \quad\quad\quad CONH_2$$

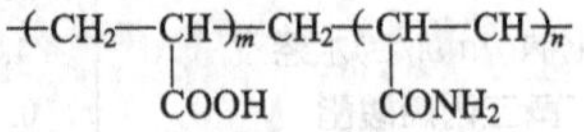

【产品性状及标准】 吸去离子水 650（g/g），吸蒸馏水 500（g/g），吸自来水 400（g/g），吸 0.9%氯化钠水溶液 65（g/g）。

【制法】

配方（质量份）	1	2
丙烯酸	48.1	90.1
丙烯酰胺	11.9	9.9
水	160	120
氢氧化钠	0.7	52.6
N,N'-亚甲基双丙烯酰胺	0.002	0.02
过硫酸铵	0.05	0.08
亚硫酸氢钠	0.05	

按上述配方，把丙烯酸、丙烯酰胺、蒸馏水，加入四口瓶中，搅拌使其溶解，用碱中和部分丙烯酸为 85%，同时加入交联剂 N,N'-亚甲基双丙烯酰胺和氧化还原引发剂，升温 60～80℃，反应 5h，产品变成棕色黏稠液体。将上述黏稠液体倒入烧杯中，水浴加热 80℃，反应 5～6h，生成白色固体，然后放入真空干燥箱中干燥、烘干、粉碎、过筛。

【用途】 用于农园林，还用作芳香剂载体、保冷材料、流体增黏剂、印染浆料、吸水纤维、化妆品湿度剂、医用软膏等。

【安全性】 本品无毒性。本法生产过程中除少量废水外，无废气和废渣排放，其废水经过回收等处理后可达到国家规定的标准。

产品可使用玻璃试剂瓶、铝箔塑料复合包装袋包装。玻璃试剂瓶应按防潮等要求封装，铝箔塑料复合袋填装后必须封合牢固。每瓶净重 500g 或 1kg；每袋净重 2kg 或 5kg。产品可采用木箱及纸箱作外包装，但运输时必须有遮盖物，避免日晒、雨淋、受热，搬运时应轻装轻放；产品应保存在干燥通风的仓库中，应离地面 10cm 以上，避免受潮。

【生产单位】 无锡市新宇化工有限公司，中蓝晨光化工研究院，武汉化工学院等。

Bj008　复合共聚物高吸水性树脂（B）型

【英文名】 high absorbent resin acrylic ac-rylamide copolymer（Ⅱ）

【别名】 丙烯酸-丙烯酰胺吸水性树脂

【结构式】

$$+CH_2-CH\frac{}{}_n (CH_2-CH\frac{}{}_m$$
$$\quad COONa \quad\quad\quad CONH_2$$

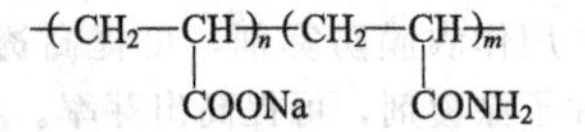

【产品性状及标准】 透明凝胶，吸水倍数 120（g/g）。

【制法】 配方（质量份）：

丙烯酸钙	15
丙烯酸甲酯	85
氯化钠	0.5
聚乙烯醇	2
水	100
过硫酸铵	2

按上述配方，把丙烯酸钙、丙烯酸甲酯、氯化钠、部分皂化聚乙烯醇及水投入反应器中，开动搅拌，充分混合，成为悬浮分散液，再加入引发剂过硫酸铵，再搅拌，该悬浮液在氮气中，滴到不锈钢加热滚筒上 170℃，转速 25r/min，干燥固体共聚物，吸水倍数为 120（g/g）。透明凝胶。

【用途】 用于医疗卫生、妇女卫生巾、儿童尿布、老年人尿袋、芳香剂、除臭剂、脱水剂、干燥剂等。

【安全性】 本品无毒性。本法生产过程中除少量废水外，无废气和废渣排放，其废水经过回收等处理后可达到国家规定的标准。

产品可使用玻璃试剂瓶、铝箔塑料复合包装袋包装。玻璃试剂瓶应按防潮等要求封装，铝箔塑料复合袋填装后必须封合牢固。每瓶净重 500g 或 1kg；每袋净重 2kg 或 5kg。产品可采用木箱及纸箱作外包装，但运输时必须有遮盖物，避免日晒、雨淋、受热，搬运时应轻装轻放；产品应保存在干燥通风的仓库中，应离地面 10cm 以上，避免受潮。

【生产单位】 北京市恒聚油田化学剂有限公司，保定科翰科技发展有限公司，无锡佳宝卫生材料厂，成都有机硅研究中心等。

Bj009 腈纶废丝水解法制备高吸水性树脂（Ⅰ）

【英文名】 super water absorbent resin prepared by synthelizing polyacrylonitrile wastefiber（Ⅰ）

【结构式】

$$\left[CH_2-\underset{\underset{CN}{|}}{CH}\right]_n$$

【产品性状及标准】

吸蒸馏水/(g/g)	477
吸 0.9%氯化钠水溶液/(g/g)	55
吸自来水/(g/s)	142

【制法】 1. 聚丙烯腈的水解

聚丙烯腈：氢氧化钠：自来水＝1：0.6：10。

按上述配方，把聚丙烯腈废丝、氢氧化钠和水装入三口瓶中，升温 90℃，反应 7h，腈纶丝由浅色变为黄色，后又变成橙红色，同时有氨气放出，注意回收氨气，随反应继续进行，颜色又开始变浅，直至纤维状消失，最后变成乳白色黏稠液体。

2. 水解产物的交联

称取 4g 水解产物于 50℃烧杯中，用 5mol/L 盐酸中和，然后，慢滴加 8ml 10% 三氯化铝溶液，使水解产物交联，并充分搅拌，使三氯化铝分散均匀，最后得到胶状水溶液，将其真空干燥，得高吸水树脂。

【用途】 用于医疗卫生、工业脱水、干燥等。

【安全性】 本品无毒性。本法生产过程中除少量废水外，无废气和废渣排放，其废水经过回收等处理后可达到国家规定的标准。产品可使用玻璃试剂瓶、铝箔塑料复合包装袋包装。玻璃试剂瓶应按防潮等要求封装，铝箔塑料复合袋填装后必须封合牢固。每瓶净重 500g 或 1kg；每袋净重 2kg 或 5kg。产品可采用木箱及纸箱作外包装，但运输时必须有遮盖物，避免日晒、雨淋、受热，搬运时应轻装轻放；产品应保存在干燥通风的仓库中，应离地面 10cm 以上，避免受潮。

【生产单位】 陕西华光实业有限公司，无锡新宇化工有限公司，中蓝晨光化工研究院，如皋市科力化工厂等。

Bj010 腈纶废丝水解法制备高吸水性树脂（Ⅱ）

【英文名】 super water absorbent resin prepared by synthelizing polyacrylonitrile fiber waste（Ⅱ）

【结构式】

$$\left[CH_2-\underset{\underset{CN}{|}}{CH}\right]_n$$

【产品性状及标准】

颜色	乳白色
pH 值	7
粒度/mg	50～100
吸水率为/(g/g)	500
吸盐水率为/(g/g)	60
吸水速度为/min	2.5

【制法】 配方：

腈纶废丝	10g
氢氧化钠(10%)	100mL
甲醛溶液(0.5mol/L)	1.5mL
乙醇	300mL

按上述配方，把腈纶丝加入装有

100mL 10%的氢氧化钠的三口瓶中，缓慢加热至沸腾并在该温度下维持水解反应4h，然后，用10%盐酸水溶液，将反应介质pH值调整至6～7，再加入交联剂(5mol/L)甲醛溶液1.5mL，并于100℃回流交联反应2h，将交联后的聚合物慢慢倒入300mL乙醇的烧杯中，倾倒上层清液后得到黏稠的交联聚合物，沉淀，该聚合物置于白盘中，物料厚度为5mm，放入烘箱中烘干，其温度为160℃干燥2h，再于80℃烘干12h，干燥后的产物经粉碎，过筛可得80mg的吸水树脂。

【用途】 用于农林园艺、土建工程、包装材料、医疗卫生等。

【安全性】 本品无毒性。本法生产过程中除少量废水外，无废气和废渣排放，其废水经过回收等处理后可达到国家规定的标准。产品可使用玻璃试剂瓶、铝箔塑料复合包装袋包装。玻璃试剂瓶应按防潮等要求封装，铝箔塑料复合袋填装后必须封合牢固。每瓶净重500g或1kg；每袋净重2kg或5kg。产品可采用木箱及纸箱作外包装，但运输时必须有遮盖物，避免日晒、雨淋、受热，搬运时应轻装轻放；产品应保存在干燥通风的仓库中，应离地面10cm以上，避免受潮。

【生产单位】 北京市恒聚油田化学剂有限公司，保定科翰科技发展有限公司，无锡佳宝卫生材料厂，成都有机硅研究中心等。

Bj011 *N*,*N*′亚甲基双丙烯酰胺交联聚丙烯酰胺高吸水性树脂

【英文名】 *N*,*N*′-methylene diacrylamide crosslink polyacrylamide high water absorbent resin

【结构式】

$$\left[CH_2-\underset{\displaystyle CONH_2}{\underset{|}{CH}}\right]_n$$

【产品性状及标准】 粉末状，非离子型吸水能力为2000 (g/g)。

【制法】 丙烯酰胺在引发剂引发下进行聚合反应，得到聚丙烯酰胺，再加入交联剂得到高水性树脂，聚丙烯酰胺是非离子型，酰胺基是亲水性基团，可以用交联剂交联，然后，加碱水解，使酰胺基转化成羧酸基。

配方：

50%丙烯酰胺水溶液	20g
N,*N*′-亚甲基双丙烯酰胺	0.05～0.42
6%乙醇胺水溶液	0.25mL
去离子水	40g
过硫酸铵	0.25mL

按上述配方，将丙烯酰胺、去离子水、*N*,*N*′-亚甲基双丙烯酰胺，投入反应器中，常温下抽真空5～10min，通氮气赶走氧气1h，然后，加入1%过硫酸铵溶液、6%三乙醇胺水溶液，在搅拌下加热40℃，聚合4h，反应后，用水甲醇混合液洗涤，在50℃下减压干燥24h，粉碎。

【用途】 用于化妆品的增稠剂、空气新鲜剂、固体芳香剂、除臭剂、用于医疗卫生等。

【安全性】 本品无毒性。本法生产过程中除少量废水外，无废气和废渣排放，其废水经过回收等处理后可达到国家规定的标准。产品可使用玻璃试剂瓶、铝箔塑料复合包装袋包装。玻璃试剂瓶应按防潮等要求封装，铝箔塑料复合袋填装后必须封合牢固。每瓶净重500g或1kg；每袋净重2kg或5kg。产品可采用木箱及纸箱作外包装，但运输时必须有遮盖物，避免日晒、雨淋、受热，搬运时应轻装轻放；产品应保存在干燥通风的仓库中，应离地面10cm以上，避免受潮。

【生产单位】 北京市恒聚油田化学剂有限公司，无锡市新宇化工有限公司，中蓝晨光化工研究院，上海高桥浦江塑料厂，保定科翰科技发展有限公司。

Bj012 丙烯酸-醋酸乙烯共聚物吸水剂

【英文名】 acrylic acid-vinyl acetate copolymer

【结构式】

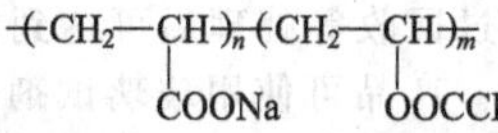

【产品性状及标准】 淡黄色粉末，吸水倍数 440～700（g/g）。

【制法】 配方（质量份）：

丙烯酸钠	38
醋酸乙烯酯	53
硫酸钠	3.7
聚乙烯醇	1.1
水	150
过硫酸铵	2

按上述配方，将丙烯酸钠、醋酸乙烯酯、硫酸钠、完全皂化的聚乙烯醇及水加入三口瓶中，开动搅拌，使其混合均匀，然后加入过硫酸铵引发剂，继续搅拌，加快搅拌速度，然后，倒在圆盘上，圆盘表面加热 200℃，然后以 6m/min 的速度喷出，得淡黄色粉末。

【安全性】 本品无毒性。本法生产过程中除少量废水外，无废气和废渣排放，其废水经过回收等处理后可达到国家规定的标准。产品可使用玻璃试剂瓶、铝箔塑料复合包装袋包装。玻璃试剂瓶应按防潮等要求封装，铝箔塑料复合袋填装后必须封合牢固。每瓶净重 500g 或 1kg；每袋净重 2kg 或 5kg。产品可采用木箱及纸箱作外包装，但运输时必须有遮盖物，避免日晒、雨淋、受热，搬运时应轻装轻放；产品应保存在干燥通风的仓库中，应离地面 10cm 以上，避免受潮。

【生产单位】 无锡市新宇化工有限公司，中蓝晨光化工研究院，武汉化工学院等。

Bj013 新型吸水性发泡树脂

【英文名】 absorbent foam resin

【产品性状及标准】 表观密度为 22.7kg/cm^3，开孔率 90%以上，保水率为 80%的硬质酚醛发泡树脂。

【制法】 （1）树脂的合成配方（g）

甲醛溶液(30%)	300
NaOH(40%)	2.2mL
苯酚	188

（2）树脂发泡配方（g）

树脂	100
乙氧基蓖麻油	3.0
对甲苯磺酸	4.5mL
十二烷基硫酸钠	10
正丁烷	14mL
1：1 盐酸	1.7mL

在 500mL 三口瓶中，加入 30%甲醛溶液 300g，在搅拌下加入苯酚 188g，及 40%NaOH 2.2mL，加热至回流，反应 2h，用玻璃棒蘸反应液在饱和食盐水中形成球形下沉时，即为反应终点，此时加入 1：1 盐酸 1.7mL，调整反应液 pH 值为 6～7，当温度为 70℃时，进行减压蒸馏，脱水 50g，得到含固量为 80%，黏度为 7000Pa・s。

（3）树脂发泡 取树脂 100g、十二烷基硫酸钠 1.0g、乙氧基化蓖麻油 3.0g、正丁烷 14mL、对甲苯磺酸 4.5ml，搅拌均匀后，放入烘箱中 50～55℃、发泡，约 30min 发泡和硬化。可得到表观密度 Z2.7kg/cm^3，开孔率 90%以上，保水率为 80%的硬质酚醛发泡树脂。

【用途】 用于发泡树脂。

【安全性】 本品无毒性。本法生产过程中除少量废水外，无废气和废渣排放，其废水经过回收等处理后可达到国家规定的标准。产品可使用玻璃试剂瓶、铝箔塑料复合包装袋包装。玻璃试剂瓶应按防潮等要求封装，铝箔塑料复合袋填装后必须封合牢固。每瓶净重 500g 或 1kg；每袋净重 2kg 或 5kg。产品可采用木箱及纸箱作外包装，但运输时必须有遮盖物，避免日晒、雨淋、受热，搬运时应轻装轻放；产品应保存在干燥通风的仓库中，应离地面 10cm 以上，避免受潮。

【生产单位】 陕西华光实业有限公司，无锡新宇化工有限公司，中蓝晨光化工研究院，如皋市科力化工厂等。

Bj014 聚丙烯酸甲酯高吸水性树脂

【英文名】 high water absorbent resin polymethylacrylate

【结构式】

$$\mathrm{+CH_2-\underset{\displaystyle COOCH_3}{\underset{|}{CH}}+_n}$$

【产品性状及标准】 白色粉末，吸去离子水 1150（g/g），吸合成尿 85（g/g），吸合成血 83（g/g），吸 0.9%氯化钠水溶液 90（g/g）。

【制法】 (1) 三乙二醇双丙烯酸酯的合成 配方：

三乙二醇	1mol
丙烯酸	2mol

在氧化铜、硫酸、苯存在下，将 1mol 的三乙二醇和 2mol 的丙烯酸加入反应釜中，于 80～98℃进行酯化反应，至脱水量为理论量相当量为止，加入活性炭脱色，用氢氧化钠的饱和氯化钠水溶液调整 pH 值至 7～8，再用饱和氯化钠水溶液洗涤数次，减压蒸馏，三乙二醇双丙烯酸酯的收率为 72%。

(2) 部分水解聚丙烯酸甲酯 在反应器中加入水、氯化钠和分散剂，搅拌均匀，再加入引发剂、交联剂、丙烯酸甲酯，搅拌于 50～90℃反应 2～10h，反应完毕后，进行过滤，聚合物粉末置于反应器中，加入有机溶剂，添加 50%氢氧化钠溶液，在 50～80℃，水解 1～10h，过滤，用有机溶剂洗涤数次，于真空 60℃干燥烘干，得白色粉末。

【用途】 可用于石油、化工、轻工、建筑、医药卫生和农业部门、医疗卫生材料、包装材料、密封材料等。

【安全性】 本品无毒性。本法生产过程中除少量废水外，无废气和废渣排放，其废水经过回收等处理后可达到国家规定的标准。产品可使用玻璃试剂瓶、铝箔塑料复合包装袋包装。玻璃试剂瓶应按防潮等要求封装，铝箔塑料复合袋填装后必须封合牢固。每瓶净重 500g 或 1kg；每袋净重 2kg 或 5kg。产品可采用木箱及纸箱作外包装，但运输时必须有遮盖物，避免日晒、雨淋、受热，搬运时应轻装轻放；产品应保存在干燥通风的仓库中，应离地面 10cm 以上，避免受潮。

【生产单位】 珠海得米化工有限公司，广东工业大学轻工化工学院，如皋市科力化工厂等。

Bj015 吸水性聚苯乙烯泡沫

【英文名】 rabsorbent polystyrene foam

【结构式】

$$\mathrm{+CH_2-CH_2+_n}$$

【产品性状及标准】 它对金枪鱼解冻时的水滴能很有效地吸收。

【制法】 配方（质量份）：

聚苯乙烯	100
碳酸氢钠	0.4
柠檬酸钠	0.4
粉状丙烯酸钠及其酯的共聚物	10
膨润土	30

把以上组分充分混合，注入正丁烷，于 205℃下，挤出得到发泡倍数为 15 倍，厚 1mm 的片材等。

【用途】 用于制造鲜肉或水果盘于等。

【安全性】 本品无毒性。本法生产过程中除少量废水外，无废气和废渣排放，其废水经过回收等处理后可达到国家规定的标准。

产品可使用玻璃试剂瓶、铝箔塑料复

合包装袋包装。玻璃试剂瓶应按防潮等要求封装，铝箔塑料复合袋填装后必须封合牢固。每瓶净重 500g 或 1kg；每袋净重 2kg 或 5kg。产品可采用木箱及纸箱作外包装，但运输时必须有遮盖物，避免日晒、雨淋、受热，搬运时应轻装轻放；产品应保存在干燥通风的仓库中，应离地面 10cm 以上，避免受潮。

【生产单位】 北京市恒聚油田化学剂有限公司，保定科翰科技发展有限公司，无锡佳宝卫生材料厂，成都有机硅研究中心等。

Bj016 JJ 系交联型聚丙烯胺

【英文名】 polyacrylamide absorbent gel JJ

【别名】 FH 与 JJ 高吸水树脂❶；FH 系丙烯酰胺与无机矿物质复合聚合物。

【性质】 FH 高吸水树脂系丙烯酰胺与无机矿物复合聚合物，呈灰褐色粉末，吸水后呈白色凝胶，具有优良的吸水、保水和缓释性能，无毒、无刺激性。JJ 高吸水树脂外观呈白色粉末，吸水后呈透明凝胶。在土壤中不易分解，有优良的吸水、保水和缓释性能，无毒、无刺激性。

【质量标准】

企业标准（黑龙江省科学院技术物理研究所科成鉴字 851209 号）

指标名称	指　　标
外观	FH 呈灰褐色粉末；JJ 呈白色粉末
粒度/目	20～100
pH 值	7.0～8.0
含湿率/%　　≤	7
吸蒸馏水倍数	几倍、几十倍、几百倍至 1500 倍
吸合成尿倍数/(g/g)　≥	50
吸生理盐水倍数/(g/g)　≥	60
吸合成血倍数/(g/g)　≥	50

【用途】 FH 与 JJ 高吸水树脂可应用于工业、农林、建筑、医疗、卫生、日化等领域。

FH 高吸水树脂由于在原料中引进了无机矿物质，使成本降低 20%～30%，现已开发应用于油田作调剖剂、堵水剂和堵漏剂，在东北几大油田（大庆、吉林、辽河）130 多口井调剖现场试验，有显著增油效果，有效期半年以上，投入产出比 1：10。由于这些产品吸水倍数高，在农林业作保水剂，有明显抗旱、保苗和增产效果，经小区试验，甜菜移栽成活率提高 10%，甜菜根增重 25%，含糖量提高 0.5%；大豆增产 20%；树苗移栽成活率 95%以上提高 4%～14%。此外，可用作电池防漏剂；生物学试验中作脱水剂；室内空气洁净剂、香料缓释剂；蓄热保冷材料；在医疗上作吸血吸液材料如外科手术垫等；卫生用品作妇女卫生巾、儿童、老人或病人使用的一次性尿布、方便尿袋等，还可以与橡胶、塑料掺混，作建筑用吸水密封材料等。本材料不宜用于吸浓酸、浓碱及浓盐中的水。

【制法】 本产品以丙烯酰胺及无机矿物质为主要原料，应用钴 60 辐射聚合交联，经造粒、干燥及粉碎而成。

【安全性】 本品无毒性。本法生产过程中除少量废水外，无废气和废渣排放，其废水经过回收等处理后可达到国家规定的标准。

【生产单位】 黑龙江省科学院技术物理研究所。

---

❶ FH 与 JJ 高吸水树脂，1986 年获国家“六五”科技攻关成果奖；1987 年 1 月获国家发明专利权，专利号 85102156.5；1988 年 8 月获黑龙江省优秀新产品“黑龙奖”；1990 年 4 月获全国首届科技贷款成果展览会“金箭优秀奖”；1992 年获黑龙江省科技进步三等奖。

Bj017 高吸水性树脂与聚氯乙烯共混物

【英文名】 blend of super warer absorbent resin with PVC

【产品性状及标准】 共混吸水率为6.13%，吸水率为21.1(g/g)，断裂伸长率为63%，拉伸强度为1.89MPa，H（MA-Vac）吸去离子水为1100(g/g)，吸自来水为400(g/g)，吸合成血为82(g/g)，吸合成尿为84(g/g)，吸0.9%氯化钠水溶液为50(g/g)。

【制法】 配方（质量份）：

醋酸乙烯酯-丙烯酸甲酯	20～80
聚氯乙烯	100
碳酸钙	25～50
邻苯二甲酸二丁酯	38

按以上配方，把吸水性树脂、聚氯乙烯、增塑剂邻苯二甲酸二丁酯、稳定剂、润滑剂等组分置于混合器中进行混均匀，于60℃在双辊炼机上混炼一定时间后拉伸。

将拉伸片切成片并叠成一定厚度，置于模框中放到SL-45型平板压机上，预热15min，再加压并保压一定时间，冷却至50℃取出，得到所需要的高吸水性树脂与聚氯乙烯共混物软片。

【用途】 用于国民经济的各部门，作脱水剂、保水剂、干燥剂、保鲜剂、增稠剂、土壤改良剂等。

【安全性】 本品无毒性。本法生产过程中除少量废水外，无废气和废渣排放，其废水经过回收等处理后可达到国家规定的标准。

产品可使用玻璃试剂瓶、铝箔塑料复合包装袋包装。玻璃试剂瓶应按防潮等要求封装，铝箔塑料复合袋填装后必须封合牢固。每瓶净重500g或1kg；每袋净重2kg或5kg。产品可采用木箱及纸箱作外包装，但运输时必须有遮盖物，避免日晒、雨淋、受热，搬运时应轻装轻放；产品应保存在干燥通风的仓库中，应离地面10cm以上，避免受潮。

【生产单位】 唐山博亚科技发展有限公司，青海新型高分子材料有限公司，无锡市新宇化工有限公司等。

Bj018 微波法合成的阳离子高吸水性树脂

【英文名】 super absorbent resin synthesized by mirowave cation ion radiation

【产品性状及标准】 吸水率为810(g/g)，对10%醇水溶液的吸水率为770(g/g)，对0.9%的盐水溶液的吸液率为150(g/g)。

【制法】 将一定的甲基丙烯酸二甲氨基乙酯、丙烯酰胺、水加入反应器中，用水浴加热，开动搅拌，用盐酸调整pH值，再加入交联剂*N*,*N'*-亚甲基双丙烯酰胺、引发剂偶氮二异丁腈，充分搅拌后倒入特制的反应器中，放入微波炉，通氮气30min，按一定的辐射强度和辐射时间进行微波辐射至反应物聚合，然后，冷却、烘干、粉碎得到阳离子高吸水性树脂。

【用途】 水溶性阳离子聚电解质已成为很多部门的重要材料和添加剂。在石油工业、造纸、环境保护等行业都有应用等。

【安全性】 本品无毒性。本法生产过程中除少量废水外，无废气和废渣排放，其废水经过回收等处理后可达到国家规定的标准。

产品可使用玻璃试剂瓶、铝箔塑料复合包装袋包装。玻璃试剂瓶应按防潮等要求封装，铝箔塑料复合袋填装后必须封合牢固。每瓶净重500g或1kg；每袋净重2kg或5kg。产品可采用木箱及纸箱作外包装，但运输时必须有遮盖物，避免日晒、雨淋、受热，搬运时应轻装轻放；产品应保存在干燥通风的仓库中，应离地面10cm以上，避免受潮。

【生产单位】　北京市恒聚油田化学剂有限公司，保定科瀚科技发展有限公司，无锡佳宝卫生材料厂等。

Bj019　聚甲基丙烯酸吸水性聚合物

【英文名】　polymethacrylate water absorbent polymer

【结构式】

$$\begin{array}{c} CH_3 \\ | \\ \text{—}C\text{—}CH_2\text{—}{\vphantom{)}}_n \\ | \\ COOMe \end{array}$$

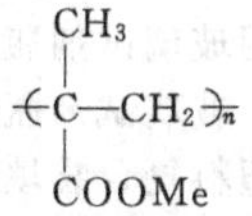

【产品性状及标准】　粒径 $358\mu m$，吸水能力为 $926(g/g)$，吸 0.9％氯化钠水溶液 $69(g/g)$。

【制法】　高吸水性聚合物是由甲基丙烯酸单体的铵盐或金属盐在交联剂脂肪羧酸山梨糖醇酯的存在下，形成水包油反相悬浮聚合。

配方（g）：

甲基丙烯酸	52.7
N,N'-亚甲基双丙烯酰胺	0.0119
羟乙基纤维素	0.678
过硫酸钾	0.18
环己烷	137
山梨糖醇硬脂肪酸酯	0.509

按上述配方，把丙烯酸投入反应器中，加入 25％氢氧化钠中和部分丙烯酸，然后，加入交联剂 N,N'-亚甲基双丙烯酰胺、羟乙基纤维素、引发剂过硫酸钾、搅拌混合均匀。

另取一四口瓶加入环己烷、山梨糖醇脂肪酸酯，充分混合，慢慢地再加入丙烯酸混合液，升温至 $65\sim70℃$，反应 1h，出现聚合物粒子，回流 4h，除去水，得聚合物粒子，直径 $355\mu m$，凝胶强度为 $6.4g/cm^2$，吸 0.9％氯化钠水溶液 $69(g/g)$，吸水能力为 $926(g/g)$。

【用途】　用于农业园林、土壤改良、沙漠改造、植树造林、林木沾根、抗旱保水等。

【安全性】　本品无毒性。本法生产过程中除少量废水外，无废气和废渣排放，其废水经过回收等处理后可达到国家规定的标准。

产品可使用玻璃试剂瓶、铝箔塑料复合包装袋包装。玻璃试剂瓶应按防潮等要求封装，铝箔塑料复合袋填装后必须封合牢固。每瓶净重 500g 或 1kg；每袋净重 2kg 或 5kg。产品可采用木箱及纸箱作外包装，但运输时必须有遮盖物，避免日晒、雨淋、受热，搬运时应轻装轻放；产品应保存在干燥通风的仓库中，应离地面 10cm 以上，避免受潮。

【生产单位】　如皋市科力化工厂，无锡市新宇化工有限公司，中蓝晨光化工研究院等。

Bj020　球状醋酸乙烯-丙烯酸甲酯吸水性聚合物

【英文名】　sphericalvinyl acetate-methylacrylate high water absorbent polymer

【结构式】

$$\text{—}CH_2\text{—}CH\text{—}{\vphantom{)}}_n\ CH_2\text{—}CH\text{—}{\vphantom{)}}_m$$
$$OOCCH_3 \qquad COCH_3$$

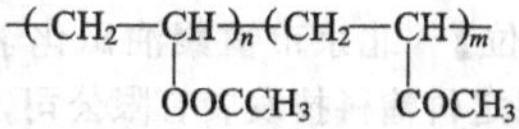

【产品性状及标准】　颗粒呈球形，粒径 $0.5\sim3mm$。

配方：

醋酸乙烯酯	38mL
丙烯酸甲酯	62mL
过硫酸钾	1.5％
N,N'-亚甲基双丙烯酰胺	0.5％
聚乙烯醇	0.5％
亚甲基蓝(1％)	0.5mL

【制法】　按上述配方，在四口瓶中加入水、分散剂、助分散剂加热使其溶解，将单体置于锥形瓶中并加入引发剂、交联剂 N,N'-亚甲基双丙烯酰胺、亚甲基蓝水相阻聚剂，两边同时通氮气赶走氧气，然后，将单体快速加入到四口瓶中，升温 $55℃$，反应 6h，冷却出料，将产物烘干

并和脱水剂、氢氧化钠一起加入到四口瓶中，在60℃下反应6h，冷却出料或者甲基丙烯酸甲酯与醋酸乙烯酯以62∶38（摩尔比）在苯溶剂中，用过氧化苯甲酰引发，得到聚合物，在甲醇中分散，用40%氢氧化钠水溶液进行水解，再用丙酮洗涤后，在水中溶解，干燥。

【用途】 用于土壤改良、污泥固化、水果蔬菜保鲜等。

【安全性】 本品无毒性。本法生产过程中除少量废水外，无废气和废渣排放，其废水经过回收等处理后可达到国家规定的标准。

产品可使用玻璃试剂瓶、铝箔塑料复合包装袋包装。玻璃试剂瓶应按防潮等要求封装，铝箔塑料复合袋填装后必须封合牢固。每瓶净重500g或1kg；每袋净重2kg或5kg。产品可采用木箱及纸箱作外包装，但运输时必须有遮盖物，避免日晒、雨淋、受热，搬运时应轻装轻放；产品应保存在干燥通风的仓库中，应离地面10cm以上，避免受潮。

【生产单位】 北京市恒聚油田化学剂有限公司，保定科翰科技发展有限公司，无锡佳宝卫生材料厂，成都有机硅研究中心等。

Bj021 微波法合成的两性高吸水性树脂

【英文名】 amphoteric super absorbent resin synthesized by microwave radiation

【产品性状及标准】

吸水率为/(g/g)	1060
吸0.9%盐水液为/(g/g)	170
对50%甲醇溶液的吸液率为/(g/g)	280

【制法】 称取一定量的DM和一定量的丙烯酸放入反应器中，加水后放入冰浴中，在搅拌下加入亚硫氢酸钠，用盐酸调节pH值，再加入交联剂N,N'-亚甲基双丙烯酰胺、引发剂偶氮二异丁腈，充分搅拌后倒入特制的反应器中，放入微波炉通氮气30min，在一定量的辐射强度下照射一定的时间反应物聚合完成后取出冷却，烘干，粉碎得到两性高吸水性树脂。

【用途】 用于园林、农业、土建、化工、日用化学品工业等。

【安全性】 本品无毒性。本法生产过程中除少量废水外，无废气和废渣排放，其废水经过回收等处理后可达到国家规定的标准。

产品可使用玻璃试剂瓶、铝箔塑料复合包装袋包装。玻璃试剂瓶应按防潮等要求封装，铝箔塑料复合袋填装后必须封合牢固。每瓶净重500g或1kg；每袋净重2kg或5kg。产品可采用木箱及纸箱作外包装，但运输时必须有遮盖物，避免日晒、雨淋、受热，搬运时应轻装轻放；产品应保存在干燥通风的仓库中，应离地面10cm以上，避免受潮。

【生产单位】 无锡佳宝卫生材料厂。

Bj022 茚顺-二乙烯基苯共聚物吸水性树脂

【英文名】 indene-mateic anhydhde-divinyl benzene copolymer water absorbent resin

【产品性状及标准】 粉末状，吸水率为200～400(g/g)。

【制法】 配方(g)：

茚	54
二乙烯基苯	0.5
苯	500
马来酸酐	46
偶氮二异丁腈	0.3

按上述配方，把茚、马来酸酐、二乙烯基苯投入反应器中，搅拌混合均匀，使它溶在500g苯中，用通氮气保护，不断搅拌加入偶氮二异丁腈，在60℃下反应4h，过滤、洗涤、干燥，得高吸水性树脂。

【用途】 用于保水材料、蓄水材料、医疗卫生材料等。

【安全性】 本品无毒性。本法生产过程中除少量废水外，无废气和废渣排放，其废水经过回收等处理后可达到国家规定的标准。

产品可使用玻璃试剂瓶、铝箔塑料复合包装袋包装。玻璃试剂瓶应按防潮等要求封装，铝箔塑料复合袋填装后必须封合牢固。每瓶净重 500g 或 1kg；每袋净重 2kg 或 5kg。产品可采用木箱及纸箱作外包装，但运输时必须有遮盖物，避免日晒、雨淋、受热，搬运时应轻装轻放；产品应保存在干燥通风的仓库中，应离地面 10cm 以上，避免受潮。

【生产单位】 北京市恒聚油田化学剂有限公司，保定科翰科技发展有限公司，无锡佳宝卫生材料厂，成都有机硅研究中心等。

Bj023 高度吸水的阳离子树脂

【英文名】 high water absorbent catbn exchange resin

【结构式】

$$-\!\!\left(\mathrm{CH_2-\underset{\displaystyle COOR}{CH}}\right)_n\!\!\left(\mathrm{CH_2-\underset{\displaystyle CONH_2}{CH}}\right)_m$$

【产品性状及标准】 树脂不溶于水，但能吸几千倍于自身质量的水。

【制法】 该树脂采用 100 份质量的 A 单体组分，0.05～0.1 份的质量的 B 组分进行共聚合的方法。A 组分包括 A_1 和 A，两部分。A_1 含叔丁基的或季铵基乙烯类单体；A_2 丙烯酸酰胺；A_1+A_2 =(35～100)：(75～0) 摩尔比。B 是水溶性或溶于水的化合物，包括 *N*,*N'*-亚甲基双丙烯酰胺，pH 值为 3～7 的含水溶液中进行，使用氧化还原型或偶氮型引发剂。

配方 (g)：

甲基丙烯酸二甲基氨基乙酯	41.3
丙烯酸酰胺	18.7
水	140
N,*N'*-亚甲基双丙烯酰胺	0.03
2,2-偶氮双(2-甲基丙基脒)二盐酸盐	0.03
盐酸	27.4

【制法】 按上述配方，将甲基丙烯酸二甲基氨基乙酯、丙烯酰胺加入三口瓶中，然后，加入蒸馏水，使其溶解，加入盐酸调节 pH 值为 4，再加入 *N*,*N'*-亚甲基双丙烯酰胺和引发剂 2,2'-偶氮双 (2-甲基丙基脒) 二盐酸盐，加热 50℃进行聚合反应 2h。

【用途】 医疗材料、止水材料和包装材料等。

【安全性】 本品无毒性。本法生产过程中除少量废水外，无废气和废渣排放，其废水经过回收等处理后可达到国家规定的标准。

产品可使用玻璃试剂瓶、铝箔塑料复合包装袋包装。玻璃试剂瓶应按防潮等要求封装，铝箔塑料复合袋填装后必须封合牢固。每瓶净重 500g 或 1kg；每袋净重 2kg 或 5kg。产品可采用木箱及纸箱作外包装，但运输时必须有遮盖物，避免日晒、雨淋、受热，搬运时应轻装轻放；产品应保存在干燥通风的仓库中，应离地面 10cm 以上，避免受潮。

【生产单位】 陕西华光实业有限公司，无锡市新宇化工有限公司，中蓝晨光化工研究院，如皋科力化工厂等。

Bj024 辐射法制备的超级复合吸水材料

【英文名】 super absorbent composite prepared by iradiation methed

【结构式】

$$-\!\!\left(\mathrm{CH_2-\underset{\displaystyle COONa}{CH}}\right)_n$$

【产品性状及标准】

吸水能力可达 1500～200 (g/g)。

【制法】 配方：

丙烯酸浓度	30%
N,*N'*-亚甲基双丙烯酰胺	1×10^{-4}
丙烯酸中和度	70%

将蒙脱土水溶液加入反应釜中，然后用一定的氢氧化钠中和丙烯酸溶液，中和度为 70%，然后，加入 *N*,*N'*-亚甲基双

丙烯酰胺，放置数小时，然后，通入氮气置换体系中的氧气，然后用电子加速器9MeV的电子束进行辐射，照射后的样品经处理得到。

【用途】 用于医疗卫生材料、止水材料、隔水材料、防结露材料、脱水剂等。

【安全性】 本品无毒性。本法生产过程中除少量废水外，无废气和废渣排放，其废水经过回收等处理后可达到国家规定的标准。

产品可使用玻璃试剂瓶、铝箔塑料复合包装袋包装。玻璃试剂瓶应按防潮等要求封装，铝箔塑料复合袋填装后必须封合牢固。每瓶净重500g或1kg；每袋净重2kg或5kg。产品可采用木箱及纸箱作外包装，但运输时必须有遮盖物，避免日晒、雨淋、受热，搬运时应轻装轻放；产品应保存在干燥通风的仓库中，应离地面10cm以上，避免受潮。

【生产单位】 江苏国达高分子材料有限公司。

Bj025 具有良好吸水性和保水性的聚乙烯泡沫

【英文名】 polyethylene foam with excellent water absorbent and water retaining property

【结构式】

$$\left[CH_2-CH_2\right]_n$$

【产品性状及标准】

该材料在水中浸泡24h后吸水率为15%。

生产工艺：由乙烯聚合物、吸水聚合物、发泡剂、交联剂经混合、加热，膨胀而成。

配方：

乙烯-醋酸乙烯酯共聚物	82%
聚合物催化剂1,3-双(叔丁基过氧化异丙基)苯	1.5%
偶氮二异丁腈	8.5%
聚丙烯酸钠	8.5%

【制法】 把上述组分在捏合机充分混合，在温度为90～120℃和一定压力下模塑制成泡沫材料，该泡沫材料在水中浸泡24h后其吸水率为15%。

【用途】 制作盘子等。

【安全性】 本品无毒性。本法生产过程中除少量废水外，无废气和废渣排放，其废水经过回收等处理后可达到国家规定的标准。产品可使用玻璃试剂瓶、铝箔塑料复合包装袋包装。玻璃试剂瓶应按防潮等要求封装，铝箔塑料复合袋填装后必须封合牢固。每瓶净重500g或1kg；每袋净重2kg或5kg。产品可采用木箱及纸箱作外包装，但运输时必须有遮盖物，避免日晒、雨淋、受热，搬运时应轻装轻放；产品应保存在干燥通风的仓库中，应离地面10cm以上，避免受潮。

【生产单位】 保定科翰科技发展有限公司，北京市恒聚油田化学剂有限公司，无锡市新宇化工有限公司，中蓝晨光化工研究院，上海高桥浦江塑料厂。

Bj026 高吸水性纤维复合体

【英文名】 complex of super warer absorbent resin nature fabric

【产品性状及标准】 吸去离子水80g/g，吸0.9%氯化钠水溶液22g/g。

【制法】 配方：

丙烯酸	50%～55%
氢氧化钠	适量
过硫酸钾	0.01%～1%
N,*N*′-亚甲基双丙烯酰胺	0.001%～0.5%
吐温(70%吐温-60＋30%吐温-61)	适量

按上述配方，把丙烯酸加入反应器中，搅拌，缓慢滴加一定浓度的氢氧化钠水溶液进行部分皂化中和反应，中和度为75%～80%，然后，加入引发剂过硫酸钾、交联剂*N*,*N*′-亚甲基双丙烯酰胺和表面活性剂吐温，搅拌溶解，将140～175g/m²的天然纤维基材在上述单体溶液中浸涂

后，放在玻璃皿中，用氮气吹扫5min后，用2450MHz的微波辐射40s，进行反应聚合，辐射反应结束后，取出含水的复合体，置于鼓风箱中于100℃加热15min，除去水分，得到吸水复合体。

【用途】 用于医疗卫生、日常生活、工业脱水等。

【安全性】 本品无毒性。本法生产过程中除少量废水外，无废气和废渣排放，其废水经过回收等处理后可达到国家规定的标准。产品可使用玻璃试剂瓶、铝箔塑料复合包装袋包装。玻璃试剂瓶应按防潮等要求封装，铝箔塑料复合袋填装后必须封合牢固。每瓶净重500g或1kg；每袋净重2kg或5kg。产品可采用木箱及纸箱作外包装，但运输时必须有遮盖物，避免日晒、雨淋、受热，搬运时应轻装轻放；产品应保存在干燥通风的仓库中，应离地面10cm以上，避免受潮。

【生产单位】 唐山博亚科技发展有限公司，青海新型高分子材料有限公司、江苏国达高分子材料有限公司，无锡市新宇化工有限公司等。

Bj027 无水顺丁烯二酸酐-乙烯基烷基醚共聚物

【英文名】 maleic anhydhde-vinyl acetate alky ether copolymer

【产品性状及标准】

吸水率/(g/g)	120～300
吸0.9%氯化钠水溶液/(g/g)	20

【制法】 配方：

顺丁烯二酸酐	1584g
苯	7030mL
丁二醇乙烯醚	114g
过氧化月桂酸酯	2g
甲基乙烯醚	1374g
磷酸三苯酯	1g
0.5mol/L氢氧化钠	169g
水	1500mL

按上述配方，将马来酸酐投入反应器中，加入500mL苯，使其溶解，除去不溶的马来酸酐，然后，再加入1930mL的苯，溶解于50mL苯中的2g过氧化月桂酸酯及12g丁二醇乙烯醚，抽真空并通氮气保护，排除系统中的氧气，再加入甲基乙烯醚1374g，将混合物加热至70℃，反应2h，在此期间再加入1240g的甲基乙烯醚和102g丁醇二乙烯基醚的混合，再在70℃保温2h，然后，加入1g磷酸三丁酯的苯溶液（50mL苯）加入反应混合液中，再在70℃保温2h，再冷却至室温，过滤、干燥，取上述干燥聚合物15.0g加入169g的0.5mol/L氢氧化钠，在1500mL水中充分混合制成共聚物钠盐，pH=4.9，取出530g混合物进行真空干燥。取未干燥的1057g聚合物加入41.1g的0.5mol/L氢氧化钠溶液中和至pH值为8.9。

【用途】 用于医疗卫生材料、包装材料、止水材料、保鲜剂等。

【安全性】 本品无毒性。本法生产过程中除少量废水外，无废气和废渣排放，其废水经过回收等处理后可达到国家规定的标准。产品可使用玻璃试剂瓶、铝箔塑料复合包装袋包装。玻璃试剂瓶应按防潮等要求封装，铝箔塑料复合袋填装后必须封合牢固。每瓶净重500g或1kg；每袋净重2kg或5kg。产品可采用木箱及纸箱作外包装，但运输时必须有遮盖物，避免日晒、雨淋、受热，搬运时应轻装轻放；产品应保存在干燥通风的仓库中，应离地面10cm以上，避免受潮。

【生产单位】 无锡市新宇化工有限公司，中蓝晨光化工研究院，上海高桥浦江塑料厂。

Bj028 膨润土与丙烯酰胺接枝共聚物

【英文名】 bentonite-g-acrylamide copolymer

【结构式】

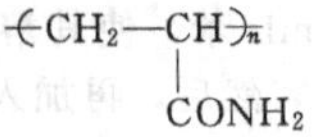

【产品性状及标准】 粉末状，吸水率为914(g/g)。

【制法】 配方（g）：

膨润土(30%)	30	30
丙烯酰胺(30%)	30	30
氢氧化钠(15mol/L)	0.1～4	4.5mL
过硫酸铵	0.01～1	0.4
亚硫酸钠	0.4～1.5	0.94
N,*N'*-亚甲基双丙烯酰胺	0.006	2.5mL

按上述配方，将配制好的浓度为30%膨润土水溶液放置10h，使其成为糊状均匀体系，取出30g与30%丙烯酰胺溶液混合，充分搅拌均匀，再加入过硫酸铵、亚硫酸钠、交联剂*N*,*N'*-亚甲基双丙烯酰胺，同时加入氢氧化钠，充分搅拌成为均匀溶液，在室温下进行聚合20min，再置于50℃恒温箱中继续反应，得到胶状聚合物，再经造粒、干燥、粉碎，即得高吸水性树脂，其吸水率为914(g/g)。

【安全性】 本品无毒性。本法生产过程中除少量废水外，无废气和废渣排放，其废水经过回收等处理后可达到国家规定的标准。产品可使用玻璃试剂瓶、铝箔塑料复合包装袋包装。玻璃试剂瓶应按防潮等要求封装，铝箔塑料复合袋填装后必须封合牢固。每瓶净重500g或1kg；每袋净重2kg或5kg。产品可采用木箱及纸箱作外包装，但运输时必须有遮盖物，避免日晒、雨淋、受热，搬运时应轻装轻放；产品应保存在干燥通风的仓库中，应离地面10cm以上，避免受潮。

【用途】 广泛用于石油化工、农林园艺、环境保护等。

【生产单位】 河北万全油田化学有限公司，北京市恒聚油田化学剂有限公司，无锡市新宇化工有限公司，中蓝晨光化工研究院，上海高桥浦江塑料厂。

Bj029 彩色水晶吸水性树脂

【英文名】 colored water absorbent elower cultiration resin

【结构式】

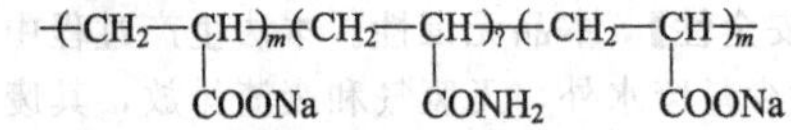

【产品性状及标准】 吸0.9%氯化钠水溶液34(g/g)，水溶物含量3%～7%，凝胶外观基本不变色，使用寿命约1年。

【制法】 配方（质量份）：

单体与丙烯酸：丙烯酰胺	(1.4～1)：1
交联剂	0.2～0.15
过硫酸钾	0.1～0.03
亚硫酸钠	0.1～0.05
肥料	0.5～0.7
着色剂	1～1.5

在带有搅拌器的反应器中加入丙烯酸，在搅拌下用氢氧化钠水溶液中和部分丙烯酸，使其pH值控制在6.5～8，反应液温度为30℃，然后，分别加入丙烯酰胺、交联剂、引发剂和肥料的水溶液，混合均匀后，在45～55℃下密封静置聚合，聚合后的凝胶被粉碎成2～3mm的方块，在80～100℃干燥得产品。

【用途】 可用于室内花卉的养殖，制得的树脂花土具有蓄水、供水、蓄肥、供肥的作用和能支撑植物生长的强度，而且又有水晶般的色彩。

【安全性】 本品无毒性。本法生产过程中除少量废水外，无废气和废渣排放，其废水经过回收等处理后可达到国家规定的标准。产品可使用玻璃试剂瓶、铝箔塑料复合包装袋包装。玻璃试剂瓶应按防潮等要求封装，铝箔塑料复合袋填装后必须封合牢固。每瓶净重500g或1kg；每袋净重2kg或5kg。产品可采用木箱及纸箱作外包装，但运输时必须有遮盖物，避免日晒、雨淋、受热，搬运时应轻装轻放；产品应保存在干燥通风的仓库中，应离地面10cm以上，避免受潮。

【生产单位】 北京市恒聚油田化学剂有限公司，保定科翰科技发展有限公司，无锡佳宝卫生材料厂，成都有机硅研究中心等。

Bj030 环氧树脂交联腈纶废丝水解物制高吸水性树脂

【英文名】 high water absorbent resin produced by polyacrylonitrile waste hydrolysate epoxide resin crosslinking

【结构式】

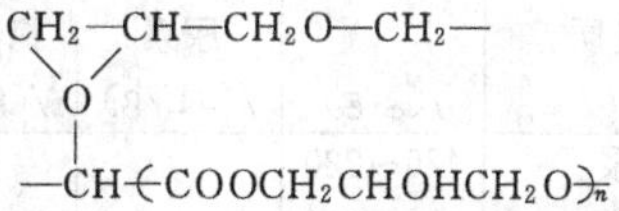

【性质】

吸蒸馏水/(g/g)	585
吸自来水/(g/g)	390
吸0.9%氯化钠水溶液/(g/g)	60

【制法】 (1) 腈纶废丝水解配方

腈纶废丝	20g
氢氧化钠	12g
水	160mL

把腈纶废丝、氢氧化钠、水投入三口瓶中，升温100℃，加热反应至腈纶废丝全部溶解，反应时间为3h，用乙醇沉淀反应物，用混合溶剂反复洗涤至中性，然后烘干。

(2) 高吸水性树脂的制备配方

上面制得的干水解物	5g
环氧树脂	8%
水	30mL

称取干燥的水解物5g，加入三口瓶中，然后，加入30mL水，进行溶解，缓慢滴加8%的环氧树脂-丙酮溶液，激烈搅拌2h，然后，静置过夜，倾出上层液，用乙醇沉淀，充分洗涤，置于真空干燥箱中80℃烘干。

【用途】 用于医疗卫生、农林园艺、土建工程、日用化学品、食品加工等。

【安全性】 参见Bj001。

【生产单位】 大庆油田化学助剂厂，河北万全油田化学有限公司，北京市恒聚油田化学剂有限公司，无锡市新宇化工有限公司，中蓝晨光化工研究院，上海高桥浦江塑料厂，保定科翰科技发展有限公司等。

Bj031 羧甲基纤维素·丙烯腈接枝共聚物高吸水性树脂

【英文名】 carbxymethylcellulose-g-acrylonitrile copolymer high water absorbent resin

【结构式】

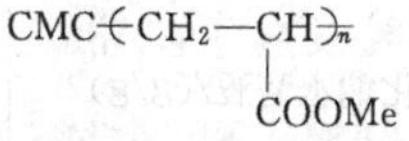

【性质】

吸去离子水/(g/g)	3200
吸0.9%氯化钠水溶液/(g/g)	1000
保水率/%	91
接枝率/%	65～75

【制法】 配方：

羧甲基纤维素	10g
氢氧化钠水溶液(0.2mol/L)	40mL
丙烯腈	0.6%
硝酸铈铵为单体重	0.35%～0.5%

按上述配方，将羧甲基纤维素10g和40mL氢氧化钠水溶液加入三口瓶中，搅拌混合成均匀溶液，升温活化10min，至呈凝胶状，然后，加入1mol/L硫酸使体系呈酸性，降温至50℃加入硝酸铈铵和丙烯腈保温1h，除去未反应单体后加入一定量的氢氧化钠水溶液，升温至87℃并保温3h，冷却后，用冰醋酸中和至pH值为7，经甲醇洗涤脱水、干燥、粉碎。

【用途】 用于水泥养护、工业脱水、日用化学品等。

【安全性】 参见 Bj001。

【生产单位】 河北万全油田化学有限公司，唐山博亚科技工业开发有限责任公司等。

Bj032 羧甲基纤维素接枝丙烯酸吸水树脂

【英文名】 CMC-g-acrylic acid water absorbent resin

【结构式】

$$\text{Cell}\!-\!(CH_2-\underset{CONH_2}{\underset{|}{CH}})_n(CH_2-\underset{COOMe}{\underset{|}{CH}})_m$$

【性质】

外观	微黄色粉末
含水率/%	≤7
吸水率/(g/g)	1600～2000
吸 0.9%氯化钠水溶液/(g/g)	130～160
吸血倍率/(g/g)	80～130
吸尿率/(g/g)	60～80
pH 值	7～8

【制法】 配方：

原料配比:丙烯酸：羧甲基纤维素＝3～8
引发剂用量:引发剂：原料＝0.0008～0.0025
水用量:水：原料＝1.2～1.6
分散剂用量:分散剂：原料＝8～13
乳化剂用量:乳化剂：原料＝0.008～0.030
分散介质用量:正己烷：原料＝9

按上述配方，把水、羧甲基纤维素加入三口瓶中，搅拌加热 40℃，使其溶解，再加入丙烯酸、氢氧化钠、聚乙烯醇、吐温-60，当溶液乳化后，中和度为 50%～90%，再加入引发剂过硫酸铵，在氮气保护下，慢慢升温 40～70℃，反应 2～5h，反应结束后，洗涤、干燥，然后放入干燥箱中，在 60～80℃下，进行真空干燥，干燥后的产物呈微黄色。

【用途】 用于作吸水纤维、吸水布、吸水染色布、卫生巾、尿布、薄膜等。

【安全性】 参见 Bj001。

【生产单位】 唐山博亚科技发展有限公司，青海新型高分子材料有限公司、江苏国达高分子材料有限公司，无锡市新宇化工有限公司等。

Bj033 纤维素接枝丙烯腈吸水性树脂

【英文名】 cellulose-g-acrylonitrile water absorbent resin

【结构式】

$$\text{Cell}\!-\!(CH_2-\underset{CONH_2}{\underset{|}{CH}})_n(CH_2-\underset{COOMe}{\underset{|}{CH}})_m$$

【性质】

性质	吸水率/(g/g)	2.5%尿素/(mL/g)	吸 1%氯化钠/(g/g)
棉绒浆	120～220		
碱纤维	220～490		
微晶纤维素	290～540	244	99

【制法】 配方：

棉绒浆	50g
丙烯腈	9～15g
碱纤维	50g
丙烯腈	9～15g
微晶纤维素	50g
丙烯腈	9～15g

按配方分别把棉绒浆、碱纤维、微晶纤维素加入四口瓶中，然后改变丙烯腈的量，加到四口瓶中，搅拌，再加入引发剂，使纤维素接枝丙烯腈，然后，再用碱水解得到聚合物，加酸中和、沉析、干燥，得纤维素吸水性树脂。

【用途】 ①用作干燥剂，在湿度为 95%，1.7L 容器中加入 2g 微晶纤维素，1h 后，湿度降至 69%，4h 后降至 47%，48h 后，降至 39%。②在三口瓶中加入试剂 50mL、水 20mL，摇动加入 0.1g 微晶纤维素吸水树脂，苯相容完全可脱水、乙醇与水相容，不能脱水。③水泥养护剂，40g 水泥加入不同量的微晶纤维素吸水树脂和一定量的水混合成均匀泥状。

【安全性】 参见 Bj001。

【生产单位】 无锡市新宇化工有限公司，武汉化工学院，成都有机硅研究中心，大庆油田化学助剂厂等。

Bj034 APS-STS 壳聚糖-接枝丙烯腈高吸水性树脂

【英文名】 high absorbent resin from graft copolymer of acryonitrile onto chitosan initiated by APS-STS

【性质】 吸去离子水 900mL/g，吸合成尿 45mL/g。

【制法】 配方：

壳聚糖/(g/mL)	0.75
丙烯腈/(mol/L)	5.6×10^{-1}
硝酸铈铵/(mol/L)	6.8×10^{-3}
过硫酸铵(APS)/(mol/L)	5×10^{-3}
硫代硫酸钠(SPS)/(mol/L)	5×10^{-3}

按上述配方，将壳聚糖注入到反应瓶中，用反口橡皮塞塞紧瓶口，放入恒温槽中，从橡皮塞上插入医用针通氮气除氧气 10min 后，依次注入 Ce^{4+} 和 APS-STS 溶液、单体、丙烯腈，在预定的反应时间，注入氢醌溶液以终止反应，冷却后，用 5%氢氧化钠水溶液中和反应物，得白色沉淀，离心分离，水洗至中性，再用无水乙醇洗，离心后，将粗品产物真空干燥至恒重。

【用途】 用于纺织、印染、污水处理、食品造纸、日用化工品等。

【安全性】 参见 Bj001。

【生产单位】 保定科翰科技发展有限公司，大庆油田化学助剂厂，广州精细化学工业公司，武汉化工学院等。

Bj035 纸浆接枝丙烯酸吸水剂

【英文名】 paper pulp-g-acrylic acid super absorbent agent

【性质】

吸水率/(g/g)	192
吸尿率/(g/g)	60
吸 0.9%NaCl 溶液/(g/g)	96

【制法】 配方（质量份）：

纸浆	50
丙烯酸	30
丙烯酸钠	80
N,*N*′-亚甲基双丙烯酰胺	1
硝酸铈铵	4

按上述配方，把纸浆分散在水和甲醇的混合溶液中，在氮气流下，加热 50℃，搅拌 1h，使其分散，冷却至 30℃，加入烯酸、丙烯酸钠、*N*,*N*′-亚甲基双丙烯酰胺、硝酸铈铵溶液，在 60℃下搅拌聚合 6h，得白色悬浮液，经过滤、洗涤、干燥后粉碎，得产物。其吸水率为 192g/g，吸尿率为 60g/g。

【用途】 用于农业土壤改良、包装材料、日用化学品等。

【安全性】 参见 Bj001。

【生产单位】 大庆油田化学助剂厂，河北万全油田化学有限公司，北京市恒聚油田化学剂有限公司，无锡市新宇化工有限公司，中蓝晨光化工研究院，上海高桥浦江塑料厂，保定科翰科技发展有限公司。

Bj036 壳聚糖与丙烯腈接枝的高吸水性树脂

【英文名】 high water absorbent resin by grafting copolymerization of acrylonitrile onto chitosan

【性质】

吸去离子水 1210mL/g，吸生理食盐水 150mL/g，吸湿率 18.8%。

【制法】 配方：

壳聚糖	100g
丙烯腈	250g
硝酸铈铵	3×10^{-1}mol/L

把壳聚糖加入三口瓶中，进行溶解，后加链伸展助剂于三口瓶中，过夜，装上搅拌器和通入氮气，放入恒温水槽中加热50～55℃，恒温0.5h，然后，加入引发剂、丙烯腈单体，进行接枝反应数小时，所得接枝物在酸性条件下回流加热12h，停止回流后，加入10%～20%的氢氧化钠溶液，在90℃恒温槽中进行水解，然后用盐酸中和，得浅黄色凝胶，经洗涤、干燥。

【用途】 用于纺织、印染、污水处理、食品、医疗及日用化工品等。

【安全性】 参见Bj001。

【生产单位】 无锡市新宇化工有限公司，大连力佳化学制品公司，北京市恒聚油田化学剂有限公司，中蓝晨光化工研究院。

Bj037 壳聚糖接枝丙烯酸高吸水性树脂

【英文名】 high water absorbent resin by grafting copolymerization of acrylic acid onto chitosan

【性质】 吸水率1250g/g，接枝率64.6%，特性黏数140mL/g，平均分子量31.7万，接枝频率1133。

【制法】 配方（质量份）：

壳聚糖	5
丙烯酸	20～25
硝酸铈铵(0.1mol/L)	13.9g

引发剂配制：将13.9g的硝酸铈铵溶液溶于250mL硝酸（1mol/L）中，配成0.1mol/L $(NH_4)_2Ce(NO_3)_6$ 溶液。称取壳聚糖配成一定浓度的溶液，放置过夜到无色或浅黄色透明溶液，然后，投入三口瓶中，放入50～60℃恒温槽中保温，通氮气30min，赶走氧气，加入0.1mol/L硝酸铈铵溶液，15min后，加入丙烯酸进行接枝共聚，待反应结束后，加入一定量的氯化钠，并用8%氢氧化钠溶液调节pH值为13，得浅黄色凝胶，分离水洗，用红外灯烘干、粉碎。

【用途】 应用于工业、农业、医学、环境保护、卫生、药物、缓慢释放等。

【安全性】 参见Bj001。

【生产单位】 大庆油田化学助剂厂，河北万全油田化学有限公司，北京市恒聚油田化学剂有限公司，无锡市新宇化工有限公司，中蓝晨光化工研究院，上海高桥浦江塑料厂，保定科翰科技发展有限公司。

Bj038 高吸水性水湿敏性导电树脂

【英文名】 water sensitive conduction resin with high water absorbent resin

【性质】 机械强度高，在水中浸100h，其电导率为0.7×10^{5}Ω·cm。

【制法】

配方	质量份
ABS	100
淀粉接枝丙烯酸共聚物	10
丙烯酸钾	10

把100份ABS、淀粉接枝丙烯酸共聚物10份、丙烯酸钾10份混合制成电极，其机械强度提高，在水中浸渍100h后，其电阻率为0.7×10^{5}Ω·cm。

【用途】 用作水湿敏性导电树脂。

【安全性】 参见Bj001。

【生产单位】 北京市恒聚油田化学剂有限公司，无锡市新宇化工有限公司，中蓝晨光化工研究院，上海高桥浦江塑料厂，保定科翰科技发展有限公司。

Bj039 建材用吸水性树脂

【英文名】 water absorbent resin for building materials (acrylic type)

【性质】 在水泥中，添加0.01%～20%（最好0.05%～10%）的吸水丙烯酸盐聚合物，可以防止混凝土的开裂，其吸水率为20倍以上。

【制法】 配方（g）：

丙烯酸	39.1
氢氧化钠(28%)	52.4
过硫酸钾	0.13
环己烷	213.6
山梨糖醇单硬脂肪酸酯	1.1

把 99.8%的丙烯酸，在冷却条件下搅拌，滴入 28%氢氧化钠水溶液，中和度为 76%，后加入过硫酸钾，在室温下搅拌，使其溶解，组成 A 组分，另取一反应器中，把山梨糖醇单硬脂肪酸酯加入环己烷中，通氮气，在 50～55℃，搅拌使其溶解，冷却至室温，组成 B 组分，把 A 滴入 B 中，成为悬浮液，在搅拌下，减压到 40MPa，升温到 50℃，在此温度下，回流 6h，进行聚合反应和交联反应，停止回流，减压蒸发到干燥，得白色粉状聚合物。

取干燥聚合物 1g，加去离子水 1L，搅拌 30min，吸水后用 100mg 金属网滤出，可使聚合物膨润，其吸水量为 500mL/g。

配方（g)：

水泥	700
砂子	2100
吸水性树脂	0.3～5
水	700

把水泥、砂子、吸水性树脂充分混合再和水充分混合，把水泥浆涂在水泥板上，在室外暴晒 6 个月以上，施工性能良好。

【用途】 用于建筑材料等。

【安全性】 参见 Bj001。

【生产单位】 大庆油田化学助剂厂，河北万全油田化学有限公司，北京市恒聚油田化学剂有限公司，无锡市新宇化工有限公司，中蓝晨光化工研究院，上海高桥浦江塑料厂，保定科翰科技发展有限公司。

Bj040 固体芳香剂

【英文名】 solid fragrance agent

【性质】 透明固体芳香剂，具有弹性，无流动性，加压则变形，去压则恢复。

【制法】 把油溶性香料加入到高吸水性树脂中固化得到的不需加热，可保持香味持久、香味不变的固体芳香剂。

配方/g	1	2
聚丙烯酸钠	1	1
甘油	20	10
水	5	
香料	数滴	

按上述配方，把吸水剂、甘油混合均匀，2min 后，开始固化，此时加入数滴油溶性香料搅拌后放置 1h 得到具有弹性、凝胶状透明的固体芳香剂。或者把吸水剂、甘油混合均匀，1min 后，开始固化，加入水、滴入数滴油溶性香精，搅拌后，放置 80min 后固化，得到透明的固化芳香剂。

【用途】 固体芳香剂用于室内、会议室、厕所、各种车辆的空气调节。

【安全性】 参见 Bj001。

【生产单位】 无锡佳宝卫生材料厂，如皋市科力化工厂，珠海得米化工有限公司，大庆油田化学助剂厂等。

Bj041 医用高吸水性树脂

【英文名】 high water absorbent resin applied in medical health

【性质】 粉末状产品，30min 可吸收人造血 30.5g/g，人造尿 35.6g/g 180min，可吸收人造血 6g/g，人造尿 43.4g/g。

【制法】 将高吸水性树脂粉末撒在无纺布、纸或其他基材上或配成胶体溶液涂在基材上。

配方：

丙烯酸	200g
氢氧化钠(50%)	222.2g
水	341.8g
5,5-二甲基-3-亚丙基-2-吡咯烷酮	20mg
过硫酸铵	120mg

【用途】 用于尿布、纸餐巾、妇女卫生用品、伤口包扎、止血剂等。

【安全性】 参见Bj001。

【生产单位】 如皋市科力化工厂，珠海得米化工有限公司，大庆油田化学助剂厂等。

Bj042 电缆用无纺布堵水带高吸水性树脂

【英文名】 high water absorbent resin of non-woven stopping water belt for cable

【制法】 (1) 配方 (g)：

醋酸乙烯酯	64.4
丙烯酸甲酯	41.8
过氧化苯甲酰	0.5
聚乙烯醇	3
氯化钠	10
甲醇	250mL
水	310mL
5mol 氢氧化钠	40mL
N,*N*′-亚甲基双丙烯酰胺	0.3

(2) 生产工艺 按上述配方，把醋酸乙烯酯、丙烯酸甲酯充分混合，然后，把引发剂过氧化苯甲酰、交联剂*N*,*N*′-亚甲基双丙烯酰胺溶解于上述溶液中。聚乙烯醇、氯化钠投入三口瓶中，加热溶解，滴加上述溶液，在此温度下反应6h，反应物沉淀、过滤，得白色共聚物。取8.6g共聚物加入甲醇、10g水，再滴加5mol氢氧化钠40mL，在25℃下反应1h，然后，升温至65℃反应5h，过滤、用甲醇洗涤，干燥后得浅黄色的高吸水性树脂。

取聚酯无纺布，厚度为0.6～0.75mm，用作底层布，厚度0.3～0.45mm用作盖布层，在底层无纺布上涂一层胶黏剂，用100mg树脂粉末均匀涂在聚酯无纺布上，再将涂有胶黏剂的薄无纺布盖在上面，用滚筒机滚压，使其粘在一起，于70℃烘干，得无纺布堵水带。

【用途】 用于电缆无纺布堵水带。

【安全性】 参见Bj001。

【生产单位】 大庆油田化学助剂厂，河北万全油田化学有限公司，北京市恒聚油田化学剂有限公司，无锡市新宇化工有限公司，中蓝晨光化工研究院，上海高桥浦江塑料厂，保定科翰科技发展有限公司。

Bj043 阳离子聚合物

【英文名】 cationic homopolymers

【结构式】

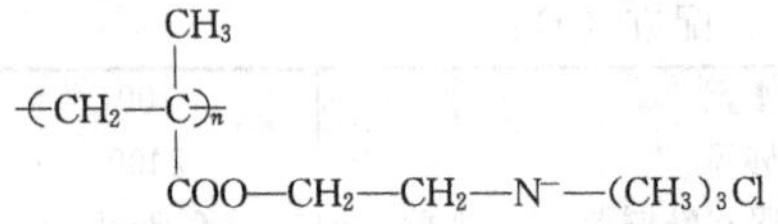

【性质】 阳离子聚合物产品为白色粉状颗粒。溶于水，不溶于有机溶剂。该聚合物耐酸抗盐，而且在高浓度的酸中，高温稳定性好。

【质量标准】

中蓝晨光化工研究院阳离子聚合物性能指标

产品	固含量/%	特性黏度/(dL/g)	溶解时间/min	粒度/目
CAF-100-11	≥85	≥11	≤60	≤50
CAF-100-15	≥85	≥15	≤60	≤50

【制法】 首先将阳离子单体的水溶液倒入配料槽反应容器中，再加入少量的助剂，在氮气保护下加入引发剂，密封聚合数小时，得到凝胶状聚合物。将聚合物凝胶切割破碎，破碎的凝胶烘干粉碎即得到最终产品。工艺流程如下。

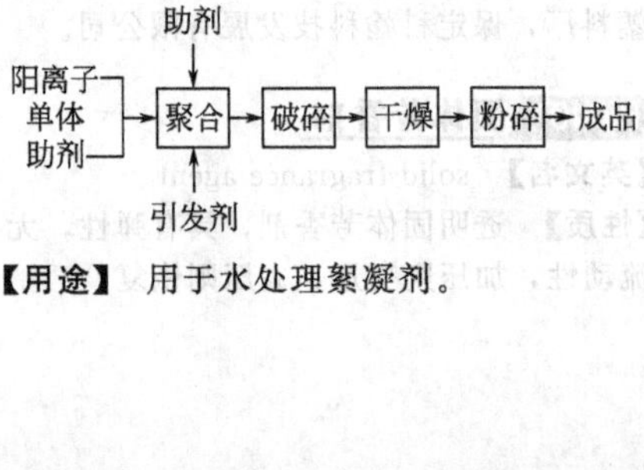

【用途】 用于水处理絮凝剂。

【生产单位】 无锡市新宇化工有限公司、中蓝晨光化工研究院。

Bj044 阴离子聚丙烯酰胺

【英文名】 anionic polyacrylamide

【结构式】

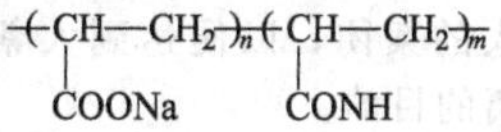

【性质】 产品为微黄色粒状，性质稳定，无毒无腐蚀、无易燃易爆性。溶于水，而几乎不溶于其他有机溶剂。阴离子多少一般用水解度来表示。

【质量标准】 按 GB 12005 系列标准分析测定。

【制法】 首先将 AM 水溶液倒入配料槽，加入脱盐水至所需浓度。然后将配好的料液再放入反应容器中，加入聚合添加剂，在氮气保护下加入引发剂，密封聚合数小时，得到胶状聚合物。将聚合物胶体切割，用氢氧化钠水解，干燥粉碎即得到最终产品。工艺流程如下。

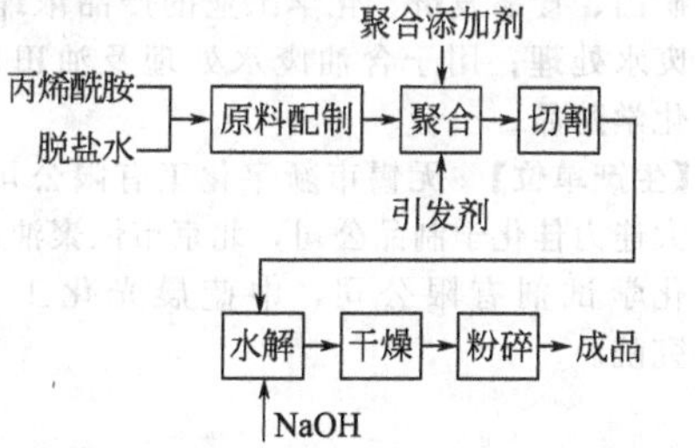

【用途】 用作聚合物驱油，钻井液添加剂，油田堵水。也用作絮凝剂处理工业和生活污水和造纸助滤。

【生产单位】 大庆油田化学助剂厂，广州精细化学工业公司，天津化工研究设计院，天津大学化工实验厂，河北万全油田化学有限公司，北京市恒聚油田化学剂有限公司等。

Bj045 聚丙烯酰胺

【英文名】 polyacrylamides

【结构式】

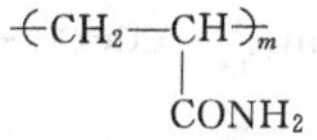

【性质】 固体聚丙烯酰胺密度（23℃）1.302g/cm^3；临界表面张力 3～4Pa；软化温度 210℃；初失重约 290℃，失重 70%约 430℃，失重 98%约 555℃。聚丙烯酰胺干粉产品为白色颗粒状，性质稳定，非危险品。溶于水，而几乎不溶于有机溶剂。

【质量标准】 按 GB 12005 系列标准分析测定。

【制法】 首先将 AM 水溶液倒入配料槽，加入脱盐水至所需浓度。然后将配好的料液再放入反应容器中，加入聚合添加剂，在氮气保护下加入引发剂，密封聚合数小时，得到胶状聚合物。对聚合物胶体破碎，破碎的小胶块烘干粉碎即得到最终产品。工艺流程如下。

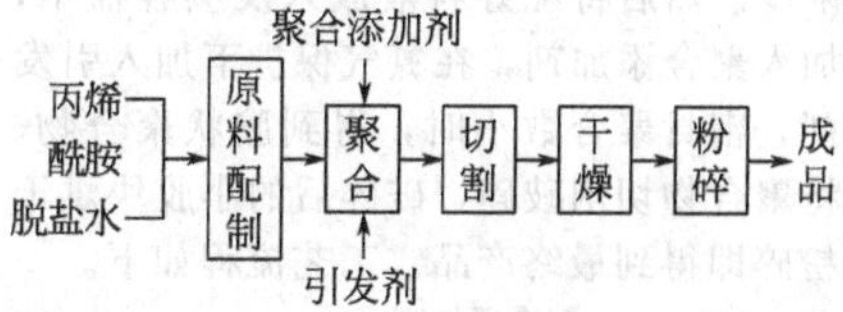

【用途】 用作聚合物驱油，钻井液添加剂，油田堵水。也用作絮凝剂处理工业和生活污水和造纸助滤、增强用药剂。

【安全性】 本产品为非危险品。产品用塑薄膜包封，再装入防潮纸箱。运输中特别注意防潮，避免包装破损。本品应在清洁、干燥的环境中存放。

【生产单位】 大庆油田化学助剂厂，广州精细化学工业公司、天津化工研究设计院、天津大学化工实验厂、河北万全油田化学有限公司、北京市恒聚油田化学剂有限公司等。

Bj046 阳离子聚丙烯酰胺

【英文名】 cationic polyacrylamides

【结构式】

1.
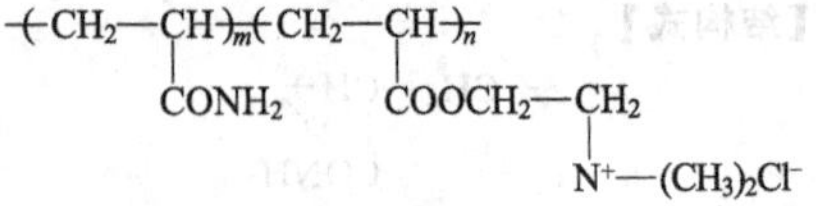

2.
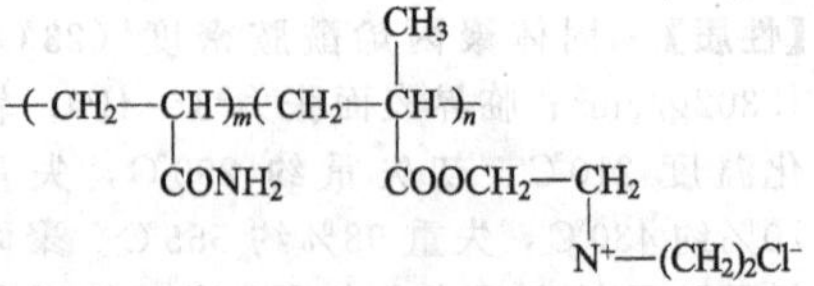

【性质】 阳离子聚丙烯酰胺产品为白色或微黄色的颗粒状，不易燃，不易爆。溶于水，不溶于有机溶剂。不同的离子单体与AM聚合制成一系列产品，以便适应不同用户要求。代表阳离子单体含量的指标称阳离子度，一般用阳离子单体占全部单体的质量分数表示。絮凝作用的机理是通过高分子絮凝剂与水中的负电荷进行中和、架桥、吸附、包裹等作用，凝聚成大的絮团，以便达到大絮团与水完全分离的目的。

【质量标准】 阳离子聚丙烯酰胺产品指标如下。

阳离子度/%	分子量/×10⁴	不溶物含量/%	固含量/%	溶解时间/min	丙烯酰胺单体含量/%
50	≥1000	≤0.2	≥88	≤60	≤0.05
40	≥1100	≤0.2	≥88	≤60	≤0.05
30	≥1200	≤0.2	≥88	≤60	≤0.05
15	≥1300	≤0.2	≥88	≤120	≤0.05

【制法】 首先将AM水溶液与阳离子单体按比例倒入配料槽，加入脱盐水至所需浓度。然后将配好料液放入反应容器中，加入聚合添加剂，在氮气保护下加入引发剂，密封聚合数小时，得到胶状聚合物。将聚合物切割破碎，破碎后的小胶块烘干粉碎即得到最终产品。工艺流程如下。

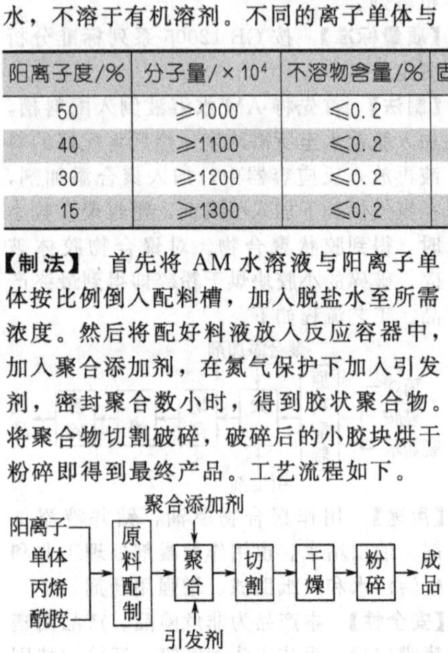

【用途】 用于工业用水的除去悬浊物及淤渣浓缩脱水，工业和生活污水处理厂的污泥浓缩脱水；造纸工业废水处理和助滤、助留、增强用药剂；用于金属和矿山、食品发酵、化学工业的产品浓缩、废水处理；用于含油废水处理及油田用化学药品。

【生产单位】 无锡市新宇化工有限公司，大连力佳化学制品公司，北京市恒聚油田化学试剂有限公司，中蓝晨光化工研究院。

Bk 不饱和聚酯树脂与塑料

人类最早发现的树脂是从树上分泌物中提炼出来的脂状物，如松香等，这是“脂”前有“树”的原因。直到1906年第一次用人工合成了酚醛树脂，才开辟了人工合成树脂的新纪元。1942年美国橡胶公司首先投产不饱和聚酯树脂，后来把未经加工的任何高聚物都称作树脂。但是早就与“树”无关了。

树脂又分为热塑性树脂和热固性树脂两大类。对于加热熔化冷却变固，而且可以反复进行的可熔的树脂叫作热塑性树脂，如聚氯乙烯树脂（PVC）、聚乙烯树脂（PE）等；对于加热固化以后不再可逆，成为既不溶解，又不熔化的固体，叫作热固性树脂，如酚醛树脂、环氧树脂、不饱和聚酯树脂等。

“聚酯”是相对于“酚醛”“环氧”等树脂而区分的含有酯键的一类高分子化合物。这种高分子化合物是由二元酸和二元醇经缩聚反应而生成的，而这种高分子化合物中含有不饱和双键时，就称为不饱和聚酯，这种不饱和聚酯溶解于有聚合能力的单体中（一般为苯乙烯）而成为一种黏稠液体时，称为不饱和聚酯树脂（英文名 unsaturated polyester resin，UPR）。

1 不饱和聚酯树脂定义和结构

1.1 不饱和聚酯树脂定义

不饱和聚酯树脂可以定义为由饱和的或不饱和的二元酸与饱和的或不饱和的二元醇缩聚而成的具有酯键和不饱和双键的线型高分子化合物。通常，聚酯化缩聚反应是在190～220℃进行，直至达到预期的酸值（或黏度），在聚酯化缩反应结束后，趁热加入一定量的乙烯基单体，配成黏稠的液体，这样的聚合物溶液称之为不饱和聚酯树脂。

1.2 不饱和聚酯树脂结构

不饱和聚酯（unsaturated polyester，为UP）是由不饱和二元羧酸（或酸酐）或饱和二元羧酸（或酸酐）与多元醇（一般为饱和二元醇）缩聚而成的线型高聚物。分子量通常为1000～3000。在高分子主链中既含有酯键（—OCO—），又含有不饱和双键（—CH ═CH—）。它与乙烯基单体共聚，可交联成体型结构。习惯上把不饱和聚酯与乙烯基单体的混合物叫作不饱和聚酯树脂。

2 不饱和聚酯树脂分类

①按树脂的化学结构分类，可分为顺丁烯二酐型、间苯二甲酸酐型、双酚A型、含卤素型和乙烯基酯型等。②按性能分类，可分为通用型、韧性不饱和聚酯、柔性不饱和聚酯、耐腐蚀型、低收缩性型、阻燃型、透明型、耐热型和胶衣等。树脂类型及代号见表Bk-1。

表 Bk-1　树脂分类

类型		简要说明
通用	G 型 IG 型	一般的机械强度 一般的机械强度，耐热性比 G 型好
耐热	HE 型 HM 型	高耐热性和一般的机械强度 中等耐热性和一般的机械强度
耐化学	CEE 型 CE 型 CM 型	最好的耐化学性和一般的机械强度 好的耐化学性和一般的机械强度 中等的耐化学性和一般的机械强度
耐燃	SE 型 SM 型	高阻燃性和一般的机械强度 自熄性和一般的机械强度

2.1　通用型不饱和聚酯树脂

由乙二醇、顺丁烯二酸酐和邻苯二甲酸酐缩聚的产物，再与烯烃类单体交联剂苯乙烯（S）和阻聚剂共混而得黏稠的不饱和聚酯树脂，再进一步在成型加工过程中形成热固性塑料。表 Bk-2 为通用型不饱和聚酯的特点与用途。

表 Bk-2　通用型不饱和聚酯的特点与用途

特点	1. 无色或浅黄色到琥珀色透明液体，可室温固化，但固化时收缩率大，且成不熔、不溶物； 2. 机械性能优异，表面耐磨性较高，电性能良好，耐热性好，可在 －40～100℃ 下长期使用（玻璃钢达 140℃）； 3. 化学稳定性好，耐水、耐溶剂、耐酸，但不耐碱和氧化性介质，易燃； 4. 成型时无挥发物逸出，无毒，成型性好，价格便宜，可用无机填料、玻璃纤维等增强，复合、共混，其玻纤增强塑料非常坚硬、强韧
成型	可用各种成型工艺，如 SMC（模压）、BMC（注塑）、浇铸、喷涂、FRP 成型（常压缠绕等），也可贴合、粘接、涂覆
用途	不饱和聚酯绝大多数制造玻璃钢制品，它们主要用于建筑业——浴缸、净水槽、冷却塔、波纹板、波纹管、洗脸器具、家具；船舶——渔船、小艇、淡水槽、快艇、浮标；交通运输业——火车车厢、坐椅，飞机部件，汽车车身、燃料槽、仪器板；电器——高压绝缘材料，电器部件、照明灯罩；化工设备——贮槽，压滤器、管道，运动器材等

① 线型不饱和聚酯要混入引发剂、促进剂、阻聚剂、触变剂、填料（通常是玻璃纤维），固化后成热固性树脂，加玻璃纤维者即成玻璃钢，加入大量砂子等填料即成人造大理石。

② 玻璃钢的成型法有单模手糊法、加压袋塑法、对模法、缠绕成型法、喷射成型模压法等。20 世纪 60 年代又发展了片材成型法（SMC）和料团成型法（BMC）。SMC 是将预浸渍不饱和聚酯的玻璃纤维毡片作半成品出售，加工厂将其裁剪、选配后在模具中模压成型，BMC 是将配有添加剂的 UP 与短切玻璃纤维共混、挤出成粒料，然后可注塑、模压、挤出成型成各种玻璃钢制品。

2.2　改性不饱和聚酯

不饱和聚酯是多组分缩聚物，因而，由于组分的改变，其性能、用途也大有区别。表 Bk-3 表示其不同的特征、用途。

表 Bk-3 改性不饱和聚酯的各种特征与用途

类型	原料	特点	用途
韧性	一缩二乙二醇或一缩二乙二醇与乙二醇的混合物(R_1)、顺丁烯二酸酐(R_2)及邻苯二甲酸酐(或间苯二甲酸、己二酸)(R_3)缩聚物	与通用型相似,适宜室温低压成型,可热压成型,浇铸料的韧性及冲击强度好,马丁耐热达 275℃	耐冲击玻璃钢制品和电器浇铸制品,如汽车车身、安全帽、设备外壳
柔性	一缩二乙二醇或其他二元醇(R_1)、顺丁烯二酸酐(R_2)、邻苯二甲酸酐或乙二酸(R_3)缩聚物与苯二烯(交联剂)作用	具有高度柔韧性,浇铸件伸长率大,冲击强度比通用型高,适于室温接触成型,可热压成型	用于调节其他聚酯树脂的黏度,以改进层压,浇铸制品的柔韧性和加工性能,可用于线圈浸渍
间苯二甲酸型耐化学性	二元醇(R_1)、间苯二甲酸(R_2)酯化,再与反式丁烯二酸(R_3)缩聚,加苯乙烯与阻聚剂	对玻璃纤维浸润能力好,对钢材粘接性好,热变形温度高,耐水性,化学稳定性好,耐低浓度酸、碱、盐及有机溶剂	室温低压成型和热成型,作耐蚀化工设备及钢材设备的防腐层或衬里,特别适于缠绕成型及耐热制品(可长期在 100℃下使用)
双酚 A 型耐化学性	双酚 A 衍生物(R_1)与少量二元醇及反式丁烯二酸(R_2),有时加部分饱和二元酸(R_3)缩聚而成	化学稳定性好,耐多种有机溶剂、酸、氧化性酸,低浓度碱,耐热性优于间苯二甲酸型不饱和聚酯	室温接触成型或热成型,制造耐腐蚀管段、烟囱、贮槽、反应器等玻璃钢制品,设备衬里、防腐层、防腐地面、可作耐热(100～120℃)结构件
光稳定性	丙二醇(R_1)、顺丁烯二酸酐(R_2)和邻苯二甲酸酐(或四氢邻苯二甲酸酐),加氢乙烯与甲基丙烯酸甲酯混合物(交联剂)	耐候性、透光性(70%～80%)好,粘度低,浇铸件的折光率近于玻璃	适于室温接触成型、浇铸成型,用作透明采光用玻璃钢,如车厢、天窗、农用温室、透光波纹瓦、太阳能工程
自熄性	囟素二乙醇(R_1)、顺丁烯二酸酐(R_2)和邻苯二甲酸酐(R_3)缩聚物,与苯乙烯、阻聚剂混溶,可再加 3%～5% Sb_2O_3 及其他阻燃剂	具有自熄性,加阻燃剂后耐燃性更佳,耐热性,介电性、化学稳定性较好	室温接触成型,制造防火及防蚀玻璃钢制品,如波纹瓦、门窗、车身、船体、化工设备、管材、凉水塔,耐燃模压电器部件、耐弧制品
苯二甲酸二烯丙酯交联	原料与通用型一样,交联剂为邻(或间)苯二甲酸二烯丙酯	稳定性好,贮存期长,易于浸渍玻璃纤维和填料,耐热性,耐水性和尺寸稳定性好,耐候性、防潮性、防蚀性及力学性能好	主要用于模塑料(BMC)、可用热压成型法、层压等,作耐冲击、耐温电器部件和结构件、开关、线圈骨架、外壳底座、雷达罩

3 不饱和聚酯的应用

3.1 聚酯玻璃钢成型技术应用

我国玻璃钢/复合材料总产量达94万吨的骄人业绩，用于玻璃钢的聚酯消耗量占其总消耗量的70%～80%，其余用于浇铸体、清漆、腻子等。聚酯玻璃钢力学性能好，以无碱玻璃布或玻璃纤维增强的玻璃钢的某些强度性能接近钢铁；密度小，只有钢材的1/5～1/4，比铝大约轻一半；容易成型，可在室温下用手糊法或喷涂法制作大型制件。

聚酯玻璃钢成型加工设备简单，操作方便，方法多样。除了传统的手糊法以外，缠绕法、模压法、冷压法、浇铸法、喷射法、注射法和辐射固化法等成型工艺也有较快发展。手糊法正逐步被较为先进的加工工艺所代替；人造大理石加工也由过去胶衣饰面、平面浇铸发展到直接用间苯型或乙烯基树脂与填料混合，为制块、切片、抛光所代替。

聚酯玻璃钢主要用于造船业，还可用于制造化工耐腐蚀设备，在建筑材料方面可作波形板、平板和容器等。20世纪50年代后期不饱和聚酯用于生产纽扣、人造大理石和人造玛瑙、地板和路面铺覆材料。团状模塑料（BMC、DMC）和片状模塑料（SMC）的出现，使聚酯制品能以高速度、高质量、低成本进行大量生产，特别在汽车工业中因节能而要求使用高强的复合材料，聚酯片状模塑料（SMC）的应用很快增长。

3.2 通用型不饱和聚酯技术应用

国内以通用型不饱和聚酯的生产为主，也有不少改性的专用品种。各种改性的聚酯具有优良的耐热、耐燃、耐化学、透光和耐气候等特性。特别值得提到的是，近年来发展活跃的辐射固化技术，它不同于传统的热固化工艺，是采用高效能源、低成本工艺，在基材表面实现快速深层固化的新工艺。它最大优点在于不受温度、湿度限制，不需添加任何辅助材料，不含固化剂、促进剂，成型速度快，在极短时间内（5～20s）固化，固化率瞬间达100%，线速度1～3m/min。生产效率高，占地面积小，节能，污染小，无溶剂挥发、无公害，物理、化学性能好，属绿色环保型工艺。固化产品性能高于传统工艺，固化后即可得到坚硬、光亮的表面涂层。解决了由于玻璃钢热变形温度低、塑料制品软化点低，需高温后涂装处理出现的表面鼓泡、变形等缺陷，是现代科学技术发展起来的一门新技术。

Bk001 泡沫型不饱和聚酯树脂

【英文名】 foam type unsaturated polyester resins

【性质】 产品具有轻质、隔热、隔声、防腐等性能。这种泡沫不饱和聚酯树脂已投入工业生产，可制成墙板、预成型的浴室隔板等。但它不能用低沸点溶剂发泡，发泡剂是一种有机碳酸衍生物如碳酸酯酐和活化剂，并用过氧化苯甲酰引发剂配合，在树脂凝胶前释放出二氧化碳气体发泡。或在某些金属盐如环烷酸钴存在下，可在室温下分解成相应的碳酸酯和二氧化碳。

【制法】 碳酸酯酐是用羧酸钠盐和氯甲酸酯反应而成。例如，间苯二甲酸钠和氯甲酸酯反应，即得间苯二甲酸二（碳酸甲酯酐）。如果碳酸酯酐是由一种不饱和酸和丙烯酸衍生而得，则由发泡反应而产生的丙烯酸酯将与聚酯发生共聚反应，可以免除残余物污染泡沫聚酯。其发泡和固化反应是分别进行的。在树脂凝胶之前可控制一个到达发泡开始的时间为0.5～15min，使生产操作可以进行，生成的气孔是开放型的，结构较粗糙，内部有贯穿的毛孔结构，通过产品可以“呼吸”，并允许水蒸气通过。要制成泡沫，可将已含有金属盐的聚酯树脂和发泡剂以及适用的过氧化物引发剂混合，然后注入模具。如做建筑材料，可在模具中先填充部分轻质基料，如陶粒等；树脂透过填料后，再加填料，充满模具。然后在树脂发泡前将模具闭合。发泡后即得轻质、光滑的彩色制品。如用玻璃钢板或石膏板等做面层，也可制成夹芯材料。发泡树脂可以用轻质填料及玻璃纤维增强，可做成轻质夹芯板，作隔热隔声材料。固化后泡沫塑料的膨胀系数低，耐候性好，能自熄。例如 S-893 发泡不饱和聚酯树脂，具有中等黏度触变性，可用短玻璃纤维增强。其特性如下。①固化后密度 320～960kg/m³。②凝胶时间短、脱模快、模具周转快。③树脂膨胀后纤维被包覆，不外露。④制品易修整加工。⑤比普通不饱和聚酯层合板的刚度/质量比增大。在等质量时，泡沫产品刚度要大 3～6 倍。在等刚度时，质量减轻 40%。⑥比普通不饱和聚酯层合板隔热好、收缩小、浮力大。

【成型加工】 采用发泡不饱和聚酯树脂可制成 3.2～6.4mm 厚的板材，如需增大厚度时，可分层施工制作。

（1）含 20%（质量分数）的 6mm 长度的短玻璃纤维，并用胶衣被覆的复合泡沫板物理性能如下：

层合板总密度(包括胶衣)	880kg/cm³
弯曲强度	42.2MPa
弯曲弹性模量	15.5×10.2MPa
拉伸强度	20.4MPa
拉伸弹性模量	39.4×10.2MPa
延伸率	0.47%
收缩率	2.7%

发泡剂为 Luperfoam 329 含水溶液，含有两个活性组分：叔丁基氯化肼（*t*-butylhydrazium chloride）和氯化铁（$FeCl_3$）。

（2）树脂工艺性能

颜色	粉红色/混
黏度	1.25～4.5Pa·s
泡沫凝胶时间	2min
固化时间	5min
放热峰温度	138℃

（3）发泡剂、引发剂用量

S-839 树脂	100 份
过氧化苯甲酰 DDM	93.4 份
Luperfoam 329	1.5 份

【安全性】 树脂的生产原料，对人体的皮肤和黏膜有不同程度的刺激，可引起皮肤过敏反应和炎症；同时还要注意树脂粉尘对人体的危害，长期吸入高浓度的树脂粉尘，会引起肺部的病变。大部分树脂都具有共同的危险特性：遇明火、高温易燃，与氧化剂接触有引起燃烧危险，因此，操作人员要改善操作环境，将操作区域与非操作区域有意识地划开，尽可能自动化、密闭化，安装通风设施等。

【生产单位】 天津市合成材料厂，北京北安河利华玻璃钢有限公司，山东蓝盾科技公司，亚什兰聚酯（昆山）有限公司，常州市华润复合材料有限公司，北京玻璃钢研究设计院玻璃钢制品公司，南京金陵帝斯曼树脂有限公司，南京科美特树脂有限公司，温州市中侨树脂化工实业公司，秦皇岛市科瑞尔树脂有限公司，沈阳华特化学有限公司，华东理工大学华昌聚合物有限公司，江苏亚邦涂料股份有限公司，天津市龙江精细化学有限公司，浙江瑞森化工有限公司，宜兴市兴合树脂有限公司，浙江省永嘉县新颖树脂化纤制品有限公司，浙江天和树脂有限公司，常州华日新材有限公司，天津市巨星化工材料公司，无锡光明化工厂，江苏富菱化工有限公司，天马集团公司建材二五三厂，上海富晨化工有限公司，南京费隆复合材料有限责任公司等。

Bk002 二甲苯型不饱和聚酯树脂

【英文名】 xylene type unsaturated polyester resins

【结构式】

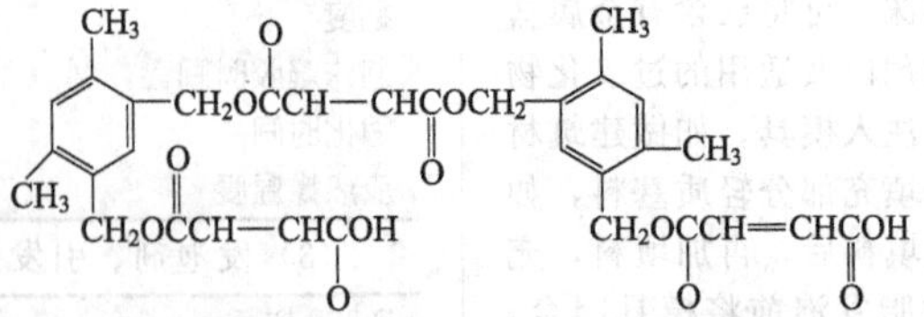

【性质】 ① 耐腐蚀性能好。常温下耐30%硫酸、50%硝酸、30%盐酸。另外，耐工业用碱液、10%铬酸、次氯酸钠、二丁酯、乙醇和甲酸等。

② 力学性能优良。玻璃钢弯曲强度为284.2MPa，冲击强度196kJ/m²，压缩强度>392MPa。

③ 玻璃钢材料具有优良的高频绝缘性，体积电阻率常态为$5.2\times10^{15}\Omega\cdot cm$，受潮后为$3.7\times10^{15}\Omega\cdot cm$，表面电阻率(常态)$1.1\times10^{15}\Omega$，受潮后为$1\times10^{13}\Omega$，介电常数($10^6$Hz受潮后)为3.57，介电损耗正切($10^6$Hz受潮后)为0.0078，击穿电压强度37.0MV/m(受潮后)。

④ 浇铸料电性能和力学性能也良好，浇铸工艺性好，无气泡，收缩小，不开裂，耐高压。弯曲强度为285.84MPa，压缩强度421MPa，冲击强度207.76kJ/m²；介电损耗角正切(10^6Hz) 0.0043，介电常数(10^6Hz受潮2d后) 3.57，表面电阻率(受潮后)$1\times10^{13}\Omega$，体积电阻率(受潮后)$1\times10^{13}\Omega\cdot cm$，介电强度(受潮后) 37.0MV/m。

⑤ 其胶泥力学强度均比环氧高出好几倍，其中粘接强度比环氧E-44高出6倍。

【制法】 在制备树脂时，必须在每100份含氧量为9%～10%的XF-树脂中，加入30～35份的马来酸，超过35份容易生成不溶不熔的反应物；低于30份时，由于引入双键数少，固化就不理想。在反应过程中，加入丙三醇作为改性剂，可增加树脂中的双键含量，降低树脂成本，提高树脂韧性，同时反应过程中也可减少管道堵塞。在反应后期可加入4% XF-树脂和4.4%的甘油，以提高树脂的耐水、耐碱耐化学药品性能。工艺流程如下。

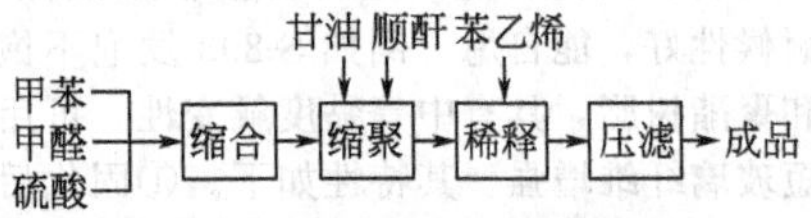

【成型加工】 二甲苯不饱和聚酯树脂黏度低，适用于手糊、缠绕、模压等施工方式。

【用途】 可用于制备凉水塔，玻璃钢波形瓦，在造船和冷却塔上均受到用户好评。另外，在建筑、防腐、耐油和绝缘等方面均获得了广泛的应用。在电气工业上可用来代替环氧树脂和硅橡胶。它是一种很有发展前途的不饱和聚酯树脂新品种。

【安全性】 见Bk001。用牢固、密封、洁净、干燥的镀锌铁桶包装，大桶净重200kg，中桶净重100kg，小桶净重20kg或5kg(小包装可用聚乙烯桶)。树脂和固化系统均属易燃品，热季运输要加盖苫布，存放时要远离火种、热源，应置于通风阴凉处。固化剂与促进剂要隔离存放，树脂的保存期为：20℃以下存6个月，30℃以下存3个月。

【生产单位】 华东理工大学华昌聚合物有限公司等。

Bk003 通用型不饱和聚酯树脂

【英文名】 general purpose type unsaturated polyester resin; UPE

【结构式】

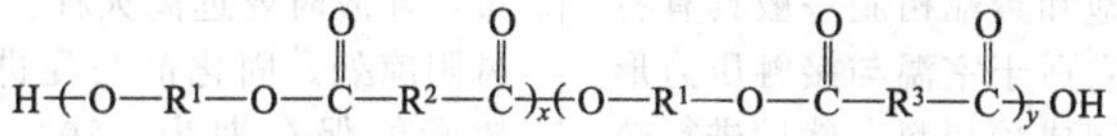

式中，R^1 为丙二醇（或乙二醇）；R^2 为顺丁二烯二酸酐；R^3 为邻苯二甲酸酐。

【性质】 聚酯树脂是一种具有不同黏度的淡黄至琥珀色透明液体。在引发剂和促进剂作用下，能在室温固化，得到三相交联体型结构的热固性聚合物，通用型不饱和聚酯树脂具有良好的工艺性能，能迅速渗透玻璃纤维材料，一般凝胶时间较长，可有足够的时间进行铺层、滚压、除气泡等操作。凝胶后有一定的修边时间，可进行刀削修边。其制品刚性较大，以306聚酯玻璃钢为例，其性能为：拉伸强度290MPa、弯曲强度280MPa、压缩强度230MPa、冲击强度150～180kJ/m²、吸水率0.5%、马丁耐热＞120℃、相对密度＜1.7、表面电阻率 $5.17\times10^{12}\Omega\cdot cm$、体积电阻率 $1.08\times10^{14}\Omega\cdot cm$、介电损耗角正切0.06、介电常数＜6。

【质量标准】

通用型不饱和聚酯树脂306#和191#的技术指标

树脂	外观	黏度(25℃)/Pa·s	酸值/(mgKOH/g)	胶凝时间(25℃)/min	固体含量/%
306S	浅黄色透明液体	0.29～0.61	18.5～27.5	6～10	60.5～67.5
306D	浅黄色透明液体	0.29～0.61	12.0～25.0	6～10	61.0～68.0
191S	浅黄色透明液体	0.23～0.55	27.5～36.5	6～12	58.5～65.5
测试标准	GB/T 8237—1987	GB/T 7193.1—1987	GB/T 2895—1982	GB/T 7193.5—1987	GB/T 7193.3—1987

注：推荐使用配方，树脂100份，固化剂2～4份，促进剂1.5～2份。

【制法】 丙二醇（或乙二醇）、顺丁烯二酸酐与邻苯二甲酸酐按一定配料比（见消耗定额），在200～210℃下，经熔融缩聚而得，加入交联剂苯乙烯与阻聚剂（常用对苯二酚）于60～80℃混合后，即可得到一定黏度的液体树脂。工艺流程如下。

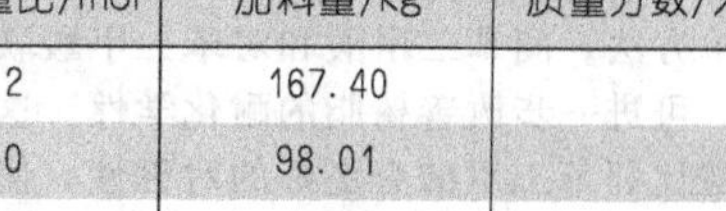

【消耗定额】 通用型不饱和聚酯树脂

组　分	分子量	物质的量比/mol	加料量/kg	质量分数/%
丙二醇	76.09	2.2	167.40	
顺丁烯二酸酐	98.06	1.0	98.01	
苯二甲酸酐	148.10	1.0	148.11	
理论缩水量	18.02	1.0	－18.02	
聚酯产量			395.55	65.5
苯乙烯	104.15	2.0	208.30	34.5
聚酯树脂＋苯乙烯		纺织	603.85	

【成型加工】 不饱和聚酯树脂一般具有各种不同的黏度。它适于室温与接触压力形成，亦可用于先制成预混料，然后进行热压模型。其玻璃钢成型加工方法主要有手糊法、浸渍法、喷射法、预成型法、压缩法和缠绕法等。

【用途】 不饱和聚酯树脂是热固性工程树脂，可用手糊法与喷射法成型，制成层压制品。一般用于制造玻璃纤维增强的大型制件，如汽车车身、小型舰艇壳体、容器、雷达罩以及波形板等。用于片状模塑料（SMC）与团状模塑料（BMC）可以机械化大量生产汽车外壳部件及其他工业和日常用品。浇铸料多用于互感器、电机线圈的整体浇铸、耐酸地面、聚合物混凝土、人造大理石等。

【安全性】 参见 Bk001。用牢固、密封、洁净、干燥的镀锌铁桶包装，大桶净重 200kg，中桶净重 100kg，小桶净重 20kg 或 5kg（小包装可用聚乙烯桶）。树脂和固化系统均属易燃品，热季运输要加盖苫布，存放时要远离火种、热源，应置于通风阴凉处。固化剂与促进剂要隔离存放，树脂的保存期为：20℃以下存 6 个月，30℃以下存 3 个月。

【生产单位】 天津市合成材料厂，北京北安河利华玻璃钢有限公司，山东蓝盾科技公司，常州市华润复合材料有限公司，南京金陵帝斯曼树脂有限公司，温州市中侨树脂化工实业公司，秦皇岛市科瑞尔树脂有限公司，江苏亚邦涂料股份有限公司，天津市龙江精细化学有限公司，宜兴市兴合树脂有限公司，浙江天和树脂有限公司，常州华日新材有限公司，天津市巨星化工材料公司，江苏富菱化工有限公司，天马集团公司建材二五三厂，山西太明化工工业有限公司等。

Bk004 间苯二甲酸型不饱和聚酯树脂

【英文名】 *m*-phthalic acid type unsaturated polyester resins

【结构式】

$$\mathrm{H}\!\left(\mathrm{O{-}R{-}O{-}\overset{O}{\overset{\|}{C}}{-}R^1{-}\overset{O}{\overset{\|}{C}}}\right)_{x}\!\left(\mathrm{O{-}R^1{-}O{-}\overset{O}{\overset{\|}{C}}{-}R^2{-}\overset{O}{\overset{\|}{C}}}\right)_{y}\mathrm{OH}$$

式中，R 为二元醇；R^1 为间苯二甲酸；R^2 为反丁烯二酸。

【性质】 一般耐化学、耐腐蚀性树脂有多种：如间苯二甲酸、新戊二醇改性的树脂；采用双酚 A 及其衍生物作二元醇所合成的树脂；对苯二甲酸、二甲苯改性的树脂等。用间苯二甲酸取代邻苯二甲酸，用两步法合成聚酯是生产耐化学树脂的最简单方法。间苯二甲酸和对苯二甲酸联用时，可进一步改善树脂的耐化学性。这两种酸比邻苯二甲酸有更好的对称性，使树脂在介质中更为稳定。采用新戊二醇参加反应，使树脂结晶性提高，耐化学性、耐水性增强。用双酚 A 衍生物作为二元醇参加反应，产生比间苯二甲酸型耐化学性更好的树脂。双酚 A 分子量高，空间结构大，阻碍了聚酯的水解，酯键的浓度相应降低。双酚 A 结构本身在化学介质中也较稳定。一般间苯型优于邻苯型，间苯新戊二醇型的耐碱性明显优于间苯型。双酚 A 型耐化学树脂的一般耐化学性优于间苯型树脂，特别是在碱性侵蚀环境中，间苯型树脂已不能适应，而双酚 A 型树脂表现良好。该聚酯树脂耐化学腐蚀性能好，在室温下对有机溶剂、多种盐类和低浓度的酸、碱均有良好的抵抗能力；在大气中室温固化时表面不发黏；对玻璃纤维有良好的浸润能力；对钢的黏结性好；有较高的热变形温度；耐水性好，其玻璃纤维层压制品在沸水中经 48h 后，弯曲强度保持率大于 80%；具有较好的介电性能等。

【质量标准】 间苯二甲酸型不饱和聚酯树脂技术指标如下。

树脂	外　观	黏度(25℃)/Pa·s	酸值/(mgKOH/g)	胶凝时间(25℃)/min	固体含量/%
SR289	浅黄色透明液体	0.26～0.54	9.5～18.5	6～12	54～66
199#	浅黄色透明液体	0.30～0.60	18.0～26.0	6～12	57～67
199S	浅黄色透明固体		38.0～42.0		
272#	浅黄色透明液体	0.25～0.78	12.0～29.0	8～21	56～64
测试标准	GB/T 8237—1987	GB/T 7193.1—1987	GB/T 2895—1982	GB/T 7193.6—1987	GB/T 7193.3—1987

注：推荐使用配方为树脂 100 份，固化剂 2～4 份，促进剂 1.5～3.0 份。

【制法】 工业生产上通常采用两步法。先以二元醇与间苯二甲酸在反应釜中加热进行酯化反应，当反应物达到所要求的酸值后，加入反丁烯二酸，加热进行缩聚反应即得不饱和聚酯，冷却后放入混合釜中，再加入苯乙烯与阻聚剂，混溶后制得黏稠的不饱和聚酯树脂液体。

【用途】 该树脂具有独特的耐水与耐化学药品性能，可制备 SMC、BMC。适用于室温低压成型和热压成型。可用作耐化学腐蚀设备及钢材设备的防腐层或衬里。特别适用于缠绕成型制品及耐热制品（100℃以下长期使用），并可作胶衣层等。

【安全性】 参见 Bk001。包装与通用型不饱和聚酯树脂相同。

【生产单位】 天津市合成材料厂，山东蓝盾科技公司，亚什兰聚酯（昆山）有限公司，常州市华润复合材料有限公司，温州市中侨树脂化工实业公司，秦皇岛市科瑞尔树脂有限公司，江苏亚邦涂料股份有限公司，天津市龙江精细化学有限公司，宜兴市兴合树脂有限公司，天津市巨星化工材料公司等。

Bk005 团状模塑料

【英文名】 bulk mouding compound；BMC

【别名】 不饱和聚酯树脂玻璃纤维增强团状模塑料

【结构式】

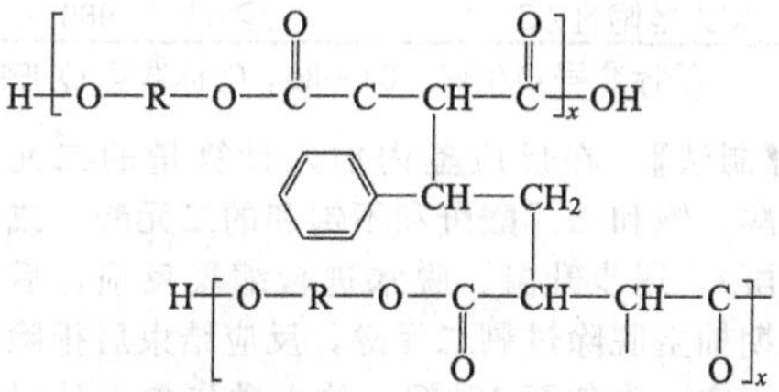

式中：R 表示 $-CH_2-CH_2-$ 或 $-CH_2-CH(CH_3)-$ 等。

【性质】 不饱和聚酯玻璃纤维增强塑料，所用的不饱和聚酯树脂在其分子主链中含有酯键和不饱和双键。此双键易氧化，并能通过加成反应和其他乙烯类单体（如苯乙烯）交联聚合，酯键能被酸、碱水解而遭受破坏。树脂活性大小主要取决于原料不饱和酸（或酐）的比例和种类。BMC 用的树脂活性较高，通常采用反丁烯二酸或顺丁烯二酸酐，含有此结构的聚酯制成的 BMC 活性较高，便于压制成型，同时其他性能也较好，是酚醛塑料、三聚氰胺甲醛塑料的更新换代材料。此模塑料的主要特征是尺寸精度和尺寸稳定性好、刚性及机械强度高、电性能优异、耐热性和耐燃性优良，并具有良好的加工成型性。

【质量标准】 企业标准（上海市合成树脂研究所梅陇实验厂）

指标名称		指标				
		BMC①	BT3 系列②		BH 系列③	
			BT3（通用型）	RF-3G（阻燃型）	BH-1（高强度）	BH-2（特高强度）
密度/(g/cm^3)		1.8～1.9	1.9～2.0	1.8～1.9	1.25～1.85	1.70～1.80
成型收缩率/%	≥	0.2	0.2	0.2	0.2	0.2
吸水率/%	≤	0.1	0.1	0.1	0.1	0.1
冲击强度/(kJ/m^2)	≥	20	17	17	35	60
弯曲强度/MPa	≥	80	70	70	120	140
绝缘电阻/Ω	≥	1.0×10^{14}	1.0×10^{13}	1.0×10^{13}	1.0×10^{14}	1.0×10^{14}
介电强度/(kV/mm)	≥	12	10	10	12	12
耐电弧性/s		180～190	180	180	180	180
相比漏电起痕指数(CTI)/V	≥	600	600	600	600	600
热变形温度(1.81MPa)/℃	≥	250	200	200	240	240
着火危险性/℃	≥	960	—	960	960	960

①标准号 Q/IBPO-01—89。②标准号 Q/IBPO-02—89。③标准号 Q/IBPO-05—91。

【制法】 在反应釜内加入计算量的二元醇、饱和二元酸酐和不饱和的二元酸（或酐），逐步升温、脱水进行缩聚反应，后期抽空脱除过剩二元醇，反应结束后排除真空，冷却至180℃，放入预先含有计量的苯乙烯的稀释釜内，经稀释后得不饱和聚酯。称取一定量的该树脂，先后加入低收缩剂、引发剂等各种添加剂经强烈搅拌成浆状糊后，将该糊倒入捏合机中捏合，边捏合边投入填料和短切玻璃纤维，经过一定时间的混合，即得成品。

【用途】 不饱和聚酯玻璃纤维增强团状模塑料各项性能优良，是制造各种电器和电子元器件、汽车零部件等的理想材料。国内用BMC和它的系列品来制造各种系列低压断路器的塑壳、离心开关、刀开关底板、阀用电磁铁整体塑封、线圈骨架等各种电绝缘零件。BT-3G具有优良的性能价格比的特点，被天津电传所指定用它取代酚醛554和H161作PGL低压配电柜支撑母线用MK系列绝缘框的专用材料。BH材料的力学性能比BMC更胜一筹，用于高压电气领域，制作ZNG-10/1250系列户内高压真空断路器的绝缘子、高压防爆真空开关的绝缘驱动件等，有比酚醛4330更好的耐潮电绝缘性，承受冲击耐压75kV。BH材料适宜制作高压绝缘子、高压矿用电器绝缘零部件和低压电器中要求机械强度高的绝缘构件。此种团状模塑料还可制作汽车用电器部件、车灯架、汽车前挡板、加热槽等车内外制件及功能件。利用它可电镀金属的特性而作车灯反光罩。并可作仪表壳、架及电子复印机、办公机械中的结构部件，电子计算机零件，录像磁盘座架和家用电烤箱的部件等。

【安全性】 参见Bk001。料团装入内衬塑料袋的纸箱或铁桶内。运输中防止器械损伤外包装，严防受潮和日光直射。一般贮存于25℃以下阴凉干燥的仓库内，不准接近热源和阳光直射。贮存期一般为三个月。

【生产单位】 上海合成树脂研究所实验厂，哈尔滨绝缘材料厂，绵阳东方绝缘材料厂，常州建材253厂，上海曙光化工厂罗店分厂，无锡堰桥微型电机厂等。

Bk006 辐射固化型不饱和聚酯树脂

【英文名】 UV-cure type unsaturated polyester resins

【性质】 辐射固化型不饱和聚酯树脂暴露于紫外线或电子束的辐射下即能固化。可以用丙烯酸酯基团取代乙烯基酯树脂端部的甲基丙烯酸酯基团。光引发剂可用苯醌或苯偶姻醚，用以进行聚合反应。在未稀释时，树脂黏度低，也可用反应性稀释剂如2-乙基己基丙烯酸酯、2-羟基丙烯酸酯等进一步降低黏度。AH-FS800固化系统采用辐射固化，不同于传统的热固化工艺，是采用高效能源、低成本工艺，在基材表面实现快速深层固化。最大优点在于不受温度、湿度限制，不需添加任何辅助材料，不含固化剂、促进剂，成型速度快，在极短时间内5～20s固化，固化率瞬间达100%，线速度1～3m/min。生产效率高，占地面积小，节能，污染小，无溶剂挥发、无公害，物理、化学性能好。固化产品性能高于传统工艺，固化后即可得到坚硬、光亮的表面涂层。解决了由于玻璃钢热变形温度低，塑料制品软化点低，需高温后涂装处理出现的表面鼓泡、变形等缺陷。

【质量标准】 辐射固化型不饱和聚酯树脂AH-FS800技术指标如下。

树　脂	外　观	巴氏硬度	热变形温度/℃	断裂伸长率/%
AH-FS800	浅黄色透明液体	≥50	≥80	≥100
测试标准	GB/T 8237—1987			

【用途】 适用于各种成型工艺的FRP表面涂装，以及木材、塑料、钢铁等成型产品表面的装饰。尤其适用于拉挤型材，塑钢型材，可流水作业。以门窗型材为例，表面涂层固化速度300～1000mm/min，表面硬度高，处理速度快，其他管、棒材效率更高。除玻璃钢产品表面涂装外，还可用于手糊工艺中。胶衣层及树脂受温度影响，固化慢，可改为辐射固化工艺，提高固化速度，模具周转快，生产效率高。

【安全性】 参见Bk001。包装与通用型不饱和聚酯树脂相同。

【生产单位】 北京北安河利华玻璃钢有限公司等。

Bk007 双酚A型不饱和聚酯树脂

【英文名】 bisphenol A type unsaturated polyester resin

【结构式】

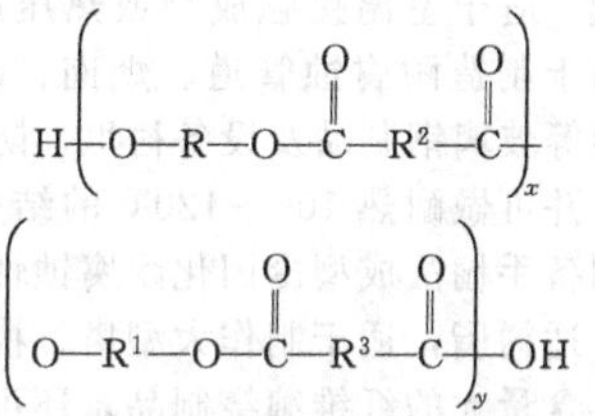

【性质】 该类聚酯是目前用量最大的耐蚀性树脂，约占耐蚀玻璃钢的70%，其特点是在较高温度下耐蚀性优良，对酸（除铬酸外）、碱的耐蚀性能优于通用型和间苯二甲酸型不饱和聚酯，特别是耐碱性优良。此外，还具有优良的综合性能。

【质量标准】 双酚A型不饱和聚酯树脂技术指标

树脂	外　观	黏度(25℃)/Pa·s	酸值/(mgKOH/g)	胶凝时间(25℃)/min	固体含量/%
3301#	黄色透明液体	0.23～0.57	11.5～20.5	6～13	49～55
SR 2110	黄色透明液体	0.26～0.54	2.0～10.0	10～20	49～55
323#	黄色透明黏稠液体	0.26～0.54	12.5～21.5	19～41	57～63
197#	黄色透明液体	0.50～0.95	21.0～31.0	12～26	47～53
3200#	棕黄色黏稠液体	1.70～5.00(涂4#杯、125℃)	10.0～30.0		63～68
测试标准	GB/T 8237—1987	GB/T 7193.1—1987	GB/T 2895—1982	GB/T 7193.6—1987	GB/T 7193.3—1987

注：推荐使用配方为树脂100份、固化剂3～4份，促进剂2～3份。

【制法】 以双酚 A 衍生物（R^1）与少量二元醇及反丁烯二酸（R^2），有时也加入部分饱和二元酸（R^3）进行反应，并加入双酚 A 型低分子质量环氧树脂而制得聚酯，再加入苯乙烯及阻聚剂混融得到液态聚酯树脂。或采用双酚 A 型环氧树脂（E 型环氧树脂，常用的有 E-51、E-44）与甲基丙烯酸在催化剂有机叔胺或季铵存在下反应而制得，用苯乙烯稀释。

【成型加工】 该树脂可使用过氧化苯甲酰-二甲基苯胺或过氧化环己酮-萘酸钴引发系统进行冷固化，后者固化速度较慢。交联剂采用苯乙烯或甲基丙烯酸甲酯。树脂加入引发剂和促进剂后可室温固化，主要用手糊法成型，也可用喷涂法、浸渍法和双模成型。

【用途】 适于室温接触成型或热压成型。主要用于制造耐腐蚀管道、烟囱、贮槽、反应器等玻璃钢制品及设备衬里、防腐地面等，并可做耐热 100～120℃的结构件。它是制备手糊法成型冷固化耐腐蚀性玻璃钢的合适树脂，适于制作大型塔、槽类玻璃钢、含量大的纤维缠绕制品，还可作防腐工程用涂料和胶黏剂。

【安全性】 参见 Bk001。包装与通用型不饱和聚酯树脂相同，树脂和固化系统均属易燃品，热季运输时要加盖苫布。存放时要远离火种、热源，应置于通风阴凉处。固化剂与促进剂要隔离存放，树脂的保存期为：20℃以下存 6 个月，30℃以下存 3 个月。

【生产单位】 天津市合成材料厂，北京北安河利华玻璃钢有限公司，山东蓝盾科技公司，常州市华润复合材料有限公司，温州市中侨树脂化工实业公司，秦皇岛市科瑞尔树脂有限公司，华东理工大学华昌聚合物有限公司，江苏亚邦涂料股份有限公司，天津市龙江精细化学有限公司，天津市巨星化工材料公司，上海富晨化工有限公司，南京费隆复合材料有限责任公司，上海新华树脂厂等。

Bk008 乙烯基酯型不饱和聚酯树脂

【英文名】 vinyl ester based unsaturated polyester

【性质】 乙烯基酯树脂是一系列新型树脂。如丙烯酸树脂、丙烯酸环氧树脂以及乙烯酯等。它是由环氧树脂和含双键的不饱和一元羧酸加成聚合的产物，其工艺性能和不饱和聚酯树脂相似，化学结构又和环氧树脂相近，因而可称为结合聚酯和环氧两种树脂的长处而产生的一种新型树脂。①可以通过引发剂的激发而实现迅速固化，其固化工艺和聚酯树脂相同；②对玻璃纤维具有优良的渗透和黏结能力，这种性能和环氧树脂的相同；③通过控制交联结构，可以获得中等或较高的热变形温度，同时获得较大的延伸性；④当采用酚醛清漆环氧作树脂的部分结构时，即获得优良的耐高温和耐老化性；⑤耐化学性能优良。

【质量标准】 乙烯基酯不饱和聚酯树脂技术指标

树 脂	外 观	酸值 /(mg/KOH/g)	黏度(25℃) /Pa·s	胶凝时间 (25℃)/min	固体含量 /%	热稳定性 (80℃)/h
SS-Ⅰ	浅黄色黏稠液体	≤15	0.26～0.46	8～60	61～63	
SS-Ⅱ	浅黄色黏稠液体	≤10	0.40～0.65	8～60	63～65	
SS-Ⅲ	浅黄色黏稠液体	≤10	0.25～0.40	8～40	61～63	
SS-Ⅳ	浅黄色黏稠液体	≤10	0.25～0.35	8～60	61～63	
SS-Ⅴ	浅黄色黏稠液体	≤10	0.40～0.60	8～60	63～65	
LDV-3200#	黄色液体	10～26	0.30～0.50	10～20	60～67	
LDV 3201#	棕色液体	8～20	0.35～0.55	10～22	55～60	

续表

树　脂	外　观	酸值 /(mg/KOH/g)	黏度(25℃) /Pa·s	胶凝时间 (25℃)/min	固体含量 /%	热稳定性 (80℃)/h
LDV 3203#	黄色透明液体	10～20	0.40～0.50	10～20	58～64	
VER-1#	棕色透明液体	16～26	0.20～0.40	20～40	59～68	
VER-2#	黄色透明液体	8～24	0.25～0.55	6～25	56～63	
LDV 158#	棕色透明液体	12～21	0.35～0.50	10～30	57～63	
ZQ-881	透明微黄液体	10～20	0.30～0.50	10～20	57～63	
MFE-1	浅黄或黄色透明	9～19	0.26～0.54		57～65	≥24
MFE-2	浅黄透明	10～18	0.30～0.60	10～20	57～63	≥24
MFE-3	浅黄透明	9～15	0.35～0.50		57～63	≥24
MFE-4	黄色透明	12～22	0.26～0.54		57～65	≥24
MFE-5	浅黄或黄色透明	5～15	0.35～0.55		47～55	≥24
MFE-7	黄色透明	8～10	0.30～0.50		57～63	≥24
测试标准	GB/T 8237—1987	GB/T 2895—1982	GB/T 7193.1—1987	GB/T 7193.6—1987	GB/T 7193.3—1987	GB/T 7193.5—1987

【制法】 乙烯基酯树脂是一种环氧树脂和一种含双键的不饱和一元酸的加成反应产物。不饱和酸形成树脂分子末端的不饱和性。所使用环氧化物有多种，包括双酚A二缩水甘油醚或其更复杂的同系物、四溴双酚A二缩水甘油醚、环氧酚醛清漆以及二环氧化聚氧化丙烯等。最常用的酸是丙烯酸和甲基丙烯酸，有时也用苯基丙烯酸和丁烯酸。这种环氧基和羧酸的反应为直接反应，用叔胺、磷化氢、碱式鎓盐催化。环氧化物与酸反应，结果产生侧羟基，产生黏度，同时进一步提供和其他改性化合物如酸酐或异氰酸盐进行反应的部位。反应产物再用一种反应性单体如苯乙烯、乙烯基甲苯、双环戊二烯、丙烯酸酯等稀释，即得产品。

【用途】 适于室温接触成型或热压成型。主要用于制造耐腐蚀管道、烟囱、贮槽、反应器等玻璃钢制品及设备衬里、防腐地面等，并可做耐热100～120℃的结构件。是制备手糊法成型冷固化耐腐蚀性玻璃钢的合适树脂，适于制作大型塔、槽类玻璃钢、含量大的纤维缠绕制品，还可作防腐工程用涂料和胶黏剂。品种不同性能和用途也不同，可以用于片状模塑料、耐高温树脂、阻燃树脂、辐射固化树脂等。

【安全性】 参见Bk001。包装与通用型不饱和聚酯树脂相同。

【生产单位】 北京北安河利华玻璃钢有限公司，山东蓝盾科技公司，南京金陵帝斯曼树脂有限公司，温州市中侨树脂化工实业公司，上海舜胜高分子有限公司，华东理工大学华昌聚合物有限公司，天津市巨星化工材料公司，江苏富菱化工有限公司，天马集团公司建材二五三厂，富晨化工有限公司，南京费隆复合材料有限责任公司，上海新华树脂厂等。

Bk009 阻燃自熄性不饱和聚酯树脂

【英文名】 self-extinguishing flam resistance unsaturated polyester resins

【结构式】

$$\begin{pmatrix} H-O-R-O-C-R^1-C \\ \quad\quad\quad\parallel\quad\quad\parallel \\ \quad\quad\quad O\quad\quad O \end{pmatrix}_x$$

$$\begin{pmatrix} O-R-O-C-R^2-C \\ \quad\quad\quad\parallel\quad\quad\parallel \\ \quad\quad\quad O\quad\quad O \end{pmatrix}_y -OH$$

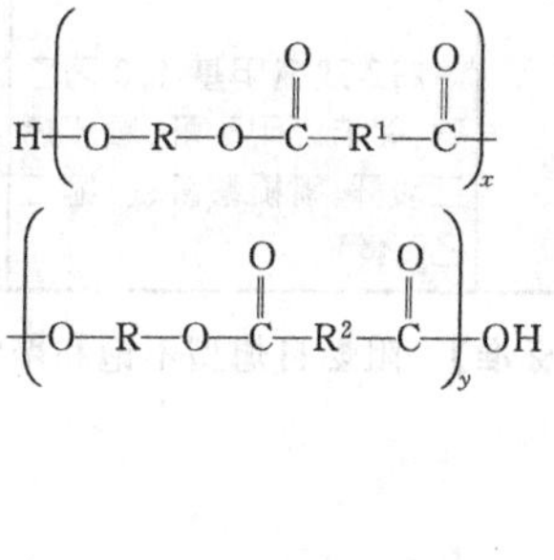

式中，R 为含卤素的二元醇；R^1 为顺丁烯二酸酐；R^2 为邻苯二甲酸酐。

【性质】 阻燃自熄性不饱和聚酯树脂分为反应型和添加型两种，反应型阻燃自熄型不饱和聚酯树脂具有较好的自熄性，当与其他阻燃剂并用时，耐燃性能更佳。它有较好的耐热性及介电性能和耐化学腐蚀性，可室温接触成型。但随原料不同，其性能有较大差异。添加型自熄性不饱和聚酯自熄性能好，但通常力学强度、耐热、耐候、耐蚀性低于反应型不饱和聚酯。

自熄性不饱和聚酯树脂牌号、原料及特性

牌号	主要原料	特性及用途	生产厂家
302	HET 酸酐、乙二醇、一缩二乙二醇	具有自熄性，较好的耐光性，适宜接触成型及要求自熄的玻璃钢制品	常州 253 厂 天津大学(研制)
7001	含卤素的二元醇、酮丁烯二酸酐、邻苯二甲酸酐、阻燃剂	加工工艺性良好、可用手糊、喷射、缠绕及模压等加工方法制成玻璃钢制品，其固化方法同通用聚酯，该树脂除具有阻燃性外，还有较高的力学性能、电绝缘性能、耐蚀性能等	天津合成材料厂 济南树脂厂
7331	四氢邻苯二甲酸酐、顺丁烯二酸酐、乙二醇、苯乙烯、三氯乙烯磷酸酯	自熄性与 302 同，但价格便宜	常州 253 厂
ZX 型 6BJ-X_2	二元醇，环氧氯丙烷、顺丁烯二酸酐、邻苯二甲酸酐，阻燃剂 Sb_2O_3	合成工艺简单、自熄性好	华东理工大学 南京绝缘材料厂 北京师范大学
801 802	198 或 199 添加磷酸酯类阻燃剂	适宜制造要求难燃的普通玻璃钢制品	常州 253 厂
101 102	卤代单环氧化物与二元醇，二元酐等	101 制品氧指数≥39 102 制品氧指数≥30 具有优良的阻燃性能	无锡树脂厂
8301			济南树脂厂
HQ-811			江阴化工厂
2401 6471 DCP	顺丁烯二酸酐、环戊二烯、六氯环戊二烯		天津津东化工厂 天津合成材料研究所 北京化工研究所
G 型	2,2-双氯甲基-1,3-丙二醇、邻苯二甲酸酐、顺丁烯二酸酐、氯桥酸酐、一缩二乙二醇	有自熄性，耐蚀性较好(不耐碱)，固化速度快，可作自熄耐蚀材料，但价格较贵	天津大学研制

【质量标准】 阻燃自熄型不饱和聚酯树脂技术指标如下。

树脂	类型	外观	黏度(25℃)/Pa·s	酸值/(mg KOH/g)	胶凝时间(25℃)/min	固体含量/%	氧指数
961#		浅黄透明液体	0.14～0.30	10～18	6.2～12.0	54～66	
193#	反应	浅黄透明液体	0.30～0.60	24～32	4.0～8.0	60～66	≥28
302#		浅黄液体	0.75～1.35	20～28	11.0～35.0	70～76	
8201#		浅黄液体	0.80～2.50	38～50	3.0～10.0		
802#	添加	白色浑浊	0.50～0.95		14.0～26.0		
		糊状物					≥30
107#	反应	浅黄透明液体	0.35～0.65		16.0～30.0		≥32
107DY	反应	浅黄液体	0.35～0.65		7.7～14.3		≥34
108#	反应	浅黄透明液体	0.28～0.52		35.0～65.0		≥30
测试标准		GB/T 8237—1987	GB/T 7193.1—1987	GB/T 2895—1982	GB/T 7193.6—1987	GB/T 7193.3—1987	GB/T 8627—1999

注：推荐使用配方为树脂 100 份，固化剂 1～4 份，促进剂 0.5～3.0 份。

【制法】 采用熔融缩聚法，向反应釜中按适当配比加入含卤素的三元醇、顺丁烯二酸酐和邻苯二甲酸酐，加热进行熔融缩聚反应制得自熄型聚酯，冷却后放入混合釜中，再加入苯乙烯与阻聚剂混溶即得液态聚酯树脂。在应用时可酌加 3%～5% 的粉状 Sb_2O_3 及其他阻燃剂。

(1) 反应型　指用含卤、磷元素的单体合成树脂，在树脂分子结构中有阻燃基团的不饱和聚酯树脂。

① 采用乙二醇、一缩二乙二醇、顺丁烯二酸酐及 3,6-二氯亚甲基四氯邻苯二甲酸酐（或称氯桥酸酐，简称 HET 酸酐）酯化而制得不饱和聚酯树脂。

② 采用乙二醇或一缩二乙二醇等二元醇类与顺丁烯二酸酐、四溴（或四氯）邻苯二甲酸酐酯化而制得不饱和聚酯树脂。

③ 顺丁烯二酸酐与卤代二烯类（如环戊二烯、六氯环戊二烯等）反应制得聚酯树脂。

④ 卤代环氧树脂与甲基丙烯酸类反应制得卤代乙烯酯聚酯树脂。

⑤ 卤代二元醇或环氧氯丙烷与顺丁烯二酸酐、邻苯二甲酸酐反应制得聚酯树脂。

⑥ 用不饱和聚酯的溴化产物制得不饱和聚酯树脂。

反应型不饱和聚酯可与阻燃剂配合使用，效果更佳。

(2) 添加型　在不饱和聚酯中添加一定比例的阻燃剂使聚酯树脂具有阻燃性，这类聚酯的稀释剂可以用氯代-苯乙烯，2,5-二溴苯乙烯等代替苯乙烯。以下列出几个配方的例子。

四氯邻苯二甲酸自熄型聚酯配方举例

原料名称	分子量	物质的量/mol	质量/kg
乙二醇	62.07	7.0	434
四氯邻苯二甲酸酐	286.10	3.5	1001
顺丁烯二酸酐	98.06	3.5	343
苯乙烯	104.14		798
磷酸三氯乙酯			129
氢醌			0.12
环烷酸铜			(苯乙烯的1%)2.8mL
石蜡			0.33

此配方生产的聚酯价格低廉，阻燃效果一般。

四溴邻苯二甲酸酐自熄型聚酯配方举例

原料名称	物质的量/mol			
	1	2	3	4
邻苯二甲酸酐	0.54	0.47	0.38	0.24
四溴邻苯二甲酸酐	0.24	0.31	0.40	0.54
顺丁烯二酸酐	1.05	1.05	1.05	1.05
丙二醇	1.00	1.00	1.00	1.00
二甘醇	1.00	1.00	1.00	1.00

此配方生产的聚酯在保持难燃的情况下，树脂的热性能和力学强度不降低，主要用于建筑、运输、电器方面。

卤代二醇自熄型不饱和聚酯配方举例

原料名称	物质的量/mol		
	1	2	3
2,3-双氯甲基-1,3-丙二醇	2.2	2.2	1.76
一缩二乙二醇			0.44
邻苯二甲酸酐	1.0	0.5	0.50
顺丁烯二酸酐	1.0	1.0	1.00
氯桥酸酐		0.5	0.50

此配方生产的聚酯含氯量高、自熄性好，树脂光稳定性好，颜色较好。

添加性自熄型不饱和聚酯配方举例

组分	质量份
通用型不饱和聚酯	367.0
六溴苯	22.5
磷酸三苯酯	10.0

此配方生产的聚酯自熄性好，耐热性高。

氢氧化铝添加型自熄型不饱和聚酯配方举例

组分	质量份		
不饱和聚酯	100	100	100
氯化石蜡		13	8
Sb_2O_3	16	13	8
氢氧化铝	25	35	75
阻燃填料($Flammex_5BT$)		7	5
阻燃填料($FlammexB_{10}$)	10		

此配方生产的聚酯阻燃性能好，无烟，价廉，适应于层压。

【用途】 主要用于制造需要防火或防腐的玻璃钢制品，如建筑用波形板及门窗等，耐燃的车身、船体以及化工防腐设备、管道、洗涤塔和凉水塔、贮槽等。此外，还可用于耐燃的模压电气材料、绝缘板、耐电弧零件等。

【安全性】 参见 Bk001。包装与通用型不饱和聚酯树脂相同，树脂和固化系统均属易燃品，热季运输时要加盖苫布。存放时要远离火种、热源，应置于通风阴凉处。防止滴水注入。固化剂与促进剂要隔离存放。树脂的保存期为：20℃以下存 6 个月，30℃以下存 3 个月。

【生产单位】 天津市合成材料厂，北京北安河利华玻璃钢有限公司，山东蓝盾科技公司，亚什兰聚酯（昆山）有限公司，常州市华润复合材料有限公司，南京金陵帝斯曼树脂有限公司，温州市中侨树脂化工实业公司，秦皇岛市科瑞尔树脂有限公司，江苏亚邦涂料股份有限公司，天津市龙江精细化学有限公司，宜兴市兴合树脂有限公司，常州华日新材有限公司，天津市巨星化工材料公司，江苏富菱化工有限公司，上海富晨化工有限公司，南京费隆复合材料有限责任公司等。

Bk010 纽扣用不饱和聚酯树脂

【英文名】 unsaturated polyester resins for buttons

【性质】 该树脂呈无色或微色透明黏稠液体，强度好、硬度高、低放热、成型性好，离心铸板具有一定弹性，不易碎裂，又要有韧性、耐冲击、耐热水、耐洗涤剂侵蚀和耐熨烫等，纽扣加工过程中无掉块、开裂、崩瓷等现象、易于加工。可适于薄型扣及厚型扣的生产工艺要求，适应性强，具有一定的耐烘烤性，颜色稳定，固化后有美丽的色彩和光泽。同时树脂有良好的加工性能。为了实现高速生产，树脂要有高反应性、低黏度、快脱模。凝胶后立即冲孔时，还要有良好的冲孔性能。

【质量标准】 纽扣用不饱和聚酯树脂技术指标如下。

树脂	外观	黏度(25℃)/Pa·s	酸值/(mgKOH/g)	胶凝时间(25℃)/min	固体含量/%	热稳定性(80℃)/h
HR-103	透明无色或淡蓝紫色液体	0.70～1.20		5.0～10.0		
HR-103C	半透明黏稠液体	0.70～1.10		5.0～10.0		
891#	淡黄透明液体	0.90～1.30	18～26	5.0～10.0	64～70	
818A	淡蓝透明	0.36～1.20	18～26	3.6～7.6	65～71	24
818S	淡黄色透明	0.40～0.98	16～26	3.8～8.0	60～67	24
126#		0.60～1.00		9.0～14.0	64～70	
128#		0.65～1.10		5.0～9.0	68～71	
JX102	浅色透明液体	0.70～1.30	18～24	3.0～7.0		24
JX103	浅色透明液体	0.70～1.30	17～23	3.0～7.0		24
JX106	无色透明液体	0.90～1.50	17～23	3.0～8.0		24
JX108	浅色透明液体	0.80～1.40	17～23	3.0～8.0		24
186#	透明水白色液体	0.60～1.10	18～25	3.0～6.0	63～68	
185#	透明水白色液体	0.60～1.10	18～25	3.0～6.0	63～68	
测试标准	GB/T 8237—1987	GB/T 7193.1—1987	GB/T 2895—1982	GB/T 7193.6—1987	GB/T 7193.3—1987	GB/T 7193.5—1987

【成型加工】 纽扣的生产方法有多种，树脂的性能要适应具体工艺要求。较普遍的加工方法有两种。

1. 浇铸法

先将彩色树脂浇铸成棒，固化后切割成片，经抛光、钻眼成制品。这种方法生产效率低，成本高，但对树脂的适应性较宽。

花样纽扣带有单面或双面浮凸，可在模具中浇铸。模子带有小口，可注入树脂。模具可用硅橡胶、软聚氯乙烯或聚乙烯等制成。

2. 离心法

将已引发的快速冷固化型树脂，在60℃左右浇铸入离心转筒，树脂在筒壁上铺平，浇铸后0.5～2h，树脂达到半固化状态，可挠曲，即切割下来，取得半固化的薄片，质柔软，可放在冲床上冲孔并压成所要求的纽扣形状，包括浮凸构形。冲下的纽扣放在氯化钙或甘油溶液中，保持120℃，经10min后固化，使固化完全。这种方法生产效率高，成本低，但对树脂要求严格，要凝胶快，在4～5min内即达到半固化状态，并有一定硬度。

【用途】 主要用作各类厚扣、薄扣、装饰扣、装饰板及工艺品的制作等。

【安全性】 参见Bk001。纽扣树脂应用牢固、密封、洁净、干燥的镀锌铁桶包装，每批出厂的产品都应附有质量证明书，标明制造厂名称、产品名称、批号、毛重、净重、生产日期、质量指标等。容器上应明显标示“防潮”及“易燃”等字样。

【生产单位】 天津市合成材料厂，亚什兰聚酯（昆山）有限公司，常州市华润复合材料有限公司，温州市中侨树脂化工实业公司，江苏亚邦涂料股份有限公司，天津市龙江精细化学有限公司，宜兴市兴合树脂有限公司，浙江省永嘉县新颖树脂化纤制品有限公司，浙江天和树脂有限公司，常州华日新材有限公司等。

Bk011 耐高温不饱和聚酯树脂

【英文名】 high temperature resistant unsaturated polyester resins

【结构式】

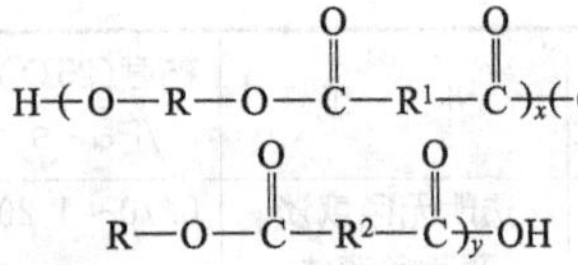

【质量标准】

耐高温不饱和聚酯树脂技术指标

树脂	外　观	黏度(25℃)/Pa·s	酸值/(mgKOH/g)	胶凝时间(25℃)/min	固体含量/%
H-89#	黄褐色透明黏稠液体	0.25～0.50	15.0～25.0	6～8	66.0～68.0
MFE-5	淡黄色或黄色透明液体	0.35～0.55	5.5～14.5	10～20	47.5～54.5
测试标准	GB/T 8237—1987	GB/T 7193.1—1987	GB/T 2895—1982	GB/T 7193.5—1987	GB/T 7193.3—1987

【制法】 采用不同的交联剂可以获得不同耐温性能的不饱和聚酯树脂。

(1) 交联剂为三聚氰酸三烯丙酯其化学结构式为

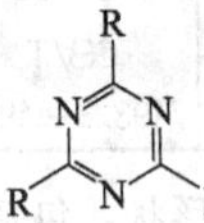

式中，R 为 CH_2CHCH_2O—。

此类树脂适用于热固化低压成型，其玻璃钢在260℃有良好的强度保持率与稳定的高频介电性能，并且在260℃下经200h后，性能无显著下降。缺点是成型时固化工艺条件要求严格，并需较长时间后固化。

聚酯化学组分为：乙二醇、顺丁烯二酸酐与邻苯二甲酸酐或3,6-亚甲基四氢邻苯二甲酸酐。按配料比熔融法缩聚制得聚酯；以三聚氰酸三烯丙酯为交联剂，并加入阻聚剂混合而制得黏稠聚酯树脂。工艺流程如下。

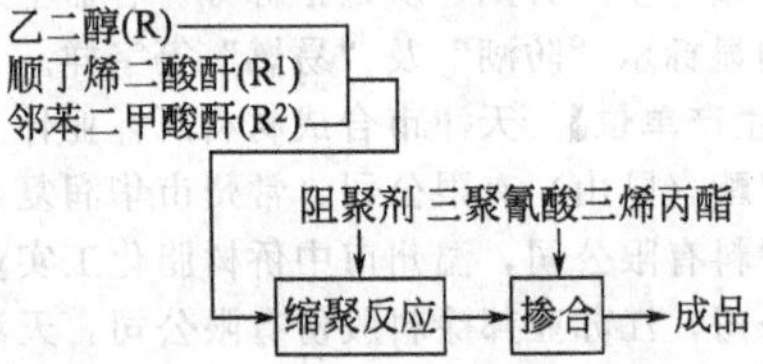

(2) 交联剂邻苯二甲酸二烯丙酯(diallyl orthophthalate，DAP)，间苯二甲酸二烯丙酯（diallyl isophthalate，DAIP）其结构式为

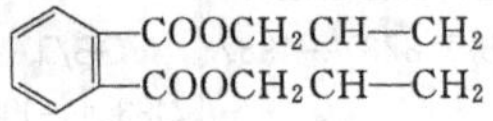

DAP

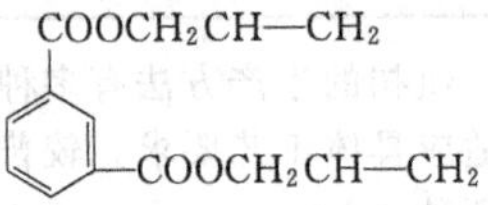

DAIP

这类聚酯树脂的稳定性好，比一般聚酯树脂贮存期长2～4倍。该树脂易于浸润玻璃纤维和填料，制得的玻璃纤维增强塑料有较好的耐热性，耐久性及尺寸稳定性。

根据性能要求，可以选用任何一种聚酯，仅仅改变交联剂苯乙烯为邻苯二甲酸二烯丙酯或间苯二甲酸二烯丙酯，用量为10%～50%，与聚酯混合、溶解而得此类聚酯树脂品种。工艺流程如下。

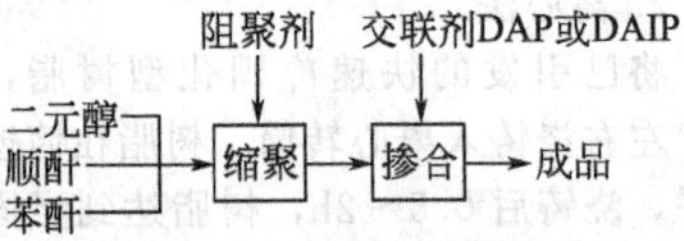

(3) 顺丁烯二酸酐加成聚合物改性不饱和聚酯树脂（maleicanhydride addition

compound modified unsaturated polyester resins)

用顺丁烯二酸酐加成聚合物改性的不饱和聚酯树脂，其稳定性好，比一般聚酯树脂贮存期长 2～4 倍。树脂易浸润玻璃纤维与填料。此类树脂制成塑料的热变形温度为（1.82MPa）200℃，制得的玻璃纤维增强塑料有较高的耐热性。其次尺寸稳定性较好，耐水与耐候性较好。用交联剂 DAP 与 DAIP 所制得制品均有上述共同特性，但 DAIP 制品耐热性和耐水性更好。顺丁烯二酸酐的加成聚合物有：①与丁二烯的加成物，即四氢邻苯二甲酸酐；②与环戊二烯的加成物，即 2,6-内次甲基四氢邻苯二甲酸酐；③与六氯环戊二烯加成物，即 3,6-二氯代亚甲基四氯邻苯二甲酸酐；④与β-萘酚的加成物；⑤与蒽醌的加成物等。

(4) 烯丙酯型不饱和聚酯树脂其结构式

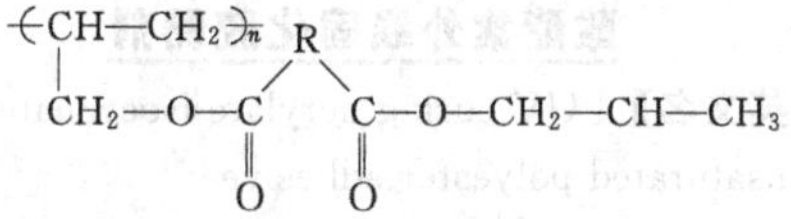

式中，R= 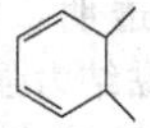 时，单体为 DAP；

R= 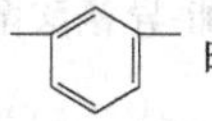 时，单体为 DAIP。

以苯二甲酸二烯丙酯与 3,6-亚甲基四氯邻苯二甲酸二烯丙酯为单体，过氧化物为引发剂，通过本体、溶液或悬浮聚合，控制分子量，可制得可溶可熔的粉状预聚体，称"β 体"。预聚体在催化剂或光、热的作用下可进一步加热交联固化成不溶不熔的树脂，称"γ-聚合物"。

β-体预聚物可溶可熔，加入引发剂或填料于室温下可以长期存放，加热到 150℃，可交联固化成不溶不熔的坚硬固体树脂。预聚物的软化温度为 85～105℃；能溶于未聚合的单体中，并能溶于丙酮、丁酮、三氯甲烷及苯等有机溶剂中。交联后的树脂可在－66～180℃长期使用，短期使用可达 250℃。烯丙酯树脂的特点是电性能优良，在高温高湿下的电性能变化小。吸水性低，耐酸及有机化学药品，尺寸稳定性良好。工艺流程如下。

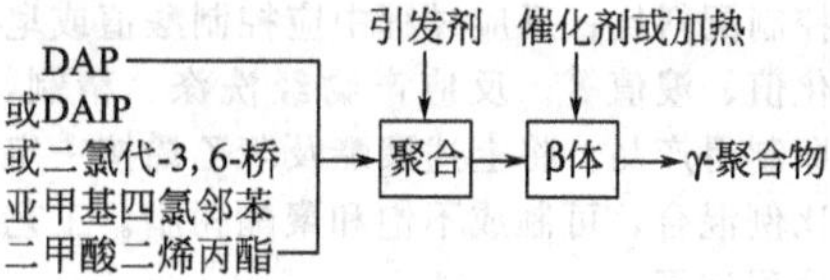

(5) 甲基丙烯酸聚酯（methacrylic acid polyesters），结构式如下。

① 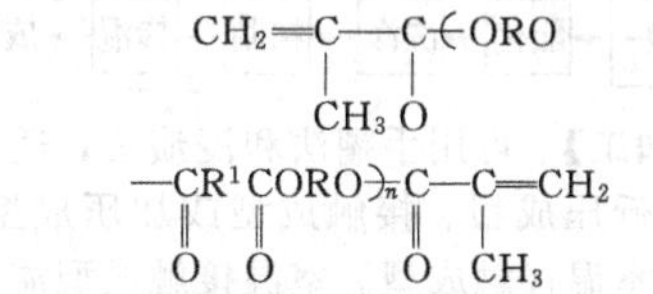

② 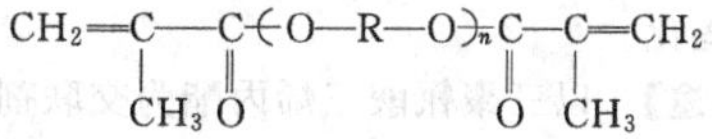

③ 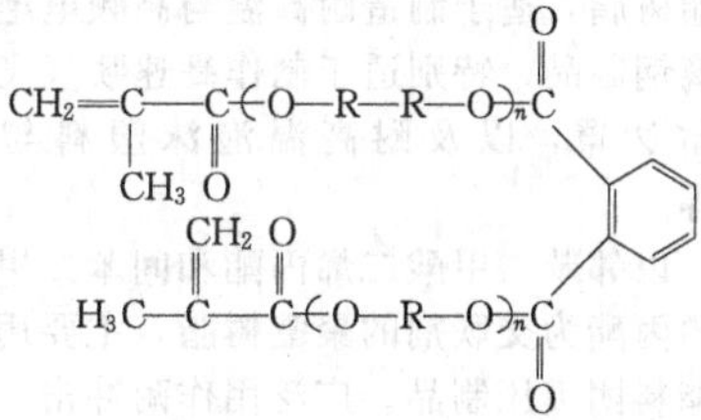

④ 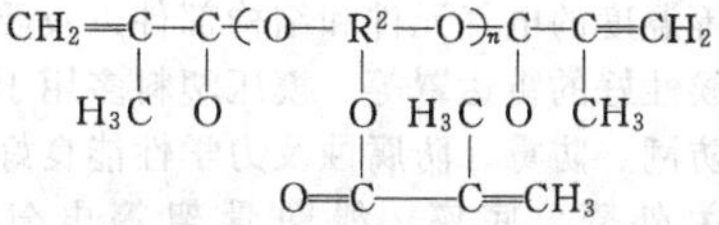

式中，R 为二元醇类；R^1 为二元羧酸类；R^2 为三元醇类；$n=1$，2，3…

适于制造玻璃钢。其玻璃钢具有好的高频介电性能、高的冲击强度以及中等的耐热性。

这类聚酯虽然在理论上可以制得高分子量的聚酯，但实际上都只制成 $n=1$ 的产物。改变多元醇与二元酸的种类，可以制得多种产品。目前进行工业生产的品种有三种：①二甲基丙烯酸二缩三乙二醇酯；②二甲基丙烯酸邻苯二甲酸二缩三乙二醇酯；③二甲基丙烯酸邻苯二甲酸二缩三乙二醇酯的改性物。按品种的配方取各组分，以甲苯作溶剂，以硫酸为接触剂，在甲苯回流情况下进行酯化，甲苯冷却带去反应生成的水而回流至反应器中。严格控制配料比；反应过程中应控制酸值或皂化值、溴值等。反应产物经洗涤、精制，即制得产品。将上述聚酯及苯乙烯按一定比例混合，可制成不饱和聚酯树脂。工艺流程如下。

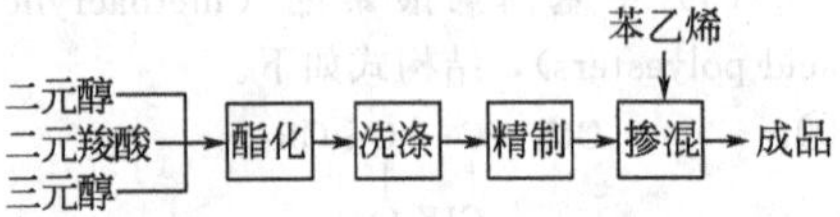

【成型加工】 可用手糊法和浸渍法，适用于热固低压成型、接触成型或加压成型。但也可室温接触成型。室温接触成型需要后固化。

【用途】 以三聚氰酸三烯丙酯为交联剂的聚酯树脂，适于制造耐高温与高频电绝缘玻璃钢制品，特别适于制作高速喷气飞机的雷达罩，以及耐高温泡沫塑料与涂料等。

以邻苯二甲酸二烯丙酯和间苯二甲酸二烯丙酯为交联剂的聚酯树脂，主要用于聚酯料团模压制品。广泛用作耐冲击、耐中等温度的电气元件和结构部件以及要求耐候性好的雷达罩等。模压塑料多用于要求防潮、防霉、防腐蚀及力学性能良好的开关外壳、底座、线圈骨架等电气绝缘件。

用顺丁烯二酸酐加成聚合物改性的不饱和聚酯树脂主要用作耐冲击、耐中等温度的电器元件和结构制件，以及耐候性要求较高的雷达罩等。模压塑料主要用在电器制造工艺上的开关外壳、底座、线圈骨架等力学性能要求较高的绝缘零件。

烯丙酯型不饱和聚酯树脂用于制造模塑料、玻璃钢、胶黏剂和涂料。模塑料用于电器元件、开关、插座和插头等。玻璃钢用于雷达天线罩、绝缘板、装饰板等。DAP 和 DAIP 树脂还应用于计算机中要求公差特别小的精密电子元件，可以在各种恶劣环境中使用；另外也用于海底电缆信号放大器、电子表等。

甲基丙烯酸聚酯主要用作电气绝缘材料，如雷达天线罩，亦用作结构材料，如飞机油箱等。也有用于耐热、电绝缘结构材料。其次用作胶黏剂与浸渍漆。

【安全性】 参见 Bk001。包装与通用型不饱和聚酯树脂相同。

【生产单位】 天津市合成材料厂，北京北安河利华玻璃钢有限公司，南京金陵帝斯曼树脂有限公司，秦皇岛市科瑞尔树脂有限公司，上海舜胜高分子有限公司，沈阳华特化学有限公司，华东理工大学华昌聚合物有限公司等。

Bk012 不饱和聚酯-异氰酸酯-丙烯酸酯紫外线固化胶黏剂

【英文名】 UV-curing acrylate-isocyanate-unsaturated polyester adhesive

【性质】 淡黄色透明，羟值 21.0NCO（质量）为 0.08，黏结力强。

【制法】 1. 不饱和聚酯-异氰酸酯-丙烯酸酯的合成

配方：

环氧氯丙烷	2mol
马来酸酐	1.01mol
双酚 A 的加成物	2.0mol
氢醌	0.05%
丙烯酸-β-羟乙酯	2.02mol
甲苯二异氰酸酯	2mol

将环氧氯丙烷与双酚 A 的加成物及马来酸酐装入三口瓶中，在氮气保护下，升温至 220℃，保持此反应温度继续反应至酸值 8 以下，加入氢醌，再加入乙二醇，冷却至 100℃，加入丙烯酸-β-羟乙酯，进行混合后，保持 95℃减压脱水至

含水量在0.07%以下，脱水后，冷却至75℃，一面吹入空气，一面慢慢滴加甲苯二异氰酸酯，在75～110℃下，反应45min，保持125～128℃，反应5h，残余NCO在0.1%以下，得到淡黄色产物，该混合物的羟值21.0，NCO为0.08。

2. 紫外线固化

A组分：

不饱和聚酯-二异氰酸酯-丙烯酸酯预聚物 930g

B组分：

二苯甲酮	40g
丙烯酸	7.3g
甲基丙烯酸二甲氨基乙酯	15.7g

A组分与B组分和其他组分在反应器中混合均匀，静置一段时间后脱除气泡，用紫外线照射即成。

【用途】 用于粘接玻璃、塑料、陶瓷、光学零件等的粘接。

【安全性】 参见Bk001。包装与通用型不饱和聚酯树脂相同。

【生产单位】 北京北安河利华玻璃钢有限公司，南京金陵帝斯曼树脂有限公司，秦皇岛市科瑞尔树脂有限公司，上海舜胜高分子有限公司，沈阳华特化学有限公司，华东理工大学华昌聚合物有限公司等。

Bk013 低收缩不饱和聚酯树脂

【英文名】 low shrink unsaturated polyester resins

【结构式】

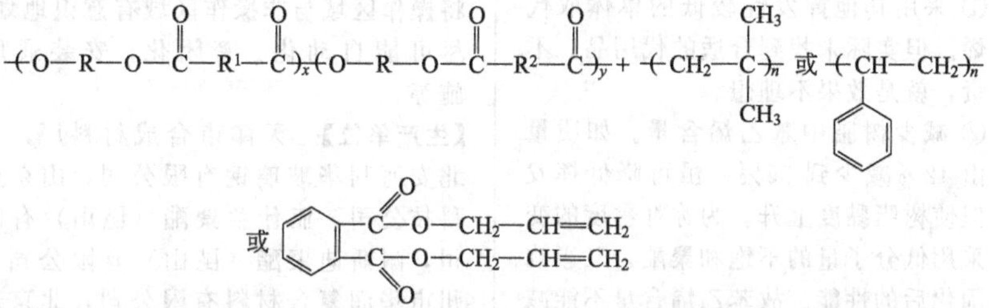

【性质】 该树脂的特点是收缩率低，其他性能和通用型不饱和聚酯类似。具体性能如下：拉伸强度27.44～34.3MPa，拉伸弹性模量为10.78～13.72GPa，压缩强度137.2MPa，线胀系数 $(1\sim8)\times10^{-5}$/℃。

【制法】 由于一般不饱和聚酯树脂固化时收缩较大（一般体积收缩率为7%～8%），因此常造成制品的尺寸精度低或表面的平滑性差。为了改进这种缺点，人们一般采用加入聚甲基丙烯酸酯、聚苯乙烯、邻苯二甲酸二烯丙酯等聚合物的苯乙烯溶液，以数微米大小的粒子分散于反应活性很高的聚酯树脂内，并使之固化。由于固化时聚酯树脂剧烈放热、使聚合物液滴急速膨胀。这样就补偿了聚酯树脂的固化收缩，所以从整体看，这种聚酯树脂表面似乎不发生收缩或有较低收缩率（一般为2%～3%）。作为低收缩剂，除此之外，还有采用邻氯苯乙烯和对叔丁基苯乙烯等单体。工艺流程如下。

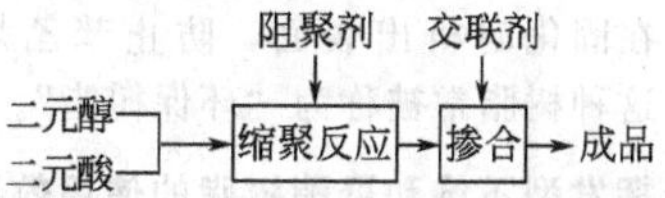

【成型加工】 采用普通不饱和聚酯树脂成型加工方法。它既可用手糊法，也可用浸渍法。

【用途】 这种低收缩树脂对于一般要求精度高的结构部件，如电气、汽车、仪表等很适用。在国防军工和民用工业应用很广，意义很大。

【安全性】 参见Bk001。包装与通用型不饱和聚酯树脂相同。

【生产单位】 建材部251厂，常州华润复合材料有限公司，南京金陵帝斯曼树脂有限公司等。

Bk014 低挥发型不饱和聚酯树脂

【英文名】 low volatilize type unsaturated polyester resins

【性质】 由于树脂在凝胶与固化过程中挥发出苯乙烯气体，污染环境空气，对操作工健康有害，因而不少国家陆续规定了车间空气中苯乙烯含量的限定值，称为阈限值（TLV）。即8h工作日，在40h工作周内测得的平均值。其测定方法可设永久性监测器，也可在操作工身上装测定装置。

【制法】 为降低苯乙烯挥发性，可采用以下方法。

① 采用其他挥发性较低的单体取代苯乙烯。但实际未找到合适的代用品。不是太贵，就是效果不理想。

② 减少树脂中苯乙烯含量。如质量分数由42%减少到35%。虽可降低挥发性，但使树脂黏度上升。为弥补黏度的变化，采用低分子量的不饱和聚酯，又影响树脂固化后的性能。故苯乙烯含量不能减少过多。

③ 采用薄膜覆盖成型是最普遍、最有效的减少苯乙烯挥发的方法。在树脂中加入一种成膜材料，这种材料与树脂不相容，在固化时析出表面，防止苯乙烯挥发。这种树脂常被称为“环保树脂”。

低挥发型不饱和聚酯树脂的使用效果

凝胶时间/min	普通树脂苯乙烯挥发量/(mg/kg)	低挥发树脂苯乙烯挥发量/(mg/kg)
0	30	30
15	67	30
30	68	51
45	60	43

常采用含蜡添加物，以减少苯乙烯挥发，同时防止空气阻聚。但含蜡树脂影响多层复合制品的质量，受冲击荷载下会造成分层。故常采用其他材料做成膜添加剂。

采用低挥发树脂虽可防止苯乙烯挥发，但成膜剂只能在层合施工完毕以后，放置一旁时发生效果。在施工制造过程中，苯乙烯还是照样挥发出来，因此车间仍必须保持良好的通风条件。

【安全性】 树脂的生产原料，对人体的皮肤和黏膜有不同程度的刺激，可引起皮肤过敏反应和炎症；同时还要注意树脂粉尘对人体的危害，长期吸入高浓度的树脂粉尘，会引起肺部的病变。大部分树脂都具有共同的危险特性：遇明火、高温易燃，与氧化剂接触有引起燃烧危险，因此，操作人员要 改善操作环境，将操作区域与非操作区域有意识地划开，尽可能自动化、密闭化，安装通风设施等。

【生产单位】 天津市合成材料厂，北京北安河利华玻璃钢有限公司，山东蓝盾科技公司，亚什兰聚酯（昆山）有限公司，耐斯迪聚酯（昆山）有限公司，常州市华润复合材料有限公司，北京玻璃钢研究设计院玻璃钢制品公司，南京金陵帝斯曼树脂有限公司，南京科美特树脂有限公司，温州市中侨树脂化工实业公司，秦皇岛市科瑞尔树脂有限公司，上海舜胜高分子有限公司，沈阳华特化学有限公司，华东理工大学华昌聚合物有限公司，江苏亚邦涂料股份有限公司，天津市龙江精细化学有限公司，浙江瑞森化工有限公司，宜兴市兴合树脂有限公司，常熟东南塑料有限公司，浙江省永嘉县新颖树脂化纤制品有限公司，浙江天和树脂有限公司，常州华日新材有限公司，北京任创集团，天津市巨星化工材料公司，无锡光明化工厂，江苏富菱化工有限公司，天马集团公司建材二五三厂，上海富晨化工有限公司，南京费隆复合材料有限责任公司等。

Bk015 透明不饱和聚酯树脂（光稳定型）

【英文名】 transparent type unsaturated polyester resin

【别名】 透明型不饱和聚酯树脂

【结构式】

$$H\left(O-R-O-\overset{O}{\overset{\|}{C}}-R^1-\overset{O}{\overset{\|}{C}}\right)_x\left(O-R-O-\overset{O}{\overset{\|}{C}}-R^2-\overset{O}{\overset{\|}{C}}\right)_y OH$$

式中，R为丙二醇；R^1 为顺丁烯二酸酐；R^2 为邻苯二甲酸酐或四氢邻苯二甲酸酐。

【性质】 以苯乙烯溶解而得到的聚酯树脂黏度低，适于室温接触成型。其铸塑料的折射率接近于玻璃的折射率，故由这种聚酯制得的玻璃纤维增强塑料有良好的透光率。以苯乙烯和甲基丙烯酸甲酯混合单体溶解制得的聚酯树脂黏度特别低，适于室温接触压力成型，由其制得的玻璃纤维增强塑料有好的透光性和耐气候性。

透明性不饱和聚酯树脂牌号、原料及特性

牌号	原料	特性及用途	生产厂家
195(光稳型) 295	丙二醇、顺丁烯二酸酐、邻苯二甲酸酐、苯乙烯、甲基丙烯酸甲酯	树脂为透明液体，其浇注体折射率与E玻璃纤维相近，适宜制造高透光率玻璃钢板材，用于建筑、太阳能热水器等	常州253厂 无锡树脂厂
191(光稳型)	顺丁烯二酸酐、邻苯二甲酸酐、丙二醇、苯乙烯，紫外线吸光剂	低黏度光稳定性树脂，对玻璃纤维有良好浸渍性能，适宜制造半透明瓦及其他接触成型制品	常州253厂 天津合成材料厂 济南树脂厂 无锡树脂厂 岳阳化工总厂
透光1	顺丁烯二溶酐、邻苯二甲酸酐、丙二醇、苯乙烯	可制透明玻璃钢，透光率达70%～80%，用于建筑采光、太阳能工程等	济南树脂厂 天津合成材料厂
550			济南树脂厂
75-农-5	类似195，其中增加了紫外线吸收剂	树脂为透明液体，其浇注体折射率与E玻璃纤维相近，适宜制造高透光率玻璃钢板材，用于建筑、太阳能热水器等	武汉建材学院
丙烯酸型不饱和聚酯C-1	丙烯酸或甲基丙烯酸及其酯类为主要原料	树脂与玻璃纤维折射率相近，透光率高，有好的光稳性、耐候性和耐热性	华东理工大学
515	丙二醇、顺丁烯二酸酐、邻苯二甲酸酐、光稳剂UV-9、甲基丙烯酸、苯乙烯	农用温室采光玻璃钢、水泥制品的防护罩	北京师范大学

【制法】 采用熔融缩聚法。将丙二醇、顺丁烯二酸酐及邻苯二甲酸酐，按一定配料比加入反应釜中，于200～210℃熔融缩聚制得不饱和聚酯。经冷却后放入溶解釜中，加入阻聚剂与光稳定剂，然后以苯乙烯溶解制得普通光稳定不饱和聚酯树脂；以苯乙烯和甲基丙烯酸甲酯混合单体溶解，可制得耐气候性良好的光稳定不饱和聚酯树脂。

【反应式】

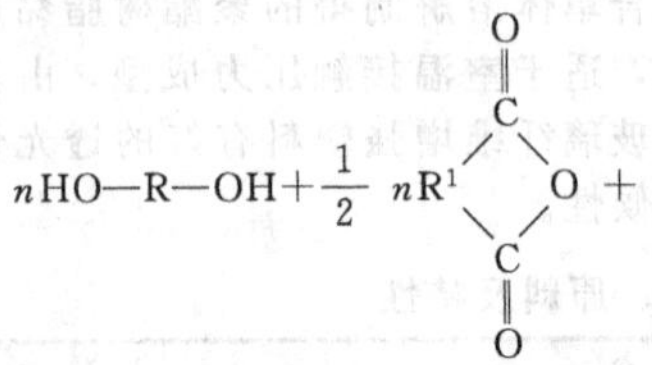

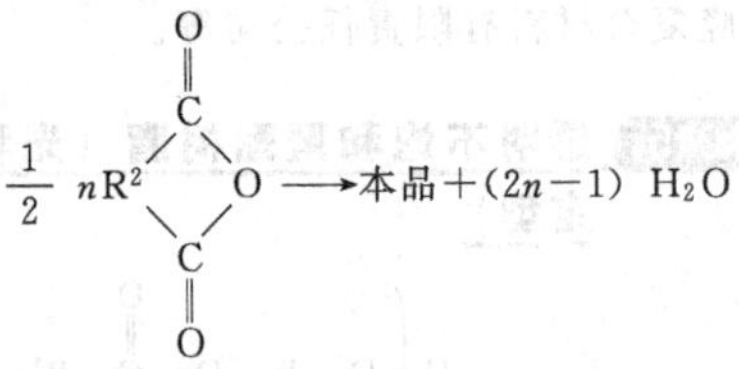

工艺流程如下。

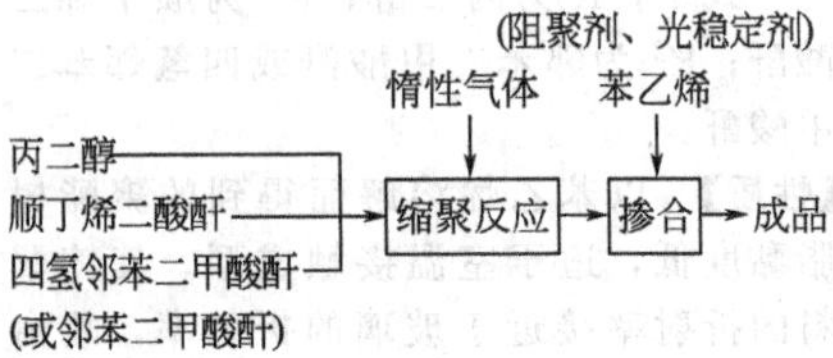

【质量标准】

透明性不饱和聚酯技术指标

项目	195	75-农-5	C-1	191		
	常州253厂	武汉建材学院	华东理工大学	天津合成材料厂		
外观	清澈透明或微黄色液体	无色透明或颜色很淡的液体	无色或微黄色透明液体	透明浅黄色液体	透明浅黄色液体	浅黄色液体
透光率/%	79～82	84～86				
折射率		1.5135/25℃	1.47～1.52/25℃			
酸值/(mgKOH/g)	27～35	42～38		35～43	35～43	43～46
黏度/Pa·s	0.12～0.22	50～90	27	60～120	60～180	30～210
凝胶时间/min	30～35(25℃)	5～10(82℃)	8.5(按SPI标准测定)	6～8(25℃)	4.5～10(25℃)	≤20(25℃)
贮存期	23℃3个月 80℃2h			<20℃ 6个月 <30℃ 3个月	<20℃ 6个月 <30℃ 3个月	<30℃ 1个月

光稳定型透明不饱和聚酯树脂195# 和295#的性能指标如下。

树脂	外观	黏度(25℃)/Pa·s	胶凝时间(25℃)/min	折射率 n_D^{20}
195#	清澈透明或微黄液体	0.13～0.22	30.0～55.0	1.548
295#	清澈透明或微黄液体	0.35～0.45	7.0～14.0	1.533
测试标准	GB/T 8237—1987	GB/T 7193.1—1987	GB/T 7193.6—1987	GB/T 8238—1987

【成型加工】 可用手糊法或连续浸渍法制造玻璃纤维增强的透明波纹瓦楞板或其他制品。

【产品用途】 该类树脂及其玻璃钢可用于工业厂房的屋顶和墙面采光；大型民用公共建筑（商场、体育馆、游泳池）的屋顶采光；农业、林业及水产养殖业的温室采光；化工设备的透明罩、管、罐材料等。

【安全性】 树脂的生产原料，对人体的皮肤和黏膜有不同程度的刺激，可引起皮肤过敏反应和炎症；同时还要注意树脂粉尘对人体的危害，长期吸入高浓度的树脂粉尘，会引起肺部的病变。大部分树脂都具有共同的危险特性：遇明火、高温易燃，与氧化剂接触有引起燃烧危险，因此，操作人员要 改善操作环境，将操作区域与非操作区域有意识地划开，尽可能自动化、密闭化，安装通风设施等。

包装及贮运均与通用型聚酯树脂相同。

【生产单位】 天津市合成材料厂，山东蓝盾科技公司，常州市华润复合材料有限公司，温州市中侨树脂化工实业公司，江苏亚邦涂料股份有限公司，天津市龙江精细化学有限公司，浙江省永嘉县新颖树脂化纤制品有限公司，浙江天和树脂有限公司，常州华日新材有限公司，天津市巨星化工材料公司，江苏富菱化工有限公司，天马集团公司建材二五三厂，上海富晨化工有限公司，山东济南树脂合成材料厂，秦皇岛耀华玻璃钢厂等。

Bk016 不饱和聚酯树脂腻子

【英文名】 unsaturated polyester putty

【别名】 不饱和聚酯树脂原子灰

【性质】 具有良好的干燥型、良好的打磨性和良好的柔韧性，与金属的附着力好，耐热性好。

【质量标准】

树脂	外观	胶凝时间(25℃)/min
HR-117	透明淡黄色液体	15～25
HR-217	透明淡黄色液体	15～25
测试标准	GB/T 8237—1987	GB/T 7193.6—1987

推荐使用配方：HR-117（或 HR-217）/滑石粉/钛白粉/促进剂/苯乙烯的质量比为100/155/(5～10)/(3～5)/5。

【成型加工】 用过氧化苯甲酰引发，易于机械混合，用手工操作时可侵入指甲背缝中侵蚀皮肤，可用于高温烤漆条件下使用，使用方便。

【产品用途】 使用于汽车、电车、列车车体用原子灰或铸件孔隙的填嵌等。

【安全性】 树脂的生产原料，对人体的皮肤和黏膜有不同程度的刺激，可引起皮肤过敏反应和炎症；同时还要注意树脂粉尘对人体的危害，长期吸入高浓度的树脂粉尘，会引起肺部的病变。大部分树脂都具有共同的危险特性：遇明火、高温易燃，与氧化剂接触有引起燃烧危险，因此，操作人员要 改善操作环境，将操作区域与非操作区域有意识地划开，尽可能自动化、密闭化，安装通风设施等。

【生产单位】 北京北安河利华玻璃钢有限公司，山东蓝盾科技公司，亚什兰聚酯（昆山）有限公司，常州市华润复合材料有限公司，南京金陵帝斯曼树脂有限公司，浙江天和树脂有限公司，常州华日新材有限公司，北京任创集团，天津市巨星化工材料公司，东莞市宝力五一集团原子灰有限公司，无锡久川合成材料有限公司等。

Bk017 缠绕型不饱和聚酯树脂

【英文名】 filament winding of unsaturated polyester resins

【性质】 具有较高的反应活性、中等黏度

和良好的浸透性，有一定的触变性能，具有适合缠绕机组生产工艺要求的固化性能，固化成型制品有较高的力学强度和良好的韧性。

【质量标准】 缠绕型不饱和聚酯树脂技术指标如下。

树脂	类型	外观	黏度(25℃)/Pa·s	酸值/(mgKOH/g)	胶凝时间(25℃)/min	固体含量/%	热稳定性(80℃)/h
HR-101	邻苯	透明淡黄色液体	0.30～0.60		8.0～16.0		
HR-196SP-NC	邻苯	透明淡黄色液体	0.35～0.65		8.0～16.0		
HR-102	间苯	透明淡黄色液体	0.21～0.39		7.0～13.0		
HR-102SP	间苯	透明淡黄色液体	0.25～0.45		7.0～17.0		
HR-199SP	间苯	透明淡黄色液体	0.30～0.60		8.0～16.0		
C-91#	邻苯	透明淡黄色液体	0.40～0.60	14～22	10.0～16.0	62～70	>24
191C	邻苯	透明浅绿色液体	0.30～0.60	25～31	8.0～15.0	63～67	
196G	邻苯	透明淡黄色液体	0.40～0.50	18～22	10.0～18.0	62～67	
196F	邻苯	透明淡黄色液体	0.60～1.00	22～28	8.0～15.0	64～68	
2011#	邻苯	透明淡黄色液体	0.20～0.25	12～23	6.0～15.0	50～58	
2022#	间苯	透明淡黄色液体	0.40～0.50	10～18	10.0～18.0	60～65	
LDS-901#	邻苯	透明淡黄色液体	0.30～0.50	25～34	8.0～16.0	64～70	
LDS-902#	间苯	黄色液体	0.35～0.60	13～22	10.0～20.0	60～65	
LDS-903#	双酚A	黄色液体	0.30～0.60	8.0～16.0	6.0～15.0	58～61	
LDS-904#	乙烯基酯	透明黄色液体	0.30～0.50	10.0～18.0	12.0～18.0	64～68	
测试标准		GB/T 8237—1987	GB/T 7193.1—1987	GB/T 2895—1982	GB/T 7193.6—1987	GB/T 7193.3—1987	GB/T 7193.5—1987

【加工成型】 纤维缠绕成型用于聚酯制品时有湿法与干法两种，以湿法为主。玻璃纤维纱通过树脂浸渍槽浸渍树脂后，在一定张力下环绕一个旋转轴芯缠绕上去。纤维缠绕是通过一个延轴方向往复行走的喂纱头进行的。对于大直径管道，芯轴可以分割，缠绕时，先包一层脱模薄膜（如玻璃纸），再行缠绕。轴芯内部还可以引入加热设施，如蒸汽加热和电加热等，加速固化。或者将缠绕完的结构连同芯轴一起送到固化炉中加热固化。为提高防腐效果，可作防腐内衬。芯轴上可包一层表面毡，再包1～2层短切毡或织带，再进行纤维缠绕。先使第一层部分固化再缠绕以后各层，防止树脂向外挤出。在制造管道及槽罐时，缠绕角的安排取决于制品性能要求，可以从纵向缠绕变化到环向缠绕。纤维排列可以分层设计，准确布置。

【产品用途】 纤维缠绕成型可用于制造管材、筒体或球体，并常用来制造大型槽罐及管道，用于化工防腐方面，一般纤维缠绕可达到较高的强度与质量比值，玻璃纤维含量可高达80%（质量分数）。经过计算，适当安排纤维缠绕结构，可使制品承受很高的内压力。

【安全性】 树脂的生产原料，对人体的皮肤和黏膜有不同程度的刺激，可引起皮肤过敏反应和炎症；同时还要注意树脂粉尘对人体的危害，长期吸入高浓度的树脂粉尘，会引起肺部的病变。大部分树脂都具有共同的危险特性：遇明火、高温易燃，与氧化剂接触有引起燃烧危险，因此，操作人员要 改善操作环境，将操作区域与非操作区域有意识地划开，尽可能自动化、密闭化，安装通风设施等。

【生产单位】 天津市合成材料厂，北京北安河利华玻璃钢有限公司，山东蓝盾科技公司，亚什兰聚酯（昆山）有限公司，常州市华润复合材料有限公司，南京金陵帝斯曼树脂有限公司，温州市中侨树脂化工实业公司，秦皇岛市科瑞尔树脂有限公司，华东理工大学华昌聚合物有限公司，江苏亚邦涂料股份有限公司，天津市龙江精细化学有限公司，浙江瑞森化工有限公司，宜兴市兴合树脂有限公司，浙江天和树脂有限公司，天津市巨星化工材料公司，江苏富菱化工有限公司，上海富晨化工有限公司等。

Bk018 对苯二甲酸型不饱和聚酯树脂

【英文名】 terephthalic acid type unsaturated polyester resins

【物化性质】 这种树脂浇铸料的弯曲强度为83.3～98.1MPa，冲击强度9.17kJ/m^2，热变形温度106℃，其玻璃钢弯曲强度为313.6～392MPa，冲击强度为490～588kJ/m^2，马丁耐热190℃。耐热性可与双酚A型耐腐蚀不饱和聚酯树脂3301相媲美，其耐酸耐碱性能高于通用聚酯，而耐有机溶剂性能更是其他类型不饱和聚酯树脂无法比拟的。所以它是一种高耐热性、耐溶剂性、耐腐蚀、耐液体和气体透过性及电性能、力学性能较好的一种树脂。

【制法】 对苯二甲酸型不饱和聚酯是用对苯二甲酸（或含对苯二甲酸的酯，如PET、PBT等）、二元醇和顺丁烯二酸酐经酯化反应而制得的。如果其中对苯二甲酸是它的对应酯类，则必须先使其在加热和催化剂存在下，用二元醇通过酯交换和断链，生成分子量不等的二元醇或酯二醇。然后在醇解产物中加入顺丁烯二酸酐（MA）使之进一步发生酯化生成不饱和聚酯。

工艺流程如下。

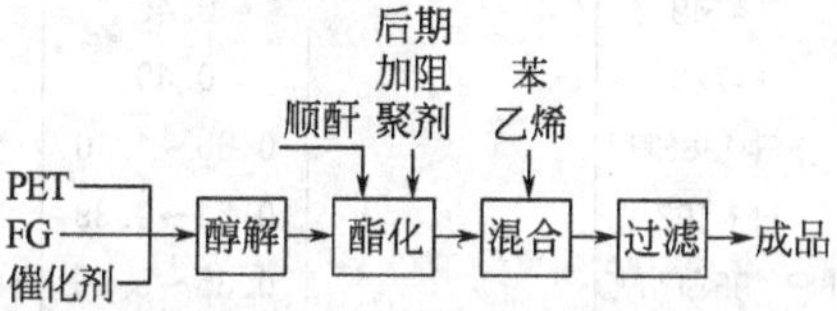

【质量标准】

对苯二甲酸型不饱和聚酯技术指标如下。

树脂	外观	黏度(25℃)/Pa·s	酸值/(mgKOH/g)	胶凝时间(25℃)/min	固体含量/%
199A#	黄色液体	0.35～0.60	18～30	5～10	62～66
测试标准	GB/T 8237—1987	GB/T 7193.1—1987	GB/T 2895—1982	GB/T 7193.6—1987	GB/T 7193.3—1987

【成型加工】 可用于手糊法，制作玻璃钢制品，其工艺性能良好，气干性较好，而且黏度和固化速度均较为适宜。

【产品用途】 由于该树脂为乳白色，价廉，特别适于浴盆等卫生用具的制造。另外还可作为钢质化工槽罐的防腐衬里等。

【安全性】 树脂的生产原料，对人体的皮肤和黏膜有不同程度的刺激，可引起皮肤过敏反应和炎症；同时还要注意树脂粉尘对人体的危害，长期吸入高浓度的树脂粉尘，会引起肺部的病变。大部分树脂都具有共同的危险特性：遇明火、高温易燃，与氧化剂接触有引起燃烧危险，因此，操作人员要 改善操作环境，将操作区域与非操作区域有意识地划开，尽可能自动化、密闭化，安装通风设施等。

包装及贮运与通用型不饱和聚酯树脂相同。

【生产单位】 天津市合成材料厂，山东蓝盾科技公司，天津市巨星化工材料公司，江苏亚邦涂料股份有限公司，浙江瑞森化工有限公司等。

Bk019 食品级不饱和聚酯树脂

【英文名】 food grade unsaturated polyester resins

【物化性质】 这类可接触食品的树脂必须严格遵守国家食品卫生管理部门规定的标准。由于各类食品有不同的物理、化学特性，其应用环境条件不同；各种玻璃钢制品的成型又有不同的工艺特点，因而不可能对食品级树脂规定通用的性能指标。又由于树脂的制品是否符合接触食品的要求，很大程度上还受到制品加工工艺的影响。因此对食品级树脂必须从原材料到加工过程都作了明确的限定，然后再规定其标准的测试方法和指标。

【质量标准】

食品级不饱和聚酯树脂技术指标

树 脂	外观	黏度(25℃)/Pa·s	酸值/(mg KOH/g)	胶凝时间(25℃)/min	固体含量/%	热稳定性(80℃)/h
S98#	透明微黄液体	0.30～0.60	17～25	10～25	62～68	6～24
1629#(邻苯)	浅黄色透明液体	0.40～0.60	14～22	6～12	63～68	
1629#(间苯)	黄色液体	0.35～0.60	12～18	8～12	56～62	
F-169		0.45		15		
F-729		0.40		15		
HR-196SP		0.60～1.10	17～25	10～18	64～70	
HR-102		0.21～0.39	7～15	7～13	54～61	
HR-196SP-NC		0.35～0.55	17～25	9～18	60～66	
HR-199SP		0.42～0.78	20～28	11～20	60～66	
S88#	透明微黄液体	0.25～0.47	25～34	8～17	61～67	24
测试标准	GB/T 8237—1987	GB/T 7193.1—1987	GB/T 2895—1982	GB/T 7193.6—1987	GB/T 7193.3—1987	GB/T 7193.5—1987

常州华日新材料有限公司食品级不饱和聚酯性能

牌号	黏度/mPa·s	凝胶时间/min	特点与用途
FG-284	41～53	7～13	耐酸、耐热，可接触食品，作食品容器，耐腐蚀制品
TM-196SP	70～110	10～18	获卫生许可，作食品容器
TM-198SP	45～80	11～20	获卫生许可，作食品容器

【成型加工】 可用于喷射及手糊和缠绕等各种机械成型的可反复接触食品的玻璃钢制品。

【产品用途】 可用于制造食品容器，如装啤酒、不同度数酒、牛奶、矿泉水的贮罐，自来水蓄水池，肉类、家禽、蛋类冷藏库壁板等。

【安全性】 树脂的生产原料，对人体的皮肤和黏膜有不同程度的刺激，可引起皮肤过敏反应和炎症；同时还要注意树脂粉尘对人体的危害，长期吸入高浓度的树脂粉尘，会引起肺部的病变。大部分树脂都具有共同的危险特性：遇明火、高温易燃，与氧化剂接触有引起燃烧危险，因此，操作人员要改善操作环境，将操作区域与非操作区域有意识地划开，尽可能自动化、密闭化，安装通风设施等。

【生产单位】 天津市合成材料厂，山东蓝盾科技公司，常州市华润复合材料有限公司，南京金陵帝斯曼树脂有限公司，秦皇岛市科瑞尔树脂有限公司，江苏亚邦涂料股份有限公司，天津市龙江精细化学有限公司，常州华日新材有限公司，天津市巨星化工材料公司，上海富晨化工有限公司等。

Bk020 柔韧性不饱和聚酯树脂

【英文名】 flexible unsaturated polyester resin

【结构式】

$$\mathrm{H\left(O-R^1-O-\overset{\overset{\large O}{\|}}{C}-R^2-\overset{\overset{\large O}{\|}}{C}\right)_x\left(O-R^1-O-\overset{\overset{\large O}{\|}}{C}-R^3-\overset{\overset{\large O}{\|}}{C}\right)_y OH}$$

式中，R^1 为一缩二乙二醇或一缩二乙二醇与乙二醇的混合物；R^2 为顺丁烯二酸酐；R^3 为邻苯二甲酸酐。

【性质】 该产品的特点是具有高度的柔韧性。适于室温低压成型，它的冲击强度比通用型不饱和聚酯树脂高，但其他性能均较低，浇铸塑料具有较好的韧性。182 聚酯很少单独使用，主要用于加入其他不饱和聚酯树脂中调节黏度，以改进韧性和加工性。它适于室温接触成型，也可热压成型。

【制法】 采用熔融缩聚法。将一缩二乙二醇、顺丁烯二酸酐及邻苯二甲酸酐按适当配比加入反应釜中，经加热熔融缩聚而制得不饱和聚酯。冷却后，放至混合器中，再加入交联剂苯乙烯及阻聚剂，得到具有一定黏度的液体不饱和聚酯树脂。

【反应式】

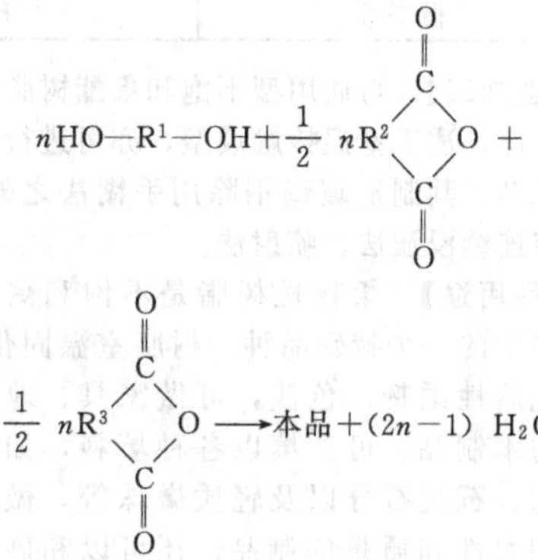

工艺流程如下。

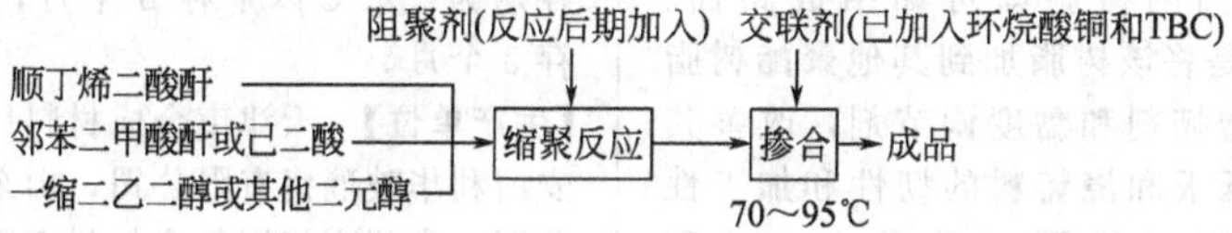

【质量标准】

柔韧性不饱和聚酯树脂 182# 的质量标准

外观	浅黄透明液体	GB/T 8237—1987
酸值/(mgKOH/g)	15～24	GB/T 2895—1982
黏度(25℃)/Pa·s	0.11～0.24	GB/T 7193.1—1987
胶凝时间(25℃)/min	14～28	GB/T 7193.6—1987
固体含量/%	61～68	GB/T 7193.3—1987

柔韧性不饱和聚酯树脂 196# 和 7541# 的质量标准

树脂	外观	酸值/(mgKOH/g)	黏度(25℃)/Pa·s	胶凝时间(25℃)/min	固体含量/%	热稳定性(80℃)/h
196S	浅黄透明液体	16.5～25.5	0.20～0.50	6～10	57.5～64.5	
196A	浅黄透明液体	13.0～25.0	0.20～0.40	5～9	60.0～70.0	
196B	浅黄透明液体	16.0～26.0	0.60～0.90	9～19	62.0～69.0	
7541#	浅黄透明液体	0.5～9.5	0.26～0.54	13～27	56.5～63.5	>24
测试标准	GB/T 8237—1987	GB/T 2895—1982	GB/T 7193.1—1987	GB/T 7193.6—1987	GB/T 7193.3—1987	GB/T 7193.5—1987

推荐使用配方 单位：质量份

名　称	196#	7541#
树脂	100	100
固化剂	1～4	1～4
促进剂	0.5～3	0.5～3

【成型加工】 与通用型不饱和聚酯树脂品种一样，适于室温接触成型，亦可进行热压成型。其制造玻璃钢除用手糊法之外，尚有连续浸渍法、喷射法。

【产品用途】 柔韧性树脂是不饱和聚酯树脂中的一个特殊品种。树脂室温固化，固化后性柔韧、色浅，可做家具、地板等仿木制品。可充填以各种填料，如滑石粉、石灰石分以及轻质微珠等，做成不同柔性和质量的制品。还可以和砂子混合作马路、桥梁维修的急用路面，只需 7%～8% 的树脂即可黏结成路面。182# 树脂是将该树脂加到其他聚酯树脂中，作为增韧剂和黏度调节剂，改善其他聚酯层压板和浇铸料的韧性和加工性能，并可用于线圈浸渍等。196# 和 7541# 聚酯树脂韧性好，具有较高的冲击强度，适用于耐冲击玻璃钢制品与电器浇铸制品，如汽车车身、船体、机械设备外壳及安全帽等。

【安全性】 树脂的生产原料，对人体的皮肤和黏膜有不同程度的刺激，可引起皮肤过敏反应和炎症；同时还要注意树脂粉尘对人体的危害，长期吸入高浓度的树脂粉尘，会引起肺部的病变。大部分树脂都具有共同的危险特性：遇明火、高温易燃，与氧化剂接触有引起燃烧危险，因此，操作人员要 改善操作环境，将操作区域与非操作区域有意识地划开，尽可能自动化、密闭化，安装通风设施等。

【包装及贮运】 包装与通用型不饱和聚酯树脂相同，树脂和固化系统均属易燃品，热季运输时要加盖苫布。存放时要远离火种、热源，应置于通风阴凉处。固化剂与促进剂要隔离存放。树脂的保存期为：20℃以下存 6 个月，30℃以下存 3 个月。

【生产单位】 天津市合成材料厂，北京北安河利华玻璃钢有限公司，山东蓝盾科技公司，常州市华润复合材料有限公司，南京金陵帝斯曼树脂有限公司，温州市中侨树脂化工实业公司，秦皇岛市科瑞尔树脂有限公司，沈阳华特化学有限公司，江苏亚邦涂料股份有限公司，天津市龙江精细化学有限公司，宜兴市兴合树脂有限公司，浙江天和树脂有限公司，常州华日新材有限公司，天津市巨星化工材料公司，江苏富菱化工有限公司，天马集团公司建材二五三厂，山西太明化工工业有限公司等。

Bk021 片状模塑料和团状模塑料

【英文名】 SMC/DMC

【别名】 不饱和聚酯片状模塑料和团状模塑料

【结构式】 同通用型不饱和聚酯树脂。

【物化性质】 用这种方法制成的模塑料价格低廉，使用方便，工艺性能良好。可用于模压不同规格、形状复杂的制品。制品具有尺寸稳定性好、力学强度高、表面粗糙度低等特点。对于 SMC 与 BMC 树脂的要求，根据其使用对象而不同。如对于汽车外壳部件，要求表面光洁，耐冲击，能着色与上漆；对于工业电器等制品，要求强度高，电性能好。

① 采用间苯型树脂，具有较高的耐热、耐腐蚀性能与力学强度。

② 严格掌握酸值，使树脂达到确定的分子质量范围。

③ 黏度适当。一般黏度要较低，适于填料的高填充量要求，但又要适于模压工艺要求，使树脂能顺利地流到模腔各处。

④ 有确定的稠化性能。稠化过程要能满足 SMC 加工制造的要求，在规定时间内，黏度能迅速上升到 $(12\sim15)\times10^3 Pa\cdot s$。

⑤ 树脂中含水分要严格控制在 0.5%～1.5%（质量分数）范围，以免影响树脂的稠化速度。

⑥ 合成产物有确定的羧端基（—COOH)，以供稠化时进行反应。

⑦ 树脂在加入引发剂的情况下能有几周到几个月的存放期，在升温条件下即能迅速固化。

⑧ 树脂的固化参数满足模压工艺要求，凝胶与固化时间短，在 1.5～3min 内即可脱模得制品。

⑨ 严格控制树脂固化收缩率，能制得表面光洁、截面薄而平滑的制品。

⑩ 满足要求着色及上漆等性能。

【制法】 通用模塑料所用不饱和聚酯也是二元酸和二元醇缩聚而成，在二元酸中有饱和二元酸和不饱和二元酸。其典型配方为：顺丁烯二酸酐，3mol；苯二甲酸酐，1mol；丙二醇，4.5mol。

树脂配方随应用不同而异。配方中二元醇主要是丙二醇。乙二醇也可用。如要求树脂有较好的耐化学性与耐热性时，可用改性双酚 A 和新戊二醇等。不饱和酸主要是顺丁烯二酸酐。如要求热变形温度高时，可用反丁烯二酸。饱和二元酸常用苯二甲酸酐或间苯二甲酸。间苯二甲酸可提高树脂的热变形温度和弯曲弹性模量。其他如要求挠曲性能好时，用己二酸；要求阻燃时，可用四氯邻苯二甲酸酐、四溴邻苯二甲酸酐或菌氯酸（HET 酸）。

在配方中热压成型用树脂一般应采用中等反应性或高反应性的配方。邻苯二甲酸酐与顺丁烯二酸酐的物质的量比 1∶(2～3)。树脂的反应性可用固化过程中温度的增长速度来测定。在 SMC 与 BMC 所用的不饱和聚酯合成中，大多采用两阶段反应，其工艺易于控制，产品性能更为稳定，和碱土金属氧化物及氢氧化物的稠化过程也易于控制。

缩聚反应所产生的分子链终端均为羧基，可以和增稠剂进一步反应而成线型分子链。其分子量很高，分子链相互缠绕可使树脂产生很大的黏度。这种 HOOC—R—COOH 端基极为重要，有任何微小的变动，都将造成稠化后 SMC 的黏度的较大波动。

SMC 与 BMC 的组分包括聚酯、苯乙烯、玻璃纤维、填料以及各种添加剂如引发剂、阻聚剂、增稠剂、内脱模剂等。玻璃纤维承担力学强度的主要部分，填料可降低成本并改善树脂基料的黏度等性能，防止纤维在压型时发生分离或被滤出。

SMC和BMC在玻璃纤维和填料用量上有差别。SMC用玻璃纤维多，填料少，需用化学增稠，适于制成薄板形材料，并压制薄型产品；在不饱和聚酯树脂中加入增稠剂、低收缩添加剂、填充剂、脱模剂、着色剂等组分，经混合形成树脂糊，在SMC机中浸渍短切玻璃纤维毡等片状增强材料（两面用聚乙烯薄膜包覆），然后经压辊滚压使其密实，再经烘炉烘干形成毡片。使用时将薄膜撕去，按成品的尺寸裁切叠层，放入压模中加温、加压，经一定时间即得制品。SMC用玻璃纤维少，填料多，一般不用增稠剂，适于制造立体型模压件。

SMC与BMC用料区别

材料	短切玻璃纤维长度/mm	玻璃纤维含量/%	填料含量/%	适用制品
SMC	20～55	20～35	30～65	薄形、大面积制品
BMC	3～12	15～20	50～80	立体形、一般制品

由于SMC与BMC的用料区别，使两者制品的性能不同，SMC制品的力学强度较BMC制品为高。

SMC与BMC配方实例 单位：质量份

材　　料	SMC	SMC	BMC	BMC
聚酯树脂	38.7	33.6	30.1	31.5
过苯甲酸叔丁酯	0.28	0.6～1.0	0.3	
过氧化苯甲酰				0.3～0.6
碳酸钙	42(沉积)	47～60	67.8	63
颜料分散体		1.7～2.7		3.2～4.8
硬脂酸锌	1.92	1.0～1.3	1.8	
硬脂酸铝				0.9～1.2
氧化镁		0.6～1.0		
氢氧化镁	1.0			
玻璃纤维含量/%	30	20～34	20	14～20

工艺流程如下。

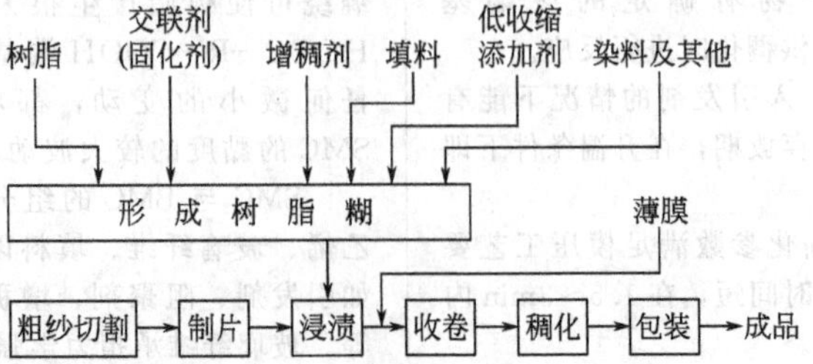

【质量标准】 不饱和聚酯树脂 SMC/BMC 技术指标如下。

树脂	类型	外观	黏度(25℃)/Pa·s	胶凝时间(25℃)/min	固体含量/%
P2003#	邻苯	白色透明液体	1.0～1.3	4.0～8.0	65～67
HR-109	邻苯	透明浅黄或棕黄液体	1.5～2.0	9.8～18.2	
HR-8209	邻苯	浅黄微浊液体	1.5～2.0	9.8～18.2	
HR-8309	邻苯	透明浅黄或棕黄液体	1.4～2.5	3.3～6.3	
P171-901	邻苯		1.3		65
P17-951	间苯		1.3		62
Y-720D	邻苯	透明黄色液体	1.4～1.7		64～67
Y-725	邻苯	透明微黄液体	1.6～1.8		65～68
Y-730	间苯	透明黄色液体	1.3～1.5		62～65
Y-751	对苯	透明黄色液体	1.3～1.6		64～57
测试标准		GB/T 8237—1987	GB/T 7193.1—1987	GB/T 7193.6—1987	GB/T 7193.3—1987

【成型加工】 成型加工有模压法、传递模型、注射成型等方法。

【产品用途】 可做各种灯罩、电气开关、电器零件、汽车壳体、耐冲击和耐腐蚀部件、火车窗框、桌椅、建筑嵌板、门窗框架、浴盆、各种卫生用具和各种耐腐蚀容器、管道、过滤器、污水槽等。

【安全性】 树脂的生产原料，对人体的皮肤和黏膜有不同程度的刺激，可引起皮肤过敏反应和炎症；同时还要注意树脂粉尘对人体的危害，长期吸入高浓度的树脂粉尘，会引起肺部的病变。大部分树脂都具有共同的危险特性：遇明火、高温易燃，与氧化剂接触有引起燃烧危险，因此，操作人员要 改善操作环境，将操作区域与非操作区域有意识地划开，尽可能自动化、密闭化，安装通风设施等。

【生产单位】 天津市合成材料厂，北京北安河利华玻璃钢有限公司，亚什兰聚酯（昆山）有限公司，常州市华润复合材料有限公司，北京玻璃钢研究设计院玻璃钢制品公司，南京金陵帝斯曼树脂有限公司，温州市中侨树脂化工实业公司，江苏亚邦涂料股份有限公司，浙江瑞森化工有限公司，宜兴市兴合树脂有限公司，常熟东南塑料有限公司，常州华日新材有限公司，江苏富菱化工有限公司，天马集团公司建材二五三厂等。

Bk022 不饱和聚酯系感光性树脂

【英文名】 unsatUrated polyester photosensi tive resin

【制法】 配方：

聚乙二醇分子量 400	1mol
己二酸	0.5mol
富马酸	0.5mol

用以上组成物配比合成酸值约 18 的不饱和聚酯。取其 100g 与下列组成物相混合。

配方（质量份）：

不饱和聚酯	100
丙烯酸	20
丙烯酰胺	30
安息香	2
对苯二酚	0.1

将以上组分混合均匀，即成为不饱和（APR）液体感光性树脂。

【产品用途】 制 APR 液体树脂版。

【安全性】 树脂的生产原料，对人体的皮肤和黏膜有不同程度的刺激，可引起皮肤过敏反应和炎症；同时还要注意树脂粉尘对人体的危害，长期吸入高浓度的树脂粉尘，会引起肺部的病变。大部分树脂都具有共同的危险特性：遇明火、高温易燃，与氧化剂接触有引起燃烧危险，因此，操作人员要改善操作环境，将操作区域与非操作区域有意识地划开，尽可能自动化、密闭化，安装通风设施等。

包装及贮运与通用型不饱和聚酯树脂相同。

【生产单位】 天津市合成材料厂，北京北安河利华玻璃钢有限公司，山东蓝盾科技公司，亚什兰聚酯（昆山）有限公司，常州市华润复合材料有限公司，南京金陵帝斯曼树脂有限公司，温州市中侨树脂化工实业公司，秦皇岛市科瑞尔树脂有限公司，江苏亚邦涂料股份有限公司。

Bk023 新型邻苯型体感光树脂

【英文名】 154[#] liquid photosensitive resin

【别名】 154[#] 液体感光树脂（邻苯型树脂）

【结构式】

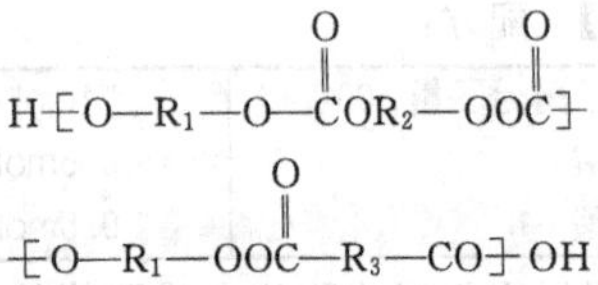

【制法】

（1）不饱和聚酯的合成

配方	mol 比	质量比
己二酸	1	146
邻苯二甲酸酐	4	592
二缩三乙二醇	2	300
对苯二酚		0.2
顺丁烯二甲酸酐	5	490
乙二醇	8	496
三羟甲基丙烷	1	134

生产工艺：

第一步主要生成双羟二醇酯；第二步酯化反应。顺丁烯二甲酸酐＋双羟二醇酯＝线型不饱和聚酯＋水。

按配方将己二酸、邻苯二甲酸酐、乙二醇、二缩三乙二醇以及三羟甲基丙烷投入装有搅拌器、回流冷凝器和温度计的三口瓶中，加热至液温 100℃时，开搅拌，升温至 165℃时，反应物开始出缩水，出缩水量为理论量的 95%。即（4＋2）18.95%＝102.6g，液温不超过 190℃，即可认为第一步反应基本完成。酸值降至 17＋2，降温至 170℃以下投入顺丁烯二甲酸酐，开动搅拌，保持在液温（170＋5）℃时反应 30min，继续升温，最高温度可达 210℃当酸值降至 70 以下，可减压抽真空除去低分子物质和缩水，当酸值降至 50 时，反应基本完成。降温至 170℃，加入阻聚剂对苯二酚，搅拌 0.5h，继续降温至 130℃以下，即得。

（2）感光液的配制　配方（质量/g）：

不饱和聚酯	100	100	100
甲基丙烯酸	10mL	20mL	8mL
丙烯酰胺	10	—	—
醋酸乙烯酯	—	18	20
苯乙烯	6	—	—
邻苯二甲酸双一缩二乙二醇酯	—	60～80	
安息香	2	2.5	3.5
安息香醚类	2	—	—
对苯二酚	—	1	0.2
氯化亚锡	—	—	0.5

生产工艺：按配方，把各组分均匀混合，即得感光树脂。

【产品用途】 用于制造感光树脂版。

【安全性】 树脂的生产原料，对人体的皮肤和黏膜有不同程度的刺激，可引起皮肤过敏反应和炎症；同时还要注意树脂粉尘对人体的危害，长期吸入高浓度的树脂粉尘，会引起肺部的病变。大部分树脂都具有共同的危险特性：遇明火、高温易燃，与氧化剂接触有引起燃烧危险，因此，操

作人员要 改善操作环境，将操作区域与非操作区域有意识地划开，尽可能自动化、密闭化，安装通风设施等。

包装及贮运与通用型不饱和聚酯树脂相同。

【生产单位】 天津市合成材料厂，北京北安河利华玻璃钢有限公司，山东蓝盾科技公司，亚什兰聚酯（昆山）有限公司，常州市华润复合材料有限公司，南京金陵帝斯曼树脂有限公司，温州市中侨树脂化工实业公司，秦皇岛市科瑞尔树脂有限公司，江苏亚邦涂料股份有限公司，天津市龙江精细化学有限公司，宜兴市兴合树脂有限公司，常州华日新材有限公司，江苏富菱化工有限公司，上海富晨化工有限公司，南京费隆复合材料有限责任公司等。

Bk024 热高温不饱和聚酯树脂（拉挤成型）

【英文名】 high temperature resistant unsaturated polyester resin

【别名】 拉挤成型不饱和聚酯树脂

【物化性质】 拉挤成型树脂的凝胶时间很短，固化也快。热变形温度高，热强度大，而且要有足够的固化前期强度，以防止成型过程中表面变粗糙。有由低到中等的黏度（0.1～1.0Pa·s），以便在短时间内可以迅速渗透玻璃纤维。

【质量标准】

拉挤成型不饱和聚酯树脂技术指标

树脂	类型	外观	黏度(25℃)/Pa·s	酸值/(mg KOH/g)	胶凝时间(25℃)/min	固体含量/%	热稳定性(80℃)/h
P2001#		浅黄色透明液体	0.40～0.65	26～32	4.0～6.0	61～65	>24
P2003#	阻燃	浅黄色透明液体	0.70～0.75	19～21	6.5～8.0	66～68	>24
HR-8109	邻苯	浅黄色透明液体	0.35～0.55		9.0～10.0		
HR-8409	邻苯	浅黄色透明液体	0.35～0.55		6.0～12.0		
HR-P191	邻苯	浅黄色透明液体	0.35～0.55		6.0～12.0		
LJS-01#	邻苯	浅黄色透明液体	0.50～1.00	22～32	4.0～8.0	66～74	
LJS-02#	间苯	黄色液体	0.90～1.60	10～22	6.0～10.0	59～64	
LJS-03#	对苯/间苯	黄白色液体	0.50～0.80	20～27	6.0～9.0	58～64	
LJS-04#	乙烯基酯	黄色液体	0.50～0.90	12～23	5.0～8.0	58～65	
118#	邻苯	浅黄色透明液体	0.40～0.60	15～23	6.0～15.0	63～68	
118-1#	间苯	浅黄色透明液体	0.40～0.70	15～23	6.0～16.0	63～68	
118-B	邻苯	浅黄色透明液体	0.60～1.00	15～23	6.0～15.0	65～70	
测试标准		GB/T 8237—1987	GB/T 7193.1—1987	GB/T 2895—1982	GB/T 7193.6—1987	GB/T 7193.3—1987	GB/T 7193.5—1987

【产品用途】 适用于高强度拉挤型材、门窗型材。

【安全性】 树脂的生产原料，对人体的皮肤和黏膜有不同程度的刺激，可引起皮肤过敏反应和炎症；同时还要注意树脂粉尘对人体的危害，长期吸入高浓度的树脂粉尘，会引起肺部的病变。大部分树脂都具有共同的危险特性：遇明火、高温易燃，

与氧化剂接触有引起燃烧危险，因此，操作人员要 改善操作环境，将操作区域与非操作区域有意识地划开，尽可能自动化、密闭化，安装通风设施等。

包装及贮运与通用型不饱和聚酯树脂相同。

【生产单位】 天津市合成材料厂，北京北安河利华玻璃钢有限公司，山东蓝盾科技公司，亚什兰聚酯（昆山）有限公司，常州市华润复合材料有限公司，南京金陵帝斯曼树脂有限公司，温州市中侨树脂化工实业公司，秦皇岛市科瑞尔树脂有限公司，江苏亚邦涂料股份有限公司，天津市龙江精细化学有限公司，宜兴市兴合树脂有限公司，常州华日新材有限公司，江苏富菱化工有限公司，上海富晨化工有限公司，南京费隆复合材料有限责任公司等。

Bk025 新型不饱和聚酯树脂（胶衣型）

【英文名】 gel coat unsaturated polyester resin

【别名】 胶衣型不饱和聚酯树脂

【性质】 由于胶衣型树脂起保护制品性能、延长使用寿命的重要作用。故胶衣型树脂具有良好的耐水、耐化学、耐腐蚀、耐磨、耐冲击等性能，其力学强度高，有韧性和回弹性。树脂固化后具有良好的光泽，并可着色，达到美观效果。

【制法】 根据使用要求的不同，胶衣型树脂可大致分为以下等级。

① 具有优异的耐化学、耐腐蚀、耐热及耐冲击等性能，在使用中有长期的光泽保留效果。这种胶衣型树脂一般属新戊二醇-间苯型，有时还含有甲基丙烯酸甲酯与苯乙烯的混合物单体。耐化学性胶衣型树脂除新戊二醇-间苯型以外，还有双酚A型等。

② 具有优良的综合保护性能，特别是耐水性和耐候性，适于制作水中、海上使用的制品，如船用树脂，以及卫生器具、浴盆等经常与水接触的制品，也适于制造与食品反复接触的容器与制品。这种胶衣型树脂一般属新戊二醇-邻苯型。

③ 普通胶衣树脂，无色透明，可提高制品的耐老化性。一般属光稳定型邻苯树脂。

④ 阻燃胶衣型树脂，基于氯菌酸（HET酸）或氯菌酸-间苯二甲酸混合型树脂制成。但这种胶衣型树脂作户外使用时，耐候性较前几种差。

【质量标准】 胶衣型不饱和聚酯树脂技术指标如下。

树脂	类　型	外观	黏度(25℃)/Pa·s	酸值/(mg KOH/g)	胶凝时间(25℃)/min	固体含量/%	触变指数
HR-228	新戊二醇/间苯	浑浊触变性糊状	0.50～1.00		7.0～13.0		≥4
HR-228PS	新戊二醇/间苯	浑浊触变性糊状	0.25～0.45		7.0～13.0		≥3
HR-33	间苯	灰白色糊状液体	0.60～2.00	17～23	3.0～19.0	65～70	≥3
HR-34	邻苯	灰白色糊状液体	0.60～2.00	17～23	3.0～20.0	66～70	≥3
HR-103	邻苯	灰白色糊状液体	0.50～1.00		6.0～12.0		≥4
HR-103PS	邻苯	灰白色糊状液体	0.25～0.45		6.0～12.0		≥4
986-1	通用	粉红半透明糊状液体	0.50～1.00		15.0～20.2	60～65	2～3
986-2	耐高温	粉红半透明糊状液体	0.50～1.00	12～15	15.0～20.2	60～65	2～3
986-3	防腐	粉红半透明糊状液体	0.50～1.00	12～15	15.0～20.2	60～65	2～3

续表

树脂	类型	外观	黏度(25℃)/Pa·s	酸值/(mg KOH/g)	胶凝时间(25℃)/min	固体含量/%	触变指数
986-4	阻燃	粉红半透明糊状液体	0.50～1.00	12～15	15.0～20.2	60～65	2～3
986-5	食品级	粉红半透明糊状液体	0.50～1.00	12～15	15.0～20.2	60～65	2～3
986-6	模具翻新	粉红半透明糊状液体	0.50～1.00	12～15	15.0～20.2	60～65	2～3
21#	新戊二醇/间苯	触变	0.80～1.50	17～23	3.0～8.0	65～70	4～6
202#	新戊二醇/间苯	触变	0.40～0.80	17～23	3.0～8.0	50～66	3～5
测试标准		GB/T 8237—1987	GB/T 7193.1—1987	GB/T 2895—1982	GB/T 7193.6—1987	GB/T 7193.3—1987	

【成型加工】 胶衣型树脂的使用方法是在模具上完成了脱模剂涂覆工序之后，即用手糊法或喷射法覆盖到模具表面，呈均匀、连续的胶层。待部分凝胶后覆以表面毡或树脂与短切纤维毡，进行层压操作。

【产品用途】 胶衣型树脂是不饱和聚酯中的一个特殊品种，主要用于树脂制品的表面，呈连续性的覆盖薄层，其特殊用途如船用树脂、家具用树脂等。其厚度一般为0.4mm左右，相当于450g/m^2。有时胶衣型树脂用一层表面薄毡增强。制品表面的胶衣型树脂的作用是给基体树脂或层合材料提供了一个保护层，提高制品的耐候、耐腐蚀、耐磨等性能，并给制品以光亮美丽的外观。

除了胶衣型树脂外，还有一种表面被覆树脂，其作用和胶衣型树脂类似，但加工时不是事先涂覆在模具表面，而是在层合材料加工的最后一层被覆上去，提供一个富树脂表面，以保护基体材料。这种被覆树脂的特点是在空气中固化时不受氧阻聚，有时实际上是一层不粘手的装饰处理。这种树脂一般都含蜡，在固化开始阶段，蜡质会迁移到表面上来，隔离空气。

【安全性】 树脂的生产原料，对人体的皮肤和黏膜有不同程度的刺激，可引起皮肤过敏反应和炎症；同时还要注意树脂粉尘对人体的危害，长期吸入高浓度的树脂粉尘，会引起肺部的病变。大部分树脂都具有共同的危险特性：遇明火、高温易燃，与氧化剂接触有引起燃烧危险，因此，操作人员要 改善操作环境，将操作区域与非操作区域有意识地划开，尽可能自动化、密闭化，安装通风设施等。

包装及贮运与通用型不饱和聚酯树脂相同。

【生产单位】 天津市合成材料厂，北京北安河利华玻璃钢有限公司，山东蓝盾科技公司，亚什兰聚酯（昆山）有限公司，耐斯迪聚酯（昆山）有限公司，常州市华润复合材料有限公司，南京金陵帝斯曼树脂有限公司，南京科美特树脂有限公司，温州市中侨树脂化工实业公司，秦皇岛市科瑞尔树脂有限公司，沈阳华特化学有限公司，江苏亚邦涂料股份有限公司，宜兴市兴合树脂有限公司，浙江省永嘉县新颖树脂化纤制品有限公司，浙江天和树脂有限公司，常州华日新材有限公司，北京任创集团，江苏富菱化工有限公司，天马集团公司建材二五三厂等。

Bk026 新型不饱和聚酯树脂（工艺品型）

【英文名】 craft of unsaturated polyester resins

【别名】 工艺品型不饱和聚酯树脂

【物化性质】 树脂低黏度、低活性、色泽浅、透明，可用过氧化甲乙酮或液体过氧化环己酮作引发剂，在室温下固化成型，固化时放热温度低，操作简便，适合浇铸各类工艺美术制品，不会发生开裂。

【质量标准】

工艺品型不饱和聚酯树脂技术指标

树脂	外观	黏度(25℃)/Pa·s	酸值/(mg KOH/g)	胶凝时间(25℃)/min	固体含量/%	热稳定性(80℃)/h
HR-995	透明水白色液体	0.25～0.45		4.0～9.0		
HR-168	透明水白色液体	0.25～0.45		3.0～6.0		
5128#		0.90		15.0		
818#	透明近白水	0.30～0.60	16～24	4.0～14.0	58～65	24
测试标准	GB/T 8237—1987	GB/T 7193.1—1987	GB/T 2895—1982	GB/T 7193.6—1987	GB/T 7193.3—1987	GB/T 7193.5—1987

【成型加工】 可采用浇铸成型、振动成型、压缩成型、挤压成型等。

【安全性】 树脂的生产原料，对人体的皮肤和黏膜有不同程度的刺激，可引起皮肤过敏反应和炎症；同时还要注意树脂粉尘对人体的危害，长期吸入高浓度的树脂粉尘，会引起肺部的病变。大部分树脂都具有共同的危险特性：遇明火、高温易燃，与氧化剂接触有引起燃烧危险，因此，操作人员要改善操作环境，将操作区域与非操作区域有意识地划开，尽可能自动化、密闭化，安装通风设施等。

【生产单位】 天津市合成材料厂，北京北安河利华玻璃钢有限公司，山东蓝盾科技公司，亚什兰聚酯（昆山）有限公司，常州市华润复合材料有限公司，南京金陵帝斯曼树脂有限公司，温州市中侨树脂化工实业公司，秦皇岛市科瑞尔树脂有限公司，沈阳华特化学有限公司，江苏亚邦涂料股份有限公司，天津市龙江精细化学有限公司，浙江瑞森化工有限公司，宜兴市兴合树脂有限公司，浙江省永嘉县新颖树脂化纤制品有限公司，浙江天和树脂有限公司，常州华日新材有限公司，天津市巨星化工材料公司，江苏富菱化工有限公司，泉州诺亚现代树脂厂等。

Bk027 液体感光不饱和聚酯树脂

【英文名】 liquid photosensitive unsaturated polyester resin

【别名】 不饱和聚酯-液体感光树脂

【结构式】 $HO—R_1—OOC—R_2—COO—R_1—OOC—R_3—COOH$

【性质】 浅色透明、坚强、耐酸碱、耐溶剂、耐水、用铅印刷、印刷质量好、耐印率较高、成本低。

【制法】 （1）不饱和聚酯的合成 配方：

配方	Ⅰ	Ⅱ	Ⅲ
偏苯三甲酸酐	193g	—	76.8g
顺丁烯二酸酐	98g	—	157g
对苯二酸二甲酯	—	582g	—
富马酸	—	58g	—
己二酸	—	238g	—
乙二醇	124g	400g	190g

生产工艺：

按以上述配方，把原料加入带有搅拌

器、冷凝器、温度计的四口瓶中，升温100～120℃，在氮气保护下，反应30min，然后升温180℃，继续反应2h，将酸值到达要求后，降温得不饱和聚酯。

（2）感光液的配制：

配方	Ⅰ	Ⅱ
不饱和聚酯	70g	70g
丙烯酰胺	30g	15g
二丙烯酸三乙醇酯		15g
苯偶姻	0.7g	
安息香甲醚		2g
对苯二胺	2g	0.1g
对苯二酚		0.01g
对叔丁基邻苯二酚		0.5g
丙酮	20g	

把各组分混合均匀、成为感光液。

① 把底部放在玻璃板上，在上面盖一层124μm厚的透明薄膜。在此上注入适量的液体感光树脂。

② 利用刮刀把液体感光树脂挤压成一定厚度，在上面涂有底层的聚酯片基，用辊子压边。

③ 上下用紫外线光曝光，上侧曝光是为了使树脂固定在片基上，曝光时间短；下侧曝光是为了使负片的透光部分，完全硬化，所以曝光为充分。

④ 曝光完成后，把基片和底片盖膜一起取出，揭下盖膜，用0.1%NaOH水溶液沉出形象，除去未固化部分，形成凹凸状影像。

⑤ 进行水洗、干燥，然后再曝光，使小网点及细线完全硬化，制版完成。

（3）不饱和聚酯的合成　配方：

聚乙烯醇(M=600)	1mol
己二酸	0.5mol
富马酸	0.5mol

【产品用途】 不饱和聚酯大量用于印刷行业中制液体感光树脂凸版，广泛用于光固化油墨、涂料。

【安全性】 树脂的生产原料，对人体的皮肤和黏膜有不同程度的刺激，可引起皮肤过敏反应和炎症；同时还要注意树脂粉尘对人体的危害，长期吸入高浓度的树脂粉尘，会引起肺部的病变。大部分树脂都具有共同的危险特性：遇明火、高温易燃，与氧化剂接触有引起燃烧危险，因此，操作人员要 改善操作环境，将操作区域与非操作区域有意识地划开，尽可能自动化、密闭化，安装通风设施等。

包装及贮运均与通用型聚酯树脂相同。

【生产单位】 常州市华润复合材料有限公司，温州市中侨树脂化工实业公司，江苏亚邦涂料股份有限公司，天津市龙江精细化学有限公司，浙江省永嘉县新颖树脂化纤制品有限公司，浙江天和树脂有限公司，常州华日新材有限公司，天津市巨星化工材料公司。

Bl 聚氨酯树脂与塑料

1 聚氨酯定义

聚氨酯弹性体是聚氨酯合成材料中的一个品种，由于其结构具有软、硬两个链段，可以对其进行分子设计而赋予材料高强度、韧性好、耐磨、耐油等优异性能，它既具有橡胶的高弹性又具有塑料的刚性，被称之为“耐磨橡胶”。

聚氨酯弹性体既可跟通用橡胶一样采用塑炼、混炼、硫化工艺成型（指 MPU）；也可以制成液体橡胶，浇注模压成型或喷涂、灌封、离心成型（指 CPU）；还可以制成颗粒料，与普通塑料一样，用注射、挤出、压延、吹塑等工艺成型（指 CPU）。模压或注射成型的制件，在一定的硬度范围内，还可以进行切割、修磨、钻孔等机械加工。加工的多样性，使聚氨酯弹性体的适用性十分广泛，应用领域不断扩大。

耐油、耐臭氧、耐老化、耐辐射、耐低温、透声性好、粘接力强、生物相容性和血液相容性优秀。这些优点正是聚氨酯弹性体在军工、航天、声学、生物学等领域获得广泛应用的原因。

2 聚氨酯（PUR）结构与性能

聚氨基甲酸酯简称聚氨酯（PUR），主链上有基团，系由异氰酸酯与聚酯或聚醚型多元醇逐步聚合反应而得，它们都是嵌段共聚物（表 Bl-1），可以是线型热塑性树脂（生产软质聚氨酯泡沫塑料），也可以是网状热固性树脂（生产硬质泡沫塑料）。

制备 PUR 用的异氰酸酯有甲苯二异氰酸酯（TDI）、4,4,-二苯基甲烷二异氰酸酯（MDI）和多次甲基多苯基多异氰酸酯（PAPI），形成聚氨酯的反应通式如图 Bl-1 和图 Bl-2 所示。

MDI 比 TDI 活跃，毒性小。主要用途是浇铸件、弹性体、涂料、纤维黏合剂；PAPI 毒性低，操作安全，用于现场发泡和喷涂发泡。

$$n\mathrm{HO{-}R{-}OH} + n\mathrm{O{=}C{=}N{-}R'{-}N{=}C{=}O} \longrightarrow \left[\mathrm{R{-}O{-}\overset{\overset{\displaystyle O}{\|}}{C}{-}\underset{H}{N}{-}R'{-}\underset{H}{N}{-}\overset{\overset{\displaystyle O}{\|}}{C}{-}O} \right]_n$$

图 Bl-1 聚氨酯的形成反应

$$\mathrm{\left[A{-}B{-}A{-}B{-}A{-}B \right]_n}$$

图 Bl-2 聚氨酯的嵌段结构

按图 Bl-1 预期，聚氨酯是相分离嵌段共聚物，式中 A 和 B 分别代表不同的聚合物链段，一段叫硬链段，它是刚性的；另一段是软链段，它是弹性的。在聚氨酯中软段是弹性的长链多元醇通常是聚酯二元醇或聚醚二元醇，两端用羟基封闭的其他类橡胶聚合物也可以作软段；硬段由二异氰酸酯和短链二醇构成，称作扩链剂；硬段由于氨基甲酸酯之间形成氢键，故分子间有强烈地相互作用。此外它还可能结晶。

软的弹性链段被硬段相结合在一起，硬段在室温下是刚性的，可作为物理交联，在室温下硬段把材料固定在一起，但在加工温度下则硬段可以流动并可以加工。

聚氨酯的性能可通过改变三个基本构筑嵌段（二异氰酸酯、短链二醇或长链二醇）的类型和数量来改变，若聚合物的起始原料相同则可简单地改变硬段与软段的比例，就可使生产者制造出符合特定要求的、柔性不同的聚氨酯材料。典型的生产方法是以线型多元醇与过量的二异氰酸酯反应，多元醇与异氰酸酯反应后形成端基被异氰酸酯基封闭的多元醇，该封闭的多元醇的自由异氰酸酯基随后与扩链剂（通常是短链二醇）反应形成聚氨酯。

多种起始原料均可用来制备聚氨酯，这里列举一些常用原料（表 Bl-1）：

表 Bl-1　多种起始原料均可用来制备聚氨酯

二异氰酸酯	扩链剂	多元醇
4,4′-二苯基甲烷二异氰酸酯(MDI)	1,4-丁二醇	聚酯二元醇
六亚甲基二异氰酸酯(HDI)	乙二醇	聚醚二元醇
氢化 4,4′-二苯基甲烷二异氰酸酯(HMDI)	1,6-己二醇	

3　聚氨酯分类

聚氨酯通常按所用多元醇的类型来分类，例如聚酯型聚氨酯或聚醚型聚氨酯。聚醚型聚氨酯比聚酯型聚氨酯的耐水解性更好，而聚酯型聚氨酯的耐燃料油（和耐润滑油）性比聚醚型聚氨酯要好。低温柔性可通过适当选择长链多元醇来控制，一般说来，聚醚型聚氨酯的玻璃化温度比聚酯型聚氨酯低。聚氨酯的耐热性受硬段的支配。聚氨酯以其耐磨性、韧性、低温抗冲击强度、耐切割、耐气候老化和耐霉性而著称。特殊聚氨酯有：玻璃纤维增强产品，阻燃级和紫外线稳定级。

4　世界与中国聚氨酯市场发展与现状

纵观世界范围，西方发达国家聚氨酯行业早已进入成熟发展时期，进入创新研究发展阶段；亚洲市场增长迅速，众多跨国化工企业已将业务重点和研发中心纷纷转移至亚洲甚至中国市场；中东地区聚氨酯市场发展尚处起步阶段。

聚氨酯弹性体自从 20 世纪 80 年代初开始从军用转为军民两用，并以民用为主后，产品的品种牌号不断增加，生产规模日益扩大，在国民经济各部门及人们的衣食住行各方面所发挥的作用日趋重要。

总的来说，由于国民经济的高速发展，中国聚氨酯工业，包括从基本原料到制品和机械设备，已具有相当的规模。2005 年中国聚氨酯产量约 300 万吨，产值约 600 亿元，比 2001 年的 122 万吨、约 200 亿元分别增长了 146%和 200%，产量年均增长率高达 25%，产值年均增长率在 30%以上。2010 中国聚氨酯产量约 500 万吨，产值约 1000 亿元，2013 年，中国消费了 160 万吨 MDI、98 万吨 TDI 和 205 万吨聚醚多元醇。随着聚氨酯的广泛应用，其原料的需求也大幅增长。

已有众多中外企业涉足聚氨酯行业，如烟台万华、上海华谊、高桥石化、上海氯碱化工、北方化学、上海联景集团等均占有自己的一席之地，而国外聚氨酯企业包括拜耳、巴斯夫、亨斯迈、陶氏化学、GE、科聚亚、德固赛等知名公司也有一定的市场，中国市场的诱惑力更吸引了马来西亚、印度、日本、韩国等国的客户和厂商。

近十多年来，虽然中国聚氨酯的年均增长率为 GDP 的两倍，但中国人均聚氨酯的消费量仍未达到世界平均水平。2012

年中国人均 MDI 的消费量为 0.46kg，而世界平均水平为 0.64kg。按人均 GDP 发展和聚氨酯增长率推算，中国聚氨酯产业仍处于快速增长时期。

未来中国聚氨酯工业的发展将主要受五大方面的拉动，即人口总量、汽车工业、建筑节能、环保要求的提高以及休闲娱乐业。“十二五”期间中国 PU 产品消费量，保持 12% 的年平均增长率，中国成了全球最大 PU 产品制造和消费中心。

《2013～2017 年中国聚氨酯行业市场调研与投资预测分析报告》数据显示：根据 BASF、BAYER、上海联恒和烟台万华这几家主要生产企业的产能规划和建设进度，预计 2016 年国内四大 MDI 产能将达到 368 万吨，到 2017 年我国 MDI 产能或达到 420 万吨左右。从 MDI 进口替代进程的延续性角度分析认为，在 2013 年底之前，国内 MDI 供求仍处于紧平衡状态，MDI 新增产能被下游需求增长有效地消化；2014 年以后国内 MDI 行业将出现明显的过剩产能，国内 MDI 行业的发展关键在于过剩产能是否能以出口形式进行转移。TDI 进入产能释放期，前瞻产业研究院总结，2013～2015 年是 TDI 产能集中释放期，也将进入产能过剩阶段。根据建设进度，2013 年四川江安的 20 万吨、山西阳高的 5 万吨装置投产；2014 年烟台巨力的 15 万吨、烟台万华的 30 万吨和东南电化的 5 万吨装置投产；2015 年辽宁锦化的 10 万吨、山西阳高的 13 万吨装置将投产。总体来看，预计 2015 年我国 TDI 产能可达到 185 万吨；加上 2013 年或有新的建设计划，保守预计到 2017 年我国 TDI 产能可达到 220 万吨。

5 聚醚型聚氨酯泡沫塑料

聚醚型聚氨酯泡沫塑料有硬质和软质两种，其制法、特点和用途见表 Bl-2。

表 Bl-2 硬质和软质聚醚型聚氨酯泡沫塑料的制法、特点与用途

品种	硬质泡沫塑料	软质泡沫塑料
制法	聚醚多元醇①、催化剂②、发泡剂③、泡床稳定剂④及其他添加剂为 A 组分，多异氰酸酯(PAPI)为 B 组分，按一定比例经混合头(或喷枪)直接喷涂发泡或浇铸于横腔内发泡	聚醚多元醇①、催化剂②、发泡剂③及其他添加剂与甲苯二异氰酸酯等按一定比例混合、发泡、加热熟化
特点	①浅黄色、无臭、闭孔结构的热固性硬质泡沫塑料，泡沫密度 0.04～0.06g/cm^3 ②部分溶于丙酮，在氯仿、脂肪烃、芳烃中溶胀，耐无机酸、碱、盐及弱氧化剂，耐油、耐臭氧 ③保温、绝热、隔音性优，导热系数是塑料中最小者 ④耐磨性、撕裂强度、耐老化，耐紫外线，粘接性均好、吸水性小	①无臭、浅黄色开孔结构的热固性软质泡沫塑料 ②容重低、弹性大、永久变形小 ③耐寒、吸音、隔热，工作温度－40～100℃ ④耐一般无机酸、碱、盐溶液，在有机溶液中溶胀，部分溶于丙酮，耐油
成型	可浇铸、喷涂，可反应注射成型(RIM)，可机加工、粘合	可浇铸、喷涂、反应注射成型，可粘合
用途	主要用于建筑、船舶、飞机，车船等作屋面，墙面、门等保温、隔音的结构泡沫塑料，冷藏设备、导线的绝热保温材料，建筑物、矿山、地下工程中作救护、封闭坑道、防渗水材料，还作雷达罩。仪器壳体等	在建筑、船舶、运输、化工，航空业中作隔热、保温、防震包装、吸音、过滤、吸油等材料，也用于制造服装、手套的衬里

① 常用略呈线型或略带支链的环氧丙烷与二元醇或三元醇（如木醇、甘露醇等）的聚合物。
② 常用三乙烯二胺、三乙醇胺、二月桂酸、二丁基锡、辛酸亚锡等。
③ 常用聚硅氧烷-环氧乙烷嵌段共聚物、三氯乙烷、二氟二氯甲烷、一氟三氯甲烷和水等。
④ 常用硅油、聚氧化乙烯山梨糖醇甘油酸酯。

6 聚酯型聚氨酯泡沫塑料

聚酯型聚氨酯泡沫塑料也有软质和硬质两种，其制法、特点和用途见表 Bl-3。

表 Bl-3 硬质和软质聚醋型聚氨酯泡沫塑料的制法、特点与用途

品种	硬质泡沫塑料	软质泡沫塑料
制法	聚酯多元醇(苯酐和癸二酸在甘油、乙二醇中酯化、缩聚物)和甲苯二异氰酸酯与一缩二醇预聚物，以及各种添加剂一起反应,并立即注入模具中发泡、固化	制法与软质聚酯型聚氨酯泡沫塑料相同,只是由二元羧酸和多元醇缩聚物聚酯多元醇取代聚醚多元醇
特点	浅黄色无臭闭孔结构的热固性泡沫塑料,特征与聚醚型相同	物理机械性能优于聚醚型(如耐热、强度),但价格较高,且因黏度大而成型困难些
成型与用途	成型加工与用途和聚醚型聚氨酯泡沫塑料相同	

7 热塑性聚氨酯弹性体与加工方法

热塑性聚氨基甲醇酯弹性体（PUR）由二异氰酸和带有端羟基的聚醚或聚酯多元醇及低分子量二元醇逐步聚合而得。

聚氨酯弹性体具有较高的机械强度，在宽广的硬度范围内仍具有较好的弹性，耐磨、耐油、耐低温、耐臭氧和耐辐射等。浇注型和热塑型弹性体具有很高的机械强度。但浇注型在弹性、低温脆性和耐臭氧方面不如其他二者。热塑型弹性体在压缩永久变形和耐热老化方面不如其他二者。混炼型弹性体在机械强度和耐酸性方面不如其他二者。

聚酯型弹性体的强度高，耐候性、耐油性、耐热性好，但加工性能、耐寒性、耐水解性差。聚醚型中以聚四氢呋喃聚二醇为原料者是聚氨酯中综合性最好的。聚己内酯型耐水性和耐寒性较好，其他性能介于聚酯型和聚醚型之间。

聚氨酯型弹性体是一种介于橡胶与塑料之间的新型材料。浇注型聚氨酯适宜制造结构复杂的大型制件；热塑性聚氨酯适宜制造大量生产的复杂的小型制件；混炼型聚氨酯适宜制造橡胶类的一般制件。

三种类型聚氨酯的加工方法各有特点，浇注型聚氨酯类似于液体橡胶；热塑性聚氨酯与热塑性塑料相同；混炼型聚氨酯则与一般橡胶加工工艺相同。

浇注型聚氨酯（CPU）弹性体的成型加工方法有常压浇注、真空浇注、离心浇注、旋转浇注、模压成型、反应注射成型等。

常压浇注最简单。常用的是将预聚物和扩链剂的混合物浇注到预热至 80～120℃的常压开口模具中。

真空浇注基本上同常压浇注，但需在真空下成型。此法用于制备形状复杂的，以及不允许混入气泡的制品。

离心浇注是将液体混合物在离心机中，借旋转的离心力把物料挤入模具。旋转速度一般为 500～2000r/min。此法适于制造薄片状和复杂形状的制品，也可制造增强材料。

旋转浇注可制得中空球状物。液体混合物注入模型后，模具沿两轴旋转，速度一般以 2～15r/min 为宜。

热塑性聚氨酯既具有橡胶的弹性，又具有热塑性塑料的加工性能，目前在橡塑并用中占有突出地位。其特点和用途见表 Bl-4。

表 Bl-4　热塑性聚氨酯弹性体的特点与用途

特点	①耐磨性、耐候性、耐油性和低温弹性优异 ②强韧，拉伸和断裂强度优，压缩永久变形小 ③耐溶剂、耐水解、抗霉菌、耐环境，化学稳定性好 ④改变多元醇类型（聚酯或聚醚型）能改变物理机械性能，聚醚型显示出较好的低温屈挠性，较高的弹性，水解稳定性和耐霉菌性，而聚酯型则具有较好的耐磨性、坚韧性和耐油性 ⑤聚合物中硬链段（二元醇）对软链段（多元醇）之比高则硬度高，二异氰酸酯对羟基总量之比大则交联度大，其耐永久变形，耐油、耐热性提高，但成型加工性变坏 ⑥硬度增加则拉伸，撕裂强度增大，相对密度、劲度、耐环境性、压缩应力、动态生热等提高 ⑦经后硫化处理可提高扯断拉伸强度
成型	可注塑、挤出、压延复合、可粘接、焊接
用途	汽车外部制件、齿轮、自位轮，轮胎防滑链、动物标志、鞋底和后跟，滑雪靴，电线、电缆护套，驾驶带、缓冲器，工业胶管、垫圈、密封件，薄板和薄膜

8　聚氨酯泡沫塑料生产方法

高聚物的主链上含有重复的—HNCO—O—基团的树脂，通常调节配方可以制得热固性聚氨酯和热塑性聚氨酯。经发泡制成聚氨酯泡沫塑料，是目前产量最大的泡沫塑料产品。用于制造防振、隔声、隔热材料，如座垫、床垫材料。聚氨酯（聚氨基甲酸酯）泡沫塑料是聚氨酯合成材料中最重要的一种。其生产方法有预聚体法、半预聚体法和一步法。以一步法发泡制法为例，其生产过程是将原料聚醚（多元醇）与甲苯二异氰酸酯（TDI）在催化剂、泡沫稳定剂，发泡剂等存在下，按比例送入混合头，经高速搅拌后倾注在传送带的纸模上，经链增长、发气、交换等一系列反应，并成甲苯二异氰酸酯和水反应放出二氧化碳及氟碳化合物等气体，即在纸模上发泡，并逐步凝固成固体泡沫塑料。切断后进行熟化，然后剖切成各种不同规格的片材产品。流程见图 Bl-3。

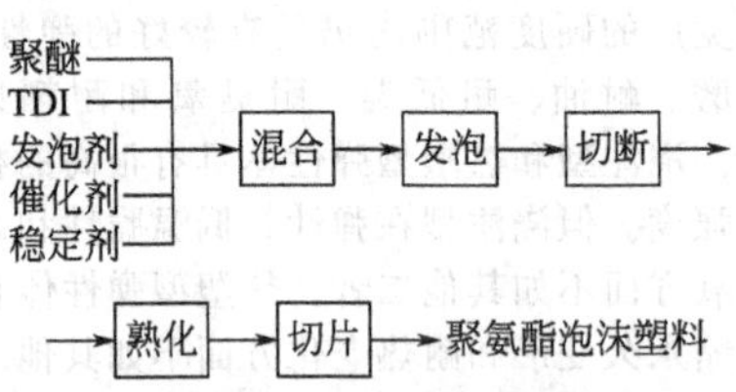

图 Bl-3　聚氨酯泡沫塑料制法方框流程图

PUR 生产配方中还有聚醚（酯）多元醇、催化剂、发泡剂、泡沫稳定剂，以及阻燃剂、防老剂、分散剂、增塑剂和填料等。

BI001　硬质聚氨酯泡沫塑料

【英文名】 rigid polyurethane foams

【结构式】 硬质聚氨酯泡沫塑料由多官能度低分子量聚醚多元醇与 PAPI 为主的原

料反应制得，是一种高度交联的热固性聚合物。

【性质】 理化性质：①密度 0.04～0.06g/cm³(25℃)；②拉伸强度 0.147MPa；③弯曲强度 0.196MPa；④热导率 0.035W/(m·K)。

该制品最大特点是：可根据具体使用要求，通过改变原料的规格、品种和配方，合成所需性能的产品。该产品质轻（密度可调），比强度大，绝缘和隔声性能优越，电气性能佳，加工工艺性好，耐化学药品，吸水率低，加入阻燃剂，亦可制得自熄性产品。该材料与聚醚型同一密度的硬泡相比，有较高的拉伸强度和较好的耐油、耐溶剂和耐氧化性能，但聚酯黏度大，操作较困难。

济南正恒聚氨酯材料有限公司聚氨酯硬泡制品性能

技术指标	硬质聚酯泡沫板	硬质聚氨酯泡沫、塑料瓦	现场浇铸喷涂
使用温度/℃	－196～120	－196～120	
氧指数	按需方制作		
尺寸稳定性/%		±2	
尺寸规格/mm	500×1000、500×500,厚 20～200	ϕ15～1020,厚 15～200	根据需方要求施工
用途	用于中央空调、冷库、冷藏室、轻体房、保温箱、保鲜箱	室内外各种管道保温、保冷	冷库、冰箱、冷藏车、空调车、房屋保温防水

【制法】 以高羟值、高官能度聚醚多元醇（或芳香族聚酯多元醇）和多异氰酸酯（一般是 PAPI）为主要原料，在催化剂、发泡剂等助剂的配合下，按一定的工艺条件高速混合，室温发泡，固化成型而制得硬质泡沫塑料。一般聚氨酯硬泡可配制成双组分物料，其中由聚醚多元醇（或含部分聚酯多元醇）、催化剂、泡沫稳定剂或及发泡剂等预混成组合聚醚组分，俗称“白料”，另一组分一般情况下是多异氰酸酯 PAPI（又称聚合 MDI）。

硬泡用的多元醇一般是羟基官能度为3～8、羟值为 350～650mgKOH/g 范围的聚醚多元醇，如甘油基氧化烯烃聚醚多元醇、山梨醇基氧化烯烃聚醚多元醇、甘露醇基氧化聚烯烃聚醚多元醇等。

硬泡体系所常用的催化剂是叔胺类化合物，如 *N*,*N*-二甲基环己胺、五甲基二亚乙基三胺、二甲基乙醇胺等。以前聚氨酯泡沫塑料常用的发泡剂是三氯一氟甲烷(CFC-11)，由于它对臭氧层有长期破坏作用，在发达国家已被禁用，我国也在2010 年前后禁用。目前发泡剂是 HCFC-141b、环戊烷等。硬泡用的其他助剂包括有机硅泡沫稳定剂、阻燃剂、着色剂、防老剂、防霉剂等。

硬泡的施工成型工艺有现场喷涂与浇铸发泡工艺、连续块状泡沫发泡工艺、模塑成型工艺、连续泡沫板及夹心复合板材的制法等。

工业上一般采用低压或高压发泡机机械发泡。冰箱、冰柜、贮罐保温层等带腔体填充性质的场合需现场浇铸发泡，夹心板材等采用连续或间歇浇铸发泡，小型硬泡制件采用模塑发泡，而在建筑屋顶、墙面、冷库等保温等场合采用现场喷涂发泡。

【质量标准】 冰箱、冰柜用硬质聚氨酯泡沫塑料执行中国轻工总会制订的中华人民共和国行业标准 QB/T 2081—95《冰箱、冰柜用硬质聚氨酯泡沫塑料》，冰箱、冰柜用硬质聚氨酯泡沫塑料性能指标如下。

项目		性能指标
表现芯密度/(kg/m³)		28～35
压缩强度/kPa	≥	100
热导率/[W/(m·K)]	≤	0.022
吸水率/%	≤	5
闭孔率/%	≥	90
低温尺寸稳定性(-20℃,24h) 平均线性变化率/%	≤	1
高温尺寸稳定性(100℃,24h) 平均线性变化率/%	≤	1.5

建筑隔热用硬质聚氨酯泡沫塑料执行GB 10800—89标准（不适于管道和容器的隔热保温材料）。

标准将硬泡按用途分为两种类型：Ⅰ类硬泡适于承受轻负载，如建筑物屋顶、地板下隔层及类似用途；Ⅱ类硬泡适于承受重负载，如衬填材料、冷冻室地板等。每类又按热导率不同分为A、B两级。每级按使用要求和燃烧性能分为3级。其物理性能指标如下。

项目					类型 Ⅰ A	类型 Ⅰ B	类型 Ⅱ A	类型 Ⅱ B
密度/(kg/m³)				≥	30	30	30	30
压缩强度(屈服点或形变10%时的压缩应力)/kPa				≥	100	100	150	150
热导率/[W/(m·K)]				≤	0.022	0.027	0.022	0.027
							5	
水蒸气透湿系数(23℃±2℃,0～85%RH)/[ng/(Pa·m·s)]				≤	6.5		6.5	
							3	
燃烧性	1级	垂直燃烧法	平均燃烧时间/s	≤	30		30	
			平均燃烧高度/mm	≤	250		250	
	2级	水平燃烧法	平均燃烧时间/s	≤	90		90	
			平均燃烧范围/mm	≤	50		50	
	3级	非阻燃型			无要求		无要求	

石油行业标准SY/T 0415—96《埋地钢质管道硬质聚氨酯泡沫塑料防腐保温层技术标准》，对聚氨酯硬泡规定以下五项主要指标。

表观密度/(kg/m³)	40～60
压缩强度/MPa	≥0.20
吸水率(23℃水中96h)/(g/cm³)	≤0.03
热导率/[W/(m·K)]	≤0.03
耐温性(130℃,96h)尺寸变化	≤3%
质量变化	≤2%

【用途】 主要用于冷库、冷罐、管道等部门作绝缘保温保冷材料，高层建筑、航空、汽车等部门做结构材料，起保温隔声和轻量化的作用。超低密度的硬泡可做防震包装材料及船体夹层的填充材料。其中低密度硬质泡沫塑料最主要的应用领域有：用作冰箱、冷柜、冷藏集装箱、冷库等的保温层材料，石油输送管道及热水输送管道保温层，建筑墙壁及屋顶保温层、保温夹心板等。高密度及玻璃纤维增强的硬质聚氨酯泡沫塑料用作仿木材、汽车盖板等结构材料。

【安全性】 基本无毒性。本产品用塑料桶包装，外包装瓦楞纸箱包装，内附产品合格证，每桶净含量10kg或25kg。按非危险品运输，运输温度保持10℃以上，避免日晒、雨淋。贮存在干燥、通风仓库内，室温保持在10℃以上。

【生产单位】（含硬泡组合料生产企业）江苏省化工研究所有限公司，兰州华宇创新科技有限公司（航天科技集团公司五一〇研究所），南京红宝丽股份有限公司，济南正恒聚氨酯材料有限公司，烟台万华聚氨酯股份有限公司配料中心，广东科龙电器股份有限公司，顺德容威合成材料有限公司，河北廊坊聚氨酯配料中心，金陵拜耳聚氨酯有限公司，亨斯迈聚氨酯（中国）有限公司，上海紫旭聚氨酯有限公司，巴斯夫展宇聚氨酯（中国）有限公司，蓬莱市祥和化工厂，深圳佳丽化工有限公司，和成聚氨酯事业开发（深圳）有限公司，青岛青波化学有限公司等。

BI002 软质聚酯型聚氨酯泡沫塑料

【英文名】 flexible polyester polyurethane foams

【结构式】

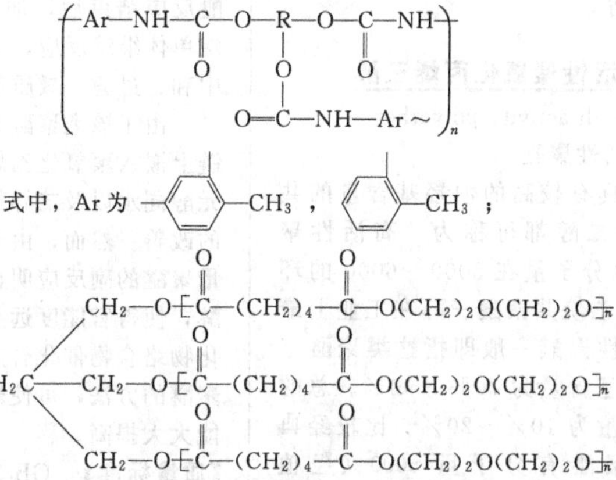

【性质】 理化性质：①密度 0.03～0.07g/cm³；②拉伸强度 8.83～117kPa；③伸长率（%）150～300；④弯曲强度 0.196MPa；⑤热导率 0.034～0.041W/(m·K)；⑥熔点 170～190（℃）。可根据不同要求，改变原料组分和配方达到所需的性能。它与同密度的聚醚型软泡相比，有较好的拉伸强度和耐油性，但其耐水解性及耐低温性较差。

【制法】 将含羟端基的低聚酯树脂和有机多异氰酸酯在催化剂、发泡剂、乳化剂及其他助剂的存在下，按一定配比，高速混合均匀，经室温发泡，固化成型。发泡工艺与聚醚型软泡相同。

【质量标准】 GB 10802—89 规定了表观密度为 35.0kg/m³ 的聚酯型软泡（JZh-35）的物理力学性能。

聚酯型软泡质量标准

指标名称	一等品	合格品	指标名称	一等品	合格品
表观密度/(kg/m³) >	35.0	35.0	75%压缩永久变形/% <	10.0	10.0
拉伸强度/kPa >	200	160	回弹率/% >	25	20
伸长率/% >	350	300	撕裂强度/(N/cm) >	6.00	5.00

GB 10802—89 还规定了软泡片材长度、宽度、厚度尺寸和极限偏差，对外观质量中的孔径、色泽、条纹、刀纹、裂缝、气孔、两侧表皮、污染等项目也提出了要求。

【用途】 主要用作服装、鞋帽衬里、垫肩和精密仪器的防震包装等。

【安全性】 基本无毒性。如接触皮肤，可用自来水冲洗。

【生产单位】 大连聚氨酯泡沫塑料厂，天津市聚氨酯塑料制品厂，上海久泰储能材料有限公司等。

BI003 高活性聚氧化丙烯三醇

【英文名】 high activity polyether

【别名】 高活性聚醚

【性质】 凡具有较高的伯羟基含量的共聚醚三醇和二醇都可称为“高活性聚醚”，但尤以分子量在 5000～6000 的环氧丙烷-环氧乙烷共聚醚三醇在工业上最常用，高活性聚醚一般即指这类聚醚三醇，其伯羟基含量为 70%～90%。总的氧化乙烯含量为 10%～20%。比较经典的高活性聚醚有分子量 5000（羟值 36mgKOH/g）和 6000（羟值 28mgKOH/g）两种。本品为浅黄色透明黏稠液体。最常见的高活性聚醚牌号是 EP-330N，其物性指标如下。

羟值/(mgKOH/g)	33.5～36.5
酸值/(mgKOH/g)	≤0.05
水分/%	≤0.05
pH 值	5～7
K^+ 质量分数	$\leqslant 5\times10^{-6}$
色度 APHA	≤50
黏度(25℃)/mPa·s	800～1000
不饱和度/(mmol/g)	≤0.03

【制法】 在甘油起始剂和催化剂的存在下，先投入环氧丙烷反应，在氧化丙烯聚醚反应结束后，加入 10%～15% 环氧乙烷单体继续反应，使其端基为伯羟基，经中和、过滤、减压蒸馏得成品。

由于该类聚醚的合成中在聚氧化丙烯链上嵌入聚氧化乙烯基团，因此使聚醚多元醇同水以及二异氰酸酯的相容性得到大的改善。然而，由于 KOH 催化的高分子量聚醚的副反应明显，产生二元醇和单元醇，使得官能度远小于 3。采用双金属氰化物络合物催化合成低不饱和度高分子量聚醚的方法，可使聚醚的官能度提高，性能大大提高。

【质量标准】 GB/T 16576—96“三羟基聚醚多元醇”中，标称分子量 4800 左右的高活性聚醚（按 GB T12008.1—89 聚醚多元醇命名，该聚醚名称为 347H）的理化性能指标如下。

指标名称		优级品	一等品	合格品
铂钴法色度号	≤	50	100	200
羟值/(mgKOH/g)		33.5～36.5	33.0～37.0	32.0～38.0
酸值/(mgKOH/g)	≤	0.05	0.10	0.12
水分/%	≤	0.05	0.08	0.12
黏度(25℃)/mPa·s		800～100		
钠、钾含量/(mg/kg)	≤	3	5	10
不饱和度/(mmol/kg)	≤	0.05	0.10	0.15
pH 值		5.0～7.0		

【用途】 本品为原料合成的高回弹冷熟化聚氨酯模塑制品，可作汽车、火车、飞机

等的坐垫和靠背。用于连皮聚氨酯泡沫可作汽车的方向盘、仪表板、扶手等。用作RIM微孔弹性体制品可作鞋底、汽车保险杠等。

【安全性】 低毒，镀锌铁桶包装，每桶200kg。在阴凉、干燥、通风处存放。

【生产单位】 高桥石化公司化工三厂，天津石油化工三厂，锦西化工集团公司聚醚厂，金陵石化公司化工二厂，山东东大聚合物有限公司等。

BI004 三羟基聚醚

【英文名】 polyoxypropylene triol; polyether triol

【别名】 聚氧化丙烯三醇；聚醚三醇，聚环氧丙烷三醇；聚丙三醇

【结构式】

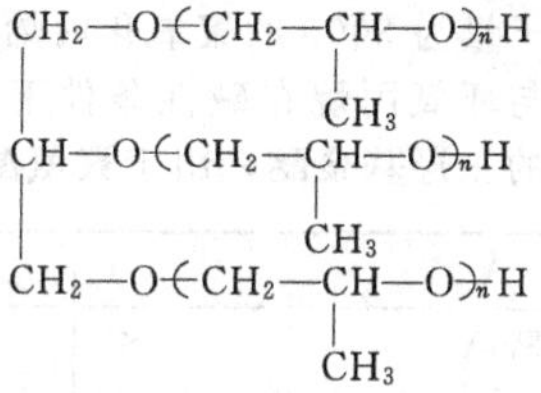

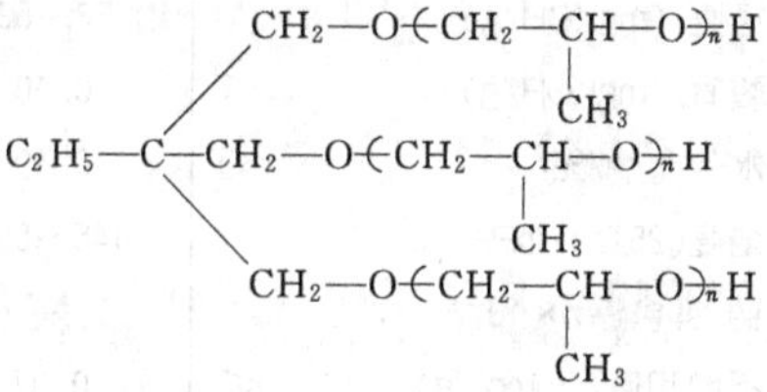

【性质】 无色或浅黄色透明油状液体，相对密度微大于1，聚氧化丙烯三醇不溶于水，含少量氧化乙烯的聚醚三醇微溶于水。这类聚醚的理论羟基官能度为3，实际官能度在2～3之间。

不同分子量的聚醚三醇的物性

产品名称	羟值/(mgKOH/g)	不饱和度/(mmol/g)	黏度(25℃)/mPa·s	用途
TMN-350	340～360	—	200～500	硬泡、半硬泡、仿木材、夹心板、涂料、胶黏剂
TMN-450	440～460	—	200～500	硬泡、半硬泡、仿木材、夹心板、涂料、胶黏剂
TMN-500	320～340	—	200～500	硬泡、半硬泡、仿木材、夹心板、涂料、胶黏剂
TMN-700	230～250	—	200～500	硬泡、半硬泡、仿木材、夹心板、涂料、胶黏剂
TMN-1000	160～170	—	300～500	弹性体、密封材料
TMN-3050	54.5～57.5	≤0.04	400～600	软泡、弹性体、密封材料
TMD-3000	54.5～57.5	≤0.01	<700	软泡、弹性体、密封材料
TMD-5000	32～35	≤0.01	<700	软泡、弹性体、密封材料
TEP-240	21.5～24.5	≤0.10	1200～1800	弹性体、胶黏剂、整皮泡沫、RIM
TEP-505S	49.5～52.5	≤0.02	650～850	亲水性软泡
TEP-530	49.5～52.5	≤0.03	450～550	软块泡、热模塑泡沫
TEP-450	43.5～47.5	≤0.05	550～750	软块泡、热模塑泡沫
TEP-455S	43.5～46.5	≤0.05	550～750	亲水性软泡
TEP-553	54.5～57.5	≤0.04	400～600	软块泡，热模塑泡沫
TEP-565B	54.5～57.5	≤0.05	400～600	改良型软泡

注：本表以天津石化三厂的聚醚三醇系列产品的物性为例。TEP为PO/EO共聚醚三醇，其他牌号的为聚氧化丙烯三醇，TMD为低不饱和度聚醚三醇。高羟值的硬泡聚醚的酸值不大于0.1，水分不大于0.1%，K^+含量不大于8×10^{-6}，色度APHA不大于100；软泡聚醚三醇的酸值基本上都不大于0.05，水分不大于0.05%，K^+含量不大于3×10^{-6}，色度APHA不大于50。

分子量为3000的聚氧化丙烯三醇是由甘油与环氧丙烷在碱性条件下聚合精制而成的三羟基聚醚，用于聚氨酯软泡、防水涂料、密封胶、铺装材料等。聚氧化丙烯三醇物性如下。

型号		N-330	MN-3050	GEP-560S	EP-551C
色度 APHA	≤	200	50	150	
羟值/(mgKOH/g)		53～59	54.5～57.5	53～59	54～58
酸值/(mgKOH/g)	≤	0.10	0.05	0.08	
水分含量/%	≤	0.10	0.05	0.08	
黏度(25℃)/mPa·s		445～595	400～600	400～600	400～600
钠、钾含量/$\times10^{-6}$	≤	—	3	5	
不饱和值/(mmol/g)	≤	0.07	0.04	0.06	0.05
pH值			5～7	5～7	
备注		金陵	天津、高桥	高桥	高活性聚醚

【制法】 通用聚醚三醇一般以甘油（丙三醇）、三羟甲基丙烷等为起始剂，以氢氧化钾为催化剂，进行环氧丙烷（氧化丙烯）的开环聚合而得。例如于热压釜中，催化剂KOH为0.5%、反应温度100℃的情况下，随着起始剂与环氧丙烷物质的量的比值的增大，合成的聚氧化丙烯三醇的平均分子量减少。当起始剂与环氧丙烷的物质的量的比值在1.21左右时，所合成的聚醚分子量约为3000。实际合成聚醚的分子量比理论分子量偏低。

在软泡中用的最多的是聚醚三醇，一般以甘油（丙三醇）为起始剂，由1，2-环氧丙烷开环聚合或与环氧乙烷共聚而得到，分子量一般在3000～7000。软泡及弹性体用聚醚三醇也可用DMC催化工艺合成。

【质量标准】 国标GB 12008—89对330聚醚的8项技术指标有如下的规定。

指标名称		优级品	一等品	合格品
色度号	≤	50	300	400
羟值/(mgKOH/g)		54.0～58.0	53.0～59.0	53.0～59.0
酸值/(mgKOH/g)	≤	0.05	0.10	0.15
水分含量/%	≤	0.08	0.10	0.10
黏度(25℃)/mPa·s		450～550	445～595	—
钠、钾含量/$\times10^{-6}$	≤	5	20	—
不饱和值/(mol/kg)	≤	0.05	0.07	—
pH值		5.5～7.5	5.5～7.5	—

GB/T 16576—96“三羟基聚醚多元醇”中，标称分子量3000左右的PO/EO共聚醚三醇按GB T12008.1—89“聚醚多元醇命名”，这一类聚醚名称为330E，其理化性能指标如下。

330E 理化指标

指标名称	优级品	一等品	合格品
铂钴法色度号 ≤	50	100	200
羟值/(mgKOH/g)	54.5～57.5	54.0～58.0	53.0～59.0
酸值/(mgKOH/g) ≤	0.10	0.10	0.12
水分/% ≤	0.05	0.10	0.12
黏度(25℃)/mPa·s		400～600	
钠、钾含量/(mg/kg) ≤	3	5	10
不饱和度/(mmol/kg) ≤	0.05	0.07	0.10
pH 值		5.0～7.5	

【用途】 它是聚氨酯泡沫塑料、弹性体、防水涂料、胶黏剂、密封胶等的原料，聚氨酯软泡和硬泡对聚醚的分子量或羟值要求不同。用于软泡的聚醚多元醇一般是长链、低官能度聚醚，聚醚的分子量为 3000 左右，即羟值约 56mgKOH/g。硬泡要求聚醚分子量在 300～400 范围内，羟值约 450～550mgKOH/g。以甘油为起始剂的硬泡聚醚多元醇，相对来说官能度较低，形成交联网络的速度比高官能度聚醚多元醇慢，使得硬泡发泡物料具有较好的流动性。

【安全性】 微毒。如接触皮肤，可用自来水冲洗。本产品用塑料桶包装，外包装瓦楞纸箱包装，内附产品合格证，每桶净含量 10kg 或 25kg。按非危险品运输，运输温度保持 10℃以上，避免日晒、雨淋。贮存在干燥、通风仓库内，室温保持在 10℃以上。

【生产单位】 天津石化三厂，高桥石化公司化工三厂，锦西化工集团公司聚醚厂，金陵石化公司化工二厂，山东东大化工集团公司，浙江太平洋化工公司，九江化工厂，镇江市东昌石油化工厂，南京红宝丽股份有限公司，顺德容威合成材料有限公司，抚顺佳化化工有限公司，濮阳市区聚氨酯材料厂等。

BI005 430 聚醚

【英文名】 fire-retarding tackiner

【化学名】 亚磷酸三（一缩二丙二醇）酯

【别名】 阻燃增黏剂

【结构式】

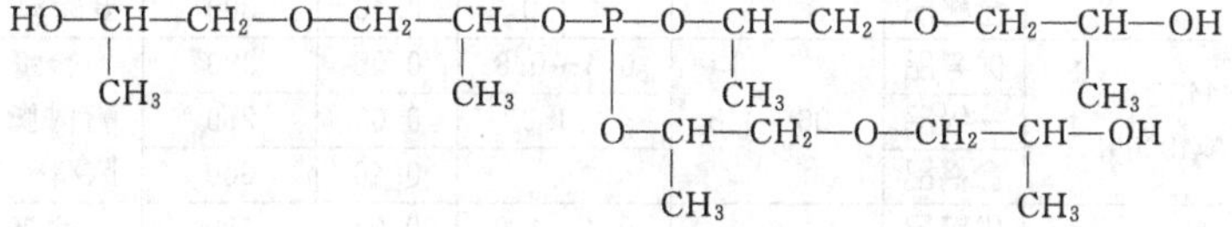

【性质】 亮黄色透明油状液体，黏度（25℃）0.3～0.4Pa·s；密度（25℃）1.09～1.10g/cm^3；折射率（25℃）。1.459～1.463。不溶于水，溶于多种有机溶剂，易水解；是一种反应型阻燃增黏剂。

【质量标准】

企业标准（黎明化工研究院）

指标名称	指标
含磷量/%(重量)	9
羟值/(mgKOH/g)	400±10
酸值/(mgKOH/g)	≤0.2

【制法】 在一定的温度、减压等条件下，一缩丙二醇和亚磷酸三苯酯在催化剂存在下进行酯交换反应，然后将生成的副产物苯酚抽出。反应完毕，釜料经后处理即得成品。

【用途】 本品为聚醚型聚氨酯软泡的增黏剂和阻燃剂。加入阻燃增黏剂的软泡具有特有的加热再固化性能，从而可用热熔法将软泡与织物、薄膜等组成复合材料。此类材料被广泛用作保温材料、增强材料、室内装饰、车辆保温隔热衬里材料和日用衣料等。

【安全性】 微毒。塑料桶包装，产品贮存期为 3 年。可用火车、汽车运输。本品对皮肤有腐蚀性，一旦接触皮肤，立刻用大量水冲洗。

【生产单位】 黎明化工研究院，沧州市精细化工实验厂。

BI006 脂肪族聚酯多元醇

【英文名】 aliphatic polyester polyols

【结构式】

$$H\!\!\left[\!\!\;O(CH_2)_aO-\overset{\overset{\displaystyle O}{\|}}{C}-(CH_2)_4-\overset{\overset{\displaystyle O}{\|}}{C}\right]_{\!n}\!O(CH_2)_4OH$$

式中，O $(CH_2)_a$O 表示小分子二醇链节，$a=2$，4，6；—CO $(CH_2)_4$CO—表示己二酸链节。

【性质】 根据原料组成的不同，聚酯二醇常温下为乳白色蜡状固体或无色至浅黄色黏稠液体。固态聚酯熔点在 25～50℃，烘化后即为黏稠液体。

【制法】 第一阶段是把二元羧酸、二元醇及微量催化剂加入反应器中，在釜内温 140～220℃进行酯化和缩聚反应，控制分馏塔（柱）顶温度保持在 100～102℃，常压蒸除生成的绝大部分的副产物水后，200～230℃保温 1～2h，此时酸值一般已降低到 20～30mgKOH/g。第二阶段抽真空，并逐步提高真空度，减压除去微量水和多余的二醇化合物，使反应向生成低酸值聚酯多元醇的方向进行，有人称之为“真空熔融法”。也可持续通入氮气等惰性气体以带出水，称为“载气熔融法”；也可以在反应体系中加入甲苯等共沸溶剂，在甲苯回流时用分水器将生成的水缓慢带出，此法称为“共沸蒸馏法”。

【质量标准】 化工行业标准 HG/T 2707—95《聚酯多元醇规格》规定了几种己二酸系聚酯多元醇的理化性能指标，采用行业标推荐的聚酯命名法，要求的理化性能指标如下。

HG/T 2705 命名的型号(常规命名)	等级	羟值/(mgKOH/g)	酸值/(mgKOH/g)	水分/% ≤	色度号(铂-钴)≤	主要用途
12056E (PEPA-1000)	优等品	53.5～58.5	0.3～0.5	0.025	180	聚氨酯合成革、弹性体的主要原料
	一级品	53.0～59.0		0.05	250	
	合格品		≤1.0	0.10	300	
30112C (PBA-1000)	优等品		0.1～0.8	0.05	180	涂覆用聚氨酯树脂的主要原料
	一级品	106～118	≤1.0	0.08	250	
	合格品			0.10	300	
30196C (PBA-580)	优等品		0.1～1.0	0.07	180	涂覆用聚氨酯树脂的主要原料
	一级品	185～205	≤1.2	0.10	250	
	合格品			0.15	300	
15075E (PEDA-1500)	优等品		0.1～0.8	0.03	180	弹性体、鞋底用聚氨酯树脂的主要原料
	一级品	71～79	≤1.0	0.05	250	
	合格品			0.10	300	
13056E (PEBA-2000)	优等品		0.1～0.8	0.03	180	弹性体、鞋底用聚氨酯树脂的主要原料
	一级品	53～59	≤1.0	0.05	250	
	合格品			0.10	300	
16056E (PEDA-2000)	优等品		0.1～0.7	0.03	180	鞋底、涂覆用聚氨酯的主要原料
	一级品	53～59	≤0.9	0.05	250	
	合格品		≤1.0	0.10	300	

【用途】 干法聚氨酯人造革树脂、合成革树脂、鞋用聚氨酯浆料、聚氨酯弹性体、胶黏剂、涂料、软质及硬质聚氨酯泡沫塑料等。

【安全性】 聚酯多元醇基本上无毒性，当不慎进入眼内或溅落到皮肤上时应立即用自来水清洗。长期接触皮肤可能产生轻微刺激，操作时最好戴上防护镜和手套。

固体聚酯可采用塑料袋包装，内有聚酯膜袋密封。液体聚酯采用镀锌铁桶包装，220kg/桶。本品属非易燃易爆品，贮运安全。贮存于阴凉干燥处。贮运中应注意防晒、防雨、防潮，避免外界水分加入包装。包装完好的情况下，一年内质量仍符合标准。

【生产单位】 山东烟台合成革总厂，山东烟台华大化学工业公司，青岛市新宇田化工有限公司，浙江华峰聚氨酯有限公司，江苏德发树脂有限公司，河南洛阳吉明化工有限公司，无锡市新鑫聚氨酯有限公司，江苏泰兴市茂尧聚氨酯塑料制品厂，山东烟台华鑫聚氨酯有限公司，高明市华驰化工树脂有限公司，山东德州埃法化学有限公司，广东番禺番亿化工实业有限公司，辽宁星火聚氨酯厂，广东潮州市虫胶厂，广东鹤山市新科达企业有限公司等。

BI007 四氢呋喃-均聚醚二醇

【英文名】 polytetrahydrofurandiol

【结构式】

$$HO\!\leftarrow\!CH_2\!\rightarrow_4\!\left[O\!\leftarrow\!CH_2\!\rightarrow_4\right]_n\!OH$$

【性质】 常温为乳白色固体或为无色或微黄色半透明黏稠液体。熔点为37℃±3℃，密度0.95～0.98g/cm^3，M_n1000±5；可溶解在水醇类和极性溶剂中，与有机酸反应生成酯基，与—NCO反应生成氨基甲酸酯基团。

【质量标准】

企业标准 TB04—85（山东鲁南化工厂）

指标名称	指标
羟值/(mgKOH/g)	100±5
酸值/(mgKOH/g)	≤0.1
水分/%	≤0.05
双键值/(mgKOH/g)	≤0.002
灰分/%(重量)	<0.05
色泽/铂钴比色	≤30

【用途】 本品是制造低温性能好的(−70℃不断裂）聚氨酯系列产品的原料，也是四氢呋喃-均聚醚聚氨酯热塑胶（Moboy公司、Goodrich公司等的985A、986A、58300、58370等)、混炼胶（Adiprene-CM)、浇注胶（Adiprene-L系列产品）及聚氨酯泡沫、油漆、黏合剂的原料，还是聚氨酯抛光材料和聚酰胺热塑胶的原料。同时本品又是很好的表面活性剂，可用作化妆品和织物的表面处理剂的原料。

【制法】 将计量的四氢呋喃在低温搅拌下滴加催化剂，反应完毕后，加入计量的水进行水解，同时蒸馏回收未反应的四氢呋喃，然后分层将分离出的四氢呋喃—均聚醚二醇进行中和，并减压脱水，最后进行过滤得成品。

【安全性】 微毒。如接触皮肤，可用自来水冲洗。用涂有酚醛清漆的马口铁皮桶包装，每桶净重10kg、20kg、50kg和200kg。要求包装密闭，不得受潮。若水分增高要进行抽空处理。贮存于阴凉、干燥、通风的仓库内。本品为无臭无味、低毒性。一般不易点燃，在火势较大、温度较高的情况下，熔化后才燃烧。

【生产单位】 山东鲁南化工厂。

BI008 PMDETA

【英文名】 pentamethyl diethylene tdamine

【化学名】 五甲基二亚乙基三胺

【别名】 五甲基二乙烯三胺；五甲基二乙基三胺

【结构式】

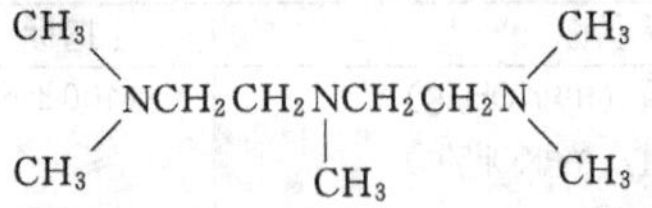

【性质】 本产品为五色或微黄色透明液体，略有胺臭，能溶于水、醇和醚等有机溶剂，能吸收空气中的水分及二氧化碳。

【质量标准】 企业标准（江苏金坛助剂厂）

指标名称	指标
外观	无色或微黄色透明液体
主活性含量/%	>92
相对密度(d_4^{20})	0.8330～0.8410
折射率(20℃)	1.4430～1.4450

【用途及用法】 本品为聚氨酯生成反应的高效催化剂，对异氰酸根与水反应的选择性强。特点是用量小、催化活性高，可作为软质聚氨酯泡沫塑料制备的主催化剂以及半硬质、硬质聚氨酯泡沫制备的辅助催化剂。此外，还可作氧化烯烃聚合、相转移及金属络合物的催化剂。

本品的复合形态，俗称 AM-I，其中五甲基二乙烯三胺的含量为 70%±1%。其特点是能提高配方加工时的宽容度，改善发泡工艺性能和制品的质量。

【制法】 目前采用的制法有两种。

① 由二乙烯三胺与甲醛和甲酸反应制得，一般收率为 70%左右。反应如下：

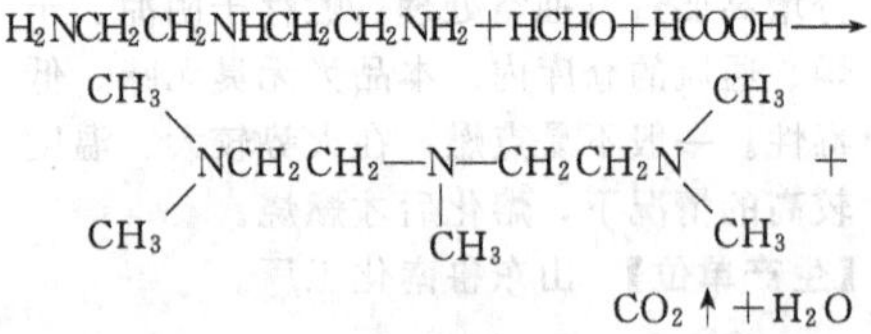

② 由二乙烯三胺与甲醛在催化剂和氢气存在下制得，收率可达 95%以上。

反应如下：

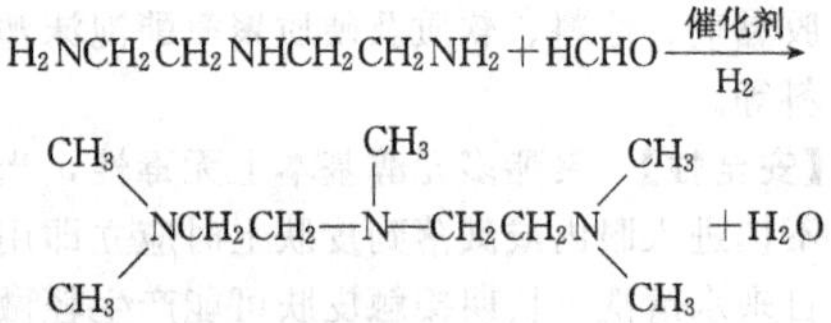

【安全性】 微毒。如接触皮肤，可用自来水冲洗。

用干净镀锌铁桶包装，每桶净重 150kg。应贮存在低于 40℃的干燥通风库房内，不得露天堆放。

【生产单位】 江苏省金坛助剂厂。

BI009 聚氨酯硬泡沫组合料

【英文名】 rigid polyurethane foam system

【组成】 组合料组成

原料名称	质量份
芳烃聚醇多元醇	20～60
硬泡聚醚多元醇	40～80
催化剂	1.5～3.0
匀泡剂	1.0～2.0
交联剂	2.0～5.0
发泡剂	20～30

注：异氰酸酯指数 1.05～1.15。

【性质】 聚氨酯硬泡组合料 CFH-168 原料中使用了芳烃聚酯多元醇，改善了聚氨酯硬泡的强度和泡孔细腻程度，耐热阻燃性能优良，而且韧性、尺寸稳定性好，各种性能均明显优于纯聚醚型聚氨酯硬泡。

【质量标准】 组合料发泡特性和泡沫物性如下。

性能	性能项目	数值
发泡特性	发自时间/s	11～12
	上升时间/s	120～130
	不发黏时间/s	130～140
	固化时间/min	4～5

续表

性能	性能项目	数值
泡沫物性	密度/(kg/m³)	30±2
	压缩强度/kPa	115±5
	热导率/[W/(m·K)]	0.0198±0.0002
	尺寸稳定性(70℃,24h)/%长/宽/高	0.2/0.4/0.3
	尺寸稳定性(-20℃,24h)/%长/宽/高	0.1/0.1/0.1
	氧指数	28±2
	自燃性/s	2～5
	耐热性(热导率 0.018～0.025)/℃	150
	耐寒性(热导率 0.018～0.025)/℃	-200
	吸水性/(kg/m³)	0.118

【用途】 冷藏汽车的隔热保冷材料，集输油管的防腐保温材料，设备和各种管道的保温及保冷，房屋建筑结构材料和隔热材料，机翼、机尾的填充支撑材料等。

【安全性】 微毒。如接触皮肤，可用自来水冲洗。

本产品用塑料桶包装，外包装瓦楞纸箱包装，内附产品合格证，每桶净含量10kg或25kg。按非危险品运输，运输温度保持10℃以上，避免日晒、雨淋。贮存在干燥、通风仓库内，室温保持在10℃以上。

【生产单位】 常州市派瑞特化工有限公司等。

BI010 半硬质聚氨酯泡沫塑料

【英文名】 semi rigid polyurethane foams

【组成】 成型后的半硬质聚氨酯泡沫塑料是一种网状交联分子结构的开孔性泡沫塑料，根据多元醇和异氰酸酯主原料的不同，分子结构不同。结构式此处略，可参见“软质聚醚型聚氨酯泡沫塑料”和“硬质聚氨酯泡沫塑料”的结构式。

【性质】 半硬质聚氨酯泡沫塑料的性质因制品用途不同有较大差别。如模塑半硬泡垫材与半硬质填充料，因前者用于高荷载坐垫，不仅要有一定的回弹性，而且要有大的承受力；后者则要求硬度及填充性。该类制品的交联密度远高于软质泡沫塑料而仅次于硬质制品。以两交联点之间的平均分子量 M_c 来衡量，半硬泡的 M_c 一般在750～2500之间，最好在1200～2000。半硬泡的物理力学性能均受选用的聚醚种类、交联剂品种、异氰酸酯用量以及工艺条件等的影响。

半硬质聚氨酯泡沫塑料在受到负荷冲击时，能吸收和消散冲击动能，因而有良好的防振减震和耐冲击性能。被广泛地应用于制造汽车缓冲仪表板、扶手、汽车前后挡板、防震垫和包装材料等。此外，半硬质泡沫塑料可用作异型面或空隙间地填充密封材料，达到减振吸声、降低噪声的目的。

【制法】 半硬泡的发泡工艺一般有半预聚法和一步法两种。半预聚法工艺是以聚醚三元醇与TDI先制成预聚体，然后以高官能度的低分子量聚醚作交联剂，采用水发泡体系进行发泡。一步法工艺则是以粗MDI及高分子量的高活性聚醚三元醇为主要原料，经交联剂、发泡剂等一次混合发泡而制得。

【质量标准】

材料性能指标

性能	模塑半硬泡垫材	半硬质填充材
密度/(kg/m³)	30～50	85
拉伸强度/kPa	98～127	1.2
50%压缩强度/kPa	5.9～12.7	0.8
压缩变形/%　＜	10	15
回弹性/%		36
伸长率/%	30～40	

【用途】 半硬质泡沫可代替乳胶制品作汽车等运输车辆的坐垫、冲击吸收材料，如护手、仪表嵌板、头枕等安全配件，高密度的可做鞋底材料。它也可作绝热、隔声、防震、电绝缘材料用于现场施工。基本无毒性。

【生产单位】 江阴友邦化工有限公司，黎明化工研究院，山东东大聚合物有限公司，五矿常州合成化工总厂，天津易伦聚氨酯科技有限公司，常熟市聚氨酯垫材厂等。

BI011 冷熟化高回弹泡沫组合料

【英文名】 cold curing HR polyurethane foam systems

【组成】 通常由组合聚醚和多异氰酸酯两个组分组成冷熟化高回弹泡沫组合料。

组合聚醚是以高活性聚醚多元醇或及部分聚合物聚醚多元醇为主要原料，添加交联剂、发泡剂、催化剂等，经混合而成。多异氰酸酯可以是 TDI 与 PAPI 的混合物，也可以是 TDI 或改性异氰酸酯产品。

【性质】 由高回弹组合料制得的泡沫塑料具有优良的力学性能、较高的压缩负荷比、坐感舒适性、优良的抗疲劳性能、类似乳胶表面的手感、良好的透气性及阻燃性能。生产泡沫塑料时生产周期短、效率高、耗能低，可取代传统的热熟化聚氨酯泡沫塑料。

组合聚醚为浅黄或乳白色黏稠液体，呈碱性。一些公司的产品性能如下。

金陵石化德赛化工技术有限公司
高回弹组合料理化性能

项目	A组分	B组分
外观	浅黄或乳白色黏稠液体	棕褐色液体
羟值/(mgKOH/g)	200±30	—
动力黏度(25℃)/mPa·s	170±30	10±5
密度(20℃)/(g/mL)	0.85±0.05	1.20±0.05
保质期①/月　≥	6	12

①贮存温度 15～25℃，推荐配方 A 组分/B 组分（质量比）为 100：(38～45)。

发泡反应特性（组分温度为 20℃，实际数值视加工条件和客户要求而变化）

项目	手工发泡	机械发泡
乳白时间/s	10～15	8～12
不黏时间/s	50～70	40～60
模具温度/℃	35～55	35～55
脱模时间/min	8	7～8
自由发泡密度/(kg/m³)	20～30	20～30

典型泡沫性能

项目		性能	
模塑密度/(kg/m³)		40	65
拉伸强度/kPa	≥	80	100
伸长率/%	≥	100	90
回弹性/%	≥	60	60
撕裂强度/(N/cm)	≥	1.80	2.1
75%压缩变形(70℃,22h)/%	≤	10	10
压缩 25%时硬度/N	≥	120	120
压缩 65%时硬度/N	≥	320	470
65%/25%压陷比	≥	2.6	2.6

张家港飞航实业有限公司 FH-501 和 FH-503 高回弹泡沫塑料组合料物性

项目	FH-501(中密度)		FH-503(低密度)	
	A组分	B组分	A组分	B组分
外观	浅黄色	浅褐色至深褐色	浅黄色	浅褐色至深褐色
黏度(25℃)/mPa·s	1400～1800	30～300	1400～1800	30～300
相对密度(20℃/4℃)	1.020～1.065	1.180～1.230	1.020～1.085	1.180～1.230

高回弹泡沫塑料物性

项目	牌号	FH-501	FH-503
模塑参数	料温/℃	22±2	22±2
	A/B料质量比	100/(35～40)	100/(42～47)
	模具温度/℃	48～60	50～65
	脱模时间/min	5	5
典型泡沫性能	密度/(kg/m³)	≥55	38～43
	回弹性/%	≥52	≥55
	伸长率/%	≥95	≥100
	拉伸强度/kPa	≥120	≥110
	撕裂强度/(N/cm)	≥2.5	≥2.5
	压陷25%硬度/N	≥145	≥90
	压陷65%硬度/N	≥400	≥230
	65%/25%压陷系数	2.7	2.5

烟台长河聚氨酯有限公司聚氨酯高回弹泡沫组合料成型后密度比一般高回弹泡沫低，适用于制作较低密度的高回弹汽车坐垫。

组合料物性指标

项目	多元醇	异氰酸酯	项目	多元醇	异氰酸酯
外观	浅黄色乳液	深棕色液体	黏度(25℃)/mPa·s	150±50	5～15
密度(25℃)/(g/cm³)	1.05±0.05	1.22±0.05	保质期/月	3	6

发泡参数及泡沫制品性能指标

参数及物性	项目		指标
模塑参数	料温/℃		20～22
	A/B料质量比		100/40
	模具温度/℃		45～55
	脱模时间/min		约5
泡沫制品物性	模塑密度/(kg/m³)		40～50
	拉伸强度/kPa	≥	100
	伸长率/%	≥	80
	回弹性/%		40～50
	撕裂强度/(N/cm)	≥	3
	75%压缩变形(70℃ 22h)/%	≤	8
	压缩25%时硬度/N	≥	80
	压缩65%时硬度/N	≥	150
	65%/25%压陷比	≥	1.5

【制法】 高回弹型组合聚醚（A组分）采用全水发泡技术，由高活性聚醚多元醇以及接枝聚醚多元醇、交联剂、发泡剂、复合催化剂等组成。该产品同多异氰酸酯（B组分）反应，采用冷模塑工艺制成高回弹冷熟化聚氨酯泡沫塑料。

工艺流程：在取料前将料桶内原料混合均匀。组合聚醚与多异氰酸酯两组分高速混合，注入稍加预热的已涂脱模剂的模具，合模熟化，几分钟后开模，取出制品。

【用途】 高回弹泡沫组合料是生产高回弹泡沫塑料的原料，应用于软质、半硬质泡沫塑料坐垫、靠背、床垫、头枕等的制造，泡沫制品广泛用于飞机、火车、船舶和汽车座椅、家具沙发等。

【安全性】 低毒。操作时佩戴劳动防护用品，避免皮肤、眼睛与物料接触，当皮肤被沾污后，应用肥皂和大量清水洗掉；假如触及眼睛时，则应用低压流动清水冲洗。异氰酸酯组分有一定的刺激性气味和反应活泼性，严禁与皮肤接触。用清洁、干燥的镀锌铁桶包装，组合聚醚（A组分）净重200kg，异氰酸酯（B组分）的每桶净重250kg。桶盖盖紧，在阴凉、干燥、通风处贮存。库房内温度5～25℃，并设有消防设施。包装桶防雨、防晒，为防止桶破损漏料，运输中应轻搬轻放。

【生产单位】 南京金陵石化德赛化工技术有限公司，张家港飞航实业有限公司，山东东大化学工业集团聚氨酯厂等。

BI012 鞋底用聚醚型聚氨酯原液

【英文名】 microcellular polyurethane elastomer based on polyether

【别名】 聚醚型聚氨酯微孔弹性体

【组成】 一般为双组分体系，其中A组分由聚醚多元醇、催化剂、发泡剂、匀泡剂、扩链剂等在混合釜中混合均匀制得，B组分为改性异氰酸酯或液化MDI。

【性质】 聚醚型的耐水解、耐霉菌、耐挠曲、耐低温性能好一些。对加工来说聚醚型的组分为液体，组分的掺合性能好，加工操作方便。

【制法】 1. 鞋底原液制备工艺

采用半预聚体法合成的聚醚型聚氨酯微孔弹性体的原料分为A、B组分。A组分系多元醇、扩链剂、发泡剂、催化剂、表面活性剂等组分混合而成的组合料。B组分为异氰酸酯半预聚体。聚醚多元醇在120℃左右的条件下，真空脱水1h，密封保存以备用。

（1）A组分（多元醇组分）将脱水聚醚多元醇、扩链剂、表面活性剂、催化剂等按一定比例加入反应器中，升温至60～70℃，充分混合1～2h，混合均匀后，再冷却至35～40℃出料，密封保存。

（2）B组分（异氰酸酯半预聚体）将计量的异氰酸酯与脱水聚醚多元醇及改性剂在氮气保护下加入反应器中，在80℃左右反应2～3h，真空脱除气泡，自然降温、出料，分析游离的NCO含量，密封保存。

2. 试片制备

将A、B两组分按比例充分混合后，迅速注入表面涂有脱模剂的预热模具中，放入温度为50℃的烘箱中，熟化5～10min后，脱模得制品。并在48h后测试各项物性。在实验室，采用尺寸为285mm×120mm×6mm的钢制模具模塑成型。A料温度维持在30～35℃，B料温度维持在40～45℃，模具温度控制在50℃左右。

中科院山西煤炭化学研究所与天津第三石油化工厂合作采用新型双金属催化体系开发出了高品质聚醚多元醇，并以低不饱和度聚醚为基础制备量半预聚体，合成了可用于鞋底材料的聚醚型聚氨酯微孔弹性体材料。在性能上完全满足制鞋工业行业标准并达到国际先进水平，这一技术填补了国内空白。

| 【质量标准】

聚醚型聚氨酯微孔弹性体性能指标

性能	聚醚-Ⅰ	聚醚-Ⅱ	国外	行业标准
成型密度/(g/cm³)	0.58	0.59	0.55	0.50~0.60
邵尔硬度(A)	65	63	62	45~75
拉伸强度/MPa	4.28	3.93	3.73	2.44
拉断伸长率/%	352	418	320	≥350
撕裂强度/(kN/m)	22.68	20.49	18.37	≥17.5
乳白时间/s	9	9	8~10	8~10
升起时间/s	35	35	30~45	40~60
可触摸时间/s	55	50	40~60	60~80
自由发密度/(g/cm³)	0.28	0.28	0.25~0.30	0.25~0.30
模具温度/℃	50~55	50~55	50~55	50~55
尺寸稳定性/%	0.2	0.2	<1	<1

低温及屈挠性能

编号	聚醚-Ⅰ	聚醚-Ⅱ	聚酯
脆化温度/℃	−55~60	−55~60	−33~37
屈挠性能/万次	53	52	28

【安全性】 所用原料低毒，制成原液低毒。铁桶包装，每个包装15kg，在室温下可稳定贮存6个月。

【生产单位】 中科院山西煤炭化学研究所等。

BI013 木糖醇聚醚

【英文名】 polyether pentol

【别名】 聚醚五醇；聚氧化丙烯五醇；505聚醚

【结构式】

$$CH_2 \underset{m}{\underbrace{(OC_2H_5)}} OH—CH \underset{n}{\underbrace{(OC_3H_6)}} OH$$
$$CH \underset{o}{\underbrace{(OC_3H_6)}} OH$$
$$CH_2 \underset{q}{\underbrace{(OC_3H_6)}} OH—CH \underset{p}{\underbrace{(OC_3H_6)}} OH$$

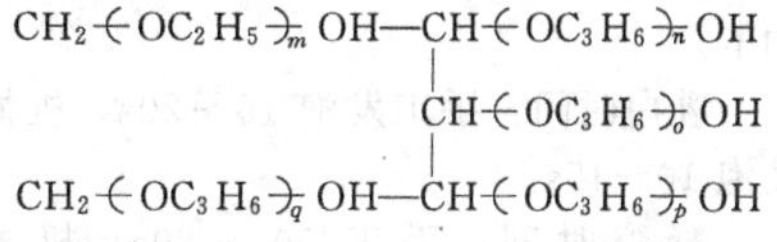

式中，m，n，o，p，q为聚合度。

【性质】 本品为清澈透明或淡黄色的液体，具吸湿性，标称官能度为5，标称分子量550。五羟基聚木糖醇-氧化丙烯主要用作硬泡的基础原料，其特点是制得的硬质泡沫塑料耐高温（150℃）性好，尺寸稳定性好。

【制法】 以木糖醇为起始剂，环氧丙烷为主要原料，在氢氧化钾催化剂存在下反应得粗聚醚，经活性白土脱色，草酸中和，过滤，减压蒸馏得成品。由于木糖醇吸水性强，在合成聚醚前必须进一步减压脱水，否则将严重影响聚醚质量。由100份环氧丙烷、40~42份木糖醇在0.5份氢氧化钾催化下，于100~110℃下进行聚合反应。由于五官能度聚醚的黏度大，实际生产中，一般把五官能度起始剂与低官能度起始剂混合，制备官能度在3~5的聚醚多元醇。

【质量标准】 羟值(500±20)mgKOH/g，平均分子量550±50，酸值低于0.15mgKOH/g，水分低于0.1%的木糖醇聚氧化丙烯五醇。

【用途】 用于制备硬质聚醚型聚氨酯泡沫塑料。

【安全性】 微毒。镀锌铁桶包装，在阴凉、干燥、通风处存放。

【生产单位】 高桥石化公司化工三厂，天津石油化工三厂，锦西化工集团公司，金陵石化公司化工二厂，山东东大聚合物有限公司，顺德容威合成材料有限公司等。

BI014 低密度包装泡沫用组合聚醚

【英文名】 compounded polyol for packaging low density foam

【组成】 低密度包装组合料是一种半硬质聚氨酯泡沫塑料，由组合聚醚组分与多异氰酸酯组分组成。

【性质】 山东东大聚合物有限公司 DBZ-502 低密度包装组合聚醚是淡黄色透明液体，黏度（25℃）（400±10）mPa·s，密度（20℃）（1.05±0.05）g/cm³。

【制法】 反应特性（组分温度为 20℃±1℃）如下。

乳白时间/s	≤15(可调)
脱黏时间/s	25～35(可调)
升起时间/s	15～25(可调)
发泡倍数/倍	140～160

【质量标准】 烟台万华聚氨酯配料中心 BZ-1、BZ-2 双组分包装用聚氨酯发泡原液物性指标如下。

性能指标		BZ-1	BZ-2
原液特性	化合效率/%	90 以上	90 以上
	膨胀倍率	80～110	25～45
自由发泡参数(可调)	乳白时间/s	8～10	12～15
	起发时间/s	12～20	15～20
	脱黏时间/s	25～50	50～80
泡沫物性	自由发泡密度/(kg/m³)	8～14(可调)	20～40
	模具发泡密度/(kg/m³)	12～18(可调)	26～50
	压缩 5%后复原率/%	90	90
	泡沫外观	淡黄色	淡黄色

【用途】 本产品主要用于精密仪器、仪表、医疗设备、光学仪器、工艺品、易碎品、玻璃器皿等产品的现场发泡包装。

【安全性】 微毒。如接触皮肤，可用自来水冲洗。镀锌铁桶包装，净重 200kg，密封贮存于室温干燥处，贮存温度≤25℃，贮存期 6 个月。

【生产单位】 山东东大聚合物有限公司，江苏省化工研究所有限公司，廊坊配料中心，烟台万华聚氨酯配料中心，福州翔荣聚氨酯制品有限公司等。

BI015 半硬泡型组合聚醚

【英文名】 combined polyol for semi rigid polyurethane foam

【组成】 半硬泡型组合聚醚（DBY504）是以高活性、高分子量聚醚多元醇及各种催化剂、发泡剂等为原料的混合物。

【性质】 组合聚醚物性如下。

外观	浅黄色透明液体
黏度(25℃)/mPa·s	180±30
羟值/(mgKOH/g)	200±30
密度(20℃)/(g/cm³)	1.05±0.05

【制法】 推荐配方：DBY-504 100 份；有机异氰酸酯 50～60 份。

反应工艺条件（组分温度为 20℃）如下。

乳白时间：手工发泡 15～20s，机械发泡 10～15s。

凝胶时间：手工 50～80s，机械 40～70s。

脱黏时间：手工 80～120s，机械 70～100s。

质量标准实际数值视加工条件和客户要求而变化。

自由发泡密度：手工发泡（70±10）kg/m^3，机械发泡（70±10）kg/m^3。

模塑密度：（150±15）kg/m^3。

压缩负荷值：25%变形＞70kPa，50%变形＞100kPa。

压缩永久变形（RH50%，70℃，22h）：≤15%。

【安全性】 微碱性，微毒。使用本品应遵守一般的工业卫生标准，需穿戴好劳动保护用品，避免皮肤、眼睛与物料接触，皮肤被沾污以后，应用肥皂和大量清水冲洗掉；假如触及眼睛时，则应用低压流动清水冲洗。若不适感持续不退，应请医生治疗。

镀锌铁桶包装，净重200kg，密封贮存于室温干燥处。贮存温度15～25℃下，保质期6个月。

【生产单位】 山东东大聚合物有限公司。

BI016 自结皮聚氨酯泡沫塑料

【英文名】 integral skin polyurethane foams，autocrusting polyurethane foams

【别名】 整皮聚氨酯泡沫塑料

【性质】 这种聚氨酯泡沫塑料具有光滑的致密表皮，一次模塑成型，可以根据不同模具生产出花色多样的自结皮制品。

整皮聚氨酯泡沫塑料有硬质和软质泡沫之分。整皮硬泡性能极像木材，密度在0.4～0.7kg/m^3之间，拉伸强度约18MPa，弹性模量1.1GPa，热变形温度在70℃以上，有高级合成木材之称。自结皮软质泡沫质地柔软，由于有皮层存在，其密度大于100kg/m^3，其拉伸强度达300kPa，断裂伸长率为250%，压缩到40%时的压缩强度在10MPa左右，并且自结皮制品无须表材，具有款式新颖、手感好、耐冲击、表皮耐磨等特点。

【制法】 自结皮泡沫工艺是聚氨酯成型加工新工艺之一。它是将物料一步灌注入模具，使低密度泡沫芯与高密度的光滑坚硬表皮同时形成的工艺，已广泛用于软泡、半硬泡和硬泡制品的制造。

典型的整皮模塑聚氨酯泡沫塑料制品制法包括模具准备、注模、预热、制品脱模、后固化、制品清洗、涂漆等步骤。而要获得具有表皮强韧和外观优良的模塑制品，必须选择适宜的配方和模塑条件。该工艺必须使制品表面保持光滑而没有气孔，传统的工艺是采用低沸点氯氟烃作发泡剂，并添加芳香族二胺、短链二元醇或其他低分子交联剂，以改善产品强度。同时要严格控制模温，采用高导热的铝合金模具，并在热模表面采取骤冷措施，将表面的反应热迅速移去，阻止在表面层发泡，以便得到高质量的自结皮聚氨酯泡沫制品。CFC替代工艺可采用其他发泡剂。有的公司已采用特殊的催化体系，用全水发泡工艺生产整皮泡沫制品。

整皮模塑与常规模塑工艺相比，具有生产周期短、产量高、工序少、设备较简单、投资费用低、劳动生产率高、产品质量好等优点。但原料费用略高。

【用途】 软质、半硬质整皮泡沫塑料的主要用途是作车辆中的冲击吸收材料（如方向盘、仪表板、扶手、头枕、自行车鞍座）和制鞋业作鞋底。硬质整皮泡沫塑料可作建筑结构材料、电气设备、框架、办公用具外壳、体育用品、卫生设施、家具等。

塑料制品基本无毒性。

【生产单位】 天津聚氨酯塑料制品厂，北京华都聚氨酯制品有限公司，黎明化工研究院，江苏省化工研究所有限公司，金陵石化德赛化工技术有限公司，张家港市飞航化工有限公司，大连聚氨酯泡沫塑料厂，广州市番禺华创聚氨酯有限公司，南通兴宏塑胶制品有限公司等。

BI017 820清洗剂

【英文名】 mold detergent for polyurelhane

【别名】 聚氨酯用模具清洗

【化学名】 复合有机溶剂（包括烃类、酮类等）。

【组成】 由表面活性剂、聚合物、整合剂、无机盐及水等组成。

【性质】 无色透明的低黏度液体，有一定的挥发性，可燃而非易燃物，对聚氨酯类材料有强烈的溶涨、软化能力。

【生产配方】

组分	ω/%
表面活性剂	26～38
整合剂	15～30
聚合物	4～6
水	25～36
无机盐	3～6

【应用特点】 使用时以脱脂棉或棉织物沾吸本清洗剂擦拭被处理面，若遇块、屑一时不易擦净时，可用本清洗剂浸泡后清洗。

【生产工艺路线】 按配方把各种组分按比例配制而成。

【质量标准】

企业标准（黎明化工研究院）

指标名称	指标
外观	无色透明液体
密度(25℃)/(g/cm³)	1.02±0.03
pH值	6.5～7.0
折光率(25℃)	1.4770±0.0005
闪点(开杯)/℃	55

【主要用途】 专用于聚氨酯模塑制品生产的模具清洗，对各种聚氨酯软质泡沫、硬泡、浇注弹性体、热塑弹性体、橡塑体及固化的胶黏剂、涂料都有强烈的溶涨、软化作用，对洗去模具内残余的脱模剂效果也极好，能保护模具，易于清理。对有花纹的模具也有良好的清洗性，可提高制品外观质量。

【安全性】 对油脂、污垢，锈斑有很好的清洗能力，其脱脂、去污净洗能力超强。溶解完全，易漂洗；并且在清洗的同时能有效地保护被清洗材料表面不受侵蚀。

【包装、贮运及安全】 镀锌铁桶包装，每桶200kg，50kg、20kg。贮存于通风、阴凉处，防止高温、火烤。

【生产单位】 黎明化工研究院。

BI018 硬质RIM聚氨酯组合料

【英文名】 rigid RIM polyurethane system

【组成】 A组分由多元醇、扩链剂、交联剂、催化剂及发泡剂等组成。B组分为氨基甲酸酯改性MDI系多异氰酸酯。

【性质】

烟台长河聚氨酯有限公司YFND-1组合料物性

项目	A组分	B组分
外观	黑色黏稠液体	棕褐色液体
黏度(25℃)/Pa·s	2.5±0.5	0.20±0.05
密度(25℃)/(g/cm³)	1.1±0.1	1.2±0.1
NCO质量分数/%	无	28±1

制品物性

项目	指标	项目	指标
密度/(g/cm³)	1.0～1.2	邵尔硬度(A)	95±3
拉伸强度/MPa ≥	20	撕裂强度/(N/mm) ≥	80
弯曲模量/MPa	700±50		

【制法】 使用时物料温度控制如下。

A 组分 40～50℃，B 组分 20～28℃，模具温度 50～60℃。A∶B 料使用比例＝100∶（105～100）使用前要将 A、B 组分搅匀。

【用途】 本产品可用反应注射成型技术制备汽车挡泥板，制品性能优良，适应性强，成型工艺简单、加工方便。A 组分每桶净重 200kg，B 组分每桶净重 250kg。在运输和贮存过程中，要注意防潮、防晒并注意密封。A、B 组分的贮存期均为 6 个月，超过 6 个月，需重新检验后方可使用。

【生产单位】 烟台长河聚氨酯有限公司，黎明化工研究院等。

BI019 HR 泡沫

【英文名】 high resilience polyurethane foams

【别名】 高回弹聚氨酯泡沫塑料；冷模塑泡沫

【结构式】 高回弹泡沫塑料由较高分子量（M＝5000～6000）的端氧化乙烯基聚醚三醇与 TDI/PAPI 混合异氰酸酯为主的原料制得，是一类中等交联度的热固性聚合物。

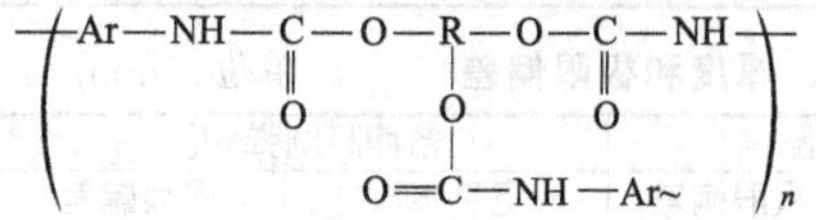

式中，Ar 为

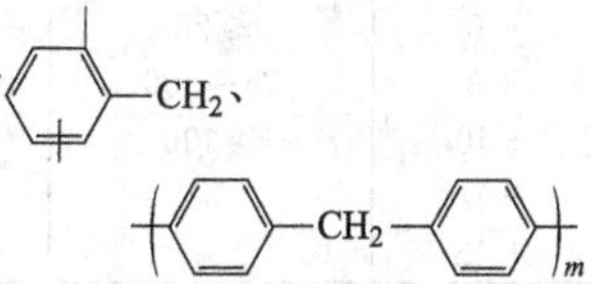

R 为

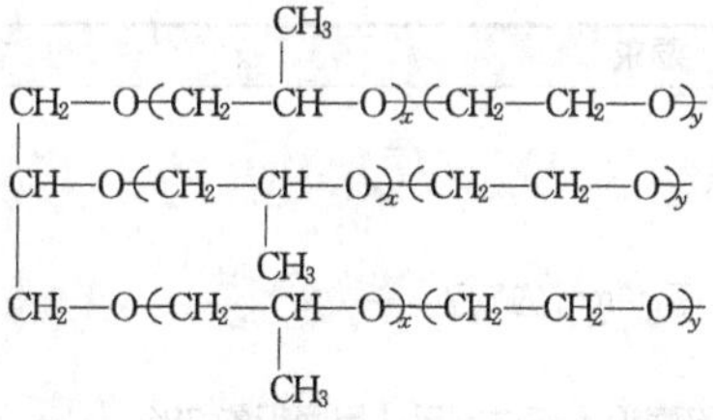

（x、y、m、n 为聚合度）。

【性质】 高回弹泡沫塑料属于特殊的软质聚氨酯泡沫塑料，以高回弹性为性能特征，它具有优良的力学性能（高回弹性、低滞后损失）；较高的压缩负荷比值，故有优良的乘坐舒适性；优良的耐疲劳性能；类似乳胶表面的手感；良好的透气性及阻燃性能。通常它比普通软质聚氨酯泡沫塑料密度大、回弹大、负载能力强。

高回弹泡沫塑料的主要物性见“质量标准”即高回弹组合料产品内容。

浙江德丰聚氨酯公司冷熟化高回弹组合料泡沫制品主要指标：密度范围 30～80kg/m^3，落球回弹率≥50%，拉伸强度≥100kPa，伸长率≥80%。

【制法】 高回弹泡沫塑料有两种制造工艺：冷模塑工艺和块状发泡工艺。

冷熟化制法能量消耗低，在熟化阶段所需的能量仅为常规熟化的 1/10。

传统的冷熟化工艺一般采用高活性高分子量聚醚多元醇（或部分甚至全部采用乙烯基聚合物接枝聚醚多元醇即聚合物多元醇）及交联剂、催化剂、发泡剂、匀泡剂等助剂与多异氰酸酯反应而成。高活性聚醚多元醇是端基伯羟基含量为 60%～85%的聚氧化丙烯-氧化乙烯共聚醚多元醇，聚合物多元醇是以丙烯腈或苯乙烯或两者混合接枝于聚醚上，可增加分子链节的刚性，从而提高制品的回弹性和压缩负荷性能。交联剂通常使用三乙醇胺、二乙醇胺、芳族二胺等。高回弹泡沫塑料所用的多异氰酸酯传统的有纯 TDI（TDI-80）和 TDI/PAPI（即粗 MDI）混合物两类，前者采用水发泡制得的密度较低，后者随着 PAPI 相对用量的增加密度和硬度增加。目前已发展了一种不用 TDI 的“全 MDI”高回弹泡沫塑料制法。

冷熟化工艺过程包括：组合聚醚与多异氰酸酯两组分高速混合，注入稍加预热的已涂脱模剂的模具、合模熟化、几分钟后开模、取出制品。

新的块状发泡工艺改变了传统的高回

弹必须采用模具成型的生产模式，采用箱体发泡设备，进行大块泡高回弹泡沫发泡，该项新技术可以节能，降低生产成本，适于大批量生产高回弹泡沫，国内通用箱发泡设备基本上能满足高回弹块泡的生产要求，操作简单，发泡稳定。浙江德丰聚氨酯公司生产高回弹块泡组合料，工艺过程为：组合料的 A、B、C 三个组分高速混合、浇铸到发泡箱中发泡、熟化，熟化后切割成所需形状的制品。

【质量标准】 中国轻工总会制定的中华人民共和国行业标准 QB/T 2080—95《高回弹软质聚氨酯泡沫塑料》对高回弹泡沫塑料的物理性能和尺寸偏差、外观提出了如下要求。

高回弹软质泡沫塑料的物理性能指标

型号		HR-Ⅰ	HR-Ⅱ
密度/(kg/m³)		40～65	≥65
拉伸强度/kPa	≥	80	100
断裂伸长率/%	≥	100	90
落球回弹率/%	≥	60	55
撕裂强度/(N/cm)	≥	1.75	2.50
干热(140℃,17h)老化后拉伸强度最大变化率/%		±30	±30
湿热(105℃,100%RH-3h)老化后拉伸强度最大变化率/%		±30	±30
压陷 25%的硬度/N	≥	120	180
压陷 65%的硬度/N	≥	315	468
75%压缩永久变形(70℃,22h)/%	≤	10	10
65%/25%压陷比	≥	2.6	2.6
主要用途		家具、床垫、坐垫、靠垫	摩托车坐垫

高回弹制品长度、宽度、厚度和极限偏差 单位：mm

块状 HR 泡沫		模塑 HR 制品		各种高回弹制品	
长宽基本尺寸	极限偏差	长宽基本尺寸	极限偏差	厚宽基本尺寸	极限偏差
≤1000	+5	≤600	+6	≤25	+3
250～500	+10	600～800	+8	25～100	+4
500～1000	+20	800～1000	+10	>100	+5
>1000	+30	1000～1200	+12		
		>1200	+15		

外观指标

项目	要求
色泽	基本均匀一致
气味	不允许有刺激皮肤、令人厌恶的气味
硬皮	不允许有影响装饰后外观的硬皮
气孔	不允许有尺寸大于 6mm 对穿孔和大于 10mm 的气孔
裂缝	不允许有裂缝
凹陷	不允许有深度大于 2mm 的凹陷，凹陷面积不超过制品使用面积的 7%
污染	不允许有明显污染

【用途】 广泛用作汽车、火车、飞机的座椅芯，也用作家具沙发垫芯、床垫及高档包装材料等。

【安全性】 本品基本无毒。本产品用塑料桶包装，外包装瓦楞纸箱包装，内附产品合格证，每桶净含量 10kg 或 25kg。按非危险品运输，运输温度保持 10℃ 以上，避免日晒、雨淋。贮存在干燥、通风仓库内，室温保持在 10℃以上。

【生产单位】 （含高回弹组合料及制品）江苏省化工研究所有限公司，江苏省启东市超锐特种海绵厂，上海三花泡沫塑料有限公司，南京金陵石化德赛化工技术有限公司，南京金叶聚氨酯有限公司，浙江德丰聚氨酯公司，张家港飞航实业有限公司，广州市番禺华创聚氨酯有限公司，山东省蓬莱市祥和化工厂，天津易伦聚氨酯科技有限公司，广州市豪华汽车坐垫厂，山东东大化学工业集团聚氨酯厂等。

BI020 YB-718X 半硬泡组合料

【英文名】 compounded polyether YB-718X for semi rigid foams

【性质】 组合料中的组合聚醚为浅琥珀色的黏稠液体，混合物，呈微碱性。

组合料物性

项目	指标
外观	灰色黏稠状液体
黏度(25℃)/mPa·s	900～1500
羟值/(mgKOH/g)	61±2
水分/%	1.5～2.5

【制法】 将由上述半硬泡组合聚醚与多异氰酸酯 PAPI 组成双组分发泡体系，计量后高速搅拌混合，浇铸到模具或需填充的腔体，固化后即得泡沫塑料。

建议工艺参数如下。

A：B 料质量比	100：(40～60)
乳白时间/s	9～10
料温/℃	20～25
上升时间/s	8～25
模温/℃	45±2
脱模时间/s	240～360
机械混合时间/s	9

【质量标准】 泡沫总密度为 60～90kg/m³；粘接强度＞1.4MPa。

【用途】 该组合料可用于汽车仪表板、扶手等。江阴友邦化工有限公司 YB-718 系列半硬泡组合料特点及用途如下。

型号	特点	应用范围
YB-7180	系半硬泡聚氨酯填充组合料，特色是流动性好，与表皮粘接力强，无隐泡	适用于汽车仪表板填充料，如一汽红旗
YB-7181	系半硬泡 PU 填充组合料，特色是发泡平稳，硬度高，成品率高	适用于一般性汽车仪表板等填充料

【安全性】 微碱性，低毒，如溅在皮肤上应用水冲洗。

聚醚（A 料），200kg 绿色镀锌桶包装；异氰酸酯（B 料），200kg 红色镀锌桶包装。常温阴凉处密封贮存，避免阳光直射，慎防杂质、水分渗入。

【生产单位】 江阴友邦化工有限公司。

BI021 整皮泡沫组合料

【英文名】 integral skin polyurethane systems, auto-crusting polyurethane systems

【别名】 自结皮聚氨酯组合料

【组成】 自结皮型组合聚醚（A 组分）是由高活性聚醚多元醇（以及接枝聚醚多元醇）、泡沫稳定剂、交联剂、发泡剂、复合催化剂、色膏等助剂组成。异氰酸酯组分一般采用改性 MDI、TDI、PAPI 等。

【性质】 组合料由组合聚醚与有机多异氰酸酯（B 组分）组成，它们反应生成整皮（自结皮）半硬质及软质聚氨酯泡沫塑料制品。这类泡沫塑料自身具有光滑的致密表皮，可以一次成型，不需另外粘接或包覆表皮。其坚硬的皮层可提供足够的物理强度，其优良的耐刺扎性可保护内部泡沫不受损害；而松散有弹性的内芯使总密度下降，可节省费用，降低成本；该表皮有优异“复制”性，可根据不同模具生产出花色多样的各类自结皮泡沫塑料。

山东东大化学工业集团公司聚氨酯厂自结皮型组合聚醚 DIS-108 性能

项目			A 组分 DIS-108	B 组分
组合聚醚性能	外观		淡黄色黏稠液体	深褐色液体
	羟值/(mgKOH/g)		150±50	NCO(28±1)%
	黏度(25℃)/mPa·s		200±50	100±50
	密度(20℃)/(g/cm³)		0.85±0.05	1.20±0.05
	贮存期(15～25℃)/月		≥6	>12
发泡工艺性能（料温 20℃，模温 30～60℃）	发泡配方/份		100	38～41
	发泡方式		手工混合	机械混合
	乳化时间/s		15～20	8～12
	凝胶时间/s		50～60	40～45
	脱黏时间/s		70～75	60～70
	脱模时间/min		6～9	5～7
泡沫性能	泡沫密度/(kg/m³)		600～900	
	外表皮厚度/mm		1～4	
	撕裂强度/(N/mm)	≥	8.0	
	伸长率/%	>	150	
	邵尔硬度(A)		60～85	
	芯泡沫密度/(kg/m³)		150～300	
	拉伸强度/MPa	>	0.6	
	断裂伸长率/%	>	120	
	撕裂蔓延强度/(N/mm)	>	1.5	

【制法】 例如，黎明化工研究院的一种自结皮组合聚醚是以活性聚醚为主要原料，加入色膏，经脱水工序后，再加入交联剂和扩链剂混合均匀，过滤得成品。异氰酸酯以纯的 MDI 为原料，加热后加催化剂，使 MDI 液化，再经后处理、过滤得成品。

【用途】 系生产自结皮泡沫的原料，制品无需外贴塑料表皮，一次模塑成型，广泛应用于制造汽车方向盘、扶手、自行车鞍座、摩托车坐垫、家具、办公和体育用品等，制品性能按用户要求可调。

【安全性】 组合聚醚低毒；异氰酸酯为液化 MDI，蒸气压较低，含能与皮肤、黏膜中的水分和组织反应，操作时宜佩戴防护用品。一旦接触料液，立即用清水充分清洗。

干净的镀锌铁桶包装，A 组分每桶净重 200kg，B 组分每桶净重 250kg。产品包装桶贮存于通风、阴凉、干燥的库房中，库内温度 5～25℃，并设有消防设施。为防止桶破损漏料，运输中应轻搬轻放，防雨、防晒。包装桶取料后立即扭紧桶盖。

【生产单位】 张家港飞航实业有限公司，山东东大化学工业集团公司聚氨酯厂，黎明化工研究院，金陵石化德赛化工技术有限公司，浙江省兰溪市开心保温材料厂等。

BI022 50%CFC-11 硬泡聚醚

【英文名】 poiyurethane foalTl polyether poiyol with reduced by 50% blowing agent CFC-11

【化学名】 聚氧化烯烃芳胺醚

【别名】 低氟聚醚；减少 50%CTC-11 发泡剂的聚氨酯泡沫用聚醚

【结构式】

$$R\left[\,\leftarrow OCH_2\overset{R'}{\overset{|}{C}}H\rightarrow_m OH\,\right]_n$$

其中：R 为芳烃烷基；R′为 H 或—CH_3。

【性质】 棕红色透明油状液体。无腐蚀作用，无难闻气味。能溶于水、乙醇、甲醇、氯仿、二氯甲烷等。属于非易燃易爆、低毒品。

【质量标准】

企业标准（黎明化工研究院）

指标名称	指标
外观	棕红色透明油状液
羟值/(mgKOH/g)	270±30
pH(5%水溶液)	8～11
黏度(20℃)/mPa·s	≤4000
水分/%	≤0.2

【用途】 主要用于减少 CFC-11 50%的聚氨酯泡沫体系。本品官能度高、黏度低、与配方中的其他组分相溶性好，并且具有自催化性能，使用效果明显优于普通型的聚氨酯硬泡聚醚。在减少 CFC-11 发泡剂 50%的情况下，其工艺性能和制品的物理性能仍能符合使用要求。此外，本品还可用于包装泡沫、喷涂泡沫、半硬泡沫、弹性体等配方体系。

【制法】 将合成的起始剂和催化剂（KOH 或 NaOH）一起加入带有搅拌和加热冷却装置的压力反应釜中，并用氮气置换釜中的空气。在搅拌下加热釜内物料，升温到聚合反应温度，开始逐步滴加计量的氧化烯烃。滴加反应完毕，抽真空除去少量未反应的氧化烯烃单体，再加入计量的酸和酸性白土，进行中和、脱色。然后再进行脱水、过滤，即得到产品。

【安全性】 微毒。如接触皮肤，可用自来水冲洗。镀锌铁桶包装，每桶净重 200kg，密封贮运。应注意防水，避免和氧化剂一起贮运。按非危险品运输。

【生产单位】 黎明化工研究院，金陵石化公司化工二厂，锦西石油化 212 总厂，沈阳石油化工厂等。

BI023 空气滤清器聚氨酯组合料

【英文名】 polyurethane system for air-filters

【组成】 A 组分由聚醚多元醇、催化剂、扩链剂、表面活性剂、发泡剂及色浆等多种原料组成；B 组分为改性 MDI。

【性质】

聚氨酯组合料 HT-LX-616 物理性质

A 组分原液	
项目	指标
羟值/(mgKOH/g)	105±15
黏度(25℃)/mPa·s	400±100
密度(25℃)/(g/cm³)	1.15±0.05
B 组分原液	
项目	指标
NCO 质量分数/%	28±1
黏度(25℃)/mPa·s	200±50
密度(25℃)/(g/cm³)	1.22±0.05

注：质量比为 A：B=100：（30～40）。

聚氨酯微孔泡沫制品性能

项目	指标
密度/(kg/m³)	180～380
邵尔硬度(A)	20～60
耐温/℃	-40～140
拉伸强度/MPa ＞	0.9
40%压缩变形/% ＜	2
断裂伸长率/%	130～170

工艺参数（反应时间，实验室试验数据，料温 25℃）：乳化时间 30～40s，凝

胶时间 60～90s，上升停止时间 120～140s。

【用途】 该双组分聚氨酯微孔泡沫原液用于生产汽车空气滤清器封边材料。

【安全性】 低毒，按普通聚氨酯组合料方式采取劳动防护。固化后无毒。

镀锌铁桶包装，A 组分 200kg/桶，B 组分 240kg/桶。贮存期限 6 个月。按一般化学品贮运。

【生产单位】 河北省衡水华泰聚氨酯制造有限公司。

BI024 二甲氨基乙基醚

【英文名】 bismethylaminoethylether; bis[*N*,*N*-(dimethylamino) ethyl] ether

【化学名】 双（2-二甲氨基乙基）醚

【性质】 本品为无色透明液体，有刺激性胺臭，呈碱性，易溶于水和其他有机溶剂。常温下性能稳定，但长久光照易变黄色。高温下（>300℃）其蒸气遇空气能自燃。在−80℃以下形成玻璃状物。分子量 160.26，密度（20℃）为 0.9022g/cm^3，黏度（20℃）为 4.1mPa·s，折射率（25℃）为 1.4346，沸点为 185℃。

【产品质量标准】

企业标准 Q/XLM022-92
（黎明化工研究院）

指标名称	指标	测定方法
外观	无色或浅黄色透明液体	
总胺含量/%（质量）	67.5±0.7	GB 9010
折射率(25℃)	1.4345±0.0005	GB6488
密度(20℃)/(g/cm^3)	0.9045±0.0035	GB 4472

【用途及用法】 本品为重要的聚氨酯泡沫催化剂，与其他催化剂相比，具有活性高、气味小、使用方便、产品质量稳定等优点。常用的方法是将 70 份的二甲氨基乙基醚与 30 份的一缩二丙二醇配制成一种均匀、稳定、符合一定质量标准的配合剂，用于配制复合催化剂、聚氨酯组合料和配方中（此物相当于国外的 NiaxA-1 催化剂，其国内牌号为 131-101 胺催化剂），它能提高锡催化剂的宽容度和产品质量，广泛适用于各种类型的聚氨酯泡沫塑料的发泡工艺，特别是高回弹泡沫塑料。

【制法】 （1）氯磺酸法　由过量的二甲氨基乙醇和一定量的氢氧化钠经蒸汽加热使之在回流温度下反应，同时利用苯-水共沸效应除去所生成的水，所得二甲氨基乙醇钠的醇溶液在补加一定量稀释剂和分散剂强力搅拌下滴加氯磺酸或亚硫酰氯进行醚化反应，经薄膜蒸发、减压精馏等可得到精制产品。

（2）催化脱水法　二甲氨基乙醇在 200～300℃通过催化床，可直接进行分子间脱水生成二甲氨基乙基醚。经减压精馏等工序得到精制产品。

（3）一缩二丙二醇法　一缩二丙二醇在一定温度和压力下，经催化胺化生成二甲氨基乙基醚，经减压精馏等工序即得精制产品。

【安全性】 微毒。如接触皮肤，可用自来水冲洗。

用镀锌铁皮桶包装，每桶净重 20kg、40kg、175kg。应避光保存于阴凉处，按照可燃液体贮运，若颜色变黄不影响使用性能。使用时避免与皮肤直接接触。

【生产单位】 黎明化工研究院，江苏省高邮县助剂厂。

BI025 汽车仪表板用组合聚醚

【英文名】 compounded polyol for automobile dash board

【组成】 汽车仪表板用组合聚醚是一种半硬质聚氨酯泡沫塑料体系。

【性质】 本品为淡棕色或黑色的黏性液体，混合物，呈微碱性。

密度(20℃)/(g/cm³)	1.05±0.04
黏度(25℃)/mPa·s	1000±200
pH 值	9～11

【制法】 以聚醚多元醇为主要原料，添加交联剂、催化剂等。将由上述半硬泡组合聚醚与多异氰酸酯 PAPI 组成双组分发泡体系，计量后高速搅拌混合，浇注到需填充的腔体，固化后即得泡沫塑料。

【质量标准】 符合企标 Q/HLBO 10—90。

【用途】 主要用于汽车仪表板、扶手的填充料，还可用于汽车顶篷、门衬及家具的装饰材料。

【安全性】 微碱性，微毒，如溅在皮肤上应用水冲洗。镀锌铁桶包装，净重 200kg，密封贮存于室温干燥处。

【生产单位】 黎明化工研究院。

BI026 聚氨酯用脱模剂

【英文名】 release agent for polyurethane

【性质】 本品为淡黄色透明液体和微浑液体。对模塑聚氨酯制品有良好的脱模效果，对模具无腐蚀。溶剂易挥发，毒性小，喷涂均匀。

【质量标准】

企业标准（黎明化工研究院）

指标名称	指标	
	反应注射成型聚氨酯用脱模剂	冷固化高回弹聚氨酯泡沫用脱模剂
外观	淡黄色透明液体	淡黄色微浑液体
黏度(25℃)/mPa·s	1.5～5	2～5
相对密度(d_4^{20})	0.80～1.30	0.75～1.00
水分/%(质量)	≤0.15	≤0.15

【用途及用法】 用作反应注射成型聚氨酯制品的脱模剂，其中包括自结皮半硬泡沫制品（如方向盘、杂物箱盖、家具等）、微孔弹性体制品（如汽车挡泥板、保险杠、滤清器、门窗护条等）。用作冷固化高回弹聚氨酯泡沫制品的脱模剂（如座垫、靠垫等）。也适用于仪表板、橡胶等制品。

对初次使用本脱模剂的新模具或积垢较多的模具应以合适的溶剂仔细清理，必要时应使用清模剂。然后，将脱模剂用无空气喷枪喷涂或刷涂、擦涂模具表面 2～3 次，每次应让溶剂挥发尽后，再向模具浇注物料，待制品固化后，即可从模具中取出制品。

【制法】 羟基硅油和酯类化合物在催化剂作用下进行酯交换反应，经蒸馏脱除低沸物得到一种含特殊官能团的硅油。然后，将此种硅油和其他的助剂，以一定的配比溶解、分散在合适的溶剂中，即可得到不同聚氨酯体系用的脱模剂。

【安全性】 微毒。如接触皮肤，可用自来水冲洗。本产品应装入清洁、干燥的镀锌铁桶中，容器须严格密封。每桶净重 18kg、22kg、40kg、110kg。本品按危险品运输。应贮存在干燥、阴凉、通风的库房内。严防明火、曝晒、雨淋。

【生产单位】 黎明化工研究院，航天部 42 所等。

BI027 高密度聚氨酯硬泡组合聚醚

【英文名】 premixed polyols for wood-like rigid PU foams; compounded polyol for high density rigid PU foam

【别名】 仿木材聚氨酯组合聚醚

【组成】 组合聚醚由（聚醚）多元醇、叔胺催化剂、有机硅匀泡剂等助剂混合而成，组合聚醚与多异氰酸酯（如 PAPI）组成双组分硬泡组合料。

【性质】 高密度聚氨酯硬泡组合聚醚制成的仿木材料和结构材料，有很高的刚性和力学强度，成型工艺简单，生产效率高，制品外形美观，它具有以下特点：一般具有厚表皮，不仅可模制出一定的制品外形尺寸，而且也可模制出外形逼真雕刻图案和木材纹理；外观与手感接近木材，可刨、锯、钉、钻；模具不仅可用铝、钢制作，还可以用硅橡胶、环氧树脂或其他树脂制成，造价低廉，容易加工；成型工艺简单，工效快，成品率高；密度及强度性能可调；具有优良的耐候性、耐水性、耐酸碱腐蚀等优良性能。仿木聚氨酯硬泡组合聚醚及泡沫性能如下。

性能	项目	DFM-103	H278G(含发泡剂)
组合聚醚物性	外观	棕黄色黏稠液体	
	羟值/[mgKOH/g]	350～400	
	动力黏度(25℃)/mPa·s	1000～1200	360±50
	密度(20℃)/(g/cm³)	1.09±0.01	1.27
反应特性（组分温度为 20℃）	乳白时间/s	50～60	30～40
	凝胶时间/s	140～160	130～150
	脱黏时间/s	200～220	
	自由发泡密度/(kg/m³)	90～120	140～160
泡沫性能	制品模塑密度/(kg/m³)	300～600	300
	弯曲强度/MPa	7～20	
	压缩强度/MPa	10～20	≥3
	闭孔率/% ≥		95
	拉伸强度/MPa	10～25	
	表面硬度	邵尔 D 50～80	
	收缩率/% <	0.3	
生产厂家		山东东大聚氨酯厂	南京红宝丽股份有限公司

注：H278G/异氰酸酯料比为 100/135。

【制法】 自由发泡参数：乳白时间 15～50s，固化时间 40～150s，可根据用户要求进行调整。

成型工艺条件：原液温度 20～25℃，环境温度>15℃，模具温度 35～45℃，搅拌时间>1500r/min，脱模时间5～30min。

【质量标准】 烟台长河聚氨酯有限公司 XCFM 型发泡原液技术规格如下。

项目	A组分（多元醇）	B组分（异氰酸酯）
原液黏度/mPa·s	150～300（20℃）	150～200（25℃）
原液相对密度	1.192～1.198	1.23～1.24
混合比例	100	100～105
成型温度/℃	20	20

【用途】 仿木材料和结构制件，如制备管托、家具、工艺品、装饰材料、鱼浮等。

【安全性】 本产品应遵守一般的工业卫生标准，需穿戴好劳动防护用品，避免皮肤、眼睛与物料接触，当皮肤被沾污后，应用肥皂和大量清水洗掉，假如触及眼睛时，则应用低压流动清水冲洗，若不适感持续不退，应请医生治疗。

200kg 镀锌铁桶包装，保存于阴凉通风处。贮存温度 15～25℃，保质期≥6 个月。

【生产单位】 山东东大聚合物有限公司，烟台长河聚氨酯有限公司，广东顺德容威合成材料公司，亨斯迈聚氨酯（中国）有限公司，南京红宝丽股份有限公司，浙江省兰溪市开心保温材料厂，福州翔荣聚氨酯制品有限公司等。

BI028 整皮聚氨酯组合料

【英文名】 integral skin polyurethane foam systems

【组成】 整皮聚氨酯组合料 HT-JP-618 是四组聚氨酯泡沫组合料。其 A 组则由高活性聚醚多元醇、发泡剂、催化剂、泡沫稳定剂等多种原料组成，B 组分为改性异氰酸酯，C 是发泡剂，D 是色浆。该体系分为三个子牌号。A∶C∶D 质量比 100∶(12～15)∶3。

【性质】

原料性能

A 组分原液		B 组分原液	
项目	指标	项目	指标
羟值/(mgKOH/g)	145～172	NCO 质量分数/%	26±2
黏度(25℃)/mPa·s	800±200	黏度(25℃)/mPa·s	200±50
密度(25℃)/(g/cm³)	1.05	密度(25℃)/(g/cm³)	1.22±0.05

反应特性（实验室试验数据，料温 25℃）

反应时间	HT-JP-618H	HT-JP-618S	HT-JP-618L
乳白时间/s	24～26	24～26	30～35
凝胶时间/s	40～45	40～45	60～65
上升停止时间/s	55～60	55～60	75～80
脱模时间/min	4～6	3.5～5	5～8

泡沫性能

项目	HT-JP-618H	HP-JP-618S	HT-JP-618L	测试方法
自由泡密度/(kg/m³)	120～140	120～140	100～115	DINS3420
模塑密度/(kg/m³)	500～600	300～500	200～300	DIN53420
皮层密度/(kg/m³)	900～1000	800～900	600～800	DIN53479
结皮厚度/mm	1.0～1.5	1.5～2.0	1.5～2.0	—
表面平均硬度(邵尔 A)	65～75	55～65	40～55	DIN53505
拉伸强度/MPa	3.5～6.0	1.8～2.3	1.4～1.9	DIN53571
断裂伸长率/%	70～80	70～90	55～70	DIN53504
撕裂强度/(kN/m)	3～5	1.2～1.5	0.7～0.9	DIN53504

【用途】 HD-IS-8710H 适用于硬度要求较高的制品，如货车的方向盘、车辆的保险杠等；HD-IS-8710S 适用于中硬度的制品，如座椅的扶手、轿车的方向盘等；HD-IS-8710L 适用于低密度、低硬度的制品，如体育、健身、医疗器械中的垫、靠、托及玩具等。

【安全性】 微毒。如接触皮肤，可用自来水冲洗。镀锌铁桶包装。A 组分 200kg/桶；B 组分 250kg/桶；C 组分 20kg/桶。贮存期：A 组分 6 个月；B 组分 3 个月；C 组分 6 个月。

【生产单位】 河北省衡水华泰聚氨酯制造有限公司。

BI029 季戊四醇聚氧化丙烯四醇

【英文名】 polyether tetrol

【别名】 聚醚四醇；四羟基聚醚

【结构式】

$$\begin{array}{c} CH_2(OC_3H_6)_{x_1}OH \\ | \\ HO(H_5C_3O)_{x_4}CH_2-C-CH_2(OC_3H_6)_{x_2}OH \\ | \\ CH_2(OC_3H_6)_{x_3}OH \end{array}$$

【性质】 本品为清澈透明的黏性液体。化学性质稳定，在空气中可吸潮。羟值分子量400、500和600（羟值分别为560mgKOH/g、448mgKOH/g和374mgKOH/g）的季戊四醇聚醚黏度分别约为2800Pa·s、1500Pa·s和1140mPa·s。高活性聚醚四醇TEP-3033的性能如下。

项目	指标	项目	指标
起始剂	季戊四醇	黏度(25℃)/mPa·s	900～1200
羟值/(mgKOH/g)	32.5～35.5	K^+质量分数/% ≤	3×10^{-4}
酸值/(mgKOH/g) ≤	0.05	C═C含量/(mmol/g) ≤	0.07
水分/% ≤	0.05	色度(APHA) ≤	50
pH值	5～7		

【制法】 以含四羟基多元醇季戊四醇为起始剂，氢氧化钾为催化剂，用环氧丙烷加聚，再经脱色、中和、脱水等处理，得精制的四羟基聚醚成品。制备条件与甘油聚醚基本相似。其分子量可通过季戊四醇与环氧丙烷的物质的量的比来调节。由于季戊四醇是固体结晶，与环氧丙烷互容性差，所以聚合初期的反应诱导期较甘油作起始剂的长。

【质量标准】 GB/T 16577—96“四羟基聚醚多元醇”中规定的高活性季戊四醇聚醚四醇（466H）的理化性能指标如下。

指标名称	优级品	一等品	合格品
色度号 ≤	70	150	200
羟值/(mgKOH/g)	32.5～35.5	32～36	31～37
酸值/(mgKOH/g) ≤	0.05	0.10	0.15
水分/% ≤	0.07	0.10	0.15
黏度(25℃)/mPa·s	900～1200		
钠、钾含量/$\times10^{-6}$	3	5	10
不饱和度/(mol/kg)	0.07	0.10	0.15
pH值范围	5.0～7.5		

【用途】 低分子量高羟值季戊四醇基聚醚多元醇主要应用于一般硬泡配方中，由于季戊四醇聚醚比三羟基聚醚官能度大，所以相应制得的硬泡耐热性与尺寸稳定性较好；高分子量季戊四醇基聚醚多元醇用于模塑软泡。

【安全性】 本产品用塑料桶包装，外包装瓦楞纸箱包装，内附产品合格证，每桶净含量10kg或25kg。按非危险品运输，运输温度保持10℃以上，避免日晒、雨淋。贮存在干燥、通风仓库内，室温保持在10℃以上。

【生产单位】 天津石油化工三厂，高桥石化化工三厂，南京红宝丽股份有限公司等。

BI030 SU-450L聚醚

【英文名】 sucrose polyether polyols

【别名】 蔗糖聚醚8205聚醚；4110聚醚；8305聚醚；835聚醚；8010聚醚

【性质】 本品为淡黄色至浅棕色黏稠液体。它用作硬泡的基础原料，其特点是制得的硬质泡沫塑料耐高温性好，尺寸稳定性好。

南京红宝丽股份有限公司蔗糖聚醚的典型物性

产品名称	羟值/(mgKOH/g)	水分/%	黏度(25℃)/mPa·s	密度/(g/mL)	聚醚起始剂体系及特性
H4110Ⅲ	400～460	≤0.1	4500～5500	—	二甘醇＋蔗糖
H4822	370～390	≤0.1	4100	—	蔗糖＋甘油
H8205	430	<0.2	2100	1.09	蔗糖＋丙二醇
H8305	450	<0.2	6000	1.07	蔗糖＋甘油，具有自催化作用
H9505	400	<0.2	3000	1.08	蔗糖＋有机胺，环戊烷体系
H9506	425	<0.2	10000	1.10	蔗糖＋有机胺＋季戊四醇，HCFC-141b体系
H8192	440	≤0.2	850	1.06	蔗糖＋乙二胺＋三乙醇胺，喷涂泡沫
H8175	400～420	≤0.2	5000	1.08	蔗糖＋甘油

注：密度在20℃测定。K^+含量基本上均≤10mg/kg。

天津石化三厂蔗糖聚醚技术指标

产品名称	羟值/(mgKOH/g)	K^+/(mg/kg)	黏度(25℃)/mPa·s	色度 APHA	用途
TSU-350E	330～370	≤8	1300～2000	≤G-10	硬泡/仿木材/夹心板/电冰箱
TSU-350H	330～370	≤8	1300～2000	≤G-10	硬泡/仿木材/夹心板/电冰箱
TSU-450L	440～460	≤8	6000～10000	≤G-10	硬泡/仿木材/夹心板/电冰箱
TSU-464	435～465	—	4500～8500	≤G-3	硬泡/仿木材/夹心板/电冰箱
TSE-380	370～390	≤8	500～600	≤G-10	硬泡
TSE-460	450～470	≤8	5400～6600	≤G-10	硬泡

金陵石化化工二厂的4110聚醚产品物性

产品型号	羟值	水分/%	pH值	黏度(25℃)/mPa·s	色度 APHA
ZS-4110Ⅰ	430±30	≤0.15	9～11	2500～3500	10
ZS-4110Ⅱ	430±30	≤0.15	9～11	2000～3000	10
ZS-4110Ⅲ	430±30	≤0.15	9～11	2000～3000	10
ZS-4110Ⅳ	430±30	≤0.15	9～11	3500～4500	10

【制法】 以蔗糖为起始剂，或蔗糖和二醇(或三醇)的混合物为起始剂，环氧丙烷为主要原料，在氢氧化钾催化剂存在下反应得粗聚醚，经活性白土脱色，草酸中和，过滤，减压蒸馏得成品。

以蔗糖为起始剂的聚氧化丙烯多元醇牌号如8010，以蔗糖和二甘醇或丙二醇等二醇为起始剂合成的聚醚牌号有4110、8205等，以蔗糖与甘油为混合起始剂合成的聚醚牌号有835、8305等。

【质量标准】 GB/T 15594—95“八羟基聚醚多元醇”中规定的蔗糖聚醚多元醇8010和8035的理化性能指标如下。

指标名称	8010			8305		
	优级品	一等品	合格品	优级品	一等品	合格品
色度号	≤10	—	—	≤10	—	—
羟值/(mgKOH/g)	430～450	420～470	420～500	440～460	430～480	420～500
酸值/(mgKOH/g) ≤	0.10	0.10	0.15	0.10	0.15	0.20
水分/% ≤	0.10	0.12	0.20	0.10	0.12	0.20
黏度(25℃)/mPa·s	4000～7000	7000～10000	10000～13000	3000～6000	6000～9000	9000～12000
钠、钾含量/×10⁻⁵	8	—	—	8	—	—
不饱和度/(mol/kg)	≤0.02	—	—	—	—	—
pH值范围	5.5～7.5	—	—	4.0～6.0	—	—

注：黏度可根据用户要求确定。

【用途】 用于制备硬质聚醚型聚氨酯泡沫塑料。

【安全性】 微毒。200kg 镀锌铁桶包装，在阴凉、干燥、通风处存放。

【生产单位】 高桥石化公司化工三厂，金陵石化公司化工二厂，山东东大聚合物有限公司，南京红宝丽股份集团公司，河南濮阳市区聚氨酯材料厂，抚顺佳化化工有限公司，顺德容威合成材料有限公司，烟台正大聚氨酯化工有限公司，常熟一统聚氨酯制品有限公司等。

BI031 芳香族聚酯多元醇

【英文名】 aromatic polyester polyol

【别名】 芳烃聚酯多元醇

【结构式】

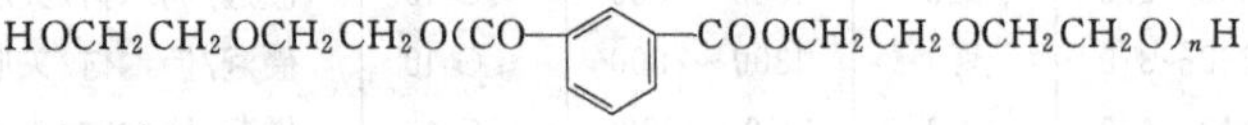

【性质】 芳香族聚酯多元醇产品有许多种，一般采用邻苯二甲酸酐（苯酐）或（及）对苯二甲酸（PTA）与一缩二乙二醇（二甘醇）等小分子二醇和少量甘油通过缩聚制得。

芳香族聚酯多元醇为淡黄色至棕红色黏性透明液体，性质稳定，略带芳香气味，无毒、无腐蚀性，与绝大多数有机物相容性好，为非易燃易爆品。

【制法】 把苯酐（或对苯二甲酸）、二元醇、甘油及微量催化剂加入反应器中，常压蒸除生成的绝大部分的副产物水后，180～220℃保温 1～2h，抽低真空，并逐步提高真空度，减压除去微量水，使反应向生成低酸值聚酯多元醇的方向进行。可持续通入氮气等惰性气体以带出水；也可以采用共沸蒸馏法，在反应体系中加入甲苯等共沸溶剂，在甲苯回流时用分水器将生成的水缓慢带出。

质量标准芳香族聚酯多元醇产品型号、质量指标如下。

型号	外观	羟值/(mgKOH/g)	酸值/(mgKOH/g)	黏度(25℃)/mPa·s	水分/%	特点
HF-191Ⅶ	棕红色黏性透明液体	430±30	≤0.10	3500±1000	≤3.50	用于喷涂硬泡
CFH-108	淡黄色透明液体	400±30	≤2.5	2700±300	≤0.15	
CFH-108-S	淡黄色透明液体	300±30	≤2.5	2700±300	≤0.15	防止收缩
CFH-108-SZ	淡黄色透明液体	350±30	≤2.5	2700±300	≤0.15	防止收缩、阻燃

续表

型号	外观	羟值/(mgKOH/g)	酸值/(mgKOH/g)	黏度(25℃)/mPa·s	水分/%	特点
JS-JZ	棕红色透明液体	370±30	≤2.0	3000±500	0.10	
176#		310	≤3.0	20000		
179#		56	≤3.0	17000	≤0.1	

注：HF-191Ⅶ为绍兴恒丰聚氨酯实业有限公司产品；CFH-108系列为常州市派瑞特化工有限公司产品；JS-JZ为江苏省化工研究所有限公司产品；176#和179#为沈阳波力克公司产品。

【用途】 芳香族聚酯多元醇可部分或在某些配方全部替代聚醚多元醇用于制备聚氨酯硬质泡沫塑料，几乎可用于各种领域的聚氨酯硬泡，如汽车顶篷聚氨酯硬泡、聚氨酯板材、冰箱及热水器保温层硬泡、喷涂型硬泡等。还可以用于聚氨酯半硬泡和软泡、弹性体、涂料、胶黏剂等行业。

【安全性】 聚酯多元醇基本上无毒性，当不慎进入眼内或溅落到皮肤上时应立即用自来水清洗。长期接触皮肤可能产生轻微刺激，操作时最好戴上防护镜和手套。

包装及贮运采用镀锌铁桶包装，净重200kg/桶。本品属非易燃易爆品，贮运安全。贮存于阴凉干燥处。贮运中应注意防晒、防雨、防潮，避免外界水分加入包装。包装完好的情况下，一年内质量仍符合标准。

【生产单位】 绍兴恒丰聚氨酯实业有限公司，常州市派瑞特化工有限公司，江苏省化工研究所有限公司，北京市京华泡沫塑料厂，沈阳波力克化工有限公司，烟台市福山聚氨酯材料厂等。

BI032 甲苯二异氰酸酯

【英文名】 toluene diisocyanate；TDI

【结构式】 甲苯二异氰酸酯（TDI）有2，4-TDI和2，6-TDI两种异构体。由于合成路线和原料规格不同，可制得含量不同的三种异构体产品：纯2，4-TDI（即TDI-100）；2，4-TDI占80%和2，6-TDI占20%（TDI-80或TDI 80/20）；2，4-TDI占65%和2，6-TDI占35%（即TDI-65）。

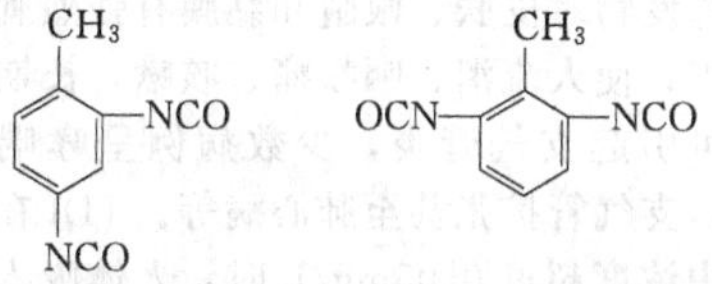

【性质】 本品为无色或淡黄色有刺激性气味的透明液体，在紫外线照射下会缓慢变黄。能与羟基、水、胺及其他含活泼氢的化合物反应，还可在一定条件下自聚，生成氨基甲酸酯、脲、缩二脲、异氰脲酸酯等，是聚氨酯的重要原料。甲苯二异氰酸酯的物理性质如下。

项目	数值	项目	数值
酸度(以HCl计)/%	0.003±0.001	黏度(25℃)/mPa·s	2.7
水解氯/%	0.006±0.002	沸点(100kPa)/℃	251
凝固点/℃		蒸气压(20℃)/Pa	1.333
TDI-65	4～7	闪点(开杯)/℃	132
TDI-80	11～14	蒸发热/(kJ/kg)	336(120～180℃)
TDI-100	20～22	比热容(kJ/kg)	1.57
相对密度(20℃/4℃)	1.22	折射率(20℃)	1.569

【制法】 用甲苯硝化、加氢的产物甲苯二胺为原料，与光气（$COCl_2$）反应，再经

后处理，即得甲苯二异氰酸酯。工业上普遍采用光气化法合成甲苯二异氰酸酯。流程有间歇和连续法。大装置主要采用连续法工艺生产。

【质量标准】

河北沧州大化 TDI 有限责任公司 TDI 产品质量标准

指标名称	优级品	一级品	合格品
纯度/% ≥	99.5	99.0	98.5
(2,4/2,6)异构比/%	80/(20±1.0)	80/(20±2.0)	80/(20±2.0)
可水解氯/$\times 10^{-6}$ ≤	100	100	100
酸度(以 HCl 计)/$\times 10^{-6}$ ≤	40	50	80
色度(APHA) ≤	25	25	35

注：甘肃银光聚银化工股份有限公司质量标准与河北沧州大化 TDI 有限责任公司优级品指标基本相同，色度≤15。

【用途】 用作各种聚氨酯材料如软质泡沫塑料、涂料、浇铸型弹性体、铺装材料、防水涂料和胶黏剂等的原料。TDI 可制成改性 TDI、二聚体、三聚体、加成物预聚体等使用。

【安全性】 TDI 有较强的毒性和反应性。其挥发物对皮肤、眼睛和黏膜有强烈刺激作用，使人流泪、咽喉痛、咳嗽，长期接触可引起支气管炎，少数病例呈哮喘状态，支气管扩张甚至肺心病等。TDI 在空气中浓度超过 0.05mg/L 时，人体吸入即发生严重咳嗽、气促。空气中最高容许浓度为 0.02mg/m^3。TDI 易与皮肤及身体中的水分和组织发生反应。因此在操作场所内应安装排风装置。操作人员要穿戴好防护用具，使用时禁止该产品接触皮肤。镀锌铁桶包装，每桶净重 250kg。按有毒危险品规定贮运。采用密封钢桶装运输，在装卸、运输时要防止桶损坏。如包装桶破损，或密封破坏，该桶产品应尽快使用，否则要用氮氧封闭。产品需存放在阴凉、通风干燥处，并保持容器的密闭，存放温度为 15～40℃。要防止雨淋、日光照射。同时，该产品系可燃品，在运输、贮存及使用过程中应注意防火。

产品如果在低于规定存放温度下凝固，使用之前必须使之熔化（禁止用明火直接烘烤）并使桶内产品充分混合均匀。

【生产单位】 河北沧州大化 TDI 有限责任公司，甘肃银光聚银化工股份有限公司等。

BI033 单组分聚氨酯泡沫塑料

【英文名】 one component polyurethane foam sealant

【别名】 聚氨酯泡沫填缝剂

【组成】 由聚氨酯预聚物、催化剂、抛射剂（低沸点发泡剂）等组成。

【性质】 单组分聚氨酯泡沫填缝剂（简称 OCF）是一种特殊的硬质聚氨酯泡沫塑料体系，属单组分湿固化泡沫塑料。由聚氨酯预聚物、催化剂、发泡剂等装填于耐压气雾罐中，当料从罐中喷射至孔洞或缝隙中时，迅速发泡膨胀并与空气中或基体上的水分反应而固化。固化的泡沫具有填缝、粘接、密封、隔声、隔热、耐震抗压功能等多种效果。产品固化后长期不开裂、不收缩和腐化，能在各种结构部位对不同材料进行填充粘接。具有使用操作简单，固化快，使用性强，成本低，用途广的特点。产品能粘接除聚乙烯、聚丙烯、聚硅氧烷或聚四氟乙烯材料外的所有建筑材料。目前国内 OCF 产品基本上已不含 CFC-12 发泡剂（抛射剂）。

【制法】 将聚醚多元醇、多异氰酸酯、助剂和抛射剂（发泡剂）按计量压到包装罐筒中、机械封口、振摇均匀，即得产品。也可先由聚醚多元醇和多异氰酸酯制备预聚体，再与催化剂、匀泡剂、发泡剂混合均匀，一起压入包装罐筒中、封口。

【用途】 门窗框与墙体弹性连接、混凝土与各成分间的孔隙密封，保温防渗漏，吸收铝、塑窗扇运动的噪声；冷冻空调、冷库、冷藏车、空调机穿配管余隙、窗机安装的固定、密封与降低噪声；水、电、煤气管道，风管、电热设备密封绝缘、防水、堵漏等；屋面瓦、外墙批覆、屋顶四周密封、黏结、隔热、收边等；汽车业、电子业、制模业、造船业及园艺插花、造景、玻璃幕墙等。

【安全性】 固化前液体有毒，因此将料罐放在儿童触及不到的地方。万一发泡剂触及眼睛，请用清水冲洗或遵医嘱；若触及皮肤，则请用肥皂或清水冲洗。本产品未固化时有较强的黏性，操作时需带防护用具。固化后对人体没有毒害。

有枪式、管式，管式包装有 500mL、600mL、750mL 铁罐装等规格，保质期一年。置于阴凉干燥处，且温度不得超过 50℃。料罐内有压力，禁止靠近明火或与易燃物品接触。施工现场应具备通风条件，施工人员应戴工作手套或护目镜且禁止吸烟。

【生产单位】 深圳彩虹气雾剂制造有限公司，成都高端聚合物科技有限公司，吉林超隆化工有限公司，青岛德誉金陵聚氨酯有限公司，上海市合成树脂研究所，联捷化工（昆山）有限公司，福州翔荣聚氨酯制品有限公司，黄山永佳安大创新中心有限公司等。

BI034 四羟基胺基聚醚

【英文名】 aminopolyether tetrol; ethylene diamino polyether tetrol

【别名】 乙二胺聚氧化丙烯四醇；403 聚醚；乙二胺聚醚四醇

【结构式】

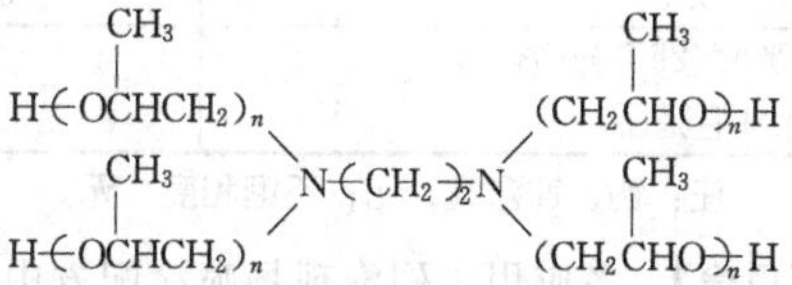

【性质】 本品为淡黄色透明黏稠液体，官能度 4。由于含极性叔氨基和大量羟基，乙二胺聚醚四醇的黏度很高。该系列聚醚以乙二胺为起始剂，这种含氮聚醚多元醇具有一定的叔胺碱性和多羟基性，因此能加快与异氰酸酯的反应速率。最常见的乙二胺聚醚四醇是分子量为 300 的低分子量聚醚，俗称 403 聚醚。还有分子量为 500 以上的乙二胺聚醚四醇。

403 聚醚的物性

项目	品种			
	TAE-300	H403	N403	TAE-470
羟值/(mgKOH/g)	745～775	730～770	770±35	460～480
水分/% ≤	0.1	0.2	0.15	
pH 值	10～12.5	10～12	10.5～12.5	
密度/(g/mL)	—	1.04±0.02	—	
黏度(25℃)/mPa·s	45000±5000	35000±2000	2300～2600(50℃)	4500～5500
色度(APHA) ≤	100	150	100	100
厂家	天津石化	红宝丽	金陵石化	天津石化

注：一种羟值为 440～460mgKOH/g 的含 EO 乙二胺聚醚四醇（牌号 TAE-305），其黏度（25℃）为 700～1200mPa·s。

【制法】 以乙二胺为起始剂，在无催化剂条件下，环氧丙烷为主要原料，在100～110℃进行反应开环聚合得粗聚醚，经减压蒸馏，得精聚醚。

乙二胺在聚氧化丙烯四醇的合成过程中不仅是起始剂，而且也是一种碱性催化剂。随着聚合反应的进行，分子量增加到一定程度，催化活性下降。如果要制备较高分子量的聚醚四醇，需进一步添加KOH碱性催化剂。当环氧丙烷与乙二胺质量比为100∶(3.7～4.0)，KOH用量0.5%～1.0%，可制得羟值280～320mgKOH/g，分子量700～900的乙二胺聚醚；当环氧丙烷与乙二胺质量比为100∶(2.0～2.1)，KOH用量0.7%，可制得羟值85～93mgKOH/g，分子量2400～2600的乙二胺聚醚四醇。

质量标准 GB/T 16577—96“四羟基聚醚多元醇”中规定的乙二胺聚醚四醇(403A)的理化性能指标如下。

指标名称	优级品	一等品	合格品
色度号 ≤	100	150	200
羟值/(mgKOH/g)	745～775	740～780	730～790
水分/% ≤	0.07	0.10	0.20
黏度(25℃)/Pa·s	35～55		
pH值范围	10.0～12.0		

注：钠、钾含量，无；不饱和度，无。

【用途】 多应用于硬泡现场喷涂配方中，作为具有催化作用的多元醇原料。由本品制得的硬质泡沫塑料尺寸稳定性较高，不易产生流延现象。

【安全性】 微毒。如接触皮肤，可用自来水冲洗。镀锌铁桶包装，每桶200kg，非危险品。在阴凉、干燥、通风处贮存。

【生产单位】 高桥石化化工三厂，金陵石化化工二厂，南京红宝丽股份有限公司，常熟一统聚氨酯制品有限公司，烟台正大聚氨酯化工有限公司，顺德容威合成材料有限公司，镇江市东昌石油化工厂等。

BI035 HDI缩二脲加合物

【英文名】 HDI biuret adducts

【化学名】 六亚甲基二异氰酸酯缩二脲加合物

【别名】 HDI缩二脲

【结构式】

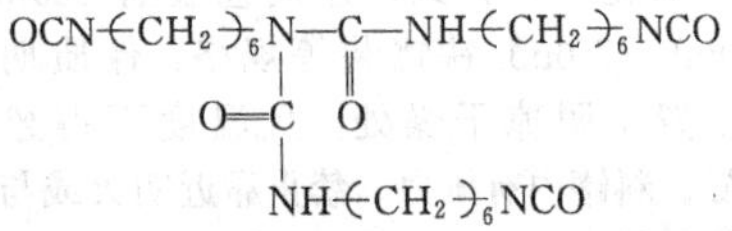

【性质】 在常温下是淡黄色液体，易溶于甲苯、二甲苯、酮和酯类等多种有机溶剂。可与水、醇、胺等含活性氢化合物反应，生成含氨基甲酸酯基或脲基的聚合物。

【质量标准】

企业标准（黎明化工研究院）

指标名称	指标	
	A	B
外观	淡黄色透明液体	淡黄色透明液体
NCO含量/%	21±1	16±1
黏度(25℃)/Pa·s	30±20	0.3±0.1
游离HDI含量/%	＜1	＜1
固化物含量/%	100	75
贮存期/月	6	6

【用途】 本产品属于脂肪族不泛黄多异氰酸酯。A 型产品主要用作聚氨酯黏合剂、胶黏剂等含活性氢组分的固化、交联剂，具有良好的力学性能；B 型产品主要用于聚氨酯涂料，具有优异的耐化学性及耐候性（不泛黄、保光及抗粉化）等。

【制法】 由六亚甲基二异氰酸酯与水等缩二脲化剂在适宜的温度下反应生成 HDI 缩二脲溶液，再经后处理精制得 A 型产品；用溶剂将 A 型产品稀释成 75% 的溶液得 B 型产品。

【安全性】 微毒。如接触皮肤，可用自来水冲洗。瓶装和铁桶装，严格密封，室温贮存；防水、防潮、防曝晒，远离火源。

【生产单位】 黎明化工研究院，化工部涂料工业研究所等。

BI036 二羟基聚醚

【英文名】 polyether diol

【别名】 聚氧化丙烯二醇；聚环氧丙烷二醇

【结构式】

$$\mathrm{H{\left(OCH(CH_3)CH_2\right)}_{m}OCH(CH_3)CH_2O{\left(CH_2CH(CH_3)O\right)}_{n}H}$$

式中，m、n 为聚合度。

【性质】 一般聚醚二醇为清澈无色或浅黄色透明油状液体，羟基官能度 2。它们可与异氰酸酯反应生成聚氨酯。最常见的是分子量分别为 1000 和 2000 的聚氧化丙烯二醇，俗称 210 聚醚和 220 聚醚；也有少量用少量氧化乙烯改性的分子量为 2000 的聚醚；还有少量低分子量聚醚和高分子量聚醚二醇。常见的不同分子量的聚醚二醇的物性如下。

天津第三石油化工厂聚醚二醇技术规格

产品名称	羟值/(mgKOH/g)	pH 值	K^+ 含量/(mg/kg)	不饱和度/(mmol/g)	黏度(25℃)/(mPa·s)
TDiol-400	270～290	5～7	≤3	—	100～200
TDiol-700	156～165	5～7	≤3	—	100～200
TDiol-1000	109～115	5～7	≤3	≤0.04	100～300
TDiol-2000	54.5～57.5	5～7	≤3	≤0.04	270～370
TDiol-3000	35.5～38.5	5.5～7.5	≤3	≤0.07	460～600
TED-28	25.5～29.5	5～7	≤3	≤0.08	700～1000
TED-2817	26～30	5～7	≤3	≤0.08	700～1000
TED-37A	35.5～38.5	5.5～7.5	≤3	≤0.07	460～600
TDB-2000	54.5～57.5	6～8	—	≤0.006	<550
TDB-3000	36～39	6～8	—	≤0.006	<750
TDB-4000	26.5～29.5	6～8	—	≤0.006	<1200
TDB-6000	17～20	6～8	—	≤0.005	<2500
TDB-8000	12.5～15.5	6～8	—	≤0.005	<4500

注：普通聚醚二醇的酸值≤0.05mgKOH/g，低不饱和度聚醚酸值≤0.035mgKOH/g，水分≤0.05%。TDB 系列低不饱和度系列色度≤30，其他聚醚色度≤50。

几个厂的 220 聚醚质量指标

项目	牌号				
	N-220	ZSN-200	DL-2000	GE-220 一级品	GE-220 合格品
色度 APHA	200	50	50	50	150
羟值/(mgKOH/g)	53～59	53.5～58.5	54～58	54～58	54～58
酸值/(mgKOH/g)	≤0.10	≤0.1	0.05	≤0.10	≤0.15
水分/%	≤0.10	≤0.1	0.05	≤0.05	≤0.10
黏度(25℃)/mPa·s	260～370	320～420	270～370	—	—
钠、钾含量/×10^{-5}	10	10(钴锌)	3	5	8
不饱和值/(mmol/g)	0.05	0.01	—	0.04	—
pH 值	5～7	5～7.5	5～8	5～7	5～7
厂家	金陵	金陵	东大	高桥	高桥

几个厂的 210 聚醚质量指标

项目	牌号				
	N-210	EL-1020	GE-210 一级品	GE-210 合格品	DL-1000
色度 APHA	50	50	50	150	50
羟值/(mgKOH/g)	90～110	105～117	107～117	107～117	109～115
酸值/(mgKOH/g)	≤0.15	0.05	≤0.10	≤0.15	0.05
水分含量/%	≤0.10	0.05	≤0.05	≤0.08	0.05
黏度(25℃)/mPa·s	130～190	120～180	—	—	100～300
钠、钾含量/×10^{-6}	10	5	5	8	3
不饱和值/(mmol/g)	0.05	—	0.04	—	—
pH 值		5.0～7.0	5～7	5～7	5～8
厂家	金陵	锦化	高桥	高桥	东大

【制法】 将起始剂（1，2-丙二醇或一缩二丙二醇）和催化剂（氢氧化钾）的混合物加入制备催化剂的釜内，加热升温至80～100℃，在真空下除去催化剂中的水分，以便促使醇钾的生成。然后将催化剂转入聚合反应釜中，加热升温至90～120℃，在此温度下将环氧丙烷通入聚合釜中，使釜内压力保持0.07～0.35MPa。在此温度和压力下，环氧丙烷进行连续聚合，直至到达一定的分子量。蒸出残存的环氧丙烷后，将聚醚混合物转入中和釜，用酸性物质进行中和，然后经过滤、精制、加入稳定剂，得到精制聚醚产品。

高分子量聚醚二醇也可采用 DMC 作催化剂，以低分子量聚醚二醇作起始剂，进行氧化丙烯开环聚合，可得到分子量为4000～8000的聚醚二醇，这种聚醚具有很低的双键含量。

【质量标准】 对于聚氧化丙烯二醇，GB 12008.2—89 中只制订了 220 聚醚的质量指标。

220 聚醚指标

指标名称		优等品	一等品	合格品
色度号	⩽	50	300	400
羟值/(mgKOH/g)		54.0～58.0	53.0～59.0	53.0～59.0
酸值/(mgKOH/g)	⩽	0.05	0.10	0.15
水分含量/%	⩽	0.06	0.10	0.10
黏度(25℃)/mPa·s		280～320	260～370	—
钠、钾含量/$\times 10^{-6}$	⩽	5	20	—
不饱和值/(mmol/g)	⩽	0.05	0.08	—
pH 值		5.5～7.5	5.5～7.5	—

【用途】 聚氨酯弹性体、塑胶跑道及铺装材料、防水涂料、胶黏剂、涂料、泡沫塑料等。

【安全性】 几乎无毒，带安全眼镜操作，皮肤沾污后用肥皂水冲洗。眼睛触及时，用低压清水冲洗或请医生治疗。无爆炸性。着火时用泡沫、干粉、干冰、蒸汽、水等灭火。

本产品用塑料桶包装，外包装瓦楞纸箱包装，内附产品合格证，每桶净含量 10kg 或 25kg。按非危险品运输，运输温度保持 10℃以上，避免日晒、雨淋。贮存在干燥、通风仓库内，室温保持在 10℃以上。

【生产单位】 高桥石化化工公司化工三厂，天津石油化工三厂，锦化集团聚醚厂，金陵石化公司化工二厂，山东东大化工集团公司，扬州晨化集团有限公司，淮阴有机化工厂，抚顺佳化化工有限公司，濮阳市区聚氨酯材料厂，常熟一统聚氨酯制品有限公司等。

BI037 喷涂型聚氨酯硬泡沫组合聚醚

【英文名】 combined polyol for spray PU foams

【组成】 组合聚醚（白料、A 料）是由聚醚多元醇、高效催化剂、匀泡剂、发泡剂和阻燃剂等按一定比例配制而成的混合物，呈微碱性。B 料（黑料）为多亚甲基多苯基多异氰酸酯（PAPI）。

【性质】 聚氨酯喷涂是聚氨酯两种原液经过喷涂机混合室高速旋转及剧烈撞击在枪口形成细雾状小滴均匀地喷涂在物体表面，几秒钟内产生硬质泡沫。喷涂硬质聚氨酯泡沫塑料具有绝热性能好、密度小、比强度高、防水性能好、使用寿命长、施工简单等特点。喷涂组合料 DPT-105 与异氰酸酯反应所形成的泡沫具有泡孔均匀细腻、热导率低、保温隔热性能好、阻燃性能良好、低温不缩不裂等优点。聚氨酯的物性及指标如下。

喷涂型聚氨酯硬泡组合聚醚及其泡沫物性

喷涂型组合聚醚牌号		DPT-105		YRF-1
组合聚醚性能	外观	浅棕色透明黏稠液体		淡黄色液体
	羟值/(mgKOH/g)	420±50		
	黏度(20℃)/mPa·s	250±20		200～300
	密度(20℃)/(g/mL)	1.20±0.05		1.1～1.2
发泡工艺性能		手工发泡	低压机发泡	
	料比			100：(100～110)
	乳化时间/s	4～5	3～5	3～6 可调
	脱黏时间/s	10～15	6～10	8～18 可调
	自由发泡密度/(kg/m³)	23～25	23～25	

续表

喷涂型组合聚醚牌号			DPT-105	YRF-1
泡沫性能	泡沫密度/(kg/m^3)		>35	30～50
	闭孔率/%		>96	
	热导率(24℃)/[W/(m·K)]		<0.022	≤0.027
	压缩强度/kPa	>	150	150
	尺寸稳定性/%	≤	1(-30℃,24h)	1(-30℃,48h)
	吸水率		<3%	≤0.2kg/m^2
	氧指数(阻燃性)		>26	需现场加阻燃剂
生产厂			山东东大聚合物有限公司	烟台长河聚氨酯有限公司

【制法】 采用低压机或高压机喷涂施工。使用时物料温度要控制在15～24℃，环境温度≥15℃。如果需要阻火阻燃，YRF-1要另加阻燃剂，阻燃剂要在使用前加到A组中去并需搅拌均匀，加好阻燃剂的A组分量最好当天用完，放置时间过长，容易变质。

【质量标准】 福州翔荣聚氨酯制品有限公司喷涂聚氨酯泡沫塑料技术指标如下。

项目		喷涂组合料牌号	
		XR-800	XR-801
密度/(kg/m^3)	≥	42	30
热导率/[W/(m·K)]	≤	0.27	0.27
压缩强度(形变10%时的压缩应力)/kPa	≥	170	100
体积吸水率/%	≤	4	4
表面平整度/mm		±5	±10
一次喷涂厚度/mm		5～10	20～40
阻燃性		可调	可调

注：如有阻燃要求便可加入专门选配的阻燃剂。

【用途】 广泛应用于采用喷涂工艺的各种保温工程，如冷库、罐体、大型管道建筑屋顶的喷涂和各种异型基材保温工程。

【安全性】 本品有低毒，夏季使用时宜降温后再开桶盖，避免溅出。镀锌铁桶包装，A组分每桶净重200kg，B组分每桶净重250kg。在阴凉干燥处贮存。在运输和贮存过程中，要注意防晒和密封。YRF-1 A组分贮存期3个月，B组分贮存期6个月。DPT-105在10～20℃贮存期6个月。

【生产单位】 山东东大聚合物有限公司，烟台长河聚氨酯有限公司，烟台万华聚氨酯股份有限公司配料中心，江苏省化工研究所有限公司，南京红宝丽股份有限公司，江苏宜兴市圣驰保温材料有限公司，亨斯迈聚氨酯（中国）有限公司，巴斯夫展宇聚氨酯（中国）有限公司，浙江绍兴维科聚氨酯涂饰有限公司，绍兴恒丰聚氨酯实业有限公司，济南正恒聚氨酯材料有限公司，南京宁海聚氨酯公司，一山聚氨酯（上海）有限公司，福州翔荣聚氨酯制品有限公司等。

BI038 通用型软泡聚醚

【英文名】 Polvether 330-E

【化学名】 聚氧丙烯聚氧乙烯甘油醚多元醇

【别名】 330-E 聚醚

【结构式】

$$\begin{array}{l} CH_2-O\!\leftarrow\!X-O\!\rightarrow_a H \\ | \\ CH-O\!\leftarrow\!X-O\!\rightarrow_b H \\ | \\ CH_2-O\!\leftarrow\!X-O\!\rightarrow_c H \end{array}$$

其中：X 为环氧丙烷和环氧乙烷的无规或嵌段排列。

【性质】 无色或淡黄色透明液体，不易燃，低毒。由于分子中有环氧乙烷，故为水溶性。分子的端羟基，又有易与异氰酸酯反应生成聚氨酯的特性。本产品为一高分子混合物，与质量关联的性质，受诸多因素影响，常见的有羟值、酸值、水含量、双键含量、钾钠含量、黏度、色度及抗氧剂情况等。

【质量标准】

国家标准 GB14008-2—89

指标名称		指标	
		优等品	一等品
外观		无色透明液体	无色透明液体
色度	≤	50	300
羟值/(mgKOH/g)		56±2	56±3
酸值/(mgKOH/g)	≤	0.05	0.15
水含量/%		≤0.08	≤0.1
黏度 25℃/mPa·s		450～550	445～595
K^+ 及 Na^+ 含量/10^{-6}		≤5	≤50
双键值/(meq/g)		≤0.05	≤0.07
pH 值		5.5～7.5	5.5～7.5

【用途】 本品和 TDI 及助剂按适当的配方制成普通软质泡沫塑料，然后进一步加工成床垫、坐垫等家用品及与织物黏结成复合料等。发泡方法有间歇法的箱式发泡、连续式的平顶发泡及模塑成型等。此外，也可用于聚氨酯涂料、弹性体及黏结剂等。

【制法】 由甘油作起始剂，环氧丙烷及烷氧乙烷开环聚合而成。生产主要采用间歇法，聚合可在一个反应釜中完成，也可由多釜分步完成，但都由三道工序组成，即碱催化剂甘油溶液制备，一定温度、压力条件下环氧丙烷及环氧乙烷的加成和脱除碱金属催化剂、脱除低沸物及脱色的中和精制。

【安全性】 微毒。如接触皮肤，可用自来水冲洗。用干燥、清洁白铁桶加盖密封包装，每桶 200kg。常温下贮存期为一年。贮运中按非危险品处理，要求防潮、防日光曝晒。本品为低毒物，溅到皮肤上及眼睛中时，应迅速用清水连续冲洗。本品可燃，着火时用二氧化碳或干粉灭火剂扑灭。

【生产单位】 上海高桥石化公司化工三厂，天津石化公司化工二厂，金陵石化公司化工二厂及塑料厂，锦西化工总厂，沈阳石油化工厂，张店化工厂。

BI039 聚氨酯热塑胶

【英文名】 thermoplastics polyurethane

【别名】 热塑性聚氨酯

【结构式】

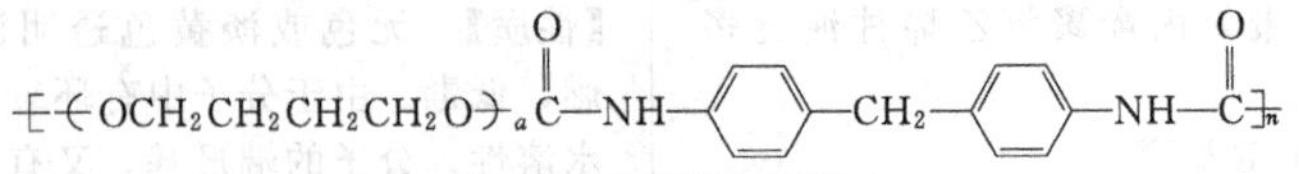

PTMEG-MDI 型 TPU

$$\left[O(CH_2)_aO\left[CO(CH_2)_4COO(CH_2)_nO\right]_b-\overset{O}{\overset{\|}{C}}-NH-Ar-NH-\overset{O}{\overset{\|}{C}}-O(CH_2)_4O \right]_n$$

聚酯-MDI-BD 型 TPU

式中，a=2、4 等；Ar 代表 MDI 的双苯环核基。

【性质】 TPU 具有聚氨酯弹性体的如下特性。

① 高耐磨性聚氨酯弹性体耐磨性远远超过其他合成树脂的。

② 硬度范围广通过改变各反应组分的配比，可以得到不同硬度的产品，而且随着硬度的增加，其产品仍保持良好的弹性。

③ 力学强度高制品的承载能力、耐冲击性及减震性能突出。

④ 耐寒性突出材料的玻璃化温度比较低，在零下 35℃仍保持良好的弹性、柔顺性和其他物理性能。

⑤ 耐油、耐水、耐霉菌。

⑥ 加工性能好 TPU 可采用常见的热塑性材料的加工方法进行加工，如注射、挤出、压延等。TPU 与某些高分子材料生成聚合物合金。

⑦ 可再生利用。

烟台华鑫聚氨酯有限公司热塑性聚氨酯产品性能如下。

项目	T-6480	T-6485	T-6490	T-6495	T-6498	T-6280	T-6285	T-6290
相对密度	1.19	1.19	1.20	1.20	1.21	1.20	1.21	1.21
硬度(JISA)	80±3	86±2	92±2	95±2	97±3	82±3	85±2	90±2
拉伸强度/MPa　＞	20.0	25.0	35.0	35.0	40.0	19.5	24.0	35.0
伸长率/%　＞	500	450	400	400	350	500	450	400
100%模量/MPa　＞	3.0	5.0	7.0	8.0	10.0	2.5	4.5	6.5
300%模量/MPa　＞	8.0	10.0	12.0	16.0	22.0	8.0	10.0	11.0
撕裂强度/MPa　＞	7.0	8.0	10.0	11.0	12.0	6.5	7.5	9.5
回弹性/%	55	50	45	40	＞35	55	50	45
压缩永久变形/%	42	38	33	30	30	40	40	33
耐磨耗性/mg	35	35	40	60	80	35	40	40
低温柔软温度/℃	－55	－48	－44	－36	－24	－50	－45	－40
相对密度	1.22	1.22	1.10	1.11	1.12	1.14	1.15	
硬度(JISA)	95±2	96±3	82±3	85±3	90±3	95±2	96±3	
拉伸强度/MPa　＞	35.0	35.0	22.0	23.0	30.0	30.0	40.0	
伸长率/%	＞350	＞350	500	＞450	＞400	＞400	＞350	
100%模量/MPa	＞8.0	＞10.0	＞4.0	＞5.0	＞6.5	＞8.0	10.0	
300%模量/MPa　＞	15.0	22.0	6.0	11.0	14.0	16.0	25.0	
撕裂强度/MPa　＞	10.0	11.0	65	65	70	80	100	
回弹性/%	40	40	55	50	50	48	43	
压缩永久变形/%	30			40	38	—	—	
耐磨耗性/mg	65	80	—	40	50	55	—	
低温柔软温度/℃	－35	－20	—	－69	－66	－58	－52	

【制法】 TPU按软段结构可分为聚酯型、聚醚型等。聚酯一般是聚己二酸丁二醇酯二醇、聚己二酸乙二醇丁二醇酯二醇等己二酸系聚酯二醇，聚醚以聚四氢呋喃二醇(PTMEG)为主，也少量用聚氧化丙烯二醇(PPG)、聚丁二烯二醇(HTPB)为软段。二异氰酸酯原料一般用二苯基甲烷-4，4′-二异氰酸酯(纯MDI)，也有用其他二异氰酸酯的。扩链剂一般是1，4-丁二醇(BD)、1，6-己二醇(HD)、2-甲基-1，3-丙二醇(MPG)等。

热塑性聚氨酯可由本体熔融法聚合或溶液法聚合。热塑性聚氨酯弹性体可通过预聚体法、一步法和半预聚体法合成。一步法工艺简单、生产效率高，弹性体的性能较好，工业生产一般采用一步法。TPU制法有间歇本体法(又称熔融法)、双螺杆本体连续法、溶液聚合法等。

间歇法本体聚合工艺适合于实验室制备及小规模生产，是将低聚物二醇、MDI、扩链剂(或者前两者的预聚体与扩链剂)混合在一定温度下反应而制得。其优点是设备简单、操作简便，缺点是产品质量不稳定，影响TPU的加工性。批量生产一般采用一步法。

工艺流程将经预脱水的低聚物二醇和二醇扩链剂，以及熔化保温的MDI，分别用计量泵准确计量，并输送入高速混合器混合，混合物料进入100℃左右的双螺杆反应器中(温度在140～250℃、压力4～7MPa)反应一定时间后，由机头挤出胶条，并牵引进入水槽冷却。造粒冷却后的胶条经造粒机切粒，胶粒在100～110℃的烘箱中干燥，冷却后，即可包装。双螺杆连续反应挤出机是一种较为理想的高效率TPU生产装置。该方法目前已成为TPU的主流制法。它生产的TPU可用于弹性体、塑料、纤维和胶黏剂等。

溶液聚合法可把所有原料一起加入到反应容器中，在一定温度下进行反应；也可以先把聚酯二醇、扩链剂和MDI在反应容器中反应，待黏度增加再分步加入溶剂。直到反应体系的黏度和固含量达到规定值，降温至50℃左右，过滤出料。采用溶液聚合方法生产的TPU，一般用于生产胶黏剂、合成革树脂和弹性涂料等。溶液聚合一般采用极性溶剂，如二甲基甲酰胺、四氢呋喃、甲苯、二氧六环、环己酮等。

【质量标准】

烟台万华聚氨酯集团公司热塑性聚氨酯产品技术指标

牌号	密度/(g/cm³)	硬度	拉伸强度/MPa	伸长率/%	100%模量/MPa	300%模量/MPa	撕裂强度/(N/mm)	耐磨耗性/mg	压缩永久变形/%	低温柔软温度/℃
T-1180	1.19	80±3	20	500	3	8	70	35	42	−55
T-1185	1.19	86±2	25	450	5	10	80	35	38	−48
T-1190	1.2	92±2	35	400	7	12	100	40	33	−44
T-1195	1.2	95±2	35	400	8	16	110	60	30	−36
T-1198	1.21	97±3	40	350	10	22	120	80	—	−24
T-1690	1.2	92±2	35	400	7	12	100	40	33	−48
T-8180	1.1	82±3	22	500	4	6	65	—	—	—
T-8185	1.11	84±3	23	450	5	11	65	40	40	−69
T-8190	1.12	90±3	30	400	6.5	14	70	50	38	−66
T-8195	1.14	95±2	30	400	8	16	80	55	—	−58
T-8198	1.15	96±3	40	350	10	25	100	—	—	−52

续表

牌号	密度/(g/cm³)	硬度	拉伸强度/MPa	伸长率/%	100%模量/MPa	300%模量/MPa	撕裂强度/(N/mm)	耐磨耗性/mg	压缩永久变形/%	低温柔软温度/℃
T-8295	1.15	96±3	40	350	9	17	90	—	—	—
T-8175PS	1.1	75±3	15	500	2.5	4	40	—	—	—
T-8190PS	1.12	90±3	30	350	6.5	14	70	50	—	−66

注：万华集团烟台华大化学工业有限公司 T-1××× 系列为聚酯型 TPU，T-8××× 系列为聚醚型 TPU。烟台华大化学工业有限公司还可以生产溶解型、聚己内酯型、聚碳酸酯型 TPU 产品。

【用途】 汽车部件及机器零件、运动鞋底、胶辊、电线电缆、软管、薄膜及薄板、织物（涂层及高弹衣袜等）、磁带胶黏剂、织物涂料、胶黏剂等。各种成型方法 TPU 的用途如下。

成型法	应用领域	使用制作
注射成型	汽车部件	球形联轴节；防尘盖；踏板刹车器；门锁撞针；衬套板簧衬套；轴承；防震部件；内外装饰件；防滑链等
	机械工业用部件	各种齿轮；密封件；防震部件；取模针；衬套；轴承类；连接器；橡胶筛；印刷胶辊等
	鞋类	垒球鞋、棒球鞋、高尔夫球鞋、足球鞋鞋底及鞋前掌；女士鞋后跟；滑雪靴；安全靴等
	其他	自位轮；把手；表带等
挤出成型	管材·软管	高压管；医疗管；油压管；气压管；燃料管；涂覆管；输送管；消防水带等
	薄膜·板材	转动带；气垫；膜片；键盘板；复合布等
	电线·电缆	电力通信电缆；计算机配线；汽车配线；勘探电缆等
	其他	各种环形管线；圆形带；V 形带；同步带；防滑带等
压延	消防水带、转动带、软体槽、罐类；薄膜复合片材等	
吹塑	各种车辆用箱类；各种容器类	
吹膜	超薄、宽幅薄膜（医疗、卫生用品）	
溶液	熔接料；胶黏剂；人造革、合成革、绳、铁丝、手套等涂层	

【安全性】 TPU 粒料无毒。TPU 溶液含有机溶剂，按危险品方式处理。

采用 25kg 聚丙烯编织包装，内袋为 PVC 薄膜密封便于防潮、搬运、堆放。本品属非易燃易爆品，贮运安全。运输应注意防雨、防潮、贮存于阴凉干燥处。本品包装完好的情况下，一年内质量仍符合标准。生产单位 山东烟台华大化学工业有限公司（熔融型和溶液型），江苏泰兴市茂尧聚氨酯塑料制品厂，山东临朐金坤聚氨酯有限公司，沈阳市兴华利聚氨酯密封件厂，烟台华鑫聚氨酯有限公司，浙江省三门县晨光聚氨酯有限公司，烟台科技电子工程有限公司，江阴市聚氨酯塑料制品厂，江苏常州市三河口聚氨酯厂等（熔融型），洛阳吉明化工有限公司，南京橡胶厂，济南泰和树脂有限公司等（粘接型）。

BI040 沥青聚氨酯硬质泡沫塑料

【英文名】 asphaltum polyurethane

foam system

【组成】 组合聚醚（A组分）是以聚醚多元醇和煤焦沥青为主体，添加催化剂、发泡剂、泡沫稳定剂、阻燃剂等助剂混合而成。异氰酸酯（B组分）是多苯基多亚甲基多异氰酸酯（即PAPI）。

【性质】 沥青聚氨酯硬质泡沫塑料是2001年前后国内出现的一种硬质聚氨酯泡沫塑料，与喷涂聚氨酯硬泡相比具有价格低、耐老化性能好、绝热隔声性能优、吸水率低、防水性能好、质轻、无污染、成型方便等优点，采用通用聚氨酯发泡设备进行普通、浇铸等成型和施工，不需要新增及更换设备。

组合料基本物性

项目	A组分(沥青组合聚醚)	B组分(异氰酸酯)
外观	淡黄色黏稠液体	棕褐色液体
密度(20℃)/(g/cm³)	1.20±0.05	1.23～1.24(25℃)
动力黏度(25℃)/mPa·s	100～300	100～200
羟值/(mgKOH/g)	400～700	—
NCO质量分数/%	—	30.5～32.0

【制法】 采用手工和机械发泡工艺均可。机械发泡成型可采用低压有空气浇铸或喷涂发泡或高压无气喷涂（浇3铸）。成型温度15～35℃。

【质量标准】

沥青聚氨酯泡沫塑料主要技术性能指标

项目		指标	项目		指标
外观		棕黑色	吸水率/(kg/m²)	≤	0.2
密度/(kg/m³)	≥	40	水蒸气透湿系数/[ng/(Pa·m·s)]	<	4.5
热导率/[W/(m·K)]	≤	0.027	不透水性(0.05MPa)/min	≥	30
压缩强度/kPa	≥	0.2	耐温性/℃		50～80
闭孔率/%	≥	90	尺寸稳定性(40℃,24h)	<	0.2
伸长率/%		10～14	氧指数(要求有阻燃性者)	≥	26

【用途】 采用组合料生产沥青聚氨酯硬泡，可和普通聚氨酯硬泡一样用于以下几个方面：建筑绝热防水隔声，如喷涂硬泡用于楼面防水保温现场施工，硬泡板材用于屋顶、天花板、墙板、地板，现场浇铸填充空心砖用于墙体；贮罐、管道绝热、油田及输油管道、城镇集中供热、管道防腐保温；城市地下管网的防腐保温；冷藏车、冷库绝热等。

原料中的沥青、有机胺催化剂、发泡剂HCFC-141b等多为低毒原料，操作人员在施工时戴通气面罩或口罩、防护眼镜和橡皮手套。要避免异氰酸酯等有毒物质沾污皮肤和眼睛。皮肤污染可用肥皂水洗。

干净的镀锌铁桶包装，A组分每桶净重200kg，B组分每桶净重250kg。产品包装桶贮存于通风、阴凉、干燥的库房中，库内温度5～25℃，并设有消防设施。为防止桶破损漏料，运输中应轻搬轻放，防雨、防晒。包装桶取料后立即扭紧桶盖。

【生产单位】 青岛金北洋工程有限公司。

BI041 635聚醚

【英文名】 polyether polyol 635

【性质】 本品为淡黄色至浅棕色黏稠液体。它用作硬泡的基础原料，其特点是制得的硬质泡沫塑料耐高温性好，尺寸稳定性好。

金陵石化公司化工二厂的635聚醚的物性

产品型号	羟值/(mgKOH/g)	水分/%	pH值	黏度(25℃)/mPa·s	色度APHA
N-635	500±20	≤0.15		4000～6000	10
N-635S	500±20	≤0.15	9～11	4000～6000	10
N-635SA	500±20	≤0.15	9～11	4000～6000	10

【质量标准】 GB/T 12008.2—89“聚醚多元醇规格”中规定的甘露醇聚醚多元醇6205和6305的理化性能指标如下。

指标名称		6205			6305		
		优等品	一等品	合格品	优等品	一等品	合格品
色度号	≤	150	—	—	150	—	—
羟值/(mgKOH/g)		470～500	470～510	470～520	480～510	480～510	480～520
酸值/(mgKOH/g)	≤	0.05	0.10	0.15	0.05	0.10	0.15
水分/%	≤	0.08	0.10	0.15	0.10	0.10	0.15
黏度(25℃)/mPa·s		800～1000			3000～5000	5000～7000	7000～9000
钠、钾含量/$\times 10^{-6}$	≤	100	—	—	50	—	—
不饱和值/(mol/kg)	≤	0.07	—	—	—	—	—
pH值		5.5～7.5	—	—	5.5～7.5	—	—

注：黏度可根据用户要求确定。

【用途】 用于制备硬质聚醚型聚氨酯泡沫塑料。

【安全性】 微毒。镀锌铁桶包装，在阴凉、干燥、通风处存放。

【生产单位】 高桥石化公司化工三厂，金陵石化公司化工二厂，山东东大聚合物有限公司，南京红宝丽股份有限公司，濮阳市区聚氨酯材料厂，抚顺佳化化工有限公司，容威合成材料有限公司，烟台正大聚氨酯化工有限公司，常熟一统聚氨酯制品有限公司，烟台市福山聚氨酯材料厂，绍兴恒丰聚氨酯实业有限公司等。

BI042 粗MDI（聚合MDI）

【英文名】 polymethylene polyphenlene isocyanate; polyaryl polyisocyanate, (PAPI); crude MDI; polymeric MDI

【别名】 多芳基多亚甲基异氰酸酯；多亚甲基多苯基异氰酸酯

【结构式】

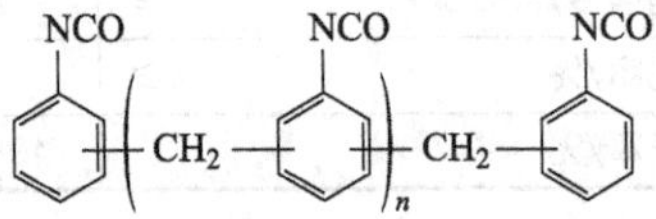

n=0, 1, 2, 3…

【性质】 本品为褐色透明液体。升温时能产生自聚作用，溶于苯、甲苯、氯苯、丙酮等溶剂，能与含羟基的化合物和具活泼氢的化合物反应。

各种PAPI产品的区别主要在于所含的4,4′-MDI和2,4′-MDI以及各种官能度的多亚甲基多苯基多异氰酸酯的比例不同，因而平均官能度、反应活性不同。烟台万华聚氨酯股份有限公司聚合MDI性质如下。

牌号	NCO质量分数/%	黏度(25℃)/mPa·s	平均官能度	用途(特点)
PM-100	30.0～32.0	150～250	2.7	各种硬泡、半硬泡、HR泡沫、胶黏剂等
PM-130	30.5～32.0	150～250	2.4～2.5	半硬泡、结构泡沫、HR泡沫、整皮泡沫
PM-200	30.5～32.0	150～250	2.6～2.7	浇铸硬泡、喷涂硬泡(流动性好)
PM-300	30.0～32.0	250～350	2.8	喷涂硬泡、其他硬泡、HR泡沫等
PM-400	30.5～32.0	350～700	2.9～3.0	连续法PIR板材及其他PU硬泡

注：以上产品酸分（以HCl质量分数计）除PM-100（即老牌号MR）≤0.2%外，其他4种≤0.05%。

【制法】 PAPI（粗MDI）的生产方法与MDI相同，只是苯胺与盐酸的物质的量的比小一些。PAPI的合成与MDI一样，分两步进行。先由苯胺与甲醛溶液（福尔马林）在路易斯酸作用下，缩合成含一定量二胺的多胺混合物，然后这类多胺化合物经光气化反应则得PAPI。在合成多胺化合物时，要控制制二胺的含量在50%左右。一般可通过调节苯胺与甲醛二种原料的投入量即物质的量的配比关系来实现。经实验确定，当苯胺与甲醛的投料摩尔比为1∶75时，合成的多胺化合物中约有50%二胺存在。所以，原料组分配比关系，一般使苯胺与甲醛的物质的量的比在1.6～2.0范围内变化，多胺合成的其他操作条件类似MDA的操作条件。对于联产法制MDI与PAPI的制法所要求的多胺，必须是含60%～75%二胺的多胺化合物，其关键也是通过改变苯胺与甲醛的投料物质的量的配比来实现。当苯胺∶甲醛物质的量的比4∶1.4的情况下，合成的多胺含有75%左右二胺化合物。通常，采用MDI与PAPI联产的工艺。

【质量标准】

PAPI产品理化指标（GB 13658—92)

项目	指标		
	优等品	一等品	合格品
外观	棕色液体		深褐色黏稠液体
异氰酸酯基质量分数/%	30.5～32.0	30.0～32.0	29.0～32.0
黏度(25℃)/mPa·s	100～250	100～400	100～600
酸度(以HCl计)/% ≤	0.10	0.20	0.35
水解氯含量/% ≤	0.2	0.3	0.5
密度(25℃)/(g/cm²)	1.220～1.250		

【用途】 主要用于制备硬质聚氨酯泡沫塑料、半硬质聚氨酯泡沫塑料、胶黏剂等的原料，还用于铸造工业中自硬砂树脂等。

【安全性】 PAPI挥发性很小，在呼吸吸入和皮肤吸收方面毒性较低，但它含易与水分反应分异氰酸酯基（NCO）基团，有毒性，当物料温度被加热到40℃以上时（如熔化时）或是工作环境通风不良，将会增加其蒸气毒害性，另外采用喷涂工艺施工作业的场所，会导致空气中悬浮粒子浓度增加而产生毒害。在类似环境中作业应佩戴防毒面具和呼吸器，否则，反复吸入超标浓度的蒸气会引起呼吸道过敏。一旦溅到皮肤上或眼内，应立即用清水冲洗，皮肤用肥皂水洗净。镀锌铁桶包装，该品无挥发性，可按一般化学品的有关规定运输。由于PAPI活泼的化学性质，极易与水分发生反应，生成不溶性的脲类化合物并放出二氧化碳，造成鼓桶并致黏度升高。因此在贮存过程中，必须保证容器的严格干燥密封并充干燥氮气保护。PAPI应于室温（20～25℃）下于通风良好室内严格密封保存；若贮存温度太低（低于5℃）可导致其中产生结晶现象，因此必须注意防冻。一旦出现结晶，应在使用前于70～80℃加热熔化，并充分搅拌均匀。应避免于50℃以上长期存放，以免生成不溶性固体并使黏度增加。在适宜的贮存条件下，PAPI的贮存期为1年。

【生产单位】 山东烟台万华聚氨酯有限公司、重庆长风化工厂、常州合成化工总厂等。

BI043 阻燃聚醚多元醇

【英文名】 flame retardant polyether polyols

【别名】 难燃级聚醚多元醇

【组成】 它是以高活性聚醚多元醇为基础，加阻燃元素采用特殊工艺合成的聚合物多元醇。不含卤素。

【性质】 YB-3081和YB-3082系列是难燃级聚氨酯高回弹泡沫塑料专用聚合多元醇，以其合成的聚氨酯泡沫塑料不仅具有较高的承载能力和良好的回弹性能，而且还使泡沫的泡孔结构，物理力学性能得到改进。尤其在阻燃性能方面性能卓越：氧指数高（≥28%），烟密度低。用它可很方便地配制成各种组合料。不仅具有普通聚合物多元醇的所有性能，而且具有很好的阻燃效果。其中，YB-3081聚醚黏度低，价格更便宜。

以其为主合成的泡沫制品兼具难燃、开孔双重特性。氧指数≥28%，烟密度≤60，回弹率≥60%。

【制法】 与催化剂等助剂配伍，配制成组合聚醚，与多异氰酸酯（TDI、PAPI）按比例高速混合均匀、浇铸，可制成难燃级模塑制品及箱式发泡与连续块状泡沫制品。泡沫制品的密度，可根据用户的要求调控，一般可控制在模塑40～70kg/m^3，块状30～45kg/m^3。

参考配方1(模塑HR泡沫)		参考配方2(块状HR泡沫)	
YB-3081难燃级聚醚多元醇/份	50	YB-3082难燃级聚醚多元醇/份	150
高活性聚醚多元醇(羟值32～35)/份	50	有机硅表面活性剂/份	1.0～1.5
有机硅泡沫稳定剂/份	0.5～1.5	交联剂/份	1.8～2.2
水/份	2～4	催化剂1/份	0.3～0.35
主催化剂1/份	0.3～0.8	催化剂2/份	0.10～0.15
辅催化剂2/份	0.05～0.2	水/份	4.0～5.0
链增长剂/份	0.5～1	TDI指数	0.02～1.05
异氰酸酯指数	1.00～1.05		

【质量标准】

项目	YB-3081	YB-3082-75	YB-3082-85	YB-3082-100
外观	乳白色黏稠状液体	乳白色黏稠状液体	乳白色黏稠状液体	乳白色黏稠状液体
黏度(25℃)/mPa·s	2000±200	1400～1500	1450～1550	1500～1600
相对密度	1.10±0.03	1.10±0.03	1.15±0.03	1.15±0.03
羟值/(mgKOH/g)	32±2	30±1	29.5±1.0	29±1
酸值/(mgKOH/g) <	0.1	0.1	0.1	0.1
水分/% <	0.3	0.2	0.2	0.2

【用途】 家具行业，缓冲材料。应用涉及HR泡沫的所有领域：汽车、火车、航空之坐垫等行业。飞机、火车、汽车、轮船的座椅，靠背、头枕、家具、装饰，特殊要求下的包装品。

【安全性】 微毒。如接触皮肤，可用自来水冲洗。本产品用200kg、50kg绿色镀锌桶包装或用25kg聚乙烯包装，避光密封贮存，慎防其他杂物和水分渗入。

【生产单位】 江苏江阴友邦化工有限公司。

BI044 液化 MDI

【英文名】 modified MDI；liquified MDI

【别名】 改性 MDI

【组成】 液态 MDI 由于改性的方法不同，有如下4个品种。

① 氨基甲酸酯改性的 MDI，官能度为2.0。

② 碳化二亚胺改性的 MDI，平均官能度为2.0。

③ 二氮环丁酮亚胺改性的 MDI，平均官能度为2.2。

④ 氨基甲酸酯和二氮环丁酮亚胺改性的 MDI，平均官能度为2.1。

【性质】 液态 MDI 是20世纪70年代发展起来的一种改性 MDI，可适用于制造特殊性能要求的聚氨酯整皮模塑制品，增加制品的耐燃度等性能。

【制法】 除了在 MDI 制造过程通过增加2,4′-MDI比例而使 MDI 成为液态，可通过掺混 TDI、粗 MDI 等制得含 MDI 较多的混合物，有的异氰酸酯生产商有这种异氰酸酯供应。最常用的 MDI 液化技术是通过在工业上普遍可得到的4,4′-MDI中引入氨基甲酸酯或碳化二亚胺基团，得到液态的 MDI 改性物。

【质量标准】 烟台万华聚氨酯股份有限公司的液化 MDI（碳化二亚胺-脲酮亚胺改性）系列产品，NCO 质量分数均在28%～30%范围，外观均为淡黄色液体，黏度均不大于60mPa·s，凝固点不大于15℃，密度（25℃）均在1.21～1.23g/cm^3，酸分（以 HCl 质量分数计）不大于0.04%。

万华公司液化 MDI 产品的特性及用途

牌号	推荐特征	用途
MDI-100HL	高4,4′-体含量，高效催化剂	微孔泡沫、整皮泡沫
MDI-100LL	高4,4′-体含量，低效催化剂	微孔泡沫、整皮泡沫
MDI-50HL	高2,4′-体含量，高效催化剂	高回弹泡沫、整皮泡沫
MDI-50LL	高2,4′-体含量，低效催化剂	高回弹泡沫、整皮泡沫

可将两种液化 MDI 混合使用，也可将 MDI 先经乙二醇改性后再经部分碳化二亚胺改性。改性聚合 MDI 产品指标如下。

项目	指标	项目	指标
外观	深棕色液体	黏度(25℃)/mPa·s	150±50
密度(25℃)/(g/cm^3)	1.22±0.05	NCO质量分数/%	28±1

注：烟台长河聚氨酯有限公司改性聚合 MDI 产品 TGM-2 技术指标。

【用途】 主要应用于高性能微孔聚氨酯弹性体、模塑软质聚氨酯、自结皮泡沫塑料的制造，包括：鞋底、实芯轮胎、汽车保险杠、挡泥板、减震器、阻流板、方向盘、座椅头枕、扶手、内饰件等。还大量应用于胶黏剂、涂料、织物涂层整饰剂等的制造。

【安全性】 液化 MDI 在呼吸吸入和皮肤吸收方面毒性较低；尽管如此，仍存在一定毒性。当物料温度被加热到 40℃ 以上时（如熔化时）或是工作环境通风不良，将会增加其蒸气毒害性，另外采用喷涂工艺施工作业的场所，会导致空气中悬浮粒子浓度增加而产生毒害。在类似环境中作业应佩戴防毒面具和呼吸器，否则，反复吸入超标浓度的蒸气会引起呼吸道过敏。

即使在正常条件下，由于 MDI-100LL 活泼的化学性质，在操作时应小心谨慎，防止其与皮肤的直接接触及溅入眼内，请穿戴必要的防护用品（手套、防护镜、工作服等）。一旦溅到皮肤上或眼内，应立即用清水冲洗，皮肤用肥皂水洗净。

本产品用镀锌大铁桶包装，250kg/桶。贮存过程中，必须保证容器的严格干燥密封并充干燥氮气保护。15～25℃ 下贮存，贮存时注意密封、防水、防潮、防晒。若贮存温度太低（低于 15℃）可导致其中产生结晶现象，因此必须注意防冻。一旦出现结晶，应在使用前于 70～75℃ 加热熔化，并充分搅拌均匀，熔化温度不得超过 75℃。应避免于 50℃ 以上长期存放，以免生成不溶性固体并使黏度增加。在适宜的贮存条件下，产品保质期 6 个月。

【生产单位】 山东烟台万华聚氨酯有限公司，黎明化工研究院，烟台长河聚氨酯有限公司等。

BI045　**聚醚多胺**

【英文名】 amino-terminated polyether；CGA

【别名】 端氨基聚醚

【结构式】

$$(CH_3)_3SiO[Si(CH_3)_2O]_m[Si(CH_3)O]_nSi(CH_3)_3$$

$$CH_3-O(CH_3-CH-O)_\pi CH_2-CH-NH_2$$
$$\qquad\qquad\qquad CH_3 \qquad\qquad CH_3$$
$$CH-O(CH_3-CH-O)_\pi CH_2-CH-NH_2$$
$$\qquad\qquad\qquad CH_3 \qquad\qquad CH_3$$
$$CH_2-O(CH_3-CH-O)_\pi CH_2-CH-NH_2$$
$$\qquad\qquad\qquad CH_3 \qquad\qquad CH_3$$

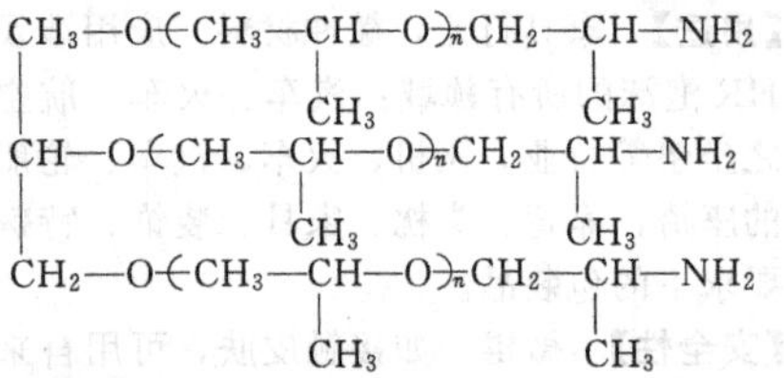

【性质】

CGA2-2000：分子量为 2000，官能度为 2。

CGA2-5000：分子量为 5000，官能度为 3。

CGA2-300：分子量为 300，官能度为 3。

【制法】 由普通聚醚多元醇经高压催化加氨加氢制备。

【质量标准】 外观：无色至浅黄色透明液体，有碱性。总氨含量（占端基的）：≥96%。水分：<0.2%。

【用途】 主要用于喷涂聚脲弹性体、RIM 制品、环氧树脂固化剂等。

由端氨基聚醚与异氰酸酯等制得的喷涂聚脲弹性体强度高、延伸率大、耐摩擦、耐腐蚀、耐老化，广泛应用于混凝土和钢结构表面的防水防腐耐磨涂层，以及其他构件的防护、装饰涂层。端氨基聚醚应用于环氧树脂固化剂，可提高制品的韧性，大量用于环氧树脂工艺品的制造。

【安全性】 低毒。镀锌铁桶包装，每桶 200kg。在阴凉、干燥、通风处存放。

【生产单位】 扬州晨化集团有限公司。

BI046　**聚硅氧烷-聚氧烷撑嵌段共聚物**

【英文名】 Si-C type foam stabilizer

【化学名】 聚硅氧烷-聚烷醚嵌段共聚物

【别名】 匀泡剂；硅-碳型泡沫稳定剂

【结构式】

$$(CH_2)_3O(C_2H_4O)_\pi(C_3H_6O)_7R$$

【性质】 本品为淡黄色至黄色透明黏稠液体，能溶于直链烷烃、芳烃、醚类等有机溶剂中，在水中的溶解度随温度的升高而降低。由于聚硅氧烷和聚烷醚是以硅-碳键相连接的，因而具有耐水解性，能够长时间稳定贮存。

【质量标准】

企业标准（黎明化工研究院）

指标名称	指标
外观	淡黄色或黄色透明黏稠液体
黏度(25℃)/mPa·s	700～1500
密度(d_4^{25})/(g/cm³)	1.030～1.060
酸值/(mgKOH/g)	≤0.20

【用途】 本品适用于聚氨酯硬泡，是聚氨酯泡沫配方的关键组分，起着乳化各原料组分、控制泡孔结构和稳定泡沫的作用。具有使制品强度高、尺寸稳定性好、泡孔匀细等优点。因本品具有良好的耐水解性和贮存稳定性，尤其适用于生产组合聚醚。

【制法】 将端烯丙基聚醚与含活泼氢的聚硅氧烷在铂类催化剂的作用下，于一定的温度下反应至物料透明，然后再经中和、过滤即得硅-碳型泡沫稳定剂。

【安全性】 微毒。如接触皮肤，可用自来水冲洗。用镀锌铁桶包装，每桶净重200kg。密封贮存于干燥通风处，避免接近热源及日光曝晒。本品按非危险品运输。

【生产单位】 黎明化工研究院，上海高桥石化公司化工三厂，南京金陵石化公司塑料厂，临海市化工厂等。

BI047 二苯基甲烷-4,4′-二异氰酸酯

【英文名】 diphenyl methane-4,4′-diisocyanate；MDI

【别名】 4,4′-二苯基甲烷二异氰酸酯

【结构式】

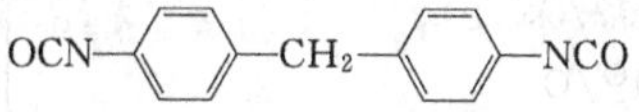

【性质】 最常用的纯MDI工业品主要是指4,4′-MDI，即含4,4′-二苯基甲烷二异氰酸酯99%以上的MDI，又称MDI-100，此外它还有少量2,4′-MDI和2,2′-MDI两种异构体，2,2′-结构的MDI含量很小。常温下4,4′-MDI是白色至浅黄色固体，熔化后为无色至微黄色液体，折射率1.5906，闪点（开杯式）202℃，沸点208℃/1.3kPa。可溶于丙酮、四氯化碳、苯、氯苯、硝基苯、二氧六环等。

高2,4′-MDI含量的MDI产品与4,4′-相比具有较低的反应活性和熔点。一般，当MDI中2,4′-异构体占25%（质量分数）时，在常温下就是液态。由于2,4′-体与4,4′-体MDI反应活性的差异，MDI-50（4,4′和2,4′-异构体各50%的MDI产品）为模塑制品的生产提供了更好的流动性能，并可作为TDI的替代品应用于软质聚氨酯泡沫的生产，减轻环境污染，改善操作条件。纯MDI基本物理指标如下。

项目		MDI-100	MDI-50
外观		白色晶状固体	无色透明液体
纯度/%	≥	99.6	99.6
熔点(凝固点)/℃		38.5～39	≤15
相对密度(50℃/4℃)		1.19	1.22～1.25
黏度(50℃)/mPa·s		4.7	3～5
沸点(5×133.32Pa)/℃			196℃
水解氯/%	≤	0.005	0.005

续表

项目		MDI-100	MDI-50
环己烷不溶物/%	≤	0.3	0.3
2,4′-异构体含量/%		≤1	50±5
色数(APHA)	≤	30	30
比热容/[J/(g·K)]		1.38	1.38
熔化热/(J/g)		101.6	101.6
燃烧热/(kJ/g)		29.1	29.1
闪点①/℃		213	213
燃点①/℃	>	220	220
蒸气压(40℃)/Pa		0.0133	0.0133

①闪点用克利夫兰(Cleveland)杯按 ASTM D92 测试。

注:烟台万华聚氨酯有限公司产品。

【制法】 MDI 合成过程分为苯胺与甲醛的缩合及二苯基甲烷二胺的光气化两步。它可单产或者与 PAPI 联产。工业上一般采用联产方法，将部分 MDI 减压蒸馏出来，剩余的即为粗 MDI 即 PAPI。

【质量标准】

国家标准 GB/T 13941—92

指标名称			优等品	一等品	合格品
色度(铂钴色号)		≤	30	100	120
MDI 纯度(质量分数)/%		≥	99.6	99.6	99.4
凝固点/℃		≥	38.1	38.1	38.1
水解氯含量/%		≤	0.003	0.005	0.005
环己烷不溶物/%		≤	0.5	0.5	1.0
劣化试验	色度(铂钴色号)	≤	50	—	—
	环己烷不溶物/%	≤	1.65	—	—

【用途】 主要用于制备热塑性聚氨酯弹性体、氨纶、PU 革、PU 鞋底、PU 汽车部件等。

安全性 MDI 的蒸气压比 TDI 低，刺激性较 TDI 小，在呼吸吸入和皮肤吸收方面毒性较低。尽管如此，由于 MDI-100 为异氰酸酯系化合物，仍存在一定毒性，可导致中度眼睛刺激和轻微的皮肤刺激，可造成皮肤过敏。MDI 易与皮肤及身体中的水分和组织发生反应。勿与皮肤接触。如接触皮肤后，应用水冲洗。空气中允许浓度为 0.02 $\times 10^{-6}$。当物料温度被加热到 40℃以上时(如熔化时)或是工作环境通风不良，将会增加其蒸气毒害性，另外采用喷涂工艺施工作业的场所，会导致空气中悬浮粒子浓度增加而产生毒害。在类似环境中作业应佩戴防毒面具和呼吸器，否则，反复吸入超标浓度的蒸气会引起呼吸道过敏。即使在正常条件下，由于 MDI-100 活泼的化学性质，在操作时应小心谨慎，防止其与皮肤的直接接触及溅入眼内，建议穿戴必要的防护用品（手套、防护镜、工作服等)。镀锌铁桶包装。按关于一般化学品要求运输。MDI 在室温下易于生成不溶解的二聚体，所以 MDI 需要在 15℃以下保存，最好是在 5℃以下贮藏，尽早使用。应保证包装容器的干燥密封，以防水分侵入。

【生产单位】 山东烟台万华聚氨酯股份有限公司。

BI048 阻燃型高回弹组合聚醚

【英文名】 combined polyether YB-518X for flame retardant HR foams

【组成】 组合聚醚是以该公司自产的难燃聚合物聚醚多元醇为主要原料，添加交联剂、发泡剂、催化剂等，经混合而成。

【性质】 及质量标准组合聚醚呈微碱性。

【质量标准】

项目	指标
外观	乳白色黏稠状液体
黏度(25℃)/mPa·s	1300±100
羟值/(mgKOH/g)	32±2
水分/%	3.1±0.1

建议配比及反应特性工艺参数如下。

A：B料质量比	100：(40±2)(座椅) 100：(38±2)(靠背)
机械混合时间/s	3～6
料温/℃	20～25
乳白时间/s	9～10
上升时间/s	70～80
模温/℃	65±5
脱模时间/s	300～360

泡沫物性如下。

拉伸强度/kPa	＞150
回弹性/%	65～70
压缩变形值(50%)/%	＜6
泡沫芯密度/(kg/cm³)	45～55
断裂伸长率/%	＞120
氧指数	≥28
撕裂强度/(N/cm)	＞3
烟密度/SDR	≤60

【用途】 该组合料之特点是制品泡沫密度低，适用于家具座椅和汽车座椅及靠背等。江阴友邦化工有限公司高回弹组合料牌号性能及应用如下。

型号	特点	应用范围
YB-5181	系组合料，制得的制品耐撕裂好，适用于复杂模具	应用于头枕等高密度泡沫制品
YB-5182	系难燃级PU组合料，原料流动性好，适用于复杂结构模具，泡沫制品综合性能好	适做泡沫芯密度50～55kg/m³的难燃级座椅等产品
YB-5183	系HRF组合料，特色是制品密度低(36～42kg/m³)，但硬度较高，强度良好	适合家具座椅及汽车座椅的靠背
YB-5184	系HRF组合料，制品密度低(40～45kg/m³)	适用于家具、汽车座椅、靠背等制品
YB-5185	系HRF组合料，该组合料之特色是制品密度较低(45kg/m³)，脱模快(4min)，物性优越，制品具有难燃、高回弹等系列性能	可应用于进口生产线制轿车坐垫等

【安全性】 微碱性，微毒，如溅在皮肤上应用水冲洗。聚醚（A料），200kg绿色镀锌桶包装；异氰酸酯（B料），200kg红色镀锌桶包装。常温阴凉处密封贮存，避免阳光直射，慎防杂质、水分渗入。

【生产单位】 江苏江阴友邦化工有限公司（江阴友邦聚氨酯有限公司）。

BI049 微孔鞋底用聚氨酯树脂

【英文名】 polyurethane resin for shoe sole

【别名】 鞋底聚氨酯原液；PU 鞋底原液

【组成】 鞋底用聚氨酯树脂一般采用三液系统，是由多元醇混合物（A 料）、异氰酸酯组分（B 料）和催化剂组分（C 料）组成。

【性质】 由鞋底聚氨酯原液制造的鞋底是一种微孔聚氨酯弹性体，也可以说是一种高密度软质聚氨酯泡沫塑料。一般的模塑聚氨酯微孔鞋底具有表皮，有的表皮厚而密度大，也属整皮软质泡沫塑料。

微孔聚氨酯鞋底强度高、弹性好、质轻、耐磨、舒适、防滑，对地面的冲击具有缓冲作用。使用聚氨酯树脂可制成多种颜色、多硬度鞋底。作为鞋底、鞋垫的聚氨酯微孔弹性体的密度在 0.6g/cm^3 以下，密度可低至 0.2～0.25g/cm^3，比传统的、密度为 1.2～1.4g/cm^3 的橡胶和 PVC 的密度要低许多。此外聚氨酯鞋底在成型加工过程中，比传统的 EVA 和 PVC 树脂鞋底的粘接性和加工性都好。

【制法】 聚酯型 PU 鞋底原液多采用半预聚体法，组成三组分体系。其中 A 料由部分聚酯多元醇、扩链剂（小分子二醇如乙二醇、丁二醇）、有机硅匀泡剂、发泡剂水等经混合而成，水分含量一般在 0.4%左右，水分含量需准确测定。B 料为半预聚体，即由部分聚酯二醇与 MDI（含少量液化 MDI）在 60～80℃反应所得，NCO 质量分数一般在 18%～22%，在体系中一般可加微量磷酸作副反应抑制剂。C 组分为催化剂。

聚氨酯鞋底一般采用低压或高压浇铸成型，成型设备是鞋底浇铸机，由浇铸机、环行或转台烘道等装置组成。先将 A 料与 C 料、颜料用搅拌器混合均匀，马上加入发泡机料罐，并盖紧，密封好加料口。再与 B 料混合、浇铸。

多元醇组分和异氰酸酯组分在室温可能是固体，需预先烘化。例如华峰集团建议 JF-P 系列 A 组分在 50～60℃放置 10～14h，JF-I 系列 B 组分在 50～70℃放置 16～24h 为佳。具体使用时应掌握如下原则：在保证熔化的条件下，熔融时时间要尽可能缩短。

【质量标准】 德州埃法化学有限公司鞋底用聚氨酯树脂牌号及质量指标（A 组分）

产品名	黏度(40℃)/mPa·s	密度(40℃)/(g/cm^3)	水分/%	产品组合	特点	用途
A-8010	600±200	1.17±0.01	0.46±0.01	A-8010+C-2/B-200	中硬质	凉鞋、男女鞋
A-8011	700±200	1.15±0.01	0.42±0.01	A-8010+C-2/B-227	高硬质	工作鞋、男女鞋
A-8012	2500±200	1.16±0.01	0.04±0.01	A-8010+C-2/B-227	中硬质	耐寒鞋底
A-8013	800±400	1.16±0.01	0.16±0.01	A-8010+C-2/B-220	中硬质	凉鞋、旅游鞋
A-8014	800±400	1.16±0.01	0.46±0.01	A-8010+C-2/B-220	中硬质	凉鞋、女鞋
A-8015	1200±400	1.189±0.04	0.24±0.01	A-8010+C-2/B-227B	高硬质	双色鞋底内底、旅游鞋

续表

产品名	黏度(40℃)/mPa·s	密度(40℃)/(g/cm³)	水分/%	产品组合	特点	用途
A-8016	1200±400	1.18±0.04	0.46±0.01	A-8010+C-2/B-227B	中硬质	双色鞋底内底、旅游鞋
A-8017	800±400	1.16±0.04	0.50±0.01	A-8010+C-2/B-220	中硬质/中密度	凉鞋、男女鞋
A-8018	800±400	1.16±0.04	0.50±0.01	A-8010+C-2/B-220	中硬质/中密度	凉鞋
A-8019	1800±400	1.15±0.04	0.15±0.01	A-8010+C-2/B-250	双色用耐黄变	双色运动鞋
A-8020	1200±400	1.15±0.04	0.63±0.01	A-8010+C-2/B-220B	低密度、高硬度	时装女鞋、便鞋

德州埃法化学有限公司鞋底用聚氨酯树脂牌号及质量指标（B组分）

产品名	黏度(40℃)/mPa·s	密度(40℃)/(g/cm³)	*M*/*f*(NCO当量)
B-227	400±200	1.19±0.01	224～230
B-227B	500±200	1.19±0.01	224～230
B-220	400±200	1.20±0.01	217～223
B-250	900±200	1.19±0.01	246～254
B-220B	300±200	1.20±0.01	218～222

德州埃法化学有限公司鞋底用聚氨酯树脂牌号及质量指标（C组分）

产品名	黏度(25℃)/mPa·s	密度(40℃)/(g/cm³)	pH	水分/%	用途
C-2	60±20	1.19±0.01	10.6～11.6	≤0.45	一般用催化剂
C-3	80±20	1.00±0.01		≤0.05	加速脱模用催化剂
C-4	60±20	1.19±0.01	10.6～11.6	≤0.45	延迟性催化剂

注:A组分外观(25℃)均为蜡状或液态;B组分外观(40℃)透明无异物;C组分为淡黄色或黄色液体。

【用途】 聚氨酯鞋底原液用于男鞋、女鞋、旅游鞋、凉鞋及各种场合特殊用鞋的微孔聚氨酯鞋底的制造，包括单元鞋底、全聚氨酯靴鞋、鞋帮直接注底、硬鞋跟、鞋底中间层等整鞋和组合鞋底的模塑制造。

【安全性】 微毒。如接触皮肤，可用自来水冲洗。鞋底用PU树脂的聚酯多元醇组分及异氰酸酯组分采用18L方铁桶包装，充氮密封，聚酯多元醇组分净重18kg，异氰酸酯组分净重20kg，催化剂组分采用10L塑料桶包装，净重10kg。这些产品均应在阴凉干燥处存放（最好在20℃以下），注意防湿防晒，搬运时要轻拿轻放，切勿撞击。产品出厂后，在氮封不被破坏的前提下，异氰酸酯组分保质期为3个月，聚酯多元醇组分和催化剂组分的保质期为6个月。保质期后，若各项指标合格，仍可使用。

【生产单位】 烟台华大化学工业公司（万华集团），浙江华峰聚氨酯有限公司，佛山市高明区业晟聚氨酯有限公司，浙江瑞安金城聚氨酯有限公司，天津鑫丰合成化工有限公司，山东德州埃法化学有限公司，南通晋通聚氨酯有限责任公司，浙江飞达公司，江苏无锡双象化学工业有限公司，温州盈丰化工实业公司，鹤山市新科达企业有限公司等。

BI050 软质聚醚型聚氨酯泡沫塑料

【英文名】 flexible polyether polyurethane foams

【结构式】

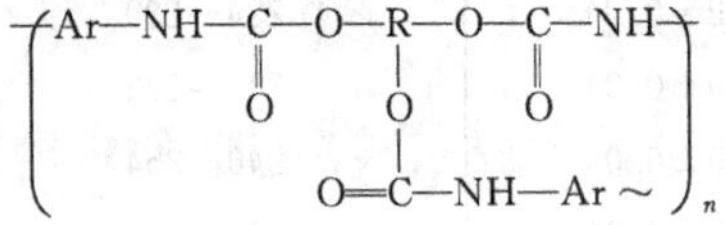

式中，Ar为 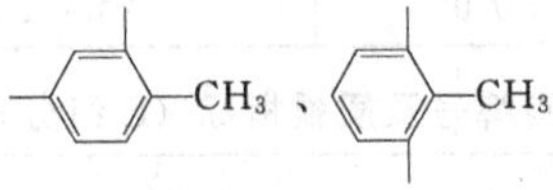；

R为 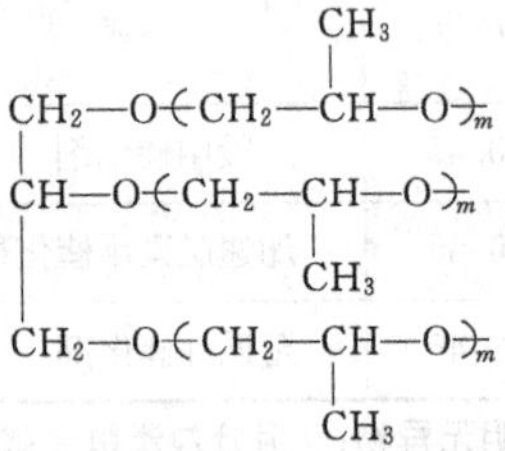

（n、m为聚合度）。

【性质】 它具有良好的绝热、隔声、回弹及抗震性能。在原料组分中引入阻燃元素或加入阻燃剂，可使制品具有自熄性或阻燃性。物性可调，一般范围见下表。

软质泡沫性能的一般数值

指标名称	数值
密度/(kg/m³)	10～70
拉伸强度/kPa	8.8～117
伸长率/%	150～300
回弹性/%	≥30
压缩变定/%	≤10
热导率/[W/(m·K)]	0.034～0.041
熔点/℃	170～190
燃点/℃	360
介电常数(10^5Hz)	1.4
介电损耗角正切(10^6Hz)	0.01
体积电阻率/Ω·cm	10^{11}

【制法】 聚氨酯软泡一般采用以聚醚三醇为主的多元醇体系，与甲苯二异氰酸酯（TDI）在催化剂、发泡剂、匀泡剂等助剂的存在下进行发泡反应，得到的是交联的网络分子结构。

工业通常采用一步法工艺生产。由末端含有伯、仲羟基的多官能团（一般为2～3官能团）聚醚多元醇与甲苯二异氰酸酯在发泡剂、催化剂、泡沫稳定剂及其他助剂的存在下，按一定配比，通过强烈搅拌混合，经过室温发泡固化成型。

普通聚醚型软质聚氨酯泡沫塑料工业化生产一般采用水平发泡机或垂直发泡机，进行连续化机械生产。小批量生产也可采用箱式发泡方式生产，热模塑成型。

【质量标准】 GB 10802—89 标准根据软泡表观密度的大小分成 JM-15、JM-20、JM-25 和 JM-30 四种型号。每种型号有优等品、一等品和合格品三档。

指标名称		优等品				一等品				合格品			
		JM15	JM20	JM25	JM30	JM15	JM20	JM25	JM30	JM15	JM20	JM25	JM30
表观密度/(kg/m³)	>	15.0	20.2	25.0	30.0	15.0	20.0	25.0	30.0	15.0	20.0	25.0	30.0
拉伸强度/kPa	>	90	100	100	100	85	90	90	90	80	85	85	85

续表

指标名称		优等品				一等品				合格品			
		JM15	JM20	JM25	JM30	JM15	JM20	JM25	JM30	JM15	JM20	JM25	JM30
伸长率/%	＞	220	200	180	180	200	180	160	150	180	160	140	130
75%压缩永久变形/%	＜	5.5	5.0	4.5	4.0	7.0	7.0	6.0	6.0	10.0	10.0	10.0	10.0
回弹性/%	＞	40	45	45	45	35	40	40	40	30	35	35	35
撕裂强度/(N/cm)	＞	3.50	3.50	2.50	2.50	3.00	3.00	2.20	2.20	2.50	2.50	1.70	1.70
压陷性能													
压陷 25%硬度/N	＞	70	85	85	95	60	80	80	90	50	75	80	80
压陷 65%硬度/N	＞	120	130	140	180	90	120	130	160	90	120	130	140
65%/25%压陷比	＞	1.5	1.5	1.5	1.8	1.5	1.5	1.5	1.7	1.4	1.4	1.5	1.5

GB 10802—89 标准还规定了软泡片材长度、宽度、厚度尺寸和极限偏差，对外观质量中的孔径、色泽、条纹、刀纹、裂缝、气孔、两侧表皮、污染等项目也作了规定。

【用途】 不同密度的软泡，其主要用途有些差别：JM-15 主要用于包装；JM-20 主要用于家具、靠垫、床垫、服装、鞋帽衬里和包装等；JM-25 用于家具、坐垫、靠垫、床垫、地毯衬垫、服装鞋帽衬里、包装等。此外，在隔声、绝热、过滤、浮油吸收、医疗、三废治理、运动器材等方面也得到广泛应用。

【安全性】 软质聚氨酯泡沫塑料基本无毒性。但在生产过程应注意因反应放热而引起的有毒 TDI 的挥发，需佩戴防护用品。

【生产单位】 天津市聚氨酯塑料制品厂，上海久泰储能材料有限公司，北京泡沫塑料厂，南京金叶聚氨酯有限公司（中国石化集团金陵石油化工有限责任公司塑料厂），成都市塑料七厂，南通馨源海绵公司，上海乔福泡绵有限公司，圣诺盟控股集团东亚海绵厂，联大实业（香港）有限公司奥特宝家饰（深圳）有限公司，江苏金坛和梦海绵有限公司，江苏省启东市超锐特种海绵厂，山西省阳泉市泡沫塑料有限公司，大连聚氨酯泡沫塑料厂等。

BI051 聚合物多元醇

【英文名】 polymer polyol; grafted polyether polyol; copolymer polyol

【别名】 接枝聚醚；共聚物多元醇

【结构式】

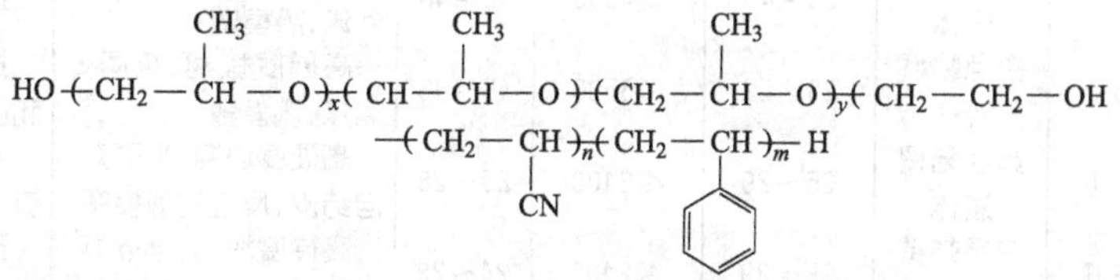

【性质】 聚合物多元醇外观一般为乳白色至淡黄色黏稠液体。几个厂家的聚合物多元醇产品性能如下。

产品名称	羟值/(mgKOH/g)	黏度(25℃)/mPa·s	用途	生产厂
TPOP31/28	26～30	≤5000	HR/半硬泡/整皮/RIM	天津第三石油化工厂
TPOP36/28	25～29	≤3500	HR/半硬泡/整皮/RIM	
TPOP36/42	40～45	≤2500	高硬度软块泡/热模塑 HR	
TPOP36/45	39～44	≤2500	高硬度软块泡/热模塑 HR	
TPOP93/28	23～28.5	≤4000	HR/半硬泡/整皮/RIM	
TPOP C-28	39～43.5	≤3100	半硬泡/整皮/热模塑 HR	
TPOP36/25	48～52	≤1000	HR 软质块泡	
TPOP C-42	30～34	5000～6500	高硬度块泡/热模塑 HR	
GPOP-36/45	38～45	≤3500	软质热模塑泡沫	高桥石化公司化工三厂
GPOP-36/28(G)	25～29	≤4000	高回弹软泡、整皮泡沫等	
GPOP-96/30	21～27	≤4000	高硬度高回弹泡沫等	
GPOP-96/42	27～31	4000～6000	高硬度块泡、热模塑泡沫	
GPOP-560S	53～59			
FH-101	38～45	≤3000	高硬度热模塑块状泡沫	张家港市飞航化工有限公司
FH-102	30～35	4000～5000	高固含量产品,高硬度块泡	
FH-104	24～30	≤4000	冷熟化 HR 泡沫	
XZ-2028	26±3	3500±300	热模塑或大块聚氨酯软泡塑料	顺德星洲合成材料有限公司
XZ-2043	30±3	≤5500	热模塑或大块聚氨酯软泡塑料	
HF31-28	26～29	≤5000	高回弹、半硬泡、整皮泡沫、RIM	绍兴恒丰聚氨酯实业有限公司
HF36-28	25～29	≤3500	高回弹、半硬泡、整皮泡沫、RIM	
HF36-42	40～45	≤2500	高硬度软泡、热模塑高回弹	
POP-SH100	27～32	≤5500	高硬度热模塑块泡(POP 固含量 42%)	上海春晖泡沫有限公司

注:大部分聚合物多元醇产品水分≤0.08、酸值≤0.1mgKOH/g、pH 值范围 5～9。FH 系列酸值≤0.3mgKOH/g、水分≤0.10%。XZ 系列为产品。HF 系列产品水分≤0.05%。

南通馨源海绵公司聚合物多元醇产品性能

品名	外观(目视)	羟值/(mg KOH/mg)	黏度(25℃)/mPa·s	固含量/%	用途	特点
XY-02/43	白色黏稠液体	30～40	≤4500	42～43	高硬度块泡,高回弹泡沫,热模塑	提高弹性
XY-02/45	白色黏稠液体	28～32	≤5500	45～46	高硬度块泡,高回弹泡沫,热模塑	提高弹性和硬度
XY-02/28Ⅰ	黄色黏稠液体	25～29	≤2100	25～28	高硬度块泡,半硬泡,自结皮,反应注射模塑	黏度低,流动性好
XY-02/28Ⅱ	白色黏稠液体	25～29	≤2100	24～28	高硬度块泡,半硬泡,自结皮,反应注射模塑	改进承载性和耐燃性
XY-03/50		32～36	≤6000	50	模塑块泡、HR 等	

注:水分≤0.05%,pH 值 6～9,丙烯腈含量≤0.01%,苯乙烯含量≤0.02%。

浙江德丰聚氨酯公司聚合物多元醇性能

项目		DF 9942	DF 2043	DFPOP-3630
外观(目测)		乳白色黏稠液体	乳白色黏稠液体	乳白色黏稠液体
固含量/%		42	≥43	≥28
密度/(kg/m³)		1.05	1.05	1.05
羟值/(mgKOH/g)		29～33	25～32	23～26
水分/%	≤	0.1	0.1	0.1
黏度(25℃)/mPa·s		≤6000	6000～7500	3000～4000
酸值/(mgKOH/g)	<	0.1	0.1	0.1
pH 值		6～9	6～9	6～9
备注		普通聚醚	普通聚醚	以高活性聚醚为基础

【制法】 常见的商品聚合物多元醇是由以通用聚醚多元醇为基础，加丙烯腈、苯乙烯（或甲基丙烯酸甲酯等乙烯基单体）及引发剂偶氮二异丁腈，在氮气保护下进行自由基接枝聚合而成。维持正压可限制反应混合物中乙烯基单体的挥发，促使反应进行。反应温度范围一般在 115～125℃。连续工艺的停留时间范围最好是 30～120min，间歇工艺的停留时间最好控制在 4h 左右。反应结束后一般需减压脱除未反应的单体。减轻聚合物多元醇的气味。聚合物多元醇的合成主要有间歇和连续两种工艺。

在间歇工艺中，一般是将部分基础聚醚与乙烯基单体、引发剂、链转移剂等混合物料缓慢滴加到有分散剂和部分基础聚醚混合物的搅拌着的反应器中。间歇工艺在每釜配料时将基础聚醚分为釜底料（釜底预先加入的少量基础聚醚和全部分散剂，以便能够得着搅拌）和釜顶料两部分。在合成聚合物多元醇中，控制单体加入速度是关键，一般是将乙烯基单体混合料缓慢地滴加到反应釜内。间歇法物料反应完全所需时间较长。且不利于生产低黏度、高固含量产品。有时在间歇工艺中采用连续工艺所制备的接枝多元醇产品为“晶种”，生产粒径分布宽、固含量大于 30% 的 POP。

连续工艺是将所有原料混匀后连续加入反应器中。连续工艺可保证了滴加混合料中乙烯基单体浓度最低且恒定，促使单体快速转变成接枝共聚物和非接枝共聚物，减少均聚现象，减少了乙烯基聚合物在反应器中的停留时间，确保 POP 中聚合物粒子直径基本上都小于 30μm，避免乙烯基聚合物在反应器内结垢。因此，该工艺有利于降低产品黏度，生产高质量的高固含量 POP 产品。连续工艺多采用双釜流程。双釜流程是指在 POP 制造工艺中装 2 台串联的反应釜，其工艺流程如下所示。

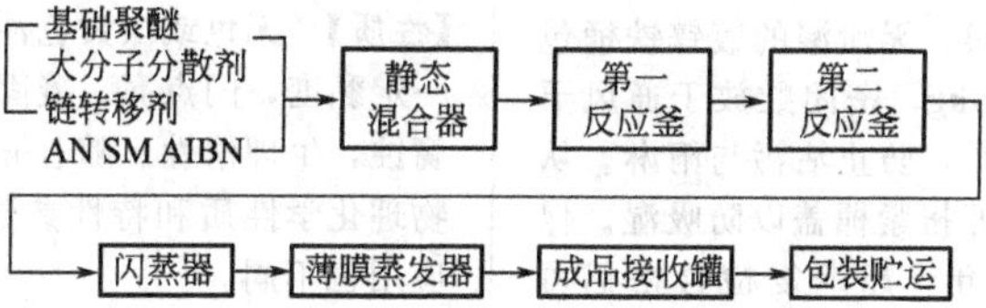

【质量标准】 金陵石化有限责任公司化工二厂的企业标准 Q/SH 004.6.13—1997

牌号	羟值/(mgKOH/g)		水分/%		黏度(25℃)/mPa·s
	优等品	一等品	优等品	一等品	
GP101	29±2	29±3	0.05	0.10	≤3000
GP102	27±2	27±3	0.05	0.10	2000～3000
GP103	27±2	27±3	0.05	0.10	≤4000
GP104	27±2	27±3	0.05	0.10	≤4000
GP201	33±2	33±3	0.05	0.10	≤5000
GP202	33±2	33±3	0.05	0.10	3700～5000
GP4417	46±2	46±3	0.05	0.10	≤1700
GP120	29±2	29±3	0.05	0.10	≤2000

注：外观白色至淡黄色黏稠液体，酸值≤0.3mgKOH/g。

【成型加工】 按常规泡沫配方和工艺，聚合物多元醇与聚醚 3010、聚醚 5613 等混合使用，可以有效提高泡沫的硬度，若添加到高回弹泡沫配方中，将可获得更高的硬度。单独作为多元醇使用，可以生产超硬度的高承载聚氨酯泡沫。

【用途】 用于制造高承聚载氨酯泡沫。用于冷熟化高回弹泡沫，可增加泡沫制品的压缩强度，即提高聚氨酯泡沫塑料的硬度和承载性能，并可增加泡沫的开孔性。可用于生产高硬度软质块泡、高回弹泡沫、热模塑软泡、半硬泡、自结皮泡沫、反应注射模塑（RIM）制品等。

【安全性】 本产品属低毒化学品。某些产品含残留苯乙烯等单体，蒸气对眼睛有刺激，吸入蒸气时能引起头痛、食欲不振、呕吐等。皮肤沾污后用肥皂清水冲洗，溅入眼内，用低压清水冲洗或请医生治疗。闪点较高，可燃，闪点≥200℃，无爆炸性。需远离火源和热源。操作时佩戴防护用品。

用清洁、干燥、无泄漏的镀锌铁桶包装，每桶净重 200kg，密闭贮放于通风干燥阴凉处。贮运时，防止沾污与雨淋。从包装桶取料后立即扭紧桶盖以防吸湿。保质期为半年到 1 年。超期复检合格仍可使用。

【生产单位】 天津第三石油化工厂，高桥石化公司化工三厂，金陵石化化工二厂，南通馨源海绵公司，浙江德丰聚氨酯公司，张家港市飞航化工有限公司，顺德星洲合成材料有限公司，绍兴恒丰聚氨酯实业有限公司，上海春晖泡绵有限公司，江苏镇江市东昌石油化工厂等。

BI052 聚氧丙烯聚氧乙烯甘油醚

【英文名】 polyoxypropylene polyoxyethylene glycidolether

【结构式】

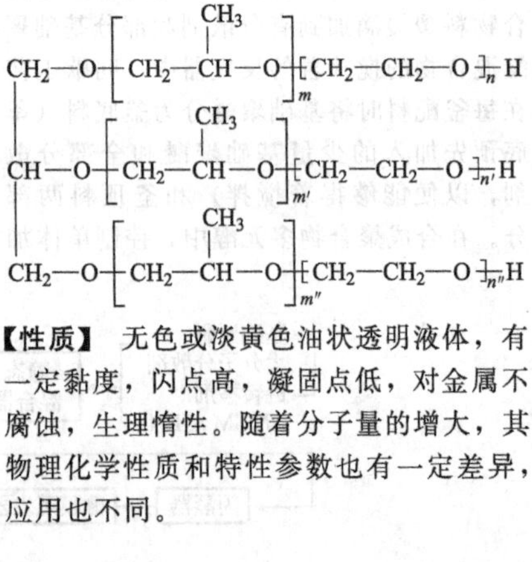

【性质】 无色或淡黄色油状透明液体，有一定黏度，闪点高，凝固点低，对金属不腐蚀，生理惰性。随着分子量的增大，其物理化学性质和特性参数也有一定差异，应用也不同。

【质量标准】

企业标准（上海高桥石化公司化工三厂）

指标名称	指标
羟值/(mgKOH/g)	28～36
酸值/(mgKOH/g) ≤	0.1
水分/% ≤	0.1
黏度(25℃)/mPa·s	850～900
伯羟值/% ≥	70

【制法】 在反应釜中加入甘油和氢氧化钾，升温混合后，减压脱水。

在聚合釜中加入催化剂溶液，使它引发环氧丙烷和环氧乙烷开环聚合，直至聚合反应结束。将制得的粗聚醚用无机酸中和，然后用吸附剂吸附、压滤即得成品。

【用途】 高活性聚醚是生产聚氨酯制品的一种新型原料，由于性能优良，被广泛应用于汽车工业和家具工业。用高活性聚醚制得的高回弹汽车坐垫，由于弹性好，乘坐舒适受到普遍欢迎，此外，还可以用于自结皮，半硬质和弹性体等聚氨酯制品的生产。

【安全性】 树脂的生产原料，对人体的皮肤和黏膜有不同程度的刺激，可引起皮肤过敏反应和炎症；同时还要注意树脂粉尘对人体的危害，长期吸入高浓度的树脂粉尘，会引起肺部的病变。大部分树脂都具有共同的危险特性：遇明火、高温易燃，与氧化剂接触有引起燃烧危险，因此，操作人员要 改善操作环境，将操作区域与非操作区域有意识地划开，尽可能自动化、密闭化，安装通风设施等。

用清洁干燥的马口铁桶包装，每桶重200kg，加盖密封，要求防潮，避免露天堆放，常温下贮存期为一年以上，按非危险品运输。

【生产单位】 上海高桥石化公司化工三厂，天津石化三厂，锦西化工总厂，南京钟山化工厂，张店化工厂等。

Bm 有机硅树脂与塑料

1 有机硅聚合物的定义

有机硅聚合物即聚有机硅氧烷（Si），主链由 Si—O 键构成，侧链与有机基团相连，通过交联形成体型结构。有机硅按产品形式有，硅油、硅橡胶和硅树脂。它们都具有憎水、防潮，耐高低温，电绝缘、耐老化等特性。

2 有机硅树脂

2.1 有机硅油

有机硅油是由单官能团和双官能团的甲基氯硅烷、乙基氯硅烷或苯基氯硅烷等经水解缩聚而成的具线型结构的油状液体。硅油的种类很多，最常用的是聚二甲基硅氧烷（二甲基硅油）和聚甲基苯基硅氧烷（苯甲基硅油）。

有机硅油的主要特征是：耐热性高，电绝缘性能好，黏度、温度系数小，表面活性大、表面张力小，憎水防潮，化学稳定性好，对金属不腐蚀，生理惰性。各有机硅油的其他特点和用途见表 Bm-1。

表 Bm-1 各有机硅油的其他特点

品种	特点	用途
二甲基硅油	无色透明液体，闪点高，凝固点低，可在 −50～200℃长期使用，压缩率大	长效脱模剂，高低温润滑剂，加热介质和高效消泡剂，耐高温介电液体，摩擦组件的外滑剂、脱模剂、防震剂、绝缘介质、消泡剂、防水剂，抛光剂
二乙基硅油	除上述性能外，润滑性好，蒸气压低，与矿物油互溶，工作温度 −70～250℃	
苯甲基硅油	无色或淡黄色透明液体，润滑性，耐辐射，工作温度 −70～250℃	润滑剂，热交换载体、玻璃纤维处理剂、阻尼油
扩散泵油	低分子量的苯甲基硅油，抗氧化性和耐辐射性优异，蒸气压低	高真空扩散泵油，高温热载体耐久性强、润湿角大的吸水剂，织物、皮革、陶瓷、玻璃
乙基含氢硅油	除具硅油特性外，因含活泼氯，可交联成膜	建材和纸张处理剂，脱模剂、润滑油添加剂
甲基含氢硅油	除具硅油特征外，因含活泼 Si—H 键，能参加多种化学反应，成膜性好，耐热性稍差	优良的防水膜，用于纺织、造纸、制革和建筑工业，防粘特性好，作脱模剂，防粘剂，金属防锈剂

2.2 有机硅树脂与塑料

由三官能团单体和双官能团单体按一定比例水解、预缩聚，生成线型有机硅树脂，当加入炭黑、陶瓷、石棉、石英粉、白炭黑等填料，再热压成型后即成热固性塑料制品。有机硅树脂含有无机主键Si—O结构和有机侧链（一般为甲基、乙基、乙烯基、丙基、苯基和氯代苯基等），因而既具有无机高聚物的耐热性，又具有有机聚合物的韧性、弹性和可塑性。一般具有耐热性、耐寒性、耐水性、高介电性。硅树脂的特性取决于它的三维支链结构，为获得所期望的性能，在聚硅氧烷主链上引入不同的有机基团。例如，甲基可改进憎水性、表面硬度和耐燃性；苯基提供耐热性、高温柔性、耐水性和与有机溶剂的相容性，乙烯基的引入较易产生交联，其分子结构强韧；甲氧基和烷氧基促进低温交联。有机硅聚合物的特点和用途见表Bm-2。

表 Bm-2　有机硅聚合物的特点

品种	玻璃树脂	模塑料①	层合塑料
制法	甲基三乙氧基硅烷在微量酸存在下缩聚而成	甲基三乙氧基硅酸经酸性催化缩聚物加填料混炼后粉碎而成	苯基三氯硅烷和甲基三氯硅烷水解，缩聚物
特点	①溶于乙醇中呈无色至微黄色透明液 ②树脂可溶于醇、酯、酮类和苯、甲苯中，固化后耐化学性极优 ③可低温固化，固化后硬度高，耐磨、耐热、耐候、耐辐射、耐紫外线、无毒、透明、憎水防潮	①电绝缘体、耐电弧性优 ②耐水防潮，耐高温性优异，石棉填充料可在−50～250℃长期使用（短时可耐650℃） ③有一定的物理机械性能，成型收缩率小，尺寸稳定性好 ④在150℃下有较好的流动性	①耐热性优，可在250℃长期使用 ②电绝缘性优异，介电损耗低，耐电弧、耐焰 ③吸水率低
成型	涂覆、浸渍、浇铸	可浇铸、模压、注塑、粘接、贴合、封装	浸渍、层合、涂覆，可机加工
用途	飞机风挡、玻璃窗、车厢玻璃、太阳镜、涂覆铝、钢件可作防腐，电器元件的绝缘涂层	理想的耐电弧制件，做灭弧罩，火车头电器配电盘、印刷线路板、电阻换向开关、仪器的插按件	H级电机的槽模绝缘、高温继电器壳、雷达天线罩、线路接线板、印刷电路板、飞机耐火墙、耐热管材

①由苯基、甲基三氯硅烷和二甲基二氯硅烷水解、缩聚而成无溶剂树脂，加填料混炼成模塑料。其熔体流动性好，固体速度快，可注塑、浇铸、模压、传递模塑。固化物成型收缩串小，尺寸稳定性好，耐热性好，可在−60～250℃长期使用，在高温下机械、电绝缘性能降低小，耐电弧、电晕性优，憎水防潮耐臭氧、耐候、化学稳定性等都很好，介电性能也优异。塑料制品主要用于封装电子元件、半导体晶体管、集成电路等。

3　有机硅树脂分类性能与使用量

有机硅通常分为四类：硅油、硅树脂、硅橡胶、硅烷偶联剂，其中硅油占40%，硅树脂占15%，硅橡胶占40%，硅烷偶联剂占5%。

有机硅的性能是：具有卓越的耐高、低温性，优良的电绝缘性，良好的耐老化性，突出的表面活性、憎水性和生理惰性等。

有机硅的用途十分广泛，在各部门的使用量为：电子/电气25%，建筑20%，汽车10%，食品及医疗10%，办公用具

10%，其他 25%。

4 有机硅树脂的应用

用于不锈钢、铝合金、层压塑料等的黏合和高温密封。硅树脂主要用于配制有机硅绝缘漆、有机硅涂料、有机硅粘接剂和有机硅塑料等。高档建筑外墙涂料等高性能涂料是硅树脂的主要市场，主要品种有改性聚酯和改性丙烯酸树脂。此外，电子、电气工业对硅树脂的消费增长比较快，也是今后全球硅树脂发展的重要推动力，市场前景十分宽阔。

(1) 电绝缘漆　电机电器的体积、质量及使用年限，与电绝缘材料的性能有很大的关系。因此工业上要求使用多种的电绝缘漆，包括线圈浸渍漆、玻璃布浸渍漆、云母黏接绝缘漆及电子电器保护用硅漆等。

(2) 涂料　硅树脂具有优良的耐热、耐寒、耐候、憎水等特性，加之可获得无色透明且有良好黏接性及耐磨性的涂层防黏脱膜涂料及防潮憎水涂料。

(3) 黏结剂　作为黏结剂使用的聚硅氧烷有硅胶型及硅树脂型两种，两者在结构及交联密度上有差别。其中树脂型黏结剂还有纯硅树脂型及改质型树脂之分别。

(4) 塑料　主要用在耐热、绝缘、阻燃、抗电弧的有机硅塑料、半导体组件外壳封包塑料、泡沫塑料。

(5) 微粉及梯形聚合物　硅树脂微粉与无机填料相比，具有相对密度低，同时具又耐热性、耐候性、润滑性及憎水性的特点。梯形硅树脂较通用网状立体结构的硅树脂有较高的耐热性、电气绝缘性及耐火焰性。

Bm001 新型有机硅树脂

【英文名】 silicone resin

【性状及标准】 上海树脂厂有机硅乳液技术指标和用途见表。

上海树脂厂硅乳液技术指标和用途

牌号	技术指标					用途
	外观	油含量/%	不挥发物/%	乳液pH值	离心稳定性(3000r/min)	
283 乳液	白色乳液	≥30		6～8	10min 后不分层	含氢硅乳液，织物防水
284 乳液	白色乳液	≥25		6～8	15min 后不分层	脱模
284P 乳液	白色乳液	≥30		6～8	15min 后不分层	消泡
285 乳液	白色乳液	≥30		6～8	15min 后不分层(不作考核)	玻璃纤维处理剂
SAH-288 乳羟	微透明至乳白色液体	30±2		5.0～7.0	漂油率≯0.6% 分层率≯0.6%	阳离子型织物整理剂
SAH-289 乳羟	乳白色液体	31±2		6～8	漂油率≯0.7% 分层率≯0.7%	阴离子型织物整理剂
286E 乳液	白色乳液	≥30		6～8	15min 后不分层	消泡，建筑物防水，脱模

【特点和用途】 化工部成都有机硅研究中心产的有机硅树脂 GJT/GS/SA 牌号系列：

① 优良的 H 级电绝缘材料，可在

−50～180℃温度下长期使用，适合变压器浸渍漆、云母板粘接材料石质基材耐候保护材料；②适合电磁线涂覆漆、硅钢片漆、金属薄板卷涂料；③适合玻璃丝包线漆、电机浸渍漆、电热设备耐热绝缘涂料、高温除尘用玻纤织物浸渍料；④适合软云母带成型材料、玻纤套管、玻纤节涂覆料；⑤为有机硅含量甚低的硅树脂，由它制成的特种模塑料具有很优异的耐电弧性、防潮、耐热、高绝缘性，适用于绝缘开关。对多种基材具有一定的黏附性，也用于多种基材表面处理的涂覆材料。⑥传递模塑成型用硅树脂，对颜料有良好的配伍性。它与无机填料、颜料、脱模剂配合经混炼而成模塑料，流动性好，固化速度快，适合传递模成型，可制备多种耐高、低温、电气绝缘、耐电弧、防潮等性能的塑料制品。广泛应用于机电、仪表接插件和IC包封等，是高性能电子元件塑封用的好材料。⑦醇溶液有机硅树脂，是由烷基、芳基乙氧基硅烷经水解、缩合而成的高聚物。可按任何比例溶于乙醇中，具有优异的烧蚀隔热性能及低温固化等特点，特别适合用于高温、高压和高速气流冲刷的烧蚀隔热涂料胶黏剂，也用于耐高温、防腐涂层胶黏剂。

【生产单位】 化工部成都有机硅研究中心，上海树脂厂，信越化学工业公司。

Bm002 新型有机硅模塑料

【英文名】 silicone moulding compound

【性质】 （1）无溶剂有机硅模塑料　无溶剂有机硅模塑料具有良好的传递模塑流动性，固化速度较快，成型收缩率小，尺寸稳定性好。固化后的有机硅模塑料制品具有良好的耐高低温性能，可在−60～250℃温度范围内长期使用，短期耐热可达350℃。高温下，它的力学性能降低很小。此外，它还具有优良的耐电弧和电晕、耐化学药品、憎水防潮、耐臭氧、耐气候老化等特性。其介电性能十分优异，在很宽的温宽、频率范围内变化很小。其结构为$[(C_6H_5)SiO_{1.5}]_x[(CH_3)BiO_{1.5}]_y[(CH_3)_2SiO]_z$（式中含有少量羟基）。

（2）有机硅模塑料　　有机硅模塑料是以硅树脂为基料，添加适量的石棉、石英粉、白炭黑、硬脂酸钙等填料，经双辊混炼机混炼而成的热固性有机硅模压混合料。该混合料在室温下呈现石棉纤维纹的片状物料，在150℃下具有较好的流动性，能快速固化。经成型加工的塑料制品，具有优异的耐电弧、电气绝缘、耐高温特性，以及良好的物理力学性能。此外，耐潮湿性能也很好，受潮或浸水后，其电绝缘性能仍保持较好的水平。

国产有机硅模压塑料的技术指标

项目		晨光化工研究院			上海树脂厂
		GS-301	KMK-218	GS-33	34-2
密度/(g/cm³)		1.8			1.8～2
收缩率/%	≤	0.5	1		
马丁耐热/℃	≥	300	250	300	250
线胀系数/K^{-1}				$(4.4\sim4.5)\times10^{-5}$	
拉伸强度/MPa				20～22	
冲击强度/(kJ/m²)	≥	5	4.5	4～4.2	4.5
弯曲强度/MPa	≥	25	30	40～42	30
耐电弧/s	≥	180	180	180	180
表面电阻率/Ω	≥	1×10^{10}	1×10^{9}	9×10^{4}(干态)	$10^{9}\times10^{10}$

续表

项目	晨光化工研究院			上海树脂厂
	GS-301	KMK-218	GS-33	34-2
室温浸水 24h				
体积电阻率/Ω·cm ≥	1×10^11	1×10^10	6×10^10(干态)	
室温浸水 24h				
相对介电常数			4.5～4.7	
介电强度/(kV/mm) ≥	5	5	10	5
流动性/mm(拉西格) ≥	160	140～180		
贮存期/d				
30℃	120	120		

① 日本信越化学有限公司有机硅模塑粉性能见下表。

ShinEtsu 有机硅模塑粉性能

性能	KMC-8	KMC-9	KMC-10	KMC-12	KMC-13
色泽	灰	灰	灰	灰	灰
成型温度/℃	150～180	150～180	150～180	150～180	150～180
最低成型压力/MPa	3	3	3	3	3
成型时间/s	60～180	60～180	60～180	60～180	60～180
填料	二氧化硅	二氧化硅	二氧化硅+短玻纤	二氧化硅+短玻纤	二氧化硅+短玻纤
相对密度	1.86	1.86	1.86	1.86	1.86
吸水性(24h)/%	0.05	0.05	0.08	0.08	0.08
弯曲强度/MPa	52	52	62	52	62
热变形温度/℃	>300	>300	270	210	270
热膨胀系数/(1/℃×10^-5)	3.5	3.5	2.4	2.5	2.4
热导率/[(W/m·K)×10^4]	9	9	12	12	12
介电常数/MHz	3.40	3.40	3.84	3.80	3.85
体积电阻/(Ω·cm)	2×10^15	2×10^15	2×10^15	2×10^15	2×10^15

② 日本东芝有机硅公司低温干燥浸渍用树脂的性能见下表。

东芝有机硅公司低温干燥浸渍用树脂的性能

性能	TSR-108	性能	TSR-108
树脂溶液外观	浅黄色透明液体	干燥时间	12min/150℃
漆膜外观	表面平滑有光泽	体积电阻率/Ω·cm	2.5×10^16
相对密度(25℃)	1.016	介电强度/(kV/0.1mm)	8.1
黏度(25℃)/(Pa·s)	0.092	挠曲性 25℃,ϕ3mm(h)	>1000
固体含量/%	56	热失重(25℃,72h)/%	3
酸值/(mgKOH/g)	1.9		

【质量标准】

中蓝晨光化工研究院二分厂技术指标

指标名称	GZ-610 树脂	GZ-620 树脂
外观	浅黄色固体	乳白色固体
运动黏度(25℃)/(mm^2/s)	体状树脂 7～15 (50%甲苯溶液)	体状树脂 2.7～4 (25%甲苯溶液)
羟基含量/%	2.5～5	2.5～5

【生产单位】 中蓝晨光化工研究院，上海树脂厂，东芝有机硅公司，日本信越化学有限公司。

Bm003 新型聚硅氧烷乳液

【英文名】 polysiloxane emulsion

【别名】 有机硅乳剂

【结构式】

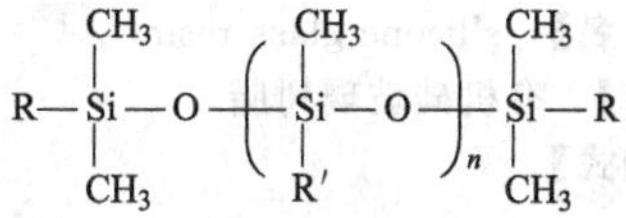

【性质】 有机硅乳剂是一种“水包油”型的，由硅油、表面活性剂和水组成的乳液，具有与硅油相同的特性，即表面张力小、对水的接触角大、对生物体（包括人类）无毒害作用、对金属不腐蚀、不易挥发、对橡胶和塑料等不互溶、且耐热和抗氧化。有机硅乳剂的主要物理性能如下所示。

指标名称	指标
外观	白色乳液
油含量/%	20～30
乳液 pH 值	6～8
离心稳定性(3000r/min)/min	15～30

【制法】 有机硅乳剂可按下述工艺流程来制备。

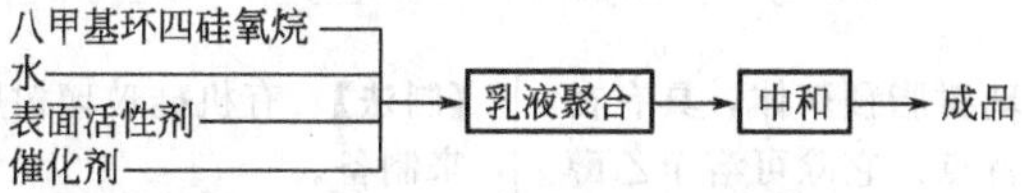

将八甲基环四硅氧烷在阴离子表面活性剂（如十二烷基苯磺酸）或阳离子表面活性剂（如十六烷基三甲基溴化铵）和催化剂存在下进行乳液聚合，直接可制得含端羟基的稳定的高分子量乳液。也可将高纯度的硅油与水、乳化剂混合，经乳化设备（如胶体磨）加工后，使硅油变成十分微细的颗粒，分散在水相中，即成为一种外观乳白色的稳定乳液。

【质量标准】

中蓝晨光化工研究院 GWA-2 阴离子有机硅微乳企业标准（Q/XGY 010—92）

指标名称		指标	指标名称		指标
透光率/%	≥	60	离心稳定性	油层	无
pH 值		6.5～8.0		沉降层	无
非挥发物含量/%		20±3		凝胶	无
萃取油黏度/mPa·s		5×10^4～2×10^5		沉淀	无或微量

【用途】 不同牌号的硅油乳剂具有不同的用途。有的适宜作味精、食品、印染、化工、制药、水泥制品等行业的水相消泡剂；有的适宜作橡胶制品、金属浇铸、玻璃制造工业的脱模剂；有的适宜作织物整理剂；有的可用来处理皮革、陶瓷和建筑材料。在使用乳化硅油作消泡剂时，先用4～10倍水冲淡，然后再滴加到需消泡的介质中，这样分散较快，效果较好，使用量一般为消泡介质的0.01%～0.001%。在作脱模剂使用时，需将乳剂用水冲淡到含油量为0.1%～1%，再用喷枪将其喷涂在模具上即可。硅油乳剂在用作织物整理剂时，不仅能处理棉、麻、丝织品，还可以处理锦纶、涤纶等合成纤维，处理后的织物具有疏水性能，且不影响纤维本身的透气性能，并能提高柔软性，减轻磨损，增加纤维的强度。此外，还能改进织物的防皱、防缩、防污、抗静电等多种性能。

【安全性】 有机硅乳剂无毒害，操作使用时不需要采用特殊的防护措施。产品采用5kg、50kg、100kg的内衬塑料铁桶包装或用清洁密闭的聚乙烯塑料桶包装。每包装容器上应贴有标签，注明生产厂名、产品名称、标准号、型号、批号、净重及生产日期，并附有产品合格证。在运输时，应轻举轻放，防止摔破容器，贮放时不得倒置。产品应保存在阴凉干燥处，防止日晒雨淋，贮存场所允许温度为5～40℃。贮存期为一年，超过贮存期，经检验合格，仍可使用。本产品属非危险品。

【生产单位】 中蓝晨光化工研究院，北京化工二厂，中蓝晨光化工研究院二分厂。

Bm004 新型硅氧烷玻璃树脂

【英文名】 silicone glass resin

【别名】 有机硅玻璃树脂

【结构式】

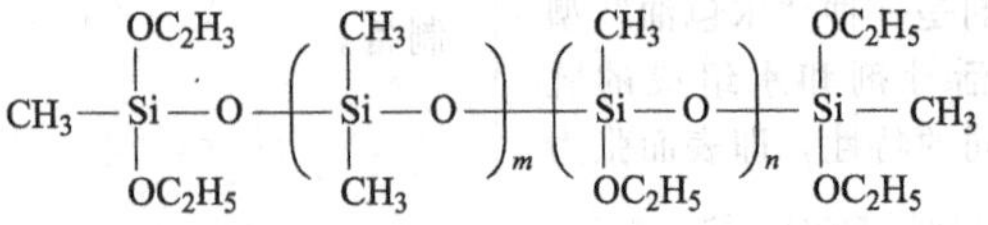

【性质】 有机硅玻璃树脂预聚体，具有在低温下快速固化的特点。它除可溶于乙醇外，还可溶于下列溶剂：丁醇、戊醇、乙酸乙酯、苯、甲苯、丙酮、环己酮等。固化后的玻璃树脂具有硬度高、耐摩擦、耐热、低温不脆化（−50℃）、疏水、防潮、耐大气老化、透明度高（可见光透光率达90%以上）、耐辐照、无毒等特性。其主要物理性能如下所示。

指标名称	指标
折射率(25℃)	1.380～1.390
树脂含量/%	50
运动黏度(25℃)/(mm^2/s)	5.5～8.5
相对密度(25℃)	0.9250～0.9750

【制法】 有机硅玻璃树脂可按下列反应式来制备。

$$CH_3Si(OC_2H_5)_3 + H_2O \longrightarrow \text{成品}$$

将一定量的甲基三乙氧基硅烷、蒸馏水、微量酸加入反应釜中，开动搅拌并升温使之反应。釜内物料逐渐变为无色透明的均相体系，然后进行中和、浓缩。随着副产物乙醇和水的蒸出，釜内温度逐渐上升，直到预熟化温度。再用无水乙醇稀释，得预聚体。预聚体中若加入少量催化剂，在50～60℃下加热数分钟，即能固化成高度交联的玻璃树脂。在不加有催化剂的情况下，需将预聚体加热到100℃，数小时后才能固化。

【质量标准】

中蓝晨光化工研究院企业标准 Q/CG-226—79

指标名称	MS-1-50	MS-1-60	MS-1-65
外观	无色至微黄色透明液体	无色至微黄色透明液体	无色至微黄色透明液体
树脂含量/%	50±3	60±3	65±3
运动黏度(25℃)/(mm^2/s)	5.5～10.0	8.5～14.0	10.0～16.0
上升黏度①(25℃)/(mm^2/s)	60	100	120

①树脂在存放过程中，会逐步缩合，脱出乙醇，其黏度也随之升高，在企业标准中列出的上升黏度均为允许范围值。

【用途】 用有机硅玻璃树脂涂覆透明塑料（如有机玻璃、聚碳酸酯等），可提高其透光率、耐磨性和耐紫外线辐射等，目前已在飞机风挡、车厢玻璃、太阳镜以及其他公共建筑的安全门窗等方面获得应用。涂覆该树脂的铝、钢等金属制件，可有效地防止化学腐蚀和大气侵蚀。有机硅玻璃树脂还可做陶瓷和纸张（扑克牌、商标、书报、说明书、比色卡等）的表面上光涂料，使之光亮、滑爽、耐磨和防水，并提高其弹性和挠曲性。

另外，玻璃树脂特别适宜做高温、高湿条件下使用的电子、电气元件的绝缘涂层。目前已广泛用于衰减器的精密非标准电阻的防潮保护和高频线圈的涂覆。

有机硅玻璃树脂的乙醇溶液还可做室温硫化硅橡胶与铜、铝、银等金属粘接时的表面处理剂。有机硅玻璃树脂基本无毒，涂覆时挥发出大量乙醇和其他低分子化合物，故宜在通风良好的环境下操作。

【安全性】 有机硅玻璃树脂用聚乙烯、聚丙烯桶包装，应存放于室温干燥处，贮存期为2～3个月。酸、碱、盐及受热均可加速树脂凝胶。产品按易燃物品运输。

【生产单位】 上海树脂厂，中蓝晨光化工研究院。

Bm005 有机硅透明树脂

【英文名】 silicone transparent resin

【结构式】

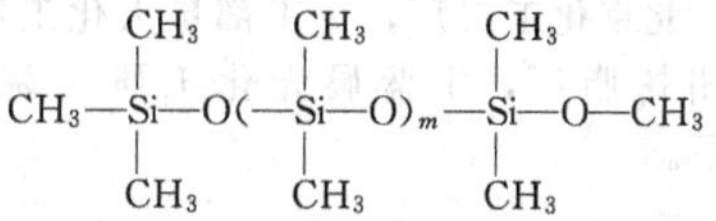

【产品性状及标准】 低温快速固化，可溶于乙醇、苯、丙酮等溶剂，固化后具有硬度高、耐摩擦、耐热、低温不脆化（−50℃）、防湿、耐大气老化、耐辐射、透明度高。

【制法】 配方：

甲基三乙氧基硅烷	1060kg
乙醇(95%)	460kg
732 离子交换树脂	26kg
去离子水	240kg

在反应器中加入甲基三乙氧基硅烷、乙醇和732离子交换树脂搅拌升温至60℃，搅拌均匀后，向反应器中加水，0.5h内加完，但不超过70℃，在此温度下保温反应2.5h，冷却至30～40℃，用绢纱布过滤后的树脂液放入反应器内，搅拌少许时间，再进行洗涤，过滤，回收树脂液，在常压下将反应器慢慢升温至70～90℃蒸出。

【用途】 用于有机透明树脂涂覆有机玻璃、聚碳酸酯、透明塑料，用于飞机风挡、汽车玻璃、太阳镜及化工建筑表面涂饰剂、陶瓷、纸张上光剂等。

【安全性】 二甲基硅油无毒，可用于食品、药品、化妆品，不会被消化系统吸收，对皮肤无刺激，对角膜有轻微刺激，但无伤害。操作使用时，不需要采取任何防护措施。

本产品应包装在清洁、干燥、密封良好的镀锌铁皮桶或塑料桶中。每一包装件应附有合格证，标明批号、生产日期。本产品应存放在通风、干燥的库房内，防止日光直接照射，并应隔绝火源。贮存期为3年，按非危险品运输。

【生产单位】 中蓝晨光化工研究院，上海树脂厂，吉化公司研究院，吉化公司电石厂，北京化工二厂，化工部星火化工厂，杭州树脂厂，中蓝晨光化工研究院二分厂。

Bm006 新型有机硅胶黏剂（光学型）

【英文名】 optical silicone adhesive

【别名】 光学有机硅胶黏剂

【性状】

延伸率/%	252
模量(100%延伸)/MPa	1.9
黏合模型	100%黏附
剥离强度/(kN/m)	1.9

【制法】 光学有机硅胶是一种有机弹性体，由乙烯基二甲基硅氧烷和甲基乙烯基硅氧烷在氯铂酸催化剂作用下，与氢硅氧烷化合物进行反应而得到的。

配方（质量份）：

A	52.10	52.58
B	17.36	17.53
C	6.30	5.4
D	1	1
E	0	2
F	23.43	21.05
铂催化剂量	0.1	0.1
SiOH/Me_3SiO_3	0	0.3

A组分为端基的二甲基乙烯基硅氧烷的聚二甲基硅氧烷。

B组分基于A组分质量的33%的三有机硅氧烷单元和SiO_2单元组成，每molSiO_2单元含0.7mol的三有机硅氧烷，三有机硅氧烷单元是由三甲基硅氧烷单元和二甲基乙烯基硅氧烷单元组成的。

C组分是一种交联剂，它是由端基为三甲基硅氧烷的二甲基硅氧烷/甲基氢基硅氧烷组成的共聚物，共聚物含64%（摩尔分数）的甲基氢基硅氧烷单元和0.48%质量份的硅连接氢原子。

D组分是端基为羟基的聚甲基乙烯硅氧烷，每摩尔含13重复单元。

E组分聚二甲基硅氧烷，其中7.5%（摩尔分数）的端基为三甲基硅氧烷，其余为硅醇基。

F组分由25%质量份的B组分和75%质量份的端羟基聚二甲基硅氧烷和具有聚合度为4～30的环状聚二甲基硅氧烷组成的混合物。

把以上组分加入反应釜中进行混合均匀即成。

【用途】 用于制造由玻璃、丙烯酸或聚碳酸酯组成的层压板中间夹层材料，这种胶黏剂有很好的黏结强度和透明度，层压板用作高速低空飞行的飞机上的挡风屏和座罩。

Bm007 β-氰乙基甲基硅油

【英文名】 β-cyanoethyl methyl polysiloxane fluid

【别名】 β-氰乙基甲基聚硅氧烷液体

【结构式】

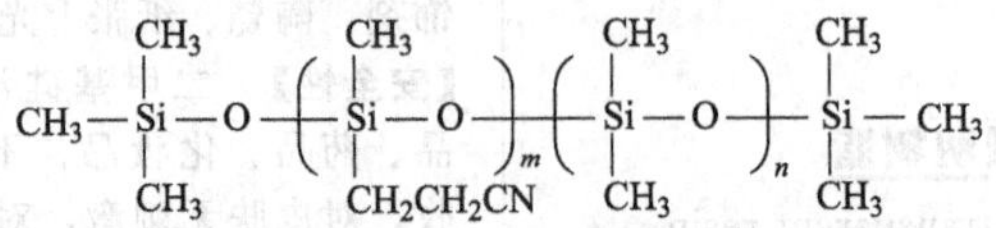

【性质】 β-氰乙基甲基硅油是一种无色透明至淡黄色液体，具有高度极性。它的抗静电性及相对介电常数甚高，在60～10^5 Hz时，β-氰乙基甲基硅油的相对介电常

数可达 3～19.6，而二甲基硅油只有 2.6。它的导电性高于二甲基硅油，其体积电阻率为 $10^8 \Omega \cdot cm$，且不溶于非极性溶剂。含氰基量低的硅油在 200℃ 下热稳定性较好。黏温系数为 0.716～0.870。各种氰基含量的 β-氰乙基甲基硅油的主要物理性能如表所示。

不同氰基含量硅油的性能

指标名称	链节比(m/n)				
	0	0.1	0.25	0.5	1.0
相对密度(20℃)	0.92	0.99	1.00	1.05	1.08
表面张力/×10^{-5}N	20.9	21.9	23.6	26.0	36.7
折射率(25℃)	1.4027	1.4105	1.4197	1.4320	1.4605
黏度(37.8℃)/(mm²/s)	80	92	84	318	54.5
黏温系数	0.59	0.67	0.72	0.76	0.87

【制法】 β-氰乙基甲基硅油可按下列反应来制备。

1. 水解

$$CH_3(CNCH_2CH_2)SiCl_2 \xrightarrow{H_2O} [CH_3(CNCH_2CH_2)SiO]_x + HO \left(\begin{array}{c} CH_3 \\ | \\ Si-O \\ | \\ CH_2CH_2CN \end{array} \right)_y H$$

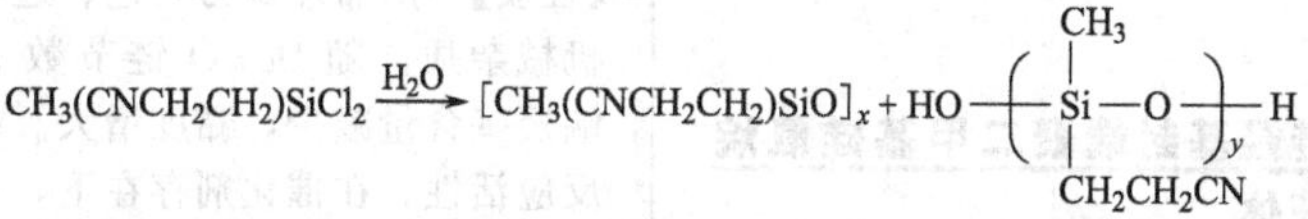

2. 催化平衡

$$[CH_3(CNCH_2CH_2)SiO]_x + HO \left(\begin{array}{c} CH_3 \\ | \\ Si-O \\ | \\ CH_2CH_2CN \end{array} \right)_y H + [(CH_3)_2SiO]_4 \longrightarrow$$

$$\xrightarrow{催化剂} \left[\begin{array}{c} CH_3 \\ | \\ Si-O \\ | \\ CH_2CH_2CN \end{array} \right)_{x+y} \left(\begin{array}{c} CH_3 \\ | \\ Si-O \\ | \\ CH_3 \end{array} \right)_4 \right] \quad (I)$$

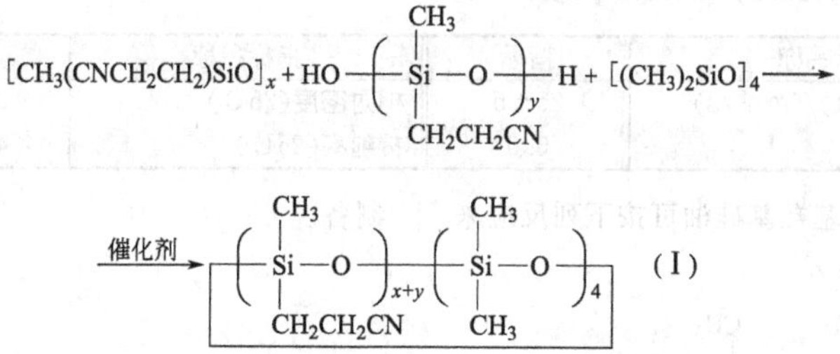

3. 调聚

$$(I) + [(CH_3)_2SiO]_4 + CH_3 - \begin{array}{c} CH_3 \\ | \\ Si \\ | \\ CH_3 \end{array} - O \left(\begin{array}{c} CH_3 \\ | \\ Si-O \\ | \\ CH_3 \end{array} \right)_{a-b} \begin{array}{c} CH_3 \\ | \\ Si \\ | \\ CH_3 \end{array} - CH_3 \xrightarrow{催化剂} 成品$$

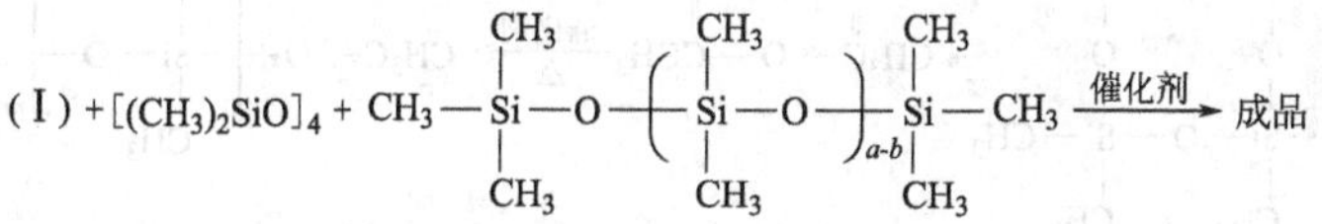

以 β-氰乙基甲基二氯硅烷和二甲基二氯硅烷为原料，进行共水解反应。然后加入止链剂——六甲基二硅氧烷，在浓硫酸存在下进行催化平衡反应。反应结束后，放去酸水层，油层水洗至中性，并于减压下除去挥发物，即得产品。也可将 β-氰乙基甲基二氯硅烷单独水解，然后将水解物与八甲基环四硅氧烷在苯溶液中，并在四甲基氢氧化铵催化剂存在下进行催化平衡反应，制得混合环体；最后加入止链剂进行调聚反应，并于减压下除去挥发物，即得产品。

【质量标准】

吉化公司研究院暂行技术条件

指标名称	1#	2#	3#	4#
β-氰乙基甲基硅氧链节摩尔分数/%	100	48	24	6
平均聚合度	9	18	19	20
相对密度(25℃)	1.049	1.054	0.9997	0.9618
黏度(25℃)/(mm^2/s)	958.3	448.4	28.41	10.07
黏温系数	0.8700	0.7834	0.6138	0.5884
颜色	淡黄色	无色微混	无色透明	无色透明

【用途】 β-氰乙基甲基硅油可用作无线电、电子工业的介电液体，如用作高频率电容器电介质。亦可用于织物处理，作抗静电剂。在石油工业中可用作非水系统的消泡剂。还可用作增塑剂和气相色谱中的固定液。

【生产单位】 吉化公司研究院，中国科学院化学所。

Bm008 硅羟基封端聚二甲基硅氧烷液体

【英文名】 hydrooxy polydimethyl, silicone

【别名】 二甲基羟基硅油

【结构式】

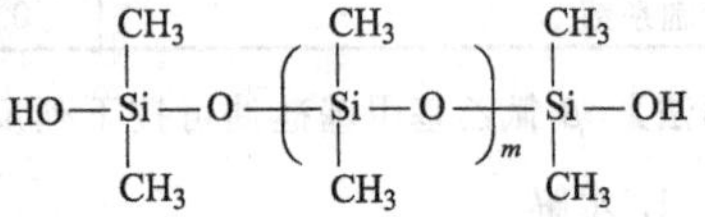

【性质】 产品外观为无色、透明液体，无机械杂质。随 Si—O 链节数 m 的增加，端羟基含量减少，黏度增大。端羟基具有反应活性，在催化剂存在下，可进行缩合反应。主要物理性能如下所示。

指标名称	指标	指标名称	指标
运动黏度(25℃)/(mm^2/s)	25±5	相对密度(25℃)	0.93±0.01
羟基含量/% ≥	6.0	折射率(25℃)	1.4000～1.4060

【制法】 二甲基羟基硅油可按下列反应来制备。

1. 开环聚合

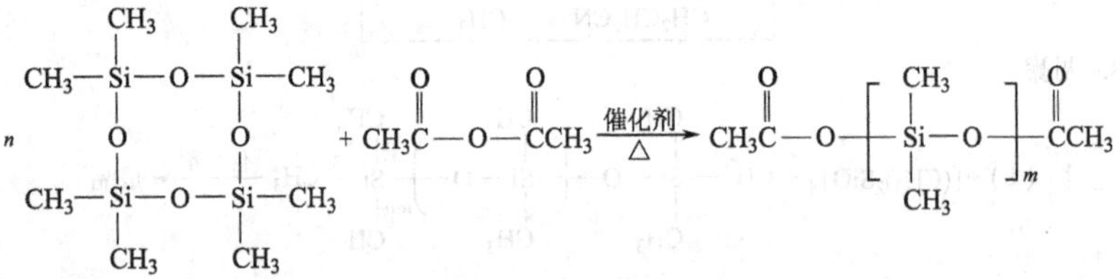

2. 水解

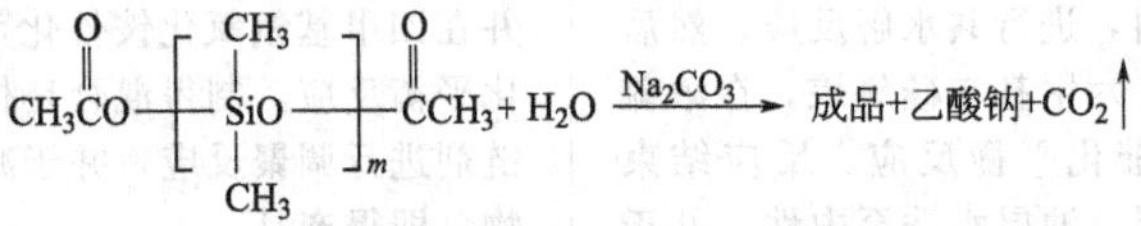

在催化剂存在下，八甲基环四硅氧烷与乙酸酐反应，开环聚合成乙酰氧基封端的聚二甲基硅氧烷。然后在碳酸钠存在下，乙酰氧基封端的聚二甲基硅氧烷进行

水解反应，即可制得二甲基羟基硅油。

【质量标准】

中蓝晨光化工研究院企业标准 Q/XGY 038—93

指标名称	GY21A-25	GY21A-40	GY21A-100	GY21A-500	GY21E-800	GY21E-1000	GY21E-2000
运动黏度(25℃)/(mm^2/s)	25±5	40±10	100±10	500±50	800±80	1000±100	2000±200
羟基含量/% ≥	6.0	3.5	1.0	0.6	0.4	0.3	—
相对密度(25℃)	0.93±0.01	0.93±0.01	0.94±0.01	0.95±0.01	0.95±0.01	0.95±0.01	0.96±0.01
折射率(25℃)	1.4000～1.4060	1.4000～1.4060	1.4000～1.4060	1.4000～1.4070	1.4060～1.4100	1.4060～1.4100	1.4060～1.4120

【用途】 二甲基羟基硅油可用于制造有机硅羟乳，作皮革处理剂。经处理后的皮革和制品表面滑爽、柔软、耐磨、防水、防裂变，从而提高皮革档次。二甲基羟基硅油广泛用作硅橡胶加工时的结构控制剂，它能有效地控制混炼胶与白炭黑之间的结构化作用，改善硅橡胶加工性能，延长胶料的存放期。二甲基羟基硅油还可用作合成各类聚硅氧烷的中间体。

【生产单位】 中蓝晨光化工研究院，上海树脂厂，吉化公司研究院。

Bm009 聚甲基苯基硅氧烷

【英文名】 polymenthylphenyl silicone

【别名】 有机硅扩散泵油

【结构式】

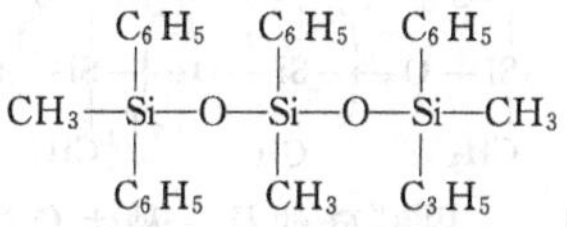

$275^{\#}$有机硅扩散泵油

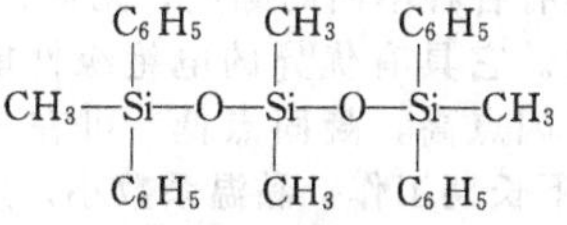

$274^{\#}$有机硅扩散泵油

【性质】 有机硅扩散泵油是一种低分子量的苯甲基硅油，无色透明，具有优异的抗氧化性能和抗辐照性能。它的饱和蒸气压很低，在不同冷阱的情况下，其极限真空度可达到10^{-8}～10^{-6} Pa，若用－35℃冷阱时，其极限真空度可高达6.66×10^{-9} Pa。德国 Wacker 公司生产的有机硅扩散泵油 AN-60 的主要物理性能如下。

指标名称	指标
颜色	无色透明
黏度(25℃)/(mm^2/s)	45～55
相对密度(25℃)	1.06
黏温系数	0.77
闪点/℃	230
凝固点/℃	－60
折射率(25℃)	1.500
热膨胀系数(0～180℃)/(1/℃)	90×10^{-6}
表面张力/($\times10^{-4}$N)	2.5
蒸发热/(J/g)	213.53
极限真空度/Pa	6.67×10^{-6}
比热容(25℃)/[J/(g·K)]	0.415

制法 $275^{\#}$有机硅扩散泵油可按下列反应来制备。

1. 水解

$$CH_3(C_6H_5)_2SiOC_2H_5 \xrightarrow{NaOH+H_2O} CH_3(C_6H_5)_2SiOSi(C_6H_5)_2CH_3$$

$$nCH_3(C_6H_5)Si(OC_2H_5)_2 \xrightarrow{NaOH+H_2O} [CH_3(C_6H_5)SiO]_n$$

2. 调聚

$$nCH_3(C_6H_5)_2SiOSi(C_5H_5)_2CH_3 + [CH_3(C_6H_5)SiO]_n \xrightarrow{\text{催化剂}} \text{成品}$$

【消耗定额】

名称	规格	消耗定额/(kg/t)	名称	规格	消耗定额/(kg/t)
无水乙醇	工业	2700	硫酸	含量≥98%	300
金属钠	含量≥95.5%	900	乙醇钠	工业	500
甲苯	工业	5000	碳酸钠	工业	300
无水氯化苯	工业	2300	液碱	含量≥30%	300
一甲基三氯硅烷	含量≥90%	2800			

【质量标准】 上海树脂厂标准沪 Q/HG 13-110—66

指标名称		275#	274#
外观		无色透明	无色透明
运动黏度(25℃)/(mm^2/s)		165～185	38±3
折射率(25℃)		1.5765～1.5785	1.55～1.56
相对密度(25℃)		1.095±0.005	1.06～1.07
闪点/℃		≥243	<210
凝固点/℃		-14～-18	—
饱和蒸气压(25℃)/Pa	≤	6.66×10^{-8}	6.66×10^{-6}
极限真空度(25℃)/Pa	≤	1.33×10^{-7}	1.33×10^{-5}

【用途】 有机硅扩散泵油广泛用于高真空工业，如高真空冶炼、原子能加速器、电子显微镜的高真空系统。还可用于电视显像管、强功率电子管、微波电子管和其他阴极电子管的生产。此外，还可作为高温热载体（可在 250℃下长期工作），以及仪表的传递液。

有机硅扩散泵油装入清洁、干燥的玻璃瓶中，加盖紧密封好，按非危险品运输。成品应贮存于防潮、防湿、防止日光直接照射的仓库内，室内允许温度范围为－40～50℃，贮存期限为一年，超过一年可按企业标准规定项目重新检验，如结果符合技术条件的规定，则仍可使用。

【生产单位】 上海树脂厂，中蓝晨光化工研究院二分厂。

Bm010 聚二甲基硅氧烷液体

【英文名】 polydimethy siloxane fluid

【别名】 二甲基硅油

【结构式】

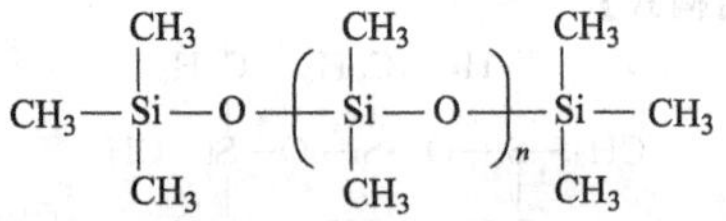

【性质】 二甲基硅油是一种无色透明液体，具有各种不同的黏度，无毒、无臭、无腐蚀。它具有优异的电绝缘性能和耐热性，闪点高，凝固点低，可在－50～200℃下长期工作，黏温系数小，压缩率大，表面张力小，憎水防潮性好，耐化学药品性强，挥发性小，蒸气压低，生理惰性。

二甲基硅油随着分子中硅氧链节数 n

值的增大，黏度增高，其物理化学性质和特性参数也有一定的差异。硅油的折射率、热导率和传音性均随黏度的增大而增加。为适应各种不同的使用要求，二甲基硅油按黏度大小可分成若干个品级，其物理性能如下表所示。

运动黏度(25℃)/(mm^2/s)	黏温系数	介电常数	凝固点/℃	沸点/℃	闪点/℃	相对密度/(25℃/25℃)	折射率(25℃)
0.65	0.31	2.18	−68	99.5(常压)	−1	0.76	1.375
1.0	0.37	2.32	−86	152(常压)	43	0.818	1.382
1.5	0.46	2.40	−76	192(常压)	71	0.852	1.387
2.0	0.48	2.46	−84	230(常压)	79	0.871	1.390
3.0	0.51	2.52	−65	70～100(余压 66.66Pa)	102	0.896	1.394
5.0	0.55	2.58	−65	120～160(余压 66.66Pa)	135	0.918	1.397
10	0.57	2.65	−65	＞200(余压 66.66Pa)	163	0.940	1.399
20	0.59	2.68	−60	＞200(余压 66.66Pa)	271	0.950	1.400
50	0.59	2.72	−55	—	274	0.950	1.402
100	0.60	2.74	−55	—	316	0.968	1.4031
200	0.62	2.74	−53	—	316	0.971	1.4031
350	0.62	2.75	−50	—	316	0.972	1.4032
500	0.62	2.75	−50	—	316	0.972	1.4033
1000	0.62	2.76	−50	—	316	0.973	1.4035
12500	0.58	2.82	−46	—	316	0.973	1.4035
30000	0.61	2.77	−44	—	316	0.973	1.4035

【制法】 二甲基硅油可按下列反应来制备。

$$n[(CH_3)_2SiO]_4 + CH_3-\underset{CH_3}{\overset{CH_3}{Si}}-O-\underset{CH_3}{\overset{CH_3}{Si}}-CH_3 \xrightarrow[\triangle]{催化剂} 成品$$

1. 碱法

在反应釜内加入计算量的二甲基环状硅氧烷（八甲基环四硅氧烷）、止链剂——六甲基二硅醚（或三甲基硅基封端的二甲基硅氧烷低聚物）、微量四甲基氢氧化铵催化剂，在 80～90℃，8.0×10^3 Pa 下进行调聚反应。反应结束后，消除真空，升温至 150～200℃，破坏催化剂和脱除低沸物，冷却后，即得产品。二甲基硅油的分子量可通过止链剂的加入量来控制。

2. 酸法

在反应釜内加入计算量的硅油或硅橡胶的低沸物、六甲基二硅醚、少量的浓度为 98% 的硫酸，在搅拌下于 50～60℃进行调聚反应。反应结束后，放去酸水层，油层水洗至中性，然后于 150～200℃，1.33×10^3 Pa 下蒸除低沸物，冷却后用活性炭脱色，减压抽滤得无色透明产品。

碱法生产高黏度硅油，酸法生产低黏度硅油。

【消耗定额】

原料消耗

物料名称	规格	消耗定额/(kg/t)	
		高黏度(>100mm²/s)	低黏度(≤100mm²/s)
八甲基环四硅氧烷	工业	1000	950
六甲基二硅醚	工业	—	200
低黏度硅油	工业	90	—
四甲基氢氧化铵	化学纯	0.5	—
硫酸	98%	—	55

【质量指标】

指标名称	210-10			210-20			210-50			210-100			210-500			210-1000		
	优等品	一等品	合格品	优等品	一等品	合格品	优等品	一等品	合格品	优等品	一等品	合格品	优等品	一等品	合格品	优等品	一等品	合格品
运动黏度(25℃)/(mm²/s)	10±1		10±2	20±2		20±4	50±5		50±8	100±5		100±8	500±25		500±30	1000±50		1000±80
黏温系数	0.55~0.59		—	0.56~0.60		—	0.57~0.61		—	0.58~0.62		—	0.58~0.62		—	0.58~0.62		—
倾点/℃ ≤	-60			-55			-52			-52			-47			-47		
闪点/℃ ≥	165	160	150	220	210	200	280	270	260	310	300	290	315	305	295	320	310	300
密度(25℃)/(g/cm³)	0.931~0.939			0.946~0.955			0.956~0.964			0.961~0.969			0.966~0.974			0.967~0.976		
折射率(25℃)	1.3970~1.4010		1.3900~1.4010	1.3980~1.4020		1.3950~1.4060	1.4000~1.4040		1.4000~1.4100	1.4005~1.4045		1.4000~1.4100	1.4013~1.4053		1.4000~1.4100	1.4013~1.4053		1.4000~1.4100
相对介电常数(25℃,50Hz)	2.62~2.68		—	2.55~2.71		—	2.69~2.75		—	2.70~2.76		—	2.72~2.78		—	2.72~2.78		—
挥发分(150℃,3h)/% ≤	—			—			—			0.5	1.0	1.5	0.5	1.0	1.5	0.5	1.0	1.5
酸值/(mg KOH/g) ≤	0.03	0.05	0.10	0.03	0.05	0.10	0.03	0.05	0.10	—			—			—		

【用途】 二甲基硅油在塑料和橡胶的成型加工，以及金属制造、造纸工业、食品生产中用作长效脱模剂。由于硅油耐热性好，模具中残留物少，可使模具保持清洁。还可做多种材料间的高低温润滑剂，以及制造内润滑塑料的添加剂。用二甲基硅油处理过的玻璃、陶瓷、金属、水泥等制品不仅憎水，而且抗蚀、防霉，表面光滑。在化学、制药、食品等工业部门中，二甲基硅油被广泛用作热载体和高效消泡剂。在精密机械和仪器仪表中（如速度调节器、时间调整器、液体离合器、陀螺罗盘、记录仪、弹性阀、拾音器、超载继电器等）可用做防振阻尼材料。在电器和电子工业中，可用作耐高温介电液体。还可做涂料、化妆品及皮肤油膏的添加剂，以提高其柔滑性。二甲基硅油广泛用作汽车、家具、地板及皮革的抛光剂，以及作制动器、汽缸等的液压油。在医疗上，二甲基硅油可应用于胃镜检查时的消泡，防

止肠胃病手术后的气臌病。还可用作血液消泡和治疗肺水肿。外科手术的刀钳器械经二甲基硅油揩擦后，不易被血液黏附。用于包扎外伤的纱布和药棉，经二甲基硅油处理后，不会与伤口粘连，从而减轻病人在换药时的疼痛。

【安全性】 二甲基硅油无毒，可用于食品、药品、化妆品，不会被消化系统吸收，对皮肤无刺激，对角膜有轻微刺激，但无伤害。操作使用时，不需要采取任何防护措施。

本产品应包装在清洁、干燥、密封良好的镀锌铁皮桶或塑料桶中。每一包装件应附有合格证，标明批号、生产日期。本产品应存放在通风、干燥的库房内，防止日光直接照射，并应隔绝火源。贮存期为3年，按非危险品运输。

【生产单位】 中蓝晨光化工研究院，上海树脂厂，吉化公司研究院，吉化公司电石厂，北京化工二厂，化工部星火化工厂，杭州树脂厂，中蓝晨光化工研究院二分厂。

Bm011 甲基含氢硅油

【英文名】 methyl hydrogen polysiloxane fluid

【别名】 甲基含氢聚硅氧烷液体

【结构式】

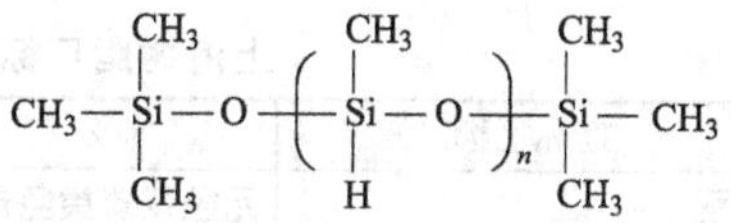

【性质】 甲基含氢硅油除具有二甲基硅油的一般性质外，由于其分子结构内含有活泼的Si—H键，故能参与多种化学反应，具有良好的成膜性能。它在碱或路易斯酸等物质存在下，能与水或醇类作用，放出氢气。在铂氯酸存在下，极易与烯类化合物发生加成反应。当温度大于50℃时，可与含环氧基团的化合物反应。甲基含氢硅油的耐热性不如二甲基硅油，但其憎水防潮和防黏等特性却比二甲基硅油好。主要物理性能如下所示。

指标名称	指标
外观	无色或淡黄色透明液体
含氢量/%	0.8～1.4
运动黏度(25℃)/(mm²/s)	10～50
折射率(25℃)	1.390～1.410
相对密度(25℃)	0.98～1.10

【制法】 甲基含氢硅油可按下列反应来制备。

1. 水解

$$(CH_3)_3SiCl+(CH_3)HSiCl_2 \xrightarrow{H_2O} (CH_3)_3SiOSi(CH_3)_3+HO\!\left(\begin{matrix}CH_3\\|\\SiH-O\end{matrix}\right)_{x}\!H+[(CH_3)HSiO]_y+HCl$$

2. 调聚

$$(CH_3)_3SiOSi(CH_3)_3+HO\!\left(\begin{matrix}CH_3\\|\\SiH-O\end{matrix}\right)_{x}\!H+[(CH_3)HSiO]_y \xrightarrow{H_2SO_4} 成品$$

$$(x+y)=n$$

将计算量的甲基二氯硅烷、三甲基氯硅烷和苯的混合液加入到预先装有水的反应釜中，加完料后，继续搅拌1h，静置分层，放去酸水，油层用水洗涤至中性。然后在浓硫酸存在下于室温进行调聚反应。反应结束后，放去硫酸，油层再次水洗至中性，减压蒸除低沸物，并用活性炭脱色，真空过滤，即得成品。

【质量标准】

上海树脂厂标准沪 Q/HG 13 159—67

指标名称	202#	203#	821#
外观	无色或淡黄色透明液体	黄色至黄褐色油状液体	无色至黄色油状液体
含氢量/%	0.8～1.4	0.15～1.35	≥0.1
运动黏度(25℃)/(mm^2/s)	10～50	10～60	5～50
折射率(25℃)	1.390～1.410	1.410～1.420	—
相对密度(25℃)	0.98～1.10	—	—

【用途】 甲基含氢硅油能低温交联，在各种基材表面形成疏水效果良好、接触角大，经久耐用的防水膜，广泛用于纺织、造纸、皮革和建筑等工业部门。用甲基含氢硅油处理织物，不仅可以提高其撕裂强度、耐磨性、防皱和防污性，还能大大提高耐烫和缝制性，并能不损失原有的透气性而达到完全防水的目的。此外，甲基含氢硅油具有比二甲基硅油更好的防黏特性，故广泛用作橡胶和塑料工业的脱模剂、纸张和包装材料的防黏剂。例如，橡胶制品厂用甲基含氢硅油作汽车内胎脱模，可连续使用1～2周。涂有甲基含氢硅油的光学玻璃，不仅透光率优越，而且具有优异的防霉、防潮性能。甲基含氢硅油还可以用作金属的防锈剂。

【生产单位】 吉化公司电石厂，吉化公司研究院，中蓝晨光化工研究院，上海树脂厂。

Bm012 活性炭官能硅烷

【英文名】 silane coupling agent

【别名】 硅烷偶联剂

【性质】 有机硅偶联剂在同一硅原子上含有两种性质不同的活性基团，一种是硅官能的反应性基团如—Si (OC_2H_5)$_3$，它能与无机填料的表面发生化学反应，生成Si—O—Si化学键。另一种是碳官能的反应性基团如 $H_2NCH_2CH_2CH_2Si$—，它能与有机聚合物发生反应，变成聚合物的有效部分，从而能使两种性质差异很大的材料得到很好的黏合。硅烷偶联剂 CH_2═$CHSi(OC_2H_5)_3$ 和 $CH_2CHSi(OCH_3)_3$ 的物理性能如下所列。

指标名称	CH_2═$CHSi(OC_2H_5)_3$	CH_2═$CHSi(OCH_3)_3$
外观	无色透明液体	无色透明液体
沸点/℃	160.5(常压)	52.9(6.53×10^3Pa)
相对密度(25℃)	0.905	0.968
折射率(25℃)	1.397	1.390
运动黏度(25℃)/(mm^2/s)	0.70	—

【制法】 硅烷偶联剂 γ-氨丙基三乙氧基硅烷可按下列反应来制备。

$$CH_2{=}CHCH_2Cl + HSiCl_3 \longrightarrow ClCH_2CH_2CH_2SiCl_3$$

$$Cl(CH_2)_3SiCl_3 + 3C_2H_5OH \longrightarrow Cl(CH_2)_3Si(OC_2H_5)_3 + 3HCl$$

$$ClCH_2CH_2CH_2Si(OC_2H_5)_3 + 2NH_3 \longrightarrow \text{本品} + NH_4Cl$$

硅烷偶联剂通常是由硅氯仿和带有反应性基团的不饱和烯烃，在铂氯酸催化下加成反应，再经醇解而制取的。现将γ-氨丙基三乙氧基硅烷的合成方法简述如下：先将少量硅氯仿和氯丙烯与催化剂量的铂氯酸异丙醇溶液混合，加热回流，当反应液温度上升到75℃时，开始滴加硅氯仿与氯丙烯（物质的量的比）1.105∶1的混合液。加完料后，继续加热回流，当温度升到90～98℃时，进行分馏，收集179～180℃的馏分——γ-氨丙基三氯硅烷；然后将所得的γ-氨丙基三氯硅烷与无水乙醇反应，生成γ-氯丙基三乙氧基硅烷，沸点为117～120℃（2.67×10^3 Pa）；最后将γ-氯丙基三乙氧基硅烷和液氨于高压釜中加热到100℃，控制釜内压力约6.28GPa，反应12h后冷却，放出过量的氨气，除去氯化铵，分馏反应物，收集沸点105℃、1.73×10^3 Pa的馏分，即为目的产物——γ-氨丙基三乙氧基硅烷。

【质量标准】

武汉大学化工厂企业标准 Q/WDH05—91

指标名称	指标①				
	WD-50	WD-52	WD-70	WD-60-3	WD-80
外观	无色或淡黄色透明液体				
相对密度(20℃)	0.9400	1.05±0.05	1.0455±0.0005	1.0725±0.0025	1.056
折射率(20℃)	1.4325	1.445±0.005	1.4301±0.0004	1.4275±0.0025	1.440
含量/%	95	95	95	95	95

①WD-50为γ-氨丙基三乙氧基硅烷；WD-52为N-(β-氨乙基)-γ-氨丙基三乙氧基硅烷；WD-70为γ-(甲基丙烯酰氧)丙基三甲氧基硅烷；WD-60为γ-(2,3-环氧丙氧)丙基三甲氧基硅烷；WD-80为γ-巯丙基三甲氧基硅烷。

【用途】 硅烷偶联剂在两种物质界面处起桥梁作用，形成的化学键把两种性质不同的物质偶联起来。在有些情况下，把这类化合物用于处理玻璃纤维或其他材料的表面，所以又称表面处理剂。在另外一些情况下，用它来提高合成树脂对其他材料的粘接能力，也称之为增黏剂。经硅烷偶联剂处理过的玻璃纤维广泛用于热固性和热塑性增强塑料，能大大地提高材料的强度和使用温度。用γ-巯丙基三甲氧基硅烷偶联剂处理过的二氧化硅粉末和高岭土等，可用作橡胶的填料，具有良好的补强效果。

【安全性】 大部分硅烷偶联剂对人体有一定的毒害，尤其是含甲氧基的硅烷偶联剂有较大的毒性，对呼吸道及眼结膜有刺激作用，会引起头痛、恶心、昏醉及早期视力衰退症状。氨基取代的硅烷偶联剂能通过皮肤引起中毒，使中枢神经系统兴奋性升高，血红蛋白和红细胞减少，网织红细胞增多及肝肾功能障碍等。宜在通风良好的环境下操作，防止呼吸器官、眼和皮肤直接与硅烷偶联剂接触。有条件的最好佩戴防毒口罩和密闭眼镜。

产品应用聚乙烯桶或内衬聚乙烯铁桶密封包装，包装桶外应有牢固标志，标明厂名、厂址、产品名称、牌号、批号、毛重、净重、标准编号、出厂日期、贮运标志及合格证。产品在运输中应避免日晒雨淋。产品应贮存在通风、干燥的库房内，隔绝火源。

【生产单位】 武汉大学化工厂，辽宁盖县化工厂，曲阜市第三化工厂。

Bm013 二乙基硅油

【英文名】 polydiethyl siloxane fluid

【别名】 聚二乙基硅氧烷液体

【结构式】

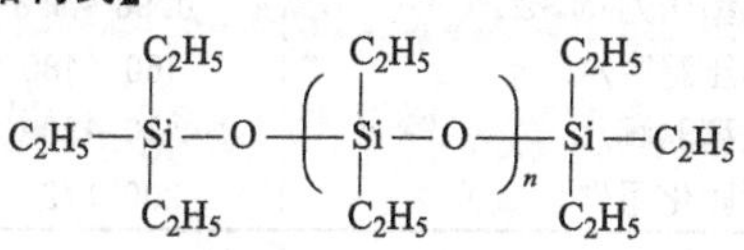

【性质】二乙基硅油是一种无色透明液体，它的耐高温和抗氧化性能比二甲基硅油稍差，但耐低温性能比后者好，使用温度一般为－70～150℃。二乙基硅油不但具有防水性能好、耐化学腐蚀、黏温系数小、蒸气压低、可压缩性大、表面张力小、对金属表面无腐蚀作用等特点，并具有优良的介电性能和润滑性能，能与矿物润滑油互溶，进一步改进润滑性。如同二甲基硅油一样，二乙基硅油的黏度可以调配，根据不同的使用要求，可制成 $6.5\times10^{-7}\sim1m^2/s$ 的产品。物理性能如下。

【制法】二乙基硅油可按下列反应来制备。

1. 水解

$$2(C_2H_5)_3Si(OC_2H_5)+n(C_2H_5)_2Si(OC_2H_5)_2 \xrightarrow{HCl+H_2O} (C_2H_5)_3SiOSi(C_2H_5)_3+[(C_2H_5)_2SiO]_n+nC_2H_5OH$$

2. 调聚

$$(C_2H_5)_3SiOSi(C_2H_5)_3+[(C_2H_5)_2SiO]_n \xrightarrow{H_2SO_4} \text{成品}$$

将计算量的二乙基二乙氧基硅烷和三乙基乙氧基硅烷加入到预先装有盐酸水溶液的反应釜中，进行水解。反应结束后，静置分层，放去盐酸水溶液层。油层用水洗涤至中性，并在浓硫酸存在下调聚，然后进行除酸后处理，减压脱除低沸物，即得产品。

【用途】二乙基硅油具有比二甲基硅油更好的润滑性能，广泛用于各种精密仪器仪表、精密机械设备、速度测量机、同步电动机、通用仪器、钟表、轴承和各种摩擦组件的润滑。二乙基硅油还是一种良好的脱模剂。在食品工业、塑料加工、橡胶制品和金属铸造等方面均获得广泛的应用。二乙基硅油还可用于气流表、电流表、速度表的轴承防震，消除指针的颤动。用二乙基硅油灌注或浸渍的电容器，具有极稳定的工作特性，尤其是用于对温度、频率、潮湿有特殊要求的场合，二乙基硅油是极为理想的液体绝缘材料。电视显像管中使用二乙基硅油，可以降低高压端的表面漏电。此外，二乙基硅油还可用作消泡剂、防水剂和抛光剂等。

【生产单位】重庆一坪化工厂，武汉鄂南化工厂。

Bm014 无溶剂有机硅模塑料

【英文名】solventless silicone moulding compounds

【别名】无溶剂硅氧烷模压混合料

【结构式】$[(C_6H_5)SiO_{1.5})]_x[(CH_3SiO_{1.5})]_y[(CH_3)_2SiO]_z$（式中含有少量羟基）

【性质】无溶剂有机硅模塑料具有良好的传递模塑流动性，固化速度较快，成型收缩率小，尺寸稳定性好。固化后的有机硅模塑料制品具有良好的耐高低温性能，可在－60～250℃温度范围内长期使用，短期耐热可达350℃。高温下，它的力学性能降低很小。此外，它还具有优良的耐电弧和电晕、耐化学药品、憎水防潮、耐臭氧、耐气候老化等特性。其介电性能十分优异，在很宽的温度、频率范围内变化很小。其主要物理性能如下所示。

指标名称	指标	指标名称	指标
螺旋线流动性/cm	30～35	介电常数	
成型压力/MPa	0.98～9.8	干态	3.7
模压温度/℃	160～180	受潮后	3.9
成型时间/s	120～300	介电损耗角正切	
后固化条件	200℃/2h	干态	0.0027

续表

指标名称	指标	指标名称	指标
成型收缩率/(mm/mm)	0.0075	受潮后	0.0029
弯曲强度/MPa	51.35～62.52	体积电阻率/Ω·cm	
压缩强度/MPa	90.16～105.84	干态	1×10^{14}
冲击强度/(kJ/m^2)	2.06～2.35	受潮后	4×10^{13}～4×10^{14}
弯曲弹性模量/GPa	6.66～7.25	吸水率(24h)/%	0.08
邵氏硬度	44～49	水煮 240h 后增重/%	0.25～0.45
介电强度/(MV/m)	13.5		

【制法】 无溶剂有机硅模塑料可按下述工艺流程来制备。

1. 无溶剂硅树脂合成

苯基三氯硅烷、甲基三氯硅烷、二甲基二氯硅烷 → 水解 → 缩聚 → 硅树脂成品

2. 无溶剂有机硅模塑料制备

硅树脂、白炭黑、石英粉等填料 → 混炼 → 辊压成片 → 模压成型 → 成品

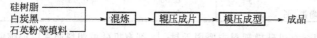

将定量的苯基三氯硅烷、甲基三氯硅烷、二甲基二氯硅烷的混合物缓慢滴加到装有水和甲苯的水解釜内，液温控制在30℃左右。滴加完后，继续搅拌 30min，静置分层，除去酸水层。油层用水洗涤至中性。然后进一步缩聚成无溶剂固体状树脂。再加入一定量的填料（如白炭黑、石英粉、云母粉、玻璃纤维等）、催化剂及其他添加剂，经混炼、滚片，制得无溶剂有机硅模塑料。在温度 160～180℃，压力 0.98～9.8MPa 的条件下传递模塑，经2～5min 后固化成型。

【消耗定额】

物料名称	规格	消耗定额/(kg/t)	物料名称	规格	消耗定额/(kg/t)
二甲基二氯硅烷	含量≥96.5%	465	甲苯	工业	2900
一甲基三氯硅烷	含量≥90%	585	松节油	工业	10
一苯基三氯硅烷	含量≥96.5%	980	酒精	工业	50

【质量标准】 原化工部晨光化工研究院二分厂企业标准 Q/CG-213—79

指标名称	GZ-610 树脂	GZ-620 树脂
外观	浅黄色固体状树脂	乳白色固体状树脂
运动黏度(25℃)/(mm^2/s)	7～15(50%甲苯溶液)	2.7～4(25%甲苯溶液)
羟基含量/%	2.5～5	2.5～5

Q/CG-228—80 标准

指标名称	GZ-611	GZ-612	GZ-621
螺旋线流动性/cm	35	30	65
收缩率/(mm/mm)	0.0076	0.0076	0.0074
弯曲强度/MPa	51.4	62.5	32.8
压缩强度/MPa	90.16	105.84	41.5
冲击强度/(kJ/m^2)	2.1	2.4	4
弯曲弹性模量/GPa	6.66	7.25	—
邵尔硬度	44	44	—
介电强度/(MV/m)	13.5	13.5	13
介电常数			
干态	3.7	3.7	3.4
受潮后	3.9	3.9	—
介电损耗角正切			
干态	0.0027	0.0027	0.0034
受潮后	0.0029	0.0029	—
体积电阻率/Ω·cm			
干态	1×10^{14}	1×10^{14}	1.2×10^{14}
受潮后	4×10^{13}	4×10^{14}	—
吸水率(24h)/%	0.08	0.08	0.04
水煮240h后增重/%	0.25	0.45	—

【用途】 无溶剂有机硅模塑料主要用于封装电子元件，半导体晶体管、集成电路等。用上述模塑料封装代替金属、玻璃、陶瓷封装，不仅简化工艺，减轻劳动强度，同时能使产品合格率提高到90%左右，降低了产品封装的成本。不同配方的无溶剂有机硅模塑料用于不同场合。例如，GZ-611主要用于小功率晶体管和扁平式集成电路的封装；GZ-612用于双列直插式集成电路的封装；GZ-621用于封装大功率晶体管。

【安全性】 产品不含溶剂，对人体无毒害。但在成型加工时，释放出少量低分子化合物，宜在通风良好的环境下操作。溶剂有机硅模塑料通常以混炼前的硅树脂形式出售，装入清洁、干燥的白铁筒中，加盖密封，贮存于防潮、防湿、防止日光直接照射的地方。贮存期限一般为6个月。可按非危险品运输。

【生产单位】 中蓝晨光化工研究院二分厂，上海树脂厂。

Bm015 新型聚醚改性有机硅液体

【英文名】 hydrophilic silicone finishing agent for fabric

【别名】 CGF亲水型有机硅织物整理剂

【结构式】

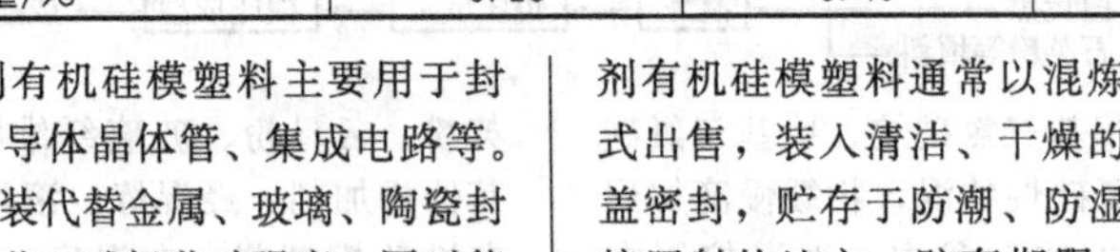

其中，EO表示—C_2H_4O—；PO表示—C_3H_6O—；Q表示有反应活性的基团；R^1和R^2为亚烷基；R为烷基或氢。

【性质】 CGF亲水型有机硅织物整理剂是一种具有反应活性基团的新型纺织助剂。由于分子结构中含有活泼的Si—H键及其他诸如环氧基等官能团，故能参与多种化学反应。分子结构中又含有聚醚链节，有良好的亲水性，能溶于水。在催化剂二月桂酸二丁基锡存在下，CGF 亲水型有机硅织物整理剂能在较低温度下，固化成乳白色的透明薄膜。

CGF 亲水型有机硅织物整理剂是浅黄色或棕褐色透明油状物。有优异的亲水性，吸湿性好，抗静电性能优，并能与 DP 树脂同浴整理，整理浴的切变稳定性好，不存在破乳漂油问题。

【制法】 CGF 亲水型有机硅织物整理剂可按下列反应来制备。

$$(CH_3)_3SiO \left[\begin{array}{c} CH_3 \\ | \\ Si-O \\ | \\ CH_3 \end{array} \right]_n \left[\begin{array}{c} CH_3 \\ | \\ Si-O \\ | \\ H \end{array} \right]_m Si(CH_3)_3 +$$

$$CH_3-CH_2-CH_2 \left[OCH_2CH_2 \right]_n \left[\begin{array}{c} CH_3 \\ | \\ OCH_2CH \end{array} \right]_m OH \longrightarrow 成品$$

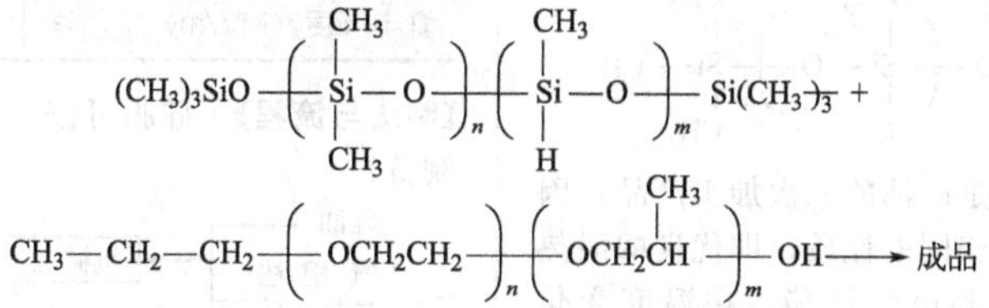

反应釜内加入计算量的含氢硅油、聚醚（还可加入甲基丙烯酸环氧丙酯），物料于搅拌下升温至 75～80℃，加入少量催化剂 H_2PtCl_6，并在 85～95℃下反应若干小时，即得产品。

【质量标准】

中蓝晨光化工研究院企业标准

CYB-3027—84

指标名称	指标
外观	淡黄色或棕褐色透明均一黏稠液
pH 值	6～8
折射率 n_D^{25}	1.4430～1.4480
黏度(25℃)/(mm²/s)	1500～5000
水溶性	能溶于水

【用途】 CGF 亲水型有机硅织物整理剂，适用于各种织物的处理，是一种理想的纺织印染助剂。由于它具有独特的化学结构，能赋予织物以优异的亲水性能，吸湿性好，抗静电性强，使织物防污、易洗。它的结构中含有较多的反应活性基团，在催化剂存在下能交联成膜，当整理织物时，能和纤维中的反应活性基团在烘焙过程中进一步结合，给予织物耐久性整理。又因它易溶于水，能和耐久压烫树脂同浴整理，整理浴切变稳定性好，从根本上解决了一般有机硅乳液的破乳漂油问题，并使被整理织物具有弹性、挺括、滑爽、手感柔软等特点。既适合整理纯涤纶、腈纶、尼龙、涤/棉、涤纶、化纤/羊毛、人造丝、绢麻等织物，也适于纤维和丝的前处理。织物处理液参考配方如下。

物质名称	用量
CGF 整理剂	3g
CPU 树脂(42%)	50g
氯化镁	15g
冰醋酸	0.5g
水	1L

浸轧工艺：二浸二轧；

干燥温度：80～90℃；

烘焙温度：190℃；

烘焙时间：30s；

整理织物品种：纯涤纶花呢、仿毛华达呢、中长花呢。

【安全性】 CGF 亲水型有机硅织物整理剂无毒，操作使用时，不需要采取特殊的防护措施。

本产品应采用清洁的塑料桶密封包装。本产品按无毒、非危险品存放和运输。在室温下贮存，有效期为一年。

【生产单位】 中蓝晨光化工研究院。

Bm016 二甲基聚硅氧烷润滑脂

【英文名】 silicon grease

【别名】 硅脂

【结构式】

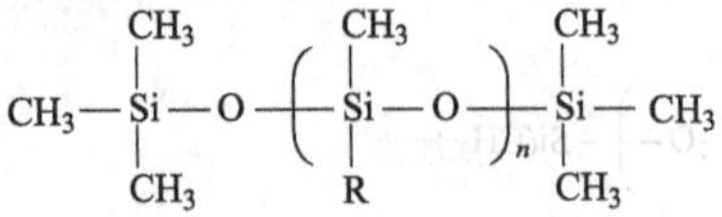

【性质】 硅脂是硅油的二次加工产品，因此具有与硅油相同的性质，即优良的耐热性、抗氧化性和电气性能，在温度变化时，它的稠度变化很小，温度对它的体积电阻率影响也很小。一般的硅脂可在−50～200℃温度范围内使用，对铁、钢、铝、铜及其合金没有腐蚀性，对许多材料（如塑料、橡胶、木材、玻璃和金属）具有良好的润滑性。硅脂能溶解于芳香类和含氯的有机溶剂中。硅脂的流动性与增稠剂的含量有关，随增稠剂含量增加，流动性降低。其主要物理性能如下所示。

指标名称	指标
外观	白色半透明油脂
锥入度(25℃)/(1/10mm)	200～240
挥发分(200℃/24h)/% ≤	3
油离度(200℃/24h)/% ≤	10
相对介电常数(10^4Hz)	2.5～3.2
介电损耗角正切(10^6Hz) ≤	1.2×10^{-3}
体积电阻率/Ω·cm ≥	5×10^{14}
介电强度/(MV/m) ≥	8.8

【制法与流程】 硅脂可按下述工艺流程来制备。

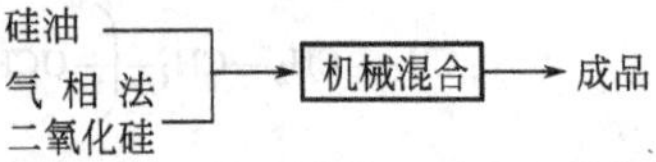

硅脂可由硅油和适当的增稠剂混炼而制得，为改善某些性能，还可加入一些其他添加剂。二甲基硅油常用增稠剂为气相法二氧化硅。苯甲基硅油则多用锂皂作稠化剂，也可采用炭黑、酞青铜、阴丹士林蓝及芳基脲作稠化剂，以提高其耐热性。

【消耗定额】

名称	规格	消耗定额/(kg/t)
硅油	720～800mm²/s	950
气相法白炭黑	4#	100
酒精	工业	10

【质量标准】 **化工行业标准 HG/T 2502—93**

指标名称		5201-1			5201-2			5201-3		
		优等品	一等品	合格品	优等品	一等品	合格品	优等品	一等品	合格品
锥入度/(1/10mm)	不工作	200～260			200～250			170～200		
	工作 ≤	300	320	380	290	310	370	240	260	320
油离度/% ≤		6.0	8.0		7.0	8.0		7.0	8.0	
挥发物含量/% ≤		2.0		3.0	2.0		3.0	2.0		3.0
相对介电常数(50Hz)		2.6～3.0	2.5～3.1		2.6～3.0	2.5～3.1		2.6～3.0	2.5～3.1	
介电损耗角正切(50Hz)		8.0×10^{-4}	3.5×10^{-3}		8.0×10^{-4}	3.5×10^{-3}		8.0×10^{-4}	3.5×10^{-3}	

续表

指标名称	5201-1			5201-2			5201-3		
	优等品	一等品	合格品	优等品	一等品	合格品	优等品	一等品	合格品
体积电阻率/Ω·cm ≥	1.0×10^{15}	5.0×10^{14}		1.0×10^{15}	5.0×10^{14}		1.0×10^{15}	5.0×10^{14}	
介电强度/(MV/m) ≥	18	12		18	12		18	12	
燃烧性	自熄			自熄			自熄		
腐蚀性	无蚀斑			无蚀斑			无蚀斑		
防水密封性	氯化钴试纸不返红色			氯化钴试纸不返红色			氯化钴试纸不返红色		

【用途】 硅脂的用途很广，它在电气绝缘、润滑、脱模、防锈、防腐、防水、涂层、防震及仪器分析等方面均可应用。例如，在塑料及橡胶上涂抹硅脂后，可防止表面电阻的下降。用硅脂喷涂或刷涂在列柱式的绝缘子上，在任何气候变化及有盐雾的情况下，可以防水、防导电、防污。涂抹硅脂的通信器材和电器接触点可以防锈、不易氧化。硅脂还可用作金属与塑料、玻璃与塑料的润滑剂。活塞上的填圈和O形圈等涂抹硅脂后，可以防止黏着，延长使用寿命。在汽车抛光蜡中，添加少许硅脂后，可降低粗糙度，并有防水、防尘的效能。低苯基含量的硅脂用于轴承、雷达天线等润滑，中苯基含量的硅脂主要用于电动机的永久润滑剂以及干燥箱、通风机、洗涤机、高负荷下工作的各种滚动轴承的润滑。

产品应包装在内衬塑料袋的密闭容器中，每一包装件应有合格证、标明批号及本标准号。产品应贮放在通风干燥处，并应隔绝火源，远离热源。贮存期为两年，按无毒非危险品运输。

【生产单位】 上海树脂厂，中蓝晨光化工研究院，吉化公司研究院。

Bm017 新型聚亚烷氧基嵌段共聚物

【英文名】 polysiloxane

【别名】 有机硅表面活性剂，聚硅氧烷

【结构式】

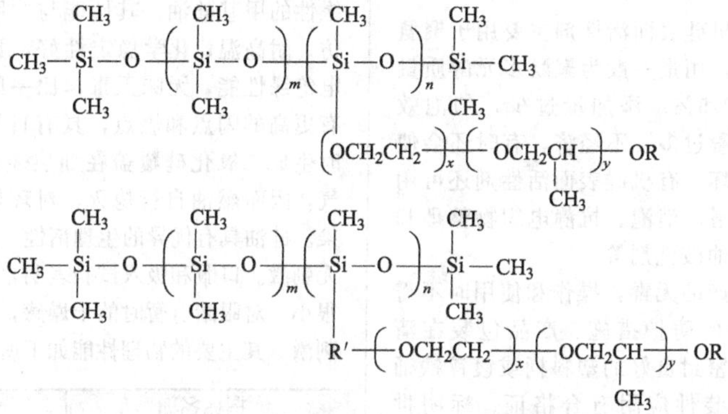

式中，R—烷基或酰基；R′—亚烷基。

【性质】 由聚硅氧烷和聚亚烷氧基嵌段共聚而制得的有机硅表面活性剂具有很低的表面张力，因此它是很好的成核剂。此外，它具有两亲性，分子结构内的聚硅氧烷为亲油基，聚亚乙氧基为亲水基。亲油基的作用在于“界面取向”；亲水基则可增溶。这种两亲性的化合物在聚氨酯泡沫

塑料制造中，能使原来不互溶的多相体系的各反应组分乳化成均匀的分散体系，起乳化剂作用。由于它能促进成核作用，使泡孔细而均匀，并能起到稳定泡沫的作用，从而使泡沫制品的性能大为改善。其主要物理性能如下所示。

指标名称	指标	指标名称	指标
动力黏度(25℃)/Pa·s	1~3	pH 值	6~7
相对密度(25℃)	1.01~1.02	固含量/% ≥	95
闪点/℃ ≥	164		

【制法】　有机硅表面活性剂可按下列反应　来制备。

$$CH_3-\underset{\underset{CH_3}{|}}{\overset{\overset{CH_3}{|}}{Si}}-O\left(\underset{\underset{CH_3}{|}}{\overset{\overset{CH_3}{|}}{Si}}-O\right)_m\left(\underset{\underset{H}{|}}{\overset{\overset{CH_3}{|}}{Si}}-O\right)_n\underset{\underset{CH_3}{|}}{\overset{\overset{CH_3}{|}}{Si}}-CH_3 +$$

$$CH_2=CH-CH_2(OC_2H_4)_x(OC_3H_6)_yOR \longrightarrow 成品$$

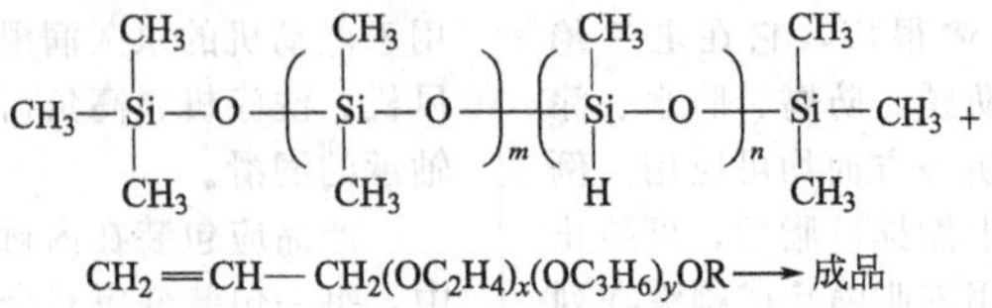

首先分别合成活性聚硅氧烷和活性聚亚烷氧基。聚硅氧烷中含有活性的 Si—H 键，分子式为 $(CH_3)_3Si[OSi(CH_3)_2]_m[OSi(CH_3)H]_n OSi(CH_3)_3$。聚亚烷氧基中的活性基团一般为不饱和烃基，分子式为 $CH_2=CH-CH_2(OC_2H_4)_x(OC_3H_6)_yOR$。然后将上述聚硅氧烷与聚亚烷氧基在铂氯酸催化剂作用下，进行加成反应，即可制得有机硅表面活性剂。

【质量标准】　见有机硅表面活性剂性能表。

【用途】　有机硅表面活性剂主要用于聚氨酯泡沫塑料，用量一般为聚醚多元醇质量的 0.5%～2.5%。添加量过少，匀泡效果差；添加量过多，不经济，有时还会使泡沫物性变坏。有机硅表面活性剂还可用作脱模、润滑、消泡、抗静电织物整理和添加剂、原油破乳剂等。

【安全性】　产品无毒，操作和使用时不需要采取特殊的防护措施。产品包装在清洁、干燥、密封良好的塑料桶或镀锌铁桶内。每一包装件应附有合格证、标明批号、生产日期。本产品在运输贮存过程中，应注意防雨防潮，防阳光曝晒，隔绝火。

【生产单位】　南京塑料厂，中蓝晨光化工研究院。

Bm018 **新型聚二甲基硅氧烷变压器油**

【英文名】　silicone fluid for transformer

【别名】　变压器硅油

【结构式】

$$CH_3-\underset{\underset{CH_3}{|}}{\overset{\overset{CH_3}{|}}{Si}}-O\left(\underset{\underset{CH_3}{|}}{\overset{\overset{CH_3}{|}}{Si}}-O\right)_n\underset{\underset{CH_3}{|}}{\overset{\overset{CH_3}{|}}{Si}}-CH_3$$

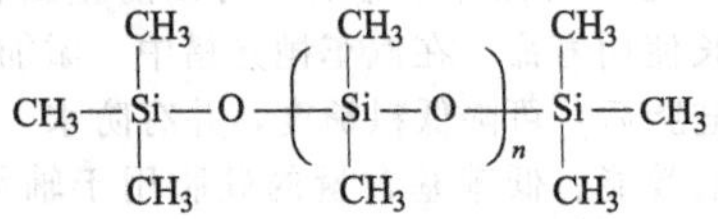

【性质】　GY-101 变压器硅油是一种高绝缘性的甲基硅油，其性能与二甲基硅油相仿，耐高温，化学稳定性好，具有优良的电绝缘性能，无味无毒，比一般变压器油有更高的闪点和燃点，具有自熄性，燃烧时生成二氧化硅覆盖在油层表面，隔绝空气，因而燃油自行熄灭，对环境不产生污染。硅油具有优异的生理惰性，对皮肤黏膜无刺激。口服和吸入试验表明，硅油的毒性很小。对眼睛有暂时的干燥感，不引起严重刺激。其主要的物理性能如下所示。

指标名称	指标
外观	无色透明
运动黏度/(mm²/s)	50±0.5
介电强度/(kV/25mm)≥	35
闪点/℃ ≥	285

【制法】 变压器硅油可按下列反应来制备。

$$n[(CH_3)_2SiO]_4+(CH_3)_3SiOSi(CH_3)_3 \xrightarrow[\triangle]{催化剂} 成品$$

以八甲基环四硅氧烷和六甲基二硅氧烷为原料，离子交换树脂为催化剂进行反应，反应产物经高效蒸馏器减压蒸馏，得到闪点大于 285℃ 的产品，即为变压器硅油。

【质量标准】

中蓝晨光化工研究院企业标准

指标名称	指标
外观	无色透明
运动黏度/(mm^2/s)	50±0.5
介电强度/(kV/25mm) ≥	35
闪点/℃ ≥	285

【用途】 变压器硅油可以取代矿物变压器油或多氯联苯，用作变压器的冷却介质。在国外，已广泛用在电气化铁路、高层建筑、医院及其他重要部门的配电变压器。我国采用变压器硅油 GY-101 作冷却介质的变压器，首先由通化变压器厂制造，并试用于北京地铁。此外，变压器硅油 GY-101 还可用作油漆添加剂、化妆品组分、喷雾剂添加剂、脱模剂、液力传动油和减震油等。

【生产单位】 中蓝晨光化工研究院。

Bm019 热熔有机硅压敏胶

【英文名】 hot melt organosilicon pressure sensitive adhesive

【性状】 剥离值 0.16N/cm，对不锈钢粘力 5.42N/cm^2。

【制法】 配方（质量份）：

硅酸钠	45
Me_3SiCl	24.1
二甲苯	39.8
羟端基聚二甲基硅氧烷	36.1

按以上配方，把硅酸钠、Me_3SiCl 在二甲苯中反应产物、二甲苯羟端基聚二甲基硅氧烷在 100℃ 与无水氨混合 2h，并与六甲基二硅氧烷于 95～140℃ 缩合制得聚硅氧烷，将含有 5% 轻矿物油的聚硅氧烷涂在聚酯带上制备胶带。

【用途】 用于经皮药物的压敏胶。

Bm020 无碱玻璃布硅氧烷层压塑料

【英文名】 silicone laminate

【别名】 有机硅层压塑料

【结构式】

$$(CH_3SiO_{1.5})_x \cdot (C_6H_5SiO_{1.5})_y$$

【性质】 有机硅层压塑料是由电工用无碱玻璃布浸以有机硅树脂，经干燥、热压而成。它具有较高的耐热性，可在 250℃ 下长期使用，300℃ 短期使用。电绝缘性能好，介电损耗小，吸水率低，耐弧性、耐焰性和防潮性均十分优良。其主要物理性能如下所示。

指标名称	指标
吸水性/% ≤	1.0
马丁耐热/℃ ≥	225
弯曲强度/MPa ≥	107.8
拉伸强度/MPa ≥	98
抗劈强度/N	1000
冲击强度/(kJ/m^2) ≥	49
表面电阻率/Ω ≥	
常态	10^{12}
180℃±2℃	10^{11}
受潮后	10^{10}
体积电阻率/Ω·cm ≥	
常态	10^{12}
180℃±2℃	10^{11}
受潮后	10^{10}
介电损耗角正切(50Hz, 180℃±2℃) ≤	0.05
介电强度/(MV/m) ≥	10

【制法】 有机硅层压塑料可按下述工艺流程来制备。

1. 硅树脂合成

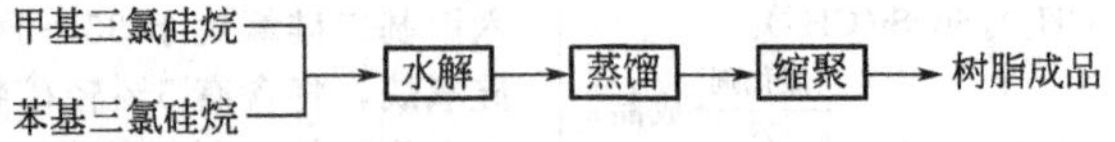

2. 层压塑料制备

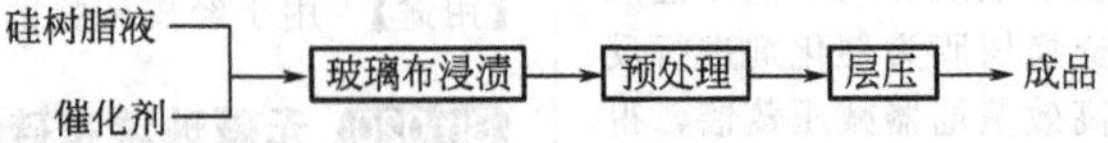

【消耗定额】

物料名称	规格	消耗定额/(kg/t)	物料名称	规格	消耗定额/(kg/t)
一甲基三氯硅烷	含量≥90%	572	甲苯	工业	1500
一苯基三氯硅烷	含量≥96.5%	572	丁醇	工业	550

【质量标准】

上海树脂厂标准沪 Q/HG13-243—79

指标名称	W33-2(941)树脂	指标名称		W33-2(941)树脂
外观	浅黄色至棕色透明液体，允许有乳白光	固体含量/%	≤	56
		干燥时间(100℃±5℃)/min	≤	25
		凝胶化时间(200℃±2℃)/min		1～20

有机硅玻璃层压板材化工部部颁标准 Q/D149—66

指标名称		3251有机硅层压板	指标名称		3251有机硅层压板
吸水性/%	≤	1.0	180℃±2℃		10^{11}
马丁耐热/℃	≥	225	受潮后		10^{10}
弯曲强度/MPa	≥	107.8	体积电阻率/Ω·cm	≥	
拉伸强度/MPa	≥	98	常态		10^{12}
抗劈强度/N		1000	180℃±2℃		10^{11}
冲击强度/(kJ/m²)	≥	49	受潮后		10^{10}
表面电阻率/Ω	≥		介电损耗角正切(50Hz,180℃±2℃)	≤	0.05
常态		10^{12}	介电强度/(MV/m)	≥	10

【用途】 有机硅玻璃层压塑料可用作H级电机的槽楔绝缘、高温继电器外壳、高速飞机的雷达天线罩、线路接线板、印刷电路板、线圈架、各种开关装置和变压器套管等。还可用作飞机的耐火墙，以及各种耐热输送管等。

【安全性】 有机硅层压塑料用硅树脂含有机溶剂，对人体有毒害。在用硅树脂液浸渍脱蜡玻璃布阶段以及浸渍后玻璃布的预处理和压制成型阶段，都必须在通风良好的环境下进行操作，以免引起白细胞减少、头晕、乏力等甲苯中毒症状。

产品应用聚乙烯桶或内衬聚乙烯铁桶密封包装，包装桶外应有牢固标志，标明厂名、厂址、产品名称、牌号、批号、毛重、净重、标准编号、出厂日期、贮运标志及合格证。产品在运输中应避免日晒雨淋。产品应贮存在通风、干燥的库房内、隔绝火源。

【生产单位】 上海树脂厂，中蓝晨光化工研究院二分厂，西安绝缘材料厂。

Bm021 甲基（三氯）硅酸钠盐防污/防霉/保温处理剂

【英文名】 concrete and masonry treating agentment

【别名】 混凝土和砖石工程处理剂

【结构式】

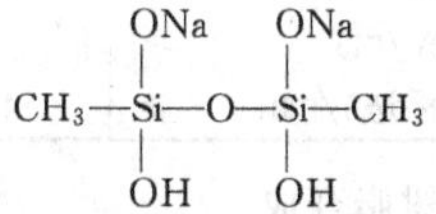

【性质】 固体含量约为 30%，Na/Si＝1～1.05 的混凝土和砖石工程处理剂，具有良好的防潮性，用它处理砖石建筑材料，不会堵塞砖石的微孔，因而不会损害其透气性，可有效防止风蚀或由于雨水中 SO_3 而引起的化学腐蚀，防止苔藓、地衣及霉菌等的生长，还可防止因冷冻裂和墙壁脱皮，使建筑物外表保持美观，延长建筑材料的使用寿命。30%固体含量的甲基硅酸钠盐水溶液的主要性能为：相对密度 1.24，pH 值 12～13，贮存期为 12 个月，呈浅黄色。

【制法】 混凝土和砖石工程处理剂可按下列反应来制备。

$$2CH_3SiCl_3+3H_2O+2NaOH \longrightarrow 成品+6HCl$$

将甲基三氯硅烷缓慢加入约 9 倍量的水中水解，所得沉淀物过滤，并用大量水洗涤，除去沉淀物中的盐酸。然后将其加到定量的氢氧化钠水溶液中，混合物在 90～95℃下加热 2h，过滤，即得产品。

【质量标准】 中蓝晨光化工研究院二分厂暂行技术条件

指标名称		指标
外观		黄色液体
有效成分/%	≥	17
游离碱/%	≤	5
氯含量/%	≤	1
固含量/%		约 30

【用途】 甲基硅酸钠盐水溶液常用于刚出窑的墙砖，降低其吸水率，并能防污、防霉和提高保温性能。用甲基硅酸钠盐水溶液处理混凝土人行道、车道，可提高其耐冻融膨胀的能力，从而增加使用寿命。各种石棉制品，包括保温墙面板经甲基硅酸钠盐水溶液处理后，可明显减少其吸水性，并使之在潮湿环境中保持较高的强度。甲基硅酸钠盐水溶液还可用来处理铺设屋顶料、矿石、玻璃珠、装饰瓷砖、混凝土釉等。木材经处理后，可提高防潮、防腐和防止菌类生长的能力，从而提高木材的土下使用寿命。

【安全性】 甲基硅酸钠盐是强碱性的腐蚀性物品。操作时要带防护眼镜、橡胶手套，穿胶靴，防止触及眼睛和皮肤。如不慎触及，可用大量清水冲洗 。

产品应贮存于密闭容器中。产品有强腐蚀性，按腐蚀物品有关规定运输。有效贮存期为半年，超过贮存期，若没有胶结，则仍可使用。

产品应用聚乙烯桶或内衬聚乙烯铁桶密封包装，包装桶外应有牢固标志，标明厂名、厂址、产品名称、牌号、批号、毛重、净重、标准编号、出厂日期、贮运标志及合格证。产品在运输中应避免日晒雨淋。产品应贮存在通风、干燥的库房内，隔绝火源。

【生产单位】 中蓝晨光化工研究院二分厂，上海树脂厂。

Bm022 新型硅氧烷模压混合料

【英文名】 silicone molding compounds

【别名】 有机硅模塑料

【结构式】

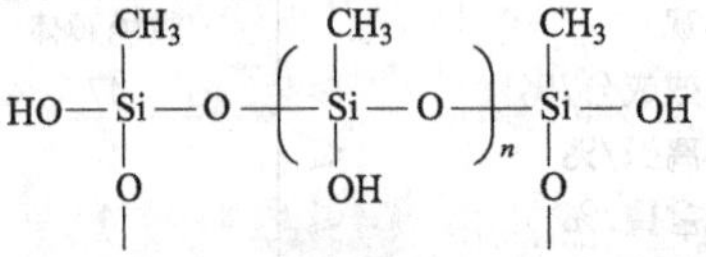

【性质】 有机硅模塑料是以硅树脂为基料，添加适量的石棉、石英粉、白炭黑、硬脂酸钙等填料，经双辊混炼机混炼而成的热固性有机硅模压混合料。该混合料在室温下呈现石棉纤维纹的片状物料，在150℃下具有较好的流动性，能快速固化。经成型加工的塑料制品，具有优异的耐电弧、电气绝缘、耐高温特性，以及良好的物理力学性能。此外，耐潮湿性能也很好，受潮或浸水后，其电绝缘性能仍保持较好的水平。其主要性能如下所示。

指标名称		指标	指标名称		指标
相对密度		1.8～2.0	收缩率/%	≤	1
弯曲强度/MPa	≥	29.4	表面电阻率/Ω	≥	1×10^{9}
冲击强度/(kJ/m^2)	≥	4.5	体积电阻率/Ω·cm	≥	1×10^{10}
马丁耐热/℃	≥	250	介电强度/(MV/m)	≥	5.0
耐电弧/s	≥	180	流动性(拉西格法)/mm	≥	140～180

【制法】 有机硅模塑料可按下述工艺流程来制备。

1. 硅树脂合成

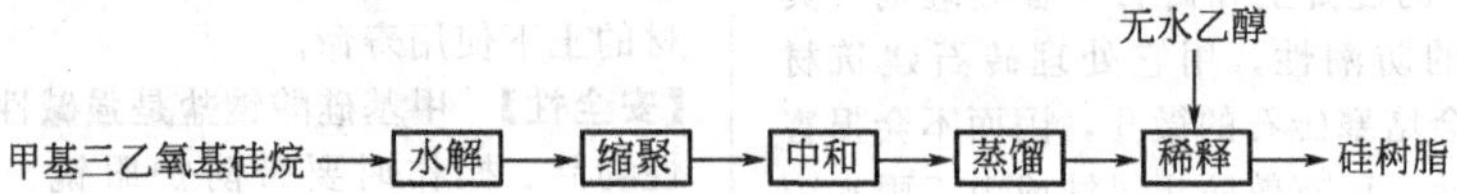

2. 模塑料制备

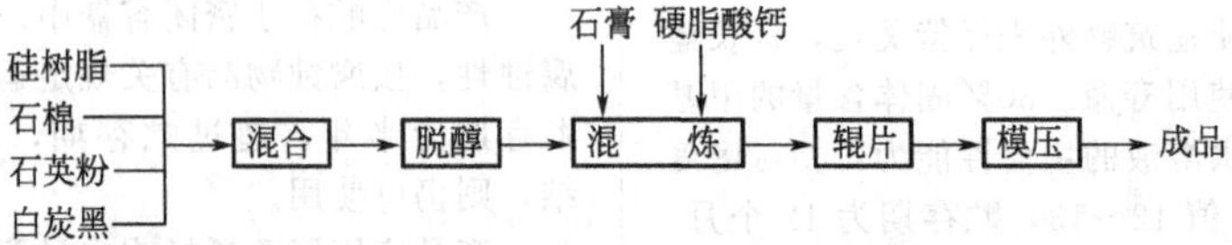

在反应釜内加入定量甲基三乙氧基硅烷、水和少量酸催化剂，搅拌并升温，使之反应。物料逐渐变成无色、透明均相体系。然后中和并蒸除低沸物，根据不同的需要，配制成各种浓度的乙醇溶液。再加入石棉、石英粉、白炭黑等填料，混匀、辊片并模压成制品。压制条件为：模具温度 125 ～ 150℃，成型压力 12.5 ～ 16.0MPa，压制时间 5～20min。

【质量标准】

中蓝晨光化工研究院暂行技术条件 CYB-7007—81

指标名称	GB-30 硅树脂	KMK-218 硅树脂
外观	无色或淡黄色透明黏液	无色或白色固体
凝胶化时间(150℃)/min	4～8	5
树脂含量/%	50±3	100
黏度(50%乙醇溶液)/(mm^2/s)	14～22	—

中蓝晨光化工研究院暂行技术条件 CYB-7008—81

指标名称		GS-301模塑料	KMK-218模塑料	指标名称		GS-301模塑料	KMK-218模塑料
收缩率/%	≤	0.5	1	表面电阻率/Ω	≥	1×10^{10}	1×10^{9}
马丁耐热/℃	≥	300	250	体积电阻率/Ω·cm	≥	1×10^{11}	1×10^{10}
冲击强度/(kJ/m²)	≥	5.0	4.5	介电强度/(MV/m)	≥	5.0	5.0
弯曲强度/MPa	≥	24.5	29.4	流动性(拉西格法)/mm	≥	160	140～180
耐电弧/s	≥	180	180	贮存期(－30℃)/d		120	120

【用途】 石棉填充的有机硅模塑料，可在250℃下长期工作，瞬时可耐650℃高温。在60mA电流与8mm距离下耐电弧时间大于180s，故是航空、电机、电器部门制备耐高温、耐电弧制件的理想材料。可用来制造灭弧罩、火车头的电器配电盘、印刷线路、电阻换向开关、飞机发动机高温油泵和燃油泵加力系统中控制电路转换的微动开关，以及各种电器和仪表的插接件。

【安全性】 有机硅模塑料无毒，在成型加工时，释放出少量低分子化合物，宜在通风良好的环境下操作。

有机硅模塑料包装于多层纸袋及内衬薄膜袋的容器内，并于低温密封存放，不宜受潮受热，在－30℃下密闭贮存4个月，其流动性基本保持不变。但在室温下，8天后已失去流动性。该产品按非危险品运输。

【生产单位】 上海树脂厂，中蓝晨光化工研究院二分厂。

Bm023 水解马来酸酐-甲基乙烯基醚共聚物压敏胶

【英文名】 hydrolysis maleic anhydr6de-methylvinyl ether copolymer composite with pressure sensitive adhesive

【制法】 配方（质量份）：

马来酸酐-甲基乙烯基醚共聚物	25
甘油	25
水	25
聚乙氧化壬基苯酚	适量

把马来酸酐-甲基乙烯基醚共聚物、甘油、水及乙氧化基壬基苯酚于60℃在聚乙烯袋中加热，然后冷却得到胶黏剂。

【用途】 该胶黏剂对皮肤有较好的黏结力，对玻璃、纸张和绷带有好的粘附力，清除皮肤较困难（拉去头皮），而皮肤重新填缝性优良。

Bm024 压敏胶片

【英文名】 pressure sensitive adhesive

【制法】 配方（质量份）：

聚氨酯-聚氯乙烯接枝共聚物	40
聚氯乙烯	80
乙烯-醋酸乙烯共聚物	30
氢化丁烯-苯乙烯	14
Ca-Zn 稳定剂	30
苯二甲酸二异庚酯	22

把聚氨酯-聚氯乙烯接枝共聚物、聚氯乙烯、乙烯-醋酸乙烯共聚物、氢化丁二烯-苯乙烯嵌段共聚物、Ca-Zn稳定剂和苯二甲酸二异庚酯混合，成型130μm厚度的膜，涂布异戊二烯-苯乙烯嵌段共聚物压敏胶，冲切成10cm²，封存入袋子中，50℃放1d，测溶胀度，在酚醛树脂板上粘贴和剥去时1%～5%剩留。

【用途】 胶片用于向皮肤给予膏药。

Bm025 乙基含氢硅油

【英文名】 ethyl hydrogen polysiloxane fluid

【别名】 乙基含氢聚硅氧烷液体

【结构式】

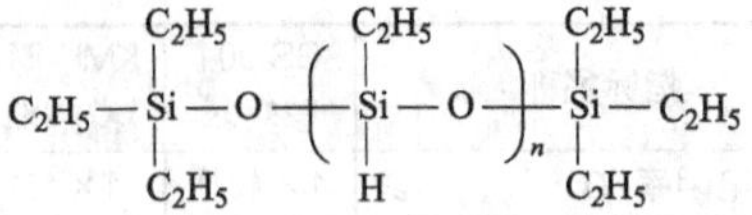

【性质】 乙基含氢硅油除了具有一般硅油的性能外（如黏温系数和挥发性小、表面张力和压缩率低、耐高低温性能和电绝缘性能好等），因含有活性氢原子，在金属盐类催化剂影响下，可交联成膜，所以具有优良的憎水防潮性能。乙基含氢硅油在铂氯酸存在下极易与烯类化合物发生加成反应。其主要物理性能如下所示。

指标名称		指标
外观		无色或淡黄色透明液体
运动黏度(20℃)/(mm²/s)		10～50
pH 值		6～7
折射率(25℃)		1.423～1.427
含氢量/%	≥	1
相对密度(25℃)		1.010～1.030

【制法】 乙基含氢硅油可按下列反应来制备。

1. 水解

$$x(C_2H_5)HSiCl_2 + 2(C_2H_5)_3SiCl \xrightarrow{H_2O} (C_2H_5)_3SiOSi(C_2H_5)_3 + [(C_2H_5)HSiO]_x + 2HCl$$

2. 调聚

$$(C_2H_5)_3SiOSi(C_2H_5)_3 + m[(C_2H_5)HSiO]_x \xrightarrow{H_2SO_4} \text{成品}$$

$$(mx = n)$$

将计算量的三乙基氯硅烷和乙基二氯硅烷加入到预先装有水和正丁醇的反应釜内，进行水解。反应结束后，静置分层，放去酸水层，油层用水洗涤至中性。然后在浓硫酸存在下进行调聚反应。调聚结束后，再次分去酸水层，将调聚体洗至中性，减压蒸除低沸物，即得成品。

【质量标准】

鄂南化工厂企业标准

指标名称		1#(1101)	2#(1102)	3#(1201)
外观		无色或淡黄色透明液体		
运动黏度(20℃)/(mm²/s)		10～50	50～200	30～300
pH 值		6～7	6～7	6～7
折射率(20℃)		1.423～1.427	—	—
含氢量/%	≥	1	1.3～1.427	0.15
相对密度(20℃)		1.010～1.030	—	—

【用途】 乙基含氢硅油是目前各种憎水剂中具有耐久性强、润湿角大、效果良好的一种憎水剂。它不仅能赋予多种材料以优良的斥水性能，而且还能改善材料的物理力学性能和电绝缘性能。广泛用于处理纺织物、皮革、陶瓷、玻璃、建筑材料和纸张等。乙基含氢硅油还可用作橡胶制品脱模剂、布机润滑油添加剂等。

【生产单位】 武汉鄂南化工厂。

Bm026 新型环氧改性有机硅树脂

【英文名】 novel organic silane modifier for epoxy resin

【性能】 本品具有较优异的耐高低温性能和憎水防潮性能，以及良好的电气绝缘性能，耐电弧电晕性能。它的耐气候性及耐化学品稳定性、防腐性也十分优异。

【制法】

① 双组分常温固化，与 650 聚酰胺

或 T-31 配合使用，650 加量为树脂总量的 10%～15%，T-31 加量为树脂总量的 5%～7%。

② 高温烘烤固化，升温到 180～200℃一个半小时完全固化。

③ 本品所用稀释溶剂不得含有水分、酸、碱、胺类化合物、含硫化合物、吡啶及其杂质，否则将影响树脂漆膜的附着力、干性及其他性能。

④ 本品含有二甲苯等易燃易爆溶剂挥发出来，在加工过程中应注意加强现场通风，注意防火，严格断绝火源。操作人员应注意劳动保护。

⑤ 本品在加工过程中所用设备、器具必须是洁净的。严防粉尘、异物的混入和带水。

【用途】 本品大量用作耐高温防腐涂料（可达 500℃以上），可常温双组分完全固化，烘烤固化性能更佳。也可作 H 级绝缘涂料。

【质量标准】 外观：淡黄色至无色透明液体，允许乳白光，无机械杂质；固含量：(50±1)%；黏度：25～65s（涂-4 杯）；环氧值：0.02～0.07。

【包装及贮运】 本品用 200kg 铁桶包装，贮存于阴凉干燥处，贮存期暂定半年，防止阳光直射，避免与酸、碱接触，按危险品贮运。

【生产单位】 四海化工。

Bm027 新型自干水性有机硅树脂

【英文名】 moldifier dry-self silicone resin

【性质】 自干型水性有机硅树脂产品是一类新型水性硅树脂，和传统硅树脂相比，在金属、玻璃、陶瓷等材料表面附着后，膜层具有更高的硬度、更好的附着力。硬度一般可达 3H；在各种材料表面的附着力一般为 0 级，个别为 1 级。

【制法】 把有机硅树脂共聚物为基料，添加适量的甘油、水及水性硅树脂，进行水解。反应结束后，静置分层，放去酸水层，油层用水洗涤至中性。然后加热冷却得到自干水性有机硅树脂。

【用途】 凭借产品在硬度、防腐等方面具有卓越的性能，主要应用于金属表面、特种玻璃和陶瓷表面、铁路桥梁和船舶及工程设施防护等领域。

【质量标准】 型号 GN-1997

各项性能	理化指标
外观	无色或浅色透明液体
涂层透光率	>90%
涂膜硬度（铅笔硬度）	≥3H
附着力（划格法）	1 级
固化时间（25 ℃）	24h
pH 值（25 ℃）	≤6

【包装、运输和贮存】 装入干燥清洁的 25kg、200kg 桶，加盖密封。勿靠近热源，防止阳光直射。按易燃品运输。光、热、空气、酸、碱等物与其接触会加速聚合，应贮藏于阴暗和低温处，室温贮存期 6 个月。

【生产单位】 武汉绿凯科技有限公司。

Bn 有机氟树脂及塑料

1 有机氟树脂定义

氟树脂（氟塑料）是聚合物结构中含有氟原子的高聚物产品总称。国外已经工业生产和市场销售的产品有聚四氟乙烯（PTFE）、四氟乙烯-六氟丙烯共聚物（又称聚全氟乙丙烯 FEP）、聚三氟氯乙烯（PCTFE）、聚偏氟乙烯（PVDF）、聚氟乙烯（PVF）、乙烯-三氟氯乙烯共聚物（E-CTFE）、乙烯-四氟乙烯共聚物（E-TFE）、四氟乙烯-全氟烷基乙烯基醚共聚物（俗称可熔性聚四氟乙烯 Teflon PFA）、偏氟乙烯-三氟氯乙烯共聚物（VDF-CFFE，F2319，F2314）、四氟乙烯-六氟丙烯-全氟烷基乙烯基醚三元共聚物（Teflon EPE）、全氟磺酸树脂（XR 功能高分子材料作离子交换膜用）、全氟羧酸树脂（功能高分子材料作离子交换膜用）和偏氟乙烯-六氟异丁烯共聚物（CM-1 树脂）等十余种 100 多个牌号的品种。

氟树脂，特别是聚四氟乙烯综合性能优异，其耐热性、耐寒性都很好，具有广泛的高低温使用范围。化学稳定性、电绝缘性、自润滑性和耐大气老化性能优良，不燃性能良好，力学强度较高。因此，它是一种良好的军民两用的工程材料。

2 聚四氟乙烯

聚四氟乙烯（PTFE）是四氟乙烯经自由基聚合制得的聚合物，聚合反应示于图 Bn-1，工业上四氟乙烯的聚合主要有两种方法，一种是得到细粉分散体，其分子量比第二种方法得到的低，第二种方法是得到粒状聚合物。商业级 PTFE 的重均分子量从 400000 到 9000000。PTFE 是熔点为 327℃的线型结晶聚合物。由于氟原子的体积较大，所以 PTFE 在结晶态时是呈扭曲的锯齿状，而聚乙烯则呈平面锯齿形。PTFE 有几种晶型，在接近室温的条件下，某些晶型就可转变成另一种晶型，发生这种转变时的体积变化约为 1.3%。

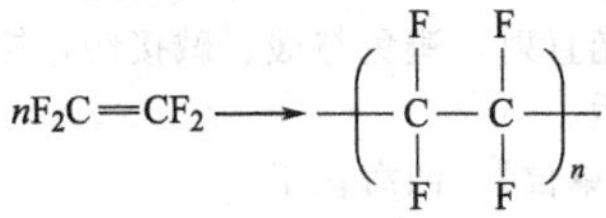

图 Bn-1 PTFE 的制备

PTFE 具有优异的耐化学品性，但是在接近其熔点的温度时也可变成溶液。PTFE 可耐大多数化学品，只有熔融的碱金属可破坏这种聚合物。该聚合物本质上不吸水，对气和湿气的透过性也很低。PTFE 是韧性聚合物，绝缘性很好，摩擦系数很低，其值为 0.02～0.10。和其他含氟聚合物一样，PTFE 具有优异的耐热性，它可以承受达 260℃的高温。由于

PTFE的热稳定性很高，所以其力学和电性能可在250℃的高温下长期不变。但是PTFE能被高能射线降解。

PTFE的一个缺点是它很难用模塑或挤出来加工，常用的加工方法是以粉料烧结或加压模塑。它也常被制成分散体作涂料或浸渍多孔织物。PTFE的黏度非常高，这就阻碍了它用多种常规设备来加工。正因为如此，已开发出类似陶瓷的加工技术，这种技术是先把粉状聚合物预成型，随后在聚合物熔点以上的温度烧结；对于粒状聚合物，预成型是将粒状物压入模具，压力应当控制，压力太低可能会产生空洞，而压力太高又会使表面破裂。烧结后，若是厚的部件应在可控制冷却速度的烘箱中冷却，而薄的部件则在室温下冷却。形状简单的部件可用这种技术制作，而比较精致的部件则应用机器来制作。

挤出法可以非常低的挤出速度加工粒状聚合物，此时先将聚合物喂入加热的烧结模具中，典型烧结模具的长度约为内直径的90倍。分散体聚合物很难用上述方法加工，加工分散体时需加入润滑油(15%～25%)，用挤出机来制取预成型物，除去润滑油后再将部件烧结。这种方法不能用来制造厚的部件，因为必须除去润滑油。PTFE带可以用这种方法制造，但是不用烧结而是用不挥发性油。PTFE分散体可用以浸渍玻璃纤维织物，也可以涂覆在金属表面，浸渍玻璃布的压层板是先把浸渍的玻璃布逐层叠合起来，随后在高温下压制。

PTFE的加工需要配备相应的通风设备以排除可能产生的毒气。PTFE应在高净洁生产线标准的条件下加工，因为在烧结过程中任何有机物的存在都会因有机物的热分解而导致其光学和电学性能变坏。PTFE的最终性能取决加工方法和聚合物类型。但聚合物的粒子尺寸和分子量也应该考虑，因为粒子的尺寸会影响空隙的多少，而分子量则会影响其结晶度。

PTFE所用的添加剂必须能承受要求的高加工温度，这就限制了可用的添加剂范围。加入玻璃纤维可改善某些力学性能，而加入石墨或二硫化钼可在保持其低摩擦系数的同时提高其尺寸稳定性，但只有少数颜料可以承受这种加工条件，可用的颜料主要是无机颜料如氧化铁和镉化物。

由于PTFE具有优异的电性能，所以可用于多种电气设备，如电线和电缆的绝缘，马达、电容器、线圈和变压器的绝缘。PTFE也可用作化工设备如阀门零件和密封垫。PTFE的低摩擦系数特性使之适于作轴承、模型脱模装置和锅防粘剂(不粘锅)，低分子量聚合物可用于气溶胶的干润滑剂。

3 聚偏二氟乙烯

聚偏二氟乙烯（PVDF）是结晶聚合物，其熔点接近170℃。PVDF的结构示于图Bn-2。PVDF具有良好的耐化学品性和耐气候老化及良好的高低温抗变形、抗蠕变性能，虽然其耐化学品性较好，但仍能被强极性溶剂、伯胺和浓酸损伤。由于PVDF的介电性受频率影响大，所以作绝缘体仅获得有限的应用。PVDF由于其相对价格比其他含氟聚合物低，所以它仍是一种很重要的聚合物。PVDF独特之处在于这种聚合物具有压电性质，这就意味着这种聚合物在加压时会产生电流。这一非凡特性已被用来产生超声波。

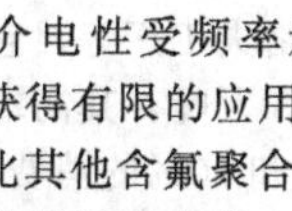

图 Bn-2　PVDF的结构

PVDF可用大多数常规加工设备进行

熔融加工，聚合物的分解温度与熔点之间范围很宽，其熔融温度一般是 240～260℃。加工设备必须清洗得非常干净，因为任何杂质的存在都可能影响其热稳定性。和其他含氟聚合物一样，在加热时也会产生 HF。PVDF 可用作密封垫、电线和电缆套、化工管道和隔离层。

4 聚氟乙烯

聚氟乙烯（PVF）是结晶聚合物，市场上买到的是 PVF 膜，这种膜很多气体都不能透过。PVF 主要用于层合胶合板和其他板材。PVF 在结构上除了用氟原子取代了氯原子之外很像聚氯乙烯（PVC）。PVF 具有低吸湿性、良好的耐天候老化和热稳定性。和 PVC 类似，PVF 在高温下会放出 HF，但是 PVF 比 PVC 的结晶倾向更大，且耐热性比 PVC 更好。

2007 年世界氟树脂产量近 35 万吨，其中 PTFE 占氟树脂装置量的 65%以上，FEP 和 PVDF 增长也较快。据粗略统计，2005 年各种氟树脂的生产能力超过 22 万吨。目前世界上氟树脂的主要生产商有杜邦、大金、旭硝子、Dyneon、Ausimant 和俄罗斯的基洛夫工厂等，它们的生产能力都超过了 1.5 万吨，其高端产品拥有世界 85%的产量和 80%的消费市场。

近年来，世界氟树脂产量仍保持上升的发展趋势，而且在新品种和新应用领域开发方面尤为显著，如 Dyneon 公司 TFM 1630 PTFE——半自由流动改性 PTFE，不仅具有标准流动 PTFE（Dyneon TFm PTFE）的力学性能、热性能和电性能，还兼有改善了的加工性能；又如 Atofina 推出的 Kynar Flex 2850 PC，一种最新等级 PVDF 粉末涂料，其显著特性是平滑、高光泽表面装饰性，该表面装饰可增强其低萃取特性，并减少微生物沉积和生长；PPG 公司推出了 Coraflon（TM）空气干燥系统（ADS）涂料，这是一新型耐用的多彩含氟聚合材料涂料，可调配出用传统风干涂料不能调配出的可靠色彩、金属性色彩和一些特殊效果的色彩；日本旭硝子公司同日本电话电服公司先进技术部（NTT-AT）合作，成功开发宽带信息通信时代以透明全氟树脂为主要材料的网络结构不可缺少的部件光传导器件；日本旭硝子公司开发的非结晶氟树脂“サイトップ”（沙衣透普）同 Teflon AF 树脂一样，光学性能特别优异，可作光导纤维之用；Ansimont 美国公司开发了一种含有 PM 和 PVDF 的耐候氟涂料，这种涂料具有极好的物理性能，同时还具有耐溶剂性和保光性；日本大金公司成功开发了可在低温下成型，并能够与其他材料粘接的新型氟树脂，该树脂主要用于涂覆汽车供油管内侧，防止汽油经供油管蒸发，另外还可能逐渐应用到太阳能电池表面涂膜上，以及在药液管和液位计中对液体量进行管理等各种领域。

我国氟树脂工业起步于 20 世纪 60 年代，发展于 20 世纪 90 年代，几经历炼，已摸索出一条适合中国国情的发展道路并步入良性发展轨道。我国的氟树脂聚合技术与国外尚有差距，树脂品种牌号少，质量不够稳定，在开发新的引发体系、提高聚合用 TFE 单体质量、添加少量第二种单体以提高树脂性能等方面尚有待进一步研究。目前，我国氟树脂生产厂家 12 家，单条生产线产能为 2500～6000t/a。

Bn001 分散聚四氟乙烯

【英文名】 dispersionpolytetrafluoroethylene；PTFE

【别名】 分散四氟；分散 F4

【性质】 分散聚四氟乙烯树脂为白色松散粉料。物理化学性能与悬浮聚四氟乙烯相同，如化学稳定性能很好，能耐强酸、强碱和强氧化介质等。突出的耐热、耐寒和耐磨性，可在－250～260℃长期使用。摩擦系数小，自润滑性能好，电性能优异，且不受温度和频率的影响。此外，还具有难粘性、不吸水、不燃烧和优良的耐大气老化等特点。

【制法】 在反应釜内，以水为介质，过硫酸盐为引发剂，加入配方量的全氟羧酸盐分散剂和石蜡作为稳定剂。四氟乙烯单体以气相进入反应釜内，釜内温度控制在(80±20)℃范围，控制聚合压力0.49～2.5MPa范围，聚合反应进行中不断地向反应釜补加气相单体，直至反应结束。聚合压力控制1.0MPa以下称为低压分散聚合，而聚合压力控制在大于1.0MPa以上称为高压分散聚合。所得到分散聚合液用水稀释至一定浓度，并调节水稀释液温度至15～20℃，以机械搅拌凝聚后，经水洗、干燥，即得到细颗粒状树脂。

其简单工艺流程如下。

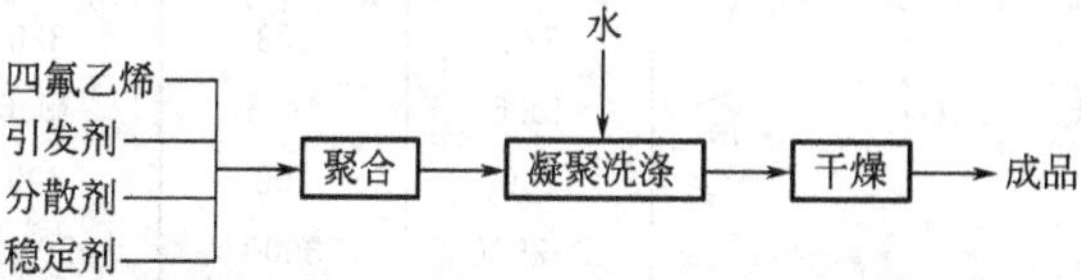

【质量标准】 本产品质量检验按化工行业标准HG/T 3028—1999检测。其技术指标分为树脂性能和模压试样性能。

树脂性能指标

指标名称		指标					
		DE141			DE241		
		优等品	一等品	合格品	优等品	一等品	合格品
成型性	挤出压力/MPa	9.7±4.2	—		27.5±13.5	—	
	挤出物外观	连续、平直、光滑			连续、平直、光滑		
表观密度/(g/L)		475±100			475±100		
平均粒径/μm		425±150			425±150		
含水率/% ≤		0.04			0.04		
熔点/℃		327±10			327±10		

模压试样性能指标

指标名称	指标					
	DE141			DE241		
	优等品	一等品	合格品	优等品	一等品	合格品
拉伸强度/MPa ≥	20.7	18.6	16.0	20.7	18.6	16.0
断裂伸长率/% ≥	300	250	200	300	250	200
标准相对密度	2.17～2.23	2.17～2.25		2.17～2.23	2.17～2.25	
热不稳定指数 ≤	30	50		30	50	
介电常数(10^6Hz) ≤	2.1			2.1		
介电损耗角正切 ≤	3×10^{-4}			3×10^{-4}		

注：1. 糊状挤出用聚四氟乙烯树脂以批为单位，生产一釜为一批。

2. 本产品树脂的外观、拉伸强度和断裂伸长率为出厂检验必测项目。

日本大金公司氟树脂用于糊状挤出聚四氟乙烯分散树脂主要牌号为 PTFE-F104Z、F201、F301、F205 等，其中F205 分散树脂为新品种，特点是耐高温、成型方便，应用于汽车排气感应器线。

日本大金公司氟树脂主要牌号基本物理性能

项目	F-205	F-201	F-203	F-302
平均粒径/μm	约 500	约 500	约 500	约 500
表观密度/(g/mL)	约 0.45	约 0.45	约 0.45	约 0.45
标准相对密度(SSG)	2.168	2.170	2.168	2.155
热不稳定指数	0	30	5	0
熔点/℃	322	328	326	322
拉伸强度/MPa　＞	19.6	19.6	19.6	19.6
断裂伸长率/%　＞	200	200	200	200
最大 RR 比	＞2500	3000	2000	1500

注：测定法为 ASTM-4895。

【成型加工】 分散法聚四氟乙烯树脂与悬浮法聚四氟乙烯树脂不同，它具有受剪切力的作用而易成纤维状的特性。利用这一特性，可在树脂中混入质量分数 20% 的助挤剂，用机械方法将坯体强行通过具有一定锥角的模具，便可获得均一的排列整齐的纤维状物。再除去助挤剂，经过烧结便成为特性强韧的制品。若加入耐高温颜料，还可得到彩色制品。

【制法】 可用以制成薄管、薄带、薄片、薄膜及细直径棒。与悬浮法聚四氟乙烯一样，可广泛应用于军事工业、电子电气工业、化学工业、机械工业、纺织工业、航空和航天工业，以及尖端科学技术等部门。

【安全性】 树脂的生产原料，对人体的皮肤和黏膜有不同程度的刺激，可引起皮肤过敏反应和炎症；同时还要注意树脂粉尘对人体的危害，长期吸入高浓度的树脂粉尘，会引起肺部的病变。大部分树脂都具有共同的危险特性：遇明火、高温易燃，与氧化剂接触有引起燃烧危险，因此，操作人员要改善操作环境，将操作区域与非操作区域有意识地划开，尽可能自动化、密闭化，安装通风设施等。

内包装为两层薄膜袋，外包装为硬质纸桶。每桶净重 10kg 或 20kg 不等。产品应贮存在清洁、阴凉干燥的仓库内，防止灰尘、水分等杂质混入。贮存温度以 10℃左右为宜。本产品按非危险物品运输。运输过程中应避免受热、受潮或剧烈震动。

【生产单位】 中昊晨光化工研究院，上海三爱富新材料有限公司，辽宁省阜新有机氟化工厂，浙江省巨化集团公司，江苏梅兰氟化学公司。

Bn002 含氟脂环聚合物光学胶

【英文名】 fluoro alicyclic polymer optical adhesive

【产品性状】 该胶呈五色透明玻璃状，折射率为 1.34，光线透光率 95%。

【制法】 1. 对称全氟乙烯丙烯醚的聚合物

配方：

对称全氟乙烯丙烯醚	35g
三氯三氟乙烷	5g
去离子水	150g
引发剂($(C_3F_7COO)_2$)	35mg

生产工艺：

将上述原料加入玻璃高压釜中，先用氮气置换3次，然后，在26℃下进行悬浮聚合23h，得到聚合物。用对称全氟乙烯丙烯醚聚合物5份（质量份），含氟化合物溶剂95份配成光学黏合剂，该胶用于胶接透镜。

2. 对称全氟乙烯丁烯醚聚合物

配方：

对称全氟乙烯丁烯醚	35g
去离子水	150g
引发剂($(C_3F_7COO)_2$)	70mg

用对称全氟乙烯丁烯醚聚合物5份、全氟化合物溶剂95份配成光学玻璃胶。

【制法】 用于黏结透镜。

【安全性】 树脂的生产原料，对人体的皮肤和黏膜有不同程度的刺激，可引起皮肤过敏反应和炎症；同时还要注意树脂粉尘对人体的危害，长期吸入高浓度的树脂粉尘，会引起肺部的病变。大部分树脂都具有共同的危险特性：遇明火、高温易燃，与氧化剂接触有引起燃烧危险，因此，操作人员要改善操作环境，将操作区域与非操作区域有意识地划开，尽可能自动化、密闭化，安装通风设施等。

本产品用塑料桶包装，外包装瓦楞纸箱包装，内附产品合格证，每桶净含量10kg或25kg。按非危险品运输，运输温度保持10℃以上，避免日晒、雨淋。贮存在干燥、通风仓库内，室温保持在10℃以上。

【生产单位】 辽宁省阜新有机氟化工厂，浙江省巨化集团公司，江苏梅兰氟化学公司。

Bn003 可熔性聚四氟乙烯（可熔4F）

【英文名】 PFA

【别名】 四氟乙烯-全氟烷基乙烯基醚共聚物

【结构式】

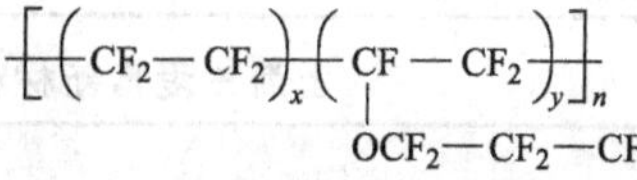

【性质】 可熔性聚四氟乙烯是四氟乙烯和全氟烷基乙烯基醚的共聚物，它的化学稳定性、物理力学性能、电绝缘性能、润滑性、不粘性、耐老化性和不燃性均与一般聚四氟乙烯相似，并具有与聚四氟乙烯相同的热稳定性，可在−250～250℃下长期使用，热分解温度在450℃以上，即使在285℃的空气中仍能稳定地保持2000h。其突出的特点是具有良好的热塑性，它的高温力学强度较普通聚四氟乙烯高2倍左右，如250℃时普通聚四氟乙烯的拉伸强度仅为4.9MPa，而可熔性聚四氟乙烯的拉伸强度则为13.72MPa。

【制法】 四氟乙烯与少量全氟烷基乙烯基醚在聚合釜中，以水为介质，以过硫酸铵为引发剂，以氢气作链转移剂，全氟辛酸铵为分散剂，控制操作温度70℃、压力1.47MPa的条件下共聚合，可得到共聚物的水分散聚合液。再经凝聚、洗涤、干燥、挤出造粒，即可得到透明而有光泽的粒状产品。

$$nxCF_2{-}CF_2 + nyCF_2{=}CF{-}C_2F_5 \longrightarrow \text{本品}$$

【消耗定额】 四氟乙烯消耗量1.15t/t产品，全氟烷基乙烯基醚消耗量0.10～0.15t/t产品。

【质量标准】

中昊晨光化工研究院企业标准技术指标（SM系列）

项目	指标	项目	指标
外观	粒料中不得夹带可见的机械杂质	拉伸强度/MPa ≥	19.6
		断裂伸长率/% ≥	200
		体积电阻率/Ω·cm ≥	1×10^{12}

续表

项目	指标	项目		指标
表观密度/(g/cm^3)	2.12～2.17	介电常数(10^6Hz)		2.2
熔点(DTA法)/℃	302～315	介电损耗角正切(10^5Hz)	≤	1×10^{-3}
熔体流动速率/(g/10min)	1～10	耐折次数	≥	$(1～5)\times10^4$

上海三爱富新材料有限公司企业标准技术指标

项目		指标	
		氟树脂501	氟树脂502
外观		半透明乳白色圆柱形小颗粒	
表观密度/(g/cm^3)		2.16～2.17	2.16～2.17
熔点(DTA法)/℃		302～308	302～308
熔体流动速率/(g/10min)		1～3	6～12
拉伸强度/MPa	≥	26.46	21.56
断裂伸长率/%	≥	300	275
体积电阻率/Ω·cm	≥	1×10^{17}	1×10^{17}
介电常数(10^5Hz)		约3.0	约3.0
介电损耗角正切(10^5Hz)	≤	1×10^{-3}	1×10^{-3}
耐折次数	≥	300000	500000

美国杜邦公司可熔性聚四氟乙烯 Teflon PFA 技术指标

指标名称	测试方法 ASTM	数值	指标名称	测试方法 ASTM	数值
相对密度	D792	2.12～2.17	线胀系数/($\times10^{-5}K^{-1}$)	D696	12
熔体流动速率/(g/10min)	D1238	1～17	热导率/[W/(m·K)]	C177	0.26
拉伸屈服强度/MPa	D638	27.6	介电常数	D150	
屈服伸长率/%	D638	300	60Hz		2.1
弯曲弹性模量/MPa	D790	655	10^5Hz		2.1
邵尔硬度(D)		60	介电损耗角正切	D150	
热变形温度	D648		60Hz		2×10^{-4}
0.4MPa/℃		73.3	10^6Hz		3×10^{-4}
1.82MPa/℃		47.8	体积电阻率/Ω·cm	D257	$>10^{18}$
最高使用温度			耐电弧性/s	D496	>180
间断/℃		285	透光率/%	D1003	>90
连续/℃		260	吸水性/%	D570	0.03

【成型加工】 可熔性聚四氟乙烯可用一般热塑性塑料的成型加工方法，如模压、传递模塑、注塑、挤塑和吹塑等进行成型加工。通常用模压或传递模塑成型时，模具内树脂的熔体温度为330～380℃，加热时间为20～30min，成型压力为6.86～13.72MPa，并需在有压力的情况下，缓慢冷却熔体至200～240℃，以使制品获

得光滑的表面。

使用高黏度树脂进行传递模塑成型时，因其临界剪切速率低，故为了克服和避免发生熔体破裂，可增加熔体流道和减少熔体流动速度，也可通过提高熔体温度来降低熔体黏度，提高临界剪切速率。

采用挤塑法进行成型加工时，通常采用的挤出机螺杆直径为25～50mm，螺杆为突变型，长径比（L/D）为20～24，压缩比为30，螺杆转速为3～50r/min。其典型条件为加料段310℃，均化段400～410℃，压缩段420～430℃，机头400～420℃，模具400～420℃，平衡拉伸系数（DBR）1.0～1.2，拉伸比（DOR）50～900。

【用途】 适用作电子电气工业导线绝缘层、高频及超高频绝缘、电子设备绝缘零件、电线绝缘和护套、连接器插座、支座绝缘、挠曲印刷电路、静电扩音机用膜等。特别是小规格的薄壁绝缘线，其加工速率较一般聚四氟乙烯包线生产高几十倍。耐老化性能优良，柔软、光滑、不开裂。

可用作化工设备、管道、管件、阀门、泵、容器、塔器和热交换的衬里，并可用于制作T形管、特种柔性管、隔膜阀膜片等。其膜片在室温下可往复170000次而无裂纹。用其制得的焊条，可以焊接聚四氟乙烯制件。此外，还可在轻纺、造纸、机械和宇航等工业部门用作防腐、抗黏、耐高温、耐油和不燃等特种塑料零配件。

【安全性】 树脂的生产原料，对人体的皮肤和黏膜有不同程度的刺激，可引起皮肤过敏反应和炎症；同时还要注意树脂粉尘对人体的危害，长期吸入高浓度的树脂粉尘，会引起肺部的病变。大部分树脂都具有共同的危险特性：遇明火、高温易燃，与氧化剂接触有引起燃烧危险，因此，操作人员要改善操作环境，将操作区域与非操作区域有意识地划开，尽可能自动化、密闭化，安装通风设施等。

本品内包装是双层塑料袋，外包装为硬质桶。每桶净含量5kg或25kg，每袋附产品合格证。本产品按非危险品运输，运输过程中应防止日晒、雨淋。本产品应贮存在通风、干燥、洁净的环境中。

【生产单位】 中昊晨光化工研究院，上海三爱富新材料有限公司。

Bn004 聚全氟乙丙烯（FEP）

【英文名】 FEP

【别名】 全氟乙烯-丙烯共聚物；四氟乙烯-六氟丙烯共聚物；氟树脂46（F46）

【结构式】

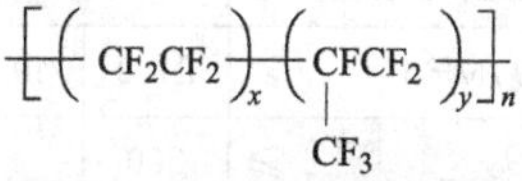

【性质】 氟树脂-46系四氟乙烯和六氟丙烯的共聚物，它基本上保持了聚四氟乙烯的优异性能，且加工性能较好。氟树脂-46相对密度为2.12～2.17，结晶度随处理温度的不同而各异。其力学强度、化学稳定性能、电绝缘性能、润滑性、耐磨性、不粘性、耐老化性和不燃性均与聚四氟乙烯相仿。但耐热性能略低于聚四氟乙烯。长期使用温度为－85～205℃，短期使用温度为－200～260℃，脆化温度为-90℃，熔点为265℃±10℃，热分解温度在400℃以上。氟树脂-46的表面能高于聚四氟乙烯，又因表面张力较小，故熔融状态时与金属黏结性好。

【制法】 在聚合釜中，以水为介质，以过硫酸铵为引发剂，以全氟羧酸盐为分散剂，按比例加入四氟乙烯、六氟丙烯混合物和活化剂后，于50～150℃和2～7MPa的条件下进行分散聚合。聚合过程中需不断补加两种单体混合物，以保持聚合压力。聚合所得含量为25%（质量分数）的分散聚合液，经凝聚、洗涤、干燥、烘烤（380℃左右）、挤出造粒，即得透明粒状产品。

【反应式】

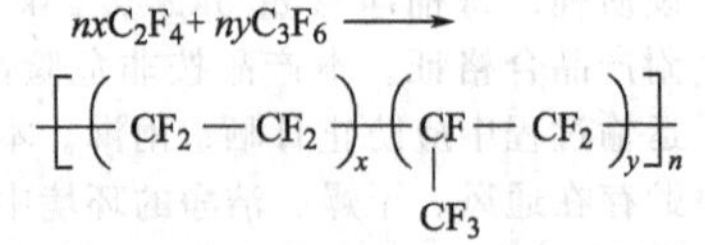

其简单工艺流程如下。

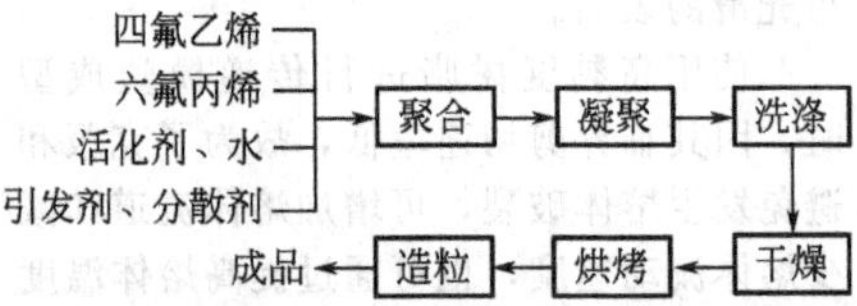

【质量标准】 聚全氟乙丙烯树脂执行 GB 9351《模塑和挤塑用聚全氟乙丙烯树脂》，其主要技术指标如下所示。

项目	E1①			E2①			M3①		
	优级品	一级品	合格品	优级品	一级品	合格品	优级品	一级品	合格品
外观	半透明颗粒，其中不得夹带金属屑和砂粒；优级品含有可见黑点的粒子数不超过 1%，一级品和合格品不超过 2%								
熔体流动速率/(g/10min)	4.1～12			2.1～4.0			0.8～2.0		
拉伸强度/MPa ≥	21.0	19.0	17.0	25.0	21.0	19.0	27.0	23.0	21.0
伸长率/% ≥	300	275		300	275		320	300	
相对密度	2.12～2.17								
熔点/℃	265±10	265±15		265±10	265±15		265±10	265±15	
介电常数(10^6Hz) ≤	2.15								
介电损耗角正切(10^5Hz) ≤	7.0×10^{-4}								
挥发分/% ≤	0.10	0.30		0.10	0.30		0.10	0.30	
耐热应力开裂	—			不裂			不裂		

① 产品按成型加工方法和熔体流动速率分为 E1、E2 和 M3 三个型号。

中昊晨光化工研究院生产全氟乙丙烯树脂质量标准执行 GB 9351《模塑和挤塑用聚全氟乙丙烯树脂》标准。

日本大金公司生产 NP-101 是四氟乙烯与六氟丙烯的共聚物，是一种高速挤出性能十分优异的氟树脂。由于 NEOFLON FEP NP-101 是加入第三单体的三元共聚产品，所以突出表现为熔融黏度低，适合薄壁成型，同时又适合于电线高速挤出原料，特别适用于绝缘厚度在 0.20mm 以下的薄壁电线包覆。

NP-101 的物理性能如下。

项目	NP-101	NP-20	NP-30	NP-40
外观	乳白色颗粒			
表观密度/(g/cm³)	约 1.2	约 1.2	约 1.2	约 1.2
熔融温度/℃	255	270	270	270
熔体流动速率/(g/10min)	25	5.5	3	1

续表

项目	NP-101	NP-20	NP-30	NP-40
拉伸强度/MPa ≥	27.1	30	32	34
断裂伸长率/% ≥	388	300	300	300
弯曲寿命/次	6000	7500	13000	135000
介电常数 ≤	2.1	2.1	2.1	2.1
介电损耗角正切	2×10^{-4}	2×10^{-4}	2×10^{-4}	2×10^{-4}
燃烧性(氧指数) ≥	95	95	95	95
用途	高速薄壁电线挤出	毛细管、一般电线挤出	厚壁护套挤出	内衬用

【成型加工】 可用热压、挤塑、注塑、传递模塑等热塑性塑料的成型加工方法加工各种形状复杂的制品和制件。不同型号产品的主要成型加工方法和熔体流动速率如下表所示。

不同型号产品的成型加工方法

成型方法		熔体流动速率/(g/10min)	
代号	方法	代号	范围
E	挤塑	1	4.1～12.0
		2	2.4～4.0
M	模塑	3	0.8～2.0

模塑和传递模塑法可加工成各种板材、棒材、套管、层压板和填充制品等。通常模具内树脂塑化温度为330～350℃，成型压力为4.9～19.6MPa，并需在压缩情况下冷却至200℃以下，然后脱模即得制品。因树脂黏度高，流动性差，其临界剪切速率约$2s^{-1}$，加工时必须注意不得超过此临界值。增加熔体流道和减少流动速度或增加熔体温度等方法，可以克服因熔体破裂而造成的表面粗糙和内部脱层分离的现象。

注塑成型可制得形状复杂、尺寸准确和带有嵌件的制品。加工时，注塑压力29.4～137.2MPa，模具温度200～235℃，物料温度320～400℃。注塑成型时可采用较高的熔融温度、较低的柱塞速度和大流道的浇口模具，以避免熔体破裂。

挤塑成型可制电线、电缆包覆层、直径为3～25mm的小管、小棒和软管等。挤塑机螺杆应为突变型，长径比为15～25，压缩比为25～30，熔体温度400℃以下，压力小于166.6MPa。还可用热压型制成罩、壳、盖等制件，用热收缩成型制管和薄膜，并喷涂作防腐和绝缘涂层用。此外，它还可以进行回收使用，也可加入不同着色剂制成带有不同色彩的制件。

【制法】 可用作化工用设备、管道、阀门、容器和塔器等的防腐衬里，以及热交换器及防腐过滤网；电子电气工业用电线、电缆包覆层、扁平电缆、元件和接插件，以及高频电子设备传输线、安装线、电子计算机电线绝缘及零配件；机械工业用密封件和轴承；轻纺工业用辊筒抗粘套；国防工业用航空导线、物种垫圈、涂料和零配件；医学上用作修补心脏瓣膜和细小气管等。此外，还可用注塑成型法加工成小型烧杯、烧瓶、盘子、半导体工业中用花篮等。按国家标准GB 9351—88所述，不同型号产品的大致用途如下。

型号	主要用途
E1	通用挤塑料：主要用于电缆绝缘层、管材、板材、薄膜以及各种制品
E2	耐热应力开裂挤塑料：主要用于电缆绝缘层、薄壁管
M3	耐热应力开裂模塑料：主要用于热收缩管、衬里、电缆绝缘层

【安全性】 树脂的生产原料，对人体的皮肤和黏膜有不同程度的刺激，可引起皮肤过敏反应和炎症；同时还要注意树脂粉尘对人体的危害，长期吸入高浓度的树脂粉尘，会引起肺部的病变。大部分树脂都具有共同的危险特性：遇明火、高温易燃，与氧化剂接触有引起燃烧危险，因此，操作人员要改善操作环境，将操作区域与非操作区域有意识地划开，尽可能自动化、密闭化，安装通风设施等。

本产品为粒料双层内袋包装，外包装为硬质桶。本产品按非危险品运输，运输时应避免剧烈震动和日晒、雨淋。贮存应放置在干燥、清洁的库房。

【生产单位】 中昊晨光化工研究院，上海三爱富公司，济南三爱富公司，江苏省梅兰氟化学公司。

Bn005 氟树脂-1

【英文名】 fluororesin-1

【别名】 聚氟乙烯；F-1

【性质】 聚氟乙烯为部分结晶（20%～60%）聚合物，结晶熔点 190～200℃，热分解温度 210℃以上，长期使用温度 −80～110℃。由于热分解温度接近于加工温度，故不宜用热塑性成型方法加工。目前，只能以薄膜和涂料形式作为商品供应。

聚氟乙烯是氟树脂中含氟量最低、相对密度最小和价格最低的产品。具有一般氟树脂的许多特性，并以独特的耐候性著称。其薄膜经数十年（30 年以上）露天曝晒，仍能保持其外观和物理力学性能。聚氟乙烯薄膜不受油脂、有机溶剂、酸类、碱类和盐雾的侵蚀，且力学性能好，拉伸强度高达 44.1MPa 以上，韧性很好，伸长率高达 115%～250%，能够承受层压基材的反复膨胀、收缩而不龟裂。它还具有良好的电绝缘性能、低温性能、耐磨性能、不粘性能和对蒸汽及油脂等的不渗透性。其薄膜的主要物理力学性能如下所示。

相对密度	1.39
吸水性/%	0.5
最大横向热收缩率（130～170℃）/%	4
拉伸强度/MPa	48～124
伸长率/%	115～250
拉伸弹性模量/GPa	1.79～2.0
摩擦系数（对金属）	0.16
结晶熔点/℃	198～200
失强温度/℃	300
耐热寿命（在 150℃ 炉中）/h	3000
线胀系数/$\times 10^3 K^{-1}$	4.6
燃烧性	慢燃～自熄
体积电阻率/$\Omega \cdot cm$	4×10^{13}～4×10^{14}
介电常数（1kHz）	8.5
介电损耗角正切（1kHz）	0.014～0.016
介电强度/（kV/mm）	136～140

聚氟乙烯涂料具有很好的耐候性，涂层在 50℃ 人工模拟降雨的条件下，氙灯照射 1000h 后，外观和附着力无明显变化，户外暴露 450d，其光泽度不变；涂件长期使用温度为-70～110℃，在 80℃下保温 100h 或在沸水中连续泡煮 4000h，涂层表面不起泡，粘接性能也不变；对化学药品具有良好的抗蚀性，但对浓盐酸、浓硫酸、硝酸、氨和酰氯化合物的抵抗性欠佳；防湿热、防盐雾、防霉菌性好，无

毒，可作食品包装容器涂层，涂膜柔韧耐折、耐磨、抗冲击性好；与金属附着力好，一般可不用底涂，经画圈法测定，附着力达到1级。此外，它还具有不粘性，可作脱模剂。

【制法】 在聚合釜中以水作介质，以偶氮二异丁脒盐酸盐为引发剂，加入氟乙烯单体至压力为1.96MPa，控制聚合温度为50～60℃，并不断补加单体以维持聚合压力，反应15～20h后即得白色乳状物。用饱和食盐水沉淀出聚合物后，经洗涤、干燥，便得到白色粉末状产品。

【消耗定额】 每生产1t聚氟乙烯树脂需消耗氢氟酸1t、电石4t。

生产工艺流程如下所示。

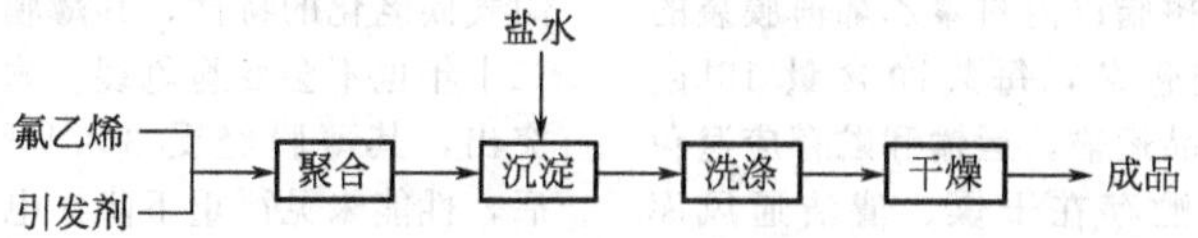

【质量标准】 浙江化工科技集团企业标准

外观	白色粉末
熔体流动速率/(g/10min)	0.8～1.2,作涂料用；2.0以上,作电解槽改良隔膜用
黏度/Pa·s	0.15～0.20
相对密度	1.23～1.26
细度/μm	30～60
固含量/%	24～50
遮盖力/(g/m³)	约140
贮存有效期/a	1

【成型加工】 聚氟乙烯薄膜多用流延法制得，加工温度130℃左右，亦可瞬时加热至250℃并淬火。若用挤塑成型法，则易产生热分解，需加一定量（5%～10%）的邻苯二甲酸二丁酯（DBP）等增塑剂作助挤剂，以改善其挤塑性能。

聚氟乙烯涂料是一种潜溶剂分散型涂料，以邻苯二甲酸二甲酯等作潜溶剂。凡能经受短时间烘烤的各种金属、非金属（玻璃纤维、石棉、陶瓷、水泥制品等）物件、材料等，均可用其涂装。

【用途】 聚氟乙烯薄膜可作建筑材料保护层，用于室内外装饰，特别适宜用于医院、食品加工厂和公共场所的墙壁与门窗的精饰和飞机舱内部板壁的精饰，已被用于波音747飞机内舱。聚氟乙烯卓越的耐候性、耐低温性和透光性，使其成为一种理想的园艺温室材料，作为园艺温室用薄膜使用期可达8年之久，大大超过了聚酯薄膜和聚乙烯薄膜的使用期。因其具有不粘特性，故可用作环氧树脂、酚醛树脂、不饱和聚酯树脂和其他树脂增强塑料的脱模薄膜，可在200℃下连续使用24h。利用其介电强度和介电常数高的特点，常用于电容器薄膜、电线和电缆的包覆，电子元件的密封等。此外，还可作为太阳能吸收器的透明膜、反射膜和吸收膜等表面材料，以及汽车装饰件、道路防音壁吸声材料保护膜、氯碱工用隔膜电解槽改良隔膜和功能（热电、压电）材料等。

聚氟乙烯涂料则可用作化工防腐涂层、衬里及输油管涂层等，现已被广泛用作化工容器、散装食品容器、在高温下进行洗涤和漂白操作的容器的涂层和器械部件的表面保护涂层。利用其耐海水侵蚀的特点，可将其用作海底电缆外部保护层和抗盐雾的电气仪表零件涂层。还可用作农用喷雾器涂层、建筑用精饰涂料等。

【安全性】 树脂的生产原料，对人体的皮肤和黏膜有不同程度的刺激，可引起皮肤过敏反应和炎症；同时还要注意树脂粉尘对人体的危害，长期吸入高浓度的树脂粉尘，会引起肺部的病变。大部分树脂都具有共同的危险特性：遇明火、高温易燃，与氧化剂接触有引起燃烧危险，因此，操作人员要改善操作环境，将操作区域与非操作区域有意识地划开，尽可能自动化、密闭化，安装通风设施等。

聚氟乙烯树脂以内衬聚乙烯薄膜袋的聚丙烯编织袋包装，每袋净含量 15kg。本品按非危险品运输，运输和贮存应避免日晒和雨淋，贮存在干燥、清洁通风库内。聚氟乙烯树脂为原料生产水性涂料，每桶净含量 4kg、22kg 或 95kg。本品包装采用塑料桶，塑料内衬硬质桶。该水性涂料按非危险品运输，贮存温度 5～50℃。

【生产单位】 浙江化工科技集团有限公司。

Bn006 氟树脂-2（F-2）

【英文名】 fluororesin-2

【别名】 聚偏二氟乙烯；聚偏氟乙烯

【性质】 聚偏二氟乙烯是一种白色粉末状结晶聚合物，相对密度 1.75～1.78，玻璃化温度 −39℃，脆化温度 −62℃以下，结晶熔点 180℃，热分解温度 350℃，长期使用温度 −40～150℃。从熔点到分解温度的加工温度范围宽，加工温度低，熔融黏度小，容易加工，可采用一般热塑性塑料的成型方法加工。

聚偏二氟乙烯的力学强度是氟树脂中最优越的一种，且在一定温度和受压下仍能保持良好的强度。室温下的拉伸强度高达 53.9MPa，100℃时仍具有 34.3MPa 的强度，同时冲击强度好，韧性好，硬度大，耐磨性好。抗蠕变性也是氟树脂中最优者之一，在 100h、9.8MPa 负荷下，常温的蠕变伸长仅为 2.2%，100℃时为 7%。

聚偏二氟乙烯具有突出的抗紫外线和耐气候老化的特性，其薄膜在室外放置一二十年也不会变脆龟裂。耐辐照性能也较突出，其薄膜经受 3×10^{6} Gy 射线辐照后，性能未见严重下降。电性能优异，介电常数（$60\sim10^{6}$ Hz）高达 6.0～8.0，介电损耗角正切也较大，约在 0.04～0.2 之间，体积电阻率稍低，约为 $3\times10^{12}\,\Omega\cdot$cm。还具有压电性和热电性。

聚偏二氟乙烯的化学稳定性能良好，在室温下不被酸、碱、强氧化剂和卤素所腐蚀，脂肪烃、芳香烃、醇、醛等有机溶剂对它也无影响，只有发烟硫酸、强碱、酮、醚等少数化学药品能使其溶胀或部分溶解，二甲基乙酰胺和二甲基亚砜等强极性有机溶剂能使其溶解成胶体状溶液。

此外，它在 80℃ 的吸水率仅为 0.03%，对氯气的透过性也是氟树脂中最小的。

【制法】 在聚合釜中，以水为介质，以过硫酸钾为引发剂，并加入缓冲剂，然后加入偏二氟乙烯，于 50～95℃ 和 1.96～3.92MPa 的条件下进行聚合，即得粉状聚合物，再经洗涤、干燥制得成品。

生产流程如下所示。

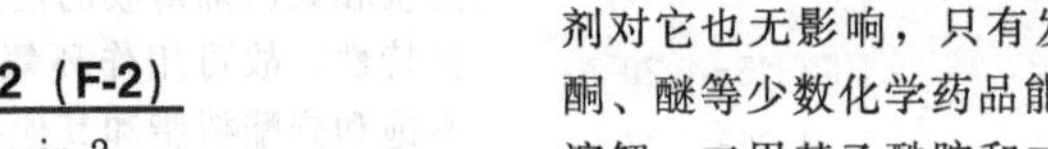

【质量标准】 中昊晨光化工研究院聚偏二氟乙烯企业标准

表观密度		1.76±0.03	介电常数(10^{5}Hz)	6
拉伸强度/MPa	>	39.2	介电损耗角正切(10^{6}Hz)	0.8
断裂伸长率/%	>	100	体积电阻率/Ω·cm	5×10^{11}

国外聚偏二氟乙烯树脂技术指标

指标名称	测试方法 ASTM	美国索尔特克斯公司 Solef 1008(高透明)	法国于吉内居尔芒公司 Foraflon 1000	美国庞沃特公司 Kynar	日本吴羽化学公司
熔体流动速率/(g/10min)	D1238	4～52			
相对密度	D792	1.78	1.76～1.78	1.75～1.78	1.76～1.78
熔融温度/℃		204～218	182～299	204～260	
拉伸屈服强度/MPa	D638	56.5	49.6～57.9	35.9～51	50～60
拉伸弹性模量/GPa	D638	1.97	1.48～1.97	1.34～1.51	
弯曲弹性模量/GPa	D790	2.21		5.93～7.45	1.6～1.8
压缩强度/MPa	D696	0.31		12.1～17.9	90～100
悬臂梁冲击强度(缺口6.4mm)/(J/m)	D256			160～549	
冲击强度/(kJ/m²)	D256				10～20
洛氏硬度(R)	D785	110			110
邵尔硬度(D)			77～82	80	
维卡软化点/℃	D1225	145～151	140	154～164	165
热变形温度/℃	D648				
0.46MPa		150		112～140	150
1.85MPa			140	80～90	98
最高使用温度(连续)/℃			150	140	
脆化温度/℃	D746				−20～−40
线胀系数/$\times10^{3}K^{-1}$	D696	12.6	12.1	7.9～14.2	12
热导率/[W/(m·K)]	C177	0.125	0.105	0.101～0.126	0.126
介电常数	D150				
60Hz			9.5	8.4	
10^5Hz			7.2	6.1	
介电损耗角正切	D150				
60Hz				1.9×10^{2}	
10^5Hz				1.59×10^{-2}	
体积电阻率/Ω·cm	D257			2×10^{14}	
透光率/%	D1003	91～94			
模塑温度/℃					190～260
模塑收缩率/%	D955	3.0	3.0～3.5	3.0	2～3

【成型加工】 聚偏氟乙烯的熔点（180℃）与分解温度（350℃）相差150℃以上，故加工温度范围宽，热稳定性好，便于加工。但选择加工温度时，应针对其导热较差和熔体黏度较高的特点加以认真考虑。

聚偏氟乙烯的热塑性好，通常可用模压（塑）、挤塑、注塑、浇铸等成型方法加工。模压成型时，模具材料应选用镀铬硬钢或高镍不锈钢，模压温度为160～170℃，压力3.72MPa，时间5min，然后冷却至90℃脱模。挤塑成型可选用一般螺杆挤塑机，机筒温度205～260℃，口模温度 220～275℃。注塑成型时，注塑压力 78.4～107.8MPa，机筒温度 220～290℃，喷嘴温度 180～260℃，模具温度 60～90℃，成型周期 40～60s。浇铸成型是以二甲基乙酰胺为溶剂，将聚偏氟乙烯配制成固含量为 20%的溶液，流延在铝箔上，经 205～315℃热熔后，用水急冷即可制得厚 0.05～0.075mm 的连续强韧膜；用固含量为 45%的分散液浇铸，则可制得厚度为 0.25mm 的透明强韧膜。此外，还可用分散液进行喷涂等。其板材和棒材可以进行耐蚀切削和车削等二次加工。

【用途】 可作化工用管道、管件、阀门、泵、塔器、反应器和各种容器等的衬里，阀门、泵和仪表防腐隔膜、电解槽隔膜，以及化工机械设备用填料、滤板、密封件、齿轮、轴承、螺栓、螺母等。

还可作电子电气工业用电线、电缆被覆或套管、热收缩管、线圈架接线板、印刷电路板、电线束装置、阳极护板、高介电常数电容器薄膜和电热带、光导纤维护套或外涂层等。由于聚偏氟乙烯介电损耗角正切较大，所以特别适于低压电器的绝缘，同时其加工强度好、柔软性好、容易加工、透明性好、容易着色，是一种低压电气产品的优秀绝缘材料。新近发展起来的用途是作为抗电荷衰减性好的驻极介电材料和机能性材料，如电压材料、热电材料等。聚偏氟乙烯经单向拉伸、极化处理后，—CF_3双极子朝同一方向形成 β 结晶，产生很大的压电性。它可将振动能转变为电能，也可将电能转变为振动能。加之其加工性好，可加工成各种自由形状，故应用范围不断扩大。已应用压电膜的有音频元件，如 10～20kHz 扬声器、麦克风、耳机、电话机等；超声元件，如大于 20kHz 可达 900MHz 的探头、麦克风、超声显微镜和空中超声波等；计量检测用的振动计、压力计、加速度计等；医用血压计和触诊装置等；水声上应用的水声换能器等。热电膜已用于放射温度计、红外传感器、毫米波检测器、辐射能量探测器、激光能量探测器、火灾检知器和防盗检知器等。

可作为金属材料和建筑用防腐涂层。若作为金属和木器表面涂层，可使金属或木器具有耐割、耐磨、耐腐蚀和耐候性。

由聚偏二乙烯与 ABS 树脂制得的复合材料，不仅保留了各自的特性，且耐候性和加工性很好，可广泛应用于建筑、车辆内外装饰、家电外壳、广告牌、道路标志、体育用品、室内外供水槽盖、店铺装饰、屋顶阳台装饰等。

聚偏二氟乙烯丝最适宜用作钓鱼线。因其机械韧性好，特别是在水中的结节强度好，所以用细线可以钓大鱼。而且其折射率与水相近，在水中较难被鱼发现，同时相对密度比水大，容易下沉，所以使用方便。

此外，它还可以加工成多孔性材料，可用其制作笔芯等。

【安全性】 树脂的生产原料，对人体的皮肤和黏膜有不同程度的刺激，可引起皮肤过敏反应和炎症；同时还要注意树脂粉尘对人体的危害，长期吸入高浓度的树脂粉尘，会引起肺部的病变。大部分树脂都具有共同的危险特性：遇明火、高温易燃，与氧化剂接触有引起燃烧危险，因此，操作人员要改善操作环境，将操作区域与非操作区域有意识地划开，尽可能自动化、密闭化，安装通风设施等。

偏二氟乙烯单体包装在带夹套不锈钢贮槽内，夹套通－35℃氯化钙盐水保温。本品按危险品运输，贮存库罐除用-35℃氯化钙盐水保温外，避免日晒和雨淋，防止震动和碰撞。

聚偏二氟乙烯树脂包装在塑料薄膜袋内，外包装硬质桶，每桶净含量 10kg 或 20kg。本品按非危险品运输，运输和贮存保持清洁、干燥，避免日晒和雨淋。

【生产单位】 中昊晨光化工研究院，上海三爱富新材料有限公司，江苏省梅兰氟化学公司，浙江化工科技集团有限公司（原浙江省化工研究院）。

Bn007 氟树脂-2

【英文名】 fluororesin-2

【别名】 聚偏二氟乙烯；聚偏二氟乙烯（PVDF）粒料；F2；F26

【性质】 氟树脂-2相对密度为1.75～1.78，玻璃化温度为－39℃，脆化温度为－62℃以下，熔点144℃，热分解温度在320℃以上。长期使用温度为－40～＋125℃，从熔点到分解温度的加工温度范围宽，加工温度低，熔融黏度小，容易加工。

F26机械强度是氟树脂中最优越的产品，且在一定温度和受压下仍能保持良好的强度。拉伸强度高。冲击强度好，韧性好；硬度大，耐磨性好；抗蠕变性也氟树脂中最优之一，在9.8MPa负荷下，经100h后，常温的蠕变伸长仅为2.2%，100℃时为7%。

F26具有突出的抗紫外线和耐气候老化的特性，其薄膜在室外放置一二十年也不变脆龟裂。耐辐照性能也较突出，其薄膜经受3×10^{8} rad λ射线辐照后，性能未见严重下降。电绝缘性能优异，介电常数（60～106Hz）高达6.0～8.0；介电损耗角正切也较大，在0.04～0.2之间；体积电阻率稍低，为$3\times10^{12}\Omega\cdot cm$，具有压电性和热电性。

F26的化学稳定性能良好，在室温下不被酸、碱、强氧化剂和卤素所腐蚀；一般有机溶剂对它也无影响；只有发烟硫酸、强碱、酮、醚等少数化学药品能使其溶胀或部分溶解；二甲基乙酰胺和二甲基亚砜等强极性有机溶剂能使其溶解成胶体状溶液。此外，在80℃的吸水性仅为0.03%；对氯气的透过性也是氟树脂中最小的。

【质量标准】 本产品经过了上海有机氟材料研究所的测试，符合沪Q/HG4-017—89《模塑用聚偏氟乙烯氟树脂——氟树脂903》，其主要性能指标均达标或超标。

性能指标

指标名称	合意公司F46产品指标	备注
熔体流动速率/(g/10min)	6.6	
拉伸强度/MPa	22.5	数据超标
伸长率/%	230	数据超标
相对密度	1.75～1.78	
熔点/℃	144	
耐热应力开裂	不裂	

【成型加工】 F26的热塑性好，通常可用挤塑、模压（塑）、注塑、浇注等成型加工方法。F26的熔点与分解温度相差很大，加工温度范围宽，热稳定性好，便于加工。

【用途】 电子电器工业用电线、电缆包覆层、套管、热收缩管、线圈架、接线板、印刷电路板、电线束装置、阳极护板、高介电常数电容器薄膜和电热带、光导纤维护套或外涂层等。由于聚偏二氟乙烯介电损耗角正切较大，特别适应作低压电器绝缘。加工强度好、柔软性好、容易加工、透明性好、容易着色，所以是一种低压电气产品的优秀绝缘材料。新近发展起来的用途是作抗电荷衰减性好的驻极介电材料和机能性材料，如压电、热电材料等。聚偏二氟乙烯经单向拉伸，极化处理后，—CF_3双极子朝同一方向形成β结晶，产生很大压电性。它可将振动能变为电能，也可将电能变振动能。加之加工性好，可加工成各种自由形状，固其应用范围不断扩大，已应用压电膜的有音频元件，如10～20kHz 的扬声器、麦克风、耳机、电话机等；如＞20kHz，可达 900MHz 的探头、麦克风、超声显微镜和空中超声波等；计量检测用的振动计、压力计、加速计等；医用血压计和触诊装置等；水声上应用的水生换能器等；热电膜已用于放射温度计、红外传感器、毫米波检测器、辐射能量探测器、激光能量探测器；火灾检知器和防盗检知器等。

金属材料和建筑用防腐涂层，若作金属和木器表面涂层，可使其具有耐割、耐磨、耐腐蚀和耐候性。

由聚偏二氟乙烯与 ABS 树脂制得的复合材料，不仅保留了各自的特性，且耐候性和加工性都很好，可广泛应用于建筑、车辆内外装饰、家电外壳、广告牌、道路标志、体育用品、室内外供水槽盖、店铺装饰、屋顶阳台装饰等。

聚偏二氟乙烯丝最适宜用作钓鱼线。因其机械韧性好，特别是在水中的结节强度好，用细线可钓大鱼；其折射率与水相近，相对密度较水大，容易下沉，使用方便。

此外，还可以加工成多孔性材料，可用其制作笔芯等。

F26 粒料每桶 25kg，颜色有透明、白、黑、红、蓝、黄、灰、绿、棕、橙、紫色等。贮存仓库和运输过程中应保持清洁、干燥，严防杂质混入；应避免剧烈震动和日晒、雨淋，严防包装破损。为保证粒料清洁度和制品质量，禁止用手直接接触产品。

【安全性】 树脂的生产原料，对人体的皮肤和黏膜有不同程度的刺激，可引起皮肤过敏反应和炎症；同时还要注意树脂粉尘对人体的危害，长期吸入高浓度的树脂粉尘，会引起肺部的病变。大部分树脂都具有共同的危险特性：遇明火、高温易燃，与氧化剂接触有引起燃烧危险，因此，操作人员要改善操作环境，将操作区域与非操作区域有意识地划开，尽可能自动化、密闭化，安装通风设施等。

铁桶包装，每个包装 15kg，在室温下可稳定贮存 6 个月。

【生产单位】 山东东岳化工股份有限公司，江苏梅兰化工股份有限公司，中昊晨光化工研究院，原上海曙光化工厂。

Bn008 氟树脂-3

【英文名】 fluororesin-3

【别名】 三氟树脂；F-3；聚三氟氯乙烯

【结构式】

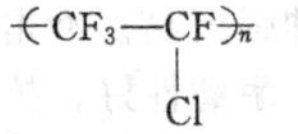

【性质】 聚三氟氯乙烯是一种结晶聚合物，结晶度随热处理条件的不同而异。相对密度为 2.07～2.18，玻璃化温度 58℃，结晶熔点 215℃，长期使用温度 －50～130℃，短时使用温度 150℃，失强温度（NST）270℃。具有不燃性、化学稳定性、电绝缘性、耐老化性和耐辐照性（3×10^5 Gy）；力学性能好，拉伸强度在 34.3MPa 以上，125℃ 时仍可具有 3.63MPa 的拉伸强度；具有良好的耐冷流性能、耐磨性（对钢铁的摩擦系数为 0.20～0.30）和尺寸稳定性；透明度较高，加工性能好。此外，它还有一个重要的特点是与金属的粘接性能好。

【制法】 在聚合釜中，以水为介质，过硫酸铵为引发剂，偏重亚硫酸钠为还原剂，并加入 pH 缓冲剂，再加三氟氯乙烯，于 25℃左右和 0.49MPa 压力下进行悬浮聚合，聚合物经捣碎、洗涤、干燥，即得产品。其简单工艺流程如下。

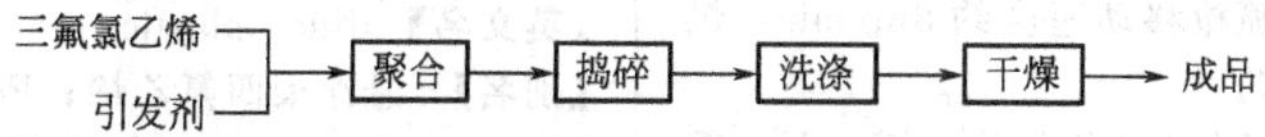

【质量标准】 化工行业标准如下。

指标		优等品	一等品	合格品
筛余物(筛子孔径500μm)/%	≤	10	—	
表观密度/(g/cm³)	≥	0.5	—	
含水量/%	≤	0.02	0.05	
失强温度/℃		265～320	240～320	
拉伸屈服强度/MPa	≥	37.0	35.0	29.0
断裂伸长率/%	≥	75	55	35
热稳定性/%	≤	0.12		0.2
介电损耗角正切(10^6Hz)	≤	0.01		
介电常数(10^6Hz)		2.3～2.8		
体积电阻率/Ω·m	≥	1×10^{14}		
介电强度/(MV/m)	≥	15		

【成型加工】 聚三氟氯乙烯可用一般热塑性塑料的成型方法加工。但由于它在熔融状态时黏度仍高达数千帕·秒，故需在相当高的温度下，才会有足够的加工流动性，因此需要较高的加工温度和压力。此外，由于加工温度（250～320℃）与分解温度（300℃左右）非常接近，所以加工温度范围极为狭窄，应予以注意。具体成型加工方法有模压、注塑、挤塑和涂覆等。可制成薄膜、管材、棒材、板材等。

模压成型时因温度偏高会引起树脂分解，放出具有腐蚀性的酸性气体，所以模具应采用耐腐蚀合金材料或使用优质镍铬合金，或用工具钢再镀以硬铬。其工艺条件是：模压温度为220～240℃（比一般树脂失强温度低10～30℃）；热压压力为1～4.9MPa；冷压压力为9.8～29.4MPa；加热时间根据制品厚度而定，厚度为5mm时加热时间为15min，10mm时为35min，15mm时则为50min。

挤塑成型时螺杆长径比（L/D）≥20，压缩比为（2∶1）～（3∶1），螺杆转速为15～20r/min。生产管材时其加工温度为筒后250℃、筒前290℃、模后320℃、模前340～350℃。生产薄型管时应急冷，而厚壁制件应缓冷，以免产生气泡。

注塑成型时模温为130～150℃，压力为147～196MPa。

聚三氟氯乙烯悬浮液可以浸涂、喷涂、浇涂和刷涂法施工。以喷涂为例，其工艺过程如下所示。

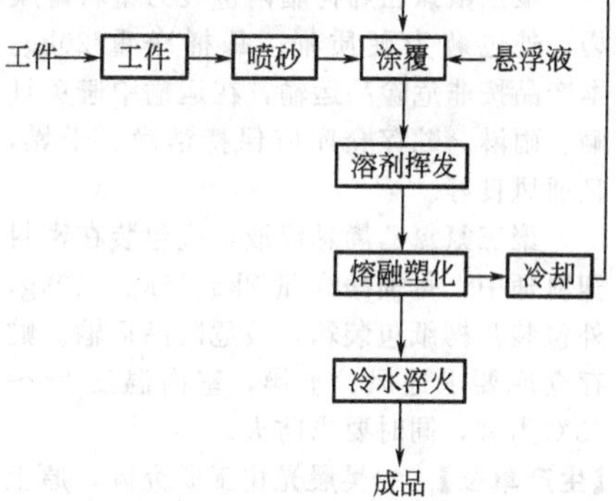

其涂覆工艺条件为：喷枪口径为φ1.5mm，底料喷涂次数为1～2层，面

料喷涂次数为6～7层，喷枪与喷件距离10～20cm，喷枪移动速度约8m/min，烘箱温度270℃。

【用途】 可用作化工用贮槽、罐、泵、阀门、搅拌桨叶的防腐衬里，以及带丝扣的管、管件、透明视镜、实验室器皿等。还可作为电子电气工业用电线绝缘和电缆护套，以及在潮湿环境中使用的接插件、印刷电路板等。

此外，还可用其制作O形密封圈、耐低温密封件、自润滑齿轮、耐辐照用零部件等。其棒材和板材还可用切削等二次加工方法制得尺寸精密度高的机械零件。

聚三氟氯乙烯悬浮液可用于涂覆金属表面，作为防腐蚀及电绝缘层。用其制得的薄膜，可作防腐介质隔离膜。

【安全性】 树脂的生产原料，对人体的皮肤和黏膜有不同程度的刺激，可引起皮肤过敏反应和炎症；同时还要注意树脂粉尘对人体的危害，长期吸入高浓度的树脂粉尘，会引起肺部的病变。大部分树脂都具有共同的危险特性：遇明火、高温易燃，与氧化剂接触有引起燃烧危险，因此，操作人员要改善操作环境，将操作区域与非操作区域有意识地划开，尽可能自动化、密闭化，安装通风设施等。

聚三氟氯乙烯树脂内包装为塑料薄膜袋，外包装为硬质桶，每桶净重20kg。本产品按非危险品运输，在运输中避免日晒、雨淋。贮存仓库应保持洁净、干燥，且通风良好。

聚三氟氯乙烯悬浮液，应包装在密封塑料桶中，每桶净含量2kg、5kg、10kg，外包装瓦楞纸包装箱，按危险品运输。贮存仓库要求通风、干燥，室内温度25～35℃为宜，同时要求防火。

【生产单位】 中昊晨光化工研究院，原上海曙光化工厂。

Bn009 氟塑料-4

【英文名】 fluoroplastics-4

【别名】 悬浮聚四氟乙烯；F4

【性质】 悬浮法聚四氟乙烯为白色、无臭、无味、无毒的粉状物，相对密度2.1～2.3，玻璃化温度327℃，热分解温度415℃，耐高低温性能优异，可在－250～260℃下长期使用。在400℃以上易分解放出有毒的气体。

电性能优异，而且不受工作环境、湿度、温度和频率的影响，耐电弧性能好，但耐电晕性欠佳。

润滑性能好，具有很低的动静摩擦系数，对金属的摩擦系数低至0.07，自身的摩擦系数低至0.01。表面不粘性更为突出，几乎所有的黏性物质均不能黏附其表面。对水及许多有机溶液的浸润性能都很差。

具有极好的耐大气老化性和不燃性。长期暴露于大气中，性能仍保持不变。在正常条件下，聚四氟乙烯是完全不燃的。

化学稳定性能优良。除元素氟和熔融状态的金属钠对其制品有一定腐蚀作用外，几乎所有强酸、强碱、强氧化剂和有机溶剂对它都不起作用，素有"塑料王"之称。

聚四氟乙烯加入不同填料，如石墨、铜粉、二硫化钼、玻璃纤维、碳纤维、聚苯酯等，得到的填充制品较纯聚四氟乙烯性能大有提高。在各种应用领域中使用聚四氟填充料极为普遍，能广泛地满足用户的特殊要求。不同配方的填充制品性能不同，有些耐负荷变形可提高5倍，热导率可提高5倍，硬度提高10%，压缩强度增加2～3倍，耐磨耗性显著提高，线胀系数可减少30%～50%。

【制法】 精制纯化后的四氟乙烯单体在搪瓷或不锈钢聚合釜中，以水为介质，过硫酸铵为引发剂，亚硫酸盐还原剂，盐酸为活化剂进行聚合。操作压力为0.6～

0.8MPa，操作温度为10～50℃，反应时间2～3h，得到聚合物，然后经捣碎、研磨、洗涤、干燥，得到粉状悬浮聚四氟乙烯树脂产品。

【消耗定额】 每吨聚四氟乙烯树脂约消耗二氟一氯甲烷（F_{22}）2.1～2.2t。

其简单工艺流程如下。

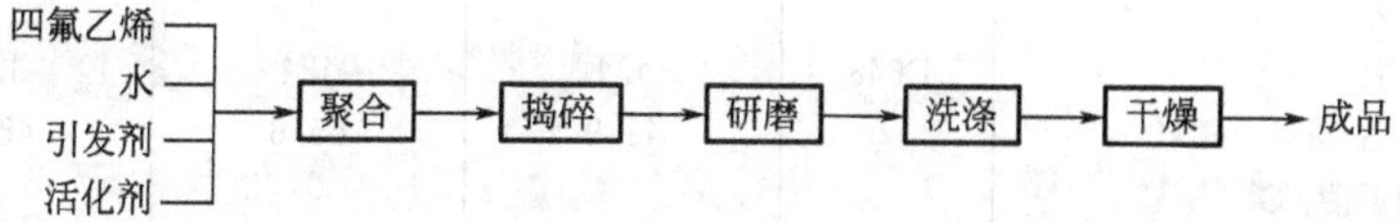

【质量标准】 聚四氟乙烯化工行业标准及有关单位企业标准如下。

模塑用聚四氟乙烯树脂质量标准（HG/T 2902—1997）（PTFE SM031）

项目	一等品	合格品
清洁度	表面洁白，质地均匀，不允许夹带任何杂质 直径57mm，棒横断面，无明显色差	表面洁净，质地均匀，不允许夹带金属杂质 小于或等于1mm，杂质不得超过2个
拉伸强度/MPa ≥	25.5	22.5
断裂伸长率/% ≥	250	
表观密度/(g/L)	500±100	
平均粒径/μm	180±80	
含水量/%	0.04	
熔点/℃	327±5	
标准相对密度	2.13～2.18	
热不稳定指数 ≤	50	
介电强度/(MV/m) ≥	60	—

注：表中清洁度、拉伸强度、断裂伸长率为每批必测项目，其余为抽检项目。

国外聚四氟乙烯产品技术指标

指标名称	测试方法 ASTM	美国联合碳化学公司 Halom PTFE G80～G83	美国杜邦公司 Teflon PTFE	法国于吉内居尔芭公司 Soreflon
相对密度	D792	2.14～2.20	2.14～2.20	2.15～2.18
熔融温度/℃	—	331	327	—
拉伸屈服强度/MPa	D638	27.6～44.8	13.8～34.5	17.2～20.7
屈服伸长率/%	D638	300～450	200～400	200～300
拉伸弹性模量/MPa	D638	400	400	400
弯曲弹性模量/MPa	D790	483	345	483
压缩强度/MPa	D695	11.7	11.7	11.7
压缩弹性模量/MPa	D695	—	414～621	—
悬臂梁冲击强度(缺口)/(J/m)	D256	107～160	160	160
洛氏硬度(D)	—	50～65	50～55	50～60

续表

指标名称		测试方法 ASTM	美国联合碳化学公司 Halom PTFE G80～G83	美国杜邦公司 Teflon PTFE	法国于吉内居尔芒公司 Soreflon
热变形温度/℃					
0.46MPa		D648	121	121	121
1.82MPa			48.9	55.6	48.9
最高使用温度/℃					
间断		—	250	288	299
连续		—	232	260	249
介电常数(10^5Hz)		D150	2.1	2.1	2.0～2.1
介电损耗角正切(10^6Hz)	≤	—	3×10^{-4}	2×10^{-4}	3×10^{-4}
体积电阻率/Ω·cm	>	D257	10^{17}	10^{18}	10^{18}

【成型加工】 聚四氟乙烯从分子结构看是直链状热塑性聚合物，但即使在结晶转变点（327℃）温度以下，仍只能形成无晶质的凝胶状态，熔融黏度高达 10^{10}～10^{11}Pa·s，不能流动，故难用热塑性塑料加工方法成型，需用类似于“粉末冶金”法——冷压与烧结相结合的加工方法。通常将粉状树脂在模具中先以 20～30MPa 压力冷压成型，再于 370～380℃下烧结，然后冷却定型，制成不同规格的板、棒、套管、垫圈、零件、填充制品和毛坯等。再将毛坯进行机械加工制成各种零部件、薄片和不定向薄膜。不定向薄膜还可压延成定向薄膜或包绕、黏合后制成夹层垫圈等制品。

在聚四氟乙烯树脂中混入成孔剂（如硫酸钠或氯化钠等），经冷压成型和烧结后，除去成孔剂，即制得多孔性毛坯或制品。多孔性毛坯经车削可加工成多孔性薄膜或薄片。

【用途】 悬浮法聚四氟乙烯（国内标准命名为通用型模压聚四氟乙烯树脂）具有广泛的应用范围。

在化学工业上适于用作化工设备衬里；管材、管件和阀门衬里；泵、热交换器、分馏塔、波纹管、密封垫片和密封填料等。

在机械工业上可用作机械密封件、活塞环、转动轴承等。用其制作的机械动密封环或静密封环，可与陶瓷环、高硅铁环或硬质合金环等组成机械密封摩擦件。还能用作辅助密封件，如 O 形环和 V 形环等。加入玻璃纤维、石墨、青铜粉或二硫化钼制得的填充聚四氟乙烯制品，润滑性和耐磨性都很好，且克服了蠕变较大的缺点。

在电子电气工业上可用作导线、电缆绝缘、高频电缆、可挠电缆、电机沟槽、高精度电容器、电子管插座、各种零部件和接插件、电子计算机信号线绝缘、印刷线路板等。

在建筑工业上用作桥梁、隧道、钢结构屋架、大型管道、贮槽，乃至高速公路和位移支承滑块等。

在纺织工业上用作抗黏辊筒、往复运动部件、浸渍聚四氟乙烯的传输带。

在食品工业上用作脱模剂等。

【安全性】 树脂的生产原料，对人体的皮肤和黏膜有不同程度的刺激，可引起皮肤过敏反应和炎症；同时还要注意树脂粉尘对人体的危害，长期吸入高浓度的树脂粉尘，会引起肺部的病变。大部分树脂都具有共同的危险特性：遇明火、高温易燃，与氧化剂接触有引起燃烧危险，因此，操

作人员要改善操作环境，将操作区域与非操作区域有意识地划开，尽可能自动化、密闭化，安装通风设施等。

本产品应包装在两层塑料袋内，再装于硬质桶内，每桶净含量 25kg。每一包装桶内附有产品合格证。

本产品按非危险品运输，运输时应避免受潮、滚动和剧烈振动。

本产品应贮存在清洁、阴凉、干燥场所，防止尘土、水汽等杂物的混入。

【生产单位】 中昊晨光化工研究院，上海三爱富新材料股份有限公司，浙江巨化集团公司，山东东岳化工股份有限公司，江苏梅兰化工股份有限公司，济南三爱富氟化工有限责任公司，辽宁省阜新有机氟化学厂。

Bn010 氟树脂 23-14

【英文名】 fluororesin23-14

【别名】 800 氟树脂；偏氟乙烯-三氟氯乙烯共聚物

【结构式】

$$\left[CF_2—CFCl \right]_m \left[CF_2—CH_2 \right]_n$$

$$m:n=4:1$$

【性质】 氟树脂 23-14 是三氟氯乙烯与偏氟乙烯按物质的量的比 4：1 组成的非结晶态聚合物，分子量较低，能溶于酮、酯、苯和氯代烷烃等有机溶剂。其使用温度范围较宽，可在 −190～110℃温度范围内长期使用，高于 110℃时则逐渐软化。低温性能较好，在 −190℃下仍能保持一定的韧性而不硬、不脆。

耐腐蚀性能良好，特别是能在较宽的温度范围内（不超过 100℃）耐 98% 的浓硝酸、发烟硫酸等。

力学性能和电绝缘性能良好，室温下的拉伸强度可达 29.4MPa，伸长率为 100%～300%，介电常数 2.5，体积电阻率 $2\times10^{16}\ \Omega\cdot cm$，介电强度 30～40MV/m。

此外，它还具有良好的透明性、耐老化、耐燃、耐油和不吸水的特性，并与金属、木材、陶瓷、纸张等物质有良好的粘接性。

【制法】 在聚合釜中，以水为介质，以过硫酸钾等为引发剂，以四氯化碳为调节剂，然后按一定比例加入三氟氯乙烯和偏氟乙烯两种单体，于 25℃下进行悬浮聚合，聚合过程中不断补加偏氟乙烯单体。聚合所得到的悬浮液经分离、洗涤、干燥，得到粉末状产品。

其简单生产工艺流程如下所示。

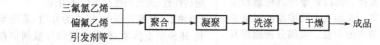

【质量标准】 中昊晨光化工研究院偏氟乙烯-三氟氯乙烯 2314（800）氟树脂企业标准

外观	白色粉末
氯含量/%	26.2～27.4
流动温度(等速升温速度 2℃/min)/℃ ≥	100
溶解度(固含量 15%～20% 时,混合溶剂为 25% 丙酮、25%甲苯和 50%醋酸丁酯)	全溶

续表

外观	白色粉末
拉伸强度/MPa ≥	14.7
断裂伸长率/% ≥	150
抗蚀性[96%发烟硝酸,(23±5)℃,168h]增重/% ≤	0.4

中昊晨光化工研究院偏氟乙烯-三氟氯乙烯 2313 新产品聚合物中含氯量低，除保持 2319 树脂产品的特性外，其溶解性能也大有改善。

原上海曙光化工厂偏氟乙烯-三氟氯乙烯 2314（800）氟树脂企业标准

项目	指标
外观	白色粉末,无机械杂质
溶解度	固含量 15%～20%,于 25%丙酮、25%甲苯、50%醋酸丁酯的混合溶剂中全溶
黏度	按需要定

【成型加工】 氟树脂 23-114 主要用作涂料和填料。用作涂料时，先将其溶于酮、酯等有机溶剂中制成溶液，再用喷涂、涂刷、浸渍等工艺涂在金属、织物、橡胶、纸张等的表面上，形成涂层。

【用途】 可作薄膜和防腐性、保护性涂料。如涂于金属表面，可使金属耐发烟硝酸和液氧；涂于生理盐水橡胶塞表面，可防止生理盐水被橡胶塞所污染；喷涂于档案文件，可防止纸张受潮发霉，且不燃；也涂饰于织物上作特种用途。将粉状树脂作填料与氟橡胶混炼，可进一步提高氟橡胶的耐腐蚀性和抗撕裂性。

【安全性】 树脂的生产原料，对人体的皮肤和黏膜有不同程度的刺激，可引起皮肤过敏反应和炎症；同时还要注意树脂粉尘对人体的危害，长期吸入高浓度的树脂粉尘，会引起肺部的病变。大部分树脂都具有共同的危险特性：遇明火、高温易燃，与氧化剂接触有引起燃烧危险，因此，操作人员要改善操作环境，将操作区域与非操作区域有意识地划开，尽可能自动化、密闭化，安装通风设施等。

本产品内包装为塑料薄膜袋，外包装为硬质桶。按非危险品运输，在运输过程中应避免日晒、雨淋，贮存仓库应保持干燥、通风，环境清洁。

【生产单位】 中昊晨光化工研究院，原上海曙光化工厂。

Bn011 氟树脂 23-19

【英文名】 fluororesin 23-19

【别名】 偏氟乙烯-三氟氯乙烯共聚物；3M 树脂

【结构式】

$$\left[\!-CF_2-CFCl-\right]_m\left[\!-CF_2-CH_2-\right]_n$$

$$m:n=9:1$$

【性质】 氟树脂 23-19(亦称 3M 树脂)是三氟氯乙烯与偏氟乙烯按物质的量的比 9∶1 组成的结晶聚合物,为聚三氟氯乙烯的改性品种之一。它具有与聚三氟氯乙烯几乎完全相似的物化性能,相对密度略低(约为 20.02),但改善了聚三氟氯乙烯的某些不足,如提高了长期使用温度。聚三氟氯乙烯在 120℃以上使用时,会迅速发生重结晶情况,影响其强韧性和透明度。氟树脂 23-19 在 170℃温度下,可长期不发生重结晶情况,保持了良好的力学性能和透明度。氟树脂 23-19 耐开裂性能好,熔点较聚三氟氯乙烯略低,流动性较好,加工成型的制品无色透明,韧性好,改善了聚三氟氯乙烯加工性能,且红外线透过率高于聚三氟氯乙烯,具有良好的耐腐蚀性、耐溶剂性和光学透明性。

【制法】 在聚合釜中,以水为介质,采用氧化-还原引发体系,在缓冲剂和分散剂存在的条件下,按一定比例加入三氟氯乙烯和偏氟乙烯两种单体,于 45℃下进行悬浮聚合。起始聚合压力为 1.27MPa,当压力降至 0.196MPa 时,终止聚合,所得粉状聚合物乳液经凝聚、洗涤、干燥即得产品。

其简单生产工艺流程如下所示。

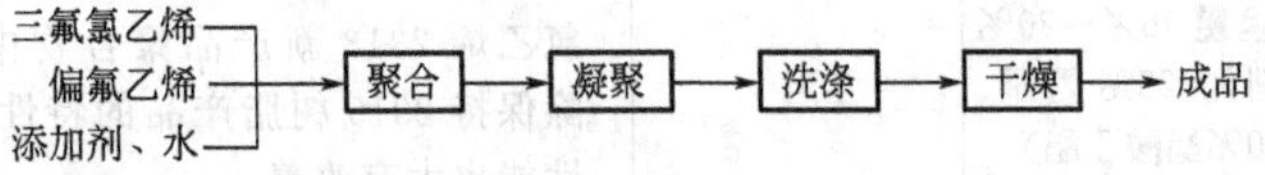

【质量标准】 中昊晨光化工研究院业标准的技术指标如下。

外观		白色粉末
失强温度/℃	≥	260
热失重(270℃×5h)/%	≤	0.3
拉伸强度/MPa	≥	23.52
断裂伸长率/%	≥	100

【成型加工】 可用一般设备及成型方法加工，不必淬火，简化了加工工艺。加工方法可根据不同失强温度适当选择。失强温度为245～255℃的树脂，最适宜于用挤塑法和注塑法成型；失强温度为290～300℃的树脂，则适宜用压制法成型；而失强温度为260～280℃的树脂，宜制成悬浮液作涂料使用。

【制法】 可用作光学透明材料，除用作防腐设备上的视镜等透可见光材料外，还特别适宜用作透红外光材料。可用作电绝缘材料，制成低频电流电线的良好绝缘体，可在150℃高温或侵蚀性介质中使用。

【安全性】 树脂的生产原料，对人体的皮肤和黏膜有不同程度的刺激，可引起皮肤过敏反应和炎症；同时还要注意树脂粉尘对人体的危害，长期吸入高浓度的树脂粉尘，会引起肺部的病变。大部分树脂都具有共同的危险特性：遇明火、高温易燃，与氧化剂接触有引起燃烧危险，因此，操作人员要改善操作环境，将操作区域与非操作区域有意识地划开，尽可能自动化、密闭化，安装通风设施等。

本产品为塑料薄膜袋包装，外包装为硬质桶，每桶净含量20kg。本产品按非危险品运输，在运输过程中避免日晒、雨淋，贮存仓库应保持干燥、通风良好、清洁。

【生产单位】 中昊晨光化工研究院，原上海曙光化工厂。

Bn012 氟塑料30

【英文名】 fluoroplastics-30

【别名】 乙烯-三氟氯乙烯共聚物；F30

【结构式】

$$\text{-}[(CF_2-CFCl)_x]_m\text{-}[(CH_2-CH_2)_y]_n\text{-}$$

【性质】 乙烯-三氟氯乙烯共聚物，也称三氟氯乙烯-乙烯共聚物，商品名Halar。它具有优良的化学稳定性和突出的耐辐照性，以及不燃性、良好的电性能和力学性能，无负荷条件的长期使用温度为－80～170℃，最高短期使用温度可达200℃，耐辐照总剂量为5×10^4 Gy。在无机化学药品中的稳定性较聚偏二氟乙烯好，与FEP相似；在有机化学药品中的稳定性亦优于聚偏二氟乙烯，稍次于PTFE和FEP。它的耐火焰功能较ETFE好（极限氧指数前者为60，后者为30），力学强度与聚酰胺-6相似，耐磨性稍次于聚酰胺-6，而均优于PTFE、FEP和PFA。耐低温性能优良，低温冲击强度高，耐切割性、耐油性和耐候性也较好。可用一般热塑性塑料的成型方法加工。其主要物理力学性能如下所示。

指标名称	数值
相对密度	1.68～1.70
拉伸强度/MPa	31.4～49.0
伸长率/%	200
弯曲强度/MPa	48.00
弯曲弹性模量/GPa	1.65
洛氏硬度	R93
软化温度/℃	240
热变形温度	
0.46MPa/℃	115
1.82MPa/℃	77
长期使用温度/℃	80～170
体积电阻率/Ω·cm	$>10^{15}$
介电常数(10^3Hz)	2.6～2.8
介电损耗角正切(10^5Hz)	0.002

【制法】 ECTFE是乙烯与三氟氯乙烯以等物质的量的比共聚制得的交替共聚物。其制法有化学引发聚合、辐照引发聚合和添加少量第三单体的三元共聚合等。

1. 化学引发聚合

将有机溶剂二氯四氟乙烷加入不锈钢反应釜中并冷却至−78℃，然后加入所需配比的高纯度三氟氯乙烯和乙烯，再加入三烷基硼-乙醚聚合引发剂，在其作用下反应数小时，即可制得乙烯与三氟氯乙烯的交替共聚物，经分离、洗涤、干燥即得产品。

反应式如下。

$$mx\,CF_2{=}CFCl + ny\,CH_2{=}CH_2 \longrightarrow \{[CF_2-CFCl]_x\}_m\{[CH_2-CH_2]_y\}_n$$

其简单生产工艺流程如下所示。

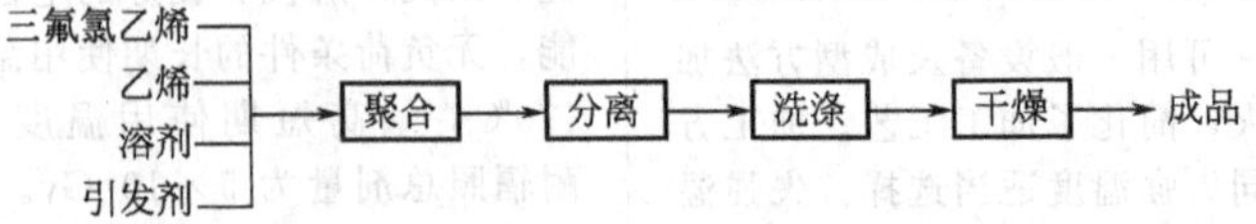

2. 辐照引发聚合

将有机溶剂三氟三氯乙烯加入不锈钢反应釜中，然后加入所需配比的三氟氯乙烯与乙烯单体，在室温下以^{60}Co辐照引发共聚(总剂量约5000Gy)即得粉状共聚物，再经分离、干燥即得产品。其简单生产工艺流程如下所示。

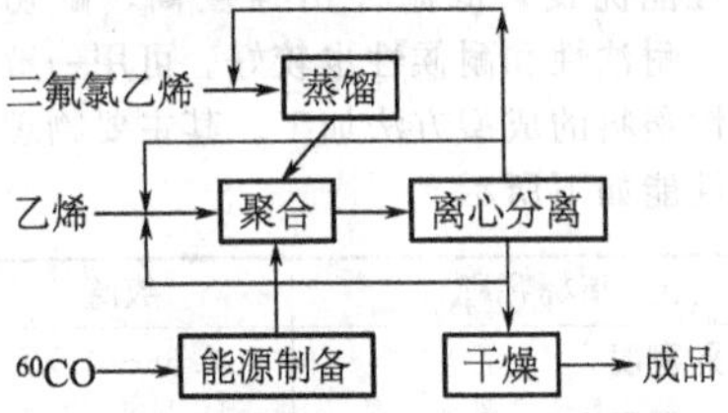

3. 三元共聚合

聚合过程中，在加入所需配比的三氟氯乙烯和乙烯的同时，加入少量烯丙基六氟异丙基醚或全氟丙基乙烯基醚等第三单体，以三氯乙酰基过氧化物为引发剂，在0～1℃和0.67～1.57MPa条件下反应1h，即可制得改性的三元共聚物。

【质量标准】 中蓝晨光化工研究院(成都有机硅研究中心)进行过化学引发聚合的研制，原化工部上海化工研究院进行过辐照引发聚合的研制，并向有关单位提供过产品。原化工部上海化工研究院产品质量指标和美国联合化学公司产品技术指标如下。

指标名称	上海化工研究院新型材料研究所	美国联合碳化学公司 Halar
相对密度	1.65	1.68
模塑收缩率/%		2.0～2.5
结晶度(成型后)/%	40～50	
拉伸强度/MPa		
23℃	50	49
200℃	2.9	1.75
伸长率/%		
23℃	200～260	200
200℃	58	24
0.46MPa		115
1.82MPa		76
最高使用温度/℃		
间断		180～200
连续		150～170
耐辐照性(5×10^3Gy)辐照后拉伸强度)/MPa	37.8	31.5
1MGy辐照后拉伸强度/MPa	31.8	29.5
5×10^3Gy辐照后伸长率/%	125	100

续表

指标名称	上海化工研究院新型材料研究所	美国联合碳化学公司 Halar
弯曲弹性模量/MPa		1680
熔点/℃	235～245	240
热分解温度/℃	300	
失强温度/℃	240～250	
维卡耐热/℃	>150	
热变形温度/℃		
1MGy 辐照后伸长率/%	76	65
体积电阻率/(Ω·cm)	10^{10}～10^{12}	10^{15}
介电强度/(kV/mm)	21	20
介电常数(10^6Hz)	2.4	2.5
介电损耗角正切(10^6Hz)	0.011～0.013	0.009

【成型加工】 可用挤塑、注塑、模压和传递模塑等成型方法加工。

(1) 挤塑成型 挤管时的温度控制为料筒后部 240℃、前部 250～260℃、模温 270～300℃、螺杆转速为 12r/min。电线包覆时可用 15～120m/s 的速度挤塑。

(2) 注塑成型 成型温度控制为料筒后部 240～250℃、中部 260～270℃、前部 280～290℃、喷嘴 280～300℃、模具温度 100℃，螺杆转速为 180r/min，注射压力 30～45MPa，成型周期 120s。

(3) 模压成型 模压成型的温度控制为 225℃，压力为 7～14MPa。

(4) 涂覆 ECTFE 粉末可适用于流动浸涂、静电粉末涂饰和旋转成型等工艺。

【用途】 可用作电线绝缘层、电缆护套、通信卫星、核反应堆、宇宙飞船和超低温环境中使用的电器设备零部件、插头和插座等连接器、线圈架、电池盒；可作电器用可收缩管、飞机用盘管、军用壁厚小于 0.2mm 的制品，以及化工用管道、容器、泵、阀及零部件、防腐衬里、涂层、垫圈、滤布、实验器皿、软管等。其薄膜、薄片和板材等挤塑制品可用作医用包装、扁平电缆绝缘、薄壁结构件、机械用齿轮和密封材料等。

【安全性】 树脂的生产原料，对人体的皮肤和黏膜有不同程度的刺激，可引起皮肤过敏反应和炎症；同时还要注意树脂粉尘对人体的危害，长期吸入高浓度的树脂粉尘，会引起肺部的病变。大部分树脂都具有共同的危险特性：遇明火、高温易燃，与氧化剂接触有引起燃烧危险，因此，操作人员要改善操作环境，将操作区域与非操作区域有意识地划开，尽可能自动化、密闭化，安装通风设施等。

本产品用塑料桶包装，外包装瓦楞纸箱包装，内附产品合格证，每桶净含量 10kg 或 25kg。按非危险品运输，运输温度保持 10℃以上，避免日晒、雨淋。贮存在干燥、通风仓库内，室温保持在 10℃以上。

【生产单位】 上海化工研究院新型材料研究所。

Bn013 氟塑料-40

【英文名】 fluoroplastics-40

【别名】 乙烯-四氟乙烯共聚物；F-40

【性质】 乙烯-四氟乙烯共聚物，也可称为四氟乙烯-乙烯共聚物（商品名 Tefzel)，它是一种半结晶、半透明聚合物，结晶度 50%～60%。其综合性能优良，不仅基本保持了氟塑料的主要特性，而且可用一般热塑性塑料的成型方法加工。相对密度为 1.7，是现有氟塑料中最轻的一种，表面无自润滑性，摩擦系数大，可以粘接和印刷。力学性能优良，其耐冲击性能、耐蠕变性能和压缩强度均优于聚四氟乙烯，低温冲击强度居现有氟塑料之首。熔点 265～280℃，长期使用温度－60～150℃，短期使用温度可达 230℃，热分解温度 300℃以上。介电性能优良，介电常数较低。耐辐照性能优异，耐辐照总剂量可达 10^7 Gy。化学稳定性和耐候性均接近于全氟聚合物。其与聚四氟乙烯和全氟乙丙烯主要性能的比较如下。

指标名称	测试方法 ASTM	PTFE	FEP	ETFE
相对密度	D792	2.1～2.2	2.12～2.17	1.7～1.75
熔点/℃		372	262～282	265～280
拉伸强度(23℃)/MPa	D638	27.44～61.74	19.6～21.36	41.16～49.98
伸长率(23℃)/%	D638	200～400	300	100～300
弯曲弹性模量(23℃)/MPa	D790	392	656.6	2646
洛氏硬度	D785	R25	R25	R50
连续使用温度(23℃)/℃		260	200	180
体积电阻率/Ω·cm >	D275	10^{18}	10^{16}	10^{16}
介电常数	D150			
60Hz		2.1	2.1	2.6
10^3Hz		2.1	2.1	2.6
10^6Hz		2.1	2.1	2.6
介电损耗角正切	D150			
60Hz		0.0002	0.0002	0.0005
10^3Hz		0.0002	0.0002	0.0008
10^6Hz		0.002	0.005	0.005
介电强度/(MV/m)	D149	16～24	20～24	16
耐化学药品性	D648	优	优	优
耐燃性	D653	不燃	不燃	不燃
吸水性	D570	0.01	0.01	0.03
耐辐射性能		差	差	优

【制法】 乙烯-四氟乙烯共聚物是乙烯和四氟乙烯制得的交替共聚物。可用本体、溶液、乳液、悬浮等化学聚合方法制备，也可用辐射共聚法制得。

1. 化学聚合法

常用的方法是在聚合釜中加入水、有机溶剂（如正丁醇）、引发剂（如过硫酸钾）和等物质的量的比的乙烯与四氟乙烯以及少许第三单体，在 65～75℃和 2.94～3.92MPa 的条件下进行共聚反应。在共聚过程中不断补加两种单体的混合物。反应终止后所得白色粉状聚合物，经分离、洗涤、干燥即得产品。

2. 辐射共聚法

乙烯和四氟乙烯在无水状态与低温条件下，以 50～5000Gy/h，总剂量为 1000～150000Gy 的 ^{60}Co 辐照进行辐射本体聚合制得产品。

【反应式】

$$nx\,CF_2{=}CF_2 + ny\,CH_2{=}CH_2 \longrightarrow \left[\left(CF_2{-}CF_2\right)_x\right]_m\left[\left(CH_2{-}CH_2\right)_y\right]_n$$

其简单生产工艺流程如下所示。

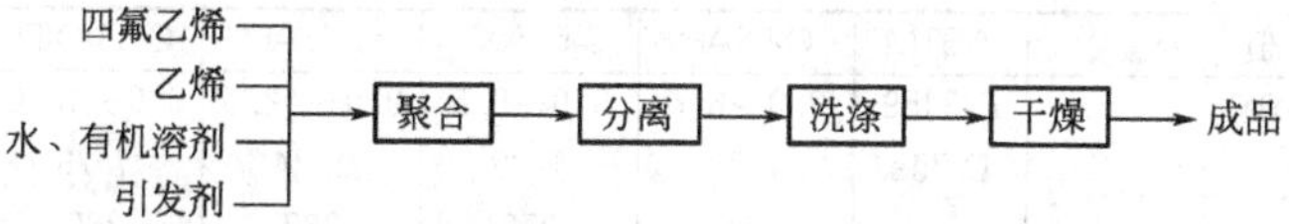

【质量标准】 我国中国科学院上海有机化学研究所曾对乙烯-四氟乙烯共聚物进行过研制，其产品性能指标与国外同类产品技术指标分别如下。

牌号	熔点/℃	熔体流动速率①/(g/10min)	拉伸强度/MPa	伸长率/%	耐折次数/$\times 10^3$ 次	应用
F-40GⅠ	270～275					模压、衬里挤粗线挤线
F-40GⅠ$_1$		0.2～0.5	40～45	300～400	5～10	
F-40GⅠ$_2$		0.5～1.0	35～40	300～400	4～6	
F-40GⅠ$_3$		1.0～2.0	35～40	300～400	2～4	
FS-40GⅡ	265～270					模压、衬里挤粗线及管挤细线挤薄型线涂料
FS-40GⅡ$_1$		0.2～0.8	40～45	300～400	10～20	
FS-40GⅡ$_2$		0.8～1.5	35～40	300～400	8～11	
FS-40GⅡ$_3$		1.5～2.5	35～40	300～400	5～10	
FS-40GⅡ$_4$		2.5～3.5	30～50	300～500	3～5	
FS-40GⅡ$_5$		6～10	30	>300	1～3	
FS-40GⅢ	265～270	0.1～1.0	40～50	300～400	30～80	模压料、挤塑料、涂料
		1.0～2.5	30～40	300～400	5～20	
		5～10	25～30	>300	1～3	
FS-40	265～270	400℃无法挤出	>35	>300	无法成模	模压

① 温度 300℃，负荷 21.6N。

指标名称	测试方法 ASTM	Tefzel 200,280	Tefzel 70G-25①	指标名称	测试方法 ASTM	Tefzel 200,280	Tefzel 70G-25①
相对密度	D792	1.70	1.86	动摩擦系数		0.4	0.3
熔点/℃		270	270	线膨胀系数/($\times 10^{-5}$/K)	D696	9～14	1.7～3.2
吸水性/%	D570	0.029	0.022	热变形温度/℃	D648		
拉伸强度/MPa	D638	44.6	82.4	0.45MPa		104	265
伸长率/%	D638	200	8	1.82MPa		74	210
压缩强度/MPa	D695	49	68.7	最高使用温度(无负荷)/℃		180	210
拉伸弹性模量/MPa	D638	823.8	8237.9	脆化温度/℃	D746	<-100	-
弯曲弹性模量/MPa	D790	1373.0	6521.7	体积电阻率/Ω·cm	D257	$>10^{15}$	10^{15}
悬臂梁冲击强度(缺口)/(kJ/m)	D256			表面电阻率/Ω	D257	5×10^{14}	10^{15}
-54℃		69.7	0.4	介电常数(10^6Hz)	D150	2.6	3.4
23℃		不破坏	0.5	介电损耗角正切(10^6Hz)	D150	0.0005	0.005
洛氏硬度	D785	R50	R74	耐电弧性/s	D495	75	110

①为玻璃纤维增强品。

试验	ASTM	C-55AP	C-55AXP	C-88AP	C-88AXP	C-88AXMP
MFR/(g/10min)	D-3159	3.9～6.5	3.9～6.5	9.0～12.0	9.0～12.0	27～43
相对密度	D-792	1.74	1.73	1.74	1.73	1.73
熔点/℃	–	265	258	267	260	260
拉伸强度/MPa	D638	52	52	48	48	42
伸长率/%	D-638	382	414	415	415	433
弯曲模量/MPa	D-790	960	930	910	890	870
弯曲强度/MPa	D-790	26	25	25	25	870
硬度标准	D-785	67	67	67	67	67
Izod 冲击强度/(J/m)	D-256	不开裂	不开裂	不开裂	不开裂	不开裂
线状热膨胀系数/$\times 10^{-5}$℃$^{-1}$	D-696	9.3	9.3	9.4	9.4	9.4
氧指数	D-2863	32	32	32	32	32
耐化学性	–	优异	优异	优异	优异	优异
介电常数(10^2～10^6Hz)	D-150	1.8～2.5	1.8～2.6	1.8～2.6	1.8～2.6	1.8～2.6

【成型加工】 可用模压、挤塑、注塑、吹塑、传递模塑、旋转成型和涂覆等方法加工。但成型温度高（300～340℃）而范围狭窄，流动性较 F_{46} 差，且对成型模具有较强的黏着力，故需涂以一定的脱模剂，与树脂接触的部位需耐腐蚀。

(1) 模压　在涂有有机硅脱模剂的模具中装入ETFE粉料，置于280～360℃热压机中加热，适当排气后于4.9～11.8MPa压力下压紧，待物料升温至245～255℃，呈半塑化状态后，升压至29.4～58.8MPa，并于280℃保温一段时间，然后冷却至150℃以下脱模，即得所需制品。

(2) 挤塑　挤管时，挤出机温度为预热段250～260℃、加热段280～290℃，机头290～300℃、口模300～310℃，螺杆转速为12～75r/min。电线包覆时可用15～120m/s的速度挤出，并于（130±3)℃温度下退火36h。

(3) 注塑　温度控制为料筒加料段295℃、中部315℃、前部330℃、喷嘴330℃、模具100℃，压力为40～45MPa。在加工玻璃纤维增强制品时，注射速度要较纯树脂快，模温要较纯树脂高。注射温度控制为料筒后部275～300℃、中部300～330℃、前部300～345℃、喷嘴300～345℃、模温120℃。

(4) 涂覆　将ETFE粉末与无水乙醇以4：6的比例配成的悬浮液，研磨成粒度为2～3μm的悬浮液或聚合所得之乳液，用喷涂或浸渍法涂覆于金属部件上。

【用途】 ETFE具有良好的耐辐照性和化学稳定性，故常用于原子能工业作密封材料和仪表零部件。它可加工成形状复杂的制品，如薄而口径大的管、薄片、薄膜、电线包覆、热收缩管和化工设备衬里等。也广泛用作化工防腐蚀泵的壳体、叶片，齿轮泵的齿轮、阀门、管配件及衬里，单向阀的零件、密封件以及实验器皿等。还可用作电子电气工业的导线绝缘、电缆护套、插座、接线柱、线圈骨架、继电器、电器零部件、电容器薄膜、配电盘零件等。还可用作防腐包装材料和涂料。

【安全性】 树脂的生产原料，对人体的皮肤和黏膜有不同程度的刺激，可引起皮肤过敏反应和炎症；同时还要注意树脂粉尘对人体的危害，长期吸入高浓度的树脂粉尘，会引起肺部的病变。大部分树脂都具有共同的危险特性：遇明火、高温易燃，与氧化剂接触有引起燃烧危险，因此，操作人员要改善操作环境，将操作区域与非操作区域有意识地划开，尽可能自动化、密闭化，安装通风设施等。

本产品用塑料桶包装，外包装瓦楞纸箱包装，内附产品合格证，每桶净含量10kg或25kg。按非危险品运输，运输温度保持10℃以上，避免日晒、雨淋。贮存在干燥、通风仓库内，室温保持在10℃以上。

【生产单位】 中国科学院上海有机化学研究所。

Bn014 氟树脂46(F-46)浓缩水分散液

【英文名】 perfluorinated ethylene-propylene copolymer dispersion

【别名】 聚全氟乙丙烯浓缩水分散液；四氟乙烯-六氟丙烯共聚物水分散液

【结构式】

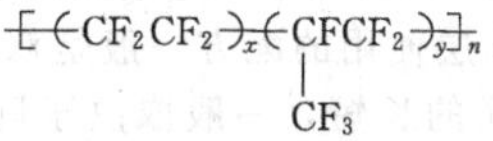

【性质】 主要物化性质基本上与聚全氟乙丙烯相似，所不同的是前者为透明粒状产品，后者为固含量50%的浓缩水分散液，因而其用途有所不同。

【制法】 在四氟乙烯和六氟丙烯共聚所得之分散液中，加入浓缩剂烷基聚氧乙烯基醚（牌号为TX-10），搅拌均匀，并加热至浊点温度，使分散液浓缩，静置后倾出上层清液，再以水和浓缩剂调整下层分散液浓度，使固体含量达到50%左右，即得产品。

【反应式】

$$nx\mathrm{CF_2{=}CF_2} + ny\mathrm{CF_2{=}CF{-}CF_3} \longrightarrow \text{本品}$$

其简单工艺流程如下。

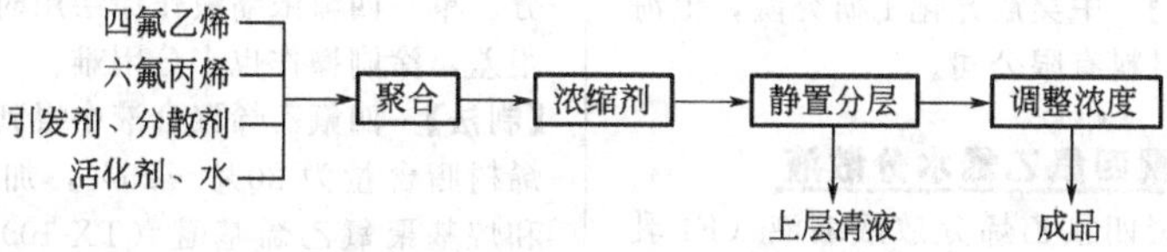

【质量标准】 中昊晨光化工研究院企业标准

名称	指标	名称	指标
外观	半透明或微黄色乳液	表观密度/(g/cm³) 树脂含量(质量分数)/%	1.4 50
运动黏度(25℃)/(mm²/s)	10～12	pH值	7～8

上海三爱富新材料有限公司企业标准

聚全氟乙丙烯浓液分散液（FR463）产品性能

项目	指标	
	1	2
熔体流动速率/(g/10min)	0.8～3.5	3.6～10.0
固含量(质量分数)/%	50±2	50±2
表面活性剂含量(质量分数)/%	6±1	6±1
pH值	8～9	8～9
应用范围	适用于加工喷涂制品	适用于加工浸渍制品

【成型加工】 根据不同用途的需要可采用喷涂和浸涂工艺进行涂覆。

【用途】 可用喷涂法获得化工设备的防腐涂层，其抗渗透性较优于聚四氟乙烯，还可用浸涂法制得电绝缘用薄膜。

【安全性】 树脂的生产原料，对人体的皮肤和黏膜有不同程度的刺激，可引起皮肤过敏反应和炎症；同时还要注意树脂粉尘对人体的危害，长期吸入高浓度的树脂粉尘，会引起肺部的病变。大部分树脂都具有共同的危险特性：遇明火、高温易燃，与氧化剂接触有引起燃烧危险，因此，操作人员要改善操作环境，将操作区域与非操作区域有意识地划开，尽可能自动化、密闭化，安装通风设施等。

本产品用塑料桶包装，外包装瓦楞纸箱包装，内附产品合格证，每桶净含量10kg或25kg。按非危险品运输，运输温度保持10℃以上，避免日晒、雨淋。贮存在干燥、通风仓库内，室温保持在10℃以上。

【生产单位】 中昊晨光化工研究院，上海三爱富新材料有限公司。

Bn015 聚四氟乙烯水分散液

【别名】 聚四氟乙烯分散浓缩液（F4乳液）

【英文名】 polytetrafluoroethylene aqueous dispersion

【性质】 此产品系将四氟乙烯聚合得到的聚合液浓缩至聚四氟乙烯固体含量为60%（质量分数）左右或60%以下，并以非离子型表面活性剂相对稳定的水分散液，产品呈乳白色。其物理化学性能与聚四氟乙烯相同，即具有卓越的化学稳定性，能耐强酸、强碱和强氧化剂、还原剂；突出的耐热、耐寒及耐磨性，可在−250～250℃长期使用；优异的电绝缘性能，且不受温度与频率的影响。此外，还具有不黏着性能、不吸水、不燃烧等特点。

带电荷的树脂颗粒均匀地分散在水相中形成的分散液，其平均颗粒直径为0.05～0.4μm。使用时可根据用途和需要分别加入无离子水、表面活性剂或增稠剂、氨水或有机酸等对浓缩水分散液的浓度、黏度和pH值予以适当的调节。聚四氟乙烯涂层使用的配方一般是双组分的，操作时间的长短，一般取决于配合的组分。单一四氟浓缩液作涂层用时，附着性很差，涂刷操作也十分困难。

【制法】 四氟乙烯聚合液中得到聚四氟乙烯树脂含量为20%～25%，加入碳酸铵和烷基聚氧乙烯基醚（TX-10），搅拌均匀，并加热至55～70℃，使聚合液浓缩至60%，调节pH值至8～10，分散浓缩液乳化剂含量（以聚四氟乙烯含量计）达5%～7%，即获得成品。

其工艺流程如下。

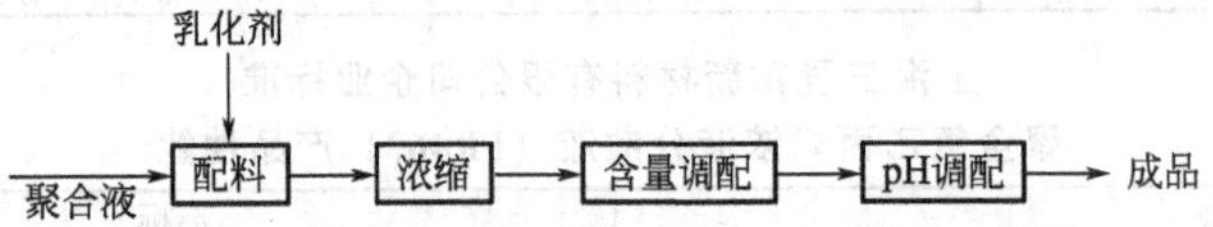

【质量标准】

中昊晨光化工研究院企业标准 Q/2039552-9·90—2001

项目	SFN-1	SFN-A
密度(25℃)/(g/cm³)	1.48～1.53	1.43～1.48
运动黏度(25℃)/(mm²/s)	6～14	4～8
pH值	8～10	8～10
PTFE含量(质量分数)/%	58～63	53～58

【成型加工】 聚四氟乙烯浓缩水分散液，按用途可分为浸渍涂层用和纺丝用两个

型号。

浸渍涂层用浓缩分散液渗透性好，适用于直接浸渍石棉、玻璃纤维、陶瓷和石墨、电碳等多孔材料，也可加入其他化学品配制成各种涂料，涂布于各种器件的表面上。但使用前应将凝聚物滤出，并在喷涂或刷涂前，首先除去被涂物表面的油污和锈迹，利用一般喷枪（2A 型）喷涂底漆。喷涂后的器件于 90℃左右烘干约 15min，380℃下烧结 15～30min 后取出急冷淬火。并按上述步骤重复喷涂几次即可。

纺丝用浓缩分散液是以特殊聚合工艺制得的乳状液体，分子量分布窄，粒子小而均匀，可用载体并通过乳液法纺丝。其具体过程是将纺丝用浓缩水分散液与成纤性载体（基质），如聚乙烯醇或黏胶，按一定比例混合制成纺丝液。以聚乙烯醇为基质时，纺丝液中聚四氟乙烯含量一般控制在 80%以上；以黏胶为基质时，聚四氟乙烯含量为 85%～93%，所用黏胶含有 6%～8%的纤维素以及 6%～9%的氢氧化钠和 23%～30%的二硫化碳。将配制的纺丝液通过纺丝头连续压入凝固浴中（凝固浴用 40%的硫酸钠或硫酸铵），形成含有聚乙烯醇或黏胶的聚四氟乙烯丝，经水洗、碱洗和干燥后的生丝通过温度分别为 340℃、330℃、360℃、350℃的加热辊，并进行传递速度为 3m/min、停留时间约 20s 的热处理（烧结），除去聚乙烯醇或黏胶等基质，并使聚四氟乙烯熔融联结成丝，然后热拉伸 4～8 倍，即可制得白色或淡茶色的聚四氟乙烯多股纤维。其强度可达 2～3g/dtex，伸长率为20%～30%。还可根据需要制成各种颜色的聚四氟乙烯丝。

【用途】 可用以制作抗粘防腐涂层，也可用其涂覆玻璃布并制得层压制品。可直接用于浸渍石棉制品、玻璃纤维、陶瓷和电碳制品等，或可浇铸成薄膜，也可直接纺丝制得特种合成纤维。主要应用于国防工业、橡胶工业和电子电器工业等行业。

【安全性】 树脂的生产原料，对人体的皮肤和黏膜有不同程度的刺激，可引起皮肤过敏反应和炎症；同时还要注意树脂粉尘对人体的危害，长期吸入高浓度的树脂粉尘，会引起肺部的病变。大部分树脂都具有共同的危险特性：遇明火、高温易燃，与氧化剂接触有引起燃烧危险，因此，操作人员要改善操作环境，将操作区域与非操作区域有意识地划开，尽可能自动化、密闭化，安装通风设施等。

本品装在清洁、干燥、密闭的硬质塑料桶内，每件应附有产品合格证，每桶净含量为 25kg 或 30kg，外包装硬纸箱。本产品按非危险品运输，运输过程中应防止日晒、雨淋，运输温度应保持在 10～35℃。本产品应贮存在通风环境中，贮存温度为 10～35℃。自生产之日起，贮存期为 1 年。贮存期间每隔 15 天（或启用时），对本产品进行轻微摇荡。

【生产单位】 中昊晨光化工研究院，上海三爱富新材料有限公司，辽宁阜新有机氟化学公司，江苏梅兰化学公司。

Bo 酚醛树脂和塑料

1 酚醛树脂定义

酚醛树脂（phenol formaldehyde，PF），也叫电木，又称电木粉，无色或黄褐色透明固体，市场销售往往加着色剂而呈红、黄、黑、绿、棕、蓝等颜色，有颗粒、粉末状。酚醛树脂是塑料中第一个投入工业生产的品种，它具有较高的机械强度、良好的绝缘性，耐热、耐腐蚀，因此常用于制造电气材料，如开关、灯头、耳机、电话机壳、仪表壳等，“电木”由此而得名。酚醛树脂耐弱酸和弱碱，遇强酸发生分解，遇强碱发生腐蚀；不溶于水，溶于丙酮、酒精等有机溶剂中；苯酚醛或其衍生物缩聚而得。

2 酚醛类树脂的分类

酚醛树脂是最早工业化的塑料品种，由苯酚或甲酚、二甲酚等和甲醛缩聚而成，由于两者配比和催化剂的不同，可得不同性质和用途的产品。表 Bo-1 为酚醛类树脂的分类。

表 Bo-1 酚醛类树脂的分类

弱酸催化	NH_3 催化	NaOH 催化	ZnO 催化
线型酚醛清漆	酚醛石棉耐酸模塑料	酚醛石棉模塑料	高邻位酚醛树脂
酚醛模塑料	酚醛棉纤维模塑料	酚醛碎布模塑料	聚乙烯醇缩丁醛树脂
PVC 改性酚醛树脂	酚醛层压塑料	苯酚壤醛模塑料	快速成型酚醛模塑料
PV 改性酚醛树脂	苯胺改性酚醛模塑料		
丁腈改性酚醛树脂			
二甲苯甲醛改性脂醛树脂			

3 酚醛树脂与模塑料

酚醛树脂（PF），由苯酚和甲醛在催化剂（盐酸、草酸、NH_3 或 NaOH 等）作用下缩聚而得，主要用于清漆、黏合剂、模塑料、层合塑料和泡沫塑料等。

作为酚醛塑料具有下列特征：

a. 原料价格便宜、制法简单而且成熟，制造及加工设备投资少，成型加工容易；b. 树脂既可混入无机或有机填料做成模塑料，也可浸渍织物制层压制品，还可以发泡；c. 制品尺寸稳定，成型收缩率和嵌件附加收缩率小；d. 耐热性好，耐燃，可自灭，电绝缘性能好，但耐电弧性差；e. 化学稳定性好，耐酸性强，但不耐碱。

（1）酚醛模塑料　苯酚和甲醛在酸性催化剂（如盐酸、草酸等）作用下缩聚成热塑性酚醛树脂，再配入木粉等填料、环亚甲基四胺、脱模剂、着色剂等，经塑炼、滚压成片，再粉碎成模塑粉。

填料是酚醛塑料的重要组分，它决定产品的性能和用途。对填料应有下列要求：

①80%模塑料用木粉、松木、白杨、纵树、枫树、桦树等经粉碎、干燥，过筛到80目即可，其成型加工性、压缩强度、冲击强度都好；②废棉、碎棉布片作填料，冲击强度高；③石棉填料耐热、耐冲击性提高；④云母能提高电性能，但力学性能下降，因而常和石棉并用；⑤毛毡的力学性能可提高。

酚醛模塑料根据其性能与用途分为十二类，见表Bo-2所示。

表 Bo-2 酚醛模塑料的特点与用途

品种	特点	用途
日用品(R)	综合性能好，外观、色泽好	日用品、文教用品，如瓶盖、纽扣等
电气类(D)	具有一定的电绝缘性	低压电器、绝缘构件，如开关、电话机壳、仪表壳
绝缘类(U)	电绝缘性、介电性较高	电讯、仪表和交通电气绝缘构件
高频类(P)	有较高的高频绝缘性能	高频无线电绝缘零件、高压电气零件、超频电讯、无线电绝缘零件
高电压类(Y)	介电强度超过16kV/mm	高电压仪器设备部件
耐酸类(S)	较高的耐酸性	接触酸性介质的化工容器、管件、阀门
无氨类(N)	使用过程中无NH_3放出	化工容器、纺织零件、蓄电池盖板、瓶盖等
湿热类(H)	在微热条件下保持较好的防霉性、外观和光泽	热带地区用仪表，低压电器部件，如仪表外壳、开关
耐热类(E)	马丁耐热超过140℃	在较高温度下工作的电器部件
耐冲击类(J)	用纤维状填料，冲击强度高	
耐磨类(M)	耐磨特性好，磨耗小	水表轴承密封圈、煤气表具零件
特种(T)	根据特殊用途而定	

酚醛模塑料传统的成型工艺是模压和传递模塑，但改进配方和设备结构后可注塑、挤出，可机加工、涂层、黏合。

(2) 酚醛层压塑料　苯酚、甲醛以氨水为催化剂，经缩聚、真空脱水后加酒精成甲阶段线型酚醛树脂，再将片状填料（棉布、纸、玻璃布、石棉布、木材片等）浸渍该树脂，干燥后于层压机内热压成层压板，也可模压成管、棒或其他制品，见表Bo-3。

表 Bo-3 酚醛层压塑料品种与性能

品种	基材	性能
电工用布质层压板	棉布	力学性能好
机械用布质层压板	棉布	力学性能好
电工用纸质层压板	绝缘纸	电性能和耐油性较好，或机械性能较好
玻璃布层压板	玻璃布	机械强度较好，或耐热性较好
		电性能较好，机械强度及耐热性中等
		冲击强度较高或电性能较好

续表

品种	基材	性能
卷压制品	纸筒	电性能较好
模压制品	纸、布或棉	机械性能较好
石棉布基层压板	石棉布	耐热性优，介电性能较低
木材片基层压板	木材片	耐磨性、机械强度好，易加工，但化学稳定性差，吸水性大
酚醛棉纤维模塑料	棉纤维	冲击强度高，用作电工绝缘零件及机械零件

浸渍树脂外观为深棕色黏性液体，固含量一般为50%～55%。

(3) 几种酚醛模塑料的特点与用途

表Bo-4列出了几种主要酚醛模塑料的特点和用途。

表 Bo-4 几种酚醛模塑料的特点与用途

项目	酚醛石棉模塑料	酚醛石棉耐酸模塑料	快速成型酚醛模塑料	耐震酚醛模塑料
制法	苯酚、甲醛经碱催化缩聚成可溶性树脂，经真空脱水、加乙醇、线状石棉拌泥、辊压	苯酚、甲醛以氨水催化缩聚、脱水成半流体树脂，按一定配比与耐酸填料（如耐酸石棉、纤维石棉、石墨）混合、辊压	苯酚、甲醛以氧化锌催化缩聚成高邻位PF，再按比例与以酸性催化缩聚的热塑性PF、填料、固化剂等添加剂混合辊压	热塑性PF与矿物填料配制成流动性好的PF模塑料作甲料；以碱催化缩聚的PF甲醛树脂与乙醇配成乳化液浸渍玻纤，烘干后为乙料，两者按比例混合、研磨即成
特点	①具有较高的力学性能和突出的耐磨性 ②耐热性优	①具有较高的力学性能 ②耐热性、化学稳定性突出	①成型性能好 ②耐水和防霉性能好 ③固化迅速	①表面光滑 ②耐震性高
成型	用湿法或干法模压、机加工、粘接	可模压、层合辊压、机加工、粘接	与PF相同，可模压、层合、机加工、粘接	与PF相同，可模压、层合、注塑、机加工
用途	作动摩擦片或制动零件、刹车片，以及耐高温摩擦制品	可制成软、硬板材、管材，作化工设备衬里，阀件，用石墨填料者可制耐蚀冷却设备	用于湿热地区的机电、仪表部件	用作船舶、交通运输的耐震电器配件

4 通用酚醛树脂

酚醛树脂（PF）分为热固性酚醛树脂和热塑性酚醛树脂。

热固性酚醛树脂（resol）又称甲阶树脂，能溶于丙酮和酒精，受热可以自动熟化（即固化、硬化），常用的固化温度为150～170℃。也可在树脂中加无机酸（如盐酸）或有机酸（如甲苯磺酸）进行固化。固化过程中从可溶可熔的甲阶树脂经由乙阶转变为不溶不熔的体型结构的丙阶树脂。热塑性酚醛树脂（novolac）又称线型酚醛树脂，为浅色至暗褐色脆性固体，可溶于有机溶剂中，加热能熔化，长期加热也不固化，必须加入固化剂，如六亚甲基四胺（俗名乌洛托品）或聚甲醛等方能固化。

热固性酚醛树脂结构：

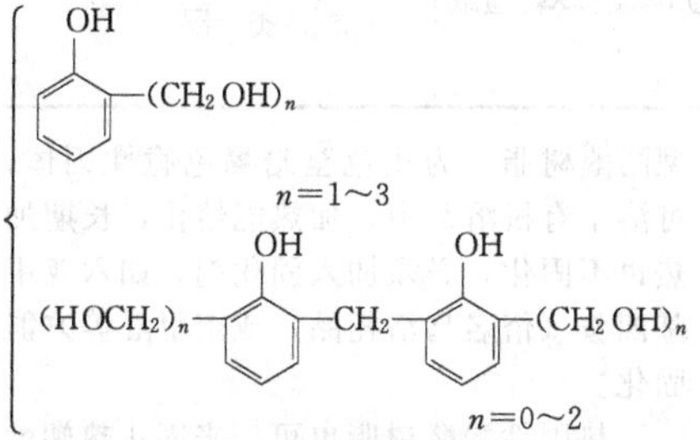

热塑性酚醛树脂结构：

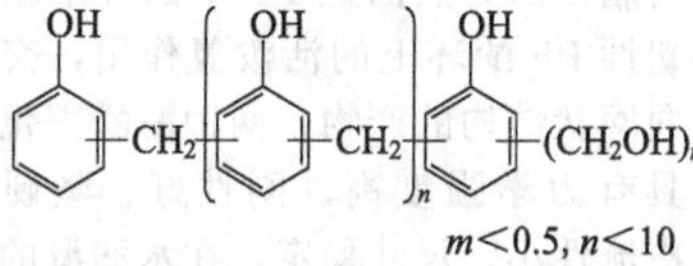

热固性酚醛树脂也可用来固化热塑性酚醛树脂，因为热固化 PF 中的羟甲基可与热塑性 PF 酚环上的活泼氢作用，交联成三向网状结构的产物。两种酚醛固化树脂均具有力学强度高、刚性好、坚硬耐磨、冷流性小、尺寸稳定、在水润滑的条件下摩擦系数极低、耐热、耐燃、耐烧蚀、耐溶剂和化学药品、吸湿性低、介电性能良好等优点。缺点是脆性较大、伸长率低。热塑性酚醛树脂主要用于制造模塑粉，也用于制造层压塑料、清漆和胶黏剂。热固性酚醛树脂主要用于制造层压塑料、表面被覆材料、刹车片衬里、铸塑料、泡沫塑料（包括微球泡沫塑料）、烧蚀材料、涂料、木材浸渍剂、胶黏剂及其他改性高聚物。

国内主要生产厂家有山东化工厂、长春化工二厂、天津市大盈树脂塑料有限公司、常熟塑东南塑料有限公司、上海双树塑料厂、西安绝缘材料厂、嘉兴佳发化工集团、扬州化工厂、重庆合成化工厂、重庆塑料厂、江西前卫化工厂、衡水化工厂、厦门化工二厂等。

5 改性酚醛模塑料

改性酚醛模塑料的品种很多，现将主要的几种介绍如下，见表 Bo-5。

表 Bo-5 改性酚醛模塑料的特点与用途

品种	制法	特点	用途
苯胺改性	苯胺、苯酚、甲醛以氨水催化缩聚成改性树脂，与酚醛树脂、填料、固化剂、着色剂等混合、液压、粉碎，若用氧化镁代氨水，取得无氧类模塑料	耐热性、耐水性和高频电绝缘性好，使用中无 NH_3 放出	P 类、U 类产品、A 类产品、交通电器、机电、电讯工业绝缘构件
PVC 改性	热塑性酚醛树脂与 PVC 树脂、填料、固化剂、着色剂等共混，液压、粉碎	机械强度、耐水、耐酸、介电性能较好	S 类、M 类产品
丁腈橡胶改性	热塑性酚醛树脂与丁腈橡胶，填料、固化剂、着色剂等共混，经液压、粉碎而成	冲击强度、电绝缘性，耐油性、耐磨性都较高，防霉、防水性好	J 类，耐冲击、耐磨绝缘构件，有金属嵌件的复杂制件，电磁开关支架

续表

品种	制法	特点	用途
聚酰胺改性	以聚酰胺与热塑性酚醛树脂、填料、固化剂等共混物	电绝缘性，介电强度优、防浸、防霉、耐水、尺寸稳定	用于湿度大、频率高、电压高的机电、仪表、电讯、无线电绝缘构件、零件
二甲苯树脂改性	二甲苯与甲醛酸性缩聚物与酚反应即得改性树脂	防霉性优，可注塑	H类产品
苯酚-醛模塑料	苯酚、糠醛以NaOH催化缩聚的物粉料与热塑性酚醛树脂等混炼而成	性能同酚醛模塑料，但成本低	R类，D类产品

Bo001 通用酚醛树脂

【英文名】 phenol formaldehyde (synthetic) resin

【别名】 苯酚甲醛树脂

【结构式】 热固性酚醛树脂

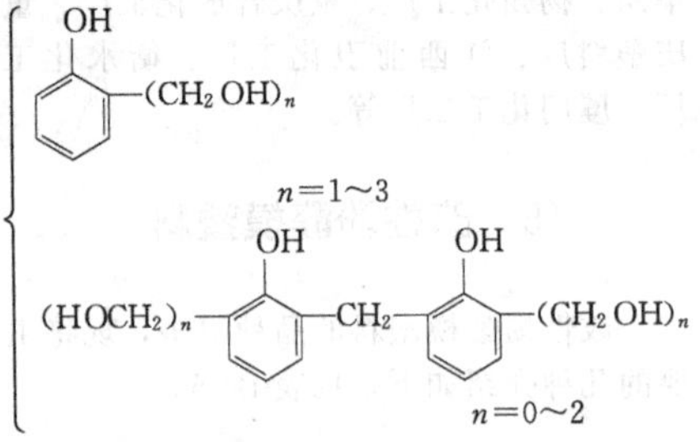

热塑性酚醛树脂

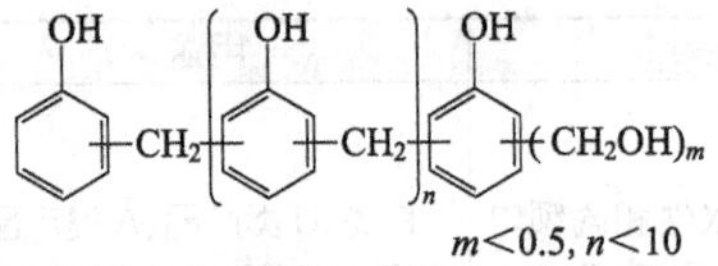

【性质】 热固性酚醛树脂（resol）又称甲阶树脂，能溶于丙酮和酒精，受热可以自动熟化（即固化、硬化），常用的固化温度为150～170℃。也可在树脂中加无机酸（如盐酸）或有机酸（如甲苯磺酸）进行固化。固化过程中从可溶可熔的甲阶树脂经由乙阶转变为不溶不熔的体型结构的丙阶树脂。

热塑性酚醛树脂（novolac）又称线型酚醛树脂，为浅色至暗褐色脆性固体，可溶于有机溶剂中，加热能熔化，长期加热也不固化，必须加入固化剂，如六亚甲基四胺（俗名乌洛托品）或聚甲醛等方能固化。

热固性酚醛树脂也可用来固化热塑性酚醛树脂，因为热固性PF中的羟甲基可与热塑性PF酚环上的活泼氢作用，交联成三向网状结构的产物。两种酚醛固化树脂均具有力学强度高、刚性好、坚硬耐磨、冷流性小、尺寸稳定、在水润滑的条件下摩擦系数极低、耐热、耐燃、耐烧蚀、耐溶剂和化学药品、吸湿性低、介电性能良好等优点。缺点是脆性大、延伸率低。

【制法】

1. 热固性酚醛树脂

苯酚和甲醛在碱性催化剂存在下，苯酚与甲醛物质的量的比一般控制在1∶1.5之间进行反应，生成热固性酚醛树脂。分子量通常为100～300。

2. 热塑性酚醛树脂

苯酚和甲醛在酸性催化剂存在下，苯酚与甲醛物质的量的比通常控制在1∶(1～0.8)之间进行反应，生成热塑性酚醛树脂，分子量一般小于1000。

酚醛树脂生产流程如下。

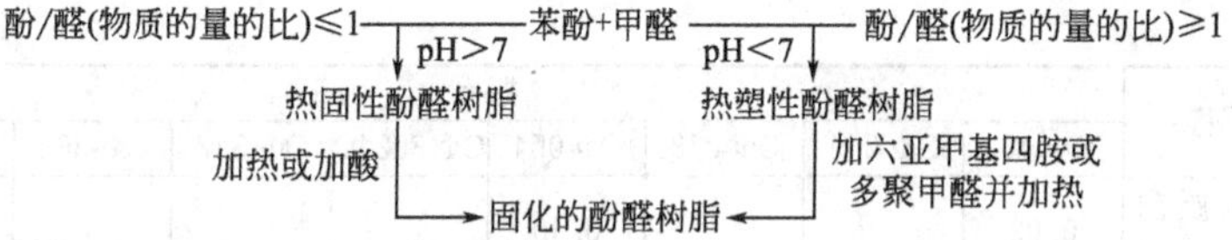

下面以 NH_4OH 为催化剂制备酚醛树脂为例，阐述热固性酚醛树脂的生产过程。

在 $4m^3$ 的钢质反应釜中加入 1152kg 苯酚、1294kg 浓度为 37% 的甲醛水溶液（酚与醛的物质的量的比为 1∶1.30）、61.8kg 浓度为 25% 的氨水。开动搅拌并加热升温至 70℃，由于反应放热温度自动上升，当温度达 78℃时，向夹套通冷水调节反应温度，使其缓慢上升至 85～95℃，在该温度下反应约 1h，然后每隔 10min 取样测定一次凝胶时间，当其达到 90s（160℃）左右时终止反应。然后在 67kPa 的真空度、70℃左右下脱水，待树脂透明且凝胶时间达到 70s（160℃）左右时，加入 600kg 乙醇稀释，冷却至室温、放料。

热塑性酚醛树脂的生产设备与生产热固性酚醛树脂基本相同，只是反应釜要求耐酸，应使用不锈钢或搪瓷衬里反应釜。下面以盐酸为催化剂制备酚醛树脂为例，阐述热塑性酚醛树脂的生产过程。

在 $6m^3$ 的不锈钢反应釜中，苯酚∶甲醛按 1∶0.85（物质的量的比）投料，启动搅拌装置，加入浓度为 30% 的盐酸调节 pH 值至 2.1～2.5，向夹套内通蒸汽，当内温升至 80℃左右时停止加热，当料温自动上升至沸腾（95～100℃）时，保温 1h。然后降温至 75℃加入盐酸（前后两次所加入的盐酸总量应为苯酚质量的 0.065%），再缓慢升温至沸腾，维持约半小时（以树脂在室温下冷水中不黏手为标志）树脂合成反应结束。然后进行真空干燥，除去树脂中的大量水分及少量甲醇、催化剂、未反应的苯酚、甲醛等。通常使用滴点温度计按规定测定滴落温度（一般在 100～120℃），干燥结束后，停止抽真空，并立即放料于铁盘中，冷却后成为松香状的脆性固体或在 60℃左右配成乙醇溶液备用。

【质量标准】

国产酚醛树脂的技术指标

指标名称	热固性酚醛树脂	热塑性酚醛树脂
外观	棕色黏稠液体至半固体	无色或微红色脆性固体
树脂黏度(25℃涂 4 杯)/s	5～10	
游离酚含量/%	≤18	9
固含量/%	57～62	95 以上
凝胶时间	90～120s(160℃)	65～90s(150℃)
	14～24min(130℃)	(加入 14%六亚甲基四胺)

部分酚醛树脂的（原苏联）国家标准

指标名称	指标							
	CФ-010A	CФ-011	CФ-018	CФ-051	CФ-3021C	CФ-312	CФ-361	CФ-341
外观	粉状，碎片或鳞片状，无杂物	粉状、碎片、鳞片或不规则块状（质量不超过 1kg），浅黄至深棕色，无杂物		不规则块状，浅棕色至棕色	粉状，碎片，鳞片或质量不超过 1kg 的不规则块状，浅黄至深棕色，无杂物			除颜色为黄至棕色外，其他与 CФ-361 同

续表

指标名称	指标							
	CΦ-010A	CΦ-011	CΦ-018	CΦ-051	CΦ-3021C	CΦ-312	CΦ-361	CΦ-341
不溶性杂质含量/% ≤	0.02			0.10				
树脂溶液的动力黏度/mPa·s	90～150	35～95	80～120	120～170	≥40			12～25
游离苯酚含量/% ≤	7.0	5.0	8.5		16.0	11.0	8.5	5.0
滴落温度/℃	95～105	116～125	95～105	110～125		80～110	85～110	90～110
凝胶化时间/s					300～550	60～120	60～100	50～80
水含量/%≤					5.0	2.0	3.0	2.0

注：表中前 4 个牌号为 novolak 型，后 4 种为 resole 型，其中 CΦ-010A 用于电缆工业，与橡胶混合使用，CΦ-011 用于胶黏剂，CΦ-018 用于模塑料，CΦ-051 用于光刻胶。而 resole 型的 CΦ-3021C 则用于层压塑料及耐腐蚀涂料，CΦ-312 用于石棉制品，CΦ-361 用于模塑料，CΦ-341 为铸造用材料。表中各项指标的分析测试方法可见同一标准。酚醛树脂的滴落温度一般用特定仪器，在一定的升温速度下测定第 1 滴试料滴下的温度。凝胶化时间系在保持一定温度的加热板上测定。黏度是用特定黏度计于一定温度下测定树脂溶液的流出时间。游离苯酚则用一般溴化法测定。

【用途】 热塑性酚醛树脂主要用于制造模塑粉，也用于制造层压塑料、清漆和胶黏剂。热固性酚醛树脂主要用于制造层压塑料、表面被覆材料、刹车片衬里、铸塑料、泡沫塑料（包括微球泡沫塑料）、烧蚀材料、涂料、木材浸渍剂、胶黏剂及其他改性高聚物。

（1）模塑粉　生产酚醛模塑料的模塑粉是酚醛树脂的一种主要用途。树脂大多采用固体热塑性酚醛树脂，也有少量用热固性酚醛树脂者。采用辊压片、螺旋挤出法或乳液法使树脂浸渍填料并与其他助剂混合均匀，再经粉碎过筛即得。其性能因填料种类而异。模塑粉可采用模压、模塑和注射成型等方法制成各种塑料制品。主要用于制造开关、插座、插头等电器零件，以及日用品及其他工业制品。

（2）增强酚醛塑料　增强酚醛塑料是以酚醛树脂溶液或乳液浸渍各种纤维及其织物，经干燥、压制成型的各种增强塑料。其力学强度高，综合性能好，可以进行机械加工。以纸、棉布、玻璃布、石棉布、木材片等片状填料浸渍甲阶酚醛树脂，干燥后热压成型的酚醛层压塑料，既可用于装饰板也可用于线路板等工业领域。层压制品可为不同厚度的平板，也可制成管、棒等；以玻璃纤维、石英纤维等增强的酚醛塑料主要用于制造各种制动器摩擦片和化工防腐材料；高硅氧玻璃纤维和碳纤维增强的酚醛塑料是航空工业的重要烧蚀材料。

（3）酚醛泡沫塑料　酚醛泡沫塑料是由热固性酚醛树脂（或热塑性酚醛树脂）在发泡剂的作用下产生蜂窝结构并在固化促进剂（或固化剂）的作用下交联、固化而制得的。其耐热性好、难燃、自熄、低烟雾、耐火焰穿透，且价格低廉，为聚苯乙烯、聚氯乙烯、聚氨酯等泡沫塑料所不及，因而越来越受到人们的重视。主要用于隔热、隔声及抗振的包装材料和救生圈、浮筒等。微球泡沫塑料可用于蜂窝或夹心结构，是飞机、船舶和宇宙飞船良好的隔热体，还可作为电器配件的嵌件起防热作用。

（4）酚醛涂料　以松香改性的酚醛树脂、丁醇醚化的酚醛树脂等与桐油、亚麻子油有良好的混溶性，是涂料工业的重要原料。

（5）酚醛胶黏剂　酚醛树脂与环氧树脂、聚乙烯醇缩醛、丁腈橡胶等混合而成，可改进其黏合性能，降低脆性，主要用于木板、锯木和刨花纤维板的粘接。

（6）酚醛纤维　以热塑性线型酚醛树脂为原料，经过熔融纺丝后浸于聚甲醛及盐酸水溶液中做固化处理，得到甲醛交联的体型纤维。与5%～10%的聚酰胺熔混后纺丝，则其强度和模量更高，且阻燃性能突出，并耐浓盐酸和氢氟酸。主要用作防护服及耐燃织物或室内装饰品，也可用作绝燃、隔热与过滤材料等，还可加工成低强度、低模量碳纤维、活性碳纤维及离子交换纤维等。

【安全性】　树脂的生产原料，对人体的皮肤和黏膜有不同程度的刺激，可引起皮肤过敏反应和炎症；同时还要注意树脂粉尘对人体的危害，长期吸入高浓度的树脂粉尘，会引起肺部的病变。大部分树脂都具有共同的危险特性：遇明火、高温易燃，与氧化剂接触有引起燃烧危险，因此，操作人员要改善操作环境，将操作区域与非操作区域有意识地划开，尽可能自动化、密闭化，安装通风设施等。

【生产单位】　山东化工厂，长春化工二厂，天津市大盈树脂塑料有限公司，常熟塑东南塑料有限公司，上海欧合成缘材有限公司，上海双树塑料厂，西安绝缘材料厂，嘉兴佳发化工集团，扬州化工厂，重庆合成化工厂，重庆塑料厂，江西前卫化工厂，衡水化工厂，厦门化工二厂等。

Bo002 聚酰胺改性酚醛树脂

【英文名】　polyamide amide-modified phenol-formaldehyde resin

【别名】　尼龙改性酚醛树脂

【性质】　该类树脂除保持了一般酚醛树脂的优点外，羟甲基尼龙改善了树脂的流动性，提高了酚醛塑料的冲击强度和弯曲强度。

【制法】　以羟甲基尼龙66或尼龙6、苯酚、甲醛为主要原料，用碱或酸作催化剂，经缩聚、脱水制得热固性或热塑性酚醛树脂。

【质量标准】

尼龙改性酚醛树脂技术指标

指标名称	天津树脂厂203(热塑性)	北京251厂(热固性)
外观	淡奶黄色至微黄色固体	
软化点(环球法)/℃	≥95	
黏度/Pa·s		0.06～0.1
游离酚/% 固含量/%	≤4	6～10 >98
凝胶时间(150℃)/s		70～100

【用途】　热固性尼龙改性酚醛树脂适于制作快速成型玻璃纤维增强塑料，制品强度高、耐热、耐磨。热塑性尼龙改性酚醛树脂可作上光剂，涂刷在印刷品、纸制品、皮革等表面，其韧性、附着力、耐磨性和光滑度均优于天然树脂，还可作胶黏剂使用。

【安全性】　树脂的生产原料，对人体的皮肤和黏膜有不同程度的刺激，可引起皮肤过敏反应和炎症；同时还要注意树脂粉尘对人体的危害，长期吸入高浓度的树脂粉尘，会引起肺部的病变。大部分树脂都具有共同的危险特性：遇明火、高温易燃，与氧化剂接触有引起燃烧危险，因此，操作人员要改善操作环境，将操作区域与非操作区域有意识地划开，尽可能自动化、密闭化，安装通风设施等。

【生产单位】北京251厂，天津树脂厂

(牌号为 203)，山东化工厂等。

Bo003 聚酰胺改性酚醛模塑粉

【英文名】 polyamide modified phenolic moulding powder

【别名】 尼龙改性酚醛模塑粉

【结构式】

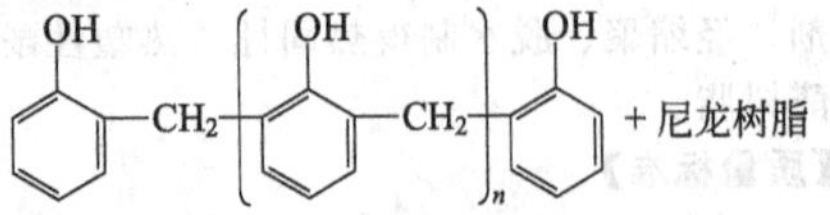

【性质】 黑色、本色粉粒状固体物，可用热压法塑制成各种形状的制品。具有优秀的电绝缘性能和介电强度。防湿、防霉、耐水及尺寸稳定性较好。耐弱酸、弱碱，不溶于水，溶于部分有机溶剂，遇强碱可侵蚀。FX-505 冲击强度高。

【制法】 尼龙改性酚醛模塑粉是热塑性酚醛树脂和尼龙的共混物。它是将酚醛树脂和尼龙树脂按一定配比混熔而制得。在改性树脂中按配比加入填料、固化剂、润滑剂和着色剂等进行混合，经滚压、粉碎、过筛，即得尼龙改性酚醛模塑粉。

【消耗定额】

牌号	PF2E4-2304
苯酚/(kg/t)	275
甲醛/(kg/t)	205
尼龙树脂/(kg/t)	105

工艺流程如下。

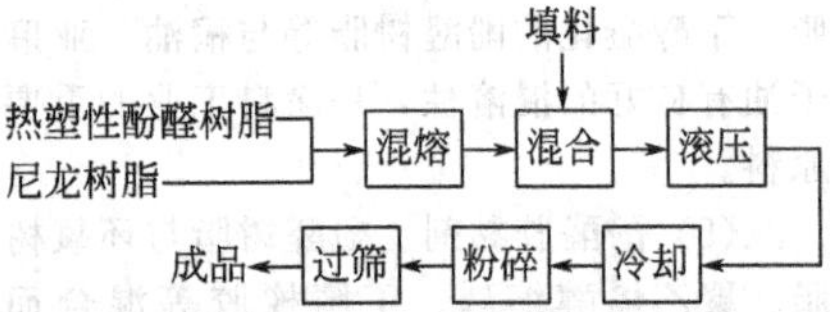

【质量标准】 外观和耐沸水性要求和酚醛模塑粉相同。

国家标准（符合 GB 1404—86）

指标名称	PF2E4-2304
相对密度≤	1.90
收缩率/%	0.40～0.70
马丁耐热性/℃≥	125
吸水性/(mg/cm^2)≤	0.20
流动性(拉西格)/mm	100～200
冲击强度/(kJ/m^2)≥	6.0
弯曲强度/MPa≥	90
表面电阻率/Ω≥	1×10^{14}
体积电阻率/Ω·cm≥	1×10^{14}
介电强度/(kV/mm)≥	16
介电损耗角正切(10^6Hz)≤	0.012
介电常数≤	5.0

【成型加工】 可用热压法和传递模塑法加工成型。

成型工艺

牌号	预热温度/℃	预热时间/min	模具温度/℃	成型压力/MPa	压制时间/(min/mm 厚)
PF2E4-2304	120～160	5～30	160～180	>30	2～2.5
FX-505	80～120	3～8	160±5	45±5	1～2

该类树脂除保持了一般酚醛树脂的优点外，羟甲基尼龙改善了树脂的流动性，提高了酚醛塑料的冲击强度和弯曲强度。

【用途】 用于湿度大、频率高、电压高条件下工作的机电、仪表、电信、无线电的绝缘结构件和零件。

【安全性】 树脂的生产原料，对人体的皮肤和黏膜有不同程度的刺激，可引起皮肤过敏反应和炎症；同时还要注意树脂粉尘对人体的危害，长期吸入高浓度的树脂粉尘，会引起肺部的病变。大部分树脂都具有共同的危险特性：遇明火、高温易燃，与氧化剂接触有引起燃烧危险，因此，操作人员要 改善操作环境，将操作区域与非操作区域有意识地划开，尽可能自动化、密闭化，安装通风设施等。

采用内衬聚乙烯薄膜的聚丙烯塑料编织袋。每袋净重25kg，并附有产品检验合格证。

运输时应避免受潮、受热、受污和包装破损。贮存时应置于通风干燥室内，温度不超过35℃，不得靠近火源、暖气或受阳光直射。贮存期自制造日起为1年，超过贮存期应重新检验，合格者方可使用。

【生产单位】 上海塑料厂，衡水市化工厂，长春市化工二厂，重庆合成化工厂，山东化工厂等。

Bo004 双氰胺改性酚醛树脂

【英文名】 dicyandiamide modified phenolic resin

【结构式】

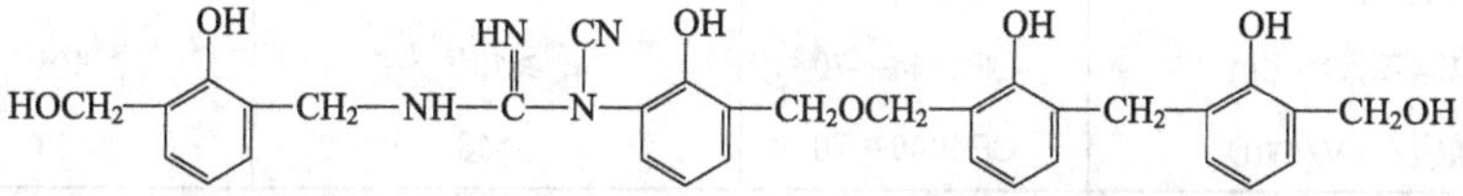

【性质】 该树脂韧性和黏结力强，贮存稳定性好，用它所制得的X-511塑料是我国目前酚醛玻璃纤维增强塑料中力学性能优异的品种之一，且成型工艺性好。

【制法】 分两步进行。

1. 树脂

将甲醛、双氰胺、苯酚先在碱性催化剂存在下进行缩聚反应，然后在酸性介质中脱水缩聚，用黏度法控制反应终点，当达到终点时立即加入乙醇溶解稀释，得到双氰胺酚醛树脂溶液。

2. 塑料

X-511塑料是以双氰胺酚醛树脂为黏结剂，羟甲基尼龙为增韧剂，高强度玻璃纤维为增强材料所制得的塑料。X-511塑料模压工艺如下：预热温度110～115℃，预热时间3～8min，模压温度170℃±5℃，模塑压力（45.0±0.5）MPa，保温时间1～1.5min/mm。其塑料配方如下。

原料名称	规格	配比（质量分数）
双氰胺酚醛树脂	100%	35
羟甲基尼龙	固含量为18%～22%	4
油酸	化学纯	0.4
乙醇	95%工业品	适量
甲醇	95%工业品	适量
高强度玻璃纤维 S-71	定长、80支、KH-550处理	60

【用途】 双氰胺酚醛树脂可用于制造玻璃纤维模压塑料、层压塑料。模压塑料适于制作各种薄壁、耐冲击和力学强度要求高的制品，如常规兵器的结构件及其他高强度结构件。

【质量标准】 双氰胺酚醛树脂技术指标

游离酚/%	游离甲醛/%	涂4杯黏度(48～52℃)/s	固含量/%
<10	<1	夏天20～25，冬天25～30	>95(未加乙醇)

X-511 塑料性能

指标名称	测试标准	指标	实测值
马丁耐热/℃ ≥	GB1035—70	250	250
相对密度	GB1033—70	1.8～1.9	1.8～1.9
吸水性/%	GB1034—70	<0.2	0.03～0.06
收缩率/%	WJ433—65	<0.15	0.03～0.07
拉伸强度/MPa	GB1040—70	≥150	180～200
弯曲强度/MPa	GB1042—70	≥300	400～550
压缩强度/MPa	GB440—65	≥180	180
冲击强度/(kJ/m²)	GB1043—70	≥160	230～300
表面电阻率/Ω	GB1044—70	$\geqslant 10^{12}$	$>10^{12}$
体积电阻率/Ω·cm	GB1044—70	$\geqslant 10^{12}$	$>10^{12}$
介电强度/(kV/mm)	GB1048—70	≥13	>13
外观	预浸料为淡黄色紊乱状纤维塑料，不允许有杂质，白丝		
贮存期	夏季三个月，其他季节六个月		

【安全性】 树脂的生产原料，对人体的皮肤和黏膜有不同程度的刺激，可引起皮肤过敏反应和炎症；同时还要注意树脂粉尘对人体的危害，长期吸入高浓度的树脂粉尘，会引起肺部的病变。大部分树脂都具有共同的危险特性：遇明火、高温易燃，与氧化剂接触有引起燃烧危险，因此，操作人员要 改善操作环境，将操作区域与非操作区域有意识地划开，尽可能自动化、密闭化，安装通风设施等。

【生产单位】 原兵器部五三研究所（牌号X-511）。

Bo005 醚型酚醛树脂

【英文名】 ether link containing phenolic resin

【结构式】

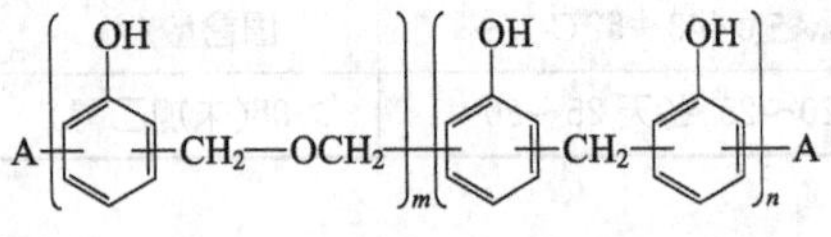

式中，A 为 CH_2OH 或 H，m 和 n 为整数，$m+n\geqslant 2$。

【性质】 该树脂的最大特点是树脂中含有大约20%的二苄基醚键。一般来说，碱或酸催化的酚醛树脂，只含有极少量或不含有二苄基醚键，树脂中含较多的醚键，可使树脂在较低温度下（<110℃）比较稳定，而在较高温度下（>160℃）能迅速固化。

【制法】 以MF-601醚型酚醛树脂为例，苯酚与甲醛按一定比例先在碱性催化剂存在下进行缩聚反应，然后在酸性介质下脱水缩聚，通过测定凝胶时间控制反应终点。当反应物达终点时立即加入乙醇溶解，成为MF-601树脂乙醇溶液。

【质量标准】 五三研究所和济南市华兴机械厂MF-601醚型酚醛树脂企业标准

指标名称	指标
凝胶时间(150℃)/s	60～110
游离酚/%	≤15
运动黏度/(m^2/s)	≤1.2×10^{-4}
固含量/%	≥95
外观	棕色半固体状

【用途】 用于制造玻璃纤维增强塑料，尤其适用于制造各种增强材料的注射料。

【安全性】 树脂的生产原料，对人体的皮肤和黏膜有不同程度的刺激，可引起皮肤过敏反应和炎症；同时还要注意树脂粉尘对人体的危害，长期吸入高浓度的树脂粉尘，会引起肺部的病变。大部分树脂都具有共同的危险特性：遇明火、高温易燃，与氧化剂接触有引起燃烧危险，因此，操作人员要改善操作环境，将操作区域与非操作区域有意识地划开，尽可能自动化、密闭化，安装通风设施等。

【生产单位】 原兵器部五三研究所，济南市华兴机械厂等。

Bo006 苯胺改性酚醛模塑料

【英文名】 aniline modified phenolic moulding powder

【结构式】

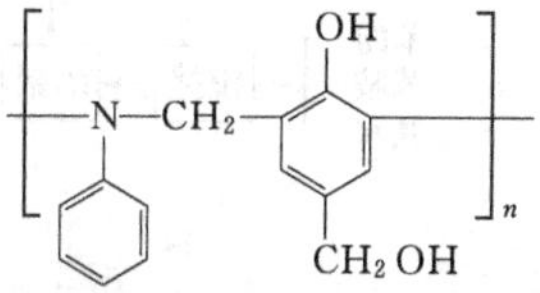

【性质】 黑色、棕色或本色粉粒状固体物。可用热压和注塑法制成各种形状的制品。制品耐弱酸，不溶于水，可溶于部分有机溶剂，遇强碱可侵蚀。具有较好的耐热性、耐水性和高频电绝缘性。无氨类酚醛模塑粉在长期使用过程中不放出氨。

【制法】 苯酚、苯胺、氨水经计量后投入反应釜中，然后加入甲醛搅拌加热，在90～97℃回流缩聚，在53.3～58.6kPa真空下脱水，至滴落温度达75℃时出料。

苯胺改性酚醛树脂按一定配比与苯酚甲醛树脂、填料、固化剂和着色剂等混合，经滚压、粉碎、过筛后，即得苯胺改性酚醛模塑粉。采用氧化镁作缩聚催化剂，即得无氨类酚醛模塑粉。

【消耗定额】

原料消耗

牌号	苯酚/(kg/t)	甲醛/(kg/t)	苯胺/(kg/t)	牌号	苯酚/(kg/t)	甲醛/(kg/t)	苯胺/(kg/t)
PF2A3-1501	370	430	130	PF2E3-2701	473.5	444.5	77.6
PF2A3-1601	353.2	392.5	108.9	PF2E3-7301	257.3	299.3	90.5
PF2A3-2101	243.6	219.8	32.4	PF2E5-2301	245.5	283.9	84.1
PF2A3-8101	243.6	219.8	32.4	PF2E5-6601	378	451	144
PF2E2-3301	255.2	299.7	92.1	PF1A2-1501	318.3	477.5	79.6

工艺流程如下。

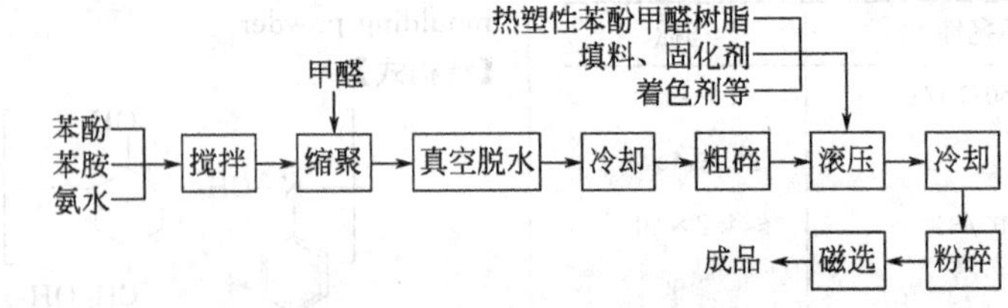

【质量标准】 PF1A2-1501、PF2A3-1501、PF2E2-3301、PF2E3-7301、PF2E5-2301 符合 GB 1404—1995 国家标准，其他符合企业标准。

部分苯胺改性酚醛模塑粉性能指标

指标名称		PF2A3 1601	PF2A3 2101	PF2A3 8101	PF2E3 2701	PF2E5 6601
相对密度	≤	1.45	2.0	2.0	1.6	1.5
比容积/(mL/g)	≤	2.0				
收缩率/%		0.50～1.0			0.50～0.90	0.50～0.90
吸水性/(mg/cm²)	≤	0.50			0.25	0.025
马丁耐热性/℃	≥	115	130	130	140	140
流动性(拉西格)/mm		100～200	80～180	80～180	80～180	80～180
冲击强度/(kJ/cm²)	≥	5.0	3.0	3.0	4.0	4.0
弯曲强度/MPa	≥	65			55	55
表面电阻率/Ω	≥	5×10^{13}	1×10^{13}	1×10^{13}	1×10^{13}	1×10^{13}
体积电阻率/Ω·cm	≥	5×10^{13}	1×10^{13}	1×10^{13}	1×10^{13}	1×10^{13}
介电强度/(kV/mm)	≥	13	12	12	12	12
介电损耗角正切(50Hz)	≤	0.08				
介电损耗角正切(10^6Hz)	≤				0.010	
介电常数(10^6Hz)	≤				5.5	

上海塑料厂苯胺改性酚醛模塑料的性能

指标名称		PF2A3 1601	PF2A3 2101	PF2A3 8101	PF2E3 2701	PF2E5 6601
密度/(g/cm³)	≤	1.45	2.0	2.0	1.6	1.5
比容积/(mL/g)	≤	2.0				
收缩率/%		0.50～1.0			0.50～0.90	0.50～0.90
吸水性/(mg/cm²)	≤	0.50			0.25	0.025
马丁耐热性/℃	≥	115	130	130	140	140
流动性(拉西格)/mm		100～200	80～180	80～180	80～180	80～180
冲击强度/(kJ/cm²)	≥	5.0	3.0	3.0	4.0	4.0
弯曲强度/MPa	≥	65			55	55
表面电阻率/Ω	≥	5×10^{13}	1×10^{13}	1×10^{13}	1×10^{13}	1×10^{13}
体积电阻率/Ω·cm	≥	5×10^{12}	1×10^{13}	1×10^{13}	1×10^{13}	1×10^{13}
介电强度/(kV/mm)	≥	13	12	12	12	12

续表

指标名称	PF2A3 1601	PF2A3 2101	PF2A3 8101	PF2E3 2701	PF2E5 6601
介电损耗角正切值(50Hz) ≤	0.08				
介电损耗角正切值(10^6Hz) ≤				0.010	
介电常数(10^6Hz) ≤				5.5	

【成型加工】 适宜于热压成型。PF2A3-1601 可用传递模塑成型。PF2A3-1501 可用注塑成型。

成型工艺

模塑粉	预热温度 /℃	预热时间 /min	模具温度 /℃	压力 /MPa	保压时间 /(min/mm 厚)
PF2A3-1501	140～160	4～8	155～165	25	1.5～2
PF2A3-1601	140～160	4～8	155～165	25	1～1.5
PF2A3-2101	150～160	5～10	160～180	30	2～2.5
PF2A3-8101	150～160	5～10	160～180	30	2～2.5
PF2E2-3301	150～160	5～10	160～170	>40	2～2.5
PF2E3-2701	150～160	5～10	160～170	>40	2～2.5
PF2E3-7301	150～160	5～10	160～170	>40	2～2.5
PF2E5-2301	150～160	5～10	160～170	>40	2～2.5
PF1A2-1501	140～160	4～8	150～160	250	1～1.5

加工前物料需经预热脱除微量水分以免影响制品性能。热压工艺条件按制品形状、尺寸、用途及所采用的热压设备进行选择和调整。

【用途】 各种型号的用途见下表。

型号	用途
PF2A3-1501 PF2A3-1601	成型性及制品物理性能、电绝缘性能较好，介电性能高于 PF2A2。用于制造电信、仪表和交通电器的绝缘结构件如汽车分电器盖、电位器等
PF2A3-2101	用于制造实芯电位器的导轨
PF2A3-8101	用于制造实芯电位器的基座
PF2E2-3301	具有较低介质损耗和较高耐湿热性，改进了吸水性。可用于制造湿热地区使用的高频仪表、无线电及电讯工业器件，如高频电容器等
PF2E3-2701	具有较好的耐热、耐水和高频电绝缘性。用于制造湿热条件下使用的仪表、无线电工业零件，如电子管灯座、电容器等
PF2E3-7301	具有较低介质损耗和较好的耐湿热性，冲击强度高于 PF2E2。用于制造湿热条件下使用的短波、超短波、无线电、试验仪器绝缘器材
PF2E5-2301	具有较低介质损耗和较好的耐湿热性、电绝缘性，冲击强度高于 PF2E3。用于制造湿热、高频条件下使用的无线电、电讯绝缘器材和高压电器零件
PF2E5-6601	具有较低介质损耗和较高电绝缘性，冲击强度高于 PF2E3。用于制造无线电、电器绝缘件
PF1A2-1501	具有无氨特性和优良的物理、力学、电绝缘性。用于制造要求使用中不放出氨的、具有金属嵌件的机电、仪表、电讯、航空用制件和配件

【安全性】 树脂的生产原料，对人体的皮肤和黏膜有不同程度的刺激，可引起皮肤过敏反应和炎症；同时还要注意树脂粉尘对人体的危害，长期吸入高浓度的树脂粉尘，会引起肺部的病变。大部分树脂都具有共同的危险特性：遇明火、高温易燃，与氧化剂接触有引起燃烧危险，因此，操作人员要 改善操作环境，将操作区域与非操作区域有意识地划开，尽可能自动化、密闭化，安装通风设施等。

采用内衬聚乙烯薄膜的聚丙烯塑料编织袋。每袋净重 25kg，并附有产品检验合格证。

运输时应避免受潮、受热、受污和包装破损。贮存时应置于通风干燥室内，温度不超过 35℃，不得靠近火源、暖气或受阳光直射。贮存期自制造日起为 1 年，超过贮存期应重新检验，合格者方可使用。

【生产单位】 上海塑料厂，衡水市化工厂，长春市第二化工厂，常熟塑料厂，重庆合成化工厂等。

Bo007 耐酸酚醛模塑料

【英文名】 acid resisting phenolic moulding materials

【结构式】

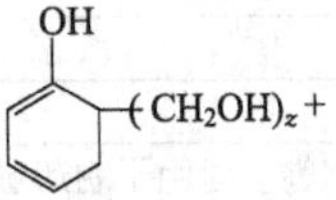

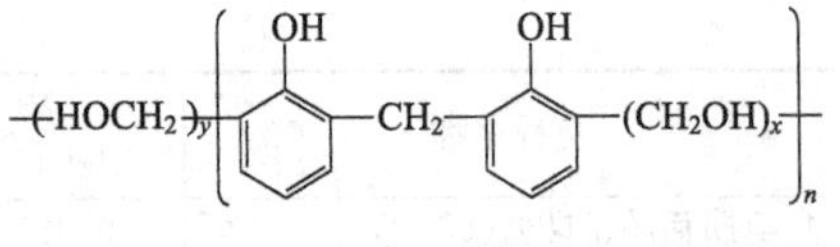

其中，x=1～3；y=0～2；z=0～2；n=1～5。

【性质】 具有突出的耐化学耐酸腐蚀性能，耐热性和力学性能较好。采用以碱催化剂（如氨水、碳酸钠）生产的苯酚甲醛甲阶树脂为胶黏剂，NFS-1 以耐酸石棉为填料，NFS-2 以石墨为填料，添加苯磺酰氯或苯磺酸可在常温固化。

【制法】 苯酚、甲醛以氨水（得到 PF1-0431 和 PF1-0441 树脂）或碳酸钠/盐酸（得到 PF1-0532）为催化剂，经缩聚、脱水制成甲阶树脂，然后按配比与填料（如耐酸石棉、纤维石棉或石墨等）混合，经滚压、风干、最后加工成各种制品。

【反应式】

$$C_6H_5OH + CH_2O \xrightarrow{OH^-} \text{成品}$$

【消耗定额】

牌号	苯酚/(kg/t)	甲醛/(kg/t)
PF1-0431	785	306
PF1-0441	785	306
PF1-0532	854	382

【质量标准】

重庆合成化工厂企业标准部分甲阶酚醛树脂性能标准

指标名称	PF1-0431	PF1-0532	PF1-0441
相对密度		1.16～1.18	
色泽	橘红色至棕褐色	浅棕色至深黄色	黄色至深褐色
状态	半流体	半流体	液体
溶解性			醇溶
树脂属性	甲阶	甲阶	
凝胶时间/s	60～180	60～180	50～100(未加酒精)

续表

指标名称	PF1-0431	PF1-0532	PF1-0441
游离酚/% ≤	18	游离醛≤2%	14
水分/% ≤	10	12	
固含量/% ≥	80	75	55
落球法黏度/min	管料 10～40 板料 30～90	4～10	

【成型加工】 采用辊压法或热压法成型，成型条件可参照酚醛模塑粉。

【用途】 NFS-1 可分为软板、硬板和胶泥。软板可作化工设备衬里，硬板可粘接成各种形式的槽，用于电镀车间。还可制成各种口径的管道、管件、旋塞、阀门和泵等，以输送不同浓度的硫酸、盐酸及其他腐蚀性介质。胶泥由酚醛树脂与耐酸石棉经捏合而成，用于粘接、修补耐酸酚醛塑料器材。

NFS-2 主要用于氯气和二硫化碳等介质的冷却设备，并对氢氟酸和氟硅化合物有很好的耐蚀性。

【安全性】 树脂的生产原料，对人体的皮肤和黏膜有不同程度的刺激，可引起皮肤过敏反应和炎症；同时还要注意树脂粉尘对人体的危害，长期吸入高浓度的树脂粉尘，会引起肺部的病变。大部分树脂都具有共同的危险特性：遇明火、高温易燃，与氧化剂接触有引起燃烧危险，因此，操作人员要 改善操作环境，将操作区域与非操作区域有意识地划开，尽可能自动化、密闭化，安装通风设施等。

【生产单位】 重庆合成化工厂等。

Bo008 聚氯乙烯改性酚醛模塑粉

【英文名】 PVC modified phenolic moulding powder

【结构式】

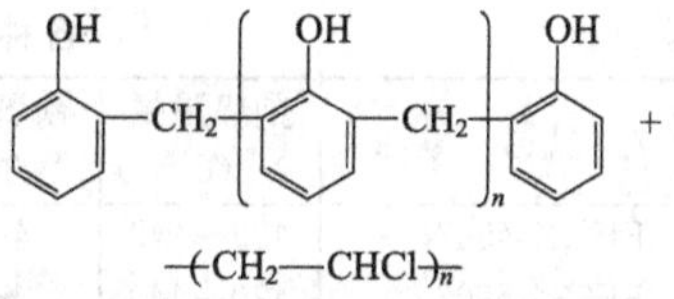

【性质】 黑色或棕色粉粒状固体物，可用热压法制成各种形状的制品，具有较好的力学强度和耐水、耐酸及介电性能。能溶于部分有机溶剂，遇强碱可侵蚀。

【制法】 聚氯乙烯改性酚醛模塑粉是热塑性酚醛树脂和聚氯乙烯树脂的共混物。热塑性酚醛树脂按一定配比和聚氯乙烯树脂、填料、固化剂、润滑剂和着色剂等混合均匀，塑炼成片，再经冷却、破碎、过筛即得。

【消耗定额】

牌号	苯酚/(kg/t)	甲醛/(kg/t)	聚氯乙烯/(kg/t)
PF2A5-5802	385	286	250
PF2S1-4602	360.2	267.7	163.3
PF2S1-5802	380.9	283.4	242.3
PF2S1-7702	340	255	205

【质量标准】 PF2A5-5802 符合 GB 1404—1995 酚醛模塑料国家标准。衡水市化工厂生产的 PF2S1-7702 按用户要求生产。PF2S1-4602 符合沪 Q/HG 13-285—79 标准。PF2S1-5802 符合沪 Q/HG 13-144—79 标准。

两种牌号聚氯乙烯改性酚醛模塑粉的性能指标

指标名称		PF2S1-4602	PF2S1-5802
相对密度	≤	1.9	1.5
收缩率/%			0.40～0.80
马丁耐热性/℃	≥		110
吸水性/(mg/cm²)	≤	0.5	0.30
流动性(拉西格)/mm		80～200	100～200
吸硫酸性/%	≤		0.50
冲击强度/(kJ/m²)	≥	3.5	5.0
弯曲强度/MPa	≥		55

【成型加工】 适宜于热压成型，也可用传递铸压成型。

各种牌号的加工条件

牌号	预热温度/℃	预热时间/min	模具温度/℃	压力/MPa	保压时间/(min/mm厚)
PF2S1-4602	120～140	4～6	150～160	25～35	1～1.5
PF2S1-5802	120～140	4～6	150～160	25～35	1～1.5
PF2A5-5802	100～130	4～6	145～160	>25	1.0～1.5

【用途】 各种牌号的用途

牌号	用途
PF2A5-5802	用于制造在酸性条件下使用的低压电器绝缘结构件。如制造蓄电池的盖板与瓶塞，人造纤维工业器械的零件和纺织零件，有酸和水蒸气侵蚀的仪表、电气绝缘结构件，以及卫生医疗用零件等
PF2S1-4602	用于制造潜水泵的轴承和密封圈等
PF2S1-5802 PF2S1-7702	具有较好的耐磨耐酸特性，用于制造酸性介质下使用的低摩擦结构件，如煤气表具的气门盖、气门座、油盒子及其他零部件等

【安全性】 树脂的生产原料，对人体的皮肤和黏膜有不同程度的刺激，可引起皮肤过敏反应和炎症；同时还要注意树脂粉尘对人体的危害，长期吸入高浓度的树脂粉尘，会引起肺部的病变。大部分树脂都具有共同的危险特性：遇明火、高温易燃，与氧化剂接触有引起燃烧危险，因此，操作人员要改善操作环境，将操作区域与非操作区域有意识地划开，尽可能自动化、密闭化，安装通风设施等。采用内衬聚乙烯薄膜的聚丙烯塑料编织袋。每袋净重25kg，并附有产品检验合格证。运输时应避免受潮、受热、受污和包装破损。贮存时应置于通风干燥室内，温度不超过35℃，不得靠近火源、暖气或受阳光直射。贮存期自制造日起为1年，超过贮存期应重新检验，合格者方可使用。

【生产单位】 上海塑料厂，衡水市化工厂，重庆合成化工厂等。

Bo009 水溶性酚醛树脂

【英文名】 water soluble phenolic resin

【性质】 它是水溶性和水乳性苯酚-甲醛树脂。其最大特点是在使用过程中可以用水代替大量有机溶剂，消除溶剂的污染并可降低成本。

【制法】 采用苯酚与甲醛在碱性催化剂，

如碱金属、碱土金属氧化物或氢氧化物等存在下，适当控制反应终点，缩合而成。由于氢氧化物影响电性能，反应后期需用酸中和并脱盐。用作电绝缘材料的树脂一般采用有机胺，如三乙胺、三亚乙基四胺、六亚甲基四胺等固化剂。

水溶性和水乳性酚醛树脂典型配方如下。

配方(质量份)	前苏联 K-21	水乳性酚醛	水溶性酚醛	水溶性酚醛	天津树脂厂 216
苯酚	100	4192	940	94	1000
甲醛	37(37%)	1884(78%)	450(80%)	146(37%)	1290(37%)
氢氧化钠					21
氢氧化钙				0.75	
三亚乙基四胺		10.1			
氨水(25%水溶液)	1.5				
硬脂酰胺		170			
六亚甲基四胺				120	
三乙胺			10.1		
氨基磺酸水溶液		1.5mol (67mL)(后加)			
水		200	205		67.5
硼酸			5.14(后加)		
主要用途	层压板(布基)	层压板(纸基)	层压板(纸基)	装饰板芯材	纤维板、玻璃纤维浸润剂中的成膜组分

【质量标准】

天津树脂厂水溶性酚醛树脂(牌号216)企业标准

指标名称	指标
外观	红褐色黏性液体
固含量/%	35±2
黏度(20℃)/Pa·s	0.15～0.4
游离酚/%	≤3
游离醛/%	≤2
水溶性	V以任何比例与水相溶

高甲醛含量、氨基有机碱催化剂水乳性酚醛层压板性能

指标名称	指标
20℃浸水24h后电性能	
介电损耗角正切	
100Hz	171×10^{-4}～313×10^{-4}
1kHz	132×10^{-4}～239×10^{-4}
2MHz	342×10^{-4}～319×10^{-4}
介电常数	
100Hz	5.1～5.4
1kHz	4.9～5.2
2MHz	4.4～4.7
体积电阻率/Ω·cm	3.3×10^{13}～1.3×10^{14}
吸水性/%	0.35～0.60

【用途】 水溶性酚醛树脂可作为玻璃布、棉布、纸基层压板、纤维板、胶木板、刨花板等的胶黏剂，玻璃纤维浸润剂中的成膜组分，以及各种涂料组分。

【安全性】 树脂的生产原料，对人体的皮肤和黏膜有不同程度的刺激，可引起皮肤过敏反应和炎症；同时还要注意树脂粉尘对人体的危害，长期吸入高浓度的树脂粉尘，会引起肺部的病变。大部分树脂都具有共同的危险特性：遇明火、高温易燃，与氧化剂接触有引起燃烧危险，因此，操作人员要 改善操作环境，将操作区域与非操作区域有意识地划开，尽可能自动化、密闭化，安装通风设施等。

【生产单位】 天津市大盈树脂塑料有限公司。

Bo010 低压成型酚醛树脂

【英文名】 low pressure moulding phenolic resin

【别名】 钡酚醛树脂

【性质】 该树脂也称低压酚醛树脂，为热固性苯酚-甲醛树脂，具有黏度低、挥发物少、常温下稳定、高温能较快固化、黏结力良好、成型压力低等优点。特别适用于缠绕、层压成型工艺。其玻璃纤维增强塑料制品力学强度高，电绝缘性能和耐烧蚀性能优良。

【制法】 以苯酚、甲醛为原料，在碱性催化剂 Ba $(OH)_2 \cdot 8H_2O$ 存在下进行加成及缩聚反应，达到反应终点后用磷酸中和至 pH=7，静置分离。取树脂清液真空脱水、缩聚而制得。

【质量标准】

部分生产低压成型酚醛树脂企业标准

指标名称	北京 251 厂企标 DFQS-2-75（低压酚醛）	江西前卫化工厂企标 2127	五三研究所 FN-601	天津树脂厂 213
外观	深红色透明液体		深红色透明液体	棕红色黏性液体
黏度	1.2×10^{-5}～1.8×10^{-5} m^2/s（50%乙醇溶液 25℃）	120～150s（涂 4 杯）		0.8～1.5Pa·s
固含量/%	≥90	≥80	≥70	80±5
游离酚/%	≤20	≤21	≤15	<21
凝胶时间/s	85～135(150℃±1℃)		50～80（160℃）	

北京 251 厂低压成型酚醛树脂玻璃纤维增强塑料性能

指标名称	指标	指标名称	指标
相对密度	1.74～1.85	剪切强度/MPa	28
弯曲强度/MPa	350	表面电阻率/Ω	$>10^{13}$
拉伸强度/MPa	260	体积电阻率/Ω·cm	$>10^{13}$
冲击强度/(kJ/m²)	220		

【用途】 低压成型酚醛树脂适用于缠绕、层压成型，以及制造大型复杂的玻璃纤维增强塑料制品。还适用于浸渍金刚砂、石墨、压缩模塑砂轮片、轴封等耐摩擦和耐热材料。也可作玻璃、金属、木材的胶黏剂使用。

【安全性】 树脂的生产原料，对人体的皮肤和黏膜有不同程度的刺激，可引起皮肤过敏反应和炎症；同时还要注意树脂粉尘对人体的危害，长期吸入高浓度的树脂粉尘，会引起肺部的病变。大部分树脂都具有共同的危险特性：遇明火、高温易燃，与氧化剂接触有引起燃烧危险，因此，操作人员要改善操作环境，将操作区域与非操作区域有意识地划开，尽可能自动化、密闭化，安装通风设施等。

【生产单位】 长春化工二厂，天津市大盈树脂塑料有限公司，山东化工厂等。

Bo011 双酚A型硼酚醛树脂

【英文名】 boron containing bisphenol A phenolic resin

【结构式】

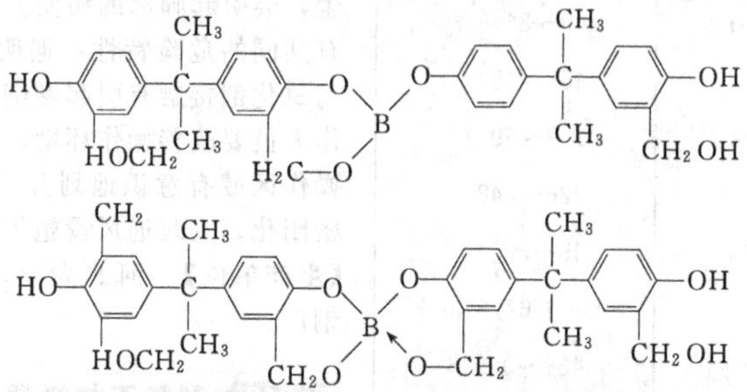

【性质】 双酚A型硼酚醛树脂及其增强塑料，明显改善了硼酚醛树脂及其增强塑料易水解而导致电绝缘性能和力学强度下降的缺点。

【制法】 双酚A与甲醛的物质的量的比为1∶（2.2～2.5），在氢氧化钠催化下进行反应，脱水后，添加硼酸和硼砂进一步反应，再减压脱水。当温度上升至120℃时，停止反应，得到黄色半透明树脂，加入无水乙醇，制得热固性双酚A型硼酚醛树脂乙醇溶液。

双酚A型硼酚醛树脂高硅氧玻璃纤维增强塑料的制备：将树脂和纤维按4∶6（质量比）均匀混合，疏松、晾干备用。

双酚A硼酚醛玻璃纤维增强塑料模压工艺参数

塑料预热温度时间/(℃/min)	110～120/10～20
模具预热温度/℃	120～130
加压时模具温度/℃	150±5
成型压力/MPa	40～50

续表

塑料预热温度时间/(℃/min)	110～120/10～20
升温速度/(℃/h)	30～40
成型温度/℃	190～200
保温时间/(min/mm)	10～15

【质量标准】

部分生产双酚A型硼酚醛树脂及其增强塑料企业标准

外观	黄色半透明固体
固体含量①/%	>90
固化度②/%	90～94
凝胶时间(180℃)/s	50～120
含硼量/%	2.5～3.3
游离醛/%	1～7.7
含水量/%	8～10
黏度③/Pa·s	0.144～0.513

①固体含量是在160℃下热处理后测定。

②固化度是在200℃下进行热处理后测定的。

③黏度用落球法测定。

双酚 A 型硼酚醛高硅氧玻纤增强模压料性能

泊松比	0.25～0.26
表观密度/(g/cm^3)	1.66～1.68
吸水性/%	0.38～0.39
拉伸强度/MPa	68～97
拉伸弹性模量/GPa	19～21.8
弯曲强度/MPa	159～191
弯曲弹性模量/GPa	17.9～19.7
压缩强度/MPa	226～248
压缩弹性模量/GPa	15～22.1
线胀系数/K^{-1}	$(1.13\sim1.67)\times10^{-5}$
热导率/[W/(m·K)]	0.488～0.523
比热容/[J/(g·℃)]	1.0～1.1
介电损耗角正切(1MHz)	$(1\sim2.2)\times10^{-2}$
介电常数(1MHz)	5.06～5.1

【用途】 该树脂可作玻璃纤维、石棉纤维及碳化硅纤维等增强材料和砂轮制品的胶黏剂，可制作火箭、宇航技术中的耐烧蚀部件。

【安全性】 树脂的生产原料，对人体的皮肤和黏膜有不同程度的刺激，可引起皮肤过敏反应和炎症；同时还要注意树脂粉尘对人体的危害，长期吸入高浓度的树脂粉尘，会引起肺部的病变。大部分树脂都具有共同的危险特性：遇明火、高温易燃，与氧化剂接触有引起燃烧危险，因此，操作人员要改善操作环境，将操作区域与非操作区域有意识地划开，尽可能自动化、密闭化，安装通风设施等。

【生产单位】 河北大学，广西宜山玻璃钢厂。

Bo012 酚醛石棉模塑料

【英文名】 asbestos filled phenolic moulding material

【结构式】

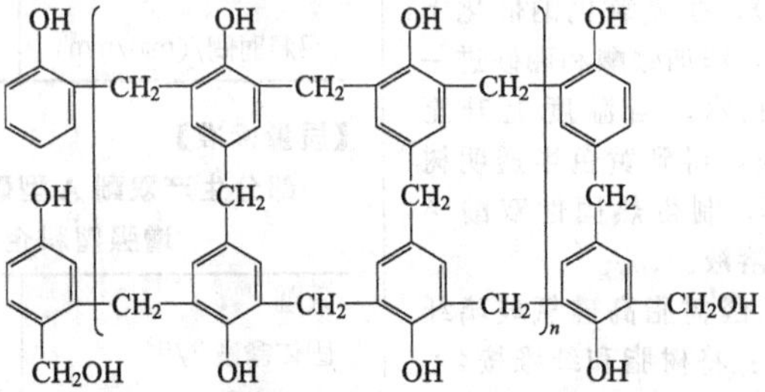

【性质】 耐磨性突出。

【制法】 苯酚和甲醛在烧碱催化作用下缩聚生成可溶可熔甲阶树脂，经真空脱水后，加入酒精搅拌混匀，再按一定配比与绒状石棉等混合，经压榨、滚压、风干制成。

工艺流程如下。

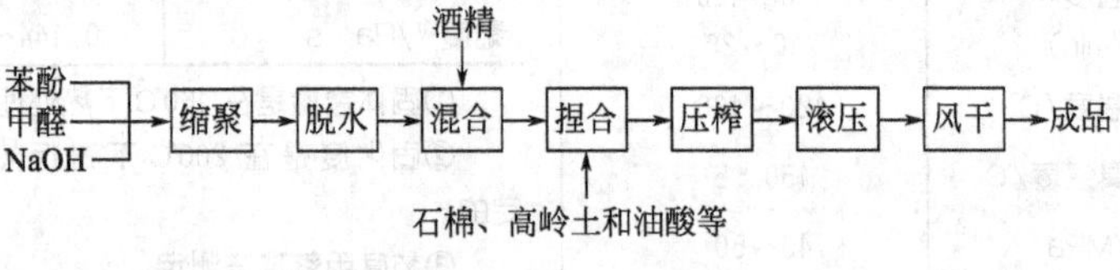

【质量标准】

重庆市合成化工厂企业标准

指标名称		M24-1	M24-2	M24-3	R24-4	M64-1	M64-2
摩擦系数	≥						
在 120℃ ±5℃下		0.4	0.36	0.4		0.4	0.4
在 250℃ ±5℃下		0.25	0.25			0.25	0.25
摩擦损耗/(mm/0.5h)	≥						
在 120℃ ± 5℃,摩擦系数平均为 0.4～0.5 时		0.06	0.05	0.06		0.06	0.06
在 120℃ ±5℃,摩擦系数平均为 0.5 以上时		0.075	0.075	0.075		0.075	0.075
在 250℃ ± 5℃,摩擦系数平均为 0.25～0.35 时		0.16	0.15			0.16	0.16
在 250℃ ± 5℃,摩擦系数平均为 0.35 以上时		0.21	0.20			0.16	0.16
布氏硬度/MPa		200～500	200～500	200～400	≥300	≥100	≥100
冲击强度/(kJ/m²)	≥	3.1	3.5	6.0	10	3.1	3.1
吸水性/%	≤	2.0	2.0	2.0	1.0	2.0	2.0
吸油性/%	≤	1.0	1.0	1.0		1.0	1.0
弯曲强度/MPa	≥				60		
拉伸强度/MPa	≥				20		
压缩强度/MPa	≥				80		
马丁耐热性/℃	≥				200		

【成型加工】

牌号	加工方法
M24-1 M24-2	采用甲阶树脂为胶黏剂,以绒状石棉和玻璃纤维为填料,添中其他辅助材料,经湿法工艺制成
M24-3	采用甲阶树脂为胶黏剂,以优质石棉和铜丝为填料,添加少量辅剂,经湿法工艺制成
R24-4	采用甲阶树脂为胶黏剂,以优质石棉为填料,添加辅剂,经湿法工艺制成
M64-1 M64-2	采用橡胶改性酚醛树脂为胶黏剂,以绒状石棉为填料,添加辅剂,经干法工艺制成

【用途】

牌号	用途
M24-1	刹车片料系。用于压制 8t 以下载重汽车的制动摩擦片或其他制动零件
M24-2	离合器片料系。用于压制 8t 以下载重汽车的离合器片或其他制动零件
M24-3	摩擦片料系。专供压制高强度摩擦片用

续表

牌号	用途
M24-4	石棉塑料系。用于压制耐高温耐摩擦产品
M64-1	刹杀片料系。用于压制 12t 以下载重汽车的刹车片、大弧度薄制品(10mm 以下)的刹车片和离合器片
M64-2	摩擦塑料系。用于压制 12t 以上载重汽车、越野汽车、小轿车和其他重型机的制动片

【安全性】 树脂的生产原料，对人体的皮肤和黏膜有不同程度的刺激，可引起皮肤过敏反应和炎症；同时还要注意树脂粉尘对人体的危害，长期吸入高浓度的树脂粉尘，会引起肺部的病变。大部分树脂都具有共同的危险特性：遇明火、高温易燃，与氧化剂接触有引起燃烧危险，因此，操作人员要 改善操作环境，将操作区域与非操作区域有意识地划开，尽可能自动化、密闭化，安装通风设施等。

【生产单位】 重庆合成化工厂等。

Bo013 电木粉

【英文名】 phenolic moulding powder

【别名】 电木粉；胶木粉；酚醛压塑粉；酚醛模塑粉

【结构式】

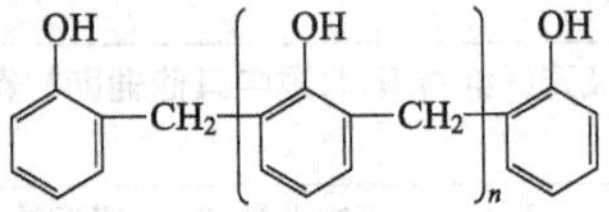

【性质】 苯酚（或甲酚、二甲酚等）和甲醛的缩聚物，原为无色或黄褐色透明物，市售品因加有着色剂而有红色、黄色、黑色、绿色、棕色、蓝色等颜色，并有粒状及粉状之别。具有较好的机械、电气及耐热尺寸稳定等物理力学性能，适宜于热压成型，工艺性能良好。耐弱酸和弱碱，遇强酸发生分解，遇强碱发生腐蚀。不溶于水，但可溶于丙酮、酒精等有机溶剂中。酚醛模塑粉的品种繁多，通用类具有较好的流动性和加工工艺性，模塑周期短，产品表面光泽好，并有良好的力学性能；电气类具有良好的电绝缘性能和力学性能，产品具有光亮平滑的表面；耐热类具有优良的耐热性（马丁耐热超过 140℃），较好的耐水性、电绝缘性和尺寸稳定性；耐湿热类具有较好的防霉、耐湿性能和良好的力学性能及电绝缘性能，工艺性能优良，制品表面光亮；特种类具有上述类别以外的特殊性能或特殊用途产品。

【制法】 制造酚醛模塑粉有干法和湿法两种。干法是以固体热塑性酚醛树脂为基材，加入固化剂、填料等在干态下进行生产。湿法是以热固性酚醛树脂溶液为基材，与填料等在湿态下进行生产。工业生产中最常用的是干法生产。

1. 干法

干法生产酚醛模塑料一般配方如下。

热塑性酚醛树脂/份	42.5
木粉/份	42.75
六亚甲基四胺/份	5
氧化镁/份	0.75
氢氧化钙/份	0.25
碳酸钙/份	6.45
苯胺黑(或其他着色剂)/份	1.45
硬脂酸/份	0.85

干法制法流程如下。

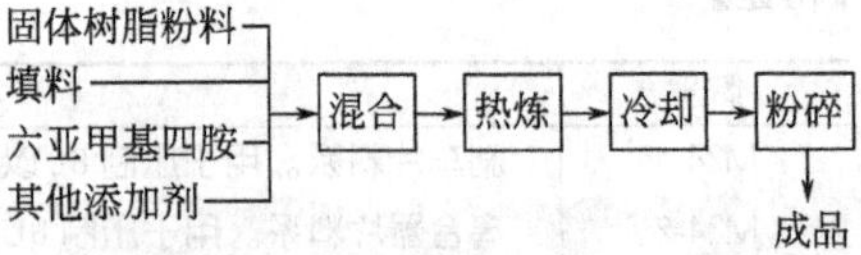

流程中，混合一般在混合机中进行。

热炼可用双辊机或螺杆挤出机。中国最大的酚醛模塑料专业生产单位——上海塑料厂已采用双阶式螺杆挤出机和混炼造粒机组，哈尔滨绝缘材料厂也采用了 ZSK90 组合式双螺杆挤出机，均可自动连续密闭操作，改变了原来双辊机生产连续性差，劳动强度大，粉尘多，质量不均的缺点。

2. 湿法

用湿法制造模塑粉是将热固性酚醛树脂溶液与填料和各种添加剂等相混合。因为是热固性树脂，所以不必加或可少加固化剂。湿的混合物在 Z 型混合机中混合后即送入真空烘箱中烘干，去除溶剂，研细，即为模塑粉。烘干的时间和温度影响成品的流动性。

热固性酚醛模塑粉湿法生产的一般配方如下。

热固性酚醛树脂/份	40～50
木粉/份	40～50
无机填料/份	0～10
六亚甲基四胺/份	0～2
氢氧化钙/份	0～5
颜料/份	0～1.5
油酸	少量

【消耗定额】

牌号	苯酚/(kg/t)	工业酚/(kg/t)	杂酚/(kg/t)	甲醛/(kg/t)	牌号	苯酚/(kg/t)	工业酚/(kg/t)	杂酚/(kg/t)	甲醛/(kg/t)
PF2A1-131	340			255	PF2A2-161J	467.5			347.5
PF2A1-132		380		382	PF2A2-161	467.5			347.5
PF2A1-133	233	117		250	PF2A3-165	234	(甲酚)		347.5
PF2A1-136	233		117	250			234		
PF2A1-141	389.2			289.2	PF2A4-161	466.3			340.3
PF2A2-131	354			255	PF2A4-161J	454.8			338
PF2A2-133	177.5	177.5		265.7	PF2C3-431	342.8			254.8
PF2A2-141	385			286	PF2C3-631	380			282
PF2A2-151	434.5			322.5	PF2C3-731	387			287
PF2A2-151J	419.1			311.5	PF2C4-831	387			287

【质量标准】

① 通用、耐热和电气类符合 GB 1404—1995 酚醛模塑料国家标准。

② 技术要求酚醛模塑料的技术指标应符合 GB 1404—1995 的规定。

酚醛模塑料技术指标① (GB 1404—1995)

指标名称	通用(A)							耐热(C)		电气(E)			
	PF2A1	PF2A2	PF2A3	PF2A4	PF2A5	PF2A6	PF1A2	PF2C3	PF2C4	PF2E2	PF2E3	PF2E4	PF2E5
对模塑料测试的性能													
体积系数 ≤	3.0	3.0	3.0	3.0	3.0	3.0	3.0	4.0	3.0	3.0	4.0	3.0	3.0
流动性													
对试样测试的性能													

续表

指标名称			通用(A)							耐热(C)		电气(E)			
			PF2A1	PF2A2	PF2A3	PF2A4	PF2A5	PF2A6	PF1A2	PF2C3	PF2C4	PF2E2	PF2E3	PF2E4	PF2E5
相对密度		≤	1.45	1.45	1.45	1.45	1.50	1.45	1.45	2.0	2.0	1.85	1.95	1.90	1.90
弯曲强度/MPa		≥	70	70	70	70	70	60	60	60	50	45	50	80	70
冲击强度②	缺口/(kJ/m^2)	≥	1.5	1.5	1.5	1.5	1.5	1.8	1.3	2.0	1.0	1.0	1.3	1.5	1.5
	无缺口/(kJ/m^2)	≥	6.0	6.0	5.0	6.0	6.0	8.0	6.0	3.5	3.5	2.0	3.0	5.0	6.0
热变形温度/℃		≥	140	140	120	140	140	140	120	155	150	140	140	120	140
燃烧性能(炽热棒法)③			–	–	–	–	–	–	–	–	–	–	–	–	–
绝缘电阻/Ω		≥	–	10^8	10^{10}	10^9	10^9	10^8	10^{10}	10^8	10^8	10^{12}	10^{12}	10^{12}	10^{12}
介电强度(90℃)/(MV/m)		≥	–	3.5	3.5	3.5	3.5	3.5	3.5	2.0	2.0	5.8	5.8	7.0	5.8
介电损耗角正切(1MHz)		≤	–	0.1	0.08	0.1	–	–	0.08	–	–	0.020	0.020	0.020	0.020
耐漏电起痕指数/V		≥	–	–	–	–	–	–	–	175	–	175	175	175	175
游离氨/%		≤	–	–	–	–	—	–	0.02	–	–	–	–	–	–
收缩率/%			仅需双方商定												
吸水性/mg		≤	60	50	50	40	40	50	50	40	30	15	15	10	15
吸酸率/%		≤	—	—	—	—	0.5	—	—	—	—	—	—	—	—

① 流动性指标和试验方法由供需双方商定。

② 冲击强度可以在缺口冲击强度和无缺口冲击强度中任选一种，仲裁时以缺口冲击强度为准。

③ 燃烧性能系指 3min 后使炽热棒离开试样，在 30s 内试样上不应有可见的火焰。

【成型加工】 采用直接热压和预热压制。预热压制可提高制品性能及表观质量，并缩短压制时间。直接热压时应进行预压放气程序。

成型工艺

牌号	预热温度/℃	预热时间/min	模具温度/℃	成型压力/MPa	压制时间/(min/mm 厚)
PF2A1,PF2A2	140±10	6～8	160±5	30±5	0.8～1.2
PF2A3	150±10	4～8	160±5	30±5	1.5～2
PF2A4	125±5	4～8	160±5	30±5	1～1.5
PF2A5	125±5	4～6	155±5	35±5	1.5～2
PF2A6	130±10	5～10	170±5	40±5	1～2
PF1A2	150±10	4～8	155±5	30±5	1～1.5
PF2C3	145±5	6～10	160±5	40±5	1～2
PF2C4	145±5	6～10	160±5	30±5	1.5～2
PF2E2、PF2E3、PE2E5	155±5	5～10	165±5	45±5	2～2.5
PF2E4	160±5	4～10	170±5	45±5	2～2.5
PF2A4-161J①	料筒温度:前段 85～95℃,后段 60～70℃				

①注塑成型酚醛模塑料,在型号后加尾注 J。

【用途】 选用不同类别和型号的酚醛模塑粉可以得到不同品种和用途的模塑料。电气类主要用于制造日用电器的绝缘结构件，如灯头、开关、插座、日用器皿的把手等，也可用于制造低压电气的绝缘结构件，如工业电气开关、电话机壳、纺织机械零件等。通用类主要用于模塑瓶盖、纽扣及其他日用制品。湿热类广泛用于电气、仪表等工业，制造电气绝缘结构件，如仪表外壳、各种大小型自动空气开关的外壳，接触开关等，可在湿热环境中使用。耐热类主要用于制造耐水、耐热的电气绝缘结构件、零部件以及热电仪器制品等。

【安全性】 树脂的生产原料，对人体的皮肤和黏膜有不同程度的刺激，可引起皮肤过敏反应和炎症；同时还要注意树脂粉尘对人体的危害，长期吸入高浓度的树脂粉尘，会引起肺部的病变。大部分树脂都具有共同的危险特性：遇明火、高温易燃，与氧化剂接触有引起燃烧危险，因此，操作人员要 改善操作环境，将操作区域与非操作区域有意识地划开，尽可能自动化、密闭化，安装通风设施等。

采用衬有塑料袋的铁桶、木桶、聚丙烯编织袋或其他包装袋包装，塑料袋应密闭。桶装净重不超过 50kg，袋装净重不超过 25kg。包装件上应有清晰、牢固的标志，标明产品名称、型号、批号、净重、生产日期、生产厂名和产品标准号。另外必须标出“防潮”、“防热”等标志，并附有质量合格证。运输时应避免受潮、受热、受污和包装破损。贮存时应置于通风、干燥室内，温度不超过 35℃，不得靠近火源、暖气或受阳光直射。贮存期自制造日起，铁桶包装为两年，木桶、编织袋或其他包装为 1 年。超过贮存期应重新检验，合格者方可使用。本产品为非危险品。

【生产单位】 上海塑料厂，长春化工二厂，常熟塑料厂，重庆合成化工厂，哈尔滨绝缘材料厂，衡水市化工厂，天津树脂厂，山东化工厂，广州南中塑料厂，厦门化工二厂等。

Bo014 浸渍用酚醛树脂

【英文名】 impregnating phenolic resin

【结构式】

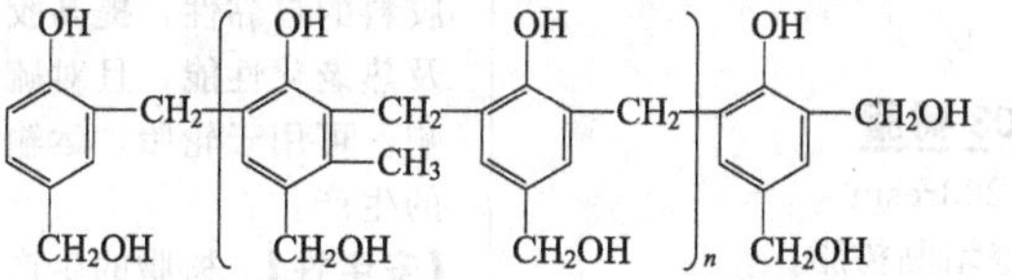

【性质】 为苯酚与甲醛热固性缩聚物，可溶于乙醇，加热加压或室温固化。

【制法】 苯酚、甲醛在碱性催化剂下进行缩聚反应制得热固性酚醛树脂，然后制成约 50%的树脂乙醇溶液。

【质量标准】 企业标准

牌号	凝胶时间/s	黏度	固体含量/%	外观
2120 酚醛树脂(上海新华树脂厂企标)	70～100		≤14	
暂 Q/HG 14-529－79	(163℃±1℃下)			
214 酚醛树脂(天津树脂厂企标)		0.1～0.3Pa·s		棕红色透明黏性液体
401 酚醛树脂(长春化工二厂企标)	90～120 (150℃下)		≤17	
407 酚醛树脂(长春化工二厂企标)		18～40s (涂 4 杯)	≤5	
2124 酚醛树脂(苏州树脂厂企标)		30～50s (涂 4 杯)	≤14	深棕色液体

【用途】 2120浸渍用酚醛树脂用于浸渍耐烧蚀的玻璃纤维制得增强塑料；214浸渍用酚醛树脂用于层压制品，或与环氧树脂并用作为防腐蚀涂层；401浸渍用酚醛树脂用于浸渍纤维、层压制品、设备防腐蚀衬里等；407浸渍用酚醛树脂用于木材、纸的浸渍和粘接用。

【安全性】 树脂的生产原料，对人体的皮肤和黏膜有不同程度的刺激，可引起皮肤过敏反应和炎症；同时还要注意树脂粉尘对人体的危害，长期吸入高浓度的树脂粉尘，会引起肺部的病变。大部分树脂都具有共同的危险特性：遇明火、高温易燃，与氧化剂接触有引起燃烧危险，因此，操作人员要 改善操作环境，将操作区域与非操作区域有意识地划开，尽可能自动化、密闭化，安装通风设施等。

【生产单位】 上海新华树脂厂（牌号2120），天津市大盈树脂塑料有限公司（牌号214），长春化工二厂（牌号401、407），北京251厂，苏州树脂厂（牌号2124）等。

Bo015 TXN-203树脂

【英文名】 TXN-203resin

【别名】 辛基酚醛增黏树脂

【结构式】

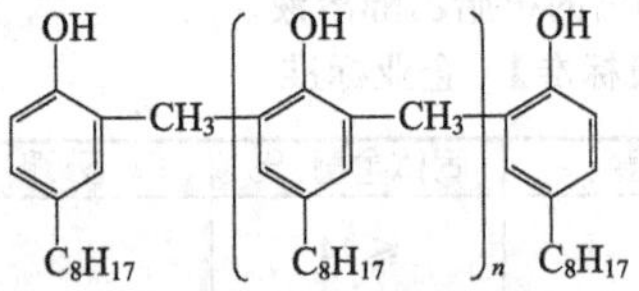

n=0, 1, 2, 3, 4, 5

【性质】 黄色至浅褐色粒状物，软化点85～100℃，无异味，无毒，能溶于苯、甲苯等大多数有机溶剂中，不溶于水。

【制法】 在催化剂存在下，辛基酚与甲醛100℃下维持反应4h，加入溶剂搅匀，水洗至中性，然后缩聚蒸出水与溶剂即得成品。

【消耗定额】

原料名称	消耗/[kg(原料)/t(树脂)]
辛基酚	1000
甲醛	1000

【质量标准】

太化集团公司有机化工厂企业标准

指标名称	指标
外观	黄色至浅褐色粒状物
软化点/℃	Ⅰ型:85～90; Ⅱ型:91～100
酸值/(mgKOH/g)	55±10
灰分含量/% ≤	0.5
羟甲基含量/% ≤	1.0
加热减量(65℃)/% ≤	0.5

【用途】 本品是天然胶和各种合成胶的增黏剂，特别是顺丁橡胶、丁苯橡胶、丁腈橡胶、氯丁橡胶的有效增黏剂，它可改善胶料的自黏性，提高胶料的物理力学性能及热老化性能，且对硫化胶物性无不良影响。可用于轮胎、运输带及其他橡胶制品的生产。

【安全性】 树脂的生产原料，对人体的皮肤和黏膜有不同程度的刺激，可引起皮肤过敏反应和炎症；同时还要注意树脂粉尘对人体的危害，长期吸入高浓度的树脂粉尘，会引起肺部的病变。大部分树脂都具有共同的危险特性：遇明火、高温易燃，与氧化剂接触有引起燃烧危险，因此，操作人员要 改善操作环境，将操作区域与非操作区域有意识地划开，尽可能自动化、密闭化，安装通风设施等。

用内衬塑料袋的编织袋包装，每袋净重25kg，贮存于室内，干燥、通风、防高温、防火，贮存期为1年。运输时要防止碰破包装。本品无毒。

【生产单位】 太化集团公司有机化工

厂等。

Bo016 铸造用酚醛树脂

【英文名】 foundry phenolic resin

【性质】 该树脂外观为淡黄色到棕色透明固体或黏稠液体，软化点 80～110℃，能溶于乙醇。有热塑性和热固性两种。热塑性树脂与六亚甲基四胺或其他固化剂混合在加热条件下可以固化；热固性该类树脂通常在加热下固化，也可常温固化。

【制法】 采用苯酚、甲醛在酸或碱性催化剂下，适当控制反应条件而制得热塑性或热固性该类树脂。

【质量标准】 部分生产铸造用酚醛树脂厂家企业标准。

指标名称	长春市化工二厂厂颁 79-60			天津树脂厂企标		山东化工厂企标	
	664	665	405	217	401	FFD-301	PFD-381
软化点/℃	90～110	70～85		≥75			>85
凝胶时间(150℃)/s	45～75	35～50		50～70			50～65
黏度	35～55s	27～35s	100～250s		0.3～0.7 Pa·s (20℃)	<0.2 Pa·s (25℃)	0.025～0.04①Pa·s (25℃)
游离酚/%	≤6	6～9	≤20	≤7			≤7
固含量/%			≥60		63～67		
外观				黄色及橘黄色固体	棕红色至黑棕色黏稠液体	红棕色半透明液体	乳白至淡棕色固体
贮存期	6个月	6个月				6个月	6个月

①50%乙醇溶液。

【用途】

铸造用酚醛树脂的原料及使用特性

树脂牌号	原料	催化剂	使用特性
664	苯酚、甲醛	草酸	铸造用砂型胶黏剂、砂轮胶黏剂
665	苯酚、甲醛	盐酸	铸造用砂型胶黏剂
405	苯酚、甲醛	氢氧化钡	热芯盒铸造，加入固化剂可用于常温固化
217	苯酚、甲醛	盐酸	铸造用砂型胶黏剂
401	苯基苯酚、甲醛	氢氧化钠	铸造用砂型胶黏剂
S-102	苯酚、甲醛	酸	铸造用砂型胶黏剂
FFD-301	苯酚、甲醛	酸	铸铁、铸钢的自硬砂型胶黏剂，加入对甲苯磺酸可常温固化
FFD-381	苯酚、甲醛	酸	铸铁件的砂型胶黏剂，用六亚甲基四胺固化

【安全性】 树脂的生产原料，对人体的皮肤和黏膜有不同程度的刺激，可引起皮肤过敏反应和炎症；同时还要注意树脂粉尘对人体的危害，长期吸入高浓度的树脂粉尘，会引起肺部的病变。大部分树脂都具有共同的危险特性：遇明火、高温易燃，与氧化剂接触有引起燃烧危险，因此，操作人员要 改善操作环境，将操作区域与非操作区域有意识地划开，尽可能自动化、密闭化，安装通风设施等。

【生产单位】 长春化工二厂（牌号 664、665、405），天津市大盈树脂塑料有限公司（牌号 217、401），山东化工厂（牌号 FFD-301、FFD-381、S-102）等。

Bo017 酚醛碎布模塑料

【英文名】 cotton flook filled phenolic moulding material

【性质】 力学强度较高。

【质量标准】 534 符合天津树脂厂企业标准。1011 符合河北省衡水市化工厂企业标准。

指标名称	534	1011
相对密度 ≤	1.4	1.5
冲击强度/(kJ/m²)	12～20	10～20
弯曲强度/MPa	65～100	60～100
吸水性/(mg/cm³)	0.4～0.8	0.4～0.8
马丁耐热性/℃ ≥	115	110
收缩率/%	0.6～1.0	0.6～1.0
介电强度/(kV/mm) ≥	10	10
表面电阻率/Ω ≥	10^9	10^9
体积电阻率/Ω·cm ≥	10^9	10^9
流动性(拉西格)/mm	80～140	80～160

【制法】 以碱为催化剂，由苯酚、甲醛缩聚制得甲阶树脂。以此树脂为胶黏剂按一定配比浸渍碎布，经风干、烘干、热压制成。

工艺流程如下。

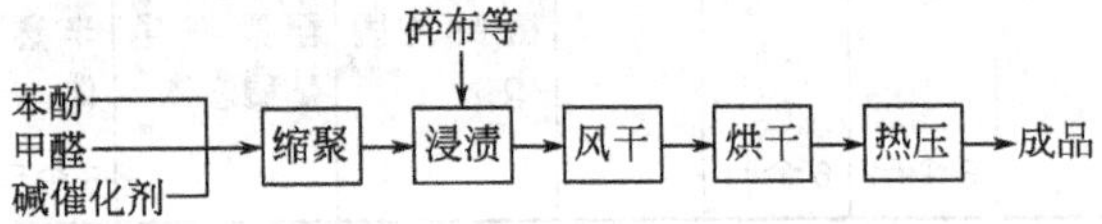

【成型加工】 用热压法成型。

【用途】 代替有色金属，制作纺织机、汽车、机器配件及水暖器材零件等。

【安全性】 树脂的生产原料，对人体的皮肤和黏膜有不同程度的刺激，可引起皮肤过敏反应和炎症；同时还要注意树脂粉尘对人体的危害，长期吸入高浓度的树脂粉尘，会引起肺部的病变。大部分树脂都具有共同的危险特性：遇明火、高温易燃，与氧化剂接触有引起燃烧危险，因此，操作人员要 改善操作环境，将操作区域与非操作区域有意识地划开，尽可能自动化、密闭化，安装通风设施等。

【生产单位】 天津树脂厂，衡水市化工厂等。

Bo018 耐磨酚醛模塑粉

【英文名】 abrasion resisting phenolic moulding powder

【结构式】

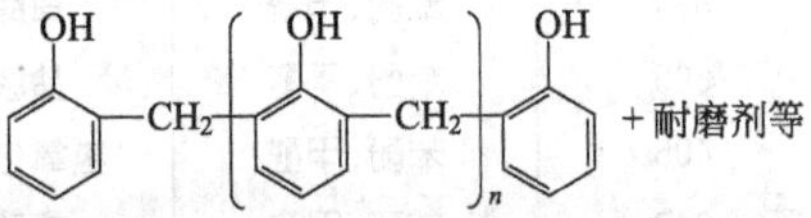

【性质】 黑色或本色粉粒状固体物，可用热压法制成各种形状的制品，具有良好的力学强度和耐磨性。耐弱酸、碱，不溶于水，溶于部分有机溶剂，遇强碱可侵蚀。

【制法】 以酚醛树脂或改性酚醛树脂为基材，加入各种填料、耐磨剂、添加剂混合均匀，再经双辊热炼成片，冷却粉碎而成模塑粉。

工艺流程如下。

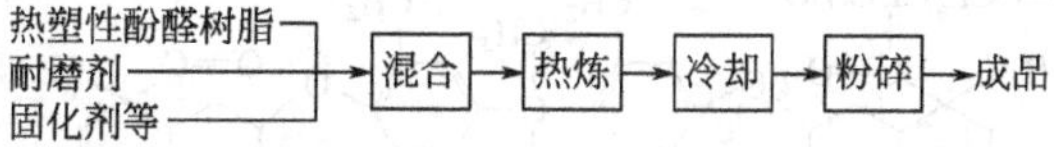

【消耗定额】 上海塑料厂耐磨酚醛模塑粉PF2S1-441的消耗定额为苯酚392.5kg/t，甲醛287kg/t。

【质量标准】

上海塑料厂耐磨酚醛模塑粉PF2S1-441技术指标

指标名称		指标
对模塑粉测试的性能		
体积系数		3.0
流动性		方法和指标由供需双方商定
对试样测试的性能		
弯曲强度/MPa	≥	70
冲击强度/(kJ/m^2)		
缺口	≥	1.3
无缺口	≥	4.0
热变形温度/℃	≥	150
收缩率/%		供需双方商定
吸水性/mg		15

河北省衡水市化工厂特种类酚醛模塑粉P117技术指标

指标名称		指标
密度/(g/cm^3)	≤	1.75
吸水性/(mg/cm^2)	≤	0.03
收缩率/%		0.10～0.30
冲击强度(无缺口)/(kJ/m^2)	≥	4.0
断裂弯曲强度/MPa	≥	70
断裂压缩强度/MPa	≥	150
流动性/mm		100～180
热变形温度/℃	≥	150
摩擦系数	≤	0.2
磨痕宽度/mm	≤	2.0

【成型加工】 适宜于热压法加工成型。成型前，物料必须进行预热，一般可于120～140℃鼓风烘箱中干燥4～6min，成型压力24.5～34.3MPa，模具温度150～160℃，保压时间1～1.5min/mm厚。

【用途】 国产PF2S1-441主要用于制造水轮泵轴承，如农机水轮泵轴承制件等。P117制造的水润滑轴承，广泛用于各种型号的潜水电泵，在500kg轴向负荷下，使用寿命达5000h，也适于其他水溶液工作条件下的耐腐蚀耐磨零件。

【安全性】 树脂的生产原料，对人体的皮肤和黏膜有不同程度的刺激，可引起皮肤过敏反应和炎症；同时还要注意树脂粉尘对人体的危害，长期吸入高浓度的树脂粉尘，会引起肺部的病变。大部分树脂都具有共同的危险特性：遇明火、高温易燃，与氧化剂接触有引起燃烧危险，因此，操作人员要改善操作环境，将操作区域与非操作区域有意识地划开，尽可能自动化、密闭化，安装通风设施等。

采用内衬聚乙烯薄膜的聚丙烯塑料编织袋。每袋净重25kg，并附有产品检验合格证。运输时应避免受潮、受热、受污和包装破损。贮存时应置于通风干燥室内，温度不超过35℃，不得靠近火源、暖气或受阳光直射。贮存期自制造日起为1年，超过贮存期应重新检验，合格者方可使用。

【生产单位】 上海塑料厂，河北省衡水市化工厂，长春市化工二厂，天津树脂厂，常熟塑料厂等。

Bo019 松香改性酚醛树脂

【英文名】 rosin modified phenolic resin

【结构式】

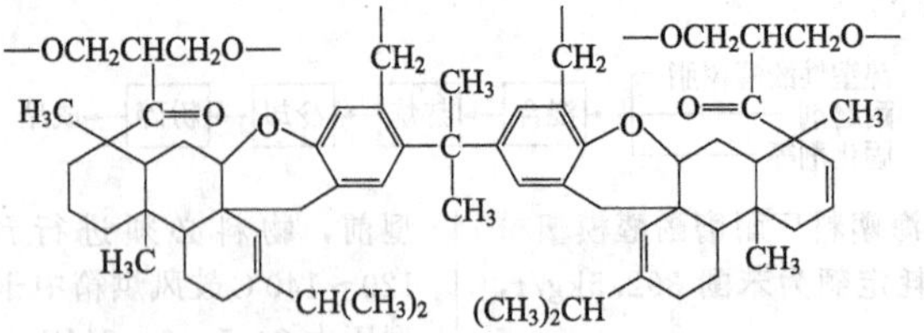

【性质】 红棕色透明块状固体，具有软化点、泛黄性小等优点。

【制法】

1. 酚醛反应

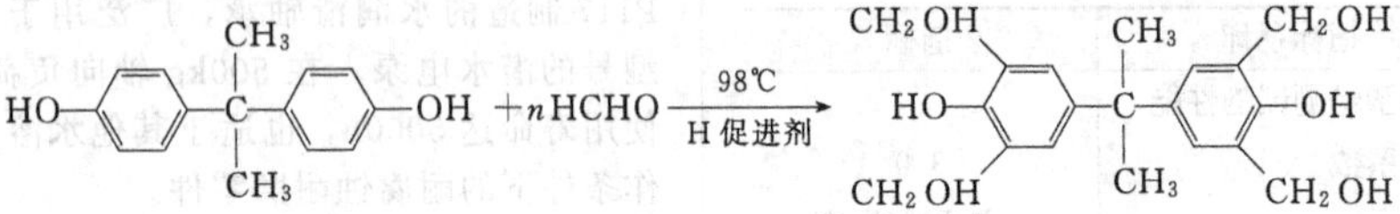

2. 松香加成反应

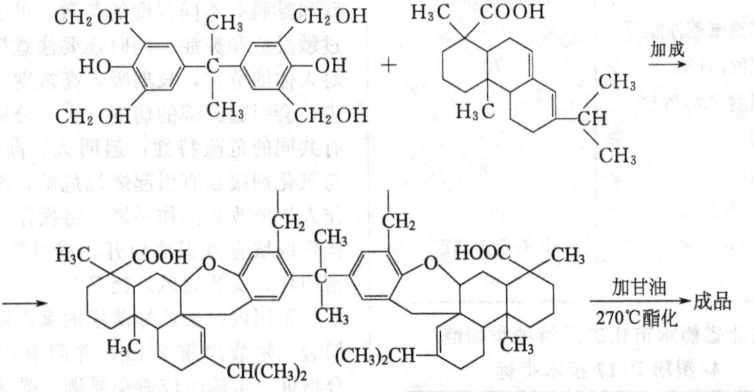

【消耗定额】

原料名称	规格	消耗/[kg(原料)/t(树脂)]
松香	一级	922
双酚 A	99.8%	94
甲醛	37%	164
甘油	95%	95

【质量标准】 上海南大化工厂 2116-1 松香改性酚醛树脂（胶印油墨专用）产品企业标准

指标名称	指标
软化点(环球法)/℃	151～162
酸值/(mgKOH/g) ≤	18

续表

指标名称	指标
色泽(铁钴比色法)/号 ≤	12
苯中溶解性	透明
油中溶解性	透明无粒
油中黏度/Pa·s	12～20
外观	不规则红棕色透明的固体

【用途】 2116-1 松香改性酚醛树脂是胶印油墨的专用树脂，也可用于油漆行业。

【安全性】 树脂的生产原料，对人体的皮肤和黏膜有不同程度的刺激，可引起皮肤过敏反应和炎症；同时还要注意树脂粉尘对人体的危害，长期吸入高浓度的树脂粉尘，会引起肺部的病变。大部分树脂都具有共同的危险特性：遇明火、高温易燃，与氧化剂接触有引起燃烧危险，因此，操作人员要 改善操作环境，将操作区域与非操作区域有意识地划开。本品无毒。桶装净重 130kg，袋装净重 50kg，袋装用内衬三层牛皮纸袋的聚丙烯袋。按一般非危险品规定贮运。

【生产单位】 上海南大化工厂，重庆合成化工厂等。

Bo020 特种类酚醛模塑粉

【英文名】 special phenolic moulding powder

【性质】 黑色或本色粉粒状固体物，具有特殊的物理力学性能和电气性能，可用热压法制成各种形状的制品。耐弱酸和弱碱，不溶于水，可溶于部分有机溶剂，遇强酸发生分解，遇强碱可侵蚀。

国内特种类酚醛模塑粉主要牌号性能：C1-154 具有吸收电磁波的特性；PF2S2-141 黑色，具有耐磨、抗静电性能；农 9-1 本色，可导电；B4C-40 黑色，具有吸收热中子特性；PF2S3-611 本色，具有导电吸收电磁波特性；426 具有优越的电绝缘性和耐热性，尤其是高温尺寸稳定性好；404 具有优良的防磁性、电绝缘性和力学性能。

【制法】 以酚醛树脂或改性酚醛树脂为基材，加入各种功能助剂、填料和添加剂混合均匀，再经热炼、冷却、粉碎而成。国内特种酚醛模塑粉主要牌号及组成如下。

牌号及组成

牌号	C1-154	PF2S2-141	农 9-1	B4C-40	PF2S3-611	426	404
组成	树脂：苯酚、甲醛树脂 填料：石墨、石棉、木粉	树脂：苯酚、甲醛树脂 树脂含量：40%～45% 填料：木粉	树脂：苯酚、甲醛树脂	树脂：苯酚、甲醛树脂	树脂：苯酚、甲醛树脂	树脂：有机硅改性苯酚、甲醛树脂 填料：玻璃粉及其他无机填料	树脂：苯酚、甲醛树脂 填料：主要是木粉

【质量标准】 **天津树脂厂特种类酚醛模塑粉企业标准**

指标名称	指标		指标名称	指标	
牌号	404	426	牌号	404	426
外观	试样表面应平整、无气泡、裂纹，允许有少量的深色斑		马丁耐热/℃ ≥	90	180
			吸水性/(mg/cm²) ≤		0.1
			流动性(拉西格)/mm	100～180	100～180
耐沸水性	试样表面应无裂纹、翘曲，允许有轻度褪色变暗和填料膨胀，不允许有明显的气泡		冲击强度/(kJ/m²) ≥	5.0	3.5
			弯曲强度/MPa ≥	60	50
			表面电阻率/Ω ≥	1×10^{12}	1×10^{14}
相对密度 ≤	1.4	1.8	体积电阻率/Ω·cm ≥	1×10^{12}	1×10^{14}
收缩率/%	0.8～1.2	≤1	介电强度/(MV/m) ≥	10	12

【成型加工】 采用直接热压和预热压制。预热压制可提高制品性能及表观质量，并缩短压制时间。直接热压时应进行预压放气程序。

特种类酚醛模塑粉模压参考工艺条件

牌号	预热温度/℃	预热时间/min	模具温度/℃	成型压力/MPa	压制时间/(min/mm 厚)
PF2S2-141	140±10	6～8	160±5	30±5	1～1.5
农 9-1	145±5	4～8	160±5	30±5	1.5～2
B4C-40	160±5	4～10	170±5	45±5	2～2.5
PF2S3-611	155±5	5～10	165±5	45±5	V2～2.5
426	135±5	4～6	160±5	30±5	1～1.5
PF2S4-161J	注射成型。模具温度：动模 160～170℃，静模 160～190℃				

【用途】 C1-154 用作无线电的某些吸收电磁波元件；PF2S2-141 用于制造抗静电纺织机械配件，如纺织槽筒等；农 9-1 用于制造医疗仪器零部件等导电制品，如伦琴计零件、电离灶探头罩等；B4C-40 用于制造热中子吸收元件，如反照中子个人剂量计元件等；PF2S3-611 导电吸收电磁波，用于制造某些无线电仪器元件；426 用于制造高级电信仪器零件和电位器等零件；404 用于制造防磁性制品，如航海仪器的配件；PF2S4-161J 用于制造阻燃型低压电器绝缘结构件。此外，常熟塑料厂生产的 T171 用于塑料印刷纸模；T661 用于制造砂轮等。

【安全性】 树脂的生产原料，对人体的皮肤和黏膜有不同程度的刺激，可引起皮肤过敏反应和炎症；同时还要注意树脂粉尘对人体的危害，长期吸入高浓度的树脂粉尘，会引起肺部的病变。大部分树脂都具有共同的危险特性：遇明火、高温易燃，与氧化剂接触有引起燃烧危险，因此，操作人员要 改善操作环境，将操作区域与非操作区域有意识地划开，尽可能自动化、密闭化，安装通风设施等。

【生产单位】 天津树脂厂，衡水市化工厂，常熟塑料厂，上海塑料厂，重庆合成化工厂等。

Bo021 酚醛棉纤维模塑料

【英 文 名】 cotton fiber filled phenolic mouldin

【性质】 冲击强度要求高。

【制法】 以氨为催化剂，由苯酚和甲醛生成甲阶树脂。然后按一定配比与棉纤维混合，经浸渍、捏合、风干、加热加压成型成制品。

工艺流程如下。

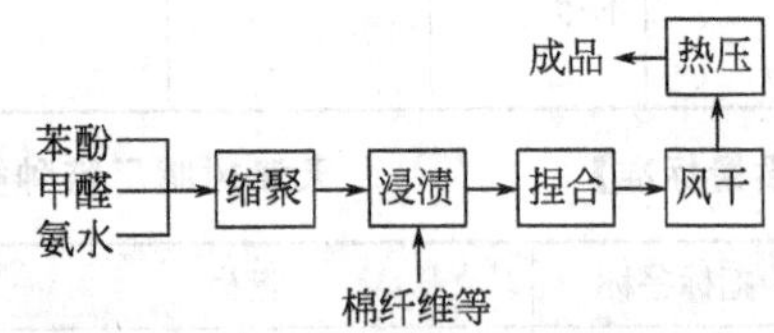

【质量标准】 4110 符合哈尔滨绝缘材料厂企业标准，524 符合天津树脂厂企业标准

指标名称		4110	524
相对密度	≤	1.45	
吸水性/%	≤	0.40	
马丁耐热性/℃	≥	110	110

续表

指标名称		4110	524
收缩率/%		0.8	0.6～1.0
冲击强度/(kJ/m^2)	≥	9	10
弯曲强度/MPa	≥	50	
压缩强度/MPa	≥	120	
拉伸强度/MPa	≥	30	
表面电阻率/Ω	≥	10^7	
体积电阻率/Ω·cm	≥	10^7	
介电强度/(kV/mm)	≥	2	
流动性(拉西格)/mm		20～120	

【成型加工】 热压成型。

【用途】 用于冲击强度要求高的电工绝缘零件及机械零件。

【安全性】 树脂的生产原料，对人体的皮肤和黏膜有不同程度的刺激，可引起皮肤过敏反应和炎症；同时还要注意树脂粉尘对人体的危害，长期吸入高浓度的树脂粉尘，会引起肺部的病变。大部分树脂都具有共同的危险特性：遇明火、高温易燃，与氧化剂接触有引起燃烧危险，因此，操作人员要 改善操作环境，将操作区域与非操作区域有意识地划开，尽可能自动化、密闭化，安装通风设施等。

【生产单位】 哈尔滨绝缘材料厂，天津树脂厂等。

Bo022 呋喃树脂

【英文名】 furan resin

【别名】 糠醇树脂

【结构式】

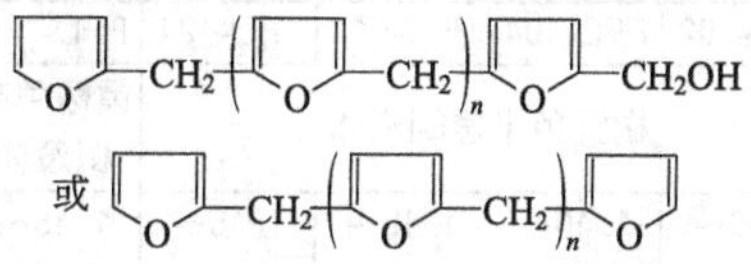

【性质】 未固化的糠醇树脂是红色黏稠液体，能溶于一般的有机溶剂如丙酮、二氧六环、醇、醚等，但不溶于苯。它能与很多增塑剂、热塑性树脂、热固性树脂、橡胶等很好地混容。固化后为不溶不熔的固体聚合物。耐一般的酸碱，但不耐强氧化性酸如硝酸、铬酸等。耐水性好，耐有机溶剂侵蚀，耐热性高。

糠醇树脂与多孔性材料如陶瓷、石墨、石棉、木材等粘接性好，用这些材料填充可制成糠醇填充塑料，还可配制成防腐蚀胶泥和涂料。纯树脂室温固化后其拉伸强度为10.68MPa，对木材粘接强度为6.57MPa，对钢的粘接强度为1.38MPa。糠醇树脂玻璃纤维增强层压塑料性能为：密度 1.6～1.8g/cm^3，介电常数（10^6 Hz）4～6，体积电阻率 10^{10}～10^{12} Ω·cm，介电损耗角正切 0.02～0.04。

糠醇树脂涂料的使用温度为60℃，玻璃纤维增强衬里使用温度120℃左右，玻璃纤维增强塑料最高使用温度为175℃。树脂胶泥使用温度约170℃。糠醇树脂最大的缺点是脆性大，对光滑无孔基材表面粘接性差，收缩性较大，通常需要用其他树脂改性，以提高其韧性和附着力。

【制法】 糠醇树脂主要是以糠醛制得的糠醇为单体，在酸性催化剂如盐酸、硫酸、三氯化铁等存在下，缩聚而成。工业上通常是用70%糠醇水溶液，以硫酸或盐酸为催化剂，控制反应物料 pH 值在1.7～2.3之间，反应温度70～75℃，最终制得线型的可溶的透明液体树脂——初聚物。糠醇树脂在固化剂如苯磺酸等强酸存在下，呋喃环催化开环进行变形，室温即能迅速固化成体型不溶不熔高聚物。

【质量标准】

山西兴安铸造材料有限公司防腐用糠醇树脂性能指标

指标		BF-503
外观		黑色或棕红色黏稠液体
密度(20℃)/(g/cm³)		1.20～1.30
固含量/%	≥	90
黏度/mPa·s		300～2000
pH值		6～7
贮存期/年		1
特点及用途		可用作玻璃钢、胶泥、石墨浸渍。树脂固化后，有优良的耐热、耐酸、耐碱等性能
常用固化剂		苯磺酸、甲苯磺酸

山西兴安铸造材料有限公司铸造用冷芯盒呋喃树脂产品指标

指标		FFD-191
外观		棕黑色黏稠液体
密度(20℃)/(g/cm³)		1.15～1.30
黏度(20℃)/mPa·s	≤	500
pH值		6.5～7.5
游离甲醛/%		无
含氮量/%		无
贮存期/年		1年
适用范围		SO_2 冷芯盒
配套用活化剂		过氧化甲乙酮(MEKP)

山西兴安铸造材料有限公司铸造用热芯盒呋喃树脂产品指标

指标		FFD-N-1	FFD-171	FFD-81
外观		棕红色透明液体		琥珀色黏稠液体
密度(20℃)/(g/cm³)		1.15～1.20	1.15～1.25	1.20～1.30
黏度(20℃)/mPa·s	≤	20	100	1000
pH值		6.5～7.5	6.5～7.5	6.5～7.5
游离甲醛含量/%	≤	0.5	0.5	0.5
含氮量/%		≤3.0	0	≤13
贮存期/年		1	1	0.5
用途		铸铁、铸钢	铸铁、铸钢	铸铁或有色金属
配套固化剂		酸性固化剂	50%乌洛托品水溶液	氧化铵:尿素:水＝1:3:3

山西兴安铸造材料有限公司铸造用自硬型呋喃树脂产品指标

项目	FFD-103	FFD-105	FFD-102	FFD-104	FFD-111	FFD-121	FFD-131
外观	橘红色透明液体		橘红色半透明液体				黄棕色黏稠液体
密度(20℃)/(g/cm³)	1.10～1.20	1.10～1.20	1.10～1.20	1.10～1.20	1.15～1.25	1.15～1.25	1.15～1.30

续表

项目	FFD-103	FFD-105	FFD-102	FFD-104	FFD-111	FFD-121	FFD-131
黏度(20℃)/mPa·s　≤	20	30	15	25	50	80	800
pH值	7.0±0.5	7.0±0.5	7.0±0.5	7.0±0.5	7.0±0.5	7.0±0.5	7.0±0.5
游离甲醛含量/%　≤	0.3	0.3	0.5	0.3	0.3	0.5	0.5
含氮量/%	1.5～3.0	3.0～4.0	无	2.5～3.0	≤1.8	≤4.0	10～12
24h拉伸强度/MPa	1.2	1.2	1.0	1.0	1.0	0.8	0.6
存放期/年	1	1	1	1	1	1	0.5
适用范围	高型铁，铸铁，球铁	高型铁，球铁	大型铸钢，高合金钢	合金钢铸	一般铸钢，大型铸铁	一般铸铁，有色金属	有色金属

注：强度测试条件，标准砂，1%树脂加入量，室温，湿度30%～70%。

【用途】 可用来制造耐腐蚀玻璃钢管道、阀门、泵体及模压制品，还用于防腐衬里、耐酸胶泥、耐腐蚀涂料和各种胶黏剂。树脂价格便宜，尤其作为铸造砂芯胶黏剂效果极好，既可节省惯用的亚麻油，又能使铸造过程实现自动化，提高铸件质量和劳动生产率。特别适用于大规模的、大批量的机械制造，如汽车、军工、内燃机、柴油机、缝纫机等的生产。用于铸造砂芯的胶黏剂时，糠醇树脂具有以下特点：固化速度快、常温强度低、分解温度高；根据不同铸件的含碳量，可选择不同含氮量的树脂；发气小、高温强度高、热膨胀性适中、脆性大、气孔倾向小、吸湿性大。在加入尿素改性后，可根据不同要求生产不同含氮量的糠醇树脂，以满足铸钢、铸铁和其他有色金属铸造工艺的要求。

【安全性】 铁桶包装，置于阴凉处。严禁树脂与固化剂直接混合，否则将会因快速反应而发生爆炸等事故；不要长时间混砂，否则会超过其可使用时间使其强度降低；催化剂（即固化剂）为酸性物质，不要使其溅到皮肤上或衣服上。如溅到皮肤上应立即用清水清洗，严重者送医院治疗；不要将树脂存放于阳光下或靠近热源之地，否则将会缩短其贮存期。

【生产单位】 济南圣泉集团股份有限公司，河北呋喃化工经贸有限公司，山西兴安铸造材料有限公司，中美合资迪邦（泸州）化工有限公司，杭州嘉源化工有限公司，辽阳有机化工厂，河南江隆化工有限公司，大连明利化工有限公司，宜兴市范道有机化工厂，河北邢台春蕾糠醇有限公司，西安宏达化工有限责任公司。

Bo023 糠醛树脂

【英文名】 furfural resin

【结构式】

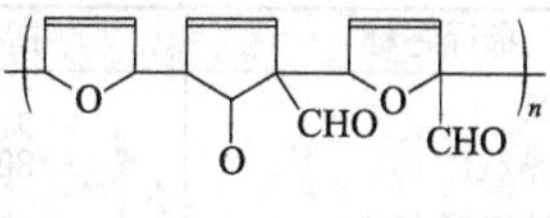

【性质】 糠醛树脂耐化学药品性和电绝缘性能优良，耐高温性好，但粘接性较差。

【制法】 由糠醛与六亚甲基四胺（乌洛托品）反应制得。改变六亚甲基四胺的用量，可制得不同牌号的树脂。

【用途】 用15mol糠醛，1mol六亚甲基四胺制得的玻纤增强塑料，冲击强度255kJ/m^2，弯曲强度203.3～230.5MPa，体积电阻率（20℃）6.5×10^{11} Ω·cm、（300℃）6.5×10^9 Ω·cm，介电常数（20℃）5.2、（100℃）5.1，介电强度（20℃）4.1MV/m。作为胶黏剂用于砂和树脂混合物，制造精密铸造壳体。用3～

8mol 糠醛，1mol 六亚甲基四胺制得的树脂，固化温度 160～250℃，固化时间 2～8min，用于制造精密铸造壳模。

【生产单位】 上海建筑科学研究所。

Bo024 环氧改性糠酮树脂

【英文名】 modified furfural acetone epoxy resin

【别名】 糠酮环氧树脂；环氧糠酮树脂

【性质】 该树脂克服了糠酮树脂脆性较大、粘接强度较差的缺点。用该树脂所制得的增强塑料具有较高的力学强度，且耐水性、耐化学药品性能、电气绝缘性能优良。

【制法】 有直接合成法和混合法。①直接合成法。由液态低分子量环氧树脂（如 E-42）与糠酮单体进行反应制得。②混合法。环氧树脂与糠酮树脂直接混合，混合物中环氧树脂可达 50%左右。目前国内多采用后一种方法。

【质量标准】 环氧改性糠酮树脂（混合法）的物理性能（根据原化工部颁标准涂料检验法）

指标名称	30%E-42 改性糠酮树脂	20%E-42 改性糠酮树脂	10%E-42 改性糠酮树脂	糠酮树脂(未改性)
相对密度	1.2～1.3	1.2～1.3	1.15～1.25	1.15～1.25
耐热性①/℃	无变化	无变化	无变化	有裂痕
柔韧性/mm	1～3	5	5～10	10～15
冲击强度/(kJ/m²)	40～50	20～30	10～15	0.5
附着情况	牢固	牢固	较牢	不牢
粘接强度/MPa	35	15.8	9.5	1～2
硬度/MPa	4.1	4.4	4.9	5.5

①耐热性试验是将试样加热至 150℃后，投入 18～20℃水中，然后取出擦干进行观察。

环氧 E-42 改性糠酮树脂玻璃布层压板性能

指标名称	指标	指标名称	指标
相对密度	2.0	拉伸强度/MPa	
马丁耐热/℃＞	300	室温	420～500
拉伸弹性模量/GPa	40	200℃	280～360

注：环氧 E-42 含量 50 份，顺丁烯二酸酐 15 份，对甲苯磺酸 2 份，单向玻璃布厚 0.6mm。

【用途】 糠酮环氧树脂可用于制造耐水、耐腐蚀性玻璃纤维增强塑料、胶黏剂、耐酸胶泥、涂料等。在无线电器材、绝缘材料、化工防腐蚀等方面有广泛的应用。

【生产单位】 无锡光明化工厂，九江化工厂，湖北工业学校，一机部材料研究所等。

Bo025 糠醛丙酮树脂

【英文名】 furfural acetone resin；FA

【别名】 呋喃树脂

【结构式】

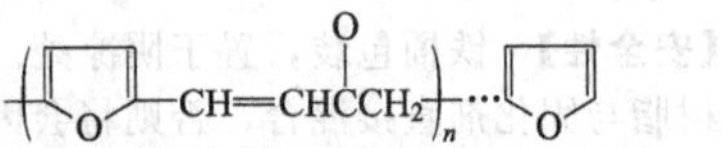

【性质】 糠酮树脂是一种褐色黏稠液体，在苯磺酸、对氯苯磺酸等固化剂存在下，可固化成热固性不溶不熔的呋喃聚合物。它具有很好的耐酸碱性、耐热性和良好的电绝缘性能。模压法制得的玻璃纤维层压板材的性能为：相对密度 1.7，吸水率 0.1%，马丁耐热＞300℃，拉伸强度 208.74MPa，弯曲强度 147MPa，压缩强度 348.88MPa，冲击强度 186.2kJ/m²，介电常数 7.9，体积电阻率 $2\times10^{14}\Omega\cdot$cm，介电损耗角正切 0.013，击穿电压强度 17.5MV/m。

【制法】 将等物质的量的比的糠醛和丙酮在氢氧化钠存在下于 40～60℃ 反应生成糠酮单体。用硫酸中和反应液，使之呈酸性（pH 值为 2.5～3.0）再于 70℃ 反应 1h，而后用碱中和，清水洗涤，在真空下加热脱水，当浓缩液温度达 120℃ 时脱水中止，即制得褐色黏稠液体糠酮树脂。

工艺流程如下。

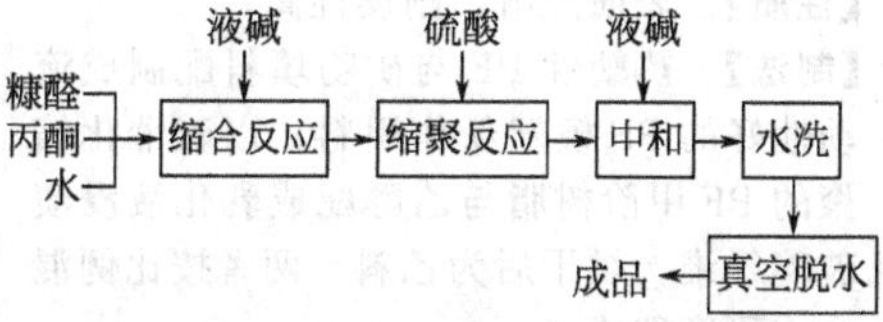

【质量标准】 原苏州益民化工厂企业标准

指标名称		指标
外观		黑褐色黏稠液体
黏度(25℃)/s		100～2000
固化速度(10%固化剂，30℃)/天	<	24
含水率/%	<	1
灰分/%	<	3

原扬州化工厂企业标准

指标名称		指标
外观		棕褐色油状液体
黏度(25℃)/s		18～40
含水率/%	≤	2
pH 值		7～8

【成型加工】 糠酮树脂主要用于制造玻璃钢，其成型方法有模压法、手糊法和缠绕法等。

【用途】 可用于制造玻璃纤维增强塑料、层压板、耐酸胶泥及耐腐蚀性胶黏剂和涂料。层压制品可用于化工防腐蚀管道，贮槽的衬里。糠酮树脂用来改性环氧树脂可用于船舶螺旋桨的防护涂层。施加于混凝土中可提高混凝土强度和耐酸、耐碱性。可粘接花岗岩、瓷砖、石墨砖等，铺设耐酸碱地坪、明沟、下水道，贴衬化工设备内壁。

【生产单位】 安徽安庆朝阳化工厂，浙江瑞安塘下化工厂等。

Bo026 糠酮醛树脂

【英文名】 furfural acetone formaldehyde resin

【别名】 糠醛丙酮甲醛树脂；呋喃树脂

【结构式】

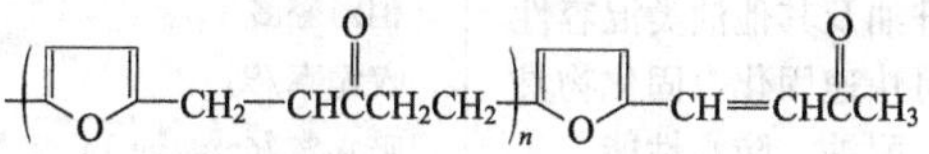

【性质】 未固化的糠酮醛树脂为黑褐色黏稠液体，在酸性固化剂如苯磺酸存在下固化，生成不溶不熔的聚合物。固化后有良好的耐酸碱性。耐热性和电绝缘性也良好。缺点是性脆、易裂，冲击强度只有 0.49kJ/m²，特别是当温度急骤变化时易产生裂纹。粘接强度也不高，一般只有 0.98～1.96MPa。为改性其不足之处，常用加入其他树脂的办法，若加入部分环氧树脂混用，其耐冲击强度和粘接强度都有显著提高，如加入 30% 环氧树脂改性的糠酮醛树脂，固化后冲击强度达 39.2～49kJ/m²，粘接强度达 34.3MPa，附着力强，耐温急变性好。

【制法】 糠酮醛树脂制法一般分两步，首先将糠醛与丙酮按等物质的量的比加入反应釜中，在氢氧化钠存在下于 40～60℃ 反应生成糠酮，再加入甲醛在硫酸存在下于100℃反应，即生成糠酮醛树脂。

【质量标准】 浙江瑞安塘下化工厂企业标准

指标名称	指标
外观	黑褐色黏稠液体
相对密度	1.17
黏度(涂-4杯30℃)/min	5~60
水含量/% <	1
pH值	7

【用途】 该树脂主要用于制造电绝缘性和耐腐蚀性好的玻纤增强塑料、树脂混凝土、耐酸胶泥等。特别是经环氧树脂改性后的糠酮醛树脂，广泛用于化工防腐蚀涂层，可在130℃下使用，耐酸、耐碱、耐有机溶剂。

【生产单位】 浙江瑞安塘下化工厂，安徽安庆朝阳化工厂等。

Bo027 糠醇糠醛树脂

【英文名】 furfural furfuryl alcohol resin

【结构式】 其基本链节为

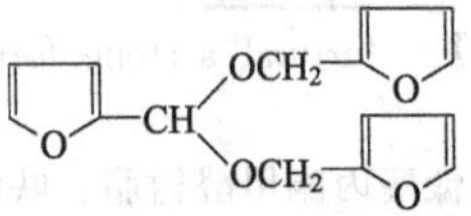

【性质】 它是糠醇和糠醛的缩聚物。树脂呈液态，与植物油、硅油及其他油类混容性好。采用酸性催化剂可快速固化，固化物具有良好的力学和耐热、耐油、防水性能。

【制法】 缩合聚合法。用2mol的糠醇和1mol的糠醛，以3%的顺丁烯二酸酐作催化剂，在90～98℃下，加热搅拌50～90min即可制得。

【用途】 可用于制作薄膜，具有很好的力学性能、耐热性和耐油性。在制备过程中加入10%～15%的桐油，所得产物有良好的耐油、耐热及力学性能。含10%桐油的树脂可用作木器、刨花、木屑、纤维材料、金属粉胶黏剂和绝缘涂料。加入50%的硅漆可用于电线的绝缘漆，而含10%硅漆时可作玻璃与塑料、橡皮与金属的胶黏剂。此外，该树脂还可用于制造耐酸耐热灰泥。

【生产单位】 无锡光明化工厂，郑州油化糠醇厂，吉林三纯化工股份有限公司。

Bo028 耐震酚醛模塑料

【英文名】 shock resisting phenolic moulding material

【结构式】 同酚醛模塑粉。

【性质】 表面光滑，耐震性高。

【制法】 热塑性PF与矿物填料配制成流动性好的PF模塑粉作甲料；以碱催化缩聚的PF甲阶树脂与乙醇配成乳化液浸渍玻璃纤维，烘干后为乙料。两者按比例混合、研磨即成。

甲料的工艺流程和酚醛模塑粉相同。乙料的工艺流程如下。

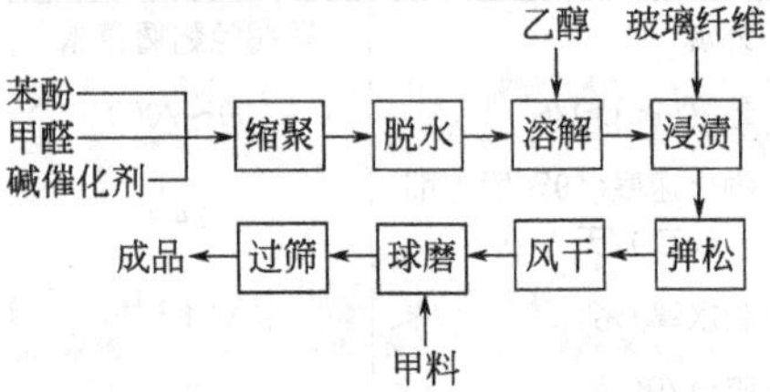

【质量标准】 上海塑料厂企业标准

相对密度	≤	2.0
收缩率/%	≤	0.5
吸水率/(mg/cm²)	≤	0.5
马丁耐热性/℃	≥	150
流动性(拉西格)/mm		130～200
冲击强度/(kJ/m²)	≥	15
弯曲强度/MPa	≥	80
体积电阻率/Ω·cm	≥	1×10^{10}
表面电阻率/Ω	≥	1×10^{10}
介电强度/(kV/mm)	≥	10

【成型加工】 同酚醛模塑粉，可模压、层

合、注塑、机加工。

【用途】 用于船舶、交通运输的耐震电器配件。

【安全性】 树脂的生产原料，对人体的皮肤和黏膜有不同程度的刺激，可引起皮肤过敏反应和炎症；同时还要注意树脂粉尘对人体的危害，长期吸入高浓度的树脂粉尘，会引起肺部的病变。大部分树脂都具有共同的危险特性：遇明火、高温易燃，与氧化剂接触有引起燃烧危险，因此，操作人员要 改善操作环境，将操作区域与非操作区域有意识地划开，尽可能自动化、密闭化，安装通风设施等。

【生产单位】 上海塑料厂等。

Bo029 三甲苯树脂改性酚醛模塑料

【英文名】 phenol-formaldehyde molding compound modified by trimethylbenzene

【结构式】

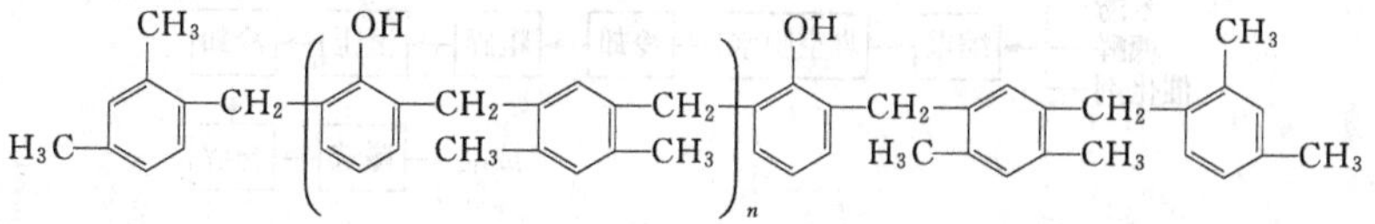

【性质】 三甲苯树脂改性酚醛模塑料为黑色或棕色固体物。适宜于注射成型。具有较好的耐湿热和抗霉性能，适宜在湿热地区使用。制品耐弱酸，不溶于水，可溶于部分有机溶剂，遇强碱可侵蚀。

上海塑料厂 PF2A4-1606J 的性能

（符合沪 Q/HGl3-329—79 标准）

指标名称		PF2A4-1606J
密度/(g/cm³)	≤	1.45
比容积/(mL/g)	≤	2.0
收缩率/%		0.6～1.0
马丁耐热性/℃	≥	125
吸水性/(mg/cm²)	≤	0.4
流动性(拉西格)/mm	≥	200
冲击强度/(kJ/m²)	≥	6.0
弯曲强度/MPa	≥	70
表面电阻率/Ω	≥	1×10^{12}
体积电阻率/Ω·cm	≥	1×10^{11}
介电强度/(kV/mm)	≥	13

【用途】 主要用于制造电气、仪表上的绝缘结构件和零件等，适于湿热地区使用。

【安全性】 树脂的生产原料，对人体的皮肤和黏膜有不同程度的刺激，可引起皮肤过敏反应和炎症；同时还要注意树脂粉尘对人体的危害，长期吸入高浓度的树脂粉尘，会引起肺部的病变。大部分树脂都具有共同的危险特性：遇明火、高温易燃，与氧化剂接触有引起燃烧危险，因此，操作人员要 改善操作环境，将操作区域与非操作区域有意识地划开，尽可能自动化、密闭化，安装通风设施等。

采用内衬聚乙烯薄膜的聚丙烯塑料编织袋。每袋净重 25kg，并附有产品检验合格证。运输时应避免受潮、受热、受污和包装破损。贮存时应置于通风干燥室内，温度不超过 35℃，不得靠近火源、暖气或受阳光直射。贮存期自制造日起为 1 年，超过贮存期应重新检验，合格者方可使用。

【生产单位】 上海塑料厂，长春化工二厂，重庆合成化工厂等。

Bo030 苯酚糠醛模塑粉

【英文名】 phenol-furfurol moulding powder

【结构式】

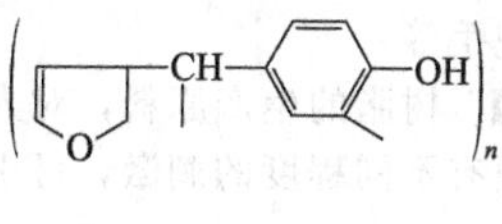

【性质】 黑色粉粒状产品。在热压下可塑制成各种形状的产品，成为不溶不熔结构。耐弱酸弱碱，遇强酸发生分解，遇强碱发生侵蚀。不溶于水，但可溶于丙酮、酒精等有机溶剂中。

【制法】 苯酚糠醛以氢氧化钠为催化剂，在135～140℃回流缩聚，真空脱水至树脂滴落温度达100～105℃左右出料。经冷却、粗碎、磁选、细碎而得粉状树脂。

苯酚糠醛粉状树脂按一定配比和苯酚甲醛热塑性树脂、填料、固化剂、润滑剂、着色剂等混合、滚压、粗碎、细碎、过筛后即得苯酚糠醛模塑粉。

【消耗定额】 以PF2A1-128为例，苯酚249kg/t，醛（包括甲醛、糠醛）116kg/t。

工艺流程如下。

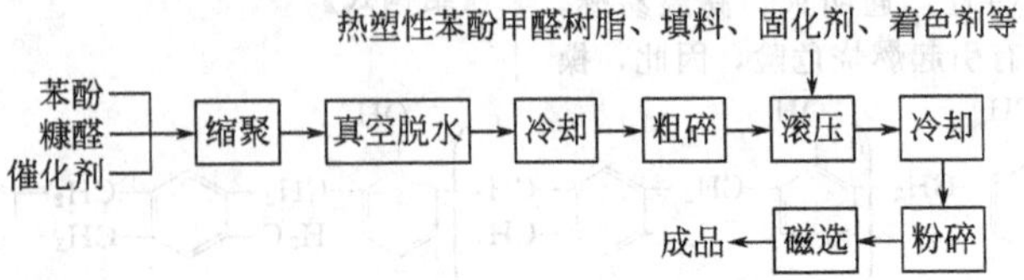

【质量标准】 PF2A1-128应符合GB 1404—78标准，PF2A2-138应符合沪Q/HG 13-169—79标准。

指标名称	PF2A1-128	PF2A2-138
相对密度 ≤	1.5	1.5
比容积/(mL/g) ≤	2.0	2.0
收缩率/%	0.5～1.0	0.5～1.0
马丁耐热性/℃ ≥		120
吸水性/(mg/cm²) ≤		0.8
流动性(拉西格)/mm	100～190	100～180
冲击强度/(kJ/m²) ≥	5.0	6.0
弯曲强度/MPa ≥	60	70
表面电阻率/Ω ≥		1×10^{11}
体积电阻率/Ω·cm ≥		1×10^{10}
介电强度/(kV/mm) ≥		12

【成型加工】

牌号	预热温度/℃	预热时间/min	模具温度/℃	成型压力/MPa	保压时间/(min/mm厚)
PF2A1-128①			160～175	25	0.8～1.0
PF2A2-138	100～140	6～8		25	0.6～1.0

①可不经预热，但需进行预压放气1～2次。

【用途】 PF2A1-128用于制造瓶盖、纽扣、水壶把手、高压锅把手等日用品制件。PF2A2-138用于制造日用电器绝缘结构件，如开关、灯头及日用器皿把手，如电熨斗把手等。

【安全性】 树脂的生产原料，对人体的皮肤和黏膜有不同程度的刺激，可引起皮肤过敏反应和炎症；同时还要注意树脂粉尘对人体的危害，长期吸入高浓度的树脂粉尘，会引起肺部的病变。大部分树脂都具有共同的危险特性：遇明火、高温易燃，与氧化剂接触有引起燃烧危险，因此，操作人员要 改善操作环境，将操作区域与非操作区域有意识地划开，尽可能自动化、密闭化，安装通风设施等。

采用内衬聚乙烯薄膜的聚丙烯塑料编织袋。每袋净重 25kg，并附有产品检验合格证。运输时应避免受潮、受热、受污和包装破损。贮存时应置于通风干燥室内，温度不超过 35℃，不得靠近火源、暖气或受阳光直射。贮存期自制造日起为 1 年，超过贮存期应重新检验，合格者方可使用。

【生产单位】 上海塑料厂，常熟塑料厂，扬州化工厂等。

Bo031 呋喃Ⅰ型树脂

【英文名】 furfuryl alcohol modified urea formaldehyde resin

【别名】 糠醇改性脲醛树脂，糠脲树脂

【结构式】

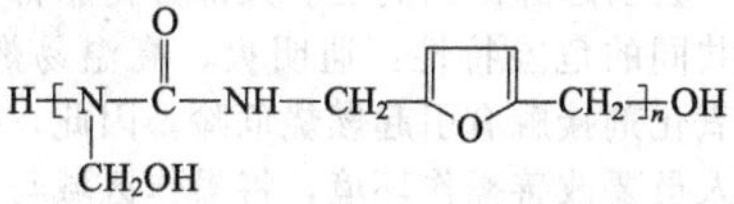

【性质】 糠醇改性脲醛树脂是一种琥珀色或褐色透明的黏稠液。游离甲醛＜5%，固体含量 75%，pH 值 6.5～7.0，黏度(20℃) 25～40mPa·s。为热固性塑料，常用的固化剂有芳烃磺酸与工业磷酸混合物。液态树脂遇酸即发生固化反应。这种树脂作胶黏剂收缩率小，粘接力和耐热性较好，用它制的砂芯热弯曲强度＞2.94MPa，冷弯曲强度＞6.86MPa，拉伸强度 1.96～3.43MPa。

【制法】 将一定量 37%甲醛水溶液加入反应釜内，再加入甲醛量 2/3 的乙醇，搅拌，用稀碱调至反应液 pH 值为 9.0，再加入一定量尿素，升温搅拌，在回流下进行羟甲基化 2h，生成二甲醇脲。用乙醇醚化后，再加入糠醇，在酸性介质中进行，于100℃反应到一定黏度，经中和脱水得线型糠醇改性脲醛树脂。

工艺流程如下。

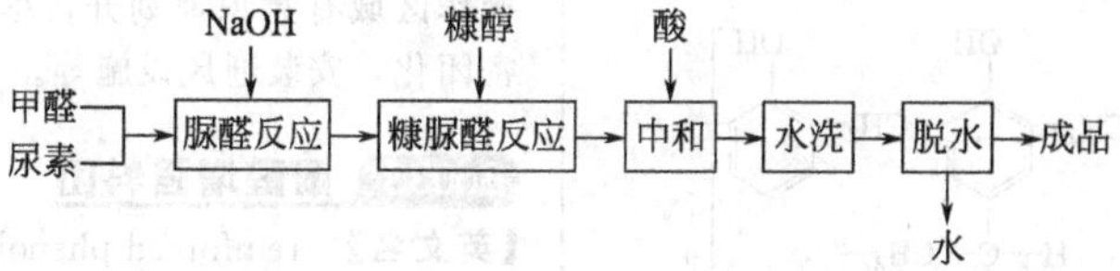

【质量标准】 辽阳有机化工厂企业标准

指标名称		指标
外观		棕色透明黏稠液体
黏度(20℃)/mPa·s	≤	200
pH 值		6～6.5
固体含量/%	≥	65
游离甲醛/%	≤	1.5
含氮量/%	≤	5～9
水分含量/%	≤	3

青岛化工研究所企业标准（CHG 型）

指标名称		指标
外观		棕黄色透明黏稠液体
分子量		150～350
黏度/Pa·s		0.5
游离甲醛/%	≤	5
水分/%	≤	0.3
pH 值		6～7

【用途】 主要用于铸造行业翻砂制芯用的胶黏剂以代替桐油、合成油脂等。它具有收缩率小、铸件尺寸精确、粘接性好、耐热、不易变形、砂芯强度高及硬化速度快

等特点。可用木质、塑料或铝制芯盒代替原金属芯盒，缩短了工装周期并减少芯盒的加工费用，提高了劳动生产率。糠脲树脂也可用于清漆及浸渍纸张、石棉布等作层压制品。CHG-1 主要用于铸造行业中的灰口铁、球墨铸铁的砂芯制造，并可常温固化。

【安全性】 铁桶包装，每桶 200kg，严防与酸性物质接触，防止日晒，置于阴凉干燥处。

【生产单位】 辽阳有机化工厂，青岛化工研究所、长春化工二厂、九江油脂化工厂、郑州油脂化工厂、南通农药厂等。

Bo032 苯乙烯改性酚醛注射模塑粉

【英文名】 styrene modified phenolic injection moulding powder

【别名】 苯乙烯改性酚醛注射塑料

【结构式】

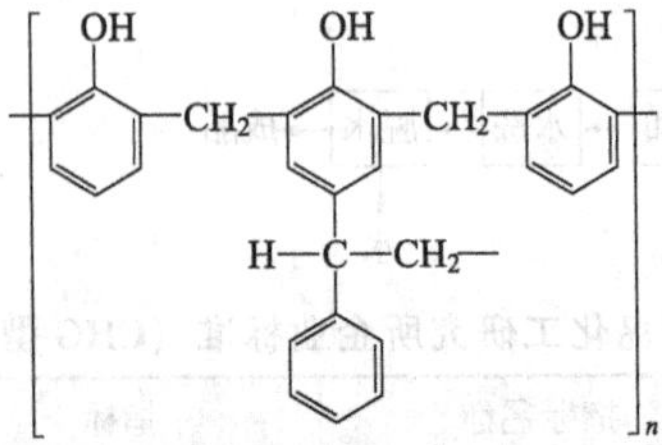

【性质】 具有良好的防霉、防潮性能和较好的力学性能。成型加工比压制法和传递法相比较容易，且模塑周期短、生产效率高。

【制法】 将苯酚、甲醛在酸性介质中反应生成线型树脂，然后加入一定剂量的苯乙烯而制成苯乙烯改性线型树脂，再加入填料等助剂混合，经滚压、粉碎而成。

【质量标准】 哈尔滨绝缘材料厂苯乙烯改性酚醛注射模塑粉企业标准

相对密度	≤	1.5
比容积/(mL/g)	≤	1.8
收缩率/%		0.8～1.3
马丁耐热/℃	≥	110
吸水性/(mg/cm²)		0.04
流动性(拉西格)/mm	≥	200
冲击强度/(kJ/m²)	≥	6.0
弯曲强度/MPa	≥	70
表面电阻率/Ω	≥	1×10^{12}
体积电阻率/Ω·cm	≥	10
介电强度/(MV/m)	≥	13

【安全性】 树脂的生产原料，对人体的皮肤和黏膜有不同程度的刺激，可引起皮肤过敏反应和炎症；同时还要注意树脂粉尘对人体的危害，长期吸入高浓度的树脂粉尘，会引起肺部的病变。大部分树脂都具有共同的危险特性：遇明火、高温易燃，与氧化剂接触有引起燃烧危险，因此，操作人员要改善操作环境，将操作区域与非操作区域有意识地划开，尽可能自动化、密闭化，安装通风设施等。

Bo033 酚醛增强料团

【英文名】 reinforced phenolic lump

【性质】 具有较高的力学强度。

【制法】 苯酚和甲醛在碱性催化剂催化作用下生成甲阶树脂，用该树脂作胶黏剂，按一定配比浸渍碎布、玻璃纤维、石棉及其他添加剂，经烘干后生成酚醛增强料团。

【反应式】

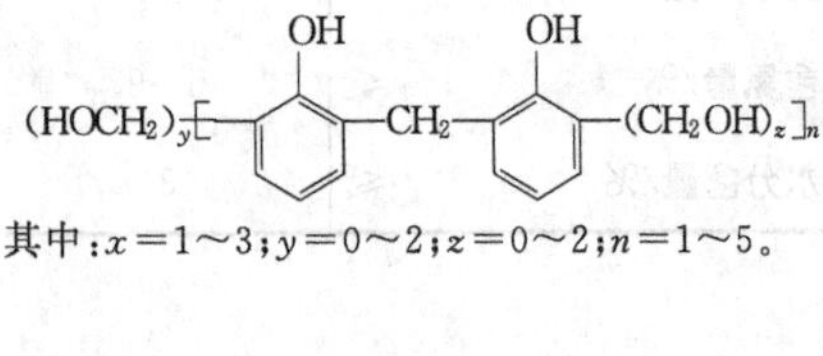

其中：$x=1\sim3$；$y=0\sim2$；$z=0\sim2$；$n=1\sim5$。

工艺流程如下。

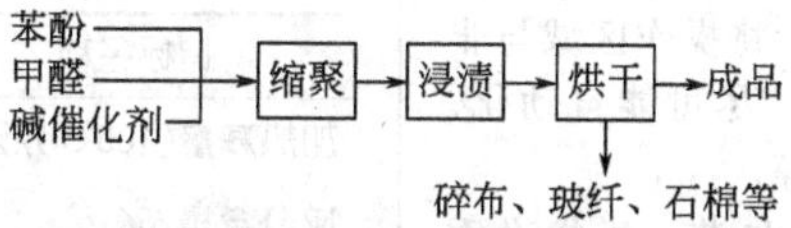

【质量标准】 **衡水市化工厂酚醛增强料团企业标准**

指标名称	BZ-171	BD-172	BQ-173	BF-174	BXZ-175
密度/(g/cm³)	1.35	1.3	1.5	1.5	1.9
弯曲强度/MPa ≥	100	80	60	60	120
冲击强度/(kJ/m²) ≥	20	15	10	10	35
热变形温度/℃	125	110	110	125	280
表面电阻率/Ω ≥		10^7～10^8	10^9		10^{12}
介电强度(90℃)/(MV/m) ≥			3.5		3.5
收缩率/%	0.6～1.0	0.6～1.0	0.6～1.0	0.6～1.0	0.3
吸水性/mg ≤	50		15	50	50
吸酸率/% ≥				0.5	
压缩强度/MPa ≥	180	150			200

【成型加工】 热压成型

牌号	加热温度/℃	压力/MPa	时间/(min/mm 厚)
系列产品	155±5	35±5	1～1.5

【用途】

牌号	用途
BZ-171	黑色、棕色。主要用于压制轧钢机等金属滚压机类用轴瓦，具有优良的耐磨性能，并可压制代替金属机械零件的制品
BD-172	红色、黄色。主要用于压制计算机房用抗静电、抗电击地板，具有防火、防潮、防腐、耐磨等特点
BQ-173	用于压制力学强度高、耐磨的低压电器零件
BF-174	填有耐蚀填料，用于压制耐化学腐蚀的结构材料及衬里，可替代部分金属件
BXZ-175	用玻纤为主要填料，用于压制高强度、耐震及耐热的绝缘结构件

【安全性】 树脂的生产原料，对人体的皮肤和黏膜有不同程度的刺激，可引起皮肤过敏反应和炎症；同时还要注意树脂粉尘对人体的危害，长期吸入高浓度的树脂粉尘，会引起肺部的病变。大部分树脂都具有共同的危险特性：遇明火、高温易燃，

与氧化剂接触有引起燃烧危险，因此，操作人员要改善操作环境，将操作区域与非操作区域有意识地划开，尽可能自动化、密闭化，安装通风设施等。

采用塑料薄膜密闭包装，每袋净重5kg。产品贮存在低于35℃的阴凉干燥处，贮存期6个月，注意运输时防止包装破损。若贮存过期，经检验合格后仍可使用。

【生产单位】 衡水市化工厂等。

Bo034 TDN-204树脂

【英文名】 TDN-204 resin

【别名】 叔丁酚醛增黏树脂

【结构式】

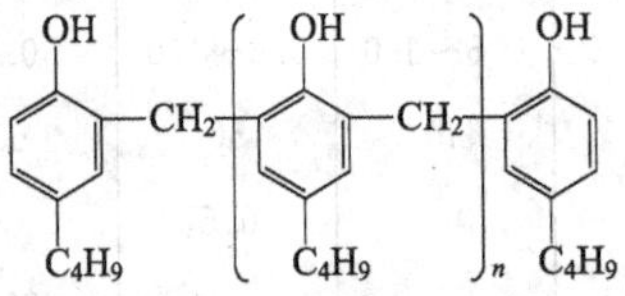

n=0, 1, 2, 3, 4, 5

【性质】 为黄色至褐色块状物，软化点120～157℃，无异味，无毒，能溶于苯、甲苯等大多数有机溶剂中，不溶于水。

【制法】 在催化剂存在下，叔丁酚与甲醛100℃下维持反应4h，加入溶剂搅匀，水洗至中性，然后缩聚蒸出水与溶剂即得成品。

【消耗定额】

原料名称	消耗/[kg(原料)/t(树脂)]
叔丁酚	1000
甲醛	1100

【质量标准】 太化集团公司有机化工厂企业标准

指标名称	Ⅰ	Ⅱ	Ⅲ
软化点/℃	120～129	130～142	143～157
游离酚含量/%	2		
加热减量(105℃)/% ≤	0.2		
灰分含量/% ≤	1		
外观	黄色至褐色块状物		

【用途】 本品是天然胶和各种合成胶的增黏剂，特别是顺丁橡胶、丁苯橡胶、丁腈橡胶、氯丁橡胶的有效增黏剂，它可改善胶料的自黏性，提高胶料的物理力学性能及热老化性能，且对硫化胶物性无不良影响。可用于轮胎、运输带及其他橡胶制品的生产。

【安全性】 树脂的生产原料，对人体的皮肤和黏膜有不同程度的刺激，可引起皮肤过敏反应和炎症；同时还要注意树脂粉尘对人体的危害，长期吸入高浓度的树脂粉尘，会引起肺部的病变。大部分树脂都具有共同的危险特性：遇明火、高温易燃，与氧化剂接触有引起燃烧危险，因此，操作人员要改善操作环境，将操作区域与非操作区域有意识地划开，尽可能自动化、密闭化，安装通风设施等。用内衬塑料袋的编织袋包装，每袋净重25kg，贮存于室内，须干燥、通风、防高温、防火。运输时要防止碰破包装。本品无毒。

【生产单位】 太化集团公司有机化工厂等。

Bo035 三聚氰胺改性酚醛模塑粉

【英文名】 melamine modified phenolic moulding powder

【结构式】

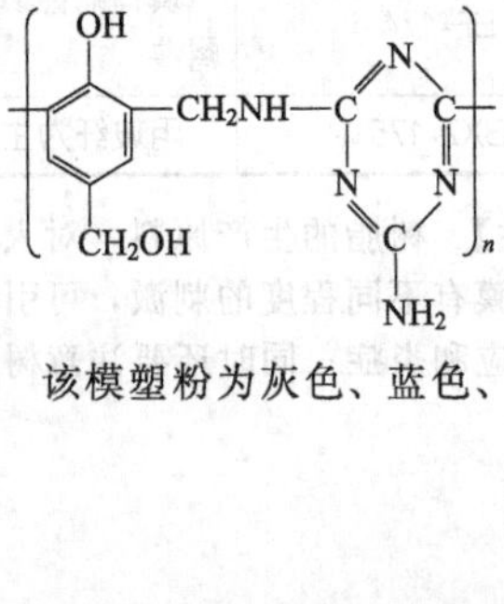

【性质】 该模塑粉为灰色、蓝色、橘红色

等颜色的粉状或粒状产品，具有较高的泄漏痕迹性，良好的电气、力学、耐热、耐磨、耐电弧、难燃等性能，经水煮 1h 后，无裂纹和翘曲。相对密度≤1.5，马丁耐热≥120℃，缺口冲击强度≥1.47kJ/m²，击穿电压强度≥10MV/m，耐泄漏痕迹性≥600V，耐燃性符合 UL-94 V-0 级(3.2mm 厚)。

【制法】 三聚氰胺、甲醛在 2 价金属离子氢氧化物的存在下，加热，进行酚醛加成反应，生成物与苯酚、甲醛进行缩聚，形成酚嗪型热固性树脂，干燥制成固体，加入各种有机或无机填料、润滑剂、着色剂等，捏合，经双辊热炼成片，冷却粉碎而成模塑粉，或加入玻璃纤维及各种添加剂，经蓬松、烘干而成。

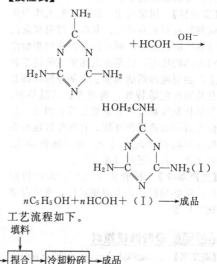

【反应式】

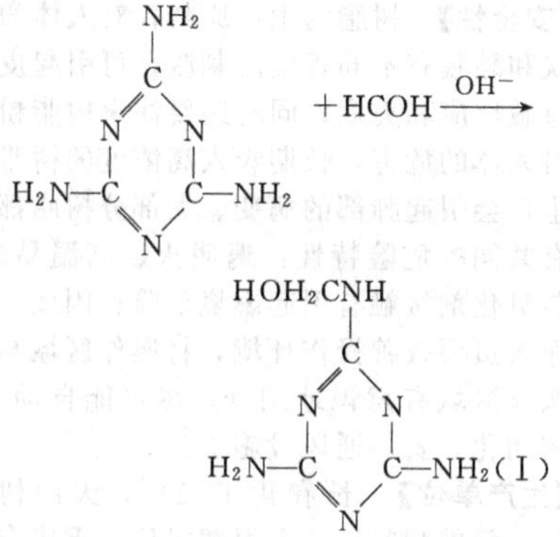

nC$_5$H$_5$OH+nHCOH+（Ⅰ）⟶成品

工艺流程如下。

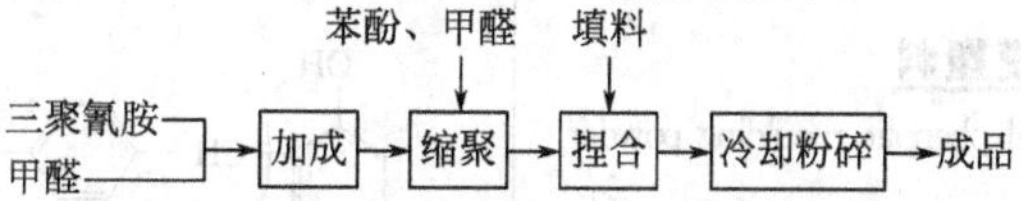

【质量标准】 部分生产三聚氰胺改性酚醛模塑粉厂家企业标准如下。

指标名称	长春化工二厂企标	天津树脂厂企标	常熟塑料厂企标
	6403	A5-3	730-5
外观	无裂纹、膨胀，具有光亮平整，色泽均一的表面，允许有少量的深浅色斑和填料露出		
相对密度 ≤	1.85	1.6～1.8	1.8
比容积/(mL/g) ≤	2.0	2.0	2.0
收缩率/%	0.40～0.80	0.40～0.80	0.40～0.80
吸水性/(g/cm²) ≤	0.10	0.10	0.80
马丁耐热/℃ ≥	140	140	140
流动性(拉西格)/mm	80～180	100～180	120～200
冲击强度/(kJ/m²) ≥	4.5	1.5	4.5
弯曲强度/MPa ≥	60	60	70
表面电阻率/Ω ≥	1×10^{12}	1×10^{12}	1×10^{12}
体积电阻率/Ω·cm ≥	1×10^{12}	1×10^{12}	1×10^{12}
介电强度/(kV/mm) ≥	12	12	12
耐电弧性/s ≥	100	600	600

【成型加工】 适用于传递法加工成型，也可注射成型。加工前物料需进行预热，一般于 110～120℃ 鼓风烘箱中干燥 4～8min，模压成型时压力为 24.5～34.3MPa，模具温度 155～165℃，模压时间视制品厚度而定，每毫米厚需 4～10min。成型工艺条件应根据制品尺寸、结构及质量要求而适当调节。

【用途】 适用于制造耐电弧制品和矿井防爆电气零件，如防爆开关、点火器等电气零件。特别是 A5-3 适合于要求耐电弧性较高的制品及有色彩要求的电气制品，如插头、插座等。该类模塑粉制品还可用于各种交通设施的装备上。

【安全性】 树脂的生产原料，对人体的皮肤和黏膜有不同程度的刺激，可引起皮肤过敏反应和炎症；同时还要注意树脂粉尘对人体的危害，长期吸入高浓度的树脂粉尘，会引起肺部的病变。大部分树脂都具有共同的危险特性：遇明火、高温易燃，与氧化剂接触有引起燃烧危险，因此，操作人员要改善操作环境，将操作区域与非操作区域有意识地划开，尽可能自动化、密闭化，安装通风设施等。

【生产单位】 长春化工二厂，天津树脂厂，常熟塑料厂，上海塑料厂，重庆合成化工厂等。

Bo036 聚酚醚模塑料

【英文名】 polyaralkyl phenolic moulding powder

【结构式】

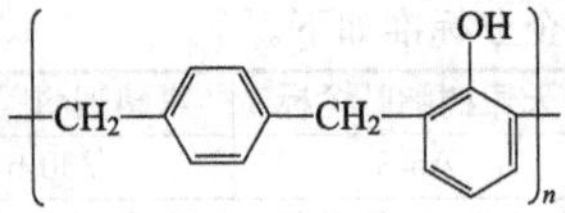

【性质】 可溶于丙酮和酒精等有机溶剂中。具有较好的力学强度、介电性能、耐化学性、耐磨性、耐烧蚀性。耐高温性优良，可在150～250℃下长期使用。

【制法】 芳烷基卤化物（二氯二甲基苯）或醚类（如苯二亚甲基二甲醚）和苯酚在弗-克催化剂存在下缩聚，得到红棕色的黏稠体或硬而脆的固体，然后将预聚物用六亚甲基四胺进行加热固化，再与石棉、玻璃纤维等填料混合，经滚压、粉碎而成。

【反应式】

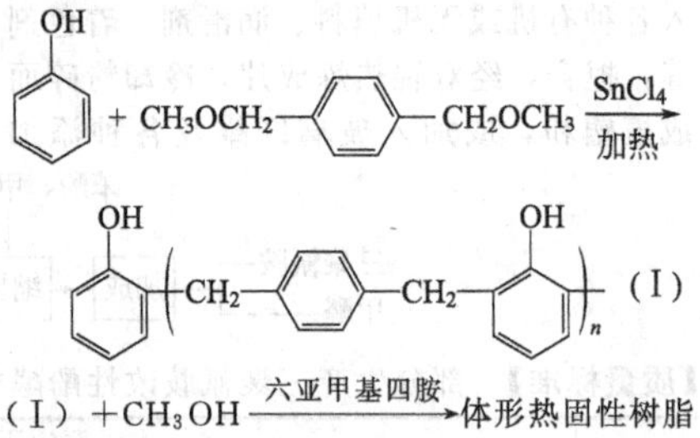

工艺流程如下。

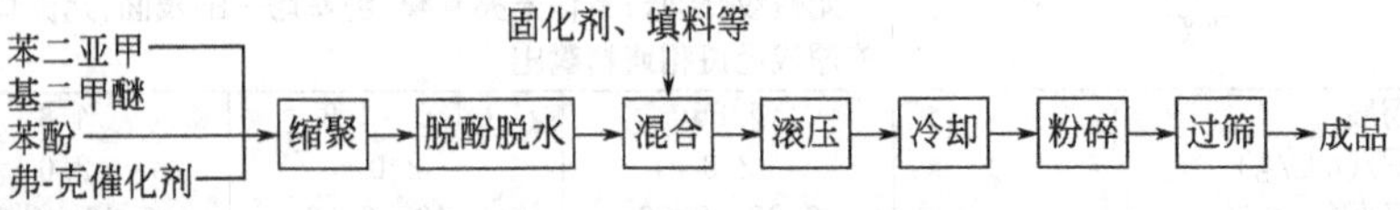

【质量标准】

外观：试样外观无裂缝、膨胀，具有光亮、平整表面。

耐沸水性：无裂缝、无剥层、无翘曲、无褪色。

上海塑料厂企业标准

指标名称	TE2210-1	TE2210-2	指标名称	TE2210-1	TE2210-2
相对密度 ≥	1.80	1.80	弯曲强度/MPa ≥	70	60
收缩率/%	0.30～0.50	0.30～0.50	表面电阻率/Ω ≥	1×10^{13}	1×10^{13}
吸水性/(mg/cm²) ≤	0.2	0.2	体积电阻率/Ω·cm ≥	1×10^{14}	1×10^{14}
马丁耐热性/℃ 未经热处理 ≥	170	150	介电损耗角正切(50Hz) ≤	0.01	0.01
经热处理 ≥	250		介电常数(10^5Hz) ≥	5	5
流动性(拉西格)/mm	100～180	100～130	介电强度/(kV/mm) ≥	15	12
冲击强度/(kJ/m²) ≥	6	6			

【成型加工】 适用于热压成型。

热压条件

预热条件		模具温度/℃	成型压力/MPa	保压时间/(min/mm厚)
温度/℃	时间/min			
120～130	5～10	170±5	30±5	2

后固化工艺

后固化温度/℃	时间/h	后固化温度/℃	时间/h	后固化温度/℃	时间/h
160	1	200	4	240	2
170	3	210	4	250	2
180	3	220	4		
190	4	230	2		

后固化工艺条件按照实际需要决定，一般需要长期工作的温度是多少，后固化处理温度就到多少摄氏度。

【用途】 主要用于电子、汽车、纺织、机械和航空工业中，作为耐高温、绝缘、耐磨、耐烧蚀的零部件。如潜水泵止推轴承、斯贝发动机组合开关键及701电位器制件。

【安全性】 树脂的生产原料，对人体的皮肤和黏膜有不同程度的刺激，可引起皮肤过敏反应和炎症；同时还要注意树脂粉尘对人体的危害，长期吸入高浓度的树脂粉尘，会引起肺部的病变。大部分树脂都具有共同的危险特性：遇明火、高温易燃，与氧化剂接触有引起燃烧危险，因此，操作人员要改善操作环境，将操作区域与非操作区域有意识地划开，尽可能自动化、密闭化，安装通风设施等。

采用内衬聚乙烯薄膜的铁桶，每桶净重50kg，桶上注明牌号、批号、质量、生产日期及商标。不宜受潮，应贮存于干燥凉爽仓库中，贮存期半年，如超过期限应进行检测，合格者方可使用。

【生产单位】 上海塑料厂等。

Bo037 高邻位酚醛模塑粉

【英文名】 fast cure phenolic (compression) moulding powder

【别名】 快速固化酚醛模塑粉

【结构式】

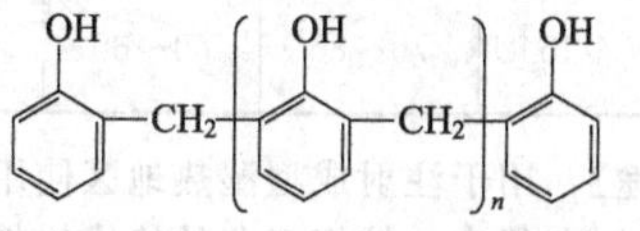

【性质】 具有固化快（在模腔内高温快速固化）、热刚性好（制件脱模后不易变形）、耐水和防霉性好等特点。

【制法】 将苯酚与甲醛在二价金属盐（如氧化锌、醋酸锌）催化剂作用下，加热回流、减压脱水后，再加盐酸或草酸，进一步缩聚，经真空脱水后生成高邻位酚醛树脂。该树脂按一定配比和热塑性酚醛树脂、填料、固化剂、润滑剂和着色剂等混合，并经滚压、粉碎、过筛即得到快速固化酚醛模塑粉。

【消耗定额】

牌号	苯酚/(kg/t)	甲醛/(kg/t)
PF2A2-161J	437.7	325.3

工艺流程如下。

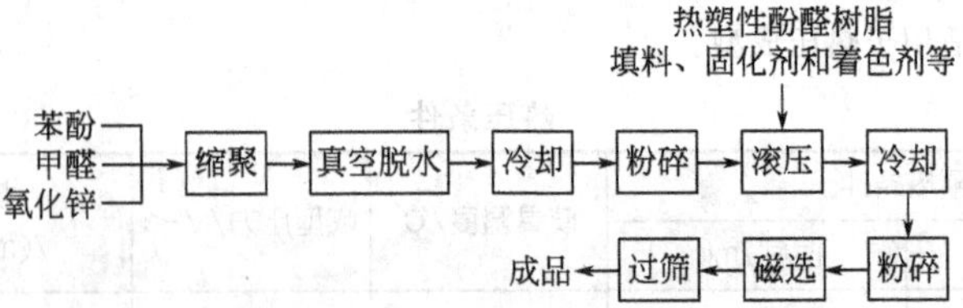

【质量标准】 上海塑料厂 PF2A2-161J 和 PF2A4-151J 企业标准如下。

指标名称		PF2A2-161J	指标名称		PF2A2-161J
相对密度	≤	1.5	冲击强度/(kJ/m^2)	≥	6.0
比容积/(mL/g)	≤	2.0	弯曲强度/MPa	≥	70
收缩率/%		0.5～0.9	表面电阻率/Ω	≥	1×10^{11}
吸水性/(mg/cm^2)	≤	0.4	体积电阻率/Ω·cm	≥	1×10^{11}
马丁耐热性/℃	≥	130	介电强度/(kV/mm)	≥	12
流动性(拉西格)/mm		80～150			

【成型加工】 采用注射成型加工方法。

牌号	料筒温度/℃		模具温度/℃	注射压力/MPa	闭模压力/MPa	保压时间/(s/mm 厚)
	前	后				
PF2A2-161J	75～85	40～60	170～190	80～160	100～200	模压 44 注塑 10～15
PF2A4-151J	75～85	40～60	170～190	80～160	100～200	模压 44 注塑 10～15

【用途】 用于注射成型湿热地区使用的低压电器和仪表、纺织工业的绝缘构件和零部件等。

【安全性】 树脂的生产原料，对人体的皮肤和黏膜有不同程度的刺激，可引起皮肤过敏反应和炎症；同时还要注意树脂粉尘对人体的危害，长期吸入高浓度的树脂粉尘，会引起肺部的病变。大部分树脂都具有共同的危险特性：遇明火、高温易燃，与氧化剂接触有引起燃烧危险，因此，操作人员要改善操作环境，将操作区域与非操作区域有意识地划开，尽可能自动化、密闭化，安装通风设施等。

采用内衬聚乙烯薄膜的聚丙烯塑料编织袋。每袋净重 25kg，并附有产品检验合格证。

运输时应避免受潮、受热、受污和包装破损。贮存时应置于通风干燥室内，温度不超过 35℃，不得靠近火源，暖气或受阳光直射。贮存期自制造日起为 1 年，超过贮存期应重新检验，合格者方可使用。

【生产单位】 上海塑料厂，扬州化工厂等。

Bo038 新酚玻璃钢

【英文名】 polyaralkyl-phenolic composite

【别名】 聚酚醚复合材料

【结构式】

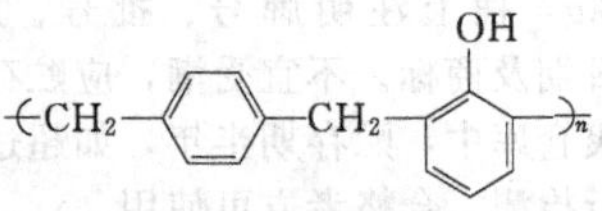

【性质】 既保持了酚醛树脂易于加工的特点，又具有较高的热稳定性，可在 150～

250℃下长期使用。

【制法】 将聚酚醚树脂溶于丙酮乙醇混合溶剂中，配制成不同固含量和液态树脂，与六亚甲基四胺混溶后，用以浸渍玻璃布或石棉织物制造层压塑料，也可浸渍石棉纤维或玻璃纤维、碳纤维制造增强塑料。

【反应式】

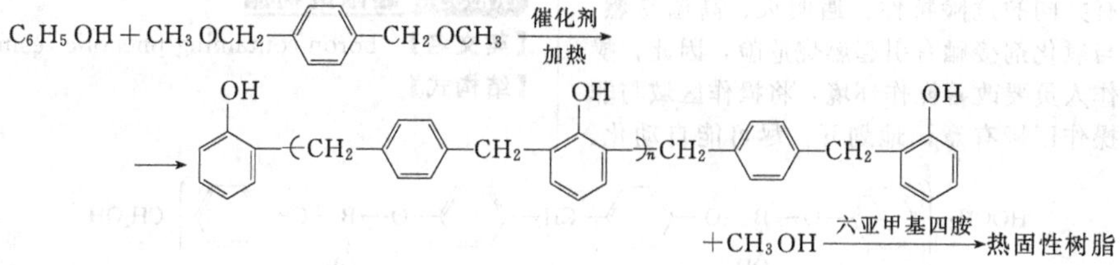

工艺流程如下。

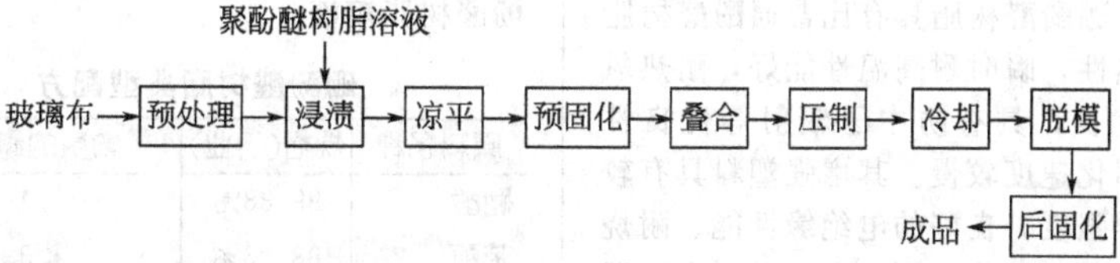

【成型加工】

产品名称	成型温度/℃	成型压力/MPa	保压时间/(min/mm 厚)
层压板	180±5	7	12
模塑件	175	30～40	3

【质量标准】 云南化工研究所产品标准

指标名称		层压板	模塑件
相对密度		1.78	
吸水性/(g/cm^2)	≤	0.039	
马丁耐热性/℃	≥	250	250
冲击强度/(kJ/m^2)		85	37～61
弯曲强度/MPa		430	170～230
表面电阻率/Ω		$(3\times10^{13})\sim(6\times10^{14})$	
体积电阻率/Ω·cm		$(4\times10^{13})\sim(8\times10^{14})$	
介电常数(10^6Hz)		4.5	4.7～5.2
介电损耗角正切(10^6Hz)		0.0064～0.013	0.022～0.025

【用途】 可取代 GBFG-1 和 GBF-2 航空结构材料。新酚-丁腈石棉制动材料，用于350℃以下的刹车片，可制造重负荷（磨削压 25MPa，速度 50m/s）砂轮。发泡材料可用于声学方面。

【安全性】 树脂的生产原料，对人体的皮肤和黏膜有不同程度的刺激，可引起皮肤过敏反应和炎症；同时还要注意树脂粉尘对人体的危害，长期吸入高浓度的树脂粉尘，会引起肺部的病变。大部分树脂都具有共同的危险特性：遇明火、高温易燃，与氧化剂接触有引起燃烧危险，因此，操作人员要改善操作环境，将操作区域与非操作区域有意识地划开，尽可能自动化、密闭化，安装通风设施等。

【生产单位】 上海塑料厂，云南省化工研究所等。

Bo039 硼酚醛树脂

【英文名】 boron containing phenolic resin

【结构式】

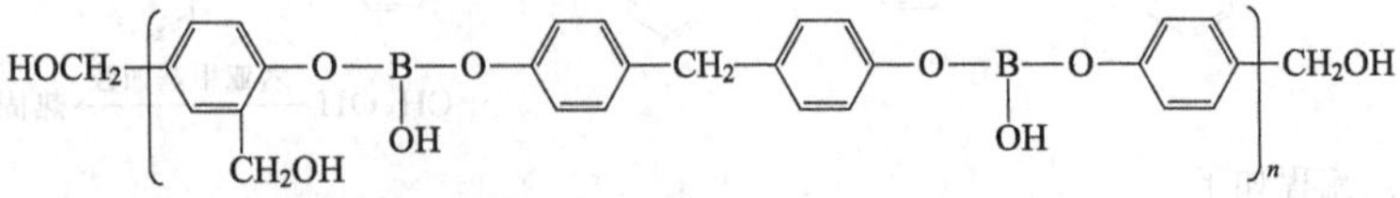

【性质】 硼酚醛树脂具有比普通酚醛树脂高的耐热性，瞬时耐高温性能好，耐热氧化性能优良，具有防中子辐射等优良性能。但固化速度较慢。其增强塑料具有较高的力学强度，良好的电绝缘性能、耐烧蚀性能和耐磨性能。不足之处是，在潮湿状态下，电绝缘性能和力学性能有较大幅度的下降。可用双酚A改性进行弥补。

【制法】 首先制备硼酸苯酚酯，即将苯酚与硼酸以3∶1的物质的量的比进行反应，主要生成硼酸二苯酚酯，然后将所得的硼酸二苯酚酯与适量的多聚甲醛反应，当凝胶时间达到50～75s（200℃±1℃）时，即为反应终点，冷却并加入乙醇，制得硼酚醛树脂溶液。

硼酚醛树脂典型配方

原料名称	规格(工业)	物质的量/mol
硼酸	99.38%	1
苯酚	98.36%	3
多聚甲醛	95.3%	3.03
无水乙醇	99.5%	适量
乙醇	95%	适量

层压板制备时，浸渍工艺一般同酚醛树脂层压塑料。含胶量为25%～31%，模压工艺如下。

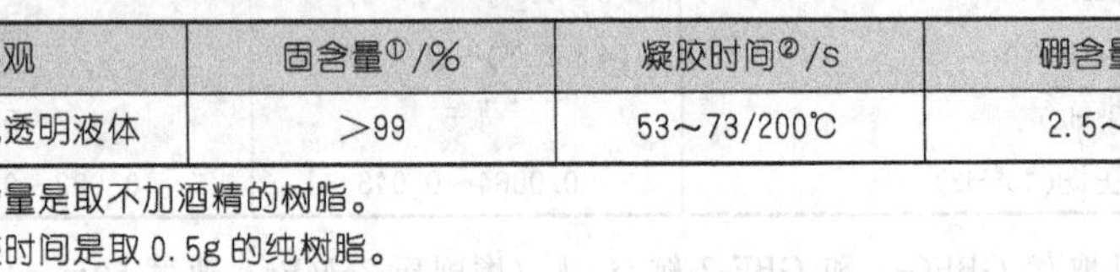

【质量标准】 部分生产硼酚醛树脂及其玻璃布层压板企业标准。

外观	固含量①/%	凝胶时间②/s	硼含量/%
浅黄绿色透明液体	>99	53～73/200℃	2.5～3.1

① 固含量是取不加酒精的树脂。

② 凝胶时间是取0.5g的纯树脂。

硼酚醛树脂玻璃布层压板性能

指标名称	指标	指标名称	指标
相对密度	1.80	表面电阻率/Ω	
吸水性/%	0.089	常态	9.51×10^{14}
弯曲强度/MPa	502～594	浸水	3.26×10^{9}
拉伸强度/MPa	367～426	体积电阻率/Ω·cm	
压缩强度/MPa	417～579	常态	7.1×10^{15}
剪切强度/MPa	597～779	浸水	3.05×10^{9}
冲击强度/(kJ/m^2)	172～190	介质损耗角正切(1MHz)	7.18×10^{-5}
弯曲弹性模量/GPa	375～393	介电常数(1MHz)	5.38
泊松比	0.192～0.196	热导率/[W/(cm·K)]	0.317
布氏硬度/MPa	960		

【成型加工】 可用模压、层压、缠绕等方式加工成型。

【用途】 可作火箭、导弹、宇宙飞船技术上的耐烧蚀材料。该树脂还可作砂轮制品的胶黏剂。

【安全性】 树脂的生产原料，对人体的皮肤和黏膜有不同程度的刺激，可引起皮肤过敏反应和炎症；同时还要注意树脂粉尘对人体的危害，长期吸入高浓度的树脂粉尘，会引起肺部的病变。大部分树脂都具有共同的危险特性：遇明火、高温易燃，与氧化剂接触有引起燃烧危险，因此，操作人员要改善操作环境，将操作区域与非操作区域有意识地划开，尽可能自动化、密闭化，安装通风设施等。

【生产单位】 北京 251 厂，上海新华树脂厂，上海塑料研究所，德国诺贝尔 (Nobel) 公司，Trolitan 等。

Bo040 玻璃纤维增强环氧改性酚醛模塑料

【英文名】 glass fiber reinforced epoxy modified phenolic moulding material

【性质】 该类塑料工艺性能好，制品有较高的力学强度，较好的热稳定性和尺寸稳定性。其中 SX-506 塑料比目前大量使用的 FX-501、FX-503 聚乙烯醇缩丁醛改性酚醛玻璃纤维模压塑料强度高。SX-580 比 SX-506 塑料流动性好，冲击强度高。

【制法】 以环氧改性的酚醛树脂为胶黏剂，以聚乙烯醇缩丁醛或羟甲基尼龙为增韧剂，玻璃纤维为增强材料，经浸渍、烘干而制成热固性模压塑料。

环氧改性酚醛玻璃纤维模压塑料品种与组成

品种	SX-506	SX-580
组成	以环氧树脂 E-44 为改性剂、以氧化镁催化合成的苯酚-苯胺-甲醛树脂为胶黏剂、聚乙烯醇缩丁醛为增韧剂的树脂胶液，浸渍(用 KH-550 处理过的)短切高弹玻纤	胶液配方同 SX-506，浸渍(用 KH-550 处理的)高强定长玻璃纤维

SX-506、SX-580 塑料配方

组分	配比(质量分数)		组分	配比(质量分数)	
	SX-506	SX-580		SX-506	SX-580
酚醛树脂	30.8	30.8	苯胺	1	1

续表

组分	配比(质量分数)		组分	配比(质量分数)	
	SX-506	SX-580		SX-506	SX-580
E-44环氧树脂	6.1	6.1	酞菁绿	0.15～0.2	0
聚乙烯醇缩丁醛	3.1	3.1	乙醇	25±3	25±3
油酸	1～1.2	1～1.2	玻璃纤维	60	60

【质量标准】

国营江北机械厂企业标准

指标名称	SX-506	SX-580	指标名称	SX-506	SX-580
相对密度	1.7～1.8	1.75～1.85	马丁耐热/℃ ≥	200	200
吸水性/(g/dm²) ≤	0.1	0.1	介电强度/(kV/mm) ≥	13	13
收缩率/% ≤	0.15	0.15	表面电阻率/Ω ≥	10^{13}	10^{13}
弯曲强度/MPa ≥	200	200	体积电阻率/Ω·cm ≥	10^{13}	10^{13}
压缩强度/MPa ≥	150	150	挥发物/%	3～7.5	3～4.5
冲击强度/(kJ/m²) ≥	55	100			

【用途】 SX-506适用于模压较高力学强度的军用和民用产品，SX-580适用于模压强度较高的大型薄壁零件。

【安全性】 树脂的生产原料，对人体的皮肤和黏膜有不同程度的刺激，可引起皮肤过敏反应和炎症；同时还要注意树脂粉尘对人体的危害，长期吸入高浓度的树脂粉尘，会引起肺部的病变。大部分树脂都具有共同的危险特性：遇明火、高温易燃，与氧化剂接触有引起燃烧危险，因此，操作人员要改善操作环境，将操作区域与非操作区域有意识地划开，尽可能自动化、密闭化，安装通风设施等。

【生产单位】 国营江北机械厂等。

Bo041 玻璃纤维布增强酚醛层压塑料

【英文名】 glass cloth reinforced laminated phenolic plastics

【性质】 玻璃纤维布增强酚醛层压塑料力学强度、电性能突出。具有耐水、耐弱酸、弱碱性能。

【结构式】

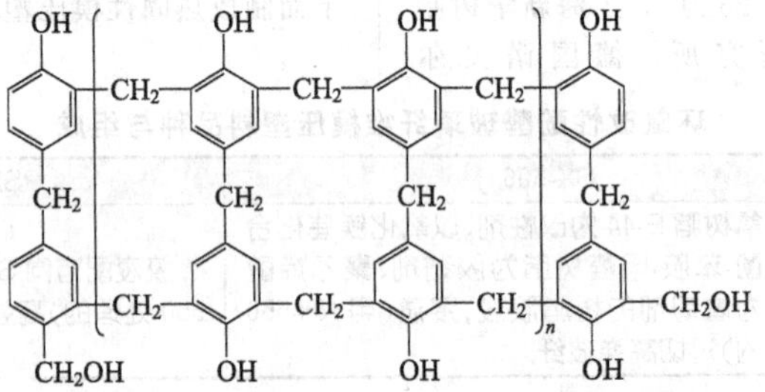

主要生产厂家为晨光化工三厂、重庆合成化工厂、上海绝缘材料厂、西安绝缘材料厂、哈尔滨绝缘材料厂、九江国营长江化工厂等。有关品种的性能见表。

重庆合成化工厂和上海绝缘材料厂酚醛层压塑料的性能

指标名称		品种								
		3301-2	3302-2	3303-1	3303-3	3021	3025	3520	3720	3721
密度/(g/cm³)		1.30～1.45	1.30～1.45	1.30～1.45	1.30～1.45					
吸水性/(mg/cm²)	≤	6	6	5	6					
耐油性(变压器油)										
(130℃)/h	≥			4						
(105℃)/h	≥				2					
拉伸强度/MPa						100				
纵向	≥	65	85	80	100		55			
横向	≥	55					30			
弯曲强度/MPa						130	120	80	100	100
纵向	≥	135	145	100	140					
横向	≥	105		100	120					
冲击强度/(kJ/m²)							25			
纵向	≥	25	35	13	20					
横向	≥	25			15					
剥离强度/(N/cm)	≥	2000	2000	1350	1150	1700				
压缩强度/MPa								40		
纵向	≥		130							
横向	≥		230							
马丁耐热性/℃	≥	125	125	150	150	150	125	105		105
布氏硬度/MPa	≥	300		250	250					
表面电阻率/Ω	≥	1×10^{10}		1×10^{11}	1×10^{10}	1×10^{10}	1×10^{10}	1×10^{10}	1×10^{10}	1×10^{2}
体积电阻率/Ω·cm	≥	1×10^{9}		1×10^{11}	1×10^{10}	1×10^{10}	1×10^{10}			
介电损耗角正切(50Hz)	≤			0.10				0.03		
介电常数(50Hz)	≤			8.0						

【用途】 酚醛棉布层压板在机械制造工业中可用来制造垫圈、轴瓦、轴承、皮带轮及无声齿轮等，在电气工业中可用来制造电话、无线电设备，以及要求不高的绝缘零件等。

酚醛纸层压板主要用于制造各种盘、接线板、绝缘垫圈、垫板、盖板等。为避免在潮湿环境中使用性能下降，制成零件后，最好涂上保护漆。

酚醛玻璃布层压板可作为结构材料用于飞机、汽车与船舶制造工业，以及用于电气工程、无线电工程用零部件等。

【安全性】 树脂的生产原料，对人体的皮肤和黏膜有不同程度的刺激，可引起皮肤过敏反应和炎症；同时还要注意树脂粉尘对人体的危害，长期吸入高浓度的树脂粉尘，会引起肺部的病变。大部分树脂都具有共同的危险特性：遇明火、高温易燃，与氧化剂接触有引起燃烧危险，因此，操作人员要改善操作环境，将操作区域与非操作区域有意识地划开，尽可能自动化、密闭化，安装通风设施等。

【生产单位】 黑龙江省科学院石油化学研究所，上海橡胶制品所，上海新光化工厂等。

Bo042 酚醛半金属磨阻材料

【英文名】 metal reinforced phenolic friction-static material

【性质】 具有强度高、摩擦系数稳定、制动性能好、耐磨、无噪声、不伤对偶件的性能和较强的抗热衰退性，350℃时摩擦系数仍能达到0.35左右。且无石棉危害。

【制法】 以酚醛树脂或其改性树脂为胶黏剂，填充以金属纤维及金属颗粒、增摩（擦）剂、调节剂、稳定剂等，经热压成型得到制品。

【工艺流程】 该产品是在石棉酚醛摩擦材料的基础上，除去石棉代以金属材料而制得的。

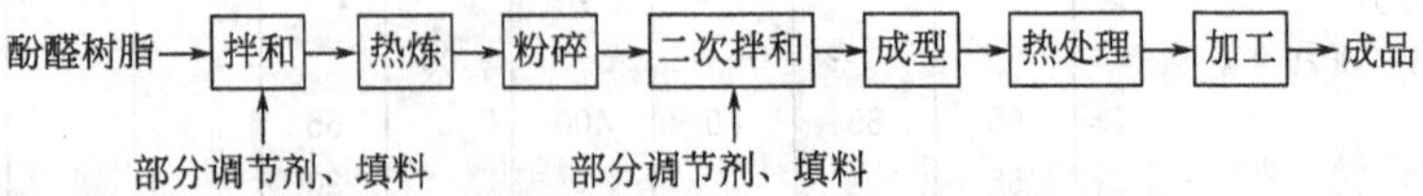

【质量标准】 衡水市化工厂企业标准

指标名称		WM制动片料
密度/(g/cm³)		2.4～2.6
布氏硬度/MPa		250～500
冲击强度(带缺口)/(kJ/m²)		4～8
弯曲强度/MPa	≥	30
压缩强度/MPa	≥	75
摩擦系数		0.5
磨耗/(cm³/J)	≤	0.2×10^{-7}
使用温度/℃		-50～350

【成型加工】 用湿法或干法加热模压成型。

【用途】 适用于各种起重机械的制动。

【安全性】 树脂的生产原料，对人体的皮肤和黏膜有不同程度的刺激，可引起皮肤过敏反应和炎症；同时还要注意树脂粉尘对人体的危害，长期吸入高浓度的树脂粉尘，会引起肺部的病变。大部分树脂都具有共同的危险特性：遇明火、高温易燃，与氧化剂接触有引起燃烧危险，因此，操作人员要改善操作环境，将操作区域与非操作区域有意识地划开，尽可能自动化、密闭化，安装通风设施等。

【生产单位】 衡水市化工厂等。

Bo043 玻璃布增强聚酚醛复合材料

【英文名】 polyphenolic composites reinforced with glass cloth

【结构式】

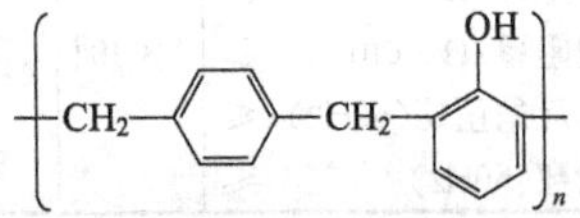

【性质】 玻璃布增强聚酚醛复合材料既保持了酚醛树脂易于加工的特点，又具有较高的热稳定性，可在150～250℃下长期使用。主要生产厂家为上海塑料厂、云南省化工研究所等，有关品种性能。

云南化工研究所产品的性能

指标名称		层压板	模塑件
密度/(g/cm³)		1.78	
吸水性/(g/cm²)	≤	0.039	
马丁耐热性/℃	≥	250	250

续表

指标名称	层压板	模塑件
冲击强度/(kJ/m²)	85	37～61
弯曲强度/MPa	430	170～230
表面电阻率/Ω	3×10^{13}～6×10^{14}	
体积电阻率/Ω·cm	4×10^{13}～8×10^{14}	
介电常数(10^5Hz)	4.5	4.7～5.2
介电损耗角正切(10^6Hz)	0.0064～0.013	0.022～0.025

可取代 GBFG-1 和 GBF-2 航空结构材料。新酚-丁腈石棉制动材料，用于350℃以下的刹车片，可制造重负荷（磨削压 25MPa，速度 50m/s）砂轮。

【用途】 发泡材料可用于声学方面。适用于制造力学强度要求高、耐热、耐磨的产品和制件。

【安全性】 树脂的生产原料，对人体的皮肤和黏膜有不同程度的刺激，可引起皮肤过敏反应和炎症；同时还要注意树脂粉尘对人体的危害，长期吸入高浓度的树脂粉尘，会引起肺部的病变。大部分树脂都具有共同的危险特性：遇明火、高温易燃，与氧化剂接触有引起燃烧危险，因此，操作人员要改善操作环境，将操作区域与非操作区域有意识地划开，尽可能自动化、密闭化，安装通风设施等。

【生产单位】 北京 251 厂等。

Bo044 玻璃纤维增强环氧改性甲酚甲醛模塑料

【英文名】 glass fiber reinforced epoxy modified cresol formaldehyde moulding material

【性质】 该类塑料属于高冲击型玻璃纤维模压塑料，模塑工艺性能好（其中 FHX-301 塑料还可采用传递模塑成型），制品物理力学性能优良，特别是冲击强度高。

【制法】 1. 制备甲酚

甲醛树脂甲酚、甲醛在草酸催化下反应、脱水制得甲酚甲醛树脂。2. 制备环氧树脂和甲酚甲醛树脂接枝共聚物

将酚醛环氧树脂 60 份与甲酚甲醛树脂 40 份进行预聚，或用环氧氯丙烷与甲酚甲醛树脂加入 NaOH 酒精溶液制备环氧改性甲酚甲醛树脂。前者得到酚醛环氧树脂和甲酚甲醛接枝共聚物 A 备用，后者制得环氧化甲酚甲醛树脂。将后者再与甲酚甲醛树脂预聚，制得环氧化甲酚甲醛树脂与甲酚甲醛树脂的接枝共聚物 B。

将上述两种接枝共聚物 A 和 B 分别与增韧剂羟甲基尼龙、催化剂苄基二甲胺、溶剂乙酸乙酯等混合在一起配制成胶液，浸渍玻璃纤维，最后制成热固性模压塑料 FHX-301、FHX-304。

FHX-301、FHX-304 塑料配方

组分	FHX-301（质量份）	FHX-304（质量份）	组分	FHX-301（质量份）	FHX-304（质量份）
环氧甲酚甲醛接枝共聚物	38(A)	38(B)	乙酸乙酯	适量	适量
单硬脂酸甘油酯	1	1	乙醇	适量	适量
羟甲基尼龙	4	2	玻璃纤维(B201 处理无碱无捻纱)	62	62
苄基二甲胺	0.068	0.068			

【质量标准】 五三研究所企业标准

指标名称	测试方法	FHX-301	FHX-304
弯曲强度/MPa	GB 1042—70	501	502
拉伸强度/MPa	GB 1040—70	172	179
冲击强度/(kJ/m²)	GB 1043—70	456	520
马丁耐热/℃	GB 1035—70	280	＞150
吸水性/(g/dm²)	GB 1034—70	0.037	0.022
相对密度	GB1033—70	1.74	1.77
布氏硬度/MPa		437	580
收缩率/%	WJ 435—65		0.05
表面电阻率/Ω	GB 1044—70	2.2×10^{14}	7.5×10^{13}
体积电阻率/Ω·cm	GB 1044—70	1.5×10^{14}	5.0×10^{14}
介电强度 /(kV/mm)	GB 1048—70	13.6	13.1

注：1. 将浸渍烘干的预浸料剪成长度为 30mm，非定向模压而成。

2. 拉伸强度仅供参考。

【成型加工】 FHX-301、FHX-304 模压工艺条件

塑料	预热		模压		
	温度/℃	时间/min	模温/℃	保温时间/(min/mm 厚)	压力/MPa
FHX-301	100～120	6～10	160～170	1.5	40～60
FHX-304	100～120	6～10	175～185	1.5	40～60

【用途】 适用于制作几何形状复杂、冲击强度要求较高的产品及零部件，如高膛压前膛弹引信零部件等。

【安全性】 树脂的生产原料，对人体的皮肤和黏膜有不同程度的刺激，可引起皮肤过敏反应和炎症；同时还要注意树脂粉尘对人体的危害，长期吸入高浓度的树脂粉尘，会引起肺部的病变。大部分树脂都具有共同的危险特性：遇明火、高温易燃，与氧化剂接触有引起燃烧危险，因此，操作人员要改善操作环境，将操作区域与非操作区域有意识地划开，尽可能自动化、密闭化，安装通风设施等。

【生产单位】 原兵器部五三研究所等。

Bo045 玻璃纤维增强酚醛注射料

【英文名】 glass fiber reinforced phenolic injection moulding material

【性质】 玻璃纤维增强酚醛注射料既可注射成型又可模压成型。具有中等强度的力学性能和良好的电绝缘性能，贮存期长，注射模塑时流动性和在料筒内的稳定性优良。

【制法】 采用酚醛或改性酚醛树脂胶液浸渍玻璃纤维（通常为无碱无捻玻纤粗纱），经烘干、造粒而制得。

玻璃纤维增强酚醛注射料牌号及组成

牌号	FX-801	FX-802	FBMZ-7901
组成	采用苯酚、甲醛以盐酸为催化剂合成的热塑性酚醛树脂为胶黏剂，聚乙烯醇缩丁醛为增韧剂，六亚甲基四胺为固化剂，40支20股4114无碱无捻玻璃纤维粗纱为增强材料	用苄基醚键酚醛树脂(MF-601)为胶黏剂，聚乙烯醇缩丁醛为增韧剂，40支20股4114无碱无捻玻璃纤维粗纱为增强材料	用苯酚、甲醛以氧化镁为催化剂的热固性酚醛树脂为胶黏剂，聚乙烯醇缩丁醛、液体羟基丁腈橡胶、糠醛为增韧和改性剂，KH-550处理的80支40股无碱无捻粗纱为增强材料

工艺流程如下。

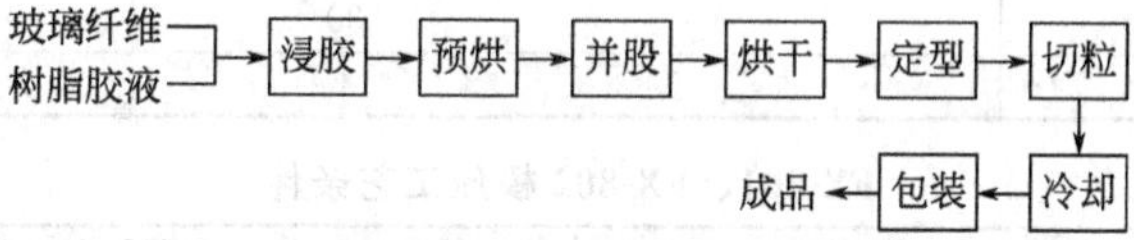

【质量标准】 三种牌号玻纤增强酚醛注射料的技术指标

指标名称	测试方法	FX-801①		FX-802②		FBMZ-7901③		
		注射成型	模压	注射成型	模压	注射成型	模压	定向模压
相对密度		1.68～1.82	1.68～1.82	1.70～1.80	1.73～1.83	1.50～1.75	1.60～1.75	1.60～1.75
吸水性/% ≤	GB 1034—70	0.5	0.3	0.30	0.20			0.05
马丁耐热/℃ ≥	GB 1035—70	140	150	200	230	230	280	280
弯曲强度/MPa ≥	GB 1042—70	120	200	80	90	100	150	250
冲击强度/(kJ/m²) ≥	GB 1043—70	20	100	16	30	20	75	150
表面电阻率/Ω ≥	GB 1044—70	10^{11}	10^{12}	10^{12}	10^{12}	10^{12}	10^{12}	10^{12}
体积电阻率/Ω·cm ≥	GB 1044—70	10^{10}	10^{11}	10^{11}	10^{11}	10^{12}	10^{12}	10^{12}
介电强度/(kV/mm) ≥	GB 1048—70			10	10	13	13	13
收缩率/% ≤	WJ 433—65	1.0	0.15	1.0	0.3			0.15
挥发分/% ≤	WJ 436—65	2～6	2～6	1～4	1～4			3～7
含胶量/%		36～44	36～44	37～45	37～45			
贮存期 ≥		六个月	六个月	夏季三个月	夏季三个月			
外观	目测	黄色到棕色的细棒状，不得有过湿、过干、黏结现象		黄色到棕色颗粒状塑料				

① FX-801为细棒状料，料长20mm。

② FX-802为粒状料，长15～20mm，截面积为（2.5mm×2.5mm）。

③ FBMZ-7901，定向模压料料长为115～120mm，非定向模压料料长为35～45mm。

【成型加工】

FX-801、FX-802 注射成型工艺条件

指标名称	长条试样[尺寸(120±1)×(15±0.2)×(10±0.2)]/mm	圆片试样[尺寸 ϕ(100±1)×(4±0.2)]/mm
浇口尺寸/mm	1.8×30	1.8×20
	15～20	
料筒温度/℃	前区 90±5	后区 60±2
	165～180	
注射压力/MPa	100～140	
	28	
保压时间/s	30	
固化时间/min	3	2

FX-801、FX-802 模压工艺条件

料粒长度/mm	预热		模塑温度/℃	模塑压力/MPa	保压时间/(min/mm)
	温度/℃	时间/min			
15～20	100～110	5～10	175±5	40±5	1

【用途】 玻璃纤维增强酚醛注射料可以注射加工成型各种形状复杂的中小型零部件，但对尺寸要求很严格、几何形状不对称的产品不适用。该塑料也可用一般模压法生产大中小型制品，如各种电器、仪表的壳体以及低压电器零部件。某些军工产品的包装筒等。

FX-801 不适于制造有金属嵌件和与火药接触的产品，因该塑料制造的产品中残留有少量游离氨，对金属嵌件有腐蚀作用，对火药有不良影响。另外该塑料耐热性和出模刚性较 FX-802、FBMZ-7901 差。FX-802 对金属嵌件和火药无不良影响。FBMZ-7901 较 FX-802，FX-801 的电绝缘性能好，适合于对电绝缘要求较严格的产品。

【安全性】 树脂的生产原料，对人体的皮肤和黏膜有不同程度的刺激，可引起皮肤过敏反应和炎症；同时还要注意树脂粉尘对人体的危害，长期吸入高浓度的树脂粉尘，会引起肺部的病变。大部分树脂都具有共同的危险特性：遇明火、高温易燃，与氧化剂接触有引起燃烧危险，因此，操作人员要改善操作环境，将操作区域与非操作区域有意识地划开，尽可能自动化、密闭化，安装通风设施等。

【生产单位】 五三研究所（牌号 FX-801、FX-802），济南华兴机械厂（牌号 FX-802），航空部秦岭公司（牌号 FBMZ-7901），哈尔滨绝缘材料厂（牌号 FX-801）等。

Bo046 玻璃纤维增强尼龙改性酚醛模塑料

【英文名】 glass fiber reinforced nylon modified phenolic moulding material

【性质】 具有高的力学强度、耐热性能、介电性能和耐化学性能。

【制法】 以热固性尼龙改性的苯酚甲醛树脂为胶黏剂，以玻璃纤维为增强材料，经浸渍、烘干而制成的模压塑料。

【质量标准】 北京 251 厂羟甲基尼龙改性热固性酚醛树脂玻纤模压塑料性能企业标准

拉伸强度/MPa	130～140
弯曲强度/MPa	240～320
压缩强度/MPa	210～220
冲击强度/(kJ/m²)	150～170
介电损耗角正切(1MHz)	2.27×10^{-2}
介电常数(1MHz)	6.06
热导率/[W/(m·K)]	0.53～0.63

【用途】 适用于制造力学强度要求高、耐热、耐磨的产品和制件。

【生产单位】 北京 251 厂等。

Bo047 可发性甲阶酚醛树脂

【英文名】 foamable resol

【别名】 酚醛泡沫塑料

【结构式】

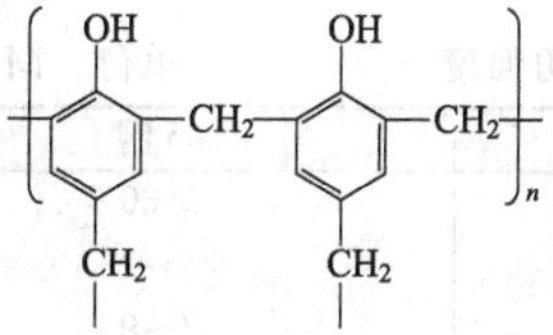

【性质】 在阻燃方面具有特殊优良的性能，耐热性好，难燃，自熄，低烟雾，耐火焰穿透，遇火无滴落物，价格低廉。尿素改性型成型性好，耐水性优异，闭孔率高，热导率低；尿素和间苯二酚改性型减少了脆性；异氰酸酯改性型制品强度高，耐水性好，成型快，热导值低；邻甲酚改性型制品韧性好；糠醇改性型制品泡孔结构好。

【制法】 可发性甲阶酚醛树脂，由苯酚、甲醛在碱性催化剂作用下生成甲阶酚醛树脂，然后在树脂中加入发泡剂（液体发泡剂如氟里昂-11 和氟里昂-12 物质的量的比 1∶4 的混合物，固体发泡剂如 Na_2CO_3、金属铝粉等）、表面活性剂（如聚硅氧烷系列或吐温系列）、酸性催化剂（无机酸如盐酸、硫酸、磷酸，有机酸如对甲苯磺酸、苯酚磺酸等）等制成。

【反应式】

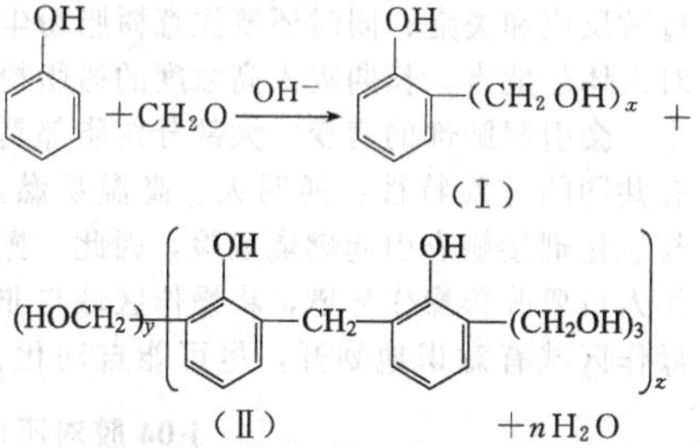

其中，$x=1\sim3$；$y=0\sim2$；$z=0\sim2$；$n=1\sim5$。

$$(\text{I})+(\text{II})\xrightarrow{H^+}\text{成品}+nH_2O$$

工艺流程如下。

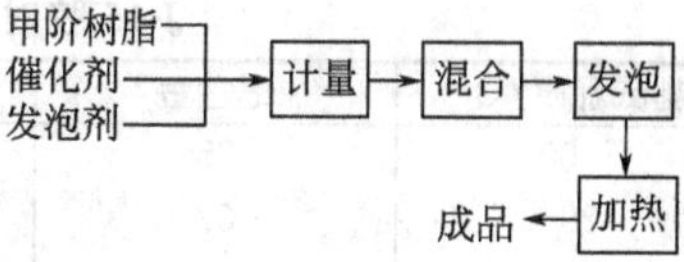

【质量标准】 沈阳石油化工厂通用型酚醛泡沫塑料性能及重庆合成化工厂 ED-20 型符合该厂企业标准如下。

指标名称		ED-20	通用
表观密度/(kg/m³)		150～210	40～60
压缩强度/kPa	≥	1500	1.0～1.5
吸水性(常温水浸 24h)/(kg/m³)	≤	0.1	0.5
热导率/[W/(m·K)]		0.035～0.06	0.089～0.125
体积变化(150℃,24h)/%	≤	1	3
氧指数(室温)	≥		34

【成型加工】 与聚氨酯泡沫发泡工艺类似，可间歇发泡、喷涂发泡及连续发泡。

【用途】 可作绝热保温材料，主要用于屋顶隔热、墙壁隔声及各种管道的隔热层。可作吸水材料，作切花泥、植物苗床和土壤改良剂等。还可作包装材料，被包装物可直接嵌入泡沫中。

【安全性】 树脂的生产原料，对人体的皮肤和黏膜有不同程度的刺激，可引起皮肤过敏反应和炎症；同时还要注意树脂粉尘对人体的危害，长期吸入高浓度的树脂粉尘，会引起肺部的病变。大部分树脂都具有共同的危险特性：遇明火、高温易燃，与氧化剂接触有引起燃烧危险，因此，操作人员要改善操作环境，将操作区域与非操作区域有意识地划开，尽可能自动化、密闭化，安装通风设施等。

【生产单位】 沈阳石油化工厂，重庆合成化工厂等。

Bo048 酚醛-丁腈结构胶

【英文名】 phenolic-nitrile structural adhesivc

【性质】 此胶以乙酸乙酯为溶剂，无刺激味，对大多数金属和非金属材料都具有较高的粘接强度。柔韧性好，能耐一定的高低温，耐温热老化和大气老化性能比较突出。涂胶后需将溶剂挥发，固化过程需要一定的压力和温度。

黑龙江省石化所的J-04和J-15酚醛-丁腈结构胶的主要性能见下表。

J-04胶对不同金属的剪切强度 单位：MPa

测试温度/℃	铝合金	45钢
-60	>30	>30
20	20～26	24～28
250	7～9	7～9

J-15胶对不同金属的剪切强度 单位：MPa

测试温度/℃	铝合金	45钢	不锈钢	黄铜
-60	35	—	—	—
20	37	36	36	38
250	12	7	7	6

酚醛-丁腈胶耐老化性能优异。J-15胶曾在海南岛、南昌和哈尔滨做过10年的大气曝晒试验，所有试验件性能基本不变。

【制法】 由于酚醛树脂的耐热性好，丁腈橡胶的柔韧性好，二者又能化学结合，故其综合性能优异，有较大的实用价值。J-04胶用氢氧化钡为催化剂合成的酚醛树脂。丁腈橡胶（40#）先经塑炼，再加入各种配合剂混炼，最后薄通，配制成20%乙酸乙酯胶液，酚醛和橡胶的比例为3∶1配制而成。J-15甲组分用氧化锌为溶剂的高邻位酚醛树脂，乙组分为混炼丁腈橡胶（40#），配制成20%乙酸乙酯胶液，丙组分为有机酸催化促进剂，三者的比例为1∶1∶0.1，使用前调配均匀。

产品用塑料桶包装，规格不等。贮存最好在地下室（低于30℃），避免阳光曝晒。贮存期大于6个月。酚醛-丁腈结构胶，系溶剂型胶液，应按危险品运输。

【质量标准】

企业标准

指标名称	指标		
	J-01①	J-02②	J－04③
主要组分	酚醛-丁腈胶液或胶膜	甲：酚醛-丁腈-环氧 乙：固化剂双组分	酚醛-丁腈 单组分
外观			黑色或棕红色胶液
剪切(铝)强度(20℃)/MPa	20.0	21.8	22～26.0
150℃剪切强度/MPa	9.0		
250℃剪切强度/MPa			7
不均匀剥离强度(kN/m)		40～50	50～60
90℃剥离强度/(N/cm)			≥8
固化条件	在处理好的表面上涂胶2次，每次间隔20～30min；80℃预热30～60min；150℃ 3h；0.3～0.5MPa	甲：乙＝30：1；混匀后涂胶喷砂 60℃ 9h； 80℃ 6h； ＞0.3MPa	同J-01； 160～170℃ 3h； 0.3MPa

指标名称	指标		
	JX-9、JX-10④	铁锚705⑤(JX-5)	J-15⑥
主要组分	酚醛-丁腈胶膜或胶液(双组分)	酚醛-丁腈-有机硅(单组分)	酚醛、丁腈促进剂(三组分)
外观	胶液：乳白 胶膜：浅黄色		棕红色胶液
剪切(铝)强度(20℃)/MPa	≥28、≥27	≥15	30.0
100℃剪切强度/MPa	≥15		
150℃剪切强度/MPa	≥9.0、≥11	≥6	16.0
不均匀剥离强度/(kN/m)	≥90		≥70
90℃剥离强度/(N/cm)	≥6、≥5.9		
固化条件	前者甲：乙＝2.07：1； 后者甲：乙＝1：1； 铝喷砂处理涂胶后露置30min；夹入胶膜固化；180℃ 2h； 0.5MPa	打毛、脱脂； 涂胶2～3次； 露置30～40min； 160℃ 4h； 0.15MPa	180℃ 3h； 0.1～0.3MPa

①②③⑥均为黑龙江石化所的产品；④为上海橡胶制品所的产品，依据该所的《技术条件》；⑤为上海新光化212厂产品，标准号为Q/GHPH8—91。

【用途】 酚醛-丁腈结构胶黏剂可用于粘接金属及耐热非金属材料如钢、铝、紫铜、丁腈橡胶、石棉制品等；在机车车辆中用于刹车片制动器衬里与铁离合器贴面层、摩擦材料的黏合；在飞机制造中用于机翼和蜂窝结构的胶接、整体油箱的密封等。此外，汽缸垫的制造以及印刷线路板中覆铜箔、聚酰亚胺与金属的粘接、橡胶包覆滚筒玻璃钢的制造等都有应用。

使用时先将粘接表面打毛、擦净、用有机溶剂脱脂，再均匀涂胶2～3次，每次露置30min左右（视天气而定），让溶剂充分挥发，然后压紧，160～170℃固化4～3h，然后自然冷却，卸压测试强度。若涂胶露置后，能在60～80℃下活化30～60min再搭接合拢，加热固化，则效果更好。双组分或三组分胶使用前必须调合均匀后涂胶。胶膜或用玻璃纤维、尼龙、织物等浸渍干燥后形成载体的胶膜，使用时须将其剪成与被粘物表面相同大小，夹在其中，再加压加热固化。

【生产单位】 黑龙江省科学院石油化学研究所，上海橡胶制品所，上海新光化工厂等。

Bo049 玻璃纤维/石棉增强聚酚醛模塑料

【英文名】 glassfiber/asbestos reinforced polyphenol-aldehyde molding composite

【性质】 玻璃纤维/石棉增强聚酚醛模塑料可溶于丙酮和酒精等有机溶剂中。具有较好的力学强度、介电性能、耐化学性、耐磨性、耐烧蚀性。耐高温性优良，可在150～250℃下长期使用。外观：试样外观无裂缝、膨胀，具有光亮、平整表面。耐沸水性：无裂缝、无剥层、无翘曲、无褪色。

【结构式】

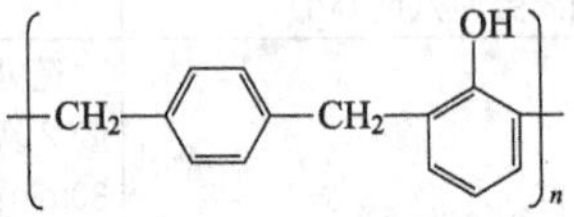

主要生产厂家为上海塑料厂等，其品种性能如下。

上海塑料厂玻璃纤维/石棉增强聚酚醛模塑料性能

指标名称		TE2210-1	TE2210-2
密度/(g/cm³)	≥	1.80	1.80
收缩率/%		0.30～0.50	0.30～0.50
吸水性/(mg/cm²)	≤	0.2	0.2
马丁耐热性/℃			
未经热处理	≥	170	150
经热处理	≥	250	
流动性(拉西格)/mm		100～180	100～130
冲击强度/(kJ/m²)	≥	6	6
弯曲强度/MPa	≥	70	60
表面电阻率/Ω	≥	1×10^{13}	1×10^{13}
体积电阻率/Ω·cm	≥	1×10^{14}	1×10^{14}
介电损耗角正切(50Hz)	≤	0.01	0.01
介电常数(10^5Hz)	≥	5	5
介电强度/(kV/mm)	≥	15	12

【用途】 主要用于电子、汽车、纺织、机械和航空工业中，作为耐高温、绝缘、耐磨、耐烧蚀的零部件。如潜水泵止推轴承、斯贝发动机组合开关键及701电位器制件。

【安全性】 树脂的生产原料，对人体的皮肤和黏膜有不同程度的刺激，可引起皮肤过敏反应和炎症；同时还要注意树脂粉尘对人体的危害，长期吸入高浓度的树脂粉尘，会引起肺部的病变。大部分树脂都具有共同的危险特性：遇明火、高温易燃，与氧化剂接触有引起燃烧危险，因此，操作人员要改善操作环境，将操作区域与非操作区域有意识地划开，尽可能自动化、密闭化，安装通风设施等。

【生产单位】 黑龙江省科学院石油化学研究所，上海橡胶制品所，上海新光化工厂等。

Bo050 丁腈橡胶改性酚醛模塑粉

【英文名】 NBR-modified phenolic moulding powder

【结构式】

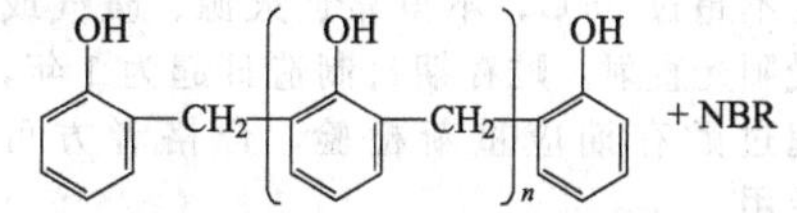

【性质】 褐色或黑色粉粒状固体物，在热压下塑制成各种形状制品，具有较高的冲击强度、电绝缘性能、耐油性能和耐磨性能。耐弱酸，不溶于水，溶于部分溶剂，遇强碱可侵蚀。

【制法】 丁腈橡胶改性酚醛模塑粉是热塑性酚醛树脂和丁腈橡胶的共混物。它是先将丁腈橡胶塑炼，然后再按一定配比与热塑性酚醛树脂、填料、固化剂和着色剂等混合，经滚压、粉碎和过筛而得。

【消耗定额】

牌号	苯酚/(kg/t)	甲醛/(kg/t)	丁腈橡胶/(kg/t)
PF2A6-1503	385.9	286.8	75
PF2A6-1603	467.5	347.5	85
PF2A6-9603	406.2	302	

工艺流程如下。

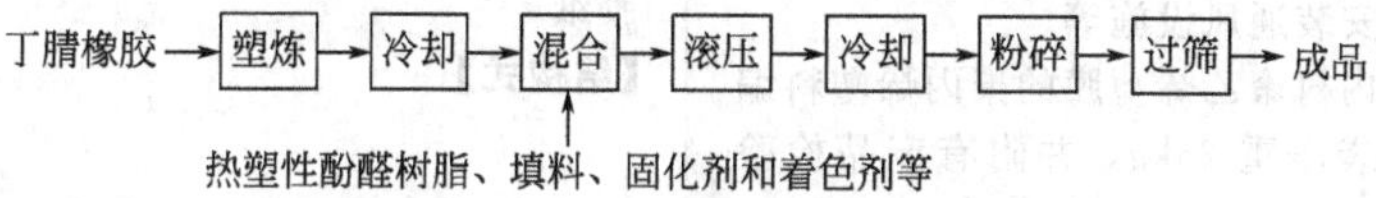

【质量标准】 PF2A6-1503、PF2A6-9603 符合 GB 1404-8 标准，PF2A6-1603 符合衡水市化工厂企业标准。

指标名称		PF2A6-1503	PF2A6-1603	PF2A6-9603
相对密度	≤	1.45	1.60	1.60
比容积/(mL/g)	≤	2.0	2.0	
收缩率/%		0.50～1.00	0.50～0.90	0.50～0.90
马丁耐热性/℃	≥	125	125	125
吸水性/(mg/cm²)	≤	0.80	0.40	0.30
流动性(拉西格)/mm		100～200	100～190	100～190
冲击强度/(kJ/m²)	≥	8.0	8.0	8.0
弯曲强度/MPa	≥	60	50	60
表面电阻率/Ω	≥	1×10^{12}	1×10^{12}	1×10^{12}
体积电阻率/Ω·cm	≥	1×10^{11}	1×10^{11}	1×10^{11}
介电强度/(kV/mm)	≥	12	13	13

【成型加工】 可用热压加工成型。

牌号	预热温度/℃	预热时间/min	模具温度/℃	保压时间/(min/mm厚)	成型压力/MPa
PF2A6-1503	125～135	4～8	165～175	1～1.5	25
PF2A6-1603	125～135	4～8	165～175	1～1.5	25
PF2A6-9603	135～145	5～10	160～175	1.5～2.0	25

【用途】 主要用于制造在湿热条件下使用的振动频繁的电工产品绝缘构件或有金属嵌件的复杂制件，如真空管插座、电磁开关支架等。

【安全性】 树脂的生产原料，对人体的皮肤和黏膜有不同程度的刺激，可引起皮肤过敏反应和炎症；同时还要注意树脂粉尘对人体的危害，长期吸入高浓度的树脂粉尘，会引起肺部的病变。大部分树脂都具有共同的危险特性：遇明火、高温易燃，与氧化剂接触有引起燃烧危险，因此，操作人员要改善操作环境，将操作区域与非操作区域有意识地划开，尽可能自动化、密闭化，安装通风设施等。

采用内衬聚乙烯薄膜的聚丙烯塑料编织袋。每袋净重25kg，并附有产品检验合格证。

运输时应避免受潮、受热、受污和包装破损。贮存时应置于通风干燥室内，温度不超过35℃，不得靠近火源、暖气或受阳光直射。贮存期自制造日起为1年，超过贮存期应重新检验，合格者方可使用。

【生产单位】 上海塑料厂，衡水市化工厂，长春市化工二厂等。

Bo051 酚醛电工布板

【英文名】 phenolic laminate

【别名】 酚醛层压塑料；机械布板；胶纸

【结构式】

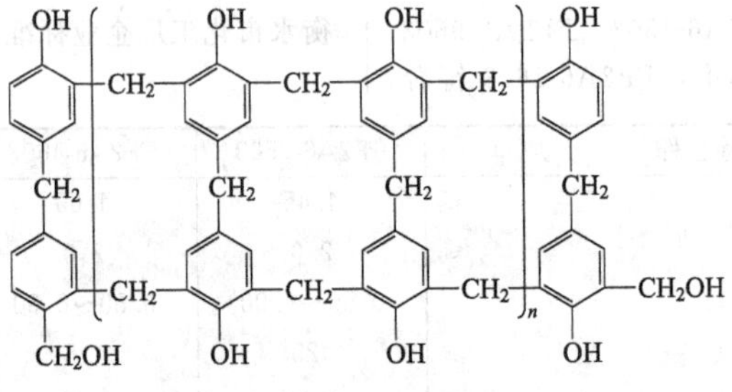

【性质】 力学强度、电性能突出。具有耐水、耐弱酸、弱碱性能。

酚醛层压塑料性质

品种	牌号	基材	性能
电工用布质酚醛层压板	3301 1131-2M	棉布	力学强度较高，电绝缘性良好
机械用布质酚醛层压板	3302-2 3025 1111-1M	棉布	力学强度突出

续表

品种	牌号	基材	性能
电工用纸质酚醛层压板	3021 3303-1 3303-3 1114-Z	绝缘纸	电性能和耐油性好力学性能较好 电性能好
玻璃布层压板	CBFS-1 CBFS-2 CBFS-3 CBFS-15 CBFG-1 3230	玻璃布	力学强度高 耐热性好 电性能好，力学强度、耐热性中等 冲击强度高 电性能好 电性能好
卷压制品	3520	纸筒	电性能好
模压制品	3720	纸棒	力学性能好
	3721	布棒	力学性能好

【制法】 苯酚、甲醛以氨水为催化剂，经缩聚、真空脱水后加入酒精制成甲阶酚醛树脂溶液，然后在浸胶机上使棉布、纸或玻璃布上胶，经烘干后按要求热压成各种规格的板材、管材或棒材等。

【消耗定额】

牌号	棉布/(kg/t)	苯酚/(kg/t)	甲酚/(kg/t)	甲醛/(kg/t)
1111-1M	605	500		510
1131-2M	605	126	436	510

工艺流程如下。

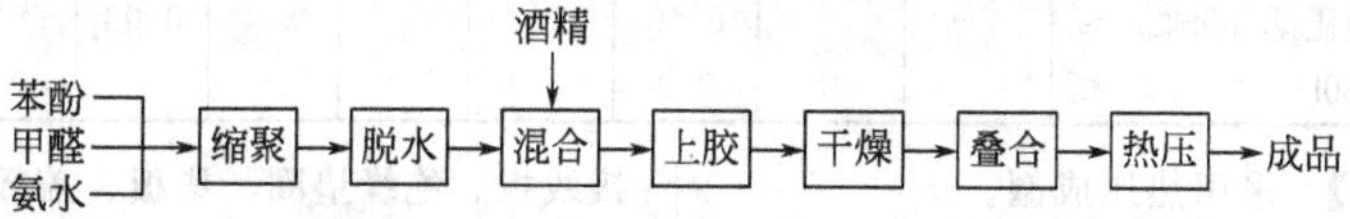

【质量标准】 重庆合成化工厂生产的3301-2、3302-2、3303-1、3303-3符合该厂企业标准。上海绝缘材料厂生产的3021、3025、3520、3720、3721符合该厂企业标准。晨光化工三厂生产的机械布板1111-1M符合标准JB 1679—75《3026高强度酚醛层压布板》；电工布板1131-2M符合标准JB 886—77《3025酚醛层压布板》；胶纸1114-Z由供需双方协商。

玻璃布酚醛层压板符合重庆合成化工厂企业标准。

重庆合成化工厂和上海绝缘材料厂酚醛层压塑料产品企业标准

指标名称	品种								
	3301-2	3302-2	3303-1	3303-3	3021	3025	3520	3720	3721
相对密度	1.30～1.45	1.30～1.45	1.30～1.45	1.30～1.45					

续表

指标名称	品种								
	3301-2	3302-2	3303-1	3303-3	3021	3025	3520	3720	3721
吸水性/(mg/cm^2) ≤	6	6	5	6					
耐油性(在变压器油中)									
在130℃时耐热/h ≥			4						
在105℃时耐热/h ≥				2					
拉伸强度/MPa					100				
纵向 ≥	65	85	80	100		55			
横向 ≥	55					30			
弯曲强度/MPa					130	120	80	100	100
纵向 ≥	135	145	100	140					
横向 ≥	105		100	120					
冲击强度/(kJ/m^2)						25			
纵向 ≥	25	35	13	20					
横向 ≥	25			15					
剥离强度/(N/cm) ≥	2000	2000	1350	1150	1700				
压缩强度/MPa							40		
纵向 ≥		130							
横向 ≥		230							
马丁耐热性/℃ ≥	125	125	150	150	150	125	105		105
布氏硬度/MPa ≥	300		250	250					
表面电阻率/Ω ≥	1×10^{10}		1×10^{11}	1×10^{10}	1×10^{10}	1×10^{10}	1×10^{10}	1×10^{10}	1×10^{9}
体积电阻率/Ω·cm ≥	1×10^{9}		1×10^{11}	1×10^{10}	1×10^{10}	1×10^{10}			
介电损耗角正切(50Hz) ≤			0.10				0.03		
介电常数(50Hz) ≤			8.0						

【成型加工】 采用热压成型。

【用途】 酚醛棉布层压板在机械制造工业中可用来制造垫圈、轴瓦、轴承、皮带轮及无声齿轮等，在电气工业中可用来制造电话、无线电设备，以及要求不高的绝缘零件等。

酚醛纸层压板主要用于制造各种盘、接线板、绝缘垫圈、垫板、盖板等。为避免在潮湿环境中使用性能下降，制成零件后，最好涂上保护漆。

酚醛玻璃布层压板可作为结构材料用于飞机、汽车与船舶制造工业，以及用于电器工程、无线电工程作零部件。

牌号	用途
3301-2	电工用。工频时用于－60～105℃空气中
3302-2	机械用。用作结构材料及制造机械零件，如轧钢机及穿孔机等设备的轴瓦
3303-1	电工用。工频时用于－60～105℃的变压器油及空气中
3303-3	电工用。工频时用于－60～105℃的变压器油及空气中
CBFS	主要用于航空结构材料

续表

牌号	用途
CBFG	主要用于特种电绝缘材料制件
1111-1M	机械用。用于机械设备中作运转和抗震的零部件
1131-2M	电工用。作电工绝缘材料，或制造各种机械零件
1114-Z	用于生产绝缘芯管

【安全性】 树脂的生产原料，对人体的皮肤和黏膜有不同程度的刺激，可引起皮肤过敏反应和炎症；同时还要注意树脂粉尘对人体的危害，长期吸入高浓度的树脂粉尘，会引起肺部的病变。大部分树脂都具有共同的危险特性：遇明火、高温易燃，与氧化剂接触有引起燃烧危险，因此，操作人员要改善操作环境，将操作区域与非操作区域有意识地划开，尽可能自动化、密闭化，安装通风设施等。

【生产单位】 晨光化工三厂，重庆合成化工厂，上海绝缘材料厂，西安绝缘材料厂，哈尔滨绝缘材料厂，九江国营长江化工厂等。

Bo052 钼酚醛树脂

【英文名】 molybdenum containing phenolic resin

【结构式】

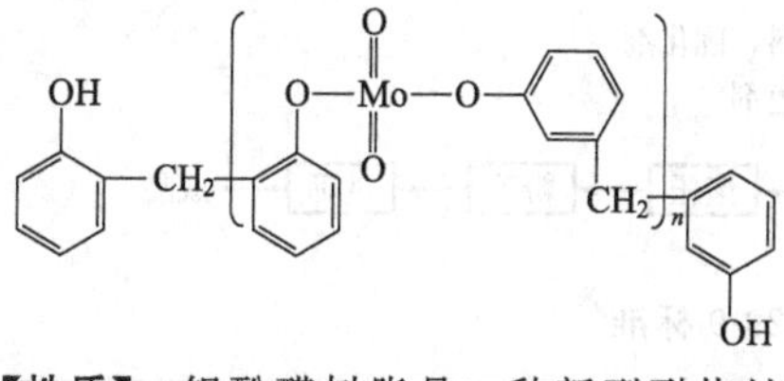

【性质】 钼酚醛树脂是一种新型耐烧蚀性树脂。用该树脂制得的玻璃纤维增强模压材料，不但具有耐烧蚀、耐冲刷的性能，而且力学强度较高，加工工艺性能好。

【制法】 用金属钼的氧化物、氯化物及其酸类同苯酚、甲醛水溶液，在适当催化剂存在下进行反应，然后在真空下脱水缩聚生成含金属钼的热塑性酚醛树脂。可采用一般热塑性酚醛树脂的固化方法固化。

【质量标准】

钼酚醛树脂的性能

指标名称	指标
外观	深绿色固体，溶于乙醇或丙酮，呈鲜艳紫色
固含量/%	98～99
熔点/℃	约 100
凝胶时间(160℃)/s	50～60(加入固化剂六亚甲基四胺)
水分	微量

不同钼含量的钼酚醛树脂的热性能

钼含量/%	6.0	8.0	10.0
固化温度/℃	145	150	150
分解温度/℃	460	475	560
700℃下热失重/%	46.23	41.1	41.9

【用途】 钼酚醛树脂及其纤维增强材料可用作火箭、导弹等耐烧蚀、热防护材料及其绝热衬里材料，如反坦克导弹发动机内衬、反坦克导弹辐射能源的不燃管壳等。在钼酚醛树脂中加入适量的吸热、隔热填料，球磨后可制成烧蚀隔热涂料。

【安全性】 树脂的生产原料，对人体的皮肤和黏膜有不同程度的刺激，可引起皮肤过敏反应和炎症；同时还要注意树脂粉尘对人体的危害，长期吸入高浓度的树脂粉尘，会引起肺部的病变。大部分树脂都具有共同的危险特性：遇明火、高温易燃，

与氧化剂接触有引起燃烧危险，因此，操作人员要改善操作环境，将操作区域与非操作区域有意识地划开，尽可能自动化、密闭化，安装通风设施等。

【生产单位】 五三研究所研制并小批量生产。

Bo053 二甲苯树脂改性酚醛模塑粉

【英文名】 xylene resin modified phenolic moulding powder

【结构式】

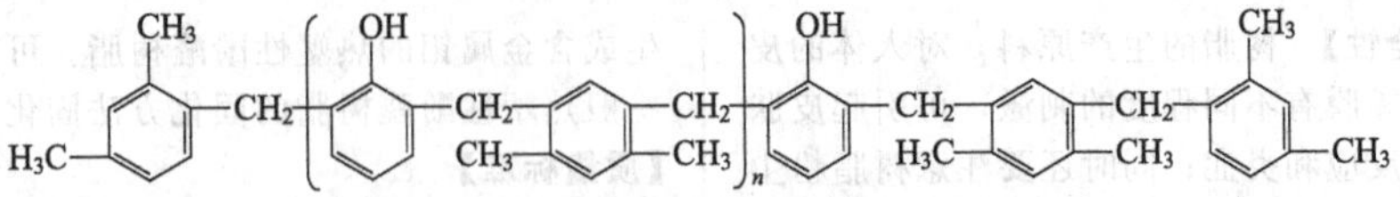

【性质】 黑色或棕色固体物。适宜于注塑成型。具有较好的耐湿热和抗霉性能，适宜在湿热地区使用。制品耐弱酸，不溶于水，可溶于部分有机溶剂，遇强碱可侵蚀。

【制法】 二甲苯与甲醛在酸性催化剂作用下缩聚生成二甲苯甲醛树脂，再按一定配比与苯酚反应制得改性树脂。改性树脂与填料、固化剂、润滑剂和着色剂等混合，经滚压、粉碎制成二甲苯改性酚醛模塑粉。

【消耗定额】

消耗定额

牌号	苯酚/(kg/t)	甲醛/(kg/t)	二甲苯树脂/(kg/t)
PF2A4-1606J	353.6	262.8	151.5

【反应式】

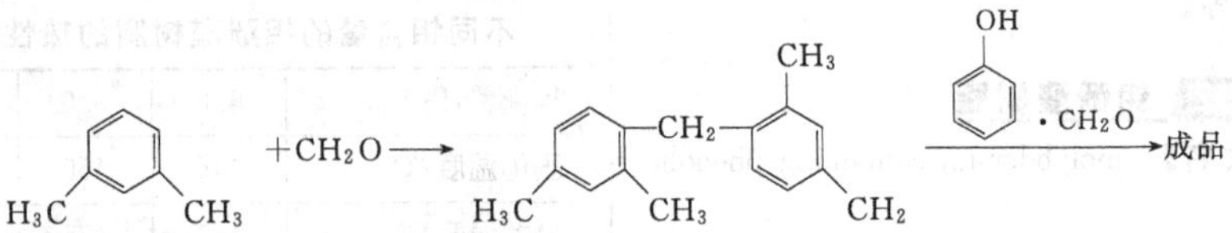

工艺流程如下。

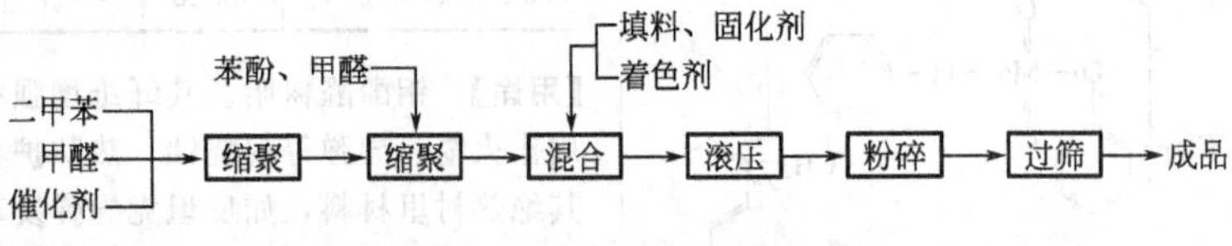

【质量标准】 PF2A4-1606J 符合沪 Q/HG 13-329-9 标准

指标名称		PF2A4-1606J	指标名称		PF2A4-1606J
相对密度	≤	1.45	冲击强度/(kJ/m²)	≥	6.0
比容积/(mL/g)	≤	2.0	弯曲强度/MPa	≥	70
收缩率/%		0.6～1.0	表面电阻率/Ω	≥	1×10^{12}
马丁耐热性/℃	≥	125	体积电阻率/Ω·cm	≥	1×10^{11}
吸水性/(mg/cm²)	≤	0.4	介电强度/(kV/mm)	≥	13
流动性(拉西格)/mm	≥	200			

【成型加工】 注塑成型

牌号	料筒温度/℃		模具温度/℃	注射压力/MPa	闭模压力/MPa	保压时间/(s/mm厚)
	前	后				
PF2A4-1606J	85～95	40～60	180～200	80～160	100～200	30～40

【用途】 主要用于制造电气、仪表上的绝缘结构件和零件等，适于湿热地区使用。

【安全性】 树脂的生产原料，对人体的皮肤和黏膜有不同程度的刺激，可引起皮肤过敏反应和炎症；同时还要注意树脂粉尘对人体的危害，长期吸入高浓度的树脂粉尘，会引起肺部的病变。大部分树脂都具有共同的危险特性：遇明火、高温易燃，与氧化剂接触有引起燃烧危险，因此，操作人员要改善操作环境，将操作区域与非操作区域有意识地划开，尽可能自动化、密闭化，安装通风设施等。

采用内衬聚乙烯薄膜的聚丙烯塑料编织袋。每袋净重25kg，并附有产品检验合格证。

运输时应避免受潮、受热、受污和包装破损。贮存时应置于通风干燥室内，温度不超过35℃，不得靠近火源、暖气或受阳光直射。贮存期自制造日起为1年，超过贮存期应重新检验，合格者方可使用。

【生产单位】 上海塑料厂，长春化工二厂，重庆合成化工厂等。

Bp 聚酰胺树脂及塑料

1 聚酰胺树脂（PA）定义

聚酰胺（PA，俗称尼龙）是美国DuPont公司最先开发用于纤维的树脂，于1939年实现工业化。20世纪50年代开始开发和生产注塑制品，以取代金属满足下游工业制品轻量化、降低成本的要求。聚酰胺主链上含有许多重复的酰胺基，用作塑料时称尼龙，用作合成纤维时我们称为锦纶，聚酰胺可由二元胺和二元酸制取，也可以用ω-氨基酸或环内酰胺来合成。根据二元胺和二元酸或氨基酸中含有碳原子数的不同，可制得多种不同的聚酰胺。聚酰胺品种多达几十种，其中以聚酰胺-6、聚酰胺-66和聚酰胺-610的应用最广泛。

2 尼龙的结构与合成

今天尼龙已成为一类重要的塑料。尼龙是一种结晶聚合物，它具有高模量、高强度和高冲击强度、低摩擦系数和耐磨性。尼龙是一类使用性能很宽的材料，它们的主链中均含有酰氨键（—CONH—），其结构通式如图Bp-1所示。

合成尼龙有5种基本方法：二胺与二酸缩聚，α，ω-氨基酸的缩聚，内酰胺的开环聚合，二胺与二酰氯缩聚，二异氰酸酯与二羧酸反应。

另一种是由二元酸和二元胺缩聚而制得的，结构通式如下：

$$\left[\mathrm{NH(CH_2)_nNH\underset{\underset{O}{\|}}{C}-(CH_2)_{n-2}\underset{\underset{O}{\|}}{C}}\right]_p$$

$$\left[\mathrm{NH-(CH_3)_x-\overset{\overset{O}{\|}}{C}}\right]_n$$

图 Bp-1 尼龙的结构

二元胺和二元酸或二元胺或二元酸中的亚甲基可以被环状或芳香族化合物取代，也可以是上述结构的尼龙的共聚物。从上述尼龙结构中可以看出，尼龙分子主链链段单位中都含有酰氨基团，都含有亚甲基或部分亚甲基、部分环状化合物基团或芳香族化合物基团。尼龙的性能与上述化学结构有密切的关系。由于各种尼龙的化学结构不同，其性能也有差异，但它们具有共同的特性：尼龙的分子之间可以形成氢键，使结构易发生结晶化，而且，分子之间互相作用力较大，赋予尼龙以高熔点和力学性能。由于酰氨基是亲水基团，吸水性较大。在尼龙的化学结构中还存在亚甲基或芳基，使尼龙具有一定柔顺或刚性。尼龙中的亚甲基/酰氨基的比例越大，分子中氢键数越少，分子间力越小，柔性增加，吸水性越小。因此，尼龙工程塑料一般都具有良好力学性能、电性能、耐热性和韧性，还具有优良的耐油性、耐磨性、自润滑性、耐化学药品性和成型加工性。

3 尼龙的种类与性能

聚酰胺 6、聚酰胺-66 和聚酰胺-610 的链节结构分别为 $[NH(CH_2)_5CO]$、$[NH(CH_2)_6NHCO(CH_2)_4CO]$ 和 $[NH(CH_2)_6NHCO(CH_2)_8CO]$。

尼龙的种类（如尼龙 6，尼龙 10）是以碳原子数目来表示，依据所用的起始单体不同可以合成多种不同的尼龙，尼龙的种类取决于所用的单体中碳原子的数目，各酰胺键间碳原子的数目也能控制聚合物的性能。当只用一种单体（如内酰胺或氨基酸），若用两种单体来合成时，尼龙将用两个数字来表示（如尼龙 6/6，尼龙 12/12）。如图 Bp-2 所示，第一个数字是所用二胺中的碳原子数（a），第二个数字是二酸单体中的碳原子数（$b+2$），因为两个羧基中有两个碳原子。

$$nH_2N\!-\!(CH_2)_a\!-\!NH_2 + nHO\!-\!\overset{O}{\underset{\|}{C}}\!-\!(CH_2)_b\!-\!\overset{O}{\underset{\|}{C}}\!-\!OH \longrightarrow$$

$$\left[\!-\!NH\!-\!(CH_2)_a\!-\!NH\!-\!\overset{O}{\underset{\|}{C}}\!-\!(CH_2)_b\!-\!\overset{O}{\underset{\|}{C}}\!-\!\right]_n$$

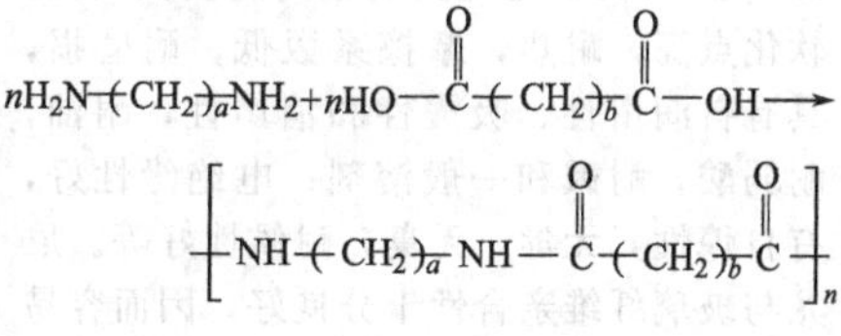

图 Bp-2　尼龙的合成

聚酰胺-6 和聚酰胺-66 主要用于纺制合成纤维。尼龙-610 则是一种力学性能优良的热塑性工程塑料。

PA 具有良好的综合性能，包括力学性能、耐热性、耐磨损性、耐化学药品性和自润滑性，且摩擦系数低，有一定的阻燃性，易于加工，适于用玻璃纤维和其他填料填充增强改性，提高性能和扩大应用范围。PA 的品种繁多，有 PA6、PA66、PA11、PA12、PA46、PA610、PA612、PA1010 等，以及近几年开发的半芳香族尼龙 PA6T 和特种尼龙等很多新品种。尼龙 6 塑料制品可采用金属钠、氢氧化钠等为主催化剂，N-乙酰基己内酰胺为助催化剂，使 δ-己内酰胺直接在模型中通过负离子开环聚合而制得，称为浇注尼龙。用这种方法便于制造大型塑料制件。

由于聚酰胺具有无毒、质轻、优良的机械强度、耐磨性及较好的耐腐蚀性，因此广泛应用于代替铜等金属在机械、化工、仪表、汽车等工业中制造轴承、齿轮、泵叶及其他零件。聚酰胺熔融纺成丝后有很高的强度，主要做合成纤维并可作为医用缝线。

锦纶在民用上可以混纺或纯纺成各种医疗及针织品。锦纶长丝多用于针织及丝绸工业，如织单丝袜、弹力丝袜等各种耐磨结实的锦纶袜、锦纶纱巾、蚊帐、锦纶花边、弹力锦纶外衣、各种锦纶绸或交织的丝绸品。锦纶短纤维大都用来与羊毛或其他化学纤维的毛型产品混纺，制成各种耐磨经穿的衣料。在工业上锦纶大量用来制造帘子线、工业用布、缆绳、传送带、帐篷、渔网等。在国防上主要用作降落伞及其他军用织物。

聚酰胺分子链上的重复结构单元是酰氨基的一类聚合物。聚酰胺可制成长纤或短纤。

均聚物又可分为：

单独单体均聚物

聚酰胺 6，$[NH-(CH_2)_5-CO]$ N 由 ε-己内酰胺制成；

聚酰胺 11，（聚 ω-氨基十一酰）：$[NH-(CH_2)_{10}-CO]$ N 由 11-氨基十一酸制成；

聚酰胺 12，（聚十二内酰胺）：$[NH-(CH_2)_{11}-CO]$ N 由 12-氨基十二酸制成。

双单体均聚物

聚酰胺66；$[NH-(CH_2)_6-NH-CO-(CH_2)_4-CO]$ N 由六亚甲基二胺和己二酸制成；

聚酰胺 610：[NH—（CH_2）$_6$—NH—CO—（CH_2）$_8$—CO] N 由六亚甲基二胺和癸二酸制成；

聚酰胺 6T：[NH—（CH_2）$_6$—NH—CO—（C_6H_4）—CO] N 由六亚甲基二胺和对苯二甲酸制成；

聚酰胺 6I：[NH—（CH_2）$_6$—NH—CO—（C_6H_4）—CO] N 由六亚甲基二胺和间苯二甲酸制成；

聚酰胺 9T：[NH—（CH_2）$_9$—NH—CO—（C_6H_4）—CO] N 由 1,9 壬二胺和对苯二甲酸制成；

聚酰胺 M5T：[NH—（C_2H_3）—（CH_3）—（CH_2）$_3$—NH—CO—（C_6H_4）—CO] N 由 2-甲基-1,5-戊二胺和对苯二甲酸制成。

共聚物有：

聚酰胺 6/66：[NH—（CH_2）$_6$—NH—CO—（CH_2）$_4$—CO]$_n$—[NH—（CH_2）$_5$—CO]$_m$ 由己内酰胺，六亚甲基二胺和己二酸制成；

聚酰胺 66/610 [NH—（CH_2）$_6$—NH—CO—（CH_2）$_4$—CO]$_n$—[NH—（CH_2）$_6$—NH—CO—（CH_2）$_8$—CO]$_m$ 由六亚甲基二胺，己二酸和癸二酸制成。

根据它们的结晶度，聚酰胺可以是：

半结晶（由于高分子分子量太大，虽然有些高分子化学结构容许完美的结晶，通常结晶度并不完全）；

高结晶度，聚酰胺 46、聚酰胺 66 等；

低结晶度，聚酰胺 MXD6（由间苯二甲胺和己二酸制成）；

非晶体，聚酰胺 6I（由六亚甲基二胺和间苯二甲酸制成）。

4 常用聚酰胺材料的性能与应用

聚酰胺（PA）具有品种多、产量大、应用广泛的特点，是五大工程塑料之一。但是，也由于聚酰胺品种繁多，在应用领域方面有些产品具有相似性，有些又有相当大的差别，需要仔细区分。

聚酰胺（polyamide）俗称尼龙，是分子主链上含有重复酰胺基团 ⁅NHCO⁆ 的热塑性树脂总称。

尼龙中的主要品种是 PA6 和 PA66，占绝对主导地位；其次是 PA11、PA12、PA610、PA612，另外还有 PA1010、PA46、PA7、PA9、PA13。新品种有尼龙 6I、尼龙 9T、特殊尼龙 MXD6（阻隔性树脂）等；改性品种包括：增强尼龙、单体浇铸尼龙（MC 尼龙）、反应注射成型（RIM）尼龙、芳香族尼龙、透明尼龙、高抗冲（超韧）尼龙、电镀尼龙、导电尼龙、阻燃尼龙、尼龙与其他聚合物共混物和合金等。

尼龙为韧性角状半透明或乳白色结晶树脂，作为工程塑料的尼龙分子量一般为 1.5 万～3 万。尼龙具有很高的机械强度，软化点高，耐热，摩擦系数低，耐磨损，具有自润滑性、吸震性和消声性，耐油，耐弱酸，耐碱和一般溶剂；电绝缘性好，有自熄性，无毒，无臭，耐候性好等。尼龙与玻璃纤维亲合性十分良好，因而容易增强。但是尼龙染色性差，不易着色。尼龙的吸水性大，影响尺寸稳定性和电性能，纤维增强可降低树脂吸水率，使其能在高温、高湿下工作。其中尼龙 66 的硬度、刚性最高，但韧性最差。尼龙的燃烧性为 UL94V-2 级，氧指数为 24～28。尼龙的分解温度＞299℃，在 449～499℃会发生自燃。尼龙的熔体流动性好，故制品壁厚可小到 1mm。

4.1 PA6 性能特点与用途

(1) 物性　乳白色或微黄色透明到不透明角质状结晶聚合物；可自由着色，韧性、耐磨性、自润滑性好、刚性小、耐低温，耐细菌、能慢燃，离火慢熄，有滴落、起泡现象。最高使用温度可达

180℃，加抗冲改性剂后会降至160℃；用15%～50%玻纤增强，可提高至199℃，无机填充PA能提高其热变形温度。

(2) 加工　成型加工性极好：可注塑、吹塑、浇塑、喷涂、粉末成型、机加工、焊接、粘接。

PA6是吸水率最高的PA，尺寸稳定性差，并影响电性能（击穿电压）。

(3) 应用　轴承、齿轮、凸轮、滚子、滑轮、辊轴、螺钉、螺母、垫片、高压油管、贮油容器等。

4.2 PA66性能特点与用途

(1) 物性　半透明或不透明的乳白色结晶聚合物，受紫外线照射会发紫白色或蓝白色光，机械强度较高，耐应力开裂性好，是耐磨性最好的PA，自润滑性优良，仅次于聚四氟乙烯和聚甲醛，耐热性也较好，属自熄性材料，化学稳定性好，尤其耐油性极佳，但易溶于苯酚，甲酸等极性溶剂，加炭黑可提高耐候性；吸水性大，因而尺寸稳定性差。

(2) 加工　成型加工性好，可用于注塑、挤出、吹塑、喷涂、浇铸成型、机械加工、焊接、粘接。

(3) 应用　与尼龙6基本相同，还可作把手、壳体、支撑架等。

4.3 PA610性能特点与用途

(1) 物性　半透明、乳白色结晶型热塑性聚合物，性能介于PA6和PA66之间，但相对密度小，具有较好的机械强度和韧性；吸水性小，因而尺寸稳定性好；耐强碱，比PA6和PA66更耐弱酸，耐有机溶剂，但也溶于酚类和甲酸中；属自熄性材料。作为重要的工程塑料等。

(2) 加工　可用于制作各种结构件，但在高温（≥150℃）、卤水、油类和强的外力冲击下时，结构件会产生形变甚至断裂，所以必须改性。改性方法有接枝、共聚、共混、原位聚合、填充和交联等，但单一改性不能达到满意的效果。采用玻纤（GF）增强和辐照来改性PA610，能提高PA610的力学强度，耐温等级，耐油和耐水性能。

(3) 应用　机械制造（汽车用齿轮、衬垫、轴承、滑轮等）、精密部件、输油管、贮油容器、传动带、仪表壳体、纺织机械部件等。

4.4 PA612性能特点与用途

(1) 物性　除具有一般PA特点外，还具有相对宽度小、吸水性低、尺寸稳定性好的优点，有较高的拉伸强度和冲击强度。

(2) 应用　精密机械部件、电线电缆绝缘层、枪托、弹药箱工具架、线圈等。

4.5 PA11性能特点与用途

(1) 物性　白色、半透明结晶型聚合物，相对密度小，熔点低，吸水性低，尺寸稳定性好，柔性好，耐曲折，低温冲击性好，成型温度范围宽，成纤亦好，染色性差，可添加石墨、二硫化钼、玻璃纤维增强改性。

(2) 加工　用一般热塑性塑料成型工艺，可烧结成型、流延成膜、金属表面静电粉末涂覆和火焰喷涂，发泡。

(3) 应用　输送汽油的硬管和软管、电缆护套、食品包装膜、发泡建材、静电喷涂等。

4.6 PA12性能特点与用途

(1) 物性　尼龙12与尼龙11性能相似，相对密度小，仅1.02，是尼龙系列中最小的；吸水率低，尺寸稳定性好；耐低温性优良，可达−70℃；熔点低，成型加工容易，成型温度范围较宽；柔软性、化学稳定性、耐油性、耐磨性均较好，且属自熄性材料。长期使用温度为80℃（经热处理后可达90℃），在油中可于100℃下长期工作，惰性气体中可长期工作温度为110℃。

(2) 加工　可采用注塑、挤出等方法

加工成单丝、薄膜、板、棒、型材，粉末可采用流动床浸渍法、静电涂装法、旋转成型等方法加工，尤其适宜在金属表面涂覆和喷涂。

(3) 应用　轴承、齿轮、精密部件、油管、软管、电线电缆护套等。

4.7 PA1010 性能特点与用途

(1) 物性　白色或微黄色半透明颗粒。质轻且坚硬，具有吸水性小，尺寸稳定性好，无毒，电绝缘性能优异等特点。在−40℃下仍保持一定韧性。增强后具有高强度、耐磨等优点，并提高了原树脂的热稳定性和尺寸稳定性，是一种极优良的工程塑料。

(2) 应用　广泛应用于航天航空、造船、汽车、纺织、仪表、电气、医疗器械等领域。增强后可用作泵的叶轮、自动打字机的凸轮、各种高负荷的机械零件、工具把手、电气开关、设备建筑结构件、汽车、船舶的加油孔盖轴承、齿轮等。

4.8 其他

为了得到优异的综合性能，尼龙也经常进行改性后再使用，最典型的改性方法为增强和增韧。

(1) 增强尼龙　用增强材料来提高尼龙性能。增强材料有玻璃纤维，石棉纤维，碳纤维，钛金属等，其中以玻璃纤维为主，提高尼龙的耐热性、尺寸稳定性、刚性、力学性能（拉伸强度和弯曲强度）等，特别是力学性能提高，使之成为性能优良的工程塑料。

(2) 增韧尼龙　增韧尼龙又名高抗冲尼龙，以尼龙 66、尼龙 6 为基体，通过与接枝韧性聚合物共混的方法而制得。虽然强度、刚性、耐热性比母体尼龙有所下降，但冲击强度可提高 10 倍以上，并具有优异的耐磨性和尺寸稳定性。

Bp001 MC 尼龙

【英文名】 MC nylon

【别名】 单体浇铸尼龙 6；单体浇铸己内酰胺

【性质】 MCPA 铸型尼龙，也叫浇铸尼龙，是一种新技术和新材料，它类似于铜铁浇铸制造那样的工艺，可以直接将原料注入预热的模具内迅速进行聚合反应并凝固成型，制成 MCPA 铸型尼龙。该材料是一种强度高、刚性好、密度小、耐磨、减摩、耐油、耐腐蚀、易于加工成型、价格适中的高分子工程塑料。

① MCPA 铸型尼龙是一种高分子聚合物，结晶度高，分子量高达 10 万～13 万，而尼龙 6 的分子量只有 2 万左右。因此，它的所有物理性能和化学性能都优于其他的工程塑料。尤其是耐摩擦、高耐磨是它独有的优良特性。

② 通过浇铸工艺易于成型，普通的塑料和尼龙只能通过挤、铸、压等方法成型，制品尺寸往往受到限制，若成型 2kg 以上产品就很困难，而 MCPA 铸型尼龙制品尺寸大小不受限制，制件从几公斤乃至几百公斤均可生产。

③ 相对密度小，其值为 1.13～1.15，仅是钢的 1/7，铜的 1/8，合金铝的 1/2.5。由于质轻，作机械零部件可以减少动力，减轻运动惯性，装卸和检修也极为方便。

④ 模量比金属材料小得多对振动的衰减率比钢要大几十倍，有特别的吸振消声功能，用它作齿轮、车轮、滑轮的噪声极小，是降低机械噪声最好的材料。尼龙齿轮比钢质、铜质齿轮可降低噪声 20～25dB。

⑤ 具有良好的回弹性，制品弯曲面不会发生永久变形，这样能保持强韧度，以抵抗由于反复冲击负荷产生的断裂。这对于承受高冲击负荷的制件是一种特殊的优良材料。

⑥ 力学强度大、韧性好、耐冲击、耐疲劳、具有较好的耐蠕变特性，所以能长期承受轴承的重负荷。

⑦ 在一般中、低转速的情况下，具

有特殊的自润滑性能，在无润滑的情况下，依然能正常工作。不像金属那样，随着使用时间增长，磨损也成比例增加，而尼龙则初时稍有磨损，以后很少磨损。由于它的摩擦系数小，不易损伤对磨件，这对于做辊筒、轴承、轴瓦、轴套、车轮、滑轮、齿轮、涡轮是非常有利的。

⑧ 能耐一般的弱酸及弱碱和各种有机化学溶剂。它对制作化工、制药等受化学溶剂腐蚀的各种机器零件有它独特的优越性。

MC 尼龙的典型性能

项目	单体浇铸尼龙	改性浇铸尼龙
相对密度	1.16	1.14
弯曲强度/MPa	80	40～57
拉伸强度/MPa	85	35～57
缺口冲击强度/(kJ/m^2)	11	45～85
脆化温度/℃	-9	-32～40
线胀系数/($\times 10^{-5}$/℃)	7.56	9.68

【制法】 以己内酰胺为原料，在催化剂存在下，加入少量助催化剂，在模具内直接聚合得制品。具体步骤：首先将己内酰胺与催化剂真空熔融脱水，然后加入助催化剂，倒入恒温（165～170℃）的模具中，15～20min 完成聚合，退火，脱模即得制品。MC 尼龙是阴离子催化聚合反应。

【反应式】

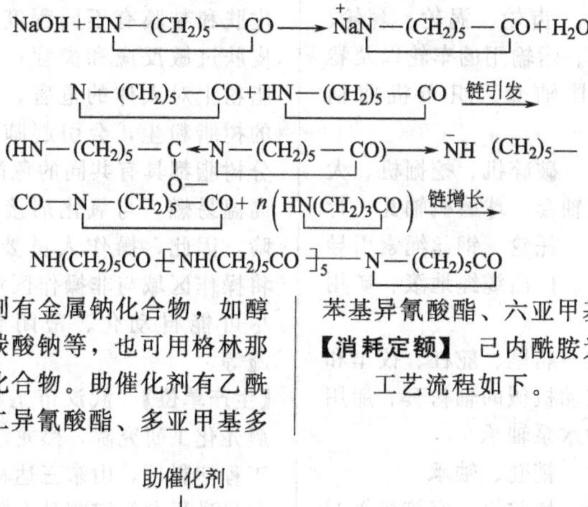

常用的催化剂有金属钠化合物，如醇钠、氢氧化钠、碳酸钠等，也可用格林那试剂等有机金属化合物。助催化剂有乙酰己内酰胺、甲苯二异氰酸酯、多亚甲基多苯基异氰酸酯、六亚甲基二异氰酸酯等。

【消耗定额】 己内酰胺为 1.13kg/kg。

工艺流程如下。

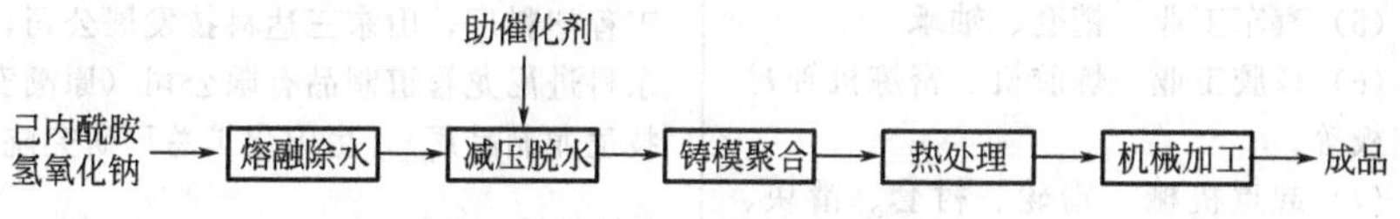

【质量标准】 武汉市工程塑料有限公司 MC 尼龙的质量标准

密度/(g/cm^3)		1.16～1.20	压缩强度/MPa	≥	78
吸水性/%	≤	0.9～1.0	冲击强度/(J/cm^2)	≥	39
拉伸强度/MPa	≥	73	布氏硬度/MPa	≥	137
伸长率/%	≥	20			

岳阳化工总厂研究院 MC 尼龙技术指标

相对密度		1.16±0.01	冲击强度/(kJ/m²)	≥	15
硬度(HB)	≥	20	伸长率/%	≥	20
拉伸强度/MPa	≥	75	吸水率/%	≤	0.7
弯曲强度/MPa	≥	110	维卡软化点/℃		206~216
压缩强度/MPa	≥	100	介电强度/(kV/mm)	≥	10.0

【用途】 广泛用于汽车、船舶、冶金、造纸、印刷、化工、仪器、仪表、煤矿、纺织、制砖、水泥、陶瓷、食品、建筑工程机械、制药、起重等行业，它可以制作轴承、轴瓦、轴套、滚柱、滑轮、滑块、柱销、齿轮、涡轮、导向环、密封圈、活塞环等三百多种机械零件。

(1) 造纸工业 纸浆混合搅拌机、卷纸机、传动辊、纸浆磨盘及在腐蚀介质中运行的各种输送齿轮、滑轮、轴承、轴瓦、衬套、滑板等。

(2) 纺织工业 齿轮、涡轮、棘轮、转子、轴承、衬套、运输用的车轮以及卷布辊筒、染缸搅拌轴套、织布机曲柄盘等。

(3) 矿山机械 破碎机、挖掘机、大型轴套、电铲推压轴套、球磨机轴瓦、行走齿轮轴套、托辊、托轮、钢丝绳索引导轮、煤矿机车车轮、矿山缆绳地滚、矿用溜槽等。

(4) 船舶工业 船尾、舵杠、铰车和铰盘轴承、甲板传动机械的轴衬套。船用油泵活塞、船用冲水泵轴承。

(5) 汽车工业 销套、轴承。

(6) 橡胶工业 炼胶机、密炼机轴衬的挡板等。

(7) 起重机械 滑轮、衬套、滑块、行车滑轮。

(8) 冶金机械 滑轮、滑块、梅花套筒、轴承、轴套、转动轮轴瓦、无缝钢管穿孔机万向节轴滑块。

(9) 煤矿 滑轮、托辊、地滚、车轮、天车衬块、人车滑块、井下各种防爆、耐磨、抗静电的机车零部件及工用具。

(10) 机械化工类 柴油发动机燃料泵齿轮，酸洗池阀门；水轮机导向叶衬套；压缩机无油润滑导向环，密封环，水压机立柱导套。

(11) 环保设备类 电除尘器上、下绝缘套，高压线包骨架，耐腐蚀泵泵壳和端盖；水处理除渣嘴；电镀、电解槽、踏步板。

【安全性】 树脂的生产原料，对人体的皮肤和黏膜有不同程度的刺激，可引起皮肤过敏反应和炎症；同时还要注意树脂粉尘对人体的危害，长期吸入高浓度的树脂粉尘，会引起肺部的病变。大部分树脂都具有共同的危险特性：遇明火、高温易燃，与氧化剂接触有引起燃烧危险，因此，操作人员要改善操作环境，将操作区域与非操作区域有意识地划开，尽可能自动化、密闭化，安装通风设施等。

【生产单位】 武汉市工程塑料有限公司；晨光化工研究院，黑龙江省尼龙厂，泸州工程塑料厂，山东三达科技发展公司，广东科进尼龙管道制品有限公司（原潮安科技尼龙制品厂），岳阳化工总厂研究院。

Bp002 导电尼龙

【英文名】 conducive nylon

【性质】 导电尼龙具有优异的性能，广泛用作工程塑料。以炭黑、碳纤维为填料的导电尼龙用于消除静电和防静电材料。填充黄铜纤维的导电尼龙 6 具有弹性模量大，热变形温度高的特性，体积电阻率可达 $10^{-1}\Omega\cdot m$ 以下，热导率为普通尼龙的2倍。

【制法】 采用高频动切削生产的黄铜纤维作填料时，其填料含量达10%（体积分数）以上时，复合物可形成稳定的导电通路，因而体积电阻率急剧下降。

配方：

尼龙	100份
黄铜纤维	12%(体积比)

填充15%黄铜纤维的尼龙，具有优良的导电性可加工性，填充12%的黄铜纤维时，虽然常温下具有高的导电性，但在80℃以上时，体积电阻率急下升。

【用途】 用于消除静电和防静电材料。

【安全性】 树脂的生产原料，对人体的皮肤和黏膜有不同程度的刺激，可引起皮肤过敏反应和炎症；同时还要注意树脂粉尘对人体的危害，长期吸入高浓度的树脂粉尘，会引起肺部的病变。大部分树脂都具有共同的危险特性：遇明火、高温易燃，与氧化剂接触有引起燃烧危险，因此，操作人员要改善操作环境，将操作区域与非操作区域有意识地划开，尽可能自动化、密闭化，安装通风设施等。

可包装于内衬塑料膜的编织袋或塑料容器内，贮放于阴凉通风处，远离火源；可按非危险品运输。

【生产单位】 中国科学院长春应用化学研究所，北京理工大学，中国科学院化学研究所，云南工学院。

Bp003 PA/PPO合金

【英文名】 PA/PPO blend

【组成】 PA＋相容剂＋PPO

【性质】 其主要性能特点是，冲击强度高，韧性卓越，即使在−30～−20℃下也不呈现脆性破坏；刚性随温度变化无明显改变，耐蠕变性优良；吸湿性低，尺寸稳定性优良；有较好的耐热性。

【质量标准】 日本东レ株式会社PA/PPO（PPA）的性能指标如下。

拉伸强度/MPa	55
断裂伸长率/%	50
弯曲强度/MPa	90
弯曲模量/MPa	2205
悬臂梁(带缺口)冲击强度/(J/m)	
23℃	216
−30℃	118
热变形温度/℃	
1.86MPa	155
0.45MPa	195
热垂性(150℃/h)/mm	0
线胀系数/(1/K)	9×10^{-5}
成型收缩率/%	
流动方向	2.0
与流动方向垂直方向	1.8

【用途】 中空大型制品。

【安全性】 树脂的生产原料，对人体的皮肤和黏膜有不同程度的刺激，可引起皮肤过敏反应和炎症；同时还要注意树脂粉尘对人体的危害，长期吸入高浓度的树脂粉尘，会引起肺部的病变。大部分树脂都具有共同的危险特性：遇明火、高温易燃，与氧化剂接触有引起燃烧危险，因此，操作人员要改善操作环境，将操作区域与非操作区域有意识地划开，尽可能自动化、密闭化，安装通风设施等。

内用塑料袋，外用塑料编织袋，每袋净重25kg。

【生产单位】 中山市纳普工程塑料有限公司，广州市联智塑化有限公司，平顶山市麦可斯工程塑料有限公司。

Bp004 高冲击尼龙

【英文名】 super tough nylon，high impact nylon

【别名】 超韧尼龙

【性质】 超韧尼龙又名高冲击尼龙，以尼龙 66 或尼龙 6 为基体，通过与接枝韧性聚合物共混的方法而制得的具有高冲击强度的尼龙，虽然强度、刚性、耐热性比母体尼龙有所下降，但冲击强度大幅提高，可提高 10 倍以上，并具有优异的耐磨性和尺寸稳定性。产品性能如下。

项目	典型值		测试方法
拉伸强度/MPa	53	58	GB 1040—92
弯曲强度/MPa	56	62	GB 9641—88
弯曲模量/MPa	1700	1800	GB 9341—88
简支梁缺口冲击强度/(kJ/m^2)	50	50	GB 1043—93
热变形温度/℃	58	62	GB 1634—79

【制法】 以普通尼龙 66 或尼龙 6 为基体，与聚烯烃弹性体的不饱和羧酸接枝共聚物，在反应器中高速掺混，制得塑料合金，即超韧尼龙。

工艺流程如下。

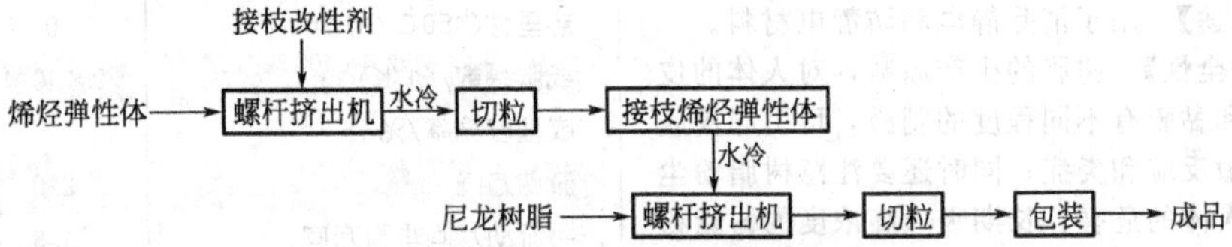

【质量标准】

山东三达科技发展公司产品质量标准

项目	超韧尼龙 6	超韧尼龙 66
相对密度	1.05	1.06
弯曲强度/MPa	≥49	≥50
拉伸强度/MPa	44	≥46
断裂伸长率/%	46	≥42
缺口冲击强度/(kJ/m^2)	≥70	≥75
热变形温度/℃	55	≥62
成型收缩率/%	≤2.0	≤2.0
吸水率/%	≤0.9	≤0.9

【成型加工】 可用传统的注射机进行注射成型，注射工艺和纯尼龙 66 或尼龙 6 树脂相似。加料前必须在 60～80℃真空或鼓风烘箱内充分干燥 2448h。加工时压力，料筒温度和模具温度按制品大小厚度适当调节。一般注射温度 240～260℃，注射压力 70MPa，模具温度 50℃；挤出温度 236～260℃，模头温度 225℃。

【用途】 高冲击尼龙因保持尼龙树脂固有的特性，而冲击强度显著提高，致使应用范围不断扩大。可用于制作自行车车轮，汽车零部件，农机罩壳等。特别是在传统的工程塑料中，由于其冲击强度不够高，或必须有缺口和锐角的制件，应用高冲击尼龙，有其优越性。如减震耐磨、耐冲击的部件，发动机摇轴盖使用超韧尼龙减少了质量，降低了成本，减少了噪声。另外，还用于汽车保险杠，发动机零件等。在体育运动器材方面用量较大，用超韧尼龙代替金属部件，如滑雪板，滑冰刀托，旱冰鞋用底板等。

【安全性】 树脂的生产原料，对人体的皮肤和黏膜有不同程度的刺激，可引起皮肤过敏反应和炎症；同时还要注意树脂粉尘对人体的危害，长期吸入高浓度的树脂粉尘，会引起肺部的病变。大部分树脂都具有共同的危险特性：遇明火、高温易燃，与氧化剂接触有引起燃烧危险，因此，操作人员要改善操作环境，将操作区域与非操作区域有意识地划开，尽可能自动化、密闭化，安装通风设施等。

内用塑料袋，外用塑料编织袋，每袋净重 25kg。

【生产单位】 晨光化工研究院，黑龙江省尼龙厂，上海赛璐珞厂，广州莲花山工程塑料厂。

Bp005 己内酰胺/己二酰己二胺/癸二酰癸二胺三元共聚物

【英文名】 nylon6/nylon66/nylon1010 copolymer

【别名】 尼龙 6/尼龙 66/尼龙 1010 共聚树脂

【性质】 三元共聚尼龙 6/尼龙 66/尼龙 1010 是透明韧性固体，熔点低，柔软性好。

【制法】 把尼龙 1010 盐，尼龙 66 盐，己内酰胺按一定配比投入高压釜，并加入适量的防老剂、稳定剂、分子量调节剂等，控制温度 220℃，压力 1.1～1.2MPa，共缩聚后得尼龙 6/尼龙 66/尼龙 1010 树脂。

工艺流程如下。

尼龙1010盐、尼龙66盐、己内酰胺 → 缩聚 → 注带 → 切粒 → 成品

【质量标准】 外观为白色或微黄色半透明均匀颗粒。

沪 Q/HG 13 222—79

尼龙 6/尼龙 66/尼龙 1010 含量	熔点/℃	相对黏度
10/20/70	150～175	2.0～2.5
20/10/70	155～165	2.0～2.5

【制法】 可以制备耐油软管，电缆保护套。与橡胶共混炼得耐磨、耐油、高弹性材料，是轮胎工业、石油输油设备、纺织机械配件、印刷及密封垫圈的良好材料。它与聚氯乙烯混炼制得的塑料已成功地应用在塑料印刷板上。

【安全性】 树脂的生产原料，对人体的皮肤和黏膜有不同程度的刺激，可引起皮肤过敏反应和炎症；同时还要注意树脂粉尘对人体的危害，长期吸入高浓度的树脂粉尘，会引起肺部的病变。大部分树脂都具有共同的危险特性：遇明火、高温易燃，与氧化剂接触有引起燃烧危险，因此，操作人员要改善操作环境，将操作区域与非操作区域有意识地划开，尽可能自动化、密闭化，安装通风设施等。

【生产单位】 黑龙江省尼龙厂，上海赛璐珞厂。

Bp006 阻燃聚己二酰己二胺

【英文名】 flame retardant polyhexamethylene adipamide

【别名】 阻燃尼龙 66

【结构式】 与尼龙 66 同。

【性质】 阻燃尼龙 66 的熔点一般在245～250℃之间，密度为 1.44g/cm^3，具有良好的力学性能和电性能。阻燃可以达到 UL-94 V-0 级。

【制法】 将尼龙 66 树脂与阻燃剂、润滑剂、热稳定剂等混合，经螺杆挤出机熔融共混即得到尼龙 66 树脂。若生产玻璃纤维增强级，则共混料中可添加玻璃纤维。

工艺流程如下。

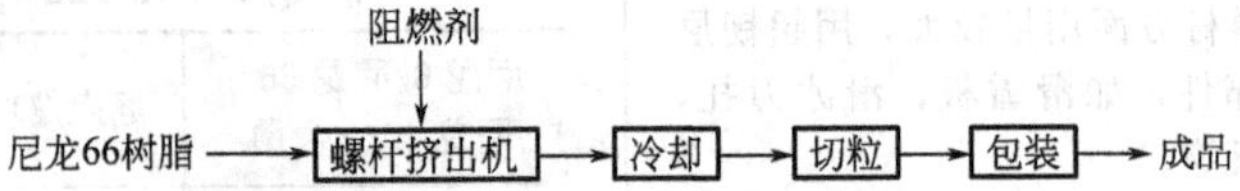

【成型加工】 与尼龙 66 相同。

【质量标准】

上海涛浦斯实业发展有限公司产品技术指标

特性	实验方法	数据	特性	实验方法	数据
拉伸强度/MPa	ASTM D538	78	热变形温度/℃	ASTM D548	80
断裂伸长率/%	ASTM D538	10	介电强度/(MV/m)	ASTM D149	20
弯曲张度/MPa	ASTM D790	115	体积电阻率/(Ω·cm)	ASTM D257	10^{15}
弯曲模量/MPa	ASTM D790	3200	密度/(g/cm³)	ASTM D792	1.14
缺口冲击强度/(kJ/m)	ASTM D256	0.68	阻燃性(1.6mm)	UL-94	V-0
洛氏硬度	ASTM D785	120			

杜邦中国集团有限公司产品技术指标

特性	实验方法	数据	
		DAM	50%RH
拉伸强度(23℃)/MPa	ASTM D638	97.9	70.3
断裂伸长(23℃)/%	ASTM D638	25	100
弯曲模量(23℃)/MPa	ASTM D790	3020	1779
冲击强度(23℃)/(J/m)	ASTM D256	37	64
熔点(Fisher Johns 法)/℃	ASTM D789	256	256
UL 可燃性等级	UL-94	94	V-2
密度/(g/cm³)	ASTM D792	1.14	1.14

利鑫工程塑料公司产品技术指标

测试项目	测试方法	测试标准	性能
密度/(g/cm³)		ISO 1183-A	1.18
含水量/%	干燥	ISO 62	1.1
拉伸强度/MPa	23℃,50mm/min	ISO 527	80
断裂伸长率/%	23℃,50mm/min	ISO 527	10
弯曲强度/MPa	23℃,10mm/min	ISO 178	91
弯曲模量/MPa	10mm/min	ISO 178	2700
悬臂梁缺口冲击强度/(kJ/m²)	23℃	ISO 180	4.5
洛氏硬度(R)	—	D785	117
热变形温度(1.82MPa)/℃	2℃/min	ISO 75-2	110
热变形温度(0.45MPa)/℃	2℃/min	ISO 75-2	235
阻燃性(UL-94)	—	ISO 1210	V-0(0.4mm)
成型收缩率(3mm 厚,平行/垂直)/%	—	利鑫	0.4～0.8

上海赛璐珞厂产品技术指标

性能	试验方法	FR-102A
密度/(g/cm³)	GB 1033	1.16
熔点/℃	—	255
拉伸屈服强度/MPa	GB 1040	53.0
拉伸断裂强度/MPa	GB 1040	53.0
断裂伸长率/%	GB 1040	2
弯曲强度/MPa	GB 1042	100
弯曲弹性模量/MPa	—	2645
冲击强度(无缺口)/(kJ/m²)	GB 1043	35.0
冲击强度(缺口)/(kJ/m²)	GB 1043	9.0
热变形温度(1.82MPa)/℃	GB 1634	150
表面电阻率/Ω	GB 1044	10^{12}
体积电阻率/Ω·cm	GB 1044	10^{15}
介电常数	GB 1045	3.5
介电损耗角正切	GB 1045	1.4×10^{-5}
相比漏电起痕指数(CTD)/V	TFC 112	600
燃烧性	UL-94	V-0

【安全性】 树脂的生产原料，对人体的皮肤和黏膜有不同程度的刺激，可引起皮肤过敏反应和炎症；同时还要注意树脂粉尘对人体的危害，长期吸入高浓度的树脂粉尘，会引起肺部的病变。大部分树脂都具有共同的危险特性：遇明火、高温易燃，与氧化剂接触有引起燃烧危险，因此，操作人员要改善操作环境，将操作区域与非操作区域有意识地划开，尽可能自动化、密闭化，安装通风设施等。

内用塑料袋，外用塑料编织袋，每袋净重 25kg。

【生产单位】 上海赛璐珞厂，上海涛浦斯实业发展有限公司，江阴永通化工有限公司，横店得邦工程塑料有限公司，南京立汉化学有限公司，利鑫工程塑料公司，广东金发工程塑料公司，上海杰事杰材料公司，晨光化工研究院，杜邦中国集团有限公司，海尔科化工程塑料国家工程研究中心股份有限公司，广东盛恒昌化学工业有限公司。

Bp007 阻燃增强聚己二酰己二胺

【英文名】 flame retardant reinforced polyhexamethylene adipamide

【别名】 玻璃纤维增强尼龙 66

【结构式】 与尼龙 66 同。

【性质】 玻璃纤维增强尼龙 66 树脂后，耐化学性能上基本不变，但力学性能、热性能、尺寸稳定性明显提高。

【制法】 将连续玻璃纤维通过双螺杆挤出机，使玻璃纤维切断并与尼龙 66 树脂共混，切粒得到产品。一般分为长玻璃纤维法和短玻璃纤维法。

(1) 短玻璃纤维法 经过表面处理的玻璃纤维切碎后与尼龙树脂混匀，加入螺杆挤出机中，挤出造粒得到产品。

(2) 长玻璃纤维法 将尼龙树脂加入螺杆挤出机熔融，经过处理的玻璃纤维长丝与熔融树脂同时进入挤出机混合，在挤出机的剪切捏合后，玻璃纤维均匀分散于尼龙 66 树脂中。

【消耗定额】 尼龙 66 树脂，0.71 t/t；玻璃纤维，0.31 t/t。

【质量标准】

上海涛浦斯实业发展有限公司产品技术指标

特性	实验方法	数据	特性	实验方法	数据
拉伸强度/MPa	D 638	232	热变形温度/℃	D 548	250
断裂伸长率/%	D 638	3	介电强度/(MV/m)	D 149	25
弯曲张度/MPa	D 790	365	体积电阻率/Ω·cm	D 257	10^{15}
弯曲模量/MPa	D 790	14500	密度/(g/cm³)	D 792	1.54
缺口冲击强度/(kJ/m)	D 256	0.12	阻燃性(1.5mm)	UL-94	V-2
洛氏硬度	D 785	125	玻纤含量/%	—	47

利鑫工程塑料公司产品技术指标

测试项目	测试方法	测试标准	性能
密度/(g/cm³)	—	ISO 1183-A	1.53
含水量/%	干燥	ISO 62	0.3
拉伸强度/MPa	23℃ 50mm/min	ISO 527	207
断裂伸长率/%	23℃ 50mm/min	ISO 527	2.5
弯曲强度/MPa	23℃ 10mm/min	ISO 178	310
弯曲模量/MPa	10mm/min	ISO 178	11430
悬臂梁缺口冲击强度/(kJ/m²)	23℃	ISO 180	19
洛氏硬度(R)		D785	120
热变形温度(1.82MPa)/℃	2℃/min	ISO 75-2	255
热变形温度(0.45MPa)/℃	2℃/min	ISO 75-2	260
成型收缩率(3mm厚,平行/垂直)/%	—	利鑫	0.1～0.3
玻纤含量/%	—	利鑫	50

南京立汉化学有限公司产品技术指标

主要性能参数	A706	主要性能参数	A706
拉伸断裂强度/MPa	125～185	表面电阻率/Ω	10^{10}～10^{12}
断裂伸长率/%	3～5	吸水率/%	0.8
弯曲屈服强度/MPa	195～255	饱和吸水率/%	5.5
弯曲模量/MPa	5800～8200	注塑成型温度范围/℃	260～300
悬臂梁缺口冲击强度/(J/m)	110～175	烘干温度/时间/(℃/h)	90/(4～6)
洛氏硬度	115～120	线性成型收缩率/%	0.002～0.006
热变形温度(0.45MPa)/℃	258	熔点/℃	260
热变形温度(1.82MPa)/℃	250	密度/(g/cm³)	1.36
阻燃性能	HB		

横店得邦工程塑料有限公司产品技术指标

项目	检测方法	测试条件	技术数据
密度/(g/cm³)	1183	23℃	1.54
模塑收缩率/%	D955	23℃	0.2～0.5
吸水性/%	62	23℃水中浸泡24h	1.0

续表

项目	检测方法	测试条件	技术数据
拉伸强度/MPa	527	RH50,23℃	200
断裂伸长率/%	527	RH50,23℃	1.5
弯曲强度/MPa	178	RH50,23℃	255
冲击强度/(kJ/m^2)			
缺口	179	RH50,23℃	11.2
无缺口	179	RH50,23℃	48
热变形温度/℃	75	1.82MPa	263
表面电阻率/Ω	IEC93	RH50,23℃	1.7×10^{14}
体积电阻率/Ω·cm	IEC250	RH50,23℃	2.1×10^{14}
介电强度/(kV/mm)	—	RH50,23℃	29
介电损耗角正切(10^6Hz)	IEC93	RH50,23℃	3.4×10^{-2}
介电常数(10^5Hz)	IEC250	RH50,23℃	3.5
相对漏电起痕指数	IEC250	RH50,23℃	—

【成型加工】 可注射、挤出成型。加工工艺与尼龙66类似。

【制法】 玻璃纤维增强尼龙66力学强度、尺寸稳定性、耐久等均有明显提高。可以代替金属嵌入金属件的尼龙制品，如螺钉、齿轮、滑轮、手柄、仪表等，广泛应用于汽车工业、纺织、化工、电子行业。

【安全性】 树脂的生产原料，对人体的皮肤和黏膜有不同程度的刺激，可引起皮肤过敏反应和炎症；同时还要注意树脂粉尘对人体的危害，长期吸入高浓度的树脂粉尘，会引起肺部的病变。大部分树脂都具有共同的危险特性：遇明火、高温易燃，与氧化剂接触有引起燃烧危险，因此，操作人员要改善操作环境，将操作区域与非操作区域有意识地划开，尽可能自动化、密闭化，安装通风设施等。

【生产单位】 上海涛浦斯实业发展有限公司，横店得邦工程塑料有限公司，南京立汉化学有限公司，利鑫工程塑料公司，广东金发工程塑料公司。

Bp008 玻璃纤维增强超韧尼龙

【英文名】 glass fiber reinforced super tough nylon，glass fiver reinforced high impact nylon

【别名】 玻璃纤维增强高冲击尼龙

【性质】 本品是以乙烯-丙烯酸类三元共聚物改性的超韧尼龙6为基体，以玻纤增强的一种刚韧兼备性能均衡的工程塑料。它除了保持尼龙6原有的特性以外，还具有高冲击性，低吸水率，很好的熔缝强度和尺寸稳定性，热稳定性高，优良的手感及成型加工性等特点。其缺口冲击强度比未改性玻纤增强尼龙6塑料提高1倍，吸水率下降约50%。

【制法】 以乙烯-丙烯酸类三元共聚物为改性剂，和尼龙6树脂共混，再引进玻纤增强剂，即得玻纤增强尼龙。

【成型加工】 适于注射成型，在加工前必须进行充分干燥（含水率<0.1%），否则，将严重影响材料性能。干燥温度8085℃，24h。注射成型条件：料筒温度Ⅰ段205215℃，Ⅱ段245265℃，注射压力60120MPa，模温6080℃。

【质量标准】 企业标准

外观	ϕ3mm×(4～5)mm颗粒料	弯曲模量/GPa	3.5
密度/(g/cm³)	1.18～1.22	缺口冲击强度/(kJ/m²) ≥	20
玻纤含量/%	15±2	吸水率(23℃,24h)/%	0.5
拉伸强度/MPa ≥	95	成型收缩率/%	0.3～0.5
断裂伸长率/%	4～8	燃烧性能(UL-94)	HB
弯曲强度/MPa ≥	120		

【用途】 用于制作机械工业上的齿轮，凸轮，滑轮，链轮，汽缸盖；汽车工业上的油盘，连接器，引擎罩，自行车车轮，冷却风扇；在体育用品上，制作羽毛球拍，冬季滑雪用品；在功能工具上制作电动工具罩和制件；在轻武器上制作枪托，手把，弹夹等。

【安全性】 树脂的生产原料，对人体的皮肤和黏膜有不同程度的刺激，可引起皮肤过敏反应和炎症；同时还要注意树脂粉尘对人体的危害，长期吸入高浓度的树脂粉尘，会引起肺部的病变。大部分树脂都具有共同的危险特性：遇明火、高温易燃，与氧化剂接触有引起燃烧危险，因此，操作人员要改善操作环境，将操作区域与非操作区域有意识地划开，尽可能自动化、密闭化，安装通风设施等。

装于内衬聚乙烯薄膜的编织袋内，每袋净重25g。

【生产单位】 晨光化工研究院。

Bp009 玻璃纤维增强聚癸二酰己二胺

【英文名】 glass-fiber reinforced nylon610

【别名】 玻璃纤维增强尼龙610

【性质】 具有比尼龙610树脂高的热稳定性、尺寸稳定性及力学性能。

【制法】 将连续玻璃纤维通过双螺杆挤出机，使玻璃纤维切断并与尼龙66树脂共混，切粒得到产品。一般分为长玻璃纤维法和短玻璃纤维法。

(1) 短玻璃纤维法　经过表面处理的玻璃纤维切碎后与尼龙树脂混匀，加入螺杆挤出机中，挤出造粒得到产品。

(2) 长玻璃纤维法　将尼龙树脂加入螺杆挤出机熔融，经过处理的玻璃纤维长丝与熔融树脂同时进入挤出机混合，在挤出机的剪切捏合后，玻璃纤维均匀分散于尼龙66树脂中。

【消耗定额】 尼龙66树脂，0.71t/t；玻璃纤维，0.31t/t。

【成型加工】 可注射、挤出成型。加工工艺与尼龙610类似，但加工温度范围比纯树脂高20～30℃。

【用途】 可用于制造各种机械零件和高强度的结构件。

【安全性】 树脂的生产原料，对人体的皮肤和黏膜有不同程度的刺激，可引起皮肤过敏反应和炎症；同时还要注意树脂粉尘对人体的危害，长期吸入高浓度的树脂粉尘，会引起肺部的病变。大部分树脂都具有共同的危险特性：遇明火、高温易燃，与氧化剂接触有引起燃烧危险，因此，操作人员要改善操作环境，将操作区域与非操作区域有意识地划开，尽可能自动化、密闭化，安装通风设施等。

【生产单位】 黑龙江尼龙厂，宜兴市太湖尼龙厂。

Bp010 聚丙烯/尼龙6合金

【英文名】 polypropylene/nylon 6 alloy

【性质】 PP/PA6合金为乳白色颗粒状料，密度0.97～1.06g/cm³，熔点220℃，平衡吸水率0.05%，此合金是以PP为连续相、尼龙6为分散相的共混合金。它综合有聚丙烯的低成本、低吸湿性和尼龙的高耐热、高强度、耐药品、表面光泽、刚性等优异性能。连续耐热温度80～120℃。此合金有良好的高频绝缘性，因其吸水率低，故绝缘性不受湿度影响。

对石油类碳氢化合物、酮类、酯类、醚类等具有良好的抗腐蚀性能。

【质量标准】

指标名称	指标
外观	乳白色,不含机械杂质、表面均匀的颗粒
密度/(g/cm³)	0.97～1.0
熔点/℃	220
拉伸强度/MPa ≥	34
伸长率/% ≥	100
缺口冲击强度/(kJ/m²) ≥	30

【用途】 此合金综合了聚丙烯的低成本、低吸湿性和尼龙的高耐热、高强度。因此可部分代替使用尼龙 6 和聚丙烯的场合。其 30%玻璃纤维增强料模塑的汽车零件可以在生产装配线上喷漆后烘烤不变形，加之它的成本较低，很受汽车行业的欢迎。其成型加工性能很好，用于汽车及设备罩壳等。此合金可用注塑、挤出等方法加工成型，注射成型以螺杆注塑机为好，压缩比 3∶1，L/D20～25，喷嘴温度比机筒温度低 15～20℃，机筒温度根据位置不同在 220～2700℃范围内，模具温度 30～60℃，注射压力 50～100MPa，挤出成型螺杆 $L/D>20$，压缩比 3～3.5∶1，挤出机机筒温度：后部 210℃，机中 230t，机前 245℃，口模 240℃。

【制法】 将聚丙烯和充分干燥的尼龙 6、相容剂计量、混合，经双螺杆挤出机熔融共混再经冷却、切粒得成品。

【安全性】 树脂的生产原料，对人体的皮肤和黏膜有不同程度的刺激，可引起皮肤过敏反应和炎症；同时还要注意树脂粉尘对人体的危害，长期吸入高浓度的树脂粉尘，会引起肺部的病变。大部分树脂都具有共同的危险特性：遇明火、高温易燃，与氧化剂接触有引起燃烧危险，因此，操作人员要改善操作环境，将操作区域与非操作区域有意识地划开，尽可能自动化、密闭化，安装通风设施等。

【生产单位】 成都有机硅研究中心。

Bp011 聚十二内酰胺

【英文名】 polydodecalactam

【别名】 尼龙 12

【性质】 尼龙 12 是聚酰胺中相对密度最小的一种，吸水性较低，耐低温性好（可至−70℃），热分解温度大于 350℃，在空气中的长期使用温度为 80～90℃。气密性好，水蒸气透过率为 9g/（m^2·24h）（20℃，85% RH），透气率：N_2，0.7；0.2，35；CO_2，13，其中 1atm＝101325Pa。耐碱、油脂性能优良，耐醇类和无机稀酸以及芳烃的性能中等。它溶于苯酚。其力学性能，电性能亦好，属自熄性材料。

指标名称	数值	指标名称	数值
相对密度	1.02	剪切强度/MPa	41
拉伸屈服强度/MPa	41.5	冲击强度/(kJ/m²)	
拉伸强度/MPa	47.5	无缺口	不断
相对伸长率/%	300	缺口	21.3
弯曲强度(室温)/MPa	66.5	布氏硬度/MPa	0.8
弯曲强度(−40℃)/MPa	67.7	维卡耐热/℃	170
弯曲强度(−60℃)/MPa	76.0	线胀系数/(1/℃)	1.7×10^{-4}
拉伸模量/MPa	1.2×10^3	体积电阻/Ω·cm	3.2×10^{14}
弯曲模量/MPa	1140	介电常数(10^6Hz)	3.4
压缩强度(干态)/MPa	52	介电损耗角正切(10^5Hz)	2.1×10^{-2}
压缩强度(湿态)/MPa	49	吸水率/%	0.23

【制法】 由丁二烯三聚环化生成十二碳三烯，经加氢生成环十二烷，再经空气氧化生成环十二醇，脱氢后生成环十二酮，与硫酸、羟胺反应生成环十二酮肟，经贝克曼重排得十二内酰胺，后者在300℃下加压水解，开环聚合。由于十二内酰胺稳定，反应速度较慢，常添加酸性催化剂。

工艺流程如下。

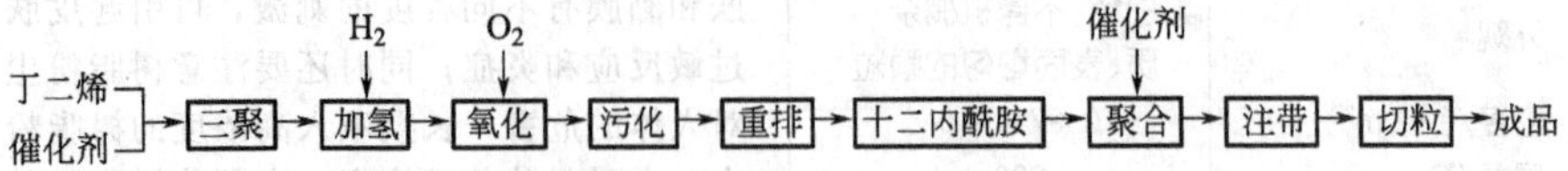

【质量标准】 江苏淮阴化工研究所企业标准：ASTM D4066—91

等级		通用级	热稳定级	增塑热稳定级
相对黏度/(dL/g)	≥	1.55～1.75 1.76～1.95 2.05～2.30	1.55～1.75 1.76～1.95 2.05～2.30	1.60～2.30 1.60～2.30 1.60～2.30
熔点/℃		170～185 170～185 170～185	170～185 170～185 170～185	165～175 165～175 165～175
相对密度		1.01～1.02 1.01～1.02 1.01～1.02	1.01～1.02 1.01～1.02 1.01～1.02	1.01～1.04 1.01～1.03 1.01～1.03
拉伸强度/MPa	≥	45 45 45	45 45 45	20 35 35
相对伸长率/%	≥	150 150 200	150 150 200	250 250 250
弯曲模量/MPa	≥	1000 1000 1000	1000 1000 1000	200 300 450
冲击强度/(J/m)	≥	50 60 120	50 60 100	200 200 200
热变形温度(1.82MPa)/℃		44 44 44	44 44 44	42 42 42 42
吸水率/%	≤	0.1 0.1 0.1	0.1 0.1 0.1	0.1 0.1 0.1

【成型加工】 可采用挤出，注射，吹塑，涂层等方法加工成板、棒、管、膜、单丝及其制品。挤出温度为190～260℃。注射温度：料筒后部170～190℃，前部190～210℃，模具温度20～40℃，注射压力88.2～107.8MPa。

【用途】 尼龙 12 最有希望的应用领域仍是汽车行业。特别是用于生产尼龙软管，其次是电子电器和工程部件。汽车用的轴承，齿轮，密封件，滑轮，衬套，高压燃油管和刹车管等，光纤的护套和光电纤维涂层常用尼龙 12。还用来制作彩电输出变压器气隙片和改进 MC 尼龙的韧性用。尼龙 12 薄膜用于油脂和冷冻食品包装。粉状树脂用于流动床金属的防腐涂层等。

【安全性】 树脂的生产原料，对人体的皮肤和黏膜有不同程度的刺激，可引起皮肤过敏反应和炎症；同时还要注意树脂粉尘对人体的危害，长期吸入高浓度的树脂粉尘，会引起肺部的病变。大部分树脂都具有共同的危险特性：遇明火、高温易燃，与氧化剂接触有引起燃烧危险，因此，操作人员要改善操作环境，将操作区域与非操作区域有意识地划开，尽可能自动化、密闭化，安装通风设施等。

【生产单位】 上海赛璐路厂。

Bp012 玻璃纤维增强聚癸二酰癸二胺

【英文名】 glass-fiber reinforced nylon1010

【别名】 玻璃纤维增强尼龙 1010

【性质】 微黄色均匀颗粒，具有高强度、耐磨性能，改善并提高了原树脂的热性能及尺寸稳定性。

玻璃纤维增强尼龙 1010 典型性能

项目	测试方法	长玻纤增强尼龙	短玻纤增强尼龙
燃烧性	UL-94	HB	HB
相对密度	GB 1033	1.25	1.35
熔点/℃		204	204
拉伸强度/MPa	GB 1040	120	104
弯曲强度/MPa	GB 1042	155	160
弯曲弹性模量/MPa		4500	6500
缺口冲击强度/(kJ/m²)	GB 1043	22	15
热变形温度/℃	GB 1634	185	185
体积电阻率/Ω	GB 1410	10^{12}	10^{12}
介电常数	GB 1409	2.5	2.5
介电损耗角正切	GB 1409	0.018	0.18

【制法】 将连续玻璃纤维通过双螺杆挤出机，使玻璃纤维切断并与尼龙 1010 树脂共混，切粒得到产品。一般分为长玻璃纤维法和短玻璃纤维法。

(1) 短玻璃纤维法 经过表面处理的玻璃纤维切碎后与尼龙树脂混匀，加入螺杆挤出机中，挤出造粒得到产品。

(2) 长玻璃纤维法 将尼龙树脂加入螺杆挤出机熔融，经过处理的玻璃纤维长丝与熔融树脂同时进入挤出机混合，在挤出机的剪切捏合后，玻璃纤维均匀分散于尼龙 1010 树脂中。

【消耗定额】 树脂，0.71t/t；玻纤，0.31t/t。

工艺流程如下。

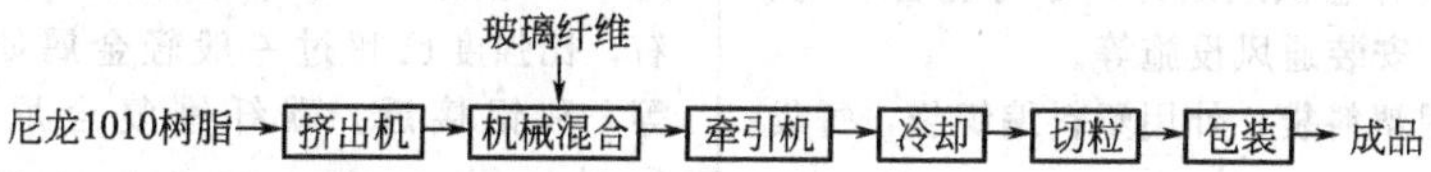

【质量标准】 上海赛璐路厂产品指标

性能	试验方法	SG-30
玻纤含量/%	GB1033	30
拉伸屈服强度/MPa	GB1040	120
拉伸断裂强度/MPa	GB1040	120
相对伸长率/%	GB1040	2
弯曲强度/MPa	GB1042	160
弯曲模量/MPa	—	6500
冲击强度(无缺口)/(kJ/m²)	GB1043	80
冲击强度(缺口)/(kJ/m²)	GB1043	20
热变形温度(1.82MPa)/℃	GB1634	185
表面电阻率/Ω	GB1044	10^{15}
体积电阻率/Ω·cm	GB1044	10^{14}
介电常数	GB1045	2.5
介电损耗角正切	GB1045	1.8×10^{-2}
燃烧性	UL-94	HB

【成型加工】 可注射、挤出成型。加工工艺参数与尼龙1010树脂相类似，仅加工温度范围比纯树脂高20～30℃。

【用途】 注射用热塑性工程塑料。广泛应用于汽车，造船，建筑，仪表，纺织和化工机械等工业部门。例如，泵的叶轮，自动打字机的凸轮，各种高负荷的机械零件，工具把手，电子电气开关及设备，建筑结构件，汽车，船舶的加油孔盖，轴承，转速表齿轮，洗衣机扭水杆，电气绝缘及各种耐磨机械零件。

【安全性】 树脂的生产原料，对人体的皮肤和黏膜有不同程度的刺激，可引起皮肤过敏反应和炎症；同时还要注意树脂粉尘对人体的危害，长期吸入高浓度的树脂粉尘，会引起肺部的病变。大部分树脂都具有共同的危险特性：遇明火、高温易燃，与氧化剂接触有引起燃烧危险，因此，操作人员要改善操作环境，将操作区域与非操作区域有意识地划开，尽可能自动化、密闭化，安装通风设施等。

内用塑料袋，外用塑料编织袋，每袋净重25kg。

【生产单位】 上海赛璐珞厂。

Bp013 纤维增强尼龙树脂

【英文名】 fiber reinforced nylon resin

【别名】 纤维增强聚酰胺（PA）

【性质】 尼龙是开发早、用量大的一种工程塑料，抗冲击强度、拉伸强度都比较高，耐磨性、耐化学药品性和耐溶剂性都较为优异。但由于具有较大的吸湿性，制品尺寸稳定性差，此外，尼龙6和尼龙66虽然熔点较高（分别为215℃和225℃），但在120℃左右存在一个玻璃化相变点，因此其允许连续使用温度仅105℃。玻璃纤维增强尼龙树脂，可以克服上述两大缺点，使吸水率降到1%以下，热变形温度提高到205℃（增强尼龙6）和250℃（增强尼龙66）（均在1.86MPa负荷下）；制品尺寸稳定性好，并进一步提高表面硬度、拉伸强度、弯曲强度及耐磨性能。30%玻璃纤维增强的尼龙6和尼龙66，拉伸强度在170MPa左右，比强度已超过一般轻金属如锌、镁等，和铝接近。碳纤维复合尼龙材料（carbon fiber complex nylon materials）具有密度小、强度高、刚性好、耐疲劳、耐蠕变、抗静电、抗电磁波干扰、热膨胀系数小、尺寸稳定性好等特点，可采用注射成型、挤出成型等方法加工。

【质量标准】

企业标准（北京化工研究院）

指标名称		指标		
		GFPA6	GFPA66	GFPA610
玻璃纤维含量/%		30±2	30±2	30±2
拉伸强度/MPa	⩾	130	140	90
弯曲强度/MPa	⩾	160	200	130
弯曲弹性模量/×10^{3}MPa	⩾	6.0	6.0	4.5
缺口冲击强度/(kJ/m^2)	⩾	12	10	10
表面电阻率/×10^{3}Ω		8	8	4
体积电阻率/×10^{15}Ω·cm		3	3	2
饱和吸水率(24h)/%		0.9	0.9	0.5
热变形温度(1.86MPa)/℃	⩾	205	245	205
模塑收缩率/%		0.5	0.6	V0.3

碳纤维增强尼龙企业标准（上海市合成纤维研究所）

指标名称	指标										
	PA1010			PA6			PA66			PA610	
CF 含量/%	0	15	30	0	15	30	0	15	30	0	30
相对密度	1.03	1.14	1.22	1.13	1.20	1.27	1.14	1.21	1.26	1.08	1.25
拉伸强度/MPa	46	137	167	59	143	175	64	147	184	55	170
伸长/%	316	3.5	3	220	3	2.5	200	3	2	250	2.5
静弯曲强度/MPa	75	208	238	88	220	247	108	230	257	65	235
静弯曲模量/10MPa	1.55	8.05	9.62	1.67	8.82	12.15	1.96	9.01	13.24		9.92
冲击强度(缺口)/(kJ/m)	23	9.8	11.3	12	10.1	9.5	14	10.8	7.2		7.4
热变形温度(1.81MPa)/℃	43	185	190	59	198	205	66	200	236	55	195
体积电阻/Ω·cm	3×10^{15}	1×10^{3}	1×10^{2}	2×10^{14}	1×10^{3}	1×10^{2}	2×10^{14}	1×10^{3}	1×10^{2}	2×10^{14}	1×10^{2}
摩擦系数		0.25	0.20		0.28	0.22		0.28	0.22		0.22
增强宽度/mm		6.5	5.0		6.80	5.5		6.8	5.5		5.5
成型收缩率/%	2	0.5	0.4	2	0.50	0.4	2	0.5	0.4	2	0.4

碳纤维复合尼龙材料企业标准（北京化工研究院）

指标名称		指标	
		GFPA6	GFPA66
碳纤维含量/%		30±1.5	30±1.5
拉伸强度/MPa	⩾	200	200
断裂伸长率/%	⩾	3	3

续表

指标名称		指标	
		GFPA6	GFPA66
弯曲强度/MPa	≥	250	250
弯曲弹性模量/GPa	≥	12	12
缺口冲击强度/(kJ/m²)	≥	8	8
无缺口冲击强度/(kJ/m²)	≥	25	25
表面电阻率/Ω		10^3	10^3
模塑收缩率/%		0.3	0.3
热变形温度(1.82MPa)/℃		210	250

【用途】 玻璃纤维增强尼龙树脂被广泛用于代替各种有色金属，制造机械工业中的各种零件如齿轮、传动部件等，甚至用于大型的受力部件。用超细玻璃纤维增强的尼龙，还可用于军工部门，以制造卫星部件和步枪部件。

碳纤维复合尼龙材料在航天器材、飞机部件、电子仪表、电子计算机、汽车、机械、化工设备、体育器材等方面有广泛的应用前景。

【制法】 尼龙树脂和经过处理的一定量玻璃纤维或碳纤维在 ZSK 双螺杆挤出机内受热黏结，经机头和口模挤出，冷却定型，牵引切粒，包装后贮运。

【安全性】 树脂的生产原料，对人体的皮肤和黏膜有不同程度的刺激，可引起皮肤过敏反应和炎症；同时还要注意树脂粉尘对人体的危害，长期吸入高浓度的树脂粉尘，会引起肺部的病变。大部分树脂都具有共同的危险特性：遇明火、高温易燃，与氧化剂接触有引起燃烧危险，因此，操作人员要改善操作环境，将操作区域与非操作区域有意识地划开，尽可能自动化、密闭化，安装通风设施等。

本产品属非危险品，用内衬聚乙烯薄膜的聚丙烯编织袋包装，能防尘、防潮。每袋净重 25kg。产品在仓库内室温下贮存，不要在露天堆放。产品运输时不得在阳光下曝晒或雨淋。

【生产单位】 中国石化集团公司北京化工研究院，北京市北京化工研究院化工新技术公司，中国石化集团公司成都有机硅研究中心，上海合成纤维研究所等。

Bp014 超韧尼龙 6 及增强超韧尼龙 6

【英文名】 super toughening nylon ald glass fiber reinforced super toudlening nylon6

【性质】 PA-230SY 是以乙烯-丙烯酸类三元共聚物改性的尼龙 6；PA-231ST 是以 PA-230ST 用玻璃纤维增强的工程塑料。它除了保持尼龙 6 原有的特性外，还具有高冲击性、低吸水率、很好的熔接缝强度和尺寸稳定性、热稳定性高、耐热老化性能优良、良好的手感及成型加工性等特点，其缺口冲击强度未加玻璃纤维的超韧尼龙是纯尼龙树脂的四倍多，而增强增韧尼龙是未改性的一倍多。吸水率下降约 50%。对石油类碳氢化合物，酮类、酯类、醚类等具有良好的抗腐蚀性能。机械强度高，耐磨性能好，摩擦系数低，电绝缘性能好，耐电弧，易于成型加工。

【质量标准】

企业标准 Q/XGY01%92（原化工部成都有机硅研究中心）

指标名称		指标	
		230ST	231ST
外观		颗粒料	颗粒料
密度/(g/cm³)		1.11	1.22
玻纤含量/%		0	15±2
拉伸强度/MPa	≥	45	95
断裂伸长率/%	≥	200	4～8
弯曲强度/MPa	≥	—	120
缺口冲击强度/(kJ/m²)	≥	70	20
吸水率(23℃水中24h)/%			0.5
燃烧性能(UL-94)		HB	HB

【制法】 将尼龙6、改性剂和稳定剂充分干燥、计量、混合定量喂入双螺杆挤出机，同时将定量的玻璃纤维纱引入双螺杆挤出机，经熔融共混再冷却、切粒即得成品。

【用途及用法】 尼龙是工程塑料中开发最早的一个大品种，具有良好的耐油、耐磨、耐热、摩擦系数低及优良的力学性能、电性能和化学性质。但未经改性的纯尼龙有吸水率大、尺寸稳定性差、低温冲击韧性较低等缺点。本产品克服了上述弊端，因而它能满足一般工程塑料不能胜任的耐高冲击的制件，如机械工业上的齿轮、凸轮、滑轮、链轮、汽缸盖。汽车工业上的油盘，自行车车轮；冷却风扇；在体育用品上制作羽毛球拍、网球拍、冬季滑雪体育制品等；在轻武器上制作枪托、手把、弹匣等。

【成型加工】 本产品适于注塑和挤出成型，在成型加工前必须进行充分干燥，使其含水率＜0.1%，不然将导致制品银纹和内部气泡，严重影响制品性能。干燥方法可采用真空干燥或热风循环干燥。在80～85℃干燥24h。注塑成型以螺杆注塑机为好，料筒温度Ⅰ段205～215℃、Ⅱ段245～260℃，注射压力60～120MPa，模温60～80℃，成型周期根据制件厚度确定。

【生产单位】 成都有机硅研究中心，北京化工研究院，上海合成树脂研究所等。

Bp015 聚己内酰胺（PA6）

【英文名】 polycaprolactam（PA6）

【别名】 尼龙6；聚酰胺6；锦纶

【性质】 PA6为乳白色或微黄色透明到不透明角质状结晶型聚合物，可自由着色，韧性、耐磨性、自润滑性好、刚性小、耐低温，耐细菌、能慢燃，离火慢熄，有滴落、起泡现象，成型加工性极好；可注塑、吹塑、浇塑、喷涂、粉末成型、机加工、焊接、粘接。

PA6是吸水率最高的PA，尺寸稳定性差，并影响电性能（击穿电压）。

PA6最高使用温度可达180℃，加耐冲改性剂后会降至160℃，用15%～50%玻璃纤维增强，可提高至199℃，无机填充PA能提高其热变形温度。

PA6的化学物理特性和PA66很相似，然而，它的熔点较低，而且工艺温度范围很宽。它的耐冲击性和抗溶解性比PA66要好，但吸湿性也更强。因为塑件的许多品质特性都要受到吸湿性的影响，因此使用PA6设计产品时要充分考虑到这一点。为了提高PA6的机械特性，经常加入各种各样的改性剂。玻璃就是最常见的添加剂，有时为了提高耐冲击性还加入合成橡胶，如 EPDM 和 SBR 等。

对于没有添加剂的产品，PA6 的收缩率在 1%～1.5%之间。加入玻璃纤维添加剂可以使收缩率降低到 0.3%（但和流程相垂直的方向还要稍高一些）。成型组装的收缩率主要受材料结晶度和吸湿性影响。实际的收缩率还和塑料制件设计、壁厚及其他工艺参数成函数关系。

PA6 的典型性能如下。

分析项目	测试标准	数据
密度/(g/cm³)	ISO1183	1.38
拉伸强度/MPa	ISO527	85
断裂伸长率/%	ISO527	—
弯曲模量/MPa	ISO178	—
悬臂梁缺口冲击强度/(kJ/m²)	ISO180	4.5
洛氏硬度(R)	ISO2039/2	120
熔点/℃	ISO3416	220
热变形温度(0.45MPa)/℃	ISO75	210
阻燃性	UL-94	V-0
表面电阻率/Ω	ISO167	1012
介电强度/(kV/mm)	IEC1183	20
模塑收缩率/%	—	0.3～0.7
吸水率(24h,23℃)/%	ISO62	6.0

【制法】

1. 苯酚法

由苯酚加氢生成环己醇，氧化脱氢生成环己酮，肟化生成环己酮肟，再经转位即生成己内酰胺。

2. 环己烷氧化法

环己烷氧化生成环己醇和环己酮的混合物，环己醇分离后脱氢生成环己酮，再肟化生成环己酮肟，经转位即生成己内酰胺。

3. 光亚硝化法

环己烷在光照下用氯化亚硝酰进行亚硝基化生成环己酮肟盐酸盐，在硫酸中进行贝克曼重排生成己内酰胺。

4. 甲苯法

由甲苯氧化制苯甲酸，氢化生成环己甲酸，再用亚硝基硫酸和发烟硫酸进行亚硝基化即生成己内酰胺。

5. 己内酯法

环己酮在过醋酸或过氧化氢作用下生成己内酯，再于高温、高压下氨化即成己内酰胺。尼龙 6 树脂的制备。以己内酰胺为原料，在高温（220℃）及引发剂（水）存在下，首先制得氨基己酸，然后缩聚和加成反应同时进行而制得尼龙 6 树脂。

【消耗定额】 己内酰胺为 1.11kg/kg。

【反应式】

1. 己内酰胺高温水解

$$\underbrace{OC-(CH_2)_3-NH}+H_2O \rightleftharpoons H_2N(CH_2)_3COOH$$

2. 氨基己酸缩聚

$$nH_2N(CH_2)_3COOH \longrightarrow H_2N\text{-}[(CH_2)_5CONH]_{n-1}(CH_2)_5COOH+(n-1)H_2O$$

3. 加成

$$H_2N(CH_2)_3COOH + n\underbrace{HN-(CH_2)_3CO}_{} \longrightarrow H{+}NH(CH_2)_3CO{+}_{n-1}OH$$

工艺流程如下。

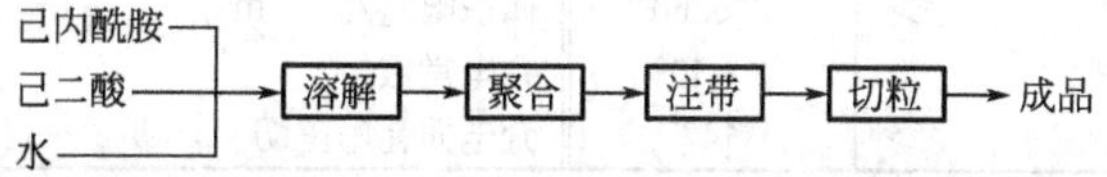

【质量标准】

(1) 外观　乳白色至橙黄色、不含机械杂质、表面均匀的颗粒。粒度每克大约40粒，带微小黑色颗粒含量不大于2%。

(2) 型号

PA6 行标（HG 2 868—76）

指标名称	指标		指标名称	指标	
	Ⅰ型	Ⅱ型		Ⅰ型	Ⅱ型
相对黏度	2.40～3.00	>3.00	拉伸强度/MPa　≥	60	65
相对密度	1.14～1.15	1.14～1.15	断裂伸长率/%　≥	30	30
熔点/℃	215～225	215～225	弯曲强度/MPa　≥	90	90
单体含量(质量分数)/%　≤	3	3	缺口冲击强度/(kJ/m²)　≥	5	7

杜邦中国集团有限公司产品标准

特性		ISO	数据	
			DAM	50%RH
拉伸强度/MPa	5mm/min	527	72	50
断裂伸长率/%	5mm/min	527	18	47
杨氏模量/MPa	1mm/min	—	4000	1500
Lzod 冲击强度/(kJ/m²)	23℃	180	10.7	13
	-30℃		4.6	3.7
Charpy 冲击强度/(kJ/m²)	缺口 23℃	179	8.0	13.0
	缺口 -30℃		6.0	5.0
	无缺口 23℃		NB	NB
	无缺口 -40℃		130	120
熔点/℃		1218	255	255
损耗因数/×10⁻⁴	50Hz	IEC250	100	4500
	1MHz		200	650
密度/(g/mL)			1.35	1.35
阻燃性	1.6mm	UL-94	HB	HB

上海塑料制品十八厂产品标准

项目	数据	项目	数据
密度/(kg/m³)	1330～1380	剪切强度/MPa　>	83.3
拉伸断裂强度/MPa　>	147	冲击强度(无缺口)/(kJ/m²)　>	78
维卡耐热/℃　>	200	球压痕硬度/MPa　>	150

续表

项目		数据	项目		数据
表面电阻/		1.7×10^{13}	成型收缩率(与模具比)/%	>	0.3～0.8
静弯曲强度/MPa	>	215.60	体积电阻/(·mm)	>	1.10×10^{17}
弯曲弹性模量/MPa	>	3×10^{3}	介电常数		3.0～4.0
压缩强度/MPa	>	147	介电损耗角正切		1.1×10^{-2}

南京立汉化学有限公司产品标准

性能	测试方法			状态	通用级
	ASTM	ISO	DIN		B801E
拉伸强度/MPa	D638	527	53455	干态	50
				湿态	37
断裂伸长率/%	D638	527	53455	干态	>50
				湿态	>50
弯曲模量/MPa	D790	178	53457	干态	1800
				湿态	585
悬臂梁缺口冲击强度/(J/m)	D256			干态	>800
				湿态	NB
熔点(DSC)/℃ 0.45MPa 1.8MPa	D3417	3146			>150 60
介电强度(瞬间)/(kV/mm)	D149			干态	32
				湿态	32
表面电阻率/Ω	D257	167	53482	干态	10^{13}
				湿态	10^{13}
密度/(g/cm³)	D792	1183	53479	干态	1.08
饱和吸水率/%	D570	62	53495	—	8.5
燃烧性能	UL-94	—	—	—	HB
模塑收缩率(纵向)/(mm/mm)	D955	—	—	—	$(0.6\sim1.0)\times10^{2}$

南京聚隆化学有限公司产品标准

项目	测试标准	性能值
密度/(g/cm³)	ISO1183	1.13
拉伸强度/MPa	ISO527	70
断裂伸长率/%	ISO527	80
弯曲强度/MPa	ISO178	90
悬臂梁缺口冲击强度/(kJ/m²)	ISO180	6.0
洛氏硬度(R)	ISO2039/2	118
熔点/℃	ISO3416	220
热变形温度(0.45MPa)/℃	ISO75	165
阻燃性	UL-94	HB

续表

项目	测试标准	性能值
表面电阻率/	ISO167	10^{13}
介电强度/(kV/mm)	IEC1183	20
模塑收缩率/%	—	1.0～1.6
吸水率(24h,23℃)/%	ISO62	8.5

【成型加工】 可用注射、挤出、浇铸、烧结等方法进行成型加工。

注射成型时，干燥处理的条件为：由于PA6很容易吸收水分，如果湿度大于0.2%，建议在80℃以上的热空气中干燥16h。如果材料已经在空气中暴露超过8h，建议进行105℃，8h以上的真空烘干。熔化温度：230～280℃，对于增强品种为250～280℃。模具温度：80～90℃。对于薄壁的，流程较长的塑件也建议施用较高的模具温度。增大模具温度可以提高塑件的强度和刚度，但却降低了韧性。如果壁厚大于3mm，建议使用20～40℃的低温模具。对于玻璃增强材料模具温度应大于80℃。注射压力：一般在75125×10^6Pa之间（取决于材料和产品设计）。注射速度：高速（对增强型材料要稍微降低）。如果使用热流道，浇口尺寸应比使用常规流道小一些，因为热流道能够帮助阻止材料过早凝固。如果用潜入式浇口，浇口的最小直径应当是0.75mm。

【用途】 在工业上，尼龙6广泛用于制作各种轴承，圆柱齿轮，凸轮，伞齿轮，各种辊子，辊轴，滑轮，泵叶轮，风扇叶片，涡轮，推进器，螺钉，螺母，垫片，高压密封圈，耐油密封垫片，冷冻设备部件，衬垫，阀门座，泵和阀的零件，轴承保持架，汽车和拖拉机上各种输油管，高压油管，贮油容器，活塞，衬套，被覆线，电缆护套等。在电子电气工业中，可做绝缘插座，支撑架，外壳等。在日用品方面可制成薄膜作为包装材料。

【安全性】 树脂的生产原料，对人体的皮肤和黏膜有不同程度的刺激，可引起皮肤过敏反应和炎症；同时还要注意树脂粉尘对人体的危害，长期吸入高浓度的树脂粉尘，会引起肺部的病变。大部分树脂都具有共同的危险特性：遇明火、高温易燃，与氧化剂接触有引起燃烧危险，因此，操作人员要改善操作环境，将操作区域与非操作区域有意识地划开，尽可能自动化、密闭化，安装通风设施等。

PA6为颗粒料，装于内衬薄膜的塑料编织袋，每袋净重25kg，贮存在干燥，清洁，通风良好及避光的仓库内。可长期贮存，按非危险品运输。

【生产单位】 巴陵石化公司，广东新会美达锦纶股份有限公司，广东中山新华合成纤维厂，上海塑料十八厂，黑龙江尼龙厂，上海高桥锦纶厂，山东青岛中达化纤公司，上海赛璐珞厂，杜邦中国集团有限公司，德国巴斯夫公司南京立汉化学有限公司，南京聚隆化学有限公司，慈溪市朝晖塑料有限公司。

Bp016 阻燃增强聚己二酰己二胺

【英文名】 fire-retardant reinforced nylon 66

【别名】 阻燃增强尼龙66

【结构式】 与尼龙66同。

【性质】 阻燃尼龙66的熔点一般在245～250℃之间，密度为1.44g/cm³，具有良好的力学性能和电性能。阻燃可以达到UL-94V-0级。

【制法】 将尼龙66树脂与阻燃剂、润滑剂、热稳定剂等混合，经螺杆挤出机熔融共混即得到尼龙66树脂。若生产玻璃纤维增强级，则共混料中可添加玻璃纤维。

【质量标准】

上海涛浦斯实业发展有限公司产品技术指标

性能	实验方法	TNG66-20G	性能	实验方法	TNG66-20G
拉伸强度/MPa	D638	185	热变形温度/℃	D648	245
断裂伸长率/%	D638	3	介电强度/(MV/m)	D149	24
弯曲强度/MPa	D790	286	体积电阻率/Ω·cm	D257	10
弯曲模量/MPa	D790	9500	密度/(g/cm³)	D792	1.36
缺口冲击强度/(kJ/m)	D256	0.09	阻燃性(1.6mm)	UL-94	V-2
洛氏硬度	D785	120	玻纤含量/%	—	30

利鑫工程塑料公司产品技术指标

测试项目	测试方法	测试标准	性能
密度/(g/cm³)	—	ISO1183-A	1.56
含水量/%	干燥	ISO62	0.7
拉伸强度/MPa	23℃,50mm/min	ISO527	145
断裂伸长率/%	23℃,50mm/min	ISO527	3
弯曲强度/MPa	23℃,10mm/min	ISO178	198
弯曲模量/MPa	10mm/min	ISO178	6800
悬臂梁缺口冲击强度/(kJ/m)	23℃	ISO180	11.5
洛氏硬度(R)	—	D785	110
热变形温度(1.82MPa)/℃	2℃/min	ISO75-2	250
热变形温度(0.45MPa)/℃	2℃/min	ISO75-2	260
阻燃性(UL-94)	—	ISO1210	V-0(0.8mm)
成型收缩率(3mm厚,平行/垂直)/%	—	利鑫	0.3～0.6
玻纤含量/%	—	利鑫	25

南京立汉化学有限公司产品技术指标

测试项目	ASTM	ISO	DLN	试样状态	数据
拉伸断裂强度/MPa	D638	527	D53455	干/湿	140/120
断裂伸长率/%	D638	527	D53455	干/湿	3/4
弯曲屈服强度/MPa	D790	178	D53452	干/湿	195/165
弯曲模量/MPa	D790	178	D53457	干/湿	7500/5500
悬臂梁缺口冲击强度/(J/m)	D256	180	D53453	干/湿	65/115
洛氏硬度		2039/2		干/湿	R120/R115
热变形温度/℃ 0.45MPa	D648	75	D53461		255
1.82MPa	D648	75	D53461		250
阻燃性能	UL-94				V-0
阻燃剂种类					卤系
体积电阻率/Ω·cm	D257		D53482	干/湿	
表面电阻率/Ω	D257		D53482	干/湿	$10^3/10^{10}$
介电强度/(kV/mm)	D149		D53481	干/湿	

续表

测试项目	ASTM	ISO	DLN	试样状态	V 数据
吸水率/%	D570	62	D53495		0.6
饱和吸水率/%	D570	62	D53495		6
注塑成型温度范围/℃					260/290
烘干温度/时间/(℃/h)					90/(4～6)
线性成型收缩率/(mm/mm)	D955		D53464		0.003
熔点/℃					260
密度/(g/cm³)	D792	1183	D53479		1.45

横店得邦工程塑料有限公司产品技术指标

项目	检测方法	测试条件	技术数据
密度/(g/cm³)	1183	23℃	1.42
模塑收缩率/%	D955	23℃	0.4～0.7
吸水性/%	62	23℃水中浸泡 24h	0.75
拉伸强度/MPa	527	RH50,23℃	135
断裂伸长率/%	527	RH50,23℃	2.2
弯曲强度/MPa	178	RH50,23℃	220
冲击强度/(kJ/m²)			
缺口	179	RH50,23℃	9
无缺口	179	RH50,23℃	42
热变形温度/℃	75	1.82MPa	250
阻燃性	UL-94	0.8～3.2mm	V-0
表面电阻率/Ω	IEC93	RH50,23℃	11×10^{14}
体积电阻率/Ω·cm	IEC250	RH50,23℃	2.4×10^{14}
介电强度/(kV/mm)	—	RH50,23℃	28
介电损耗角正切(10^6Hz)	IEC93	RH50,23℃	3.1×10^{-2}
介电常数(10^5Hz)	IEC250	RH50,23℃	3.4
相对漏电起痕指数	IEC250	RH50,23℃	>400

江阴永通化工有限公司（阻燃增强 35%玻纤）**产品技术指标**

性能		测试方法	测试状态	数据
物理性能	密度/(g/cm³)	D792	干	1.45
	吸水性(23℃,50RH)/%	D570	—	1.5±0.2
力学性能	拉伸强度/MPa	D638	干 湿	170 130
	伸长率/%	D638	干 湿	4 4
	弯曲模量/MPa	D790	干 湿	9000 6000
	悬臂梁缺口冲击强度/(J/m)	D256	干 湿	100 250

续表

性能			测试方法	测试状态	数据
热性能	热变形温度/℃	1.82MPa	D648	—	250
		0.45MPa		干	250
	熔点(DSC)/℃		D3174	干	260
	线胀系数/(×10³/K)		D696	干	1～1.5
	阻燃性(1.6mm)		UL-94	—	V-0
电性能	体积电阻率/Ω·cm		D257	湿	10^{12}
	介电常数(10^{16}Hz)		D150	干	3.6
				湿	5.0
	介电损耗角正切(10^{16}Hz)		D150	干	0.02
				湿	0.2

【用途】 玻璃纤维增强尼龙解决了尼龙树脂吸湿性大的问题，并提高了连续使用温度、拉伸强度、弯曲强度、耐磨性以及材料的表面硬度。主要用于代替各种有色金属，制造各种齿轮、传动部件等。阻燃后的玻璃纤维增强尼龙 66 可以用于要求严格的耐燃电气零件。

【安全性】 树脂的生产原料，对人体的皮肤和黏膜有不同程度的刺激，可引起皮肤过敏反应和炎症；同时还要注意树脂粉尘对人体的危害，长期吸入高浓度的树脂粉尘，会引起肺部的病变。大部分树脂都具有共同的危险特性：遇明火、高温易燃，与氧化剂接触有引起燃烧危险，因此，操作人员要改善操作环境，将操作区域与非操作区域有意识地划开，尽可能自动化、密闭化，安装通风设施等。

【生产单位】 上海涛浦斯实业发展有限公司，江阴永通化工有限公司，横店得邦工程塑料有限公司，南京立汉化学有限公司，利鑫工程塑料公司，广东金发工程塑料公司，上海杰事杰材料公司，晨光化工研究院，杜邦中国集团有限公司，海尔科化工程塑料国家工程研究中心股份有限公司，广东盛恒昌化学工业有限公司。

Bp017 氨基壬酸

【英文名】 nylon9；aminononanoic acid

【别名】 聚 9；尼龙 9

【性质】 聚合物为乳白色，不透明的无定形固体。熔点及吸湿性均比尼龙 6 低。溶解于乙酸，苯酚。热稳定性优于尼龙 6 和尼龙 66，长期熔融也不发生分解，耐磨，耐折皱，柔软性较佳。熔点 210～215℃，相对密度 1.05，马丁耐热 46～50℃，拉伸强度 56～65MPa，弯曲强度 80～83MPa，冲击强度（缺口）14.7kJ/m²，布氏硬度 127.4MPa，体积电阻率＞4.5×10^{14} Ω·cm，介电强度＞19kV/mm，介电损耗角正切（10.6Hz）0.0418，大气中平衡吸水率 1.5％。

经玻璃纤维增强后，拉伸强度可提高到 34 倍，弹性模量提高 67 倍，马丁耐热可提高到 150℃。

尼龙 9 的典型物性

性能	尼龙 9	性能	尼龙 9
密度/(g/cm³)	1.05	体积电阻/Ω·cm	10^{14}
熔点/℃	185	相对介电常数(1MHz)	3.7
耐寒温度/℃	－30	介电损耗角正切(1MHz)	0.018

续表

性能	尼龙 9	性能	尼龙 9
拉伸强度/MPa	65.0	介电强度/(kV/mm)	16
压缩强度/MPa	72.5	成型收缩率/%	1.5～2.5
弯曲强度/MPa	85.0		

【反应式】

1. 癸二酸制癸二酸单酰胺

$$HOOC(CH_2)_8COOH + NH_3 \longrightarrow HOOC(CH_2)_8CONH_2 + H_2O$$

2. 癸二酸单酸胺制 9-氨壬任酸

$$HOOC(CH_2)_6CONH_2 + 2NaClO \longrightarrow HOOC(CH_2)_8NH_2 + Na_2CO_3 + Cl_2$$

3. 9-氨任酸聚合制尼龙 9

$$nHOOC(CH_2)_8NH_2 \longrightarrow \text{⁅}NH(CH_2)_8CO\text{⁆}_n + nH_2O$$

【制法】 工艺流程如下。

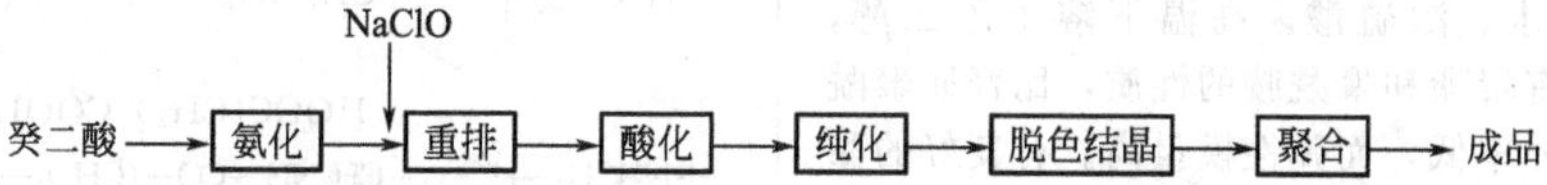

【成型加工】 可采用注射，挤出成型。注射条件为：料筒温度 190230℃，喷嘴温度 210220℃，模具温度 6070℃，注射压力 83205MPa。

【质量标准】

淮阴大众塑料厂企业标准

分子量	15000～20000
相对密度	1.05
熔点/℃	210～215

【用途】 用于注射齿轮，轴承，机械零件，也可挤出电缆护套。用它吹塑的薄膜强度大，耐磨，耐折皱，耐高温，适于医疗上特种消毒包。它又可纺鬃，制造织物，作工业滤布，渔网，也可作金属涂层。

【安全性】 树脂的生产原料，对人体的皮肤和黏膜有不同程度的刺激，可引起皮肤过敏反应和炎症；同时还要注意树脂粉尘对人体的危害，长期吸入高浓度的树脂粉尘，会引起肺部的病变。大部分树脂都具有共同的危险特性：遇明火、高温易燃，与氧化剂接触有引起燃烧危险，因此，操作人员要改善操作环境，将操作区域与非操作区域有意识地划开，尽可能自动化、密闭化，安装通风设施等。

【生产单位】 淮阴大众塑料厂。

Bp018 电磁屏蔽尼龙 6

【英文名】 nylon 6 for electromagnetic shielding

【组成】 主要成分为尼龙 6 树脂和铁纤维。

【性质】 本材料密度 2.13g/cm³，耐热性高：热变形温度 179℃。力学强度良好：拉伸强度 69MPa、弯曲强度 111MPa（缺口，悬梁）、冲击强度 80J/m。导电性优良：电导率可达 3.3×10^2S/cm。

将尼龙 6 树脂粒料和铁丝短纤按比例加入捏合机中捏合均匀，再经双螺杆挤出机造粒。

【成型加工】 在一定温度和压力下，将本粒料注射、模压成各种制件。

【制法】 已广泛用于各种电器、电子计算机等的电磁屏蔽外壳和板材等。

【安全性】 树脂的生产原料，对人体的皮肤和黏膜有不同程度的刺激，可引起皮肤过敏反应和炎症；同时还要注意树脂粉尘对人体的危害，长期吸入高浓度的树脂粉尘，会引起肺部的病变。大部分树脂都具有共同的危险特性：遇明火、高温易燃，与氧化剂接触有引起燃烧危险，因此，操

作人员要改善操作环境，将操作区域与非操作区域有意识地划开，尽可能自动化、密闭化，安装通风设施等。

可包装于内衬塑料膜的编织袋或塑料容器内；贮放于阴凉通风干燥处，防止日晒雨淋，远离火源；按非危险品运输。

【生产单位】 日本钟纺合成纤维公司等。

Bp019 聚己二酰混合亚苯基二酰胺

【英文名】 nylon MXD-6

【别名】 尼龙 MXD-6

【结构式】

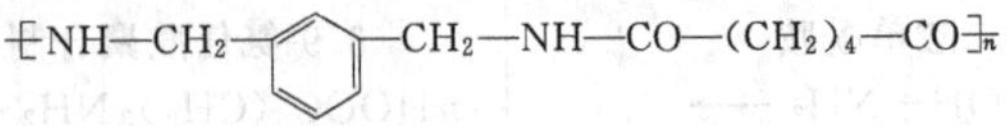

【性质】 尼龙 MXD-6 为奶油色或淡黄色结晶型聚合物，非结晶型呈透明状。相对密度 1.22，室温下溶于甲酸、苯酚-乙醇、苯酚-水、浓硫酸，高温下溶于乙二醇，它兼有聚酯和聚酰胺的性质，比普通聚酰胺延伸率低，而弹性模量高。有良好的黏附力与热稳定性。它是一种高性能的工程塑料，又是一种高性能的阻隔性树脂。它的透氧性是一般尼龙的（1/10）～（1/20），PET 的 1/20，二氧化碳的透过性为 PET 的 1/5，故是一种理想的包装材料。

尼龙 MXD-6 模塑件的力学性能

吸水(20℃,24h)/%	5.8
吸湿(65%RH)/%	3.1
熔点/℃	243
相对密度/(g/cm^3)	1.22
热变形温度/℃	96
热膨胀系数/($\times10^{-5}$/K)	5.1
拉伸强度/MPa	101
延伸率/%	2.3
拉伸模量/GPa	4.8
弯曲强度/MPa	160
弯曲模量/GPa	4.5
落氏硬度(M)	108

【制法】 间二甲苯或混合二甲苯经氨氧化得间苯二甲腈或混合苯二甲腈。再氢化得间苯二甲胺或混合苯二甲胺。后者与己二酸合成反应生成 MXD-6 盐。此盐通过聚合便得聚合物 MXD-6。

【反应式】

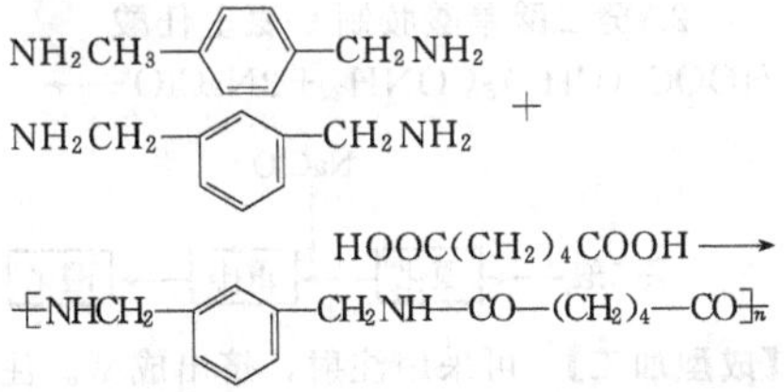

工艺流程如下。

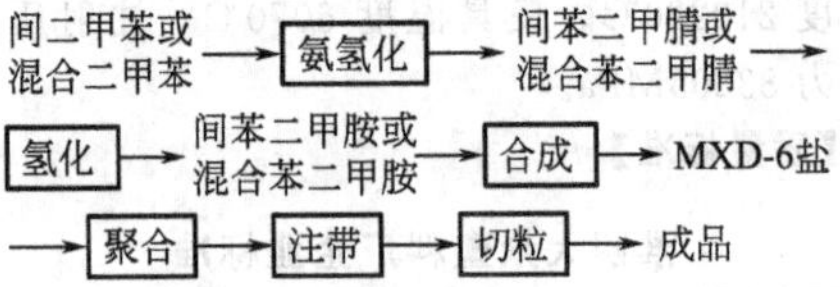

【质量标准】 企业标准

指标名称	指标
熔点/℃	243
相对密度 >	V1.5(可以调节)

【用途】 用来制作具有高强度，高模量，耐疲劳的汽车轮胎帘子线。加入玻纤、碳纤、填充料等组成增强塑料，代替金属铸件。也可采用共混，共挤吹塑等方法制得具有高阻隔特性的包装薄膜或多层复合容器。利用它的立体卷曲性纤维的特性，又用于服装行业。

【安全性】 树脂的生产原料，对人体的皮肤和黏膜有不同程度的刺激，可引起皮肤过敏反应和炎症；同时还要注意树脂粉尘对人体的危害，长期吸入高浓度的树脂粉尘，会引起肺部的病变。大部分树脂都具有共同的危险特性：遇明火、高温易燃，与氧化剂接触有引起燃烧危险，因此，操作人员要改善操作环境，将操作区域与非操作区域有意识地划开，尽可能自动化、密闭化，安装通风设施等。

装于内衬聚乙烯薄膜的编织袋内，每袋净重 25g。

【生产单位】 上海赛璐珞厂。

Bp020 己二酰己二胺共聚树脂

【英文名】 nylon 6/nylon 66 copolymer

【别名】 尼龙 6/尼龙 66 共聚树脂；尼龙 54；己内酰胺

【性质】 本产品熔点低，具有弹性，由于配比不同，性能亦有差别。

【制法】 将尼龙 6、尼龙 66 的单体按一定的比例投入反应釜，并根据需要可加入一定的防老剂，分子量调节剂等，反应温度控制在 200～230℃，压力 1.176～1.47MPa。经注带切粒得产品。

工艺流程如下。

各种尼龙单体、助剂 → 缩聚 → 注带 → 切粒 → 成品

【成型加工】 可注射，挤出成型。注射成型温度范围为 232～260℃，模塑压力范围为 6.86～103.39MPa。

【质量标准】

尼龙 66/尼龙 6 标准

指标名称		黑龙江省尼龙厂标准		上海赛璐珞厂标准
		一级	二级	尼龙 6/尼龙 56(50/50)
黏度/(粒/g)	≥	40	40	
密度/(g/cm^3)	≥	1.1	1.1	
黏度比		2.4～3.0	2.4～3.0	2.0±0.2
在汽油中的膨胀率/%	≥	±1.5	±1.5	
黑点直径(0.2～0.7mm)个	≤	1.0	1.5	
拉伸强度/MPa	≥	30	25	
断裂伸长率/%	≥	250	200	
熔点/℃	≥	160	160	V180
要求		不含有机械杂质和表面水分,粒度均匀		具有醇溶性
色泽		白色,微黄色	淡黄色	白色颗粒

【用途】 除适用于一般尼龙的部分用途外，可用于制板材，薄膜，胶黏剂，涂料及纤维。

【安全性】 树脂的生产原料，对人体的皮肤和黏膜有不同程度的刺激，可引起皮肤过敏反应和炎症；同时还要注意树脂粉尘对人体的危害，长期吸入高浓度的树脂粉尘，会引起肺部的病变。大部分树脂都具有共同的危险特性：遇明火、高温易燃，与氧化剂接触有引起燃烧危险，因此，操作人员要改善操作环境，将操作区域与非操作区域有意识地划开，尽可能自动化、密闭化，安装通风设施等。

装于内衬聚乙烯薄膜的编织袋内，每袋净重 25g。

【生产单位】 上海塑料十八厂，黑龙江省尼龙厂，上海赛璐珞厂。

Bp021 矿物增强聚己内酰胺

【英文名】 minera lreinforced poly caprolactam

【别名】 矿物增强尼龙 6

【性质】 矿物增强尼龙 6 具有较高的力学

性能和耐热性，比玻璃纤维增强的尼龙 6 的各向同性度高，模塑成型时各方向的收缩率较为均匀，翘曲度低，尺寸稳定性好，耐磨、耐水、耐溶剂，外观好。

【制法】 将尼龙 6 树脂和活性矿物填料及加工助剂，在混合机械中均匀混合，加入双螺杆挤出机中加热熔融，挤出造粒。

工艺流程与玻璃纤维增强尼龙 6 相同。

【成型加工】 可注射、挤出成型。

【质量标准】 南京聚隆化学实业有限公司矿物增强尼龙 6 技术指标

项目	测试标准	性能值
密度/(g/cm³)	ISO1183	1.44
拉伸强度/MPa	ISO527	80
断裂伸长率/%	ISO527	—
弯曲强度/MPa	ISO178	120
悬臂梁缺口冲击强度/(kJ/m²)	ISO180	4.0
洛氏硬度(R)	ISO2039/2	118
熔点/℃	ISO3416	220
热变形温度(0.45MPa)/℃	ISO75	205
阻燃性	UL-94	V-0
表面电阻率/Ω	ISO167	10^{12}
介电强度/(kV/mm)	IEC1183	20
模塑收缩率/%	—	0.3～0.7
吸水率(24h,23℃)/%	ISO62	6.0
填充量/%	—	M30

上海赛璐珞厂产品标准

性能	试验方法	MR-401
矿物含量/%	—	40
拉伸屈服强度/MPa	GB 1040	76
拉伸断裂强度/MPa	GB 1040	75
相对伸长率/%	GB 1040	6
弯曲强度/MPa	GB 1042	110
弯曲弹性模量/MPa	—	4040
冲击强度(无缺口)/(kJ/m²)	GB 1043	70
冲击强度(缺口)/(kJ/m²)	GB 1043	9.0
热变形温度(1.81MPa)/℃	GB 1634	80
表面电阻率/Ω	GB 1044	10^{15}
体积电阻率/Ω·cm	GB 1044	10^{17}
介电常数	GB 1045	2.2
介电损耗角正切	GB 1045	1.0×10^{-2}
相比漏电起痕指数(CTI)/V	TFC112	425
燃烧性	UL-94	HB

南京立汉化学有限公司产品标准

主要性能参数	B9709	主要性能参数	B9709
拉伸断裂强度/MPa	95～70	体积电阻/Ω·cm	10^{14}
断裂伸长率/%	4～5	表面电阻率/Ω	10^{10}～10^{12}
弯曲屈服强度/MPa	100～150	吸水率/%	1
弯曲模量/MPa	4000～5500	饱和吸水率/%	6.5
悬臂梁缺口冲击强度/(J/m)	80～110	注塑成型温度范围/℃	230～260
洛氏硬度(R)	110～120	烘干温度/时间/(℃/h)	90/4～6
热变形温度(0.45MPa)/℃	195	线性成型收缩率/%	0.004
热变形温度(1.81MPa)/℃	150	熔点/℃	220
阻燃性能(UL-94)	V-1	密度/(g/cm³)	1.45
阻燃剂种类	非卤非磷	填充物	M45

【用途】 矿物增强尼龙6流动性好，易成型加工，制品收缩性小，制品各向同性，适宜制作结构复杂的零部件。在汽车工业中，制造滚珠托架、反光灯罩、仪表底盘等；在电气领域中，可作电气接插头、插座、集成电路板。另外还可以制作洗衣机波轮、带轮以及各种线圈架、齿轮等。

【安全性】 树脂的生产原料，对人体的皮肤和黏膜有不同程度的刺激，可引起皮肤过敏反应和炎症；同时还要注意树脂粉尘对人体的危害，长期吸入高浓度的树脂粉尘，会引起肺部的病变。大部分树脂都具有共同的危险特性：遇明火、高温易燃，与氧化剂接触有引起燃烧危险，因此，操作人员要改善操作环境，将操作区域与非操作区域有意识地划开，尽可能自动化、密闭化，安装通风设施等。

【生产单位】 南京聚隆化学实业有限公司，上海赛璐路厂，南京立汉化学有限公司。

Bp022 聚十二烷酰己二胺

【英文名】 nylon 612

【别名】 尼龙 612

【性质】 与尼龙610相似，但尺寸稳定性更好，吸水性低，有较高的拉伸强度和冲击强度。原料来源于石油化工原料，不像尼龙610受农产品的限制。

【制法】 丁二烯三聚环化生成环十二碳三烯，再用空气氧化制得环十二醇和环十酮的混合物，将此混合物用硝酸氧化生成十二烷二酸。十二烷二酸与己二胺在乙醇中生成结晶盐。尼龙612盐于270～300℃，2.45～2.95MPa压力下进行缩聚。

工艺流程如下。

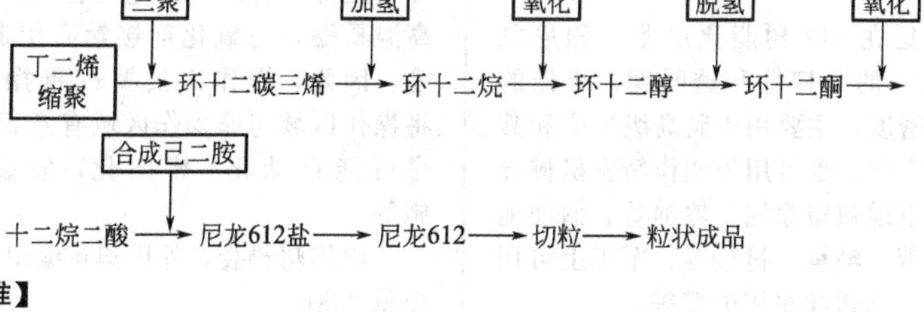

【质量标准】

ASTM D4066—91

指标名称		通用级			热稳定级	耐候级
相对黏度/(dL/g)	≥	0.9	2	3		
相对密度		1.05～1.07	1.05～1.07	1.05～1.07	1.05～1.07	1.05～1.07
拉伸强度/MPa	≥	55	55	55	55	55
相对伸长率/%	≥	50	100	100	50	50
弯曲模量/MPa	≥	1900	1900	1900	1900	1900
冲击强度/(J/m)	≥	30	40	40	35	40
热变形温度(1.82MPa)/℃		65	65	60	60	60
吸水率/%	≤	0.3	0.25	0.15	0.3	0.3
熔点/℃		208～220	208～220	208～220	208～220	208～220

山东东辰工程塑料有限公司

项目	试验方法	数据
密度/(g/cm³)	GB 1033—86	1.06～1.08
熔点/℃	ASTM D3418—97	232
吸水率/%	GB 1034—86	0.3～0.4
热变形温度(1.82MPa)/℃	GB 1634—79	90
拉伸强度/MPa	GB/T1040—92	52.4
屈服伸长率/%	GB/T1040—92	30
悬臂梁冲击强度(缺口)/(kJ/m²)	GB/T1043—93	2.2
弯曲模量/GPa	GB 9341—88	1.6
成型收缩率/%	参照 GB 1404—86	1.1
体积电阻率/Ω·cm	GB 1410—89	10^{13}
介电强度/(kJ/m²)	GB 1408—89	21.6
介电常数(10^5Hz)	GB 1409—88	3.5～4.0
介电损耗角正切(10^5Hz)	GB 1409—88	0.02～0.03

【成型加工】 可注射，挤出，吹塑等成型方法加工成各种部件、板、管和薄膜。加工前需在 80～100℃下干燥 8h。注射成型温度为 230～280℃，压力为 606～810.39MPa。挤出温度为 240～250℃。

【用途】 尼龙 612 树脂比尼龙 6 和尼龙 66 具有更高的柔韧性和透明度，更低的吸水率和密度，主要用于制高级牙刷和其他工业用宾丝，也可用于制作精密机械部件和电线电缆被覆涂层、输油管、耐油绳索、传送带、轴承、衬垫等，军工上可用于制枪托、钢盔和军用电缆等。

【安全性】 树脂的生产原料，对人体的皮肤和黏膜有不同程度的刺激，可引起皮肤过敏反应和炎症；同时还要注意树脂粉尘对人体的危害，长期吸入高浓度的树脂粉尘，会引起肺部的病变。大部分树脂都具有共同的危险特性：遇明火、高温易燃，与氧化剂接触有引起燃烧危险，因此，操作人员要改善操作环境，将操作区域与非操作区域有意识地划开，尽可能自动化、密闭化，安装通风设施等。

内用塑料袋，外用塑料编织袋，每袋净重 25kg。

【生产单位】 山东东辰工程塑料有限公司

Bp023 低翘曲 PBT

【英文名】 low warping PBT

【结构式】 同 PBT。

【性质】 翘曲度比一般 PBT 低得多。

【质量标准】 30%各种无机物填充 PBT 塑料的物性指标

项目	云母	滑石粉	玻璃珠	玻纤
拉伸强度/MPa	75	57	55	127
伸长率/%	3	2	5	V3
弯曲强度/MPa	127	97	103	186
弯曲弹性模量/MPa	8036	5880	3920	8036
Izod 缺口冲击强度/(J/m)	29	27	32	80
热变形温度(1.82MPa)/℃	162	150	85	205
成型品圆板翘曲①/%	0	3.0	0.5	5.0

①圆板直径 15cm,厚度 2mm,中心浇口。

【用途】 大型薄壁制品，多用于电子、电器领域。

【生产单位】 Basf 公司，成都科强高分子工程公司。

Bp024 耐磨聚癸二酰癸二胺

【英文名】 anti-friction PA1010

【别名】 耐磨尼龙 1010

【性质】 本品为银灰色均匀颗粒，相对密度 1.06～1.10。具有优越的耐磨性，静摩擦系数 0.06～0.10。拉伸强度 40MPa，弯曲强度 60MPa，无缺口冲击强度 $100kJ/m^2$。

【制法】 将尼龙 1010 树脂与耐磨剂（5%石墨或 1.5%二硫化钼）通过螺杆挤出机，挤出造粒即得耐磨尼龙 1010。

工艺流程如下。

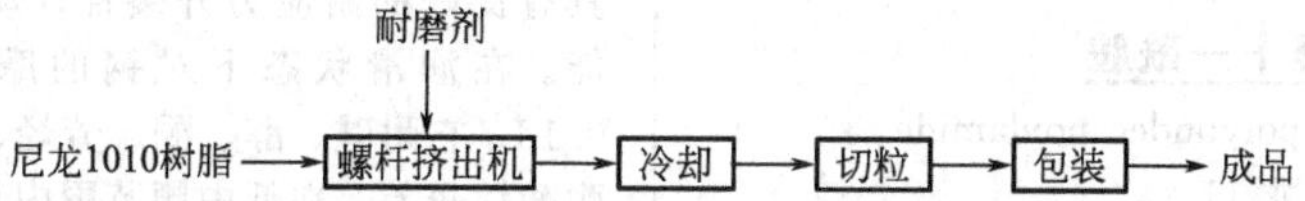

【质量标准】 沪 Q/HG 13 224—89，熔点，≥200℃；水分，≤1.0%。

【用途】 注射用热塑性工程塑料。适宜制作齿轮，轴承，轴瓦，轴套及传动装置。广泛用于印染，纺织，机电，化工机械等部门。

【安全性】 树脂的生产原料，对人体的皮肤和黏膜有不同程度的刺激，可引起皮肤过敏反应和炎症；同时还要注意树脂粉尘对人体的危害，长期吸入高浓度的树脂粉尘，会引起肺部的病变。大部分树脂都具有共同的危险特性：遇明火、高温易燃，与氧化剂接触有引起燃烧危险，因此，操作人员要改善操作环境，将操作区域与非操作区域有意识地划开，尽可能自动化、密闭化，安装通风设施等。

【生产单位】 上海赛璐珞厂。

Bp025 阻燃尼龙 1010

【英文名】 flame retardant nylon 1010; flame retardant polydecamethylene sebacamide

【别名】 耐磨聚癸二酰癸二胺

【性质】 白色均匀颗粒，相对密度为 1.08。阻燃性好，而且热稳定性好。

阻燃尼龙 1010 的典型性能

项目	测试方法	阻燃尼龙
燃烧性	UL94	V-0
相对密度/(g/cm³)	GB1033	1.14
熔点/℃		204
拉伸强度/MPa	GB1040	47
相对伸长率/%		35
弯曲强度/MPa	GB1042	86
弯曲弹性模量/MPa		2140
缺口冲击强度/(kJ/m²)	GB1043	11
热变形温度/℃	GB1634	64
体积电阻率/Ω·cm	GB1410	10^{13}
介电常数	GB1409	3.0
介电损耗角正切	GB1409	0.01

工艺流程如下。

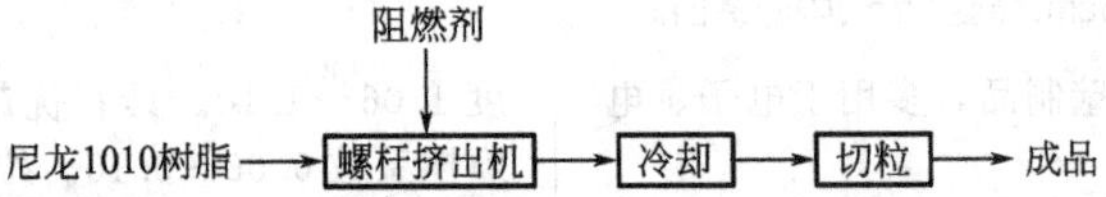

【质量标准】 上海赛璐珞厂企业标准（沪 Q/HG 13 755—89）如下。

指标名称	试验方法	指标	指标名称	试验方法	指标
燃烧性能	UL-94	V-0	弯曲模量/MPa	GB 1042≥	1.7×10³
拉伸强度/MPa	GB 1040≥	43	缺口冲击强度/(kJ/m²)	GB 1043≥	6
弯曲强度/MPa	GB 1042≥	75	水分/%	— ≤	1.5

【生产单位】 上海赛璐珞厂。

Bp026 聚十一酰胺

【英文名】 polyundecanoylamide

【别名】 尼龙 11

【性质】 尼龙 11 是白色半透明体，相对密度 1.04，吸水率比尼龙 6 和尼龙 66 小，20℃，65% RH 时平衡吸水率为 1.1%，20℃浸入水中 24h 后为 1.9%。结晶熔点 185～187℃。尼龙 11 柔性好，具有良好的耐应力开裂性，动态疲劳性能。在润滑状态下对钢的摩擦系数为 0.18。它耐碱、醇、酮、芳烃、油脂，而耐酸性较差。在低中频范围内具有良好的电性能。由于它吸水率低，因此，在各种湿度条件下，其电性能都比较稳定。

典型性能如下。

相对密度/(g/cm³)	1.03～1.05	洛氏硬度	R108
熔点/℃	191～194	热变形温度(1.82MPa)/℃	52
连续使用温度/℃	60	热变形温度(0.45MPa)/℃	149
拉伸强度/MPa	54.88～61.74	介电常数(10^3Hz)	3.2～3.7
断裂伸长率/%	300	体积电阻率/Ω·cm	10^{13}
弯曲强度/GPa	1.029	介电强度/(MV/m)	16.7
Izod 冲击强度(缺口)/(J/m)	38.22		

【制法】 1. 单体（11-氨基十一酸）的制备

以蓖麻油为起始原料，在碱性催化剂存在下与甲醇进行酯交换，生成蓖麻油酸甲酯和甘油。前者在高温下裂解生成11-十一烯酸甲酯和庚醛。11-十一烯酸甲酯经水解后生成11-十一烯酸，再与溴化氢加成生成11-溴代十一烷酸，最后氨化生成11-氨基十一烷酸，经提纯得聚合级单体。

2. 聚合

11-溴代十一烷酸于反应釜中，在磷酸存在下，于215℃加压缩聚成尼龙11熔体，经注带、切粒即得制品。

工艺流程如下。

单体、催化剂 → 缩聚 → 注带 → 切粒 → 成品

【质量标准】 ASTM D4066—91

指标名称	通用级	热稳定级	高增塑级
相对黏度/(dL/g) ≥	1.53～1.58	1.59～1.67	1.59～1.67
相对密度/(g/cm³)	1.03～1.06	1.03～1.06	1.03～1.06
拉伸强度/MPa ≥	41	45	45
相对伸长率/% ≥	200	200	250
弯曲模量/MPa ≥	900	900	300
冲击强度/(J/m) ≥	55	55	80
热变形温度(1.82MPa)/℃	35	40	35
吸水率/% ≤	0.15	0.12	0.10
熔点/℃	185～195	185～195	185～195

【成型加工】 可挤出，注射成型。注射成型温度为200～270℃，注射压力6.68～102.9MPa；挤出成型温度200～260℃。

【用途】 尼龙11挤出制品可作各种油管、软管、电线电缆被覆层及薄膜等。注射成型品可作水表，气泵，油泵等得齿轮，各种机械零部件，医疗器具。也可喷涂作金属表面防腐涂层。

【安全性】 树脂的生产原料，对人体的皮肤和黏膜有不同程度的刺激，可引起皮肤过敏反应和炎症；同时还要注意树脂粉尘对人体的危害，长期吸入高浓度的树脂粉尘，会引起肺部的病变。大部分树脂都具有共同的危险特性：遇明火、高温易燃，与氧化剂接触有引起燃烧危险，因此，操作人员要改善操作环境，将操作区域与非操作区域有意识地划开，尽可能自动化、密闭化，安装通风设施等。

内用塑料袋，外用塑料编织袋，每袋净重25kg。

【生产单位】 上海赛璐珞厂。

Bp027 PA66/PP合金

【英文名】 PA66/PP blend

【组成】 PA66＋相容剂＋PP

【性质】 PP与PA的相容性很差。性能良好的PA/PP共混物实际上也是采用改性的PP与PA共混的产物。

用PPg-MAH（马来酸酐接枝聚丙烯）与PA6共混得到了性能优良的共混物，与PA6相比，该共混物的吸水率明显降低，冲击强度（干态及湿态）优于PA6。

日本东レ株式会社生产的PA66/PP合金，具有吸湿性低，尺寸稳定性好，刚性高等特性。此合金与PA66相比，吸湿性下降2/3，干态冲击强度有较大提高，但拉伸强度和弯曲强度有所下降。据称，使用某种改性PP也是生产此种合金的技

术关键，否则得不到均匀分散的理想形态结构，自然也不可能有好的改性效果。

【制法】 ①首先制备含有游离酸酐的聚烯烃接枝共聚物，将100份聚丙烯与4份顺丁烯二酸酐和1份过氧化异丙苯于螺旋挤出式反应器中，保持270℃下进行接枝聚合反应1.5min左右，即得到一种混合物，它由聚丙烯-顺丁烯二酸酐接枝共聚物与游离顺丁烯二酸酐组成。

② 制备聚丙烯/聚丙烯接枝共聚物/酸酐共混物。在螺旋挤出机中于200℃下，将聚丙烯粒料与前述之含游离酸酐的聚丙烯接枝共聚物进行熔融共混，后者用量通常为聚丙烯质量的5%。

③ 制备尼龙66/聚丙烯/聚丙烯接枝共聚物/酸酐共混物，将尼龙66与聚丙烯/聚丙烯接枝共聚物/酸酐共混物按所要求的比例在挤出机中熔混，操作温度为285℃，在挤出机中停留时间约为3min。

【质量标准】 PA66/PP共混物的性能指标

性能	PA66		PA66/PP	
	干态	湿态	干态	湿态
拉伸强度/MPa	76	37	46	35
伸长率/%	50	>200	40	100
弯曲强度/MPa	106	44	73	47
弯曲模量/MPa	2773	755	1813	1078
悬臂梁冲击强度,带缺口/(J/m)	59	216	98	196
热变形温度(1.82MPa)/℃	80		63	
吸水率/%		3.6		1.2
吸水后尺寸变化率/%		0.27		0.18

【用途】 用于生产大型电器部件及各种连接器，接线盘等制品。

【安全性】 树脂的生产原料，对人体的皮肤和黏膜有不同程度的刺激，可引起皮肤过敏反应和炎症；同时还要注意树脂粉尘对人体的危害，长期吸入高浓度的树脂粉尘，会引起肺部的病变。大部分树脂都具有共同的危险特性：遇明火、高温易燃，与氧化剂接触有引起燃烧危险，因此，操作人员要改善操作环境，将操作区域与非操作区域有意识地划开，尽可能自动化、密闭化，安装通风设施等。

可包装于内衬塑料膜的编织袋或塑料容器内；贮放于阴凉通风干燥处，防止日晒雨淋，远离火源；按非危险品运输。

【生产单位】 中山市纳普工程塑料有限公司，天台县德邦工程塑料厂，宁波能之光新材料科技有限公司。

Bp028 阻燃尼龙6

【英文名】 flame retarded nylon 6

【别名】 阻燃聚己内酰胺6

【性质】 阻燃尼龙6具有良好的力学性能和电性能，阻燃性能可以到达UL-94V-0级。

【制法】 将尼龙6树脂与阻燃剂、润滑剂、热稳定剂等混合，经螺杆挤出机熔融共混即得到阻燃尼龙6树脂。若生产玻璃纤维增强级，则共混料中可添加玻璃纤维。工艺流程如下。

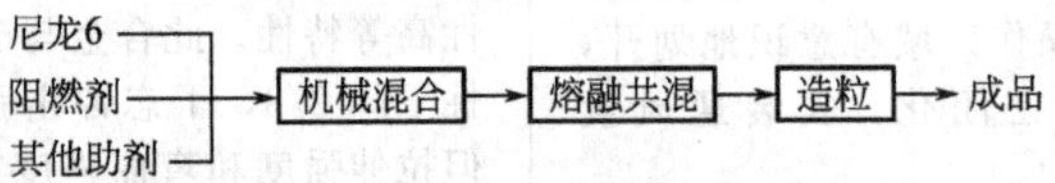

【成型加工】 与尼龙6相同。

【质量标准】

江阴永通化工有限公司阻燃尼龙 6 的技术指标

性能			测试方法	测试状态	数据
物理性能	密度/(g/cm^3)		D792	干	1.16
	吸水性(23℃,50RH)/%		D570	—	3.0±0.4
力学性能	拉伸强度/MPa		D638	干 湿	80 55
	伸长率/%		D638	干 湿	15 6
	弯曲模量/MPa		D790	干 湿	2700 960
	悬臂梁冲击强度(缺口)/(J/m)		D256 —	干 湿	48 90
热性能	热变形温度/℃	1.82MPa	D648	—	84
		0.46MPa	—	干	180
	熔点(DSC)/℃		D3174	干	220
	热膨胀系数/$10^{-5}℃^{-1}$		D696	干	7～10
	阻燃性(1.6mm)		UL-94	—	V-0
电性能	体积电阻率/Ω·cm		D257	湿	10^{12}
	介电常数(10^{15}Hz)		D150	干 湿	3.3 7.0
	介电损耗角正切(10^{16}Hz)		D150	干 湿	0.03 0.3

南京聚隆化学实业有限公司阻燃尼龙 6 的技术指标

项目	测试标准	性能值
密度/(g/cm^3)	ISO 1183	1.40
拉伸强度/MPa	ISO 527	120
断裂伸长率/%	ISO 527	2
弯曲强度/MPa	ISO 178	180
悬臂梁缺口冲击强度/(kJ/m^2)	ISO 180	4.0
洛氏硬度(R)	ISO 2039/2	120
熔点/℃	ISO 3416	220
热变形温度(0.45MPa)/℃	ISO 75	210
阻燃性	UL-94	V-0
表面电阻率/Ω	ISO 167	10^{12}
介电强度/(kV/mm)	IEC 1183	20
模塑收缩率/%	—	0.3～0.7
吸水率(24h,23℃)/%	ISO 62	6.5
填充量/%	—	VGF20

横店得邦工程塑料有限公司

项目	检测方法	测试条件	技术数据
密度/(g/cm³)	1183	23℃	1.34
模塑收缩率/%	D955	23℃	0.5～0.8
吸水率/%	62	23℃水中浸泡24h	0.61
拉伸强度/MPa	527	RH50,23℃	105
断裂伸长率/%	527	RH50,23℃	4.5
冲击强度(缺口)/(kJ/m²)	179	RH50,23℃	10.8
冲击强度(无缺口)/(kJ/m²)	179	RH50,23℃	50
弯曲强度/MPa	178	RH50,23℃	155
洛氏硬度(R)	2039/2	RH50,23℃	115
热变形温度/℃	75	1.82MPa	170
阻燃性	UL-94	0.8～3.2mm	V-0
表面电阻率/Ω	IEC93	RH50,23℃	1.1×10^{14}
体积电阻率/Ω·cm	IEC250	RH50,23℃	1.3×10^{14}
介电常数(10^6Hz)	IEC250	RH50,23℃	3.10
介电损耗角正切(10^6Hz)	IEC93	RH50,23℃	1.3×10^{-2}
介电强度/(kV/mm)	D149	RH50,23℃	24

上海赛璐珞厂产品标准

性能	试验方法	FR-201
玻纤含量/%	GB 1033	30
拉伸屈服强度/MPa	GB 1040	166.5
拉伸断裂强度/MPa	GB 1040	166.5
相对伸长率/%	GB 1040	2
弯曲强度/MPa	GB 1042	163.9
弯曲弹性模量/MPa	—	6135
冲击强度(无缺口)/(kJ/m²)	GB 1043	43
冲击强度(缺口)/(kJ/m²)	GB 1043	12
热变形温度(1.82MPa)/℃	GB 1634	204
表面电阻率/Ω	GB 1044	1.4×10^{14}
体积电阻率/Ω·cm	GB 1044	4.2×10^{14}
介电常数	GB 1045	1.8
介电损耗角正切	GB 1045	1.1×10^{-2}
燃烧性	UL-94	V-0

【用途】 主要用于低压电器、广播、电视工业中，制造各种阻燃零部件。

【安全性】 树脂的生产原料，对人体的皮肤和黏膜有不同程度的刺激，可引起皮肤过敏反应和炎症；同时还要注意树脂粉尘对人体的危害，长期吸入高浓度的树脂粉尘，会引起肺部的病变。大部分树脂都具有共同的危险特性：遇明火、高温易燃，与氧化剂接触有引起燃烧危险，因此，操作人员要改善操作环境，将操作区域与非操作区域有意识地划开，尽可能自动化、密闭化，安装通风设施等。

【生产单位】 上海赛璐珞厂，横店得邦工程塑料有限公司，巴陵石化公司，江苏三房巷实业股份有限公司（永通化工有限公司），南京立汉化学有限公司，利鑫工程塑料公司，广东新会美达锦纶股份有限公司，广东金发工程塑料公司，北京北化高科新技术有限公司，珠海博士利技术开发有限公司，广东盛恒昌化学工业有限公司。

Bp029 聚癸二酰癸二胺

【英文名】 PA 1010

【别名】 尼龙 1010

【性质】 尼龙 1010 是半透明、轻而硬、表面光亮的结晶型白色或微黄色颗粒，相对密度和吸水性比尼龙 6 和尼龙 66 低，力学强度高，冲击韧性、耐磨性和自润滑性好，耐寒性比尼龙 6 好，熔体流动性好，易于成型加工，但熔体温度范围较窄，高于 100℃时长期与氧接触会逐渐呈现黄褐色，且力学强度下降，熔融时与氧接触极易引起热氧化降解。尼龙 1010 还具有较好的电气绝缘性和化学稳定性，无毒。不溶于大部分非极性溶剂，如烃、脂类、低级醇等，但溶解于强极性溶剂，如苯酚、浓硫酸、甲酸、水合三氯乙醛等，耐霉菌、细菌和虫蛀。

尼龙 1010 的主要性能

性能	尼龙 1010
密度/(g/cm^3)	1.07
熔点/℃	210
耐寒温度/℃	-40
拉伸强度/MPa	55.0
压缩强度/MPa	65.0
弯曲强度/MPa	80.0
缺口冲击强度/(kJ/m^2)	5
体积电阻率/Ω·cm	10^{15}
介电常数(1MHz)	3.1

续表

性能	尼龙 1010
介电损耗角正切(1MHz)	0.026
介电强度/(kV/mm)	15
成型收缩率/%	1.0~2.5

【制法】 尼龙 1010 是由癸二酸经缩聚制得的。将癸二酸和癸二胺以等物质的量的比溶于乙醇中，在常压 75℃下进行中和反应，生成尼龙 1010 盐。尼龙 1010 盐的反应釜中，在 240 ～ 260℃、1.2 ～ 2.5MPa 下缩聚制得尼龙 1010。缩聚可分间歇法和连续法。亦可用精制的癸二胺与癸二酸的等物质的量的比的水溶液直接缩聚而制得聚合物，然后经挤带、冷却、造粒而制得尼龙 1010 粒料。

【消耗定额】 癸二酸，1500kg/t；酒精，600kg/t；液氮，440kg/t。

工艺流程如下。

$$\begin{matrix} CH_2OOCR \\ | \\ CHOOCR \\ | \\ CH_2OOCR \end{matrix} + 3NaOH \longrightarrow \begin{matrix} CH_2OH \\ | \\ CHOH \\ | \\ CH_2OH \end{matrix} +$$

蓖麻油 甘油

$$3RCOONa \xrightarrow{H_2SO_4} 3RCOOH \longrightarrow$$

蓖麻油酸钠 蓖麻油酸

$$\xrightarrow[260\sim280℃]{NaOH} \longrightarrow NaOOC(CH_2)_3COONa +$$

加压 癸二酸钠

$$CH_3(CH_2)_5—CH(OH)CH_3 + H_2\uparrow$$

2-辛醇

$$NaOOC(CH_2)_8COONa \xrightarrow{H_2SO_4} HOOC—(CH_2)_8—COOH$$

【质量标准】

型号	黏度范围/(mL/g)
09	80~98
11	99~116
12 >	116

聚酰胺 1010 树脂部颁标准（HG 2349—92）

指标名称	指标								
	09 型			11 型			12 型		
	优等品	一等品	合格品	优等品	一等品	合格品	优等品	一等品	合格品
颗粒度/(N/g)	35～45	30～50	30～50	35～45	30～50	30～50	35～45	30～50	30～50
带黑点颗粒含量/%	0.80	1.5	2.0	0.80	1.5	2.0	0.80	1.5	2.0
干燥失重/%	0.6	1.0	1.5	0.6	1.0	1.5			
黏度/(mL/g)	80～98			99～116			＞116		
熔点/℃	198～210								
相对黏度	1.03～1.05								
拉伸强度(屈服)/MPa ≥	44	40		44	40		44	40	
断裂伸长率/% ≥	150			200					
弯曲强度/MPa ≥	70								
冲击强度(缺口)/(kJ/m²) ≥	17			19					

上海赛璐珞厂企业标准（沪 Q/HG 13 113—89）

指标名称	指标值	指标名称	指标值
熔点/℃ ≥	195	相对黏度 ≥	1.7
水分/% ≤	1.0	细度(通过孔径 180μm)/% ≥	96

山东东辰工程塑料有限公司产品标准

项目	试验方法	数值
相对密度/(g/cm³)	GB 1033—86	1.04～1.06
熔点/℃	ASTM D3418—97	200～210
吸水率/%	GB 1034—86	0.39
拉伸强度/MPa	GB/T 1040—92	52～55
冲击强度(缺口)/(kJ/m²)	GB/T 1043—93	4～5
冲击强度(无缺口)/(kJ/m²)	—	不断
弯曲强度/MPa	GB 9341—88	89
体积电阻率/Ω·cm	GB 1410—89	$>10^{14}$
介电强度/(kV/mm)	GB 1408—89	＞20
介电常数(60Hz)	GB 1409—88	2.5～3.6
介质损耗角正切(60Hz)	GB 1409—88	$(2.0\sim2.6)\times10^{-3}$

苏州吴县晨光化工新材料厂产品标准

项目	数据	项目	数据
玻纤含量/%	30±3	无缺口冲击强度/(kJ/m²)	65
拉伸强度/MPa	135	热变形温度(1.82MPa)/℃	185
弯曲强度/MPa	200		

【成型加工】 尼龙1010树脂可挤出，注射，吹塑，喷涂等加工成型。加工前需在80～100℃下干燥若干小时。挤出成型料筒温度：后部265～275℃，前部275～285℃。机头温度：后部250～255℃，前部195～200℃，口模温度：210～220℃。

(1) 注射成型 注射压力95130MPa。温度：料筒后部190～210℃，中部200～225℃，前部210～230℃，喷嘴200～210℃。模具温度2040℃。

(2) 吹塑成型 料区温度140～180℃，压缩区温度215～225℃，均化区温度210～215℃，机头温度180～190℃。

(3) 制品的后处理 用油或水于90～100℃下加热4h。

(4) 粉末喷涂 将80目左右的尼龙1010粉末预热至50～60℃，用塑料喷枪进行火焰喷涂。预喷涂的金属制件预热至(250±5)℃，用0.20～25MPa的CO_2气输送粉末，乙炔压力0.05MPa，氧气压力0.2～0.4MPa。若无喷涂设备，可以将粉末装于80目筛子上，用手轻轻拍动筛子，粉末便均匀落到预热的金属面上，同样可得到均匀涂层。

【用途】 作为工程塑料可代替金属及有色金属作各种机械零件，电机零件，高压密封圈等。例如，用它注射的小模塑齿轮普遍用于仪器仪表，纺织，汽车印染等工业部门。还可作轴承保持架，轴套，汽车十字节衬套底盘，蜗杆，涡轮，高压阀衬垫，油箱衬里，输油管，亦可作电线电缆的保护层，医用薄膜，乳胶管等。制成鬃丝后可作工业滤布，筛网，毛刷。粉末尼龙1010主要用于金属表面的防腐，耐磨涂层，如机床导轨，车轴的修复，机车轴瓦的喷涂等。此外，它还可加入其他树脂中作改性剂。

【安全性】 树脂的生产原料，对人体的皮肤和黏膜有不同程度的刺激，可引起皮肤过敏反应和炎症；同时还要注意树脂粉尘对人体的危害，长期吸入高浓度的树脂粉尘，会引起肺部的病变。大部分树脂都具有共同的危险特性：遇明火、高温易燃，与氧化剂接触有引起燃烧危险，因此，操作人员要改善操作环境，将操作区域与非操作区域有意识地划开，尽可能自动化、密闭化，安装通风设施等。

塑料编织袋内衬塑料薄膜袋，每袋净重25kg。

【生产单位】 上海赛璐珞厂，安徽氯碱化工集团有限责任公司（合肥化工厂），山东东辰工程塑料有限公司。

Bp030 无卤阻燃PBT

【英文名】 halogen free retarded PBT

【组成】 PBT+无卤阻燃剂

【性质】 具有高冲击强度、燃烧不滴落、制品在高温条件下使用时表面不起霜、阻燃性达到UL-94 V-0级的阻燃PBT产品。

【制法】 采用核-壳冲击改性剂（如EXL-3330丙烯酸和EXL-3647MBS)、高分子聚合物型阻燃剂、增效剂Sb_2O_3和防滴剂可制得。

【质量标准】

东丽公司的难燃防渗析PBT的性能

项目	1164G30	1184G30-N8	项目	1164G30	1184G30-N8
密度/(g/cm³)	1.64	1.69	Izod缺口冲击强度/(J/m)	60	60
拉伸强度/MPa	140	140	燃烧性(UL-94)	V-0	V-0
断裂伸长率/%	3	3	加热损失(260℃)/%	0.20	0.40
弯曲弹性模量/MPa	9300	10500			

无卤阻燃 PBT 性能

项目	J534A（无卤阻燃不增强）	2016（一般阻燃级，不增强）	J535A（无卤阻燃 G30 玻纤标准级）	J541A（无卤阻燃 30%玻纤）	3315（一般阻燃级，30%玻纤）
密度/(g/cm³)	1.31	1.43	1.53	1.53	1.66
拉伸强度/MPa	57	57	140	140	142
断裂伸长率/%	20.0	24.6	2.5	2.2	2.6
弯曲强度/MPa	98	98	198	195	199
弯曲弹性模量/MPa	2720	2870	9340	9400	9640
Izod 缺口冲击强度/(J/m)	25	24	88	88	73
Izod 无缺口冲击强度/(J/m)	720	540	550	520	430
热变形温度(1.82MPa)/℃	105	115	202	202	213
燃烧性(0.8mm)(UL-94 法)	V-0	V-0	V-0	V-0	V-0

【安全性】 树脂的生产原料，对人体的皮肤和黏膜有不同程度的刺激，可引起皮肤过敏反应和炎症；同时还要注意树脂粉尘对人体的危害，长期吸入高浓度的树脂粉尘，会引起肺部的病变。大部分树脂都具有共同的危险特性：遇明火、高温易燃，与氧化剂接触有引起燃烧危险，因此，操作人员要改善操作环境，将操作区域与非操作区域有意识地划开，尽可能自动化、密闭化，安装通风设施等。

【生产单位】 成都科强高分子工程公司，日本东丽公司，宁波能之光新材料科技有限公司。

Bp031 矿物填充聚癸二酰癸二胺

【英文名】 mineral filled PA1010

【别名】 矿物填充尼龙 1010

【性质】 灰白色均匀颗粒。

典型的性能

项目	测试方法	矿物填充尼龙
燃烧性	UL-94	HB
相对密度/(g/cm³)	GB1033	1.28
熔点/℃		204
拉伸强度/MPa	GB1040	>45
相对伸长率/%		2
弯曲强度/MPa	GB1042	90
缺口冲击强度/(kJ/m²)	GB1043	8
热变形温度/℃	GB1634	90

【制法】 工艺流程如下。

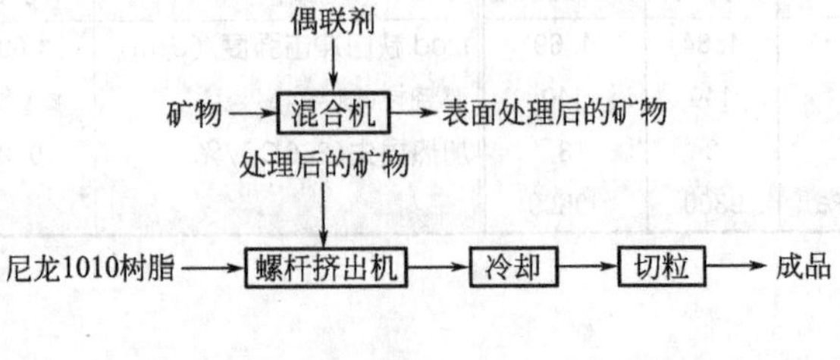

【质量标准】　沪 Q/HG 13 902—90 如下。

指标名称	试验方法	指标
矿物含量/%		40±2
拉伸强度/MPa	GB 1040	≥45
弯曲强度/MPa	GB 1042	≥90
缺口冲击强度/(kJ/m²)	GB 1043	≥8.0
热变形温度(1.8MPa)/℃	GB 1643	≥90
水分/%	—	≤1.5

【用途】　用于要求高冲击强度，低变形，中等坚固程度的机械零件和外壳。

【安全性】　树脂的生产原料，对人体的皮肤和黏膜有不同程度的刺激，可引起皮肤过敏反应和炎症；同时还要注意树脂粉尘对人体的危害，长期吸入高浓度的树脂粉尘，会引起肺部的病变。大部分树脂都具有共同的危险特性：遇明火、高温易燃，与氧化剂接触有引起燃烧危险，因此，操作人员要改善操作环境，将操作区域与非操作区域有意识地划开，尽可能自动化、密闭化，安装通风设施等。

　　内用塑料袋，外用塑料编织袋，每袋净重 25kg。

【生产单位】　上海赛璐珞厂。

Bp032　醇溶三元共聚尼龙 MXD 10/尼龙 66/尼龙 6

【英文名】　alcohol soluble polyamide termolymer MXD 10/nylon 66/nylon 6

【结构式】

$$\left[NHCH_2-\underset{}{\bigcirc}-CH_2NHCO-(CH_2)_8-CO\right]_x$$

$$\left[NH(CH_2)_6NHCO(CH_2)_4CO\right]\left[NH(CH_2)_5CO\right]_n$$

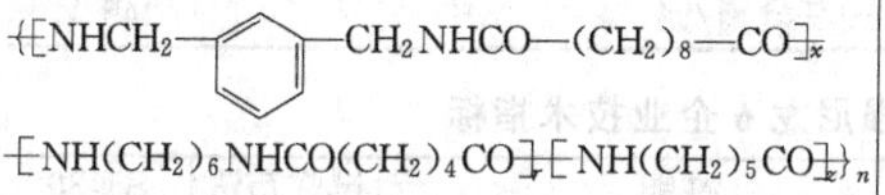

【性质】　该品为无定形结构的高聚物，具有优良的醇溶性（85%乙醇溶液）。在常

温下浓度达 40% 不呈凝胶。它柔软，易加工。

【制法】　将 MXD-10 盐（癸二酰 1,3-亚苯基二胺盐），尼龙 66 盐和己内酰胺以 15：45：40 之质量比一起加入聚合釜中，加热，缩聚，脱水，得透明柔软的共聚物。

【质量标准】　沪 Q/HG 13-222-89

外观	白色或微黄色半透明均匀颗粒
熔点/℃	155～175
相对黏度	≥2.0

【生产单位】　上海赛璐珞厂。

Bp033　玻璃纤维增强己内酰胺

【英文名】　glass fiber reinforced polyamide 6

【别名】　玻纤增强尼龙 6

【性质】　玻纤增强尼龙 6 的力学性能比未增强的尼龙 6 高 1 倍以上，克服了尼龙 6 尺寸稳定性差的缺陷，并提高了耐热性和耐磨性。而耐化学性基本不变。

【制法】　将连续玻璃纤维通过双螺杆挤出机，使玻璃纤维切断并与尼龙 6 树脂共混，切粒得到产品。一般分为长玻璃纤维法和短玻璃纤维法。

　　(1) 短玻璃纤维法　经过表面处理的玻璃纤维切碎后与尼龙树脂混匀，加入螺杆挤出机中，挤出造粒得到产品。

　　(2) 长玻璃纤维法　将尼龙树脂加入螺杆挤出机熔融，经过处理的玻璃纤维长丝与熔融树脂同时进入挤出机混合，在挤出机的剪切捏合后，玻璃纤维均匀分散于尼龙 6 树脂中。

　　工艺流程如下。

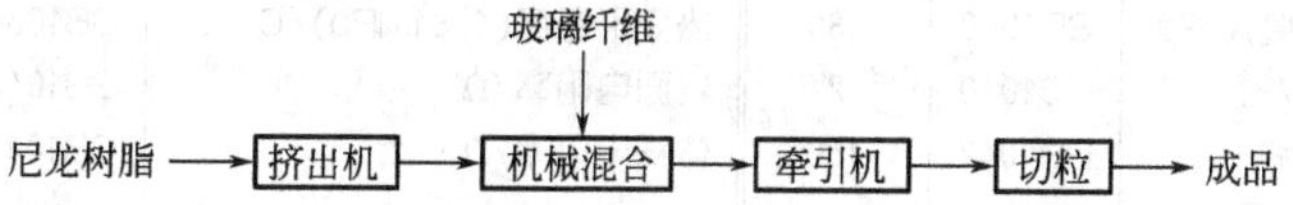

【成型加工】 可注射、挤出成型。加工工艺与尼龙 6 类似，成型温度比纯树脂高 10～30℃。

【消耗定额】 尼龙 6 树脂 0.71t/t，玻璃纤维 0.31t/t。

【质量标准】 南京聚隆化学实业有限公司

玻璃纤维增强尼龙 6 的企业技术指标

项目	测试标准	性能值
密度/(g/cm³)	ISO1183	1.42
拉伸强度/MPa	ISO527	85
断裂伸长率/%	ISO527	3
弯曲强度/MPa	ISO178	125
悬臂梁缺口冲击强度/(kJ/m²)	ISO180	6
洛氏硬度(R)	ISO2039/2	117
熔点/℃	ISO3416	225
热变形温度(0.45MPa)/℃	ISO75	215
表面电阻率/Ω	ISO167	10^{14}
填充量/%		GF15

宜兴市太湖尼龙厂玻璃纤维增强尼龙 6 的企业技术指标

指标名称	指标值	指标名称	指标值
外观	微黄色均匀颗粒	玻璃纤维含量/%	30.0±2.0
相对密度	1.37	热变形温度(1.82MPa)/℃	190
拉伸强度/MPa ≥	140	弯曲弹性模量/MPa ≥	6×10^2
弯曲强度/MPa ≥	200	布氏硬度/MPa ≥	145
缺口冲击强度/(kJ/m²) ≥	9		

上海涛浦斯实业发展有限公司玻纤增强尼龙 6 企业技术指标

特性	实验方法	数据	特性	实验方法	数据
拉伸强度/MPa	D638	180	热变形温度/℃	D648	215
断裂伸长率/%	D638	4	介电强度/(MV/m)	D149	20
弯曲张度/MPa	D790	280	体积电阻率/Ω·cm	D257	10^{15}
弯曲模量/MPa	D790	11500	密度/(g/cm³)	D792	1.50
缺口冲击强度/(kJ/m)	D256	0.15	阻燃性(1.6mm)	UL-94	V-2
洛氏硬度	D785	120	玻纤含量/%	—	45

上海赛璐珞厂玻纤增强尼龙 6 企业技术指标

性能	试验方法	ST-30	性能	试验方法	ST-30
玻纤含量	GB1033	30	冲击强度(无缺口)/(kJ/m²)	GB1043	97
拉伸屈服强度/MPa	GB1040	130	冲击强度(缺口)/(kJ/m²)	GB1043	38
拉伸断裂强度/MPa	GB1040	130	热变形温度(1.81MPa)/℃	GB1634	200
相对伸长率/%	GB1040	2	表面电阻率/Ω	GB1044	10^{13}
弯曲强度/MPa	GB1042	150	体积电阻率/Ω·cm	GB1044	10^{15}
弯曲弹性模量/MPa	—	4140			

【用途】 玻璃纤维增强尼龙 6 与未增强尼龙相比，力学强度、尺寸稳定性、耐久等均有明显提高。可以代替金属嵌入金属件的尼龙制品，如螺钉、齿轮、滑轮、手柄、仪表等，广泛应用于汽车工业、纺织、化工、电子行业。

【安全性】 树脂的生产原料，对人体的皮肤和黏膜有不同程度的刺激，可引起皮肤过敏反应和炎症；同时还要注意树脂粉尘对人体的危害，长期吸入高浓度的树脂粉尘，会引起肺部的病变。大部分树脂都具有共同的危险特性：遇明火、高温易燃，与氧化剂接触有引起燃烧危险，因此，操作人员要改善操作环境，将操作区域与非操作区域有意识地划开，尽可能自动化、密闭化，安装通风设施等。

【生产单位】 广东金发工程塑料公司，南京聚隆化学有限公司，得邦工程塑料有限公司，晨光化工研究院，华新丽华工程塑料有限公司，上海杰事杰材料公司，日之升技术发展公司，上海耐特复合材料公司。

Bp034 尼龙 6/尼龙 1010 共聚树脂

【英文名】 nylon 6/nylon 1010 copolymer

【别名】 己内酰胺/癸二酰癸二胺共聚物

【性质】 本品为白色或微黄色颗粒，与单一尼龙比，具有低熔点，结晶度低，富有弹性的特点。

【生产工艺】 将己内酰胺，尼龙 1010 盐按一定的比例投入高压釜，进行共聚制得。

【质量标准】 沪 Q/HG 13 222—79

尼龙 6/尼龙 1010	熔点/℃	相对黏度
外观	白色或微黄色均匀颗粒	
5/95	190～200	1.7
20/80	170～175	2.0～2.5

【用途】 作耐油耐压的尼龙软管和电缆尼龙护套。它与橡胶类聚合物或聚氯乙烯共混改性，制成耐磨、耐油、耐压密封垫圈等。

【安全性】 树脂的生产原料，对人体的皮肤和黏膜有不同程度的刺激，可引起皮肤过敏反应和炎症；同时还要注意树脂粉尘对人体的危害，长期吸入高浓度的树脂粉尘，会引起肺部的病变。大部分树脂都具有共同的危险特性：遇明火、高温易燃，与氧化剂接触有引起燃烧危险，因此，操作人员要改善操作环境，将操作区域与非操作区域有意识地划开，尽可能自动化、密闭化，安装通风设施等。

运装于内衬聚乙烯薄膜的编织袋内，每袋净重 25g。

【生产单位】 上海赛璐珞厂。

Bp035 尼龙 46

【英文名】 polytetramethylene adipamide (Nylon46；PA46)

【化学名】 聚己二酰丁二胺

【性质】 尼龙 46 分子结构具有高度对称性，酰氨基（—CONH—）的两侧分别有四个对称亚甲基，在已工业化脂肪族聚酰胺中是酰胺基浓度最高的。为此，尼龙 46 具有以下特征。

（1）耐热性 PA46 在 PA 中耐热性最为优良，熔点高达 290℃，比 PA66 高 30℃，玻璃化温度高，而且在 150℃高温下连续长期使用（5000h）仍能保持优良的力学性能。非增强型 PA46 耐 160℃的高温，30%玻璃纤维增强型 PA46 能耐 290℃的高温。玻璃纤维增强 PA46 在 170℃下，耐温可达 5000h，其拉伸强度下降 50%。

（2）高温蠕变性 PA46 耐高温蠕变性小，高结晶度的 PA46 在 100℃以上仍能保持其刚度，因而使其抗蠕变力增强，优于大多数工程塑料和耐热材料。

PA46由高极性酰氨基基团构成，结构与PA66相近，分子链相互缠结，其最高应用温度较PA66高29～30℃。

（3）力学性能　PA46主要特性为结晶度高（约为43%），结晶速度快，熔点高，在接近熔点时仍能保持高刚度。在要求较高的刚度条件下，其安全使用性能优于PA6、PA66和PCT。

由于刚度强，可减少壁厚，节约原材料和费用。PA46的改性玻璃纤维增强品级可生产薄壁零部件，较其他工程塑料壁薄10%～15%，尤适用于汽车制造和机械工业。

（4）韧性、耐磨性和抗疲劳性　PA46的拉伸性能好，抗冲击强度高，在较低的温度下，缺口冲击强度仍能保持高水平。PA46具有良好的晶型结构，非增强型PA46较其他工程塑料抗冲击强度高，玻璃纤维增强PA46的悬壁梁式抗冲击强度更高。PA46较其他工程塑料与耐热塑料使用期长，耐疲劳性佳，耐摩擦和耐磨耗性都较好。其无润滑的摩擦系数为0.1～0.3，是酚醛树脂的1/4，巴氏合金的1/3左右。表面光滑坚固，且密度小，可用于替代金属。

（5）耐化学药品性　PA46耐油、耐化学药品性佳。在较高温度上，耐油及油脂性极佳，是汽车工业生产中用于齿轮、轴承等的优选材料，耐腐蚀性优于PA66，且抗氧化性好，使用安全。但能被强酸腐蚀。

（6）电气性和阻燃性　PA46阻燃性好，具有高的表面和体积电阻率及绝缘强度，在高温下仍能保持高水平。再加上PA46的高温性和高韧性，适用于电子电器材料。

玻璃纤维增强PA46，有TE250F8和TE250F9两个品种，用于电子产品，能符合耐热性和刚性方面的要求，并具有UL-94FR的V-0级阻燃性。

（7）加热成型性　PA46热容量较PA66小，热导率大于PA66，成型周期较PA66短20%。吸水性大，密度大。

【质量标准】　国外尼龙46主要品种与性能标准。

日本合成树脂公司尼龙46的性能

牌号	密度(g/cm³)	吸水性/%	洛氏硬度	成型收缩率/%	Izod缺口冲击强度/(J/m)	热变形温度/℃		特性
						0.45MPa	1.82MPa	
$TS200F_4$	1.41	3	123	0.3	1.08	285	285	含30%玻璃纤维，注射级，抗冲击，耐热
TS250PTFE	1.63	1.0	123	0.5	0.687	285	260	含20%玻璃纤维，注射，耐热，阻燃V-0级
TS300	1.18	4	121	1.2	0.883	285	220	非增强，注射级，抗冲击好，成型收缩率大
TS324	1.10	3	103	2.0	0.981	260	80	橡胶改性，抗冲击好，注射成型
TS350	1.37	2	122	1.7	0.392	280	200	阻燃V-0级、抗冲击较差，注射成型

德国拜耳公司 Durethan 尼龙 46 的性能

牌号	密度/(g/cm³)	吸水性/%	Izod 缺口冲击强度/(J/cm)	热变形温度/℃		特性
				0.45MPa	1.82MPa	
A30S	1.14	1.6	0.304	>200	70	标准注射级,耐高温
A40S	1.14	1.6	—	>200	70	高黏度,高抗冲击,宜挤出成型
AKV30G	1.35	—	—	—	245	含 30%玻璃纤维,耐高温、制品尺寸稳定
AKV30H	1.35	0.8	1.00	250	250	含 30%玻璃纤维,耐高温、抗冲击,耐老化
AKV40H	1.45	—	—	>250	>250	含 40%玻璃纤维,耐高温、耐老化

荷兰国家矿业公司的 Stanyl 尼龙 46 的性能

牌号	密度/(g/cm³)	拉伸屈服强度/MPa	弯曲弹性模量/GPa	Izod 缺口冲击强度/(J/m)	热变形温度(1.82MPa/℃)	燃烧性(UL-94)	特性
TE200F$_6$	1.41		9.1	94	96	HB	含 30%玻璃纤维,耐热
TE200K$_6$	1.51	—	6.3	33	119	HB	含 20%矿物质,耐热
TE250F$_6$	1.68	—	10.5	59	140	V-0	含 30%玻璃纤维,耐热
TE300	1.18	100	3.4	86	51	V-1	耐热
TE350	1.38	—	3.5	42	71	V-0	阻燃
TQ200F$_6$	1.41		9.1	94	97		含 30%玻璃纤维,耐褪色
TQ200K$_8$	1.38	—	5.3	33	119	—	含 20%矿物质,耐褪色
TQ250F$_6$	1.68	—	10.5	59	141	—	含 30%玻璃纤维,高滑爽
TQ300	1.18	100	3.4	86	46	—	耐油
TQ350	1.38	—	3.5	42	71	V-0	阻燃
TW200F$_4$	1.18	100	3.4	86	46	V-2	含 30%玻璃纤维
TW200K$_4$	1.51	—	6.3	33	119	HB	含 20%矿物质,耐热
B217	1.14	1.6	235	35	45	HB	注射,一般用途
B218M30	—	—	—	—	—	—	注射,含矿物质
B218MX30	1.38	1.1	235	5	—	HB	注射,含 30%矿物质
B218MX40	1.49	0.95	235	4		HB	注射,含 40%矿物质
B230	—	—	—	—	—	—	注射,抗冲击特好

【生产单位】 日本合成树脂（Polymer Gum）公司，德国拜耳公司，荷兰国家矿业（DSM）公司。

Bp036 聚己二酰己二胺

【英文名】 poly hexamethylene adi pamide

【别名】 尼龙 66

【性质】 聚己二酰己二胺又称聚酰胺 66（PA66）或尼龙 66，由己二酸和己二胺通过缩聚反应制得。尼龙 66 为半透明或不透明的乳白色结晶聚合物，受紫外线照射会发紫白色或蓝白色光，力学强度较高，耐应力开裂性好，是耐磨性最好的 PA，自润滑性优良，仅次于聚四氟乙烯和聚甲醛，耐热性也较好（尼龙 66 热分解温度高于 350℃，脆化温度－30℃），属自熄性材料，化学稳定性好，尤其耐油性极佳，但易溶于苯酚，甲酸等极性溶剂，加炭黑可提高耐候性；吸水性大（大气中平衡吸水率为 2.5%），因而尺寸稳定性差，成型加工性好，可用于注塑、挤出、吹塑、喷涂、浇铸成型、机械加工、焊接、粘接。

尼龙 66 典型的性能如下。

相对密度	1.13～1.15
熔点/℃	255～265
吸水率(24h)/%	1.0～2.8
吸水率(饱和)/%	8.5
拉伸强度/MPa	75.46～83.3
断裂伸长率(干)/%	30～50
断裂伸长率(RH50%平衡)/%	150～300
拉伸屈服强度/MPa	54.88
压缩强度/MPa	103.88
弯曲强度(干)/MPa	117.6
弯曲模量(23℃)/GPa	2.89
冲击强度(缺口)/(kJ/m²)	1.18～2.1
洛氏硬度(干)	M83
热变形温度(1.82MPa)/℃	75
热变形温度(0.45MPa)/℃	246
介电常数(23℃,RH50%,10^6Hz)	3.6
介电损耗角正切(23℃,RH50%,10^5Hz)	0.03
介电强度/(MV/m)	15.7
体积电阻率(干)/Ω·cm	10^{14}

【制法】 1. 单体制备

① 苯酚法苯酚加氢生成环己醇，再用硝酸氧化制成己二酸。己二酸氨化脱水生成己二腈，再加氢生成己二胺。

② 环己烷氧化法环己烷经空气氧化生成环己醇和环己酮的混合物，再用硝酸氧化生成己二酸（也有采用环己烷一步氧化生成己二酸的方法）。用于苯酚法相同的过程由己二酸制成己二胺。

③ 丁二烯法丁二烯氯化生成二氯丁烯，经氰化生成二氰基丁烯，再加氰生成己二腈。己二腈氧化生成己二胺。己二酸可通过前两种方法制成。

④ 丙烯腈电解法丙烯腈电解还原二聚生成己二腈，再加氢生成己二胺。

⑤ 己二醇法环己烷氧化生成环己醇和环己酮，经分离后，将环己醇脱氢制成环己酮，将它用过醋酸氧化生成己内酯，再氢化生成己二醇。己二醇经氨化生成己二胺。

2. 缩聚

将等物质的量的比的己二酸与己二胺在乙醇中于 60℃ 中和成尼龙 66 盐。尼龙 66 盐于 280℃，1.76～1.96MPa 压力下缩聚，即得到尼龙 66 树脂。亦可将己二酸与己二胺以等物质的量的比在水溶液中直接缩聚生成尼龙 66 树脂。

工艺流程如下。

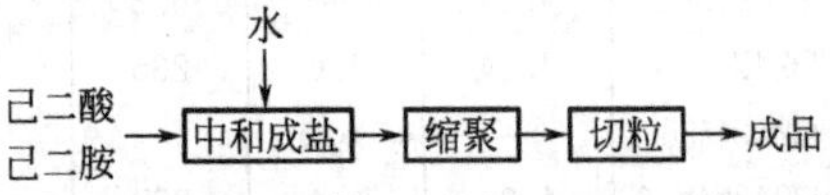

【消耗定额】 尼龙 66 盐，1.25kg/kg；己二酸，0.01kg/kg。

【质量标准】

余姚市工程塑料有限公司尼龙 66 产品质量标准

性能	试验方法	数据
密度/(g/cm³)	ASTM D792	1.14
24h 吸水率/%	ASTM D570	1.3～0.2
饱和吸水率/%	ASTM D570	8.5±0.5
阻燃性	UL-94	V-2

续表

性能	试验方法	数据
拉伸强度/MPa	ASTMD638	85
断裂伸长/%	ASTMD638	50～60
弯曲强度/MPa	ASTMD790	115
弯曲模量/MPa	ASTMD790	2800
冲击强度(23℃)(缺口)/(J/m)	ASTMD256	45
冲击强度(－40℃)(缺口)/(J/m)	ASTMD256	30
蠕变模量/MPa	DIN53444	350
洛氏硬度	ASTMD785	R118
热变形温度/℃	ASTMD648	100
熔点/℃	ASTMD214	254
线性热膨胀系数/$\times10^{-5}K^{-1}$	ASTMD696	7～10
介电常数	ASTMD150	3.5
介电损耗角正切	ASTMD150	0.025
介电强度/(kV/mm)	ASTMD149	120
体积电阻率/Ω·cm	ASTMD257	10^{15}
表面电阻/Ω	ASTMD257	10^{13}

杜邦中国集团有限公司生产的尼龙 66（ZYTEL42A）的技术指标

特性	实验方法	数据	
		DAM	50%RH
拉伸强度(23℃)/MPa	ASTMD638	85.5	77.2
屈服强度(23℃)/MPa		85.5	59.3
断裂伸长率(23℃)/%	ASTMD638	90	≥300
屈服伸长/%	ASTMD638	5	30
剪切强度(23℃)/MPa	ASTMD732	66.2	63.4
弯曲模量(23℃)/MPa	ASTMD790	2827	1207
1%形变时的压应力/MPa	ASTMD695	33.8	15.2
脆化温度/℃	ASTMD746	－100	－85
冲击强度(23℃)/(J/m)	ASTMD256	64	133
熔点(Fisher Johns 法)/℃	ASTMD789	255	255
结晶熔点/℃	ASTMD2117	270	270
体积电阻率/Ω·cm	ASTMD257	10^{15}	10^{13}
介电常数[100Hz(cps)]	ASTMD150	4.0	8.0
介电常数[10^3Hz(cps)]	ASTMD150	3.9	7.0
介电常数[10^5Hz(cps)]	ASTMD150	3.6	4.6
介电损耗角正切[100Hz(cps)]	ASTMD150	0.01	0.2
介电损耗角正切[10^3Hz(cps)]	ASTMD150	0.02	0.2
介电损耗角正切[10^6Hz(cps)]	ASTMD150	0.02	0.1
UL 可燃性等级	UL-94	94	V-2

续表

特性	实验方法	数据	
		DAM	50%RH
密度/(g/cm³)	ASTMD792	1.14	1.14
吸水率[24h浸喷(23℃)]%	ASTMD670	1.2	
吸水率[饱和(23℃)]/%	ASTMD670	8.5	
洛氏硬度(M)	ASTMD785	M80	M80
洛氏硬度(R)	ASTMD785	R121	R108

利鑫工程塑料公司产品技术指标

测试项目	测试方法	测试标准	性能
密度/(g/cm³)	—	ISO 1183-A	1.18
含水量/%	干燥	ISO 62	1.1
拉伸强度/MPa	23℃,50mm/min	ISO 527	80
断裂伸长率/%	23℃,50mm/min	ISO 527	10
弯曲强度/MPa	23℃,10mm/min	ISO 178	91
弯曲模量/MPa	10mm/min	ISO 178	2700
悬臂梁缺口冲击强度/(kJ/m²)	23℃	ISO 180	4.5
洛氏硬度(R)	—	ASTM D785	117
热变形温度(1.82MPa)/℃	2℃/min	ISO 75-2	110
热变形温度(0.45MPa)/℃	2℃/min	ISO 75-2	235
成型收缩率(3mm厚,平行/垂直)/%	—	利鑫	0.4～0.8

南京立汉化学有限公司产品技术指标

主要性能参数	A601	主要性能参数	A601
断裂拉伸强度/MPa	50～70	阻燃性能(UL-94)	HB
断裂伸长率/%	40～60	表面电阻率/Ω	10^{12}～10^{13}
屈服弯曲强度/MPa	45～90	饱和吸水率/%	7
弯曲模量/MPa	1200～2250	注塑成型温度范围/℃	255～290
悬臂梁缺口冲击强度/(J/m)	60～185	烘干温度/时间/(℃/h)	90/(4～6)
洛氏硬度(R)	100～110	线性成型收缩率/%	0.013～0.016
热变形温度(0.45MPa)/℃	200	熔点/℃	260
热变形温度(1.82MPa)/℃	70	密度/(g/cm³)	1.09

【成型加工】 可以注射，挤出成型，还可以流动床喷涂，火焰喷涂，各种机械切削等方法进行加工。加工前必须在80℃真空干燥24～48h。挤出成型采用等距不等深的渐变螺杆，压缩比（3～4）：1，机筒后部245～255℃，中部258～275℃，前部260～280℃，机头255～280℃，口模255～260℃，物料260～275℃。注射成型温度240～300℃，注射压力70～120MPa。

【用途】 工业上尼龙66广泛地用于制成各种机械，汽车，化工，电子和电气装置的零部件，特别适于高强度或耐磨制件，如各种齿轮，辊子，滑轮，辊轴，轴承，泵体中叶轮，风扇叶片，高压密封圈，阀座，垫片，衬套，各种壳体，工具手柄，支撑架，电缆包层，汽车灯罩等。在电子仪器设备，继电器等电气设备中制作零件，电梯导轨，建筑装饰用扶手等。在医疗器械，体育用品和日用品上也得到广泛地应用，如棒球击球棒，滑雪板等。也可制成薄膜与铝箔等形成复合膜作食品包装，如软包装罐头，饮料等。

【安全性】 树脂的生产原料，对人体的皮肤和黏膜有不同程度的刺激，可引起皮肤过敏反应和炎症；同时还要注意树脂粉尘对人体的危害，长期吸入高浓度的树脂粉尘，会引起肺部的病变。大部分树脂都具有共同的危险特性：遇明火、高温易燃，与氧化剂接触有引起燃烧危险，因此，操作人员要改善操作环境，将操作区域与非操作区域有意识地划开，尽可能自动化、密闭化，安装通风设施等。

【生产单位】 宜兴太湖尼龙厂，上海塑料制品十八厂，河南神马集团，中国石油辽阳化纤工程有限公司，黑龙江省尼龙厂，宜兴化学试剂厂，日本东洋人造丝公司，日本东丽株式会社，英国卜内门化学工业有限公司，德国巴斯夫公司，德国拜耳公司。

Bp037 抗静电单体浇铸尼龙

【英文名】 antistatic monomer cast nylon

【别名】 抗静电铸型尼龙；抗静电 MC 尼龙

【组成】 主要成分为聚己内酰胺树脂和抗静电剂磺酸盐。

【性质】 除基本保持了原浇铸尼龙的性质外，还具有良好的脱模性，且收缩均匀，色泽一致，无气泡，其突出的特点是具有较好的耐久抗静电性，电导率为 1.7×10^{-9} S/cm。

【制法】 在装有搅拌器和温度计的反应器内，加入单体己内酰胺，加热熔融，真空脱水，加入抗静电剂磺酸盐；充分搅拌后，加入催化剂氢氧化钠；在 0.1MPa 真空下升温至 130～140℃并保温反应 20min 以上；滴加助催化剂甲苯二异氰酸酯，搅匀后，迅速注入恒温在 170～180℃的模具中，约经 1060min 即可固化成型，缓慢冷却后脱模，得到所需制品。

【成型加工】 经浇铸得到的毛坯制件，可进一步进行切割、车削、钻刨等二次加工。

【用途】 主要用作抗静电性的罩壳、箱、盒、墙板、桌面、制品等。

可将本材料毛坯件用塑料膜或牛皮纸包封后放于木箱内，再用纸屑等轻软材料塞紧；堆放在阴凉通风干燥处，防止日晒雨淋，远离火源；可按非危险物品运输。

【安全性】 树脂的生产原料，对人体的皮肤和黏膜有不同程度的刺激，可引起皮肤过敏反应和炎症；同时还要注意树脂粉尘对人体的危害，长期吸入高浓度的树脂粉尘，会引起肺部的病变。大部分树脂都具有共同的危险特性：遇明火、高温易燃，与氧化剂接触有引起燃烧危险，因此，操作人员要改善操作环境，将操作区域与非操作区域有意识地划开，尽可能自动化、密闭化，安装通风设施等。

装于内衬聚乙烯薄膜的编织袋内，每袋净重 25g。

【生产单位】 天津市尼龙树脂厂。

Bp038 尼龙 6/尼龙 66/尼龙 610 共聚树脂

【英文名】 polyamid terpolymer nylon 6/nylon 66/nylon 610

【别名】 尼龙 548

【性质】 本品为三元共聚物，熔点低，结晶度亦低，具有弹性。根据配比不同，所得制品性能亦不同。

制法将尼龙 6，尼龙 66 和尼龙 610 的单体，按比例配备，投入反应釜进行高压缩聚而得。

【质量标准】

企业标准

密度/(g/cm³)		1.10
熔点/℃		150～160
拉伸强度/MPa	≥	38
伸长率/%	≥	200
膨胀率/%	≤	1.5

【用途】 主要用于制胶，涂料等。

装于内衬聚乙烯薄膜的编织袋内，每袋净重25g。

【生产单位】 黑龙江省尼龙厂。

Bp039 共聚尼龙粉末 T-170、T-130

【英文名】 polyamid copolymer powder T-170 and T-130

【性质】 微白色或微黄色粉末。

工艺流程如下。

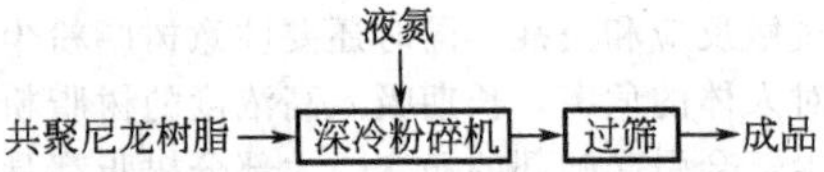

【质量标准】 沪 Q/HG 13-655—89

性能		T-170	T-130
熔点/℃		160～170	≤130
相对黏度		≥1.8	1.6～1.8
细度(通过孔径180μm)/%		96	≥96
水分/%	≤	1.0	3.0

【用途】 T-170型共聚尼龙粉末用作涂料，如水泵叶轮的修复涂层等。T-130型共聚尼龙粉末用作热熔胶，如绒毛转移胶黏剂和服装用黏合衬。

【安全性】 树脂的生产原料，对人体的皮肤和黏膜有不同程度的刺激，可引起皮肤过敏反应和炎症；同时还要注意树脂粉尘对人体的危害，长期吸入高浓度的树脂粉尘，会引起肺部的病变。大部分树脂都具有共同的危险特性：遇明火、高温易燃，与氧化剂接触有引起燃烧危险，因此，操作人员要改善操作环境，将操作区域与非操作区域有意识地划开，尽可能自动化、密闭化，安装通风设施等。

装于内衬聚乙烯薄膜的编织袋内，每袋净重25g。

【生产单位】 上海赛璐珞厂。

Bp040 尼龙6/黏土纳米复合材料

【英文名】 PA6 (nylon 6) /clay nanocomposites

【别名】 己内酰胺/黏土纳米复合材料

【性质】 尼龙6/黏土纳米复合材料为结晶形聚合物，具有良好的物理力学性能，比普通尼龙树脂具有高阻透性、低吸水性、高刚性、热变形温度高等优异特性。

【制法】 将尼龙6树脂与有机化黏土机械混合，再通过双螺杆熔融共混制取。

工艺流程如下。

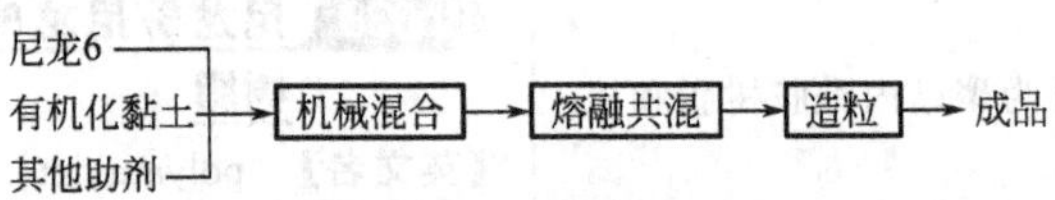

【质量标准】 广东盛恒昌化学工业有限公司生产的尼龙6/黏土

广东省企业标准 Q/HC 006—2004

项目		NMPA8001
相对密度		1.13
熔体流动速率/(g/10min)	≥	2
拉伸强度/MPa	≥	82
断裂伸长率/%	≥	6

续表

项目		NMPA8001
弯曲强度/MPa	≥	120
弯曲模量/MPa	≥	3500
简支梁缺口冲击强度/(kJ/m²)	≥	4
热变形温度(1.82MPa)/℃	≥	120

【用途】 广泛用于汽车、电子、电器、结

构材料、薄膜、包装材料、绝缘材料等领域。

【安全性】 树脂的生产原料，对人体的皮肤和黏膜有不同程度的刺激，可引起皮肤过敏反应和炎症；同时还要注意树脂粉尘对人体的危害，长期吸入高浓度的树脂粉尘，会引起肺部的病变。大部分树脂都具有共同的危险特性：遇明火、高温易燃，与氧化剂接触有引起燃烧危险，因此，操作人员要改善操作环境，将操作区域与非操作区域有意识地划开，尽可能自动化、密闭化，安装通风设施等。

【生产单位】 广东盛恒昌化学工业有限公司。

Bq 氨基树脂与塑料

1 氨基树脂定义

氨基类树脂由胺或酰胺与醛（甲醛、糠醛等）缩聚而成。最重要的有尿素树脂（如脲甲醛）、硫脲树脂（如硫脲甲醛）、蜜胺树脂（如蜜胺甲醛）及苯胺树脂（如苯胺甲醛）。

氨基树脂是以含有氨基官能团的化合物与醛类经缩聚反应制得的热固性树脂。而涂料用氨基树脂是必须再以低分子醇类进行醚化反应后溶于有机溶剂，才能满足涂料用的要求。

氨基树脂在涂料中是用作交联剂。它可与醇酸树脂、聚酯树脂、热固性丙烯酸树脂、环氧树脂等配合组成氨基烘漆。从而可提高这些树脂的性能如光泽、硬度、耐化学品性及保光保色性等。

2 氨基树脂性质

氨基树脂对制成的涂料性能的影响，是与氨基树脂本身的物理性能及化学性能密切相关的。从以下三个方面来简单介绍氨基树脂的一些性能。

（1）容忍度　氨基树脂的容忍度是间接表示了醚化程度，反映了树脂的极性、混溶性，若不在规定的容忍度范围，将影响树脂与其他树脂的混溶性、涂膜的光泽度和硬度等性能。所以容忍度是一项重要技术指标，通常是以容忍度的树脂大小和范围来判定三聚氰胺树脂的工作性质，也就是它与含羟基的成膜树脂之间的配套性。

（2）混溶性　氨基烘漆的性能与氨基树脂和基体树脂的混溶性有很大关系。但二者的混溶性又和两者的极性大小有关，极性相当的树脂一般可以相容的。相容性好，其涂膜透明且附着力好，涂料贮存稳定性好，所以氨基树脂与基体树脂的混溶性是选用配方树脂重要指标。判断混溶性通常采用的是测定透明度，将不同树脂按一定比例混合后，观察溶液透明度，然后再涂于玻璃片上，观察干涂膜的透明度，两者皆透明，则为相容。分子量增大，将降低其混溶性。

（3）醇的类型　醇的类型对氨基树脂性能有很大影响。

3 氨基树脂分类和特点与用途

氨基树脂在应用上可作为纸张湿强剂、涂布交联剂、胶黏剂等。而涂料用氨基树脂，按醚化剂种类可分为甲基醚化氨基树脂、丁基醚化氨基树脂、混合醚化氨基树脂；按母体化合物种类，可分为脲醛树脂、三聚氰胺甲醛树脂、苯代三聚氰胺甲醛树脂、共缩聚树脂等。还有新的产品如甘脲甲醛树脂等。

氨基树脂涂料是目前使用最广的一种工业涂料，广泛应用于汽车、自行车、缝纫机、电风扇、钟表、热水瓶、玩具、电机、电器、仪表、仪器、五金、零件、文教用品、金属制品等。

氨基树脂涂料通常分为清烘漆、绝缘漆、各色氨基烘漆、各色锤纹漆等类别。

3.1　脲甲醛树脂和塑料（UF）

脲甲醛树脂和塑料（UF）是由尿素与甲醛加成缩聚而成，树脂与纤维素或纸张、木粉等填料，以及脱模剂、着色剂、固化剂等经捏合、辊压、粉碎而成。脲甲醛压塑粉又名电玉粉。UF是无臭、无味、无色（一般为白色）半透明粉料，硬度大，冲击强度低，难燃，有自熄性，防霉性，耐电弧性优；耐候性和耐热性差，使用温度小于60℃；耐油、耐溶剂性好，但不耐酸碱和热水；与α-纤维素等填料黏结性强，着色性好、固化速度快，价廉。

UF可模压、传递模塑、注塑、发泡、层压、粘接、贴合。常用于制造一些质量求高的日用品和电气绝缘零件，如灯罩、点火器、开关、电动机零件、装热液体的杯子、盘子和其他餐具、医疗器具等。

3.2　三聚氰胺甲醛树脂和塑料（MF）

三聚氰胺甲醛树脂和塑料（MF）、脲三聚氰胺甲醛（UF/MF）、苯胺甲醛（AF）等树脂。可制成模塑料、涂料和黏合剂。它们的制法、特点、用途见表Bq-1。

表Bq-1　MF和UF/MF的制法和特点用途

品种	MF	VUF/MF
制法	三聚氰胺(M)与甲醛(F)碱催化缩聚、脱水,加二乙醇稳定剂即成,M/F摩尔比不同,可得塑料、层合、黏合剂、涂料用树脂,其他操作同UF	尿素、三聚氰胺、甲醛经共缩聚、脱水后,加稳定剂,固化剂等,再加纤维素、润滑剂等经捏合、干燥、粉碎而成
特点	①无臭、无味、无毒的浅色粉料 ②着色性好,表面硬度高、有光泽耐刻划性好 ③有自熄性,价格便宜 ④冲击强度优于PF,耐应力开裂性好 ⑤耐热性、耐水性、耐炎性均好 ⑥高温、高温下尺寸变化大,但耐溶剂性、耐碱性较好 ⑦玻纤填充MF的电性能、耐电弧性、力学性能、冲击强度均高 ⑧石棉填充MF的耐热性、尺寸稳定性好	①无臭、无味色彩鲜艳,着色性好 ②耐热性、耐电强、耐应力开裂性、耐嵌件裂纹性皆好 ③冲击强度和尺寸稳定性优于PF
成型	可模压、传递模型、注塑、层合	与UF相同
用途	用作耐电弧性电器零件,如矿井用电器开关、灭弧罩、防爆电器零件等,大量制作食品容器、餐具、厨房用具,也作一般电器部件 层合制品用作家具、室内表面装饰板,以氨水催化缩聚的乙醇液浸渍玻纤制取增强塑料作防爆开关,千伏级矿用电器、电焊钳头、高压开关内大型配件	用途与UF相同,主要作家用电器、食具、仪表和电话机壳等

4 氨基树脂在工业上的用途

氨基树脂在工业上有多方面的用途。除用于模塑料以制造塑料外，还大量应用于以下方面：木材胶黏剂，浸渍树脂、涂料的基料，纸张、织物、皮革等的处理剂，混凝土的塑化剂，铸砂胶黏剂，金刚砂纸，阻燃涂层，离子交换树脂以及污水处理用絮凝剂等。由于其主要原料甲醛、尿素及三聚氰胺等价格低廉、货源充足，并均可由现代化工厂大规模生产，因此它自 1926 年实现工业化以来，一直在热固性树脂工业生产中占有极为重要的地位。

我国氨基树脂是从 1958 年发展起来的，最早进入商品市场的是氨基模塑料，由上海天山塑料厂率先投产，现全国已有 20 家工厂生产。国内已有生产的 9 个氨基树脂及塑料主要品种。

以三聚氰胺甲醛树脂为基料的塑料比脲醛树脂为基料者具有更好的表面硬度、光泽度、绝缘性、耐热性和耐水性，并且制品无毒、耐水煮，可用作餐具。氨基塑料现已进入每家每户的日常生活，如由脲醛塑料制造的白色电气开关、插头、电话机配件以及纽扣、麻将牌、漆盘、便桶盖等日用品。由三聚氰胺甲醛塑料制造的器具，有医院、餐厅、家庭中用的餐具、冰箱食品匣以及绝缘件等。特别是航空用的茶杯、餐具，由于它质轻、不易碎、易去污而被广泛地代替陶瓷制品。在美国和日本，三聚氰胺甲醛塑料 70% 以上用作餐具，其次用作电气零件和日用杂品。本章介绍国内已有生产的 12 个氨基树脂及塑料主要品种。

Bq001 蜜胺模塑料

【英文名】 melamine polyester

【别名】 三聚氰胺甲醛模塑料

【结构式】

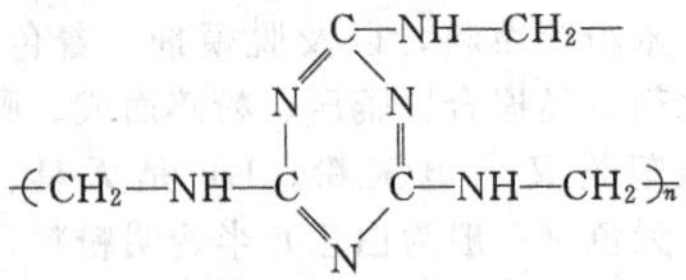

【性质】 具有较好的耐碱性和介电性，耐电弧性突出。热变形温度高达 180℃，可在 100℃以上长期使用，阻燃性符合 UL-94 V-0 级。树脂本色为浅色，因此可自由着色，色彩鲜艳。无臭、无味、无毒。在长期使用中不放出氨气。

【制法】 三聚氰胺、甲醛按配比加入反应釜中，调节反应物 pH 值，于 90～95℃缩聚 1.5～2h，在真空下脱水，加入二乙醇苯胺作稳定剂，然后放料冷却。制得的树脂水溶液送入捏合机内，按配比和填料、着色剂、固化剂混合，在低于 95℃的温度下干燥，冷却后粉碎，过筛后得粉状料，经造粒机得粒状料。

【消耗定额】

原料	MF4P-C410	MF4P-C420
甲醛水溶液(37%)/(kg/t)	405	291
三聚氰胺/(kg/t)	417	299

工艺流程如下。

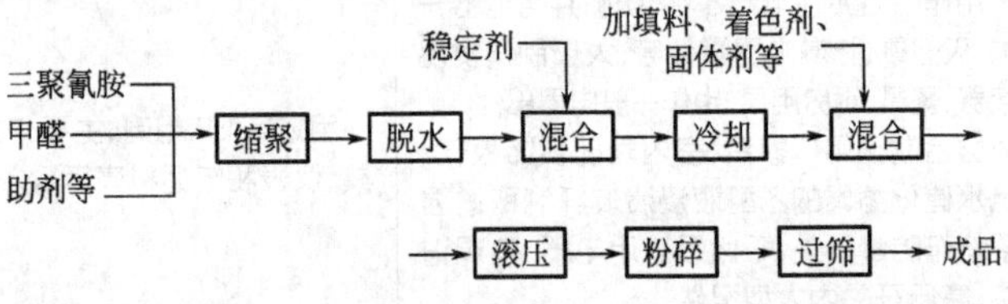

【质量标准】

① 三聚氰胺甲醛模塑料的命名执行国家标准 GB 3403—82 规定。

② 技术指标执行国家标准 GB 13454—92 规定。

上海欧亚合成材料有限公司
产品主要技术指标

指标名称	EA-7709J
相对密度	1.6～2.0
弯曲强度/MPa	50～70
冲击强度(缺口)/(kJ/m²)	1.5～2.0
冲击强度(无缺口)/(kJ/m²)	4.5～6.0
热变形温度/℃	150～175
耐炽热/℃	950
绝缘电阻/Ω	10^2～10^{11}
介电强度(逐级法 90℃)/(MV/m)	3.0～3.5
介电强度(常态)/(MV/m)	7～9
介电损耗角正切(1MHz)	0.03～0.10
相对漏电起痕指数	1
耐电弧	4
模塑收缩率/%	0.04～0.09
吸水性/mg	20～80
流动性/mm	60～180

【成型加工】 可采用热压和注塑成型。热压温度 140～160℃，压力 25～35MPa，压制时间 30s/mm 厚。注塑成型温度为前料筒 90～110℃、后料筒 60～80℃，模温 170℃，固化时间 10～15s/mm 厚。

【用途】 主要用于制造餐具，约占消费量的一半。其次用于制造电气零件及日用品，特别是耐电弧的电气制件如继电器壳体等。

牌号	用途
MFIP-C	压制耐湿热性、电绝缘性、耐电弧性要求较高的电器构件，如继电器开关壳、线圈骨架、仪表壳、高级食用器皿等
MFIG-C	粒状，宜压制大、中型湿热性、电绝缘性、耐热性、耐电弧性要求较高的电器构件，如继电器开关壳、线圈骨架、仪表壳等

续表

牌号	用途
MFIP-B MFIG-B	制品卫生性能好。宜压制民用餐具
MF4P-C410	用于制造要求耐电弧的电工零件，如各种开关、矿井用电器、JRO-20/3 热继电器制件等
MF4P-C420	用于制造矿井用电器开关、灭弧罩等
6403	用于制造矿井防爆电器零件等
F9-54 F9-264	用于各种电器开关的灭弧装置等
SN-183Z	宜注塑成型，用于要求高冲击强度和耐弧性的工业制件
SN-711	用于耐电弧、耐热要求高的电机，电器绝缘构件及防爆电器配件
SN-712	以 α-纤维素及纸浆为填料。主要用于压制耐热，耐水餐具及日用品
SZ-701	具有颜色系列，主要用于抗静电抗电击地板，具有耐磨、阻燃、水不变色等优点。也可用于要求高强度、耐电弧、防爆电器零件及构件
SZ-702	以玻纤为填料。压制耐电弧、防爆电器零件和绝缘构件及高强度工业配件

【安全性】 本品低毒，对皮肤和呼吸道有刺激作用，生产设备应密闭。应密封包装于铁桶或聚丙烯编织袋中，每桶净重 50kg，每袋净重 25kg。贮存在干燥、阴凉通风室内，不得靠近热源及受阳光直晒，贮存温度不得超过 35℃。自制造日起贮存期 6 个月。运输中应避免受潮、受热、日晒及雨淋。

【生产单位】 上海天山塑料厂，上海塑料厂，衡水市化工厂，上海欧亚合成材料有限公司，重庆合成化工厂，川化集团深圳荣生企业有限公司，天津市大盈树脂塑料有限公司等。

Bq002 脲甲醛泡沫塑料

【英文名】 urea formaldehyde foam

【结构式】

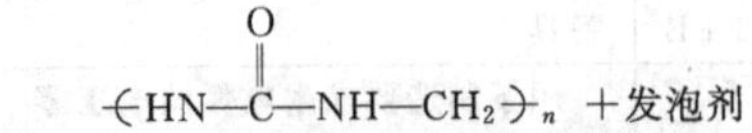

【性质】 力学强度较低，当密度为23kg/m^3时，其压缩强度为0.057MPa（垂直于泡沫上升方向）和0.084MPa（平行于泡沫上升方向）。加入一定量的增塑剂如聚乙二醇醚，及填料如木粉、石棉、玻璃粉、石膏和无机纤维等可提高其强度。在130℃，12h和−30℃，12h条件下交替处理1年，强度和泡孔结构无任何变化。在38℃和相对湿度为90%的条件下，水蒸气透过率是24～27.5g/（h·m^2）。不耐无机酸、无机碱和部分有机酸如甲酸等。热导率随温度和泡沫密度的变化而变化。具有一定的杀菌作用。

【制法】 将发泡液（由水、乳化剂拉开粉、泡沫稳定剂间苯二酚和固化剂草酸或磷酸组成）加入鼓泡器中搅拌并鼓入空气，1～2min后加入30%的脲甲醛树脂水溶液，搅拌数十秒后放料至模具中，室温下4～6h使之初固化，脱模后在50～60℃下干燥24～28h而成。

【质量标准】 长春市荣达化工厂的脲甲醛泡沫塑料企业标准

外观	白色块状
密度/(g/cm³)	0.007～0.010
含水量/% <	12
热导率/[W/(m·K)]	40.7
压缩强度	压缩20%不破损
耐燃性	500℃焦化,无焰

【用途】 ① 作隔热材料在建筑、交通运输和化学工业方面作保温隔热材料。

② 用于农业和花卉展览和运输脲甲醛泡沫塑料可以吸收含养分的溶液和其他农业制剂，并保持在其中，然后慢慢放出。同时，土壤中的细菌可分解脲甲醛泡沫塑料而释放出氮，所以将此种泡沫混入土壤中，既起肥料载体的作用也起到肥料的作用。此外，土壤中含有此种泡沫，干旱时，能防止水分过度损失；大雨时可防止养分被冲走。在美国，脲甲醛泡沫大量用于插花花展，它可使花卉在几天内不败。脲甲醛泡沫塑料也可为花卉和娇嫩的果树花卉运输提供较长时间保持水分和养分的容器。

③ 用于造纸工业脲甲醛泡沫塑料可代替部分木浆用于造纸，同木浆混合制成的纸松软，比用一般木浆制成的纸吸水性高4～5.5倍，吸水速度快几百倍，这种纸可用于制造具有高度吸收能力的绷带。

④ 用于医疗卫生增塑的脲甲醛泡沫经消毒后，可制成外科手术用海绵和包扎用品，用于需要吸收和通气的伤口处，可促使伤口愈合。

⑤ 其他用途可用于减震包装、制造泡沫混凝土、结构板材的芯材和浮体填料以及戏剧和电影中的雪景等；也可做泡沫胶黏剂用于粘接木材、纸、合成纤维和帆布等。

【安全性】 塑料桶或铁桶包装，塑料桶每桶50kg，铁桶每桶200kg。防晒、防高温。贮存期3个月。

【生产单位】 长春市荣达化工厂，重庆塑料四厂，南京塑料厂等。

Bq003 苯胺甲醛树脂

【英文名】 aniline formaldehyde resin; AF

【结构式】

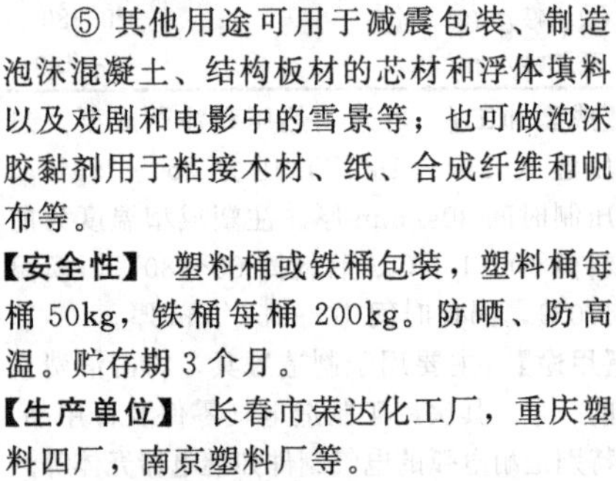

苯胺/甲醛>1（物质的量的比）　　苯胺/甲醛<1（物质的量的比）

【性质】 具有热塑性树脂的特点，受热不能再进一步交联。固化物耐水，油、碱性良好及较好的介电性能。耐热性差。

【制法】 由苯胺与甲醛在酸性介质下反应，在碱性介质下中和而制得。

苯胺/甲醛（物质的量的比）在1∶(1～1.5)时通常用于模压塑料，1∶1或小于1时通常用于层压板。

【质量标准】

指标名称	纯模塑料	纸基层压板	指标名称	纯模塑料	纸基层压板
相对密度	1.22	1.40	吸水性(24h)/%	0.1	
弯曲强度/MPa	120	180	体积电阻率/Ω·cm	10^{13}～10^{14}	10^{12}～10^{14}
拉伸强度/MPa	70		介电损耗角正切(60Hz)	0.002～0.01	
冲击强度/(kJ/m²)	15～20	25	介电常数(60Hz)	3～4	
马丁耐热/℃	90	115	介电强度/(MV/m)	15～30	15(90℃)

【成型加工】 不加填料的苯胺甲醛树脂模塑料，模塑温度150～160℃，压力30～40MPa，冷却到80～85℃脱模。纸基层压板层压温度为160℃，压力为20MPa。

【用途】 模塑制品和层压板可用于电气零件、无线电、电视机零部件等。也可作为环氧树脂固化剂，酚醛树脂和橡胶的改性剂使用。

【安全性】 本品低毒，对皮肤和呼吸道有刺激作用，生产设备应密闭。

塑料桶或铁桶包装，塑料桶每桶50kg，铁桶每桶200kg。防晒、防高温。贮存期3个月。

【生产单位】 杭州永明树脂厂，上海新华树脂厂，长春化工二厂，川化集团公司望江化工厂，天津市大盈树脂塑料有限公司等。

Bq004 脲甲醛树脂

【英文名】 urea-melamine formaldehyde moulding compound

【别名】 脲醛树脂

【结构式】

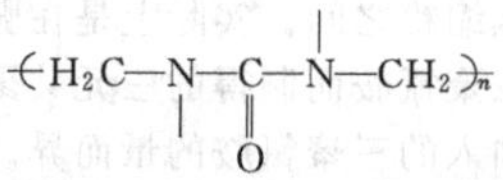

【性质】 浅棕色黏稠水溶液，其固含量为55%～65%，黏度（20℃）为0.5～1Pa·s。

【制法】 将脲（尿素）与甲醛（37%水溶液）按一定物质的量的比在酸性或碱性介质中加热缩聚而制得。

【质量标准】

指标名称	578-1脲醛树脂	301改性脲醛树脂	TQT(RBCM)脲醛树脂
	上海新华树脂厂	天津市大盈树脂塑料有限公司	乌鲁木齐石化总厂
外观		淡棕黄色透明黏性液体	无杂质透明液体
固含量/%	58～62	60±5	60～68
黏度(涂-4杯)	50s(25℃)	1.5～4Pa·s(20℃)	160～500mPa·s
游离醛/% ≤		6	0.5
酸值/(mgKOH/g) ≤	2	1	2

【用途】 脲甲醛树脂主要用于制造模塑粉，其次是层压塑料，还可用于胶黏剂及涂料如下。

脲醛树脂的型号	用途
5011 脲醛树脂	层压板、胶合板、家具及其他木材粘接
301 改性脲醛树脂	木制品、木器家具粘接等
302 改性脲醛树脂	铸造、热芯混砂用
NJ-P	木材、胶合板、家具制造，农机具修理以及其他竹、木料的粘接

【安全性】 本品低毒，对皮肤和呼吸道有刺激作用，生产设备应密闭。塑料桶或铁桶包装，塑料桶每桶 50kg，铁桶每桶 200kg。防晒、防高温。贮存期 3 个月。

【生产单位】 天津市大盈树脂塑料有限公司，上海新华树脂厂，长春化工二厂，杭州永明树脂厂，川化集团公司望江化工厂等。

Bq005 尿素蜜胺甲醛模塑料

【英文名】 urea-melamine formaldehyde moulding compound

【别名】 脲三聚氰胺甲醛模塑料

【结构式】

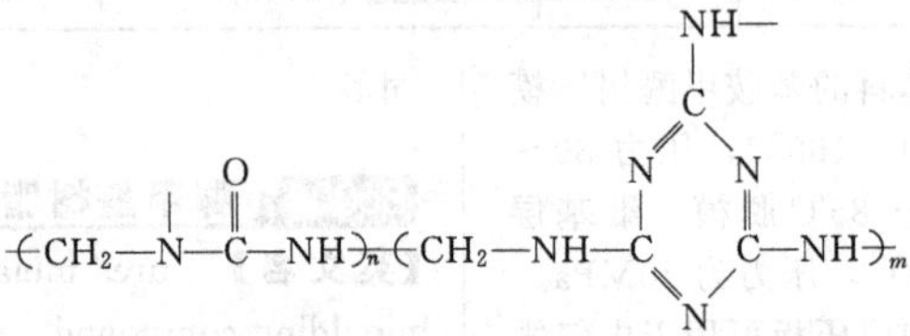

【性质】 尿素三聚氰胺甲醛模塑料无臭无味，色泽鲜艳，性能介于脲醛压塑粉和三聚氰胺压缩粉之间。实际上是在脲醛树脂中加入三聚氰胺而制得的三元共聚物，其性能随加入的三聚氰胺的量而异。它比脲醛树脂有更高的耐热性，马丁耐热可提高 10～20℃，游离的甲醛含量低于脲醛压塑粉。

【制法】 将尿素、三聚氰胺、甲醛水溶液及稳定剂、酸度调节剂加入反应釜内，于 50～70℃、常压下反应 1～2h。将制得的树脂泵入捏合机中，加入漂白的 α-纤维素和润滑剂，在不高于 70℃下浸渍 1～2h，烘干、冷却后粉碎，球磨配色、过筛得粉状压塑粉。粉料经造粒可得粒状压缩粉。

【反应式】

$$nNH_2\overset{\overset{O}{\|}}{C}NH_2 + mC_3N_3(NH_2)_3 + 2(n+m)HCHO \longrightarrow 成品 + (n+m)H_2O$$

工艺流程如下。

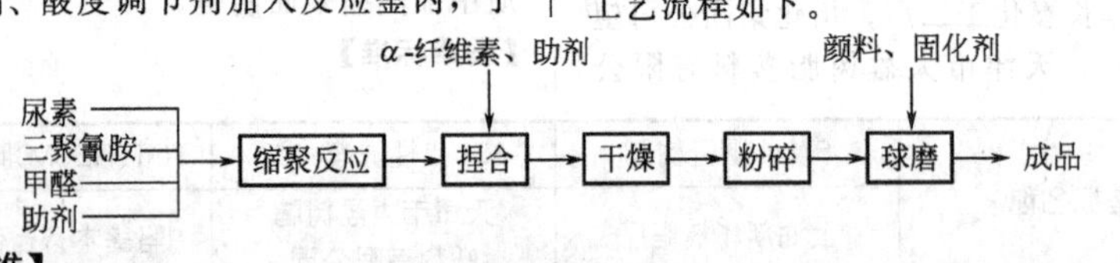

【质量标准】

HG 2-887—76

指标名称		A₃		A₄	
		粉状	粒状	粉状	粒状
相对密度	≤	1.5	1.5	1.5	1.5
比容积/(mL/g)	≤	3	2	3	2
水分及挥发物含量/%	≤	4	4	4	4

续表

指标名称		A_3		A_4	
		粉状	粒状	粉状	粒状
流动性(拉西格)/mm		110～190	110～190	110～190	110～190
模塑件吸水率/%	≤	0.3	0.3	0.2	0.2
收缩率/%		0.4～0.8	0.4～0.8	0.4～0.8	0.4～0.8
马丁耐热/℃	≥	110	110	120	120
冲击强度/(kJ/m^2)	≥	7	6	7	6
弯曲强度/MPa	≥	90	90	90	90
介电强度/(MV/m)	≥	10	10	10	10
表面电阻率/Ω	≥	1×10^{11}	1×10^{11}	1×10^{11}	1×10^{11}
体积电阻率/Ω·cm	≥	1×10^{11}	1×10^{11}	1×10^{11}	1×10^{11}
可提取甲醛/(mg/L)	≤	30	30	30	30

【成型加工】 可模压和注射成型。模压成型工艺参数：压制温度 135～145℃，压力 25～35MPa，压制时间（1～1.5）min/mm 厚。典型注射成型工艺参数：注射机前料筒温度 80～95℃，后料筒温度 45～55℃，模具温度 140～150℃，注射压力 150MPa，保压时间视制品厚度而定，一般每毫米厚保压 30s。

【用途】 本产品性能与三聚氰胺甲醛模塑料基本相同，特点是成本较低。适用于民用电器、低电压电器、一般食具及仪表、钟表、电话机等壳体。

【安全性】 本品低毒，对皮肤和呼吸道有刺激作用，生产设备应密闭。塑料桶或铁桶包装，塑料桶每桶 50kg，铁桶每桶 200kg。防晒、防高温。贮存期 3 个月。

【生产单位】 上海天山塑料厂，天津市大盈树脂塑料有限公司，重庆塑料四厂等。

Bq006 玻璃纤维增强蜜胺塑料

【英文名】 glass flber reinforced melamine formaldehyde plastic

【别名】 玻璃纤维增强三聚氰胺甲醛模塑料

【结构式】

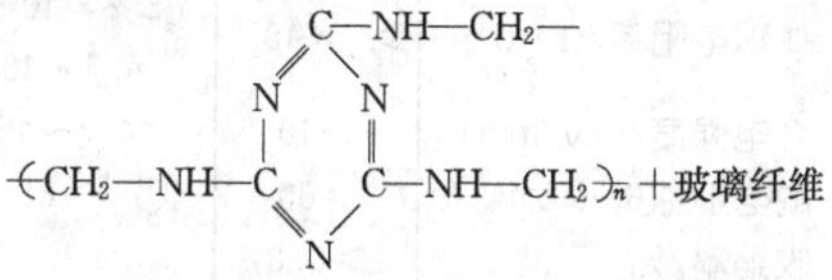

【性质】 玻璃纤维增强三聚氰胺甲醛模塑料的冲击强度和耐热性明显提高。耐电弧性突出。阻燃性优良。有料团及颗粒料两种，用热压法或注塑成型可加工成各种形状的制品。

【制法】 将制得的三聚氰胺甲醛树脂水溶液泵入捏合机中，加入短玻璃纤维、润滑剂、颜料等浸渍捏合（温度 80～85℃），再经疏松、干燥即制得成品。

工艺流程如下。

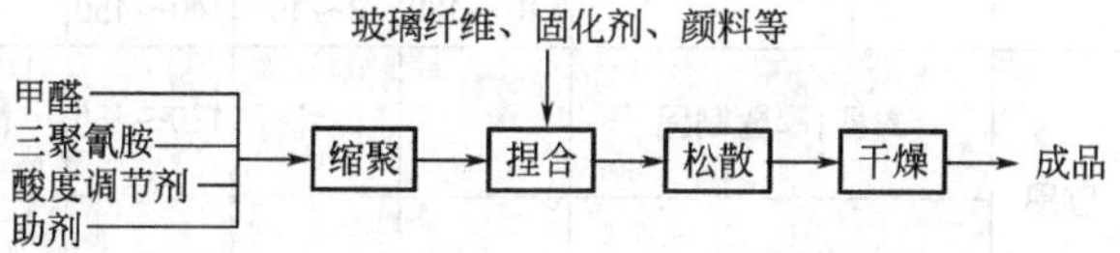

玻璃纤维增强三聚氰胺甲醛树脂注射料及快速固化模压料的配方如下。

塑料类型	组分(质量份)					
	三聚氰胺甲醛树脂	二乙醇苯胺	对甲苯磺酸三乙胺	甲基硅油	滑石粉	玻璃纤维
注射成型料	100	9	0.065	2	377	99
快速固化模压料	100	9	0.07～0.08		37	99

【质量标准】

部分玻璃纤维增强三聚氰胺甲醛模塑料企业标准

指标名称	东方绝缘材料厂	西北工业大学和东方绝缘材料厂		哈尔滨绝缘材料厂	上海天山塑料厂
	模压料	快速模压料	注射料(模压值)	模压料	模压料
外观	模塑成型后表面平滑,无气泡和开裂			表面光滑无杂质	表面光滑,不能有玻纤露出
相对密度	≤2	1.86～1.9	1.84～1.89	≤2	≤2
吸水性/%	≤0.05	0.03～0.08	0.074～0.015	≤0.1	≤0.1
马丁耐热/℃	>170	>160	>160	≥160	≥160
冲击强度/(kJ/m²)	>100	230～290	230～250	≥40	≥35
弯曲强度/MPa	>120	440～600	390～460	≥80	≥80
表面电阻率/Ω	$>1\times10^{11}$	5.7×10^{13}～10×10^{13}	8.7×10^{12}～47×10^{12}	$>10^{11}$	$\geq10^{11}$
体积电阻率/Ω·cm	$>1\times10^{11}$	2.2×10^{13}～4.4×10^{13}	1.5×10^{13}～3.7×10^{13}	$>10^{11}$	$\geq10^{11}$
介电强度/(kV/mm)	>10	14.7～15.5	16～17	>10	≥8
耐电弧性(6～6.5mA)/s	>60	>60	>60	>60	≥120
收缩率/%	>0.3				≤0.3

【成型加工】 采用模压和注射模塑法加工成型，其工艺参数推荐如下所示。

玻纤增强三聚氰胺甲醛塑料注射模塑标准试样参考条件

塑料类型	制品类型			预热		模塑		
				温度/℃	时间/min	温度/℃	保温时间/min	单位压力/MPa
一般模塑料	标准试样	圆片	ϕ(100±1)mm			135±5	10	45±5
			厚(4±0.2)mm			135±5	12	45±5
快速固化塑料		长条	长(120±1)mm	110～120	3～10	140～150	7	45±5
			宽(15±0.2)mm	110～120	8～10	140～150	10	45±5
注射模塑料			厚(10±0.2)mm	110～120	3～10	140～150	10	45±5
				110～120	3～10	140～150	15	45±5
一般模塑料	制品	大型,厚壁制品				120～130	1.5～2(min/mm厚)	45±5
		一般制品				125～135	1～1.5(min/mm厚)	45±5

注射机螺杆参数

塑料类型	料筒温度/℃			模具温度/℃	注射压力/MPa	背压(表压)/MPa	螺杆转速/(r/min)	模塑时间/min	
	前	中	后					圆片	长条
注射料	91～94	83～88	70～75	165～170	80	0.6	45～50	2	4

直径/mm	长径比	压缩比	螺旋角	螺槽深/mm	前锥角
50	15	1:1.22	17°41′	8～9.75	40°

【用途】 适用于高级电工绝缘制品，如耐电弧防爆电器配件、电动工具绝缘部件及高强度的工业配件、电焊钳夹子等。

【安全性】 本品低毒，对皮肤和呼吸道有刺激作用，生产设备应密闭。包装在内衬聚乙烯薄膜的硬板纸盒中，每盒净重20kg。贮存在阴凉、干燥通风处，避免靠近热源及阳光直射，防止雨淋受潮，温度30℃。

【生产单位】 上海天山塑料厂，哈尔滨绝缘材料厂，东方绝缘材料厂，上海欧亚合成材料有限公司等。

Bq007 低醚化度甲醚化氨基树脂

【英文名】 trimethoxymethylmelamine

【结构式】

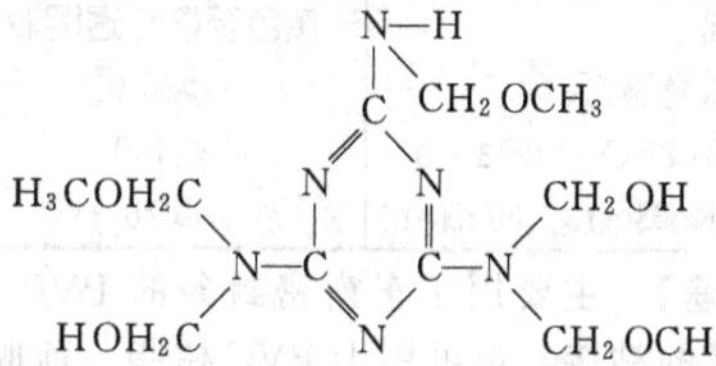

【性质】 本品为部分烷氧基化的氨基树脂，无色或淡黄色液体，与水、醇、酯、酮和醚醇类完全互溶。

【制法】 由三聚氰胺与甲醛在碱性条件下进行加成反应，再与甲醇醚化，控制醚化反应条件而制得部分烷氧基化的氨基树脂产品。

工艺流程如下。

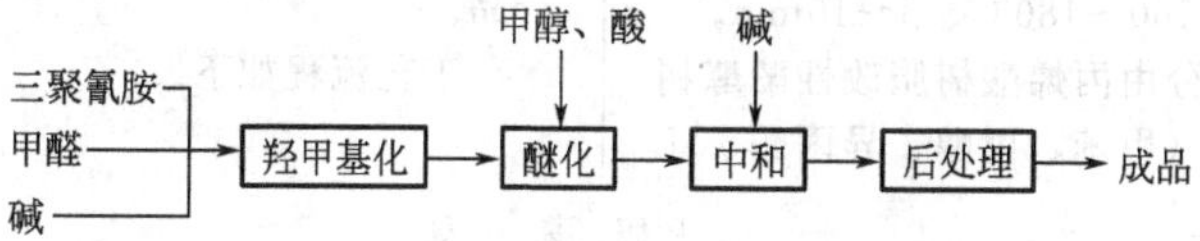

【质量标准】

上海新华树脂厂企业标准

指标名称	指标
黏度(涂4杯,25℃)/s	50
固含量/%	58～52
游离醛含量/%	≤2
色泽/号	≤1
水溶性	与水完全互溶,允许发白,无析出物

【用途】 新型氨基交联剂，可与丙烯酸树脂、中油度或短油度醇酸树脂、环氧树脂、硝化纤维素、聚乙烯醇缩丁醛等各种聚合物交联。用作水性涂料、纸张涂料、织物处理剂和高固体涂料等。

【安全性】 本品低毒，对皮肤和呼吸道有刺激作用，生产设备应密闭。

本品稳定性好，可用铁桶包装，净重有180kg、18kg、3.5kg等包装。按一般化学品规定贮运。存放于阴凉、通风隔绝火源处。

【生产单位】 上海新华树脂厂，上海南大化工厂等。

Bq008 PVC/钢胶黏剂

【英文名】 adhesive for PVC/steel

【性质】 PVC/钢胶黏剂是一种以丙烯酸树脂改性酚醛树脂为基料，酮、醇、芳烃为混合溶剂的双组分胶黏剂。甲组分为浅黄至橙红色透明液体，乙组分为无色透明液体。本产品对聚氯乙烯和钢材有优异的粘接性并可在高温下快速固化。

【质量标准】 将甲、乙组分按一定配比配制的 PVC/钢胶黏剂企业标准如下。

指标名称	CH－632 PVC/钢胶黏剂
外观	浅黄色至橙红透明液体
固体含量/%	≥20.0
黏度(25℃)/mPa·s	≤100
T 型剥离强度/(N/25mm)	≥70

【用途】 主要用于车窗密封条的 PVC 和钢带的粘接，也可用于 PVC 树脂、薄膜、塑溶胶和金属板（铁、铝等）的粘接及 ABS 塑料与不锈钢粘接。

【用法】 将甲、乙组分按 14∶1（质量比）混合均匀即为 CH-632 胶黏剂。胶液可用手工刷涂，也可用泵或压缩空气输送并滴加至钢带上，涂胶钢带经高频加热后立即与熔融的 PVC 黏合（150℃左右）为高粘接性的 PVC 密封条。其他试样涂胶后固化条件为 160～180℃、5～10min。

【制法】 甲组分由丙烯酸树脂改性酚醛树脂和混合溶剂（甲苯、甲醇、异丙醇、丁酮）混合均匀而成，乙组分由增黏树脂和邻苯二甲酸酯组成。

【安全性】 甲组分用 25L 塑料桶包装，乙组分用 2L 塑料桶包装，也可用铁桶包装。本产品含较多易燃溶剂，贮存和运输均按危险品规定处理。

【生产单位】 成都有机硅研究中心。

Bq009 高醚化度甲醚化氨基树脂

【英文名】 hexamethoxymethylmelamine

【结构式】

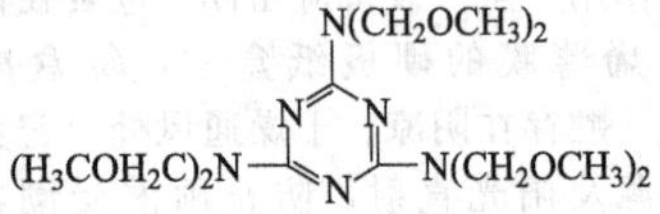

【性质】 本品为全部烷氧基化的氨基树脂，无色或淡黄色黏稠液体，部分溶于水、芳烃和烷烃类，与醇、酯、酮和醚醇类完全互溶。

【制法】 由三聚氰胺与甲醛在碱性条件下进行加成反应，再与甲醇醚化，控制醚化反应条件而制得全部烷氧基化的氨基树脂产品。

工艺流程如下。

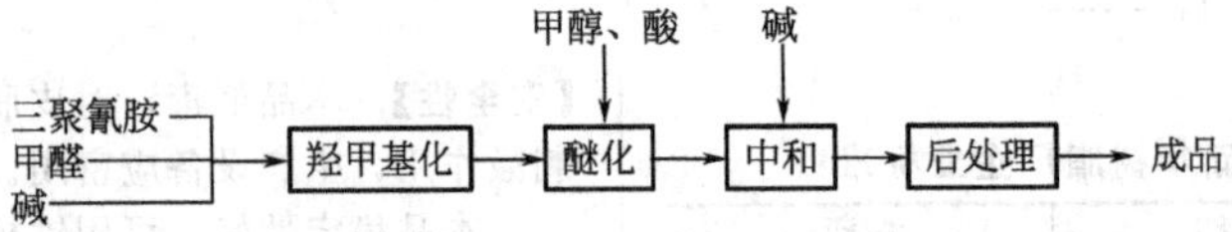

【质量标准】 上海新华树脂厂企业标准如下。

指标名称	指标
黏度(旋转式黏度计)/Pa·s	1.4～5.0
固含量/%	≥98
游离醛含量/%	≤0.5
酸值/(mg KOH/g)	≤1
色泽/号	≤1

【用途】 新型氨基交联剂，可与饱和聚酯、丙烯酸树脂，中油度或短油度醇酸树脂、环氧树脂、硝化纤维素、聚乙烯醇缩丁醛等各种聚合物进行交联。用作高装饰性氨基漆、卷材涂料、高固体涂料、水性涂料、轿车漆、罐头涂料和油墨等方面。

【安全性】 本品低毒，对皮肤和呼吸道有刺激作用，生产设备应密闭。本品稳定性好，可用铁桶包装，净重有 200kg、20kg、4kg 等包装。按一般化学品规定贮运。存放于阴凉、通风、隔绝火源处。

【生产单位】 上海新华树脂厂，上海南大化工厂等。

Bq010 新型低毒脲醛胶

【英文名】 low toxic urea fonnaldehyde adhesive

【性质】 水性树脂黏稠液。

【质量标准】 企业标准（海洋涂料研究所）

指标名称	指标(A-01-B)
固含量/%	63±2
游离甲醛含量/%	0.15～0.55
pH值	7.5～9
黏度(B_3-4型黏度计)/s	25～55
水溶性/L	>2
贮存期(20～25℃)/月	≥3

A-01-B树脂胶合板及木制品中的游离甲醛释放量很低，黏接强度高。见上表。

A-01-B胶合板的甲醛释放量与国内外脲醛胶合板的数据对比

脲醛树脂胶型号	胶合板类型	100克制板的甲醛释放量/(mg/100g板)	各种脲醛制板的甲醛释放量为A-01-B的倍数
A-01-B(海洋涂料所)	9层胶合板	0.1285	1
三号脲醛胶(青岛产)	9层胶合板	1.4600	11.4
Karmit Leim100 Pulver(德国)	11层胶合板	0.6540	5.09

A-01-B胶性能与国内脲醛胶对比

胶的类型 基本性能	A-01-B胶	国内通用脲醛胶
剪切强度①/MPa	2.6	1.6
树脂羟甲基含量/%	11～14	9～11
贮存期(10～25℃)	≥3个月	≥2个月

① 按国标规定粘好的三层胶合板试件放入63℃±2℃的热水中浸泡3h后，放在室温下晾至室温(约10min)立即进行湿测所得的剪切强度。

根据三合板产品国标规定，按不同树种的三合板的实测剪切强度，以下表所列标准划分胶合板的类别。

胶合板类别

树种	胶合板类别	
	Ⅰ、Ⅱ	Ⅲ、Ⅳ
剪切强度/MPa		
桦木	1.4	1.2
水曲柳，荷木	1.2	1.1
椴木，杨木	1.0	1.0

【用途及用法】 低毒脲醛胶用于制造胶合板以及纤维和甘蔗渣的粒板。用于制造胶合板时，在A-01-B树脂中加入0.8%～1%氯化铵（以树脂为基础）和8%面粉，搅拌均匀即可使用。如制造粒板时，在树脂中加入0.8%～1%氯化铵（以树脂为基础）搅拌均匀即可使用。

【制法】 尿素和甲醛的最初反应产物是各种羟甲基脲化合物。这些羟甲基脲化合物是在弱碱性条件下形成的。接着将反应混合物调成弱酸性促进缩合反应，形成脲醛树脂。在这一步反应中综合考虑了pH值、温度、黏度和时间，以确定反应终点。补加尿素处理树脂。真空脱水直至树脂黏度符合要求为止。

安全性 脲醛树脂是水性黏稠液，不燃，不爆，运输和贮存安全，一般以200kg装的镀锌铁桶包装和运输。

【生产单位】 海洋涂料研究所。

Bq011 酚醛-缩醛胶黏剂

【英文名】 oic-acetal adhesive

【性质】 酚醛-缩醛胶是酚醛-聚乙烯醇缩醛类胶黏剂的统称。通常是以可溶性酚醛树脂和聚乙烯醇缩醛类树脂为主体配以一定量的其他助剂于有机溶剂中制成；也有的在主体成分中加入有机硅和环氧树脂，以进一步改善某些性能。这类胶在高温下，聚乙烯醇缩醛中的羟基、缩醛基和少量的乙酰基能和酚醛树脂中的羟甲基反应，也能与环氧、有机硅中的活性基团反应生成接枝嵌段网状聚合物。聚乙烯醇缩醛可以是缩甲醛、缩乙醛、缩丁醛、缩糠醛及混合缩醛如缩甲乙醛、缩丁糠醛等，但主要常用的是缩甲醛及缩丁醛。

【结构式】 酚醛-缩醛胶：

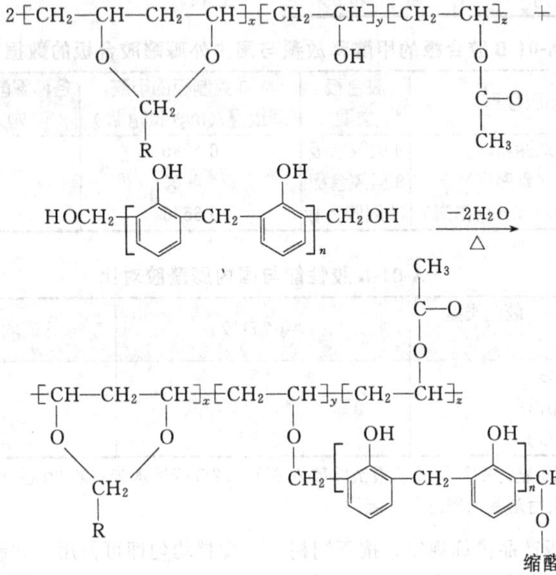

酚醛-缩醛-有机硅胶：

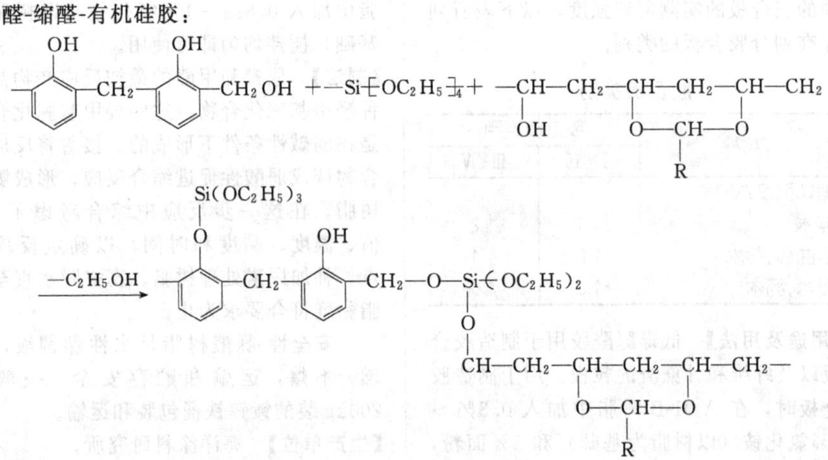

【性质】 酚醛-缩醛类胶黏剂由于长链的聚乙烯醇缩醛分子的引入，大大改善了酚醛树脂的脆性和室温强度。此类胶机械强度高，韧柔性好，耐寒、耐大气，老化性能优异，并且有良好的耐高温、耐碱、耐水、耐煤油、耐变压器油及耐乙醇等介质的性能。上述性能好坏主要取决于酚醛树脂与聚乙烯醇缩醛的类型、分子量、用量比等，当酚醛树脂用量增大时，胶黏剂耐热性能提高，但耐冲击及剥离强度下降，固化物收缩率增大。聚乙烯醇缩醛用量增大，胶液的柔韧性增加，室温强度增高，但耐热性下降，一般缩醛耐热性为缩甲醛＞缩甲乙醛＞缩乙醛，缩丁醛。若用一定量有机硅或环氧改性，还可进一步提高其耐热性或机械强度，但过量使用也会影响其综合性能。

酚醛-缩醛胶一般为单组分胶液，也可浇制成胶膜或浸渍成纤维布加热固化。固化时会放出低分子物，所以一般需加 0.2MPa 以上的压力以防产生气泡而影响胶接性能。

【质量标准】

企业标准

指标名称	指标			
	铁锚 201 胶①(FSC-1)	铁锚 202 胶②(FSC-2)	铁锚 204 胶③(JF-1)	J-08④
主要组成	酚醛-缩甲醛	酚醛-缩甲醛	酚醛-缩甲乙醛-有机硅	酚醛-缩糠丁醛-有机硅
外观	黄色或浅棕色透明黏稠液	黄色或浅棕色透明黏稠液	黄色至褐色均匀黏稠液	
含固量/%	20±2	20±2	20～30	
剪切强度/MPa				
-60℃				≥15
20～25℃	≥15	≥20	≥15	
100℃		≥12		
150℃	≥6			
200℃			≥6.0	≥7
350℃				≥5
不均匀扯离/(kN/m)				10～14
固化条件	160～180℃ 2～1h 0.1～0.2MPa	160～180℃ 2～1h 0.1～0.15MPa	180℃ 2h 0.1～0.2MPa	200℃ 3h 0.3MPa

①②③均为上海新光化工厂产品，其中①的标准号为沪 Q/HG 13-267—82，②的标准号为沪 Q/HG 13-268—82，③的标准号为 Q/GHPKI2—91；④为黑龙江石化所产品。

【用途】 粘接金属与非金属材料，如、钢、铝、镁、铜、陶瓷、玻璃、电木、印刷线路板、层压板，特别是刹车片蜂窝结构的粘接。也可用于浸渍玻璃纤维布、压制玻璃钢等。

使用时先将被粘物表面打毛脱脂，擦净，然后用干净的笔刷均匀涂胶 2～3 次，每次涂后在室温下露置 20～30min（视空气中温度、湿度而定），待溶剂挥发至不粘手立即合拢压紧，在 160～180℃下固化 1～2h，固化压力 0.2～0.3MPa。为了方便使用减少溶剂挥发造成的环境污染，也可将胶液浇在水平的玻璃板上形成胶膜或用玻璃纤维作载体浸渍后晾干，使用时将胶膜夹入需粘合的物体之间加热加压固化，如在黏合物表面涂上液体胶露置，待溶剂挥发后再夹上胶膜加压固化，则效果更佳。

【制法】 酚醛-缩醛胶黏剂必须先合成可溶性酚醛树脂，即在反应釜内加入计算量的苯酚、甲醛和碱性催化剂，如 NaOH、$Ca(OH)_2$、$Ba(OH)_2$等，于80～100℃下反应 1～3h，然后减压脱水，当内温达95℃左右冷却稀释待用。另将定量的聚乙烯醇缩醛溶于有机溶剂中并加入防老剂、防蚀剂、正硅酸乙酯等配合剂，溶解混合均匀后加入可溶性酚醛树脂配制而成。

【安全性】 1kg 圆听装或 17kg 方听装。本胶黏剂系列产品除胶膜外均含有机溶剂，按危险品贮运。25℃以下密闭贮放于阴凉干燥处。贮存期 201 胶、202 胶为一年，204 胶为半年，产品过期经检验合格仍可继续使用。若胶液溶剂挥发，黏度变厚，可用溶剂聚乙烯醇缩甲醛用苯：乙醇（6：4）的混合溶剂，聚乙烯醇缩甲乙醛用醋酸乙酯与乙醇（1：1）的混合溶剂，聚乙烯醇缩丁醛用乙醇适量稀释。

【生产单位】 上海新光化工厂，上海橡胶制品研究所，黑龙江石油化学研究所，天津有机化工实验厂，天津合成材料研究所，上海振华造漆厂。

Bq012 氨基模塑料

【别名】 脲甲醛模塑料，电玉粉，

【英文名】 amino plastics

【结构式】

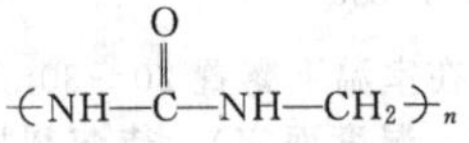

【性质】 分为粉状、粉状半透明、粒状和纤维状产品。具有色泽鲜艳、表面光洁、无味无臭等特点，并具有良好的物理力学性能、电绝缘性能、耐电弧性和自熄性。不耐酸。70℃下可长期使用，短期达110～120℃。

【制法】 1. 低聚合度线型脲醛树脂溶液的制备

尿素和甲醛按 1：（1.5～1.6）的物质的量的比加入反应釜中。再加入六亚甲基四胺和潜伏型固化剂草酸乙酯，在草酸催化剂催化作用下，在 55～60℃下反应约 1.5h，游离甲醛含量为 14%～20%时达到反应终点，为避免生成不溶于水的产物，应严格控制反应物 pH 值在 5.5～6.5。树脂溶液经冷却后，过滤待用。

2. 模塑粉的制造

在捏合机中，往脲醛树脂水溶液中加入棉粕或漂白纸浆，并添加润滑剂硬脂酸锌、着色剂等，在 110℃下捏合 80min，经烘干，游离甲醛含量减少到 4%以下，再经冷却、粉碎、过筛即得模塑粉。经造粒可得粒状模塑粉。

【消耗定额】

消耗定额

原料	消耗定额/(kg/t)
尿素	484
甲醛	943
六亚甲基四胺	35.5
纸浆	268

【反应式】

$$n(NH_2)_2CO + nCH_2O \xrightarrow[加热]{草酸} 成品 + nH_2O$$

工艺流程如下。

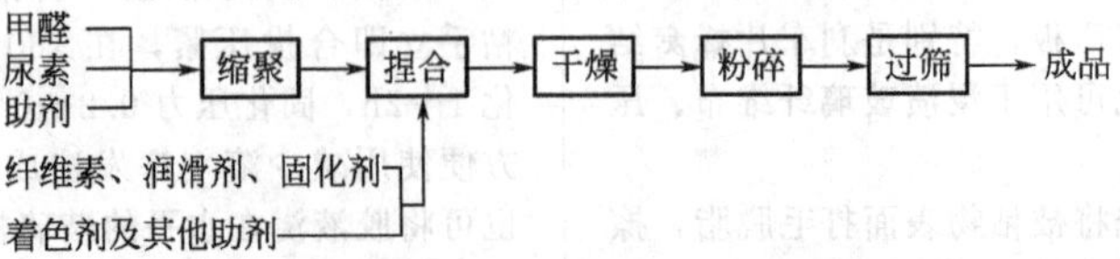

【质量标准】

1. 脲甲醛模塑料命名执行 GB 3403—82 国家标准

按树脂分如下。

树脂	符号
尿素、甲醛树脂为主	UF
三聚氰胺、甲醛树脂为主	MF

按主要用途分如下。

用途	符号
一般用途	A
食具用，具有耐热水性	B
电器用，具有优良的电性能(包括耐电弧性)	C
其他特殊性能	E

按主要填料分如下。

填料	符号
α-纤维素填料	1
玻璃纤维Ⅱ填料	2
合成纤维填料	3

按特征性能如下。

续表

特征	符号
粉状模塑料	P
粉状半透明模塑料	T
粒状模塑料	G
粒状注塑模塑料	I
纤维状模塑料	F

按颜色分如下。

颜色	符号
白色	100～199
黄(米)色	200～299
绿色	300～399
蓝色	400～499
红色	500～599
棕色	600～699
灰(黑)色	700～799

例：UF1P-A531 表示以 α-纤维素为填料，用脲甲醛树脂制得的一般用途类红粉状模塑料。

2. 技术指标执行 GB 13454—92 国家标准

外观：模成型后表面应光亮平整，无气泡和裂缝，色泽和杂质符合标样。

耐沸水性：表面无糊烂现象，允许有轻微褪色，允许有轻微皱皮。

部分脲甲醛模塑料技术指标 (GB 13454—92)

指标名称		UF1P-A、UF1G-A	UF1P-C、UF1G-C	UF1T-A	UF5P-C	UF1P-E、UF1G-E
流动性(拉西格)/mm		140～200	140～200	140～200	140～200	140～200
挥发物/%	≤	4.0	4.0	4.0	4.0	4.0
弯曲强度/MPa	≥	80	80	60	70	80
冲击强度(缺口)/(kJ/m²)	≥	1.5～2.1	1.5～2.1	1.4～1.6	1.3～1.8	V1.5～2.1
热变形温度/℃	≥	115	115	100	95	115
吸水性(冷水)/mg	≤	100	100		150	100
模塑收缩率/%		0.60～1.00	0.60～1.00	0.50～1.20	0.60～1.00	0.60～1.00
水中 24h 后绝缘电阻/MΩ	≥		10^4		10^4	10^4
介电强度/(MV/m)	≥		5.0～9.0		5.0～7.0	5.0～9.0
耐漏电起痕指数/V	≥		600		600	600
耐炽热/级			1		1	1
氧指数	≥					30～35

嘉兴胶木粉厂企业标准

指标名称		UF1P-A	UF1P-C
挥发物/%		4.0	4.0
外观		压模成型后表面光亮平整，无气泡和裂缝，色泽和杂质符合标样	压模成型后表面光亮平整，无气泡和裂缝，色泽和杂质符合标样
耐沸水性		表面无糊料现象，允许有轻微褪色和轻微皱皮	表面无糊料现象，允许有轻微褪色和轻微皱皮
弯曲强度/MPa	≥	80	80
冲击强度缺口/(kJ/m^2)	≥	1.5～2.1	1.5～2.1
热变型温度/℃	≥	115	115
吸水性(冷水)/mg	≤	100	100
模塑收缩率/%		0.6～1.00	0.6～1.00
水中24h后绝缘电阻/MΩ	≥	10^4	10^4
介电强度/(MV/m)	≥	5.0～9.0	5.0～9.0
耐漏电起痕指数/V	≥	600	600

【成型加工】 可用热压和注塑成型。模塑粉在热压前要预压成坯，并预热到70～80℃。典型的热压条件是模具温度135～145℃，压力25～35MPa，压制时间根据制品壁厚而定，一般是30～45s/mm厚。注塑成型条件：注塑机料筒前段温度80～95℃，后段45～55℃，模具温度140～150℃，注塑压力100～180MPa，保压时间30s/mm厚。

【用途】 脲甲醛模塑料主要用于色泽鲜艳的日用品及电气零件。如纽扣、瓶盖、座钟壳体、各种手柄、便池座盖等。电气零件有各种家用电器插座、插头、灯座、开关等。层压制品可用于制作贴面板、家具、车厢及收音机外壳等。

牌号	用途
UF1P-A	压制民用电器制作、日用制件、机械配件、各式组扣、各种瓶盖、器皿把手、旋钮、各类装饰件、钟壳、仪表壳、纺织零件等
UF1T-A	压制与各类服装配套的各式色扣、夹花纽扣、伞柄、仿玉饰件等
UF1G-A	粒状产品，比容积小，加料大，适宜压制民用电器制件、机械配件、各种瓶盖、器皿把手、旋钮、大型复杂钟壳、仪表壳、纺织零件、各类装饰件等
UF1P-B	食具用，无味、无臭、无毒。用以压制碗、杯、盆、罐、筷、盘、食品瓶盖等食用器皿
UF1I-C	注塑用。用注塑成型工艺制造电器制件等
UF1P-E	可电镀。用以压制各种日用制件，如旋钮、纽扣、瓶盖等，并可进行电镀，具有光亮金属和装饰感

【安全性】 本品低毒，对皮肤和呼吸道有刺激作用，生产设备应密闭。包装于内衬

聚乙烯薄膜的铁桶或聚丙烯编织袋中，每桶净重 50kg，每袋净重 25kg。包装上注明品名、型号、批号、色别、质量、生产日期、商标和厂名。在运输和贮存过程中，不宜受热受潮，防止日晒雨淋，防止包装破损。应贮存在干燥、阴凉、通风室内，防止变质。以 α-纤维素为填料的氨基模塑料贮存期为 1 年，如超期应进行检测，合格者方可使用。

【生产单位】 上海天山塑料厂，重庆塑料四厂，天津市大盈树脂塑料有限公司，广州南中塑料厂，长春化工三厂，川化集团公司深圳荣生企业有限公司，上海新大化工厂，山东海化魁星化工有限公司等。

Br 热塑性聚酯及塑料

1 热塑性聚酯定义

具有热塑性特性的饱和聚酯称为热塑性聚酯，多指聚对苯二甲酸酯类。其实广义上还应包含其他线型聚酯。在聚对苯二甲酸酯中（两类热塑性聚酯）以聚对苯二甲酸乙二酯，英文全称 poly（ethylene terephthalae），缩写为 PET，俗称“涤纶（线型）树脂”和聚对苯二甲酸丁二酯英文全称 poly（butylene terephthalate），缩写为 PBT，俗称“聚酯”产量大、用途广，其他多用作高性能薄膜和纤维，参见聚酯树脂。

2 热塑性聚酯的结构

分子中含有一个酯键 $\left(\overset{\overset{O}{\|}}{C}-O\right)$ 的聚合物都可以称作聚酯，它是范围很宽的一类有机化合物。除酯键外，聚酯的分子中还会有脂肪烃或芳香烃单元。

聚对苯二甲酸丁二酯是由对苯二甲酸与1,4-丁二醇合成的，聚合物的结构示于图 Br-1。

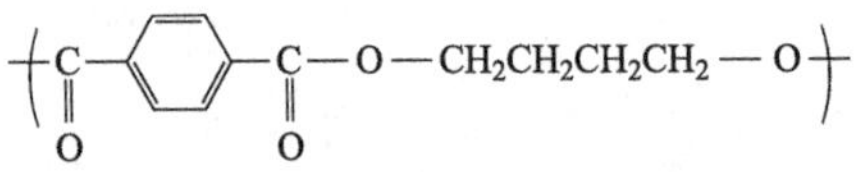

图 Br-1 PBT 的重复结构单元

PBT 与 PET 的唯一结构差别是 PBT 中的 4 个亚甲基重复单元取代了 PET 中的 2 个亚甲基。这一结构特点赋予主链以附加的柔性并降低了分子的极性，其结果是聚合物的性质与 PET 相似（高强度、劲度和硬度）。

3 热塑性聚酯的热、力学性能的对比

由于 PBT 和 PET 分子主链是由每个重复单元为刚性苯环和柔性脂肪醇连接起来的饱和线性分子组成，分子的高度几何规整性和刚性部分使聚合物具有较高的力学强度，突出的耐化学试剂性、耐热性和优良的电性能。分子中没有侧链，结构对称，满足紧密堆砌的要求，从而使这两种聚合物有高度结晶性和高熔点。分子的这些结构特点，决定它们具有良好的综合性能。

表 Br-1 提供了一些可与聚对苯二甲酸丁二酯（PBT）、聚对苯二甲酸二亚甲基亚环己基酯（PCT）和聚对苯二甲酸乙二酯（PET）进行对比的热性能和力学性能。

表 Br-1 PBT、PCT、PCTA、PET、PETG 和 PCrG 热性能和力学性能之间的对比

性能	未填充 PBT	填充 30% 玻璃纤维的 PBT	填充 30% 玻璃纤维的 PCT	填充 30% 玻璃纤维的 PCTA	未填充 PET	填充 30% 玻璃纤维的 PET	未填充 PETG	未填充 PCTG
T_m/℃	220～267	220～267	—	285	212～265	245～265	—	—
拉伸模量/MPa	1930～3000	8960～10000	—	—	2760～4140	8860～9930	—	—
拉伸强度/MPa	56～60	96～134	124～134	97	48～72	138～165	28	52
伸长率/%	50～300	2～4	1.9～2.3	3.1	30～300	2～7	110	330
相对密度	1.30～1.38	1.48～1.54	1.45	1.41	1.29～1.40	1.55～1.70	1.27	1.23
HDT/℃								
264/(lb/in²)	50～85	196～225	260	221	21～65	210～227	64	65
66/(lb/in²)	115～190	216～260	>260	268	75	243～249	70	74

注：1lb=0.45kg，1in=2.54cm。

上述原因由于 PBT 比 PET 在分子链节结构上多 2 个亚甲基（$-CH_2-$），因此形成它们之间物理性质上有很明显的差异。

4 聚对苯二甲酸丁二酯（PBT）

PBT 是 20 世纪 70 年代发展起来的一种综合性能优异的热塑性工程塑料，由于性能独特，成型方便，是目前发展比较快的塑料品种。

PBT 以对苯二甲酸二甲酯与丁二醇为主合成的高聚物，具有摩擦系数小、吸水少、电性能优异，在潮湿和高温下力学性能好、耐化学溶剂，以及韧性好、抗疲劳等性能。可以用普通的注射、挤出、吹塑成型，还可以进行焊接、黏合、喷涂和灌封等特殊工艺成型。

PBT 可用增强剂进行改性，尤其用玻璃纤维和阻燃剂可改性成阻燃增强改性料，在 140℃下能长期使用，阻燃达 UL-94V-0 级，广泛用于线圈骨架、马达罩、接插件、汽车、机械零件等。

PBT 的年增长率至少为 10%，这在很大程度上是由于汽车外部（蓬）和伞布、蓬应用的发展所致，例如：电子稳定性控制以及用 PBT/ASA（丙烯腈/苯乙烯/丙烯酸酯共聚物）共混物来制造遮蔽物等。在欧洲 PBT/ASA 共混物是由 BSAF 和 GE 塑料公司出售；另一个发展是以 PBT 与共聚酯共挤出制取热塑性弹性体。这种共混物也可吹塑成使噪声降至最低的伞蓬等遮盖物。高填充的 PBT 也已进入厨房和浴室瓦砖工业。为了提高 PBT 的弯曲模量、抗蠕变性和抗冲击强度，它和 PET 一样也常用填充玻璃纤维来制作增强材料。PBT 适于在需要尺寸稳定性（特别是对水）和耐烃类油而不发生应力开裂的环境中应用，由此 PBT 可用作泵壳、配电器、叶轮、轴承衬套和齿轮。

为了提高 PBT 的抗冲击强度，可与 5%的乙烯和醋酸乙烯酯共聚，这些单体引入聚酯主链可改善其韧性。为了强化某种特性以符合“定制”的特殊要求，PBT 也可与 PMMA、PET、PC 和聚丁二烯共混。

5 聚对苯二甲酸乙二酯（PET）

PET 的工业应用非常广泛，作为注

射成型级料用于吹塑成型瓶和取向薄膜。PET 又称聚（氧乙烯对苯二甲酰氧），可由对苯二甲酸二甲酯与乙二醇经两步酯交换法合成，如图 Br-2 所示，第一步是 1mol 对苯二甲酸二甲酯与 2.1～2.2mol 的乙二醇发生酯交换反应，过量的乙二醇可以提高对苯二甲酸双（2-羟基乙基）酯的形成速度，酯交换过程中有少量三聚体、四聚体及其他低聚物形成，经常加入链烷酸盐如醋酸锰作催化剂，随后加入磷化物如磷酸使催化剂失活。磷酸盐（或膦酸酯）抗氧剂可以改善聚合物在第二步高温反应时的热稳定性和颜色稳定性。第一步反应是在 150～200℃将形成的甲醇连续蒸出。

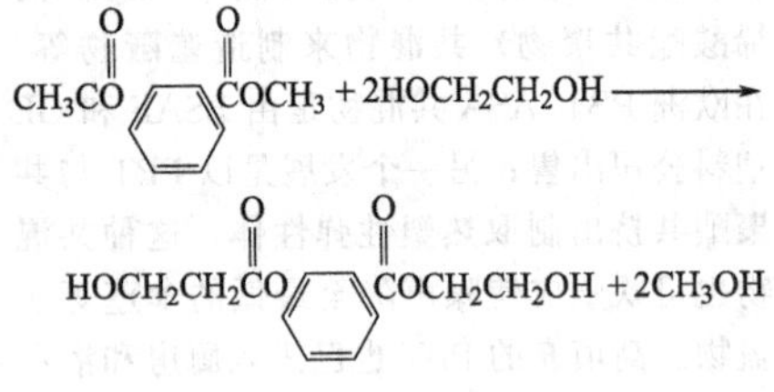

图 Br-2　合成 PET 的第一步是对苯二甲酸二甲酯与乙二醇发生酯交换反应

缩聚的第二步是当温度升高到 260～290℃时进行熔融缩聚。如图 Br-3 所示，第二步是在分压为 0.13kPa 的真空下进行以便移除乙二醇；或是用一种惰性气体通经反应混合物，在这一步常用三氧化二锑（Sb_2O_3）作催化剂。为了得到高分子量产物，醇解反应过程中产生的过量乙二醇必须完全移除，否则反应程度未达到 0.7 时就达到了平衡；第二步的反应直到获得数均分子量约为 20000 的聚合物为止，第二阶段末的反应温度非常高，以致引起聚合物端基的分解而形成醛。酯键热断裂也可能发生，这些副反应均与聚合物增长反应相竞争，正是这种竞争反应就限制了由熔融缩聚反应制取聚合物的最终 M_n 值。取向薄膜的重均分子量在 35000 左右。

已开发的其他工业制造方法是用酸与二醇直接酯化来替代酯交换法。直接酯化法是对苯二甲酸与乙二醇直接反应，而不是对苯二甲酸先与甲醇酯化形成对苯二甲酸二甲酯中间体。酯比酸更容易纯化，纯化是于 300℃升华，但是较好的催化剂和纯度较高的对苯二甲酸可以取消用甲醇作中间体。由对苯二甲酸的直接酯化所得到的 PET 树脂通常含有一些二乙二醇，这些二乙二醇是 β-羟基乙酯端基发生分子间醚化反应而形成的；由这种树脂制得的取向膜的力学强度和熔点都比较低，而且其耐热氧化性和紫外线稳定性都比较差。

图 Br-3　对苯二甲酸双（2-羟基乙基）酯缩聚成 PET

树脂的所有物理性质均受结晶度和晶轴方向的支配，晶区的百分率可由测量密度或用热分析（DSC）方法测得。无定形 PET 的密度是 1.333g/cm³，而 PET 结晶的密度为 1.455g/cm³，一旦知道了密度就可测出结晶的百分率。

测定结晶性的另一个方法是以无定形 PET 的冷结晶热 ΔH_{cc}，与结晶聚合物的熔融热 ΔH_f 之比来表示，对于无定形 PET 该比值为 0.61，对于完全结晶的 PET 该比值应接近于零。

把原始形态的试样放入样品池在DSC上测完第一项后，下一次出现的峰就是熔融热，$\Delta H_{cc}/\Delta H_f$的比值越低，原试样的结晶度就越高。

当聚合物不存在成核剂和增塑剂时，PET的结晶速度很慢，这对注射成型是一个障碍，克服的办法是把模具加热或是延长冷却时间。但是在制作薄膜时可用机械力来诱导结晶。PET树脂的综合流变性质使之可进行熔点界限很明确的熔融挤出，这就使得PET成为制作双向拉伸薄膜的理想材料。在PET主链中酯键直接与芳环相连，这就意味着这种线型规整的PET分子链对形成应力-诱导结晶有足够的柔性，而且也足以使分子取向而形成高强度的热稳定薄膜。

生产取向PET薄膜的方法已有许多资料，这里只作简要讨论。在《聚合物科学与工程百科全书》中所述的方法分五步：即熔融挤出和狭槽浇注、淬火，按机器方向（MD）纵向拉伸、横向（TD）拉伸并退火、干燥。高黏度聚合物熔体挤出后经过一个可调宽度的狭槽模具引到高度抛光的转鼓上。如果需要高产出速度，需要设置挤出机的串联系统，首先使PET熔融并使粒料匀化，然后用在线的第二个挤出机向模具计量输送熔体。熔融的树脂通经平均孔径为5～30μm的过滤单元后淬火，可以制得不发生脆裂的接近100%无定形态的材料。如允许薄膜形成球晶，则薄膜是脆的、半透明的且不能再进一步加工。

然后把片材加热到95t（在其玻璃化温度70℃以上），此时的热运动可以使材料沿MD方向拉伸至原尺寸的3倍或4倍。这种单轴取向薄膜有应力-诱导结晶作用，其主轴与机器方向平行。但是苯环是沿膜表面（1，0，0）晶面平行；然后再把膜加热到100℃以上，再在MD方向拉伸至原尺寸的3～4倍，这种拉伸可进一步诱导结晶使结晶度达到25%～40%，所得薄膜在纵向和横向均具各向同性的拉伸强度和伸长率。但是这种膜在100℃以上对热不稳定，必须在拉幅机框架上退火以消除部分应力。

退火是把膜加热到180～220℃停留几秒钟以使无定形链松弛、部分熔融、再结晶和晶体增长。所得到的薄膜的结晶度接近50%，并具有良好的力学强度、容易接受多种涂料的光滑表面，及良好的弯曲性和操作特性。厚度为1.5μm的PET薄膜是作电容器，厚度为350μm的膜用于马达和发电机的绝缘。

由于PET的化学惰性本质，所以薄膜可用作覆盖物，并经常用多种改性剂进行处理，为了使其表面粗糙些而改善其操作特性，在相对较厚的膜中经常掺入有机或无机填料；但是对于薄的薄膜因为很多应用都要求透明性，此时需掺入与其相匹配的填料。所以对于一个用水基或溶剂基涂料的在线涂覆装置，应装配处于MD和TD拉伸状态的设备，在涂覆后进行拉伸有助于获得非常薄的涂层。

6 PBT比PET两种树脂及改性产品性能

6.1 物理性能

两种树脂及改性产品在空气中的饱和吸水率均小于0.10%，同玻璃纤维增强尼龙0.65%（未饱和）相比非常小。

在室温的水中放置100h，吸水率是0.22%，150h是0.28%，这比玻璃纤维增强尼龙的吸水率4.8%（未饱和）小得多。因此，因吸湿的尺寸变化可以忽略。

PBT和PET树脂的摩擦系数低，而且耐磨，在同样条件下的磨损量仅为聚甲醛的1/4。

美国杜邦公司生产的PET RYNTE

系列产品在用于薄壁制品时，可发挥它优良的流动特性、较小的成型公差，可设计多腔模具来提高生产效率。与锌、铝等金属相比，RYNITEPET 良好的材料性能、加工工艺特性和较低的价格使其制件具有很高的性价比和较轻的质量，在轿车领域具有广泛的应用前景。

6.2 力学性能

由于 PBT 是结晶型聚合物，经玻璃纤维增强后的PBT，不仅热变形温度得到很大的提高，其力学性能的各种强度都可成倍地增长，而且比同样条件下的 MPPO、POM、PC 的各种强度都好。其中弯曲弹性模量更是随玻璃纤维含量的增加而大幅度提高，且韧性较好又耐疲劳。

需要指出的是，纯 PBT 树脂有优异的冲击韧性。Eastman 公司的 Tenite 6PRO 制成防护面盔在受到 162.7J 冲击没有裂缝。在落球冲击试验中，6PRO 制成的板材 23℃时的冲击强度大于 57J，即使－40℃下也还能达 47.5J。但 PBT 树脂的缺口冲击强度较低，对缺口敏感性大。

低温下 PBT 的拉伸强度和弯曲强度以及无缺口冲击强度都有所提高，但温度升高后，却略有下降，而有缺口的冲击强度却相反随着温度的升高会有所升高。增强 PBT 在 100℃ 时拉伸强度仍保持 6.2MPa 左右，弯曲强度仍有 8.5MPa 左右；而增强 PET 在 150℃时，除冲击强度外，其他力学性能均比几种增强通用工程塑料高，甚至达到某些热固性塑料的力学强度。

同时，增强 PBT 和 PET 还具有突出的动态力学性能，如增强 PBT 在 23℃和 100℃时均具有优异的耐蠕变性；增强 PET 在负荷 3MPa 以下时，几乎不随受力时间加长而发生蠕变。同时，增强 PET 表现出比增强尼龙和增强聚碳酸酯优越的耐疲劳特性。

增强 PET 的弹性系数大，在应力作用下变形极小，在长时间负荷作用下的蠕变特性也极优，耐疲劳性极好，并具有良好的耐磨耗和耐摩擦性，在通常情况下比 PC 和 PA 的耐磨耗和耐摩擦性更好。

6.3 热性能

两种纯树脂与其他工程塑料相比热变形温度并不高，并且在负荷稍大(1.82MPa) 的情况下，热变形温度就迅速下降。但当用玻璃纤维增强，热性能便有明显的改进。例如，当玻璃纤维含量 5%时，在 1.82MPa 负荷下的热变形温度从未增强的 60℃提高到 100～170℃，已达到 30%玻璃纤维增强的聚甲醛、聚碳酸酯和改性聚苯醚的热变形温度。而当玻璃纤维含量 30%时，PBT 的热变形温度达 203～212℃，PET 更高达 235～242℃，是热塑性工程塑料中热变形温度最高的。

6.4 电性能

PBT 和 PET 的分子中没有聚酰胺那样强极性基团，分子结构对称并有几何规整性，使它们具有十分优良的电性能。两种树脂的体积电阻率可达 $10^{16}\Omega \cdot cm$，介电强度大于 20kV/mm。

这些优良的电性能都保证了 PBT 在高温和恶劣条件环境中，安全的工作，这是尼龙和其他许多增强塑料所不可比拟的，是电子、电气工业的理想材料。

6.5 化学性能

PBT 和 PET 的耐化学试剂性比 PPO、聚砜、聚碳酸酯等材料优越，常温下几乎能耐除强酸、强碱外的其他化学试剂。

6.6 耐老化性能

PBT 和 PET 的分子中都有酯键，因此不耐热水和蒸汽。它们的内应力小，耐应力开裂性优良。增强 PBT 浸 5h 未发生应力开裂的异常情况，而在此试验中，聚砜和聚碳酸酯不到1h就发生龟裂。由于PBT和PET耐有机溶剂性极好，在高温下也难受侵蚀，因此适用于需要浸漆处理的电气、电动机等部件或接触有机溶剂、汽油、油类的零件或制件。

PBT的热老化性能亦相当突出，在长时间曝露高温条件下，其物理性能几乎不下降而且性能很稳定。但POM在同样条件下250h后，拉伸、冲击强度会急剧下降。

当长时间浸泡高温热水中，其大分子会发生水解，导致分子量下降，使聚合度和强度均下降，所以使用时必须注意这一问题，若在低于60℃的热水中，可长时间连续使用。

6.7 阻燃性能

PBT本身易阻燃，只要加入百分之几的阻燃剂即可达到UL94的V-0级，其本身与阻燃剂亲和性能好。近年来由于高效阻燃剂的发展，不仅可使PBT在0.8mm、0.4mm的厚度下能达到UL-94 V-0级，还可使阻燃剂在高温下不析出。故易开发出反应型和添加型的阻燃品级，使其产品广泛应用于电气行业中。

7 液晶聚合物（LCP）

称作液晶聚合物的液晶聚酯是芳族聚酯。聚合物主链中存在的苯环为分子链提供了刚性，形成棒状链结构。一般说来，苯环是以对位键合排列而得到棒状分子链。这种链结构无论是在熔融态还是在固态本身都是按有序方式取向的，如图Br-4所示，这种材料由于具有自增强作用从而具有高的力学性能。但是液晶的取向行为导致材料的各向异性，为了正确地设计制件和模具流道，设计工程师们必须要知道这一性质。苯环还有助于提高热变形温度。

液晶聚酯的基本构造成分是对羟基苯

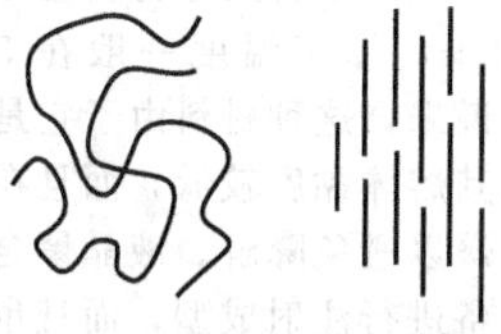

图 Br-4 熔体构象

甲酸、对苯二甲酸和对苯二酚。遗憾的是只用这些单体所得材料的熔点非常高，很难加工，聚合物在熔融以前就发生降解。为此已开发出多种技术来制取熔点较低且加工行为较好的材料。这些方法是：在分子链中引入柔性单元（即与乙二醇共聚）；在分子链中引入非线性刚性结构；把芳基引作主链的侧基。

根据上述方法制得的液晶聚合物有：Victrex（ICI公司），Veetra（Hoeseht Celanese公司）和Xydar（Amoco公司）。Xydar是以对苯二甲酸、对羟基苯甲酸和对，对二羟基联苯为基础制得的，Veetm则是以对羟基苯甲酸和羟基萘（甲）酸制备的。这些材料以其耐高温特别是其热变形温度高而著称，其热变形温度可从170到350℃，它们也具有优异的力学性能特别是在其流道方向。例如：拉伸强度可以在165～230MPa、弯曲强度可以在169～256MPa、弯曲模量可以在9～12.5GPa之间变化。填充的材料具有更高的使用价值。与其他耐热聚合物相比，液晶聚合物以良好的耐溶剂性和低的吸水性而著称，同时还具有良好的电绝缘性能及氧指数达35到40的低燃烧性，但是其相对密度（1.40）却较高；液晶聚合物在高温环境中尺寸变化很小，而且其热膨胀系数也很低。

这些材料的价位很高，由于聚合物链的取向本性往往使其耐磨性较差，表面也非常容易发生原纤化。这种材料可用多种常规设备加工，尽管某些材料需在更高的温度下加工，加工温度一般在 350℃以下。一般说来，这种材料由于它是有序的熔体，故其熔体黏度较低，而且在使用之前必须干燥以避免降解。液晶聚合物可以用常规设备进行注射成型，而且也可用回收料。模具一般也不需要放气。液晶聚合物部件的设计需要谨慎考虑聚合物的各向异性本性。如果熔体符合接线的平接型要求，那么其熔接线可能很脆弱，此时更换其他形式的熔接会得到较高的强度。

液晶聚合物可用于汽车、电气和化学作业及居民日常应用，一个应用是作烤箱和微波炉厨具。液晶聚合物由于其价格较高，所以这种材料只用在其卓越的使用性能与其附加值相符合的地方。

8 热塑性聚酯的需求增长

我国 PBT 树脂于 20 世纪 80 年代初开始生产，到目前为止，年生产能力已超过 33.5kt，在五工程塑料中是开发最成功的一个。PBT 市场增幅在 20%左右，进口树脂和进口粒料占了大部分市场，国产 PBT 只满足中低档产品需求，大部分厂家开工不足。今后发展 PBT 工程塑料应着重在提高 RTI 上下功夫，并在防析出产品品种、非卤阻燃体系，防翘曲品种以及表面改性方面做工作，形成多品种、高性能、高附加值、专用材料的配套产品系列。据称，三房巷集团 30%玻纤增强 PBT 的 RTI 值已达到 130℃与 VALOX 420SEO 基本一致。PET 近年来用于工程塑料的日渐增多，它的耐热性和表面光洁度都高于 PBT，因此国外在汽车与电气上用量非常大，2000 年美国用于汽车行业的 PET 超过 140kt，占总需求量的 50%以上。我国 PET 工程塑料的工业化水平很低，目前为止还没有大规模工业化生产，只有少数几个厂有少量试产替代进口材料。另外，纳米材料改性 PET 在应用中取得了较好效果，并在生产装置上试车成功，正处于开发应用阶段。PEN 与 PET 某些性能相似，是一种新型高性能工程塑料，但由于来源问题，短期内很难形成生产规模。

9 热塑性聚酯的应用

聚对苯二甲酸乙二酯（PET）包括聚对苯二甲酸丁二酯（PBT）主要用于飞机上开关、继电器、接接件、仪表板等，程控交换机集成块、接线板、配电盘，以及变压器骨架、温控开关、电熨斗手柄、散热器零件等。

PET 即聚对苯二甲酸乙二（醇）酯，由对苯二甲酸与乙二醇缩聚而成。PET 性能优异，与 PBT 接近，可进行热拉伸以提高力学强度，同时耐热优异。

PET 主要加工纤维（涤纶），是合成纤维中的一个重要品种。PET 与棉、毛混纺织成的衣料，深受广大消费者的喜爱。PET 纤维也是制拉链的优良品种。PET 可双向拉伸加工成薄膜制绝缘带、录音带等，还能吹塑制饮料容器和注塑制工程制品。

Br001 聚酯碳酸酯

【英文名】PEC

【结构式】

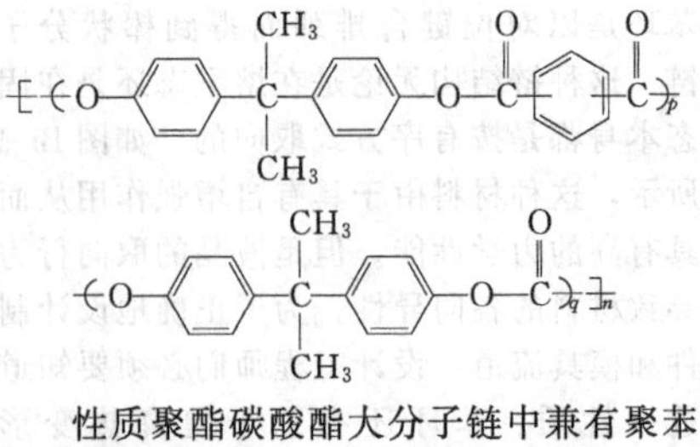

性质聚酯碳酸酯大分子链中兼有聚苯二甲酸双酚 A 酯嵌段和双酚 A 型聚碳酸酯嵌段，因此它兼具了聚芳酯的高耐热性

和聚碳酸酯突出的冲击强度，连续使用温度可达 160～170℃（双酚 A 型聚碳酸酯为 110～120℃），短时间处于 380℃下质量也不会有明显变化；其耐蠕变性和耐老化性、耐环境开裂性也很好，能经受 132℃高温蒸汽反复消毒处理而不泛黄。其他性能与普通聚碳酸酯相似。

【制法】 聚酯碳酸酯的合成可以采用一步法，也可采用两步法。

1. 一步法

将双酚 A 和苯二甲酸溶于吡啶中，再通入光气，直接制得高分子量的聚苯二甲酸双酚 A 酯-聚碳酸酯嵌段共聚物。控制双酚 A 和苯二甲酸用量比及加料顺序，便可调节产物的结构和组成。

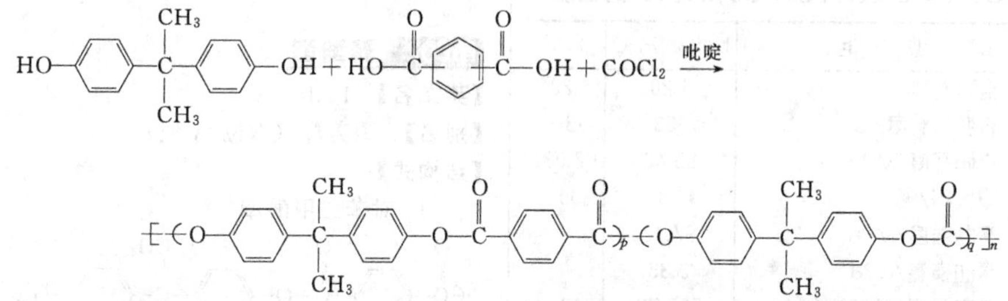

2. 两步法

先由过量的双酚 A 与对位或间位或对位和间位苯二甲酰氯反应生成两端带双酚 A 基团的聚芳酯低聚物，然后加入分子量调节剂叔丁基苯酚，通入光气使它进行缩聚反应，得到聚酯碳酸酯。

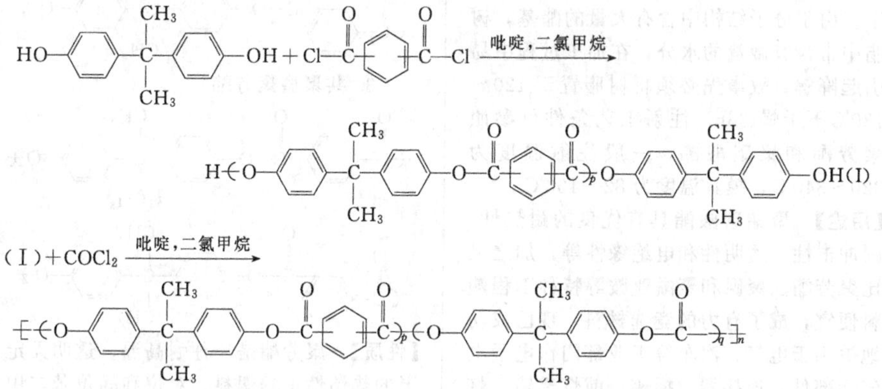

工艺流程如下。

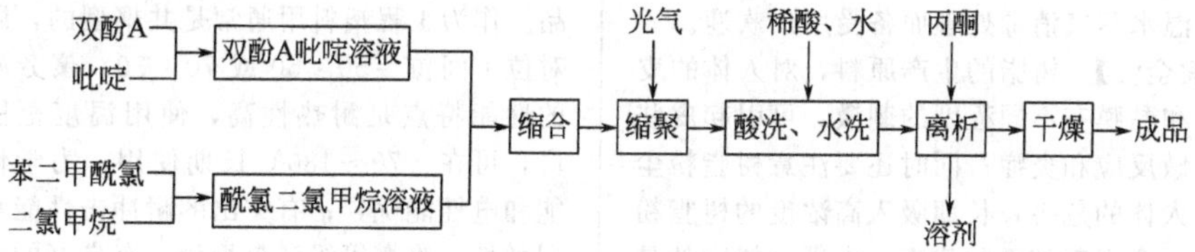

【质量标准】

联合化学公司聚酯碳酸酯性能指标

项目		指标
比浓黏度		0.78～1.83
玻璃化温度/℃		183～212
熔点/℃	≥	375
热分解温度/℃		400

GE 公司 Lexan PPC 和 DC 公司 XP 的性能

项目	Lexan PPC	XP
相对密度	1.20	1.20
热变形温度/℃	163	139
拉伸强度/MPa	65.46	62.03
伸长率/%	78	90
弯曲强度/MPa	97.12	
弯曲模量/GPa	2.33	
冲击强度(缺口)/(J/m)	533.79	747.3
透光率/%	85	86.9

【成型加工】 聚酯碳酸酯是一种热塑性树脂，可用注射、挤出等方法进行成型加工。由于分子结构中含有大量的酯基，树脂中常含有微量的水分，在加工过程中易引起降解，故事先必须将树脂置于 120～130℃下干燥 36h。注射工艺条件可参照聚芳酯和聚碳酸酯，一般注射温度为 320～340℃，模具温度为 82～100℃。

【用途】 聚酯碳酸酯具有优良的耐热性、耐冲击性、透明性和电绝缘性等，加之又比聚芳酯、聚砜和聚酰亚胺等特种工程塑料便宜，成了有力的竞选材料，现已成功地被用于电气、汽车等工业部门作电子电气元部件、连接器、插座、前灯透镜、灯罩等。特别是在医疗器械方面，因耐反复高温水蒸气消毒处理而备受用户欢迎。

【安全性】 树脂的生产原料，对人体的皮肤和黏膜有不同程度的刺激，可引起皮肤过敏反应和炎症；同时还要注意树脂粉尘对人体的危害，长期吸入高浓度的树脂粉尘，会引起肺部的病变。大部分树脂都具有共同的危险特性：遇明火、高温易燃，与氧化剂接触有引起燃烧危险，因此，操作人员要改善操作环境，将操作区域与非操作区域有意识地划开，尽可能自动化、密闭化，安装通风设施等。

【生产单位】 国内：未见有关报道。国外：美国通用电气公司，美国陶氏化学公司，德国拜耳公司，日本三菱化成，美国联合化学等。

Br002 聚酚酯

【英文名】 PAR

【别名】 聚芳酯（双酚 A 型）

【结构式】

1. 对苯二甲酸型

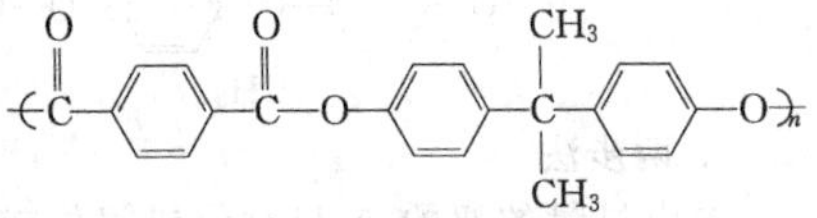

2. 间苯二甲酸型

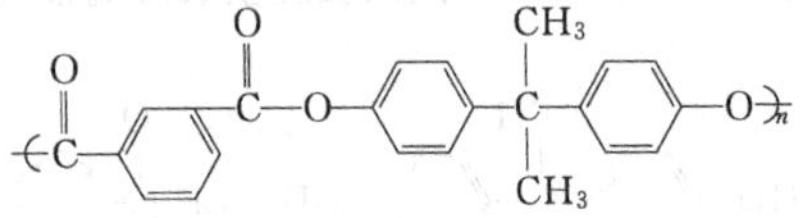

3. 共聚型聚芳酯

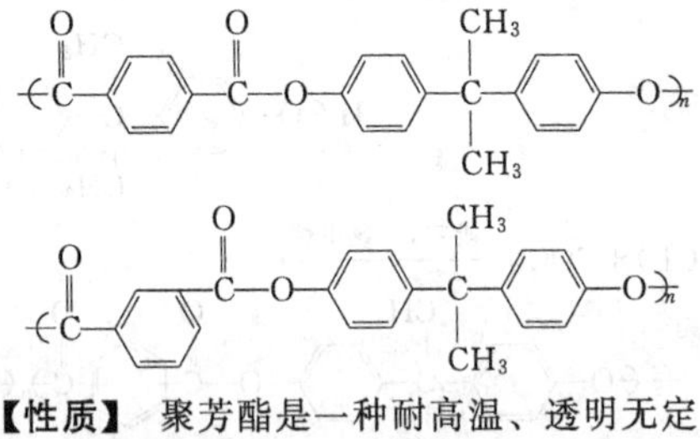

【性质】 聚芳酯是一种耐高温、透明无定形的热塑性工程塑料。对位和间位苯二甲酸配比不同可制得性能有一定差别的产品。作为工程塑料用通常是共聚型的，即对位：间位＝50：50 或 70：30。聚芳酯的性能特点是耐热性高，使用温度范围广，可在－70～180℃长期使用；力学性能和电性能优异；有突出的耐冲击性能和回弹性；难燃等级属自熄型；有良好的耐候性；对一般的有机药品如油类、酯类稳定，能耐一般的稀酸，但对浓硫酸、热水、碱水、氨水等易受侵蚀，易溶于氯代烃及酚类；线胀系数比一般塑料低，尺寸稳定性好。具体性能如下：相对密度1.20～1.25，吸水率0.2%，成型收缩率0.8%，拉伸强度70～74MPa，弯曲强度100～108MPa，缺口冲击强度24.5kJ/m²，玻璃化温度194℃，熔融温度240℃，热变形温度170～173℃(1.82MPa负荷下)，马丁耐热150～155℃，长期使用温度130℃以上，体积电阻率25×10¹⁶Ω·m，介电强度20MV/m。

【制法】 可采用界面缩聚、高温溶液缩聚、低温溶液缩聚和高温熔融缩聚等方法制得。以下介绍前两种方法。

1. 界面缩聚法

将双酚A制成钠盐水溶液，苯二甲酰氯溶于氯仿或二氯甲烷、二甲苯中，在催化剂及界面活性剂如三乙基苄基氯化铵等存在下，于20℃左右进行缩聚反应，然后用丙酮等沉淀剂析出，在经洗涤、干燥制得聚芳酯，其工艺路线如下。

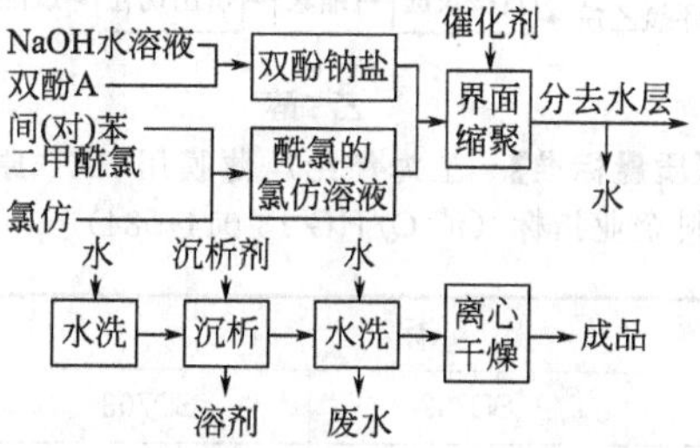

2. 高温溶液缩聚法

将双酚A与对位或间位苯二甲酰氯以等物质的量的比在二甲苯基甲烷或邻二氯苯、二氯乙苯、α-氯萘等溶剂中，以0.01%三丁氧基铝为催化剂，在180～220℃下进行410h缩聚反应，然后用石油醚或环己烷、十氢萘、甲醇、甲苯或二甲苯等沉淀剂使聚合物沉淀，再经洗涤、干燥即得聚芳酯。

玻纤增强聚芳酯的制造工艺与玻纤增强聚碳酸酯基本相同。

【质量标准】

中蓝晨光化工研究院暂行技术标准

外观	白色粉末或浅黄色粒料
相对密度	1.20
拉伸强度/MPa	>65
拉伸率/%	15～40
简支梁冲击强度/(kJ/m²)	
缺口	>20
无缺口	不断
弯曲强度/MPa	110
压缩强度/MPa	97
马丁耐热/℃	152～155
热变形温度(1.82MPa负荷下)/℃	170
线膨胀系数/($\times10^{-5}$/K)	6
体积电阻率/Ω·m	10^{14}
介电强度/(MV/m)	20
介电常数(50Hz)	3.4
介电损耗角正切(50Hz)	2.3×10^{-2}

【成型加工】 聚芳酯可用挤出、注塑等方法加工成管、棒、板、薄膜及各种制件。加工前必须在100～120℃鼓风烘箱中干燥10～20h，否则，微量水分在超过300℃的热加工过程中，会导致其热降解。注塑工艺条件：料筒温度前段310～330℃，后段280～300℃，注射压力70～120MPa，模温120～140℃。此外，聚芳酯还可用流延和抽丝等方法加工成薄膜或纤维。

【用途】 注塑制品常用作结构件，如汽车、电气和机械零部件以及无线电、医疗器材等。挤出型材如棒、板、管和薄膜等由于其耐热等级高，可用作耐高温绝缘材料。薄膜用于B级（130℃）以上的电机、电气绝缘材料如电容器等取得良好效果。

聚芳酯还可熔融或溶液纺丝用作耐高温纤维，也可制成耐高温涂料和胶黏剂用作塑料、金属、木材等的防护涂层。

【安全性】 树脂的生产原料，对人体的皮肤和黏膜有不同程度的刺激，可引起皮肤过敏反应和炎症；同时还要注意树脂粉尘对人体的危害，长期吸入高浓度的树脂粉尘，会引起肺部的病变。大部分树脂都具有共同的危险特性：遇明火、高温易燃，与氧化剂接触有引起燃烧危险，因此，操作人员要改善操作环境，将操作区域与非操作区域有意识地划开，尽可能自动化、密闭化，安装通风设施等。

【生产单位】 晨光化工研究院。

Br003 聚酯

【英文名】 polyester

【别名】 涤纶；聚对苯二甲酸乙二醇酯

【结构式】

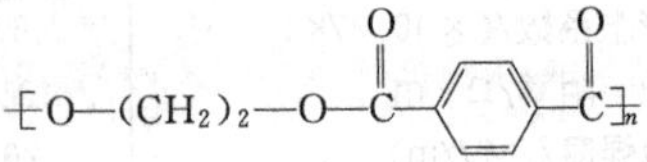

【性质】 为结晶型聚合物，相对密度1.30～1.38，无定形态，玻璃化温度为69℃，熔点250～265℃，熔融黏度250～400Pa・s，长期使用温度120℃，能在150℃短期使用。其薄膜的拉伸强度与铝膜相当，是PE薄膜的9倍，撕裂强度虽不如PE膜，但是比玻璃纸和醋酸纤维高。透光率90%。电绝缘性优良，在高温高频下，其电性能仍然较好。耐化学性良好，在较高温度也能耐高浓度的氢氟酸、磷酸和醋酸等，不耐碱，在热水中煮沸易水解。

【制法】 有三种方法，酯交换法、直接酯化法和环氧乙烷法。其中以酯交换法应用最广，其原料对苯二甲酸二甲酯(DMT)可用较容易的蒸馏和重结晶方法精制，连续生产较易。目前，世界上多数工厂仍以此法为主，后两种制法是近年来发展起来的新合成方法。工艺流程如下。

1. 酯交换法

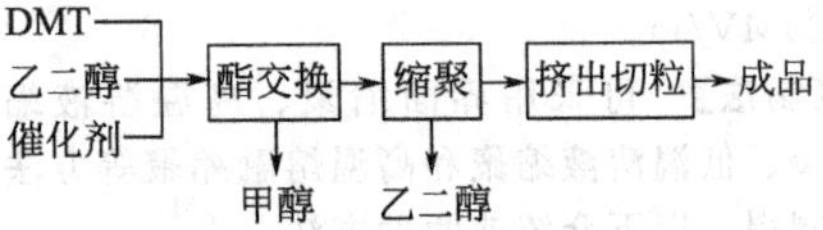

2. 直接酯化法

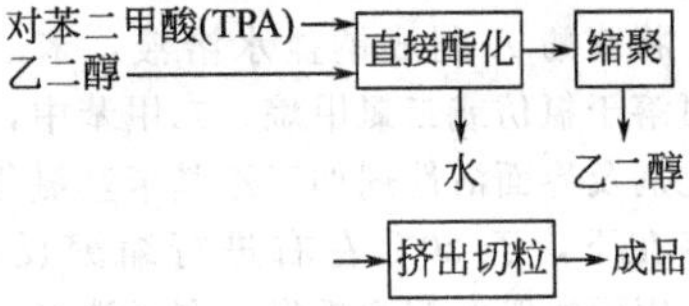

3. 环氧乙烷法

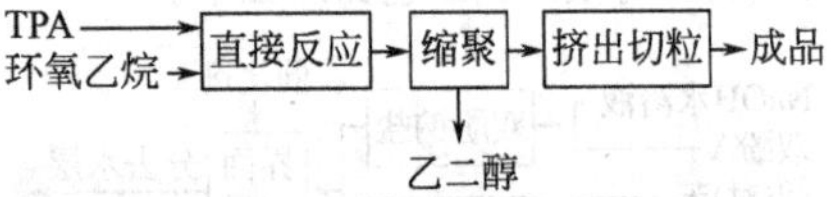

【质量标准】 上海涤纶厂薄膜用PET原料企业指标（沪Q/HG 13-014—84）

指标名称		指标		
		SD701	SD702	SD703
特性黏度		0.650±0.030	0.650±0.030	0.550±0.030
色泽		一级品标准	一级品标准	一级品标准
熔点/℃	≥	258	258	260
水分/%	≤	0.5	0.5	0.5
外形		本圆柱体	本圆柱体	本圆柱体
羟基含量/(mmol/kg)	≤	40	40	

塑料用 PET 树脂指标

指标名称	指　　标
特性黏度	0.8871
玻璃化温度/℃	113
结晶温度/℃	216
树脂熔点/℃	255

【成型加工】 PET 树脂由于结晶化温度高，成型加工困难，其制品冲击韧性差，收缩率大，一般很少用纯树脂作塑料制品，主要用来制造纤维和薄膜。生产 PET 薄膜主要用于平面双向拉伸法。即先将 PET 树脂切片预干燥，以防水解，然后在挤出机中于 280℃经 T 形模挤出无定形厚片，通过冷却转鼓或冷却液进行骤冷，使其保持无定形态，以便拉伸定向。厚片在经拉幅机双向拉伸，就成 PET 薄膜。纵向拉伸就是将厚片预热至 86～87℃，并在此温度下沿厚片平面延伸方向拉伸 3 倍左右，使其取向以提高结晶达到较高强度，横向拉伸预热温度 98～100℃，拉伸温度 100～120℃，拉伸比 25～40，热定型温度 230～240℃。纵向拉伸后的薄膜还需经过热定型，以消除由拉伸产生的薄膜变形，支撑热稳定性较好的薄膜。

【用途】 主要用作纤维，少量用于薄膜和工程塑料。纤维主要用于纺织工业；薄膜用作电气绝缘材料，如电容器、电缆间绝缘、印刷电路布线基材、电机槽绝缘等。PET 薄膜另一个大量应用领域是片基和基带，如电影片基、X 射线片基、录音录像带基。此外，涤纶树脂还用来吹塑瓶子、用来盛装调味品、食用油、饮料、化妆品等。PET 薄膜也应用于真空镀铝（也可镀锌、铜、银等），制成金属化薄膜，用作金银线、微型电容器薄膜及各种装饰品。

【安全性】 树脂的生产原料，对人体的皮肤和黏膜有不同程度的刺激，可引起皮肤过敏反应和炎症；同时还要注意树脂粉尘对人体的危害，长期吸入高浓度的树脂粉尘，会引起肺部的病变。大部分树脂都具有共同的危险特性：遇明火、高温易燃，与氧化剂接触有引起燃烧危险，因此，操作人员要改善操作环境，将操作区域与非操作区域有意识地划开，尽可能自动化、密闭化，安装通风设施等。

产品包装于内衬塑料袋的聚丙烯编织袋内，净重 25kg/袋。产品应置于清洁干燥的仓库中。运输中应避免雨淋和机械损伤包装等现象。本产品不属危险品，无毒、无味、不易燃烧。

【生产单位】 中国石化仪征化纤股份有限公司，上海涤纶厂，汕头海洋（集团）公司聚酯切片厂。

Br004 PC/PE 合金

【英文名】 PC/PE blend

【组成】 PC＋相容剂＋PE

【性质】 ① 在广泛的使用条件下只会呈塑性破坏，残余应力减少，耐应力开裂性提高，在常温下，其冲击强度为 PC 的 34 倍。

② 耐沸水性优良，经 100℃、240h 处理后，拉伸强度和弯曲强度几乎不变，拉伸强度为经同一条件处理的 PC 的 3 倍以上。

③ 耐热老化性能好，经 120℃、140h 处理后，其冲击强度仍为 PC 的 2 倍以上。

④ 耐候性优良，室外暴露两年，拉伸强度和弯曲强度几乎不变，冲击强度为 PC 的 4 倍以上。

⑤ 熔融黏度降低 1/3，所以成型温度可以较低，成型容易，残余应力减少，制品颜色也较好。另外，共混物的熔融黏度随成型压力升高下降较明显，也使成型性改善。

聚碳酸酯与聚乙烯共混也使某些性能

（如拉伸强度、伸长率和热变形温度）有所下降。

【质量标准】 聚碳酸酯/聚乙烯共混合金的性能

PC/PE 共混比例	100/0	97/3	95/5	90/10	70/30	0/100
拉伸强度/MPa	67.4	77.6	72.0	59.8	41.9	23.5
伸长率/%	92	88	120	72	70	150
热变形温度(1.82MPa下)/℃	128	127.5	127	120	94	43
冲击强度/(kJ/m^2)	11.5	46.3	44.4	36.6	28.4	2.6
沸水处理 200h 后的冲击强度/(kJ/m^2)	5.1	11.1	37.7	25	9.8	—
CCl_4 中弯曲强度/MPa	13.2	17.3	20.1	22.5	28.2	21.6

【用途】 可制作机械零件、电工零件、板、管及安全防护用品。

【安全性】 树脂的生产原料，对人体的皮肤和黏膜有不同程度的刺激，可引起皮肤过敏反应和炎症；同时还要注意树脂粉尘对人体的危害，长期吸入高浓度的树脂粉尘，会引起肺部的病变。大部分树脂都具有共同的危险特性：遇明火、高温易燃，与氧化剂接触有引起燃烧危险，因此，操作人员要改善操作环境，将操作区域与非操作区域有意识地划开，尽可能自动化、密闭化，安装通风设施等。

【生产单位】 杰讯塑料加工厂，广州市联智塑化有限公司，宁波能之光新材料科技有限公司。

Br005 PC/PA 合金

【英文名】 PC/PA blend

【组成】 PC＋相容剂＋PA E038

【性质】 聚碳酸酯与尼龙（PA）共混物具有极高的耐化学药品性，优良的耐冲击性和加工流动性。在 PC/PA（60/40）共混物中，PA 为连续相（基体），PC 为分散相，当采用了添加相容剂的增容措施后，可使 PC 分散相微细化并使性能更加提高，PC 质量比例处于 55%～80%范围，PC/PA 共混物的性能最佳。PC 与 PA 共混时，易发生氨基交换反应，导致分子量降低，此困难通过加入马来酸酐-丙烯酸酯共聚合可以克服。

用无定形尼龙作为 PC 的共混改性剂在 1980 年以后获得发展，美国 GE 公司将 PC 与无定形尼龙混炼，制得了耐冲、耐热、耐溶剂、熔体黏度、稳定性均优良的 PC/PA 制品，其高的透光性更为其独特优点。典型的无定形尼龙是由己二胺和间苯二酸（或其酯）缩聚的产物，称为尼龙 6I，数均分子量＝13000，重均分子量＝30000～35000。密度 1.185g/cm^3，玻璃化温度 T_g120～130℃，熔点 180～210℃，折射率 1.59。

【质量标准】 PC/尼龙 6I 共混物的性能指标

性　能	PC/PA6(3)T (75/25)	PC/PA6I.T (75/25)	PC/PA6I (80/20)	PC/PA6I (75/25)
拉伸强度/MPa	58.6	53.1	54.5	55.2
屈服伸长率/%	6.0	6.4	5.7	5.8
断裂伸长率/%	43.2	46.8	30.6	49.5
冲击强度/(J/m)	42.7	83.8	52.8	54.4
热变形温度(0.46MPa)/℃	131.4	136.2	255.2	255.5

【用途】 PC/PA 共混物凭借各项优良性能已在汽车配件（轮罩、门拉手）以及电器外罩等的制造上广泛应用。

【安全性】 树脂的生产原料，对人体的皮肤和黏膜有不同程度的刺激，可引起皮肤过敏反应和炎症；同时还要注意树脂粉尘对人体的危害，长期吸入高浓度的树脂粉尘，会引起肺部的病变。大部分树脂都具有共同的危险特性：遇明火、高温易燃，与氧化剂接触有引起燃烧危险，因此，操作人员要改善操作环境，将操作区域与非操作区域有意识地划开，尽可能自动化、密闭化，安装通风设施等。

【生产单位】 广州市联智塑化有限公司，上海同发塑料有限公司，上海奔流化工技术有限公司。

Br006 PC/PBT 合金

【英文名】 PC/PBT blend

【组成】 PC＋相容剂＋PBT

【性质】 在 PBT 中仅掺入 PC，对冲击强度的提高尚不很突出，若同时加入橡胶类物质，则增韧效果更好。PC 的加入，使 PBT 结晶度下降，对 PBT 因结晶引起制品易翘曲变形的缺点得以改善，这种改性效果对于玻璃纤维增强 PBT 尤为重要。

【质量标准】 PBT/PC 合金（XENOY）的性能指标

性　能	XENOY		PC	PBT
	1100	CX-3500		
相对密度	1.22	—	—	—
悬臂梁冲击强度(带缺口)/(J/m)				
23℃	784	1068	853	39
－40℃	157	—	—	—
拉伸强度/MPa	56	57	63	55
伸长率/%	145	125	110	80
热变形温度/℃				
1.86MPa	95	99	132	71
0.46MPa	115	107	138	163
透光率/%	—	87～88	87～88	—
浊度/%		4～5	1～2	—

【安全性】 树脂的生产原料，对人体的皮肤和黏膜有不同程度的刺激，可引起皮肤过敏反应和炎症；同时还要注意树脂粉尘对人体的危害，长期吸入高浓度的树脂粉尘，会引起肺部的病变。大部分树脂都具有共同的危险特性：遇明火、高温易燃，与氧化剂接触有引起燃烧危险，因此，操作人员要改善操作环境，将操作区域与非操作区域有意识地划开，尽可能自动化、密闭化，安装通风设施等。

【生产单位】 上海奔流化工技术有限公司，上海同发塑料有限公司，广州市联智塑化有限公司。

Br007 碳纤维增强聚碳酸酯和聚对苯二甲酸Ｔ二醇酯

【英文名】 carbon fiber reinforced PC and PBT

【物化性能】 碳纤维增强聚碳酸酯（CFRPC）和碳纤维增强 PBT（CFRPBT）纤维分散均匀，纤维长度分布窄，具有强度高、密度小、抗疲劳、耐蠕变、耐化学介质、润滑性好、抗静电、抗电磁波干扰、热膨胀系数小和尺寸稳定性好等特点。

【产品质量标准】

企业标准（北京化工研究院）

指标名称		CFRPC	CFRPBT
碳纤维含量/%		30±1.5	30±1.5
拉伸强度/MPa	≥	120	120
断裂伸长率/%	≥	3	3
弯曲强度/MPa	≥	145	150
弯曲弹性模量/GPa	≥	10	10
缺口冲击强度/(kJ/m^2)	≥	8	6
无缺口冲击强度/(kJ/m^2)	≥	25	25
表面电阻率/Ω		10^3	10^3
模塑收缩率/%		0.2	0.25
热变形温度(1.82MPa)/℃		140	200

【用途和用法】 可使用注射、挤出、压塑等方法加工成型，边角废料、料把、浇口均可重复加工使用。广泛用于航天器材、飞机部件、电子计算机、电子仪器仪表、通信器材等高、精、尖产品上；亦用于通用机械、纺织机械、化工设备、办公用具、家用电器及体育用品等方面。

【制法】 PC或PBT树脂和经过处理的一定量碳纤维在ZSK双螺杆挤出机内受热黏结，经机头和口模挤出，冷却定型，牵引切粒，包装贮运。

【安全性】 树脂的生产原料，对人体的皮肤和黏膜有不同程度的刺激，可引起皮肤过敏反应和炎症；同时还要注意树脂粉尘对人体的危害，长期吸入高浓度的树脂粉尘，会引起肺部的病变。大部分树脂都具有共同的危险特性：遇明火、高温易燃，与氧化剂接触有引起燃烧危险，因此，操作人员要改善操作环境，将操作区域与非操作区域有意识地划开，尽可能自动化、密闭化，安装通风设施等。

本产品属非危险品，用内衬聚乙烯薄膜的聚丙烯编织袋包装，能防尘、防潮。每袋净重25kg。产品在仓库内室温下贮存，不要在露天堆放。产品运输时不得在阳光下曝晒或雨淋。

【生产单位】 中国石化集团公司北京化工研究院，北京市北京化工研究院化工新技术公司，中国石化集团公司成都有机硅研究中心等。

Br008 聚羟基醚

【英文名】 poly (hydroxy ether of bisphenol A)

【别名】 苯氧树脂，聚酚氧树脂

【结构式】

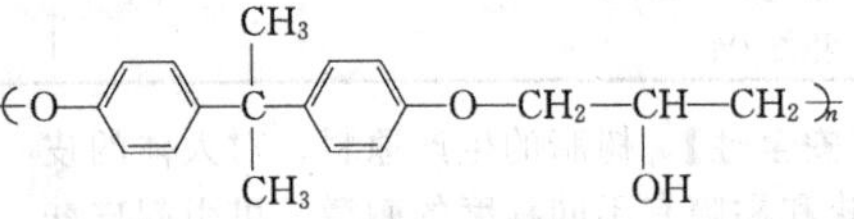

【性质】 聚酚氧是一种在化学结构上相似于环氧树脂但又不含环氧基的无色透明热塑性聚醚。无臭、无味、无毒、气密性好。相对密度1.18，熔点200℃，玻璃化温度100℃，热分解温度300℃，马丁耐热70℃，热变形温度（1.82MPa负荷）86℃，脆化温度－60℃，连续使用温度77℃，吸水率0.13%，成型收缩率0.3%～0.4%。力学性能在工程塑料中属中等，刚性和冲击韧性好，尺寸稳定，耐蠕变性能比聚乙烯醇缩乙醛、ABS还好。在有油润滑条件下比聚甲醛、聚碳酸酯耐磨。电性能优异。对酸、碱、脂肪烃、油类稳定。但因它极性强，易受极性溶剂如酮类的侵蚀，耐溶剂性较差，甲乙酮是其良好的溶剂。耐候性差，可通过加入颜料或使其交联而改善。自熄性好。

【制法】 聚酚氧的制备方法主要有两种。

1. 溶液缩聚法

以乙醇作介质，将等物质的量的比的双酚A和环氧氯丙烷加入反应釜，滴加氢氧化钠以控制反应速度和分子量分布，进行溶液聚合，待物料呈结团物时再加入丙酮、氯苯或甲苯-丁醇溶剂，在其溶剂回流温度下进行高温反应，待物料再结团物即达终点，然后加入盐酸中和，回收溶剂，酚氧树脂经水洗除盐，干燥即得产品。

2. 熔融缩聚法

先由双酚A和环氧氯丙烷合成二缩水甘油醚，然后再与等物质的量的双酚A在催化剂（常用季磷酸盐类）存在下熔融缩聚制得聚酚氧。此法反应温度不高(80℃)，反应时间较短，工艺较成熟。溶液缩聚法工艺路线如下。

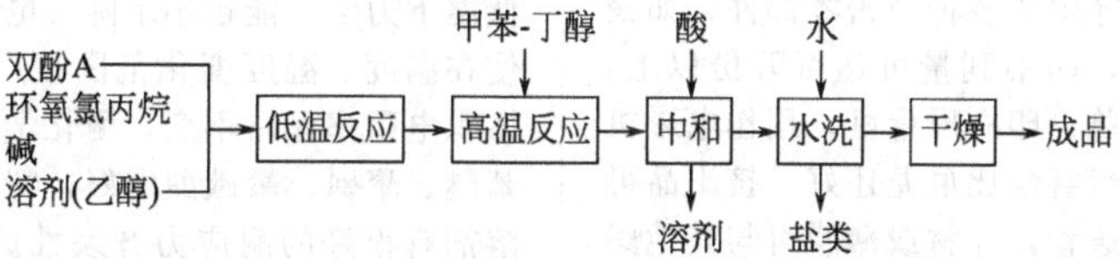

【消耗定额】

广州东风化工厂消耗定额

名　称	数值/(kg/t)
双酚A	760
环氧氯丙烷	320
氢氧化钠	180
溶剂	430

济南塑料一厂消耗定额

名　称	数值/(kg/t)
双酚A	878
环氧氯丙烷	360
氢氧化钠	173
乙醇	616
甲苯	375
丁醇	145
苯酚	36
磷酸	42

【质量标准】

广州东风化工厂固体聚酚氧树脂质量指标

项　目	指　标
黏度	40～60
数均分子量(M_n)　≥	1.6×10^4
羟基含量/%	6.00±0.50

聚酚氧树脂溶液指标

项　目	指　标
外观	淡黄色半透明液体，无沉淀及机械杂质
比浓黏度	0.3～0.4(0.2%四氢呋喃，25℃)
固体含量/%	25±1
黏度/s	45～90(涂-4杯，25℃)

【成型加工】 聚酚氧热稳定性较高，易于成型加工。可用注塑、挤出和吹塑方法成型制品，较多用的是注塑成型。成型前应在80～90℃温度下干燥24h，以除去水分及微量溶剂，保证制品质量，且成型加工

时最好使用热料。注塑工艺条件如下。

注塑温度：后段 130～150℃，中段 210℃，前段 220℃。注射压力：100MPa 以上。模温：50～60℃；聚酚氧凝固速度慢，对于厚壁制品，模具应有冷却装置。吹塑成型：挤出机螺杆 L/D 为（15～20）：1，压缩比（2.5～4）：1。料筒温度：后段 178～220℃，前段 182～232℃，口模：182～254℃。吹塑压力 0.274～0.617MPa，吹胀比（5～6）：1。聚酚氧二次加工常用热封法连接或将黏合型聚酚氧溶于甲乙酮中作胶黏剂来黏合。

【用途】 可注塑成型汽车、计算机、仪表、印刷机等用的各种精密零部件，如聚酚氧印刷版，印书刊量可达百万份以上，制版工艺简单，印刷质量好；用作电影机上的齿轮，耐磨性比尼龙还好。挤出品可用作气体输送管，片材或薄膜可与其他塑料层压成复合制品。吹塑成的各种容器、包装材料具有洁净、阻氧和强度高的特点。聚酚氧还可作为结构胶黏剂和涂料使用，用于金属、木材、玻璃、陶瓷等的黏合。还可作酚醛环氧树脂的韧性改良剂及对聚异氰酸酯、三聚氰胺、脲醛等树脂进行交联改性。

【安全性】 树脂的生产原料，对人体的皮肤和黏膜有不同程度的刺激，可引起皮肤过敏反应和炎症；同时还要注意树脂粉尘对人体的危害，长期吸入高浓度的树脂粉尘，会引起肺部的病变。大部分树脂都具有共同的危险特性：遇明火、高温易燃，与氧化剂接触有引起燃烧危险，因此，操作人员要改善操作环境，将操作区域与非操作区域有意识地划开，尽可能自动化、密闭化，安装通风设施等。

粒料用内衬塑料薄膜袋的牛皮纸袋包装，注意防潮、防火。树脂溶液用铁桶包装，属易燃易爆物品，勿进火源。

【生产单位】 广州东风化工厂（020-82212798，www.gzdfhg.com）。

Br009 玻璃纤维增强聚对苯二甲酸丁二醇酯

【英文名】 glass fiber reinforced polybuthylene terephthalate，FRPBT

【别名】 玻璃纤维增强聚对苯二甲酸丁二酯

【性质】 灰白色粒料，相对密度 1.50～1.60。吸水率很低，为 0.03%～0.09%。耐热性高，热变形温度 210～220℃，比其他无定形增强工程塑料如聚碳酸酯、改性聚苯醚等都高，可在 140℃长期使用。力学性能优异，具有很高的刚性和强度，低温下力学性能也不下降。电性能好，即使在温度、湿度变化范围很广的情况下，体积电阻率保持不变。耐化学性比改性聚苯醚、聚砜、聚碳酸酯好，特别是对有机溶剂有很好的耐应力开裂性。表面光洁，摩擦系数小。成型收缩率低，为 0.3%～1.0%。加有阻燃剂的增强 PBT，其耐热等级可达到 UL-94、HB、UL-94V-0 级。

【制法】 基本同玻璃纤维增强 PET。其工艺路线如下。

1. 长纤维法

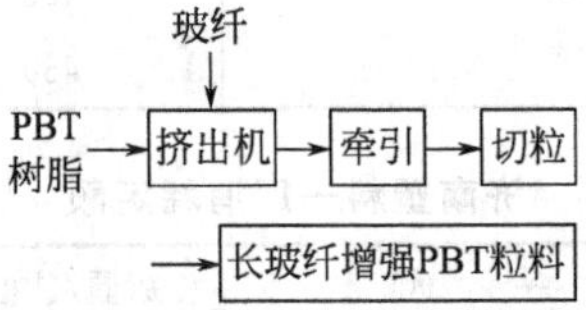

2. 短玻纤法

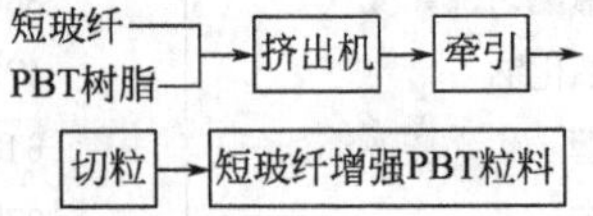

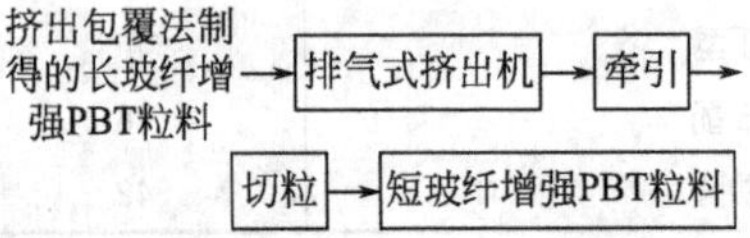

【质量标准】

北京市化工研究院

性能指标	阻燃增强级			增强级
	301-G10	301-G20	301-G30	201-G30
外观	乳白色粒状	乳白色粒状	乳白色粒状	乳白色粒状
玻纤含量/%	10±2	20±3	30±3	30±3
相对密度	1.35～1.50	1.50～1.65	1.58～1.69	1.50～1.60
吸水率/%	0.05～0.16	0.04～0.09	0.03～0.09	0.03～0.09
成型收缩率/%	0.7～1.5	0.3～1.0	0.2～1.0	0.2～1.0
拉伸强度/MPa	78.7～90.0	97.3～113.7	110.0～132.8	110～132.8
弯曲强度/MPa	142.0～160.3	159.1～195.5	170.0～232.4	178.2～201.4
简支梁冲击强度/(kJ/m^2)				
无缺口	24～39	29～41	33～46	35.5～45.8
缺口	8～14	11～19	12～24	14.8～17
热变形温度(1.82MPa负荷)/℃	188～203	204.5～208	200～214	205～210
体积电阻率/Ω·m	(5×10^{13})～(5×10^{14})	(5×10^{13})～(5×10^{14})	(5×10^{13})～(5×10^{14})	(5×10^{13})～(5×10^{14})
介电损耗角正切(1MHz) ≤	2×10^{-2}	2×10^{-2}	2×10^{-2}	2×10^{-2}
介电强度/(MV/m)	19～25	19～27	20～30	20～30
介电常数(1MHz)	3.2～4	3.4～4	≤4.2	≤4.2
阻燃性(UL-94)/级	V-0	V-0	V-0	—
湿含量/% ≤	0.3	0.3	0.3	0.3

上海涤纶厂产品指标

性能指标	阻燃增强级				增强级
	SD212	SD212L	SD213	$SD213W_1$	SD202～SD203
外观					
玻纤含量/%	20±3	20±3	30±3	30±3	(20～30)±3
弯曲强度/MPa	160～200	160～200	180～220	≥140	150～200
简支梁冲击强度/(kJ/m^2)					
无缺口	7～12	7～12	35～45	≥30	6～15
缺口	35～45		35～45	≥30	35～60
热变形温度(1.82MPa)/℃	200	200	200	200	200
体积电阻率/Ω·m	10^{14}	10^{14}	10^{14}	2×10^{14}	10^{13}
介电强度/(MV/m) ≥	20	20	20	—	20
介电常数(1MHz)	2.8～3.8	2.8～3.8	2.8～3.8	≤3.7	3.2
阻燃性(UL-94)/级	V-0	V-0	V-0	V-0	—
湿含量/%	0.5	0.5			0.5

北京北化高科新技术有限公司产品指标

项目	典型值		测试方法
	PBT-GF30	PET-GF30	
拉伸强度/MPa	115	125	GB 1040—92
弯曲强度/MPa	180	190	GB 9341—88
弯曲模量/MPa	6000	7000	GB 9341—88
简支梁缺口冲击强度/(kJ/m^2)	12	8	GB 1043—93
热变形温度/℃	205	220	GB 1643—78
玻纤含量/%	30	30	

珠海博士利技术开发有限公司产品指标

项目	测试方法	PBT 120	PBT 130	PBT 320	PBT 330
玻纤含量/%	GB 9343—88	20	30	20	30
拉伸强度/MPa	GB/T 1040	110	135	115	135
弯曲强度/MPa	GB/T 1042	158	185	165	185
弯曲模量/MPa	GB/T 1042	5000	8000	7000	8500
Izod 冲击强度/(kJ/m^2)	GB 1843	8.5	8.5	7.0	7.5
断裂伸长度/%	GB/T 1040	10	5	7	5
介电强度/(kV/mm)	ASTM D149	19～21	20～24	20～24	20～24
体积电阻率/Ω·cm	ASTM D257	5×10^{15}	5×10^{15}	5×10^{15}	5×10^{15}
热变形温度/℃	GB 1634—79	200	215	200	215

【成型加工】 可用注塑和挤出法成型加工，以注塑制品为主。它熔体流动性好，仅次于尼龙，比聚碳酸酯、聚砜要高 2 倍，且结晶速度快，模具基本上可以不加热。适于快速注塑成型，易制造形状复杂的制品。物料预先在 120℃鼓风烘箱中干燥 7～8h，要求树脂含水率在 0.03%以下。注塑工艺条件：料筒温度 230～250℃，不宜超过 260℃，注射压力 60～80MPa，模温 30℃，若将模温提高到60～80℃，可以增加流动性，提高接缝强度，降低表面粗糙度。周期一般 10～50s 即可。PBT 制品一般不需要后处理。若要消除部分由于结晶不完全而引起的内应力，也可在 120℃下进行热处理，处理时间由制品的几何形状、大小而定。

玻璃纤维增强 PBT 的注射条件：干燥温度 120℃，干燥时间 4h，注射温度 230～260℃，模具温度 50～80℃，注射压力 60～120MPa，成型周期 60～90s。

【用途】 主要用于电子、电气、汽车、机械等领域。尤其是阻燃增强品级，在电子电气方面适于制造要求阻燃、耐热、电绝缘、耐电弧、尺寸稳定、耐化学药品的零部件，如线圈骨架、各类接插件、熔断器盒、开关插座、显像管插座、高电压部位的行输出变压器阻燃结构件、继电器和电容器外壳等。由于它耐焊锡性好，不会因焊剂、清洗剂等处理而产生应力开裂，因此多用于插头、插座、插播器等电气、电子元件。在汽车工业方面，可制汽车排气阀、齿轮、凸轮、挡板、电刷杆、各种配电器罩壳、发动机外壳等。在其他工业方面，可制作照相机外壳、仪器外壳、电动工具外壳、缝纫机部件、农业机械和纺织机械零部件等。

【安全性】 树脂的生产原料，对人体的皮肤和黏膜有不同程度的刺激，可引起皮肤过敏反应和炎症；同时还要注意树脂粉尘对人体的危害，长期吸入高浓度的树脂粉尘，会引起肺部的病变。大部分树脂都具有共同的危险特性：遇明火、高温易燃，与氧化剂接触有引起燃烧危险，因此，操作人员要改善操作环境，将操作区域与非操作区域有意识地划开，尽可能自动化、密闭化，安装通风设施等。

产品包装于内衬塑料袋的聚丙烯编织袋中，净重 25kg/袋。产品应置于清洁干燥的仓库中。运输中应避免日晒、雨淋和机械损伤包装等现象。本产品不属于危险品，无毒、无味、不易燃烧。

【生产单位】 北京北化高科新技术有限公司，珠海博士利技术开发有限公司，上海涤纶厂，晨光化工研究院，广东金发工程塑料公司，南京聚隆化学有限公司，上海杰事杰材料公司。

Br010 PET 增强塑料

【别名】 增强涤纶；玻璃纤维增强聚对苯二甲酸乙二醇酯

【英文名】 PET reinforced plastics

【性质】 PET 由于它结晶速度慢，成型制品收缩率大，尺寸稳定性差且发脆等缺点，限制了它作为工程塑料使用。用玻纤增强后能改进树脂的脆性、收缩率及尺寸稳定性，并大大提高了耐热性和力学强度，使之成为一种性能优良的热塑性工程塑料。其主要性质如下：①力学性能好，相似于 PC、PBT、尼龙等工程塑料；②耐热性高，热变形温度为 225℃（1.82MPa 负荷下），能在 140℃的环境下连续使用，尤其突出的是能耐 250℃下焊锡温度数秒钟；③电气性能好，如电气强度≥20MV/m，介电常数（10.6Hz）为 3.2，体积电阻率≥$10^{16}\Omega\cdot cm$。可在各种恶劣环境下使用，而对其电性能无影响；④耐化学性比聚砜、聚苯醚及聚碳酸酯好，不会因接触化学品而发生开裂现象；⑤尺寸稳定性好，线胀系数和聚碳酸酯、聚砜相似，成型收缩率略高于聚碳酸酯和聚砜，一般在 0.2%～1%；⑥具有较好的外观特性，高模温产品表面光洁，能随意着色；⑦不耐强酸、碱和热水。

【制法】 分长纤维法和短纤维法两种。长纤维法又分挤出包覆法和直接引入法两种。前者是在一本单螺杆挤出机头上装上制电缆式的包覆机头，纤维分单股或多股从中引入，同时，经干燥后的聚碳酸酯通过挤出机熔融挤出后，在包覆机头处引入的玻纤股相接触，树脂将纤维包覆其中，形成了树脂为皮层，以玻纤为芯层的条料，经包覆机头挤出、牵引、切粒后即成一定长度规格的长纤维增强聚碳酸酯。后者是在混炼式双螺杆挤出机中，将长玻纤在专门的纤维加料口直接引入，长玻纤经螺杆及螺杆上的剪切、混合元件的剪切、摩擦作用而被切断，在挤出机中熔融树脂和玻纤经各种剪切和混炼元件的混合和分散，形成树脂和玻纤均匀的混合物，经挤出机挤出、牵引、切粒后即成一定长度规格的长纤维增强聚碳酸酯。短纤维法是将事先切成一定长度的短纤维通过专门设计的加料装置加入挤出机中，同时树脂也按一定比例加入，玻纤和树脂在挤出机中经过混合和塑化后经机头挤出、牵引、切粒后制得一定规格的短纤维增强粒料。此外，将上述用包覆法制得的长纤维粒料再经过排气式挤出机回挤，也可制得短纤维增强 PC 粒料，但是此法生产效率低，产品质量较差，大规模工业生产不宜采用。

【质量标准】

上海涤纶厂增强 PET 性能指标

指标名称	测试方法	产品牌号	
		SD-303	SD-313
玻纤含量/%		30±3	30±3
相对密度		1.630	1.63
拉伸断裂强度/MPa	GB 1040—79	≥130	≥120
弯曲强度/MPa	GB 1042—79	≥180	≥160
压缩强度/MPa	GB 1041—79	≥140	
冲击强度(无缺口)/(kJ/m²)	GB 1043—79	≥30	≥25
冲击强度(缺口)/(kJ/m²)	GB 1043—79	≥7	≥6
布氏硬度/MPa	DIN 534—79	≥180	
热变形温度/℃	GB 1634—79	≥220	≥220
介电强度/(MV/m)		≥20	≥20
体积电阻率/Ω·m	GB 1044—70	10^{13}	10^{11}
介电常数(1MHz)		3.8	3.9
介电损耗角正切(1MHz)		≤2.5×10^{-2}	≤2.5×10^{-2}

广东金发工程塑料公司增强 PET 性能指标

指标名称	FRPET-1	FRPET-2	指标名称	FRPET-1	FRPET-2
外观	无机械杂质颗粒料	无机械杂质颗粒料	冲击强度(无缺口)/(kJ/m²)	35～60	25～40
玻纤含量/%	20±2	20±2	布氏硬度/MPa	180	150
	30±3	30±3	马丁耐热/℃	160～190	140～160
拉伸断裂强度/MPa	80～120	60～80	热变形温度/℃	220	200
相对伸长率/%	5	4	介电强度/(MV/m) ≥	20	20
弯曲强度/MPa	150～200	100～150	体积电阻率/Ω·m ≥	10^{14}	10^{14}
冲击强度(缺口)/(kJ/m²)	4～10	4～8	介电常数(1MHz)	3.2	3.2
			压缩强度/MPa	110～140	90～130

北京北化高科新技术有限公司 PET-GF30

项目	数值	测试方法
拉伸强度/MPa	125	GB 1040—92
弯曲强度/MPa	190	GB 9341—88
弯曲模量/MPa	7000	GB 9341—88
简支梁缺口冲击强度/(kJ/m²)	8	GB 1043—93
热变形温度/℃	220	GB 1634—79
玻纤含量/%	30	—

【成型加工】 通常用注塑成型方法加工。柱塞式或螺杆式注塑机都可以使用，但以后者为佳。成型前物料应在 120～130℃ 烘箱中干燥 5～8h，料层厚度在 3cm 以

下，干燥后的树脂含水量应在 0.03%以下。注塑时，料斗应用红外灯照射，以防吸水。注塑温度控制在 250～270℃，注塑压力为 6.0～10MPa 在（表压）。模温分低模温（50～70℃）和高模温（130～140℃）两种。模温应避免 70～130℃，否则脱模不易成型件表面粗糙，有麻点。在低模温下成型时，制品为无定形透明状，高模温下成型的制品虽结晶型乳白色不透明状，模温成型的制品经 130℃，30min 或 140℃，15～20min 热处理，也可以达到高模温制品的性能。

【用途】 可广泛用于电子电气、仪表、汽车、机械、化工等工业部门制作各种零部件，如接插件、连接器、线圈骨架、电池箱、电解槽、开关、齿轮、配电盘、开关盒、灯座、仪表零件等。特别用作电子仪器的耐焊部件，这是其他工程塑料无可比拟的。

【安全性】 树脂的生产原料，对人体的皮肤和黏膜有不同程度的刺激，可引起皮肤过敏反应和炎症；同时还要注意树脂粉尘对人体的危害，长期吸入高浓度的树脂粉尘，会引起肺部的病变。大部分树脂都具有共同的危险特性：遇明火、高温易燃，与氧化剂接触有引起燃烧危险，因此，操作人员要改善操作环境，将操作区域与非操作区域有意识地划开，尽可能自动化、密闭化，安装通风设施等。

产品包装于内衬塑料袋的聚丙烯编织袋中，净重 25kg/袋。产品应置于清洁干燥的仓库中。运输中应避免日晒、雨淋和机械损伤包装等现象。本产品不属危险品，无毒、无味、不易燃烧。

【生产单位】 上海涤纶厂，北京北化高科新技术有限公司，晨光化工研究院，广东金发工程塑料公司，南京聚隆化学有限公司。

Br011 聚酯基双面硅砂带

【英文名】 double side siliceous sand band based on polyester film

【产品结构】 以聚酯薄膜为基材，两面涂覆不同性能的含硅砂的黏合剂。

【性质】 聚酯基双面硅砂带具有很高的强度和极小的延伸率，特别适合做成高速、重负荷、宽幅大砂带，用于加工成各种板材，如高密度纤维板、中密度纤维板、石膏板、硅钙板及大理石、陶瓷、玻璃塑料等材质的打磨和抛光。参照 JISC0107、JISEIE37。

指标名称	指标	指标名称	指标
抗拉强度/(N/15mm)		初黏力(倾斜角 10°)/A	＞10
纵向	＞78.4	老化性能/(N/12mm)	
横向	＞49.0	贴 SUS 板	1.8～16
180°剥离强度(SUS 板)/(N/12mm)	1.1～4.0	卷曲状态	1.0～4.0
剪切力(SUS 板)/(N/12mm)	42.1～107.8		

规格、公差以及允许接头数

规格/(m/卷)	宽度/mm	宽度公差/mm	胶带厚度及公差/mm	接头数
50	27 或 30	0～0.5	0.26±0.04	不允许有
100	27 或 30	0～0.5	0.26±0.04	1 个以下
200	27 或 30	0～0.5	0.26±0.04	3 个以下

【用途】 用于彩色显像管外部，作为防爆箍与玻壳之间的缓冲材料。

【制法】 将单体、溶剂、引发剂合成黏合剂，再加入硅砂、固化剂、催化剂混合成黏合剂（Ⅰ）、黏合剂（Ⅱ），再用黏合剂（Ⅰ）、黏合剂（Ⅱ）在聚酯薄膜上进行一次涂覆、二次涂覆，然后和防粘纸覆合成卷，再经分切、检验、包装制得成品。

【安全性】 树脂的生产原料，对人体的皮肤和黏膜有不同程度的刺激，可引起皮肤过敏反应和炎症；同时还要注意树脂粉尘对人体的危害，长期吸入高浓度的树脂粉尘，会引起肺部的病变。大部分树脂都具有共同的危险特性：遇明火、高温易燃，与氧化剂接触有引起燃烧危险，因此，操作人员要改善操作环境，将操作区域与非操作区域有意识地划开，尽可能自动化、密闭化，安装通风设施等。

产品用塑料袋包装，每卷胶带之间用塑料薄膜隔开，根据数量多少装于合适的纸箱中，并附产品合格证。产品贮运中，应避免阳光直射、雨雪浸淋，保持清洁，严格按方向放置，不得与酸、碱、油类及其他影响产品质量的物质接触。

【生产单位】 上海橡胶制品二厂。

Br012 2,2′-双（4-羟基苯基）丙烷聚碳酸酯

【英文名】 bisphenol-A type polycarbonate

【别名】 聚碳酸酯（双酚 A 型）

【结构式】

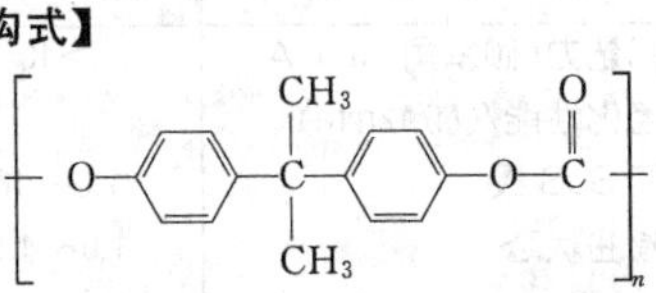

【性质】 聚碳酸酯是一种无定形，无味、无臭、无毒透明的热塑性塑料聚合物，具有优良的机械，热及电综合性能，尤其是耐冲击，韧性好，蠕变小，制品尺寸稳定。其缺口冲击强度达到 $44kJ/m^2$，拉伸强度＞60MPa。

聚碳酸酯耐热性较好，可在－60～120℃下长期使用，热变形温度 130～140℃（1082MPa 负荷下），玻璃化温度 145～150℃，无明显熔点，在 220～230℃呈熔融态。热分解温度＞310℃。由于分子链刚性大，其熔融黏度比通用热塑性塑料高得多。

聚碳酸酯具有优良的电性能，其体积电阻率和介电常数与聚酯薄膜相当，分别为 $5\times10^{13}\Omega\cdot m$ 和 2.9（10^6 Hz），介电损耗角正切（10^6 Hz）＜1.0×10^{-2}，仅次于聚乙烯和聚苯乙烯，且几乎不受温度的影响，在 10～130℃范围内接近常数，适宜制作在较高温度下工作的电子部件。

聚碳酸酯透光性好，透光率为 85%～90%。

在耐化学性方面，对稀酸、氧化剂、还原剂、盐、油、脂肪烃稳定，但不耐碱、胺、酮、芳香烃等介质，易溶于二氯甲烷，二氯乙烷等氯代烃。制品易产生应力开裂，尤其是长期浸入沸水中易引起水解和开裂。

此外，聚碳酸酯吸水率低，为 0.16%；耐候性优良；着色性好；耐燃性符合 UL 规范 94 V-1 和 94 V-2 的标准，属自熄性树脂。

【制法】 工业生产有两种方法。

1. 酯交换法

将双酚 A，碳酸二苯酯（物质的量的比 1∶1.05）和催化剂（如四苯硼钠）加入酯交换釜，在 6.67～1.33kPa 压力下，于 165～250℃进行酯交换反应。当反应副产物——苯酚蒸出量为理论的 80%～90%时，将物料移至缩聚釜再与 250～300℃，余压＜0.133kPa 下进行缩聚反应，待反应物分子量增到所需值时出料，切料即得产品。酯交换法一般生产低黏度和中黏度树脂，其生产工艺流程如下。

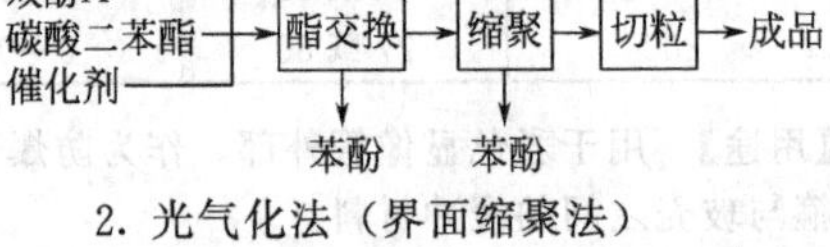

2. 光气化法（界面缩聚法）

按规定配比，将双酚 A，氢氧化钠水溶

液催化剂，分子量调节剂，防氧化剂与溶剂（卤代烷烃或卤代芳烃），光气在20～40℃温度和常压下进行界面缩聚反应。反应达终点后去上层碱盐溶液，制得聚碳酸酯胶液。该胶液经高效洗涤（碱洗、酸洗和水洗），除去残留双酚 A、催化剂、无机盐类和机械杂质，然后用沉淀剂（丙酮或二甲苯等）或喷雾汽析等方法使聚碳酸酯以粉状析出。干燥过的粉状树脂再加入稳定剂等，经挤出造粒即得产品，光气法可制得高分子量或分子量可调，质量较高的产品。其生产工艺流程如下。

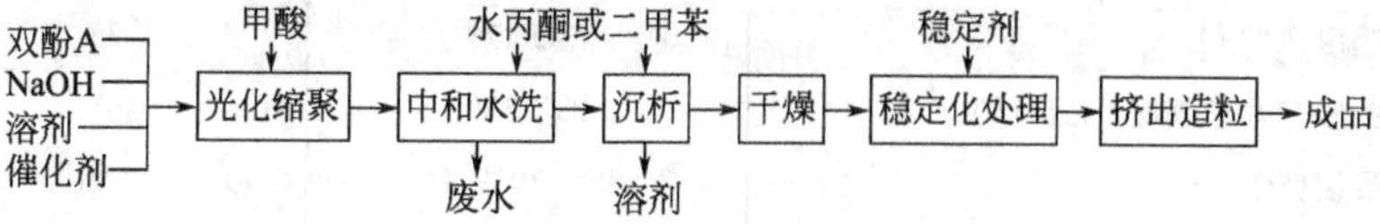

此外，近年来已开发成功得新方法有：由环状碳酸酯齐聚物开环聚合制得超高分子量聚碳酸酯和由一氧化碳与甲醇制得碳酸酯二甲酯，然后再与双酚 A 反应制得聚碳酸酯。

【质量标准】

酯交换法树脂（GB 2920—82）

指标名称	一级	二级	三级	指标名称	指标
含有杂质的颗粒/%	≤3	3～5	5～10	断裂伸长率/% ≥	70
溶液色差	≤4	4～8	8～12	弯曲屈服强度/MPa ≥	95
热降解率/%	≤10	10～15	15～20	热变形温度/℃ ≥	126
外观	3mm×3.5mm 无色或微黄色颗粒			体积电阻率/Ω·m ≥	5.0×10^{13}
				介电常数(10^6Hz)	2.7～3.0
缺口冲击强度/(kJ/m²) ≥	44.1			介电损耗角正切(10^4Hz) ≤	1.0×10^2
拉伸强度/MPa ≥	60			介电强度/(MV/m) ≥	16

原化工部光气化法树脂企业标准

指标名称		一级品				二级品			
		JTG-1	JTG-2	JTG-3	JTG-4	JTG-1	JTG-2	JTG-3	JTG-4
必测指标	外观	ϕ4mm×5mm 微黄透明颗粒				ϕ4mm×5mm 微黄透明颗粒			
	分子量	26000±2000	30000±2000	35000±3000	38000以上	26000±2000	30000±2000	35000±3000	38000以上
	透光率/%	70				50			
	热降解率/%	10		13		15		18	
保证指标	马丁耐热/℃	110		115		110		115	
	缺口冲击强度/(kJ/m²)	44.1		54		44.1		54	
	拉伸强度/MPa	60.8				60.8			
	断裂伸长率/%	80				80			
	弯曲强度/MPa	88.3				88.3			
参考指标	体积电阻率/Ω·cm	1.0×10^{13}				1.0×10^{13}			
	介电损耗角正切(10^5Hz)	1.0×10^{-2}				1.0×10^{-2}			

南京聚隆产品标准

项　　目	测 试 标 准	性 能 值
密度/(g/cm³)	ISO 1183	1.21
拉伸强度/MPa	ISO 527	55
断裂伸长率/%	ISO 527	20
弯曲强度/MPa	ISO 178	75
悬臂梁缺口冲击强度/(kJ/m²)	ISO 180	55
洛氏硬度(R)	ISO 2039/2	116
热变形温度(0.45MPa)/℃	ISO 75	130
阻燃性	UL-94	V-0
表面电阻率/Ω	ISO 167	10^{17}
模塑收缩率/%	—	0.5～0.7
吸水率(24h,23℃)/%	ISO 62	0.15

广州市洋达工程塑料原料厂有限公司产品标准

性　　能	ASTM	指　　标
MFR/(g/10min)	D1238	18
拉伸强度/MPa	D638	69
缺口冲击强度(23℃)/(J/m)	D256	680
热变形温度(0.45MPa)/℃	D648	137

上海申聚化工厂产品标准

试 验 项 目	试 验 方 法	数　　据
密度/(g/cm³)	GB 1033	1.20
拉伸屈服强度/MPa	GB 1040	60
拉伸断裂强度/MPa	GB 1040	—
弯曲强度/MPa	GB 9341	85
弯曲弹性模量/MPa	GB 9341	2000
简支梁冲击强度(无缺口)/(kJ/m²)	GB 1043	不断
简支梁冲击强度(缺口)/(kJ/m²)	GB 1043	30
球压痕硬度/MPa	GB 3398	110
维卡耐热/℃	GB 1633	145
热变形温度/℃	GB 1634	125

北京北化高科新技术有限公司产品标准

项目		典型值		测试方法
		MPCW-1	MPCW-2	
拉伸强度/MPa		58	55	GB/T 1040
弯曲强度/MPa		62	60	GB/T 1843
弯曲模量/MPa		2100	1900	GB/T 1843
悬臂梁缺口冲击强度/(kJ/m^2)	23℃	60	60	GB/T 9341
	-40℃	15	25	GB 1843—93

【成型加工】 可用挤出、注塑、吹塑和真空成型方法进行加工，制造各种管，板材、容器、制件和薄膜等，其中最常用的是注塑成型法。由于在300℃的加工过程中，微量水分会引起聚碳酸酯水解而降低性能，因此在加工前物料必须进行严格干燥，使树脂的含湿量控制在0.03%以下。一般于110℃鼓风烘箱中连续干燥10～12h；若用真空烘箱可减至6～8h。料层厚度不应超过20mm。

在注塑成型时采用螺杆式注塑机比柱塞式注塑机熔融均匀，加工温度稍低，热降解现象少。一般采用较高的料筒温度和较高的注塑压力，并采用提高模温的办法来降低成型过程中产生的内应力。通常料筒温度范围为：后段220～250℃；中段230～270℃；前段240～290℃。注塑压力39.2～127.5MPa。模温控制在80～120℃，当加工嵌件时，金属嵌件需加热到120℃以上，直径为1～2mm的嵌件不必加热。包覆嵌件的聚碳酸酯厚度，对铁嵌件应与嵌件直径相等；对黄铜应为直径的0.9倍；铝件应为0.8倍，注塑成型周期视制品厚度而定，由数十秒到数分钟。

聚碳酸酯注塑制品大多数存有内应力，因此，制品需在110～130℃的油浴，热风烘箱中或红外线保温箱进行热处理，处理时间视制品厚度而定。

【用途】 在电子电器工业方面可用作电子计算机、电视机、收音机、音箱设备和家用电器等的绝缘接插件，线圈框架，端子，垫片等。也可用作电器工具外壳如手电钻外壳，电信器材罩体等。

在机械工业方面适宜做传递中小负荷的零部件如齿轮、齿条、凸轮、蜗杆等。用作受力不大的紧固件如螺钉、螺母等以代替金属部件。

在安全和医疗方面可作安全帽、宇航帽、防爆玻璃、防护眼镜、做可以进行高温消毒的医疗手术器皿。

在航空，交通及光学机械方面可作飞机、火车、汽车、船的风挡玻璃，座窗罩，灯罩，太阳镜玻璃，光盘，照相机的光学机械部件等。

在建筑及农业上，大量用作高冲击强度的窗玻璃和玻璃暖房具，有很高的安全性和装饰性。

在纺织工业方面可制作各种纬纱管、纱管、毛纺管、麻纺管等。

此外，聚碳酸酯还可用作泡沫结构材料。

【安全性】 树脂的生产原料，对人体的皮肤和黏膜有不同程度的刺激，可引起皮肤过敏反应和炎症；同时还要注意树脂粉尘对人体的危害，长期吸入高浓度的树脂粉尘，会引起肺部的病变。大部分树脂都具有共同的危险特性：遇明火、高温易燃，与氧化剂接触有引起燃烧危险，因此，操作人员要改善操作环境，将操作区域与非操作区域有意识地划开，尽可能自动化、密闭化，安装通风设施等。

本品外用聚丙烯等塑料编织袋，内衬

塑料袋（如聚乙烯袋）包装，每袋25kg。贮运时防止受热、受潮，避免有机溶剂及碱性物品侵蚀，不宜长期暴露在室外。

【生产单位】 GE塑料公司，拜耳公司；道化学公司（www.dow.com），重庆长风化工厂，上海申聚化工厂。

Br013 聚对苯二甲酸丁二醇酯

【别名】 聚对苯二甲酸丁二酯

【英文名】 polybutylene terephalate PBT；PBTP polytetramethylene terephalate PTMT

【结构式】

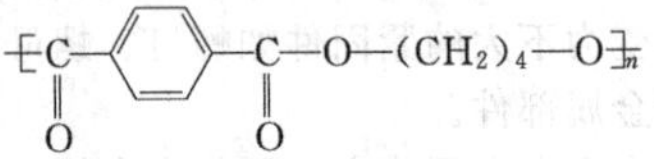

【性质】 结晶型热塑性树脂，熔点224～227℃，相对密度1.31～1.55，吸水率极低，为0.07%。力学强度高，拉伸强度、弹性模量等力学性能与聚甲醛、尼龙等工程塑料相类似。摩擦系数小，自润滑性能优异。热变形温度在1.82MPa负荷下60℃，但在0.45MPa低负荷下可达120℃以上。电性能优良，体积电阻率为$10^{16}\Omega\cdot cm$，高于一般工程塑料。耐电弧性190s，为其他工程塑料所不及。耐化学性能很好，除强氧化性酸如浓硝酸、浓硫酸及碱性物质对其生产分解作用外，对其他化学介质如有机溶剂、汽油、机油、一般清洁剂等稳定。PBT由于结晶表面光泽好，尺寸较稳定。值得提出的是PBT树脂易阻燃化，配用高效阻燃剂，可制成力学性能不下降，阻燃性达UL-94 V-0级的阻燃塑料。缺点是对缺口冲击敏感。

【制法】 PBT的制法基本上沿用PET的生产技术，只是用1,4-丁二醇代替乙二醇。有酯交换法和直接酯化法两种，其具体工艺流程如下。

1. 酯交换法

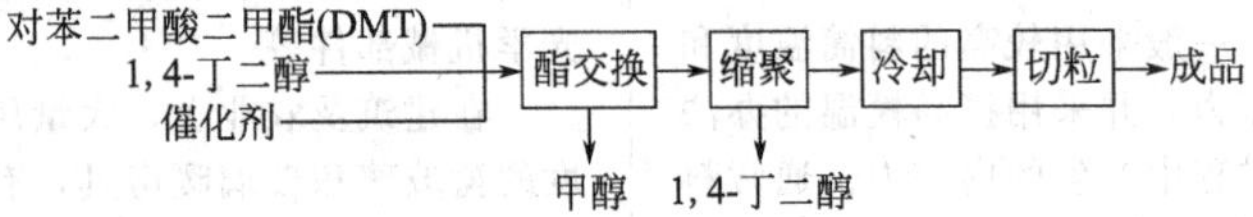

2. 直接酯化法

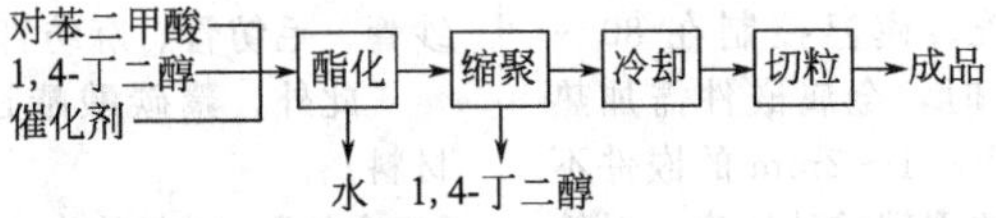

PBT与PET制法最大的不同点是在反应过程中由于1,4-丁二醇在高温下易脱水环化成四氢呋喃，因此，抑制四氢呋喃的生成是PBT生产中的关键控制条件之一。

主要采用注塑法进行成型加工，也可用挤出法加工薄膜等类制品。加工前树脂应在120℃鼓风烘箱中干燥7～8h，若用120℃真空烘箱干燥3～5h即可。为防止再吸湿，料斗也进行保温，在加工前，要求树脂含水率在0.03%以下。对料筒温度较敏感，若超过最佳温度，制品色泽就会变得深且脆。注塑工艺条件：料筒温度230～250℃，注塑压力4.0MPa，模温30℃，若将模温提高到60～80℃，可改进接缝强度及提高制品表面光泽度，PBT树脂的成型收缩率为1.2%～2.3%，注塑制品性能无方向性差别。

【消耗定额】 理论消耗值：对苯二甲酸二甲酯约0.882t/tPBT，丁二醇

0.409t/tPBT

【质量标准】

国产 PBT 企业标准

指标名称	北京市化工研究院 PBT301	上海涤纶厂
相对密度	1.45～1.55	1.32
吸水性/%	0.06～0.01	
模塑收缩率/%	1.5～2.2	1.2～2.2
布氏硬度/MPa		151
拉伸强度/MPa	51～63	55
弯曲强度/MPa	83～100	110
压缩强度/MPa		11.9
简支梁冲击强度(缺口)/(kJ/m²)	≥6	6.4
简支梁冲击强度(无缺口)/(kJ/m²)	≥20	31.8
摩擦系数		0.326
马丁耐热/℃		49
热变形温度(1.82MPa 负荷下)/℃	55～70	64
介电常数(1MHz)	3～4	2.84
体积电阻率/Ω·m	5×10^{14}	2.6×10^{14}
介电损耗角正切(1MHz) ≤	2×10^{-2}	2.4×10^{-2}
介电强度/(MV/m)	18～24	
含水量/% ≤	0.3	
外观	乳白色 φ(2～4)mm×(2～7)mm 颗粒	

【用途】 PBT 被誉为综合性能优异的工程塑料之一，广泛用于电气、电子、汽车、机械、仪器仪表等行业做结构件，如电视机、收音机用的线圈骨架、接插件、基座等，也适用于要求润滑性及耐腐蚀性的结构件如齿轮、轴承等。PBT 阻燃增强后，其性能进一步提高，在上述领域中更有重要的用途（见玻纤增强 PBT 用途一节）。

【安全性】 树脂的生产原料，对人体的皮肤和黏膜有不同程度的刺激，可引起皮肤过敏反应和炎症；同时还要注意树脂粉尘对人体的危害，长期吸入高浓度的树脂粉尘，会引起肺部的病变。大部分树脂都具有共同的危险特性：遇明火、高温易燃，与氧化剂接触有引起燃烧危险，因此，操作人员要改善操作环境，将操作区域与非操作区域有意识地划开，尽可能自动化、密闭化，安装通风设施等。

产品包装于内衬塑料袋的聚丙烯编织袋内，净重 25kg/袋。产品应置于清洁干燥的仓库中。运输中应避免日晒、雨淋和机械损伤等现象。本产品不属危险品，无毒、无味、不易燃烧。

【生产单位】 上海涤纶厂，GE 塑料公司，日本东丽工业公司，英国 ICI 公司，BASF 公司，拜耳公司。

Br014 2,2′-双（4-羟基苯基）丙烷聚碳酸酯共混物及合金

【英文名】 bisphenol-A type polycarbonate blends and alloys

【别名】 聚碳酸酯共混物及合金

【性质】 聚碳酸酯有很好的综合性能，但也存在某些缺点，如易应力开裂，耐磨性不好，加工流动性能不良等。目前多采用其他高聚物，如聚乙烯，ABS，苯乙烯-马来酸酐共聚物（SMA），弹性体等与聚碳酸酯共混的方法来克服上述缺点，改善性能，以满足各方面的要求。

① PC/PE 加工流动性好，耐溶剂侵蚀，耐沸水反复蒸煮，缺口冲击强度高于纯 PC 约 20%以上，着色性能优良，电性能，力学性能良好。

② PC/ABS 加工流动性有显著提高，耐汽油等溶剂性能优良，着色性能良好，电性能，力学性能与纯 PC 相仿，耐冲击性能良好。

③ PC/SMA 加工流动性好，具有超高冲击性能，缺口冲击强度为纯 PC 的 2 倍，耐溶剂性好。

④ PC/弹性体的缺口冲击强度，耐汽油性能，耐低温性能均优于纯 PC，制品接缝强度高，加工流动性好，电性能优良，染色性良好。

制法先将聚碳酸酯在鼓风烘箱中连续干燥 10～12h，若用真空烘箱可减至 6～8h，料层厚度不超过 20mm；PE，ABS 等共混组分也要在 60～80℃烘箱内干燥数小时以除去所吸收的水分，而后将烘干的聚碳酸酯与共混组分按一定的比例加入挤出机中熔融混炼挤出，冷牵引，切粒即得产品。

【质量标准】

北京北化高科新技术有限公司（PC/ABS 合金）性能指标

项　目	典　型　值		测试方法
	FRPC/ABS-1	FRPC/ABS-2	
密度/(g/cm³)	1.10	1.12	GB 1033—90
拉伸强度/MPa	46.8	52	GB 1040—92
弯曲强度/MPa	66.9	71	GB 9341—88
弯曲模量/MPa	2000	2200	GB 9341—88
悬臂梁缺口冲击强度/(kJ/m²)	24	36	GB 1043—93
维卡软化点/℃	102	108	GB 1633—2000
阻燃性/级	V-0	V-0	UL-94

珠海博士利技术开发有限公司产品指标

项　目	测试方法	PC/ABS501	PC/ABS502	PC/ABS510
拉伸强度/MPa	GB/T 1040	60	53	55
弯曲强度/MPa	GB/T 1042	90	82	75
弯曲模量/MPa	GB/T 1042	2500	2200	2400
Izod 冲击强度/(kJ/m²)	GB 1843	30	45	6.5
吸水率/%	GB 1034	0.25	0.25	0.25
介电常数/(10^5Hz)	D150	2.7	2.7	2.5
体积电阻率/Ω·cm	D257	10^{15}	10^{15}	10^{15}
热变形温度/℃	GB 1634	118	110	110

广州市洋达工程塑料原料厂（PC/ABS）性能指标

项　目	ASTM	CB100	CB642	CB1110HF
密度/(g/cm³)	D792	1.12	1.14	1.14
模具收缩率/%	D955	5～7	5～7	5～7
伸长率/%	D638	150	80	76
拉伸模量/MPa	D638	2300	2400	2200
弯曲强度/MPa	D790	90	85	85
弯曲模量/MPa	D790	2300	2400	2200
缺口冲击强度(23℃)/(J/m)	D256	400	530	630
热变形温度(0.45MPa)/℃	D648	105	120	125
热变形温度(1.8MPa)/℃	D648	93	105	110
长期使用温度/℃	UL-748B	90	100	110

广州市洋达工程塑料原料厂（PC/PBT）性能指标

项　目	ASTM	PB2230	PB5220	PB6123	B101-G10
密度/(g/cm³)	D792	1.22	1.17	1.24	1.3
吸水率(24h)/%	D570	0.14	0.13	0.11	0.11
伸长率/%	D638	53	50	45	62
弯曲强度/MPa	D790	120	150	130	5
弯曲模量/MPa	D790	2230	1700	1900	2700
缺口冲击强度(23℃)/(J/m)	D256	800	800	800	180
热变形温度(0.45MPa)/℃	D648	129	115	115	170

常州塑料集团新材料公司（PC/ABS合金）性能指标

项　目	测试方法	C-230	C-240	30C-260	C-270	C-300
拉伸强度(23℃)/MPa	D638	40	45	50	53	55
伸长率(23℃)/%	D638	40	45	51	42	60
弯曲强度(23℃)/MPa	D790	70	75	84	95	100
弯曲模量(23℃)/MPa	D790	1810	1820	1960	2510	2690
简支梁冲击强度(23℃)/(kJ/m²)	GB/T 1043—93 缺口冲击	21	25	32	42	55
悬臂梁冲击强度(6.4mm)/(J/m)	D256 缺口冲击	205	305	380	430	490
热变形温度/℃						
0.45MPa	D648	102	105	125	131	132
1.82MPa		94	96	115	120	122
洛氏硬度(R)	D785	112	117	120	123	125
密度/(g/cm³)	D792	1.08	1.09	1.15	1.16	1.16
MFR(240℃,2160g)/(g/10min)	D1238	4.5	4.1	5.5	3.7	2.8
成型收缩率(3.2mm)/%	D955	0.4～0.6	0.4～0.6	0.4～0.6	0.4～0.6	0.4～0.6
阻燃性(1.6mm)	UL-94	V-0	V-0	V-0	V-0	V-0

【成型加工】 聚碳酸酯共混物加工流动性一般均较好，为避免微量的水分引起聚碳酸酯水解，在成型前必须进行干燥，确保粒料含水量在0.02%以下。其成型加工条件基本与聚碳酸酯相同。主要成型工艺条件的参考的指标如下。

北京北化高科新技术有限公司PC共混主要成型工艺条件

性　能	指　标
干燥温度/℃	100
干燥时间/h	2
注射温度/℃	210～250
模具温度/℃	50～80
注射压力/MPa	60～100
成型周期/s	60～90

【用途】 PC/PE共混物可注塑纺织工业用纱管、电动工具外壳以及电子、仪表、医疗器具等方面的零部件，PC/ABS共混物适宜注塑形状复杂的薄壁制品如电器仪表、照相机零部件、汽车零部件、轻工业制品及办公用品等。也可用挤出法成型各种异型板材、棒材和管材，PC/弹性体共混物适宜注塑带嵌件、需高耐冲、对外观要求高的各种机械、电动工具及汽车用零部件；PC/SMA共混物适宜注塑高耐冲，外观要求高的复杂薄壁制件，特别适用于汽车行业。

【安全性】 树脂的生产原料，对人体的皮肤和黏膜有不同程度的刺激，可引起皮肤过敏反应和炎症；同时还要注意树脂粉尘对人体的危害，长期吸入高浓度的树脂粉尘，会引起肺部的病变。大部分树脂都具有共同的危险特性：遇明火、高温易燃，与氧化剂接触有引起燃烧危险，因此，操作人员要改善操作环境，将操作区域与非操作区域有意识地划开，尽可能自动化、密闭化，安装通风设施等。

本品外用聚丙烯等塑料编织丝袋，内衬塑料袋（如聚乙烯袋）包装，每袋25kg，贮运时防止受热、受潮。避免有机溶剂及碱性物品侵蚀，不宜长期暴露在室外。

【生产单位】 珠海博士利技术开发有限公司，北京北化高科新技术有限公司，常州塑料集团新材料公司，广州市洋达工程塑料原料厂，晨光化工研究院。

Br015 玻纤增强2,2′-双（4-羟基苯基）丙烷聚碳酸酯

【英文名】 glass fiber reinforced bisphenol-A type polycarbonate

【别名】 玻璃纤维增强聚碳酸酯

【性质】 玻纤含量一般为10%～40%，相对密度为1.3～1.5，其拉伸强度较纯聚碳酸酯提高1～1.5倍，耐应力断裂强度提高5～7倍，马丁耐热提高15℃，线胀系数降低（1/4）～（1/2），介电强度提高0.5～1倍，成型收缩率降低1/5，但冲击强度比纯树脂降低（1/2）～（1/3）。其他性能与纯树脂基本相同。

【制法】 分长纤维法和短纤维法两种。长纤维法又分挤出包覆法和直接引入法两种。前者是在一台单螺杆挤出机头上装上制电缆式的包覆机头，纤维分单股或多股从中引入，同时，经干燥后的聚碳酸酯通过挤出机熔融挤出后，在包覆机头处与引入的玻纤股相接触，树脂将纤维包覆其中，形成了树脂为皮层，玻纤为芯层的条料，经包覆机头挤出、牵引、切粒后即成一定长度规格的长纤维增强聚碳酸酯。后者是在混炼式双螺杆挤出机中，将长玻纤在专门的纤维加料口直接引入，长玻纤经螺杆及螺杆上的剪切、混合元件的剪切、摩擦作用而被切断，在挤出机中熔融树脂和玻纤经各种剪切和混炼元件的混合和分散，形成树脂和玻纤均匀的混合物，经挤出机挤出、牵引、切粒后即成一定长度规格的长纤维增强聚碳酸酯。短纤维法是将事先切成一定长度的短纤维通过专门设计的加料装置加入挤出机中，同时树脂也按一定比例加入，玻纤和树脂在挤出机中经过混合和塑化后经机头挤出、牵引、切粒后制得一定规格的短纤维增强粒料。此外，将上述用包覆法制得的长纤维粒料再经过排气式挤出机回挤，也可制得短纤维增强PC粒料，但是此法生产效率低，产品质量较差，大规模工业生产不宜采用。

【质量标准】

大连第七塑料厂企业标准

冲击强度/(kJ/m²)	3.9～24.5	压缩强度/MPa　＞	100
拉伸强度/MPa　＞	110	体积电阻率/Ω·m	6×10^{12}
弯曲强度/MPa　＞	140	马丁耐热/℃	125

南京聚隆化学有限公司企业标准

项　目	测 试 标 准	性 能 值
密度/(g/cm³)	ISO 1183	1.32
拉伸强度/MPa	ISO 527	100
断裂伸长率/%	ISO 527	3
弯曲强度/MPa	ISO 178	135
悬臂梁缺口冲击强度/(kJ/m²)	ISO 180	11
热变形温度(0.45MPa)/℃	ISO 75	160
填充量/%		GF20

广州市洋达工程塑料原料厂企业标准

性　能	ASTM	B500R	301-G20	301-G30	301-G40
密度/(g/cm³)	D792	1.25	1.35	1.43	1.52
吸水率/%	D570	0.17	0.19	0.17	0.15
伸长率/%	D638	15	5	3.5	3.5
拉伸强度/MPa	D638	55	110	131	158
弯曲强度/MPa	D790	100	128	150	180
弯曲模量/MPa	D790	3400	5200	7300	8000
缺口冲击强度(23℃)/(J/m)	D256	100	100	100	120
热变形温度(0.45MPa)/℃	D648	145	147	150	154
热变形温度(1.8MPa)/℃	D648	140	144	144	144
长期使用温度/℃	UL-748B	130	130	130	130
玻璃纤维含量/%		10	20	30	40

【成型加工】 注塑成型是其主要成型加工方法，注塑工艺条件与纯聚碳酸酯基本相同，但是成型加工温度要略微偏高，模具温度应控制在100℃以上，注塑压力不宜过高，以防制品脆裂。加工大型带金属嵌件制品时，要求嵌件预热到100℃左右。制品需在120℃下进行退火处理，以消除内应力。

【用途】 主要用于代替铝、锌等压铸领域的负荷件以及嵌入金属件的制品。它克服了纯聚碳酸酯因强度不足和龟裂，以及金属嵌件接触不良等弊病。此外，玻纤增强聚碳酸酯在机械、仪表、电信、电器等工业中，尤其是在强度、耐热性以及精密度要求较高的制品上，得到了相当广泛的应用，如作插线板、接插件、齿轮、齿条、线圈骨架等。但是，加入玻纤后会使聚碳酸酯的优良冲击强度有所下降，材料失去透明性，这些缺点在选材时也必须注意。

【安全性】 树脂的生产原料，对人体的皮肤和黏膜有不同程度的刺激，可引起皮肤过敏反应和炎症；同时还要注意树脂粉尘对人体的危害，长期吸入高浓度的树脂粉尘，会引起肺部的病变。大部分树脂都具有共同的危险特性：遇明火、高温易燃，与氧化剂接触有引起燃烧危险，因此，操作人员要改善操作环境，将操作区域与非操作区域有意识地划开，尽可能自动化、密闭化，安装通风设施等。

【生产单位】 南京聚隆化学有限公司，广州市洋达工程塑料原料厂，晨光化工研究院，珠海博士利技术开发有限公司，北京北化高科新技术有限公司。

Br016 聚苯酯-聚四氟乙烯共混物

【英文名】 POB/PTFE blend

【别名】 聚对羟基苯甲酸酯/聚四氟乙烯共混物；聚对氧苯甲酰-聚四氟乙烯共混物

【结构式】

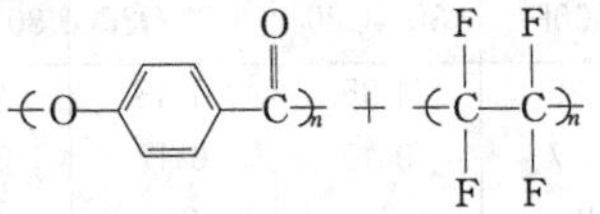

【性质】 既可保持聚苯酯和聚四氟乙烯各自原有的性能特点，又可弥补各自原有的弱点。其性能特点如下：①自润滑耐磨性能优异，是填充聚四氟乙烯的4～6倍，且不损伤任何对磨偶件，其极限PV值高达150MPa·m/min；②耐热性能良好，热变形温度大于288℃，使用温度为250℃；③耐压缩蠕变性能良好，比纯四氟乙烯提高5倍；④耐化学腐蚀性好；⑤电性能优异；⑥气密性好，不粘连；⑦无毒；⑧加工性良好，易进行机械切削加工。

【生产工艺】 将聚苯酯和聚四氟乙烯按一定比例混合而成。

【成型加工】 聚苯酯可以任何比例与聚四氟乙烯共混，共混物可采用冷压烧结成型制品。冷压烧结条件为：冷压压力30～100MPa，烧结温度370～380℃，烧结时间视制品厚度而定。

【用途】 主要用来制造下列制品：①耐高温、耐磨耗和承载一定负荷的无油润滑活塞环、导向环、密封圈、轴承、导轨、衬垫等；②耐高温、可承载一定负荷的电绝缘密封件等。

【安全性】 树脂的生产原料，对人体的皮肤和黏膜有不同程度的刺激，可引起皮肤过敏反应和炎症；同时还要注意树脂粉尘对人体的危害，长期吸入高浓度的树脂粉尘，会引起肺部的病变。大部分树脂都具有共同的危险特性：遇明火、高温易燃，与氧化剂接触有引起燃烧危险，因此，操作人员要改善操作环境，将操作区域与非操作区域有意识地划开，尽可能自动化、密闭化，安装通风设施等。无毒，可较长期贮存，按非危险品运输。

【生产单位】 晨光化工研究院，南京聚隆化学有限公司

Br017 聚苯酯

【英文名】 ekonol

【别名】 聚对羟基苯甲酸酯

【结构式】

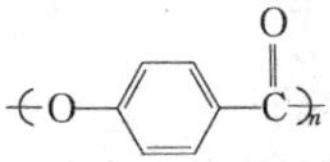

【性质】 聚苯酯是一种高结晶（结晶度大于90%）不溶不熔的线型高聚物。相对密度1.45；吸水率0.02%，无熔点，只在330～380℃有一结晶转变点，它能在370～420℃进行模压成型。其模压样品的性能为：常温下弯曲强度50MPa，在300℃经300h后还达35MPa，压缩强度>100MPa，虽然聚苯酯均聚物力学强度低，性脆，成型加工较困难，但其共聚物或共混物可以注塑成型，且力学强度大大提高。聚苯酯的性能特点如下。①极高的耐热性。它在空气中的热分解温度高达530℃，在空气中热稳定性极高，400℃1h热失重仅为1%，可在300℃下长期使用，400℃下短期使用。②优异的耐磨、自润滑性。摩擦系数为0.2～0.3，动摩擦系数为0.16～0.32，可在不给油的情况下

长期工作，它与聚四氟乙烯的共混物，其性能远超过当今最好的注油润滑多孔青铜轴承。③优良的热传导和电绝缘性能。是目前塑料中热导率最高的，较一般塑料高35倍。体积电阻率 $1.2\times10^{15}\Omega\cdot m$，介电常数3.5，介电损耗角正切 3.5×10^{-3}，介电强度26MV/m。④优良的耐溶剂性。不溶于所有脂肪和芳香类溶剂，能耐室温下各种酸、碱，但易受热酸、热碱侵蚀。⑤耐辐射性能好。经 10^7 Gy ^{60}Co 辐照后，其弯曲强度基本不变。

【制法】 目前制法主要有如下三种。

1. 酯交换法

将对羟基苯甲酸和碳酸二苯酯基本按等物质的量的比加入反应釜中，以二苄基甲苯为溶剂，钛酸四丁酯为催化剂，分别在180℃、300℃、380℃左右进行酯交换和缩聚反应，而后降温至300℃，滤出溶剂，用丙酮洗涤沉淀物，再经真空干燥即得粉状产品。

2. 苯酚转化法（直接酯化法）

将过量的苯酚和对羟基苯甲酸置于反应釜中，在硫酸催化剂存在下，于170～190℃先进行酯化反应，而后蒸出过剩的苯酚，再加入一定量的二苄基甲苯溶剂和钛酸四丁酯催化剂，于270～400℃进行缩聚反应，再同酯交换法一样进行后处理即得产品。

3. 溶液缩聚法

对羟基苯甲酸苯酯在钛酸四丁酯催化剂存在下，在多联苯或多芳基醚溶剂中，于340～380℃进行溶液缩聚即得产品。

工艺流程如下。

1. 酯交换法

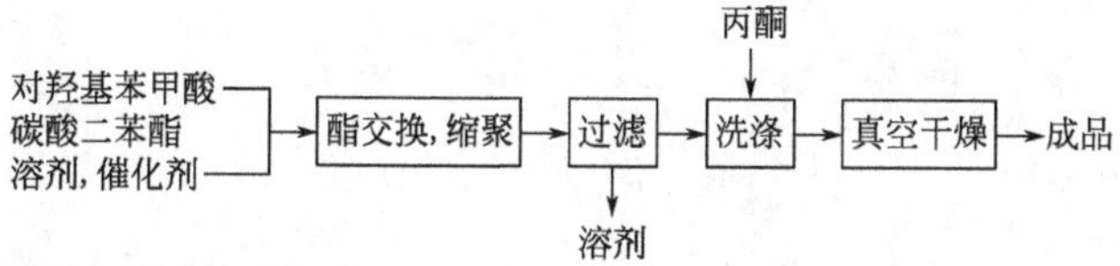

2. 苯酚转化法（直接酯化法）

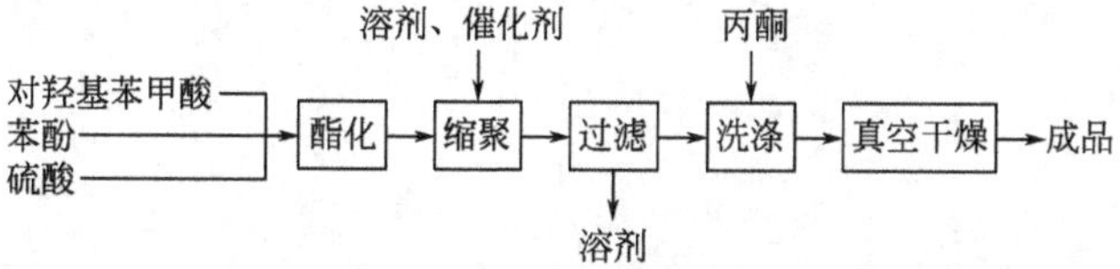

【质量标准】

中蓝晨光化工研究院企业标准

(YB-3007—80)

指标名称	模压共混品级	等离子喷涂品级
外观	淡黄色至土黄色粉末	
粒度(目) <	80	70
数均分子量 >	9000	6500
转动下测定	3.5	5.0
不转动测定	2.0	3.0

【成型加工】 由于聚苯酯的高结晶性、非熔融流动性，只能采用模压、高能速冲压、冷压烧结、等离子喷涂、火焰喷涂等方法来成型塑料制件或涂层。模压成型温度360～400℃，压力30～150MPa，保压时间视制品厚度而定，待冷却到150℃脱模即得制品。

根据需要，聚苯酯可混入各种填料，如石墨、聚四氟乙烯、三氧化二铝、短切碳纤维、玻璃纤维等进行高温模压以改进制品性能。

【用途】 主要用作耐高温即无油润滑密封件。通过等离子喷涂、静电喷涂、分散液涂覆等方法，可在待涂部件表面形成一层苛刻条件下使用的可磨耗密封涂层（如喷气式发动机封严涂层）、无油润滑涂层、抗磨耐磨涂层、耐腐蚀涂层和无粘连涂层等。

【安全性】 树脂的生产原料，对人体的皮肤和黏膜有不同程度的刺激，可引起皮肤过敏反应和炎症；同时还要注意树脂粉尘对人体的危害，长期吸入高浓度的树脂粉尘，会引起肺部的病变。大部分树脂都具有共同的危险特性：遇明火、高温易燃，与氧化剂接触有引起燃烧危险，因此，操作人员要改善操作环境，将操作区域与非操作区域有意识地划开，尽可能自动化、密闭化，安装通风设施等。

本品为淡黄色粉末、无毒。装于内衬塑料袋的聚丙烯编织袋中，可长期贮存，按非危险品运输。

【生产单位】 晨光化工研究院。

Bs 芳杂环聚合物

1 芳杂环聚合物定义

芳杂环聚合物（aromatic heterocyclic polymer）是指高分子主链中含有芳环和由N、O、S杂原子构成的杂环的聚合物的总称。所含的杂环有五元环和六元环，如邻苯二酰亚胺环、苯并咪唑环等。分子链中的芳环、杂环由一个单链相连的称为线型聚合物，而由两个以上单链相连的称为梯形聚合物。这些聚合物一般都由含有相应杂原子的单体缩聚制得，可采用室温、高温溶液聚合和熔融聚合。

2 聚酰亚胺的特点与用途

芳杂环聚合物的共同特点是主链由芳环与杂环直接连接而成，因此，链刚性大，玻璃化温度（T_g）和结晶熔融温度（T_m）很高，高温力学强度大。这类聚合物中的多数品种软化点超过400℃，500～600℃的失重不超过10%。而且耐磨、耐水解、耐辐照，对化学试剂稳定，低温性能也很好。如聚均苯四酰亚胺在－269～400℃范围内保持较高的力学性能，空气中480℃可短期使用。梯形聚合物具有更高的热稳定性，如全梯形聚苯并咪唑苯并菲咯啉（BBL）短期耐热可达1200℃。

目前，芳杂环聚合物存在的主要问题是单体制备工艺复杂，成本高；聚合物成型加工困难；综合性能不全面、不理想。近20年来，各国政府和企业界都对此耗资巨大，进行了大量的研究和开发。其技术开发的主要方向是采用价廉易得的单体原料降低成本，如用顺丁烯二酸酐、苯酮四酸二酐替代均苯四甲酸二酐等；改进单体聚合工艺，由一步聚合工艺替代复杂的两步工艺，克服高温环化的易水解的缺点，提高分子量；在结构中引入柔性链，如—O—、—S—、—SO_2—和—CH_2—等，增加溶解性；采用共聚提高综合性能，如聚苯并咪唑酰亚胺等。

在芳杂环聚合物中聚酰亚胺占有主导地位，2007年国外聚酰亚胺的消费量达到42kt/a，年均增长率6%～7%以上，大的品种数量有三十几种。我国聚酰亚胺的研发生产已形成了一定规模，品种涉及均酐型、偏酐型、联苯二酐型、双酚A二酐型、醚酐和酮酐型，生产能力达到8～10kt/a。

聚酰亚胺（PⅠ）是含氮环状结构的耐热树脂，其分子结构中都含有酰亚氨基。

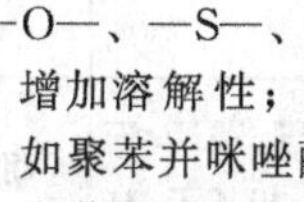

目前工业化的产品有热固性、热塑性和改性聚酰亚胺，其特点和用途见表Bs-1。

表 Bs-1　聚酰亚胺的特点与用途

品种	热固性聚酰亚胺	热塑性聚酰亚胺	改性聚酰亚胺①
特点	①深褐色不透明固体 ②耐热性优异,可在－269～300℃使用,其热变形融度高达343℃ ③冲击强度高,但对缺口敏感 ④力学性能、耐疲劳性好,有良好的自润性、耐磨耗性,摩擦系数小,且不受湿、温度的影响 ⑤成型收缩率,线膨胀系数小,尺寸稳定性好 ⑥耐辐射,不冷流,不开裂,电绝缘性优异,阻燃 ⑦化学稳定性好,耐臭氧、耐细菌侵蚀、耐溶剂性好,但易受碱、吡啶等侵蚀	①由二苯醚四酸取代均苯四酸二酐进行酸聚而成琥珀色固体 ②可在－193～230℃长期使用,玻璃化温度270～280℃ ③其他性能与热固性聚酰亚胺相似	①耐热,耐寒性是密料中最优者,可在－250～300℃长期使用 ②耐辐射性为塑料之冠,可耐10^3R(伦琴)(2.58×10^5C/kg) ③力学性能,耐磨性优异,加入石墨、MoS_2。青铜后有自润滑性,耐蠕变性好 ④电性能优,介电强度高,介质常数和介电损耗低,耐电晕放电 ⑤高温下透气率很低,难燃、自熄,是富氧、纯氧下工作的理燃非金属材料 ⑥性能。对缺口敏感,成本高,成型加工困难
成型	成型困难,可模压,浸渍、流延成膜、浇铸、涂覆、机加工、粘接、发泡	可注塑、挤出、模压、涂覆、发泡、粘接、机加工、焊接	浸渍、涂覆、模压、层合,发泡、粘接
用途	可制成薄膜、增强塑料、泡沫塑料,而高温自润滑轴承、压缩机活塞环、密封膜;电器业的电动机、变压器线圈绝缘层和槽衬,与PTTE复合膜用作航空电缆、集成电路、可挠性印刷电路板、插座 泡沫制品用作保温防灭材料,飞行器防辐射、耐磨的遮蔽材料,高能量的吸收材料和电绝缘材料	作精密耐磨材料、耐辐射材料、耐高温绝缘材料,以及其他与热固性聚酰亚胺相同的用途,可与PTFE,炭黑共混制作高压高速压缩机中的无油滑润材料,可用玻纤增强	可制成薄膜、漆包线、涂料、纤维、黏合剂、增强塑料、泡沫塑料等,产品用于高温、高真空、强辐射、超低温条件,模制品用作航空器部件、压缩机叶轮、阀座、活塞环、喷气发动机供燃系统零件,薄膜用于电机、电缆、电容器、薄层电路、录音带、泡沫塑料用于航空、宇航防火、隔声、吸收能量、绝缘

① 又称共聚型聚酰亚胺,品种很多,如聚酰胺-酰亚胺、聚酯-酰亚胺(PAD)、聚酰胺-亚胺、聚酯酰胺,亚胺、聚双马来酰亚胺、含氟聚酰亚胺及混合型聚酰亚胺等,其中以聚酰胺-酰亚胺用途广、产量最大,表中所列为其特征与用途。

3 聚醚酰亚胺

聚醚酰亚胺（PEI）是新一类无定形热塑塑料，其突出的性能是耐高温、高冲击强度、耐蠕变和刚性。它们是琥珀色透明材料。其共聚物是以 Ultem（通用电气公司）商品名出售，其结构如图 Bs-1 所示。它是由二胺和二酸酐经缩聚制得的。

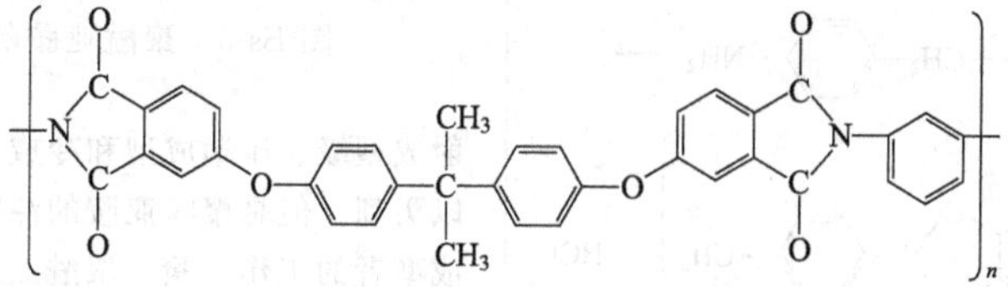
图 Bs-1 聚醚酰亚胺的一般结构

由于聚合物主链中存在醚键，所以该材料可以熔融加工，但是仍保持着与原聚酰亚胺类似的性质。聚合物的耐高温性能使之可以与聚酮、聚砜及聚亚苯基硫醚相竞争；PEI的玻璃化温度是215℃，聚合物的拉伸强度非常高，其极限温度指数是170℃，并具有耐火焰性和低发烟性；聚合物耐醇、酸和烃类溶剂，但却溶于部分卤代烃溶剂。玻璃纤维和碳纤维增强级材料都可买到。

聚合物在加工前应当干燥，典型的熔融温度是从340～425℃。聚醚酰亚胺可用注射和挤出加工；此外，聚合物的高熔体强度使之可以热成型和吹塑成型，成型部件也不需要退火。

聚醚酰亚胺有多种应用，在电气方面的应用有印刷电路基材和高温功率插座。在汽车工业中用作隐蔽温度传感器、灯座。PEI板材也可用作宇宙飞船喷气口。这种聚合物的尺寸稳定性使之可用作大的平板制件，例如硬质计算机桌。

4 聚酰胺-酰亚胺

聚酰胺-酰亚胺（PM）是一种耐高温无定形热塑塑料，早在1970年就以Torlon商品名行销。如图 Bs-2 所示，PAI可由三苯甲酰氯与亚甲基二苯胺反应制得。

聚酰胺-酰亚胺可在低温（－100℃）到260℃的温度范围内使用，它具有很高的耐热性，良好的力学性能如良好的刚性和抗蠕变性。PAI是先天性阻燃材料，在燃烧时产生轻微烟雾。其耐化学品性良好，但在高温下能被强酸、强碱和水蒸气损伤。PAI的热弯曲温度可达280℃，并且有良好的耐磨性和摩擦性能。聚酰胺-酰亚胺还具有良好的耐辐射性能，它在不同湿度条件下的稳定性比标准尼龙更好，聚合物是 T_g 最高的（T_g 为270～285℃）材料之一。

聚酰胺-酰亚胺可用注射成型加工，但是由于聚合物在成型条件下有反应活性，故需用特殊的螺杆（推荐用低压缩比螺杆）；加工成型后的部件应在逐渐升温的条件下退火。对于注射成型来说，PAI的融熔温度应接近355℃，模具温度为230℃。PAI也可以压制成型或用溶液形式加工；对于加压成型，预热温度为280℃，随后在330～340℃、30MPa的压力下压制。

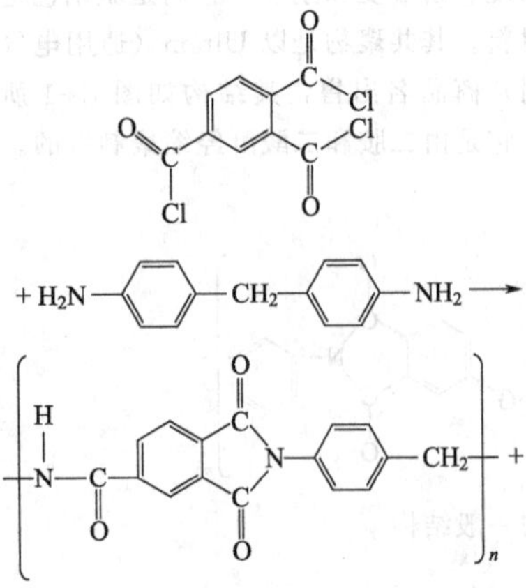

图 Bs-2 聚酰胺-酰亚胺的制备

聚酰胺-酰亚胺可用作水压机衬套、密封垫、电子设备的机械零件和发动机部件。溶液态聚合物可用作宇宙飞船层压树脂。厨房用具装饰面漆及漆包线漆。低摩擦系数的材料可由 PAI 与聚四氟乙烯和石墨共混来制取。

5 聚酰亚胺（PI）

热塑性聚酰亚胺是线型聚合物，以其高温性能引起人们的注意。聚酰亚胺是由 1,2,4,5-苯四酸酐和伯双胺经缩聚制得的。聚酰亚胺含有—CO—NR—CO—结构，它是主链中环结构的一部分，如图 Bs-3 所示，主链中环状结构的存在使聚合物具有良好的高温性能。聚酰亚胺的高性能使之可取代金属和玻璃；若采用芳香二胺则所得聚合物有优异的热稳定性。一个实例是用二（4-氨基-苯基）醚来生产 Kapton（DuPont）。

虽然叫热塑性塑料，但某些聚酰亚胺必须以前驱体形式加工，因为它在到达软化点之前会发生降解。完全酰亚胺化的注

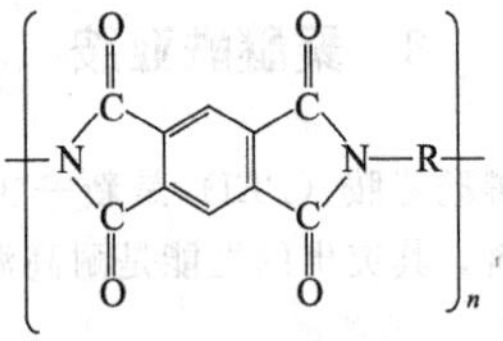

图 Bs-3 聚酰亚胺的结构

射成型级、压塑成型和冷成型的粉料都可以买到，但是聚酰亚胺的注射成型还需要成型者的工作经验。聚酰亚胺也可以薄膜和预成型棒材出售，聚合物还可以溶液预聚物的形式存在，但使用时必须加热加压使聚合物转变成完全酰亚胺化的最终状态；薄膜可以用浇铸可溶性聚合物或其前驱体的方法成型；一般说来，用熔融挤出法很难制得性能良好的薄膜。聚酰亚胺层合物也可用浸渍玻璃纤维或石墨纤维的方法来成型。

聚酰亚胺具有优异的物理性能，其制件一般用于苛刻环境。聚酰亚胺具有突出的耐高温性能，其氧化稳定性使之可以在空气温度达 260℃的环境下长期使用。聚酰亚胺可以燃烧，但具自熄性。它耐酸和有机溶剂，但可被碱侵蚀；聚合物还有良好的电性能和耐离子辐射性能。聚酰亚胺的一个缺点是耐水解性差，在 100℃暴露在水或水蒸气中会使制件破裂。

聚酰亚胺的第一个应用是作漆包线。它的其他应用有：设备轴承、飞行器、密封剂和垫圈；薄膜型用作软性布线、电动机绝缘；印刷电路板也可用聚酰亚胺来制作。

6 聚苯二甲酰胺（PPA）

聚苯二甲酰胺原来开发的是纤维，后来也用于其他领域。它是由对苯二甲酸或

间苯二甲酸与一种胺经缩聚制得的半芳族聚酰胺。无定形和结晶级的聚合物均可买到；聚苯二甲酰胺是熔点接近于 310℃、玻璃化温度为 127℃的极性材料。PPA 具有很高的强度、刚性和良好的耐化学品性，但却易于被强酸或氧化剂侵蚀，并可溶解在甲酚和苯酚中。与脂肪族聚酰胺如尼龙 66 相比，聚苯二甲酰胺有更高的强度、热性能和低吸湿性，但是聚苯二甲酰胺的延展性比尼龙 66 低，尽管也可买到抗冲击级产品。聚苯二甲酰胺吸湿后其玻璃化温度降低并导致尺寸变化；PPA 可用玻璃纤维增强，并具有良好的高温使用性能。增强级聚苯二甲酰胺可连续承受 180℃的高温。

结晶级 PPA 通常用于注射成型，而无定形级经常用作阻隔材料。推荐的模具温度是 135～165℃，熔融温度是 320～340℃。加工的物料要求水分控制在 0.15%或更低，由于模具温度对表面粗糙度很重要，所以对某些应用需要用高一些的模具温度。结晶级和无定形级 PPA 均有出售，商品名是 Amodel（Amoco 公司），DuPont（杜邦公司）出售的无定形级商品名叫 Zytel，DynamitNobel 公司出售的商品名叫 Trogamid，Mitsui 公司出售的结晶级 PPA 的商品名为 Arlen。

聚苯二甲酰胺可用作汽车部件，该部件要求耐化学品性和热稳定性，例如传感器壳、燃料管道零件、照明灯反射器、电气零件和建筑用部件。电气零件与焊接的红外线和蒸汽相接触，此时利用的是 PPA 的高温稳定性；转换设备、连接器和马达支架经常用 PPA 制作。无机纤维填充的 PPA 用在需要镀层的地方例如装饰金属元件和管道阀门。未增强的抗冲改性级 PPA 用作体育用品、油田部件和军用品。

Bs001 可熔性聚酰亚胺（一）

【英文名】 meltable polyimide of mono ether anhydride type

【别名】 单醚酐型聚酰亚胺

【结构式】

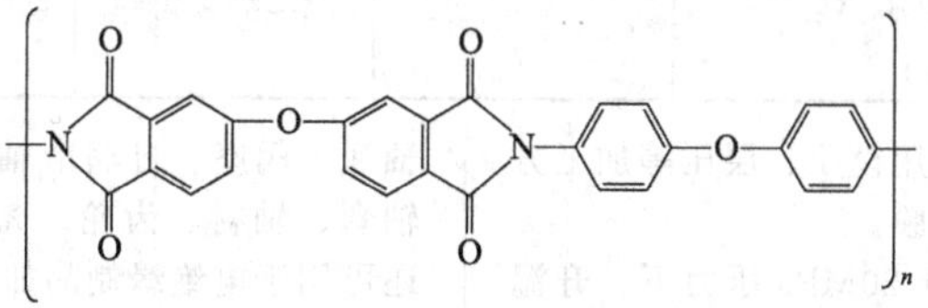

【性质】 它是可熔性聚酰亚胺的一种，为热塑性聚合物。这类聚酰亚胺除耐热性略低于均苯型聚酰亚胺外，其他物理、力学性能与均苯型基本相同，可在－180～230℃下长期使用。加工性能较均苯型聚酰亚胺好得多，且耐苯、油、多数有机溶剂及盐酸的腐蚀。其薄膜在 340℃左右有自黏性。

【制法】 单醚酐型聚酰亚胺由 3,3′,4,4′-二苯醚四甲酸与等物质的量的比的芳香族二胺（如 4,4′-二氨基二苯醚），在搅拌下，10～50℃，缩聚反应 1～2h，制得聚酰胺酸溶液。将该溶液中加入沉淀剂，在 130～140℃下搅拌 1h，即沉淀出细粉，再经 240℃处理 3h，即可制得模塑粉。芳香族二胺也可采用 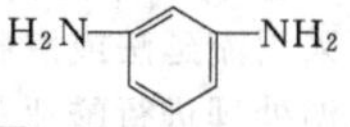、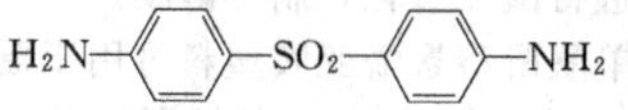 等。

反应式：

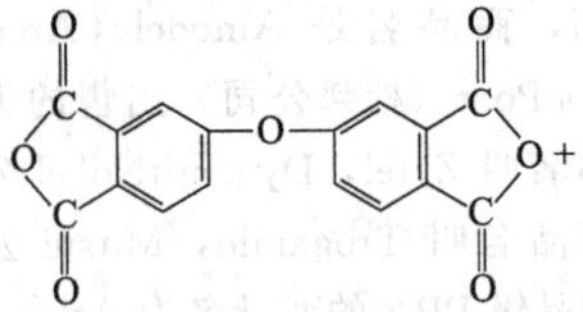

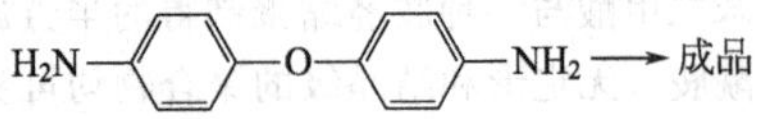

【质量标准】

上海合成树脂研究所生产的单醚酐型聚酰亚胺产品质量标准

指标名称	YS20 型模塑粉	YS20 型模压塑料	YB20 型层压板、复铜板
外观	淡黄色粉末	琥珀色、半透明	土黄色、无气泡、不分层的平板
细度/μm ≤	250		
表观密度/(g/cm³) ≥	0.35		
比浓对数黏度(0.5%邻甲酚溶液35℃时测定)/(g/dL) ≥	1.0		
弯曲强度/MPa		≥180	室温 ≥350，200℃ ≥250
压缩强度/MPa		≥160	
冲击强度/(kJ/m²)		≥100	
铜箔剥离强度/(N/cm) >			10
耐浸焊性			锡溶试验 260℃、1min 不分层，不起泡
长期使用温度/℃			220
表面电阻率/Ω		$\geq 10^{15}$	10^{14}
体积电阻率/Ω·cm		$\geq 10^{16}$	$10^{13} \sim 10^{14}$
介电常数(1MHz)		3.0～3.5	
介电损耗角正切(1MHz)		$(1 \sim 5) \times 10^{-3}$	
介电强度/(kV/mm) >			30

【成型加工】 可采用模压、层压等加工方法成型，亦可制薄膜。

① 模压在小于 20MPa 压力下，升温至 340～400℃，恒温 3～15min，停止加热，增压至 30～40MPa，在保持压力下，冷却至 230℃以下，解除压力脱模。

② 层压玻璃布浸胶后的坯布先经高温脱水酰亚胺化，即可层压。

③ 薄膜单醚酐型聚酰胺酸树脂溶液可采用流延法或浸胶法直接成膜，然后经高温处理进行酰亚胺化，制得薄膜。

【用途】 单醚酐型聚酰亚胺塑料可用于制作压缩机叶片、活塞环、密封圈（垫）、轴瓦、阀座、自润滑轴承、轴承保持架、轴套、轴衬、齿轮、离合器、刹车片等。还可用于电绝缘制品如插头、插座、线圈架；各种电子、电器零件；原子能和宇航工业中的耐辐射制品等，薄膜可用于电器元件的包覆。此外还可用于制作漆和胶黏剂。

【生产单位】 上海合成树脂研究所，鞍山塑料厂，徐州造漆厂等。

Bs002 可熔性聚酰亚胺（二）

【英文名】 meltable polyimide of bisether anhydride type

【别名】 双醚酐型聚酰亚胺

【结构式】

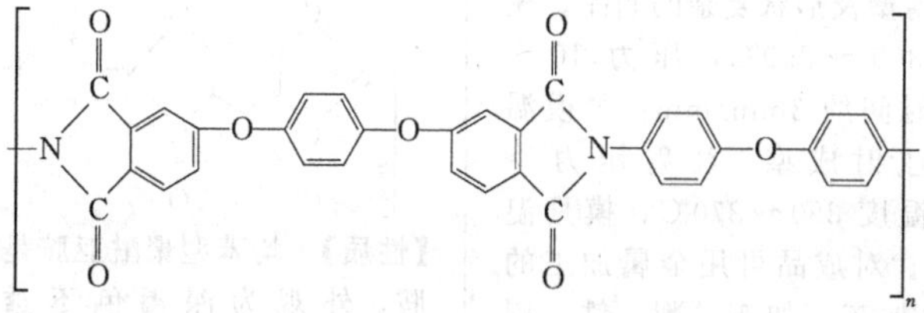

【性质】 可熔性聚酰亚胺的一种，为热塑性树脂，具有良好的综合性能，可在 −250～230℃内长期使用，电绝缘性、耐磨性、耐辐照性能较好。加工性能比均苯型聚酰亚胺大为改善。

【制法】 制备双醚酐型聚酰亚胺可用 3,3′,4,4′-三苯二醚四甲酸二酐与芳香族二胺（如 4,4′-二氨基二苯醚），在低温下缩聚生成聚酰胺酸溶液，也可用 3,3′,4,4′-三苯二醚四甲酸与芳香族二胺在 180℃反应 1h，制得聚酰胺酸溶液。然后经脱水环化生成聚酰亚胺。

反应式

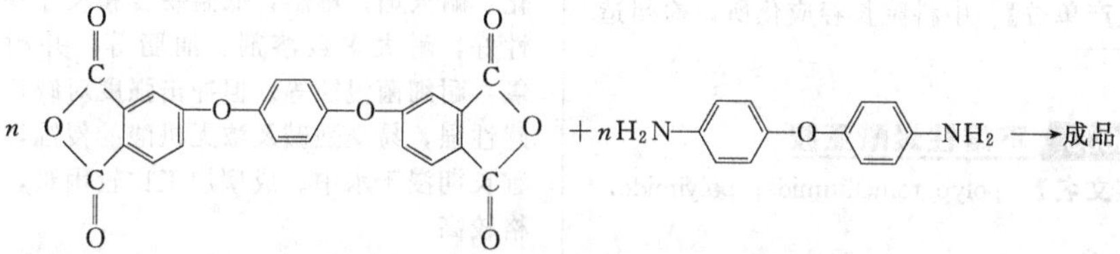

【质量标准】 中科院长春应化所、徐州工程塑料厂产品标准

(企业标准 Q/320301GM 14—91)

指标名称	H 薄膜	HF 复合薄膜	RY-1 薄膜	RY-101 模塑料	RY-102 注射料
拉伸强度/MPa	100～120	90	145	110	132
断裂伸长率/%	25～35	40	50	—	—
弯曲强度/MPa	—	—	—	166	169
冲击强度/(kJ/m²)	—	—	—	155	81.3
表面电阻率/Ω	10^{13}～10^{15}	10^{14}	10^{15}～10^{18}	10^{16}～10^{18}	—
体积电阻率/Ω·m	10^{13}～10^{14}	10^{13}	3.2×10^{15}	1.9×10^{15}	—
介电强度/(MV/m)	120	120	110	—	—
介电常数(1MHz)	2～4	2～3	3.4	3.1	—
介电损耗角正切(1MHz)	10^{-2}	10^{-3}	2.1×10^{-3}	1.7×10^{-3}	—

【成型加工】 由于它具有可熔性，能用一般热塑性塑料的成型方法如注射、挤出、模压等加工成薄壁及形状复杂的制品。模压成型温度 360～390℃，压力 10～30MPa；保温时间约 3min/mm；脱模温度＜200℃。注射成型，注射压力＞10MPa；料筒温度 350～370℃；模具温度 160～200℃。对成品可用金属加工的方法进行二次加工，如车、削、铣、刨均可。

【用途】 双醚酐型聚酰亚胺可用于制造自润滑摩擦部件、密封件、轴承保持架、轿车冷气压缩机密封卡块、球面垫、轴套、冷气活门、活塞环、电线、密封插头、汽车、飞机及其他机电产品零部件，原子能和宇航工业中的耐辐射制品，以及各种棒材、板材。亦可用作浸渍漆和胶黏剂。

【生产单位】 中科院长春应化所，徐州造漆厂等。

Bs003 不熔性聚酰亚胺

【英文名】 polypyromellitimide；polyimide；PT

【别名】 均苯型聚酰亚胺；聚均苯四酰亚胺；热固性聚酰亚胺；聚酰亚胺

【结构式】

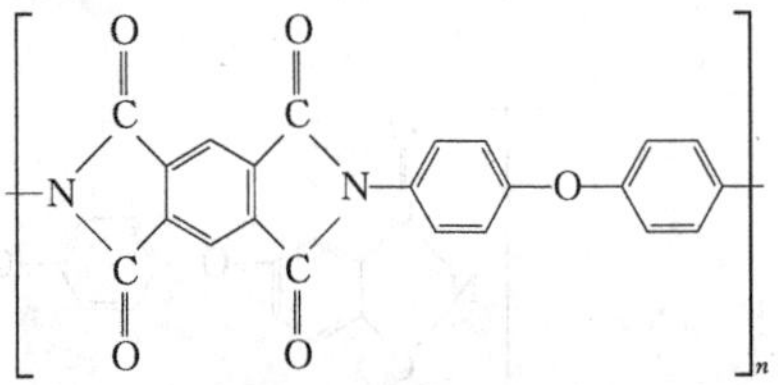

【性质】 均苯型聚酰亚胺是不熔性聚酰亚胺，外观为深褐色不透明固体，在−269～400℃范围内可保持较高的力学性能，可在−240～260℃的空气中或 315℃的氮气中长期使用。在空气中，300℃下可使用 1 个月，460℃下可使用 24h。耐辐射性能突出，经剂量为 10^7 Gy（10^9 rad）γ 射线照射后，其机电性能不变。在高温和高真空下有良好的自润滑性、低摩擦性及难挥发性。电绝缘性能好，耐老化，耐火焰，难燃，低温硬度和尺寸稳定性好，耐大多数溶剂、油脂等，并耐臭氧，耐细菌侵蚀等。但冲击强度对缺口敏感性强，易受强碱及浓无机酸的侵蚀，不宜长期浸于水中。成型加工比较困难，价格较高。

【制法】

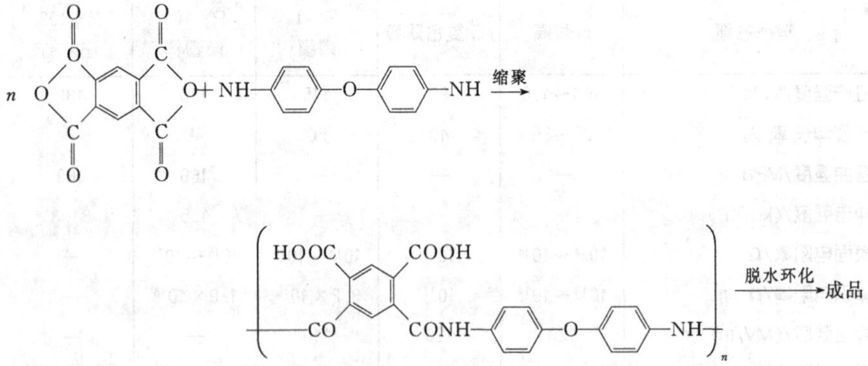

工艺流程如下。

均苯四甲酸二酐、4,4′-二氨基联苯醚、二甲基乙酰胺 → 缩聚 → 脱水环化 → 成品

反应釜内先加入一定量的二甲基乙酰胺，然后再加 4,4′-二氨基联苯醚，待基本溶解后，加入均苯四甲酸二酐，反应温度控制在 50℃左右，得到透明的聚酰胺酸预聚物溶液。预聚物脱除溶剂后，经 300℃高温脱水环化或加醋酐（脱水剂），三乙胺（中和剂）成盐沉淀，分离即得到均苯型聚酰亚胺。

【质量标准】 苯型聚酰亚胺薄膜质量标准

指标名称		天津绝缘材料厂(6050)	上海赛璐珞厂(三鹿牌)
拉伸强度/MPa	≥		100
纵向	≥	100	
横向	≥	100	
伸长率/%	≥		20
纵向	≥	25	
横向	≥	20	
表面电阻率/Ω	≥	1×10^{14}	$10^{13}\sim10^{13}$
体积电阻率/Ω·m	≥		$10^{12}\sim10^{14}$
20℃±5℃	≥	1×10^{13}	
200℃±5℃	≥	1×10^{10}	
介电常数			
50Hz	≤	4	
1MHz			2～4
介电损耗角正切			
50Hz	≤	1×10^{-2}	
1MHz			$10^{-2}\sim10^{-5}$
介电强度/(MV/m)			
20℃±5℃	≥	100(平均)，60(最低)	
200℃±5℃	≥	80(平均)，48(最低)	
外观		薄膜表面应光滑平整，无气泡、针孔和导电杂质	

【成型加工】 均苯型聚酰亚胺通常用于生产薄膜、层压板、模压塑料、泡沫塑料及漆布等。

① 薄膜首先合成出浓度为 15%左右，比浓黏度为 15～30s（20℃）的聚酰胺酸溶液。采用连续浸渍或流延等方法制膜。浸渍法是在多程浸胶机中反复进行，用 0.05mm 厚的铝箔作连续载体，每浸一次后，都需经上部 170～180℃、中部 130～140℃、下部 70～80℃的烘箱干燥。形成的聚酰胺酸薄膜再于 350℃下脱水环化 1h 左右，待冷却后脱膜剥离即得聚酰亚胺薄膜。

② 模压塑料先制成浓度为 15%～20%的高黏度聚酰胺酸溶液，然后加入叔胺催化剂，加热生成沉淀，除去溶剂，再经 300℃高温处理，即制成高比表面的模塑粉，在高温高压下模压成型。模压温度 200～500℃，压力 21～210MPa。

③ 层压板将玻璃布浸渍聚酰胺酸溶液层压（温度 300～350℃，压力 15MPa，时间 2h），或将已脱水环化的聚酰亚胺漆布层压，即制得玻璃布层压板。

④ 泡沫塑料向聚酰胺酸的二甲基甲酰胺溶液中通入氮气，搅拌形成均匀泡沫的黏稠浆液，将其倾入一定的模型中，在 300～500℃下加热 15s～2min，使聚酰胺酸亚胺化，即生成聚酰亚胺硬泡沫塑料。密度由气孔率多少而定，一般在 0.01～0.5g/cm^3。聚酰亚胺的另一种发泡方法是在聚酰胺酸中加入发泡剂如甲酸、醋酐等。

【用途】 均苯型聚酰亚胺可制成薄膜、模压制品、泡沫塑料、增强塑料、纤维、涂料、胶黏剂及漆包线等。薄膜是高温下工作的良好的电工绝缘材料，常用于电动机、变压器线圈的绝缘层和绝缘槽衬，电缆、半导体的包封材料，高温电容器介质，柔性印刷线路基板。由于它耐辐照，

在航天器上用途也很广。

模压制品，可用于特殊条件下工作的精密零部件，如耐高温、高真空自润滑轴承，压缩机活塞环、密封圈、垫圈，鼓风机叶轮，电气设备以及耐辐射制品等。由于它耐低温性能也很好，且尺寸稳定，还用于各种耐低温的零部件，如与液氮接触的阀门等。

这类聚酰亚胺的玻璃漆布耐高温性能极好，可长期在200℃使用。碳纤维增强聚酰亚胺复合材料可在结构或非结构航天器材中代替更贵重的金属材料。而其泡沫塑料主要用作保温防火材料、飞机防辐射、雷达罩、耐磨遮蔽材料，高温能量吸收材料及电气绝缘材料等。

聚酰亚胺胶黏剂（把聚酰胺酸溶于二甲基甲酰胺中）常用于宇宙航行器、火箭和飞机等耐高温结构件以及在高能射线下工作器件的粘接。短期可耐480℃，在280℃能长期使用，其剪切强度在370℃仍可保持7.64MPa。也可作为金刚砂的砂轮胶黏剂及耐低温胶黏剂等。

【生产单位】 上海合成树脂研究所，上海革新塑料厂，天津绝缘材料厂，哈尔滨绝缘材料厂，西安绝缘材料厂，四川东方绝缘材料厂，哈尔滨油漆总厂等。

Bs004 聚酰胺-酰亚胺

【英文名】 polyamideimide；PAI

【结构式】

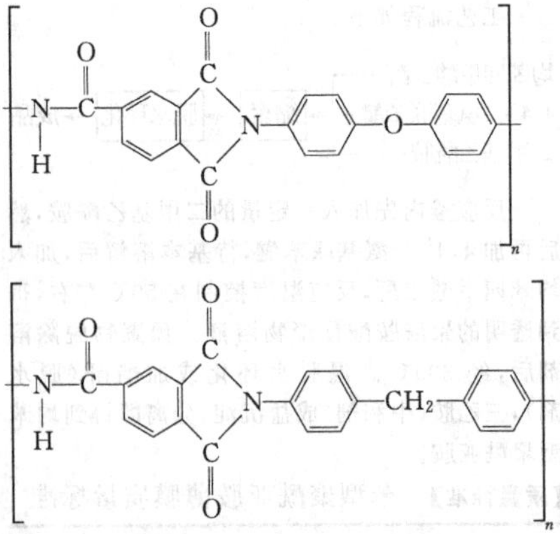

【性质】 聚酰胺-酰亚胺是一种耐高温、耐辐射的绝缘材料和结构材料，与均苯型聚酰亚胺相比，除长期使用温度较低外(可在220℃下长期使用)，其柔韧性、耐磨性、耐碱性、加工性及粘接性均相当或优于均苯型聚酰亚胺。它在300℃下不失重，450℃左右开始分解。可与环氧树脂互混交联固化。成本较低。

玻璃增强聚酰胺-酰亚胺，耐热温度较纯树脂有显著提高，环氧树脂改性聚酰胺-酰亚胺改善了加工性能，成型温度可降低80℃左右，在高、低温下有较好的粘接性能，但热失重性能稍差。

【制法】 1. 酰氯法

其反应式如下。

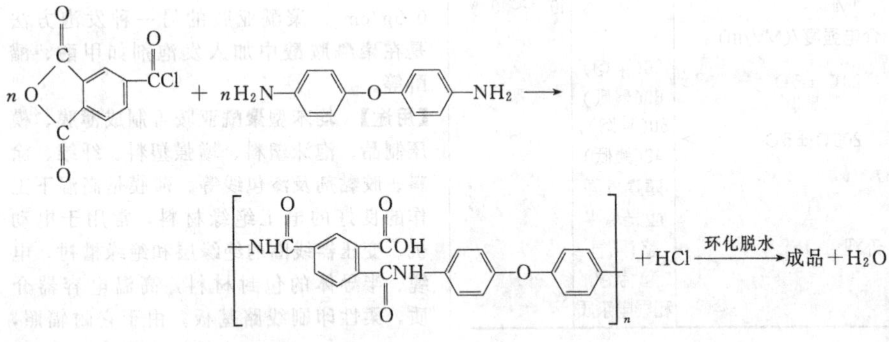

简单工艺流程如下。

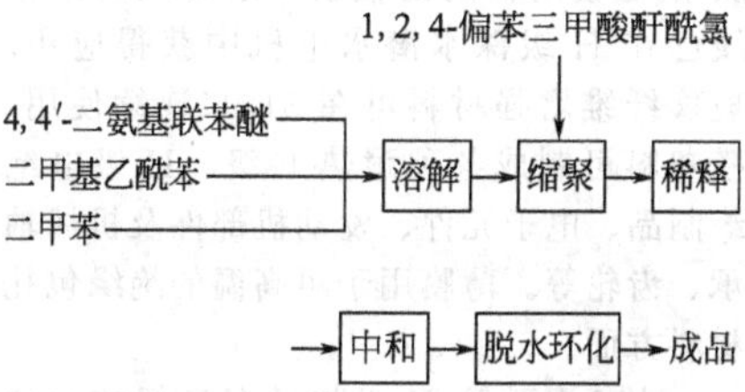

4,4′-二氨基二苯醚、二甲基乙酰胺和二甲苯于反应釜中，搅拌溶解后，于10℃左右加入1,2,4-偏苯三甲酸酐酰氯，在25～35℃下进行反应，待反应物黏度达最大值后，用二甲基乙酰胺和二甲苯稀释，用环氧乙烷中和反应中放出的盐酸，制得聚酰胺-酰胺酸预聚体溶液。将聚酰胺-酰胺酸由预聚体溶液中沉析出来，经分离与干燥后制成粉末，在产品成型过程中脱水环化制得聚酰胺-酰亚胺。

2. 二异氰酸酯法

由偏苯三甲酸单酐与二苯甲烷-4,4′-二异氰酸酯在溶液缩聚过程中进行酰胺化和酰亚胺化。将溶剂和稀释剂加入反应釜中，加热搅拌下加入二苯甲烷-4,4′-二异氰酸酯及偏苯三甲酸单酐，缩聚反应在120～140℃进行，所得树脂酰亚胺化程度60%～70%。

3. 其他方法

偏苯三甲酸单酐与芳族二元胺直接催化缩聚法；芳族二元胺与芳族二酰氯反应，再与均苯四甲酸二酐反应法；芳族二元胺与均苯四甲酸二酐反应，再与芳族二酰氯反应等方法也可制得聚酰胺-酰亚胺。

4. 环氧树脂改性聚酰胺-酰亚胺

采用固体含量为30%～35%的聚酰胺-酰胺酸预聚物溶液，在50℃以下，加入20%左右环氧树脂，搅拌混合。

【质量标准】

中科院长春应用化学所生产的聚酰胺-酰亚胺及其改性、复合薄膜的质量标准

指标名称	聚酰胺-酰亚胺薄膜	环氧改性聚酰胺-酰亚胺薄膜	环氧改性聚酰胺-酰亚胺与聚酯复合薄膜
厚度/mm	0.05	0.04	0.085～0.090
拉伸强度/MPa	100～128	100～120	129～143
断裂伸长率/%	10～47	10～12	17～75
体积电阻率/Ω·m			
室温	$1\times10^{15}\sim2\times10^{15}$	$3.8\times10^{13}\sim7.5\times10^{13}$	$10^{14}\sim10^{15}$
180℃	4×10^{10}	2.4×10^{12}	
155℃			$10^{13}\sim10^{14}$
介电常数	3～4		
介电损耗角正切(50Hz)	1.8×10^{-2}		
介电强度/(MV/m)	50～175	90～99	73～133

聚酰胺-酰亚胺和环氧改性聚酰胺-酰亚胺塑料质量标准

指标名称	聚酰胺-酰亚胺塑料	环氧改性聚酰胺-酰亚胺塑料
相对密度	1.41	1.34
拉伸强度/MPa		
23℃	92	
260℃	61	
弯曲强度/MPa		
23℃	161	
260℃	98	
热变形温度(1.8MPa)/℃	296	
介电常数(0.1MHz)	3.7	
介电损耗角正切(0.1MHz)	1×10^{-3}	
体积电阻率/Ω·m	7×10^{12}	2.5×10^{13}～3.8×10^{13}
表面电阻率/Ω	$>10^{15}$	4.8×10^{15}
介电强度/(MV/m)	17.2	96～109

【成型加工】 浸以聚酰胺-酰亚胺的玻璃布叠配后，可在压机上压制成层压板材。层压温度为 330～350℃，压力为 7～14MPa，时间为 3～4min/mm 厚。模塑料可用模压或注射成型。薄膜可采用特性黏度≥0.5dL/g 的聚酰胺-酰胺酸预聚物溶液流延法制取，经双向拉伸和热处理后制得金黄色透明产品。

【用途】 聚酰胺-酰亚胺主要用于制作漆包线漆、浸渍漆、薄膜、层压板材、涂层、模塑料、浇铸料和胶黏剂。用聚酰胺-酰亚胺制得的耐辐射、耐高温的漆包线已在 H 级深水潜水电机中获得应用。玻璃纤维增强材料可在 316℃连续使用。模塑料可制成各种耐热 F 级、H 级电绝缘制品、电子元件、发动机部件及机械轴承、齿轮等。薄膜用于耐高温的绝缘包扎材料方面。

由于聚酰胺-酰亚胺具有良好的耐烧蚀性能和高温、高频下的电磁性，可用作宇航飞行器的烧蚀材料、透磁材料和结构材料。

【生产单位】 哈尔滨油漆颜料总厂，上海电磁线一厂，中科院长春应化所等。

Bs005 含氟聚酰亚胺

【英文名】 fluorine containing polyimide; FLUPI

【结构式】

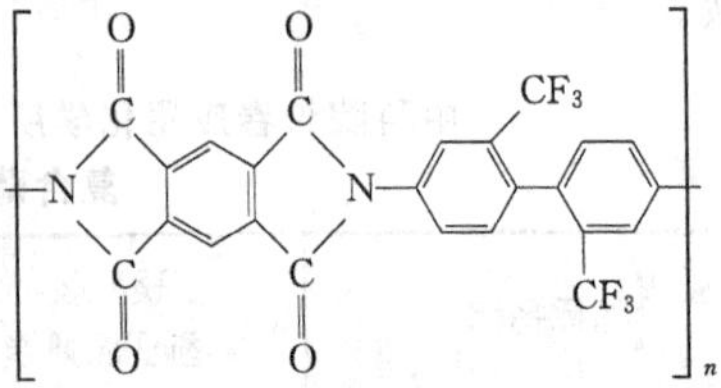

FLUPI-10(低热膨胀型,氟含量 23.0%)

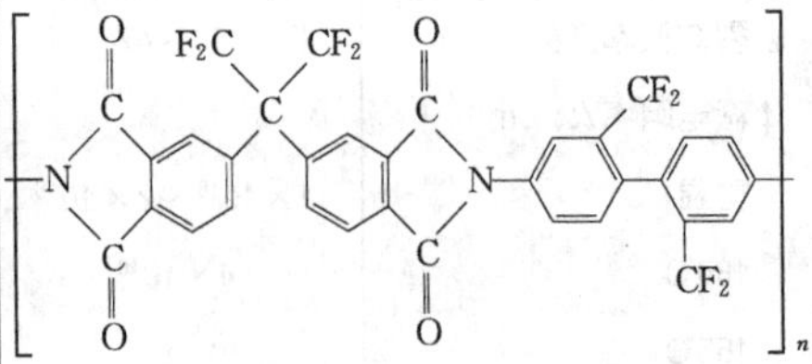

FLUPI-01(透明型,氟含量 31.3%)

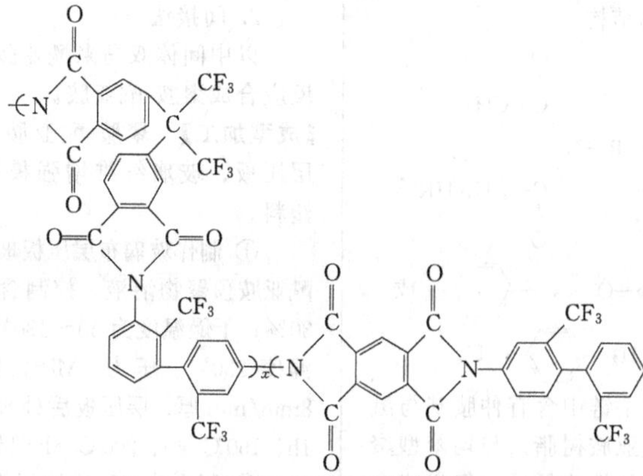

FLUPI-XY(转性控制型)

【性质】 它是氟化二胺与酸酐的聚合物。无色透明。具有优良的电子及光学材料所要求的基本特性。耐热、耐湿性、力学性能优异，相对介电常数低，热膨胀系数及折射率均低并可控制，对可见光及近红外光的透明性优良。玻璃化温度，FLUPI-01 型为 335℃，FLUPI-10 型为 400℃以上，热分解温度（失重 10%）FLUPI-01 型和 FLUPI-10 型分别为 590℃和 610℃。室温浸水三天后测得的吸水率，FLUPI-01 型和 FLUPI-10 型分别为 0.2%和 0.7%，远低于通常聚酰亚胺吸水率（约 2%）。FLUPI-01 型和 FLUPI-10 型的相对介电常数（1MHz）分别为 2.8 和 3.2（一般聚酰亚胺为 3.8），在 50%相对湿度下长时间放置，相对介电常数保持在 3.0。FLUPI-01 型和 FLUPI-10 型的热膨胀系数分别为 8.2×10^{-5}/℃和 -5×10^{-4}/℃，将两者共聚成 FLUPI-XY 型，可自由地将热膨胀系数控制在两者之间。FLUPI-01 型和 FLUPI-10 型的光透射损耗分别为 0.7dB/cm 和 4dB/cm，对前者来说，相当于波长 633nm 的光射入厚度 1cm 的 FLUPI 块时，透过 85%的光（一般 PI 仅有 1%的光能透过），对于波长 1.3nm 的近红外区域光，FLUPI-01 型的光透射损耗在 0.1dB/cm 以下。FLUPI-01 型和 FLUPI-10 型的折射率分别为 1.54、1.65，通过两者共聚，可控制在两种折射率之间。

【制法】 FLUPI 是用 2,2′-双（三氟甲基)-4,4′-二氨基联苯和 2,2-双（3,4-二羧苯基）六氟丙烷二酐或苯均四酸二酐在酰胺系溶剂中常温反应制得聚酰胺酸溶液后，加热使之酰亚胺化而制得。

【用途】 FLUPI 的低相对介电常数性能和透光性及热膨胀、折射率可控制性。适用于许多电子及光学元件的特殊要求，例如已开发出用于光纤通讯的光学干涉滤光器（微滤光片）等。

【生产单位】 美国 NASA 的 Langley 研究中心。

Bs006 马来酰亚胺端基热固性树脂

【英文名】 polyamine imide; polyamino bismaleimide; M-polyimide; maleimide-terminated thermostting resin; MPI

【别名】 聚双马来酰亚胺；M 型聚酰亚胺；聚胺-酰亚胺

【结构式】 1. 直接法产品结构

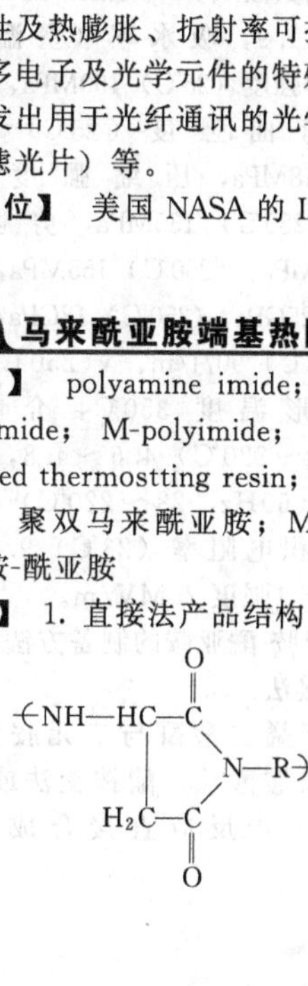

2. 间接法产品结构

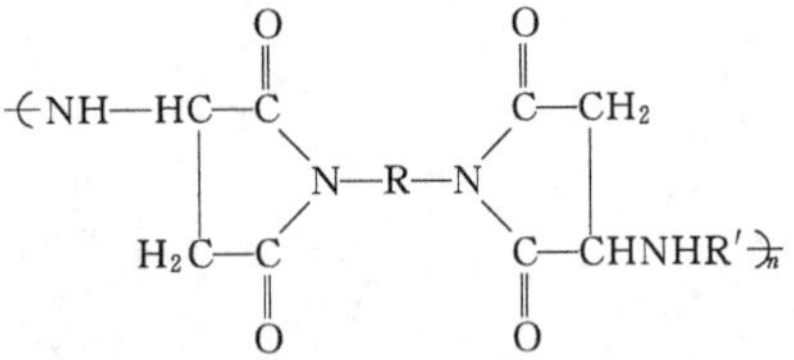

R和R′可为

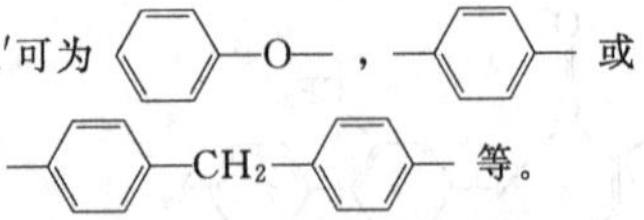

等。

【性质】 它是一类主链中含有仲胺基与酰亚胺基的改性聚酰亚胺树脂。与均苯型聚酰亚胺相比，除耐热性略低外（但仍能在180～200℃长期使用），其他性能均接近或超过均苯型聚酰亚胺，且成本低，加工性好，可采用普通热固性塑料加工工艺成型。产品种类有：成型用粉末品级、电线涂层、浸渍涂料、胶黏剂、玻璃纤维增强、石墨填充等品级。以法国 Rhone-poulene 公司加有60%玻璃纤维之成型用聚胺-酰亚胺粒料——Kinel 5504 为例，相对密度 1.9，吸水率（室温，24h）0.2%，拉伸强度（25℃）190MPa、（250℃）160MPa，弯曲强度（25℃）350MPa、（250℃）248MPa，压缩强度（25℃）230MPa、（250℃）130MPa，剪切强度（25℃）220MPa、（250℃）155MPa，弯曲模量（25℃）25GPa、（250℃）18GPa，缺口冲击强度（25℃）907J/m、（250℃）891J/m，热变形温度 350℃，介电常数（60Hz，23～220℃）4.6～4.8，介电损耗角正切（60Hz，23～220℃）0.004～0.015，体积电阻率（23℃）9.2×10^{15} Ω·cm，介电强度 20MV/m。

【制法】 聚胺-酰亚胺的制备方法有两种。

1. 直接法

以顺丁烯二酸酐与二元胺为原料，采用氨基酰胺酸法、酯铵盐法或乙酸催化法，经一步反应直接合成聚胺-酰亚胺。

2. 间接法

以中间体双马来酰亚胺与二元胺进行反应合成聚胺-酰亚胺。

【成型加工】 聚胺-酰亚胺可制成玻璃布层压板、玻璃纤维增强模塑料及粉状压塑料。

① 制作玻璃布层压板玻璃布浸渍聚胺-酰亚胺预聚物溶液，控制含胶量为38%±30%；干燥温度为50～130℃；层压工艺为温度230℃、压力7MPa，保温保压时间8min/mm厚；层压板后处理条件为125℃/1h、160℃/4h、200℃/8h热处理。

② 制作玻璃纤维增强模塑料玻璃纤维浸渍聚胺-酰亚胺预聚物溶液，控制树脂含胶量为36%～42%；烘干温度为90～160℃。模压大型制件时，需在160℃±5℃预热5min；模压温度220～250℃，压力10～45MPa；保温时间3～3.5min/mm厚。并经200℃/6～8h热处理。

③ 制作粉状压塑料粉状压塑料是由粉碎后的双马来酰亚胺和二元胺混合均匀，于180℃下预聚22～45min，经粉碎、过筛而制得。模压工艺：加料温度180℃±5℃；模压温度240℃±5℃；模压压力20MPa；保温时间1min/mm厚；后热处理200～220℃/24h。

④ 用作胶黏剂所用的溶剂有 *N*-甲基吡咯烷酮或丙酮/苯乙酮等。

【用途】 聚胺-酰亚胺主要作纤维增强和无机填充的模塑料、浸渍玻璃布的层压板、粉状压塑料、浸渍漆等。可用于F级和H级电绝缘材料、耐热绝缘膜、半导体封装、电缆包覆、耐热端子、接插件、印刷线路板；各种齿轮、轴承、垫圈、密封圈、汽车刹车片、减震器、医疗器械等机械零部件；或用于航天器的隔热层、导弹耐烧蚀壳体、飞机雷达天线罩、尾舵部件、航空电池以及各种耐热电子元件。也用作耐高温胶黏剂及纤维等。

【生产单位】 四川东方绝缘材料厂，武汉

塑料十五厂等。

Bs007 氟酐型聚酰亚胺

【英文名】 polyimide of fluoroalkylene type; polyimide based dianhydride on fluoroalkylene

【别名】 聚苯酮四酰亚胺

【结构式】

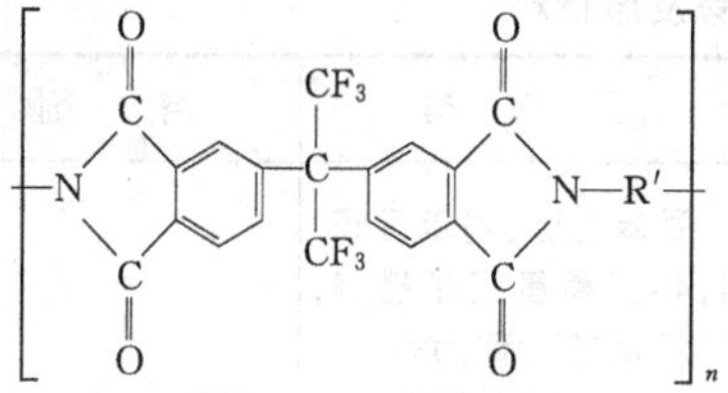

式中，R′为 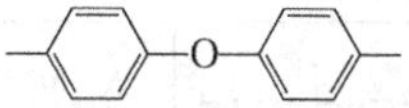 或 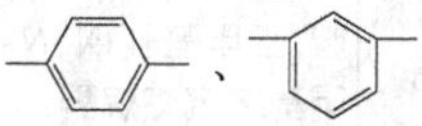 及其混合物。

【性质】 它是主链上带有含氟侧基的热塑性聚酰亚胺，具有优良的耐热性能和耐热氧化稳定性，长期使用温度可达260～316℃，有优良的韧性、电性能及力学强度。相对密度 1.40～1.46，T_g229～365℃，拉伸强度在室温时为 78～110MPa，260℃高温下仍保持 21～30MPa，弯曲强度 83～117MPa。树脂溶液贮存稳定性好，在室温下可达 13.5 个月。

【制法】 氟酐型聚酰亚胺采用 2,2-双(3′,4′-二羧基苯) 六氟丙烷二酐 (简称 6F) 与芳香族二胺缩聚反应制得。所用的反应溶剂为 *N*-甲基-2-吡咯烷酮的乙醇溶液 (25∶75，质量比)。

【质量标准】

美国杜邦公司生产的氟酐型聚酰亚胺 NR-150 产品质量标准

指标名称	NR-150A	NR-150A$_2$	NR-150B	NR-150B$_2$
相对密度	1.42	1.42	1.40	1.46
洛氏硬度	60	68	101	70
玻璃化温度/℃	290	282	365	362
最高使用温度/℃		260		343
弯曲强度/MPa	97.2	97.2	82.7	117
弯曲弹性模量/GPa	3.65	3.99	4.12	4.17
拉伸强度/MPa				
室温	77.9～83.4	86.9～111	96.5	110
260℃	21.4～23.4	27.6～29.6		
316℃			29.6	31
伸长率/%				
室温	2.8～3.6	3.5～8.0	3	6
250℃	26～51	54～69		
316℃			35	65
拉伸弹性模量/GPa				
室温	3.36～3.626	3.25～3.94	3.43	4
260℃	1.26～1.31	1.28～1.4		
316℃			0.931	1.03
悬臂梁(缺口)冲击强度/(J/m)	37.3	37.3	28.8	41.1
热稳定性/%				
空气或氮气中500℃热失重	1.0	1.0	1.0	1.0
空气中335℃等温热失重	0.082	0.086	0.032	0.013

【成型加工】 可采用真空袋-热压器法、真空袋-烘炉法或模压等方法加工成型。

【用途】 主要用于石墨、硼、玻璃纤维增强材料及特种胶黏剂。复合材料用作结构材料、绝缘材料、透电磁波材料、热烧蚀屏蔽材料等，用于宇航结构件、飞机零件等。

【生产单位】 中科院上海有机化学研究所曾进行研制。

Bs008 聚苯酮四酰亚胺

【英文名】 polyphenylene ketone four imide

【别名】 酮酐型聚酰亚胺

【性质】 酮酐型聚酰亚胺制品性能优良，长期使用温度为 260～300℃。与玻璃、金属等有良好的粘接能力。合成工艺简单，成本较低。

用二苯酮四羧酸二酐与二苯甲烷二异氰酸酯反应制得的聚酰亚胺，可溶于低沸点溶剂中（如丙酮），用碳纤维或玻璃纤维等增强，其层压板可在 250℃长期使用，在 400℃短期使用，耐热老化性能优良。

酮酐型聚酰亚胺牌号及原材料

牌号	二酐类	二胺类	溶剂
Skybond-700、Skybond-702、Skybond-6234	3,3′,4,4′-二苯甲酮四羧酸二酐	间苯二胺、对苯二胺、4,4′-二氨基二苯醚、4,4′-二氨基二苯甲烷	
PI2080①	3,3′,4,4′-二苯甲酮四羧酸二酐	4,4′-二苯甲烷二异氰酸酯、甲苯二异氰酸酯	N,N-二甲基甲酰胺、二甲基亚砜、N-甲基-2-吡啶烷酮
Larc-2、Larc-3、Larc-4	3,3′,4,4′-二苯甲酮四羧酸二酐、均苯四甲酸二酐	3,3′-二氨基二苯甲酮，4,4′-二氨基二苯甲酮	双(2-甲氧基乙基)醚
Lare-TPI	3,3′,4,4′-二苯甲酮四羧酸二酐	3,3′-二氨基二苯甲酮	双(2-甲氧基乙基)醚

①PI2080 的结构式为

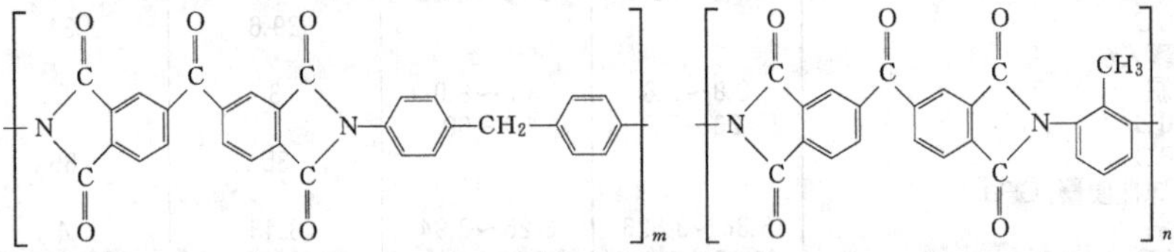

【制法】 由 3,3′,4,4′-二苯甲酮四羧酸二酐与芳香族二胺经缩聚而制得。

【成型加工】 可采用模压、烧结等方法成型加工。

二苯酮四羧酸二酐与二异氰酸酯二苯甲烷反应制得的酮酐型聚酰亚胺层压板成型工艺为：增强材料浸渍该树脂的丙酮胶液并除去溶剂后，在 200℃下预固化 3h，然后在 300℃、6.3MPa 压力下保温 15min，最后在 150～300℃热处理 5h，300℃处理 16h，350℃处理 2h。

【用途】 酮酐型聚酰亚胺用于制作层压板、印刷电路板、增强塑料、薄膜、胶黏剂、涂料、漆及泡沫塑料等。可制备耐高温结构件，如超音速飞机、火箭、喷气发动机内的零部件等。

【生产单位】 原化工部黎明化工研究院，上海合成树脂研究所等。

Bs009 聚酯-酰亚胺

【英文名】 polyesterimide

【结构式】

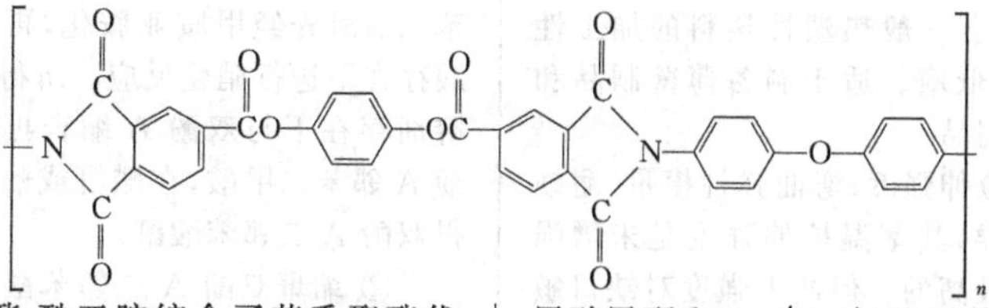

【性质】 聚酯-酰亚胺综合了芳香聚酯优良的电绝缘性能、力学性能和聚酰亚胺的耐高温等特性，在 230～240℃可使用 20000h，耐化学药品性能良好，加工性能优于均苯型聚酰亚胺，成本低。用聚酰-酰亚胺制得的淡黄色透明坚韧薄膜，强度高于均苯型聚酰亚胺膜。软化温度为 300℃，长期使用温度 230～240℃。薄膜表面硬度为 3H。虽高温氧化稳定性不如均苯型聚酰亚胺，但比聚酯薄膜好。

【制法】 1. 苯酯法

由对苯二酚二乙酸酯与偏苯三甲酸单酐反应制得具有两个酯键的二酸酐，再与芳族二胺（如 4,4′-二氨基二苯醚）在强极性溶剂中进行缩聚反应，制得聚酯-酰胺酸，再经酰亚胺化处理制得。将 4,4′-二氨基二苯醚或 4,4′-二氨基二苯基甲烷溶于二甲基乙酰胺中，加入对苯基双偏苯三酸酯酐，反应温度不超过 25℃，待反应物完全透明后，再在 70～75℃下反应制得一定黏度的聚酯-酰胺酸溶液。用该溶液可制薄膜或干燥成粉末。酰亚胺化温度为 240～300℃。

2. 其他方法

可采用在聚酯树脂中交替加入偏苯三甲酸甲酐和 4,4′-二氨基二苯醚，经缩聚及高温脱水反应制得；也可将偏苯三甲酸单酐与二元胺的反应，合成带有酰亚胺基团的二元羧酸中间体，再与低分子量的聚酯反应等方法制备。

【质量标准】 国产聚酯-酰亚胺薄膜性能

指标名称	指标
厚度/mm	0.025
拉伸强度/MPa	100～110
断裂伸长率/%	14.7
表面电阻率/Ω	1.98×10^{16}
介电常数(1MHz)	2.71
介电损耗角正切(1MHz)	6.86×10^{-3}
介电强度/(MV/m)	154
燃烧性	自熄

【用途】 聚酯-酰亚胺主要用于 F 级和 H 级电绝缘漆、耐热绝缘薄膜、电缆包皮、半导体封装及制作纤维等。

【生产单位】 中科院长春应化所，上海涂料染料研究所等。

Bs010 聚双酚 A 四酰亚胺

【英文名】 polyetherimide；PEI

【别名】 聚醚酰亚胺

【结构式】

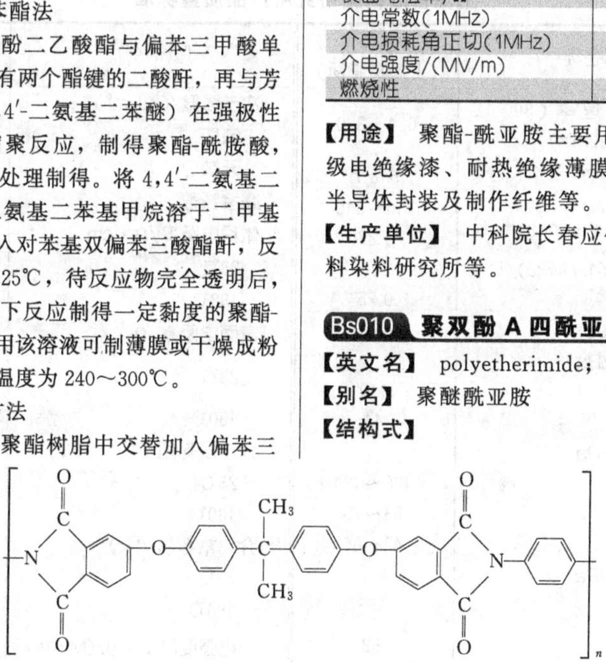

【性质】 聚醚酰亚胺是可熔性聚酰亚胺的一种，外观为琥珀色透明(半透明)树脂。它是一种综合性能优良的新型热塑性特种工程塑料。它既保持了聚酰亚胺的各种优异性能，又具有一般热塑性塑料的加工性能，而且价格低廉。适于制备薄壁制品和结构复杂的制品。

聚醚酰亚胺拉伸强度、弯曲弹性模量、耐蠕变等性能优异，其室温拉伸强度是未增强型聚合物中最高的。但冲击强度对缺口敏感性强。电绝缘性能好，甚至在高温、高频下仍保持良好的介电性能，耐化学药品范围宽，耐紫外线辐照性能优良，透微波，透红外线，对水的稳定性好。阻燃性好，且有燃烧时烟雾逸散量低，毒性气体含量少的特点。但耐热性不如一般聚酰亚胺(可在170℃长期使用)。

【制法】 ① 单体双酚A二酐的制备将邻苯二酸酐先经甲胺亚胺化，再于硝酸和硫酸存在下进行硝化反应。所得产物在极性溶剂存在下与双酚A缩合再经水解得双酚A邻苯二甲酸，在醋酐或热熔下脱水即得双酚A二邻苯酸酐。

② 缩聚双酚A二邻苯酸酐与间苯二胺在适量的调聚剂如苯胺或苯酐等存在下，在极性溶剂中经高温缩聚而得聚醚酰亚胺。

工艺流程如下。

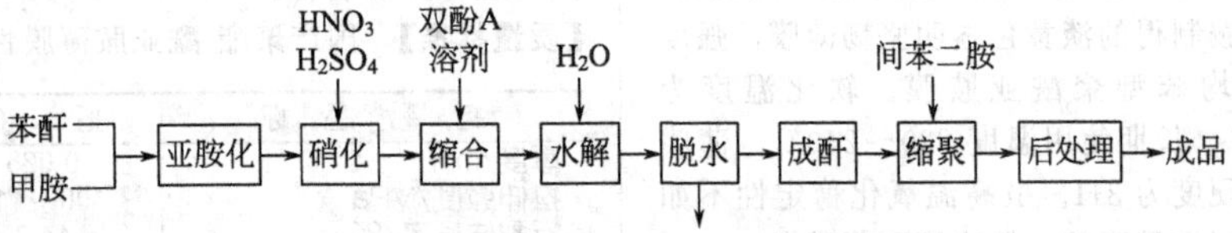

【质量标准】 **上海合成树脂研究所产品质量标准**

指标名称	PEI-P (上海树脂所)	指标名称	PEI-P (上海树脂所)
熔体流动速率(300℃, 0.7MPa)/(g/10min)	0.1~3.0	冲击强度/(kJ/m²)	
热分解湿度/℃	518.7	缺口 >	6
玻璃化温度/℃	210~215	无缺口	140
相对密度	1.27	摩擦系数	0.34~0.36
热变形温度(1.8MPa)/℃	200	体积电阻率/Ω·cm	
吸水性/%	0.25	23℃	2×10^{15}
燃烧性(UL-94)	V-0	180℃	2×10^{14}
拉伸强度/MPa		表面电阻率/Ω	
23℃	110	23℃	3×10^{16}~3×10^{17}
180℃	44	180℃	2×10^{15}
弯曲强度/MPa		介电损耗角正切(1MHz)	
23℃	106~131	23℃	3×10^{-3}
180℃	53~73	180℃	4×10^{-3}
200℃	47~66	介电常数(1MHz)	
压缩强度/MPa		23℃	3.3
23℃	156	180℃	2.5
180℃	62	介电强度(1.5mm)/(MV/m)	36~42

【成型加工】 聚醚酰亚胺具有热塑性塑料典型的加工特性，能用注射、挤出、吹塑等热塑成型方法制造各种形状复杂的制品。树脂热稳定性好，可多次加工而不分解。为确保制品最佳性能和外观，成型前，树脂应在180℃干燥4h，或130℃干燥6h。注射成型工艺条件：料筒温度330～340℃，注射压力49～98MPa，模具温度50～120℃，保压时间5～10s，冷却时间5～10s。

聚醚酰亚胺还可添加各种纤维和填料进行增强改性，其力学性能大幅度提高，还可加入石墨、二硫化钼或聚四氟乙烯等能提高其自润滑性能。

【用途】 由于聚醚酰亚胺具有许多优良性能，因此，是一种用途广泛的新型塑料。它在电气、电子、汽车、机械、仪器仪表、交通及宇航等工业部门用于制作各种零部件，如线圈骨架、接插件、各种车辆用的照明设备、轴承保持架、汽车汽化器外罩和阀盖、仪表罩、电容器外壳、压缩机油封圈、大炮炮膛用的闭气环等。另外，聚醚酰亚胺的预聚体还可制造大型蜂窝结构材料用于高速飞机和航天飞机上，可大大减轻其质量。

【生产单位】 上海合成树脂研究所。

Bs011 NCNS 塑料

【英文名】 addition polymerized triazine resin; NCNS polymer

【别名】 加聚型三嗪树脂

【结构式】

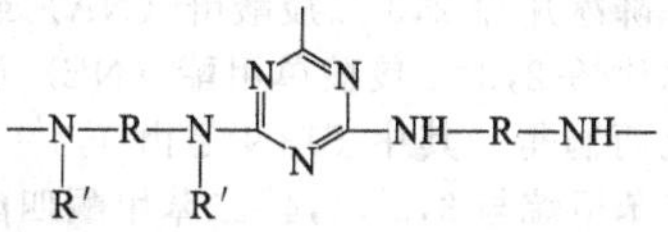

式中，R为芳香基团

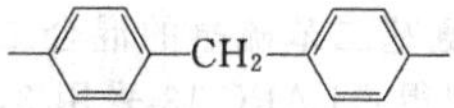

等；R′为亲电子基芳磺酰基。

【性质】 高分子主链中含有均三嗪重复单元的热固性树脂。溶于甲醇、乙醇、丙酮和甲乙酮，不燃，长期使用温度180℃，R′为芳磺酰基，提高加工性。性能与伯、仲双氰酰胺单体的物质的量的比有关，1∶1的树脂，密度1.40g/cm³，T_g（232℃后固化）280℃，弯曲强度82MPa，弯曲模量5.73GPa，吸水性0.49%。1∶2的树脂，密度1.31g/cm³，T_g（232℃后固化）300℃，弯曲强度117MPa，弯曲模量4.42GPa拉伸强度49MPa，拉伸模量4.1GPa，伸长率1.4%，吸水率0.64%，氧指数29%。

【制法】 1. 加聚型三嗪树脂的制备方法

由4,4′-亚甲基双苯胺制取伯双氰酰胺或带有芳基磺酰基的仲双氰酰胺。伯、仲双氰酰胺以1∶1和1∶2物质的量的比溶解在醇或丙酮、乙酸乙酯等溶剂中，回流1h得到树脂浓度为65%的低黏度溶液，真空除去溶剂后制得预聚物。

2. 加聚型三嗪树脂复合材料制备方法

采用溶液浸渍法和预聚物粉末成型法。

【质量标准】 美国西巴-盖奇公司生产的加聚型三嗪树脂产品（商品牌号为：NCNS-12M、NCNS-12J）单向HT-S碳纤维层压板的高温耐湿性能指标如下。

指标名称	NCNS-12M	NCNS-12J
层数/层	11	11
模型条件	205℃，4MPa下成型1.5h	225℃，4MPa下成型1.5h
后固化条件	225℃，4h	230℃，4h
纤维体积/%	55.0	56.0
短梁剪切强度/MPa		
175℃初始	82	58
在RH95%，48℃、30d后，175℃	34	44
沸水中24h后，175℃	52	54

【用途】 用玻璃纤维、石墨纤维和芳族聚酰胺纤维（kevlar）增强的层压材料可用于宇航、航空工业的结构制品，也可用于低空隙度的复合材料和蜂窝结构材料。覆铜箔玻纤层压板用于印刷电路板和电气部

件，还可制成模塑料、浸渍漆和胶黏剂。

伯与仲双氰胺单体物质的量的比为1∶1的树脂用于注塑或传递模塑；物质的量的比为1∶2的树脂用于压缩成型。分别于130℃/50min或130℃/11min形成交联。

【生产单位】 美国西巴-盖奇公司，NCNS-12M和NCNS-12J。

Bs012 纳特酰亚胺端基热固性树脂

【英文名】 NA-terminated polyimide; nadimide-terminated thermasetting resin

【别名】 NA基封端聚酰亚胺

【结构式】

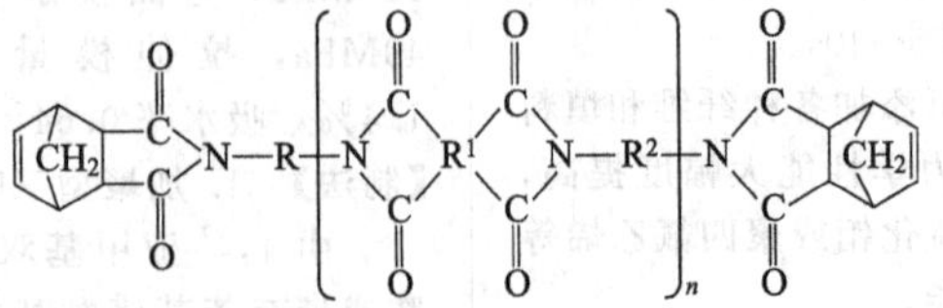

式中，R^1 为 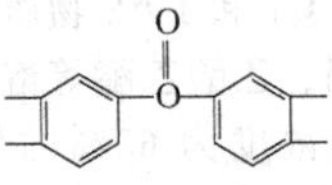 或 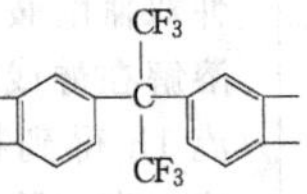；R、R^2 为 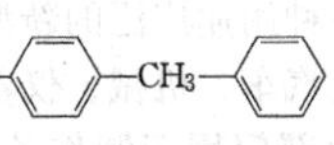 或

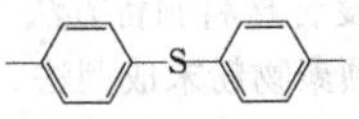，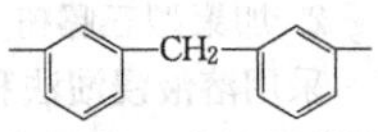，，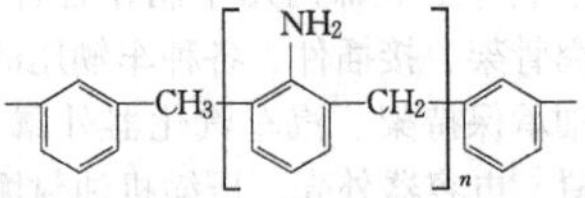

(n=0，1，2)。

【性质】 它是由5-降冰片烯-2,3-二羧酸酐（NA）或5-降冰片烯-2,3-二羧酸单甲酯（NE）进行端基封闭的聚酰亚胺类热固性树脂。有P13N、P105AC、LARC-13、PMR-15、PMR-15 Ⅱ、YB-10和LARC-160等几种牌号，因芳二胺单体不同而别。NA基封端聚酰亚胺加工时不产生挥发性物质，预浸渍工艺简单，预浸渍物稳定。模压制品热稳定性好，长期使用温度为260～300℃，且力学性能良好，其层压板孔隙率低（<2%），并可采用一般层压加工工艺成型。缺点是树脂溶剂有毒，造成制品有毒，吸水性强且成本高。PMR-15、YB-10和PMR-15Ⅱ型属低毒低成本品级，且PMR-15Ⅱ耐热性高于其他几种牌号，短期耐热温度可达316℃，其层压制品层间剪切强度高。LARC-160树脂浸渍性好，加工流动性好，可在中温和低压下成型，可制成形状复杂的结构件。NA基封端聚酰亚胺的碳纤维增强层压板弯曲强度在室温下高达1460～2160MPa，260℃下为1540～1870MPa；经260℃，500h后仍保持71～128MPa；层间剪切强度在室温下为97～113MPa，260℃下为55MPa，经260℃，500h后仍有48～55MPa。

【制法】 由芳香族二酐类与二胺类化合物聚合制得带有端氨基的聚合物溶液，再加入5-降冰片烯-2,3-二羧酸酐（NA）或5-降冰片烯-2,3-二羧酸单甲酯（NE）加成固化而制得。其中P13N是由4,4′-二氨基二苯甲烷与3,3′,4,4′-二苯甲酮四酸二酐缩合制得；P105AC由4,4′-二氨基二苯甲烷与4,4′-二氨基二苯硫醚的混合二元胺参与反应而制得；LARC-13采用3,3′-二氨基二苯甲烷作为二元胺单体参与缩合而得。PMR-15和YB-10是P13N的改性物。PMR-15Ⅱ型是PMR-15的第二代产品，均是采用低沸点溶剂的所谓现场加成聚合技术而制得，其配方如下。LARC-160 为 PMR-15 的改进型（属热熔型），主要区别是采用了多价液状胺的低聚物（吉夫胺），即 Jeffamine AP-22。

PMR-15 及 PMR-15Ⅱ型配方　　单位：mol

材　料	PMR-15	PMR-15Ⅱ型
5-降冰片烯-2,3-二羧酸单甲酯(NE)	2	2
二苯甲酮四羧酸二乙酯(BTDE)	2.087	
4,4′-二氨基二苯甲烷(MDA)	3.087	
2,2′-双(3′,4′-二羧酸单甲酯苯)六氟丙烷(6FDE)		1.67
对苯二胺(PPDA)		2.67

【质量标准】

上海合成树脂研究所本品层压板技术标准

指标名称	指　标	指标名称	指　标
外观	深红棕色、无气泡、不分层平板	表面电阻率/Ω	10^{14}
		体积电阻率/Ω·cm	10^{14}
相对密度(20℃)	1.80～1.87	介电强度/(kV/mm)	≥25
弯曲强度/MPa		介电常数(1MHz)	3.5～4.5
室温　≥	500	介电损耗角正切(1MHz)	9×10^{-3}
250℃　≥	400		

美国 TRW 公司 NA 基封端聚酰亚胺层压板性能

指 标 名 称	P13N 37%(体积)硼纤维增强层压板	PMR-15 碳纤维增强层压板	LARC-160 碳纤维增强层压板
弯曲强度/MPa			
室温	1560	1460	2160
260℃		1870	1540
260℃,500h		128	71
280℃	1210	1260	1460
280℃,500h		87	68
316℃		980	
316℃,500h		67	
层间剪切强度/MPa			
室温	70.7	113	97
260℃		55	55
260℃,500h		48	56
280℃		48	52
280℃,500h		43	49
316℃		18	
316℃,500h		16	

【成型加工】 可采用一般成型加工方法加工，在288℃时发生交联，固化温度316℃、固化时间1～2h、固化压力1.4MPa。

【用途】 NA基封端聚酰亚胺主要用于制作复合材料，如制作层压板、结构部件及耐高温绝缘制品等；在飞机及电气方面，用于制作喷气发动机引擎零件、电路板、电机槽楔、定子及转子绝缘侧板等，也可用作胶黏剂。

【生产单位】 上海合成树脂研究所，中科院化学研究所等。

Bs013 乙炔基封端聚酰亚胺

【英文名】 polyimide capped with ethynyl

【结构式】

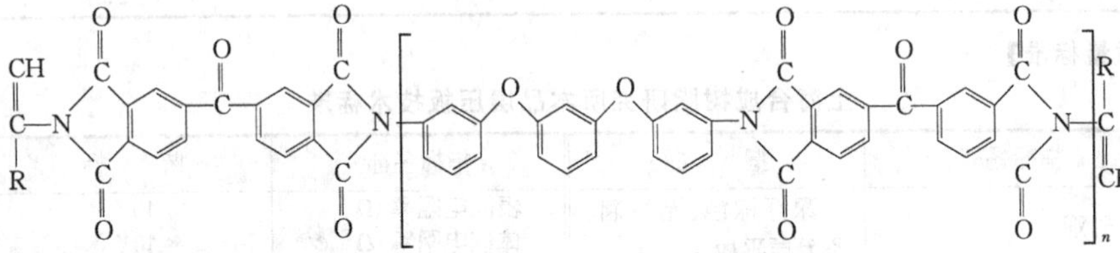

当R为 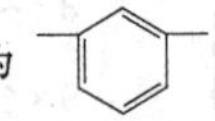 ，n=1时，为HR-600低聚物；n=2时，为HR-602低聚物。

当R为 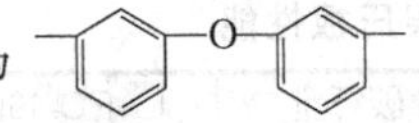 ，n=1时，为HR-650低聚物；n=0时，为HR-700低聚物。

【性质】 它是以乙炔基作为活性端基的热固性聚酰亚胺树脂，具有优异的耐热性，长期使用温度为300～350℃，树脂和胶黏剂在空气中371℃下，能稳定25～50h。在固化成型过程中没有挥发物产生，制品孔隙率、力学性能和耐热氧化性优良，耐磨性能好。主要缺点是加工性差，成本高。

【制法】 以酮酐、间位二氨基多苯醚、3-氨基苯乙炔为原料，N-甲基吡咯烷酮或二甲基甲酰胺等为溶剂，进行预聚，制得乙炔基封端的低聚物。分子量≥2000。当加热到200～250℃时，预聚物交联，乙炔端基在交联过程中三聚而环化，形成芳环结构。

【质量标准】

美国休斯飞机公司生产的乙炔基封端聚酰亚胺HR-600产品质量标准

指标名称	指　标
拉伸强度/MPa	97
拉伸弹性模量/GPa	3.79
伸长率/%	2.6
弯曲强度/MPa	124～145
弯曲弹性模量/GPa	4.48～4.55
压缩强度/MPa	214
巴氏硬度	45
介电常数	3.13～3.14
介电损耗角正切	$(4.8\sim5.8)\times10^{-3}$

【成型加工】 树脂和层压板固化条件为：温度250～260℃，时间2h，压力14MPa。后固化条件：温度316℃，时间4～48h。

【用途】 乙炔基封端聚酰亚胺主要用于制作玻璃纤维或石墨纤维等填充的增强材料，如层压塑料和模压塑料；或添加MoS_2等制作固体复合自润滑材料和耐磨部件，制备宇航、飞机等结构部件。亦可作为高温胶黏剂、清漆等。

【生产单位】 中科院兰州化学物理研究所曾进行研制。国外生产单位及牌号有：美国休斯飞机公司生产的牌号为 HR-600；美国海湾石油化学公司等。

Bs014 聚苯并唑

【英文名】 polybenzoxazole；PBO

【结构式】

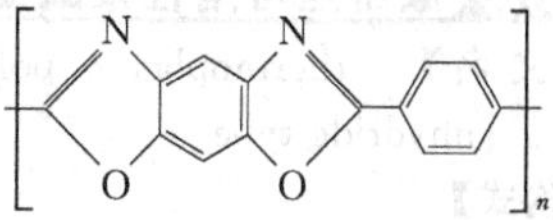

【性质】 PBO 的强度和刚性都很大，有极好的耐氧化、耐潮湿、耐紫外线和耐辐照性能，绝缘和热稳定性优良，工作温度高达 300～350℃。

PBO 的热起始分解温度为 650℃，在 316℃下，经 100h 处理，质量保持不变。371℃下 50h 后质量保持 80%，650℃以上才分解。聚合物不熔不溶。

耐化学药品性能极好，除溶解于 100%的浓 H_2SO_4、甲基磺酸外，不溶于任何化学溶剂。PBO 的主要性能如下。

性能	数值
密度/(g/cm³)	1.52
热降解湿度/℃	650
热稳定性(质量保持率)/%	
316℃,100h	100
371℃,50h	80.0
吸水率/%	1.0
介电常数(10⁶Hz)	2.8

【制法】 PBO 有多种合成方法。

1. 多磷酸法

4,6-二氨基间苯二酚（DBD）盐酸盐与对苯二甲酸在多磷酸（PPA）中高温缩聚，反应温度在 200～350℃。化学反应式为

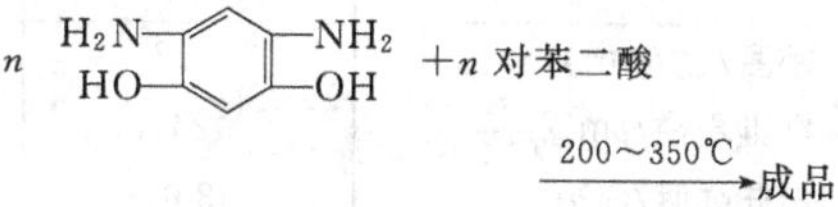

用苯二甲酰氯代替对苯二甲酸，在多聚磷酸中合成 PBO。该法是先将苯二甲酸酰氯与多磷酸混合。在氮保护下 60℃反应 16h，90℃ 5h 后除去 HCl，然后加 4,6-二氨基间苯二酚，并补加一定量的 PPA，升温到 160～170℃反应 3h，185℃反应 3h，200℃反应 45h，反应结束后，用甲醇沉淀分离出 PBO，洗涤，得到的 PBO 可以直接配聚纺丝。

2. 中间相聚合法（mesophase polymerization）

用甲磺酸为溶剂和缩聚剂，加入质量为 40%～45%的 P_2O_5，由 4,6-二氨基间苯二酚与对苯二酰氯反应。反应时间由近 100h 缩短到 10h 多，而且得率提高，是一种可实际应用的方法。

3. 三甲基硅烷基化法

先合成如下中间体。

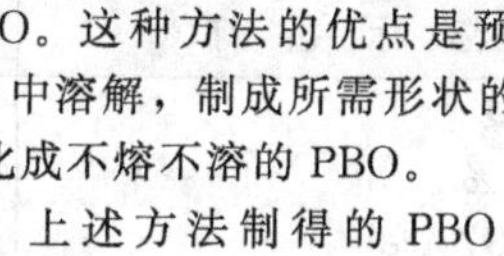

中间体再与对苯二酰氯在 NMP 中 0℃反应，然后在 250℃环化，脱硅烷，得到 PBO。这种方法的优点是预聚体可在 NMP 中溶解，制成所需形状的制品后加热环化成不熔不溶的 PBO。

【用途】 上述方法制得的 PBO 能溶解于 100%的浓 H_2SO_4 或 97.5/2.5 的甲磺酸与氯磺酸混合物中，配成浓度 10%的向列状液晶纺丝液，经湿法纺丝后在 425～450℃进行热拉伸处理，得到的 PBO 纤维与另外几种纤维的性能比较如下。

性　　能	PBO	Kevlar-49	Kevlar-149	碳纤维
密度/(g/cm³)	1.52	1.44	1.47	1.8
纤维直径/μm	24	12	12	6.0
拉伸强度/GPa	3.6	3.3	2.7	3.58
拉伸模量/GPa	370	132	179	232
断裂伸长率/%	1.9	2.4～1.5	1.4～1.5	1.5
吸水率/%	1.0	4.3	1.1～1.2	1.0

PBO纤维的模量为Kevlar-49的2.5倍，比宇航级的碳纤维还要高50%，是一种极好的芳族有机纤维。有可能用作增强材料的增强剂和特种织物，用于军用飞机、宇航器材零件；织物可作防射线，防水阻燃服；纺成中空纤维，可用于反渗透膜。PBO用碳纤维和石墨纤维压制的层压材料可用于多层电路板、火箭发动机外壳、太阳能阵列等，还可用于航天技术的压力阀及空间结构等。PBO制成厚度为0.006～0.0125mm的膜，经双轴拉伸，拉伸强度达到2000MPa，拉伸模量270000MPa，热膨胀系数3×10^{-6} m/(m·K)，工作温度达400℃。因尺寸稳定性好，可用作多层印刷软线路板和电气绝缘材料。此外，还可作胶黏剂和涂料等。

【生产单位】 武汉市化工研究所和丹东市化工研究所进行过研制，美国DuPont公司有该产品的生产。

Bs015 顺酐型可熔性聚酰亚胺

【英文名】 thermoplastic polyimide of maleic anhydride type

【结构式】

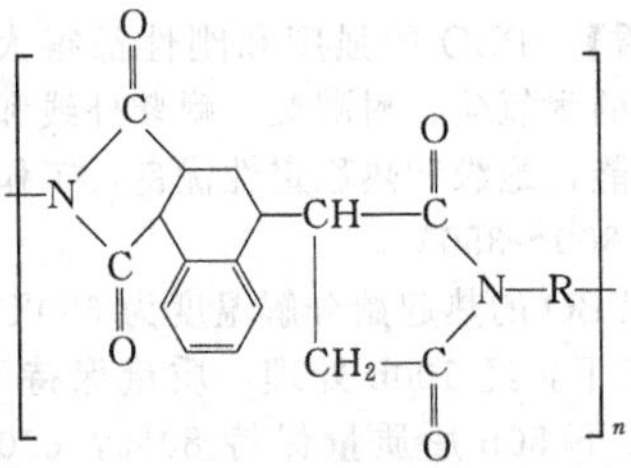

【性质】 顺酐型可熔性聚酰亚胺是可溶可熔性树脂，成型加工性能好，制品成本低，并具有优良的耐热性，可在230℃连续使用一年以上，263℃连续使用3个月。耐化学稳定性好，耐水性优良。可溶于二甲基甲酰胺、二甲基乙酰胺、二甲基亚砜及*N*-甲基吡咯烷酮等强极性溶剂中。其性能见表。

指　标　名　称	数　　值	指　标　名　称	数　　值
相对密度	1.28	缺口,3.2mm	3.26～4.35
吸水性/%	0.75	摩擦系数(对钢)	
拉伸强度/MPa		静	0.13
－60℃	107	动	0.15
22.7℃	70.5～84.5	热变形温度(1.85MPa)/℃	260
伸长率/%	5.0～8.0	线胀系数/(×10⁻³/K)	2.85～3.18
压缩强度/MPa	159	分解温度/℃	
冲击强度/(kJ/m³)		在空气中	452
无缺口	16.3～27.2	在氮气中	479

续表

指标名称	数值	指标名称	数值
弯曲强度/MPa		表面电阻率/Ω	
-40℃	175	22.7℃ >	7.0×10^{13}
22.7℃	114～142	100℃	2.3×10^{13}
200℃	70～85.7	200℃	3.4×10^{14}
246℃	47	耐电弧性/a	125
弯曲弹性模量(232℃、8000h)/GPa	3.5	介电常数(1kHz)	3.4
体积电阻率/Ω·cm		介电损耗角正切(1kHz)	2.8×10^{-3}
22.7℃ >	1.6×10^{16}	介电强度/(kV/mm)	
100℃	7.8×10^{14}	25.6℃	15.1
200℃	9.5×10^{13}	100℃	19.5

【制法】 顺酐型可熔性聚酰亚胺由顺丁烯二酸酐与苯乙烯在一氧化氮存在下进行加成反应制得 1-丁二酸酐-3,4-二甲酸酐-1,2,3,4-四氢化萘，该二酐再与二元胺进行溶液缩聚或熔融缩聚而制得。

【成型加工】 顺酐型可熔性聚酰亚胺可采用模压、挤出、注射等方法成型加工。

① 注射成型可使用长径比为 20 的螺杆注射机，温度为 246～316℃。

② 挤出成型挤出温度为 316～344℃，模具必须加热。

③ 模压成型模具加热至 300～302℃，加入该聚酰亚胺树脂，闭模（加热）、预热 3min，开模 20s，再闭模加压 2min，内压力升至 20.4MPa，用水蒸气将模具冷至 204～232℃脱模。

【用途】 顺酐型可熔性聚酰亚胺可作为复合材料用树脂基体，可制成各种型材，并可用于制作胶黏剂、涂料等。

Bs016 BT 树脂

【英文名】 bismaleimide triazine resin; BT resin

【别名】 双马来酰亚胺三嗪树脂

【结构式】

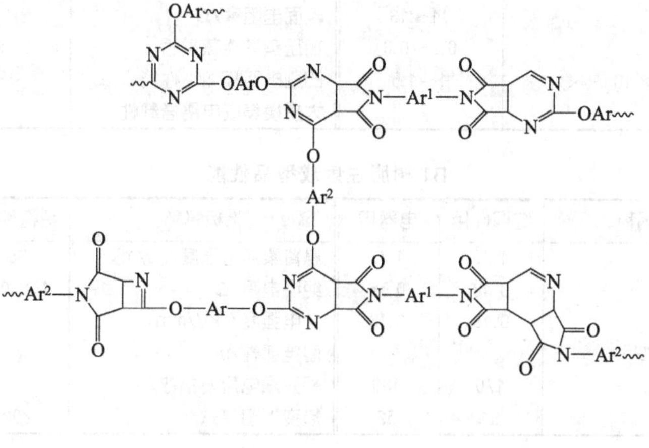

式中，Ar 为 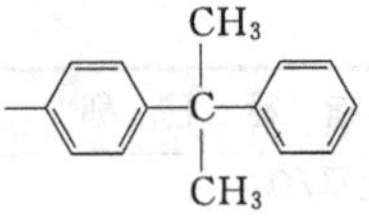；Ar′ 为 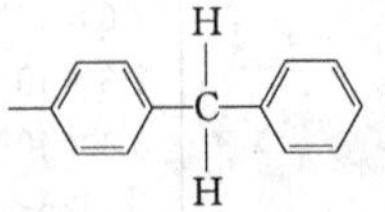。

【性质】 由三嗪 A 树脂（T 组分）和双马来酰亚胺（B 组分）构成。未固化树脂分为固态（熔点 100℃，中、高分子量，耐热、高耐热）、半固态（低分子量，耐热）、液态（黏度 2～10Pa · s）、甲乙酮溶液（中、低分子量，耐热、高耐热，阻燃）和粉末（高分子量，耐热）等类。加热自行固化，无需催化剂和固化剂。在耐热、介电性能、高温粘接性、尺寸稳定性以及耐温性等方面具有优良的综合性能，特别是耐高温潮湿性能优异，而且有良好的成型加工性、反应性及低毒性。

【制法】 BT 树脂是由三嗪 A 树脂（简称 T 组分）和双马来酰亚胺（简称 B 组分）经化学反应固化而制得。

① 三嗪 A 树脂的制备方法双酚 A 或间二酚与氯化氰反应制得双氰酸酯，然后加热得到可溶和可熔的三嗪 A 树脂预聚物。

② 双马来酰亚胺的制备方法将二元胺和乙酸钠溶解在 *N*,*N*-二甲基甲酰胺中，在 50～60℃加入马来酸酐进行反应，然后将反应混合物倒入蒸馏水中，过滤沉淀出的产物，在 50℃下干燥，即得双马来酰亚胺。

③ BT 树脂的固化和加工 T 组分多时，蒸汽加热到 175℃固化。B 组分多时，加热到 220～250℃固化。采用一般热固性树脂成型加工方法。

质量标准日本三菱瓦斯化学公司产品质量标准见下表。

BT 树脂层压板性能

指标名称	指　标	指标名称	指　标
玻璃化温度/℃	240～330	弯曲强度/MPa	600
长期使用温度/℃	170～210	剥离强度(150℃)/(N/m)	15～17
耐湿热性(400℃)/s	20	介电常数(1kHz)	4.1～4.3
铜箔粘接力/(N/m)		介电损耗角正切(1kHz)	$(2\sim8)\times10^{-8}$
20℃	14～19	体积电阻率/Ω · cm	5×10^{15}
200℃	11～13	表面电阻率/Ω	5×10^{14}
吸水性/%	0.3～0.6	加压蒸煮器蒸煮后	无异常
线胀系数/($\times10^{-5}$/K)	1～1.5	印刷电路板加工性能	优良
巴氏硬度	71	大规模集成电路搭载性	优良

BT 树脂注射成型品性能

指标名称	结构件用	电器用	指标名称	结构件用	电器用
相对密度	1.75	1.77	悬臂梁冲击强度/(J/m)	65	50
收缩率/%	0.48	0.55	绝缘电阻/Ω	1×10^{15}	2×10^{14}
吸水性/%	0.18	0.16	介电强度/(kV/mm)		9.2
弯曲强度/MPa			耐电弧性/s		180
25℃	170	130	相对漏电痕迹指数/V		185
200℃	61	52	热变形温度/℃	290	290

碳纤维增强 BT2532-F 树脂性能

指 标 名 称	指 标
弯曲强度/MPa	
25℃	>500
在 80℃水浸渍 14d	600
短梁剪切强度/MPa	50

【用途】 BT 树脂可用以制碳纤维、聚酰胺纤维复合材料，用于飞机、精密仪器、机床、X 射线装置和汽车等方面的耐热性能结构材料，其覆铜板应用于电子工业方面；注射料用于制作电绝缘制品；与银粉制作的银浆涂料，用作耐高温导电涂料，用于半导体双焊接混合集成电路等方面。

【生产单位】 日本三菱瓦斯化学公司等。

Bs017 聚苯并咪唑

【英文名】 polybenzoimidazole；PBI

【结构式】

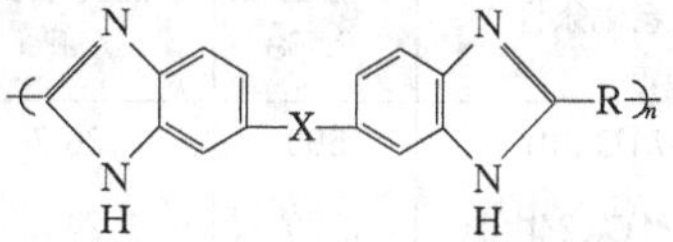

式中，X 为—，—O—；R 为脂肪族基或

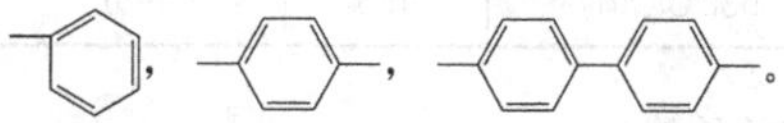

其中以聚（2,2′-间亚苯基 5,5′-双苯咪唑）最重要。

【性质】 高分子主链中含有苯并咪唑重复单元的耐高温、芳杂环聚合物。其为黄到棕褐色无定型粉末，不溶于普通有机溶剂，稍溶于浓硫酸、冰醋酸和甲磺酸，溶于含 LiCl 的二甲亚砜、二甲基乙酰胺和二甲基甲酰胺。密度 1.3～1.4g/cm³。芳族聚苯并咪唑玻璃化温度 480℃，比含脂肪烃的高 100～250℃。低温性能优良，在－196℃也不发脆。PBI 薄膜拉伸强度 110MPa，拉伸模量 2.65GPa，伸长率 11%；室温和液氮温度缺口悬臂梁冲击强度约 80J/m，不燃，氧指数 46～28，瞬时耐高温优良；在氮中 500℃开始失重，900℃失重 30%；在空气中 316℃，300h 热失重 10%；316℃相对介电常数和介电损耗角正切与室温时基本相同，分别为 3.58、0.0070 和 3.48、0.0065；炭化得率高，比一般有机聚合物高 85%；耐烧蚀性优良，耐水解，耐酸、碱，吸湿性与棉花相似；在火焰中收缩率低，约 6%。

【制法】 PBI 由 3,3′,4,4′-四氨基联苯和间苯二甲酸二苯酯在多磷酸或在熔融非稀释剂（如四氢噻吩砜或二苯砜）中缩聚制取，工业上用熔融缩聚，在氮气中 280℃加热 2.5h 得到易加工的低分子量聚氨基酰胺，然后在真空中 400℃加热脱水环化得高分子量 PBI。

【质量标准】 日本松下电工公司产品性能指标如下。

聚苯并咪唑模压制品在不同温度的压缩强度

温度/℃	屈服强度/MPa	极限强度/MPa	弹性模量/GPa
室温	372		6.2
202	202	408	
316	97	403	
428	15	279	
538	0.13	5	

聚苯并咪唑模压制品在空气中热老化性能

热老化条件	压缩屈服强度/MPa	压缩极限强度/MPa	热老化条件	压缩屈服强度/MPa	压缩极限强度/MPa
316℃,1h	98	459	428℃,1h	10	258
316℃,500h	113	366	538℃,1h	0.14	44
316℃,1000h	146	325			

聚苯并咪唑模压制品介电性能

温度/℃	介电常数	介电损耗角正切	温度/℃	介电常数	介电损耗角正切
室温	3.48	6.5×10^{-3}	538	3.55	8.8×10^{-3}
316	3.58	7.0×10^{-3}	668	3.80	19.1×10^{-3}
428	3.64	8.1×10^{-3}			

聚苯并咪唑玻璃布层压板的力学性能

温度/℃	弯曲强度/MPa	弯曲弹性模量/GPa	温度/℃	弯曲强度/MPa	弯曲弹性模量/GPa
-253	1237	46.4	371	591	31.6
-54	984	42.2	482	330	23.9
室温	949	38.7	549	127	15.5
260	710	30.9			

聚苯并咪唑玻璃布层压板的热老化性能

热老化条件	弯曲强度/MPa	弯曲弹性模量/GPa	热老化条件	弯曲强度/MPa	弯曲弹性模量/GPa
室温	949	38.7	371℃,1h	590	26.7
315℃,1h	595	27.4	371℃,24h	270	24.6
315℃,200h	70	14.1	538℃,1h	155	19.0

聚苯并咪唑薄膜的性能

试 验 条 件	拉伸强度/MPa	吸收率(质量分数)/%	体积电阻率/Ω·cm
常态	110		约 10^{12}
三次热循环,每次在145℃的40%KOH溶液中36h	57	15.1	1.66×10^{6}

聚苯并咪唑复合材料和酚醛复合材料烧蚀性能比较

复合材料名称	表面温度/℃	辐射率	烧蚀热/(J/kg)	背温达135℃时间/s
石英玻璃布增强聚苯并咪唑	2521	0.52	28×10^{6}	41.0
石英玻璃布增强酚醛树脂	2449	0.64	81×10^{6}	31.3
碳纤维布增强聚苯并咪唑			24×10^{6}	31.8
碳纤维布增强酚醛树脂	3454	0.62	59×10^{6}	20.0

【成型加工】 PBI主要用作玻璃布层压板。成型工艺为：将无碱玻璃布用高浓度PBI预聚体浸渍，加热除去溶剂，在压机上加压，并于压力下升温至370℃，然后在1.37MPa压力下维持3h。在该压力降温并用氮气保护，分别于316℃、371℃条件下各熟化24h，再于427℃处理8h并在室温下冷却，即制得层压板。

PBI薄膜采用溶液浇铸法制取。

【用途】 PBI可制成各种用品如玻璃布层压板、模塑料、薄膜、胶黏剂、绝缘漆、泡沫塑料及纤维等。模压制品常用作耐热自润滑轴承。玻纤、碳纤维或微球层压板或低密度泡沫塑料可用作耐烧蚀材料和热屏蔽结构材料，用于飞机和航天器的雷达天线罩、防辐射罩、返航器前罩，机翼和导向板以及印刷线路板等。薄膜和绝缘漆用作宇宙飞行器燃料电池的耐热、耐碱隔膜。

改性后的这种薄膜可作电解槽的耐碱隔膜。它为H级电绝缘材料。也可制成离子交换膜，用于分离氘。PBI纤维有极好的耐高温和耐辐射性，其织物可用防火、防原子辐射的防护服以及回收火箭时的减速降落伞。低聚物用作耐高温胶黏剂，539℃剪切强度达9.8MPa，用于火箭、导弹等在瞬时高温下工作器件的粘接；也用于飞机制造和机械工业中作铝合金、不锈钢等金属材料、蜂窝结构、聚酰亚胺薄膜、硅片等的结构粘接等。

【生产单位】 上海曙光化工厂，大连化工研究所。

Bs018 端炔基苯基喹喔啉反应性低聚物

【英文名】 acetylene terminated quinoxaline resin; ATQ resin

【别名】 端炔基喹喔啉树脂

【结构式】

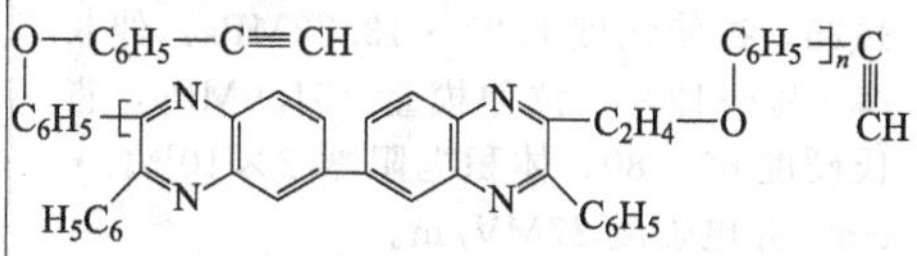

【性质】 低黏度液体，对纤维浸润性好，易溶于多种有机溶剂，加热时能扩链生成高分子量聚合物。玻璃化温度321℃。其薄膜室温拉伸强度103.4MPa，拉伸模量2.61GPa，伸长率5%。

【制法】 由3,3′,4,4′-四氨基联苯和4,4′-氧联二联苯甲酰在间甲酚中缩聚，控制单体比得到α-二羰基或邻二氨基封端的低聚物，加入3-(3′,4′-二氨基苯氧基)苯乙炔封端剂进行封端合成而成。

【用途】 主要用于高温胶黏剂，制备纤维浸渍剂、复合材料和薄膜等。

【生产单位】 中科院化学所进行过研制。

Bs019 聚苯撑

【别名】 聚亚苯基；聚苯

【英文名】 poly phenylene

【结构式】

【性质】 聚苯的性质由于制备方法不同而有所差异。一般具有下列特性。热稳定性高，分解温度530℃，在空气中500℃加热30min失重5%，其热稳定性较聚酰亚胺、聚四氟乙烯为优。可在300℃长期使用。耐辐射性好，经^{60}Co辐射源10^7Gy（10^9rad）照射后，其强度不变。聚苯不溶于除浓硝酸和吡啶外的任何溶剂，在其他化学试剂中经数千小时，其性能几乎不变。特别在耐碱方面远比聚酰亚胺要好。即使90℃的氢氟酸对它也无腐蚀作用。

不溶不熔聚苯粉末在68.6～88.2MPa压力下冷压成型，400℃烧结8h

的模压制品性能是：相对密度 1.23～1.25，拉伸强度 6.27～13.72MPa，伸长率 8%～12%，拉伸模量 151.9MPa，肖氏硬度 60～80，体积电阻率 $2\times10^{15}\Omega\cdot cm$，介电强度 27MV/m。

将可溶可熔的聚苯预聚物与交联剂、溶剂配成的溶液浸渍增强材料如石棉制品，在适当温度和压力下交联成型，便制得聚苯含量为 48%～52% 的石棉层压板。其性能如下。

指标名称	指标
相对密度	1.4～1.7
弯曲强度/MPa	
25℃	205.8～253.82
300℃	172.48～205.8
弯曲模量/GPa	12.35～17.15
拉伸强度/MPa	
25℃	137.2～186.2
200℃	102.9～137.2
300℃	68.6～96.01
老化寿命(弯曲强度降到 34.3MPa 的时间)	
200℃	6～12 年
300℃	1000～1500h
400℃	30～150h

【制法】 聚苯的合成方法较多，从合成工艺过程和产品性能分，有一步法直接制备高分子量的不溶不熔聚苯和两步法先合成低分子量的可溶可熔预聚物，再进一步交联成不溶不熔物。

1. 一步合成法

以苯为原料，在催化剂 $AlCl_3$ 和氧化剂 $CuCl_2$ 存在下，于 80℃ 进行聚合反应。反应混合物经过滤后，用苯洗涤，再用稀盐酸和水反复煮沸、洗净、干燥即得不溶不熔聚苯。此外，用对氯苯为单体，金属钾、钠作催化剂，对二甲苯作溶剂，在 95℃ 进行溶液聚合，也可得高分子量不溶不熔聚苯。

2. 两步合成法

以间苯二磺酰氯与三联苯为原料，在搅拌下将间苯二磺酰氯缓缓滴加于熔融的三联苯中，在 300～310℃ 反应至 HCl 和 SO_2 气体放完为止，可得分子量在 800～1800 的脆性聚苯预聚物。它具有良好的溶解性，可用间苯二磺酰氯或对苯二甲醇、对苯二乙炔苯等为交联剂，进一步交联形成不溶不熔高聚物。

【成型加工】 可熔性聚苯的加工方法是，将预聚物与交联剂间苯二磺酰氯或对苯二甲醇等共溶于氯仿中，把增强材料如石棉、碳纤维等浸渍于聚苯预聚物溶液中，饱和后干燥之，在 2.94～6.86MPa 和 300℃ 条件下压制成型，再经后固化（275℃ 24h、300℃ 24h、325℃ 24h），即可制得性能良好的聚苯复合材料。在加工过程中放出有害气体，应予注意。

不溶不熔性聚苯需采用类似粉末冶金的方法加工。若用等离子喷涂等方法可获得聚苯涂层。

【用途】 由于聚苯耐热氧化、耐辐射、耐化学药品性和耐烧蚀性好，它与石棉、碳纤维、石纤维等复合层压材料，可用于火箭发动机部件，在 300℃ 下工作的高速（10000～20000min）轴承、原子能反应堆中调节件、耐辐射耐热氧化的结构件以及用作腐蚀环境中的轴承件和化工设备。

聚苯的自润滑性优于二硫化钼和石墨，在聚四氟乙烯中填充少量聚苯可作压缩机密封环、各种轴瓦、轴套等。在橡胶中添加少量聚苯可提高其耐热性。聚苯还可作为高温离子交换树脂，耐高温、耐辐射涂料及胶黏剂。

【生产单位】 山东省青岛化工研究所曾进行研制。

Bs020 聚乙二酰脲

【英文名】 polyparabanic acid；PPA

【结构式】

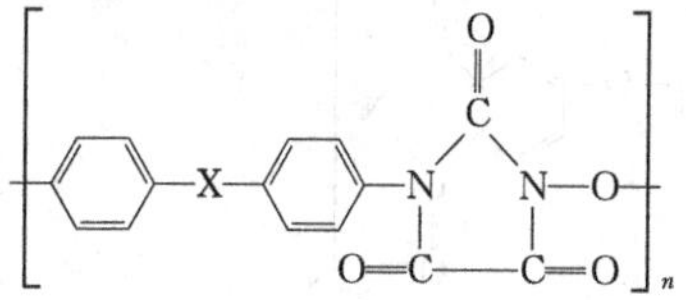

式中，当 X 为 CH_2 时，简称 PPA-M；当 X 为 O 时，简称 PPA-E。

【性质】 聚乙二酰脲只溶解在二甲基亚砜和二甲基甲酰胺中，不溶解于一般有机溶剂（如芳烃、氯代烃、酮、醇和酯等）。有高的耐热性。

聚乙二酰脲薄膜有两种，PPA-M 和 PPA-E。PPA-M 在空气中 289℃ 开始降解，450℃ 热失重 10%，500℃ 热失重 55%。

【制法】 ① 生产聚乙二酰脲以聚咪唑二酮为原料在无机酸存在下水解而制得。聚咪唑二酮的合成有三条路线。

a. 氢氰酸和氰化钠与二异氰酸酯以 *N*-甲基吡咯烷酮（以下用 NMP 表示）为溶剂，迅速反应生成聚咪唑二酮，收率为 80%～100%（本法较常用）。

b. 二异氰酸酯和氰基甲酰胺于氰化钠存在下，在 NMP 中反应生成聚咪唑二酮。

c. 氰基甲酰胺异氰酸酯于氰化钠存在下，在 NMP 中反应生成聚咪唑二酮。

② 由溶液浇铸法制取聚乙二酰脲薄膜。

【质量标准】

美国埃克森公司聚乙二酰脲薄膜产品技术标准①

指标名称	PPA-M	PPA-E
密度/(g/cm³)	1.30	1.38
拉伸强度/MPa	98	105②
伸长率/%	10～20	15～60③
耐折性/次	10^4	≥2×10^3
耐强碱性	良好	良好
耐强酸性	良好	良好
耐有机溶剂	劣	劣
耐水性	优良	优良
耐湿性	优良	优良
最高使用温度/℃ ≥	155	155
热变形温度/℃	282	
燃烧性	自熄	自熄
介电常数(1kHz)	3.82	3.50
介电损耗角正切(1kHz)	4×10^{-4}	2.7×10^{-3}
介电强度/(kV/mm)	23.6	23.6
体积电阻率/Ω·cm >	10^{16}	10^{15}

① 两种薄膜都用浇铸法制得。

② 拉伸强度在 -90℃ 为 172MPa，在 204℃ 为 34MPa。

③ 伸长率在 -90℃ 为 10%，在 204℃ 为 20%。

【用途】 聚乙二酰脲薄膜主要用作高耐热性绝缘薄膜。PPA-E 性能优于 PPA-M，前者为 H 级绝缘，后者为 F 级绝缘。PPA 还可制绝缘漆和模塑制品。

【生产单位】 美国埃克森公司，PPA-M 和 PPA-俄 E 薄膜。

Bs021 苯并咪唑

【英文名】 copoly (benzimidazole lmide)；benzimidazole lmide copolymer

【别名】 聚苯并咪唑酰亚胺，酰亚胺共聚物

【结构式】

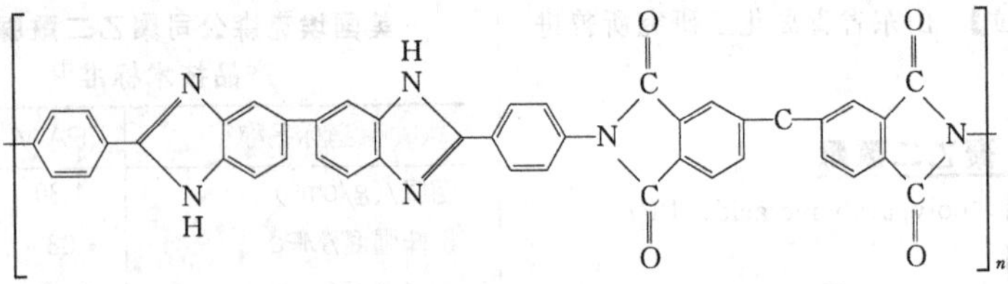

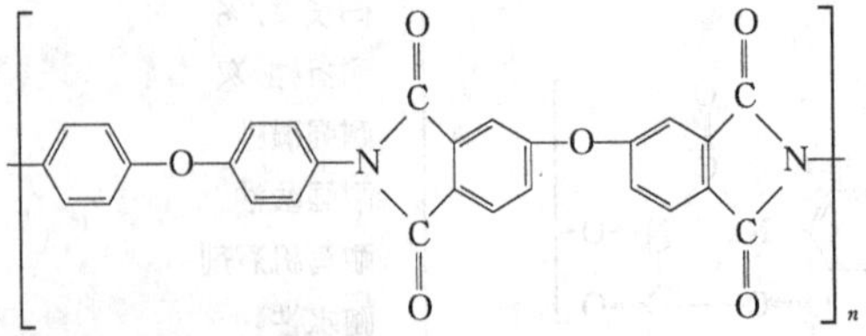

【性质】 聚苯并咪唑酰亚胺分子结构具有醚酐型聚酰亚胺和聚苯并咪唑的重复链节。其模塑料可在250～270℃使用，综合性能优异并超过醚酐型聚酰亚胺，尤其是高温力学性能比较稳定。

【制法】 将3,3′,4,4′-二苯醚四甲酸二酐与4,4′-二氨基二苯醚及2,2′-二（对氨基苯基)-5,5′-二苯并咪唑溶解在二甲基亚砜中，于室温下进行缩聚反应，然后加热脱水环化而成。

【质量标准】 聚苯并咪唑酰亚胺模塑料性能如下。

指标名称	指标
相对密度	1.37
吸水性/%	0.08
模型收缩率/%	0.17～0.67
压缩强度/MPa	
室温	170
200℃	86.2
250℃	65.3
布氏硬度/MPa	1.91
玻璃化温度/℃	305
热分解温度/℃	506
线胀系数/($\times 10^{-3}$/K)	4.7
介电常数(1MHz)	
室温	3.35
250℃,300h	3.20
介电损耗角正切(1MHz)	
室温	4.12×10^{-3}
250℃,300h	2.98×10^{-3}
体积电阻率/Ω·cm	
室温	7.1×10^{15}
250℃,300h	1.7×10^{16}

续表

指标名称	指标
弯曲强度/MPa	
室温	212
200℃	87.3
250℃	55.1
冲击强度/(kJ/m²)	＞60
摩擦系数(阿姆斯勒磨损机上，2.3MPa,3h)	0.29
磨耗/mm	2.2～4
表面电阻率/Ω	
室温	8×10^{14}
250℃,300h	4×10^{16}
弯曲强度/MPa	
250℃,300h	
室温	220
250℃	59.5
压缩强度(250℃,300h 老化后室温测定)/MPa	167

【成型加工】 聚苯并咪唑酰亚胺压缩模塑工艺条件：模具温度390～400℃，成型压力100MPa，模压时间15min。

【用途】 聚苯并咪唑酰亚胺可制作模塑料、薄膜、层压板、胶黏剂、涂料和密封剂等，用以制作高温和低温介质下的密封圈、垫圈、结构部件等。

【生产单位】 上海合成树脂研究所。

Bs022 聚噁二唑

【英文名】 polyoxadiazole

【结构式】

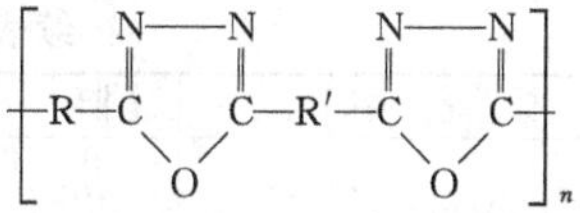

式中，R 和 R′可为脂肪烃，如 $\leftarrow CH_2 \rightarrow$，亦可为脂环烃 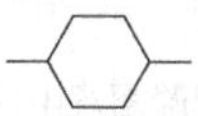 或者为芳烃 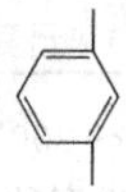，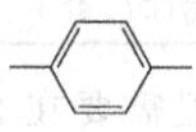 等。

【性质】 它是在高分子主链中含有嘧二唑重复单元的耐高温芳杂环聚合物。呈黄或褐色透明状，部分结晶，经拉伸取向可提高结晶度。含芳烃聚嘧二唑熔融温度400℃以上，含脂肪烃聚嘧二唑熔融温度100～200℃。含脂肪烃、脂环烃聚嘧二唑溶于二甲亚砜和其他极性溶剂如 *N*,*N*′-二甲基乙酰胺、*N*-甲基吡咯烷酮；含芳烃聚嘧二唑只溶于浓硫酸或三氟醋酸。耐水解性优良，在100℃水中浸泡7d仍保留90%强度、96%伸长率和拉伸模量。耐紫外线性能差。空气中含脂肪烃聚嘧二唑300～350℃开始分解，含芳烃聚嘧二唑400～450℃开始分解，700℃失重约48.2%。自熄。含芳烃聚嘧二唑薄膜拉伸强度118MPa，伸长率25%～50%，空气中300℃加热168h，仍保留室温力学性能的60%。

【制法】 1. 聚嘧二唑树脂制备方法

(1) 聚酰肼本体缩聚　聚酰肼于氮气保护下或在真空中加热脱水环化制得聚嘧二唑。

(2) 聚酰肼在脱水剂存在下缩聚　聚酰肼用浓硫酸、氯化氢、酸酐、甲苯磺酸和三氯化磷作为脱水剂，于200～300℃环化制得聚嘧二唑。

(3) 二元羧酸或它们的衍生物与肼或它们的盐溶液缩聚制得聚嘧二唑（本法较为常用）。如苯二羧酸或其衍生物和肼的硫酸盐，在发烟硫酸或多磷酸中于85～200℃缩聚成聚嘧二唑。

(4) 二酰肼溶液自缩聚　二酰肼在多磷酸或发烟硫酸中自缩聚成聚嘧二唑。

(5) 聚（*N*-酰胺基腙）缩聚　聚（*N*-酰胺基腙）在三氟乙酸或多磷酸中加热缩聚成聚嘧二唑。

(6) 双四唑与二酰氯缩聚　对苯双四唑和二元酸酰氯在吡啶中缩聚成聚嘧二唑。

2. 薄膜制备方法

(1) 多孔耐热膜的加工方法　将热塑性树脂（聚乙烯、聚丙烯腈或聚氯乙烯）混在聚嘧二唑的硫酸溶液中，溶液浇铸成膜后在水中凝胶，再用热的芳烃溶剂抽提出热塑性树脂的粒子。

上述的从聚嘧二唑硫酸溶液制得的聚嘧二唑薄膜在水中浸泡凝胶后，再冷冻它，除去间隙中的水分。

(2) 由薄膜制层压制品的方法　用聚嘧二唑的硫酸溶液浇铸成的薄膜，在54%硫酸中凝胶，再用水洗，于80～350℃的模子中压制而成。若在压制之前中和凝胶膜中的酸可以提高最终产品的伸长率。凝胶膜可以自身层压，也可与纸层压制成电绝缘材料。

【质量标准】 日本古河电气工业公司本品薄膜性能

指标名称	指标	指标名称	指标
长期使用温度/℃	200以下	伸长率/%	
210℃使用时间/h	2×10^4	25℃	138
短期使用温度/℃	250	180℃	75
密度/(g/cm³)	1.38～1.41	耐折叠次数/次	$>10^4$
线胀系数/($\times10^{-5}$/K)	1.2	撕断强度/(kN/m)	340
拉伸强度/MPa		介电常数	
25℃	100～120	25℃	3.3
180℃	80	180℃	3.0

续表

指标名称	指标	指标名称	指标
介电损耗角正切		180℃	9×10^{14}
25℃	$(1.2\sim8)\times10^{-5}$	介电强度/(kV/mm)	
		25℃	210
180℃	5×10^{-3}	150℃	195
体积电阻率/Ω·cm		20%硫酸溶液中(24h)无变化	
25℃	$10^{15}\sim10^{16}$	20%氢氧化钠溶液中(24h)	无变化

【用途】 可制薄膜和多孔膜。聚（对亚苯基-1,3,4-噁二唑）用于性能优良的高温胶黏剂。聚（对亚苯基-1,3,4-噁二唑-*N*-甲基酰肼）用于制高强度、高模量和高伸长率纤维，用作汽车轮胎帘布，比 Kevlar 纤维使用寿命提高一倍。还可制玻纤层压材料。

【生产单位】 大连合成纤维所及黑龙江省化工所等单位先后研究过。

Bs023 乙炔基封端聚苯预聚物

【英文名】 acetylene terminated phenylene oligomers; H resin

【别名】 H-树脂

【结构式】

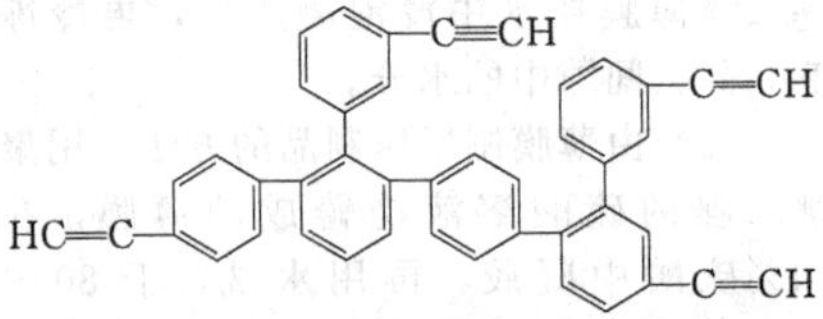

【性质】 H-树脂固化前易溶于一般的有机溶剂（例如甲乙酮、苯、甲苯和氯仿）。在高极性溶剂中（如水和甲醇）基本上不溶。H-树脂具有优良的耐氧化性、耐热性和耐化学药品性。H-树脂在加热到400℃时，仍是稳定的，在约1000℃的高温会慢慢分解，得到约85%的碳。

【制法】 (1) H-树脂生产方法 以异构的二乙炔苯（或其他芳香二乙炔化合物）和三苯基膦为原料，用四氯化钛/二乙基氯化铝（或乙酰基丙酮化镍）为催化剂，在苯中反应而制得。

(2) H-树脂的固化 H-树脂在160℃以下，几分钟内就开始固化，但交联度不高。一般需要在200～300℃加成反应几个小时方可得到高交联度的树脂。

(3) H-树脂复合材料的生产方法

① 溶液浸渍法将压碎的固体树脂用甲乙酮溶解配成树脂胶液，浸渍碳布增强材料并于空气中干燥后，放在预热的压机上，于14MPa的压力、110～160℃下成型。然后在250℃、接触压力下后固化，最后冷却至100℃以下卸模取出制件。

② 碳布熔体浸渍法在碳布上松散地撒上H-树脂粉末，再铺上一层碳布，按需要交替此操作，最后放入合模模具中。当整个模具加热到110℃，树脂变成熔体浸渍碳布，并部分固化。于加压下，在120～160℃固化，得到模塑制品。

【质量标准】

H-树脂（无填料）固化后的性能

指标名称	指标
密度/(g/cm³)	1.35
在空气中使用温度/℃	
连续	215(最低)
短期	350(最低)
弯曲强度/MPa	
23℃	34(最低)
弯曲弹性模量/GPa	
23℃	4.8(最低)
300℃	3.4(最低)
巴氏硬度(935-1)	85
泰伯磨耗/(g/1000r)	0.0015
燃烧性	不燃
氧指数	55(最低)
比热容(50℃)/[J/(kg·K)]	1200
热导率/[W/(cm·K)]	2.7
固化反应最高放热量/(J/kg)	84×10^4
体积电阻率/Ω·cm	10^{17}

续表

指标名称	指标
介电损耗角正切(60Hz)	
23℃	2×10^{-3}
100℃	9×10^{-4}

【用途】 H-树脂可制备耐腐蚀结构件、耐烧蚀部件，如火箭发动机推进系统的高性能耐烧蚀结构件。还可用于耐腐蚀涂料。

【生产单位】 美国赫克里斯公司，H-Resin。

Bs024 聚苯并噻唑

【英文名】 polybenzothiazole；PBT

【结构式】 有反 PBT 和 2,6-PBT 两种结构。

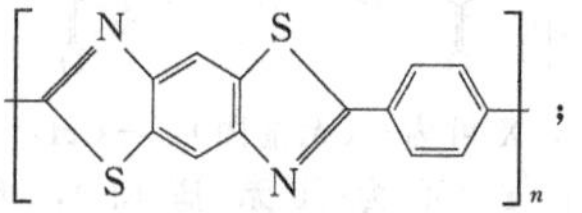

反 PBT

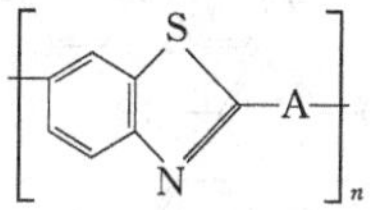

2,6-PBT

式中，A 为脂肪烃或含柔性键或不含柔性键的芳烃。

【性质】 在高分子主链中含有苯并噻唑重复单元的耐高温、高模量芳杂环聚合物，有反 PBT 和 2,6-PBT 两种结构，属溶致液晶聚合物。深黄到褐色固体，密度 1.42～1.6g/cm^3，不燃，玻璃化温度 400℃以上，含芳烃 PBT 的 T_g 约比含脂肪烃的高 100℃。不溶于普通有机溶剂，只溶于多磷酸、甲磺酸、氯磺酸和浓硫酸，含脂肪烃的 PBT 还可溶于间甲酚和甲酸。耐热氧化稳定性比聚苯并咪唑和聚苯并噁唑高，在 600℃空气中热失重只有 6%。热膨胀系数 -1.1×10^{-6}/℃，耐电子束、激光、紫外线辐照，耐分子氧，耐水解，在 40%KOH 水溶液中回流 36h 无影响。室温拉伸强度 2.4GPa，拉伸模量 250GPa，伸长率 1.5%，具有非线性光学性能，第三非线性光学极化率大于 CS_2，响应时间 10^{-12}s 数量级。

【制法】 聚苯并噻唑的制备方法有溶液缩聚（高温溶液缩聚和低温溶液缩聚）和熔融缩聚，后者通常用于小量生产。

1. 高温溶液缩聚法

将 3,3′-二巯基联苯二胺加入反应釜中，以 *N*,*N*-二乙基苯胺或多磷酸为溶剂，在惰性气体保护下，高温搅拌使之溶解，再加入间苯二甲酸二苯酯（或其衍生物），在 215℃左右反应生产预聚物，用石油醚沉淀之，经洗涤、干燥，所得的预聚物再于 400℃加热 1h，即得聚苯并噻唑。

2. 低温溶液缩聚法

将 3,3′-二巯基联苯二胺和间苯二甲酰氯及强极性溶剂二甲基甲酰胺（或二甲基乙酰胺等）置于反应釜中，以吡啶为酸吸收剂在 −5～0℃低温下进行缩聚反应数小时得到可溶的预聚物，经沉析、洗涤、干燥，然后在惰性气体保护下于 400℃脱水环化，即制得聚苯并噻唑聚合物。

【质量标准】

美国 Abex 公司生产的 PBT 溶液浸渍玻璃纤维增强塑料性能

指标名称		指标
弯曲强度/MPa	室温时	392
	316℃热老化 360h	124.46
	427℃热老化 6h	211.68
弯曲模量/GPa	室温时	24.5
	316℃热老化 360h	21.56
	427℃热老化 6h	18.62

【成型加工】 PBT 是不熔聚合物。它的成型加工必须在可溶可熔的预聚物阶段进行。但加工比聚苯并咪唑困难。

【用途】 用 PBT 预聚物多磷酸溶液干喷湿纺，经拉伸热处理制得的纤维和条带，可用于石棉替代物和缆绳等。织物用于防弹服。用碳纤维、石墨纤维制的层压材料可用于多层电路板、火箭发动机外壳、太阳能阵列等，还可用于航天技术的压力阀及空间结构架等。在刚性棒状分子增强复合材料中，用作分子水平增强剂，高模量片材是高级复合材料的新型增强材料。

【生产单位】 上海涂料染料研究所，北京市化工研究院。

Bs025 聚苯并噁嗪二酮

【英文名】 polybenzoxazinedione

【结构式】

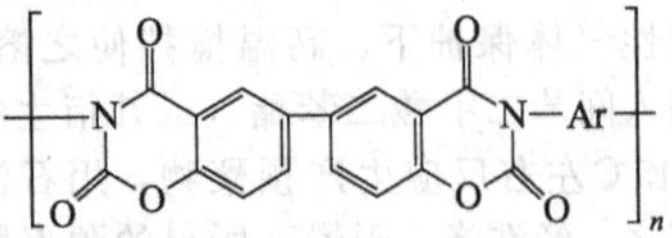

式中，Ar为 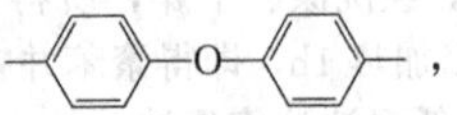，

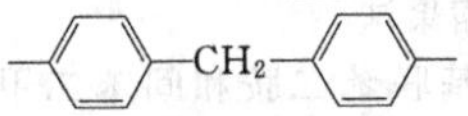。

【性质】 高分子主链中含有苯并噁嗪二酮重复单元的耐高温芳杂环聚合物。熔点大于390℃，热变形温度约320℃。－180～300℃有较好的力学强度及电性能，长期使用温度180℃，密度1.38g/cm³。薄膜拉伸强度144MPa，伸长率100%，相对介电常数（800Hz）3.8，介电损耗角正切（800Hz）2×10^{-3}。可溶于强极性溶剂。

【制法】 由芳族二羟基二羧酸或其酯与二异氰酸酯，在强极性有机溶剂二甲基乙酰胺、*N*-甲基吡咯烷酮、六甲基磷酰胺中，以叔胺为催化剂进行低温溶液聚合，再经180～360℃真空加热脱醇、环化制得，化学反应方程式为

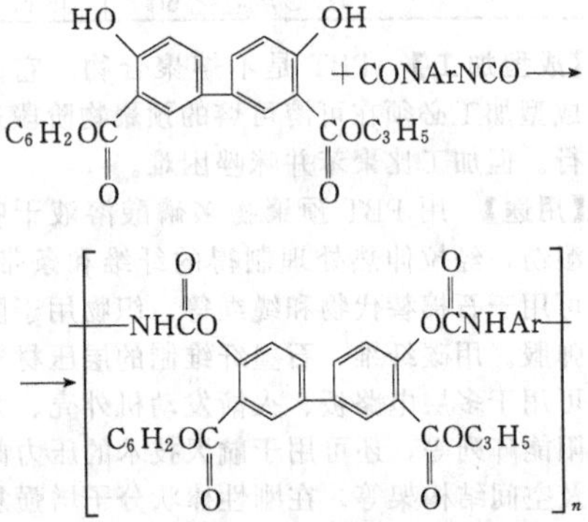

$\xrightarrow{-C_6H_2OH}$ 成品

【用途】 本产品经浇铸成膜，经拉伸取向后用于F级、H级电绝缘，还可制成绝缘漆。

【国外生产单位及牌号】 德国Bayer公司生产该薄膜产品，其牌号为IDO-4051。

Bs026 聚苯并噁嗪酮

【英文名】 polybenzoxazinone

【结构式】

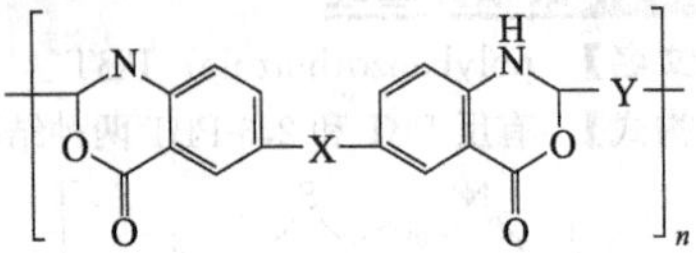

式中，X可为—(无基团)，—CH_2—，—N═N—；Y可为—(无基团)，环己基，

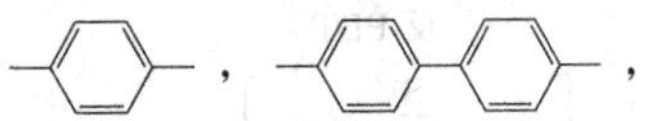，

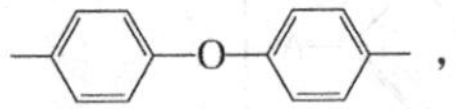，

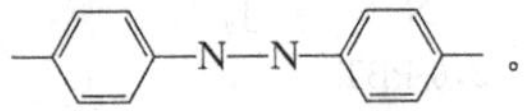。

【性质】 高分子主链中含有苯并噁嗪酮重复单元的耐高温芳杂环聚合物。密度0.9～1.1g/cm³，不溶于普通有机溶剂，稍溶于含LiCl的二甲基甲酰胺、二甲基乙酰胺、二甲基亚砜和*N*-甲基吡咯烷酮；溶于发烟硝酸和浓硫酸，对酸、碱稳定。全芳族聚苯并噁嗪酮在空气中375℃、*N*-2中550℃开始分解，900℃失重24%；含脂肪基聚苯并噁嗪酮热稳定性不变，但溶解性增加；含偶氮基的热稳定性下降50℃。薄膜拉伸强度400MPa，伸长率40%。

【制法】 将3,3′-二羧基-4,4′-二氨基联苯和苯二甲酰氯溶于二甲基乙酰胺中，在吡啶催化下，经低温（10℃）缩聚生成易于加工的聚氨基酸｛[η]＝2.6dL/g｝，然后在二甲基乙酰胺、醋酐及吡啶混合物中，于150℃脱水环化合成高分子量芳族聚苯并噁嗪酮，还可进行熔融缩聚。

【用途】 主要用于制作F级、H级绝缘漆和高温绝缘薄膜，也可制纤维，在原子能和航天技术中，可用于大功率电机和变压器，含—N═N—键的聚苯并嗯嗪酮还具有光致变色性能。

【生产单位】 日本东洋人造丝公司。

Bs027 聚苯并咪唑喹唑啉

【英文名】 polybenzimidazoquinazoline；PIQ

【结构式】

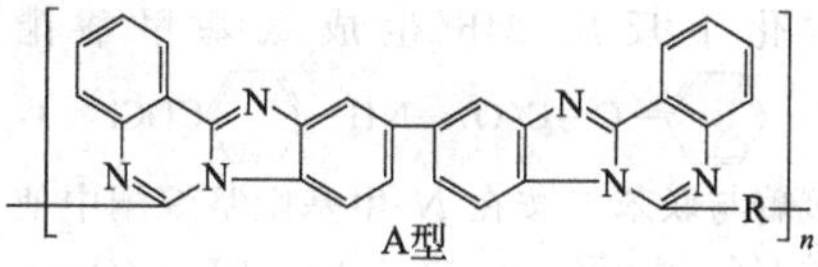

A型

式中，R为

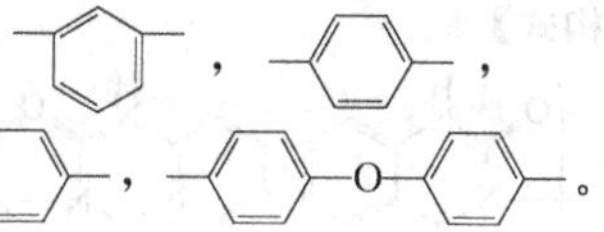

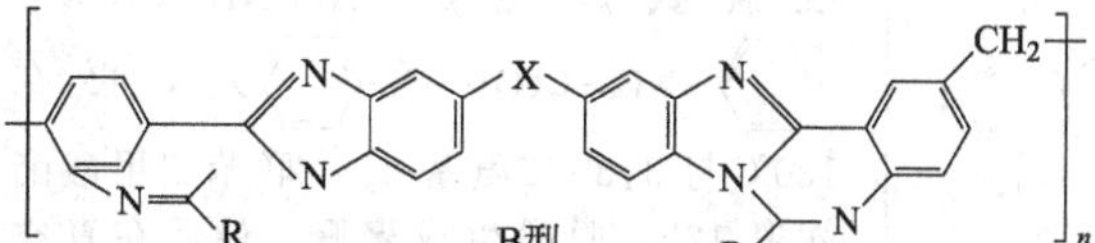

B型

式中，X为—（无基团），—CH_2—；R为—CH_2，—C_6H_5。

【性质】 聚苯并咪唑喹唑啉是一个含三个氮原子的稠双杂环聚合物，分A型和B型两种类型。外观为黄到褐色的粉末。其预聚物可溶解于二甲基乙酰胺，二甲基甲酰胺，*N*-甲基吡咯烷酮中；聚合物只溶解于硫酸中。耐热性能优异，380～420℃开始失重，在500～560℃只失重10%，A型聚合物比B型更稳定。这种聚合物的热氧化性能与聚苯并咪唑苯并菲咯啉（BBB、BBL）基本相同。

【制法】 1. A型聚苯并咪唑喹唑啉的合成方法

① 由对苯二甲酸二甲酯与双咪唑二胺

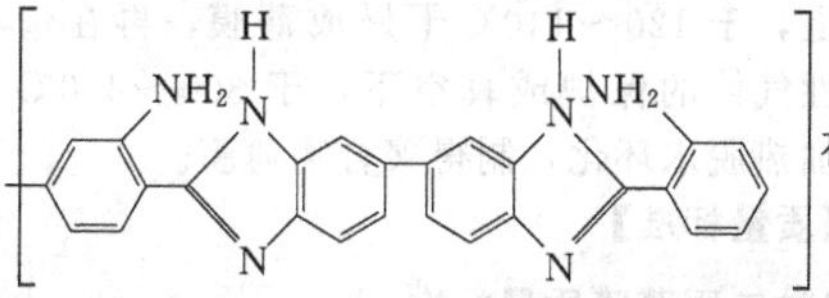

在多磷酸中，于230～250℃直接缩聚而成。

② 由联苯四胺与芳香二酰胺酸在多磷酸中，于230～250℃直接缩聚而成。

2. B型聚苯并咪唑喹唑啉的合成方法

① 由芳香二酰胺酸与芳香四胺在多磷酸中，于230～250℃直接缩聚而成。

② 由芳香二酰胺酸加热脱水环化成双苯并嗯嗪酮

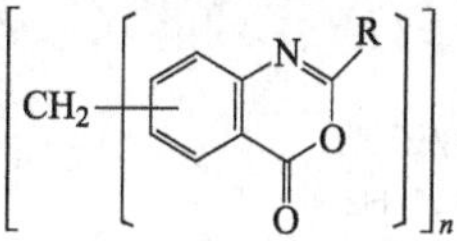

，再与芳香四胺在多磷酸中，于230～250℃直接缩聚而成。

【质量标准】 美国惠特克公司PIQ碳纤维复合材料的性能指标如下。

聚苯并咪唑喹唑啉碳纤维复合材料性能

指标名称	指标
树脂含量/%	30
固化条件	在265℃固化45min
弯曲强度/MPa	
室温	781
370℃,1h	722
370℃,50h	978
弯曲弹性模量/GPa	
室温	1.22
370℃,1h	1.16
370℃,50h	1.16

聚苯并咪唑喹唑啉碳纤维复合材料热老化性能

热老化条件	热失重/%
370℃,1h	0.06～0.07
370℃,50h	0.67～0.46
370℃,200h	4.56

【用途】 聚苯并咪唑喹唑啉用于制造碳纤维复合材料应用于航空工业和宇航技术中，制造长期耐高温氧化的轻质机翼，气体推进系统结构件等。

【生产单位】 美国惠特克公司的PIQ碳纤维复合材料。

Bs028 聚喹唑啉二酮

【英文名】 polyquinazolinedione

【结构式】

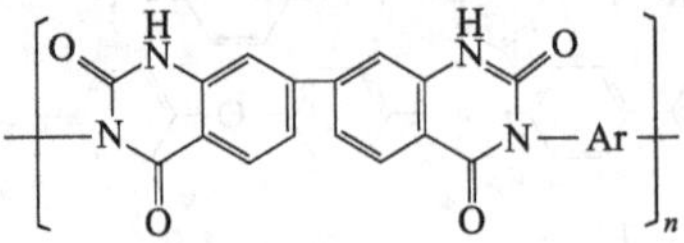

式中，Ar 为 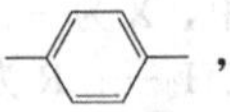，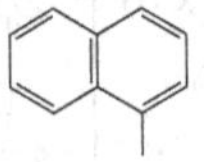，

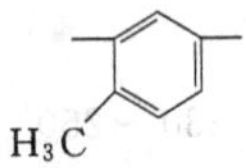，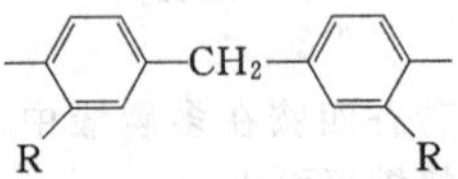。

【性质】 高分子主链中含有喹唑啉二酮重复单元的耐高温芳杂环聚合物。具有金属光泽的金黄色透明粉末，密度 1.42g/cm^3；空气中 510℃、氮气中 550℃时开始失重，失重 20%的温度分别为 650℃和 860℃；不溶于大多数有机溶剂，仅溶于发烟硝酸和氯磺酸。能被 35%的硫酸、78%的 KOH 侵蚀；耐水解、耐臭氧和耐辐射。

【制法】 ① 采用二异氰酸酯和 4,4′-二羧基联苯二胺溶液缩聚法，将 4,4′-二羧基-3,3′-联苯二胺和二异氰酸酯溶解在多磷酸中于 160℃聚合制得聚脲酸溶液，再制成薄膜或粉末于真空下和 300～400℃加热脱水环化而制得（本法较常使用）。

② 使 4-异氰酸酯基苯甲酰氯氨解生成聚脲，经脱醇环化生成聚喹唑啉二酮。苯胺与 4-异氰酸酯基苯甲酰氯在丁基锡催化下反应 24h 生成氨基甲酸酯（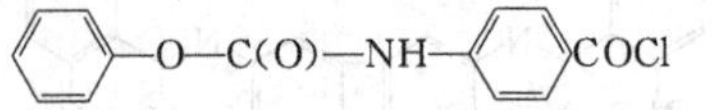），接着与联苯二胺在 *N*-甲基吡咯烷酮中使酰氯氨解生成 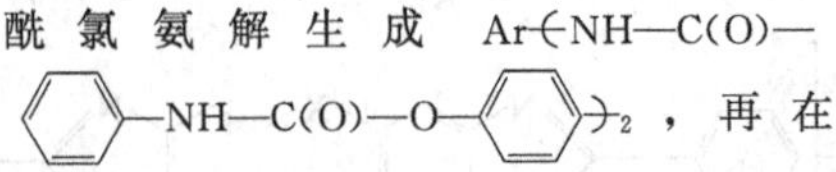，再在 120℃与 3,3′-二氨基-4,4′-联苯二甲酸酯缩聚 12h，脱酚生成聚脲，最后在真空下、200～300℃加热 3h 环化成聚喹唑啉二酮。

③ 由芳香胺和 *N*-甲磺酰基邻苯二甲酰亚胺合成苯基喹唑啉二酮 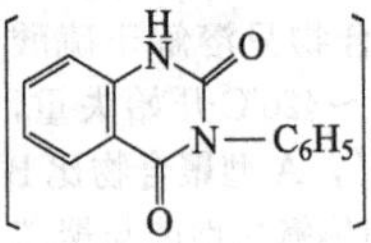，再聚合制成聚喹唑啉二酮。

④ 采用聚喹唑啉二酮薄膜的制备方法，将缩聚得到的聚脲酸溶液倒在玻璃板上，于 120～140℃干燥成薄膜，再在惰性气体的保护或真空下，于 300～400℃加热脱水环化，制得聚合物薄膜。

【质量标准】

日本东洋人造丝公司聚喹唑啉二酮薄膜质量标准

指标名称	指标	指标名称	指标
密度/(g/cm³)	1.42	250℃	70
长期使用温度/℃	250	冲击强度/(kJ/m)	67
短期使用最高温度/℃	400	撕裂强度/(kN/m)	11
拉伸强度/MPa		耐折强度/次	约 10^4
－30℃	141	摩擦系数	
22℃	128	静	0.33
250℃	57	动	0.28
伸长率/%		吸水性/%	
－30℃	40	22℃,1kHz	4.4
22℃	50	200℃,1kHz	3.4

续表

指标名称	指标	指标名称	指标
22℃,1MHz	4.3	22℃	165
200℃,1MHz	3.5	180℃	130
介电损耗角正切		体积电阻率/Ω·cm	
22℃,1kHz	8.3×10^{-3}	22℃	4.5×10^{15}
200℃,1kHz	5.5×10^{-3}	200℃	1.9×10^{14}
22℃,1MHz	14.2×10^{-3}	表面电阻率/Ω	
200℃,1MHz	5.5×10^{-3}	22℃	1.9×10^{11}
介电强度/(kV/mm)		200℃	1.5×10^{14}

【用途】 可制成H级绝缘漆、薄膜、胶黏剂、纤维、模塑料和复合材料，260℃下长期使用，500℃时短期使用，在原子能和航天技术中用于微电子元器件、大功率电机、变压器、电容器、印刷线路板和耐辐射耐高温电缆等。

【生产单位】 上海轻工业研究所，上海合成树脂研究所，天津塑料制品研究所，青岛化工研究所，中蓝晨光化工研究院等曾进行研制。

Bs029 聚咪唑吡咯酮

【英文名】 polyimidazopyrrolone，pyrrone

【别名】 吡龙

【结构式】 吡龙是一种由芳环、咪唑和吡咯环相连接而成的梯形结构聚合物。它是由芳香族四羧酸二酐与芳香族四胺反应而得。根据所用原料二酐和四胺的结构不同，反应可生成阶梯形和梯形两种结构。

1. 吡龙分子主要链段结构

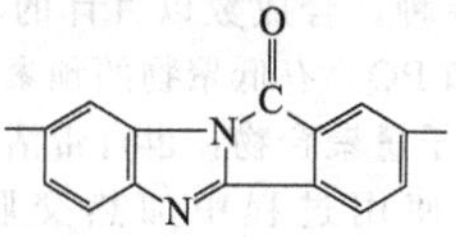

2. 阶梯形吡龙结构

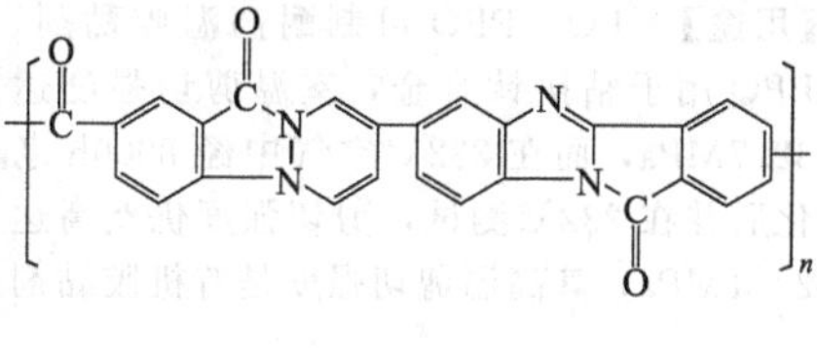

3. 梯形吡龙结构

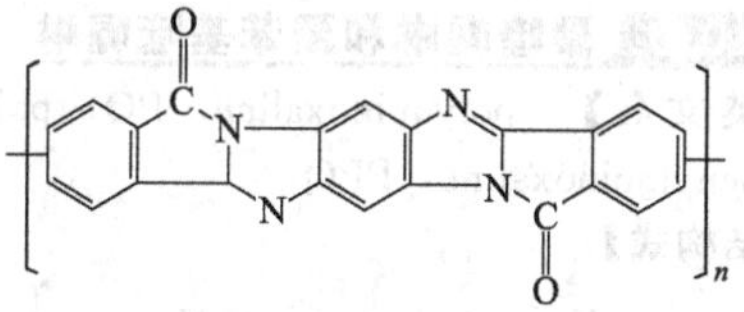

【性质】 吡龙兼有聚酰亚胺和聚苯并咪唑类聚合物的综合性能，而耐热性还要好些。耐辐射性极好，经γ射线照射10^8Gy (10^{10}rad)，吡龙性能基本不变。不同结构的吡龙薄膜的拉伸强度为102.9～151.9MPa，伸长率3%～7%，弹性模量4.12～6.86GPa，体积电阻率 (3～5)×10^{12}Ω·cm。由吡龙聚合物制得的玻璃纤维增强层压制品，室温弯曲强度852.6MPa，(350℃) 682.08MPa，室温弯曲模量3.43GPa。由吡龙制成的泡沫塑料压缩强度13.72MPa，压缩模量89.18MPa。

吡龙耐化学性不佳，其薄膜在碱液中，立即丧失强度，但在98%硫酸中失强缓慢。

【制法】 吡龙的制备有三种方法：熔融、固相和溶液缩聚。前两种方法难以制得高分子量聚合物，一般采用溶液缩聚法。

溶液缩聚通常分两步进行，首先是二酐和四胺在二甲基甲酰胺中于35～40℃缩聚反应，生成高分子量可溶的聚氨基酰胺酸，即A-A-A预聚物，可流延成膜。

或预聚物经沉析、洗涤、干燥，再于225～325℃真空下环化成不溶的薄膜或粉料。

【用途】 吡龙聚合物可制成薄膜、绝缘漆、层压板模塑料及耐高温高强度纤维。这些材料主要用于航空和宇航方面要求耐高温耐辐射的部件。

【生产单位】 中科院长春应用化学研究所，中科院化学研究所，沈阳化工研究院，上海合成树脂研究所等单位进行过研制。

Bs030 聚喹噁啉和聚苯基喹噁啉

【英文名】 polyquinoxaline，PQ；polyphenylquinoxaline，PPQ

【结构式】

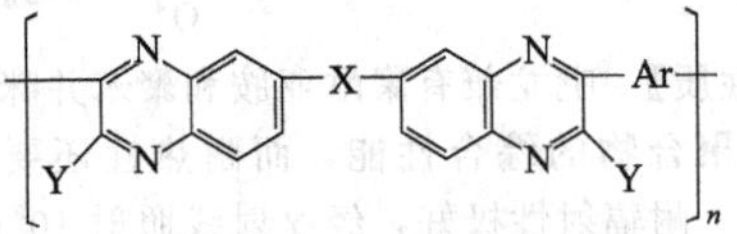

式中，X 为—（无基团），—O—，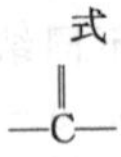；Ar 为 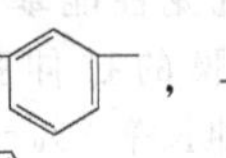，，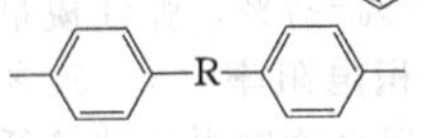［R 为—（无基团），—O—，—S—，$—SO_2—$，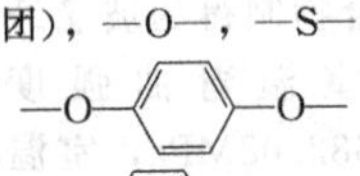］；Y 为—H，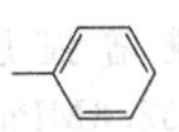，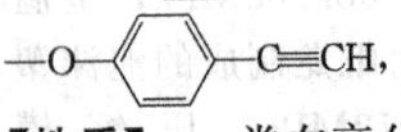，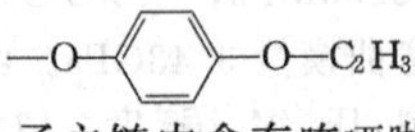。

【性质】 一类在高分子主链中含有喹噁啉重复单元的芳杂环聚合物。按喹噁啉环上有无苯环取代基分为 PQ 和 PPQ，PPQ 比 PQ 有较高的热氧化稳定性、较好的溶解性和加工性。黄到棕色或黑色固体，可在酚类溶剂中溶解，PPQ 还可在氯仿、四氯乙烷中溶解。耐热性很好，其玻璃化温度受化学结构、分子量影响，216～393℃，在400～450℃稳定。非醚型 PPQ 在空气中500℃开始分解，550℃热失重1%，600℃失重4%，900℃也仅失重24%。PPQ 是芳杂环耐高温聚合物中耐温等级最高的品种之一。在空气中300℃下耐温达1000h以上。耐水性能和耐强酸、强碱性能都特别好，PPQ 在40% KOH 水溶液中100℃6h或在70% H_2SO_4 中浸70h不分解，性能不受影响。PQ 薄膜25℃的拉伸强度124.1MPa，拉伸模量2.76GPa，伸长率4.5%；177℃分别为96.5MPa，1.93GPa 和21%。PPQ 具有高韧性，冲击强度4000J/m^2。

【制法】 PQ 和 PPQ 分别由芳族四胺和芳族双乙二酮及芳族双苯基乙二酮在间甲酚、二氧六环等溶剂中缩聚。通常产物中固体含量在10%～20%，固含量高，易氧化交联。合成时的加料方式：先将亚苯基双乙二酮溶解于间甲酚中，然后将四胺固体粉末逐步加入到二酮溶液中，在氮气保护下，逐步加热升温到80℃，维持数小时，得到透明的液体。若反应温度超过100℃，易形成支链结构。PQ 能溶解在酚类中，但不溶解在 DMAC 等极性溶剂中。PQ 不能用熔融缩聚方法聚合，因乙二酮在高温时不稳定。PPQ 的合成方法与 PQ 类似，但加料次序可以倒过来，即乙二酮固体加到四胺溶液中，反应温度不超过40℃，否则易形成支链。得到固含量20%的产物，易形成凝胶，若固含量为10%，通常不会形成凝胶，分子量在4万～35万。也有报道用界面缩聚法，反应速率较快。对 PQ 及 PPQ 类聚合物已做系统研究，可用的芳族四胺与各种二酸多达60余种，合成数以百计的不同结构的 PPQ 和 PQ。有低聚物的预聚体，有线型的高分子量聚合物，也有带活性端基的高聚物，使用过程中加热交联成网状结构。

【用途】 PQ、PPQ 可制耐高温胶黏剂。PPQ 用于粘接钛合金，室温剪切强度达32.7MPa，而在232℃空气中经8000h老化后并在232℃测试，剪切强度仍然高达23.1MPa，其高温剪切强度是有机胶黏剂中最高的之一；也可与玻璃纤维、硼纤维和石墨纤维等制成耐高温复合材料。用碳纤维增强的 PPQ 层压材料，250℃的弯曲强度为 841MPa，在 316℃经 500h 老化，并在 316℃测试，弯曲强度为 338MPa，弯曲模量 27600MPa。

PQ 和 PPQ 类聚合物的黏结强度大，用碳纤维增强后的复合材料力学性能很高，在 371℃时，弯曲强度仍超过 300MPa，是其他材料难以匹敌的，如果价格降到接近于 PMR-15 的水平，在宇航及航空器材、化学工业设备上都会有很多用途。

此外，这类聚合物还可制薄膜、模压制品、纤维和绝缘漆，用于航空、航天技术和机电工业中。

【生产单位】 中科院化学所，美国波音公司 PPQ Ⅱ（IMW），美国惠特克公司 PPQ401 胶黏剂。

Bs031 氰酸酯树脂

【英文名】 triazine A resin; TA resin; cyanate resin

【别名】 三嗪 A 树脂

【结构式】

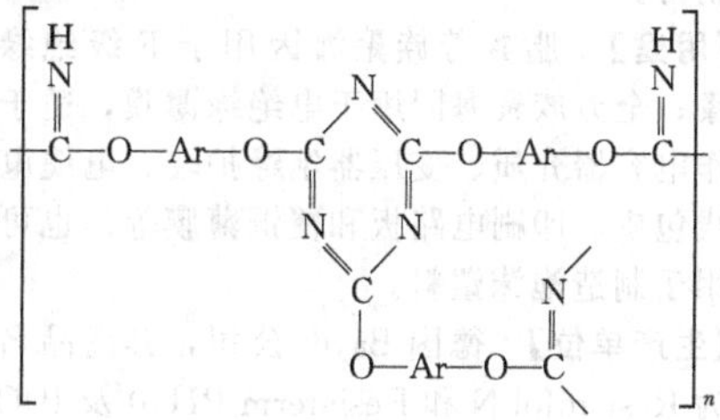

式中，Ar 为 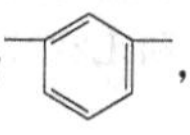，

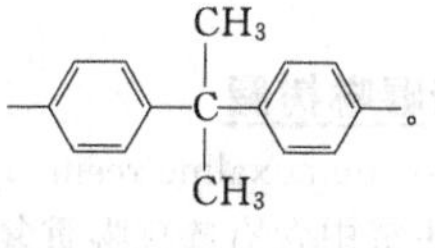。

【性质】 它是双酚 A 二氰酸酯预聚物，重均分子量（M_w）约 2000，固状，在 50～60℃软化，溶于通常的有机溶剂如丙酮、丁酮。耐化学性好，对苯、二甲基甲酰胺、甲醛、燃料油、石油、浓醋酸、三氯醋酸、磷酸钠浓溶液和 30% H_2O_2 稳定，但易被 25% 氨水、4% NaOH 水溶液、50% 硝酸和浓硫酸侵蚀。玻璃化温度（T_g）高于 250℃，具有优良的高温力学性能和介电性能。

【制法】 1. 三嗪 A 树脂制备方法

双酚 A 或间苯二酚与氯化氰反应制得双氰酸酯，然后加热制得可溶可熔的三嗪 A 树脂预聚物。在树脂中加少量催化剂，在 120℃以上固化成三嗪 A 树脂。

2. 三嗪 A 树脂复合材料制备方法

三嗪 A 树脂可以制成热熔型的半固化片，也可制成溶于低沸点溶剂的溶液，浸渍增强材料。

【质量标准】

日本拜耳公司三嗪 A 树脂层压板性能

指标名称	指标
弯曲强度/MPa	
23℃	614
干态，150℃	438
200℃	296
250℃	172
在 100℃水中浸泡 1000h	241
在 180℃后固化 4h	
23℃	627
150℃	545
200℃	427
250℃	276
保留弯曲强度 50%时，可连续使用/h	
在 162℃	2.5×10^4
在 220℃	1×10^3
拉伸强度/MPa	545
分层强度/MPa	17
悬臂梁冲击强度(缺口)/(J/m)	800
线胀系数/($\times10^{-5}$/K)	11

续表

指 标 名 称	指 标
介电强度/(kV/mm)	44
体积电阻率/Ω·cm	6×10^{14}
表面电阻率/Ω	5×10^{19}
耐电弧性/s	>130

注：层压板中玻璃布量为62%～64%(质量分数)。

【用途】 三嗪A树脂可制玻璃纤维和碳纤维层压板，用于航空工业和宇航工业方面；可制覆铜层压板，用于计算机、摄像机、复印机和电视机等电路板；可制清漆用于F级、H级绝缘；可制涂料，用于高温无溶剂涂料、粉末涂料，还可制耐高温胶黏剂等。

【生产单位】 日本拜耳公司：层压板。日本三菱瓦斯公司：覆铜层压板。美国莫贝化学公司：KL3-4000（三嗪树脂70%丁酮溶液）。

Bs032 聚乙内酰脲

【英文名】 polyhydantoin

【别名】 聚海因

【结构式】

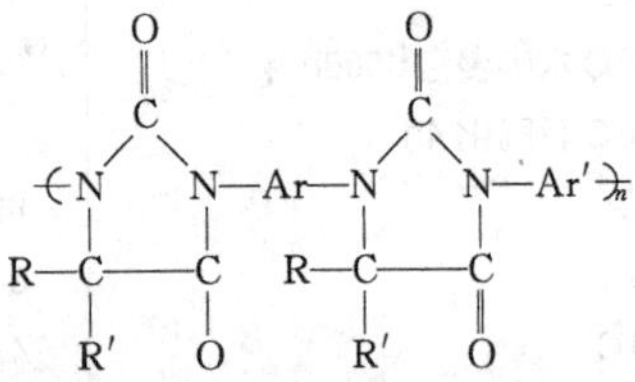

式中，Ar、Ar'分别为

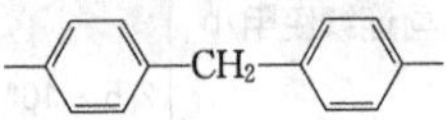，

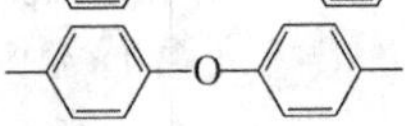，，

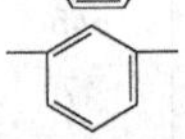；R为脂肪基；R'为H或脂肪基。

【物化性质】 高分子主链中含有乙内酰脲重复单元的芳杂环聚合物。空气中350℃开始分解，600℃失重50%，N_2中375℃开始分解。全芳族聚乙内酰脲（Ar、Ar'：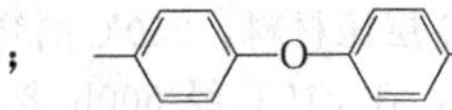。R、R'：CH_3）电绝缘薄膜密度$1.27g/cm^3$，热变形温度270～300℃，连续使用温度160℃，拉伸强度100MPa，极限伸长率100%，介电强度200kV/mm，吸水率4.5%，耐有机溶剂、酸、碱。和其他浸渍树脂聚酯酰亚胺、不饱和聚酯相容性好。脂族、芳族聚乙丙酰脲（Ar：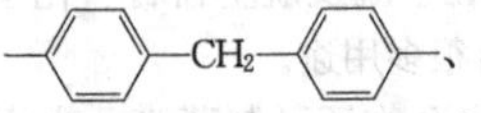、$C_6H_5—O—C_6H_5$。Ar'：脂肪基。R：—H。R'：$—CH_2COOC_2H_5$）溶于氯仿、二甲基甲酰胺、*N*-甲基吡咯烷酮、硫酸和间甲酚，耐热280℃，相对介电常数2.9，介电损耗角正切0.002，介电强度150kV/mm，电性能不随温度变化，230℃以下，介质损耗角正切不变。

【制法】 主链中含脂肪基和芳基的聚海因由脂肪二胺和富马酸酯反应，再经芳族二异氰酸酯处理制得。全芳族聚海因由芳族二胺和二异氰酸酯于苯酚或间甲酚中反应制得。

【用途】 脂族芳族聚海因用于F级绝缘漆；全芳族聚海因用于电绝缘薄膜，适于作电容器介质、变压器绝缘护套、电缆电线包皮、印刷电路板和覆铜薄膜等。也可用于制造泡沫塑料。

【生产单位】 德国Bayer公司，其商品名为Resistofol N和Resisterm PH10及IDO（薄膜）；LK4045和L2217（导线漆或层压制品）。

Bs033 梯形聚喹喔啉树脂

【英文名】 ladder polyquinoxaline resin

【结构式】 高分子主链中含有喹噁啉重复单元的芳杂环聚合物，梯形或分段梯形结构。

1.

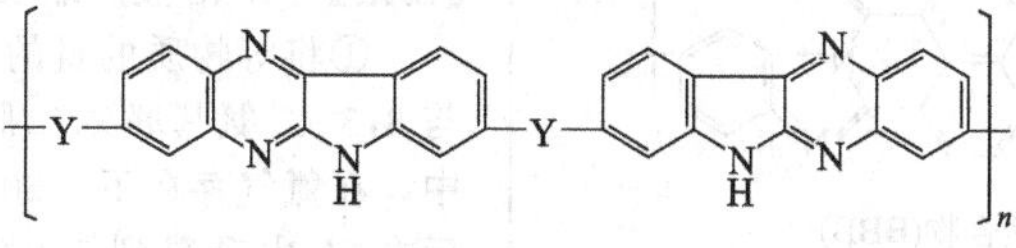

2.

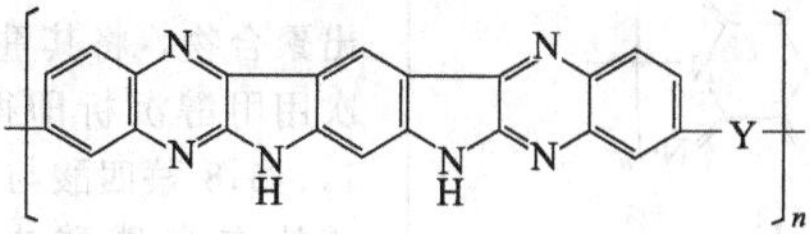

3.

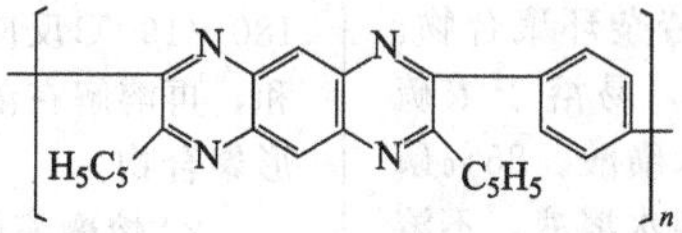

4.

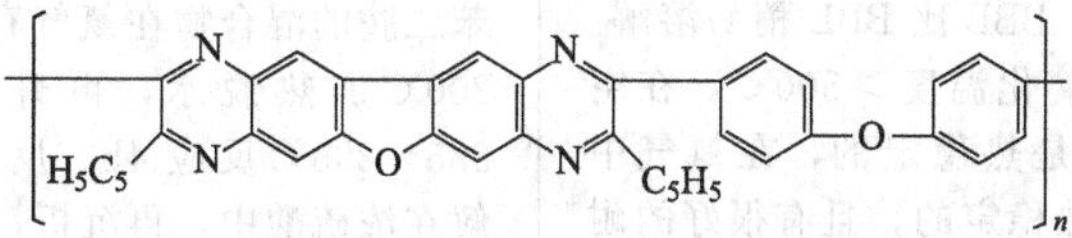

5.

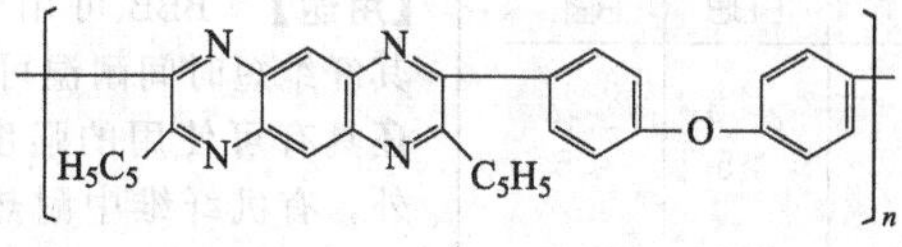

式中，Y为键或O。

【性质】 黑色或褐色固体，溶于或稍溶于硫酸、甲磺酸、三氟甲基磺酸和六甲基磷酰胺。玻璃化温度高，聚合物3玻璃化温度395℃、聚合物4玻璃化温度406℃，聚合物5玻璃化温度高于分解温度。耐热，但加工性不好，热失重10%的温度：空气中450～550℃，氮气中600～650℃；经后固化处理，在空气中可提高到700℃以上。900℃热失重25%～40%。

【制法】 由芳族四胺与芳族四酮在多磷酸、间甲酚、吡啶、四氢噻吩砜、*N*,*N*-二甲基乙酰胺、二乙基苯胺等溶剂中，在氮气保护下，于200～350℃缩聚9～20h而制得。也可采用熔融缩聚或封管缩聚法，于450℃缩聚而成。

【用途】 梯形聚喹喔啉树可制成耐高温薄膜、层压材料、纤维等，用于空间技术。

【生产单位】 美国空军实验室研究。

Bs034 咪唑异喹啰啉梯形聚合物

【英文名】 polybenzimidazobenzophenanthroline；BBB；BBL

【别名】 聚苯并咪唑苯并菲咯啉

【结构式】

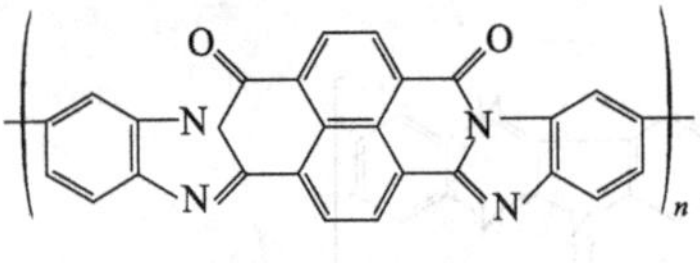

阶梯形聚合物(BBB)

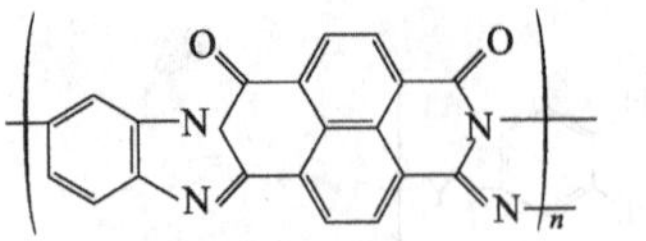

梯形聚合物(BBL)

【性质】 高分子主链中含有苯并咪唑苯并菲咯啉重复单元的耐高温芳杂环聚合物。具有梯形结构，黑色固体，易溶于浓硫酸、多磷酸、甲苯磺酸、苯磺酸、85%磷酸和浓氢氧化钠或氢氧化钾水溶液，不溶于有机溶剂如二甲基乙酰胺、六亚甲基磷酰胺、间甲酚等。BBB比BBL稍易溶解。耐热性极好，玻璃化温度＞500℃，在空气中450～550℃是热稳定的，在氮气中650～775℃也是热稳定的，且有很好的耐辐射性。热性能如下。

试验条件	BBB	BBL
在氮气中		
＞600℃失重/%	2～4	2～4
700℃失重/%	＞5	＜5
在空气中		
500℃失重/%	约5	约5
600℃失重/%	＞10	＜10
在空气中315℃等温老化1500h失重/% ＜	10	
在空气610～620℃分解速率	最高	

【制法】 1. 溶液热缩聚法

①将等物质的量的1,4,5,8-萘四羧酸与3,3′-二氨基联苯二胺在多磷酸或硫酸中，在氮气存在下，60℃搅拌10min，然后在7h内升温到180℃，在180～190℃脱水20h。冷却反应物，倒入甲醇中沉析出聚合物，将其重新溶解在浓硫酸中，再次用甲醇沉析即得阶梯形聚合物。②将1,4,5,8-萘四酸与1,2,4,5-四氨基苯的盐酸盐在多磷酸中，于氮气存在下，在75℃搅拌1h，再将温度升至180℃，在180～190℃反应20h，冷却反应物，并中和，再溶解在浓硫酸中，再沉析，得到梯形聚合物。

2. 熔融缩聚法

将1,4,5,8-萘四酸与3,3′-二氨基联苯二胺的混合物在氮气存在下，于160～200℃加热脱水，再升温至285℃，在285～295℃反应4h。反应物冷却后，溶解在浓硫酸中，再沉析，即制得阶梯形聚合物。

【用途】 BBB可用于湿法或干法纺丝，其纤维短时间耐温可高达1200℃，667℃还具有可使用的强度，是目前除碳纤维外，有机纤维中耐热等级最高的品种之一。采用不同的成膜方法制成的BBL薄膜具有不同的性能（见下表）。

这类聚合物性能较全面，主要用于航空和军事部门。

BBL薄膜的性能

薄膜类型①	密度/(g/cm³)	拉伸强度/MPa	伸长率/%	起始拉伸弹性模量/GPa
由溶液浇铸	1.31	114	2.9	7.58
由过滤出的沉析物	0.93	66	2.8	3.65

① 薄膜的厚度在7.5～25μm。

【生产单位】 上海合成树脂研究所曾进行过探索性研究，美国空军材料研究所，BBB和BBL（纤维）。

Bs035 聚对二甲苯

【英文名】 poly-ρ-xylylene

【结构式】

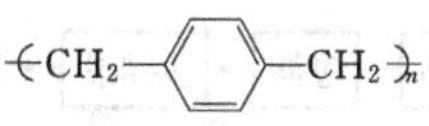

N 型

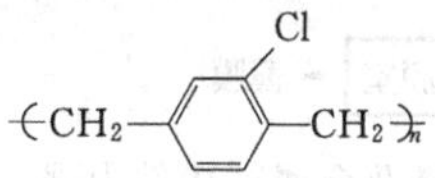

C 型

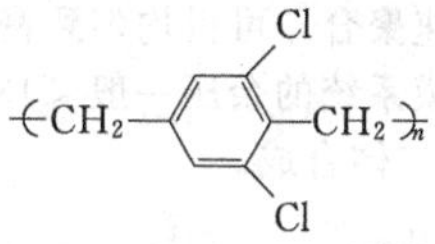

D 型

【性质】 聚对二甲苯具有极其优良的电性能、耐热性、耐候性和化学稳定性以及耐辐射、尺寸稳定等特性。由于采用真空热解气相堆积成膜工艺，可制成几分之一微米的极薄的薄膜，由它制成的超小电容器仅为聚苯乙烯薄膜电容体积的 1/5。美国 UCC 公司三种聚对二甲苯薄膜性能如下。

指标名称	Parylene N	Parylene C	Parylene D
密度/(g/cm^2)	1.103～1.120	1.289	1.407～1.418
吸水率/%	0.01	0.06	—
拉伸强度/MPa	61.74	89.18	89.18
拉伸模量/GPa	2.41	2.74	3.04
伸长率/%	200	200	20～50
洛氏硬度	M85	M85	—
熔点/℃	399	280～299	300 以上
玻璃化温度/℃	60～71	77～99	79
线胀系数/(10^{-3}/℃)	6.9	35	—
体积电阻率/Ω·cm	1.4×10^{17}	8.8×10^{16}	1×10^{15}
介电常数(60Hz)	2.65	3.1	2.84
10^3Hz	2.65	3.1	2.82
10^6Hz	2.65	2.9	—
介电损耗角正切(60Hz)	0.0002	0.02	0.0038
10^3Hz	0.0002	0.0195	0.0031
10^6Hz	0.0006	0.0128	—
介电强度(MV/m)	240～260	145	216

【制法】 聚对二甲苯主要有上述三种结构的产品，其制法类似，基本上都是用气相沉积法制备薄膜。

① 聚对二甲苯环二体制备将对二甲苯与水蒸气按物质的量的比混合，先预热至 700℃送入 950～1000℃热解炉中，生成对二甲苯双自由基，再将裂解气冷至 200～400℃导入 90℃左右的甲苯、二甲苯或对二甲苯等惰性有机溶剂中进行吸收。蒸发溶剂使之浓缩、降温，令其结晶析出，过滤得对二甲苯环二体，精制后产品熔点为 283～285℃。

② 对二甲苯环二体开环聚合将精制后的对二甲苯环二体置于升华室中，于 100～200℃使之升华，蒸汽进入预热室热至 300～400℃，再进入 500～650℃的热解器使环二聚体热解开环重新生成双游离基，再导入成膜室，在被成膜的物体表面

冷凝而迅速聚合，可得均匀致密无针孔的薄膜，成膜系统的余压一般<133.3Pa。

工艺流程如下。

① 环二体合成。

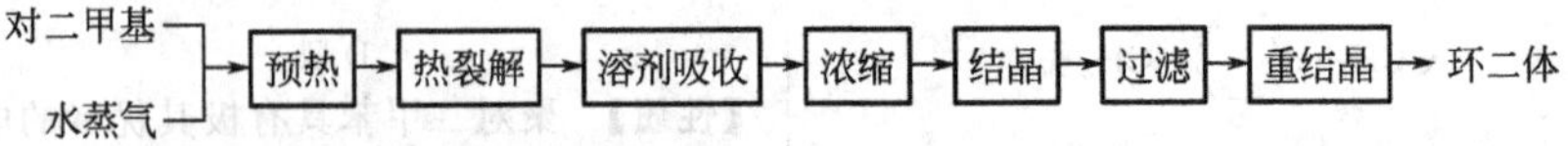

② 开环聚合成膜。

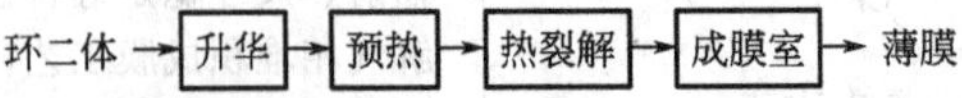

【用途】 聚对二甲苯主要做薄膜和涂层用。在金属带上气相沉积聚合的薄膜厚度可达 0.6～5μm，用它制成的电容器体积可大大缩小。Parylene N 薄膜多用于电子元器件的电绝缘介质。Parylene C 多用于保护性涂料及包封材料。它涂于聚乙烯和聚苯乙烯薄膜上，既保持了基体的光学性能，又能改善它们的耐溶剂性和阻气性。聚对二甲苯作为特殊防湿、防腐蚀涂层，对纸、纤维及金属粘接件力强，可用作包封材料。

【生产单位】 中蓝晨光化工研究院曾进行过研制。

Bs036 苯基取代聚对亚苯基

【英文名】 phenylated poly-ρ-phenyl

【别名】 苯基聚苯

【结构式】

1.

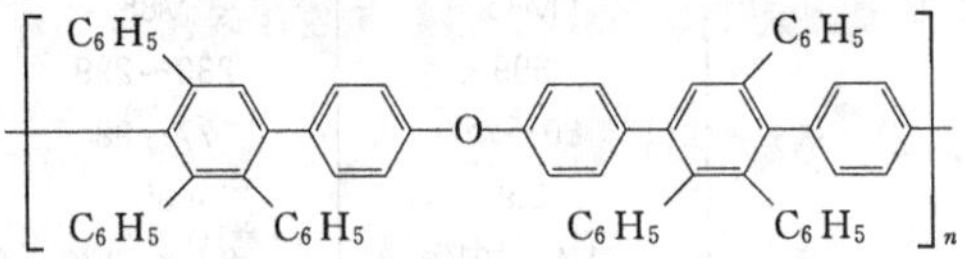

2.

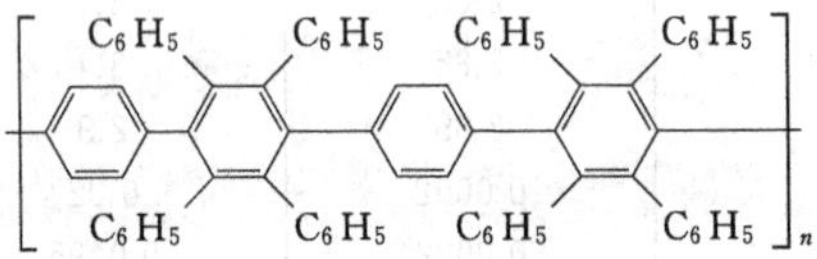

3.

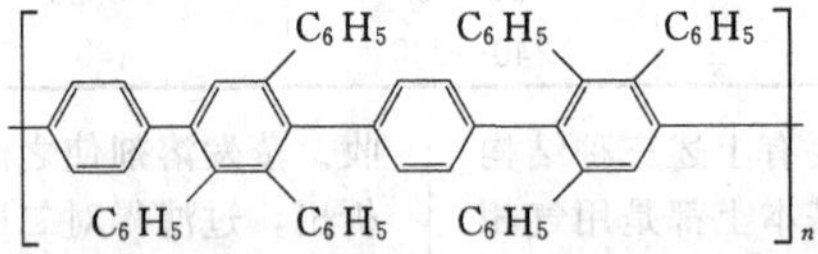

【性质】 苯基聚苯不同于未取代的对位聚苯，既能熔融又能溶于普通的溶剂，特别是含有醚键的，增加了大分子链的柔顺性，庞大的侧基使其结构无定形化，它在苯、甲苯、氯仿中溶解度达 15%，玻璃化温度 305℃，在 390～430℃有一定的流动性，450℃开始分解，苯基聚苯耐高温性能好，在 200～250℃仍有较高的力学强度，特别是电性能，几乎不受温度和频率的影响。苯基聚苯耐辐射性极好，经辐照剂量 10^7 Gy（1×10^9 rad）照射后其拉伸强度仍有 65.17MPa。耐高温、高压水的性能优良，在 250℃水（3.82MPa）经 144h 老化试验，其拉伸强度仍保持 56.55MPa。

苯基聚苯分子结构中大量苯环的存在，提供了磺化反应的有利条件。将其薄膜在浓硫酸中磺化，可制得交换当量为 0.65mmol/g 的磺化膜。这一特性将为合成耐高温离子交换树脂及离子交换膜提供新材料。现将含醚键的 A 型苯基聚苯主要性能如下。

指标名称	常温数值	250℃数值
拉伸强度/MPa	78.89	(215℃) 39.4
断裂伸长率/%	35	
弯曲强度/MPa	117.6	54.88
压缩强度/MPa	106.82	47.04
冲击强度/(kJ/m^2)	12.25	—
布氏硬度/(kJ/m^2)	20.58	
介电常数 ($100\sim10^5Hz$)	2.73	2.70
体积电阻率/$\Omega\cdot cm$	2.8×10^{16}	5×10^{13}
介电损耗角正切 (10^6Hz)	5.1×10^{-4}	5.1×10^{-4}
介电强度/(MV/m)	120	—

【制法】 苯基聚苯由于所采用的原料和工艺过程不同，可制得上述三种结构聚合物。

① 以 3,3′-(氧对苯基)-双 (2,4,5-三苯基) 环戊二烯酮与对-二乙炔基苯为原料，甲苯作溶剂，于 200℃ 通过 Diel-Alder 加成反应 30 多小时。冷却后用丙酮沉淀，过滤，干燥即得黄色絮状聚合物 1 (见结构式)。

② 以 3,3′-(1,4-对亚苯基)-双 (2,4,5-三苯基) 环戊二烯酮和 1,4-二乙炔基苯为原料，β-癸醇作溶剂，采用分级聚合技术，即于 240℃反应 2h，330℃反应 4h，则可制得高分子量、不熔的，但可溶于甲苯中的黄色固体聚合物 2 (见结构式)。

③ 以 3,3′-(1,4-对亚苯基)-双 (2,4,5-三苯基) 环戊二烯酮和对 (或间) 二乙炔基苯为原料，在甲苯溶剂中进行 Diel-Alder 聚合可制得聚合物 3 (见结构式)。

工艺流程如下。

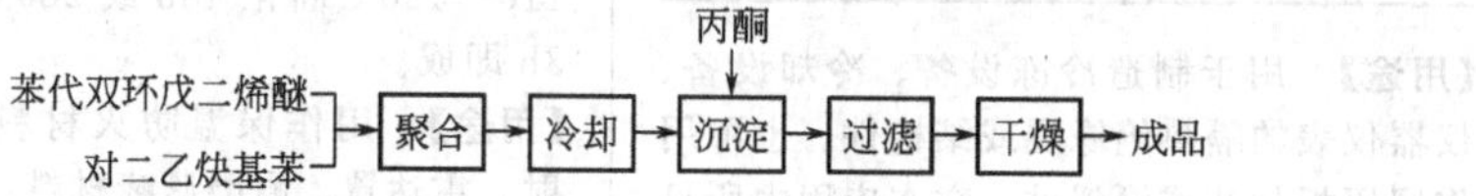

【用途】 可模压制成耐高温密封圈、垫片、自润滑制品；可用其甲苯或氯仿溶液流延成薄膜及作绝缘漆、涂层。也可用作耐热纤维、复合材料、离子交换树脂及离子交换膜等。

【生产单位】 中蓝晨光化工研究院曾进行研制。

Bs037 吡喃泡沫塑料

【英文名】 pyranyl foam

【结构式】

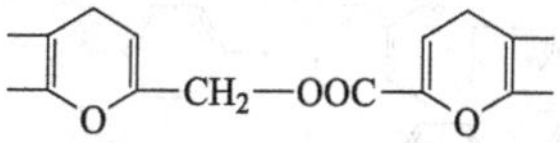

【性质】 它是一种以吡喃树脂为基材，泡孔均匀，轻质、黄色的热固性泡沫塑料。物理力学性能优良，耐高温、阻燃性优于聚氨酯泡沫塑料。密度 $35kg/m^3$ 的泡沫塑料热导率 0.016W/(m·K)，70℃下两天老化后为 0.02W/(m·K)。205℃下在沥青中浸渍 30min 不发生分层或弯曲。在 165℃左右加热 20min 性能不下降，热导率和闭孔率不变，压缩强度还提高 20%。使用温度为 −78～135℃，超出这一温度可短期使用。混有阻燃剂的泡沫塑料有自熄性，符合 ASTM 1692 要求，且尺寸稳定性好。其绝缘性能优于目前其他有机泡沫塑料。

【制法】 将温度为 22～28℃的吡喃单体、

丙烯醛四聚物、催化剂、发泡剂和表面活化剂的混合物倒入温度为33～42℃的模具中乳化发泡，泡沫出模后进行热处理，即得到高质量的吡喃泡沫塑料产品。

【质量标准】

本品（密度为35kg/m³）的性能指标

指标名称	指标
压缩强度(10%)/MPa	
垂直发泡方向	0.12
平行发泡方向	0.10
拉伸强度/MPa	
垂直发泡方向	0.14
平行发泡方向	0.13
伸长率/%	4
吸水性(24h)/(g/1000cm³)	16.2
闭孔率/%	98
泡孔尺寸/cm³	2×10^{-4}
尺寸稳定性(经28d老化体积变化)/%	
−25℃	0.4
70℃	5.3
70℃(相对湿度100%)	5.0

【用途】 用于制造冷冻设备、冷却设备、仪器仪表的隔热绝缘层或结构件。也可用作层压板材芯或漂浮件。它在应用中所显示的绝缘性能，是目前其他有机泡沫塑料所不具备的。

【生产单位】 加拿大工业有限公司中心研究所，kayfax；英国皇家化学工业有限公司。

Bs038 聚酰亚胺泡沫塑料

【英文名】 polyimide foam

【结构式】

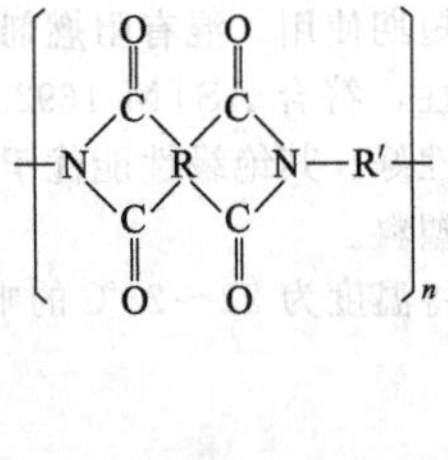

式中，R及R′常为芳基。

【性质】 以聚酰亚胺树脂为基材，内部布满无数微孔的塑料。具有突出的耐高温性能，力学性能良好。室温相对介电常数为2～3，介电损耗角正切为0.002～0.02（频率范围为0.1～1000Hz）。水蒸气渗透性低。热稳定性和耐燃烧性优良，在230℃下空气中老化14d失重2%，但压缩强度不变，在450℃下老化10min失重6%，在460℃下失重最大。由固态预聚物制备的聚酰亚胺泡沫塑料，密度为665kg/m³时开孔率为54.6%，压缩强度25℃下为26.75MPa，260℃下为11.20MPa，压缩弹性模量25℃下510MPa，260℃下280MPa。

【制法】 分为物理发泡法和化学发泡法。物理发泡法是用粉状可熔性聚酰亚胺与无机盐混合，经模压成型后，浸泡在水中除去盐分后制得。化学发泡法是将聚酰亚胺树脂溶液边搅拌边依次加入脱水剂（乙酸酐）、发泡剂（甲酸）和促进剂（吡啶）直至发泡。放置一定时间后除去析出的二甲基乙酰胺溶液，将体系在110～120℃固化48h或280～300℃固化3h即成。

【用途】 用作保温防火材料、飞机防辐射、雷达罩、耐磨遮蔽材料，高温能量吸收材料及电气绝缘材料等。

【生产单位】 中科院化学所。

Bs039 聚苯并咪唑泡沫塑料

【英文名】 polybenzimidazole foam

【结构式】

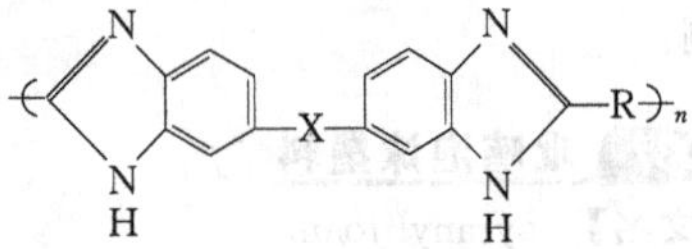

式中，X为—（无基团）或—O—；R为脂肪族基或

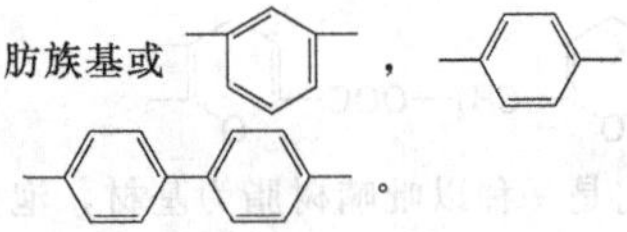

。

【性质】 它是以聚苯并咪唑为基材，内部布满无数微孔的塑料。一般成型密度为192～1281kg/m³。力学性能和物理性能好，耐高温性能突出。23℃下压缩强度20.68MPa，拉伸强度8.96MPa，315℃下压缩强度19.99MPa，拉伸强度8.81MPa，535℃下压缩强度5.35MPa，拉伸强度1.96MPa。耐老化性能好。在510～570℃下开始失重，1100℃下质量保持率为26%～36%。电性能良好，室温下相对介电常数为1.8，1100℃下为2.2，在此温度范围的介电损耗角正切0.004～0.04。在惰性气体中以3℃/min速度加热至800℃时发生交联。耐磨性优于其他泡沫塑料，高温抗氧化作用不如聚酰亚胺泡沫塑料。

【制法】 将基体材料（间苯二酸与3，3′-二氨基联苯胺反应生成的预聚物）、发泡剂（酸和水的溶液）、交联剂（三苯基均苯三酸酯）和填料（石墨纤维、二氧化硅等）混合均匀，在模具中先在103kPa，120℃加热0.5h，再以0.5℃/min的速度加热至315℃，保压2h后以0.5～1℃/min的速度在惰性气体中加热至450℃，2h后冷却至260℃以下出模即得制品。

【用途】 用作耐磨耐热防护板，200℃以上的绝缘体和雷达罩等制件。

【生产单位】 美国莫贝化学公司，美国橡胶公司有此产品。

Bt 环氧树脂与塑料

1 环氧树脂定义

环氧树脂（EP）是主链上含有醚基和仲醇基，同时两端有环氧基的一大类聚合物的总称。它是环氧氯丙烷与双酚 A 或多元醇的缩聚产物，由于环氧基的化学活性，可用多种含有活泼氢的化合物使环氧环打开而生成网状结构，因此属热固性树脂。

2 环氧树脂分类

环氧树脂是一个发展很快的树脂品种，目前种类很多，并且不断有新品种出现。环氧树脂的分类方法很多。

按其化学结构和环氧基的结合方式大体上分为五大业。这种分类方法有利于了解和掌握环氧树脂在固化过程中的行为和固化物的性能。①缩水甘油醚类；②缩水甘油酯类；③缩水甘油胺类；④脂肪族环氧化合物；⑤脂环族环氧化合物。此外，还有混合型环氧树脂，即分子结构中同时具有两种不同类型环氧基的化合物。例如：TDE-85 环氧树，AFG-90 环氧树脂。

也可以按官能团（环氧基）的数量分为双官能团环氧树脂和多官能团环氧树脂。对反应性树脂而言，官能团数的影响是非常重要的。

还可以按室温下树脂的状态分为液态环氧树脂和固态环氧树脂。这在实际使用时很重要。液态树脂可用作浇注料、无溶剂胶黏剂和涂料等。固态树脂可用于粉末涂料和固态成型材料等。这里所说的固态环氧树脂不是已达到 B 阶段的环氧树脂固化体系，也不是达到 C 阶段的环氧树脂固化物（已固化的树脂），而是相对分子质量较大的单纯的环氧树脂，是一种热塑性的固态低聚物。

3 双酚 A 型环氧树脂

单体双酚 A 和环氧氯丙烷缩聚物为双酚 A 型环氧树脂，又叫双酚 A 二水缩甘油醚，是环氧树脂中最主要的品种。其组分和分子量不同，产品的用途也各异，树脂黏度 2.5～3.0Pa·s 的液体树脂用于塑料工业，其特征与用途见表 Bt-1。

表 Bt-1 双酚 A 型环氧树脂的特征与用途

特征	①黄色或棕色透明液体。与固化剂组合可得各种性能的塑料 ②成型收缩率为热固性塑料中最小的，尺寸稳定性优，热膨胀系数小 ③耐磨耗，强韧，可挠性、耐应力开裂 ④树脂流动性好、与金属、非金属粘接性好 ⑤耐热性、电绝缘性、化学稳定性好，但溶于二甲苯、甲乙酮等溶剂
成型	可浇铸、浸渍、包封、模塑、层合、发泡、喷涂、涂覆
用途	电子工业中作包封、包装材料，浇铸电机定子、变压器、各种线圈、互感器、电容器、电缆头的浸渍，制化工管段、容器、汽车、船舶、飞机零件、运动器材、泡沫塑料作绝热、吸声材料、高强度夹心和蜂窝结构和防震包装材料

双酚 A 型环氧树脂，根据相对分子质量和聚合度 n 的不同，树脂为黄色至琥珀色透明黏性液体（或固体），生产中把平均相对分子质量在 300～700 之间，$n<2$，软化点在 500℃以下者称为低相对分子质量环氧树脂（即软树脂）；相对分子质量在 1000 以上，$n>2$，软化点在 60℃以上者称为高相对分子质量树脂（即硬树脂）。

（1）双酚 A 型环氧树脂结构式

$$R\!\left(R'-OCH_2\underset{\displaystyle OH}{\underset{|}{C}}HCH_2O\right)_n R'-O-R$$

式中，R 为 $-CH_2C\overset{}{\underset{\backslash\ O\ /}{}}HCH_2$；R′ 为

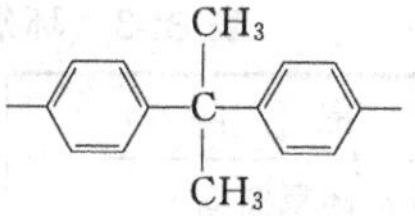

该树脂易溶于酮类、酯类、苯、甲苯、二噁烷等有机溶剂。不溶于水、醇和乙醚。

（2）国内主要品种与性能　巴陵石化环氧树脂厂，无锡树脂厂，广州东风化工厂，上海树脂厂，宜兴三木集团公司，无锡迪爱生环氧有限公司，大连齐化化工有限公司，晨光化工研究院自贡二厂，沈阳树脂厂，南通化工二厂，烟台奥利福化工有限公司等。双酚 A 型环氧树脂技术要求见表 Bt-2。

表 Bt-2　双酚 A 型环氧树脂技术要求（GB13657—92）

指标名称		EP 01441-310			EP 01451-310		
		优等品	一等品	合格品	优等品	一等品	合格品
外观		无明显的机械杂质					
环氧当量/(g/mol)		184～194	184～200	184～210	210～230	210～240	210～250
黏度(25℃)/Pa·s		11～14	7～20	6～26	—	—	—
软化点/℃		—			12～20		
色度/号	≤	1	3	5	1	4	8
无机氯质量分数/×10⁻⁶	≤	50	180	300	50	180	300
易皂化氯质量分数/%	≤	0.10	0.30	0.70	0.10	0.30	0.50
挥发分(110℃,3h)/%	≤	0.2	1.0	1.8	0.3	0.6	1.0
钠离子质量分数/×10⁻⁶	≤	10	—		10		
凝胶时间		由供需双方商定					

4　环氧树脂的品种及其特征

各种环氧树脂由于参与反应的组分不同，可得到不同品种的环氧树脂，表 Bt-3 为其分类、品种及其特点。

表 Bt-3　环氧树脂的品种及其特点

分类	品种	特点
缩水甘油醚类	双酚 A 环氧树脂	参见表 Bt-2
	酚醛环氧树脂	树脂为高黏度(5Pa·s)液体，固化物密度大，热稳定性和机械强度高，浇铸塑料的热变形温度达 300℃，电性能优；可浇铸、传递模塑、模压；用作耐高温层压结构件，防电弧、耐热、绝缘、防腐部件
	四酚基乙烷环氧树脂	热变形温度高，耐化学性好
	间苯二酚甲醛环氧树脂	热变形温度高达 300℃，耐焰、耐浓硫酸特好，可常温固化
	甘油环氧树脂	浅黄色液体，能溶于水、醇、醚，固化物韧性、冲击强度好，粘结强度大；可作黏合剂。与双酚 A 环氧树脂混用可降低黏度，增加固化物韧性，提高冲击和剪切强度
	季戊四醇环氧树脂	水溶性，与双酚 A 环氧树脂混用可降低黏度，可黏合灌湿表面
缩水甘油酯类 缩水甘油胺类	四氢邻苯二甲酸二缩水甘油酯	黏度低，反应活性高，固化物机械性能好
	间苯二甲酸二缩水甘油酯	粘接强度大，耐候性、电性能优良
	三聚氰胺环氧树脂	化学稳定性好，耐紫外线优，耐候性、耐油性、耐电弧性，能自熄
	苯胺环氧树脂	用于环氧导电胶
脂环族	二氧化双环戊二烯	提高环氧树脂的耐热、耐候、耐电弧性，拉伸、压缩强度高，长期高温下机械、电气性能不变，特别耐紫外线
	二氧化双环戊烯基醚	耐高温、高强度、高延伸率
脂肪族	环氧化聚丁二烯	琥珀色黏稠液，易溶于苯、甲苯、乙醇、丙酮、汽油、高温下保持机械性能，热稳定性、粘接性、耐候性、电绝缘性好，层压制品冲击强度高
元素环氧树脂	有机硅改性双酚环氧树脂	具有 SI 和 EP 的综合性能，电性能、机械性能优异，耐热、防潮、耐水、耐海水
	有机钛改性双酚 A 环氧树脂	防潮性、电绝缘性和耐热老化性优于双酚 A 环氧树脂。用于 H 级电机、潜水电机的线圈浸渍，高温下介电损耗大幅度减小，同时热稳定性也提高
	卤代双酚 A 环氧树脂	自熄性

环氧树脂类别及其代号见表 Bt-4。

表 Bt-4　环氧树脂类别及其代号

代　号	环氧树脂类别	代　号	环氧树脂类别
E	二酚基丙烷(双酚 A)环氧树脂	G	硅环氧树脂
ET	有机钛改性双酚 A 环氧树脂	N	酚酞环氧树脂
EG	有机硅改性双酚 A 环氧树脂	S	四酚基环氧树脂
EX	溴改性双酚 A 环氧树脂	J	间苯二酚环氧树脂
EL	氯改性双酚 A 环氧树脂	A	三聚氰胺环氧树脂
EI	二酚基丙烷侧链型环氧树脂	R	二氧化双环戊二烯环氧树脂
F	酚醛多环氧树脂	Y	二氧化乙烯基环己烯环氧树脂
B	丙三醇环氧树脂	D	聚丁二烯环氧树脂
ZQ	脂肪酸甘油酯环氧树脂	H	3,4 环氧基-6-甲基环己甲酸-3,4-环氧基-6-甲基环氧甲酯
IQ	脂环族缩水甘油酯		
L	有机磷环氧树脂	W	二氧化双环戊烯基醚环氧树脂

环氧树脂具有下列特征：

① 类型多，不同类型的树脂、固化剂、改性剂可得性能、用途各异的品种，其形态可从极低黏度到高熔点固体；②固化方便，选用不同固化剂、环氧体系，可在 5～180℃范围迅速或缓慢固化；③收缩率低，固化反应无水或挥发性副产物析出；④黏附力强，因有极性羟基和醚基，对金属、非金属有突出的黏附力；⑤力学性能好，环氧树脂有极高的力学性能；⑥化学稳定性好，耐酸、碱、溶剂，耐热、耐水，耐大多数霉菌；⑦电绝缘性好，在宽广的频率和温度范围内有良好的电性能，介电强度高，耐电弧、耐迹径、耐表面漏电；⑧成本较低。

5　环氧树脂用固化剂和其他添加剂

5.1　固化剂

环氧树脂是线型高分子化合物，必须与固化剂反应才能成为具有实用价值的、不溶不熔的体型结构。固化剂主要有多元胺类、酸酐类和聚酰胺等聚合物，此外还有潜伏型和速效型固化剂。表 Bt-5 固化剂品种的特征与用途。

表 Bt-5　固化剂品种的特征与用途

固化剂名称	外观	相对密度	黏度①/10^{-5}Pa·s	用　途
二亚乙基三胺(DETA)	透明液	0.954	5.6	粘接、层合、浇铸、涂料
三亚乙基四胺(TETA)	透明液	0.98	19.4	粘接、层合、浇铸、涂料
三甲基六亚甲基二胺(TMD)	无色液体	0.867	5.6	层合、浇铸
䓝烷二胺(MDA)	透明液体	0.91(23)	19	粘接、层合、浇铸
异佛尔酮二胺(IPDA)	透明液体	0.924	18.2	层合、浇铸、电绝缘
间苯二胺(MPDD)	无色结晶	1.14		粘接、层合、浇铸、耐热、化学稳定、电绝缘
二氨基二苯基甲烷(DDM)	固体	1.05		粘接、层合、浇铸、绝缘

续表

固化剂名称	外观	相对密度	黏度①/10^{-5}Pa·s	用途
二氨基二苯砜(DDS)	固体	1.33		模塑料、粘接、层合、耐热
苯二甲酸酐(PA)	白色粉末		(128℃)	层合、大型浇铸件
偏苯三甲酸酐(TMA)	白色粉末		(168℃)	层合、浇铸
均苯四甲酸二酐(PMDA)	白色粉末		(236℃)	层合、浇铸
六氢苯二甲酸酐(HHPA)	无色玻璃粉状	1.18	(35～36℃)	浇铸、浸渍、层合
2-乙基-4-甲基咪唑(EMI-24)	浅黄色液体		(45℃)	浇铸、包封、浸渍、层合
2,4,6-三(二甲氨基甲基)苯酚(DMP-30)	浅黄色液体	0.980	(250℃)	粘接、浇铸、地板料
双氰胺(DICY)	白色粉末	1.40	(208℃)	带状型、粘接、湿式层合、涂料
三氟化硼-单乙胺(BF_3-MEA)	白色结晶		(86～89℃)	带状型、粘接、层合、浇铸用、耐热、电性能好
聚硫醇化物			15	黏合剂,快速固化
低分子量聚酰胺	棕黄或棕红色	0.92～0.98	>500	黏合剂、涂料、耐冲击、耐热冲击、电性能优

① 括号内为熔点。

5.2 增韧剂

为了提高环氧树脂的冲击韧性，常需添加增韧剂。增塑剂是非活性增韧剂，常用 DOP、DBP 及磷酸酯类，加入量以5%～20%为限，过多则影响强度。

活性增韧剂一般采用单官能团的环氧植物油，多官能团的聚酰胺、丁腈橡胶等，可提高韧性改善开裂性。

5.3 稀释剂

为降低树脂黏度，便于成型而加入的物质叫稀释剂。它也有活性和非活性两类。如丙酮、甲乙酮、环己酮、苯、甲苯、二甲苯、苯乙烯等即是非活性稀释剂，而环氧丙烷丙烯醚、环氧丙烷丁基醚、环氧丙烷、环氧氯丙烷等屑活性稀释剂，它还起增韧作用。

5.4 填料

为改善表面性能、提高强度、降低成本、改进电性能及其他功能，常需加入各种填料。常用的有石棉、石英粉、云母、铝粉、铜粉等。

Bt001 环氧碳纤维预浸料

【英文名】 epoxy carbon fiber prepreg

【性质】 环氧碳纤维是由碳纤维和环氧树脂构成的固体材料，表面平整，地均匀，无气泡，无杂质。纤维平行于预浸料侧边，比刚度、比强度、疲劳寿命、抗振阻尼均优于铝合金，热膨胀系数小，导电率高，其性能可随纤维、树脂类和型号的不同而有差异。

【质量标准】

行业标准 HB5392—87；企业标准 Q/65654—88、Q/65656—88

指标名称	指标		
	3231/T300	4211/T300	5222/T300
挥发物含量/%	2	2	2
树脂流出量/%	15～30	10～25	12～28
凝胶时间/min	2～4	0.5～2	3～5
单层板压厚/mm	0.125	0.125	0.125
单位面积纤维重量/(g/m²)	130±5	130±5	130±5
拉伸强度/MPa			
0°	1500	1220	1230
90°	36	250	260
拉伸模量/GPa			
0°	120	115	125
90°	8	7.1	7.3
压缩强度/MPa			
0°	800	865	1000
90°	110	135	160
压缩模量/GPa			
0°	110	105	120
90°	8	6.9	9
弯曲强度/MPa	1200	1380	1650
弯曲模量/GPa	110	110	110
层间剪切强度/MPa	60	75	85

【用途和用法】 环氧碳纤维预浸料系列产品有 3231/T300、4211/T300、5222/T300 等牌号，可用袋压法、热膨胀模塑法、模压成型法等制造高性能复合材料，用于航空、航天的结构材料承力件和次承力件，还用于电子仪器、体育器械和医疗器材方面。制件使用温度范围分别为－55～60℃、－55～120℃、－55～130℃。

【制法】 采用 T300 碳纤维，经过排丝制成单向无纬布，用溶液法分别与不同固化温度的 3231、4211、5222 环氧树脂体系连续浸渍，即制得上述三个牌号的预浸料产品。

环氧碳纤维预浸料以片状或卷材形式供应。表面用聚乙烯薄膜覆盖平整或成卷状密封于不透气薄膜袋内。片材最长 4200mm，最宽 800mm，每袋内不多于 10 张。外包装用木箱或硬质箱，防潮和防止碰撞。预浸料应于低温下贮存，用专用冷藏设备运输。本产品按非危险品贮运。

【生产单位】 北京航空材料研究所。

Bt002 氟化环氧树脂

【英文名】 fluorine-containing epoxy resin

【别名】 有机氟环氧树脂

【结构式】

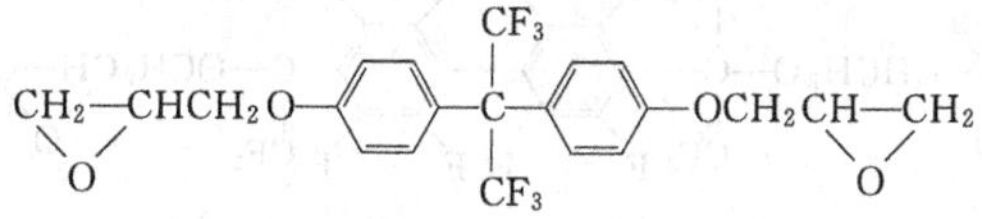

（Ⅰ）二酚基六氟丙烷二缩水甘油醚(FEP1-)

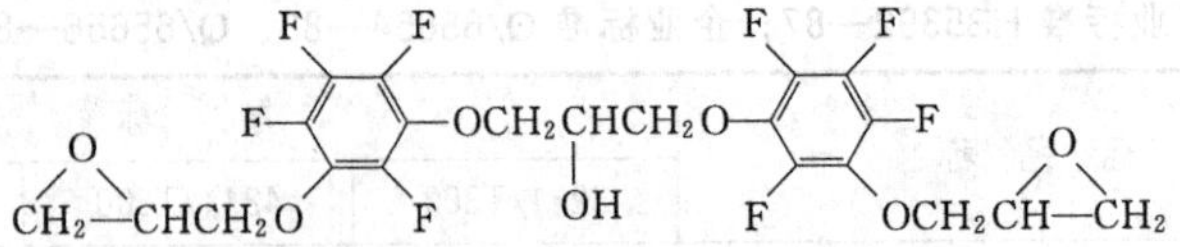

(Ⅱ)1,3-双(3-缩水甘油醚基四氟苯氧基)-2-羟基丙烷

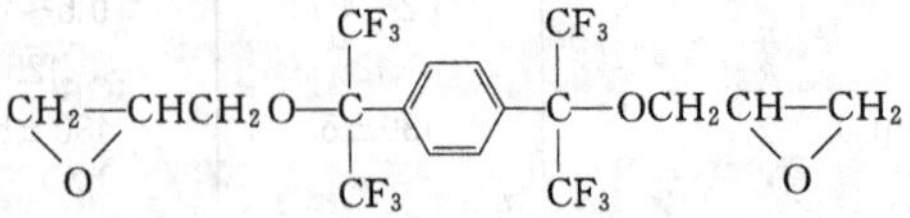

(Ⅲ)1,4-双(羟基六氟异丙基)苯二缩水甘油醚

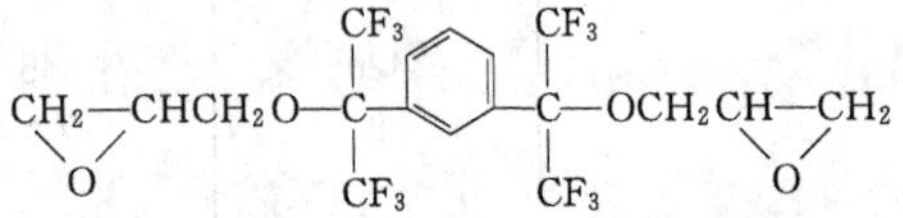

(Ⅳ)1,3-双(羟基六氟异丙基)苯二缩水甘油醚

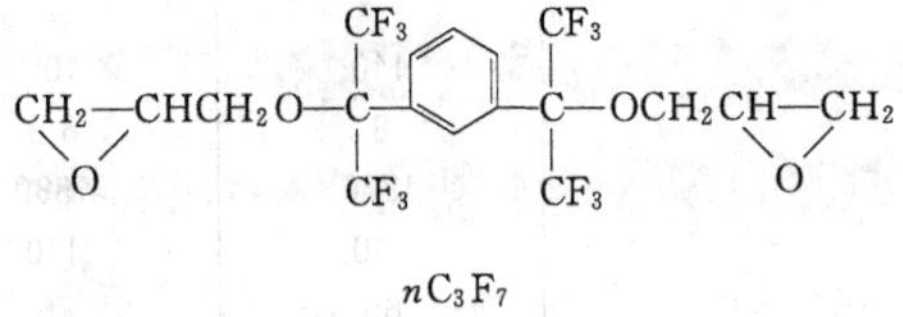

(Ⅴ)1,3-双(羟基六氟异丙基)正全氟丙基苯二缩水甘油醚(DGEFAB$_4$)

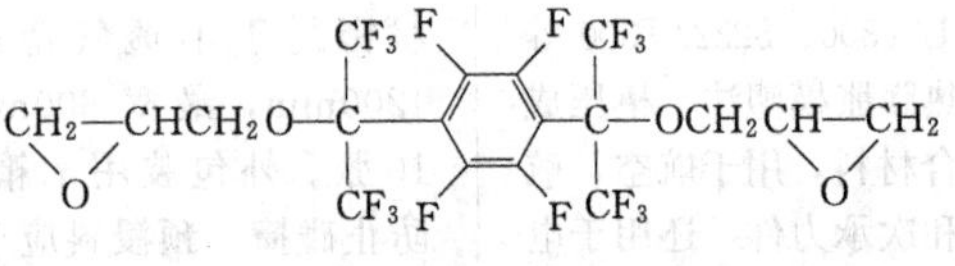

(Ⅵ)1,4-双(羟基六氟异丙基)四氟苯二缩水甘油醚

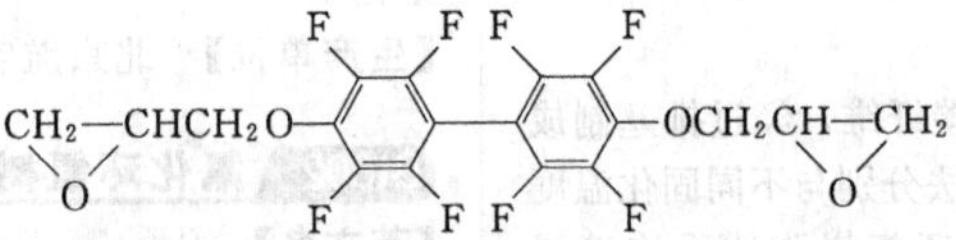

(Ⅶ)4,4′-二羟基八氟联苯二缩水甘油醚

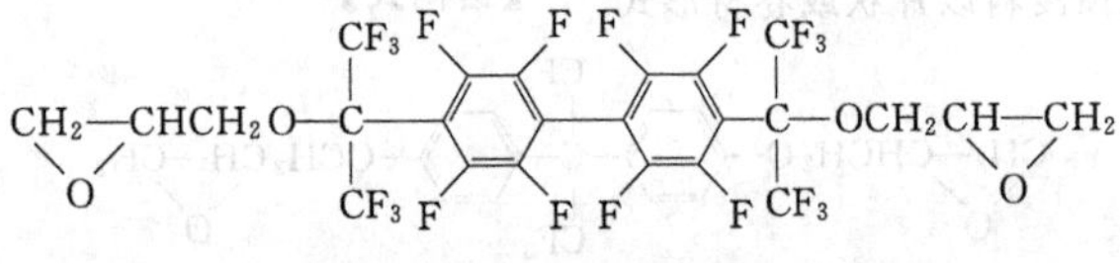

(Ⅷ)4,4′-双(羟基六氟异丙基)八氟联苯二缩水甘油醚

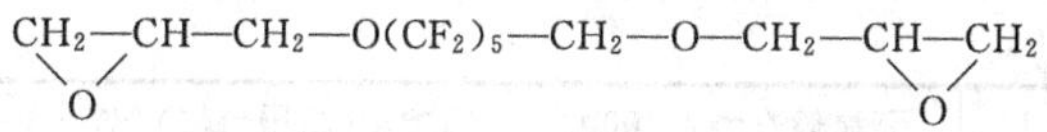

FEP-3

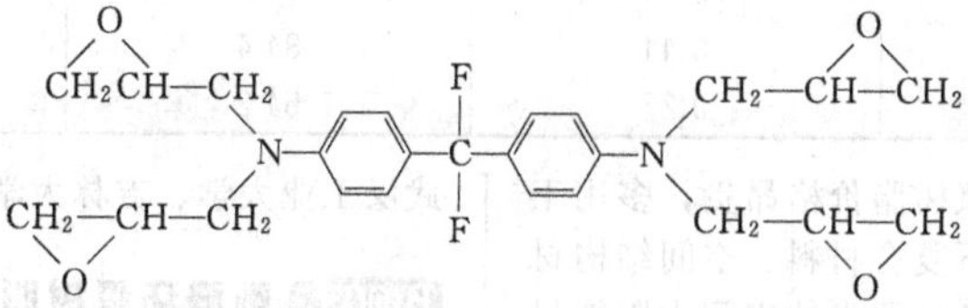

Resin CF2

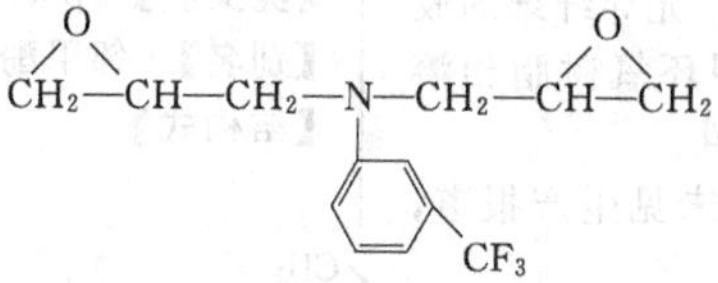

DGFMA3

【性质】 将氟元素引入到环氧树脂结构中，使氟化环氧树脂较双酚 A 型环氧树脂在粘接强度、耐水、耐湿、耐热和抗污性上有了很大提高，同时耐腐蚀、电绝缘性优异，折射率降低。

【制法】 有机氟环氧树脂合成的关键是含氟多元酚及含氟多元醇的制备。

据美国海军研究室透露，其合成路线如下。

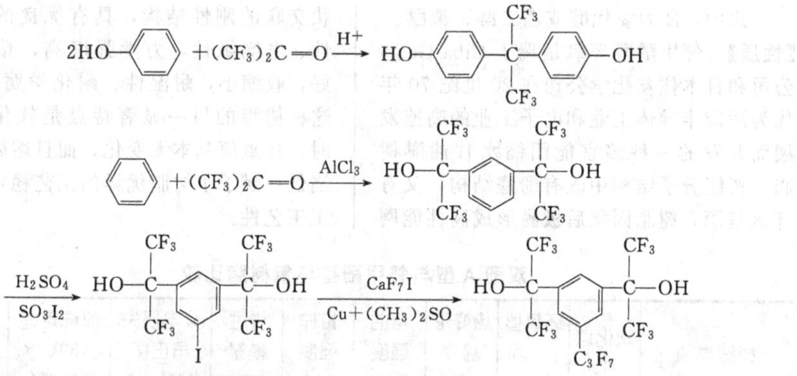

这些含氟多元酚、多元醇和环氧氯丙烷进行缩聚反应就能制得有机氟环氧树脂。

【质量标准】

编　号	环氧值/(mol/100g)	氟含量(质量分数)/%	熔点/℃
Ⅰ	0.45	25.4	71～73
Ⅱ	0.40	29.4	液态
Ⅲ	0.38	43.7	117～120
Ⅳ	0.38	43.7	73～74

续表

编　　号	环氧值/(mol/100g)	氟含量(质量分数)/%	熔点/℃
Ⅴ	0.29	52.3	液态
Ⅵ	0.34	51.2	149～151
Ⅶ	0.41	34.4	75～78
Ⅷ	0.27	51.2	138～140

【用途】 氟化环氧树脂价格昂贵，多用于特殊用途，如水下复合材料、空间结构材料、防污涂料、条件恶劣的空间太阳能材料等，还可用于光学玻璃、光导纤维的胶黏剂。由于它与双酚A型环氧树脂相溶性好，故可以将其共混改性。

【生产单位】 目前国内尚未见生产报道，武汉工业大学、吉林大学有研究报道。

Bt003 酚醛环氧树脂

【英文名】 phenolic epoxy resin

【别名】 邻甲酚醛环氧树脂

【结构式】

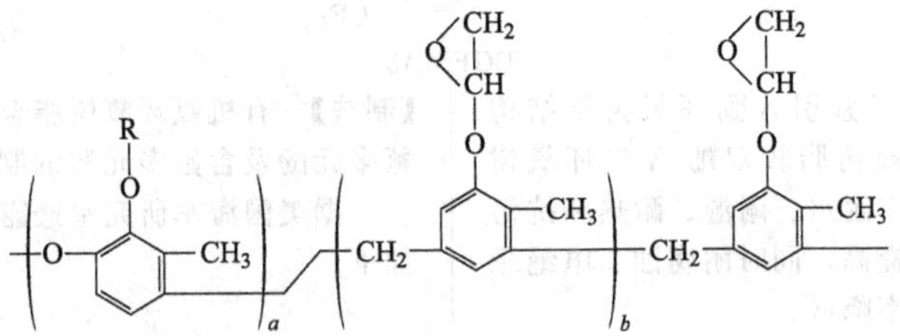

式中，R为氯代醇或乙二醇、聚醚。

【性质】 邻甲酚醛环氧是瑞士Ciba Geigy公司和日本住友化学公司在20世纪70年代为适应半导体工业和电子工业的高速发展而开发的一种多官能团缩水甘油醚树脂。树脂分子结构中既有酚醛结构，又有环氧基团，树脂固化后极易形成高性能网状交联的刚性结构，具有优良的热稳定性、电绝缘性，力学强度高，粘接性能好，收缩小，耐湿性、耐化学腐蚀性好。这种树脂的另一显著特点是软化点变化时，环氧值基本无变化，而且熔融黏度相当低，赋予了树脂优异的工艺稳定性及加工工艺性。

双酚A型与邻甲酚型环氧树脂比较

树脂类别	软化点/℃	环氧值/(mol/100g)	热变形温度/℃	弯曲强度/MPa	拉伸强度/MPa	弹性模量/MPa	介电损失角正切(10^5Hz)	热稳定性(180℃×5h)/%	吸水率(100℃ 168h)/%
双酚A环氧树脂	70～75	0.18～0.20	158	127	65	3250	0.015	0.50	2.5
邻甲酚醛环氧树脂	70～75	0.45～0.50	210	180	70	3805	0.005	0.15	1.5

【制法】 首先由邻甲酚与甲醛在一定条件下进行缩合反应制得邻甲酚醛树脂，然后将邻甲酚醛树脂与环氧氯丙烷在氢氧化钠存在下进一步进行缩聚反应，再经后处

理，即得所需要的产品。

工艺流程如下。

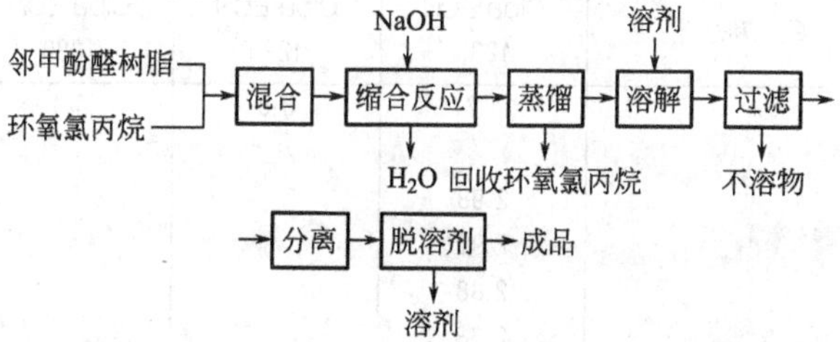

【消耗定额】

原材料	消耗定额/(kg/t)	
	国内企业	国外企业
邻甲酚	650～800	550～600
甲醛	700～900	560～700
环氧氯丙烷	800～900	600～650
NaOH(100%)	350～400	300～350
溶剂	100～200	5～10

【质量标准】

无锡树脂厂企业标准

指标名称	JF-45	JF-43	JF-46
外观	黄至琥珀色固体		
环氧值/(mol/100g)	0.42～0.50	0.40～0.48	0.43～0.50
有机氯值/(mol/100g) ≤	0.02	0.02	0.0014
无机氯值/(mol/100g) ≤	0.002	0.005	5×10^{-4}
维卡软化点/℃	55～65	65～75	60～80
挥发分/% ≤	1	1	—
用途	因电性能好，可作电子元器件灌封料		

Giba-Geigy 公司产品技术指标

指标名称	Ciba ECN 1235	Ciba ECN 1273	Ciba ECN 1280	Ciba ECN 1299
分子量	540	1080	1170	1270
环氧当量/(g/mol)	200	225	230	235
环氧值/(mol/100g)	0.5	0.455	0.435	0.425
熔点/℃	35	73	80	99
官能度				
a节	0.3	1.2	—	1.5

续表

指标名称	Ciba ECN 1235	Ciba ECN 1273	Ciba ECN 1280	Ciba ECN 1299
b节	1.7	3.8	4.1	4.4
介电常数				
60Hz	2.98			
10^3Hz	2.95			
10^5Hz	2.88			
2.5×10^7Hz	2.83			
介电损耗角正切(25℃)				
60Hz	0.0058			
10^3Hz	0.0072			
10^5Hz	0.0100			
2.5×10^7Hz	0.0054			
体积电阻率(25℃)/Ω·cm	1.4×10^{17}			

【成型加工】 可以浇铸、包封、塑封、灌封、浸渍、压制成型、涂覆和粘接等法进行加工或施工。

【用途】 邻甲酚醛环氧树脂是目前环氧模塑料的主粘接材料，性能可靠，封装工艺简便，主要应用于层压制品，粘接电子元器件的包封，特殊的防电弧、耐热、绝缘及民用弱电制品等方面，广泛应用于高新尖端电子工业的封装材料，半导体集成电路（IC），大规模集成电路（LIC）等的电容、电阻、三极管、二极管、电位器等的封装。

【安全性】 装于聚氯乙烯塑料袋中，外用牛皮纸袋包装，每袋净重 25kg。应贮放于通风、干燥、阴凉的库房内，防止日晒雨淋。隔绝火源热源。贮存期为 1 年，超过贮存期应抽样复检，检验合格后仍可使用。属非危险品。

【生产单位】 无锡树脂厂，巴陵石化环氧树脂厂，上海树脂厂，江苏三木集团公司，晨兴化工研究院，烟台奥利福化工有限公司，南通化工二厂等。

Bt004 双酚 F 型环氧树脂

【英文名】 bisphenol F epoxy resin，bisphenol F diglycidyl ether

【别名】 双酚 F 二缩水甘油醚

【结构式】

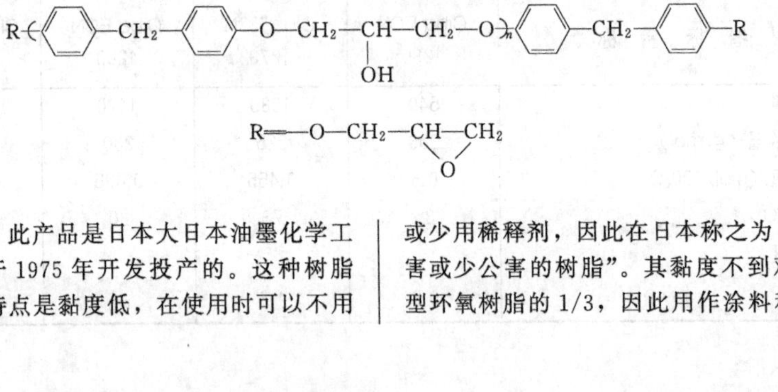

【性质】 此产品是日本大日本油墨化学工业公司于 1975 年开发投产的。这种树脂的最大特点是黏度低，在使用时可以不用或少用稀释剂，因此在日本称之为“无公害或少公害的树脂”。其黏度不到双酚 A 型环氧树脂的 1/3，因此用作涂料和浇铸

料时有较好的工艺性佳；其固化物与双酚A型环氧树脂具有大体相同的性能，除耐热性稍逊于后者外，耐冲击性能、耐腐蚀性能等均优于双酚A型环氧树脂。

BPF 型环氧树脂与 BPA 型环氧树脂物性比较

性能指标	BPF 型环氧树脂	BPA 型环氧树脂	性能指标	BPF 型环氧树脂	BPA 型环氧树脂
环氧当量/(g/mol)	180	192	相对密度(25℃)	1.18	1.16
黏度(25℃)/Pa·s	3	12.5	折射率 n_D^{25}	1.576	1.571

常温固化物性能比较

性能指标	BPF 型环氧树脂	BPA 型环氧树脂	性能指标	BPF 型环氧树脂	BPA 型环氧树脂
拉伸强度/MPa	45.08	31.36	弯曲弹性模量/GPa	3.07	3.35
伸长率/%	4.1	3.3	压缩强度/MPa	122.5	102.9
弯曲强度/MPa	81.34	64.68		3.92	2.65

注：固化条件为 23℃，5d；固化剂用量 10%～11%。

低温加热固化物性能对比

性能指标	BPF 型环氧树脂	BPA 型环氧树脂	性能指标	BPF 型环氧树脂	BPA 型环氧树脂
热变形温度/℃	92	96	24h	2.78	2.79
弯曲强度/MPa	131.32	12.25	168h	3.71	3.78
弯曲弹性模量/GPa	3.41	3.04	热失重/%		
煮沸吸水率/%			150℃，30d	1.22	1.32
1h	0.63	0.59	180℃，30d	4.64	5.00
3h	1.06	0.99			

注：固化条件为 25℃/3h+80℃/2h；固化剂用量 14%。

较高温加热固化物的性能

性能	エピクロン830	エピクロン850	エピクロン855
三亚乙基四胺用量/Phr	14	13	13
热变形温度/℃	104	121	87
弯曲强度/MPa	143	127	133
拉伸强度/MPa	84	76	78
煮沸吸水率/%			
1h	0.54	0.56	0.98
3h	0.97	0.99	1.58
24h	2.70	2.77	3.55
120h	3.71	3.94	3.78
热失重/%			
150℃，30d	0.93	1.13	2.56
180℃，30d	4.27	5.03	7.10

注：固化条件 23℃/3h+120℃/5h；エピクロン855 为含 BGE 稀释剂的树脂。

【制法】 分两步进行。第一步由苯酚与甲醛（37%甲醛水溶液），在35%浓度盐酸为催化剂的条件下，两者反应生成双酚F。第二步再将双酚F与环氧氯丙烷在氢氧化钠存在下进行缩聚反应，即得双酚F型环氧树脂。也可合成出固态双酚F型环氧树脂（多采用两步法合成）。

工艺流程如下。

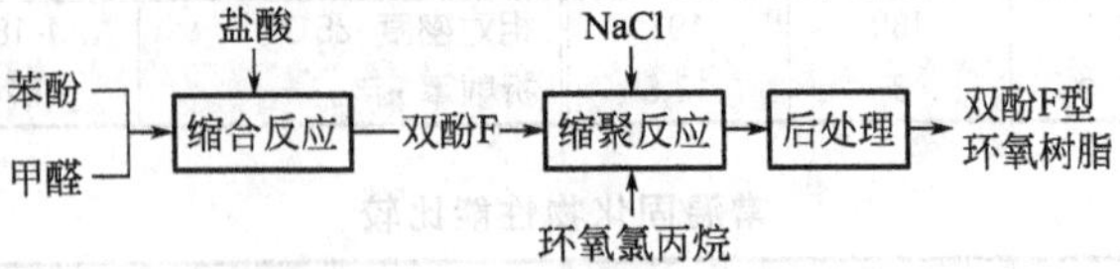

【质量标准】 国产双酚F型环氧树脂的技术指标

生产厂	上海新华树脂厂				巴陵石化环氧树脂厂		
牌号	6458	6445	6420	6412	CYDF-170	CYDF-180	CYDF-2004
外观	液体		固体		无色或浅黄色液体		浅黄色固体
环氧当量/(g/mol)	162～182	208～238	455～556	714～909	160～180	165～185	900～1000
环氧值/(mol/100g)	0.55～0.62	0.42～0.48	0.18～0.22	0.11～0.14	0.56～0.63	0.54～0.61	0.10～0.11
黏度(25℃)/Pa·s	3	—	—	—	2.0～5.0	5.0～7.0	—
软化点/℃	—	—	50～65	78～90	—	—	78～88
色相 <	—	—	—	—	3	3	1
有机氯值/(mol/100g) ≤	0.01	0.02	0.01	0.01	—	—	—
无机氯值/(mol/100g) ≤	0.001	0.001	0.001	0.001	—	—	—
挥发分/% ≤	1	1	1	1	—	—	—

日本旭电化公司双酚F型环氧树脂

项目	EP-4901	EP-4901E	EP-4930	EP-4950
环氧当量/(g/mol)	165～180	165～185	170～190	180～200
黏度(25℃)/Pa·s	20～40	20～40	8～12	3～8
相对密度(25℃)	1.19	1.19	1.17	1.13
色度 ≤	2	2	2	2
说明	标准品	低水解氨	低黏度，地坪涂料	无溶剂涂料

国外双酚F型环氧树脂制造公司和主要品种

公司	液态树脂	固态树脂
Shell	Epikate 235	
Dow	—	D. E. R. 642U,672U
Ciba-Geigy	Aiedite XU-GY281,XB-3337	—
大日本油墨	Epiclon830,830-S,830LVP,835LV	—
东都化成	YDF-170,YDF-190	YDF-2001,YDF-2004,YDF-2007
日本化药	RE-303S,RE-404S	
旭电化	EP-4901,EP-4901E	4930,4950

【成型加工】 可用浇铸、浸渍、包封、喷涂和涂覆施工等法。

【用途】 双酚F型环氧树脂可应用于无溶剂固体涂料、铸塑及浇铸成型材料、层压材料等要求液态黏度低的领域（如玻璃钢及碳纤维复合材料等）。由于双酚F型环氧树脂或双酚F型和双酚A型共混环氧树脂具有良好的耐热性、耐水性和电学性能，还可用于变压器等的浇铸及灌封材料、半导体用密封料、半导体导电胶等领域。

【安全性】 产品以白铁皮桶为包装，每桶净重5kg、10kg、20kg不等。贮存仓库应保持清洁、干燥、阴凉、通风良好。贮运中不得日晒雨淋，并应远离热源、火种。装卸时应轻举轻放，切不可挤压。可按非危险物品贮运。

【生产单位】 上海新华树脂厂，巴陵石化环氧树脂厂，无锡迪爱生环氧有限公司，国都化工（昆山）有限公司。

Bt005 双酚H型缩水甘油醚

【英文名】 hydrogentated bisphenol A epoxy resin

【别名】 氢化双酚A型环氧树脂

【结构式】

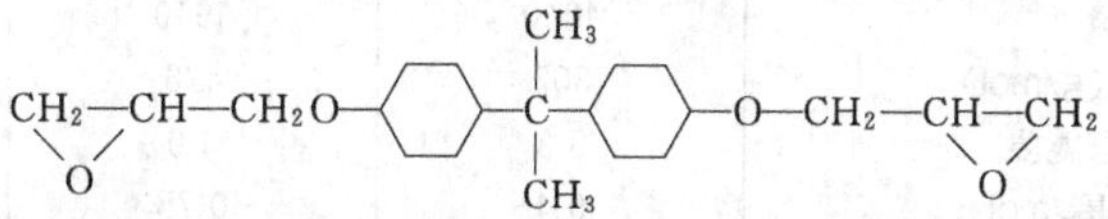

【性质】 该类树脂黏度小，与双酚F型环氧树脂相当，但凝胶时间长，约为双酚A型环氧树脂的2倍左右。其最大的特点是耐候性好、耐电晕、耐漏电痕迹性均好。

其浇铸体的参考性能为热变形温度85℃，拉伸强度73.2MPa，伸长率0.39%，压缩强度92MPa，弯曲强度96.8MPa，耐电弧性85s，耐漏电痕迹性0.1mm。

氢化双酚A型环氧树脂与双酚A型环氧树脂粉末涂料性能对比①

配方号		1	2	3	4	5
组分	环氧树脂代号/份	A16	B22	C35	C50	D②50
	聚酯树脂代号/份	A84	A78,B50	A65 B50		
	促进剂 Curezole C	0.2	0.2	0.2	0.2	0.2
	流平剂 Modaflow	0.5	0.5	0.5	0.5	0.5
	钛白粉(金红石型)	30	30	30	30	30

续表

配方号		1	2	3	4	5
涂膜性能	铅笔硬度值	>7H	6H	6H	6H	64
	附着力③	10	10	10	10	7
	耐水性④	9	8	6	7	2
	耐冲击⑤/mm	400	>500	>500	>500	300
	耐候性⑥	0	0	0	0	—

① 固化条件，用标准钢板静电喷涂，膜厚 70～90μm，180℃烘烤 30min。

② 树脂 D：双酚 A 型环氧树脂数均分子量 1820 环氧当量 910；其余 A～C 为氢化双酚 A 环氧树脂，其指标见"制法"部分表。

③ 附着力，规格化，按 JIS K-5400 测定，级数越高附着力越好。

④ 耐水性，在 40℃蒸馏水中浸泡 7d，取出，测附着力。

⑤ 冲击强度，按 JIS K-5400 测定。

⑥ 耐候性测试，用耐候性测试仪 Ci35（ATLAS 电气公司），氙灯波长 340mm，0.39W/m，黑板温度 63℃，样品在该条件放 300h，观察表面光泽变化与褪色，失光与黄变为 X，无变化为 0。

不同条件制得的氢化双酚 A 环氧树脂

例号		1 树脂 A	2 树脂 B	3 树脂 C
投料配比	脂环醇/(g/mol)	HBPA① 123/0.5	CHDM② 72/0.5	HBPA123/0.5
	催化剂 1/(g/mol)	1.9	1.7	1.9
	催化剂 2/(g/mol)	1.9	0.9	0.7
	环氧氯丙烷/(g/mol)	55/0.6＋55/0.6	55/0.6	30/0.32
	氢化双酚 A 环氧/(g/mol)	85/0.2	160/0.38	152/0.36
	NaOH/(g/mol)	50%142/1.775	100%24/0.6	100%13/0.325
产物指标	数均分子量	1010	1910	1860
	环氧当量/(g/mol)	302	476	890
	分子平均官能度	3.3	4.0	2.1
	环氧基-羟基/mol	0.4	0.75	0.72
	环氧氯丙烷-羟基/mol	1.2	0.6	0.32

① HBPA 新日本化学氢化双酚 A Rikabinol HB。

② CHDM 新日本化学 1,4 环己烷二甲醇 Rikabinol DM。

【制法】 由双酚 A 加氢得到氢化双酚 A（Ⅰ），再与环氧氯丙烷在碱催化下缩合而成。

反应式

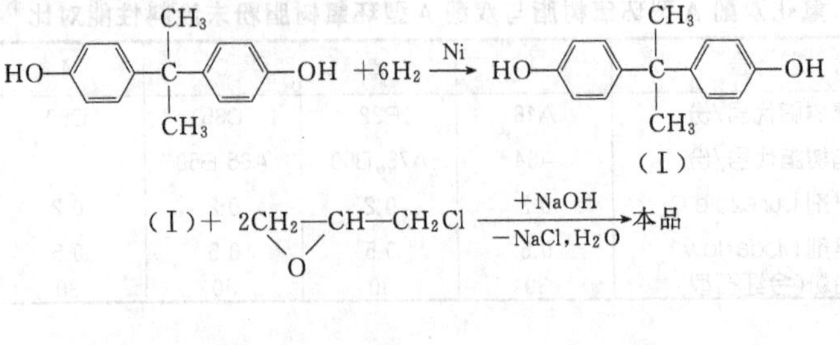

【质量标准】

性能	外观	环氧值/(mol/100g)	黏度(25℃)/Pa·s	有机氯/(mol/100g)	无机氯/(mol/100g)	挥发分/%
指标	浅棕色透明低黏稠液体	0.38～0.48	2.8～4.8	≤0.01	≤0.0001	≤0.5

台湾及国外氢化双酚 A 环氧树脂产品指标

生产厂	牌号	环氧当量/(g/mol)	黏度(25℃)/(mPa·s)	软化点/℃	色度①
日本东都化成公司	ST-1000	200～220	1000～2000	—	≤1
	ST-3000	230～240	2500～3000	—	≤1
	ST-5080	550～650	—	78～88	≤1
	ST-5100	900～1110	—	95～105	≤1
台湾南亚公司	NPST-3000	230～240	2500～3000	—	≤1
	NPST-5100	900～1100	—	95～105	≤1
日本旭电化公司	ADKEP-4080	235～265	—	—	
	EP-4081	220～240	—	—	
	EP-4085	510～610	—	—	
美国壳牌	Epox X1510	210～240	1300～2500	—	≤30

① 美国公共卫生协会色标。

【用途】 户外粉末涂料及户外电工部件真空浇铸。

【生产单位】 天津市合成材料工业研究所，上海理亿科技发展有限公司，国都化工（昆山）有限公司，常熟佳发化学有限责任公司。

Bt006 E 型环氧树脂

【英文名】 EP

【别名】 双酚 A 二缩水甘油醚；双酚 A 型环氧树脂；万能胶

【结构式】

$$R\!-\!\!\left(R'\!-\!OCH_2\underset{\displaystyle OH}{\underset{|}{CH}}CH_2O\right)_{\!n}\!R'\!-\!O\!-\!R$$

式中，R 为 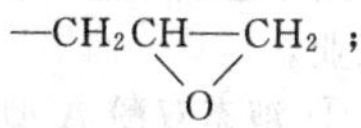；R′为 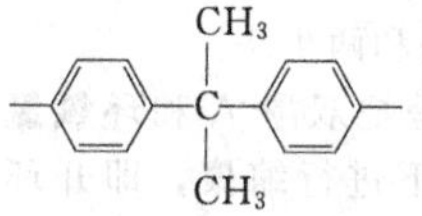。

【性质】 双酚 A 型环氧树脂根据分子量和聚合度 n 的不同，树脂为黄色至琥珀色透明黏性液体（或固体），生产中把平均分子量在 300～700，$n<2$，软化点在 50℃以下者称为低分子量环氧树脂（即软树脂）；分子量在 1000 以上，$n>2$，软化点在 60℃以上者称为高分子量树脂（即硬树脂）。

该树脂易溶于酮类、酯类、苯、甲苯、二噁烷等有机溶剂。不溶于水、醇和乙醚。

这类环氧树脂最典型的性能是：①粘接强度高，粘接面广，可粘接除聚烯烃之外几乎所有材料（金属、陶瓷、玻璃、木材等）；②尺寸稳定性好，固化收缩率低，小于 2%，是热固性树脂中收缩率最小的一种；③稳定性好，未加入固化剂时可放置 1 年以上不变质；④耐化学药品性好，耐酸、碱和多种化学品；⑤力学强度高，可作结构材料用；⑥电绝缘性优良，普遍性能超过聚酯树脂。

但它有以下缺点：①耐候性差，在紫外线照射下会降解，造成性能下降，不能在户外长期使用；②冲击强度低；③不太耐高温。

环氧树脂固化物性能

指标名称	浇铸料	模塑料(玻璃纤维)	玻璃钢
相对密度	1.15～1.25	2.0～2.1	1.6～1.8
吸水率(24h)/%	0.07～0.16	0.05～0.10	0.15～0.40
拉伸强度/MPa	30.97～85.75	41.16～102.9	78.4～411.6
压缩强度/MPa	61.74～156.8	102.9～205.8	103.88～411.6
弯曲强度/MPa	68.89～151.9	88.2～137.2	137.2～617.4
伸长率/%	1～7	4	1.7～6.0
耐热性/℃	100～275	200～250	100～275
体积电阻率/Ω·cm	10^{10}～10^{17}	10^{14}～10^{16}	10^{10}～10^{17}
介电强度/(MV/m)	13.8～19.7	0.98～13.8	11.8～17.7
介电损耗角正切(10^6Hz)	0.015～0.05	0.01～0.02	0.015～0.05
介电常数(10^5Hz)	3～4.2	3.5～4.5	3～5

【制法】 双酚 A 型环氧树脂有低分子量（软化点小于 50℃）、中等分子量（软化点 50～95℃）和高分子量（软化点大于 100℃）3 种。低分子量和中等分子量树脂多用于塑料工业，高分子量树脂用于涂料工业。

① 液态双酚 A 型环氧树脂的合成方法有两种：一步法和两步法。

一步法工艺是把双酚 A 和环氧氯丙烷在 NaOH 作用下进行缩聚，即开环和闭环反应在同一反应条件下进行的。目前国内产量最大的 E-44 环氧树脂就是采用一步法工艺合成的。两步法工艺是双酚 A 和环氧氯丙烷在催化剂（如季铵盐）作用下，第一步通过加成反应生成二酚基丙烷氯醇醚中间体，第二步在 NaOH 存在下进行闭环反应，生成环氧树脂。两步法的优点是：反应时间短；操作稳定，温度波动小，易于控制；加碱时间短，可避免环氧氯丙烷大量水解；产品质量好而且稳定，产率高。国产 E-51、E-54 环氧树脂就是采用两步法工艺合成的。

例如将双酚 A 与环氧氯丙烷加入溶解釜，于 70℃以上的温度下溶解 30min 后，送入缩聚反应釜，以季铵盐为催化剂，并加入碱液，保持在 50～60℃反应数小时之后，于 100℃左右减压回收过量环氧氯丙烷供循环使用。然后加苯溶解，并再次加入碱液，70℃左右再反应 3h 后，经回流脱水、冷却、静置、过滤、脱苯（先常压后减压），即得黏度为 2.5～

3.0Pa·s 的液体树脂。其简单流程示意如下所示。

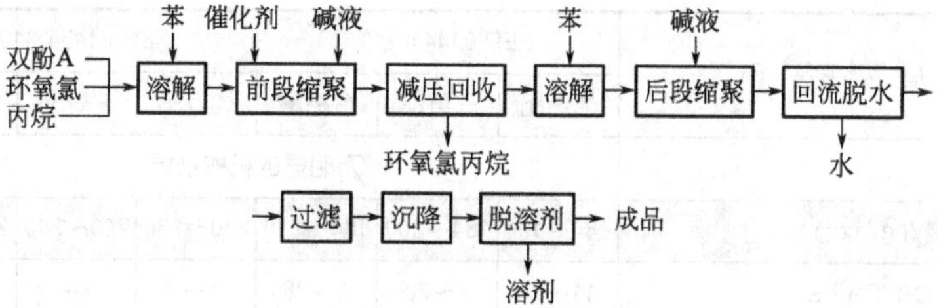

② 固态双酚 A 型环氧树脂的合成方法也可分为两种。

一步法（国外称 Taffy 法）工艺是将双酚 A 与环氧氯丙烷在 NaOH 作用下进行缩聚反应，用于制造中等分子量的固态环氧树脂。国内生产的 E-20、E-14、E-12 等环氧树脂基本上均采用此法。

两步法（国外称 advancement 法）工艺是将低分子量液态 E 型环氧树脂和双酚 A 加热溶解后，在高温或催化剂作用下进行加成反应，不断扩链，最后形成高分子量的固态环氧树脂，如 E-10、E-06、E-03 等都采用此方法合成。两步法工艺国内有两种方法。其中本体聚合法是将液态双酚 A 型环氧树脂和双酚 A 在反应釜中先加热溶解后，再在 200℃高温反应 2h 即可得到产品。此法是在高温进行反应，所以副反应多，生成物中有支链结构。不仅环氧值偏低，而且溶解性很差，甚至反应中会凝锅。催化聚合法是将液态双酚 A 型环氧树脂和双酚 A 在反应釜中加热至 80～120℃使其溶解，然后加入催化剂使之发生反应，让其放热自然升温。放热完毕冷至 150～170℃反应 1.5h，经过滤即得成品。

例如将氢氧化钠和水加入溶解釜中，调整碱液至一定浓度后，按比例加入双酚 A，于 70～75℃溶解 30min，然后趁热过滤并送入缩聚釜，搅拌冷却至 47℃后，加入环氧氯丙烷，反应物自动升温至80～85℃，保温反应 1h，再升温至 85～90℃，保温反应 1～2h。缩聚反应完成后，用热水反复洗涤至中性。再经常压脱水至 110℃，减压脱水至 140℃（真空度 0.087MPa），便可放料装盘，冷却至室温，即得产品。其简单流程示意如下所示。

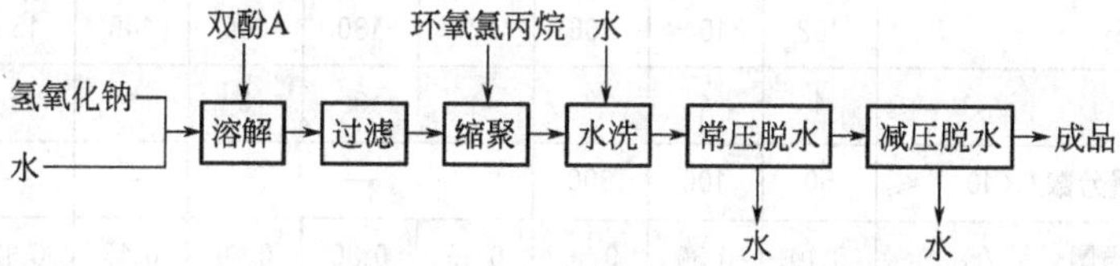

反应式

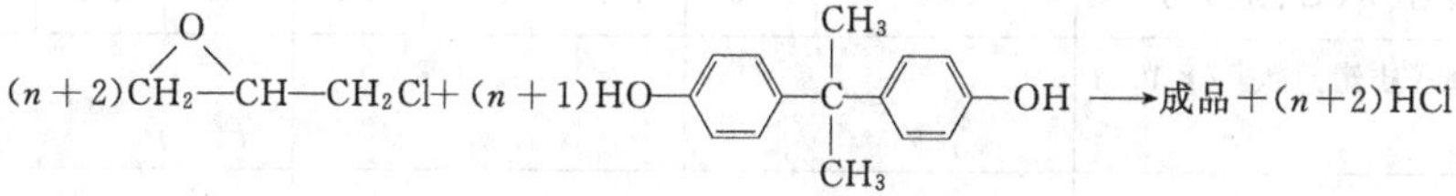

【消耗定额】 以 EP 01451-310（E-44）树脂为例，每吨产品消耗双酚 A 709.85kg；环氧氯丙烷 589.81kg。

【质量标准】

双酚-A型环氧树脂技术要求（GB 13657—92）

指标名称	EP 01441-310			EP 01451-310		
	优等品	一等品	合格品	优等品	一等品	合格品
外观	无明显的机械杂质					
环氧当量/(g/mol)	184～194	184～200	184～210	210～230	210～240	210～250
黏度(25℃)/Pa·s	11～14	7～20	6～26	—	—	—
软化点/℃	—			12～20		
色度/号 ≤	1	3	5	1	4	8
无机氯质量分数/×10⁻⁶ ≤	50	180	300	50	180	300
易皂化氯质量分数/% ≤	0.10	0.30	0.70	0.10	0.30	0.50
挥发分(110℃,3h)/% ≤	0.2	1.0	1.8	0.3	0.6	1.0
钠离子质量分数①/×10⁻⁶ ≤	1.0	—		10	—	
凝胶时间	由供需双方商定					

指标名称	EP 01671-310			EP 01681-410			EP 01691-410		
	优等品	一等品	合格品	优等品	一等品	合格品	优等品	一等品	合格品
外观	无明显的机械杂质								
环氧当量/(g/mol)	800～1000	800～1100	800～1200	1700～2100	1700～2400	1700～2500	2400～3300	2400～3600	2400～4000
黏度(25℃)/Pa·s	—	—	—	—	—	—	—	—	—
软化点/℃	90～102	85～104	85～106	115～127	115～130	115～130	130～145	130～150	130～150
色度/号 ≤	1	4	8	1	3	6	1	3	6
无机氯质量分数/×10⁻⁶ ≤	50	100	300	—			—	—	—
易皂化氯质量分数/% ≤	0.10	0.30	0.50	0.10	0.30	0.50	0.10	0.30	0.50
挥发分(110℃,3h)/% ≤	0.60		0.8	0.6	0.8	1.0	0.6	0.8	1.0
钠离子质量分数①/×10⁻⁶ ≤	—			—			—		
凝胶时间	—			—			—		

① 仅电气工业用户要求时考核。

双酚-A 型环氧树脂国内外产品牌号对照

型号	简称	巴陵石化	无锡树脂厂	江苏三木	无锡迪爱生	大连齐化	南亚	陶氏	壳牌	汽巴	东都化成	大日本油墨	三井	旭电化
E-51	618	CYD-128	WSR618 0164E	SM828	850 850S	DYD-128 DYD-128G DYD-128S DYD-128CA DYDH-128	NPEL128 NPEL128E NPEL128R	DER 331	828 828×A 828EL	GY226 2600	YD-128 YD-128E YD-128CA	850 850S	R140	EP 4100 EP 4100E EP 4100W
E-44	6101	CYD-144	WSR 6101	SM6101			NPEL128S			GY251				
E-42	634		WSR634	SM634	860	DYDH-134	NPEL134 NPEL134L	DER 337	834		YD134 YD134N	860	R144	EP 4340
E-20	601	CYD-011	WSR601 0191	SM601	1050 1055	DYD-901 DYDH-901	NPES 901 NPES 301	DER 671	1001 1002	GT7001	YD011 YD011E	1050 1055	R301	EP 5100 EP4050
E-12	604	CYD-014	WSR604 0194	SM604	3050 4050 4051	DYDH-904	NPES 303 NPES 304 NPES 903H	DER 662 DER 663U	1004 1055	GT7004 7203 7072	YD014	2055 3050	R302 R303 R304E	EP 4006
E-06	607		0197	SM607	7050	DYDH-907	NPES 907	DER 667	1007 2007	GT 7077	YD 017 YD 017S	7050	R307	
E-03	609		0199	SM609	091	DYDH-909	NPES 909 NPES 909H	DER 669	1009 2009	GT6099 GT6609	YD019	9055	R309	

我国 E 型环氧树脂企业通用质量标准

型号	企业型号	环氧当量/(g/mol)	环氧值/(mol/100g)	黏度(25℃)/Pa·s	软化点/℃	无机氯值/(mol/100g)	有机氯值/(mol/100g)	挥发分/%≤	色泽/号≤
E-56D		176～181	0.55～0.57	5～7	—	—	0.003	0.5	1
E-54	516	179～192	0.52～0.56	5～10	—	0.001	0.02	1.5	2
E-52D		185～196	0.51～0.54	1.1～1.4(40℃)	—	0.001	0.01	1	2
E-51	618	185～208	0.48～0.54	≤2.5	—	0.001	0.02	2	2
E-44B		222～238	0.42～0.45	—	14～22	0.001	0.015	1	6
E-44	6101	213～244	0.41～0.47	—	12～20	0.001	0.02	1	6
E-42	634	222～263	0.38～0.45	—	21～27	0.001	0.02	1	8
E-39D		245～265	0.38～0.41	—	24～28	0.001	0.01	0.5	3
E-39		250～270	0.37～0.40	—	24～28	0.005	0.01	1	6
E-35	637	250～330	0.30～0.40	—	20～35	0.005	0.01	1	6
E-33D		294～313	0.32～0.34	—	39～47	0.001	0.02	0.2	3
E-31	638	260～430	0.23～0.38	—	40～55	0.001	0.02	1	6
E-21		455～500	0.20～0.22	—	60～70	0.0005	0.004	0.5	3
E-20	601	455～556	0.18～0.22	—	64～76	0.001	0.02	1	8
E-14	603	550～1000	0.10～0.18	—	76～85	0.001	0.02	1	8
E-13	604T	714～833	0.12～0.14	—	88～98	0.0005	0.004	0.3	3
E-12A		750～1000	0.10～0.13	—	85～95	350×10^{-6}	0.35%	0.5	4
E-12	604	714～1111	0.09～0.14	—	85～95	0.001	0.002	1	8
E-10	605	833～1250	0.08～0.12	—	95～105	0.0005	0.01	0.5	2
E-06	607	1429～2500	0.04～0.07	—	110～135	—	—	—	6
E-05		1667～2381	0.042～0.060	—	128～136	—	—	—	3
E-03	609	2222～4000	0.025～0.045	—	135～150	—	—	—	3

【成型加工】 可用浇铸、浸渍、包封、灌封、模塑、层合加工，还可喷涂、涂覆施工。作为塑料用环氧树脂，可用浇铸、模塑、层合和发泡等方法加工成型。浇铸多用于电子、电器设备和零件的包封与封装，可以减轻质量，缩小体积。模塑以陶土、石英、云母、石墨粉和玻璃纤维增强，用传递模塑法成型。成型温度150℃，以硅油作脱模剂。适用于不宜受压的电子零件。层合系用环氧树脂浸渍纤维后，于150℃和1.27～1.37MPa压力下成型。

【用途】 环氧树脂层压材料主要用作化学工业用管道和容器；汽车、船舶和飞机的零部件及运动器具等。浇铸成电机中的定子、电机外壳和变压器。浸渍成互感器、线圈绝缘体、电容器、电流计、转动开关和电缆接头等。环氧树脂涂料有绝缘漆、底漆、无溶剂漆、船舶漆、油田防腐漆、钙塑涂料和防腐涂料等。它们除用于施涂路面、地板之外，还可用于化工设备、贮槽、石油管道、污水管道等防腐设备。此外，也可大量用以浇铸层压成模具。其泡沫塑料可用作绝热材料、量轻而强度高的夹心材料、漂浮材料和飞机用的吸声材料。

双酚-A型环氧树脂型号和主要用途

树脂型号	主要用途
EP 01441-310	用于粘接、浇铸、浸渍、层压
EP 01451-310	用于粘接、浇铸、密封、层压
EP 01551-310	用于粘接、浇铸、密封、层压
EP 01661-310	用于粉末涂料、油漆
EP 01671-310	用于粉末涂料
EP 01681-410	用于耐腐蚀涂料或绝缘涂料
EP 01691-410	用于高级耐腐蚀涂料或绝缘涂料

低分子量树脂（软树脂）装于马口铁桶内，每桶 20kg。高分子量树脂（硬树脂）装于塑料袋或纤维板桶内，每件净重 20kg。产品应贮存于通风、干燥、阴凉的库房内，防止日光直接照射、并应隔绝火源，远离热源，不宜在露天堆放。切忌受潮和浸入水分。并应与氨基化合物隔离堆放。可按非毒、非危险品贮运。产品贮存期为 1 年。逾期后，可按规定的检验方法复检，如符合质量要求，仍可使用。在运输与装卸时，应轻举轻放，防止摔破容器，堆装时不得倒置及有重物压挤。

【生产单位】 巴陵石化环氧树脂厂，蓝星化工所材料股份有限公司无锡树脂厂，上海树脂厂，宜兴三木集团公司，无锡迪爱生环氧有限公司，大连齐化化工有限公司，晨光化工研究院自贡二厂，沈阳树脂厂，南通化工二厂，烟台奥利福化工有限公司。

Bt007 聚丁二烯环氧树脂

【英文名】 polybutadiene epoxy resin

【别名】 环氧化聚丁二烯树脂

【结构式】

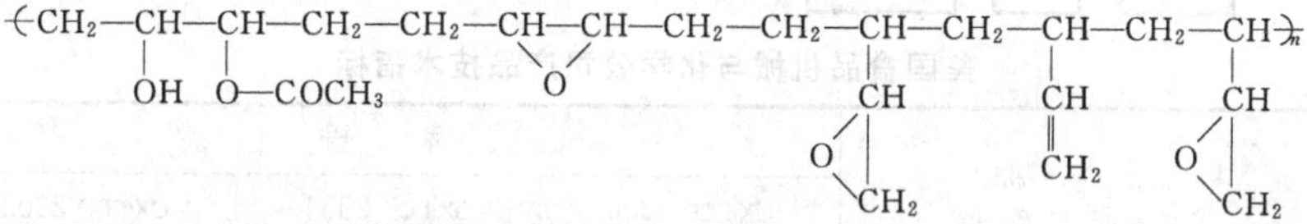

【性质】 聚丁二烯环氧树脂是美国食品机械公司（FMC）首先研制的，并于 1959 年间开始以 Oxiron 2000 及 A-20-75 为商品名在市场出售，因此有时俗称 2000# 环氧树脂。国内天津合成材料工业研究所与津东化工厂合作，1967 年建立中试生产装置。

液态环氧化聚丁二烯树脂的物性指标

名　称	外　观	分子量	密度/(g/cm³)	环氧氧含量(质量分数)/%	羟基(质量分数)/%	碘值
环氧化聚丁二烯树脂	琥珀色液体	800～2000	0.9012	7～8	2～3	180

这种树脂与固化剂混合后黏度小，工艺性好；固化物耐热性好，黏结性，耐候性及电性能均优异，主要缺点是固化收缩大。

由环氧化聚丁二烯树脂的分子结构可以看出该树脂与通用的双酚 A 型环氧树脂有很大的不同，带来不同的特性。所以继 FMC 公司之后国外一些公司又开发了不同规格的环氧化聚丁二烯树脂。

环氧化聚丁二烯树脂与酸酐反应较容易，与胺类固化剂反应就难些。另外，在环氧化聚丁二烯分子结构中还有部分双键，可以被过氧化物引发，或在乙烯基单体作用下进一步交联，形成网状体型结构。

环氧化聚丁二烯树脂这种多官能性（环氧基、双键、羟基等），使人们可以采用不同的固化剂制得从橡胶状到坚硬的各种固化产物，使其具有良好的化学性能、物理力学性能和电气性能。

【制法】 以1,3-丁二烯为原料，金属钠为催化剂，在苯溶剂中聚合，制得低分子量液体聚丁二烯，再用有机过氧化酸（如过氧化醋酸）环氧化而成。

工艺流程如下。

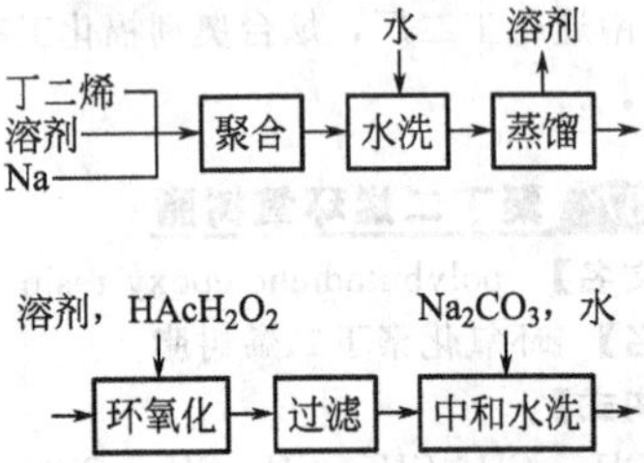

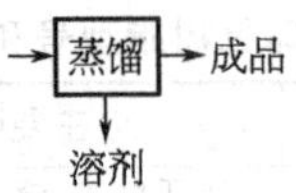

【质量标准】

天津津东化工厂企业标准

指标名称	数　值
外观	琥珀色黏稠液体
环氧基含量/%	7～8
分子量	700～800(低黏度)
	1500～2000(高黏度)
相对密度	0.9
酸值/(mg KOH/g)	180
烯基含量/%	2～3

美国食品机械与化学公司产品技术指标

指标名称	牌号		
	oxiron 2000	oxiron 2001	oxiron 2002
外观	琥珀色液体	浅黄色液体	浅黄色液体
黏度(25℃)/Pa·s	180	160	1.5
相对密度(25℃)	1.800	1.014	0.985
环氧当量/(g/mol)	177	145	232
不挥发物/%	99.0	94.2	77.1

【成型加工】 可用浇铸、浸渍、包封、灌封、模塑和层压加工，也可用喷涂和涂覆施工。采用环氧化聚丁二烯树脂、顺丁烯二酸酐和丙二醇组成的体系，经80℃/2h，120℃/2h，150℃/2h和200℃/18h固化，可以获得耐高温的固化产物。

在环氧化聚丁二烯体系里引入乙烯基单体（例如苯乙烯）和过氧化物后当以如下配方的组成物得到固化产物及用其浸渍玻璃布压制层压板时可以获得有高耐热性的层压材料。

环氧化聚丁二烯-苯乙烯低黏度体系浇铸料

组　分	质量份
环氯化聚丁二烯	100
对苯二酚	0.20
1,3-丙二醇	8.00
顺丁烯二酸酐	35.0
苯乙烯	35.0
过氧化苯甲酰	0.50

【用途】 可用于配制耐热、耐磨、耐腐蚀涂料、配制高强度结构胶；用作浇铸材

料、电器绝缘制品；玻璃纤维增强材料；制备离子交换树脂或其他树脂的变性剂提高物理力学性能和电性能等。

【生产单位】 天津市合成材料工业研究所，天津津东化工厂。

Bt008 MP型半导体用环氧模塑料

【英文名】 Epoxy molding compound MP for semiconductor

【商品名】 MP型环氧模塑料

【化学组成】 本品由环氧树脂及各种添加剂、填料组成。

【性质】 产品外观为黑色或棕色颗粒、小块状。封装物密封性能好，较ME有更高的玻璃化温度及体积电阻率。

【质量标准】

企业标准（无锡化工研究设计院）

指标名称	指　标
凝胶时间(180℃±2℃)/s	30～45
螺旋流动性(EMMI-61)/cm	50～100
弯曲强度/(kg/cm^2)	1200
线胀系数/℃$^{-1}$	2.7×10^{-6}
冲击强度/(kg·cm/cm^2)	9
玻璃化温度/℃	155
体积电阻率/Ω·cm	5×10^{16}

【用途】 产品用于封装集成电路和各种分立器件，封装后的器件具有很高的高压蒸煮性能，产品贮存寿命良好，20℃下可使用二个月以上，5℃冷藏期限为6个月至1年，可封装模穴多达100～300腔的集成电路和分立器件。

【安全性】 本品由环氧树脂经精制改性，与各种添加剂、填料由机械搅拌混合、辊炼而成。产品经粉碎、包装后冷藏贮存。

产品内用二层聚氯乙烯袋、外用聚氯乙烯桶封口，每袋1kg。本品为非危险品，不易燃易爆，但需低温（而且要求低于ME型）贮存、运输。

【生产单位】 无锡化工研究设计院。

Bt009 双酚S型环氧树脂

【英文名】 bisphenol S epoxy resin；bisphenol S diglycidyl ether

【别名】 双酚S二缩水甘油醚

【结构式】

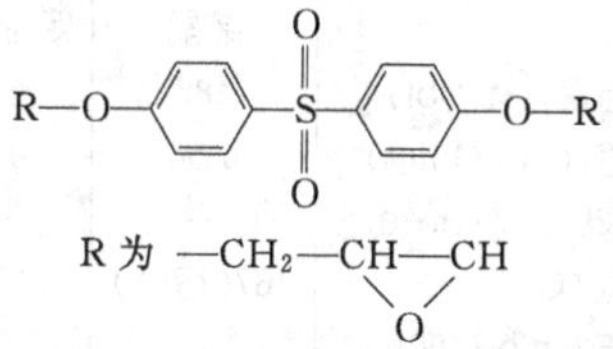

【性质】 双酚S环氧树脂，有低分子量产品和高分子量产品两种。低分子量双酚S环氧树脂的环氧当量（g/mol）为185～195，软化点（杜氏）165～168℃（如185S）；高分子量树脂的环氧当量（g/mol）为300，软化点91℃（如300SS）。其固化物的热变形温度和热稳定性均较双酚A型树脂有较大程度提高。如热变形温度提高60～70℃。热稳定性：260℃，200h失重小于5%，200℃，2000h失重小于2%。在树脂中加入固化剂之后凝胶速度较快，能很快地达到其高力学性能。固化物有较好的尺寸稳定性和耐有机溶剂性能，对玻璃纤维有较好的润湿性。

【制法】 将双酚S与过量的环氧氯丙烷在氢氧化钠存在下反应，即得到低分子量的双酚S环氧树脂。然后再将其与双酚S反应，即可得到高分子量产品。

反应式

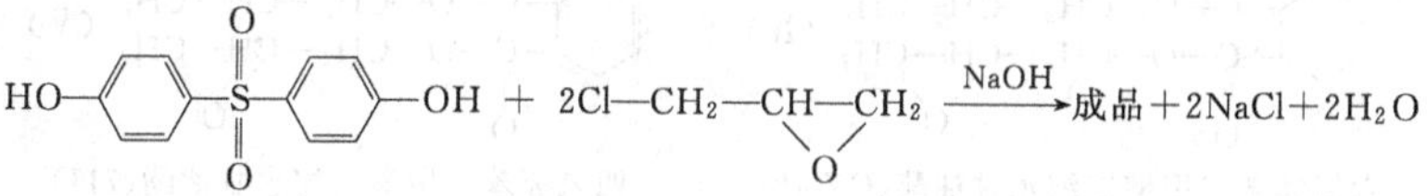

工艺流程如下。

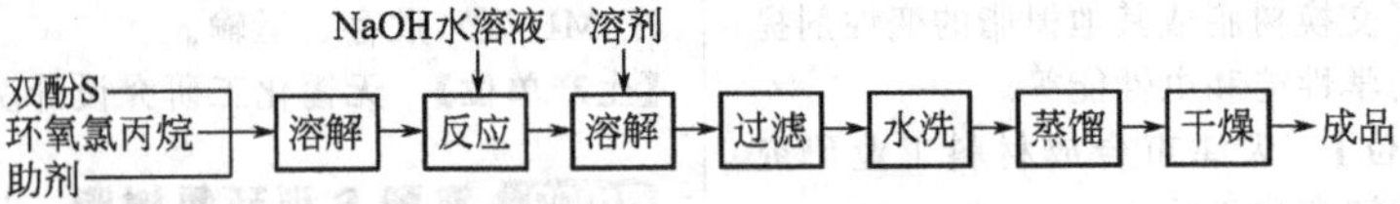

【质量标准】

环氧树脂类型	低平均分子量	高平均分子量
外观	浅黄色结晶	浅黄色无定形固体
环氧当量/(g/mol)	185	303
环氧值/(mol/100g)	0.54	0.33
黏度(25℃)/Pa·s	—	—
软化点/℃	167(熔点)	94
总氯值/(mol/100g)	—	—

【成型加工】 可用浇铸、层合、压缩成型、传递模塑、压制成型和粉末涂覆（流化床涂覆和静电喷涂）法等进行加工或施工。

【用途】 可用于生产高温结构胶黏剂、浇铸料（如用作绝缘材料和电器保护件）、粉末涂料层压制品和复合材料等。与其他类型的环氧树脂共混以用作复合材料时，改性后的环氧树脂体系具有优越的耐热、粘接性能、冲击强度和固化速度快的优点，用作粉末涂料时，最大优点是粉末流动性好，在低分子量下有较小的黏度，不结块，易贮存，且其浸润性很好，容易浸入到热的多孔基质中。

【生产单位】 黑龙江石化所。

Bt010 缩水甘油酯型环氧树脂

【英文名】 epoxy resins of glycidyl ester

【结构式】

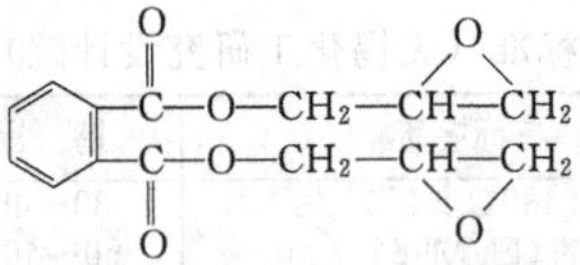
(Ⅰ)

邻苯二甲酸二缩水甘油酯(731,672)

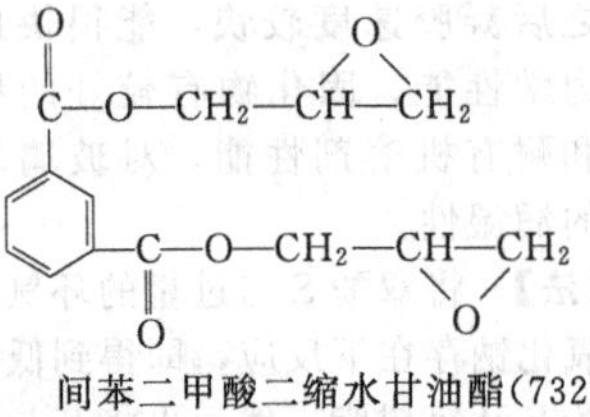
(Ⅱ)

间苯二甲酸二缩水甘油酯(732)

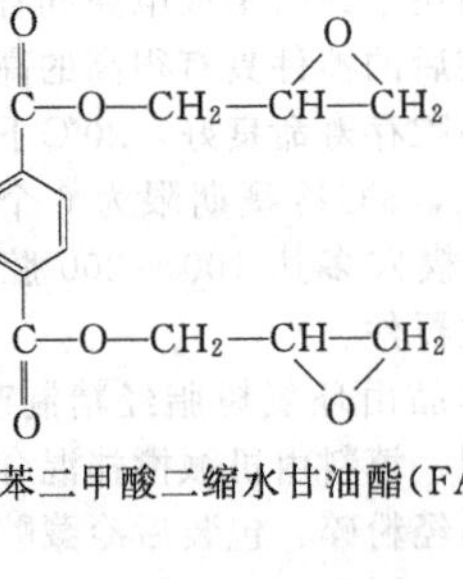
(Ⅲ)

对苯二甲酸二缩水甘油酯(FA-68)

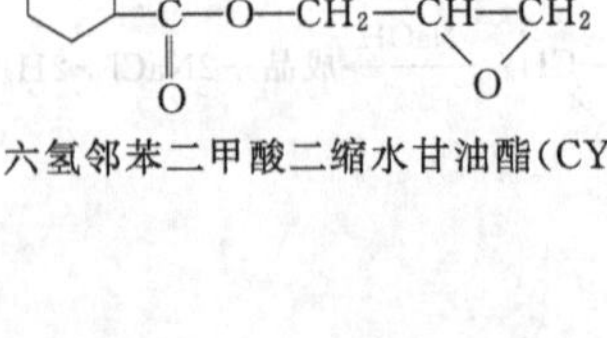
(Ⅳ)

六氢邻苯二甲酸二缩水甘油酯(CY-183)

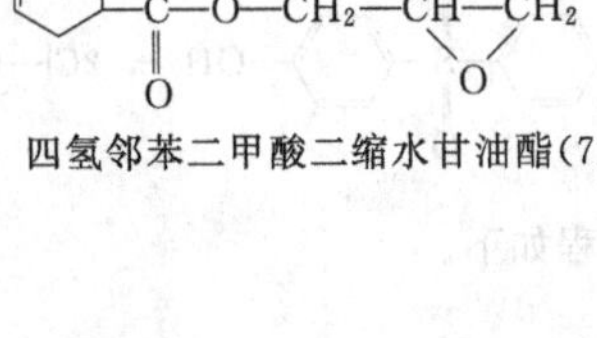
(Ⅴ)

四氢邻苯二甲酸二缩水甘油酯(711)

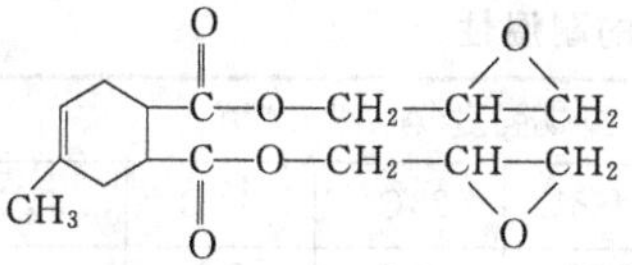
（Ⅵ）

甲基四氢邻苯二甲酸二缩水甘油酯

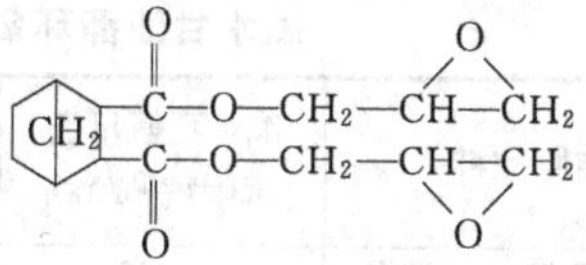
（Ⅶ）

内亚甲基四氢邻苯二甲酸二缩水甘油酯(NAG)

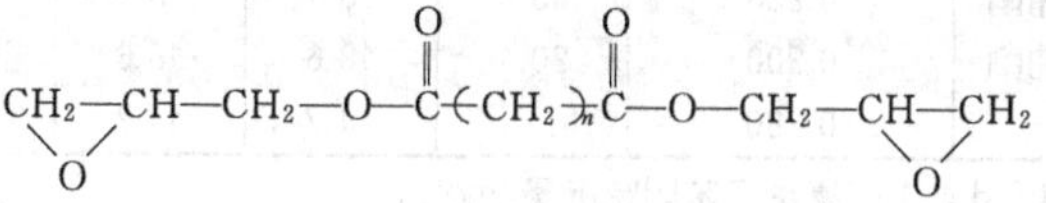
（Ⅷ）

己二酸二缩水甘油酯

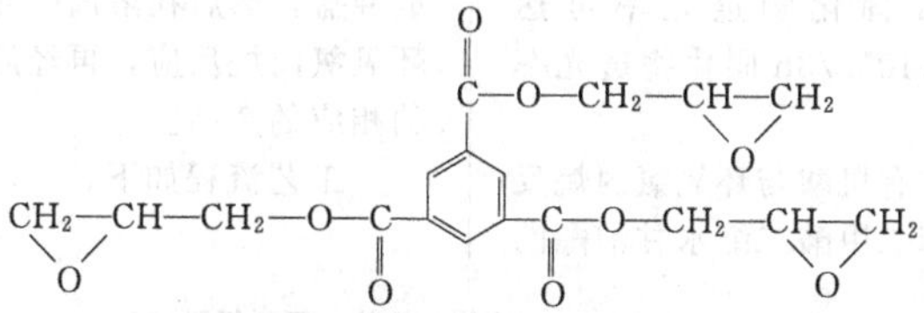

均苯三酸三缩水甘油酯(Ⅸ)

【性质】 二缩水甘油酯型环氧树脂多数为低黏度液体，工艺性好；反应活性大，使用室温固化剂（如脂肪胺、聚酰胺）固化反应速度快；将中、高温固化剂（如芳香胺、酸酐）配合适用期长，但在一定温度下具有高反应性。它与酚醛树脂和环氧树脂相容性好。固化物表面光泽度及透光性好，具有优良的物理力学性能，弹性模量比双酚A型环氧树脂平均提高15%～40%。低温下仍保持优良的力学性能（如邻苯二甲酸二缩水甘油酯在－196℃拉伸强度34.69MPa，铝-铝剪切强度21.56MPa）。另外耐漏电痕迹性和耐候性均优于双酚A型树脂。但耐水、耐酸、耐碱性和耐热性不如双酚A型环氧树脂，多数缩水甘油酯固化物的马丁耐热可达到180℃。

各种缩水甘油酯性能

缩水甘油酯	软化点/℃	环氧值/(mol/100g)	黏度/Pa·s
Ⅰ	—	0.60～0.65	0.8(25℃)
Ⅱ	60～63	0.60～0.63	—
Ⅲ	100～109	0.62～0.72	—
Ⅳ	—	175	0.9(20℃)
Ⅴ	—	151～167	0.45～0.55(25℃)
Ⅵ	—	0.54～0.55	—
Ⅶ	—	0.57	1.16(25℃)
Ⅷ	—	155～170	0.07～0.08(25℃)
Ⅸ	78～80	0.78	

缩水甘油酯环氧树脂胶黏剂的耐温性

环氧树脂品种	4,4-二氨基二苯甲烷①/mol	剪切强度(Al-Al)/MPa				
		−270℃	−196℃	23℃	121℃	205℃
邻苯二甲酸二缩水甘油酯	0.360	—	34.8	27.9	8.2	—
间苯二甲酸二缩水甘油酯	0.357	—	29.0	26.1	18.3	2.6
对苯二甲酸二缩水甘油酯	0.238	15.6	23.1	19.1	15.3	—
均苯三甲酸三缩水甘油酯	0.200	20.1	18.6	18.6	16.6	11.8
双酚A二缩水甘油醚	0.280	—	14.7	11.7	8.5	3.8

① 1mol 环氧树脂所用 4,4-二氨基二苯甲烷的量(mol)。

用间苯二甲胺固化的环氧 711 树脂的透明性：50℃/2h 固化物透光率可达 81%；50℃/2h+110℃/3h 固化物透光率可达 79%。

【制法】 以相应的有机酸与环氧氯丙烷反应而制得。如邻苯二甲酸二缩水甘油酯的制法系将邻苯二甲酸与碳酸钾中和反应生成钾盐，然后在溶剂中并在叔胺存在下与环氧氯丙烷反应，再经后处理即得所需要的相应的产品。

工艺流程如下。

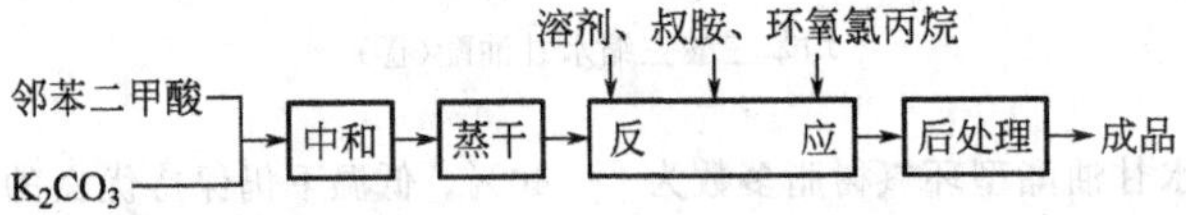

反应式

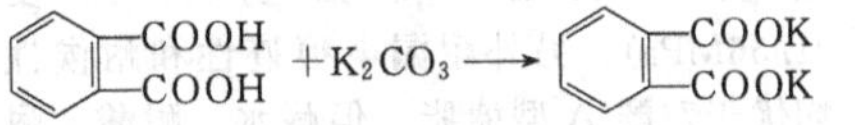

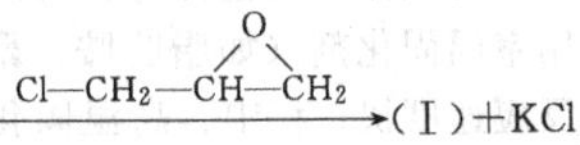

【质量标准】

生产单位	牌号	环氧值/(mol/100g)	黏度/Pa·s	氯(质量分数)/%
天津市合成材料研究所 天津津东化工厂	711	0.58～0.66	0.35～0.70 (25℃)	≤0.03
天津市合成材料研究所	732	0.60～0.63	4.0	
天津市合成材料研究所 上海新华树脂厂	731 672	0.60～0.65	0.7～0.9 0.8～1.0	
中国科学院化学所 中科院上海有机化学所		0.57～0.68	0.9(20℃) 0.32～0.38	0.8
中蓝晨光化工研究院	NAG	0.57	1.16(25℃)	1.25

【成型加工】 可用浸渍、浇铸、包封、灌封传递模塑、层合、喷涂和涂覆等工艺加工与施工。

【用途】 适宜作纤维复合材料、玻璃布层压板；电子及电器的绝缘灌封、包封、浇铸料等，可制成性能优良的胶黏剂，如室温快固胶、光学胶黏剂等。

【生产单位】 天津市合成材料研究所，天津津东化工厂，上海新华树脂厂，中蓝晨光化工研究院（成都有机硅中心）。

Bt011 四酚基乙烷环氧树脂

【英文名】 tetraphenolethane epoxy resin

【结构式】

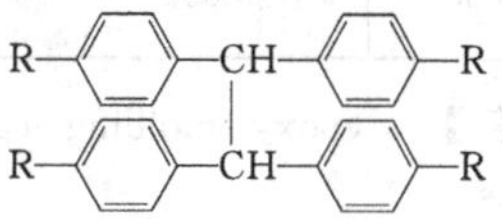

式中，R为 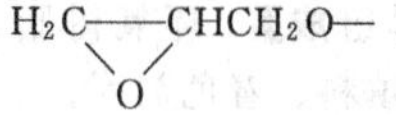 。

【性质】 该树脂的特点是耐热性高。树脂在常温下为固态，软化点 75～80℃，环氧当量 200～220，分子量 703。以均苯四甲酸二酐固化后，剪切强度 17.54MPa（室温）、1.76MPa（316℃时）、2.69MPa（316℃、24h后）。用酚醛树脂固化的模塑料热变形温度 203℃。

【制法】 苯酚与乙二醛在酸性催化剂存在下反应制备四酚基乙烷，再与环氧氯丙烷在氢氧化钠作用下反应而得。其简单工艺流程如下所示。

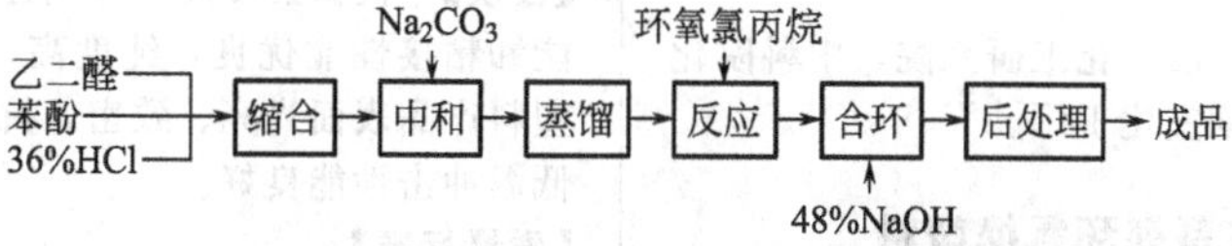

【成型加工】 与双酚A环氧树脂相似。

【用途】 主要用作耐高温胶黏剂、层压塑料和模塑料等。

【生产单位】 天津津东化工厂，上海新华树脂厂。

Bt012 羟甲基环氧树脂

【英文名】 hydroxymetyyl bisphenol-A epoxy ether

【别名】 邻位羟甲基化双酚A型缩水甘油醚；羟甲基双酚A环氧树脂

【结构式】

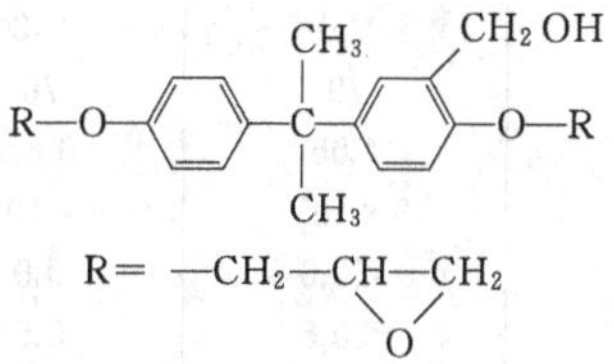

【性质】 羟甲基环氧树脂含有环氧基团，所以具有双酚A型环氧树脂的通性，又因其分子中含有活性很大的羟甲基基团，其开环活性比普通双酚A型环氧树脂高得多。在加入固化剂后很快可在室温固化。它的粘接性能好，化学稳定性优良，耐腐蚀，且在较低温度下（如0℃）仍具有一定活性，适用于0～80℃的范围内作为各种金属及非金属的粘接（快干胶）剂，剪切强度可达 24.5～29.4MPa。该树脂黏度较大，使用时需加入适量的活性稀释剂。

浇铸体性能

性　　能	指　　标
弯曲强度①/MPa	854
压缩强度/MPa	145
冲击强度/(kJ/m²)	4.57

① 二乙烯三胺固化，其余为硫脲己二胺固化。

【制法】 由羟甲基双酚A与环氧氯丙烷在碱性催化剂作用下合成。

反应式

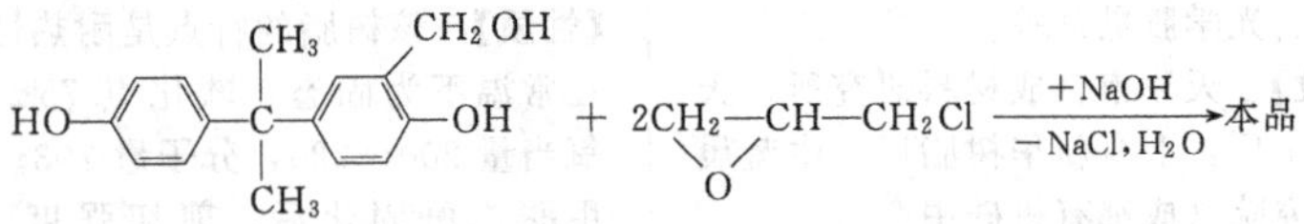

【质量标准】

性能	外观	环氧值/(mol/100g)	黏度(25℃)/Pa·s	有机氯/(mol/100g)	无机氯/(mol/100g)	挥发分/%
指标	浅黄至黄色透明稠液	0.42～0.49	25～60	⩽0.035	⩽0.002	⩽1

【用途】 可制作室温快速固化胶和负温下使用的环氧砂浆，用来快速粘接金属、玻璃、陶瓷、木材、硬质塑料等，以及混凝土构件的粘接和修补。特别适用于冬季施工作业。

【生产单位】 晨工化工研究院，中科院化学所，天津延安化工厂。

Bt013 KL 系列环氧模塑料

【英文名】 epoxy molding compound KL series

【化学组成】 环氧树脂、固化剂、添加剂、填料、着色剂等。

【性质】 机械强度高，介电性能、耐热性能和粘接性能优良，纯度高，吸水率低，塑料产品表面光亮、致密，抗湿性能和高低温冲击性能良好。

【质量标准】

企业标准（江苏连云港市电子材料厂）

指标名称		指标 KL-1000 系列	KL-2000 系列	KL-3000 系列
凝胶化时间/s		15～25	15～30	15～30
螺旋流动长度/cm		50～100	55～100	55～95
密度/(g/cm^3)		2.05～0.025	2.00～0.05	1.80～0.05
弯曲强度/MPa	>	125	130	120
弯曲模量/MPa	>	12000	13000	13000
线胀系数/$\times10^{-5}℃^{-1}$				
α_1		<2.8	<2.4	2.0
α_2		<7.5	<7.0	7.0
玻璃化温度/℃	>	150	150	150
阻燃性(VL-94)/级		V-0	V-0	V-0
热硬度(肖氏 D)	>	70	70	70
热导率/[W/(m·℃)]	>	1.25	1.05	0.67
体积电阻率/Ω·m	>	4×10^{15}	5×10^{15}	6×10^{15}
成型收缩率/%		<0.6	<0.6	0.6
煮沸吸水率/%		<0.5	<0.5	0.5
萃取水 pH 值		4～6	4～6	4～6
萃取水 Na^+ 含量/10^{-6}	<	10	10	10
萃取水 Cl^- 含量/10^{-6}	<	30	28	25
萃取水电导率/(μS/cm)	<	30	30	30

【用途】 主要应用于封装线性集成电器、音响电路等中、小规模集成电路以及各种分立器件、电阻元件等。

【制法】 本品由环氧树脂与各种添加剂、填料机械搅拌混合、辊炼而成。产品经粉碎、包装后冷冻贮藏。

产品内用二层聚氯乙烯袋、外用聚氯乙烯桶封口，每袋 5kg。本品为非危险品，不易燃易爆，但需低温贮存。

【生产单位】 江苏连云港市电子材料厂。

Bt014 脂环族环氧树脂

【英文名】 cycloaliphatic epoxide

【别名】 脂环族二环氧化物

【结构式】 脂环族环氧树脂有多种结构，共同点是结构中含有脂环，并且环氧基连接在脂环上。

常见脂环族环氧树脂结构式及牌号

化学名称	结构式	牌号
6-甲基-3,4-环氧基环己基甲酸-5′-甲基-3′,4′-环氧基环己基甲酯	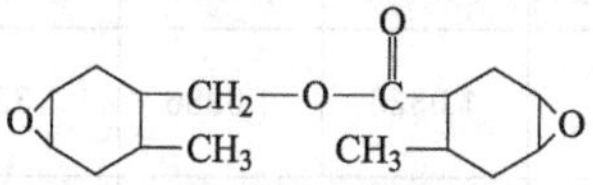	ERL-4201, Unox 201, Chissonox 201, ZH 68-01
3,4-环氧基-环己基甲酸-3′,4′-环氧基环己基甲酯	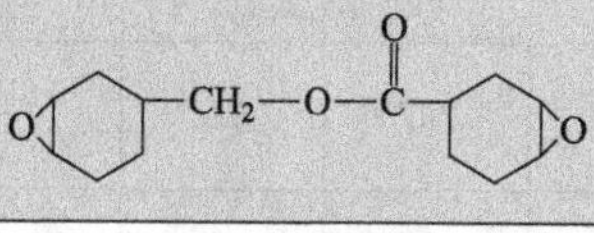	ERL-4221, Unox 221, Chissonox 221 Araldite CY 179, Yu 632, Degacure k126, ZH92-21
二甲基代二氧化乙烯基环己烯	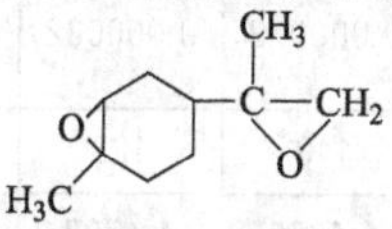	ERL-4269, Unox 269, Chissonox 269, ZH269
二氧化乙烯基环己烯	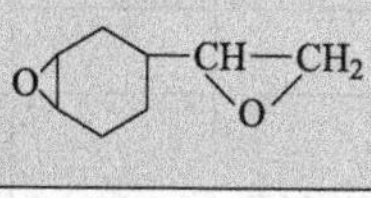	ERL-4205, Unox 206, Chissonox 205 Araldite RD-4, ZH 206
二氧化双环戊二烯	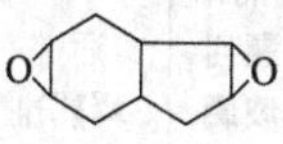	ERL-4207, Unox 207, Chissonox 207 ZH207
双(3,4-环氧基-6-甲基环己基甲基)己二酸酯	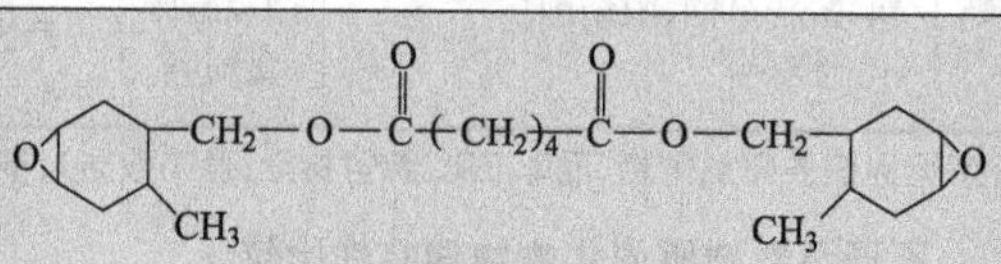	ERL-4289, Chissonox 289 Araldite CY-178
双(3,4-环氧基环己基甲基)己二酸酯	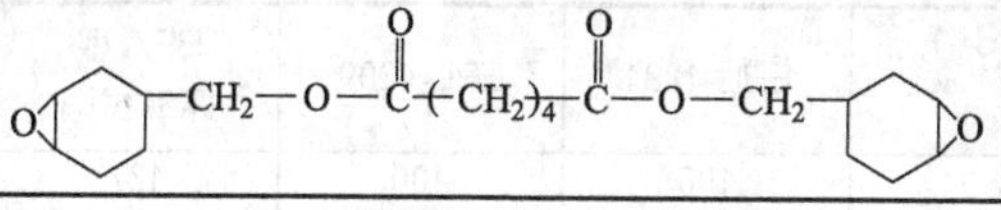	ERL-4299, yn 639

注：Unox 为美国联合碳化物公司牌号；Chissonox 为日本氮肥公司牌号；Araldite 为瑞士 Ciba-Geigy 公司产品；yп 为前苏联牌号；Degacure 为德国牌号；ZH 为天津合材所牌号。

【性质】 脂环族二环氧化物是美国联合碳化物公司 1956 年开始生产的。这种环氧树脂因与普通双酚 A 型环氧树脂制备方法不同，离子性不纯物少、黏度低、工艺性好，其固化物交联度高、耐热性好、耐候性强、耐紫外线以及抗电子辐射而适于户外使用，同时具有耐电弧性、耐漏电痕性以及高体积电阻和表面电阻等优良电性能。

常见脂环族二环氧化物的性质

性　　质	ERL-4201	ERL-4221	ERL-4269	ERL-4206	ERL-4207	ERL-4289	ERL-4299
外观	无色或淡黄色透明液体	无色或淡黄色透明液体	无色或淡黄色透明液体	无色或淡黄色透明液体	白色结晶粉末	无色或淡黄色液体	无色或淡黄色液体
黏度/Pa·s	1.810（25℃）	0.35～0.45（25℃）	0.0084（20℃）	0.00777（20℃）	—	0.5～1（25℃）	0.55～0.75（25℃）
相对密度(20℃)	1.121	1.175（25℃）	1.0326	1.0986	1.330	1.124	1.15
环氧当量/(g/mol)	152～156	131～143	84～86	74～78	82	205～216	190～210
沸点(常压)/℃	335	354	242	227	—	258（100Pa）	258（100Pa）
膨胀系数/(1/℃)	0.00035	—	0.000079	0.000082	—		
着火点/℃	155	197	113	123	—	254	
折射率	1.4920	—	1.4682	1.4787	—		
熔点/℃		−20			184	9	9
应用领域	可用于浇铸、玻璃层压制品、无溶剂涂料及胶黏剂等	缠绕丝、灌封绝缘材料、胶黏剂及涂料、酸净化剂等	活性稀释剂、灌封料、玻璃钢、胶黏剂	活性释释剂	高温下使用的浇铸料、玻璃钢、胶黏剂及层压塑料等	有弹性和韧性要求的户外电气应用方面	热变形温度低于100℃的材料的增韧

注：表中数据仅以 ERL 牌号标识各环氧化物，而非 ERL 牌号指标，表中数据为基本指标范围。

不同环氧树脂固化物物理特性比较

树脂种类	ERL-4221	ERL-4299	BPA 型环氧树脂	线型酚醛环氧树脂
热变形温度/℃	190	100	127	150
肖氏硬度(D)	92	82	81	83
吸水率/%				

续表

树脂种类	ERL-4221	ERL-4299	BPA 型环氧树脂	线型酚醛环氧树脂
100℃,1h	0.18	0.34	0.13	0.11
100℃,24h	0.99	1.59	0.55	0.55
热失重(175℃,24h)/%	0.06	0.15	0.19	0.13
拉伸强度(25℃)/MPa	51～72	68	80	69
断裂伸长率(25℃)/%	1.8～3.1	6.6	6.2	1.6
拉伸模量(25℃)/MPa	3130～2980	2625	2920	3440
压缩强度(25℃)/MPa	145	125	127	214
弯曲强度(25℃)/MPa	111	90	118	103
弯曲模量(25℃)/MPa	3340	2620	3770	3310

【制法】 将不饱和脂环化合物经过氧化物环氧化即制得脂环族环氧树脂。

【消耗定额】 以二氧化双环戊二烯（207环氧树脂）为例。

双环戊二烯/(t/t)	2.0
醋酸钠/(t/t)	0.15
过氧化氢/(t/t)	0.80
NaOH/(t/t)	0.50

【质量标准】 天津市合成材料工业研究所ZH92-21、ZH68-01、ZH269产品技术指标如下。

【成型加工】 可用浇铸、层压、压制成型、封装和粉末涂覆等进行加工或施工。

【用途】

（1）稀释剂　可用作活性稀释剂的脂环族环氧化合物有环氧269、环氧206、环氧201及环氧221。其中，环氧269、环氧206都是高沸点、低黏度的液体，即使在－60℃仍保持液体状态，是环氧树脂很好的稀释剂。且随着用量的增加，环氧体系黏度显著下降，但热变形温度几乎是恒定的，这是一般环氧稀释剂不能与之相比的。

（2）用作绝缘灌封材料　由脂环族环氧树脂制造的有机绝缘体代替了户外高压装置中的陶瓷制品。和陶瓷相比，它具有质量轻、体积小，耐冲击性好等优点，而且可以经济地制成大小、形状各异的产品。由于它具有优良的电气特性和颜色稳定性，可用作发光二极管的封装材料。加入多元醇增塑剂后，在变压器、高压线圈以及各种小型电子元件的灌封方面应用广泛，这类产品可以同时满足热冲击电阻良好、热变形温度高、临界电气特性优良的要求。

（3）用作玻璃钢及缠绕丝　脂环族环氧树脂不但克服了双酚A型环氧树脂热变形温度低的缺点，且由于体系黏度低，操作更便利；而双酚A型环氧树脂提供了必要的拉伸性能，两者混合物以适当的咪唑类化合物做促进剂，由液态酸酐固化，这一体系在缠绕丝方面得到了应用，其适用期明显比双酚A环氧/芳胺体系长。

（4）用作胶黏剂　脂环族环氧树脂因其可与不洁表面甚至于油质金属表面形成高强度化学键而在粘接应用上独具特色，明显优于缩水甘油醚类环氧树脂。

（5）用作涂料　脂环族环氧树脂在涂料应用方面也很有特色。以这类树脂为基料制得的涂料可耐高温，如环氧201耐温230℃以上，环氧206达250℃以上，环氧207则可达300℃。脂环族结构赋予电气涂料的表面电阻和漏电痕阻，有助于户外涂料颜色的保持和耐久。利用环氧基和酸的反应，由脂环族环氧和含羧基的树脂混合交联可得到性能优良的涂料，用于罩面漆、汽车底漆以及需要相对高成膜性的工业涂装方面。

紫外光固涂料以其固化快、无须高温、不产生气泡、膜面光泽好等优点日益受到广泛重视。以脂环族环氧为主要成分制得的这类涂料耐候性强、硬度高、耐磨、耐冲击、耐化学腐蚀、粘接性好。可用于印刷线路板阻焊油墨、光盘的外涂料及金属、塑料的罩面保护等。

(6) 用作模具制造　脂环族环氧树脂还可作塑料模具中的树脂组分，所得的固化物耐热性好，有较好的力学强度，体积收缩率小，精确度较高，适合做精密铸模和模具。比起金属模具，它具有易于加工、价格低、质量轻、利于模塑操作等优点。

另外，脂环族环氧树脂还可用作树脂的改性剂及增塑剂、稳定剂、油品添加剂、耐热光学透明材料。

【安全性】 采用1～10kg塑料桶包装。无毒、可燃，应远离火源。室温贮存期2年以上。按一般化学品运输。

【生产单位】 天津津东化工厂，天津市合成材料研究所。

Bt015 ME型半导体用环氧模塑料

【英文名】 epoxy molding compound ME for semiconductor

【商品名】 ME环氧模塑料

【化学组成】 环氧树脂、固化剂、填料、脱模剂、着色剂等。

【性质】 外观为黑色或棕色颗粒、小块状。纯度高，具有优良的绝缘性能、脱模性、密封性。在高温下具有高绝缘电阻的特性，压片性和重复性好。低压传递模型成型时几分钟即可固化成型。流动性优异，成型的器件外观漂亮，机械强度高。

【质量标准】

企业标准（无锡化工研究设计院）

指标名称	指　标
外观	颗粒状或块状（<2mm）
凝胶时间(180℃)/s	30～50
螺旋流动性(EMMI-61)/cm	50～100
水萃取液钠离子含量/10^{-6} <	50
水萃取液氯离子含量/10^{-6} <	30
密度/(g/cm^3)	1.92
弯曲强度(kg/cm^2)	12.38
冲击强度/(kg·cm/cm^2)	10.2
玻璃化温度/℃	147
线胀系数	3.7×10^{-5}
热传导率/[J/(cm·s·℃)]	63×10^{-4}
吸水率(25℃,24h)/%	0.12
体积电阻率/Ω·cm	55
击穿电压/(kV/mm) >	20
介电常数(50Hz)	4.4
(10^6Hz)	4.4
介质损耗(50Hz)	0.083
(10^6Hz)	0.019
成型收缩率/%	0.6～0.7
后固化收缩率(175℃、4h)/%	0.02

【用途】 主要用于采用低压传递模塑的成型工艺封装集成电路（数字电路和线性电路）和各种分立器件（功率管、二极管、晶体管），也可封装电器产品，如电磁线圈。封装的产品广泛用于电视机、收录机、电子计算机和各种仪器仪表等电子设备。

【制法】 ME环氧封装塑料由环氧树脂、固化剂、填料、脱模剂、各种添加剂等原料经充分混合、混炼，而后在熟化室内熟化、由粉碎机粉碎成成品包装出厂。

产品用双层聚氯乙烯袋外加塑料桶（盒）包装，每袋6kg。本品为非危险品，不易燃、不易爆，无腐蚀性，但需低温运输、在0～5℃贮存。

【生产单位】 无锡化工研究设计院。

Bt016 中温环氧碳布预浸料

【英文名】 medial temperature epoxy carbon cloth prepreg

【性质】 本品是由增强纤维制成的碳布与环氧树脂为基体构成的固体材料，表面平整，质地均匀，无气泡，无杂质。凝胶时间仅为2～5min，其性能可据布料织纹密度、厚度和树脂含量的不同而有差异。复合材料制品的比强度和比刚度较高。

【质量标准】

企业标准 Q/6S1016—92（北京航空材料研究所）

指标名称	指标	
	3235/G803	3235/G827PY
挥发物含量/%	≤1.5	1.5
树脂流出量/%	20±5	15±5
单位面积织物质量/(g/m²)	285±12	160±7
弯曲强度/MPa	≥780	1150
弯曲模量/GPa	≥46	93
层间剪切强度/MPa	≥53	55

【用途及用法】 本预浸料产品有3235/G803，3235/G827PY两个牌号，是制造复合材料的中间体。适用于热压罐法、模压法、软膜法和真空袋法制造复合材料，结构整体性强，可体现较复杂的几何图形，结构效率高，用于飞机和其他结构材料的承力件和非承力件。制件可在−55～80℃范围内使用。

【制法】 以中温改性环氧3235树脂体系用溶液法分别连续浸渍G803碳布和G827PY碳布，即得上述两种预浸料产品。

以卷材形式包装。每卷最长50m，最宽1.2m，卷绕在直径90～100mm、长1.3～1.4m的硬纸；芯筒上，密封于不透气薄膜袋内。外包装用木箱或硬纸箱，防潮，防止碰撞，此种产品需在低温下贮存和运输，按非危险品运输。

【生产单位】 北京航空材料研究所。

Bt017 脂环族环氧树脂

【英文名】 (biscyclopentyl ether) dioxiole

【别名】 双（2，3-环氧环戊基）醚；300# 环氧树脂；400# 环氧树脂；二氧化双环（氧）戊基醚

【结构式】

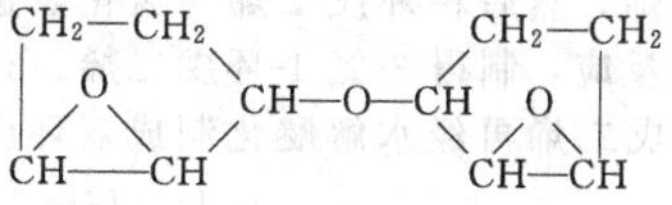

液体同分异构体 ERLA-0400

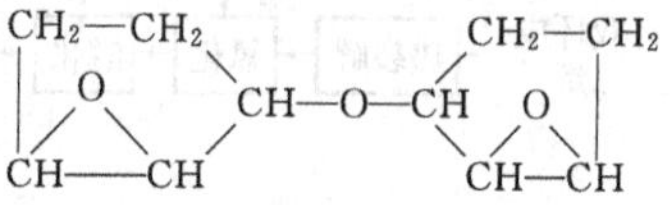

固体同分异构体 ERRA-0300

【性质】 双（2,3-环氧环戊基）醚是美国联合碳化物公司（UCC）1964年开发的产品，它是两种同分异构体的混合物，混

合物含67%的固体同分异构物和33%的液体同分异构物。固体同分异构物为结晶，熔点40～60℃；液体同分异构物黏度（25℃）0.038Pa·s。它们是旋光异构体，可单独使用，也可两者混合使用。该树脂中由于脂环是由醚键相接，而且结构对称性好，因此具有一定韧性。固化物具有高强度、高耐热性及高延伸率。在相同伸长率条件下，固化物的拉伸强度环氧树脂高50%～60%，热变形温度可超过200℃。

二氧化双环戊烯基醚浇铸体性能

指标名称	树脂		
	6300	6400	300+400
抗拉强度/MPa	119	109	109
伸长率/%	5～5.3	6～7	6～7
弯曲强度/MPa	243	203	232
抗压强度/MPa	209	202	208
冲击韧度/(kJ/m²)	17.5	18.2	21.3
布氏硬度/MPa	201	193	199
马丁耐热/℃	201	193	197
体积电阻率/Ω·cm	1.8×10^{16}	1.8×10^{16}	1.8×10^{16}
表面电阻率/Ω	2.1×10^{16}	3.5×10^{16}	1.3×10^{16}
介电损耗角正切(1MHz)	2.7×10^{-3}	2.7×10^{-2}	2.9×10^{-2}
介电常数(1MHz)	4	3.9	3.9
介电强度/(kV/mm)	40	41	40
Al-Al剪切强度/MPa	13	12	13

【制法】 先将双环戊二烯热裂解成单环戊二烯，然后将环戊二烯与氯化氢进行加成反应，制得3-氯-1-环戊二烯。3-氯-1-环戊二烯再经水解醚化制成双环戊烯基醚，经环氧化后制得二氧化双环戊基醚。

工艺流程如下。

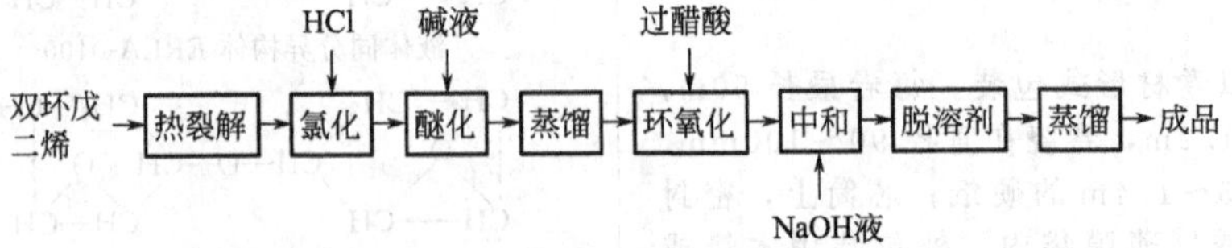

反应式

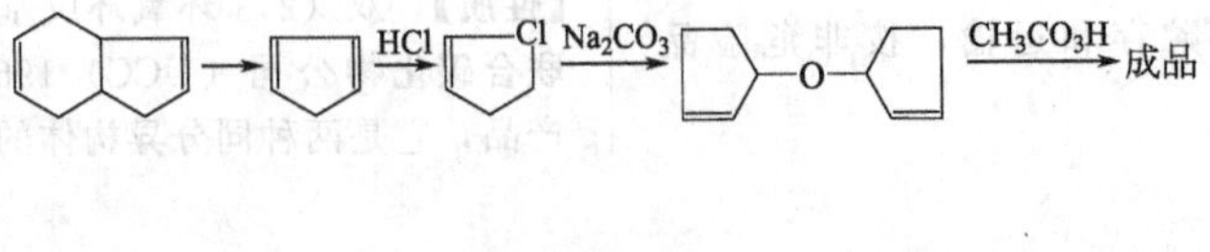

【质量标准】

二氧化环戊基醚企业标准与技术指标

指标名称		天津津东化工厂	天津市合成材料研究所		美国联合碳化物公司	
		6300与6400（固液混合物）	6300	6400	ERRA-0300	ERLA-0400
外观		无色到琥珀色液体，有时伴有白色结晶	白色固体	无色到琥珀色液体	白色固体	琥珀色液体
熔点/℃			≤60		40～60	
环氧值/(mol/100g)	溴化氢乙酸法				1.03～1.10	1.03～1.10
	氯化氢吡啶法	0.97	≥0.95	≥0.95	0.93～1.00	0.93～1.00
可水解氯(质量)/% ≤			0.15	0.15	0.15	0.15
水分(质量)/% ≤			0.15	0.15	0.15	0.15
黏度/Pa·s		38×10^{-3}		38×10^{-3}		38×10^{-3}
溶解性		溶于乙醇、异丙醇、丙酮、苯、甲苯、吡啶等				

【成型加工】 可以浇铸、封装、包封、浸渍和层合、传递模塑、压制成型、缠绕等方法成型加工。

【用途】 主要用作耐热、耐候浇铸品、层合材料；缠绕成型高强度结构材料；耐高温胶、包封和灌注料等。

【生产单位】 天津市合成材料研究所、天津津东化工厂。

Bt018 4,5-环氧环己烷

【英文名】 4,5-cyclohexene oxide

【别名】 TDE-85 环氧树脂；1,2-二甲酸二缩水甘油酯；712 环氧树脂

【结构式】

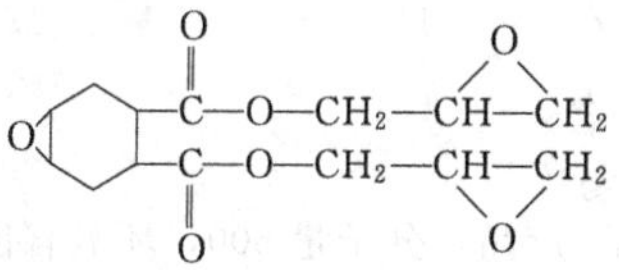

【性质】 该树脂为三官能度环氧树脂，分子结构中既含有活泼的缩水甘油酯基又有脂环环氧基，因此兼有缩水甘油酯和脂环环氧的双重特性。它的特点是黏度低［为E-51 环氧树脂的（1/10）～(1/5)］，工艺性好。反应活性高，固化物具有耐高温、高强度、高粘接力和优良的电绝缘性，耐候性，耐低温性等。

用该树脂制成的特种胶黏剂在力矩马达上使用，150℃时剪切强度可达 17.5～22.5MPa，约为其他同类胶强度的 6～8 倍，制成的高温胶在 200℃时强度保持率仍为 8.65%。

其与间苯二胺和 70# 液体四氢邻苯二甲酸酐（70# 酸酐）固化的基本性能如下。

指标名称	固化剂	
	间苯二胺	70#酸酐
马丁耐热/℃	180	156
冲击强度/(kJ/m²)	16.5	13.9
弯曲强度/MPa	215.0	169.0
压缩强度/MPa	223.0	163.6
拉伸强度/MPa	100.0	53.8
伸长率/%	1.6	2.1
表面电阻率/Ω	2.0×10^{13}	1.7×10^{14}
体积电阻率/Ω·cm	1.6×10^{15}	3.4×10^{16}
介电常数	5.1	3.7
介电损耗角正切	4.5×10^{-2}	2.2×10^{-2}
介电强度/(kV/mm)	27	23.3

【制法】 由四氢邻苯二甲酸二缩水甘油酯（711 环氧树脂）用过氧化物环氧化制得。反应式

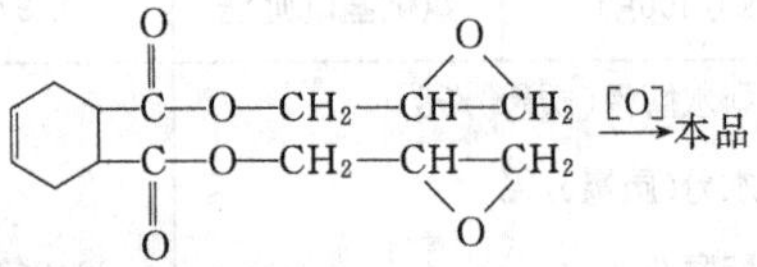

【质量标准】

天津市合成材料工业研究所 TDE-85 树脂指标

性能	环氧值/(mol/100g)	黏度(25℃)/Pa·s	有机氯/(mol/100g)	无机氯/(mol/100g)	挥发分/%	外观
指标	≥0.85	1.6～2	≤0.02	≤0.001	≤1.0	浅黄色透明黏稠液体

【用途】 该树脂的碳纤维、玻璃纤维的复合材料已制成导弹、高性能飞机的结构材料，在核动力工业中应用在具有特殊力学性能的部件上，还可制成高强度、高弹性模量的体育器材、耐高温高压的大型户外工频设备，还可作耐高温胶黏剂、无溶剂漆、耐高温绝缘浇铸料和包封料等。

【生产单位】 天津市合成材料工业研究所，天津津东化工厂。

Bt019 酚醛环氧树脂

【英文名】 epoxy novolac resin

【结构式】

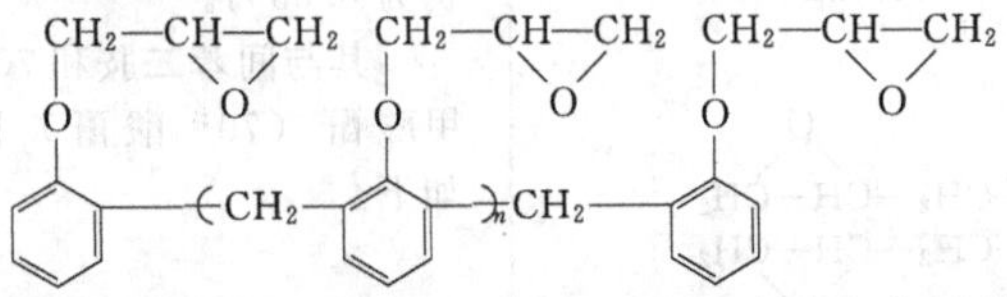

【性质】 酚醛环氧树脂为高黏度（66℃下5Pa·s）产品，分子量 600，环氧官能度

2.5～6.0，相对密度 1.22，氯含量 0.249%，挥发分 0.3%。固化物的热稳定性和力学强度优良，电绝缘性、耐腐蚀性和防老化性能良好。如浇铸塑料热变形温度达 300℃以上。玻璃纤维布层合塑料拉伸强度（室温）高达 462.56MPa，260℃时为 196MPa；弯曲强度（室温）619.36MPa；260℃时为 113.68MPa；压缩强度 75.46MPa；体积电阻率 3×10^{14} Ω·cm，介电强度 11.6MV/m，介电损耗角正切 0.0076。

【制法】 先在反应器中加入一定量的苯酚和水，并加进少许硫酸作为催化剂，再加入甲醛，于 75～80℃反应数小时。待缩聚反应完成后，用温水洗至中性，分出水分，即得低分子量线型酚醛树脂。然后加入过量环氧氯丙烷使之溶解，再加入氢氧化钠，于 55～60℃进行环化反应。反应完成后，经一系列后处理过程即得产品。

工艺流程如下。

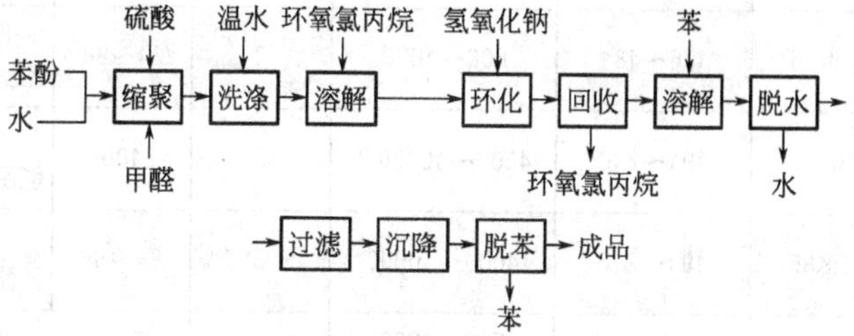

反应式

1. 缩聚反应

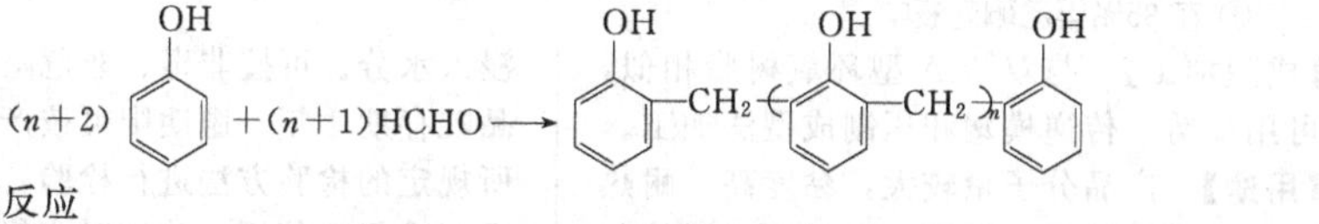

2. 环化反应

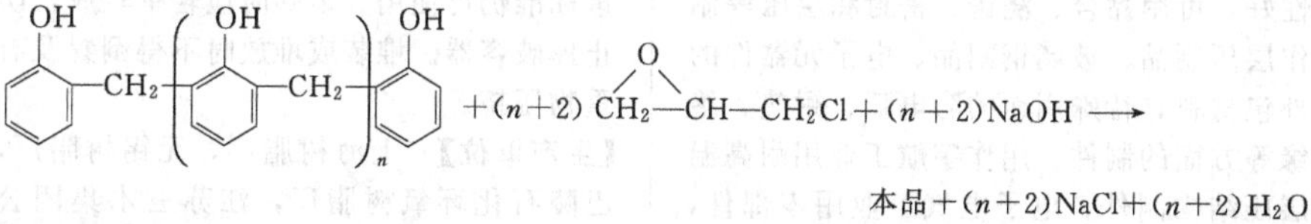

【质量标准】

无锡树脂厂企业标准（Q/32020/NG 009—2000）

指标名称		牌号		
		F-44	F-51	F-48
外观		棕色高黏度、透明液体	棕色高黏度、透明液体	棕色固体
环氧值/(mol/100g)	≥	0.4	0.5	0.44
有机氯值/(mol/100g)	≤	0.05	0.02	0.08
无机氯值/(mol/100g)	≤	0.005	0.005	0.005
维卡软化点/℃	≤	40	28	70
挥发分/%	≤	2	2	2

Dow公司酚醛环氧树脂技术指标

牌号	环氧当量/(g/mol)	黏度(25℃)/mPa·s	色泽≤	固体含量/%	说明
D. E. N. 431	172～179	1100～1700(52℃)	3	100	低黏度 2.2 官能度
D. E. N. 438	176～181	20000～50000(52℃)	2	100	高黏度 3.6 官能度
D. E. N. 438-A85	176～181	500～1200	2	84～86	D. E. N. 438 丙酮溶液
D. E. N. 438-EK85	176～181	600～1600	2	84～86	D. E. N. 438 甲乙酮溶液
D. E. N. 439	191～210	4000～10000①	3	100	半固体 4.1 官能度
D. E. N. 439-EK85	191～210	4000～10000	3	84～86	D. E. N. 439 甲乙酮溶液
XD7855	175～195	550～1200(150℃)		100	半固体 5 官能度

① 在85%甲乙酮溶液中。

【成型加工】 与双酚A型环氧树脂相似，可用浇铸、传递模塑和压制成型法加工。

【用途】 产品分子量较大，黏度高，耐热性好，可用黏合、浇铸、密封和层压等制作层压制品、玻璃钢制品、电子元器件的外包材料，特殊用途的防电弧、耐热、绝缘等方面的制件。用作宇航工业用耐高温层压结构制件，电子电气工业用零部件，耐热防腐缠绕管道，实验台面和电器封装，密封制件和耐高温胶黏剂等。

【安全性】 液体树脂装于马口铁桶内，每桶20kg；固体（或半固体）树脂内包装为聚乙烯薄膜袋，外包装为纸板圆桶，每桶净重20kg。贮存仓库应保持通风、干燥、阴凉防止日光直接照射，并应隔绝火源和热源，不宜在露天堆放。切忌受潮和浸入水分。可按非毒、非危险品贮运。产品贮存期1年。逾期则可按产品质量标准所规定的检验方法进行检验，如果符合质量标准仍可使用。装卸时应轻举轻放，防止摔破容器。堆装或堆放时不得倒置及有重物压挤。

【生产单位】 上海树脂厂，无锡树脂厂，巴陵石化环氧树脂厂，江苏三木集团公司，中昊晨光化工研究院二厂，南通化工二厂。

Bt020 甘油环氧树脂

【英文名】 glyceryl ether epoxy resin

【别名】 丙三醇环氧树脂

【结构式】

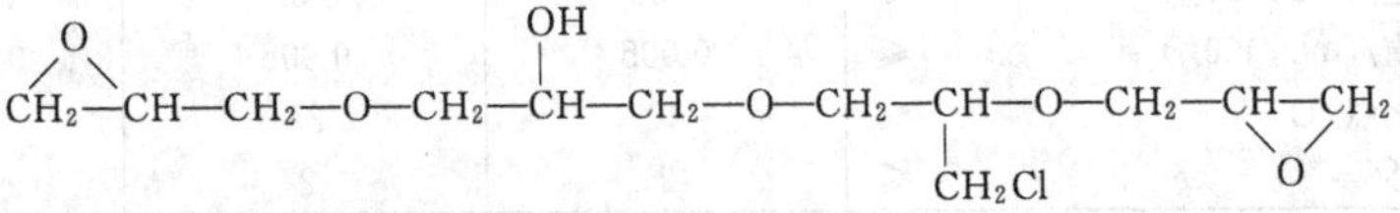

【性质】 本产品为浅黄色至黄色黏稠液体，黏度 0.3Pa·s 左右，能溶于醇类、醚类及水，而不溶于苯。固化后的产物韧性很好，有较高的冲击强度。相对密度 1.169，吸水率（24h 后增重）0.088%，冲击强度 19.01kJ/m^2，弯曲强度 18.9MPa，体积电阻率 $9\times10^{13}\,\Omega\cdot cm$，介电强度 20MV/m。

【制法】 将甘油与环氧氯丙烷加入反应器，以三氟化硼为催化剂，于 55～65℃ 进行开环反应，然后将所得到的黄色黏稠状液体用乙醇溶解并加 NaOH，升温至 25～32℃ 进行闭环反应，便得到甘油环氧树脂乙醇溶液。再将其静置分层，吸出上层溶液，除去 NaOH 后，经减压蒸馏除去乙醇，冷却至 65℃，趁热过滤除去 NaCl 即得甘油环氧树脂产品。

工艺流程如下。

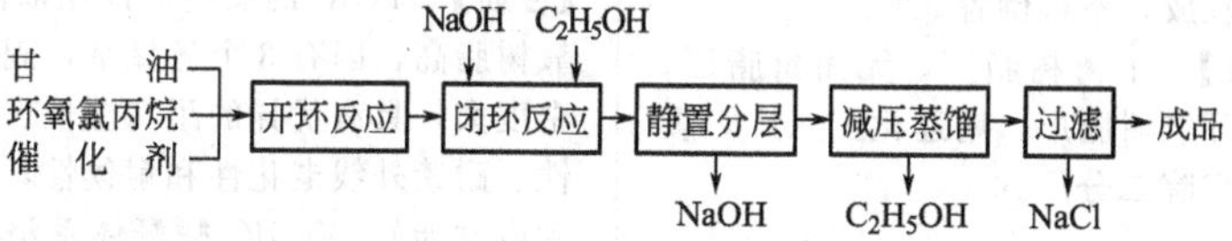

反应式

1. 开环反应

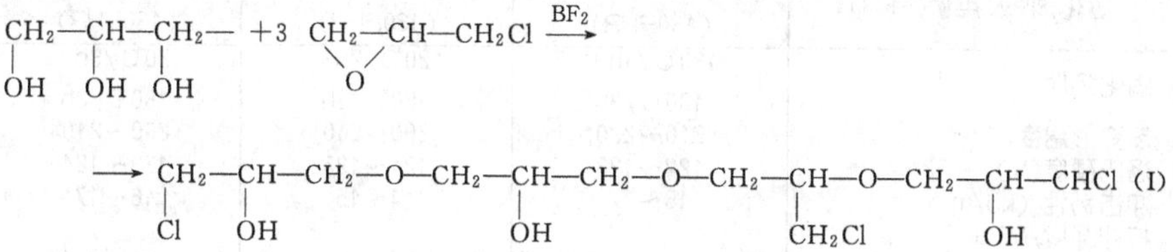

2. 闭环反应

$$(I) + NaOH \longrightarrow 本品 + 2NaCl + H_2O$$

【质量标准】

上海树脂厂企业标准

指标名称	B-62(662)
外观	浅黄色至黄色黏性液体
环氧值/(mol/100g)	0.55～0.71
折射率(20℃)	1.470～1.485
无机氯值/(mol/100g) ≤	0.005
黏度(25℃)/Pa·s ≤	0.3

无锡树脂厂企业标准

指标名称	B-63(663)
外观	浅黄色黏性液体
环氧值/(mol/100g)	0.55～0.70
无机氯值/(mol/100g) ≤	0.005
有机氯值/(mol/100g) ≤	0.06
黏度(25℃)/Pa·s	0.020～0.055

【成型加工】 在相应固化条件下，采用黏合、浇铸、浸渍等成型工艺加工。

【用途】 可用作双酚A型环氧树脂活性稀释剂，以增加其韧性，提高冲击性和剪切强度。与含氢硅油配合使用可作织物处理剂，可使织物防水透气、防皱、防缩、防虫蛀、降低粗糙度和提高耐洗性等。也可作浇铸料和胶黏剂等。

【安全性】 本产品装在马口铁桶内，有1kg装、4kg装和20kg装不等。应贮存于清洁、干燥、阴凉和通风良好的仓库内，不宜露天堆放，防止日晒雨淋，并应远离热源与火源。可按非危险物品运输，装卸时应轻举轻放，不得倒置。

【生产单位】 上海树脂厂，无锡树脂厂，巴陵石化环氧树脂厂，南通化工二厂，晨兴化工研究院二分厂。

Bt021 异氰脲酸三缩水甘油酯

【英文名】 tris (2,3-epoxypropyl) isocyanurate (TGIC); triglycydyl isocyanurate

【别名】 异三聚氰酸三缩水甘油酯；三环氧丙基异氰脲酸酯；三聚氰酸环氧树脂

【结构式】

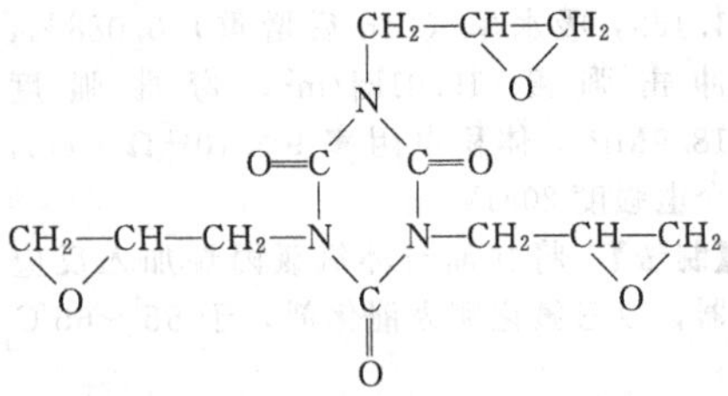

【性质】 TGIC的反应活性比双酚A型环氧树脂高，因有3个环氧基，固化物交联密度大，具有优异的耐高温性、化学稳定性、耐紫外线老化性和耐候性，力学性能和电性能好。TGIC-酸酐体系浇铸体力学性能和耐热性。

固化剂①及用量(PHR)	HT901 (130PHR)	HT903 (130PHR)	HT907 (130PHR)
固化条件	130℃/1h+180℃/3h	120℃/2h+180℃/3h	120℃/3h+180℃/3h
热变形温度/℃	210～220	200～210	200～210
洛氏硬度(M)	122～123	124～125	123～124
冲击韧性/(kJ/m²)	16～17	14～15	16～17
拉伸强度/MPa			
室温	50～60	50～60	70～80
150℃	—	50～60	50～60
200℃	—	20～30	20～30
伸长率/%			
室温	—	2	2
150℃	—	6	6
200℃	—	6	6
拉伸模量/GPa			
室温	—	2.60～2.70	3.50～3.60
150℃	—	0.95～0.96	0.86～0.87
200℃	—	0.46～0.47	0.46～0.47
压缩强度/MPa			
室温	200～210	160～170	170～180
150℃	—	90～100	100～110
200℃	—	70～80	80～90
弯曲强度/MPa			
室温	130～140	150～160	100～110
150℃	—	50～60	60～70
200℃	—	50～60	30～40

① 酸酐固化剂。

TGIC—酸酐体系浇铸体的电性能

固化剂①及用量(PHR)	HT903(130PHR)			HT904(130PHR)		
固化条件	120℃/2h+160℃/3h+200℃/20h			130℃/1h+160℃/3h+200℃/20h		
测试温度/℃	体积电阻率/Ω·cm	介电损耗角正切	介电常数	体积电阻率/Ω·cm	介电损耗角正切	介电常数
25	5.59×10^{13}	0.0063	4.42	4.36×10^{15}	0.0042	4.78
60	4.01×10^{15}	0.0051	4.64	2.98×10^{15}	0.0041	5.08
80	3.86×10^{15}	0.0051	4.64	2.54×10^{15}	0.0039	5.16
100	2.82×10^{15}	0.0054	4.35	1.74×10^{15}	0.0041	4.84
120	1.74×10^{15}	0.0052	4.50	1.41×10^{15}	0.0053	5.03
150	1.41×10^{15}	0.0053	4.42	3.94×10^{14}	0.0040	4.97

① 酸酐固化剂。

【制法】 ① 可由三聚氰酸与环氧氯丙烷反应合成。

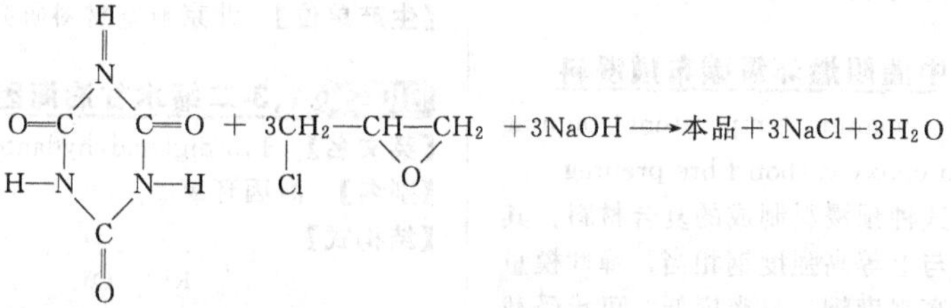

② 由三聚氰酰氯（或溴）和环氧丙醇，在惰性溶剂中，以无机碱或叔胺催化，经醇解制得。

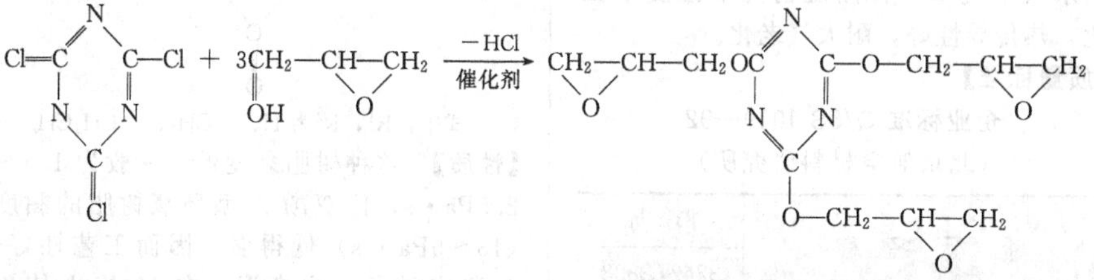

【质量标准】

鞍山润德化工有限公司固化剂 TGIC (RD 101)

性能	指标
外观	白色颗粒或粉状
熔点范围/℃	85～115
环氧当量/(g/mol) ≤	110
黏度(120℃)/($\times10^{-3}$ Pa·s) ≤	100
环氧氯丙烷残留量/$\times10^{-6}$ ≤	100
挥发分/% ≤	1.0
总氯量/% ≤	1.5

天台昌明化学制品有限公司环氧丙基异氰尿酸酯 (TGIC)

性能	指标
外观	白色颗粒或粉末
熔程/℃	90～110
环氧当量/(g/mol) <	110
黏度(120℃)/($\times10^{-3}$ Pa·s) <	110
环氧氯丙烷残留量/$\times10^{-6}$ <	50
挥发分/% <	1.0
总氯量/% <	1.5

【用途】 聚酯类粉末涂料的固化改性剂；改善涂料的流动性、增强耐候性、提高涂料对金属的附着力；耐热电气绝缘、耐热胶黏剂、耐铸造用树脂的改性剂等。适宜制造电器绝缘材料，还可作模压材料及层压制品、印刷电路等。编织袋或纤维纸板桶包装，净重 24kg。

【生产单位】 黄山市华美精细化工有限公司，鞍山润德化工有限公司，天台昌明化学制品有限公司，扬州三得利化工有限公司（江都市化工溶剂一厂），宜兴市扶风兴达化工厂，黄山锦峰实业有限公司，黄山市华惠精细化工厂等。

Bt022 中温阻燃环氧碳布预浸料

【英文名】 medium temperatunre buming prevention epoxy carbon fibre prepreg

【性质】 这种预浸料制成的复合材料，其抗拉强度与上等高强度钢相当，弹性模量高于上等高强度钢，且密度低。可承受载荷高于金属极限应力下所能承受的载荷，而永久不变形。在潮湿情况下强度不变化，热传导性好，耐大气老化。

【质量标准】

企业标准 Q/6S 1019—92

（北京航空材料研究所）

指 标 名 称	指 标
	3242/G803
挥发物含量/%	≤1.5
树脂流出量/%	25±5
单位面积织物质量/(g/m²)	285±12
弯曲强度/MPa	≥700
弯曲模量/GPa	≥44
层间剪切强度/MPa	≥50
滚筒剥离强度/(Nmm/mm)	
上板	≥25
下板	≥27

【用途及用法】 本产品适用热压罐法、模压法、软膜法及真空袋等方法制造复合材料，可用于制造飞机、直升机的舱内材料，如与蜂窝材料共固化制成蜂窝夹层结构，可减轻重量，应用于起落架支柱舱门、前缘襟翼等。

【制法】 以中温阻燃改性环氧 3242 树脂体系，采用溶液法连续浸渍碳布（3803 织物）而得。

以卷材形式包装。每卷最长 50m，最宽 1.2m，卷在直径 90～100mm、长 1.3～1.4m 的硬质芯筒上。密封于不透气薄膜袋内，外包装用硬质箱，并注明防潮、防碰撞、低温贮存和低温运输。本产品按非危险品运输。

【生产单位】 北京航空材料研究所。

Bt023 1,3-二缩水甘油海因

【英文名】 1,3-diglycidyhydantoin

【别名】 海因环氧

【结构式】

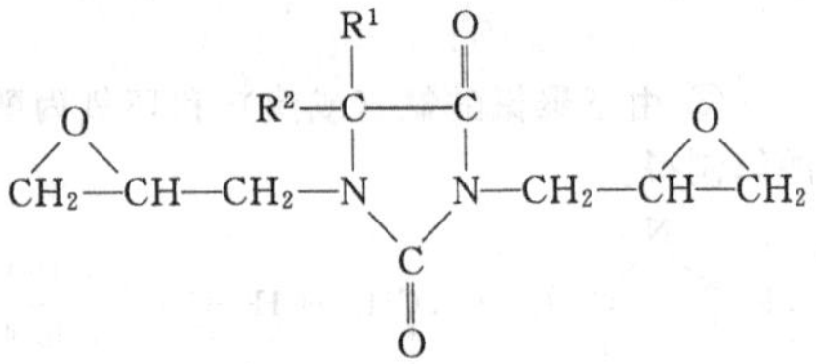

式中，R^1，R^2 为 H、$—CH_3$、$—CH_3CH_2$。

【性质】 这种树脂黏度低，一般为 1.5～2.5Pa·s，比双酚 A 型环氧树脂的黏度（13～5Pa·s）低得多，因而工艺性好；热稳定性好，耐高温，在 180℃ 上使用 5000h 以上，在 130℃ 时使用寿命 40 年；耐候性好，性能优于双酚 A 型环氧树脂及丙烯酸树脂涂料，耐高压及抗漏电性良好，极性强，对碳纤维、玻璃纤维等具有很好的润湿能力。

【制法】 先由醛或酮与 HCN、NH_3、CO_2 反应制成各种取代基，然后在 NaOH 存在下与环氧氯丙烷反应制得。

反应式

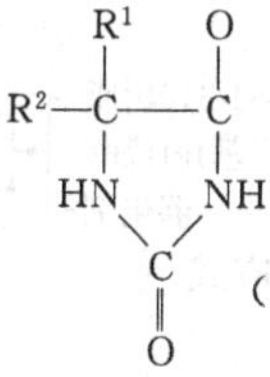

+H_2O (Ⅰ)

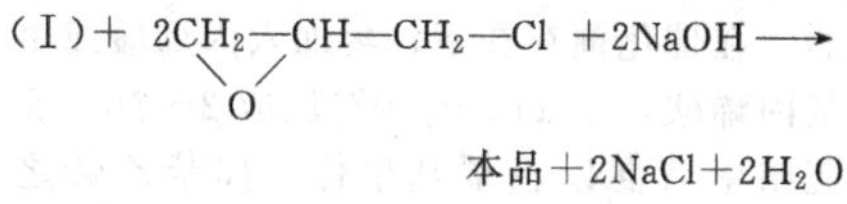

【质量标准】

海因环氧树脂性能指标（河阳化工厂）

项　　目		XB-6570	XB-0.54	XB-002
环氧值/(mol/100g)		0.65～0.70	0.45～0.5	0.15～0.20
黏度/Pa·s		2.5～3.0	<0.06	熔点 80～90℃
挥发分/%	≤	1	1	
有机氯/(mol/100g)		0.02	0.02	0.02
无机氯/(mol/100g)		0.001	0.001	0.001
外观		淡黄色透明液体		浅黄色透明固体

【用途】 可用作无溶剂涂料、胶黏剂、光电元件包封材料、涂料、耐高压绝缘器件、纺织品及纸张等处理剂。

【生产单位】 江苏丹阳县河阳化工厂，天津津东化工厂。

Bt024 丙烯酸环氧树脂

【英文名】 ocrylated epoxy resin

【别名】 环氧（甲基）丙烯酸酯环氧树脂

【结构式】

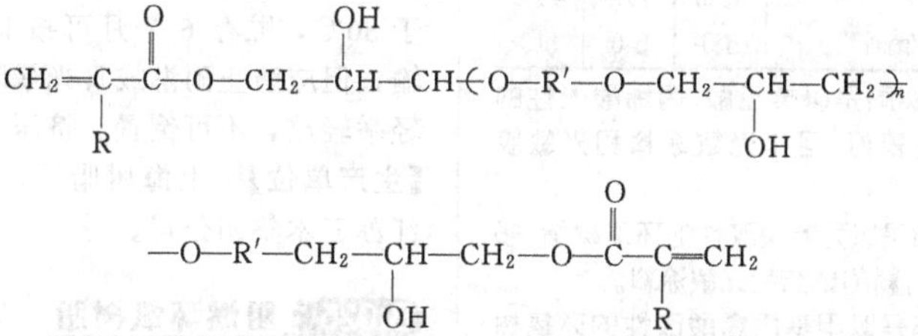

式中，R 为 H 或—CH_3；R′为

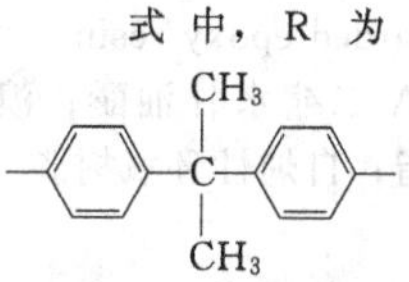

。

【性质】 该树脂系分子量为 550～560、相对密度 1.17 的浅黄色透明的黏稠状液体。它具有很好的黏结力和化学稳定性，耐热性好。此树脂除具有环氧树脂特性外，还具有不饱和树脂的操作工艺性。其主要特点是操作简便，工艺性好，可用化学药品（如过氧化物）引发固化；也可用光固化或电子束固化；可在室温固化，也可加热固化，且放热峰小。固化收缩率很小。因结构中含有丙烯酸基（或甲基丙烯酸基），故具有厌氧特性，可在空气中较长时期使用。固化物具有优良的耐酸、耐碱和耐氧化剂特性。其玻璃纤维布层合板性能为：弯曲强度，260℃加热 0.5h 为 46.06MPa，260℃加热 192h 为 117.6MPa；弯曲模量，260℃加热 0.5h 为 11.76GPa，260℃加热 192h 为 13.82GPa；260℃加热 192h 热失重12.5%。

【制法】 将低分子量（小于 420）环氧树

脂，如 EP01441-310（E-51）加入反应器，在催化剂存在下，再加入丙烯酸或甲基丙烯酸，于 115～120℃反应 2～3h。反应结束后混以乙烯基单体，如苯乙烯之类，即得微黄色透明黏稠状液体树脂。

工艺流程如下。

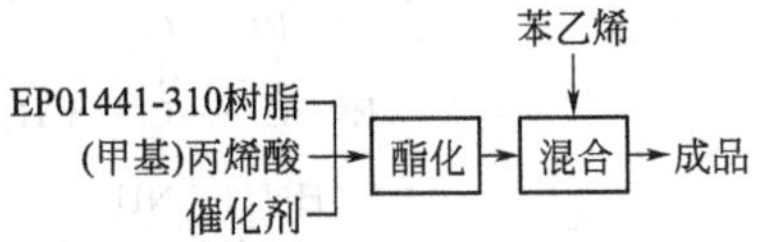

反应式

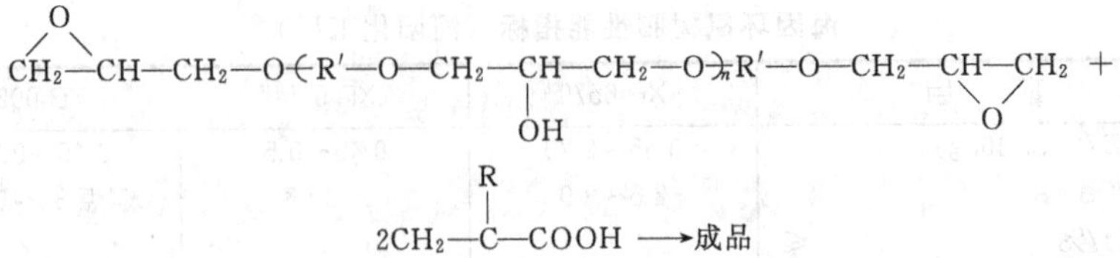

式中，R 为—H 或—CH_3；R′ 为

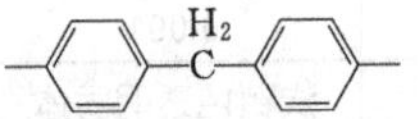
。

【质量标准】

上海树脂厂企业标准

指标名称		611	612	613
酸价/(mgKOH/g)	≤	5.0	5.0	5.0
环氧值/(mol/100g)	≤	0.05	0.05	0.05
软化点/℃	≤	45.0	35.0	40.0
漆膜干燥时间/min	≤	5.0	5.0	5.0

注：1. 611 树脂是以癸二酸、丙烯酸改性的环氧树脂，韧性较好，可作光敏涂料和光敏胶黏剂。

2. 612 树脂是以丙烯酸改性的环氧树脂，多用作各种透明材料的黏结和光敏涂料。

3. 613 树脂是以甲基丙烯酸改性的环氧树脂，多用作防腐蚀层合材料，光敏胶黏剂和光敏涂料等。

【成型加工】 与一般环氧树脂相似，可用压制、黏合和喷涂等工艺加工。

【用途】 主要应用于纸、木、塑料等上光涂料、丝网印刷、石印、阻焊、光致抗蚀剂用的光固油墨，纸、薄膜层压料；新型高分子补牙及镶牙材料、胶黏剂以及稀释剂和反应性促进剂等。

【安全性】 20kg、200kg 镀锌桶包装。贮存仓库和运输工具应保持通风、干燥，防止日光直接照射，避免与氧化剂及自由基接触，不宜接触明火。10℃左右贮存，低于 30℃，贮存 6 个月可按非危险物品运输，但应防止雨淋或日光暴晒。装卸时应轻举轻放，不可倒置、挤压。

【生产单位】 上海树脂厂，无锡树脂厂，江苏三木集团公司。

Bt025 阻燃环氧树脂

【英文名】 flame retarded epoxy resin

【别名】 四溴双酚 A 二缩水甘油醚；溴代双酚 A 型环氧树脂；自熄性环氧树脂

【结构式】

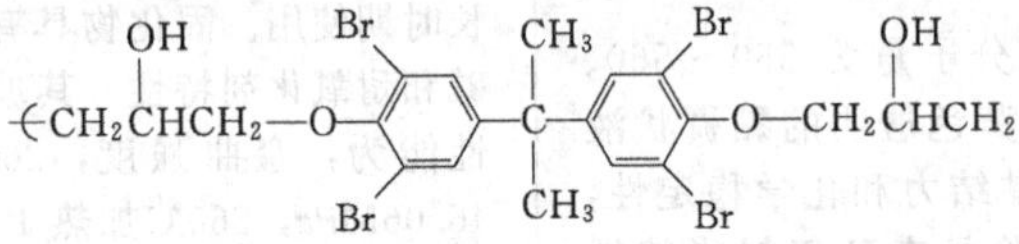

【性质】 阻燃环氧树脂多为固态（软化点 51～80℃）或黏度（25℃）为 2～6Pa·s 的黏稠状液体。含溴量一般为 19%～48%。树脂具有优良的阻燃性、热稳定性、电性能，工艺性好，使用期长，易操作，毒性低。固化物的氧指数大于双酚 A 型环氧树脂。美国 Dow Chemical 公司溴代双酚 A 环氧树脂（DER-542）含溴量

44%～48%与双酚A型环氧树脂（DER-331）固化物性能比较及我国四溴双酚A型环氧树脂固化物性能见下表。

溴代双酚A环氧与双酚A环氧树脂固化物性能比较

指标名称	50%DER 542+50% DER331	DER331	指标名称	50%DER 542+50% DER331	DER331
热变形温度/℃	108	115	介电常数		
弯曲强度/MPa	77.52	88.49	60Hz	3.84	4.03
弯曲模量/GPa	3.16	2.65	10^6Hz	3.76	3.91
压缩强度/MPa	218.54	215.5	介电损耗角正切		
压缩模量/GPa	2.4	1.62	60Hz	0.0087	0.014
拉伸强度/MPa	74.48	60.76	10^6Hz	0.026	0.03
伸长率/%	2.1	2.9	体积电阻率/Ω·cm	1.2×10^{16}	$>1.2\times10^{16}$
			表面电阻/Ω	5.5×10^{15}	$>7.85\times10^{15}$

国产四溴双酚A型环氧树脂固化物主要性能

指标名称	指标	测试标准
热变形温度/℃	94.6	GB 1634—79
弯曲强度/MPa	86	GB 1042—79
弯曲模量/MPa	3690	GB 1042—79
硬度(邵氏)	85～90	HG 2-152—65
玻璃化温度/℃	114	D. S. C
线胀系数/$℃^{-1}$	4.6×10^{-5}	GB 1036—79
吸水率(煮沸1h)/%	0.4	JISC2105
体积电阻率(25℃)/Ω·cm	$>10^{15}$	GB 1044—70
体积电阻率(100℃)/Ω·cm	$>10^{15}$	
介电强度/(MV/m)	≥20	GB 1046—70
介电常数(25℃,30kHz)	4.00	GB 1045—70
介电损耗角正切(25℃,30kHz)	1.15×10^{-2}	GB 1045—70
阻燃性	UL-94 V-0级	
固化收缩率(径向)/%	0.5	

作为国产阻燃环氧灌封料是一种双组分加热固化型，且有Ⅰ型和Ⅱ型两种型号。组分A为加有无机阻燃填料和含溴环氧树脂，组分B为固化剂和促进剂的混合物。

阻燃环氧灌封料一般性能

指标名称		组分	
		A	B
外观	AⅠ	白色或灰色黏性液体	浅棕色透明液体
	AⅡ	黑色黏性液体	
黏度(25℃)/Pa·s		80±5	0.05～0.10
相对密度(25℃)		1.80±0.05	1.20±0.05
混合比(质量)	Ⅰ	100	30
	Ⅱ	100	40
混合初期黏度(25℃)/Pa·s		1～5	
凝胶化时间(85℃)/min		约75	

【制法】 四溴双酚A型环氧树脂的制法与一般双酚A型环氧树脂基本相似。即由四溴双酚A与环氧氯丙烷在氢氧化钠存在下缩聚而成。

工艺流程如下。

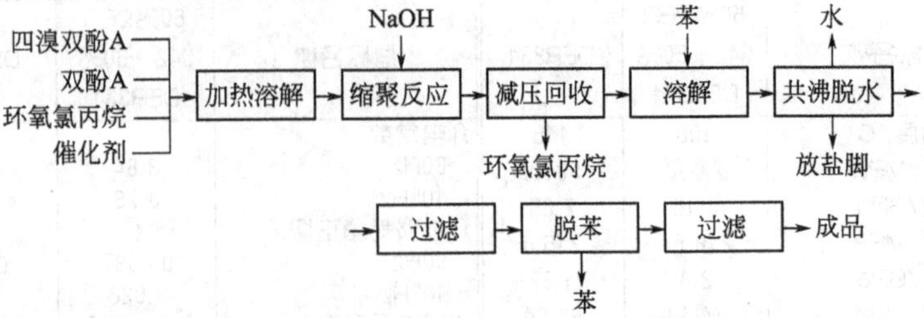

灌封料配制流程示意如下所示。

A组分

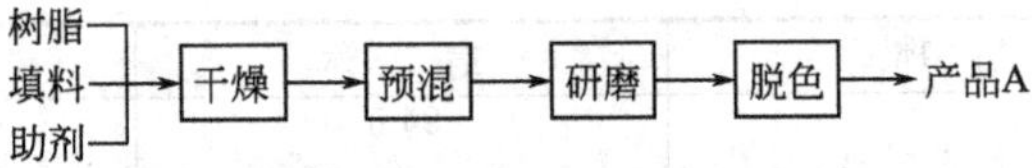

B组分

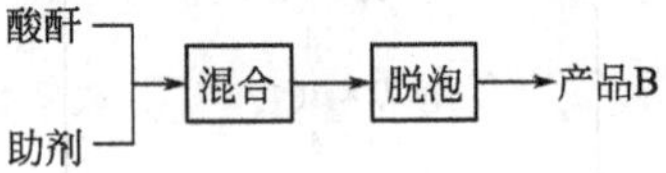

反应式

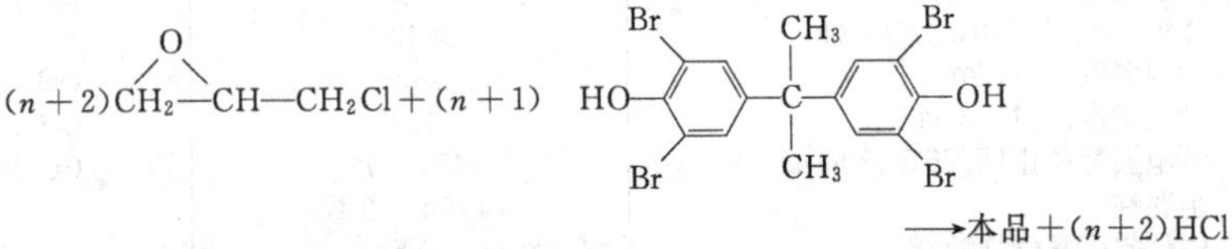

【质量标准】 **巴陵石化环氧树脂厂溴代环氧树脂企业标准**

(执行 Q/SH-BL01.05.P.07—2002)

树脂牌号	环氧当量/(g/mol)	溴含量/%	软化点/℃	可水解氯/(mol/100g)	挥发分/%	色泽
CYDB-340	330～380	46～50	40～55	≤0.003	≤0.3	≤3
CYDB-400	380～420	46～50	64～74	≤0.003	≤0.3	≤3
CYDB-460	440～480	46～50	70～85	≤0.003	≤0.3	≤3
CYDB-500	450～550	19～22	65～80	≤0.003	≤0.3	≤1
CYDB-600	550～650	48～52	85～100	≤0.003	≤0.3	≤3
CYDB-700	680～730	23～25	85～100	≤0.003	≤0.3	≤1
CYDB-800	750～850	48～52	90～105	≤0.003	≤0.3	≤3
CYDB-900	850～950	26～30	95～110	≤0.003	≤0.3	≤1

大日本油墨公司阻燃型环氧树脂质量指标

EPICLON	环氧当量 /(g/mol)	固体含量 /%	软化点 /℃	含溴量 /%	特点	用途
152	340～380	—	56～56	44～48	高含溴量固态	封装料
153	390～410	—	65～75	46～50	高含溴量固态	封装料
153-60M	390～410	60±1/MEK	—	46～50	高含溴量液态	层压料
153-60T	390～410	60±1/甲苯	—	46～50	高含溴量固态	层压料
1120-80M	460～510	80±1/MEK	—	18～22	高含溴量固态	层压料
1123-75M	525～575	75±1/MEK	—	—	高含溴量固态	层压料

【成型加工】 可用浇铸、浸渍、包封、灌封、模塑和层合加工，也可喷涂、涂覆施工。

作为灌封料使用时，组分A和组分B要分别在80℃和60℃下预热和真空脱泡，直到无气体逸出为止。真空度视所灌产品的性能而定。A、B的配比为100∶(30～40)（质量比）。混合料的温度应保持在45～55℃。要灌封的元件需在80～100℃下预烘2～3h。灌封操作可在真空或非真空下进行，取决于灌封产品所需要的性能。固化条件 AⅠ 78℃/2.5h＋105℃/2.5h；AⅡ 85℃/1h＋100℃/3h。

【用途】 阻燃环氧树脂适用于电子、电器元件的灌封，如彩色电视机或黑白电视机回扫变压器，金属化薄膜电容器或其他元器件的灌封料以及航空、船舶、土建等领域的各种阻燃灌封料，还可作需要有阻燃性的层合板、模塑料、胶黏剂和涂料等。

【安全性】 以马口铁桶为包装桶，每桶重20kg。贮存仓库应保持清洁、干燥、阴凉和通风良好，贮存期1年。贮运时不得日晒雨淋，装卸时应轻举轻放，不得倒置和挤压。

【生产单位】 天津市合成材料研究所，原化工部黎明化工研究院，巴陵石化环氧树脂厂，浙江嘉兴化工厂，无锡树脂厂，中昊晨光化工研究院。

Bt026 含磷环氧树脂

【英文名】 phosphorus-containing epoxy resin

【别名】 有机磷环氧树脂

【结构式】

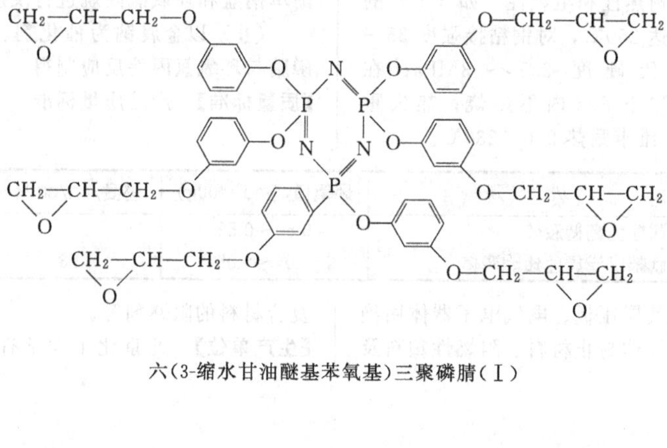

六(3-缩水甘油醚基苯氧基)三聚磷腈(Ⅰ)

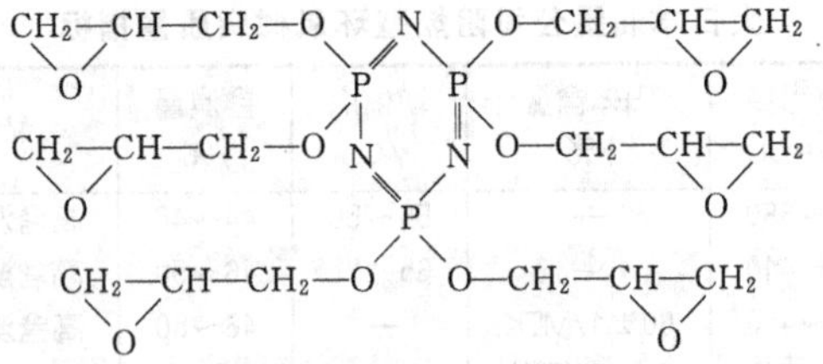

六缩水甘油醚基三聚磷腈（Ⅱ）

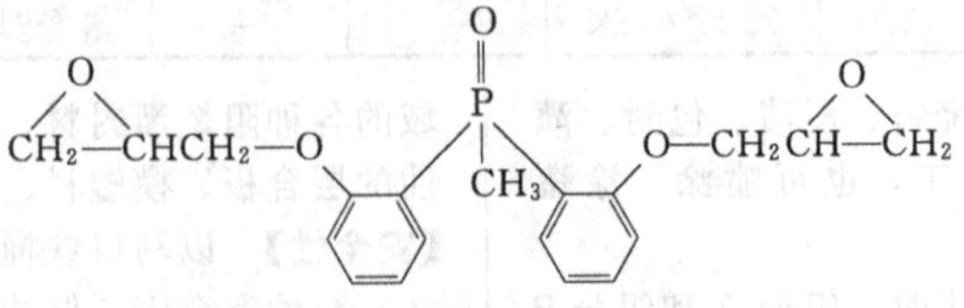

二（邻羟基苯基）-甲基氧磷二缩水甘油醚（Ⅲ）

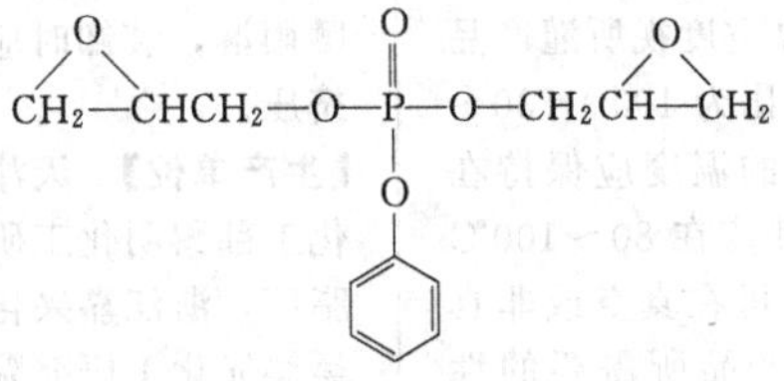

二（3-缩水甘油）基苯基磷酸酯（Ⅳ）

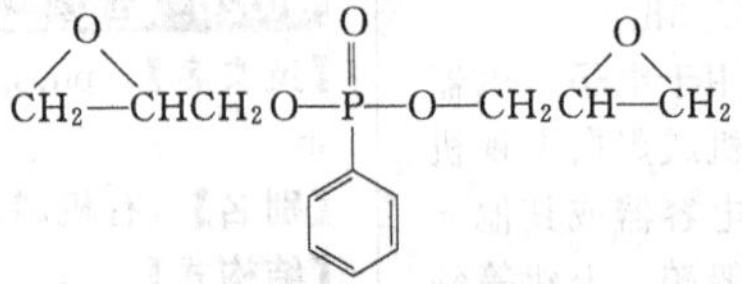

二（3-缩水甘油氧）苯基氧膦（Ⅴ）

【性质】 磷元素的引入使有机磷环氧树脂具有优异的耐热性和阻燃性，如（Ⅰ）的维卡耐热可达250℃，对钢粘接强度35～40MPa，布氏硬度2.5～3MPa；在1000～1100℃下20s内不燃烧；热失重20%；（Ⅱ）维卡耐热210～230℃。

【制法】（Ⅰ）由三聚氯化磷腈、间苯二酚单钠盐和环氧氯丙烷进行反应制得。

（Ⅱ）以金属钠为催化剂、三聚氯化磷腈与环氧氯丙烷反应制得。

【质量标准】 产品质量标准

编号	外观	环氧值/(mol/100g)	密度/(g/cm³)	折射率
Ⅰ	深棕色黏稠液体	0.50～0.53		
Ⅱ	低黏度浅黄色透明液体	1.04～1.05	1.56	1.5230

【用途】 电气层压板、电气电子器体用绝缘涂料、半导体封止材料、阻燃性塑料及复合材料的阻燃剂等。

【生产单位】 北京化工大学有研制报道。

尚未工业生产。

Bt027 MC-10 型半导体用环氧模塑料

【英文名】 epoxy molding compound MC-10 for semiconductor

【商品名】 MC 型环氧模塑料

【化学组成】 环氧树脂、线型酚醛树脂、填料、脱模剂、阻燃剂、着色剂等。

【性质】 外观为黑色或棕色颗粒、小块状。纯度高，具有优良的绝缘性能。耐湿可靠性高，同时兼具较高的玻璃化温度和良好的成型工艺性能。

【质量标准】 企业标准（无锡化工研究设计院）

指标名称	指 标
外观	颗粒状或块状（<2mm）
密度/(g/cm^3)	1.79
吸水率(沸水,8h)/%	0.19
弯曲强度/MPa	1.43
收缩率/%	0.40
热导率/(J/℃·cm)	6.36×10^{-3}
阻燃性/级	FV-0
介电系数(1MHz)	4.36
介质损耗角正切(1MHz)	1.29×10^{-2}
体积电阻率(常温)/Ω·cm	4.2×10^{15}
玻璃化温度/℃	156
线胀系数/$℃^{-1}$	19.7×10^{-6}
水萃取液 Cl^- 含量(95℃，20h)/10^{-6}	14
水萃取液 Na^+ 含量(95℃，20h)/10^{-6}	26
pH 值	5.9

【用途】 用于采用低压传递模型的成型工艺封装集成电路，主要是对杂质及湿气极为敏感的 CMOS 电路、3μm 线宽的 64K 位存储器用集成电路。

【制法】 MC-10 型环氧模塑料由邻甲酚环氧树脂、线性酚醛树脂经粉碎与经干燥的填料、脱模剂、阻燃剂、着色剂等添加剂均匀混合，再进入双辊机混炼，而后经粉碎、除铁、包装成成品出厂。

产品内用二层聚氯乙烯袋、外用聚氯乙烯桶封口，每袋 1kg。本品为非危险品，不易燃易爆，但需低温贮存。

【生产单位】 无锡化工研究设计院。

Bt028 复合环氧树脂光学塑料

【英文名】 epoxy resincomp; ex optical plas UCS

【性状】 可见光透过率为 88%～90%，色度为 Y=79.58，布氏硬度值 19，比有机玻璃硬。

【制法】 将双酚 A 与环氧氯丙烷在四乙基氯化铵催化下进行醚化反应，其双酚 A 与环氧氯丙烷按 1∶10 进行配比，这样得到的产物环氧值低、颜色浅、黏度低。

1. 配方：

双酚 A	1mol
环氧氯丙烷	10mol
四乙基氯化铵	3g

2. 配方：

邻苯二甲酸	1mol
环氧氯丙烷	10mol
NaOH	2mol

将 1mol 邻苯二甲酸与 10mol 环氧氯丙烷在四乙基氯化铵存在下，于 100℃以上反应 1h，由于反应是放热反应，要注意冷却。反应完毕，降温至 40t 左右，加入 2mol 氢氧化钠水溶液，反应 2h，过滤去掉盐，用蒸馏水反复洗涤至中性，经砂芯漏斗过滤，减压蒸馏蒸去残余水及大量环氧氯丙烷后，得到邻苯二甲酸双缩水甘油，环氧值 0.6，黏度为 25t 时为 0.5Pa·s。

3. 配方：

甘油	1mol
环氧氯丙烷	3mol
乙醇	200ml

将1mol甘油（丙三醇）在三氟化硼乙醚络合物催化下，加入3mol环氧氯丙烷，于60℃以下反应2h，然后，加入95%乙醇200mi，降温至25℃加入氢氧化钠水溶液闭环反应3h，用盐酸调整中和度为pH=7，过滤，蒸馏反复洗涤3次，即得到无色透明的甘油环氧树脂。

4. 光学塑料的制备：光学塑料是以光学环氧树脂加入适当的固化剂，经固化反应而成的热固性塑料，各种固化剂反应后得到的塑料不尽相同，只有五色或透明的有成为光学塑料的可能，环氧树脂是以环氧与六氢环氧复合，用六氢苯酐作固化剂，制成酸酐固化复合环氧树脂。

5. 光学用甘油环氧树脂的合成：

六氢环氧	60g
616双酚A环氧	40g
六氢苯酐	80g
固化条件(室温24h,180℃,2h)	

6. 配方：

六氢环氧	55g
616双A	45g
甘油环氧	5s
丙烯腈改性己二胺	30g
固化条件室温24h;60-80t,3ho	

【用途】 用于制光学玻璃。

Bt029 三缩水甘油胺化物

【英文名】 diglycldylamine compound

【别名】 四缩水甘油胺化物；缩水甘油胺型环氧树脂

【结构式】

1.

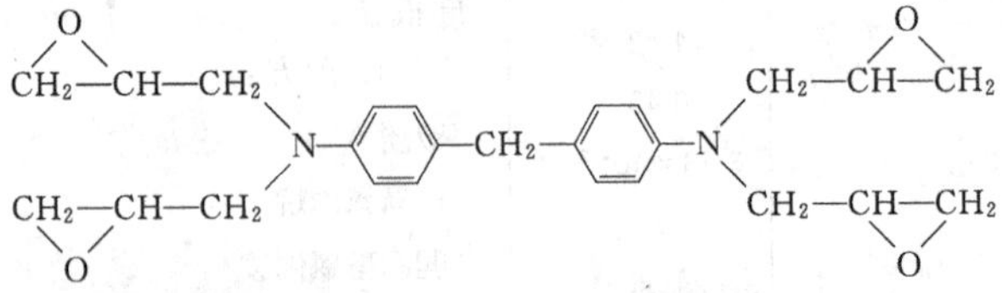

四缩水甘油二氨基二苯甲烷(Ⅰ)(AG-80型)

2.

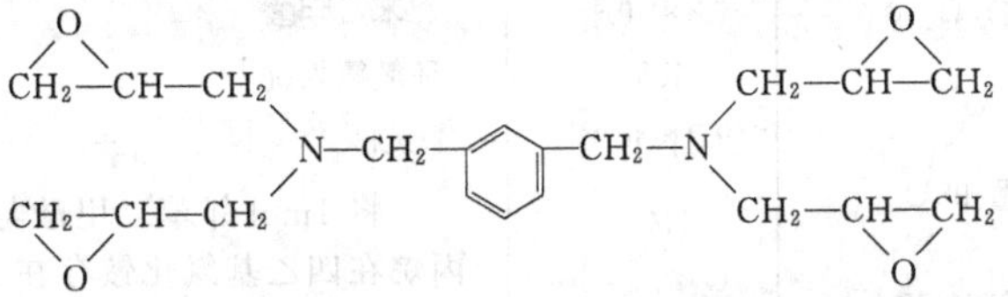

四缩水甘油间二甲苯二胺(Ⅱ)

3.

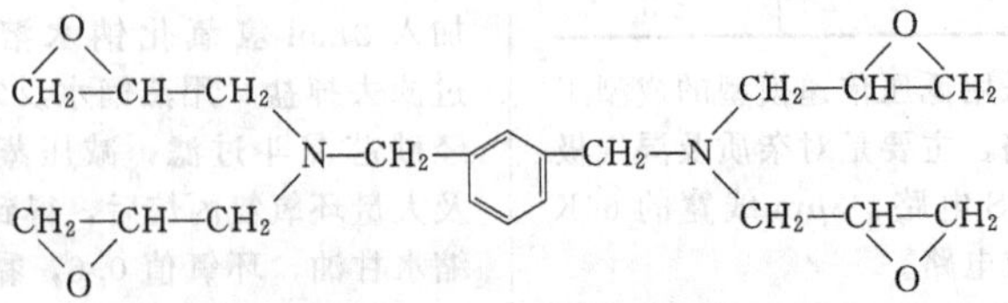

四缩水甘油-1,3-双氨甲基环己烷(Ⅲ)

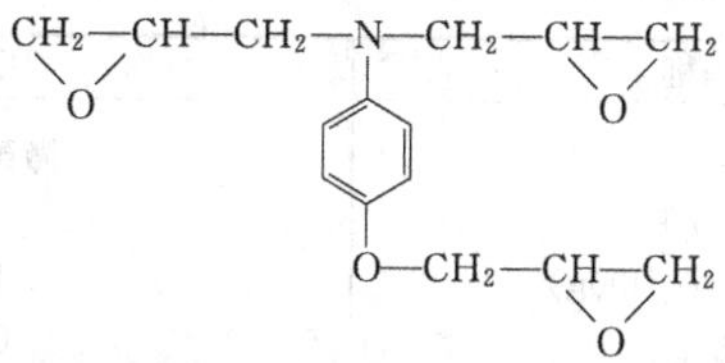

三缩水甘油对氨基苯酚(Ⅳ)(AFG-90 型)

【性质】 这类环氧树脂的特点是多官能度、黏度低、活性高、环氧当量小、交联密度大、耐热性高、粘接力强、力学性能和耐腐蚀性好。缺点是有一定脆性，有自固化性，贮存期短。四缩水甘油胺化物为黏性液体。（Ⅰ）在 50℃下黏度为 6～20Pa·s，环氧当量 115～133。（Ⅱ）和（Ⅲ）为浅黄色透明液体，在 25℃下黏度为 0.8～1.4Pa·s，环氧当量 93～102g/mol。蒸气压很低。它溶解于苯、甲苯、二甲苯等溶剂，不溶于正己烷。（Ⅰ）经二氨基二苯砜固化后，拉伸模量为 3.72GPa。（Ⅱ）、（Ⅲ）和（Ⅳ）经酸酐或芳胺固化，同样可得到力学性能优良、耐热性好的固化物。由于（Ⅲ）的结构中不含苯环，则固化物的耐候性、耐电弧性及耐漏电痕迹性优于含苯环的环氧树脂。与碳纤维复合的层压材料有较高的层间剪切强度。

【制法】 由相应的二元胺与过量的环氧氯丙烷及碱反应，分离生成的氯化碱，再经精制处理制备。

工艺流程如下。

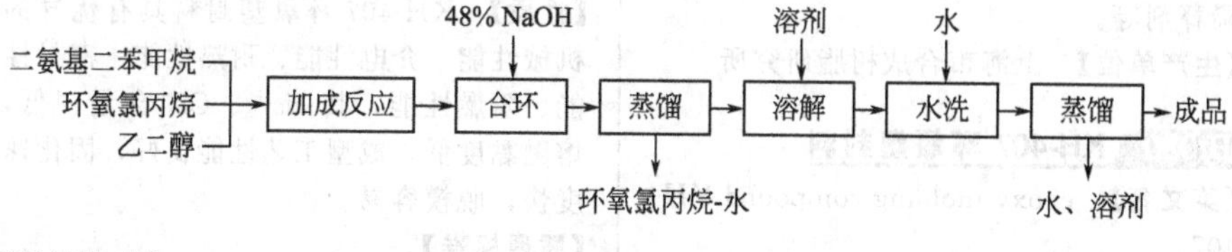

【质量标准】

上海合成树脂研究所企业标准

指标名称		类型	
		AG-80 型	AFG-90 型
外观		琥珀色至红棕色液体	红棕色液体
黏度(25℃)/Pa·s		70～400	≤2.5
环氧值/(mol/100g)		0.75～0.85	≥0.85
有机氯值/(mol/100g)	≤	0.05	0.05
无机氯值/(mol/100g)	≤	0.01	0.01
挥发分/%	≤	2.0	3.0

日本三菱瓦斯化学公司树脂和浇铸板材技术指标

指标名称		TETRAD-Y型	
树脂	外观	微黄色透明液体	
	黏度(25℃)/Pa·s	1.0～1.4	
	环氧值/(mol/100g)	1.02～1.07	
	有机氯/%	0.04～0.08	
	无机氯/%	＜0.01	
	挥发分/%	＜0.5	
浇铸板材①	固化剂名称	Mc-HHPA	DDS
	弯曲强度/MPa	109	158
	弯曲弹性模量/GPa	3.43	4.81
	压缩强度/MPa	188	247
	压缩弹性模量/GPa	1.96	2.75
	悬臂梁冲击强度/(kJ/m²)	6.2	10.2
	线胀系数/K⁻¹	8.0×10^{-5}	5.7×10^{-5}

① 固化条件：14h/25℃＋2h/90℃＋2h/120℃＋5h/180℃

【成型加工】 同双酚A型环氧树脂。

【用途】 用于玻璃纤维、飞机、火箭等宇航用碳纤维复合材料，耐热无溶剂涂料，电绝缘材料，耐热胶黏剂，普通环氧树脂稀释剂等。

【生产单位】 上海市合成树脂研究所。

Bt030 KH-407 环氧塑封料

【英文名】 epoxy molding compound KH-407

【化学成分】 邻甲酚醛环氧树脂及其固化剂线型酚醛树脂。还有填充料硅微粉，促进剂、脱模剂、阻燃剂、着色剂等组成成分。

【性质】 KH-407环氧塑封料具有优异的机械性能、介电性能、耐热性能、密封性能、阻燃性能，其 Na^+、Cl^- 含量很低，熔融黏度低，成型工艺性能良好，固化速度快，脱模容易。

【质量标准】

企业标准（中国科学院化学研究所）

指标名称	指标		
	KH 407-1	KH 407-2	KH 407-3
螺旋流动长度/cm	60～90	60～90	60～90
凝胶化时间/s	20～30	20～30	20～30
熔融黏度/mPa·s	200～750	200～750	200～750
密度/(g/cm³)	1.83	1.95	2.05
弯曲强度/(kg/cm²)	1400	1300	1400
冲击强度(无缺口)/(kg·cm/cm²)	9	9	9
玻璃化温度/℃	163	160	163

续表

指标名称	指标		
	KH 407-1	KH 407-2	KH 407-3
线胀系数/($\times 10^{-6}$/℃)	18	29	25
热导率/[$\times 10^{-4}$J/(s·cm·℃)]	88	144	150
体积电阻率/$\times 10^{15}\Omega$·cm	17	2.8	6.9
介电常数(1MHz)	4.4	4.6	4.6
介质损耗(1MHz)	1.1	1.3	1.3
燃烧性(UL-94)	FV-0	FV-0	FV-0
提取水特性(90℃ + 2℃, 20h)			
pH值 $<$	6	6	6
电导率/(μS/cm) $<$	15	15	15
Na^+/10^{-6} $<$	5	5	5
Cl^-/10^{-6} $<$	5	5	5

【用途】 KH407-1 用于塑封大功率晶体管、大规模集成电路（30～48 引线）；KH407-2 用于塑封大、中、小功率晶体管；KH407-3 用于塑封中、小规模集成电路（8～30 引线）。

【制法】 新工艺流程由粉料混合、加热混炼、冷却、粉碎、除铁、预成型、成品贮存等工序组成。工艺过程连续化，确保产品一致性好。

【安全性】 KH407 环氧塑封料先用双层塑料袋包装扎口后装入塑料桶（粉料）或瓦楞纸箱（饼料）包装。包装桶或纸箱上需贴有制造厂家、产品名称、产品型号、防潮字样的标识。由于阻燃性能达到 UL-94 法 V-0 标准，故运输要求安全可靠，5℃以下冷库贮存，期限为 1 年。

【生产单位】 中国科学院化学研究所。

Bt031 有机硅改性环氧树脂及其模塑料

【英文名】 silicone modified epoxy resin and its moulding material

【别名】 改性环氧树脂及其模塑料

【结构式】

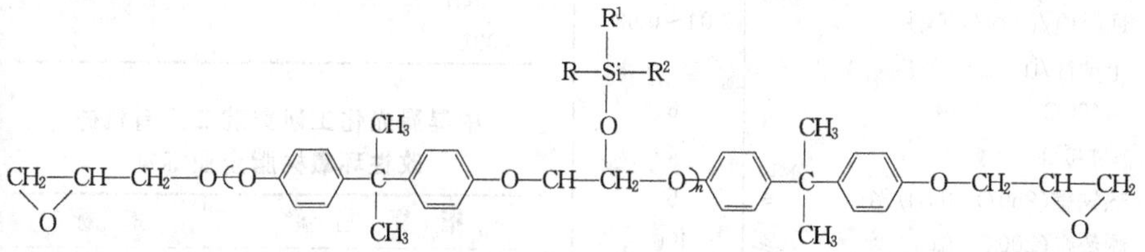

式中，R、R^1、R^2 为不同基团。

【性质】 有机硅改性环氧树脂（GZ-640），因以特殊方法除去了 Cl^-、Na^+ 和其他有害杂质，故具有树脂纯度高，室温存放稳定性好（达到半导体级，室温存放达1年以上），工艺适应性强等优点。产品具有良好的电气性能和化学稳定性，优良的憎水防潮性，耐臭氧、耐候性和耐高低温性能。尺寸稳定性好，表面光滑。

以有机硅改性环氧树脂为基料，加入填料、催化剂、脱模剂和颜料，经混炼即成为有机硅改性环氧模塑料（GZ-641）。它是黑色、红棕色或绿棒状或粉状料，相对密度 1.60±0.10。兼有环氧树脂和有机硅树脂的某些优点，如力学强度高，同金属引线片粘接力强，用其包封的器件气密性、抗开裂性好，耐热性、导热性、耐盐雾性均很好。长期使用温度可达175℃。电性能优良，且具有一定的阻燃性。其模塑料的主要性能与美国 Morton 公司生产的 PolyseBt410B 环氧模塑料相似。是目前国内半导体器件优良的塑封材料。它有 A、B 两种规格。

【制法】 将双酚 A、环氧氯丙烷和有机硅改性剂按一定配比混合后，在催化剂存在下缩聚，经后处理后即得改性环氧树脂。改性环氧树脂加入填料、催化剂、脱模剂和颜料均匀混合、混炼即得模塑料。

工艺流程如下。

1. 改性环氧树脂

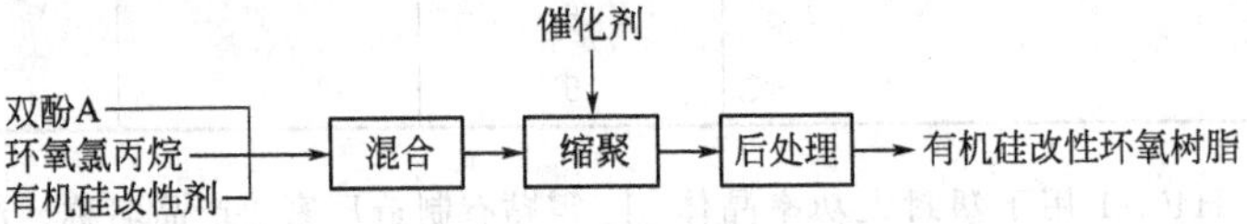

2. 改性环氧树脂模塑料

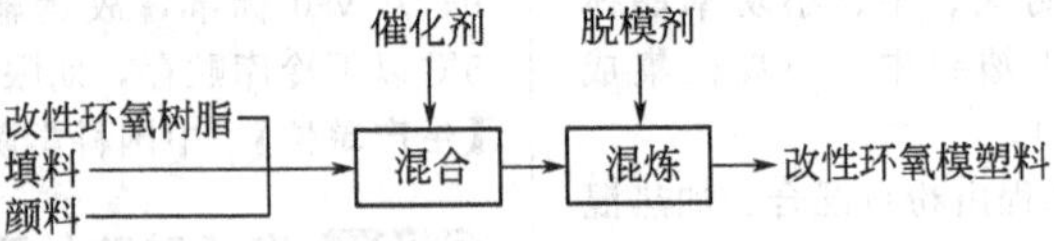

【质量标准】

上海树脂厂 665 有机硅环氧树脂指标

(Q/GHPC-24—2001)

项　　目		指标
黏度(涂4黏度计,25℃)/s	≤	30
固体含量(质量分数)/%	≥	50
环氧值/(mol/100g)		0.01～0.03
干燥性/h		
100℃		6
140℃		4
热失重(250℃,10h)/%	≤	5
耐热性(200℃)/h	≥	150
体积电阻率/Ω·cm	≥	
20℃±5℃		10^{14}
40℃相对湿度95%±3%下24h		10^{15}

续表

项　　目		指标
220℃		10^{11}
介电强度/(kV/mm)	≥	
20℃±5℃		75
40℃,相对湿度95%±3%下24h		40
200℃		40

中昊晨光化工研究院二厂有机硅改性环氧树脂企业标准

指　标　名　称		指　标
外观		黄色至棕色固体
环氧值/(mol/100g)		0.25～0.35
软化点/℃		60～80
氯离子含量(质量分数)	≤	10×10^{-6}

【成型加工】 有机硅改性环氧树脂可通过加入填料、催化剂和其他添加剂经混炼制得模塑料，也可通过加热或溶剂溶解法，再配之合适固化剂作不规则电子电器元部件的灌封。

模塑料应选用精度高、镀硬铬的小模具，合模力大的压机用传递模塑法进行塑封。封装前先清模，干净后再恒温 0.5h。使用冷藏的模塑料时，用前需在室温（最好不超过 30℃）下放置 8～16h，以排除水分，最好先将料经高频预热。封装时保温时间以塑料具备足够的脱模强度即可。若模塑料流动性大时，可通过延长室温放置和高频预热时间或置于 40℃烘箱中数小时或提高模温、降低注塑速度来调节；如流动性较差时，则可降低模具温度、延长胶化时间。适当加大注塑压力，塑封件较致密，不溢料。通常包封数百次后需清模。

模塑料一般成型加工条件为：成型温度 160～190℃，时间 60～270s，胶化时间（180℃）15～25s，最低成型压力 0.78MPa，成型收缩率 0.5%～0.6%，后固化条件 175℃/(4～8)h。

【用途】 改性环氧树脂及其塑封料适用于表面较敏感、包装尺寸大、气密性要求高、耐开裂性好、电气性能好的半导体器件及电子元件的塑料封装，并可作高温电器接插件的压塑料。如可用作 NPN 型、PNP 型各种小功率三极管、中功率三极管、高频大功率管等各种晶体管，音响功放电路、线性电路、CMOS 电路，高压硅堆，各种二极管、云母、陶瓷等电容器的塑封材料，航空工业中使用的高温电器接插件压塑料等。模塑料有两种规格：GZ-461A 流动性中等，主要用于各种小功率三极管、二极管、高压硅堆的封装；GZ-461B 流动性较好，主要用于中、大功率管、IC 电路及大型模具的包封，还可用于密封胶及涂料等方面。

【安全性】 两产品均用内衬聚乙烯塑料袋的大盖白铁桶装。GZ-640，GZ-641 净重分别为 20kg 和 25kg。GZ-640 存放温度 30～35℃，软化点每月增加 1～1.5℃；20～30℃软化点，每月增加 0.5～1.0℃；20℃以下软化点每月增加 0.5℃以下。GZ-641 存放温度 5℃以下 5 个月；20℃以下 1 个月。改性环氧树脂应存放在凉爽通风处，不得接触其他化学试剂，特别是胺类。存放温度最好在 20℃以下，不得超过 35℃，在 35℃以下的贮存期为半年。过期可复查软化点，如合格仍可使用。改性环氧树脂模塑料应在低温存放，不得与其他化学药品，特别是胺类接触。超过存放期应复检合格才可使用。

两产品均可按非危险物品运输。模塑料要以快件发运，树脂在 6～9 月时原则上以快件发运。贮运时必须避免暴晒或雨淋，不得靠近热源。

【生产单位】 上海树脂厂，中昊晨光化工研究院二厂。

Bt032 有机钛改性双酚 A 型环氧树脂

【英文名】 organo-titanium modified epoxy resin

【别名】 有机钛环氧树脂

【结构式】

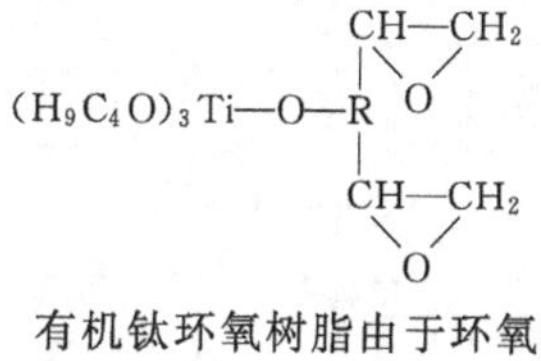

【性质】 有机钛环氧树脂由于环氧树脂中的羟基被钛氧基取代，因此其吸水性、防潮性、热老化性、介电性等有了根本的改善。首先是高温下的介电损耗用正切大幅度减小，其次是树脂的热稳定性有了很大提高。

【制法】 由正钛酸丁酯和二酚基丙烷环氧

树脂进行反应制得。国产 $670^{\#}$ 有机钛环氧树脂的反应式如下：

$$R—OH—Ti(OC_4H_9)_4 \longrightarrow R—O—Ti(OC_4H_9)_3 + C_4H_9OH$$

$$4R—OH—Ti(OC_4H_9)_4 \longrightarrow (R—O)_4—Ti + 4C_4H_9OH$$

将 6101 环氧树脂投入反应釜中，升温搅拌，升温到 100～110℃进行真空脱水，真空度要求在 0.09MPa 以上。水分排完后，冷却至 55～60℃，将配方量的苯加入，继续冷却，冷却至 40～45℃时滴加正钛酸丁酯苯溶液，约在 20～30min 加完。加完后在原温度维持 15min，逐渐升温至 120～130℃，将苯和副产物丁醇一起蒸出，随后用真空泵将所有低沸物全部蒸出，冷却后放料。

【用途】 由于有机钛环氧树脂有较好的电性能、耐热性和黏合性，因而广泛地使用于电气、电机工业。作为粉（片）状云母的黏合剂的产品现今在大容量发电机的绕组绝缘上大量使用，它不但提高了绝缘层的电气性，并且对电机的寿命及运行的可靠性给予了决定性的保证。

【生产单位】 有报道上海地区有生产，牌号 $670^{\#}$。

Bu 离子交换树脂、离子交换膜

1 离子交换树脂定义

离子交换树脂是带有官能团（有交换离子的活性基团）、具有网状结构、不溶性的高分子化合物。通常是球形颗粒物。离子交换树脂（IER）是一种含有活性基团的合成功能高分子材料。它是由交联的高分子共聚物引入不同性质离子交换基团而成的。所用的交联共聚物有苯乙烯系、丙烯酸酯系、酚醛系和环氧系等。

2 离子交换树脂分类、命名及型号

离子交换树脂的全名称由分类名称、骨架（或基因）名称、基本名称组成。孔隙结构分凝胶型和大孔型两种，凡具有物理孔结构的称大孔型树脂，在全名称前加“大孔”。分类属酸性的应在名称前加“阳”，分类属碱性的，在名称前加“阴”。如大孔强酸性苯乙烯系阳离子交换树脂。

按交换聚合物的不同品种，离子交换树脂可分为苯乙烯系、丙烯酸系、酚醛系、环氧系、乙烯吡啶系、脲醛系、氯乙烯系等；按树脂形态的不同可分为凝胶型和大孔两种；另外，根据离子交换树脂所含官能团的性质又可分为强酸、弱酸、强碱、弱碱、螯合、酸碱两性和氧化还原型七类；习惯上人们还常按其用途的不同，称之为：水处理用树脂、药用树脂、催化用树脂、脱色用树脂、分析用树脂以及核子级树脂等。关于离子交换树脂的分类、命名及型号已有国家标准。

离子交换膜是一种带活性交换基团的功能高分子薄片或薄膜材料。它对离子具有选择透过性。离子交换膜按结构可分为均质膜、半均质膜、非均质膜、离子交换中空丝；按性能可分为阳离子交换膜、阴离子交换膜、特种膜；按用途可分为电渗透浓缩膜、电渗透脱盐膜、电解隔膜等。离子交换膜在原理、形状、装置、使用方法等方面和离子交换树脂有着截然不同的特点。离子交换膜的电渗析、渗析、反渗透、隔膜电解等技术，已广泛地应用于工业用水的脱盐、制备高纯水、苦咸水及海水淡化、卤水浓缩、化工和冶金方面的分离提纯、电镀及放射性化学废液的处理等方面。特别是食盐电解用的全氟阳离子交换膜给氯碱工业带来了一场革命，目前的离子交换膜法比汞法装置电耗量可节省30%以上，引起了世界性关注。

2.1 强酸性阳离子树脂

这类树脂含有大量的强酸性基团，如磺酸基—SO_3H，容易在溶液中离解出H^+，故呈强酸性。树脂离解后，本体所含的负电基团，如SO_3—，能吸附结合溶液中的其他阳离子。这两个反应使树脂中的H^+与溶液中的阳离子互相交换。强酸性树脂的离解能力很强，在酸性或碱性溶液中均能离解和产生离子交换作用。

树脂在使用一段时间后，要进行再生

处理，即用化学药品使离子交换反应以相反方向进行，使树脂的官能基团恢复原来状态，以供再次使用。如上述的阳离子树脂是用强酸进行再生处理，此时树脂放出被吸附的阳离子，再与 H^+ 结合而恢复原来的组成。

2.2　弱酸性阳离子树脂

这类树脂含弱酸性基团，如羧基—COOH，能在水中离解出 H^+ 而呈酸性。树脂离解后余下的负电基团，如 R—COO—（R为碳氢基团），能与溶液中的其他阳离子吸附结合，从而产生阳离子交换作用。这种树脂的酸性即离解性较弱，在低 pH 下难以离解和进行离子交换，只能在碱性、中性或微酸性溶液中（如 pH5～14）起作用。这类树脂也是用酸进行再生（比强酸性树脂较易再生）。

2.3　强碱性阴离子树脂

这类树脂含有强碱性基团，如季氨基（也称四级氨基）—NR_3OH（R为碳氢基团），能在水中离解出 OH^- 而呈强碱性。这种树脂的正电基团能与溶液中的阴离子吸附结合，从而产生阴离子交换作用。

这种树脂的离解性很强，在不同 pH 值下都能正常工作。它用强碱（如 NaOH）进行再生。

2.4　弱碱性阴离子树脂

这类树脂含有弱碱性基团，如伯氨基（也称一级氨基）—NH_2、仲氨基（二级氨基）—NHR、或叔氨基（三级氨基）—NR_2，它们在水中能离解出 OH^- 而呈弱碱性。这种树脂的正电基团能与溶液中的阴离子吸附结合，从而产生阴离子交换作用。这种树脂在多数情况下是将溶液中的整个其他酸分子吸附。它只能在中性或酸性条件（如 pH1～9）下工作。它可用 Na_2CO_3、NH_4OH 进行再生。

2.5　离子树脂的转型

以上是树脂的四种基本类型。在实际使用上，常将这些树脂转变为其他离子型运行，以适应各种需要。例如，常将强酸性阳离子树脂与 NaCl 作用，转变为钠型树脂再使用。工作时钠型树脂放出 Na^+ 与溶液中的 Ca^{2+}、Mg^{2+} 等阳离子交换吸附，除去这些离子。反应时没有放出 H^+，可避免溶液 pH 值下降和由此产生的副作用（如蔗糖转化和设备腐蚀等）。这种树脂以钠型运行使用后，可用盐水再生（不用强酸）。又如阴离子树脂可转变为氯型再使用，工作时放出 Cl^- 而吸附交换其他阴离子，它的再生只需用食盐水溶液。氯型树脂也可转变为碳酸氢型（HCO_3^-）运行。强酸性树脂及强碱性树脂在转变为钠型和氯型后，就不再具有强酸性及强碱性，但它们仍然有这些树脂的其他典型性能，如离解性强和工作的 pH 范围宽广等。

3　离子交换树脂基体组成、物理结构、交换容量、吸附选择

3.1　基体组成

离子交换树脂（ionresin）的基体（matrix），制造原料主要有苯乙烯和丙烯酸（酯）两大类，它们分别与交联剂二乙烯苯产生聚合反应，形成具有长分子主链及交联横链的网络骨架结构的聚合物。苯乙烯系树脂是先使用的，丙烯酸系树脂则用得较晚。

这两类树脂的吸附性能都很好，但有不同特点。丙烯酸系树脂能交换吸附大多数离子型色素，脱色容量大，而且吸附物较易洗脱，便于再生，在糖厂中可用作主要的脱色树脂。苯乙烯系树脂擅长吸附芳香族物质，善于吸附糖汁中的多酚类色素（包括带负电的或不带电的）；但在再生时较难洗脱。因此，糖液先用丙烯酸树脂进行粗脱色，再用苯乙烯树脂进行精脱色，可充分发挥两者的长处。

树脂的交联度，即树脂基体聚合时所

用二乙烯苯的百分数，对树脂的性质有很大影响。通常，交联度高的树脂聚合得比较紧密，坚牢而耐用，密度较高，内部空隙较少，对离子的选择性较强；而交联度低的树脂孔隙较大，脱色能力较强，反应速率较快，但在工作时的膨胀性较大，机械强度稍低，比较脆而易碎。工业应用的离子树脂的交联度一般不低于4%；用于脱色的树脂的交联度一般不高于8%；单纯用于吸附无机离子的树脂，其交联度可较高。

除上述苯乙烯系和丙烯酸系这两大系列以外，离子交换树脂还可由其他有机单体聚合制成。如酚醛系（FP）、环氧系（EPA）、乙烯吡啶系（VP）、脲醛系（UA）等。

3.2 物理结构

离子树脂常分为凝胶型和大孔型两类。

凝胶型树脂的高分子骨架，在干燥的情况下内部没有毛细孔。它在吸水时润胀，在大分子链节间形成很微细的孔隙，通常称为显微孔（micro-pore）。湿润树脂的平均孔径为2～4nm（2×10^{-6}～4×10^{-6}mm）。这类树脂较适合用于吸附无机离子，它们的直径较小，一般为0.3～0.6nm。这类树脂不能吸附大分子有机物质，因后者的尺寸较大，如蛋白质分子直径为5～20nm，不能进入这类树脂的显微孔隙中。

大孔型树脂是在聚合反应时加入致孔剂，形成多孔海绵状构造的骨架，内部有大量永久性的微孔，再导入交换基团制成。它并存有微细孔和大网孔（macro-pore），润湿树脂的孔径达100～500nm，其大小和数量都可以在制造时控制。孔道的表面积可以增大到超过$1000m^2/g$。这不仅为离子交换提供了良好的接触条件，缩短了离子扩散的路程，还增加了许多链节活性中心，通过分子间的范德华引力（vande waalsforce）产生分子吸附作用，能够像活性炭那样吸附各种非离子性物质，扩大它的功能。一些不带交换功能团的大孔型树脂也能够吸附、分离多种物质，例如化工厂废水中的酚类物。

大孔树脂内部的孔隙又多又大，表面积很大，活性中心多，离子扩散速度快，离子交换速度也快很多，约比凝胶型树脂快约十倍。使用时的作用快、效率高，所需处理时间缩短。大孔树脂还有多种优点：耐溶胀，不易碎裂，耐氧化，耐磨损，耐热及耐温度变化，以及对有机大分子物质较易吸附和交换，因而抗污染力强，并较容易再生。

3.3 交换容量

离子交换树脂进行离子交换反应的性能，表现在它的“离子交换容量”，即每克干树脂或每毫升湿树脂所能交换的离子的毫克当量数，meq/g（干）或meq/mL（湿）；当离子为一价时，毫克当量数即是毫克分子数（对二价或多价离子，前者为后者乘离子价数）。它又有“总交换容量”、“工作交换容量”和“再生交换容量”等三种表示方式。

① 总交换容量，表示每单位数量（质量或体积）树脂能进行离子交换反应的化学基团的总量。

② 工作交换容量，表示树脂在某一定条件下的离子交换能力，它与树脂种类和总交换容量，以及具体工作条件如溶液的组成、流速、温度等因素有关。

③ 再生交换容量，表示在一定的再生剂量条件下所取得的再生树脂的交换容量，表明树脂中原有化学基团再生复原的程度。

通常，再生交换容量为总交换容量的50%～90%（一般控制70%～80%），而工作交换容量为再生交换容量的30%～90%（对再生树脂而言），后一比率也称为树脂的利用率。

在实际使用中，离子交换树脂的交换容量包括了吸附容量，但后者所占的比例因树脂结构不同而异。现仍未能分别进行计算，在具体设计中，需凭经验数据进行修正，并在实际运行时复核之。

离子树脂交换容量的测定一般以无机离子进行。这些离子尺寸较小，能自由扩散到树脂体内，与它内部的全部交换基团起反应。而在实际应用时，溶液中常含有高分子有机物，它们的尺寸较大，难以进入树脂的显微孔中，因而实际的交换容量会低于用无机离子测出的数值。这种情况与树脂的类型、孔的结构尺寸及所处理的物质有关。

3.4　吸附选择

离子交换树脂对溶液中的不同离子有不同的亲和力，对它们的吸附有选择性。各种离子受树脂交换吸附作用的强弱程度有一般的规律，但不同的树脂可能略有差异。主要规律如下。

① 对阳离子的吸附。高价离子通常被优先吸附，而低价离子的吸附较弱。在同价的同类离子中，直径较大的离子的被吸附较强。一些阳离子被吸附的顺序如下：

$Fe^{3+} > Al^{3+} > Pb^{2+} > Ca^{2+} > Mg^{2+} > K^{+} > Na^{+} > H^{+}$

② 对阴离子的吸附。强碱性阴离子树脂对无机酸根的吸附的一般顺序为：

$SO_4^{2-} > NO_3^{-} > Cl^{-} > HCO_3^{-} > OH^{-}$

弱碱性阴离子树脂对阴离子的吸附的一般顺序如下：

OH^{-}＞柠檬酸根$^{3-}$＞SO_4^{2-}＞酒石酸根$^{2-}$＞草酸根$^{2-}$＞PO_4^{3-}＞NO_2^{-}＞Cl^{-}＞醋酸根$^{-}$＞HCO_3^{-} 对有色物的吸附

糖液脱色常使用强碱性阴离子树脂，它对拟黑色素（还原糖与氨基酸反应产物）和还原糖的碱性分解产物的吸附较强，而对焦糖色素的吸附较弱。这被认为是由于前两者通常带负电，而焦糖的电荷很弱。

通常，交联度高的树脂对离子的选择性较强，大孔结构树脂的选择性小于凝胶型树脂。这种选择性在稀溶液中较大，在浓溶液中较小。

4　离子交换树脂的物理性质

离子交换树脂的颗粒尺寸和有关的物理性质对它的工作和性能有很大影响。

4.1　树脂颗粒尺寸

离子交换树脂通常制成珠状的小颗粒，它的尺寸也很重要。树脂颗粒较细者，反应速率较大，但细颗粒对液体通过的阻力较大，需要较高的工作压力；特别是浓糖液黏度高，这种影响更显著。因此，树脂颗粒的大小应选择适当。如果树脂粒径在 0.2mm（约为 70 目）以下，会明显增大流体通过的阻力，降低流量和生产能力。

树脂颗粒大小的测定通常用湿筛法，将树脂在充分吸水膨胀后进行筛分，累计其在 20 目、30 目、40 目、50 目、……筛网上的留存量，以 90％粒子可以通过其相对应的筛孔直径，称为树脂的“有效粒径”。多数通用的树脂产品的有效粒径在 0.4～0.6mm。

树脂颗粒是否均匀以均匀系数表示。它是在测定树脂的“有效粒径”坐标图上取累计留存量为 40％粒子，相对应的筛孔直径与有效粒径的比例。如一种树脂（IR-120）的有效粒径为 0.4～0.6mm，它在 20 目筛、30 目筛及 40 目筛上留存粒子分别为：18.3％、41.1％及 31.3％，则计算得均匀系数为 2.0。

4.2　树脂的密度

树脂在干燥时的密度称为真密度。湿树脂每单位体积（连颗粒间空隙）的重量称为视密度。树脂的密度与它的交联度和交换基团的性质有关。通常，交联度高的树脂的密度较高，强酸性或强碱性树脂的密度高于弱酸或弱碱性者，而大孔型树脂的密度则较低。例如，苯乙烯系凝胶型强酸阳离子树脂的真密度为1.26g/mL，视密度为0.85g/mL；而丙烯酸系凝胶型弱酸阳离子树脂的真密度为1.19g/mL，视密度为0.75g/mL。

4.3　树脂的溶解性

离子交换树脂应为不溶性物质。但树脂在合成过程中夹杂的聚合度较低的物质及树脂分解生成的物质，会在工作运行时溶解出来。交联度较低和含活性基团多的树脂，溶解倾向较大。

4.4　膨胀度

离子交换树脂含有大量亲水基团，与水接触即吸水膨胀。当树脂中的离子变换时，如阳离子树脂由 H^+ 转为 Na^+，阴树脂由 Cl^- 转为 OH^-，都因离子直径增大而发生膨胀，增大树脂的体积。通常，交联度低的树脂的膨胀度较大。在设计离子交换装置时，必须考虑树脂的膨胀度，以适应生产运行时树脂中的离子转换发生的树脂体积变化。

4.5　耐用性

树脂颗粒使用时有转移、摩擦、膨胀和收缩等变化，长期使用后会有少量损耗和破碎，故树脂要有较高的机械强度和耐磨性。通常，交联度低的树脂较易碎裂，但树脂的耐用性更主要地决定于交联结构的均匀程度及其强度。如大孔树脂，具有较高的交联度者，结构稳定，能耐反复再生。

5　离子交换树脂应用功效与应用领域

5.1　应用功效

自20世纪50年代末大孔离子交换树脂的崛起，然后研究开发了热再生树脂、浸渍树脂、均孔树脂、碳质吸附剂和专用树脂，目前国际市场上应用的离子交换树脂已有100余种牌号，分属于近十大类，已逐渐成为现代工业和科学研究的重要材料。离子交换树脂是一种在交联聚合物结构中含有离子交换基团的功能高分子材料，它不溶于一般的酸、碱溶液及许多有机溶剂。离子交换树脂以交换、选择、吸附和催化剂功能来实现除盐、分离、精制、脱色和催化等应用效果，它广泛应用于电力、原子能、医药、化工、冶金、废水处理和化学分析等方面，成为许多行业不可缺少的重要材料之一。

主要是制取软水和纯水，三废处理及分离精制药品等。离子交换反应是可逆的，所以离子交换树脂可以通过交换和再生反复利用。随着离子交换膜制造技术及装置的不断完善，离子交换膜的用途将更加广泛，它在国民经济、高科技和现代化中的作用也将更为重要。

5.2　应用领域

（1）水处理　水处理领域离子交换树脂的需求量很大，约占离子交换树脂产量的90%，用于水中的各种阴阳离子的去除。目前，离子交换树脂的最大消耗量是用在火力发电厂的纯水处理上，其次是原子能、半导体、电子工业等。

（2）食品工业　离子交换树脂可用于制糖、味精、酒的精制、生物制品等工业装置上。例如，高果糖浆的制造是由玉米中萃出淀粉后，再经水解反应，产生葡萄糖与果糖，而后经离子交换处理，可以生成高果糖浆。离子交换树脂在食品工业中的消耗量仅次于水处理。

（3）制药行业　制药工业离子交换树脂对发展新一代的抗菌素及对原有抗菌素的质量改良具有重要作用。链霉素的开发成功即是突出的例子。近年还在中药提成等方面有所研究。

（4）合成化学和石油化学工业　在有

机合成中常用酸和碱作催化剂进行酯化、水解、酯交换、水合等反应。用离子交换树脂代替无机酸、碱，同样可进行上述反应，且优点更多。如树脂可反复使用，产品容易分离，反应器不会被腐蚀，不污染环境，反应容易控制等。

甲基叔丁基醚（MTBE）的制备，就是用大孔型离子交换树脂作催化剂，由异丁烯与甲醇反应而成，代替了原有的可对环境造成严重污染的四乙基铅。

(5) 环境保护　离子交换树脂已应用在许多非常受关注的环境保护问题上。目前，许多水溶液或非水溶液中含有有毒离子或非离子物质，这些可用树脂进行回收使用。如去除电镀废液中的金属离子，回收电影制片废液里的有用物质等。

(6) 湿法冶金及其他　离子交换树脂可以从贫铀矿里分离、浓缩、提纯铀及提取稀土元素和贵金属。

6　离子交换膜概述

离子交换膜是一种带活性交换基团的功能高分子薄片或薄膜材料。

1950 年 W. 朱达首先合成了离子交换膜。1956 年首次成功地用于电渗析脱盐工艺上。它对离子具有选择透过性。离子交换膜按结构可分为均质膜、半均质膜、非均质膜、离子交换中空丝；按性能可分为阳离子交换膜、阴离子交换膜、特种膜；按用途可分为电渗透浓缩膜、电渗透脱盐膜、电解隔膜等。离子交换膜在原理、形状、装置、使用方法等方面和离子交换树脂有着截然不同的特点。离子交换膜的电渗析、渗析、反渗透、隔膜电解等技术，已广泛地应用于工业用水的脱盐，制备高纯水，苦咸水及海水淡化，卤水浓缩，化工和冶金方面的分离提纯，电镀及放射性化学废液的处理等方面。特别是食盐电解用的全氟阳离子交换膜给氯碱工业带来了一场革命，目前的离子交换膜法比汞法装置电耗量可节省 30%以上，引起了世界性关注。随着离子交换膜制造技术及装置的不断完善，离子交换膜的用途将更加广泛，它在国民经济、高科技和现代化中的作用也将更为重要。

全氟离子交换膜是由全氟离子交换树脂做成的，是氟材料行业的尖端材料，其用途非常广泛，主要用在氯碱工业和氢能燃料电池行业。全氟离子交换膜一直被美国杜邦公司所垄断，全氟离子交换树脂市场价格每吨高达 1000 多万元，我国所用全氟交换离子膜完全依赖进口。

为彻底攻克这一难关，东岳集团与上海交通大学建立了技术合作关系，该项目 2006 年被列为国家重大 863 计划快速反应项目，科技部专门拨出 2000 万元科研经费，并建成年产 50t 的生产装置。这使我国成为继美国、日本之后，第三个拥有离子膜生产能力的国家，从而打破了外国对这一高难技术近半个世纪的垄断。

离子交换膜与离子交换树脂不一样，离子交换树脂是粒状的离子交换体，它是靠离子吸附交换进行工作的。当吸附能力没有时需要对其作再生处理。而离子交换膜是让离子渗透过去的方法，所以没有对其进行再生的必要，能长期使用。

Bu001 微孔膜

【英文名】 cellular membranes

【性状】

面电阻/(Ω·cm²)	23.1
H^+ 迁移数	0.38

【制法】 配方（质量分数,%）：

聚氯乙烯微孔膜	65
氯甲基苯乙烯	82.3
二乙烯基苯	10
丁腈橡胶	5
过氧化苯甲酰	3

把厚度为 90μm 的聚氯乙烯微孔膜、

孔隙度65%放入由氯甲基苯乙烯、二乙烯基苯、丁腈橡胶及过氧化苯甲酰组成的溶液中，然后夹入聚酯薄膜中，升温至90℃，加热5h，然后浸入10%二甲胺甲醇溶液，反应40h，得到弱碱性薄膜。

【用途】 用于浓缩、分离。

【安全性】 本品低毒，对皮肤和呼吸道有刺激作用，生产设备应密闭。

本品稳定性好，可用铁桶包装，净重有200kg、20kg、4kg等包装。按一般化学品规定贮运。存放于阴凉、通风、隔绝火源处。

【生产单位】 上海新华树脂厂，上海南大化工厂等。

Bu002 多孔性膜

【英文名】 celluar membrane

【产品性状】

项目	阴离子交换树脂制多孔膜	阳膜
厚度/mm	0.7	0.6
透过率1%	4.6	15.1
比电导/(Ω·cm)$^{-1}$	175	—
存孔率/%	31	26.4

【制法】

配方	多孔膜	阳膜
阴离子交换树脂	10g	10g
聚苯乙烯	6g	3.5g
食盐	5g	7g
阳离子交换树脂	10g	12g
聚苯乙烯	6g	4g
食盐	11g	17g

按以上配方，在离子交换树脂氯化钠中，加入聚苯乙烯，在120℃混炼成膜，然后用温水溶出氯化钠而成多孔性膜。

【用途】 用于分离、浓缩及海水淡化。

Bu003 膦酸树脂

【英文名】 phosphonic acid resin

【别名】 苯乙烯系中强酸阳离子交换树脂

【结构式】

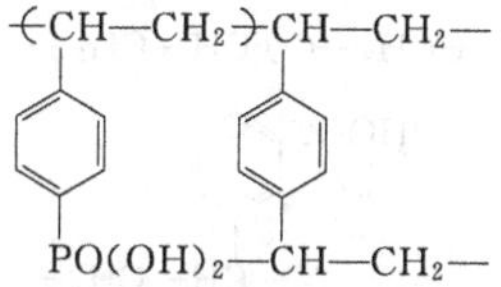

【性质】 膦酸树脂属于中强酸阳离子交换树脂，它有两个交换的基团，交换量大，兼有强酸型树脂和弱酸型树脂的优点，又有它自身的特点，用途正在日益扩大。

【制法】 由苯乙烯和二乙烯苯制得交联共聚物，在$AlCl_3$催化作用下和三氯化磷反应，碱水解，硝酸氧化即得产品。也可将交联共聚物先经氯甲基化再膦化、氧化制得带苄基的膦酸树脂，基酸性略低于苯基型膦酸树脂。

工艺流程如下。

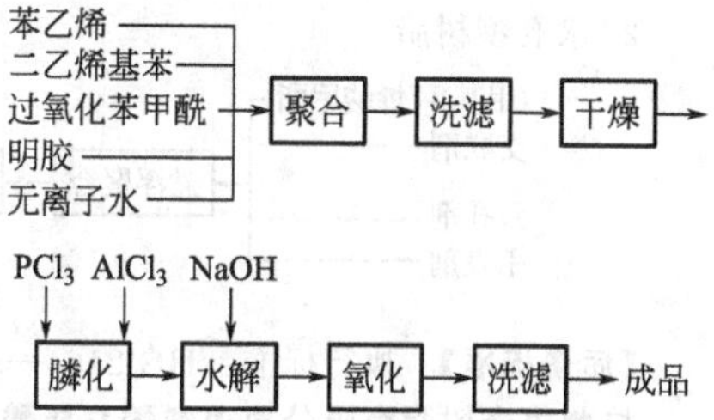

【用途】 用于食品、医药、核能和冶金等工业。

【生产单位】 国内尚未见规模生产。国外生产厂家和商品名称：Dowex（Dowex 7219），Duolite（Duolitec～60），Permutit（PermutitXP、Permutit CFB～O）。前苏联产品：AHKΦ～1Д AHKΦ～2、AHKΦ2B AHKΦ～2Д。

Bu004 丙烯酸系弱酸性阳离子交换树脂

【英文名】 weakly acidic cation exchange resin of acrylic system

【结构式】

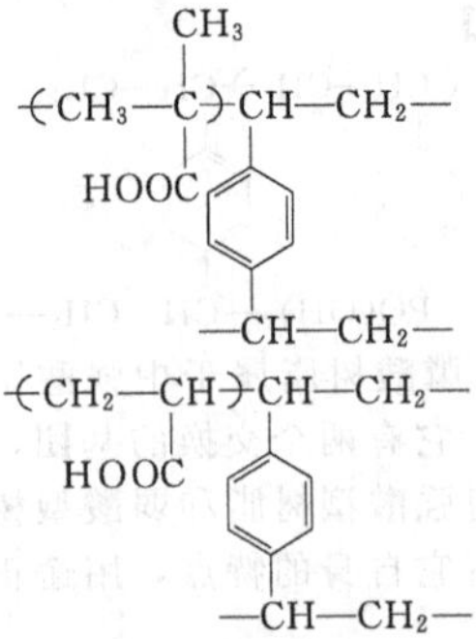

【性质】 丙烯酸系弱酸性阳离子交换树脂为白色或乳白色球状颗粒，最高使用温度为100℃，pH值适用范围为4～14，凝胶型树脂交换容量为9～12mol/g，大孔型树脂交换容量≥12mol/g。和苯乙烯为骨架的磺酸型阳离子交换树脂相比，具有酸性弱、交换容量大、再生效率高、再生剂用量少，适用于高碱度的水质处理等特点。

【制法】 丙烯酸系弱酸性阳离子交换树脂按其孔结构可分为凝胶型和大孔型两种。

凝胶型树脂的制法是将丙烯酸甲酯或甲基丙烯酸甲酯与交联剂二乙烯苯进行悬浮共聚，然后将共聚珠体进行水解即得成品。

大孔型树脂的制法基本上与凝胶型树脂相似，只是在共聚时加入适当的致孔剂，共聚后除去致孔剂，制成大孔珠体，再水解即得大孔型树脂。

工艺流程如下。

1. 凝胶型树脂

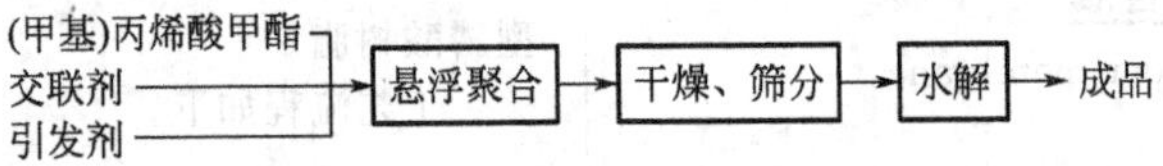

2. 大孔型树脂

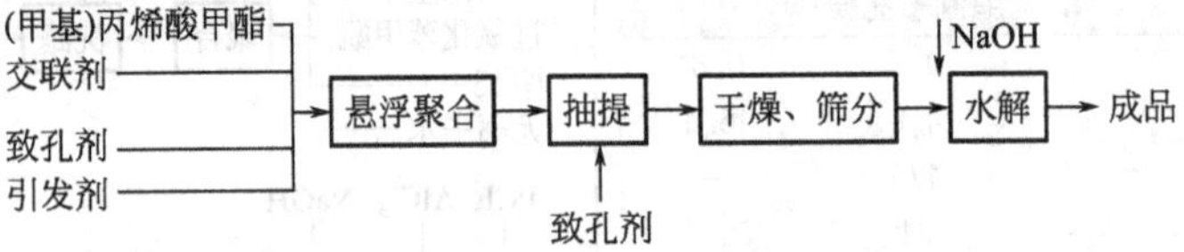

【质量标准】 执行标准：HG 2164—91。

杭州争光树脂有限公司丙烯酸系弱酸性阳离子交换树脂性能指标（凝胶型）

产品名称	功能基团	出厂形式	含水量/%	质量全交换容量/(mmol/g)	体积全交换容量/(mmol/mL)	湿表观密度/(g/mL)	湿真密度/(g/mL)	范围粒度/%	力学强度/%
116	—COO	氢型	45～55	≥11.0	≥4.0	0.68～0.78	1.14～1.18	0.315～1.25mm≥95	磨后圆球率≥90

杭州争光树脂有限公司丙烯酸系弱酸性阳离子交换树脂性能指标（大孔型）

产品名称	功能基团	出厂形式	含水量/%	质量全交换容量/(mmol/g)	湿表观密度/(g/mL)	湿真密度/(g/mL)	范围粒度/%	力学强度/%
D113	—COO	氢型	45～52	≥11.0	0.72～0.80	1.14～1.20	0.315～1.25mm≥95	渗磨圆球率≥90
D113 FC	—COO	氢型	45～52	≥11.0	0.72～0.80	1.14～1.20	0.45～1.25mm≥95	渗磨圆球率≥90

【用途】 用于抗生素、维生素、氨基酸的提取，糖液脱色、水的脱碱，回收分离稀有金属及废水处理等。

【生产单位】 西安电力树脂厂，杭州争光树脂有限公司，江苏苏青水处理工程集团有限公司，宜宾天原股份有限公司，山东东大化学工业集团，上海汇脂树脂厂，安徽省皖东化工厂，扬州金珠树脂有限公司，石家庄滨海树脂厂，丹东市东方树脂厂，徐州水处理研究所，安徽蚌埠天星树脂有限公司，上海亚东核级树脂有限公司等。

Bu005 苯乙烯系强碱性季铵Ⅱ型阴离子交换树脂

【英文名】 quaternary ammonuim type Ⅱ strongly basic anion exchange resin of styrene system

【结构式】

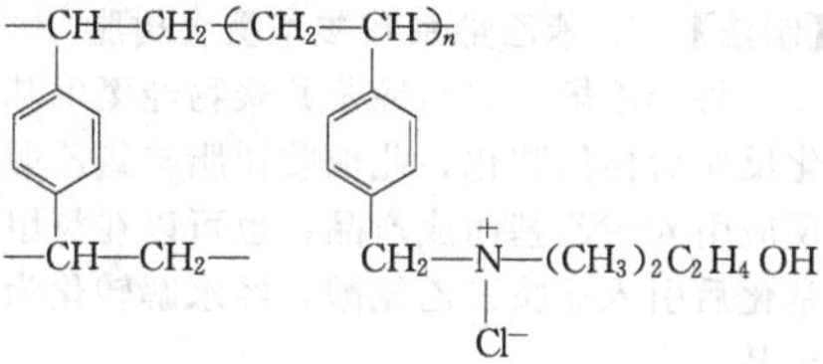

【性质】 强碱Ⅱ型阴离子交换树脂也分凝胶型和大孔型两种。大孔树脂不透明，凝胶型树脂为淡黄色或金黄色珠体。和Ⅰ型树脂性能大体相似，稍有区别。Ⅱ型树脂除硅能力稍差，在原水中硅含量最高时（＞25%）不宜使用。Ⅰ型树脂稳定性、耐氧化性、力学强度都比Ⅱ型强，但Ⅱ型再生能力高于Ⅰ型，交换容量比Ⅰ型大。在交换选择性方面Ⅱ型对 OH^- 的选择性大于Ⅰ型，而对 Cl^- 的选择性大于Ⅰ型，而对 Cl^- 的选择性低于Ⅰ型。

【制法】 苯乙烯和二乙烯苯悬浮共聚，所得共聚珠体进行氯甲基化反应，再与二甲基乙醇胺作用进行季铵化即得Ⅱ型树脂。

【消耗定额】 主要原材料消耗

原材料名称	消耗/(kg/t)
苯乙烯	380
二乙烯苯	95
氯甲基甲醚	750
二甲基乙醇胺，三甲胺	600

工艺流程如下。

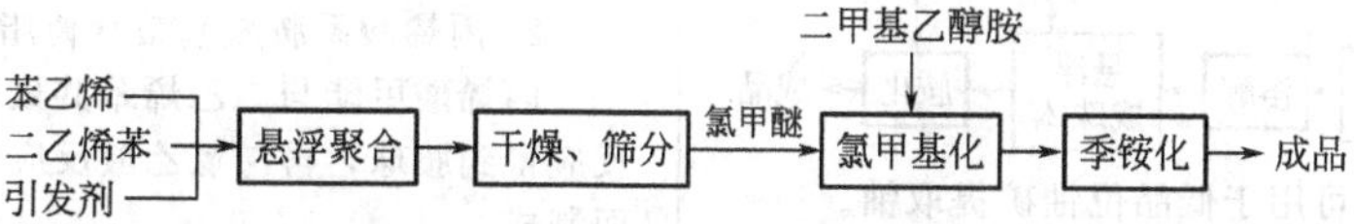

生产大孔树脂在原料中加致孔剂，聚合后抽提致孔剂，其他工序相同。

【质量指标】 执行标准 HG/T 2754。

杭州争光树脂有限公司苯乙烯系强碱性季铵Ⅱ型阴离子交换树脂性能指标（凝胶型，大孔型）

产品名称	功能基团	出厂形式	含水量/%	质量全交换容量/(mmol/g)	体积全交换容量/(mmol/mL)	湿表观密度/(g/mL)	湿真密度/(g/mL)	范围粒度/%	机械强度/%
202	$-N(CH_3)_2C_2H_4OH$	氯型	36～46	≥3.4	≥1.4	0.68～0.76	1.09～1.16	0.315～1.25mm ≥95	磨后圆球率≥90

【用途】 用于纯水、超纯水制备；制糖工业中脱盐、脱色；有机反应催化剂及金属回收。

【生产单位】 杭州争光树脂有限公司，西安电力树脂厂，江苏苏青水处理工程集团有限公司，上海汇脂树脂厂，宜宾天原股份有限公司，上海亚东核级树脂有限公司等。

Bu006 大孔弱碱性聚氯乙烯型阴离子交换树脂

【英文名】 macroreticular weakly basic cnion exchange resin of PVC system

【结构式】

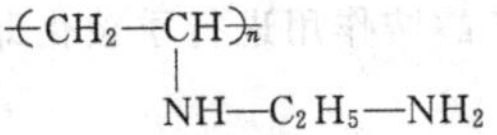

【性质】 此树脂交换容量为5.1～8.7mmol/g（液氨胺化时较低）。

【制法】 将一般聚氯乙烯粉末溶于甲苯和环已酮溶液中，然后在含少量聚乙烯醇的10%NaCl溶液内悬浮而制得大孔乳白色聚氯乙烯珠体，再经液氨或乙二胺等胺化即成。

工艺流程如下。

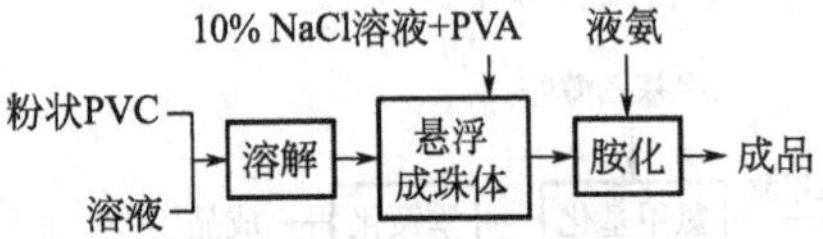

【用途】 可用于低品位铀矿提取铀。

【生产单位】 华南师范大学化学系等。

Bu007 胺羧基螯合树脂

【英文名】 chelating resin containing aminocarboxylic group

【结构式】 有两种骨架结构。

1. 苯乙烯系胺羧基螯合树脂

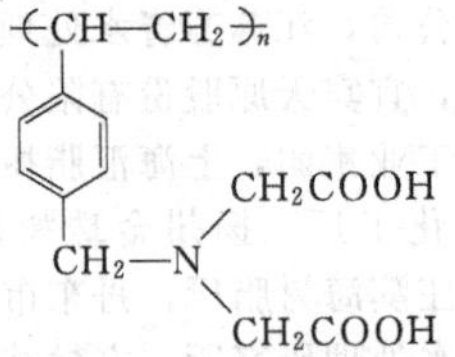

2. 丙烯酸系胺羧基螯合树脂

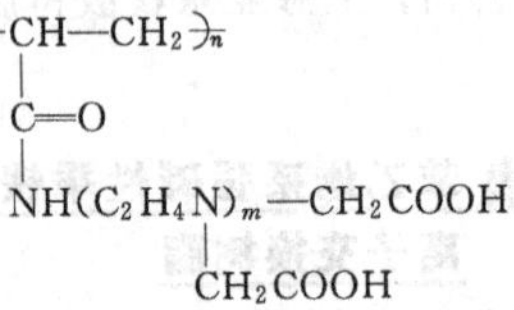

【性质】 胺羧基螯合树脂对稀酸、碱及一般有机溶剂比较稳定。对二价金属离子有特殊的亲和力，对金属离子的螯合能力取决于溶液的pH值。

【制法】 1. 苯乙烯系胺羧基螯合树脂

将苯乙烯、二乙烯苯共聚物经氯甲基化反应后再伯胺化，此伯胺树脂与氯乙酸反应引入羧乙基而成产品；也可以在氯甲基化后引入亚胺二乙氰酸，经水解转化为羧基。

2. 丙烯酸系胺羧基螯合树脂

丙烯酸甲酯与二乙烯苯共聚物经胺解反应得到胺球，再与氯乙酸反应引入羧基而制成。

工艺流程如下。

1. 苯乙烯系

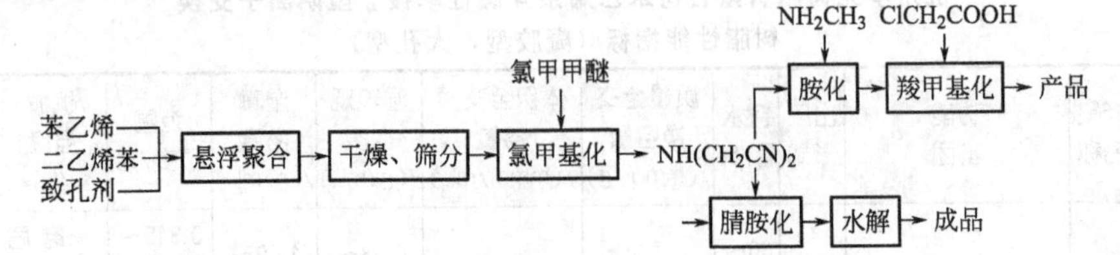

2. 丙烯酸系

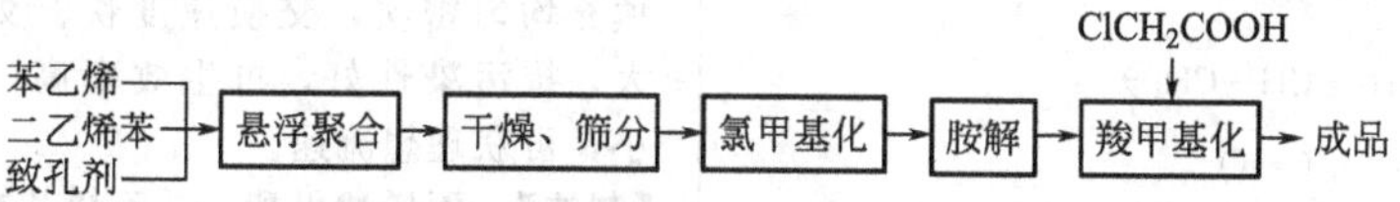

杭州争光树脂有限公司胺羧基螯合树脂性能指标

产品名称	分类形式	骨架	含水量/%	质量全交换容量/(mmol/g)	湿表观密度/(g/mL)	湿真密度/(g/mL)	范围粒度/%
D850	螯合树脂	苯乙烯系	46～52	≥1.0	0.72～0.76	1.10～1.16	0.45～1.25mm ≥95

【用途】 用于高价金属离子和过渡元素离子的分离。湿法冶金和金属离子分离，含汞、锰污水的治理以及微量金属离子的分析。

【生产单位】 西安电力树脂厂，杭州争光树脂有限公司，南开大学化工厂，上海树脂厂等。

Bu008 咪唑弱碱性膜

【英文名】 imidazoe weakly basic membrane

【性状】 膜厚为0.2mm，电导率为$3.2\times10^{-3}(\Omega\cdot cm)^{-1}$，浓缩硝酸时极限电流密度为1.93A/(min·m)。

【制法】 配方（质量份）：

N-乙烯-2-甲基咪唑	29
二乙烯基苯	25
邻苯甲酸二辛酯	30
苯乙烯	30
丙烯酸甲酯	16
偶氮二异丁腈	0.2

按上述配方，将*N*-乙烯基-2-甲基咪唑、二乙烯基苯、邻苯二酸二辛酯、苯乙烯、丙烯酸甲酯及偶氮二异丁腈投入反应釜中，密闭，升温至40℃、60℃、95℃下加热，每一温度，加热20h，即得弱碱性膜。

【用途】 用于分离、深缩。

【安全性】 本品低毒，对皮肤和呼吸道有刺激作用，生产设备应密闭。本品稳定性好，可用铁桶包装，净重有200kg、20kg、4kg等包装。按一般化学品规定贮运。存放于阴凉、通风、隔绝火源处。

【生产单位】 山东东大化学工业集团，安徽蚌埠天星树脂有限公司，宜宾天原股份有限公司，上海亚东核级树脂有限公司等。

Bu009 丙烯酸系弱碱性阴离子交换树脂

【英文名】 weakly basic anion exchange resin of acrylic system

【结构式】 主要有下列三种类型。

1.

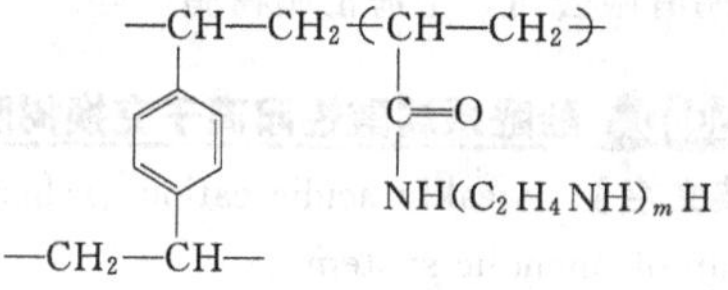

2.

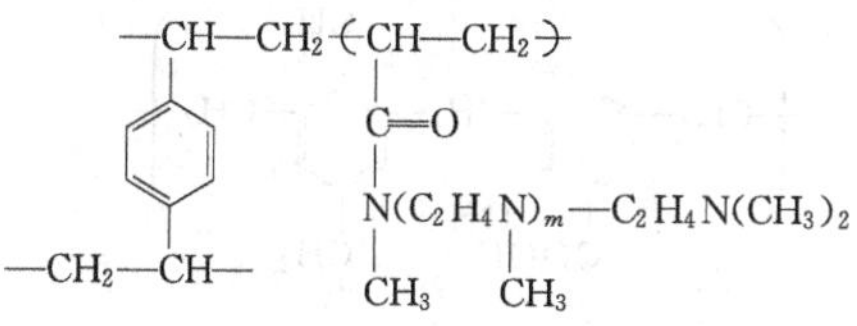

3.

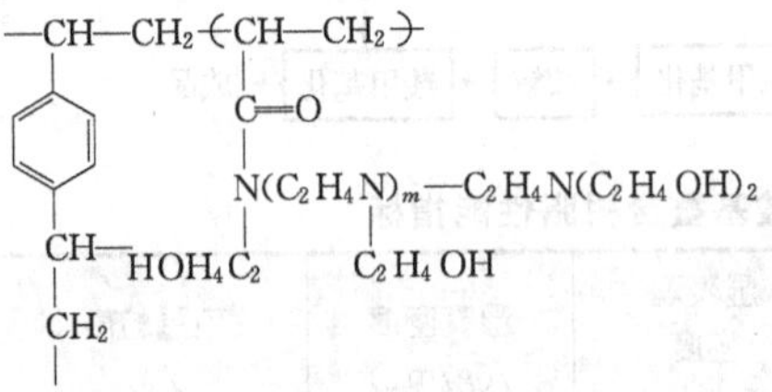

式中，$m=1\sim4$。

【性质】 该树脂外观为淡黄色球状颗粒。填充均匀密实，交换速度快、交换容量大，抗污染性好，再生效率高，压力降小，可获理想流速。

【制法】 丙烯酸甲酯、二乙烯苯在引发剂存在下进行悬浮共聚。所得共聚珠体用多乙醇多胺进行胺解即得多胺型产品，多胺型产品再进行甲基化或引入乙醇基即得叔氨基产品。

工艺流程大孔型树脂工艺流程如下。

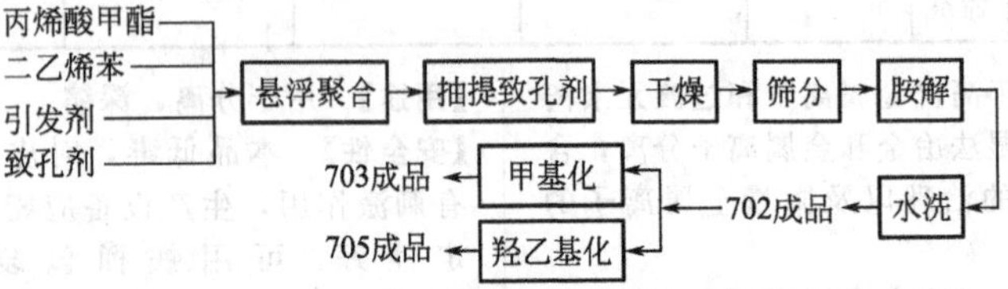

【质量指标】 西安电力树脂厂丙烯酸系弱碱性阴离子交换树脂性能指标

性 能	702	703	705
外观	淡黄色不透明珠体	乳黄色不透明珠体	淡黄至米黄色不透明珠体
粒度(16～50目)	≥95%	≥95%	分粗细两档
湿真密度/(g/mL)	1.04～1.11	1.07～1.11	1.08～1.16
湿表观密度/(g/mL)	0.7～0.8	0.7～0.8	0.7～0.8
水分/%	52～62	52～62	42～52
交换容量/(mmol/g) ≥	7	6.5	4.5
出厂型式	游离胺型	游离胺型	游离胺型

【用途】 主要用于纯水、高纯水的制备，尤其适用于高含盐量、高有机物含量水源的处理，海水淡化、废水中和，各种水溶液和非水溶液中去除硫酸盐。

【生产单位】 西安电力树脂厂，杭州争光树脂有限公司，上海汇脂树脂厂等。

Bu010 酚醛系弱酸性阳离子交换树脂

【英文名】 weakly acidic cation exchange resin of phenolic system

【结构式】

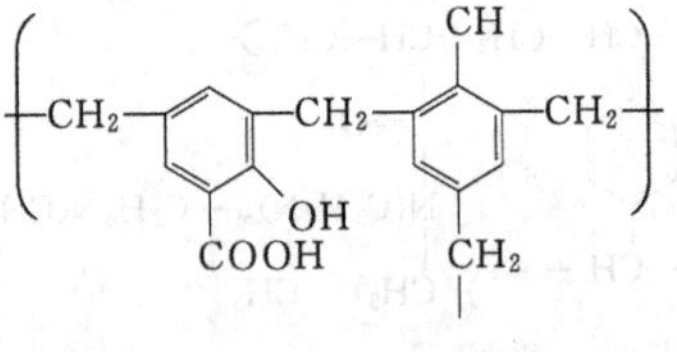

【性质】 本品为中等酸性到弱酸性阳离子交换树脂。外观为深褐色，含有两种可交换基团（羧基和羟基），最高使用温度40～45℃，含水量65%～80%，交换容量≥4mmol/g。

【制法】 由2-羟基苯甲酸（水杨酸）、甲醛及苯酚在碱性催化剂存在下缩聚而成。

工艺流程：这类产品有球形和无定形两种。

1. 无定形

2. 球形

【质量标准】 安徽蚌埠天星树脂有限公司 | 酚醛弱酸性阳离子交换树脂性能指标

外观	出厂形式	含水量/%	质量全交换容量/(mmol/g)	膨胀率/(g/mL)	湿真密度/(g/mL)	范围粒度/%	力学强度/%
橘黄色或棕色球状颗粒	氢型	60～80	≥11.5	≤55.2	1.05～1.15	0.315～1.25mm ≥90	渗磨圆球率≥90

【用途】 主要用于维生素 B_{12}、链霉素、土霉素等抗生素的脱色，味精和糖类的脱色和提纯，蛋白酶的回收。

【生产单位】 山东东大化学工业集团，安徽蚌埠天星树脂有限公司，宜宾天原股份有限公司，上海亚东核级树脂有限公司等。

Bu011 聚乙烯含浸法均相离子交换膜

【英文名】 polyethylene based homogeneous ion exchange membrane

【别名】 本体聚合法均质离子交换膜

【结构式】 这类均质膜包括苯乙烯型阳、阴离子交换膜、丙烯酸型阳离子交换膜、乙烯吡啶型阴离子交换膜等，在有些品种中用丁二烯作为共 S-021 聚组分。

苯乙烯型阳离子、阴离子交换膜结构式为

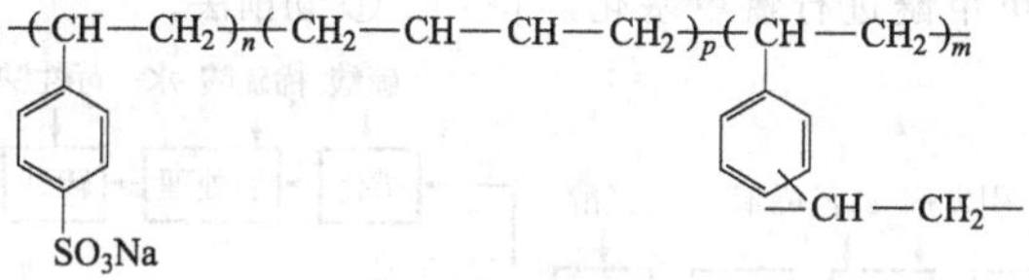

阳离子交换膜

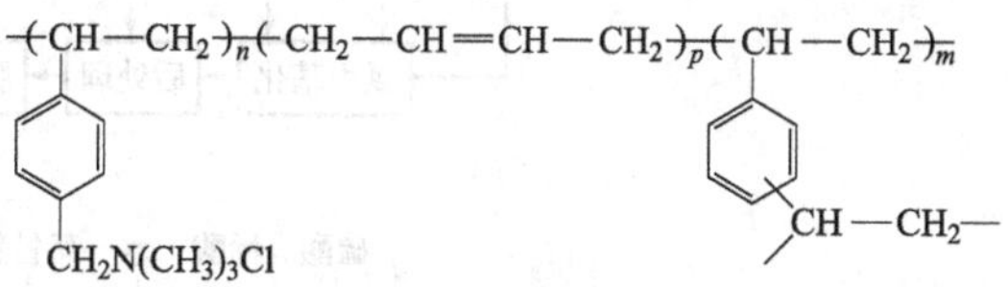

阴离子交换膜

丙烯酸型阳离子交换膜结构式为

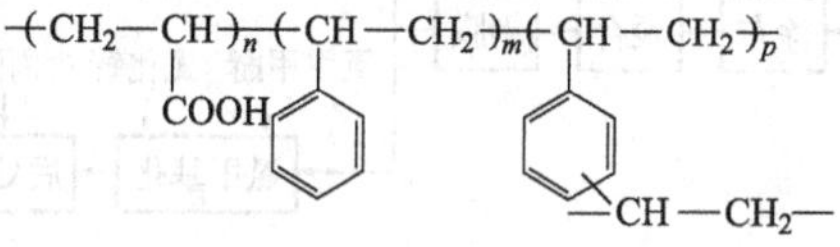

乙烯吡啶型阴离子交换膜结构式为

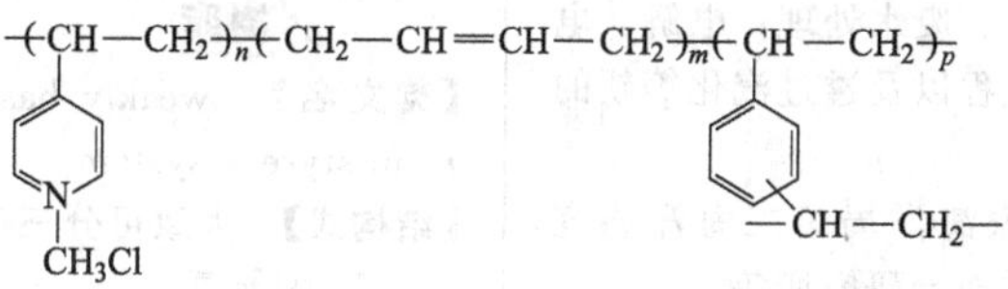

【性质】 性质同非均质离子交换膜。此外，由于这类膜采用了耐酸、碱性较好的等增强网，使整体的耐酸、耐碱性较好。此膜结构均匀，且较紧密，电性能和渗漏性优于非均质膜，因此应用领域较广。

【制法】 这类产品的制法特点是从单体直接制成膜状聚合物。分切削法和铸型法两类。

1. 切削法

将苯乙烯于氮气流中预聚，将苯乙烯、丁二烯和过氧化酰类在压热釜中预聚。将上面两种预聚物和一定量的二乙烯苯、二叔丁基过氧化物混合均匀，在氮气流下缓慢聚合成块状物。将此块状物在平削机上切削成 0.2mm 厚的薄膜，此膜再用乙醇萃取除去可溶物即得基膜，基膜经磺化、后处理、转型即为阳离子交换膜；若用氯甲甲醚进行氯甲基化，再用三甲胺醇或其水溶液胺化后即得阴离子交换膜。

以其他单体代替苯乙烯（或部分代替），聚合成膜后，再进行相应的后处理可制得其他类型的离子交换膜。

2. 铸型法

将苯乙烯、聚氯乙烯、增塑剂、过氧化苯甲酰配成糊，将此糊涂于聚氯乙烯增强网上，把隔离膜和上述涂过“糊”的增强网一同卷于膜辊，于氮气下加热聚合，聚合完毕，在剥离机上剥取隔离膜和制得的基膜，将基膜用上述对应的方法处理，可分别制成阳性或阴性离子交换膜。

以其他单体（或部分代替）苯乙烯，聚合成膜后进行对应的处理，可制得其他类型的离子交换膜。

工艺流程如下。

① 切削法。

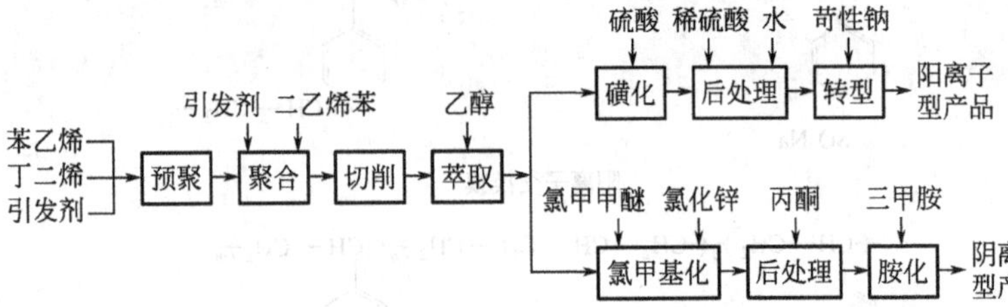

② 铸型法。

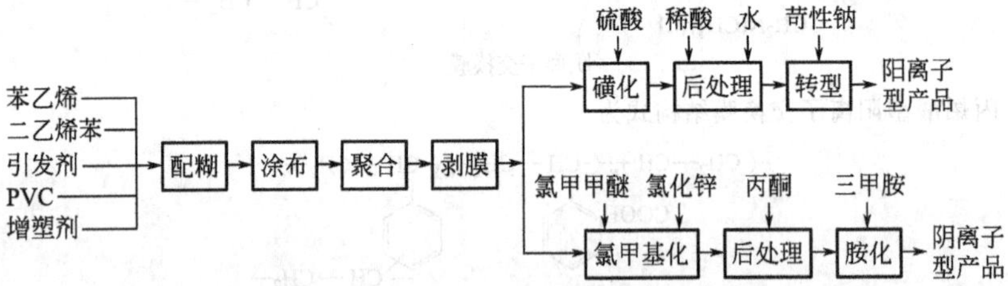

【用途】 用于海水浓缩制盐、海水及苦咸水淡化、纯水制造、废水处理；电解、电池、酸扩散渗析过程以及透过汽化等新的膜分离技术中。

【生产单位】 国家海洋局第二海洋研究所，核工业部铀矿选冶研究所等。

Bu012 苯乙烯系弱碱性阴离子交换树脂

【英文名】 weakly basic anion exchange resin styrene system

【结构式】 大致可分三类。

1. 伯氨基

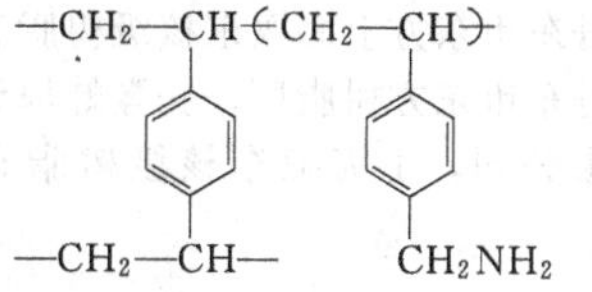

2. 混合氨基

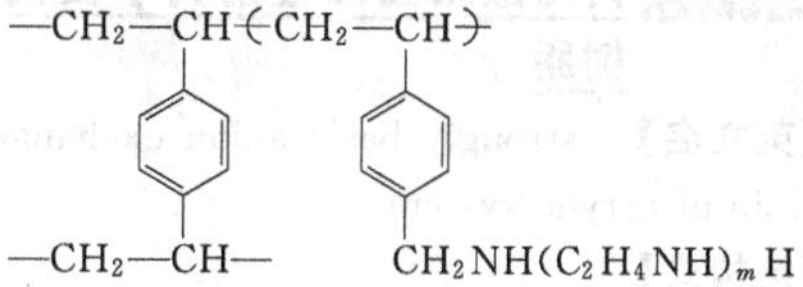

3. 叔氨基

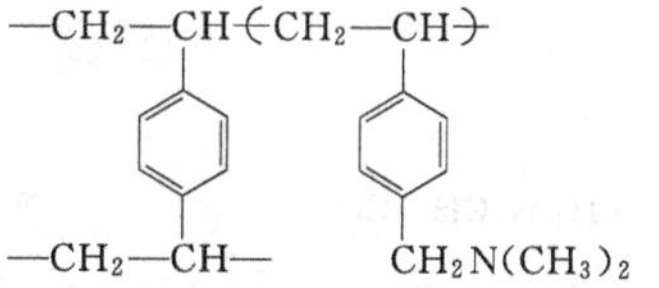

【性质】 弱碱性离子交换树脂是指以伯胺（—NHR）和叔胺酸性介质中应用，适用pH=1～9的范围，弱碱性树脂只能交换强酸的阴离子，对弱酸无交换能力，交换容量大、再生能效率高是这类树脂的特点。苯乙烯系弱碱性阴离子交换树脂，外观为淡黄色球状颗粒，可和强碱树脂配合用于双层床，不溶于一般的酸、碱、盐的水溶液和有机溶剂，最高使用温度为100℃。

【制法】 苯乙烯和二乙烯苯在引发剂存在下悬浮共聚成珠体，进行氯甲基化，胺化即带有各种不同氨基的弱碱性树脂。大孔树脂的制法基本相同，只是在悬浮共聚时加入致孔剂，聚合后除去致孔剂，再氯甲基化、胺化即可得大孔弱碱性树脂。制备含伯氨基的树脂，需用六亚甲基四胺胺化。

工艺流程如下。

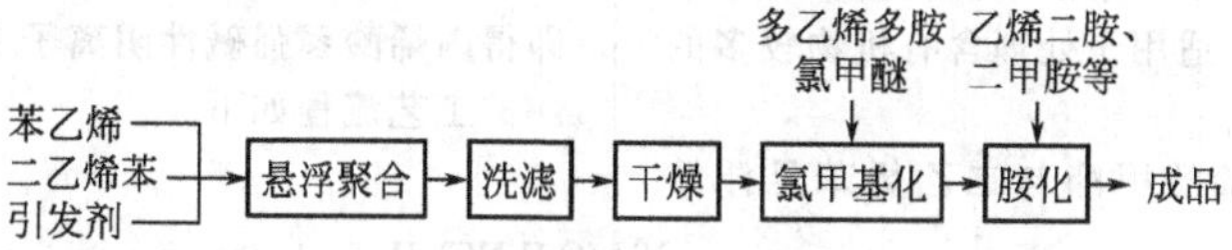

【消耗定额】 西安电力树脂厂D301消耗定额

原料名称	消耗定额/(kg/t)	原料名称	消耗定额/(kg/t)
白球	290	氯化锌	350
氯甲醚	1450	二甲胺	1400

【质量标准】 执行标准HG 2165。

杭州争光树脂有限公司苯乙烯系弱碱性阴离子交换树脂性能指标

产品名称	功能基团	出厂形式	含水量/%	质量全交换容量/(mmol/g)	湿表观密度/(g/mL)	湿真密度/(g/mL)	范围粒度/%	机械强度/%
D301	$—N(CH_2)H_2O$	游离胺型	48～58	≥4.8	0.65～0.72	1.03～1.06	0.315～1.25mm≥95	渗磨圆球率≥90
D301 SC	$—N(CH_2)H_2O$	游离胺型	48～58	≥4.8	0.65～0.72	1.03～1.06	0.315～0.63mm≥95	渗磨圆球率≥90
D301 FC	$—N(CH_2)H_2O$	游离胺型	48～58	≥4.8	0.65～0.72	1.03～1.06	0.45～1.25mm≥95	渗磨圆球率≥90

【用途】 主要用于高纯水制备（特别适合于在含盐量较高的水质中除去酸性阴离子

SO_4^{2-} 等)。有机溶剂处理、弱酸和强酸的分离、游离酸的除去、抗生素等药物的提炼、糖液的脱色。含铬废水处理，金属和稀有元素提炼。

【生产单位】 杭州争光树脂有限公司，西安电力树脂厂，江苏苏青水处理工程集团有限公司，上海汇脂树脂厂，山东东大化学工业集团，宜宾天原股份有限公司，石家庄滨海树脂厂，安徽省皖东化工厂，扬州金珠树脂有限公司，徐州水处理研究所，丹东市东方上海亚东核级树脂有限公司，丹东市东方树脂厂，安徽蚌埠天星树脂有限公司，上海亚东核级树脂有限公司等。

Bu013 丙烯酸系强碱性阴离子交换树脂

【英文名】 strongly basic anion exchange resin of acrylic system

【结构式】

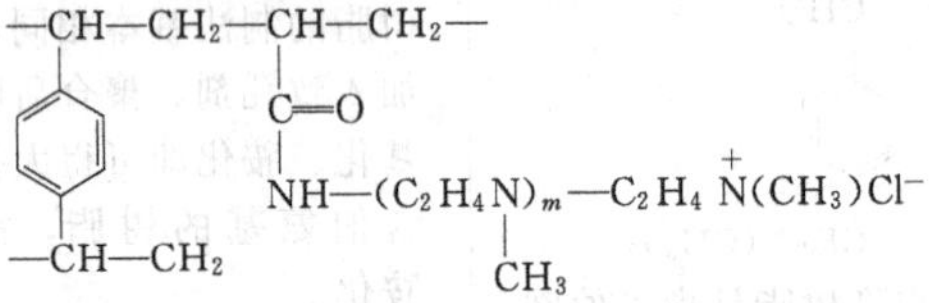

式中，$m=1\sim4$。

【性质】 比苯乙烯系强碱性阴离子交换树脂抗污性强，适用于处理含有机物较多的溶液体系。

【制法】 丙烯酸甲酯与二乙烯苯悬浮共聚，所得的共聚物用多胺胺解，再烷基化即得丙烯酸系强碱性阴离子交换树脂。

工艺流程如下。

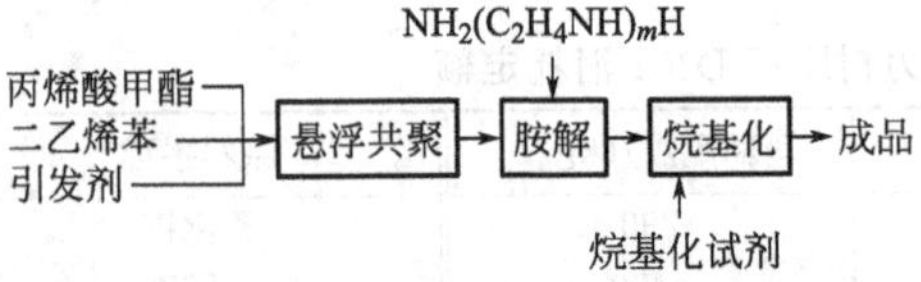

【质量指标】

杭州争光树脂有限公司丙烯酸系强碱性阴离子交换树脂性能指标

产品名称	功能基团	出厂形式	含水量/%	质量全交换容量/(mmol/g)	湿表观密度/(g/mL)	湿真密度/(g/mL)	范围粒度/%	力学强度/%
213 丙烯酸强碱阴树脂	—N(R3)	氯型	54～64	≥4.2	0.68～0.75	1.05～1.10	0.315～1.25mm≥95	磨后圆球率≥85
213FC 丙烯酸强碱阴树脂	—N(R3)	氯型	54～64	≥4.2	0.68～0.75	1.05～1.10	0.45～1.25mm≥95	磨后圆球率≥85

【用途】 常用于水处理和糖液脱色，可取代苯乙烯系强碱性阴树脂，用于纯水、高纯水的制备，并具有比后者更高的交换容量，更低的转型膨胀率。

【生产单位】 杭州争光树脂有限公司，西安电力树脂厂，上海树脂厂，江苏苏青水处理工程集团有限公司，山东东大化学工业集团，宜宾天原股份有限公司，石家庄滨海树脂厂，安徽省皖东化工厂，扬州金珠树脂有限公司，徐州水处理研究所，丹东市东方树脂厂，安徽蚌埠天星树脂有限公司等。

Bu014 环氧系弱碱性阴离子交换树脂

【英文名】 weakly basic anion exchange resin of epoxy system

【结构式】

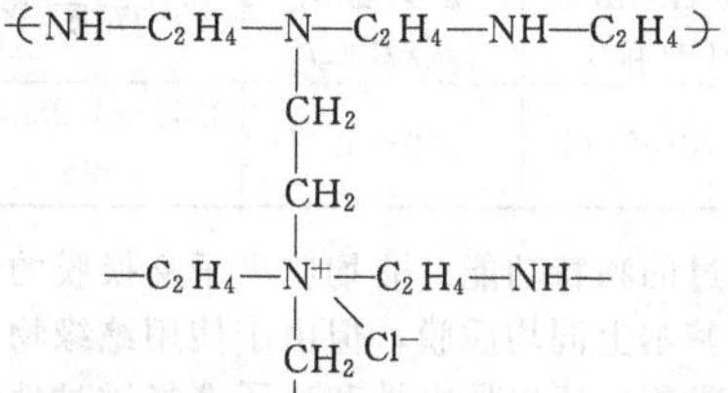

【性质】 此类产品为金黄色至琥珀色球状颗粒，是含有伯氨、仲氨、叔氨及少量季铵的多种功能基的阴离子交换树脂。其水分含量一般为55%～65%，交换容量在8mmol/g以上。湿表观密度0.60～0.70g/mL，此树脂对酸的吸附容量大，交换性能良好，但耐氧化性稍差。

【制法】 由多亚乙基多胺（如四亚乙基五胺）与环氧氯丙烷预聚制成浆液，再进行悬浮聚合，使缩聚反应完成。工艺流程如下。

【质量指标】 上海树脂厂331环氧系弱碱性阴离子交换树脂性能参数

指标名称	指标
外观	金黄至琥珀色球状颗粒
交换容量/(mmol/g) ≥	9.0
膨胀粒(OH,Cl)/% ≥	20
湿表观密度/(g/mL)	0.60～0.75
含水量/%	58～68
粒度/mm	0.3～2.0

【用途】 用于纯水制备、糖液精制、乳酸精制，以及在链霉素和抗生素提炼时中和有机酸。

【生产单位】 杭州争光树脂有限公司，张店化工厂，无锡树脂厂，宜宾天原化工厂等。

Bu015 强碱性乙烯吡啶阴离子交换树脂

【英文名】 strongly basic vinyl pyridine anion exchange resin

【结构式】

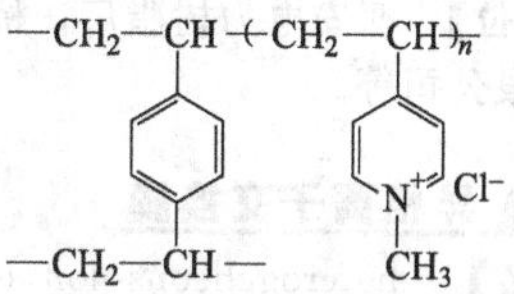

【性质】 这类树脂的特点是化学稳定性、热稳定性及耐辐射性好，树脂部交换量一般为4.5～5.8mmol/g，其强碱交换量与乙烯吡啶衍生物的结构有关，通常烷基化程度为25%～54%的树脂，强碱交换量为1.1～3.1mmol/g。

【制法】 将乙烯吡啶（或2-甲基-5-乙烯吡啶、2,4-二甲基乙烯吡啶）与二乙烯苯悬浮共聚，再用碘甲烷、硫酸二甲酯进行烷基化反应即得强碱性乙烯吡啶阴离子交换树脂。

工艺流程如下。

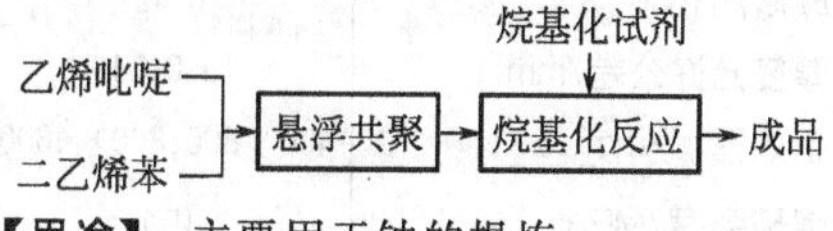

【用途】 主要用于铀的提炼。

【生产单位】 核工业部第五研究所等。

Bu016 硫脲酚醛螯合树脂

【英文名】 thiourea phenol formaldehyde chelating resin

【结构式】

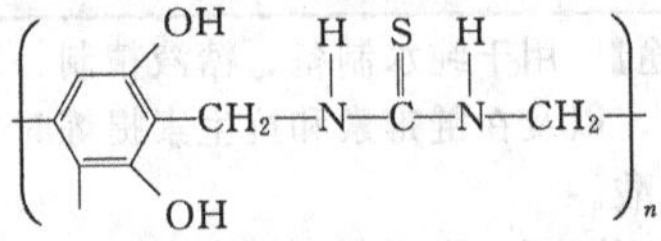

【性质】 产品为粉红色到紫红色不透明颗粒。水分含量 60%～65%。对重金属、汞及贵重金属有一定螯合能力。

【制法】 此树脂有无定形、球形两种。无定形是由硫脲、甲醛、酚在水溶液中缩聚、粉碎而成。球形是先经预聚，然后进行悬浮聚合而制得。

工艺流程如下。

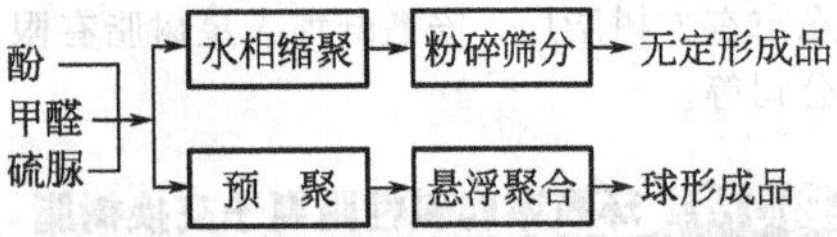

【质量指标】 上海树脂厂硫脲酚醛螯合树脂性能指标

产品名称	分类形式	骨架	含水量/%	质量全交换容量/(mmol/g)	湿表观密度/(g/mL)	湿真密度/(g/mL)	范围粒度/%
D840	螯合树脂	苯乙烯系	46～52	≥2.0	0.70～0.74	1.10～1.16	0.45～1.25mm ≥95

【用途】 适用于含汞废水处理及贵金属和稀有金属的分离。

【生产单位】 西安电力树脂厂，杭州争光树脂有限公司等。

Bu017 异相离子交换膜

【英文名】 heterogeheous ion exchange membranes

【别名】 非均质离子交换膜

【性质】 该膜为无色或浅棕色不透明薄膜。在水溶液中溶胀但不溶解。膜结构上有离子活性基团，有负载电流及离子选择透过的独特功能。非均质离子交换膜的性质基本上同均质膜，但由于使用绝缘物为胶黏剂，所以导电性和离子选择透过性稍差。另外，溶剂与溶质的泄漏较大，在膜内易生成沉淀物。按活性基团的不同，分为苯乙烯磺酸型阳离子交换膜和苯乙烯季铵型阴离子交换膜。

【制法】 将粉状离子交换树脂、胶黏剂、高压聚乙烯以及有关助剂经双辊炼胶机热混炼、滚压成片，将所得薄片和增强尼龙网片在压机上热压，即得非均质离子交换膜。

工艺流程如下。

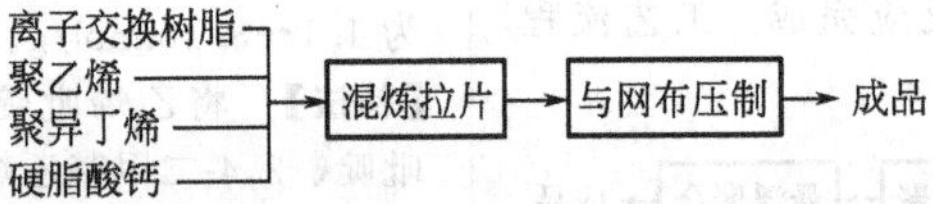

【质量标准】 上海化工厂企业级指标

性能	阳膜	阴膜	性能	阳膜	阴膜
外观	黄色	浅蓝	含水率/%	35～50	35～45
厚度/mm	0.42		交换容量/(mol/mg)	2.0	1.8
厚度允许公差/mm	±0.04		膜面电阻/$\Omega \cdot cm^2$	12	13
有效面积/mm^2 ≥	400×800,800×1600		选择透过率/%	90	80
爆破强度/MPa	0.4		耐温等级	常温	使用

【用途】 主要用于电渗析水处理和海水淡化，此外还用于化工、冶金及三废处理等方面。

【生产单位】 上海化工厂，沈阳红革塑料厂，北京化工二厂，天津第一塑料厂等。

Bu018 苯乙烯系强碱性季铵Ⅰ型阴离子交换树脂

【英文名】 quaternary ammonium type Ⅰ strongly basic anion exchange resin of styrene system

【结构式】

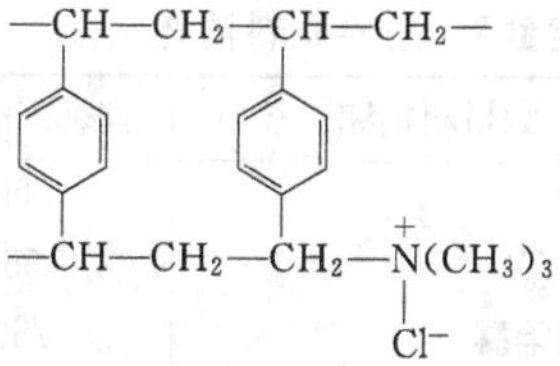

【性质】 苯乙烯系强碱Ⅰ型阴离子交换树脂，外观为淡黄色至金黄色球状颗粒，在溶液中呈强碱性，在酸性、中性甚至碱性介质中都可进行离子交换，适用于pH＝0～14的溶液，它不溶于酸、碱溶液及有机溶剂，对于辐射和一般的氧化还原剂较为稳定。强碱Ⅰ型和Ⅱ型树脂都可交换一般无机酸根离子，也可交换吸附硅酸、醋酸等弱酸酸根。和Ⅱ型树脂相比，Ⅰ型碱性更强，结构更稳定，用途更广泛。一般氯型树脂可耐100℃，氢氧型树脂可耐60℃。

【制法】 这类树脂分凝胶型及大孔型两种。两者在共聚过程中略有区别：加入致孔剂的可制多孔型球体，不加致孔剂的则得凝胶型共聚物。目前主要制备方法是：共聚珠体在傅氏催化剂作用下与氯甲醚作用进行氯甲基化反应，氯甲基化珠体与三甲胺进行胺化反应，得到强碱Ⅰ型树脂。

工艺流程如下。

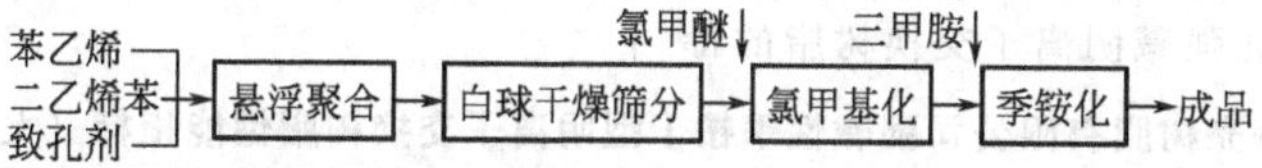

【消耗定额】

名称	规格	消耗定额/(kg/t)	名称	规格	消耗定额/(kg/t)
苯乙烯	98%	340	氯甲甲醚	40%	643
二乙烯苯	40%	58	三甲胺		443
氯化锌		128			

【质量指标】 可执行标准GB 13660—92。

杭州争光树脂有限公司强碱性季铵Ⅰ型阴离子交换树脂性能指标（凝胶型）

产品名称	功能基团	出厂形式	含水量/%	质量全交换容量/(mmol/g)	湿表观密度/(g/mL)	湿真密度/(g/mL)	范围粒度/%	力学强度/%
201×4	$—N(CH_3)_3$	氯型	50～60	≥3.8	0.55～0.71	1.06～1.10	0.315～1.25mm≥95	磨后圆球率≥90
201×7	$—N(CH_3)_3$	氯型	42～48	≥3.6	0.67～0.73	1.07～1.10	0.315～1.25mm≥95	磨后圆球率≥90
201×7 MB	$—N(CH_3)_3$	氯型	42～48	≥3.6	0.67～0.73	1.07～1.10	0.40～0.90mm≥95	磨后圆球率≥90

【用途】 主要用于水处理，高纯水制备。在湿法冶金中用于铀、钨等放射性元素的提取，铬酸盐的回收。还可用于糖的精制和脱色，生化制品的提取等。

【生产单位】 杭州争光树脂有限公司，西安电力树脂厂，江苏苏青水处理工程集团有限公司，山东东大化学工业集团，上海汇脂树脂厂，石家庄滨海树脂厂，宜宾天原股份有限公司，安徽省皖东化工厂，扬州金珠树脂有限公司，徐州水处理研究所，丹东市东方树脂厂，安徽蚌埠天星树脂有限公司，上海亚东核级树脂有限公司等。

Bu019 大孔苯乙烯系强碱性季铵型阴离子交换树脂

【英文名】 strangly basic quarternary ammonium type anion exchange resins of macroreticular styrene system

【结构式】 同凝胶型树脂。

【性质】 大孔强碱阴离子交换树脂的特点是力学强度高，能在水流速 100～120m/h 情况下使用，破碎率小，常与 D001 大孔阳树脂组成混合床，适用于冷凝水处理，不溶于酸、碱及任何溶剂，对一般氧化剂、还原剂较稳定。极易在各种溶液中与负离子交换（包括游离酸根），能交换吸附尺寸较大的物质，并可在非水介质中使用。OH 型树脂可在 40～90℃下长期使用，Cl 型树脂可在 60～80℃下长期使用。

【制法】 同上述凝胶型树脂，只是在聚合过程中加入致孔剂，聚合后去除致孔剂。

【消耗定额】 主要原料消耗

原材料名称	消耗/(kg/t)
苯乙烯	380
二乙烯苯	95
氯甲基甲醚	750
三甲胺	600

【质量指标】 GB/T 16580—1996。

杭州争光树脂有限公司强碱性季铵Ⅰ型阴离子交换树脂性能指标（大孔型）

产品名称	功能基团	出厂形式	含水量/%	质量全交换容量/(mmol/g)	湿表观密度/(g/mL)	湿真密度/(g/mL)	范围粒度/%	力学强度/%
D201	$—N(CH_3)_3$	氯型	50～60	≥3.8	0.65～0.73	1.05～1.10	0.315～1.25mm≥95	渗磨圆球率≥90
D201 MB	$—N(CH_3)_3$	氯型	50～60	≥3.8	0.65～0.73	1.05～1.10	0.40～0.90mm≥95	渗磨圆球率≥90
D201 FC	$—N(CH_3)_3$	氯型	50～60	≥3.8	0.65～0.73	1.05～1.10	0.45～1.25mm≥95	渗磨圆球率≥90

【用途】 用于重金属和含氰废水的处理回收，用于阴双层床系统纯水、高纯水的制备。

【生产单位】 杭州争光树脂有限公司，西安电力树脂厂，江苏苏青水处理工程集团有限公司，上海汇脂树脂厂，山东东大化学工业集团，宜宾天原股份有限公司，石家庄滨海树脂厂，安徽省皖东化工厂，扬州金珠树脂有限公司，徐州水处理研究所，丹东市东方上海亚东核级树脂有限公司，丹东市东方树脂厂，安徽蚌埠天星树脂有限公司等。

Bu020 苯乙烯系强酸性阳离子交换树脂

【英文名】 strongly acidic cation exchange

resin of styrene system

【结构式】

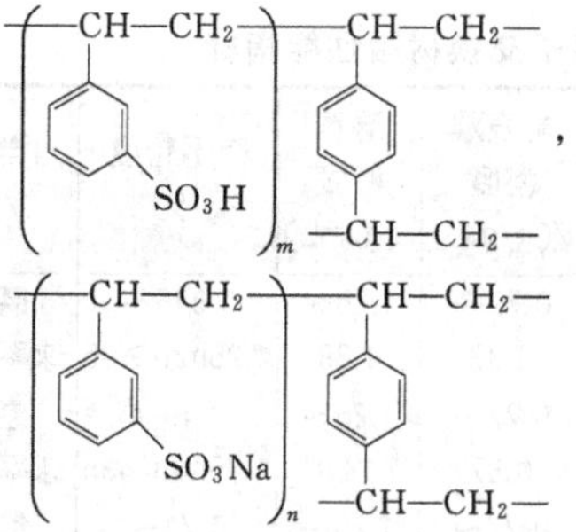

【性质】 凝胶型强酸性苯乙烯系阳离子交换树脂为棕黄色至棕褐色透明珠状物。共聚物中二乙烯苯的为其交联剂，交联度由共聚物中二乙烯苯的含量决定。交联度直接影响树脂的性质，国内产品有交联度值从1～11不同的规格，以交联度值为7的产品为最多。它的主要化学性能是与盐溶液中的金属离子起交换反应。在稀溶液中这类树脂对金属离子的选择性，随金属离子的价数增大而变大，对同价金属离子则优先交换原子序数高的金属离子。典型性能如下：颗粒直径0.3～1.5mm；含水率45%～55%；交换容量≥4.0～5.0mol/g（钠型干树脂）；湿真密度（20℃）1.23～1.30g/mL；湿表观密度0.75～0.87g/mL；耐磨率≥90%～98%；0.3～1.2mm的粒度≥95%。

大孔型离子交换树脂在树脂的球粒内部具有毛细孔结构，是非均相凝胶结构。这类树脂的孔体积为0.5mL（孔）/g（树脂）左右，也有更大的。比表面积可从几到几百平方米每克，孔径从几到几千纳米。这类树脂的主要特点是孔径和比表面大，因此适宜交换吸附分子尺寸较大的物质，还适用于非水体系。大孔离子交换树脂具有优良的力学强度和化学稳定性，体积交换容量稍低于凝胶型树脂。

苯乙烯系强碱酸性阳离子交换树脂适用的pH值范围为1～14；最高使用温度，H型为100℃，Na型为120℃，大孔型离子交换树脂的最高使用温度可达150℃。

【制法】 凝胶型树脂是将苯乙烯和二乙烯苯混合，在引发剂的作用下于65～95℃进行悬浮共聚，然后将所得珠体用浓硫酸和氯磺酸进行磺化而制得。

大孔型树脂的制法基本同上，只是在原料苯乙烯和二乙烯苯的混合物中加上一种可与单体互溶的惰性致孔剂，共聚反应完成后，除去致孔剂即可得到具有物理孔的共聚珠体，再经磺化反应就成为大孔型强酸性阳离子交换树脂。

【消耗定额】 凝胶型树脂

原料名称	消耗定额/(kg/t)
苯乙烯	250
二乙烯苯	48
二氯乙烷	40
硫酸	1171

工艺流程如下。

1. 凝胶型树脂

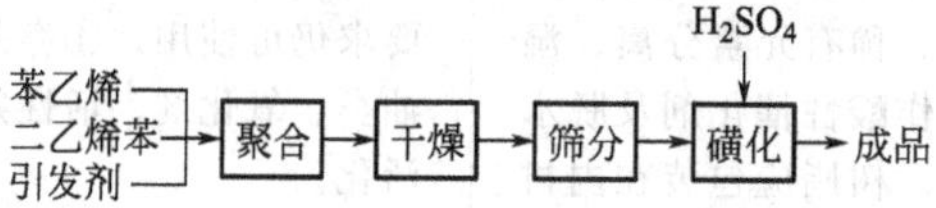

2. 大孔型树脂

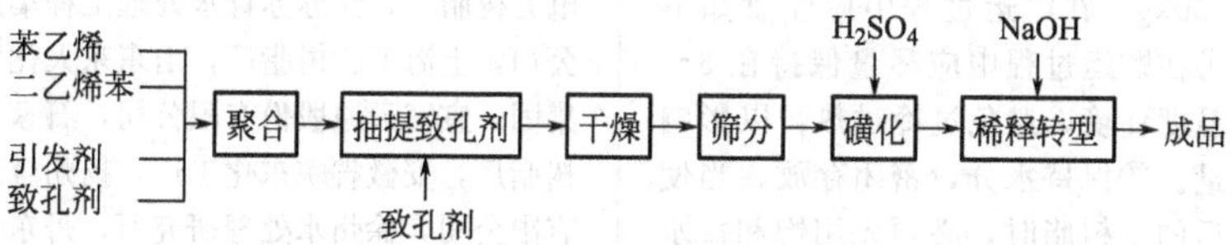

【质量标准】 可执行标准为：GB 13659—92（凝胶型）、GB/T 16579—1996（大孔型）如下。

杭州争光树脂有限公司凝胶型阳离子交换树脂性能指标

产品名称	功能基团	出厂形式	含水量/%	质量全交换容量/(mmol/g)	体积全交换容量/(mmol/mL)	湿表观密度/(g/mL)	湿真密度/(g/mL)	范围粒度/%	力学强度/%
001×7	$—SO_3^-$	钠型	45～50	≥4.5		0.77～0.87	1.25～1.29	0.315～1.25mm≥95	磨后圆球率≥90
001×7 FC	$—SO_3^-$	钠型	45～50	≥4.5		0.77～0.87	1.25～1.29	0.45～1.25mm≥95	磨后圆球率≥90
001×7 MB	$—SO_3^-$	钠型	45～50	≥4.4		0.77～0.87	1.25～1.29	0.71～1.25mm≥95	磨后圆球率≥90
001×8	$—SO_3^-$	钠型	45～50	≥4.4		0.78～0.88	1.25～1.30	0.315～1.25mm≥95	磨后圆球率≥90
001×10	$—SO_3^-$	钠型	38～45	≥4.2	≥2.0	0.85～0.95	1.28～1.34	0.315～1.25mm≥95	磨后圆球率≥90

杭州争光树脂有限公司大孔型阳离子交换树脂性能指标

产品名称	功能基团	出厂形式	含水量/%	质量全交换容量/(mmol/g)	湿表观密度/(g/mL)	湿真密度/(g/mL)	范围粒度/%	力学强度/%
D001	$—SO_3^-$	钠型	45～55	≥4.35	0.75～0.85	1.25～1.28	0.315～1.25mm≥95	渗磨圆球率≥90
D001 FC	$—SO_3^-$	钠型	45～55	≥4.35	0.75～0.85	1.25～1.28	0.45～1.25mm≥95	渗磨圆球率≥90
D001 MB	$—SO_3^-$	钠型	45～55	≥4.35	0.75～0.85	1.25～1.28	0.63～1.25mm≥95	渗磨圆球率≥90

【用途】 要用于硬水软化和纯水制备，还用于工业废水的处理、氨基酸提取及纯化、抗生素提炼、医药化工、重金属提取、重金属离子去除、稀有元素分离、湿法冶金、有机反应中作酸性催化剂及脱水剂、制糖及食品工业。树脂应包装在内衬塑料袋的纤维板桶或铁桶内。净重分别为45kg或50kg。在贮运过程中应注意如下几点。①在贮运过程中应尽量保持在5～40℃的温度环境，避免过冷过热，以影响产品质量。②保持水分，密闭存放，当使用失水后的干树脂时，必须先用饱和盐水浸泡3h，随后用水淋洗，再生使用，以防干树脂直接遇水而破碎。③贮存期为2年，过期使用应按规定复验一次，若符合要求仍可使用。④存放过程中严防被有机油类、氧化剂、活性氯等污染，否则难以活化。

【生产单位】 杭州争光树脂有限公司，西安电力树脂厂，江苏苏青水处理工程集团有限公司，上海汇脂树脂厂，山东东大化学工业集团，宜宾天原股份有限公司，石家庄滨海树脂厂，安徽省皖东化工厂，扬州金珠树脂有限公司，徐州水处理研究所，丹东市东方

上海亚东核级树脂有限公司，丹东市东方树脂厂，安徽蚌埠天星树脂有限公司，上海亚东核级树脂有限公司等。

Bu021 吸附树脂

【英文名】 absorbent resin

【结构式】 主要有三类。

1. 苯乙烯系

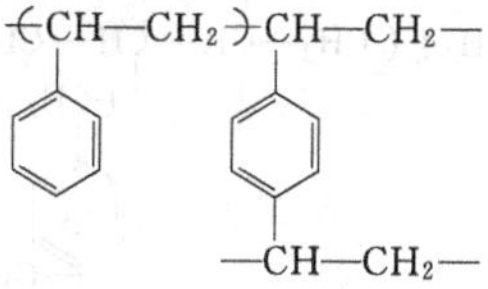

2. 丙烯酸系

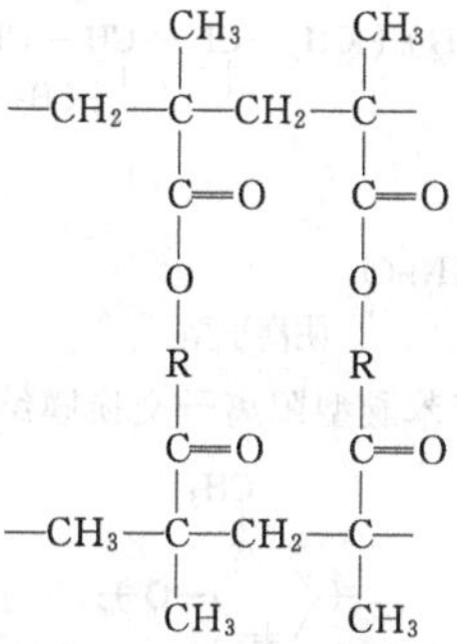

3. 酚醛系

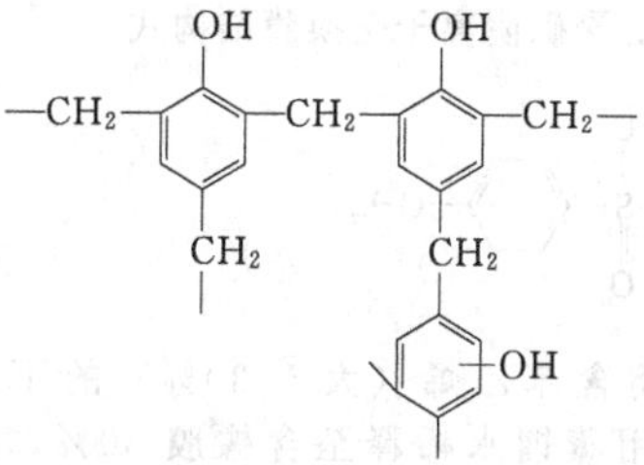

【性质】 吸附树脂作用和活性炭类似，有吸附性，可以再生。吸附树脂可分非极性、中等极性和强极性等不同类型。非极性吸附剂主要用于从极性溶剂中吸附非极性溶质。极性吸附剂和强极性吸附是用于从非极性溶剂中吸附性溶质。吸附树脂的吸附机理比较复杂，主要以范德瓦尔斯力和被吸附物质产生吸附作用。吸附树脂的孔径对吸附作用有重要影响，因为孔径直接影响被吸附物质内部扩散，因此需要根据被吸附物质的分子尺寸考虑选择适当孔径的吸附剂。吸附的环境对吸附也有一定影响，一般规律是，一切增加被吸附物质溶解度的因素，如温度、混合溶剂的极性、pH 值变化都对吸附不利；反之如盐析、降低温度等降低被吸附物质的溶解度因素均有利于吸附。

【制法】 各种不同单体在引发剂、交联剂、致孔剂存在下悬浮共聚得到大孔珠体。所用单体有苯乙烯、甲基苯乙烯、丙烯酸甲酯、甲基丙烯酸甲酯、丙烯腈等。所用交联剂有二乙烯苯、三乙烯苯、二乙烯甲苯、二乙烯乙苯、二乙烯吡啶、二丙烯酸乙二醇酯、N,N'-亚甲基丙酰胺等。

酚醛（胺）系则由苯酚、甲醛（有时也有胺）在催化剂存在下进行缩聚反应，块状缩聚物经粉碎、过筛即得产品。

工艺流程如下。

1. 苯乙烯系、丙烯酸系

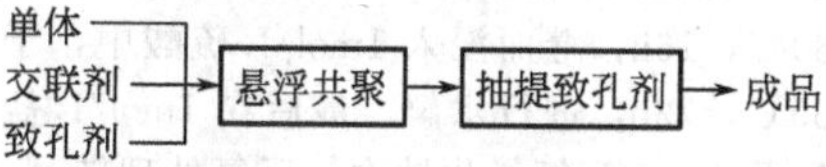

2. 酚醛系

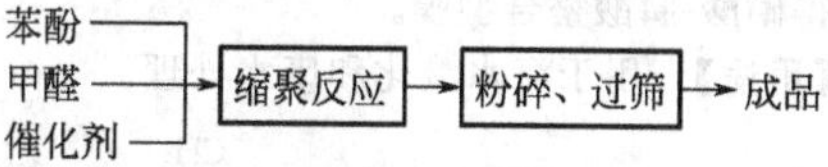

【质量标准】 西安电力树脂厂 XDA-1 吸附树脂的质量标准

标准名称		指标
吸酚量(湿)/(mg/mL)	≥	100
粒度(0.5～1.2mm)/%	≥	95
破碎率/%	≤	5
含水量/%		48～52
残氯量/%	≤	5
解吸率(常温 25℃)		2BV 体积
丙酮/%	≥	99
甲醇/%	≥	98
4%NaOH 溶液/%		97

【用途】 废水处理，糖类脱色、抗生素，

酶、氨基酸的浓缩精制、分离回收。

【生产单位】 西安电力树脂厂，杭州争光树脂有限公司，南开大学化工厂，丹东化工三厂（0415-6155475），西安蓝深交换吸附材料有限责任公司，宜宾天原化工厂，山东张店化工厂，晨光化工研究院。

Bu022 螯合性膜

【英文名】 chelate membranes

【性状】 选择透过度 90.9%，含水率 24.8%，交换容量 2.2mg 当量/g。

配方(质量份)	Ⅰ	Ⅱ
乙烯基膦酸乙二醇酯	2	4
苯乙烯	14	12
二乙烯基苯	4	4
过氧化苯甲酰	0.6	0.6

【制法】 按上述配方，将氯纶布浸入由乙烯基膦酸二乙酯、苯乙烯、二乙烯基苯、过氧化苯甲酰组成的溶液中，然后再用玻璃纸覆盖，于 80℃，模压聚合 5h，得底膜，将此膜浸入 1mol/L 浓硫酸，于 60℃，16h，继而浸入 1mol/L 硫酸中，于 50℃，72h，进行水解，最后在 1mol/L 盐酸及 1mol/L 氢氧化钠中，反复处理转型，得磺酸-膦酸螯合型膜。

【用途】 用于海水淡化和废水处理。

Bu023 流延法均质离子交换膜

【英文名】 homogeneous ion exchange membrane by method of casting

【结构式】 流延法可制备多种不同结构的离子交换膜，主要有下列几种。

1. 苯乙烯型阳、阴离子交换膜结构式

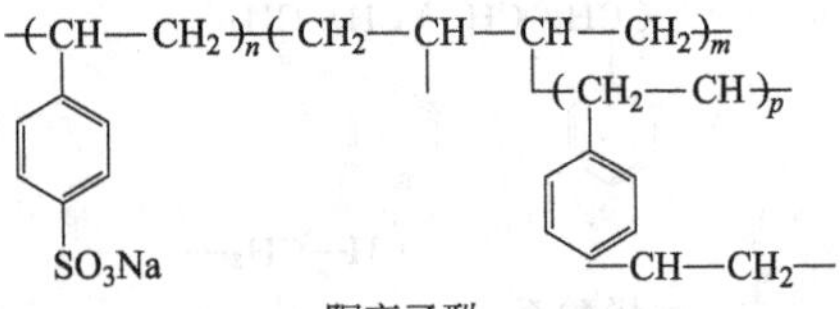

阳离子型

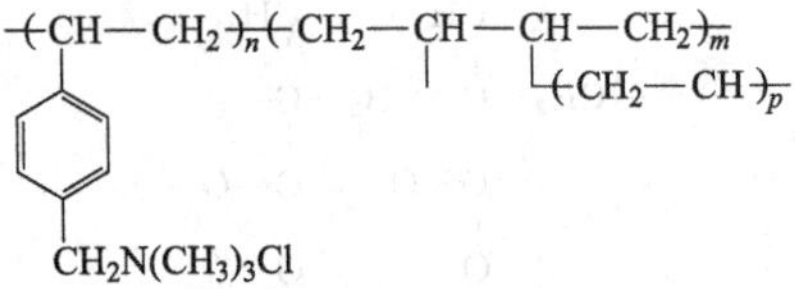

阴离子型

2. 聚苯醚型阳离子交换膜结构式

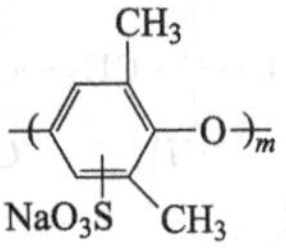

3. 聚砜阴离子交换膜结构式

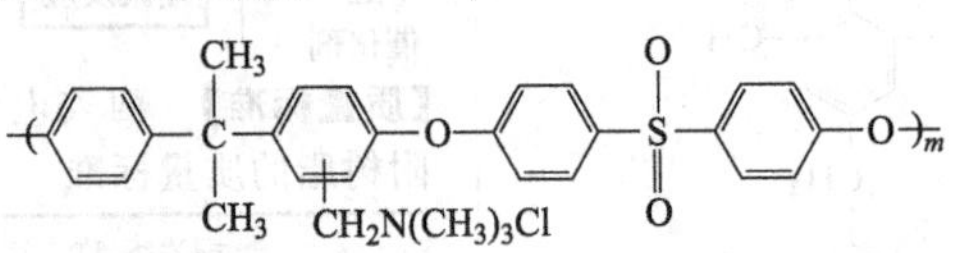

【性质】 具有一般均质膜的特点。结构均匀致密，电性能好，渗漏少，耐介质性好。除此之外，不同类型的膜还有各自不同的特点，如强碱型聚砜膜具有较好的选择性、透酸性、强度好、耐酸碱等特点。

【制法】 将聚合物溶液或乳液采用流延、浸渍等方法成膜，经适当后处理制成各种离子交换膜。

1. 丁苯胶乳膜

将含苯乙烯（大于 30%）的丁苯胶乳用蒸馏水稀释至含橡胶 50%，加油酸钾，通氮除氧，加二乙烯苯乳化，加过硫酸钾聚合，得丁苯胶乳，将增强网布浸渍胶乳，风干后得基膜，经硫酸磺化，后处理，转型即得阳离子交换膜。若基膜用氯甲醚进行氯甲基化，再用三甲胺醇或其水溶液胺化即得阴离子交换膜。

2. 聚砜阴离子交换膜

将聚砜用氯甲基甲醚进行氯甲基化，所得氯甲基化聚砜粉溶于环己酮等溶剂，将增强网布浸入氯甲基聚砜环己酮溶液，经多次浸胶、烘干制得氯甲基聚砜增强膜，此膜用三甲胺水溶液胺化，水洗即得聚砜阴离子交换膜。

3. 聚苯醚阳离子交换膜

聚苯醚磺酸溶于二甲基甲酰胺，将其溶液流延于玻璃板，烘干后即得聚苯醚阳离子交换膜。

工艺流程如下。

(1) 丁苯胶乳离子交换膜

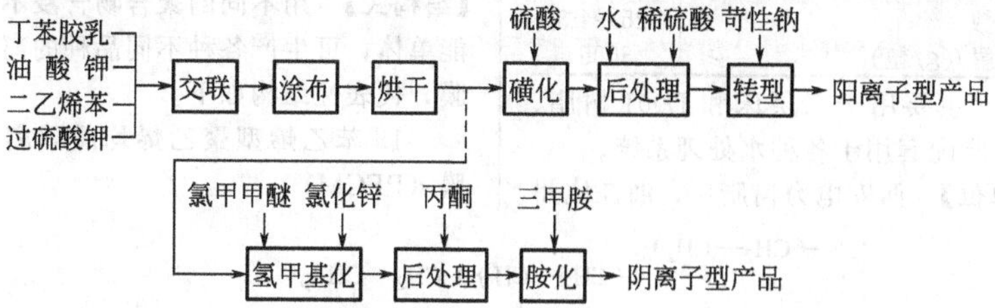

(2) 聚砜离子交换膜

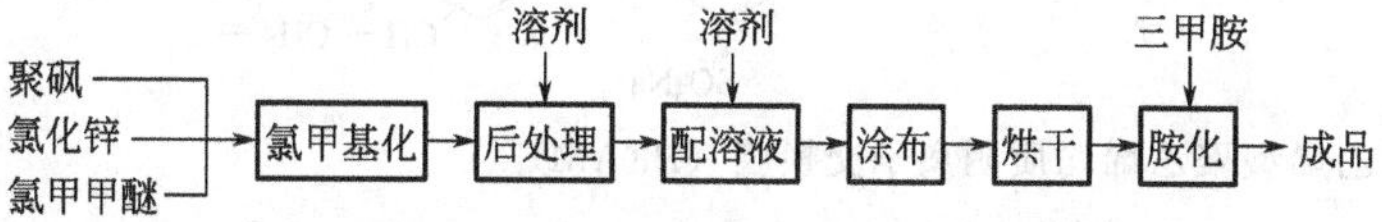

(3) 聚苯醚离子交换膜

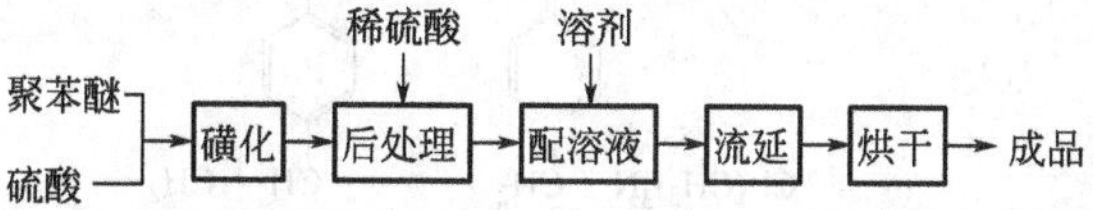

【用途】 海洋淡化，制造纯水、废水处理以及电解、电池、酸扩散等渗析过程。

【生产单位】 浙江镇海环保设备厂，湖北宜昌化学试剂厂，江苏吴江合成化工厂等生产 S-203 聚砜阴离子交换树脂；浙江湖州化工厂等生产 P-102 聚苯醚阳离子交换膜；江苏南新纯水设备厂等生产 CH-231、CH-232、CH-233 氯醇橡胶阴离子交换膜。

Bu024 惰性树脂

【英文名】 inert resin

【结构式】

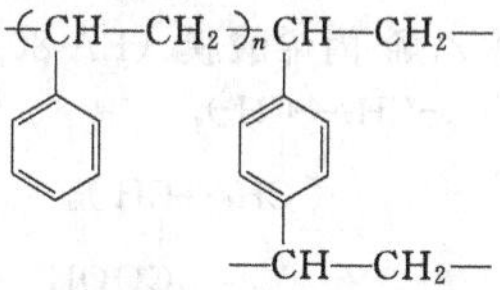

【性质】 本品无活性基团，没有离子交换作用，相对密度一般控制在阴、阳树脂之间，用以隔开阴、阳树脂，避免阴、阳树脂在再生时的交叉污染，使再生更加完全。

【制法】 和制备其他苯乙烯系离子交换树脂类似。用苯乙烯和二乙烯苯单体悬浮聚合而成，只是不引入离子交换活性基团。

工艺流程如下。

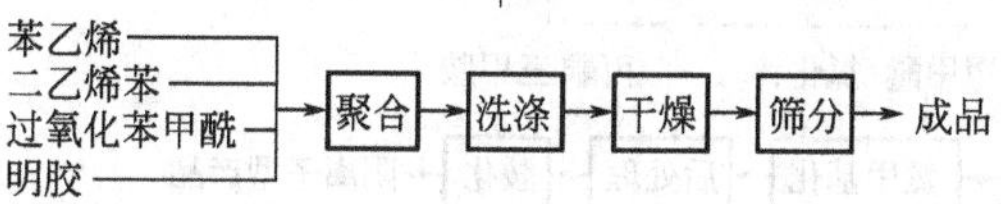

【质量标准】 西安电力树脂厂惰性树脂质量标准

指标名称	指标
含水量/% ≤	10
湿真密度/(g/mL)	1.14～1.19
湿表观密度/(g/mL)	0.65～0.74
粒度范围(0.45～1.2mm)/% ≥	98
均一系数	1.25～1.30
压碎强度/(g/粒) ≥	3000

【用途】 主要用于三层床和 D001 树脂、D201 树脂配套用于各种水处理系统。

【生产单位】 西安电力树脂厂，浙江杭州争光树脂有限公司，南开大学化工厂，宜宾天原化工厂等。

Bu025 含浸法均质离子交换膜

【英文名】 homogeneous ion exchange membrane by method of impregnation

【结构式】 用不同的聚合物含浸不同的功能单体，可生产各种不同品种的离子交换膜，代表性结构如下。

1. 苯乙烯型聚乙烯均质阳离子交换膜（PECM）

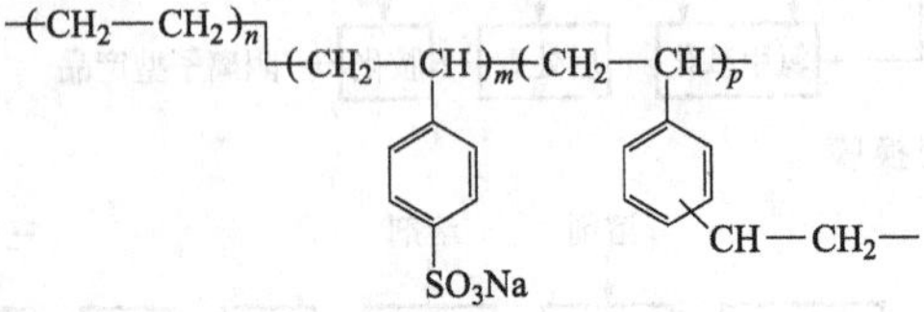

2. 苯乙烯型聚乙烯均质阴离子交换膜（PEAM）

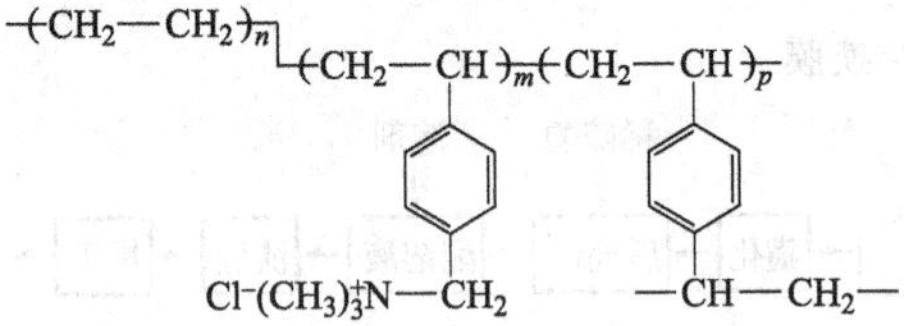

3. 聚乙烯-丙烯酸膜（EA-80）

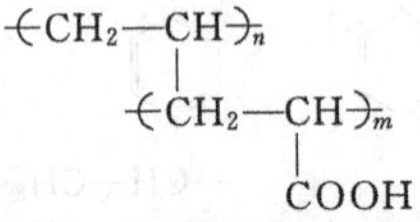

【性质】 具有一般均质膜的特点，如结构均匀致密，电化学性能好，渗漏少，耐介质性好。另外各种不同品种还有其各自的特点，例如聚乙烯-丙烯酸接枝膜，膜的平整性、均匀性好，电阻低、耐氧化力强、润湿性好，是一种优良的隔膜材料。

【制法】 将聚乙烯等高分子膜浸于各种功能单体中，用热或辐照，使功能单体在聚合物膜中聚合或接枝得到基膜，再经硫酸磺化、后处理、转型即得阳离子交换膜。若将基膜用氯甲甲醚氯甲基化，再用三甲胺胺化则得阴离子交换膜。

工艺流程如下。

1. 加热聚合

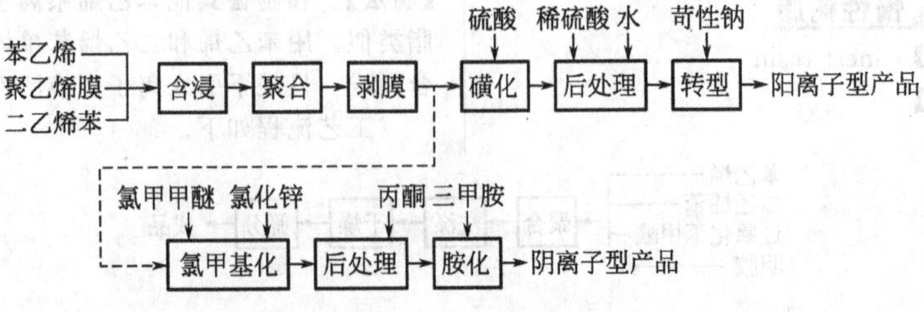

2. 辐射聚合

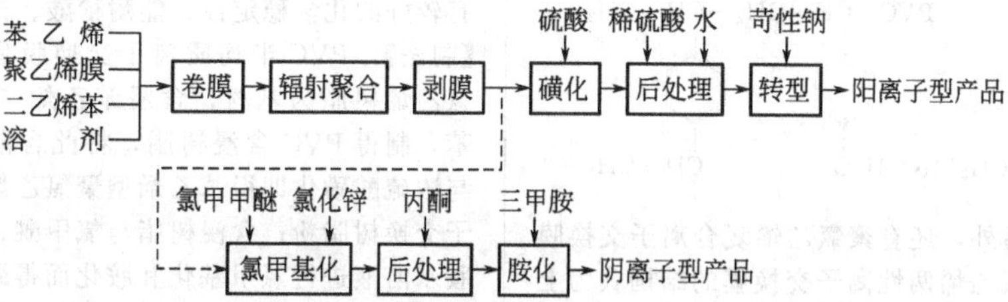

【用途】 苦咸水淡化、纯水制造、废水处理以及电解、电池、酸扩散等渗析过程。

【生产单位】 上海嘉定封浜塑料厂，浙江湖州化工厂，晨光化工研究院等用热聚合法生产苯乙烯型-聚乙烯膜（CM-001、AM-001、E-105），浙江镇海环保设备厂、江苏江阴化工一厂等生产苯乙烯型-偏氟乙烯膜（F-101、F-201），上海原子核研究所，中蓝晨光化工研究院用辐照聚合生产丙烯酸-聚乙烯膜（EA-80）。

Bu026 磺化煤阳离子交换剂

【英文名】 sulfonated coal cation exchanger

【性质】 磺化煤阳离子交换剂是一类无定形的黑色无光泽物质。交换容量为1.6～1.8mmol/g，耐热温度30～40℃，有些可在100℃使用。

【制法】 将褐煤、烟煤粉碎后经发烟硫酸或浓硫酸加热处理而制成。

【用途】 主要用于锅炉软化水处理。

【生产单位】 浙江余姚杭州争光树脂有限公司，鹤壁市化学树脂厂，鞍山钢铁公司化工厂等。

Bu027 浸渍树脂

【英文名】 impregnated resin

【别名】 萃取树脂

【性质】 此种树脂是载有液体萃取剂的交联共聚物，其性能和用途随萃取剂的种类和用量而不同。兼有液体萃取剂和颗粒树脂的优点。国内主要用TBP、P507、P204及N235等牌号。

【制法】 有两种制法。

① 将惰性多孔担体浸泡在含有萃取剂的稀溶液中，待溶剂除去后，萃取剂涂覆在担体上即成浸渍树脂，常用的惰性组担体有多孔硅球和吸附树脂。

② 将萃取剂与单体混合，经聚合反应，即可得到含有萃取剂的萃淋树脂，常用单体为苯乙烯、二乙烯苯。这种制法萃取剂流失少。

工艺流程如下。

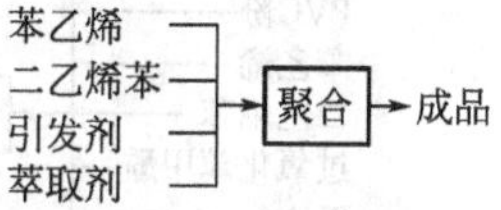

【用途】 用于金属分离及废液回收。

【生产单位】 晨光化工研究院，宜宾天原化工厂，核工业部第五研究所等。

Bu028 苯乙烯型聚氯乙烯半均质离子交换膜

【英文名】 semihomogeneous polyvinyl chloride ion exchange membrans of styrene type

【结构式】

1. 聚氯乙烯半均质阳离子交换膜（KM）结构

2. 聚氯乙烯半均质阴离子交换膜

(AM) 结构

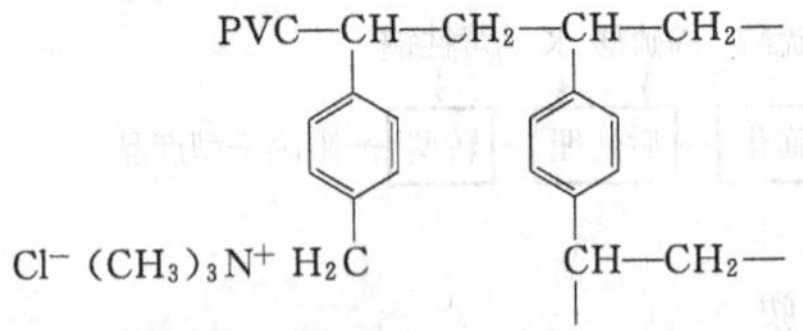

另外，还有聚氯乙烯复合离子交换膜和聚氯乙烯两性离子交换膜的结构式为上述 KM 和 AM 的加合。

【性质】 PVC 半均质膜具有较好的物理力学性能、电化学性能和实用性能。膜平整均匀，尺寸稳定，利于裁剪组装。PVC 半均质膜易于粘接，可以修补再用以提高膜的使用效率。PVC 半均质阳离子交换膜是一种强酸性膜，阴离子膜是一种强碱性膜。PVC 复合离子交换膜为特种性能膜，膜的一面为阳膜，一面为阴膜。PVC 两性离子交换膜也是特种膜，在膜中同时存在阴离子和阳离子交换基团。它们都具有较好的化学稳定性，能耐稀酸、稀碱。

【制法】 PVC 半均质离子交换膜是以聚氯乙烯树脂为基材，含浸苯乙烯-二乙烯苯，制得 PVC 含浸树脂，将此含浸树脂与浓硫酸磺化即得苯乙烯型聚氯乙烯阳离子交换树脂粉；含浸树脂与氯甲醚、三甲胺水溶液进行氯甲基化和胺化而得聚氯乙烯阴离子树脂粉。再用阳离子树脂粉或阴离子树脂粉和其他助剂配合，经机械混合、混炼、三辊压延拉片、网布增强即可制成半均质阳离子交换膜或半均质阴离子交换膜。由阴、阳两膜嵌入增强网布、热压即成阴阳复合膜。由 PVC 阴、阳离子交换树脂粉按一定比例混合，按上述成膜法成膜，即得半均相两性离子交换膜。

工艺流程通常可分为下面三个工序。

1. 聚氯乙烯含浸聚合

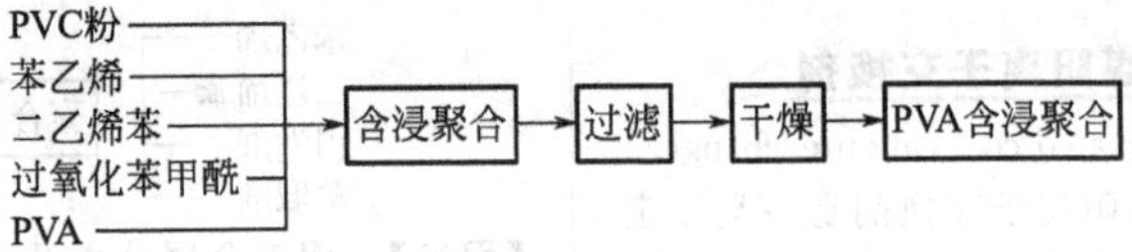

2. PVC 树脂粉制备

(1) PVC 阳树脂粉制备

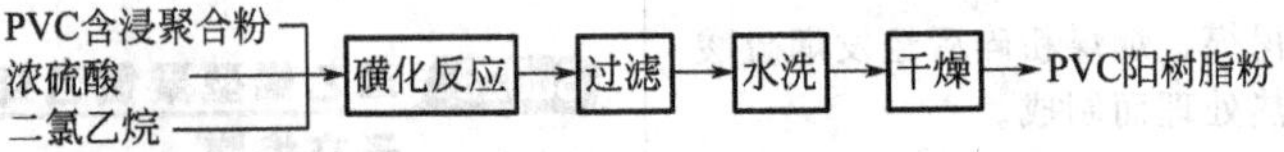

(2) PVC 阴树脂粉制备

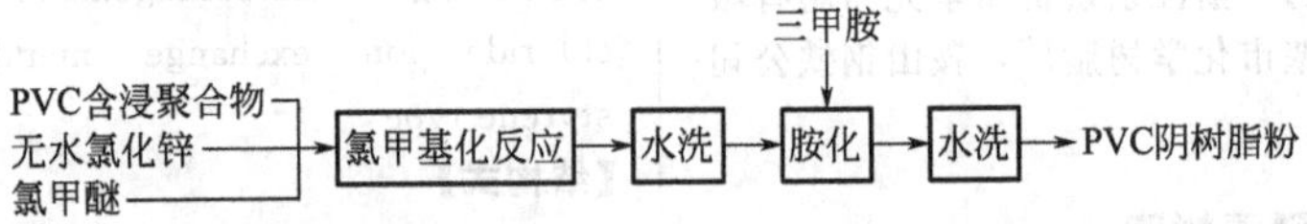

3. 成膜工艺

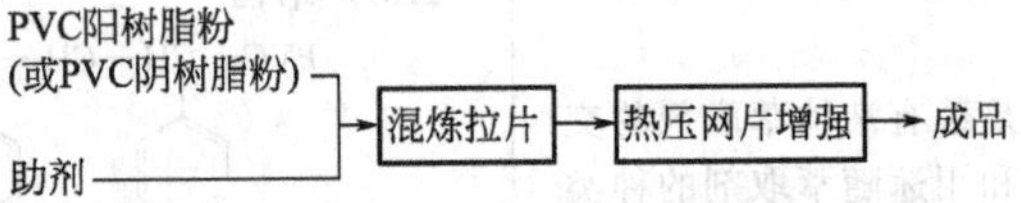

【用途】 电渗析水处理、化工提纯分离、湿法冶金、三废处理以及制备双极膜和电解隔膜袋。

【生产单位】 中蓝晨光化工研究院，浙江争光塑料化工厂等。

Bu029 无针孔膜的交换膜

【英文名】 non cell ion exchange membrane

【性状】 交换容量 4.6mg 当量/g，在沸水中煮 0.5h 不破裂。

配方	质量份
聚乙烯醇纤维，4-乙烯基吡啶	100
二乙烯基苯	20
引发剂	2.2
偶氮双(2,4-二甲基戊腈)	0.9

【制法】 按上述配方，将聚乙烯醇纤维浸入 4-乙烯基吡啶、二乙烯基苯、引发剂、偶氮双（2,4-二甲基戊腈）组成的溶液中，于 26℃溶胀，取出吸附单体，聚乙烯醇纤维放入聚丙烯袋中，65℃加热 3h，90℃，加热 1h，进行聚合反应，然后，切成长度为 5～6mm 的短纤维，用盐酸中和，水洗，将此纤维分散在 .200 目的网布上，使成为膜层，于 200%，热压 30s，剥离网布，三层重叠，升温 170℃，加压 120MPa，热压 5min，得无针孔的膜。

【用途】 离子交换膜。

Bv 聚醚类树脂及塑料

1 聚醚类树脂定义

聚醚胺又名端氨基聚醚、聚醚多元醇。主要以聚氧化丙烷为基本点链段，聚醚多元胺由伯胺或少量仲胺封端的聚环氧烷烃化合物；是合成聚氨酯的主要原料之一。

2 聚醚多元醇分类

第一类聚醚多元醇（PPG），以多无醇或有机胺为起始剂，与环氧丙烷聚合物（或环氧丙烷与环氧乙烷共聚物）反应制得，是目前我国聚醚多元醇的主要产品；第二类聚合物聚醚多元醇（POP），以PPG为母体经乙烯基单体接枝聚合制得的改性聚醚多元醇品种；第三类由四氢呋喃均聚或共聚而成的聚四氢呋喃型多元醇（PTMEG），主要用于聚氨酯弹性体和纤维等高性能产品。

3 聚醚多元醇制备方法

在聚合釜中氢氧化钾与甘油（丙三醇）加热反应生成甘油钾；再在90～95℃、压力0.4～0.5MPa下，连续加入环氧丙烷反应；上述反应结束后再加入一定量的环氧乙烷，在同样的温度和<0.3MPa的压力下继续聚合；反应完毕后用草酸中和至中性，用活性炭脱色，经过滤即得成品。

由环氧乙烷和氧化丙烯嵌段共聚而得。

由环氧乙烷和氧化丙烯共聚而得。由甘油与环氧丙烷在氢氧化钾催化及90～95℃、0.4～0.5 MPa压力下聚合后，加环氧乙烷在90～95℃和<0.3 MPa下聚合而成。

4 聚醚多元醇主要用途

① 作低泡沫洗涤剂或消泡剂。L61、L64、F68用于配制低泡、高去污力合成洗涤剂；

L61、L81在造纸或发酵工业中用作消泡剂；

F68在人工心肺机血液循环时用作消泡剂，防止空气进入。

② 聚醚毒性很低，常用作药物赋形剂和乳化剂；在口腔、鼻喷雾剂、眼、耳滴剂和洗发剂中都经常使用。

③ 聚醚是有效的润湿剂，可用于织物的染色、照相显影和电镀的酸性浴中，在糖厂使用F68，由于水的渗透性增加，可获得更多的糖分。

④ 聚醚是有用的抗静电剂，L44可对合成纤维提供持久的静电防护作用。

⑤ 聚醚在乳状液涂料中作分散剂。F68在醋酸乙烯乳液聚合时作乳化剂。L62、L64可作农药乳化剂，在金属切削和磨削中作冷却剂和润滑剂。在橡胶硫化

时作润滑剂。

⑥ 聚醚可用作原油破乳剂，L64、F68能有效地防止输油管道中硬垢的形成，以及用于次级油的回收。

⑦ 聚醚可用作造纸助剂，F68 能有效地提高铜版纸的质量。

⑧ F38可用作乳化剂、润湿剂、消泡剂、破乳剂、分散剂、抗静电剂、除尘剂、黏度调节剂、控泡剂、匀染剂、胶凝剂等，用于生产农用化学药品、化妆品、药品；还用于金属加工净洗、纸浆和造纸工业、纺织品加工（纺织、整理、染色、柔软整理）、水质处理；也用作漂清助剂。

Bv001 330-E 聚醚

【英文名】 polvether 330-E

【化学名】 聚氧丙烯聚氧乙烯甘油醚多元醇

【别名】 通用型软泡聚醚

【物化性能】 无色或淡黄色透明液体，不易燃，低毒。由于分子中有环氧乙烷，故为水溶性。分子的端羟基，又有易与异氰酸酯反应生成聚氨酯的特性。本产品为一高分子混合物，与质量关联的性质，受诸多因素影响，常见的有羟值、酸值、水含量、双键含量、钾钠含量、黏度、色度及抗氧剂情况等。

【质量标准】 国家标准 GB 14008-289

【用途】 本品和 TDI及助剂按适当的配方制成普通软质泡沫塑料，然后进一步加工成床垫、坐垫等家用品及与织物黏结成复合料等。发泡方法有间歇法的箱式发泡、连续式的平顶发泡及模塑成型等。此外，也可用于聚氨酯涂料、弹性体及黏结剂等。

【制法路线】 由甘油作起始剂，环氧丙烷及烷氧乙烷开环聚合而成。生产主要采用间歇法，聚合可在一个反应釜中完成，也可由多釜分步完成，但都由三道工序组成，即碱催化剂甘油溶液制备，一定温度、压力条件下环氧丙烷及环氧乙烷的加成和脱除碱金属催化剂、脱除低沸物及脱色的中和精制。

【包装、贮运及安全】 用干燥、清洁白铁桶加盖密封包装，每桶 200kg。常温下贮存期为一年。贮运中按非危险品处理，要求防潮、防日光曝晒。本品为低毒物，溅到皮肤上及眼睛中时，应迅速用清水连续冲洗。本品可燃，着火时用二氧化碳或干粉灭火剂扑灭。

【生产单位】 上海高桥石化公司化工三厂，天津石化公司化工二厂，金陵石化公司化工二厂及塑料厂，锦西化工总厂，沈阳石油化工厂，张店化工厂。

Bv002 高活性聚醚

【英文名】 highly active polyether

【化学名】 聚氧丙烯聚氧乙烯甘油醚

【别名】 活性聚醚

【物化性能】 无色或淡黄色油状透明液体，有一定黏度，闪点高，凝固点低，对金属不腐蚀，生理惰性。随着分子量的增大，其物理化学性质和特性参数也有一定差异，应用也不同。

【质量标准】 企业标准（上海高桥石化公司化工三厂）：一级品为无色透明液体，浊点 17～21，酸值为 0.5mgKOH/g 以下，羟值为 45～56mgKOH/g。二级品为黄色透明液，羟值为 45～60mg KOH/g，其余同一级品。本品有很强的消除泡沫功能。

【用途】 高活性聚醚是生产聚氨酯制品的一种新型原料，由于性能优良，被广泛应用于汽车工业和家具工业。用高活性聚醚制得的高回弹汽车坐垫，由于弹性好，乘坐舒适受到普遍欢迎，此外，还可以用于自结皮，半硬质和弹性体等聚氨酯制品的生产。

【制法】 在反应釜中加入甘油和氢氧化钾，升温混合后，减压脱水。在聚合釜中加入催化剂溶液，使它引发环氧丙烷和环氧乙烷开环聚合，直至聚合反应结束。将制得的粗聚醚用无机酸中和，然后用吸附剂吸附、压滤即得成品。

【包装、贮运及安全】 用清洁干燥的马口铁桶包装，每桶重200kg，加盖密封，要求防潮，避免露天堆放，常温下贮存期为一年以上，按非危险品运输。

【生产单位】 上海高桥石化公司化工三厂、天津石化三厂，锦西化工总厂，南京钟山化工厂，张店化工厂等。

Bv003 减少50%CTC-11发泡剂的聚氨酯泡沫用聚醚

【英文名】 poiyurethane foalTl pOlyether poiyOl with reduced by 50% Blowing agent CFC-11

【化学名】 聚氧化烯烃芳胺醚

【别名】 低氟聚醚；50%CFC-11硬泡聚醚

【物化性能】 棕红色透明油状液体。无腐蚀作用，无难闻气味。能溶于水、乙醇、甲醇、氯仿、二氯甲烷等。属于非易燃易爆、低毒品。

【质量标准】 企业标准（黎明化工研究院）：外观为无色至浅黄色黏稠液体；固含量50%±2%；pH值（1%水溶液）为7±1。

【用途】 主要用于减少CFC-11 50%的聚氨酯泡沫体系。本品官能度高、黏度低、与配方中的其他组分相容性好，并且具有自催化性能，使用效果明显优于普通型的聚氨酯硬泡聚醚。在减少CFC-Il发泡剂50%的情况下，其工艺性能和制品的物理性能仍能符合使用要求。此外，本品还可用于包装泡沫、喷涂泡沫、半硬泡沫、弹性体等配方体系。

【制法】 将合成的起始剂和催化剂（KOH或NaOH）一起加入带有搅拌和加热冷却装置的压力反应釜中，并用氮气置换釜中的空气。在搅拌下加热釜内物料，升温到聚合反应温度，开始逐步滴加计量的氧化烯烃。滴加反应完毕，抽真空除去少量未反应的氧化烯烃单体，再加入计量的酸和酸性白土，进行中和、脱色。然后再进行脱水、过滤，即得到产品。

【包装、贮运及安全】 镀锌铁桶包装，每桶净重200kg，密封贮运。应注意防水，避免和氧化剂一起贮运。按非危险品运输。

【生产单位】 黎明化工研究院，沈阳石油化工厂，金陵石化公司化工二厂，锦西石油化212总厂等。

5 聚甲醛概述

缩醛聚合物即聚甲醛是由甲醛聚合形成的，它也常称作聚氧亚甲基（POM）。由甲醛来制备聚合物早在20世纪20年代就被Staudinger研究过，但是直到1950年杜邦开发出Delrin（戴林）以前尚未制得热稳定的材料。均聚物是用非常纯的甲醛经阴离子聚合制得，如图Bv-1所示，胺类和可溶性碱金属盐可催化这一反应。形成的聚合物是不溶的，随着聚合反应的进行不断析出。随着甲醛逸出缩醛树脂被拉开，于是发生了热降解。聚合物的热稳定性可通过端羟基与醋酸酐的酯化来提高。改善热稳定性的另一个方法是与第二单体，如环氧乙烷共聚，共聚物是按阳离子聚合方法制备的。该方法是由Celanese开发并以商品名Celcon（赛康）出售。Hoesch出售的Hostafonn（赫斯塔弗姆）是另一种共聚物。第二单体的参与可降低聚合物拉开式降解的倾向。聚甲醛学名聚氧亚甲基，英文名称acetal resin，或polyoxymethylene、polyacetal（POM），是分子主链中含有节的线型化合物。

$$n\,H_2C{=}O \longrightarrow \lbrack CH_2{-}O \rbrack_n$$

图Bv-1 甲醛聚合成聚氧亚甲基

聚甲醛是一种高熔点、高结晶性的通用型热塑性工程塑料，它分为均聚甲醛和共聚甲醛两种。

聚甲醛是一种没有侧链的高密度、高级结晶性的线型聚合物。具有良好的综合性能，突出优良的耐疲劳性和耐蠕变性，良好的电性能等。

5.1 聚甲醛性能

(1) 力学性能 聚甲醛分子链主要由C—O键构成。C—O键的键能（359.8J/mol）比C—C键的键能（347.3J/mol）大，C—O键的键长（0.143nm）比C—C键的键长（0.154nm）短，POM沿分子链方向的原子密集度大，结晶度高。而在共聚和均聚两种树脂之中，不含C—C键的均聚树脂也就因此具有更高的相对结晶度。达75%～85%。共聚则为70%～75%。

由于聚甲醛是一种高结晶性的聚合物，具有较高的弹性模量，很高的硬度与刚度。可以在－40～100℃长期使用。而且耐多次重复冲击，强度变化很小。不但能在反复的冲击负荷下保持较高的冲击强度，同时强度值较少受温度和温度变化的影响。

键能大，分子的内聚能高，所以POM耐磨性好。未结晶部分集结在球晶的表面，而非结晶部分的玻璃化温度为－50℃，极为柔软，且具有润滑作用，从而减低了摩擦和磨耗。聚甲醛不但能长时期工作于要求低摩擦和耐磨耗的环境，其自润滑特性更为无油环境或容易发生早期断油的工作环境下摩擦副材料的选择提供了独特的价值。在这个问题上，它不是作为传统材料的替代材料，而是作为摩擦副材料的一种较新的选择进入了各个领域。

聚甲醛是热塑性材料中耐疲劳性最为优越的品种。其抗疲劳性主要取决于温度、负荷改变的频率和加工制品中的应变点，因此特别适合受外力反复作用的齿轮类制品和持续振动下的部件。

蠕变是塑料的普遍现象，蠕变小是聚甲醛的特点。在较宽的温度范围内，它能在负荷下，长时间保持重要的力学强度指标水平——大致维持在非铁（有色）金属的强度水平上。

抗蠕变和抗疲劳同时都比较好，这是聚甲醛十分宝贵的特点。在同档次工程塑料中间，没有能替代者。同时，回弹性和弹性模量也都比较好。同时具有这两方面的特性，又是聚甲醛所独有的。这使它可作为各种结构的弹簧类部件的材料使用。

(2) 热学性能 聚甲醛具有较高的热变形温度，均聚甲醛为136℃，共聚甲醛为110℃。但由于分子结构方面的差异，共聚甲醛反而有较高的连续使用温度。一般而言聚甲醛的长期使用温度是100℃左右。而共聚甲醛可在114℃连续使用2000h，或在138℃时连续使用1000h，短时间可使用的温度可达160℃。

聚甲醛可以长期在高温环境下使用，且力学性能变化不大。按美国UL规范，它的长期耐热温度为85～105℃。

尽管这个品种加工热稳定性差，但由于其在短时热性能（熔点及热畸变）和长时间耐用性方面表现出众，以及种种改进，它反倒成为高温空气和高温水环境下工作部件选材时常被考虑的品种。

(3) 耐化学药品性能 聚甲醛的基本结构决定了它没有常温溶剂。在树脂熔点以下或附近，也几乎找不到任何溶剂，仅有个别物质如全氟丙酮，能够形成极稀的溶液。所以在所有工程塑料中聚甲醛耐有机溶剂和耐油性十分突出。特别是在高温条件下有相当好的耐侵蚀性。且尺寸和力学强度变化不大。

醇类能在聚甲醛熔点以上和熔融的树脂形成溶液。

由于共聚树脂不含有均聚树脂那样的酯基，所以能耐强碱。而均聚树脂只能耐弱酸。

聚甲醛与多种颜料有较好的相容性，易于着色，但由于有些颜料具有酸性，所以聚甲醛用的颜料，需要慎重选择。其色母的制作，也远比一般树脂苛刻。

工程塑料对水的吸收能力常能导致制品的尺寸变动，而聚甲醛由于水的吸收产生的尺寸变动是极小的，不会给实际应用带来问题。

(4) 电气性能　聚甲醛良好的电性能，表现之一在于介电常数不受温度和湿度的影响。不同制造工艺导致的微量杂质含量差异对于体积电阻可带来一个数量级的影响。

缩醛树脂的热降解有四种机理。第一种是热或碱催化的链解聚；结果是释出甲醛，聚合物的端基封闭可减少这种倾向；第二种是氧进攻聚合物的无规则位置也导致解聚，采用抗氧剂可减少这种降解机理的发生，共聚也有助于降低这种倾向；第三种机理是缩醛树脂链被酸断裂，这一点很重要，除非经过清洗否则不要用生产聚氯乙烯的设备来加工缩醛树脂，因为设备中可能会存在微量的 HCl；第四种降解机理是当温度超过 270℃时发生热解聚，这一点很重要，它告诫操作者加工温度要保持在 270℃以下，以避免聚合物降解。

缩醛树脂是高度结晶的，典型的结晶度是 75%，熔点是 180℃。与聚乙烯 (PE) 相比，由于 C—O 键更短所以分子链堆积得更紧密，其结果是聚合物的熔点更高，它也比 PE 更硬。高的结晶度赋予缩醛聚合物以很好的抗溶剂性。聚合物主要是线型，其分子量 (M_n) 在 20000～110000 之间。

缩醛树脂是强而硬并具有良好疲劳性和尺寸稳定性的热塑（性）塑料，它也具有低的摩擦系数和良好的耐热性。可以认为缩醛树脂类似于尼龙，但它的耐疲劳性、耐蠕变性、硬度和耐水性比尼龙更好。但是缩醛树脂的抗蠕变能力不如聚碳酸酯。如前所述，缩醛树脂具有优异的耐溶剂性，现在还没有找到在 70℃以下可以溶解缩醛树脂的有机溶剂；但是它可以在某些溶剂中溶胀。缩醛树脂对酸、碱和氧化剂敏感。尽管 C—O 键是极性的，但它已被平衡，且极性比尼龙中的羰基小得多，其结果导致缩醛树脂具有相对低的吸湿性。吸附的少量湿气可能引起溶胀和尺寸变化，但不会导致聚合物水解而降解。湿气的影响比尼龙聚合物小得多。紫外线可能会引起聚合物降解，可以通过加入炭黑来降低这种降解。

共聚物通常具有和均聚物类似的性质，但均聚物的力学性能比共聚物稍高一些，其熔点也更高，但其热稳定性和耐碱性比共聚物差。均聚物和共聚物都可填充填料（玻璃纤维、含氟聚合物、芳族聚酰胺纤维和其他填料）制成增韧级、紫外线光（UV）稳定级材料。缩醛树脂与聚氨酯弹性体共混可提高其韧性，这些材料都可以在市场上买到。

用于注射成型、吹塑成型和挤出成型的缩醛树脂都可买到。在加工过程中重要的是不要超温或由于产生甲醛而引起的严重超压。聚合物在关机前应清洗干净，以免在启动过程中过热。

缩醛树脂应在干燥的地方贮存。缩醛树脂的表观黏度对剪切应力和温度的依赖性比聚烯烃小，但是其熔体却具有低弹性和低强度。

低的熔体强度是应用吹塑成型时存在的一个问题。对吹塑成型来说，带有支链结构的共聚物更适用。结晶速度很快，模塑后收缩可在成型后的 48h 内完成。由于快速结晶很难制得透明薄膜。

美国和加拿大在 1997 年缩醛树脂的市场需求量为 3.68 亿磅（1lb=0.45kg）。

缩醛树脂的应用包括：齿轮、辊筒、

管道部件、泵零件、风扇叶片、吹塑膜制的空气溶胶容器、模制链轮和索链，它经常用以直接取代金属。缩醛树脂主要用于注射成型，其次用于挤出板材和棒材。缩醛树脂的低摩擦系数使之可用以制造良好的轴承。

5.2 国内聚甲醛品种（详见 Bv004～Bv006）

（1）上海太平洋化工集团上海溶剂厂的金谷牌共聚级 POM（表 Bv-1）

表 Bv-1 上海太平洋化工集团上海溶剂厂金谷牌共聚级 POM 的性能

项 目	GB 标准号	M250	M900	M1700
密度/(g/cm^3)	1033	1.40	1.40	1.40
拉伸强度/MPa	1040	55	55	55
伸长率/%	1040	50	50	50
弯曲强度/MPa	1042	97	97	97
压缩强度/MPa	1041	81	81	81
Izod 缺口冲击强度/(J/cm)	1043	1.5	1.5	1.5
白度(度)	2913	≥75	>75	>50
马丁耐热温度/℃	1035	55	55	55
线胀系数/K^{-1}	1036	10.7×10^{-5}	10.7×10^{-5}	10.7×10^{-5}
体积电阻率/Ω·cm	1404	3×10^{14}	3×10^{14}	3×10^{14}
介电常数(10^6Hz)	1409	3.8	3.8	3.8
介电强度/(kV/mm)	1046	19.5	19.5	19.5
热失重(220℃×10min)/%		≥99	≥99.2	

（2）重庆合成化工厂的 POM（表 Bv-2）

表 Bv-2 重庆合成化工厂 POM 的性能

项 目	GB 标准号	M25	M60	M90	M120	M160	M200	M270
拉伸强度/MPa	1040	60	60	60	60	60	60	50
伸长率/%	1040	30	30	30	30	30	30	30
弯曲强度/MPa	1042	130	130	130	130	130	130	130
压缩强度/MPa	1041	82	82	82	82	82	82	82
Izod 冲击强度/(J/cm^2)								
无缺口	1043	9	9	9	9	8	8	7
缺口	1043	1.5	1.5	1.5	1.5	1.5	1.5	1.5
熔点/℃		157	157	157	177	167	167	155
马丁耐热温度/℃	1035	53	53	53	53	53	53	53
线胀系数/K^{-1}	1036	10.9×10^{-5}	10.9×10^{-5}	10.9×10^{-5}	10.9×10^{-5}	10.9×10^{-5}	10.9×10^{-5}	10.9×10^{-5}
体积电阻率/Ω·cm	1044	3×10^{14}	3×10^{14}	3×10^{14}	3×10^{14}	3×10^{14}	3×10^{14}	3×10^{14}
介电常数(10^6Hz)	1409	3.5	3.5	3.5	3.5	3.5	3.5	3.5
介电强度/(kV/mm)	1046	27	27	27	27	27	27	27
热失重(222℃×20min)/%		≤1.0	≤1.0	≤1.0	≤1.0	≤1.0	≤1.0	≤1.0

续表

牌号	熔体流动速率/(g/10min)	级别	特性和主要用途
M25	1.5～3.5	挤出级、注射级	韧性较好,宜制机械、电器零件和型材、板材
M60	3.5～7.5	挤出级注射级	韧性较好,宜制机械、电器零件和型材、板材
M90	7.5～10.5	注射级	加工性好,宜制一般制品
M120	10.5～14	注射级	加工性良好,宜制一般制品
M160	14～18	注射级、挤出级	流动性好,成型容易,可制一般构件,也可纺丝
M200	18～21	注射级、挤出级	流动性好,成型容易,可制一般构件,也可纺丝
M270	>21	注射级	流动性好,宜制结构复杂的薄壁工程制品

(3) 成都有机硅研究中心的改性 POM(表 Bv-3)

表 Bv-3 成都有机硅研究中心改性 POM 的性能

项目		高润滑级	玻璃纤维增强级	轿车衬管专用料
密度/(g/cm³)			1.60	
拉伸强度/MPa		40～50	≥80	>60
弯曲强度/MPa		58～70	≥110	
冲击强度/(kJ/m²)	缺口	6～10		
	无缺口		≥6	
压缩强度/MPa		71～80		
热变形温度(1.86MPa)/℃		>90	150	
伸长率/%				>40
摩擦系数		0.2～0.3		
钢丝磨破管子次数				1.7 万次

牌号	特性和主要用途
高润滑级	注射,制品比纯 POM 的摩擦系数低 1 倍,耐磨提高 3 倍,噪声小而力学强度基本不变,宜制齿轮、轴套、滑块等
玻璃纤维增强级	注射,力学强度高,耐磨,耐腐蚀,耐热,线膨胀系数小,尺寸稳定性高,成型收缩率低,宜制汽车,电器件
轿车衬管专用料	注射,制品表面光泽,管内外光滑,柔韧适中,宜制轿车衬管

(4) 台湾南亚工程塑胶股份有限公司的 POM(表 Bv-4)

表 Bv-4 台湾南亚工程塑胶股份有限公司 POM 的性能

项目	ASTM 标准号	M25	M90	M270	M450
拉伸强度/MPa	D638	61	61	61	61
伸长率/%	D638	75	60	40	35
弯曲强度/MPa	D790	93	93	93	93
弯曲弹性模量/MPa	D790	2600	2600	2600	2600
Izod 缺口冲击强度/(kJ/m²)	D256	0.07	0.07	0.053	0.050
热变形温度(1.84MPa)/℃	D648	110	110	110	110
阻燃性	U1.94	HB	HB	HB	HB

续表

项目	ASTM 标准号	M25	M90	M270	M450
线胀系数($\times 10^{-5}$)/K^{-1}	D696	9.5	9.5	9.5	9.5
介电强度/(kV/mm)	D149	23	23	23	23
体积电阻率/$\Omega \cdot cm$	D257	1×10^{14}	1×10^{14}	1×10^{14}	1×10^{14}

牌号	特性和主要用途
M25	挤出或注射,流动性较差,抗疲劳,韧性好,耐化学溶剂,耐热水解,宜制工程件
M90	注射,流动性较好,抗疲劳,抗冲,耐化学品和溶剂,耐热水解,宜制工程件
M270	注射,流动性好,抗疲劳,抗冲,耐化学品和溶剂,宜制结构复杂薄壁工程件
M450	注射,流动性特好,抗疲劳,抗冲,耐化学品和溶剂,耐热水解,宜制结构复杂、薄壁、多穴工程件

Bv004 聚甲醛

【英文名】 polyacetal, polyoxymethylene; POM

【别名】 均聚甲醛和共聚甲醛

【性质】 聚甲醛为乳白色不透明结晶线型聚合物。它具有良好的综合性能和着色性，其强度、刚性、耐冲击性能和耐蠕变性等都很好，耐疲劳性在热塑性塑料中为最佳，耐磨性和电性能优良，耐磨性近似尼龙，吸湿性小。聚甲醛耐化学性也较好，除强酸、强碱、酚类和有机卤化物外，对其他化学品稳定，有良好的耐农药性和耐油性。使用温度范围为－40～100℃，可在85℃水中、105℃空气中、有机溶剂、无机盐溶液和润滑剂中长期使用。耐燃性较差。

聚甲醛性能的具体指标随平均分子量、均聚物还是共聚物而有所变化。一般中等分子量共聚甲醛的密度为1.41g/cm³，均聚甲醛为1.42g/cm³；共聚甲醛的熔点为165℃，均聚甲醛为175℃；热变形温度在1.82MPa负荷下分别为110℃和124℃，0.45MPa负荷下分别为157℃和170℃；拉伸强度分别为60.5MPa和69MPa；伸长率分别为60%和40%；弯曲模量分别为2.6GPa和2.8GPa。

【制法】 工业上有气态甲醛路线和三聚甲醛路线，我国目前一般都采用三聚甲醛为主要单体，或加有少量共聚单体如二氧五环聚合而成。即有均聚和共聚两种制法，我国现以共聚法为主。

三聚甲醛的制备是将37%～40%的工业甲醛浓缩到60%～70%，在催化剂（如浓硫酸）存在下，于100℃合成三聚甲醛，再经结晶、共沸分馏得无水三聚甲醛单体。

1. 均聚法

以三氟化硼乙醚络合物为催化剂，于55～60℃使三聚甲醛聚合得固体粉料聚甲醛，然后再经水煮、洗涤、烘干后在酯化釜内于150～170℃用醋酐蒸气进行酯化反应，用酯基取代聚合物分子链两端的羟基，提高其热稳定性，再加抗氧剂、紫外线吸收剂及其他助剂，经挤出造粒即得成品。工艺流程如下。

37%甲醛→[三聚甲醛合成]→[聚合]→[酯化封端]→[造粒]→成品

2. 共聚法

又分溶剂法和本体法两种。①溶剂法：以汽油、石油醚或环己烷为溶剂，将三聚甲醛与二氧五环（用量为三聚甲醛的

2%～5%）置于反应釜中，升温到65℃左右，加入催化剂，控制反应稳定60℃左右，反应1～2h，然后再用氨水法、高醇法或熔融法，破坏残留的催化剂和不稳定的高分子物端基，即得白色粉末产品；②本体法：将三聚甲醛、二氧五环（用量为三聚甲醛的2%～5%）及催化剂，经板框反应器或双螺杆反应器，在55～60℃下聚合，即得固体聚合物。本体聚合的产品仍需后处理，但不需大量溶剂，制法简单，操作方便，特别是采用双螺杆反应器是今后发展的方向。以双螺杆反应器为例，工艺流程如下。

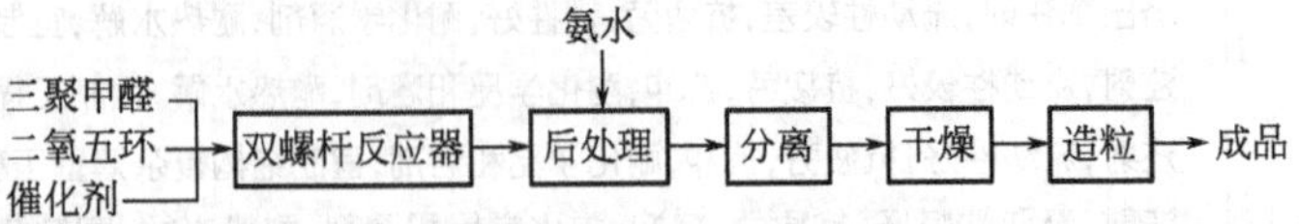

玻纤增强聚甲醛的制法基本同玻纤增强聚碳酸酯。

【消耗定额】

指标	上海溶剂厂	美国 Celanese	前苏联
工业甲醛/(kg/t)	4800	3135	4100～4200

【质量标准】

共聚甲醛树脂国家标准

型号		密度/(g/cm³)	熔体流动速率/(g/10min)＞	熔点/℃≥	热变形温度(1.82MPa)/℃≥	拉伸屈服强度/MPa≥	断裂伸长率/%≥	冲击强度		弯曲弹性模量/GPa≥
								简支梁(无缺口)/(kJ/m²)≥	悬臂梁(缺口)(kJ/m²)≥	
M10	优等品	1.37～1.41	0.5～2.0	162	105	59	40	100	48	2.0
	一等品					55	30	80		
	合格品					53	20	60		
M25	优等品	1.37～1.41	2.0～4.0	162	105	57	40	100	48	2.0
	一等品					65	30	80		
	合格品					53	20	60		
M50	优等品	1.37～1.41	4.0～7.5	162	105	57	40	100	48	2.0
	一等品					55	30	80		
	合格品					53	20	60		
M90	优等品	1.37～1.41	7.5～10.5	162	105	57	40	90	48	2.0
	一等品					55	30	70		
	合格品					53	20	50		

续表

型号		密度/(g/cm³)	熔体流动速率/(g/10min) >	熔点/℃ ≥	热变形温度(1.82MPa)/℃≥	拉伸屈服强度/MPa ≥	断裂伸长率/%≥	冲击强度		弯曲弹性模量/GPa≥
								简支梁(无缺口)/(kJ/m²) ≥	悬臂梁(缺口)(kJ/m²) ≥	
M120	优等品	1.37～1.41	10.5～14.0	162	105	57	35	80	48	2.0
	一等品					55	30	70		
	合格品					53	20	50		
M160	优等品	1.37～1.41	14.0～18.0	162	105	57	35	80	48	2.0
	一等品					55	30	70		
	合格品					53	20	50		
M200	优等品	1.37～1.41	18.0～23.0	162	105	57	25	70	48	2.0
	一等品					55	20	60		
	合格品					53	10	50		
M270	优等品	1.37～1.41	23.0～32.0	162	105	57	25	60	48	2.0
	一等品					55	20	50		
	合格品					53	10	40		

上海工程塑料应用开发中心产品标准

试验项目	试验方法	数据	试验项目	试验方法	数据
密度/(g/cm³)	GB 1033	1.45	简支梁冲击强度(缺口)/(kJ/m²)	GB 1043	5
拉伸屈服强度/MPa	GB 1040	45			
拉伸断裂强度/MPa	GB 1040	45	球压痕硬度/MPa	GB 3398	130
弯曲弹性模量/MPa	GB 9341	5500	热变形温度/℃	GB 1543	140
简支梁冲击强度(无缺口)/(kJ/m²)	GB 1043	20	灼烧残余/%	GB 2577	25±2

【成型加工】 可用一般热塑性塑料成型方法加工，如注塑、挤出、吹塑、喷涂等，也可进行机械加工和焊接。加工前应在80～90℃干燥4h。加工时宜选用较低的料筒温度和较短的受热时间。欲提高物料的流动性，常用增大注射压力、提高注射速度、提高模温和改进模具结构来解决。注塑工艺条件：料筒温度160～180℃，注射压力60～130MPa，模温80～120℃。制品后处理条件：在120～140℃油浴或空气浴中保持0.5～1h。

【用途】 聚甲醛是目前较理想的可部分代替铜、铸锌、钢、铝等金属材料的工程塑料，用途极广，其主要应用领域是农业机械、汽车、电子电器、仪表、建筑、轻工等。大量用作承受循环负荷的制件如齿轮、叶轮、轴承、衬套、垫圈、拉杆、导轨等。用作农药喷雾器的喷枪，使用寿命长，效果好，每年可节省数千吨黄铜并深受农民欢迎；细纱机上用的高速轴承保持架用聚甲醛制作的优于铜制的；在汽车制造业中用来制造行星半轴垫片、钢板弹簧衬套、横拉杆、万向轴、汽化器、球碗、门锁、暖风装置控制器、里程表齿轮、刮水器枢轴轴承等；在电子、电器行业中制作磁带录像机底盘部件、金属板外嵌制品、磁带卷轴、电话拨盘装置、袖珍录音机部件、电扇马达托架、电视机高频头预调齿轮、直接传动式马达轴承等；在建筑上制作小水龙头等；在轻工和其他工业中制作树脂拉链、包装服饰搭扣、钟表齿轮、缫丝机小框架、软管接头、煤气表、打印机号码轮、厨房及清洗设备各种零部件、照相机卷轴、滑雪板、溜冰鞋、渔具等。

【安全性】 树脂的生产原料，对人体的皮肤和黏膜有不同程度的刺激，可引起皮肤过敏反应和炎症；同时还要注意树脂粉尘对人体的危害，长期吸入高浓度的树脂粉尘，会引起肺部的病变。大部分树脂都具有共同的危险特性：遇明火、高温易燃，与氧化剂接触有引起燃烧危险，因此，操作人员要改善操作环境，将操作区域与非操作区域有意识地划开，尽可能自动化、密闭化，安装通风设施等。

用内衬聚乙烯袋的牛皮纸袋再套聚丙烯编织袋包装，或用内衬聚乙烯袋的牛皮纸/聚丙烯编织复合袋包装。每袋净重25kg。聚甲醛本身无毒，但在高温下会放出刺激性气体，因此在贮运时应避免高温，并避免雨淋和机械损伤包装等问题。

【生产单位】 云天化股份有限公司，广东番禺汇塑工程塑料厂，上海工程塑料应用开发中心，杜邦中国集团有限公司，无锡市长安塑料尼龙厂。

Bv005 永久抗静电性聚甲醛

【英文名】 permanent antistatic polyoxymethylene

【组成】 主要成分为聚甲醛（POM）和聚乙二醇（PEG）树脂。

【性质】 抗静电剂聚乙二醇在聚甲醛树脂表面及其附近形成一层状结构，且相互立体贯通，有效地构成了从树脂内部到表面的电流传输通道，其抗静电性能良好，表面电阻率$10^{12}\Omega$，并耐摩擦耐水洗、随环境湿度变化也很小，具有良好的耐久性和全天候性。

【制法】 按（90%～92%）：(7%～9%)：1%的比例，将聚甲醛、聚乙二醇、添加剂加入搅拌机中混合均匀，然后挤出造粒，最后干燥即可。

【成型加工】 在一定温度和压力条件下注射、挤出成型为各种制件。其具体条件如下。注射时螺杆温度：三段180℃、二段200℃、一段160℃。注射压力：3.0MPa。注射周期：15s。挤出时加料速度：68r/min。挤出转速：50r/min。螺杆温度：五段195℃、四段二段200℃、一段170℃。

【用途】 可广泛用作抗静电性的罩壳、台板、墙壁、箱、盒等，尤其适合用作记录媒体设备、粉尘环境中需要抗静电的部件。

【安全性】 树脂的生产原料，对人体的皮肤和黏膜有不同程度的刺激，可引起皮肤过敏反应和炎症；同时还要注意树脂粉尘对人体的危害，长期吸入高浓度的树脂粉尘，会引起肺部的病变。大部分树脂都具有共同的危险特性：遇明火、高温易燃，与氧化剂接触有引起燃烧的危险，因此，操作人员要 改善操作环境，将操作区域与非操作区域有意识地划开，尽可能自动化、密闭化，安装通风设施等。

可包装于内衬塑料膜的编织袋或塑料容器内；贮放于阴凉通风干燥处，防止日晒雨淋，远离火源；按非危险物品运输。

【生产单位】 清华大学高分子科学研

究所。

Bv006 高润滑级聚甲醛

【别名】 耐磨聚甲醛或含油聚甲醛

【英文名】 polyacetal of high lubricating grade

【性质】 高润滑级聚甲醛是一种不透明自润滑的热塑性树脂，其突出的特点是摩擦磨损性能优异，极限PV值高。在MH-10滑动轴承试验机上测定其摩擦系数一般在0.04～0.10。其极限PV值在低速时为其他工程塑料的320倍，高速时为其他工程塑料的38倍，这为高负荷低速条件下转动的机械部件开辟了广泛的用途。

【制法】 将聚甲醛与润滑剂（硅油、聚四氟乙烯、聚乙烯蜡、脂肪酸酯、润滑油、二硫化钼、石墨等），经捏合机在室温下混合，然后经挤出机熔融挤出、切粒即得产品。

【消耗定额】 聚甲醛粉，943.4kg/t；70#机油，47.2kg/t；硬脂酸钙，9.4kg/t。

【质量标准】

晨光化工研究院高润滑级聚甲醛性能

相对密度	1.35	摩擦系数	0.21～0.25
拉伸强度/MPa	45	磨痕宽度/(mm/40min)	3.0～4.2
断裂伸长率/%	58	热变形温度(1.82MPa)/℃	82～92
压缩强度/MPa	92	极限PV值	
弯曲强度/MPa	60	0.5m/s	39
冲击强度/(kJ/m²)		0.75m/s	36.6
无缺口	57	1.0m/s	26.6
缺口	8.2	1.5m/s	10.4
布氏硬度/MPa	142～172	2.0m/s	8.4

【成型加工】 可用一般热塑性塑料的成型加工方法，最常用的是注塑成型。用螺杆式注塑机时应将背压调整至零或机筒内壁开设直槽，否则不易进料。

注塑工艺条件

项目		成型参数
螺杆转速/(m/s)		0.7
温度/℃	喷嘴温度	190～210
	料筒温度	
	第一段	170～200
	第二段	180～210
	第三段	160～180
	模具温度	20～80
压力/MPa	注射压力	一般60～100(最大可达150)
	保压压力	40～80
时间/s	注射时间	0～5
	保压时间	15～50
	冷却时间	15～50
	模塑周期	40～140

【用途】 凸轮、止推垫圈、轴承、轴套、齿轮和滑杆传动装置轴环。二硫化钼润滑材料用在低速条件下，聚四氟乙烯和硅烷润滑材料用在高速条件下。

【安全性】 树脂的生产原料，对人体的皮肤和黏膜有不同程度的刺激，可引起皮肤过敏反应和炎症；同时还要注意树脂粉尘对人体的危害，长期吸入高浓度的树脂粉尘，会引起肺部的病变。大部分树脂都具有共同的危险特性：遇明火、高温易燃，与氧化剂接触有引起燃烧危险，因此，操作人员要 改善操作环境，将操作区域与非操作区域有意识地划开，尽可能自动化、密闭化，安装通风设施等。

可包装于内衬塑料膜的编织袋或塑料容器内；贮放于阴凉通风干燥处，防止日晒雨淋，远离火源；按非危险物品运输。

【生产单位】 晨光化工研究院，上海杰事杰材料新技术公司，三菱（上海）公司，普立万聚合体有限公司，广州番禺汇塑工程塑料厂，无锡市长安塑料尼龙厂。

6 聚苯醚概述

聚亚苯基氧化物（PPO）这一名称是对该聚合物的一个误称，更为准确的名称是聚（2,6-二甲基-对-亚苯基醚）或简称聚苯醚，在欧洲比较普遍地通称该聚合物为聚亚苯基醚（PPE)。这种工程聚合物由于其主链的高度芳香性，故具有耐高温特性。如图 Bv-2 所示，其主链由醚键连接的二甲基取代的苯环构成。

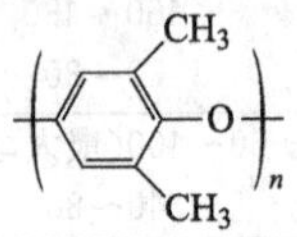

图 Bv-2 PPO 的重复结构

重复单元的这种刚性使这种聚合物成为了 T_g 为 208℃、T_m 为 257℃的耐热聚合物。两种热转变在如此窄的温度范围内发生的事实意味着 PPO 在达到玻璃态以前短时间冷却不会结晶，所以它在成型后是典型的无定形态。由 General Electric（通用电气公司）出售的 PPO 的分子量范围是从 25000～60000。与其他工程聚合物（塑料）相比，PPO 的突出特性是它对水解的高度稳定性和尺寸稳定性，即使在高温下加工也有高的成型黏度。其应用有：电视调谐带、微波绝缘零件和变压器。作电气设备的优点是在宽的温度范围内有很强的介电性能；它还可用在对水解稳定性有高要求的场所如泵、水面计、洒水器系统和热水罐。最大的应用限制是它的价格过高，为此 General Electric（通用电气公司）提供了一种商品化的 PPO/PS 共混物，商品名为 Noryl. GE，基于不同的共混配比和不同的配方出售不同级别的 Noryl。

依据 PPO 的苯乙烯本性（styrenic nature）可以推测它与 PS 有很好的相容性（溶度参数相似），尽管严格的热力学相容性还有疑问，因为当用机械法（而不是量热法）来测定共混物时存在两个 T_g 峰。共混物和 PPO 有相同的尺寸稳定性、低吸水性、优异的水解稳定性以及和此同样的好的介电性能。由于 PPO 的贡献，共混物还具有很高的热变形温度。这种共混物在价格上比 PPO 更有竞争力。主要用来模制洗碗机、洗衣机、干发器、照相机、设备罩和电视配件。

6.1 聚苯醚性能

聚苯醚（PPO）是一种综合性能优良的热塑性工程塑料。突出的是绝缘性和耐水性能优异，尺寸稳定性好。

（1）物理性能 PPO 的密度小，无定形状态密度（室温）1.06g/cm^3，熔融状态为 0.958g/cm^3，是工程塑料中最轻的，且无毒，经美国食品及药物管理局（FDA）及国家卫生基金会（NSF）认可，可用于制造医疗及食品用器材。

(2) 力学性能　PPO 分子链中，含有大量芳香环结构，分子链刚性较强。树脂的力学性能较好，耐蠕变性能优良，温度变化影响甚小。

改性聚苯醚（MPPO）的力学性能与 PC 较为接近，拉伸强度、弯曲强度和冲击强度较高，刚性大，耐蠕变性优良，在较宽的温度范围内均能保持较高的强度，湿度对冲击强度的影响也很小。

(3) 热性能　聚苯醚具有较高的耐热性，玻璃化温度高达 211℃，熔点为 268℃，加热至 330℃有热分解倾向，改性聚苯醚的热性能略低于未改性聚苯醚，基本上与聚碳酸酯相同，MPPO 商品因品牌不同其热变形温度由 90℃到 140℃。MPPO 中 PPO 含量对其热性能有显著影响，随着 PPO 含量增加，热变形温度即升高；反之则降低，玻璃化温度及软化点温度的变化也是如此。

聚苯醚阻燃性良好，具有自熄性，其氧指数（OI）29，为自熄性材料，而高抗冲聚苯乙烯的氧指数 17，为易燃性材料，二者合一则具有中等程度可燃性，制造阻燃级 MPPO 时，不需要添加含卤素的阻燃剂，加入含磷类阻燃剂即可以达到 UL-94 阻燃级，减少对环境的污染。

(4) 电性能　MPPO 树脂分子结构中无强极性基团，电性能稳定，可在广泛的温度及频率范围内保持良好的电性能。其介电常数（2.5～2.7）和介电损耗角正切（0.4×10^{-3}），是工程塑料中最小的，且几乎不受温度、湿度及频率数的影响。其体积电阻率（高达 10^{17} 数量级）是工程塑料中最高的。MPPO 优异的电性能，广泛用于生产电气产品，尤其是耐高压的部件，如彩色电视机中的行输出变压器（FBT）等。

(5) 化学性能　PPO 和 MPPO 都具有优良的化学性能。

① 耐水性。MPPO 为非结晶型树脂，玻璃化温度高。在通常使用温度范围内，分子运动少，主链中无大的极性基团，偶极矩不发生分级，耐水性非常好，是工程塑料中吸水率最低的品种。MPPO 的特点之一是在热水中长时间浸泡，其物理性能仍很少下降。

② 耐介质性。聚苯醚和改性聚苯醚对酸、碱和洗涤剂等基本无侵蚀性；在受力情况下，矿物油及酮类、酯类溶剂会产生应力开裂；对有机溶剂如脂肪烃、卤代脂肪烃和芳香烃等会使聚苯醚和改性聚苯醚溶胀乃至溶解。

(6) 耐光性　聚苯醚的弱点是耐光性差，长时间在阳光或荧光灯下使用产生变色，颜色发黄，原因是紫外线能使芳香族醚的链结合分裂所致。如何改善聚苯醚的耐光性成为一个课题，GE 公司将原用于化妆品的一种防紫外线剂，即以甲氧基取代的 2-苯基苯并呋喃与受阻胺类防紫外线剂配合使用，对改善 MPPO 的耐光性比单独使用受阻胺类防紫外线剂的效果显著，两种添加剂的用量都是 MPPO 的 1%。

6.2　国内聚苯醚品种（详见 Bv007～Bv011）

Bv007 聚苯醚

【英文名】 polyphenylene oxide，PPO

【别名】 聚 2,6-二甲基-1,4-苯醚；聚亚苯基氧

【结构式】

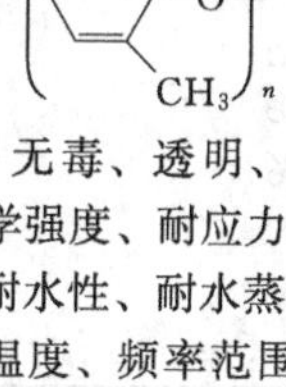

【性质】 PPO 无毒、透明、相对密度小，具有优良的力学强度、耐应力松弛、耐蠕变性、耐热性、耐水性、耐水蒸气性、尺寸稳定性。在很宽温度、频率范围内电性能好，

不水解、成型收缩率小，难燃有自熄性，耐无机酸、碱、耐芳香烃、卤代烃、油类等性能差，易溶胀或应力开裂，PPO有较高的耐热性，玻璃化温度211℃，熔点268℃，加热至330℃有分解倾向，PPO的含量越高其耐热性越好，热变形温度可达190℃。阻燃性良好，具有自熄性，与HIPS混合后具有中等可燃性。质轻，无毒可用于食品和药物行业。耐光性差，长时间在阳光下使用会变色。主要缺点是熔融流动性差，加工成型困难，实际应用大部分为MPPO（PPO共混物或合金），如用PS改性PPO，可大大改善加工性能，改进耐应力开裂性和冲击性能，降低成本，只是耐热性和光泽略有降低。改性聚合物有PS（包括HIPS）、PA、PTFE、PBT、PPS和各种弹性体，聚硅氧烷，PS改性PPO历史长，产品量大，MPPO是用量最大的通用工程塑料合金品种。比较大的MPPO品种有PPO/PS、PPO/PA/弹性体和PPO/PBT/弹性体合金。

【制法】 1. 2,6-二甲酚合成工艺过程。

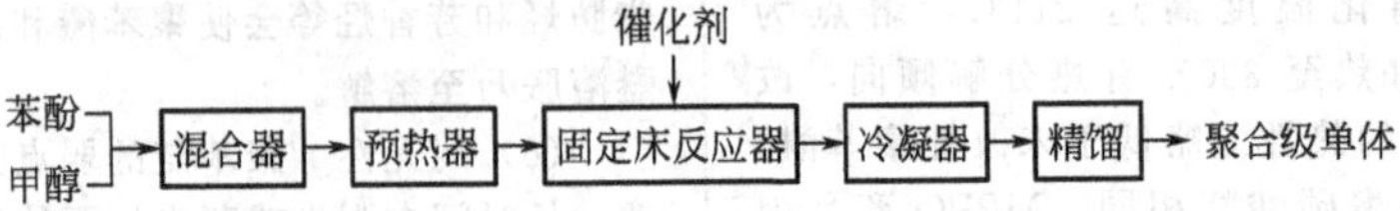

2. 缩聚反应工艺过程

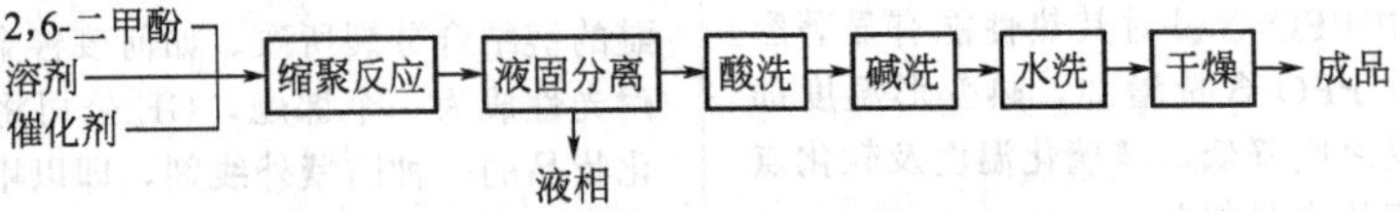

【质量标准】

咸阳偏转电子化工有限公司指标

密度/(g/cm³)		1.10～1.25	介电强度(kV/mm)	≥	30.0
热变形温度(1.8MPa)/℃	≥	125	体积电阻率/Ω·cm	≥	10^{16}
拉伸强度/MPa	≥	65.0	收缩率/%	≤	0.65
弯曲强度/MPa	≥	95.0	燃烧性(UL-94)		FV-0
缺口冲击强度/(kJ/m²)	≥	3.5			

上海远东塑料厂PPO指标

性能指标		上海远东塑料厂	上海醋酸纤维厂
外观		白色固体粉末	
特性黏度		0.5	
分子量		6000～7500	
熔点/℃	>	300	
相对密度		1.07	
吸水性/%			0.1～0.37
拉伸温度/MPa		55～81	
弯曲强度/MPa			90～116
断裂伸长率/%			20～40
马丁耐热/℃			120
介电常数/MHz			2.58
体积电阻率/Ω·cm			10^{16}～10^{17}

【成型加工】 PPO是非结晶料，吸湿小；且流动性差，为类似牛顿流体，黏度对温度比较敏感，制品厚度一般在0.8mm以上。极易分解，分解时产生腐蚀气体。宜严格控制成型温度，模具应加热，浇铸系统对料流阻力应小。聚苯醚的吸水率很低，在0.06%左右，但微量的水分会导致产品表面出现银丝等不光滑现象，最好是做干燥处理，温度不可高出150℃，否则颜色会变化。聚苯醚的成型温度为280～330℃，改性聚苯醚的成型温度为260～285℃。PPO可以采用注塑、挤出、吹塑、模压、发泡和电镀、真空镀膜、印刷机加工等各种加工方法，因熔体黏度大，加工温度较高。

PPO注射成型条件

项目		成型参数
螺杆转速/(m/s)		0.5
温度/℃	喷嘴温度	280～300
	料筒温度	
	第一段	240～280
	第二段	280～300
	第三段	280～300
	模具温度	80～120
压力/MPa	注射压力	100～140
	保压压力	40～80
时间/s	注射时间	0～5
	保压时间	15～60
	冷却时间	15～60
	模塑周期	40～140

【用途】 PPO和MPPO主要用于电子电气、汽车、家用电器、办公室设备和工业机械等方面，利用MPPO耐热性、耐冲击性、尺寸稳定性、耐擦伤、耐剥落、可涂性和电气性能，用于做汽车仪表板、散热器格子、扬声器格栅、控制台、保险盒、继电器箱、连接器、轮罩；电子电器工业上广泛用于制造连接器、线圈绕线轴、开关继电器、调谐设备、大型电子显示器、可变电容器、蓄电池配件、话筒等零部件。家用电器上用于电视机、摄影机、录像带、录音机、空调机、加温器、电饭煲等零部件。可作复印机、计算机系统，打印机、传真机等外装件和组件。另外可做照相机、计时器、水泵、鼓风机的外壳和零部件、无声齿轮、管道、阀体、外科手术器具、消毒器等医疗器具零部件。大型吹塑成型可做汽车大型部件如阻流板、保险杠、低发泡成型适宜制作高刚性、尺寸稳定性、优良吸声性、内部结构复杂的大型制品，如各种机器外壳、底座、内部支架，设计自由度大，制品轻量化。

【安全性】 树脂的生产原料，对人体的皮肤和黏膜有不同程度的刺激，可引起皮肤过敏反应和炎症；同时还要注意树脂粉尘对人体的危害，长期吸入高浓度的树脂粉尘，会引起肺部的病变。大部分树脂都具有共同的危险特性：遇明火、高温易燃，与氧化剂接触有引起燃烧危险，因此，操作人员要 改善操作环境，将操作区域与非操作区域有意识地划开，尽可能自动化、密闭化，安装通风设施等。

可包装于内衬塑料膜的编织袋或塑料容器内；贮放于阴凉通风干燥处，防止日晒雨淋，远离火源；按非危险物品运输。

【生产单位】 咸阳偏转电子化工有限公司，上海远东塑料厂，GE公司，广东金发工程塑料公司，北京北化高科新技术有限公司，上海瑞邦工程塑料有限公司。

Bv008 电磁屏蔽聚苯醚

【英文名】 poly (phenylene oxide) for electromagnetic shielding

【组成】 主要成分为聚苯醚树脂、聚苯乙烯树脂、磷酸酯和金属纤维。

【性质】 本品具有良好的耐热性、阻燃性和力学性能，还具有较好的电磁屏蔽性和导电性。其部分性能的测试值如下。

纤维种类	热变形温度/℃	燃烧时间/s	拉伸强度/MPa	冲击强度/(J/m)	体积电阻率/Ω·cm
铝合金	109	85	57.8	84	$<10^{-1}$
黄铜	112	75	67.5	74	$<10^{-1}$

【制法】 将物质的量的比为95∶5的2,6-二甲基苯酚/2,3,6-三甲基苯酚共聚物43份、耐冲聚苯乙烯54份、质量比为30∶70的苯乙烯/丁二烯共聚物2份、乙烯/丙烯共聚物1份、磷酸三苯酯8份、亚磷酸氢化双酚A酯树脂0.4份及2,2′-亚甲基双（4-甲基-6-叔丁基苯酚）0.6份加入混合器中混合均匀。然后，再将所得到的上述混合物与高频振动法铝合金纤维（密度2.7g/cm³、直径90μm、长3mm）115份（体积比70∶30）置于V形混合器中混合均匀。最后，将此混合物分别在双螺杆挤出机中挤出造粒，即得到所需粒料。

【成型加工】 本粒料可借助通用成型加工设备进行挤出（约310℃）、注射（280℃，1.31×10^2 MPa）和模压成型为各种制品。

【用途】 主要用于各种电子电气设备的电磁屏蔽罩壳、抗静电外壳和箱、盒、板等。

【安全性】 树脂的生产原料，对人体的皮肤和黏膜有不同程度的刺激，可引起皮肤过敏反应和炎症；同时还要注意树脂粉尘对人体的危害，长期吸入高浓度的树脂粉尘，会引起肺部的病变。大部分树脂都具有共同的危险特性：遇明火、高温易燃，与氧化剂接触有引起燃烧危险，因此，操作人员要 改善操作环境，将操作区域与非操作区域有意识地划开，尽可能自动化、密闭化，安装通风设施等。

【生产单位】 日本三菱瓦斯化学工业公司等。

Bv009 改性聚苯醚

【英文名】 modified polyphenylene oxide; MPPO; PPE; polyphenylene ether

【别名】 改性聚2,6-二甲基-1,4-苯醚；改性聚亚苯基氧

【性质】 改性聚苯醚主要有两种，一种是PPO与聚苯乙烯和弹性体改性剂的共混物；另一种是PPO的苯乙烯接枝共聚改性物。为琥珀色或乳白色物质，相对密度1.06左右，难燃，具有优良的力学性能，尺寸稳定性好，蠕变性小，吸水率低，电绝缘性好，耐水解性好。使用温度范围为−40～150℃，成型收缩率低，耐化学腐蚀性好，加工性能良好。

典型性能

试验项目	ASTM	PPO合金
密度/(g/cm³)	D792	1.06
吸水率(24h)/%	D570	0.3
模具收缩率(3.2mm)/%	D955	1.2～1.4

续表

试验项目	ASTM	PPO 合金
拉伸强度(屈服点,3.2mm)/MPa	D638	59
拉伸率(断裂点,3.2mm)/%	D638	85
弯曲强度(6.4mm)/MPa	D790	96
弯曲模量(6.4mm)/GPa	D790	2.22
冲击强度缺口(23℃)/(J/m)	D256	250
硬度(洛氏)	D785	R110
热变形温度(0.45MPa)/℃	D648	190
热变形温度(1.8MPa)/℃	D648	170
线膨胀系数	D696	8.1
燃烧性	UL94	HB
介电强度/(kV/mm)	D149	16
介电常数(60Hz)	D150	3.6
介电常数(1MHz)/Ω·cm	D150	3.2

反应式

1. 共混法

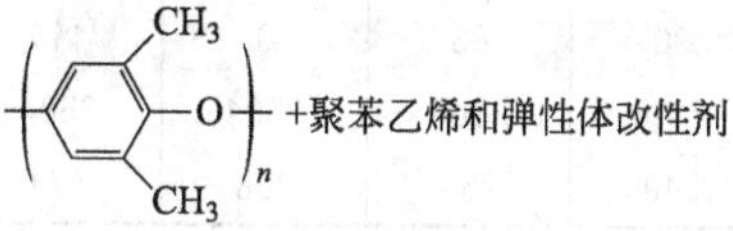

2. 接枝法

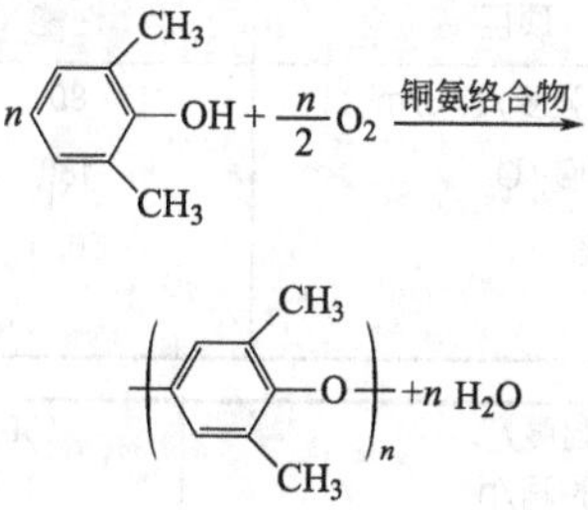

(I)

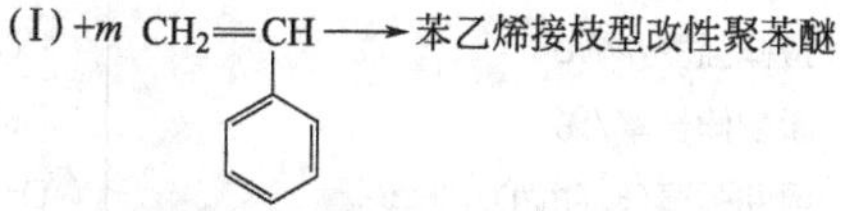

改性聚苯醚工艺流程如下。

① 共混法

② 接枝法

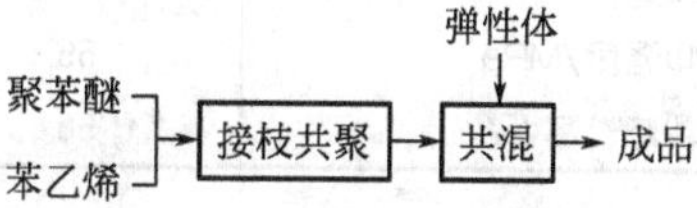

【质量标准】 北京北化高科新技术有限公司标准

项　目	典型值			测试方法
	M405	M406	M409-G20N	
拉伸强度/MPa	50	65	90	ASTM D638
弯曲强度/MPa	80	90	120	ASTM D790
弯曲模量/MPa	2400	2400	4400	ASTM D790
悬臂梁缺口冲击强度(23℃)/(J/m)	120	125	80	ASTM D256
热变形温度(1.82MPa)/℃	102	115	135	ASTM D648
体积电阻率/Ω·cm	7.0×10^{16}	7.0×10^{16}	7.0×10^{16}	ASTM D257

续表

项　目	典型值			测试方法
	M405	M406	M409-G20N	
介电强度/(kV/mm)	22	23	20	UASTMD140
吸水率/%	0.11	0.11	0.09	ASTMD570
垂直燃烧/级	V-1	V-0	V-0	UL-94
模收缩率/%	0.6	0.6	0.3	ASTMD955
玻璃纤维含量/%			20	

GE 公司标准

项目	ASTM	731	SEI00X	SEIX	534
密度/(g/cm³)	D792	1.06	1.10	1.10	1.06
吸水率(24h)/%	D570	0.06	0.06	0.06	0.06
模具收缩率(3.2mm)/$\times10^{-3}$	D955	5～7	5～7	5～7	5～7
拉伸强度/MPa	D638	59	58	69	80
断裂伸长率/%	D638	30	25	20	20
弯曲强度(6.4mm)/MPa	D790	90	83	102	114
弯曲模量(6.4mm)/MPa	D790	2418	2308	2501	2584
冲击强度(缺口,23℃)/(J/m)	D256	213	256	208	171

山东三达科技发展公司标准

项目	性能	项目	性能
密度/(g/cm³)	1.55～1.65	缺口冲击强度/(kJ/m²)	80
弯曲强度/MPa	72	热变形温度/℃	180
拉伸强度/MPa	55	吸水率/%	50.4
断裂伸长率/%	60		

【成型加工】 纯 PPO 加工性很差，而改性 PPO 的熔体流动性随温度和注射压力的提高而明显改善。当温度从 290℃上升到 310℃时，其流动性提高了 20%；注射压力在 196MPa 基础上每增加 19.6MPa，其流动性增加 10%～15%。

改性 PPO 可以采用注塑、挤出、吹塑、模压、发泡和电镀、真空镀膜、印刷机加工等各种加工方法。PPO 加工前应在 105～110℃下干燥 12h。注射成型工艺同纯 PPO 相似，具体条件如下所示。

干燥温度/℃	100
干燥时间/h	1
注射温度/℃	260～280
模具温度/℃	60～80
注射压力/MPa	80～120
成型周期/s	50

【用途】 主要用于家电、汽车、工业机械等零部件。改性聚苯醚在汽车仪表外壳及内饰件、电视机壳、支架、线圈骨架及电子管插座等领域得到了广泛的应用。

【安全性】 树脂的生产原料，对人体的皮肤和黏膜有不同程度的刺激，可引起皮肤过敏反应和炎症；同时还要注意树脂粉尘对人体的危害，长期吸入高浓度的树脂粉尘，会引起肺部的病变。大部分树脂都具有共同的危险特性：遇明火、高温易燃，与氧化剂接触有引起燃烧危险，因此，操作人员要 改善操作环境，将操作区域与非操作区域有意识地划开，尽可能自动化、密闭化，安装通风设施等。

可包装于内衬塑料膜的编织袋或塑料容器内；贮放于阴凉通风干燥处，防止日晒雨淋，远离火源；按非危险物品运输。

【生产单位】 北京北化高科新技术有限公司，GE公司，广东金发工程塑料公司，山东三达科技发展公司。

Bv010 玻璃纤维增强聚苯醚

【英文名】 glass fiber reinforced polyphenylene oxide；glass fiber reinforced PPO

【别名】 玻璃纤维增强聚2,6-二甲基-1,4-苯醚；玻璃纤维增强聚亚苯基氧

【性质】 高强度，高光泽，高刚性，尺寸稳定性，优良的电绝缘性；耐高温，耐蠕变，耐疲劳，耐水，耐油，耐化学腐蚀等；低收缩率；易成型，易脱模。产品典型性能如下。

试验项目	ASTM	增强 PPO
密度/(g/cm³)	D792	1.30
吸水率(24h)/%	D570	0.07
模具收缩率(3.2mm)/%	D955	0.3～0.5
玻璃纤维含量/%	—	15
拉伸屈服强度(3.2mm)/MPa	D638	80
断裂伸长率(3.2mm)/%	D638	5
弯曲强度(6.4mm)/MPa	D790	110
弯曲模量(6.4mm)/GPa	D790	5.12
缺口冲击强度(23℃)/(J/m)	D256	95
洛氏硬度	D785	L104
热变形温度(0.45MPa)/℃	D648	130
热变形温度(1.82MPa)/℃	D648	120
线胀系数/($\times 10^{-5}$/K)	D696	3.5
阻燃系数	UL-94	V-1
介电强度/(kV/mm)	D149	22
介电常数(60Hz)	D150	3.1
介电常数(1MHz)	D150	2.98

【制法】 将连续玻璃纤维通过双螺杆挤出机，使玻璃纤维切断并与PPO树脂共混，切粒得到产品。一般分为长玻璃纤维法和短玻璃纤维法。

1. 短玻璃纤维法

经过表面处理的玻璃纤维切碎后与PPO树脂混匀，加入螺杆挤出机中，挤出造粒得到产品。

2. 长玻璃纤维法

将PPO树脂加入螺杆挤出机熔融，经过处理的玻璃纤维长丝与熔融树脂同时进入挤出机混合，在挤出机的剪切捏合后，玻璃纤维均匀分散于PPO树脂中。

【质量标准】

GE 公司质量标准

项　　目	ASTM	SEIGFNI	SEIGFN2	SEIGFN3
密度/(g/cm³)	D792	1.16	1.23	1.24
吸水率(24h)/%	D570	0.07	0.06	0.06
模具收缩率(3.2mm)/×10⁻³	D955	3～5	2～5	1～4
拉伸强度/MPa	D638	74	107	121
断裂伸长率/%	D638	5	5	5
弯曲强度(6.4mm)/MPa	D790		152	172
弯曲模量(6.4mm)/MPa	D790	3996	5719	7786
缺口冲击强度(23℃)/(J/m)	D256	96	107	117
缺口冲击强度(-40℃)/(J/m)	D256	69	96	96
洛氏硬度(R)	D785	104	106	108
玻璃纤维含量/%		10	20	30

【成型加工】 与 PPO 的成型加工相似，因为玻璃纤维的加入，使体系的熔体流动性有一定下降，注射时，压力和温度都有一定提高。

【用途】 主要用于电视机零部件，家用电器，电子零件线圈骨架，插座，罩壳，连接件，高温消毒用具，碎骨机等。

【安全性】 树脂的生产原料，对人体的皮肤和黏膜有不同程度的刺激，可引起皮肤过敏反应和炎症；同时还要注意树脂粉尘对人体的危害，长期吸入高浓度的树脂粉尘，会引起肺部的病变。大部分树脂都具有共同的危险特性：遇明火、高温易燃，与氧化剂接触有引起燃烧危险，因此，操作人员要 改善操作环境，将操作区域与非操作区域有意识地划开，尽可能自动化、密闭化，安装通风设施等。

可包装于内衬塑料膜的编织袋或塑料容器内；贮放于阴凉通风干燥处，防止日晒雨淋，远离火源；按非危险物品运输。

【生产单位】 广东金发工程塑料公司，GE 公司，上海瑞邦工程塑料有限公司，北京北化高科新技术有限公司，山东三达科技发展公司。

Bv011 阻燃聚苯醚

【英文名】 flame retarded polyphenylene oxide; flameretarded PPO

【别名】 阻燃聚 2,6-二甲基-1,4-苯醚；阻燃聚亚苯基氧

【性质】 阻燃性达到 0.832mm 试样 UL-94 V-0 的标准；力学性能好；高光泽，较高的热变形温度；尺寸稳定收缩率低；易成型易脱模；耐酸，耐碱，耐油，耐水，耐化学腐蚀，耐疲劳，耐蠕变等。

【制法】 将 PPO 树脂与阻燃剂、润滑剂、热稳定剂等混合，经螺杆挤出机熔融共混即得到阻燃 PPO 树脂。若生产玻璃纤维增强级，则共混料中可添加玻璃纤维。

【质量标准】

GE 公司产品标准

试验项目	ASTM	N190X	PX1007	PX1005X	N225X	N300X
密度/(g/cm³)	D792	1.10	1.10	1.11	1.11	1.12
吸水率(24h)/%	D570	0.07	0.07			
模具收缩率(3.2mm)×10⁻³	D955	5～7	5～7	5～7	5～7	5～7
拉伸强度/MPa	D638	55	45	55	67	76

续表

试验项目	ASTM	N190X	PX1007	PX1005X	N225X	N300X
拉伸率/%	D638	65	50	22	17	20
弯曲强度/MPa	D790	79	79	80	99	110
弯曲模量(5.4mm)/MPa	D790	2250	2150	2210	2491	2501
缺口冲击强度(23℃)/(J/m)	D256	304	137	310	187	229

阻燃 PPO 的典型性能

试验项目	ASTM	阻燃 PPO
密度/(g/cm³)	D792	1.18
吸水率(24h)/%	D570	0.07
模具收缩率(3.2mm)/%	D955	0.5～0.7
拉伸屈服强度(3.2mm)/MPa	D638	65
断裂伸长率(3.2mm)/%	D638	60
弯曲强度(6.4mm)/MPa	D790	83
弯曲模量(6.4mm)/GPa	D790	2.45
缺口冲击强度(23℃)/(J/m)	D256	225
硬度(洛氏)	D785	R115
热变形温度(0.45MPa)/℃	D648	100
热变形温度(1.82MPa)/℃	D648	90
线胀系数/(10^{-5}/K)	D696	5.6
阻燃性	UL-94	V-0
介电强度/(kV/mm)	D149	17
介电常数(60Hz)	D150	3
介电常数(1MHz)/Ω·cm	D150	2.86

【成型加工】 与 PPO 树脂的成型加工相似。

【用途】 主要用于家电，开关，接插件汽车工业机械等部件。

【安全性】 树脂的生产原料，对人体的皮肤和黏膜有不同程度的刺激，可引起皮肤过敏反应和炎症；同时还要注意树脂粉尘对人体的危害，长期吸入高浓度的树脂粉尘，会引起肺部的病变。大部分树脂都具有共同的危险特性：遇明火、高温易燃，与氧化剂接触有引起燃烧危险，因此，操作人员要 改善操作环境，将操作区域与非操作区域有意识地划开，尽可能自动化、密闭化，安装通风设施等。

可包装于内衬塑料膜的编织袋或塑料容器内；贮放于阴凉通风干燥处，防止日晒雨淋，远离火源；按非危险物品运输。

【生产单位】 广东金发工程塑料公司，GE 公司，上海瑞邦工程塑料有限公司，北京北化高科新技术有限公司，山东三达科技发展公司。

7 聚苯硫醚（PPS）概述

如图 Bv-3 所示，PPS 的结构由于其主链中存在苯环并与电负性硫原子键合，故清楚地表示出它具有高耐热性、高强度和耐化学晶侵蚀性。事实上，PPS 的熔点是 228℃，室温下的拉伸强度达 70MPa；由于聚合物的高度结晶本性，PPS 的脆性常用玻璃纤维增强来克服。PPS的性能和商业上可以买到的含有40%玻璃纤维的共混物的性能列在表Bv-5中。除了已提到的由于其结晶导致的脆性，但能提高抗环境应力开裂性之外，PPS的力学性能与其他工程塑料如聚碳酸酯、聚砜的性能相似。

7.1 聚苯硫醚（PPS）性能

尽管PPS可以交联成热固性塑料，但PPS最重要的商业价值还是作为热塑性塑料。PPS很强的阻燃本性使它在聚醚砜、液晶聚酯、聚酮和聚醚酰亚胺中成为首选的一类热塑性塑料。正因为如此，PPS已经用于电气零件、印刷电路、接触和连接器密封；其他的应用如泵罩、叶轮、衬套和球气门等都是利用PPS的低模塑收缩率和高温下的强力学性能。

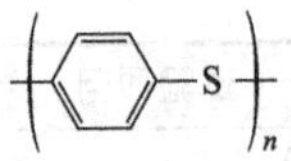

图 Bv-3 聚亚苯基硫醚的重复结构

表 Bv-5 PPS和玻璃纤维增强的PPS的性能

性能	PPS	填充40%玻璃纤维的PPS	性能	PPS	填充40%玻璃纤维的PPS
T_g/℃	85	—	204℃/MPa	33	33
热变形温度(方法A)/℃	135	265	扯断伸长率/%	3	2
拉伸强度			柔曲模量/MPa	3900	10500
21℃/MPa	64～77	150	极限氧指数/%	44	47

7.2 聚苯硫醚（PPS）品种（详见Bv012～Bv014）

Bv012 聚苯硫醚

【英文名】 polyphenylene sulfide; PPS

【别名】 聚亚苯基硫醚；聚亚苯基硫

【结构式】

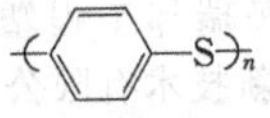

【性质】 PPS是一种综合性能优异的热塑性结晶树脂，具有良好的流动性和成型加工性，可用各种方法加工成型，经纤维增强或填充之后，仍可注塑成形状复杂的薄壁制件；同时，PPS的耐热性能优异，其熔点高达280～290℃，分解温度大于600℃，能在220～240℃下长期使用，其短期耐热性和长期连续使用的热稳定性均优于目前所有的工程塑料；PPS的力学性能好，其刚性极强，表面硬度高，具有优异的耐蠕变和耐疲劳性，且耐磨性能突出；PPS的耐腐蚀性、耐化学药品性优异，仅次于聚四氟乙烯，除强氧化性酸以外，对200℃以下的有机溶剂、无机酸和有机酸或碱为惰性，且对各种辐射也很稳定；PPS的尺寸稳定性好、成型收缩率低，吸水性小；电性能优良，即使在高温、高湿和高频条件下变化也不大。PPS树脂本身就具有很好的阻燃性，无需添加任何阻燃剂即可达到UL-94 V-0和5-V（无滴落）级，且燃烧过程中发烟量很低。PPS树脂经不同的加工处理，可以制成粒料、纤维、薄膜、封装材料、注塑制品、挤出制品和压塑制品等，用途极其广泛。

PPS虽然具有众多其他特种工程塑料难以媲美的优点，但是也存在一些缺陷，如：①脆性较大，延伸率低，其分子链呈刚性，且结晶度可达75%，因而韧性较差，而且其熔接强度也不好，这就限制了其作为耐冲击部件的使用；②成本高，与通用工程塑料相比价格高出两倍左右；③由于 PPS 具有优异的耐化学药品性，所以其涂装性与着色性不理想；④单纯树脂难以注射成型；⑤熔点高，在熔融过程中易与空气中的氧发生热氧化交联反应而黏度不稳定。

PPS 的典型性能

项　　目	指标	项　　目	指标
密度/(g/cm³)	1.35	屈服强度/断裂强度/MPa	75/—
颜色	棕色	断裂伸长率/%	4
吸潮率(23℃,50RH)/%	0.01	弹性模量/MPa	3700
熔化温度/℃	280	Charpy 无缺口冲击强度/(kJ/m²)	25
玻璃转变温度/℃	90	Charpy 缺口冲击强度/(kJ/m²)	3.5
热导率(23℃)/[W/(K·m)]	0.3	球压硬度/MPa	190
线胀系数(23～150℃)/(×10⁻⁵/K)	50	洛氏硬度	M
线胀系数(＞150℃)/(×10⁶/K)	50	介电强度/(kV/mm)	17
热变形温度(1.8MPa)/℃	110	体积电阻/Ω·cm	10^{13}
最高短期工作温度(2h)/℃	260	介电损耗角正切(100Hz)	0.01
最高持续工作温度/℃	230	介电损耗角正切(1MHz)	0.01
UL 等级(1.6/3.2mm)	V-0		

【制法】

反应式

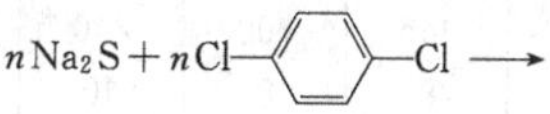

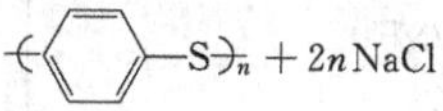

工艺流程如下。

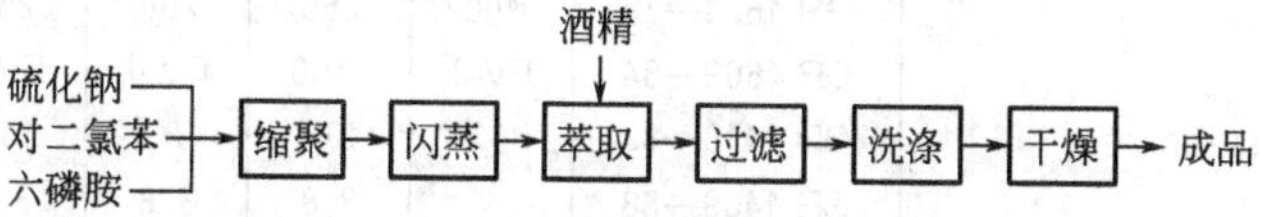

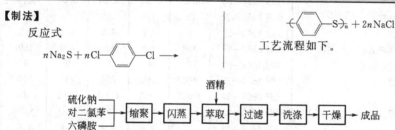

【质量标准】 广州番禺汇塑工程塑料厂技术指标

项　　目	纯树脂	项　　目	纯树脂
相对密度	1.34	吸水性/%	0.05
拉伸强度/MPa	56	马丁耐热/℃	102
弯曲强度/MPa	82	体积电阻率/Ω·cm	2.8×10
压缩强度/MPa	183	介电强度/(kV/mm)	26.6V
冲击强度/(kJ/m²)		摩擦系数(AMS/E 机)	0.34
缺口	4.70		
无缺口	7.30		

绵阳市世兴高分子材料科技有限公司技术指标

项　　目	SR-0	SR-3	SR-4	SR-5	SR-7	SR-10	SR M1	SR M2
密度/(g/cm³)	1.35	1.56	1.65	1.70	1.90	2.0	1.40	1.45
成型收缩率/%	1.5	0.3	0.25	0.20	0.16	0.15	0.30	0.22
吸水率/%	0.05	0.06	0.06	0.05	0.04	0.08	0.50	0.32
拉伸强度/MPa	55	130	130	150	130	110	145	
断裂伸长率/%	6	1.2	1.2	1.0	0.5	0.5	2.0	1.5
弯曲强度/MPa	105	145	145	210	150	155	200	180
简支梁缺口冲击强度/(kJ/m²)	2	8	8	10	6	6.5	12	10
热变形温度/℃	100	255	260	260	260	260	245	250
阻燃性	FV-0	FV-0	FV-0	FV-0	FV-0	FV-0	FV-0	FV-0
体积电阻率/Ω·m	10^{13}							
介电常数		3.8	3.8	3.5	4.5	4.2	3.5	3.5
介电损耗角正切		0.002	0.002	0.003	0.008	0.001	0.01	0.01
介电强度/(kV/mm)		16	16	14	14	13	16	16

余姚市高科塑化有限公司技术指标

项　　目	测试标准	PR-0	PR-3	PR-4	PR-5	PR-7
密度/(g/cm³)	GB 103—86	1.35	1.56	1.55	1.70	1.90
成型收缩比/%	GB 1004—86	1.5	0.3	0.25	0.20	0.16
吸水率/%	GB 1034—86	0.05	0.06	0.06	0.05	0.04
拉伸强度/MPa	GB 1040—92	55	130	145	150	130
伸长率/%	GB 1040—92	6	1.2	1.0	1.0	0.5
弯曲强度/MPa	GB 9341—88	106	145	200	210	150
冲击强度/(kJ/m²)	GB 1043—93	2	8	8	10	6
热变形温度/℃	GB 1634—79	100	255	260	260	260
阻燃性	GB 4609—84	FV-0	FV-0	FV-0	FV-0	FV-0
体积电阻率/Ω·m	GB 1410—88	10^{13}	10^{13}	10^{13}	10^{13}	10^{13}
介电常数	GB 1409—88		3.8	3.8	3.8	4.5
介电损耗角正切	GB 1409—88		0.002	0.002	0.003	0.008
介电强度/(kV/mm)	GB 1408—89		15	15	14	14

【成型加工】 1. 低分子量的PPS树脂

PPS如果为分子量比较低（4000～5000）、结晶度较高（75%）的树脂，该树脂无法直接塑化成型，只能用于喷涂。而该树脂如用于塑化成型，必须进行交联改性处理，使熔体的黏度上升。一般交联后的MFR达到10～20g/10min为宜；进行玻璃纤维增强PPS的MFR可大一些，但不能大于200g/10min。

PPS的交联方法有热交联和化学交联两种，目前以热交联为主。热交联的交联温度为150～350℃，低于150℃不发生交联，高于350℃发生高度交联，反而导致加工困难。

化学交联需要加入交联促进剂，具体的品种有氧化锌、氧化铅、氧化镁、氧化钴等以及酚类化合物，六甲氧基甲基三聚氰酰胺、过氧化氢、碱金属或碱土金属的次氯酸盐等。

PPS虽有交联，但流动性下降不多；因此，废料可重复使用三次；PPS本身具有脱模性，可不必加入脱模剂；PPS经过热处理可提高结晶度及热变形温度，后处理的条件为：温度204℃，时间30min。

2. 高分子量的PPS树脂

高分子量的PPS树脂可以采用注射、模压、挤出等多种方法进行加工，在压制和挤出时可以用玻璃纤维、石棉和金属粉末等作为填料。

(1) 注射成型 可采用通用注塑机。

注塑的工艺条件

项目		成型参数
螺杆转速/(m/s)		0.6
温度/℃	喷嘴温度	280～300
	料筒温度	
	第一段	290～310
	第二段	300～310
	第三段	300～310
	模具温度	120～180
压力/MPa	注射压力	50～140
	保压压力	40～80
时间/s	注射时间	0～5
	保压时间	15～60
	冷却时间	15～60
	模塑周期	40～140
干燥/h	3～4(130～140℃)	

(2) 挤出 采用排气式挤出机，工艺为：加料段温度小于200℃；料筒温度300～340℃，连接体温度320～340℃，口模温度300～320℃。

(3) 模压成型 适合大型制品，采用两次压缩，先冷却，后热压。热压的预热温度纯PPS为360℃左右15min，GFPPS为380℃左右20min；模压压力为1030MPa，冷却到150℃脱模。

【用途】 PPS的应用范围很广泛，可制成各种耐高温、耐腐蚀制品，如高温高压下使用的稀硫酸水解罐及其排气阀和出料阀使用80h无腐蚀现象。PPS亦可用于电气工业零部件和在受热工作条件下零件、可用于防静电和电磁屏蔽等产品。具体如下所述。

(1) 电子电器领域 PPS用于电子电气工业可占30%，它适合于环境温度高于200℃的高温电气元件；可制造发电机和发动机上的电刷、电刷托架、启动器线圈、屏蔽罩及叶片等；在电视机上，可用于高电压外壳及插座、接线柱及端子板等；在电子工业、制造变压器、阻流圈及继电器的骨架和壳体，集成电路载体；利用高频性能，制造H级绕线架和微调电容器等。

(2) 汽车等大型运输机械领域 PPS用于汽车工业占45%左右，主要用于汽车功能件；如可代替金属制作排气筒循环阀及水泵叶轮，气动信号调解器等。其他还可以用作发动机零件、燃料泵及点火装置部件、汽化器部件、排气装置、排气调节阀、电刷支架、电磁线圈、轴承、传感器部件、配电盘、灯光反射器和刮雨部件等。

(3) 机械领域　主要用作各种压缩机部件、阀门、流量计、叶轮、齿轮泵、复印机部件、导管、喷油嘴、喷雾器、照相机零件、仪表零件、计算机零件、测量仪器零件和钟表零件等。

(4) 化工领域　用于耐酸、碱阀门和管道以及管件、垫片、泵体或叶轮。PPS纤维及其织物用于肥料和造纸工业中高温腐蚀介质的过滤材料。PPS涂料广泛用于化工设备的防腐涂层。

(5) 航空与航天　PPS用玻璃纤维、碳纤维或芳纶复合，所得的复合材料具有极高的比强度和比刚性，故可以用作机舱的门、座椅、战斗机的机身和机翼、导弹的垂直尾翼等。

【安全性】 树脂的生产原料，对人体的皮肤和黏膜有不同程度的刺激，可引起皮肤过敏反应和炎症；同时还要注意树脂粉尘对人体的危害，长期吸入高浓度的树脂粉尘，会引起肺部的病变。大部分树脂都具有共同的危险特性：遇明火、高温易燃，与氧化剂接触有引起燃烧危险，因此，操作人员要 改善操作环境，将操作区域与非操作区域有意识地划开，尽可能自动化、密闭化，安装通风设施等。

PPS为颗粒料，装于内衬薄膜的塑料编织袋，每袋净重25kg，可长期贮存，按非危险品运输。

【生产单位】 广州番禺汇塑工程塑料厂，绵阳市世兴高分子材料科技有限公司，余姚市高科塑化有限公司，余姚市振峰塑业有限公司，科强公司，自贡鸿鹤特种工种塑料有限责任公司，四川省华拓实业发展股份有限公司，成都乐天塑料有限公司，山东三达科技发展公司，四川得阳科技股份有限公司。

Bv013 增强聚苯硫醚

【英文名】 glass fiber reinforced polyphenylene sulfide；PPS

【别名】 增强聚亚苯基硫醚

【结构式】

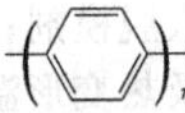
S＋玻璃纤维

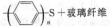

【性质】 未改性的PPS强度并不算高，然而用玻璃纤维链增强改性后，就有了极好的强度和刚度，成为综合性能极为优异的工程塑料，可以和部分有色金属媲美，可代替铸铝合金、轴承合金、锡青铜和铸造无锡青铜等。玻璃纤维增强聚苯硫醚热稳定性很高，热变形温度可达260℃以上，在225℃高温下可长期使用，因此可代替不锈钢作汽车发动机罩，燃油系统部件和燃油泵、废气回路部件等。由于PPS吸水性极小，热膨胀系数极低，和部分有色金属（如黄铜、铝青铜等）的膨胀系数相差不多。

玻璃纤维增强PPS树脂的典型性能如下。

拉伸强度/MPa	120
弯曲强度/MPa	120～150
冲击强度/(kJ/m²)	
无缺口	18～25
缺口	8～10
热变形温度/℃　≥	250
热膨胀系数/1/℃	4.0×10 －5

【制法】 将连续玻璃纤维通过双螺杆挤出机，使玻璃纤维切断并与PPS树脂共混，切粒得到产品。一般分为长玻璃纤维法和短玻璃纤维法。

1. 短玻璃纤维法

经过表面处理的玻璃纤维切碎后与PPS树脂混匀，加入螺杆挤出机中，挤出造粒得到产品。

2. 长玻璃纤维法

将PPS树脂加入螺杆挤出机熔融，经过处理的玻璃纤维长丝与熔融树脂同时进入挤出机混合，在挤出机的剪切捏合后，玻璃纤维均匀分散于PPS树脂中。

工艺流程如下。

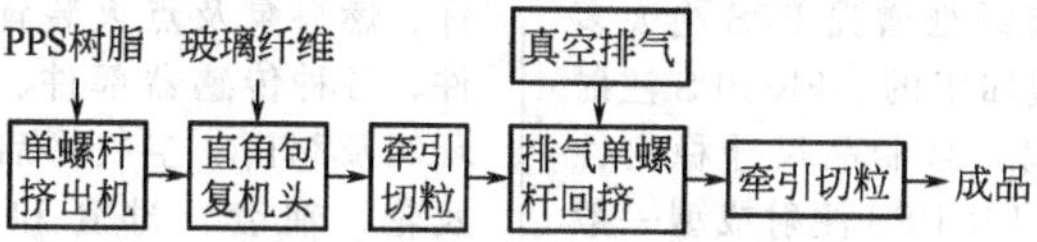

【质量标准】

山东三达科技发展公司指标

密度/(g/cm^3)		1.55～1.65	断裂伸长率/%≥		1.5
弯曲强度/MPa	≥	220	无缺口冲击强度/(kJ/m^2)	≥	35
弯曲弹性模量/GPa	≥	12	热变形温度/℃	≥	269
拉伸强度/MPa	≥	140	吸水率/%	≤	0.03

自贡鸿鹤特种工程塑料有限责任公司指标

指标名称	测试方法(ASTM)	质量指标
密度/(g/cm^3)	D792	1.34
吸水率/%	D570	0.02
成型收缩率/(mm/mm)	D955	0.01
洛氏硬度(HR)	D785	100
拉伸强度/MPa	D638	60
断裂伸长率/%	D638	2
拉伸弹性模量/MPa	D638	2×10^3
弯曲模量/MPa	D790	2×10^3
弯曲强度/MPa	D790	90
悬臂梁缺口冲击强度/(kJ/m^2)	D256	6
体积电阻率/Ω·cm	D257	5×10^{15}
表面电阻率/Ω	D257	5×10^{14}
介电常数(1MHz)	D150	3
介电损耗角正切(1MHz)	D150	1.5×10^3
介电强度/(kV/mm)	D149	13
熔点/℃	D648	290
热变形温度(1.82MPa)/℃	D648	106
燃烧性(垂直法)	UL 94	FV-0

科强公司指标

项　目		化学改性玻纤增强聚苯硫醚	高含量玻纤/矿物填充聚苯硫醚
拉伸强度/MPa	≥	140	120
弯曲强度/MPa	≥	210	200
缺口冲击强度/(kJ/m^2)	≥	7	10
热变形温度(1.82MPa)/℃	≥	260	260
阻燃性(UL-94)		V-0	V-0
玻纤含量/%		40±3	33±3
介电强度/(kV/mm)		16	16～20

【成型加工】 玻璃纤维增强 PPS 绝大多数制品是注射成型加工的。FR-PPS 注射成型加工比较容易，且制品尺寸稳定性好，翘曲变形小。FR-PPS 注射成型一般采用螺杆式注射机加工，这样可有效地控制注射温度，获得最短的注射周期。虽然 PPS 树脂吸湿性很小，但是玻璃纤维、无机填料和其他辅助材料含有少量的水分，因此在成型之前要干燥处理。一般温度控制在 120～150℃下干燥 35h。FR-PPS 注射成型加工中，应在模具设计时考虑排气结构。随加工温度的变化，制品的性能也随之变化。一般来说，拉伸强度随温度增加而增加；冲击强度、弯曲强度、热变形温度在温度变化时，变化不大，表面光泽和光滑程度在高温度下可得到改善。影响制件性能最重要的注射加工工艺参数是模温。制件的注射模温一般控制在 80～200℃。随着模温的提高，FR-PPS 从无定形结构转变为高结晶结构，其结晶程度可通过热变形温度反映出来。热变形温度低于 110℃时，说明模温在 90℃或更低；当模温高于 120℃时，热变形温度可达 260℃。弯曲模量也取决于模温。随着模温的提高，可获得高结晶度、高硬度制品。然而，模温的提高弯曲强度要受影响。FR-PPS 在设备中加热到 390℃时会产生物料滞留现象，容易在料筒、流道系统中形成硬橡胶产物，须及时清理。为了进一步提高制品的性能，可将制品放入一定温度的烘箱里进一步进行交联。

【用途】 FR-PPS 已成功地应用于飞机、汽车、机械、化工、电子电气等领域：①电子方面，可用 FR-PPS 制作连接器、IC 插座、印刷线路板、IC 和 LSI 的封装；②电气方面，可用 PR-PPS 制作绝缘底座、线圈架、接触开关、保险丝支架、发动机部件；③汽车方面，可用 PR-PPS 制作汽车发动机和交流发电机部件、燃料泵及点火装置部件、汽化器部件、各种传感器部件、配电盘、排气循环阀及阀门、空气冷启动加热器部件以及轮、轴套、衬套和压缩机活塞等；④机械方面，各种压缩机部件、阀门、计算机部件、流量计和测试设备部件、复印机部件、传感器、喷雾器、相机及钟表零件等。FR-PPS 用量已占 PPS 树脂量的 80％以上。

【安全性】 树脂的生产原料，对人体的皮肤和黏膜有不同程度的刺激，可引起皮肤过敏反应和炎症；同时还要注意树脂粉尘对人体的危害，长期吸入高浓度的树脂粉尘，会引起肺部的病变。大部分树脂都具有共同的危险特性：遇明火、高温易燃，与氧化剂接触有引起燃烧危险，因此，操作人员要 改善操作环境，将操作区域与非操作区域有意识地划开，尽可能自动化、密闭化，安装通风设施等。

玻璃纤维增强 PPS 为颗粒料，装于内衬薄膜的塑料编织袋，每袋净重 25kg，可长期贮存，按非危险品运输。

【生产单位】 余姚市高科塑化有限公司，广州番禺汇塑工程塑料厂，绵阳市世兴高分子材料科技公司科强公司，余姚市振峰塑业有限公司，自贡鸿鹤特种工种塑料有限责任公司，四川省华拓实业发展股份有限公司，成都乐天塑料有限公司，山东三达科技发展公司，绵阳市靖琦科技开发有限责任公司。

Bv014 尼龙改性聚苯硫醚

【英文名】 PPS modified by nylon

【别名】 尼龙改性聚亚苯基硫醚

【结构式】

【性质】 PPS 和 PA 具有较好的热力学

相容性，在高温下几乎可以任何比例混溶。PPS/PA（60/40）共混物的冲击强度约为PPS的5倍，极大地改善了PPS的脆性，同时PPS/PA共混物的拉伸强度、弯曲强度比PPS均有所提高，只是热变形温度有小量下降，综合性能相当理想。

合金PA（5%～80%）/PPS（20%～95%）具有优良的力学性能、耐候性和可塑性，可用于制造包装材料、容器、管子及其附件等，电子显微镜观察显示，该合金中PPS为连续相，PA为分散相。

【制法】 将PPS树脂与PA树脂进行初混合，经螺杆挤出机熔融共混即得到PA树脂改性PPS。

【质量标准】

山东三达科技发展公司指标

项　目	性能
密度/(g/cm³)	1.55～1.65
弯曲强度/MPa	72
拉伸强度/MPa	55
断裂伸长率/%	60
缺口冲击强度/(kJ/m²)	80
热变形温度/℃	180
吸水率/%	50.4

科强公司指标

项　目		PPS/PA合金
拉伸强度/MPa	≥	165
弯曲强度/MPa	≥	230
热变形温度(1.82MPa)/℃	≥	252
阻燃性(UL-94)		HB
玻纤含量/%		40±3

【安全性】 可包装于内衬塑料膜的编织袋或塑料容器内；贮放于阴凉通风干燥处，防止日晒雨淋，远离火源；按非危险物品运输。

【生产单位】 山东三达科技发展公司；科强公司。

8　聚酮

芳族聚醚酮系列包括：酮键和醚键在其重复单元中的位置和数目改变的那类结构，因此就有聚醚酮（PEK）、聚醚醚酮（PEEK）、聚醚醚酮酮（PEEKK）和其他的结合方式。其结构见图Bv-4。由于它们主链的芳香性，故所有聚醚酮都具有非常高的耐热温度。而且都很容易进行注射和挤出成型，虽然它们的熔融温度都非常高，例如未加填料的聚醚醚酮（PEEK）其熔融温度为370℃，加有填料的聚醚醚酮则为390℃；而填充和非填充的PEK的熔融温度高达165℃。这种高耐热材料的韧性出奇的高，动态循环和抗疲劳能力很强，低吸湿性和水解稳定性使这种材料适于作核设备和油井部件、高压蒸汽阀门、化工设备、飞机和汽车发动机。

与PEEK中的两个醚键相比，PEK中只有一个醚键，这样自然就损失了一些分子柔性，结果使PEK比PEEK具有更高的T_m和热变形温度；同样地，如果重复单元中酮键比较多，则聚合物的最终拉伸强度就比较大。不同芳族聚醚酮性能的对比列在表Bv-6中。由于材料的来源和测试方法不同，故表Bv-6中的性能对比数据是不严格的。

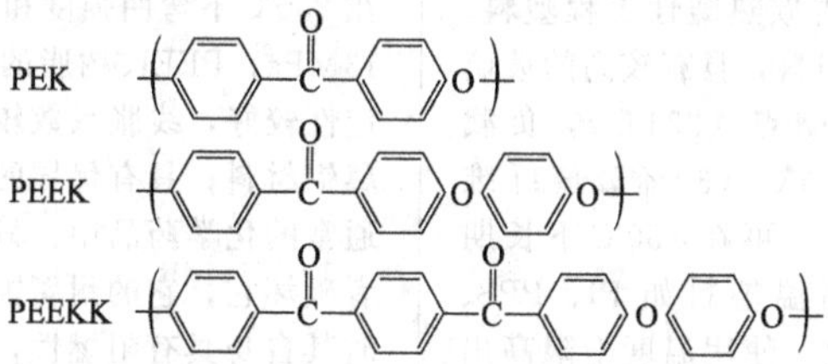

图Bv-4　PEK、PEEK和PEEKK的结构

表 Bv-6 某些 PEK、PEEK 和 PEEKK 性能的对比

项 目	未填充的 PEK	填充 30% 玻璃纤维的 PEK	未填充的 PEEK	填充 30% 玻璃纤维的 PEEK	未填充的 PEEKK	填充 30% 玻璃纤维的 PEEKK
T_m/℃	323～381	329～381	334	334	365	—
拉伸模量/MPa	3585～4000	9711～12090	—	8620～11030	4000	13500
断裂伸长率/%	50	2.2～3.4	30～150	2～3	—	—
最终拉伸强度/MPa	103	—	91	—	86	168
相对密度	1.3	1.47～1.53	1.30～1.32	1.49～1.54	1.3	1.55
热变形温度(264lb/m²)/℃	162～170	326～350	160	288～315	160	>320

对于所有 PEK 系列所用的填料，玻璃纤维和碳纤维增强剂是最重要的填料，虽有损于弹性伸长率。但其附加的耐热性和模量的改善已使玻璃纤维和碳纤维配方进入很多应用。PEK 可以由图 Bv-5(a) 结构的自缩聚合成，也可通过图 Bv-5(b) 中间体的反应来制得。由于这些聚合物可以结晶或者有结晶倾向，所以聚合物可以从反应混合物中沉淀出来，它们必须在高沸点的溶剂中接近于 320℃ 的熔融温度下反应。

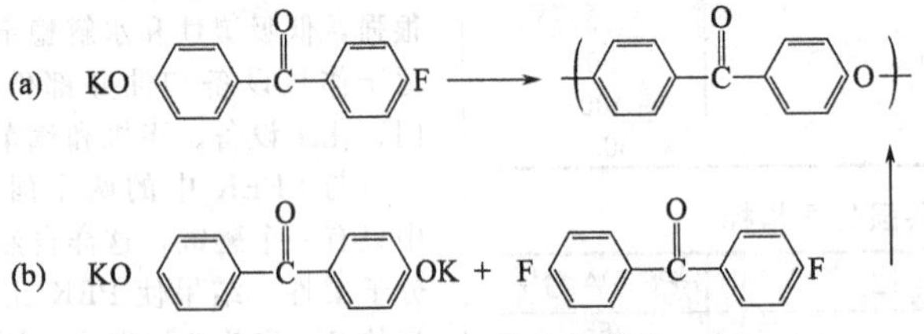

图 Bv-5 PEK 的合成路线

聚醚醚酮树脂（polyether ether ketone，简称 PEEK 树脂）是由 4,4′-二氟二苯甲酮与对苯二酚在碱金属碳酸盐存在下，以二苯砜作溶剂进行缩合反应制得的一种新型半晶态芳香族热塑性工程塑料。它属耐高温热塑性塑料，具有较高的玻璃化温度（143℃）和熔点（334℃），负载热变型温度高达 316℃（30%玻璃纤维或碳纤维增强牌号），可在 250℃下长期使用，与其他耐高温塑料如 PI、PPS、PTFE、PPO 等相比，使用温度上限高出近 50℃；PEEK 树脂不仅耐热性比其他耐高温塑料优异，而且具有高强度、高模量、高断裂韧性以及优良的尺寸稳定性；PEEK 树脂在高温下能保持较高的强度，它在 200℃时的弯曲强度达 24MPa 左右，在 250℃下弯曲强度和压缩强度仍有 12～13MPa；PEEK 树脂的刚性较大，尺寸稳定性较好，线胀系数较小，非常接近于金属铝材料；具有优异的耐化学药品性，在通常的化学药品中，只有浓硫酸能溶解或者破坏它，它的耐腐蚀性与镍钢相近，同时其自身具有阻燃性，在火焰条件下释放烟和有毒气体少，抗辐射能力强；PEEK

树脂的韧性好，对交变应力的优良耐疲劳性是所有塑料中最出众的，可与合金材料媲美；PEEK 树脂具有突出的摩擦学特性，耐滑动磨损和微动磨损性能优异，尤其是能在 250℃下保持高的耐磨性和低的摩擦系数；PEEK 树脂易于挤出和注射成型，加工性能优异，成型效率较高。此外，PEEK 还具有自润滑性好、易加工、绝缘性稳定、耐水解等优异性能，使得其在航空航天、汽车制造、电子电气、医疗和食品加工等领域具有广泛的应用，开发利用前景十分广阔。

8.1 聚醚醚酮的用途

在航空航天方面，PEEK 树脂可以替代铝和其他金属材料制造各种飞机零部件，利用其优异的阻燃性能，可用来制造飞机内部部件，以降低飞机发生火灾时的危害程度。

在电子电气方面，PEEK 树脂具有优良的电气性能，是理想的电绝缘体，在高温、高压和高湿度等恶劣的工作环境条件下，仍能保持良好的电绝缘性。因此电子电气领域逐渐成为 PEEK 树脂的第二大应用领域。由于 PEEK 树脂本身纯度很高，力学和化学性能稳定，这使得硅片加工过程中的污染得到降低。PEEK 树脂在很大的温度范围内不变形，用其制作的零部件可经受热焊处理的高温环境。根据这一特性，在半导体工业中，PEEK 树脂常用来制造晶圆承载器、电子绝缘膜片以及各种连接器件，此外还可用于晶片承载片（wafer carriers）绝缘膜、连接器、印刷电路板、高温接插件等。另外，PEEK 树脂还可应用于 μg/L 级超纯水的输送、贮存设备，如管道、阀门、泵和容积器等。现在日本等国的超大规模集成电路的生产已经在使用 PEEK 树脂材料。

在医疗方面，PEEK 树脂除用于生产灭菌要求高、需反复使用的手术和牙科设备和制作一些精密医疗仪器外，最重要的应用是可以替代金属制作的人造骨。用 PEEK 树脂制作的人造骨除具有质轻、无毒、耐腐蚀性强等优点外，还是塑料材料中与人体骨骼最接近的材料，可与肌体有机结合，所以用 PEEK 树脂代替金属制造人体骨骼是其在医疗领域方面一个非常重要的应用，具有深远的意义和价值，其潜在的应用前景将是非常喜人的。

在燃源电力方面，PEEK 树脂具有耐高温性，又不容易水解，并且还耐辐射，所以用其制作的电线电缆线圈骨架等已成功应用于核电站。

在石油勘探与开采工业中，可用于制造开采机械涉及的特殊几何尺寸的探头。

在机械工业方面，PEEK 树脂常用来制作压缩机阀片、活塞环、密封件和各种化工用泵体、阀门部件。用该树脂代替不锈钢制作涡流泵的叶轮，可明显降低磨损程度和噪声级别，延长其使用寿命。除此之外，由于 PEEK 树脂符合管组工件材料的规格要求，在高温下仍可使用各种黏合剂进行粘接，所以现代连接器将是其另一个潜在的应用市场。

在汽车和其他工业方面，利用 PEEK 树脂良好的耐摩擦性能和力学性能，可以作为金属不锈钢和钛的替代品用于制造发动机内罩、汽车轴承、垫片、密封件、离合器齿环等各种零部件，另外也可用在汽车的传动、刹车和空调系统中。目前波音飞机、AMD、尼桑、NEC、夏普、克莱斯勒、通用、奥迪、空中客车公司已开始大量使用这种材料；在涂料方面，将 PEEK 树脂的精细粉末涂料覆盖在金属表面，可以得到具有绝缘性好、耐腐蚀性强、耐热、耐水的金属 PEEK 粉体涂装制品，广泛应用于化工防腐蚀、家用电器、电子、机械等领域。此外，PEEK树脂还可用于制造液体色谱分析仪用填充柱和连接用的超细管。

为了满足制造高精度、耐热、耐磨损、抗疲劳和抗冲击零部件的要求，对PEEK树脂进行共混、填充、纤维复合等增强改性处理，可以得到性能更加优异的PEEK塑料合金或PEEK复合材料。如PEEK与聚醚酮共混可以得到具有特定熔点和特定玻璃化温度的复合材料，该材料的加工成型性能得到改善；PEEK与聚醚砜共混后的复合材料在具有良好力学性能的同时，又使阻燃性能得到了提高；在PEEK中加入专用酚醛树脂制成的材料具有特殊的抗摩擦性能；PEEK与聚四氟乙烯共混制成的复合材料，在保持PEEK的高强度、高硬度的同时，还具有突出的耐磨性，可用于制造滑动轴承、密封环等机械零部件；PEEK可与碳纤维和玻璃纤维等多种纤维进行改性增强，制成高性能的复合材料，纤维增强的PEEK复合材料具有优异的抗蠕变、耐湿热、耐老化和抗冲击性能。在PEEK中加入碳纤维或玻璃纤维，还可大幅度提高材料的拉伸和弯曲强度；在PEEK中加入晶须材料，可提高材料的硬度、刚性及尺寸稳定性，用于制造大型石化生产线上的氢气压缩机和石油气压缩机的环状、网状阀片等。用无机纳米材料增强改性的PEEK复合材料，是集有机树脂和高性能无机纳米粒子的诸多特性于一身的新型复合材料，它可显著改善PEEK树脂的抗冲击和耐摩擦性能，同时提高PEEK的刚性和尺寸稳定性，进一步拓宽PEEK树脂的应用范围。

8.2 国外聚醚醚酮的生产和消费情况

PEEK树脂最早由英国ICI公司于20世纪70年代末研究开发成功，并于20世纪80年代初期实现工业化生产，并有商品投放市场，商品名称为“Victrex-PEEK”。

英国Victrex公司是世界上最早从事PEEK树脂生产的厂家之一，在PEEK树脂产品领域具有垄断地位，市场销量连续以每年20%的速度增长，2001年净收益增长了37%，达到3230万美元，销售额增长23%，达到10430万美元。该公司PEEK树脂的生产能力先后在1996年、1999年、2000年和2003年经过4次扩建，生产能力已经达到2800t/a。而且为了确保原料供应，Victrex公司实现了生产反向一体化，在1999年和2000年先后购买了一座二氟苯甲酮（DFDPM）生产厂和一座对苯二酚（BDF）生产厂（占50%股份）。此外，Victrex公司还计划在今后三四年在索尔顿-克雷维莱斯建设第2套规模相当的PEEK树脂生产装置和第2套二氟二苯基甲酮生产装置，以便向新建的PEEK树脂生产装置提供原料。

Victrex公司在欧洲通过其子公司Victrex欧洲公司出售PEEK树脂产品，在美国通过其子公司Victrex美国公司出售PEEK树脂产品，在日本通过与三井化学公司组建（股份为51/49，其中三井化学公司占49%）的合资企业Victrex MC公司出售PEEK树脂产品。

近期，印度孟买的Gharda化工公司与Victrex公司合作在印度孟买新建了一座生产能力为120t/a的PEEK树脂半工业化生产装置。该生产装置采用与Victrex公司不同的工艺路线生产，仅使用一种单体原料，工艺成本比Victrex公司低，生产出的PEEK产品颜色较暗，但比Victrex公司的产品便宜10%～15%。Gharda公司计划在今后几年将其扩建到800～1000t/a的工业生产规模。从长远来看，Gharda化工公司将是Victrex公司的有力竞争者，至少将抢占世界10%的PEEK市场。

另外，一些跨国化学公司如杜邦和巴斯夫也分别生产类似PEEK的高性能聚合物，如聚醚醚酮，但目前还没有实现工业化生产。

目前，世界PEEK树脂的总消费量约为32800t/a，其中欧洲约占42%，美国约占38%，亚太地区约占12%，其他地区约占8%。产品主要应用于包括航空、工业、电子和医学各部门在内的一些领域，其中运输业的消费量约占总消费量的36%，工业方面约占30%，电子方面约占22%，医学领域约占6%，其他方面约占6%。

8.3 聚醚醚酮新产品的开发

随着PEEK树脂生产能力和产量的不断增加以及用途的拓宽，新产品不断被研究和开发出来。2002年Victrex公司推出了一种耐热型PEEK树脂新品种PEEK-HT。PEEK-HT是一种半结晶聚合物，玻璃化温度为157℃，熔点为374℃。同标准级PEEK树脂相比较，该树脂具有优异的高温性能，保持力学性能及物理性能的温度提高30℃，高温下的耐磨损性能提高2倍；在较宽的温度范围内，能保持较好的耐蠕变性能和耐疲劳性能；在250℃温度下，具有更高的拉伸强度、弯曲模量和压缩强度；具有优异的耐受化学药品、溶剂和燃料性能；更容易用射出、挤出成型机加工成型，射出成型后不需要后处理，可以大量生产公差小的零件。PEEK-HT树脂新品种有粉末（PEEK-HTP22）和粒料（PEEK-HT G22）两种形态，主要应用市场是汽车和航空发动机箱、头灯反射器、热交换制件，阀门衬套以及深海油田制件等，在某些领域已经部分取代了金属和陶瓷。目前，PEEK HT新品种的年销售量已经超过2800t。

2003年Victrex公司推出了一种硅树脂改性（Silicon-Modified）的PEEK树脂，−40～140℃下的伊佐德缺口冲击强度（Izod）是标准无填料PEEK树脂的2～3倍，其刚性和抗冲性能接近聚碳酸酯，目前正在接受多个应用领域的评估，产品已经能够按吨为单位供应。

日本东京Yamakyu Chain公司开发出一种PEEK聚合物，可用作生产系统板带链条的材料。这种用PEEK树脂生产的链条可以经受250℃的高温，并且可以在无润滑的条件下以200m/min的速度运转，而且还具备好的耐化学性能及抗静电性能。这种PEEK聚合物可替代金属加工件，其产品主要用于各种高性能的终端产品，包括汽车和飞机组件、工业用泵、阀门和密封件以及硅片输送设备、连接器和可消毒的外科手术器材等。

2003年荷兰LNP工程塑料有限公司推出了两种PEEK复合材料新品种Thermocomp LF-100-12和Thermocomp LF-1006。据悉，这两种新型复合材料具有较高的力学强度性能，其制品的热性能和耐化学腐蚀性能远远优于常用的一些热塑性复合材料，同时还具有耐燃性好，发烟雾量较少以及价格相对低廉等优点。Thermocomp LF-100-12含有60%的玻璃纤维和矿物填料含量，它的弯曲模量为15000MPa；Thermocomp LF-1006的玻璃纤维含量为30%。在价格上，LF-100-12更具优势，比LF-1006低40%左右。由于这两种PEEK复合材料的刚性较好，抗弯变形能力较强，因而特别适合于制造耐磨损的齿轮和轴承等制品。LNP公司已使用这类PEEK复合材料开发出化学工业领域用泵体叶轮等部件，并正在开发其在汽车业、电工行业、航空制造业和机械制造业等领域的新应用。

英国Robix公司利用PEEK树脂为原料，采用挤塑的方法生产出直径达600～

1200mm，横断面达 25 mm×19mm 的圆形零件，此外还能生产直径为 3m 的横断面较厚的零件。英国 Omnifit Limited 公司采用 PEEK 替代不锈钢，制造出用于色谱仪产品所用的接插器和配件。该产品既具有化学惰性又能够在典型色谱柱环境中承受 41.34MPa 的压力。与所替代的不锈钢材料不同，该产品不会干扰分离和提纯工艺，且具有出色的耐化学药品性能。

Quadrant 工程塑料公司推出一种 PEEK 树脂新品级 Kerton PEEK GF30，该产品能耐所有的标准消毒方法、高能辐射（X 射线）和多种化学品，且材料具有高强度和刚性，耐冲击和耐磨损性优于目前使用的热固性材料。Kerton PEEK-GF30 经过 250 次循环消毒后也不会降解，因此可延长医疗器件的服务寿命；此外，它还具有非常好的尺寸稳定性和固有稳定性，可以降低机械公差，得到高质量高精度的部件。该产品完全可以达到医疗服务需反复消毒而后清洁的要求。

2010 年 Victrex 公司推出了一系列不同用途的 PEEK 树脂。PEEK-450GL30 采用30%玻纤增强，连续工作温度可以达到 300℃，可用于锅炉检测探测器的密封；用于油田泵密封结合环的 PEEK 树脂不仅在强度上可取代青铜，而且在磨损时具有更好的伸长率。用于加压医药反应器阀门衬套的 PEEK 树脂，具有高耐冷流性，在一定温度范围内保持刚性和强度，制作的阀门密封性和不渗透性达到 ANSI VI 级；用于赛车分配器齿轮的 PEEK 树脂，能耐高温和长期的磨损，连续工作温度可以达到 260℃，在接近它的熔融温度 343℃时还能保持物理性能，比青铜合金齿轮减轻 81%的质量。

8.4 我国聚醚醚酮的生产现状

PEEK 树脂自从问世以来，一直被作为一种重要的战略国防军工料，开发国家对许多国家限制出口。在此期间，我国只有一些科研机构在办理了进口申请手续后，才有少量进口。随着 PEEK 树脂在汽车、电子、机械等民用领域的广泛使用，其出口限制开始逐渐放宽。为了满足我国国防的发展和民用的急需，PEEK 树脂的研制被列入“七五”国家重点科技攻关项目和国家“863”计划，在此期间，吉林大学特种工程塑料研究中心完成了 PEEK 树脂的实验室小试，在全部采用国产原料的情况下，开发出具有自主知识产权的 PEEK 树脂的合成路线。在此基础上，“八五”期间对 PEEK 树脂进行了 10t/a 规模的放大实验，实现了小批量生产。到“九五”期间，吉林大学特种工程塑料研究中心又进行了 PEEK 树脂 30t/a 规模的中试试验，并在“九五”期末通过了鉴定验收。PEEK 树脂主要性能指标达到了国外同类产品的指标。

2001 年末，由吉林大学高新材料有限责任公司投资 1 亿元建设的一期 300t/a PEEK 树脂生产线建成投产，二期 500t/a PEEK 树脂项目已于 2001 年 8 月由国家批准为“十五”产业化示范工程，于 2003 年 2 月建成。届时，吉林大学高新材料有限责任公司将成为继 VICTREX PLC 公司之后，最先采用我国专利技术商品化生产 PEEK 树脂的公司。山东工业大学对 PEEK 树脂的合成进行了研究开发，得到产品的熔点为 338.4℃，熔化热为 32.8J/g，分解温度为 456℃。此外，大连理工大学、中山大学、黑龙江大学、江西师范大学、上海大学材料学院、上海材料研究院、江苏理工大学、安徽师范大学、大连轻工业学院等单位也开展了相应的研究工作。

国家批准的“十一五”PEEK 树脂扩建工程多项，继“十二五”聚醚醚酮的生产多项工程落户国内长江三角地区虽然PEEK树脂在我国已经实现了批量生产，但与国外公司相比，PEEK树脂在应用开发上还存在一些问题。一是在适合各种不同需要的专用料开发上与国外还有很大差距。仅在日本市场，VICTRE PLC公司提供的标准牌号PEEK树脂就有10多种，另外还有自润滑、机电等一些特殊牌号的树脂可供选择，而国产PEEK树脂却只有简单的几种牌号。二是国外PEEK树脂除了上述不同牌号的粉料、粒料外，还有专门厂家生产各种牌号、规格的管材、棒材、片材等不同型材供应市场，而国内由于设备所限还不能生产这些型材，使国产PEEK树脂的应用开发受到很大限制。因此，开发多品种PEEK专用料以及扩大PEEK树脂的应用开发将是我国今后的发展重点。

Bv015 聚醚酮

【英文名】 polyether ketone；PEK

【结构式】

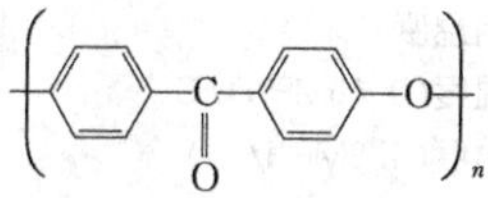

【性质】 醚键和羰基交替与亚苯基环联结的聚芳醚酮类半结晶聚合物。其综合性能好。熔融温度比PEEK高40℃。耐热性是芳族聚醚酮中最高的。使用温度260℃，耐化学性能好，耐硝酸性更好。耐高温蒸汽，吸水后尺寸稳定性佳。热膨胀系数低，耐热、耐辐射性好。

PES典型的性能指标如下。

密度/(g/cm³)	1.3	长期使用温度/℃	260
玻璃化温度/℃	165	介电常数	3.4
拉伸强度/MPa	105	体积电阻率/Ω·cm	10^{16}
拉伸模量/GPa	4.0	阻燃性率(UL-94)	V-0
热变形温度/℃	186		

【质量标准】 广州洋达工程塑料原料厂聚醚酮（PEK）性能指标

物性指标	数据	测试标准
密度/(g/cm³)	1.6	ASTM D792
吸水率/%	0.021	ASTM D570
洛氏硬度	105	ASTM D785
邵氏硬度	75	ISO 868
拉伸屈服强度/MPa	110	ASTM D638
拉伸断裂强度/MPa	60	ASTM D638
断裂伸长率/%	最小300	ASTM D638
屈服伸长率/%	3	ASTM D638
拉伸模量/GPa	8	ASTM D638
弯曲模量/GPa	6.4	ASTM D790
弯曲强度/MPa	55	ASTM D790
缺口悬臂梁冲击强度/(J/cm)	1.12	23℃
无缺口悬臂梁冲击强度/(J/cm)	NB	ASTM D256

续表

物性指标	数据	测试标准
耐电弧性/s	60～120	UL-746A
CTI/V	600	UL-746A
熔点/℃	220	
长期使用温度/℃	160	UL-746B
热变形温度(0.46MPa)/℃	210	ASTM D648
热变形温度(1.8MPa/℃)	200	ASTM D648
维卡软化点/℃	210	ASTM D1525
UL-94 阻燃性	V-0	UL-94
氧指数	30	ISO 4589

【成型加工】 PEK树脂具有优异的加工性能也很好，可以挤出成型、注射成型、模压成型等成型。亦可熔融抽丝。还可以用玻璃纤维增强，制作高级复合材料。

【用途】 PEK可以用作电子、电气、机械、化工各种部件、电缆电线、雷达等。汽车上用作发动机、排气活门的阀、弹簧盘、引擎部件，以减轻质量，减少噪声。亦可以用PEK碳纤维长丝复合材料制作宇宙飞船和飞机上的结构材料和大型部件。

【安全性】 树脂的生产原料，对人体的皮肤和黏膜有不同程度的刺激，可引起皮肤过敏反应和炎症；同时还要注意树脂粉尘对人体的危害，长期吸入高浓度的树脂粉尘，会引起肺部的病变。大部分树脂都具有共同的危险特性：遇明火、高温易燃，与氧化剂接触有引起燃烧危险，因此，操作人员要 改善操作环境，将操作区域与非操作区域有意识地划开，尽可能自动化、密闭化，安装通风设施等。

PEK为颗粒料，装于内衬薄膜的塑料编织袋，每袋净重25kg，可长期贮存，按非危险品运输。

【生产单位】 广州洋达工程塑料原料厂，美国Amoco公司，德国BASF公司，英国ICI公司。

Bv016 聚醚醚酮

【英文名】 polyether ether ketone；PEEK

【结构式】

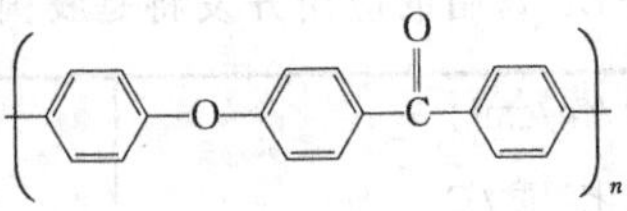

【性质】 PEEK具有很好物理力学性能以及优异的耐热性能，具体如下。

① 耐高温性能玻璃化温度高达143℃，熔点为343℃，经GF或CF填充后，热变形温度高达315℃以上，美国UL认可的长期使用温度为260℃。

② 优异的力学性能PEEK是所有的树脂中韧性和刚性结合最完美的材料，其强度和耐疲劳性甚至优于一些金属和合金材料。

③ 阻燃性和低发烟性不需要添加其他的阻燃成分既具有阻燃的特性，1.45mm厚度的试样即可以达到UL-94 V-0的标准，而且发烟量明显低于其他品种的树脂。

④ 耐化学药品性除了高浓度浓硫酸等强氧化性酸的侵蚀，具有近似于PTFE树脂的耐化学品性，而且在各种化学试剂中能够完整地保留其力学性能，是极为优异的耐腐蚀材料。

⑤ 自润滑性和耐磨性 PEEK 树脂本身即具有优异的自润滑性和耐磨性，填充后的树脂摩擦系数可以低到 0.15，而且磨耗量极低，是优异的轴承用材料。

⑥ 耐水解性在高温蒸汽和热水中长期浸泡仍能够保持良好的力学性能，是所有树脂中耐水解性能最好的品种。

⑦ 尺寸稳定性具有极低的吸水率和线性热膨胀系数，其制品在各种应用环境下有优异的尺寸稳定性。

⑧ 经济性具有低的相对密度（纯树脂 1.32）和加工方法多（注塑、挤出、模压、吹出、静电喷涂）的特点，并且易于复合改性，使材料具有很好的经济实用性。

⑨ 电性能和绝缘性能在高温、高压、高速、高湿等环境下仍然具有优异的绝缘性和稳定的电性能。

⑩ 耐辐照和耐候性对各种辐射具有优异的抵抗能力，可以经受高剂量的 X 射线、γ 射线等的辐照并保持其各项特性，可以应用于各种恶劣环境。

⑪ 高纯度、低挥发性和无毒性 PEEK 树脂本身没有毒性，其分子结构非常稳定，不容易产生挥发物，提纯处理后的高纯度的树脂是优良的生化医疗材料。

【消耗定额】 氟酮 770kg/t；二苯砜 600kg/t；丙酮 500kg/t；对苯二酚 400kg/t；乙醇 1000kg/t；碱 300kg/t。

【成型加工】 PEEK 树脂不仅具有优异的耐热性和力学性能，其加工性能也很好，不仅可以挤出成型、注射成型、模压成型、还可以进行中空成型等。

PEEK 的注射成型工艺

项目		成型参数
螺杆转速/(m/s)		0.6
温度/℃	喷嘴温度	360～370
	料筒温度	
	第一段	350～370
	第二段	360～380
	第三段	370～380
	模具温度	160～190
压力/MPa	注射压力	20～40
	保压压力	40～80
时间/s	注射时间	0～5
	保压时间	15～60
	冷却时间	15～60
	模塑周期	40～140
干燥/h	3～4(150℃)	

【用途】 在汽车零部件、半导体工业、航天工业、石化行业、机械工业、医疗行业、电子电气等领域得到广泛的应用，用于制造：汽车制动系统零件、发动机零件、变速箱高温垫片、半导体用工具、LCD 支架、晶片周转设备、IC 测试设备零件、复印机分离爪、轴套等办公用品高温部件；特种机械齿轮、无油润滑轴承、压缩机阀片、密封圈、活塞环、阀门部件、高温传感器探头、特种电子连接器、分析仪器零件、特种电缆护套、人体骨骼、血透机零件、锂电池密封圈、集成电

路薄膜、电熨斗、微波炉耐热零部件等。

聚醚醚酮制品应用如下。

制品	性能特点	具体应用
电磁线	可熔融挤出且不使用溶剂，具有良好的包覆加工性能，耐剥离、耐磨损性能优异	用作电缆、电线的保护层
薄膜	比聚酰亚胺的吸湿性小，高温条件下耐酸、耐碱性能优良，耐高频，耐焊锡，耐辐照	用作H级、C级绝缘材料
纤维	具有较好的耐蒸汽，耐磨耗性能，韧性好具有优良的耐磨性，韧性好，可在250℃使用	用于造纸机械的干燥帆布、耐热布
耐磨材料	热变形温度在300℃以上，阻燃性好，韧性好	用于制造轴承，离合器零件、动力闸真空零件、汽油发动机零件、悬置轴瓦、活塞裙、发动机推杆等
电子电气制品	耐300℃加压水或蒸汽，在200℃以上可长期使用	用于制造镶嵌插头、高可靠性接插件、配线的引出头、极板的笼型线圈、电池外壳、IC封装等
热水设备		用于制造热水设备零件、化学泵体叶轮及其他零件，蒸汽阀门、O形圈，采油用接插件、锅炉pH计护套等

【安全性】 树脂的生产原料，对人体的皮肤和黏膜有不同程度的刺激，可引起皮肤过敏反应和炎症；同时还要注意树脂粉尘对人体的危害，长期吸入高浓度的树脂粉尘，会引起肺部的病变。大部分树脂都具有共同的危险特性：遇明火、高温易燃，与氧化剂接触有引起燃烧危险，因此，操作人员要 改善操作环境，将操作区域与非操作区域有意识地划开，尽可能自动化、密闭化，安装通风设施等。

PEEK为颗粒料，装于内衬薄膜的塑料编织袋，每袋净重25kg，可长期贮存，按非危险品运输。

【生产单位】 吉大高新材料有限责任公司。

Bw 聚砜树脂与塑料

1 砜基树脂定义

聚砜树脂是专指主链中含—SO_2基的聚合物，R基一般是芳环，聚合物通常为黄色、透明、无定形材料，聚合物以其高刚性、高强度和热稳定性而著称，如图Bw-1所示；聚合物在很宽的温度范围内都呈现低蠕变性能。聚砜在性能方面可与某些热固性塑料相比拟，它可以注射成型。

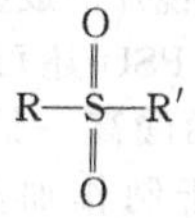

图 Bw-1 聚砜的结构通式

2 聚砜类树脂分类/性能与开发

聚砜类树脂是20世纪60年代中期以后出现的一类热塑性工程塑料，是一类主链上含有砜荃和芳核的非结晶热塑性工程塑料。

按其化学结构可分为脂族聚砜和芳族聚砜。脂族聚砜不耐碱，不耐热，无实用价值，而芳族聚砜中的双酚A聚砜及其改性产品——非双酚A的聚芳砜，以及聚醚砜，则有较广泛的用途，是业已商业化生产的高分子量聚砜树脂。

第一个商业聚砜是由联碳公司（现为Amoco）开发的，商品名叫Udel；随后由3M公司开发出Astrel 360，并命名为聚芳砜，最后是由ICI公司开发出的聚醚砜，商品名为Victrex。

双酚A聚砜树脂是美国联碳公司（UCC）于1965年开发成功的，商品名为Udel polysuifone。

聚芳砜是美国3M公司在1967年开发成功的，商品名为Astrel。

聚醚砜由英国卜内门公司（ICI）于1972年开发成功的，商品名为Victrex。

聚砜类树脂结构中的氧都具有高度共振二芳基砜基团，硫原子处于完全氧化状态，砜基的高共振使聚砜类树脂具有极其出色的耐氧化性能和耐热性能，具有出色的熔融稳定性，这些都是高温模塑和挤出成型必须具备的加工性能。

目前的生产厂家有：Amoco，Carbomndum和BASF。不同的聚砜是通过改变芳基之间的间隔来实现的，商业上的聚砜是线型聚合物，它可在150～200℃的高温下连续使用。聚砜的加工温度高于300℃。尽管聚合物是极性的，但它仍具备良好的电绝缘性能，聚砜可耐高温和离子辐射，它也耐大多数稀酸和碱，但它却可被浓硫酸侵蚀；聚合物具有良好的水解稳定性，因而可承受热水和水蒸气；聚砜是韧性材料，但它却对缺口冲击很敏感，这是由于芳环的存在导致聚合物链的刚性很大所致，聚砜一般不需要添加阻燃剂，通常其发烟量也很低。

主要聚砜的性能是相似的，尽管聚醚

砜在高温下的抗蠕变性较好，其热变形温度也较高，但是它的吸水性较大、密度也比 Udel 类材料高。市场上买到的玻璃纤维增强级聚砜是聚砜与 ABS 的共混物。

聚砜可吸水，导致加工时可能产生条斑或起泡等问题。其加工温度非常高，熔体黏度也很大，且熔体黏度随剪切速率的改变也很小。注射成型的熔融温度为 335～400℃，模具温度一般在 100％～160％。高黏度需要用大截面流道和浇口；由于降解的聚合物可在筒壁上形成黑斑，这层黑斑必须定期清除。采用较高的模塑温度或使制品退火可以降低残留应力。挤出和吹塑级聚砜的分子量较高，吹塑成型时熔融温度在 300％到 360％之间，模具温度是 70％～95％。

聚砜良好的耐热性和电性能使之可用于电气设备如电路板和电视机零件。对于汽车部件耐化学品性和耐热性都很重要，头发干燥器也可用聚砜来制造，聚砜还可作点火装置零件和结构泡沫塑料，聚砜的另一个重要市场是作微波烹饪用具。

3 PSU 类树脂的应用状况

PSU 的应用十分广泛，在电子电气领域，PSU 可用于制作各种接触器、接插件、变压器绝缘件、可控硅帽、绝缘套管、线圈骨架、接线柱和集电环等电气零件，印刷电路板、轴套、罩、TV 系统零件、电容器薄膜、电刷座、碱性蓄电池盒等；在汽车、航空领域，PSU 可用于制作防护罩元件、电动齿轮、蓄电池盖、雷管、电子点火装置元件、灯具部件、飞机内部配件和飞机外部零件、宇航器外部防护罩等。还可用于 PSU 制作照明器挡板、电传动装置、传感器等，世界市场上用来制作机舱部件的聚砜类聚合物需求在继续增长，主要是由于这类聚合物燃烧时释放的热量少、产生的烟雾少，有毒气体扩散量少，完全符合安全规定的使用要求；在厨房用品市场上，PSU 可代替玻璃及不锈钢制品用于制造蒸汽餐盘、咖啡盛器、微波烹调器、牛奶及农产品盛器，蛋炊具及挤奶器部件、饮料和食品分配器等产品。PSU 为无毒制品，可制成反复与食品接触的用具。PSU 作为透明新材料，耐热水、水解稳定性优于其他任何一种热塑性塑料，故可用于制作咖啡壶等。用 PSU 制作的连接管，用于玻纤或玻纤增强的聚酯砌面，管外层强度高，管内层耐化学品，较钢管轻，且透明，便于监控，常用于食品工业和制作强光灯的灯盏；在卫生及医疗器械方面，PSU 可用于制作外科手术盘、喷雾器、加湿器、接触透镜夹具、流量控制器、器械罩、牙科器械、液体容器、起搏器、呼吸器和实验室器械等。PSU 用于制作各种医疗制品较玻璃制品成本低，而且不易破裂，故可用于仪器外壳，齿科仪器，心瓣盒，刀片清理系统，软接触镜片的成型盒，微型过滤器，渗析膜等。PSU 还可用于镶牙，其粘接强度比丙烯酸高一倍；在日用品方面，PSU 可用于制作加湿器、吹风机、服装汽蒸、照相机盒，放映机元器件等耐热、耐水解产品。经 0.4～1.6MGy 辐射和良好干燥过的 PSU 粒料，在 310℃和模温 170℃下很容易注塑成型，适用于层压材料的黏合剂，所有带硅烷的聚砜如 PSU-SR、PKXR 等均可作为黏合剂，用于上浆玻纤和石墨纤维制作复合材料，用石墨织物增强的带硅烷基的 PSU，可制作升降舵等飞机部件。PSU 在加上固体润滑剂聚四氟乙烯后，可增加耐磨性和物理机械性能，也应用于制备耐磨性涂料；除此之外，PSU 还可制造各种化工加工设备（如泵外罩、塔外保护层等）、食品加工设备、污染控制设备、奶制品加工设备及工程、建筑、化工用管道等。

Bw001 聚砜树脂

【中文名称】 聚砜树脂

【中文别名】 聚砜

【英文名称】 polysulfone resin

【英文别名】 polysulfone

【分子式】 $(C_{27}H_{22}O_4S)_m$

【分子量】 440.604

【结构式】

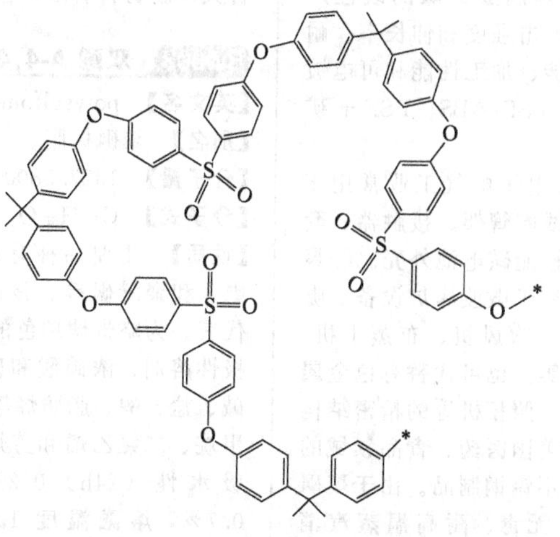

【性质】 主要品种有双酚 A 聚砜、聚芳砜和聚醚砜等。常以双酚 A 型聚砜为代表。为略带琥珀色的线型聚合物。除强极性溶剂、浓硝酸和硫酸外，对一般酸、碱、盐、醇、脂肪烃等稳定。可溶于二氯甲烷、二氯乙烯和芳烃。相对密度 1.24，吸水性（24h）0.22%，成型收缩率 0.7%，熔融温度 190℃，玻璃化温度 150℃，热变形温度（1.82MPa）174℃，连续使用温度 −100～150℃，拉伸强度 71.54MPa。弯曲强度 105.8MPa，压缩强度 95.1MPa，拉伸模量 2.5GPa，缺口冲击强度 6.9～7.8kJ/m²，体积电阻率 $10^{-15}\Omega\cdot cm$。聚砜材料刚性和韧性好，耐温、耐热氧化，抗蠕变性能优良，耐无机酸、碱、盐溶液的腐蚀，耐离子辐射，无毒，绝缘性和自熄性好，容易成型加工，用于生产涤棉、无纺布等。

【用途】 电气、电子、仪器、仪表及宇航部门作耐热、耐蚀、高强度零件及绝缘制件、工业用膜、电子工业绝缘材料等。

【上游原料】 玻璃纤维、聚砜、酞菁蓝、二甲基亚砜、乙二醇、双酚 A、高黏聚对苯二甲酸、乙二醇酯树脂（HVPET-94）。

【下游产品】 聚砜树脂、抗静电剂、聚砜阴离子交换膜、聚砜系超滤膜等。

【制法】 以双酚 A 和 4,4′-二氯二苯砜为原料，经缩聚反应制备而成。

【生产单位】 英国卜内门公司（ICI）、百灵威科技有限公司。

Bw002 PSU 塑料

【英文名】 polysulfone

【性质】 聚砜为琥珀透明固体材料，硬度和冲击强度高，无毒、耐热耐寒性耐老化性好，可在 −100～175℃下长期使用。密度：1.25～1.35g/cm³；成型收缩率 0.5%～0.7%；成型温度 290～350℃；干燥条件 130～150℃ 4h。

【物料性能】 ① 耐无机酸碱盐的腐蚀，但不耐芳香烃和卤化烃。聚芳砜硬度高，耐辐射，耐热和耐寒性好 并具有自熄性，可在－100～175℃下长期使用。②通过玻璃纤维增强改性可以使材料的耐磨性大幅度提高。③可将聚砜与ABS、聚酰亚氨、聚醚醚酮和氟塑料等制成聚砜的改性产品，主要是提高其冲击强度和伸长率、耐溶剂性、耐环境性能、加工性能和可电镀性。如PSF/PBT、PSF/ABS、PSF＋矿物粉。

【用途】 ①聚砜在电子电气工业常用于制造集成线路板、线圈管架、接触器、套架、电容薄膜、高性能碱电池外壳。②聚砜在家用电器方面用于微波烤炉设备、咖啡加热器、湿润器、吹风机、布蒸干机、饮料和食品分配器等。也可代替有色金属用于钟表、复印机、照相机等的精密结构件。③聚砜已通过美国医药、食品领域的有关规范，可代替不锈钢制品。由于聚砜耐蒸气、耐水解、无毒、耐高温蒸汽消毒、高透明、尺寸稳定性好等特点，可用作手术工具盘、喷雾器、流体控制器、心脏阀、起搏器、防毒面具、牙托等。④适于制作耐热件、绝缘件、减磨耐磨件、仪器仪表零件及医疗器械零件，聚芳砜适于制作低温工作零件。

【成型加工】 ①无定形料，吸湿大，吸水率0.2%～0.4%，使用前须充分干燥，并防止再吸湿。保证含水量在0.1%以下。②成型性能与PC相似，热稳定性差，360度时开始出现分解。③流动性差，冷却快，宜用高温高压成型。模具应有足够的强度和刚度，设冷料井，流道应短，浇口尺寸取塑件壁厚的1/3～1/2。④为减小注塑制品产生内应力，模具温度应控制在100～140℃。成型后可采取退火处理甘油浴退火处理，160℃，1～5min；或采取空气浴160℃，1～4h。退火时间取决于制品的大小和壁厚。⑤聚砜在熔融状态下接近于牛顿体，类似于聚碳酸酯，起流动性对温度比较敏感，在310～420℃内，温度每升高30℃，流动性就增加1倍。故成型时主要通过提高温度来改善加工流动性。

【生产单位】 苏州特种化学品有限公司，吉大高新材料有限责任公司。

Bw003 双酚A-4,4′-二苯基砜

【英文名】 polysulfone

【别名】 聚砜树脂

【分子量】 1327.5800

【分子式】 $C_{81}H_{66}O_{12}S_3X_2$

【性质】 主要品种有双酚A聚砜、聚芳砜、和聚醚砜等。常以双酚A型聚砜为代表。为略带琥珀色的线型聚合物。除强极性溶剂、浓硝酸和硫酸外，对一般酸、碱、盐、醇、脂肪烃等稳定。可溶于二氯甲烷、二氯乙烯和芳烃。相对密度1.24，吸水性（24h）0.22%，成型收缩率0.7%，熔融温度190℃，玻璃化温度150℃，热变形温度（1.82MPa）174℃，连续使用温度－100～150℃，拉伸强度71.54MPa。弯曲强度105.8MPa，压缩强度95.1MPa，拉伸模量2.5GPa，缺口冲击强度6.9～7.8kJ/m²，体积电阻率$10^{-15}\Omega\cdot cm$。聚砜材料刚性和韧性好，耐温、耐热氧化，抗蠕变性能优良，耐无机酸、碱、盐溶液的腐蚀，耐离子辐射，无毒，绝缘性和自熄性好，容易成型加工。

【用途】 用于生产涤棉、无纺布等。电气、电子、仪器、仪表及宇航部门作耐热、耐蚀、高强度零件及绝缘制件、工业用膜等。

【生产单位】 百灵威科技有限公司，苏州特种化学品有限公司，吉大高新材料有限责任公司。

Bw004 双酚A聚砜

【英文名】 polysulfone；PSF

【别名】 聚砜

【结构式】

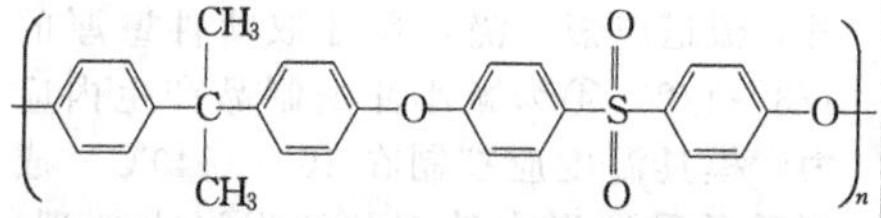

【性质】 PSF是略带琥珀色非晶型透明或半透明聚合物，力学性能优异，刚性大，耐磨、高强度，即使在高温下也保持优良的力学性能是其突出的优点，其范围为−100～150℃，长期使用温度为160℃，短期使用温度为190℃，热稳定性高，耐水解，尺寸稳定性好，成型收缩率小，无毒，耐辐射，耐燃，有熄性。在宽广的温度和频率范围内有优良的电性能。化学稳定性好，除浓硝酸、浓硫酸、卤代烃外，能耐一般酸、碱、盐，在酮、酯中溶胀。耐紫外线和耐候性较差。耐疲劳强度差是其主要缺点。

PSF的典型性能如下。

密度/(g/cm³)	1.24	Charpy无缺口冲击强度/(kJ/m²)	不破裂
吸潮率(23℃,50RH)/%	0.40	Charpy缺口冲击强度/(kJ/m²)	4
玻璃转化点/℃	190	球压硬度/MPa	155
热导率(23℃)/[W/(K·m)]	0.26	洛氏硬度	M91
线胀系数(23～150℃)/(×10⁻⁶/K)	56	介电强度/(kV/mm)	30
(>150℃)/(×10⁻⁶/K)	60	体积电阻率/Ω·cm	10^{17}
热变形温度(1.8MPa)/℃	170	体表电阻率/Ω	10^{17}
最高短期工作温度(2h)/℃	180	介电常数	3.1
最高持续工作温度/℃	150	电导率(100Hz)/(S/m)	3.0
氧指数/%	30	电导率(1MHz)/(S/m)	3.0
UL等级(1.5/3.0mm)	HB	介电损耗角正切(100Hz)	0.001
屈服强度/MPa	80	介电损耗角正切(1MHz)	0.003
断裂伸长率/%	10	相对电痕指数(CTI)/V	150
弹性模量/MPa	2700		

反应式

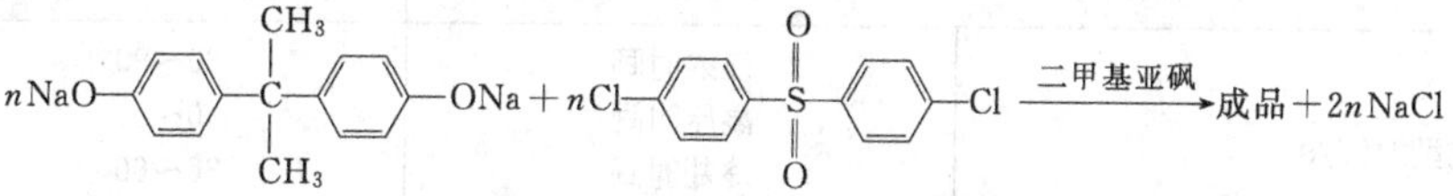

工艺流程如下。

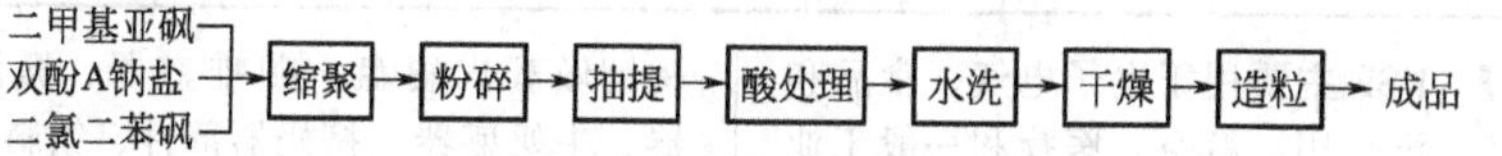

【质量标准】

长春吉大高新材料有限责任公司指标

密度/(g/cm³)	1.37	长期使用温度/℃	180
玻璃化温度/℃	225	介电常数	3.5
拉伸强度/MPa	85	体积电阻率/Ω·cm	10^{16}
弯曲强度/MPa	130	阻燃性(UL-94)	V-0
热变形温度/℃	200		

【成型加工】 PSF成型前要预干燥至水分含量小于0.05%。PSF可进行注塑、模压、挤出、热成型、吹塑等成型加工，熔体黏度高，控制黏度是加工关键，加工后宜进行热处理，消除内应力。可做成精密尺寸制品。

PSF的成型加工性能：①无定形料，吸湿大，吸水率0.2%～0.4%，使用前须充分干燥，并防止再吸湿。保证含水量在0.1%以下。②成型性能与PC相似，热稳定性差，360℃时开始出现分解。③流动性差，冷却快，宜用高温高压成型。模具应有足够的强度和刚度，设冷料井，流道应短，浇口尺寸取塑件壁厚的1/3～1/2。④为减小注塑制品产生内应力，模具温度应控制在100～140℃。成型后可采取退火处理甘油浴退火处理，160℃，15min；或采取空气浴160℃，14h。退火时间取决于制品的大小和壁厚。⑤聚砜在熔融状态下接近于牛顿体，类似于聚碳酸酯，其流动性对温度比较敏感，在310～420℃内，温度每升高30℃，流动性就增加1倍。故成型时主要通过提高温度来改善加工流动性。

PSF的注射成型条件

成型工艺	条件	
密度/(g/cm³)		1.24
缩水率/%		0.5～0.7
烘料	温度/℃	120～140
	时间/h	>4
料筒温度/℃	前段	310～330
	中段	280～300
	后段	250～270
喷嘴温度/℃		290～310
模具温度/℃		130～150
注射压力/MPa		80～200
成型时间/s	注射时间	30～90
	高压时间	0～5
	冷却时间	30～60
	总周期	65～160

【用途】 PSF主要用于电子电气、食品和日用品、汽车用、航空、医疗和一般工业等部门，制作各种接触器、接插件、变压器绝缘件、可控硅帽、绝缘套管、线圈骨架、接线柱、印刷电路板、轴套、罩、电视系统零件、电容器薄膜、电刷座、碱性蓄电池盒、电线电缆包覆。PSF还可做防护罩元件、电动齿轮、蓄电池盖、飞机内外部零配件、宇航器外部防护罩，照相器挡板、灯具部件、传感器。代替玻璃和不锈钢做蒸汽餐盘、咖啡盛器、微波烹调器、牛奶盛器、挤奶器部件、饮料和食品分配器。卫生及医疗器械方面有外科手术盘、喷雾器、加湿器、牙科器械、流量控制器、起槽器和实验室器械，还可用于镶牙，粘接强度高，还可做化工设备（泵外罩、塔外保护层、耐酸喷嘴、管道、阀门容器）、食品加工设备、奶制品加工设备、环保控制传染设备。

PSF为颗粒料，装于内衬薄膜的塑料

编织袋，每袋净重25kg，可长期贮存，按非危险品运输。

【生产单位】 长春吉大高新材料有限责任公司，英国卜内门公司（ICI）。

Bw005 新型聚苯砜

【英文名】 polyarylsulfone；PASF

【别名】 聚芳砜

【结构式】

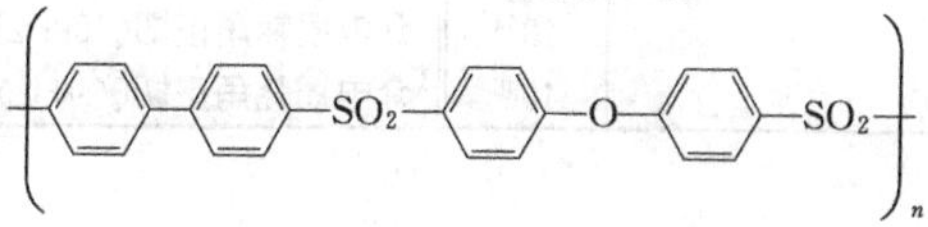

Ⅰ

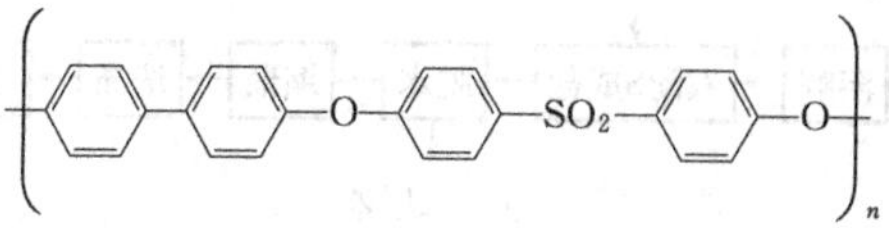

Ⅱ

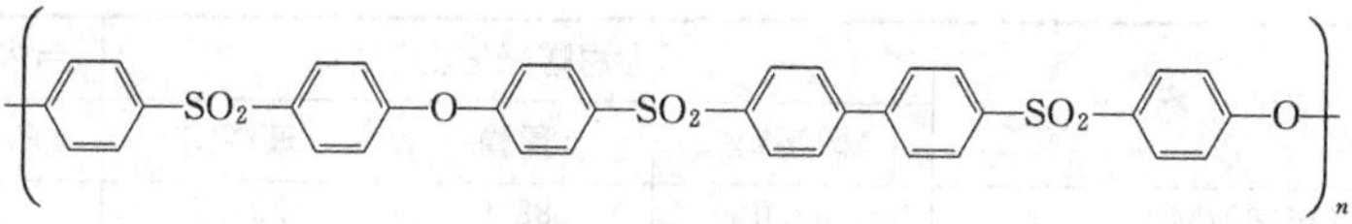

Ⅲ

【性质】 聚芳砜为透明琥珀色或半透明的非晶型热塑性工程塑料。PASF的力学性能优异，刚性大、耐磨、高强度，即使在高温下也保持优良的力学性能是其突出的优点其分子结构与聚砜不同，不含脂肪族的C—C键，而以苯环为骨架，通过砜基和醚基连接而成，因而耐热性比双酚A聚砜高得多，可在260℃下长期使用，甚至在300℃老化1000h后，其拉伸强度几乎无变化，其范围为－100～150℃，长期使用温度为160℃，短期使用温度为190℃。聚芳砜的耐低温性能也十分优异，在－196℃下其伸长率仍有6%，冲击强度仍然很好。有很高的硬度、较好的柔曲性和耐老化性，不怕酸、碱侵蚀（除浓硝酸、浓硫酸、卤代烃外，能耐一般酸、碱、盐、在酮，酯中溶胀），耐火箭喷气燃料油和氟氯烃制冷剂等作用。耐环境应力开裂，有良好的阻燃性、电绝缘性（在宽广的温度和频率范围内有优良的电性能）和耐辐射性。相对密度1.36～1.37，拉伸强度62～89MPa，伸长率10%～20%，缺口冲击强度160J/m，弯曲强度118.6MPa，压缩强度123.5MPa，洛氏硬度M110，吸水率1.8%，体积电阻率3.2×10^{16}Ω·cm。但因为聚芳砜的熔体黏度高，熔融流动性差，故其成型加工工艺较为复杂。此外，耐疲劳强度差也是其主要缺点。

PASF的典型性能

密度/(g/cm³)	1.29	热变形温度(1.8MPa)/℃	200
颜色	半透明	最高短期工作温度(2h)/℃	210
吸潮率(23℃,50RH)/%	0.60	最高持续工作温度/℃	180V
玻璃转化点/℃	220	氧指数	44
热导率(23℃)/[W/(K·m)]	0.35	UL等级(1.5/3.0mm)	V-0
线胀系数(23～100℃)/(×10⁻⁶/K)	55	屈服强度/MPa	76/—
线胀系数(23～150℃)/(×10⁻⁶/K)	55	断裂伸长率/%	30
线胀系数(>150℃)/(×10⁻⁶/K)	55	弹性模量/MPa	2500

续表

Charpy 无缺口冲击强度/(kJ/m²)	不破裂	介电常数	3.45
Charpy 缺口冲击强度/(kJ/m²)	10	电导率(100Hz)/(S/m)	3.4
洛氏硬度	M80	电导率(1MHz)/(S/m)	3.5
体积电阻率/Ω·cm	10^{14}	介电损耗角正切(100Hz)	0.001
体表电阻率/Ω	10^{15}	介电损耗角正切(1MHz)	0.005

工艺流程如下。

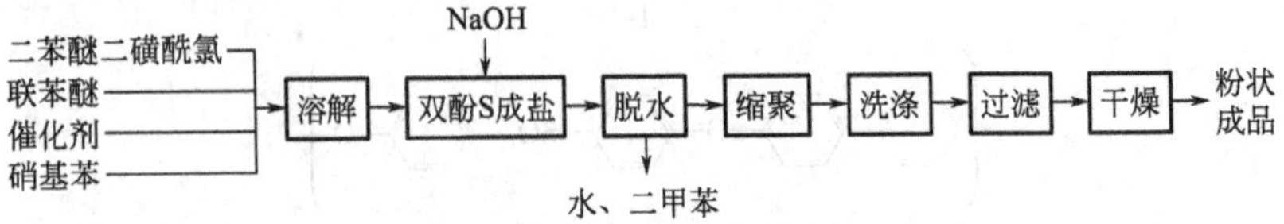

部分聚芳砜生产企业标准

指　　标	上海曙光化工厂			吉大、化学所
	模塑料	薄膜	玻璃钢	PASF360
拉伸强度(室温)/MPa	82.0	88.9	204.7	94
弯曲强度/MPa	138.0		275.3～282.3	≥140
压缩强度/MPa	112.5			150
断裂伸长率/%		12		7～10
冲击强度/(kJ/m²)	130			≥100
马丁耐热/℃	280		250	242
介电强度/(MV/m)		132.7	22.8	84.6
体积电阻率/Ω·cm	1.1×10^{13}	1.23×10^{12}	3×10^{13}	3.4×10^{14}
表面电阻/Ω	1.8×10^{16}		4×10^{13}	5.7×10^{15}

【成型加工】 PASF可进行注塑、模压、挤出、热成型、吹塑等成型加工，熔体黏度高，控制黏度是加工关键，加工后宜进行热处理，消除内应力。可做成精密尺寸制品，一般采用专用的加工设备以满足加工温度400～425℃。由于PASF的吸水性较大，所以在加工前，PASF树脂必须经过干燥，即在150℃，10～16h；204℃，6h或260℃，3h的条件下干燥。注射成型应该使用往复螺杆式注射机，料筒温度316～413℃，压力要求为－140～210MPa，模具温度为230～280℃。挤出成型温度：后部230～260℃，中部260～310℃，前部316～340℃，螺杆转速2090r/min。模压成型温度360382℃，压力6.86～13.72MPa，脱模温度260℃。PASF板、棒材等可以用机械加工方式，如车、钳、刨、铣等方法成型加工。

【用途】 PASF主要用于电子电气、食品和日用品、汽车用、航空、医疗和一般工业等部门，制作各种接触器、接插件、变压器绝缘件、可控硅帽、绝缘套管、线圈骨架、接线柱、印刷电路板、轴套、罩、电视系统零件、电容器薄膜、电刷座、碱性蓄电池盒、电线电缆包覆。PASF还可做防护罩元件、电动齿轮、蓄电池盖、飞机内外部零配件、宇航器外部防护罩，照相器挡板、灯具部件、传感器。代替玻璃和不锈钢做蒸汽餐盘、咖啡盛器、微波烹调器、牛奶盛器、挤奶器部件、饮料和食品分配器。卫生及医疗器械方面有外科手术盘、喷雾器、加湿器、牙科器械、流量控制器、起槽器和实验室器械，也可用于镶牙，粘接强度高，还可做化工设备（泵外罩、塔外保护层、耐酸喷嘴、管道、阀门容器）、食品加工设备，奶制品加工设备、环保控制传染设备。PASF 为颗粒料，装于内衬薄膜的塑料编织袋，每袋净重 25kg，可长期贮存，按非危险品运输。

【生产单位】 美国 3M 公司。

Bw006 新型聚苯砜醚

【英文名】 PES；polyethersulfone

【别名】 聚醚苯砜；聚芳醚砜；聚醚砜

【结构式】

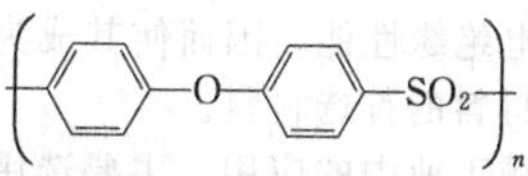

【性质】 聚醚砜由（ICI）公司于 1972 年开发并以 Victrex 商品牌号销售于全世界。由于聚醚砜分子结构中不存在任何酯类结构的单元，聚醚砜具有出色的热性能和氧化稳定性。具体性能表述如下。

① 耐热性。热变形温度在 200～220℃，连续使用温度为 180～200℃，UL 温度指数为 180℃。

② 耐水解性。可耐 150～160℃ 的蒸汽，在高温下也不受酸、碱的侵蚀。

③ 模量的温度依赖性。其模量在 −100～200℃ 几乎不变，特别在 100℃ 以上比任何一种热塑性树脂都好。

④ 耐蠕变性。在 180℃ 以下的温度范围内其耐蠕变性是热塑性树脂当中最优异的一种，特别是玻璃纤维增强 PES 树脂比某些热固性树脂还好。

⑤ 尺寸稳定性。线胀系数小，而且其温度信赖性也小是其特点。特点是 30% 玻璃纤维增强 PES 树脂，其线胀系数只有 2.3×10^{-5}/℃，并且直到 200℃ 仍然可以保持与铝相近似的值。

⑥ 耐冲击性。具有与聚碳酸酯相同的耐冲击性。不增强的树脂可以铆接，但对尖细的切口较敏感，因此设计上要注意。

⑦ 无毒性。在卫生标准方面，被美国 FDA 认可，也符合日本厚生省第 434 号和第 178 号公告的要求。

⑧ 难燃性。具有自熄性，不添加任何阻燃剂即有优异的难燃性，可达 UL-94 V-0 级（0.46mm）。

⑨ 耐化学药品性。PES 耐汽油、机油、润滑油等油类和氟里昂等清洗剂，它的耐溶剂开裂性是非晶树脂中最好的。但它耐丙酮、氯仿等极性溶剂的性能不好，使用时应加以注意。

注射成型用 PES 树脂的基本物性

密度/(g/cm³)	1.37
玻璃化温度/℃	225
拉伸强度/MPa	85
弯曲强度/MPa	130
热变形温度/℃	200
长期使用温度/℃	180
介电常数	3.5
体积电阻率/Ω·cm	10^{16}
阻燃性(UL-94)	V-0

【制法】 PES 的生产路线有两条，即双酚路线和单酚路线。这两条路线均为亲核高温置换反应、聚合反应过程中添加强碱、采用高沸点惰性溶剂。

反应式

1. 脱氯化氢法

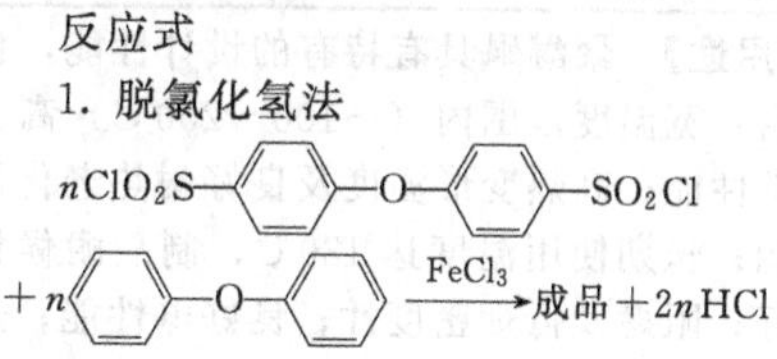

2. 脱盐法

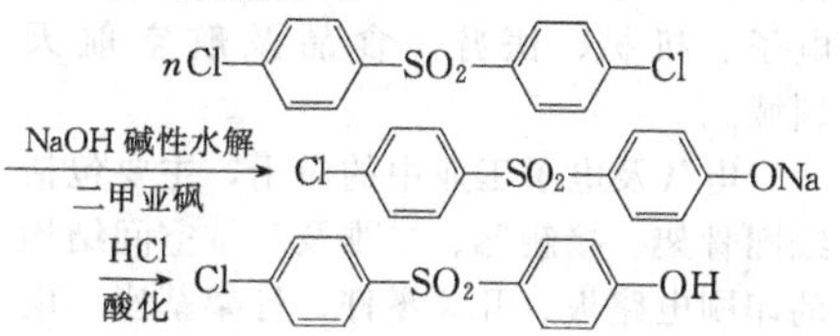

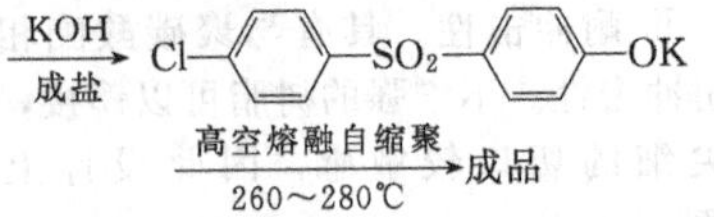

【消耗定额】 双酚 S，600kg/t；4,4′二氯二苯砜，680kg/t；环丁砜，650kg/t；碱，200kg/t。

工艺流程如下。

1. 单酚脱盐法

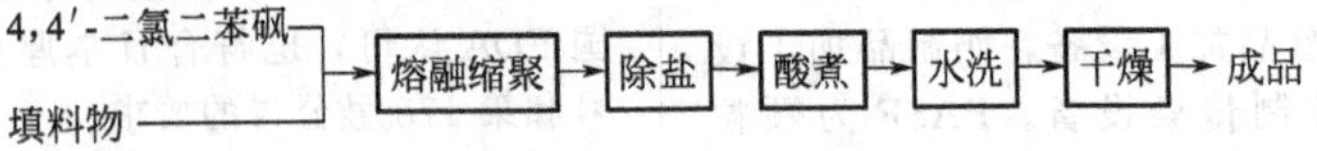

2. 双酚脱盐法

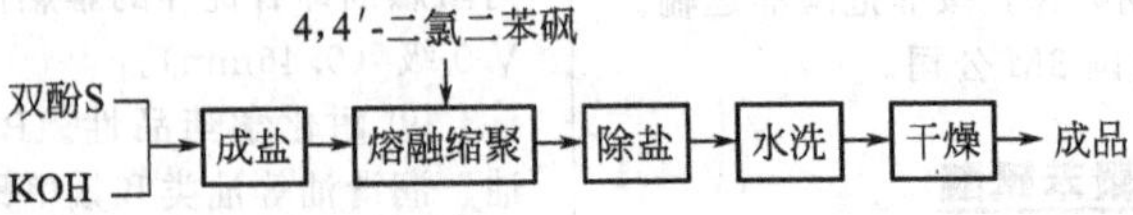

【成型加工】 PES 树脂不仅具有优异的耐热性和力学性能，其加工性能也很好，不仅可以挤出成型、注射成型、模压成型、吹塑成型、吸塑成型和制成发泡体，还可以进行镀膜、超声波熔接、机械加工、溶剂粘接、涂覆等二次加工。

PES 的注射成型工艺

料筒温度/℃	
根部	290～320
中间	300～350
喷嘴	300～350
模具温度/℃	140～160
注射压力/MPa	100～140
螺杆背压/MPa	50～100
保持压/MPa	50～70
注射速度	中速～高速
螺杆转数/(r/min)	50～60

【用途】 聚醚砜具有特有的设计性能，包括：宽温度范围内（－100～200℃）高力学性能；高热变形温度及良好耐热老化性能；长期使用温度达 180℃；制品耐候性好；阻燃及低烟密度性；良好电性能；透明等。因此 PES 制品大量应用于电气、电子、机械、医疗、食品及航空航天领域。

电气及电子工业中的应用，主要包括线圈骨架、接触器、二维及三维空间结构的印刷电路板、开关零件、灯架基座、电池及蓄电池外罩、电容器薄膜等。由于 PES 制品长期使用温度达 180℃，属 UL-94 V-0 级材料，具有高尺寸稳定性能、良好的电绝缘性能，因而使其成为电气工程结构材料的首选材料。

机械工业中的应用，主要选用玻璃纤维增强牌号，制件具有耐蠕变、坚硬、尺寸稳定等特性。适合制作轴承支架及机械件的外壳等。

汽车制造工业中的应用，主要有照明灯的反光件，峰值温度达 200℃，并且可制成铝合金反光器件。还有汽车的电器连接器、电子、电-机械控制元件、座架、窗、面罩、水泵及油泵等。

航空领域的应用，已通过联邦航空规范条款 25・853 及客机技术标准条款 1000・001，用于飞机内部装饰件包括支架、门、窗等，以提高安全性。聚醚砜对雷达射线透过率极佳，目前雷达天线罩已用其代替过去的环氧制件。

医疗卫生领域的应用。聚醚砜制件耐水解，耐消毒溶剂。制品包括钳、罩、手术室照明组件离心泵外科手术器件的手柄、热水器、热水管、温度计等。

厨房用具的应用，包括咖啡器、煮蛋器、微波器、热水泵等。

照明及光学领域的应用，包括反光器、信号灯。聚醚砜制件有着色透明、对

UV稳定、可长期在室外环境下使用等特性。

聚醚砜可通过溶剂技术制备成各种具有高力学强度的超滤膜、渗透膜、反渗透膜及中孔纤维。其制品用于节能、水处理等领域。

由于聚醚砜属于无定形树脂范畴，可以作为涂层材料应用于金属表面的涂覆。

【安全性】 PES为颗粒料，装于内衬薄膜的塑料编织袋，每袋净重25kg，可长期贮存，按非危险品运输。

【生产单位】 苏州特种化学品有限公司；吉大高新材料有限责任公司。

Bw007 聚砜反渗透膜

【英文名】 polysul-fone reverse osmosis membrane

【结构式】

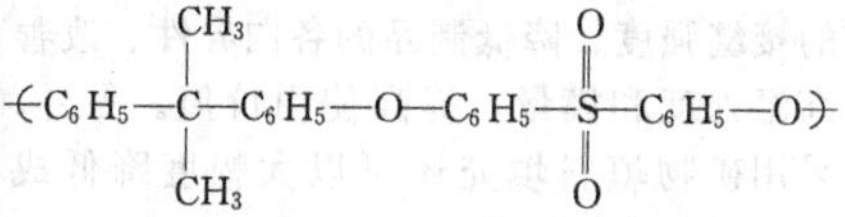

【性状】 微孔膜，水渗透能为75L/(cm^2·h)。

聚砜反渗透膜的制备配方(质量份)：

聚乙烯亚胺(30%)	20
水	566
盐酸 1mol/L	14

【制法】 聚砜反渗透膜多以复合形式出现，主要用于水的提纯和脱盐，按以上配方，聚砜为基材，外涂胺和酸基团的覆盖层，把无纺纤维增强的多孔聚砜薄膜浸渍于20份30%的聚亚乙基亚胺、566份水、14份1mol/L当量盐酸的水溶液中，经干燥后再浸入含1.0%三甲磺酸酰氯的己烷溶液中，干燥成膜。

【用途】 用于海水淡化、浓缩、分离、水的提纯和脱盐等。

【生产单位】 长春吉大高新材料有限责任公司，苏州特种化学品有限公司。

Bx 热致液晶聚合物

1 热致液晶聚合物定义

热致液晶是由于温度变化而出现的液晶相。低温下它是晶体结构，高温时则变为液体，这里的温度用熔点（T_m）和清亮点（T_c）来标示。液晶单分子都有各自的熔点和清亮点，在中间温度则以液晶形态存在。

目前用于显示的液晶材料基本上都是热致液晶。在热致液晶中，又根据液晶分子排列结构分为三大类：近晶相（smectic）、向列相（nematic）和胆甾相（cholesteric）。

2 热、致液晶聚合物（LCP）发展与现状

热、致液晶聚合物（LCP）是20世纪80年代初期发展起来的一种新型高性能工程塑料，聚合方法以熔融缩聚为主，全芳香族LCP多辅以固相缩聚以制得高分子量产品。

非全芳香族LCP常采用一步或二步熔融聚合制取产品。近来连续熔融缩聚制取高分子量LCP的技术得到发展。

热致液晶芳族聚酯在液晶态下由于其大分子链是取向的，它有异常规整的纤维状结构，性能特殊，制品强度很高，并不亚于金属和陶瓷（强度值按单位质量计）。拉伸强度和弯曲模量可超过10年来发展起来的各种热塑性工程塑料。力学性能、尺寸稳定性、光学性能、电性能、耐化学药品性、阻燃性、加工性良好、耐热性好，热膨胀系数较低。采用的单体不同，制得的液晶聚酯的性能、加工性和价格也各不相同。选择的填料不同、填料添加量的不同也都影响它的性能。

LCP用玻纤、碳纤增强和矿物填料（石墨、云母等）填充改性，可提高制品的接缝强度、降低制品的各向异性、改善高温强度和模量，提高使用价值。另外，采用矿物填料填充还可以大幅度降低成本，提高市场竞争力。

① 液晶聚合物是近年发展起来的一种新型聚合物。它一般是由刚性高分子组成。在熔融状态下，其分子也不柔曲，呈棒状。当熔融材料流动时，沿流动方向取向，显示出液体结晶的性质，当冷却时，分子按原来取向状态固化，因而能显现出优异的机械性质和耐热性，并具有自增强作用。

液晶聚合物包括溶致液晶聚合物和热致液晶聚合物两种类型。溶致液晶聚合物是指在合适的溶剂和一定的浓度范围内而形成的液晶态的聚合物。热致液晶聚合物是指在一定的临界温度区间（即在固体转变为液晶态的温度和液晶态转变为普通液体的温度）形成液晶态的聚合物。

② 液晶聚合物近年来被用作高性能工程塑料。其中，溶致液晶聚合物的主要品种是芳香族聚酰胺，美Du Pont公司

1972年投产，商品名称为Kevlar，我国称为芳纶Ⅱ纤维。热致液晶聚合物的主要品种是美国Dartco公司的Xydar和美国Celanse公司的Vectra，均于20世纪80年代实现了工业化生产。生产热致液晶聚合物的还有日本住友化工業株式会社的Ekonol，三菱化成工業株式会社的EPE，ユニチカ株式会社的LC树脂，德国BASF公司的Ultrax等。

2.1 热致聚芳酯液晶高分子

在近20多年中，全芳族热致液晶共聚酯（thermotropic liquid crystalline polymer，TLCP）一直受到科学界、工业界的关注，因为TLCP是一种高性能高分子材料，具有极佳的综合性能，且应用广泛TLCP传统的合成工艺为熔融缩聚，但在反应后期，反应温度高、熔体黏度大，易使聚合物产物裂解、颜色变深、出料困难。相对分子质量因裂解而降低，从而破坏了TLCP的性能。固态聚合是一个合成高相对分子质量聚合物的好方法。固态聚合是将相对分子质量较低的预聚物在低于熔点的反应温度下加热，通过端基间的反应使链增长，副产物可用氮气流或用降低反应体系压力的方法移去。固态聚合已成功地用于聚酯类和聚酰胺类高分子的工业生产。关于聚对苯二甲酸乙二醇酯（PET）的固态聚合机理、聚合反应动力学以及固态聚合的影响因素也已进行了许多研究和讨论，但是固态聚合方法在液晶共聚酯中的应用仅在很少的专利中简单提及，关于液晶共聚酯固态聚合的工艺条件及其机理的研究尚未见报道。

2.2 液晶态

由于芳族酰胺和芳族杂环液晶高分子都是溶致性的，即不能采取熔融挤出的加工方法，因此在高性能工程塑料领域的应用受到限制。以芳族聚酯液晶高分子为代表的热致性液晶离分子正好弥补了溶致性液晶高分子的不足。高分子液晶，特别是热致性主链液晶具有高模、高强等优异的力学性能，因此特别适合于作为高性能工程材料。与钢筋相比具有质轻、柔韧性好、耐腐蚀的优点，更重要的是它极低的膨胀率可以大大减小由温度变化产生的内应力。高分子液晶的低黏度和高强度性质在作为涂料添加剂方面也得到应用。加入高分子液晶的涂料黏度下降，因此可以使用更少的溶剂，以减少污染，降低成本。加入高分子液晶后，涂料成膜后的强度也有较大增加。结果表明，聚合物PET/00PHB是PET和PHB的无规共聚酯，属向列型热致液晶。加工试验表明。该共聚酯具有优良的加工流动性，其力学性能、耐热性能及电绝缘性均达到或超过了国外同类产品水平。其中拉伸强度超过600MPa、热膨胀系数接近于陶瓷的数值，这两项独特性能展示了此液晶共聚酯作为工程塑料所独具的广泛应用前景。

另外国内也有关于液晶聚氨醇弹性体的报道，主要方法是在多嵌段聚氨酯中引入液晶基元。采用IR、DSC、DMA、WAXS、UV、偏光显微镜以及固体温高分子NMR和溶液NMR谱，研究其化学结构、两结构以及氢键对液晶态生成的影响，结果表明大多聚氨酯样品呈现向列型热致液晶相行为，且太多显示出典型的热塑性弹性体的性质。单轴拉伸分析表明该类液晶聚氨酯存在两种取向机理，样品一般具有好的机械强度和成膜能力。

高分子液晶，特别是热致性主链液晶具有高模、高强等优异的力学性能，因此特别适合于作为高性能程材料。比如高分子液晶作为优异的表面连接材应用到将电子元器件直接固定到印刷线路板表面。外大直径的高分子液晶棒还是替代建筑用钢筋的首选材料，与钢筋相比具有质量轻、柔韧性好、耐腐蚀的优点，更重要的是它极低的膨胀率可以大大减小由温度变化产生的内应力。

液晶高分子复合材料是以热致性液晶聚合物为增强剂，将其通过适当的方法分散于基体聚合物中，就地形成微纤结构，达到增强基体力学性能的目的。常用来作为增强材料的液晶聚合物有 PET/PHB、Vectra、Xylar、全芳聚酯等。以 PP-*g*-MAH（马来酸酐接枝 PP）为相容剂，制得液晶增强复合材料。其拉伸强度、弯曲弹性模量、断裂伸长率均大于纯 PP。Chioao’等人以 Vectra-A900 为增强剂，与 PP 共混，采用 EGMA（乙烯/甲基丙烯酸缩水甘油酯）为相容剂所得体系的力学性能，包括冲击强度均有大幅度提高。

对于主链型液晶高分子，从向列相溶液中结晶的晶体形态与柔性链聚合物的球晶没有本质的区别；而对于热致性液晶的本体结晶来讲，情况就要复杂的多；对于单变性液晶体系来讲，可能有两种不同的结晶动力学，其一是从各向同性态熔体中结晶；其二是从液晶相中结晶，而对双变性液晶体系而言，通常都是在过冷液晶态温度范围考察其聚集态结构。

2.3 向错结构

液晶薄层在偏光显微镜下通常呈现出多种不同中介相特征的结构，这些结构都是由于不同种类缺陷的存在而产生的。向列相液晶的缺陷结构只有一种，即向错，它是由于中介相中分子取向排列发生不连续变化而引起的。在偏光显微镜下，向错表现为两条或四条刷子形黑色条纹相交于一点所组成的纹影结构，围绕向错点转一圆圈，为液晶分子指向矢方向改变 $n\pi$ 时，向错强度定义为 $s=n\pi$（2π）。如果转动交叉偏振片，可以看到核心点的位置不变，而黑刷子却随着交叉偏振片的转动而转动。当黑刷条纹转动方向和交叉偏振片转动方向相同的，向错是正向错，相反的是负向错。对小分子液晶，已从理论上和实验上证实了其向列相中分子取向排列存在有两类共六种不同形式的向错。高分子液晶态与小分子液晶态在性质上没有多大差异，因此在高分子液晶向列中应该同样存在有两类六种形式的向错。同时，由于高分子链的弛豫时间较长可使液晶态淬火，冻结成固态薄膜，为应用透射电镜技术直接观察向错提供可能性。

目前已经实现商品化的热致性液晶高分子聚芳大体分为 3 种类型：即以 Amoco 公司的 Xvln 和 Itomo 公司的 Ekonol 为代表的Ⅰ型，以 Hoechst. anese 公司的 Vectra 为代表的Ⅱ型和以 Unltika 公司 R0dmnLC-5000 为代表的Ⅲ型。Ⅰ型属联苯系列，基本成分为对羟基苯甲酸（HBA）以及不同比例的对苯二甲酸（TPA）和间苯二甲（IPA）；Ⅱ型属萘系列，主要成分是 HBA 和 6-羟基-2-萘酸（HNA）；Ⅲ型为 HBA 与 PET 的共聚产物。I耐热性最好，适合于要求高温性能的场合，但加工较困难；Ⅲ型热性能差些；Ⅱ型的综合性能较好，耐热居中。

3 热致液晶芳族聚酯的分类

LCP 的成型加工以注塑为主，挤塑、吹塑、热成型等加工技术也发展较快。热致液晶芳族聚酯可分为三类，如表 Bx-1 所示。

表 Bx-1 热致液晶芳族聚酯的分类

性能	Ⅰ型	Ⅱ型	Ⅲ型
热变形温度/℃	320	220	120
拉伸强度	高	高	低
拉伸弹性模量	高	高	低
冲击韧性	低	中	高
加工性	一般～良好	良好～极好	良好～极好

液晶聚酯Ⅰ型的特点是具有很高的耐热性和拉伸强度。加工时，熔体温度必须超过400℃，这一类型的代表是Xydar。液晶聚酯Ⅱ型的特点是，具有高的强度，与Ⅰ型相比，它具有优异的加工性，但其耐热性约较Ⅰ型低100℃，此类型的代表产品是Vectra。液晶聚酯重型的特点是，具有极优异的加工性，但其耐热性大大低于Ⅰ型和Ⅱ型。XTG、LCC1018、LCC1019是此类液晶聚酯的代表。

我国洪定一等研究了PET/60PHB共聚酯体系。用NMR、DSC等方法对其结构和液晶性进行了分析认为；则在热致性聚芳酯Pd-10中发现一种特殊的聚集态结构，又从Pd-10的化学结构分析认定其可以从向列相熔体中生长。

20世纪80年代多个芳香族聚酯LCP实现工业化。已上市的LCP材料根据热变形温度（HDT）的由高到低，可以分为Ⅰ型（250℃以上）、Ⅱ型（180～250℃）、Ⅲ型（100～200℃），而最早上市的三种LCP恰好分属于这三种类型。

（1）以HBABPTPA为主链的Ⅰ型LCP利用自身优点在精密器件市场和电子行业占有一定优势。这种HBABPTPA结构的LCP中酯基是柔性链段，苯环是刚性链段，特别是含有联苯基这种刚性很强的链段，因此耐热性能极高，热变形温度（HDT）达300℃以上。这种结构的LCP属于Ⅰ型，是优良耐热的工程塑料，具有很高的拉伸强度和模量，耐化学腐蚀性能好，适用于要求高温性能的场合，但其加工性能略差。

（2）以HBAHNA主链的Ⅱ型LCP这种HBAHNA结构的LCP中芳环是刚性链段，酯基是柔性链段，同时由于2，6酸的萘环结构的“侧步”效应，降低了链段的规整性，降低了整个链段的刚性，因此耐热性能较好，热变形温度（HDT）为180～240℃，属于Ⅱ型LCP，耐化学腐蚀性、水解稳定性、电气性及阻燃性都很优异，并具有很强的防渗性，综合性能较好。

（3）以HBAPET主链的Ⅲ型LCP这种HBAPET结构，因为含有乙二醇形成的酯基，使整个分子链的柔性链段增加，降低了玻璃化温度，因此热变形温度（HDT）降低，为170℃，耐热性能略差，但加工性好，价格低。

4　液晶聚合物产品的开发研究与主要用途

我国许多研究单位和大专院校于20世纪70年代开始进行溶致液晶聚合物的研究，20世纪80年代初开始进行热致液晶聚合物的研究。目前，溶致液晶聚合物Kevlar已完成了中试研究，并进行了批量生产。热致液晶聚合物尚处于研制阶段。

液晶聚合物是具有高强度、高模量和优异耐热性的工程塑料，被称为“超高性能塑料”或“超级工程塑料”。它又可用热塑性塑料的成型方法加工，因而具有广阔的发展前景，已用于宇航工业和电子电气工业等领域中。

经过许多年的发展，已经工业化的芳香族聚酯LCP每一种牌号几乎都发展成包括几十种产品的大系列。在不同系列的产品通过种种的化学和物理的手段，调节或增强产品的性能，以满足不同的加工性能及运行环境的需要。通过对高分子分子链进行分子设计，如通过改变高分子链中不同比例的构成，引入新的分子结构等。在产品中加入助剂进行改性，如加入一定量玻璃纤维可以增加强度，加入石墨可以增强伸长率和导电性等。LCP材料是最近几十年发展起来的新型工程材料，随着人们对其研究的进一步深入，其应用的领域也越来越广泛，前景更加可观。

LCP的主要用途，见表Bx-2。

表 Bx-2 LCP 的主要用途

分类	用途
消费材料	微波炉灶容器、食品容器、包装材料
化学装置	精馏塔填料、阀门、泵、油井设备、计量仪器零部件、密封件、轴承
光纤通信	光纤二次被覆、抗拉构件、耦合器、连接器、加强筋
电子-电气	高密度连接器、线圈架、线轴、基片载体、电容器外壳、插座、表面安装的电子元件、电子封装材料、印刷电路板、制动器材、照明器材
运输	汽车上燃烧系统元件、燃料泵、隔热部件、精密元件、电子元件
宇航-航空	雷达天线屏蔽罩、耐高温耐辐射壳体、电子元件
工业材料	办公设备，如软盘、硬盘驱动器、复印机、打印机零部件 视听装置，如扬声器振动板、耳机开关体育器材、医疗器械等

Bx001 热致液晶聚合物

【英文名】 thermotropic liquid crystalline polymer

【性状】 分子链为刚性链，该聚合物不溶于常规有机溶剂，在偏光显微镜下呈现典型的向列相纹影结构，具有较高的热稳定性。

【制法】 （1）单体经乙酰化后，用二氯甲烷或50％乙醇水溶液重结晶。

（2）热致性液晶聚合物的制备　将一定配比的萘环单体、4-乙酰氧基苯甲酸、对苯二酚二乙酸酯和适量醋酸盐依次加入到反应釜中，升温至250～280℃，保持一定时间后，温度逐渐升高至300～350℃，同时抽真空，体系黏度越来越大，并出现搅拌乳光，待熔体将干时，停止反应。

【用途】 用于热致性液晶。

【生产单位】 上海合成树脂研究所。

Bx002 芳纶14树脂

【英文名】 poly (p-aminobenzoic acid) fiber resin

【别名】 芳纶Ⅰ树脂

【化学名】 聚对苯甲酰胺树脂

【结构式】

【性质】 芳纶Ⅰ树脂是属于全对位芳香族聚酰胺。具有刚性链结构外观为淡黄色粉状结晶，不溶于一般溶剂，能溶于酰胺类极性溶剂中，配制成各向异性液晶溶液，不燃、无毒。

【质量标准】

参考标准（上海合成树脂研究所）

指标名称	指标
外观色泽	浅黄至米黄
特性黏度	1.8～2.2
含水量/％	＜3
灰分/％	＜0.6
溶解性(表观黏度)	≤38
颗粒度/目	40

【用途】 主要用于配制芳纶Ⅰ纤维。

【制法】 以对氨基苯甲酸为基本原料，*N*-甲基吡咯烷酮为溶剂，再加其他助溶剂，在催化剂的存在下，进行缩聚反应，按规定的反应温度，经过一定时间，制得黏稠反应物，再经沉析，取出后放进粉碎机进行粉碎、再经离心机过滤，滤去含存的溶剂，并用热水洗涤，取出后送入烘箱进行干燥即为产品。

【安全性】 树脂的生产原料，对人体的皮肤和黏膜有不同程度的刺激，可引起皮肤过敏反应和炎症；同时还要注意树脂粉尘对人体的危害，长期吸入高浓度的树脂粉尘，会引起肺部的病变。大部分树脂都具有共同的危险特性：遇明火、高温易燃，与氧化剂接触有引起燃烧危险，因此，操作人员要改善操作环境，将操作区域与非操作区域有意识地划开，尽可能自动化、密闭化，安装通风设施等。

芳纶Ⅰ树脂产品放入聚氯乙烯塑料袋内，每袋30～50kg。装入硬纸箱或塑料桶内封好，贮存于干燥的室内仓库，该产品无毒，按非危险品运输。

【生产单位】 上海合成树脂研究所。

Bx003 芳纶1414树脂

【英文名】 polyterephthaloy-p-phenylene diamine fiber resin

【别名】 芳纶Ⅱ树脂

【化学名称】 聚对苯二甲酰对苯二胺

【结构式】

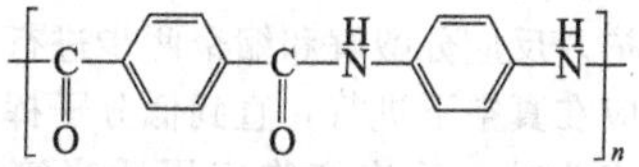

【性质】 芳纶Ⅱ树脂是一种高结晶度的伸展链聚合物，为淡黄色结晶粉末，熔点为570℃。其组成稳定，杂质含量低，不溶于一般溶剂，可溶于浓硫酸、氯磺酸、甲基硫酸或其他强的无机酸。可制成各向异性的刚性链高聚物溶液。

【质量标准】

参考标准（晨光化工研究院）

指标名称	指标
特性黏度	4.5～5.5
灰分/10^{-6}	500～700
水分/10^{-6}	50
含铁量/10^{-6}	9～15
杂质/%	<0.2
外观	淡黄色颗粒
表观密度/(g/cm³)	0.19～0.23

【用途】 主要用于制造芳纶Ⅱ纤维的液晶纺丝液，也可与其他单体共聚制成高聚物。

【制法】 芳纶Ⅱ树脂是由对苯二胺和对苯二甲酰氯缩聚而成。缩聚方法有间歇法和连续法两种，后者聚合物含量高，反应时间短，生产多采用连续法，即对苯二胺和对苯二甲酰氯以精确的摩尔比连续进入混料器中经强烈搅拌，在溶剂甲基吡咯烷酮、助溶剂氯化钙（或氯化锂）的作用下在双螺杆反应器中进行预反应和主反应阶段，聚合物以黄色粉料状态排出，随即进行水洗、过滤沉淀。再用碳酸钠进行中和，再经水洗、过滤、干燥后即为产品。

【安全性】 经干燥后的产品装入塑料袋内，每袋质量30～50kg，再放入塑料桶或木箱内。产品在干燥的室内仓库贮存。本品无毒，按非危险品运输。

【生产单位】 上海合成树脂研究所，南通合成材料厂。

Bx004 共聚芳酯

【英文名】 copolyarylate

【别名】 热致液晶聚合物 xydar

【结构式】

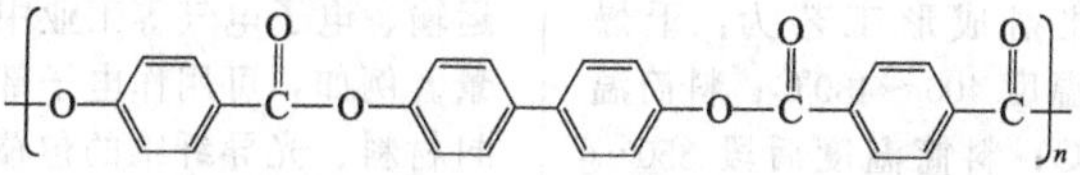

【性质】 xydar是芳香族聚酯液晶聚合物，在熔融状态下分子链在流动方向上取向，具有棒条状构造，因而具有一系列优异性能。

(1) 优异的力学性能　xydar的棒条状刚性分子链在熔融加工时，由于沿流动方向高度定向排列，而具有自增强特性，因而不经增强即可达到甚至超过普通工程塑料玻璃纤维增强后的力学强度和弹性模量水平。对于大多数热塑性塑料是严重缺点的蠕变性，对xydar则可忽略不计。

(2) 突出的耐热性　xydar的熔点高达421℃，热变形温度达355℃，大大高于聚苯硫醚、聚砜、聚醚酰亚胺、聚醚醚酮等热塑性工程塑料。xydar可在－50～240℃连续使用，且仍有优良的冲击韧性和尺寸稳定性。xydar的锡焊耐热性在热塑性塑料中具有最高水平，可在320℃焊锡中浸渍5min。xydar具有卓越的耐热氧化分解稳定性。

(3) 优异的阻燃性 xydar系阻燃材料，不必添加阻燃剂。在空气中不燃烧。发烟量极少，即使靠近燃烧火焰，也不滴下。xydar的氧指数为42，阻燃性可达UL-94 V-0级，是防火安全性最好的塑料之一。

(4) 极小的线胀系数，很高的尺寸精度 xydar由于在熔融状态已具结晶性，加工成的制品冷却时，不发生从无定形到结晶的相变引起的体积收缩，故成形收缩率比一般工程塑料低，制品尺寸精度高。其流动方向的线胀系数比普通塑料小一个数量级，与金属和陶瓷相当，而接近于石英。其吸水率为0.02%～0.08%，在热塑性塑料中属最低之列。

(5) 突出的耐化学腐蚀性 xydar是非活性物质，在很宽的温度范围内不受所有工业溶剂、燃料油、洗涤剂、热水、浓度90%的酸和浓度50%的碱的腐蚀，在溶剂作用下也不发生应力开裂。例如，xydar浸于醋酸中回流加热168h，拉伸强度保持不变；在82℃的热水中浸泡4000h，性能不变。

【制法】 主要采用熔融缩聚法。由对苯二甲酸、对羟基苯甲酸和4,4′-联苯二酚三种单体加热熔融缩聚制取。由于反应温度高，反应物中的羟基通常应预先乙酰化给予保护。反应分酸解和缩聚两步进行。缩聚反应在真空下进行，直到低分子挥发物都蒸出为止。反应产物应用适当溶剂萃取，以分离出不挥发物和低聚物，使聚合物净化。

【质量标准】

美国Dartco公司生产的xydar主要产品型号的性能指标

指标名称	SRT-300	SRT-500	FSR-315
相对密度	1.35	1.35	1.40
拉伸强度/MPa	115.8	125.5	81.4
拉伸模量/MPa	9652	8273	8963
弯曲模量/MPa	11031	13100	11031
伸长率/%	4.9	4.8	3.3
冲击强度(缺口)/(J/m)	128	208	75
热变形温度(1.82MPa)/℃	355	338	316
介电强度/(kV/mm)	31.2	31.2	21.6
耐电弧性/%	138	138	241

【成型加工】 注射成形工艺为：干燥150℃，8h；熔融温度400～430℃；料筒温度前段360～390℃；料筒温度后段350～380℃；注射压力96.5MPa；模具温度240～280℃；合模力46.1～61.5MPa。

【用途】 热致液晶聚合物xydar是一种新型高性能工程塑料，在宇航、飞机、交通运输、电子电气等工业中有广泛的应用前景。例如，可用作电子部件、集成电路灌封材料、光导纤维的包覆材料、化工设备的填充物和部件、汽车部件、电子领域用容器、带轮、磁带、录像机、冷冻机的空气压缩部件等。热致液晶聚合物的应用如下。

用途	注射制品	挤出制品
电子、光学方面	连接器、电子部件灌封剂、硬圆盘基板、印刷线路基板、电绝缘配电盘	光导纤维包覆材料、张力元件、金属被覆材料、精密印刷线路基板
工业材料	化工设备部件、泵、阀部件、填充塔的填料、汽车部件	橡胶补强用皮带、片材、管、被覆材料、薄膜、复合薄膜

续表

用途	注射制品	挤出制品
精密部件	各种精密机械部件、刻度尺、游标卡尺、仪表部件	
其他	工程塑料的改性(成型性)材料、冷冻室部件、瓶子	高强力丝、高弹性丝、单丝

【安全性】 树脂的生产原料，对人体的皮肤和黏膜有不同程度的刺激，可引起皮肤过敏反应和炎症；同时还要注意树脂粉尘对人体的危害，长期吸入高浓度的树脂粉尘，会引起肺部的病变。大部分树脂都具有共同的危险特性：遇明火、高温易燃，与氧化剂接触有引起燃烧危险，因此，操作人员要改善操作环境，将操作区域与非操作区域有意识地划开，尽可能自动化、密闭化，安装通风设施等。

卷绕在硬纸筒上（或塑料塔筒上）的芳纶Ⅰ纤维，外包收缩塑料薄膜，将若干筒产品装在一个纸箱中。产品应贮存于干燥的室内仓库，防止受潮，注意防火。本品无毒，按非危险品运输。

【生产单位】 中科院化学研究，华东纺织大学，华东化工学院，中蓝晨光化工研究院，上海市合成树脂研究；美国 Dartco 公司，商品名称 xydar，其型号非填充级 SRT 300、SRT 500，填充级 FSR 315；玻纤增强级 FC 110。

Bx005 共聚芳酯（含萘化合物）

【英文名】 thermotropic liquid crystal polymer；TLCP

【别名】 热致液晶聚合物

【结构式】

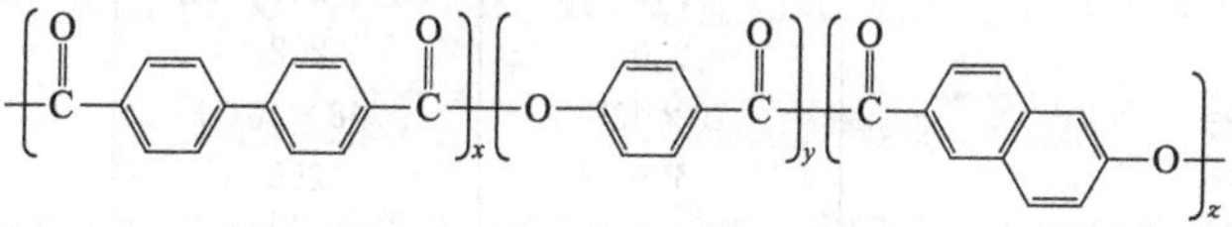

【性质】 和 xydar 相似，vectra 在成形时，分子链沿流动方向取向，因而具有一系列优异性能。其力学性能和 xydar 相似。不同之处是 vectra 在制造时，用 2-羟基-6-萘酸代替了 xydar 的联苯二酚，降低了 xydar 的成形温度，改善了加工性能。

(1) 具有自增强作用 成形时分子链沿流动方向取向，在此方向的强度、模量很高。无任何填充材料的 vectra 产品的强度、模量可以达到甚至超过添加百分之几十玻璃纤维的工程塑料的水平，显示出明显的自增强效果。和普通热塑性塑料不同，由于分子沿流动方向取向，vectra 的力学性能具有明显的各向异性（沿流动方向的弯曲强度和弯曲模量是沿直角方向的2倍以上）。

(2) 极小的线胀系数 vectra 在熔融状态下已具有结晶性，当成形制品冷却时，不发生从无定形到结晶的相变引起的体积收缩，成形收缩率低，其流动方向的线胀系数比普通塑料小一个数量级，与金属相当。

(3) 优良的耐热性 其耐热性虽不及 xydar，但在热塑性工程塑料中仍处于较高的水平。在 1.82MPa 负荷下，其各品级的热变形温度为 180～240℃。长期使用温度为 180～200℃。在 200℃高温下经过 180d 热老化后，其拉伸强度的保持率在 80% 以上，伸长率的保持率在 60% 以上。

(4) 优良的阻燃性　不加填充剂的 vectra A950 的氧指数较高，为 35%。vectra 各主要品级不加阻燃剂的情况下，其阻燃性均可达 UL-94 V-0 级，显示出该材料实质上是阻燃材料，是防火安全性最好的塑料之一。

(5) 突出的耐化学腐蚀性　除了极少数化学药品或者在高温条件下，对 vectra 产品有侵蚀而外，它能耐包括酸、碱在内的大多数化学药品。例如，在温度为 66℃，浓度为 93% 的硫酸中浸泡 720h，其力学性能基本保持不变。室温下，在 50%的氢氧化钠溶液中浸泡 720h，其力学性能保持不变。

(6) 良好的加工性　vectra 的显著特点之一是，熔融时，高剪切速率下黏度很低，流动性良好，从而给加工带来有利的条件，与一般工程塑料相比，vectra 可在较低的压力下成形，并且可以加工成形薄壁制品。

【制法】　主要采用熔融缩聚法。由对苯二甲酸、对羟基苯甲酸和 2-羟基-6-萘酸三种单体加热熔融缩聚制取。由于反应物中的羟基通常应预先乙酰化加以保护。反应分酸解和缩聚两步进行。缩聚反应在真空下进行，直至低分子挥发物都蒸出为止。反应产物应用适当溶剂萃取，以分离出不挥发物和低聚物，使聚合物净化。

【质量标准】

美国 Celanese 公司生产的 vectra 产品各种型号的性能指标

指标名称	SRT-300	SRT-500	FSR-315
填充材料	无填充	30%玻璃纤维	40%矿物
相对密度	1.40	1.62	1.77
吸水率/%	0.08	0.05	0.06
拉伸强度/MPa	210	215	165
伸长率/%	3.0	2.2	4.5
拉伸模量/MPa	10×10^3	18×10^3	16×10^3
弯曲强度/MPa	155	255	180
弯曲模量/MPa	9×10^3	15×10^3	14×10^3
冲击强度(缺口)/(J/m)	440	140	110
洛氏硬度(M)	60	—	—
热变形温度(1.82MPa)/℃	180	230	190

vectra 部分型号产品力学性能的各向异性

产品型号		A950	A130	A540
填充材料		无填充	30%玻璃纤维	40%矿物
弯曲强度/MPa	流动方向	144	195	140
	直角方向	54	92	67
	流动方向与直角方向的比值	2.7	2.1	2.1
弯曲模量/MPa	流动方向	10.6×10^3	13.7×10^3	12.9×10^2
	直角方向	2.6×10^3	4.7×10^3	4.1×10^3
	流动方向与直角方向的比值	4.1	2.9	3.1

注：试片为 120mm×120mm×2mm 的平板。

vectra的线胀系数　　单位：$\times10^{-5}$/℃

型号	方向	温度范围/℃			
		35～50	50～100	100～150	150～200
A950	流动方向 直角方向	−0.5 2.8	0.9 3.6	−1.2 4.6	−1.2 4.5
A130	流动方向 直角方向	2.2 1.4	1.6 1.2	1.4 1.1	0.2 −0.2
230	流动方向 直角方向	0.2 0.8	−0.1 0.6	0.1 0.7	−0.5 1.4
A540	流动方向 直角方向	1.0 2.3	1.0 2.8	0.6 3.2	−0.4 2.6

【成型加工】 注射成型料筒温度285～290℃，喷嘴温度290～300℃，注射压力140MPa，模具温度70～100℃。此外，日本马斯塔兹模具（モールドマスターズ）公司对vectra液晶聚合物系用热流道成型也获得成功。

【用途】 热致液晶聚合物vectra有比xydar更好的成型加工性能，可广泛应用于宇航、航空、兵器、电子、电气及其他精密机械等方面。

【生产单位】 国内尚处于研制阶段。美国Celanese公司，商品名称为vectra。型号有无填充级A950；填充级A540、A625、A410；玻纤增强级A130、C130、A230。日本ポリプラスヂワヌ株式会社，商品名称为ベワトラ。

Bx006 热致性液晶氯代聚芳酯

【英文名】 thermotropic liquid crystamne chloro-polyester

【性质】 熔点T_m=301℃，T_d分解温度412℃。

【制法】 配方：

1,6-己二醇	1mol
吡啶	15mL
四氯乙烷	100mL
2,5-二氯对苯二甲酰氯	1mol

【制法】 在干燥的无氧氮气保护和搅拌下，将1,6-已二醇或二酚溶于60mL四氯乙烷中，以15mL吡啶作为氯化氢的吸收剂，加入含等物质的量的2,5-二氯对苯二甲酰氯的四氯乙烷溶液，在常温下反应2h，80～90℃下再反应20h，冷却后反应液倒入95%乙醇中，沉淀过滤。用水-丙酮-水洗沉淀至滤液检不出负离子，然后真空干燥至恒重。

【用途】 用作自增强材料，功能性材料等。

【生产单位】 上海合成树脂研究所，南通合成材料厂。

Bx007 全芳共聚酯

【英文名】 aromati copolyester

【结构式】

$$—CO—C_6H_5—COO—C_6H_5Cl—O—$$
$$—O—C_6H_5—O—C_6H_5—O—$$

【性质】 能溶于对氯苯酚，特性黏度0.433，熔点298℃。

【制法】 用聚对苯二甲酸乙二醇酯再酯化的方法制取共聚物液晶配方（mol）：

对醋酸基苯甲酸	4.5
对苯二甲酸	3.5
2-甲基苯二酚二醋酸酯	3.6
聚对苯二甲酸乙二醇酯	2

【生产工艺】 把对醋酸基苯甲酸、2-甲基苯二酚二醋酸酯、对苯二甲酸和聚对苯二甲酸乙二醇酯投入反应釜中，充分搅拌混合，在氮气保护下，在 50min 内从 20℃ 加热到 50℃，在此温度下进行 1h 酯化反应，脱去醋酸，降压至 2.9890×10^3 Pa，再在 320℃共聚 1h，得到共聚酯树脂，其熔点为 280℃。

【用途】 热致性芳香族液晶可作为工程塑料、纤维、薄膜、涂料和胶黏剂等。

【生产单位】 华东纺织大学，华东化工学院，中蓝晨光化工研究院，上海市合成树脂研究。

Bx008 聚酯液晶

【英文名】 polyester liquid crystal

【结构式】 $\left[C_6H_5—O—C_6H_5 \right]_n$

【性状】

密度/(g/cm^3)	1.35
弯曲强度/MPa	131.0
维卡耐热/℃	366
介电损耗(10^6Hz)	0.039
拉伸强度/MPa	115.2
断裂伸长率/%	4.9
介电常数(10^6Hz)	3.94

【制法】 一般将聚酯液晶单体可分为酚酸酰氯和酯，单体通常含有刚性基团以及柔性基团。聚酯的合成多采用熔融缩聚，酰氯与酚的反应，一般采用界面缩聚。

配方 /mol

对羟基苯甲酸	2.4
二羟基苯甲酮	0.24
无水醋酸酯	0.1
间苯二甲酸	1.44
醋酐	6
三氧化二锑	0.15

【生产工艺】 把对羟基苯甲酸、间苯二甲酸、二羟基苯甲酮、醋酐、无水醋酸酯、三氧化二锑加入反应釜中，在氮气保护下加热 170℃，1h 后升温至 220℃，加热 2h 后，再升温至 330℃蒸出醋酸，在 20min 内将压力降至 2.5MPa，粉碎得聚酯。然后再在 250℃，1MPa 压力下固相缩聚 24h，粉碎，干燥。

【用途】 用于印刷电路板、精密机器零件等。

【生产单位】 华东纺织大学，华东化工学院，中蓝晨光化工研究院，上海市合成树脂研究。

Bx009 聚对苯甲酰胺纤维

【英文名】 poly (p-aminobenzoic acid) fiber

【化学名称】 芳纶Ⅰ纤维

【结构式】

【性质】 芳纶Ⅰ是一种全对位芳香族聚酰胺纤维，为黄色、有光泽的长纤维，它具有高强力、高模量和耐高温的特性，化学稳定性好，耐腐蚀。不燃、抗高温氧化性能好，在 340℃持续 40h，纤维仍能保持高强力涤纶丝的强度，其强力保持率一般为 85%。

【质量标准】

参考标准（上海合成纤维研究所）

指 标 名 称	指 标
强度/(cN/dtex)	17～19
模量/(cN/dtex)	707～880
纤度/dtex	1.1～1.3
伸长/%	1.7～2.0
密度/(g/cm^3)	1.46

【制法】 将芳纶Ⅰ树脂溶于特制的溶剂中，配制成具有各向异性的液晶纺织浆液，经过脱泡釜和过滤器，再用精密计量泵将纺丝液送入喷丝头（500 孔），在一定的喷丝速度下在纺丝凝固浴中成纤。纤维经过热水淋洗后再通过干燥预热和高温处理，制得高强度、高模量纤维，上油后以一定速度连续送至收丝机，在硬纸筒上

卷绕成产品。

【用途】 芳纶Ⅰ强度高、密度小，用于光导纤维的光缆加强件，耐弯折，可代替钢丝起到保护作用，也可与环氧、酚醛树脂复合制成板材或其他结构材料，如坦克防弹板材、发动机壳体等。

【安全性】 树脂的生产原料，对人体的皮肤和黏膜有不同程度的刺激，可引起皮肤过敏反应和炎症；同时还要注意树脂粉尘对人体的危害，长期吸入高浓度的树脂粉尘，会引起肺部的病变。大部分树脂都具有共同的危险特性：遇明火、高温易燃，与氧化剂接触有引起燃烧危险，因此，操作人员要改善操作环境，将操作区域与非操作区域有意识地划开，尽可能自动化、密闭化，安装通风设施等。

卷绕在硬纸筒上（或塑料塔筒上）的芳纶Ⅰ纤维，外包收缩塑料薄膜，将若干筒产品装在一个纸箱中。产品应贮存于干燥的室内仓库，防止受潮，注意防火。本品无毒，按非危险品运输。

【生产单位】 上海合成纤维研究所。

Bx010 聚对苯二酰对二胺

【英文名】 polyterephthaloyl-p-phenylene diamine fibre

【别名】 溶致液晶聚合物；芳纶树脂；凯芙拉尔

【结构式】

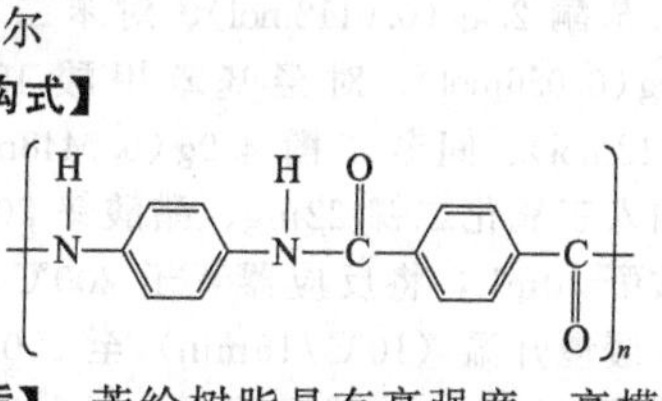

【性质】 芳纶树脂具有高强度、高模量、耐高温、低相对密度等一系列优异性能。在280℃经100h后，其强度保持率在85%以上；在320℃经100h后，尚保持50%左右。用芳纶树脂制成的纤维的强度可达20g/dtex以上，超过碳纤维和钢丝。模量为1014g/dtex是钢丝的5倍，而相对密度却只有钢丝的（1/6)～(1/5)。它耐疲劳性好，富有韧性。另外还有优良的电气绝缘性、阻燃性和耐药品性等。用kevlar制成的薄膜，其强度比聚酰亚胺薄膜大好几倍，虽然伸长率较低，但薄膜仍呈现出优良的柔韧性。kevlar薄膜的性能以及与尼龙66纤维性能比较如下。

kevlar 薄膜性能

指标名称	指标
拉伸强度/MPa	200
伸长率/%	40～60
软化温度/℃	280
体积电阻率/Ω·cm	61015
介电损耗角正切	0.03
介电常数	7.0
介电强度/(kV/mm)	200

kevlar 纤维与尼龙 66 纤维性能比较

指标名称	尼龙66	kevlar
断裂强度/GPa	0.7	2.3
伸长率/%	25	0.6
拉伸模量/GPa	10.86	35.87
韧度/GPa	0.071	0.075

【制法】 1. 芳纶-1414采用缩聚法。

以对苯二酰氯和对苯二胺为原料，在*N*-甲基吡咯烷酮溶剂低温缩聚，缩聚产物经水洗、干燥，得芳纶-1414树脂。将此树脂溶解在硫酸或*N*-甲基吡咯烷酮溶剂中，配制成具有各向异性的液晶浆液，然后经湿法纺丝、热处理后即得到具有高强度、高模量的芳纶-1414纤维。反应式如下。

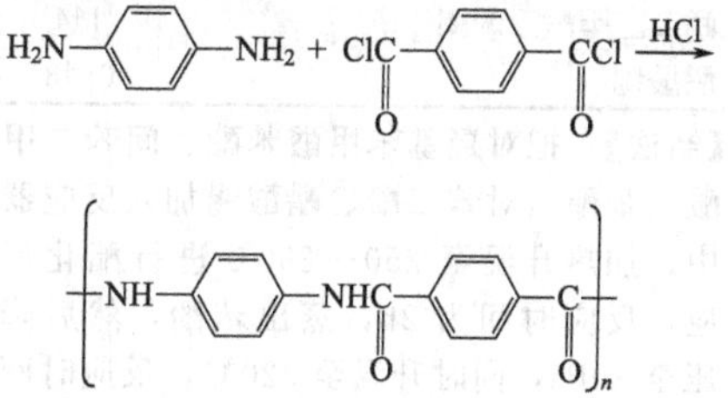

2. 芳纶-14采用缩聚法。

以对氨基苯甲酸为原料，在N-甲基吡咯烷酮溶剂中，配制成液晶浆液，然后经湿法纺丝、热处理后即得到具有高强度、高模量的芳纶-14纤维。反应式如下。

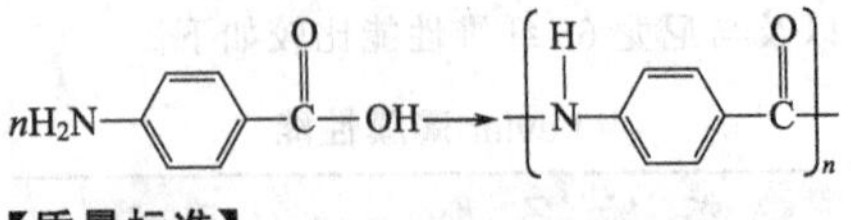

【质量标准】

上海市合成树脂研究所芳纶-14树脂企业标准

指标名称	指标
色泽	淡黄色～米黄色
特性黏度/(dL/g)	1.8～2.2
灰分/% ≤	0.7
含水量/% ≤	3.0

【用途】 可制得超高强度，超高模量，耐高温、耐低温、耐疲劳及耐化学腐蚀的有机纤维及复合材料，也可制得薄膜。用于宇航、飞机、交通运输、电子通信等部门，如飞机尾翼、降落伞绳索等。

【生产单位】 江苏南通合成材料试验厂，上海市合成纤维研究所等。

Bx011 芳香族聚酯

【英文名】 aromatic polyester

【结构式】

$$\text{+}C_6H_5-O-C_6H_5\text{+}_n$$

【配方】 (质量份)：

对羟基苯甲酸苯酯	116
对苯二酚	42
间苯二甲酸二苯酯	114
醋酸锡	0.13

【制法】 把对羟基苯甲酸苯酯、间苯二甲酸二苯酯、对苯二酚、醋酸锡加入反应器中，加热升温至250～290℃进行酯化反应，反应时间为2h，蒸出苯酚，然后降压至20Pa，同时升温至320℃，反应时间为20min，粉碎得到聚酯，然后再在250℃和0.3Pa压力下进行本体缩聚，反应时间为8h，最后在270℃和相同压力下反应10h。

【用途】 用于导电壳体，防护眼罩，润滑材料，复盘材料等。

【生产单位】 上海合成树脂研究所。

Bx012 含二羟基二苯酮系热致液晶共聚酯

【英文名】 thermothpic liquid crystal copolyester containing bis (4-hydroxyphenyl methanone)

【结构式】 $\text{+}CO-C_6H_5-O\text{+}_y$

$$\text{+}CO-C_6H_5-COO-C_6H_5-CO-C_6H_5-O\text{+}_n$$

$$\text{+}CO-C_6H_5-COO-C_6H_5-O\text{+}_m$$

【性质】 玻璃化温度为122℃，熔点255℃。

配方：

4,4′-二羟基二苯酮	2.4g(0.0112mol)
对苯二甲酸	9.30g(0.056mol)
对羟基苯甲酸	15.47(0.0112mol)
间苯二酚	4.9g(0.0448mol)
三氧化锑	22mg
醋酸锌	20mg
醋酐	30mL

【制法】 在装有氮气导管、搅拌器、温度计和冷凝器的四口瓶中加入4,4′-二羟基二苯酮2.4g(0.0112mol)、对苯二甲酸9.30g(0.056mol)、对羟基苯甲酸15.47g(0.112mol)、间苯二酚4.9g(0.0448mol)，再加入三氧化二锑22mg、醋酸锌20mg、醋酸酐30mL，将反应器置于200℃盐浴中，缓慢升温(10℃/15min)至250℃蒸出醋酐25mL，继续升温(10℃/10min)至300℃，此时醋酸酐全部被蒸出，在300℃下保温搅拌3h，趁热取出反应物，所得棕褐色产物易拉成很韧的丝，用粉碎机粉碎成绒丝状纤维，置于真空干燥箱中，减压(0.7～1.3kPa)，250℃下烘干8h，最终得到聚合产物。

【用途】 用于高强度，高模量纤维，用作光导纤维二次包覆层。

【生产单位】 上海合成树脂研究所。

Bx013 一种新型聚酯醚砜热致液晶高分子

【英文名】 a new type thermotropic liquid crystal-*p*-polyesterether solfone

【结构式】

$$\text{-}\!\!\left(OC_6H_5-O-C_6H_5-SO_2-C_6H_5-O-C_6H_5-OOC-C_6H_5-CO\right)\!\!\text{-}_n$$
$$\text{-}\!\!\left(O-C_6H_5-CO\right)\!\!\text{-}_m$$

【性质】 玻璃化温度 142～160℃，熔点 226℃。

配方：

4,4′-双(4′-羟基苯氧基)二苯砜(BHPDS)	6.51g(0.015mol)
对苯二甲酸(TPA)	2.493g(0.015mol)
醋酸酐	15mL
对羟基苯甲酸(*p*-HBA)	4.188g(0.03mol)

【制法】 把 4,4′-双（4′-羟基苯氧基）二苯砜、对苯二甲酸，对羟基苯甲酸加到三口瓶中，再加入 15mL 醋酸酐，用盐浴加热，使温度上升至 200℃时，把盛有反应物的三口瓶置于盐浴中，搅拌下通入氮气进行保护，温度升至 280℃，维持 2h，反应物逐渐变稠，醋酸同时被蒸出，此刻要防止单体升华，再升温至 300℃，维持 2～3h，产物趋于固体，停止搅拌，然后抽真空，最后在 320℃/10～20Pa，维持 1.5h，在熔态下取出聚酯醚砜（PEES）聚合物。

【用途】 用于液晶自增强塑料，可用作宇宙空间，核电站的特殊环境材料等。

【生产单位】 上海合成树脂研究所。

Bx014 低分-T-量芳香族热致液晶-聚（对羟基苯甲酸-对苯二甲酸酚）

【英文名】 low molecular weight and thermotropic liquid crystal of aro matic copolyester based on-*p*-hydroxybenzic acid terephthalic acid and bisphnol A

【结构式】

$$\text{-}\!\!\left(O-C_6H_5-CO\right)\!\!\text{-}_n$$
$$\text{-}\!\!\left(O-C_6H_5-C(CH_2)_3\right)\!\!\text{-}_m$$

【性质】 玻璃化温度 150℃，熔点 211℃，分解温度 368℃。

【制法】 1. 单体的合成配方：

对羟基苯甲酸	1mol
乙酸酐	1.8mol
冰乙酸	0.6mol

将对羟基苯甲酸、乙酸酐、冰乙酸按摩尔比 1∶1.8∶0.6 依次置于三口瓶中，以硫酸（0.3%质量分数）为催化剂在 120～125℃下反应 4h，将反应液倒入蒸馏水中，析出对乙酰氧基苯甲酸白色结晶，用乙醇水溶液重结晶，产率 85%，熔点为189～191℃。

2. 4,4′-二乙酰氧基二苯基丙烷的制备配方：

4,4′-二羟基二苯丙烷	1mol
乙酸酐	3.6mol
冰乙酸	1.2mol

将 4,4′-二羟基二苯基丙烷、乙酸酐、冰乙酸按摩尔比 1∶3.6∶1.2 依次加入三口瓶中，以硫酸为催化剂，在 125～130℃下反应 8h，将反应液倾到蒸馏水析出白色结晶，用乙醇水溶液重结晶，产率为 88%，熔点为 79～81℃。

3. 共聚酯的合成：在 275～350℃范围使对乙酰氧基苯甲酸进行聚合，因低聚体不溶于单体，使单体混合物逐渐加热至 280℃时，物料成为白色淤浆状的悬浮体系，反应逐步生成共聚酯链，温度分为两段，首先在 280℃下反应 2h，然后再把温度升至 320℃。准确称取各单体，依次加入反应瓶中，在氮气流保护下，以 KNO_3 和 $NaNO_3$ 混合盐浴为加热介质，在 280℃下反应 2h，320℃下反应 10h，真空下反应 0.5h。

【用途】 用于功能材料、液晶自增强材料。

【生产单位】 中国化工新材料总公司辽源化工材料厂。

Bx015 聚对氧化偶氮苯酚酯系列热致性液晶高分子

【英文名】 thermotropic liquid crystal polymer of PAB series

【结构式】

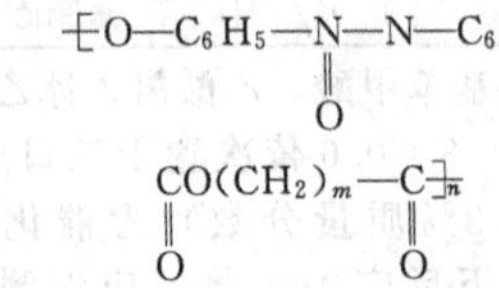

【制法】 聚对氧化偶氮苯酚酯聚合物是以对氧化偶氮苯酚与含不同碳数的脂肪族二元酸酰氯用界面缩聚的方法得到的聚辛二酸对氧化偶氮苯酚酯。

配方：

对氧化偶氮苯酚	13.5g(0.06mol)
氢氧化钠	4.7g
水	100mL

将对氧化偶氮苯酚 13.5g、氢氧化钠 4.7g 及 12.7g 相转移催化剂 $(C_2H_5)_4N$ 一起溶于 100mL 水中。在强烈搅拌下，加入辛二酰氯-1,2-二氯乙烷溶液，立即有黄色沉淀产生，在室温下反应 1h，然后将反应混合物倒入甲醇，滤集产物，再用甲醇抽提 48h，真空干燥得黄色聚合物固体，即为聚辛二酸对氧化偶氮苯酚酯，简称为 PAB8。

【用途】 用于功能材料、自增强材料等。

【生产单位】 上海合成树脂研究所。

Bx016 热致性液晶聚酯酰亚胺

【英文名】 polyester imide thermotropic liquid crystalline

【性质】 玻璃化温度 120℃，熔点温度 268℃，引发温度 315℃，特性黏度 0.31L/g。

【制法】 熔融缩聚法：将二元醇或二元酚的乙酰化，再将制成的含酰亚胺二元酸与相应的乙酸酯以 1∶1 的等物质的量投料，加入适量催化剂，在氮气保护下，逐渐分段升温至某一特定温度（300～350℃），慢温几小时，反应结束前 0.5h，减压抽空，最后得到产物。

【用途】 用于特种工程塑料等。

【生产单位】 南通合成材料厂。

Bx017 热致规则全芳液晶聚酯酰胺

【英文名】 holoaromatic regular polyesteramide thermotropic liquid crystal

【性质】 特性黏度 1.25L/g，熔点温度 397℃。

【制法】

1. 复合二元酸的合成配方：

对羟基苯甲酸	35g
氢氧化钠	1000mL(1mol)
对苯二甲酰氯	20.3g
四氯化碳	400mL

将对羟基苯甲酸溶于 1000mL(1mol) 氢氧化钠溶液中，在剧烈搅拌下滴加由 20.3g 对苯二甲酰氯溶于 400mL 干燥四氯化碳中而成的溶液中，5h 后过滤，并依次用水、1mol 盐酸、水、丙酮洗涤所得的固体，干燥复合二元酸，产物在 400℃ 以上不熔，不溶于醇、酮等有机溶剂。

2. 复合二元酸的酰氯化配方：

复合二元酸	20.3g
二氯亚砜	300mL

将复合二元酸加到 300mL 二氯亚砜中，加热回流至完全均相，趁热过滤，冷却，生成白色沉淀。再过滤，真空干燥后，在三氯甲烷中重结晶，得复合二元酰氯白色结晶，熔点为 220℃。

3. 聚合物的合成配方：

NMP	0.1mol/L
LiCl	4%
Py/-NH_2	1mol

在氮气保护和搅拌下，按下述比例往聚

合釜中依次加入NMP、P、LiCl、二元胺、复合二元酰氯，在快速搅拌下反应0.5h，放置过夜，用水析出聚合物，打碎，用热水多次洗涤、干燥，得到聚合物。

【用途】 用作功能材料。与其他工程塑料共混作复合材料等。

【生产单位】 中国化工新材料总公司辽源化工材料厂。

Bx018 两种新型溶致性液晶芳香聚酯酰胺

【英文名】 some new soluble liquid crystal aromatic polyesteramide

【性质】 特性黏度为1.7L/g，拉伸强度为64.5MPa，断裂伸长率为14%。

【制法】 1. 4,4'-对苯二甲酸酯基二苯甲酰氯（TDC）的合成配方：

对羟基苯甲酸	8.75g(0.063mol)
对苯二甲酰氯	5.08g(0.025mol)
$SOCl_2$	150mL
四氯化碳	100mL

将对羟基苯甲酸溶于1mol/L NaCl水溶液中配成250mL溶液置于500mL不锈钢反应器中，为水相，5.08g(0.025mol)对苯二甲酰氯溶于100mL四氯化碳配成溶液为油相，将配成的油相溶液很快加入反应器中，室温下快速搅拌10min，有白色沉淀生成，将沉淀过滤、洗涤，干燥得到9.85g白色固体，将此白色固体放入250mL圆底烧瓶中，倒入150mL $SOCl_2$ 回流8h，趁热过滤，将滤液冷却，有白色针状晶体出现，过滤分出晶体，用三氯甲烷重结晶，干燥得到7.61g产物。

2. 液晶性聚酰亚胺的合成配方：

4,4'-二氨基二苯甲烷	347mg(1.75mmol)
NMP	20mL
酰氯单体	775mg(1.75mmol)
吡啶	1mL

将4,4'-二氨基二苯甲烷加入放有20mL含5%氯化钙的NMF溶液的100mL三口瓶中，三口瓶装备氮气导管，搅拌器，在快速搅拌下使其溶解，并通入氮气，在三口瓶外装上冰浴，待反应液完全冷却后，加入775mg(1.75mmol)酰氯单体，快速搅拌15min后反应液变稠，加入吡啶1min继续反应4h，并不出现沉淀。将黏稠的反应液倒入大量水中，有淡黄色沉淀生成，过滤，反复用热水洗涤，在≤60℃下真空干燥，得到淡黄色纤维状固体聚合物。4,4'-二氨基二苯醚及对苯二胺与酰氯的反应方法同上反应物摩尔比为1∶1。

【用途】 用于功能材料、自增强材料与其他工程塑料共混可作复合材料用等。

【生产单位】 南通合成材料厂。

Bx019 溶致液晶高分子聚苯并噁唑

【英文名】 LCP polybenzogazote liquid crystal

【性质】 拉伸强度1.55MPa，拉伸模量90MPa，起始分解温度657.3℃。

【制法】 1. 单体的合成：该单体是由4-羟基-3-氨基苯甲酸盐酸盐在多聚磷酸介质中进行缩聚反应，该单体是由对羟基苯甲酸甲酯（乙酯）为原料分两步反应，纯化而得。

2. 聚苯并噁唑的合成：3-氨基-4-羟基苯甲酸的盐酸盐在引发剂的引发下进行聚合，脱去盐酸，再在五氯化磷存在下，在90～190℃反应得到的聚合物，将聚合物溶液进行推膜，在水溶液中凝聚得到取向的薄膜，或将聚合物溶液用干喷湿纺丝技术得到淡黄色的聚合物纤维，在水浴中洗涤，并在张力下进行干燥和热处理。

【用途】 用于液晶材料等。

【生产单位】 中国化工新材料总公司辽源化工材料厂。

Bx020 侧链聚丙烯酸酯液晶聚合物

【英文名】 side chain polyacrylate liquid

crystal polymer

【性质】 熔点103～105℃，IR：1637cm^{-1}，分子量为342。

【制法】 1. 引发剂引发配方：

单体	5g
四氢呋喃	50mL
偶氮二异丁腈	0.2%～2.0%

将5g单体溶于50mL四氢呋喃中，在60℃下通氮气保护40～60min后，向其中加入0.2%～2.0%偶氮二异丁腈，约8h后结束反应，将反应液倒入0～5℃的冷乙醚中，使产物析出。过滤后用氯仿沉淀溶解，再次用乙醚洗涤产物，得到所需产品。

2. 钴-γ源辐射引发配方：

单体	3g
四氢呋喃	15mL

将3g单体溶于装有15mL四氢呋喃的试管中，通入高纯氮气15min，然后将试管封闭进行辐射，照射完后用冷乙醚将聚合物析出，将沉淀物减压烘干，得到所需产品。

【用途】 用作功能材料、液晶显示材料等。

【生产单位】 中国化工新材料总公司辽源化工材料厂。

Bx021 活性碳纤维毡

【英文名】 activated carbon fiber felts

【性质】 活性碳纤维毡具有较大的比表面积，其孔径分布均匀，微孔直径一般在15～30Å(1Å＝10^{-10} m)，吸附速率快，溶剂吸附量大，其吸附和脱附有机溶剂的性能优于活性炭。

【质量标准】 企业标准（辽源化工材料厂）

指标名称	指标
单纯直径/μm	14～18
比表面积/(m^2/g)	1000～1500
外表面积/(m^2/g)	0.2～0.7
苯吸附力/%	35～50

【制法】 将碳纤维放入活化炉中，根据使用要求设计活化工艺参数，一般在700～900℃下，用水蒸气与二氧化碳和氮的混合气体进行活化，即得到活化碳纤维，再制成毡，即为产品。

【用途】 碳纤维毡长度规格为1～20m，宽度为0.1～1.2m。可用于溶剂回收和除臭装置，如可安装在溶剂回收设备上、防毒面具内、过滤气窗上以及冰箱内。它能有效地除去大分子硫醇类和环境中低浓度液体或气体等有害物质。是性能较好的吸附材料。

【安全性】 参见Bx001。碳纤维毡用塑料薄膜袋封装，再放入硬质箱中，存放在通风、干燥处，不能与有毒物品存放一起。产品按非危险品运输。

【生产单位】 中国化工新材料总公司辽源化工材料厂。

Bx022 芳纶Ⅱ纤维

【英文名】 aramid fiberⅡ

【别名】 芳纶1414

【化学名】 聚对苯二甲酰对苯二胺纤维

【结构式】

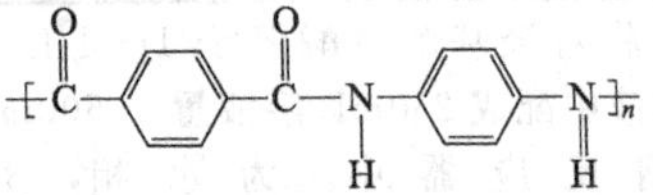

【性质】 芳纶Ⅱ纤维是一种具有高模量、高抗张强度、低密度的有机芳香族聚酰胺纤维。纤维为淡黄色，柔软有光泽。它的力学性能好，纤维的比强度为钢丝的4倍，比模量为钢丝的2倍，有较高的韧性和良好的纺织加工性。耐热性好，熔点为570℃。不助燃。低温－46℃不脆裂，性能不降低。纤维耐压缩性能差。

【质量标准】 参考标准（上海合成纤维研究所）

指标名称	指标
强度/(cN/dtex)	17～19
模量/(cN/dtex)	707～880
纤度/dtex	1.1～1.3
伸长/%	1.7～2.0
密度/(g/cm^3)	1.46

【安全性】 参见 Bx001。碳纤维毡用塑料薄膜袋封装，再放入硬质箱中，存放在通风、干燥处，不能与有毒物品存放一起。产品按非危险品运输。

【生产单位】 中国化工新材料总公司辽源化工材料厂、上海合成纤维研究所。

Bx023 液晶聚合物-Vectran

【英文名】 liquid crystal polymer-Vectran

【结构式】

$(—O—C_6H_5—CO—)_m(—O—C_6H_5—CO—)_n$

【性质】

密度/(g/cm³)	1.4～1.9
拉伸强度/MPa	140～240
断裂伸长率/%	1.2～6.9
热形变温度/℃	177～238
体积电阻率/Ω·cm	10^{15}～10^{10}
介电强度	2.6～3.3
吸水率/%	0.02～0.04

【制法】 配方：

对羟基苯甲酸(HBA)	70%
2-羟基-6-萘甲酸(HNA)	30%

把约 70%的对羟基苯甲酸和 30%的 2-羟基-6-萘甲酸经熔融无规共聚制得。在聚合前对羟基苯甲酸和 2-羟基-6-萘甲酸两种单体和醋酐反应进行乙酰化后，在催化剂和惰性气体保护下进行酯交换反应，脱去醋酸，再在真空下进一步聚合，最后得到 Vecetran 聚合物。

【用途】 用于多种部门，如电子工业、汽车工业、飞机、宇航、机器制造等部门。

【生产单位】 中国化工新材料总公司辽源化工材料厂。

By 结构型导电塑料及磁性塑料

1 导电塑料定义

导电塑料就是能够传导电荷的一大类合成树脂材料。导电塑料有本征导电塑料和普通高分子添加导电填料组成。金属纤维系导电塑料是把金属纤维填料加入聚合物中进行混炼均匀，使其具有导电性，体积电阻率一般在 $10^{-3}\sim10^{2}\Omega\cdot cm$ 可作为导电塑料。

上述所说的“电荷”包括强电、弱电、静电及电磁波等所有的电现象。通常，按其自身的电导率（σ）大小，导电塑料被细分为半导体（$10^{-10}\sim10^{-2}$ S/cm）、导体（$10^{-2}\sim10^{10}$ S/cm）和超导体（$>10^{10}$ S/cm）。

当塑料及制品表面阻值大于 10 次方时极易产生静电；在 8～10 次方之间具有一定防静电性能；在 6～8 次方之间有很好的防静电性能；在 4～6 次方之间具有最佳的防静电性能；当达到 4 次方以下具有了相当的导电性能，属于导体半导体材料。

2 导电塑料的分类

一般习惯上，按其结构和制法，它们又被分为复合型和结构型两大类。

2.1 复合型导电塑料

复合型是采用诸如表面成膜、分散、层压等物理机械性复合技术将抗静电剂或导电性物质与绝缘性合成树脂复合而成的。

2.2 结构型导电塑料

结构型导电塑料是指作为基体的合成树脂本身就具备了可导电性的结构，或可直接用于导电或经少量物质掺杂后便可用于导电的塑料。这种塑料目前已发现有 100 多种，而导电性较好、潜在应用价值较大的也有 20 余种。从导电时载流子的种类来看，它们被分为离子型和电子型两大类。离子型结构导电塑料中，目前最有实用价值的是以聚氧化乙烯为代表的聚醚类和以聚羟基丙烯酸内酯为代表的聚酯类等与碱金属盐类的络合物，其电导率在 $10^{-5}\sim10^{-2}$ S/cm 之间，属半导体范畴，主要用作高能全固态二次电池的电解质。

结构型高分子导电材料主要有下面几种。

① π 共轭系高分子：如聚乙炔、$(Sr)n$、线型聚苯、层状高聚物等；

② 金属螯合物：如聚酮酞菁；

③ 电荷移动型高分子络合物：如聚阳离子、CQ 络合物。

这一类高分子材料的生产成本高、工艺难度大，至今尚无大量生产，广泛应用的导电高分子材料一般都是复合型高分子材料，其填充物质主要有：

a. 金属分散系；b. 炭黑系；c. 有机络合物分散系。

2.3 电子型结构导电塑料

电子型结构导电塑料系以共轭长链高分子化合物为基体的合成树脂性材料。导电时载流子是电子、空穴、孤子或极子。按掺杂情况，常被分为本征型和掺杂型两类。本征型结构导电塑料，是指作为基体的纯树脂在不外加任何其他物质的状态下便具有了金属导电性的塑料，如聚并苯($\sigma=4.5\times10^{2}$ S/cm)、聚氮化硫($\sigma=2.5\times10^{3}$ S/cm)、聚异硫茚($\sigma=10^{3}$ S/cm)和合成石墨($\sigma=3\times10^{3}$ S/cm)等。掺杂型结构导电塑料则不同，其基体树脂虽具有了可显示导电性的结构，但大都还属于绝缘体，只有经过掺杂处理后才能具有较好的导电性。对于这类物质的掺杂，通常是加入少量所谓“掺杂剂”的特定物质(如Li、Na、K、I_2、AsF_5、PF_6、HCl、HF、$HClO_4$等)，以实现电子的转移过程或质子附加而把电荷传递开来的过程。具体掺杂工艺，已从初期的液相法、气相法发展到了今天的电化学法、光化学法、离子注入法及光致掺杂法等多种。作为结构型导电塑料基体树脂的合成方法，主要有化学合成法、电解聚合法、高温热解法等几类。

2.4 掺杂后的结构型导电塑料

目前，经掺杂后的结构型导电塑料的电导率大多能达到10^{-4} S/cm以上，有少数能达到10^{5} S/cm，可与金属媲美。但是，由于在潮湿空气中的不稳定性、难溶难熔的不易成型加工性以及成本较高等原因，故尚难实现工业应用；除小型硬币式二次塑料电池已经商品化外，几乎都还处在实验室探索或小批量试制阶段。

3 导电塑料的应用

导电塑料不仅在抗静电添加剂、计算机抗电磁屏幕和智能窗等方面的应用已快速的发展，而且在发光二极管、太阳能电池、移动电话、微型电视屏幕乃至生命科学研究等领域也有广泛的应用前景。此外，导电塑料和纳米技术的结合，还将对分子电子学的迅速发展起到推动作用。将来，人类不仅可以大大提高计算机的运算速度，而且还能缩小计算机的体积。因此，有人预言，未来的笔记本电脑可以装进手表中。

导电塑料用于取代金属做电池电极，以获得更好的耐腐蚀性和复杂的结构；导电塑料电池和用导电塑料制成的塑料电容器已被用在电子计算机和摄、录像机中，以代替较笨重的镍镉蓄电池。

导电塑料用于电子仪器和计算机等的外壳上，可以吸收电磁辐射的能量、防止电磁干扰、消散积聚的电荷以保证仪器和计算机正常工作。

导电塑料用于汽车燃料传送部件，包括燃料过滤器、软管、漏斗、盒子、开门手把、支架和燃料管的夹具等，可防止静电堆积。

导电塑料用于商业设备如送纸器、绘图器卷轴、邮件输送器的内部件、IC芯片盘、搬运器、晶片承载盒、硬盘驱动部件等。

导电塑料应用于其他的工业领域，如地面保护和保健领域、梳子和卷发器等。

4 磁性塑料定义

顾名思义，磁性塑料是带有磁性的塑料制品(又叫作塑料磁体、塑料磁铁)与导电塑料相似。

普通的塑料没有铁磁性。但是利用特殊的方法可以形成铁磁性的料：一是设法改变塑料的成分，使得它们具有磁性。这种方法还处于研究之中。二是在普通的塑料中添加磁性粉末，成为复合的磁性塑料。这种方法制造的磁性塑料已经在我们的生活中大量应用。

5 磁性塑料的分类

按结构和制法，也可分为复合型和结构型两大类。

5.1 复合型磁性塑料

复合型磁性塑料是指将无机磁粉添加到合成树脂中混合而制成的一类硬质磁体。兼具了磁铁和塑料的双重功能。一般磁粉是磁性的来源。用于填充的磁粉主要是铁氧体磁粉和稀土永磁粉。复合型磁性塑料按照磁特性又可分为两大类：一类是磁性粒子的易磁化方向是杂乱无章排列的，称为各向同性磁性塑料，性能较低，通常由钡铁氧体作为磁性材料。另一类是在加工过程中通过外加磁场或机械力，使磁粉的易磁化方向顺序排列，称作各向异性磁性塑料，使用较多的是锶铁氧体磁性塑料。

5.2 结构型磁性塑料

结构型磁性塑料的基体树脂本身就具有了较强的磁力强度，其研究始于20世纪80年代初期，目前尚处于探索阶段，日本、美国、俄罗斯、英国和中国等开展得较好。这类磁性塑料可分为含金属原子的和不含金属原子的两类，迄今已知的强磁性高分子化合物仍只有有限的10余类，如聚（2,6-亚吡啶基二亚甲基己二胺）·硫酸铁、聚香芹烯、聚碳烯、聚（三氨基苯-碘）、聚丁二炔衍生物、聚席夫碱·铁螯合物、聚三偶氮三苯酚、聚苯乙炔衍生物、聚丙烯腈热解聚合物、聚氯乙烯/活性炭热解复合物等。

6 磁性塑料的用途

磁性塑料是20世纪70年代发展起来的一种新型高分子功能材料，是现代科学技术领域的重要基础材料之一。磁性塑料的主要优点是：密度小、耐冲击强度大，可进行切割、切削、钻孔、焊接、层压和压花纹等加工，使用时不会发生碎裂，它可采用一般塑料通用的加工方法（如注射、模压、挤出等）进行加工，可加工成尺寸精度高、薄壁、复杂形状的制品，可成型带嵌件制品，实现电磁设备的小型化、轻量化、精密化和高性能化。

磁性塑料可以用在许多器件。如音像器材：磁带录音机用耦合器、电唱机用旋转变压器、电视接收机及计算机显示器、显像管、色纯会聚调节磁环、磁带录像机旋转磁头用马达及FG传感器、CD和VCD机的驱动马达、开门电机、耳机磁体及扬声器磁体。

家用电器：电冰箱、冷藏库、消毒柜、浴室等的门封磁条，洗衣机排水阀电机、定时器电机、电饭锅管座，电视机、录像机、电冰箱、洗衣机、吸尘器等电器的零部件。计算机及办公：软盘驱动器电机、打字机送纸马达、冷却轴流风机、CRT显示校正装置；静电复印机的显影磁辊、清洗磁辊、传真机中的磁辊、激光打印机磁辊。机械：钟表中的步进电机；工件固定永磁体、工业机器人用磁传感器、磁控开关、步进电机。汽车工业：汽车无触点分电器磁垫圈、燃料喷射泵用步进电机、防震贴板。医疗卫生、文化：磁疗保健品、磁疗床垫、磁疗转子、卫生肥皂盒；磁性绘图板、学生教具、广告、文具、磁性显示黑板。家具中的门扣、各种磁性玩具等。

7 塑料静电的防治

由于导电塑料和防静电塑料的区别与定义不一样。导电塑料和防静电塑料的电阻值不一样，导电的是3次方到6次方，防的是9次方到12次方，一个是为了有效把静电导出而避免带电，防静电的是为了阻止电荷离子的产生，使摩擦不易带电。静电排放指具有不同静电电位的物体由于直接接触或静电感应所引起的物体之间静电电荷的转移通常指在静电场的能量达到一定程度之后，击穿其间介质而进行放电的现象。

一般加入一些具有吸湿作用而又对塑料无害（助剂）材料，来降低其表面电阻，这就是塑料的防静电剂，根据塑料品种不同选择的抗静电剂的种类使用；无论是离子型非离子型都属于吸湿性抗静电剂，就是加入这些助剂后，这类材料吸取空气中的水分，降低表面电阻，以达到防静电性能。

By001 导电塑料

【英文名】 conductive plastics

【性质】 聚苯硫醚类是一种高温导电塑料，这种导电塑料有以下特点：电阻值低，具有较宽的电阻率最低可达 $2.6\times10^{-5}\Omega\cdot cm$，强度高，耐高温，具有较小的电阻温度系数，相对密度小，耐腐蚀，复合工艺简单。

【制法】 一般说来，生产导电塑料的方法主要有掺合法、电镀法和涂布法，其中电镀法和涂布法都是在普通塑料表面上制得导电膜的方法，电镀法在导电性 ABC 生产中占有重要地位，即导电塑料生产中加入导电剂；占绝对优势的仍然是掺合法，即在普通用树脂中加入导电填料及其他添加剂，经混炼而成的复合物，再通过各种成型方法，制得导电塑料。生产中注意的几点。

①混炼时间。导电塑料用的填料为炭黑、金属、碳纤维等混炼过程中，开始阶段电导率随混炼时间的延长而增大，而当超过一定的时间后，则因已形成的导电通路被破坏或导电纤维被折断而造成电导率反而下降。②物料易吸潮、成型时流动性差。③金属的氧化，采用铜和镍之类的金属为填料时，高温下停留时间会带来金属的氧化。

配方（质量份）

聚丙烯	100
锡 60%和锌 40%合金	35～65

按上述配方，把 60%锡和 40%锌组成的合金，在 250℃下，在聚丙烯中掺合上述合金 35～65 份制得导电树脂。

【用途】 用于电磁屏蔽的仪器外壳，酚醛树脂导电塑料用作消除，防止静电，屏蔽电，作电阻加热元件，及电镀金属的底材、医用仪表的元件等。

【安全性】 树脂的生产原料，对人体的皮肤和黏膜有不同程度的刺激，可引起皮肤过敏反应和炎症；同时还要注意树脂粉尘对人体的危害，长期吸入高浓度的树脂粉尘，会引起肺部的病变。大部分树脂都具有共同的危险特性：遇明火、高温易燃，与氧化剂接触有引起燃烧危险，因此，操作人员要改善操作环境，将操作区域与非操作区域有意识地划开，尽可能自动化、密闭化，安装通风设施等。可包装于内衬塑料膜的编织袋或塑料容器内；贮放于阴凉通风干燥处，避免日晒雨淋，远离火源；可按非危险物品运输。

【生产单位】 华中理工大学，北京化工大学。

By002 聚苯胺/联苯聚芳砜导电复合膜

【英文名】 polyaniline/poly (biphenyl ether sulfone) conductive composite film

【组成】 主要成分为聚苯胺和联苯聚芳砜树脂。

【性质】 本复合材料中两组分的共混相容性较好；复合膜的力学性能、耐热性、导电性良好；拉伸强度 103MPa，玻璃化温度（T_g）254℃，掺杂态电导率可高达 1S/cm。

【制法】 将本征态聚苯胺粉末和分子链中联苯结构占芳基结构 1/3、特性黏度 0.45dL/g 的联苯聚芳砜粉末分别溶于 *N*-甲基吡咯烷酮中，然后按一定比例混合均匀，再浇铸在玻璃板上，经红外灯烘干；将膜取下并在水中浸泡 24h 以上，以充分除去未挥发完全的溶剂，即得到本征态复合膜；最后，经盐酸溶液掺杂后，即成为导电性复合膜。

【成型加工】 本复合导电膜在多数场合都被直接应用；此外，还可经过剪切、层合、粘接等后加工而应用。

【用途】 主要用于二次塑料电池、导电保护膜、变色开关、电色显示器、传感器、电磁屏蔽材料、电路设计等。

【安全性】 参见 By001。

【生产单位】 华中理工大学。

By003 聚吡咯/聚氨酯导电复合泡沫

【英文名】 conducting composite foams from polypyrrole/polyurethane

【组成】 主要成分为聚吡咯和聚氨酯树脂。

【性质】 本复合泡沫质轻、柔韧，力学强度较大，环境稳定性优良，导电性适中，其总体性能随所用原料种类及配比、工艺条件等的不同而有较大差别。实测指标如下：密度 0.001g/cm^3、拉伸强度 0.131MPa、伸长率 294%、压缩硬度 7.0kg、压缩变形 39.11%、热导率 0.0369W/(m·K)，直到 200℃时热失重仍很小，电导率 10^{-5}～10^{-2} S/cm。

【制法】 将聚氨酯泡沫在 75% 氧化剂 $FeCl_3$ 甲醇溶液中浸泡 24h（使 $FeCl_3$ 在泡沫中占到 40%）后，自然干燥或真空干燥；放入密闭保干器内，于 0～30℃下通入吡咯蒸气，让其聚合反应一定时间，泡沫表面逐渐变黑；用丙酮充分洗净，真空干燥即可。

【成型加工】 通过发泡剂种类和用量、工艺条件等可控制泡沫的发泡率和孔洞形状等；通过发泡容器便可控制泡沫的形状和尺寸等。已制成的泡沫坯件，还可通过剪切、钻孔等工艺进行二次加工；泡沫制品也可用多种胶黏剂进行粘接。

【用途】 特别适合用作各种电子产品运输贮存过程中的包装缓冲材料、消除静电用的海绵辊等。此外，还可用作电极、隔热隔声泡沫等。

【安全性】 参见 By001。

【生产单位】 （日本）电气化学工业公司；（德国）巴斯夫公司等。

By004 聚苯胺/碳复合电极材料

【英文名】 polyaniline/carbon composite cathode material

【组成】 主要成分为聚苯胺、碳和聚偏氟乙烯树脂。

【制法】 在反应烧瓶中，通氮保护下，将吸附了苯胺的乙炔炭黑（按乙炔炭黑：苯胺质量比为 1∶10）与 2mol/L 的盐酸混合，搅拌，并逐滴加入铬酸钾，于室温下反应 2h；然后抽滤，将固体物质用 2mol/L盐酸溶液洗涤至滤液无色，再于 80℃下真空干燥 48h，即得到聚苯胺/碳复合粉料。将其与聚偏氟乙烯按 40∶60（质量比）混合，加入适量增塑剂，以二甲基甲酰胺为溶剂，在球磨机中研磨 24h 制成浆料，然后用刮刀式涂膜机将其涂覆于厚 30μm 铝箔上，达到所要求的厚度后，于 60℃下干燥，得到聚苯胺/碳/聚偏氟乙烯复合阴极膜。

【成型加工】 可以制成力学性能和电化学性能优良的大面积、可卷绕的涂覆膜。

【用途】 可用于高能大容量二次电池的阴极材料、变色开关、电色显示器、传感器、电磁屏蔽材料、电路设计等。

【安全性】 参见 By001。可用塑料膜或牛皮纸包封后外套编织袋或塑料容器，贮存于阴凉通风干燥处，避免日晒雨淋，远离火源；可按非危险物品运输。

【生产单位】 北京化工大学，北京联合大学。

By005 聚吡咯/碳导电复合材料

【英文名】 polypyrrole/carbon conductive composite material

【组成】 主要成分为聚吡咯和碳素材料。

【性质】 本复合材料力学性能和稳定性较好，导电性优良，电导率3.5～200S/cm。

【制法】 在三电极电化学装置中，以碳毡或碳纤为阳极、氯化钾饱和/氯化银电极为参比电极、0.10mol/L吡咯、0.10mol/L高氯酸锂的乙腈溶液为电解溶液进行电解聚合，在碳素电极表面上沉积起来，便得到所需的导电复合材料。

【成型加工】 对本材料可进行切割、钻孔、粘接等二次加工。

【用途】 主要用作高能二次电池电极材料，还可用于电色显示器、变色开关、传感器、电磁屏蔽等。

【安全性】 参见By001。

【生产单位】 北京航空材料研究所。

By006 聚苯胺/聚醚氨酯脲-高氯酸锂共混物

【英文名】 polyaniline/polyether-polyurethaneu-rea-$LiClO_4$ blends

【组成】 主要成分为聚苯胺和聚醚氨酯脲-高氯酸锂。

【性质】 本共混物制品的力学强度良好，拉伸强度约28MPa，伸长率约150%；导电性尚好，既可电子导电又可离子导电，当聚苯胺：聚醚氨酯脲为3：7时，电子电导率6.8×10^{-4} S/cm，离子电导率2.2×10^{-9} S/cm。

【制法】 ①在氮气保护下，以过硫酸铵作氧化剂，使苯胺在酸性水溶液中进行化学氧化聚合；产物用氯仿提取以除去小分子副产物；随后用氨水掺杂，即得到可溶性高分子量聚苯胺。②以二苯甲烷二异氰酸酯、数均分子量1000的聚乙二醇和乙二胺为原料，经聚合得到聚乙二醇聚氨酯脲。③将上述可溶性聚苯胺溶于*N*-甲基吡咯烷酮中，并按[Li]/[EO]=0.05比例将高氯酸锂和聚醚氨酯脲溶于*N*-甲基吡咯烷酮中，然后将此两种溶液按比例混合，充分搅拌均匀后，于60℃下除去溶剂，进而真空干燥即可得到所需产品。

【成型加工】 将混合物溶于*N*-甲基吡咯烷酮中，倒入聚四氟乙烯模具，于60℃下挥发除去溶剂，再放入60℃真空烘箱中干燥48h以上，即得到所需薄膜。

【用途】 可用于高能二次电池、变色开关、电色器件、传感器、电磁屏蔽等。

【安全性】 参见By001。

【生产单位】 南京大学，南京化工大学，中科院化学研究所。

By007 高电导率聚乙炔

【英文名】 polyacetylene yielding a high conductivity

【结构式】

$$-\!\!\!\leftarrow CH-CH \rightarrow_n$$

【性质】 本树脂薄膜平整柔顺、结构致密、有闪亮金属光泽，密度0.83～0.89g/cm³，在空气中较稳定，拉伸掺杂后的电导率可高达10^4 S/cm。

【制法】 在用纯氮气干燥过的反应器中注入硅油，并在26.6Pa真空下除气30min；在弱氮气流保护下依次注入三乙基铝和钛酸丁酯，并在约53.2Pa真空下除气30min；用油浴加热至115～120℃，经历2h后骤冷至室温，陈化30min；抽真空至约39.9Pa，把所得到的催化剂均匀涂覆在反应器内壁上，于室温下通入纯净乙炔单体，聚合12h。用无水甲苯洗涤数次至溶剂清澈，再用甲醇清洗1次，然后在10%盐酸甲醇溶液中浸泡12h；用甲醇清洗1次，真空干燥，便得到所需薄膜产品。将此膜经拉力机拉伸2～3倍，在饱和四氯化碳碘溶液中浸泡一定时间，取出用无水四氯化碳清洗并经真空干燥，即得到掺碘的聚乙炔薄膜。

【成型加工】 由于聚乙炔树脂不溶不熔，难于成型加工，目前大多由聚合得到的薄膜产品直接使用。

【用途】 试验产品主要供研究和结构表征

用；批量产品可用于制造半导体器件（如二极管、三极管等）、太阳能电池、塑料电池、传感器、检测器、显示器及电磁屏蔽和雷达隐身材料等。

【安全性】 参见By001。可包装于内衬塑料膜的编织袋或特制容器内，贮放于阴凉通风干燥处，按非危险物品运输。

【生产单位】 中国科学院化学研究所，中国科学院长春应用化学研究所，东北师范大学，华中理工大学。

By008 磁性泡沫塑料

【英文名】 magnetic foam plastics

【组成】 塑料泡沫+磁粉+胶乳

【性质】 本品具有较强的磁性，磁疗保健效果优良，且无刺激皮肤等副作用。

【制法】 在选定的胶乳中配入适当的硫化剂+柔软剂、填料、防老剂等助剂，搅混均匀；再加入选定的磁粉并混匀成均一的磁性胶乳；然后，将所需的泡沫塑料成型制件浸渍一定时间；最后用轧机除去多余的胶乳，并进行硫化、磁化即可。

【用途】 将选定的泡沫塑料加工成所需形状和尺寸，然后浸渍预先配制好的磁性胶乳，最后经硫化、磁化而得到产品。本品主要用于各种磁疗保健器具。

【安全性】 与普通泡沫塑料近似，但应严禁日晒、受潮等。

【生产单位】 中国科学院上海有机化学研究所，中国科学院长春应用化学研究所，东北师范大学，华中理工大学。

By009 聚全氟-2-丁炔

【英文名】 polyperfluoro-2-butyne

【结构式】

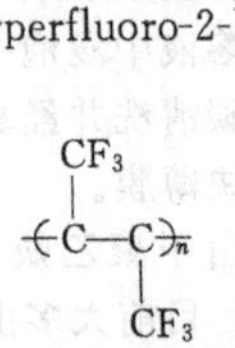

【性质】 本品为具有金属光泽的黑色固体粉末，在空气中很稳定，热分解温度大于150℃，能溶于丙酮、热浓硝酸等；能与$KMnO_4$-丙酮液体反应，使之变色并伴有MnO_2沉淀析出；用6mol盐酸煮沸时不变色。其平均分子量$\overline{M}_n$约（13～14）×10^2；红外光谱测定知，在1170～1270cm^{-1}处有CF_3基团的强吸收峰，在1620～1660cm^{-1}处有较宽的共轭双键的吸收峰；紫外光谱测定知，K带吸收也表明了长线型共轭烯键结构。本品未掺杂时，其电导率为8.8×10^{-11}S/cm。

【制法】 按（11～132）∶1之比，将纯净单体全氟2-丁炔（沸点T_b=−24℃）和催化剂π二苯铬（O）（配制成浓度0.01g/mL的溶液）转入用N_2冲洗抽空反复处理三次的封管中，摇匀，于无水无氧、控温（−30～20℃范围中的某一温度）条件下放置6h（反应一般在2h内完成）；然后在干冰冷却下开管，除去液体，将固体用3mol/L盐酸溶液煮沸0.5h，再用蒸馏水洗涤至中性；于120℃烘箱中干燥；最后将粗产品用丙酮处理，除去褐色不溶物，再真空干燥，即得黑色粉末。

【成型加工】 将本品溶于丙酮中，配制成适当浓度的黏性液体，然后经浇铸或流延成薄膜；也可以在一定温度压力下模压、注射成所需制件。

【用途】 主要用于电子、电气、仪表等部门中的抗静电、耐热老化的部件和罩壳等。

【安全性】 参见By001。可包装于内衬塑料膜的编织袋或塑料容器内；贮放于阴凉通风干燥处，远离火源；可按非危险物品运输。

【生产单位】 中科院上海有机化学研究所。

By010 聚对苯乙炔

【英文名】 poly(*p*-phenylene vinylene)；PPV

【结构式】

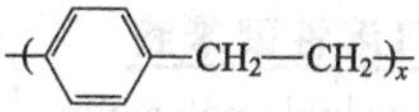

【性质】 其制品力学性能好，坚韧可挠，加工性好，未掺杂时电导率约 10^{-13} S/cm，经 AsF_5 掺杂后可达 10^3 S/cm，同时还有较好的电致发光（发黄绿光）性且响应快。

【制法】 在甲醇与水的混合溶液中，使对二氯代甲基苯与硫醚在 50℃下反应 20h，然后将反应液浓缩并冷却到 0℃，加入大量丙酮沉淀，便得到白色固体双锍盐。将等量的氢氧化钠和双锍盐分别配成溶液，在 0℃及无氧条件下使其反应 1h。用盐酸溶液中和至 pH 为 6.8 并把产生的高黏性聚锍鎓盐水溶液装入渗析袋，用去离子水渗析三天，以除去无机盐类和低分子量有机物，再真空脱去水分，这样便可得到高质量的聚锍鎓盐。然后于真空或 N_2 中加热到 250℃经 2h 消除锍盐反应，即得到所需产品。

【成型加工】 在制得其前体为水溶性聚锍鎓盐阶段时，可直接浇铸成膜，或做成制件，然后在真空下进一步脱水，再于真空中或 N_2 中加热到 250℃经 2h 的消除锍盐反应，即得到所需的薄膜或制件。若在热流砂浴中进行上述的消除锍盐反应，还可得到多孔的聚对苯乙炔泡沫材料。

【用途】 本树脂的开发工作正处在商业化阶段，可用于二次塑料电池、半导体元器件（二极管和三极管）、传感器、防静电涂层、电磁屏蔽和雷达隐身材料。还可用作电致发光材料，如制成发光二极管，工作电压低于 14V，发出黄绿色光。

【安全性】 参见 By001。可包装于内衬塑料膜的编织袋或塑料容器内，贮放于阴凉通风干燥处，按非危险物品运输。

【生产单位】 中国科学院化学研究所，中国科学院长春应用化学研究所，中国科学院上海有机化学研究所，中国科学院福建物质结构研究所，东北师范大学，吉林工学院。

By011 聚苯胺

【英文名】 polyaniline；PAn

【结构式】

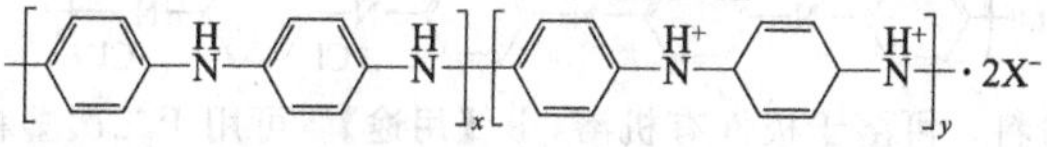

【性质】 本征态聚苯胺为暗铜色粉末，电导率仅 1.7×10^{-9} S/cm，属弱半导体材料；掺杂态聚苯胺为部分结晶的墨绿色粉末。聚苯胺的电化学反应的可逆性好，电荷存贮能力比较强，对湿气和空气均稳定。

【制法】 通常应用的聚苯胺制法有化学氧化法和电解聚合法。化学氧化法聚苯胺虽然电导率稍差，但成本低，一次合成量也较多，故近年来发展仍然较快。这种合成法，随所用单体原料和氧化剂的不同，具体实施工艺也有多种，产品性能也不尽相同。这里只介绍以盐酸苯胺为原料，重铬酸钾作氧化剂的化学合成法：按 0.25∶1 的物质的量的比将重铬酸钾和盐酸苯胺分别溶于浓度为 1.0～3.0mol/L 盐酸水溶液中。然后用滴液漏斗把重铬酸钾溶液滴加到盐酸苯胺溶液中，于室温下使其反应 90min。反应结束后，减压过滤，再用盐酸水溶液洗涤至滤液无色，产物经真空干燥即可。

【成型加工】 可在一定温度和压力下模压成制件。

【用途】 可广泛用于二次塑料电池、太阳能电池、电色显示器、化学传感器、化学电阻、半导体元件、微电子器件、金属及半导体防腐等。

【安全性】 参见 By001。可用塑料或玻璃容器密封包装，存放于阴凉通风处，防止日晒、高温和受潮，可按非危险品运输。

【生产单位】 中国科学院长春应用化学研究所，中国科学院化学研究所，江苏省扬州师范学院，华南理工大学，中国科学院成都有机化学研究所，云南工学院。

By012 可溶性聚苯胺

【英文名】 soluble polyaniline

【结构式】

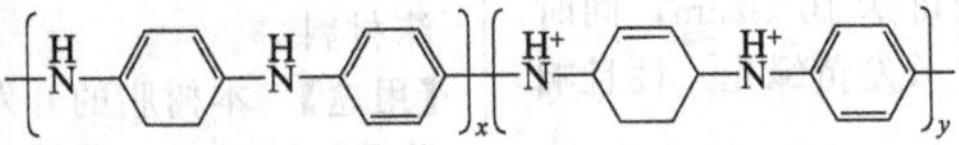

【性质】 本品为黑色粉末，可溶于四氢呋喃和二甲基甲酰胺等极性有机溶剂中，数均分子量 3000～4000；分子链结构中苯单元与醌单元之比约为 3∶1；经盐酸掺杂后的电导率为 0.36～6.8S/cm。

【制法】 在氮气保护下，向经多次抽真空和充氮处理后的反应器内依次加入计算量的水、盐酸、苯胺及过硫酸铵，于室温下聚合反应 24h；过滤，用盐酸洗涤至滤液无色并以氯化钡溶液检验滤液无游离硫酸根离子（SO_4^{2-}）为止；用氯仿抽提，以除去小分子副产物，由此得到盐酸掺杂态聚苯胺；再经 25% 的氨水溶液洗涤数次并在 50℃下真空干燥 48h 后得到本征态聚苯胺粉末。

【成型加工】 本品可热压成制件；也可先将其配制溶液后再涂覆，浇铸成均匀致密的蓝色薄膜。

【用途】 本树脂可用于二次塑料电池、半导体元件、电色显示器、化学传感器、微型电器等；还可用结构研究和表征。

【安全性】 参见 By001。可用塑料或玻璃容器密封包装，存放于阴凉通风处，防止日晒、高温和受潮，可按非危险品运输。

【生产单位】 中国科学院长春应用化学研究所。

By013 聚 *N*-甲基苯胺

【英文名】 poly（*N*-methyl aniline）；PMAn

【结构式】

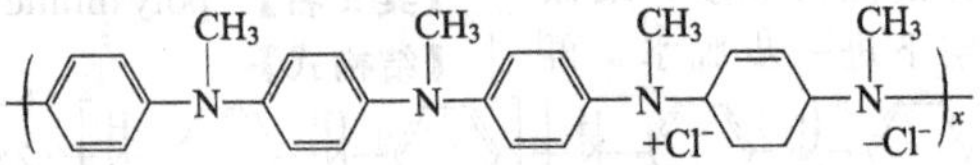

【性质】 本品为粉料，可溶于极性有机溶剂；其制品力学强度较好，掺杂后电导率可达 $(4\times10^{-5})\sim10^{-4}$ S/cm。

【制法】 以过硫酸铵为氧化剂，在盐酸介质（pH＝1）中用化学氧化聚合法制得聚 *N*-甲基苯胺；再用氢氧化铵溶液处理即得到本征态聚 *N*-甲基苯胺。然后，在室温下的质子酸（如盐酸、硫酸等）溶液中加入上述本征态聚 *N*-甲基苯胺，用电磁搅拌 10h 以上，抽吸过滤，物料用同浓度质子酸处理两次，直至滤液 pH 值与所用酸溶液的一致为止。最后，真空干燥 48h，即得到掺杂态聚 *N*-甲基聚苯胺粉末。

【成型加工】 可配制成溶液后涂覆或流延成膜；也可在 14MPa 下压制成制件。

【用途】 可用于二次塑料电池、半导体元件、化学传感器、电磁屏蔽材料等。

【安全性】 参见 By001。可用塑料或玻璃容器密封包装，置放于阴凉通风处，避免高温、日晒、雨淋，可按非危险品运输。

【生产单位】 中国科学院长春应用化学研究所。

By014 全氧化态聚苯胺薄膜

【英文名】 fully oxidation state polyaniline membrane

【结构式】

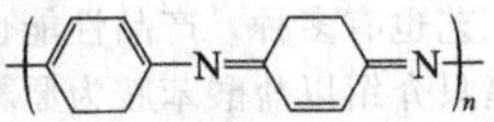

【性质】 本薄膜呈紫红色，表观密度为 $1.28g/cm^3$；本征态电导率为 5.3×10^{-14}

S/cm，K^+ 注入态可达到 3.3×10^{-6} S/cm；离子注入区呈 n 型半导体特性；在 −110～30℃范围内电导率与温度成反比。

【制法】 在装有电磁搅拌器、经数次抽真空充氮处理过的两口烧瓶中，于室温氮气保护下依次加入水、盐酸、0.5mol 苯胺及过硫酸铵，搅拌聚合 24h。反应结束后，用 G4 漏斗过滤，并以同浓度盐酸溶液洗涤数次，直至滤液无色并以氯化钡检验滤液中无游离硫酸根离子（SO_4^{2-}）为止。用氯仿抽提，以除去小分子副产物，得到掺杂态聚苯胺。再经 25% 的氢氧化铵溶液洗涤数次，于 50℃真空干燥 48h 后得到本征态聚苯胺。

【成型加工】 将上述本征态聚苯胺溶于 *N*-甲基吡咯烷酮中，再将这种溶液涂覆在玻璃板等表面上，用红外灯烘烤以除去溶剂，得到蓝色自支撑膜；用碘-四氯化碳饱和溶液处理，再以氨蒸气反掺杂，用乙醇洗涤，真空干燥，即得到紫红色全氧化态聚苯胺薄膜。在 100kV 电磁同位素分离器上放好该薄膜，按剂量 1×10^{17} K^+/cm^2，在 X、Y 方向上扫描（频率 500Hz 和 200Hz），束流强度 0.5～2μA，靶室真空度 8×10^{-4} Pa，经 40keV K^+ 注入后，得到棕红色薄膜。

【用途】 可用于电子元器件、化学传感器、微型电器等，也可用于防静电材料。

【安全性】 参见 By001。

【生产单位】 中国科学院上海原子核研究所，中国科学院长春应用化学研究所。

By015 聚 4-氨基联苯

【英文名】 poly(4-aminobiphenyl)

【结构式】

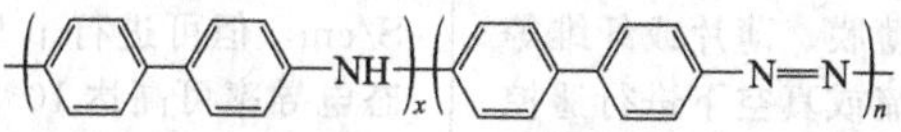

【性质】 本树脂薄膜呈深蓝色，能溶于四氢呋喃、二甲基甲酰胺、二甲基亚砜等极性有机溶剂，微溶于二甲苯、无水乙醇、二氧六环、丙酮、氯仿等普通有机溶剂。在溶液中可发生离解，电导率约 10^{-4} S/cm，且随溶液浓度和温度的升高而增大。

【制 法】 将 0.02mol/L4-氨基联苯和 2.0mol/L 盐酸乙醇水溶液加入电解池，以两铂片作电极，在恒定的 0.90V 阳极电位下，开动电磁搅拌进行电解聚合。随电解的进行，在阳极上便逐渐形成一层深蓝色的聚 4-氨基联苯薄膜。用盐酸和乙醇洗涤干净，于 80℃下烘干即可。

【成型加工】 将本树脂事先配制溶液，然后流延或浇铸成薄膜。

【用途】 可用于二次塑料电池、半导电元件、化学传感器、电色显示器、微型电器等。

【安全性】 参见 By001。可包装于内衬塑料膜的编织袋或塑料容器内，贮放于阴凉通风处，避免日晒雨淋，可按非危险品运输。

【生产单位】 江苏省扬州师范学院。

By016 聚并苯

【英文名】 polyacenes；PAS

【结构式】

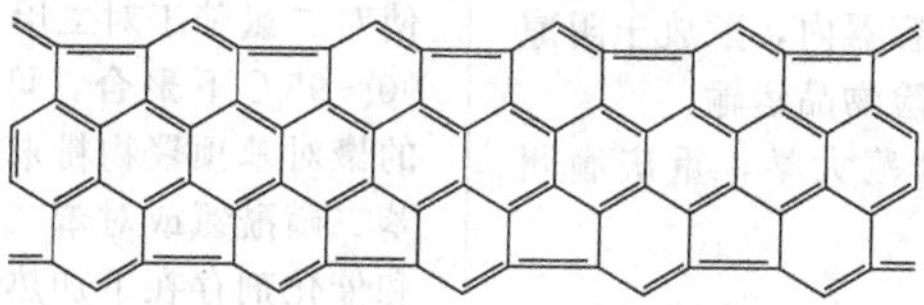

【性质】 本树脂是由许多苯环相互并接稠合起来而构成的一系列共轭性高分子化合物的复合物。从超分子结构来看，它是一种由许多碳化分子碎片组成的不完整石墨

变体，各碎片间存在着尺寸足够大的缝隙和孔洞，这便能保持掺杂-解掺杂时体积的稳定、贮存更多的掺杂剂、提高电池容量和循环寿命。在较大尺寸范围来看，它具有无定形石墨层状结构，层间距比天然石墨的大。它具有优良的耐热性、耐候性和导电性。本征态电导率就高达 4.5×10^2S/cm；既可进行 p 型掺杂又可进行 n 型掺杂，掺杂态电导率可达 $10^3\sim10^4$S/cm，且可在大范围内进行调节。在 105K 附近由顺磁性变成抗磁性，高温超导性可望达到 200K。由它做成的二次电池的开路电压较高（2.5～5.0V），复合五氧化二钒等金属氧化物后可提高电池容量。

【制法】 当前，聚并苯材料的制法有好几种。其中，以酚醛树脂裂解法的工艺最为简单成熟、产品性能优良稳定、成本低廉，颇受人们赏识。此法的过程是：先用可溶性酚醛树脂制成薄膜、薄片或纤维等制品，然后在惰性气流或真空下进行遥控裂解炉恒温区内的高温裂解，经脱水、脱氢两个过程后，冷却，得到聚并苯产品。

【成型加工】 一般在预制阶段就将可溶性酚醛树脂事先制成所需形状和尺寸的产品，然后经高温裂解完全最终结构。当然，也可按冷压、烧结、加工这样的粉末冶金工艺来成型加工。

【用途】 可广泛用作二次塑料电池的电极材料、导电材料、电磁屏蔽材料等。由它制成的纽扣式二次电池已商品化，普遍用作便携电话、电子表、袖珍铃、集成电路卡、起搏器、助听器和电动玩具等的电源。

【安全性】 参见 By001。可包装于内衬塑料膜的编织袋或塑料容器内，贮放于阴凉通风干燥处，按非危险物品运输。

【生产单位】 东北师范大学，重庆渝州大学。

By017 聚对苯

【英文名】 poly(*p*-phenylene)；PPP

【别名】 聚对亚苯基；聚 1,4-亚苯基

【结构式】

【性质】 聚对苯的性质随制法的不同而有着较大的差异。一般说来，本产品为褐色或黑色粉末或薄膜，其大分子链为结构规整的共轭体系，聚合度 30～110，密度 1.23～1.25g/cm^3；难溶难熔，耐化学药品性极优，除浓硝酸、吡啶外，在其他化学试剂中浸泡数千小时后也几乎无变化；力学性能好，邵氏硬度 60～80，拉伸强度 14MPa，伸长率 8%～12%，压缩强度 62MPa，摩擦系数 0.084；耐热性很高，长期耐热 300℃，热失重 10%的温度高达 570℃；耐辐射性好，经^{60}Co10^7Gy 剂量照射后其强度不变；在空气中很稳定；本征态电导率仅 $(5\times10^{-16})\sim(2\times10^{-15})$S/cm，但可进行 p 型和 n 型掺杂，掺杂态电导率可高达 10^2S/cm，能显示出有趣的电化学性能。

【制法】 本树脂的制法较多，产品性能差异也较大。这里仅介绍其中三种较常用的方法。

1. 不溶不熔性聚对苯的氧化聚合法

以三氯化铝（$AlCl_3$）和二氯化铜（$CuCl_2$）为催化剂，在 80℃下使苯直接氧化聚合；经过滤分离后，用苯洗涤，并用稀盐酸和水反复煮沸、洗净，干燥即得到不溶不熔的粉末状产品。

2. 可溶可熔性聚对苯预聚物的 Wurtz-Fittig 合成法

以金属钠或钾或钾钠合金为催化剂，使对二氯苯于对二甲苯或二氮杂己烷中于 90～95℃下聚合，可得到聚合度 30～34 的聚对苯预聚物粉末。然后在交联剂如间苯二磺酰氯或对苯二乙炔、对苯二甲醇等和催化剂存在下加热加压，便得到不溶不熔性的聚对苯产品。

3. 聚对苯前体聚合法

在三苯基膦存在下，于二甲基甲酰胺中用锌还原氯化镍，然后加入2-甲酯基对二氯苯的二甲基甲酰胺溶液内，并在80℃下搅拌48h，得到聚（2-甲酯基对苯）；用氢氧化钠水解，得到相应的酸。再将此聚酸与氧化铜或碱式碳酸铜在喹啉中回流，使脱羧而得到最终结构产品。

【成型加工】 本树脂粉末产品虽难以成型加工，但可在类似于粉末冶金工艺情况下先冷压烧结、后机械加工而得到其制件；可溶性聚对苯预聚体可先溶于苯或氯仿等溶剂中，加入对苯二乙炔或对苯二甲醇等交联剂和催化剂等配制成混合液，再浸渍碳纤维、石棉等增强材料，然后在大约300℃、2.94～6.86MPa下压制成型，最后经后固化（275℃、24h，300℃、24h，325℃、24h）而得到耐热复合制品；至于聚对苯前体，可预先成型为所需产品，然后在催化剂存在下加热转化成最终结构。

【用途】 本征态聚对苯树脂可用作耐高温、耐腐蚀、耐辐射、耐磨耗材料，如耐高温耐磨轴承、火箭发动机烧蚀材料、原子反应堆中调节件、自润滑填料和耐高温涂料等。掺杂态聚对苯可用作二次塑料电池、电子元件、传感器、微电子器件、电色显示器等。

【安全性】 参见By001。可包装于内衬塑料膜的编织袋或塑料容器内，贮放于阴凉通风干燥处，按非危险物品运输。

【生产单位】 青岛化工研究所，云南省化工研究所，晨光化工研究院，江苏省化工研究所。

By018 聚乙烯导电塑料

【英文名】 polylene, conductive plastics

【性质】 填充金属粉末的聚合物能获得优良的导电性。

【制法】 聚合物以聚苯乙烯、尼龙66、有机硅、聚碳酸酯、聚苯硫醚等热塑性树脂和环氧树脂、酚醛树脂、聚酯树脂等热固性树脂为主。金属粉末包括铁粉、镍粉、合金粉末、低碳钢粉和铝粉、非铁系粉末、超级合金粉末等金属粉末，还可以与导电纤维相结合形成网状结构。由于炭黑为硬性材料，随着炭黑添加量的增加，聚乙烯树脂的拉伸强度和硬度增加，冲击强度降低，含镍粉和云母粉的导电塑料是用化学镀镍法把镍粉包覆在云母粒子表面，然后把该种填料和一定量的聚氯乙烯树脂在130℃下用双辊机混合，制成板材。

【用途】 高密度聚乙烯掺炭黑，这类导电塑料主要用作防静电、电磁屏蔽材料。

【安全性】 参见By001。可包装于内衬塑料膜的编织袋或塑料容器内，贮放于阴凉通风处，远离火源；可按非危险品运输。

【生产单位】 中国科学院化学研究所，中国科学院长春应用化学研究所，云南工学院。

By019 聚烯烃导电塑料

【英文名】 polyolefin conductive plastics

【性质】 生产导电塑料的树脂有聚乙烯、聚丙烯、聚苯乙烯、EVA、ABS等。为了解决聚烯烃本身分子的结晶性所带来制品强度的方向性，适当加入与聚烯烃混性好的橡胶类共聚物，如乙丙橡胶、丁基橡胶等，以氧化锡微粉为填料所制得的导电塑料，具有分散性好、耐热、透明、电阻值不随温度变化的特点，所以可作透明性导电塑料，它具有相对密度小、导电性好、耐化学性好、耐沸水、耐热，成型加工性能及二次加工性好。

【制法】 生产聚烯烃ABS导电塑料的方法有两种：一种是电镀法；另一种是掺合法，即在ABS树脂中加入金属纤维之类的填料，经成型而得的ABS导电塑料制品。

【用途】 ABS导电塑料主要用于仪表外壳，还可作电线、塑料成型制品、泡沫塑料、高压电缆和低压电缆的半导体层、干电池的电极、集成电路和印刷电路板及电子元件的包装材料。

【安全性】 参见By001。可包装于内衬塑料膜的编织袋或塑料容器内，贮放于阴凉通风处，远离火源；可按非危险品运输。

【生产单位】 中国科学院化学研究所，中国科学院长春应用化学研究所。

By020 咪唑弱碱性导电塑料膜

【英文名】 imidazole weakly basic membrane

【性质】 塑料膜厚为0.2mm，电导率为$3.2\times10^{-3}\Omega\cdot cm$，浓缩硝酸时极限电流密度为1.93A/(min·m)。

【制法】

配方（质量份）：

N-乙烯基-2-甲基咪唑	29
邻苯甲酸二辛酯	30
丙烯酸甲酯	16
二乙烯基苯	25
苯乙烯	30
偶氮二异丁腈	0.2

按上述配方，将*N*-乙烯基-2-甲基咪唑、二乙烯基苯、邻苯甲酸二辛酯、苯乙烯、丙烯酸甲酯及偶氮二异丁腈投入反应釜中，密闭，升温至40℃、60℃、95℃下加热，每一温度，加热20h，即得弱碱性膜。

【用途】 用于分离、深缩。

【安全性】 参见By001。可包装于内衬塑料膜的编织袋或塑料容器内，贮放于阴凉通风处，远离火源；可按非危险品运输。

【生产单位】 中国科学院化学研究所，沈阳化工学院，华东理工大学。

By021 PBT导电塑料

【英文名】 PBT conductive plastics

【性质】 碳纤维填充的聚对苯二甲酸丁二醇酯（PBT）与金属纤维填充的PBT相比，其电磁屏蔽效果接近，它的特点是导电性好、线膨胀系数小、刚性好、热导率大、耐磨耗性能好。

【制法】 PBT导电塑料是以聚对苯二甲酸丁二醇酯为基材加入碳纤维，金属纤维、碳而制得的导电塑料，它们主要用作一般的导电塑料、电磁屏蔽。

配方：聚对苯二甲酸丁二醇酯（PBT）100份；碳纤维10%～15%。

必须注意把物料干燥，一般在120℃下干燥3h以上，可在PBT树脂中加入炭黑复合而成导电塑料。

【用途】 一般用作导电塑料、电磁屏蔽材料、防静电材料。

【安全性】 参见By001。可包装于内衬塑料膜的编织袋或塑料容器内，贮放于阴凉通风处，远离火源；可按非危险品运输。

【生产单位】 中国科学院化学研究所，中国科学院长春应用化学研究所，沈阳化工学院。

By022 聚吡咯

【英文名】 polypyrrole；PPY

【结构式】

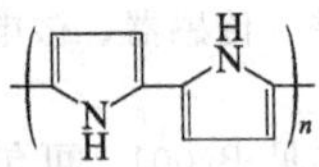

【性质】 化学合成法聚吡咯为结晶性很差的粉末；电解合成法聚吡咯为均匀黑色韧性薄膜，厚约10μm，密度$1.57g/cm^3$。聚吡咯耐热性良好，到600℃左右才开始分解；不溶不熔，不易成型加工；耐化学氧化性、光照稳定性好，对空气稳定；力学性能较差；掺杂态室温电导率高达$4\times10^2S/cm$。

【制法】 1. 化学氧化聚合法

以三氯化铁（$FeCl_3$）为氧化剂，将吡咯加入甲醇溶剂中，使其进行聚合，得到粉末状聚吡咯。

2. 电解合成法

将单体吡咯加入到以铂片为电极、含水乙腈（99%）或碳酸烯丙酯为溶剂、四乙基六氟磷酸铵或四乙基高氯酸铵为支持电解质的单一反应电解池中，施加密度为1～2mA/cm² 电流，经1～2h，即得到均匀黑色韧性薄膜。

【成型加工】 由于树脂本身不溶不熔，化学氧化法聚吡咯粉末可用模压法成型为制件；电解合成法聚吡咯可从电极板上直接获得薄膜。

【用途】 目前已有聚吡咯薄膜上市，主要用于二次塑料电池、半导体元件（二极管和三极管等）、电容器、轻小配电线、光电元件、半导体光电极保护层、变色开关、电磁屏蔽材料、全真照片、电路设计、醇类合成催化剂、氨敏装置、离子交换膜等。

【安全性】 参见By001。可包装于内衬塑料膜的编织袋或塑料容器内，贮放于阴凉通风处，远离火源；可按非危险品运输。

【生产单位】 中国科学院化学研究所，中国科学院长春应用化学研究所，云南工学院。

By023 聚（*N*-十二烷基-3-苯基吡咯）

【英文名】 poly（*N*-lauryl-3-phenylpyrrole）；PLPPY

【结构式】

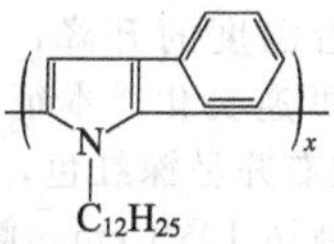

【性质】 其薄膜呈半透明状，具有较好的力学性能，在空气中稳定，可溶于像氯仿、四氢呋喃、二甲基甲酰胺和二甲基亚砜等有机溶剂中；易于掺杂，掺杂态电导率可达0.10S/cm。

【制法】 将三氯化铁（$FeCl_3$）加入装有搅拌器、滴液漏斗和氮气导管的三口烧瓶中，通氮气保护，在恒温（－20～0℃范围内的某一温度）下开动搅拌，滴入单体*N*-十二烷基-3-苯基吡咯，反应约6h后，将物料倒入甲醇中，去除铁盐，过滤，沉淀物用甲醇洗净，然后真空干燥即得产品。

【成型加工】 将本树脂溶于氯仿，倾于模板上，或进行蒸发或放入真空烘箱中减压下除去溶剂而得到薄膜；甚至还可以通过化学氧化法实现大批量工业生产。

【用途】 可用于半导体元件、太阳能电池、化学传感器、电色显示器、电磁屏蔽材料等。

【安全性】 参见By001。可包装于内衬塑料膜的编织袋或塑料容器内，贮放于阴凉通风干燥处，按非危险物品运输。

【生产单位】 沈阳化工学院。

By024 聚（α-三联噻吩）

【英文名】 poly（α-terthienyl）；PTT

【结构式】

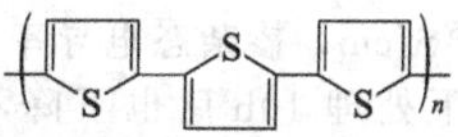

【性质】 随聚合条件的不同，可得到凝胶、粉末、薄膜等三种形态的聚（α-三联噻吩）产品，但基本上都是规则性2，5位连接的大分子链状结构。粉末状和凝胶状产品为结晶性的，薄膜状产品是非结晶性的，其质量和导电性均好，掺杂-解掺杂的可逆性非常高。

【制法】 凝胶态聚（α-三联噻吩）的电解合成法是：在以铂网为阴极、氧化铟锡（ITO）为阳极的单一电解池中，以精制乙腈为溶剂、以硫酸为支持电解质，在电流密度1mA/cm³ 下，使单体α-三联噻吩在阳极上发生电解氧化聚合，便得到凝胶状产品。

【成型加工】 薄膜产品可直接用于许多场合；粉末状产品可通过冷压烧结法及适当二次加工而获得制件；至于凝胶态产品，既可直接使用，也可与其他填料一起混炼加工成制品使用。

【用途】 主要用于二次电池、太阳能电池，显示材料、电子元件和离子选择过滤膜等。

【安全性】 参见By001。可包装于内衬塑料膜的编织袋或塑料容器内，贮放于阴凉通风干燥处，按非危险物品运输。

【生产单位】 美国加州大学，得克萨斯州立大学，日本合成橡胶公司，纤维高分子研究所等。

By025 聚（3-丁基噻吩）

【英文名】 poly (3-butylthiophene)；PBTh

【结构式】

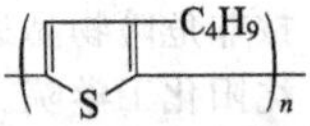

【性质】 本树脂可溶于氯仿、四氢呋喃、甲苯等普通有机溶剂；制品坚韧，力学强度和耐热性均好，在空气中稳定，在高温下能熔融；导电性较好，本征态电导率 10^{-5}S/cm，掺杂态电导率10S/cm，在110℃下处理10h后也下降不到一个数量级。

【制法】 1. 化学氧化聚合法

在装有搅拌器和温度计的三口烧瓶中，加入溶剂硝基苯和单体3-丁基噻吩；开启搅拌器，再加入比例量的氧化剂三氯化铁［(3～3.5)：1］，升温进行聚合反应4～12h。将产物用甲醇沉淀、洗净，烘干，得到粉末状产品。掺杂时，先将其浸泡于乙醇中，加入碘乙醇溶液或三氯化铁溶液，经过相当时间之后，用甲醇洗净，然后真空干燥，便得到掺杂态聚（3-丁基噻吩）。

2. 电化学聚合法

在导电玻璃为阳极、铝片为阴极、Ag/AgCl为参比电极的单室三电极电化学反应池中，加入0.02mol/L四丁基六氟磷酰胺支持电解质溶液和经氮气鼓泡处理过的0.20mol/L单体3-丁基噻吩电解质溶液，在充氮气保护、恒温5℃、恒电流密度6mA/cm^{2}下电解聚合1min左右，得薄膜状产品。

【成型加工】 由电解聚合法可在阳极上直接得到薄膜。由化学氧化聚合法制得的粉末状产品，可先配制成适当浓度的溶液，再流延成膜或喷丝成纤维；也可直接熔融注射、挤出成制品。

【用途】 主要用作二次塑料电池、修饰电极、半导体元件、微型电器、电致变色材料和电磁屏蔽材料等。

【安全性】 参见By001。可封装于塑料或玻璃容器内，贮放阴凉通风干燥处，避免高温、日晒、雨淋，可按非危险品运输。

【生产单位】 华东理工大学，东北师范大学。

By026 聚（3-烷基噻吩）

【英文名】 poly(3-alkylthiophene)；P3AT

【结构式】

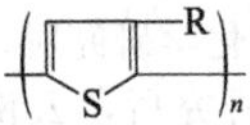

(R：C_1～C_{12}的一价烷基)

【性质】 本树脂为π键共轭聚合物，可溶于氯仿、四氢呋喃、甲苯、二甲苯等普通有机溶剂，在较低温度下即可熔融，具有较好的力学强度和特殊的热学、电学和光学性质，在恰当条件下可表现出热色性、导电性、凝胶变色性、溶剂变色性、光催化性等；随着温度的升降，其颜色可在红～黄之间可逆变化。本征态电导率仅 10^{-5}S/cm左右并呈深红色，而掺杂态的电导率却可高达 10^2S/cm。侧基R越长，电导率越不稳定；如使侧基发生一定程度的交联，电导率便可以得到提高。轻度交联后，会呈现出凝胶变色性：如聚（3-己基噻吩）在氯仿中的体积随时间的增加而明显增大，呈黄色；若再加入乙醇，体积又会明显收缩并呈红色，且这种体积和颜色的变化是可逆的。当其溶解时，随溶剂的不同，也会发生明显的变化：如聚（3-

丁基噻吩）在氯仿中呈橘红色，若向其中加入一定不良溶剂如甲醇等，则会变成蓝紫色；当再加入过量的氯仿，又可恢复到原有的橘红色。在光照下，它们能表现出一定催化特性，如能将乙醇介质中的苯酚衍生物和二氧化碳直接催化生成水杨酸衍生物。

【制法】 通常采用下列两种方法来制造。

1. 电解聚合法

在通氮气保护的单一化学反应电解池中，加入溶剂硝基苯、支持电解质四正丁基四氟硼酰胺（Bu_4NBF_4）和纯净单体3-烷基噻吩，于恒温、恒电流密度下进行电解聚合，通过阳离子偶联，便在阴极上形成含有以支持电解离子为掺杂剂的氧化态P3AT薄膜。若聚合时施加反向电压并用肼等还原剂处理，就可得到还原态P3AT薄膜。

2. 化学氧化聚合法

在装有搅拌、温度计的三口烧瓶中，加入溶剂氯仿和纯净单体3-烷基噻吩，开动搅拌，再加入计算量的氧化剂三氯化铁，加热升温，使聚合反应顺利进行，然后用甲醇沉淀，洗净，烘干，便得到含金属盐的粉末状氧化态P3AT。

【成型加工】 可先将P3AT配制成一定浓度的黏性溶液，再浇铸成薄膜或喷射成纤维状产品；也可经熔融注射、挤出成制件。

【用途】 可广泛用于电磁屏蔽、显示器件、传感器、光催化剂、发光二极管等。

【安全性】 参见By001。可封装于塑料容器或玻璃容器内；贮放于阴凉通风干燥处，防止日晒雨淋，远离火源，可按非危险物品运输。

【生产单位】 （美国）联合信号公司，日本纤维高分子研究所，中国东北师范大学。

By027 可溶性共轭聚席夫碱

【英文名】 soluble conjugated polyschiffs base

【结构式】

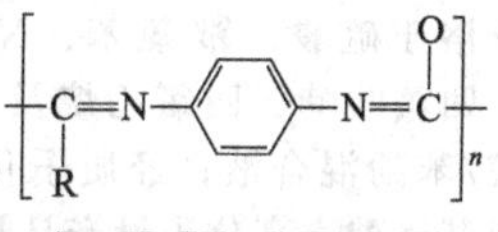

（R：H, CH_3, C_2H_5, C_3H_7）

【性质】 本产品为棕色粉末，耐热性好，直加热到320℃也不熔化；可溶于浓硫酸（R侧基越大，溶解性越好）；本征态电导率$10^{-12}\sim10^{-11}$ S/cm，随温度升高而增大，呈现半导体性；经碘掺杂后颜色变深，电导率可提高到$10^{-4}\sim10^{-3}$ S/cm，在空气中稳定，经60d后电导率几乎不变。

【制法】 在搅拌下于三口烧瓶中加入溶剂二甲基甲酰胺、等物质的量的比的重结晶对苯二胺和精馏二酮、1.0%的氯化锌，先在55℃下反应10～12h后，再升温到115℃反应12h，最后在165℃下反应10h；产物经水沉淀，再用热水和乙醇分别洗涤5次，真空干燥至恒重，得到收率近70%的本征态粉末产品。将干粉包于滤纸并在碘饱和乙醇（或苯）溶液中浸泡一定时间后取出，用相同溶剂淋洗，减压抽干，即得到所需掺杂物。

【成型加工】 先配制成适当浓度的浓硫酸溶液，然后流延或浇铸成薄膜。

【用途】 可广泛用于半导体元器件、微型电器、传感器和抗静电材料等。

【安全性】 参见By001。可封装于玻璃或塑料容器中，贮放于阴凉通风干燥处，避免日晒雨淋，可按非危险品运输。

【生产单位】 山东建材学院，华东理工大学。

By028 芳族聚甲亚胺

【英文名】 aromatic polyazomethines

【结构式】

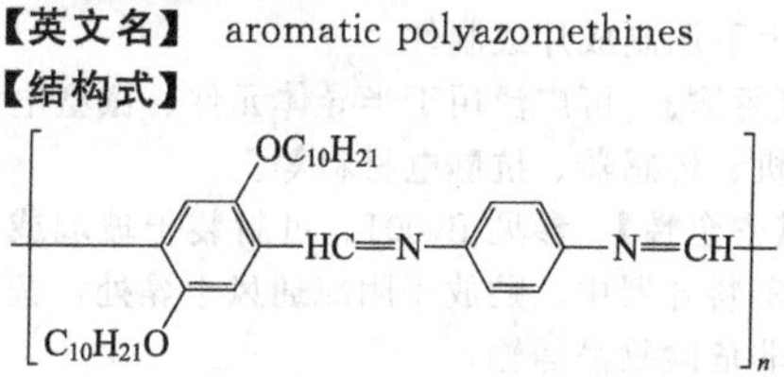

【性质】 本品为橘红至橘黄色粉末，室温下可部分溶于硫酸、邻-氯苯、*N*-甲基吡咯烷酮、四氢呋喃、四氯乙烷及 3∶1 的四氯乙烷/苯酚混合液；经质子化合还可全溶于甲基磺酸，高分子量产品只溶于强质子化溶剂。其导电性较好，实测电导率 $>10^{-2}$ S/cm。

【制法】 向装有搅拌器的烧瓶中通氮 0.5h，加入干燥纯净的溶剂正十二烷基吡咯烷酮；然后在氮气保护下，加入等物质的量的 2,5-二癸氧基对苯二甲醛和对苯二胺，搅拌聚合 20～24h；用大量甲醇沉淀；最后空气干燥直至得到亮橘红色粉末。

【成型加工】 可配制成一定浓度的溶液后浇铸成膜，也可在一定温度压力模压成制件。

【用途】 可广泛用于航天技术、能量贮存和转换器件、电池正负极、半导体材料等领域。

【安全性】 参见 By001。可包装于内衬塑料膜的编织袋或塑料容器内，贮放阴凉通风干燥处，按非危险品运输。

【生产单位】 东北师范大学。

By029 碘掺杂含硫聚席夫碱

【英文名】 sulfur containing polyschiffs base with iodine

【结构式】

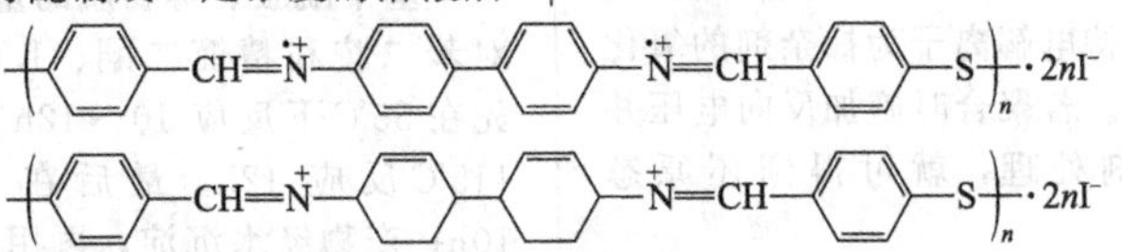

【性质】 本产品的双阳离子自由基结构，电导率约 2.3×10^{-3} S/cm，在空气中稳定性好，放置两个月不变。掺杂时会形成自旋性阳离子自由基，但是，在存放过程中会有部分转变为无自旋性的双正离子（双极子）结构。

【制法】 在装有搅拌、温度计的三口烧瓶中加入溶剂 *N*-甲基吡咯烷酮、等物质的量比的精制二氯代席夫碱化合物和硫化钠及适量的催化剂醋酸锂，开启搅拌，升温至 240℃左右，使物料进行缩聚反应而得到含硫聚席夫碱。把充分研细的这种聚合物粉末包于滤纸中，在室温下浸入碘的过饱和氯仿溶液一段时间，取出后用氯仿洗三次，真空抽干约 5h 即可。

【成型加工】 将粉末产品在一定温度和压力下压制成片或制件。

【用途】 可广泛用于半导体元件、微型电机、传感器、抗静电材料等。

【安全性】 参见 By001。可封装于玻璃或塑料容器中，贮放于阴凉通风干燥处，按非危险物品运输。

【生产单位】 华东理工大学。

By030 聚丙炔醇

【英文名】 poly propargyl alcohol; PO-HP

【结构式】

$$\left[CH{=}\underset{\displaystyle CH_2OH}{\underset{|}{C}} \right]_n$$

【性质】 本品为土褐色至黑色的粉末；本征态电导率 $10^{-14}\sim10^{-12}$ S/cm，硫酸/四氢呋喃掺杂后电导率可达 5.4×10^{-7} S/cm，且在空气中稳定性较好（但碘掺杂物的稳定性较差）；可溶性聚丙炔醇掺杂后电导率可达到 10^{-6} S/cm。

【制法】 以 $(PPh_3)_2Pd(C{\equiv}C{-}CH_2OH)_2$（钯键合炔）为催化剂，于 70℃下使丙炔醇（按催化剂/单体的物质的量比为 1∶1700投料）聚合，得到粉末状产品。掺杂时，将粉末产品放入试管中，加入掺杂液（每隔一定时间便更新一次掺杂液并通过时间的调节来控制掺杂度）；掺杂结束后，用相应溶剂多次洗涤，再经真空干燥即得到土褐色至黑色的粉末状产品。

【成型加工】 可通过热压成型在适当工艺条件下得到制件；可溶性聚丙炔醇可配制成适当浓度的溶液后流延成薄膜或喷丝成纤维。

【用途】 可用作半导体元器件、微型电器、抗静电材料等。

【安全性】 参见 By001。可包装于内衬塑料膜的编织袋或塑料容器内，贮放在阴凉通风干燥处，防止日晒和受潮，按非危险品运输。

【生产单位】 浙江省测试技术研究所，浙江省技术物理应用研究所。

By031 聚乙腈

【英文名】 polymethyl cyanide；PMC

【结构式】

$$\underset{\quad\quad\quad n}{\displaystyle{-\!\!\!\!\!\begin{array}{c}CH_3\\|\\C\!=\!N\end{array}\!\!\!-}}$$

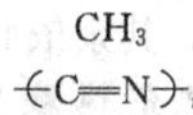

【性质】 这是一种线型共轭大分子结构化合物，可溶于甲酸、硫酸等；耐热性优良，在450℃下累积失重仅10%；吸附比表面为45m^2/g，可望有较好的催化性能；本征态室温电导率约为10^{-7}S/cm，且在200～400℃范围内均能保持稳定。

【制法】 首先使乙腈（CH_3—$C\equiv N$）与三氟化硼（BF_3）形成白色结晶性络合物，然后在250℃下聚合8～10h，便以60%～80%的转化率得到聚乙腈-三氟化硼络合物，最后用水处理即得到聚乙腈产品。

【成型加工】 可先配制成适当浓度的溶液，然后流延或浇铸成薄膜，也可喷丝成纤维。

【用途】 主要用于晶体管、化学传感器、微电子器件、电路设计和抗静电材料等。

【安全性】 参见 By001。可包装于内衬塑料膜的编织袋或塑料容器中，贮放于阴凉通风处，避免日晒和受潮，按非危险品进行运输。

【生产单位】 兰州大学。

By032 梳形 CBM 固体电解质

【英文名】 comblike CBM solid electrolytes

【结构式】

$$-\!\!\!\begin{array}{ccc} CH_2\!-\!CH\!-\!CH\!\!\!\!\!& \!\!\!\!\!-CH\\ | & | \\ O & C\!=\!O\\ | & | \\ CH_3 & O\!-\!CH_3 \end{array}\!\!\!\begin{array}{c} \\ \\ C\!=\!O\\ | \\ O\!-\!(CH_2CH_2O)_m\!-\!CH_3 \end{array}\!\!\!\Big]_{\!n}\cdot x\,LiClO_4$$

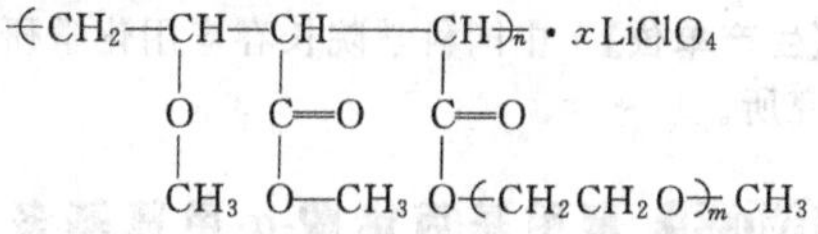

【性质】 本产品为非晶态梳形双离子导体，可以观测到两个玻璃化转变点：T_α（主链）为288～340K 和 T_β（侧链）为206.2K，其室温电导率为6×10^{-6}S/cm。

【制法】 在装有搅拌器、温度计的三口烧瓶中，加入1∶2物质的量的比的交替马来酸酐共聚物和聚乙二醇单甲醚、300mL新蒸的丁酮溶剂、一定数量的对甲苯磺酸催化剂，通氮保护，于353K下连续搅拌反应24h；然后，在旋转蒸发器上除去丁酮；加入300倍的过量甲醇、0.5mL硫酸二甲酯，于333K下搅拌反应24h；蒸发除去甲醇后，以丙酮为溶剂，用干燥汽油重沉淀4～5次，直至丙酮无酸性，即得到含单甲醚低聚乙二醇酯基的交替马来酸酐共聚物。将彻底干燥过的高氯酸锂密封于棕色瓶内，用注射器准确吸取并加入计算量的上述共聚物的溶液，再仔细混合均匀后，除去溶剂，真空干燥即可。

【成型加工】 先配制成一定浓度的溶液，然后浇铸成膜。

【用途】 主要用于全固态二次电池、全固态电色器件、传感器、调光玻璃等。

【安全性】 树脂的生产原料，对人体的皮肤和黏膜有不同程度的刺激，可引起皮肤过敏反应和炎症；同时还要注意树脂粉尘对人体的危害，长期吸入高浓度的树脂粉尘，会引起肺部的病变。大部分树脂都具有共同的危险特性：遇明火、高温易燃，与氧化剂接触有引起燃烧危险，因此，操作人员要改善操作环境，将操作区域与非操作区域有意识地划开，尽可能自动化、密闭化，安装通风设施等。

可包装于内衬塑料膜的编织袋和塑料容器内，贮放于阴凉通风干燥处，可按非危险物品运输。

【生产单位】 中国科学院长春应用化学研究所。

By033 聚甲基丙烯酸-α-甲氧基多缩乙二醇酯（PMGn）

【英文名】 polyethylene oxide

【别名】 PMGn-PEO-$LiCF_3SO_3$；固体电解质/聚氧化烯（PEO）/三氟甲磺酸锂（$LiCF_3SO_3$）复合物

【组成】 PMGn-PEO-$LiCF_3SO_3$

【性质】 本固体电解质可溶于乙腈、甲醇等溶剂，成膜性好，其薄膜的耐蠕变性也较好，玻璃化温度（T_g）为－45.6℃，室温电导率为3.85×10^{-5}S/cm。

【制法】 先按比例将 PMGn 和 $LiCF_3SO_3$ 溶于乙腈中配成15%～20%的溶液，再将 PEO 溶于乙腈中配成5%的溶液；然后按20%左右的比例将后一溶液倒入前一溶液中，搅拌混合均匀，得一无色透明黏稠液。在氮气保护下，放于干燥箱内使溶剂蒸发至干；最后，在70～75℃真空干燥器内干燥24h，得到所需产品。

【成型加工】 先配制成适当浓度的溶液，然后浇铸成膜。

【用途】 主要用于全固态二次电池、电色显示器、化学传感器、滤波器、自动调光玻璃等。

【安全性】 树脂的生产原料，对人体的皮肤和黏膜有不同程度的刺激，可引起皮肤过敏反应和炎症；同时还要注意树脂粉尘对人体的危害，长期吸入高浓度的树脂粉尘，会引起肺部的病变。大部分树脂都具有共同的危险特性：遇明火、高温易燃，与氧化剂接触有引起燃烧危险，因此，操作人员要改善操作环境，将操作区域与非操作区域有意识地划开，尽可能自动化、密闭化，安装通风设施等。

可包装于内衬塑料膜的编织袋或塑料容器内，贮放于阴凉通风干燥处，可按非危险品运输。

【生产单位】 四川联合大学（西区）。

By034 新一代电磁波塑料（屏蔽型）

【英文名】 electromagenetic shielol plastics

【别名】 电磁波塑料（屏蔽型）

配方	1	2	3
尼龙	66%～70%	60%	60%
镀镍碳纤维	30%		
碳纤维		40%	
铝粉		40%	

【制法】 按上述配方，把镀镍碳纤维加入尼龙66中进行混合，使其混合均匀，制得屏蔽导电塑料，其余依此类推。结果加入30% NPCF填充热稳定好，耐温到315℃，加入40%的CF增强了复合材料的尺寸稳定性，加入40%CF增强PPS复合材料的弯曲模量为27.53MPa。

【用途】 屏蔽电子产品所产生的电磁波。

By035 聚甲基丙烯酸低聚氧化乙烯酯

【英文名】 blend of the comb-like polyether with lithium polysulfonate

【别名】 梳形聚醚/聚磺酸锂共混物/聚甲基丙烯酸己磺酸锂共混物

【结构式】

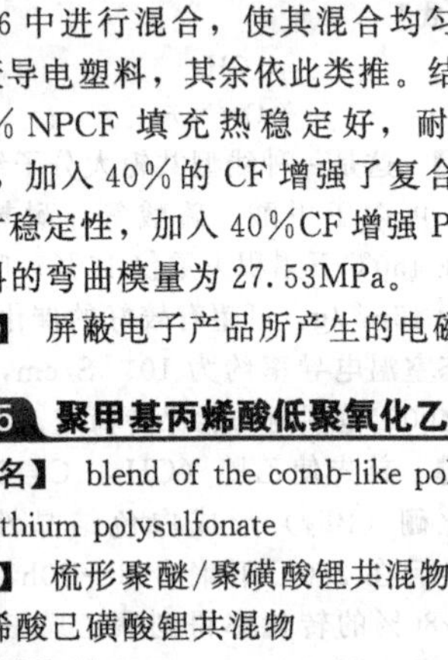

【性质】 本共混物相容性良好，结晶度低，产品柔韧，可溶于甲醇等普通溶剂，有一定导电性：在[O]/[Li]=70时，室

温离子电导率可达 5.3×10^{-7} S/cm。

【制法】 在装有搅拌的反应烧瓶中，按规定比例加入梳形聚醚和聚磺酸锂的无水甲醇溶液，开动搅拌使其混合均匀；再通热气流使溶剂挥发至干；最后，在 80℃下真空干燥 24h，得到所需共混物。

【成型加工】 先将共混物溶于无水甲醇中，配制成一定浓度的溶液；然后，通过浇铸或流延法制成薄膜。

【用途】 主要用作全固态高能密度二次电池的电解质膜，还可用于全固态电色器件、传感器、调光玻璃等。

【安全性】 可包装于内衬塑料膜的编织袋或塑料容器内，贮放于阴凉通风干燥处，可按非危险物品运输。

【生产单位】 中国科学院成都有机化学研究所。

By036 聚（甲基丙烯酸甲氧基低聚氧化乙烯酯-丙烯酰胺）

【英文名】 lithium oligoether sulfonate complex

【别名】 梳形聚醚/低聚醚磺酸锂复合物/甲氧基低聚氧化乙烯磺酸锂

【组成】 主要成分为聚（甲基丙烯酸甲氧基低聚氧化乙烯酯-丙烯酰胺）和甲氧基低聚氧化乙烯磺酸锂。

【性质】 本复合物柔韧，结晶度低，导电性较好。当甲氧基低聚氧化乙烯磺酸锂含量为 40%时，结晶度已很低，玻璃化温度为−63.5℃，室温离子电导率为 2.2×10^{-5} S/cm。

【制法】 在装有搅拌的反应烧瓶中，按规定比例加入梳形聚醚和低聚醚磺酸锂的无水甲醇溶液，开动搅拌，使其混合均匀；通热气流使溶剂挥发至干；最后在 80℃左右的真空烘箱中干燥 24h，即得到所需复合物。

【成型加工】 先将此复合物配制成适当浓度的溶液，然后浇铸或流延成膜。

【用途】 主要用于全固态二次塑料电池、全固态电色器件、传感器、分子电路等。

【安全性】 树脂的生产原料，对人体的皮肤和黏膜有不同程度的刺激，可引起皮肤过敏反应和炎症；同时还要注意树脂粉尘对人体的危害，长期吸入高浓度的树脂粉尘，会引起肺部的病变。大部分树脂都具有共同的危险特性：遇明火、高温易燃，与氧化剂接触有引起燃烧危险，因此，操作人员要改善操作环境，将操作区域与非操作区域有意识地划开，尽可能自动化、密闭化，安装通风设施等。

可包装于内衬塑料膜的编织袋或塑料容器中，贮放于阴凉通风干燥处，可按非危险物品运输。

【生产单位】 中国科学院成都有机化学研究所。

By037 高温快离子导体 PMDA-ODA-PSX-DABSA-$LiCF_3SO_3$

【英文名】 high temperature fast ionic conductors PMDA-ODA-PSX-DABSA-$LiCF_3SO_3$

【组成】 主要成分为 PMDA-ODA-PSX-DABSA 和 $LiCF_3SO_3$。

【性质】 本导体具有良好的黏弹性、可挠性和可塑性，载流子为离子和电子。离子电导率约 10^{-6} S/cm，而电子电导率<5%，活化能为 0.24eV，是典型的快离子导体，玻璃化温度（T_g）130℃。

【制法】 在装有搅拌器和温度计的三口烧瓶中，加入 *N*-甲基吡咯烷酮（NMP）和 2,5-二氨基苯磺酸（DABSA），于 50～60℃，通氮保护下搅拌 4～5h；然后加入 4,4′-二氨基二苯醚（ODA）、氨丙基聚二甲基硅氧烷（PSX）的四氢呋喃溶液，在 35～40℃下搅拌一定时间；最后加入 1,2,4,5-均苯四酸二酐（PMDA），搅拌反应 72h，以完成共聚反应，得到本征态共聚物。如果要掺杂，$LiCF_3SO_3$ 最好在加入 PSX 之前就加入到溶液中；复合物溶液通氮除去溶剂并逐步升温使干燥即可。

【成型加工】 先将复合物配制成一定浓度的溶液，然后放冰箱冷藏直至在玻璃板上浇铸成膜，再通过真空或通氮除去溶剂，最后在氮气流中分别于 60℃、80℃、100℃、200℃、300℃下加热 1h，从而得到富有弹性的黄褐色薄膜。

【用途】 主要用于全固态高能二次电池、电色器件、传感器、分子电路等。

【安全性】 树脂的生产原料，对人体的皮肤和黏膜有不同程度的刺激，可引起皮肤过敏反应和炎症；同时还要注意树脂粉尘对人体的危害，长期吸入高浓度的树脂粉尘，会引起肺部的病变。大部分树脂都具有共同的危险特性：遇明火、高温易燃，与氧化剂接触有引起燃烧危险，因此，操作人员要改善操作环境，将操作区域与非操作区域有意识地划开，尽可能自动化、密闭化，安装通风设施等。

可包装于内衬塑料膜的编织袋或塑料容器内，贮放于阴凉通风干燥处，可按非危险品运输。

【生产单位】 中国科学院上海硅酸研究所。

By038 聚（2,6-亚吡啶基二亚甲基己二胺）·硫酸铁

【英文名】 complex from poly (2,6-pyridylene-dimethylidine hexadiamine) and ferric sulfate (complex)

【结构式】

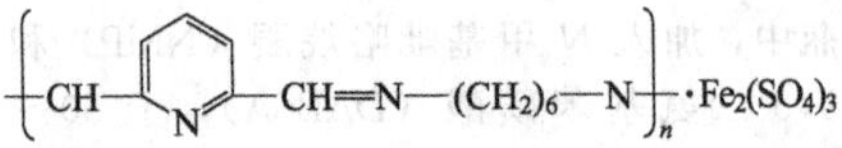

【性质】 本品为黑色粉末，密度 1.2～1.3g/cm³，不溶于有机溶剂；耐热性好，在空气中 300℃下不分解；有一定的铁磁性：剩磁为普通磁铁矿砂的 1/500，矫顽力（H_c）为 7.96×10^2 A/m(27.3℃) 和 3.7×10^4 A/m(266.4℃)。

【制法】 将 2,6-吡啶二甲醛的醇溶液与己二胺的醇溶液混合，加热至 70℃左右，发生脱水缩合反应，形成聚合物沉淀。将其干燥成粉状物后分散于水中，加热到 100℃，加入硫酸亚铁水溶液，经过一定时间后，即得到黑色的配合物产品。

【成型加工】 由于本产品不溶不熔，可采用冷压烧结工艺加工成制件。

【用途】 目前尚处于实验室研究阶段，将来可望用于电子、电器、磁疗器件等领域。

【安全性】 树脂的生产原料，对人体的皮肤和黏膜有不同程度的刺激，可引起皮肤过敏反应和炎症；同时还要注意树脂粉尘对人体的危害，长期吸入高浓度的树脂粉尘，会引起肺部的病变。大部分树脂都具有共同的危险特性：遇明火、高温易燃，与氧化剂接触有引起燃烧危险，因此，操作人员要改善操作环境，将操作区域与非操作区域有意识地划开，尽可能自动化、密闭化，安装通风设施等。

本品可包装于内衬塑料膜的编织袋或塑料容器内，贮放于阴凉通风干燥处，远离火源，按非危险品运输。

【生产单位】 中国科学院化学研究所。

By039 梳形联吡啶共聚醚固体电解质

【英文名】 solid electrolytes from comblike viologen polyethers

【结构式】

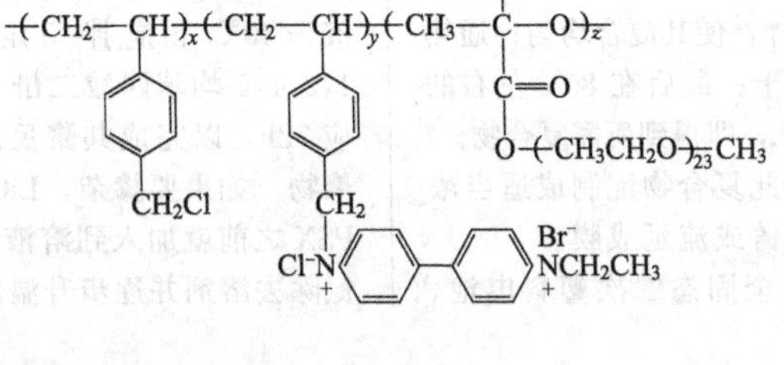

【性质】 本电解质是一种结晶度仅10%的三元共聚物，玻璃化温度（T_g）－43.8℃，熔点39.1℃；未掺杂时系一种阴离子导体，室温单离子电导率为1.6×10^{-7}S/cm；当用$KClO_4$掺杂后，便形成了一种双离子导体，电导率可提高到8×10^{-7}S/cm；若再加入20%（质量）的聚乙二醇（PEG400），其T_g降至－60.7℃，室温电导率可达到3.3×10^{-6}S/cm。此物还具有很好的电致变色性能，且可逆性好，响应速度快，在消色状态（氧化态）时为淡黄色，在着色状态（还原态）时为鲜蓝紫色；在-0.8～0V电压内电致变色响应时间约为3ms。

【制法】 合成聚（氯甲基苯乙烯-甲基丙烯酸齐聚环氧乙烷酯），[P(CIMST-MEO_{21})]，再与1-乙基-4,4′联吡啶溴化盐季铵化，从而得到所需要的梳形联吡啶共聚醚（$PVSEO_{21}$）。

【成型加工】 本电解质可溶可熔，很容易成型加工为所需要的制品。

【用途】 主要用于全固态高能二次电池、电色显示器、晶体管、化学传感器、化学电阻、微型电器、分离膜等。

【安全性】 可包装于内衬塑料膜的编织袋或塑料容器内，贮放于阴凉通风干燥处，防止日晒雨淋，远离火源，可按非危险物品运输。

【生产单位】 中国科学院成都有机化学研究所。

By040 聚丙烯酸-聚乙二醇-锂盐复合膜

【英文名】 polyacrylic acidpolyethylene glycollithium salt complex membrane; PAA-PEG-LiCl

【组成】 主要成分为PAA、PEG和LiCl。

【性质】 本复合物可溶于水，相容性好，其膜柔韧，有较好的离子电导率。

【制法】 首先将PAA和PEG分别配制成浓度约4g/100mL的水溶液，并混合均匀；然后按比例加入LiCl及适量的添加剂，在70℃水浴上浓缩；继而在红外灯下使水蒸发至干，并于70℃真空烘箱中干燥即可。

【成型加工】 先配制适当浓度的溶液，然后浇铸成膜。

【用途】 主要用于全固态高能二次电池、离子传感器、电色器件及电化学仪器等。

【安全性】 树脂的生产原料，对人体的皮肤和黏膜有不同程度的刺激，可引起皮肤过敏反应和炎症；同时还要注意树脂粉尘对人体的危害，长期吸入高浓度的树脂粉尘，会引起肺部的病变。大部分树脂都具有共同的危险特性：遇明火、高温易燃，与氧化剂接触有引起燃烧危险，因此，操作人员要改善操作环境，将操作区域与非操作区域有意识地划开，尽可能自动化、密闭化，安装通风设施等。

可包装于内衬塑料膜的编织袋或塑料容器内，贮放于阴凉通风干燥处，可按非危险物品运输。

【生产单位】 华南理工大学，中山大学。

By041 聚硅氧烷-聚醚接枝共聚物固体电解质

【英文名】 solid electrolytes from polysiloxanes-gpolyethers

【结构式】

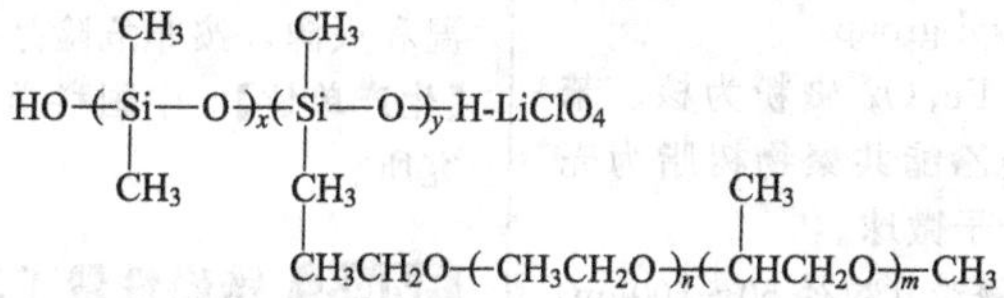

【性质】 本物为典型的非晶态电解质，玻璃化温度（T_g）－76～－71℃，可溶于丙酮等普通有机溶剂，室温离子电导率在10^{-5}S/cm以上，最大值接近5×10^{-5}S/cm。

【制法】 将类似橡胶状的α，ω-羟基含氢聚硅氧烷配制成20%的甲苯溶液，在氮气保护下与过量的α-烯丙基聚醚一起加入到装有回流冷凝管的反应器中，在改性氯铂酸的催化下，于90℃搅拌反应15h；用0.1mol/L KOH甲醇溶液消除未反应的Si—H键，并以正己烷反复沉淀除去未反应的烯丙基醚；用干燥丙酮溶解，加入计量的无水高氯酸锂，搅拌混匀，待溶剂蒸发后，于80℃下真空干燥即可。

【成型加工】 配制成一定浓度的溶液后，浇铸成膜。

【用途】 主要用于全固态二次电池，电色显示器、化学传感器、滤波器、自动调光玻璃等。

【安全性】 树脂的生产原料，对人体的皮肤和黏膜有不同程度的刺激，可引起皮肤过敏反应和炎症；同时还要注意树脂粉尘对人体的危害，长期吸入高浓度的树脂粉尘，会引起肺部的病变。大部分树脂都具有共同的危险特性：遇明火、高温易燃，与氧化剂接触有引起燃烧危险，因此，操作人员要改善操作环境，将操作区域与非操作区域有意识地划开，尽可能自动化、密闭化，安装通风设施等。

可包装于内衬塑料膜的编织袋或塑料容器内，贮放于阴凉通风干燥处，可按非危险品运输。

【生产单位】 中国科学院长春应用化学研究所。

By042 含羟基磁性高分子微球

【英文名】 magnetic polymeric microspheres having surface hydroxyl groups

【组成】 本品系以Fe_3O_4磁粉为核、苯乙烯-甲基丙烯酸羟乙酯共聚物树脂为壳的核/壳式复合高分子微球。

【性质】 当Fe_3O_4磁粉（粒径50～500μm）控制在0.5%～2.5%范围时，本微球在外加磁场中能定向移动；在水介质中，用外加磁场能将它迅速从水中分离出来；耐酸性好，在1mol/L盐酸中浸泡24h后Fe_3O_4磁粉含量变化甚微，而磁响应性明显增强。

【制法】 将0.1g Fe_3O_4磁粉与聚乙二醇水溶液混合，超声波分散30min；移入250mL四口烧瓶，再加入分散介质乙醇-水，置于65℃水浴上，以400r/min转速搅拌20min；依次加入苯乙烯20.0g、甲基丙烯酸羟乙酯1.5g、过硫酸钾0.14g，经过10min后呈现出乳状液；在氮气保护下，于65℃和400r/min转速搅拌聚合12h；将白色乳液用重蒸水反复洗涤，即得到磁性高分子微球。

【成型加工】 本材料在大多数场合都是直接被采用；在特殊情况下，可用胶黏剂粘接起来或与其他材料掺混起来使用。

【用途】 可用作分离材料和载体、如免疫分析、固定化酶、靶向药物、细胞分离等；还可广泛用于磁记录、磁共振显像、化妆品等领域。

【安全性】 树脂的生产原料，对人体的皮肤和黏膜有不同程度的刺激，可引起皮肤过敏反应和炎症；同时还要注意树脂粉尘对人体的危害，长期吸入高浓度的树脂粉尘，会引起肺部的病变。大部分树脂都具有共同的危险特性：遇明火、高温易燃，与氧化剂接触有引起燃烧危险，因此，操作人员要改善操作环境，将操作区域与非操作区域有意识地划开，尽可能自动化、密闭化，安装通风设施等。

可包装于内衬塑料膜的编织袋或塑料容器内，贮放于阴凉通风干燥处，避免高温和火源，按非危险品运输。

【生产单位】 中国科学院成都有机化学研究所。

By043 铁磁性聚丁二炔衍生物

【英文名】 ferromagnetic polybutadiyne derivatives

【结构式】

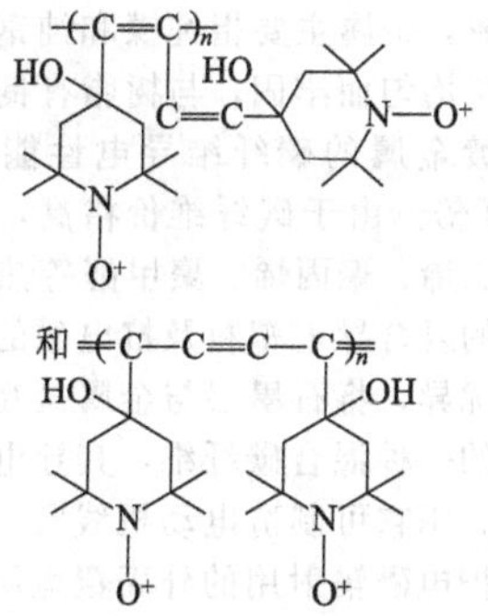

(n=3, 4)

【性质】 本品系呈金属光泽的黑色粉末，其大分子为共轭长链体系，兼有顺磁性和铁磁性，在 20K 时具有明显的磁饱和现象，饱和磁化强度 M_c 为 0.14emu/g，剩磁强度 M_r 为 0.025emu/g，矫顽力 H_c 为 2.35×10^4 A/m；居里温度高，在 150～190℃下仍能保持强磁性。

【制法】 将一定量的 1,4′-二氯丁炔加入到钠氨（$NaNH_2$）液氨悬浮液中，反应 10min 后，按比例（与二氯丁炔的物质的量比为 2∶1）加入 2,2,6,6-四甲基-4-氧基-1-氧自由基哌啶，在－45～－35℃低温下反应 10h，然后加入 12g 固体氯化铵并混合均匀，在通风橱内静置，待氨全部挥发后，用乙醇/乙醚（1∶1）混合溶剂萃取，蒸除溶剂；残留物水洗后，用甲醇/水（1∶1）混合液重结晶，得到一种熔点为 138～140℃的橘红色晶体。利用避光恒温蒸发（甲醇，30℃±0.2℃）方式培养得到单体；再用水淋洗表面两次，干燥后置于聚合管中，用氮气置换掉管中空气，在真空避光下于 90.0℃±0.2℃恒温聚合 48h，即得到有金属光泽的黑色粉末。用磁性分离法分离，可获得按单体 1,4-双（2,2,6,6-四甲基-4-羟基-1-氧自由基哌啶基）丁二炔计的 0.1%的磁性聚合物产品。

【成型加工】 先将本磁性粉末与适量的其他合成树脂粉料混匀，然后在适当工艺条件下模压或注射成制件。

【用途】 目前本材料尚处实验室研究阶段，将来可望在轻小磁体、微型电机、家用电器、磁的保健用品领域获得应用。

【安全性】 树脂的生产原料，对人体的皮肤和黏膜有不同程度的刺激，可引起皮肤过敏反应和炎症；同时还要注意树脂粉尘对人体的危害，长期吸入高浓度的树脂粉尘，会引起肺部的病变。大部分树脂都具有共同的危险特性：遇明火、高温易燃，与氧化剂接触有引起燃烧危险，因此，操作人员要改善操作环境，将操作区域与非操作区域有意识地划开，尽可能自动化、密闭化，安装通风设施等。

可包装于塑料或玻璃容器内，贮放于阴凉通风干燥处，按非危险品运输。

【生产单位】 中国科学院物理研究所，中国科学院长春应用化学研究所，北京理工大学。

By044 碳系复合型导电聚合物

【英文名】 carbon composite conductive polymer

【性质】 碳系型复合导电材料其价格低，其导电性持久，稳定性好并能根据不同的导电性要求，有较大的选择性，其制品的体积电阻率可以在 10Ω·cm 至 10^3Ω·cm 的宽广范围内变化。

【制法】 （1）炭黑的表面处理 为了提高炭黑的分散性和与树脂的亲和力，需采用适当的偶联剂进行表面处理。偶联剂一般选择钛酸酯型，处理的方式一般采用辊压混合，使炭黑表面成为充分浸渍状态，在表面处理时，需注意选择的偶联剂的品种，处理温度、时间及混合机的转速等工艺参数。

（2）炭黑的用量 以导电物质填充聚合物时，都具有基本相同用量与电性能的曲线模型，在曲线上存在着临界浓度和饱和浓度，值得注意的是与炭黑的用量和树脂的种类有关。

(3) 碳系导电填料与聚合物的复合 碳系填料充聚合物的最终产品主要有导电塑料、导电橡胶和导电胶黏剂不同的产品的复合方式也不同。

① 炭黑与树脂的混炼。炭黑填充导电混合粒料的制备是通过混炼机完成的。混炼时使用的设备一般为双辊塑炼机、密炼机和高填充螺旋挤出机，由于在混炼过程中会产生不同程度的剪切，从而对炭黑的组织结构造成破坏，导致复合材料的导电性能降低，因此，必须在最适当的温度条件下，控制一定的混炼时间，完成混炼操作，不同类型的炭黑对混炼时间的敏感程度有所不同，像乙炔炭黑，因而导电性依赖于组织结构，对混炼时间非常敏感，随着混炼时间的增加，炭黑的组织结构一旦遭到破坏，电阻值会明显增加。

② 炭黑填充橡胶的加工。在加入填充剂之前先混炼橡胶，随调整至适当的可塑度以适应后续工程的需要，然后，采用密炼机或螺旋挤出机等设备将填充剂分散在橡胶中，硫化有利于导电性，而炭黑的品种，硫化后的体积电阻率比未硫化时要降低 1/100～1/10。

【用途】 可以消除静电、防止静电，还可以作为面状发热体电磁波屏蔽以至高导体、电极材料，其特点是制成品的外观只能是黑色。

By045 填充导电纤维的导电塑料

【英文名】 conductive plastics of pcking conductive fiber

【性质】 用金属纤维填充的导电塑料具有良好的导电性，电磁屏蔽效率高，综合性好，是一种很有发展前途的导电材料。碳纤维是一种高强度、高模量材料，它具有良好的导电性，用它增强的热塑性树脂复合材料也具有导电性。

【制法】 当碳纤维的含量为 20%～30% 时，该复合材料的体积电阻率为 10Ω·cm，具备实用的屏蔽效果，在碳纤维表面电镀金属，金属主要指纯镍和纯钢，其特点是镀层均匀而牢固，与树脂有良好的粘接性，镀金属的碳纤维导电性能可提高 50～100 倍。由于碳纤维价格高，它与尼龙、聚乙烯、聚丙烯、聚甲醛等热塑性树脂制成的复合导电塑料及抗电磁的屏蔽材料性能优异，将石墨层与金属盐互相交替而制成的一种混合碳纤维，其导电性高于镍 6 倍。用它可制造电动机线圈，电子计算机防护电磁辐射用的外壳覆盖层以及电力设备的设施的高压线等。CE-20 是 20% 导电碳纤维填充的共聚甲醛，其电性能良好、机械强度高、耐磨性好，在要求抗静电，导电性且强度要求高的场合得到了应用。把 45%镀镍的云母纤维加入到聚丙烯树脂中，制成导电性的复合材料，该材料能提供 40dB 的信号衰减，并在通用的设备上易于成型，其屏蔽功能可长期起作用、不剥落、不破碎，该复合材料表面电阻低，适用于保护微电机线路，防止静电作用。

配方（质量分数）：

聚碳酸酯	100%
碳纤维	7%～15%

以聚碳酸酯为原材料加入碳纤维分别是 7%、10%、15% 碳纤维，它们易加工，与镍·聚丙烯酸涂料、电镀、真空镀金属、锌电喷涂等工艺相比，该复合材料的工艺更经济，而屏蔽效果好。

【用途】 这类导电塑料可制作防静电容器、防静电工作台、防静工具、平面发热体、电极电波板或壳体、电镀用材料、电子计算机用键盘等广泛的领域。

By046 防射线通用导电塑料

【英文名】 radiation resistance common conductive plastics

【性质】 导电塑料防射线性能，通常在高分子合成物中加入填充剂，填充剂多选择化学稳定高、耐热性好、耐潮湿性好、导热性好的，且密度大的和能改变导电塑料的元器件制品性能的无机矿物，防射线成分和导电成分分别在树脂中形成屏蔽、导电相、从而使导电聚合物具有防射线性能和高阻导电性能以及耐磨性能。

【制法】 防射线导电塑料主要制法是在甲基丙烯酸树脂中加入甲基丙烯酸铅盐和其他有机酸铅盐，并在板材中间埋放镀金属的合成纤维网，铅盐能屏蔽射线，镀金属合成纤维网既能屏蔽电磁波又能让光线通过，具有良好的透明性，该材料通常采用浇铸聚合方法制得，具体做法是：

(1) 铸模制备　防电磁波、防射线有机玻璃板材，铸模是由两张平板玻璃（400mm×400mm）和聚氯乙烯密封软垫制成，同时将 200mg 的镀铜聚酯合成纤维网，用螺旋夹子固定在铸模中间，合成纤维网均匀张开，调节螺旋使网与玻璃板的间距为 3mm。

(2) 浆液制备及聚合　配方：

双(甲基丙烯酸多缩乙二醇)($n=14$)	20%
双(甲基丙烯酸多缩新戊二醇酯)($n=14$)	15%
甲基丙烯酸铅	35%
辛酸铅	30%
2-(2-羟基-5-甲基苯基)苯并三唑	0.1%

将上述各单体与添加剂一起混合均匀后，在 70℃加热搅拌 10min、制成均一溶液。然后冷却至 40℃再加入 0.1%叔丁基过氧化苯甲酸酯制得浇铸聚合用的浆液，接着浇铸注入模子中，于 80℃聚合 3h，再升温至 120℃，继续聚合 2h，最后制得含铅 30%的透明板材。

【用途】 该板材具有优良的防电磁波、防射线功能、同时机械强度高，耐擦伤，耐热性能好。

By047 P（MMA-MAA）/PEO/A_2-$LiClO_4$ 固体电解质

【英文名】 P(MMA-MAA)/PEO/A_2 $LiClO_4$ solid electrolytes

【别名】 聚（甲基丙烯酸甲酯-甲基丙烯酸）/聚氧化乙烯/增塑剂-高氯酸锂复合物

【组成】 主要含 P（MMA-MAA）、PEO 和 $LiClO_4$。

【性质】 本复合物相容性好，可溶于乙醇等溶剂，成膜性优良，其膜柔韧，力学性能好，拉伸强度 49.38MPa，伸长率 147.05%，玻璃化温度为－27.6℃，室温电导率 8.31×10^{-5}S/cm。

【制法】 将等物质的量的 P（MMA-MAA）和 PEO 分别溶于体积比为 1∶3 的水-乙醇混合溶剂中，混合均匀，静置过夜，过滤，将沉淀物真空干燥即得到 P（MMA-MAA）/PEO 氢键复合物。将此物溶于乙醇-二氧二环混合溶剂中，加入一定量的高氯酸锂｛使［EO］∶［Li］＝4∶1｝乙醇溶液和增塑剂 A_2，搅拌混匀，通热气流或真空移去溶剂即可。

【成型加工】 将本固体电解质溶于无水乙醇中，配制成适当浓度的黏液，然后流延或浇铸成薄膜。

【用途】 主要用于高能全固态二次电池、电色器件、传感器、分子电路等。

【安全性】 树脂的生产原料，对人体的皮肤和黏膜有不同程度的刺激，可引起皮肤过敏反应和炎症；同时还要注意树脂粉尘对人体的危害，长期吸入高浓度的树脂粉尘，会引起肺部的病变。大部分树脂都具有共同的危险特性：遇明火、高温易燃，与氧化剂接触有引起燃烧危险，因此，操作人员要改善操作环境，将操作区域与非操作区域有意识地划开，尽可能自动化、密闭化，安装通风设施等。

可包装于内衬塑料膜的编织袋或塑料容器内，贮放于阴凉通风干燥处，可按非危险物品运输。

【生产单位】 四川联合大学高分子研究所。

参考文献

[1] 傅旭主编．化工产品手册——树脂与塑料分册．第四版．北京：化学工业出版社，2005.
[2] 童忠良主编．化工产品手册——树脂与塑料分册．第五版．北京：化学工业出版社，2008.
[3] 丁浩主编．塑料工业实用手册．北京：化学工业出版社，2000.
[4] 张知先主编．合成树脂与塑料手册．北京：化学工业出版社，2001.
[5] 周学良．精细化工产品手册——功能高分子材料．北京：化学工业出版社，2003.
[6] [美] Charles a. Harper 主编．《现代塑料》．焦书科、周彦豪笃等译．北京：中国石化出版社，2003.
[7] 孙酣经，黄澄华主编．化工新材料产品及应用手册．北京：中国石化出版社，2002.
[8] 王箴主编．化工辞典．北京：化学工业出版社，2003.
[9] 陈海涛，童忠良．塑料制品加工实用新技术．北京：化学工业出版社，2010.
[10] 陈海涛，童忠良．挤出成型技术难题解答，北京．化学工业出版社，2009.
[11] 张玉龙主编．功能塑料制品配方设计与加工实例．北京：国防工业出版社，2006.
[12] 吴培熙．塑料制品生产技术大全．北京：化学工业出版社，2011.
[13] 童忠良．纳米化工产品生产技术．北京：化学工业出版社，2006.
[14] 方国治，高洋，童忠良等．塑料制品加工及其应用实例．北京：化学工业出版社，2010.
[15] 陈海涛主编．塑料包装材料新工艺及应用．北京：化学工业出版社，2011.
[16] 方国治，俞俊，童忠东．塑料制品疵病分析与质量控制．北京：化学工业出版社，2012.
[17] 张淑歉．废弃物再循环利用工艺与实例．北京：化学工业出版社，2011.
[18] 刘殿凯，童忠东．塑料弹性材料与加工．北京：化学工业出版社，2013.
[19] 童忠良主编．涂料生产工艺实例．北京：化学工业出版社，2010.
[20] 金国珍主编．工程塑料．北京：化学工业出版社，2001.
[21] 刘英俊，刘伯元主编．塑料填充改性．北京：中国轻工业出版社，1998.
[22] 吴培熙等．塑料制品生产工艺手册．北京：化学工业出版社，1998.
[23] 欧玉春等．高分子学报．1996，(5)：10.
[24] 欧玉春等．高分子学报，1996，(1)：2.
[25] 宋焕成，赵时熙．聚合物基复合材料．北京：国防工业出版社，1986.
[26] 刘国杰主编．现代涂料工艺新技术．北京：中国轻工业出版社，2000.
[27] 蓝凤祥等．聚氯乙烯生产与加工应用手册．北京：化学工业出版社，1996.
[28] 王文广．塑料配方设计．北京：化学工业出版社，1998.
[29] 王善勤．塑料配方手册．北京：中国轻工业出版社，1995.
[30] 石淼森主编．耐磨耐蚀涂膜材料与技术．北京：化学工业出版社，2003.
[31] 任杰主编．可降解与吸收材料．北京：化学工业出版社，2003.
[32] [美] 古托夫斯基 TG 主编．先进复合材料制造技术．李宏运译．北京：化学工业出版社，2004.
[33] 王国会主编．聚合物改性．北京：中国轻工业出版社，2000.
[34] 王久芬主编．高聚物合成工艺．北京：国防工业出版社，2005.
[35] 丁浩主编．塑料应用技术．北京：化学工业出版社，2000.
[36] 李自法（LiZifa），周其凤（ZhouQifen），张子勇（ZhangZiyong）．高分子学报（ActaPolym. Sinica），1990，(1)：51.
[37] 童忠良．第二届全国超（细）粉体工程与精细化学品论文集．2002，1—9.
[38] 丁浩，童忠良．纳米抗菌技术．北京：化学工业出版社，2007.
[39] 丁浩，童忠良．新型功能复合涂料与应用．北京：国防工业出版社，2007.

[40] 童忠良．功能涂料及其应用．北京：纺织工业出版社，2007.
[41] 童忠良．纳米功能涂料．北京：化学工业出版社，2008.
[42] 崔英德主编．实用化工工艺．北京：化学工业出版社，2002.
[43] 詹益兴．现代化工小商品制法大全．长沙：湖南大学业出版社，1999.
[44] 魏邦柱主编．胶乳、乳液应用技术．北京：化学工业出版社，2003.
[45] 王尚尔，郑京桥等．工程塑料应用，1995，23（1）：48.
[46] 张富放，张量平，于文．热致液晶 LC70/PET 共聚物的结构和性能．功能高分子学报，1995.8：315-320.
[47] 周其风，王新久．液最高分子．北京：科学出版社．1994.
[48] 尚堆才，童忠良．精细化学品迁绿色合成技术与实例．北京：化学工业出版社，2011.
[49] 姜德孚主编．化工产品手册．北京：化学工业出版社，1994.
[50] 梁增田．塑料用涂料与涂装．北京：科学技术文献出版社，2006.
[51] 林德春．复合材料进展．北京：航空工业出版社，1994.
[52] 孙志杰等．复合材料进展．北京：航空工业出版社，1994：1017.
[53] 赵五庭，姚希曾．复合材料基体与界面．上海：华东化工学院出版社，1991.
[54] 童忠良．无机抗菌新材料与技术．北京：化学工业出版社，2006.
[55] 池振国．热致液晶聚酯酰亚胺和全芳共聚酯的设计合成及其性能研究．中山大学博士学位论文，2003.
[56] 黄美荣，李新贵．液晶共聚酯高级工程塑料的链结构分析．中国塑料，1996，10（2）：68.
[57] ［英］理查德逊（RICHARDSON）MOW 主编．聚合物工程复合材料．山东化工厂研究所译．北京：国防工业出版社，1988.
[58] ポリスーダゾエヌト.1988，40（5）：140.
[59] 曼森 JA，斯柏林 LH．聚合物共混及复合材料．顾书英译．北京：化学工业出版社，1999.
[60] ［美］Katzetal H S．塑料用填料及增强剂．李佐邦等译．北京：化学工业出版社，1985.
[61] KOtovN A etal. Adv Mater. 1996，(8)：637.
[62] Nazar I F et al. J. Mater. Chem.，1995，5（11）：1985.
[63] Anno. European Plastics News，2003，30（3）：41.
[64] Okamoto K T 著．微孔塑料成型技术．张玉霞译．北京：化学工业出版社，2004.
[65] 美国《现代塑料》杂志社．现代塑料百科手册．中国塑料编辑部译．1996 年 3 月增刊．
[66] Bernhardt EC. Processing of Thermoplastic Materials. New York：Reinhold Publishing Corporation，1959.
[67] Crawford RJ. Plastics Engineering. 2nd Edition. Oxford：Pergamon Press，1987.
[68] Sun HL，Sur GS，Mark JE. Microcellular foams from polyethersulfone and polyphenylsulfone preparation and mechanical properties. European Polymer Journal.，2002，38：2373.
[69] Jennifer Jobson. Trace Elements. Adsale Chinaplas 2003，shanghai.
[70] PERE PAPASEIT，JORDI BADIOLA，ENRIC ARMENGOL. Plastics and Agriculture. 1997，Spain.
[71] Anti-Blocking of Polyolefin Films. www. ineossilicas. com.
[72] Jennifer Jobson. Trace Elements. Adsale Chinaplas 2003，shanghai.
[73] PERE PAPASEIT，JORDI BADIOLA，ENRIC ARMENGOL. Plastics and Agriculture. 1997，Spain.
[74] Tham CK-TCS manager，AP. SYLOBLOC® in plastics film. Adsale Chinaplas，2003，shanghai.
[75] ［美］Fletcber FT，Docberty A. Plastics Enginooying. 吴曾权译，1986，42，(1)：47.
[76] 正埃及艾尔赛义德，阿卜杜勒-巴里 M．塑料薄膜手册．张玉霞，王向东译．北京：化学工业出版社，2006：224-228.

产品中文名称索引

C

D

E

F

G

H

J

K

P

Q

R

S

T

W

X

Y

产品英文名称索引

A

B

C

G

Q

R

X

Y